KB144655

영한 건축용어사전

현대건축관련용어편찬위원회 편

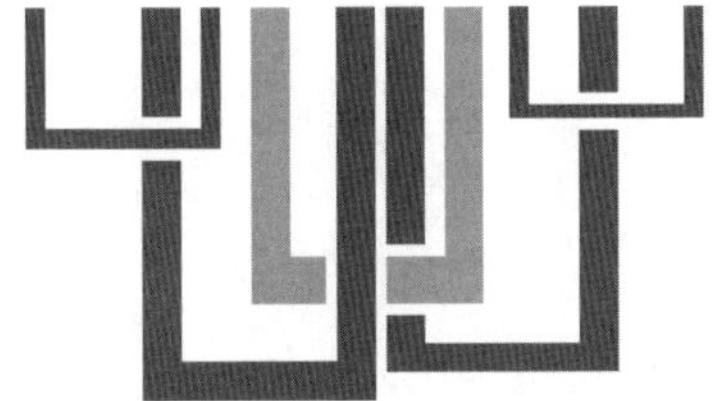

—3개국어 동시 활용가능—

BM (주)도서출판 성안당

머 리 말

건축은 예술이며, 공학이며, 공업의 각 분야를 종합한 산업이다. 건축물은 건축의 기획·설계를 생각하는 사람, 주체 구조물을 분담·수행하는 사람, 부대 설비에 관계하는 사람, 내외장을 맡는 사람 등 다수의 기술자·기능자가 천연 재료·인공 재료를 써서 다양한 기술을 구사하여 만드는 작품인 것이다.

그러나 그들이 각자의 업무 수행을 함에 있어서 다른 업태의 일에 무관심하다면 뛰어난 건축물을 완성할 수 없을 것이며, 또 완성된 건축물도 이를 유지해 가기 위해서는 그를 관리하는 사람의 건축에 대한 지식이 무엇보다 필요하게 된다.

건축에 관한 지식을 터득하려면 우선 그 용어를 올바르게 이해할 뿐만 아니라 그와 관련을 갖는 용어도 동시에 파악하지 않으면 안 된다. 이러한 경우에 용어의 의미를 정확하게 해명해 주는 것이 건축의 용어 사전인 것이다.

건축의 분야가 더욱 전문화되고, 내용도 다기해짐에 따라 이러한 사전이 요망되는 것은 당연한 것이라 하겠다. 이런 뜻에서 본 사전에서는, 상식적으로는 건축 이외의 분야에 속하는 용어도 필요하다고 인정되는 것은 이를 수록하고, 아울러 학술 용어 외에 관용어, 속어, 약어도 합쳐서 16,000여 용어를 선정 수록하였으며, 여기에 간결한 설명을 붙이고 불비한 곳은 도면으로 보완하였다.

이 사전을 편집함에 있어서

1. 학술 용어, 관용어, 속어, 약어의 구별없이 적당하다고 판단되는 것은 모두 수록한다
2. 용어를 제정·통일하는 것은 본 사전의 목적이 아니다
3. 현재 사용되고 있는 용어를 주로 하고 거의 사용되고 있지 않는 용어는 원칙으로서 수록하지 않는다
4. 한 용어에 대한 해설문의 길이를 어느 정도로 제한하고, 사전적(事典的) 설명을 하지 않는다

는 것을 원칙으로 하였다.

또 수록하는 분야는 다음과 같다.

1. 재료, 시공

2. 각종 구조, 역학
3. 각부 구조, 건축 구법
4. 환경 공학, 설비
5. 건축 계획, 설계 · 제도, 가구, 조원(造園)
6. 도시 계획, 교통
7. 건축 경제, 주택 문제
8. 건축사(建築史), 의장(意匠)
9. 해양 건축
10. 기타

다른 분야의 경우도 마찬가지겠지만 건축 용어 중 많은 용어가 일본어를 그대로 답습 사용하는 사례가 적지 않은 현실을 감안하여 부록에 일본어의 현장 속어를 일 · 한 대비로 수록하여 건축 용어의 순화에 도움이 되도록 하였다. 또 수시로 외국 자료를 참고하는 데 도움을 줄 수 있도록, 특히 일본어 자료를 참고하는 분들을 위해서 일 · 영 색인을 수록하였다.

끝으로, 이 사전이 건축가 뿐만 아니라 일반의 기술자 · 기능자 · 학생 및 각 방면의 분들에게 널리 활용되어 사계(斯界)의 발전에 공헌할 수 있게 된다면 다행으로 생각한다.

편　자

일 러 두 기

1. 이 책을 보는 법

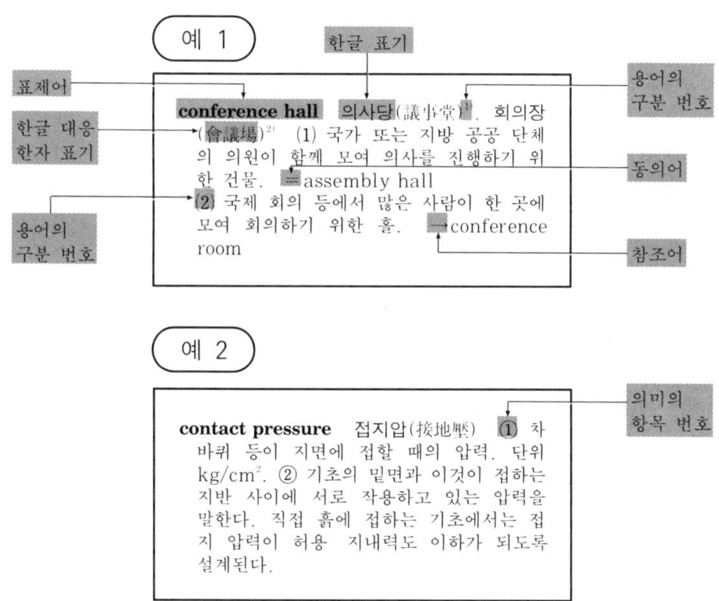

표제어

- 표제어는 영문 볼드체로 표시하였다.
- 용어의 배열은 알파벳순으로 하고, 하이픈 기타의 특수 기호는 배열상 무시하였다.

한글 표기

- 한글 표기는 고딕으로 나타내었다.

- 한 표제어에 대하여 한글 용어가 2개 이상인 경우에는 쉼표(,)를 넣어 구분하였다.

한글 대응 한자 표기

- 한글에 대한 한자를 표기하되 한글 중 외래어는 (—)로 생략한다.
- 한글 표기가 전혀 한자에 대응하지 않는 경우는 표기되지 않는다.

용어의 구분

- 표제어가 하나라도 의미에 따라 한글 용어가 달라지는 경우는 그 한글 용어에 어깨글자 [1)], [2)], …로 표시하고 그 번호순으로 해설하였다.

동의어

- 그 표제어와 같은 의미로 사용되는 용어는 해설 뒤에 (=)로 표시하였다.

참조어

- 표제어와 관련하여 참조할 필요가 있는 용어에 대해서는 해설 뒤에 (→)로 표시하였다.

의미의 항목 번호

- 한 표제어가 여러 의미로 사용되는 경우에는 ①, ②, …로 구분하여 해설하였다.

2. 기 타

- 영문 약자의 한글 표기는 되도록 그 용어의 원어의 뜻을 사용하거나 용어를 한글 발음으로 읽었다.
- 본문 다음에는 한글 색인을 수록하여 한영 사전으로서의 기능을 갖추도록 하였다.
- 일어 색인을 수록하여 일어 자료의 해독 · 번역에 도움이 되게 하였다.
- 권말에 주요 자료와 현장 속어를 수록하였다. 특히 현장 속어는 현장에서 일본어를 마치 우리말인 듯이 사용되는 폐단이 있어 순화하는 의미에서 일본어와 우리말을 대비하여 수록했다.

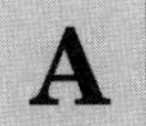

α method α법(-法) 준비한 시설의 용량 n을 넘어서 넘쳐 흐르는 인원수의 기대값(평균값)과 평균 이용자수와의 비율 α를 일정 한도 이하로 하도록 시설 규모를 정하는 수법.

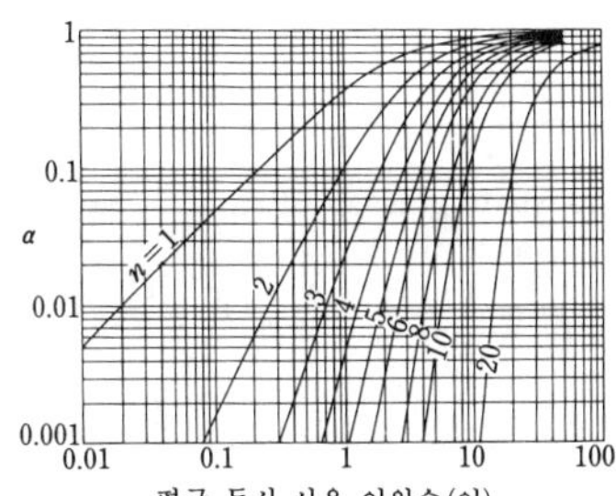

평균 동시 사용 인원수(인)

abacus 애버커스, 정판(頂板) 주두(柱頭)의 최상부에 두어지는 네모진 판으로, 상부로부터의 하중을 균등하게 주두에 전하는 기능을 갖는다. 정확하게는 이오니아식과 코린트식의 정판을 말하며, 도리스식의 것은 플린스(plinth)라 한다.

Abbaye 수도원(修道院) 수도사의 공동체를 위한 시설. 신앙의 장인 교회 등과 생활의 장인 식당, 공동 침실, 공방(工房) 등으로 이루어지는 복합 건축. =cloister, convent, monastery

abbey 아베이 기독교에서 수도원장(abbe)이 통괄하는 수도원. 혹은 그것을 기원으로 하고, 그것을 모방한 건축.

Abbot's waterflow pyrheilometer 아보트의 수류 일사계(-水流日射計) 미국의 아보트가 고안한 태양 상수, 직달 일사 측정용의 절대 일사계. 주요부는 내경 3.5 cm의 원통형실과 그 밑부분을 이루는 원뿔형실로 이루어지며, 그 벽은 이중으로 되어 있어 벽 사이를 물이 유통하여 원뿔형실부에서 일사를 흡수한다. 이 물의 온도 상승을 백금 저항 온도계에 의해서 측정하고, 물의 유량을 측정하여 일사를 구한다. 외계와의 열교환을 방지하기 위해 상술한 주요부는 보온병 속에 수납되어 있다. Smithsonian Institution 이외에서는 사용되지 않는다.

abrasion 마모(摩耗), 마멸(摩滅) 상접하여 상대적 운동을 하는 두 물체의, 접촉면에 생기는 마찰에 의한 재료의 소모를 말한다. 마멸에는 미끄럼 마멸, 구름 마멸, 충격 마멸의 세 가지가 있다.

abrasion resistance material 내마모 재료(耐摩耗材料) ① 내마모성이 뛰어난 재료. 예를 들면 바닥에서는 화강암 등. ② 콘크리트의 내마모성을 향상시키는 재료. 경도(硬度)가 큰 골재를 사용하는 방법, 콘크리트의 고강도화, 표면 처리에 의한 방법, 유기 고분자의 혼입 혹은 함침 등의 방법이 있다.

abrasion tester 마모 시험기(摩耗試驗機) 바닥 재료, 포장 도로, 도장 피막 등의 내마모성을 시험하는 기계. 미끄럼 마모 시험기, 구름 마모 시험기, 충격 마모 시험기 등이 있다.

abrasives 연마재(硏磨材) 금속·목재·석재 등의 표면을 평활하게 닦을 때 사용하는 재료.

abrasive water jet system 어브레이시브 워터 제트 공법(-工法) 철근 콘크리트 구조물이나 암반 등을 연마재(abrasive)를 섞은 고압수로 절단하는 공법.

absentee landlord 부재 지주(不在地主) 소유지 또는 그 근처에 거주하고 있지 않은 지주. 특히 농지의 경우에 쓰이는 경우가 많다.

absolute calibration 절대 교정(絶對較正) 각종 측정 기기의 변환기나 센서를 교정하는 경우, 입력되는 물리량과 출력되는 전압 등과의 사이의 관계를 정량적으로 정하는 것.

absolute displacement 절대 변위(絶對變位) 부동의 기준점에서 측정한 물체의 변

위를 말한다.

absolute dry condition 절대 건조 상태(絶對乾燥狀態) 재료 내부의 틈에 100~110℃의 온도로 증발하는 물이 존재하지 않게 되기까지 건조시킨 상태.

absolute dry weight 절대 건조 중량(絶對乾燥重量) 콘크리트 및 모르타르 등의 골재에서 건조에 의해 유리수(遊離水)가 존재하지 않는 상태의 중량.

absolute filter 애브설류트 필터 초고성능 미립자 필터.

absolute housing shortage 절대적 주택난(絶對的住宅難) 세대수에 대하여 주택수가 절대적으로 부족한 상태.

absolute humidity 절대 습도(絶對濕度) 기체의 단위 체적 중에 포함되어 있는 수증기의 질량. 보통 단위는 g/m^3.

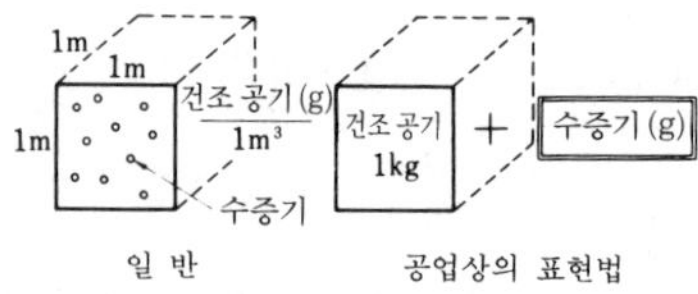

absolute pressure 절대 압력(絶對壓力) 진공을 기준으로 한 압력. 단위 kg/cm^2.

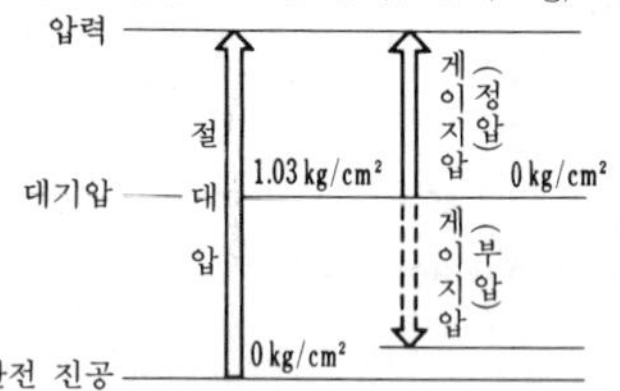

absolute temperature 절대 온도(絶對溫度) 열역학적으로 생각한 최저의 온도를 0도로 하여 재는 온도. 기호는 °K. 켈빈 온도(Kelvin temperature)라고도 한다. 절대 온도를 T(°K), 섭씨 온도를 t(℃)라 하면 $T=t+273.16$.

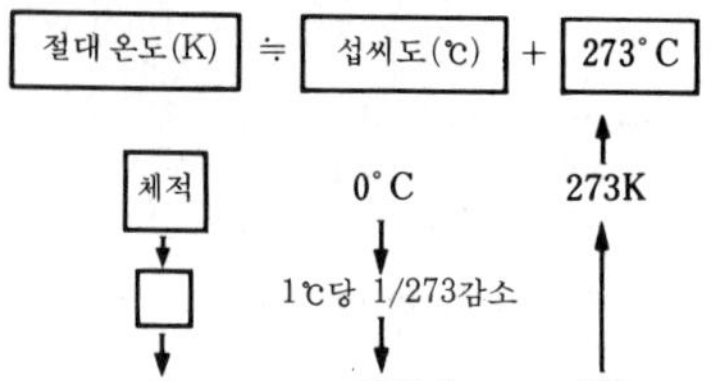

absolute unit 절대 단위(絶對單位) 길이·질량·시간의 단위에 m 또는 cm, kg 또는 g 및 s를 사용하고, 이들을 기본 단위로 하여 조립된 단위계. 종류로는 cgs 절대 단위(cm, g, s), MKS 절대 단위(m, kg, s)가 있다.

absolute volume 절대 용적(絶對容積) 공극을 포함하지 않는 참 용적.

absolute volume compounding 절대 용적 조합(絶對容積組合) 콘크리트 조합 표시법의 일종. 콘크리트의 1m^{3}당의 시멘트·모래·자갈의 소요 중량을 그 비중으로 나눈 값으로 나타낸다.

absorb 완충(緩衝) 두 물체가 충돌할 때의 충격력을 완화시키는 것. ＝buffer

absorbed energy 흡수 에너지(吸收－) 구조물이 외력의 작용에 의해 흡수하는 에너지.

absorbent 흡습제(吸濕劑)[1], 흡수제(吸收劑)[2] (1) 습한 공기와 접촉하여 흡착(실리카 겔 등)이나 흡수(염화 리튬 용액 등)에 의해 습기(수증기)를 제거(제습)하는 물질 건조제. 가열함으로써 재생이 가능하다. (2) 기체의 흡수에 이용하는 약제를 말한다. 흡수식 냉동기에는 취화 리튬(LiBr) 등이 쓰인다.

absorbent glass of ultraviolet ray 자외선 흡수 유리(紫外線吸收琉璃) 보통 판유리에 비해 자외선을 잘 흡수하는 유리. 백화점의 쇼윈도, 공장의 창 등에 쓰인다.

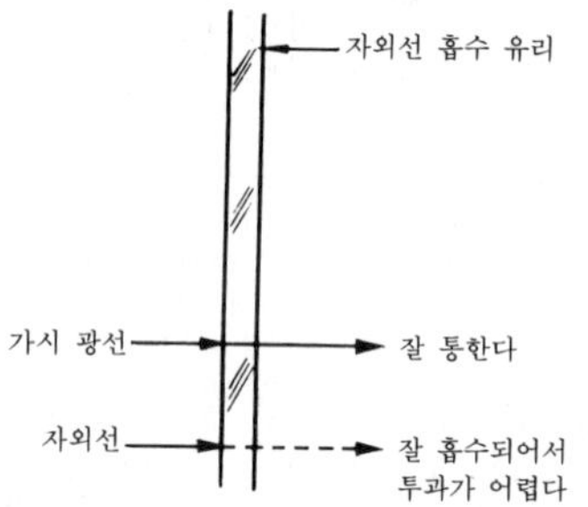

absorbing ratio 흡수율(吸收率) ＝absorptivitity

absorption and desorption of moisture 흡방습(吸放濕) 공기 중에 두어진 독립 기공이 아닌 다공질 공극 재료에 대하여 주위의 온습도에 의해서 생기는 흡습 혹은 방습 현상을 말한다.

absorption characteristic 흡음 특성(吸音特性) 흡음재 혹은 흡음체가 주파수별로 나타내는 흡음률(흡음체인 경우는 흡음력)의 모양.

absorption coefficient 흡음률(吸音率) 벽면에 사용한 건축 재료에 음이 흡수되어 반사되지 않는 비율. 흡음률은 음의 주파수, 입사 각도에 따라서도 크게 다르며, 개방된 창의 경우에는 흡음률은 1.0(100%)가 된다. =sound absorbing coefficient

absorption factor of solar radiation 일사 흡수율(日射吸收率) 입사하는 일사 에너지에 대한 흡수 에너지의 비율. 재료 표면의 일사 흡수율은 파장에 따라 달라지며, 입사각에도 의존한다. =solar absorptivity, solar absorptance

absorption luminous flux 흡수 광속(吸收光束) 빛이 투과체를 통과할 때, 또는 물체 표면에 입사할 때 그 투과체 내부, 또는 물체 표면에서 흡수되는 광속.

absorption refrigerator 흡수식 냉동기(吸收式冷凍機) 흡수액의 온도 변화에 의해 냉매를 흡수·분리하여 응축·증발시키는 사이클로 냉수 등을 만드는 장치.

absorptivity 흡수율(吸收率) 물체가 복사선을 흡수할 때 입사 에너지를 I, 흡수 에너지를 A로 하면 A/I를 그 물체의 흡수율(a)이라 한다. 완전 흑체에서는 $a=A/I=1$이지만 회색체에서는 $a<1$. 키르히호프의 법칙에 의하면 a와 방사율 ε과는 일정 온도에서 파장 영역이 같을 때는 $a=\varepsilon$이다. =absorbing ratio

absorptivity of vibration 진동 흡수율(振動吸收率) 입력한 진동 에너지에 대한 흡수 또는 소실한 에너지의 비율.

ABS resin ABS수지(一樹脂) ABS는 Acrylonitrile, Butadiene, Styrene의 약어. 충전재로 이루어지고, 그 배합에 따라 특성이 크게 변화한다. 도금도 가능하기 때문에 금속화 플라스틱으로 용도를 확대 중이다. 금속화된 것은 금속 대체품, 가전 기기, 사무 용품, 기구 하우징 등에, ABS발포재는 합성 목재, 목각 대용품, 가구 등이 이용된다. 기계적 특성, 전기적 특성 내약품성이 뛰어나다.

abstract art 추상 미술(抽象美術) 구상(具象)과 반대로 개념 등 물체에서 얻어지는 이미지를 추상적으로 표현하는 미술.

abutment 교대(橋臺)[1], 맞댐면(一面)[2], 아치대(一臺)[3] (1) 교량을 받치는 부분을 지지하고, 도로부와 접속하는 구조물.

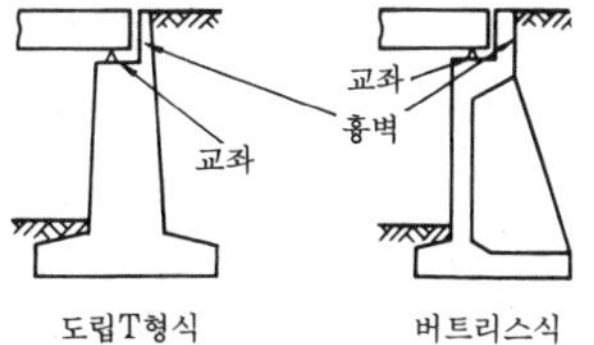

(2) 돌쌓기의 경우 돌과 돌이 접촉되는 상하면 또는 앞면. 접합면, 맞댐자리라고도 한다.
(3) 아치의 양단을 받치는 받침. =joint surface

abutment joint 맞댐자리 돌쌓기, 돌붙임에서 표면에 가까운 좁은 면을 평탄하게 마감한 돌의 접촉면을 말한다. 그 틈을 줄눈이라 한다.

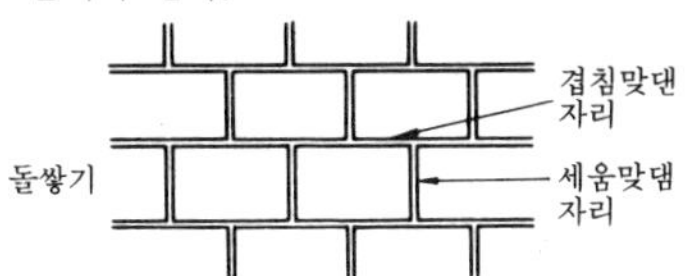

abutment test wall 반력벽(反力壁) 구조 실험실에서 실험의 수평 가력(加力)의 반력을 얻기 위해 설치되어 있는 벽을 말한다. →test bed

abutting joint 허리맞춤 목조의 맞춤면. 한재의 마구리가 단지 딴재의 측면에 접하는 접합.

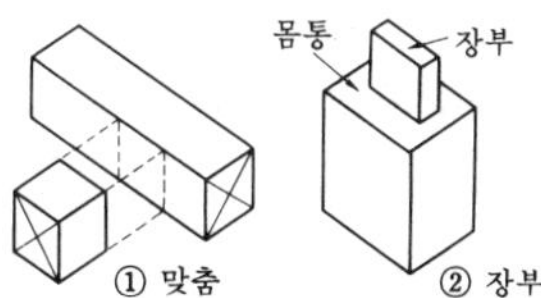

AC 아코디언 커튼 =accordion curtain

acanthus 어캔서스 코린트식(Corinthial order) 오더의 주두(柱頭) 등 고대로부터 건축이나 가구의 조각 장식 등에 사용된 식물.

accelerated curing 촉진 양생(促進養生) 시멘트 및 콘크리트 제품의 강도 발현을 촉진하기 위한 양생. 증기 양생, 오토 크레이브 양생, 적외선 양생, 전기 양생 등이 있다.

accelerated degrading test 촉진 열화 시험(促進劣化試驗) 사용할 때 재료가 열화하는 요인을 단순화, 과혹화하여 단시간에 열화시켜서 내구성을 살피는 시험의 총칭. →accelerated weathering test, aging test

accelerated depreciation 가속 감가 상각(加速減價償却) 고정 자산 등의 감가상각액 계산법의 일종. 인플레이션에 의한 화폐 가치의 감가에 대처하기 위해 각 분기에 고정 자산을 재평가하든가 시가 평가액을 써서 대폭 상각액을 유보하고, 설비 갱신 비용에 충당하는 방식.

accelerated test 촉진 시험(促進試驗) 재

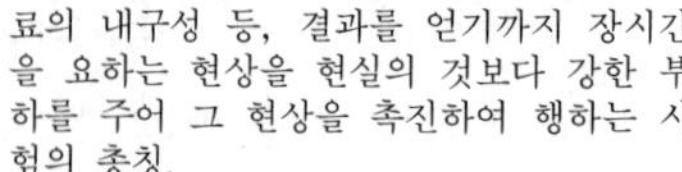

료의 내구성 등, 결과를 얻기까지 장시간을 요하는 현상을 현실의 것보다 강한 부하를 주어 그 현상을 촉진하여 행하는 시험의 총칭.

accelerated weathering test 촉진 내후 시험(促進耐候試驗) 재료의 옥외 사용하에서의 내구성을 단기간에 살피기 위해 기상 작용을 인공적으로 강화시킨 시험. 주로 고분자 재료를 대상으로 하여 실시된다. →accelerated degrading test

accelerating agent 급결제(急結劑) 시멘트의 응결을 촉진하기 위하여 가하는 약제(염화 칼슘, 물 유리, 탄산 나트륨, 규소 불산염류 등)를 말한다. 초기 강도를 증대하므로 급경제(急硬劑), 경화 촉진제가 되기도 한다.

acceleration 가속도(加速度) 속도 v가 시간 t에 의해 변화하는 비율 α를 가속도라 한다.

$$\alpha = dv/dt = d^2s/dt^2$$

여기서, s : 길이. 여러 가지 단위가 있으나 1cm/sec^2를 갈(gal)이라 한다. 또 중력의 가속도는 g(m/sec^2, cm/sec^2)로 나타낸다.

acceleration amplitude 가속도 진폭(加速度振幅) 진동자의 가속도의 진폭.

acceleration lane 가속 차선(加速車線) 고속 도로의 본선에 합류하는 자동차를 안전하게 합류할 수 있는 속도까지 가속시키기 위한 변속 차선.

acceleration pickup 가속도형 픽업(加速度形－) 진동 현상을 가속도에 비례한 전압으로 변환하여 검출하는 변환기. 압전형 픽업 등이 대표적이다.

acceleration response 가속도 응답(加速度應答) 어느 계(系)가 외부로부터의 자극에 대하여 반응할 때 계의 출력으로서 얻어지는 가속도.

acceleration response spectrum 가속도 응답 스펙트럼(加速度應答－) 응답 스펙트럼의 일종. 스펙트럼값을 가속도 표시한 것. 어느 지진동이 여러 가지 주기의 진동계에 주는 최대 응답 가속도를 나타낸다.

accelerator 급결제(急結劑), 급경제(急硬劑) ＝accelerating agent, accelerator of hardening

accelerator of hardening 급경제(急硬劑) 경화 촉진제를 말한다. 시멘트의 응결과 경화는 연속한 것이므로 급결제와 급경제는 같은 것이라고 생각된다. 급경 시멘트(조강 시멘트, 알루미나 시멘트)는 단기 강도가 높다. 응결(setting)이란 시멘트를 물로 비볐을 때 고결의 시작부터 끝나기까지의 상태를 말하며, 고결한 다음의 상태를 경화(hardening)라 한다. ＝accelerator of hardening

accelerometer 가속도 진동계(加速度振動計), 진동 가속도계(振動加速度計) 진동 현상을 진동 가속도의 인자에 의해 측정하는 계기. ＝vibrational accelerometer

accent color 액센트 컬러, 강조색(强調色) 배색에 있어서 전체의 색조를 강조하기 위해 쓰이는 색으로, 채도(彩度)가 높은(선명한) 색을 사용하는 경우가 많다.

accent lighting 액센트 조명(－照明) 어느 특정한 대상물을 강조하기 위해, 또는 조명 환경에 생생한 느낌을 주기 위한 조명. 지향 조명이나 장식 조명을 사용한다.

accent wall 액센트 월 실내 4면의 벽 중에서 실내의 이미지를 색, 무늬, 소재감 등에 의해 강조하기 위하여 디자인된 벽.

acceptable noise level 허용 소음도(許容騷音度) 목적에 따라서 허용할 수 있는 소음 레벨. 예를 들면 사무실, 은행에서는 45~55폰, 교실, 호텔, 아파트, 주택에서는 35~45폰, 방송 스튜디오에서는 25~30폰.

acceptable quality level 합격 품질 수준(合格品質水準) 발취 검사에서 그 로트(lot)가 합격인지 불합격인지를 정하는 값. 불량률(%) 혹은 100단위당의 결점수로 나타낸다. ＝AQL

acceptable standards 허용 기준(許容基準) 착안하는 대상에 대하여 허용되는 한계값의 기준.

acceptance inspection 수취 검사(受取檢查) 제품 또는 부재 등을 받아들여도 좋은지 어떤지를 판정하기 위해 실시하는 검사.

accesibility 액세시빌리티 ① 건물이나 시설 등으로의 시간적, 공간적, 심리적 접근 용이성. 통로, 출입구, 교통의 편리와 같은 시설의 질이 얼마나 좋은가 하는 정도를 나타낸다. ② 신체 장애자가 건물이나 시설 등에 얼마나 접근하기 쉬운가, 출입하기 쉬운가의 정도. 사회·경제적 조건을 포함하는 경우가 있다.

access 액세스, 접근(接近) 어느 지역, 시설 등으로 외부에서 도달하고, 그들을 이용할 수 있는 것. 또는 그 경로를 말한다. 도달의 수단은 교통, 통신 어느 경우라도 좋다.

access door 액세스 도어, 점검구(點檢口) 각종 설비용 샤프트나 천장, 바닥, 공기조화기 등의 내부를 점검하기 위해 두어진 개구문.

access hole 액세스 홀, 점검구(點檢口), 점검 구멍(點檢－) ＝access door

access road 구획 도로(區劃道路) 블록을 구획하는 도로. 건축 대지는 통상 이에 접해 있다.

accidental error 우연 오차(偶然誤差) 오차를 일으키는 원인이 확실하지 않아 실태를 파악하기 어려운 것이나, 원인을 알고 있더라도 그 영향을 제거할 수 없는 것 등 복잡하게 겹쳐서 생기는 오차. 오차의 발생이 일정하지 않고 제거할 수 없다. 최소 자승법 등과 같은 오차론에 의해 처리한다. 부정 오차(不定誤差)라고도 한다.

accidental fire 실화(失火) 과실에 의한 출화.

accidental load 우발 하중(偶發荷重) 선박의 충돌, 적재 시설의 폭발 등으로 구조물에 우발적으로 작용하는 하중.

acclimatization 기후 순응(氣候順應) 미습관의 기후에 대한 생물의 순응을 말한다. 인간이 지금까지 살고 있던 토지에서 기후가 다른 곳으로 이주하면 인체 기능은 그에 순응하여 그 토지의 기후에 익숙해진다. 기후 순응에 따라서 그 인간이 본래 가지고 있던 기후에 대한 지적도(至適度)가 변화한다. 기후 훈화, 풍토 순응이라고도 한다.

accommodation 어코머데이션 호텔, 선박 등의 숙박 시설, 및 그 서비스 전반을 말한다.

accordion curtain 아코디언 커튼 실내의 칸막이용으로 사용되는 신축식 칸막이문. ＝AC →accordion door

accordion door 접문(摺門), 주름문(－門) 아코디언의 주름과 같이 신축 개폐하는 커튼 모양의 문. 신축이 자유로운 철제의 골조에 헝겊이나 가죽으로 감싸고 상부의 가드 레일에 매단다. 칸막이 등에 사용.

accumulated pyranometer 적산 일사계(積算日射計) 시시 각각 변화하는 일사량을 어느 시간 내에 적산하여 출력하는 일사계. 일사계로부터의 출력을 적산기를 거쳐서 처리하는 경우도 많다.

accumulated solar irradiance 적산 일사량(積算日射量) 일사를 받는 면의 단위 면적 혹은 임의 면적이 소정의 기간 내에 받은 일사의 총량. →solar irradiance

accumulator 어큐뮬레이터 펌프에서 발생한 수압을 축적하여 필요한 경우에 수압 기계를 동작시키기 위한 물을 공급하는 장치로, 실린더 내에서 꽂아넣은 램과 수압력을 내는 하중으로 이루어진다.

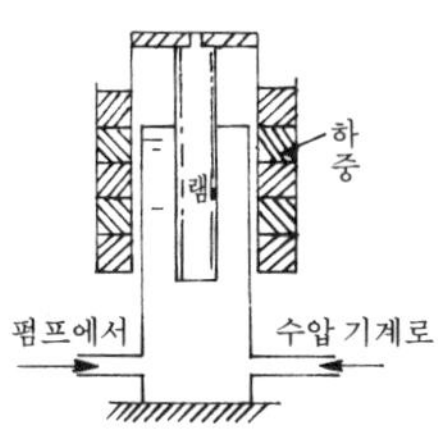

accuracy 정도(精度), 정밀도(精密度) 측정값의 정밀성을 나타내는 정도. 측량의 경우, 예로서 트래버스 측량(traversing)의 정도는 폐합비(閉合比)로 나타내어지며, 1/○○○○과 같이 나타낸다. 측량의 내용이나 목적에 따라서 표시 방법이나 정밀성의 정도가 정해진다.

acetate 아세테이트 천연 재료에 화학 약품을 작용시킨 섬유로, 반합성 섬유의 대표적인 품종.

acetylene gas 아세틸렌 가스 주로 쇠를 절단하는 데 사용하는 가스. 산소와 혼합하여 착화하면 고온으로 된다.

acetylene lamp 아세틸렌 램프 아세틸렌 가스에 점화하여 조명에 사용하는 램프.

achromatic color 무채색(無彩色) 백색, 회색, 흑색 등 이른바 색채를 갖지 않는 색. 이에 대하여 적색, 오렌지색, 황색, 녹색, 청색, 보라색 등의 색채를 갖는 것을 유채색이라 한다. 무채색 중에서는 명암의 구별을 할 수 있을 뿐이다. ＝untoned color

ACI 미국 콘크리트 공학 협회(美國－工學協會) ＝American Concrete Institute

acid precipitation 산성우(酸性雨) ＝acid rain

acid proof cement 내산 시멘트(耐酸－) 산에 대하여 저항성이 큰 시멘트. 무기질 시멘트로서는 규석이나 도자기의 분말과 물 유리의 혼합물이나 산화 글리세린으로 비빈 것으로, 유황의 용융물 등을 사용하는 경우도 있다. 유기 시멘트에서는 합성

수지류를 사용한다.

acid proofing mortar 내산 모르타르(耐酸－) 주성분에 물 유리를 사용한 것이나 합성 수지를 사용한 것 등.

acid proof paint 내산 페인트(耐酸－) 금속이나 목질 등에 칠하여 산의 작용을 방지하기 위해 사용하는 도료. 아스팔트계, 페놀 수지계, 섬유계, 염화 고무계, 합성 수지계.

acid rain 산성우(酸性雨), 산성비(酸性－) 대기 오염에 의해 유황 산화물이나 질소 산화물이 대기 중에서 화학 변화를 일으켜 황산이나 초산으로 변화하여 녹아들어 산성화한 비의 총칭.

acid soil 산성토(酸性土) pH가 7 이하인 산성을 나타내는 흙.

acid wastewater 산성 폐액(酸性廢液) 산을 포함하는 폐액. 대학, 연구소, 병원, 도금 공장, 화학 공장 등에서 배출된다. pH조정을 한 다음 필요한 처리를 한다.

acoustical and vibration system 음향 진동계(音響振動系) 음이나 진동을 포함하는 매질, 기구, 회로, 나아가서는 그들을 발생, 전달하는 계의 총칭.

acoustical environment 음환경(音環境) 음이나 진동이 존재하는 환경이나 그들을 다루는 영역을 총칭하는 것. ＝sound environment

acoustical inertance 이너턴스 음향계에서 파장보다 충분히 작은 부분에 집중한 기체 매질이 한 몸으로 되어 움직여 관성을 나타내는 것을 나타내는 상수.

acoustical laboratory 음향 실험실(音響實驗室) 음향 측정이나 실험, 연구를 위해 사용되는 방. →anechoic room, reverberation chamber

acoustic center 음향 중심(音響中心) 음원에서 충분이 떨어진 곳에서 음원으로부터의 방사 음파가 구면파라고 간주될 때 그 구면파의 중심. ＝effective center

acoustic compliance 음향 컴플라이언스(音響－) 음향 스티프니스의 역수. →acoustic stiffness

acoustic emission method AE법(－法), 음향 방사법(音響放射法) 비파괴 시험법의 하나. 고체 재료 내부의 미세한 파괴에 따라서 에너지가 해방될 때 발생하는 탄성파를 검출하여 재료의 파괴 진행 상황을 판정한다.

acoustic filter 음향 필터(音響－) 단면적을 갑자기 변화시켜 임피던스의 부정합에 의한 음의 반사를 이용하여 음을 감쇠시키는 공동형 필터.

acoustic impedance 음향 임피던스(音響－) 음장(音場)에서 파면에 평행한 유한의 면을 생각했을 때 그 면에 있어서의 음압과 그 면을 통과하는 체적 속도와의 복소비.

acoustic impedance for unit area 음향 임피던스 밀도(音響－密度) 음향계의 특정한 부분에 정현파의 음압을 가했을 때 그 부분에 생기는 입자 속도에 대한 음압의 비.

acoustic model 음향 모형(音響模型) 건축 설계의 가부나 실내 음장의 음향 현상을 검토하기 위해 사용하는, 실물과 물리적인 상사 법칙을 유지한 모형.

acoustic power level 음향 파워 레벨(音響－) 어느 음향 출력과 기준의 음향 출력과의 비의 상용 대수의 10배. 기준의 음향 출력은 10^{-12}와트로 하는 것이 원칙이나 미국에서는 10^{-13}와트로 하는 경우가 있다. 어느 경우나 그 값을 명기하는 것이 바람직하다. ＝sound power level

acoustic reactance 음향 리액턴스(音響－) 복소수로 나타낸 음향 임피던스의 허수부(X_A), 즉 음향 임피던스.

acoustic resistance 음향 저항(音響抵抗) 음향 임피던스의 실수부.

acoustics 음향학(音響學) 음의 발생, 전달 및 효과를 연구 대상으로 하는 과학.

acoustic stiffness 음향 스티프니스(音響－) 진동 각주파수로 나눈 것이 음향 리액턴스가 되는 양.

acquisition cost 취득 원가(取得原價) 토지나 건물 등의 자산 평가에 쓰이는 개념. 자산 취득에 드는 여러 비용의 합계액을 가리킨다. 용지비나 건설비 외에 설계비, 조사비, 공과금 등을 포함한다.

acquisition cost expenses 취득비(取得費) 토지나 건물 등의 자산을 취득하기 위해 요한 비용.

acropolis 아크로폴리스 고대 그리스에서 언덕 위에 성벽을 둘러싸서 만든 마을. 후에는 주요한 신전을 모은 신역을 의미하게 되었다. 아테네, 미네나이, 티린스, 아그로스, 코린트 등의 아크로폴리스는 특히 유명하다. 그림은 아테네의 아클로폴

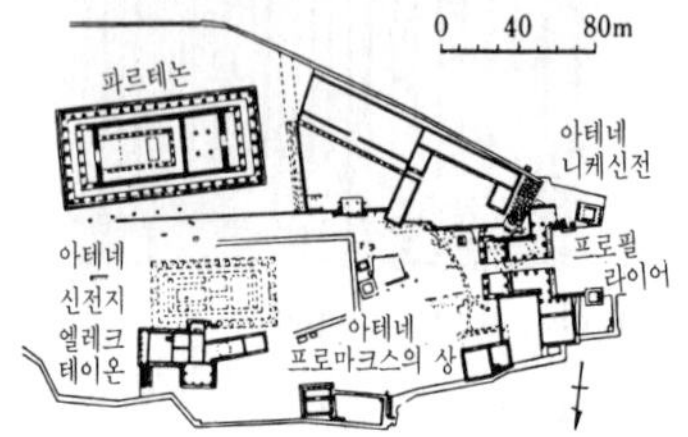

리스.

acrylic 아크릴 아크릴산이나 메타아크릴산의 유도체의 중합으로 얻어지는 물질의 총칭. 여기에서 얻어지는 것은 아크릴 고무나 아크릴 수지 등이다.

acrylic board 아크릴판(一板) 충격에 강하고, 알칼리에 강하다. 채광판, 조명 기구에 쓰인다.

acrylic emulsion paint 아크릴계 에멀션 도료(一系一塗料) 아크릴계 수지의 액체와 안료를 주성분으로 한 도료. =AEP

acrylic paint 아크릴 도료(一塗料) = acrylic resin coating

acrylic plastic 아크릴산 플라스틱(一酸一) 아크릴산, 메타아크릴산 및 그들의 에스테르류의 중합으로 얻어지는 플라스틱으로, 건축 관계에서는 금속 보호 도료나 접착에 쓰인다.

acrylic resin 아크릴 수지(一樹脂) 아크릴산 및 그 유도체의 중합에 의해서 얻어지는 합성 수지의 총칭. 아크릴산 메틸, 메타아크릴산 메틸의 중합체가 실용되며, 열가소성 수지로 무색 투명, 내수성이 크고, 광선의 투과율이 크다. 전자는 질이 유연하여 주로 접착제, 도료, 합성 유리의 중간층에, 후자는 질이 단단하여 유기 유리로서 문, 전기 조명 기구 등에 쓰인다.

acrylic resin adhesive 아크릴산 수지 접착제(一酸樹脂接着劑) 아크릴산 수지를 주원료로 한 접착제. 안정성이 있고 투명하다.

acrylic resin coating 아크릴 수지 도료(一樹脂塗料) 아크릴산 또는 메타아크릴산의 유도체를 중합하여 만든 수지를 도막 형성 요소로서 사용하여 만든 도료. = acrylic paint

acrylic rubber 아크릴 고무 내열성·내유성·내후성이 뛰어난 아크릴산 또는 메타아크릴산의 중합에 의해서 얻어지는 합성 고무.

acting area 액팅 에어리어 관객석에서 보이는 무대 중 연기를 하는 부분.

actinic glass 액티닉 글래스 자외선·적외선 흡수 유리.

action area 액션 에어리어 금후 10년 정도의 기간에 중대한 토지 이용의 변화가 예상되고, 도시 계획에 의해 그것을 계획적으로 유도 혹은 규제하거나, 또는 사업을 하는 구역.

action architecture 액션 아키텍처 건축의 개념에 대하여 적극적으로 공간을 제안해 가는 건축물 혹은 그 사고 방식.

action furniture 액션 가구(一家具) 서재, 사무실 등에서 선 채로 사용하는 형식의 가구. 카운터, 데스크 등이 중심이며, 특히 미국에서 쓰이는 말.

activated charcoal 활성탄(活性炭) 흡착, 흡수 능력이 큰 탄소를 주성분으로 하는 다공질의 탄. 수용액, 유지, 광유 등의 탈색제, 독 가스 등의 흡착제. =active carbon

activated sludge septic tank 활성 오니 배설물 정화조(活性汚泥排泄物淨化槽) 오수 처리의 한 방법. 폭기실(曝氣室) 내의 호기성(好氣性) 미생물을 다량 포함하는 활성 오니에 환기 장치에 의해서 다량의 공기를 보내어 오수와 충분히 혼합 접촉시키고, 유기물을 산화 분해시켜서 정화하는 방법. 표준 활성 오니 방식, 장시간 폭기 방식, 분주(分注) 폭기 방식 등이 있다.

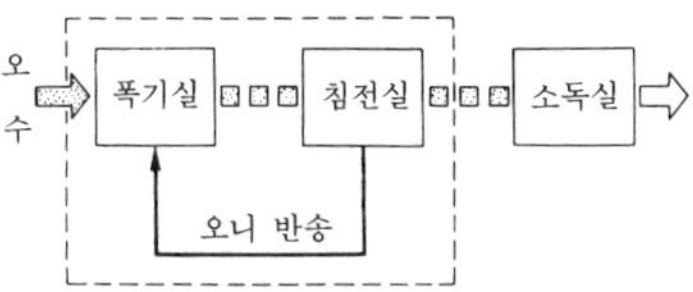

activation energy 활성화 에너지(活性化一) 물질계의 퍼텐셜 에너지의 산과 처음의 평형 상태에 있어서의 최저 에너지와의 차. 산화 등 화학 반응의 난이의 척도가 된다.

active carbon 활성탄(活性炭) =activated charcoal

active earth pressure 주동 토압(主動土壓) 흙이 가로 방향으로 팽창할 수 있는 상태에서 옹벽에 미치는 흙의 가로 방향의 압력.

active fault 활단층(活斷層) 제4기의 후기에 반복하여 활동한 지각 변동에 의해서 형성되고, 또 가까운 장래에 활동할 가능성이 있는 단층.

active Rankine pressure 주동 랭킨 토압(主動一土壓) 랭킨(W. J. M. Rankine)이 유도한 토압. 지반을 그 표면에 평행하게 고르게 인장했을 때 생긴다. →Rankine's earth pressure

active sensor 액티브 센서 일반적으로 근적외선 센서라고 불리는 검지기로, 적외선의 투광부와 수광부로 이루어지며, 이 빛을 침입자가 차단하면 경보 신호를 내도록 한 것. →passive sensor, shutter sensor

active solar house 액티브 솔라 하우스 태양열을 이용하여 난방이나 온수를 얻을 수 있게 한 주택 형식의 하나. 반사경이나 태양 전지를 지붕 등에 설치하고, 태양열

을 온수로 바꾸어 축열조에 저장하여 난방이나 급탕에 사용한다. 히트 펌프를 사용함으로써 냉방도 가능하다.

active solar system 액티브 솔라 시스템 집열기와 축열조, 히트 펌프 등을 사용하여 태양열을 모으고 이를 축적, 공급하는 시스템. 건축에서는 물식과 공기식이 있으며, 급탕 · 난방 · 냉방에 적용된다.

active system 액티브 시스템 어떤 목적의 달성을 위해서 기능하도록 기기류를 유기적으로 조합시킨 장치. 그 작동에는 일반적으로 에너지를 필요로 한다.

activities of living sphere 생활권 행동(生活圈行動) 주민이 생활권 속에서 행하는 일상적 행동.

activity 액티비티 공간에 발생하는 여러 가지 활동. 거주, 업무, 판매, 레크리에이션, 교통, 공급 처리, 이벤트 등.

activity type 종합 교실형(綜合敎室形) 학교 운영 방식의 하나. 학습이나 생활의 대부분을 각 학급의 교실 또는 그 주위에서 한다. 유치원이나 국민 학교 저학년에 적합하다. →usual-with-variation type, department system

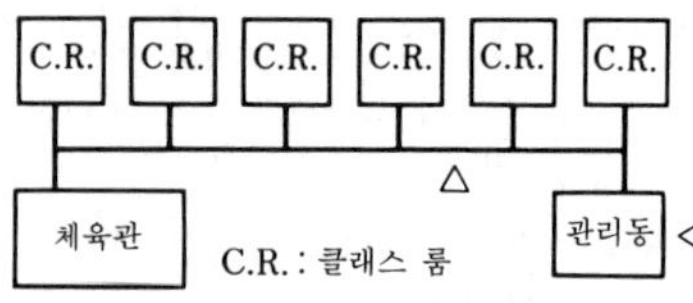

actual acreage 실평(實坪) 실측에 입각하여 산출한 면적(평수). 토지 대장에 기재되어 있는 면적에 대한 것으로, 토지의 매매나 임대차에 쓰이는 경우가 많다. → surveyed area

actual dimension 실제 치수(實際-數) =actual size

actual size 실제 치수(實際-數) 계측하여 얻은 실제의 치수.

actual stress 참응력(-應力), 진응력(眞應力) 단면에 작용하는 힘을 그 하중에 있어서의 실단면적으로 나누어서 구한 응력도.

actuator 액추에이터 구조 실험 등에 쓰이는 가력(加力) 장치의 총칭. 전동(電動)의 유압 잭이 대표적이다.

AD 공기 배출구(空氣排出口) =air diffuser

Adam style 애덤 스타일 18세기 후반의 영국의 신고전 주의를 대표하는 건축가 로버트 애덤(Robert Adam)이 확립한 실내 장식의 양식.

adaptation 순응(順應) 자극에 따른 감각 기관의 감수성이 점차 자극을 느끼지 않게 되도록 변화하는 과정, 또는 변화한 상태. =chromatic adapation

adaptational lighting 완화 조명(緩和照明) 명암이 급격히 변화하여 눈의 순응이 따르지 못하기 때문에 생기는 시각 저하를 방지하는 증등(增燈) 조명. 터널 입구나 현관 홀에 설치된다.

adaptation luminance 순응 휘도(順應輝度) 눈이 순응하고 있는 시야의 휘도.

additional allowance 할증(割增) 일정한 수량에 대해 그 몇 할인가를 증가하는 것.

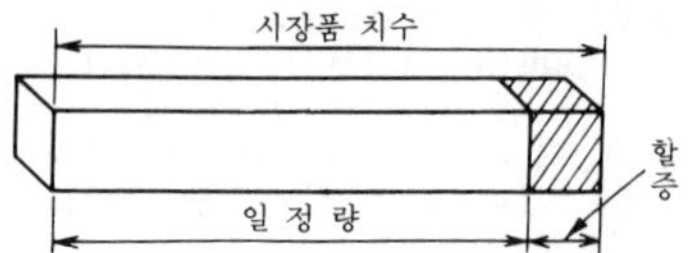

additional bar 보조 철근(補助鐵筋) 계산에서 요구된 철근 외에 만일에 대비하여 보조적으로 넣는 철근.

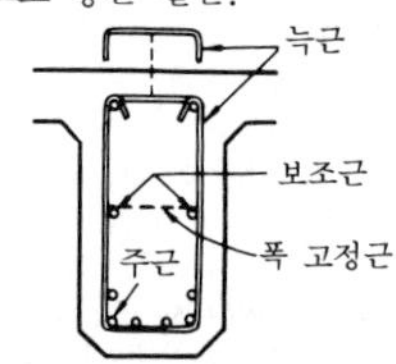

additional mass 부가 질량(附加質量) ① 진동계가 진동할 때 이것과 함께 움직이는 것으로 간주되는 진동계 주위 물체의 질량. 예를 들면, 건물 기초와 한 몸으로 되어서 움직이는 것으로 간주되는 흙의 질량 등. ② 물체가 유체 중에서 가속도 운동을 할 때 볼 수 있는 겉보기의 질량 증가분. 유체에 새로운 가속도 운동이 유기되기 때문에 물체의 질량이 부가된 것과 같은 효과가 생긴다.

additional projection drawing 보조 투영도(補助投影圖) 물체 경사 부분의 실형을 나타내기 위해 정투영법의 평화면, 입화면, 측화면 외에 그 경사면에 대면하는 위치에 있는 화면에 투영하는 그림. 건축에서는 철골 구조의 지붕틀 구조에서 지붕에 경사가 있는 경우, 지붕면에 대하여 투영하여 중도리의 배치 등을 나타내는 경우가 있다.

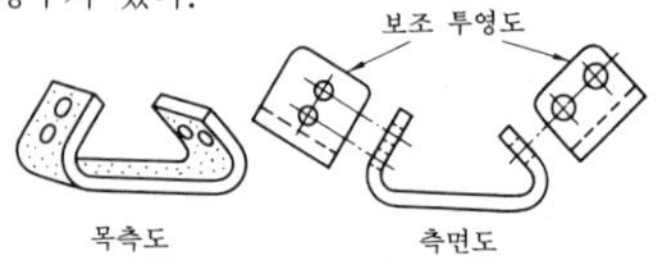

additional reference line 보조 기준선(補助基準線) 도면에서 건축물의 가장 기준이 되는 주기준선에서 재기 시작한 보조의 기준선.

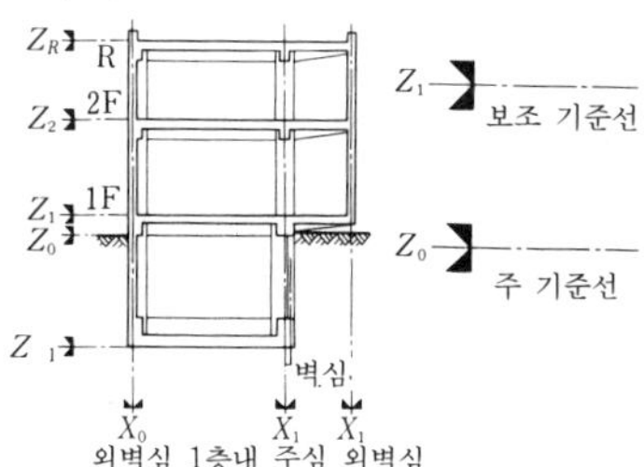

additional works 추가 공사(追加工事) 당초의 계약 이외의 공사로, 계약 성립 후의 계약 공사.

additive 혼합재(混合材) =admixture

additive mass 부가 질량(附加質量) = additional mass

addtive mixture of colors 가법 혼색(加法混色) 복수의 색광을 섞으면 전혀 다른 색의 지각을 생기게 하는 것을 말한다. 그 결과 원래의 색의 수가 증가하면 할수록 밝아진다.

adhesion 부착(附着), 흡착(吸着) 이종의 물질을 접촉하는 경우에 양자가 서로 부착하는 현상. 응착(凝着)을 말한다. 고체의 표면이 다른 액체에 의해 젖는 것은 이 때문이다. →bond

adhesion test 접착 시험(接着試驗) 접착의 강도를 살피는 시험.

adhesive agent 접착제(接着劑) 목재·금속·유리 등을 접착하는 재료. 전분·카세인·천연 고무 등의 천연물과, 합성 고무, 합성 수지 등이 있다.

adhesive failure 계면 파괴(界面破壞) 접착제 또는 실링재에 의한 접합부에서 피착재와 접착제 또는 실링재와의 계면에서 박리가 일어나는 현상.

adhesives 접착제(接着劑) =adhesive agent

adhesive strength 접착력(接着力) 접착의 세기.

adhesive stress 부착 응력(附着應力) 두 재(材)의 부착면에 작용하는 접선 응력.

adhocism 애드호시즘 고정 관념에 구애됨이 없이 사는 사람의 생각을 자유롭게 도입하여 설계하는 것.

adiabatic change 단열 변화(斷熱變化) 한 물체계의 상태 변화에 있어서 외부와의 사이에 열의 출입이 없는 경우를 말한다. 이상 기체의 단열 변화가 가역적으로 이루어질 때 압력 p와 부피 v는 pv^{γ}=상수, 또 절대 온도 T와 체적 v는 $tv^{\gamma-1}$=상수. 단, γ는 기체의 정압 비열과 정용 비열(定容比熱)과의 비이다. 가역적 단열 변화에서는 엔트로피는 불변이며, 비가역적이면 증가한다.

adiabatic compression 단열 압축(斷熱壓縮) 냉동 사이클에서의 압축기 내에서의 상태 변화. 엔트로피 일정선상의 움직임을 말한다.

adiabatic equilibrium 단열 변화(斷熱變化) =adiabatic change

adiabatic lapse rate 기온의 단열 감률(氣溫-斷熱減率) 공기의 작은 덩어리를 단열적으로 상승시켰을 때 기온이 감소하는 비율. 100m당 수증기의 응결이 일어나지 않는 경우에 약 1℃, 응결이 일어나는 경우에 약 0.6℃이다. 전자를 건조 단열 감률이라 하고, 후자를 습윤 단열 감률이라 한다.

adjustable rail 어저스터블 레일 커튼 레일의 일종으로, 레일에 겹쳐진 부분이 있어 어느 범위에서 길이를 자유롭게 조절할 수 있다.

adjustable ruler 자재 자(自在-) 여러 개의 점으로 이어지는 곡선을 그리기 위한 자. 플라스틱과 납선으로 되어 있는 것이 많으며, 전용의 문진(서진)을 얹고 곡선을 그린다.

adjustable set square 자재 3각자(自在三角-), 자유 3각자(自由三角-) 사변(斜邊)의 각도를 일정한 범위로 자유롭게 바꿀 수 있는 자.

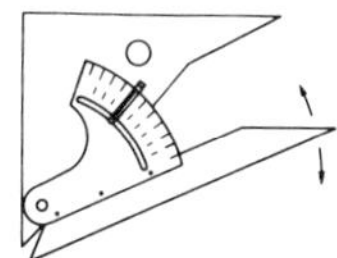

adjustable spanner 자재 스패너(自在-) 입의 열림을 자유롭게 조절할 수 있는 스패너. 멍키 스패너, 잉글리시 스패너, 파이프 렌치 등이 있다.

adjustable triangle 자재 3각자(自在三角-) 사변의 각도를 바꿀 수 있는 3각자 모양의 제도 기구.

adjustable wrench 멍키 렌치 =monkey wrench

adjuster 어저스터 ① 책상, 의자 등의 높이를 조절하는 장치. 특히 사무용·작업용의 의자에 널리 쓰인다. ② 여닫이창의 열림 각도를 임의의 위치에 정지시키는 쇠붙이.

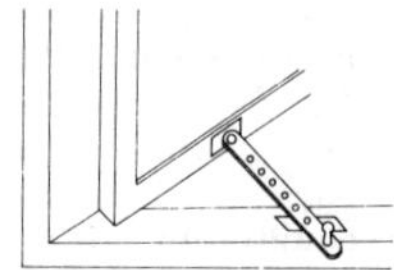

adjuster hook 어저스터 훅 커튼을 매다는 훅의 일종으로, 훅의 길이를 조절할 수 있다.

adjusting ball 자재 볼(自在－), 자재구(自在球) 고정식 책상용 조명 기구 등에서 조명 위치를 바꾸기 위해 기구의 부착 팔대 도중에 삽입하여 광원부의 위치를 돌릴 수 있게 하는 구슬 모양의 기구부.

adjusting joint 조절 줄눈(調節－) 콘크리트 블록, 벽돌 등을 쌓을 때 높이, 폭 등의 조정을 하기 위해 두는 줄눈.

adjustment 적응(適應) 생활 환경에 따라서 생활체가 생존에 적합하도록 생리적 변화를 나타내는 과정, 또는 변화한 상태. →adaptation

administered price 관리 가격(管理價格) 독점 혹은 과점의 시장에서 시장 경쟁이 없기 때문에 공급 기업만의 의향에 따라 결정되어 버리는 가격을 말한다. ＝controlled price

administration 관리(管理) ① 건물이나 설비에 대하여 안내, 연락, 운전, 감시 등의 서비스나 유지 보전 등을 하는 업무. ② 부재의 생산이나 공사의 시행에 있어서 올바르고, 효율적으로 할 수 있도록 계획·지휘·제어하는 것. ＝management →supervising, construction management

administrator 관리인(管理人), 관리원(管理員) 건물을 관리하는 것을 주임무로 하는 자.

admissible load 허용 하중(許容荷重) ＝allowable load

admixture 혼합재(混合材) 시멘트 모르타르나 콘크리트의 시공 효과를 높이기 위하여 조합(調合)하거나 첨가하는 재료. AE제(AE콘크리트), 시멘트 분산제, 시멘트 증량제, 경화 촉진제, 방수제 등.

adobe 아도브 찰흙을 성형한 다음 일광으로 자연 건조시킨 벽돌 모양의 것. 벽돌과 마찬가지로 쌓아 올려서 사용한다.

adsorbed water 흡착수(吸着水) 고체에 흡착되어 있는 수분.

adsorption 흡착(吸着) 액상(液相)이나 기상(氣相)에서 용질(溶質)이나 기체 분자가 그 상과 접합하는 다른 액체 또는 고체의 표면으로 제거되는 현상. 물리 흡착과 화학 흡착이 있다. ＝adhesion

adsorption method 흡착법(吸着法) 흡착 작용의 원리를 응용하여 유체 중의 유해한 물질 등을 흡착하여 제거하는 방법.

adsorption system 흡착 장치(吸着裝置) 흡착 작용의 원리를 응용하여 공기 중의 유해한 가스 등을 흡착하여 제거하는 장치. 활성탄이나 실리카 겔과 같은 흡착성이 강한 흡착제를 사용한다.

advance payment 전도금(前渡金) 청부 계약에서 대금의 일부를 공사 착공 전에 지불하는 것.

advance payment before building start 착수금(着手金) ＝advance payment

advancing color 진출색(進出色) 실제의 거리보다도 시각상 가까이에 있는듯이 보이는 색. →receding color

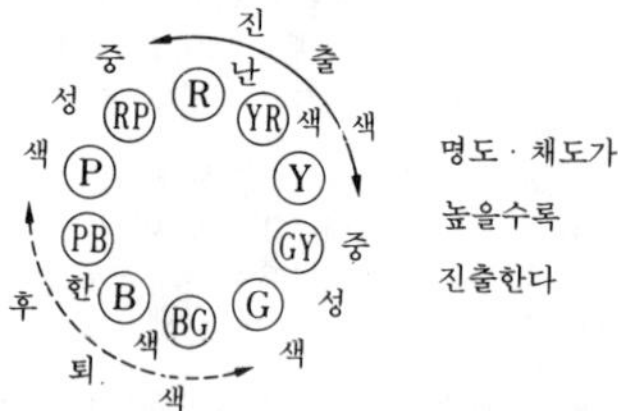

advocate architect 애드보케이트 아키텍트 건축 계획에 의해 영향을 받는 사람들의 이익을 옹호하기 위해 무상으로 협력하는 건축가.

adz 큰 자귀 ＝adze

adze 큰 자귀 목재 표면을 평탄하게 깎는 목공구의 하나.

adz finish 건목치기(乾木－), 자귀다듬 목조의 기둥이나 보·격자·반자틀 등의 표면 마감의 일종.

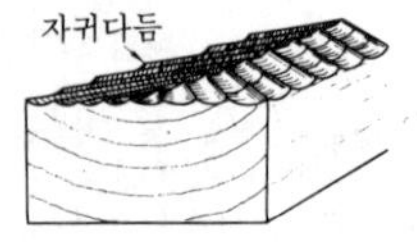

AE agent AE제(－劑) AE는 air-entraining의 약어. 콘크리트 속에 무수한 미세 기포를 포함시켜 콘크리트의 워커빌리티(workability)를 좋게 하기 위한 혼합제를 말한다. 공기 연행제(空氣連行劑)

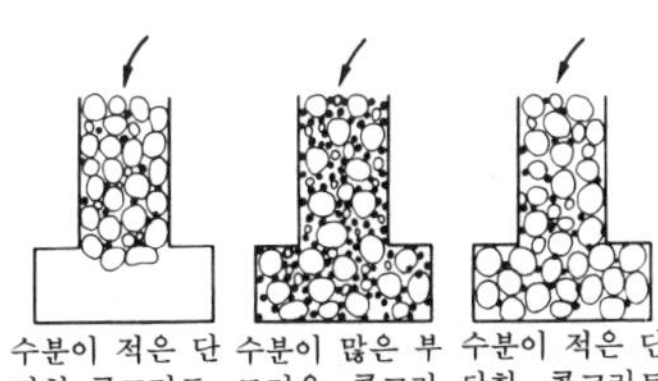

라고도 한다.

AE concrete AE콘크리트 =air-entrained concrete

Aegean architecture 에게해 건축(－海建築) 기원전 3000년경부터 크레타섬의 크노소스를 중심으로 번창한 에게해 문명의 건축 양식. 궁전이나 주택이 중심이며, 목재·석재·벽돌을 자유롭게 혼용했다. 아래쪽을 향해 가늘어진 원주를 쓰는 것이 특징이다. 그리스 본토의 미케네(Mycenae), 티린스(Tiryns)에서도 같은 경향을 볼 수 있다.

aeolian deposit 풍적 퇴적물(風積堆積物)[1], 풍적층(風積層)[2] (1) 바람에 의해 운반되어 퇴적한 토층. =wind laid deposit
(2) 풍성 퇴적물로 구성되는 토층. 일반적으로 입경(粒徑)이 비교적 균등하다.

AEP 아크릴계 에멀션 도료(－系－塗料) =acrylic emulsion paint

aerated concrete 기포 콘크리트(氣泡－) 기포제(起泡劑) 또는 발포제에 의해 기포가 들어간 콘크리트. 오토클레이브(autoclave) 양생을 한 ALC가 가장 보급되고 있다. =cellular concrete

aeration 통기(通氣)[1], 에어레이션[2], 풍화(風化)[3] (1) 일반적으로 공기의 유통을 좋게 하는 것. 또 바닥밑의 통기(통기구 등을 설치)나 배수 장치의 통기를 말하기도 한다. =ventilation
(2) 상수나 하수를 처리하기 위해 물을 공기 중에 분출시켜서 소독하는 것.
(3) 암석이 풍우나 식물, 지열 등의 작용을 받아 분해하여 점토나 토사로 되는 현상. =weathering

aerial cableway 가공 삭도(架空索道) 지주(支柱) 간에 가선(架線)한 와이어 로프에 운반기를 매달아 운반하는 장치.

aerial conductor wire 가공 전선(架空電線) 전주에 지지되어 공중에 포설된 전력 전송용 전선. =overhead conductor

aerial fire fighting 공중 소화(空中消火) 항공기 등에 의해 공중에서 소화제를 살포하여 소화하는 것. 산불 등에 효과를 발휘한다.

aerial photogrammetry 공중 사진 측량(空中寫眞測量) 공중에서 중복 촬영한 사진에 의해 시행하는 지형, 지물의 측량.

aerial ropeway 가공 삭도(架空索道) = aerial cableway

aerobes 호기성균(好氣性菌) 산소의 존재하에서 발육, 증식을 하는 세균. 공중 혹은 수중의 산소를 이용하여 유기 물질 등을 산화 분해한다. 오수의 호기성 처리에 사용한다.

aerobic bacteria 호기성균(好氣性菌) = aerobes

aerobic treatment 호기성 처리(好氣性處理) 충분한 산소의 존재하에서 호기성균의 구실을 이용하여 배수 중의 유기 물질을 분해·처리하는 방법을 총칭하는 것.

aerobiology 공중 생물학(空中生物學), 대기권 생물학(大氣圈生物學) 공기 중에 부유하는 세균 등의 미소한 것을 연구하는 학문.

aerodynamic admittance 공력 어드미턴스(空力－) 파워 스펙트럼 표시된 출력인 변동 풍압력을 입력인 풍속의 파워 스펙트럼으로 나눈 값.

aerodynamic damping 공력 감쇠(空力減衰) 구조물의 속도에 비례하는 성분을 갖는 공기력을 구조물의 진동 방정식으로서는 감쇠항으로 간주할 수 있으며, 그것을 공력 감쇠라 한다.

aerodynamic damping ratio 공력 감쇠비(空力減衰比) 공력 감쇠의 크기를 임계 감쇠에 대한 비율로 하여, 즉 감쇠 상수의 정의에 대응하여 정량화한 값.

aerodynamic force 공기력(空氣力) 공기가 구조물에 작용하는 힘. 건축물의 경우는 풍압력을 가리키나, 바람 이외의 기류에 의한 힘이나 정지 공기 중의 이동 물체에 작용하는 힘을 총칭해서 말한다.

aerodynamic moment 공력 모멘트(空力－) 기류 중에 두어진 물체에 작용하는 전도(轉倒) 모멘트와 비틀림 모멘트.

aerodynamic noise 기류 소음(氣流騷音) 공기의 흐름이 장해물에 부딪혔을 때나 노즐에서 분출할 때 공기류가 흩어져서 생기는 음.

aerodynamics 공기 역학(空氣力學) 공기의 역학적 성질을 추구하는 학문.

aerodynamic unstable vibration 공력 불안정 진동(空力不安定振動) 기류 중에서의 구조물 진동의 증폭이 공기력을 증가시키고, 다시 진동을 증폭시키는 불안정한 성질을 갖는 진동.

aerodynamic unstable vibration in lower wind speed 저풍속 여진(低風速勵振) 와여진(渦勵振) 혹은 공력 불안정 진동의 일종. 갤로핑(galloping)이나 플러터(flutter)에 비해 저풍속으로 생기기 때문에 이렇게 부른다.

aerofin heater 에어로핀 히터 열전도 효율을 높이기 위해 방열용 동관에 날개를 감아붙인 히터.

aerograph 에어로그래프 =airbrush

aeromechanics 유체 역학(流體力學) 정지 상태를 논하는 유체 정역학과 운동을 논하는 유체 동역학이 있으며, 물을 대상으로 하는 경우를 물역학, 공기를 대상으로 하는 경우를 공기 역학(건축 부문 등)이라 한다. =hydromechanics

aeroplane shed 격납고(格納庫) 항공기를 격납하는 건물로, 대형기는 그 주요부만을 넣는 노즈 행거식이 쓰인다. 철골조이며, 일부 철근 콘크리트도 사용한다.

aerosol 에어로졸 기체인 분산 매체 중에 분산질로서 고체 또는 액체의 미세한 입자가 부유하고 있는 물질계를 말한다. 연기 및 안개가 그 대표적인 것이다.

aesthetic zone 미관 지구(美觀地區) 시가지의 미관을 유지하기 위해 도시 계획에 의해서 정해지는 지역 지구의 하나. 지구 내의 건축물에 관한 제한은 지방 공공단체가 조례로 정한다.

affected zone 변질부(變質部) 용접이나 가스 절단시의 열에 의해 금속의 조직이나 성질에 변화를 받은 모재의 부분.

affordable housing 어포더블 하우징 도심부에서 사무용 빌딩의 개발에 맞추어 공급되는 저·중 소득자를 위한 주택으로, 1980년대 이후 미국의 도심부 오피스 지역 개발과 함께 세워진 주택 정책.

AFRC 아라미드 섬유 보강 콘크리트(－纖維補强－) =aramid fiber reinforced concrete

aftercare 애프터케어 ① 병후의 요양 지도. ② 범죄자의 출옥 후에 감독, 지도하는 것. ③ (건축물, 상품 등) 판매 후에 일정 기간 보증하고, 수리, 수선 등의 편의를 도모하는 것. =after service

aftercare colony 애프터케어 콜로니 병후의 사회 복귀나 건강 관리를 목적으로 한 시설이 갖추어진 거주지.

after cooler 애프터 쿨러 자동 제어용 공기원(空氣源)의 공기 압축기의 냉각 장치.

after finish 애프터 피니시 내장의 시공, 가구 제작에서 소재를 조립하여 현장에서 도장, 쇠붙이의 부착 등의 마감 작업을 하는 방법.

after damage 후유 재해(後遺災害)[1], 2차 재해(二次災害)[2] (1) 대규모 재해에서 그 재해가 끝난 다음에 일어나는 도시의 기능 장해나 경제적인 장해.
(2) 대규모 재해에서 재해 현상이 끝난 다음에도 도시적 기능이 회복하지 않기 때문에 전염병이 발생하거나 경제적 타격이 심각화해 가는 등의 현상.

after image 잔상(殘像) 빛의 자극이 없어진 다음도 시각 기관에 있는 흥분 상태가 계속하여 작용이 잠시 지워지지 않고 남는 현상.

〔양성 잔상〕

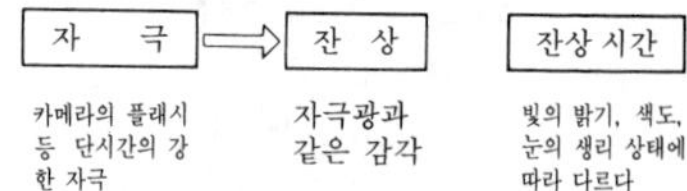
자 극
잔 상
잔상 시간
카메라의 플래시 등 단시간의 강한 자극
자극광과 같은 감각
빛의 밝기, 색도, 눈의 생리 상태에 따라 다르다

〔음성 잔상〕

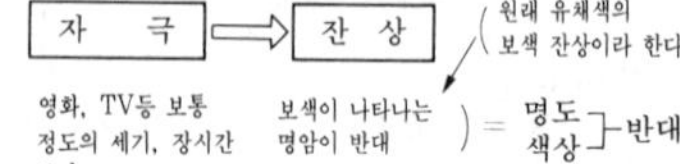
자 극
잔 상
원래 유채색의 보색 잔상이라 한다
영화, TV등 보통 정도의 세기, 장시간 본다
보색이 나타나는 명암이 반대
= 명도 색상 반대

after service 애프터 서비스 업자가 상품이나 건물을 판매한 다음 일정 기간 보증하고, 수리, 수선 등의 편의를 도모하는 것을 말한다.

after shock 여진(餘震) 어떤 특정한 지역에 어떤 특정한 기간에 발생하는 지진의 무리 중 최대가 되는 것 다음에 발생하는 지진을 말한다. 이에 대하여 최대가 되는 지진을 본진, 그 전에 발생하는 지진을 전진(前震)이라 한다. 여진은 본진보다 현저하게 작은 것이 보통이다. 또 단위 시간 내에 발생하는 여진의 수는 본진 후의 경과 시간에 대하여 쌍곡선적 관계로 감소한다.

agalmatolite brick 납석 벽돌(蠟石壁－) 납석을 주원료로 한 알루미나 실리카계 내화 벽돌의 일종.

age 재령(材齡) 목재의 연령으로, 연륜에 의해 나타내어진다.

age composition 연령 구조(年齡構造) 연령별 인구 구성.

aged person's room 노인실(老人室) 주택에서 노인이 기거하는 방. 취침 외에 거간적인 기능을 갖는 경우가 많다.

aged population 노령 인구(老齡人口) 도시나 지역에서의 만 65세 이상의 노인 인구를 말한다.

age hardening 시효 경화(時效硬化) 냉간에서 소성 가공을 받은 강재(鋼材)가 시간의 경과와 함께 경화하여 항복점이 상승하는 현상. 연성은 저하한다.

agent 대리인(代理人) 현장 대리인. 공사 계약자(시공자) 즉 건설 업자의 대리인이며, 공사 현장의 책임자를 말한다. =job master

agent charge 중개 수수료(仲介手數料) 부동산 등의 매매나 임대차 계약에서 중개하는 업자에 대한 보수. =intermediary charge

age pyramid of population 인구 피라미드(人口－) 남녀별(좌우축), 연령별(상하축)의 인구를 피라미드 모양의 그래프로 나타낸 인구의 연령별 분포.

agglomeration economy 집적의 경제(集積－經濟) 생산의 취급량이 많아지면 단위당의 원가는 적어도 된다는 경제 원리.

aggregate 골재(骨材) 모르타르, 콘크리트에 사용하는 자갈 등의 총칭. 5mm의 체를 무게 90% 이상 통과하는 것을 잔골재 또는세골재(細骨材)라 하고, 90%(토목에서는 85%) 이상에 멈추는 것을 굵은 골재 또는 조골재(粗骨材)라 한다. 천연 골재와 인공 골재(쇄석)로 나뉘고, 또 보통 골재에 대하여 중량 골재 및 경량 골재가 있다.

aging 노화(老化) 온도, 빛, 물, 대기 중의 불순물 등 외계의 영향, 또 자체의 내부에 일어나는 자연의 화학 반응에 의해 변질·퇴색·균열 등의 현상을 유기하여 품질을 저하시키는 것을 말한다.

aging society 고령화 사회(高齡化社會) 고령자의 인구 비율이 높아져 가고 있는 사회를 말한다. 노동 시장, 연금, 여가 생활, 복지, 보건 의료, 가족 형태 등에 변화가 생긴다.

aging test 노화 시험(老化試驗) 각종 재료의 노화에 대한 내구력을 예측할 목적으로 노화하기 쉬운 조건을 인위적으로 특히 강하게 작용시켜서 그 변화를 살피는 촉진 시험.

agitator 애지테이터 ① 콘크리트를 비비는 기계. ② 축열조(蓄熱槽) 내의 물을 강제적으로 교반(攪拌)하는 장치.

agitator truck 애지테이터 트럭 비빈 레디 믹스트 콘크리트를 분리하지 않도록 혼합하면서 현장에 운반하는 트럭.

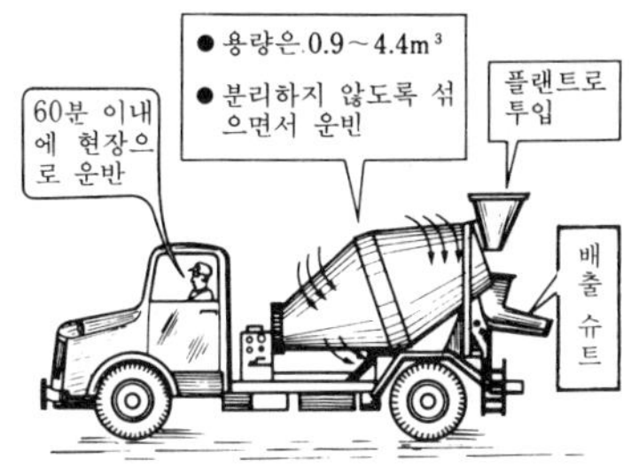

agora 아고라 고대 그리스 도시의 행정, 사법, 경제상의 중심이 되는 광장. 광장에 면하여 일반적으로 열주랑(列柱廊)이 세워지고, 여기가 법정으로 사용되었다. 광장에 접근하여 사원, 제단, 극장, 공회당이 있고, 신이나 위인의 조상이 세워져 있으며, 고대 그리스인의 일상 생활의 중심이었다.

1. 아테네 신전 2. 제단 3. 신문 4. 아고라 5. 마켓 홀(스토어) 6. 스토어 7. 재판소 8. 극장

agoraphobia 광장 공포증(廣場恐怖症) 넓은 장소에서 많은 사람들의 눈에 띄는 것을 겁내는 병적 증상.

agreement 계약(契約) 2자 이상 사이에서 쌍방이 의사의 합의에 의해 성립하는 법률적 행위. 청부, 위임, 고용과 같은 장래 이행하는 채권에 관한 채권 계약 외에 재산권에 관한 물권 계약, 신분에 관한 계약 등이 있다. 통상은 contract와 거의 같은 의미를 갖지만 엄밀하게는 더 넓은 개념을 갖는다.

agricultural land 생산 녹지(生産綠地)[1], 농지(農地)[2] (1) 전답, 임야, 목축지, 양어장 등에서 생산 활동이 이루어짐으로써 오픈 스페이스로서도 적정하게 관리되고 있는 토지.
(2) 농업 생산을 위해 사용되는 토지. =

farmland

agricultural population 농업 인구(農業人口) 농업에 종사하는 인구.

agricultural road 농도(農道) 농경지에 부수하여 자연 발생적으로 생겨난 경작 도로와 계획적으로 만들어진 경작도, 생산물의 유통 도로, 농촌 생활 도로를 총칭하는 것.

AHU 에어 핸들링 유닛 =air handling unit

AI 인공 지능(人工知能) =artificial intelligence

A_i distribution A_i분포(－分布) 지진층 전단력 계수의 건축물 높이 방향의 분포 계수. 건축물의 기부에서 1.0, 상부로 갈수록 커진다.

air absorption 공기 흡수(空氣吸收) 공기 중을 전파하는 과정에서 음의 에너지가 공기에 의해 흡수되는 현상. =atmospheric absorption

air art 에어 아트 풍력을 이용하여 오브제(objet)를 움직이는 조형과 마찬가지로 공기를 비닐 봉지에 넣은 모양으로서 표현하려고 하는 조형.

air beam 에어 빔 박막 튜브를 빔(보) 모양으로 하여 공기압으로 긴장하고 휨 강성을 갖게 한 막(膜)구조의 일종.

airborne bacteria 부유 세균(浮遊細菌) 부유 미생물. 공기 중에 부유하고 있는 박테리아. 병원성을 갖는 종류도 있다.

airborne fungus 부유 진균(浮遊眞菌) 균류 중에서 세균류와 변형 균류를 제외한 부유 미생물.

airborne particle 부유 분진(浮遊粉塵) 공기 중에 부유하고 있는 10μm 이하의 입자를 말한다.

air borne sound 공기 전파음(空氣傳播音), 공기 전송음(空氣傳送音) 소음원에서 공기 중에 나온 음이 건물의 틈, 덕트 등을 통해서 전파하는 것. 고체 전송음에 대해서 말한다. →solid borne sound

airbrush 에어브러시 액체 물감을 스프레이와 같이 분무시키는 묘화 기구를 말한다. =aerograph

air chamber 공기실(空氣室) ① 관 속에 생기는 수격압(水擊壓)을 흡수하기 위해 배관 도중에 설치되는, 공기가 모이는 배관 부분. ② 덕트의 굴곡, 분기 등의 부분에 설치되는 정류, 감음(減音) 등의 역할을 하는 상자.

air cleaner 공기 청정기(空氣淸淨器) 공기 정화 장치 중 비교적 간단한 것. →air cleaning devices

air cleaning devices 공기 정화 장치(空氣淨化裝置) 공기 중의 부유 미립자, 세균, 유독 가스 등의 오염물을 제거하여 환경 공간의 청정도를 유지하기 위한 장치. 산화, 환원, 분해, 흡착, 에어 필터, 전기 집진, 세척 등에 의해 정화한다. =air cleaner

air collector 공기식 집열기(空氣式集熱器) 공기를 집열 매체로 하는 태양 집열기. 보통, 평판형이며 난방용으로 이용되고, 동결 파손의 염려가 없다.

air compressor 공기 압축기(空氣壓縮機) 밀폐한 용기 속에 공기를 동력으로 압축하여 그 압력을 높이는 기계. 동력으로서는 전동기, 증기 기관, 내연 기관 등이 쓰인다. 기구는 피스톤의 왕복 운동에 의한 왕복식, 회전자의 회전에 의한 회전식, 고속 회전하는 날개차의 원심력을 이용하는 원심식, 회전식 등이 있다. →compressor

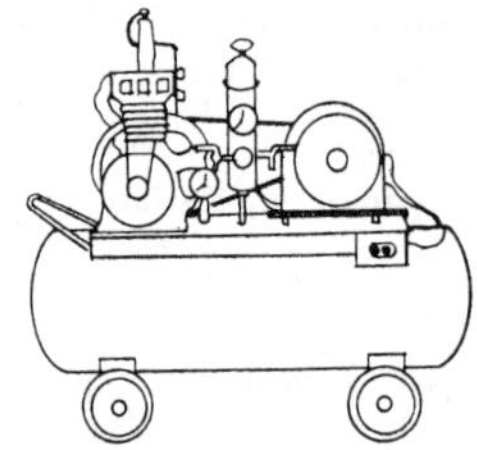

air condition 공기 조화(空氣調和) =air conditioning

air conditioner 공기 조화기(空氣調和機) 공기를 흡입하여 이것을 공기 조화해서 내보내는 장치. 장치 내에 공기 정화, 공기 냉각 및 감퇴, 공기 가열 및 가습의 기능을 가진, 다음과 같은 각종의 기기가 케이싱에 수납되어 있다. 공기 여과기(에어 필터 : AF), 공기 예열기(PH), 공기 예냉기(PC), 공기 냉각 감습기(AC), 공기 가습기(AH), 공기 재열기(RH), 송풍기(F) 등이다. PH와 RH로서는 공기 가열 코일(HC), PC와 AC로서는 공기 청정기(AW) 또는 공기 냉각 코일(CC), AH로

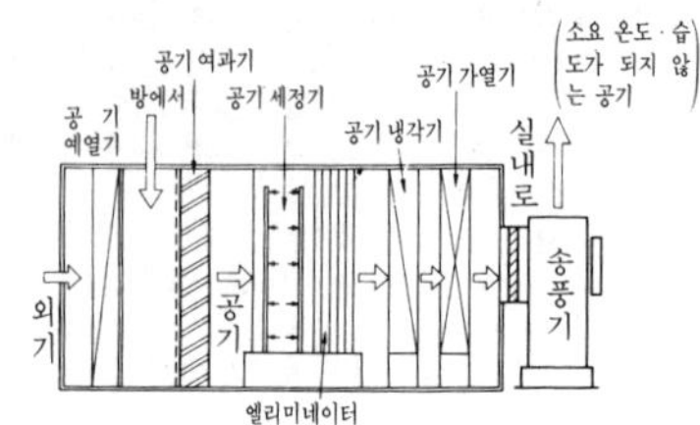

서는 공기 청정기 또는 가습 팬(HP)이 사용된다. 이들 기기의 조합 방법은 공기 조화 조건, 기계실의 크기, 열부하의 성질, 예산 등에 따라 여러 가지로 다르다. 또 공기 조화기를 건물의 한 곳에 모으고, 각 방에는 덕트에 의해서 송풍하는 방식을 중앙식(central system), 각각의 실내에 공기 조화기를 두는 방식을 개별식(unit system)이라 하고, 후자용의 장치를 유닛 공기 조화기라 한다.

air conditioner load 공기 조화기 부하(空氣調和機負荷), 공조기 부하(空調機負荷) 열부하 계산을 할 때 건물 조건, 공기 조화 조건, 환기 조건에서 구해지는 실내 부하(혹은 존 부파)에 송풍기 부하, 덕트 부하, 외기 부하를 더한 값을 말한다.

air conditioning 공기 조화(空氣調和), 공기 조정(空氣調整) 실내 공기의 온습도, 청정도 및 기류 분포 등을 재실자에게 쾌직하고, 동식물의 생육이나 각종 공장에서의 물품의 저장 등 목적에 적합한 상태로 처리, 조정하는 것. 사람을 대상으로 하는 보건용 공기 조화, 물품을 대상으로 하는 산업용 공기 조화가 있다.

air conditioning cooling load 냉방 부하(冷房負荷) 냉방시에 실내에 침입하는 일사, 관류열, 인체·조명 등 내부 발생열을 말한다. =cooling load

air conditioning equipment 공기 조화 설비(空氣調和設備), 공조 설비(空調設備) 공기의 온도, 습도, 청정도 및 기류 분포를 대상 공간의 요구에 맞도록 동시에 처리하기 위해 사용하는 장치.

air conditioning method 공기 조화 방식(空氣調和方式) 공기 조화기에서 실내까지 열을 운반하는 운반 방식. 공기 방식(열의 운반을 공기만으로 하는 방법), 공기·물 방식(물과 공기를 병용하는 방법), 물 방식, 냉매 방식이 있다.

air-conditioning noise 공기 조화 소음(空氣調和騷音), 공조 소음(空調騷音) 공기 조화 설비의 송풍기나 덕트 내에서의 기류의 난류 등으로 발생하는 소리.

air conditioning room 공기 조화실(空氣調和室) 공기 조화가 행하여지고 있는 방. 실온, 습도, 공기 청정도의 제어가 이루어진다.

air conditioning zone 공기 조화 계통(空氣調和系統), 공조 계통(空調系統) 공기 조화를 목적으로 조닝(zoning)을 한 건물 내의 각 구획과 그 구획을 위한 공기 조화 설비의 전체를 말한다. 조닝은 건물의 사용 조건, 열부하의 특성을 감안하여 행하여진다.

air conditioning unit 공기 조화 유닛(空氣調和－) =air conditioner

air content 공기량(空氣量) 콘크리트 속에 포함되어 있는 기포 용적의 콘크리트 전 용적에 대한 백분율.

air-cooled packaged air conditioner 공랭형 패키지 공기 조화기(空冷形－空氣調和機) 냉매를 공기로 냉각시키는 형식의 응축기(凝縮器)를 사용하는 패키지형 공기 조화기를 말한다. 보통, 응축기는 옥외에 설치한다. 압축기는 응축기와 함께 옥외에 설치하는 것, 실내의 유닛에 설치하는 것이 있다.

air cooler 공기 냉각기(空氣冷却器) 공기를 냉각하는 기계 또는 장치. 공기 조화에서는 구리 또는 강관제의 공기 냉각 코일이 사용되며, 코일에는 팬 코일이 널리 쓰인다. 관내를 통하는 유체는 냉수, 브라인(brine), 프레온 등의 냉매이다. 또 공기 청정기의 스프레이 노즐에서 분출하는 물도 공기 냉각기의 역할을 한다.

air cooling coil 공기 냉각 코일(空氣冷却－) 공기 조화기 내부 등에 설치하는 공기를 냉각하기 위한 장치. 보통, 날개가 달린 파이프 무리로 이루어지며, 냉수, 냉매 등을 관 속에 통하여 관 및 날개 표면에 공기를 접촉시켜서 냉각, 제습을 한다.

aircraft noise 항공기 소음(航空機騷音) 항공기의 이착륙에 의해 야기되는 소음. 시가지의 확대와 함께 표면화되어 온 공해의 하나. 도시 계획의 지역 지구의 하나로서 항공기 소음 장해 방지 지구가 있다.

air curing 공중 양생(空中養生) 시멘트, 콘크리트 등의 시험에서 시험체를 형틀에서 빼낸 다음 수중에 두지 않고 습기를 가진 공기 중에 시험하기까지의 기간 동안 두는 것을 말한다. →water curing

air current 기류(氣流) 바람, 기동과 같다. 어떤 범위의 고른 흐름에 대하여 쓰이는 경우가 많다. 기상학적으로 상층 기류, 북상 기류, 남하 기류 등에 쓰인다. 상승 기류, 하강 기류 등의 용어는 실내의 기류에 대해서도 사용된다.

air curtain 에어 커튼 온습도를 조정한 공기의 분류를 만들고, 출입구 내외의 공기류를 차단하는 장치. 많은 사람의 출입이 있는 백화점이나 공장 출입구에 이용.

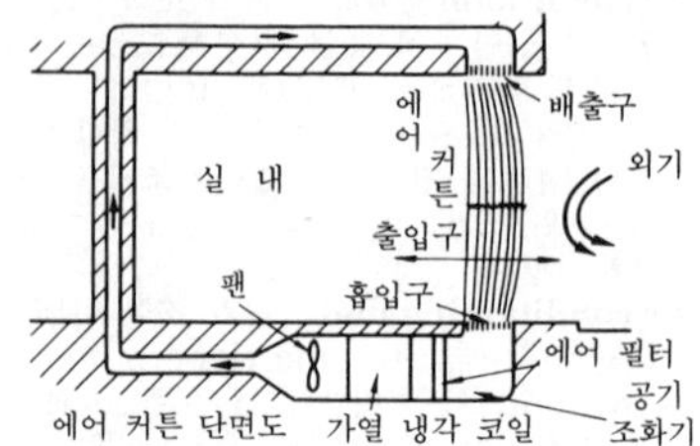

air cussion structure 에어 쿠션 구조(-構造) 공기막 구조의 한 형식. 봉지 모양의 막 사이에 공기를 넣어서 부풀게 하여 형상이나 강성(剛性)을 확보하는 구조. → air inflated structure

air cycle house 공기 순환 주택(空氣循環住宅) 2중벽 중 지붕밑, 마닥밑으로 공기를 순환시켜서 건물 전체의 온도를 균일화하려는 주택.

air cycle system 공기 순환 방식(空氣循環方式) 태양열 시스템을 이용한 주택 등에서 에너지 절감을 목적으로 자연의 외기를 건물 내에 도입하여 순환시켜서 그 에너지를 이용하는 방법.

air damper 공기 댐퍼(空氣-) =air spring

air dehumidifier 공기 감습기(空氣減濕器) 습한 공기와 접촉하여 흡착(실리카겔 등)이나 흡수(염화 리튬 용액 등)에 의해 습기(수증기)를 제거하는 장치. 공기 냉각기를 사용하는 코일에 결로(結露)시켜서 감습시키는 경우도 있다.

air density 공기 밀도(空氣密度) 공기의 밀도. 1기압 15℃일 때 0.001226g/cm³. 공기의 관성력을 평가하는 데 중요한 물리량이다.

air diffuser 공기 배출구(空氣排出口) 공기 조화용의 공기 배출구. =AD

air distribution 공기 분포(空氣分布) 실내에서의 공기의 유속, 온도, 습도 등의 분포 상태. 보통은 공기 흐름의 분포를 말한다. 공기 조화 등에 있어서 실내, 특히 호흡 위치 또는 작업 위치에서 공기 분포가 고르고 필요한 조건을 만족하는 공기 상태이어야 하는 것이 바람직하다. 공기 분포에 영향을 주는 것은 방의 모양, 천장 높이, 기둥이나 보의 위치와 크기, 창의 위치와 크기, 공기의 배출구와 흡입구의 형식, 위치, 수와 그 배치 및 흡출과 흡입의 속도와 공기량 방열기, 조명 기구 기타 실내에 있는 기계, 기구, 가구 등의 위치와 크기 등.

air dome 공기막 구조(空氣膜構造) 지붕에 플라스틱이나 캔버스 등의 막재(膜材)를 사용하고, 공기에 일정한 압력을 가하여 대공간을 만드는 건축 공법. =air house

air door 에어 도어 에어 커튼을 사용한 출입구.

air drain 에어 드레인 =areaway, dry area

air dried 기건(氣乾), 기건 상태(氣乾狀態) 목재나 목질 재료가 통상 대기의 온습도 조건에 대하여 평형한 수분을 포함하고 있는 상태.

air-dried gravity 기건 비중(氣乾比重) 기건 상태에 있는 재료의 비중. 기건 상태에 있는 재료의 무게를 그 용적으로 나눈 값. 즉

기건 상태의 재료 무게/기건 상태의 재료 용적=기건 비중

기건 상태의 재료 무게	÷	기건 상태의 재료 용적	=기건비중

air-dried state 기건 상태(氣乾狀態), 공기 건조 상태(空氣乾燥狀態) 재료의 함수분이 대기 중의 습도와 평형 상태로 되는 것. 기건 상태의 함수율은 목재에서 13~18%, 모래에서 약 1~2%.

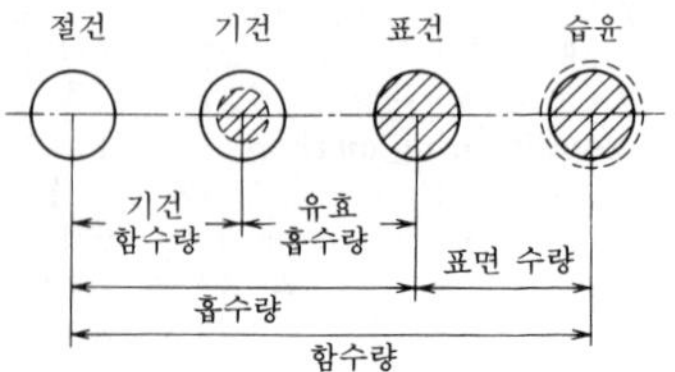

골재의 함수 상태 변화

air-dried weight 기건 중량(氣乾重量) 기건 상태에 있어서의 중량. =ordinery weight

air-dried wood 기건 목재(氣乾木材) 자연 건조에 의한 목재로, 함수율 15% 중량(표준 함수율)에 해당하는 목재를 기건 목재라 한다.

air drill 공기 드릴(空氣−) 압축 공기력에 의해 작용하는 드릴. =pneumatic drill

air duct 덕트, 에어 덕트, 풍도(風道) 난방 및 공기 조화 계통에서 아연 철판 등으로 만든 장방형, 원형 등의 공기의 송기 및 환기용 관로.

air ejector 공기 이젝터(空氣−) 압축 공기를 노즐에서 분출시켜 다른 기체를 흡인하는 장치.

air eliminator 에어 엘리미네이터 에어 워셔나 공기 조화기의 냉각 코일 등의 하류측에서 기류 중에 포함되는 물방울 비산을 방지하는 장치. =eli-minator

air-entrained concrete AE콘크리트, 공기 연행 콘크리트(空氣連行−) 콘크리트를 비빌 때 AE제를 혼합하여 내부에 미세한 기포를 포함시킨 콘크리트. 공기 연행 콘크리트라고도 한다. 동일 조합, 수량의 보통 콘크리트에 비해서 워커빌리티(workability)가 좋고, 내구성이 크나, 압축 및 철근과의 부착 강도는 상당히 약하다. =AE concrete

air-entraining agent AE제(−劑) =AE agent

air entraining and water reducing agent AE감수제(−減水劑) 화학 혼합제의 일종. 콘크리트에 섞어서 소정의 슬럼프를 얻는 데 필요한 단위 수량을 감소시키는 동시에 무수한 미세 공기 거품을 넣어 워커빌리티(workability) 및 내구성, 내동결 융해성을 향상시키기 위해 사용한다.

air exhaustion 배기(排氣) 오염된 공기를 실외로 배출하는 것. 또 배출된 오염 공기. 배출 방법으로서는 자연 배기, 기계 배기로 대별된다. =exhaust air

air exit 공기 출구(空氣出口), 배기구(排氣口) 공기가 나가는 곳이라는 정도의 의미로 확연하지 않으나, 어떤 방에서 배기를 덕트를 통해서 또는 직접 외기로 배출시키는 곳(배기구)의 의미로 사용된다.

air filter 공기 여과기(空氣濾過器) 공기 속에 있는 먼지를 제거하는 장치. 건식의 유닛형, 습식의 멀티패널형, 미세한 먼지를 제거할 수 있는 전기 집진기가 있다.

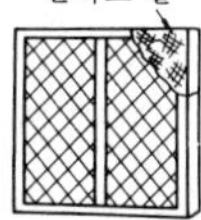

(a) 건식 공기 여과기

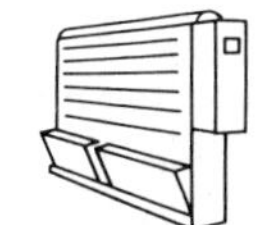

(b) 연속식 공기 여과기

air flow 기류(氣流) =air current

air flow around buildings 건물 주변 기류(建物周邊氣流), 주변 기류(周邊氣流) 물체 주위의 기류를 총칭하는 것. 일반적으로는 건축물 주위의 건물, 수목 등에 영향되는 기류를 말한다.

airflow in urban area 시가지 바람(市街地−) 지표면 부근을 부는 바람 중 비교적 지표의 요철(凹凸)이 심한 시가지 위를 부는 바람을 말한다. =urban wind

airfoil fan 날개형 송풍기(−形送風機) 날개가 비행기의 날개 모양으로 된 고효율, 저소음의 송풍기. 주로 고속 덕트용으로 사용한다.

air fuel ratio 공연비(空燃比) 연소에 사용한 연료에 대한 공기 질량의 비율. 이것을 바탕으로 연소에 필요한 외기 도입량을 정한다.

air furnace 공기 가열로(空氣加熱爐) 소규모의 온풍 난방으로 온풍을 만드는 노. 여기서 만들어진 온풍을 벽이나 천장의 분출구에서 실내로 보낸다.

air gap 에어 갭 역류에 의한 음료수의 오염 방지를 목적으로 하여 두어지는 공간. 급수전 또는 급소관의 토수구 끝과 용기의 넘침 가장자리와의 수직 거리.

air gap for indirect waste 배수구 공간(排水口空間) 오수의 역류를 방지하기 위해 급수 탱크, 냉장고, 의료 기기 등으로부터의 배수는 오수관, 잡배수관에 직접 접속하지 않고, 일단 가장자리를 끊어서 적절한 공간을 두고 물받이 용기를 거친 다음 접속한다. 이 공간의 연직 거리를 말한다.

air handling troffer 공기 조화 조명 기구(空氣調和照明器具), 공조 조명 기구(空調照明器具) 공기 조화된 공기의 분출구 혹은 환기, 배기 등의 흡입구와 조명 기구를 한 몸으로 제작한 기구. 천장에 매입하여 설치한다.

air handling unit 에어 핸들링 유닛 중앙식 공기 조화에 사용하는 공기 조화기. 에어 필터·공기 냉각기·공기 가열기, 가습기, 송풍기 등의 장치를 케이싱에 수

납한 것. 공장에서 조립한 공기 조화기를 말하는 경우가 많다. =AHU

air hardening 기경성(氣硬性) 벽토, 소석회, 돌로마이트 플라스터(dolomite plaster) 등과 같이 공기 중에서 경화하는 성질.

air heater 공기 가열기(空氣加熱器) 공기를 가열하는 기계 또는 장치. 전기 히터 혹은 구리 또는 강관제의 공기 가열 코일이 있다. 코일에는 핀 코일이 널리 쓰이며, 관내를 통하는 열매(熱媒)는 증기, 온수 등이다. 공기 조화에서는 공기 예열기(pre-heater), 공기 재열기(re-heater)로서 가열 코일이 사용된다. 또, 공기 청정기의 스프레이 노즐에서 분출하는 온수도 가열기의 역할을 한다. →dry coil, wet coil

air heating coil 공기 가열 코일(空氣加熱-) 공기 가열기 중 코일 모양의 열교환기를 말한다.

air house 에어 하우스 =air dome

air humidifier 공기 가습기(空氣加濕器) 공기 가습을 하기 위한 장치. 현재 가장 널리 사용되는 것은 압축 공기에 의한 분무 가습 장치와 회전 원판에 의한 원심식 가습기이다. 전자는 그림과 같이 급수관으로 유도된 물을 0.3~1.5kb/cm²의 압축 공기에 의해서 물을 세분화하여 실내에 직접 분무하는 방식이고, 후자는 고속 회전하는 원판의 표면을 따라서 흐르는 물이 원판 가상자리의 판에 충돌하여 무화(霧化)된 작은 물방울에 의해서 실내 공기를 직접 가습하는 방식이다. 또 공기 청정 장치의 스프레이 노즐에서 분출하는 물이나 증발 접시에서 증발하는 수분에 의한 방법도 있다.

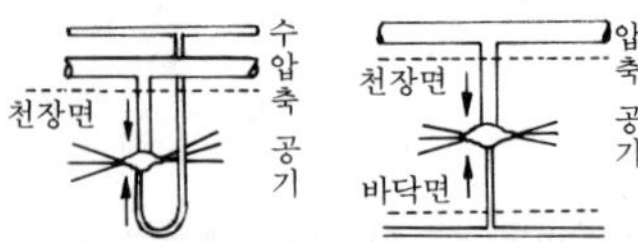

air humidity 공기의 습도(空氣-濕度) 공기 중에 포함되는 수증기 양의 정도. 구체적 표현으로서는 수증기압, 절대 습도, 상대 습도, 비습(比濕) 등이 있다.

air-inflated membrane structure 공기막 구조(空氣膜構造) 구조체의 내부와 외부의 공기압차에 의해 막면에 장력, 강성을 주어 형상을 안정시키는 구조 형식. 공기 지지 구조, 공기 팽창식 구조, 에어 쿠션 구조의 3종류로 대별된다. =pneumatic structure

air inflated structure 에어 인플레이티드 구조(-構造) 공기막 구조의 일종으로, 봉지 모양으로 한 2중막 사이를 적당히 잇고, 여기에 압력을 가하여 판 모양 또는 원통 모양으로 한 구조. →air cussion structure

air inlet 공기 입구(空氣入口), 공기 유입구(空氣流入口), 급기구(給氣口) 공기가 들어오는 곳이라는 정도의 의미로 확연하지 않으나, 건물에 신선한 공기를 끌어 들이는 곳(취입구) 또는 실내로 신선 공기 또는 순환 공기를 공급하는 곳(급기구)을 말하는 경우도 있다.

air ion 공기 이온(空氣-) 공기 중의 미립자가 양 또는 음으로 대전한 것. 공기 이온에는 운동도가 큰 경(輕) 이온 외에 중(中), 중(重) 이온이 있는데, 인체에 작용하는 것은 경 이온이라고 한다. 양 이온은 자극적, 음 이온은 진정적 작용이 있다. 지표에 가까운 대기 중에서의 음양의 경 이온수는 거의 동수로 300~1000개/cm³. 실내에 사람이 들어오면 음양 이온수는 감소하나 이온비는 증대한다. 환기가 양호한 방에서는 이 감소량이 적다.

air leakage 공기 누설(空氣漏泄) 덕트, 공기의 반송계, 체임버, 필터, 방의 틈 등으로부터 공기가 새는 것.

air leakage characteristic 통기 특성(通氣特性) 새시 등의 틈사이의 기밀 정도. 틈사이의 단위 길이당 통기량 q(m³/h·m)을, 틈 사이의 양쪽 압력차를 Δp(mmHg)로서 나타내면

$$q=a(\Delta p)^{1/n}$$

이 된다. a, n : 틈 사이의 특성을 나타내는 상수.

airless spray 에어리스 스프레이 도료 자체에 압력을 가하여 스프레이 건 끝의 노즐에서 안개 모양으로 분사하는 기구.

air lift pump 에어 리프트 펌프 심정용(深井用)의 기포 펌프. 수중에 넣어진 양수관 하단에서 압축 공기를 보내고, 양수관 속에 기포를 발생시켜 관외수(管外水)와의 비중의 차에 의해서 양수시키는 기구를 갖는다. 구조가 간단하고 고장이 없어 편리하지만 효율이 나쁘다는 결점도 있다.

air lock 에어 로크 ① 뉴매틱 케이슨 공법(pneumatic caisson method)에서의 기압 조정실을 말한다. ② 2중문에서 양자가 동시에 열리지 않는 기구를 갖는 것.

air mass 대기 질량(大氣質量) 일사(日射)가 대기를 통과할 때의 거리에 관계하는 질량. 태양 고도 90°의 대기 질량을 1로 하고, 근사적으로 태양 고도의 정현의 역수로 나타낸다.

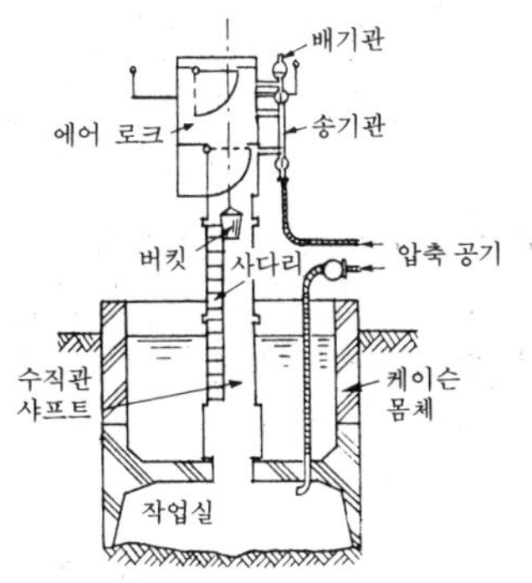

air lock ①

air meter 에어 미터 아직 굳어지지 않은 콘크리트 속의 공기량을 재는 압력식의 계기. 수압식과 기압식이 있다.

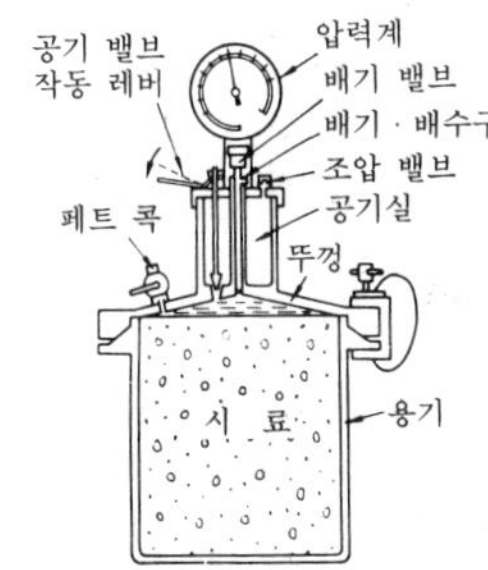

〔측정 방법〕

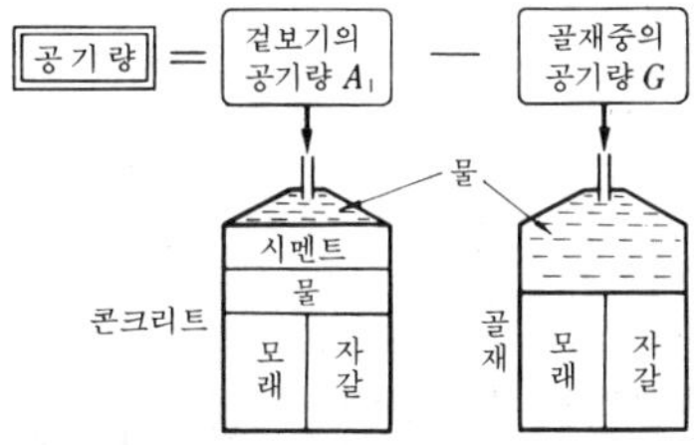

air nailer 에어 네일러 압축 공기를 이용하여 못을 박는 기계.

air outlet 공기 출구(空氣出口), 배기구(排氣口) 덕트에 의해서 보내진 공기를 실내에 분출시키기 위한 송풍구. 슬릿형, 팬형, 다공판형, 아네모스탯형, 그릴형, 유니버설형, 노즐형이 있다.

air-painter 에어페인터 페인트를 뿜는 기계를 말한다.

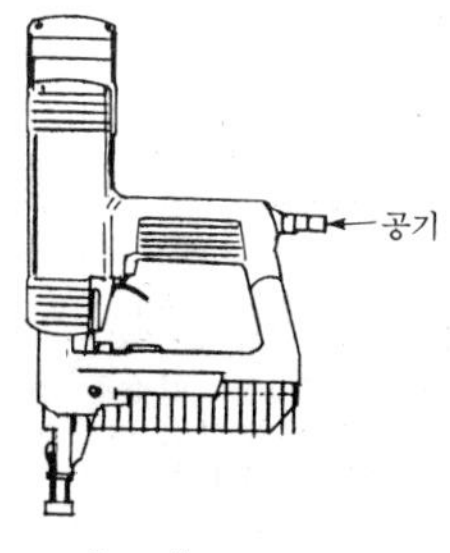

air nailer

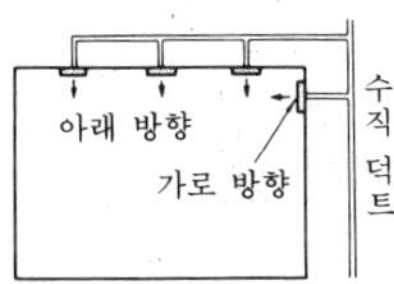

air-outlet

air permeability 투기율(透氣率) 단위 두께, 단위 면적당 재료 양 표면의 압력차가 단위압일 때 단위 시간에 통과하는 공기량. 투기율을 C라 하면

$$C = Q \cdot d/(F \cdot \Delta p)$$
$$= k \cdot d〔m^2/(h \cdot mmAq)〕$$

단, Q : 투기량(m^3/h), d : 두께(m), F : 면적(m^2), Δp : 양면의 압력차(mmAq = kg/m^2), k : 투기 계수.

air pipe 기송관(氣送管) 공기 수송을 위한 관로 설비. =pneumatic tube

airplane warning light 항공 장해등(航空障害燈) 항공로상에 어떤 높이의 구축물을 항공기 조종사에게 인식시켜 운항에 지장을 초래하는 일이 없도록 하기 위해 항공법에 의해 설치가 의무화되어 있는 표지등.

air pollution 대기 오염(大氣汚染), 공기 오염(空氣汚染) 넓은 뜻으로는 공기가 배연(排煙)·유독 가스·냄새·먼지·세균 등으로 오염되는 것을 말한다. 보통은 실내 공기 오염을 말하는 경우가 많으며, 이 경우는 거주자의 호흡이나 난방 기구 등

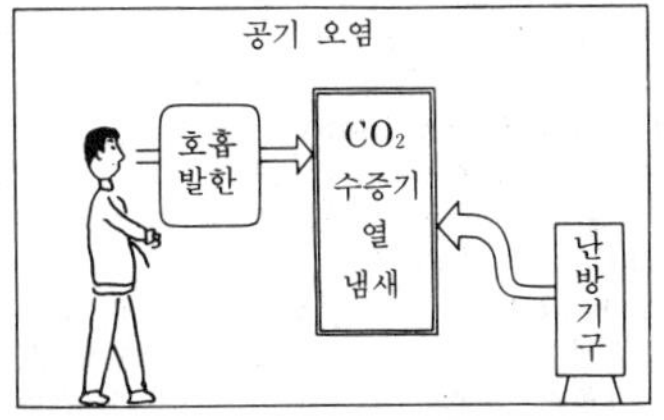

에 의하여 서서히 실내 공기가 오염되는 것을 말한다.

airport 공항(空港) 정기 항공기가 이착륙할 수 있도록 시설이 완비된 비행장.

air pre-cooler 공기 예냉기(空氣豫冷器) →air conditioner, air cooler

air preheater 공기 예열기(空氣豫熱器) ① 보일러에서 배출하는 가스의 현열(顯熱)을 회수하여 연소용 공기를 예열하는 장치. ② 공기 조화 설비에서 혼합 공기를 가열하는 전단계로 가열하는 히터를 말한다. →air conditioner, air heater

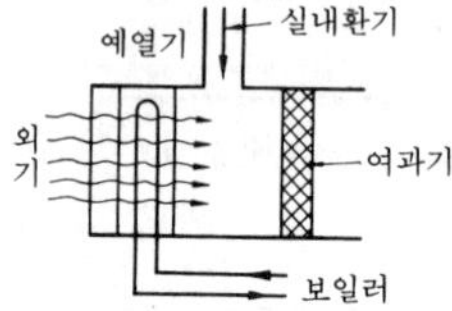

air pressure 공기압(空氣壓) 공기막 구조에서 구조체 내부의 공기 압력. 보통, 구조체 외부의 공기 압력과의 수두차(차압)로 나타낸다. →internal presure

air quality 공기질(空氣質) 공기를 구성하는 기본 성분과 공기 오염질의 총칭. 공기 환경의 질적 판정에 쓴다.

air rights 공중권(空中權) 토지 위 어느 일정 범위의 공간을 이용하는 권리에 대한 통칭.

air seasoning 자연 건조(自然乾燥) 대기중에 방치하여 건조시키는 것. 천연 건조라고도 한다. 목재의 경우는 이것을 옥외에 적당히 퇴적 또는 세워서 일사나 비를 방지하기 위해 위에 지붕을 얹고, 시일을 두고 점차 건조시킨다. =natural seasoning

air setting 기경성(氣硬性) =air hardening

air setting cement 기경 시멘트(氣硬－) 수경(水硬) 시멘트에 대한 말로, 공기 중에서만 완전히 경화하는 시멘트로, 석회 플라스터 등. =anhydraulic cement

air shower 에어 샤워 클린 룸이나 바이오 클린 룸에 입장하기 전에 거치는 세척 장치. 인체나 물품에 부착한 먼지나 미생물을 고속의 청정 공기로 제거한다.

air source heat pump 공기 열원 히트 펌프(空氣熱源－) 외기를 열원으로 한 히트 펌프. 냉방 운전시의 응축기는 동기(冬期) 난방 운전시의 증발기가 된다.

air space 공기층(空氣層) 벽, 바닥, 천장 등에 두는 중공층. 구조상 부득이 생기는 경우가 있으나 단열 또는 차음을 위해 공기층을 두는 일이 적지 않다. 이들의 목적으로 둘 때는 밀폐 공기층이 아니면 효과가 적다. 단열을 위해서는 되도록 4~5 cm 이하의 두께가 좋다. 차음을 위해서는 적어도 두께 약 10cm 이상 필요하다. =cavity

air specific weight 공기 비중량(空氣比重量) 어느 온도에서의 단위 체적당 공기의 무게. kg/m^3, g/cc 등으로 나타낸다.

air spray gun 에어 스프레이 건 도료를 압축 공기로 안개 모양으로 뿜는 기구. 도료 공급 방식에 따라 중력식 · 흡상식 · 압송식이 있다.

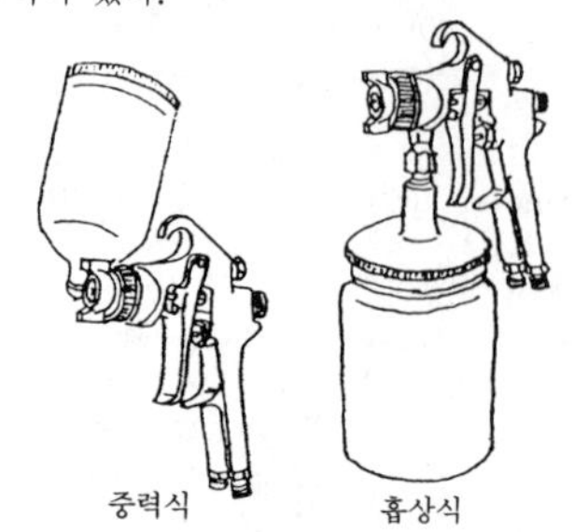

air spring 공기 스프링(空氣－) 밀폐한 고무막 내에 공기를 넣어 그 탄성을 이용한 스프링. 벨로스형과 다이어프램형이 있으며, 기계류의 진동 방지를 위해 사용한다. =air damper

air supply 급기(給氣) 송풍기로 공기를 실내에 보내는 것.

air-supported dome 에어서포트 돔 지붕을 얇은 막으로 구성하고, 실내에 공기를 넣어 내부 기압을 높여서 풍선과 같이 공기압으로 막을 지지하는 구조의 지붕. 막에는 유리 섬유의 천 혹은 스테인리스의 박판 등이 사용된다. 종래 공법에 비해 내진성이 뛰어나고, 공사 기간도 짧으며, 유리 섬유이기 때문에 자연 채광도 얻어지는 등의 특징을 갖는다. 야구장 등의 대공간을 덮을 수도 있다.

air supported structure 에어 서포티드 구조(－構造) 구조체로서 한 겹의 막재를 사용한 공기막 구조의 한 구조 형식. 내부 공기는 지붕면을 지지하는 구실을 한다.

air system air conditioning 공기식 공기 조화(空氣式空氣調和) 중앙에 설치한 공기 조화기로 조정된 조화 공기를 덕트를 사용하여 필요한 방으로 운반해서 공기 조화를 하는 방식. 전 덕트 방식이라고도 한다. 단일 덕트 방식, 2중 덕트 방식이 있다.

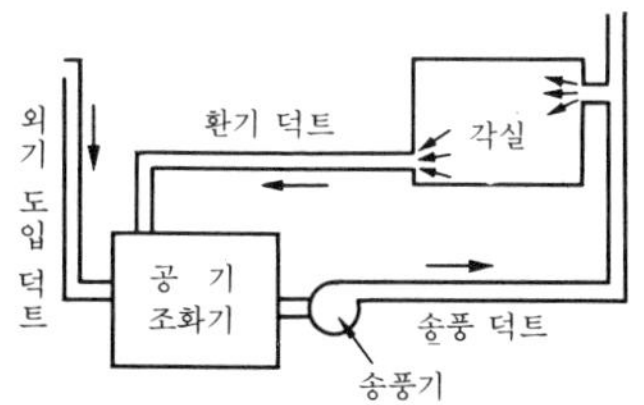

air duct air conditioning

air temperature 기온(氣溫) 대기의 온도. 지면에서 약 1.5m 높이의 백엽상 속에 온도계를 두어 측정한다. 기온은 높이에 따라 100m당 0.5~0.6℃의 비율로 감소한다. 기온의 일변화는 일출 전에 최저, 오후 2시경에 최고가 된다.

air terminal 에어 터미널 공항에서 항공기의 승객 승강, 수하물 수수, 탑승 수속, 통관 수속 및 항공 관제 업무 등을 하기 위한 시설.

airtight 기밀(氣密) 기체를 전혀 통하지 않는 것. 기밀실이란 외기와의 연락이 완전히 차단된 방을 말한다. 기밀창 새시라고 불리는 것은 틈에 의한 통기량이 보통 새시의 수분의 1 내지 수백분의 1 정도이다. =gastight

air thightness 기밀성(氣密性) 공기, 가스 등의 기체를 통하지 않는 성질 또는 성능. ISO에서는 통기 성능이라 한다.

airtight sash 기밀 새시(氣密－) 기밀성을 갖게 한 창호(窓戶).

air-to-air system 공기 · 공기 방식(空氣空氣方式) 공기를 열원으로 하고, 2차측에서 온풍을 얻는 히트 펌프 방식을 말한다. →air-to-water system

air-to-water system 공기 · 물 방식(空氣－方式) 공기를 열원으로 하여, 셸 튜브 열교환기에 의해 온수를 만들고, 이 온수로 2차측의 난방을 하는 히트 펌프 방식. →air-to-air system

air vent 통기공(通氣孔) 급수 · 급탕 배관 등에 배기 밸브나 배기관을 두고, 공기를 배제하는 것.

air vibration 공기 진동(空氣振動) 일반적으로는 가청 영역 이하, 및 주파수 15~20Hz 이하의 공기를 전파하는 소밀파(음). 초저주파음이라고도 한다.

air view 조감도(鳥瞰圖) 매우 높은 위치에서 건축물 등 아래쪽을 내려다 본 투시도. →perspective drawing

air washer 공기 청정기(空氣淸淨器), 공기 정화기(空氣淨化器) 냉수 또는 온수를 분무하여 공기와 접촉시켜 열과 수분의 교환 즉 가열, 냉각, 가습, 감습을 하여 일부분의 먼지, 가스 냄새 등을 세척하는 장치. 정류판(분포판), 집수 탱크 등이 하나의 철판제 용기에 수납되어 있다. 다량의 공기를 조정할 수 있다. 공기 조화기의 일부를 구성한다.

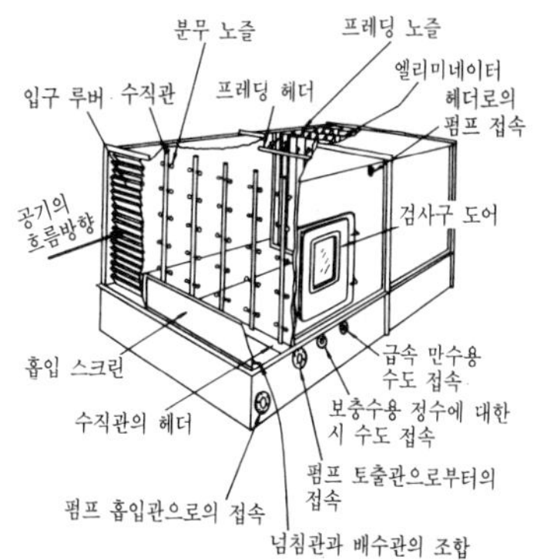

Airy's stress function 에어리의 응력 함수(－應力函數) 평면 탄성 문제를 풀 때 G.B.Airy가 1862년에 제시한 응력 함수 Φ는 다음의 조건

$$\frac{\partial^4\Phi}{\partial x^4}+2\frac{\partial^4\Phi}{\partial x^2\partial y^2}+\frac{\partial^4\Phi}{\partial y^4}=0$$

을 만족하고, xy평면의 응력 σ_x, σ_y, τ_{xy}와의 사이에

$$\sigma_x=\frac{\partial^2\Phi}{\partial y^2}\quad \sigma_{§}=\frac{\partial^2\Phi}{\partial x^2}\quad \tau_{xy}=\frac{\partial^2\Phi}{\partial x\partial y}$$

의 관계가 있다.

aisle 측랑(側廊) 교회당에서 회중석을 따라 그 양쪽에 두어진 좁고 긴 공간. 일반적으로 회중석과 측랑 사이는 열주(列柱)에 의해 구획된다.

akroterion 아크로테리온 그리스 신전 등 고전 건축에서 페디먼트(pediment)의 정점과 양측의 하단, 즉 지붕의 네 구석과 용마루의 양단에 두어지는 조각.

ALA 인공 경량 골재(人工輕量骨材) = artificial light weight aggregate

alameda 알라메다 프롬나드(promenade) 혹은 지붕이 있는 산책길이나 작은 공원.

alarm 경보기(警報器) 화재 기타의 재해 또는 돌발 사고를 알려서 경계를 시키기 위한 장치. 화재에 대한 것은 화재 경보기라 한다.

alarm facilities 경보 설비(警報設備) 설

비, 장치, 기기의 고장, 장소, 방 등의 재해(화재, 수재 등), 불법 침입, 도난 등의 각종 사태를 음의 발신, 빛의 점멸, 화상 등의 수법으로 이용자, 관리자에게 알리기 위한 시설 혹은 설비 시스템.

alarm system 경보 시스템(警報－) 방범, 방재의 목적으로 건물에 설치하는 경보기를 사용한 무인의 기계 경비.

alarm valve 자동 경보 밸브(自動警報－) 스프링클러 설비의 유수 검지 장치의 하나. 폐쇄형 스프링클러 헤드, 일제 개방밸브 또는 기타의 밸브가 개방되었을 때 그 압력 저하에 의해 밸브체가 열려서 가압수가 2차측으로 유출하고 동시에 경보를 발하는 밸브.

Alaska Earthquake 알라스카 지진(－地震) 1964년 3월 28일에 미국 알라스카주 앵커리지에서 일어난 진도 8.4의 대지진. 모래 지반의 액상화(液狀化)에 의한 피해가 현저했다.

albedo 알베도 태양으로부터 지구상으로 도달한 일사가 대기나 지표면에 의해서 반사되는 비율. 대기를 포함한 지구의 알베도는 평균 약 30%.

Albert Dwellings 앨버트 주택(－住宅) 1851년의 런던 대박람회에 제안된 노동자 계급의 2층 건물 네 채의 모델 주택으로, 앨버트공이 총재가 된 협회에서 지었으므로 이렇게 불린다. 설계는 H. 로버츠.

alchohol thermometer 알코올 온도계(－溫度計) 에틸 알코올이 온도 변화에 의해서 팽창 수축하는 성질을 이용한 온도계. 알코올의 비점은 78℃, 응고점은 －117℃이므로 수은 온도계보다도 저온을 재는데 편리하나 오차를 수반하므로 정밀 측정에는 저항 온도계 등을 사용한다.

alcove 앨코브 일반적으로 방 및 복도, 홀의 한 구석 또는 벽면을 후퇴시킨 부분.

Alhambra 알함브라 궁전(－宮殿) 13세기 후반에 스페인의 그라나다에 세워진 궁전. 이스람교의 영향이 장식에 강하게 표현되어 있으며, 아름다운 패티오(patio : 안뜰)로 유명하다.

alidade 알리데이드 평판 측량에서 사용하는 기구. 도판상에 두고, 목표를 시준(視準)하여 그 방향이나 경사를 측정한다. 정밀도를 높게 하기 위해 간단한 망원경을 붙인 망원경 알리데이드나 프리즘 알리데이드가 있다.

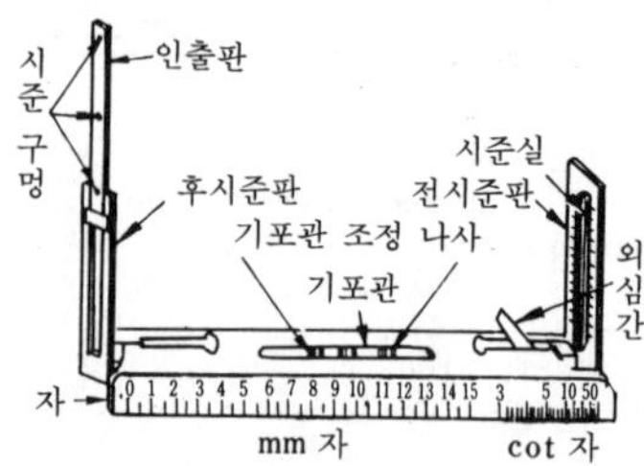

alignment 선형(線形) ① 힘과 변형, 응력도와 변형도 등이 비례 관계에 있는 것. ② 도로, 철도 등의 평면 단면, 기하학적 형상을 말한다.

alkali aggregate reaction 알칼리 골재 반응(－骨材反應) 콘크리트에서 수화 반응으로 발생한 수산화 알칼리와 골재 중의 실리카 광물이 일으키는 화학 반응. 이 결과 일부 콘크리트가 팽창하여 균열을 일으켜 붕괴하는 경우도 있다.

alkaline storage battery 알칼리 축전지(－蓄電池) 전해액에 알칼리 수용액을 사용하고, 양극에 수산화 제2 니켈, 음극에 카드뮴을 사용하는 축전지.

alkalinity 알칼리도(－度) 수중에 포함되어 있는 중탄산염, 탄산염 또는 수산화물 등의 알칼리분을 이것을 중화하는 탄산칼슘($CaCO_3$)의 mg/l로 나타낸 값. 산소비량이라고도 한다.

alkali-resistance 내알칼리성(耐－性) 알칼리에 의한 성능 열화에 대한 물체의 저항성.

alkali silica reaction 알칼리 실리카 반응(－反應) 알칼리 골재 반응의 일종. 시멘트 중의 알칼리(Na_2O, K_2O)와 골재 중에 포함되는 반응성 실리카가 물의 존재하에서 반응하여 알칼리 실리케이트 겔을 생성하여 팽창을 일으키는 현상.

alkali silicate reaction 알칼리 실리케이트 반응(－反應) 알칼리 골재 반응의 일종. 골재 중의 활성도가 높은 실리카질과 시멘트 기타에 포함되는 나트륨분과의 반응으로, 콘크리트를 팽창 파괴시키는 현상을 말한다.

alkyd resin 알키드 수지(－樹脂) 다염기산과 다가 알코올의 중축합 반응에 의해서 만들어지는 합성 수지. 건성유 또는 반

건성유 등으로 변성한 것은 주로 도료에 쓰인다. 특히 무수 푸탈산과 글리세린으로 만들어진 것은 푸탈산 수지라 한다. 불포화 폴리에스테르 수지를 포함하여 알키드 수지라 하기도 한다.

alkyd resin adhesive 알키드 수지 접착제(－樹脂接着劑) 다염기산과 다가 알코올과의 축합에 의해 만들어지는 합성 수지를 주성분으로 하는 접착제.

alkyd resin coating 알키드 수지 도료(－樹脂塗料) 도막(塗膜) 형성 요소에 알키드 수지를 사용하여 만든 도료.

all air induction unit 전공기식 유인 유닛(全空氣式誘引－) 중앙 공기 조화기에 의해 공급되는 공기를 노즐에서 고속으로 분출하고, 그 1차 공기에 의해 주위의 2차 공기를 유인하여 혼합해서 분출하는 공기 조화용 터미널 유닛.

all air system 전공기 방식(全空氣方式) 중앙 공기 조화기에서 조정한 냉온풍을 송풍하여 공기 조화하는 방식. 단일 덕트 방식, 멀티존 방식, 2중 덕트 방식, VAV 방식 등이 있다.

all-casing method 올케이싱 공법(－工法) 현장치기 콘크리트 말뚝을 만들 때 굴착한 공벽(孔壁)의 붕괴를 방지하기 위해 말뚝 전장에 걸쳐서 케이싱을 압입하는 공법.

allegory 알레고리 추상 관념을 구상적인 사물, 예를 들면 사람이나 동물·식물 등에 의해서 설명하는 방법으로, 종교상의 설화에 널리 쓰이고 있다.

all electric house 전전화 주택(全電化住宅) 주택의 열원 전부를 전기로 충당하는 주택. 가스 등에 의한 폭발 위험이 없다.

all electric mansion 전전기 맨션(全電氣－) 각 주택의 열원을 모두 전기로 충당하도록 설계한 공동 주택.

all electric system 전전기 방식(全電氣方式) 어떤 설비에 필요한 에너지원을 모두 전기 에너지에 의해 공급하는 방식. 예를 들면 냉난방용의 냉·온 열원을 전동 히트 펌프 냉동기, 혹은 주택 조리, 욕탕 기타의 열원을 모두 전열기, 전기 온수기 등으로 하는 방식.

allergen 알레르겐 알레르기를 일으키는 항원. 식품 외에 꽃가루, 곰팡이, 찐득이, 단백 등의 공기 오염질도 일인이 된다.

alley for site 노지상 부분(路地狀部分) 부지가 도로에 접하기 때문에 일부를 도로를 향해서 가늘고 길게 연장한 부분.

all fresh air type packaged air conditioner 전외기용 패키지(全外氣用－) 처리 공기가 모두 외기인 패키지 공기 조화기.

allocated land 환지(換地) 토지 구획 정리 사업에서 종전의 토지에 대신하는 것으로서 교환되는 토지.

allotment 시민 농원(市民農園) 도시의 교외지 등에서 거주자에 할당하여 리크리에이션을 겸해서 꽃, 야채, 과수 등의 재배용으로 빌려주는 토지로, 주택에 부속하는 뜻은 아니다. ＝allotment garden

allotment for decrease 감보 충당지(減步充當地) 감보를 경감하는 방법으로, 구획 정리 지구 내의 불필요한 관공유지 또는 민유지를 유상 혹은 무상으로 환지에 충당하기 위해 준비된 토지.

allotment garden 시민 농원(市民農園) ＝allotment

allowable bearing capacity 허용 지지력(許容支持力)[1], 허용 지내력(許容地耐力)[2] (1) 지반에서 정해지는 극한 지지력을 안전율로 나눈 값이며, 또 구성하는 부재가 허용 응력도 이내에 있는 연직력. (2) 지반의 허용 지지력과 침하 또는 부동 침하가 허용 한도 내에 드는 힘 중 작은 쪽의 힘 또는 하중도.

allowable bearing capacity of pile 말뚝의 허용 지지력(－許容支持力) 부재가 허용되는 응력도 이내에 있을 때의 연직력을 말한다. 말뚝의 극한 지지력 또는 기준 지지력(말뚝 지름의 10% 침하시의 지지력)을 안전율로 나눈 값. →allowable bearing capacity

allowable bearing power of pile 말뚝의 허용 내력(－許容耐力) 말뚝의 허용 지지력 내에서 침하 또는 부동(不同) 침하가 허용 한도 내에 들도록 하는 힘.

allowable bearing stress 허용 측압 응력(許容側壓應力) 측압에 대한 허용 응력을 말한다.

allowable bending moment 허용 휨 모멘트(許容－) 부재에 허용되는 휨 모멘트의 한계값.

allowable bending stress 허용 굽힘 응력(許容－應力) 굽힘에 대한 허용 응력. 즉 허용 굽힘 모멘트.

allowable bond stress 허용 부착 응력(許容附着應力) 부착에 대한 허용 응력.

allowable bond unit stress 허용 부착 응력도(許容附着應力度) 철근 콘크리트 구조에서 콘크리트가 철근의 미끄럼에 대하여 갖는 저항의 최대한을 양 재료간의 부착 강도라 하고, 이에 대한 허용력을 부착 응력도라 한다. 허용 부착 응력도는 일반적으로 보통 철근 7 이형 철근 $10kg/cm^2$ 정도이다.

allowable buckling stress 허용 좌굴 응

력(許容座屈應力) 좌굴에 대한 허용 응력.

allowable compressive stress 허용 압축 응력(許容壓縮應力) 압축에 대한 허용 응력을 말한다.

allowable concentration 허용 농도(許容濃度) 착안하는 오염질에 의한 건강에 유해한 영향이 나타나지 않는 상한의 농도. →acceptable standards

allowable current 허용 전류(許容電流) 전선에 연속하여 흘러도 안전한 전류 크기의 한도를 말한다. 안전 전류라고도 한다. 한도 이상 흘리면 절연물이 파괴될 염려가 있다.

전류 17A 이하 절연물은 건재

전류 17A 이상 절연물이 파괴될 염려가 있다

연속 통전

allowable deflection 허용 비틀림(許容－) 보나 바닥 슬래브의 사용성, 내구성, 재료 성질의 변화 혹은 미관 등을 고려하여 정해지는 비틀림의 제한값.

allowable diagonal tensile stress 허용 사장 응력(도)(許容斜張應力(度)) 프리스트레스트 콘크리트 부재의 전단 스팬 등에 있어서 프리스트레스에 의한 축력과 전단력에 의해서 생기는 사장 응력(도)에 대한 허용 응력도.

allowable error 허용 오차(許容誤差) 계기류의 지시값 혹은 측정 과정에서 사용상 지장이 없는 범위에서 허용된 오차. →error

allowable limit of vibration 진동 허용값(振動許容－) 진동의 영향 평가에 관해서 허용할 수 있는 진동의 물리량.

allowable load 허용 하중(許容荷重) 통상의 탄성 설계에서는 어느 하중에 의해서 구조물의 부재 중에 생기는 응력도 중 최대의 것이 허용 응력도와 같을 때 이 하중을 허용 하중이라 한다. 리밋 디자인에서는 붕괴 하중을 안전율로 나눈 것을 말한다. ＝admissible load

allowable movement 허용 신축률(許容伸縮率) 실링재의 무브먼트 추종 성능을 나타내는 성능값. 실링에 의한 접합부의 줄눈폭에 대한 백분율로 나타낸다. ＝movement capability

allowable range 허용 범위(許容範圍) 어떤 상태에 있는 것이 허용되는 한정된 영역을 말한다.

allowable settlement 허용 침하량(許容沈下量) 구조물이 허용할 수 있는 침하량 혹은 부동(不同) 침하량. 상부 구조의 구조 형식에 따라 다르다.

allowable shear force 허용 전단력(許容剪斷力) 부재에 허용되는 전단력의 한계값을 말한다.

allowable shear stress 허용 전단 응력(도)(許容剪斷應力(度)) 부재에 허용되는 전단 응력도. →allowable stress

allowable stress 허용 응력(許容應力) 어느 단면에 설계상 허용할 수 있는 최대의 응력. 파괴되지 않는 한계값.

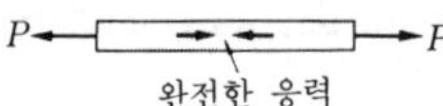

완전한 응력

allowable stress design 허용 응력도 설계(許容應力度設計) 설정한 하중에 따라 계산된 각 부재의 최대 응력도가 미리 정해진 그 부재를 구성하는 구조 재료의 허용 응력도 이하가 된다는 조건에 따라서 이루어지는 구조 설계 체계를 말한다. ＝working stress design

allowable stress for contact 허용 접촉 응력(도)(許容接觸應力(度)) ＝allowable bearing stress

allowable stress for [long] sustained loading 장기 허용 응력(長期許容應力) 장기 허용 응력도를 바탕으로 한 허용 응력을 말한다.

allowable stress for temporary loading 단기 허용 응력(短期許容應力) 단기 허용 응력도를 바탕으로 한 단기 응력에 대한 허용 응력.

allowable tensile stress 허용 인장 응력(許容引張應力) 인장에 대한 허용 응력.

allowable twisting stress 허용 비틀림 응력(도)(許容－應力(度)) 부재에 허용되는 비틀림 응력도를 말한다. →allowable stress

allowable unit stress 허용 응력도(許容應力度) 구조물이 안전하게 하중을 지탱할 수 있으려면 각부의 응력도가 파괴 응력도 이내에 있어야 한다. 이 경우 파괴 강도를 안전율로 나눈 값을 허용 응력도라 한다. 응력도의 종류에 따라 허용 인장 응력도, 허용 압축 응력도, 허용 전단 응력도, 허용 휨 응력도, 허용 측압 응력도, 허용 접촉 응력도 등이 있다.

allowance for housing expenses 주택 수당(住宅手當) 근로자의 주거비 일부로서 고용자 또는 공공 부문이 지급하는 수당. ＝housing benefit, rent rebate

allowance for non-payment 체불 보상(滯拂補償) 임대료 등에서 체불에 의해

생기는 수입의 결손분을 미리 일정한 비율로 임대료 속에 반영해 두는 것. = compensation for non-payment

alloy 합금(合金) 하나의 금속과 다른 금속 또는 비금속의 하나 혹은 그 이상을 용융 합성한 것. 단체(單體)의 금속보다도 필요한 성질을 보다 좋게 발휘시키기 위해 만들어진다. 예를 들면 황동, 청동, 땜납, 두랄루민, 양은, 특수강 등.

all-purpose room 다용도실(多用途室) 다목적으로 사용되는 방.

all purpose shuttering system APS시스템 거푸집 공사의 인력 절감, 정도(精度)의 향상, 공사비의 절감 등을 목적으로 하여 독일에서 개발된 대형 거푸집 공법. 적용 부위는 벽.

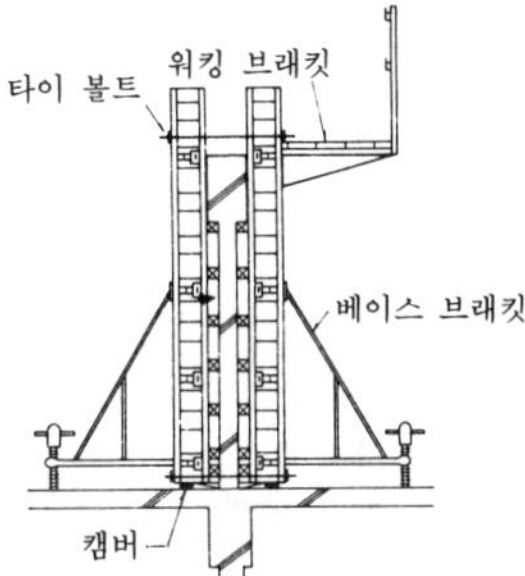

all season air conditioning 연간 공기 조화(年間空氣調和), 연간 공조(年間空調) 1년 중 열원 장치를 운전하여 일정한 온습도 조건을 유지하는 공기 조화.

alluvial clay 충적 찰흙(沖積－), 충적 점토(沖積粘土) 충적세에 퇴적한 찰흙. 일반적으로 연약하므로 압밀 침하 등이 문제가 된다.

alluvial deposit 충적층(沖積層) = alluvium

alluvium 충적층(沖積層) 충적세(신세대 제4기에 속한 가장 새로운 지질 시대) 시대에 퇴적한 지층.

altantes 남상주(男像柱) = altantide

altantide 남상주(男像柱) 그리스 건축의 원형 주신(柱身) 대신 남자를 배치한 인상주(人像柱). = altantes

altar 제단(祭壇) 제기(祭器)나 제물을 두는 예배용 단.

alternating current 교류(交流) 방향 또는 방향과 크기가 주기적으로 변화하는 전압 또는 전류. 기호 AC. 교류의 시간에 대한 변화를 나타낸 것을 교류의 파형이라 한다.

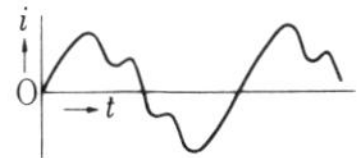

alternating current arc welding 교류 아크 용접(交流－鎔接) 교류 전원을 사용해서 하는 아크 용접. 극성이 교대로 바뀌어 양극의 발열량이 같으므로 모재는 어느 전극에 연결해도 된다.

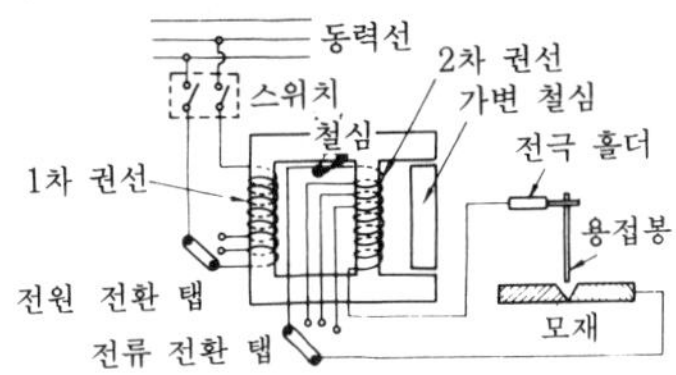

alternating current arc welding machine 교류 아크 용접기(交流－鎔接機) 용접 전류에 교류를 사용하는 것으로, 현장에서 사용된다.

alternating current power 교류 전력(交流電力) 교류 회로의 전력 즉 교류 회로의 단위 시간당 에너지. 단위 기호 W(와트).

교류 회로의 전력 $P = VI \cos\theta$

여기서, V : 전압, I : 전류, θ : V와 I 간의 위상차.

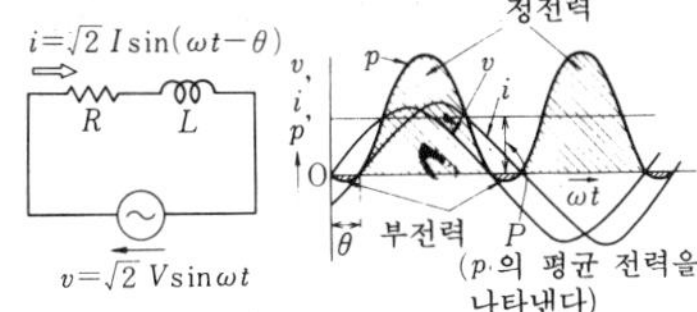

alternating load 교번 하중(交番荷重) 부재가 외력을 받을 때 하중의 크기가 정부(正負) 교대로 되어서 응력이 교대로 인장과 압축으로 변화한다든지, 절대값을 바꾸는 것. 이 때의 내력을 교번 응력(alternating stress)이라 한다.

alternating stress 교번 응력(交番應力) →alternating load

alternation 올터네이션 리듬의 표현 방법의 하나로, 2종 이상의 요소를 교대로 반복하면서 생겨나는 리듬.

alternative cost 대체 비용(代替費用) 두 종류 이상의 시공법이 있는 경우, 어느 방법과는 다른 방법에 의했을 때의 비용.

alternative plan 대체안(代替案) 계획안 결정 과정에서 비교 검토하기 위한 복수의 계획안. 한 계획안에 대한 별안.

alternative space 올터네이티브 스페이스 미술관이나 화랑 대신 이용되고 있지 않은 학교나 창고를 이용한 미술품의 비영리적인 전시 장소.

alternative technology 올터네이티브 테크놀러지 대안, 대체(물)의 과학 기술.

alternative tender 대안 입찰(代案入札) 건축 공사의 입찰시, 제시하는 설계 도서의 대안을 인정하는 입찰 방식. 응찰자의 노하우나 특허 등을 유효하게 도입하기 위해 행하여진다.

alumina cement 알루미나 시멘트 알루미나 30~40%를 함유하는 시멘트로, 조강성(早强性)은 지극히 크지만 장기에 걸친 강도의 증진은 작다.

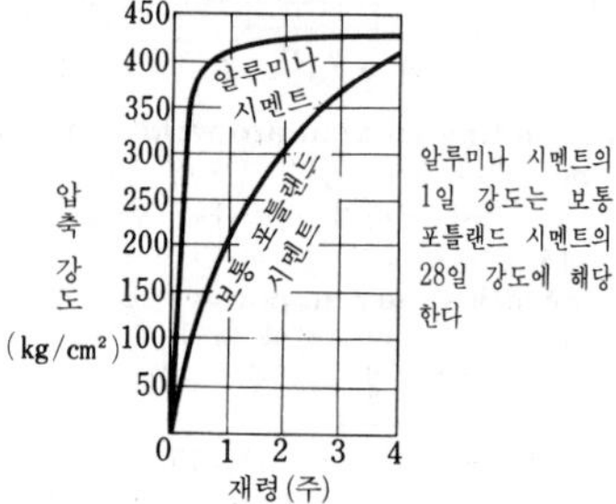

aluminium 알루미늄 =aluminum

aluminum 알루미늄 원자량이 26.98인 경금속의 하나. 전연성(展延性)이 풍부하고, 전기·열의 전도성이 뛰어나며, 깨끗한 대기 중에서는 표면에 산화 피막을 발생하여 잘 산화되지 않는다. 내외장의 건재 등에 사용된다.

aluminum alloy 알루미늄 합금(-合金) 알루미늄이 갖는 연도(軟度)나 주조성의 결점을 개선하기 위해 마그네슘, 망간, 크롬, 아연 등의 금속을 용융시킨 합금. 대표적인 것으로 두랄루민이 있다.

aluminum die casting 알루미늄 다이 캐스트 금속제 주형을 사용하여 알루미늄 합금을 주조하는 것. 또는, 그 합금을 말한다.

aluminum door 알루미늄문(-門) 알루미늄을 사용한 문.

aluminum honeycomb door 알루미늄 허니컴 도어 종이 등으로 만든 벌집 모양의 심재(芯材) 양면에 알루미늄판을 붙인 패널로 만든 도어. 경량·단열성이 풍부하다.

aluminum paint 알루미늄 페인트 알루미늄 분말을 안료로 한 페인트. 녹 방지 페인트로서 사용한다. 내열성이 있으므로 특히 고열부의 녹 방지에 효과가 있다.

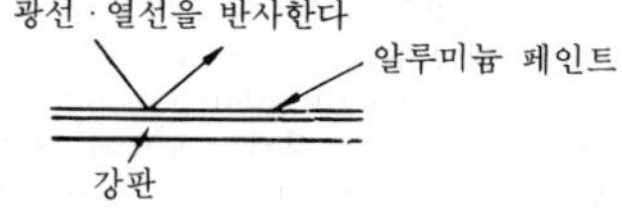

aluminum plate 알루미늄판(-板) 0.5 mm 정도의 알루미늄 박판으로, 지붕잇기(알루미늄 기와, 알루미늄 골판), 구멍 뚫린 흡음재, 스팬드럴(spandrel : 외부보), 가벼운 구조재, 새시 등에 쓰인다.

aluminum roof tile 알루미늄 기와 알루미늄판으로 만든 기와. 내용 연수는 약 30년.

aluminum sash 알루미늄 새시 스틸 새시의 재료로서 강판 대신 알루미늄판을 사용한 것.

aluminum sheet 알루미늄판(-板) 알루미늄 합금을 압연 가공한 판. 평판, 골판이 있으며, 지붕재, 벽재, 가구, 장식품 등에 사용한다.

aluminum shutter 알루미늄 셔터 알루미늄제의 셔터를 총칭.

aluminum spandrel 알루미늄 스팬드럴 알루미늄제의 스팬드럴벽으로, 커튼 월의 의장상의 한 형식.

alumite 알루마이트 알루미늄의 표면에 전해법에 의해서 만든 단단하고 치밀한 내식성 산화 피막. 주성분은 al_2O_3. 고온에 견디며, 열 및 전기 전도율이 작다.

alundum tile 알런덤 타일 보키사이트를 용융하여 생성되는 알런덤을 분쇄한 입자에 매용제(媒溶劑)를 첨가하여 압축 성형 후에 소성한 타일. 내마모성이나 경도(硬度)의 면에서 뛰어나기 때문에 바닥 타일로서 사용된다. →carborundum tile

AM 진폭 변조(振幅變調) =amplitude modulation

ambient climate 외계 기후(外界氣候) 실내 기후에 대하여 이것을 크게 규정하는 옥외의 기후를 말한다. 오랜 세월에 걸쳐서 평균적으로 반복되는 그 토지의 대기 현상의 종합적인 상태. =surrounding climate

ambient lighting 앰비언트 조명(-照明) 사무실 조명에서 태스크(사무 작업) 조명과 조합시켜 쾌적한 시환경(視環境)을 만들기 위한 천장, 주벽, 바닥면으로의 조명. →task-ambient lighting, environment lighting

ambient noise 환경 소음(環境騷音) 교통 기관의 소음을 비롯하여 어느 지역, 지점에서 발생하고 있는 여러 종류의 소음. = environmental noise →environment planning

ambient vibration 암진동(暗振動) 어떤 대상의 진동 이외에 그 장소에 존재하고 있는 진동. =background vibration

ambulatory 앰뷸러터리 사찰·궁전 등에서의 지붕에 붙은 회랑.

amenity 어메니티[1], 거주성(居住性)[2] (1) 쾌적성 등 심리적, 생리적인 쾌적감, 인간 생활과 환경과의 관계를 양호하게 하는 등에도 쓰인다. →office landscapce (2) 거주 행위의 시점에서 본 건물의 성능. 살기 좋다는 의미로 사용되는 일이 많으나, 단열성, 차음성, 기능성, 쾌적성 등의 심리적면도 포함한 종합적 성능이라고 생각된다. =habitability

amenity town 어메니티 타운 쾌적한 환경을 중요한 개념으로서 설계된 거리 조성을 말한다.

American bond 미국식 쌓기(美國式－) 벽돌을 쌓는 방법의 일종으로, 5, 6단째마다 마구리면이 나타나게 쌓는 방법. → English bond, German bond, Flemish bond

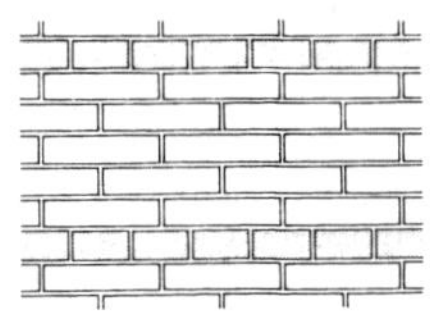

American Concrete Institute 미국 콘크리트 공학 협회(美國－工學協會) 콘크리트 관련의 연구, 표준 시방서 작성, 기관지의 발행 등을 하고 있다. =ACI

American Society for Quality Control 미국 품질 관리 협회(美國品質管理協會) =ASQC

American Society for Testing and Materials 미국 재료 시험 협회(美國材料試驗協會) =ASTM

aminoalkyd resin coating 아미노알키드 수지 도료(－樹脂塗料) 기체 수지로서 알키드 수지, 가교제로서 아미노 수지를 도막 형성 요소로서 만든 도료.

amino resin 아미노 수지(－樹脂) 아미노기를 갖는 화합물과 포름알데히드의 축합에 의해 얻어지는 수지의 총칭. 요소 수지, 멜라민 수지 등이 있다.

ammeter 전류계(電流計) =ampere meter

ammonia 암모니아 수용성이 강한 자극성의 냄새를 갖는 무색의 기체. 액체 암모니아는 냉동·제빙 등의 냉매로서 널리 쓰인다.

ammonia nitrogen 암모니아성 질소(－性窒素) 수중에 용해되어 있는 암모니아염을 가리키며, 그 양은 질소량으로 나타낸다. 주로 동물의 배설물이 원인이며, 그 자체는 위생상 무해이지만 병원성 미생물을 많이 수반할 염려가 있기 때문에 음료수의 수질 기준에 포함되고 있다. 공장 배수, 배설물의 혼입 등으로 생기므로 수질 오염의 지표가 되기도 한다.

amorphous 어모퍼스 유리나 플라스틱에 대표되듯이 원자가 규칙적으로 배열되지 않고 결정 상태로 되지 않는 비정질(非晶質)인 것.

amorphous metal 어모퍼스 금속(－金屬) 인장 강도, 내마모성 등이 뛰어난 비결정 금속.

amount of clothing 착의량(着衣量) 인체의 입고 있는 의복의 양. 인체의 열평형은 저온 지역에서는 착의에 의존하는 비율이 크다. 의복의 보온성, 단열성을 나타내는 단위에 clo값이 있다.

amount of combusible air 연소 공기량(燃燒空氣量) 실제의 연소에 필요한 공기량. 이론 공기량 플러스 알파가 된다. → amount of theoretical combustion air

amount of combustion gas 연소 가스량(燃燒－量) 연료가 연소할 때 생기는 전가스량. 연료의 조성을 알면 연소 반응식에서 구할 수 있다.

연소 가스량
=이론 연소 가스량+과잉 공기량

amount of contract awarded 수주고(受注高) 일정 기간 내에 수주한 공사의 합계 금액. 건설 공사의 수주고는 건설 공사 수주 통계에 의해 조사되며 매월 보고되고 있다. =amount of work obtained

amount of handling 운반비(運搬費) 건축 공사에 필요한 노무자·재료의 운반, 및 재료의 적재·하역에 필요한 비용. 일

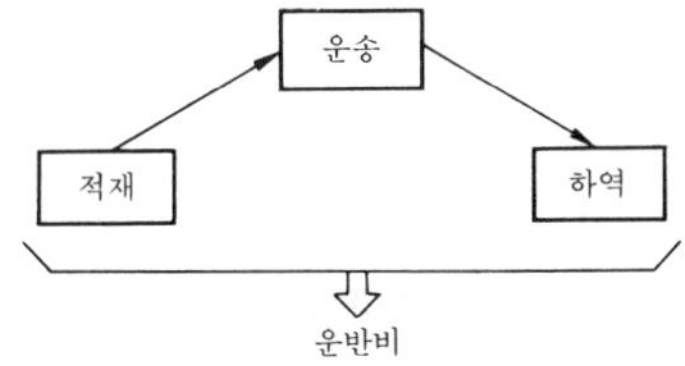

반적으로는 현장 내의 소운반은 포함하지 않는다.

amount of heat 열량(熱量) 물체의 온도를 변화시키는 데 필요한 열 에너지의 양. 단위는 줄(J), 칼로리(cal), BTU 등이 쓰이며, 일율 와트(W)를 쓰기도 한다.

amount of photometry 측광량(測光量) 빛을 정량적으로 다루기 위해 고안된 여러 가지 양. 광속, 광도, 광속 발산도, 휘도, 조도 등은 널리 사용되는 측광량이다.

amount of precipitation 강수량(降水量) 비, 눈 등 지상에 내리는 수분의 전량을 말한다. 풍토의 특성에 관한 중요한 기후 요소의 하나. →amount of rainfall

amount of rainfall 우량(雨量), 강우량(降雨量) 지표에 내리는 물(싸라기눈, 우박, 눈 등도 포함)의 양을 총칭한다. 어느 지점에서 어느 시간 내에 내린 우량은 심도 mm로 나타낸다. 강우량은 우량계로 측정한다〔우량의 강도 및 계속 시간은 자기(自記) 우량계에 의한다〕.

amount of theoretical combustion air 이론 공기량(理論空氣量) 연료의 완전 연소에 필요한 이론상의 공기량.

amount of ventilation 환기량(換氣量) 환기에 의해 실내에 공급 또는 실외로 배출되는 단위 시간당의 공기량. 1인 1시간당의 환기량 규준은 $30m^3$/인h 이상, 환기에 필요한 개구부는 바닥 면적의 1/20 이상. →ventilation

amount of water absorption 흡수량(吸水量) 완전히 건조시킨 재료를 침수하여 그것이 포화 흡수했을 때의 수량.

amount of work obtained 수주고(受注高) =amount of contract awarded

amount of works plan 공정 계획(工程計劃) 공기(工期) 내에 공사가 완성하도록 미리 면밀하게 시공 순서·방법·진행 등을 계획하는 것.

ampere 암페어 전류의 단위. 기호 A. →〔electric〕 current

ampere meter 전류계(電流計) 전류의 세기를 암페어 단위로 측정하는 계기. 전류의 자기 작용 또는 열작용을 이용한다. 직류용과 교류용이 있다. 코일에 전류를 흘리면 자계는 전류의 세기에 비례하여 연철편을 코일 속으로 흡인하여 지침을 움직여서 전류의 크기를 나타낸다.

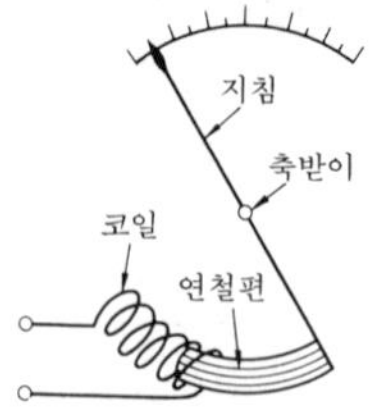

amphiprostyle 전후 주랑식(前後柱廊式) 그리스 신전의 형식의 하나. 전면과 배면에 열주(列柱)를 갖는다.

amphitheater 원형 극장(圓形劇場), 원형 경기장(圓形競技場) 주위를 둘러싼다는 뜻의 그리스어로, 지형을 이용하여 음향적으로나 시선으로나 효과적인 극장 또는 경기장.

amplification 증폭(增幅) 입력 신호의 정보를 유지하면서 출력비를 크게 유지하는 것을 말한다.

amplification of vibration 진동 증폭(振動增幅) 임의 진동계에서 입력하는 진동 에너지보다도 그 계에 생기는 진동 에너지가 커지는 현상.

amplifier 증폭기(增幅器) 미소한 전기 신호를 필요한 크기의 전기 신호로 변환하는 기기. 음성 전류, 방송 전파 신호의 증폭기 등.

amplitude 진폭(振幅) 진동의 중립 위치에서 최대값까지의 폭. 이것을 특히 반진폭이라고도 한다. 중립 위치의 양쪽 최대값 사이의 폭을 전진폭이라 한다.

amplitude modulation 진폭 변조(振幅變調) 변조 방식의 일종. 충분히 높은 주파수를 반송파로 하고, 그 진폭을 음성이나 영상 신호 등의 진폭에 비례하여 변화시키는 방법. =AM

amplitude resonance 진폭 공진(振幅共振) 어떤 진동계의 공진 현상에서 그 계의 변위 진폭이 극대값을 취하는 현상이나 상태.

Amsler type testing machine 암슬러형 시험기(－形試驗機) 스위스의 암슬러사가 개발한 철근이나 콘크리트의 압축·인장·휨 강도 등의 시험기.

Amsterdam Group 암스테르담파(－派) 제1차 세계 대전 후 암스테르담을 중심으로 활동한 건축가의 그룹. 벽돌 구조에 의한 조소적(彫塑的)인 표현을 특징으로 한다. 잡지 「Wendingen」(1918~1936)을 간행.

amusement facilities 오락 시설(娛樂施設) 오락의 용도를 위한 시설의 총칭. 극장, 영화관, 유원지 등이 있다.

amusement center 어뮤즈먼트 센터 영화관·극장 등 오락 시설이 많이 몰려 있는 환락가.

amusement park 유원지(遊園地) 대중의 오락이나 야외 레크리에이션을 위한 시설과 설비를 갖춘 원지(園地).

amusement room 오락실(娛樂室) 숙박 시설 등에 설치되는 오락 설비가 있는 방. 탁구, 당구, 전자 게임, 마작 등을 위한 설비를 갖춘다.

anaerobes 혐기성 균(嫌氣性菌) 분자상(分子狀)의 산소가 존재하지 않는 곳에서 생육할 수 있는 세균의 총칭. 산소가 조금이라도 있으면 생존할 수 없는 편성(절대) 혐기성 균과 산소가 있는 곳이라도 생존할 수 있는 통성(通性) 혐기성 균이 있다. =anaerobic bacteria

anaerobic bacteria 혐기성 균(嫌氣性菌) =anaerobes

anaerobic treatment 혐기성 처리(嫌氣性處理) 산소가 존재하지 않는 조건하에서 혐기성 균의 구실을 이용하여 배수를 처리하는 방법. 유기 물질을 최종적으로는 메탄과 탄산 가스로 분해한다.

analog 아날로그 =analogue

analogue 아날로그 정보의 양이나 수치를 연속하는 물질량으로 나타내는 것. 음성이나 영상 정보는 전압 크기나 전류 크기의 연속하는 변화로서 표현되었으나 최근에는 이를 대신하는 디지털 방식이 주목되고 있다. →digital

anatomical axis 인체축(人體軸) 수평과 연직이라는 중력(重力)에 관점을 둔 공간축에 대하여 인간의 머리·다리 방향, 전·후 방향, 좌·우 방향이라는 인체에 관점을 두고 결정하고 있는 축.

anchor 앵커 부재를 다른 견고한 것에 고정시키는 것. →anchor bolt, sash anchor

anchorage 앵커 =anchor

anchorage device 정착구(定着具)[1], 정착 장치(定着裝置)[2] (1) 프리스트레스트 콘크리트 부재의 단부(端部)에 긴장재를 정착하기 위해 사용하는 철물.
(2) 프리스트레스트 콘크리트 부재의 단부(端部)에 긴장재를 정착하기 위해 사용하는 정착구, 정착부 콘크리트, 보강근 등의 총칭.

anchorage length 정착 길이(定着−) 철근 콘크리트 구조에서 보의 철근을 기둥에 정착할 때의 길이, 앵커 볼트를 콘크리트에 정착할 때의 길이 등을 말한다.

anchor bar 앵커근(−筋) 프리캐스트 콘크리트판 상호를 접합하기 위한 철물에 생기는 응력을 콘크리트에 전달하기 위해 철물에 용접하여 콘크리트 내에 매입한 철근.

anchor beam 앵커 빔, 앵커 보 앵커 플레이트의 강판 대신에 사용하는 산형강이나 ㄷ자형강.

anchor block 앵커 블록 포스트텐션 공법(post-tensioning construction)에서 정착 부분을 다른 부분과 따로 제작하는 경우의 정착부의 콘크리트 블록.

anchor bolt 앵커 볼트 구조물의 기둥이나 토대를 콘크리트 기초에 정착하기 위해 기초에 매입하여 사용하는 볼트.

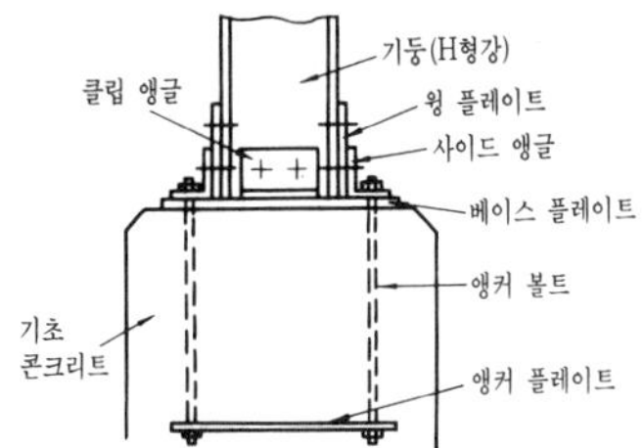

anchor disc 앵커 디스크 프리스트레스트 콘크리트용 정착 장치의 한 구성 부재. 쐐기와 병용하여 PC강재를 파악하고, 프리스트레스력을 콘크리트 또는 지압판에 전달하기 위한 부품.

anchor dragging 주묘(走錨) 닻의 파주력(把駐力)을 초과한 힘에 의해서 닻이 이동하는 것.

anchored pretensioning 앵커드 프리텐션 프리텐션 공법에서 PC강재를 쐐기 등을 사용하여 콘크리트에 직접 정착하는 공법.

anchor frame 앵커 프레임 =anchor plate

anchor-holding power 파주력(把駐力) 해양 건축물 등을 계류하는 앵커 또는 사슬이 해저토와의 마찰이나 박힘으로써 생기는 저항력.

anchoring 정착(定着) 철근을 콘크리트에 필요한 길이만큼 매입하여 쉽게 빠지지 않도록 고정하는 것. 그림은 철근 콘크리트 구조 일반 층의 정착.

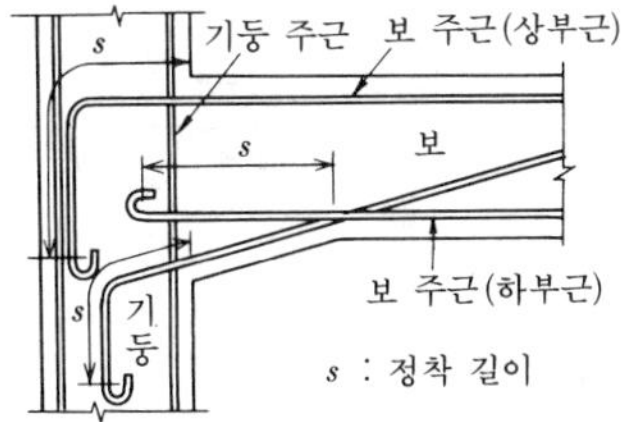

anchoring devices PC 강재 정착구(−鋼材定着具) 포스트 텐션 방식의 프리스트

레스트 콘크리트에서 PC강재의 단부(端部)를 콘크리트에 고정시키기 위한 장치. 쐐기 방식과 나사 방식이 있다.

anchoring foundation 앵커 기초(一基礎) 앵커에 의해 지지되도록 한 해양 건축물의 기초.

anchor plate 정착판(定着板) 앵커 볼트의 정착력을 늘리기 위해 콘크리트 속의 앵커 볼트 끝에 부착하여 그들을 연결하는 강판. →anchor beam

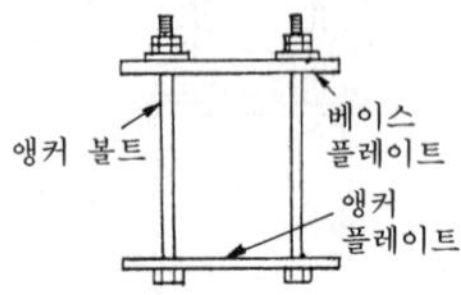

anchor rod 앵커 로드 그라운드 앵커에서 앵커체와 구조물과의 고정부를 잇는 부재로서 사용하는 강철 막대.

anchor screw 앵커 스크루 콘크리트에 드릴로 구멍을 뚫고 거기에 꽂아서 앵커로서 사용하는 철물.

ancient city 고대 도시(古代都市) 고대에 성립, 번영한 도시.

ancillary room 부속실(附屬室) ① 주요한 방에 들어가기 전의 전실(前室). ② 특별 피난 계단의 전실. 화재, 연기를 차단할 목적을 갖는다.

andesite 안산암(安山岩) 화성암의 일종. 마그마가 지표 가까이에서 냉각 고결한 것. 구조용 석재로 널리 사용된다.

anechoic room 무향실(無響室) 방의 안 표면을 흡음 쐐기 등 흡음률이 큰 재료로 마감하여 무반사 음장(자유 음장)이 얻어지도록 한 음향용 실험실. →semi-anechoic room

anemometer 풍속계(風速計) 풍속을 측정하는 기계. 압력차를 이용한 피토관, 공기 저항을 이용한 로빈슨 풍속계, 기계적 운동을 이용한 풍차형 풍속계 등이 있다.

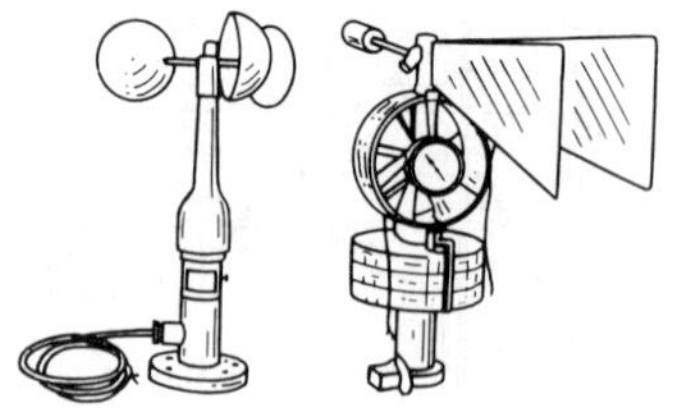

로빈슨 풍속계　　풍차형 풍속계

anemoscope 풍향계(風向計) 1매에서 여러 매 이상의 풍판을 수직축 주위에 회전시켜 풍향을 아는 것(1분간의 평균 풍향을 구한다).

anemostat 아네모스탯 =anemostat outlet

anemostat outlet 아네모스탯형 분출구(一形噴出口) 실내 공기 분출구의 일종으로 하향용. 원형과 각형이 있고 콘(cone)에 의해 분출 방향을 바꿀 수 있다.

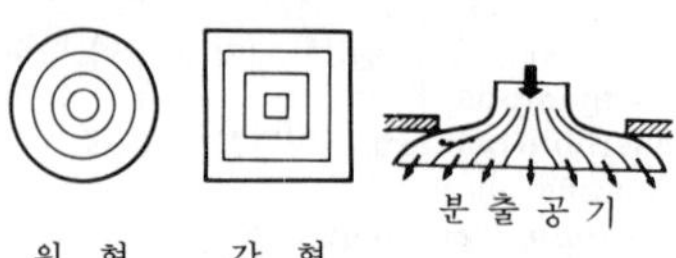

원 형　　각 형

anemostat type diffuse 아네모스탯형 분출구(一形噴出口) =anemostat outlet

anemothermeter 아네모서모미터 열선 풍속계와 전기 저항 온도계를 조합시켜서 배출구의 풍속을 측정하는 계기.

angle 앵글 ① 각(각도)을 말한다. ② 산형강을 말하며, 앵글 스틸(angle steel)의 약.

angle beam method for flaw detection 사각 탐상법(斜角探傷法) 횡파의 초음파를 탐상면에 대하여 비스듬하게 전파시켜서 결함을 검출하는 초음파 탐상법.

angle brace 귀잡이 수평 직교재의 각도 변형을 방지하기 위해 그 귀에 빗대는 짧은 수평 사재(斜材) 또는 그 행위.

angle cutter 앵글 커터 철골의 형재(形材) 절단기.

angle door 앵글문(一門) 울거미를 앵글로 조립하고, 한쪽 면에 강판을 붙인 금속문. 간단한 문이나 점검구 등에 사용된다.

angle dozer 앵글 도저 불도저의 일종으로, 배토판이 진행 방향에 대하여 좌우로 각도를 바꿀 수 있는 것. 토목 공사에서 토사의 이동·운반, 정지 작업에 쓰인다. →bulldozer

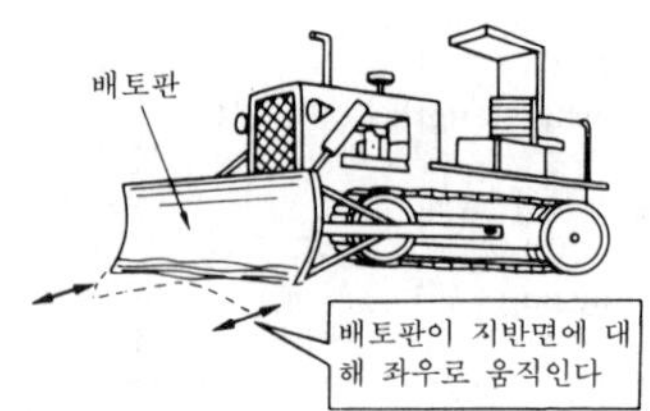

angle of attack 받음각(一角), 영입각(迎入角)[1], 풍향각(風向角)[2] (1) 유체의 흐르는 방향과 날개가 이루는 각.

(2) 설정된 어느 특정한 기준이 되는 방향과 풍향이 이루는 각도.

angle of deflection 처짐각(-角) 부재가 외력의 작용으로 만곡했을 때 어느 점의 접선이 변형 전의 재축선(材軸線)에 평행인 선과 이루는 각 θ.

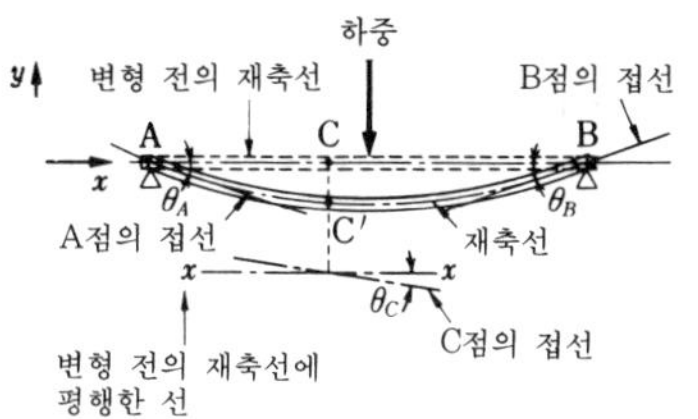

angle of deflection of joint 절점각(節點角) 라멘 등이 여러 가지 하중을 받아 변형했을 때의 절점의 회전각. 양 재단(材端)에서 휨 곡선에 그린 접선과 변형 전의 축선(軸線)이 이루는 각으로, 보통 θ로 나타내며, 그림과 같이 시계 방향의 변형을 양(+), 반시계 방향의 변형을 음(-)으로 한다. →deflection curve, angle of deflection

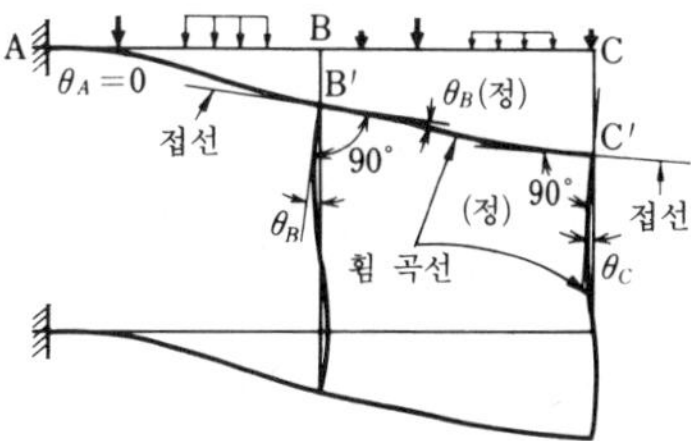

angle of friction 마찰각(摩擦角) 수평으로 두어진 무게 N의 물체에 힘을 가하여 수평으로 움직이려고 하면 접촉면에는 힘과 반대 방향으로 마찰력 F가 작용하고, 이것과 접촉면에 직각으로 작용하는 반력 N과의 합력 R은 N에 대하여 θ의 기울기를 이루게 된다. 이 θ를 마찰각이라 한다. 마찰각은 F가 정지 마찰력이냐 운동 마찰력이냐에 따라서 정지 마찰각, 운동 마찰각이라 한다. 정지 마찰각은 사면상에 두어진 물체가 미끄러지려 할 때의 각 θ_s와 같다.

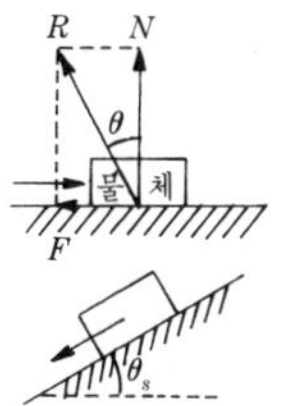

angle of repose 휴식각(休息角) 흙 등을 쌓거나 깎아 냈을 때 흙이 자연 상태로 이루어지는 최대의 경사각. 흙 입자간의 최대 마찰력에 의해 정해진다. 비탈면의 각도는 휴식각보다도 완만하게 한다.

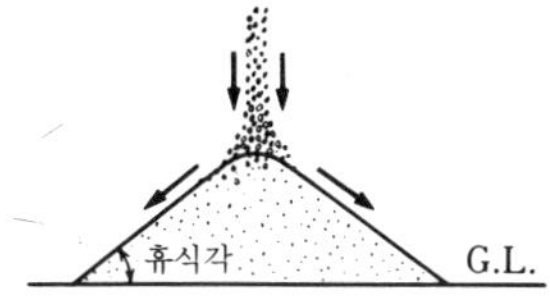

angle of static friction 정지 마찰각(靜止摩擦角) 정지 마찰의 크기를 나타내는 각도. 사면의 경사를 서서히 크게 했을 때 그 위의 물체가 미끌어지기 시작하는 사면의 각도. →angle of friction

angle of torsion 비틀림각(-角) 서로 평행한 단면이 비틀림을 받았을 때의 상대 회전각을 비틀림각이라 한다. 보통 단위 길이당의 회전각 θ로 나타낸다. 비틀림률, 비틀림 일그러짐이라고도 불리기도 한다.

angle of unequal legs 부등변 산형강(不等邊山形鋼) 두 다리(leg)의 길이가 같지 않은 산형강.

angle parking 사각 주차법(斜角駐車法) 도로나 주차장의 연석에 대하여 비스듬하게 주차하는 방법. 보통 45°주차와 60°주차의 두 가지가 있으나 일반적으로 60° 전진 주차가 사용상 편리하다. 직각 주차는 수용 대수가 가장 많다.

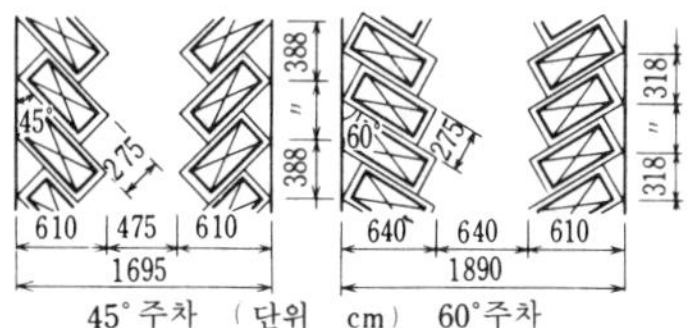

angle post 모기둥, 귀기둥 건물 모서리에 세우는 기둥.

angle rafter 추녀 ㅅ자보 밑에 있는 나무로, 보통 서까래를 받친다. 또 목조 트러스의 경사재 등을 현재(弦材)에 부착하기 위해서도 경목의 귀잡이 판재(angle block, corner block)를 사용한다. = hip rafter

angle steel 산형강(山形鋼) 형강의 일종으로, 등변 산형강과 부등변 산형강이 있다.

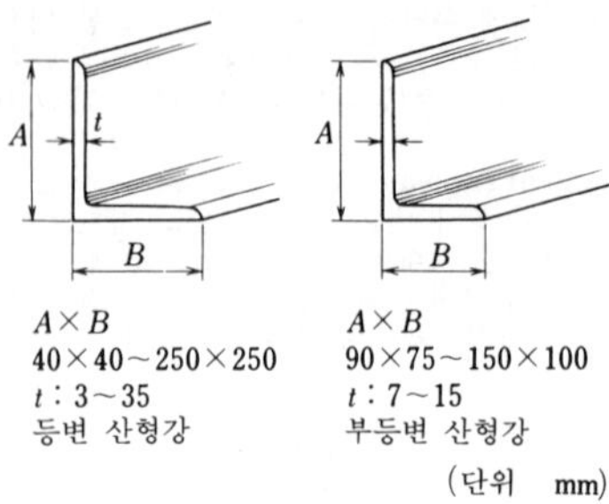

angle steel

angle tie 귀잡이 건조물의 보강을 위해 T자형이나 十자형의 맞댐 부분에 비스듬히 덧대는 부재. 보강재로, 3각형을 형성한다. =angle brace, horizontal brace, horizontal angle

angle valve 앵글 밸브 밸브 상자의 입구와 출구의 중심선이 서로 직각이고, 유체의 흐름 방향을 직각으로 한 밸브.

angstrom 옹스트롬 빛의 파장이나 물질 내의 원자간 거리를 나타내는 데 사용하는 단위. 기호 Å.

1 Å $=10^{-10}$m

Angstrom compensation pyrheliometer 옹스트롬 일사계(－日射計) 한쪽 수감부에 닿는 직달 일사를 차단했을 때의 농도 저하분을 전기 가열하여 보상하는 열전식의 직달 일사계. 옹스트롬이 고안했다.

Angstrom sunshine meter 옹스트롬 일사계(－日射計) =Angstrom compensation pyrheliometer

angular frequency 각진동수(角振動數) 진동수(주파수) f에 2π를 곱한 것. 기호 ω. $\omega=2\pi f$, 단위 rad/sec. →period

angular perspective 성각 투시도(成角透視圖), 유각 투시도(有角透視圖) 건물을 화면(P.P.)에 기울여서 두고 그린 투시도를 말한다.

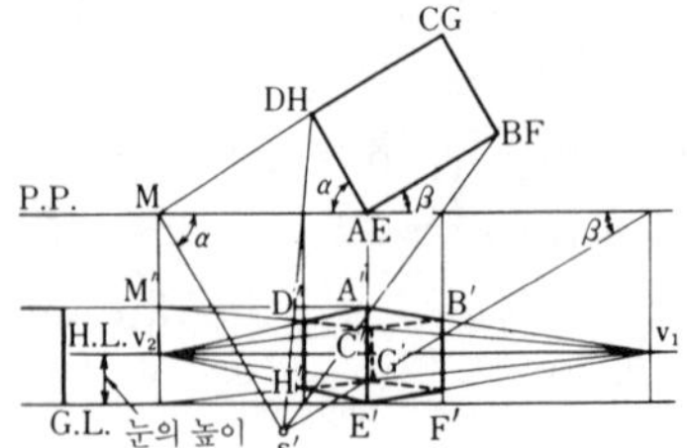

angular transducer 각변환기(角變換器) 운동하는 계의 각도량을 전기 신호로 변환하는 장치.

angular velocity 각속도(角速度) 각변위의 시간적 변화의 비율. 어떤 평면 내에 있어서 좌표 원선에 대하여 임의 시각에 있어서의 어느 운동점의 각변회를 θ, 시간을 t로 하면 각속도는 $d\theta/dt$이다.

anhydraulic cement 기경 시멘트(氣硬－) =air setting cement

anhydraulicity 기경성(氣硬性) 공기 중에서만 경화하는 성질. 소석회 · 석고 · 마그네시아 시멘트 등이 이 성질을 가지고 있다.

소석회 Ca(ON)$_2$ + 공기중의 2산화탄소 CO_2 = 석탄석 $CaCO_3$ + 물 H_2O (증발해 버린다)

anhydrite 경석고(硬石膏) 천연 석고, 화학 공장의 부산 석고 등을 원료로 하여 고온으로 구워서 만들어지는 무수 석고에 소량의 명반, 붕사, 불순 석고 등을 더하여 다시 고온도로 소성하든가 또는 처음에 구운 다음 소량의 황산염을 더한 것을 말하며, 킨스 시멘트라고도 한다. 수경성(水硬性)이 있고, 응결은 4시간 정도에서 시작되며, 수일 후에는 매우 잘 경화한다. 경석고 플라스터로서 벽, 바닥의 도장에 쓰인다.

anhydrous gypsum 무수 석고(無水石膏) 결정수를 갖지 않는 황산 칼슘염. 결정 석고를 500℃ 이상의 고온으로 구우면 얻어진다. 소성 온도에 따라 I형, II형, III형의 구별이 있다.

anisotropic plate 이방성판(異方性板) 면내(面內) 방향으로 이방성을 갖는 판. 면내의 늘어남이나 전단의 강성뿐 아니라 면외의 휨이나 비틀림의 강성도 이방성을 나타낸다.

anisotropy 이방성(異方性) 재료의 성질이 그 방향에 따라 다른 것. 등방성에 대한 말.

annealed copper wire 연동선(軟銅線) 어닐링한 동선. 인장 강도 26kgf/mm^2 이상, 신장 35% 이상, 순도 9.5% 이상이다. 도전율이 좋고 구부리기 쉽다. 전기 설비의 옥내 배선에 사용하는 전선의 심선에 사용한다.

annealing 어닐링, 소둔(燒鈍), 풀림 금속 재료를 적당한 온도로 가열한 다음 서서히 냉각시켜 상온으로 하는 조작. 이 조작은 가공 또는 담금질 등에 의해 경화된 재료의 내부 균열을 없애고 결정립(結晶粒)을 미세화시켜 연성(延性)을 높인다. 그림은 탄소강의 풀림 예이다.

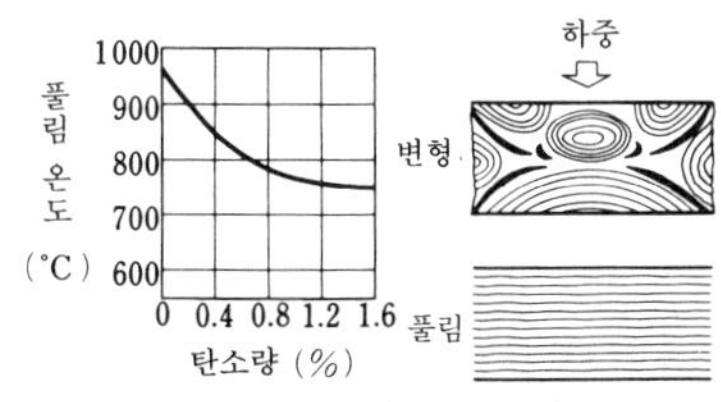

annealing

announce booth 아나운스 부스 스튜디오나 홀에 부속한 장내 방송을 하는 작은 방을 말한다.

announce room 방송실(放送室) ① 방송국 중에서 아나운서가 방송하는 방. 방송 스튜디오라고도 한다. ② 학교, 병원, 회사 등의 조직에 있어서 확성 방송의 기기·설비를 갖춘 방. 조정실과 함께 방송 활동을 위한 스튜디오를 부속시키는 경우도 있다.

annoyance 어노이언스 소음이나 시끄러움과 함께 소음의 영향을 평가하는 항목의 하나. 소음에 의해서 생기는 불쾌감에 관한 평가의 총칭. →noisiness

annual energy consumption 연간 에너지 소비량(年間一消費量) 난방·냉방용으로 쓰이는 연간의 에너지 소비량. 열원 기기와 반송 기기의 소비 에너지를 말한다.

annual load 연간 부하(年間負荷) 1년간 시시 각각의 부하를 합계한 값. 연간 냉방 부하와 연간 난방 부하로 나뉜다.

annual maximum value 연 최대값(年最大一) 풍속, 적설 깊이, 지진동 등의 기상 관측 데이터의 연간 최대값.

annual maximum wind speed 연 최대 풍속(年最大風速) 평균 풍속의 연간 최대값을 말한다. 설계 풍속을 정하기 위한 통계의 기본 양.

annual range 연교차(年較差) 연 최고값과 연 최저값의 차.

annual ring 나이테 수목의 횡단면에 볼 수 있는 동심원상의 테. 형성층에 의해 1년간에 형성되는 재부(材部)의 세포 조직은 계절에 따라 차가 있으며, 성장이 활발한 봄의 세포는 크고, 박막이며 부드러운 층(춘재 : 春材)이 되지만 여름 이후는 단단한 층(추재 : 秋材)이 되어 양자가 교대로 생겨서 동심의 둥근 테두리가 된다. =year ring

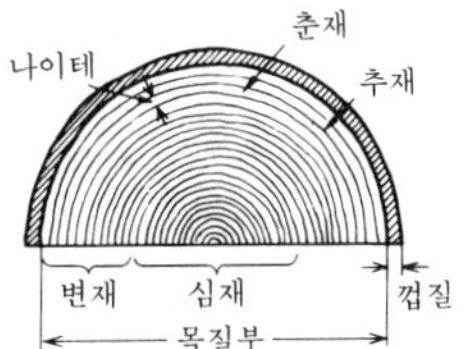

anode 양극(陽極) 금속 부식에 있어서 산화하는 측. →cathode

anodic oxide colored coating 자연 발색 피막(自然發色皮膜) 알루미늄의 표면에 전기 화학적인 반응에 의해서 생성된 산화 피막. 합금 발색 피막과 전해(電解) 발색 피막이 있다.

anodic oxide deposit 양극 산화 피막(陽極酸化皮膜) 전해액 속에서 직류 전류에 의한 전기 분해에 의해 금속 표면에 생성시킨 피막. 특히 알루미늄의 내식성을 높이기 위해 사용한다.

anodic protection 양극 방식(陽極防蝕) 방식할 금속체를 양극으로 하여 통전하여 부식을 방지하는 것.

antenna 안테나 전파의 송신·수신 장치. 라디오 방송 전파, 텔레비전 방송 전파, 무선 통신 전파의 송수신용으로 T형, L형, 사다리형, 나팔형, 파라볼라형, 평판형 등의 각종 안테나를 용도에 따라 사용한다.

antenna tower 안테나탑(一塔) 라디오, TV나 무선 전신 전화용의 안테나를 공중에 지지하는 탑.

anteroom 대기실(待機室), 대합실(待合室) 회의, 출연이나 방문객 서비스 등의 작업 전후에 관계자가 대기하는 방. 혹은 방문객 등의 대합을 위한 방. =waiting room, retiring room

anthropometric dimension 인체 치수(人體一數) 인체 각 부위의 치수. 평균값 외에 표준 편차값도 중요하며, 건축 각부의 치수를 정하는 데 사용된다. →motion space, motion dimension

anthropometry 인체 계측(人體計測) 인간의 생체, 사체 및 골격 등을 일정한 기구로 측정하여 수량적으로 표현하기 위한 계측. →somatometry

anti-corrosive paint 녹 방지 도료(一防止塗料) 철재나 경합금재에 칠하여 부식을 방지하는 도료. 녹을 억제하는 성질을 갖는 안료를 주요 성분으로 하며, 전색재(展色材)로서 보일유, 합성 수지 니스 등을 사용한다.

anti-depopulation policy 정주 대책(定住對策) 대도시 중심부의 구 등 인구가 감소하고 있는 자치체가 인구 감소를 방지하고, 인구를 다시 불러들이기 위한 정책. 독자적인 주택 건설이나, 임대 주택, 임대료 보조 등을 한다.

antifouling 오염 방지(汚染防止) 재료 표면에 해양 생물의 부착을 방지하는 것.

antifouling paint 오염 방지 도료(汚染防止塗料) 재료의 오염 방지를 위해 사용하는 도료.

antifreezing admixture 동결 방지제(凍結防止劑) 콘크리트 등의 동결을 방지하기 위한 혼합제(염화 칼슘)로, 이것은 철근을 녹슬게 하고, 콘크리트의 내구성도 저하시킨다. 최근 −10℃ 정도에서도 콘크리트가 동결하지 않는 약제가 개발되어 있다.

anti Macassar 앤티 머캐서 머릿기름에 의한 더러움을 방지하기 위해 의자를 덮는 천으로, 장식용으로 사용하는 경우도 있다.

antinode 파복(波腹) 정상파에서 음압 또는 입자 속도의 진폭이 최대로 되는 곳. 이것은 점, 선, 면인 경우가 있다.

antique 앤티크 고대 그리스, 로마 등의 고전 미술. 고전적인 것. 오래 된 것이라는 뜻에서 골동품을 말한다.

antique finish 앤티크 마감 오래된 가구와 같이 보이기 위한 도장 마감 방법. 흠, 얼룩, 벌레구멍 등을 의식적으로 붙인다.

antique glass 앤티크 유리 스탠드 유리나 공예품에 사용되는 고급 장식 유리. 판두께에 불균일한 단차가 있고 가는 금과 기포를 갖는다.

antiroom 대기실(待機室) ＝anteroom

antiseat covering 방로 피복(防露被覆) 공기가 그 노점 온도보다 찬 물체에 닿아 물체 표면에 물이 부착하는 현상을 결로(結露)라 한다. 표면 결로를 방지하기 위해 찬 물체의 표면을 적당한 두께의 보온재료로 피복하는 것.

antiseptics 방부제(防腐劑) ＝preservative

antismadge ring 앤티스매지 링 천장 공기 출구가 주위의 공기를 유인하여 천장면을 더럽히지 않도록 공기 출구 주위에 붙이는 고리 모양의 부재.

antisymmetric load 역대칭 하중(逆對稱荷重) 대칭적인 구조체에서 그 대칭축의 좌우에서 크기가 같게 역방향으로 작용하는 하중.

apartment 아파트 ＝apartment house

apartment for singles 독신용 아파트(獨身用−) 독신자나 기혼이라도 혼자 생활하지 않으면 안 되는 사람이 거주하도록 세워진 공동 주택. →house for singles

apartment hotel 아파트먼트 호텔 장기 체재자용의 호텔.

apartment house 아파트, 공동 주택(共同住宅) 다수 가족이 구획을 달리 하여 거주하는 건물. 일반적으로 계단, 복도 등을 공유한다.

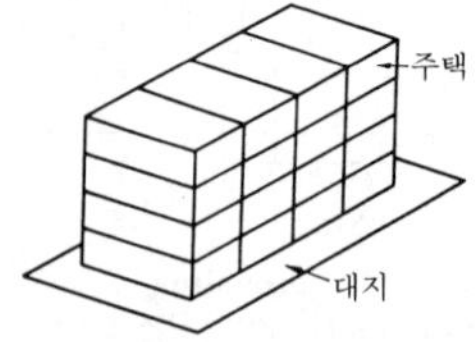

apartment house of corridor access 복도식 아파트(複道式−), 복도식 공동 주택(共同住宅) 한쪽 면 또는 중앙에 복도를 설치하는 식의 아파트(공동 주택).

aperiodic motion 무주기 운동(無周期運動) 한계 감쇠와 과감쇠의 총칭. 왕복 운동을 하는 일이 없고, 최대값에 이른 다음 서서히 정지의 위치로 되돌아가는 물체의 운동. 주기가 없는 것이 특징이다.

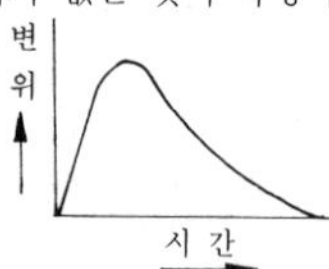

aperture color 개구색(開口色) 크기, 거리, 안길이 등의 공간적인 위치 관계의 지각이 생기지 않는 조건하에서 관측하는 색을 말한다. 개구를 통해서 보는 색이 이에 해당한다.

apitong 아피통 필리핀, 마레이지아, 보르네오 등에 나는 목재. 심재(心材)는 적갈색이며 광택이 있고, 공작이 용이하며, 나왕보다 강인하다. 비중 0.58~0.65. 상판, 가구 등에 쓰인다.

apparatus 어퍼레이터스 공기 조화기 등과 같이 여러 종류의 기기에 의해서 구성되어 하나의 유닛을 이루는 장치.

apparatus dew point 장치 노점 온도(裝置露點溫度) 습공기 선도상에 있어서 공기가 a점으로 나타내는 것과 같은 상태일 때 a를 지나 현열비 일정한 선 ad를 긋윈

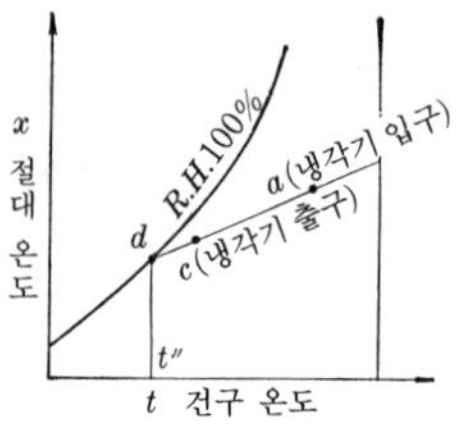

고, 포화 공기선과의 만난점 d의 온도 t''를 장치 노점 온도라 한다. a의 상태에 있는 공기가 냉각기(냉각 코일, 세척기 등)에 들어가면 냉각되어 t와 x가 낮아지나 d의 상태가 되는 일은 실제로는 불가능하며, 공기 출구의 상태는 사실상은 ad 선상의 중간점 c까지 내려간다.

apparatus load 장치 부하(裝置負荷) 공기 조화의 개개 장치에 걸리는 부하. 좁은 뜻으로는 방 제거 열량에 외기 부하를 가산한 부하를 말한다.

apparent brightness 어패런트 브라이트니스 어느 면의 주관적인 밝기. 빛의 물리량인 휘도에 대응하는 명암감의 심리량으로, 눈의 순응 휘도나 주변과의 대비 등의 영향을 받는다.

apparent specific gravity 겉보기 비중(－比重) 겉보기 용적과 같은 체적의 물의 무게로, 그 물체의 건조 중량을 나눈 값을 말한다.

겉보기 비중$=W_1/(W_1-W_2)$

단, W_1 : 건조 비중, W_2 : 포수(飽水)시킨 물체의 수중 현중(懸重) 중량.

appentice 차양 ＝eaves, hood, lean-to roof, pentroof

applied mechanics 응용 역학(應用力學) 재료 역학, 구조 역학, 탄성 역학, 토질 역학, 소성학, 수력학, 유체 역학, 기구학, 열역학, 진동학 등의 총칭으로, 공학 전반의 기초학으로서 그 응용 범위는 매우 넓다.

appointed competitive tender 지명 입찰(指名入札) 건축주가 청부 업자의 자격을 조사하여 적당다고 인정되는 몇 명을 골라 경쟁 입찰을 시키는 것. ＝tender by specified bidders, limited tender

appraisal 감정 평가(鑑定評價) 부동산의 가치나 임대료의 금액을 평가하여 산정하는 것. ＝valusation

appraisal [evaluation] system [method] 감정 평가 방식(鑑定評價方式) 부동산의 가격 및 임대료에 관한 감정 평가의 방법. 원가 방식, 비교 방식, 수익 방식의 세 가지가 생각된다.

appraisal method of building price 건물 가격 평가 방식(建物價格評價方式) 부동산 감정에서 건물의 가치를 평가하는 방식. 거래 사례 비교법, 시가(始價遞減法), 수익 환원법의 세 가지 방법이 있다.

appraisal method of land price 지가 평가 방식(地價評價方式) 부동산 감정에서 토지의 가격을 평가하는 방식.

approach 어프로치, 접속 도로(接續道路)

도로 등에서 개개의 건물에 이르는 통로.

approaching flow 접근류(接近流) 지상의 건물 등 대상물에서 보아 거기를 향해서 접근해 오는 상공의 바람.

approval of use 사용 승인(使用承認) 법령 등에 의해 규제를 받고 있는 토지나 건물 등의 사용을 특히 인정하는 것, 혹은 신축된 건물이 건축 기준법 등에 적합하다는 것을 확인하여 사용을 인정하는 것.

approved drawing 승인도(承認圖) 실제로 시공, 제작해도 좋다는 것을 승인한 도면. 공사자가 시공, 제작에 앞서 제출하여 설계자, 발주자가 승인을 한 것.

approximate cost estimating 개산 적산(概算積算) 설계도에서 상세하게 수량을 셈하지 않고 개략적인 수량 등에서 공사비를 예측하는 적산.

approximate estimation sheet 개산 견적서(概算見積書) 개산 적산에 의해 만들어진 견적서.

approximate method of estimating building cost 건축비 개산법(建築費概算法) 상세한 적산을 하기 이전의 건축 공사비의 예측 수법을 말한다. 실측 데이터를 참고로 하는 방법, 통계에 의한 방법, 설계를 예측하여 행하는 시뮬레이션법 등이 있다.

approximate method of quantity surveying 수량 개산법(數量概算法) 건축물 등의 개산에 있어서의 수량 예측의 방법.

apron 에이프런 건물, 무대 등의 전면에 돌출한 부분.

apron conveyor 에이프런 컨베이어 자갈이나 소포 등이 낙하하지 않도록 테두리가 붙은 컨베이어.

apse 앱스 기독교의 교회당에서 밖으로 돌출한 반원형의 내진부.

AQL 합격 품질 수준(合格品質水準) ＝acceptable quality level

aquaculture 해양 목장(海洋牧場) 수산 동식물의 치어나 종묘를 인공적으로 생산·관리하는 재배 어업 시설의 일종. ＝

marine farm, marine ranch

aquapolis 아쿠아폴리스 아쿠아는 라텐어로 물을 뜻하며, 수상 도시라는 뜻.

aquarium 수족관(水族館) 주로 수중 동물을 사육하고, 또 표본류를 수집하여 일반에게 전시하는 동시에 이들의 연구를 하는 시설.

aquastat 애쿼스탯 온도 조절기의 일종으로, 수온을 검출하여 급탕 순환 펌프의 자동 제어 등에 사용한다.

aquatron 애쿼트론 바이오트론 중 대상이 수생 생물에 한정된 것으로, 수생 생물의 생육 환경을 인공적으로 제어할 수 있는 시설.

aqueduct 수도(水道) 상수도(watersupply, waterworks)와 하수도(sewerage)를 말하며, 상수도를 가리켜서 말하기도 한다.

aqueous rock 수성암(水成岩) 암석의 조각이나 미분, 수중에 용해한 광물질이나 생물의 유각(遺殼) 등이 수저 또는 지상에 층을 이루고 퇴적하여 오랜 세월 동안 굳어진 것. =sedimentary rock

aquifer 대수층(帶水層) 지하수에 의해 포화 상태에 있는 투수층(透水層).

arabesque 아라베스크 기하학적 문양이나 식물의 선을 모티프로 한 복잡한 장식. 이슬람의 장식 문양의 총칭으로서 사용되었다.

arable land wind break forest 경지 방풍림(耕地防風林) 바람이 강하게 부는 지방에서 내륙 전답의 작물을 보호하기 위해 심어진 좁고 긴 숲. 바닷바람 중의 염분을 여과하는 목적의 해안 방풍림과 구별된다.

aramid fiber′ 아라미드 섬유(-纖維) 고분자 화합물 폴리아라미드에서 만들어진 고강도 섬유. 경량이고, 탄력성·내열성이 뛰어나기 때문에 이들을 보강재로 사용한 콘크리트가 연구·개발되고 있다. →aramid fiber reinforced concrete

aramid fiber reinforced concrete 아라미드 섬유 보강 콘크리트(-纖維補强-) 고분자 화합물에서 만들어진 경량이고 고강도의 섬유를 짧게 잘라 혼입한다든지, 막대 모양으로 하여 철근 대신 매입한 콘크리트. =AFRC →PFRC, aramid fiber

arbor 정자(亭子) 휴식이나 전망을 즐기기 위한 작은 시설. 정원이나 공원 내에 배치된다.

arc 아크, 전호(電弧) ① 2개의 탄소봉 끝을 접촉시키고 강한 전류를 흘리면서 약간 떼면 양극은 약 3,500℃, 음극은 2,800℃로 가열되어 강한 백광(白光)을 낸다. 이것이 아크이다. ② 호(弧). 곡선의 일부분. 원주의 일부분을 말하는 경우에는 원호(圓弧)라 한다.

arcade 아케이드 ① 아치를 기둥 위에 연속하여 가설한 주열랑(柱列廊). ② 양쪽에 상점이 즐비한 도로에 지붕을 덮은 상점가를 말한다.

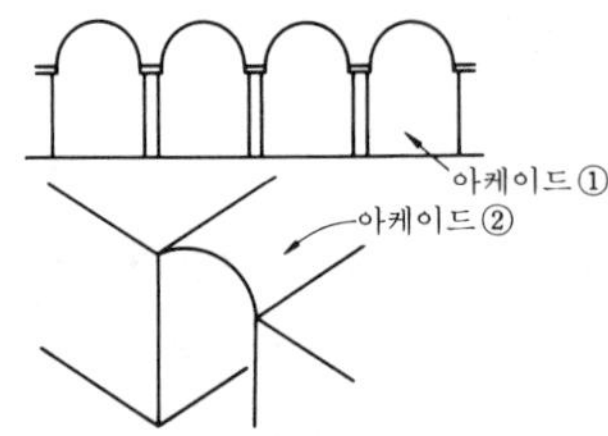

arc air gouging 아크 에어 가우징 아크열로 녹인 금속을 압축 공기를 이용해서 연속적으로 불어 날려 금속 표면에 홈을 파는 방법. 용융 금속을 그림과 같이 홀더 구멍에서 분출하는 압축 공기로 불어 날려 홈을 판다.

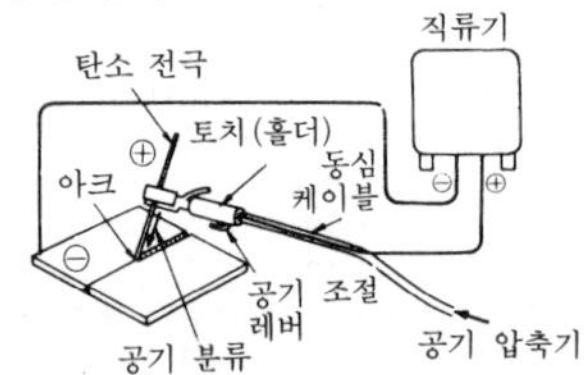

arc cutting 아크 절단(-切斷), 아크 용단(-鎔斷) 아크를 이용해서 강판 등을 국부적으로 용해시켜 재료를 절단하는 방법을 말한다.

arch 아치, 홍예(虹霓) 위를 향해 만곡한 활 모양의 구조물로, 다리, 건축물, 터널 등에 응용된다.

archaisme 의고 주의(擬固主義) 그리스의 클래식 이전의 기교적으로 치졸하고 소박한 미술을 아케익 미술이라고 하는데, 이들 예술을 이상(理想)으로 하여 의식적으로 주의·사조로 한 것.

arch-construction 아치 구조(-構造) 개구부 상부를 반원형 기타의 곡선 모양으로 한 것의 명칭.

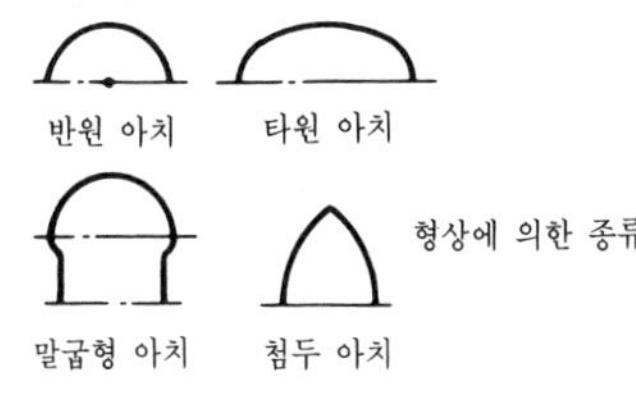

ARCHIGRAM 아키그램 1961년 피터 쿡 등이 만든 건축 잡지로, 프로젝트를 중심으로 한 것.

Archimedes number 아르키메데스수(-數) 유체에 작용하는 부력과 관계하는 무차원수. 온도차에 기인하는 부력과 유체가 가지고 있는 관성력과의 비를 나타낸다. 강제 대류에서 널리 쓰인다.

$$A_r = \frac{g\beta\Delta\theta l}{u^2}$$

u : 대표 속도, l : 대표 길이, g : 중력 가속도, β : 체팽창률, $\Delta\theta$: 온도차.

Archimedes's axion 아르키메데스의 원리(-原理) 「유체 내에서 정지하고 있는 물체에는 그 물체가 밀어낸 만큼의 유체의 중력과 같은 부력이 작용한다.」는 원리.

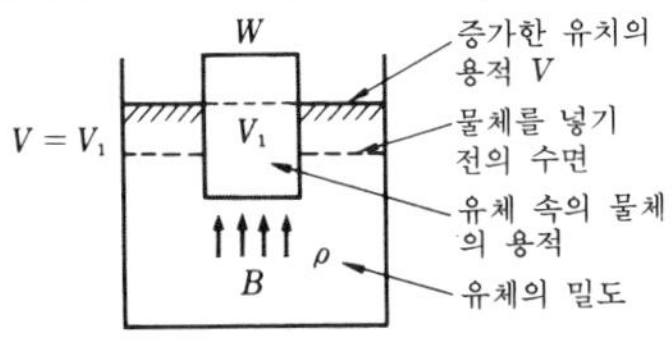

부력 $B(\text{kg}) = \rho(\text{kg/m}^3) \times V(\text{m}^3)$

architect 건축가(建築家) 건축의 설계, 공사 감리를 하는 사람(건축 기사, 건축사).

architectural acoustics 건축 음향학(建築音響學) 건축과 관계가 있는 음향 현상, 즉 실내의 음의 전달 및 잔향 등의 효과, 건물 내외, 방 상호 등의 음향 차단 등을 대상으로 하는 학문.

architectural concrete 치장 콘크리트(治粧-) 거푸집을 제거한 그 면이 그대로 마감이 되는 콘크리트. 콘크리트면을 다른 재료로 마감하지 않으므로 신중한 거푸집 공사나 확실한 콘크리트 치기가 필요하다.

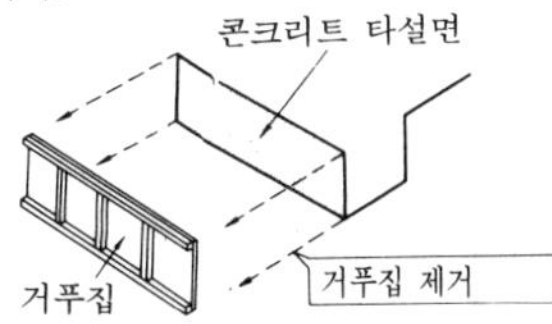

architectural concrete finish 치장 콘크리트 마감(治粧-) 콘크리트 표면을 타일 공사나 도장 등의 마감을 하지 않고 거푸집 탈형면 그대로 하는 마감 방법.

architectural decoration 건축 장식(建築裝飾) 구조 부분에 대표되는 건축의 본체에 대하여 표층에 가해진 형태 표현의 총칭. 회화적(繪畵的), 릴리프상(狀), 독립한 조각상의 것 등이 있다. 오더에 따르는 기둥, 보의 의장도 넓게는 장식에 포함할 수 있는 경우가 많다. →ornament

architectural design 건축 설계(建築設計) 건축물의 건축 공사 실시를 위해 필요한 도면 및 명세서를 작성하는 것. 넓은 뜻으로는 건축주로부터 의뢰된 건물에 관한 자료나 요구를 연구·정리하고, 전문적 입장에서 구상을 하여 순차 세부의 검토로 옮겨 도면·시방서·공사비 예산서 등을 만들고, 또 필요한 관청으로의 절차도 하는 등의 일이 포함된다.

architectural design office 건축 설계 사무소(建築設計事務所) 건축 설계를 업으로 하는 경영 조직체. 건설업 내부의 설계 조직 등은 포함되지 않는다. =architectural design practice →registered architect's office

architectural design practice 건축 설계 사무소(建築設計事務所) =architectural design office

architectural firm 건축 사무소(建築事務所) 건축의 설계나 공사 관리 또는 건축에 관한 조사 감정 등을 업으로 하는 사무소. 건축사가 보수를 목적으로 건축물의 설계 또는 공사 관리를 하는 사무소를 건축사 사무소라 한다.

Architectural Institute of Korea 대한건축 학회(大韓建築學會) 건축에 관한 학술, 기예, 사업의 진보 발달을 도모하는 것을 목적으로 하는 단체.

architectural lighting 건축화 조명(建築化照明) 천장·벽·기둥 등의 건축 구조부에 광원이 내장되어 건축의 일부가 광

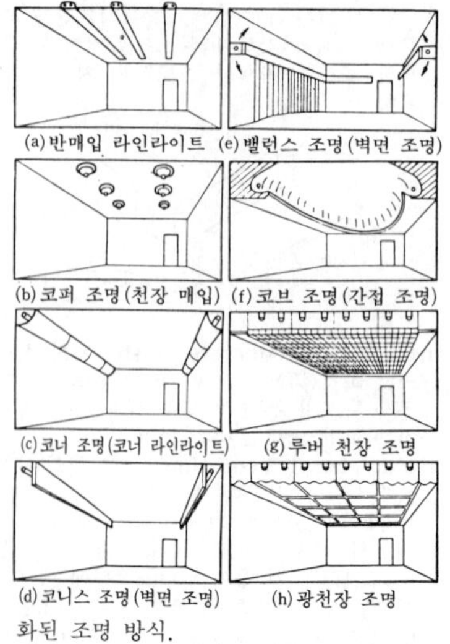
(a) 반매입 라인라이트 (e) 밸런스 조명(벽면 조명)
(b) 코퍼 조명(천장 매입) (f) 코브 조명(간접 조명)
(c) 코너 조명(코너 라인라이트) (g) 루버 천장 조명
(d) 코니스 조명(벽면 조명) (h) 광천장 조명

화된 조명 방식.

architectural model 건축 모형(建築模型) 건축물을 투시도 등보다도 보다 다면적으로 관찰할 목적으로 만들어지는 모형. ① 설계용 모형(study model) : 설계 과정에서 구상을 하고, 양부를 확인하기 위해 점토 · 종이 등으로 만드는 모형. ② 전시용 모형(presentation model) : 기본 설계가 끝난 단계에서 완성했을 때의 모습을 확인하고 건축주에게도 보이기 위해 석고 · 목재 등으로 만드는 모형.

architectural modular 건축 모듈러(建築－) 건축 및 구성재의 치수 관계를 건축 모듈에 의해서 조정하는 것.

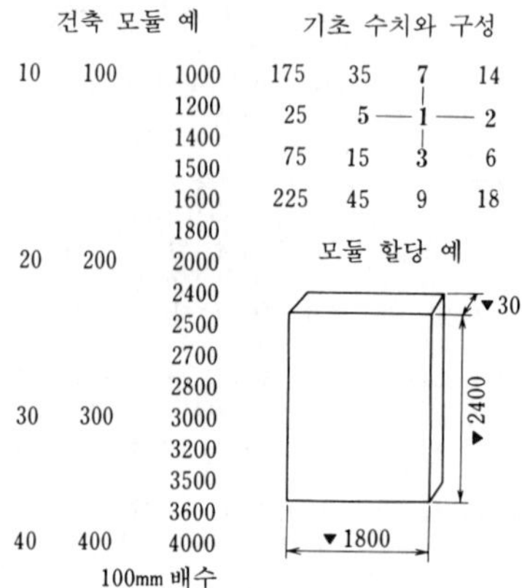

건축 모듈 예

10	100	1000
		1200
		1400
		1500
		1600
		1800
20	200	2000
		2400
		2500
		2700
		2800
30	300	3000
		3200
		3500
		3600
40	400	4000

100mm 배수

기초 수치와 구성

175	35	7	14
25	5	1	2
75	15	3	6
225	45	9	18

모듈 할당 예

architectural module 건축 모듈(建築－) 건축물이나 그 구성재의 설계나 조립에 있어서 기본이 되는 치수.

architectural planning and design 건축 계획(建築計劃) ① 도시 계획에 대하여 단체(單體) 건물의 계획을 말한다. ② 구조 계획이나 설비 계획에 대하여 건축 공간의 계획을 가리킨다. ③ 단체(單體) 건물이나 건축 공간을 계획하는 바탕이 되는 인간의 행동이나 의식과 건축 공간과의 상호 작용에 관한 지견(知見).

architectural psychology 건축 심리학(建築心理學) 인간이 건축물이나 건축 공간을 어떻게 인지하고, 거기서 행동하고 있는가를 심리적 견지에서 연구하는 학문.

architectural space 건축 공간(建築空間) ① 일반적으로 바닥, 벽, 천장 등에 의해서 한정되는 건축 내부의 3차원 공간. 특히 건축이 만들어내는 인간 행동의 장으로서 지각되어 쓰이는 공간. ② 건물 부위의 구성이나 복수 건물의 구성으로 성립하는 장 내지 공간, 또는 그들의 구성 관계를 말한다.

architectural standard specification 건축 공사 표준 명세서(建築工事標準明細書) ① 공사를 표준화하기 위해 작성되는 명세서. 가종 공사에 쓰이는 공통 명세서.

architectural theory 건축론(建築論) 건축의 기능, 형태, 구성, 형식, 의미와 같은 건물에 있어서의 여러 가지 내용 및 건축에 관한 설에 대한 견해, 논리, 논의 등을 말한다.

architectural work 건축 공사(建築工事) 건축물을 구축하기 위한 공사를 말한다. ＝building work

architecture 건축(建築) ① 건물을 그 목적에 맞게 설계하고 구성하며, 더욱이 거기에 예술성을 갖게 하기 위한 예술과 과학을 말한다. 또 그에 의해서 만들어진 것. 즉 행위와 그 소산의 양자를 의미한다. 후자는 건물 중 예술성을 가진 것이라는 정의도 있고, 또 건축가가 설계한 건물이라는 정의의 방법도 있을 수 있다. ② 건축물을 신축 · 증축 · 개축 또는 이전하는 것.

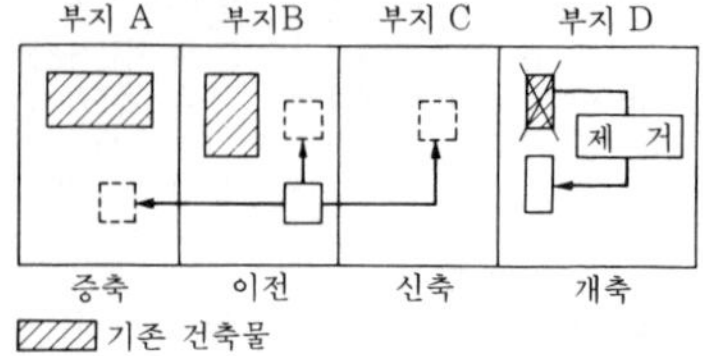

architrave 아키트레이브 ① 그리스 건축, 로마 건축에 있어서 엔타블레이처의 맨 아래 부재. 목조 가구(架構)의 보에 해당하는 수평 부재. ② 개구부 둘레의 장식용 틀. →entablature

archives 문서관(文書館) 역사적, 사회적으로 중요한 문서를 수집하고, 활용 가능한 방법으로 정리·보관하여 열람할 수 있게 한 기관.

arch stone 아치돌, 홍예석(虹霓石) 아치를 형성하는 쐐기 모양의 돌. 정부(頂部)에 있는 돌을 쐐기돌이라 한다. =voussoir

arch window 아치창(−窓) 상부가 반원형(아치 모양)으로 된 창의 형식.

arc lamp 아크등(−燈) 아크(電弧)를 이용한 전등. 탄소 아크등, 텅스텐 아크등, 수은등으로 구별. 현재 영사기, 탐조등 등 특수한 용도에만 사용된다.

arc spot welding 아크 스폿 용접(−鎔接) 아크열을 이용해서 2개의 피용접물 A, B를 겹쳐 놓고, 한쪽에서 눌러 전극과 모재 사이에 아크를 발생시켜 전극 바로 밑부분을 국부적으로 녹여 점용접을 하는 방법을 말한다.

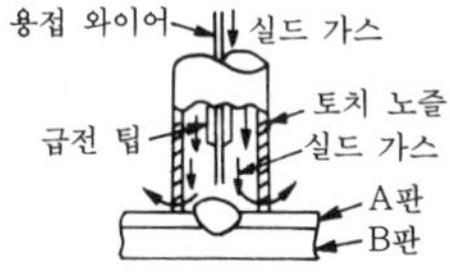

arc strike 아크 스트라이크 아크 용접 작업 중 모재의 용접부 이외에 아크가 튀는 것을 말한다.

arc welding 아크 용접(−鎔接) 쇠를 모재로 하여 모재와 전극 또는 두 전극간에 발생하는 아크열을 이용하여 용접하는 전기 용접. 수동·반자동·전자동의 용접법이 있다.

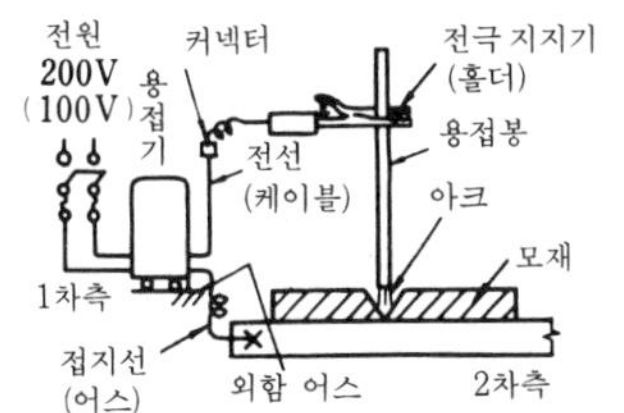

arc welding electrode 아크 용접봉(−鎔接棒) 아크 용접에 사용하는 전극봉(텅스텐 전극봉, 탄소 전극봉).

area 지역(地域) ① 행정계에 구애됨이 없이 일반적으로는 보다 크게 정해진 구역. 국토, 지방, 지역, 도시, 지구라는 순위로 쓰이기도 한다. ② 용도 지역과 같이 일정한 법적 규제를 받는 토지의 범위. ③ 크기와는 관계없이 공동의 이해나 목표를 가진 토지의 범위.

area district 면적 지역(面積地域) 대지면적과 건축과의 비율을 제한하여 일정 공지를 남기려는 지역.

area effect 면적 효과(面積效果) 채색 부분의 면적이 커질수록 채도(彩度)나 명도(明度)를 높게 느낄 수 있게 되는 현상.

area flow meter 면적 유량계(面積流量計) 스로틀 유량계의 일종. 유체의 흐르는 틈을 바꾸어 그 면적으로 유량을 측정한다.

areal replotting calculation method 지적식 환지 계산법(地積式換地計算法) 토지 구획 정리 사업의 환지 설계시의 환지 결정 계산법의 하나. 종전 택지의 지적, 위치를 기준으로 하여 원지 환지를 원칙으로 해서 환지의 지적, 위치를 결정한다.

area management system 지역 관리 시스템(地域管理−) 첨단 기술을 구사하여 에너지, 보안성, 이동성, 편의성, 쾌적성을 종합적으로 제어하는 종합 도시 관리 기능을 가진 정보 시스템. 종래의 인텔리전트 빌딩 관리를 지역·지구로 확장·발전시켜 가려는 사고 방식과 앞으로의 도시가 본래 가져야 할「도시 관리」기능을 실현하기 위한 시스템이라는 사고 방식의 양면이 있다.

area marketing 에어리어 마케팅 점포 계획을 하는 경우의 사전 조사로, 그 입지를 중심으로 한 일정 지역의 구매력 조사를 말한다.

area of common use space 공용 면적(共用面積) 복수 사용자가 있는 건물의 공용 부분의 면적.

area of exclusive use space 전용 면적(專用面積) 공동 주택 등 복수의 사용자가 있는 건물의 바닥 면적 중 각 세대 등의 사용자가 전용적으로 사용하는 부분의 면적.

area of intensified observation 관측 강화 지역(觀測强化地域) 지진 활동도 및 경제적, 사회적 중요도가 높아 지진 관측을 강화해야 할 지역.

area of special observation 특정 관측 지역(特定觀測地域) 대지진 경험 지역, 활단층(活斷層) 지역, 지진 다발 지역, 수도권 등 특히 지진에 관한 관측이 중요하다고 생각되는 지역.

area scale factor 수압면 계수(水壓面係數) 바람 하중의 평가에 있어 건물의 규모 효과 즉 수압 면적이 커짐에 따라서 등가인 최대 하중값이 저감되는 정도를 수량화한 계수. =size reduction factor

areaway 에어리어웨이 =dry area

areawide conservation 면적 보존(面的保存) 역사적 환경을 지역적 범위로 보존하는 것.

areawide inprovement 면적 정비(面的整備) 도로, 공원 등의 도시 시설이나 주택 등 건축물의 정비를 적어도 1블록보다 큰 상당 규모의 구역에서 일체적이고 종합적으로 하는 것.

areawide total pollutant boad control 총량 규제(總量規制) 배수나 배기 가스의 배출 기준을 농도가 아니고, 그에 포함되는 유해 물질의 전체의 양으로 정하는 것을 말한다. 교통량이나 토지 이용 규제에서도 쓰인다.

arena 어리나 스포츠 등의 경기장, 혹은 원형 극장.

arena theater 원형 극장(圓形劇場) 원형의 모양을 한 어리나 스테이지 형식의 극장. 그리스 극장과 같이 원형에 가까운 모양의 암피시어터(amphitheater)를 이렇게 부르기도 한다. =theater-in-the-round

arena type hall 어리나형 홀(-形-) 무대 주위를 관객이 둘러싸는 형식의 홀을 말하며, 어리나란 고대 로마의 원형 투기장을 말한다. →shoe box type hall

arena type stage 어리나 무대 형식(-舞臺形式) 무대를 관객석이 둘러 싸는 극장 형식.

arithmetic series method 등차 급수법(等差級數法) 감가 상각에서 각기의 상각액을 등차 급수적으로 감소(또는 증가)시켜 가는 방법.

arm 완목(腕木), 팔대 한 끝을 기둥 등에 덧대고, 다른 끝은 도리 등을 받치기 위해 비스듬하게 돌출한 나무.

arm bracket 팔대 비계널이나 디딤널을 걸치기 위한 비계띠 장목간을 잇는 단재(短材).

arm chair 안락 의자(安樂椅子) 자리 양쪽에 팔거리가 있는 의자.

arm lamp 암 램프 금속 파이프의 팔대를 가진 조명 기구로, 책상, 제도대 등에 부착하여 사용한다.

armless chair 암리스 의자(-椅子) 팔거리가 없는 의자 전반의 명칭. 식탁용인 경우는 사이드 체어라 한다.

arm stand 암 스탠드 책상 선반 등에 클립으로 고정하고, 암(팔대)의 높이, 방향을 바꿀 수 있는 조명 기구.

arm stopper 암 스토퍼 문이나 창을 연 상태에서 멈추어 두는 쇠붙이.

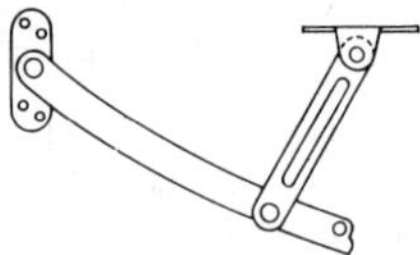

aromachology 아로마콜로지 향기에 의해 인간에게 여러 가지로 영향을 주는 것을 입증하는 이론. 아로마(향)+사이콜로지(심리학)의 합성어.

arrangement 수배(手配) 작업하기 전에 자료·재료·기재·공구·노무 등의 준비나 할당을 하는 것. 착공하기 전의 각 관청에의 계출부터 준공에 이르기까지의 모든 사전 준비, 사후의 처리, 뒤처리의 전 준비 체제를 포함한다.

arrangement and cleaning expenses 정리 청소비(整理淸掃費) 건축 공사에서의 공사 전반에 걸친 정리, 청소, 뒤처리 및 양생의 비용. 내역서에서는 공통 가설비 중에 포함된다.

arrangement of books 배가 방식(配架方式, 排架方式) 도서관에서 자료를 서가에 배열하는 방식. =shelving

arrangement of temple buildings 가람 배치(伽藍配置) 사찰에서의 건물의 배치.

array observation 어레이 관측(-觀測) 복수의 지진계를 수평 방향, 연직 방향에 어느 간격으로 설치하여 지진동을 동시 관측하는 방법. 파동 전달 특성의 해명에 유효하다.

arrester 피뢰기(避雷器) 천둥 등에 의해 전력 계통에 생기는 충격적 이상 전압을 순간적으로 방전하여 기기의 절연 파괴를 방지하는 장치.

arrow diagram 화살 계획 공정표(-計劃工程表) 공정 관리 수법의 하나이며, PERT에 있어서의 공정 계획의 순서도. ○표와 화살표를 써서 작업 상호의 관계를 명확하게 한다.

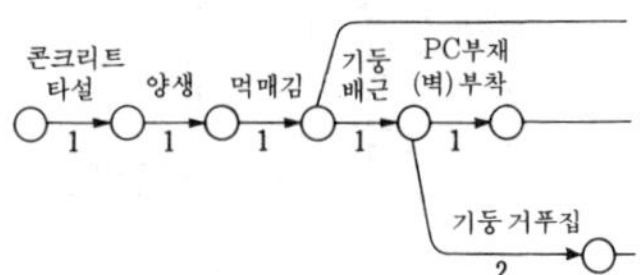

arson 방화(放火) 화재를 발생시킬 목적으로 사람이 고의로 건축물 등에 착화시키는 행위.

Art Deco 아트 데코 art decoratit를 줄

인 프랑스어로, 장식 예술이라는 뜻이다. 1920년경부터 기계 문명의 영향을 받아 직선을 기조로 한 장식 양식으로 1930년 경까지 계속되었다.

arterial highway 간선 도로(幹線道路) 도로망의 기본이 되는 주요 도로. 중요 도시간을 연결한다든지, 도시 내의 중요 지구를 연결하기 위한 도로.

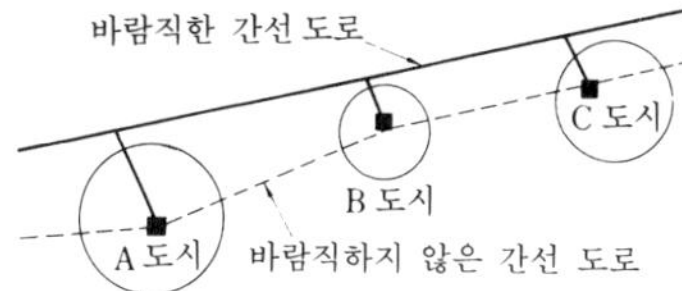

arterial road 간선 도로(幹線道路) ＝arterial highway

artesian ground water 피압 지하수(被壓地下水) 찰흙 등의 불투수층 사이에 있는 대수층(帶水層)에 있으며, 가압된 상태의 지하수. ＝confined ground water

artesian pressure 피압 수두(被壓水頭) 피압 지하수의 수위.

artesian spring tank 용수조(湧水槽) 건물의 지하 피트 등에 스며나오는 지하수를 모아 배제하기 위한 수조. 우수 배수조와 겸하는 경우도 있다.

artesian well 지분정(自噴井) 피압(被壓) 지하수(불투수층으로 감싸인 지하 체수층에 있는 지하수)를 얻기 위해 불투수층을 파서 만드는 우물. 물이 지하 수면까지 올라오고, 때로는 지표로 자분한다.

art gallery 미술관(美術館) 회화, 조각, 사진 등 미술품을 수집하거나 일시적으로 모아 조직적으로 전시하는 미술 박물관.

articulation 명료도(明瞭度) 음성을 정확하게 들을 수 있는 비율을 말하며, 단음절 명료도를 쓴다. →sound articulation

articulation test 명료도 시험(明瞭度試驗) 강당 등에서 실제 사용 상황에서의 명료도를 구하기 위한 시험.

artificial aggregates 인공 골재(人工骨材) 천연 골재의 대비어. 암석을 분쇄한 쇄석 자갈, 질석을 소성한 퍼미큘라이트(소성 질석), 흑요암, 진주암을 소성한 펄라이트 등의 경량 골재, 화산 자갈에 시멘트를 피복한 것 등이 있다. 팽창 슬래그, 팽창 혈암, 팽창 점토 등의 인공 경량 골재도 있다.

artificial beach 인공 해변(人工海邊) 모래가 없는 장소 혹은 침식 등에 의해서 모래가 매우 적어진 해변에 인공적으로 조성하는 모래펄. ＝man-made beach

artificial climate 인공 기후(人工氣候) 인간의 기술적 수단에 의해 인공적으로 제어된 실내의 기후. 자연 상태의 기후에 대해서 말한다.

artificial draft 인공 통풍(人工通風) 자연 통풍이 아닌 통풍. 보통은 기계적 통풍을 말한다. 굴뚝에서 굴뚝 내에 강제적으로 인공 통풍을 일으키려면 ① 수증기 또는 증기 분사로 송입(送入) 공기의 압력을 높인다. ② 보일러실을 밀폐하여 실내 압력을 높인다. ③ 굴뚝 하부에 증기 분사기를 두고 연도(煙道) 가스를 흡출한다. ④ 연도 또는 굴뚝 하부에 배풍기를 두고, 인공 통풍에 의해 굴뚝의 높이를 자연 통풍의 경우보다도 낮게 할 수 있다.

artificial drying 인공 건조(人工乾燥) 목재를 인위적으로 건조시키는 것. 증기 건조, 직화(直火) 건조, 열기 건조, 고주파 건조 등의 방법이 있다.

artificial earthquake wave 인공 지진파(人工地震波) ① 화약을 폭발시키는 등 인공적으로 발생시킨 지진파. ② 실지진동의 특성에 맞도록 인공적으로 작성된 지진파. 파형이 컴퓨터의 데이터로서 작성된다.

artificial environment 인공 환경(人工環境) 자연 환경에서 독립하여, 또는 격리하여 인위적으로 조성된 한정된 공간의 환경. 인공 위성, 온실, 통상의 실내 등 정도의 차이가 있다. ＝man-made environment →artificial climate

artificial fish bank 인공 어초(人工魚礁) 연안 해역에 내유(來遊)하는 어종을 일시적으로 정착시키기 위해 암석, 폐선, 콘크리트 공작물 등을 침설(沈設)하여 인공적으로 조성하는 어초. ＝artificial fishing bank

artificial fishing bank 인공 어초(人工魚礁) ＝artificial fish bank

artificial ground 인공 지반(人工地盤) 지표 혹은 수면보다 상부에 두어진 지면으로 간주할 수 있는 대규모 상판.

artificial illumination 인공 조명(人工照明) ＝artificial lighting

artificial intelligence 인공 지능(人工知能) 컴퓨터에 학습이나 추론의 기능을 갖게 하여 문제를 해결하는 인공 지능 시스템. 미국에서 연구가 시작되어 생산 관리나 플랜트의 이상 진단, 의사의 진단 지원, 금융 상품의 설정 등 이용이 시작되었다. ＝AI

artificial lawn 인공 잔디(人工－) 자연의 잔디를 모방하여 합성 고분자 재료로 만든 포장 재료. 보수가 용이하여 스포츠 시설을 중심으로 폭넓게 사용된다.

artificial light 인공광(人工光) 인공 광원이 발하는 빛.
artificial lighting 인공 조명(人工照明) 인공 광원에 의한 조명.
artificial light source 인공 광원(人工光源) 인공적으로 거의가 전기적으로 빛을 발생·방출시키는 광원. 백열 전구, 주광 램프, HID램프가 있다. 주광 광원에 대한 용어.
artificial light weight aggregate 인공 경량 골재(人工輕量骨材) 인공적으로 제조된 경량의 골재(잔골재, 굵은 골재). 원료로서는 혈암(頁岩)·팽창 점토·플라이애시(fly-ash) 등이 있다. =ALA
artificial seasoning 인공 건조(人工乾燥) 목재를 인공으로 온도나 습도를 조절하여 단시간에 건조하는 것. 증기 건조, 열기 건조, 훈연 건조, 끓임법, 진공 건조, 고주파 건조, 약품(밀폐 탱크 내에서 석유계 용제를 써서 고온으로 가열)에 의한 방법 등이 있다. =artificial wood seasoning
artificial seawater 인공 해수(人工海水) 해수와 거의 같은 작용을 갖도록 인공적으로 조제한 염수용액.
artificial seismic source 인공 진원(人工震源) 화약을 폭발시킨다든지, 지상의 물체를 타격한다든지 하여 인위적으로 일으키는 지진의 원천. 발생하는 파의 잔파로 지하의 구조를 추정할 수 있다.
artificial sky 인공 천공(人工天空) 건축 공간의 주광 조명의 상태를 모의하기 위한 인공의 천공. 인공 태양을 갖춘 것도 있다.
artificial stone 인조석(人造石) 시멘트에 모래와 쇄석, 쇄립(碎粒) 및 안료를 혼합하여 도장 또는 성형한 것. 쇄석, 쇄립으로서는 화강암, 대리석 등 종류가 많고, 안료로서는 황토, 벵가라 등이 쓰인다.
artificial stone finish 인조석 바름(人造石-) 미장 공사의 일종. 돌과 비슷한 느낌을 주기 위한 마감 방법으로, 씻어내기, 갈기, 잔다듬 등이 있다. 인조석은 자연의 돌이나 각종 쇄석을 씨돌로 하여 시멘트·백 시멘트 등으로 조합해서 바른다.
artificial timber 합성 목재(合成木材) 목재와 유사한 성능을 가지며, 목재의 용도를 대체할 수 있는 재료. 합성 수지나 무기계 재료 등을 원료로 한다.
artificial ventilation 인공 통풍(人工通風) 인공적으로 통풍을 촉진시키는 것.
artificial water transportation 인공 수리(人工水利) 하천 수송을 충실하게 하기 위해 설치된 운하 등 인공의 하천 유로.
artificial wood seasoning 인공 건조(人工乾燥) =artificial wood seasoning
artisan 장인(匠人), 공예가(工藝家), 직공(職工) 아티스트(artist)가 예술적 예술가인 데 대해, 기술·기교에 중점을 두고 있는 예술가를 말한다.
art museum 미술관(美術館), 미술 박물관(美術博物館) 미술관과 박물관의 기능을 아울러 가진 건물. =art gallery
Art Nouveau 아르 누보 새로운 예술이라는 뜻. 19세기말부터 쇠와 유리가 사용되기 시작하여, 그에 대한 장식으로서 곡선을 주체로 한 표현에 특징이 있다.

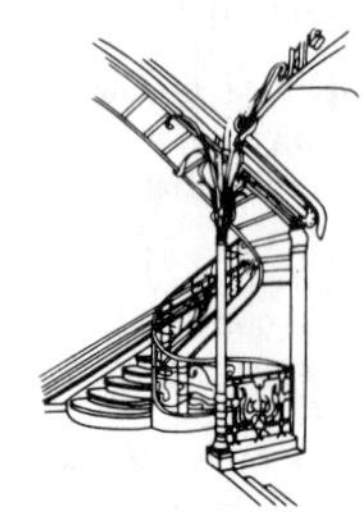

arts and crafts 아츠 앤드 크래프츠 산업혁명에 의한 기계화에 대하여 영국의 윌리암·모리스 등이 시작한 미술과 공예의 개혁 운동. →craft
art work 아트 워크 실내를 회화, 조각, 판화, 포스터, 태피스트리(tapestry) 등의 미술 공예품으로 장식하는 것.
aruhuesiru 아루후에시루 프리팩트 콘크리트(prepacked concrete)의 그라우트 모르타르용 혼합제. 유동성을 좋게 하고 충전성에 효과를 발휘한다.
ARV system ARV시스템 ARV는 automatic rotation vibrator의 약어. 진동기를 거푸집에 부착하여 거푸집을 진동시키면서 콘크리트를 다지는 콘크리트의 타설 방법.
asbestos 석면(石綿) 사문석류 또는 각섬석류에 속하는 유연하고, 회백색 내지 녹색, 갈색을 띤 섬유상 결정성의 광물. 보통, 석면이라 하는 것은 온석면(chrysolite)을 말하며, 길이 1~5cm의 섬유상 사문석이다. 내화성 및 열의 절연성이 크며 실, 지포 등을 만들고 판, 통, 끈, 이불 등으로서 보온재에 사용하는 외에 시멘트에 혼합하여 모르타르, 박판, 관 등이 만들어진다. =asbestus
asbestos board 석면판(石綿板) 석면에 적당한 양의 충전재 및 결합재를 더하여 초지기로 만든 판. 다른 섬유를 포함하지 않고 60% 이상의 석면 섬유를 포함하며, 패킹, 전기 절연용에 사용한다. 아스베스토 밀 보드 또는 밀 보드라고도 한다. 또 특히 열전도율을 약 0.05kcal/mh℃ 이하로 한 석면 보온판도 있다.

asbestos cement 석면 시멘트(石綿－) 석면을 섞어서 물로 비빈 시멘트 재료. 내열·내화성이 뛰어나기 때문에 여러 가지로 성형된 재료는 지붕잇기 마감재, 난방 장치의 배관 등에 쓰인다.

asbestos cement board 석면 시멘트판(石綿－板) 시멘트에 석면을 섞어서 만든 판을 말한다. 크기 182×91, 242×121, 200×100cm. 파형판(골판)과 평판이 있다. 평판은 석면 시멘트판이라고 한다. 석면 시멘트판에는 보통의 평판(두께 4.5, 6.9mm)과 플렉시블판의 두 종류가 있다. 전자는 시멘트와 섬유 물질의 중량 혼합비의 표준은 86 : 14이며, 대체 섬유는 석면 중량의 30% 이내로 하고, 후자의 중량 혼합비는 65 : 35로 대체 섬유는 가하지 않고 가요성 강도가 크다. 또한 석면판은 목모(木毛) 시멘트판을 심재로 하고, 플렉시블판을 양면에 붙인 방화 석면 시멘트판(두께 6~10mm), 기타 변형 파형 슬레이트 등이 있다. 이상의 평판류는 일반적으로 석면 슬레이트라 총칭하고 있다. 벽, 천장, 지붕 재료로서 사용된다.

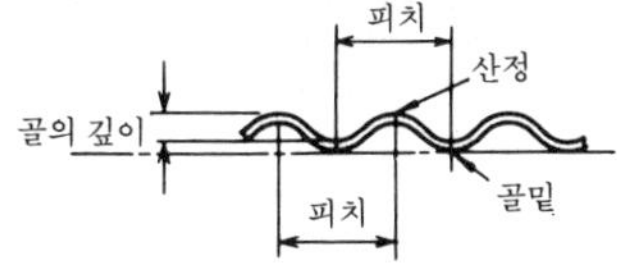

asbestos cement boarding 석면 시메트판 붙이기(石綿－板－) 석면 시멘트판을 벽·천장 등에 붙여서 마감하는 것. 또는 마감한 것.

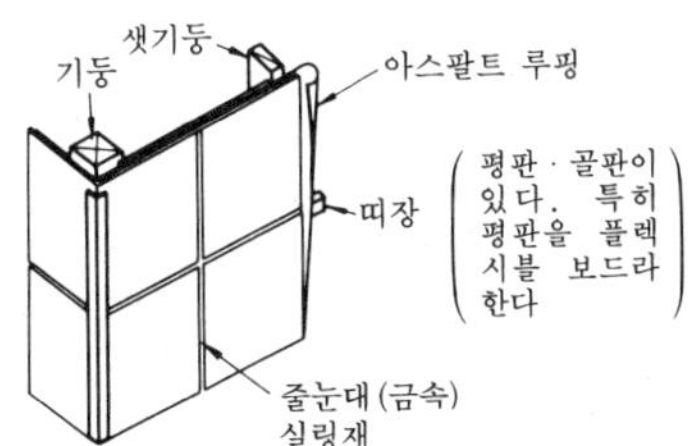

asbestos cement pipe 석면 시멘트관(石綿－管) 시멘트에 석면을 혼합하고 가압·성형하여 만든 관을 말한다. 주철관에 비해 염가이고 내식성이 풍부하다. 수도관·배수관, 화학 공장의 파이프 설비 등에 사용된다.

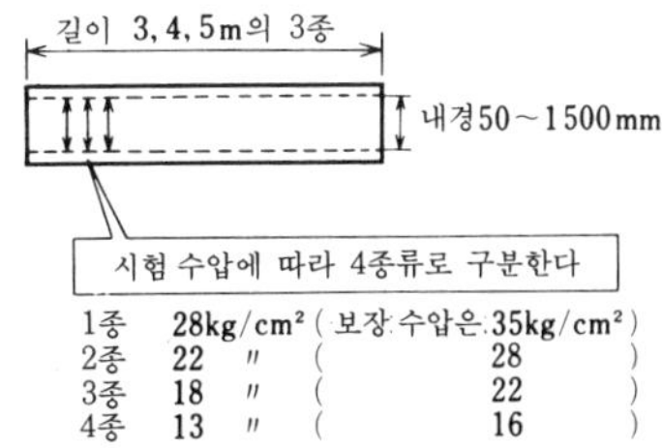

asbestos cement slate 석면 슬레이트(石綿－) 석면과 포틀랜드 시멘트와의 혼합물을 경화시켜서 슬레이트 모양으로 한 것. 경량이고 탄성이 크며, 내성, 열의 절연성, 내화성이 있다. 천장판이나 벽바름, 칸막이 등 외에 지붕 잇기 재료(소형으로 재단한 것)로 사용된다. 지붕 잇기 재료에는 소평판, 파형 석면 슬레이트, 플렉시블 골판 등이 있다.

asbestos cement slate-boarding 석면 슬레이트 붙임(石綿－) 석면 슬레이트를 벽 천장 등에 붙이는 것, 혹은 마감한 것. 골판과 평판이 있다.

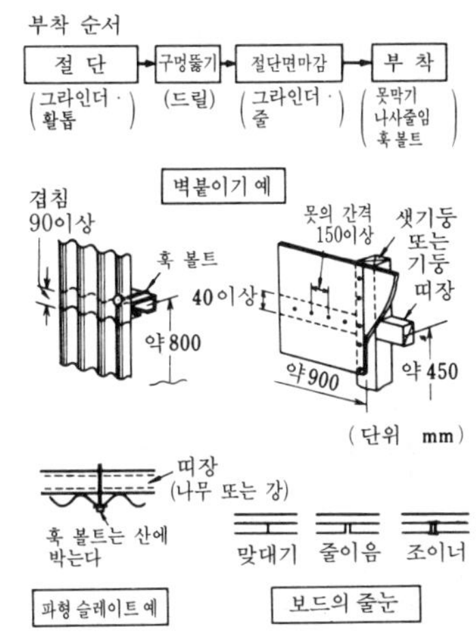

asbestos cement slate roofing 석면 슬레이트 잇기 석면 슬레이트를 써서 지붕을 잇는 것, 및 이은 지붕.

asbestos close 석면포(石綿布) 석면으로 짠 천으로, 방화막, 방화복, 방화 장갑 등의 방화품에 사용된다.

asbestos felt 석면 펠트(石綿－) 석면 섬유를 접착제로 굳힌 펠트 모양의 보드로, 단열재에 사용된다.

asbestos mortite 석면 모타이트(石綿－) 석면의 섬유를 원료로 한 분말. 모르타르에 혼입하여 사용한다. 내화성이나 단열성이 뛰어나고, 균열이 발생하지 않는다.

asbestos paper 석면지(石綿紙) 주로 석면으로 만든 종이. 내화, 보온, 전기 절연을 위한 피복재, 루핑재의 원료로 쓰인다.

asbestus 석면(石綿) ＝asbestos

as-built drawing 준공도(竣工圖) 건축물이 준공했을 때의 현상을 충실하게 나타낸 도면.

aseismatic structure 내진 구조(耐震構造) 지진의 파괴 작용에 의해서 진해(震害)를 받지 않도록 설계된 구조를 말한다. ＝earthquake proofing construction

ash 애시, 탄각(炭殼) 석회나 코크스의 연료 껍질. 경량 콘크리트의 골재로서 사용한다.

ash concrete 애시 콘크리트 ＝cinder concrete

ashlar 마름돌 정확하게 일정한 모양으로 잘라낸 석재. ＝cut stone

aspect ratio 개구비(開口比) 장방형의 분출구나 덕트 단면의 세로와 가로 길이의 비. 개구비가 1에 가까울수록 공기 저항이 작다.

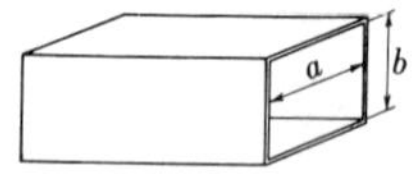

개구비 b/a 또는 a/b

asphalt 아스팔트 천연 혹은 석유 정제의 잔류물로서 얻어지는 흑색의 고체 또는 반고체의 물질. 도로 공사, 방수 공사에 사용한다.

asphalt block 아스팔트 블록 아스팔트 모르타르를 프레스 성형한 블록. 내마모성 내약품성이 크고, 흡수성이 작다. 화학 공장, 교통량이 많은 곳에 사용된다. 단, 내유성은 없다.

asphalt block finish 아스팔트 블록 마감 아스팔트 모르타르를 프레스 성형한 아스팔트 블록을 바닥 등에 까는 것.

asphalt calking 아스팔트 코킹 아스팔트에 광물 분말이나 합성 고무 등을 가하여 만들어진 코킹재. 아스팔트 방수층을 형성한 마구리 단부(端部) 등에 사용한다.

asphalt cement 아스팔트 시멘트 아스팔트를 가열하여 적당히 부드럽게 한 것. 또는 아스팔트에 수지 · 고무 등을 가하고 용제로 용해해서 만든 접착제. 접착제로서는 아스팔트 타일 · 시트의 바닥재 시공, 기타 아스팔트 싱글이나 루핑의 잡합에 사용한다. 접착제로서 사용하는 이유로는, 접착성이 양호하며 습기는 거의 통하지 않고, 화학 약품에 대해서 안정하기 때문이며, 다른 접착제와 비교하여 값이 싸다.

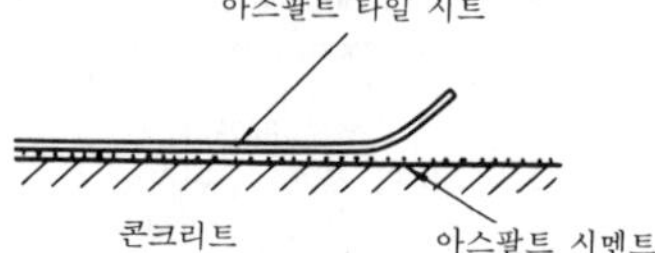

asphalt coating 아스팔트 코팅 블론 아스팔트(blown asphalt)를 휘발성 용제로 녹이고, 석면, 광물 분말 등을 가하여 주걱칠할 수 있는 연도(軟度)를 갖게 한 것. 방수층 단부(端部)나 드레인 둘레의 실링재로서 사용한다.

asphalt cold mastic 아스팔트 콜드 매스틱 아스팔트의 진한 유제에 포틀랜드 시멘트와 골재를 가하고, 상온에서 혼합하여 사용한다. 포장을 평탄하게 하는 데 사용한다.

asphalt compound 아스팔트 콤파운드 블론 아스팔트(blown asphalt)에 동식물 유지를 혼합하여 내열성 · 내구성 · 탄성 · 접착성을 개량한 것. 아스팔트 방수층, 내산 · 전기 절연 재료의 원료 등으로 사용한다.

asphalt concrete 아스팔트 콘크리트 스트레이트 아스팔트 또는 블론 아스팔트(blown asphalt) 5～10%, 모래, 쇄석, 자갈 등의 골재 95～90%의 가열 혼합물. 바닥 또는 도로에 깔고 롤러로 압연하여 마무리한다.

asphalt curbstone 아스팔트 커브스톤 아스팔트 포장 도로에서 포장 단부(端部)의 보호 등을 위해 아스팔트 콘크리트로 만드는 연석(緣石).

asphalt emulsion 아스팔트 유제(－乳劑) 알칼리 등을 유화제(乳化劑)로 하여 아스팔트를 수중에 분산시킨 갈색의 액체를 말한다. 쇄석의 점결제로서, 도로 포장 등에 사용한다.

asphalt felt 아스팔트 펠트 유기성 섬유를 원료로 하느 펠트에 스트레이트 아스팔트를 침투시킨 것. 아스팔트 방수, 지붕 · 벽 바탕의 방수, 보온 공사용 등에 사용된다.

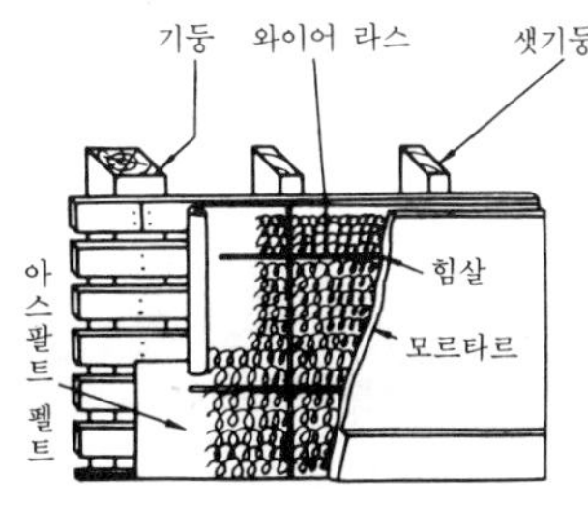

asphalt felt

asphalt grout 아스팔트 그라우트 돌가루, 모래를 스트레이트 아스팔트와 가열 혼합한 것으로, 유동성을 이용하여 석재의 고착·충전 등에 사용된다.

asphalt jungle 아스팔트 정글 아스팔트로 포장되고, 빌딩이 즐비한 대도시를 정글로 비유한 것.

asphalt mastic 아스팔트 매스틱 바닥 마감이나 방수층으로서 사용하는 아스팔트와 필러(돌가루 및 모래)를 가열 혼합하여 만들어지는 재료.

asphalt membrane waterproofing 멤브레인 방수(－防水) 아스팔트 펠트, 아스팔트 루핑을 3~5층 겹쳐, 그 때마다 용융 아스팔트로 바탕에 붙여서 방수층을 구성는 방수 공법. 일반적으로 아스팔트 방수라고 부르는 경우가 많다.

asphalt mortar 아스팔트 모르타르 아스팔트에 모래, 활석, 석회석 등의 분말을 가열 혼합하여 만든 것. 방습, 보온성이 있고, 내마모성도 양호하다. 안료를 가하여 착색한 것, 내산성의 골재를 사용하여 내산성을 갖는 것도 있다. 아스팔트 콘크리트에 비해 아스팔트량이 많고, 골재량은 적다.

asphalt mortar finish 아스팔트 모르타르 바름 아스팔트 모르타르를 칠하고 흙손으로 마감하는 공법. 화학 실험실의 바닥 마감에 사용하는 외에 도로의 포장 마감에 사용되나 기름·열에 약하다.

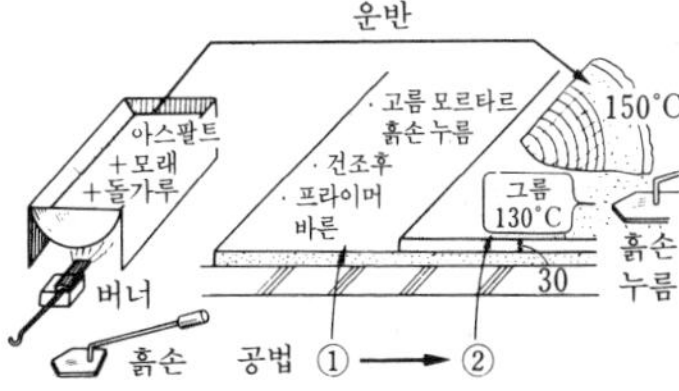

asphalt paint 아스팔트 도료(－塗料) 아스팔트를 용제로 녹인 도료. 오일 니스에 용해한 것은 아스팔트 니스 또는 흑(黑) 니스라고도 한다.

asphal pavement 아스팔트 포장(－鋪裝) 골재를 아스팔트로 결합하여 만든 표층을 갖는 포장. →tack coat

asphalt plant 아스팔트 플랜트 아스팔트에 쇄석·모래·돌가루 등을 혼합하여 가열 아스팔트 혼합물을 제조하는 설비. 쇄석을 섞지 않은 것은 건축물의 바닥 등에, 쇄석을 섞은 것은 도로 바닥 등에 사용.

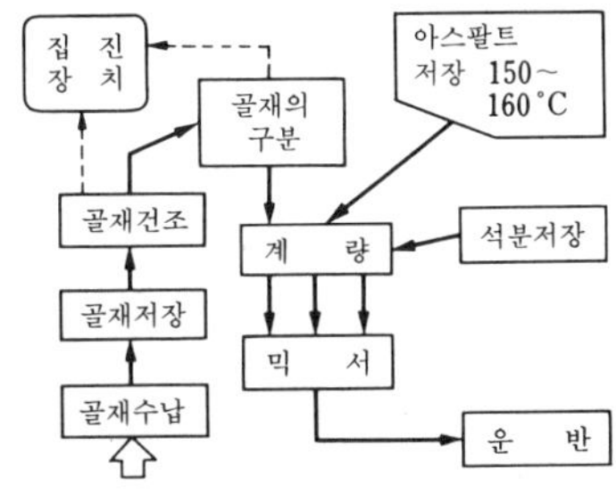

asphalt primer 아스팔트 프라이머 아스팔트를 휘발성 용제로 녹인 것. 바탕과의 접착력을 높이기 위해 아스팔트 방수의 밑칠 등에 사용한다.

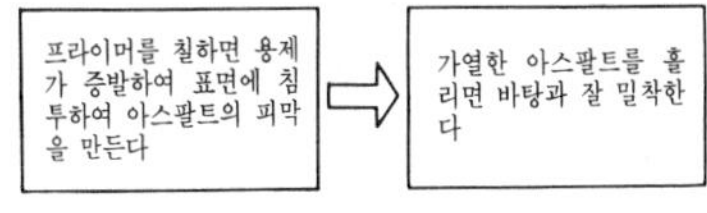

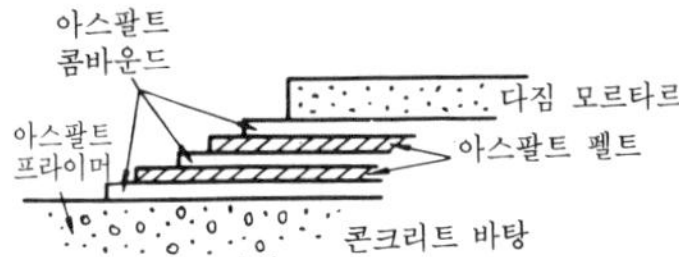

아스팔트 방수층 단면

asphalt reinforced zinc plate 아스팔트 피복 강판(－被覆鋼板) 아스팔트를 피복한 아연 철판. 내식성이 뛰어나기 때문에 지붕, 홈통, 덕트 등에 사용된다.

asphalt roof coating 아스팔트 루프 코팅 방수층 단말 부분의 실(seal)에 사용되는 아스팔트계의 퍼티(putty)상 재료.

asphalt roofing 아스팔트 루핑 동식물 섬유를 원료로 한 펠트에 스트레이트 아스팔트를 침투시켜 양면을 블론 아스팔트(blown asphalt)로 피복하고, 표면에 접착 방지재를 살포한 것. 방수성이 크므

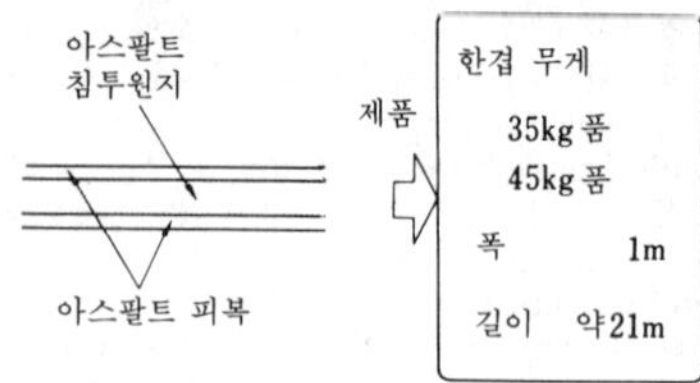

로 방수 공사나 지붕 바탕에 쓰인다.

asphalt-saturated and coated woven fabric 크로스 루핑 천에 스트레이트 아스팔트를 함침시키고, 그 양면을 블론 아스팔트(blown asphalt)로 피막한 방수천을 말한다.

asphalt-saturated felt 아스팔트 펠트 섬유를 가열 · 고착하여 만드는 펠트에 스트레이트 아스팔트를 침투시킨 것. 아스팔트 방수나 지붕 바탕, 벽 바탕의 방수에 사용된다.

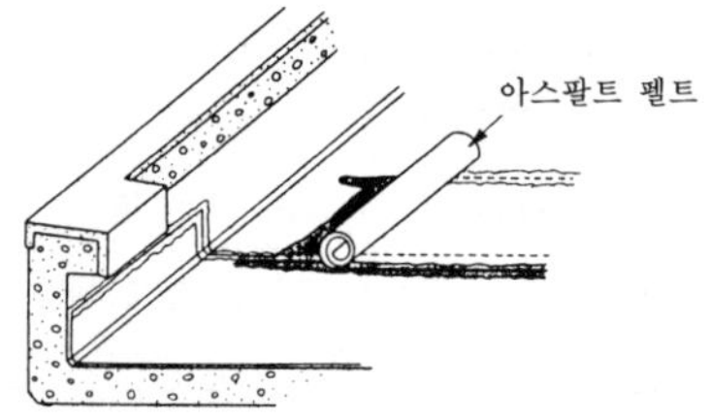

asphalt shingle 아스팔트 싱글 원지에 아스팔트를 함침, 도포하여 표면에 착색 모래층을 둔 유연 경량의 지붕 잇기 재료. →shingle

asphalt stretchy roofing felt 스트레치 루핑 합성 섬유에 아스팔트를 침투시키고, 표면에 광물질의 분말을 부착시킨 루핑. 강도 · 내구성이 뛰어나기 때문에 아스팔트 방수에 쓰이는 루핑의 주력을 이루고 있다.

asphalt tile 아스팔트 타일 아스팔트에 석면 · 탄산 칼슘을 가하여 시트 모양으로 압연해서 타일 모양으로 한 바닥 마감재. 형상은 정방형의 것이 많고(300mm각, 두께 3mm 정도), 색조는 여러 가지가 있다.

asphalt tiling 아스팔트 타일 붙임 300 mm 정도의 아스팔트 타일을 접착재로 압착하는 공법. 또는 붙인 것.

asphalt varnish 아스팔트 니스 →asphalt paint

asphalt waterproof 아스팔트 방수(－防水) 아스팔트 펠트 · 아스팔트 루핑류를 용해한 아스팔트로 여러 층 접합하여 방수층을 형성하는 방수 공법. 일반적으로 널리 사용되고 있는 방수 공법이다.

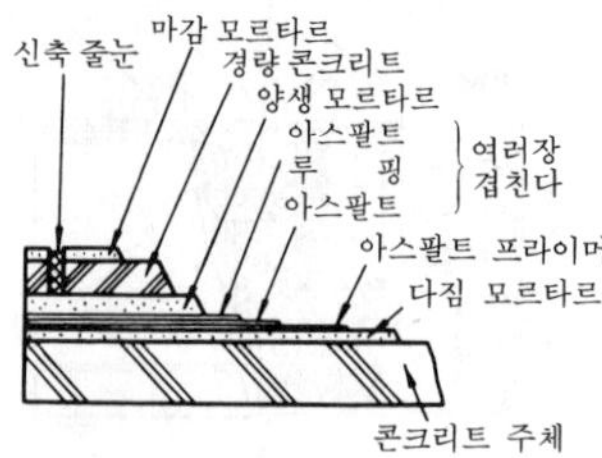

ASQC 미국 품질 관리 협회(美國品質管理協會) ＝American Society for Quality Control

assembled stack 집합 굴뚝(集合－) 굴뚝 출구에서 복수의 굴뚝을 하나로 집합시킨 굴뚝.

assembling 조립(組立) 여러 종류의 부품, 구성재를 모아 조립하여 보다 큰 구성물을 만드는 것.

assembly drawing 조립도(組立圖) 조립해 가기 위한 순서 또는 조합을 기입한 그림을 말한다.

assembly facility 집회소(集會所) 사람들이 교류, 단란, 학습, 연구 등 공통의 목적으로 모이기 위해 세워지는 건물. 집회실이나 그 부속 시설을 포함한다.

assembly hall 의사당(議事堂) 국가 또는 지방 자치체의 의원이 한 자리에 모여 의사를 진행하기 위한 건물. ＝conference hall

assembly production 조립 생산(組立生産) 각종 부품 · 부재를 종합적으로 조립하는 생산 형태. 건설 생산의 특색의 하나이다.

assembly room 집회실(集會室) 많은 사람이 모이는 방.

assembly time 퇴적 시간(堆積時間), 폐쇄 퇴적 시간(閉鎖堆積時間) 부재에 압축을 가하기 전에 접착제를 피착체에 익숙해지게 하는 시간.

assessment 어세스먼트 어느 인위적 행위가 주변에 미치는 영향의 사전 예측을 말한다. 특히 환경에 대한 예측을 환경 어세스먼트라 한다. 이 밖에 테크놀러지 어세스먼트도 있다.

assets 자산(資産) 재산과 거의 같은 뜻이나, 기업 경영에 있어서는 수익을 목적으로 하는 경영 수단이며, 그 경제 가치를 구현한 재화로서 보는 것. 경영 수단의 경제 가치를 추상적으로 파악한 경우는 자본이라 한다.

assigned volume of traffic 배분 교통량(配分交通量) 존(zone)간의 교통 기관별 교통량을 교통망상의 각 링크에 배분한 교통량.

assimilation effect 동화 효과(同化效果) 색이 다른 색에 둘러싸여 있을 때 둘러싸여진 색의 면적이 작은 경우나 둘러싸여진 색이 주위의 색과 유사한 경우, 둘러싸여진 색이 주위의 색과 흡사하게 보이는 현상.

Assman's psychrometer 아스만 건습계(-乾濕計) 건습구 온도계의 일종. 통풍 건습계라고도 한다. 온도계 상부에 팬(fan) 붙이고 주위의 공기를 빨아들여 온도계 구부(球部) 주위에 공기가 정체하지 않도록 한 것으로, 기온·습도 계기로서는 가장 정확하다.

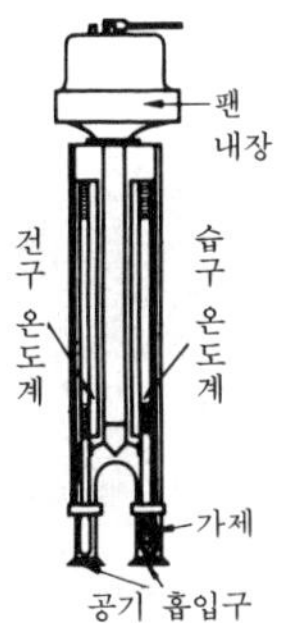

Assman ventilated psychrometer 아스만(통풍) 건습계(-(通風)乾濕計) =Assman's psychrometer

assort color 배합색(配合色) 실내의 배색에 쓰이는 색의 종류로 그 방의 배색의 중심이 되는 색. =coordinate color

assortment display 어소트먼트 디스플레이 보이는 것을 목적으로 한 디스플레이 수법의 하나. 대상물을 분류하여 비교하면서 볼 수 있게 하는 방법.

ASTM 미국 재료 시험 협회(美國材料試驗協會) American Society for Testing and Materials의 약어. 미국의 재료 규격 및 재료 시험에 관한 기준을 정하는 기관. 1898년 창립. 본부는 필라데피아. 아스템이라고 읽는다.

astragal 마중선, 풍소란(風小欄) 미서기, 미닫이, 여닫이 창문 등의 마중대 틈서리를 막는 선.

astral light 무영등(無影燈) 수술이 이루어지고 있는 곳에 그림자가 생기지 않도록 각 방향에서 빛이 투사되도록 만들어

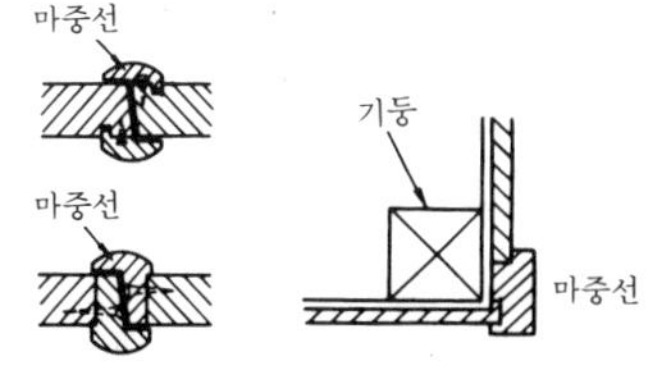

astragal

진 조명 기구. 수술대 상부에 설치된다. =shadowless operating light

asymmetry 비대칭(非對稱) 어떤 일정한 축, 점에 대하여 어떤 기하학적인 대칭성을 취하는 것을 피한 배치 또는 구성. →symmetry

atelier 아틀리에, 제작실(製作室) 화가, 조각가의 작업장 혹은 건축가, 공예가의 제작장.

atelier house 아틀리에 하우스 집합 주택이나 주택 단지의 설계에서, 단지「주거」만을 위해 만드는 것이 아니고, 작업장이 있는, 경제와 생활이 공존하는 장인 마을의 이미지를 가진 제안.

at-grade intersection 평면 교차(平面交差) 둘 이상의 도로가 동일 평면상에서 교차하여 연속하는 것. =level crossing

athletic field 육상 경기장(陸上競技場) 트랙, 필드의 경기 부분과 관람석 및 부속실 등으로 구성된 육상 경기를 하는 시설. =ground

atlantes 남상주(男像柱) =atlantide

atlantide 남상주(男像柱) 그리스 건축의 원형 주신(柱身) 대신 남자를 배치한 인상주(人像柱). =atlantes

atmosphere 기압(氣壓) =atmospheric pressure

atmospheric absorption 공기 흡수(空氣吸收) =air absorption

atmospheric boundary layer 대기 경계층(大氣境界層) 지구의 대기 하층에 생기는 지표면과의 마찰에 의한 영향을 무시할 수 없는 흐름의 장.

atmospheric boundary layer thickness 대기 경계층 두께(大氣境界層-) 지표면에서 대기 경계층 상단까지의 높이. 시가지에서는 500m~1km에 이르는 일이 있다. →boundary layer thickness

atmospheric corrosion-resistant steel 내후성 강(耐候性鋼) 대기 중에서의 부식에 대한 저항성을 높인 강철.

atmospheric diffusion 대기 확산(大氣擴散) 굴뚝에서 배출된 연기나 열이 대기의 평균류 및 난류에 의해서 수송, 혼합되는

현상. 본질적으로는 난류 확산이다. ＝atmospheric dispersion

atmospheric dispersion 대기 확산(大氣擴散) ＝atmospheric diffusion

atmospheric lower boundary layer 지표면 경계층(地表面境界層) 대기 경계층을 상층과 하층의 2층으로 구분했을 때의 지표면측의 경계층.

atmospheric pressure 기압(氣壓) 기체의 압력. 통상은 대기압이라고 한다. ＝atmosphere

atmospheric radiation 대기 복사(大氣輻射), 지구 복사(地球輻射) 기상학에서는 지표나 대기가 사출, 흡수하는 장파장 복사를 총칭해서 말한다. 지표 및 대기 중의 수증기, 탄산 가스 등이 이것에 관계한다. 대기 복사는 파장이 짧은 태양 복사(일사)에 대하여 장파 복사, 적외 복사이다. 태양 복사의 파장은 0.2～4.0μ이지만 대기 복사는 4.0～100μ 정도이고, 최대의 세기는 10～15μ 정도이다. 대기 복사에 속하는 것으로는 지표의 복사, 역복사, 야간 복사 등이 있다.

atmospheric stability 대기 안정도(大氣安定度) 대기의 성층 상태를 나타내는 지표의 하나. 일반적으로 기온 감률과 건조 단열 감률과의 대소에 따라 불안정, 중립, 안정으로 나뉜다. →atmospheric dispersion, atmospheric diffusion, diffusion coefficient, inversion layer

atmospheric steam heating 대기압식 증기 난방(大氣壓式蒸氣煖房) 증기 난방에 있어서의 동식(動式)의 일종으로, 대부분이 복관식이다. 방열기 내의 증기압이 대기압보다 약간 높은 증기를 사용한다. 배관 내의 공기를 배출하면 증기압이 대기압보다도 낮든가 그에 가까운 경우에도 증기를 통할 수 있다. 보일러로의 순환관은 건조 순환식이며, 그 근본의 역지 장치가 달린 공기 밸브에 의해서 배기한다. 이것은 에어 리턴식이다. ＝vapo(u)r system

atmospheric transmittance 대기 투과율(大氣透過率) 대기 노정(路程)이 1의 대기층을 통과한 후의 직사 일광 또는 직달 일사의 세기와 그들이 대기층에 입사하기 전의 세기와의 비.

atmospheric turbulent flow 대기 난류(大氣亂流) 지표면 경계층 내의 기류의 난류.

atomic hydrogen welding 원자 수소 용접(原子水素鎔接) 금속 아크 용접의 하나로, 수소 가스 분위기 중에서 2개의 금속 전극간에 발생시킨 아크의 열을 사용하는 용접. 아크에 의해 원자로 해리된 수소 가스가 재결합하여 분자가 될 때 발생하는 열을 이용한다. ＝arc atom welding

atomizer 애터마이저 압축 공기를 작은 구멍에 분출시킬 때 소량의 물을 동시에 흡인시켜 이것을 분무하여 실내를 가습시키는 장치.

atompolis plan 애텀폴리스 구상(－構想) 원자력 발전소에서 발생하는 배수를 열에너지로 바꾸어 가정 난방 등에 이용하는 구상.

atrium 아트리움 고대 로마의 주택 건축에 있어서 가로에서 옥내로 들어가 최초에 있는 홀식 안뜰. 초기 기독교 교회당에서 교회당 입구 앞에 두어진 안뜰을 말하며, 일반적으로 아케이드 또는 코로네이드를 둘러싸고, 안뜰 중앙에는 결제용(潔齊用)의 샘을 둔다.

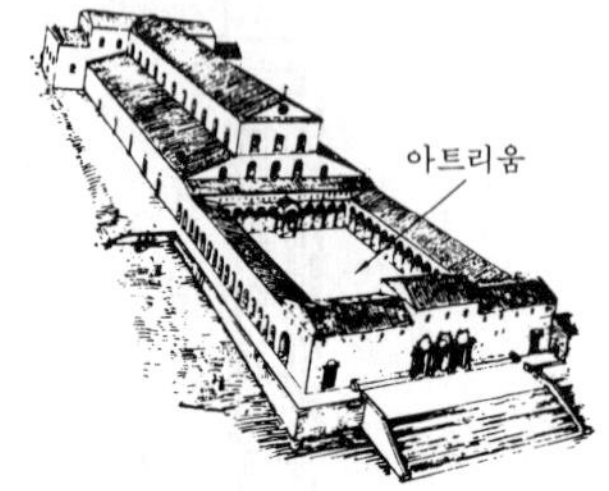

attached sun space system 부설 온실 방식(附設溫室方式) 집열부를 온실로 하는 간접 열취득 방식. 축열 부위를 온실 내의 바닥이나 온실과 거실 사이의 벽으로 하여 난방 효과를 얻는다.

attaching piece of sash 새시 부착쇠(－附着－) 오르내리창용 쇠붙이로, 창고패, 크레센트, 카 로크 등이 있다. 새시 부착쇠를 새시 바(sash bar)라 한다.

attenuation 감쇠(減衰) 진동이나 음 등이 시간의 경과나 공간적인 전파 거리에 따라 작아져 가는 현상.

attenuation in distance 거리 감쇠(距離減衰) ① 지진동의 진폭이 진원으로부터 멀어짐에 따라 작아지는 모양. 진원 거리 또는 진앙 거리와 매그니튜드에서 진폭을 계산하는 식이 있다. ② 소스에서 방사된 음 등이 공간 속을 전파할 때 음원으로부터의 거리와 더불어 음의 세기가 감소해 가는 현상. ＝divergence decrease

attenuation time constant 감쇠 시상수(減衰時常數) 손실이 있는 계(系)에서 에너지 감소의 속도를 나타내는 수치. 감쇠가 Ae^{-kt}(A : 상수, t : 시간)의 모양으로

나타내어질 때의 1/k를 말한다. →damped vibration, damped oscillation

attenuator 아테네이터 방송 설비에서 스피커의 음량을 조정하는 장치. 스피커에 내장하는 것과 별도로 부가하는 것이 있다. 음량 조정기, 감쇠기라고도 한다.

attic 애틱, 다락 보꾹층 또는 지붕 밑쪽에 있는 다락방. =attika

attic floor 보꾹층(-層) ① 지붕면 바로 밑에 두어진 층. ② 옥상을 층으로 간주한 호칭. =attic story

attic story 보꾹층(-層) =attic floor

attika 아티카 =attic

attractive sphere 유치 권역(誘致圈域) =service area

attributed cost 부가 원가(附加原價) 실제의 지출이 없기 때문에 재무 회계상은 계상되지 않지만 제조 혹은 사업 경영의 원가 계산상은 원가로서 다루는 편이 합리적이라고 생각되는 원가. 자기 소유지에 세운 임대 건물의 지대 상당액 등.

audibility 청각(聽覺) 음파에 대한 감각. 음파에 의한 물리적 자극은 외이(外耳), 중이(中耳), 내이(內耳)로 이루어지는 청각 기관에서 전기적 신호로 바뀌어 뇌중추에 전해진다. =hearing sense, sensation of hearing

audible frequency 가청 주파수(可聽周波數) 정상인의 귀로 들을 수 있는 음의 주파수(약 20Hz에서 20kHz까지). →audible sound

audible limit 가청 한계(可聽限界) 정상인의 귀로 들을 수 있는 음의 주파수 범위와 음압 범위의 상하한값. →audible sound

audible sound 가청음(可聽音) 청각으로 소리로서 들을 수 있는 음. 일반의 성인은 주파수 약 20~16,000Hz, 0~300폰의 크기의 음이다.

audiogram 오디오그램 오디어 미터로 측정한 청력 손실의 주파수 특성을 그래프로 나타낸 것.

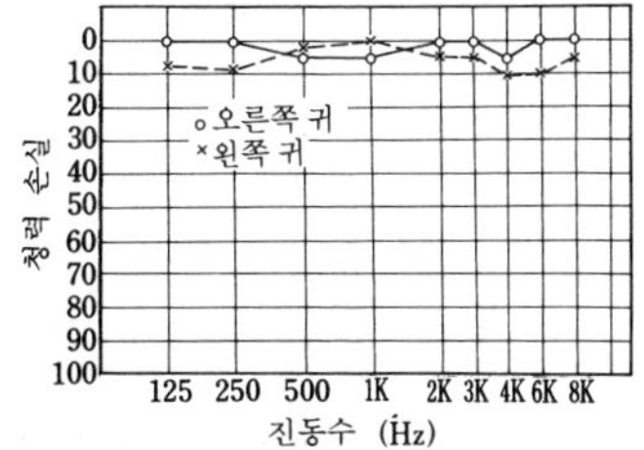

audiometer 오디오미터 청력을 측정하는 기계. 그 구조는 전기적 발진기, 감쇠기 및 공기 전도 수화기, 골전도 수화기로 이루어져 있으며, 피시험자의 최소 가청값을 측정하여 기준의 최소 가청값에 대한 데시벨로 나타낸 청력 손실을 측정하는 것이다.

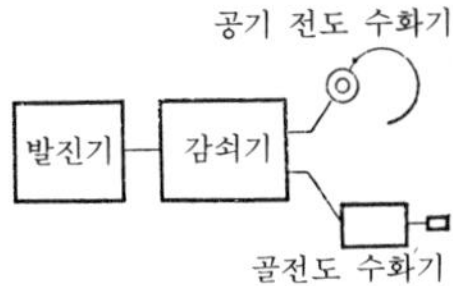

audio mixing console 음향 조정 콘솔(音響調整-) 음악이나 음성의 녹음, 재생, 확성 등의 조정이나 기기의 전환 등의 조작을 집중적으로 할 수 있는 장치.

audio-visual classroom 시청각 교실(視聽覺敎室) 슬라이드, 영화, VTR, 테이프, 레코드 등의 시청각 기기·교재를 이용할 수 있도록 설비, 기기를 갖춘 교실.

audio-visual library 시청각 라이브러리(視聽覺-) 시청각 자료를 수집 및 제작·가공하고, 이를 정리·보관하여 이용할 수 있게 한 시설. 감상용, 제작용 기재도 대출해준다. 영화 필름이 주체인 경우에는 필름 라이브러리라고도 한다.

audio-visual materials 시청각 자료(視聽覺資料) 주로 화상, 영상, 음성 등 문자 이외의 표현 방법으로 정보를 기록한 자료. 영화 필름, 비디오 테이프, 슬라이드, 사진, 지도, 녹음 테이프, 디스크류 등 시각, 청각에 호소하는 정보 전달의 매체.

auditorium 관람실(觀覽室), 강당(講堂) ① 강연, 거식, 집회 등에 사용되는 건물. ② 극장의 관객석. ③ 무대·관객석을 가지며, 많은 사람을 수용할 수 있는 건물의 총칭.

auditory acuity 청력(聽力) ① 음에 대한 감각을 되도록 객관적으로 측정하여 얻어진 결과. ② 소리를 듣는 청력.

auditory sensation range 가청 범위(可聽範圍) 정상인의 귀로 들을 수 있는 음

의 주파수와 음압의 범위.

auger 오거 흙 속에 구멍을 뚫기 위한 기구로, 송곳 모양의 날끝을 한 천공구. 동력으로 이것을 회전시켜 천공하는 기계를 어스 오거라 한다.

auger boring 오거식 보링(-式-) 막대 끝에 링을 붙이고, 인력 또는 동력으로 지중에 비틀어 넣어서 구멍을 뚫는 공법. 필요한 깊이에서 흙을 꺼낼 수 있는 지반 조사법. 지하 수위 이하의 지층에서 조약돌 이외의 모든 흙에 적용할 수 있다. 최대 깊이 10m 정도.

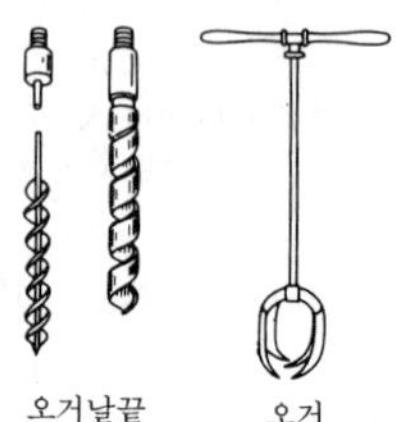

auger drill 오거 드릴 어스 오거의 부속 부품으로, 지중 천공하기 위한, 끝에 오거 헤드를 가진 스크루. →earth auger

auger head 오거 헤드 어스 오거의 스크루 끝에 부착하는 지반 굴착용의 커터로, 모래용 · 자갈용 · 일반용이 있다.

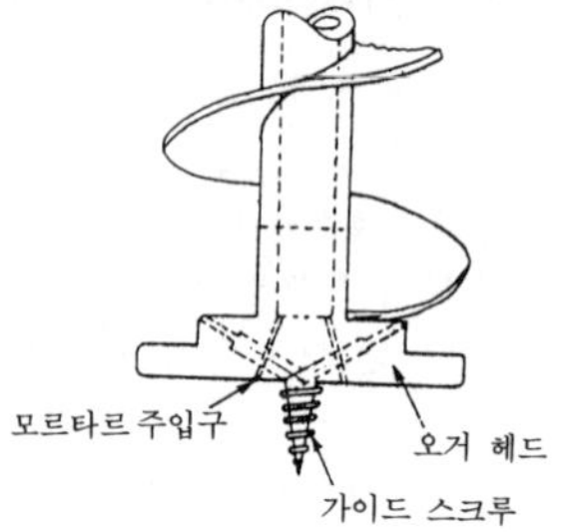

auger pile 오거 파일 오거로 굴삭한 다음 모르타르를 압입하고, 보강 철근을 넣은 현장치기 콘크리트 말뚝.

Austrian style 오스트리언 스타일 로만 셰이드의 일종. 전체에 섬세한 택(tack)이 붙어 있으며, 호화스러운 이미지의 것.

authorised price 공정 가격(公正價格) 물가 통제를 하고 있을 때의 공적으로 정해진 가격.

authorized architect and builder 건축사(建築士) 건축사법에 의해 건축물의 설계나 공사 관리를 하는 기술자로서 자격을 얻은 자. =registered architect

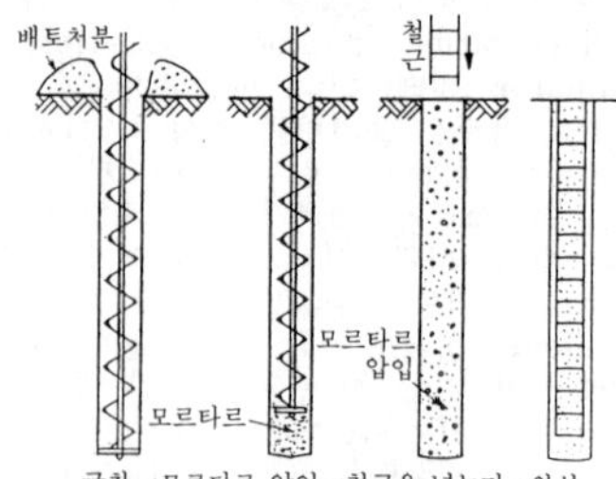

auger pile

Autobahn 아우토반 독일의 자동차 전용 도로의 총칭.

autoclave 고압 증기 멸균 장치(高壓蒸氣滅菌裝置), 고압 멸균기(高壓滅菌器) 병원 등의 멸균 · 소독 설비의 하나. 고압 용기에 넣은 기재 등을 고온(120~135℃)의 포화 증기에 의해서 멸균하는 장치.

autoclave curing 오토클레이브 양생(-養生) 고온 고압의 탱크 내에서 하는 콘크리트의 양생. 공장 생산되는 콘크리트 제품에 행하여진다.

autoclaved asbestos cement silicate board 석면 시멘트 규산 칼슘판(石綿-硅酸-板) 석면, 시멘트를 포함한 석회질 원료, 규산질 원료를 주원료로 하여 초조법(抄造法)에 의해 판 모양으로 성형하고, 오토클레이브 양생을 한 재료. 외장 재료 및 바닥재로서 사용된다.

autoclaved light-weight concrete 오토클레이브 경량 콘크리트(-輕量-), ALC 강철제 탱크 속의 고온(약 180℃) · 고압(약 10기압)하에서 15~16시간 양생하여 만든 기포 콘크리트 제품. 제품에는 패널과 블록이 있으며 내외벽 · 지붕 · 바닥으로 사용된다. 경량이고 단열성 · 내화성이 뛰어나다.

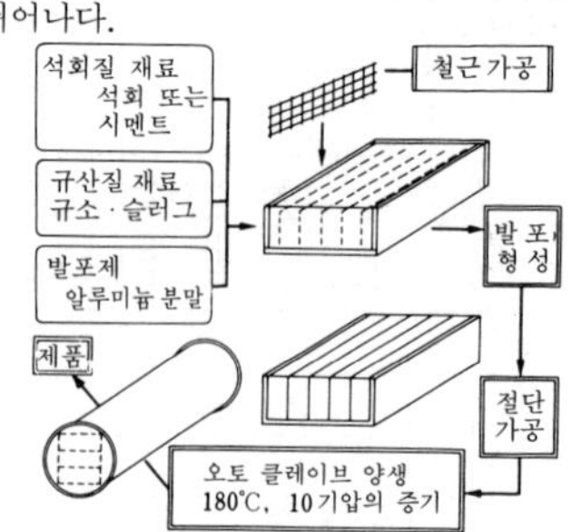

autoclaved light-weight concrete panel ALC패널 석회질이나 규산질 원료에 발포

제를 가하여 다공질화한 경량 기포 콘크리트판(오토클레이브 양생을 한다). 경량이고 내화성이 좋으며, 가공이 간단하다.

autoclave test 오토클레이브 시험(一試驗) 고온, 고압의 수증기 속에 재료를 두고 하는 시험. 시멘트의 안정성이나 애자의 열화를 살피는 시험.

autocollimeter 오토콜리미터 미소 각도를 측정하는 광학적 측정기. 평면경·프리즘 등을 사용하며, 평탄도·직각도·평행도, 기타 미소 각도의 차를 측정하는 데 사용된다.

오토콜리미터

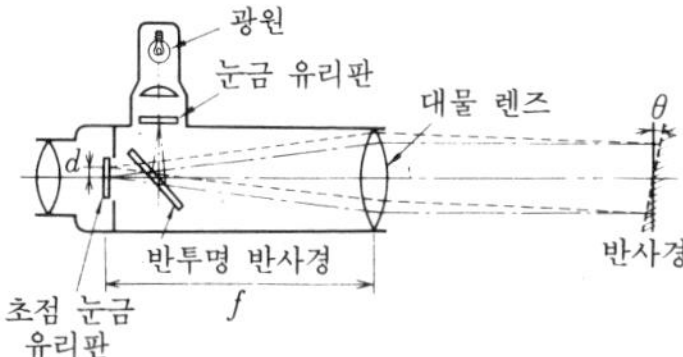

오토콜리미터의 시야

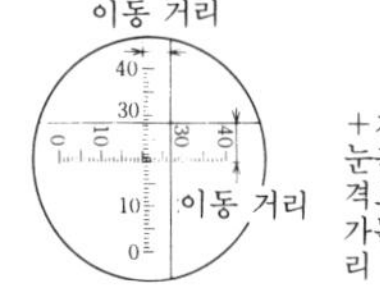

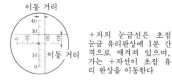

+자의 눈금선은 초점 눈금 유리판상에 1분 간격으로 매겨져 있으며, 가는 +자선이 초점 유리 판상을 이동한다

진직도의 측정

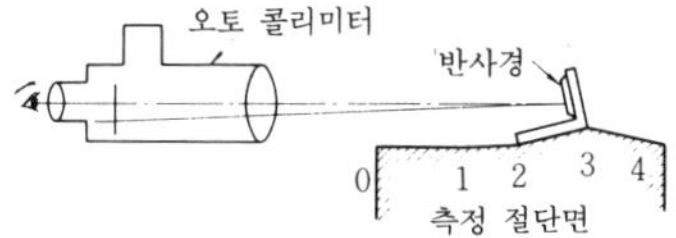

auto-correlation 자기 상관(自己相關) 시간적으로 변동하는 어느 현상이 일정한 시간의 벗어남을 가지고 관련성을 나타내는 상황.

auto-correlation function 자기 상관 함수(自己相關函數) 어느 현상이 일정한 시간의 벗어남을 가지고 관련성을 갖는 정도를 나타내는 값. 벗어나는 시간의 함수. 지진파 등의 주파수 분석에 쓰인다.

auto door 자동문(自動門) =automatic door

auto hinge 오토 힌지 열린 문을 속도의 조정을 하면서 자동적으로 닫는 기능을 갖는 창호 개폐 쇠붙이.

auto level 자동 레벨(自動一) 조정 나사에 의해 원형 수준기의 기포를 대체로 중앙 부근에 가져오기만 하면 자동적으로 시준선(視準線)이 수평으로 되는 레벨을 말한다. 망원경이 조금 기울어져 있어도 거울관 내에 매단 반사경은 연직으로 되어 대물 렌즈의 광심(光心)을 통하는 수평의 시준선을 읽을 수 있게 되어 있다. 작업 능률도 올라가고 정확한 측량 정확도가 얻어진다.

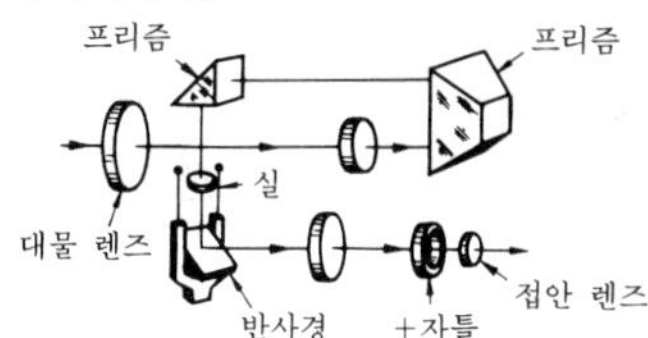

auto line 오토 라인 에스컬레이터를 수평으로 설치한 것과 같은 움직이는 보도. 공항 등에 설치된다.

auto lock 오토 로크 원격 조작에 의해 전기적으로 잠그거나 열 수 있는 것. 맨션 등에 사용되고 있다.

automata theory 오토머터 이론(一理論) 사람의 행동을 모델을 써서 설명하기 위한 수학적 표현으로, 「순서 기계론」 혹은 「수학 기계론」이라고도 불리는 이론. 단수형을 「automaton」이라 한다. →automaton model

automated office 자동화 사무실(自動化事務室) =electronic office

automatic arc welding 자동 아크 용접(自動一鎔接) 모재와 전극 사이에 발생시킨 아크열을 이용하여 자동 용접기를 사용해서 자동적으로 하는 용접. 그림은 서브마지드 아크 용접기의 예이다.

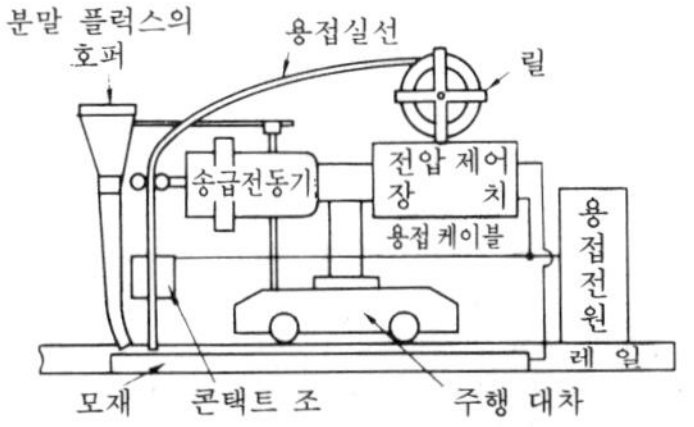

automatic control 자동 제어(自動制御) 물체, 프로세스(화학 공업 등에서 물질을 제조·처리하는 것), 기계 등의 어느 양을 외부에서 주어지는 목표값과 일치시키기 위해 그 양을 검출하여 목표값과 비교해서 그에 따라 정정 동작을 자동적으로 시키는 것. 예를 들면, 실내 기온을 일정하게 유지하기 위해 제어의 대상이 되는 기온(제어량)을 측정하는 장치(검출단)에 의해 검출하고, 그 목표(목표값)와 기온(제

어점)과의 차(편차)에 따라서 조작용 신호를 내어(조절부), 공기·증기·온수량 등 실온을 바꿀 수 있는 양(조작량)에 대하여 밸브 댐퍼(조작단)를 써서 모터 등(조작부)을 작동하여 그 목적을 달성하는 일련의 정정 작용을 말한다.

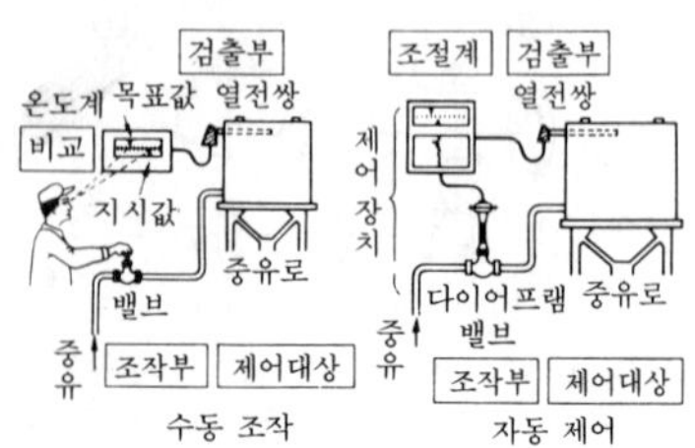

automatic controlling board 자동 제어반(自動制御盤) =automatic control panel
automatic control panel 자동 제어반(自動制御盤) 자동 제어용의 조절기, 각종 설정기, 표시 기기 등을 부가한 혹은 수용한 반.
automatic door 자동문(自動門) 문의 개폐를 동력에 의해서 하는 창호.
automatic gas cutting 자동 가스 절단(自動－切斷) 상시 조작하지 않더라도 연속적으로 가스 절단이 진행하는 장치를 써서 하는 가스 절단을 말한다. →gas cutting apparatus
automatic plotting machine 자동 제도기계(自動製圖機械) 컴퓨터를 이용하여 제도에 필요한 데이터를 작성하여 기억시키고, 프로그램을 실행시키면 데이터에 따른 도면을 그리는 기계.
automatic switch 자동 개폐기(自動開閉器), 자동 스위치(自動－) 수위나 압력의 변화 등에 의해 자동적으로 동작하는 플로트 스위치(float switch)나 압력 스위치(pressure switch)류의 총칭. 양수 펌프나 배수 펌프의 자동 운전에 사용된다.
automatic telephone exchange (system) 자동 전화 교환 설비(自動電話交換設備) 통화의 발신측과 착신측의 통화로를 발신 번호에 의해 자동적으로 설정하여 통화를 가능하게 하는 설비. 자동 교환기를 주요 기기로 하는 설비이다.
automaton model 순서 행동 모델(順序行動－) 인간의 행동을 예측하여 계획안에 반영시키기 위한 시뮬레이션.
automobile traffic 자동차 교통(自動車交通) 자동차에 의한 교통.
autonomous house 오토너머스 하우스 에너지를 자급 자족하는 주택. 태양 집열기, 풍차, 우수 집수기(雨水集水器), 메탄 발효기 등 재생 가능한 각종 에너지의 이용 기술을 사용한다.
autopsy suite 병리 해부실(病理解剖室) 병원 등에서 사인(死因)과 질병의 상태를 해명하기 위해 유체를 해부하는 방을 말한다. 전용의 해부대, 무영등, 중량계 등을 설비한다.
auto return 오토 리턴 회전하는 카운터용 의자의 자리를 정상 위치로 되돌리는 장치.
auto road 오토 로드 =auto line
auto-terminal 자동차 터미널(自動車－) 원거리 버스가 발착하는 버스 터미널. 또 화물 트럭의 터미널.
autumnal equinox 추분(秋分) 태양의 일주(日周) 궤도가 천구(天球)의 북반구에서 남반구로 이행할 때 태양의 위치가 적도면과 일치하는 순간. 추분의 날은 주야의 시간이 같아진다.
autumn wood 추재(秋材) 늦여름부터 가을에 걸쳐 목재의 형성층이 활동을 멈춘 때 형성되는 부분. 세포가 작고 단단하다.
auxiliary axial reinforcement in web 복철근(腹鐵筋), 중단근(中段筋) 철근 콘크리트 구조의 보에서 압축 철근과 인장 철근과의 중간에 재축(材軸) 방향으로 배치하는 철근.
auxiliary heat source 보조 열원(補助熱源) 주열원이 부족한 때에 사용하는 열원.
available period for daylighting 채광 주간(採光晝間) 주광을 유효하게 이용할 수 있다고 판단하는 하루 중의 시간대. 보통 태양 고도 10° 이상의 시간대. 실제의 주광 조명 계획에서는 별로 의미가 없다.
avalanche 사태(沙汰), 눈사태(－沙汰) 사면에 쌓인 눈이 어떤 원인으로 무너지는 현상. =snowslip
AV classroom 시청각 교실(視聽覺教室) =audio-visual classroom
AV materials 시청각 자료(視聽覺資料) =audio-visual materials
avenue 가로(街路), 광로(廣路) ① 도시 내의 가로로, 폭 44m 이상의 것. 가로 계획 표준으로 정해지고 있다. ② 가로수나 화초가 심어진 넓은 아름다운 가로.
average building stories 평균 층수(平均層數) ① 일정 구역 중의 건축물군 혹은 어느 지역에 있어서의 전 건축물의 연 바닥 면적의 합계를 그들의 건축 면적 합계로 나눈 수치. ② 일정 구역 중의 건축물군 혹은 어느 지역에 있어서의 개개 건축물 층수의 산술 평균값.

average daylight factor 평균 주광률(平均晝光率) 어느 피조면(被照面)상의 주광률의 평균값.

average density for snow layer 전층 평균 밀도(全層平均密度) 성질이 다른 복수의 층으로 구성되는, 혹은 밀도(단위 중량)가 고르지 않은 적설층에 의해 생기는 평균 단위 중량.

average ground level 평균 지반면(平均地盤面) ① 부지 내 지반면의 평균 높이에 상정한 지반면. ② 건축물이 주위의 지면과 접하는 위치의 평균 높이에 있어서의 수평면.

average illumination 평균 조도(平均照度) 어느 피조면(被照面)상의 조도의 평균값. 즉 그 면에 입사하는 전 광속을 그 면적으로 나눈 값.

average [mean] sound transmission loss 평균 투과 손실(平均透過損失) 각종 구조체의 차음 성능의 개략값을 알기 위해 125Hz부터 2kHz에 걸쳐서 옥타브마다의 투과 손실값을 평균한 값.

average [mean] transmittance 평균 투과율(平均透過率) 어느 벽면 중에 음의 투과율이 다른 창이나 문이 있는 경우, 그 벽면을 고른 재료로 만들어진 벽면이라고 생각한 경우의 투과율.

average remaining durable years 평균 여명수(平均餘命數) 어느 중고 건물이 금후 몇년 정도 사용할 수 있는가에 대한 평균적인 기대값.

average shear stress 평균 전단 응력도(平均剪斷應力度) 부재에 작용하는 전단력을 그 부재의 전 단면적으로 나눈 값.

average sound absorption coefficient 평균 흡음률(平均吸音率) 2종 이상의 흡음률이 다른 마감 재료가 있을 때 재료별 흡음력을 구하고, 그 총합을 재료 면적의 총합으로 나눈 값.

average sound pressure level 평균 음압 레벨(平均音壓－) 음압 레벨의 평균값.

average sound pressure level difference between rooms 실간 평균 음압 레벨차(室間平均音壓－差) 건물 내에서 실험음을 발생했을 때 음원이 있는 방과 수음실의 두 방 사이의 음압 레벨 평균값의 차(dB). 음의 전파 경로의 모두를 포함한 상태에서 차음 성능을 평가한다.

average transmission coefficient 평균 투과율(平均透過率) 어느 벽면 중에 음의 투과율이 다른 창이나 문이 있는 경우, 그 벽면을 고른 재료로 만들어져 있는 벽면이라고 생각한 경우의 투과율.

average wind speed 평균 풍속(平均風速) 어느 관측 시간에서의 풍속의 평균값. 10분간 평균 풍속, 일평균 풍속, 연평균 풍속 등.

average wind velocity 평균 풍속(平均風速) ＝average wind speed

averaging time 평가 시간(評價時間) 시간적으로 변동하는 양의 평균값이나 최대값 등의 통계량을 평가하기 위해 대상으로서 생각하는 시간.

ax 도끼 쐐기 모양의 쇠머리 부분을 날카롭고 단단한 날끝으로 하고, 여기에 자루를 붙인 공구. 나무를 벌채하거나 목재를 쪼개거나 깎는 데 사용한다. ＝axe

axe 도끼 ＝ax

axe-hammer 액스해머 못을 빼는 부분을 가진 해머.

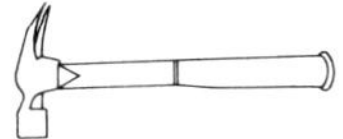

axial blower 축류 송풍기(軸流送風機) 원통 속에 프로펠러와 모터를 설치하여 축방향으로 송풍하는 송풍기. 처리 풍량이 크고, 설치가 간편하다.

axial bolt 축 볼트(軸－) 목재의 접합부에서 장력을 받도록 축방향에 부착하는 특수 볼트.

axial compression ratio 축압비(軸壓比) ＝axial force ratio

axial force 축방향력(軸方向力) 부재의 재축(材軸) 방향으로 작용하는 외력. 기호 N, 단위 kg, t. 서로 흡인하는 인장력과 서로 압축하는 압축력이 있다. 인장력을 양(+), 압축력을 음(−)으로 구별한다.

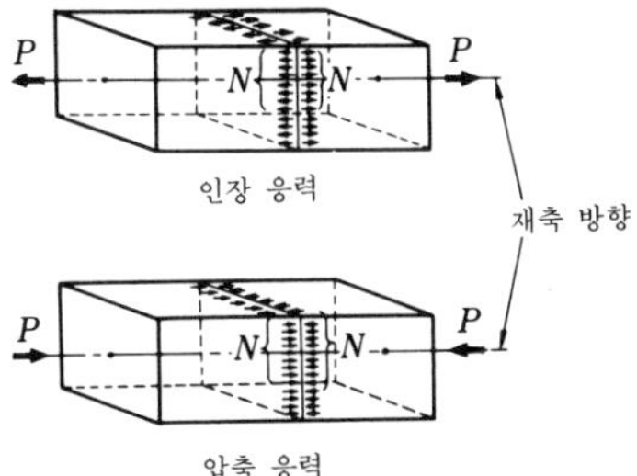

axial force diagram 축방향력도((軸方向力圖) 부재에 생기는 축방향력(응력)의 크기를 나타낸 그림을 말한다. 응력도의 일종으로, N도 또는 A.F.D라 약칭한다. 크기를 재축(材軸)에 수직으로 적당한 길이로 잡고, 인장 응력을 양으로 하여 축의 위쪽에, 압축 응력을 음으로 하여 축의 아

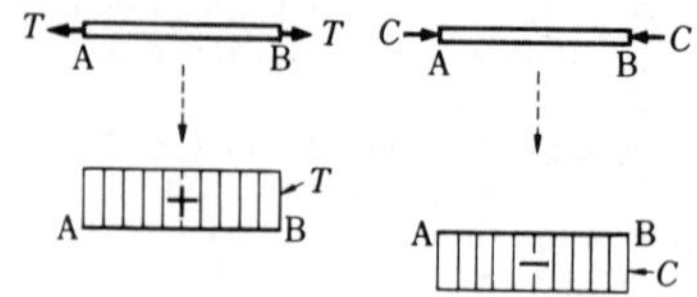

래쪽에 그린다.

axial force ratio 축력비(軸力比) 부재의 축력과 항복축력의 비.

axial pump 축류 펌프(軸流－) 터보형 펌프의 하나. 날개차의 반작용에 의해 액체에 운동 에너지를 주고, 이것을 압력으로 변환하여 송수하는 펌프. 비교 회전도가 크고, 대용량, 저양정인 경우에 쓰인다.

axial reinforcement 축방향 철근(軸方向鐵筋)[1], 휨 보강근(－補强筋)[2] (1) = main reinforcement, longitudinal reinforcement

(2) 철근 콘크리트 구조에서 부재의 휨 응력에 의해서 생기는 인장 또는 압축력에 저항하기 위해 배치하는 철근.

axial sensitivity 정면 감도(正面感度) 마이크로폰, 스피커 등 음향 기기의 정면 방향으로 음의 전파 방향을 일치시켰을 때의 감도. 자유 음장에서 계측한다.

axial wave 축파(軸波) 직방체의 방에서 상대하는 평행 벽면간의 반사에 의해 생기는 정재파. 1개의 축에 평행한 파이기 때문에 축파라 부른다.

axis 축선(軸線) ① 건물이나 건축 배치 등의 구성의 중심이 되는 선. ② 도시나 지구의 구조를 명확하게 나타내기 위해 넣는 직선적 공간.

axis of member 재축(材軸) 부재 단면의 도심(圖心)을 이은 선. 부재에는 폭이나 두께가 있지만, 구조물의 응력 계산을 할 때는 재축으로 표현한 골조(뼈대)로 한다.

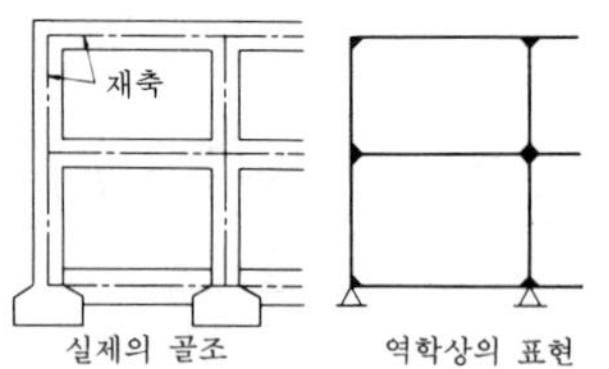

Axminster carpet 액스민스터 카펫 영국 액스민스터 지방에서 짜기 시작한 카펫의 제법으로, 여러 가지 색을 사용한 무늬가 특징이다.

axonometric projection 축측 투영법(軸測投影法) 물체를 경사시켜 두고 여기에 평행한 투영선으로 투영하여 그리는 도법. 입체적으로 표현할 수 있는 특징이 있다. 물체의 모든 면이 투영면에 대하여 경사하고 있는 상태에 두어진 도법으로, 경사에 따라 등각 투영법·2등각 투영법·부등각 투영법의 3종류가 있다.

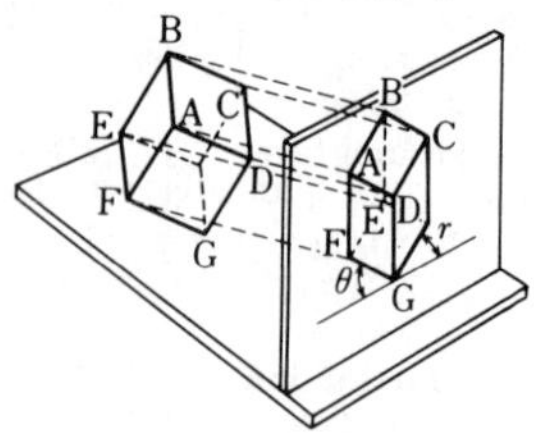

azimuth 방위(方位) 건물의 방향을 말한다. 일조·일사·채광·통풍 등의 조건으로 결정되며, 건물의 배치 계획에서는 가장 중요시된다.

azimuth angle 방위각(方位角) 트랜싯 측량에서 북을 기준으로 하여 시계 방향으로 그 측선(測線)까지의 수평각을 말하며 360°까지 잰다.

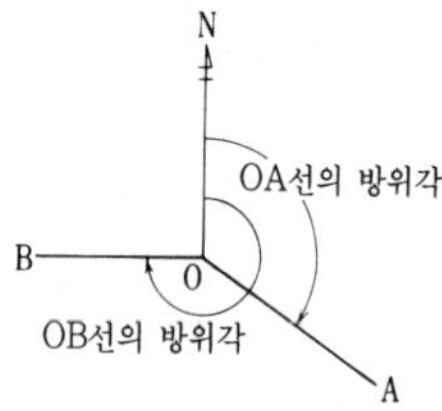

azimuth method 방위각법(方位角法) 트래버스 측량의 각측정(角測定)에서 각 측선(測線)의 방위각을 각각 측정하는 방법. →traversing

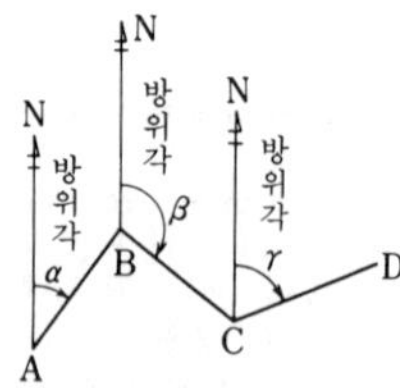

azimuth of true north 진북 방위각(眞北方位角) 지구의 극을 향하는 남북선(진북선)을 기준으로 하여 시계 방향으로 측선(測線)까지를 측각(測角)한 수평각. → magnetic azimuth

azimuth orientation [direction] 방위(方位) 건물이 향하고 있는 동서남북 등의 방향.

B

β **method** *β*법(－法) 대기 행렬 이론을 써서 산출되는 대기 시간의 기대값(평균값)과 평균 점유 시간과의 비율 *β*를 일정 한도 이하로 하도록 시설 규모를 정하는 수법. →*α* method

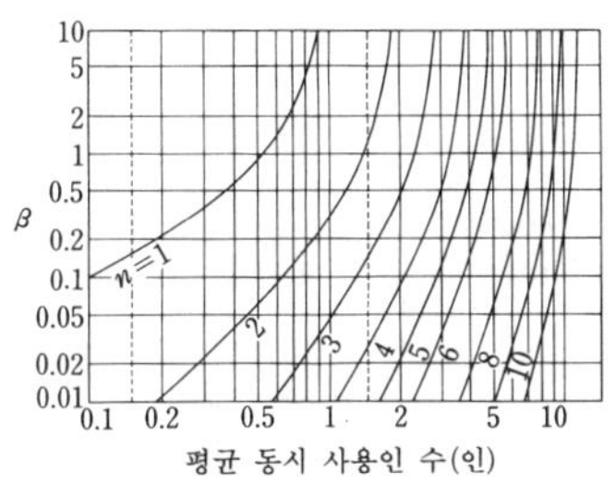

평균 동시 사용인 수(인)

BA 빌딩 자동화(－自動化) ＝building automation

BAS 빌딩 자동화 시스템(－自動化－) ＝ building automation system

baby bed 유아용 침대(幼兒用寢臺) 주위에 나무 따위로 울타리를 친 어린이용 침대를 말한다.

baby hotel 베이비 호텔 어린이를 동반해 갈 수 없는 어른을 위한 유아 전용의 일시 탁아소.

baby room 유아실(幼兒室), 어린이방(－房) 유아용 침실.

baby square 소각재(小角材) 15mm각 정도 이하의 각재(角材).

baby spotlight 베이비 스포트라이트 소형의 소폿라이트.

back 백 세면기나 개수대를 사용할 때 물이 튀어서 벽면을 더럽히지 않도록 물받이 용기의 벽면에 접하는 부분.

back anchor method 백 앵커 공법(－工法) ＝tieback method

back board 뒤판(－板) 가구의 보이지 않는 부분, 뒤쪽에 붙이는 판.

back boundary line 뒷경계선(－境界線) 대지가 도로에 면해 있지 않은 측의 경계선을 말한다.

back chipping 뒷면 치핑(－面－) 맞댄 용접에서 밑부분의 완전히 녹아들지 않은 부분, 제1층 부분 등을 뒷면에서 조금씩 깎아내는 것.

backdraft damper 역류 방지 댐퍼(逆流防止－) 역류를 방지하는 댐퍼. 역류가 일어날 것 같으면 스프링의 힘 혹은 자중으로 전폐(全閉)가 되는 장치. ＝check damper

back elevation 배면도(背面圖) 건조물·물건 등의 정면도에 대하여 배면으로부터의 투영도.

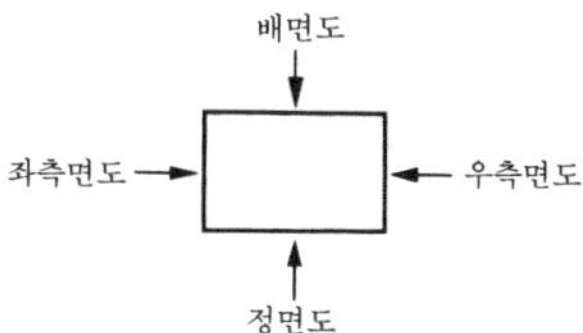

back filling 되메우기[1], 뒤채움[2] (1) 지하 구조물의 주위 등 여분으로 판 부분에 토사를 메워서 원상으로 복귀하는 것.

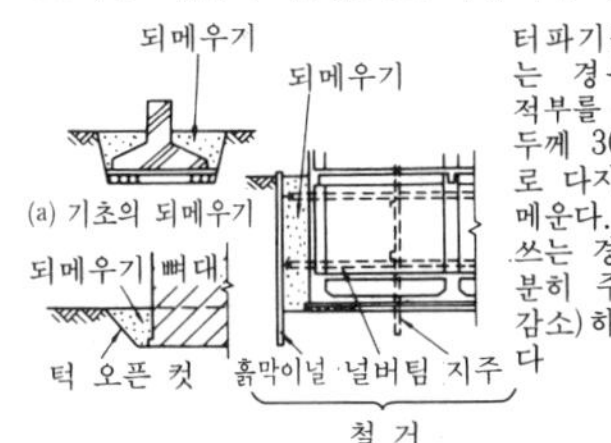

(a) 기초의 되메우기

(b) 지하층 되메우기

터파기흙을 쓰는 경우는 그 적부를 살핀다. 두께 30cm내외로 다지면서 되메운다. 모래를 쓰는 경우는 충분히 주수(용적 감소)하여 다진다

(2) 돌담 등의 뒤쪽 틈에 잡석·자갈·콘크리트 등을 채우는 것. 또는 그 재료. 쌓은 돌의 안정을 도모하는 동시에 배면의

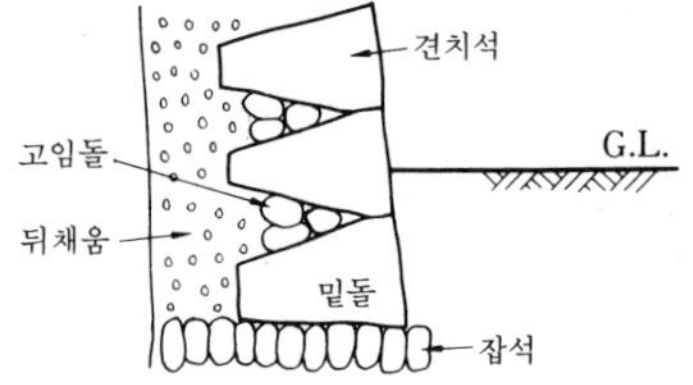

배수를 용이하게 한다.

back fire 역화(逆火) 보일러의 연소실에서 시동시에 연료가 나온 다음 시간을 두고 착화한다든지, 연료의 공급이 단속(斷續)했을 때 발생하는 폭발적 연소.

back flow 역류(逆流) 급수 설비에 있어서, 트랩 등으로부터 세면기에 물이 역류하는 경우와 같이 정규의 급수원 이외의 곳에서 급수계에 물이 역류하는 것. 통기관은 트랩으로부터 역류 방지에 유효하다. =counter flow

background music 배경 음악(背景音樂) =BGM

background noise 암소음(暗騷音) 집무중에 스피커에서 방해가 되지 않을 정도의 연속하는 잡음을 흘려 배경 음악과 같은 효과를 노린 것. 흘리는 잡음에 의해서 OA(사무 자동화) 기기의 소음이나 대화음에 신경을 쓰지 않게 된다. →BGM

background vibration 암진동(暗振動) = ambient vibration

back hoe shovel 백 호 토사의 굴삭용 기계. 붐 끝에 부착한 호 버킷으로 아래쪽에서 앞쪽으로 긁어 올리듯이 조작하여 토사를 굴삭한다. 기체보다도 낮은 위치의 단단한 지반에 적합하다.

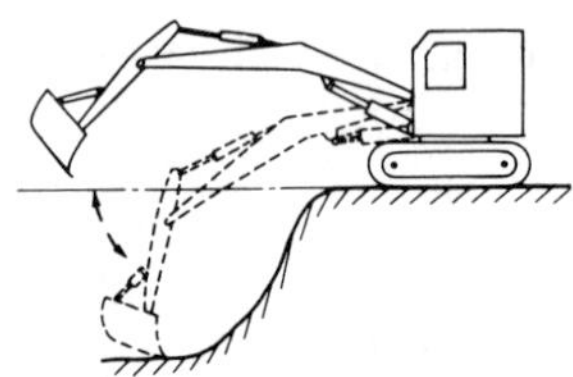

backing 뒤채움돌[1], 뒤붙임[2] (1) ① 석축이나 옹벽, 널말뚝벽의 배후에 매입한 토사나 자갈, 잡석 등을 가리킨다. 벽면을 안정시키고, 배면의 배수를 좋게 하는 것. ② 돌붙임 등을 습식 공법으로 붙이는 경우, 뒤쪽의 공극에 모르타르 등을 흘려 넣어서 충전하는 것을 말한다.
(2) 용접시에 부재의 이음 뒷면에 금속, 플럭스 또는 불활성 가스 등을 대주는 것. 슬래그 등이 이음부에서 관 속으로 들어가는 것을 방지하기 위해, 관 내부에 끼우는 고리 모양의 피스를 말한다.

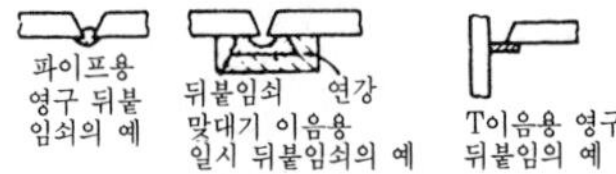

backing of plastering 바름벽바탕(-壁-) 졸대바탕, 메탈 라스(meta lath) 바탕, 라스 보드 바탕, 평고대 바탕 등.

backing strip 받침쇠 용접하는 경우 밑부분에 뒤에서 대는 재료.

backoffice 백오피스 도심으로의 집중을 피하여 그 주변에 사무실을 두는 것.

back pressure 배압(背壓) 유압, 공기압, 증기압 등 회로의 배기측 또는 반대 측면, 즉 배후에 작용하는 압력. 배압을 얻기 위한 목적으로 사용되는 압력 제어 밸브를 카운터 밸런스 밸브라 한다.

back putty 받침 퍼티 창호에 유리를 끼울 때 틀에 소량의 퍼티를 받쳐대는 것.

back run 뒷면 용접(-面鎔接) 단면 그루브 용접인 경우에 표면측을 용접한 다음 뒷면에서 하는 용접. =root run

back set 백 세트 함자물쇠의 면좌(面座)에서 손잡이의 중심까지의 거리.

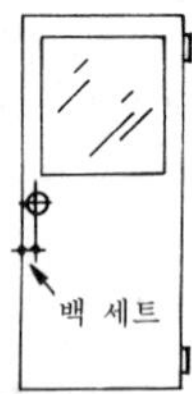

back side 뒷면(-面) 가려 있어서 눈에 보이지 않는 건축 부재의 부분.

backsight 후시(後視) B.S.라고 약기한다. 수준 측량에서 표고가 기지(旣知)인 진행 방향의 뒤의 측점을 시준(視準)한다든지, 그 표척(標尺)의 눈금을 읽는 것.

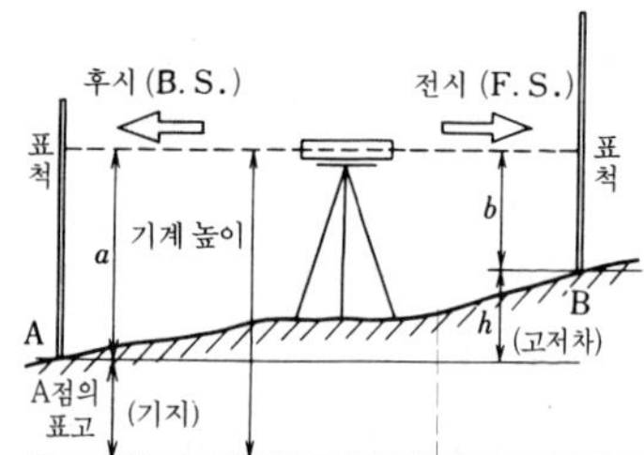

back siphonage 역 사이폰 작용(逆－作用) 급수관 내에 생긴 부압에 의한 흡인 작용 때문에 물받이 용기에 토출한 물, 사용한 물, 또는 기타의 액체가 급수관 내로 역류하는 것을 말한다.

back stage 뒷무대(－舞臺)[1], 분장실(扮裝室)[2] (1) 극장 건축에 있어서 무대 뒤쪽에서 관객의 눈에 띄지 않는 장소(대도구, 소도구를 두고 있는 곳).
(2) 출연하는 예능인이 분장하거나 휴식을 취하는 방.

back stairs 뒷계단(－階段) 건물의 주계단에 대해서 말하며, 뒤출입구에 통하는 계단이나 비상 계단 등.

back stool 백 스툴 등받이가 낮은 의자. 바 카운터 등에서 사용된다.

back trowelling 맞벽(－壁) 평고대 바탕이나 졸대 바탕에 한쪽에서 바름벽 재료를 칠하고, 어느 정도 마른 다음 반대측에서도 칠하는 것.

back-up material 백업재(－材) 실링의 3면 접착을 방지한다든지, 줄눈을 얕게 한다든지 할 목적으로 줄눈 밑에 넣는 합성수지계의 발포재. ＝bond breaker

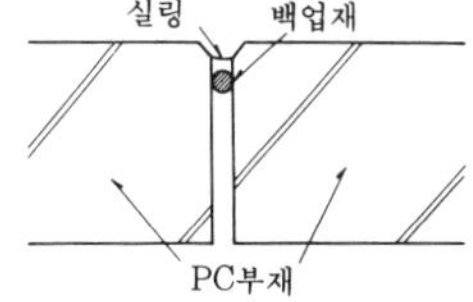

back-up power source 예비 전원 설비(豫備電源設備) 일상 사용하고 있는 전원 설비의 사고 등에 의한 기능 상실시에 대비하여 설치하는 예비의 전원 설비.
＝emergency power supply system

back view 배면도(背面圖) 건물 뒤쪽의 입면도.

backward radiation 역복사(逆輻射), 반복사(反輻射) 태양광이 대기 중을 통과할 때 주로 대기 중의 수증기, 탄산 가스 등에 의해 흡수된 빛은 열 에너지로 되어서 대기는 가열되고, 주야를 불문하고 모든 방향으로 그 때의 온도에 의해서 정해지는 장파 복사를 한다. 이 중 아래쪽 지표를 향해서 방출되는 복사를 역복사라 한다. 역복사의 양은 브룬트의 식(Brunt's formula) 등에서 구해진다.

back yard 뒤뜰 건물 뒤쪽의 빈터.

baffle board 배플판(－板) 스피커 등에서 전면의 음장과 배면의 음장을 음향적으로 격리하기 위해 두는 판. 스피커를 수납하는 인클로저도 이 기능을 갖는다.

baffle plate 배플판(－板), 배플 플레이트 유체의 흐름 속에 두는 방해판. 체임버 내에서는 소음 효과에 사용한다.

baggage rack 배기지 래크 호텔 객실에 갖추어지는 가구의 하나로, 손님의 트렁크, 슈츠 케이스 등의 짐을 두는 받침.

bailer 베일러 보링 구멍 밑의 굴착토를 꺼내기 위한 기구. 관 모양의 기구로 선단에 개폐 밸브가 있다.

baille block 점자 블록(點字－) 시각 장애자의 보행의 안전이나 유도를 위해 건물의 바닥, 도로, 플랫폼 등의 요소에 까는 요철(凹凸)이 있는 바닥 재료.

bakelite 베이클라이트 →phenol resin

balanced reinforcement 평형 철근비(平衡鐵筋比) ＝balanced steel ratio

balanced flue bath heater 밸런스 가마 가마 내부에 급배수의 기능을 가지며, 물의 대류를 이용하여 목욕물을 데우는 방법. 밸런스 톱을 실외에 돌출시키므로 실내에서의 공기 오염 방지도 된다.

balanced steel ratio 평형 철근비(平衡鐵筋比) 굽힘을 받는 철근 콘크리트 단면에서 압축측 콘크리트와 인장 철근이 동시에 각각 압축 및 인장 허용 한계가 되도록 배근되었을 때의 인장 철근비. p_{tb}로 나타낸다. ＝balanced reinforcement

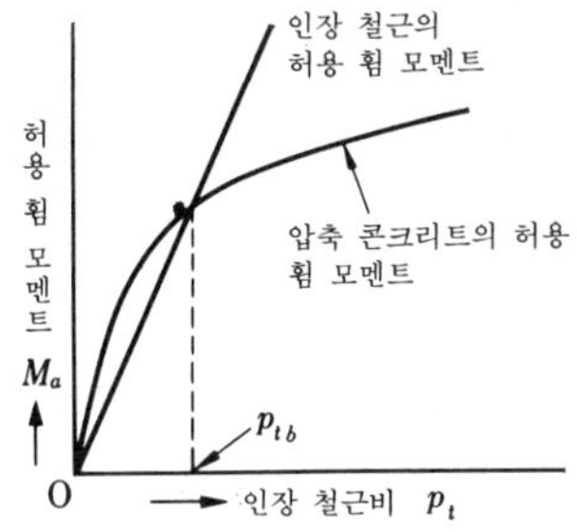

balance sheet 대차 대조표(貸借對照表) 일정 시점에 있어서의 기업의 재정 상태를 명백하게 하기 위해 작성되는 계산서. 모든 자산, 부채 및 자본의 소유고가 기재된다.

balance top 밸런스 톱 밸런스 가마의 구성 부분으로, 실외에 돌출한 급배수를 하는 기능을 가진 장치.

balance weight 밸런스 웨이트 ＝counter weight

balcony 발코니 건물의 벽면에서 돌출하고, 지붕 또는 천장은 없으나 실내 생활의 연장으로서 이용할 수 있는 바닥 부분. 종류로는 극장이나 강당 등에 있는 2층 부분 이상의 좌석, 공동 주택 등의 새탁물 건조대, 화분 받침 등으로서 외부에 돌출한 부분 등이 있다.

B

balcony access 발코니 액세스 학교나 유치원 교실의 평면 배치 계획에서 발코니를 이용하여 출입하는 타입의 것.

balcony front 발코니 프론트 스포트라이트가 설치된 극장의 발코니 전면의 수직 부분.

bale tack 베일 택 =clip

ballast 자갈[1], 밸러스터[2], 안정기(安定器)[3] (1) 암석이 풍화나 침식에 의해 자연히 분쇄된 것 중 입경이 5mm 정도를 넘는 크기의 것을 말한다. 굵은 골재를 가리켜서 말하는 경우도 많다. =gravel

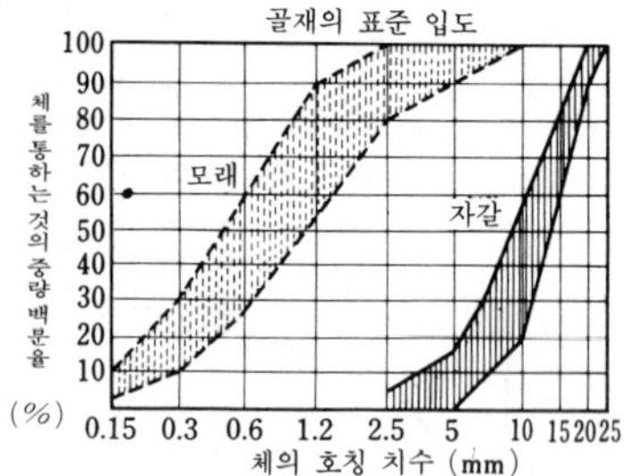

(2) 부유식 해양 건축물에서 경사, 흘수(吃水) 등을 조정하기 위해 적재하는 중량물. (3) 방전 램프의 점등과 계속을 확실하게 유지하기 위한 전기 회로와 부품을 1조의 케이스에 조립한 기기. 원래는 각종 기기 동작을 일정하게 유지시키는 기능을 가진 기기를 의미한다.

ball game ground 구기장(球技場) 구기(축구, 야구, 테니스 등)를 하기 위한 시설의 총칭. 단일의 구기 전용과 복수의 구기 겸용의 것이 있으며, 옥외의 경우와 옥내의 경우가 있다.

ball joint 볼 이음, 볼 조인트 배관의 각 변위를 가능하게 하는 관 이음. 내부에 구면상(球面狀)의 미끄럼면을 가지며, 다른 쪽 받음구를 O링으로 실하여 구면의 자유 접촉을 이용한다. 일반적으로 2개 또는 3개를 1조로 하여 사용한다.

balloon frame construction 경골 구조(輕骨構造), 경골 구법(輕骨構法) 얇은 샛기둥에 외장판을 붙여서 조립하는 목조 골조의 구법. 19세기 미국에서 발달했다.

balloon shade 발룬 셰이드 창 장식의 일종. 자락 부분이 풍선과 같이 부풀은 모양의 셰이드. →shade

ball tap 볼 탭 각종 물탱크의 급수전에 부착하여 자동 급수의 역할을 하는 밸브의 일종.

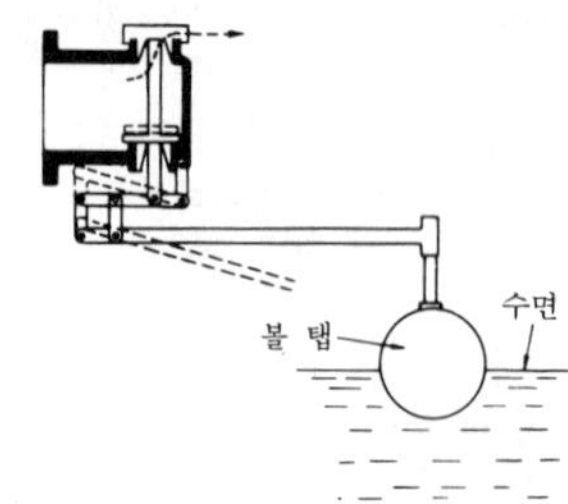

balsa 발사 절연 재료나 공작 재료로서 사용되는 미국산의 경연재(輕軟材). 비중이 0.1~0.2의 담홍백색의 목재로, 가공이 용이하다.

baluster 난간 동자(欄干童子) 난간을 받치는 수직의 부재.

balustrade 난간(欄干) 계단, 발코니, 창, 옥상 등 바깥쪽으로 떨어질 염려가 있는 장소에 설치되는 부재.

bamboo 대나무 대과에 속하며, 다년생, 상록, 대류(竹類)를 총칭한다.

bamboo nail 대나무못 대나무를 깎아서 만든 못.

bamboo lath 대나무 라스 대나무를 사용한 산자널 또는 평고대.

bamboo mosaic 대나무 모자이크 바닥이나 벽면 등에 대나무 조각을 장식적으로 심어 넣은 것.

bamboo sheathing 대나무 라스 =bamboo lath

band 대역(帶域) 일반적으로 어느 범위로 한정한 경우의 주파수의 폭. =frequency range

band noise 대역 잡음(帶域雜音) 백색 잡음 등의 광대역 잡음에서 어느 주파수 범위의 성분만을 끊어낸 잡음.

band pass filter 대역 필터(帶域－) 어느 특정한 주파수 대역의 성분만을 통과시키는 필터.

band plate 밴드 플레이트 十자형의 철골주 등에서 주재(主材)의 좌굴 등을 방지하기 위해 주재 외주에 일정한 간격으로 배치하는 띠강.

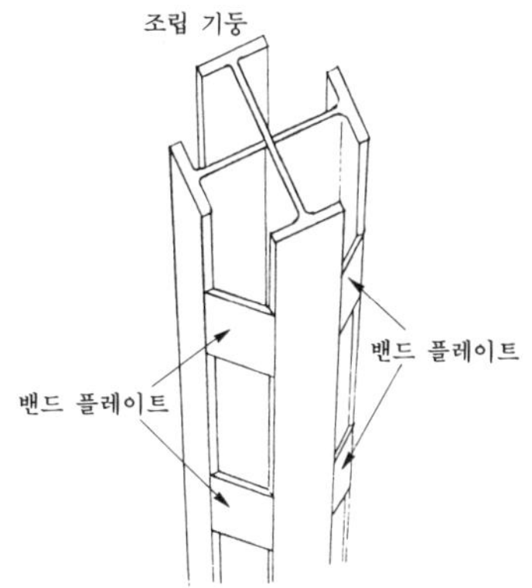

band saw 띠톱 얇고 긴 고리 모양으로 되어 있는 기계톱.

band sawing machine 띠톱 기계(－機械) 목공용과 금속 절단용이 있다. 양 끝이 없는 고리 모양의 띠톱을 사용해서 목재 또는 금속의 절단 작업을 하는 기계.

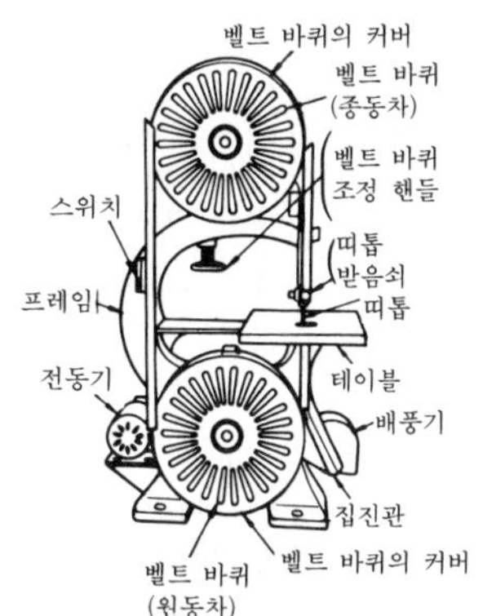

band sound pressure level 대역 음압 레벨(帶域音壓－) 어느 주파수 대역 내에 포함되는 음의 음압 레벨.

band spectrum 밴드 스펙트럼 주파수 대역마다의 스펙트럼.

band steel 띠강(－鋼) 강재를 압연기로 얇게 압연하여 가늘고 긴 띠모양으로 한 것. 두께 0.6~6mm, 폭 20~1800mm의 각종이 있으며, 성형하여 전봉관(電逢管 : electric welded tube)이나 경량 형

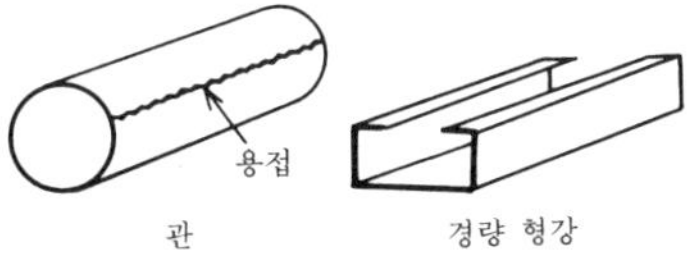

강 등을 만든다.

band width 대역폭(帶域幅) 필터 등의 통과 대역의 폭. 1/1옥타브 대역폭, 1/3옥타브 대역폭 등이 보통 쓰이고 있으며, 두 절단 주파수의 차 또는 비(옥타브)로 나타낸다.

band window 연창(連窓) 둘 이상의 창을 의식적으로 수평으로 이은 창의 형태(2련창, 3련창 등). 근대 건축에서 벽면이 주요한 구조의 제약을 받지 않게 됨으로써 처음으로 가능하게 되어 널리 쓰이게 되었다. ＝ribbon window

bank 뱅크 공기 청정실 내의 분무 노즐을 가지 모양으로 부착한 스탠드 파이프는 스프레이 헤더에 병렬하고 있다. 이 스프레이 헤더의 수를 말한다. 예를 들면 하나의 청정실에 스프레이 헤더가 1개일 때 1뱅크, 2개일 때는 2뱅크라고 한다. → spray header

banking 흙쌓기, 흙돋움 대지 조성 등의 목적을 위해 현재의 지반 위에 흙을 덮는 것. 또는 덮은 흙.

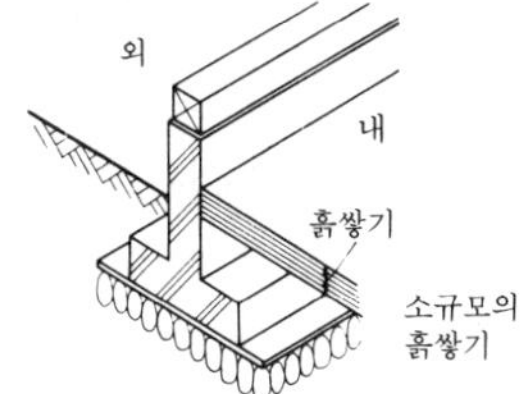

banking hall 영업실(營業室) 은행에서 카운터를 사이에 두고 고객과 접하여 예금, 환 등을 다루는 한 방의 공간. 고객의 대기 로비도 포함된다.

banking materials 흙쌓기 재료(－材料) 흙쌓기에 사용하는 재료.

banquet hall 연회장(宴會場) 호텔 등에 병설되어 많은 사람이 음식을 곁들여 집회를 할 수 있는 넓은 방.

bao 바오 몽고 등 북방 유목민의 천막식 주거. 자작나무, 버드나무의 가지를 골격으로 하고, 양모 펠트나 모피를 덮은 것으로, 이동성이 좋다.

baptistery 세례당(洗禮堂) 기독교 건축에서의 세례를 받는 방. 교회당에 부설된다.

bar 바 금속, 목재 기타의 막대. 예를 들

면 철근. ② 문의 빗장. ③ 주로 주류(양주)를 손님에게 서비스하여 마시게 하는 가게. 레스토랑이나 카바레에서 높은 카운터를 두고, 주류를 서비스하는 곳도 바라고 한다.

bar arrangement drawing 배근도(配筋圖) 철근 콘크리트 구조 또는 철골 철근 콘크리트 구조의 보, 기둥, 철근 콘크리트 구조의 슬래브, 벽, 연결보 등에 있어서의 철근의 배치를 나타낸 도면. 이른바 구조도의 일종.

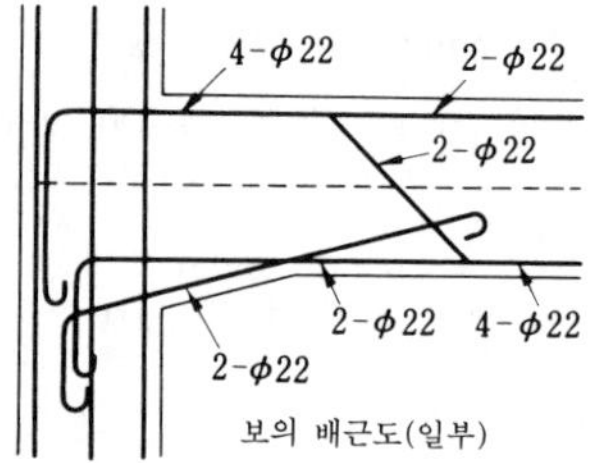

보의 배근도(일부)

barbed nail 가시못 빠지지 않도록 가시가 붙은 못. ＝toothed nail

bar-bender 바벤더 철근을 구부리는 기계. 수동식과 전동식이 있다.

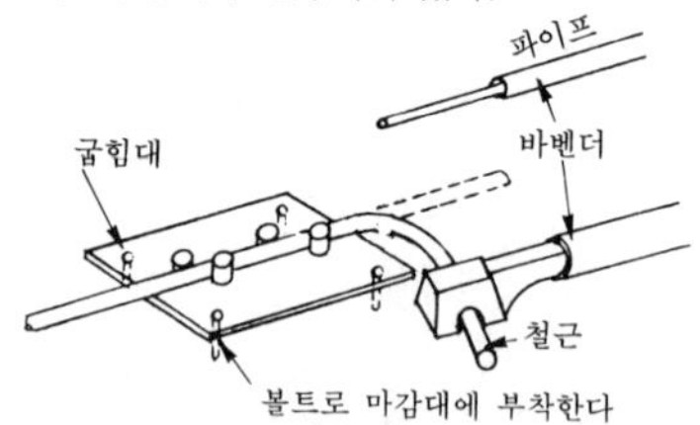

bar chart 횡선 막대식 공정표(橫線－式工程表) 세로축에 작업 항목, 가로축에 시간(또는 날짜)을 취하여 각 작업의 개시부터 종료까지를 막대 모양으로 표현한 공정표. 보기 쉽고, 알기 쉽다는 등이 장점인 반면, 각 작업의 관련성이나 작업의 여유도는 알기 어렵다는 결점도 있다. → Bantt chart, multi activity chart

bar cutter 철근 절단기(鐵筋切斷器) 지레의 힘 또는 동력을 이용하여 철근을 필요한 치수로 절단하는 기계.

bare electrode 비피복 용접봉(非被覆鎔接棒), 나용접봉(裸鎔接棒) 융제(融劑)를 도포 피복하지 않은 아크 용접봉. 실제로는 피복 아크 용접봉을 사용한다.

barge-board 박공판(朴工板), 박공널(朴工－) 지붕 박공의 합장형 판.

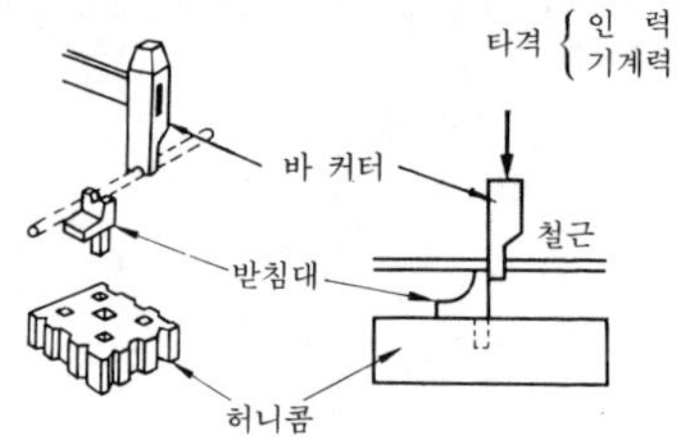

bar-cutter

bar handle 바 핸들 문에 부착되는 막대 모양의 손잡이. 세로 방향으로 붙이는 것과 비상구용 문과 같이 가로 방향으로 붙이는 것이 있다.

bar in coil 바 인 코일 콘크리트의 보강용 철근으로서 사용되는 코일 모양으로 감긴 강재.

barite 중정석(重晶石) 바륨염 원료 광물. 화학 조성은 황산 바륨($BaSO_4$). 경도 2.5~3.5, 비중 4.3~4.6, 백색, 회색을 띤다. 미세한 가루를 유리의 제조, 안료로서 도료, 고무, 플라스틱에 사용하며, 자갈 모양의 파쇄물을 방사선 차폐용 콘크리트(중량 콘크리트)의 골재로 사용한다.

Barlow Commission 발로 위원회(－委員會) 영국의 산업 인구 배분에 관한 왕립 위원회. 1940년에 제2차 대전 후의 영국 도시 계획 정책의 이념의 하나가 되는 산업, 인구의 계획적 분산을 권고했다.

barn 광 허드레 물건을 넣어 두는 곳. 또는 보통 농가의 창고. ＝storage

barometer 기압계(氣壓計) 기압을 재는 측정기의 총칭. 보통은 대기압계를 가리킨다.

Baroque 바로크 일그러진 진주라는 뜻. 17세기 유럽의 장식 양식. 타원을 써서 베르사이유 궁전에 대표되는 곡선을 주체로 한 표현 형식.

Baroque architecture 바로크 건축(－建築) 르네상스 건축의 고전 주의적 안정보다 동적이며, 극적인 효과를 강조한 건축 양식.

barrack 바라크, 가설 건물(假設建物) 조잡하게 세운 건물. 병영을 말하기도 한다.

barrel 바렐 용량의 단위. 액체 또는 과실, 야채 등의 양을 재기 위해 주로 미국이나 영국에서 사용한다. 1바렐의 크기는 종류 및 나라에 따라 다르나 대체로 160~190l.

barrel bolt 문버팀쇠(門－) 문 또는 여닫이창 등에 상하 두곳을 고정하기 위해 마루귀틀의 안기장 또는 겉에 설치하는 철

물의 일종. =flush bolt

barrel roof 반원 지붕(半圓－) 반원형의 지붕으로, 금속판 지붕이나 콘크리트 지붕에 사용된다.

barrel vault 반원통 볼트(半圓筒－) 반원형의 아치를 연속시켜서 만드는 구조. =tunnel vault

barricade 바리케이드 관계자 이외가 작업 영역 내에 침입하지 않도록 설치한 울타리.

barrier free 배리어 프리 생활 환경에서 장애자에게 장벽이 없는 상태. 물적 환경 정비의 조건을 나타내는 개념으로서 쓰이는 경우가 많다.

barrierlayer cell 광전지(光電池) 빛에 의해 반도체의 pn 전극간에 생기는 전위차를 이용하여 태양광에 의해 발전을 하는 태양 전지. =photovoltaic cell, photoelectric cell

barrier system 배리어 시스템 SPF 동물 등을 다량으로 사육하는 경우에 채용되는 것으로, 건축 평면적으로 청정(淸淨) 영역과 오염 영역으로 구분하여 양자의 동선(動線)이 교차하지 않도록 하고 있다. →specific pathogen free animals

barrow 손수레 공사장용의 수동 운반차. 일륜 손수레, 2륜차, 경레일 운반차 등이 있다. =hand car, hand cart

barytes 버라이트 바륨의 황산염 광물로, 백색 페인트나 도료의 투명성 백색 안료로 사용된다. =barite

barytes concrete 버라이트 콘크리트 버라이트를 골재로 사용한 콘크리트(방사능 차폐용).

barytes mortar 버라이트 모르타르 버라이트를 골재로 사용한 모르타르(방사능 차폐용).

basal metabolism 기초 대사(基礎代謝) 절대 안정 상태에서 행해질 때의 대사로, 에너지 소비량으로 잰다. 기초 대사량은 단위체 표면적당 매시의 소비 칼로리로 나타내고, 이를 기초 대사율(basal metabolic rat, BMR)이라 한다. BMR은 개인차가 있어 연령, 성별, 계절에 따라 다르다. 20세 남자의 BMR은 약 37kcal/m^{2}h, 여자는 그 약 90%이다.

basalt 현무암(玄武岩) 화산암의 일종으로, 사장석(斜長石)과 휘석(輝石)을 주광물로 하는 분출암을 말한다. 치밀하고 경질이나 다공질이며, 주상 절리(柱狀節理)의 것이 있다.

base 초석(礎石)[1], 걸레받이[2], 주기(柱基)[3]
(1) 사찰 건축 등에서 벽이나 기둥 밑에 받치는 돌.
(2) =baseboard
(3) 그리스 건축, 로마 건축에서의 기둥의 하부, 페디스털 위에 있는 초반(礎盤).

baseball ground 야구장(野球場) 야구의 시합이나 연습 등을 하는 구기장. 시합의 관람이나 응원을 할 수 있는 야구장에는 관객석 외에 매점이나 화장실 등이 정비되어 있다.

baseboard 걸레받이 벽면의 맨 아래 부분에서 바닥과 벽의 마무리를 위해 부착한 수평 부재.

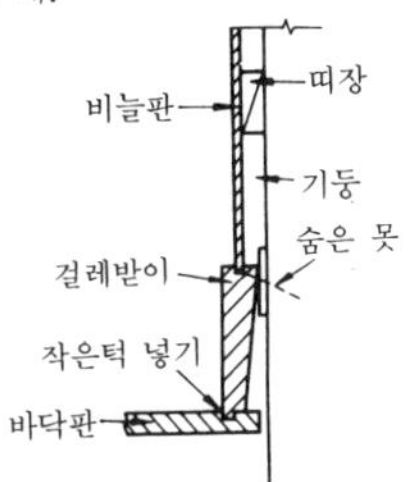

baseboard heater 걸레받이형 방열기(－形放熱器) 온수나 증기를 열원으로 하는 난방에 사용하는 방열기의 일종. 기구는 컨벡터(convector)와 거의 같으나, 실내의 걸레받이 부분에 부착되는 형식으로 되어 있다. →convector

base climbing 베이스 클라이밍 =floor climbing

base coat 베이스 코트 미장 공사나 도장 공사에서의 초벌칠과 재벌칠의 총칭.

base color 기조색(基調色) 배색에서 기초가 되는 색.

base compound 기제(基劑), 주제(主劑) 2성분형의 재료에서 경화제의 혼입에 의해 경화하는 주체가 되는 원료 성분.

base hardware 베이스 철물(－鐵物) 잭베이스나 고정 베이스와 같이 틀비계의 다리 부분에 부착되는 철물의 총칭.

base map 기본 지도(基本地圖) 도시 및 지역 계획의 계획 작업을 위해 미리 준비되는 지형, 취락, 시가지, 주요 교통 시설, 행정 구역 등이 들어 있는 지도.

basement 지하실(地下室) 지하층에 위치하는 방. 종래는 부속적인 방으로 다루어졌었으나 최근에는 드라이 에어리어나 기계 환기가 적극적으로 이용되어 거실로서 이용하는 예도 많다. =cellar

basement floor 지하층(地下層) 지반면하에 있는 층. 법적으로는 지하층 바닥면에서 지반면까지의 높이가 그 층의 천장 높이의 2/3 이상 있는 것을 말한다. 여기서 2/3라는 수치는 바닥에서 천장까지의 높이의 2/3이며, 바닥에서 그 층높이(층고)의 2/3가 아니다.

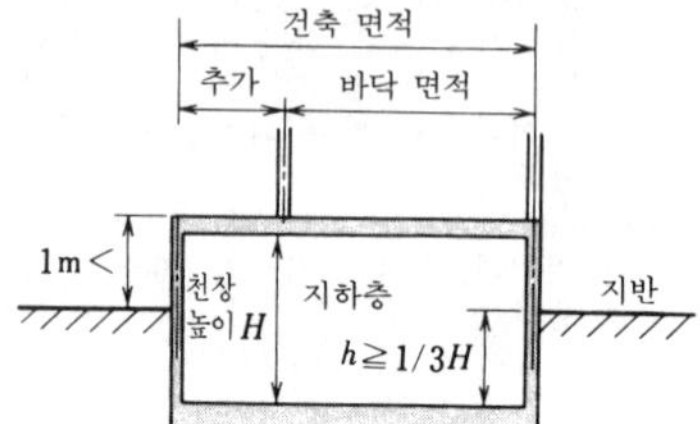

basement wall 지하벽(地下壁) 토압, 수압에 견디기 위해 건물의 지하실 주위에 배치하는 벽. 건물의 내진성을 높이는 데 유효하다. =underground wall

base metal 모재(母材) 용접 또는 절단하려는 금속 재료.

base mortar 베이스 모르타르 철골주의 밑창판과 기초 사이에 까는 높이 조정용 모르타르.

base of column 주각(柱脚) 기둥의 뿌리 밑으로, 기둥의 응력을 기초에 전하는 부분. 넓은 뜻으로는 기초, 기초보로의 정착 부분도 포함한다.

base plate 밑창판(-板) 강철 구조의 주각(柱脚) 밑판으로, 기초의 상면에 얹히는 강판. 강재에 비해 강도가 작은 콘크리트와의 접촉면을 넓혀서 기둥의 응력을 안전하게 기초에 전하는 구실을 한다.

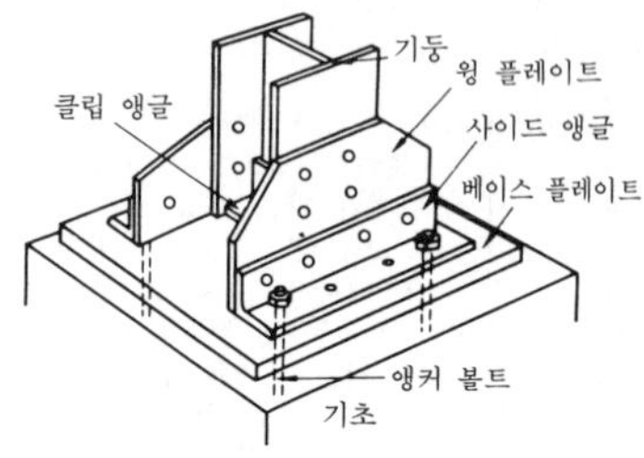

base rock 암반(岩盤) 기초 지반이 암석으로 되어 있는 지반.

base steal bar 스틸근(-筋), 스틸 철근(-鐵筋) 기초의 밑면에 발생하는 인장력에 저항시기키 위해 석쇠 모양으로 짜서 까는 철근.

base structure 하부 구조(下部構造) 해양 건축물 등에서 상부 구조를 지지하는 것으로, 기초에 상당하는 구조. =lower structure

basic design 기본 설계(基本設計) 건축주의 의도에 따라 계획 건축물의 전체 개요를 의장적, 기술적, 법규적으로 확정하는 업무. →preliminary design drawings, architectural design

basic materials 기재(基材) 벽지 바름 및 도장 마감 등의 내장 공사를 하는 경우의 바탕 재료. 이 바탕 재료와 표면 마감 재료의 조합에 따라 내장의 방화 성능이 달라진다.

basic module 기본 모듈(基本-) 건물의 치수 조정이나 구성재의 사이즈를 조정하기 위해 EPA가 규정한 기초적 모듈. →submodular size, EPA

basic park 기간 공원(基幹公園) 주로 하나의 시군구에 거주하는 시민이 이용할 수 있는 것을 목적으로 하는 도시 공원.

basic park of city 도시 기간 공원(都市基幹公園) 도시를 계획 단위로 하여 두어지는 기간 공원.

basic seismic capacity index 보유 성능 기본 지표(保有性能基本指標) 기존 건물의 내진 진단 기준에서 건물이 보유하는 내진 성능을 평가하는 지표. 진단법의 차수(次數)에 따라 그 산정법을 달리 한다.

basic size 기준 치수(基準-數) 일반적으로 허용 한계 치수의 기준이 되는 치수를 말하지만, 건축에서는 제작 치수.

basic survey of city planning 도시 계획 기초 조사(都市計劃基礎調査) 도시 계획 구역의 인구, 산업, 토지 이용, 교통 등에 관한 현황 및 장래의 전망을 얻기 위해 대체로 5년마다 실시되는 조사. 도시 계획 책정의 기초 정보로 활용된다.

basic tolerance 기본 공차(基本公差) 구성재의 공차의 표준. 구성재의 치수를 여러 단계로 구분하고 각각에 필요한 정밀도를 주고 있다.

basic wind speed 기본 풍속(基本風速) 내풍 설계에서의 설계 풍속 평가를 위한 개념. 평탄한 지표면의 지상 10m에서의 10분간 평균 풍속의 50년 재현 기대값.

basilica 바실리카 고대 로마에서 공공 건축에 사용되었던 가늘고 긴 홀 및 그 형

식. 기독교 교회당의 기본적인 형식으로서 사용되었다.

basin 세면기(洗面器) 주로 얼굴이나 손을 씻기 위한 위생 도기.

basin sewerage 유역 하수도(流域下水道) 동일 하천 유역 내의 인접하는 지방 자치체가 협력하여 하수 처리를 도모하도록 설치되는 공공 하수도.

basin zone 유역권(流域圈) 강수(降水)가 하천을 형성하는 범위, 및 거기에 전개되는 사회 활동의 범위. 유역은 분수계에 의해 둘러싸인다.

batch 배치 믹서로 한 번에 비빌 수 있는 콘크리트 또는 모르타르의 양. →mixer

batcher plant 배처 플랜트 콘크리트를 만들 때 물·시멘트·모래·자갈·혼합 재료를 정해진 비율로 계량하여 믹서로 보내는 계량 설비. 물은 용적 계량, 기타는 중량 계량이다. 형식으로서 수동식·반자동식·자동식·전자동식이 있다.

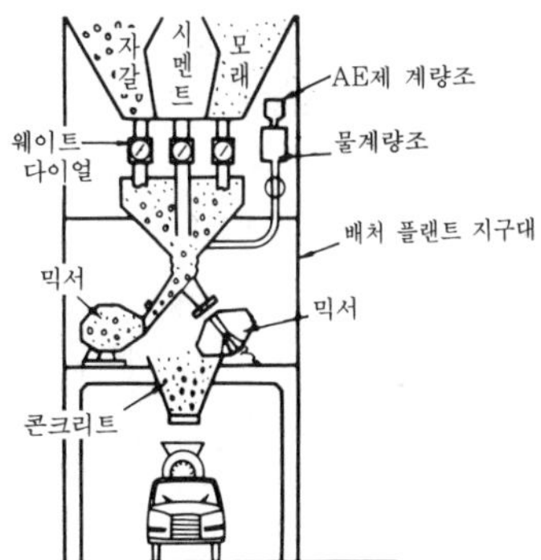

batch mixer 배치 믹서 콘크리트 1회분의 재료의 투입·배출을 교대로 하는 형식의 믹서. 드럼식·가경식(可傾式) 등의 중력식 믹서나 수평 2축식의 강제 혼합 믹서가 있다.

bath 욕실(浴室) =bathroom

bath buzzer 배스 버저 온도 센서를 내장한 제품으로, 탕의 온도나 수위가 설정된 값이 되면 버저가 울리는 장치.

bath house 목욕탕(沐浴湯) 많은 사람들이 입욕할 수 있는 시설 또는 공간.

bath mat 배스 매트 변소와 욕실이 한 방에 있는 경우, 입욕으로 바닥이 젖으므로 이것을 방지하기 위해 까는 것.

bathroom 욕실(浴室) 욕조가 있는 방. 여기에 각종 시설이 부속된다.

bath towel 배스 타월 목욕탕에서 나와 몸을 닦는 커다란 타월.

bathtub 욕조(浴槽) 양식의 욕조로, 몸을 뉘어서 들어가는 얕은 것. 샤워로 그대로 몸을 닦을 수 있다.

bathtub curve 배스터브 곡선(-曲線), 욕조 곡선(浴槽曲線) 기기의 사용 시간과 고장률과의 관계를 나타내는 그림. 양식 욕조의 모양을 하고 있기 때문에 이렇게 부른다.

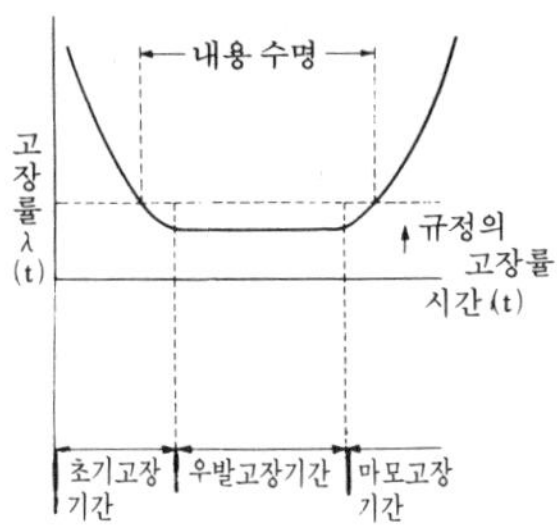

bath unit 배스 유닛 욕조 등이 설치된 주택 설비 공간. 공장에서 생산, 마무리되어 현장에서 조립하여 설치된다.

baton 배턴 콘크리트를 의미하는 독일어.

batten 꿸대[1], 누름대[2] (1) 두께 약 15 mm, 폭 약 100mm, 길이 약 4m의 폭이 좁은 판재. 벽바탕의 골조에 사용하는 외에 사용 개소에 따라 각종의 명칭을 붙여서 사용한다.

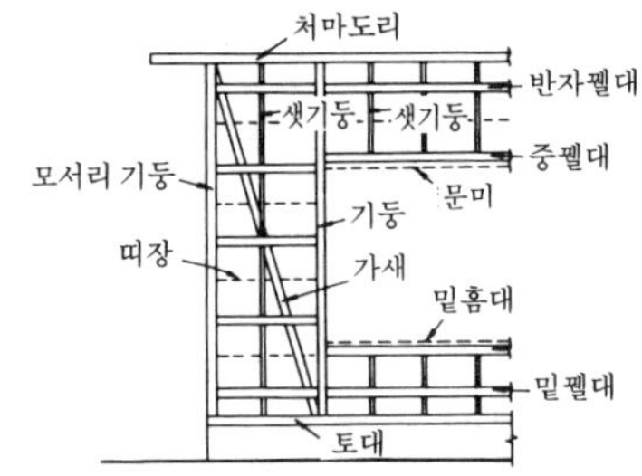

(2) 잇댄 판의 접합부에 박아넣는 폭이 좁은 판.

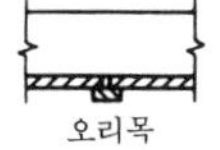

batten board 수평 띠장(水平-) 규준틀을 설치할 때 수평 규준틀 상부에 수평으로 건너대는 널.

batten rail 수평 띠장(水平-) =batten board

batten seam 기와가락 기와가락잇기에서

batten board

의 금속판을 이은 곳으로, 막대 모양으로 선 부분.

batten seam roofing 기와가락잇기 금속판 잇기의 한 공법으로, 함석판이나 납판 등을 이을 때 기와 가락 나무를 대고 겹쳐 감아 대는 일.

Batter 비탈 연직을 기준으로 한 경사의 정도.

batter board 규준틀(規準－) 건축에 앞서 주심(柱心) 등의 기준이 되는 수평 위치를 나타내기 위해 설치하는 가설물.

battery plan 배터리 계획(－計劃) 계단 등의 공유 공간이나 공유하는 방을 사이에 두고, 그 양쪽에 같은 종류의 방을 배치하는 평면 계획. 대표적인 것으로 학교의 교실과 계단실과의 관계나 병원의 수술실과 준비실과의 관계가 있다.

Baur-Leonhardt system 바우르·레온하르트 공법(－工法) 프리스트레스트 콘크리트용 정착 공법의 일종. 구조물의 양단부에 콘크리트 블록을 두고, PC강재를 구조물을 통해 그 블록에 감아붙인 다음 블록과 구조물간에 잭을 넣어 벌려서 구조물에 프리스트레스트를 도입하는 공법.

Bauschinger's effect 바우싱거 효과(－效果) 강재에 소성 변형을 일으키게 한 다음 역방향으로 변형시켰을 때 응력도·변형도 곡선의 비례 한도가 현저하게 저하하는 현상.

bauxite 보크사이트 산화 알루미늄(Al_2O_3)을 주체로 하는 광물. 알루미늄 정련이나 내화 재료 등의 원료.

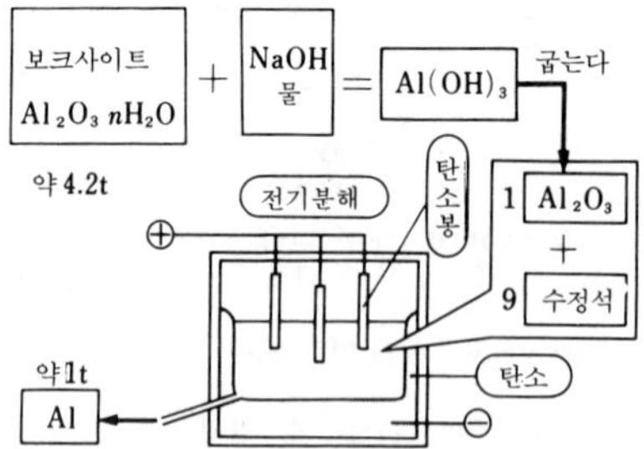

bay 주간(柱間) 벽의 지주와 지주 사이. 네이브(nave)에서의 4개 기둥(네 구석에 있는)의 공간이 되는 곳. →nave

bay area 임항 지구(臨港地區) 해안, 하안에서 일정 지역이 정해져 있으며, 항만 관계 시설 외는 세울 수 없다.

Bayesian approach 베이즈의 방법(－方法) 과거의 지견(知見)에 의해 상정한 확률 분포 모델을 실제로 얻어진 데이터에 입각하여 개량하는 공학적 수법.

bay-window 내닫이창(－窓) 벽면의 일부가 외부로 돌출한 창.

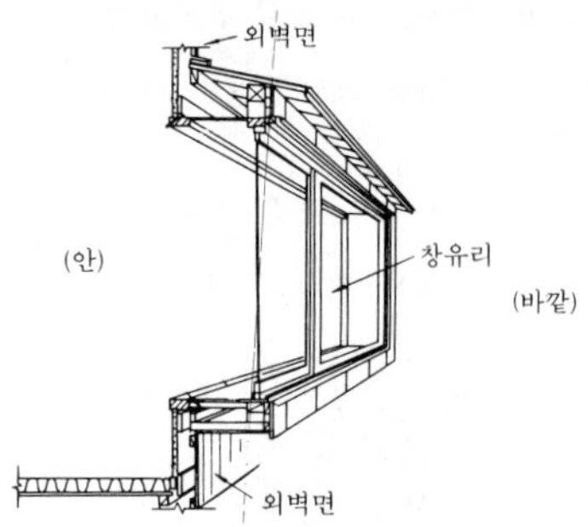

bazar 바자 아라비아나 터키 등 중근동 이스람권의 시장.

BBR.V system BBR.V공법(－工法) 프리스트레스트 콘크리트용 정착 공법의 일종. 버튼 헤드를 앵커 헤드로 받아 너트에 의해 지압판에 정착하는 공법.

BE 건축 부위(建築部位) ＝building element

beach house 비치 하우스 해수욕장의 휴게소.

bead 비드[1], 누름대[2] (1) 용접할 때 그 진행에 따라 용착 금속이 파형으로 연속해서 만드는 층.
(2) 판재의 이음매나 끝부분에 줄눈을 가리기 위해 대는 가는 재료. 기둥 등의 구석에 부착되는 가늘고 긴 재료를 코너 비드라 한다.

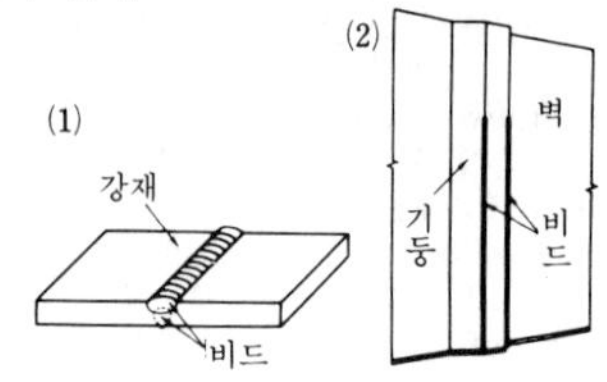

beakhead 비크헤드 노르만 건축에서 볼 수 있는 새, 동물, 인간의 머리나 부리의

모양을 한 몰딩.

beam 작은보[1], 보[2] (1) 바닥널, 장선(長線), 슬래브 등을 직접 받치는 보. 작은보가 받친 하중은 다시 이것을 지지하는 큰 보 또는 도리에 전달된다.
(2) 기둥이 수직재인 데 대해 보는 수평 또는 그에 가까운 위치에 두어진 구조 부재이며, 재축에 대하여 경사, 또는 직각인 하중을 받아 굽힘이 생긴다.

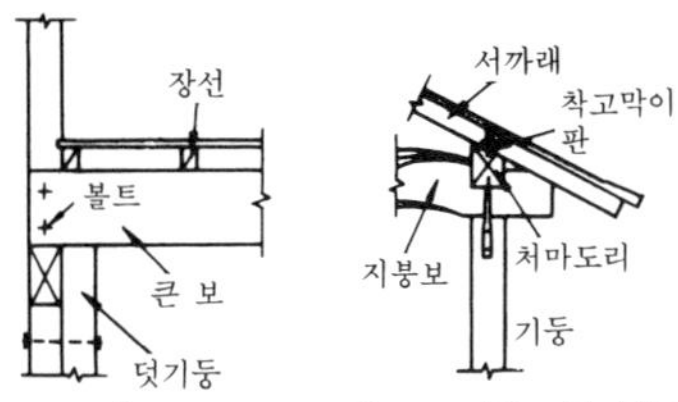

beam-column connection 기둥·보 접합부(一接合部) 라멘 구조에서 기둥과 보를 접합하고 있는 부분. ＝beam-column joint

beam-column joint 기둥·보 접합부(一接合部) ＝beam-column connection

beam compasses 빔 컴퍼스 큰 원을 그리기 위해 만들어진 제도기로, 원의 반경에 걸맞는 길이의 자에 연필과 심을 따로 부착하도록 한 것.

beam hanger 안장쇠(鞍裝一) 양식 목조 건축 등의 큰 보와 작은 보를 설치하는 데 사용되는 안장 모양의 철물.

beam lamp 빔 램프 광축에 집중 배광시킨 투광 조명용의 특수한 전구 혹은 조명기구. 전구에서는 관구 이면에 반사재를 용착하고, 전면을 렌즈 모양으로 제작한다. 또 기구에서는 소형의 광원, 반사판 및 렌즈를 조합시켜서 제작한다.

beam of uniform depth 등고 보(等高一) 같은 수평면상에 있는 보.

beam plan 보 평면도(一平面圖) 보의 위치나 치수를 나타내는 도면.

beam seat 도리받이 도리를 지지하기 위해 배치된 직교 부재.

beam sidesway mechanism 보 항복형(一降伏形)[1], 보 붕괴형(一崩壞形)[2] (1) 다층 라멘의 설계에서 수평력이 작용했을 때 기둥보다 먼저 보가 항복하도록 부재 배치를 한 골조 형식.
(2) 라멘 구조에서 모든 보끝 및 최하층 기둥의 주각(혹은 최상층 기둥의 주두)의 소성 힌지에 의해 형성되는 전체 붕괴 기구.

beam theory 보 이론(一理論) 보에 관한 응력 해석 이론.

beam with single reinforcement 단철근 보(單鐵筋一) 철근 콘크리트 보에서 인장측에만 철근을 배치한 보. 복철근보의 대비어. 일반적으로 구조 내력상 주요한 부분인 보는 복철근보로 하도록 하고 있다.

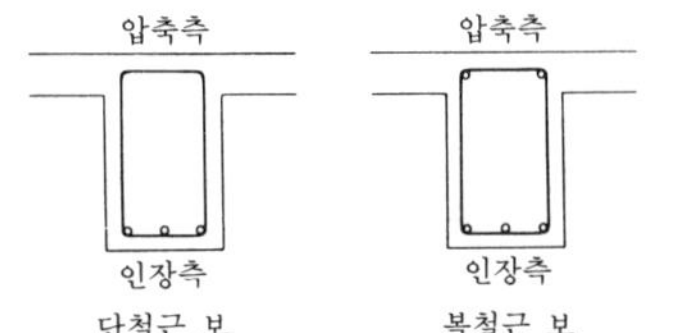

bearing 베어링, 굴대받이[1], 방위(方位)[2] (1) 회전의 축을 지탱하여 회전을 원활하게 하는 것. 미끄럼 글대받이(sliding bearing), 구름 굴대받이(ball and roller bearing) 등이 있다.
(2) 건물의 동서남북에 대한 위치.

bearing angle 방위각(方位角) 임의의 방위원이 표준으로 하는 방위원과 이루는 각. ＝azimuth angle

bearing bolt 베어링 볼트 지압 형식의 접합부에 쓰이는 볼트.

bearing bolt connection 지압 볼트 접합(支壓一接合) 볼트와 접합 부재와의 지압에 의해 전단력을 전달시키는 접합법. 보통 볼트 형식 접합은 이 방법에 해당한다.

bearing capacity 지지력(支持力) 지반 등이 하중을 지탱하는 능력. 힘 혹은 압력의 단위로 표시된다. ＝load carrying capacity

bearing capacity factor 지지력 계수(支持力係數) 지반의 지지력을 구하는 계산식에 있어서의 무차원양의 계수. 내부 마찰각으로 정해진다.

bearing capacity of soil 지내력(地耐力) 지반의 허용 내력. 허용 내력은 지반의 허용 지지력과 구조물에 해를 주지 않을 정도의 침하량(허용 침하량)을 고려하여 정한다. 지반의 지지력은 점착력·내부 마찰각·단위 체적 중량 등 지반 자신의 성질이나 기초 저면의 형상, 기초가 설치되는 깊이 등에 따라 좌우된다. →internal

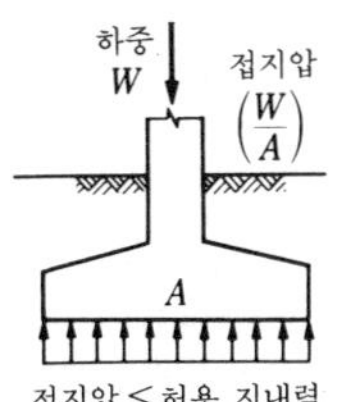

friction angle

bearing ground 지지 지반(支持地盤) 구조물을 지지하는 능력이 충분히 있고, 침하에 대해서도 안전한 지지층보다 깊은 지반 또는 지지하고 있는 지반.

bearing layer 지지층(支持層) 구조물을 충분히 지지하는 능력이 있고, 또한 침하에 대해서도 안전한 지층, 또는 지지하고 있는 지층. =bearing stratum

bearing pile 지지 말뚝(支持−) 기초 슬래브를 지지하고, 상부 구조의 하중을 경질 지반에 도달시켜 지지케 하는 말뚝. 마찰 말뚝의 대비어.

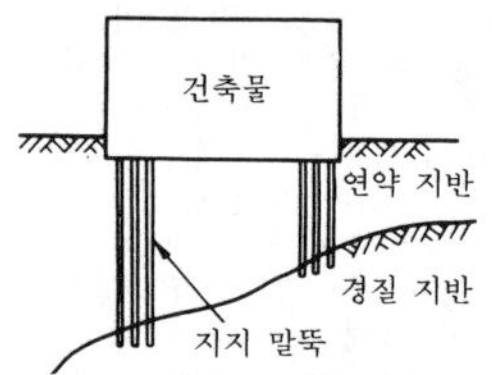

bearing plate 지압판(支壓板) 부재에 직접 외력이 작용하는 부분에서 외력을 면외의 휨 저항으로 전달시키는 강판. = anchor plate

bearing power 지지력(支持力) 지점(支點)이 하중을 지탱하는 힘으로, 지반, 지지, 말뚝 등에 대해서 말한다. =supporting force

bearing power of soil 지내력(地耐力) 건축물 기타의 하중에 대한 지반의 세기.

bearings 방위(方位) 건물이 향하고 있는 동서남북 등의 방향. 보다 엄밀하게 말하면 건물의 어느 한 외주면에 있어서 실내측에서 외기측을 향하는 법선을 생각했을 때 그 법선이 향하고 있는 방향. =azimuth orientation bearings

bearing slab 내압 슬래브(耐壓−) 온통기초에서 접지압에 견디도록 설계되는 슬래브를 말한다.

bearing stratum 지지층(支持層) = bearing layer

bearing strength 지압 강도(支壓强度) 두 물체간에 생기는 지압 응력의 강도.

bearing stress 지지 응력(支持應力) 두 물체의 접촉면에 압력이 가해질 때 생기는 응력.

bearing wall 내력벽(耐力壁) 철근 콘크리트 구조, 블록 구조 등에서 지진력, 연직 하중에 견디게 하는 벽.

bearing wall structure 벽구조(壁構造), 벽식 구조(壁式構造) 기둥, 보가 겉으로 나타나지 않도록 이들을 벽체 속에 넣는 구조로, 실내 공간을 유효하게 사용할 수 있어 아파트 주택 등에 이용된다.

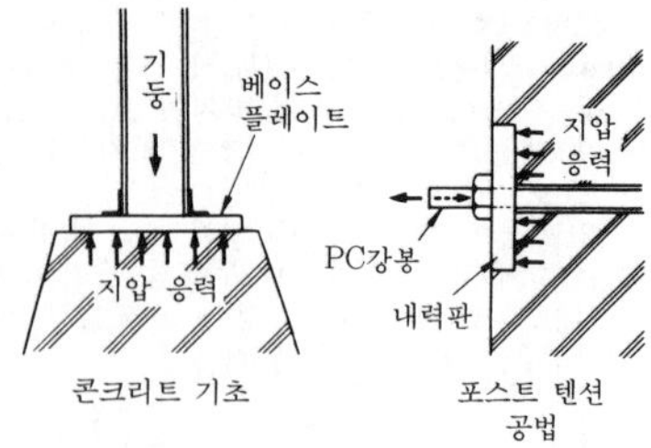

bearing stress

Beaufort wind scale 뷰포트 풍력 계급(−風力階級) 풍력의 단계적 표시법. 연기가 곧게 올라가는 풍력을 0으로 하고, 인가에 피해를 주는 풍력을 10으로 하고 있다.

Bebauungsplan 지구 상세 계획(地區詳細計劃) =detailed district plan

bed 바탕[1], 지층(地層)[2] (1) 마무리를 하는 그 밑의 면.
(2) 자연의 상태로 흙이나 바위가 층상으로 퇴적한 것.

bed centre 베드 센터 구미의 병원에 마련되어 있는 환자용 침대의 매트리스와 프레임을 소독하여 메이킹을 하는 방 또는 담당 부서.

bed cover 침대 커버(寢臺−) 침대를 덮는 천. =bed spread

bed elevator 침대용 엘리베이터(寢臺用−) 병원, 양호 시설 등에 설치되는 침대나 스트레처 혹은 배선차(配膳車)를 수송하기 위한 엘리베이터. =stretcher lift

bedhouse 베드하우스 침대를 겹쳐쌓기만 한 간이 숙박소. =capsul hotel

bed joint 가로줄눈 돌, 벽돌, 콘크리트 블록, 타일 등의 수평의 줄눈.

bed linen 베드 리넨, 베드 린네르 침대, 침실에서 사용되는 천 제품. 벼개 커버, 시츠, 침대 커버 등.

bed making 베드 메이킹 침대의 요홑이불, 모포 등을 정리하여 만들어내는 것.

bed mortar 깔모르타르 석재나 콘크리트 블록 등을 쌓을 때 미리 펴까는 모르타르.

bed of roofing 산자널 지붕 재료를 까는 바탕.

bed pad 베드 패드 침대 용품의 하나. 매트리스 위에 까는 퀼팅을 한 얇은 매트. 보온성, 구선성을 좋게 하기 위해서 사용한다.

bed plate 받침판(−板), 상판(床板) 밑창판과 함께 평면 지지를 형성하는 것으로,

다리의 상부 구조를 받치는 판.

bedrock 기반(基盤) 미고결층의 하위에 존재하는 비교적 고결(固結)한 지층.

bed room 침실(寢室) 주로 잠을 자기 위한 방. 옷을 갈아 입거나 화장을 하기 위한 가구나 설비가 부속되어 있다.

bed-room community 베드룸 커뮤니티 대도시 주변의 주택 지역으로, 일반적으로 베드 타운이라고도 하며, 지역 주민과의 접촉이 적은 지역.

bed spread 베드 스프레드 =bed cover

bed town 베드 타운 일하는 장소가 대도시이고, 잠을 자기 위해 돌아가는 주변부의 주택지.

behavioral science 행동 과학(行動科學) 생물의 행동 발현과 환경과의 관계를 연구하는 학문. 인간의 생활 행동을 대상으로 하는 것은 건축학과 관련이 깊다.

behavioral simulation 행동 시뮬레이션(行動−) 인간이나 조직의 행동을 분석한다든지, 예측한다든지 하기 위해 행하는 실험, 또는 컴퓨터 상에서 수치적으로 행하는 의사 실험.

belled pier 확저 말뚝(確底−) 큰 선단 지지력을 기대하여 말뚝 선단부를 확대해서 말뚝축보다도 굵게 한 말뚝.

bellows 벨로스 유연성·밀봉성 등을 필요로 하는 경우에 쓰이는 매끄러운 산형의 연속 단면을 가진 관. 한쪽 부착부에 힘이 가해져도 그 변형을 흡수하여 다른 끝으로 전하지 않는다. 인청동의 것이 많다. 팽창 이음·스팀 트랩·진동 방지 이음·계기류 등에 사용된다.

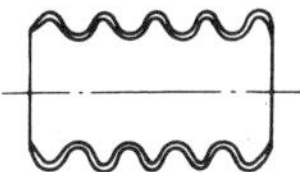

bellows expansion joint 벨로스형 신축 이음(−形伸縮−) 배관의 축방향 변위를 흡수할 수 있는 신축 이음. 물결 형상으로 가압한 관(벨로스)이 신축한다. 단식과 복식이 있다. 그림은 단식의 예이다.

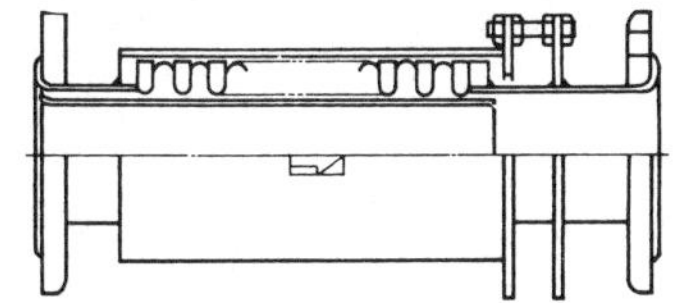

bell tower 종루(鐘樓), 종탑(鐘塔) 기독교 건축에 있어서의 조종용(釣鐘用)의 높은 탑. =companile

bell trap 벨 트랩 바닥 배수나 개수 등에 사용하는, 상부의 철물이 사발 모양을 한 트랩.

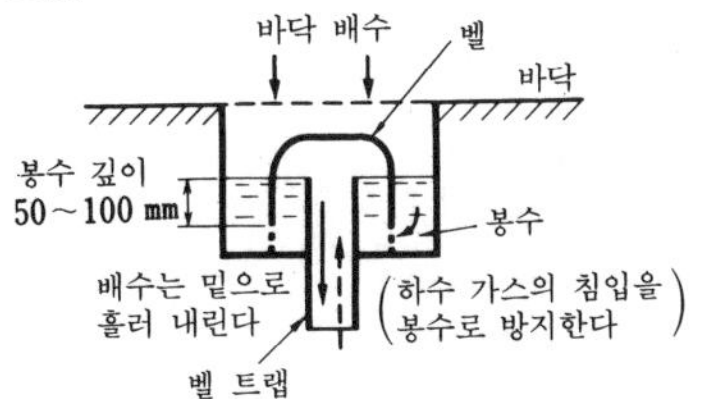

belt 벨트 끝과 끝을 엔드리스로 연결한 평띠 모양의 것. 2개의 벨트 바퀴에 벨트를 감아서 벨트와 벨트 바퀴의 마찰에 의해 한쪽의 움직임을 다른쪽으로 전하기 위해 쓰인다. 가죽, 무명, 마 등의 섬유 제품, 고무 등으로 만든다.

belt conveyor 벨트 컨베이어 벨트를 활차에 의해 순환시켜 벨트에 얹은 물품을 주로 수평으로 운반하는 연속 운반 장치. 공장, 상점, 백화점에서의 재료·물품의 상품 운반, 혹은 시공 현장에서의 토사, 골재, 콘크리트의 운반 등에 사용된다.

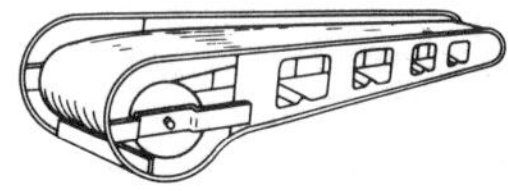

belt line city 대상 도시(帶狀都市) 도로를 따라 가늘고 긴 띠 모양으로 형성된 도시. =linear city

bench 벤치 장방형 또는 장타원형의 긴 의자. 등받이가 있는 것과 없는 것이 있다.

bench cut 벤치 컷 비탈 경사를 두고 굴착할 때 경사면 실길이가 길어져서 산이 무너질 위험이 있는 경우, 중간에 계단형을 만드는 것.

bench mark 수준점(水準點), 벤치 마크 ① B.M.이라 약칭한다. 수준 원점을 기준으로 하여 정밀한 측정에 의해 정한 영구적인 표고점. ② 건축물을 세울 때 건축물의 기준 위치·기준 높이를 정하는 원점이 되는 표지(標識).

bend 휨 지붕, 보, 타일 등의 변형이나 만곡 등 곡선 또는 곡면상(曲面狀)으로 되는 것의 총칭. =curvature, flexure, warp

bend bar 벤드근(−筋), 절곡근(折曲筋) 보나 슬래브의 주근(主筋)으로, 도중이 45도의 경사로 굽어진 것.

bending 휨 재료가 만곡하여 곡률이 변화

하는 현상. 중립축을 경계로 하여 한쪽에는 인장, 다른쪽에는 압축의 수직 응력도가 생긴다. 또 휨에 의해서 일반적으로 부재에는 휨 모멘트와 전단력이 생긴다.

bending deflection 휨 변형(－變形) 휨 응력에 의해 생기는 변형.

bending failure 휨 파괴(－破壞) 부재가 휨 응력에 의해서 파괴하는 것.

B

bending member 휨재(－材) 모멘트를 받는 부재.

bending moment 휨 모멘트 어떤 점의 휨 모멘트는 그 점을 경계로 하여 재료를 서로 굽히는 한 쌍의 모멘트를 말하며, 그 값은 그 점의 한쪽 외력, 반력의 그 점에 대한 모멘트의 총합이다. 약호 B.M. 단위 ton · m.

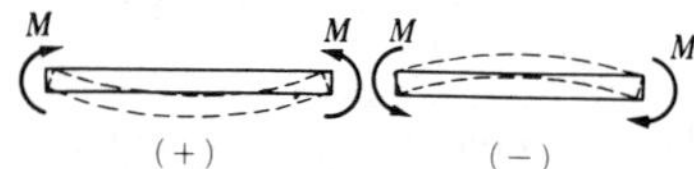

bending moment diagram 휨 모멘트도(－圖) 부재(部材)상의 각점에 생기는 휨 모멘트의 크기를 그림으로 나타낸 것. 약호는 B.M.D.이며, M도라고 약칭한다.

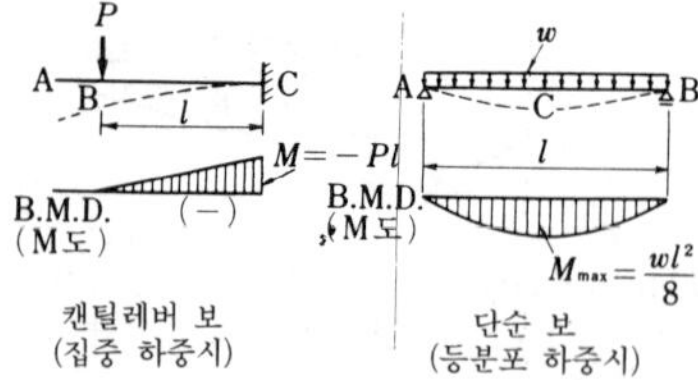

bending rigidity 휨 강성(－剛性) 구조 부재에 가해지는 휨 모멘트와 그에 의해서 생기는 가요성 변형의 곡률 변화와의 선형 관계식에 있어서의 비례 계수.

bending stiffness 휨 강도(－剛度) → bending rigidity

bending strength 휨 강도(－强度) 휨을 받았을 때의 파괴 강도. 통상 휨파괴 계수로써 나타낸다.

bending stress 휨 응력(－應力) 부재(部材)에 휨 모멘트가 생기고 있을 때의 부재 내의 응력. 재축(材軸)에 수직인 단면에서는 중립축을 경계로 하여 상하로 인장 응력 혹은 압축 응력이 된다.

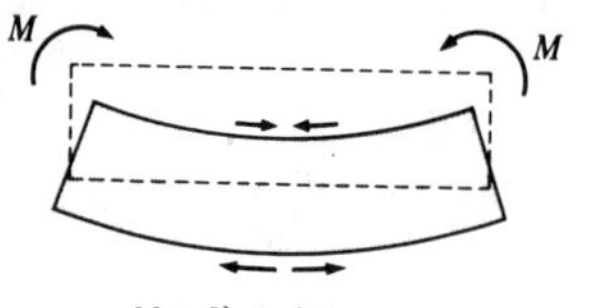

M : 휨 모멘트

bending test 굽힘 시험(－試驗), 휨 시험(－試驗) 금속의 판, 환봉을 그림과 같이 굴곡시켜서 재료의 연성(延性)을 살피는 시험. 그림과 같이 반경 *r*의 하중점에서 재료를 규정의 각도 *θ*만큼 구부려, 재료의 표면에 흠이 생기거나 파손하지 않는지를 살핀다.

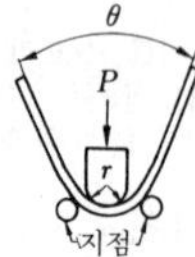

bending theory 휨 이론(－理論) 휨 응력을 받는 단면에서 작용 모멘트, 응력도, 변형도, 곡률, 변형량 등의 관계를 나타내는 이론. →membrane theory

bending theory of shell structure 셸의 휨 이론(－理論) 셸 구조에서 면내 응력에 더하여 지지 구조에 가까운 부분 등에 생기는 국부적인 휨 모멘트도 동시에 고려하는 해석 이론.

bending ultimate strength 휨 종국 강도(－終局强度) 구조 부재에 하중이 작용하여 휨 파괴에 의해 종국 상태가 되었을 때의 강도. 통상, 최대 휨 강도를 가리킨다.

bending unit stress 휨 응력도(－應力度) 휨 응력에 의해서 재료의 단위 단면적에 생기는 내력(內力). 단위는 kg/cm^2.

bending wave 굴곡 진동(屈曲振動) 막대나 판 등의 탄성 물체에 생기는 파동의 하나. 그 진행 방향과 수직으로 변위하면서 전해지는 진동.

bending work 굽힘 가공(－加工) 소재에 휨변형을 주는 가공. 강재(鋼材)에서는 상온 가공과 열간 가공이 있다. 굽힘 부분은 흑피(黑皮)가 벗겨져서 산화하기 쉬운 상태로 되어 있으므로 녹방지에 주의한다.

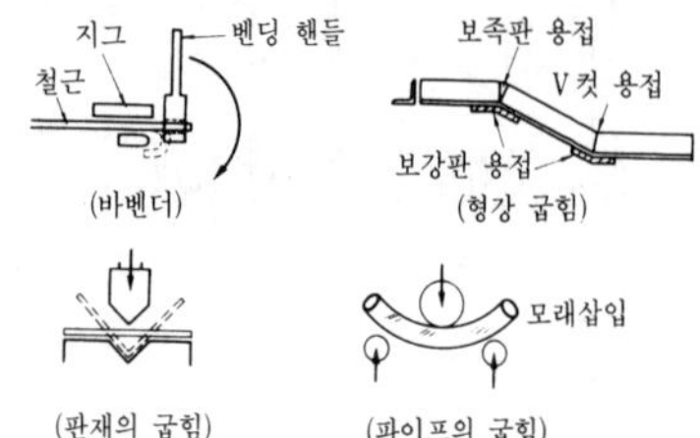

bend slab 벤드 슬래브 단부(端部)의 상부근과 중앙부의 하부근을 한 줄의 철근을

구부려서 배근한 슬래브. =top steal bar

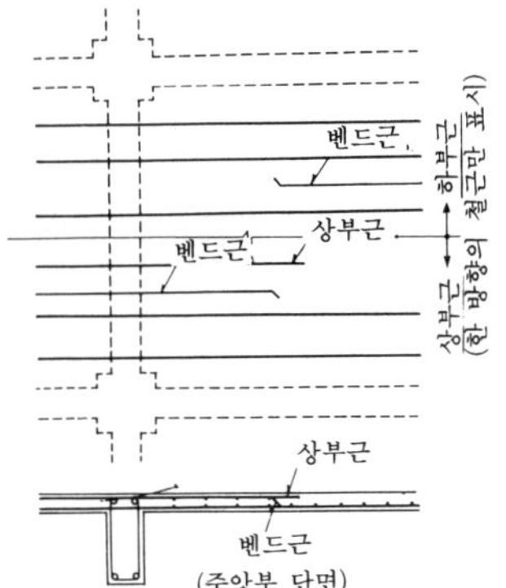

bend type expansion joint 벤드형 신축 이음(−形伸縮−) 배관의 축방향 변위를 흡수할 수 있는 신축 이음. 관을 루프 모양으로 구부리고, 그 형상에서 생기는 가요성(可撓性)에 의해 신축한다. 신축 곡관, 신축 벤드라고도 한다.

benefit assessment 수익자 부담(受益者負擔) 공공 사업에 의해 특별한 이익을 받는 자에 사업비의 일부 또는 전부를 부담시키는 것. =betterment, beneficiary charge

beneficiary charge 수익자 부담(受益者負擔) =benefit assessment

bengala 벵갈라 오래전부터 도료·모르타르의 착색, 연마제 등에 사용되고 있는 적색 안료. =red oxide rouge

Benoto method 베노토 공법(−工法) 현장치기 콘크리트 말뚝의 일종. 해머 그래브(hammer grab)로 토사를 배출하면서 케이싱을 말뚝끝까지 압입한다. 콘크리트 타설 후 케이싱을 빼낸다. →Benoto pile

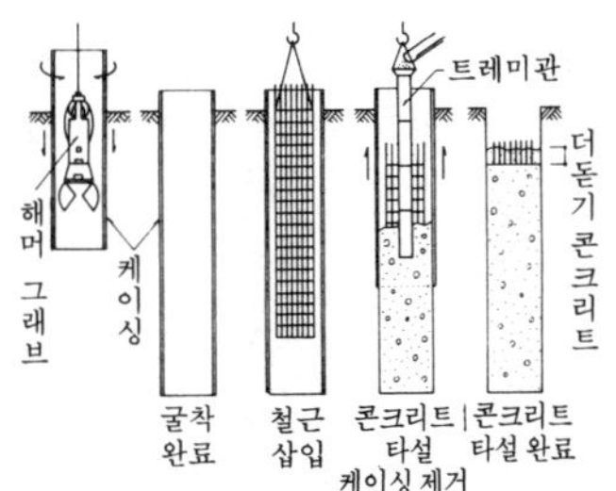

Benoto pile 베노토 말뚝 올 케이싱의 현장치기 철근 콘크리트 말뚝. →Benoto method

bent bar 굽힌 철근(−鐵筋), 휨 철근(−鐵筋) =bent-up bar

bentonite 벤트나이트 응회암·석영암 등의 유리질 부분이 분해하여 생성된 미세 점토. 어스 드릴 등에 의해 굴삭·천공할 때 구멍벽이 무너지는 것을 방지하기 위해 벤토나이트액을 주입하여 방지한다.

bent pipe 곡관(曲管) =bent tube

bent tube 곡관(曲管) 어느 반경에서 구부러진 관. 또한 굽은 반경이 비교적 작은 것은 엘보(elbow)라 한다. =bent pipe

bent-up bar 굽힌 철근(−鐵筋), 절곡 철근(折曲鐵筋), 휨 철근(−鐵筋) 철근 콘크리트 구조의 보 등 굽힘재의 주근으로, 상부근과 하부근을 연락한 것. 전단력에 저항하는 특징이 있다.

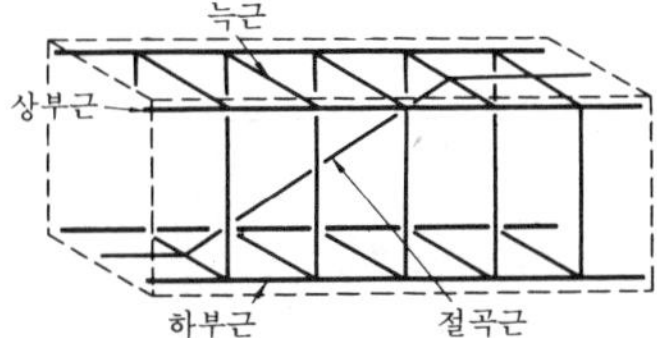

berge-board 박공널(朴工−) 지붕의 박공단에서 처마끝의 처마돌림목에 상당하는 것. =verge-board, gable-board

Berlage's formula 베를라게의 식(−式) 맑은 날의 전천공 조도의 식으로 베를라게가 제안한 식. 이 식에서 얻어지는 값은 실측값보다도 대폭 작고, 정밀도는 좋지 않다.

berm 둑턱 ① 축지, 옹벽, 제방 등과 그 바깥쪽에 평행하게 설치한 도랑 등과의 사이에 있는 평탄한 부분. ② 건물 외주벽을 따른 지반상에 둔 바다다짐, 콘크리트제 등의 평탄한 부분.

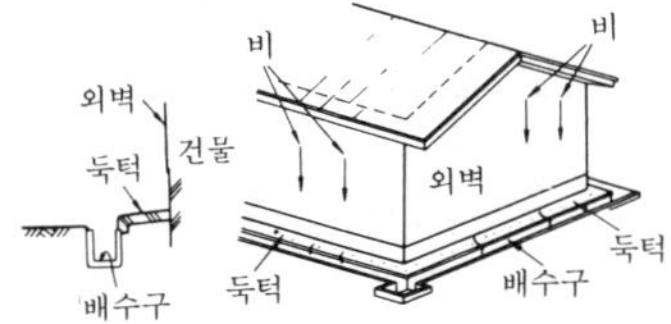

Bernoulli-Euler's hypothesis 평면 유지의 가정(平面維持−假定) 부재 단면의 휨 해석에서 변형 전에 평면이었던 단면은 변형 후에도 평면이라고 하는 가정. = Navier' s hypothesis

Bernoulli's theorem 베르누이의 정리(−

定理) 「관로에서의 에너지 손실이 없다고 하면, 에너지 보존의 법칙에서 관로의 어느 단면에서도 전 수두는 일정하다」고 하는 법칙.

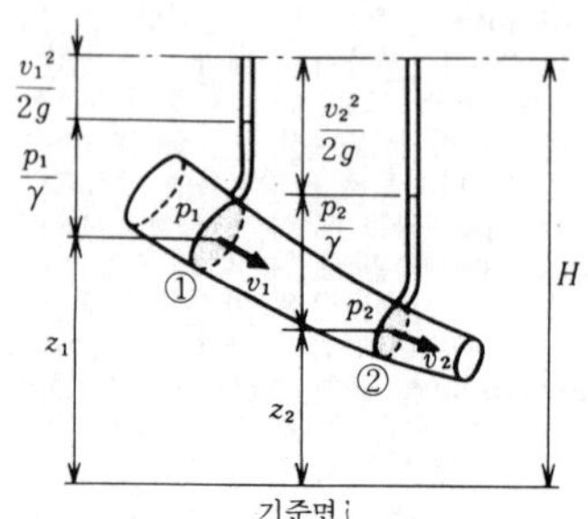

$$\frac{p_1}{\gamma}+z_1+\frac{v_1^2}{2g}=\frac{p_2}{\gamma}+z_2+\frac{v_2^2}{2g}=H=\text{일정}$$

점① 점②

H : 전수두 $\frac{p}{\gamma}$: 압력 수두

z : 위치 수두

g : 중력 가속도 $\frac{v^2}{2g}$: 속도 수두

betatron 베타트론 의료나 (핵)물리학 등의 실험용 자기 유도 전자 가속 장치.

better living 베터 리빙 보다 좋은 주거 조성을 뜻한다.

betterment 수익자 부담(受益者負擔) = benefit assessment

Betti's theorem 베티의 정리(-定理) 온도 변화와 지점(支點)의 반력 방향으로의 변위가 없는 선형 탄성체에서는 제1의 조의 힘이 제2의 조에 의한 변형에 대해서 이루는 가상 일과 제2의 조의 힘이 제1의 조에 의한 변형에 대해서 이루는 가상 일은 같다고 하는 정리.

Betz manometer 베츠형 마노미터(-形-) U자형 마노미터에 의한 미차압력계의 일종. 마노미터의 액면 높이를 플로팅에 매단 정밀 스케일과 버니어에 의한 1/10mm까지의 정밀도로 읽어낼 수 있도록 설계되어 있다.

bevel 면(面)[1], 사각자(斜角-)[2] (1) 건축물에서의 방향을 나타내는 것을 말한다. 정면, 측면 등.
(2) 직각을 갖지 않는 3각자. 두 장의 가늘고 긴 판을 나사로 죄서 임의 각도의 직선을 긋는 자. →sliding ruler

bevel angle 베벨 각도(-角度) 용접부의 개선(開先) 표면이 개선의 끝에서 열린 모재면에 수직인 선과 이루는 각도.

beveling 개선(開先)[1], 모떼기[2] (1) 용접하기 위해 모재의 용접해야 할 면을 절삭하는 것. 이 개선에 용착 금속을 메우는 것이다.

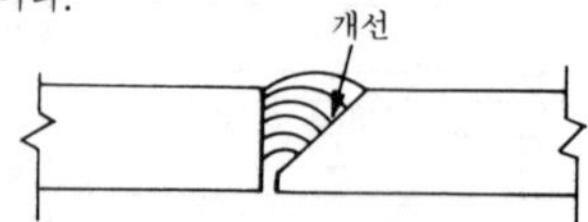

(2) 면과 면의 교차되는 모서리를 사면(斜面) 또는 원형으로 가공하는 것.

bevel protractor 각도자(角度-) 각도의 측정에 사용하는 자. 분도기·경사자 등이 있다.

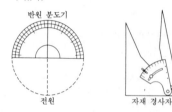

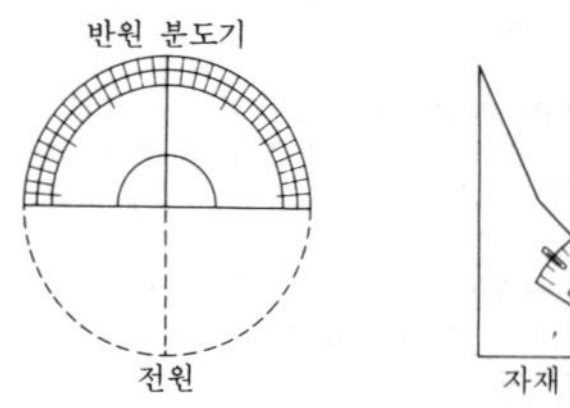

bevel siding 클랩널 가로판벽의 일종으로, 널의 길이 방향을 가로 방향으로 하고, 상단이 얇고 하단이 두꺼운 널을 포개서 붙인다.

BGM 배경 음악(背景音樂) background music의 약어. 작업의 능률을 향상시킨다든지 분위기를 부드럽게 할 목적으로 집무 중에 스피커를 통해서 흘리는 조용한 음악. →background noise

B1 house 비 원 하우스 지하 1층을 B1 (basement)이라는데서 지하실이 있는 주택을 뜻한다.

biaxial stress 2축 응력(二軸應力) 2방향의 주응력도만이 존재하는 응력 상태. 주응력도 방향의 평면 내 직교 좌표에서 직응력도와 전단 응력도가 존재한다.

bicology 바이콜로지 bicycle+ecology의 합성어로, 자동차 대신 자전거를 타고 배기 가스나 사고를 방지하여 자연 환경 속에서 인간성을 회복하려는 운동.

bid 경쟁 입찰(競爭入札) 청부 또는 매매의 계약에 앞서 많은 업자가 각각 가액을 기입한 종이를 봉해서 발주자에게 동시에 제출하는 것. 이것을 업자의 면전에서 개찰하여 청부·구입에 대해서는 최저, 매각에 대해서는 최고의 가격을 써낸 업자에게 낙찰하여 계약하는 것이 원칙이다.

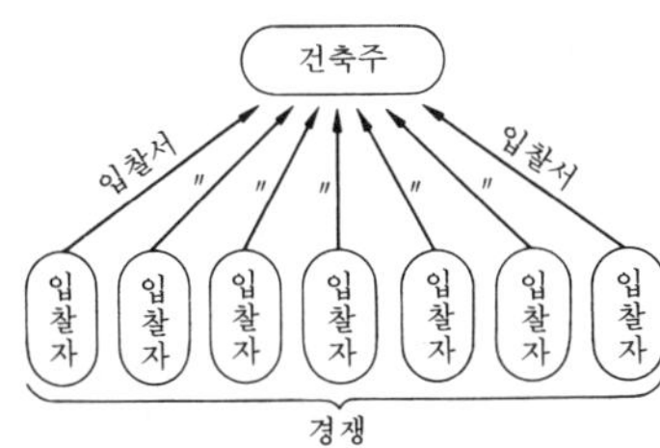

=offer, tender

bid bond 입찰 보증(入札保證), 입찰 보증금(入札保證金) 건설 공사에 관한 보증 제도의 하나로, 낙찰 업자의 실격 등에 의한 발주자의 손실을 보증하기 위한 것.

bidder 입찰자(入札者) 입찰에서의 응찰자(입찰서를 넣는 자).

bidding deposit 입찰 보증금(入札保證金) 관공서 공사의 입찰에서 응찰자가 지불하는 보증금을 말한다. 지명 경쟁 입찰인 경우는 면제된다. =guaranty money for didding, tendered bond

bidding price 입찰 가격(入札價格) 경쟁 입찰에서 응찰자가 제시하는 수주 희망 가격. 일반적으로 건설 공사에서는 공사 원가를 기본으로 하여 그 공사에 대한 수주 의욕이나 경합 상태를 고려하여 결정된다. =tendered price

bidding system 입찰 제도(入札制度) 건설 공사 등을 발주하는 경우에 실시되는 입찰의 제도. 일반 경쟁 입찰, 제한부 일반 경제 입찰 및 지명 경쟁 입찰 등. = tendering system

bidet 비데 부인용 세척기. 욕실 내에 설치하고, 의료에도 사용된다. 기내 중앙 밑 부분에서 물 및 적당한 온도의 물을 분출시킨다.

biding 입찰(入札) →bid

bid opening 개찰(開札) 정해진 시간에 넣은 입찰을 마감하고, 모인 입찰을 계원이 개봉하는 것. 각 입찰자의 면전에서 즉시 개찰하여 발표하는 면전 개찰과 입찰자를 입회시키지 않고 발주자와 감리 기사가 개찰하는 두 가지 방식이 있다.

bid tender 입찰(入札) →bid

biennale 비엔날레 2년마다 열리는 국제 미술전. →triennale

bifurcation buckling 분기 좌굴(分岐座屈) 좌굴의 한 형식. 좌굴 한계 상태에서 그 하중에 이르기까지의 균형 형상에서 다른 균형 형상으로 변화한다. 기둥의 좌굴 등.

bifurcation load 분기 하중(分岐荷重) 복수의 균형 상태가 가능하게 되는 점의 하중. 좌굴 하중에 이른 곧은 단일 압축재에서는 곧은 상태와 좌굴 모드가 생긴 상태의 양자의 균형 상태가 가능해진다. → bifurcation buckling

big log 큰통나무 직경 30cm 이상의 소재로, 이것을 켜서 사용한다.

big square rule 큰직각자(一直角一) 대형의 직각자를 말하며, 보통, 목공이 기초 공사를 할 때 수평실의 직각을 정하는 데 사용한다.

bilateral contract 쌍무 계약(雙務契約) 계약 당사자 쌍방이 서로 채무를 지는 계약 방식. 건축 공사의 계약은 이 방식이 많다. 청부자는 건축물을 완성시키고, 건축주는 공사 결과에 대해서 공사비를 지불한다.

bilateral daylighting 2면 채광(二面採光), 양측 채광(兩側採光) 두 벽면에 측창을 두는 채광 방식. 단측 채광보다도 채광량이 크다.

bill of estimated cost 적산서(積算書) = bill of quantity(2)

bill of quantity 수량서(數量書)[1], 적산서(積算書)[2] (1) 영국에서는 공공 사업의 발주 계약에서 원칙으로서 수량 공개 입찰이 실시되고 있으며, 입찰에 있어서 퀀티티 서베이어(QS)가 작성하는 수량서가 제시되고, 입찰자는 단가만을 수량서에 기입하여 견적서의 작성을 한다. 또, 통상 단가 기입에 필요한 시공법이나 명세 등도 수량서에 기재된다. =BQ

(2) 건축 공사비의 적산 근거에 대한 설명 자료. 공사비 내역 명세서 외에 집계표, 계산서 등이 포함된다.

bills of quantities 내역 명세서(內譯明細書) 공사의 세목별 수량과 단가에서 금액을 구하고, 그들의 합계로서 총공사비를 나타낸 서류. =itemized statement of cost

bi-metal 바이메탈 팽창 계수가 다른 두 종류의 띠 모양 금속을 밀착시킨 금속 제품. 온도 변화에 따라서 만곡하는 작용을 이용하여 온도 조절 장치에 널리 이용되고 있다. 구성 재료로는, 100℃이하는 황동과 34% Ni강, 200℃이하는 황동과 앰버, 250℃부근은 모넬 메탈과 36%~42% Ni강이 사용된다. 서모스탯, 바이메탈 온도계에 사용된다.

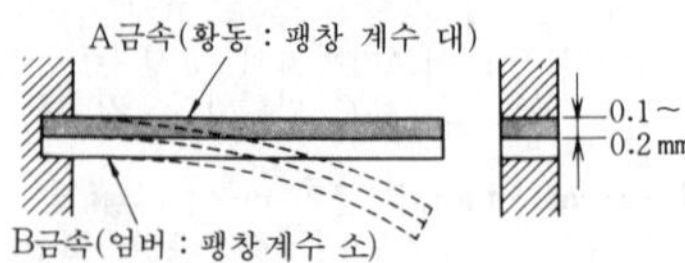

bi-metal thermometer 바이메탈 온도계(-溫度計) 온도 변화를 수반하는 바이메탈의 만곡 변화를 이용하여 온도를 재는 온도계. 그림은 바이메탈을 사용한 자기(自記) 온도계의 예이다.

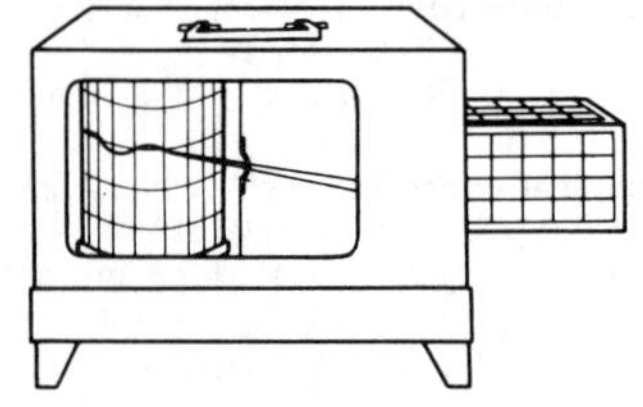

bin 빈 집적 저장용의 용기. 콘크리트용의 자갈 · 모래의 저장 설비를 가리키는 경우가 많다.

binder 작은보 큰보에 의해 지지되는 보. 작은보는 연직 하중만을 지지하는 것으로 생각된다. = beam, binding beam

binding 결속(結束) 철근 콘크리트 공사에서 거푸집 속에 배치한 철근이 흩어지지 않도록 교차하는 철근 또는 겹이음을 가는 철선에 의해서 잇는 것.

binding beam 작은보 = binder

binding grip 압착 그립(壓着-) 프리스트레스트 콘크리트용 정착 장치의 한 구성 부품. PC강 꼰선에 원통형의 철물과 부착을 높이기 위한 삽입 철물을 씌워서 압축하고, PC강 꼰선의 끝 부분에 정착용 치구를 성형한다.

binding post-tensioning force 압착력(壓着力) 프리캐스트 콘크리트 부재를 프리스트레스를 도입하여 압착 접합하는 경우의 줄눈부에 도입되는 압착력.

binding wire 바인드선(-線)[1], 결속선(結束線)[2] (1) 절연 및 내수 처리가 되어 있는 선으로, 애자에 전선을 고정할 때 사용한다.
(2) 철근 상호를 결속하기 위한 가는 철선. 보통, 직경 0.8mm 이상, 길이 15~20cm의 둘로 구부린 풀림 철선을 쓴다.

binomial distribution 2항 분포(二項分布) 이산적 확률 분포의 일종. 1회의 시행에서 어느 사상(事象)의 출현 확률이 일정할 때 독립으로 n회 시행하여 이 사상이 k회 실현하는 확률의 분포.

biochemical oxygen demand 생물 화학적 산소 요구량(生物化學的酸素要求量) 부패성 유기물이 생물 화학적으로 산화하여 안정화하기까지 흡수하는 산소량을 말한다. 약자 BOD. 단위 ppm(=g/m^3). 매설물의 BOD 15000ppm이라고 하면 생배설물 1m^{3}가 안정화하는 데 15000g의 O_2를 흡수할 필요가 있다는 것을 의미한다. 먼지의 BOD는 5~10만ppm이라고 한다. = BOD

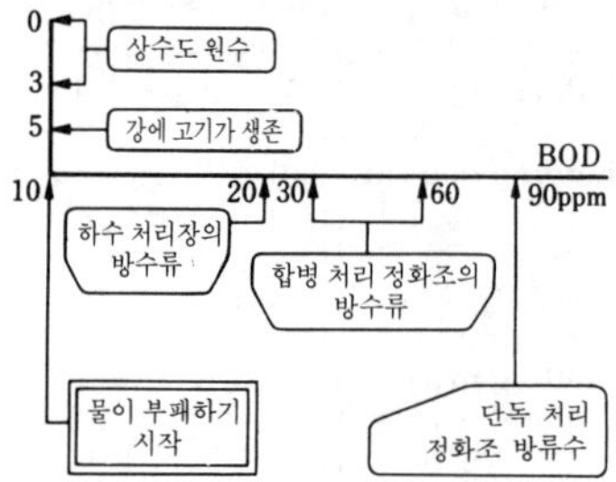

biochemical resolution 생물 화학적 분해(生物化學的分解) 하수 처리 수법의 하나. 미생물군의 구실을 활용하여 유기물을 안정화, 또는 분해하여 처리하는 것. 호기성(好氣性) 처리, 혐기성(嫌氣性) 처리가 있다.

biochips 바이오칩 생물의 세포(cell)를 이용한 전자 소자. 장래의 컴퓨터 소자가 되도록 연구 개발이 추진되고 있다.

bioclean room 무균실(無菌室) 바이오 테크놀러지에 관련하는 실험이나 생산을 하기 위한 연구소나 공장의 클린 룸. 실내의 먼지나 미생물을 극력 적게 한 설비. → clean room, super clean room

bioclimatology 생기후학(生氣候學), 기후생리학(氣候生理學) 기후 풍토나 생활 습관 등이 주로 인체 생리에 미치는 영향을 검토하는 학문.

biodesign 바이오디자인 생체를 형성하고 있는 곡선을 기조로 하는 디자인.

bioecology 생물 생태학(生物生態學) 동식물의 생물과 환경과의 각종 관계를 연구하는 학문.

bio-gas 바이오가스 생물 자원인 쓰레기, 매설물, 식물 등에서 만들어지는 메탄 가스가 주성분인 가스.

biohazard 생물 재해(生物災害), 생물 장

해(生物障害) 실험 연구용의 미생물이나 병원체가 시설에서 누출함으로써 발생하는 새로운 공해.

bioindustry 바이오인더스트리 생물이 유지하는 기능을 높인다든지, 유기적인 생물을 만들어 내는 산업. 유전자의 재구성, 세포 융합, 세포 대량 배양과 같은 기술이 활용된다.

biological film process 생물막법(生物膜法) 배수의 생물학적 처리법의 하나. 생물 지지체의 표면에 부착 생성한 생물막에 오수를 접촉시켜서 정화하는 방법.

biomass 바이오매스 넓은 뜻으로는 생물 현존량(生物現存量)을 말한다. 최근에는 생물이 태양 에너지를 고정하는 기능을 살려서 에너지원으로서 이용할 수 있는 생물을 가리킨다.

biomass energy 바이오매스 에너지 알코올 발효나 생물체 폐기물로부터의 메탄 생성 등에 대표되는 것과 같이 생물체(바이오매스)를 이용한 에너지의 총칭.

biometeorology 생기상학(生氣象學) 자연 환경, 인공 환경을 불문하고, 그 물리적·화학적 기상 조건이 생체에 미치는 직접, 간접의 영향을 연구하는 학문.

biomimetics 바이오미메틱스 생명 기능을 과학적으로 모방함으로써 여러 가지 새로운 분야의 기술을 개발하는 학문.

bionics 생체 공학(生體工學) 생물의 각종 기능을 분석하여, 공학적으로 실용화하는 것을 연구 목적으로 한 학문. 2보행용 로봇이나 음성 입력 컴퓨터 등의 연구·개발이 이루어지고 있다.

bio plastic 바이오 플라스틱 수소 세균이나 질소 세균의 미생물이 갖는 고분자 폴리에스테르를 합성하여 만들어진 플라스틱. 일반의 플라스틱과 달리 폐기 후는 토양 속에서 분해하기 때문에 공해 문제가 없는 신소재로서 주목되고 있다.

bioreactor 바이오리액터 산소 반응이나 생물체의 작용으로 원료를 변환시키는 생체 반응 장치.

biorhythm 바이오리듬 인간의 몸은 감정, 체력, 정신 각각이 특유한 주기를 가지고 있는 것으로 생각되며, 그들의 주기율을 말한다.

biota 생물상(生物相) 어느 지역 또는 지리적인 구역에 볼 수 있는 생물의 전 종류를 말한다.

biotechnology 생물 공학(生物工學), 생명 공학(生命工學) biology(생물학)와 technology(기술)의 합성어. 유전, 증식, 대사 등의 생명 활동의 구조를 과학적으로 해명하고, 공업적으로 이용하려는 기술. 유전자 재구성 기술, 세포 융합 기술, 조직 배양 기술, 생물 반응기의 네 가지 기본 기술로 이루어진다.

biotron 바이오트론 온도, 빛, 열 등의 조건을 변화시켜서 생물을 사육하고, 그 영향을 연구하기 위한 실험실(장치). 환경은 인공적으로 조정할 수 있다.

birch 자작나무 자작나무과에 속하는 낙엽 활엽 교목. 고산 지방에 많은, 껍질이 흰 낙엽수. 건축재로서 사용된다.

bird-lime holly 감탕나무 높이 10m 가량의 상록 활엽 교목. 재목은 세공재(細工材)로 사용한다.

bird's-eye view 조감도(鳥瞰圖) 도시, 건축물 등을 상공에서 본 것과 같이 그린 그림을 말한다.

bit 비트 ① 보링을 할 때 천공기 끝에 부착하는 날. ② 착암기의 정 끝. ③ 정보량을 나타내는 단위.

bitumen 역청(瀝青) 천연 또는 이것을 가열하여 얻어지는 탄화 수소 및 그 비금속 유도체로, CS_2에 가용성인 것을 말한다. 이것은 기체, 액체, 점성체, 고체 어느 것이라도 좋다. 이 범위에 드는 것으로 ① 천연품으로서는 원유, 천연 아스팔트, 천연석납 등. ② 분류(分溜)에 의해서 얻어지는 것으로 원유에서 채취한 아스팔트, 석납. ③ 건류(乾溜)에 의해 얻어지는 것으로 목재, 석탄에서 채취하는 각종 타르 피치 등이 있다. 또 ①만을 역청이라고 생각하기도 하며 정의는 일정하지 않다. 어쨌든 역청은 아스팔트, 타르 등의 주성분이다.

bituminous materials 역청 재료(瀝青材料) 천연산의 것이나, 원유의 건류·증류에 의해서 얻어지는 유기 화합물. 주요한 것은 아스팔트·타르·피치 등이며, 방수·방부·포장 등에 사용된다.

black body 흑체(黑體) 모든 파장의 방사를 완전히 흡수하는 가상적인 물체를 완전 흑체라 하는데, 백금흑 등 이에 가까운 성질을 나타내는 것을 흑체라 한다. 일정한 온도로 유지된 빈 방의 벽에 작은 구멍을 뚫었을 때 이 구멍은 외부로부터의 방사를 완전히 흡수하기 때문에 흑체로 간주할 수 있다.

black body radiation 흑체 복사(黑體輻射) 흑체에서 방출하는 복사. 절대 온도 T인 흑체의 복사 발산도(E_b)는 σ_b를 흑체의 복사 상수로 하면 $E_b = \sigma_b \cdot T^4$ 또는 $E_b = C_b(T/100)^4$. 단, $C_b = 100^4 \times \sigma_b$.

black bolt 흑 볼트(黑−), 흑피 볼트(黑−) 압연해서 만든 볼트의 축부(軸部)가 흑피(黑皮)인 채이고, 마무리를 하지 않은 볼트. 마무리한 것은 그 정도에 따라서 상 볼트와 중 볼트로 구별된다.

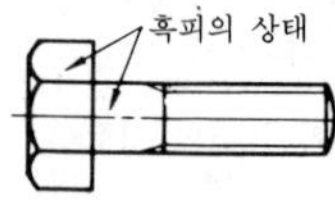

black gas pipe 흑 가스관(黑－管) 아연 도금하지 않은 배관용 강관. 가스 배관용으로 사용된다. 부식이 심하므로 급배수관에 사용해서는 안 된다.

black lead 흑연(黑鉛) 탄소의 동소체의 하나. 그래파이트라고도 하며, 광물명을 석묵(石墨)이라 한다. 연필, 도료, 전극, 탄소 섬유 등에 사용한다. ＝graphite

black-panel temperature 흑색 패널 온도(黑色－溫度) 흑색 패널의 표면 온도. 촉진 내후 시험이나 옥외에서의 폭로 시험에서의 재료 표면 온도를 관리하기 위해 이용한다.

black pipe 흑색 가스관(黑色－管) 배관용 탄소강 강관 중 아연 도금을 하지 않은 관. 이전에 주로 가스 배관에 사용되고, 표면이 산화철로 감싸여서 흑색이기 때문에 이와 같이 부른다.

blacksmith welding 단접(鍛接) 단철 또는 연강(용해점 부근에서 점착력이 현저하게 증가하는) 등의 용접에 쓰인다. 두 재료를 노(爐)에서 가열하여 반용융 상태로 해서 용접하는 방법. ＝forge weld

blade 배토판(排土板) 굴착한 토사의 집적이나 땅고르기 등에 사용하는 굽은 모양의 철판으로, 불도저 등의 전방에 붙어 있는 것.

bladeless pump 블레이드리스 펌프 청소용 등 특수 용도의 수중 펌프. 고형물 등이 혼입해 있는 액체를 압송하는 펌프에서는 고형물 등이 막히지 않는 구조로 만들어져 있다. 이러한 펌프의 일종으로, 깃차의 흡입구에서 토출구(吐出口)까지가 하나의 등단면 유로(等斷面流路)로 이루어져 있으며, 겉보기에 깃이 전혀 없는 것이 있다. 이를 블레이들리스 펌프라 한다.

blaine test 블레인 시험(－試驗) 분체(粉體)의 분말도를 측정하는 시험을 말한다. 공극률을 일정하게 한 분체 중을 공기가 일정량 투과하는 시간에서 비표면적(cm^2/g)을 구한다.

blast 송풍(送風) 송풍기에 의해 덕트를 통해서 공기를 보내는 것을 말하며, 덕트 내는 대기압에 대하여 정압이 된다.

blast cleaning 블라스트 클리닝 ＝sand blasting

blast furnace cement 고로 시멘트(高爐－) 고로의 수쇄(水碎) 슬래그와 포틀랜드 시멘트 클링커로 이루어지는 혼합 시멘트.

blast furnace slag 고로 슬래그(高爐－) 제철 공업의 용광로에서 철광석, 석회석, 코크스 등을 원료로 하여 세철을 제조할 때 얻어지는 부산물로 철광석 중에 불순물로서 포함되는 암석류가 석회와 화합하여 생긴 것을 말한다. 급랭 분쇄된 염기 1.4도 이상의 것은 그 잠재 수경성을 이용하여 고로 시멘트의 제조에 쓰인다. 또, 자갈 모양으로 파쇄된 것은 콘크리트 골재로서 사용된다.

blast furnace slag cement 고로 시멘트(高爐－) ＝blast furnace cement

blasting vibration 발파 진동(發破振動) 다이나마이트 등의 발파에 기인하는 진동을 말한다.

blast lamp 토치 램프 석유류를 압축 공기로 분출 기화하여 연소시켜서 물건을 가열하기 위해 사용하는 공구. 압축 공기는 수동 펌프로 뿜어낸다. ＝blowtorch, blow lamp

bleeding 블리딩 콘크리트 치기를 하고부터 경화하는 동안에 혼합수 일부가 분리하여 콘크리트 상면으로 상승하는 현상.

blended cement 혼합 시멘트(混合－) 포틀랜드 시멘트의 성질을 개량한다든지, 가격을 낮추기 위해 혼합제를 가한 혼합 포틀랜드 시멘트. 고로 시멘트, 실리카 시멘트, 슬래그 석회 시멘트 등.

blended Portland cement 혼합 포틀랜드 시멘트(混合－) 포틀랜드 시멘트를 주체로 하여 여기에 규산질 혼합재, 고로 수쇄(高爐水碎), 플라이애시 등을 혼합한 시멘트. 혼합 시멘트라고도 한다.

blighted area 황폐 지구(荒廢地區) 사회적·경제적 요인에 의해 도시 활동이 정체하여 도시 기능, 도시 환경의 황폐화가 진전하는 지구. ＝derelict land

blind 블라인드 유리면의 창, 출입구에 주로 차광(통풍 겸용의 것도 있다)의 목적으로 두는 것.

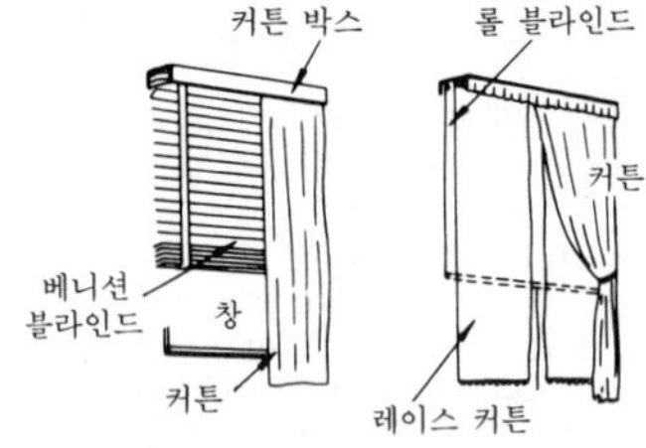

blind alley 막다른 골목 길이 막힌 골목. =dead road, deadend street

blind box 블라인드 박스 베네션 블라인드를 열었을 때 블라인드를 수납하는 상자.

blind nail 숨은못 플로어링판이나 걸레받이 등 내부 마감재를 못으로 박을 때 체재상 외부에서 보이지 않도록 박는 못.

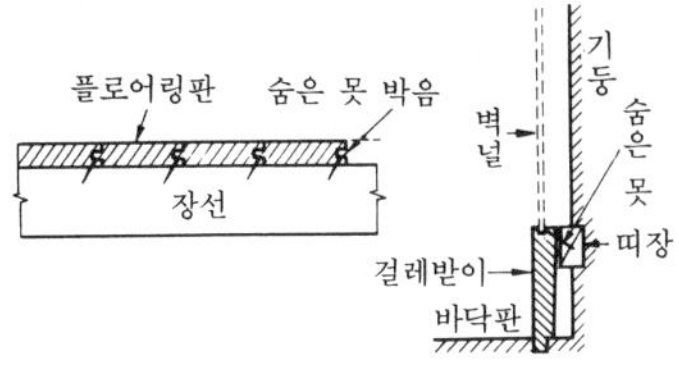

blind rivet 블라인드 리벳 판금 공사에서 금속제 박판의 부착이나 접속에 사용하는 리벳을 말한다. 리벳을 리벳 구멍에 꽂고 그 끝을 찌그러뜨려서 리벳이 빠지지 않도록 한다.

block 도르래[1], 가구(街區)[2], 블록[3] (1) 윈치 등과 병용하여 힘의 방향 전환, 인장 속도의 변화, 인장력의 변화를 목적으로 사용하는 홈이 패인 풀리.

(2) 도로에 의해 크기마다 구획된 주택 등의 부지.

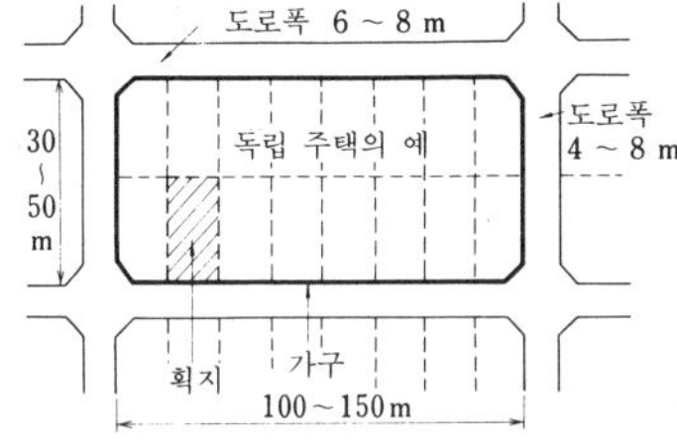

(3) ① 콘크리트 블록. ② 나무, 돌 등의 덩어리.

blockage effect 폐색 효과(閉塞效果) 풍동 시험에서 풍동 단면적에 대하여 시험체의 투영 면적이 어느 한도 이상 큰 경우 시험체 주위에 축류(縮流) 등의 영향이 나타나는 현상. =blocking effect

blockage ratio 폐색률(閉塞率) 풍동의 측정부 단면적에 대한 모형의 투영 면적의 비를 말한다.

blocking effect 폐색 효과(閉塞效果) = blockage effect

block massonry 블록 쌓기 보통, 건축용 공동 콘크리트 블록을 벽 등에 쌓아가는 것. 또는 블록으로 구성된 벽.

block plan 배치도(配置圖)[1], 배치 계획(配置計劃)[2] (1) 건물의 배치를 나타내는 도면. 치수선, 방위, 도로 관계, 정원, 수목, 출입구 등을 기입. 배치도와 1층 평면도를 겸하는 경우도 있다. =plot plan (2) 시설이나 설비 등을 계획의 목적, 제약 조건 등을 고려하여 적정하게 배치하는 것을 말한다.

block rental 일괄 임대(一括賃貸) 대점포 등에 있어서 한 업자가 어떤 범위를 일괄하여 임대하고, 그 업자가 다시 각 입점자에게 분할 임대하는 방식.

block sample 블록 샘플 지표 가까이에 있기 때문에 직접 채취할 수 있는 흙의 덩어리 모양의 시료(試料). 인력 운반할 수 있도록 30cm 입방체 정도의 크기의 것이 많다.

blood examinating room 혈액 검사실(血液檢査室) 의료 시설에서 환자로부터 채취한 혈액을 분석기에 거는 등 하여 주로 화학적 혹은 광학적 · 혈액학적인 검사를 하는 방.

blow 블로[1], 도달 거리(到達距離)[2] (1) 보일러나 냉각탑 계통의 물은 순환 사용되고 있기 때문에 용해 물질이 과도하게 농축하여 장해의 원인이 될뿐만 아니라 과포화 때문에 부유 고형물이 유리되어 침전물을 생성한다. 이러한 상태를 완화하기 위해 농축수를 뽑어내어 신선한 물을 보급하는 것.
(2) 분류(噴流)가 그 영향을 유지하고 있는 길이. 공기의 분출에서는 보통, 분출구에서 중심 유속이 0.25ms로 되기까지의 거리로 하는 경우가 많다. 확산 반경이라고도 한다.

blower 송풍기(送風機) 기체에 에너지를 주어 압력을 높이는 기계. 압력 상승이 약 0~100kPa(0~10mAq)의 범위의 것을 말한다. →fan

blowhole 블로홀, 기공(氣孔) 금속 및 유리 등의 주입 성형의 경우, 그 속에 남는 기포나 미소한 틈을 말한다. 유약 도자기류의 소성시에도 생기는 일이 있다. = gas pocket

blow lamp 블로 램프 가솔린에 압력을 가하면서 분무 상태로 하고, 이것을 취관(torch tube)에서 분출시켜 점화, 연소시키는 램프. 납땜 작업, 충전재를 가열하여 금속을 접합할 때, 금속면의 페인트를 벗길 때 등에 이용된다.

blown asphalt 블론 아스팔트 석유 아스팔트의 일종으로, 원유를 증류하여 경질의 유분을 제거한 다음 가열하면서 공기를 불어넣어 성분의 중합, 탈수소를 촉진시킨 아스팔트. 흑색의 탄성이 있는 고체 또는 반고체. 스트레이트 아스팔트에 비해 내열성이 크고, 감습성·신장도가 작으며, 탄성 충격 저항이 크다. 방수 공사, 루핑 등에 쓰인다.

blow out 블로 아웃 수세식 변기의 세척 방법의 일종. 제트 구멍에서 물을 강하게 분출시키는 방법.

blow pipe 토치 용접용 가스를 화구(火口)에 유도하는 기구. =torch lamp

blowtorch 토치 램프 =blast lamp

blue print 청사진(靑寫眞) 원도에서 음화 감광지에 복사된 도면. 트레이싱 페이퍼에 연필 등으로 그려진 것은 희게, 기타의 바탕은 푸르게 나타난다.

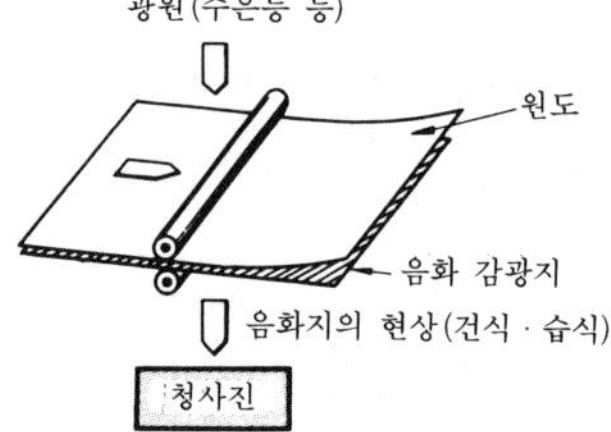

blushing 떠오름, 백화(白化) 칠을 할 때 습도의 영향으로 도막이 희게 되는 것.

BN analysis BN분석(-分析) BN은 basic-nonbasic의 약어. 도시 내의 경제 활동을 타지역과의 관련하는 기간적 활동과 이에 의존하고 있는 내부적인 활동으로 분할하여 도시 경제를 분석하는 방법.

board 판(板)[1], 반(盤)[2] (1) 목재의 판류를 말하며, 이것에는 박판(board), 후판(plank), 소폭판, 사면판 등이 있다. 보통 박판을 판이라 한다. 삼목, 소나무, 노송나무 등의 침엽수 제재가 많다.
(2) =panel

board ceiling 널천장(-天障) 판재로 구성한 천장.

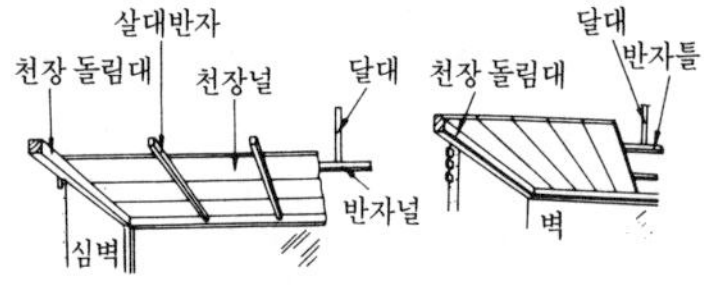

(a) 살대반자 천장 (b) 평널 붙임 천장

boarding fence 판담장(板-) 판으로 둘러친 담장.

board measure 보드 메저 목재의 재적(材積) 단위로, 30cm(1자)각, 길이 360cm(12자)의 재적.

boards 보드류(-類) 인공적으로 제작된 판으로, 목질 보드(합판), 섬유판, 시멘트 제품계 보드(석면 시멘트판 등), 광물 섬유 보드(석면판, 암면판, 유리면판), 플라스틱 보드, 기타 석고 보드, 내화 보드, 라스 보드, 흡음 보드, 합성판, 금속판, 다포(多泡) 유리판 등이 있다.

boasted finish 정다듬 원석의 표면을 거칠게 다듬은 다음 정만을 써서 깎아내는 마감 공법의 일종. =chisel finish

boa sheet 보어 시트 모피와 비슷하게 짠 천으로 만든 요홑이불. 촉감, 보온성이 뛰어나다.

boasted work 정다듬 석재 가공 마감법의 하나로, 정으로 쪼아 조밀한 흔적을 내어서 평탄한 거친면으로 만드는 것인데 조밀의 정도에 따라 거친정다듬, 중정다듬, 고운정다듬 등 세 가지 공법이 있다. =chiseled work

BOD 생물 화학적 산소 요구량(生物化學的酸素要求量) =biochemical oxygen demand

body-felt seismic intensity 체감 진도(體感震度) 인체의 감각에 의해서 정해진 지진동의 세기.

body force 물체력(物體力) 중력, 자기력, 운동체의 관성력 등과 같이 물체의 체적 각부에 작용하고 있는 힘.

body temperature control 체온 조절(體溫調節) 생체가 그 활동에 적합한 체온을 유지하기 위해 환경과 자체 사이의 열손실과 열취득+열생산과의 균형을 제어하는 작용을 말한다. 생리적, 행동적의 두 양상이 있다.

body varnish 보디 니스 오일 니스 중 장유(長油) 니스의 하나. 내구성·내후성이 크다. 정벌칠용으로 사용.

body wave 실체파(實體波) 지구 내부를 전하는 탄성 파동. P파와 S파가 있다.

boiled oil 보일유(-油) 건성유에 드라이어를 가하여 가열한 기름으로, 건조가 빨라 도료의 원료로 사용된다.

boiler 보일러 온수·증기를 발생시키기 위한 장치. 본체·연소 장치·보조 장치 등에 따라 많은 형식과 종류가 있다.

boiler room 보일러실(-室) 보일러와 부속 기기를 수용하는 방.

boiling 보일링 모래질 흙의 터파기밑 등에서 상향의 수압에 의해 물과 함께 모래

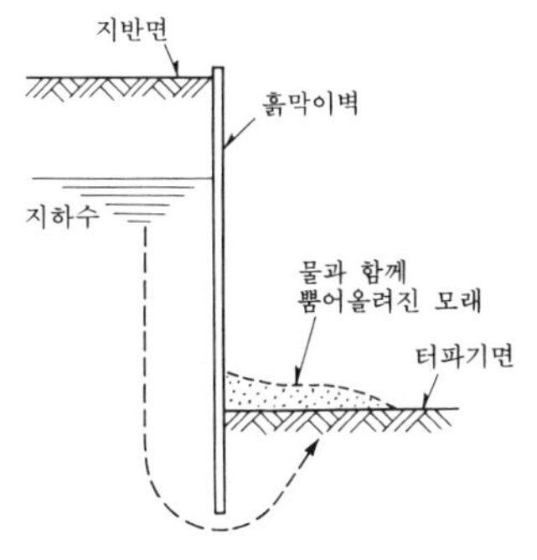

를 뿜어 올리는 현상.

bolt 볼트[1], 빗장[2] (1) 2개 부분을 체결하는 데 사용하는 것. 주로 너트와 끼워 맞추어 사용된다.

볼트의 각부 명칭

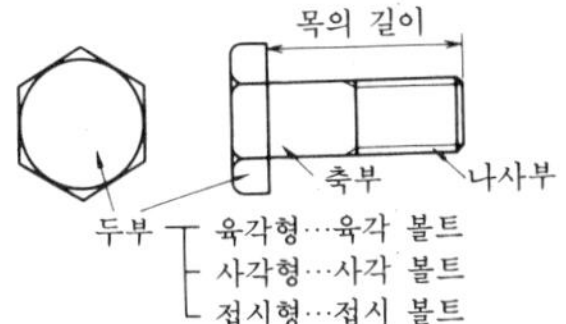

볼트의 형상

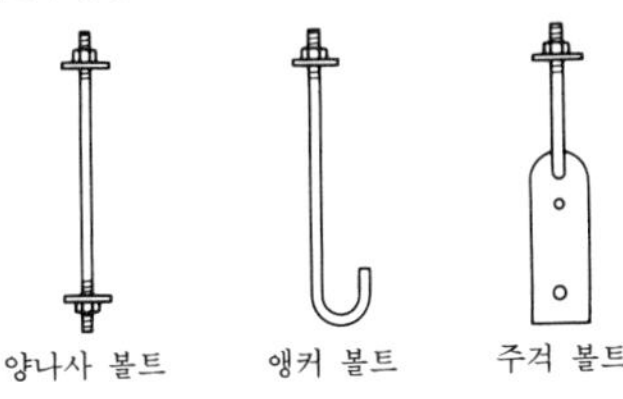

(2) 문을 닫기 위한 횡목. =gate bar

bolt clipper 볼트 클리퍼 직경 13mm정도까지의 철근을 절단하는 큰 가위.

bolted connection 볼트 이음 볼트를 써서 부재 상호를 접속하는 접합법을 말한다. =bolted joint

bolted joint 볼트 이음, 볼트 접합(-接

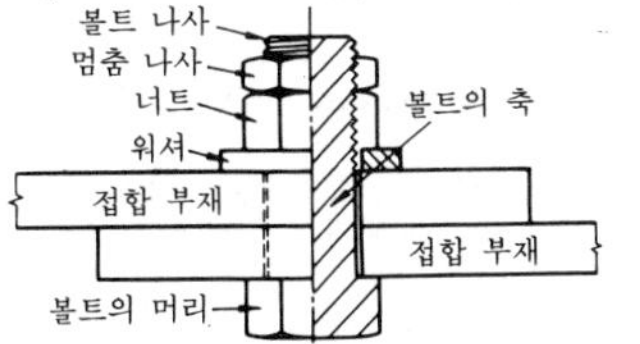

合) 철골 구조 또는 나무 구조에서 볼트 접합을 사용하여 구성한 이음. =bolted connection

bolt gauge 볼트 게이지 볼트 접합부에서 응력 방향으로 배열하는 볼트의 중심을 잇는 선을 볼트 게이지선(라인)이라 하고, 게이지선의 간격을 볼트 게이지라 한다. →rivet gauge

bolting 볼팅 철골 구조나 나무 구조의 접합 부분을 볼트로 죄는 것.

bolt pitch 볼트 피치 볼트 접합부에서 응력 방향으로 인접하여 배열하는 볼트 구멍 중심간의 치수.

bombe 봄베 기체를 압축하여 주입한 금속 용기.

bond 부착(附着)[1], 부착성(附着性)[2], 보증(保證)[3], 보증금(保證金)[4] (1) 복합재에서의 구성 재료간 미끄럼에 대한 저항 기구. 철근 콘크리트 구조에서는 철근과 콘크리트의 일체성을 유지하기 위한 중요한 요소가 된다.
(2) 이종 재료의 부착 양부를 나타내는 용어. =adhesion
(3) 채무의 불이행에 의한 채권자의 손해를 보전하는 것을 계약하는 것. 건축 관계에서도 공공 공사의 전불금 보증, 입찰 보증, 주택 론 보증 등 각종 보증이 있다.
(4) 임대 건물 계약의 입주시에 지불하는 관행화한 일시금.

bond breaker 본드 브레이커 U자형 줄눈에 충전하는 실링재를 줄눈 밑면에 접착시키지 않기 위해 붙이는 테이프. 3면 접착에 의한 파단을 방지하기 위해서 한다. 백업재는 본드 브레이커를 겸용한다.

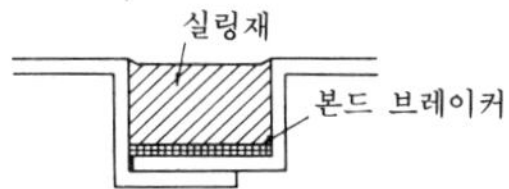

bonded posttensioning system 본디드 포스트텐셔닝 방식(-方式) 현장에서 콘크리트에 프리스트레스를 거는 방식의 일종. PC강선을 슬리브에 넣어서 세트하고, 콘크리트 타설 후에 긴장한다. 슬리브 내에는 그라우트를 하고, 콘크리트PC와 강선을 부착시킨다.

bonderite process 본데라이트, 본데라이트 처리(-處理) 강재(鋼材)의 표면 처리의 일종. 인산염의 수용액 속에 강재를 담그고, 표면에 내식성과 도장성이 뛰어난 인산염 피막을 생성시킨 것. 아연 도금 위에 입히는 경우도 있다. 파커라이징(parkerizing) 처리의 일종.

bonderizing 본더라이징 금속 표면의 인산화 피막 처리 방법의 일종. 철강재, 아연 도금 강판 등에 녹의 방지와 도료의 부착성을 좋게 하기 위해 사용된다. 인산 망간, 인산동 또는 초산염 등을 주성분으로 하는 용액 중에 침지(沈漬) 또는 스프레이하여 표면에 두께 40~50μ 정도의 인산화 피막을 생성시킨다. 본더라이트 A, B, C, L, Z 등의 종류가 있다.

bond fixing 본드 정착(－定着) 부착 기구에 의해서만 확보된 정착.

bonding 접착(接着) 이종의 물질이 접촉하여 물리적·화학적인 힘으로 붙어 있는 현상. =adhesion, glueing

bonding strength 접착 강도(接着强度) 접착하고 있는 물체가 파괴할 때의 세기. 일반적으로는 접착 시험에서의 최대 응력을 의미하는 경우가 많다. =adhesive strength →bond strength

bondless posttensioning 본드리스 포스트텐션 언본드 PC강재를 사용하여 포스트텐션 방식에 의해서 PC강재를 긴장 정착시킨 다음도 PC강재와 콘크리트 간에 부착을 주지 않는 방법.

bond strength 부착 강도(附着强度) 부착 응력에 저항할 수 있는 강도.

bond stress 부착 응력(附着應力) 콘크리트 속에 매입된 철근에 인장력이 작용할 때 철근 표면과 콘크리트의 접착면에 생기는 응력. 부착 응력은 철근의 형상이나 콘크리트의 품질 등에 따라 다르다.

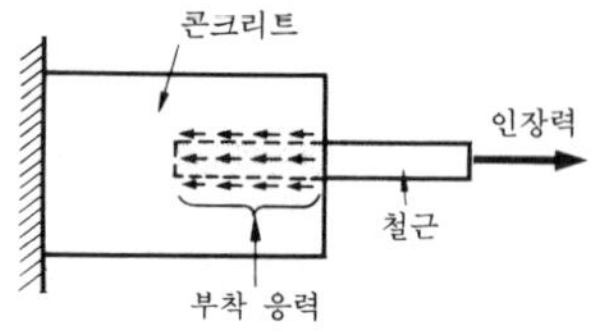

book mobile 북 모빌 과소 지역 등에서의 도서관 이용을 위해 자동차에 도서 자료를 싣고 대출을 하는 이동 도서관. 미국에서 북 왜건이라는 형태로 출발했다.

book-shelf 책장(冊欌) 서적을 꽂아넣는 붙박이, 또는 이동 가능한 수납 가구. →book stack

book stack 서가(書架) 도서를 배열하는 구조로 만들어진 가구. 높이에 따라 저서가, 고서가나 수장력이 큰 적층 서가, 밀집 서가 등이 있다.

boom 붐 데릭 크레인 등의 주기둥 근원에서 돌출한 팔대.

booming 부밍 실내에서 낮은 주파수 성분의 소리에 특별한 음색이 붙어서 울려 들리는 현상. 흡음이 적은, 작은 방에서 일어나기 쉽다.

booster 부스터 어느 장치의 능력 부족분을 그 후부에 부착하여 보상하는 장치. 부스터 팬, 부스터 펌프, 부스터 코일 등.

booster pump 부스터 펌프 필요한 수압을 얻기 위한 부족분을 보상하는 승압용의 펌프. 급수 설비나 초고층 건물의 옥내 소화전, 스프링클러, 연결 송수관의 각 설비에 설치된다. →pressurized siamese faciitieis

booster pump system 펌프 직송 방식(－直送方式) 급수 펌프 또는 급수 펌프 유닛에 의해 수조에서 건물 여러 곳으로 직접 압송하는 급수 방식.

booth 부스 가리개 등으로 칸막이된 작은 공간. 레스토랑의 칸막이 좌석, 화장실 등에 쓰인다. →toilet booth

boot strap heat pump 열회수 히트 펌프(熱回收－) 건물로부터의 배열(조명, 인체, 배기 등의 열)을 히트 펌프로 회수하여 온열원(溫熱源)으로서 난방을 하는 장치. 냉난방 부하를 동시에 처리할 수 있고 에너지의 절약이 가능하다.

border 변두리 물체의 가장자리 또는 한 구획의 중앙에서 멀리 떨어진 곳.

border light 보더 라이트 무대 조명의 하나로, 위쪽에서 일렬로 여러 개의 램프를 배열하여 조명하는 장치.

border line of lot 대지 경계선(垈地境界線) 대지와 인접지 또는 도로나 하천 등의 부분과의 경계를 나타내는 선.

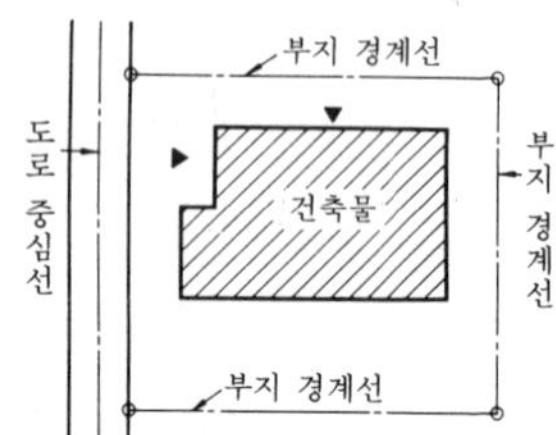

border tile 보더 타일 테두리에 사용하는 가늘고 긴 타일의 호칭.

bored pile 매입 말뚝(埋入－) 기성 제품의 말뚝을 거의 그 전장에 걸쳐서 미리 지반 속에 뚫은 구멍에 매입함으로써 설치하는 말뚝. =bored precast pile

bored precast pile 매입 말뚝(埋入－) =bored pile

bored well 착정(鑿井) =bore hole

bore hole 보어 홀, 착정(鑿井) 깊이 30m 이상의 우물로, 동력에 의해 굴삭용 케이싱을 삽입하여 150~400A의 강관을 삽입

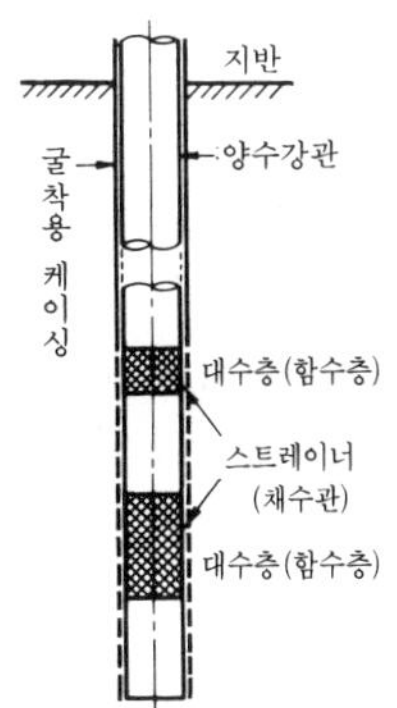

한 관(管) 우물.

borehole loading test 공내 재하 시험(孔內載荷試驗) 보링 구멍 내의 공벽(孔壁) 혹은 공저(孔底)에서 압력을 걸어 공경(孔徑)의 변화 혹은 침하에서 지반의 강도와 변형 특성을 살피는 원위치 시험.

bore hole pump 보어 홀 펌프 깊은 우물에 사용하는 수직형의 다단 터빈 펌프. 지상에 전동기를 두고, 긴 수직 샤프트에 의해 하부의 수중에 있는 터빈 펌프를 회전시켜서 양수한다.

boring 보링 굴착 기계 및 기구를 사용하여 지반에 직경 60~300mm(보통 100mm)의 깊은 구멍을 파는 것. 우물을 파는 데 사용하며, 주로 지반의 성층 상황, 지하 수위 및 토질 조사의 목적으로 행하여진다. →soil exploration

boring log 보링 주상도(－柱狀圖) 보링에 의해 알게 된 지반 구성을 기둥 모양으로 나타낸 그림.

boring machine 보링 기계(－機械) 지반 및 토질 조사를 하기 위한 기계로, 지반에 직경 60~300mm 정도의 깊은 구멍을 파고 자료를 채취한다.

botanical garden 식물원(植物園) 식물을 모아 재배하고, 식물학상의 연구 자료로 하는 곳.

bottle jack 보틀 잭 병모양의 잭으로, 중량물을 상하로만 움직인다. 나사 잭의 일종이다. →screw jack

bottom 보텀 침대의 하부, 매트리스를 받치는 받침.

bottom bar 하부 철근(下部鐵筋) 콘크리트 등에서 하부에 넣는 철근. ＝bottom reinforcement

bottom board 밑창널, 밑판(－板) 상자 등의 밑에 댄 널.

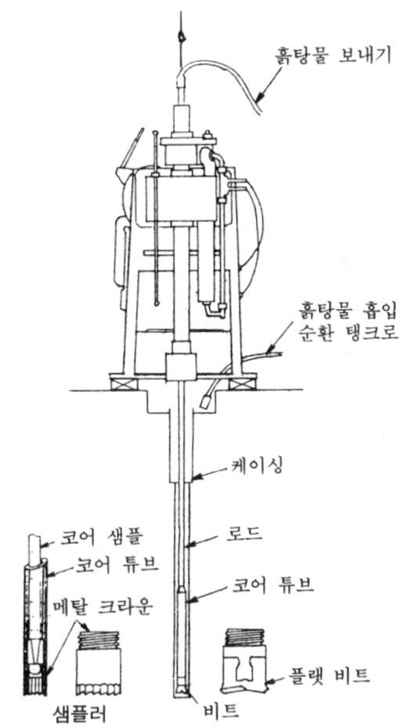

boring machine

bottom chord 하현재(下弦材) 트러스를 구성하는 부재 중 아래쪽에 배치된 현재. ＝lower chord

bottom end 밑마구리 통나무 등의 뿌리에 가까운 쪽의 단면.

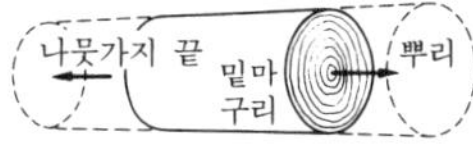

bottom floor 최하층(最下層) 다층 건축물의 맨 아래층. ＝lowest floor

bottom hinged inswinging window 안젖힘창(－窓) 밑 부분에 경첩이 있고, 열 때 상부가 안쪽으로 넘어지는 미닫이에 의해서 구성되는 창.

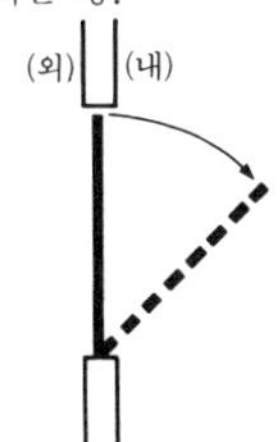

bottom materials 저질(底質) 해양, 하천,

호소 등의 밑바닥을 구성하고 있는 물질. 퇴적물과 암반으로 대별된다. ＝sediments, deposits

bottom rail 밑막이 밑에 가로대는 창문의 울거미.

bottom reinforcement 하부 철근(下部鐵筋) ＝bottom bar

bottom spring 보텀 스프링 침대 보텀의 틀 부분에 부착되는 스프링. 매트리스를 깔 때의 쿠션성을 좋게 하기 위한 것.

boulder 둥근돌, 호박돌 지름 20～30cm 전후의 둥근 돌.

boulder concrete 호박돌 콘크리트, 잡석 콘크리트(雜石－) 호박돌을 골재로서 사용한 콘크리트. ＝concrete

boulder foundation 호박돌 기초(琥珀－基礎) 바닥 동바리·토대 밑에 호박돌을 설치하여 기초로 한 것.

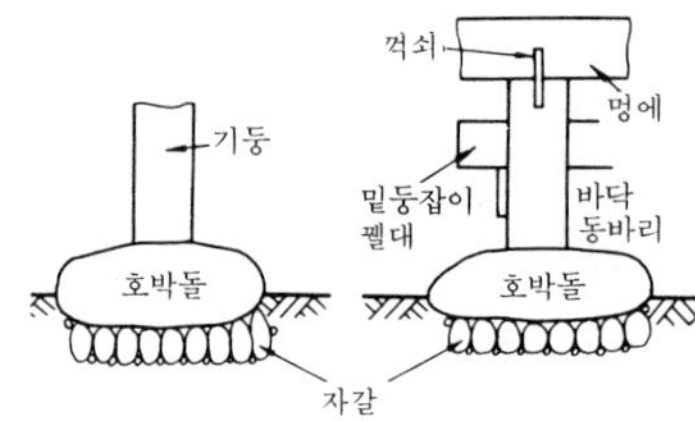

boulevard 불바르, 도로 공원(道路公園) 대로, 가로수가 있는 산책길.

boundary adjustment 경계 정리(境界整理) 토지의 교환, 분합(分合)에 의해 정형한 대지 경계를 확보하는 토지 정리 수법을 말한다.

boundary beam 경계보(境界－) 내진벽(耐震壁)에 접속하는 보.

boundary condition 경계 조건(境界條件) 수치 해석 등에서 상태가 크게 변화하는 영역의 경계에서의 접속 상태를 나타내는 조건.

boundary effect 경계 효과(境界效果) 내진벽(耐震壁)에 접속하는 라멘 등의 구조 요소가 내진벽의 내력이나 변형 성능에 미치는 효과.

boundary element method 경계 요소법(境界要素法) 혼합 경계값 문제를 경계 적분 방정식에 의해 정식화하고, 이산화를 도입한 수치 해법. 무한 경계를 다루기 쉽고 지반의 동적 해석 등에 쓰인다.

boundary layer 경계층(境界層) 유체 내를 운동하는 물체 또는 물체 주위의 유체 흐름에 있어서 물체 표면에 극히 가까이의 유체로 점성의 영향이 강하게 나타나는 부분을 속도 경계층이라 한다. 경계층에 있어서 열이동은 거의 순전도(純傳導)에 의해 이루어지나 물체 표면 온도에서 경계층 밖의 온도로 되기까지의 부분을 온도 경계층이라 한다.

boundary line of adjacent land 인접지 경계선(隣接地境界線) 대지를 구분하는 경계선 중 도로와 접하는 것을 제외하고 인접하는 다른 대지와의 경계선.

boundary line of road 도로 경계선(道路境界線) 도로와 일반 대지 관리 구역의 경계.

boundary planning 안목제(－制) 벽 등의 구성재간 치수를 안목 치수로 나타내는 것, 또는 그 안목 치수에 모듈 치수를 적용하는 것. ＝inside measurement system

boundary structure 경계 구조(境界構造) 셸 구조, 막구조, 케이블 네트 구조 등에서 곡면의 외주부에 생기는 응력(특히 수평력)을 처리하기 위한 지지 구조.

boundary wind tunnel 경계층 풍동(境界層風洞) 풍동 내의 기류가 자연의 대기 경계층과 비슷한 것으로 되도록 설계한 풍동.

Bourdon's tube 부르동관(－管) 단면이 타원 또는 편평한 관을 고리 모양으로 굽혀 한쪽을 밀폐하고 근원이 되는 고정단에서 관 속으로 압력을 가하면, 관의 단면은 원에 가깝게 되고 고리의 곡률 반경이 커지게 되어 자유단이 변위한다. 이 변위는 압력의 크기에 비례하는데, 이 현상을 이용한 압력계의 관을 말한다.

bow beam 보 빔 활 모양을 한 보라는 뜻이며, 슬래브형 틀이나 가설의 바닥에 사용되는 조립식의 받침기둥.

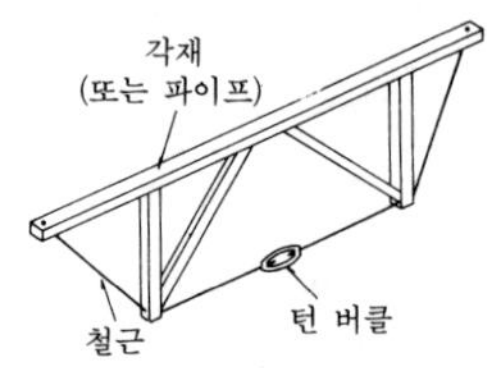

bow drill 활꼴 드릴 목공 등에 사용되는 드릴. 기죽끈 등의 회전에 의해 조작된다. ＝chinese drillstock

bowing 휨 목재 등의 부재가 어느 방향에 대해서 굽어 있는 것.

bowl 볼 조명 기구의 하나. 광원 밑에 두는 반사성 혹은 반투과성의 접시 모양을 한 기구. 아래쪽으로 발산하는 광속을 차단, 혹은 한정한다. →reflector, indirect lighting

bow window 내민창(−窓), 내닫이창(−窓) 벽면에서 일부분을 내밀어 만든 창.

box 박스 상자 또는 상자와 같은 칸막이를 말한다.

box beam 상자형 보(箱子形−) 단면이 상자형인 조립 보 또는 플레이트 보. =box girder

box column 상자형 단면주(箱子形斷面柱) □형의 단면을 갖는 기둥.

box culvert 상자 암거(箱子暗渠) 하수도, 배수로의 암거 수로. 지하도의 공동구 등에 사용되는 □형 단면의 철근 콘크리트 제품.

box-frame construction 벽구조(壁構造) =bearing wall structure

box frame type reinforced concrete construction 벽식 철근 콘크리트 구조(壁式鐵筋−構造), 내력벽식 철근 콘크리트 구조(耐力壁式鐵筋−構造) 벽구조 형식의 철근 콘크리트 구조.

box girder 상자형 보(箱子形−) □형의 단면을 갖는 보. =box beam

box gutter 상자 홈통(箱子−桶) 처마끝에 상자형의 틀을 만들고 그 속에 홈통을 넣은 것. =parallel gutter, through gutter

box seat 박스, 박스 시트 특별히 칸막이된 좌석 또는 관람석.

box section 상자형 단면(箱子形斷面) □형의 단면형.

box section column 박스 기둥, 상자형 단면주(箱子形斷面柱) 상자형의 단면을 가진 기둥의 총칭.

box section member 상자형 단면재(箱子形斷面材) □형의 단면형을 갖는 부재.

box wedging 지옥 장부(地獄−) 한쪽 재(材)에는 쐐기가 미리 도중까지 꽂힌 짧은 장부가 있고, 이것이 상대 재의 장부 구멍에 꽂히고 내부에서 벌어져 빠지지 않게 되는 목조 맞춤.

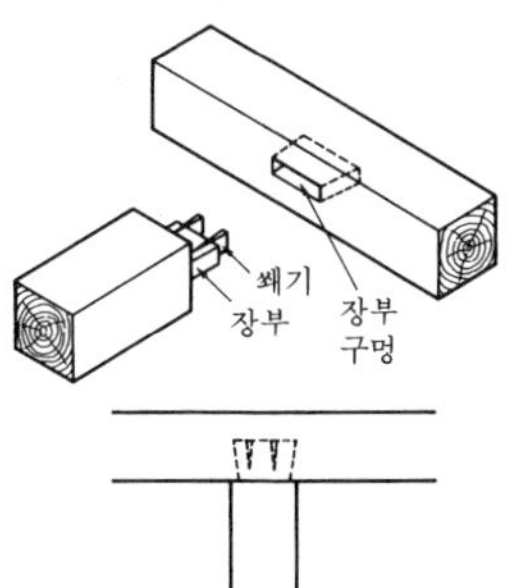

Boyle-Charle's law 보일 · 샤를의 법칙(−法則) 이상 기체에서는 압력 p, 체적 V, 절대 온도 T로 하면 $pV=nRT$의 관계가 성립한다는 법칙. R : 기체 상수, n : 기체의 몰 수.

BQ 수량서(數量書) =bill of quantity

BR 부타디엔 고무 =butadiene rubber

brace 가새 =bracing(2)

brace block 지벨, 듀벨 목재를 접합할 때 양 재간에 작용하는 힘에 저항시키기 위해 그 전단면간에 삽입하는 것.

brace of roof truss 지붕버팀대 트러스를 구성하는 부재 명칭이며, 주로 압축력을 받는다.

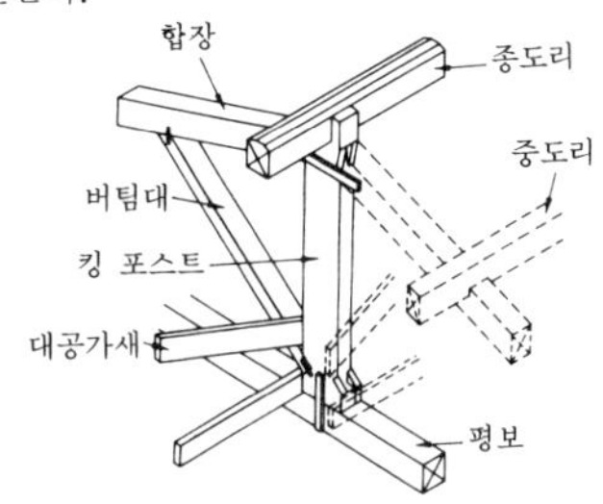

bracing 대공밑잡이[1], 가새[2] (1) 지붕틀 구조의 수평보 또는 지붕보 중앙부의 진동을 방지하기 위해 와대공 또는 지붕대공의 하부를 서로 연결하는 부재.

(2) 수직과 수평의 보로 장방형으로 꾸며진 골격에 대각선으로 넣어서 지진이나 풍압 등의 수평력에 대하여 보강하는 경사재. =diagonal bracing

bracket 팔대[1], 받침쇠[2], 홈통받침쇠[3], 까치발[4], 브래킷[5] (1) =arm
(2) 물건을 받치기 위한 팔대 모양의 철물.
(3) 홈통을 받치기 위해 부착하는 철물.
(4) 돌출 부분을 받치는 것. 기둥이나 보 등의 측면에 내어진 부분. =console
(5) 벽에 설치하는 조명 기구.

brain building 브레인 빌딩 →smart

building

bracket lighting 브래킷 조명(－照明) 조명 기구를 벽에 부착해서 하는 조명. 브래킷은 원래 팔대(arm)라는 뜻이나, 전기 설비, 조명 설비의 분야에서는 벽 부착이라는 뜻으로 널리 쓰인다.

bradyacusia 난청(難聽) 청력이 정상값보다도 열화하고 있는 상태. 원인에 따라 소음성, 중독성, 심인성, 유전성, 노인성으로 분류된다.

brainstorming 브레인스토밍 참가자가 자기 의사를 발표하여 독창적인 아이디어를 끌어내는 것을 목적으로 한 집단적인 토론 방법.

branch circuit 분기 회로(分岐回路) 수용가의 전부하를 그 사용 목적에 따라 안전하게 분전반에서 분할한 배선.

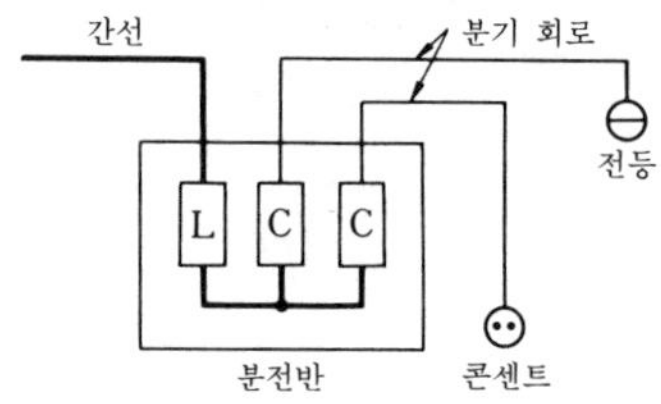

L : 전류 제한기
C : 컷아웃 스위치

branched-flue 공용 배기통(共用排氣筒) 집합 주택의 각 가구로부터의 배기를 여러 가구를 묶어서 배기하기 위한 통 모양의 배기 장치. 각 가구에서 공용 배기통으로의 접속 방법은 역류를 일으키지 않도록 여러 가지로 배려되어 있다.

branch feed pipe 급수 인입관(給水引入管) 수도관에서 분기하여 건물 또는 대지 내에 배관하는 직결 급수관. 수도법에 의한 급수 장치의 일부를 이룬다. 인입관 또는 수도 인입관이라고도 한다. ＝city water service pipe

branch joint 분기 이음(分岐－) ＝steel pipe branch joint

branch loss 분기 저항(分岐抵抗) 분기부에서 생기는 저항. 주관(主管)에서 지관(支管)으로 유체가 분류할 때 휨에 의한 에너지 손실이 생겨 국부 저항으로서 작용한다.

branch pipe 분기관(分岐管) 배관계에 있어서 주관에서 분기하고 있는 파이프.

branch unit of neighbourhood 근린 분구(近隣分區) 근린 지구를 구성하는 어린이 공원·근린 센터를 중심으로 한 주택지 단위.

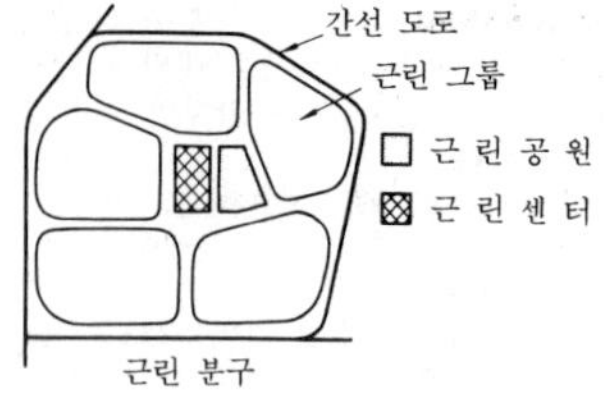

brass 황동(黃銅) 구리에 아연을 가한 합금. 아연량에 따라 색조·여러 성질이 변화한다. 외관이 아름답고, 가공이 용이하며, 내식성이 크나, 산·알칼리에 약하다.

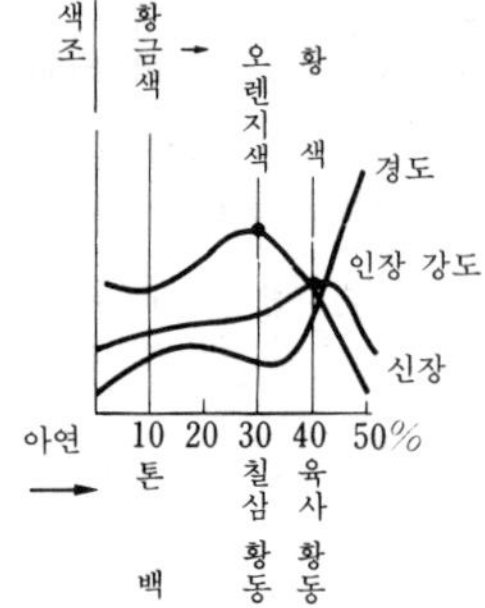

brass pipe 황동관(黃銅管) 구리와 아연의 합금. 가공이 용이하고, 기계적 성질에도 뛰어나며, 산·알칼리에는 약하지만 내후성이 뛰어나다. 창호 철물 등으로 쓰인다.

brazing 납땜 금속판의 모재간에 납을 가열 용해하여 흘려 넣고, 모재를 용해하지 않고 접합하는 방법. 융점이 450℃보다 높은 납땜과 이보다 낮은 납땜이 있다.

brazing filler metal 땜납 납땜용의 용가재. 용융점의 높낮이에 따라 경랍(은랍, 황동랍, 인동랍 등)과 연랍(땜납)으로 나뉜다. ＝solder

breakdown maintenance 사후 보전(事後保全) 기기가 고장 정지나 기능 저하되고부터 수리나 교환을 하는 것.

breaker 브레이커 ① 규정 이상의 전류가 흘렀을 경우 자동적으로 전류를 차단하여 전기 회로를 보호하는 안전 차단 장치. ② 콘크리트의 파쇄 기계. 선단에 부착된 정에 압축 공기를 이용하여 타격력이 가해지게 되어 있다.

break even point analysis 손익 분기점 분석(損益分岐點分析) 생산액이 어느 일정액 이하가 되면 손실이 생기고, 그 이상이 되면 이익이 생기는 것과 같은 손실과 이익의 분기점이 되는 생산액을 산출하는

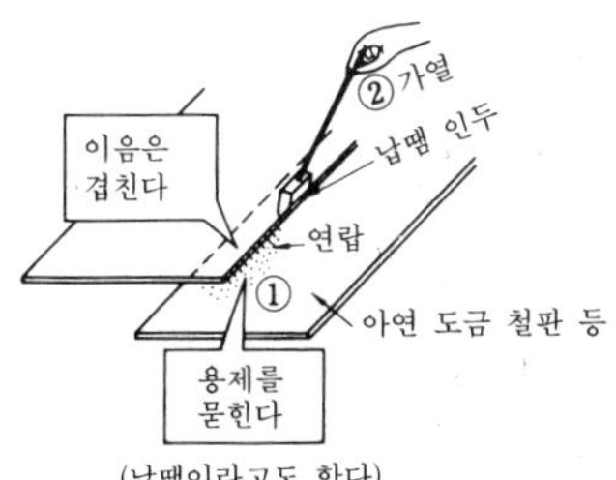

(납땜이라고도 한다)

③ 가스 버너로 가열
②
경랍
(작은 조각을 붙인다)
용제를 묻힌다 ①
동판 · 합금강 등

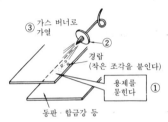

brazing

것을 말한다.

breaking joint 막힌 줄눈 통줄눈에 대한 공법으로, 상하 2단 이상의 세로 줄눈을 통하지 않는 방법.

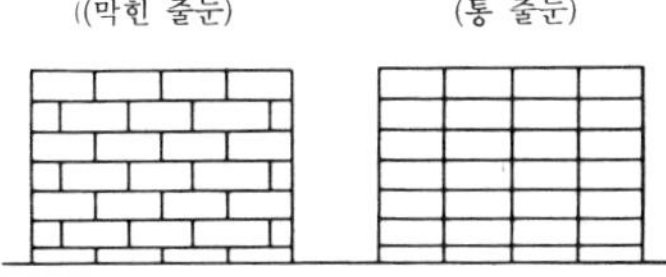

breaking load 파괴 하중(破壞荷重) 부재나 지반 등에 서서히 하중을 늘려 그들이 파괴할 때의 최대 하중. 종국 하중 · 극한 하중이라고도 한다.

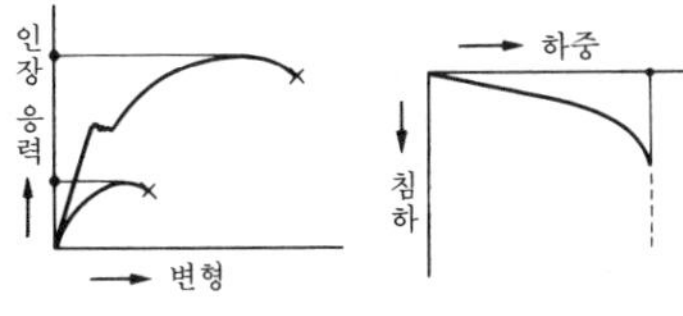

인장 시험 지반의 재하 시험

breaking point 파괴점(破壞點) 응력 변형도의 곡선상에 나타나는, 재료가 파괴하는 점.

breaking strain 파괴 변형(도)(破壞變形(度)) 재료가 파괴할 때의 변형. =fracture strain

breaking strength 파괴 강도(破壞强度) ① 파괴 하중을, 하중을 가한 채의 단면적으로 나눈 값. 작용한 하중에 따라 인장 강도 · 압축 강도 · 전단 강도라 한다. ② 파괴 하중을, 파괴할 때의 단면적으로 나눈 값. →breaking load

하중을 가하기 전의 단면적

파괴시의 단면적

breaking test 파괴 시험(破壞試驗) 구조물 · 부재 혹은 소재에 휨 · 압축 · 인장 등의 하중을 가하여 파괴에 견딜 수 있는 최대 하중이나 파괴 상태 등을 살피는 시험.

break line 파단선(破斷線) 건조물 부재나 물건을 전부 나타낼 필요가 없는 경우 절제한 곳을 나타낼 때 쓰는 선.

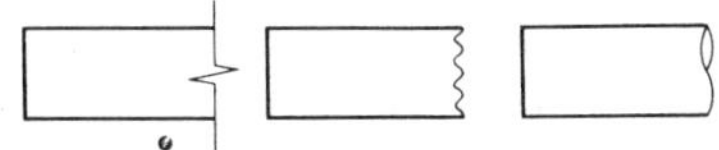
직선과 지그재그 선을 조합한 가는 선 자를 쓰지 않은 불규칙한 가는 선 원형 단면인 경우

break tank 수수조(受水槽) 급수를 일단 저수하기 위해 설치하는 수조. 수도로부터의 물을 받는 것이 주목적이지만 배수의 재생수를 저수하는 것 등도 있다. =reservoir, surge tank, receiving tank, suction tank

break water 방파제(防波堤) 해안, 항만 등에서 파도의 진입을 방지하기 위해 설치하는 구조물.

breeze 통풍(通風) =draught

brick 벽돌(壁-) 진흙을 주원료로 하고, 모래, 석회 등을 섞어서 직방체로 성형하여 건조 · 소성한 제품.

brick building 벽돌 구조 건축(壁-構造建築) 벽돌을 주체로 한 건축물로, 내화성이 있으나 내진성은 작다. 벽식 구조이며 기둥이나 보를 사용하지 않고, 개구부도 아치형으로 하고 다른 구조 재료와 병용한다.

brick construction 벽돌 구조(壁-構造) 벽돌을 쌓아서 벽체를 구성하는 구조 또는 그 구성법.

brick layer 벽돌공(壁-工) 벽돌 공사에 종사하는 직공.

brick laying 벽돌쌓기(壁-) =brick masonry

brick masonry 벽돌쌓기(壁-) 벽돌을 사용하여 벽이나 담을 구축하는 것. 또 그 완성된 상태. 벽돌쌓기는 영국식, 네덜란드식, 프랑스식 등이 있고, 벽두께에 따라 반장 쌓기, 1매 쌓기, 1.5매 쌓기, 2매 쌓기 등이 있다.

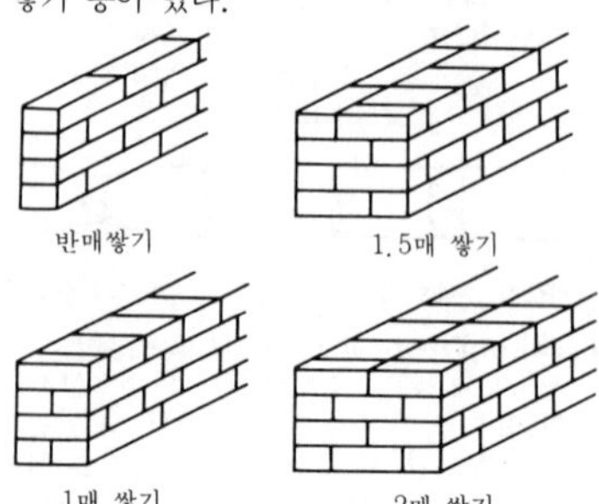

brick work 벽돌쌓기(壁—) =brick masonry

bridge 교량(橋梁) 하천, 해수면, 호수면, 골, 도로, 철도 등과 입체적으로 교차하는 교통 시설. 일반적으로 장대(長大) 스팬의 구축물.

bridge construction method 브리지 구법(—構法) 교량의 구법을 건축에 응용한 것으로, 독립한 기둥 위에 핀 접합에 의해 보를 가구(架構)하는 구조.

bridging 버팀대 구축물의 경사, 토사의 붕괴를 방지하기 위한 가새.

bridging batten of floor post 밑등잡이꿸대 바닥 동바리 하부의 이동을 방지하기 위해 서로를 연결하는 꿸대.

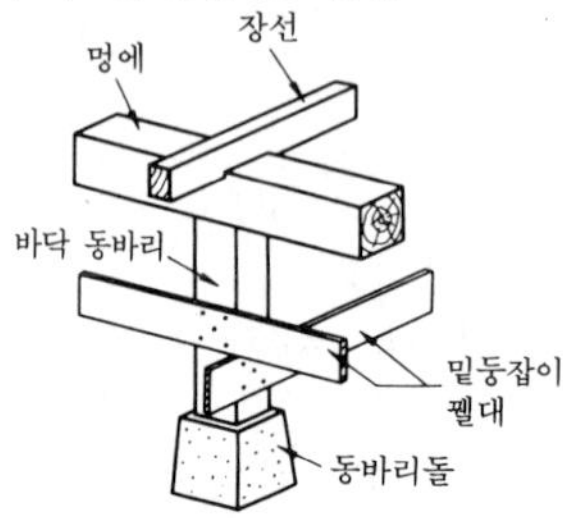

bridging joist 장선(長線) 상판을 받치는 횡목으로, 멍에(장선받침)상에서 맞댐 이음이나 거멀 이음으로 한다.

bright color 브라이트 컬러 채도(彩度), 명도(明度)가 높은 색.

brightness 밝기 =apparent brightness

brine 브라인 간접 냉동법에서 증발기와 피냉각체 사이에 개재하여 열을 흡수 전달하는 냉수로서 쓰이는 것으로, 염화 칼슘, 식염, 염화 마그네슘 수용액 등이 쓰인다. 그 밖에 소규모 또는 특수 장치에는 알코올, 사탕, 글리세린, 에틸렌그리콜브라인 등이 쓰이기도 한다.

Brinell hardness 브리넬 경도(—硬度) 재료의 경도를 나타내는 표시 방법의 일종으로, 브리넬 경도 시험기(브리넬 경도계)에 의해서 측정된 경도. →Brinell hardness test

Brinell hardness test 브리넬 경도 시험(—硬度試驗) 브리넬 경도를 구하기 위한 시험. 시험체에 강구(鋼球)를 대고, 거기에 생긴 자국의 표면적과 가한 하중에서 경도의 정도를 구한다. →Brinell hardness

brittle fracture surface 취성 파면(脆性破面) 금속이 취성 파괴를 일으켰을 때의 파면. 은백색의 결정상을 나타낸다.

brittleness 취약성(脆弱性) 물체가 힘을 받았을 때 변형을 일으키지 않고, 혹은 일으켜도 매우 작은 변형으로 파괴하는 성질을 말한다.

broad area farm road 광역 농도(廣域農道) 농산물을 광역으로 출하하는 농촌에서의 도로망 중 농산물의 원활한 생산, 유통, 출하에 사용되는 기간이 되는 농업용 도로.

broadcasting station 방송국(放送局) 전파법에 의해 면허를 받은 사업자가 공중에게 직접 수신되는 것을 목적으로 하여 개설하는 무선국. 라디오 방송국, 텔레비전 방송국 등이 있다.

broad-leaved tree 광엽수(廣葉樹) 잎의 모양에 따른 수목 분류의 하나로, 잎이 넓은 수목. 겉껍질이 특유한 외관을 하고 있는 것이 많고, 일반적으로 경질이며, 조직이 촘촘하다. 졸참나무 · 느티나무 · 너도밤나무 · 떡갈나무 · 벚나무 · 단풍나무 등.

broiler 블로일러 주방의 열 조리기의 하나. 석쇠 위에 고기 등을 얹고, 불(방사열)로 굽는 기구를 말한다. 가스식과 전기식이 있다.

broken line 파선(破線) 짧은 선을 좁은 간격으로 배열한 선. 건조물 · 물건 등 보이지 않는 부분의 형상을 나타내는 은선 등으로 사용한다.

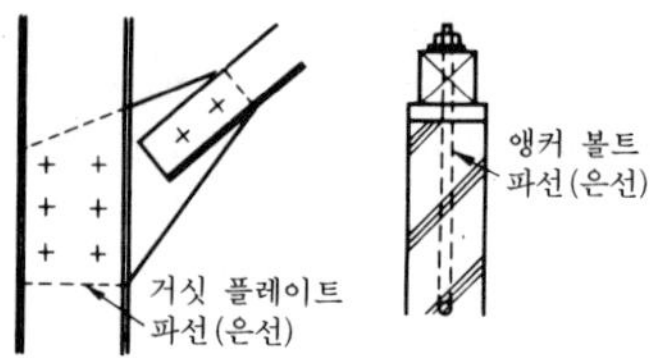

broken stone 잡석(雜石) 암괴를 분쇄하여 직경 12~20cm의 크기로 한 쇄석(碎石)을 말한다.

broken stone foundation 잡석 지정(雜石地定) 지정의 일종. 터파기밑을 충분히 다지고, 10~15cm 정도 크기의 잡석을 세워 평평하게 깔고, 틈막이 자갈을 채워 넣어 다진다.

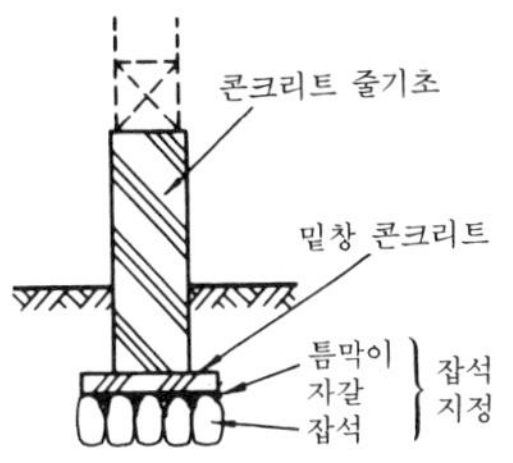

broken work 난층쌓기(亂層-) 돌쌓기에서 정층(整層)쌓기와 대비되는 말로, 장방형으로 가공한 모양이나 크기가 다른 돌을 불규칙하게 쌓은 돌쌓기.

bronze 황동(黃銅) 구리와 주석을 성분으로 한 합금. 주조성을 좋게 하고 가격을 싸게 하기 위해 아연, 납을 가한다. 황동보다도 내식성이 크고, 주조하기 쉬우며, 표면은 특유한 아름다운 청록색을 띠므로 건축 장식 쇠붙이 등에 사용된다. 또 단단하기 때문에 기계 혹은 건축용 쇠에도 사용한다.

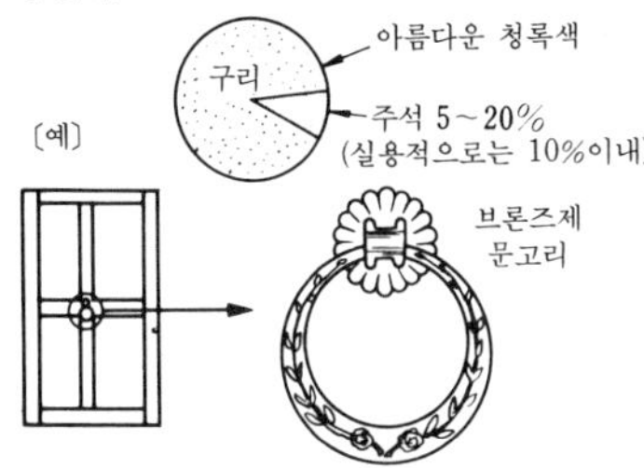

brown coat 재벌칠 초벌칠에 마무리칠과의 중간에 칠하는 것.

browsing room 경독서실(輕讀書室) 잡지나 오락서 등을 마음대로 꺼내서 읽을 수 있는 형식으로 한 도서관 내의 방. 부담없이 편안한 분위기에서 독서할 수 있도록 가구 등의 비품을 배치하는 경우도 많다.

brush 브러시 일정한 길이의 털을 묶어서 자루에 고정시킨 도장 공구. 털에 도료나 접착제 등을 묻혀서 시공면에 칠한다.

brush coating 브러싱 =brushing

brush finish 솔질마무리 모르타르칠의 덧칠면 마감 방법. 또는 마감한 것. 모르탈칠 마감의 표면이 아직 경화되지 않은 동안에 솔로 거친면으로 한다.

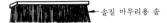

brushing 브러싱, 솔질 ① 미장 공사에서는 모르타르칠의 벽, 콘크리트벽, 석조벽 등에 시멘트 페이스트 또는 그와 유사한 재료를 브러시로 칠하는 것. ② 페인트칠에서 표면에 도료를 세로 방향으로 칠하고, 다음에 솔을 두드리듯이 써서 자국이 생기지 않도로 칠해 가는 것.

brush mark 귀얄자국, 브러시질 자국 ① 도장 용어. 건조, 도장할 때 솔이 지난 자리가 건조한 도막에 그대로 남은 상태. 도막 결함의 일종. ② 미장 용어. 석회벽 표면이 충분히 마르지 않은 동안에 표면 브러시로 쓸어서 세로 또는 가로로 자국 모양을 낸 거친 마무리. =leveling

brutalism 브루탈리즘 양식화한 모더니즘을 타개하려는 1950년대의 새로운 움직임. 기능 주의의 원점으로의 복귀와 거친 조형을 주장.

bubble 버블 일반적으로는 거품, 기포를 뜻하나, 건축에서는 반원형의 돔 구조를 가리킨다.

bubble concrete 기포 콘크리트(氣泡-) 단열재나 구조재의 일부로서 쓰이며, 혼합제를 써서 기포를 만들어 경량화한 것(시멘트 페이스트 또는 모르타르인 경우가 많다).

bubble extinguisher 거품 소화기(-消火器), 기포 소화기(氣泡消火器) 거품을 발생시켜 소화를 하는 기구. 화학 기포 소화기와 기계 기포 소화기가 있다. 보통 화재 및 기름 화재에 적응한다. =foam extinguisher

bubble tube 기포관(氣泡管) 트랜싯 · 레벨, 평판 측량의 평판 등을 수평으로 설치하기 위한 용구. 내면을 정확하게 일정한

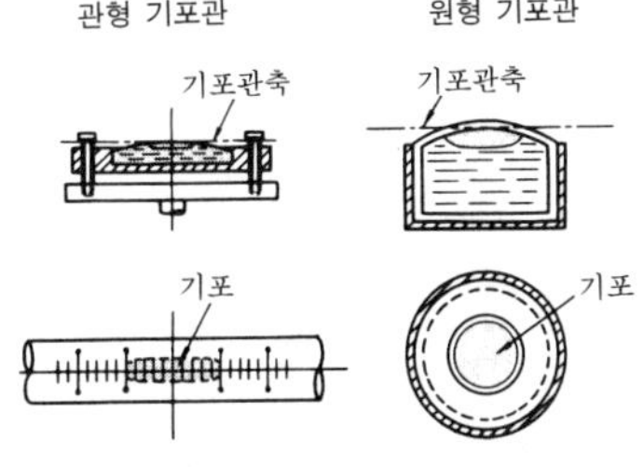

곡면으로 한 유리관 속에 알코올 등을 넣고, 기포를 밀봉하고 있다. 유리관 표면의 눈금 중심에 기포가 있을 때 기포관은 수평이다. 이 밖에 원형 기포관이 있다.

bucket 버킷 유체 또는 분체(粉體)류를 넣어서 운반하는 용기. 통상은 흙 또는 콘크리트를 담아서 높은 곳 또는 수평으로 운반하는 강철제의 용기를 말하며, 전도(轉倒) 버킷, 밀문 버킷 등이 있다.

bucket conveyor 버킷 컨베이어 토사, 쇄석 등을 수직 또는 경사 방향으로 연속 운반하는 장치. 1련 또는 2련의 컨베이어 체인에 버킷이 장착되고, 상부의 체인 바퀴를 회전함으로써 하부에서 투입된 재료를 상부로 운반하여 배출하는 구조의 컨베이어.

bucket dredger 버킷 준설선(－浚渫船) 많은 버킷을 고리 모양으로 연결하여 이것을 회전시켜 토사를 파올리는 기계로, 물바닥의 토사를 준설하는 데 사용된다.

bucket elevator 버킷 승강기(－昇降機) 자갈 · 모래 등을 상부에 수직 운반하기 위한 기계. 고리로 한 사슬에 일정 간격으로 버킷을 부착하고, 고리를 회전시켜서 재료를 운반한다.

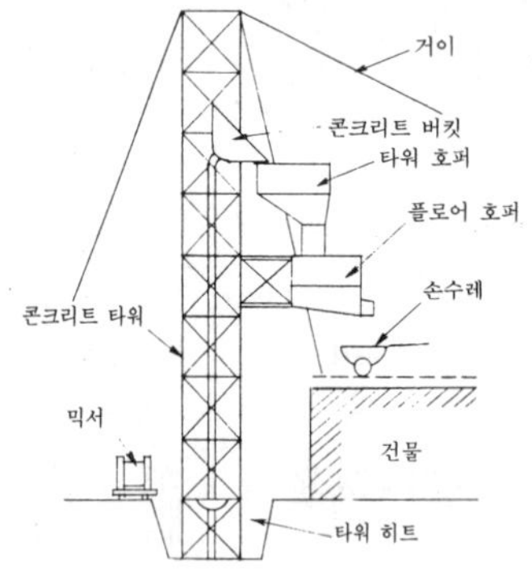

bucket excavator 버킷 굴착기(－掘鑿機) 고리 모양으로 버킷을 연속하여 래더(ladder)를 따라서 버킷을 연속적으로 움직이면서 굴착을 하는 기계.

buckling 좌굴(座屈) 가늘고 긴 막대, 얇은 판 등을 압축하면 어느 하중에서 갑자기 가로 방향으로 휨을 발생하고, 이후 휨이 급격히 증대하는 현상.

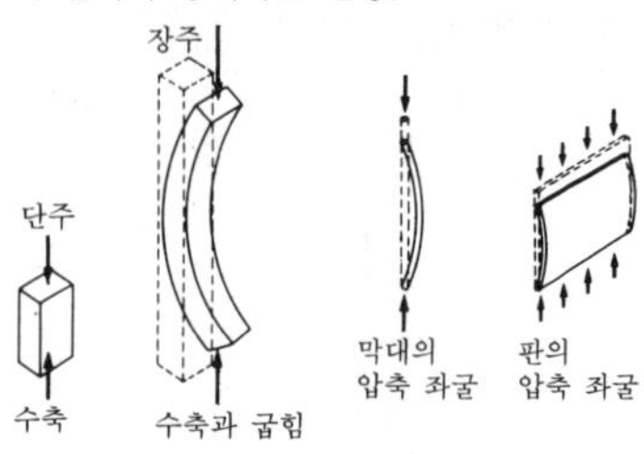

buckling axis 좌굴축(座屈軸) 압축재가 좌굴할 때 그 변형의 방향에 대하여 직각 방향의 단면축을 말한다. 단면의 각축에 대한 좌굴 길이가 같은 경우는 단면 2차 모멘트가 최소인 축이 좌굴축이 된다. 그 축을 약축(弱軸)이라고도 한다. →buckling length, geometrical moment

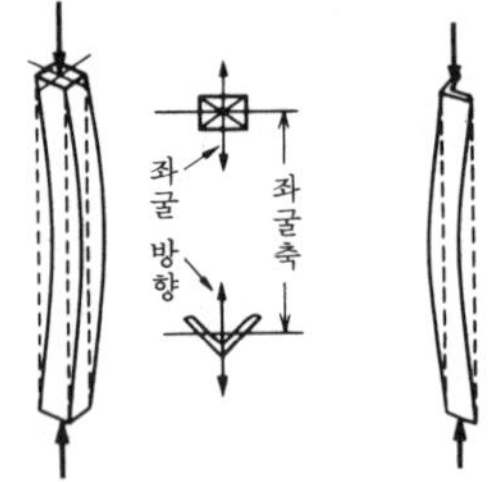

buckling coefficient 좌굴 계수(座屈係數) 압축재의 설계 응력도를 구할 때 사용하는 계수. 보통 ω로 나타내며

$\omega = f_c / f_k$

여기서, f_c : 허용 압축 응력도, f_k : 허용 좌굴 응력도.

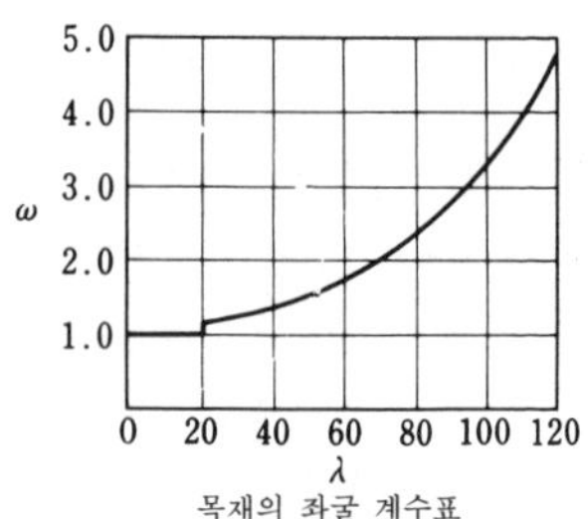

목재의 좌굴 계수표

buckling curve 좌굴 곡선(座屈曲線) 보통, 중심 압축재의 세장비(細長比) λ와 좌

굴 응력도 σ_{cr}과의 관계를 나타낸 그림과 같은 곡선. 세장비가 큰 범위 즉 장주(長柱)에 대해서는 오일러의 이론 곡선과 실험 곡선은 일치하나, 세장비가 작은 범위, 즉 단주(短柱)에 대해서는 양자는 일치하지 않는다.

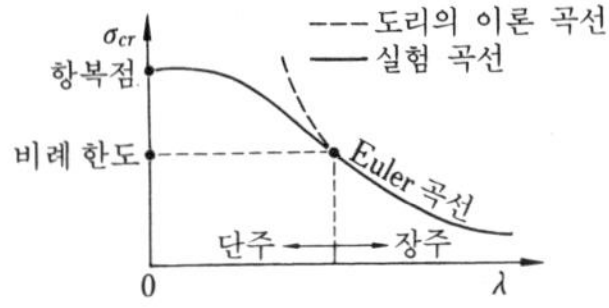

buckling length 좌굴 길이(座屈－) 압축재의 설계식에서 사용하는 재료의 길이. 양단 핀 지지일 때의 좌굴을 기준으로 하고, 다른 지지 상태일 때는 좌굴 상황을 고려하여 재료의 길이를 수정한다. 부재의 실제 길이 l에 대하여 l_k로 나타낸다.

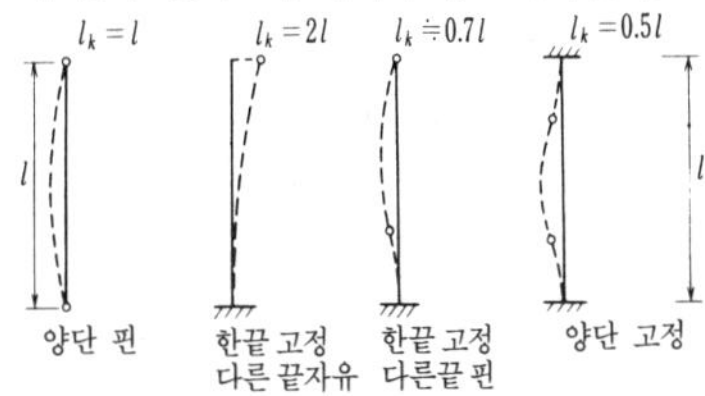

buckling load 좌굴 하중(座屈荷重) 좌굴 하중이 작용하는 부재에서 하중이 서서히 증가하면 어느 한계에서 좌굴이 생긴다. 그 때의 하중. 좌굴 하중은 영 계수·길이·단면 형상 및 그 단부(端部)의 구속 상태에 의해 정해진다. 좌굴 하중을 구하는 식으로서는 오일러의 공식이나 랭킹의 공식 등이 있으나 세장비(細長比)가 큰 범위에서는 오일러의 공식에 의한 값과 실제가 잘 적합한다. →Euler's formula, slenderness ratio, Young's modulus

buckling mode 좌굴 모드(座屈－) 부재 혹은 구조물이 좌굴하여 뒤틀린 모양.

buckling slope-deflection method 좌굴 처짐각법(座屈－角法) 처짐각법 공식의 휨 강성을 나타내는 계수는 엄밀하게는 축력의 함수이다. 공식을 써서 골조(뼈대)의 좌굴 강도를 계산하는 방법.

buckling strength 좌굴 강도(座屈強度) 좌굴이 생길 때의 구조물의 세기.

buckling stress 좌굴 응력(座屈應力) 좌굴이 생길 때의 수직 응력도. 즉 좌굴 하중을 단면적으로 나눈 값. →buckling load

Buddist altar 불단(佛壇) 종교 건축이나 주택 속에 설치되는 불상이나 위패를 모시는 장치.

budget price 예정 가격(豫定價格) 민간 건설 공사에서는 발주자측의 예정한 공사 가격을 말한다. 관공서 공사에서는 입찰시에 발주자가 작성한 예정 가격을 의미한다. ＝target price

budget unit price 예산 단가(豫算單價) 공사 예산을 요구하는 내역서에서 사용되는 단가. 관공서의 공사 발주 등에서 발주자가 예정 가격을 얻기 위해 작성하는 내역 명세서에 사용되는 개개의 단가.

buffer 완층(緩衝)[1], 완충기(緩衝器)[2] (1) 두 물체가 충돌할 때의 충격력을 완화시키는 것. ＝absorb
(2) 두 물체가 접하고 있거나 혹은 충돌하거나 할 때 에너지를 흡수한다든지 충격력을 완화시키기 위한 장치. ＝shock absorber

buffer green 완충 녹지(緩衝綠地) 다른 토지 이용이 접하는 지구의 경계부에서 공해·재해의 완충, 토지 이용의 혼란 방지, 녹지의 보전 등을 목적으로 하여 설치되는 도시 공원.

buffet 뷔페 ① 식기 선반, 사이드 보드 등의 수납 가구. ② 열차 내나 역, 극장 내의 간이 식당. ③ 입식 형식의 파티 등에서 요리를 두는 테이블.

buffing 버프 마감 금속의 표면을 연마하여 광택이 나게 마감하는 것. 바퀴에 가죽 혹은 천을 감아서 만든 도구(버프)를 회전시켜 연마제를 적하(滴下)시키면서 연마한다.

builder 건축 업자(建築業者)[1], 시공자(施工者)[2] (1) 주로 건축 공사를 영업의 대상으로 하는 업자의 총칭.
(2) 넓은 뜻으로는 공사를 실시하는 자. 좁은 뜻으로는 그 실시 책임자를 뜻하며, 공사 청부 계약서에 기재되어 있는 청부자 또는 그가 위임하는 현장 대리인 등을 말한다.

building 건축물(建築物) 인간이 거주 기타의 목적으로 토지에 건설하는 공간 구성을 갖는 물체. 즉, ① 지붕과 기둥, 지붕과 벽이 있는 것, ② ①에 부속하는 문·담, ③ 야구장 등의 관람을 위한 공작물, ④ 지하 또는 고가 공작물 내의 사무실 등, ⑤ 이상의 것에 설치되는 건축 설비 등으로 정의된다.

building activities and losses 건축 동태(建築動態) 건축물의 신축 및 증개축, 재해 등에 의한 멸실을 아울러 말한다.

building agreement 건축 협정(建築協定) 주택지로서의 환경, 상점가로서의 편의성을 고도로 유지 증진하여 건축물의

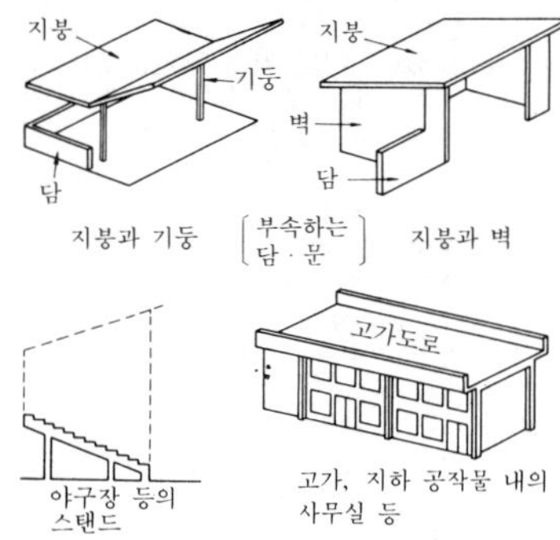

building

이용을 증진하고, 토지 환경을 개선하기 위해 필요하다고 인정하는 경우, 토지 소유자 등이 일정 구역 내에서의 건축물의 대지·구조·용도·형태·의장(意匠)·설비에 대해서 기준을 협정하는 것.

building and repair expenses 영선비(營繕費) 영선에 관한 비용.

building and repairs 영선(營繕) 건축물의 신축, 증개축, 유지 수선 등을 계획, 발주, 감리하는 업무.

building area 건축 면적(建築面積) 하나의 건축물에 대해서 외벽 또는 이것과 관련되는 기둥의 중심선으로 감싸인 부분의 수평 투영 면적. 차양·지하층에 대해서는 별도로 정한다.

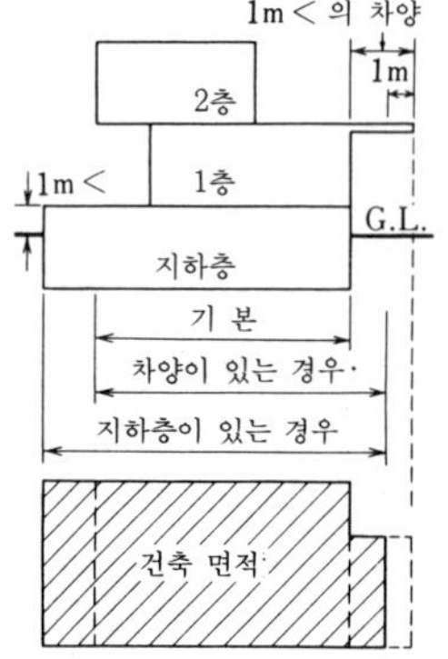

building automation 건물 자동화(－自動化) 컴퓨터를 이용하여 건물 내의 각종 기능을 자동화하여 인력 절감을 도모한다. 전기, 급배수, 공기 조화, 방재, 위생, 조명, 주차 설비 등만이 아니고 최근에는 통신 기능 등의 지능 기능도 포함되어 있다. ＝BA

building automation system 건물 자동화 시스템(建物自動化－) 건물의 유지 관리·사무실 환경의 유지 등을 경제적으로 하기 위해 도입되는 자동화. ＝BAS

building code 건축 법규(建築法規) ＝ building regulations

building complex 빌딩 콤플렉스 정보망으로 연결되어 통일 관리되고 있는 인텔리전트 빌딩군을 말한다. 관리의 일원화에 의해 보수비의 경감이나 업무의 효율화를 도모한다.

building component 건축 구성재(建築構成材) 건축물을 구성하는 재료, 부품 중 어느 정도의 크기와 한정된 명확한 기능을 갖는 것. ＝building parts

building construction 건축 구조(建築構造) 적당한 재료를 사용하여 구성되는 건축물의 각부 강도와 건축물에 작용하는 외력, 및 하중과의 관계 등을 알아서 건축 구조의 안전을 도모하는 것. ＝building structure

building construction against cold weather 방한 구조(防寒構造) 폐쇄형 구조를 말한다. 주요 요구 조건은 ① 부위의 단열 계획(목표 실내 기온의 확보, 최소 열량의 공급, 열손실 방지), ② 개구부 계획(일사열 취득, 냉방사 방지), ③ 환기 계획(열교환형 환기선 사용, 환기열 손실 방지), ④ 결로 방지 계획(표면 및 내부 결로의 방지).

building construction against hot weather 방서 구조(防暑構造) 다음의 요구 조건을 만족하는 개방형 구조를 말한다. ① 부위의 차열 계획(목표 실내 기온의 확보, 내벽면으로부터의 방사열 방지, 최소 냉방 부하. ② 일사 차폐 계획. ③ 통풍 환기 계획(통풍률, 다락방 환기, 바닥밑의 환기). ④ 제습 계획(실내 습도 저하).

building control system 건물 관리 시스템(建物管理－) 건물 내의 공기 조화, 방재, 난방, 위생, 조명 등 건물에 관련하는 여러 설비를 컴퓨터에 의해 종합적으로 관리하는 시스템.

building cost 건축비(建築費) 설계비, 건설 공사비, 감리비 등 건물 취득에 요하는 모든 비용의 총칭. ＝building expenses

building cost index 건축 공사비 지수(建築工事費指數), 건축비 지수(建築費指數) 건축비의 변동을 계측하는 지수. 건축물의 개별성이 강하기 때문에 일정한 모델 건축을 상정하고, 그 재료나 노무 단가의 종합 원가 지수로서 작성된다.

building cost index based on material and labor cost 자재 노무비 합성 지수(資材勞務費合成指數) 건축비 지수의 일종으로, 자재비 단가와 노무비 단가의 지수를 가중 평균하여 만들어지는 종합 원가 지수.

building cost index based on subcontract price 시공 단가 합성 지수(施工單價合成指數) 건축비 지수의 일종. 공종별 시공 단가의 지수를 가중 평균하여 만들어지는 종합 원가 지수.

building cost index of typical building model 표준 건축비 지수(標準建築費指數) 건물의 주요한 용도와 구조별로 표준적인 건축비 원가 구성을 설정하고, 그 무게에 의해 자재, 노무비의 변동을 종합한 건축비 지수.

building coverage 건폐율(建蔽率) 대지 면적에 대한 건축물의 건축 면적의 비율. 도시 계획 구역 내에서는 용도 지역의 종별, 기타 도시 계획의 지정에 따라 건폐율의 한도가 정해지고 있으며, 그것을 통상 검폐율 제한이라 한다.

건폐율$=a/A=a/10$

여기서, A : 대지 면적, a : 건축 면적.

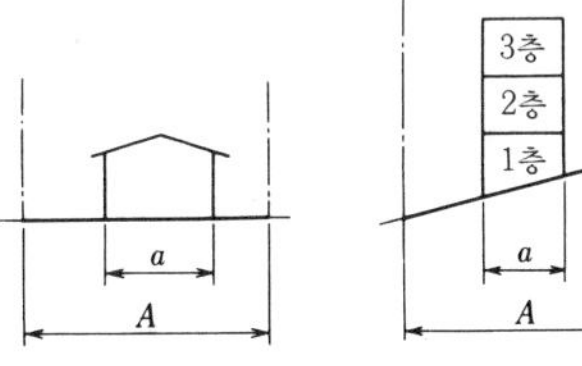

building coverage ratio 건폐율(建蔽率) ＝building coverage

building craft trades 직종별 공사(職種別工事) 미장 공사, 철근 공사, 설비 공사 등 직종별의 공사. ＝building specialist work

building cycle 건축 순환(建築循環) 경기 변동의 여러 가지 파동 중에서 주기가 15~20년 정도의 것. 건축 자산의 갱신에 따른 파동으로 보고, 건축 순환이라 한다.

building density 건축 밀도(建築密度) 인구 밀도와 함께 시가지의 밀도를 나타내는 대표적 지표. 대지당 혹은 지구당의 평균값으로 구해지는 건폐율, 용적률이나 지구당으로 산출하는 주택 밀도, 주동(住棟) 밀도 등이 있다.

building destruction age distribution curve 멸실 연령 분포 곡선(滅失年齡分布曲線) 복수의 멸실 건축물에 대하여 멸실시의 건물 연령별로 집계한 건수 분포곡선.

building economics 건축 경제(建築經濟) 건축 및 건축에 관련하는 여러 활동을 경제학적인 시점에서 연구, 분석, 고찰하는 것. 단지 건축비만이 아니라 건물 경영, 건설 시장, 건설업, 건축 생산 과정 등 폭넓은 대상을 다룬다.

building element 건축 부위(建築部位) 건축물을 구성하는 요소. 바닥·벽·천장 등의 부위·기능 구분에 의한 요소나 건축물을 생산하기 위한 생산 단위에 의해서 구분하는 요소 등이 있다. ＝BE

building equipment 건축 설비(建築設備) 생활 환경을 유지하고, 혹은 양호하게 하기 위해 건축물에 설치하는 여러 설비.

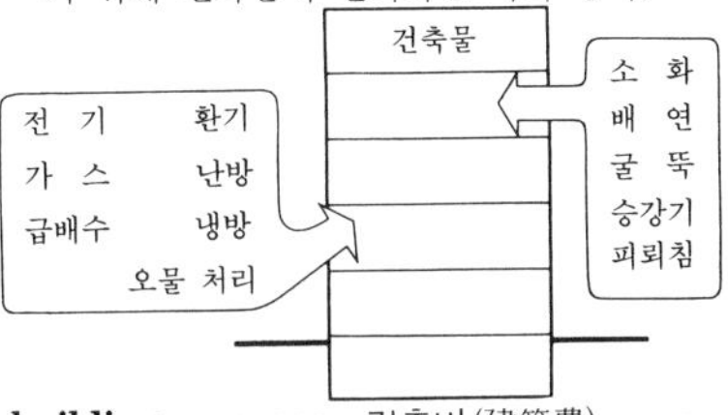

building expenses 건축비(建築費) ＝building cost

building finance 건축 경영(建築經營) 건축물의 기획, 완성, 사용, 멸실에 이르기까지의 각 단계에 있어서의 업무에 관한 경영 관리. ＝building management

building fire 건물 화재(建物火災) 주로 건축물이 소손하는 화재. 임야 화재, 차량 화재 등에 대해서 말한다.

building height control 고도 규제(高度規制) ＝building height restriction

building height control district 고도 지구(高度地區) 용도 지역 내에서 시가지의 환경을 유지하고 또는 토지 이용의 증진을 도모하기 위해 건물 높이의 최고 한도 또는 최저 한도를 정하는 지구.

building height restriction 높이 규제(一規制) 건축 규제의 하나. 건축물 각부의 높이 또는 최고의 높이를 제한하는 것. ＝building height control

building industry 건설 공업(建設工業) 건축, 토목, 도시 계획에 걸치는 모든 건설 행위, 및 이들에 부대하는 모든 공업.

building investment 건설 투자(建設投資) 넓은 의미로는 자본으로서의 건축물을 취득하는 것, 또는 건축에 관한 생산, 유통, 소비의 각 면에서의 자본 투하. 좁은 뜻으로는 건축 생산에 있어서의 투자.

building line 건축선(建築線) 건축물의 위치를 규제하기 위해 도로 또는 그 예정선의 경계 등에 지정되는 선으로, 이 선에서 건축물이 돌출하는 것은 금지되어 있다.

building lots 택지(宅地) 건축물의 부지로 등록되어 있는 토지.

building maintenance company 건물 관리 업자(建物管理業者), 빌딩 관리 업자(－管理業者) 건물의 소유자 또는 관리 권한을 갖는 자로부터의 위탁에 의해, 혹은 청부에 의해 건물 관리의 업무를 맡는 업자.

building management 건축 경영(建築經營) =building finance

building management on commission 위탁 관리(委託管理) 제3자에게 위탁하여 실시하는 건물의 관리 업무. 분양 공동 주택 등에서는 사무 관리 업무의 전부 내지는 대부분을 위탁하는 방식을, 임대 빌딩에서는 유지 보전 업무를 포괄 위탁하는 방식을 말한다.

building manager room 관리인실(管理人室) 건물이나 시설을 관리하는 자의 방. 휴일이나 야간의 관리를 하는 경우는 숙박 시설을 수반하지만 일반적으로는 간단한 사무 관리를 할 수 있는 방을 가리킨다. =caretaker's room

building material 건축 자재(建築資材) 건축 공사에 사용되는 재료 및 가설재.

building material trader 건재 업자(建材業者) 토목 건축 공사에 자재를 공급하는 업자.

building parts 건축 부품(建築部品) 미리 공장 등에서 건축 구성재로서 제작된 건축물을 구성하는 부분. 건축 부품이라고 할 때는 나사와 같은 소단위의 것이 아니고, 복합적으로 구성된 것을 가리킨다. =building component

building performance 건축 성능(建築性能) 건축물에 관련하는 기능을 발휘하는 능력의 정도.

building permission 건축 허가(建築許可) 건축 법규에 의해 일반적으로는 금지되어 있는 행위를 그 법규에 있어서의 특정한 규정에 따라서 특정 행정청이 소정의 절차를 거쳐서 해제하는 것.

building plot 건축 부지(建築敷地) 건축이 차지하는 토지. =building site

building preservation 단체 보존(單體保存) 건조물을 무리로서 보존하는 방법에 대하여 한 동 혹은 한 채의 건조물을 보존하는 것.

building price 건물 가격(建物價格) 건물의 거래 가격, 취득 가격 또는 그 평가액.

building production 건축 생산(建築生産) 건축재의 순환 과정에서의 한 과정으로 유통, 소비(유지) 등의 과정과 대치된다. 조사 · 기획 · 설계 · 공사 등 생산에 관한 모든 부분을 포함한다.

building production team 건축 생산 조직(建築生産組織) 건축 공사의 생산 과정에는 감리, 공사 관리, 하청 등 많은 사람들이 여러 형태로 관련하고, 그 관계도 공사의 진행과 더불어 변화해 간다. 이 많은 사람의 관련을 하나의 조직으로 보고, 그 기능이나 효율을 생각하려는 것.

building production theorry 건축 생산론(建築生産論) 건축 공사의 기획에서부터 설계, 시공, 준공에 이르는 과정을 종합적인 생산 과정으로 보고, 이것을 학술적으로 분석 · 고착하려는 생각.

building project planning 건축 기획(建築企劃) 건축에 관한 기획. 건설될 건축물에 대해서 대지의 선정에서부터 대지 조사, 건축 규모와 건물 개요의 결정에 이르는 업무 일반을 총칭해서 말한다. =construction programming

building regulations 건축 법규(建築法規) 건축물에 관한 기준 등을 정한 법률. =building code

building renewal demand 갱신 수요(更新需要) 주택 수요 혹은 건축 수요 중 신규의 건축이 아니고 노후화하거나 진부화한 건물의 갱신을 목적으로 하는 수요.

building services 건축 설비(建築設備) 건축에 설비되는, 각종 환경 형성 · 유지 시스템, 각종 편리 설비, 안전 설비 및 그들을 운전하기 위해 필요한 에너지 공급 설비를 말한다. 구체적으로는 전기, 공기 조화, 환기, 위생, 승강기, 감시 제어, 통신 및 전원, 열원, 급배수 장치 등의 여러 설비. =building equipment

building services contractor 설비 공사업(設備工事業) 전기 공사, 관공사, 엘리베이터 설치 등 설비 공사를 청부하는 건설 업자. =building services trade, mechanical and electrical contractor

building services trade 설비 공사업(設備工事業) =building services contractor

building setback 건축 후퇴(建築後退) 도로 경계선이나 대지 경계선에서 일정 거리를 떨어진 구역의 안쪽에 건축을 규제하는 것. →building line

building site 건축 부지(建築敷地)[1], 공사 현장(工事現場)[2] (1) →lot, plot, site (2) 공사가 진행되고 있는 장소. 현장이라고 줄여 말하는 경우가 많다.

building specialist work 직별 공사(職別工事) =building craft trades

building starts 건축 착공(建築着工) 건축 공사에 착수하여 공사 시공이 진행하기 시작하는 것.

building statistics 건축 통계(建築統計) 건축에 관한 통계의 총칭.

building structure 건축 구조(建築構造) =building construction

building structure thermal storage capacity 축열 용량(蓄熱容量) 건축 구조체가 축열할 수 있는 열용량. 지붕이나 외벽 등 건축 구조체나 기타의 건축 재료는 하루의 외기 온도나 일사량의 변화에 대하여 외표면으로부터의 주간의 침입열을 흡열하고, 야간에 다시 외표면에서 방열하여 실내로의 관류 열량을 감소시키는 작용이 있다.

building system 빌딩 시스템 건축물을 합리적으로 구축하기 위해 부품, 부재 등의 조합에 일정한 룰을 설정한 생산 시스템.

building type 건축 형식(建築形式) 형태, 공간, 의장, 평면형, 기능, 입지, 층수, 면적, 구조 방식, 구법 등 여러 가지 계기에 의해 분류된 건축물의 형, 타입.

building use restriction 건축물 사용 제한(建築物使用制限) 사고의 발생을 방지하기 위해 공사 중인 건축물의 전부 또는 일부의 사용을 제한하는 것. 건축물은 건사 필증의 교부를 받은 다음이 아니면 원칙으로서 사용할 수 없다. 다만, 교부를 받기 전이라도 안전상 · 방화상 · 피난상 지장이 없다고 인정하여 가사용이 인정된 경우는 사용할 수 있고, 또 부분적으로 건축 공사 중인 특수 건축물 등에서는 상기와 같은 이유로 사용 금지 · 사용 제한 등을 받는 경우가 있다.

building volume 건축 용적(建築容積) 건축물의 연상면적(延床面積). 건축물의 규모를 나타내는 지표. 외국에서는 문자 그대로 건축물의 체적을 말하는 경우가 많다. =total floor area

building work 건축 공사(建築工事) = architectural work

building works 영선 공사(營繕工事) 건물의 신축, 개축, 수선 공사 등 건축 공사의 총칭. 또 공공 공사인 경우 토목 공사가 아닌 공사를 가리킨다.

build-up residential area 기성 주택지(既成住宅地) 어느 지역에서 태반의 대지에 주택이 세워지고, 거의 완성한 주택지로 간주된 다음의 상태를 가리킨다. 이후는 증축, 개축, 대지의 세분화나 통합 등으로 변용한다.

build-up welding 덧살올림 용접(－鎔接), 덧땜 용접(－鎔接) 결함 부분을 제거했거나 마모 등으로 얇아진 모재를 본래의 두께로 복구시키는 용접. 현재는 보수만이 아니라 마모가 예상되는 곳을 제작시 미리 내마모재로 덧붙임한다.

built environment 구축 환경(構築環境) 자연 환경에 인위적인 조성을 가해 만들어낸 환경.

built H 빌트 에이치 좌우의 플랜지재 사이에 넣는 웨브재를 용접에 의해 조립한 H형강. →build-up member, roll H

built-in 건축화(建築化), 붙박이 가구, 집기 비품류를 건물과 일체화하여 만들어 넣는 것, 또는 그 과정.

built-in beam 고정보(固定－) 양 지점(支點)이 고정된 보로, 2차의 부정정(不整定) 보이므로 부정정 구조물의 해법을 응용한다. =fixed beam

built-in furniture 붙박이 가구(－家具) 건축의 일부로서 만들어진 가구, 또는 설치한 가구.

built-in gutter 안홈통(－桶) 외벽면 위치에서 안쪽으로 두어진 홈통이나 도관을 말한다.

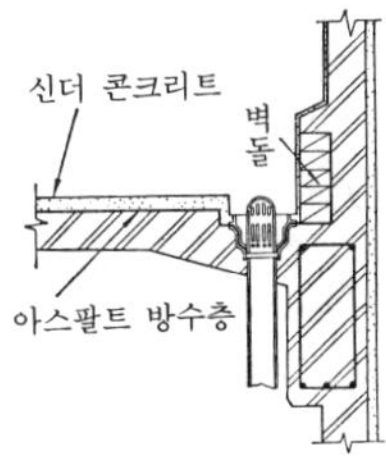

built-in lighting 건축화 조명(建築化照明) 조명 기구가 건축과 일체화한 조명 방식. 조명 기구를 건축의 내장, 혹은 마감의 일부로 볼 수 있다.

built-in type 붙박이 방식(－方式) 건축물의 일부로서 만들어 넣은 것으로, 이동할 수 없는 것.

built-up area 시가지(市街地) 건물의 이어지고, 집합한 지역.

built-up area densely crowded with wooden building 목조 밀집 시가지(木造密集市街地) 목조가 밀집한 건물 시가지. 노후 건물이 많고, 상점, 공장, 작업장과의 병용 주택이 중심인 경우도 많다.

built-up beam 겹보[1], 조립보(組立－)[2] (1) 둘 이상의 단일재를 아래 위로 포개 대어 하나의 강력한 부재로 구성한 보.
(2) 평행한 1개 또는 여러 개의 상하 부재로 짜서 큰 힘을 받도록 만든 보. 격자보, 트러스 보, 플레이트 보 등.

built-up box section 용접 상자형 단면(鎔接箱子形斷面) 강판을 용접에 의해서 조립한 □형의 단면.

built-up column 조립 기둥(組立－) 철골 구조나 목주의 격자 기둥, 사다리 기둥, 철골주의 플레이트 기둥 등과 같이 2개 이상의 재료를 조립하여 구성한 기둥.

built-up compression member 조립 압축재(組立壓縮材) 둘 이상의 조합에 의한 압축재.

built-up girder 조립보(組立－) 철골조나 목조의 트러스 보, 격자보, 사다리보 혹은 철골조의 상자형 보, 플레이트 거더 등과 같이 2개 이상의 재료를 조립하여 구성한 보를 말한다.

built-up H section 용접 H형 단면(鎔接－形斷面) 강판을 용접에 의해 조립한 H형의 단면.

built-up I section 용접 I형 단면(鎔接－形斷面) 강판을 용접에 의해 조립한 I형의 단면.

built-up member 조립 부재(組立部材), 조립재(組立材) 여러 종류의 형강·강판 등을 조합하여 만들어진 부재. 트러스, 래티스, 빌트 에이치 등을 말한다.

built-up scaffolding 조립 비계(組立飛階) 미리 만들어진 부품을 조립하여 만드는 비계. =prefabricated scaffolding

built-up section 조립 단면(組立斷面) 조립주나 조립보의 단면.

buleuterion 불레우테리온 고대 그리스의 회의소나 시회 의사당. 대부분의 경우는 아고라(agora) 부근에 세워졌다.

bulk cement 무포대 시멘트(無包袋－) 포장하지 않은 시멘트. 특수 트럭이나 화차, 시멘트 탱커 등에 의해 운반된다.

bulk district 용적 지구(容積地區) 건축물의 규모 및 면적을 제한하는 지역.

bulking 벌킹, 부풀기 건조한 모래 또는 사질토에 적량의 물을 가하여 수분이 균일해지도록 혼합하면 체적이 처음의 건조한 상태보다 증가하는 현상.

bulk modulus 체적 탄성률(體積彈性率), 체적 탄성 계수(體積彈性係數) 수중에 두어진 물체와 같이 주위에서 고른 압력을 받아서 그 체적이 V에서 ΔV만큼 감소했을 때 단위 면적당의 압력과 체적 감소율과의 관계를 나타내는 비례 상수를 말한다. 기호 K.

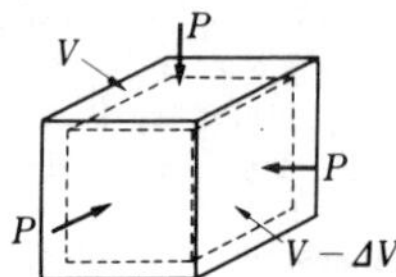

bulk restriction 용적 제한(容積制限) 건축물에 있어서의 여러 활동과 각종 공공 시설과의 정합성 확보나 시가지 환경 보전을 위해 토지 면적에 대한 건축물 바닥 면적을 제한하는 것. =floor area restriction

bulk strain 체적 변형도(體積變形度) 탄성체의 미소 6면체 요소의 체적 변화량을 원래의 체적으로 나눈 값. 미소 요소의 체적 변화율을 나타낸다. =strain of volume

bulk viscosity 체적 점성(體積粘性) 유체의 단위 질량당의 체적의 시간적 변화(dv/dt)에 비례하여 체적 변화를 방해하는 압력($\Delta p = -\mu \cdot dv/dt$)이 발생하는 것.

bulk zoning 용적 지역제(容積地域制) 지역제에 따라 도시 계획 구역 내의 지역 지구 구분마다 대지 면적에 대하여 허용되는 건축물 바닥 면적을 필요한 비율로 제한하는 것. →bulk zoning district

bulk zoning district 용적 지구(容積地區) 도시 계획에 의해 정해지고, 건축 기준법에 따른 용적률 제한이 과해지는 지구.

bulldozer 불도저 트랙터 전면에 배토판을 부착하여 전진하면서 토사를 깎아 운반하는 토목 공사용 기계. 정지, 단거리의 굴삭·운반, 성토 등에 사용한다.

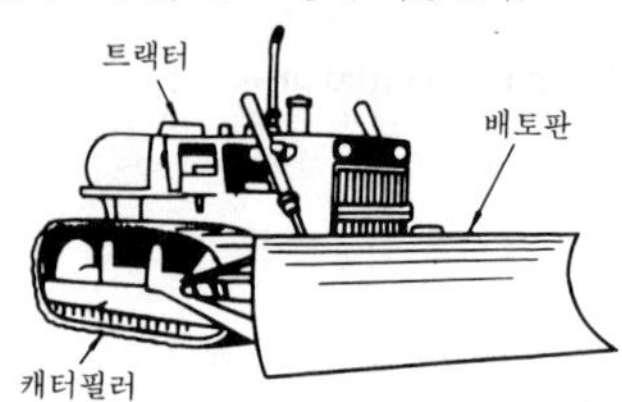

bulldozer shovel 불도저 셔블 =tractor shovel

bull wheel 불 휠 가이데릭(buyderrick)이나 3각 데릭 등의 마스트 밑에 있는 회전 바퀴를 말하며, 여기에 와이어 로프를 감아서 위치로 회전시킨다.

bumper 완충기(緩衝器) 스프링·고무·유체 등을 이용하여 운동 에너지를 흡수하여 기계적인 충격을 완화하는 장치. 종류로는 고무 완충기, 스프링 완충기, 마찰 완충기가 있으며, 또 스프링 완충기에는 금속 스프링 완충기, 공기 스프링 완충기, 마찰 완충기에는 기름 완충기가 있다. =shock absorber

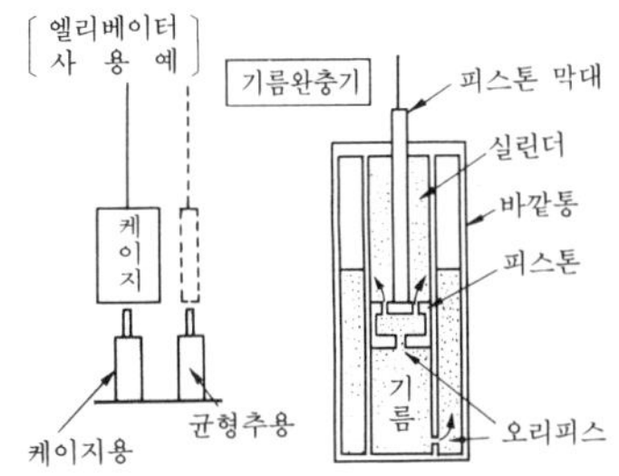

bundle 속(束) 목재의 수량 단위로, 제재한 판류를 셀 때 사용한다(2평분을 1속이라 한다).

bungalow 방갈로 인도에서의 구미인의 통풍이 좋은 주거에 기원을 갖는 간이한 목조 소주택. 거실 주위를 베란다가 둘러싸고 있는 것이 특징이다.

bunkhouse 공사 현장 식당(工事現場食堂), 공사 현장 숙사(工事現場宿舍) 공사 현장 작업자용의 가설 식당 또는 숙사. 공사 현장 대지 내나 그 근방에 설치한다.

buoy 부이 항로, 정박지 등의 표시, 또는 부유식 해양 건축물의 계류를 위해 해상 또는 바닷속에 부유시켜 두는 표지(標識).

buoyancy 부력(浮力) 유체 중에 있는 유체에 작용하는 연직 상향의 힘. 이 힘은 물체에 의해 배제된 유체와 같은 체적의 유체의 무게와 같다.

부력 $B=\gamma V$

여기서, γ : 유체의 비중량, V : 유체 중 물체의 체적, C : 부력의 중심.

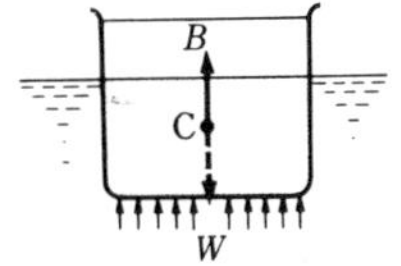

bureau 뷰로 ① 작은 서랍이 달린 책상. ② 안내소.

burglar alarm 도난 경보기(盜難警報器) 도난을 신호에 의해 알리는 기계. 범죄 방지 외에 비상시에도 쓰인다. 자동적인 것으로는 적외선식, 음향식, 전선식이 있다.

burn down 전소(全燒) 화재에 의해 건축물의 거의 혹은 전부가 소손하여 수복이 불가능해진 상태. 화재 통계상은 바닥 면적의 70% 이상 소손한 경우를 말한다.

burner 버너 중유나 가스·미분탄을 연소시키는 장치. 분사에 의해 공기와의 혼합을 좋게 하고, 완전 연소시키도록 되어 있는 것이 특징이다. 기름 버너(중유·경유·등유), 가스 버너(상압·공기압·열방사), 미분탄 버너가 있다.

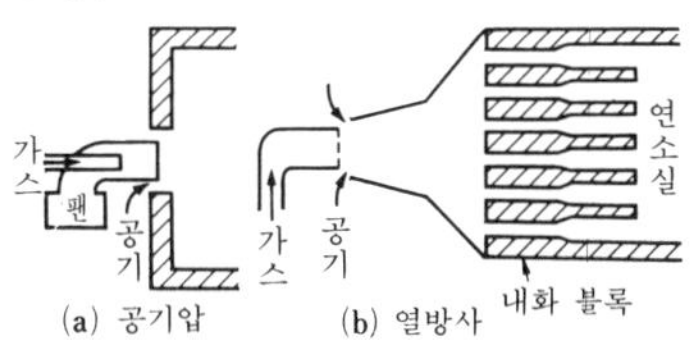

(a) 공기압 (b) 열방사

burner finishing 버너 마감 =jet burner finish

burning 연소(燃燒) 열이나 빛을 수반하는 가연성 물질의 산화 현상.

burning limit 연소 한계(燃燒限界) 발화에 이르는 가연성 혼합 기체의 농도 조성의 경계값. 균일계에서는 용적 %, 불균일계에서는 mg/l 등으로 나타낸다.

burning rate 연소 속도(燃燒速度) = burning velocity

burning velocity 연소 속도(燃燒速度) 주로 예혼합 화염의 연소에 대해 쓰이는 용어이며, 미연 혼합기(未燃混合氣)에 대해서 상대적으로 화염이 전파하는 속도를 연소 속도라 한다. =burning rate

burnt area 소실 면적(消失面積) 회재에 의해 소실한 건물 또는 건물의 바닥 면적. 이것을 평수로 나타내면 소실 평수가 된다. 대부분은 연면적(연평수)_로 나타내나 건축 면적(건평)으로 나타내기도 한다.

burnt brick 구운벽돌(-壁-) 소성(燒成)한 보통의 벽돌.

burnt gypsum 소석고(燒石膏) 석고 원석을 150~190℃로 구워서 얻어지는 분말. 물을 가하면 굳어진다. 건축용 벽재료나 소상(塑像) 등에 사용한다.

bus bay 버스 베이 버스가 정차하기 쉽도록 보도측으로 들어간 스페이스.

bus duct 버스 덕트 절연물로 지지된 나동(裸銅) 띠 등의 도전체를 강철제 외함에 수납한 배선통으로, 배선 파이프군을 유도하는 덕트. 공장 · 빌딩 등의 대용량 간선 등에 쓰인다. →pipe duct

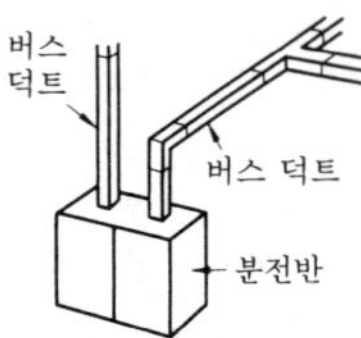

bush hammer 잔다듬메 석재의 잔다듬에 사용하는 메.

bush hammered finish 표면 고르기(表面－) 잔다듬메를 사용하여 석재 표면의 요철(凹凸)을 없애고 매끄럽게 마무리하는 마감 공법.

bush hammered stone finishing 도드락다듬 도드락망치(bush hammer : 양단에 돌기가 많이 붙은 것)로 돌면을 평평하게 두드려서 다듬는 것.

bushing 부싱 전선을 전선관에 넣을 때 전선에 손상을 입히지 않고 원활하게 할 목적으로 전선관의 단부(端部)에 끼우는 부속 부품.

business analysis 경영 분석(經營分析) 기업의 재무 제표를 분석하여 그 안전성, 수익성 등의 비교 검토를 하는 것. 건설업의 경영 분석은 용어의 정의 등 타산업과 다른 점이 있다.

business center 비즈니스 센터 증권이나 은행을 중심으로 회사가 집중적으로 배치 계획되어 있는 지역.

business district 업무 지구(業務地區) 도시의 토지 이용 계획상의 지구 분류의 일종. 도심이나 부도심에서 주로 사무실 건축물이 집중하고 있는 구역. 고층화하는 경향이 있다.

business establishment 사업소(事業所) 물건의 생산 또는 서비스의 제공을 업으로 하는 장소. 기업의 본사, 지점, 영업소, 학교, 공공 기관 등. 사업소 통계에서는 건설 공사의 현장은 독립의 사업소라 하지 않고 이것을 관리하는 영업소, 지점 등으로 일괄된다.

business expenses 영업비(營業費) 기업의 주된 영업 활동을 위해 쓰이는 비용.

business fluctuation 경기 변동(景氣變動) 경제 활동이 호황과 불황을 반복하는 것. 건축 시장 중 민간 건축은 경기 변동의 영향을 받기 쉽고, 공공 건축은 반대로 불황 대책으로서 증액되는 경향이 많다.

business hotel 비즈니스 호텔 비즈니스맨이 출장이나 작업에 사용하는 필요 최소한의 공간과 기능을 갖춘 호텔. 비교적 낮은 요금으로 숙박할 수 있다. →capsule hotel

business profit 영업 수익(營業收益) 기업의 주된 영업 활동에서 생기는 수익. ＝operating revenue →incidental profit

business program 사업 계획(事業計劃) 일반적으로는 기업체의 경영과 관련하는 계획. 특히 하드웨어로서의 건축 계획에 대하여 사업으로서의 재무, 생산, 판매, 노무, 유지 관리 등의 계획을 가리킨다.

business room 영업실(營業室) 사무소 건축 등에서 영업을 위한 방. 일반적으로 접객 부문을 갖는 경우가 많다.

bus terminal 버스 터미널 다수의 버스 논선의 발착, 승객의 승강 서비스에 대해 버스의 주차나 운행 관리를 하는 시설. 대도시에서는 역전 광장과는 독립으로 설치된다.

butadiene rubber 부타디엔 고무 부타디엔의 중합에 의해서 생성되는 오래 전부터 사용되고 있는 합성 고무. 현재는 용액 중합으로 만들어지는 스테레오부타디엔 고무가 주류이다. ＝BR

butane gas 부탄 가스 상온에서 5기압 정도로 가압하면 액화하는 석유계 가스. 소형 봄베에 압입되어 가정이나 캠프용 연료로서 시판되고 있다.

butt 경첩 ＝hinge

butt end 마구리[1], 밑마구리[2] (1) 줄기나 가지의 축에 직각으로 잘랐을 때의 목재의 단면. 목재 재면(材面)의 기준이 되는 3단면의 하나. 마구리면에는 성장층(나이테)이 고리 모양으로 나타난다.
(2) 벌목 후 절단된 각 통나무(소재)의 뿌리 밑에 가까운 마구리의 단면, 또는 그 직경.

butt end bout 마구리 부재의 단면 목재에서는 섬유 방향으로 직각인 측면을 말한다. 통나무에서는 밑마구리를 가리키는 경우가 많다.

butt end tile 마구리 타일 벽돌의 마구리와 같은 크기(60×100mm)의 타일.

butterfly 장부촉 두 부재를 밀착시키기 위해 접합부에 삽입하는 나비형의 작은 조각. ＝straight joint

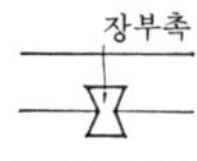

butterfly joint 은장쪽매(隱－) 장부촉을

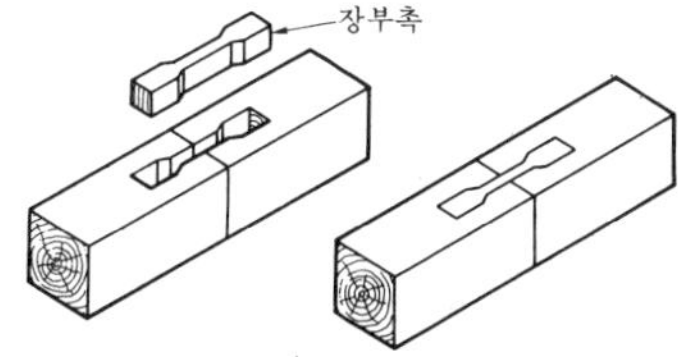

써서 부재를 접합하는 방법.

butterfly shaped roof 버터플라이 지붕 중앙부에 골을 만든 V자형 단면을 가진 지붕.

butterfly table 버터플라이 테이블 접을 수 있게 만들어진 테이블의 일종. 반원형의 갑판이 양단에 붙고, 사용하지 않을 때는 접어 둔다.

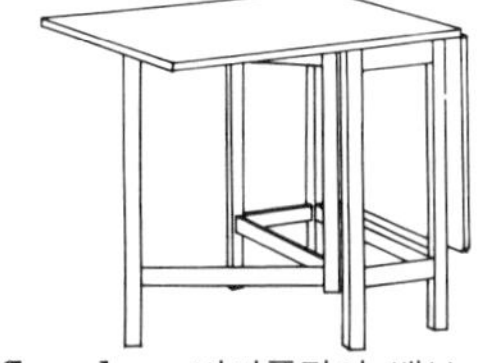

butterfly valve 버터플라이 밸브 유체를 제어하는 밸브의 일종.

butting 맞댐 부재 접합법의 하나. 부재 끝을 절단한 상태로 맞대어 접합한다. 덧판이나 철물 등으로 보강할 때가 많다.

butt joint 통줄눈[1], 맞대기 이음[2], 맞댐[3] (1) 세로줄눈이 2단 이상 통하는 경우를 말한다.

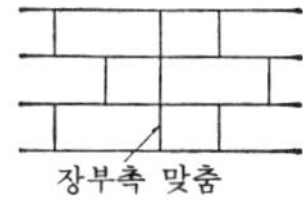

(2) ① 강철 구조에서 덧판, 이음판을 써서 형강을 동일 방향으로 잇는 이음. ② 두 모재의 단면을 맞대어 접합하는 이음.

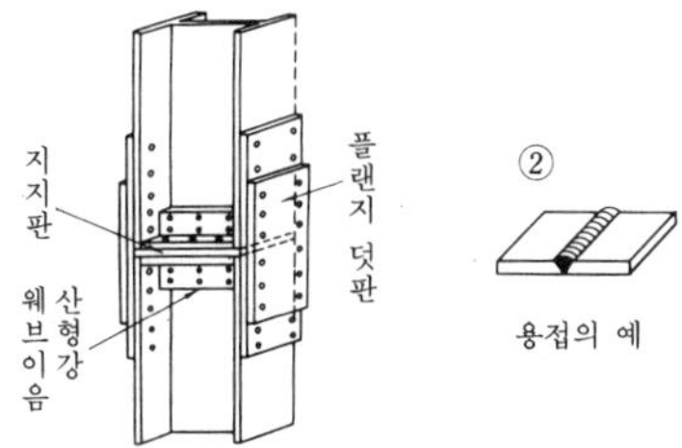

(3) 이음 가공을 하지 않고 재의 마구리를 맞대는 접합법. 골조재 이외에 사용된다. 못 · 꺾쇠 및 덧판으로 보강한다.

button 손잡이 미닫이, 서랍, 뚜껑 등을 개폐하기 위해 부착하는 돌출한 작은 조각. =knob, stem

button lock 버튼 자물쇠 종래의 자물쇠와는 달리 키보드의 번호를 누름으로써 자물쇠가 해제되는 잔자식 자물쇠.

butt resistance welding 맞대기 저항 용접(-抵抗鎔接) 금속의 선, 막대, 관 등을 맞대어 전기 저항 용접하는 방법.

buttress 버트레스, 부축벽(扶築壁) 측압에 충분히 견딜 수 있도록 외벽에 돌출하여 설치하는 보강용의 벽 또는 주형(柱形).

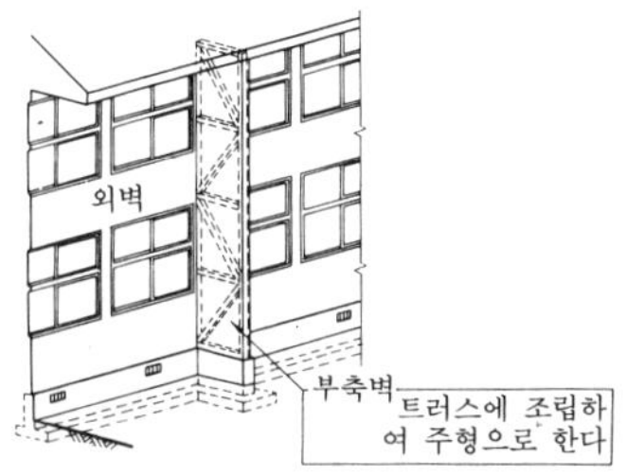

butt welded joint 맞대기 용접 이음(-鎔接-) 맞대기 용접으로 접합되는 용접 이음을 말한다.

butt welding 맞댄 용접(-鎔接) 전기 저항 용접의 일종. 막대 모양인 재료의 끝과 끝을 직선 또는 임의의 각도로 맞대어 압력을 가해 접촉시킨 양편을 용접하는 방법을 말한다.

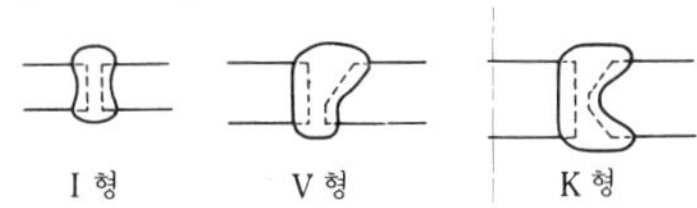

butyl rubber 부틸 고무 이소부틸렌과 이소프렌의 공중합으로 얻어지는 내후성이 뛰어난 합성 고무. 실링재나 방수용 시트의 재료가 된다.

buzzer 버저 전기 음향 발생기의 일종으로, 초인종으로도 사용된다. 가정용, 경보용이 있다.

bypass 바이패스 도회지 등에서 특히 교통량이 많은 지역을 피하여 가로의 2점을 접속하는 보조 도로. 또는 측관(側管)이나 보조관을 말하기도 한다.

bypass factor 바이패스 팩터 냉수 코일을 통과하는 풍량 중 핀(fin)이나 튜브 표면과 접촉하지 않고 통과해 버리는 풍량의 비율. 코일 열수가 커지면 비접촉 풍량비는 작아진다.

bypass valve 바이패스 밸브 급배수, 냉난방 배관의 주요 관로에 대해서 바이패스 관로를 두고, 여기에 설치하는 밸브를 말한다. 보통은 닫혀 있으나 주요 관로를 수리하거나 할 때 열어서 사용한다.

byte 바이트 컴퓨터의 정보량 단위. 8비트를 1바이트라 한다.

Byzantine architecture 비잔틴 건축(-建築) 6세기 이후 동로마 제국에서 사용되었던 그리스 정교의 건축 양식.

BZ classification BZ분류(-分類) 영국에서 제창되고 있는 조명 기구의 배광(광도분포)에 관한 분류. 연직축 대칭 배광에 적용되며, 3각 관계를 포함하는 수식으로 표현되고 있다.

cabaret 카바레 천장까지 오픈 스페이스로 된 홀을 중심으로 객석을 배치하고, 전면 또는 중앙부에 무대를 설치하고 밴드를 두는 특수 음식점.

cabin 캐빈, 가옥(假屋) 선실·비행기의 객실 등을 말한다.

cabinet 캐비닛 ① 작은 사실. ② 귀중품이나 서류 등을 넣어두는 내부에 서랍이 있는 선반, 장식장.

cabinet board 분전반(分電盤) 분기 회로를 구성하는 분기 개폐기, 차단기 등을 모선에 접속하여 지지판에 부착한 반. 보통, 뚜껑이 달린 금속함, 플라스틱 상자에 수용되는데, 뚜껑이 없는 경우도 있다. ＝distribution board

cabinet common cabinet 장식 선반(裝飾－) 장식물을 진열해 두는 장식용 선반.

cabinet maker 가구공(家具工) 가구 생산과 그 설치에 종사하는 기능자. ＝furniture maker

cable 케이블 ① 절연 전선의 일종으로, 절연 내력과 기계적 강도를 크게 한 것. 지중 송배전용·통신용·해저용 등. → electric wire. ② 현수교 등에 사용하는 강속선(鋼束線：강삭).

cable box network system 케이블 박스 네트워크 시스템 전주를 사용하여 상공에 가설되어 있는 전선·전화선이나 각종 케이블류를 지중 구조물(케이블 박스) 내에 수납하는 시스템. 점검이 용이하고 전주도 불필요하며, 도로의 유효 이용이 가능하다는 등의 이점이 있어 금후 정보화 사회에서 중요한 역할을 하는 시스템의 하나이다.

cable crane 케이블 크레인 하중을 지지하는 캐리지(트롤리)가 두 지지간에 걸친 와이어 로프를 궤도로 하여 주행하는 크레인을 말한다.

cable dome 케이블 돔 케이블망에 불소수지를 코팅한 유리 섬유의 막을 지붕재로서 사용하는 대형 막구조 건축물. 스포츠 시설이나 박람회장 등에 쓰인다.

cable head 종단함(終端函) 케이블을 사용할 때 필요한 그 끝부분의 절연 피복, 접속 단자의 가공, 실드 처리, 접속 등의 단말 처리를 하는 금속 용기.

cable pit 케이블 피트 변전소 등에서 다수의 케이블을 포설하는 경우에 바닥에 설치하는 도랑.

cable rack 케이블 래크 케이블 공사에서 케이블을 부설하여 지지하기 위한 금속제의 틀.

cable shaft 케이블 샤프트 전기·통신용 배선·배관의 전용 스페이스. 건물의 상하를 잇기 위한 스페이스를 가리키는 일이 많다.

cable television 유선 텔레비전(有線－) 텔레비전의 난시청 지역을 대상으로 동축 케이블 등을 써서 실시하고 있는 텔레비전 방송인데, 최근에는 도시의 뉴 미디어로서 주목을 받고 있다. 비교적 좁은 지역의 뉴스·쇼핑 정보·비즈니스 정보·오락 프로 등의 각종 정보를 다채널로 제공한다. ＝CATV

cable trough 케이블 트로프 지중에 포설하는 케이블을 보호하기 위해 쓰이는 콘크리트제의 도랑과 뚜껑을 말한다. 단지 트로프라고도 한다.

cable wiring 케이블 공사(－工事) 케이블을 부설하는 공사. 구조용의 가공 케이블을 설비하는 공사, 또는 전력 케이블 등을 설치하는 전기 배선 공사를 말한다. ＝cable work

cable work 케이블 공사(－工事) ＝cable wiring

CAB system CAB시스템, 캐브 시스템 CAB는 cable box의 약어. 전선의 지중화를 하기 위해 도로 지하에 설치하는 소규모이고 간이한 관로.

cabtire cable 캡타이어 케이블 고무 절연한 심선 위를 튼튼한 고무로 피복한 것. 진동, 마찰, 굴곡, 충격 등에 강하다.

CAD 캐드, 컴퓨터 지원 설계(－支援設計) computer aided design의 약어. 컴퓨터로 수행하는 설계 행위. 보통은 책상에서 이루어지는 설계 행위를 그래픽 디스플레이 장치를 사용하여 설계자가 컴퓨터에 기억된 설계 정보를 그 화면에 표시하여 검토와 선택을 반복하면서 한다. 도면은 플로터(자동 제도기)에 의해 단시간에 출력된다. 정확하고 대량의 정보를 고속으로 처리할 수 있으므로 설계 작업 시간이 대폭 단축된다. 하드웨어의 진보와 더불어 CAD의 설계 활동도 더욱 복잡·고도한 것이 가능하게 되었다.

cadaste 지적도(地籍圖) 토지 대장에 기입되어 있는 토지의 그림.

cadastral map 지적도(地籍圖) ＝cadaste

cadastral survey 지적 조사(地籍調査) 토지의 어느 단위에 대해서 필요한 조건을 행정적 또는 사법적으로 조사하여 토지 대장에 기록하여 등록하는 것.

CAD/CAM 캐드/캠, 컴퓨터 지원 설계/컴퓨터 지원 제조(－支援設計)/(－支援製造) computer aided design/computer aided manufacturing의 약어. 설계를 CAD로 하고, 그 설계 데이터를 생산 공정에 활용하여 생산성의 향상을 꾀한다. 즉 설계 공정과 생산 공정을 일관하여 지원하는 컴퓨터 시스템을 말한다.

cadmium 카드뮴 전지나 전기 도금의 재료가 되는 은백색의 금속. 아연 광물과 함께 산출되며, 유독.

CAE 컴퓨터 지원 종합 설계 생산(－支援綜合設計生産) computer aided engineering의 약어. 기획·설계·시공·보전에 이르기까지의 생산 활동 전반으로의 컴퓨터 이용을 말하며, CAD/CAM을 사용한 설계도 포함된다.

cafe bar 카페 바 다방, 레스토랑, 바의 기능을 갖는 가게.

cafeteria 카페테리아 셀프 서비스의 레스토랑(식당). 즉 손님이 원하는 요리를 스스로 식탁에 날라서 음식하는 형식의 요리점.

cage type induction motor 농형 유도 전동기(籠形誘導電動機) 유도 전동기의 일종. 2매의 링 사이를 여러 줄의 축방향 막대로 연결한 농형의 도체 구조 회전자를 갖는 것.

caisson 케이슨, 잠함(潛函) 교량의 기초나 지하실 등에 사용되는 중공(中空)·함 모양의 구조물. 함 모양 또는 통 모양으로 지상에서 제작하고, 소정의 지지 지반까지 침하시켜서 기초로 한다.

caisson foundation 케이슨 기초(－基礎) 케이슨에 의해서 구축한 기초.

caisson method 케이슨 공법(－工法), 잠함 공법(潛函工法) 건축물의 지하실 전체 혹은 원통형의 콘크리트제 상자를 지상에서 만들고, 하부의 지반을 파서 지중에 침설(沈設)하는 기초 공법. 그림은 오픈 케이슨의 일례이다. →open caisson method, pneumatic caisson method

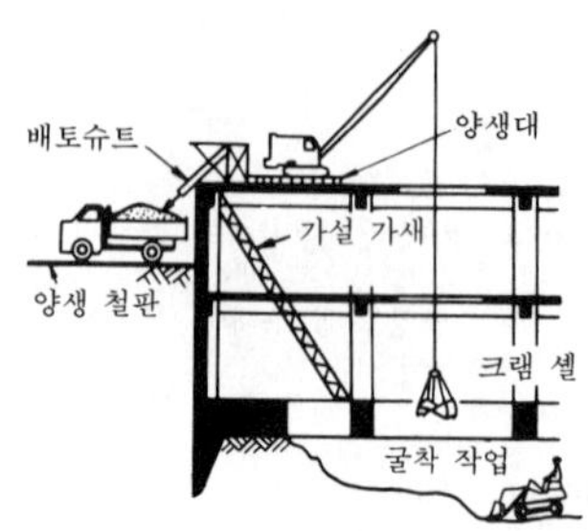

caking 케이킹 도료의 안료분이 침강하는 현상. 케이크와 같이 고화하는 것. 또 도료 전체가 고형화하여 용제에 녹지 않는 경우는「도료의 겔화」라 한다.

calamity 재해(災害) 인간 또는 토지, 시설, 생활 환경이 받는 피해. 자연적 또는 인위적인 외력의 작용이 유인으로 되어서 일어나는 외에 일상 재해 등도 포함한다. ＝disaster

calamity building 재해 건축물(災害建築物) 재해에 의해 멸실한 건축물. →disappeared building

calamity danger district 재해 위험 구역(災害危險區域) 해일·높은 파도·산사태 등에 의한 재해의 위험이 심한 구역으로서 지방 공공 단체가 지정하는 구역.

calamity foreknowledge[prediction] 재해 예지(災害豫知) 장래 일어날 수 있는 재해를 미리 아는 것. 재해를 방지하고, 예방하기 위해서는 그 발생 요인, 확대 요인까지도 알 필요가 있다.

calamity survey 재해 조사(災害調査) 재해에 관한 조사. 재해 발생 후에 재해 발생의 원인, 피해 상황, 피해 규모 등을 파악하여, 재해 방지에 도움이 되기 위해 행하여진다.

calcined gypsum 소석고(燒石膏) ＝burnt gypsum

calcium chloride 염화 칼슘(鹽化－) $CaCl_2$의 무색의 결정. 시멘트의 수화 반응을 촉진하는 효과가 있기 때문에 급결제(急結劑), 경화 촉진제, 방동제(防凍劑)로서 사용된다. 쇠를 부식시키므로 무근 콘크리트에만 사용한다.

calcium hydroxide 수산화 석회(水酸化石灰) =slaked lime

calcium silicate board 규산 칼슘판(硅酸-板) 수산화 칼슘과 모래를 섞어서 성형하여 오토클레이브(autoclave) 처리해서 만든 내화 단열판.

calcium sulfo-aluminate 칼슘 설포알루미네이트 화학식 $3CaO \cdot 3Al_2O_3 \cdot CaSO$의 화합물. 수화하여 에트링가이트(ettringite)를 생성한다. 이것을 주성분으로 하는 콘크리트용의 팽창재도 있다.

calculation of construction 구조 계산(構造計算) 구조 역학을 바탕으로 하여 구조물의 안전성을 건축물에 작용하는 외력(고정 하중, 적재 하중, 지진력, 바람 하중, 눈 하중) 및 재료의 팽창, 수축 등에 대하여 계산하는 것. =structural calculation

calculation of replotting by appraising method 평가식 환지 계산법(評價式換地計算法) 노선가(路線價) 기타의 평가 방법에 의해서 지가를 평가하여 환지의 계산을 하는 방식.

calculation of replotting by areal method 면적식 환지 계산법(面積式換地計算法) 환지의 계산에 있어서 면적을 표준으로 하는 방식.

calibration 교정(較正) 시험기, 측정 기기 등의 눈금이나 측정값을 표준값과 비교하여 보정하는 것.

calibrator 교정기(矯正器) 철골 작업에서 토크 계수값의 측정이나 조임 기계를 조정하여 하이텐션 볼트의 축력(軸力)을 계측하는 기계. 유압 형식의 것이 일반적.

calking 코킹, 코킹재(-材) ① 틈을 충전하는 것. ② 새시 주위, 콘크리트 이어붓기부; 커튼 월의 틈, 벽식 프리캐스트 철근 콘크리트판의 이음 등에 충전하는 퍼티(putty) 모양의 재료. 수밀성·기밀성을 확보하기 위해서 한다. 실링재와 같은 뜻으로 쓰이는 경우와 유성 코킹의 의미로 쓰이는 경우가 있다.

calking compound 코킹 콤파운드 외부 새시 둘레나 PC판의 조인트 등에 방수나 기밀성 유지를 위해 충전하는 가소성 혹은 반유동성의 합성 재료.

calking joint 코킹 접합(-接合) 주철관의 접합법으로, 받음 구멍에 관을 꽂고, 틈에 얀(yarn)을 타입하여 납을 흘려 넣어서 코킹하는 방법.

calorie 칼로리 열량 에너지의 단위로, 순수 1g의 온도를 1기압하에서 14.5°에서 15.5°로 1° 높이는 데 요하는 열량도(15도 칼로리라 한다). cal의 약호로 나타낸다. =calory

calorific value 발열량(發熱量) 연료가 연소했을 때 발생하는 열량. 단위는 kcal/kg, kcal/m^3. 총(고)발열량과 참(저)발열량이 있으며, 전자는 연료 중의 수소의 연소에 의한 발열량과 기존 수분을 수증기화하는 열량의 합이다. 열량계로 측정하는 값은 전자이다. 예를 들면, 석탄은 5,000~7,000kcal/kg. 후자는 전자에서 수증기의 잠열을 뺀 것으로, 실제로 이용하는 연소열은 후자이다. 수증기의 잠열은 수분 1kg당 약 600kcal로 보면 된다. =calorific power, heating power

calorimeter 열량계(熱量計) 열량을 측정하는 장치. 또 이를 써서 물체의 비열, 잠열, 반응열 등을 측정할 수 있다. 수열량계, 금속 열량계, 증기 열량계 등이 있다.

calory 칼로리 =calorie

calwelled method 칼웰드 공법(工法) = earth drill method

CAM 캠, 컴퓨터 지원 제조(-支援製造) = computer aided manufacturing, → CAD/CAM

camber 캠버, 치올림, 만곡(灣曲) ① 위쪽에 볼록 모양으로 만곡하는 것. 용마루(지붕마루)에서 처마에 걸쳐 이와 같이 만곡한 지붕 등에 대해서 말한다.

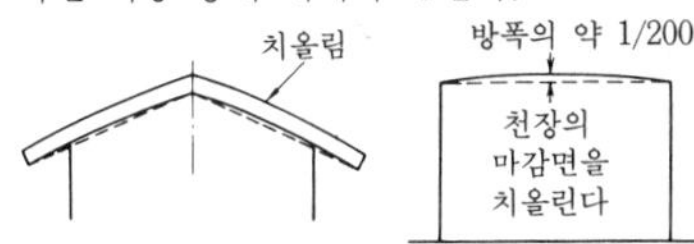

② 거푸집 지주 밑에 꽂아 넣어 높이를 조정한다든지, 흙막이 공사의 버팀대의 보를 조정한다든지 하기 위해 꽂아 넣는 쐐기 모양의 나무 자각.

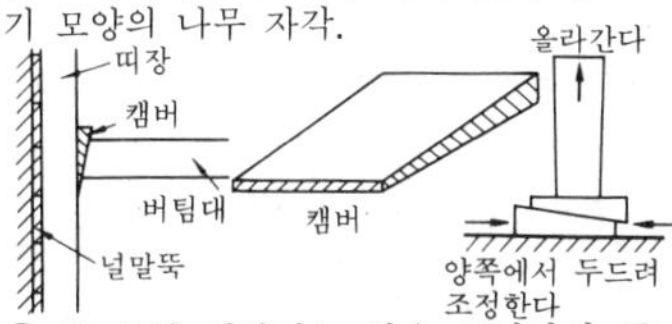

③ 보 등의 예상되는 휨을 고려하여 콘크리트의 거푸집 등에 미리 붙여 두는 만곡·휨·치올림.

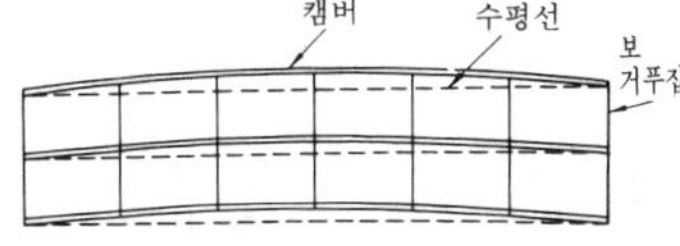

cameo glass 카메오 유리 유리 장식 기법의 하나. 다른 색의 유리를 겹쳐 위의 유리를 깎고, 밑 유리의 색으로 문양을 그리는 방법.

camlatch 캠래치 밖여닫이창이나 안여닫이창 등의 작은 창에 사용되는 잠금 장치. 창 부분에 부착하여 회전시킴으로써 창틀의 철물에 걸치는 구조로 되어 있다.

campanile 캠퍼닐리, 종각(鐘閣) 교회의 종을 매단 곳.

camphor tree 장목(樟木), 녹나무 상록활엽 교목으로, 장뇌(樟腦)의 원료로 사용된다. 변재(邊材)는 담황갈색이며, 심재는 담적갈색, 단단하고 광택이 있다. 장식부나 가구재, 세공물로서 사용된다.

camp site 캠프장(-場) 산, 해변, 고원 등의 자연 속에서 천막 야영을 하는 장소. 계획적으로 만들어진 캠프장에서는 공동의 급수장, 변소, 쓰레기 처리장 등이 정비되어 있다.

campus 캠퍼스 대학, 학교, 연구소의 부지와 그 속에 포함되는 건물, 시설의 전체를 말한다.

canal 운하(運河) 수운(水運)에 이용할 목적으로 인공적으로 개설한 수로. 중량물의 운반에 편리하므로 공업 지대에 개설되며, 연안 토지 이용의 증진에 도움이 된다. 또 매립지의 이용이나 저습지의 개량을 도모하는 경우에도 개설한다.

canal water course 수로(水路) =channel

canceling ratio 상쇄율(相殺率) 로드 밸런싱법에서 PC강재의 상향 반력에 의해 상쇄되는 연직 하중의 전 연직 하중에 대한 비율.

candela 칸델라 국제적으로 정해진 광원의 밝기(광도)의 단위. 기호 cd. 1칸델라는 실용상 1촉광과 같다(실제는 1.0067 cd).

candela per square meter 칸델라 매평방미터(-每平方-) 휘도의 단위(cd/m^2). 니트(nt)라고도 한다.

candle 촉(燭), 촉광(燭光) 광도의 구단위. 기호 c. 현재의 국제 단위(칸델라, cd)에 의하면 1cd=0.883c가 된다.

candle power 촉(燭), 촉광(燭光) =candle

candle-power distribution 배광(配光) 광원 또는 조명 기구의 공간 내 방향의 함수로서 곡선 또는 표로 나타낸 광도값. → luminous intensity distribution curve

cane furniture 등가구(藤家具) 등나무로 만들어진 가구. =rattan furniture

canon 카논 회화·조각에 있어서의 인체 각부의 치수 비례 기준.

canopy 캐노피, 천개(天蓋) 조리 또는 세척 등에 의해 발생하는 냄새, 열기, 연기 등을 배출하기 위한 깔때기 모양의 장치. 발생원 위쪽에 두고, 덕트에 의히 옥외로 배출한다. 개구부는 보통 장방형이다.

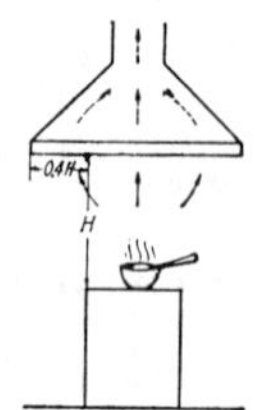

canopy hood 캐노피 후드 작업장에서 발생하는 유해 물질을 확산시키는 일 없이 국소 배기하기 위해 발생원을 위에서 덮은 후드.

canopy switch 캐노피 스위치 10A 정도의 옥내용 풀 스위치의 하나. 조명 기구 등의 플랜지 내에 부착하여 밑에서 끈 따위를 당김으로써 전등의 점멸을 한다. → switch

cant 캔트 지붕 방수 등의 바탕으로 치올림의 구석 부분에 넣어 바탕의 움직임에 의한 방수층의 파단을 방지하는 것.

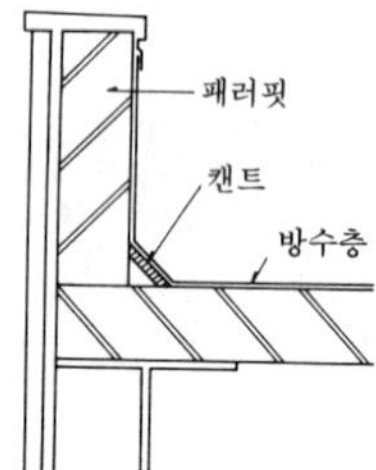

cantilever 캔틸레버 한 끝이 고정 지지되고, 다른 끝이 자유로운 보.

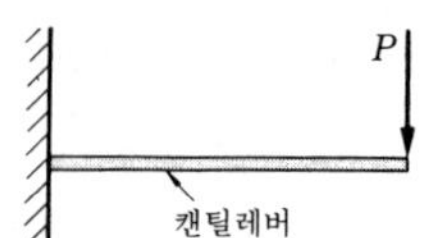

cantilever beam 캔틸레버 보 =cantilever

cantilever retaining wall 역T형 옹벽(逆-形擁壁) 단면 형상이 T자를 거꾸로 한 모양의 옹벽.

cant strip 평고대(平高臺) 처마끝을 따라 서까래 위에 부착한 평평한 횡목.

canvas chair 캔버스 체어 마제(麻製)의 튼튼한 천으로 만든 의자.

canvas connection 캔버스 이음 송풍기의 진동이 덕트에 전하지 않도록 하기 위해 송풍기와 덕트의 접속에 사용하는 천으로 만든 이음.

canvas sheet 캔버스 시트, 시트 가설 울타리, 공사용 기재의 양생 등에 사용되는 포직물. 재질은 무명 외에 비닐론, 나일론 등의 합성 섬유의 것, 방화 처리를 한 것 등도 있다.

cap 캡 관 끝부분 등을 닫기 위해 사용하는 암나사를 낸 마개.

capacitor 커패시터 =condenser(1)

capacitor microphone 콘덴서 마이크로폰 =condenser microphone, electrostatic microphone

capacity 용량(容量) 용기의 용적. 물체가 갖는 양.

capacity of scale 칭량(秤量) 계량기에 표시되는 최대의 질량.

cap cable 캡 케이블 프리스트레스트 콘크리트 연속 도리의 지점부(支點部)에 생기는 상단 인장의 부(負) 모멘트에 대하여 원호상으로 배치한 긴장용 케이블.

capillarity 모세관 현상(毛細管現象) 가는 관을 액체 속에 세우면 액체의 종류에 따라서 액체가 관 속을 상승 또는 하강하는 현상.

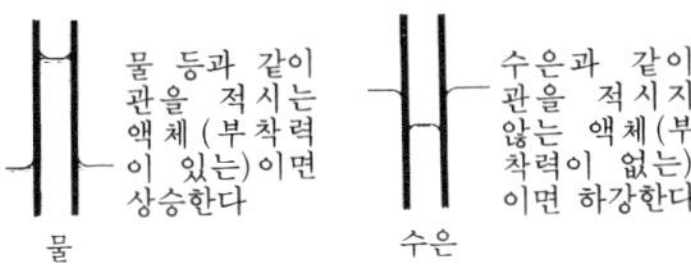

물 등과 같이 관을 적시는 액체(부착력이 있는)이면 상승한다
수은과 같이 관을 적시지 않는 액체(부착력이 없는)이면 하강한다
물
수은

capillary water 모세관수(毛細管水) 재료 내의 작은 구멍 속에 포함되는 물.

capital 캐피털, 주두(柱頭)[1], 수도(首都)[2] (1) ① 이집트, 그리스, 로마 등의 고대 건축에서의 장식된 기둥의 상부. ② 평판 슬래브에서의 기둥의 두부(頭部)를 확대한 부분.
(2) =capital city

capital city 수도(首都) 일국의 통치 기관이 두어져 있는 도시.

capital equipment ratio 노동 장비율(勞動裝備率) 노동자 1인당의 자본 설비비. 자본 장비율이라고도 한다. 건설 기계는 리스 산업에 의한 공급이 많으므로 산업으로서의 노동 장비율이 계산된다.

capital formation 자본 형성(資本形成) 자본이 증가하는 것. 자본을 형성하는 총 투자액을 총자본 형성이라 하고, 기존 자본의 감가분을 뺀 것을 순자본 형성이라 한다.

capital gain 캐피털 게인 토지나 가옥 등의 자산 가치가 상승함으로써 실질적인 이익이 얻어지는 것.

capitalization 자본화(資本化)[1], 자본 환원(資本還元)[2] (1) 재산 등을 자본으로 하는 것.
(2) 집세 수입이나 연금 등의 경상적인 수입의 계열을 전체로서 평가하기 위해 일정한 이자율을 상정하여 한 시점의 가치에 맞추어서 평가하고 합계하는 것.

capitalization factor 자본화 계수(資本化係數) 집세 수입 등 일정 금액의 수입 계열의 현재 가치를 산출하는 계수. 1년분 수입에 대한 배율로서 산출된다. 연금 현가 계수와 같은 개념이며, 자본 회수 계수의 역수.

capitalization factor of annuity 연금 현가 계수(年金現價係數) 일정 기간에 걸친 연금의 현재 가치를 산출하기 위한 계수. 이자율과 연수에 따른 배율.

capitalized value of pension 연금 현가(年金現價) 매년 일정액씩 지급되는 연금의 계열을 어느 한 시점에 경제 가치로서 평가한 액. 시점이 다른 금액을 일정한 이자율로 현재 가치를 평가한다. 연금액, 이자율, 지급 기간이 주어지면 연금 현가표에 의해 간단히 산출할 수 있다.

capital productivity 자본 생산성(資本生産性) 생산성에 관한 개념의 하나. 투입한 자본에 대하여 그 투자에 의해 얻어진 생산액, 부가 가치액 등의 비율.

capital recovery factor 자본 회수 계수(資本回收係數) 건축물 등에 당초 투입한 자본을 일정 기간에 일정한 금액으로 회수하는 것으로 했을 때 당초의 투입 자본에 대한 회수액의 비율. 회수 연수와 이자율에 의해 복리 계산으로 산출되며, 연금 현가표의 연금 현가 계수의 역수로서 구해진다. →capitalization factor

cap nut 캡 너트 한쪽 면을 막아, 볼트가 관통하지 않는 모양으로 한 너트. 외관을 좋게 하거나 기밀성을 늘리기 위해 사용.

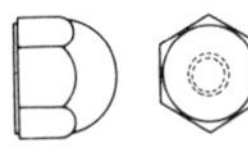

capping 캐핑, 두겁, 두겁대 ① 콘크리트의 압축 강도 시험에서 시료의 상면을 시멘트 페이스트 또는 유황 등을 써서 평활하게 마무리하는 것. ② 일반적으로 물

건 위를 감싸거나 위에 씌우거나 위에 부착하는 것. =metropolis

capping stone 갓돌 빗물이 벌체에 침투하지 않도록 콘크리트벽, 옹벽, 벽돌벽 등의 상부에 씌우는 돌.

capsule hotel 캡슐 호텔 공간을 고효율적으로 이용하기 위해 고안된 플라스틱제의 침실 유닛을 겹쳐쌓은 숙박 시설. =bed-house

captain chair 캡틴 체어 목제 또는 금속제의 프레임에 캔버스의 좌면(座面), 등받이를 붙인, 접을 수 있는 의자. 선장이 사용하였다고 하여 이렇게 부른다.

cap ties 캡 타이 개방형(U자형)의 늑근(肋筋) 상부에 씌우도록 하여 부착하는 양단을 구부린 철근.

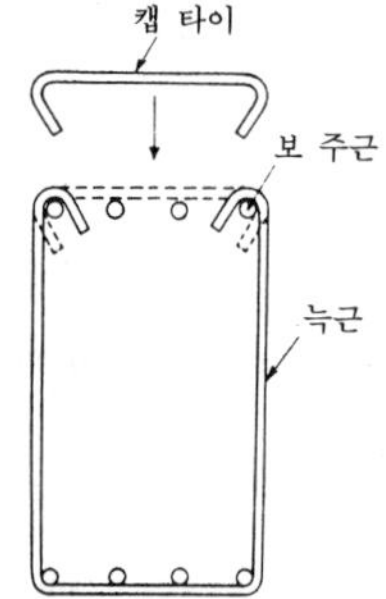

caravan 캐러밴 ① 영국에서의 이동식 주택을 말하며, 2륜 또는 4륜이 달린 자동차로 끌어서 이동. 미국에서는 trailer house라 한다. ② 중근동이나 아프리카의 대상(隊商).

carbon arc welding 탄소 아크 용접(炭素-鎔接) 아크 용접의 일종으로, 탄소 전극과 모재간, 또는 두 탄소 전극간에 발생하는 아크의 열을 이용하고, 필요에 따라 기계적 압력 또는 용접재를 써서 한다.

carbon black 카본 블랙 타르, 나프탈린, 천연 가스 등의 불완전 연소로 생기는 흑색의 부드러운 탄소 분말로, 흑색 안료로 쓰인다.

carbon brick 탄소 벽돌(炭素壁-) 흑연이나 코크스 등의 탄소질 재료를 주원료로 하고, 결합재로서 타르 피치 등을 사용한 벽돌.

carbon dioxide 2산화 탄소(二酸化炭素) CO_2. 유기 화합물의 연소로 발생하는 무색 무취의 기체. 실내 공기의 오염의 지표가 된다.

carbon dioxide extinguisher 2산화 탄소 소화기(二酸化炭素消火器) 고압 용기에 2산화 탄소를 액상(液狀)으로 충전하고, 자신의 압력으로 방출하는 소화기. 방출에 의한 오손(汚損)이 없다. 기름 화재 및 전기 화재에 적응한다.

carbon dioxide fire extinguishing system 2산화 탄소 소화 설비(二酸化炭素消火設備) 2산화 탄소를 분사 헤드 등에서 방사하여 연소물이 있는 실내의 산소 농도를 낮추든가, 연소면으로의 공기의 공급을 차단하는 등 질식 작용에 의해 소화하는 설비. 전역 방출 방식, 국소 방출 방식 및 이동식이 있다.

carbon dioxide gas fire prevention equipment 탄산 가스 소화 설비(炭酸-消火設備) 실내의 산소를 탄산 가스의 분사에 의해서 희석 혹은 차단하여 소화하는 일련의 설비. 전역 방출 방식 · 국소 방출 방식 · 이동식 등이 있다.

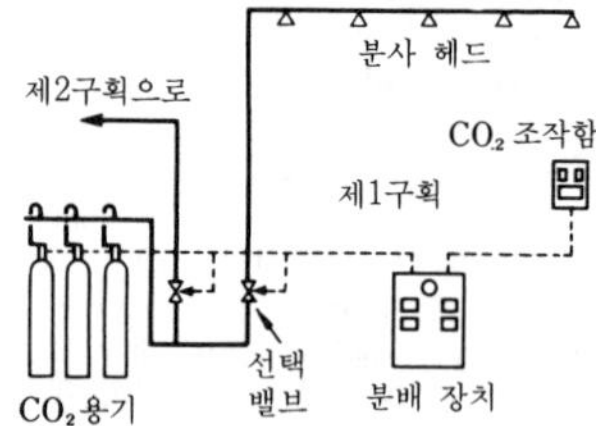

carbon dioxide gas shielded arc welding 탄산 가스 아크 용접(炭酸-鎔接) 모재와 전극 와이어 사이에 아크열을 발생시켜 주위를 탄산 가스를 보호 매질로서 대기로부터 차폐하면서 하는 용접.

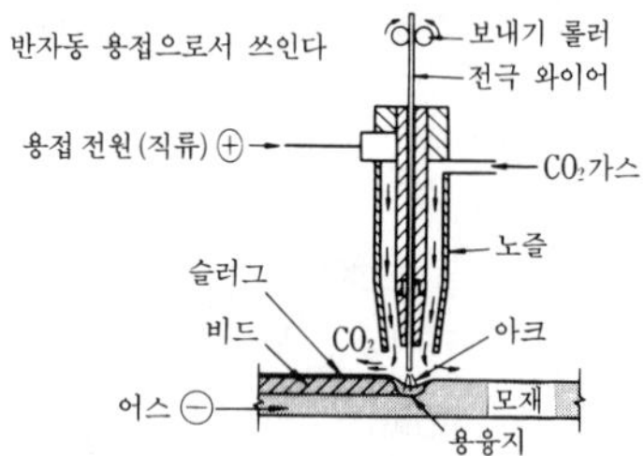

carbon electrode 탄소 전극(炭素電極) 탄소를 흑연 또는 구리 도금한 막대 모양의 전극. 아크 에어 가우징, 탄소 아크 용접 등에 사용한다.

carbon fiber 탄소 섬유(炭素纖維) 각종 복합재로서 사용되며, 탄성, 강도의 면에서 뛰어난 동시에 열에도 강한 특성을 갖

는다. =CF →carbon fiber reinforced concrete

carbon fiber reinforced concrete 탄소 섬유 보강 콘크리트(炭素纖維補强－) 석유나 석탄의 피치에서 제조되는 피치계 탄소 섬유를 혼입한 콘크리트로, 종래의 콘크리트에 비해 인장 강도, 휨 강도가 5～10배, 휨의 인성이 200～300배로 커지는 특징을 가지고 있기 때문에 금후는 건축 구조물로의 적용이 기대되고 있다. =CFRC

carbonization 탄화(炭化) 재료가 열분해나 불완전 연소를 일으켜서 각종 연소 생성물을 발생한 다음에 탄소가 남는 현상. 재료가 가열되어서 검게 탄 상태.

carbonized cork 탄화 코르크(炭化－) 코르크 알갱이를 압축하여 전기로에서 가열하고, 내부까지 탄화시켜서 분비하는 수지에 의해 교착시킨 것.

carbon steel 탄소강(炭素鋼) 탄소를 0.05～1.7% 범위로 포함하는 철과 탄소의 합금. Si 0～0.35%, Mn 0.2～0.8%, P 0.02～0.08%, S 0.02～0.08%, Cu 0～0.4% 정도를 포함한다. Si, Mn은 탈산제로서 제강할 때 첨가하고, 그 밖은 광석에 따라 오는 유해 원소이다. →steel

carborundum 카보런덤 전기로에서 만들어지는 검은 결정. 단단하고 고온에 견디므로 돌의 연마에 사용하거나 찰흙 등 다른 재료에 섞어서 내화 재료로 사용된다.

carborundum tile 카보런덤 타일 탄화규소 SiC를 바탕으로 하는 타일로, 내화용으로 사용된다.

carburetter 기화기(氣化器) 액체를 열 또는 압력의 작용에 의해서 기체로 변화시키는 장치. ① 냉동기에서는 프론 가스가 기화할 때의 증발 잠열을 이용하여 냉수·냉풍을 만든다. 증발기·냉각기라고도 한다. →refrigerating cycle. ② 가솔린 기관 등의 실린더에 공기와 액체 연료의 혼합 기체를 만든다.

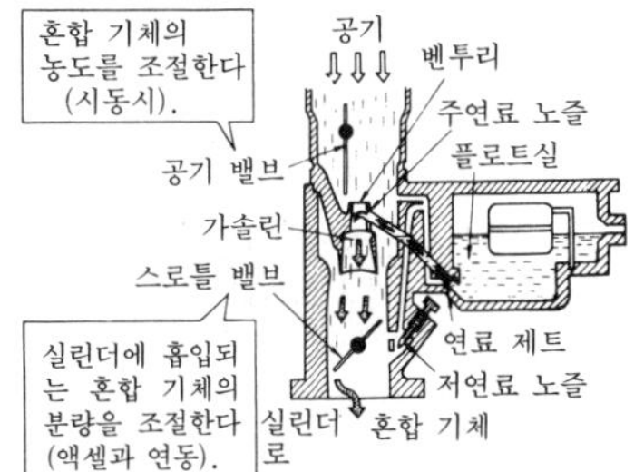

carcass 골조(骨組), 뼈대 =frame

car crane type parking equipment 엘리베이터 크레인식 주차 장치(－式駐車裝置) 기계식 주차 장치. 자동차용 엘리베이터를 승강 동작과 수평 방향으로의 이동 동작을 합쳐서 크레인식으로 주행시키고, 엘리베이터에서 주차실로 이동시켜 주차하는 방식.

card cabinet 카드 캐비닛 주로 카드를 수납하는 사무용 가구로, A5, B6, A6, B7용 등이 있다.

cardiac care unit 카디액 케어 유닛 = respiratory care unit

card lock system 카드 로크 시스템 단지 카드 로크라고도 한다. 열쇠 대신 자기 카드를 사용한 자물쇠. 자물쇠에 카드를 꽂으면 세트된 카드 판독기가 카드의 암호를 판독하여 자물쇠를 연다. 전원이 필요한 형과 불필요한 형이 있다. 암호는 방대한 조합이 가능하고, 또 카드와 카드 판독기로의 암호의 교환도 용이하다. 금후 컴퓨터 제어에 의한 새로운 키 시스템으로서 보급될 가능성이 크다.

card table 카드 테이블 트럼프 등 유기용의 정방형 테이블. 갑판에 나사를 깐 것도 있다.

car elevator 자동차용 엘리베이터(自動車用－) 주차장으로의 차량 출입을 위해 설치하는 자동차 운반 전용의 엘리베이터. 자동차 운전자 또는 엘리베이터 운전자 이외는 탈 수 없다.

caretaker's room 관리인실(管理人室) = building manager room

car lift 자동차용 엘리베이터(自動車用－) =car elevator

Carnot's cycle 카르노 사이클 두 단열 변화와 두 등온 변화를 조합해서 얻어지는 이상적인 열기관 사이클. 카르노 사이클은 가역 사이클이며, 그 역 사이클은 이상적인 냉동 사이클이 된다.

car ownership rate 자동차 보유율(自動車保有率) 인구 1인 또는 1세대당이 보유하는 자동차 대수. 인구 1,000명당, 혹은 1대당의 인구 또는 세대수로 나타내기도 한다.

car parking equipment 기계식 주차 설비(機械式駐車設備) 차량의 출입, 주차를 기계 장치를 이용하여 하는 설비. 주차 공간의 절약에 도움이 되지만 관리 요원이나 기계의 보수 관리가 필요하다.

carpenter 목공(木工) 건축 공사의 조영 수리 등을 담당하는 기술자.

carpenter's square 곡척(曲尺) 목공이나 석공 등이 사용하는 금속제의 L형 자. =

steel square

carpenter's tool 목공구(木工具) 톱, 대패, 끌, 자귀 외에 목공이 사용하는 공구 일체.

carpenter's work 목공사(木工事) =carpentry

carpentry 목공사(木工事) 목재의 가공, 조립, 부착에 관한 공사의 총칭.

carpet 카펫, 융단(絨緞) 두꺼운 모 또는 명주의 직물. 주로 깔개로서 사용한다.

carpet glipper 카펫 글리퍼, 글리퍼 공법(-工法) 바닥 주위에 핀을 심은 나무 조각을 고정하고, 그 핀에 걸어서 고정하는 카펫 까는 방법.

carpet tile 카펫 타일 =tile carpet

carpet sweeper 카펫 스위퍼 카펫 청소 기구의 일종. 회전 브러시를 전후로 움직여서 먼지를 없애는 청소 도구. 간편하나 섬유 내에 부착한 먼지는 제거할 수 없다.

carport 카포트 건물과는 별도로 만든 간이 차고. 건물 내에 격납하는 차고와 구별된다. →garage

carrageen 바닷말 해조의 일종으로, 부착력, 내구성이 풍부하며, 미장 재료용 풀로 사용된다. =Irish moss

carrel 캐럴 대학 도서관이나 연구소 도서관 등에서 볼 수 있는, 서고 내에 구획된 개인용 독서석.

carriage porch 캐리지 포치, 차대는 곳 현관 앞에 자동차를 세워 승강하기 위해 설치한 돌출 부분. =porch, portecochere

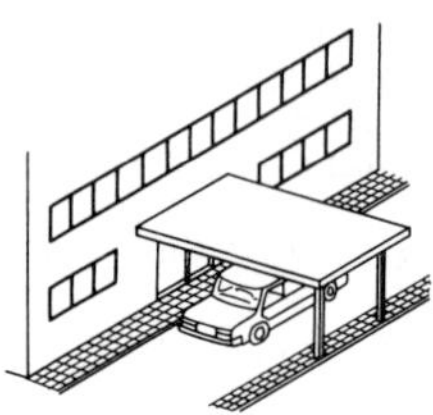

carriage way 차도(車道) 자동차, 자전거 등의 차량 전용 도로. 보도에 대하여 말한다. 차도에는 필요에 따라서 주차대, 식수대, 분리대, 안전 지대 등이 두어진다. =driveway

carrier speed 반송 속도(搬送速度) 가루먼지를 포함하는 공기가 덕트 내 등에 흐르고 있는 경우, 가루먼지가 침강하지 않는 흐름의 속도.

carry-all 캐리올 트랙터와 이것으로 견인되는 차바퀴가 붙은 상자로, 상자 하면에 있는 날로 토사를 깎아서 운반하고, 고르기를 하는 기계.

carrying capacity 환경 용량(環境容量) 자연의 복원력을 잃지 않는 최대 인공 부하량을 말한다. 배수량의 상한, 수용 가능 인원수 등. =environmental acceptable limit, environmental capacity

carrying rod of ceiling 달대받이 달대의 상단을 고정하여 천장을 지지하기 위한 수평재. →hanger of ceiling

carrying scraper 캐링 스크레이퍼 = carry-all

carry over 캐리 오버 물이나 공기의 흐름에 물질이 연행되는 것. 냉각탑의 송풍기 출구에서 물방울이 튀는 것 등을 말한다.

carry-over factor 도달률(到達率) 부재의 한 끝에 주어진 모멘트가 다른 끝에 도달하는 비율. →distribution factor

carry-over moment 도달 모멘트(到達-) 고정 모멘트법에 있어서 어느 절점 A에서 모멘트를 분할했을 때 각 재의 다른 끝에 생기는 모멘트. 다른 끝이 회전단인 경우에는 제로, 고정단인 경우에는 A단의 분할 모멘트의 1/2이다.

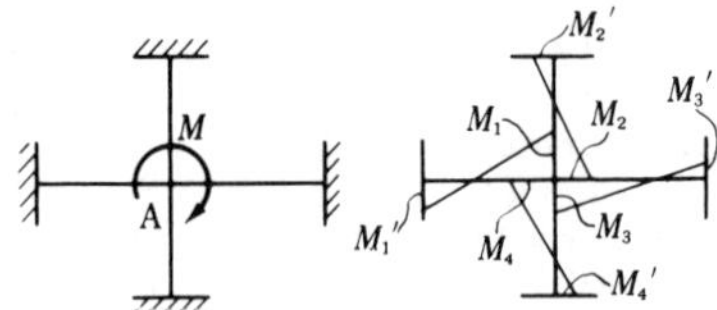

M_1, M_2, M_3, M_4 : 분할 모멘트

M_1', M_2', M_3', M_4' : 도달 모멘트

$$M = M_1 + M_2 + M_3 + M_4$$

$$M_1' = \frac{M_1}{2} \qquad M_2' = \frac{M_2}{2}$$

$$M_3' = \frac{M_3}{2} \qquad M_4' = \frac{M_4}{2}$$

cart 2륜 손수레(二輪-) 콘크리트나 흙, 모래 등을 운반하는 데 사용하는 2륜의 강철제 손수레. 바퀴는 솔리드 타이어를 사용한 것이 많고 용량은 0.2m^3 전후이다. 단지 2륜차라고도 한다.

cart way 낮은 비계 콘크리트 타설 등을 할 때 슬래브 배근을 흩어지지 않게 하기 위해 일륜차의 통로용으로서 설치되는 낮

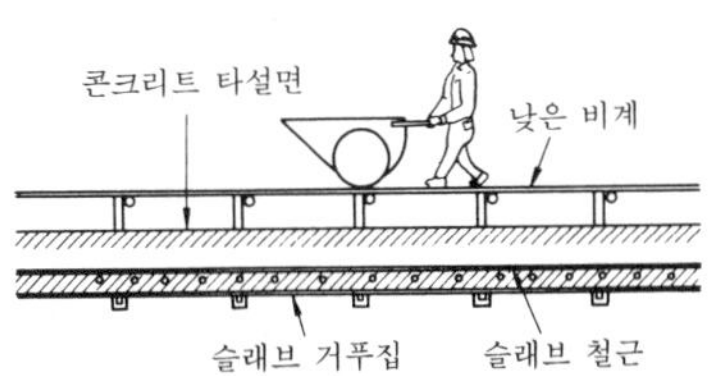

은 비계.

caryatid 여상주(女像柱) 클래식 건축의 기둥으로 만들어진 여인 입상.

casa 카사 주택, 집을 뜻하나, 맨션 등의 이름에도 쓰이는 스페인어.

cascade 캐스케이드 서양식 정원의 조원법(造園法)의 하나로, 폭포와 같이 물을 낙하시키는 방식.

cascade impactor 캐스케이드 임팩터 부유 미립자를 포집(捕集)하여 입경별 개수 분포를 측정하는 장치. 관성력에 의해 입자를 판 위에 충돌시켜 노즐나 슬릿폭을 변화시켜서 분급 포집(分級捕集)한다.

case handle 케이스 핸들 사용되지 않을 때는 문의 표면에 돌출하지 않도록 오목한 케이스 속에 수납되어 있는 손잡이.

case hardening 표면 경화(表面硬化) ① 금속의 표면 경화 처리. ② 목재의 건조 종료 후의 플레이너 마감시에 재(材)가 단단하게 느껴지는 현상.

casein glue 카세인 접착제(－接着劑) 우유에 포함되는 카세인(단백질)을 주원료로 한 접착제. 목재용의 접착제로서 사용한다.

casein plastic 카세인 수지(－樹脂) 카세인과 포르말린과의 반응에 의해 생성되는 열경화성 수지. 최근에는 거의 사용되지 않는다.

casement 케이스먼트 양여닫이 또는 외여닫이창을 말한다.

casement adjuster 문버팀쇠(門－) 열린 문이나 미닫이 등을 고정해 두는 철물. ＝door stop, stay

casement window 여닫이창(－窓) 창호의 세로틀을 경첩 등으로 창틀에 붙여서 개폐하는 창. 여는 방향에 따라 안여닫이와 밖여닫이가 있고, 외여닫이일 때에 오른쪽으로 여는 것을 오른쪽 달기, 왼쪽으로 여는 것을 왼쪽달기라 한다.

casing 케이싱[1], 문꼴선(門－線)[2] (1) ① 일반적으로 어느 기계, 장치, 기구에 대하여 피복 수납, 울 등의 구실을 하는 상자. ② 현장치기 콘크리트 말뚝 등에서 굴착 구멍이 붕괴되지 않도록 구멍의 전장 혹은 상부에 넣는 강관.

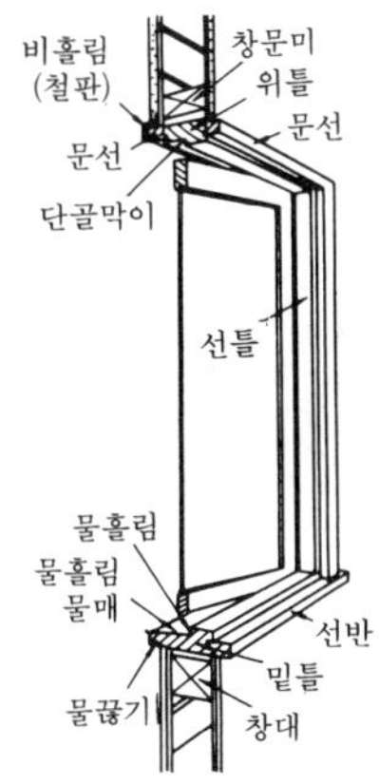

casement window

(2) 출입구·창 등의 개구부 주위에 붙이는 부재. 틀과 벽의 틈을 감추고, 마무림을 좋게 한다. 장식이 되기도 한다.

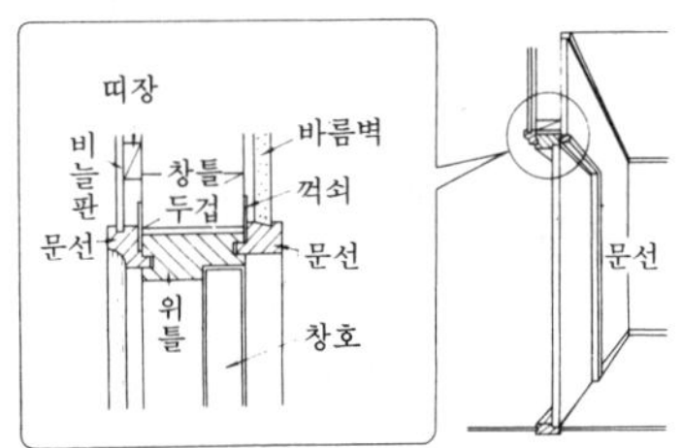

casing pipe 케이싱 파이프 보링을 할 때 천공한 측벽이 무너져 내리지 않도록 측벽에 박아넣는 강관 또는 박어넣는 것.

casing tube 케이싱 튜브 ＝casing

castellated beam 허니콤 빔 ＝honycomb beam

caster 캐스터 가구의 다리 부분에 붙이는 이동용 바퀴.

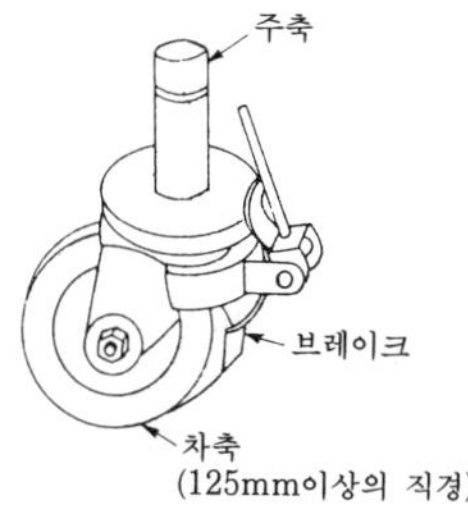

Castigliano's theorem 카스티리아노의 정리(－定理) 탄성체의 변형 에너지에 관한 다음의 정리를 말한다. ① 제1정리 : 변형 에너지의 특정한 변위에 의한 편미분은 해당하는 힘과 같다. ② 제2정리 : 변형 에너지의 특정한 하중에 의한 편미분은 그 작용점의 변위를 준다.

casting plate 캐스팅 플레이트 프리스트레스트 콘크리트용 정착 장치의 한 구성 부재. PC강재의 끝을 지지하고, 그 긴장력을 콘크리트에 전달시키기 위해 콘크리트 내에 매입되는, PC강재 관통 구멍을 갖는 강판.

castings 주물(鑄物) 금속을 용해하여 이것을 주형(사형·금형 등)에 주입해서 제품으로 한 것. 주철·주강·동합금·경합금을 사용하여 복잡한 형상의 제품을 만들 수 있다.

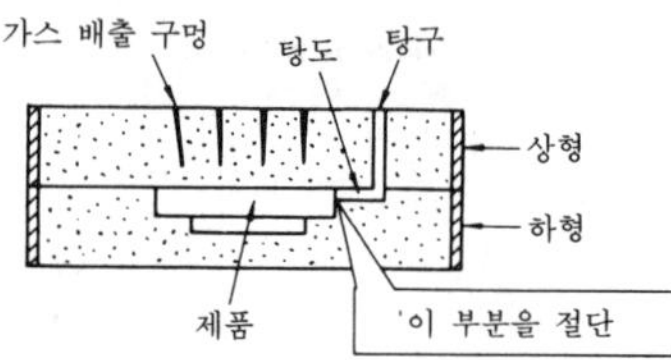

cast-in-place concrete 현장치기 콘크리트(現場－) 현장치기에 사용되는 콘크리트. 즉 현장에서 콘크리트 재료를 조합하고 이들을 비벼서 만든다.

cast-in-place concrete pile 현장치기 콘크리트 말뚝(現場－) 현장의 소요 위치에 적당한 방법으로 구멍을 뚫고 그 속에 콘크리트를 타입하여 콘크리트 말뚝을 만들어내는 작업. 이 말뚝에는 천공에 사용한 강철 부스러기를 남기는 방식의 것과 남기지 않는 방식의 것이 있으며, 후자의 방식에는 말뚝 하부에 구근(球根) 모양의 콘크리트의 확대부(페디스털)를 갖는 것과 갖지 않는 것이 있다.

cast-in-place joint 웨트 조인트 ＝wet joint

cast-in-place mortar pile 현장치기 모르타르 말뚝(現場－) 굴착기로 지반을 뚫은 다음 굴착기 끝에서 모르타르를 압입 충전하고, 철근이나 형강을 삽입해서 만드는 현장치기 말뚝을 말한다. ＝cast-in-site mortar pile

cast-in-site mortar pile 현장치기 모르타르 파일(現場－) ＝cast-in-place mortar pile

cast iron 주철(鑄鐵) 탄소량 약 1.7～6.7%의 철, 탄소 합금, 세철로 만든다. 압연은 할 수 없으나 주조성이 풍부하다. 보통 주철 외에 가단 주철이 있다.

cast iron boiler 주철 보일러(鑄鐵－) 주철제의 섹션을 니플로 기밀하게 접합한 보일러. 분할형이라고도 한다. 절수(節數)의 증감에 따라 능력의 변경이 용이하며, 분할 반입의 이점이 있다. 증기용 상용 압력 1kg/cm² 이하, 온수용 5kg/cm² 이하, 증발량 5t/h, 섹션수 20 정도까지.

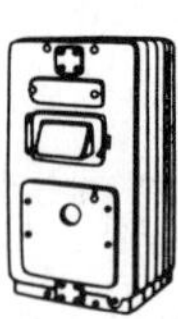

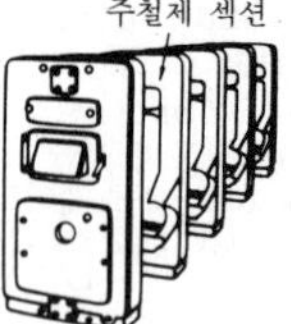

cast iron pipe 주철관(鑄鐵管) 상수도용 배수관에 사용되며, C의 양에 따라 보통 주철관과 고급 주철관이 있으며, 후자가 널리 사용된다.

cast steel 주강(鑄鋼) 주조용의 강철. 강이나 강성 주철을 1,500℃ 정도로 가열하고, 특수한 장치를 주조한다. 철골 구조의 주각, 기둥과 보의 접합부, 조선용 부품·차량 등에 사용된다.

cast stone 캐스트 스톤 주로 외장의 돌붙임에 사용되는 인조석 블록. 그 표면을 숫돌질한다든지 연마한다든지 하는 외에 잔나듬 등으로 거친 면을 다듬는 경우도 있으며, 자연석에 가까운 외관이 된다.

casual restaurant 캐주얼 레스토랑 편안한 마음으로 들어갈 수 있는 레스토랑이라는 의미이나, 패밀리 레스토랑보다도 고급감을 낸 젊은이용의 레스토랑.

catacomb 카타콤 초기 기독교 시대의 갱도식 지하 공동 묘지.

catalogue room 목록실(目錄室) 도서관에서 열람용 장서의 목록 등을 비치한 방 혹은 장소.

catalytic blown asphalt 촉매 블론 아스팔트(觸媒－) 촉매를 혼입하여 공기를 뿜어넣음으로써 연화점(軟化點), 신장도, 열 안정성 등의 품질을 향상시킨 아스팔트. 방수 공사용으로서 사용한다. →blown asphalt

catalytic fuel 촉매 연료(觸媒燃料) 촉매를 사용하여 산화 반응을 촉진시키는 연료. 일반적으로 금속 염류를 촉매로서 사용한다.

cat bar 고두꽂이 손잡이로 고두리가 달린 꽂이쇠.

catch basin drainage basin 배수통(排水

桶) 옥외 배수관의 기점이나 집합 개소, 굴절 개소에 설치하는 고임통.

catch fire 착화(着火) 가연물이 가열되어서 축열하고, 내부가 어느 온도에 이르면 불이 붙는다. 이것을 착화라 하는데, 불꽃을 발하여 착화하는 경우(발염 착화)와 향이나 목탄과 같이 불꽃을 내지 않고 착화하는 경우(무염 착화)가 있다.

catchment area 권역(圈域)[1], 집수 면적(集水面積)[2], 유치 권역(誘致圈域)[3] (1) 넓은 뜻으로는 어떤 종류의 기능이 그 영향력을 미치는 범위를 말한다. 보통은, 물적인 시설의 이용 또는 운영에 직접 관계하는 사람, 물건, 정보가 집산하는 지리적 범위 또는 지역을 말한다. =range, sphere
(2) 집수 영역의 면적. 하천의 각 지점마다 정해져 있다. 하수도가 건설되면 그 배수 방법에 따라 바뀌는 경우도 있다.
(3) =service area

catchment area of facilities 시설 이용권(施設利用圈) 시설이 이용되는 권역. 이용하는 관계 인구가 일정 비율 이상 거주하는 지리적 범위 또는 지역을 말한다. →living sphere

catchment population 유치 인구(誘致人口) 대상 자원이나 시설의 유치권 내에서의 이용 가능자의 인구를 말한다. →effective catchment ratio

catenary 현수선(懸垂線) =catenary line

catenary line 현수선(懸垂線) 실 양단을 고정하고 중간이 자유롭게 처지도록 했을 때 실이 형성하는 곡선.

cathedral 커시드럴, 카테드럴 사교의 자리가 있는 대교회라는 뜻.

cathode 캐소드, 음극(陰極) 금속 부식에 있어서 환원하는 측.

cathodic protection 음극 방식(陰極防蝕) 방식하는 금속체를 음극으로서 통전하여 부식을 방지하는 것.

cathodic protection method 음극 방식법(陰極防蝕法) 금속에 외부에서 적당한 크기의 전류를 가하고, 금속 표면을 모두 같은 전위로 하여 국부 전지에 의한 전류가 흐르지 않도록 하는 전기 방식법의 하나이다.

cattle shed 축사(畜舍) 가축을 사육하여 우유, 식육, 알 등 축산물의 생산과 번식, 육성을 하기 위한 건축물. =barn

CATV 유선 텔레비전(有線-) =cable television

cat walk 캣 워크 상시 사람이 접근할 수 없는 장소에 있는 기기를 점검하기 위해 두어진 사다리꼴의 수평 통로. 극장의 무대 상부라든가 체육관의 천장면 등에 두어진다.

caulking 코킹 접착성·점착성이 있는 재료로 수밀이나 기밀을 위해 작은 틈에 충전재를 넣는 것.

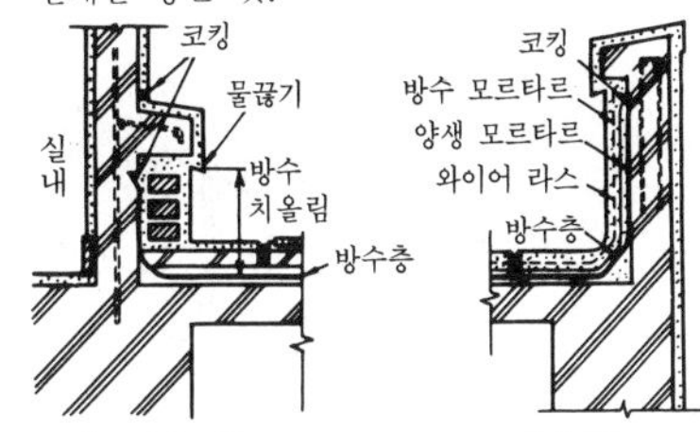

벤트 하우스의 방수 치올림 / 패러핏의 방수 치올림

caulking compound 코킹재(-材) 실링재의 일종. 무브먼트가 거의 없는 줄눈에 충전하여 수밀성, 기밀성을 확보하는 부정형의 재료. 유성 코킹으로 대표된다.

caulking gun 코킹 건 실링재나 코킹재를 줄눈 내로 주입 충전하기 위한 시공 기구. 실링 건이라고도 한다.

cave dwelling 동굴 주거(洞窟住居) 주로 자연 동굴을 이용한 원시 주거.

cavitation 공동 현상(空洞現象) 유체가 펌프의 날개차 등에 충돌하여 급격한 방향 변화가 있는 경우 날개면·고체면에서 유체가 벗어나 거기에 저압부 또는 공동이 생기는 현상. 물 펌프의 경우 소음을 낸다든지 진동의 원인이 되며, 날개에 부식을 발생하는 일이 있다.

CAV unit CAV유닛 CAV는 constant air volume의 약어. 덕트 내 압력의 변동이 있더라도 언제나 정해진 풍량을 통풍하는 장치를 말한다. 모터 댐퍼형, 스프링형이 있다.

CB 콘크리트 블록 =concrete block

CCL system CCL공법(-工法) 프리스트레스트 콘크리트용 정착 공법의 일종. PC강 연선을 쐐기로 정착하는 방법의 하나로, 싱글 스트랜드 시스템을 비롯한 네 가지 시스템으로 구성되어 있다.

cedar 삼나무(杉-) 소나무과의 상록 교목으로, 경량, 연질, 나뭇결이 곧고, 가공도 용이하다. 겉재목은 황백색, 심재는 담홍 또는 적갈색. 건축 일반, 창호, 통나무, 전주 등에 쓰이는 외에 수피는 지붕잇기 재료로서 사용된다.

ceiling 천장(天障) 실내 공간의 상부를 구성하는 면. 보통은 실내 공간과 지붕밑의 공간을 구획하는 칸막이를 가리킨다. 치장 다락도 천장의 일종이다.

ceiling board 천장판(天障板), 천장널(天障－) 천장에 붙인 널. 삼나무재, 합판, 기타.

ceiling framework 천장 골조(天障骨組), 천장 뼈대(天障－) 천장의 마감재를 붙이는 바탕의 골조. 그림은 합판 등의 천장 골조를 나타낸 것.

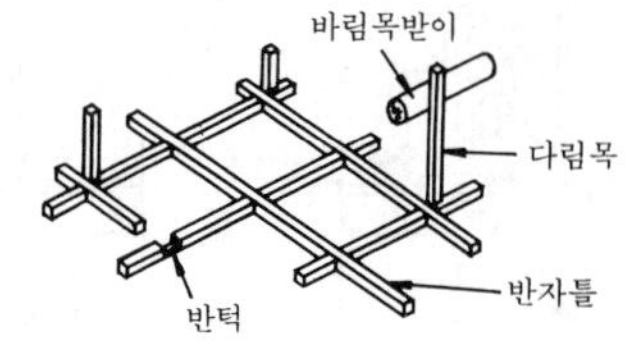

ceiling heating 천장 난방(天障煖房) 온수관을 천장에 설치한 방사 난방. 표면 온도를 바닥 난방보다 높일 수 있다.

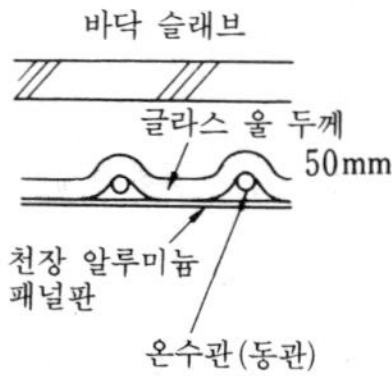

ceiling height 천장 높이(天障－) 바닥면에서 천장 밑면까지의 높이. 한 방에서 천장 높이가 다른 부분이 있을 때는 그 평균의 높이를 말한다.

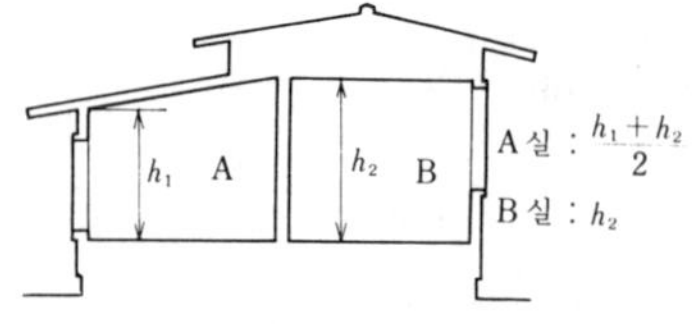

ceiling joist 반자틀 반자를 들이기 위하여 나무나 철사로 가로세로 짜서 만든 틀.

ceiling light 천창(天窓) 천장 또는 지붕면에 설치한 창. 채광에 사용한다. 측창보다 채광량이 크다. ＝top light

ceiling lighting 천장등(天障燈) 천장에 부착하는 조명 기구. 천장면에 직접 부착하는 형과, 사슬이나 파이프로 매다는 것이 있다. ＝ceiling luminaire

ceiling luminaire 천장등(天障燈) ＝ceiling lighting

ceiling metal 실링 메탈 박강판제의 천장판으로, 천장 산자에 못으로 박아 틈을 퍼티로 메우고, 페인트칠을 한다.

ceiling mounded switch 실링 스위치 천장 매입형의 풀 스위치. 끈을 당겨서 점멸한다.

ceiling plan 천장 평면도(天障平面圖) 천장의 마감을 나타내는 그림. 평면도와 같은 방향, 같은 척도로 그리고, 천장재의 레이아웃·명칭 외에 환기구, 천장 점검구, 매입 조명 기구 등을 도시한다.

cella 켈라 그리스 신전, 로마 신전에서의 신상(神像)을 모시는 장소.

cellar 지하실(地下室) 지하에 마련된 방 등을 말한다.

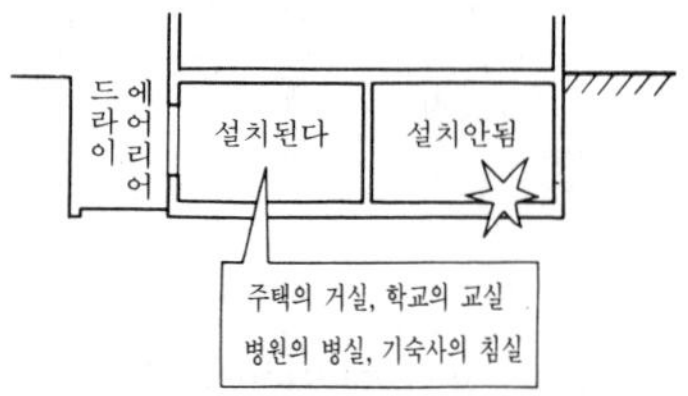

cell type sound absorber 셀형 소음기(－形消音器) 덕트계에서 공기의 흐름과 평행하게 셀형으로 소분할하여 흡음 처리된 소음기. 단면이 큰 부분에 부착되어 소음 효과를 높인다.

cellular concrete 기포 콘크리트(氣泡－) 시멘트 페이스트에 발포제를 섞거나 혹은 안정한 거품과 시멘트 페이스트를 섞어 이겨서 내부에 많은 기포를 포함시킨 다공질 콘크리트. 경량이고 흡음성, 열의 차단성이 뛰어나다. 비중 0.7～0.9 내외, 압축 강도 30～50kg/cm², 열전도율 약 0.3kcal·m·h·℃의 것이 널리 쓰이고 있다. ＝bubble concrete

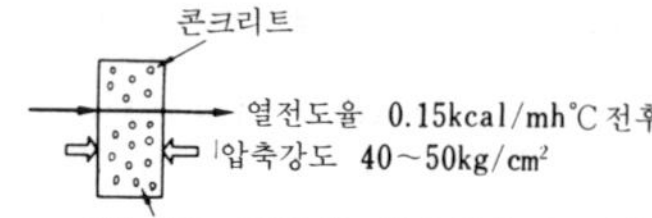

cellular metal floor raceway 셀룰러 덕트 덱 플레이트의 하단에 철판을 깔고, 만들어진 공간을 배선 덕트로 사용하는 것. 사무 자동화를 위한 바닥 배선 방식으로서 쓰인다.

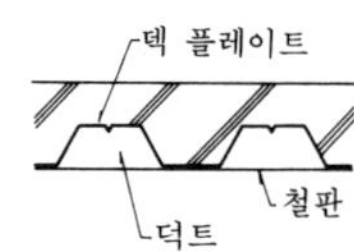

cellular method 절판(折板) 지붕에 사용하는 박강판의 단면 성능을 높이기 위해 절판을 두 장 겹쳐서 잇는 방법.

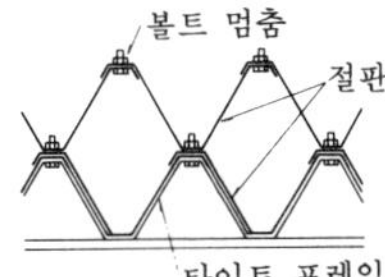

cellular plastics 플라스틱 발포체(－發泡體) ＝plastic foam

celluloid 셀룰로이드 초산 섬유소 약 70%에 가소제로서 장뇌 약 30%를 가하여 얻어지는 섬유소 플라스틱. 무색 투명하나 염료, 안료를 배합하면 착색된다. 연소성이 크고, 비중 약 1.35~1.40, 아름다운 광택과 상당한 경도를 가지며, 열가소성으로 90℃에서 연화하고, 냉각하면 단단해지므로 각종 성형품을 만든다.

cellulose plastics 섬유소 플라스틱(纖維素－) 목재나 면 등 천연산의 식물 섬유에서 화학적 처리에 의해 얻어지는 섬유소 유도체로 만든 열가소성 수지. 플라스틱으로서 최초에 만들어진 초산 섬유소 플라스틱(셀룰로이드), 불연 셀룰로이드라고 불리는 초산 섬유소 플라스틱 기타가 있다. 일반적으로 투명, 가요성과 가공성은 양호하다. 초산계의 것은 일용 잡화, 문방구, 완구 등에 사용되고, 초산계의 것은 불연성으로 래커 도료, 초산 인견, 사진용 필름, 녹음 테이프, 관, 기타 기구류에 사용된다.

cellulosic plastics 섬유소 플라스틱(纖維素－) ＝cellulose plastics

celotex 셀로텍스 목재, 펄프, 짚 등을 접착제로 굳힌 단열재. 단열 외에 흡음·흡습 효과도 있다.

cement 시멘트 넓은 뜻으로는 무기질 접합제의 총칭. 요업(窯業)에서는 무기질 분말을 물로 비벼서 경화하는 것을 말한다. 소석회, 화산회, 소석고, 천연 시멘트, 마그네시아 시멘트, 포틀랜드 시멘트, 혼합 시멘트의 각종, 알루미나 시멘트 등의 총칭. 기경성(氣硬性) 시멘트와 수경성(水硬性) 시멘트로 나뉜다. 치과용 시멘트, 내산 시멘트 등 특수 용도의 것도 있다. 좁은 뜻으로는 포틀랜드 시멘트를 말하며, 특히 보통 시멘트를 가리킨다.

cementation 시멘테이션 ① 터널의 굴착에서 암반의 균열에 시멘트풀을 주입하는 것. ② 금속 표면에 다른 금속을 침투시켜 내식성을 향상시키는 표면 처리 방법.

cement bacillus 시멘트 바실루스 에트린가이트(ettringite)를 말한다. 옛날은 콘크리트의 균열 원인 물질이라고 생각되었으며, 시멘트의 세균(바실루스)이라고 불렀다.

cement concrete 시멘트 콘크리트 시멘트, 물, 골재를 주원료로 하고, 필요에 따라 혼합재를 가해서 적당한 비율로 비빈 콘크리트, 혹은 그것이 경화한 것.

cement content per unit volume of concrete 단위 시멘트량(單位－量) 프레시 콘크리트(fresh concrete) $1m^3$ 중에 포함되는 시멘트의 무게.

cemented chip board 목편 시멘트판(木片－板) 약제 처리한 5~10mm의 나무 조각과 시멘트를 약 3 : 7의 비율로 섞어서 가압 성형한 판 모양의 재료. 벽, 천장 등의 바탕재, 치장재로 사용한다.

cemented excelsior board 목모 시멘트판(木毛－板) 목재를 길이 10~30cm의 리본형으로 깎은 목모와 시멘트를 섞어서 성형 가압 상태로 경화시킨 것. 보통판, 난연판(難燃板)이 있다. 벽·천장 마감 또는 바탕용, 지붕의 단열용으로 사용된다.

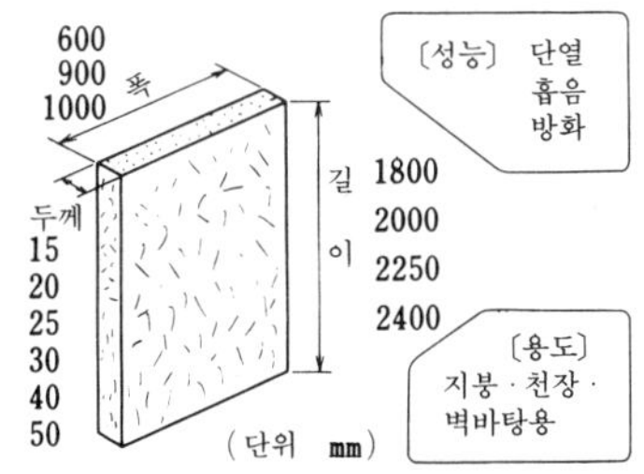

cement extender 시멘트 증량제(－增量劑) 실리카질 분말의 혼합제를 주체로 한 것. 콘크리트의 워커빌리티를 좋게 하지만, 단기 강도를 저하시켜 균열을 발생하는 결점도 있다. 첨가량은 시멘트에 대하여 15%wt를 한도로 한다.

cement grout 시멘트 그라우트 균열이나 공동(空洞)의 가는 틈 사이에 충전하는 것으로, 혼합 재료를 가하여 충전성을 좋게 한 시멘트 페이스트.

cement gun 시멘트 건 모르타르 또는 밀크상(狀)의 시멘트를 뿜는 기계. 압축 공기로 시멘트와 모래의 혼합물을 내보내고, 노즐 끝에서 물을 섞어 뿜는 기구를 갖는다.

cement gun shooting method 시멘트 건 공법(－工法) ＝shotcrete

cement lithin 시멘트 리신 ＝lithin

cement mortar 시멘트 모르타르 시멘트에 모래를 섞어서 물로 비빈 것(시멘트 1에 대하여 모래 3의 비율로 섞은 것이 가장 널리 사용된다).

cement paint 시멘트 페인트 =cement water paint

cement paste 시멘트풀 시멘트와 물의 혼합물을 말하며, 시멘트액이라고도 한다.

cement products 시멘트 제품(-製品) 시멘트를 주원료로 하여 모래, 자갈, 보강재 등을 배합하고, 물로 비벼서 성형하여 경화시킨 내구성이 풍부한 토목·건축용 제품을 총칭하는 것. →concrete product

cement rendering 모르타르칠 시멘트 모르타르를 칠하는 것. 마감으로서 칠하는 경우와 바탕으로서 칠하는 경우가 있다.

cement roof tile 시멘트 기와 시멘트와 모래를 1 : 3(중량비)의 비율로 배합하고, 물을 가하여 비빈 것을 형에 넣어서 성형한 기와.

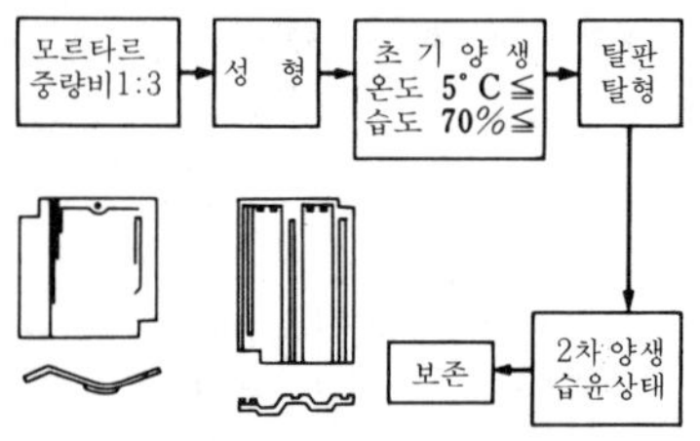

cement stabilization 시멘트 안정 공법(-安定工法) 시멘트를 개량 대상흙과 혼합, 교반함으로써 지반의 안정성이나 내구성의 개선을 도모하는 지반 개량 공법.

cement stucco 시멘트 스터코 =stucco

cement tile 시멘트 기와 =cement roof tile

cement void ratio theory 시멘트 공극비설(-空隙比說) A. N. Talbot가 발표(1921년)한 설로, 콘크리트의 강도 σ_{28}은 시멘트의 절대 용적과 공극과의 비로 정해진다고 하는 것. 시멘트·공극비 c/v, 공극·시멘트비 v/c, 또는 시멘트·실적비 $(v+c)$의 함수로, 다음 식으로 나타낸다.

$$\sigma_{28} = 2240\left(\frac{c}{v+c}\right)^{2.5}$$

여기서, c는 콘크리트 단위 용적 중의 시멘트의 실적, v는 콘크리트 공극이다.

cement wash 횟물 먹이기 시멘트를 물로 비빈 페이스트를 칠하는 것.

cement water paint 시멘트 워터 페인트 백 시멘트나 안료, 방수제를 혼합한 것을 물로 비벼서 뿜든가 칠하여 사용하는 도료. 바탕은 콘크리트나 모르타르의 벽이 많다. =cement paint

cement-water ratio 시멘트 물 비율(-比率) 모르타르 콘크리트를 비빌 때의 시멘트(C)와 물(W)의 중량비.

C/W=시멘트의 중량/물의 중량

물 시멘트 비율의 역수이다. →water cement ratio

cemetery 묘지(墓地) 묘를 세우는 장소 또는 묘가 있는 장소.

cemetery park 공원 묘지(公園墓地) 공원식, 정원식으로 설계되는 한 단지의 묘지. 밝고 깨끗한 이미지를 갖도록 계획된 묘지의 양식.

census 센서스 인구, 주택, 기업 등에 관한 전국적인 전수(全數) 조사. 추출 조사라도 조사 대상이 많고, 전수 조사에 가까운 것도 센서스라고 불리는 경향이 있다.

center 심(心) ① 중심, 핵심 등을 말한다. 예 : 심심 거리. ② 물건의 중심에 있는 것. 예 : 심재. ③ 물건의 모양을 정돈하여 유지하기 위해 속에 넣은 것. 이 경우 심(芯)자를 쓰기도 한다. 예 : 심판(芯板).

center axis 중심축(重心軸) 단면의 중심(重心)을 통하는 임의의 축.

center core 센터 코어 급배수, 냉난방 공기 조화, 엘리베이터 등의 설비 부분을 기능적·구조적인 핵으로서 구성한 건축을 말한다.

center district 센터 지구(-地區) 신도시 건설 등에서 지역의 중심이 되도록 계획된 지구. 생활 관련 시설이나 학교, 상점가 등이 집약적으로 건설된다.

center drill 센터 드릴 얇은 목재에 볼트 구멍 등을 뚫는 데 사용하는 공구(구멍의 크기는 5~30mm).

center facility 센터 시설(-施設) 쇼핑 등을 집중적으로 배치한 중심가.

center hole jack 중심공 잭(中心孔-) 유압 잭의 일종. 램(ram)의 중앙에 구멍이 관통한 잭을 말한다. PC강재의 긴장 등에 쓰인다.

centering 심내기(心-) 계측하여 중심선을 찾아서 먹줄치기하는 것. 대규모의 공사에서는 트랜싯을, 소규모의 공사에서는 큰 직각자를 사용한다.

center line 중심선(中心線)[1], 심묵(心墨)[2]

(1) 심선이라고도 한다.

(2) 중심선을 나타내는 먹. 밑창 콘크리트면에 중심선을 긋는다든지, 콘크리트 바닥면 등에 중심선을 긋는다.

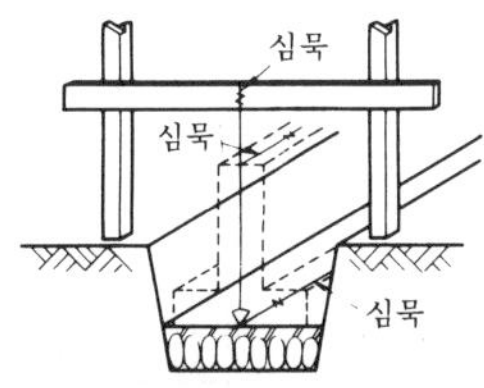

center line

center line of columns 주심(柱心) 기둥 폭의 중심선.

center line of wall 벽심(壁心) 벽체의 중심선.

center of figure 도심(圖心) 평면 도형의 중심(重心). 도심을 통하는 임의의 축에 관한 단면 1차 모멘트는 0이다. 구조 부재 단면의 도심은 단면의 중심과 같다.

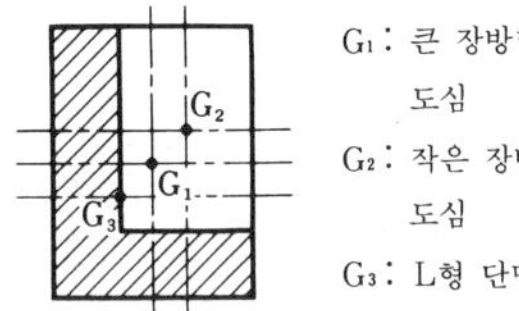

center of gravity 중심(重心) ① 물체를 구성하는 각 질점(質點)에 작용하는 중력의 합력(合力)의 작용점. 중력의 장에 있어서는 질량의 중심과 일치한다. ② 도심(圖心)을 단면의 중심이라고도 한다.

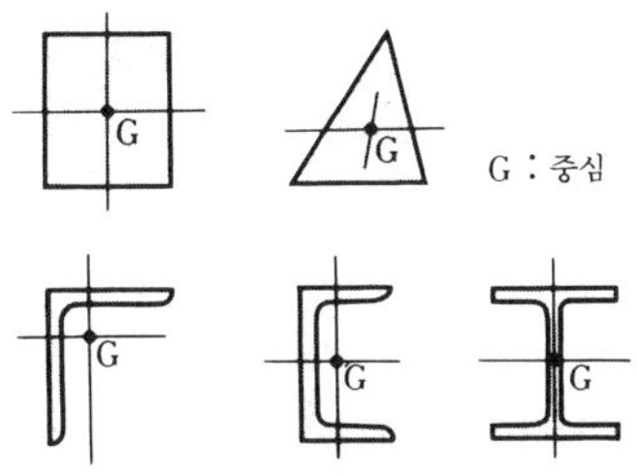

center of radius of curvature 곡률 중심(曲率中心) 곡선상의 한 점에서 그 법선 방향으로 곡률 반경과 같은 거리에 있는 점을 말한다.

center of rigidity 강심(剛心) 구조물을 입체적으로 생각했을 때의 층의 수평력에 대한 회전 중심. 기둥과 벽의 수평력에 대한 강성에 의해 정해진다.

center of rotation 회전 중심(回轉中心) 강체(剛體)의 회전 운동의 중심이 되는 점.

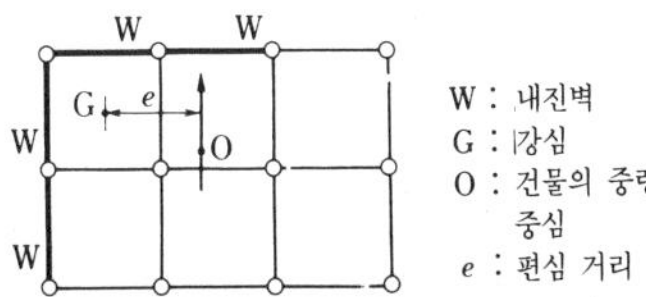

center of rigidity

center of torsion 비틀림 중심(-中心) 단면에 비틀림 모멘트를 작용시킬 때 변형이 생기지 않는 점.

center of vision 시중점(視重點) 투시 화법에서 시점(視點)의 화면상으로의 투상. =C.V.

center punching 센터 펀치, 펀치 공구강으로 만든 둥근 막대 또는 다각형 막대의 한 끝을 날카롭게 한 것. =punch

center spot room 센터 스폿실(-室) 객석 후부 중앙에 설치된 극장 등의 투광실.

center table 센터 테이블 거실이나 응접실의 중심에 두는 테이블.

center time 시간 중심(時間重心) 실내 음장의 평가량으로 큐러가 제안한 음향 지표. 실내에 임펄스 모양의 음을 냈을 때의 응답 파형 $p(t)$에서 아래 식으로 구해지는 시간 중심의 값 t_s.

$$t_s = \int_0^\infty t \cdot [p(t)]^2 dt \, / \int_0^\infty [p(t)]^2 dt$$

t : 시간(초), $p(t)$: 시계열 신호.

center to center 심심(心心) 두 재료의 중심에서 중심까지를 말하는 것.

central administration system 집중 관리 방식(集中管理方式) 설비 기기, 방재 기기 등의 정보를 한 곳에 집중시켜 관리하는 제어 방식. =central control system

central air conditioning equipment 중앙식 공기 조화 장치(中央式空氣調和裝置) 송풍기, 에어 필터, 냉각 코일, 가열 코일, 가습기 등을 갖추고 기계실에 설치된 공기 조화 장치. →central air conditiong system

central air conditioning system 중앙식 공기 조화 방식(中央式空氣調和方式) 기계실에 중앙식의 공기 조화기를 설치하고, 각층의 공기 조화를 하는 방식.

central area 중심 지구(中心地區) 도시 기능으로 중요한 행정, 경제, 문화, 위락 등의 시설이 집단적으로 집중하고 있는 도시의 중심부, 도심. 대규모의 고층 건축물이 건축되어 교통량도 매우 많은 지구로, 건축물의 용적 제한이나 가로, 주차

장, 교통 기관의 정비를 필요로 한다. = central district

central axis 중심축(重心軸) 중심(重心)을 원점으로 하는 좌표축.

central business district 중심 업무 지구(中心業務地區) 토지 이용 계획상의 지구 분류의 하나. 도시 가운데서 중추적 업무 기능이 집적하여 핵을 형성하고 있는 지구를 말한다.

central cleaner 센트럴 클리너 전기 청소기를 운반하여 청소를 하는 것이 아니고, 바닥이나 천장에 배관된 파이프를 통해서 한 곳의 흡인기로 할 수 있도록 한 것으로, 빌딩이나 가정에서도 사용된다.

central commercial district 중심 상업 지구(中心商業地區) 도시 중심부에 있으며, 대형 점포나 전문점 등 상업 점포가 집중하고 있는 지구. 교통의 거점, 백화점, 유명점 등이 존재한다.

central control room 중앙 관리실(中央管理室) 건축물 내의 공기 조화 설비, 배연 설비, 비상용 엘리베이터 등의 제어·작동 상태의 감시 등을 하는 방. 보통, 방재 센터의 역할을 한다.

central control system 집중 관리 방식(集中管理方式) =central administration system

central district 중심 지구(中心地區) = central area

central ducting system 중앙 덕트 방식(中央−方式) 공기 조화기를 기계실에 설치하고, 덕트로 건물 내의 각 방에 냉풍, 온풍을 보내서 냉난방하는 공기 조화 방식을 말한다.

central facilities 중앙 시설(中央施設) 도시, 지역 혹은 지구의 핵이 되는 중심 구역에 건설, 정비되는 행정, 상업·업무, 문교, 복지, 오락, 교통·수송 등의 시설.

central heating 중앙 난방(中央煖房) 건물 내의 한 곳에 설치된 보일러, 가열기 등에서 파이프 또는 덕트에 의해 각실에 증기, 탕, 온풍을 배급하여 그들의 방을 덥히는 방식의 난방. 단, 미국에서는 central heating을 지역 난방의 의미로 사용하기도 한다.

central hot water supply 중앙식 급탕법(中央式給湯法) 보일러로부터의 증기관에서 저탕 탱크에 탕을 만들고, 건물의 각 급탕 개소로 배관을 통해 공급하는 방식. 장치가 커도 집중 관리하기 쉬우므로 대규모 급탕에 적합하다.

central hot water supply system 중앙 급탕 방식(中央給湯方式) →central hot water supply

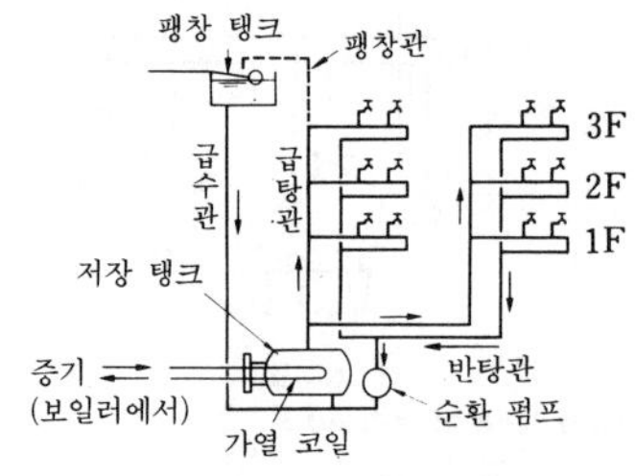

central hot water supply

centrality 구심성(求心性) 형태적, 공간적으로, 중심을 향하는 효과, 또 그 성질. 원형이나 방사성의 형, 배열의 효과로서 일반적으로 알려져 있다. =centricity

centralized control system 집중 관리 방식(集中管理方式) 경영에 있어서의 각종 관리 기능을 본사 혹은 본부라고 불리는 중추 기구에 집중화한 관리 형태.

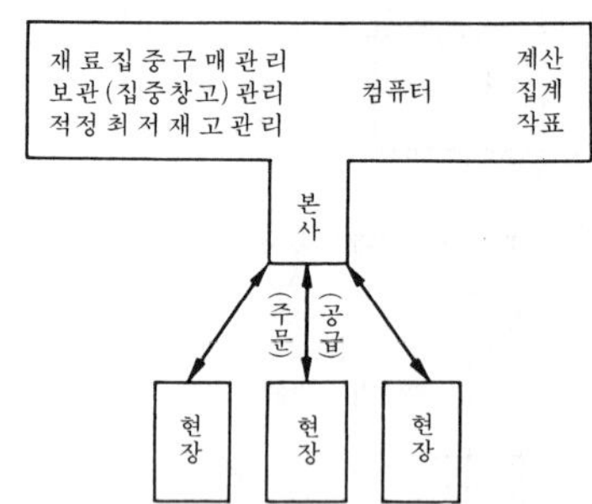

centralized layout 집중형 배치(集中形配置) 많은 시설에 관련하는 시설을 한 곳에 집중하여 배치하는 방법. 예를 들면 주택지 계획에서 점포나 집회실 등을 집중하여 배치하는 것을 말한다.

centralized supervisory and control system 중앙 감시 제어 설비(中央監視制御設備) 여러 곳에 산재하는 설비 기기, 여러 방의 상태 등의 원격 감시·제어를 중앙에 집중하여 행하는 시스템. 중앙 감시반, 원격 중계반, 현장 제어반 및 배선으로 구성된다.

central kitchen 중앙식 주방(中央式廚房) 호텔이나 레스토랑에서 한 곳의 주방에서 조리하여 식당 등에 공급하는 방식.

central library 중앙 도서관(中央圖書館) 1 자치체 또는 1 대학 중에 복수의 도서관을 설치하여 도서관 서비스망을 구축할 때 중심적 기능을 하는 도서관. =main libray

central limit theorem 중심 극한 정리(中心極限定理) 다수의 독립한 확률 변수의 합으로 나타내어지는 변수의 확률 분포는 정규 분포에 따른다고 하는 정리.

centrally loaded compressed member 중심 압축재(中心壓縮材) 압축력의 합력이 단면의 도심(圖心)에 작용하는 부재.

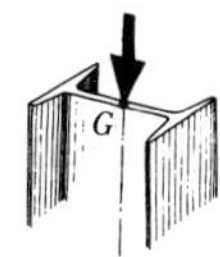

central mixed concrete 센트럴 믹스트 콘크리트 고정 믹서로 비빈 콘크리트.

central monitor room 중앙 감시실(中央監視室) 건물의 공기 조화, 위생, 전기 등의 설비를 종합적으로 감시하여 필요한 설비를 제어할 수 있도록 한 중앙 감시 제어 장치를 설치한 방.

central park 중앙 공원(中央公園) 각 도시의 중심 지구에 입지하고, 레크리에이션이나 문화의 중심적인 역할을 하는 공원의 일반 명칭.

central place theory 중심지 이론(中心地理論) 도시는 그 규모에 따라서 서비스하는 범위가 있으며, 그 서비스 범위가 한 지역의 도시군에 대해서 보면 계층적으로 되어 있다고 하는 이론. 크리스털러(W. Christaller)가 제창했다.

central processing unit 중앙 처리 장치(中央處理裝置) ＝CPU

central refrigerating plant system 중앙식 냉동 장치(中央式冷凍裝置) 저온 창고 등에 사용되는 냉동 장치. 압축기를 중앙의 기계실 내에 두고, 응축 후의 냉매액을 각 방의 냉각기에 보내는 방식의 냉동 장치. →condensing unit

central shopping district 중심 상점가(中心商店街) 도시나 지구 등의 계층적 구성에 대해 각각에 대응한 상권을 갖는 상점가. →community shopping center district

central system 센트럴 시스템 ① 병원에서 검사, 수술, 약국 등의 각과에 공통인 여러 시설을 한 곳에 모으는 중앙 관리 방식·중앙 서비스 방식을 말한다. ② 중앙 기계 설비실을 설치하여 각실의 난방·냉방 등을 하는 방식.

central system air conditioning 중앙식 공기 조화(中央式空氣調和) 건물 내의 기계실에 열원 기기와 공기 조화기 등을 설치하고, 여기서 집중 관리하여 조화 공기를 만들어 존(zone) 및 각실에 보내는 방식. 전공기 방식과 물·공기 방식이 있다.

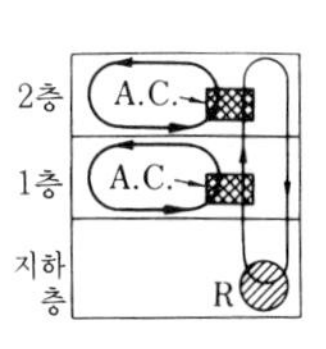

각층 유닛 방식

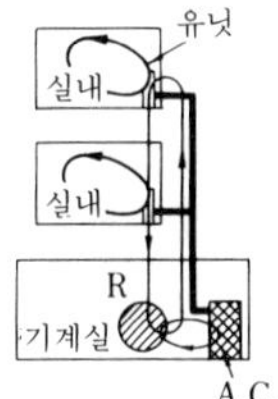

유인 유닛 방식

A.C.: 공기 조화기　　R: 냉동기

central urban area 도시 중심(都市中心) ＝city center

central vacuum dust collection equipment 중앙 진공 집진 장치(中央眞空集塵裝置) ＝vacuum dust collection system

central wholesale market 중앙 도매 시장(中央都賣市場) 생산지로부터 생선, 식육, 청과 등의 식료품을 모아 소매 업자에게 판매하는 거래소 또는 그 시설. 일반적으로는 공설 시장이다.

Centrex system 빌딩 전화(−電話) 국선으로부터의 전화가 교환원을 통하지 않고 직접 개개의 내선 전화기에 연결되는 다이얼인 기능을 가진 전화 설비.

centricity 구심성(求心性) ＝centrality

centrifugal blower 원심형 송풍기(遠心形送風機) ＝centrifugal fan

centrifugal casting 원심 성형법(遠心成形法) 원심력을 응용하여 콘크리트 등을 기계 성형하는 방법을 말한다. 원심력 철근 콘크리트관, 원심력 철근 콘크리트 말뚝 등이 있다.

centrifugal casting steel pipe 원심 주조 강관(遠心鑄造鋼管) 원심력을 이용하여 주조한 강관.

centrifugal compressor 원심 압축기(遠心壓縮機) 기체가 회전하는 날개차의 반경 방향으로 중심부에서 바깥쪽을 향해서 흐르는 동안에 주로 원심력에 의해 에너지가 주어져 승압하는 압축기. →turbo-compressor

centrifugal fan 원심 팬(遠心−), 원심형 송풍기(遠心形送風機) 송풍기의 주요한 두 종류(하나는 축류 송풍기) 중의 일종. 날개차의 회전에 의해 공기를 날개차 안쪽에서 원심력에 의해 원주 방향으로 내보내는 기계. 팬과 블로워의 두 종류가 있으며, 전자는 압력 수주 350~400mm 이하, 후자의 압력은 그 이상이다. 날개의 모양에 후곡형(後曲形 : ① 장, ② 단, ③ 2중 만곡), 전곡형(④ 다익형), 직선익형 등의 구별이 있다. 또 날개차의 지지 방법이나 구동 방법에도 각종 종류가 있다.

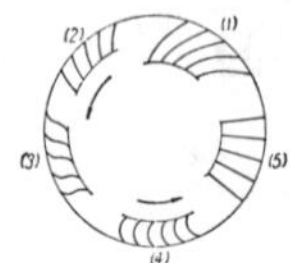

centrifugal moment 단면 상승 모멘트(斷面相乘−) 단면의 미소 면적 dA에 원점 O를 통하는 직각 좌표 x, y에서 그 면까지의 거리 x 및 y를 곱한 것의 총합을 원점 O에 대한 단면 상승 모멘트($I_{xy} = \int xydA$)라 한다.

centrifugal pump 원심 펌프(遠心−) 나선형 실내에서 날개차를 고속 회전시켜 유체에 원심력을 주어 송출하는 펌프. 진동이 적고, 소형이며 고능률이기 때문에 널리 이용되고 있다.

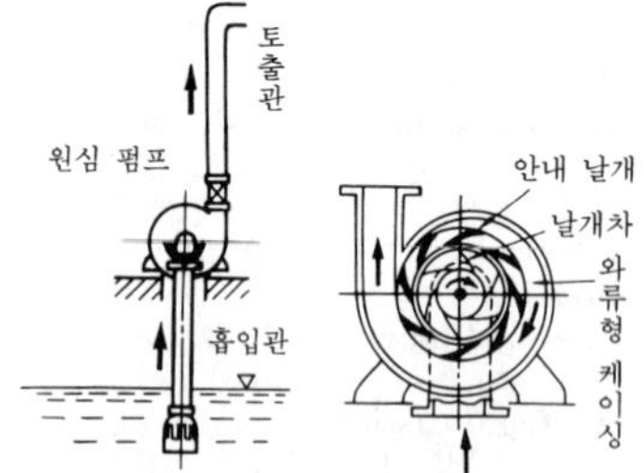

centrifugal refrigerator 원심 냉동기(遠心冷凍機) =turbo refrigerator

centrifugal reinforced concrete pipe 원심력 철근 콘크리트관(遠心力鐵筋−管) 철근을 원통 농형(바구니형) 또는 원통형으로 조립한 것을 철제의 틀에 넣고, 콘크리트를 투입하여 고속으로 회전시켜서 성형한 관. 흄관이라고도 한다.

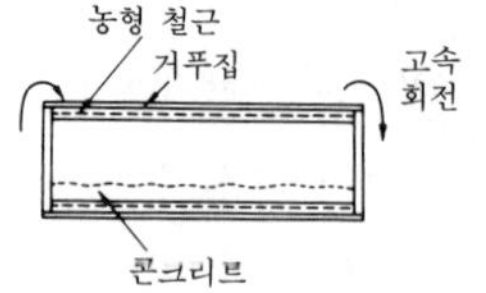

centroid 도심(圖心) =center of figure

ceramic block 세라믹 블록 요업제(窯業製) 블록을 말하며, 공동 콘크리트 블록과 유사한 치수를 갖는다. 흡수 · 수축 · 강도면 등은 콘크리트제에 비해 뛰어난 성능을 나타내지만 가격이 비싸다.

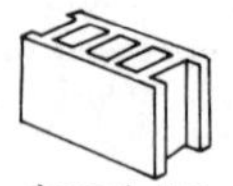
세로구멍 블록

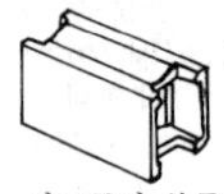
가로구멍 블록

ceramic pipe 도기관(陶器管), 도관(陶管) 직경 150mm 이상의 도기로 만들어진 관. 양질의 찰흙을 주원료로 하고, 토관보다 고온으로 소성해서 만든다. 흡수율은 토관보다 작다. 하수관 등으로 사용된다.

ceramics 세라믹스 좁은 뜻으로는 도자기와 같이 가루를 굳혀서 소성한 비금속의 고체재를 말한다. 넓은 뜻으로는 비금속 · 무기의 고체재이며, 시멘트 · 유리 · 보석 · 법랑 혹은 인공 원료를 사용한 파인 세라믹스나 광섬유까지를 포함한다. 어원은 그리스어로 도기를 뜻한다.

ceramics fiber 세라믹스 섬유(−纖維) 단열재 등에 사용되는 세라믹스 재료로 만들어지는 섬유의 총칭. 경량이고 단열성이 뛰어나다.

ceramic tile 사기 타일(沙器−), 도자기 타일(陶瓷(磁)器−), 도성 타일(陶性−) 요업제(窯業製) 타일의 총칭. 경질 도기질 타일(흡수율 15% 이하)과 도기질 타일(흡수율 20% 이하)이 있다. 내장, 외장용 외에 모자이크(내장, 외장)용이 있다.

ceremony for sanctifying ground 지진제(地鎭祭) 기공에 앞서 대지 내에 제장(祭場)을 설치하고, 대지, 공사, 건축물의 평안을 비는 의식.

certificate of inspection 검사 필증(檢査畢證) 건축 공사에서 건축물을 검사한 결과, 건축 관계 법규에 적합하다는 것을 인정할 때 건축주에 교부되는 증명서.

cesspool 수채통(−筒), 하수통(下水筒) 하수도의 설비가 없는 곳에서 각 주택 혹은 여러 가구에서 오수를 모아두는 통.

CFRC 탄소 섬유 보강 콘크리트(炭素纖維補强−) =carbon fiber reinforced concrete

CG 컴퓨터 그래픽스 =computer graphics

chain 체인, 사슬 평지의 거리 측량에 사용되는 강철제의 사슬.

chain block 체인 블록 활차 · 톱니바퀴에 체인을 걸고, 인력으로 당겨서 중량물을 들어 올리는 장치. 최대 20t 정도까지 하중을 들어 올리고 내릴 수 있다.

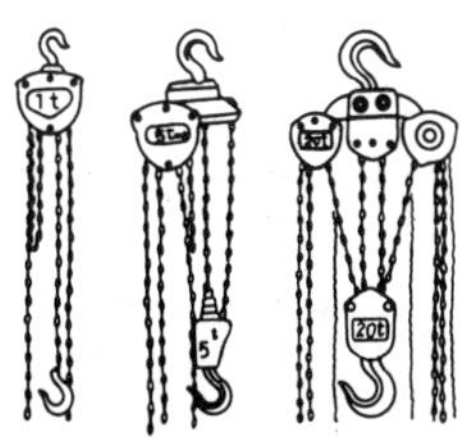

chain block

chain bolt 체인 볼트 래치 볼트에 사슬을 붙인 것. 회전창의 윗마루귀틀에 부착한 캐치 자물쇠를 여는 데 사용한다.

chain door fastener 도어 체인, 체인 도어 파스너 현관문 안쪽에 부착되는 사슬이 달린 철물. 방문자의 확인을 할 때 문을 약간 열고, 사람의 출입을 불가능하게 한 것.

chain line 쇄선(鎖線) 선의 일종으로, 단쇄선과 복쇄선이 있다. 단쇄선은 파선 사이에 점이 하나 들어가서 기둥, 벽의 중심선 혹은 평면의 절단 개소 등을 나타내는 데 사용한다. 복쇄선은 파선 사이에 점이 2개 들어 있다.

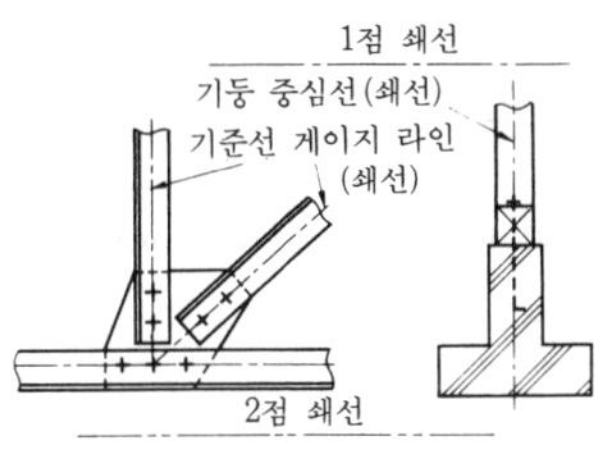

chain pendant 체인 펜던트 샹들리에나 천장등을 매다는 사슬.

chain riveting 병렬 리벳 이음(並列-) 다열 리벳 이음의 한 방식. 게이지를 리벳 직경의 3배 이상으로 한다.

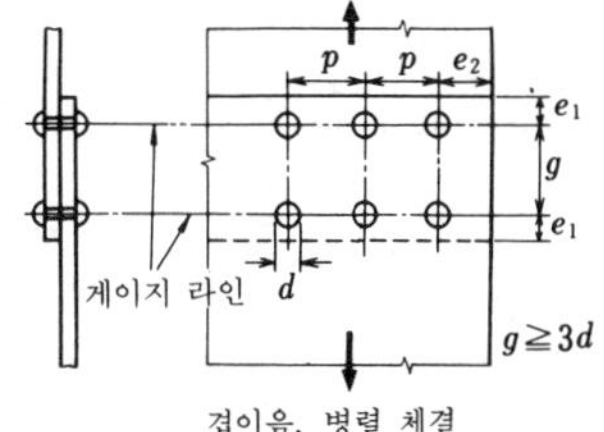

겹이음, 병렬 체결

chain saw 체인 톱 사슬 모양으로 된 톱니를 장원형의 강판 가장자리를 따라서 부착하고, 이것을 벨트 모양으로 회전시켜서 목재 등을 절단하는 기계톱.

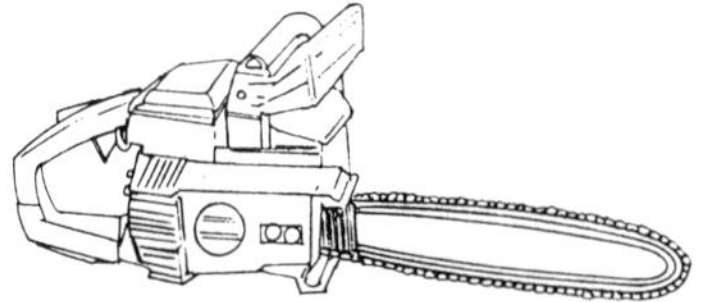

chain-stores 체인스토어 중앙 관리 방식에 의한 상호 제휴한 소매 점포의 집단 조직을 말한다.

chair 의자(椅子) 등받이가 있는 1인용 의자. 팔걸이가 있는 것도 있다.

chair table 체어 테이블 갑판을 세우면 의자가 되는 가구.

chalk 백악(白堊) 백색 안료로, 조가비를 태워 만든 희고 부드러운 기루. 그림 물감, 도료용.

chalking 백악화(白堊化) 도막(塗膜)이 자외선에 의해 열화하여 광택을 잃고, 가는 입자로 되어서 이탈하는 현상.

chamber 체임버, 소음 체임버 소음을 흡수하는 상자 모양의 간단한 장치. 공기 조화용 덕트 도중에 접속하여 소음이나 공기의 혼합 등의 목적으로 사용된다.

chamfer 챔퍼, 모 각단면(角斷面)을 갖는 부재의 모서리 부분을 깎아내서 만들어지는 부분. 보통은 평면이지만 그 밖에 둥근면 등 많은 종류가 있다.

chamfering 모접기 면을 깎아내는 것. 목공에서의 쇠시리. 석재, 철근 콘크리트, 콘크리트 등의 모접기.

chamotte 샤모트 내화 찰흙을 구워서 가루로 한 것. 샤모트라고 불리는 내화 벽돌의 재료, 혹은 내화 벽돌 쌓기 줄눈 재료로서 쓰인다.

chamotte brick 샤모트 벽돌(-壁-) 샤모트에 내화 찰흙을 가하여 소성한 보통의 내화 벽돌. 내화도는 1,690~1,750℃이다. =grog brick

chansel 챈슬 =choir

chandelier 샹들리에 천장에 매단 장식용 조명 기구로, 다수의 촛불, 또는 전등을 가지 모양으로 나누어서 만들고, 여기에 보석, 수정 유리알 등을 써서 호화스럽게 만든 것.

change of design 설계 변경(設計變更) 일단 결정한 설계의 일부 또는 전부를 변경하는 것.

change of order 설계 변경(設計變更) = change of design

channel 수로(水路)[1], 홈형강(-形鋼)[2] (1)

물의 통로. 통수로, 송수로 등.
(2) ㄷ자 모양을 한 형강. 샛기둥이나 작은 보 등과 같은 2차적 부재에 이용된다. 이 홈형강을 서로 등을 맞대어 H형 단면재와 마찬가지로 사용되기도 한다.

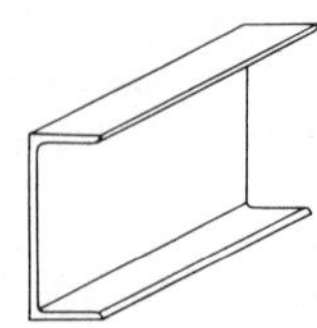

channel bolt 채널 볼트 훅이 붙은 볼트. 철골 구조의 마감재를 단단히 체결하는데 사용한다.

channel steel 홈형강(－形鋼) 홈형의 단면을 한 구조용 강재로, 형강의 일종.

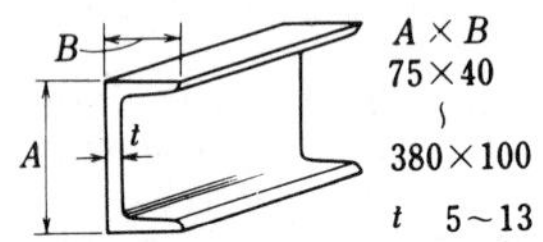

channel tile 숫기와, 암기와 원통을 세로로 쪼갠 모양의 기와.

chapel 예배당(禮拜堂) 교회 건축에 부속한 부분으로, 성단을 갖춘 예배용의 건물.

characteristic acoustic impedance 고유 음향 임피던스(固有音響－) 매질 중을 진행하는 평면파의 임의의 점에서의 음압(또는 응력)과 입자(또는 진동) 속도와의 복소수비. ＝specific acoustic impedance

characteristic acoustic resistance 고유 음향 저항(固有音響抵抗) 고유 음향 임피던스의 실수부. 평면 음파의 경우는 음을 전하는 매질의 밀도와 그 매질 중의 음의 속도와의 곱(kg/m² · s)이 된다. ＝specific acoustic resistance

characteristic diagram 특성 요인도(特性要因圖) ＝fish bone

characteristic impedance 특성 임피던스(特性－), 고유 음향 임피던스(固有音響－) 무한히 넓은 매질 중의 단위 면적 음향 임피던스의 값은 그 매질 고유의 것으로, 이것을 고유 음향 임피던스 또는 특성 임피던스라 한다.

characteristic length 특성 거리(特性距離) 어느 흐름의 변동량을 대표하는 길이의 스케일.

characteristic mode 고유 모드(固有－) 고유값을 갖는 물리계에서 고유값에 대응하는 계의 형상을 말한다. 어느 점을 기준으로 하여 상대적으로 나타낸 것이다. ＝eigenmode →fundamental natural mode

characteristic of air movement 공기 유동 특성(空氣流動特性) 공기의 운동을 나타내는 물리적 특성.

characteristics of residential area 주택지 특성(住宅地特性) 주택의 종류, 밀도, 주환경의 질 등의 물적 특성, 거주자의 연령 구성, 직업 등의 사회적 특성 등에 의해 형성되는 주택지의 성격을 말한다. ＝neighborhood characteristics

charge 전하(電荷)[1], 충전(充電)[2] (1) 상이한 물질을 마찰하면 서로 음(－), 양(＋)의 전기가 발생한다. 이 전기를 전하라 하며, 단위는 쿨롬(C).
(2) 축전지 또는 콘덴서에 전하를 축적하는 것.

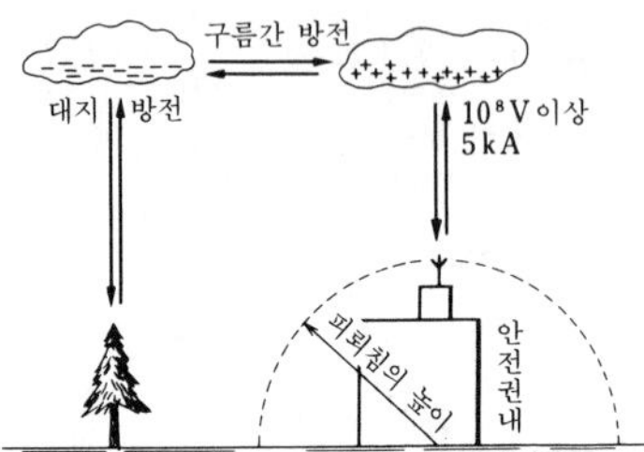

charge for exclusive use of road 도로 점용료(道路占用料) 건설 공사에서 가설 시설의 설치 등을 위해 공공이나 사유의 도로를 사용하는 경우, 도로를 소유 혹은 관리하는 자에게 지불하는 사용료.

charge of address 주소 이전(住所移轉) 주거를 이동하는 것. 그 목적이나 이유와는 관계없는 개념.

charger 충전기(充電器) 축전지(2차 전지)의 충전을 하는 기기. 정류기에 의한 직류 전압을 사용하여 방전 후의 전지에 전압을 가하여 충전을 한다.

Charpy impact test 샤르피 충격 시험(－衝擊試驗) 재료의 충격 시험법의 일종.

Charpy impact value 샤르피 충격값(－衝擊－) 새김눈을 갖는 재료에 충격력을 주었을 때 흡수되는 에너지를 단면적으로 나눈 값. 재료의 인성(靭性), 취성(脆性)을 나타낸다.

chart 차트 약액 주입시의 주입 압력, 주입량을 기록한 그래프 또는 그 용지.

Charte d'Athenes 아테네 헌장(－憲章) 아테네에서 개최된 제4회 현대 건축 국제회의(CIAM)에서 토의된 내용으로, 기능적 도시에 대한 고찰과 요구 사항을 정리한 것.

chateau 샤토 성 또는 대저택. 맨션 등 집합 주택의 명칭으로서 쓰이고 있다.

check 갈림, 건조 갈림(乾燥－) 목재의 건조 등이 원인으로 갈라지는 것. ＝shake

check and balance 체크 앤드 밸런스 특정 부문에 힘이 집중하는 것을 피하고, 서로 억제하면서 균형을 유지하는 것.

check damper 역류 방지 댐퍼(逆流防止－) ＝backdraft damper

checkerboard type of street system 바둑판형 도로망(板形道路網) 바둑판형으로 대소 도로가 계획적으로 배치되는 방식. ＝gridiron road system

checkered plate 줄무늬 강판(－鋼板) 강판 표면에 미끄럼 방지를 위해 마름모꼴 또는 바둑눈꼴 등의 무늬를 돋혀 새김질한 판. ＝checkered steel plate

checkered steel plate 줄무늬 강판(－鋼板) ＝checkered plate

checking 실금 충전한 실링재나 도막의 표면에 생기는 가는 균열.

check list 체크 리스트 조사 · 확인 · 검토 사항 등 대조할 점을 열거한 표.

check room 외투실(外套室), 행장실(行裝室) 모자, 외투, 지팡이, 우산, 기타 휴대품을 일시 맡겨 두는 방. 현관에 면하여 넓게 만들어진다.

check sheet 체크 시트 점검 · 검사 항목을 미리 기입해 두고, 용이하고 신속하게 점검할 수 있도록 양식화된 시트.

check valve 체크 밸브, 역지 밸브(逆止－) 유체를 한 방향으로만 흘리고 역류를 방지하는 밸브. 펌프의 토출관 등에 사용된다. 그림은 배관용의 역지 밸브이다.

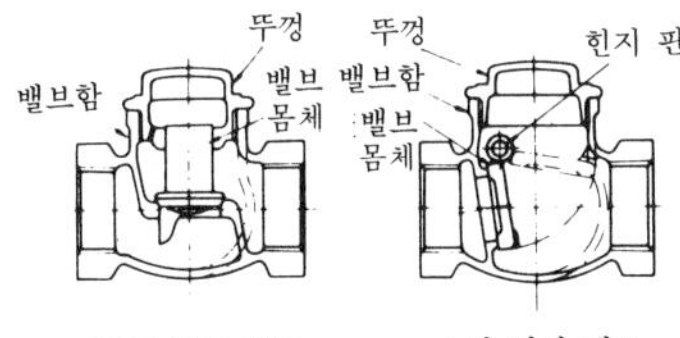

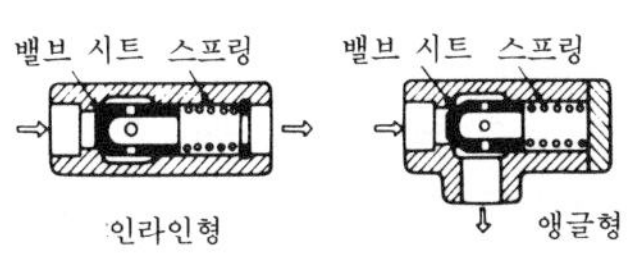

chemical admixture 화학 혼합제(化學混合劑) 그 계면 활성 작용에 의해서 콘크리트의 여러 성질을 개선하기 위해 사용하는 혼합제.

chemical anchor 케미컬 앵커 돌이나 콘크리트에 볼트 등을 고정하는 방법. 드릴로 구멍을 뚫고, 철근이나 볼트를 삽입하여 수지계 접착제로 굳힌다.

chemical assessment 케미컬 어세스먼트 각종 화학 물질에 의해 발생하는 오염 방지를 위한 환경 조사.

chemical conversion coating 화성 피막(化成皮膜) 금속 표면에 산 또는 알칼리성 수용액에 의해 화학적으로 생성시킨 피막.

chemical feeding method 약액 주입 공법(藥液注入工法) 지반 개량 공법의 하나. 물유리 등의 약액을 지반에 주입하는 공법. 지하수의 물막이나 굴삭면, 터파기 저면의 안정 등 지반의 세기를 증대시키는 것을 목적으로 한다.

chemical fiber 화학 섬유(化學纖維) 콘크리트의 보강재로 사용하는 섬유. 비닐론 섬유, 아라미드 섬유 등의 연구 · 개발이 이루어지고 있다.

chemical oxygen demand 화학적 산소 요구량(化學的酸素要求量) 배수 중의 산화되기 쉬운 유기물 등에 의해서 소비되는 산소량을 산화제를 써서 분해할 때 소비하는 산소의 양으로 나타낸 지표. 수질 오염 지표의 하나. →biochemical oxygen demand

chemical prestress 케미컬 프리스트레스 팽창재를 혼입하여 화학적으로 콘크리트를 팽칭시킴으로써 도입한 프리스트레스. 흄관 등의 고강도화에 실용되고 있다.

chemical prestressing 케미컬 프리스트레싱 정착구를 부착한 긴장재를 팽창성 콘크리트 내에 넣고, 콘크리트의 팽창을 구속함으로써 긴장재에 프리스트레스를 도입하는 방법.

chemical purification 화학 처리(化學處理) 화학 약품을 첨가하든가 전기 화학적인 조작을 가하는 등 화학적인 방법을 써서 배수 등을 처리하는 것. 중화, pH조정, 산화, 환원, 응집(침전), 흡착, 이온 교환 등이 있다. ＝chemical treatment

chemical resistance 내약품성(耐藥品性) 약품에 대한 재료의 저항성.

chemical soil stabilization 화학적 안정처리(化學的安定處理) 일반적으로는 석회나 시멘트 등의 화학적 안정재를 첨가, 혼합하여 흙을 처리하는 것. 약액 주입이나 전기 화학적 처리 등을 포함하는 경우도 있다.

chemical splitting agent 정적 파쇄제(靜的破碎劑) 생석회와 같이 수화(水和)에 의해 서서히 팽창하여 힘을 발생하는 파쇄제. 다이나마이트와 같은 위험성이 없기 때문에 콘크리트 구조물의 해체나 암석의 파쇄에 이용된다.

chemical treatment 화학 처리(化學處理) =chemical purification

chequered plate 무늬 강판(-鋼板) 표면에 미끄럼 방지로서 무늬 모양의 요철(凹凸)이 있는 강판.

cherryhard brick 과열 벽돌(過熱壁-) = clinker brick

cherry tree 벗나무 앵도과의 낙엽 활엽 교목으로, 암갈색, 세밀, 광택이 있으며, 가공이 용이하다. 조작재, 장식재, 가구재로서 사용된다.

chest 머릿장 의류 등을 넣는 뚜껑이 달린 수납 가구.

chestnut tree 밤나무 밤나무과의 낙엽 교목. 나무는 단단하여 토목·건축용으로 사용된다.

Chicago school 시카고파(-派) 1875년경부터 1910년경까지 시카고에서 철골 구조 고층 빌딩의 설계에 종사한 건축가들의 호칭. 버넘(D. H. Burnham), 홀라버드(W. Holabird), 설리반(L. Sullivan)들이 그 대표이다.

Chicago window 시카고창(-窓) 19세기 말 미국의 시카고에 나타난 창 형식으로, 벽에 크게 설치한 창면과, 큰 치수의 유리를 사용한 것이 특징이다. 창의 모양은 중앙의 큰 창을 붙박이로 하고, 좌우에 폭이 좁은 오르내리창을 갖는다.

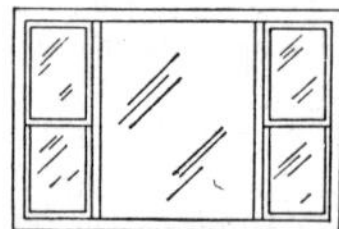

children's park 어린이 공원(-公園), 아동 공원(兒童公園) 어린이를 위해 시설된 공원.

children's play park 어린이 공원(-公園), 아동 공원(兒童公園) =children's park

children's room 어린이방(-房) 주택 내에 어린이의 놀이터, 학습, 취침 등에 전용되는 방.

chilled glass 강화 유리(强化琉璃) 판유리를 약 600℃로 가열한 다음 공기를 뿜어서 급랭한 유리. 내부에는 인장력, 표면에는 압축력이 작용하고 있으므로 강도는 보통 유리의 2~3배에서 8배나 된다. 파손해도 조각나지 않고 알갱이 모양으로 되어 안전 유리로서 사용된다.

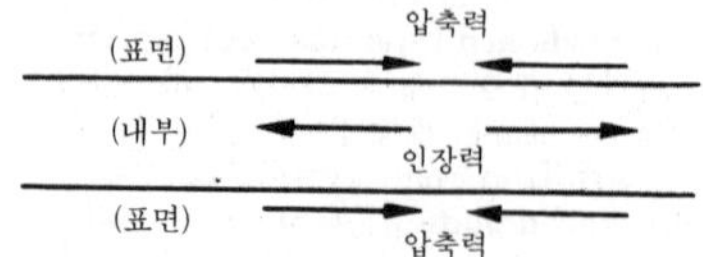

chilled water 냉수(冷水) 공기 조화에 있어서 냉동기의 증발기에서 나오는 냉각된 물. 공기 조화기에 통해서 냉방에 사용된다. →cooling water

chiller 칠러 일반적으로 소형 냉동기에서 냉매 배관계가 모두 공장에서 유닛 내에 조립 완료되어 있는 것을 말한다.

chilling pump 냉수 펌프(冷水-) 냉방을 하는 장치를 구성하고 있는 펌프. 냉동기에서 만들어진 냉수를 공기 조화기나 팬코일 유닛 등으로 보낸다.

chilling unit 칠링 유닛 왕복동형 냉동기의 일종. 압축기에 셸 앤드 튜브형의 응축기, 증발기를 조합시켜서 각 기기간을 냉매 배관으로 연결하고, 밸브류, on-off 스위치, 표시등 등을 내장한 냉수 공급 유닛. 칠러 유닛이라고도 한다.

chimney 굴뚝 연기를 위쪽으로 배출하는 통 모양의 탑형 구조물. 보일러 기타의 굴뚝의 배출 능력은 켄트의 식으로 나타내듯이 단면적, 유효 높이에 따라 정해지며, 이들에 대해서는 건축 기준법에 규정이 있다. 내부는 보통 높이의 1/2~1/3 정도까지 내화 벽돌의 내장을 한다. 공기 기타 각종 가스를 배기하는 데 사용되는 것은 배기통이라고도 한다. =stack

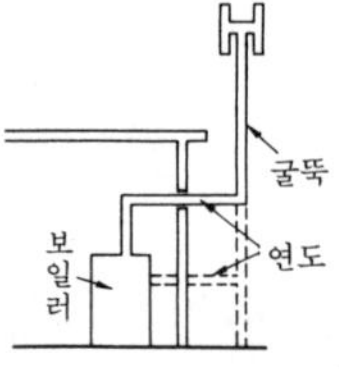

china clay 자토(磁土), 고령토(高嶺土) 카올린이라고도 한다. 알루미나와 무수 규

산의 함수 화합물로, 암석의 풍화에 의해 생성한 찰흙. 중국어의 고령(高嶺 : Kaoling)에서 딴 이름이다.

chinese drillstock 활꼴 드릴 =bow drill

chip 칩, 절삭분(切削粉), 절삭밥(切削—) 금속을 절삭할 때 생기는 부스러기.

chip board 칩 보드 =particle board

Chippendale 치펜데일 18세기 영국의 가구 작가. 퀸 앤 양식을 바탕으로 독자적인 양식을 창조했다.

chipping 따내기, 깎기 콘크리트나 돌 표면의 볼록한 부분이나 불필요한 부분을 정이나 끌을 써서 깎아내는 것.

chisel 끌, 정 목재나 석재 등에 구멍뚫기 · 홈파기 등의 가공에 사용하는 공구.

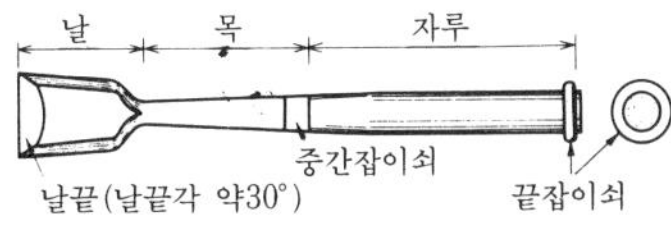

chiseled work 정다듬 =boasted work

chisel finish 정다듬 =boasted finish

chlordane 클로데인 주로 흰개미 구제에 사용되는 무색 · 무취의 유기 염소계 살충제. 독성 · 잔류성이 높기 때문에 현재는 사용 금지되고 있다.

chloride-induced corrosion 염해(鹽害) ① 대기 중의 염화물 이온(Cl^-)의 침입에 의해 야기되는 철근 콘크리트 구조물 중의 철근의 부식. ② 소금물의 침입이나 마닷바람의 염분 등에 의한 시설이나 농작물 등의 피해. 건축물에서는 강재의 부식이나 송전선의 단락 등이 있다. =salt polution, salt damage

chloride ion 염소 이온(鹽素—) 수중에 용존(溶存)하고 있는 염화물 중의 염소분을 말한다. 생활 배수의 염소 이온의 대부분은 배설물 중의 염화 나트륨에 유래하므로 염소 이온 농도는 오염의 지표로 한다든지, 배수 조성의 추정에 도움이 된다.

chlorinated polyethylene 염소화 폴리에틸렌(鹽素化—) 열가소성 수지의 일종. 폴리에틸렌에 염소를 뿜어넣어 얻어진다.

chlorination 염소 처리(鹽素處理) 음료수를 살균하기 위해 염소를 사용하는 물처리의 조작. =chlorine treatment

chlorine demand 염소 요구량(鹽素要求量) 처리수 등에 주입한 염소가 반응 소요 시간 후에 잔류 염소를 검출하게 되기까지에 필요로 하는 염소량을 말한다. 살균과 유기물 등의 산화에 필요한 염소량과의 합이 된다.

chlorine sterilization 염소 살균(鹽素殺菌) 염소에 의한 상수 또는 하수의 살균을 말한다. 하수에서는 방류 전에 한다. 상수도에서는 염소량은 약 100만분의 2 정도이며, 염소의 주입에는 진공식 및 습식이 있다. 소량의 음료수 등의 살균에 표백분을 사용하는 것도 염소 살균이다.

chlorine treatment 염소 처리(鹽素處理) =chlorination

chloro-fluoro carbon 프론, 클로로플루오로 카본 냉동기의 냉매, 우레탄 폼의 발포제, 스프레이의 분사제 등에 쓰이는 무독이고 안정한 기체. 압축하면 액화한다. 프레온이라고도 한다. 화학적으로 안정하기 때문에 분해되지 않고 성층권까지 달하고, 태양의 자외선으로 분해되어 대량의 염소 원자를 방출하여 오존을 파괴하기 때문에 지구 규모에서의 환경 문제가 되고 있다.

chloroprene rubber 클로로프렌 고무 네오프렌. 합성 고무의 일종. 클로로프렌을 산소의 존재로 중합시킨 것. 강인하고 내유성, 내노화성이 좋다. 전선 피복, 호스, 벨트 등에 사용한다.

choir 콰이어 기독교 교회당의 내부에서 성가대가 성가를 부르는 부분.

chord member 현재(弦材) 트러스 보의 상하에 배치된 부재. 위쪽에 배치되는 것을 상현재, 아래쪽에 배치되는 것을 하현재라 한다. 트러스 보에 하중이 작용하면 부재에는 인장 응력 또는 압축 응력이 생겨서 저항한다.

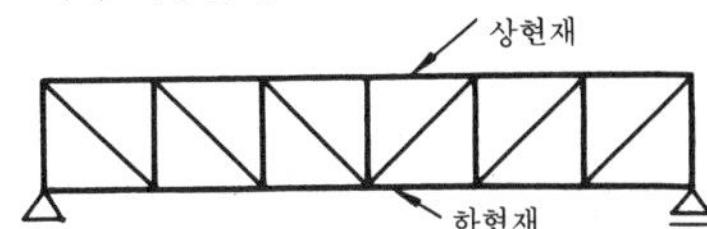

chroline contact tank 소독조(消毒槽) 배설물 정화조에서 처리수를 방류하기 전에 액체나 고체의 염소 화합물을 주입하여 혼합 · 접촉시켜서 염소 소독하기 위한 조(탱크). =disinfecting chamber

chroma 채도(彩度) 물체 표면색의 선명성을 나타내는 색의 3속성의 하나. 같은 명도(明度)의 무채색으로부터의 사이 정도를 척도화한 지표.

chroma contrast 채도 대비(彩度對比) 채도가 다른 2색을 대비해 볼 때 채도차를 보다 크게 느끼고, 채도가 변화해서 보이는 현상.

chroma steel 크로마강(—鋼) 약 1%의 크롬과 약 0.8%의 망간의 합금강.

chromate conversion treatment 코로메이트 처리(—處理) 금속을 크롬산염을 주

성분으로 하는 수용액에 담가서 표면에 피막을 생성시키는 처리. 아연 철판 등의 녹 방지 및 도장의 바탕 처리에 사용된다. =chromating

chromatic adaptation 색순응(色順應) 명순응(明順應)에 있어서의 빛의 분광 분포에 의한 순응. 빛의 색에 의해 시각계의 상태가 변화하는 과정 및 변화한 상태.

chromatic afterimage 색잔상(色殘像) 색자극이 멈춘 직후 잠시 후에 나타나는 시각상을 말한다. 물체색인 경우는 원래 색상의 보색이 나타나기 쉽다.

chromatic color 유채색(有彩色) 색상·명도·채도를 갖는 색. 색상·명도/채도(HV/C)로 나타낸다(5R4/14, 7.5Y8/2 등).

chromaticity 색도(色度) 색상과 채도를 함께 하여 표현한 것으로, CIE표색법에 쓰이는 것이다. 색의 3자극값 X, Y, Z를 각각 안분 비례한 값 x, y, $z(x+y+z=1)$ 중 두 가지에 의해 정해진다. 이것을 좌표상에 나타낸 것을 색도 좌표, 그에 의해서 생기는 도형을 색도도라고도 한다.

chromaticity coordinates 색도 좌표(色度座標) 색자극의 측색적(測色的) 성질을 나타내는 좌표. 3자극값의 총합에 대한 각각의 자극값의 비로 나타낸다.

chromaticity diagram 색도도(色度圖) 색자극의 색도 좌표를 직각 좌표로 플롯하여 그 색도를 명시하는 그림을 말한다. RGB계의 (r, g)색도도, XYZ계의 (x, y)색도도 등이 있다.

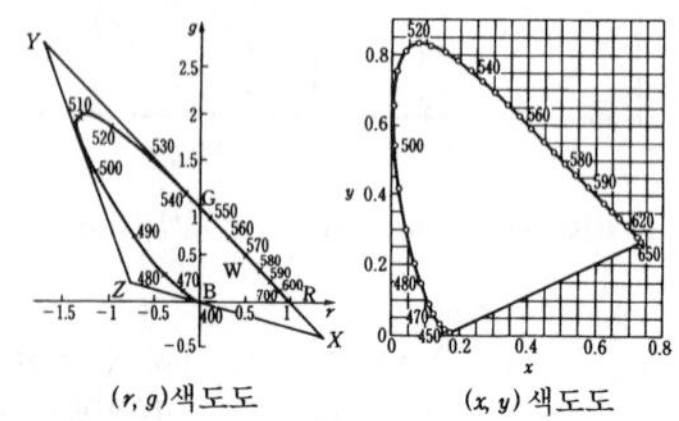

(r, g)색도도 (x, y)색도도

chromating 크로메이트 처리(−處理) = chromate conversion treatment

chrome brick 크롬 벽돌(−壁−) 산화크롬 산화철계를 주체로 하는 내화 벽돌.

chrome plating(gilding) 크롬 도금(−鍍金) 녹의 방지나 장식을 위해 크롬산의 액에 담가서 쇠의 표면에 크롬산화 피막을 만드는 것.

chrome yellow 황납(黃−) 황색 안료로, 주성분은 크롬산 납.

chronocycle graph method 크로노사이클 그래프법(−法) 측정 위치에 파일럿 램프를 붙이고, 파일럿 램프의 점멸과 운동을 사진 촬영하여 이를 조사해서 운동의 속도나 범위를 측정하는 방법.

church 교회당(敎會堂) 예배, 집회를 하기 위한 건물로, 형식이나 설비 등은 종교 또는 종파에 따라 다르다.

chute 수트 콘크리트 타설용의 통 또는 관. 재질은 철판제, 플라스틱제 및 고무제이며 경사용과 수직용이 있다.

CI 코퍼릿 아이덴티티 =corporate identity

CIAM 시암 Congres Internationale de l' Architecture Moderne의 약어로, 1928년에 종래의 아카데미즘에서 떠나 현재를 사회적·경제적으로 재조명한다는 관점에서 시작한 건축의 국제 회의.

CIE 국제 조명 위원회(國際照明委員會) Commission Internationale de l' Eclairage의 약어. 주로 조명에 관한 기준이나 표준을 정한다든지, 권고한다든지, 또 연구의 교류를 도모하는 국제 기관을 말한다.

CIE colorimetric system CIE표색계(−表色系) CIE(국제 조명 위원회)에 의해서 선정된 세 원자극의 가법 혼색에 의해 시료(試料)의 색자극에 등색시킨다는 원리에 의해 만들어진 표색계.

CIE daylight illuminant CIE주광(−晝光) 색도도상, 아래 식으로 규정되는 색도 좌표를 갖는, CIE가 정한 주광. 주광의 대표적 양상을 나타낸다.

$y=2.870x-3.000x^2-0.275$

=CIE daylight radiator

CIE daylight radiator CIE주광(−晝光) =CIE dyalight illuminant

CIE reconstituted daylight illuminant D_{65} CIE 합성 주광 D_{65} 색온도가 6,540 K인 CIE주광을 말한다. CIE(국제 조명 위원회)에서는 표준의 빛 A, B, C의 보조로서 권장하고 있는 것.

cinder cement 석탄회 시멘트(石炭灰−) 석탄회를 섞은 혼합 시멘트로, 강도는 바랄 수 없다. =coal ash cement

cinder concrete 신더 콘크리트 골재로서 석탄재를 사용한 경량 콘크리트. 현재는 석탄재가 아니고 경량 골재의 콘크리트가 사용되기도 한다.

cinema 영화관(映畵館) 영화를 상영하여 관객에게 보이는 것을 주용도로 하는 극장과 비슷한 건물. =movie theater

circle bed 서클 베드 =crib

circle of rupture 파괴원(破壞圓) 파괴시의 응력 상태 또는 변형 상태를 나타낸 모어(Mohr)의 원.

circline fluorescent lamp 서클라인 램프 둥근 고리 모양의 형광 램프.

circuit 회로(回路) 전류, 기류 등의 흐르는 통로를 말한다. 전류에 대해서는 전선에 의해서 배선된 것을 가리키고, 또 기류에 대해서는 덕트 등에 의한 것을 가리키는 경우가 많으며, 전기의 배선도를 회로도라 한다.

circuit breaker 차단기(遮斷器) 개폐기의 일종. 정상 상태의 전로 외에 이상 상태, 특히 단락 상태에 있어서의 전기 회로도 자동 차단하는 특성을 갖는 장치. 전등용, 동력용 및 직류용, 교류용 등이 있다. 차단할 때 아크를 지우는 기름, 압축 공기, 물 등을 소호 매질로서 사용한다.

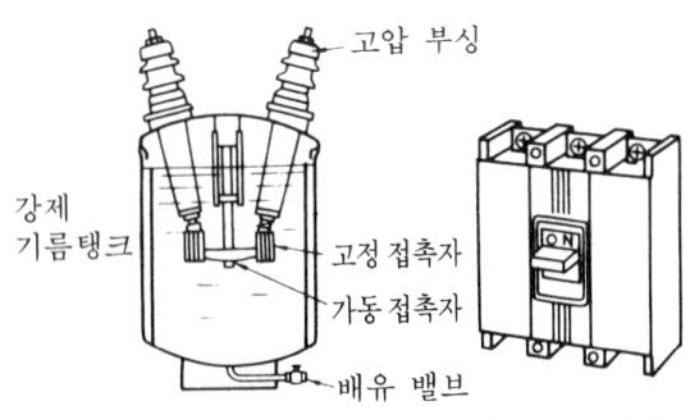

고압용 기름 차단기 배선용 차단기

circuit tester 회로 시험기(回路試驗器), 회로계(回路計) 전압 · 전류 · 저항 등을 직독할 수 있는 다중 측정 범위의 계기. 직 · 교류용이 있으며, 전압 · 전류 · 저항 전환 다이얼(스위치)을 맞추고 리드선을 접속한다.

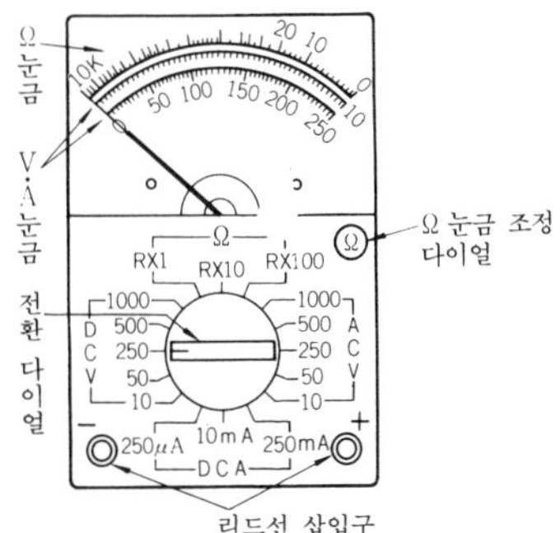

circuit vent 회로 통기(回路通氣) 회로 통기관에 의한 통기.

circular arc analysis 원호법(圓弧法) 지반의 미끄럼면이 원호상으로 된다고 상정하고, 사면의 미끄럼 파괴에 대한 안전성을 검토하는 방법. →slope stability

circular arch 원호 아치(圓弧－) 기하학적 형상에 의해 분류한 아치의 하나. 원호상을 한 아치. →segmental arch

circular frequency 원진동수(圓振動數) 물체의 진동하는 현상이 시간 2π(sec) 사이에 반복되는 횟수. 각속도라고도 한다.

circular groin dome 대원 교차 돔(大圓交叉－) 둘 이상의 반구(半球) 또는 아치가 교차하여 만들어지는 대형 복합 돔.

circular plate 원판(圓板) 평면형이 원형인 평판.

circular prestressing 서큘러 프리스트레싱 포스트 텐션 공법의 하나. 원통형 구조물의 외주에 강선을 긴장하면서 감아, 콘크리트에 원주 방향의 프리스트레스를 주는 방법.

circular saw 둥근톱 톱의 몸체가 원형이고, 톱니의 열은 원주상에 있는 톱. 제재용으로 사용된다.

circular sawing machine 둥근 기계톱(－機械－) 둥근톱을 가진 목공 기계. 가동 테이블, 조정자, 안전 장치를 갖는 것까지 있다.

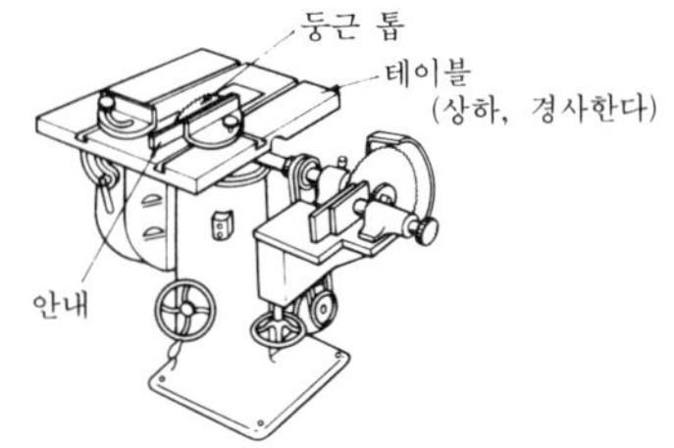

circular slip 원호 슬립(圓弧－) 사면에 일어나는 형상이 거의 원호를 이루고 있는 지반의 미끄럼 파괴. →circular arc analysis

circular temple 원형 신전(圓形神殿) 평면이 원형으로 된 신전의 총칭. 원통형의 벽체로 이루어진 것, 그 주위에 열주(列柱)가 둘러싸는 것, 열주만이고 벽체가 없는 것 등이 있다.

circular vibration 원진동(圓振動) 원궤적을 그리는 진동. →rectilinear vibration, elliptical vibration

circulating air volume 순환 공기량(循環空氣量) 공기 조화에서 일단 송풍된 공기를 옥외로 배출하지 않고 재사용하는 공기의 양. 일반적으로 전 송풍 공기량의 60~70% 정도이다.

circulating pump 순환 펌프(循環－), 온수 순환 펌프(溫水循環－) ① 온수 난방 설비에 있어서 환수를 보일러에 보내는 펌프. ② 보통 증기 원동기용 표면 복수기의 냉각수를 순환시키기 위해 두어지는 펌프. ①, ②의 경우 모두 필요한 양정(揚程)이 비교적 작고, 수량이 크므로 와권(원심) 펌프 등이 사용되고 있다.

circulating water 순환수(循環水) 냉각탑에서 냉각되고, 다른 기기를 냉각하기 위해 순환 사용되는 물. →cooling water

circulation 서큘레이션[1], 동선(動線)[2] (1) 사람, 물건, 에너지, 정보 등의 움직임. 건축물 내에서 뿐만 아니라 도시 내, 지역간 등에 대해서도 말한다.
(2) 건축 · 도시 공간에 있어서의 사람이나 물건의 움직임의 양, 방향, 연관 등을 나타내는 선. =traffic line →circulation planning

circulation diagram 동선도(動線圖) 건축이나 도시 계획에서 사람이나 차량의 동선을 알기 쉽게 나타낸 그림.

circulation planning 동선 계획(動線計劃) 건축이나 도시의 계획에서 사람이나 물건이 움직이는 궤적, 그 양, 방향, 변화 등을 분석하여 적정한 움직임의 패턴을 만들어서 설계에 도움을 주는 작업, 혹은 그 단계.

circulation system 출납 시스템(出納−) ① 물품이나 금전을 넣거나 내는 방식. ② 도서관에서 이용자가 목적으로 하는 자료를 입수하기까지의 방식. 열람 방식이라고도 한다.

circulator 서큘레이터 순환 장치를 말한다. 예를 들면 가스 서큘레이터의 경우는 스페이스 히터(space heater : 주로 대류에 의해서 실내 공기 전체를 따듯하게 하는 국소 난방 기구)의 의미로 쓰이며, 대부분은 배기통이 있는 것을 말하지만, 배기 가스를 실내에 방출하는 스토브식의 것을 포함하는 경우도 있다. 워터 서큘레이터의 경우는 온수 난방 설비일 때 사용하는 소형 전동식 물순환 펌프를 말한다.

circumferential strain 원주 일그러짐(圓周−), 원둘레 일그러짐(圓−) 원주 방향의 일그러짐.

circumferential stress 주방향 응력(周方向應力) 회전체(면) 구조의 원주 방향에 생기는 응력.

CI/SfB classification CI/SfB분류(−分類) 건축 생산에 관한 정보의 분류법의 하나. 스웨덴에서 발달한 SfB분류를 바탕으로 영국이 개량한 분류법.

cistern 시스턴, 세정 물탱크(洗淨−) 변기 세정용의 물을 일시적으로 저장해 두기 위한 변기 세정용 물 탱크. 설치하는 장소에 따라서 하이 시스턴과 로 시스턴이 있다.

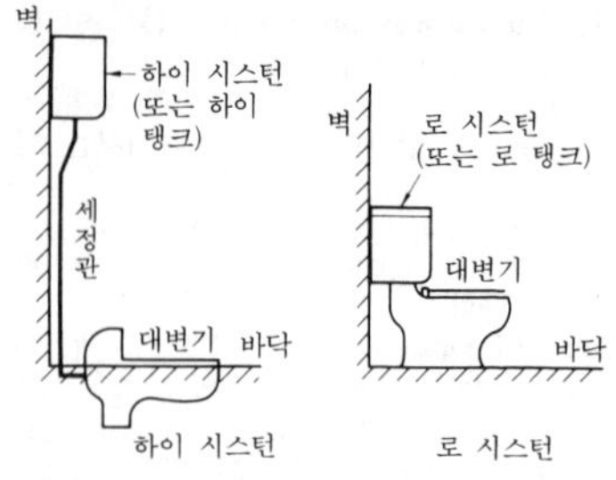

citizen's hall 시민관(市民館) 시, 구, 동의 중심이 되는 건물로, 일반 공중의 교양 향상과 복지를 목적으로 하고 있다. 강당, 미술품 진열실, 도서실, 클럽 조직의 사무실, 일반 관리 부문 등을 포함하고 있다. =public hall

city 도시(都市) 사회적, 경제적, 정치적 활동의 중심이 되는 장소로, 상시 수천 혹은 수만의 사람들이 집단적으로 거주하고, 가옥이 밀집하며 교통로가 집중하고 있다.

city beauty 도시미(都市美) 거리나 공원, 가로수, 강변 등을 인공적으로 손질함으로써 만들어 내어지는 도시 공간의 아름다움.

city center 도시 중심(都市中心) 도심과 같다. 상징적, 지리적, 기타 여러 가지 의미에서의 도시의 중심으로도 사용된다.

city climate 도시 기후(都市氣候) 도시역에 볼 수 있는 독특한 국지 기후. 구축물에 의한 지표면의 개변(改變), 토양 수분의 감소, 인공 배열이나 오염 물질의 배출량 증가에 따라서 형성된다. →urban meteorology

city gas 도시 가스(都市−) 광역 지역 내의 주택 · 사무실 · 공장 등에 배관 시설을 통해서 공급되는 가스의 총칭.

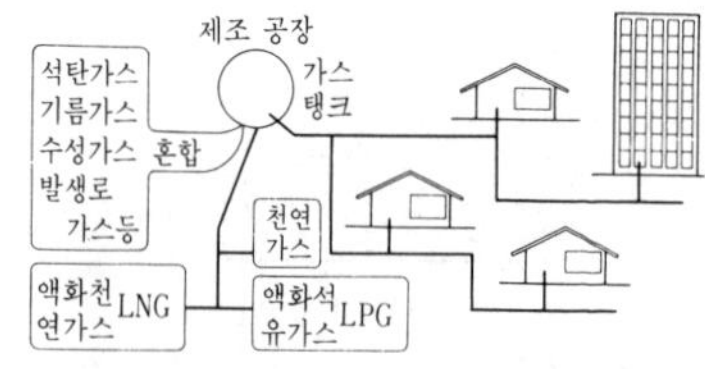

city hall 시청사(市廳舍) 도시의 행정을 수행하는 중심 건축.

city hotel 시티 호텔 도시부에 세워지는 호텔의 총칭으로, 그 입지에 따라 다운타운 호텔, 서버번(suburban) 호텔, 터미널 호텔, 스테이션 호텔로 분류된다.

city park 도시 공원(都市公園) 도시 주민의 야외 레크리에이션의 장인 동시에 도시 환경의 정비, 개선, 재해시의 피난 등을 위해 설치되는 도시 시설. =urban park →natural park

city planning 도시 계획(都市計劃) 도시가 갖는 경제, 문화 등의 여러 기능을 발휘케 하여 생활의 편의, 생산의 능률, 시민의 보건이나 복지의 증진을 도모하기 위해 도시의 발전에 질서를 주고, 도시 내의 각 구역을 합리적으로 구성하는 것으로, 도시의 토지 이용 또는 시설에 관한 종합적인 계획과 건설을 말한다.

city planning area 도시 계획 구역(都市計劃區域) 어느 도시의 도시 계획을 세우는 경우 장래의 발전 상황을 보아 각종의 토지 이용이나 시설 계획을 정하는 일정한 구역. 법률적으로는 이 구역 내가 아니면 지역 지구제의 지정, 각종 도시 계획 사업을 할 수 없다. 일반적으로 도시의 행정 구역과 일치하는 것이 많으나, 도시의 세력권이나 발전에 따라 반드시 일치할 필요는 없다.

city planning control 도시 계획 제한(都市計劃制限) 도시 계획의 결정, 도시 계획 사업의 인가 등 각 단계를 거친 후 그 원활한 실현을 위해 당해 토지에서의 건축 행위를 제한한다든지, 금지한다든지 하는 것.

city planning facilities 도시 계획 시설(都市計劃施設) 도시 계획으로서 결정된 도시 시설. 도시 계획 구역에서는 도로, 공원, 하수도가 대표적 시설이다.

city planning for disaster prevention 방재 도시 계획(防災都市計劃) 이상 재해시에서의 사람들의 안전을 기본 이념으로 하여 종합적인 대책을 검토하는 종래의 것과는 다른 도시 계획.

city planning map 도시 계획도(都市計劃圖) 도시 계획의 입안에 필요한 조사 자료로서의 각종 현황도, 지역 지구나 가로 등의 계획 내용을 나타내는 계획도, 토지 구획 정리 사업 등의 설계도 등을 총칭한다. =town planning map

city planning project 도시 계획 사업(都市計劃事業) 도시 계획으로서 결정된, 도로 공원 등의 도시 시설 및 토지 구획 정리 · 시가지 재개발 사업 등 시가지 개발 사업으로 시행의 인가를 받은 사업.

city planning road 도시 계획 도로(都市計劃道路) 국도, 지방 도로 등의 구별과는 별도로 도시 계획 구역 내의 주요 도로로서 결정되어 도시 계획 사업으로서 건설되는 도로.

city redevelopment 도시 재개발(都市再開發) 무계획으로 발전한 시가지를 정비 개발하는 것.

cityscape 시티스케이프 =town scape

city sewer 도시 하수로(都市下水路) 시가지에서의 빗물을 배제하기 위해 설치되는, 원칙으로서 개거(開渠)의 수로. =urban sewer conduit →drain

city state 도시 국가(都市國家) 정치적으로 독립한 도시에 의해 성립하는 국가를 말한다. 고대 그리스나 로마의 도시 국가가 대표적인데, 이탈리아에서는 후세에도 출현했다.

city terminal 시티 터미널 공항 또는 버스의 발착장으로, 승차권이나 수하물의 수수 발착 정보 등의 기능을 갖는 것.

city wall 시벽(市壁), 성곽(城郭) 유럽의 중세 도시 등에서 볼 수 있는 도시를 둘러싸는 성벽.

city water service pipe 급수 인입관(給水引入管) =branch feed pipe

civic center 도심(都心)[1], 공관 지구(公館地區)[2] (1) 도시 활동의 중심 시설이 모여 있는 곳.
(2) 관공서 등의 공공 건물이 모여 있는 지구.

civic design 시빅 디자인 자연을 포함한 토목 구조물, 토목 시설에 쾌적성이나 생태계를 생각한 질이 높은 공간 조성을 지향한 디자인.

civic trust 시빅 트러스트 자연 환경이나 문화재의 보호를 시민이나 민간 기업의 자금으로 실행하는 제도.

civil engineering 토목(土木), 토목 공학(土木工學) 도로, 교량, 제방, 항만, 하천, 철도, 상하수도 등의 건설 공사를 총칭. 또는 이것을 대상으로 하는 공학의 분야를 말한다.

civil engineering work 토목 일식 공사(土木一式工事) 토목 공작물의 일체를 종합적인 기획, 지도, 조정하에 건설하는 공사를 말한다.

civil engineering works 토목 공사(土木工事) 도로, 교량, 철도, 댐, 항만, 터널 등의 토목 구축물을 건설, 보수하는 공사의 총칭.

CL 클리어 래커 =clear lacquer

clad steel 클래드강(-鋼) 강판에 다른 금속판을 압착시킨 것. 예를 들면 강판과 스테인리스판을 압착시킨 스테인리스 클래드강 등.

clamp 꺾쇠 ① 강철 제품으로, 나무 구조의 이음 · 접합 등의 보강에 사용하는 철물. 가구 · 창호 등에서는 강철제 이외의 금속 제품도 사용한다. ② 강관 비계의 조립에 사용하는 파이프 상호를 결합하는 철물. 파이프 클램프라고도 한다.

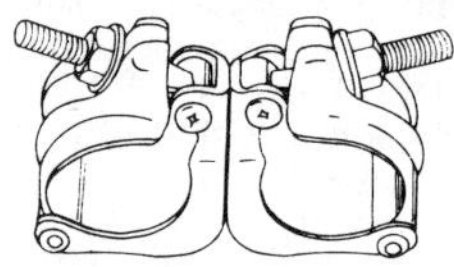

clamped beam 고정보(固定－) 양단이 고정 지지된 보.

clamp rail 나비장, 거멀장 판의 마구리를 감춘다든지, 쪽매널이 벗겨지지 않도록 마구리에 붙이는 보강재.

clamshell 클램셸 대합의 패각(貝殼)과 같이 개폐하여 진흙을 퍼올리는 준설기. 좁은 장소의 수중 굴착, 호퍼 작업, 개거(開渠) 등에 쓰인다. ＝grab-hooks

clamshell bucket 클램셸 버킷 붐의 끝에서 클램 셸 버킷을 와이어로 매달고 바로 밑으로 떨어뜨려 흙을 움켜쥐는 굴착기. 깊은 터파기 공사, 흙막이, 버팀목을 대고 있는 경우, 케이슨 내의 굴착 등 중 정도의 부드러운 지반의 굴착에 적합하며, 또 수중의 준설에 사용된다.

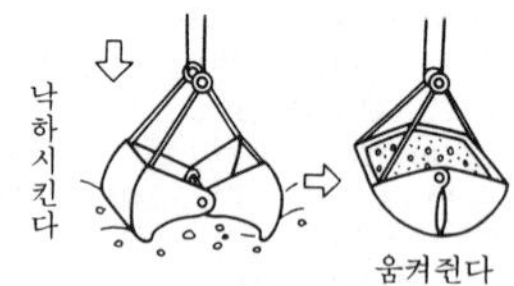

Clapeyron's theorem 클라페이론의 정리(－定理) 선형 탄성체에 대하여 외력이 하는 일은 모두 탄성 변형 에너지로서 축적되며, 재하(載荷) 경로와 관계없이 일정하다고 하는 정리.

Clapeyron's three moment equation 클라이페이론의 3련 모멘트식(－三連－式) 연속보나 강접합(剛接合)된 연쇄 부재의 응력 해법에 사용하는 방정식의 하나. 임의의 두 부재 재단(材端) 모멘트와 부재각을 미지수로 한다.

Clark's law 클라크의 법칙(－法則) 도심에서 거리 x지점의 인구 밀도 d는

$$d = x\exp(-bx)$$

로 나타내어진다는 경험 법칙.

class 클래스 ① 무진실(無塵室)의 청정도 수준을 나타내며, 1cf^3 중에 부유하는 0.5μm 이상의 먼지 개수가 호칭이 된다. ② 바이오 해저드를 방지하기 위한 물리적 봉함의 수준을 나타내며, 4단계가 있다. 수가 클수록 봉함하는 수준이 높다.

class hardness 클래스 경도(－硬度) 강구(鋼球)를 반지름의 깊이까지 밀어넣는 힘을, 그 구의 단면적으로 나눈 값으로 경도를 표시.

classical architecture 고전 주의 건축(古典主義建築) 고대 그리스·고대 로마 시대의 건축을 모범으로 하는 건축.

classical flutter 고전적 플러터(古典的－) 휨 모드와 비틀림 모드의 연계 진동이 비정상 공기력에 의해 발산하는 플러터.

classic architecture 고전 건축(古典建築) 일반적으로는 고대 그리스·고대 로마 시대의 건축. 넓은 뜻으로는 양식과는 관계없이 전체적인 균형이 잡힌 모범적 건축을 가리킨다.

classicism 고전 주의(古典主義) 고대 그리스·로마 시대의 미술을 모범으로 하는 사고 방식으로, 18세기 중엽에 일어난 예술 운동을 특히 네오클라시시즘이라 한다. 바로크·로코코의 반동으로 생겨났으나 폼페이 유적의 발견이 계기가 되었다고 한다.

classification area 지역 구분(地域區分) 국토, 지방, 도시 등의 공간 구조의 분석이나 토지 이용 계획의 책정을 위해 동질적·일체적인 단위 지역으로 구분하는 것을 말한다. ＝demarcation

classification of building use 건축물 용도 분류(建築物用途分類) 주택, 사무소 등 건축물의 용도에 따른 분류.

classification of city 도시 분류(都市分類) 도시를 그 규모, 발생·성립 요인, 산업, 기능 등의 특성에 따라서 분류하는 것, 또 그 분류 결과.

classification of roads 도로 분류(道路分類) 도로망상의 기능에 의한 도로의 분류. 도시에서는 도시 고속 도로, 주요 간선 도로, 간선 도로, 보조 간선 도로, 구획 도로, 특수 도로 등으로 분류된다.

classification of voltage 전압 구분(電壓區分) 전압의 높낮이에 의한 구분.

classroom 교실(敎室) ① 일정한 집단으로 수업, 학습을 하는 방. ② 대학의 전문 과목마다의 조직. 건축학 교실과 같이 사용된다. ＝lecture room

clay 찰흙, 점토(粘土) 알갱이의 지름이 0.005～0.001mm의 흙. 모래와 성질을 달리 하며 점착력은 있으나 내부 마찰각은 0에 가깝다. 장기의 하중에 대하여 압밀 현상을 일으킨다.

clay content 점토 함유량(粘土含有量) 흙에 포함되는 입경(粒徑) 5μm 이하의 점토의 중량 백분율.

clay layer 점토층(粘土層) 찰흙에 의해 구성된 지층(地層)으로, 물이 포함되면 점성과 압축성을 나타내고, 유동하는 성질이 있다.

clay mineral 점토 광물(粘土鑛物) 찰흙의 주성분을 이루는 광물.

clay pipe 토관(土管) 논밭흙을 써서 온도 1,000℃ 이하로 소성한 점토 제품의 관. 주로 하수·배수용이다.

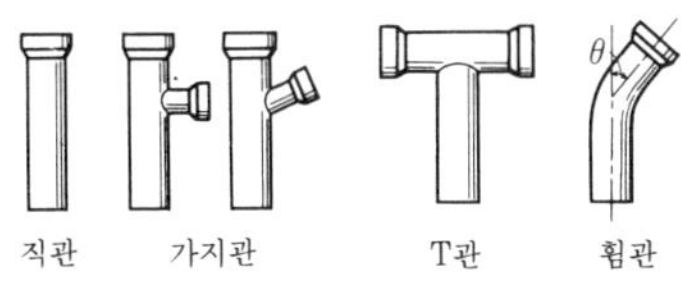

clay products 점토 제품(粘土製品) 찰흙을 주원료로 하여 성형, 소성한 제품. 벽돌, 기와, 타일, 위생 도기 등이 있다. = earthenware products

clay roof tile 점토 기와(粘土－) 논밭 등의 찰흙을 원료로 하여 소성한 기와. 소성 온도 790~1,000℃의 것은 겉이 불투명하고 회색 또는 갈색이며, 흡수성이 크고 부서지기 쉽다. 양질의 찰흙으로 1,000~1,300℃로 소성한 것은 경질 기와라 하고, 흡수성이 매우 작다.

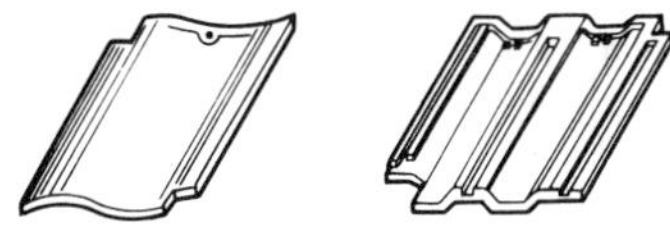

clay sewer pipe 하수 토관(下水土管) 하수도에서 택지 내의 배수 설비 등 소구경의 경우에 사용되는 찰흙을 소성하여 만든 관.

clay stone 점판암(粘板岩) 퇴적암(수성암)의 일종. 이판암(泥板岩), 혈암(頁岩)이 더욱 변성된 암석을 말한다. 치밀하고, 단단하며 완전한 판 모양의 조직을 갖는다. 천연 슬레이트는 점판암을 판형으로 쪼갠 것.

clay stratum 점토층(粘土層) =clay layer

clay tile 기와 찰흙 또는 시멘트를 원료로 하여 제조하는 소형의 곡면판, 또는 평판형 지붕 재료의 총칭.

clay tile roofing 기와 지붕 잇기 지붕을 기와로 잇는 것. 또는 기와로 이은 지붕. 내구성이 크고, 불연재이며 단열성이 크다. 또 값이 싸고 관리가 용이하다.

clay wall on bamboo lathing 외엮기벽(－壁) 흙벽으로, 바탕에 대나무 평고대, 나무 평고대를 두고, 초벽(찰흙에 여물류를 섞고, 물을 가하여 비벼서 칠하는)의 건조 후 재벌바름하여 플라스터, 회반죽, 새벽, 색토 등으로 마감하는 벽.

clean bench 클린 벤치 책상의 좁은 영역만을 국소적으로 깨끗하게 하는 장치. 책상 깊숙한 곳의 정면에 초고성능 필터를 부착하고, 그곳에서 앞으로 청정 공기를 뿜어내는 것이 일반적이다. 초LSI의 칩 제조 과정 등에 쓰인다.

clean booth 클린 부스 국소적으로 청정 공간을 만드는 장치로, 초고성능 필터를 여러 유닛 조합시킨 분출면을 천장에 부착하고, 주위 공간을 비닐막으로 구획하여 가반형으로 조립한 것.

clean energy 클린 에너지 자연 환경을 오염하는 유해한 배기 가스나 폐기물을 발생하지 않는 무공해 에너지.

clean heater 클린 히터 연소 배기 가스를 실내에 방출하지 않도록 한 난방용 연소 기구.

clean industry 클린 산업(－産業) 에너지 절감형의 무공해 산업.

cleaning 바탕 처리(－處理), 표면 정리(表面整理) 낡은 벽돌, 기와, 거푸집 등에 부착한 모르타르를 깎아내는 것. 또 바닥, 천장, 벽 등의 표면에 부착하는 이물을 제거하는 것도 가리킨다.

cleanliness 청정도(淸淨度) 대상으로 하는 물질의 공간에 있어서의 청정성의 정도. →cleanliness class

cleanliness class 청정도 클래스(淸淨度－) 대상으로서 생각하고 있는 물체나 물질 또는 공간의 청정성의 정도를 나타내는 법. 일정 면적 또는 일정 체적 중에 포함되어 있는 오염물의 양으로 나타낸다. 클린 룸에서는 일정 체적 중에 포함되는 입자의 크기별의 수에 따라서 청정도 클래스가 정해져 있다.

clean-out 청소구(淸掃口), 소제구(掃除口) 청소를 위해 설치되는 점검구. 보일러의 굴뚝, 배수관의 막히기 쉬운 장소나 청소하기 쉬운 위치에 둔다.

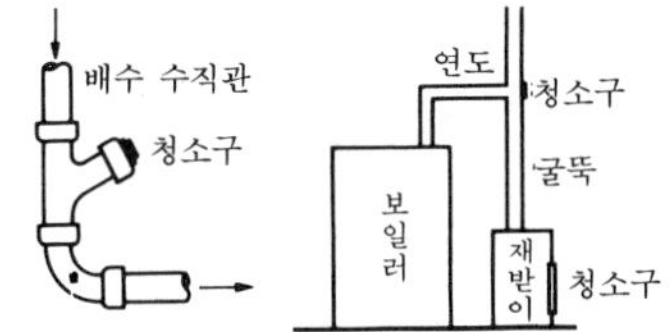

clean room 클린 룸, 무진실(無塵室) 공기 중의 미세한 부유 먼지가 극히 적고, 그 방이 요구하는 청정도가 언제나 유지되고 있는 방. 일반적으로 온습도에 대해서도 고도한 관리가 요구된다. 정밀 기계 공장, LSI공장, 병원의 수술실 등의 용도에 쓰인다.

clean tunnel 클린 터널 클린 룸의 한 형식. 난류형 또는 층류형 클린 룸의 일부 천장면 배출구를 클린 벤치 정도까지 낮추고, 그 하부를 수직 층류형의 다른 청정 공기로 고청정도의 작업 공간으로 한다.

clean up 청소(淸掃) 건물이나 거축 설비 기기 혹은 부속 시설의 오염이나 쓰레기를 제거하여 성능, 기능, 미관 등을 유지하는 작업.

clean up cost 청소비(淸掃費) 청소에 요하는 비용. 청소의 간격, 청소 개소, 청소의 정도 등으로 비용의 다과가 정해진다.

clear 클리어 =phthalic resin varnish

clearance 틈 ① 인접하는 두 구성재 사이의 거리, 간극. 두 구성재의 감소값의 합으로 주어진다. ② 서까래 등 같은 종류의 부재를 반복 배치할 때의 부재간 안치수 간격.

clearance limit 건축 한계(建築限界) 도로나 철도에서 차량의 통행을 방해하지 않게 하기 위해 지정하는, 건축물을 세워서는 안 되는 공간의 범위. =construction gauge

clearance of reinforced cement 철근의 유극(鐵筋－遊隙) 철근 콘크리트 구조의 철근의 조립에서 주근간의 안치수.

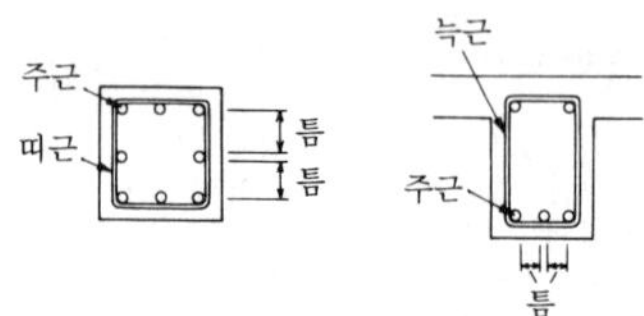

clear color 맑은색(－色), 청색(淸色) 적·황·녹 등의 원색에 백색만을 섞은 색과 흑색만을 섞은 색. 탁색의 대비어. 맑은 느낌의 색이 되지만 원색에 백과 흑을 동시에 섞은 색은 탁한 느낌의 색이 된다. 틴트 컬러(백색을 혼색한 것), 셰이드 컬러(흑색을 혼색한 것)가 있다.

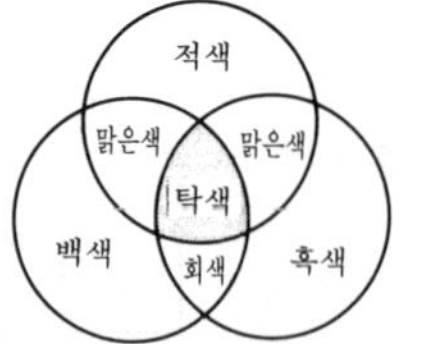

clear cut 클리어 컷 판유리를 절단할 때 그 절단면에 흠이 가지 않도록 한 변을 동시에 절단하는 것. 절단면에 흠이 가면 유리의 강도가 저하한다.

clear lacquer 클리어 래커 안료를 섞지 않은 래커. 투명 래커를 말한다. 안료를 혼입한 래커 에나멜에 대해서 말한다. =CL →lacquer

clear span 안목 스팬(－目－), 순 스팬(純－) 유효 스팬에 대한 말로, 안치수의 스팬을 말한다.

clearstory 고측창(高側窓) ① 일반적으로 눈높이보다 높은 위치에 있는 측창. ② 교회당 신랑(身廊)의 천장 가까이에 만들어진 채광용 창.

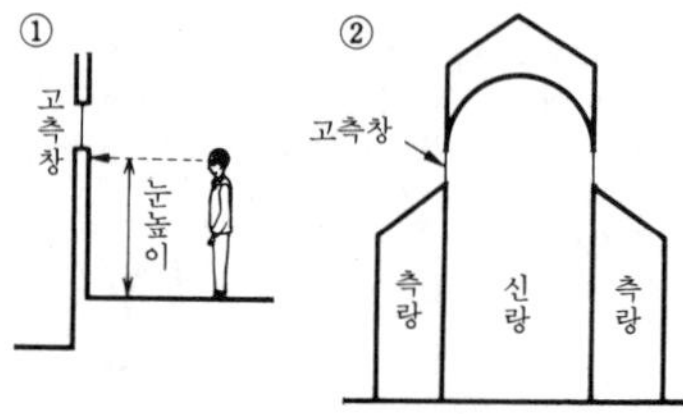

clear vision 명시(明視) 시대상이 보기 쉽고, 잘 보여서 시인성(視認性)이 양호하다는 것. =distinct vision

cleat 굴름받이 중도리가 ㅅ자보에서 굴러 나지 않게 ㅅ자보에 대는 나무토막. 철골조의 트러스에서는 상현재에 상현 부재와 같은 것을 붙인다.

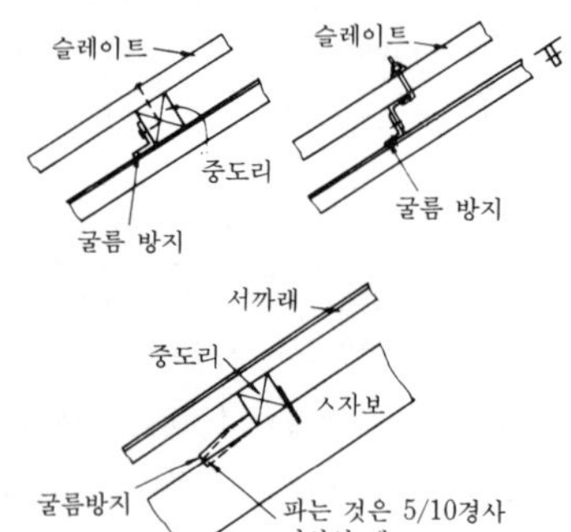

clerestory 고측창(高側窓) =clearstory

clevis-eye 클레비스아이 인장재의 이음쇠의 하나. U자형 철물의 밑부분에 강봉을

비틀어넣고, 열린 부분에 접합하는 철물을 끼우고 볼트 등으로 죈다. →eye bar

click bore 클릭 보어 래칫 장치에서 송곳을 회전시키는 목공용 구멍뚫는 공구.

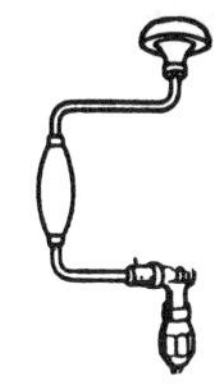

client 기업자(企業者)[1], 건축주(建築主)[2] (1) 건축 관계에서는 건축 공사를 기획하고, 건설 업자에 발주하는 사람 또는 법인을 말한다.
(2) 건축, 수선 또는 개축 공사의 청부 계약의 주문자 또는 청부 계약에 의하지 않고 스스로 이들의 공사를 하는 자를 말한다. =owner

climate 기후(氣候) 각각의 토지에 고유의, 정상적인 상태에 있어서의 대기 현상을 종합해서 말한다. 즉 기후는 1년을 통해서 매일의 일기 추이로 대기 현상(한난, 강우, 바람, 습도 기타)은 매년 같지는 않지만 오랜 세월을 통해서 보면 대체로 그 토지 고유의 계절의 추이, 특징이 있다. 이러한 오랜 세월에 걸쳐서 평균적으로 반복되는 그 토지의 대기 현상의 종합 상태를 말한다.

climatic chart 기후 도표(氣候圖表) 어느 토지의 기온, 강우, 습도 외에 풍속, 풍향 기타의 기후 요소를 표시한 그래프. 이 도표에서 그 토지의 기후나 체감도를 대체로 알 수 있다. 선 그래프, 막대 그래프 외에 그리모그래프, hythergraph(월평균 기온과 강우량을 직교축상에 플롯하여 그린 다각형도), thermograh(원주상에 1년의 월일을 매기고, 중심에서 방사상으로 평균 기온을 취한 극도형) 등이 있다.

climatic factor 기후 인자(氣候因子) 기후 요소의 지리적 분포를 지배하는 원인이 되는 것. 주요 인자는 위도, 해발, 수륙 분포, 해안 거리, 위치, 지형, 해류 등이 있다. 이들 기후 인자와 기후 요소가 여러 가지로 조합되어서 해양, 대륙, 산악, 고산 등의 대기후형이 이루어지고, 소기후에서는 약간의 기후 인자의 차가 문제가 된다.

climatic province 기후구(氣候區) 본질적으로 균질의 기후 특성을 갖는 기후.

climatic zone 기후구(氣候區) =climatic province

climing 클라이밍 타워 크레인의 선회체를 상승시키는 것. 마스트를 이어서 그에 따라 선회체를 상승시키는 마스트 클라이밍과 마스트 밑부분(베이스)을 끌어올려서 철골 등에 고정하는 플로어 클라이밍이 있다.

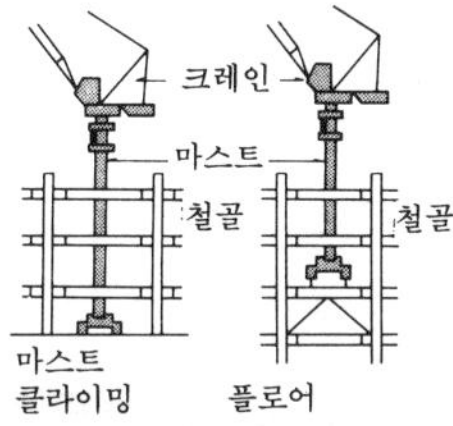

climograph 클리모그래프, 기후도(氣候圖) 어떤 지점의 습구 온도와 습도 또는 기온과 습도의 월별 평균값을 각각 직교축상에 플롯하여 이것을 월별순으로 이어서 얻어지는 12다각형의 기후도. 이 그림의 위치, 기울기 등에 의해 각지의 기후 상황이나 체감도의 대요를 짐작할 수 있다. 또 여기에 운량(雲量), 평균 풍력, 최다 풍향 등을 동시에 도시하는 경우가 있다.

clinker 클링커 ① 조합(調合)된 시멘트 원료를 반용융 상태로 소성하여 만들어진 암록색의 덩어리. ② 시멘트뿐만 아니라 석회, 마그네시아 등을 구워서 제어하는 것의 덩어리를 모두 클링커라 한다.

clinker brick 과열 벽돌(過熱壁－) 클링커 상태까지 소성해서 만든 벽돌로, 보통 벽돌(적색 벽돌)에 비해 단단하고 금속성 맑은 음을 내며, 흡수량이 적다. 용도는 넓으며, 보도 벽돌 등으로도 쓰인다. = cherryhard brick

clinker tile 클링커 타일 석기질 타일의 일종으로, 소성시에 식염을 칠하고, 그 표면에 갈색을 한 규산 나트륨의 유리질 피막을 형성한 것. 내구성이 풍부하고 주로 바닥용으로 사용한다.

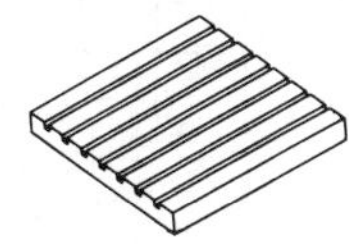

clinometer 클리노미터 =inclined manometer

clip 클립 금속 평판 잇기의 지붕널을 지붕 바탕판 등에 고정하기 위해 사용하는 금속판의 작은 조각.

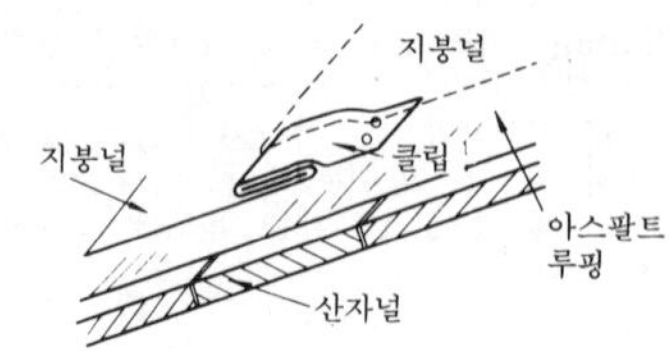

clip angle 클립 앵글 베이스 플레이트와 기둥을 접합할 때 등에 사용되는 산형강. →wing plate

clipper 클리퍼 철선 절단용의 큰 가위. 철선이나 전선을 자르는 데 사용한다. 가는 철근을 절단할 수 있는 것도 있다.

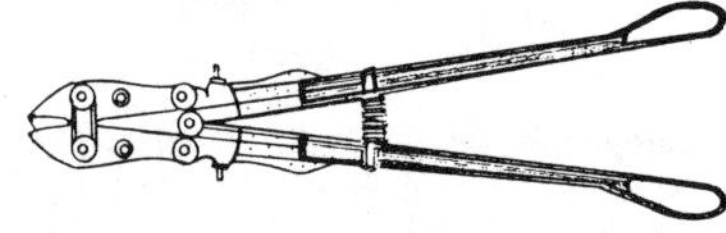

Clo 클로 열저항값 즉 일종의 단열력을 나타내는 단위. 1Clo=0.18m²h℃/kcal. 의복이나 침구의 단열력은 기온, 습도, 풍속에 따라 다른데, 보통의 작업복은 약 1Clo, 완전한 방한 복장에서는 약 4Clo, 나체는 0Clo. 또 에너지 대사율 RMR=1은 약 0.8Clo에 해당한다. 실내의 쾌적 온도(t℃)와 Clo와의 관계는 $0.114(33.3-t)=(\mathrm{RMR})\times(\mathrm{Clo})$.

cloak room 외투실(外套室) 호텔, 극장, 식당, 카바레 등 외래객이 그 입구에서 일시 외투 기타를 맡기는 방.

cloister 클로이스터 수도원의 안뜰. 통상, 볼트(vault) 등에 의해서 지붕이 있는 회랑에 둘러싸여 있다.

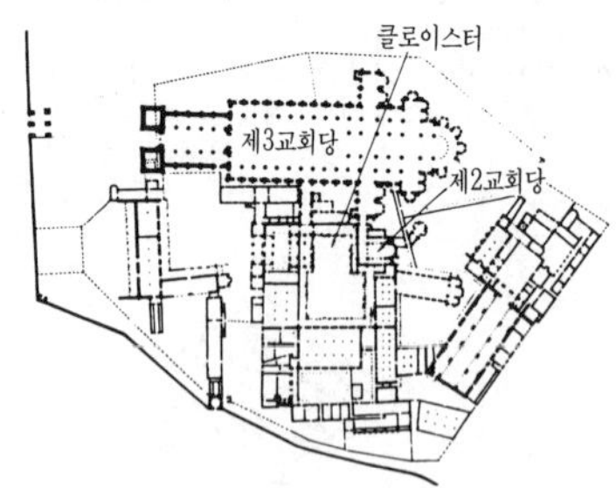

closed burning type fixture 밀폐형 연소기구(密閉形燃燒器具) 연소용 공기를 옥외에서 도입하고 배출 가스를 옥외로 방출하는 형인 연소 방식의 보일러 또는 난방 기구. 자연 풍력으로 급배기하는 BF 방식과 팬으로 강제적으로 하는 FF방식이 있다.

closed circuit wind tunnel 회류식 풍동(回流式風洞) 풍로(風路)가 순환하는 형식의 풍동의 총칭.

closed expansion tank 밀폐식 팽창 수조(密閉式膨脹水槽) 내부의 물이 직접 외기에 닿지 않도록 한 팽창 수조. 고온수(100℃ 이상) 설비 및 장치의 최고점보다 낮은 위치에 팽창 수조를 설치하는 경우에 사용하며, 소정의 가압을 필요로 한다.

closed joint 블라인드 이음[1], 맞댄 줄눈[2]
(1) 접합하는 모재의 마구리와 마구리 또는 마구리와 면을 미리 접촉시켜 두고 용접하는 이음.
(2) 벽돌, 돌 등을 밀착시켰을 때의 줄눈. =blind joint

closed section member 폐단면재(閉斷面材) 단면의 형상이 닫힌 도형으로 되어 있는 부재. =member with closed section

closed system 클로즈드 시스템 ① 산업 폐기물 등을 밖으로 내지 않도록 공장 내에서 처리하는 것. ② 일반적으로 공표되어 있지 않은, 그 조직 내에서만 공통인 체계를 말한다. 자동차나 카메라의 부품은 클로즈드 시스템으로 만들어진다. →open system

closed tube 폐관(閉管) 한 끝이 열리고, 다른 끝이 닫혀 있는 단면이 일정한 관.

closet 반침, 벽장(壁欌), 광 ① 주택에서 침구 기타의 용품을 수납하는 부분으로, 보통 깊이 0.9m 이상, 전면에 맹장지나 문을 단 것을 말한다. ② 의복, 가구 등을 수납하는 방. 원래는 벽으로 둘러싸인 어두운 방.

closet bowl 대변기(大便器) 대변용 위생도기. 용도에 따라 수세식과 비수세식이 있으며, 형식상으로는 재래식 변기와 양변기가 있다.

수세식

사이폰 제트식

closing effect 폐색 효과(閉塞效果) 개단

(開端) 말뚝을 지반 속에 박아넣을 때 말뚝 속에 흙이 들어와서 말뚝과의 사이에 마찰이 생겨 마치 말뚝 끝이 폐색된 것과 같은 거동을 나타내는 것.

cloth finish 클로스 바름 얇은 천으로 만들어진 장식용 벽지를 벽면에 발라 마감하는 것. 비닐제나 플라스틱제의 벽지를 포함하는 경우도 있다.

clothoid curve 클로소이드 곡선(－曲線) 연속적으로 변화하는 반경과 곡선부 시점으로부터의 곡선 길이의 곱이 일정한 곡선. 고속 도로 등의 직선부와 원호부를 잇는 완화 곡선으로서 사용한다.

clo-unit 클로값 사람이 입는 의복의 열저항 단위. 1clo(클로)의 의복의 기준은 온도가 21.2℃, 상대 습도가 50%, 기류 속도가 0.1m/sec의 조건하에서 좌정 안정 상태의 사람이 쾌적하게 느끼는 의복.

club house 클럽 하우스 갱의(更衣)·휴식을 위한 골프장의 중심 시설.

cluster 클러스터 꽃, 과일 등의 덩어리를 뜻하나, 주택지 계획에서는 일종의 계획 단위를 뜻한다. 그 규모에는 각종의 것이 있으나, 보통은 근린 주거 지구보다 소규모의 한 단지로, 이 주택군을 단위 그룹으로 하여 각종 공동 시설을 배치하고, 각 단위는 각각 간선 도로와 연결되어 있다.

cluster analysis 클러스터 분석(－分析) 대상 혹은 변수를 유사성의 지표에 따라서 여러 개의 집합(클러스터)으로 분류·유형화하기 위한 통계 해석 수법.

cluster development 클러스터 개발(－開發) 주택이나 건축군을 몇 개의 군으로 묶고, 각각에 독립성을 갖게 하여 포도송이 모양으로 배치하는 개발 형태. 공동의 오픈 스페이스를 갖는 경우가 많다.

clustered column 족주(簇柱), 복합주(複合柱) 다수의 기둥이 다발과 같이 집합한 모양의 기둥.

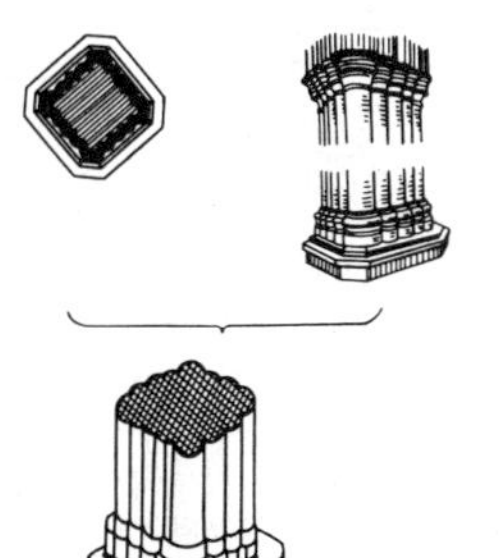

clustered pier 족주(簇柱), 복합주(複合柱) ＝clustered column

cluster plan 클러스터 플랜 같은 규모를 가진 건물(예를 들면 가옥)을 하나의 길에 대해서 포도송이와 같은 배치를 한 설계. 정연한 지역 계획을 할 수 있다.

cluster type 클러스터형(－形) 복수의 시설이나 방을 포도송이 모양으로 연결한 평면형.

CMR 공사 매니저(工事－) ＝construction manager

coagulation 응고(凝固)[1], 응집(凝集)[2] (1) ＝condensation
(2) 배수 중의 부유물을 응집제 등을 써서 전기적으로 중화시켜 대형화하고, 침전하기 쉽게 하는 것. ＝cohesion →coagulation and settlement process

coagulation and settlement process 응집 침전법(凝集沈澱法) 원수(原水)에 응집제를 첨가하여 솜 모양의 침전물을 형성시키고, 침전에 의해 콜로이드상 물질이나 미세한 현탁 물질을 제거하는 물처리 방법. ＝chemical precipitation

coal ash cement 석탄회 시멘트(石炭灰－) ＝cinder cement

coal pick 콜 픽 콘크리트를 해체 또는 파괴하기 위한 압축 공기를 동력으로 한 착암기.

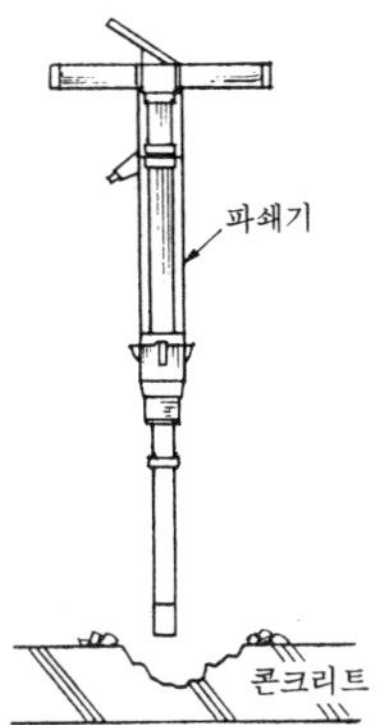

coal pick hammer 콜 픽 해머 압축 공기를 동력으로 하는 경량 소형의 착암기.

coaltar 콜타르 석탄을 건류할 때의 부산물로, 흑색의 기름. 방부, 방충제로서 목재에 사용된다.

Coanda effect 코안다 효과(－效果) 벽면이나 천장면에 접근하여 분출된 기류가 그 면에 빨려서 부착하여 흐르는 경향을 갖는 것을 말한다. 이 경우 한쪽만 확산하므로 자유 분류에 비해 속도의 감쇠가 작고, 도달 거리가 길어진다.

coarse aggregate 굵은 골재(-骨材) 천연 자갈과 인공 쇄석으로 5mm의 체에 90%(토목에서는 85%) 이상 남는 콘크리트용 골재. 건축에서는 25mm 이하의 굵은 골재를 사용한다.

체의 종류	통과량
30 mm	100%
25 mm	95~100
20 mm	60~90
5 mm	0~15
	—

coarse grained soil 조립토(粗粒土) 입경(粒徑)이 75μm 이상의 흙입자.

coarse sand 굵은 모래, 조사(粗砂), 왕모래 입도(粒度)가 거친 모래.

coat closet 코트 클로짓 주로 코트류를 걸어 두는 의복 수납장. 호텔의 객실, 주택의 현관 등에 두어진다.

coated electrode 피복 아크 용접봉(被覆-鎔接棒) 금속 아크 용접에 사용하는 전극봉. 용가재인 금속을 심선으로 하고, 주위에 피복재가 도장되어 있다. 피복은 용접시에 기체를 발생하여 용융 금속을 공기 중의 산소, 질소에서 보호하여 아크를 안정하게 하고, 용착 금속에 합금 원소를 가하는 등의 작용을 한다.

coated fabric 코팅 섬유천(-纖維-) 섬유천의 내후성, 방화성, 방수성 등을 보완하기 위해 합성 수지나 고무계의 코팅을 한 섬유천. 막구조 등의 막재(膜材)로 사용한다.

coated film 도막(塗膜) 도료를 칠하여 건조시켜서 얻어지는 고체의 피막. 넓은 뜻으로는 칠하여 건조 막조성 과정에 있는 것도 포함하는 경우가 있다.

coated welding rod 피복 아크 용접봉(被覆-鎔接棒) 아크 용접에 사용하는 용접봉의 하나. 용접봉 심선 주위에 피복재를 칠한 금속봉. 피복재 모재의 재질 등에 따라 종류가 다르다. 이것은 아크의 안정, 실드, 화학 야금 반응의 촉진 등에 도움이 된다.

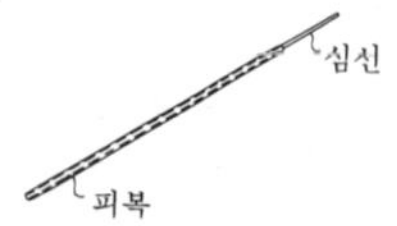

coating 코팅[1)], 도장(塗裝)[2)] (1) 피복 가공 또는 도장을 말한다. 재료를 보호할 목적으로 표면을 플라스틱이나 피막 또는 도막에 의해 피복하는 것을 말한다.
(2) 어떤 방법으로 피도면(被塗面)에 도료 등을 칠하여 단층 또는 복수층의 도막을 형성하는 공법.

coating glass 코팅 유리 박막으로 표면을 피복한 유리.

coating material 도료(塗料) 도막 원료, 용제(또는 시너), 안료로 구성된 것으로, 페인트, 니스, 합성 수지 도료, 옻칠 등으로 나뉜다. =paint and varnish

coating steel pipe 코팅 강관(-鋼管) 강관의 표면을 방식(防蝕)할 목적으로 수지나 도료로 피복한 것.

coat room 외투실(外套室), 행장실(行裝室) =check room, cloak room

cob 벽토(壁土) 건축의 바름벽에 사용하는 흙으로, 특히 평고대 바탕에 바르는 진흙.

cobble 호박돌, 잡석(雜石) =cobble stone

cobbles concrete 호박돌 콘크리트, 잡석 콘크리트(雜石-) 직경 15~7.5cm의 호박돌을 혼입한 콘크리트.

cobble stone 호박돌, 잡석(雜石) 자갈보다 크고, 호박돌보다 작은 것으로, 10~15cm 정도의 것. 대량 콘크리트의 골재, 뒤채움재, 기초 밑의 펴고르기재로서 사용한다.

cock 콕, 수전(水栓) 유체의 유통과 차단을 하기 위한 밸브. 그림과 같은 구조를 하고 있으며, 플러그의 구멍이 흐름의 방향을 향할 때 흐름이 생기고, 이것과 직각을 향하는 경우에 멈춘다. 분수전(分水栓), 지수전(止水栓) 등에 사용되며, 수량 조절을 요하는 장소에는 보통 사용되지 않는다.

cocktail lounge 칵테일 라운지 공항이나 호텔의 바나 휴게실.

code calibration 코드 캘리브레이션 구조 설계 규준에서 설정되어 있는 안전성이나 사용성의 정도를 다른 규준간에서 비교, 검토하는 것.

code of contract 공사 청부 계약 약관(工事請負契約約款) 청부 계약의 내용에 대해서 상세한 규정을 정한 서류.

co-disposal 공동 처리법(共同處理法) 액체의 산업 폐기물을 가정의 폐기물과 같은 매립지에서 처분하는 방법. 가정의 폐기물은 액체를 흡수하기 쉬운데서 생각해낸 처리법이지만 비판도 있다.

coefficient of accesibility 접근 계수(接近係數) 노선가(路線價)를 구성하는 계수의 하나. 지가(地價) 형성에 영향을 주는 것으로 생각되는 주요 시설과 부지 사이의 거리에 따라 산정된다.

coefficient of active earth pressure 주동 토압 계수(主動土壓係數) 주동 토압의 연직 압력에 대한 비.

coefficient of concentration 집중 계수(集中係數) →live load

coefficient of consolidation 압밀 계수(壓密係數) 압밀하는 속도에 관계하는 계수.

coefficient of contraction 수축률(收縮率), 수축 계수(收縮係數) →expansion coefficient

coefficient of crowed outflow 군중 유출 계수(群衆流出係數) 군중이 단위폭(보통은 1m)의 출구에서 유출하는 매초의 인원수로, 여기에 출구의 폭을 곱하면 출구에서 유출하는 매초의 인원수가 된다.

coefficient of discharge 유출 계수(流出係數) →flow coefficient

coefficient of earth pressure at rest 정지 토압 계수(靜止土壓係數) 정지 토압과 흙덮이압(모두 유효 응력)과의 비. 흙이 움직인다든지 하지 않고 정지 상태에 있을 때의 토압 계수.

coefficient of energy consumption for air-conditioning 공기 조화 에너지 소비 계수(空氣調和－消費係數) 공기 조화 방식의 효율을 나타내는 지표. 공기 조화 설비가 연간을 통해서 소비하는 에너지를 건물의 연간 가상 공기 조화 부하로 나눈 값을 말한다.

coefficient of extension 신장률(伸張率)[1], 팽창률(膨脹率)[2] (1) 재료의 인장 시험에서 표점간 거리의 신장을, 원래의 표점간 거리로 나누어서 백분율로 나타낸 것.

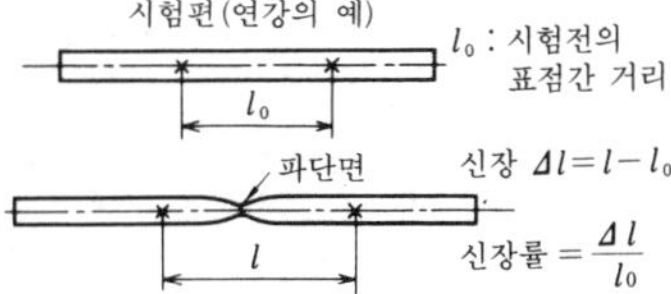

(2) 일정한 압력하에서 물체가 팽창할 때 원 체적 또는 원 길이에 대한 체적 또는 길이의 단위 온도당으로 팽창하는 비율. 일반적으로는 체적 팽창률을 말하며, 길이에 대한 경우는 선팽창률이라 한다.

coefficient of flow velocity 유속 계수(流速係數) 오리피스 등을 통하는 유체가 그 단면 형상 등의 특성에 의해서 받는 영향을 보정하기 위해 평균 유량을 구하는 실험식, 실용식에 사용하는 비례 상수.

coefficient of friction 마찰 계수(摩擦係數) 두 상접하는 물질 표면에 작용하는 마찰력과 그 접촉면에 작용하는 수직 응력과의 비.

coefficient of heat transfer 열전달 계수(熱傳達係數) 뉴턴의 냉각 법칙에 의한 열전달량의 계수. 열전달 계수 α는 단위 시간에 단위 온도차일 때 단위 표면적으로 이루어지는 열전달량. 단위는 kcal/m² h ℃이다. ＝heat transfer coefficient, film conductance, surface conductance, surface coefficient

coefficent of horizontal subgrade reaction 수평 지반 반력 계수(水平地盤反力係數) 지반의 수평 방향력에 대한 지반 반력 계수. 말뚝의 수평 재하(載荷) 시험 또는 보링 구멍 내 수평 재하 시험 등으로 얻어진다.

coefficient of kinematic viscosity 동점성 계수(動粘性係數) 유체의 점성 계수 ρ를 유체의 질량 밀도 ρ로 나눈 것. 기호 ν.

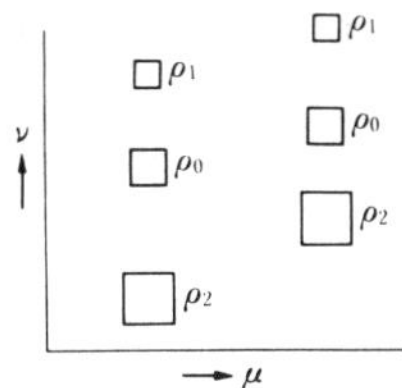

coefficient of lateral pressure 측압 계수(側壓係數) 측압을 나타내는 계수. 토질과 지하 수위의 상태에 따라 다르다.

coefficient of linear expansion 선팽창 계수(線膨脹係數) 온도에 따라 물체의 길이가 변화하는 변화율. 온도 1도의 변화에 대한 단위 길이당의 변화율을 말하며 기호는 α.

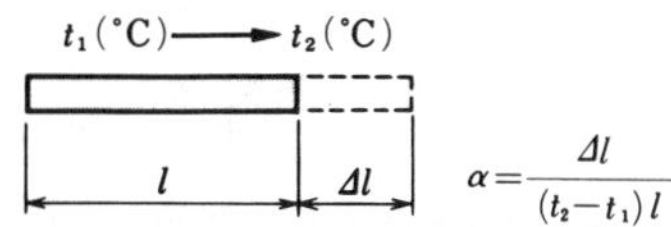

coefficient of moisture absorption 흡습률(吸濕率) 재료가 흡습하고 있는 수증기량을 나타내는 비율. 일반적으로는 건조 중량에 대한 흡습 수량의 백분율로 나타낸다. 평형에 이르렀을 때의 흡습률을 평형 함습률(平衡含濕率)이라 한다.

coefficient of over-all heat transmission 열관류율(熱貫流率) 열관류시의 단위 시간·단위 면적·단위 온도차일 때 흐르는 열량. 단위 kcal/m²h℃.

coefficient of passive earth pressure 수동 토압 계수(受動土壓係數) 수동 토압인 경우의 계수. 흙덮이압과의 곱이 수동 토압이 된다.

coefficient of performance 성적 계수(成績係數) 냉동기 또는 열펌프에서 냉각 응축기의 토출 열량을 Q_1, 증발기의 흡수 열량(저온 물체에서 제거한 냉동 열량)을 Q_2, 압축기에 가해진 열량(일에 상당하는 열량)을 Q_3으로 하면 냉동 열량 $Q_2=Q_1-Q_3$, 열 펌프 열량 $Q_1=Q_2+Q_3$으로, 카르노의 이상 사이클에서는 냉방 사이클의 COP$=Q_3/(Q_1-Q_2)=$(증발 온도)/{(응축 온도)−(증발 온도)}, 난방 사이클의 COP$=Q_1/((Q_1-Q_2)=$(응축 온도)/{(응축 온도)−(증발 온도)}. 따라서 응축기 출구에서의 액화 냉매의 엔털피를 i_1, 팽창 밸브로 보내진 온도에서의 액체 냉매의 엔털피를 i_2, 증발기를 떠난 증기가 갖는 엔털피를 i_3, 응축기 입구에서의 증기의 엔털피(즉 압축기에서 토출된 증기의 엔털피)를 i_4로 하고, 기계의 효율 $e=0.6\sim0.8$)을 생각하면 실제의 COP는 냉동 사이클의 COP$=e(i_3-i_2)/(i_4-i_3)$, 열펌프 사이클의 COP$=e(i_4-i_1)/(i_4-i_3)$. =COP. →cycle

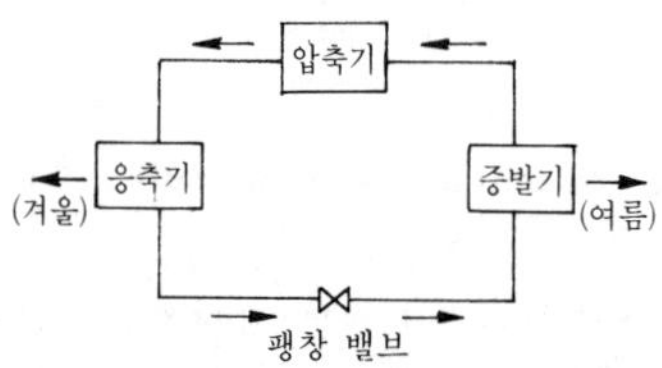

coefficient of pressure loss 압력 손실 계수(壓力損失係數) 관 속 등을 흐르는 유체에 벽면 또는 저항체에 의해서 압력 손실이 생길 때의 압려 손실 ΔP는

$$\Delta P=\xi\cdot\rho v^2/2$$

로 나타내어지며, 계수 ξ를 압력 손실 계수라 한다. 여기서 v : 관 속 등의 평균 유속, ρ : 밀도(kg/m³).

coefficient of rigidity 강도(剛度) =relative stiffness, stiffness factor

coefficient of shear distribution 전단력 분포 계수(剪斷力分布係數) 건축물의 각 층에서 단위의 수평층간 변위를 주는 데 필요한 각 내수평력 요소의 전단력을 적당한 기준값에 대한 비로서 나타내는 계수를 말한다.

coefficient of slip 미끄럼 계수(−係數) 고력(高力) 볼트 마찰 접합에서 접합재의 접촉면이 미끄러지기 시작하는 하중을 볼트에 도입한 장력으로 나눈, 겉보기의 마찰 계수.

coefficien of subgrade reaction 지반 반력 계수(地盤反力係數) 지반의 단위 면적당 스프링 상수를 나타내는 양(kg/cm³). 지반의 스프링 상수에 대응한 계수.

coefficient of thermal expansion 열팽창률(熱膨脹率) 열팽창의 비율. 체적 증대일 때를 체적 팽창률, 길이일 때를 선팽창률이라 한다. 단위는 deg⁻¹.

coefficient of utilization 조명률(照明率) 조명 기구 내의 광원(램프)에서 나오는 광속 중 작업면에 들어오는 광속의 비율. 조명 기구별로 정해져 있으며, 광속법의 계산에서 사용한다. =utiliztion factor

coefficient of variation 변동 계수(變動係數) 변동의 표준 편차를 평균값으로 나눈 양.

coefficient of viscosity 점성 계수(粘性係數) 유체의 점성의 대소를 나타내는 값으로, 점도라고도 한다. 동일 유체에서는 온도에 따라서 변화한다.

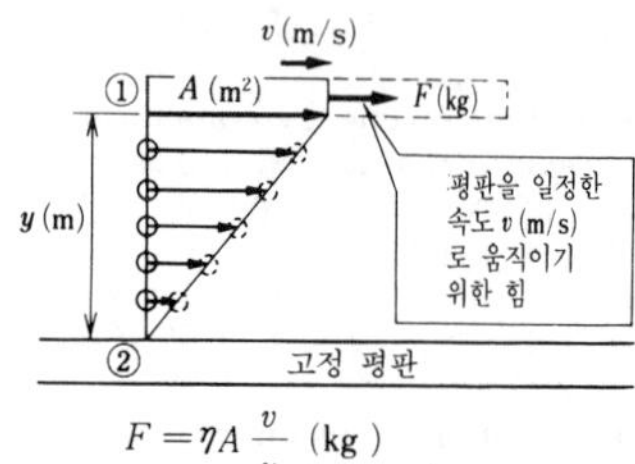

$$F=\eta A\frac{v}{y}\ \text{(kg)}$$

η : 점성 계수 (kg s/m²)

A : ①의 유체에 접하는 면적(m²)

coefficient of (viscous) damping 감쇠 계수(減衰係數) 감쇠 특성을 나타내는 계수. 일반적으로 속도에 비례하는 저항의 계수를 가리킨다. 그 특성에 실량 비례형, 강성(剛性) 비례형, 혼합형 등이 있다. =damping coefficient →damping factor, damping ratio

coefficient of water absorption 흡수율(吸水率) 단위 중량당의 흡수량을 백분율로 나타낸 값. W를 시료의 건조 중량, W'를 시료를 수중에 담가서 충분히 흡수시켰을 때의 시료의 중량, A를 흡수율(%)로 하면

$$W = \frac{W' - W}{W} \times 100$$

coffee table 커피 테이블 소파 앞 등에 두어지는 테이블로, 미국에서 주로 이렇게 부른다. = tea table

cofferdam 물막이공(-工) 공사 시공상 주위의 물을 막기 위해 만든 구조물.

coffered ceiling 소란반자(小欄-), 우물반자 반자틀을, 「井」자를 여러 개 모은 것처럼 소란을 맞추어 짜고, 그 구멍마다 네모진 개판(蓋板) 조각을 얹은 반자.

coffering 소란반자(小欄-), 우물반자 = coffered ceiling

coffer lighting 코퍼 조명(-照明) 천장면을 원형이나 4각형으로 파서 내부에 기구를 매입하는 식으로 설비하여, 천장의 단조로움을 커버한 조명.

cogeneration system 코제너레이션 시스템 발전과 동시에 그 배열(排熱)을 이용하는 전력과 열의 병급(併給) 시스템. 연료를 연소시켜서 얻어지는 열을 전력으로 바꾸는 한편, 증기, 열수를 난방·급탕 등에 이용하여 에너지 절감 효과를 높이려는 것. 항시 열을 필요로 하는 공동 주택, 호텔, 병원, 스포츠 센터, 수퍼마켓, 산간, 낙도의 리조트 시설 등에서 적극 도입이 추진되고 있다.

cogged joint 걸침턱 맞춤 다소의 단차로 직교 또는 45°로 교차되는 상하면에 새김눈을 내고 맞물린다. 타재에 얹는 경우의 지붕틀 구조재 등의 접합에 사용한다.

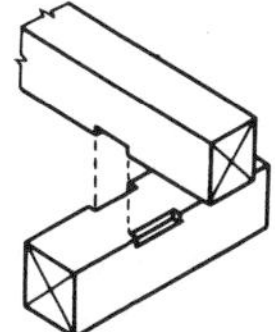

cogging 턱 목공사의 접합으로, 기둥, 보의 능을 일부분 깎아내고 그 깎아낸 면에 다른 횡재를 끼워서 붙이는 것으로, 이 방법을 턱걸이라 한다.

cohesion 응집(凝集)[1], 점착력(粘着力)[2]
(1) = coagulation
(2) 찰흙 등 미세한 입자를 포함하는 흙이 어느 면에서 미끄러지려고 할 때 이 면에 작용하는 전단 저항력 중 수직 압력에 관계없이 나타나는 저항력. 즉 내부 마찰각 φ가 0인 경우의 전단 저항력.

cohesive failure 응집 파괴(凝集破壞) 주로 접착제 또는 실링재에 의한 접합부에서 접착제 또는 실링재 내부가 파괴되는 현상.

cohesive soil 점성토(粘性土) 찰기가 있는 흙. 조성상은 세립토(입경이 75μm 이하의 흙입자) 함유율이 50% 이상인 흙.

cohort analysis 코호트 분석(-分析) 소비자를 세대마다 구분하고, 세대별로 종래의 환경·소비 실적을 분석하여 장래의 소비 행동을 예측하는 마케팅 수법.

cohort model 코호트 모델 인구의 장래 추계 방법. 남녀·연령 계층별로 변동의 요인(출생, 사망, 전입, 전출)의 동향을 상정하고, 당기의 남녀 연령 계층별 인구에서 변동 계수를 곱하여 차기의 남녀 연령별 인구를 구해 가는 방법.

coil 코일 가는 도선을 통 모양 또는 평면적으로 나선형으로 감은 것. 용도는 전류 회로에서의 저항용, 변압기나 회전기 등의 전자기용, 전열용 등.

coil spring 코일 스프링 의자, 소파, 매트리스 등의 구션성을 높이기 위해 충전되는 나선상의 강철제 스프링.

coil tie 코일 타이 거푸집에 사용하는 세퍼레이터의 일종으로, 여러 줄의 철선으로 코일 모양의 나사에 용접한 것.

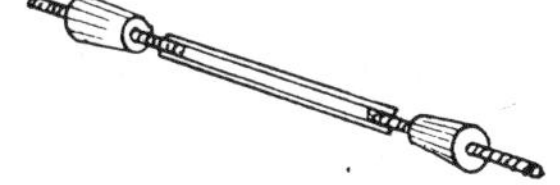

coincidence cut-off frequency 코인시던스 주파수(-周波數) 코인시던스 효과가 생기는 주파수.

coincidance effect 코인시던스 효과(-效果) 탄성판이 소리에 의해서 진동할 때 판으로의 입사 음파의 조밀 진동과 판에 생긴 굴곡 진동의 분포가 일치하여 소리가 투과하기 쉽게 되는 현상.

colcrete 콜크리트 고속 회전(20,000rpm 이상)하는 믹서에 의해 충분히 유동성이 있는 콜로이드상의 모르타르를 만들고, 이것을 먼저 넣은 자갈 사이에 주입하여 만든 콘크리트. 주입 콘크리트의 일종. 영국의 J. S. 모건의 발명.

cold application 상온 공법(常溫工法) 주로 방수층의 시공에서 열을 사용하지 않는 공법의 총칭. 좁은 뜻으로는 아스팔트

방수에서 열을 사용하지 않는 공법에 한정되기도 한다.

cold bridge 냉교(冷橋) 단열벽 속에 열적 양도체의 철골 샛기둥 등이 있으면, 그 부분이 열적 단락부가 된다. 이것이 온도를 저하시키는 작용을 할 때 냉교라 한다.

cold brittleness 저온 취성(低溫脆性) 온도 저하와 더불어 강재(鋼材) 및 용접부의 새김눈(notch) 인성이 저하하여 취성 파괴를 일으키기 쉽게 되는 성질. =low-temperature brittleness

cold chain 콜드 체인 약 200℃ 이하에서 용접 금속이나 열영향부에 발생하는 균열을 말한다. 루트 균열, 비드 밑 균열, 토크랙(toe crack), 라멜라 티어(lamellar tear) 등이 있다.

cold color 한색(寒色), 콜드 컬러 찬 느낌을 주는 색. ② 소부를 하지 않은 유리 제품 등에 사용하는 착색제의 총칭.

cold draft 콜드 드래프트 겨울철에 실내에 저온의 기류가 흘러들거나, 또는 유리 등의 냉벽면에서 냉각된 냉풍이 하강하는 현상.

cold gluing 콜드 글루잉 상온에서 피착재(被着劑)에 접착제를 칠한다든지, 맞붙이는 것.

cold insulator 보냉재(保冷材) 단열재를 저온역에서 열의 유입 방지를 목적으로 하여 사용하는 경우의 호칭. 방수성이나 방습성도 요구되는 경우가 많다. =cold reserving material →heat insulator

cold joint 콜드 조인트 앞서 타설한 층의 콘크리트가 경화하기 시작한 후 다음 층이 계속 타설됨으로써 생기는 불연속적인 접합면. 대량의 콘크리트를 타설할 때 운반 시간이 너무 걸림으로써 생기는 작업의 중단이나 타설 순서가 적절하지 않는 등의 이유로 생기는 일이 있다.

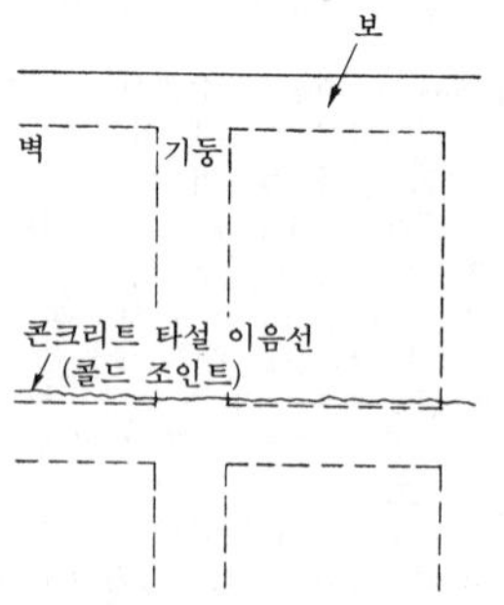

cold reserving cover 보냉통(保冷筒) 저온 유체를 수송하는 파이프 등의 열손실을 방지하기 위해 사용되는, 미리 통 모양으로 성형한 보냉재.

cold reserving material 보냉재(保冷材) =cold insulator

cold reserving plate 보냉판(保冷板) 판 모양으로 성형된 보냉재를 말한다. 보온판과 같은 재료이지만 방수성이나 방습성이 요구된다.

cold reserving work 보냉 공사(保冷工事) 보온재를 써서 냉방 장치, 냉장고 등의 내부 온도를 목표의 낮은 온도로 유지할 목적으로 외부에서 열의 침입을 방지하기 위한 각종 공사.

cold storage 냉장실(冷藏室) 식품 등을 각종 온도의 단계에 따라서 냉각하여 저온으로 저장하는 방. →freezing room

cold temperature area 한랭지(寒冷地) 일반적으로 여름이라도 기온이 낮은 고위도 지방이나 고산지를 말한다.

cold working 냉간 가공(冷間加工) 강철을 720℃(재결정 온도) 이하로 가공하는 방법. 이 가공법에서는 강철의 조직은 치밀하나, 가공도가 진행할수록 내부에 변형을 일으켜 점성을 감소시키는 결점이 있다. 또 200~300℃ 부근에서는 청열 취성(青熱脆性)으로 되므로 가공을 피한다. 경량 형강 등은 이 방법에 의해서 성형된다. →hot working, light guage steel

cold zone 콜드 구역(-區域) 방사성 물질을 다루는 시설 내에서 방사성 오염이 없는 영역.

collage 콜라주 큐비즘 화가의 수법의 하나로, 인쇄물을 그림 속에 붙이는 등 표현의 의외성을 구현하는 것.

collapse 붕괴(崩壞) ① 외력의 증가없이 구조물의 변형이 갑자기 증가하는 상태. ② 건물이 파괴하여 무너져 내리는 것.

collapse load 붕괴 하중(崩壞荷重) 소성 흐름이 생기는 데 충분한 수의 항복 힌지 혹은 항복선이 생겨서 불안정하게 된 상태를 붕괴라 하고, 그 시점에 작용하고 있는 하중을 붕괴 하중이라 한다. →ultimate load

collapse mechanism 붕괴 기구(崩壞機構) 항복 힌지 혹은 항복선이 발생하여 불안정 상태로 되어 있는 구조(뼈대나 평판)를 말한다.

collapse mode 붕괴 모드(崩壞-) 불안정 상태에 있는 붕괴 기구의 구조물이 운동을 일으킬 때의 모드.

collapse ratio 도괴율(倒壞率) 지진 등의 도시 재해에서 도괴한 구조물이 전 구조물수에 차지하는 비율.

collar joint 칼라 이음 석면 시멘트나 철근 콘크리트제 관 이음의 일종. 관과 관을 맞대어 바깥쪽에서 약간 큰 지름의 고리를 이음 부분에 씌운다.

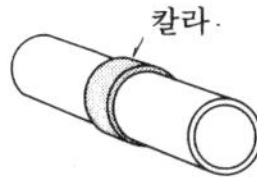

collected area 배수 면적(排水面積) 하수도에서 하수량 산출의 기초가 되는 면적. 어느 배수 계통에서의 빗물 또는 오수가 흘러드는 구역의 면적을 말한다. =drainage area

collecting area 집열 면적(集熱面積) 태양열의 집열에 이용되는 집열기 집열부의 총면적.

collecting area ratio 집열 면적비(集熱面積比) 태양열 이용 시설의 건물 연 바닥 면적에 대한 집열 면적의 비.

collection efficiency 포집 효율(捕集效率), 여과 효율(濾過效率) 공기 청정 장치가 갖는 공기 중 입자의 포집 효율.

collective house 컬렉티브 하우스 집합 주택을 말한다. 스웨덴 등의 고령화 사회에서 건물의 관리나 운영을 공동으로 하는 주택 형식.

collector efficiency 집열기 효율(集熱器效率)[1], 집열 효율(集熱效率)[2] (1) 집열기면에 닿는 일사량에 대한 집열량의 비율. 일반적으로는 집열시의 순시값으로 나타내어지는데, 기간 적산량에서의 비율을 종합 집열 효율이라 한다.
(2) 일정 시간에 집열 매체측에 얻어진 열량을 집열기에 입사한 일사량으로 나눈 값의 백분율.

colluvial deposit 붕적토(崩積土) 사면상의 암석 풍화물이 굴러내려 사면 아래쪽에 퇴적한 흙.

colonial 콜로니얼 ① 식민지 시대의 미국의 건축 양식. 영국의 고전 주의 양식을 간략화하여 적응시킨 것. ② 주로 주택 등의 지붕잇기 재료로서 사용되는 치장 석면 시멘트판. 겹잇기용으로 90cm×40cm 가량의 치수로 제품화된 것.

Colonial furniture 콜로니얼 가구(一家具) 17세기 후반부터 18세기말에 이르기까지의 미국 가구의 총칭. 당시 유럽의 영향이 강하다.

colonial style 콜로니얼 스타일 유럽에 본국을 갖는 식민지에서 본국의 건축·공예의 양식을 모방하여 식민지풍으로 한 것. 특히 19세기 미국에서 발달한 건축·인테리어의 양식으로, 영국의 영향이 강하다.

colonial town 식민 도시(植民都市) 식민에 의해 건설된 도시. 계획적으로 건설된 것은 본국에서의 도시상을 반영하는 등 흥미롭다.

colonnade 콜로네이드, 주랑(柱廊) 엔터블래처(enter-blature)나 아치가 걸치는 기둥의 열. 또, 그 주열(柱列)이 만들어내는 공간.

colony 콜로니 식민지나 생물의 집단이라는 뜻이지만, 여기서는 동일 내용을 가진 사람들(도예가나 화가와 같은 예술가촌 등)의 거주지를 말한다.

colo(u)r 색(色) 빛을 자극으로 하는 감각의 일종으로, 화학(물질), 물리(빛), 생리 및 심리(감각)의 입장에서 각각 정의되고 있다. 무채색, 유채색으로 나뉘며, 또 색상, 명도, 채도의 세 속성으로 그 감각을 나타낼 수 있다.

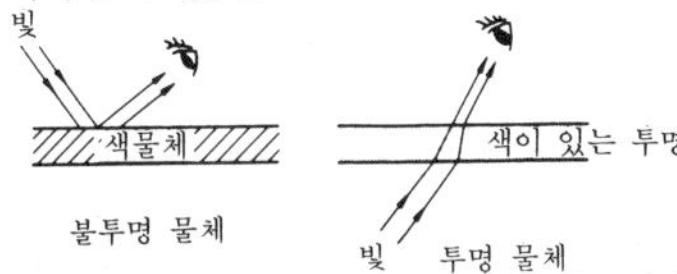

color analyst 컬러 애널리스트 상품이나 인테리어 등의 색채면에서의 효과적인 표현, 색채의 사용법을 분석하여 조정하는 것을 직업으로 하는 사람.

colorant 착색제(着色劑) 착색 안료를 말한다. =coloring agent, coloring matter, stain

color balance 컬러 밸런스 색채의 분량, 선명성, 밝기 등을 조절하는 것을 말한다. 사진, 영화, 텔레비전 등에 있어서의 발색의 밸런스.

color cement 컬러 시멘트 백색 시멘트나 보통 포틀랜드 시멘트에 무기질의 안료를 가하여 여러 가지 색을 붙인 시멘트.

color chart 색표(色票) 종이·수지판 등에 착색된 색채 계획용 색견본. 특히 정도(精度)가 엄격히 관리된 것을 표준 색표라 하고, 대표적인 것으로 먼셀 북이 있다. →color planning

color check 컬러 체크 용접부를 검사하는 방법의 일종. 용접부에 침투액을 칠하고, 그것을 마른 천으로 닦아낸 다음 현상제를 칠하면 클랙 등에 스며든 침투액이 현상액에 빨려 나와서 그 부분이 착색되어 결함을 발견할 수 있다. 침투 탐상 시험이라고도 한다.

color circle 색상환(色相環) 색을 나타내기 위해 주요 색상을 원형으로 배치하고 그 사이를 어느 등급으로 나누어서 색상의 관계를 나타낸 것. 각 형식의 색입체의

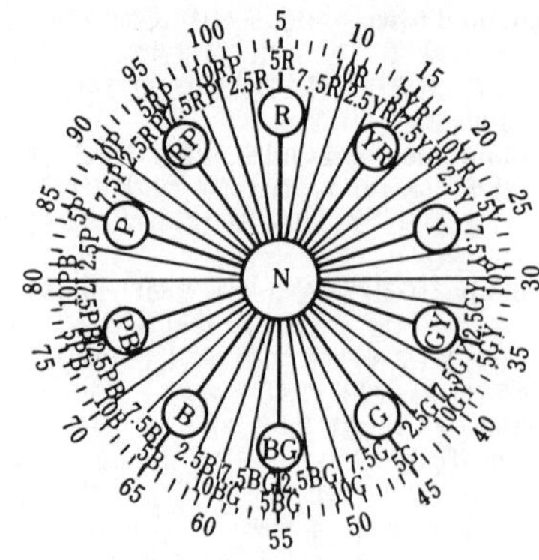

기초가 되는 것이다.

color conditioning 색채 조절(色彩調節) 색채가 갖는 물리적, 심리적, 생리적 효과를 응용하여 우리들의 생활 환경에 채색을 하고, 심신의 건강 유지, 작업 능률의 증진, 위험 방지 등에 도움을 주는 일종의 색채 관리, 색채 조절에는 환경 배색과 식별 배색이 있다. =color dynamics

color cone 컬러 콘 세이프티 콘과 마찬가지로 교통 규제나 위험 장소의 표시에 사용되는 원뿔형의 보안 용구. 염화 비닐제로 내부에 전등이 들어가는 형식의 것이나, 반사 시트를 감아서 야간의 반사 효과를 크게 한 것이 있다.

color consultant 컬러 컨설턴트 색채 계획, 색채 조절과 같은 색 사용법의 진단, 제안을 하는 직업.

color contrast 색대비(色對比), 색의 대비(色－對比) 둘 이상의 색이 서로 영향을 줌으로써 본래의 색과 다른 느낌으로 보이는 현상. 대비는 크게 나누어서 동시 대비와 계시(繼時) 대비가 있으며, 각각 색상 대비 · 명도 대비 · 채도 대비가 있다.

colored cement 착색 시멘트(着色－) 백색 포틀랜드 시멘트에 일광이나 알칼리에 대하여 안정한 안료를 배합하여 착색한 것. 안료에는 산화철계(적 또는 황), 산화크롬(녹), 울트라마린(청) 등이 있다.

color coordination 컬러 코오디네이션 둘 이상의 상이한 색채를 비교 · 검토하여 서로가 조화나 미적 효과를 낳도록 조정, 재구성하는 것.

color corn 컬러 콘 교통 규제나 위험 장소의 표시에 사용되는 원뿔형의 보안 용구. 색을 밝게 한다든지 반사 시트를 감아서 눈에 잘 띄도록 하고 있다. =safety corn

color difference 색차(色差) 색의 지각적인 차이를 수량화한 지표.

color dynamics 컬러 다이내믹스 공장이나 설비 · 기계 등의 색채를 심리적 · 생리적으로 쾌적하게 하는 것을 연구하는 학문을 말한다.

colored bestos 컬러 베스토 석면, 포틀랜드 시멘트, 무기질 재료, 도기질 미립자, 방수재 등을 원료로 하여 사용한 외장 마감재.

color glass 컬러 유리 표면에 단색 소부 도장한 판유리의 총칭.

color harmony 색채 조화(色彩調和) 건축물, 인테리어, 의복 등의 각 부분을 목적에 맞추어서 색채적으로 조화시키는 것. →color conditioning

color indication 색표시(色表示), 색의 표시(色－表示) 색을 나타내는 체계. CIE · 먼셀 · 오스트워드 등이 있다.

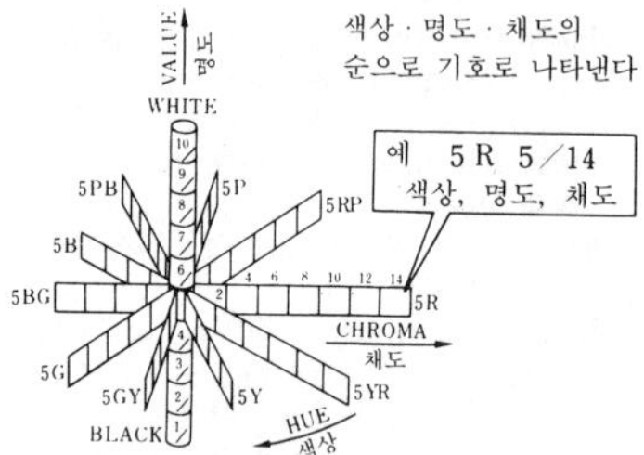

먼셀 색공간의 일부 N = 5

coloring 착색(着色), 채색(彩色) 색을 칠하는 것.

coloring agent 착색제(着色劑) =colorant

coloring matter 착색제(着色劑) =colorant

coloring pigment 착색 안료(着色顔料) 착색을 위해 사용하는 안료. 건축에서는 내구성의 면에서 금속 산화물 등의 무기 안료가 널리 쓰인다.

color-in-paint 종 페인트(種－) 안료를 보일유로 풀 모양으로 비빈 것. 페인트의 색 조합 등에 쓰인다.

color lighting 색조명(色照明) 색채 효과를 높이기 위해 컬러 필름을 사용하는 조명을 말한다.

color mixture 혼색(混色), 혼합색(混合色) 여러 단색을 섞어서 다른 색을 만드는 것. 혼합의 방법에 따라 가색 혼합 · 감색 혼합 · 평균 혼합의 세 가지 혼합이 있다.

color planning 색채 계획(色彩計劃) 건축 · 공예 · 복식 등의 디자인에서 사용 목적에 따른 색의 선택 및 배색의 계획을 하는 것.

color rendition 연색(演色) 사용되는 조명 빛의 차이에 따라 생기는, 물건이 보이는 정도의 변화 현상. 조명 광원의 크기·위치·종류·방법·색, 조명되는 물건의 여러 상황 등에 따라 같은 물체라도 다르게 보이는 경우가 있다.

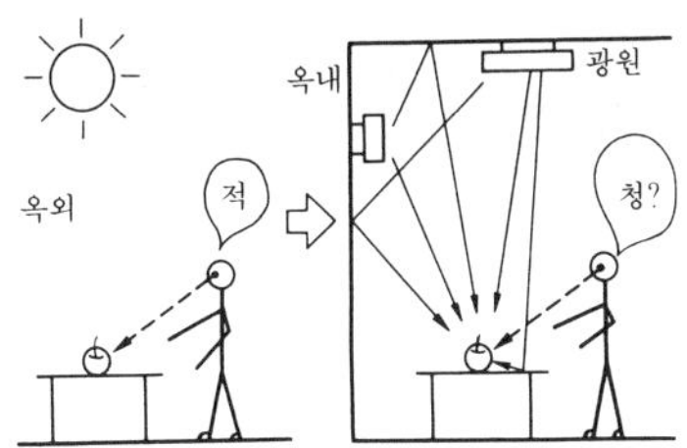

color scheme 색채 계획(色彩計劃) 테마에 따라서 색채의 전체 계획을 세우는 것. →coloring

color simulator 컬러 시뮬레이터 경관의 평가를 위해 화상에 대하여 부분적으로 색채를 바꾸어서 표시하는 장치.

color solid 색입체(色立體) 색상, 명도. 채도의 색의 3속성을 3차원으로 모형적 표시한 것. 대표적인 것으로 먼셀의 색입체가 있다.

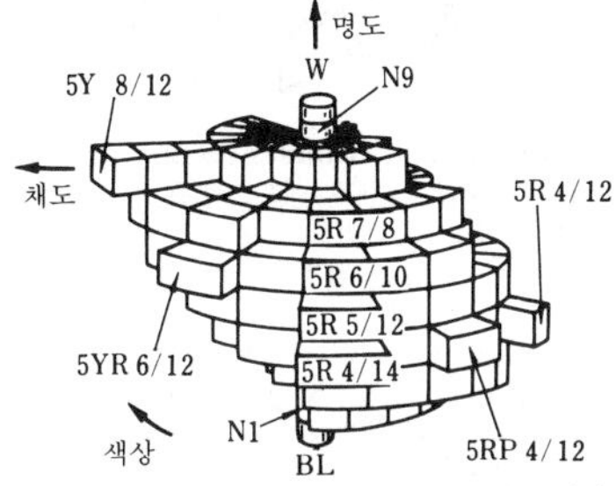

color specification 표색법(表色法) 색을 기호 또는 기호를 수반한 양으로 표현하는 방법. 직접 인간의 지각 요소에 따라서 나타내는 심리적 표색 방법과 빛의 물리적 성질을 이용하여 간접적으로 색을 나타내는 심리 물리적 표색 방법으로 대별된다. 특히 후자의 방법에 속하는 CIE표색법이 표색표의 기초가 된다.

color system 색채 체계(色彩體系) 색의 3속성을 어느 기준에 입각하여 체계적으로 표현한 것.

color temperature 색온도(色溫度) 온도 T의 복사체에서 발하는 광색이 온도 T_b의 흑체의 광색과 겉보기로 같을 때 그 흑체의 온도 T_b를 그 복사체의 색온도 또는 광색온도라 한다.

color tuning 색채 조정(色彩調整) 색채가 갖는 물리적, 심리적, 생리적 효과를 이용하여 환경에 적당한 채색을 하고, 목적으로 하는 쾌적·안정한 상태를 만들어내려는 것.

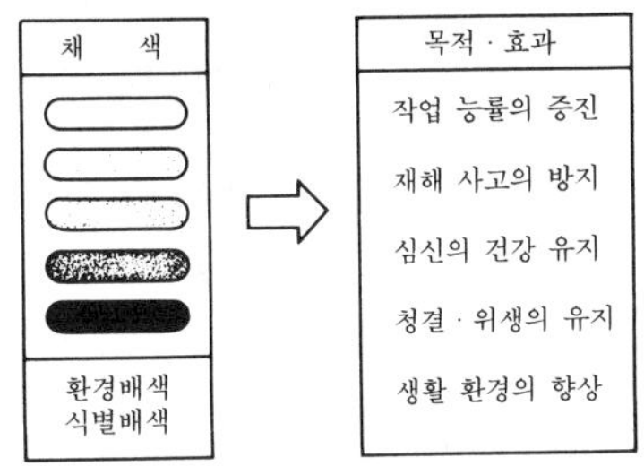

color vision 색각(色覺) 시감각 기능의 하나. 유채색을 식별하는 능력.

color wiping 컬러 와이핑 목재 도장의 일종. 염료를 칠하고, 마르지 않는 동안에 닦아내어 색을 붙이는 방법.

colossal order 대 오더(大－) 여러 층의 높이를 관통하여 구성되는 하나의 오더.

colosseum 콜로세움 서력 80년경에 세워진 고대 로마의 원형 투기장.

column 기둥[1], 원주(圓柱)[2] (1) 지붕, 바닥, 보 등의 하중을 지지하여 하부 구조로 전하는 수직 부재.

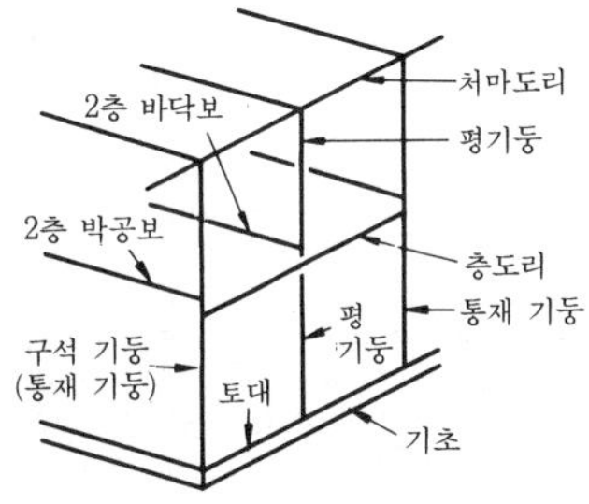

(2) 단면이 원형으로 된 기둥.

column arrangement 기둥 배치(－配置) 평면 계획 또는 구조 계획에 있어서 기둥의 간격, 배치 등을 정하는 것.

column base 주각(柱脚) 기둥의 최하부로, 기둥이 받는 힘을 기초로 전하는 부분. 주각의 구조 형식으로는 고정식과 핀식이 있다. 그림은 철골 구조의 주각을 나

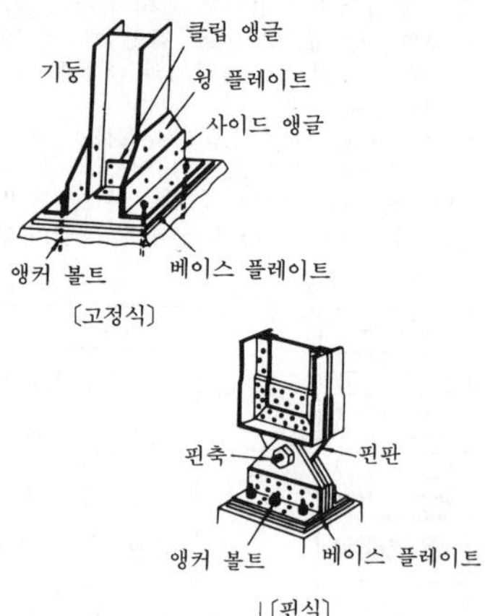

〔고정식〕

〔핀식〕

타낸 것이다.

column capital 기둥머리 기둥의 머리 부분으로, 상부의 하중을 균등하게 기둥에 전하는 기능을 갖는 부재.

column cramp 칼럼 크램프 독립 기둥이나 벽이 달린 기둥 등의 거푸집 보조재의 일종. 플랫형이나 앵글형의 강재를 조합시켜서 거푸집널을 죈다.

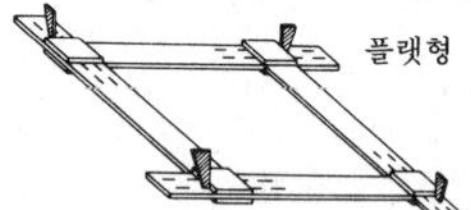

column curve 칼럼 커브 압축력을 받는 기둥의 좌굴 강도와 세장비(細長比)의 관계를 주는 곡선. 기둥의 단면형, 제조 방법의 차이에 따라 구별하는 경우가 있다.

column of balloon framing 통재기둥 2층 목제 건물에서 이음없이 1개로 상하층을 통한 기둥.

column spacing 주간(柱間)[1], 기둥 배치(−配置)[2] (1) 기둥과 기둥 사이의 거리 또는 그 사이의 공간. 철근 콘크리트 구조에서는 4~7m이다.

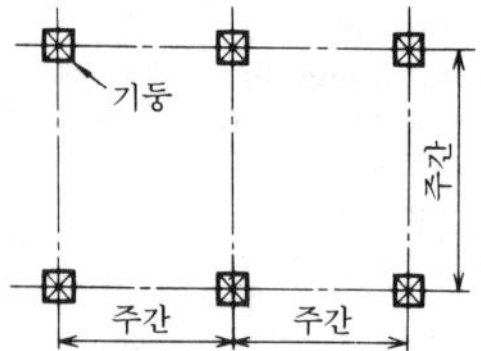

(2) 건축 평면의 결정에 있어서 기둥의 배치를 정하는 것.

column strip 주열대(柱列帶) 평판 슬래브 구조의 설계에서 보로 간주하는 주열을 포함하는 일정폭 범위의 슬래브를 말한다. 이 범위에는 촘촘히 배근된다.

combed joint 핑거 조인트 목재 등의 끝부분을 손가락 모양으로 절삭 가공하여 그 끝부분 상호를 접착하는 방법을 말한다. =finger joint

combination cabinet 콤비네이션 캐비닛 사무용 수납 가구. 오픈식과 서랍식의 양쪽 시스템이 함께 된 파일 캐비닛.

combination lock 부호자물쇠(符號−) 금고문 등에 사용하는 자물쇠로, 열쇠를 사용하지 않고 부호 숫자의 조합으로 자물쇠를 풀 수 있는 것.

combination table 콤비네이션 테이블 = nest table

combined footing 복합 푸팅 기초(複合−基礎) 복수의 기둥을 하나의 기초판으로 지지하는 기초. 기둥 간격이 좁은 경우나 대지 경계선 가까이에 기둥을 세우는 경우 등에 쓰이며, 기초의 편심이 생기지 않는 형상으로 한다. =compound foundation

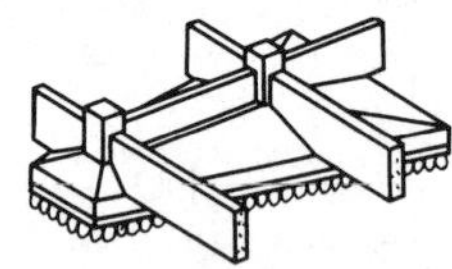

combined heat transfer coefficient 종합 열전달률(綜合熱傳達率) 뉴턴의 냉각 법칙에 의한 열전달량의 계수. 종합 열전달률(α)은 방사 열전달, 대류 열전달을 종합한 것으로, 단위 시간(h)에 단위 면적(A)당 단위 온도차($\theta_H-\theta_C$)에 있어서 전달되는 열량. 흐르는 열량 q(J/m^2 · h)는 다음 식으로 나타내어진다.

$$q=\alpha A(\theta_H-\theta_C)$$

α는 유체의 종류, 온도차, 유속으로 변화한다.

combined heat transfer coefficient of outside 외기측 종합 열전달률(外氣側綜合熱傳達率) 열전달률은 유체와 고체간의 열이동을 나타내는데, 외기 유체와 외벽간의 열이동을 외기측 종합 열전달률이라 한다. 외기측 종합 열전달률은 방사 열전달률과 대류 열전달률로 나뉜다.

combined joint 병용 이음(倂用−) 용접과 고력(高力) 볼트 혹은 고력 볼트와 리벳 등 이종의 접합 방법을 조합시킨 이음.

combined load 조합 하중(組合荷重) 구조물에 동시에 작용하는 여러 종류의 하중을 조합시킨 것. 일반적으로 자중 외에 재하(載荷) 하중, 지진 하중, 바람 하중, 눈 하중 등을 조합시킨다.

combined sewer system 합류식 하수도(合流式下水道) 하수 배수 방법의 하나. 빗물과 오수를 동일 관거(管渠)로 배제하는 하수도. 호우시에는 미처리의 오수가 방류될 위험성이 있다.

combined stress 조합 응력(組合應力) ① 굽힘과 압축, 굽힘과 인장 등과 같이 각종 응력이 조합된 것. 탄성 영역에서는 각각의 응력은 서로 중첩의 법칙이 성립하는 것으로 하여 조합 응력을 구한다. ② 2축 응력과 3축 응력의 총칭.

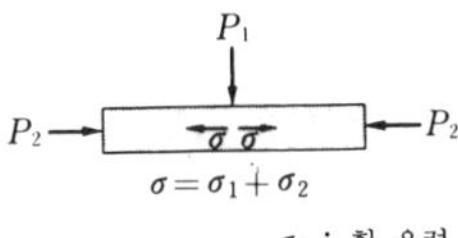

combined system of daylight and electric light 병용 조명(併用照明) 주광 조명과 인공 조명을 병용하는 주간의 조명 방식.

combined treatment of flush toilet and household waste 합병 처리(合併處理) 배설물 정화조에서 배설물 오수와 주방, 욕실, 세탁 등의 생활 잡배수를 합쳐서 처리하는 방법.

combined use area 혼합 지역(混合地域) 각종 용도의 건축물이 혼재하고 있는 지역을 말한다.

combined water 결합수(結合水), 화합수(化合水) ① 유리수(遊離水)에 대하여 물질의 분자에 결합하고 있는 물. 시멘트 콘크리트에서는 시멘트의 성분 분자와 결합하고 있는 물을 말한다. ② 목재 중에 포함되어 있는 물 중 세포관벽에 함유하는 수분.

combustibility 가연성(可燃性) 연소하는 성질. 그 정도에 따라서 속연성(速燃性), 난연성 등으로 나뉘는데, 이들은 일정 조건의 시험 결과에 의해 분류되는 것이다.

combustible hour 연소 시간(燃燒時間) 가연물에 착화하고부터 스스로 꺼지기까지의 시간. 이것은 가연물의 질, 양, 그것이 두어지고 있는 방의 상태(방의 용적, 개구부의 개폐 등)에 따라 다르다.

combustible waste 가연성 폐기물(可燃性廢棄物) 폐기물 분류 방법의 하나. 소각로 등에서 연소할 수 있는 폐기물. 가연쓰레기라고도 하며, 분별 수집의 대상이 된다.

combustion 연소(燃燒) 빛과 열의 발생을 수반하는 산화 반응. 연소 반응이 일어나는 데 필요한 조건은 ① 가연물의 존재, ② 산소(공기)의 존재, ③ 고열(점화 에너지)의 존재이다.

combustion exhaust gas 연소 배기 가스(燃燒排氣−) 연소에 의해 발생하는 배기가스. CO, CO_2, NO_x, SO_x, 수증기 등을 포함한다.

combustion gas 연소〔생성〕 가스(燃燒〔生成〕−) 가연물이 연소할 때 발생하는 가스. 일반적으로는 탄산 가스(CO_2), 수증기(H_2O), 일산화 탄소(CO)이나, 여기에 질소(N_2), 산소(O_2)를 수반하고 있다.

combustion heat 연소열(燃燒熱) 물질이 완전히 연소할 때 발생하는 열량. 단위는 J/mol, J/kg.

combustion system 연소 방식(燃燒方式) 각종 연료를 연소시키는 방식. 수관 보일러인 경우, 화격자 연소, 중유 연소, 가스 연소, 미분탄 연소가 있고, 주철 보일러에는 화격자 연소, 중유 연소가 있다.

comfortable sensation 쾌적감(快適感) ① 인체의 쾌적성 감각. ② 환경의 쾌적성 정도를 살필 때 쓰는 주관적 신고 항목의 하나.

comfortable temperature 쾌적 온도(快適溫度) 사람이 쾌적하다고 느끼는 온도. 이것은 유효 온도로 나타내어진다. 개인차나 계절차가 있으며, 동시에 100%의 사람이 쾌적하다고 느끼는 온도는 존재하지 않는다. →comfort zone, optimum temperature

comfort conditions 쾌적 조건(快適條件) 인체가 열적으로 쾌적하게 느낄 때의 조건. 여기서의 쾌적성에는 적극적인 의미는 포함하지 않는다. 열적 중립 상태에서 국부 온랭감에 의한 불쾌감이 없는 것이 조건이 된다. →comfort index, thermal comfort environment

comfort equation 쾌적 방정식(快適方程式) 팽거(P. O. Fanger)가 제안한 방정식. 인체가 열적 중립 상태가 될 때의 공기 온도, 방사 온도, 기류, 습도, 착의량(着衣量), 대사량의 조합을 준다.

comfort index 쾌적 지표(快適指標) 온열 환경의 쾌적성, 한서감(寒暑感)을 평가, 표현하기 위해 인체의 반응을 단일의 척도로 표현한 지표. PMV, 신유효 온도 등이 이에 해당한다. →thermal environmental index, comfort conditions

comfort station 공중 변소(公衆便所) 공중을 위한 변소. 도시 공공 시설로서 보통 공중이 집산하는 지구, 예를 들면 역전, 공원, 유원지, 관광지 등에 설치된다. 무료의 것이 많으나 유료로 화장실 등을 갖춘 것도 있다.

comfort zone 쾌감대(快感帶) 기온, 습도, 풍속, 주위의 복사 온도의 4요소 중 2~4요소를 취하여 그 조합에 의한 체감 중에서 쾌적하다고 느껴지는 범위. 쾌감대는 계절, 작업, 종류, 복장, 성별, 연령 등으로 다르며, 또 개인차가 있다.

commencement of work 착공(着工) 공사 시공자가 공사에 착수하는 것을 말하며, 건축에서는 일반적으로 터파기 공사에 착수하는 것을 말한다.

commercial area 상업지(商業地) 도시에서 사무실, 점포, 위락 시설이 집중하고 있는 지대. 일반적으로 도심, 부도심, 지구 중심 등을 형성한다. 성격에 따라서 업무 지구, 위락 지구, 일반 상업 지구, 점포 지구 등으로 나뉜다. 입지 조건은 교통의 편리를 제일로 한다. =commercial zone

commercial art 상업 미술(商業美術) 상품의 광고·선전을 중심으로 발상한 디자인을 말한다.

commercial building 상업 건축(商業建築) 상업을 주목적으로 세워진 건축. 공장, 사무실 등의 건축도 상업을 목적으로 하나, 보통은 점포, 백화점, 요리점 등 고객이 직접 이용하는 건물을 말한다.

commercial district 상업 지역(商業地域) 도시 계획 구역 내의 용도 지역의 하나로, 상업 기타 업무의 편리를 도모하는 지역.

commercial hotel 커머셜 호텔 국제 회의나 각종 행사 등 상업적 목적으로 사용되는 호텔.

commercial sphere 상권(商圈) 어떤 상업(특히 도, 소매) 시설 내지 그 시설군의 이용자가 분포하는 영역.

commercial strip 노선 상점가(路線商店街) 상점이나 각종 서비스업이 가로를 따라 집적하여 형성된 선형상의 상점가. 도시나 지역에서의 축상(軸狀)의 중심을 형성하는 경우가 많다. =shopping street

commercial zone 상업지(商業地) =commercial area

commission 중개 수수료(仲介手數料) 매매, 대차, 고용, 혼인, 조정, 화해 등 모든 계약 행위의 쌍방간에 서서 가교 역할을 하는 것을 중개라 하며, 그 때 보수를 수반하면 이것을 중개 수수료라 한다. = intermediary fee

common 공유지(共有地) 많은 사람이 공동으로 소유하는 토지.

common area 공용지(共用地) 복수이 개인 또는 법인이 공동 사용하는 토지.

common decrease 공통 감보(共通減步) 토지 구획 정리 사업에서 정리 후의 택지 가격의 총액은 정리 전의 가격의 총액에 비해 많아지므로 그 차액에 상당하는 택지를 줄이는 것. 이를 공통 감보라 한다.

common facilities 공동 시설(共同施設) 도시나 취락 등에 거주하는 주민이 일상적으로 공동으로 사용하는 근린 시설.

common facility 공용 시설(共用施設) 복수의 사람이 공동으로 이용하는 시설. 특히 공동 주택, 사무소, 주택 단지 등에서 복수의 거주자나 임차인이 공동으로 이용하는 시설, 설비.

common grade concrete 상용 콘크리트(常用-) 보통의 철근 콘크리트 구조, 철골 철근 콘크리트 구조의 골격, 블록 구조의 기초, 슬래브, 모서리 기둥의 콘크리트를 대상으로 한 콘크리트. →high grade concrete, low grade concrete

common horse-chestnut 마로니에 너도밤나무과에 속하는 낙엽 교목. 밤나무의 별종. 습윤지를 좋아하고, 공원이나 가로 등 넓은 공간에 적합하다.

common joist 장선(長線) 마루널을 받기 위해 마루널과 직각으로 배열한 부재. →floor joist

common labor 인부(人夫) 특정한 기술을 갖지 않고 단순한 힘이 드는 일에 종사하는 노동자.

common open space 공용 공지(共用空地) 타운 하우스나 독립 주택지 내에서 공동으로 사용할 목적으로 계획적으로 두어진 정원 등의 공지. →common use space

common rafter 서까래 도리 위에 걸쳐서 지붕널을 받는 부재. =rafter

common sewer 공설 하수(公設下水) 공공 단체가 배수를 목적으로 설치하는 하수거(관)로, 택지 내의 배수를 목적으로 하는 것은 사설 하수거라 한다. =public sewer

common space 코먼 스페이스 ① 특정자가 공동 관리하여 이용하는 공용 공간. 복도, 계단, 주택지에서의 공동 이용 정원 등. ② 학교 건축에서 아동, 학생의 휴식이나 교류를 목적으로 하여 두어지는 학급이나 학년 공용의 공간.

common specification 공통 시방서(共通示方書) 어느 공사에도 해당되는 공통적

인 시방서.

common steel 보통강(普通鋼) =carbon steel

common temporary cost 공통 가설비(共通假設費) 2종목 이상의 공사에 공통하여 필요하며, 종목별로 구분하기 어려운 가설비.

common temporary facilities expenses 종합 가설비(綜合假設費) 건축 공사에서 공사 전반에 대한 가설비. 현장 사무소 등의 가설 건물이나 동력 용수, 안전 대책, 정리 청소 등의 비용이며, 가령 건물이 1동의 공사라도 내역서에서는 종합 가설로서 계상한다.

common use space 공용 공간(共用空間), 공용 부분(共用部分) ① 타운 하우스나 독립 주택지에서 여러 가구 내지 10수 가구 정도가 공용하는 외부 공간. ② 로비, 복도 등과 같이 건물 내에서 이용자의 누구라도 쓸 수 있는 부분.

common utility 공용 설비(共用設備) 복수의 사람이 공동으로 이용하는 설비. 특히 공동 주택, 사무소, 주택 단지 등에서 복수의 거주자나 임차인이 공동으로 이용하는 설비를 말한다.

communal building 공동 건축(共同建築) ① 구분 소유권이 설정되어 있는 건물. ② 권리자가 다른 복수의 연속하는 대지의 사용권자가 공동하여 건축한 건물.

communal cost 공통비(共通費) =indirect cost

communal management 공동 관리(共同管理) 건물이나 그 부속 시설의 관리에 공동하여 책임을 지는 것. =cooperative management, joint management

community 커뮤니티 공동 생활체, 지방적, 근린적 친근감과 같은 공통 요소로 이어진 사회 집단. 공동 사회, 기초 사회, 지역 사회 등이라고도 한다. 커뮤니티는 그 자체 특정한 목적을 갖지는 않지만 많은 목적을 미분화한 모양으로 내포하고 있다. 도시 계획에서 좁은 의미로 사용하는 경우는 근린 주거구 혹은 그 집단을 말하지만 넓은 의미로는 도시 혹은 지방을 의미하는 경우도 있다.

community antenna television 유선 텔레비전(有線-) =CATV

community center 커뮤니티 센터 좁은 뜻으로는 집회 활동을 위한 시설을 의미한다. 또 대규모인 경우에는 도시 취락의 사회적 활동의 중심 시설로, 집회장, 학교, 도서관 등의 공공적 건물을 말한다. 어쨌든 지역 사회의 중심을 뜻한다.

community development 커뮤니티 개발(-開發) 지역 사회의 경제적, 사회적, 문화적 조건을 개선하여 보다 쾌적한 거주 공간으로 한다든지 커뮤니티 자신의 목적을 달성하는 과정.

community facilities 커뮤니티 시설(-施設)[1], 생활 시설(生活施設)[2], 지역 시설(地域施設)[3] (1) 주택지의 일상 생활에 필요한 공공 공익 시설. 커뮤니티 활동을 증진할 목적을 갖는다. →commuity facilities planning

(2) 사람들이 그 생활권 속에서 일상적으로 이용하는 시설.

(3) 지역 주민이 일상적으로 이용하는 거주지 가까이에 있는 시설의 총칭. 유치원, 초중고교, 진료소, 병원, 집회소, 도서관, 점포, 시장, 우체국 등이 있다. →public facilities

community facilities planning 커뮤니티 시설 계획(-施設計劃) 커뮤니티 시설의 규모, 배치, 운영 방식 등을 검토하여 사람들에게 최적의 이용 효과를 가져다 주는 계획.

community mart 커뮤니티 마트 기존의 상점가를 레저나 문화적 요구를 포함한 여러 가지 수요를 만족시키는 지역으로 바꾸어 가려는 재개발 모델 구상.

community planning 커뮤니티 계획(-計劃) 일정한 범위의 주생활 환경을 대상으로 하는 시설 계획이나 커뮤니티 활동 계획 등의 물적 및 비물적인 종합 계획.

community road 커뮤니티 도로(-道路) 상점가 등에서 보차도의 구별을 없애고 전체를 타일 등으로 포장하여 차와 혼재시킨 도로. =mall

community shopping center district 지구 중심 상점가(地區中心商店街) 중심 상점가 중 지구 레벨의 상업권(상권)을 갖는 상점가. →regional shopping center district

community street 커뮤니티 도로(-道路) 주택지에서의 커뮤니티의 이용을 중심으로 하여 설계된 도로. 보행자의 공간이나 소공원 등을 병설하고, 자동차는 속도를 줄여 보행자와 공존이 도모된다.

commutable area 통근권(通勤圈) 어떤 업무 지구, 또는 어느 사업소를 중심으로 한 통근자가 거주하는 범위를 말한다.

commutation 정류(整流) 교류 전기를 직류 전기로 변환하는 것.

commuter 커뮤터 ① 정기권, 회수권을 사용하는 통근자. ② 지방 도시나 낙도 등을 잇는 단거리의 항공 수송 서비스.

commuter airport 커뮤터 공항(-空港) 커뮤터란 정기 승차권 사용자를 말하는 데, 2지점간의 수송을 소형 항공기로 하는 지역적인 공항.

commuting employed persons 통근 통학 인구(通勤通學人口) 통근 혹은 통학하고 있는 인구. 주로 타 시군구 사이에서 정상적으로 이동하는 인구를 가리킨다. = commuting population

commuting population 통근 통학 인구(通勤通學人口) = commuting employed persons

compaction pile 다짐 말뚝 지반이 말뚝과 한 몸이 되어 하중을 받치는 것, 혹은 액상화(液狀化) 저항의 증대를 노려 말뚝을 접근시켜 타설하여 지반을 다지는 것.

compactor 콤팩터 대지나 도로의 포장 재료를 이기기도 하고, 하중을 가하기도 하여 진동, 충격을 줌으로써 보다 무거운 하중에 견딜 수 있도록 하기 위한 기계.

companile 종각(鐘閣) = bell tower

company's house for employees 사택(社宅) 민간 기업이 자사의 종업원을 입주시키는 급여 주택.

comparator 콤퍼레이터 모르타르나 콘크리트의 길이 변화를 기준의 길이와 정밀하게 비교하여 측정하는 기기.

comparison method 부근 유비법(附近類比法) 부동산 감정에서의 평가법의 하나. 부근의 매매 사례나 임대 사례를 조사하여 이것과 유비(類比)하여 평가하는 방법.

comparison method with rented example 임대 사례 비교법(賃貸事例比較法) 부동산의 임대료 평가 방식의 하나. 인근의 유사 부동산 임대료를 참고로 하여 평가하는 방식.

compartible room 컴파트먼트 벽으로 구획된 작은 방.

compartment 컴파트먼트 구획, 칸막이라는 뜻으로, 열차의 개실이나 음식점 등의 칸막이된 자리를 말한다.

compartment ceiling 소란반자(小欄－) = coffered ceiling, coffering

compass 컴퍼스 자침(磁針)의 남북을 가리키는 성질을 이용하여 측선(測線)의 방향을 정하는 측량 기구.

compasses 컴퍼스 원을 그린다든지, 선분을 분할한다든지 하는 용구.

compatibility condition 적합 조건(適合條件) 넓은 뜻의 변형의 연속 조건식으로, 예를 들면 일그러짐 성분 사이에 존재하는 미분 관계식, 구조물의 지점, 절점(節點)에 대한 경계 조건, 부재의 임의점에서의 회전각, 변형의 경계 조건 등.

compatibility method 적합법(適合法) = force method

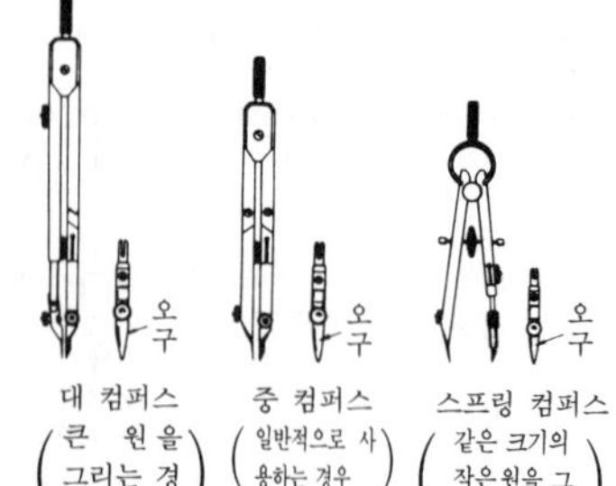

compasses

compatible 호환성(互換性) 하나의 데이터가 2대의 컴퓨터 사이에서 프로그램을 변경하는 일 없이 이용할 수 있는 것. 호환에는 소프트웨어 호환, 하드웨어 호환이 있다.

compensated control 보상 제어(補償制御) 외기 온도에 따라서 실온의 설정값을 바꾸어 쾌감도를 향상시키는 제어.

compensation 보상(補償) 손해를 입은 자에 대하여 손해를 준 자가 그 책임에 따라서 금전적으로 변상하는 것. = indemnification

compensational control 외기 보상 제어(外氣補償制御) 공기 조화 설비에서 외기 보상을 도입한 자동 제어.

compensation expenses 보상비(補償費) 공사 시공에 따르는 도로, 하천, 인근 건물 등의 보수비나 사고 등의 보수비 등을 총칭하는 것.

compensation for damages 손해 배상(損害賠償) 다른 사람에게 준 손해에 대하여 그것을 보상하여 손해가 없는 상태로 하는 것.

compensation paid for business loss 영업 보상(營業補償) 건설 공사 등으로 인해 일시적으로 상점이나 공장이 휴업을 하지 않을 수 없게 되는 영업상의 손실을 메우기 위한 보상.

compensation standard 보상 기준(補償基準) 공공 공사의 시공이나 공공 용지의 취득에 있어서 발생하는 보상액을 산출하기 위한 기준.

compensation to the bereaved family 유족 보상(遺族補償) 노동자가 업무상의 이유로 사망한 경우 유족이 사용자로부터 받는 보상.

competent authorities 감독 관청(監督官廳) 하급의 관청이나 지방 공공 단체, 법

인 등에 대하여 감독권을 갖는 관청. 건축 관계에서는 건설교통부, 노동복지부 등이 이에 해당하는데, 지방 공공 단체인 지방 행정청을 가리키는 경우도 있다.

competition design 경기 설계(競技設計) 공공 건축물이나 기념 건축물의 설계에서 설계 아이디어를 모집하여 창조안을 구하는 것.

competitive bidding 경쟁 입찰(競爭入札) 공사의 발주나 물건의 매각시에 복수의 업자를 대상으로 하여 인수 가격 등을 문서로 제출시켜 발주자의 예정 가격 내에서 가장 유리한 낙찰자를 계약 상대로 하는 결정법. =competitive tendering

competitive bidding system 경쟁 입찰 제도(競爭入札制度) =bidding system, competitive tendering system

competitive tendering 경쟁 입찰(競爭入札) =competitive bidding

competitive tendering system 경쟁 입찰 제도(競爭入札制度) =competitive bidding system

complaint limit 불만 한계(不滿限界) 거주 환경에서의 자극에 대하여 거주자로부터 불만이 나타나는 자극의 크기.

complementary after image 잔상 보색(殘像補色) 어느 색을 잠시 보고, 백색으로 눈을 옮겼을 때 나타나는 색. 원래의 색과 보색 관계에 있다. 예를 들어 적색(R)을 보고 있다가 다음에 흰 면으로 눈을 옮기면 적색의 보색인 엷은 청록(BG)이 나타난다. →complementary color

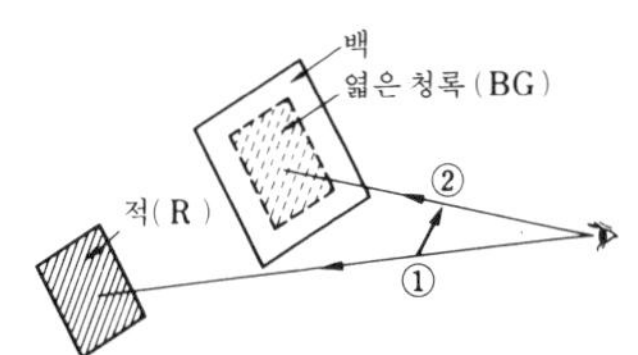

complementary color 보색(補色) 색원판 회전 혼색기에 의해서 황 원판과 청 원판을 적당량 조합시켜서 회전시키면 양자의 색은 혼합하여 회색, 즉 무채색이 된다. 이와 같이 색의 혼합에 의해 무채색으로 되는 유채색 중의 두 색상의 관계를 서로 보색이라 한다. 혼색기를 사용하는 경우에 나타나는 보색 관계를 물리 보색, 눈의 잔상에 나타나는 관계를 심리 보색이라고 하는 경우가 있다.

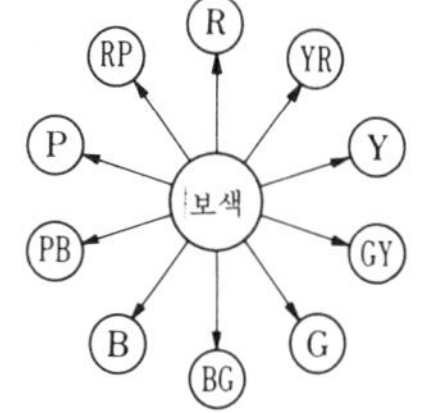

R(적)의 보색 BG(청록), Y(황)의 보색은 PB(청자) 등이며 보색의 대비는 강하고 선명하게 보인다

complete collapse 전괴(全壞) 지진, 바람, 눈, 홍수 등에 의한 구조물의 파손 정도를 나타내는 계급으로, 최대급의 파괴 상태를 말한다. 축부가 파괴하고, 지붕이 무너지고, 기둥, 보가 큰 손상을 받아 수리 불능인 상태.

complete composite beam 완전 합성보(完全合成－) 합성보의 단면이 전 소성 내력을 발휘하는 데 필요한 양 이상의 스터드 커넥터를 갖는 합성보. →incomplete composite beam

completed amount 기성고(旣成高) 시공 계획에 의한 예정량에 대한 공사의 마감량을 말한다.

completed building drawing 준공도(竣工圖) 건물의 공사 완료 후 공사 중에 생긴 설계 변경 등을 도면상에서도 수정·정정하여 준공한 건물을 정확하게 표현한 그림. =as-built drawing

complete destruction by fire 전소(全燒) 화재에 의해 건축물의 대부분 혹은 전부가 소손하여 수복이 불가능해진 상태. 화재 통계상은 바닥 면적의 70% 이상 소손한 경우를 말한다. =burnt down

completed part of construction 공사 기성 부분(工事旣成部分), 기성 부분(旣成部分), 기성고(旣成高) =output, value of work done

complete replacement 전면 갱신(全面更新) 건물의 부분, 부위, 설비 기기를 손모, 파손, 수복 곤란한 고장 혹은 진부화 등의 이유로 전면적으로 수선 내지는 대체하는 것. =overall renewal

complete skylight illumination 전천공광 조도(全天空光照度) 전천공으로부터의 천공광에 의해 피조면(被照面)에 생기는 정도로, 직사 일광에 의한 조도를 제한 것을 말한다.

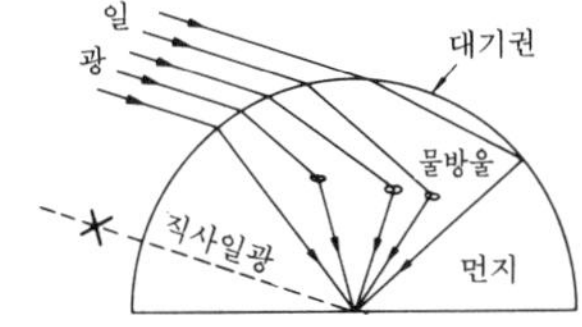

completion 준공(竣工) 건설의 전공사가

완료하는 것. 확인 신청을 필요로 하는 공사에서는 공사 완료 후 건축주는 공사 완료계를 건축 담당 관청에 제출하여 검사를 받아야 한다. 또 시공자는 자기가 소속하는 회사에 준공 보고서를 제출한다.

completion of framework 상량(上梁) 집을 지을 때 기둥에 보를 얹고 그 위에 마룻대를 올리는 일. 건물의 뼈대가 완성한 것이 되므로 일반 건축 공사에서는 거의 뼈대가 완성한 시점을 가리킨다.

complex 콤플렉스 점포나 사무실, 호텔 등의 여러 가지 용도로 구성시키는 복합 건축.

complex amplitude 복소 진폭(複素振幅) 파동의 진폭을 실수부, 위상을 허수부로 하는 복소수로 나타낸 진폭.

complex building 복합 건축(複合建築) 둘 이상의 상이한 용도 부분을 포함하는 건축의 총칭.

complex damping 복소 감쇠(複素減衰) 복소 강성의 허수부에 대응하는 감쇠. 이력 감쇠와 같다.

complex eigenvalue analysis 복소 고유값 해석(複素固有－解析) 감쇠를 갖는 진동계의 고유값 해석에 사용하는 수법. 고유 진동은 복소 고유값, 복소 모드로 나타내며, 각 잠의 진폭은 위상차를 갖는다.

complex sound 복합음(複合音) 진동수가 다른 여러 순음을 성분으로 하는 음.

complex sound pressure 복소 음압(複素音壓) 정현파 음압의 진폭을 실수부, 위상을 허수부로 하는 복소수의 모양으로 나타낸 음압.

complex sound reflection coefficient 복소 음압 반사 계수(複素音壓反射係數) 재료면의 음향 특성의 하나. 평면파가 경계면에 수직으로 입사하는 경우에 복소수로 표현한 입사 음압에 대한 반사 음압의 비를 말한다. →reflection coefficient of sound pressure

complex spring 복소 스프링(複素－) ＝complex stiffness

complex stiffness 복소 강성(複素剛性) 복소수로 나타내어지는 강성. 스프링 효과와 감쇠 효과를 동시에 나타낸다. ＝complex spring

complex tone 복합음(複合音) ＝complex sound

component 컴포넌트 시스템 키친 등을 구성하고 있는 각 부분을 말한다.

component analysis 성분 분석(成分分析) 다수의 변수를 갖는 변동이 소수의 변수와 어떤 관계에 있는가를 살피는 분석 수법. →principal component analysis

component of force 분력(分力) 하나의 힘을 둘 이상의 힘으로 나누어도 작용 결과가 같을 때 나눈 그들의 힘을 분력이라 한다. →resolution of the force

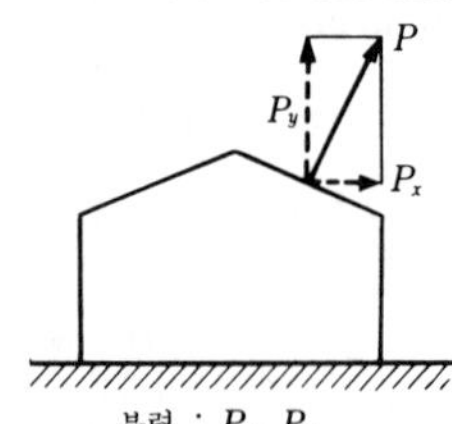

분력 : P_x, P_y

component of turbulence 난류 성분(亂流成分) 유체의 흐름에서 평균값에 대하여 평균으로부터의 변동 성분.

component of wind velocity 풍속 성분(風速成分) 풍속 벡터를 소요의 방향으로 향해서 다루는 경우의 호칭. 바람 방향 1성분, 바람 직각 방향 2성분(수평, 연직)으로 나누는 경우가 많다.

components projecting above the roof 옥상 돌출물(屋上突出物) 건축물의 일부에서 지붕 위에 돌출한 부분. 큰 지진 응답을 발생하는 일이 있다.

component stress 분응력(分應力) 하나의 응력을 그것과 같은 효과를 주는 몇 가지 응력으로 나누었을 때 그것을 분응력이라 한다.

component wave 성분파(成分波) 불규칙한 파형을 주기 및 파고가 다른 다수의 정현파로 분해했을 때의 각 정현파.

composed unit cost 합성 단가(合成單價) 부분별 내역서에서의 세목에 사용하는 단가. 바탕에서 표면 마감까지의 이종(異種)의 하청 공사 단위를 합성한 단가. ＝element unit cost

composite beam 합성 보(合成－) 철골 보와 그에 밀착하는 콘크리트 바닥의 일부가 한 몸으로 되어서 작용하도록 된 보. →composite slab

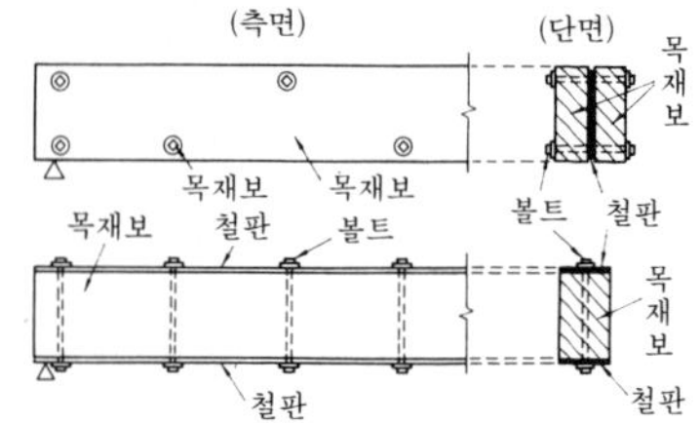

composite construction 합성 구조(合成

構造) 강재(鋼材)와 콘크리트 등 다른 재료가 한 몸으로 되어서 작용하도록 고려된 구조.

composite filter 복합 필터(複合－) 둘 이상의 특성이 다른 필터로 구성된 필터 시스템.

composite frame 합성 골조(合成骨組) 트러스 구조와 라멘 구조를 혼합한 골조. 일반적으로 한 건물을 이종 구조로 구성하는 것은 여러 가지 문제점이 있다. 그러나 실례는 많다. →trussed structure, rigid fram

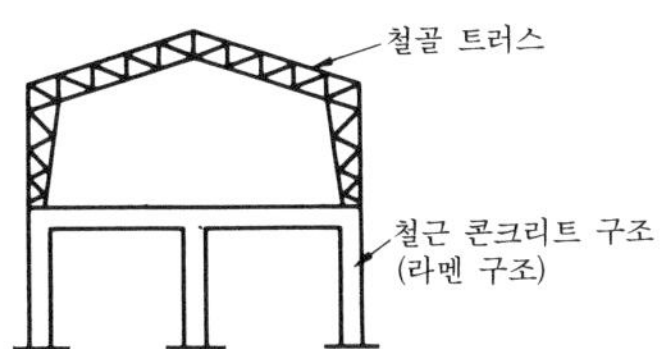

composite household 복합 가족(複合家族) 배우자를 갖는 복수의 형제 자매가 동일한 세대를 형성하고 있는 세대. 또 각각의 부모나 어린이가 포함되어 있는 경우도 포함한다. 복수의 핵가족이 결합한 세대 중 직계만의 관계가 아니고 형제 자매의 관계로 이어진 것. ＝joint family

composite material 복합 재료(複合材料) 2종 이상의 재료를 혼합, 적층, 배치 등에 의해 조합시켜서 각각의 단일 재료로는 기대할 수 없는 성질을 갖게 한 재료.

composite order 콤포짓 오더 코린트식과 이오니아식을 조합시켜서 로마인이 고안한 오더. →order

composite pile 합성 말뚝(合成－) 상이한 종류의 말뚝을 이은 말뚝. 현장치기 콘크리트 말뚝과 기성 콘크리트 말뚝 등을 이어서 사용한다.

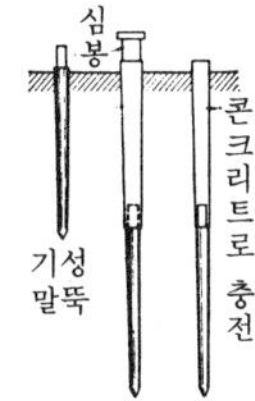

composite shell 복합 셸(複合－) 상이한 형식의 셸이 한 몸으로 되어서 형성되는 셸의 총칭. 원통 셸, 구형(球形) 셸이 쓰이는 일이 많다.

composite slab 합성 슬래브(合成－) 덱 플레이트와 거기에 밀착하는 콘크리트가 한 몸으로 되어서 작용하도록 배려된 바닥판. →composite beam

composite surface of sliding 복합 미끄럼면(複合－面) 원호(圓弧)나 직선 등을 조합시킨 것과 같은 미끄럼면.

composition of forces 힘의 합성(－合成) 둘 이상의 힘을 이것과 같은 효과를 갖는 하나의 힘으로 고치는 것을 힘의 합성이라 하고, 합성된 이 힘을 합력이라 한다. 도해적으로는 여러 힘이 한 곳에 만났을 때는 시력도(示力圖)에 의해, 한 점에 모이지 않았을 때는 시력도와 연력도(連力圖)를 써서 구한다.

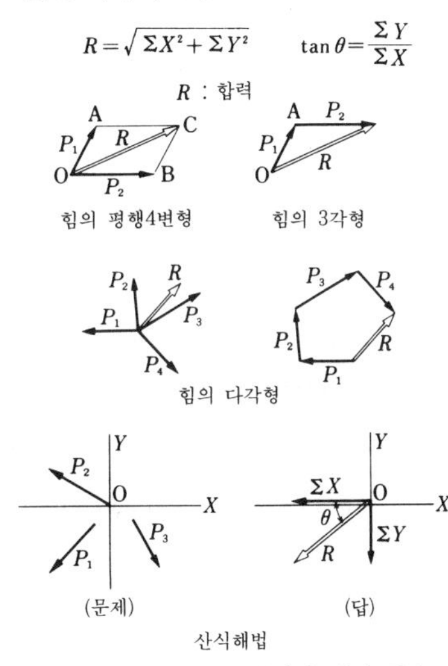

산식해법

compost 콤포스트 고목이나 먼지 등을 소화 안정시켜 급속히 만든 퇴비. 농업용 비료로서 이용된다.

composting 퇴비화(堆肥化) 유기화 폐기물을 호기성 미생물의 작용에 의해 분해하여 비료로서 사용 가능한 위생적이고 무해한 부패토를 만드는 것.

compost shed 퇴비사(堆肥舍) 가축의 분뇨와 짚, 톱밥, 풀, 낙엽 등을 쌓아서 자연 발효에 의한 비료(퇴비)를 만들기 위한 헛간.

compost toilet 콤포스트 토일릿 배설물을 퇴비로 하는 장치를 한 변소. 자동적으로 톱밥을 섞어서 발효시켜 퇴비로 한다.

compound 콤파운드 연마재나 충전재로서 쓰이는 가소성 또는 반유동성의 배합품.

본래는 화합물, 합성물의 의미이다.

compound beam 조립보(組立－) ＝built-up girder

compound filler 첨충물(添充物) 아스팔트 콘크리트에서 골재(쇄석, 모래)의 틈을 충전하는 재료. 쇄석의 가루, 석회, 찰흙, 시멘트 등을 쓴다. ＝filler

compound foundation 복합 기초(複合基礎) ＝compound footing

compound unit price of specialist work 복합 단가(複合單價) 재료, 공사를 합친 하청 계약에서 인건비, 자재비, 하청 업자의 제경비를 포함한 단위당의 금액.

compreg 강화목(强化木) ＝compressed laminated wood

compressed laminated wood 강화목(强化木) 단판(單板)을 수지류의 용액에 담가 겹쳐 쌓고, 가압·가열한 것. 너도밤나무나 자작나무 등을 쓰며, 수지류에는 페놀 수지 등을 사용한다. 강도는 금속과 목재의 중간이며, 흡습성이 적고, 내약성(耐藥性)도 크다. ＝compreg

compressibility 압축률(壓縮率) 물체에 대하여 δp만큼 압력이 증가했을 때 체적이 V에서 $V+\delta V$만큼 증가하는 경우, $\kappa=-\delta V/(V\delta p)$를 압축률이라 한다. 압축률은 체적 탄성률의 역수이다. 기체의 압축률은 액체, 고체에 비해 크다.

compressibility 압축성(壓縮性) 외력에 의해서 체적, 밀도를 바꾸는 물체의 성질.

compression 압축(壓縮) 외력을 가하여 물체의 용적을 축소하는 것.

compression bar of reinforced concrete 압축 철근(壓縮鐵筋) 철근 콘크리트 구조 부재의 압축측에 배치한 주근.

compression brace 압축 가새(壓縮－) 압축 응력이 작용하는 측의 가새.

compression connecting sleeve 압축 슬리브(壓縮－) 전선 상호를 접속할 때 사용하는 구리제의 관. 전선을 양단에서 삽입하고 전용 공구로 외부에서 강하게 압축하여 기계적으로 접속한다. →compression joint, crimp-style connecting sleeve

compression flange 압축 플랜지(壓縮－) 압축 응력이 존재하고 있는 플랜지.

compression index 압축 지수(壓縮指數) 압밀 시험에서 얻어지는 e-log p 곡선의 압밀 항복 응력 이상의 영역에 나타나는 직선 부분의 기울기. 즉,

$$C_c=\Delta e/\Delta(\log p)$$

compression joint 압축 접속(壓縮接續) 전선 상호 또는 전선과 단자를 접속하는 방법의 하나. 압축 슬리브 또는 압축 단자를 써서 각각 전용 공구로 외부에서 강하게 압축하여 접속한다.

compression member 압축재(壓縮材) 재축(材軸) 방향으로 압축 응력이 생기는 부재. 세장비(細長比)의 대소에 따라 장주(長柱)와 단주로 구별된다.

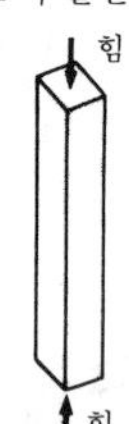

compression ratio 압축비(壓縮比) 포화한 점성토의 압밀에서 단위 압력의 증가에 의해 생기는 체적 변형. (압축 지수)/(1＋간극비)로 나타내어진다.

compression refrigerating machine 압축 냉동기(壓縮冷凍機) 압축기를 사용하는 냉동기. 냉매를 포화 증기, 과열 증기 또는 습증기로서 저온 저압의 증발기에서 압축기 내로 흡입하고, 이것을 압출하여 고온 고압으로 해서 응축기로 내보낸다. 가장 간단한 것은 왕복식 압축기이며, 단동(單動)의 수직형 또는 복동의 수평형이 있으나 최근에는 점차 고속도의 수직형이 쓰이게 되었다. 대용량의 것에는 터보 컴프레서에 의한 터보 냉동기가 있다.

compression reinforcement 압축 철근(壓縮鐵筋) ＝compression bar of reinforced concrete

compression ring 컴프레션 링 압축력이 생기는 링. 장력 구조의 외주 링이나 돔의 개구 보강 링 등이 이에 해당한다.

compression set 압축 변형(壓縮變形) ＝compressive strain

compression terminal 압축 단자(壓縮端子) 단자의 일종. 전선과 단자를 접속하는 경우에 사용한다. 단자에 전선을 삽입하고 전용 공구로 외부에서 강하게 압축하여 기계적으로 접속한다. →compression joint, crimp-style terminal

compression test 압축 시험(壓縮試驗) 재료 혹은 구조체에 압축력을 가하고, 재료·구조물의 강도·변형을 알리기 위한 시험. 목재·콘크리트 등에 압축 시험기에 의해서 압축력을 가하여 재료의 압축 강도·변형·변위를 측정한다.

compression wave 압축파(壓縮波) 진행 방향이 매질 각 점의 입자 운동이나 체적 변화의 방향과 일치하는 파. →longitu-

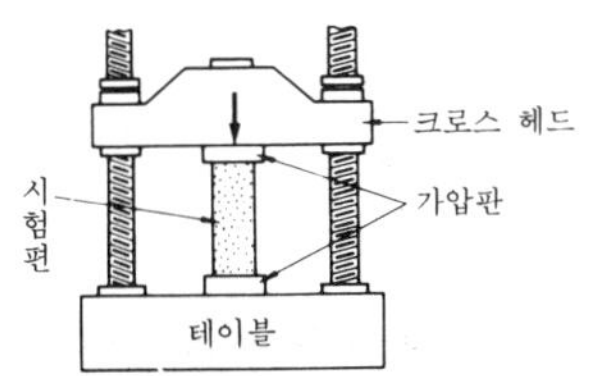

compression test

dinal wave

compressive deformation 압축 변형(壓縮變形) 압축력이 작용하고 있는 물체에 생기는 수축량(길이).

compressive force 압축력(壓縮力) → axial force

compressive load 압축 하중(壓縮荷重) 부재의 재축(材軸) 방향으로 작용하여 부재 내에 압축 응력을 일으키게 하는 하중. →compressive stress

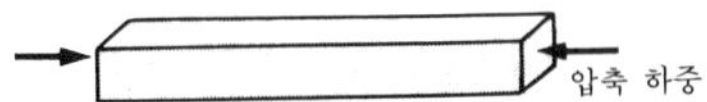

compressive section modulus 압축측 단면 계수(壓縮側斷面係數) 단면 2차 모멘트를 중심축에서 압축 응력이 방생하고 있는 맨 가장자리까지의 거리로 나눈 값.

compressive strain 압축 변형(壓縮變形) 압축력에 의해서 생기는 변형. 압축 변형을 Δl, 재료의 원 길이를 l, 압축력을 P, 단면적을 A, 영 계수를 E로 하면 다음의 관계가 있다.

$\Delta l = Pl/AE$

또한 $\Delta l/l = P/A \times E$, 즉 재료의 단위 길이당의 변형을 압축 변형도라 한다. = compression set

compressive strength 압축 강도(壓縮强度), 압축 파괴 강도(壓縮破壞强度) 단순 압축력을 받았을 때 최대 응력도를 압축 강도 또는 압축 파괴 강도라 한다.

compressive strength for gross section 전단면 압축 강도(全斷面壓縮强度) 콘크리트 블록 등에서 충전 콘크리트를 포함한 전단면적에 대해서 평가한 압축 강도. →compressive strength for net section

compressive strength for net section 정미 단면 압축 강도(正味斷面壓縮强度) 콘크리트 블록 등에서 속의 충전 콘크리트 혹은 모르타르 부분을 무시하고, 페이스 셸과 웨브의 면적에 대해서 평가한 압축 강도.

compressivie stress 압축 응력(壓縮應力) ① 외부에서 가해지는 압축력에 의해 부재 내부에 생기는 힘. 즉 압축에 의한 응력. ② 압축 응력도를 줄여서 압축 응력이라고도 한다. 압축 하중 P의 작용하는 부재(단면적 A)의 압축 응력은 다음과 같이 된다.

압축 응력 $N_c = P$

압축 응력도 $\sigma_c = \dfrac{N_c}{A}$

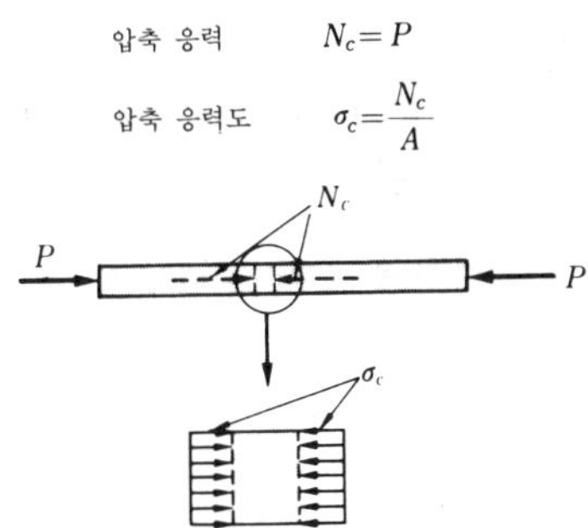

compressor 컴프레서, 압축기(壓縮機) 공기 기타의 기체를 압축하여 그 압력을 높이는 기계. 건축 시공에서는 스프레이 건에 의한 도장(塗裝) 등에 사용한다. 또 냉동기에 압축기를 사용한 것을 압축 냉동기라 하고, 공기 조화에서는 왕복식 압축기, 터보 압축기가 쓰이며, 이들 압축기는 냉매를 포화 증기, 과열 증기 또는 습증기로서 콘덴서로 고압으로 하여 내보낸다. →refrigerator, turbo refrigerator

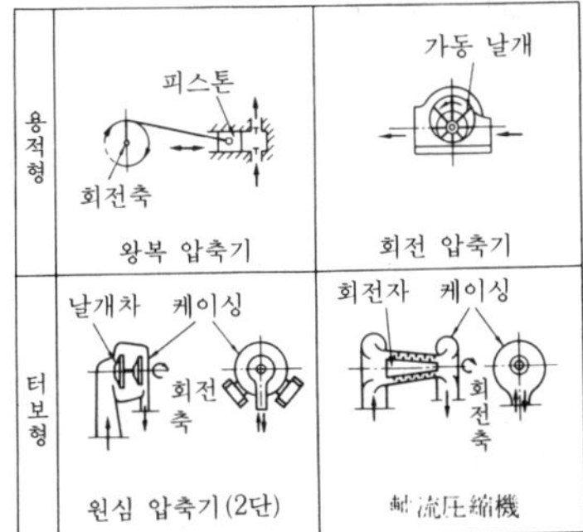

compromised replotting calculation method 절충식 환지 계산법(折衷式換地計算法) 토지 구획 정리의 환지 설계에서의 환지 계산법의 하나. 평가식 환지 계산법과 지적식(地積式) 환지 계산법을 절충시킨 방식.

compulsory acquisition 강제 수용(强制收用) 공공의 목적을 위해 공적 기관이

개인의 토지, 가옥 등의 재산권을 일정한 보상을 하여 징수하는 것. 공용 수용이라고도 한다. =expropriation

computer 컴퓨터 전자 회로를 써서 수치 계산이나 기억·정리를 하는 장치의 총칭. 정보를 모두 수치로 바꾸어 처리한다.

computer aided design 컴퓨터 지원 설계(一支援設計) =CAD

computer aided design/computer aided manufacturing 컴퓨터 지원 설계(一支援設計)/컴퓨터 지원 제조(一支援製造) = CAD/CAM

computer aided engineering 컴퓨터 지원 종합 설계 생산(一支援綜合設計生産) =CAE

computer art 컴퓨터 아트 =computer graphics →graphic art

computer control 컴퓨터 제어(一制御) 디지털 컴퓨터에 의해 온라인으로 각종 설비 혹은 시스템을 제어하는 것. 복잡한 시스템의 제어를 실현할 수 있다.

computer graphics 컴퓨터 그래픽스 컴퓨터를 이용하여 만드는 도형, 화상. 디스플레이나 프린터에 출력할 수 있다. 수정, 작성이 용이하며, 몇 번이라도 같은 정도(精度)로 사용할 수 있다. 시점(視點)을 360도 회전시켜 볼 수도 있고, 건축물의 평면도에 이용하여 프레젠테이션을 한다든지 한다. 게임·CAD/CAM, 시뮬레이션 등 여러 분야에서 이용되고 있다. = CG

computerization 컴퓨터화(一化) 정보의 집중, 처리를 컴퓨터로 함으로써 합리화를 도모하는 것.

computer literacy 컴퓨터 리터러시 컴퓨터를 사용하는 능력, 지식.

computer room 전산실(電算室), 전자 계산기실(電子計算機室) 전자 계산기(컴퓨터)를 설치하기 위한 방. 공기 조화, 방진(防振) 등의 설비가 갖추어지며, 배치의 변경이 가능하도록 프리 액세스 플로어로 하는 경우가 많다.

computer security 컴퓨터 보안(一保安) 컴퓨터의 데이터를 도난이나 부정한 이용에서 지키는 조치. 컴퓨터 범죄에서 시스템·데이터 등의 보안을 하는 것.

computer simulation 컴퓨터 시뮬레이션 컴퓨터를 이용하여 물리적 현상을 분석·해석하는 것. 물리, 수학, 화학, 의학 등의 분야에서 응용되고 있다. 건축에서는 건축물의 시각적 표현이나 구조, 풍동 실험 등 다양한 용도에 이용되고 있다.

computer virus 컴퓨터 바이러스 주로 네트워크를 거쳐서 프로그램에 침투하여 데이터를 파괴한다든지, 증식한다든지 하는 프로그램. 이것을 퇴치하는 프로그램을 백신(vaccine이라 한다.

computopolis 정보 도시(情報都市) 컴퓨터를 고도하게 이용한 미래 도시.

concave tile 숫기와, 암기와 =channel tile

concealed electric wiring 매입 공사(埋入工事) 전기 설비에서의 배선 포설법의 하나. 바닥 슬래브 내에 전선관을 매설 배관하고, 그 속에 배선을 하는 공사.

concealed work 은폐 공사(隱蔽工事) 평상시에는 가려져 있으나 후에 점검할 수 있도록 한 장소의 배선 혹은 배관 공사.

concent 콘센트, 벽 콘센트(壁一) 벽체에 부착하여 플러그를 받아서 기구용의 코드와 옥내 배선을 잇는 일종의 접속기. 매입형과 노출형이 있다. =wall plug socket

concentrated load 집중 하중(集中荷重) 구조물의 한 점에 집중하여 작용하는 하중. →load

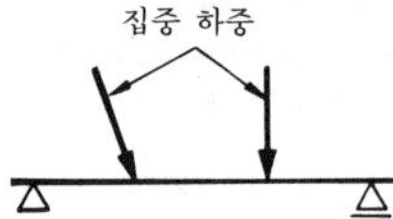

concentrated mass 질점(質點), 집중 질량(集中質量) 물체가 갖는 질량을 1점에 집중시켜 그 물체를 치환한 점. =mass

concentrated torrential rainfall 집중 호우(集中豪雨) 1일당 100mm 이상의 강우가 100km^2 이하의 좁은 범위에서 단시간에 내리는 강우. 주로 대류성의 구름이 발달하여 발생한다.

concentration 농도(濃度) 기체 또는 액체 중의 물질을 단위 체적 또는 단위 질량, 단위 면적에 차지하는 수나 질량으로 나타낸 지표.

concentric zone theory 동심원 (지대) 이론(同心圓(地帶)理論) 도시 공간은 도심부를 중심으로 토지 이용이 동심원상으로 분할되고, 그 외주 방향으로의 발전이 이루어진다고 하는 이론.

concept 콘셉트 무엇을 만들 것인지 그 개요를 미리 정하고 전체상을 명확하게 하기 위한 개념. →conception

conception 컨셉션 계획의 전체상(콘셉트)을 정리한 계획안. →concept

conceptual art 개념 예술(概念藝術) 작품보다도 제작 과정이나 발상을 중요시하는 사고 방식.

conceptual design 개념 설계(概念設計)

구체적으로 상세한 조건을 고려하지 않고, 기본적인 사항만을 고려하여 설계의 개념을 나타낸 설계.

conceptual furniture 컨셉추얼 퍼니처 기능성이나 미의식과 같은 종래의 개념에 구애받지 않고 새로운 발상으로 만들어진 가구.

concerted action by the residents 주민 운동(住民運動) 시민에 의한 사회적 운동을 말하는데, 개발이나 건축 등의 계획에 대하여 가까운 주민이 제기하는 것을 가리킨다. 일조권 문제가 전형적인 예이다.

concert hall 콘서트 홀 음향 효과를 높인 음악 전용의 극장.

concession space 컨세션 스페이스 호텔에 준비된 서비스 스페이스로, 이·미용실, 꽃집, 전화실 등이 그 대표적인 것.

conclusion survey 확정 측량(確定測量) 토지 구획 정리의 환지에 있어서 가환지 후에 환지를 확정하는 측량.

concordant cable 콘코던트 긴장재(－緊張材) 프리스트레스트 콘크리트 구조의 부정정 가구(不整定架構)에서 각 절점에 프리스트레스의 도입에 따르는 부정정 2차 응력을 발생시키지 않도록 배치한 긴장재.

concourse 콘코스 많은 사람이 집합하여 유동하는 광장. 정류장의 중앙 홀, 공원의 광장 등.

concrete 콘크리트 시멘트, 물 및 골재를 주요 원료로 하여 이들을 적당한 비율로 조합해서 비빈 것. 골재에 강모래, 강자갈을 사용한 보통 콘크리트 외에 경량 콘크리트, AE콘크리트, 쇄석 콘크리트, 중량 콘크리트, 수밀 콘크리트 등이 있다.

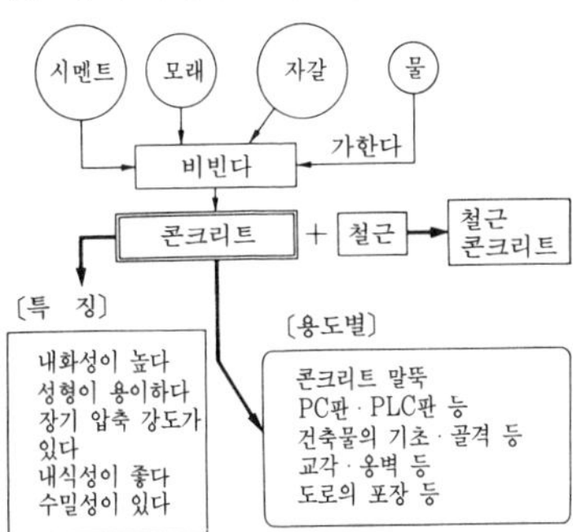

concrete admixture 콘크리트 혼합제(－混合劑) AE제, 분산제, 유동화제(流動化劑) 등과 같이 콘크리트 속에 소량 혼입하여 워커빌리티나 초기 강도의 증대 등 콘크리트의 성질을 개량하기 위해 사용하는 물질의 총칭.

concrete bin 콘크리트 빈 콘크리트 재료의 계량에 사용하는 배처 플랜트(batcher plant) 장치로, 각 재료를 넣는 빈.

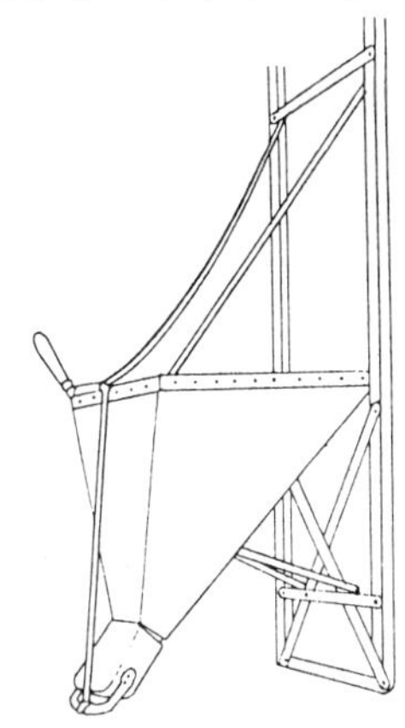

concrete block 콘크리트 블록 콘크리트를 블록 모양으로 성형하여 경화시킨 제품. 건축에서는 공동(空洞) 콘크리트를 가리키는 경우가 많다. →hollow concrete block

concrete block building 블록 건축(－建築), 보강 콘크리트 블록 구조(補强－構造) 콘크리트제의 블록에 철근을 통해서 모르타르로 조립하는 공법.

concrete block construction 콘크리트 블록 구조(－構造) 콘크리트 블록을 쌓아 올린 벽이 골조의 주요부가 되는 구조. 구조 형식으로는 보강 콘크리트 블록 구조, 콘크리트 블록 장벽 구조(고층 건축 등에서 블록이 커튼 월로서 이용되는 것), 거푸집 콘크리트 블록 구조(거푸집을 써서 타입하여 벽이나 기둥을 만드는 구조)로 분류된다. 콘크리트 블록 구조에 의한 건물을 콘크리트 블록 구조 건물이라 한다.

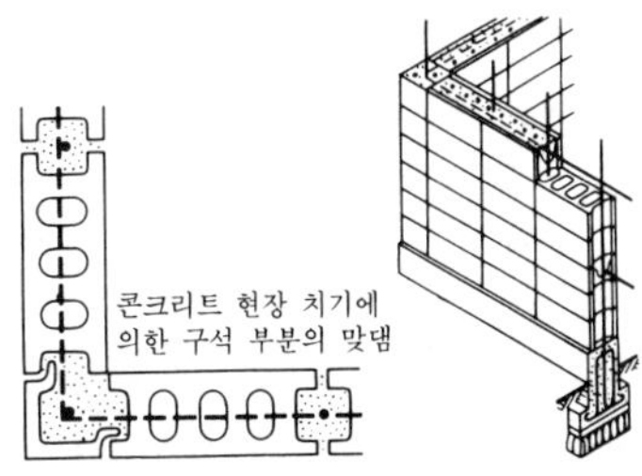

concrete block retaining wall 블록 옹벽(一擁壁) 블록을 겹쳐 쌓은 비교적 간이한 옹벽.

concrete block structure 콘크리트 블록 구조(一構造) 주로 공동 콘크리트 블록과 거푸집 콘크리트 블록을 써서 벽체를 구성하는 구조.

concrete block works 콘크리트 블록 공사(一工事) 각종 콘크리트 블록을 쌓거나 또는 부착하여 구축하는 공사.

concrete breaker 콘크리트 파쇄기(一破碎機) 콘크리트 구조물이나 포장을 부술 때 사용되는 기계로, 압착 공기를 이용 혹은 엔진 직결의 소형 착암기(jack hammer)나 선회 이동 기중기에 강구(鋼球)를 매달아 그 충돌 충격력을 이용한 드롭볼식(drop ball type)이 있다.

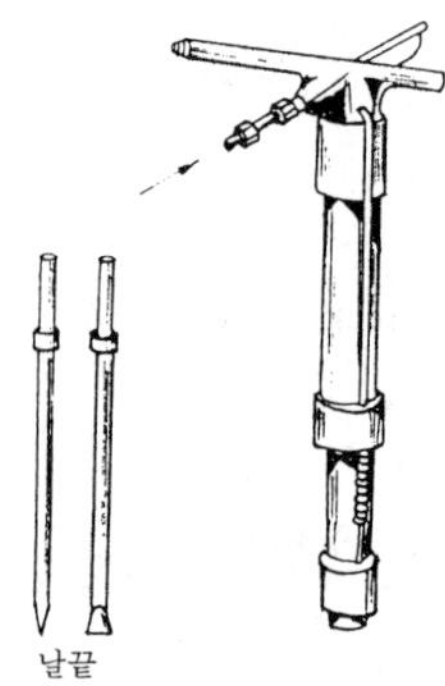

concrete bucket 콘크리트 버킷 믹서에서 나온 콘크리트를 소정의 현장에 운반하여 기중기 등으로 매달아 타입 장소로 배출하는 용기. 전도형(轉倒形)과 저면 개폐형이 있다. 개폐에는 수동 또는 압축 공기를 사용한다.

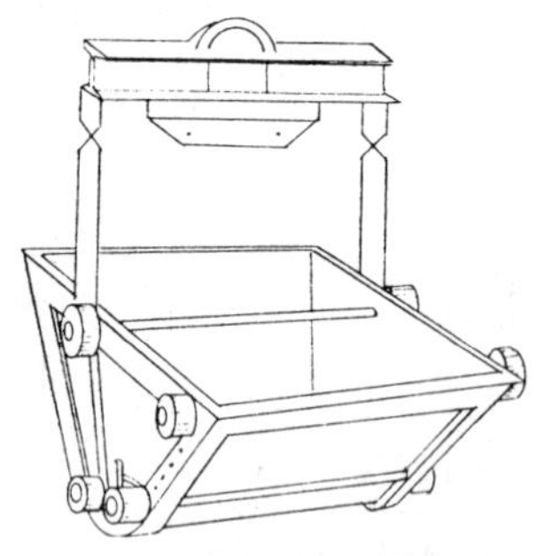

concrete cart 콘크리트 카트 현장에서 콘크리트나 모르타르의 운반에 사용하는, 손으로 미는 2륜차 또는 1륜차를 말한다.

concrete core 콘크리트 코어 콘크리트 구조체에서 잘라낸 시험체.

concrete cutter 콘크리트 절단기(一切斷機) 콘크리트를 절단하는 기계. 시험체를 발취하는 작업 등에 사용되는 것은 철근도 동시에 절단할 수 있다. 콘크리트 포장의 민줄눈 시공이나 보수용으로 사용하는 종류도 있다.

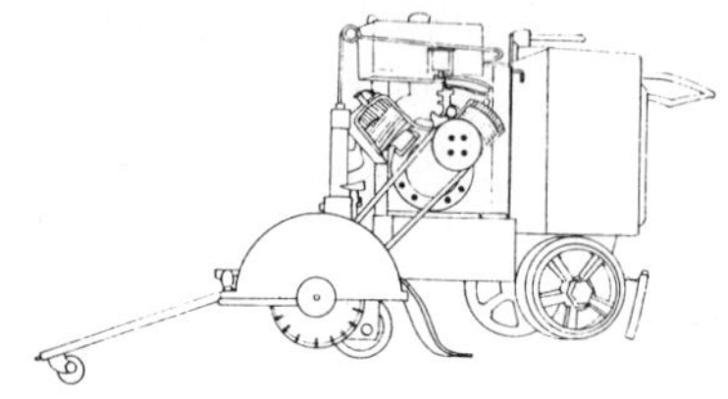

concrete depositing 콘크리트 치기 = concrete placing

concrete finisher 콘크리트 피니셔 콘크리트 타입부터 마무리까지의 모든 공정을 하는 기계.

concrete head 콘크리트 헤드 측압이 최대가 되는 콘크리트의 타설 높이.

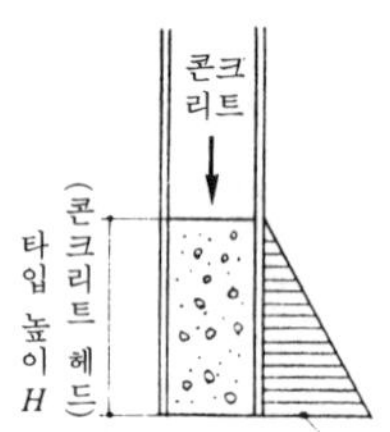

concrete manufacture 콘크리트 제품(一製品) 콘크리트를 원료로 한 성형품으로, 콘크리트 블록, 콘크리트 말뚝 등.

concrete mixer 콘크리트 믹서, 콘크리트 혼합기(一混合機) 모래, 자갈, 시멘트에 물을 가하여 콘크리트를 비비는 기계. 정량식의 배치 믹서(batch mixer)를 사용하지만 이 밖에 연속 믹서도 있다.

concrete mixing vessel 콘크리트 비빔판(一板) 콘크리트를 비빌 때 사용하는 강판을 말한다.

concrete non-destructive test 콘크리트 비파괴 시험(一非破壞試驗) 콘크리트의 강도나 결함·균열 등을 파괴하지 않고 검사하는 방법. 시미트 해머, 초음파 등을 사용한다.

concrete mixer

concrete paint 콘크리트 페인트, 콘크리트 도료(－塗料) 콘크리트 벽면 도장에 사용되는 내 알칼리 페인트로, 합성 수지 계통의 도료.

concrete panel 콘크리트 패널 콘크리트제의 판상(板狀) 부재의 총칭. 벽식 프리캐스트 철근 콘크리트 구조의 벽이나 바닥 부재, 또는 PC 커튼 월 부재 등을 말한다.

concrete paving 콘크리트 포장(－鋪裝) 콘크리트에 의한 도로 등의 포장.

concrete pile 콘크리트 말뚝 콘크리트로 성형된 말뚝으로, 지하 수위가 낮은 곳이나 건습차가 큰 곳에 쓰인다. 내구성이 크고, 임의의 길이와 임의의 단면적으로 만들 수 있다. 기성 콘크리트 말뚝과 현장치기 콘크리트 말뚝이 있으며, 나무 말뚝과 이어서 합성 말뚝으로 하기도 한다.

concrete pipe 콘크리트관(－管) 콘크리트제의 관을 총칭한다. 철근이 들어 있는 것이 많다. 원심력 철근 콘크리트관, 철근 콘크리트관, 프리캐스트 콘크리트관, 석면 시멘트관, PS관 등이 있다.

concrete placer 콘크리트 플레이서 비빈 콘크리트(슬럼프 약 10cm)를 압축 공기의 압력으로 파이프 속을 압송하여, 필요한 장소에 타입하는 기계. 콘크리트 펌프보다도 간단하며, 배근부의 콘크리트 충전용.

concrete placing 콘크리트 치기 콘크리트 공사에서 혼합한 콘크리트를 소정의 장소에 충전하는 것.

concrete platform system 콘크리트 플랫폼 시스템 석유·천연 가스 등의 해저 자원 굴착에 쓰이는 콘크리트제의 작업선.

concrete product 콘크리트 제품(－製品) 콘크리트를 주원료로 하여 만든 공장 제품의 총칭. 예를 들면, 콘크리트 포장석, 말뚝, 폴 등. →cement products

concrete pump 콘크리트 펌프 아직 굳지 않은 콘크리트를 원거리에 수송하기 위한 펌프. 펌프에는 피스톤식·스퀴즈식 등이 있으며, 압송 능력은 수평 거리로 약 250m, 수직 거리로 약 40m, 압송량은 10～30m³/시이다. 그림은 피스톤식의 예이다.

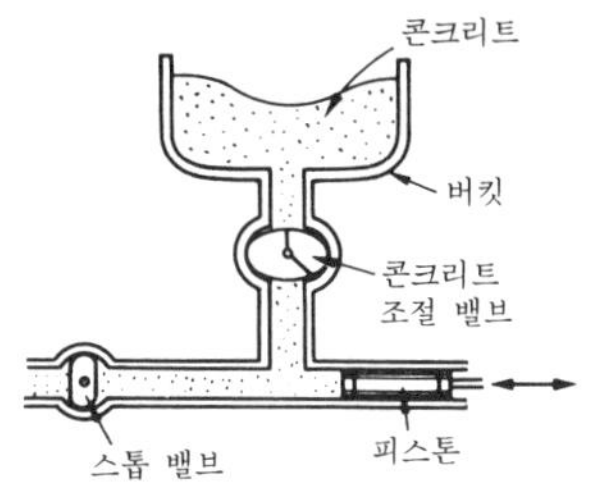

concrete sheet pile 콘크리트 시트 파일 건축의 지하 공사일 때 토사 붕괴나 침수를 방지하기 위해 사용하는 철근 콘크리트제의 판.

concrete slab 콘크리트 슬래브 철근 콘크리트 구조에서의 상판을 말하는데, 특히 바닥으로서 사용하는 경우는 콘크리트 바닥 슬래브라 한다.

concrete sub slab 밑창 콘크리트, 밑창 콘크리트 다지기 지반 위에 밑면을 평탄하게 할 목적으로 다진 콘크리트. 먹매김이나 거푸집의 기반으로서 이용한다.

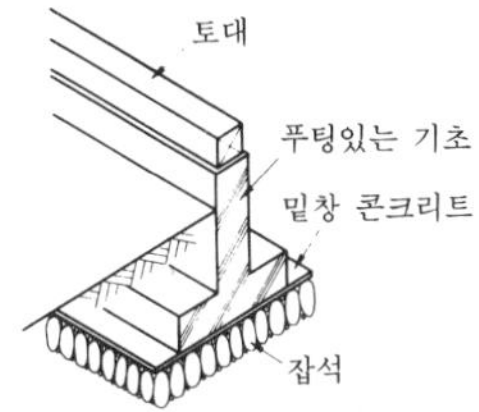

concrete test hammer 콘크리트 시험 해머(－試驗－) 굳어진 콘크리트의 강도를 시험편(試驗片)의 채취나 구조물의 파괴를 수반하지 않고 측정하는 비파괴 시험 기계. 내포된 추의 스프링 반력을 이용하여 콘크리트 강도를 측정한다. ＝Schmidt concrete test hammer

concrete tower 콘크리트 타워 콘크리트를 높은 곳에 타설하기 위해 설치하는 리프트. 산형강을 주재로 하고, 볼트 접합으로 조립한다.

concrete transporter 콘크리트 수송 기계(－輸送機械) 1륜차, 2륜차, 콘크리트

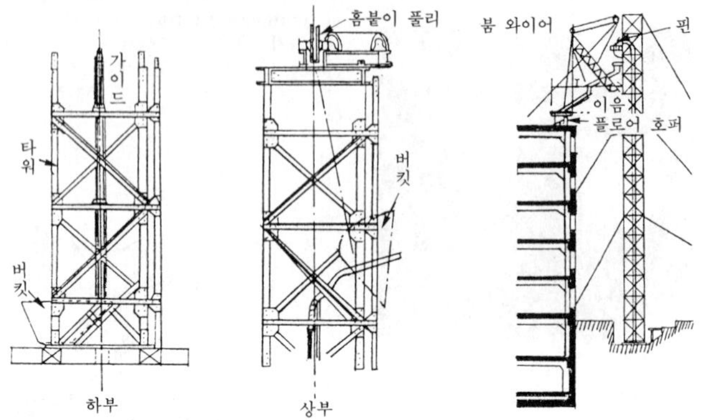

concrete tower

타워, 콘크리트 펌프, 트랜싯 믹서(transit mixer) 또는 트럭 믹서, 애지테이터 트럭(교반 트럭) 등을 가리킨다. 또한 트랜싯 믹서나 애지테이터 트럭은 배처 플랜트로 합계량, 비빈 콘크리트를 트럭으로 운반하면서 비비는 것.

concrete vibrator 진동기(振動機), 콘크리트 진동기(振動機) 콘크리트를 타설할 때 진동을 가함으로써 콘크리트 속의 기포 발생을 방지한다든지, 거푸집 내 및 철근·철골간에 조밀한 콘크리트를 충전하기 위한 기계. 막대 모양의 진동기를 직접 삽입하는 기계, 거푸집 밖에서 진동을 가하는 기계 및 콘크리트 슬래브면 혹은 포장면에 진동을 가하는 기계 등이 있다.

concrete waterproofing agent 콘크리트 방수제(−防水劑) →waterproof agent for cement mixture

concrete with crushed stone 쇄석 콘크리트(碎石−) 골재로서 쇄석을 사용한 콘크리트. 일반적으로 같은 조합(調合)의 보통 콘크리트에 비해 워커빌리티는 나쁘지만 강도는 상당히 커진다. →workability of concrete

concrete work 콘크리트 공사(−工事) 콘크리트에 관한 작업을 말한다. 즉 재료의 계량, 조합, 반죽, 운반, 타입, 양생 등을 포함한다.

concrete wrecking COW공법(−工法) 철근 콘크리트(RC) 구조나 철골 철근 콘크리트(SRC) 구조의 건축물을 유압 잭으로 해체하는 공법. 무소음·무진동의 해체 공법이므로 조용하고 힘센 COW(암소)를 비유하여 명명했다.

concreting in site 현장치기(現場−) 콘크리트를 공사 현장에서 소정의 거푸집 내에 타입하는 것.

condensate heat 응결열(凝結熱) 응결할 때 발생하는 열량. →heat of condensation

condensate receiving tank 핫 웰 =hot well

condensate return 환수(還水) 증기를 사용하는 기기에서 발생한 응축수 중 증기 보일러로 되돌리는 물.

condensation 결로(結露)[1], 축합(縮合)[2], 압축도(壓縮度)[3], 응결(凝結), 응축(凝縮)[4], 복수(複水)[5] (1) 천장, 벽, 바닥 등의 표면 또는 그들 내부의 온도가 그 위치의 습공기의 노점 이하로 되었을 때 공기 중의 수증기는 액체가 된다. 이것을 결로라 한다. 따라서 결로에는 표면 결로와 내부 결로가 있다.

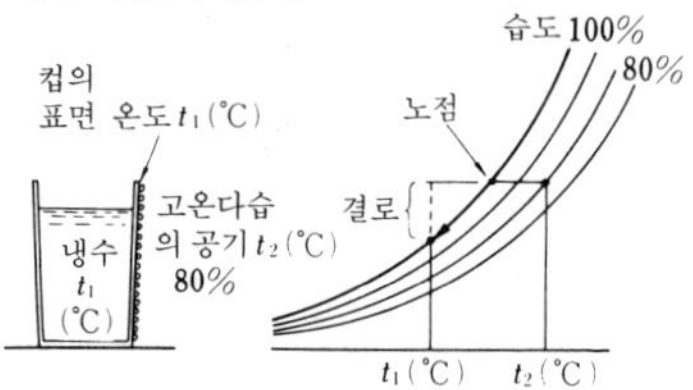

(2) 2개 이상의 분자가 결합하여 분자량이 큰 화합물이 되는 현상을 말하며, 생성한 화합물을 축합물이라 한다.

(3) 공기와 같은 완전 유체 중에 미소 부분을 생각하여 그곳의 밀도를 파동이 존재하지 않을 때 ρ_0, 존재할 때 ρ였다고 하고, ρ_0과 ρ의 관계를 $\rho=\rho_0(1+s)$로 할 때 s를 압축도라 한다.

(4) 포화 증기의 온도를 낮추고, 또는 온도를 일정하게 유지하고 이것을 압축하면

증기의 일부는 액화한다. 이와 같이 증기가 액체로 되는 현상을 응축 또는 응결이라 한다.
(5) 수증기가 열을 잃어서 응결하는 것을 말한다. 또, 그렇게 해서 생긴 응결수(condensed water) 그 자체를 말한다.

condensation liquid water 결로수(結露水) 결로 현상에 의해 수증기가 응결하여 생기는 액수(液水).

condensed water 응결수(凝結水) 수증기가 응축하여 생기는 물.

condenser 콘덴서[1], 응축기(凝縮器)[2] (1) 정전 용량을 이용할 목적으로 만들어진 장치. 종류로는 페이퍼 콘덴서 · 마이카 콘덴서 · 전해 콘덴서 · 바리콘 등이 있다.

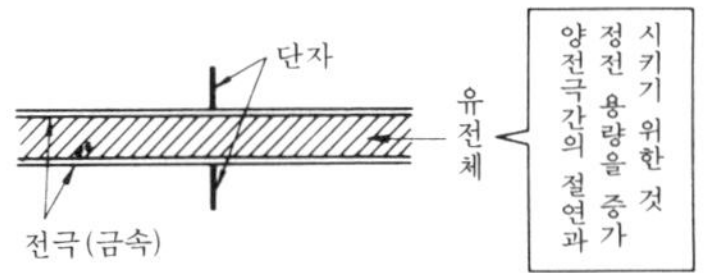

(2) 일반적으로 증기를 냉각하여 응축 액화시키는 장치. 예를 들면 냉동기에 있어서 압축기에서 나온 냉매의 과열 증기는 응축기에 들어가면 냉각수, 공기 등에 의해 냉각되어 다량의 응축 잠열을 방출하여 액화한다.

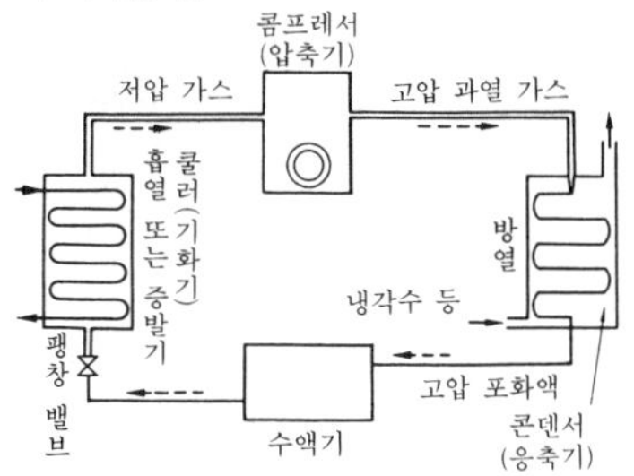

condenser earphone 콘덴서 이어폰 전기 신호를 음으로 바꾸는 변환기의 하나. 정전적인 힘으로 진동판을 진동시켜 음을 방사시키는 방식의 이어폰.

condenser microphone 콘덴서 마이크로폰 음에 의해서 진동하는 진동판과 이것과 마주보는 전극간의 정전 용량의 변화를 전기 신호로 변환하는 방식의 마이크로폰. =capacitor microphone, electrostatic microphone

condenser pump 응축수 펌프(凝縮水－) 중력 환수식 증기 난방 장치의 응축수를 다시 보일러에 급수하는 펌프.

condenser speaker 콘덴서 스피커 진동판과 고정 전극으로 콘덴서를 형성하고, 여기에 음성 전류의 전압을 걸어서 생기는 전하량의 변화에 의한 쿨롬 인력의 변화로 진동판을 진동시켜서 음으로 변환하는 스피커.

condensing pressure 응축 압력(凝縮壓力) 냉동 사이클에서 어떤 압력하에서 응축할 때의 냉매의 압력.

condensing unit 콘덴싱 유닛 냉동기 유닛의 일종으로, 응축기와 압축기를 하나의 케이싱 내에 갖추어 유닛으로 한 것.

conditional probability 조건부 확률(條件附確率) 어떤 조건하에서 사상(事象)이 발생하는 확률. 모든 조건에서 사상이 발생하는 확률에 그 조건이 되는 확률을 곱해서 구할 수 있다.

conditioned air 조화 공기(調和空氣) 방의 사용 목적에 가장 적합하도록 가열 · 냉각, 습도의 제어, 여과 등의 처리가 이루어진 공기.

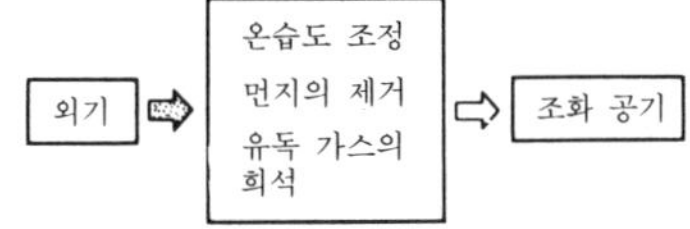

condition of compatibility 적합 조건(適合條件) =condition of continuity

condition of continuity 연속 조건(連續條件) 부정정(不整定) 구조물을 푸는 경우에 사용하는 조건식에서 절점에 모이는 부재 단부(端部)의 상대 변위 또는 상대 회전은 0이라고 하는 조건.

condition of equilibrium 평형 조건(平衡條件) 임의의 평행이 아닌 3방향의 힘의 합, 또는 3축 둘레의 모멘트의 합이 각각 0인 것. 도식 해법에서는 시력도(示力圖)와 연력도(連力圖)가 모두 폐합(閉合)하는 것.

condition of plasticity 소성 조건(塑性條件) 구조물의 소성 해석에서 모든 부위에서 응력이 항복 응력을 넘지 않는 조건.

conditions of contract 청부 계약 약관

(請負契約約款) 건설 공사 청부 계약의 상세를 정한 문서를 말한다. 청부 계약서에 첨부된다.

conditions of construction contract 공사 청부 계약 약관(工事請負契約約款) = conditions of contract

condominium 콘도미니엄 토지를 공유하는 뜻. 분양 맨션과 같은 뜻이다.

condominium leasehold 구분 지상권(區分地上權) 공작물을 소유하기 위해 토지의 지하 또는 상공의 어느 일정 범위에 대해서 인정된 지상권.

condominium ownership 구분 소유권(區分所有權) 벽, 바닥 등에 의해서 구획된 건물의 일부를 목적으로 하는 소유권. 토지나 공용 부분은 그 건물의 구분 소유권자에 의해 공유된다.

conduction 전도(傳導), 도통(導通) 물질의 이동없이 물질 내를 열이나 전기가 이동하는 현상. 이동의 대상에 따라 열전도·전기 전도 등이라고 한다. 「전도에 의해 고온측에서 저온측으로 흐르는 열량 Q는 온도 물매(경사)에 비례한다」라는 정리가 있다.

고온측 벽체 저온측

열전달 열전도 열전달

t_1 l t_2

열통과 Q

$$Q=\lambda A\frac{t_1-t_2}{l}\tau$$

λ : 열전도율 t_1, t_2 : 온도
A : 벽체 면적 τ : 시간
l : 벽체의 두께

conduction floor 도전 바닥(導電－) 바닥에 도전성을 갖게 하여 정전기가 축적되지 않도록 한 바닥. 병원의 수술실에서 가연성의 마취제에 인화시키지 않도록 하기 위해 사용한다.

conduction of heat 열전도(熱傳導) 물질의 이동 내지 열이 물체의 고온부에서 저온부로 흐르는 현상을 말한다. 고체 내에서의 전열(傳熱)은 열전도에 의한 것으로 볼 수 있다.

conduction test 도통 시험(導通試驗) 전기 배선이 올바르게 접속되어 있는지 어떤지를 알기 위해 도통 상태를 살피는 시험을 말한다.

conductive floor 전도 바닥(電導－) = conduction floor

conductivity 도전율(導電率) 물질이 갖는 전기에 대한 고유 저항의 역수. 일반적으로는 표준 연동(軟銅)의 도전율을 100%로 하여 비교한 백분율로 나타낸다.

conductor 도체(導體) 전기가 흐르기 쉬운 물질. 예를 들면 대부분의 금속, 산·염류의 수용액 등.

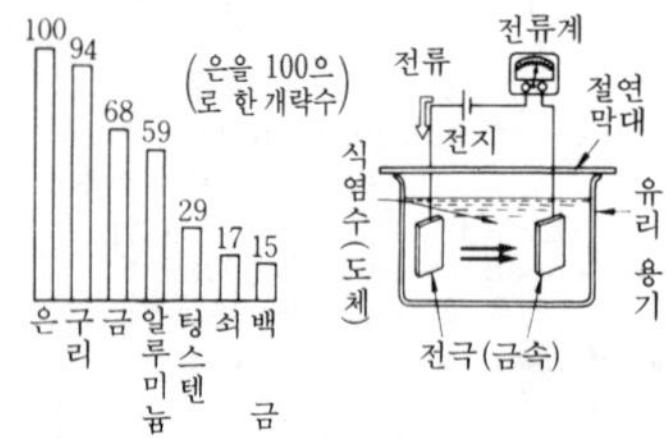

conduit 콘딧 전선관의 총칭.

conduit pipe 금속관(金屬管), 전선관(電線管) = conduit tube

conduit tube 금속관(金屬管), 전선관(電線管) 전기 배선을 보호하기 위한 금속관. 콘딧 파이프, 콘딧 튜브 등이라고도 한다. 강철제 및 경질 비닐제가 있다.

conduit tube work 금속관 공사(金屬管工事), 전선관 공사(電線管工事) 건축 구조물에 미리 포설한 금속관 내부에 전선을 통하는 공사.

배근과 전기 배관 공사의 완료 상황

cone bearing capacity 콘 지지력(－支持力) = cone index

cone index 콘 지수(－指數) 사운딩에 의해 얻어지는 점성토 지반의 강도를 나타내는 계수. 10 이상이면 노상(路床)으로서 안전, 3미만이면 노상으로 사용할 수 없다. = cone bearing capacity

cone penetration test 원추 관입 시험(圓錐貫入試驗) 로드에 붙인 원뿔을 흙 속에 동적으로 관입, 혹은 정적으로 압입하여 흙의 강도나 변형 특성을 구하는 시험.

cone penetrometer 콘 페니트로미터 인력으로 흙 속에 압입하여 찰흙의 점착력을 측정하는 음향 시험기.

cone sections 원뿔 곡선(圓－曲線) 직원뿔체와 평면의 만난선에서 얻어지는 곡선. 2직선·원·타원·포물선·쌍곡선에 한하며 그 이외는 없다.

cone penetrometer

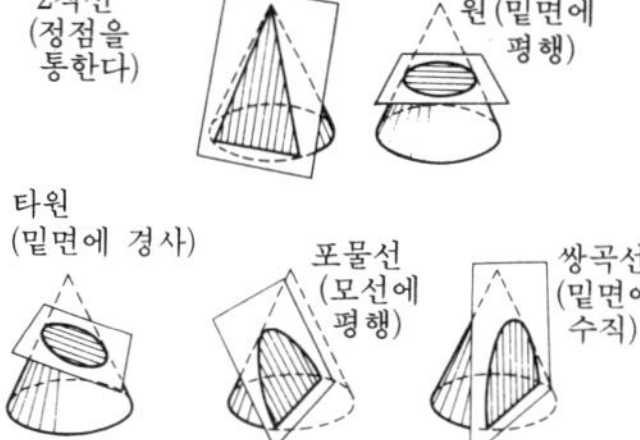

cone sections

cone speaker 콘 스피커 전기적 신호를 음으로 변환하는 전기 음향 변환기의 일종. 음을 방사하기 위한 원뿔형으로 성형 가공된 진동판을 갖춘 스피커.

cone-type failure 콘상 파괴(－狀破壞) 콘크리트 속에 매입된 정착판이 인장되는 경우 등에 정착판 주변에서 약 45도의 면을 따라 생기는 콘크리트의 파괴 현상.

conference 담합(談合) 입찰에 있어서 복수의 응찰자가 입찰 가격이나 낙찰 가격을 미리 대화에 의해 결정하는 것. ＝negotiation

conference building removal 협의 이전(協議移轉) 사업의 시행자와 그 사업에 지장을 주는 물건의 소유자가 협의하여 보상 금액을 정하고 물건을 이전하는 것.

conference hall 의사당(議事堂)[1), 회의장(會議場)[2) (1) 국가 또는 지방 공공 단체의 의원이 함께 모여 의사를 진행하기 위한 건물. ＝assembly hall
(2) 국제 회의 등에서 많은 사람이 한 곳에 모여 회의하기 위한 홀. →conference room

conference on the bidding 담합(談合) 청부 공사의 입찰에 있어서 미리 청부 관계자간에서 입찰 금액을 상담하는 것.

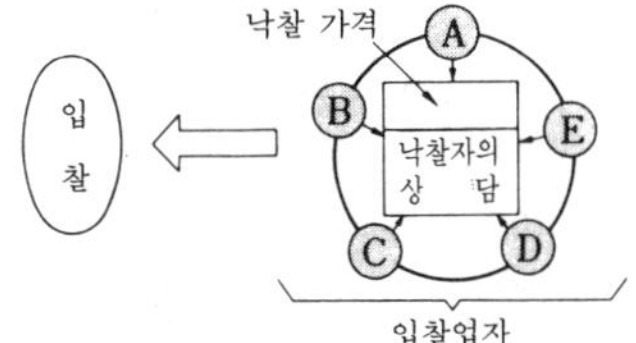

conference room 회의실(會議室) 소규모 회의를 목적으로 한 방으로 OA(사무 자동화) 기기나 공기 조화 · 환기 설비 등을 설치한 방. →conference hall

confined concrete 컨파인드 콘크리트 큰 축력 또는 휨 압축력의 작용을 받는 콘크리트 단면이 압축력과 직교 방향으로 부풀어 나오는 것을 구속하는 수평 보강근을 갖는 콘크리트.

confined ground water 피압 지하수(被壓地下水) ＝artesian ground water

confined jet 제한 분류(制限噴流) 용기나 관 속과 같이 고체벽, 혹은 다른 기류에 의해 자유 분류의 성질이 달라지는 분류.

confinement steel for bending stress 휨 구속근(－拘束筋) 큰 휨 압축력을 받는 콘크리트 단면이 재축(材軸) 방향과 직교 방향으로 부풀어 나오는 것을 방지하기 위해 배치하는 보강근.

confining pressure 구속 압력(拘束壓力) 지반 속의 흙의 응력 상태를 재현하는 등의 목적으로 3축 압축 시험 등을 할 때 공시체(供試體)에 측면에서 가하는 압력.

conflagration 대화재(大火災) 넓은 범위에 걸쳐서 연소하는 화재. ＝great fire

conflagration hazard index 연소 위험도(延燒危險度) 지역의 단위 시간당의 연소 속도를 비교하여 그 지역의 연소의 위험성을 평가한 지표.

confluent 합류(合流) 배수 관로 등에서 둘 이상의 흐름이 합쳐지는 것. 또 하수도나 배수 설비에서 오수와 빗물, 오수와 잡배수를 같은 관로로 배수하는 것을 말한다. ＝combined flow

conglomerate 컨글로메릿 업종이 다른 기업을 합병하여 다각화한 대규모의 복합 기업. 1960년대의 미국에서 볼 수 있었던 현상으로, 급성장했다.

conical shell 원추 셸(圓錐－), 원뿔 셸(圓－), 추형 셸(錐形－) 회전체 셸의 일종. 회전축에 평행 또는 수직 이외의 직선을 회전축 주위에 회전하여 생기는 곡면 형상의 셸.

conifer 침엽수(針葉樹) 잎의 모양에 의한 수목 분류의 하나. 보통 상록이며, 잎은 바늘 또는 비늘 모양을 하고 있다. 재질은 부드러우나 통직성(通直性)이 있으므로 구조재 · 판재 등으로서 사용한다. 삼나무 · 소나무 · 노송나무 · 화백나무 · 솔송나무 등.

connecting 접합(接合) 둘 이상의 부품 · 부재를 못, 철물, 접착제 혹은 이음 등에 의해 맞붙이는 것. ＝joining, jointing

connecting corridor 연락 복도(連絡複道) 건물과 건물을 잇는 복도.

connection 맞춤, 접합부(接合部) 둘 이상의 부재를 어느 각도로 접합하는 부분.

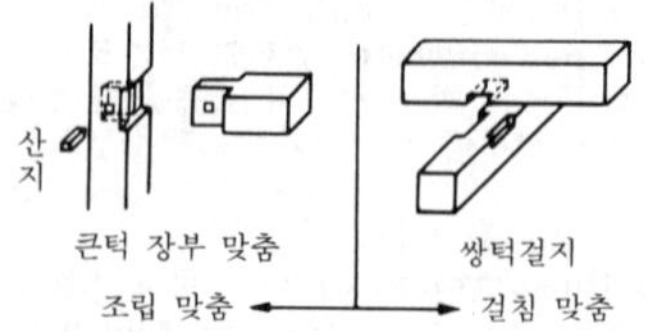

connection joint 맞춤, 접합(接合), 이음 =connection

connection panel 접합부 패널(接合部－) 라멘 구조 뼈대에 있어서의, 기둥 부재와 보 부재가 교차하는 부분의 영역. =joint panel

connection wiring diagram 결선도(結線圖) 각종 전기 배선을 표기하기 위한 그림의 일종. 전기 기기, 장치 혹은 대지(어스) 등의 사이가 전선 혹은 케이블 등에 의해 어떤 관계로 접속되고 있는가를 나타낸다.

connector 접합구(接合具)[1], 접속기(接續器)[2] (1) 부재를 접합할 때 사용하는 부품. 못 · 듀벨 · 핀 · 볼트 · 리벳 · 파이프 혹은 패널의 조립용 철물 등.
(2) 옥내 배선과 이동 전선 및 이동 전선 상호의 접속용 기구.

옥내 배선→전구

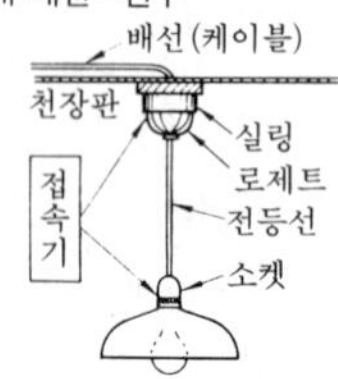

옥내 배선→이동 전선 이동 전선→이동 전선

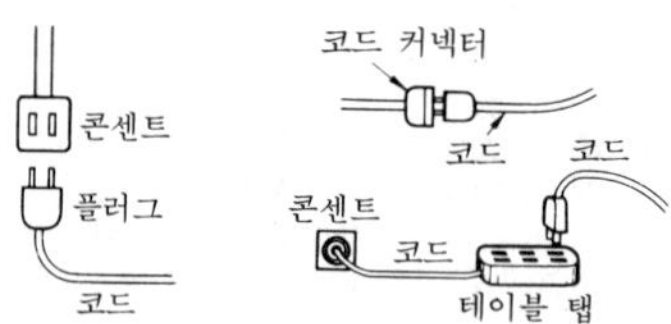

conservation of landscape 녹지 보전(綠地保全) 공원, 묘지, 생산 녹지, 차단 녹지, 풍치 지구 등의 녹지를 도시 계획에 의해서 영속적으로 공지로 하고, 건축물 등을 만들지 않는 것. =green space con-servation

conservation of surface soil 표토 보존(表土保存) 조성 공사시에 깎아낸 표토를 보관해 두는 것. 후에 대지로 되돌리기 위해서 한다.

conservation program 보전 계획(保全計劃) =maintenance and conservation program

conservation work 보전 공사(保存工事) =restoration work, repair

consensus 합의(合意) 조직 등에서의 전체의 찬동.

conservator 콘서베이터 회화(繪畵)나 조각 등 고미술품의 보존 · 수복을 하는 전문가.

conservatory 온실(溫室) 가온, 보온의 설비를 갖추고 꽃이나 채류(菜類), 과수 등을 재배하는 유리방. =palm-house, green house

consignment fee 업무 위탁비(業務委託費) 업무를 위탁하는 비용. 예를 들면 건축물의 유지 관리에서 조사 진단, 수선 공사 계획 입안, 엘리비이터 점검 보수 등의 특정한 업무나 유지 관리 업무를 포괄하여 위탁하는 비용. =commission

consistency 연도(軟度), 반죽질기 도체와 액체 중간에 있는 물체의 경연(硬軟) 상태를 나타내는 개념으로, 아직 굳지 않은 콘크리트나 모르타르 등의 유동성 정도를 말한다. 주로 수량에 의해 좌우된다.

consistency index 컨시스턴시 지수(－指數) 고체와 액체의 중간에 있는 흙의 상태를 나타내는 지수. 액성 한계와 자연 함수비의 차를 소성 지수로 나눈 값. $I_c=(LL-w)/PI$. $I_c \leq 0$인 경우는 흙을 흩어지게 하면 액상(液狀)으로 되어서 심하게 강도가 저하할 가능성이 있기 때문에 주의해야 한다.

consistency limit 컨시스턴시 한계(－限界) 함수비(含水比)의 변화에 의한 흙의 상태 영역의 경계를 나타내는 총칭. 액성 한계, 소성 한계, 수축 한계 등이 있다. 주로 점성토가 대상이 된다.

consistent mass 조화 질량(調和質量) 진동 해석 모델에서 분포 질량을 이산형의 모델로 치환할 때 양자의 운동 에너지가 같아지도록 정해진 질량. →concentrated mass

console 까치발 =bracket

console table 콘솔 테이블 벽에 붙인다든지, 벽 앞에 두는 다리가 달린 테이블.

consolidated drained shear test 압밀 배수 전단 시험(壓密排水剪斷試驗) 지반 중에서의 응력 상태를 재현할 목적 등으

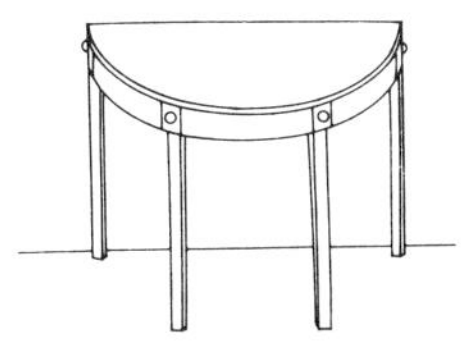

console table

로 압밀시킨 후 흙 속의 물이 배출되는 데 충분한 시간을 두는 완속(緩速)의 전단 시험. →consolidated undrained shear test

consolidated undrained shear test 압밀 비배수 전단 시험(壓密非排水剪斷試驗) 지반 중에서의 응력 상태를 재현할 목적 등으로 압밀시킨 다음 흙 속의 물의 배출을 시키지 않는 조건으로 하는 전단 시험. →consolidated drained shear test

consolidation 압밀(壓密) 투수성이 작은 포화한 점토질 토층에 하중에 의한 응력이 작용했을 경우 하중의 대부분이 간극수로 부담되고, 이 간극수에 주위의 간극수보다 높은 수압을 일으킨다. 이에 의해 서서히 간극수가 유동하여 점토층의 흙입자로 하중이 부담되기까지 점토층이 수축하는 현상.

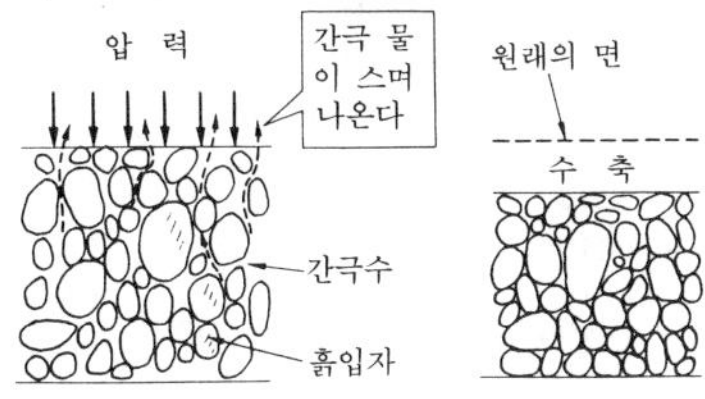

consolidation process 고결 공법(固結工法) 지반 개량 공법의 하나. 시멘트나 약액의 주입 또는 동결에 의해서 지반의 불투수화 혹은 강도 증가를 도모한다.

consolidation settlement 압밀 침하(壓密沈下) 땅 속의 압밀 현상에 의해 지반면이 내려가는 것.

consolidation stress 압밀 응력(壓密應力) 흙이 과거에 받은 하중보다 이상으로 새로 증가한 하중.

consolidation test 압밀 시험(壓密試驗) 압밀에 관한 성질을 알기 위해 여러 상수를 구하는 시험.

consolidation yield stress 압밀 항복 응력(壓密降伏應力) 정규 압밀과 과압밀 영역의 경계를 나타내는 응력. 충적(沖積) 점토 등에서는 과거에 받은 최대의 응력과 같다.

constant acceleration method 평균 가속도법(平均加速度法) 운동 방정식의 수치 적분법의 하나. 미소 구간에서의 가속도가 양단에서의 가속도의 평균값과 같고, 또 일정하다고 가정한다.

constant air volume supply regulator 정풍량 장치(定風量裝置) 송풍 덕트계에 정압(靜壓) 변동이 생겨도 언제나 장치 하류의 2차측 송풍량을 자동적으로 일정하게 유지하는 정풍량 유지 특성을 갖는 제어 장치.

constant air volume system 정풍량 방식(定風量方式) 공기 조화 부하의 변동에 대하여 언제나 일정량의 급기를 하고, 실온의 제어는 송풍 온도를 제어해서 하는 공기 조화 방식.

constant temperature room 항온실(恒溫室) 표준 상태에 준하여 온도·습도가 자동적으로 조정되는 방.

constant temperature type fire detector 실온식 화재 감지기(室溫式火災感知器) 바이메탈식과 감지선식이 있다. 바이메탈식의 것은 바이메탈이 발화시의 열에 의한 변형에 의해 접점을 닫아 전선을 통해서 수신기에 화재의 발생을 감지시키는 기구를 말한다. 스폿형의 화재 감지기로서 천장면에 부착하여 실내 한 국소의 온도가 갑자기 상승했을 때 작동한다. 감지선식의 것은 플라스틱을 피복한 피아노선을 두 줄 꼬고, 그 위에 선편조 등을 한 것이다. 이러한 선을 천장 등에 둘러 치면 화재 발생에 의해 플라스틱이 연화하여 피아노선이 접촉해서 전류가 통하여 발화를 감지한다. 감지선은 실내에 둘러치므로 겉보기로는 분포형이지만 실질적으로는 스폿형이 무수히 연속한 것이라고 생각해도 된다. →fire detector

constant water volume supply system 정유량 방식(定流量方式) 배관계의 수량(水量)을 언제나 일정량 순환시키고, 계(系) 내의 개개의 공기 조화기 부하 변동에 대해서는 공기 조화기의 자동 삼방(三方) 밸브로 코일에 흐르는 수량을 비례적으로 제어하며, 나머지 수량을 바이패스시키는 방식. 삼방 밸브 제어 방식이라고도 한다.

construction 건축(建築)[1], 구조(構造)[2], 구축물(構築物)[3] (1) 건축물을 만드는 것. 법적으로는 건축물을 신축, 증축, 개축 또는 이전하는 것.
(2) ① 자중이나 외력에 저항하는 역할을 하는 건축물의 구성 요소를 말한다. 보, 기둥, 벽 등으로 형성되는 역학적인 저항

시스템. ② 건축물 설계의 공간 구성에 참여하여 건축(의장), 설비 등과 더불어 역학적인 안전성이나 사용성을 검토하는 부문.
(3) 건물을 말하는데, 그 아름다움이나 용도보다도 구조물로서의 특징을 표현할 때 쓴다. 공작물과 같은 것을 가리키는 경우도 있다.

construction company 건설 업자(建設業者) 토목 건축 공사를 청부하는 원청, 하청 등의 업자를 총칭하는 것. =contractor

construction contract 공사 청부 계약(工事請負契約)[1], 공사 청부 계약서(工事請負契約書)[2], 시공 계약(施工契約)[3] (1) 공사의 완성을 목적으로 하는 계약. 청부자는 공사의 완성을, 발주자는 보수의 지불을 약속한다.
(2) 공사의 발주자와 수주자 사이에서 공사 청부 계약시에 교환하는 계약 문서. 공사 장소, 공기, 인도 시기, 청부 대금 등을 기재하고, 청부 계약 약관과 설계 도서를 첨부한다.
(3) 건축물 등의 구체적인 건설 공사, 즉 시공을 실시하기 위한 계약. 보통은 청부 계약이 되지만 위임 계약에 의해서 행해지는 경우도 있다.

construction contract price 공사 가격(工事價格) 순공사비와 현장 경비로 이루어지는 공사 원가에 일반 관리비 등 부담액을 더한 총공사 금액. →construction cost, direct construction cost

construction cost 공사비(工事費) 건설 공사에 필요한 비용으로, 좁은 뜻으로는 직접 공사비를 뜻하나, 넓은 뜻으로는 일반 관리비나 설계료 등을 포함하는 모든 비용을 말한다.

construction cycle 건설 순환(建設循環) =building cycle

construction drawing 구조 설계도(構造設計圖) 건물의 주요한 골조의 크기나 단면, 접합부 등을 나타내는 그림. =structural drawing

construction export 건설 수출(建設輸出) 해외 공사의 수주와 시공을 국민 경제의 관점에서 수출 활동의 일부로 간주하여 건설 수출이라 부른다.

construction guage 건축 한계(建築限界) =clearance limit

construction industry 건설 산업(建設產業) 토목 건축을 포함하여 건설 생산에 관한 산업의 총칭.

construction investment 건설 투자(建設投資) 좁은 뜻으로는 토목 투자와 건축 투자의 총칭. 넓은 뜻으로는 이 밖에 모든 시설, 설비, 장치를 포함한 이른바 건설 전체에 대한 자본 투하.

construction joint 시공줄눈(施工-) 콘크리트 공사에서 이어붓기에 의해 생기는 이음 부분. =work joint

construction management 공사 관리(工事管理) 공사에 있어서 현장 대리인, 주임 기술자, 전문 기술자가 공사의 적절 및 원활한 진척을 목적으로 계획 · 지휘 · 제어하는 것. →supervision of construction work

construction manager 공사 매니저(工事-) 발주자의 입장에서 전문 공사 업자와 계약 조건을 교섭하는 등 종합적인 건설 관리를 하는 자. =CMR

construction method 시공법(施工法) 공사의 실시 기술을 총괄한 호칭.

construction of space 공간 구성(空間構成) ① 점, 선, 면 등의 요소를 조합시켜서 공간적인 조형을 만들어 내는 것. ② 건축 공간의 구성. 조형적 구성뿐 아니라 방의 연속 관계에 대해서 말하기도 한다. =spatial structure, space organization

construction of vibration isolation 면진 구조(免震構造) 면진을 목적으로 한 구조. 능동형과 수동형으로 분류된다.

construction period 공기(工期) 공사의 착수부터 완성까지의 기간. =term of work, timc for completion →stage of execution works, process of works

construction programming 건축 기획(建築企劃) =building project planning

construction project cost deflator 건설 사업비 디플레이터(建設事業費-) 공공 공사 등의 예산액 실질량을 산출하는 디플레이터를 말한다. 용지 관계 비용을 포함하고 있다.

construction revenue 완성 공사고(完成工事高) 건설업 회계에서 공사 완성을 기준으로 한 매상고. 그 회계 기간에 완성한 공사의 공사 가격 합계액. =amount of completed works

construction schedule control 공정 관리(工程管理) 건물이 정해진 공기에 완성하도록 건축 공사를 구성하고 있는 각종 공사의 진척과 자원(노동력, 자재, 가설 기재 등)의 투입을 통제하는 것. =management of work progress

construction shed 일간 공사 현장에 설치되는 가설 작업장. 주로 목공, 철근공, 미장공, 도장공 등이 필요로 한다.

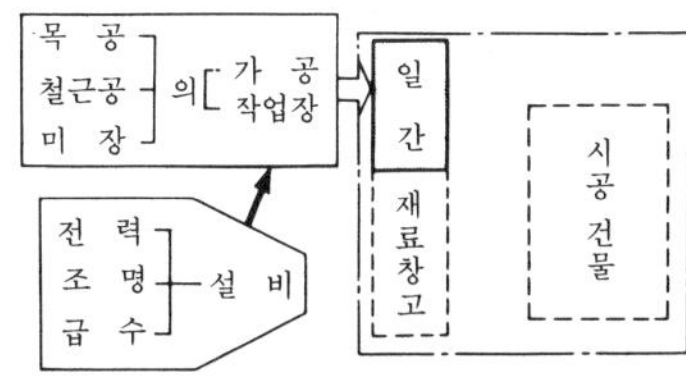

construction shed

construction site 공사 현장(工事現場) =field, building site, job site

construction site staff 현장 직원(現場職員) 건축 현장에서의 청부 업자측 직원.

construction trade 건설업(建設業) = contractor(2)

construction work 건설 공사(建設工事) 토목 건축에 관한 공사 전반의 총칭.

construction work deflator 건설 디플레이터(建設－) 건설 투자액의 실질 가격을 산출하기 위한 디플레이터.

constructor 시공자(施工者) =builder

consultant 컨설턴트 고객의 의뢰에 의해 고객을 대신해서 토목 사업의 기획, 조사, 설계, 시공 관리 등을 하는 기업.

consultant engineer 기술사(技術士) 국가 기술 자격법에 의해 공인된 자격 소지자로, 전문적인 기술면에 대해서 자문·지도하는 전문 기사. 기술 고문.

consultation 컨설테이션 도시 설계를 추진해 가는 방법의 하나로, 시민과 공적 기관과의 밀접한 정보 교환과 신뢰 관계로 추진되는 도시 설계가의 설계 계몽.

consultation room 진찰실(診察室) 병원, 진료소에서 환자를 진찰하는 방.

consulting engineer 컨설팅 엔지니어 과학·기술의 응용에 관하여 회사 등에 적절한 지도를 하는 자유직의 기술자.

consumable electroslag welding 소모 노즐식 일렉트로슬래그 용접(消耗－式－鎔接) 일렉트로슬래그 용접의 일종. 자동적으로 송급되는 용접용 와이어와 함께 노즐(강철제의 가이드 튜브)도 용융시키는 용접법.

consumer's price index 소비자 물가 지수(消費者物價指數) 소비자의 시점에서 본 물가 지수. 소비재나 개인 서비스의 물가 변동을 종합 지수화한 것.

contact angle 접촉각(接觸角) 액체의 용기와 액체 표면의 접촉점에서 용기의 벽과 액체 곡면의 접선이 이루는 각.

contact cement 콘택트 시멘트 지압 정도의 작은 압력으로 접착하는 접착제.

contact corrosion 접촉 부식(接觸腐蝕) ① =electric corrosion. ② 어떤 금속이 동일 금속 혹은 비금속과 접촉하여 생기는 틈의 내외에서 용존하는 산소량의 농담에 의해 일어나는 부식.

contact factor 컨텍트 팩터 공기 조화 장치에서의 냉각 장치 냉각 효율의 정도를 나타내는 수. CF＝1－BF로 나타낸다 →bypass factor

contact pressure 접지압(接地壓) ① 차바퀴 등이 지면에 접할 때의 압력. 단위 kg/cm². ② 기초의 밑면과 이것이 접하는 지반 사이에 서로 작용하고 있는 압력을 말한다. 직접 흙에 접하는 기초에서는 접지 압력이 허용 지내력도 이하가 되도록 설계된다.

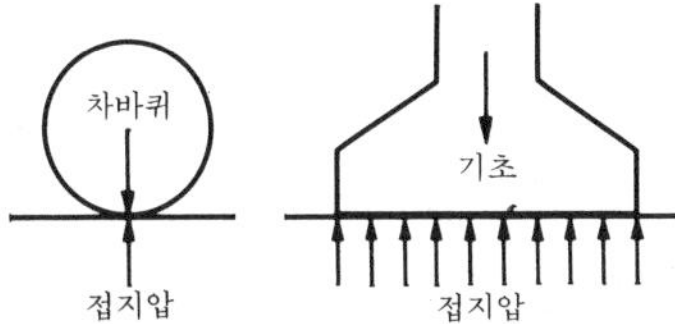

contact resistance 접촉 저항(接觸抵抗) 두 전기 도체가 접촉하고 있는 면의 전기 저항. 접촉 저항은 접촉 면적과 접촉 압력에 관계한다.

contact resonance 접촉 공진(接觸共振) 진동체에 물체가 접촉한 경우에 그 물체의 무게와 접촉면의 접촉 탄성이 진동계를 형성하고, 진동체의 진동에 의해 물체에 생기는 공진 현상.

contact strain gauge 콘택트 스트레인 게이지 콘크리트의 탄성 계수나 건조 수축, 크리프 등을 계측하는 장치. 탄성 계수를 측정하는 경우는 시험체 측면에 세로 방향의 두 점에 강구(鋼球)를 박아 넣어서 2점간의 길이 변화를 읽는다.

contact stress 접촉 응력(接觸應力) 구슬 또는 원통과 평면 또는 곡률이 다른 구슬 또는 원통이 접하는 경우, 그 접촉점 또는 선상에 생기는 응력. 강체(剛體)인 경우 점 또는 선으로 되어 응력 무한대로 되지만 탄성체인 경우는 면접촉으로 된다.

containment structure 용기 구조(容器構造) 액체 또는 기체상(氣體狀)의 내용물을 유지하기 위한 구조. =vessel structure

contaminant 오염 물질(汚染物質) 공기 중이나 수중에 입자상 또는 가스상 물질로서 존재하여 인체를 비롯해서 생활 환경에 악영향을 미치는 유해 물질.

contamination 컨태미네이션 가루먼지, 오염 물질, 방사능 등에 의한 오염.

contamination source 오염원(汚染源) 인체에 대해서 생리적 악영향을 미치거나, 기물에 손상을 주는 원인이 되는 원천.

contere line 등고선(等高線) 지도상에서 같은 높이의 점을 이은 선.

context 콘텍스트 일반적으로 맥락 또는 문맥을 뜻한다. 건축에서는 특정한 건축물에 관계하는 역사적 · 문화적 · 지리적인 배경이 되는 조건 등을 가리킨다. →contextualism

contextualism 컨텍스추얼리즘 설계를 할 때 대지 혹은 기타의 콘텍스트를 중시하여 발상하는 자세. 모더니즘의 교양이 효력을 감소한 1970년대부터 주목되기 시작했다.

continental style 콘티넨털 스타일 침대 종류의 일종. 보텀, 매트리스에 헤드 보드, 풋 보드가 붙은 것.

continuous air-conditioning 연속 공기조화(連續空氣調和), 연속 공조(連續空調) 멈추는 일 없이 연속하여 행하는 공기 조화. 항온 항습실이나 신생아실 등에서 실시되고 있다. →intermittent air conditioning

continuous beam 연속보(連續－) 3개 이상의 지점(支點)으로 지탱된 보.

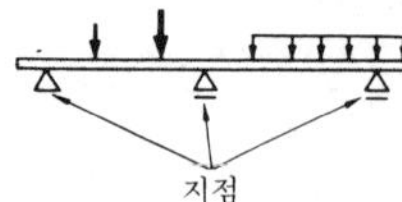

continuous beam type 보 관통 형식(－貫通形式), 연속보 형식(連續－形式) 보를 절단하지 않고, 기둥을 절단하여 조립하는 기둥 보 접합 형식.

continuous column type 기둥 관통 형식(－貫通形式), 연속 기둥 형식(連續－形式) 기둥을 절단하지 않고, 보를 절단하여 조립하는 기둥 보의 접합 형식.

continuous cylindrical shell 연속 원통 셸(連續圓筒－) 모선 방향으로 지지점을 넘어서 연속하고 있는 원통 셸. →multiple cylindrical shells

continuous fillet weld 연속 용접(連續鎔接), 연속 필릿 용접(連續－) 단속 용접에 대하여 용접부가 연속한 필릿 용접.

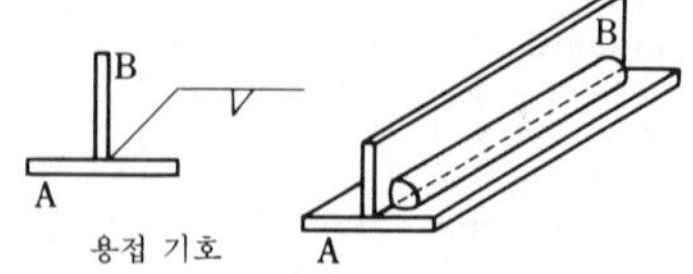

continuous footing 줄기초(－基礎), 연속 기초(連續基礎) ① 길게 연속된 기초. 재료는 철근 콘크리트, 무근 콘크리트, 마름돌, 콘크리트 블록 등. ② 건축물의 벽체 또는 기둥의 하중을 지지하는 연속한 기초.

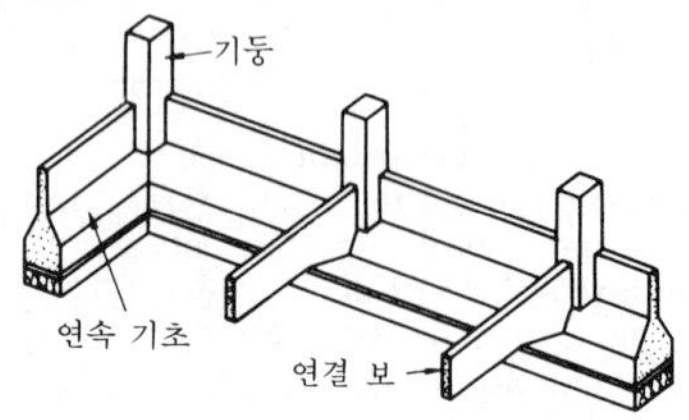

continuous girder 연속보(連續－) = continuous beam

continuous house 연속 주택(連續住宅) 한 동에 2주택 이상을 연속한 형식으로, 각 주택은 뜰을 가지며, 주택간의 경계벽은 공유하고, 연속되어 있는 저층 주택.

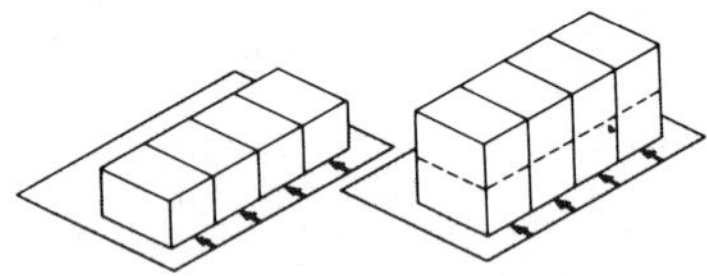

continuous water supplying pipe 연속 송수관(連續送水管) 고층 또는 대규모 건축물에 설치되는 소방대 전용의 배관 계통으로, 송수구 · 배관 · 방수구를 포함한 것을 말한다.

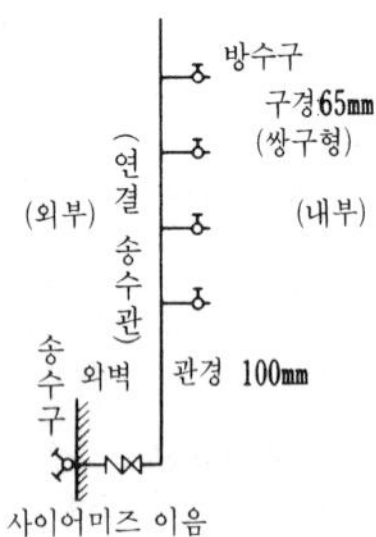

continuous weld 연속 용접(連續鎔接) 용접 이음 전체 길이에 걸쳐 연속되어 있는 용접 또는 그 용접법. 이것은 용접이 완료된 상태에서 용접이 끊어진 곳 없이 이어져 있는 것을 말하며, 그 용접 순서는 문제가 되지 않는다.

contour line 등고선(等高線) 지형의 동일

고도의 지점을 연속적으로 이어서 그린 곡선. 일정한 고도 간격마다 이 곡선을 그려서 토지의 높낮이 기복을 도시한다.

contract 청부(請負) 당사자의 한쪽이 어느 일을 완성할 것을 약속하고, 상대방이 그 일의 결과에 대하여 보수를 지불하는 것을 약속함으로써 효력을 발생하는 계약을 말한다.

contract agreement 청부 계약(請負契約) 당사자의 한쪽이 어느 공사의 완성을 약속하고, 다른 한쪽이 그 결과에 대하여 보수를 지불하는 것을 약속함으로써 성립하는 계약.

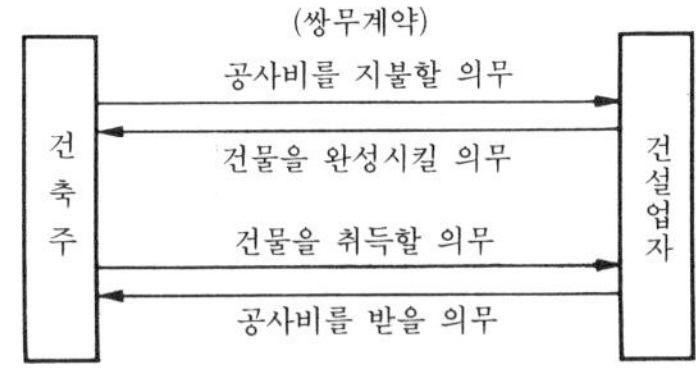

contract business 청부업(請負業) 청부 계약에 의해서 영업을 하는 기업 종별의 하나. 건설업은 그 대표적인 것.

contract by tender of specified (nominated) contractors 지명 경쟁 계약(指名競爭契約) 지명 경쟁 입찰에 의한 계약.

contract carpet 콘트랙트 카펫 사무실·호텔·점포 등 비주택의 건물에 사용하는 카펫의 총칭.

contract deposit 계약 보증금(契約保證金) 청부 계약의 경우 청부 업자가 계약의 이행을 보증하기 위해 계약 체결시에 주문주에 납부하는 금액.

contract document 계약서(契約書) 건설 공사에서는 입찰 또는 특명에 의해 청부자가 결정된 경우 발주자와 청부자 사이(감리자일 때는 감리자도 포함)에 서명, 날인하여 수교하는 계약의 내용을 기술한 문서. 계약 서류는 일반적으로 공사 청부 계약서, 공사 청부 계약 약관, 설계도, 시방서의 네 가지 서류로 이루어지며, 좁은 뜻으로는 이 중의 공사 청부 계약서를 말한다. 이것에는 공사명, 장소, 공기, 인도 시기, 금액, 금액의 지불 방법 등이 기재되어 있다.

contract documents 계약 도서(契約圖書) 건축 공사의 청부 계약 내용을 규정하는 도면 및 서류. 계약서 혹은 공사 청부 계약 약관에 명기되는 도면 및 명세서를 포함한다.

contracting 청부(請負) 민법이 규정하는 계약의 일종. 당사자의 한쪽이 어느 일의 완성을 약속하고, 상대방이 그 결과에 대하여 보수를 주는 것을 약속하는 것. 토목·건축 공사에 일반적으로 쓰인다.

contracting color 수축색(收縮色) 실제의 색면적보다도 시각상 수축하여 작게 보이는 색. →expanding color

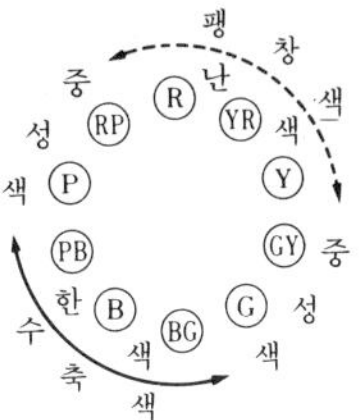

contracting condition 청부 조건(請負條件) 청부 계약에서의 발주자, 청부자간의 계약 조건.

contracting job 청부 공사(請負工事) = contract work

contracting system 계약 방식(契約方式) 계약 상대의 선택부터 계약 체결에 이르기까지의 방식. 입찰에 의한 계약 외에 수의 계약, 특명 계약 등이 있고, 또 계약 내용에 관해서는 총가 정액 청부, 단가 청부, 실비 보수 가산식 등이 있다.

contraction crack 수축 균열(收縮龜裂) 콘크리트나 모르타르가 응결이나 경화에 따라 수축할 때 생기는 균열을 말한다. = shrinkage crack

contraction joint 수축 줄눈(收縮－) 큰 면적의 벽이나 바닥의 콘크리트나 모르타르에 수축에 의한 균열이 다방면으로 확산하는 것을 방지하기 위해 미리 설치하는 줄눈. →expansion joint

contraction stress 수축 응력(收縮應力) 온도 변화, 건습 변화 등에 의한 재료의 수축에 따라서 생기는 응력. 철근 콘크리트에서는 콘크리트의 수축이 일어났을 때 철근이 이것을 방해하므로 콘크리트에는 인장, 철근에는 압축의 수축 응력이 발생한다.

contract of design and supervision 설계 감리 계약(設計監理契約) 건축물의 설계를 하고, 그 건물의 시공시에 감리를 하는 위임 계약. →supervising contract

contractor 청부자(請負者)[1], 건설 업자(建設業者)[2] (1) 청부 계약을 맺은 당사자 중 일을 완성할 것을 약속한 자.
(2) 종합, 직별, 원청, 하청 기타에 의해 건설 공사의 완성을 청부하는 자. 건설업법에서는 동법에 의한 등록을 받은 자.

contractor's estimate 견적서(見積書) 입

찰이나 매매 거래에 있어서 수주측이 작성하는 수주 희망 금액을 나타내는 서류. →bills of quantities

contract price 청부 가격(請負價格)[1], 계약 가격(契約價格)[2] (1) 청부 계약에 있어서 청부 공사의 대가로서 당사자가 합의한 가격. =contract sum
(2) 청부 계약이나 위임 계약에 있어서의 업무의 대가. 건축 공사에서의 청부 계약에서는 청부 공사비라고도 한다. =contract value

contract renewal 계약 갱신(契約更新) 구계약을 해제하고 새로운 계약을 하는 것을 말한다.

contract sum 청부 가격(請負價格)[1], 공사 가격(工事價格)[2] (1) =contract price
(2) =construction contract price

contract value 계약 가격(契約價格) = contract price

contract with deferred payment clause 연불 계약(延拂契約) 공사 청부 계약 등에서 공사 완성 인도 후에 어느 정도의 기간을 두고 대금을 지불하는 계약.

contract work 청부 공사(請負工事) 청부 계약에 의해서 행하여지는 건설 공사.

contrast 대비(對比) 둘 이상의 색이 서로 영향을 주어 서로 본래의 색과 다르게 보이는 현상. 두 색을 배열하여 서로 다른 색에 간섭하는 현상을 동시 대비, 한 색을 본 다음 바로 다른 색을 보는 경우에 일어나는 연속 대비가 있으며, 또 명도 대비, 색상 대비, 채도 대비, 보색 대비와 같이 색의 3속성에 입각하는 대비의 분류법도 있다.

control 규제(規制)[1], 제어(制御)[2] (1) 일정한 도시 계획상의 의도하에 혹은 공공의 안전, 복지 등을 위해 건축 행위, 개발 행위 등을 법적으로 제한하는 것. =regulation
(2) 기계나 설비가 목적에 걸맞는 동작을 하도록 조절하는 것.

control board 제어반(制御盤) =control panel

control center 컨트롤 센터 많은 설비의 감시 기구나 제어 기구를 한 곳에 집결하여 원격에서 집중적으로 감시 · 제어 조작을 하는 장소.

control console 조정탁(調整卓) 홀이나 극장 등의 음향 설비나 조명 설비를 집중적으로 제어, 조작하기 위해 각종 기능을 집약한 조작 테이블.

controlled air 컨트롤 에어 AE제를 써서 조정된 콘크리트 중의 공기 거품.

controlled price 관리 가격(管理價格) = administered price

controller 조절기(調節器) 자동 제어에서 검출부(센서)로부터의 편차 신호를 제어 목표값에 접근시키기 위한 조작부의 동작에 필요한 신호로 변환하여 내보내는 기기를 말한다.

controlling room 조정실(調整室) 극장 등에서 음향 재생 장치가 갖추어진 방으로, 마이크로부터의 전류를 조정한다든지, 녹음기나 와이어리스 마이크 회로를 조정하는 방.

control office 관리 사무소(管理事務所) 주택 단지 등에서 시설의 관리를 일원적으로 행하는 사무소.

control panel 제어반(制御盤) 각종 계기류, 각종 제어 스위치가 부착되어 회로 및 기기의 상태를 한 눈으로 감시할 수 있는 기능을 갖추는 동시에 그 이름과 같이 제어할 수 있는 것. =control board

control system for grouped buildings 군관리 시스템(群管理−) 복수이 건축물을 집중 관리 센터에 의해 관리하는 시스템.

control unit 제어 장치(制御裝置) 가정 자동화에서의 자동 제어 장치. 방재, 방범, 조명, 공기 조화, 통신 등을 제어하는 정보 센터. →home automation

conurbation 도시 집단(都市集團) 대도시는 일상의 사회적, 경제적 활동이 행정 구역을 넘어서 그 외주 지역에 이르고 있다. 이러한 지역을 포함하여 일체적으로 다루지 않으면 도시의 활동을 파악할 수 없고, 또 도시 계획상도 의미가 없다. 이와 같은 대도시 및 그 교외를 포함하는 지역을 도시 집단이라 한다.

convection 대류(對流) 유체 내 온도의 차이 및 유체에 작용하는 외력에 의한 압력차의 두 원인에 의해 생기는 유체의 유동. 전자를 자유 대류, 후자를 강제 대류라 한다. 대류에 의해 유체 내에 저장되어 있는 열 에너지가 한 장소에서 다른 장소로 운반 작용과 혼합 운동에 의해서 행하여지므로 대류는 열이동 현상의 일종이다.

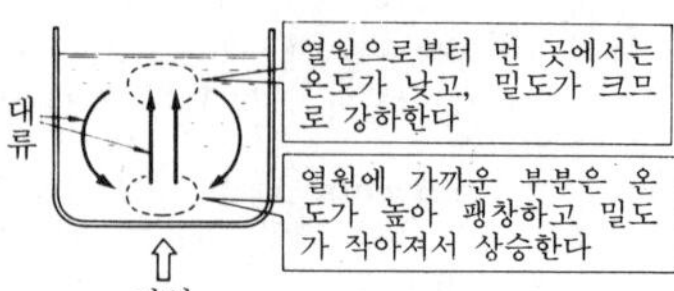

열원으로부터 먼 곳에서는 온도가 낮고, 밀도가 크므로 강하한다
대류
열원에 가까운 부분은 온도가 높아 팽창하고 밀도가 작아져서 상승한다
가열

convection heating 대류 난방(對流煖房) 직접 난방 방식의 하나. 대류 작용에 의해 실내 공기를 순환하여 난방을 하는 방식.

convection term 대류항(對流項) 유체의 운동 방정식에서 대류에 의해 운반되는 물리량을 나타내는 항.

convective heat transfer 대류 열전달(對流熱傳達) 고체 표면과 유체간에 온도차가 있어 열이 이동하는 현상을 말한다. 대류 열전달률 α_{cv}는 ① 고체 표면 형상과 유체와의 위치 관계, ② 고체 표면의 조활도(粗滑度), ③ 유체의 종류와 물성값, ④ 유체의 유속, 변동 계수 등의 요인으로 변화한다.

convective heat transfer coefficient 대류 열전달률(對流熱傳達率) 유체에서 고체로, 또 고체에서 유체로의 열이동량을 나타내는 값. 열이동량 q_{cv}(J/m^2 · h)는 다음 식에 의해 주어진다.

$$q_{cv}=\alpha_{cv}(\theta_1-\theta_2)$$

α_{cv} : 대류 열잔달률(J/m^{2}h ℃), θ_1, θ_2 : 유체 및 고체 표면 온도(℃). 특히 유체의 물리적 성질(열전달률, 비열, 비중, 점성계수, 팽창 계수)에 따라서 변화하고, 대류 열전달의 항으로 나타낸 인자도 관계한다.

convector 대류 방열기(對流放熱器) 대류를 이용한 방열기로, 금속제의 케이싱 속에 핀 코일 등의 방열체를 수납하고, 공기는 하부의 입구에서 들어와 가열되어 상부 출구에서 실내로 방출된다. 방열 작용은 주로 대류에 의한다. 열매(熱媒)로서 증기 및 온수를 사용한다.

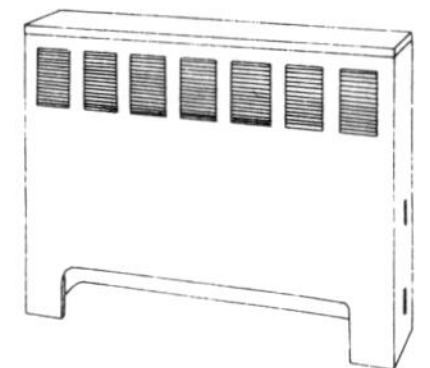

convector heater 대류 방열기(對流放熱器) =convector

convenience store 컨비니언스 스토어 식품 · 일용품 등을 풍부하게 갖추고, 심야 영업이나 편리성에 특징을 내세운 소매점포. →variety store

convent 수도원(修道院) =abbaye, manastery

conventional activated sludge process 표준 활성 오니법(標準活性汚泥法) 하수 처리에서 오래 전부터 쓰이고 있던 활성 오니법. 일반적으로 폭기(曝氣) 시간 6~8시간, BOD 용적 부하 0.6~0.8kg/m^3 · 일로 설계된다. 배설물 정화조에서는 처리 대상 인원 5001인 이상에 적용된다.

conventional crafts 재래 직종(在來職種) 건축 생산에서 목공, 비계공, 미장공, 토공 등 근대 이전부터 존재하는 직종.

conventional method of construction 재래 공법(在來工法) 조립 공법이나 기계화 공법 등 새로운 공법이 아니고, 종래부터 일반적으로 보급되어 있던 공법. 목조 주택 공사에 한정하여 쓰이는 일이 많다.

convention city 컨벤션 시티 대규모의 전시회나 국제적인 회의 등을 할 수 있는 시설을 갖추고 있는 도시를 말하며, 도시 활성화의 중심적 역할을 하고 있다.

convention hall 공회당(公會堂) 대회나 대집회를 하기 위한 큰 공간.

convergence effect 수속 효과(收束效果) 구조물이나 건축군이 존재하기 때문에, 혹은 국소 지형으로서의 벼랑 위나 골짜기에서 기류가 수속하여 풍속이 증대하는 효과. =funneling effect

converse Carnot's cycle 역 카르노 사이클(逆-) 냉동기나 히트 펌프에 있어서의 열기관의 사이클(카르노 사이클)과는 역회전이 되는 사이클.

conversion 마름질, 제재(製材) 목재를 용도에 따라 적당한 치수로 잘라내는 것.

conversion into a flush toilet 수세화(水洗化) 플러시 밸브(flush valve), 탱크 등으로부터의 수류에 의해서 오수, 오물을 흘리는 변소의 시스템을 도입하는 것.

conversion of farmland into non-farming uses 농지 전용(農地轉用) 농지를 택지 등 농업 생산 이외의 용도로 전용하는 것.

conversion of timber 마름질 통나무에서 필요한 치수의 각재 · 판재를 제재하는 계획. 나이테의 접선 방향으로 제재하는 널결 마름질과 직각 방향으로 제재하는 곧은 결 마름질이 있다. →flat grain, straight grain

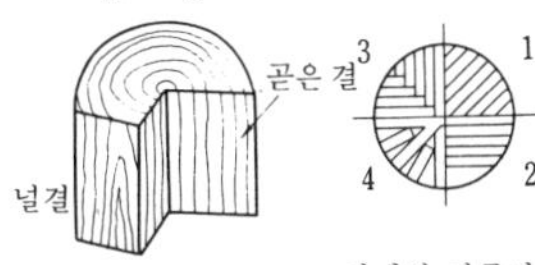

목재의 단면　　판재의 마름질

1, 4의 부분-폭넓은 부분은 곧은결
2의 부분-폭넓은 부분은 곧은결 좁아질수록 널결
3의 부분-곧은결

converted dwelling 전용 주택(轉用住宅) 비주택 건축을 개조하여 주택으로서 이용할 수 있도록 한 것.

converter 컨버터, 변환기(變換器) 반도체의 정류 작용을 이용하여 교류를 직류로 변환하는 장치.

convertible room 컨버티블 룸 간단히 개장이나 전용이 가능한 방.

convex 콘벡스 강철제의 권척(卷尺 : 줄자)으로, 테이프가 곡면을 이루고 있으므로 이렇게 부른다.

convexrule 콘벡스룰 휴대형 소형 권척(卷尺). 만곡면이 있는 띠강이기 때문에 신직성(伸直性)이 있으며, 소형 · 경량이다. 2～5m의 것이 많으며, 종래의 접자를 대신해서 널리 사용되고 있다.

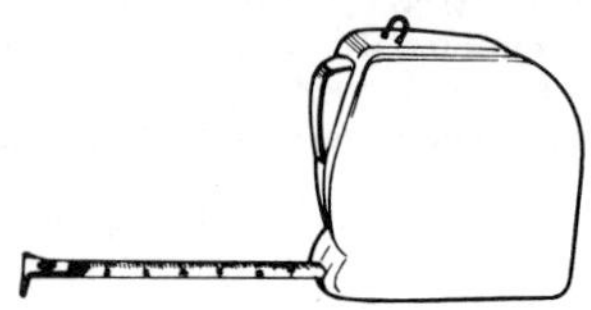

conveying pipe 압송관(壓送管) 일반적으로는 펌프 등으로 가압하여 물건을 반송하기 위한 관. 특히 콘크리트 펌프로 타입할 때 사용하는 콘크리트 수송관.

conveying system 반송 시스템(搬送－) 건물 내에서 사람, 물건, 공기, 물 등을 수송하는 시스템을 말한다. 엘리베이터, 에스컬레이터, 덕트, 송풍기 등이 포함된다. ＝transportation system

conveying system of concrete by pump and pipe 펌프 공법(－工法) 비빈 콘크리트를 현장 내에서 운반하는 방법의 하나. 콘크리트를 펌프에서 압송관을 통해 타설 장소로 연속해서 운반하는 방법. ＝pump application

conveyor 컨베이어 가루, 덩어리 물체의 운반을 주로 하는 연속식 운반 기계. 짐의 종류나 각도에 따라 벨트 컨베이어, 버킷 컨베이어, 체인 컨베이어, 스크루 컨베이어 등의 종류가 있다.

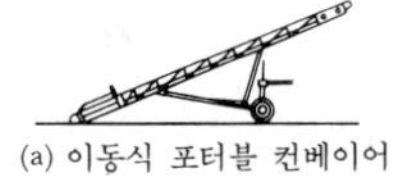

(a) 이동식 포터블 컨베이어

(폭30～40 cm 길이 5～7 m)

포터블(가반식)

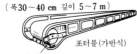

모터 풀리

(전동기와 감속기와 풀리를 한 몸으로 한 것)

(b) 벨트 컨베이어

cooking kitchen 요리실(料理室) ＝cooking room, cook-room

cooking room 요리실(料理室) ＝cooking kitchen, cook-room

cook-room 요리실(料理室) 음식의 조리를 하는 방. ＝cooking room, cooking kitchen

cool color 한색(寒色) 시각에 의해 차게 느끼는 색. 청 · 청보라 · 녹의 색상에 해당하는 색이 이에 속한다. 난색의 대비어. →warm color

cooler 냉각기(冷却器) 공기 조화 장치에 사용하는 공기 냉각기는 열매(냉매, 냉수, 플라인 등)가 지나는 관에 전열 면적을 크게 하기 위해 나선상 또는 평판상의 날개를 붙인 냉각 코일을 말한다. 관은 구리, 날개는 강철 · 알루미늄의 박강판을 사용한다. 표면이 건조할 때는 건조 코일, 표면 온도가 공기의 노점 온도보다 낮을 때는 습 코일이 된다.

cooling and heating loads 냉난방 부하(冷暖房負荷) 냉방 혹은 난방을 하려고 할 때 냉방해야 할 에너지량이나 난방해야 할 에너지량을 말한다.

cooling coil 냉각 코일(冷却－) 냉각기 내에 있으며, 냉수 또는 냉매를 통해서 공기를 냉각시키는 코일 모양의 열교환기.

cooling degree days 냉방 도일(冷房度日) 냉방 실내 온도와 매일의 일평균 외기 온도의 차를 냉방 기간에 걸쳐서 적산한 값. 기준 온도로서는 24℃가 사용되는 예가 많다.

cooling fire extinguishment 냉각 소화(冷却消火) 소화 방법의 하나. 연소 부분을 냉각하여 발열 속도를 저감시켜서 연소를 정지시키는 것. 주수(注水)가 대표적인 예이다.

cooling load 냉방 부하(冷房負荷) 냉방에 필요한 제거해야 할 현열 및 잠열의 전 합계량. 부하는 일사(日射) 및 관류(貫流)에 의한 현열, 자연 환기 및 외기 도입에 의한 침입 열량(잠 · 현열), 재실자나 실내 기구에서 발생하는 열량(잠 · 현열), 냉방 장치에서 발하는 현열 등의 합. 단위는 kcal/h 또는 냉동톤.

cooling period 냉방 기간(冷房期間) 1년 중 냉방을 하는 기간.

cooling power 냉각력(冷却力) 환경의 열적 성질을 나타내는 지표의 하나. 카타 온도계(Kata thermometer)가 38℃에서 35℃로 저하하는 데 요하는 시간으로 구한다. 카타 냉각력이라고도 한다.

cooling tower 냉각탑(冷却塔) 공기 조화용 냉각탑은 냉동기의 응축용 냉각수를 재사용하기 위해 옥외 공기와 직접 접촉시켜 이 순환수를 냉각하기 위한 콤팩트한 케이싱에 수납된 열교환기. 케이싱 내에는 충전재, 팬, 엘리미네이터, 살수 장치, 수조를 갖추고, 통풍은 압입식 또는 흡입식에 의해 강제적으로 행하여진다. 열교환 방식에 따라서 향류형(向流形 : counter flow type), 직교류형(cross flow type), 병류형(併流形 : parallel flow type), 복합류형(combined flow type)으로 분류된다. 열교환은 케이싱 내에 두어진 물에 젖은 충전층 사이를 공기가 지날 때 살수된 물의 비말과 충전재의 수막면에 의해서 행하여진다. 냉각수에 사용하는 물은 거의 수돗물이며, 충전 재료는 목재, 대나무, 염화 비닐, 폴리에스테르 수지, 금속의 박판, 석면판, 도관(陶管) 등이 쓰인다. 공업용 냉각탑은 대형의 원통형, 파라볼라 회전형 등으로 탑 모양을 이루고, 통풍은 기계력에 의하지 않고 온기의 굴뚝 작용에 의해서 행하여진다.

cooling tower shell 냉각탑 셸(冷却塔-) 공업용 냉각탑에 사용하는 상하로 열린 곡면형의 것. 원통형이나 파라볼라 회전형의 탑형이 많다.

cooling tube 쿨 튜브 =cool tube

cooling water 냉각수(冷却水) 냉동기의 응축기를 통한 냉각수를 충전물 사이를 낙하시켜 외기로 냉각 방열시키는 기계.

cooling water supply system 음료용 냉수 설비(飮料用冷水設備) 냉각한 음료수를 공급하는 기기로, 공공적인 장소에 설치되는 것. 소형 냉동기를 내장하고, 냉각 탱크를 가진 보틀형, 급수관에 직결된 프레셔형이 있다.

cool-ray lamp 쿨레이 램프 전구의 관구(管球) 유리를 착색하여 열방사의 원인이 되는 적외부의 분광을 흡수시켜서 빛에 수반하는 열방사를 감소시킨 전구.

cool tube 쿨 튜브 땅 속에 매설한 관내에 공기를 보내서 지중 온도가 여름철에는 외기 온도보다 낮은 것을 이용하여 실내에 냉기를 얻으려는 방식을 말한다. 패시브 쿨링(passive cooling) 수법의 하나. =cooling tube, earth tube

co-operative dwelling 코오퍼러티브 하우스 맨션 등 집합 주택이 분양 후에 소유자들에 의해서 조합이 만들어지는 데 대하여, 처음부터 조합을 만들어 조합원에 의한 협동 건설 방식으로 세워진 집합 주택을 말한다.

co-operative house 코오퍼러티브 하우스 =co-operative dwelling

cooperative management 공동 관리(共同管理) =communal management

coordinate color 코오디네이트 컬러 색채 조사의 명칭. 기조색에 조화 또는 변화를 위해 조합시키는 배합색을 말한다. =assort color

coordination 코오디네이션 인테리어에 전체로서 통일감, 질서를 갖게 하기 위해 가구, 조명 기구, 커튼, 깔개 등을 조정하여 재구성하는 것.

cope lighting 코프 조명(-照明) 조명과 건축을 일체화시키는 건축화 조명의 하나. 광원을 천장이나 벽에 감추어, 직접광이 보이지 않도록 한 것으로, 천장이 부각되어 부드럽게 표현할 수 있다.

coping 두겁대 울타리, 난간, 징두리널 등의 위쪽 횡목.

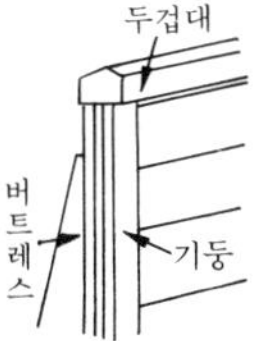

coping stone 갓돌 울타리, 난간, 패러핏 등의 정부를 덮는 돌. →caping

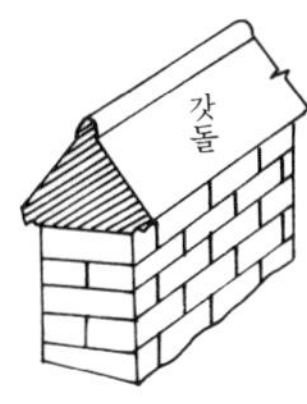

copolymer 공중합체(共重合體) 2종 이상의 다른 단량체를 중합하는 것을 공중합이라 하고, 이에 의해서 얻어지는 생성물을 공중합체라 한다. 예를 들면 공중합 스티롤 수지.

copper 동(銅), 구리 주로 황동광에서 제련하여 얻는다. 상온의 건조 공기 중에서는 변화하지 않으나 가열하면 표면이 산화하여 암적색으로 된다. 또 습기가 있으면 광택을 잃고, 또 녹청을 발생하나 내부로의 침식은 적다. 따라서 박판으로 하여 지붕을 이고, 철사, 못 등으로서 건축용재로 널리 쓰인다. 단, 알칼리에 약하므로 시멘트 콘크리트에 접하는 곳에서는 부식이 빠르다. 기타 전기 전도율이 좋고 전연성(展延性)이 풍부하므로 전선, 일용품 여러 기구 등에 이용이 넓고, 또 여러 가지 합금의 성분, 동합금의 원료로 사용한다.

copper alloy 동합금(銅合金) 동을 주성분으로 하는 합금. 황동(놋쇠), 청동, 인청동, 알루미늄 청동, 적동 등이 있다.

copper-clad steel wire 동복 강선(銅覆鋼線) 강선 위에 구리를 씌운 전선. 피뢰 설비의 피뢰 도선 등에 사용한다.

copper-constantan 구리·콘스탄탄 열전쌍의 일종. 상온 이하(200℃ 이하)의 온도 측정에 사용한다. 값싸고 취급이 간단한 것이 특징. 선경(線徑)은 0.02mm부터 1.60mm까지 있으며, 가장 널리 쓰이는 열전쌍의 하나. =T-thermo couple

copper pipe 동관(銅管) 구리나 구리 합금에 의한 관. 보통 원형 단면이며, 전신(展伸) 가공한 것과, 고주파 유도 가열 용접한 것이 있다. 급탕관, 냉매 배관 등에 사용한다.

copper plate 동판(銅板) 지붕 재료 등으로 사용한다. 두께는 0.1~30mm의 각종이 있으나, 건축용으로는 0.2~0.5mm의 것을 널리 사용한다.

copper sheet 동판(銅板) =copper plate

copper sheet roofing 동판 잇기(銅板-) 동판을 사용하여 지붕을 잇는 공법. 또 그 지붕.

copper steel 동강(銅鋼) 구리 Cu 0.25~0.35%를 포함하는 연강. 내식성이 보통강보다 뛰어나다.

copper wire 동선(銅線) 전신(展伸) 가공한 구리, 구리 합금의 선. 전기 관계 외에 쇠그물, 장식품 등에 사용한다.

copy 복사법(複寫法) 원도면을 바탕으로, 원도면이나 청사진 혹은 백사진을 작성하는 방법.

corbel 내쌓기 보 등을 받도록 벽돌이나 콘크리트 등을 돌출시키는 것.

corbelling 내쌓기 =corbel

cord 코드 부드럽고 구부러지기 쉬운 절연전선. 전등·전기 기구에 부착하는 저압용의 옥내 코드, 기구용 비닐 코드 외에 캡타이어 코드 등이 있다.

cordless office 코드리스 사무실(-事務室) 밀리파라는 주파수대를 사용하여 옥내의 천장에 설치된 무선기와 ID카드나 개인용 컴퓨터가 전파를 교신하는 방식. 개인용 컴퓨터와 호스트 컴퓨터를 잇는 코드가 불필요하게 되어 빌딩 내의 어느 곳에서도 개인용 컴퓨터를 사용할 수 있는 등의 이점이 있다.

cordless phone 코드리스 폰, 무선 전화기(無線電話機) 코드가 없는 전화기. 전화 회선에 접속한 전파 송수신 장치를 실내에 설치하고, 전파의 송수신기를 내장한 전화기를 사용하여 다이얼 통화한다.

cordon interview survey 코든 인터뷰 조사(-調査) 대상 지역을 둘러싸는 선(코든 라인)을 통과하는 모든 자동차를 정지시키고, 발착, 교통 목적, 승차 인원, 화물 적재 상황 등을 인터뷰에 의해 청취하여 교통량을 조사하는 방법.

cord pendant 코드 펜던트 천장에서 코드로 매달 수 있는 조명 기구.

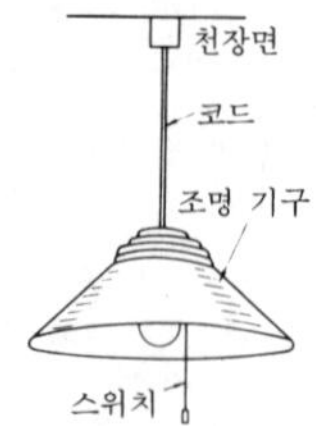

cord reel 코드 릴 전기 코드를 감는 장치와 콘센트를 부착한 원통형의 기구.

cord switch 코드 스위치 중간 스위치라고도 하며, 소형 전기 기구의 코드 중간에 부착하는 스냅 스위치(스프링 작용을 이용한 소형 스위치)의 일종.

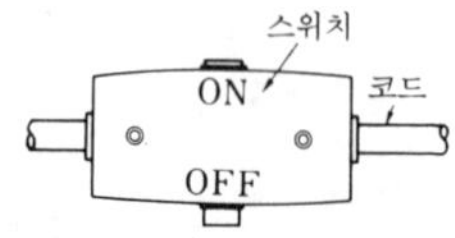

core 코어, 핵(核) ① 도시 기능의 중심이 되는 시설 또는 시설군. 주변의 인구, 물자가 이 핵에 대하여 정시적으로 집산 유동한다. ② 건물 중앙부에 공통 시설을 집

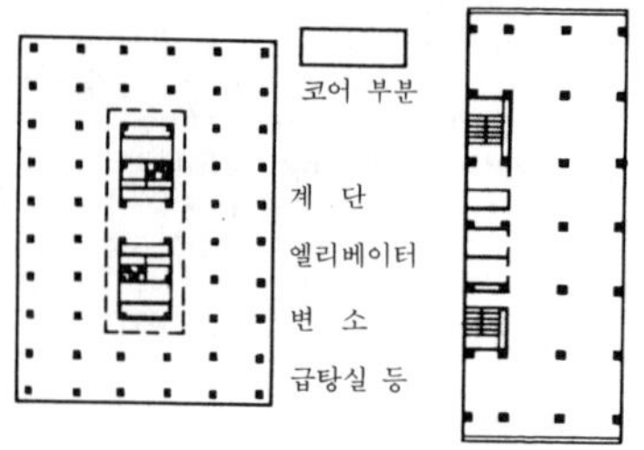

중한 부분. 빌딩 건축 등에서는 이것을 내력벽으로 감싸서 수평력을 부담시킨다. ③ 관형 채취기에 넣어진 시험 시료(지층의 코어 샘플), 또는 코어 시험에 사용하는 콘크리트의 코어 샘플. ④ 샌드위치판의 중간층, 합판의 심판.

core board 코어 보드 =lumber core plywood

core boring 코어 보링 코어 튜브(core tube)의 비트(bit : 파이프 끝의 날모양으로 된 쇠)를 사용한 것으로, 지반 상태 및 지지층의 위치 등을 알 때 이용된다(회전식 코어 보링).

core drill 코어 드릴 콘크리트 구조물 등에서 강도 시험용의 시험체를 발취하기 위한 드릴. 모터나 엔진, 유압 등에 의해서 다이아몬드 피트를 회전시켜 채취한다. 코어 피트의 치수는 φ50~150mm. 기계는 소형의 휴대용부터 차에 장치하는 것까지 있다.

core of cross section 단면의 핵(斷面-核) 단주(短柱)에 편심 압축 하중이 작용하는 경우, 단면 내에 인장 응력도가 생기지 않는 하중의 작용점 범위. 단면 형상에 따라 그 범위가 정해진다. →eccentric load

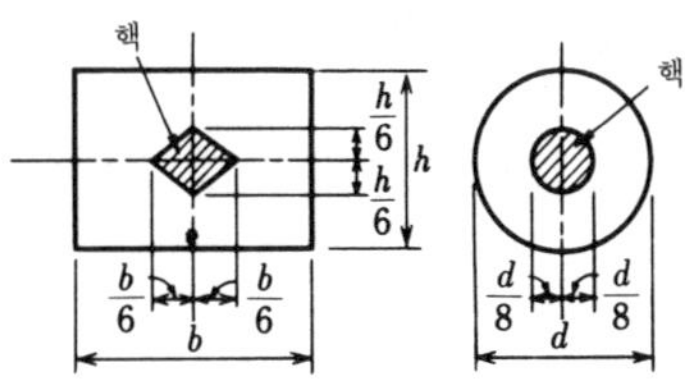

core sample 코어 샘플 코어 보링에 의해서 채취한 시료.

core system 코어 시스템 건축 계획상, 건축의 중심에 급배수 설비나 엘리베이터를 묶어서 배치하고, 동선(動線)을 합리적으로 계획하는 수법. →wet core, core, heart core

core test 코어 시험(-試驗) 콘크리트 구조체에서 경화된 콘크리트의 코어를 잘라내어 행하는 강도 시험.

core tube 코어 튜브 보링 구멍 밑의 굴착토 또는 암층을 꺼내기 위한 기구. 관상(管狀)의 기구로 끝에 크라운(crown)을 부착하고, 이것을 회전시켜 토층을 도려낸다. →boring

Corinth 코린트식(-式) 고대 그리스 건축의 주두부(capital) 장식의 한 양식으로, 아칸서스(acanthus)의 잎을 디자인한 것. 그 밖에 이오니아식(Ionia), 도리아식(doric order), 콤퍼짓식 등이 있다. →acanthus

Corinthian order 코린트식 오더(-式-) 아칸서스(acanthus)의 잎을 모방한 주두(柱頭), 가는 주신(柱身)을 갖는 오더. 로마 건축 5종류의 오더의 하나.

Coriolis force 코리올리의 힘 물체가 회전 좌표계에서 운동할 때 나타나는 관성력. 운동 방향과 직각 방향으로 작용하며, 질량과 속도에 비례한 크기의 힘.

cork 코르크 코르크참나무의 겉껍질의 안쪽에 있는 조직. 여러 켜로 이루어져 있는데, 액체나 공기가 통하지 않으며 탄력이 있다. 가공하여 보온·흡음·밀폐 장치 등에 사용한다.

cork board 코르크판(-板) 코르크를 가압 성형한 판으로, 접착제를 써서 열압 성형한 것을 압착 코르크판, 접착제를 쓰지 않고 가열되었을 때 분비하는 코르크 알갱이 자신이 갖는 수지로 굳혀서 성형한 것을 탄화 코르크판이라 한다. 압축성, 탄력성, 내수성, 내유성, 단열성, 진동 흡수성, 내마모성이 뛰어나며, 탄화 코르크판은 상온 이하의 단열용으로, 압착 코르크판은 바닥용으로 쓰인다.

cork carpet 코르크 카펫 코르크와 고무를 섞은 것을 끓여서 삼베 위에 칠한 바닥용 깔개.

cork stone 코르크 스톤 코르크 알갱이와 찰흙 및 석회로 이루어지는 건축 재료.

cork tile 코르크 타일 가늘게 조각낸 코르크의 압축판을 일정 치수로 절단한 타일을 말한다.

corner bead 코너 비드 미장 마감의 바름벽 구석을 보호하기 위한 막대 모양의 철물을 말한다.

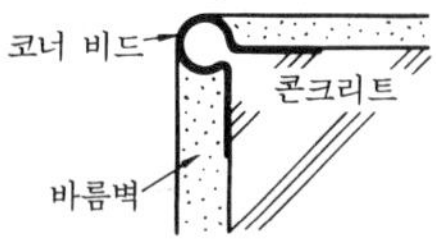

corner bracing 귀잡이쇠 귀잡이재로서 사용하는 띠강 등의 철물.

corner cabinet 구석장(-欌) 방 구석에 두는 장식장. =cupboard

corner cupboard 코너 컵보드 방의 구석 부분에 들어가도록 설계된 3각형의 식기 선반 또는 식기장.

corner cut-off 모따기 정방형이나 장방형의 모를 따내는 것. 도로의 교차점에서 가로의 모를 끊어내는 것. =corner cutting

corner cutting 모따기 =corner cut-off

corner joint 모서리 이음 용접 이음의 일종으로, 서로 직교하는 두 부재의 각을 용접하는 이음.

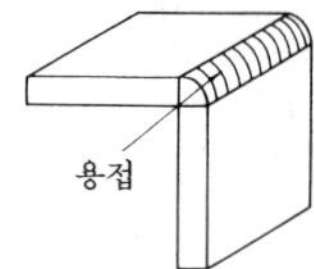

corner lighting 코너 조명(－照明) 벽면과 벽면, 혹은 벽면과 천장면 등의 코너에 기구를 붙여서 조명하는 방법.

corner lot 모서리 대지(－垈地) 거리의 모서리를 차지하는 대지를 말한다. 양측이 도로에 면하기 때문에 상점 경영상 특히 유리하다.

corner pile 코너 파일 시트 파일의 일종. 모서리 부분에 사용하는 T자형, C자형 등의 단면 형상을 한 것.

corner stone 귓돌[1], 정초석(定礎石)[2] (1) 돌이나 벽돌로 쌓은 벽의 모퉁이에 쌓는 돌을 말한다.
(2) 건물의 정초식 때 건축물 기초 부분(대개 모퉁이)에 설치하는 기공 연월일을 새긴 작은 돌.

cornice 돌림띠 처마나 동(胴), 허리 부분, 천장 둘레 등을 감싸는 가늘고 긴 돌출 부분. ＝string course

cornice lighting 코니스 조명(－照明) 벽과 평행하게 천장에 부착한 가로로 긴 패널로 광원을 감싸고 아래를 향해 빛을 내는 조명.

corporate color 코퍼릿 컬러 기업이 이념, 이미지를 표현하기 위해 색채를 통일하여 광고·인쇄물 등에 사용하는 것, 또는 그 색채.

corporate culture 기업 문화(企業文化) 기업이 갖는 독자적인 경영 이념이나 행동의 규범.

corporate identity 코퍼릿 아이덴티티 기업이 심벌 마크나 코퍼릿 컬러 등을 써서 기업 이미지나 경영 이념을 내외에 어필하도록 하는 광고 전략. ＝CI

corporate town 자치 도시(自治都市) 유럽 중세의 도시 국가에 전형적으로 볼 수 있었던 시민의 자치에 의해 운영된 도시.

corporation cock 분수전(分水栓) 수도용 배수관에서 각 가정에 인입하는 급수관을 분기하는 곳에 부착하는 기구.

corrected effective temperature 수정 유효 온도(修正有效溫度) 유효 온도에서는 방사의 영향을 고려하고 있지 않기 때문에 유효 온도를 산출할 때의 건구 온도 대신 글로브 온도를 써서 계산한 온도.

correlated color temperature 상관 색온도(相關色溫度) 특정한 관찰 조건하에서 시료(試料)가 방사하는 색도에 가장 근사하게 보이는 흑체의 절대 온도. 양자의 밝기를 같게 하여 비교한다. ＝color temperature

correlation 상관(相關) 두 변량 사이의 어떤 관련성.

corridor 복도(複道), 낭하(廊下)[1], 회랑(回廊)[2] (1) 방과 방을 잇는 일정한 폭을 가진 건물 내 통로. 건물간을 잇는 경우에는 연락 복도라 한다. 그 형식에는 편측 복도, 속복도 등이 있다.
(2) 건축 배치에 대해서 주요한 건물 또는 방을 둘러싸고, 그 바깥쪽에 둘러써여진 복도 혹은 굴곡이 많은 복도.

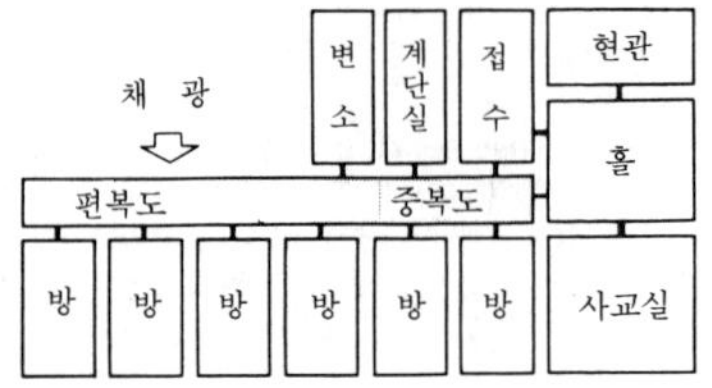

corridor access type 복도형(複道形) 복도에서 직접 각 주거 등으로 접근하는 공동 주택의 평면 형식. 편복도형이나 중복도형 등이 있다. →walk up type

corrosion 부식(腐蝕) 물건이 썩거나 녹이 슬어 모양이 변형되는 것. 목재는 균류(菌類)의 번식이 원인으로 부식하고, 금속은 산화에 의한 녹, 금속간의 이온화 경향의 차에 의한 전식(電蝕) 등으로 부식한다.

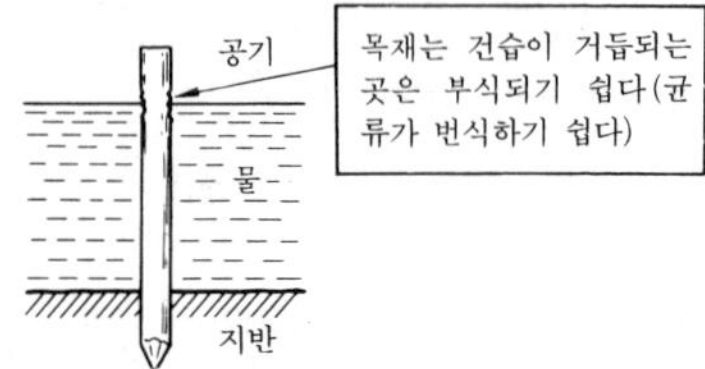

corrosion rate 부식 속도(腐蝕速度) 금속이 부식하는 반응 속도. 단위 시간당의 부식 감량으로 나타낸다.

corrosion prevention 녹 방지(－防止), 방식(防蝕) ＝corrosion proofing

corrosion proofing 녹 방지(－防止), 방식(防蝕) 목재의 부식이나, 금속 재료의 녹을 방지하는 것. 목재의 방부 처리로서는 표면 탄화법, 내수 도료, 방충제의 침투·도포 등이 있고, 금속에서는 도금법,

인공 산화 피막의 형성, 도장, 기타 방식성이 있는 다른 재료로 피복한다. → decal

corrosion proof paint 녹 방지 도료(一防止塗料), 방식 도료(防蝕塗料) 재료의 녹 방지를 위해 사용하는 도료.

corrosion-protective paint 녹 방지 도료(一防止塗料), 방식 도료(防蝕塗料) = corrosion proof paint

corrosion resistance 내식성(耐蝕性) 물질이 대기, 옥외 폭로, 물, 화학 약품 등의 작용으로 부식, 침식을 일으키지 않는 성질.

corrosion test 내식 시험(耐蝕試驗) 빛이나 화학 약품 등의 작용에 의해 재료의 색을 잃어가는 정도를 살피는 시험. 주로 도료, 직물, 플라스틱에 대해서 한다.

corrugated asbestos cement sheet 골 슬레이트, 파형 슬레이트(波形一) 파형의 석면 슬레이트판. 시멘트 : 석면 기타를 약 85 : 13(중량비)으로 혼합 교반하여 성형 압축해서 만든다.

corrugated core 파형 코어(波形一) 골판지와 같은 종이를 조합시킨 것으로, 적층재의 중심 재료.

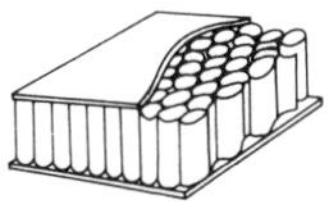

corrugated flexible metal hose assembly 파형 신축 이음(波形伸縮一) 금속 벨로스를 사용한 신축 이음. 주로 온수, 급탕, 증기 배관 등의 열팽창을 흡수하기 위해 이용한다. 축방향을 대상으로 한다.

corrugated iron sheet 파형 철판(波形鐵板) 파형으로 성형한 철판.

corrugated sheet 파형판(波形板) 파형으로 성형한 판. 예를 들면, 파형 석면 슬레이트판, 파형 아연 도금 강판, 파형 유리판 등.

corrugated sheet roofing 파형판 지붕잇기(波形板一) 파형판으로 지붕을 잇는 것, 또는 이은 지붕 마감.

corrugated shell 파형 셸(波形一) 파형의 곡면 형상을 갖는 셸.

corrugate pipe 파형관(波形管) 파형 철판으로 만든 관. 가설 배수로 등에 쓰인다.

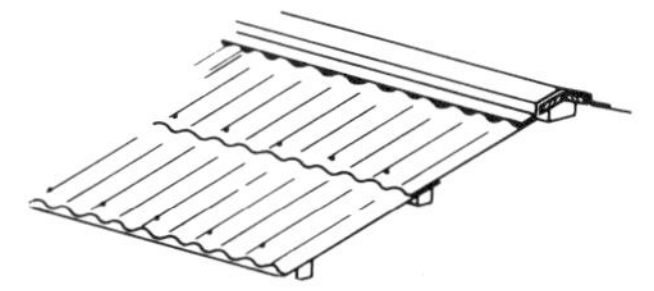

corrugated sheet roofing

cosmopolis 코스모폴리스 뉴욕 등에 대표되는 국제 도시.

cost 원가(原價) ① 어느 기업 활동에서 받은 재화 또는 용역의 화폐적 평가액. ② 원가 계산의 목적 및 방식에 따라 정한 소비 가치액. ③ 경영 계획의 목적 또는 방식에 따라 정한 특수한 비용 개념. 예 : 기회 원가, 부가 원가.

cost accounting 원가 계산(原價計算) 원가를 계산하는 것. 원가 계산에는 여러 가지 방식이 있으나 간접비를 대상물에 일정 기준하에 배분하여 직접비에 가산해서 대상물의 원가를 산출하는 방식을 전부 원가 계산(full costing)이라 하며, 건축 기업에서는 보통 이 방법을 쓴다. 이에 대하여 직접비만 계산하고, 간접비 혹은 고정비를 대상물에 배분하지 않고 별도로 고려하는 방식을 직접 원가 계산(direct costing)이라 한다.

cost analysis 원가 분석(原價分析)[1], 비용 분석(費用分析)[2] (1) 사전 원가와 사후 원가를 비교, 분석하는 것. 그 후의 경영 관리에 사용한다. →cost control
(2) 기획, 설계, 생산 관리, 비용 절감 등을 목적으로 하여 건축 공사 등의 비용과 그 내역을 분석하는 것.

cost applicable to construction revenue 완성 공사 원가(完成工事原價) 건설 공사업에서의 원가 중에서 매상으로 계상하는 완성 공사고에 대응하는 원가.

cost approach 원가 방식(原價方式) 부동산 감정에서 건물 등을 평가하는 수법의 하나. 재조달한 경우의 원가에 의해 평가액을 작성하는 방식. →cost method

cost control 원가 관리(原價管理) 어느 기업체에서 원가 인하 기타의 경영 합리화를 위해 표준 원가를 두고, 원가 발생의 원인이나 책임을 파악하기 쉬운 조직, 직제의 체계화를 하여 유효한 관리 작업을 수행하는 것.

cost effectiveness 비용 대 효과(費用對效果) 투하 비용에 대하여 얻어지는 이익을 말하는 것으로, 최소의 비용으로 최대의 이익을 얻는 것이 바람직하다.

cost estimate 견적서(見積書) 입찰이나 매매 거래를 할 때 수주측이 작성하는 수

주 희망 금액을 나타내는 서류. →bills of quantities

cost estimation 비용 예측(費用豫測) 건축의 기획, 설계의 단계에서 계획 중인 건축 공사의 비용을 예측적으로 개산(槪算)하는 것.

cost estimation by building element 부위별 적산(部位別積算) 건축물의 부위 단위로 수량, 단가를 명시한 적산 및 내역서의 방식. 일반의 공종별 적산에 대하여 바닥, 벽, 천장 등의 건물을 구성하는 요소별로 가격을 파악한다.

cost estimation by building element classification 부분별 적산(部分別積算) 건축물을 몸체, 마감으로 대별하여 각각을 바닥, 벽, 천장 등의 부위 단위로 계측하여 가격을 매기는 적산 방법. 설계 단계의 비용 계획이나 비용 관리에 유효하다.

cost estimation by specialist work classification 공종별 적산(工種別積算) 전문 공사 종목별의 적산. 전통적으로 행하여진 방식이지만, 부분별 적산과 구별하여 명시적으로 쓰인다. 하청별 적산, 구매별 적산 등이라고도 한다.

cost for maintenance and modernizations 보전 개량비(保全改良費) 건축물의 유지 관리비의 일부. 보전을 「건물 등의 자산 운용 가치를 유지하는 것」이라고 정의하는 경우에는 그 일부를 이루는 개량 공사비. 보전을 「건물 등의 초기 성능·품질을 유지하는 것」이라고 이해하는 경우에는 유지 관리에 관한 모든 비용.

cost index 원가 지수(原價指數) 개별적인 제품이나 서비스 업무의 원가를 지수화한 것. 건축과 같이 개별성이 강한 재화의 가격 지수는 작성이 곤란하므로 투입 원가의 합성에 의한 지수로 대용된다.

costing 원가 계산(原價計算) =contractor's estimate, cost accounting

costing by building element 부분별 원가 계산(部分別原價計算) 건축물의 코스트를 부분별로 원가 관리하는 것. 부분별 적산에 의해 개산(槪算), 조정, 평가 등을 하기 위한 계산.

cost management 원가 관리(原價管理) =cost control

cost method 원가법(原價法) 부동산 감정 방식의 하나. 원가 방식에 의해 토지나 가옥의 가격을 평가하는 것. 임대료에 대한 원가 방식은 적산법이라 한다.

cost of cleaning up 청소비(淸掃費) 청소에 요는 비용. 청소의 간격, 청소 개소, 청소의 정도 등으로 비용의 다과가 정해진다. =clean up cost

cost of compensation of neighbourhood nuisance 근린 대책비(近隣對策費) 건설 공사 등에서 근린 거주자에 대한 손해 보상 등에 드는 비용.

cost of construction work 공사 원가(工事原價) 총공사비에서 일반 관리비 등 부담액과 제세를 제한 금액. 직접 공사비와 공통 가설을 더한 순공사비에 현장 경비를 더한다.

cost of design and supervision 설계 감리비(設計監理費) 건축 공사에서의 설계와 감리에 요하는 비용, 혹은 설계 감리 계약에서의 업무 위탁비.

cost of electricity 동력용 수광열비(動力用水光熱費) 건축 공사나 건물의 유지 관리에서 사용되는 동력용 전력·연료, 상하수도, 조영용 전력 및 열원의 전력, 연료 등에 드는 비용의 총칭.

cost electricity and water 전력 용수비(電力用水費) 사업소나 건설 공사에서 사용하는 전력, 용수, 가스 등의 비용 및 그들을 운용하기 위한 시설. 기기의 사용에 필요한 비용.

cost of site investigation 현지 조사비(現地調査費) 건설 프로젝트의 부지 조사에 드는 비용.

cost of structure 주체 공사비(主體工事費) 건축 공사비 중에서 설비, 옥외 공사비를 제외한 건축물 본체의 공사비.

cost on 코스트 온 건축 공사의 견적에 있어서 설비 공사 등의 공사 금액을 미리 발주자로부터 지시되고, 그 액수에 관리비 등을 플러스하여 견적 금액으로 하는 것. 형식적으로는 일괄 발주이지만 실질적으로는 분리 발주이며, 관리만을 종합 건설업자가 하게 된다.

cost performance 비용 대 효과비(費用對效果比) 상품의 가격, 비용에 대한 생산성, 능률의 높이.

cost planning 코스트 프래닝 건물의 각 부분 혹은 공사별 코스트의 균형을 도모하여 건물 전체로서의 기능·품질에 걸맞는 경제적인 코스트를 확립하기 위한 계획 수법.

cost planning unit 코스트 프래닝 유닛 기능별로 분류한 건물 구성 유닛을 코스트 플래닝용으로 체계화한 컴퓨터 시스템. =CPU

cost plus fee contract 실비 정산 계약(實費精算契約), 실비 도급(實費都給), 실비 청산 보수 도급(實費淸算報酬都給) 건축주가 시공업자에게 공사의 시공을 위임하고, 시공에 실제로 요한 비용(공사 실비)과 미리 정해진 방법에 의한 수수료(보수)

를 시공 업자에게 지불하는 계약 방식. 시공 업자가 건축주를 대신해서 공사를 시공하고, 여기에 요한 공사비를 건축주로부터 받아 지불을 대행하며, 이에 대하여 수수료로서의 보수를 얻는 것으로 민법의 위임 행위에 해당한다.

cost study 코스트 스터디 건축의 기획, 설계에 도움을 주는 것을 목적으로 하여 건축 공사의 비용을 분석하고, 데이터로서 정비해 두는 것.

catalogue-planning 카탈로그 설계(—設計) 규격품을 중심으로 설계를 추진하는 사고 방식으로, 수제(手製)의 좋기는 기대할 수 없으나 합리적으로 설계할 수 있다.

cottage 코티지 피서지 등 산간에 세워진 산장 등. →cabin, log house, lodge

cotter 코터[1], 산지[2] (1) 프리캐스트 상판 등에서 상판 상호의 일체화를 도모하여 전단력을 전달하기 위해 상판의 접합면에 둔 키 또는 홈.
(2) 기둥의 측면에서 박아 접합을 굳히기 위해 사용하는 촉 등. =pin

cotter pin 산지 목조 두 부재의 접합을 튼튼하게 하기 위해 접합부에서 두 부재를 관통하여 박아넣는 나무조각.

cotter reinforcement 코터 철근(—鐵筋) 전단력을 전달하기 위해 콘크리트 속에 매입된 철근. 철근의 직접 전단으로 전단력을 전한다. =dowel bar

cotton felt 면 펠트(綿—) 면섬유를 원료로 한 펠트.

cotton matress 면 매트리스(綿—) 침대에 사용하는 매트리스의 하나로, 겉천에 무명을 사용하고 솜을 넣은 것.

couch 카우치 긴 의자의 일종으로, 한쪽에만 등받이가 있는 가민용 의자. →day bed

coulomb 쿨롬 전기량의 단위. 전류 1암페어가 1초간에 보내는 전기량. 기호 C. 프랑스의 물리학자 C. A. de 쿨롬의 이름을 딴 것.

Coulomb's damping 쿨롬 감쇠(—減衰) 쿨롬 마찰에 의해 생기는 항력을 진동계 중에서 감쇠로 치환한 것. 자유 진동에서의 진폭의 감소는 직선적이다.

Coulomb's earth pressure 쿨롬 토압(—土壓) 벽, 직선 미끄럼면과 지표면으로 둘러싸인 쐐기 모양의 흙덩어리를 생각하고, 소성 평형 조건에서 유도되는 토압. 주동과 수동의 두 토압이 있다.

Coulomb's friction 쿨롬 마찰(—摩擦) 평면상의 물체에 그 평면과 평행한 힘을 걸었을 때 마찰력 이하에서는 활동(滑動)하지 않고, 마찰력과 같은 힘을 가했을 때 활동을 발생하여 일정 반력이 되는 상태.

Coulomb's standard formula 쿨롬의 공식(—公式) 흙의 전단 강도를 점착력과 내부 마찰각에서 구하는 공식. →angle of friction

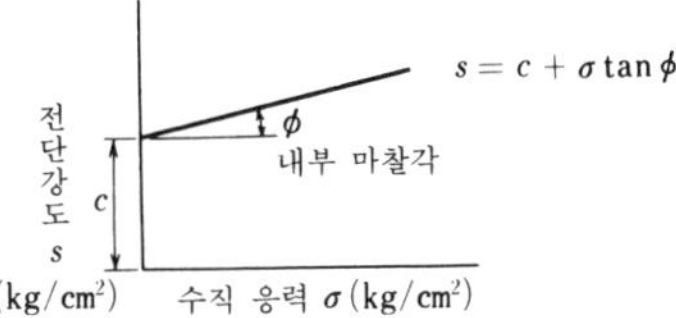

counter 카운터 ① 상점 등에서 회계를 하거나, 물건을 건내는 계산대, 영업대. ② 은행, 호텔, 상점 등의 회계 장소. ③ 계수관.

counter balancing sash 카운터 밸런스 새시 분동(分銅)을 쓰지 않고 상하 2매의 장지(미닫이)를 로프로 연결하고, 활차를 써서 균형을 잡게 하여 개폐를 원활하게 한 오르내리창.

counter flow 역류(逆流) ① 통상의 흐름과는 반대 방향으로 흐르는 것. 상하수 배관이나 덕트 내 등에서 일어난다. ② 바람 관계에서는 건물이나 지형 등의 영향으로 상공풍과 역방향의 바람이 지상 부근에서 부는 현상. =back flow

counter flow cooling tower 카운터 플로 냉각탑(—冷却塔) 냉각수가 상부에서 낙하하고, 냉각용 공기가 하부에서 상승하여 물과 공기와의 흐름이 반대 흐름으로 되는 개방식 냉각탑.

counter rag 카운터 래그 =toilet mat

counter sink 접시형 구멍내기 드릴(—形—) 접시 나사, 평나사 등의 머리 부분을 공작물 표면에서 감추기 위해 머리 부분이 표면과 같아지도록 깎아내는 드릴.

counter sunk rivet 평 리벳(平—), 민 리벳 리벳의 머리 부분이 평평한 접지 모양의 것. 그림과 같이 리벳의 머리 부분을 강철제의 표면과 민면을 이루도록 하는 경우에 쓰인다.

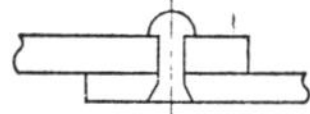

counter top 카운터 톱 카운터(작업대)의 갑판.

counter weight 카운터 웨이트, 균형추(均衡錘) 활차 등을 써서 로프로 물건을 매달아 올리는 기계나 장치에서 매다는 짐 등과의 중량 균형을 잡아 구동력의 절감이나 조작의 안정을 위해 두어지는 추.

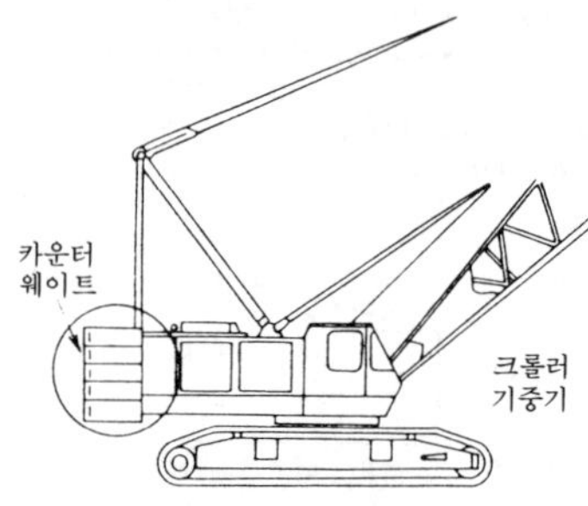

counter weight

counter weighting sash 카운터 웨이트 새시 평형추(분동)를 로프에 연결하여 조작하는 강철제의 오르내리창.

country furniture 컨트리 퍼니처 전원풍의 소박한 이미지의 가구.

country house 컨트리 하우스 ① 농촌 주택이라는 뜻. 조잡한 이미지보다도 큰 이미지를 가진 집. ② 영국에서 귀족을 위한 교외에 세워진 전원적 주거.

country living 컨트리 리빙 주말 등을 교외에서 지내는 생활.

couple 우력(偶力) 크기가 같고 방향이 반대인 평행한 두 힘. =couple of forces

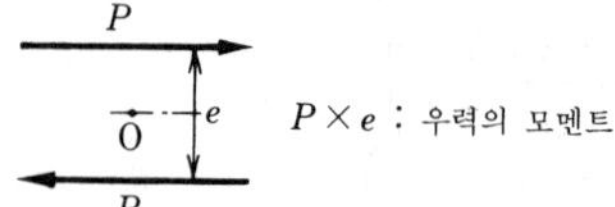

coupled beam 합성 보(合成－), 배합 보(配合－) 폭에 비해 춤이 높은 2재를 한 몸으로서 사용하는 보. 받침목과 볼트로 결합한다. 같은 목적으로 홈형강을 나무 구조로 사용하는 경우도 있다.

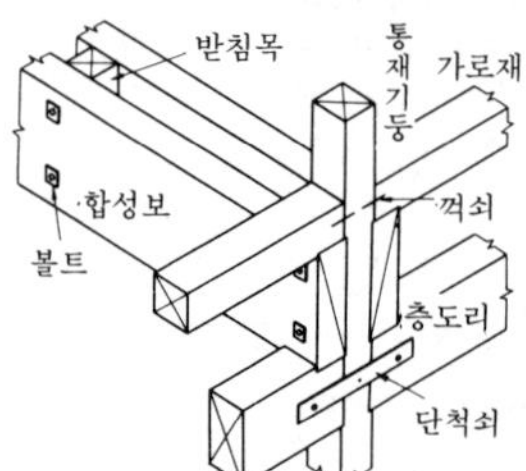

coupled modes 연성 모두(連成－) 어느 진동 모드에서 다른 진동 모드로의 에너지 이동이 가능한, 서로 독립이 아니고 영향을 주는 진동 모드.

coupled oscillation 연성 진동(連成振動) =coupled vibration

coupled roof 결합실(結合室) 개구부를 공통으로 하여 인접하는 두 건축 공간이 서로 음향적으로 영향을 줄 때 그 두 건축 공간을 결합실이라 한다.

coupled vibration 연성 진동(連成振動) 둘 이상의 진동계가 어떤 방법으로 결합되어 서로 작용을 미치면서 진동하는 것. =coupled oscillation

couple of forces 우력(偶力) 일직선상이 아니고 크기가 같으며, 방향이 서로 평행으로 반대인 두 힘을 우력이라 한다. 우력은 두 힘의 작용하는 평면으로 수직인 축 둘레에 회전시키는 작용을 한다. 두 힘의 작용선 사이의 거리 a(우력의 팔의 길이)와 각 힘의 크기 F의 곱 aF를 우력의 모멘트라 한다. =couple

coupler 커플러 ① PC강봉을 이어서 사용하기 위한 나사식 접속구. ② 마이크로폰이나 보청기 등의 전기 음향 변환기의 교정이나 시험에서 두 변환기를 결합할 때 사용하는 공동을 가진 부품.

coupler joint 커플러 이음 통 모양의 안쪽에 나사를 낸 강철제 커플러를 써서 2개의 강철 막대를 비틀어 넣어 접합하는 방법.

couple roof ㅅ자 지붕(－字－), 맞댄지붕 종도리에서 처마도리에 걸쳐 놓은 서까래에 의해서 구성하는 지붕틀 구조. 종도리와 처마도리 사이에 중도리는 없다.

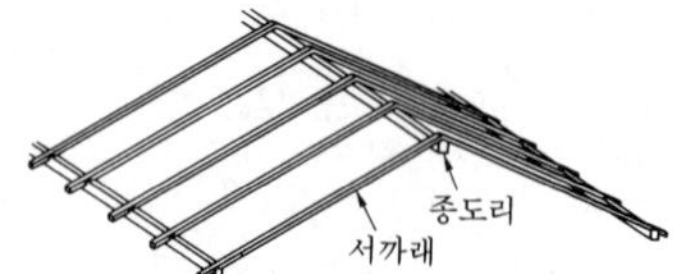

coupler sheath 커플러 시스 봉강을 이어서 사용하기 위한, 내경을 강재의 그것에 맞추는(커플러) 원통형의 시스.

coupling 커플링 내면에 암나사가 있는 관이음용의 짧은 파이프. 또 그에 의한 결합을 가리키는 경우도 있다. 강관의 이음 등에 사용된다.

coupon room 대여 금고(貸與金庫), 보호 금고(保護金庫) 은행 내에 설치된 대여 금고. 금고 내에 보호 상자를 비치하고, 고객에게 자유롭게 이용케 한다.

course 측선(測線) 측점과 측점을 잇는

선. 측선이 연속한 것을 트래버스라 한다. →station

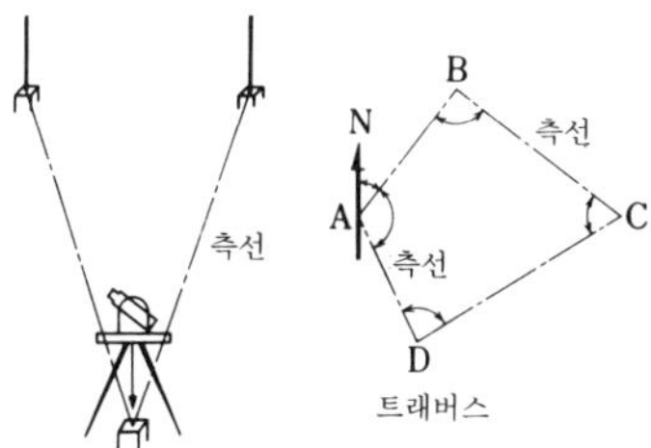

트래버스

courses in masonry work 돌나누기 돌벽이나 돌바닥 등에서 돌의 크기, 형상 등을 나누는 것.

court 안뜰[1], 뜰, 마당, 정원(庭園)[2] (1) 둘레를 건물에 둘러싸인 마당. =inner court
(2) 실제로는 양자 사이에 다소의 뉘앙스의 차가 있다. 뜰은 원래 평탄한 정지된 토지를 의미하고, 정원은 둘러싸인 토지 및 식물의 존재가 주요한 요소이다. =garden

court house 코트 하우스 주택 평면의 한 기본형으로, 건물 또는 담으로 둘러싸인 오픈 스페이스(뜰)를 갖는 주택을 말한다. 시가지의 외부 소음이나 시선을 방지하기 위해 외구(外構)는 모두 벽으로 감싸여진다. 뜰과 일체인 주거를 만들 수 있는 가능성이 있다.

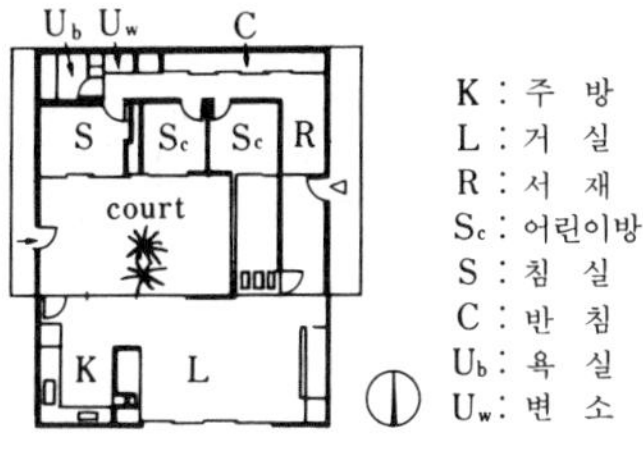

코트 하우스의 주택 예

court yard 안뜰 건조물로 감싸인 속에 만들어진 뜰. =court

coved ceiling 굽힌반자 벽 상부와 천장을 연속하는 천장 돌림띠가 오목한 호면(弧面)을 이루는 것(르네상스식 건축에 많이 볼 수 있다).

cove lighting 코브 조명(-照明) 천장이나 벽 상부에 빛을 보내기 위한 조명 장치. 광원이 선반이나 오목한 부분에 의해서 가리어져 있는 점이 특징이며, 휘도가 균일하게 된다.

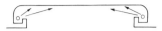

covered area 건축 면적(建築面積) 건축물의 외벽 또는 이를 대신하는 기둥의 중심선으로 둘러싸인 부분의 수평 투영 면적. 지반면상 1m 이하의 지하층 부분과 안길이 1m 이하의 차양 등을 제외한다. =building area

covered conduit 암거(暗渠) =culvert

covered electrode 피복 아크 용접봉(被覆-鎔接棒) 표면에 피복층을 갖는 용접봉으로, 아크 용접의 전극으로서 사용한다. 용융 금속을 대기로부터 차단하기 위한 피복재가 심선에 대하여 동심원상으로 균일하게 칠해져 있다. =coated electrode

covering 덮개 철근 콘크리트에서 콘크리트 표면에서 그 표면에 가장 가까운 철근 표면까지의 콘크리트 두께로, 피복이라고도 한다.

covering mortar 피복 모르타르(被覆-) 미장 공사에서 어느 층 위에 덧칠하는 모르타르를 말한다.

covering system 커버링 시스템 의자의 커버를 교환하여 변화를 줄 수 있는 방식.

cover plate 덧판(-板), 덮개판(-板) 철골 구조에서 보 또는 기둥의 플랜지 단면적으로 보완하기 위해 플랜지 바깥쪽에 붙이는 띠모양의 강판. 굽힘 응력이 큰 곳에 부분적으로 사용할 수도 있는 것. →cover plate revet

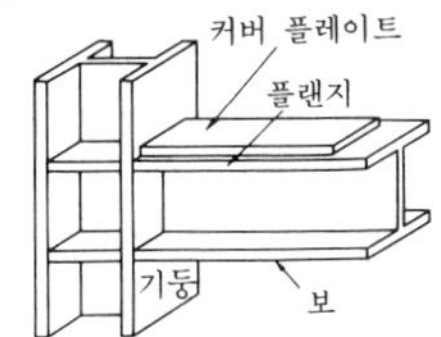

cover plate 덧판(-板), 덮개판(-板) 플레이트 보나 플레이트 기둥 등의 플랜지 단면을 늘리기 위해 겹치는 덧판을 말하며, 리벳 접합에서는 3~4매로 한다.

cow fur felt 우모 펠트(牛毛-) 우모 섬유를 펠트로 압착 성형한 것으로, 증기관, 보일러, 수관, 가스관 등의 외주에 단열 보온 재료로서 사용한다.

CPM 주공정법(主工程法) =critical path method

CPU 코스트 플래닝 유닛[1], 중앙 처리 장치(中央處理裝置)[2] (1) =cost planning unit

(2) 컴퓨터에서 그 두뇌에 해당하는 기억 장치, 연산 장치, 제어 장치를 말한다.

crack 균열(龜裂) 건습 또는 온도 변화 등에 의해 일어나는 용적 변화가 구속되는 경우, 혹은 외력에 의해 변형이 주어지는 경우, 이들 변형량에 물체의 변형 능력이 따를 수 없을 때 발생하는 갈라진 금.

crack bridging 크랙 브리징 바탕의 균열이나 바탕 접합부의 틈에 대하여 그 위의 마감재가 절단하는 일 없이 이어져 있는 상태.

cracking 크래킹 균열이 생기는 것.

cracking load 균열 하중(龜裂荷重) 구조물 등의 하중을 시험할 때 처음으로 균열이 인정되었을 때의 하중.

crack scale 크랙 스케일 콘크리트 제품이나 콘크리트 구조물의 균열 상태나 균열 폭 등을 관측하는 계측 현미경을 말한다. 소형이고 휴대에 편리하며, 배율은 20～100 정도이다.

crack sensitivity 균열 감수성(龜裂感受性) 용접 균열이 얼마나 일어나기 쉬운가의 정도를 말한다. 모재의 화학 성분, 용접 금속의 확산성 수소량, 이음의 구속도가 관계한다.

craft 크라프트 공업 제품에 대해 수공예로 물건을 만드는 작업 또는 제품(민예품). →arts and crafts, industrial design

craftman 기능공(技能工) 주로 제조업 등에서 특정한 기능을 가지고 생산 활동에 종사하는 노동자. =skilled laborer

craft tile 크라프트 타일 특히 엄밀한 규정은 없으나, 일반적으로는 공예품적으로 디자인된 타일을 말한다. 예를 들면 릴리프적인 외관의 벽 타일 등이 있다.

cramp 꺽쇠, 거멀장 구부러지고 날카로운 대못으로, 맞댄 목석 등에 박아넣어서 잇는 철물.

cramp iron 꺽쇠, 거멀장 =cramp

crane 크레인, 기중기(起重機) 하중을 동력으로 매달고, 수평 이동시키는 기계. 통상 매다는 기구는 블록 장치에 의해, 수평 이동은 붐(혹은 지브)의 선회나, 좌우 2 방향의 레일 상의 주행이나, 자동차 등에 의한 자유로운 주행의 세 종류가 있다. 동력원은 주로 전력, 내연 기관, 때로는 증기 기관, 인력 등이 있다. 지브 크레인, 데릭 크레인, 천장 주행 크레인, 문형 크레인 등이 있다.

crane girder 크레인 거더 주행 크레인의 주행 레일을 받치는 거더.

crane load 기중기 하중(起重機荷重) 기중기의 작용하는 하중. 기중기의 이동에 따라서 충격을 수반하여 반복 작용하므로, 통상의 적재 하중과 구별한 평가가 필요하다.

crane wheel load 기중기 차륜 하중(起重機車輪荷重) 주행 기중기의 차바퀴에서 기중기 거더에 작용하는 거더 설계용의 하중.

crater 크레이터 아크 용접에 있어서 용접 중에 생기는 용융지 표면의 오목한 곳, 또 아크를 끊었을 때 비드 말단에 남는 오목한 곳을 말한다. 심한 것은 용접의 결합이 되므로 패딩을 하여 보정해야 한다.

crawbar 크로바 무거운 물건을 들어 올리는 경우 그 물건 밑에 끼워넣어 지레로서 사용하는 철제의 공구.

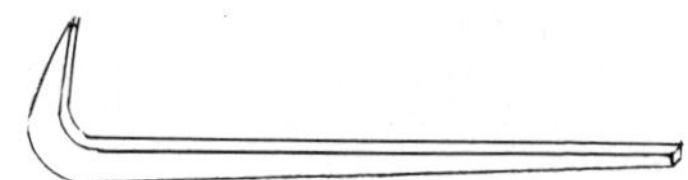

crawler crane 무한 궤도 기중기(無限軌道起重機) 캐터필러가 달린 주행 기중기. 무한 궤도형은 접지압이 작아 부드러운 지반이나 급경사에서의 작업을 할 수 있고, 회전도 그 자리에서 할 수 있는 이점이 있으나 시가지에서는 주행할 수 없는 결점이 있다.

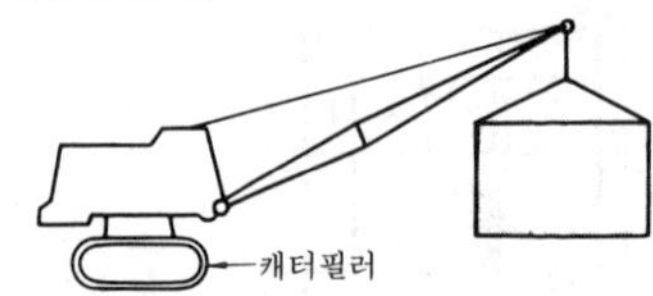

crawless pump 크로리스 펌프 청소용 등 특수 용도로 쓰이는 펌프의 하나. 고형물이 다량 혼입되어 있는 농후한 오염수를 배출할 때 사용하며, 폐색 등의 장해를 일으키지 않도록 특수한 형상의 날개차를 부착하고 있다.

crawl space 크롤 스페이스 사람이 기어서 침입할 수 있는 공간. 천장밑이나 바닥밑에 점검을 필요로 하는 기기가 있는 경우, 그 점검용 통로를 말하기도 한다.

craze 관입(貫入) 유약을 입힌 위생 도기나 타일의 유약 부분에 생긴 균열. 이들 제품의 결함의 하나이다.

cream of lime 석회유(石灰乳) 생석회를 물과 섞어 백색의 유탁액(乳濁液)으로 한

것. 점성이 크므로 순석고 플러스터 칠을 할 때 병용된다. =milk of lime

creasing 물끊기 돌림띠나 창대석 등은 벽면에서 돌출하고 있으므로 빗물이 벽면을 전해서 더러워진다. 이것을 방지하기 위해 그 밑면에 두는 작은 홈을 말한다. 또 창의 위틀이나 아래틀의 돌출 부분 밑에 빗물이 벽면을 전하지 않도록 두는 작은 홈. =drip, throating, wash, flashing

creditor 차주(借主) 대차 계약에서 빌리는 측의 사람. 임대차인 경우에는 임차인이라 부르기도 한다. 또 그 물건에 따라 차가인(借家人), 차지인(借地人)이라 하는 경우도 있다. =lessee, renter, tenant

creep 크리프, 크리프 현상(−現象)[1], 크리프 파괴(−破壞)[2] (1) 일정한 크기의 지속 하중에 의해서 변형이 시간과 더불어 증대하는 현상.
(2) 과대하지 않은 일정 하중 이상이 가해지면 시간의 경과와 더불어 변형이 증대하여 결국에는 파괴하는 현상.

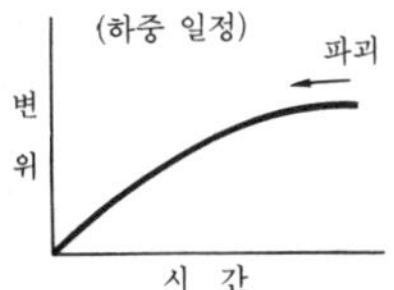

creep coefficient 크리프 계수(−係數) 크리프 변형이 거의 일정한 값으로 수속(收束)했을 때의 크리프 변형과 탄성 변형의 비율.

creep limit 크리프 한도(−限度) 크리프 변형이 일정한 크기로 수속(收束)하는 하중의 한계값. 하중이 이 한도를 넘으면 크리프 변형은 계속 증대하고, 이어서 붕괴에 이른다.

creep power 크리프 힘 크리프 현상을 발생시키는 혹은 발생시키고 있는 힘(외력).

creep strain 크리프 변형(−變形) 지속 하중에 의해서 시간의 경과와 더불어 증대하는 변형.

creep test 크리프 시험(−試驗) 물체에 외력을 부하했을 때 순간적인 변형 후에 시간과 더불어 완만하게 진행하는 크리프의 변형량을 측정하는 시험.

crematorium 화장장(火葬場) =crematory.

crematory 화장장(火葬場) 공동 소각 화장을 하는 장소로, 장의실, 대기실, 관 보관실, 소각로 등의 설비를 갖추고 있다. =crematorium

Cremona's method 크레모나법(−法) 정정(靜定) 트러스의 부재 응력을 시력도(示力圖)에 의해서 구하는 방법. →force diagram

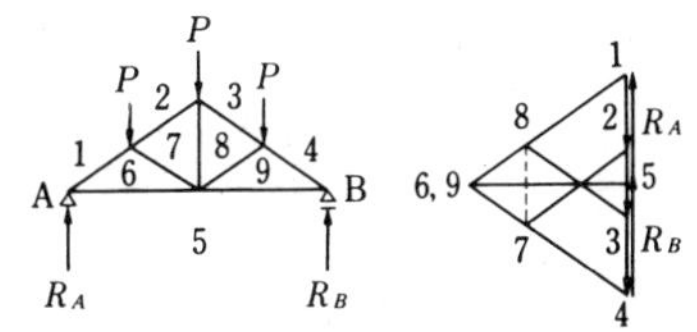

Cremona's stress diagram method 크레모나의 도식 해법(−圖式解法) 정정(靜定) 트러스의 부재 축력(部材軸力)을 작도에 의해 구하는 해법의 하나. 각 절점마다의 시력도(示力圖)를 하나의 그림에 겹쳐 그림으로써 전 부재의 축력을 얻는다.

cremorne bolt 크레몬 볼트, 양꽂이쇠 기밀을 요하는 양여닫이문 등에 사용하는 문단속 철물을 말한다. 손잡이의 위치에 부착된 레버 핸들을 돌리면 문의 상하에서 볼트가 돌출하여 받음쇠로 들어가서 문을 잠근다.

crenellation 크레닐레이션 건물의 벽면에 부착한 요철(凹凸)상의 패러핏(parapet). 또는 이러한 패러핏을 붙이는 것.

creosote 크레오소트 ① 너도밤나무과 식물의 목재를 증류하여 만드는 기름과 같은 액체. ② 크레오소트유를 말하며, 석탄 건류로 얻어지는 콜타르를 230~270℃로 분류(分溜)했을 때의 유분(溜分).

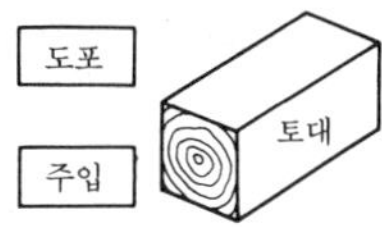

creosote oil 크레오소트유(−油) =creosote

crescent 크레센트 오르내리창 또는 미서기창용의 잠금 철물.

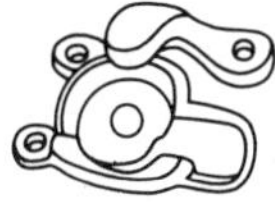

crib 크리브 유아용 침대.

crimp 크림프[1], 권축(卷縮)[2] (1) 판형의 중간 보강재 등에서 채움재를 사용하지 않게 하기 위한 L형강을 구부리는 것.
(2) 직포(織布 : 섬유포)의 직(織) 구조에 의해 생기는 직사(섬유)의 사행(蛇行) 및

사행의 비율.

crimp mesh 크림프망(-網) 펜스 등에 사용되는 철선을 짠 쇠그물. 종횡으로 짠 것과 마름모꼴의 두 종류가 있다.

crimp net 크림프 네트 금속으로 만들어진 천장재의 일종. 잘게 구부린 철사로 만들어진 그물 모양의 패널.

crimp-style connecting sleeve 압착 슬리브(壓着-) 전선 상호를 접속할 때 사용하는 구리로 만든 관. 전선을 양단에서 삽입하고, 전용 공구로 외부에서 접속부에 오목한 모양의 변형을 주어 강하게 압착해서 접속한다. →compression connecting sleeve

crimp-style terminal 압착 단자(壓着端子) 단자의 일종. 전선과 단자를 접속하는 경우에 사용한다. 단자에 전선을 삽입하고, 전용 공구로 외부에서 접속부에 오목한 모양의 변형을 주어 강하게 압착하여 접속한다. →compression terminal

criterion of sound insulation 차음 기준(遮音基準) 주파수마다의 차음 데이터를 무게를 주어 단일의 성능 평가값을 산출하는 방법. 기준(주파수 특성) 곡선을 쓰는 경우가 많다.

critical damping 임계 감쇠(臨界減衰) 감쇠가 있는 진동계를 자유 진동시키려고 했을 때 진동을 하지 않는 상태로 되는가, 진동을 하는 상태로 되는가의 경계가 되는 감쇠.

critical density 임계 밀도(臨界密度) 흙에 전단 변형을 줄 때 흙이 체적 변화를 일으키지 않을 때의 흙의 밀도.

critical flow velocity 임계 유속(臨界流速) 그 점을 경계로 물리적 성질이나 상태가 변화하는 경우이 유속. →critical velocity

critical length 임계 높이(臨界-)[1], 자립 높이(自立-)[2] (1) 사면이 안정하게 유지되는 한계의 높이.
(2) 받침기둥 없이 지반이 연직을 유지하는 높이.

critical load 위험 하중(危險荷重) 허용 하중을 넘는 하중.

critical path 주공정(主工程) PERT수법에서 각 작업의 순서나 소요 시간의 관계 중에서 가장 애로로 되어 있는 경로를 말한다. PERT의 원리는 이 주공정을 찾아냄으로써 계획 전체의 수정이 가능하게 된다.

critical path method 주공정법(主工程法) 네트워크 수법의 하나로, 애로(arrow)형으로 나타낸다. 소요 시간과 비용의 관계에서 최적 공기를 구하는 것으로, 건물의 보수, 설비 기기의 교환 등 프로젝트의 계획·관리에 적용된다. =CPM

critical point 임계점(臨界點) 물의 비용적(比容積)이 증기의 비용적과 같게 되어 가열해도 증발의 현상을 수반하지 않고 연속적으로 액체에서 증기로 바뀌는 점(K점). 그림에서 ①, ②, ③, ④로 압력을 늘려가면서 각각 정압 가열하면 압축수는 포화수선에서 증발을 시작하여 비용적을 증가하고, 포화 증기선을 넘으면 과열 증기가 된다. ⑤에서는 정압 가열하면 임계점에서 압축수가 과열 증기로 바뀐다.

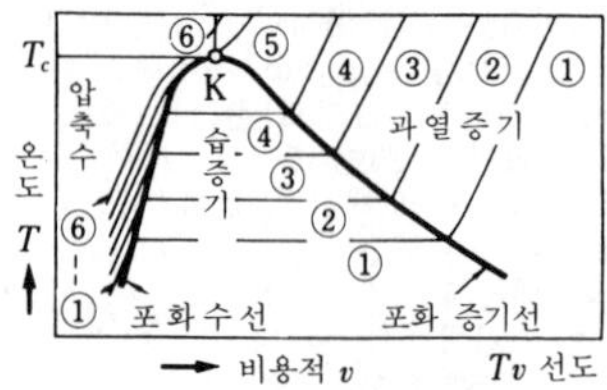

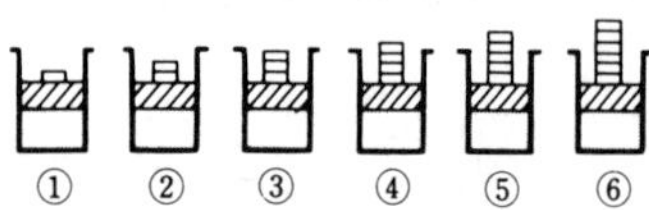

critical pressure 임계압(臨界壓), 임계 압력(臨界壓力) 증기의 임계점 압력. →critical point

critical resistance 임계 저항(臨界抵抗) 임계 감쇠를 주는 저항.

critical Reynolds number 임계 레이놀즈수(臨界-數), 한계 레이놀즈수(限界-數) 자유 흐름 혹은 물체 주위의 경계 층류가 층류에서 난류로 천이할 때의 레이놀즈수를 말한다.

critical section 한계 단면(限界斷面) ① 항복, 파괴 등의 한계 상태에 이르고 있는 부재 단면. ② 허용 하중에 견딜 수 있는 부재 단면. 즉 허용할 수 있는 최소한의 단면.

critical speed 임계 속도(臨界速度) 어느 점을 경계로 물리적 성질이나 상태가 변화할 때의 속도. 유체에서는 층류에서 난류로 옮길 때의 속도 등. =critical velocity →critical flow velocity

critical temperature 임계 온도(臨界溫度) 증기의 임계점 온도. →critical point

critical velocity 임계 속도(臨界速度) = critical speed

critical void ratio 한계 간극(限界間隙), 임계 간극비(臨界間隙比) 전단(剪斷)될

때 촘촘한 모래는 팽창하고, 거친 모래는 수축하는데, 팽창도 수축도 하지 않는 상태의 모래의 간극비.

croquis 크로키 연필이나 콩테 등으로 재빨리 그리는 기법, 또는 그 그림.

cross-beam 도리 기둥이나 동바리, 벽체 등 위에 긴 방향으로 걸치고, 다른 부재를 받는 것을 목적으로 하는 횡재. =girder, beam plate

cross connection 크로스 커넥션 ① 상하가 오수(汚水)의 혼입에 의해 오염되는 것. 예를 들면 지중 매설관의 누설로 오수가 섞인 지하수의 수압이 배관계보다 높은 경우라든가, 호스 끝이 세탁수 중에 담겨져 있는 경우 등에 상하의 오염이 생기는 일이 있다. ② 관 이음의 하나. 단주철제의 십자형으로, 나사 형성의 이음을 말한다.

cross-correlation 상호 상관(相互相關) 두 변동량에 대한 상관성을 정량적으로 나타내는 것.

cross-cut saw 가로톱 목재를 나뭇결에 직각으로 자르기 위한 톱.

crossflow cooling tower 직교류 냉각탑(直交流冷却塔) 위에서 물을 낙하시키고, 수평으로 공기를 흘려 접촉시키는 형식의 냉각탑. 송풍기를 탑 정상에 설치한 유인 통풍식이 많다.

cross grain 널결 나이테의 접선 방향으로 제재한 목재 단면에 나타나는 나이테에 의한 나뭇결.

cross interaction between structures 인접 건물간 상호 작용(隣接建物間相互作用) 지진시에 인접하는 구조물간 상호에 생기는 간섭 작용.

cross-leveling 횡단 측량(橫斷測量) 노선의 중심선에 대하여 직각 방향으로 지형이 변화하는 점까지의 거리와 높낮이차를 측정하여 횡단면도를 작성하기 위한 측량. →profile leveling

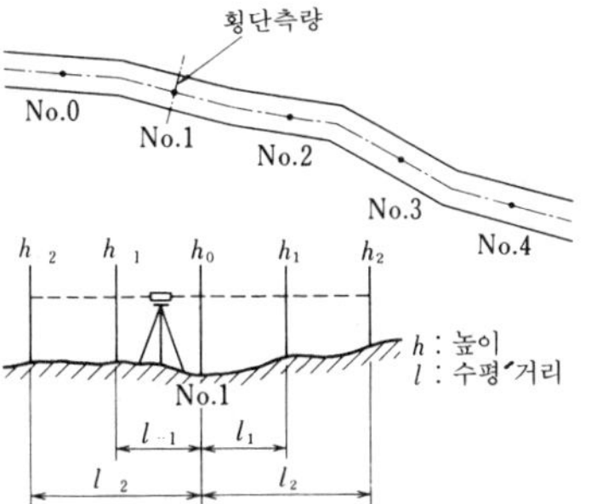

Cross's method 크로스법(－法) =moment distribution method

cross seat 크로스 시트 철도 차량의 좌석 배치 호칭의 하나로, 등받이가 진행 방향과 교차해 있는 것. 좌석수는 많으나 정원이 적으므로 장거리용으로 사용되고 있다. →long seat

cross section 횡단면(橫斷面) ① 물체를 장축 방향과 직각으로 절단한 단면. ② 도로를 진행 방향과 직각으로 절단하는 단면을 말한다.

cross sectional view 횡단면도(橫斷面圖) 건물 등을 장축 방향(도리 방향)으로 수직인 면에서 절단하여 그린 그림.

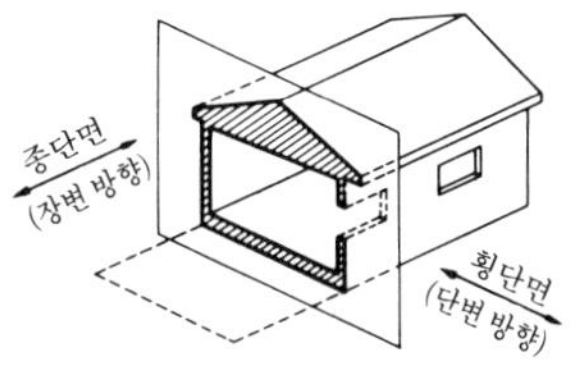

cross-section of throat 목 단면(－斷面) 용접의 유효 단면.

crosstalk 누화(漏話) 전화선, 마이크로폰선 등 약전 회선 상호간에 음이 전기적으로 누설하는 현상.

cross vault 교차 볼트(交叉－) 동일한 형태와 규모를 갖는 두 터널 볼트가 서로 직각으로 교차해서 이루어진 볼트. =groin vault, intersecting vault

cross-ventilation rate 통풍량(通風量) 통풍을 하고 있을 때의 방으로의 유입 공기량(m^3/h). 실내 각 점의 풍속은 통풍량과 비례 관계에 있는 경우가 많다.

crow 지레 =crowbar

crowbar 지레 물건을 움직이는 데 사용하는 막대. 목제와 철제가 있다.

crown 크라운 보링의 구멍 밑에서 흙의 시료(試料), 슬라임(slime)을 꺼낼 때 사용하는 코어 튜브 끝에 부착하는 것으로, 회전에 의해서 토층을 도려내는 날이 붙어 있다. 비트의 하나.

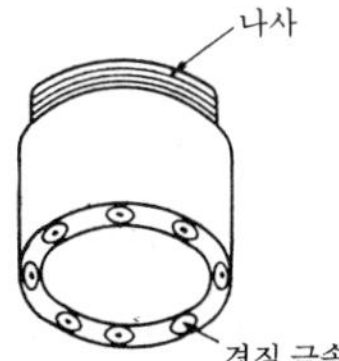

crown glass 크라운 유리 =soda-lime

glass

crown molding 돌림대 ① 건물의 모서리에 구부러져 연속한 툇마루. ② 천장과 벽이 접하는 부분에 부착하는 막대 모양의 치장 부재. =ceiling cornice

cruciform joint 십자 이음(十字－) 십자형으로 교차하는 이음. 그림의 왼쪽은 필릿 용접, 오른쪽은 완전 용입 용접에 의한 경우이다.

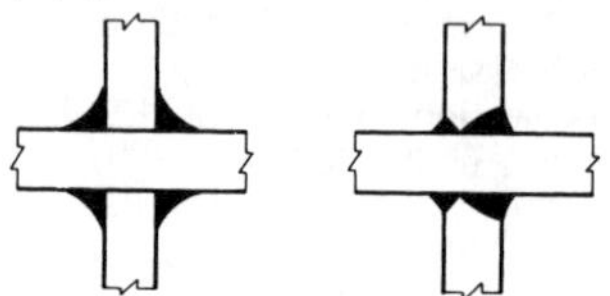

crushed sand 부순모래 암석이나 호박돌을 파쇄기로 파쇄하여 인공적으로 만든 모래.

crushed stone 부순돌, 쇄석(碎石) 암석이나 호박돌을 쇄석기에 의해 필요한 크기로 파쇄하여 인공적으로 만든 자갈.

crushed stone concrete 쇄석 콘크리트(碎石－) 굵은 골재에 쇄석을 사용한 보통 콘크리트. 강자갈 콘크리트에 비해 단위 수량이 약간 커지지만, 동일 물 시멘트비에서는 강도도 커진다.

crusher 크러셔, 파쇄기(破碎機), 쇄석기(碎石機) 암석 등을 분쇄하여 쇄석을 만드는 기계.

crusher run 막부순돌 주로 포장의 하층 노반이나 틈막이용 등에 사용되는 부순돌을 말한다.

crypt 크리프트 묘실(墓室) 혹은 교회당의 지하 성당, 2층 건물 교회당의 1층.

cryptmeria 삼나무(杉－) =cedar

cryptometer 크립토미터 도료의 은폐력을 측정하는 기구. 쐐기 모양의 틈을 갖는 두 장의 판유리 사이에 도료를 끼우고 투시 한계를 측정하여 은폐력을 구한다.

crystal glass 결정 유리(結晶琉璃) 글라스 블록 등에 사용되는 투명도가 높은 고급 유리.

crystallized glass 결정화 유리(結晶化琉璃) 뉴 글라스의 일종. 재가열하여 일부를 결정화시킨 유리. 건축용 외장재로서 보급되고 있다.

Crystal Place 수정궁(水晶宮) 1851년, 제1회 런던 만국 박람회에서 J. Paxton이 설계한, 쇠와 유리로 만들어진 전시관.

crystal water 결정수(結晶水) 염류(鹽類)의 결정 속에 화합하고 있는 물. 염류의 수화물과 같이 물이 단지 혼합물로서가 아니고 물 분자의 모양으로 결정하고 있을 때의 물을 말한다. 예 : $CaSO_4 \cdot 2H_2O$, $MgCl_2 \cdot 6H_2O$. =water of crystallization

cube strength 입방체 강도(立方體强度) 콘크리트 또는 목재의 압축 시험체를 입방체로 골랐을 때의 압축 강도.

cubic effect 입체감(立體感) 안길이, 깊이 등의 느낌이 나타남으로써 얻어지는 물체의 입체적인 느낌.

cubicle 큐비클 단로기·차단기·변압기 등의 변전용 기기를 강철제 용기에 콤팩트하게 수납하고 패널(뚜껑)에 계기를 부착한 것.

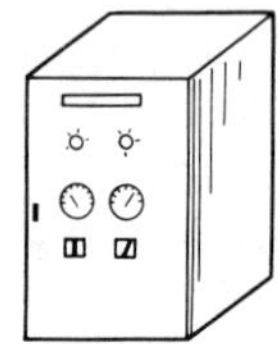

cubicle system 큐비클 방식(－方式) ① 침대가 있는 부분을 천장에 닿지 않는 높이의 칸막이로 구획한 병실의 형식. ② =three dimensional unit construction. ③ 수전반이나 배전반에 큐비클을 사용한 수배전 설비의 방식.

cubic space 기적(氣積) 방의 용적에서 실내의 가구 시설 및 재실자 등의 용적을 뺀 방의 공기 용적. 방의 실공기 용적이다. 그림은 기적과 소요 환기량을 나타낸 것이다.

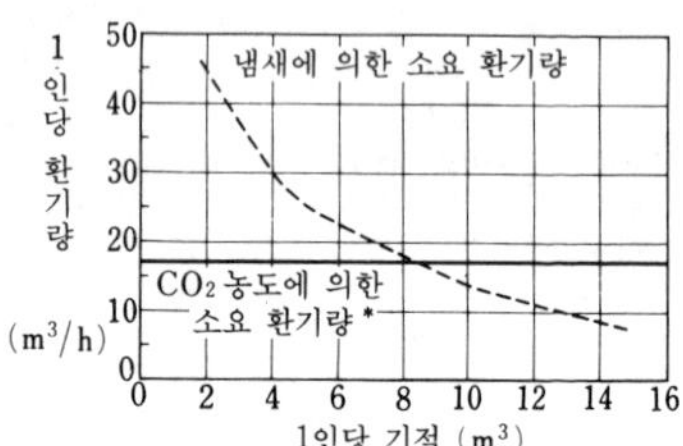

* 1인당의 호흡에 의한 CO_2발생량 $0.01m^3/h$
외기의 CO_2농도 0.04%
허용CO_2농도0.1 %

cubic type 큐빅 타입 공장에서 조립하여 현장에 설치하는 배스 유닛.

cubism 입체파(立體派) 20세기초의 예술 운동의 하나로, 대상을 모든 각도에서 포착하여 기하학적 형태로 되돌려서 표현하려고 했다. P. Picasso, G. Braque가 유명하다. 그 영향을 받은 건축이 1910년대의 프랑스나 체코에서 볼 수 있다.

cul-de-sac 막다른길 통과 교통을 피하고,

주택지의 안녕을 유지할 목적으로 주로 저밀도의 주택지에 쓰인다. 통상 종단부에 회차 광장과 피난 통로를 갖는다.

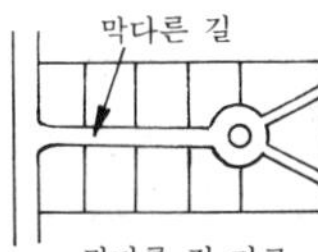

막다른 길 가로

Culmann's method 컬만법(一法) 트러스의 부재 응력을 구하는 방법의 하나. 도식 해법에 의한 절단법을 말한다.

culmination 남중(南中) 임의의 천체가 관측점의 자오선상에 오는 것을 말한다. 태양의 남중은 태양이 자오선상에 오는 것. =southing

culmination altitude 남중 고도(南中高度) 그 토지의 자오선을 태양이 통과할 때의 태양 고도.

culmination hour 남중시(南中時) =culmination time

culmination time 남중시(南中時) 태양이 진남(眞南)에 왔을 때의 시각.

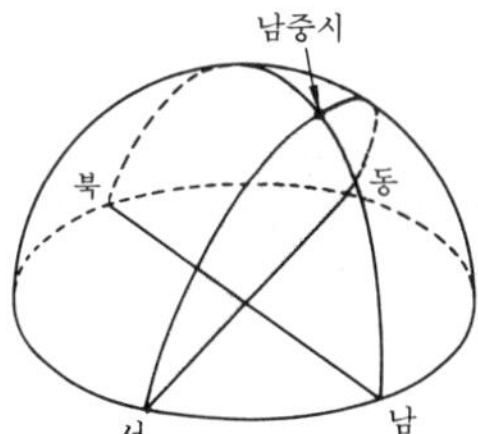

cultural landscape 인문 경관(人文景觀) 사회·경제·교통·인구·취락, 지방의 전승·풍습·예술 등의 인문적 환경 조건으로 생기는 풍경·경관을 말한다. 자연 경관에 대한 말.

cultural property 문화재(文化財) 인간의 문화적 소산인 유형물(건조물, 미술 공예품, 기념물, 민족 자료 등), 또는 무형물(연극, 음악, 공예 기술 등)을 말한다.

culvert 암거(暗渠)[1], 동도(洞道)[2] (1) 지중에 설치한 콘크리트제의 동도. 케이블 배선, 급배수 등 용도에 따라 각종의 암거가 사용된다.
(2) 수도관·전화선 등을 수용하기 위해 도로 밑에 설치하는 터널 모양의 시설.

cumulative distribution curve of wind speed[velocity] 풍속 누적 빈도 곡선(風速累積頻度曲線) 풍속의 확률 분포 함수를 나타내는 곡선. 어느 풍속 이하의 발생 빈도를 의미한다. 반대로 어느 풍속 이상의 발생 빈도를 나타내는 것은 풍속 초과 빈도라 한다.

cumulative distribution function 누적 분포 함수(累積分布函數) 비초과 확률을 나타내는 함수. 확률 밀도 함수를 정의역(定義域)의 하한에서 적분한 값에 해당한다. 확률 분포 함수라고도 한다.

cumulative ductility 누적 소성률(累積塑性率) 누적 소성 변형을 항복 변형으로 나눈 값. →ductility factor

cumulative error 누적 오차(累積誤差) 발생의 원인을 아는 오차. 어느 조건하에서는 언제나 일정한 성질을 가지며, 일정량 만큼 생긴다. 따라서 누적 오차는 그 원인과 그 성질을 알면 측정값을 보정할 수 있다.

cumulative plastic deformation 누적 소성 변형(累積塑性變形) 반복 하중을 받는 구조물의 하중·변형 관계에서 각 하중 사이클에서 생기는 소성 변형의 절대값의 총합. →cumulative ductility

cup anemometer 풍배형 풍속계(風杯形風速計) 풍속 검지부에 반구형(半球形) 등 사발 모양을 한 풍배를 사용한 회전식 풍속계. 풍배의 수는 특히 정해지지 않았지만 3배형과 4배형이 일반적이다.

cupboard 구석장(一欌) =corner cabinet

cupola 쿠폴라 원형 또는 다각형의 평면을 덮기 위해 두어진 반원형의 지붕(돔). =dome

cupping 우그렁이 =bowing, warping

cup shake 갈림 나이테를 따라 호상(弧狀)으로 생긴 균열. =ring shake

curb 연석(緣石) 도로의 보도 가장자리를 따라 차도와의 경계를 이루는 돌. 콘크리트제의 것도 연석이라 한다.

curb parking 노상 주차(路上駐車) 도로상에 주차하는 것. 도로 외에 주차하는 경우는 노외 주차라 한다. =on-street parking

curb parking area 노상 주차장(路上駐車場) 노상에 주차를 위해 구획된 구역. 주차 미터나 티켓 주차장 등 원칙적으로 단시간 주차에 대응한다. →off-street parking area

curbstone 연석(緣石) =curb

cure 양생(養生) 타입된 콘크리트 등이 예상한 성능을 발현하기 위해 필요한 여러 조건을 주는 것, 혹은 저해하는 요인에서 보호하는 것.

curie 퀴리 방사능의 단위. 매초의 붕괴수가 3.7×10^{10}개일 때의 방사능을 1퀴리라 한다. 라듐 1g의 방사능은 1퀴리.

curing 양생(養生)[1], 경화(硬化)[2] (1) ① 공사 중에 이미 마무리된 부분을 손상, 오염 등에서 보호하는 것. ② 모르타르를 칠한 다음, 콘크리트 타입 후 등에 균열 방지나 강도의 증진을 저하시키지 않게 하기 위해 수분을 잃지 않도록 보호한다든지, 동결을 방지하기 위해 보호하는 것. (2) 유동성 재료가 화학 반응이나 수분, 용제의 휘발에 의해 고형화하는 현상.

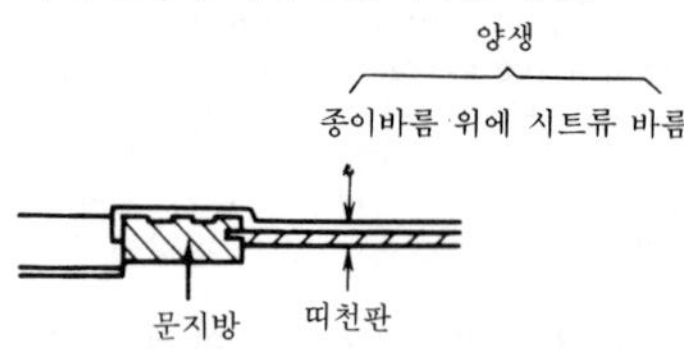

curing after accelerated hardening 후양생(後養生) 콘크리트 제품의 촉진 양생에서 탈형(脫型)하고부터 공장 출하까지의 양생을 말한다. 습윤 양생을 하는 경우가 많다.

curing agent 경화제(硬化劑) 2성분형의 재료에서 주제(主劑)에 혼입하여 경화 반응을 일으키게 하는 성분을 포함하는 재료. =hardener

curing in moist air 습공 양생(濕空養生) 급격한 건조를 피하기 위한 목적으로 모르타르나 콘크리트를 습도가 80% 이상인 습기 상자 속 등에 일정 기간 보존하는 것. →moist curing, wet vuring

curly grain 무늬결 목재 표면에 나타나는 소용돌이 모양의 아름다운 나뭇결.

current limiter 전류 제한기(電流制限器) 정해진 크기 이상의 사고 전류가 흐르면 자동적으로 회로를 차단하는 개폐기. 전자식(電磁式)·열식(바이메탈·온도 퓨즈)·퓨즈식이 있다. 최근의 분전반에 사용되는 노퓨즈 브레이커도 전류 제한기의 하나이다.

current meter 유속계(流速計) 유체 흐름의 속도를 측정하는 계기. 날개차·프로

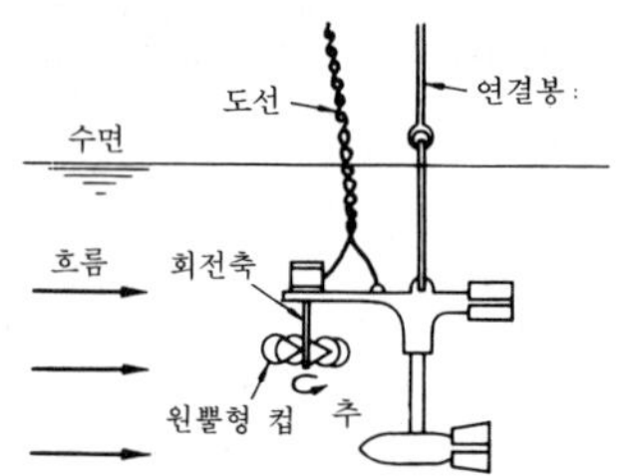

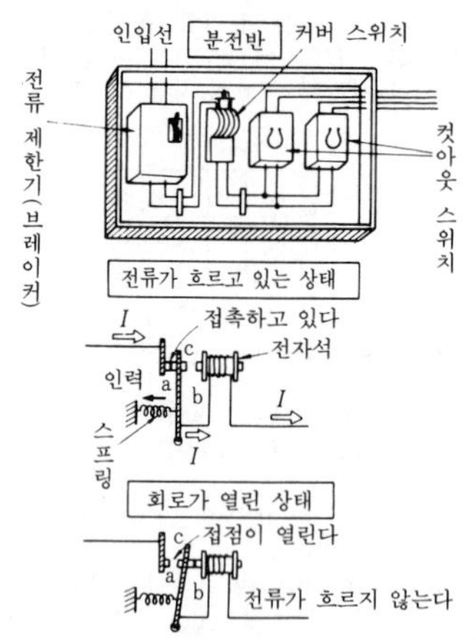

current limiter

펠러의 회전수가 유속에 비례하는 것을 이용한 회전식, 유체의 동압(動壓)에서 유속을 구하는 비토관식, 유속에 의한 전열선의 온도 변화를 전기 저항의 변화로 바꾸어 계측하는 전기 저항식이 있다. 그림은 회전식의 컵형 유속계이다.

current transformer 변류기(變流器) 저압의 전기 회로에 흐르고 있는 대전류, 또는 고전압 회로에 흐르고 있는 전류를 계기나 계전기에 보내기 위해 소전류로 변환하는 기기.

curtain 커튼 창으로부터의 광선을 제한한다든지, 개구부의 차폐나 칸막이에 사용하는 천.

curtain baton 커튼 배턴 커튼을 개폐하기 위해 한 끝에 부착하는 막대.

curtain box 커튼 박스 커튼, 블라인드 등을 감아올려 이것을 수납하는 상자.

curtain holder 커튼 홀더 커튼을 묶어서 고정시키기 위해 창이나 개구부에 부착한 쇠붙이. →tassel

curtain rail 커튼 레일 커튼용의 레일.

curtain wall 장막벽(帳幕壁) 구조 내력을 기대하지 않는 단순한 칸막이로서의 벽. 철근 콘크리트, 철골 등으로 보, 기둥을 구성하고, 그 사이에 만든 벽. 재료로서는 콘크리트 블록, 벽돌 등의 소단위, 경량의 것이 쓰인다. 최근에는 건물의 외벽으로서 외부의 풍우, 일사, 소음 등을 차단할 목적으로 공장 생산재를 조합시켜서 부착시키는 경량벽체가 사용된다.

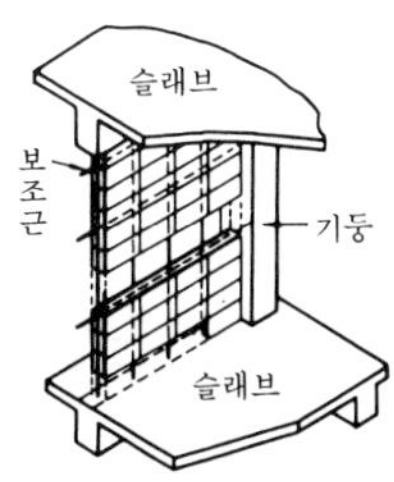

콘크리트 블록 장벽

curtain wall

curtain wall construction 장막벽 구조(帳幕壁構造) 기둥과 보가 주체 구조로서 건물의 하중을 지지하고, 벽은 단지 칸막이나 외장재로서 만들어진 것. 칸막이는 이동할 수 있으므로 확장한다든지 융통성이 풍부하다.

curvature 곡률(曲率) 곡선상에 2점 $A(s)$, $A'(s+\Delta s)$를 취하고, A, A'에 있어서의 접선간의 각을 Δs, 곡선을 따라서 정점(定點)에서 잰 길이를 s로 하면

$$\frac{1}{\rho}=\lim_{\Delta s\to 0}\frac{\Delta\omega}{\Delta s}=\frac{d\omega}{ds}$$

를 점 A에 있어서의 곡선의 곡률, ρ를 곡률경이라 한다.

curve 곡선(曲線) 선의 방향이 변화하는 경우를 곡선이라 한다. 곡선에는 단곡선(curve of single curvature)과 복곡선(curve of double curvature)의 두 종류가 있다.

curved beam 곡선보(曲線-) 수평면상에서 곡선형으로 되어 있는 보.

curved member 곡선재(曲線材) 곡선상으로 만곡한 부재.

curved pipe 곡관(曲管) =bent pipe, bent tube

curve rail 커브 레일 차도와 보도 사이에 두어지는 철제의 방호 울타리.

curve rule 곡선자(曲線-) 곡선을 그릴 때 사용하는 자. 원호자, 운형자, 자재자 등이 있다.

cushion 쿠션 완충을 위해 사용하는 것, 또는 설비. 예를 들면 서양식 방석, 공기 스프링, 말뚝모자 등.

cushion floor 쿠션 플로어 발포체를 염화비닐계 시트로 샌드위치한 탄력성있는 바닥재.

cutback asphalt 컷백 아스팔트 아스팔트에 휘발성 용제를 가해 부드럽게 한 것으로, 방수층의 첫층에 사용한다든지(primer), 노면 처리 등에 적합하다.

cut glass 컷 글라스 표면에 칼로 판 것과 같은 모양이 붙은 유리.

cut nail 평못(平-) 강판을 절단해서 만든 쐐기형 못. 절단된 그대로 네모진 모양을 남기고 있으며, 끝이 평평하게 되어 있다.

cut-off reinforcing bar 컷오프근(-筋) 보 또는 슬래브의 주근으로, 상부근, 하부근에 관계없이 스팬의 중간에서 멈추는 철근. =top bar

cut-off trench 지수 트렌치(止水-) 침투수를 방지하기 위해 만들어진 트렌치 모양의 배수구.

cut-off wall 지수벽(止水壁) 투수성 지반 중의 침투류를 지수할 목적으로 불투수성의 재료를 써서 흙 속에 만드는 벽.

cut rail 컷 레일 일정한 길이로 시판되며, 현장에 맞추어 절단하여 사용하는 커튼 레일.

cut size 컷 사이즈 3×6자(90×180cm와 같은 표준 치수에 대하여 직접 사용하는 합판의 치수를 말한다.

cut stone 마름돌 =ashlar

cutter 커터, 절단기(切斷機) ① 종이·천 기타 얇은 재료를 자르는 작은 칼. ② 철근을 절단하는 기계. ③ 철사 등을 절단하는 볼트 클리퍼를 말한다.

cutting 터깎기 도로, 건물 대지 등을 만들기 위해 언덕이나 사면을 깎아내는 것. =cutting off

cutting pattern 커팅 패턴 막구조에서 재단한 천을 봉합하여 설계 곡면을 형성하기 위해 곡면을 근사적으로 평면 전개한 입체 재단도.

cutting plier 플라이어 물림과 세운 날의 니퍼 겸용인 공구. 철사나 전선을 구부리거나 절단하는 데 이용된다.

cybernetic art 사이버네틱 아트 작품이 전기 또는 바람, 혹은 빛이나 소리 등으로 움직여서 그 동적인 감각을 표현한 미술.

cybernetics 인공 두뇌학(人工頭腦學) 생물계와 기계계의 쌍방에 관한 제어와 통신의 이론. N. 위너가 1947년경에 제창했다. 유럽에서 널리 쓰이고 있다.

cycle 사이클 하나의 과정에서 물체의 상태를 어느 변화 후에 다시 원상태로 되돌아가는 순환 과정. 예를 들면 열역학에 있어서 카르노의 사이클. 또 냉동기에서 냉매가 팽창 밸브를 통해서 증발기에 유입하여 가스체로 되어 압축기로 압축되고, 다시 응축기에서 액화하여 원래의 상태로 되돌아간다. 즉 냉매는 사이클을 한 것이

된다. 이와 같이 냉동기에 행하여지는 사이클이 냉동 사이클이다.

cycle and ride 사이클 앤드 라이드 가까운 역이나 버스 정류장까지 자전거로 가고, 거기서부터 철도나 버스를 이용하는 통근 방법.

cyclegraph 사이클그래프 파일럿 램프를 이용하여 신체의 부위 이동 상황을 조사하는 동작 연구 수법. 신체의 각 부위에 파일럿 램프를 부착하고 운동을 하여 한 장의 필름상에 복합하여 촬영한다.

cycle of maintenance 수선 주기(修繕周期) 건축물이나 그 부분, 부위는 자연이나 사용에 의해 해마다 감모(減耗)하므로 특정한 연한마다 감모분을 회복하여 사용상의 지장을 최소한도로 억제하기 위해 수선을 하는데, 그 정기적인 간격을 말한다. 평균 수선 간격, 평균 개수 간격, 보전 주기를 포함한다.

cyclic load 반복 하중(反復荷重) 구조물이나 부재에 한 방향 또는 정부(正負) 양방향으로 반복하여 작용하는 변동 하중을 말한다. =repeated load

cycling road 자전차도(自轉車道), 자전차도로(自轉車道路) 자전차만이 통행할 수 있는 자전차 전용 도로. 그 밖에 보행자와 공존을 꾀하는 자전차 보행자 전용 도로가 있다.

cyclone 저기압(低氣壓) 대기 중에서 주위보다 기압이 낮은 것. 표준 기압보다 높은 곳에서도 주위보다 기압이 낮으면 저기압이라 한다. 저기압이 오면 흐리고 비나 눈이 내리는 경우가 많다. 기압이 가장 낮은 곳을 저기압의 중심이라 한다. 저기압의 중심은 주위의 기압이 높은 곳에서 바람이 불어온다. 저기압은 구조·성인 등에 따라 온대 저기압과 열대 저기압으로 대별하는데, 기타 지형성 저기압, 기온의 일변화에 의해 열적 저기압 등이 있다. 저기압에 반해서 주위보다 기압이 높은 것을 고기압(anticyclone)이라 한다. 고기압역 내에서는 일기가 좋다. 고기압의 중심에서 주위의 기압이 낮은 쪽으로 바람이 분다. 저기압이나 고기압에는 이동성의

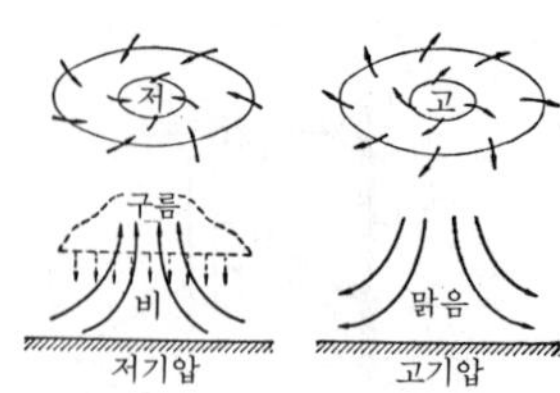

것이 많다.

cyclone collector 사이클론 집진기(–集塵器) 먼지를 포함한 공기에 선회 운동을 주어 입자의 원심력을 이용해서 분진 입자를 분리하는 장치. 단통(單筒) 및 소구경의 사이클론을 다수 배열한 멀티사이클론 형식이 있다.

cyclorama 사이클로라마 =horizont

cyclorama light 호리존트 조명(–照明) 무대의 배경을 균등하게 밝게 하는 조명. 조명 기구는 무대 상부에 매달든가 바닥에 매입한다.

cylinder 실린더, 원통(圓筒) 중공(中空) 원통의 내부에서 피스톤이 왕복 운동을 하여 가스, 증기를 원통 내에서 팽창, 압축시켜 열 에너지를 운동의 에너지로 바꾸는 것(내연 기관용, 증기 기관용, 수력 기관용).

cylinder lock 실린더 자물쇠, 원통 자물쇠(圓筒–) 원통 속에 스프링이 붙은 텀블러를 여러 개 배열하고, 그 텀블러에 맞는 열쇠를 넣어 회전시킴으로써 열쇠 구멍의 변화로 무수한 종류를 만들 수 있다. 텀블러의 모양에 따라 핀 실린더, 디스크 실린더 등의 종류가 있다.

cylindrical shell 원통 셸(圓筒–) 곡면이 한 방향으로만 굽어 있는 셸 구조.

cylindrical structure 원주형 구조물(圓柱形構造物) 형상이 원주형인 구조물. 굴뚝이나 원형 평면을 갖는 고층 건축물이 이에 해당한다.

dabbed finish 잔다듬 돌공사에서의 표면 마무리의 일종. 끝다듬 또는 표면 고르기의 면으로 양날 또는 한쪽 날로 세밀한 평행선을 판 마무리.

Dacy index 데이시형 지수(－形指數) 데이시(O. Dacy)가 제창한 건축비 지수. 생산성 향상을 노동력의 삭감이라는 모양으로만 반영시킨 투입 원가 지수.

dadaisme 다다이즘 제1차 세계 대전 중에 일어난 예술 운동. 과거의 예술이나 문화의 철저한 파괴와 부정의 방법으로 새로운 가치관을 제안했다. →avant garde

dado 장두리판벽(－板壁) ① 실내 벽면의 하부와 상부가 구별되어 있을 때 그 아래 부분. 징두리널. ② 페디스털의 cap과 base 사이의 부분. ③ 작은 구멍 또는 작은 구멍 이음을 말하기도 한다. →wainscoting

dado joint 통끼움 맞춤에서 한쪽 재단부(材端部)의 전 단면을 다른쪽 재에 꽂아 넣는 것. ＝housed joint

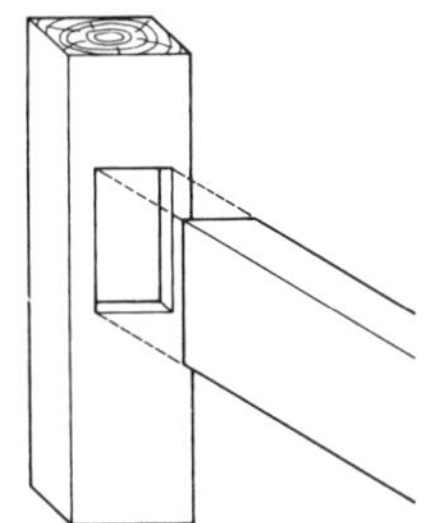

daily disaster 일상 재해(日常災害) 건축물에 관련한 사고, 재해 중에서 일상 생활 중에서 특별한 외력이 작용하지 않고 생기는 전락, 타박 등의 재해를 말한다.

daily employment 날품, 날품팔이 일일 또는 1개월 미만의 계약으로 고용되는 것. 노동력 조사의 용어. 또 일반적으로 단기의 고용 기간으로 고용되는 것을 의미하는 경우도 있다. ＝day laborer

daily living area 일상 생활권(日常生活圈) 지역 주민이 쇼핑, 통학, 통원, 놀이, 산책 등의 일상 생활 행위를 영위할 때의 행동 권역. 일반적으로는 도보 또는 자전차 이용에 의한 행동이 가능한 범위. →living sphere

daily temperature radiation 일교차(日較差) 온도 교차(較差)의 일종으로, 하루의 최고 기온과 최저 기온과의 차.

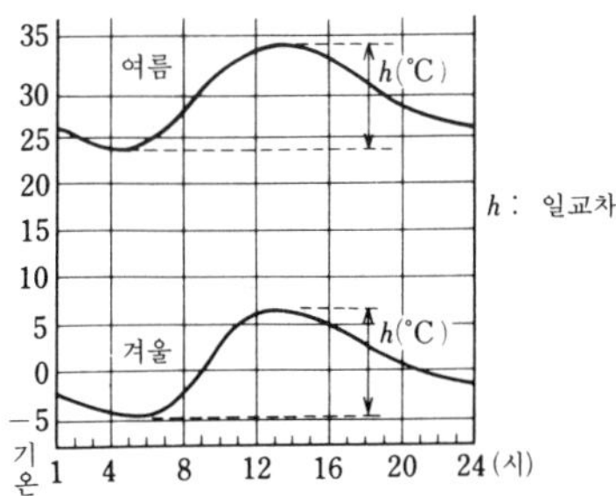

dam 댐 저수, 저사, 취수, 수위 상승 또는 사방, 붕괴 방지 등의 목적으로 하천, 계곡 등을 가로막는 구축물. 사용 재료에 따라서 어스 댐, 석괴 댐, 콘크리트 댐, 형식에 따라 중력 댐, 아치 댐 등이 있다.

damage 손모(損耗), 감모(減耗) 건축물이나 그 부분, 부위가 주로 사용에 의해 성능이나 기능이 줄어드는 것. ＝deterioration

damage caused by force majeure 불가항력에 의한 손해(不可抗力－損害) 청부계약에서 주문자나 청부자에게 책임이 돌아갈 수 없는 천재 등 자연 혹은 인위적 이유에 의한 손해.

damaged premise 소실 호수(消失戶數) 화재에 의해 소실한 호수.

damage ratio 피해율(被害率) 지진 등의

재해에 의한 건물 피해의 정도를 나타내는 척도. 건물 총수에 대해 피해를 받은 건물의 비율.

damage to the third party 제3자 손해(第三者損害) 당사자 이외의 제3자에게 준 손해. 소음 진동에 의한 손해나, 일조·전파 장해에 의한 손해 등이 일반적이며, 그 보상 비용의 부담에 대해서는 그 책임에 따라 이루어진다.

damp 습기(濕氣) =moisture

damped oscillation 감쇠 진동(減衰振動) =damped vibration

damped vibration 감쇠 진동(減衰振動) 구조물 등이 진동하는 경우에 관성력과 탄성력만을 생각하면 일단 발생한 진동은 영구히 같은 진폭, 주기로 계속하게 된다. 그러나 실제로는 공기 저항 등의 외부 마찰, 구조물의 내부 마찰, 점성 저항에 의해서 그 진동은 감쇠한다. 이 경우를 감쇠 진동이라 한다.

D

damper 댐퍼 ① 송풍 환기 계통 등에서 덕트의 단면적에 변화를 주어 공기류를 조절하는 판. 자연 환기용 및 기계 환기용 덕트에 사용한다. ② 방화 댐퍼. ①, ② 모두 여러 가지 형식이 있다.

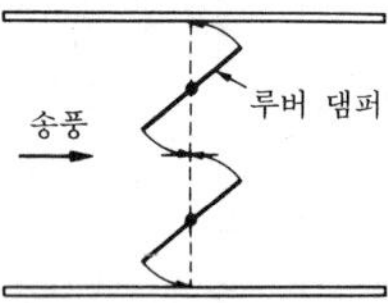

damper control 댐퍼 제어(一制御) 공기 조화나 환기용 덕트계의 계내 압력 조정 또는 풍량 조정이나 일부분의 폐지(閉止)를 하는 경우에 쓰이는 댐퍼의 조작을 수동 또는 공기압이나 전동 모터에 의해서 하는 것.

damping 감쇠(減衰) ① 진동에 있어서 그 진폭이 시간의 경과에 따라 감소하는 것. ② 탄성파의 진폭이 거리가 멀어짐에 따라서 감소하는 것.

damp proofing material 방습재(防濕材), 방습 재료(防濕材料) 습기(수증기)를 잘 통하지 않거나, 또는 전혀 통하지 않는 재료. 플라스틱 시트 알루미늄박 등. =vaporproof material

damp proofing work 방습 공사(防濕工事) 건물 내에 습기가 들어가지 않도록 방습층을 두는 공사. 목조에서는 아스팔트 루핑을 벽널 밑에 붙이고, 모르타르칠일 때는 쇠그물 밑에 붙인다. 철근 콘크리트 구조의 지하실 등에서는 루핑 펠트를 사용하고 아스팔트로 굳혀서 방습층을 만든다. 기타의 방습 재료로서는 도료, 합성수지 라이닝, 폴리에틸렌의 박막 등도 사용된다.

dance hall 댄스 홀 사교 댄스 정용의 홀로, 사교의 장.

dangerous articles 위험물(危險物) 발화성 또는 인화성이 있는 물품, 및 이들의 위험성을 촉진하는 물품.

dark adaptation 암순응(暗順應) 밝은 곳에서 어두운 곳으로 옮겼을 때 시감도가 변화하는 과정, 또는 변화한 상태. 순응 휘도가 약 10^{-2}cd/m^2 이하인 경우의 순응. 망막의 빛의 감수성은 명순응에 비해 높다.

dark color 다크 컬러 명도(明度)가 낮고(어둡고), 채도(彩度)가 낮은 안정된 색.

dark room 암실(暗室) 외광이 들어오지 않도록 사방을 막은 방. 사진의 현상, 소부 등에 사용되는 경우가 많다.

dash pot 대시 포트 점성 유체를 봉입한 실린더와 피스톤으로 이루어지는 점성 감쇠기. 감쇠력은 상대 속도에 비례하고, 속도와 역방향으로 작용한다.

data survey 기본 조사(基本調査) 지역, 도시의 기본 계획 입안에 있어서 대상이 되는 지역의 현황 파악, 장래 예측 등 계획 조건을 명백히 하기 위한 조사를 말한다. =datum survey

datum line 기준선(基準線) 고저 측량에서 지표 높이의 기준을 지하에 가정하고(기준선이라 한다) 지표 종단면에 나타나는 각 지점의 높이를 산출한다. 지하에 가상면을 생각한 경우는 기준면 또는 기본 수준면(datum plane)이라 한다. =datum reference line

datum plane 기본 수준면(基本水準面) 광역의 지형에서 높이를 생각할 때 공통의 기준면이 필요하게 된다. 이것을 기본 수준면이라 한다.

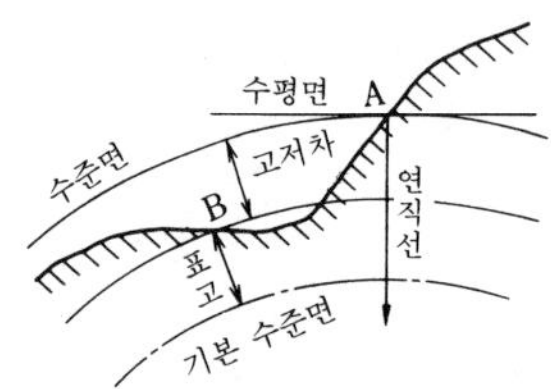

datum reference line 기준선(基準線) =datum line

datum survey 기본 조사(基本調査) =data survey

day bed 데이 베드 낮잠, 가민용의 긴 의

자. →couch

day care 데이 케어 장애가 있는 노인을 주간에만 맡아서 기능 회복이나 생활 지도를 하는 서비스.

day laborer 날품팔이, 일용 노동자(日傭勞動者) 일일 또는 1개월 미만의 고용 계약으로 고용되는 노동자. =day worker

day light 주광(晝光) 넓은 뜻의 주광은 직사 일광과 천공광의 총칭으로, 이것을 전주광(total day light)이라 한다. 주광 조명의 계산이나 설계시에는 천공광만을 가리킨다.

day light factor 주광률(晝光率) 직사 일광을 제외한 옥외의 전천공 수평 조도(E_s)에 대한 옥내의 어느 점에 있어서의 주광의 수평 조도 E의 비.

주광률$=E/E_s \times 100$[%]

실내의 조도가 옥외 조도의 몇 퍼센트에 해당하는가를 나타내는 값으로, 이에 의해서 옥외의 실제 조도와는 관계없이 실내의 밝기 정도가 표시된다.

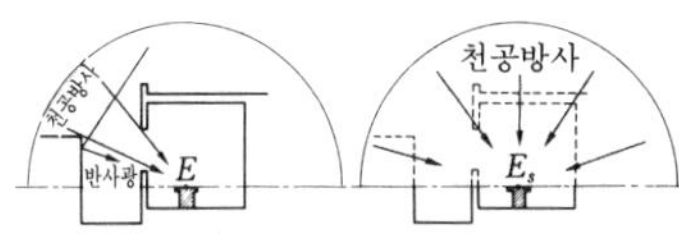

day light illuminance 주광 조도(晝光照度) ① 글로벌 주광(천공광과 직사 일광)에 의한 조도. ② 주광에 의한 조도, 즉 직사 조도, 천공광(天空光) 조도, 지물 반사광에 의한 조도, 주광의 실내 상호 반사에 의한 조도 등의 총합. =global illuminance

daylighting 주광 조명(晝光照明) 인공의 빛이 아닌 주간의 자연광을 창 등 개구부에서 건축 공간에 채광하는 주간의 조명 방법. 일반적으로는 인공 조명과 병용하는 일이 많다.

daylighting design 채광 설계(採光設計) 목적에 맞는 효과적인 주광 조명을 하기 위한 설계. →daylighting planning

daylighting planning 채광 계획(採光計劃) 목적에 맞는 효과적인 주광 조명을 하기 위한 기본 계획, 및 실시 계획. = daylighting design

day light source 주광 광원(晝光光源) 주광 조명의 광원. 일반적으로는 주광 중의 천공광(天空光)을 말한다. 실내의 주광 조명 계산에서는 채광창을 주광 광원으로 생각하는 경우도 있다.

day room 데이 룸 병원이나 사회 복지 시설에 설치되는 주택의 거실에 해당하는 휴게·담화실.

day time hours 주간 시수(晝間時數) 일출에서 일몰까지의 시간을 말한다. 이 경우 정확하게는 태양의 상변이 지평선상에 보일 때 일출몰로 하고 있으므로, 태양 고도는 그 중심이 지평하 50′일 때이다.

day time population 주간 인구(晝間人口) 어느 구역 내에서 주간에 거주 또는 활동하고 있는 인구수. 도시, 특히 도심부에서는 주간은 각종 업무에 종사하는 인구나 기타의 인구로, 야간 인구보다도 현저하게 증가한다.

day worker 날품팔이, 일용 노동자(日傭勞動者) =day laborer

DC 도어 클로저 =door closer

DD method DD방식(−方式) DD는 degree-day의 약어. −10℃를 0°D(디그리데이)로 한 온도계에 의해 조합(調合) 강도를 얻기 위한 물 시멘트비를 정하는 적산 온도 방식.

dead 데드 →dead room

dead air 정체 공기(停滯空氣) 실내 또는 건물 주위 등에서 공기의 흐름이 있을 때 정체하여 거의 움직이지 않는 공기. 그림의 A는 유통부, B는 환류부, C는 정체부이다.

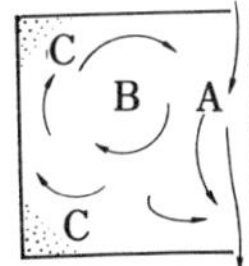

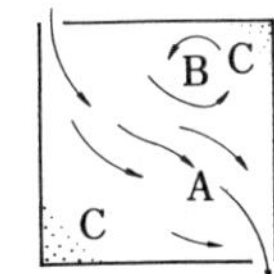

dead anchor 데드 앵커 PC강재의 한 끝을 정착구와 함께 콘크리트 속에 매입하고, 다른 끝으로부터의 긴장 반력에 충분히 견딜 수 있도록 하는 정착 방식.

dead-end road 막다른골목 끝이 막힌 주택 골목. 자동차의 통과 교통을 피하여 주택지의 안녕을 유지하는 것이 목적이며, 저밀도의 주택지에 두어진다.

dead-end street 막다른 골목 =blind alley, dead road

dead front type 데드 프론트형(−形) 전

기용 배전반 등에서 표면에 통전부가 노출하고 있지 않는 형식의 것.

dead knot 죽은옹이 목재의 옹이 중 죽어서 단단해진 옹이.

dead load 사하중(死荷重), 고정 하중(固定荷重)[1], 정하중(静荷重)[2] (1) 골조 부재, 마감 재료 등과 같은 구조물 자신의 중량 또는 구조물상에 상시 고정된 물품의 하중.
(2) ① 크기나 위치·방향 등이 시간의 경과와 더불어 변화하지 않는 정지하고 있는 하중. 지진력 등의 동적인 하중도 고층 또는 특수한 구조물을 제외하면 정하중으로 대치하여 설계하는 경우가 많다. ② 매우 서서히 가해지는 하중.

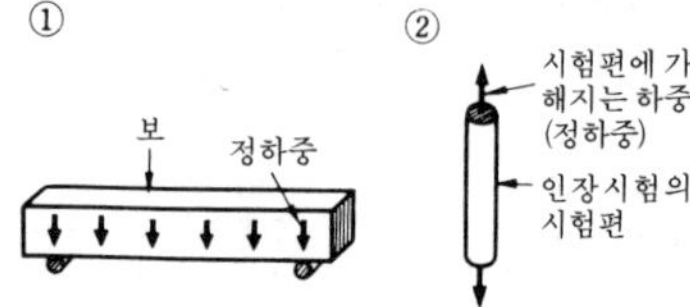

dead point 데드 포인트, 사점(死點) 크랭크 기구 등에서 회전력이 0으로 되는 크랭크의 위치. =dead spot

dead road 막다른골목 =blind alley

dead room 무향실(無響室) 실내의 음향 효과 중 흡음이 좋아서 소리가 울리지 않고, 잔향 시간이 짧은 공간을 말하며, 이른바 소리가 죽어버리는 방. =dead

dead space 데드 스페이스 이용되지 않는, 혹은 이용 가치가 없는 공간이나 틈. 예를 들면 기둥이 크게 차지한 교실 등에서 기둥의 그늘 등은 이에 해당한다.

dead spot 데드 스폿[1], 사점(死點)[2] (1) 홀 등에서 이상하게 음이 도달하기 어려운 장소.
(2) =dead point

deaeration 탈기(脫氣) 물 등의 용액 속에 용존(溶存)하는 산소나 탄산 가스 등의 기체를 가열하든가 부압(負壓)으로 함으로써 분리시키는 것. 용존 가스는 부식 인자가 된다. =degassing

deca 데카 10배를 나타내는 단위. 기호는 da. 그리스어의 deca(10)에서 파생했다.

decantation test 씻기 시험(－試驗) 골재에 부착 혹은 혼입하고 있는 미립분 실트(silt), 찰흙 등의 전량을 측정하기 위한 시험. =wash sieving test

decay 감쇠(減衰) ① 방사능을 가진 원소의 방사선 양이 시간의 경과와 더불어 감소하는 것. ② 방사선의 에너지가 거리가 멀어지거나 또는 차폐물 등에 의해서 차단되어 감소하는 것.

decay resistance 내부식성(耐腐蝕性) 목재의 부식에 저항하는 성질. 노송나무, 낙엽송, 밤나무 등은 내부식성이 크다.

deceleration lane 감속 차선(減速車線) 고속 도로의 본선에서 유출 램프 등으로 감속 분류하는 자동차에 대하여 안전하게 분류할 수 있는 속도까지 감속시키기 위한 변속 차선.

decentralization 지방 분산(地方分散) 지역에 따른 과밀, 과소 혹은 지역 격차 등의 문제를 해소하기 위해 인구나 산업을 지방으로 분산시키는 것. →decentralization policy

decentralization of industries 공장 분산(工場分散) 주로 대도시의 공장이 지방 도시, 농촌부 등에 용지, 노동력 등을 구하여 분산해 이전하는 것. 그 자리는 재개발의 대상이 되는 경우가 많다.

decentralization policy 분산 정책(分散政策) 대도시의 과밀에 의한 폐해를 완화 또는 방지하기 위해 도시 기능의 일부를 지방으로 분산시키는 정책.

deci 데시 10분의 1을 나타내는 단위. 기호 d. 라텐어의 decimus에서 파생.

decibel 데시벨 음의 세기 단위. 최소 가청음을 0데시벨로 설정하고, 이것과의 비교로 음의 세기를 나타낸 것. 기호 dB.

deciduous tree 낙엽수(落葉樹) 1년 중에서 생육에 적합하지 않는 시기에 일제히 낙엽하는 수목의 총칭.

decision room 디시전 룸 기업 경영의 최고 의사 결정을 하는 회의실. OA·AV장치에 의해 필요한 정보를 즉석에 제공할 수 있는 기능을 장비하는 경우가 많다.

deck 덱 ① 선박, 차량 등의 바닥. 갑판. ② 평지붕 등의 평평한 부분.

deck chair 덱 체어 본래는 배의 갑판에서 사용되는 긴 의자. 목제 또는 금속제로 주택의 발코니, 풀 사이드 등에서 사용되는 의자.

deck glass 덱 유리 보도 바닥·지하실·천장 등에 사용하는 유리 블록. 프리즘 유리·톱 라이트 유리·보도 유리라고도 한다.

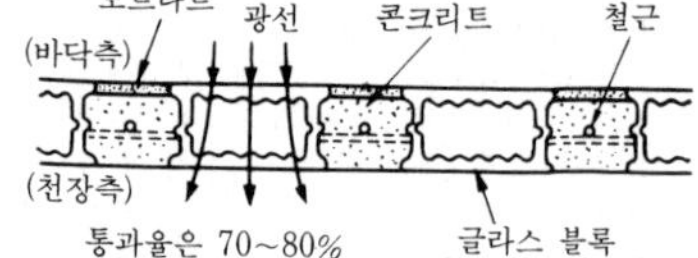

다. 아래 층의 채광에 사용한다.

deck glass roof 덱 유리 지붕 덱 유리로 이은 평지붕. 유리 기와라고도 하며, 채광을 필요로 하는 경우에 바닥 슬래브에 매입하여 사용하는 것.

deck roof 평지붕(平-) 지붕면이 수평 또는 그에 가까운 지붕. =flat roof

declaration of city 도시 선언(都市宣言) 도시 행정상의 이념이나 실천 목표, 시민의 규범 등을 표명한 선언. 교통 안전 도시, 평화 도시 등, 대부분은 지방 자치체 의회에 의해 의결된다.

decomposed subassemblage (of frame) 분해 가구(分解架構) 각 부재에 휨 모멘트가 작용하는 뼈대(골조)에 있어서 반곡점(反曲點)에서 끊어낸 부분 가구.

decomposition of force 힘의 분해(-分解) 하나의 힘을 그것과 같은 효과를 갖는 둘 이상의 힘으로 나누는 것. 분해된 각각의 힘을 분력(分力)이라 한다. 힘의 분해 방법은 다음과 같다.

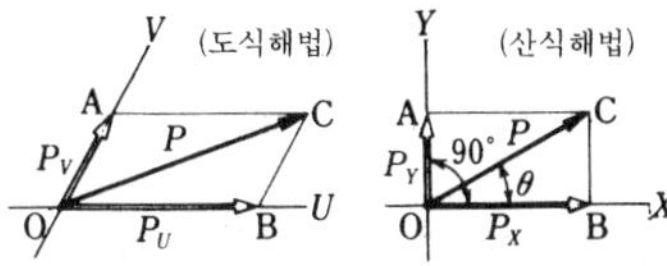

decompression 디컴프레션 프리스트레스트 콘크리트 부재의 콘크리트에 도입된 프리스트레스에 의한 압축의 연응력(緣應力)이 외력의 작용에 의해 제로로 된 상태를 말한다.

decontamination ratio 오염 제거율(汚染除去率) 공기 정화 장치의 성능을 나타내는 지표. 분진, 가스에 대한 장치에 의한 제거량(농도)과 장치 입구에서의 양(농도)과의 비로 나타낸다.

decorated plywood 치장 합판(治粧合板) =fancy plywood

decorated style 장식식(裝飾式) 영국 고딕 건축을 3분할한 두번째의 시기(1300년경~1370년경)의 양식을 말한다. 트레이서리(tracery) 등에 장식적 수법을 널리 사용하는 것이 특징이다.

decoration 장식(裝飾) 일반적으로 치장하는 것. 건축에서는 구조체 등에 대하여 표층에 부가된 표현을 가리킨다. =ornament

decorative art 장식 미술(裝飾美術) 순수 미술에 대한 말로, 의복이나 실내의 장식을 말한다.

decorative illumination 장식 조명(裝飾照明) 장식을 위해 또는 대상을 미화할 목적으로 하는 조명의 전반을 말한다.

decorative lighting 장식 조명(裝飾照明) =decorative illumination

decorator 장식가(裝飾家) 주로 실내 장식을 하는 전문가, 업자.

decrease 감보(減步) 토지 구획 정리에서 정리 전의 택지 면적에 대하여 공공 용지를 만들어내기 위해 정리 후의 택지 면적이 줄어드는 것.

decrease for public facilities 공공 감보(公共減步) 토지 구획 정리 사업에서 도로, 공원, 광장 등의 공공 용지를 만들어내기 위한 감보.

decrease of reserved land 보류지 감보(保留地減步) 토지 구획 정리 사업에서 보류지를 만들어 내기 위한 감보.

decrease rate of public facilities 공공 감보율(公共減步率) 토지 구획 정리 사업에서 공공 감보에 의해 감소하는 택지 면적의, 종전의 택지 면적에 대한 비율.

deep color 디프 컬러 명도(明度)는 낮지만(어두운), 탁하지 않은 색.

deep mixing method of soil stabilization 심층 혼합 처리 공법(深層混合處理工法) 지반의 심층부까지의 개량을 대상으로 한 지반 개량 공법. 석회, 시멘트 등의 화학적 안정재와 개량 대상토를 강제적으로 교반 혼합한다.

deep sea area 심해역(深海域) 수심이 50 m 정도보다 깊은 해역. 지리학에서는 수심 200m 이상의 해역을 말한다.

deepshaft sewer processing 디프샤프트법(-法) 오수를 지중에 깊게 매설한 강관 내를 순환시켜 미생물의 구실에 의해 유기물을 분해시켜서 정화하는 방법.

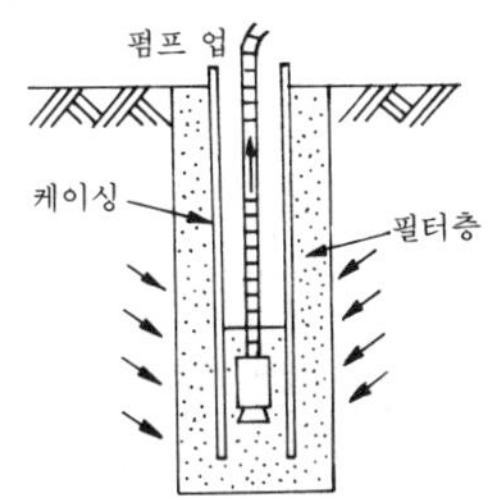

deep tubular well 착정(鑿井) =bore hole

deep well 깊은 우물 깊이 약 7m 이상의 우물.

deep well drainage method 깊은 우물 공법(-工法) 굴착을 위해 우물을 파서 지하 수위를 강하시키는 배수 공법.

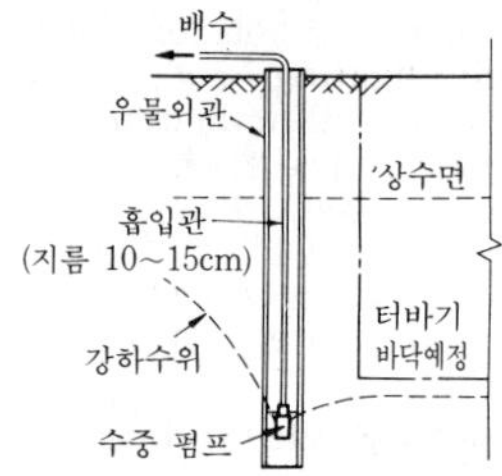

deep well drainage method

deep well method 깊은 우물 공법(一工法) =deep well drainage method

de facto population 현재 인구(現在人口) 전국 혹은 어느 지역의 현재의 인구. =existing population

default 하자(瑕疵) 상품이나 건설 공사에서의 제작자측의 책임으로 생긴 결함 또는 계약과의 차이. =defect

defect 하자(瑕疵) =default

defective house 결함 주택(缺陷住宅) 주택의 기초, 골격, 지붕의 각 부분의 구조나 벽, 바닥, 천장, 설비 등의 부분에서 충분히 성능이 확보되어 있지 않은 주택.

definition 데피니션 실내의 음의 명료도를 나타내는 지표로서 제안되고 있는 양. 임펄스 응답의 50ms까지의 에너지(제곱적분값)와 전 에너지의 비.

deflated state 디플레이트 상태(一狀態) 공기막 구조, 특히 일중막 방식의 공기막 구조(공기 지지 구조)에서 내압이 지붕면의 무게보다 작고, 지붕면 형상이 밑에 볼록하게 된 상태. 또는 인플레이트 상태에서 위 상태로 이르는 과정. =deflation state

deflation state 디플레이트 상태(一狀態) =deflated state

deflator 디플레이터 명목 가액의 통계값에서 물가 변동에 의한 변동을 제외하고 실질화하기 위한 지수. 건설 투자액 등의 통계값마다 이에 대응한 지수가 산출된다. 주택과 비주택의 구성 변화 등 통계값의 구성에 맞추어서 산출되는 점이 통상의 물가 지수와 다르다.

deflection 편차(偏差)[1], 휨, 처짐, 변위(變位)[2] (1) ① 일정한 표준이 되는 수치, 위치, 방향 등으로부터의 벗어남. ② 공칭 치수와 실제 치수와의 차. ③ 통계 숫자에 있어서 변수 분포의 정도를 나타내기 위해 쓰이는 표준 편차, 평균 편차, 4분 편차(확률 편차) 등의 총칭.
(2) 구조물이 하중을 받았을 때 구조물은 변형하고, 그 임의의 점은 각각 어느 양만큼 원위치에서 이동하는데 이 이동 또는 이동량을 휨 또는 변위라 한다.

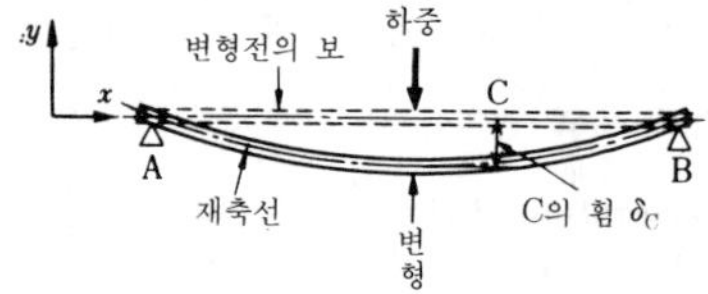

deflection angle 편각(偏角), 처짐각(一角) 부재의 휨 곡선의 임의의 점에서 그 접선과 변형 전의 재축이 이루는 각. =slope →rotational angle

deflection angle method 편각법(偏角法) 측선(測線)과 하나 앞의 측선의 연장과의 이루는 각을 편각이라 하고, 트래버스 측량의 각측정(角測定)에서 기준이 되는 최초 측선의 방위각과 각 측점에서의 편각을 측정해 가는 방법.

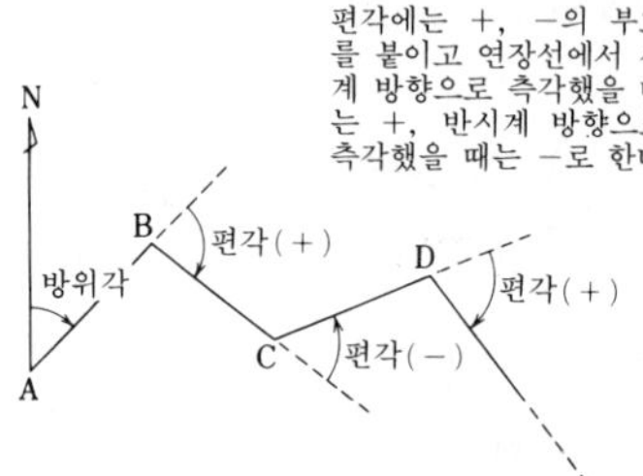

deflection curve 휨 곡선(一曲線) 휨을 발생했을 때의 재축(材軸)이 그리는 곡선을 휨 곡선이라 한다. 탄성 계산에 의해서 구해진 곡선은 탄성 휨 곡선 또는 약해서 탄성 곡선이라 한다.

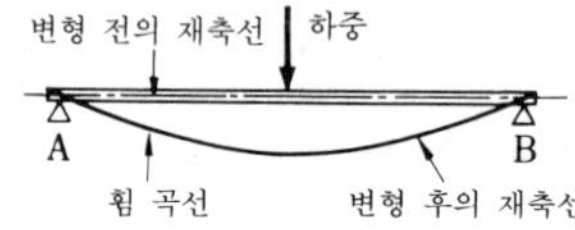

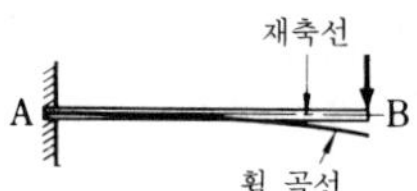

deformation 변형(變形) 하중 또는 온도 변화에 의해 골조나 부재의 모양이 변화하는 것. 또는 그 양.

deformation at yield point 항복 변형(降伏變形) 구조물을 구성하는 부재의 일부가 항복점에 이를 때의 변형.

deformation capacity 변형 능력(變形能力) 내력 저하가 생기지 않는다고 간주되는 범위에서 소성 변형할 수 있는 능력.

deformed bar 이형 철근(異形鐵筋) 콘크리트의 부착을 좋게 하기 위해 환강(丸鋼) 표면에 요철(凹凸)을 붙인 것.

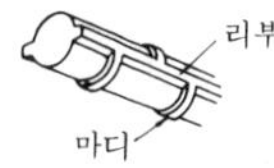

deformed prestressing steel bar 이형 PC강봉(異形－鋼棒) 콘크리트와의 부착 저항을 증대시키기 위해 특수한 단면 또는 표면의 형상으로 성형한 PC강봉.

deformed prestressing steel wire 이형 PC강선(異形－鋼線) 콘크리트와의 부착 저항을 증대시키기 위해 특수한 단면 또는 표면의 형상으로 성형한 PC강선.

deformed rigid frame 이형 라멘(異形－) 산형 라멘, 대형 라멘 등 연직 부재와 수평 부재 이외에 경사 부재를 포함하고, 장방형 이외의 형상을 이루는 라멘의 총칭. ＝irregular frame

degassing 탈기(脫氣) ＝deaeration

degradation 열화(劣化) 재료의 성능이 저하하는 현상. 열열화, 광열화 등으로 분류된다. ＝deterioration →aging

degradation test 열화 시험(劣化試驗) 재료의 성능이 저하하는 상황을 살피는 시험의 총칭. →aging test

degree day 도일(度日) 난방 또는 냉방 기간의 실내 기준 온도 t_i와 어느 날의 외기온의 일평균값 t_0와의 차(t_i-t_0)를 도일이라 하고, 일정 기간 중의 도일의 적산값을 도일수라 하는데, 단지 도일이라 하는 경우가 많다. 난방 기간, 냉방 기간의 도일의 적산값을 각각 난방 도일, 냉방 도일이라 한다. 난방 한계 온도 또는 냉방 한계 도일을 t_0'라 하면 난방 도일은 ① $t_i>t_0$, 또는 ② $t_i>t_0'>t_0$일 때는 (t_i-t_0), 냉방 도일은 ① $t_0>t_i$ 또는 ② $t_0>t_0'>t$ 혹은 ③ $t_0>t_0'$이고 $t_0'>t_i$일 때는 (t_0-t_i)이다. 그러므로 ③일 때의 도일의 값은 마이너스로 되는 경우가 있다.

degree of clearness 투명도(透明度) 물질의 투명성.

degree of consolidation 압밀도(壓密度) 점토질 흙의 압밀 경과의 정도를 나타내는 것.

degree of danger for disaster refuge 피난 위험도(避難危險度) 세로, 가로 500m의 메시(mesh)마다 피난 장소까지의 거리, 도로 장애물, 피난 인구 등을 고려하여 피난의 곤란성을 평가한 지표. →degree of district danger, degree of dangerous building, degree of human danger, fire risk

degree of dangerous building 건물 위험도(建物危險度) 건물 구조별의 동수 등을 고려하여 지역의 지진시 건물 피해 위험성을 평가한 지표. →degree of total danger

degree of deterioration 감모도(減耗度) 초기의 품질, 성능이 시간적 경과에 따라서 저하한 정도. 다음 식으로 정의된다.

$D=(P_0-P_t)/P_t$

여기서, D : 감모도, P_0 : 초기 성능, P_t : t기의 성능.

degree of district danger 지역 위험도(地域危險度) 지역에 대한, 지진 등을 대상으로 하는 종합 위험도.

degree of freedom 자유도(自由度) 질점이나 물체의 운동에 관해서 그 운동을 완전히 기술하기 위해 필요한 독립 좌표의 수. 구조 해석에서는 구조물의 변형을 표현하는 데 필요한 독립의 변위 성분의 수.

degree-of-freedom system 자유도계(自由度系) 어느 자유도를 갖는 진동계.

degree of human danger 인적 위험도(人的危險度) 지역의 야간 인구, 주간 인구, 지진시의 지표 최대 가속도 등을 가미하여 사람으로의 위험성을 평가한 지수. →degree of district danger

degree of kinematic freedom 운동의 자유도(運動－自由度) 메커니즘의 변형을 생각할 때 독립으로 설정할 수 있는 변위의 수.

degree of redundancy 부정정 차수(不整定次數) 부정정 구조물을 정정 구조물로 하는 데 필요한 반력수(지지력수)·부재수, 절점의 구속력수(강절점을 활절점으로 바꾼 수)의 총합.

degree of saturation 포화도(飽和度) 포화 공기의 중량 절대 습도에 대한 습윤 공기의 중량 절대 습도의 비.

degree of stability 안정도(安定度) 안정한 구조물을 불안정하게 하기 위해 힌지를 삽입한다든지 부재를 절단한다든지 하여 도입해야 할 자유도의 수를 말한다.

degree of statical indeterminacy 부정정 차수(不整定次數) ＝degree of redundancy

degree of total danger 종합 위험도(綜合危險度) 지역 등의 위험성을 종합적으로 평가한 지표. 지진에 대해서는 건물 위험도, 인적 위험도, 화재 위험도, 피난 위험도 등을 가미하여 구한다. →degree of

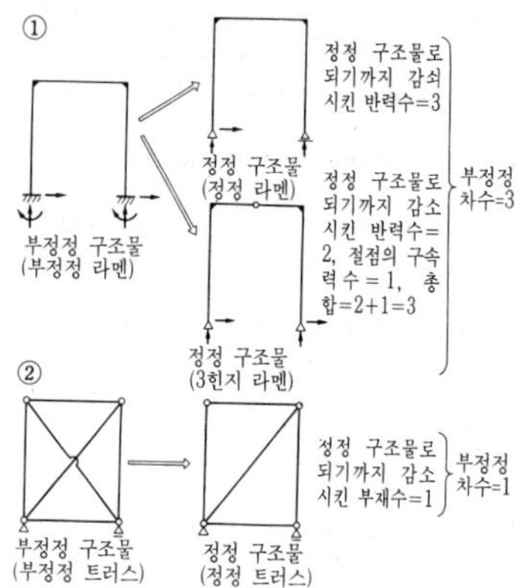

degree of redundancy

district danger

degree of transparency 투시도(透視度) 배수나 처리수의 맑은 정도를 나타내는 지표. 투시도계의 상부에서 투시하여 저부(底部)에 둔 표지판의 이중 십자가 처음으로 명백하게 식별할 수 있는 수층(水層)의 높이를 읽어 1cm를 1도로 하여 나타낸다.

degree of vacuum 진공도(眞空度) 진공계에 의해서 계측되는 진공의 정도를 말한다. 단위는 mmHg, bar, Toor 등. 현재의 기술로 얻어지는 최고 진공도는 1×10^{-10}mmHg 정도이다.

dehumidification 제습(除濕) 대기 중 수증기의 절대량을 제거하는 것. 즉 냉각, 압축 등에 의한 제습, 흡습제 등에 흡수시켜서 제습하는 것이 이에 해당한다. 대기 중 수증기의 절대량을 줄이는 일 없이 단지 온도를 높여서 상대 습도를 강하시키는 것은 제습이 아니다.

dehumidifier 제습기(除濕機) 대기 중의 수증기를 제습하는 기계. 대부분의 경우 단독으로 동작하도록 설계된 기계를 말하며, 냉방 장치 등과 같은 공기 조화 장치의 일부에 두어진 제습 작용을 하는 기계 부분에 대해서는 보통은 제습기라고 부르지 않는다.

delayed fracture 지연 파괴(遲延破壞) 체결한 고력 볼트나 PC강봉이 어느 시간 경과한 후에 특별한 응력이 작용하지 않은 상태에서 파단하는 현상.

delay in performance 이행 지체(履行遲滯) 공사 청부 계약 등에서 계약한 기일 내에 약속한 공사가 완성하지 않는 것. 계약에 지정이 있는 경우 정당한 이유가 없을 때에는 시공주는 손해 배상을 요구할 수 있다.

delay machine 지연 장치(遲延裝置) 신호를 시간적으로 늦추는 장치를 말한다. 홀의 확성 설비 등에서는 음파와 전기 신호의 전파 시간의 차를 보정하는 경우 등에 사용한다. ＝delay unit

delay relay 한시 계전기(限時繼電器) 전기 회로에 설치된 기기의 동작보다 일정 시간 늦어서 동작하는 계전기. ＝time delay relay

Delft ware 델프트 도기(－陶器) 네덜란드 서부의 델프트를 산지로 하는 도기.

delivery 딜리버리[1], 인도(引渡)[2] (1) 펌프나 송풍기 등에서의 토출측을 말한다. 이에 대해서 흡입측을 석션(suction)이라 한다.
(2) ① 상품이나 가공 성과물을 주문자에게 운반하는 것. ② 건축 공사에서 준공 후에 시공자로부터 시공주에게 소유권을 옮기는 것.

delivery room 분만실(分娩室) 병원 등에서 임산부가 출산을 하는 방.

Delmag hammer 델매그 해머 독일의 델매그사에서 발명·개발된 디젤 엔진식의 말뚝박기 기계로, 일반적으로 디젤 파일 해머라고 한다.

delta-delta connection 3각 3각 결선(三角三角結線), Δ-Δ결선(－結線) 유도 전기 기기에서 1차측, 2차측 모두 3각 결선을 하는 기기 결선.

delta-star connection 3각 성형 결선(三角星形結線), Δ-Y결선(－結線) 1차측을 3각, 2차측을 성형으로 하는 기기 결선. 3상 유도 기기에서 코일 등의 회로 요소를 3각형으로 접속하고, 정점부에 전압을 거는 것을 3각 결선, 요소를 Y자형(성형)으로 접속하고 단부(端部)에 전압을 거는 것을 성형 결선이라 한다. 변압기 등에서 사용한다.

deluge valve 일제 개방 밸브(一齊開放－) 일제 살수 방식인 개방형 스프링클러, 물분무 소화, 거품 소화 등 각 설비의 배관 도중에 설치하는 밸브. 보통은 닫힌 상태에 있고, 화재 감지기 등의 작동 또는 수동 시동 장치에 의해 개방한다.

demand for reform work 리폼 수요(－需要) 주택이나 오피스 빌딩 등의 개수, 보전 등에 대한 건설 수요.

demarcation 지역 구분(地域區分) ＝classification of area

Deming Prize 데밍상(－賞) 품질 관리의 일인자 W. E. 데밍 박사(미국)의 업적을 기념하여 1951년에 창설된 것으로, 데밍상 본상(개인 대상), 데밍상 실시상(기업이나 기업체 등이 대상), 데밍상 사업소 표창(단일 사업소가 대상)의 종류가 있으며, 통계적인 품질 관리의 이론 및 응용 연구, 그 보급, 그 실시에 대한 표창이다.

demolition 철거(撤去) 재해나 사고 등에 의하지 않고 불필요한 건축물을 의도적으로 제거하는 것. =removal, requidation

demolition cost 해체비(解體費) 기존 건물의 철거에 요하는 비용.

demolition work 해체 공사(解體工事) 건물의 철거 공사를 말한다.

den 덴 개인의 프라이버시가 높은 방 혹은 작업실.

dendrogram 덴드로그램 건축 계획에서의 기능도 표현 방법. 공간의 인접, 상호 관계를 계층적으로 나타낸 것.

Denison sampler 데니슨 샘플러 보링 구멍에서 흙의 시료를 채취하는 데 사용하는 기구.

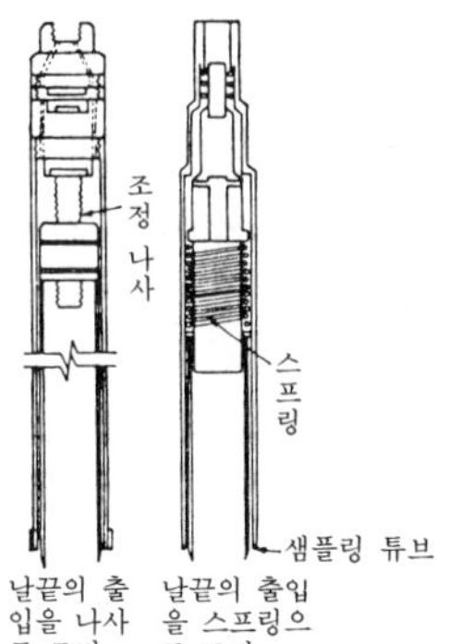

densely built-up residential area 밀집 주택지(密集住宅地) 인구 밀도가 특히 높은 주택지. 일반적으로 1ha당 300인 정도 이상. 저층 목조 노후 주택인 경우가 많다.

density 밀도(密度) 단위 체적당의 질량. 단위 g/cm^3, g/l 등. 그 밖에 어느 양이 면·선상에 분포되어 있는 경에도 사용하고, 단위 면적당, 단위 길이당의 수량으로 나타낸다.

density district 밀도 지구(密度地區) 건축 밀도를 제한하는 지구.

density of annual rings 연륜 밀도(年輪密度), 나이테 밀도(-密度) 목재의 횡단면에 있어서의 방사 방향의 단위 길이당에 포함되는 나이테의 수.

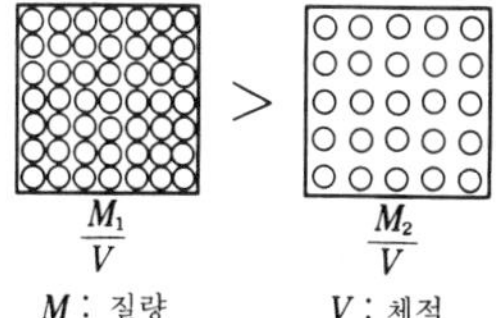

density

density of daytime population 주간 인구 밀도(晝間人口密度) 일반적으로는 어느 지역이나 구역의 단위 면적당의 주간 인구. 건축물의 단위 바닥 면적에 대한 주간 인구인 경우도 있다.

density of dwelling 거주 밀도(居住密度) 주택의 규모와 거주자의 비율을 말한다. 1인당 바닥 면적, 1인당 방의 수, 1실당의 거주 인원 등. =density of habitation →dwelling density

density of dwelling unit 호수 밀도(戶數密度) =dwelling density

density of fire occurrence points 출화점 밀도(出火點密度) 지진 화재 등으로 동시에 다수의 화재가 발생한 경우의, 단위 지역 면적당의 출화점의 수.

density of flue gas pollutants 매연 농도(煤煙濃度) 굴뚝에서 배출하는 매연의 농도. →Ringelmann (smoke) density

density of habitation 거주 밀도(居住密度) =density of dwelling

density of living population 상주 인구 밀도(常住人口密度) 그 지역을 상주지로 하고 있는 총인구의 인구 밀도.

density of night time population 야간 인구 밀도(夜間人口密度) 야간 인구의 단위 면적당 수를 말한다. 주택지의 환경을 나타내는 기본 지표.

density of population 인구 밀도(人口密度) 인구 분포를 나타내는 지표로서, 어느 구역 내의 인구수를 그 구역의 토지 면적으로 나눈 값. 도시 계획에서는 일반적으로 단위로서 인(人)/ha를 쓴다. 토지 면적의 범위를 잡는 데 총인구 밀도, 순인구 밀도, 또 측정 시점을 잡는 데 주간 인구 밀도, 야간 인구 밀도 등의 종류가 있다. →population density

density transfer 용적 이전(容積移轉) 부지(敷地)간에서 기준 용적의 일부를 이동

시키는 것.

department store 백화점(百貨店) 의식주에 관한 여러 종류의 물품을 판매하는 종합적인 대규모 소매업, 또는 그 시설을 말한다.

department system 교과 교실형(教科教室形) 학교 운영 방식의 하나로, 교과마다 전용의 교실을 두는 형. 이른바 보통 교실이라고 불리는 교실을 만들지 않는 형. 각각의 교과에 적합한 시설과 분위기가 갖추어져 있으므로 학습의 효과는 좋아지지만 교실간의 이동 횟수가 많아지고, 학교 생활의 근거지를 잃게 되는 결점이 있다.

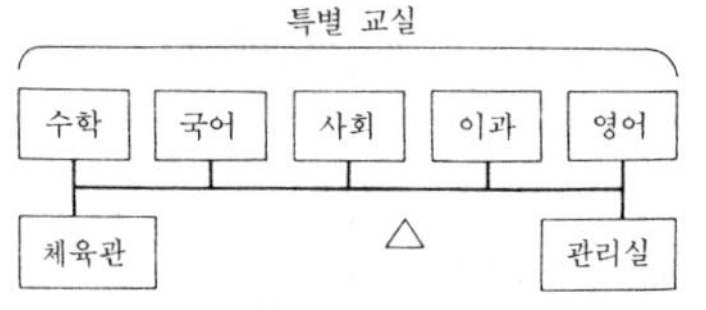

depature 경거(經距) 직각 좌표에 있어서의 어느 측선(測線)의 동서축으로의 투영 길이.

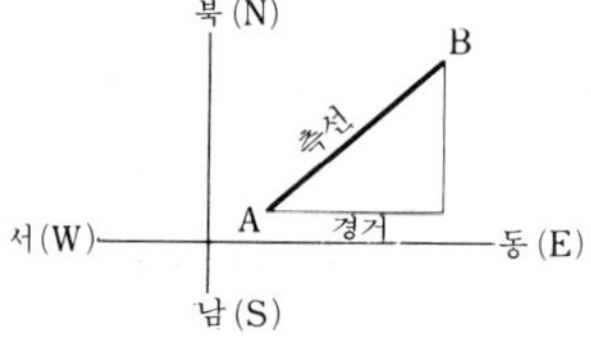

depopulation 과소(過疎) 인구 감소로 인해 일정한 생활 수준을 유지하기 어렵게 된 상태.

depopulation drain 과소화(過疎化) 지역의 인구가 감소하여 그 지역의 사회 시스템이 종래의 수준을 유지할 수 없게 되어 주민이 여러 가지 생활상의 불편을 회피할 수 없게 되는 상태.

deposited metal 용착 금속(溶着金屬) 용접에 의해 용가재에서 모재로 용착한 금속을 말한다.

deposited metal test specimen 용착 금속 시험편(溶着金屬試驗片) 시험하는 부분이 모두 용착 금속으로 이루어지는 시험편.

deposit library 보존 도서관(保存圖書館) 보존 기능에 중점을 둔 도서관. 하나 또는 복수의 도서관이 이용 빈도가 저하한 자료를 가져와서 효율적인 보관과 이용을 목적으로 한다.

deposits 저질(底質) ＝bottom materials

depreciation 감가 상각(減價償却) 건축물, 기계 설비 등의 고정 자산은 거의 경과 연수에 따라 가치를 감소하고 내용 수명에 이르면 그 가치는 0으로 되든가 혹은 스크랩 가치 등의 매우 작은 값으로 된다. 그 감가분을 매기의 기업 수익 기타 소득에서 회수하고 유보하는 것을 말한다. 고정 자산의 감소분을 유동 자산으로 대치하는 절차이다. 감가 상각에는 여러 가지 방식이 있다. 유지해야 할 자본 가치를 당초의 명목 투자액으로 하는 것, 갱신시에 있어서의 물가 수준으로 평가하는 것 등이 있고, 또 당초의 투자액뿐만이 아니라 경년 중도에 투입된 큰 수선비도 아울러 상각의 대상으로 하는 것도 있다.

depreciation asset 상각 자산(償却資産) 감가 상각비가 세법의 규정에 의한 소득 계산상 손금(損金) 또는 필요 경비에 산입되는 기계 등의 자산.

depreciation (by aging) 경년 감가(經年減價) 건축물 등 내구재의 가치가 경년과 더불어 감가해 가는 것. 물가 변동에 의한 중도에서의 자산 가치 재평가는 생각하지 않는 것이 보통이다.

depreciation coefficient 감광 계수(減光係數) 연기의 농도를 나타내는 척도. 감광 계수를 C_s로 하면

$$C_s = \frac{2 \times 3025}{l \cdot \log(I_0 / I)}$$

여기서, I_0 : 투사광의 강도, l : 연기 속의 거리, I : 투과광의 강도.

depreciation cost 감가 상각비(減價償却費) 고정 자본의 감가 상각분으로서 계상한 비용. 건축 공사에서는 가설물이나 기계 기구 등의 손료에 포함되는 외에 본점 등 사옥의 감가 상각비가 일반 관리비 속에 포함된다.

depreciation curve 감가 곡선(減價曲線) 내구재의 가치가 경년과 더불어 감가해 가는 모양을 나타내는 곡선. 감가 상각의 방법에 따라서 여러 가지 곡선이 상정되며, 반드시 실제의 시장 가격의 변동에 대응하지 않는다.

depreciation expense 감가 상각비(減價償却費) 건축물 · 기계 설비 등, 가치의 저하에 따라 회계기마다 계상하여 순차 상각해 가는 비용. 건축물 · 기계 등에 대해서 각각 정해진 내용 연수에 따라서 정액법 · 정률법 등의 계산법이 있다.

depreciation expense of house 가옥 감가 상각비(家屋減價償却費) 가옥 건설 자

본의 소모를 경비로서 내용 연한(신축되고부터 멸실까지의 기간)에 따라 손익 계산에 부담시킴으로써 보전(補塡)하는 비용을 말한다.

depreciation factor 감광 보상률(減光補償率) 광원으로부터의 광속수는 광원의 수명과 더불어 감소하고, 또 광원 표면·반사면 등의 먼지(보수 상태)에 의해서도 감소한다. 이 감소의 비율을 말한다. 조명 설계시에 예상해 둘 필요가 있다.

기구 예	감광 보상률 D		
	보 수 상 태		
	양	중	부
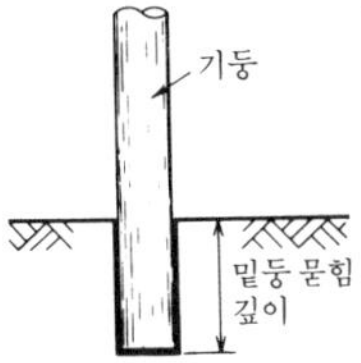	백 열 전 등		
	1.3	1.5	1.8
	형 광 등		
	1.4	1.7	2.0

depreciation index 감가 지수(減價指數) 감가 상각에 있어서의 감가의 율을 지수화한 것. →price index

depreciation period 감가 상각 기간(減價償却期間) 감가 상각 자산의 감가 상각을 계상하는 기간. 통상 법정 내용 연수에 따른다.

depressed 하프 컷 =half cut

depth 안기장 안길이 부분 또는 그 치수. 겉보기에 대해서 말한다.

depth of embedment 밑둥묻힘깊이 지표면에서 기초 슬래브 하단까지의 굴착 길이를 말한다.

depth of neutralization 중성화 깊이(中性化—) 콘크리트 표면에서 내부를 향해 측정한 중성화하고 있는 부분의 깊이. 검출에는 페놀프탈레인의 1%알코올 용액(물을 약 15%)이 포함된 것을 사용한다.

depth of plastering 바름두께 회반죽, 모르타르 등의 바름벽 바름층의 두께를 말한다. =plaster thickness

derelict land 황폐 지구(荒廢地區) = blighted area

derivative (control) action 미분 동작(微分動作) 미분 제어에 있어서의 편차의 변화에 비례하는 이른바 미분 신호를 받아서 조작부가 하는 동작.

derrick 데릭 짐을 달아 올리거나, 이동을 하는 기계 장치. 가이 데릭(guy derrick), 3각 데릭(stiff-leg derrick)이 있다.

derrick crane 데릭 크레인 =derrick

derrick mast 데릭 마스트 회전식의 스텝 위에 부착되어 가이 로프 또는 레그로 상부를 받혀 세워져 있는 마스트를 말한다. →guy derrick

derrickstep 데릭스텝 데릭 마스트의 받침대. →guy derrick

desiccating agent 건조제(乾燥劑) ① 공기 중이나 재료 중의 수분을 제거하기 위해 사용하는 시제(試劑). ② 건조가 더딘 유성 니스 등에 첨가하여 건조를 촉진하는 금속 비누 등의 첨가제. =drying agent

design 도안(圖案)[1], 설계(設計)[2] (1) 공예품, 미술품 혹은 일반 공작물을 만들기 위해 그 물건의 용도, 재질, 제작법, 형상, 문양, 색채, 배치, 조명 등의 의장이나 생각을 그림 상에 설계 표현한 것.
(2) 건조물(건물, 환경, 도시 기타 공작물)을 실제로 실현 완성하기 위한 계획. 건축에서는 건물의 배치, 평면, 단면, 입면, 구조, 설비 등 각각의 계획을 도면에 나타내고, 또 시방서에 도면으로 표현할 수 없는 것을 기록 표현하여 설계 도서를 작성하는 것.

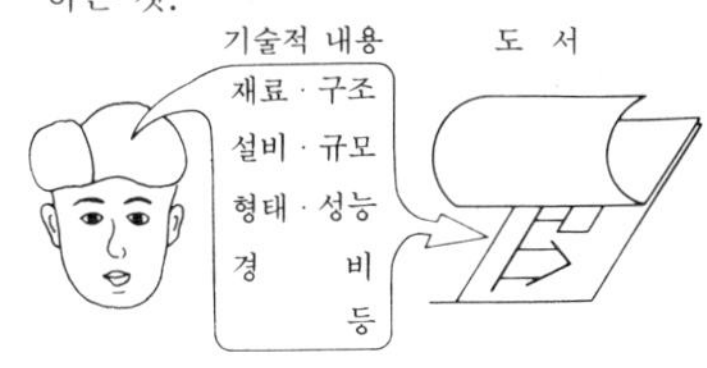

design and build 설계 시공(設計施工) 건설 업자가 설계와 시공을 동일 조직 내에서 하는 것.

design and supervision 설계 감리(設計監理) 건축 공사에 필요한 도면 및 시방서 등의 설계 도서를 작성하고, 그 공사가 설계 도서대로 이루어져 있는지 어떤지를 확인하는 작업. 넓은 뜻으로는 건축 기획

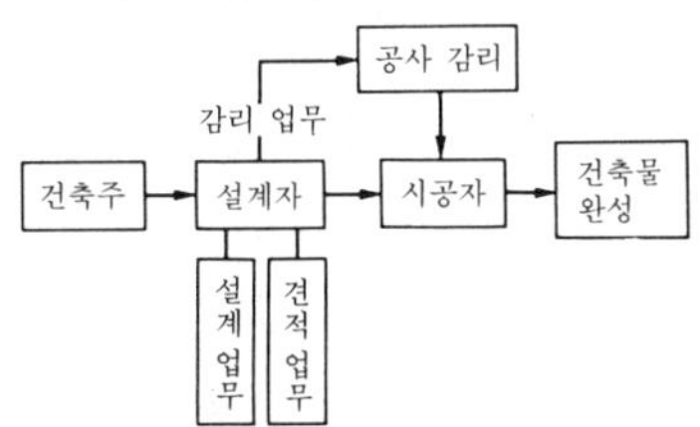

에 대한 협력 및 계획 자료의 작성, 공사 계약에 관한 협력, 시공 중의 지도, 감독의 작업도 포함된다.

designation of replotting 환지 지정(換地指定) 토지 구획 정리에서 각 권리자가 토지를 사용할 수 있도록 환지 설계에 따라서 가옥 이전 등의 예정지를 지정하는 것을 말한다.

design competition 설계 경기(設計競技) 복수의 설계자로부터 안을 모집하고, 심사에 의해 적절한 설계안을 선정하는 것. 지명된 자에게만 응모시키는 지명 설계 경기와 자격이 있으면 누구라도 참가할 수 있는 공개 설계 경기가 있다.

design contract 설계 계약(設計契約) 건축물의 설계를 하여 설계 도서를 작성하는 위임 계약. 감리를 포함하여 설계 감리 계약을 하는 경우도 있다.

design drawing 설계도(設計圖) 설계 도서에 속하는 것으로, 설계자의 의지를 일정한 규약에 따라서 도면으로 나타내는 것. →design

designed daily traffic volume 계획 교통량(計劃交通量) 도로폭 등의 규격, 철도의 규격, 운행 계획 등을 책정하기 위해 사용하는 장래 추계 교통량. →design volume

designed value 설계값(設計－) 계획에 있어서 목적을 달성하는 데 필요하다고 계량되고, 그 설계에 주어지는 수치. 부재 치수, 설비 용량 등에서 삼각량이나 환경 성능 예측까지를 포함한다.

designer 설계자(設計者) 건축주의 의뢰에 따라 전문적인 기술과 창의에 의해 건축물·공작물의 설계 도서를 작성하는 사람을 말한다.

design fatigue life 설계 수명(設計壽命) 피로 설계를 위해 특정되는 피로에 대한 부재나 접합부의 수명의 값.

design fee 설계료(設計料) 설계 업무에 대하여 지불되는 보수. 넓은 뜻으로는 감리 업무에 대한 보수도 포함한다.

design for the competition 경기 설계(競技設計) 복수의 설계자에게 안을 제출케 하여 심사에 의하여 적절한 설계안을 결정하는 설계 경기에 응모하기 위해 작성된 설계.

design inside temperature and humidity 설계용 실내 온습도(設計用室內溫濕度) 건축 설비에서의 장치 용량 산정을 위한 실내 온도, 습도 조건을 말한다. 쾌감 공기 조화, 공업용 공기 조화 등 대상에 따라서 조건도 다르다.

design internal pressure 설계 내압(設計內壓) 공기막 구조에서 외하중에 대응하여 설정된 구조체 내부의 공기압(내압). 자중이나 마감 하중 등에 대한 상시 내압, 강풍시 내압, 적설시 내압 등이 있다.

design load 설계 하중(設計荷重) 구조물의 설계시에 설정되는 하중 또는 외력으로, 장기 하중과 단기 하중으로 나뉜다.

design of durable building 내구 설계(耐久設計) 특히 긴 내용 연수(계획 내용 연수 100년 등)를 기대하는 건축물에 대한 설계. 철근 콘크리트 공사에 대해서도 한 단계 높은 내구성을 목표로 한다.

design of experiment 실험 계획법(實驗計劃法) 어느 현상에 영향을 갖는 요인이 많은 문제를 실험에 의해 명백히 하고자 할 때 합리적으로 시험체의 파라미터를 결정하는 방법.

design of vibration-isolation 방진 설계(防振設計) 방진을 위해 가장 효율적이라고 판단되는 방법에 의한 설계.

design organization 설계 조직(設計組織) 건축 설계를 하는 조직체. 건축사 사무실, 건설업 건축 설계부, 관공서의 영선 부서 등이 있다. ＝design team

design outdoor temperature and humidity 설계용 외기 온습도(設計用外氣溫濕度) 건축 설비에서의 장치 용량 산정을 위한 외기의 온도, 습도 조건을 말한다. 일반적으로 초과 위험률 2.5～5.0%의 값을 쓴다. →design inside temperature and humidity

design policy 디자인 정책(－政策) 개개의 디자인이 전제로 하는 일관된 그 디자인에 대한 사상, 방법 등의 총칭.

design quantity 설계 수량(設計數量) 설계도에 도시되어 있는 네트의 재료 수량. 건축 공사의 적산에서는 내역서에 원칙으로서 설계 수량을 계상하는 것으로 되어 있다. →estimated amount

design reliability 목표 신뢰도(目標信賴度) 한계 상태 설계법에서 설정하는 신뢰성의 목표값.

design review 디자인 리뷰 설계의 각 단계(기획·기본 설계·실시 설계)에서 설계 내용을 재검토하는 것. 설계 품질의 적절성을 확인하기 위해 의장·기능·생산성·비용 등에 대한 평가를 한다.

design seismic coefficient 설계 진도(設計震度) 설계용 지진 하중을 정하기 위해 특정된 진도의 값.

design speed 설계 속도(設計速度) 차의 안전한 주행에 관한 도로의 구조(곡률, 경사 등)를 설계하기 위해 쓰이는 속도.

design standard 설계 기준(設計基準) 설

계 목표를 달성하는 표준적인 절차를 나타낸 규정.

design stress 설계 응력(設計應力) 고정 하중, 적재 하중, 적설 하중, 풍압력, 지진력 등의 각종 설계 하중에 의한 응력의 조합을 장기(상시)와 단기(적설시, 폭풍시, 지진시)에 대해서 생각했을 때의 가장 불리한 응력을 말하며, 단면은 이에 대해서 산정한다.

design survey 디자인 서베이 신제품을 만드는 경우, 그 디자인을 위해 사회의 동향이나 사람의 생각을 조사하는 것. 또 건축 설계를 하는 경우는 그 건물이 세워지는 거리 등의 현상 조사를 하는 것.

design team 설계 조직(設計組織) =design organization

design tile 디자인 타일 주로 실내의 벽·바닥에 사용되는 내장용 도기질의 문양이 있는 타일.

design velocity pressure 설계 속도압(設計速度壓), 설계 속도 압력(設計速度壓力) 설계용 풍하중을 정하기 위해 특정되는 속도 압력의 값. 최대 순간 풍속에 따르는 방법과 평균 풍속에 따르는 방법의 두 가지가 있다.

design volume 설계 교통량(設計交通量) 도로의 설계에 사용하는 교통량을 말한다. 대상이 되는 교차점, 접속로 등을 통과하는 것으로 예측되는 장래 교통량으로, 일반적으로 시간 교통량으로 나타낸다. →designed daily traffic volume

design wave height 설계 파고(設計波高) 해양 건축물의 구조 설계에 쓰이는 파고.

design weather data 설계용 기상 자료(設計用氣象資料) 건축 설비에서의 장치 용량 산정을 위한 기상 자료(데이터)를 말한다. 온습도, 일사량 등이 주요 자료이다. →weather data

design wind speed 설계 풍속(設計風速) 내풍 설계의 설계 목표를 달성하기 위해 특정되는 풍속의 값.

desk 책상(冊床) 사무용·학습용의 책상. 갑판 한쪽에 서랍이 있는 것을 편수 책상, 양쪽의 것을 양수 책상이라 한다.

desorption 탈착(脫着) 고체, 액체가 기체를 흡착하고 있는 상태에서 원래의 상태로 되돌아가는 현상. 수증기의 탈착 현상은 이것을 흡착하고 있던 물체의 건조를 말한다.

desorption moisture 방습(放濕) 건조한 공기 중에 둔 습한 재료 내에서 수증기가 유출하여 재료의 함습률이 감소하는 현상을 말한다.

dessin 소묘(素描) 목탄, 연필, 펜 등으로 그리는 선화(線畵).

destruction 멸실(滅失) 재해, 철거, 자연 도괴 등에 의해 건축물이 없어지는 것. →disappeared building

destructive test 파괴 시험(破壞試驗) 재료, 부재 혹은 구조물이 파괴되기까지 하는 시험.

desulfurization 탈황(脫黃) 연료의 연소에 따라서 대기 중에 배출되는 유황 산화물을 저감하기 위해 연료 중의 유황분 또는 배출 가스 중의 유황 산화물을 제거하는 것.

detached dwelling 단독 주택(單獨住宅) =detached house

detached house 단독 주택(單獨住宅), 독립 가옥(獨立家屋) 1대지, 1동에 주택이 한 채인 독립한 주택. 1동에 두 채 이상의 주택이 있는 연립 주택·연속 주택·공동 주택에 대응하는 용어.

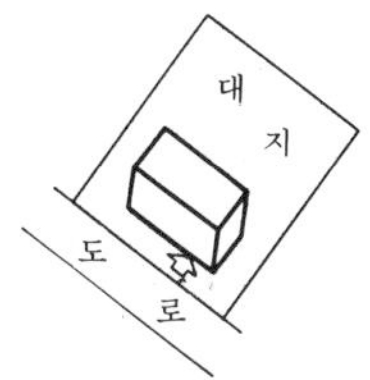

detail 디테일 전체에 대해서 특정 부분의 상세를 말한다. 도면화한 것을 상세도라 한다.

detail drawing 상세도(詳細圖) 상세를 도면으로 나타낸 것. 건축 설계도에서는 축척 1/20 내지 현 치수로 그린다. 단지 상세라고도 한다.

detailed bill of quantities for trade sections 공종 공정별 내역 명세서(工種工程別內譯明細書) 공종 공정별로 공사 과목과 공사 세목을 설정하는 내역 명세서.

detailed cost item 원가 세목(原價細目) 공사 원가를 계산하는 경우에 사용되는 최소의 단가 항목.

detailed district development plan 지구 정비 계획(地區整備計劃) 지구 계획의 방침에 따라 지구 시설의 배치 및 규모, 건축물 등의 제한, 토지 이용의 제한에 관한 사항을 정하는 계획.

detailed district plan 지구 상세 계획(地區詳細計劃) =Bebauungsplan

detailed item of trade 공사 세목(工事細目) 공사비 내역서에서의 최소 단위로 직접 단가를 곱할 수 있는 공사 비용 요소. 공종별의 내역서에서는 일반적으로 재료, 공사를 합친 공사비가 된다. →item of trade

detailed items [of bill of quantities] 세목(細目) =detailed item of trade

detailed statement of itemized costs 세목 내역서(細目內譯書) 세목의 항목을 명시한 상세한 내역 명세서.

detail estimate sheet 내역 명세서(內譯明細書) 공사별의 공비를 더욱 자세하게, 세목별로 구분 기재한 것. 공사비 총액의 산출 근거가 명확해진다.

detail estimation 명세 적산(明細積算) 설계 도서·현장 설명서 등에서 공사 내용을 가능한 범위까지 세분하여 필요 금액을 산정하고, 이들을 집적하여 총공사비를 산정하는 것.

detail surveying 세부 측량(細部測量) 측점(測點)이나 측선(測線)을 기준으로 하여 그 부근의 건물·수목·문·울타리 등의 고정물 위치를 구하는 측량. 골조 측량에 대한 말이다. 골조 위에 세부 측량의 결과를 겹치면 평면도나 지형도가 만들어진다. →skeleton surveying

detecting tube 검지관(檢知管) =gas detector tube

detector 감지기(感知器) 각종 사상(事象)을 검출하는 기기. 전기 설비에서는 화재 발생 사상의 검출기를 가리키는 경우가 많다.

detention period 체류 기간(滯留期間) 하수 처리에서 탱크의 유효 용량을 1일당의 탱크 유입(오수, 오니)량으로 나눈 값을 체류 일수로 하고, 1시간당의 탱크 유입량으로 나눈 값을 체류 시간이라 한다.

detention time 체류 시간(滯留時間) → detention period

deteriorated area 악화 지구(惡化地區) 도시에서 물적인 환경이나 기능이 현저하게 저하하여 정비 개선을 요하는 지구. 실업이나 범죄의 증가 등 사회 경제 조건이 쇠퇴 악화하면 황폐 지구가 된다. =deteriorating area

deteriorated house 불량 주택(不良住宅) 불량 주택 개량 지역 내의 주택.

deteriorating area 악화 지구(惡化地區) =deteriorated area

deterioration 손모(損耗)[1], 열화(劣化)[2], 노후화(老朽化)[3] (1) =damage (2) =degradation (3) 시설이나 설비 등이 낡아서 기능이 열화하는 것. =dilapidation

Deutsche Industrie Normen 독일 공업 규격(獨逸工業規格) 공업 제품을 위한 독일 국가 규격. =DIN

Deval test 드발 시험(-試驗) 콘크리트용 골재의 경도, 마모 저항을 살피기 위한 시험 방법. 쇄석의 원석 시험에 이것을 쓴다. 30°로 경사시킨 강철제 원통 속에 골재와 강구(鋼球)를 넣고, 매분 30회 정도의 속도로 1,000회전시켜 마모된 골재의 중량을 측정한다.

developable curved surface 가전개 곡면(可展開曲面) 평면으로 전개할 수 있는 곡면. 원통면이나 원뿔면은 가전개 곡면이다.

developer 디벨로퍼 도시·지역 재개발이나 택지·별장지의 개발을 중심 업무로 하는 기업체. 개중에는 맨션이나 주택 건설과 판매를 계통적으로 업으로 하는 업자도 있다.

development 전개도(展開圖) =development elevation

development activity 개발 행위(開發行爲) 토지를 이용할 수 있는 형태로 변경하는 것.

development control 개발 규제(開發規制) 도시 활동의 안전성이나 기능성 등을 확보하고 쾌적성을 향상시키기 위해 건축, 개발 행위 및 토지 이용의 변경 등을 제한 또는 유도하는 도시 계획적인 토지 이용 규제의 일종.

development elevation 전개도(展開圖) 건물 내부의 입면도. =extend elevation

development expenses 개발비(開發費) 상품, 공법(구법), 기술, 소프트웨어 등의 개발에 요하는 비용. 특정한 성과가 얻어진 것에 대해서는 경리상으로는 자산으로서 감가 상각의 대상으로 다루어진다.

development plan 개발 계획(開發計劃) 미개발 지역의 토지를 고도로 이용한다든지, 천연 자원을 개발하기 위한 계획.

deviator strain energy 편차 변형 에너지(偏差變形-) 편차 변형에 의해서 탄성체 내에 축적되는 에너지. 체적의 변화에 관계하지 않고, 탄성체의 형상을 변화시키는 것에 대응한 변형 에너지.

deviatric strain 편차 변형(偏差變形) 탄성체의 임의점에서 그 변형에서 전방향으로 고른 변형 성분을 뺀 나머지 변형. 이 변형은 편차 응력에 비례하고 있다.

deviatric stress 편차 응력(偏差應力) 탄성체의 임의점에 있어서 그 응력에서 전방향으로 고른 정압적(靜壓的) 응력 성분을 뺀 나머지 응력. 이 응력은 편차 변형에 비례하고 있다.

devided replotting 분할 환지(分割換地) 토지 구획 정리 사업에서 1필지의 종전 부지에 대하여 2 또는 그 이상의 필지수로 분활된 환지.

dew condensation 결로(結露) 벽이나 토방에 수분이 응결 부착하여 이슬을 맺는 것을 말한다.

dewelling 과밀 주거(過密住居) 거주 밀도가 일정 한도를 넘은 상태를 말한다. =overcrowding

dew point 노점(露點) 공기의 온도가 내려갈 때 공기 중의 수증기 압력이 포화 수증기 압력에 이르는 온도. →dew point temperature

dew point humidity control 노점 습도 조정(露點濕度調整) =dew point temperature control

dew point hygrometer 노점계(露點計), 노점 습도계(露點濕度計) 공기의 노점 온도를 검지함으로써 그 습도를 구하는 계기를 말한다.

dew point temperature 노점 온도(露點溫度) 어느 공기가 노점으로 되는 온도.

dew point temperature control 노점 온도 제어(露點溫度制御) 실내의 습도를 제어하는 장소에서 검출한 노점 온도에 의해 제어를 하는 방법. =dew point humidity

dew proofing 이슬 방지(-防止), 결로 방지(結露防止) 배관 등의 결로(結露)를 방지하는 것. 저온 물체의 표면 온도가 고온 공기의 노점 온도 이하로 내려가지 않도록 보온한다. →condensation, heat insulation

diagonal 경사재(傾斜材) 트러스의 상하양 현재(弦材)를 연결하는 부재 중에서 경사한 부재. =diagonal member

diagonal bracing 가새 골조의 변형을 방지하기 위하여 대각선 방향으로 넣는 경사재.

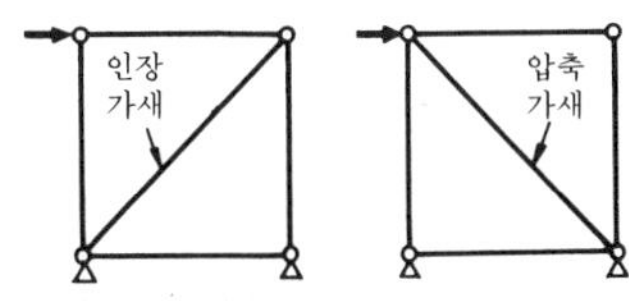

diagonal hoop 다이애거널 후프 철근 콘크리트 기둥의 주근 상호를 대각선상으로 이은 보강근. 주근의 위치를 고정하기 위한 후프근의 여러 단마다 넣는다.

diagonal member 경사재(傾斜材) =diagonal

diagonal reinforcement 빗철근(-鐵筋) 철근 콘크리트의 벽·바닥 슬래브·기초 슬래브 등에 경사지게 배치하여 보강한 철근. 그림은 기초의 배근 예이다.

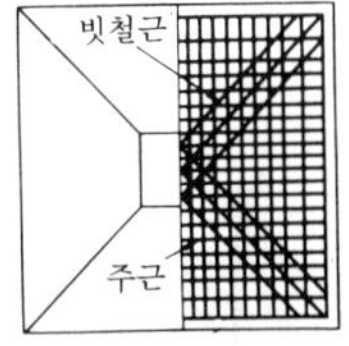

diagonal reinforcement for corner of opening 우각부 보강(隅角部補强) 철근 콘크리트벽의 개구 우각부에 생기기 쉬운 경사 균열을 방지하기 위해 균열 발생 방향에 대하여 거의 직각으로 배치한 철근. →reinforcement for opening

diagonal rib 대각선 리브(對角線-) 강구조 부재의 패널 존 등에서 전단 변형을 방지하기 위해 그 부분의 대각선 방향으로 대는 보강용 강판.

diagonal stress 사응력(斜應力) 휨 모멘트에 의한 인장 응력과 전단 응력과의 합성 응력. =oblique stress

diagonal tensile stress 사장 응력(도)(斜張應力(度)) 빗장력(사장력)에 의한 인장 응력도.

diagonal tension 빗장력(-張力), 사장력(斜張力) 부재가 전단력을 받을 때 웨브에 경사 방향으로 생기는 인장력.

diagonal tension crack 전단 균열(剪斷龜裂) 전단력에 기인하는 균열. 기둥, 벽 등에서는 보통 재축(材軸)과 경사 방향으로 발생하는 균열. =shear crack

diagram 도표(圖表)[1], 다이어그램[2] (1) 문장, 수식으로 설명하기가 곤란한 내용을 그림이나 기호를 사용한 시각적인 전달 방식으로 알기 쉽게 표현한 것.
(2) 건물의 설계 취지, 배치, 구성, 시스템 등을 알기 쉽게 설명하기 위한 간략화한 그림.

diagram in orthographic projection 정사영도(正射影圖) 구면(球面)상의 도형을 정사영으로 평면에 2차원화한 그림. →orthographic projection diagram

diagram in stereographic projection 극사용도(極射影圖) 구면(球面)상의 도형을 극사영으로 평면에 2차원한 그림.

diagram of normal transformation 직각 변위도(直角變位圖) 기구(메커니즘)의 변위 해석에서 사용하는 도해법. 실제의 변위를 90도 회전하여 그린다. 독립의 부재각과 종속 부재각의 관계 등을 정량적으로 정할 수 있다.

dial gauge 다이얼 게이지, 다이얼 인디케이터 접촉단(그림의 최하단)의 변위를 톱니바퀴에 의해 길이의 변화 변위 등을 정밀하게 측정하기 위한 계기. 원판 눈금을 갖추고, 통상 1눈금이 0.01mm, 0.001mm로 매겨져 있다.

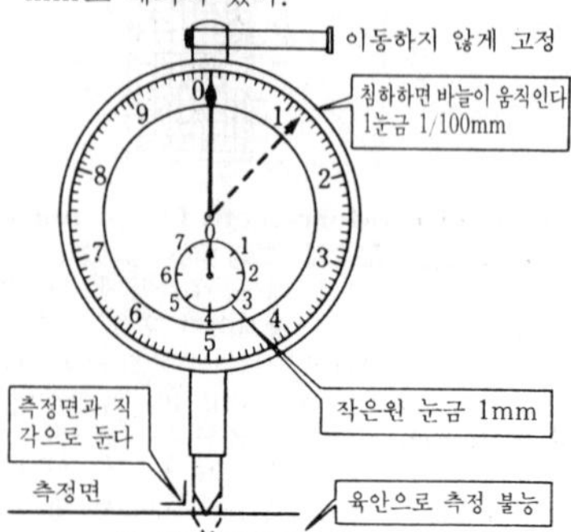

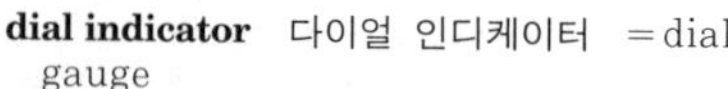

dial indicator 다이얼 인디케이터 =dial gauge

dial lock 다이얼 자물쇠 열쇠를 사용하지 않고 문자나 숫자를 맞추어 여는 자물쇠.

diamond cutter 다이아몬드 절단기(-切斷機) 드럼 끝에 인공 다이아몬드를 부착하고, 이것을 회전하면서 콘크리트나 철판 등의 단단한 재료를 절단하는 기계.

diamond drill 다이아몬드 드릴 공업용 다이아몬드 알갱이를 매트릭스 합금으로 결합한 날을 사용한 드릴. 콘크리트 코어 채취나, 직경이 큰 구멍을 암석에 뚫는 경우에 사용한다.

diamond paving 마름모 깔기, 다이아몬드 무늬 깔기 판석(板石)이나 기와를 깔 때 정방형의 것을 건물의 변과 45도 각도로 까는 것.

diamond wire saw 다이아몬드 와이어 톱 공업용 다이아몬드를 매트릭스 합금으로 결합한 날을 다수 와이어를 통하고, 이것을 움직여 석재, 철근 콘크리트 부재 등을 절단하는 톱.

diaphragm 다이어프램 ① 철골 부재를 조합시킨 구조의 수평인 스티프너를 말한다. ② 셸 구조에서의 보강재. 셸 부분의 합각머리부의 보강재 및 지점(支點) 중간부에 두는 격벽.

diaphragm pump 막 펌프(膜-), 격막 펌프(隔膜-) 펌프막의 상하 운동에 의해 액체의 흡상(吸上), 배출 작용을 하는 형식의 펌프. 가솔린 기관의 연료 펌프 등으로 이용된다.

diastrophism 지각 변동(地殼變動) 조산(造山) 운동, 조륙(造陸) 운동, 화산 활동 등에 의해 지각이 변형이나 변위하는 것.

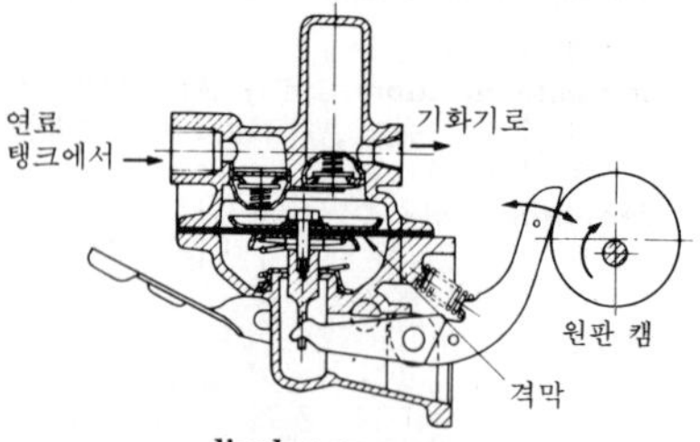

diaphragm pump

diatomaceous earth 규조토(硅藻土) 규조류의 유체가 퇴적하여 생긴 다공질의 흙. 함수 규산을 주성분으로 한다. 단열재, 여과재, 물유리의 원료, 시멘트 혼합재 등으로 사용한다.

die 다이, 다이스 가공용 형의 총칭. 금속재료를 늘려서 관, 선, 막대 등으로 성형할 때의 금형, 단조용 금형, 고무, 플라스틱의 관의 압출 제조에 사용하는 금형. 형강을 기계로 절단할 때, 또는 리벳 구멍을 따낼 때의 부재를 받는 금형 등이 있다.

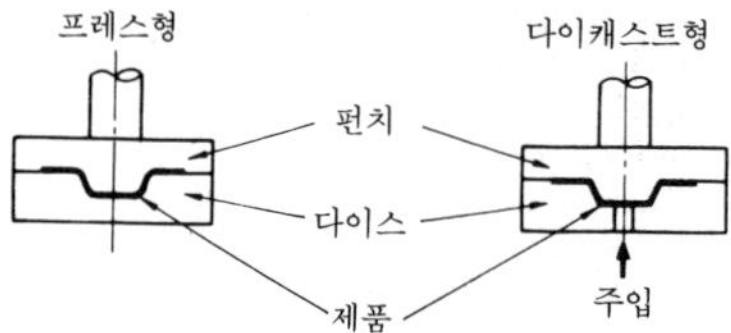

die casting 다이 캐스트 양산용의 금속제 주형을 사용하는 주조법. 또는 이에 의해서 만들어진 주물. 형상이 복잡하고 정밀을 요하는 두께가 얇은 주물의 제작에 적합하다. 알루미늄, 아연 합금 등의 주조에 널리 쓰인다.

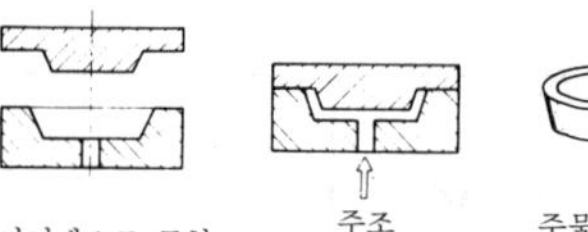

dielectric-heat seasoning 고주파 건조(高周波乾燥) 목재를 고주파 전계 중에 두면 재료의 중심부가 내부 가열에 의해 외부보다도 증기압이 높아진다. 이 증기압의 차에 의해 목재를 급속히 건조하는 방법. 섬유 포화점 이하가 되어도 건조 속도가 저하하지 않는다.

dielectric strength 절연 내력(絶緣耐力) 전기적 절연물의 절연의 세기. 파괴 전압의 크기로 나타낸다.

dies 다이스 =die

diesel engine 디젤 기관(-機關) 압축된 실린더 내의 공기 중에 연료를 분사하고, 자연 착화에 의한 연소를 시켜 동력을 얻는 기관.

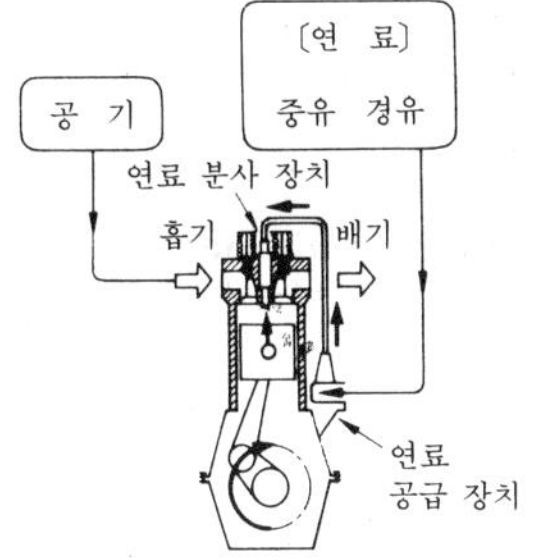

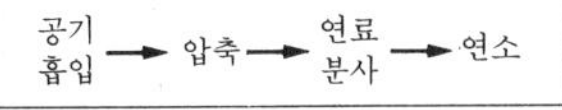

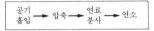

diesel engine driven generator 디젤 발전기(-發電機) 디젤 기관을 원동기로 하는 발전기.

diesel pile hammer 디젤 말뚝 해머 디젤 기관에서의 피스톤의 낙하와 실린더 내의 연소 폭발을 타입력으로 이용한 말뚝 박기 기계.

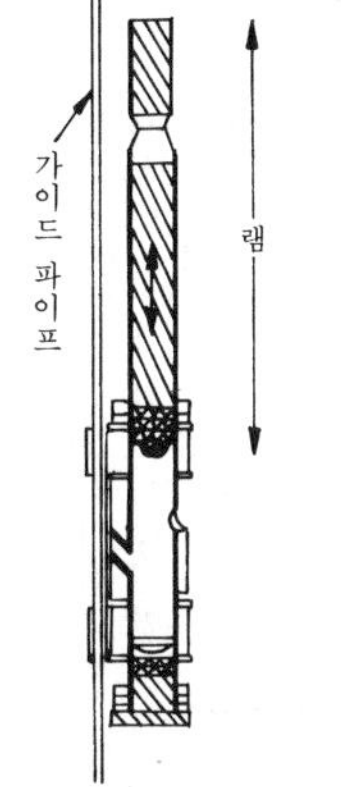

difference method 차분법(差分法) 연속체, 유체, 열 등에 관한 현상의 수치 해석 수법의 하나. 지배하는 미분 방정식의 미분을 차분에 의해 근사하고, 연립 방정식을 푸는 방법.

difference of diffused air temperature 분출 온도차(噴出溫度差) 분출구에서 분출하는 공기와 실내 공기의 온도차. 이것을 너무 크게 하면 실내 온도 분포에 불균일이 생긴다.

difference of sound pressure level 음압 레벨차(音壓-差) 음압 레벨의 차.

differential control 미분 제어(微分制御) 기본적인 자동 제어의 하나. 제어 목표값과 실현값의 차(편차)의 시간적 변화에 비례하는 제어 신호를 조작부에 주어 미분 동작을 일으키게 하여 실현값이 목표값에 이르는 지연 시간을 작게 하는 것을 목적으로 하는 제어.

differential manometer 차동 마노미터(差動-) 압력차를 재는 계기. 가장 간단한 것은 U자관 압력계이다. =differential pressure gauge

differential perceiver 차동식 감지기(差動式感知器) 화재 감지기의 일종. 주위 온도의 상승률이 소정의 값 이상일 때 동작하는 감지기. 스폿형과 분포형이 있다.

defferential pressure 차압(差壓) 일반적으로는 2점간의 압력차. 공기막 구조에서는 봉지형의 막 혹은 구조체 내부의 압력과 외기압과의 압력차. →air pressure

differential pressure controlling damper 차압 유지 댐퍼(差壓維持-) 방과 방 사이의 차압을 유지하기 위해 공간에 설치하는 댐퍼. 압력이 높은 쪽에서 낮은 쪽으로 흐르는 공기량을 자동적으로 제어하면서 차압을 유지한다. 공기 청정을 유지하는 방에서 사용된다.

differential pressure gauge 압력차계(壓力差計) 기체의 압력차를 측정하는 계기로 가장 간단한 것은 U자관 압력계, 미세한 차를 측정하기 위해 경사 미압계 등이 널리 쓰인다. =differential manometer

differential pressure meter 차압계(差壓計) 2점간의 압력차를 계측하기 위한 장치의 총칭.

differential relay 차동 계전기(差動繼電器) 변압기의 1차측 및 2차측 전류의 차를 검출하여 그 차가 일정한 값 이상이 되면 동작하는 계전기. 변압기의 내부 고장 검출용에 필요하다.

differential settlement 부동 침하(不同沈下) 1구조물의 기초가 경우에 따라서 다른 양의 침하를 하는 것, 또는 그 상대 침하를 말한다.

diffracted sound 회절음(回折音) 회절을 일으킨 다음의 음.

diffraction 회절(回折) 음 또는 광파, 전파 등이 그 진로에 있는 장해물의 가장자리를 돌아서 그 진행 방향을 바꾸는 현상. 장해물의 치수가 그 파장에 가까울 때 일어나기 쉽다.

diffraction theory 회절 이론(回折理論) 구조물 등의 존재에 의해 산란된 파를 대상으로 하는 해석 이론.

diffused lighting 확산 조명(擴散照明) 작업면 또는 대상물로의 빛이 모든 방향에서 입사하도록 한 조명 방식. 지향 조명과 대립하는 방식.

diffused solar radiation 확산 일사(擴散日射) 수평면이 태양을 향하는 입체각 이외로부터 받는 하향 일사. 대기 중의 산란이나 지물(地物)의 반사에 의한 지향성이 약한 일사를 총칭하기도 한다. →diffuse sky solar radiation

diffused (supply) air volume 분출 풍량(噴出風量) 분출구에서 뿜어져 나오는 풍량. 분출 온도차와 관계한다. 실내 환경 위생상 6~8회 정도의 환기 횟수는 필요로 한다.

diffuse-porous wood 산공재(散孔材) 나이테 내에 거의 같은 크기의 도관이 무리를 이룬 채 고르게 산재해 있는 목재.

diffuser 확산체(擴散體) 입사음을 확산 반사시킬 목적으로 만들어진 요철(凹凸)이 있는 모양의 물체.

diffuse reflectance 확산 반사율(擴散反射率) 어느 면에 입사하는 광속 등에 대한 모든 방향으로 반사하는 광속 등의 확산 반사 성분의 비. →diffuse transmittance

diffuse reflection 확산 반사(擴散反射) 반사 복사속(광속, 열복사속 등)이 공간적으로 모든 방향을 향해서 발산하는 반사. =spread reflection

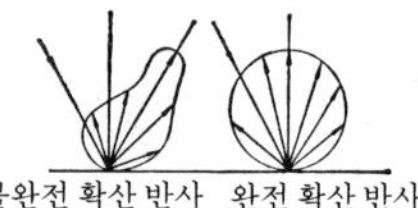

불완전 확산 반사 완전 확산 반사

diffuse sky radiation 천공 방사(天空放射) 대기 중의 공기 분자나 미립자에 의해서 산란된 태양 방사. 비교적 단파장의 방사이다. 구름에 의해서 반사, 확산된 방사를 포함하는 일도 있다. →irradiance of diffuse sky radiation

diffuse sky solar radiation 천공 일사(天空日射) 천공의 일부가 지상의 장해물 등으로 차단되는 경우에 그 부분을 제외하고 실제로 보이는 천공 부분에서 도래하는 확산 일사. =sky radiation, sky solar radiation

diffuse sound 확산음(擴散音) 어느 생각하고 있는 구역에서 에너지 밀도가 고르고, 모든 방향에 대한 에너지의 흐름이 같다고 생각되는 분포를 하고 있는 음.

diffuse sound field 확산 음장(擴散音場) 어느 위치에 있어서나 음의 에너지 밀도가 고르고, 또 모든 방향에 걸쳐서 에너지의 흐름이 같은 확률이라고 간주되는 분포를 갖는 공간. →diffusion

diffuse transmission 확산 투과(擴散透過) 투과 복사속(광속, 열복사속 등)이 공간적으로 모든 방향을 향해서 발산하는 투과.

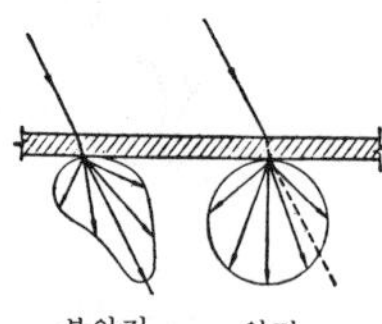

불완전 확산 투과 완전 확산 투과

diffuse transmittance 확산 투과율(擴散透過率) 어느 투과체로 입사하는 광속 등에 대한 모든 방향으로 투과하는 광속 등의 확산 투과 성분의 비를 말한다. →diffuse transmission

diffusing factor 확산도(擴散度) 실내에서의 음의 확산 정도를 나타내는 지표.

diffusing globe 확산 글로브(擴散－) 무광택 유리 기타 빛의 확산 투과체를 사용하여 만든 글로브.

diffusion 확산(擴散) ① 온도가 고르고 일정 공간 내에 어떤 종류의 다른 물질의 혼합 또는 그들 물질이 장소에 따라서 밀도가 달라질 때는 어떤 외력의 작용이 없더라도 시간의 경과와 더불어 그들 물질은 점차 이동하여 밀도가 고르게 되는 현상을 말한다. 기체, 액체 등 사이에 일어난다. 물질이 직접 닿는 경우는 자유 확산, 격막을 통해서 확산하는 경우를 침투(osmosis)라 한다. 이 현상은 분자 또는 원자의 열운동에 의하는 것으로 생각된다. ② 복사가 각 방향으로 발산하는 현상을 말한다.

diffusion burning 확산 연소(擴散燃燒) 가연성 가스가 주위의 공기를 끌어들이면서 산소와 반응하여 고열을 발하고 있는 현상. →diffusion flame

diffusion flame 확산염(擴散炎) 확산 연소하고 있을 때의 화염.

diffusion of light 빛의 확산성(－擴散性) 광속이 공간의 모든 방향을 향해서 발산하는 성질. →luminous flux

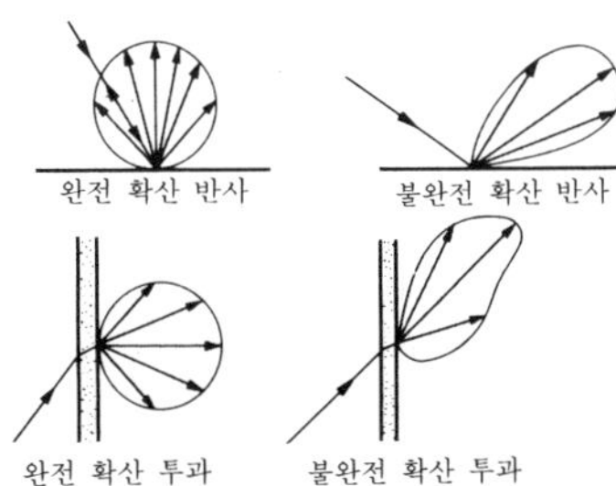

diffusion of light

diffusion of pollutant 오염물 확산(汚染物擴散) 공기 중이나 수중에 입자상 또는 가스상 물질로서 존재하고, 인체를 비롯하여 생활 환경에 악영향을 미치는 유해 물질.

diffusivility 확산성(擴散性) 실내에서 음의 확산을 도모하는 것을 목적으로 사용되는 물체 또는 벽, 천장 마감에 있어서의 요철(凹凸) 체.

digestion tank 정화조(淨化槽) 변소와 연결하여 배설물 또는 배설물과 함께 잡배수를 처리하고, 종말 처리장을 갖는 공공 하수도 이외에 방류하기 위한 설비 또는 시설을 말한다. =on-site wastewater treatment system, septic tank

digital 디지털 어떤 값을 숫자에 의해서 나타내는 것. 컴퓨터에서는 모든 정보가 디지털 신호로 처리되고 있다.

digital dust monitor 디지털 분진계(-粉塵計) 부유 분진에 의한 산란광의 세기를 광전자 증배관을 써서 변환, 증폭하고, 디지털량으로서 계수하여 부유 분진의 상대 농도를 구하는 측정기.

digital private branch exchange 디지털 사설 구내 교환기(-私設構內交換機) 종래의 아날로그 신호에 의한 전화 교환기가 아니고 신호를 모두 디지털화한 교환기. =DPBX

digital telephone 디지털 전화(-電話) 종래에 아날로그 신호로 행해졌던 통신을 0, 1의 디지털 신호로 바꾸어 송수신하는 전화.

digital telephone exchanger 디지털 교환기(-交換機) 전화 자동 교환기의 일종. 전자 스위치에 의해 발신자와 수신자간 통화로의 접속, 개방을 하는 기기. 컴퓨터에 의해 제어된다.

dilapidated dwelling 노후 주택(老朽住宅) 썩고 파손이 심한 주택. 파손의 정도가 소수리를 요하는 것, 대수리를 요하는 것, 위험 또는 수리 불능의 것 등을 구별하고 있는데 이들을 묶어서 노후 주택이라 한다.

dilapidation 노후화(老朽化) =deterioration

diluvium 홍적층(洪積層) 홍적세(지질 시대의 구분으로, 신세대의 최후의 세대) 시대에 쌓인 지층을 말하며, 육상의 퇴적물과 해저의 퇴적물로 나뉜다.

dimension 치수(-數) ① 길이, 척도. ② 건축체를 형성하고 있는 기준의 하나. 건축의 가구체(架構體) 또는 공간은 건축 재료를 기준 치수에 대해서 조합시킴으로써 형성된다. 단지 도면에 기입되는 숫자만을 가리키는 것이 아니고 인체를 기본으로 하여 얻어진 치수와 건물의 단면이 평면의 필요 범위를 결정하는 요인이 된다.

dimensional coordination 치수 조정(-數調整) 건축 설계에서 건축 구성재의 크기 및 상호의 위치 관계를 치수를 적절히 선택하여 합리적으로 조정하는 것.

dimensional stability 치수 안정성(-數安定性) 온도, 습도의 변화에 대하여 재료의 치수, 형상이 안정하고, 변화하지 않는 성질.

dimensioning 치수 기입(-數記入) 도면에 길이·높이·폭 등의 치수 숫자를 표시하는 것. 치수선을 따라서 도면의 아래 또는 오른쪽에서 읽을 수 있도록 기입한다. 치수선을 끊고 기입하는 경우도 있다. 단위는 원칙으로서 mm이며, 단위 기호를 붙이지 않는다. mm 이외는 그 단위 기호를 붙인다. 치수는 외형선에 직접 기입하기도 한다.

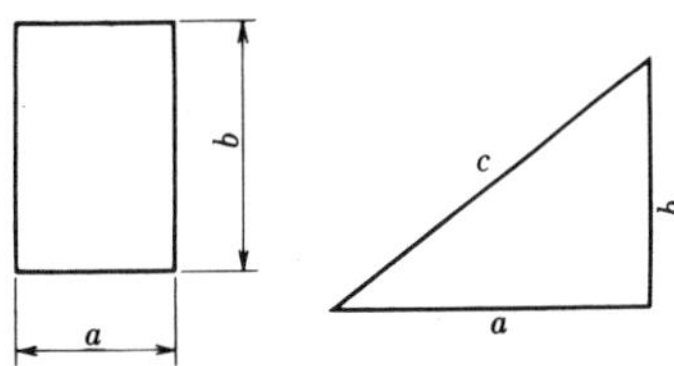

dimensionless number 무차원수(無次元數) 자연 현상에 관계하는 요인을 일반적으로 표시하기 위해서 하는 차원 해석이나 기초 방정식의 무차원화일 때 얻어지는 차원을 같지 않는 물리량을 말한다. 예를 들면 레이놀즈수, 프랜틀수, 그라스호프수 등.

dimension line 치수선(-數線) 간극, 폭, 거리, 높이, 두께 등의 치수를 기입하기 위해 나타낸 선. 보통 그 중앙에 치수 숫자나 기호(l, d 등)를 기입하고 양단은 화살표 또는 점으로 범위를 나타낸다.

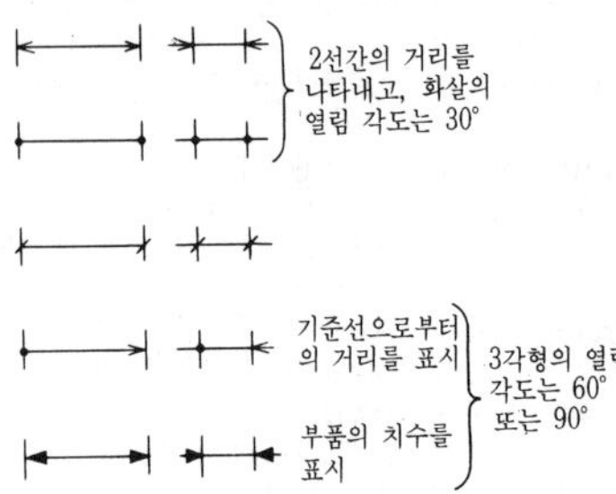

dimension line

dimension tolerance 치수 허용차(-數許容差)[1], 치수 공차(-數公差)[2] (1) 건축 재료 등에서 기준 치수에 비교하여 길거나 짧거나 했을 때 허용되는 오차의 범위. ±0.5mm 등으로 표시된다.

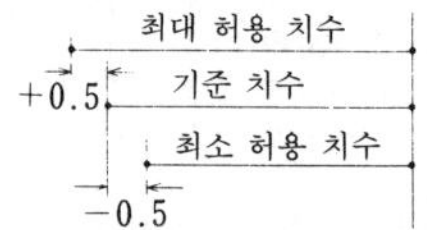

(2) 최대 허용 치수와 최소 허용 치수와의 차. 단지 공차라고도 한다.

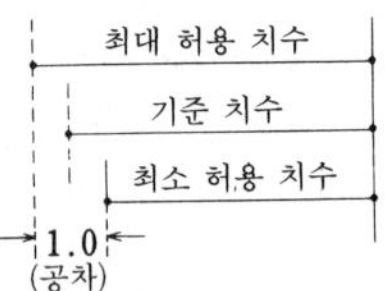

dimming 조광(調光) 조명 설비에서 광원의 광속을 변화시키는 것. 조명 환경의 극적 효과를 위해, 분위기를 바꾸기 위해, 혹은 에너지 절감을 위해서 한다. →step control of lighting, on-off control of lighting

Dines pressure tube anemometer 다인스 풍속계(-風速計) 풍압력이 풍속의 제곱에 비례하는 것을 이용하여 풍속을 측정하는 기계.

dining kichen 식당 겸용 부엌(食堂兼用-) 주택에서 식당에 부엌의 기능을 합친 방. =DK

dining room 식당(食堂), 식사실(食事室) 주로 주택에서 식사를 하는 방.

dining table 식탁(食卓) 장방형, 방형, 원형 등의 갑판과 4개, 2개, 1개 등의 다리를 갖는 식사용 탁자.

dip 딥 U자관의 오목한 부분. U자 트랩의 관이 굽은 상부 안쪽에서 수평 접선과의 만난점을 말한다.

dipping 디핑 도료나 용융 금속(아연·주석 등)·타르 등의 액 속에 넣어서 표면 피막을 만드는 것.

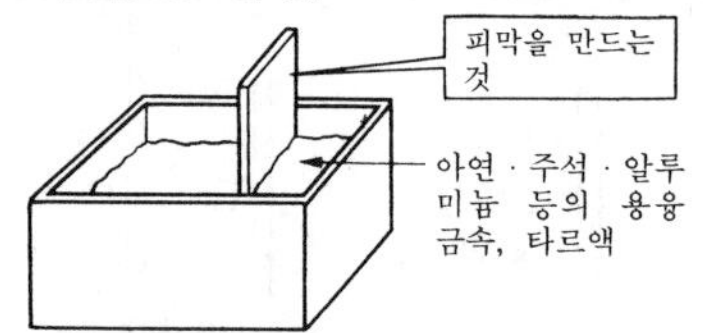

dipteros 디프테로스 그리스 신전, 로마 신전의 형식의 하나. 켈라의 주위를 열주(列柱)가 2중으로 둘러 싸고 있다. 2중 주주식(二重周柱式).

direct baton system 다이렉트 배턴식(-式) 블라인드의 개폐를 막대를 회전하여 직접 조작하는 방식.

direct code system 다이렉트 코드식(-式) 블라인드의 개폐를 코드를 당겨 드럼을 회전시켜서 하는 방식.

direct component 직접 성분(直接成分) 조도나 주광률 중 광원으로부터 직접 입사하는 빛에 의한 성분. 실내 마감면 등에서 반사하여 입사하는 빛에 의한 성분을 간접 성분이라 한다.

direct compressive force 직압력(直壓力) 축방향으로 직접 작용하는 압축력.

direct construction cost 직접 공사비(直接工事費) 공사비 중 재료비·노무비 등과 같이 가격을 명확하게 할 수 있고 직접 필요한 비용의 누계. 공통 가설비·제경비를 제외한 것에 해당한다.

direct contact cooling tower 개방식 냉각탑(開放式冷却塔) 냉각수와 냉각용 공기(일반적으로 외기)가 직접 접촉하여 열교환하는 냉각탑. =open type cooling tower

direct cost 직접비(直接費), 직접 원가(直接原價) 공사비 중 생산에 직접 소비되는 비용. 직접 재료비·직접 노무비·직접 경비 등으로 분류된다.

direct current 직류(直流) 시간의 경과에 대하여 방향과 크기가 변화하지 않는 전류 또는 전압. 기호 DC 또는 dc.

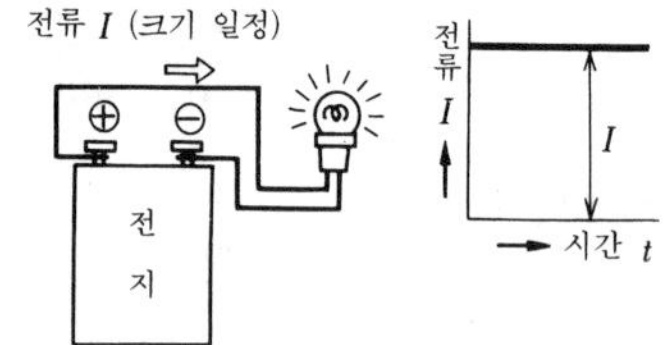

direct current arc welder 직류 아크 용접기(直流－鎔接機) 직류 전원에 의해서 발생하는 아크를 이용하는 아크 용접기(직류 발전기에 의하는 경우와 교류를 정류하는 경우가 있다).

direct current arc welding 직류 아크 용접(直流－鎔接) 직류 전원을 사용하는 아크 용접의 일종.

direct current elevator 직류 엘리베이터(直流－) 직류 전원으로 권상기 구동용 전동기를 운전하는 방식의 엘리베이터. 시동시에 저속·고 토크가 필요하기 때문에 직류 전동기가 사용되어 왔다. →elevator driven by alternating current

direct current power 직류 전력(直流電力) 직류 회로의 단위 시간당의 에너지. 단위는 W(와트).

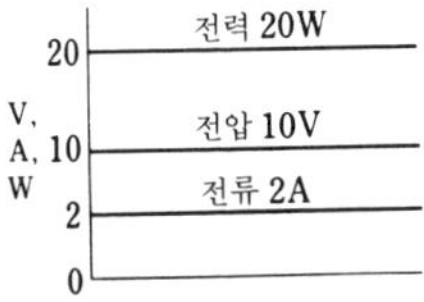

direct daylight factor 직접 주광률(直接晝光率) 직접 조도에 의한 주광률. 주광률은 직접 조도에 의한 주광률과 간접 조도에 의한 간접 주광률로 나눌 수 있다.

direct engaged worker 직용 노무자(直用勞務者) 청부업자가 직접 고용하는 노무자를 말한다.

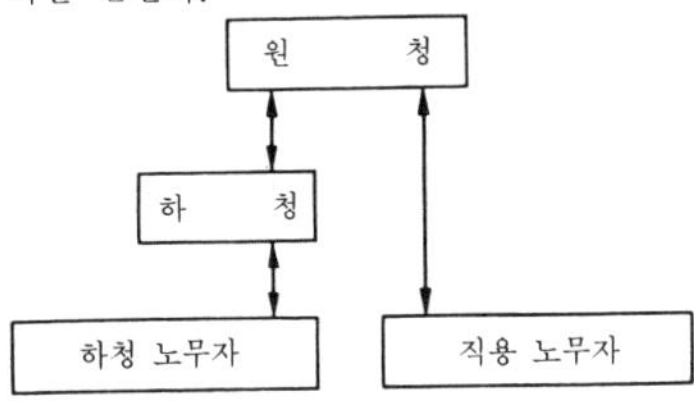

direct expansion cooler 직접 팽창식 냉각기(直接膨脹式冷却器) 프론 등의 냉매를 코일 내에서 직접 팽창·증발시켜 그 증발 잠열에 의해 주위의 공기를 직접 냉각하는 증발기.

direct gain system 직접 열 취득 방식(直接熱取得方式) 패시브 솔라 시스템을 대표하는 한 수법으로, 태양광을 직접 실내의 열용량이 큰 바닥이나 벽에서 흡수하여 축열한 다음 서서히 방열한다.

direct glare 직접 글레어(直接－) 시선상의 또는 시선에 가까운 방향에 존재하는 고휘도의 광원 등에 의한 글레어.

direct heating 직접 난방(直接煖房) 실내에 방열기를 두고 직접 실내를 난방하는 방법.

direct heating hot water system 직접 가열식 급탕 방식(直接加熱式給湯方式) 연료나 전력에 의해 사용하는 물을 직접 가열하는 급탕 방식.

direct illuminace 직사 조도(直射照度), 직접 일광 조도(直接日光照度)[1], 직접 조도(直接照度)[2] (1) 직접 조도를 직사 조도라고 하는 경우가 있으나, 건축 관계에서는 직사 조도는 직사 일광 조도의 의미로 밖에는 사용하지 않는다.
(2) 광원으로부터 직접 입사하는 빛에 의한 조도. 벽면이나 천장면 등의 마감면에서 반사하여 입사하는 빛에 의한 간접 조도와 함께 조도의 요소이다.

direct illumination 직사 조도(直射照度) ＝direct lighting

direct-indirect lighting 직접 간접 조명(直接間接照明) IESNA의 배광 분류의 한 항목. IESNA에서는 CIE가 분류하는 전반 확산 조명 중 측방에 발광하지 않는 것을 직접 간접 조명으로서 구별한다.

direct integration method 직접 적분법(直接積分法) 외란을 받는 진동계의 운동 방정식을 직접 수치적으로 적분하여 해를 구하는 방법.

directional coupler 분기기(分岐器) 텔레비전 공동 청취 설비의 간선에서 각 텔레비전 유닛으로 신호를 분기시키기 위해 사용하는 장치.

directional diffusitivity 지향 확산도(指向擴散度) 실내의 음의 확산 상태를 정량화하기 위한 지표의 하나. 지향성 분포의 요철(凹凸)의 정도를 수치화한 양. 자유 음장에서 0, 완전 확산 음장에서 1로 하여 확선의 정도를 나타낸다.

directional frequency of wind 풍향 빈도(風向頻度) 어떤 사상(예를 들면 풍속)의 풍향별 발생 빈도.

directional glass block 지향성 글라스 블록(指向性－) 투과광이 특정한 방향으로 많이 나오도록 만들어진 글라스 블록.

directional index 지향 지수(指向指數) 지향 계수를 레벨 표시한 지표. 지향 계수의 값의 상용 대수를 10배한 양. 단위는 dB.

directionality of sound 음의 지향성(音-指向性) 방향에 의한 수음체(受音體 : 마이크로폰 등)의 감도 변화 또는 방향에 의한 발음체(스피커 등)의 방사압의 변화. = directivity of sound

directional loudspeaker 지향성 스피커(指向性-) 혼이나 복수의 유닛을 조합시켜 특정한 방향으로 큰 음압이 얻어지도록 제어한 스피커.

directional microphone 지향성 마이크로폰(指向性-) 음파의 특정한 입사 방향에 대하여 높은 감도를 갖는 마이크로폰. 음압 경도(傾度) 마이크로폰 외에 전지향성 유닛을 복수 배열로 구성한 것이 있다.

directional sign 디렉셔널 사인 화살표 등을 써서 방향을 지시하는 표시법. 누구에게나 통용하도록 심벌 마크를 사용한다.

directional water supply system 직결식 급수법(直結式給水法) 수도 본관의 수압에 의해서 직접 급수전에 물을 공급하는 방식. 보통 2층 이하의 소규모 주택에 급수하는 데 적합하다.

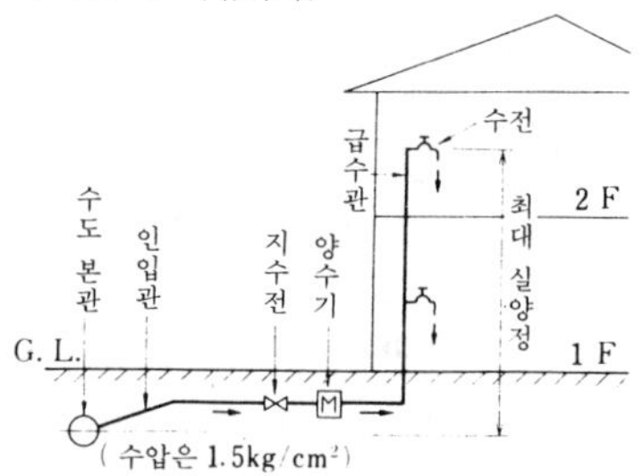

direction of force 힘의 방향(-方向) 벡터량으로서의 힘이 작용하는 방향.

direction of principal stress 주응력도 방향(主應力度方向) 주응력도의 작용하는 방향.

directivity 지향성(指向性) 방향에 따라서 음의 감도에 변화가 있는 것. 주파수의 높낮이에 의한 변화가 크다.

directivity of loundspeaker 스피커의 지향성(-指向性) 스피커에 의한 음향 방사의 방향 특성. 대상 주파수의 파장과 유닛의 치수나 형상 등 기하학적인 조건에 따라 다른 패턴을 나타낸다.

directivity of sound 음의 지향성(音-指向性) = directionality of sound

direct lighting 직접 조명(直接照明) 상향 광속이 0~10%, 하향 광속이 90~100%의 조명 기구 또는 조명 방식에 의한 조명을 말한다. 또 이와 같은 배광의 조명 기구를 직접 조명형 기구라 한다. 직접 조명은 작업면으로의 빛은 거의 직사광이며, 능률의 점에서 유리하다. 다른 조명 방식에 비해 음영은 명확하다.

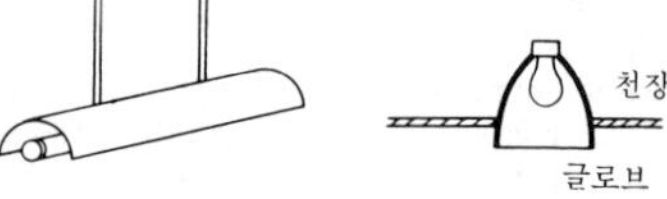

directly nominated contract 특명 청부(特命請負) 건설 공사 계약에서 특정한 업자에게 발주하는 것을 전제로 계약 내용을 정한 청부.

direct management method 직영(直營) 건축 공사에서는 건축주가 종합 시공 업자에 의뢰하지 않고 자력으로 자재, 노무자, 기계 설비 등을 조달하여 공사를 하는 방식. 전 공사를 직영하는 경우와 공사의 한 부문을 직영으로 하는 경우가 있으나 전자는 드물다. = direct undertaking

direct method 직접법(直接法) 현상량을 각종 센서를 써서 직접 측정하는 계측법.

direct return system 직접 환수식(直接還水式) 각 방열기나 각 팬 코일 유닛 등으로 열매를 순환시키는 배관을 왕·복관 모두 최단 경로가 되도록 배관하는 방식.

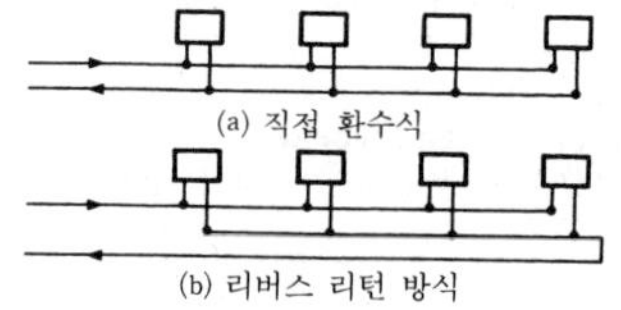
(a) 직접 환수식

(b) 리버스 리턴 방식

direct shear 직접 전단(直接剪斷) 전단력만이 직접 작용하고, 휨 모멘트를 수반하지 않는 상태. 전단 스팬이 0인 상태가 된다.

direct solar radiation 직접 일사(直接日射), 직접 도달 일사(直接到達日射) 태양에서 방사되는 열량 중 대기권에 들어가서 흡수되거나 산란되지 않고 직접 지표면에 도달하는 열량.

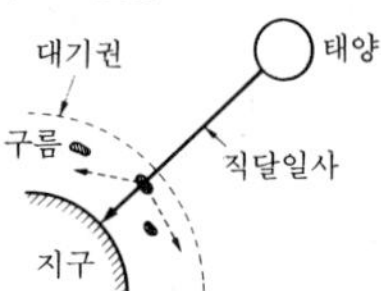

direct solar radiation incident upon a horizontal surface 수평면 직달 일사(水平面直達日射) 수평면에 입사하는 직달 일사.

direct solar radiation incident upon a

normal surface 법선면 직달 일사(法線面直達日射) =direct solar radiation

direct solar radiation incident upon a vertical surface 연직면 직달 일사(鉛直面直達日射) 연직면에 입사하는 직달 일사.

direct sound 직접음(直接音) 음원에서 나와 어느 점에 이르는 음이 진행 도중 한 번도 반사하는 일 없이 직접 도달하는 음.

direct stairs 직통 계단(直通階段) 계단과 계단참(階段站)만의 경로에 의해 목적의 층으로 직접 연결된 계단.

direct sunbeam 직사 일광(直射日光) 대기 중에서 산란이나 반사되지 않고, 지표면에 직접 도달하는 태양의 가시 방사. 천공광, 지물 반사광과 함께 글로벌 주광의 요소의 하나. =direct sunlight

direct sunbeam illuminance 직사 일광 조도(直射日光照度) 직사 일광에 의한 조도. =direct sunlight illuminance

direct sunlight 직사 일광(直射日光) =dirct sunbeam

direct sunlight illuminance 직사 일광 조도(直射日光照度) =direct sunbeam illuminance

direct temporary cost 직접 가설비(直接假設費) 공사 실시를 위해 직접적으로 필요한 가설의 비용. 비계, 흙막이, 각종 공사용 기계·양생 등의 비용.

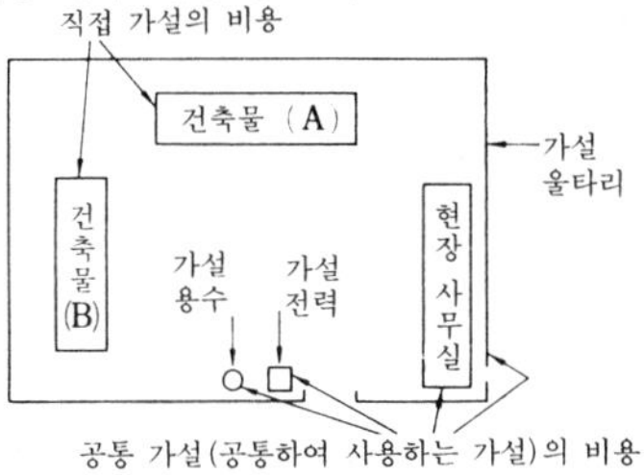

직접 가설의 비용
건축물 (A)
가설 울타리
건축물 (B)
가설 용수
가설 전력
현장 사무실
공통 가설(공통하여 사용하는 가설)의 비용

direct undertaking 직영(直營) =direct management method

direct undertaking work 직영 공사(直營工事) 직영에 의해 시공되는 공사.

direct wave 직접파(直接波) 음원이나 진동원에서 관측점 등으로 직접 도달하는 파동.

dirty incinerator 오물 소각로(汚物燒却爐) 병원 등에서 발생하는 감염성 폐기물, 수술 오염 리넨, 실험 동물 사체 등을 소각하는 노. 가스 또는 기름 연소의 보조 연소 장치를 부설한다. =waste incinerator

dirty utility room 오물 처리실(汚物處理室) 병원 등에서 변기의 사용 후나 진료 조치 후의 오물을 처리하고, 용기를 세척, 소독하는 방.

disappearance 멸실(滅失) =destruction

disappeared building 멸실 건축물(滅失建築物) 재해 건축물과 제거 건축물을 합계한 건축물.

disaster 재해(災害) =calamity

disaster [calamity] building 재해 건축물(災害建築物) =calamity building

disaster prevention green belt 차단 녹지(遮斷綠地) 공장 등으로부터 배출되는 매연, 오염 공기, 소음 혹은 재해시의 화재 등을 차단하기 위해 설치된 녹지.

discharge 디스차지[1], 방전(放電)[2] (1) dis는 부정(否定)이라든가 배출(排出)을 뜻하고, charge는 공급이라는 뜻이다. 즉 배출하다, 토출(吐出)하다, 방전하다, 압출(壓出)하다는 등의 뜻.
(2) 전지가 에너지를 외부로 방출하는 것.

discharge lamp 방전 램프(放電－) 기체 가스 중의 방전을 발광 원리로 한 램프. 형광 램프, 수은 램프 등의 총칭.

discharge of drainage 배수량(排水量) 배수 펌프 혹은 하수 등에서 일정 시간에 배출되는 물의 양.

discharge outlet 방수구(放水口) 연결 송수관에 의해 소방대가 소화하기 위한 호스 접속구. 소방대 전용 소화전이라고도 한다.

discharge sewerage 방류 하수도(放流下水道) 건물로부터의 하수를 배제하기 위한 시설로, 배수관·하수거·종말 처리장 등을 말한다. →sewerage

discoloration 변색(變色) 안료, 수지 등이 자외선이나 약품에 의해서 변질하여 본래의 색에서 다른 색으로 바뀌는 것. =color change

discomfort index 불쾌 지수(不快指數) =tempereture humidity index

disconnecting switch 단로기(斷路器) 전류가 흐르지 않는 상태에서 회로를 접속, 개방할 수 있는 개폐기. 부하 전류가 흐른 상태에서 이 능력이 있는 단로기는 특별히 부하 단로기라 한다.

discrete word intelligibility 단어 양해도(單語諒解度) 청취 명료도 시험에서 단어를 양해하는 정도의 백분율(%).

disinfecting chamber 소독조(消毒槽) 오물 정화조의 최종조로, 부패·산화를 거쳐 정화된 물을 유도하여 약액을 점적하여 소독·방류시키기 위한 조. →septic tank

disinfection 소독(消毒) 병원체를 멸살(滅殺)시키는 것. 이에 대하여 유해한 미생물을 멸살하는 것을 멸균(sterilization)이라 한다.

disk sander 디스크 샌더 콘크리트면을 평활하게 한다든지 금속의 녹을 없애는 등에 사용하는 전동식 연마 기계. 석재나 연마지를 회전판에 부착하고 이것을 회전시켜 피연마물을 손에 쥐고 이동시키면서 연마를 한다.

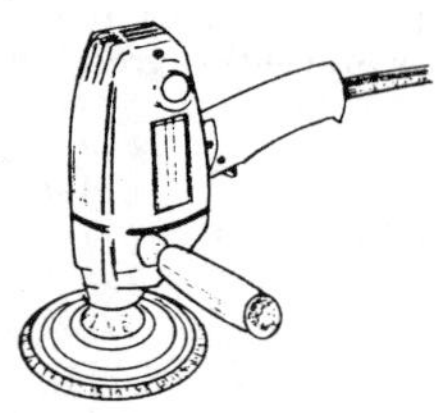

disk water meter 원판형 유량계(圓板形流量計) 액체의 유량 측정용 계기의 일종. 흐름 속에 두어진 중심을 구축(球軸)으로 지탱된 원판이 팽이와 같이 목을 흔들면서 회전하는 것을 이용하여 통과 유량을 측정한다.

dispatcher 분배기(分配器) 각도를 측정하기 위해 사용하는 제도 용구. 통상 도수 눈금이 매겨져 있으며, 반원형과 전원형의 것이 있다.

dispersing agent 분산제(分散劑), 확산제(擴散劑) 콘크리트 혼합제의 일종. 물을 섞어서 반죽할 때 시멘트의 분산을 좋게 하여 수화 작용을 조장하는 약제,

displacement 변위(變位) 물체 또는 그 한 점이 그 위치를 바꾸는 것, 또는 그 거리를 말한다.

displacement diagram 변위도(變位圖) 구조물의 변위를 확대하여 그린 그림.

displacement function 변위 함수(變位函數) 유한 요소법 등에서 요소 내부의 변위를 절점 변위로 보간하기 위한 내삽 함수를 말한다.

displacement meter 변위계(變位計) 변위량을 측정하는 계기의 총칭.

displacement method 치환 공법(置換工法) 기초 저면하의 지지층 부분에 얇은 연약 지반이 있는 경우 또는 국부적으로 지지 지반으로 기대할 수 없는 지반이 있는 경우에 그 연약 지반을 배제하여 양질 지반(모래 지반)으로 치환하는 공법.

display 전시(展示) 점포나 전람회, 박물관 등에서 보이기 위해 진열되는 것.

display design 디스플레이 디자인 상품·제품을 보이기 위한 구성, 진열, 전시를 계획하는 것. 색, 빛, 음 등 움직임이 있는 것이 두드러지다.

display room 전시실(展示室) 전시 계획의 목적으로 상품 또는 기타의 물품을 진열하는 건조물. =exhibition hall

display window 진열창(陳列窓) 상점, 백화점, 미술관, 박물관 등에서 물품을 진열하는 장식창. =show-window

disposal of replotting 환지 처분(換地處分) 토지 구획 정리 사업에서 종전의 택지에 대한 권리를 환지로 옮기는 것. 환지 처분은 환지 계획에 따라서 행하여지고, 시행자가 환지 처분을 공시한 다음 날부터 환지는 종전의 택지로 간주된다.

disposal plan 처분 계획(處分計劃) 일반적으로는 택지 개발 사업에 있어서의 조성한 택지나 시설의 처분에 관한 계획을 말한다.

disposal price by sale 처분 가격(處分價格) 토지나 가옥을 매각 처분하는 경우의 매각 가격.

disposer 디스포저 주방의 싱크대에 설치하고, 찌꺼기를 파쇄하여 배수하는 동시에 하수도로 흘리는 장치.

dissolution 용해(溶解) 고체, 액체 또는 기체가 다른 고체 또는 액체와 혼합하여 균일한 상태가 되는 것. 일반적으로 후자는 액체인 경우가 많다.

dissolved matter 용해성 물질(溶解性物質) 수용액을 증발했을 때 남는 물질. 입자경으로서 대체로 1μm의 크기 이하의 것을 말한다.

dissolved oxygen 용존 산소(溶存酸素) 수중에 녹은 상태로 존재하는 산소량. 물의 자정(自淨) 작용이나 수중의 생물에 있어서 불가결하다. 물이 청순할수록 포화 농도에 가깝다.

distance between supporting points 지점간 거리(支點間距離) 구조물에서의 지지점간 거리. =span

distance between tension and compression resultants 응력 중심 거리(應力中心距離) 굽힘을 받는 부재 단면의 인장 합력의 중심과 압축 합력의 중심과의 거리.

distance of identification 식별 거리(識別距離) 시각적 대상의 형태, 기능, 색채, 재질, 디테일, 텍스처 등을 식별할 수 있는 거리.

distance of legibility 시인 거리(視認距離) 문자·기호·신호 등의 대상을 눈으로 지각할 수 있는 거리.

distance survey 거리 측량(距離測量) 권척(卷尺) 또는 기타의 방법으로 하는 거리

의 측량. 넓은 뜻으로는 권척이나 체인 등 거리 측정용 기구를 주요 사용 기구로 하여 실시하는 측량을 수준 측량·트랜싯 측량 등에 대해서 말한다. →leveling, transit surveying

distant landscape 조망 경관(眺望景觀) 주요한 흥미 대상인 사물이 멀리 보이는 경관.

distant view 원경(遠景) 경관을 구성하는 요소 중에서 시점(視點)에서 보아 원거리에 위치하는 부분.

distemper 수성 도료(水性塗料), 수성 페인트(水性－) 카세인, 아라비아 고무 등의 수용액과 혼합한 것. 광택이 없다. 벽 등의 도장용. =water paint

distortion 일그러짐, 변형(變形) 물체에 외력을 가했을 때의 모양이나 체적의 변화. 응력의 종류에 따라서 세로 일그러짐, 가로 일그러짐, 전단 일그러짐, 일그러짐의 성질에 따라 탄성 일그러짐, 소성 일그러짐, 영구 일그러짐 등이 있다. 단위 길이 또는 단위 체적당에 대한 일그러짐의 비율을 변형도라 한다. =strain

distortional stress 비틀림 응력(－應力) 비틀림에 의해 막대 내부에 생기는 응력. =twisting stress

distortional wave 전단파(剪斷波), 왜파(歪波) 탄성체가 전단 변형하여 전하는 파. 입자는 파의 전파 방향과 직각 방향으로 운동하고, 체적 변화를 수반하지 않는다. =shear wave

distributed air conditioning system 분산식 공기 조화 방식(分散式空氣調和方式) 중앙 열원을 쓰지 않고 개개의 열원을 다수 분산 배치한 방식. 독립 운전을 할 수 있는 것이 특징이며, 최근 널리 쓰이고 있다.

distributed arrangement 분산 배치(分散配置) ① 스피커 배치 방식의 일종. 넓은 방에서 균일한 음압 분포를 얻기 위해 비교적 좁은 범위를 서비스하는 스피커를 다수 배치하는 방식. ② 내장 재료의 배치 방법의 일종. 실내의 음을 충분히 확산시키기 위해 반사성 및 흡음성의 재료를 벽면에 배치하는 방법.

distributed layout 분산형 배치(分散形配置) 편의성을 높인다든지 환경의 질을 향상시키기 위하여 필요한 시설, 장치 등을 널리 점재시켜 배치하는 방법. 주택의 편의 시설의 서비스를 높이는 효과를 기대한다.

distributed load 분포 하중(分布荷重) 구조물에 작용하는 하중의 바닥, 벽면, 보, 기둥 등의 전장 또는 일부로 분포하여 작용하고 있는 경우의 하중을 말한다. 집중 하중에 대해서 말한다.

distributed mass 분포 질량(分布質量) 구조물에 분포되어 있는 상태로 생각하는 질량.

distributed moment 분할 모멘트(分割－), 분배 모멘트(分配－) 라멘이나 연속보의 강절점(剛節點)에 작용하는 해방 모멘트를, 그 절점에 모이는 각 부재로 분할률에 따라 분할한 휨 모멘트.

분할 모멘트=(분할률)×(해방 모멘트)

예를 들면 부재 AB의 A단에 생기는 분할 모멘트 M_{AB}는

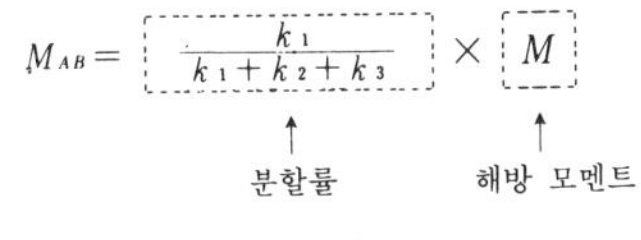

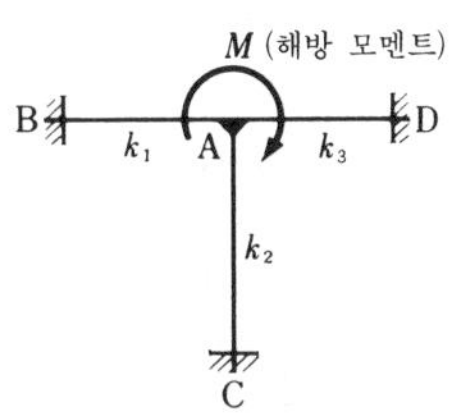

distributing administration system 분산 관리 방식(分散管理方式) 하나의 조직에 속하는 예산이나 업무, 자료, 물품, 정보 등의 관리를 부처마다 나누어서 하는 것, 또는 그 체제. 사무소 건축 등에서 쓰인다.

distributing area 배수 구역(配水區域) 배수 관로망에 의해서 수도수가 공급되고 있는 구역.

distributing bar 부철근(副鐵筋), 배력 철근(配力鐵筋) 철근 콘크리트 구조의 슬래브, 벽 등에 있어서 주근에 직각으로 배치한 철근.

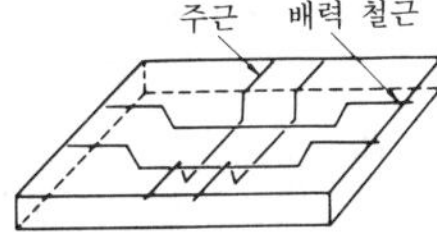

distributing breaker 배선용 차단기(配線用遮斷器) 과전류, 단락에 의한 과전류에 대하여 자동적으로 회로를 차단하는 복귀형의 개폐기.

distributing coefficient of horizontal force 횡력 분포 계수법(橫力分布係數) 구조물을 구성하는 연직 부재의 강비(剛比)

distributing breaker

와 그에 접속하는 보의 강도(剛度)로 결정되는, 각 연직 부재의 수평 하중의 부담 비율을 나타내는 계수.

distribution board 분전반(分電盤) 배전반에서 배선된 간선을 다시 분기 배선하는 장치로 나무판 상에 컷아웃 스위치 또는 나이프 스위치를 배열한 극히 간단한 것부터 대리석반에 다수의 분기 개폐기, 보안기 및 모선을 취부하고, 혹은 유닛 스위치를 다수 조립한 것을 강판제의 상자 속에 수납한 것까지 있다. 나무 상자에 수납하는 경우는 내면을 철판으로 감싼다.

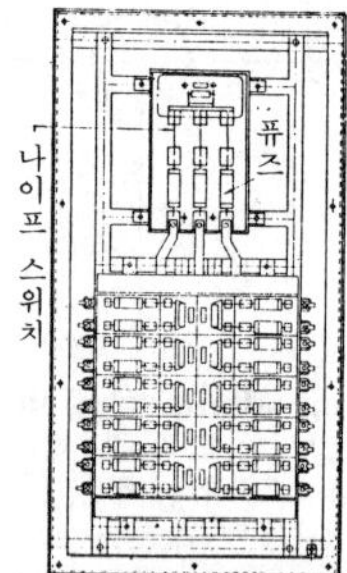

distribution diagram 계통도(系統圖) 건축 설비 계획 및 설계에 있어서 공기 조화, 환기, 난방, 냉방, 전기, 가스, 급배수, 급탕 등의 설비 계통을 나타내는 그림으로, 관로를 단선으로 기입하고 각 요소를 각각 부호를 써서 나타낸다.

distribution factor 분할률(分割率), 분배율(分配率) 라멘이나 연속보의 강절점(剛節點)에 작용하는 해방 모멘트를 그 절점에 모이는 각 부재에 분할하는 비율. 기호 DF.

distribution function 분포 함수(分布函數) 누적 분포 함수 혹은 확률 분포 함수의 약칭.

distribution of daylight factor 주광률 분포(晝光率分布) 피조면(被照面)상의 주광률의 분포 상태 또는 피조면상의 어느 하나의 직선상의 주광률 변화 상태.

distribution of population 인구 분포(人口分布) 인구의 공간적, 지리적, 지역적인 분포.

distribution of sound pressure level 음압 레벨 분포(音壓-分布) 홀 등 넓은 음향 공간에서 확성음 등의 장소에 의한 음압 레벨의 균일성을 나타낸 것. →steady state sound pressure distribution

distribution plate 지압판(支壓板) = bearing plate

district 구역(區域), 지구(地區) 지대, 지역, 지구 등의 용어와 함께 사용되는 지역적인 계획 단위. 개념적으로 그 규모에 대해서 명확한 규정이 없기 때문에 매우 임의적으로 쓰이고 있다. 예를 들면 급수 구역과 같이 비교적 좁은 범위를 의미하는 경우도 있고, 도시 계획 구역과 같이 넓은 경우도 있다.

district cooling and heating 지역 냉난방(地域冷暖房) 집약된 열공급 플랜트에서 일정 지역 내의 복수 건물에 온수, 증기, 냉수 등의 열매를 공급하여 냉난방, 급탕, 생산 프로세스 등을 지원하는 시스템을 말한다.

district facilities 지역 시설(地域施設) 지역 주민이 일상적으로 이용하는 거주지 가까이에 있는 시설의 총칭. 유치원, 초중고교, 진료소, 병원, 집회소, 도서관, 점포, 마켓, 우체국 등이 있다. =community facilities →public facilities

district heating 지역 난방(地域煖房) 1개소 혹은 수개소의 중앙 난방 기계실에서 넓은 지역에 산재하는 많은 건물에 고압 증기 또는 고압 온수를 난방용의 열원으로서 공급하는 방식. 건물에 있어서의 난방 방식은 보통의 난방과 같으나 각 건물에는 각각 보일러를 설치하지 않으므로 각기 굴뚝을 세울 필요가 없어 대기 오염원이 적어진다.

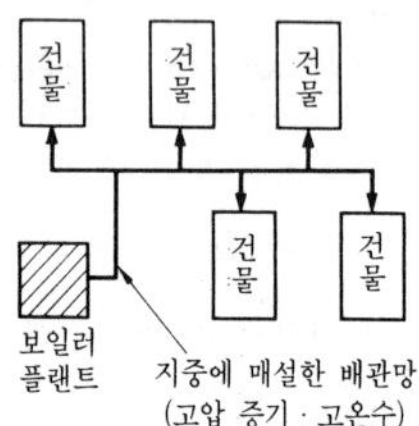

district heating and cooling facilities 지역 냉난방 시설(地域冷暖房施設) 집중화한 기계실에서 넓은 지역의 건물로 냉난방 열원을 공급하는 시설. 지역 열공급 플랜트와 공급 배관을 포함한다.

district heat supply plant 지역 열공급 플랜트(地域熱供給-) 지역 난방 또는 지역 냉난방을 위해 지역 내의 복수 건물에 열 에너지를 공급하기 위해 1개소 또는 수개소에 설치된 열공급 플랜트. →directing heating and cooling facilities

districting 지역제(地域制) 도시 계획에서 도시의 토지 이용을 합리적으로 증진하기 위해 각종 지역을 지정하는 것. 지역별에 따라 건축 부지의 비율이나 높이의 기준, 구조 등이 제한된다.

district park 지구 공원(地區公園) 주로 도보 권역 내 거주자의 운동, 휴양 등의 레크리에이션 이용을 목적으로 하는 도시 공원을 말한다.

divergence 다이버전스 =static unstable phenomenon

divergence decrease 거리 감쇠(距離減衰) =attenuation in distance

diverted traffic 전환 교통량(轉換交通量) 도로의 신설, 개량 등의 교통 시설 정비에 따르는 교통량 증가 중 정비 시설과 경합하는 교통 기관이나 경로에서 전환하는 교통량.

dividers 디바이더 도면의 길이를 잰다든지, 길이를 다른 곳으로 옮긴다든지, 분할하는 데 사용하는 제도 용구.

dividing strip 중앙 분리대(中央分離帶) 왕복 교통의 흐름을 분리하기 위해 왕복 차도 사이에 설치하는 분리대. =medial strip

divisional planning 부문별 계획(部門別計劃) 전체를 몇 개의 부문으로 분해하고, 각각에 대해서 계획하는 것. 예를 들면 도시 계획에서 도로, 공원, 하수도, 지역 지구 등의 부문으로 도시를 분해하여 파악하고, 정비, 개발 또는 보전의 방침을 제시하는 계획.

division contract 분할 청부(分割請負) 건설 공사를 공구별, 전문 공사별 등으로 분할하여 청부 계약을 하는 것. =split contract →division order

division order 분리 발주(分離發注) 발주자가 하나의 공사를 둘 이상의 업자에게 분리하여 발주하는 것. 건축 공사에서는 골격과 마감이나 설비 관계를 분리 발주하는 일이 많다. →division contract

division wall 방화벽(防火壁) 대규모 목조 건축물 등의 연소 확대를 방지하기 위해 일정 면적으로 구획하는 벽. 1,000m^2 이내마다 자립하는 내화 구조의 벽 등으로 한다. =fire-resisting wall, fire wall

DK 식당 겸용 부엌(食堂兼用-) =dining kichen

dog spike 도그 스파이크 궤조와 침목을 죄는 연강제의 특수한 못.

dolly 돌리, 리벳 홀더 리벳을 끼우는 공구의 일종. 적열(赤熱)시킨 리벳을 판금 구멍에 삽입하고 그 머리를 누르는 공구.

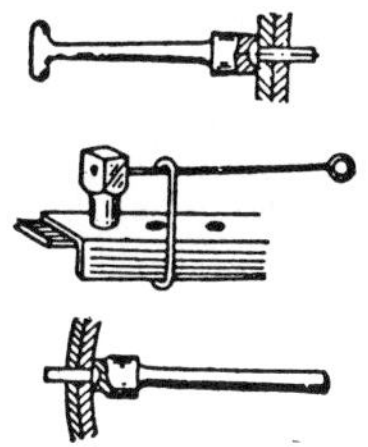

dolomite lime 돌로마이트 석회(-石灰) 탄산 마그네시아($MgCO_3$ 약 30%)를 포함한 석회암으로, 돌로마이트 플라스터의 원료가 된다.

dolomite plaster 돌로마이트 플라스터 소석회와 수산화 마그네슘을 포함한 미장 재료의 일종. 기경성(氣硬性)이고 여물을 필요로 한다. 백색의 미분재로, 물과 비벼서 사용한다. 벽·천장 등의 정벌칠 재료로서 사용된다.

dome 돔 원형 평면을 덮는 반구 곡면. =cupola

dome house 돔 하우스 돔형 건축에서 벽이나 기둥을 필요로 하지 않기 때문에 자유로운 발상으로 인테리어 설계를 할 수 있고, 또 자연광을 채광할 수 있으며, 실내에서 하늘도 볼 수 있다.

dome-like roof 돔 지붕 형상이 돔 모양인 지붕.

domestic climate 생활 기후(生活氣候) 계절 등 인간 생활에 밀접하게 관여하고 있는 기후. 또는 인간의 정착한 생활 활동에 의해서 생기는 국소 기후를 가리킨다. →house climate

domestic timber 국산재(國産材) 국산의 재료. 주로 국산의 목재를 말한다.

domestic waste 가정 하수(家庭下水) 일반 생활계에서 배출되는 배수. 하수도에서는 상점, 사업소, 소공장으로부터의 배수를 포함한다. =sanitary sewer

domicile 정주지(定住地) 일반적으로는 주소를 정하여 거주하는 장소 또는 지역. 특히 일정 기간 이상 거주하는 도시나 지역을 말하는 경우가 많다. →resident population

dominant color 기조색(基調色) 건물에 관해서 비교적 큰 면적을 차지하고 있는 부분의 색.

door 도어, 문(門) 건물의 출입구나 창 등에 부착하는 창호.

door and window schedule 창호표(窓戶表) 개개의 창호에 관해서 형상, 치수, 사용 재료, 개폐 방식, 도장 등의 마감, 부속 철물, 유리의 명세 등을 기입한 도면. 통상의 실시 설계도에 포함된다. =fittings list

door bed 도어 베드 벽에 수납할 수 있는 침대. 수납했을 때 도어와 같이 보인다.

door case 두껍닫이 빈지문이나 문, 창 등을 열었을 때 이것을 넣가니 가리는 곳.

door catch 도어 스톱 철물로 된 문소란. 여닫이문을 열었을 때 벽이 손잡이에 닿아서 손상하지 않도록, 바닥, 걸레받이, 벽 또는 문짝 등에 부착하는 철물. 미닫이에 대해서 상하의 틀 등에 붙이는 철물도 있다. =stopper, door stoper

door chain 도어 체인 =chain door fastener

door check 도어 체크 여닫이문 상부와 위틀에 부착하여 열린 문을 속도를 조정하면서 자동적으로 닫는 장치. →door closer

door closer 도어 클로저 열린 문을 자동적으로 닫는 장치. 금속 스프링과 오일 댐퍼의 조합으로 구성되며 문 위쪽에 설치하는 도어 체크가 일반적이다. →door check

door eye 도어 아이 현관문에 어안(魚眼) 렌즈를 부착하여 안에서 밖을 내다보게 되어 있는 것. 여기에 TV카메라를 설치한 것도 있다.

door frame 문틀 ① 문을 끼워넣는 사방의 틀. 위틀, 아래틀, 선틀로 이루어진다. 미닫이인 경우 위틀은 문미, 아래틀은 문지방이라 한다. 여닫이문인 경우 아래틀은 문턱이라고도 한다.

door grille 도어 그릴 환기할 목적으로 문짝에 설치하는 격자 모양의 개구부.

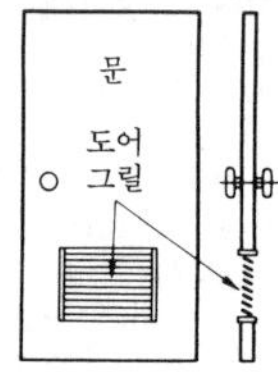

door holder 도어 홀더 열린 문이 바람으로 움직이지 않도록 바닥 또는 걸레받이에 부착하는 철물.

door knob 도어 노브, 알손잡이 여닫이문의 손잡이 부분으로 자물쇠의 일부를 이루는 것.

door leaf 문짝(門-) 건물의 출입구 등에 설치되는 문.

door pull 문고리 미닫이를 개폐하기 위한 손끝에 거는 오목한 곳.

doors and windows 창호(窓戶) 건축의 개구부로, 개폐의 가동 부분과 틀의 총칭. =fittings

door scope 도어 스코프 =door eye

door sill 문턱 문짝이 달린 아래쪽 문틀의 턱을 말한다.

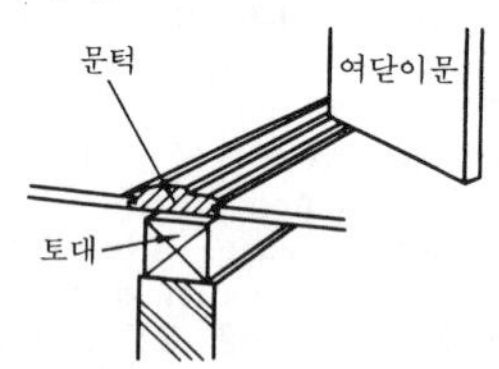

door stone 문지방돌 현관이나 툇마루 앞 등에 두어지는 승강용 돌.

door stop 문소란(門小欄) ① 문을 열었을 때 지나치게 열리지 않도록 멋게 하는 돌출물. ② 여닫이문에 붙이는 문소란쇠.

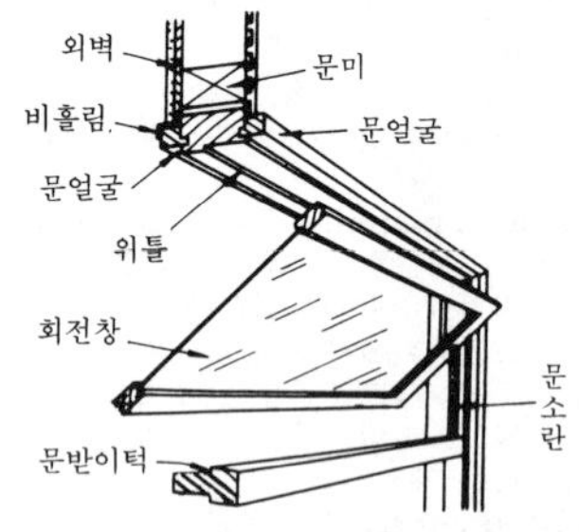

회 전 창

door stopper 도어 스토퍼 여닫이문인 경우, 창호틀의 문소란 부분을 말한다. 일반적으로는 틀의 단면 형상의 볼록형으로 한다. 미닫이인 경우, 문이 닿는 기둥이나 창호틀의 안기장면을 말한다.

door storage case 두껍닫이 빈지문 등을 열었을 때 수납해 두는 곳.

door stud 문선(門線, 門扇), 문설주(門楔柱) 문 양쪽에 세워 문짝을 끼워 달게 된 기둥.

door switch 도어 스위치 마이크로스위치를 이용하여 문의 개폐에 의해 동작시키는 스위치.

doorway 출입구(出入口) 건물 혹은 어느 영역 등에 출입하기 위한 장소, 혹은 그곳에 설치된 문(짝). =entrance

Doppler effect 도플러 효과(-效果) 「파동의 매질에 대하여 운동하는 관측점에서는 파동의 원래의 진동수와는 다른 값으로서 인정된다」는 원리를 도플러의 원리라 하고, 광파, 음파 등의 파동에 관한 원리의 하나이다. 그러므로 음의 경우는 음원과 관측점과의 거리가 변화하고 있을 때는 관측점에 있어서의 음의 진동수는 정지일 때와 다르고, 접근하고 있을 때는 증가하며, 멀어지고 있을 때는 감소한다. 이 원리에 의해서 생기는 효과를 도플러 효과라 한다. 예를 들면 머리 위 가까이를 통과하는 항공기의 폭음은 통과 직전에는 갑자기 높아지고 통과 직후에는 낮게 들린다.

Doric order 도리스식 오더(-式-) 기원이 오래이고, 간소하며 힘센 오더. 특히 고대 그리스 신전에 널리 사용되었다. 본래의 그리스 도리스식 오더와 주초(柱礎)를 부가한 로마 도리스식 오더가 있다.

dormer 도머 작은 지붕 또는 부속적인 지붕. →dormer window

dormer window 지붕창(-窓) 다락방이나 층계의 채광과 환기를 하기 위해 지붕면보다 높게 설치한 창.

dormitory 기숙사(寄宿舍) 학교, 병원, 공장 등에 부속하여 주로 학생이나 독신의 종업원 등이 모여서 생활할 수 있도록 세워진 거주용 시설.

dormitory population 야간 인구(夜間人口) 일정한 지역 내에서의 순거주 인구. 주간 인구와 함께 도시 계획의 중요한 자료가 된다.

dot-and-dash line 쇄선(鎖線) 점과 짧은 선분을 교대로 배열한 선. 1점 쇄선이나 2점 쇄선이 있다. =chain line

dotted line 점선(點線) 점이 연속한 선. 보이지 않는 숨겨진 부분을 표현하거나 하는 데 쓰인다.

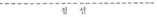

점 선

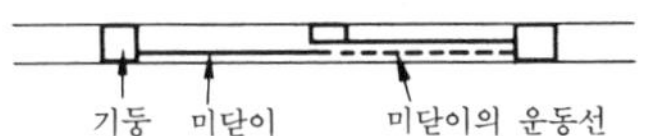

double acting door 자재문(自在門) 자유 경첩을 써서 내외 어느쪽으로도 열리고, 자동적으로도 어느 위치로 되돌아가는 문을 말한다.

double acting spring hinge 자유 경첩(自由-) 스프링이 붙어 있어 안쪽으로나 바깥쪽으로 개폐할 수 있는 경첩.

double beam 2중보(二重-) 쌍대공 지붕틀의 쌍대공을 잇는 부재. →queen post truss

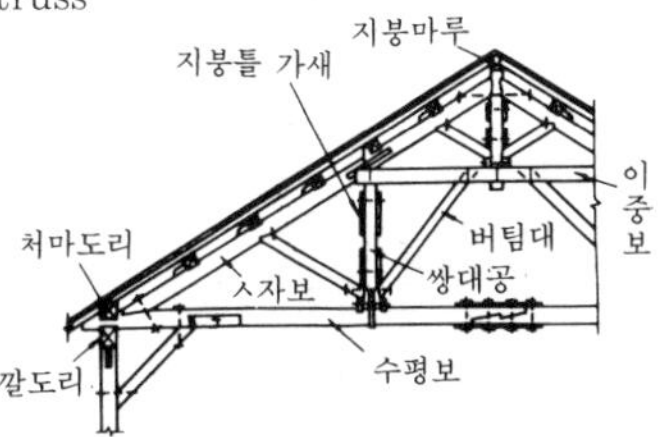

double bed 더블 침대(-寢臺) 2인용의 폭이 넓은 침대. 폭 1500mm.

double bed room 더블 베드 룸 더블 침대를 1대 갖춘 2인용의 호텔 객실을 말한다. =double room

double-bevel groove K형 그루브(-形-) 양면 그루브의 일종. 용접부의 단면을 K자 모양으로 하는 것.

double bundle condenser 더블 번들형 응축기(-形凝縮器) 원심식의 냉동기를 열회수식의 히트 펌프로서 사용하기 위해 수질 회로를 2분할하고, 튜브를 2중 관속(管束)으로 한 냉매의 응축기.

double curvature 복곡률(複曲率) 양단에서 같은 회전 방향의 휨 모멘트를 받는 부재의 변형 상태를 말한다. 부재 양단에서 곡률의 부호가 다르다.

double cussion 2중 쿠션(二重-) 뛰어난 구션성을 확보하기 위해 매트리스와 그것을 지지하는 보텀의 2중 구성을 가진 침대의 구조.

double doors 쌍여닫이문(-門) 개폐 방식이 쌍여닫이로 된 문.

double eaves 겹처마 2단의 서까래로 구성된 처마.

double effect absorption refrigeration machine 2중 효용 흡수식 냉동기(二重效用吸收式冷凍機) 단효용 흡수 냉동기의 효율을 높이기 위해 재생기를 2단(고압, 저압)으로 나눈 냉동기. 증기의 열을 2중으로 이용하기 때문에 증기 사용량은 단효용의 50~60%가 된다.

double floor 2중 바닥(二重-) 방음과 방한을 위해 장선의 상하에 판을 2중으로 대고 그 사이에 톱밥이나 광재면(鑛滓綿 : slag wool) 등을 넣은 바닥.

double framed wall 2중벽(二重壁) 벽체를 2중으로 하여 중간에 공기층, 석탄재, 톱밥, 암면 등을 적당히 충전한 방한벽, 방음벽, 방습벽. =double wall

double glass 2중 유리(二重-) =double glazing

double glazing 2중 유리(二重−), 복층 유리(複層−) 두 장의 유리를 일정한 간격으로 하여, 주위를 접착제로 접착해서 밀폐하고, 그 중간에 완전 건조 공기를 봉입한 유리. 단열·차음·결로 방지 등의 효과가 있다. 페어 글라스라고도 한다.

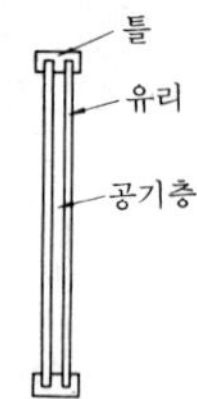

double grid 더블 그리드 건축 공간의 구성의 기초가 되는 바둑판눈으로, 기둥, 벽의 두께를 2중선으로 하여 격자를 짠다. 이것으로 구성된 공간은 안치수가 같기 때문에 부재를 어느 위치에서도 사용할 수 있다는 특징을 갖는다.

double groove joint 양면 그루브 이음(兩面−) 결합하는 2부재간의 양면에 홈을 낸 이음.

double hull construction 2중각 구조(二重殼構造) 충돌시의 침수, 폭발시의 비산 및 위험물의 누설 등을 방지할 목적으로 해양 건축물의 외벽판을 2중으로 한 구조. =double hull structure

double hull structure 2중각 구조(二重殼構造) =double hull construction

double hung window 오르내리창(−窓) 개폐를 경쾌하게 하기 위해 밸런스용 분동을 로프로 연결한 오르내리창.

double-J groove 양면 J형 그루브(兩面−形−) 맞대기 용접에서 모재의 양면에서 J형으로 내어진 그루브.

double lattice 복 래티스(複−), 2중 래티스(二重−) 현재(弦材)를 결합하는 래티스가 2중으로 되어 있는 래티스.

double layer grid 중구면 그리드(重構面−) 입체 트러스 구성법의 하나. 상하면의 그리드 격점(格點) 상호를 연결하여 입체 트러스를 구성하는 수법. 직교 그리드·사교 그리드가 각각 상하면에 독립으로 생각된다. 그 조합으로 종류가 나뉘어진다. 입체 트러스에는 그 밖에 단구면 그리드와 입체 소자 그리드가 있다.

double layer pneumatic structure 2중막(二重膜) 2중막 방식의 구조.

double layer reinforcing 2단 배근(二段配筋) 철근 콘크리트 부재의 주근이 부재 폭에 들어가지 않을 때 2단 배치하는 것.

double-layer space frame 복층 스페이스 프레임(複層−) 부재를 2층의 곡면 형상으로 배치한 평판형 혹은 곡면형의 입체 골조. →single-layer space frame

double-layer truss plate 2층 입체 트러스 평판(二層立體−平板) 상하면의 2층에 현재(弦材)를 갖는 2층 구조의 전체가 평판 형상을 한 스페이스 프레임. 하중의 전달은 면외(面外) 방면의 휨, 전단력이 주가 된다.

double-loaded corridor 중복도(中複道) 양쪽 방 사이에 있는 복도. 면적 효율은 좋지만, 어둡고 음울한 공간이 되기 쉬우며, 통풍이나 프라이버시의 점에서도 문제가 있다. 최저폭은 법규에 의해 정해져 있다. =central corridor

double-loaded corridor type 중복도형(中複道形) ① 근대 이후의 도시 주택에 있어서의 평면 형식의 하나. 중앙에 복도를 두고, 그 남쪽에 거실, 북쪽에 주방·욕실 등을 배치한 형식. ② 복도 양쪽에 주거나 방을 배치하는 평면형.

double nut 2중 너트(二重−) 철골 공사 등에서 볼트가 헐거워지는 것을 방지할 목적으로 2중으로 체결하는 너트.

double pedestal desk 양수 책상(兩袖冊床) 사무용 책상의 일종. 갑판, 다리 및 양측에 파일용 서랍을 갖는 서랍 상자로 구성된다.

double pointed nail 양끝못 양단을 뾰족하게 한 곧은 못으로, 판을 떼낼 때 사용한다.

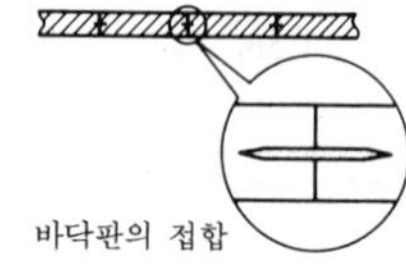

double reinforced beam 복근보(複筋−) 보 단면의 인장측·압축측 양쪽에 주근을 넣은 철근 콘크리트 보. 단근보의 대비어.

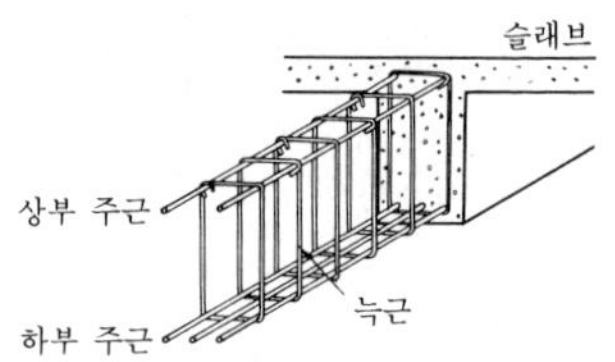

double reinforcement 복근(複筋), 복철근(複鐵筋) 철근 콘크리트 구조의 보, 슬래브, 벽 등에 있어서 인장, 압축의 양쪽

에 철근을 배치하는 것, 또는 그와 같이 배치한 철근.

double reinforcement ratio 복근비(複筋比) 복근보에서 압축측 철근의 단면적의 합 a_c를 인장측 철근의 단면적의 합 a_t로 나눈 것.

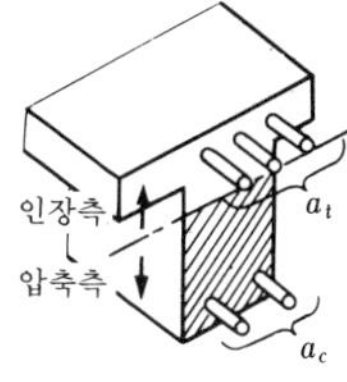

복근비 $r = \frac{a_c}{a_t}$

double room 더블 룸 =double bed room

doubler plate 더블러 플레이트 강구조 부재의 웨브나 패널 존 등에서 보강을 위해 어느 부분 전면에 용접 등을 써서 붙이는 강판.

double sash 2중 새시(二重－) 2중 구조로 한 새시. 독립한 새시를 조합시킨 것과 틀 등이 일체 성형된 것이 있다. 단열 새시나 방음 새시로서 사용한다. →double window

double shear 2면 전단(二面剪斷), 복전(複剪) 볼트, 못, 리벳, 흙 등의 전단되는 면이 둘일 때 2면 전단이라 한다.

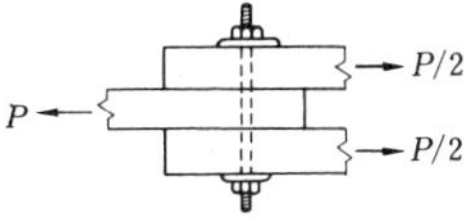

double sliding door 미서기 →double sliding window

double sliding window 미서기 2매 이상의 문을 2개 이상의 홈이나 레일 상을 수평 좌우로 이동하여 개폐하는 창호. 개방 면적이 자유롭게 된다. 궤조의 수에 따라 개방 면적을 넓게 할 수 있다.

double swinging 쌍여닫이(雙－) 좌우 2매의 여닫이문으로 이루어지며, 회전축이 양쪽에 두어지고, 중앙이 넓게 열리는 창호의 개폐 방식.

double trap 2중 트랩(二重－) 위생 기구의 동일한 배수관계에 트랩을 연속하여 설치하는 것. 2개의 트랩 간에 공기가 밀폐되어 배수의 유통을 저해하게 되므로 금지되고 있다.

double T slab 더블 T 슬래브 프리캐스트 프리스트레스트 콘크리트 제품의 일종. T자를 둘 옆으로 나란히 붙인 단면 형상을 한 슬래브.

double-U groove H형 그루브(－形－) 맞대기 용접에서의 그루브(모재 사이에 두는 홈)의 형의 하나.

double-V groove X형 그루브(－形－) 맞대기 용접에서의 그루브가 X형인 것. →groove

double wall 2중벽(二重壁) =double framed wall

double Warren truss 더블 워렌 트러스 경사재가 X형으로 배치된 워렌 트러스.

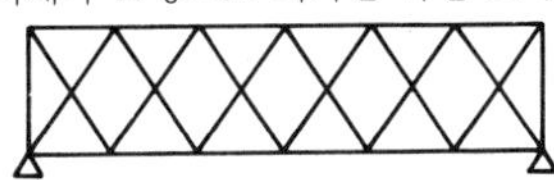

double window 2중창(二重窓) 외장지와 안장지를 2중으로 한 창으로, 방한 또는 소음 방지를 위해 사용한다.

doughnut 도넛 철근과 거푸집의 간격을 유지하기 위한 스페이서의 일종. 둥근 고리 모양이며, 모르타르제나 플라스틱제 등이 있다.

doughnut pattern 도넛 현상(－現象) 도시가 발전하면 중심부의 가치가 높아져서 사는 사람이 없어져 공동화하는 상태가 도넛과 비슷하다고 해서 일컬어지고 있는 현상.

dovetail 사개 비둘기 꼬리와 같이 끝이 벌어진 모양으로, 목공의 접합에 쓰인다.

dovetail joint 사개맞춤, 사개이음 목조 이음의 하나. 부재를 가공해서 서로 끼워 맞추는 이음법으로, 간단하고 철물 등을 사용하지 않아도 튼튼하게 맞추어지기 때문에 널리 쓰이는 이음법이다.

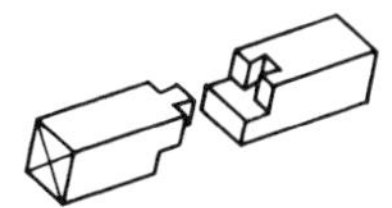

dovetail tenon 주먹장부 끝 부분을 주먹 모양으로 판 장부로, 끝은 조금 넓고 안쪽을 좁게 하여 끌어당겨도 잘 빠지지 않도록 만들어졌다.

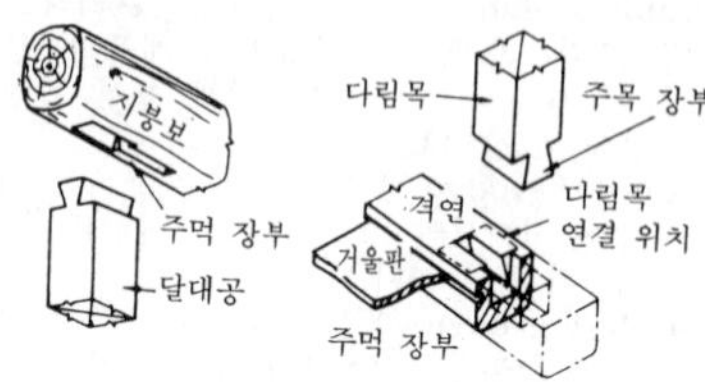

dovetail tenon

dowel 꽂임촉 ① 콘크리트 구조체에 내장재를 부착하기 위해 못을 박을 목적으로 미리 콘크리트 속에 매입해 두든가 혹은 나중에 콘크리트에 구멍을 뚫고 꽂아 넣는 통의 마개와 비슷한 나무 조각. ② 두 부재를 겹쳐서 접합할 때 이음이 서로 벗어나는 것을 방지하기 위해 접촉면에 꽂는 작은 조각. 돌공사에서는 철편을 사용한다.

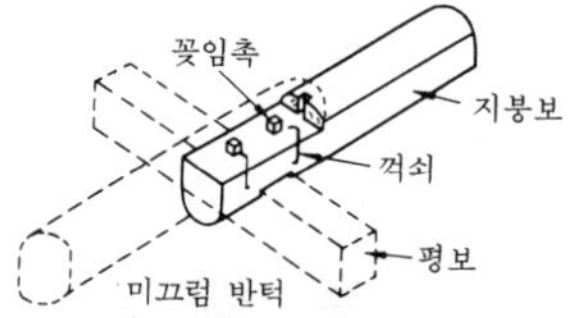

dowel connection 듀벨 접합(－接合) 접합 목재간에 듀벨을 삽입하는 목재 접합법. 그 전단 저항에 의해 힘을 전하는 방법으로, 볼트에 의한 체결이 필수이다.

doweled joint wooden construction 듀벨 구조(－構造), 다월 구조(－構造) 듀벨(다월) 접합을 사용한 나무 구조로, 볼트 체결과 공용하지만, 볼트는 인장력을 받는다.

dowel reinforcement ratio 결합 철근비(結合鐵筋比) 프리캐스트 슬래브와 그 윗면에 타설하는 현장치기 콘크리트(토핑 콘크리트) 등의 접합면에 생기는 면내(面內) 전단력에 저항시키기 위해 배치한 철근의 단면적비.

down draft 다운 드래프트 굴뚝에서 배출된 연기가 굴뚝 근처 건물 등의 장해물이 만드는 소용돌이에 말려들어 급격히 하강하는 현상. 또, 실내에서의 소규모 하강 기류.

down light 하향등(下向燈) 백열 전구를 천장에 매입하고, 직접 하향 조명하는 조명 기구. 여기에 렌즈, 반사판 또는 루버 등을 부착한 조명 방식을 하향 조명이라 한다. →down lighting

down lighting 하향 조명(下向照明) 지향성이 높은 천장등에 의한 직접 조명을 말한다. 지향성을 높이려면 반사판, 렌즈, 루버 등을 사용한다. 광원이 높으면 눈부심이 적고, 조명에 액센트를 주어 효과적이다. 이러한 등을 하향등(down light)이라 한다. →down light

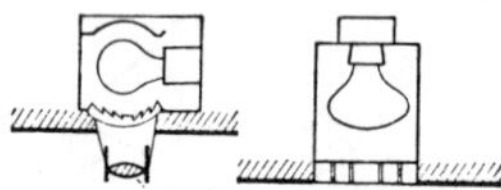

down peak 다운 피크 엘리베이터에 있어서의 교통 수요 패턴. 저녁의 번잡시 등에 일어나며, 내려가는 승객이 많아지고 올라가는 승객은 적다.

down pipe 선홈통(－桶) 지붕의 빗물을 배수하기 위해 연직 방향으로 설치하는 홈통. →hung gutter

down piping system 하향 배관법(下向配管法) 건물에 물·온수·증기 등의 공급 주관을 하향으로 배관하여 기구에 공급하는 방법. 중력 가속도가 마찰보다 크므로 배관은 가늘어도 된다.

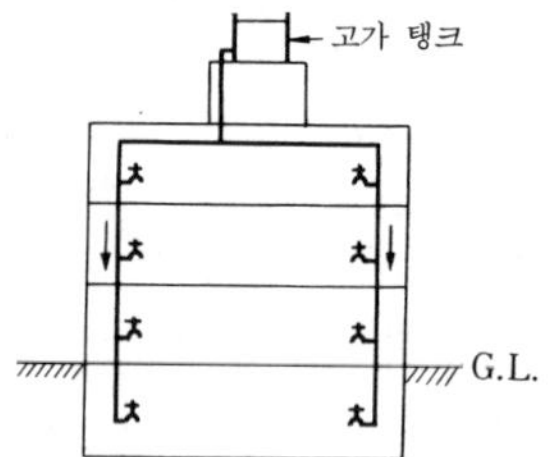

down spout 하관(下管) ＝down pipe

down town 다운 타운 도시 중 표고가 비교적 낮은 장소로, 도시 발전의 중심으로 되었기 때문에 상업 지역의 성격을 띠고 있다.

downtown linkage 다운타운 링키지 도심에 사무실을 건설하는 기업으로 하여금 그 도시의 주택 정책에 협력할 것을 의무화한 제도. 미국에서 실시되고 있다.

downward distance 하강 거리(下降距離) 수평으로 분출된 분류가 주위의 공기와의 온도차에 의한 밀도차에 의해서 하강할 때 분류 출구에서 하강한 거리.

down ward transmitting wave 하강파(下降波) 연직 아래 쪽을 향해서 전파하는 파동. 어느 점의 운동은 상승파와 하강파를 합친 것이 된다.

dozer 도저 배토판을 부착하여 정지, 굴착, 흙돋우기, 제설 등에 사용하는 토목 기계의 총칭. 불 도저, 앵글 도저, 틸트 도저, 스노 도저, 트리 도저, 레이크 도저, 푸시 도저 등이 있다.

DPBX 디지털 사설 구내 교환기(－私設構內交換機) ＝digital private branch exchange

draft 드래프트[1], 외풍(外風), 틈새바람[2], 통풍(通風)[3] (1) 보통은 공기의 흐름을 말한다. 또 굴뚝, 연도(煙道), 배기통 등 속을 온도차에 따른 밀도차에 의해 공기 또는 가스가 통하는 것을 드래프트라 하고, 원동력이 되는 압력차를 드래프트 헤드(draft head)라 한다.
(2) 문이나 창의 틈을 통한 공기의 흐름을 말한다.

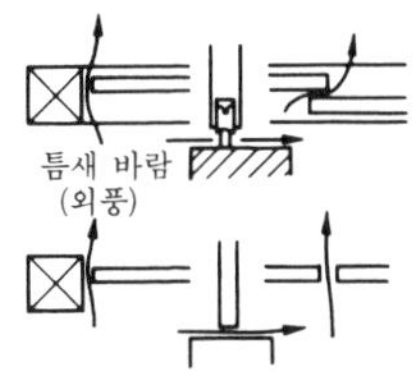

(3) 기계 환기 또는 공기 조화에 의하지 않는 자연 환기를 말한다.

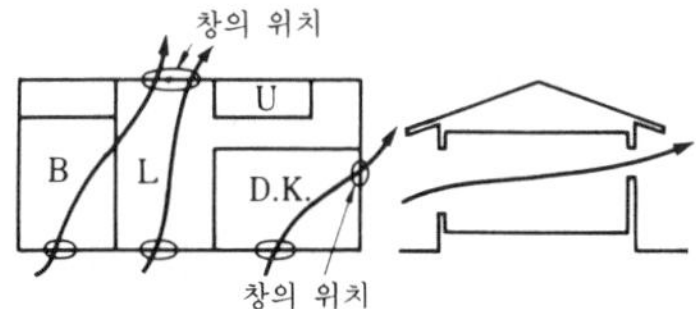

draft chamber 드래프트 체임버 냄새 기타 유해 가스를 발생하는 실험을 하기 위한 방. 환기통을 갖추며, 전면에 문을 두고, 통풍은 자연 또는 환풍기에 의한 강제식으로 한다.

draft device 통풍 장치(通風裝置) 연소 기기(보일러 등)에서 나오는 연소 폐가스를 배출하기 위한 장치를 말한다. 자연 통풍 방식에서는 연도(煙道), 굴뚝을 이용하고, 강제 통풍 방식에서는 장치 내에 압입식이나 흡입식의 통풍기(팬, 블로어 등)가 내장된다.

drafting 제도(製圖) ＝drawing

drafting board 제도판(製圖板) 제도할 때 용지의 받침이 되는 판. 베니어판이나 합성 수지 시트를 붙인 것이 많다. ＝drawing board

drafting machine 제도 기계(製圖機械) 직각으로 조합된 눈금이 매겨진 자가 평행 이동하도록 한 제도용 기계. 풀리식·팬터그래프식·트랙식 등이 있고, 또 컴퓨터로 제어하는 대규모의 것도 있다.

drafting tools 제도기(製圖器) 제도를 하기 위해 사용하는 용구, 기구의 총칭.

draft power 통풍력(通風力) 공기의 연속적 이동(흐름)을 유발하는 원동력을 말한다. 공기의 온도차에 따른 공기 밀도 변화에 의한 자연 통풍력과 팬, 블로어 등의 기계력에 의한 강제 통풍력(기계 통풍력)으로 대별된다.

draft rating 통풍률(通風率) 통풍시 실내에서의 풍속의 정도를 나타내는 지표. 실내 어느 점의 풍속의 외부 풍속에 대한 비를 말한다.

draftsman 제도사(製圖士), 제도공(製圖工) 설계 실무에서 제도를 담당하는 직업, 또는 그 사람.

drag 드래그 →resistance

drag coefficient for the surface 표면 마찰 계수(表面摩擦係數) 유체와 물체 표면의 마찰에 의해 생긴 전단력을 작용 면적과 흐름의 기준 속도압의 곱으로 나눈 값.

dragline 드래그라인 기체에서 붐을 연장시켜 그 끝에 매단 스크레이퍼 버킷을 전방에 투하하고, 버킷을 끌어당기면서 토사를 긁어들이는 굴착 기계를 말한다. 지반이 연약한 경우나 굴착 반경이 큰 경우에 적합하다.

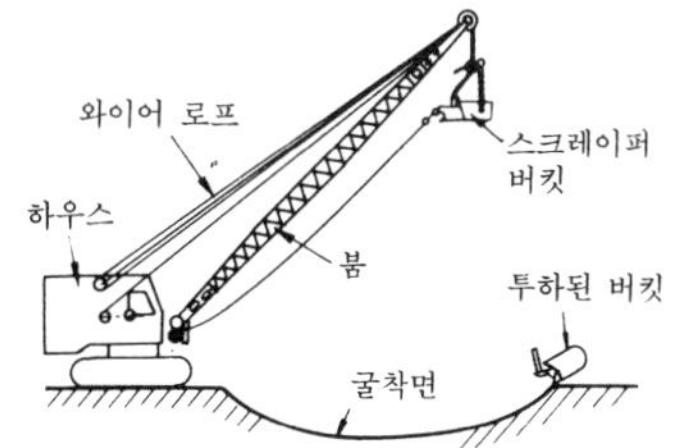

dragshovel 드래그셔블 기체에서 낮은 곳으로 버킷을 내리고, 앞쪽으로 긁어올려서 굴착하는 기계.

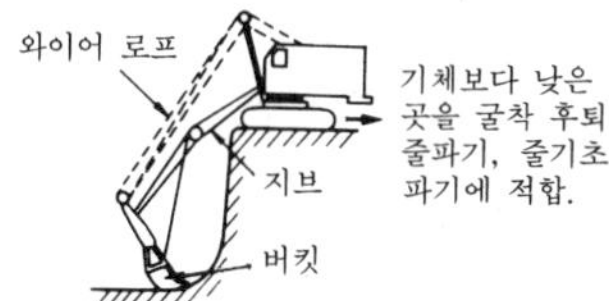

drain 하수구(下水溝)[1], 드레인[2] (1) 오수, 지붕면이나 지상의 빗물 외에 일반 하수나 지하수 등을 배제하기 위한 관 또는 홈을 말한다.

(2) 공기 조화 설비에서 증기의 응결수, 냉각 코일에서 생기는 결로수. 슬래브의 배수용으로 루프 드레인으로서 사용된다.

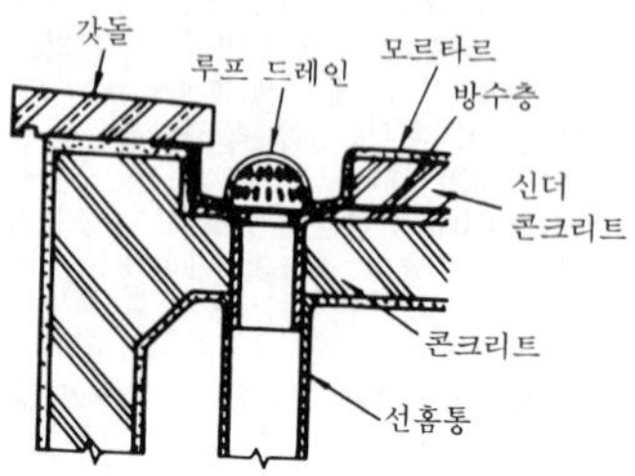

drainage 배수(排水) 빗물, 오수, 폐수 등을 배제하는 것. 옥내에서 설거지물, 오수 등의 불필요한 물을 배제하는 것을 옥내 배수(house drainage, building drainage)라 하고, 부지 내의 빗물을 배제하는 것을 구내 배수(yard drainage)라 한다.

drainage area 배수 구역(排水區域) 공공 하수도에 의해 하수를 배제할 수 있는 지역을 말한다.

drainage fitting 드레이니지 이음 일반 배수 계통에 사용하는 백(白) 가스관의 이음의 일종으로, 나사형 배수 이음이다.

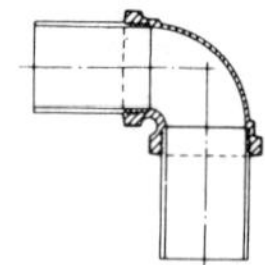

drainage method 배수 공법(排水工法) 지하 수면보다 낮은 곳에서 공사를 하기 위해 지하수를 배제하여 지하 수위를 저하시키는 공법. 웰 포인트 배수 공법, 심정(深井) 배수 공법, 웅덩이 배수 공법 등이 있다.

drainage pit 배수 피트(排水－) 옥내의 배수를 일시 저장하는 배수조.

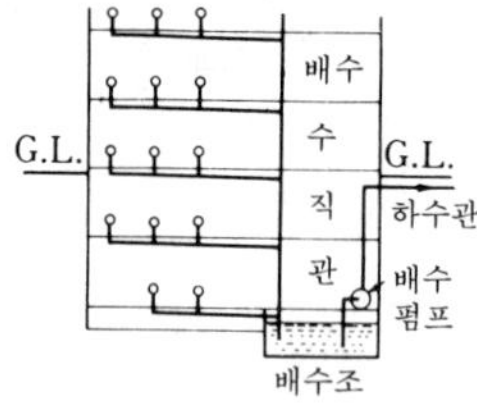

drainage plan 배수도(排水圖) 옥내 배수나 구내 배수의 계획, 설비를 도시한 도면을 말한다.

drainage pump 배수 펌프(排水－) 폐수, 오수를 퍼올리는 데 사용하는 펌프. 기선, 발전소 등의 누설수를 퍼올리는 펌프도 배수 펌프라 한다. 배수용의 저양정 전동 와권 펌프가 사용되는 경우가 많다.

drainage system 배수 계통(排水系統) ① 건물 내 배수의 종류나 성질로 구분된 배수로. ② 하수관 간선의 배관 방법. 그림은 옥내의 배수 계통을 나타낸 것이다.

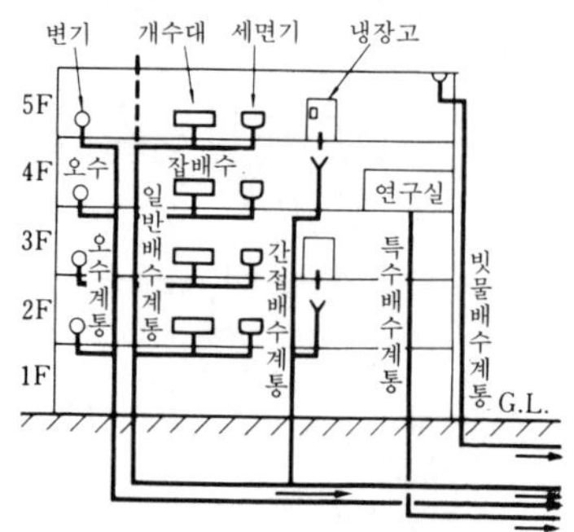

drainage tank 배수조(排水槽) 배수를 배제하기 위해 일시 저장하는 조(탱크). 저장하는 배수의 종류에 따라서 오물조, 오수조, 잡배수조, 용수조(湧水槽), 우수조(雨水槽) 등이 있다. ＝drainage pit

drainage waste and vent system 배수 통기 설비(排水通氣設備), DWV 시스템 건물 내 및 부지 내에서 오수, 잡배수, 우수, 특수 배수를 지장없이 배출하기 위한 중력식 배수와 통기의 설비. 오수와 잡배수에 대하여 합류식과 분류식이 있다.

drain fitting 배수 기구(排水器具) 위생 기구 중 물받이 용기와 배수관을 접속하는 배수부를 맡는 철물류, 트랩, 바닥 배수구 등을 말한다.

drain hole 물빼기 구멍 배수를 위한 구멍으로, 표면 또는 내부에 있는 물을 배출하기 위해 둔다.

drain-pan 드레인팬 옥내에 설치한 수조 등의 하부에 설치하여 결로수(結露水) 등을 배수하기 위한 물받이.

drain pipe 배수관(排水管) 건물 내에서 나오는 빗물이나 불필요한 물, 폐수를 흘리기 위해 사용하는 관.

drama theather 연극 극장(演劇劇場) 연극(드라마)을 주로 상연하는 극장. 음악당, 오페라 하우스 등에 대비해서 말한다.

drape 드레이프 두꺼운 수공예적 직물.

draught 통풍(通風) ① 실내에 사람이 느낄 수 있는 기류를 주고, 인체로부터의 열 방산을 촉진시켜 시원함을 주기 위해 대량의 환기를 하는 것. ② 연소 기기 등에 연소용 공기를 보내고 폐 가스를 배출하는 것.

draughtsman 제도사(製圖士), 제도공(製圖工) =draftsman

drawing 제도(製圖)[1], 도면(圖面)[2] (1) 공간, 실체를 대상으로 하는 관념을 구체화하기 위해 설계 계획 또는 실시의 도면을 작성하는 것.
(2) 사물의 형태, 관계 위치 및 치수, 재질, 색, 마무리 방법 등을 일정한 표현 방법에 의해 그림으로 나타내고, 필요에 따라서는 그 그림에 기호, 문자 등을 써넣은 것. 그 표현 방법에 따라서 평면도, 입면도, 구조도, 투시도 등 각종이 있다.

drawing and specification 설계 도서(設計圖書) 건축 공사를 실시하기 위해 필요한 도면·서류의 총칭. 일반적으로는 설계도와 시방서(명세서) 등을 말한다.

drawing board 제도판(製圖板) 제도 용지를 붙이고 도면을 작성하는 판.

drawing for approval 승인도(承認圖) = approved drawing

drawing for building services 설비도(設備圖) 건축 설계도 중 건축물 내의 설비 즉 급배수·위생·가스·소화·시보(時報)·전기·난방·공기 조화·승강기 설비 등의 설계도.

drawing for estimate 견적도(見積圖) 견적을 하기 위한 도면.

drawing for maintenance use 관리용 도면(管理用圖面) 유지 관리나 유지 보전을 유효하게 하기 위해 필요한 도면. 각종 건축·설비 도면을 주체로 하는 시공도 일식으로, 법률에 의하여 그 보관이 정해져 있다.

drawing instrument 제도기(製圖器) 제도하기 위한 기구.

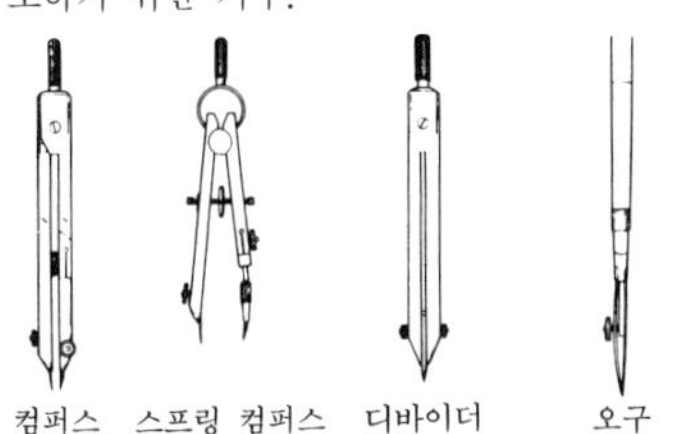

drawing letter 제도용 문자(製圖用文字) 제도용 도면에 일정한 표현 방법에 의해서 기입하는 문자.

drawing number 도면 번호(圖面番號) 한 벌의 설계도 페이지수에 해당하는 번호. 번호는 설계도 총수를 나타내는 숫자와 몇 번째인가를 나타내는 숫자의 두 가지를 조합시켜서 표제란에 기입한다. 예를 들면,
15-2 총수 15매 중 두번째
2-15 〃

drawing of section method 절단도(切斷圖) 절단법에 의해서 그려진 도면. 절단법에는 전단면법·반단면법·계단 단면법·국부 단면법, 추출 단면법을 쓴다. 주로 기계 등의 단면도에 이 방법이 사용된다. 건축 제도에서는 일반적으로 단면도라 하고, 둘 이상의 연속한 직선 또는 곡선에 의할 수가 있다. 이 경우, 절단선에는 반드시 기호를 넣는다. →section

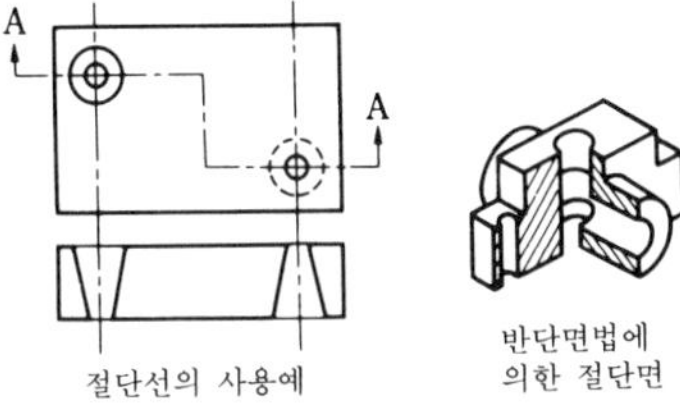

절단선의 사용예　　반단면법에 의한 절단면

drawing paper 제도 용지(製圖用紙) 제도에 사용되는 용지. 보통 켄트지, 무광택 트레이싱 페이퍼가 사용된다.

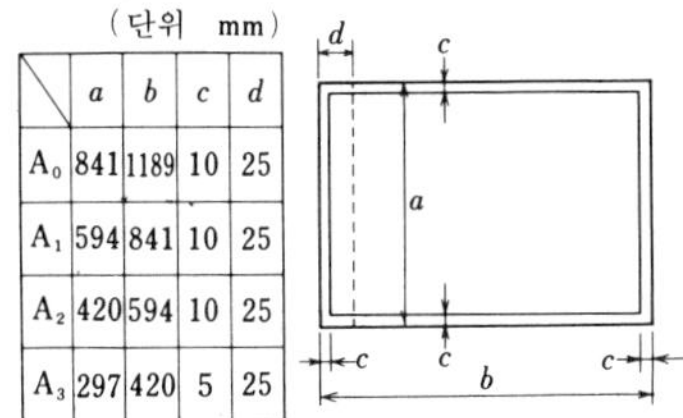
(단위 mm)

	a	b	c	d
A_0	841	1189	10	25
A_1	594	841	10	25
A_2	420	594	10	25
A_3	297	420	5	25

drawing pen 오구(烏口), 먹줄펜 먹줄을 그을 때 사용하는 제도 용구.

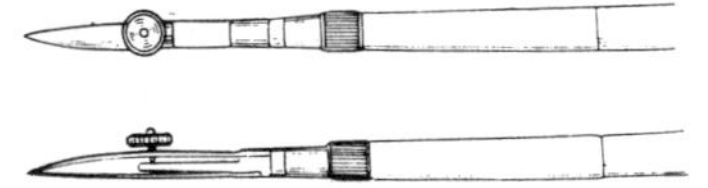

drawing room 응접실(應接室) 손님을 응접하기 위해 특별히 마련된 방.

drawings and specifications for design presentation 설계 도서(設計圖書) = drawing and specification

drawing steel pipe 인발 강관(引拔鋼管) 중공(中空) 소재에 심금(心金) 또는 플러

그를 넣고, 다이스를 통하여 빼내는 작업으로 만든 강관. 일반 강관, 고압 보일러관, 고압 가스관, 구조용 강관 등에 사용된다.

drawing table 제도대(製圖臺), 제도 책상(製圖冊床) 제도판과 그것을 얹는 책상을 말한다. 제도판의 각도를 조절할 수 있는 것도 있다.

drawn tube 인발 강관(引拔鋼管) = drawing steel pipe

dredging 준설(浚渫) 일반적으로 항로, 항만 등의 조성이나 개량 공사에서 수심을 깊게 하기 위해 해저를 깊게 파내려가는 것.

drencher 드렌처 건물의 지붕, 처마, 창 위 등에 개방된 살수 노즐을 배치하고 이것을 배관에 의해서 수원에 연결한 것. 화재시 연소를 방지하기 위해 압력수를 보내서 살수 노즐로부터의 방수에 의한 수막(水幕)에 의해 연소를 방지한다.

창벽용 처마끝용

drencher system 드렌처 설비(—設備) 화재시, 외부로부터의 연소를 방지하기 위해 자동 또는 수동으로 건물 외부를 수막으로 덮는 방화 설비. 건물의 지붕, 외벽, 처마끝 등에 설치한 살수 노즐에서 방수한다.

dressed brick 치장 벽돌(治粧—) 외장에 사용하는 평판형의 벽돌로, 유약을 사용하지 않고 바탕에 착색을 하든가, 불투명, 무광택의 착색제를 입힌 것을 말한다. = face brick

dresser 드레서 연관(鉛管) 바깥쪽의 요철(凹凸)을 정형하기 위해 사용하는 목제의 공구.

dressing room 갱의실(更衣室)[1], 분장실(扮裝室)[2], 화장실(化粧室)[3] (1) 실내에 로커를 배열하고 옷을 갈아입는 방.
(2) = back stage
(3) 화장을 위해 사용하는 방. 변소에 세면기나 화장 거울이 설비되므로 변소의 의미로도 사용된다. = toilet

dried wood 건조 목재(乾燥木材) 건조 처리한 목재로, 건조는 공기 중의 습도와 균형이 맞을 정도로 한다. 목재의 건조법에는 자연 건조(대기 건조, 천연 건조)와 인공 건조(증기법, 열기법, 훈연법, 진공법, 고주파법, 약품에 의한 방법 등)가 있다.

drier 드라이어 도료 등의 건조 촉진제로, 납, 코발트, 망간, 아연 등의 산화물, 수산화물 또는 올레인산, 리놀레산, 리노렌산, 수지산, 나프텐산 등의 유기염류가 있다. = dryer

drift angle 층간 변형각(層間變形角) 각층의 층간 변위를 그 층의 높이로 나눈 값. = story deformation angle

drifter 드리프터 압축 공기를 써서 날끝에 회전 타격을 주는 대형 착암기.

drift force 표류력(漂流力) 유체 중의 부체(浮體)가 유체에서 받는 정상적인 힘.

drift pin 드리프트 핀 철골 부재를 조립할 때 접합부의 구멍이 일치하지 않는 경우, 두 부재를 당겨서 일치시키기 위해 두드려 넣는 강철제 핀.

drift sand 표사(漂砂) 파랑(波浪), 조류 등에 의해 해안 부근의 저질(底質)이 이동하는 현상 혹은 그 물질.

drill 송곳, 드릴 비교적 작은 구멍을 뚫기 위한 공구. 목재·강재·콘크리트 등 재료에 따라 각종이 있고, 또 수동식·전동식이나 지반 굴착용의 어스 드릴도 있다.

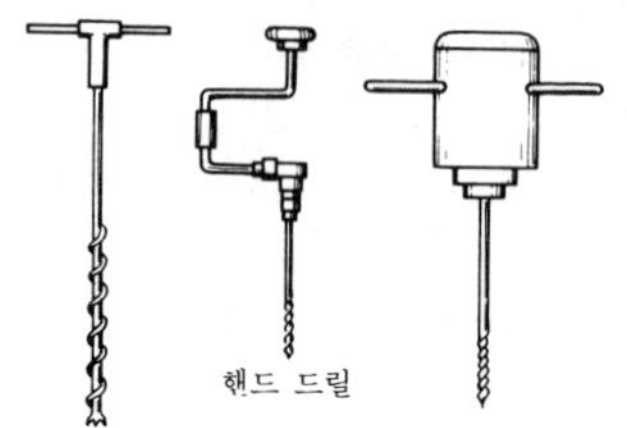

목공용 나사 송곳 핸드 드릴 철재용 전동 드릴

drilling 드릴링 드릴로 리벳 구멍 등을 뚫는 것.

drilling machine 드릴링 머신 = drill press

drill press 드릴 머신, 드릴 프레스 드릴을 돌려서 모재에 구멍을 뚫는 공작 기계. = drilling machine

drinking water 음료수(飲料水) 마시기에 적합한 물. = potable water

drip 물끊기 벽면에 튀는 빗물을 물방울로

서 흘러 내리게 하고, 빗물의 번짐, 침입·더러움을 방지하며, 치장면을 보호하기 위해 두는 홈 부분.

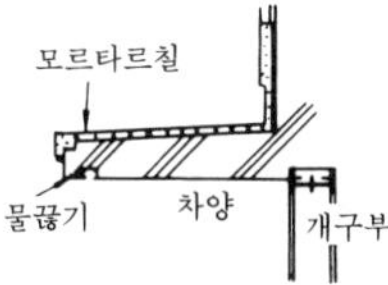

철근 콘크리트 구조

drip cap 홈통(−桶) =gutter

drip-proof type 방적형(防滴形) 전기 기기의 보호 방식의 하나. 연직에서 15도 이내의 각도로 낙하하는 물방울이 기기 내부에 들어가 전기 절연물이나 전기 권선용 철심에 접촉하는 일이 없는 구조의 방식.

drip trap 배관 트랩(配管−) =trap

drive-in parking 자주식 주차장(自走式駐車場) 자동차의 입출고에 있어서 기계를 쓰지 않고 운전자 스스로가 이동하여 주차시키는 방식의 주차 시설.

drive-in restaurant 드라이브인 레스토랑 고속 도로의 서비스 에어리어나 관광지의 주요 도로를 따라서 설치된, 차로 이동하는 사람을 위한 레스토랑.

drive-in theater 드라이브인 시어터 차에 탄 채로 볼 수 있는 옥외 극장.

drive-it 드라이브이트 경화 후의 콘크리트에 볼트나 특수못 등을 박아넣는 공구. 대형의 권총형을 하고 있다. 내부에 화약을 충전하고, 그 폭발력을 이용한다.

driven pile 타입 말뚝(打入−) 기성 말뚝을 거의 그 전장에 걸쳐서 지반 내에 박아넣든가, 또는 밀어 넣음으로써 설치되는 말뚝. →bored pile

driver 드라이버 나사를 죄거나 풀 때 사용하는 공구.

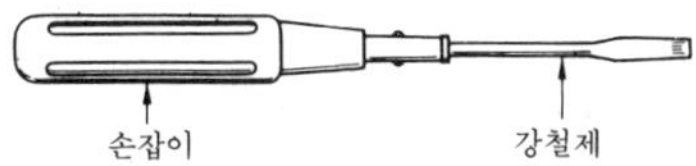

drive through 드라이브 스루 차에 탄 채로 쇼핑할 수 있는 상점을 말하며, 주차장의 티켓 판매, 책방, 레스토랑이나 금융기관도 있다.

driveway 차도(車道) 차량의 통행을 주로 하는 도로의 부분. =roadway, carriage way

driving channel 도수로(導水路) 도수 시설 중 개거(開渠), 암거(暗渠), 터널 등의 수로 부분. =head race

driving point impedance 구동점 임피던스(驅動點−) 정현적 진동을 인가한 점에서의 정상 상태의 힘의 속도에 대한 비. 구동점 기계 임피던스라고도 한다.

drooping characteristic 수하 특성(垂下特性) 전기 기기의 전압 특성의 하나. 부하 전류가 흐르면 갑자기 전압이 저하하는 특성. 전기 용접기 혹은 축전지용 충전기에 응용된다.

drop arch 드롭 아치 아치의 한 형식. 첨두 아치에 속한다. 아치의 원호 반경이 스팬보다 작다.

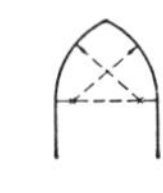

drop chute 드롭 슈트, 수직형 슈트(垂直形−) 수직으로 콘크리트를 떨어뜨릴 때 사용되는 관.

drop compasses 드롭 컴퍼스 스프링 컴퍼스의 일종으로, 작은 원을 그리는 데 사용한다.

drop door 드롭 도어 수평면이 개폐의 축이 되고 위쪽 또는 아래쪽으로 열리는 문. 음향 기기의 캐비닛 등에 쓰인다.

drop hammer 드롭 해머, 떨공이 말뚝박기에 사용하는 철제의 낙추(落錘).

drop haunch 드롭 혼치 철근 콘크리트 슬래브의 바닥 강성을 증강하기 위해 붙인 단차가 있는 혼치.

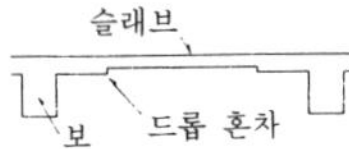

drop hinge 드롭 경첩 드롭 도어에 사용하는 경첩.

drop panel 드롭 패널 플랫 슬래브에서 주두부(柱頭部)의 바닥 강성을 증가시키기 위해 주두부 둘레의 슬래브를 두껍게 하여 접시 모양으로 한 부분을 말한다. →flat slab

drop test 낙하 시험(落下試驗) 일정한 높이에서 물건을 떨어뜨렸을 때의 재료의 충격에 대한 저항성을 살피는 시험.

drop wire 인입선(引入線) 외부의 가공 전선이나 지중 전선에서 수용 장소에 직접 배선되는 부분의 전선을 말한다. =lead-in wire

drum 드럼 ① 일반적으로는 북 모양·원통 모양을 한 것을 가리킨다. ② 주로 그리스 건축에서 원주를 만들기 위해 쌓아올린 원통형의 석재. ③ 돔을 받치는 원통형의 벽. 돔의 높이를 늘리고, 채광용 창이 설치된다.

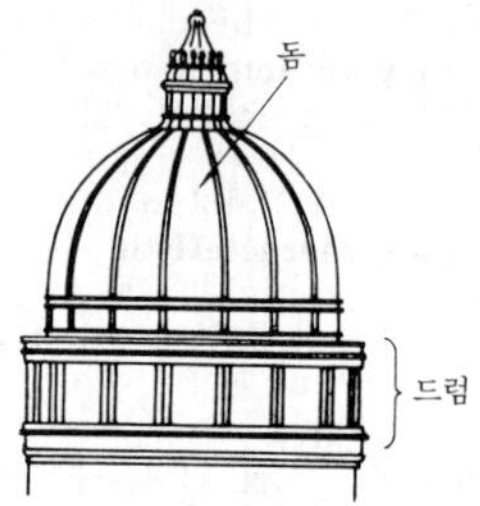

④ 윈치의 와이어 로프를 감아들이는 부분. 로프가 드럼에 감겨질 때 휨 피로 파괴를 일으키므로, 드럼 직경은 로프 지름의 20배 이상으로 한다. 드럼에는 로프의 홈이 있는 것과 없는 것이 있다.

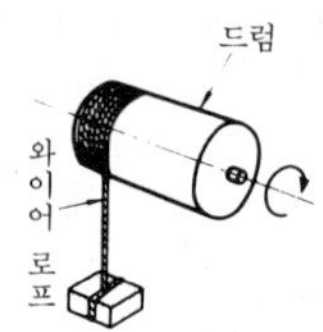

drum mixer 드럼 믹서 콘크리트 믹서의 일종. 혼합통이 드럼형으로 되어 있어 기울이지 않고 혼합한 콘크리트를 배출할 수 있는 것.

drum trap 드럼 트랩 봉수부(封水部)가 드럼형으로 된 트랩. 관 트랩보다 봉수량이 많고, 파봉(破封) 현상이 적으나 자기 세척 작용이 없다.

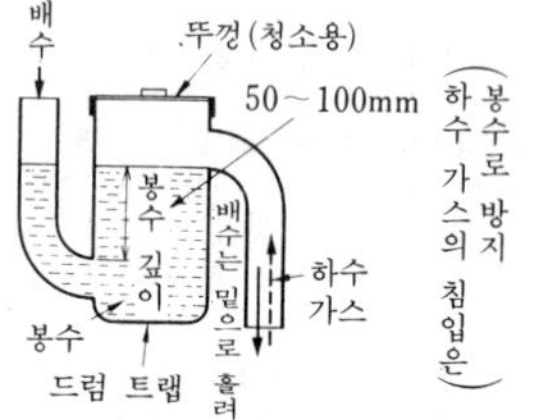

dry adiabatic change 건조 단열 변화(乾燥斷熱變化) 어느 계(系)가 상태 변화할 때 외부와의 사이에 열의 출입이 없고, 또 수증기의 응결을 수반하지 않는 변화. →adiabatic equilibrium

dry air 건조 공기(乾燥空氣) 수증기를 포함하지 않는 공기. 이에 대하여 건조 공기와 수증기가 혼합한 것, 즉 통상의 공기를 습공기라 한다.

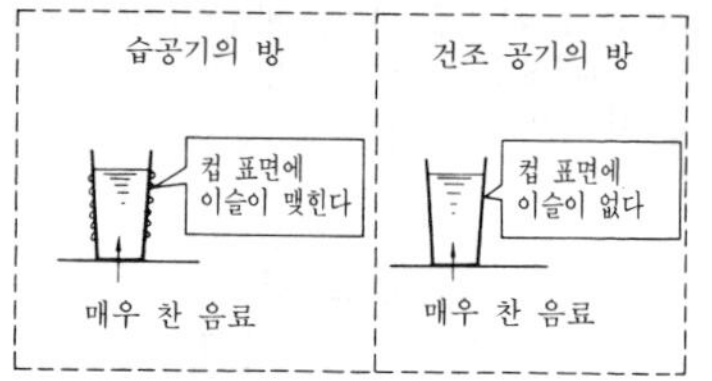

dry air

dry area 드라이 에어리어[1], 건조지(乾燥地)[2] (1) 건물 주위를 파내려가서 한쪽에 옹벽을 설치한 도랑. 방습·방수·채광·통풍에 유효하다.

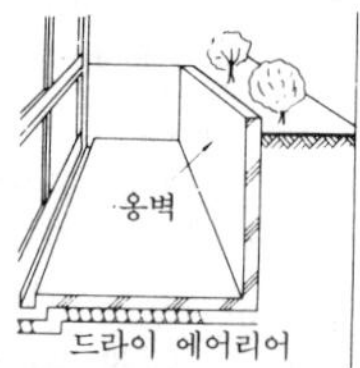

(2) 연간 강수량이 증발량보다 적고, 수목이 자라지 않는 사막이나 초원의 지역을 말한다. 대체로 남북 양반구의 위도가 20~30° 부근에 분포하고 있다.

dry-bulb temperature 건구 온도(乾球溫度) 건구 온도계에 의한 공기 온도.

dry chemical fire extinguishing system 분말 소화 설비(粉末消火設備) 분말 소화 약제를 분사 헤드 등에서 방사하여 분말의 열분해에 의해 생기는 2산화 탄소의 질식 작용 외에 부촉매(負觸媒) 작용에 의해 소화하는 설비. 전역 방출 방식, 국소 방출 방식, 이동식이 있다. =dry powder fire extinguishing system

dry construction 건식 구조(乾式構造) 성형판 등의 건식 재료로 조립하여 건물을 만드는 구조 방식.

dry construction method 건식 공법(乾式工法) 콘크리트나 미장 재료 등 물로 비벼서 경화를 기다리는 재료를 사용하지 않고 조립하는 공법.

dry cell 건전지(乾電池) 탄소 C의 (+)극과 아연 Zn의 (−)극 사이에 있는 전해액을 펄프 등에 담그고, (−)극이 전체 용기를 겸하는 등 휴대에 편리한 전지. 전지가 방전하면 (−)극의 Zn이 녹아서 Zn^{2+}로 되어 전해액 속으로 나온다. 한편, (−)극에 남겨진 전자는 도선을 전해서 (+)극으로 이행한다. 이 밖에 납축전지·알칼리 축전지 등이 있다. →storage battery

dry construction 건식 구조(乾式構造) 주로 공장 생산된 부품·부재를 조립하여 건축물을 구축하는 방법.

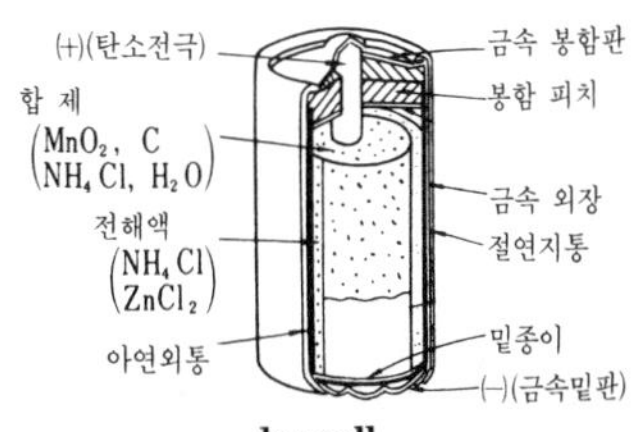

dry cell

dry cooling tower 공랭식 냉각탑(空冷式冷却塔) 재사용하기 위해 냉동기 등의 냉각수를 공기와 간접 접촉시켜 냉각시키는 장치. 코일 내의 물을 공랭한다. 건식 냉각탑이라고도 한다.

dryer 드라이어[1], 건조기(乾燥機)[2] (1) =drier
(2) 세탁물을 건조시키는 기계. 회전 드럼에 탈수한 세탁물을 넣고, 회전시키면서 열풍을 뿜는 것 등 각종 형식의 것이 있다. =drying tumbler

dry filter 건식 필터(乾式−) 여과에 의하여 공기를 청정화하는 기기 장치.

dry haze 연무(煙霧) 건조한 미립자가 공기 중에 부유하여 대기가 유백색으로 탁해 보이는 현상. 대기의 상대 습도가 높아지면 안개 등으로 변화한다. →smog

dry heat climate 초열(焦熱) 기온과 습도에서 본 기후 특성의 하나. 기온은 높지만 건조한 상태. 사막 지방의 일중(日中) 등이 이에 해당한다.

drying agent 건조제(乾燥劑) =desiccating agent

drying oil 건성유(乾性油) 공기 중의 산소로 산화 중합하여 고화하는 기름. 아마인유 등이 있다. 이 성질을 써서 도료의 전색제(展色劑)로 한다. →semi-drying oil, boiled oil

drying shrinkage 건조 수축(乾燥收縮) 물체가 함유 수분을 잃고, 건조에 의해 길이 혹은 체적이 감소하는 것.

drying tumbler 건조기(乾燥機) =dryer

dry joint 드라이 이음 프리캐스트 철근 콘크리트(PC) 부재를 접합하는 경우, 현장 치기의 모르타르나 콘크리트에 의하지 않고, 볼트 체결이나 용접을 써서 일체화시키는 접합 방법. →wet joint

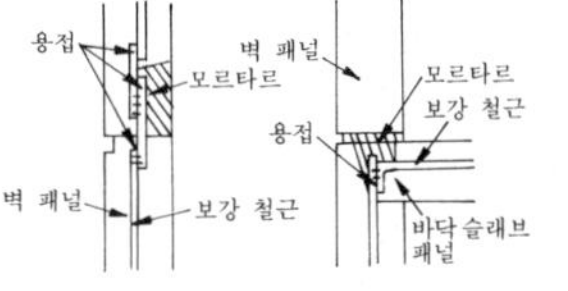

dry masonry 건성쌓기 돌·벽돌·콘크리트 블록 등의 줄눈에 모르타르 등을 사용하지 않고 쌓는 것을 말한다. 돌담 등에 널리 사용되며 대표적인 것으로 성곽의 돌벽이 있다.

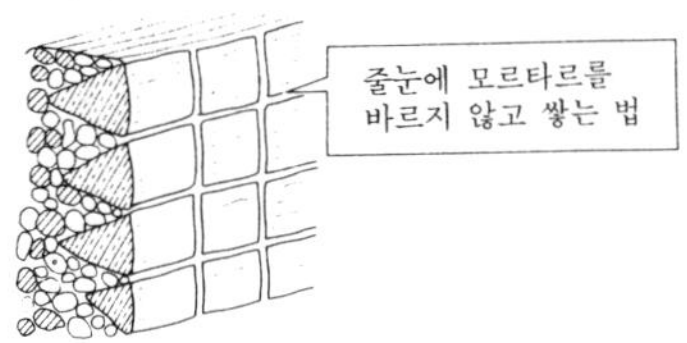

dry mixed gypsum plaster 혼합 석고 플라스터(混合石膏−) 소석고에 가소화 재료나 응결 지연제 등을 공장 배합하고, 현장에서 물로 비비면 칠할 수 있는 기성의 석고 플라스터.

dry mixing 건비빔(乾−) 물을 가하지 않고 시멘트와 골재를 비비는 것. 믹싱 카이외로 운반이 가능하다.

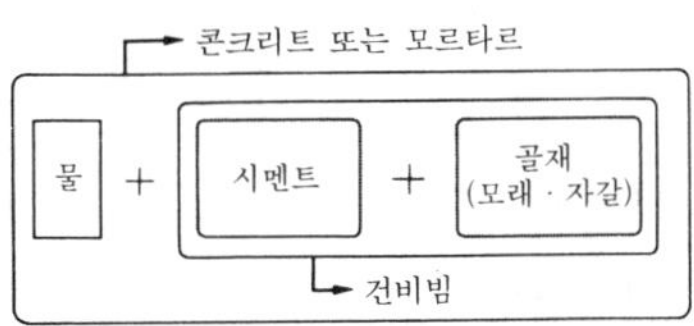

dry out 드라이 아웃 모르타르, 플라스터 등의 칠 재료가 직사 일광·바람·바탕의 흡수 등에 의한 수분의 급감으로, 정상적인 응결 경화를 하지 않는 것. 얇게 칠한 경우 등에 특히 일어나기 쉽다.

dry powder extinguisher 분말 소화기(粉末消火器) 용기에 인산염류 또는 탄산수소 나트륨, 탄산 수소 칼륨을 충전하고, 내장된 질소 가스 등의 압력 또는 가압용 2산화 탄소의 압력에 의해 방출하는 소화기를 말한다.

dry powder fire extinguishing system 분말 소화 설비(粉末消火設備) =dry chemical fire extinguishing system

dry system 드라이 시스템 ① 통상은 통수(通水)되고 있지 않은 상태이지만 사용시에만 통수하는 배관 방식으로, 스프링클러 배관 등에 채용되고 있다. ② 주방이나 변소 등의 바닥에서 수세(水洗)할 수 없는 마감 재료나 공법으로 하는 것. 바닥 세척용 배수구는 없다.

D-type trap pipe D트랩 도관(−陶管) D트랩을 연접하는 도관. 배수관 도중에 사

용되며, 드럼형의 뚜껑을 열 수 있게 된 배수 트랩.

dual duct system 2중 덕트 방식(二重－方式) 공기 조화 방식의 일종으로, 냉풍, 온풍의 2개 덕트를 사용하여 송풍하고 각 방에 설치된 공기 혼합 유닛(air mixing room unit)에 각각 유도하여 적당한 비율로 혼합해서 실내로 송풍한다. 이것은 다수실, 다수 존(zone)인 경우에 적합하고 고속 송풍에도 적합하다. 그림은 일례를 나타낸 것이다.

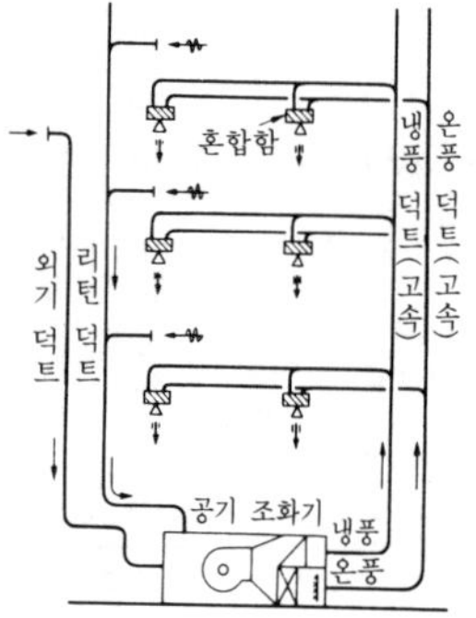

dual living 듀얼 리빙 분위기가 다른 두 거실을 두는 것.

dubbing out 고름질 미장 공사에서 재벌 바름의 칠두께를 일정하게 하기 위해 초벌칠의 우묵한 부분을 칠하여 평탄하게 하는 것.

duckboard 발 가느다란 널빤지나 대나무를 틈이 있게 나란히 댄 것. 툇마루나 시멘트 바닥의 복도 등에 깐다.

duct 덕트 환기나 공기 조화를 위해 공기를 유도하는 관로. 풍도(風道)라고도 한다. 형상은 장방형의 것이 많고, 원형의 것도 사용된다. 장방형 덕트를 쓰는 경우는 장방형 덕트의 해당 직경표에서 형상을 정한다. 고속 덕트와 저속 덕트가 있다. 그림은 장방형 덕트의 예이다.

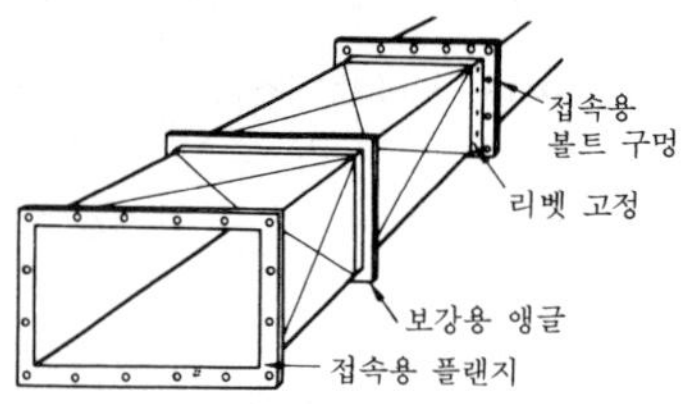

duct fan 덕트 팬 덕트의 축심과 송풍기의 회전축이 일치하고, 덕트 간에 삽입할 수 있는 콤팩트형 송풍기의 총칭.

ductile fracture 연성 파괴(延性破壞)[1], 인성 파괴(靭性破壞)[2] (1) 금속 재료가 항복점을 넘는 응력에 의해서 큰 소성 변형을 일으킨 다음에 일어나는 파괴.
(2) 인성이 풍부한 부재가 탄성 범위를 훨씬 넘은 상태에서 일으키는 파괴.

ductility 연성(延性) 금속 재료가 탄성 한도 이상의 인장력에 의해서 파괴하는 일 없이 늘려져서 소성 변형하는 성질. 일반적으로 단단한 물질일수록, 온도가 낮을 때일수록 연성이 작다. 백금·금·은·구리·알루미늄·납 등은 이 성질이 크다. 선·판·형강의 압연에 이용된다.

연성을 이용한 가공

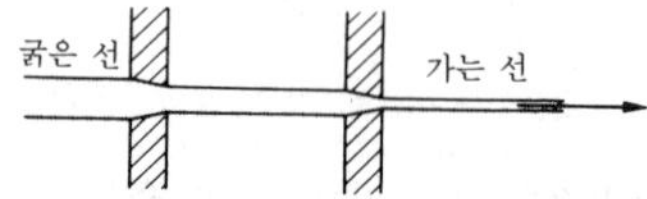

강선·동선의 냉간 가공

ductility capacity 인성능(靭性能) 탄성 범위를 넘는 큰 변형을 받은 구조물이 내력을 유지한 채로 변형할 수 있는 소성 변형량의 크기.

ductility factor 인성률(靭性率)[1], 소성률(塑性率)[2] (1) 지진에 대한 구조물의 최대 변위 응답을 항복 변형으로 나눈 값. 지진 응답의 크기를 나타내는 지표로서 사용한다.
(2) 구조물이나 부재의 각부 또는 전부가 소성 변형하고 있을 때 그 전 변형을 항복 변형량으로 나눈 비율. 소성 진행의 깊이를 나타내는 척도.

duct shaft 덕트 샤프트 건물 내의 상하층을 접속하는 덕트를 묶어서 폐쇄한 공간 내에 수용하도록 한 상하층을 잇는 수직의 통형 부분.

duct sizing 덕트 설계법(－設計法) 공기 조화, 환기, 배연용 덕트의 설계법. 좁은 뜻으로는 풍량을 바탕으로 덕트 치수를 결정하는 방법을 말한다.

duct space 덕트 스페이스 건물 내에 설치되는 공기 조화 또는 환기용 덕트를 위한 공간.

duct system 덕트 방식(－方式) 덕트에 의해서 공기를 필요한 방으로 분배하는 방법.

dull color 흐린색(－色), 탁색(濁色) 순색에 회색(백과 흑의 혼색)을 섞어서 얻어지는 색의 총칭. 색입체에서 가깥쪽의 맑은 색 부분보다 안쪽의 색은 모두 흐린색이

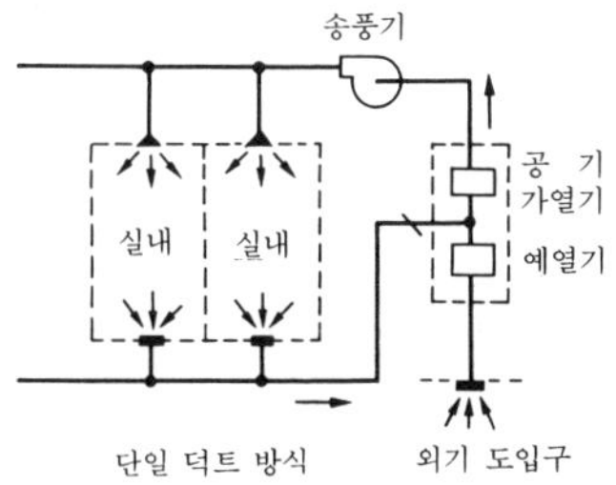

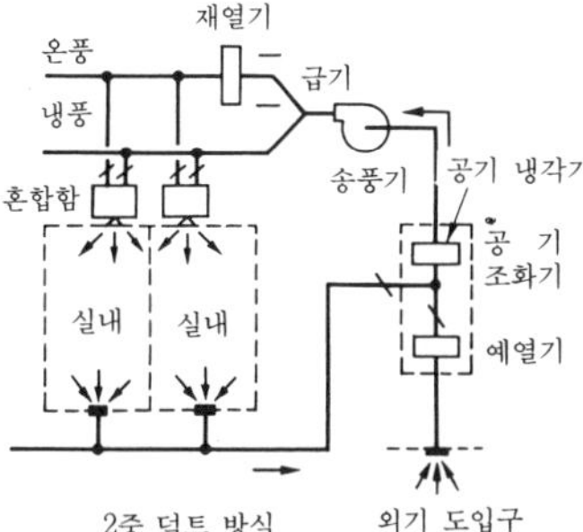

duct system

다. 맑은색에 비해 회색이 혼색되어 있기 때문에 일반적으로 안정한 성격을 가지고 있으며, 건축 · 인테리어의 환경색으로서 널리 이용된다. 또한 중간색의 대부분은 이 흐린색에 속한다. 맑은색의 대비어. →clear color

dumb waiter 덤 웨이터 식품 기타의 짐을 윗층으로 끌어올리기 위한 이동식 운반기. 리프트라고도 부른다. 식품 전용의 것을 food lift라 한다. 수동식과 전동식이 있다.

dump car 덤프 카 흙 · 자갈 등을 운반하는 차량으로, 짐받이를 유압에 의해 경사시켜서 짐을 내릴 수 있도록 한 것. 보통의 덤프 트럭과 같이 뒤로 짐을 내리는 리어 덤프와 옆으로 짐을 내리는 사이드 덤프, 또 그 양쪽을 할 수 있는 것도 있다.

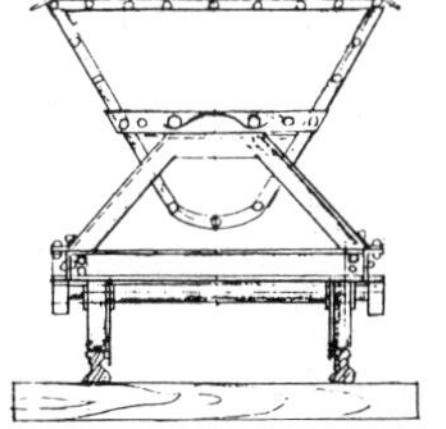

dump truck 덤프 트럭 하대(짐받이)를 경사시켜 한꺼번에 짐을 반출시키는 형식의 트럭. 토사 · 골재 등의 운반용.

사이드 덤프 트럭

duplex 2호 주택(二戶住宅) 1주택이 2층에 걸쳐서 계획되는 집합 주택, 혹은 1가족이 두 집을 갖는 것.

durability 내구성(耐久性)[1], 내용성(耐用性)[2] (1) 열화 외력의 작용을 받아 어느 기간 경과한 시점에서의 기계적 성질, 밀도, 형상 등의 변화의 평가. 내구성이 크다든가 작다든가 한다.
(2) 성능이나 기능의 저감, 오손, 수리 · 보수의 빈도와 경제성을 종합적으로 검토하여 사용에 견딘다든가 견딜 수 없다든가 하는 성질.

durability factor 내구성 지수(耐久性指數) 콘크리트의 내구성을 나타내는 지수. 동결 융해 시험을 끝냈을 때의 상대 동탄성 계수의 값. =DF

durability test 내구성 시험(耐久性試驗) 장기간에 걸친 환경 조건의 작용하에서의 재료의 내구성을 평가하는 시험.

durable consumers' goods 내구 소비재(耐久消費財) 장기(보통 1년 이상)에 걸쳐서 내용(耐用)하는 소비재. 예를 들면 가구, 자가용차 등. 주택은 보통 내구 소비재라고는 하지 않으나 그 성질은 내구 소비재와 비슷하다. →durable goods

durable goods 내구재(耐久材) 수명이 긴 재화를 말한다. 건물 · 기계 설비 · 구축물 · 공작물 · 가구 등이 이에 해당한다. 경영 자산이 되는 내구재에 대해서는 보통, 감가 상각이 행해진다. 가구 등의 소비재를 내구 소비재라 한다. →durable consumers' goods

durable hours 내용 시간(耐用時間) 내용 기간과 같다. 설비 기기와 같이 시간을 단위로 하여 표현되는 것, 가동 시간에 의해서 나타내는 것에 대해서는 내용 시간이 쓰인다.

durable period 내용 연수(耐用年數) 유형 고정 자산의 수명. 건축물에 대해서는 ① 건설부터 철거까지의 연수, ② 구조적 물리적 감모, 성능 · 기능 · 의장상 진부화 및 입지상의 사회적 경영적 부적합을 종합 평가한 사용에 견딜 수 없게 되는 연수, ③ 세법에서 정하는 감가 상각 자산의 내용 연수 등이 있다. =working lifetime, durable years

durable years 내용 연수(耐用年數) 건물이나 기계 등의 사용에 견디는 연수. 세법상으로 정해진 내용 연수와 실제상의 내용 연수가 있다.

duralumin 두랄루민 알루미늄 합금의 일종. 알루미늄에 구리·마그네슘·망간·아연 등을 가하여 고강도화한 것. 항공기·차량·건축 재료 등에 사용된다.

duration of possible sunshine 가조 시간(可照時間) 태양의 중심이 지평선에 나타나고부터 지평선에 지기까지의 시간. 위도의 계절에 따라 정해진다.

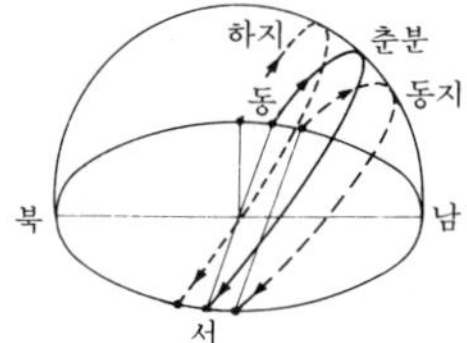

duration of sunshine 일조 시간(日照時間) 어느 지점에서 실제로 일조가 있었던 시간수. 그 날의 운량(雲量)에 좌우된다. →sunshine

dust 더스트 대기 중에 포함되는 1μm 이하 입경의 고체 입자.

dust chute 더스트 슈트 쓰레기를 건축물 각층의 투입구에서 아래층 수집구까지 낙하시키는 쓰레기 투기용 설비.

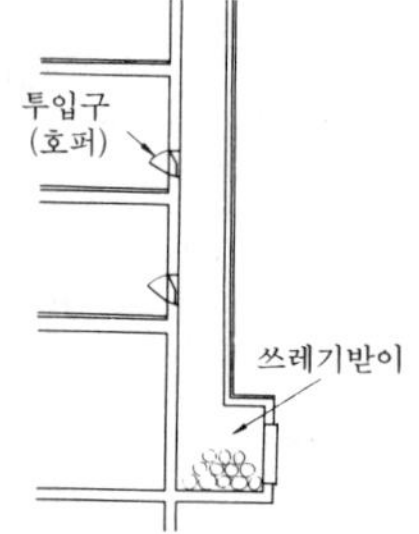

dust collection 집진(集塵) 각종 공장의 작업에 의해서 생기는 공기·가스 등의 배기 중에 혼입하는 부유하는 금속 가루·재·그을음·톱밥 등의 분진을 보안, 보건 혹은 유용 분진의 회수 이용을 위해, 또는 공기 조화용의 공기를 청정화하기 위해 공기 중에 부유하는 분진을 이들 기체에서 분리 수집하는 것. 집진법에는 사이클론을 사용하여 원심력에 의해 분리시키는 방법. 코트렐 장치 등의 집진 장치에 의해 정전기적으로 미분진을 전극에 침착시키는 방법, 집진실을 설치하고 그 실내에서 중력에 의해 분진을 자연 낙하시키는 방법, 분진을 포함하는 공기를 고체판에 충돌시켜 거기서 부착시키는 방법, 분무에 의해 분진을 적셔서 낙하시키는 방법, 여과에 의해 입자를 포집(捕集)하는 방법 등이 있다.

dust collection efficiency 집진 효율(集塵效率) 집진 장치의 효율을 나타내는 지표. 집진량(농도)을 입구에서의 농도로 제한 값.

dust collector 집진 장치(集塵裝置) 집진용의 기계 장치. 공업적으로 중요한 것은 사이클로트론, 코트렐 장치 및 공기 조화용의 전기 집진 장치 등이다.

dust counter 더스트 카운터 대기 중의 먼지를 채취하여 그 농도를 측정하는 기기. 대기 1cc 중의 먼지를 수로 나타내는 계수법과, 대기 1m^3 중의 먼지를 무게로 나타내는 수세식의 두 가지 방법이 있다. 그림은 계수식 더스트 카운터의 예이다.

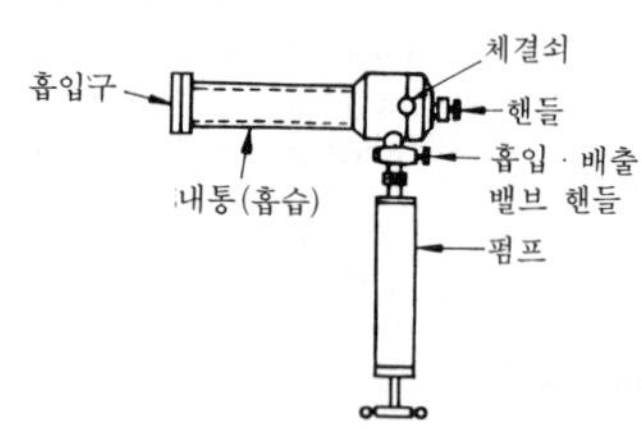

dust dome 더스트 돔 도시 기후의 영향을 받아 도시 영역에서 배출되는 오염 물질이 주변으로 확산하지 않고 도시 영역 상공에 정체한 돔상을 이루고 있는 것.

dust holding 제진(除塵) =dust removal

dust island pattern 더스트 아일런드 현상(-現象) 대기 오염 물질이나 공기 중의 부유 입자 등에 의해 상공에 발생하는 베레모 모양의 오염의 덩어리 현상.

dust proofing 방진(防塵) 먼지가 들어오는 것을 방지하는 것.

dust removal 제진(除塵) 실내로부터의 환기나 도입 외기 등에서 먼지를 제거하는 수세식, 원심 분리식, 전기 포집식, 여과 방식 등이 있다. =dust holding

dust removal efficiency 제진율(除塵率) 필터나 집진 장치의 효율을 나타내는 지

표. →dust collection efficiency

dust shoot 더스트 슈트 =dust chute

Dutch bond 네덜란드식 쌓기(－式－) 벽돌 쌓기의 한 방법으로, 벽두께가 벽돌 한 장 반이 되는 마구리면과 소단면(小端面)을 교대로 쌓는다.

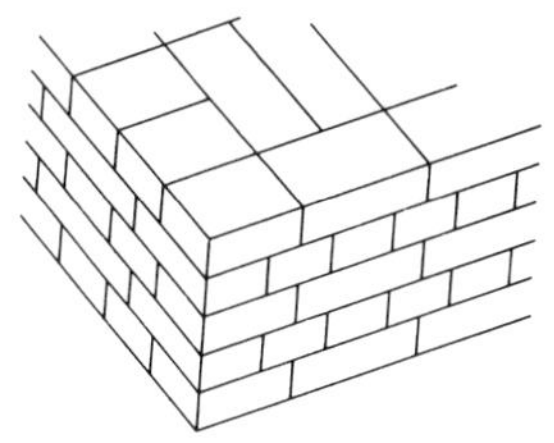

Dutch cone penetration test 더치 콘 관입 시험(－貫入試驗), 네덜란드식 2중관 콘 관입 시험(－式二重管－貫入試驗) 지반의 정적 관입 시험의 일종. 선단 콘의 관입 저항과 로드의 주면 마찰(周面摩擦)을 분리 측정할 수 있는 2중관식으로 되어 있다.

Dutch door 네덜란드식 문(－式門) 상하 2단으로 나뉘어져 있고, 각각 별개로 개폐할 수 있는 문. =stable door

dutch-lap method 일자잇기(一字－) 석면 슬레이트나 금속판 등을 용마루와 평행하게 일직선이 되도록 잇는 방법.

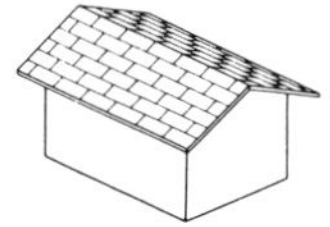

dwelling 주거(住居)[1], 주택(住宅)[2] (1) 가옥 외에 대지를 포함하는 사람이 거주하는 장소. 주택도 거의 같은 뜻이지만 건물의 의미가 강하다. =residence

(2) 하나의 세대가 독립하여 가정 생활을 영위할 수 있도록 건축 또는 개조된 건물. 혹은 완전히 구획된 건물의 일부.

dwelling conditions 주거 수준(住居水準) 주택 사정의 비교 등을 위해 또는 경제 전반의 정세로 주택이나 주생활의 양부를 문제로 하는 경우 등의 지표로서 쓰인다. 보통은 1주택당 거주 부분의 평수, 1주택당의 연 바닥 면적이 쓰인다.

dwelling density 호수 밀도(戶數密度) 주택지에서 어느 구역 내의 주택 호수를 그 구역 내의 토지 면적으로 나눈 수치. 단위는 보통, 호/ha로 나타낸다. 주택지의 토지 이용도를 나타내는 지표가 되며, 또 여기에 1호당 평균 거주 인원을 곱하면 인구 밀도가 구해진다. =density of dwelling unit

dwelling house 주택(住宅) 사회의 구성 단위인 사람과 그 가족이 거주하고, 생활할 수 있도록 구성된 건축물.

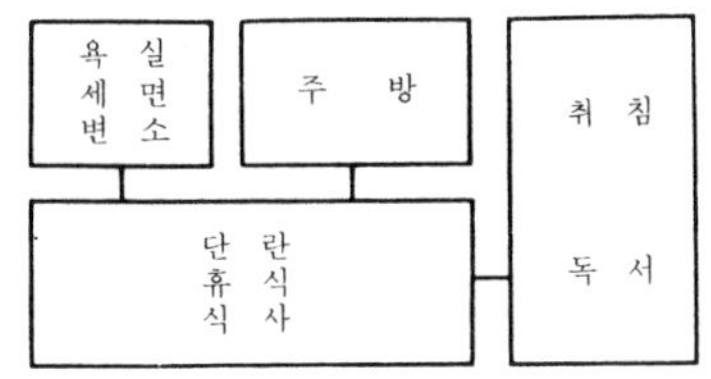

dwelling house combined with other uses 병용 주택(竝用住宅) 건물 내에 점포, 작업장, 사무실 등의 업무에 사용하기 위해 설비된 부분이 있고 주택과 결합하고 있는 것을 말한다.

dwelling house size 주택 규모(住宅規模) 주택 1호당 면적의 크기. 전용 면적으로 계측되는 경우라도 공동 주택의 베란다의 취급에 따라 다르고, 기둥이나 벽의 중심선에서 계측하느냐, 안치수로 계측하느냐 등에 따라 여러 개념이 있다. =dwelling scale

dwelling in close proximity 근접 거주(近接居住) 직계 혹은 혈연의 가족이 가까이에 거주하는 것.

dwelling level 거주 수준(居住水準)[1], 주거 수준(住居水準)[2] (1) 주택 관계의 생활 수준. 지역간, 시계열의 주택과 그 거주 세대의 상태를 몇 가지 지표로 표현하고, 그 평균값으로 나타낸다. 주거 수준이라는 용어가 주택의 물리적 수준을 나타내는 데 대해 거주 수준은 세대도 포함한 거주의 상태를 나타낸다. =dwelling condition, living conditions

(2) 주택 및 거주 상태에 대한 평균적인 수준. 주택의 규모, 거주 밀도, 설비의 보급률, 불연율(不燃率) 등 복수의 지표로 표시되는 일이 많다.

dwelling life 주생활(住生活) 주공간에 관련하는 인간 생활의 총칭. 좁은 뜻으로는 주거 내부에서의 생활 일반을 말한다.

dwelling of few stories 저층 주택(低層住宅) 일반적으로 건물의 층수가 1, 2층 정도(최근에는 3층 건물도 포함하는 일이 있다)의 주택. =low-rise house

dwelling performance 주택 성능(住宅性能) 주생활과 관련되는 채광, 일조, 통풍, 환기, 차음, 보온, 방화 등의 성능.

dwelling scale 주택 규모(住宅規模) =dwelling house size

dwelling space 거주 부분(居住部分) 건물, 주로 주택에서 거주용으로 사용되고, 취침할 수 있는 부분. 주택에서 거주실로 간주되는 부분. ＝habitable area

dwelling standard 주거 기준(住居基準) 주택이나 거주 상태에서의 표준, 최저 기준, 공적인 주택 건설에 있어서의 설계 기준이나 법적 규제에 의한 최저 기준, 거주 상태에 대한 정책 목표로서의 기준 등을 폭넓게 포함한다.

dwelling style 주양식(住様式) 주생활 전반에 관련되는 생활 양식. 가족 구성, 생활 관습 등에 영향을 받는 주생활의 양식을 말한다.

dwelling unit 가호(家戶) 주택이 주로 독립 가옥의 의미로 쓰이는 데 대해 가호는 주택으로서 필요한 설비를 갖춘 1단위를 가리켜서 쓰인다.

dwelling with shop [store] 점포 겸용 주택(店鋪併用住宅) 점포와 주거로서 쓰이는 부분이 결합하여 세워진 주택. 특히 업무용으로 사용되는 비거주 부분이 점포인 병용 주택을 말한다.

dynamic analysis 진동 해석(振動解析), 동적 해석(動的解析) 구조물 등의 진동적 거동을 동력학적 수단을 써서 해석하는 것. ＝vibration analysis

dynamic behaviour 동특성(動特性) ＝ dynamic characteristic

dynamic characteristic 동특성(動特性) 미터 등 지시 장치의 시간 응답 특성. 소음계에서는 빠른 특성(fast)과 느린 특성(slow)의 두 종류가 규정되어 있다.

dynamic coefficient of subgrade reaction 동적 지반 계수(動的地盤係數) 정적인 지반 반력 계수에 대응하는 동적 계수. 푸팅(footing)이나 말뚝면에 대한 단위 면적당의 동적 스프링 상수를 말한다.

dynamic cone penetration test 동적 원뿔 관입 시험(動的圓－貫入試驗) 원뿔을 해머의 타격 에너지로 지중에 박아 넣고, 일정 길이 만큼 박아 넣는 데 요하는 타격 횟수에서 지반의 강도나 변형 성상(性狀)을 살피는 원위치 시험.

dynamic damper 다이내믹 댐퍼 진동을 억제할 목적으로 부가되는 장치. 주진동계의 고유 주기에 가까운 고유 주기와 적당한 감쇠 특성을 갖는 부가 진동계로, 역위상의 움직임을 이용하여 효과적으로 제진(制振)을 하는 것.

dynamic deflection 동적 휨(動的－) 탄성체에 지지된 물체가 정상적으로 진동하고 있을 때의 탄성체의 휨. →static deflection

dynamic interaction 동적 상호 작용(動的相互作用) 두 물체가 서로 동적인 작용을 미치는 것. 지진시에 있어서의 지반과 구조물의 동적 상호 작용은 그 전형적인 예이다.

dynamic lift 양력(揚力) 물체에 바람이 닿았을 경우나 유체 중을 물체가 이동하고 있는 경우, 물체가 유체에서 받는 흐름과 직교 방향의 힘. →lift coefficient

dynamic load 동하중(動荷重) 지진력·풍압력, 기계의 진동과 같이 힘의 크기나 방향 등이 변화하여 구조물에 진동을 발생시키는 외력. ＝dynamical load → dead load

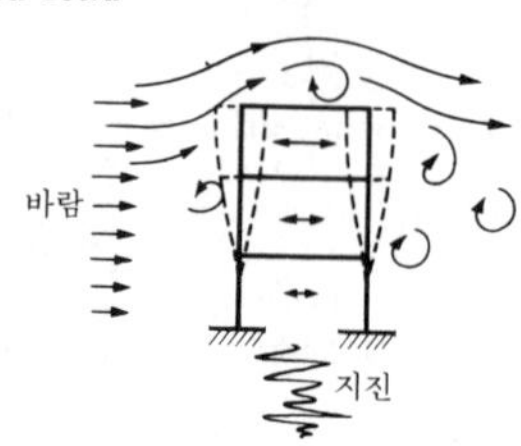

dynamic loading 동적 가력(動的加力) 구조물 등에 시간적으로 변동하는 하중을 작용시키는 것.

dynamic loss 국부 저항(局部抵抗), 국부 손실(局部損失) 유체가 관내를 흐를 때 관의 굴곡부, 분기부 혹은 밸브 등에 생기는 저항.

$\Delta p_l = \zeta \frac{v^2}{2g} \gamma$ (kg/m²)

Δp_l : 국부 저항

ζ : 국부 저항 계수 (＝1.30)

v : 평균 유속(m/s)

γ : 유체의 비중량 (kg/m³)

g : 중력 가속도 (m/s²)

휨 저항　Δp_l　d　v　굴곡부

dynamic loss coefficient 국부 저항 계수(局部抵抗係數), 국부 손실 계수(局部損失係數) 국부 압력 손실을 나타내는 식

$\Delta p = \xi(\rho \cdot v^2/2)$

의 ξ를 말한다. ρ : 밀도(kg/m³), v : 평균 유속(m/s).

dynamic loudspeaker 다이내믹 스피커 자속 밀도가 고른 자계 중에서 자속과 직교 방향으로 운동할 수 있도록 둔 음성 코일과 한 몸으로 한 콘에 음성 전류에 의한 진동을 주어 소리로 변환하는 기구의 스피커. ＝electrodynamic speaker

dynamic mass 동적 질량(動的質量) 어떤 물체에 가진력(加振力 : F)을 작용시켰을 때 가진력 작용점의 가속도 응답을 A로 하면 $m=F/A$로 주어지는 겉보기의 질량을 말한다.

dynamic microphone 다이내믹 마이크로폰 자속 밀도가 고른 자계 중에서 자속과 직각 방향으로 음파에 의해 운동하도록 둔 도체 양단에서 음성 전류를 꺼내는 구조의 마이크로폰.

dynamic modulus of elasticity 동적 탄성 계수(動的彈性係數) 외력 또는 하중이 동력학적으로 작용했을 때의 재료의 탄성 계수. 통상 단지 탄성 계수라고 하는 경우는 정적 탄성 계수를 가리키므로 이것을 구별하기 위해 쓰이는 말.

dynamic of population 인구 동태(人口動態) 인구 변동을 구성하는 출생, 사망, 혼인, 이혼, 사산의 상태를 말한다.

dynamic pressure 동압(動壓) 유체의 흐름을 완전히 막기 위해 필요한 힘으로, ρ, v를 각각 유체의 밀도와 속도로 하면 $(1/2)\rho v^2$로 나타내어진다.

dynamic relaxation method 동적 이완법(動的弛緩法) 연속체의 정적인 문제에서 응력도·변형도 관계 및 적당한 감쇠를 포함하는 동적인 힘의 균형식을 차분 형식으로 나타내어 점근적으로 푸는 방법을 말한다.

dynamics 동력학(動力學) 물체의 운동과 힘과의 관계를 논하는 역학의 한 분과. 정력학의 대비어.

dynamic soil test 동적 토질 시험(動的土質試驗) 흙의 동력학적 특성을 살피기 위한 시험. 원위치에서의 PS검층(檢層)이나 실내에서의 동적 3축 시험, 동적 단순 전단 시험, 동적 비틀림 전단 시험 등.

dynamic sounding test 동적 사운딩(動的－) 로드에 붙인 저항체를 타격 에너지로 지반 속에 박아 넣고, 일정 길이 만큼 박아 넣는 데 요하는 타격 횟수에서 지반의 강도나 변형 성상(性狀)을 살피는 시험을 말한다.

dynamic striffness 동적 스프링 상수(動的－常數) 정현적으로 변화하는 힘(또는 토크)을 탄성적으로 가했을 때의 힘과 변위와의 비. ＝kinematic spring constant

dynamic thermal load 동적 열부하(動的熱負荷) 비정상 전열 계산법을 써서 기상 조건이나 운전 조건을 임의로 입력할 수 있도록 되어 있는 열부하를 말한다.

dynamic viscoelasticity 동적 점탄성(動的粘彈性) 기상 조건이나 운전 조건의 변화에 의해서 과도적으로 발생하는 열부하를 포함하는 전 열부하를 말한다.

dynamo 발전기(發電機) 기계 동력을 작용시켜서 전력을 발생하는 기계. 교류 발전기와 직류 발전기로 구별된다. 또 원동기의 종류에 따라 수차 발전기, 엔지 발전기, 터빈 발전기로 분류된다. ＝generator

Dywidag system 디비다크 공법(－工法) 프리스트레스트 콘크리트 정착 공법의 일종. PC강봉을 나사를 써서 너트로 정착하는 공법과 복수개의 PC강연선을 앵커 디스크에 쐐기로 정착하는 공법이 있다.

E

EA 환경 어세스먼트(環境－) ＝environmental assessment

early age strength 초기 강도(初期强度) 콘크리트의 재령(材齡) 3일 또는 7일 정도까지의 경화 초기 과정에서의 강도. ＝strength at early age

early American 얼리 아메리칸 미국의 개척 시대·식민지 시대 등의 초기 건축·인테리어 양식을 말한다. 유럽 전통의 영향이 강하다.

Early Christian architecture 초기 기독교 건축(初期基督教建築) 기독교의 탄생부터 6세기경까지의 기독교 건축. 바실리카(basilica)식, 집중식 등의 교회당을 설립시켰다.

early curring 초기 양생(初期養生) 한중(寒中) 콘크리트의 시공에서 콘크리트가 초기 동해를 받지 않도록 하는 양생.

Early English style 초기 영국식(初期英國式) 영국 고딕 건축을 3분할한 최초 시기(1200년경～1300년경)의 양식. 다른 고딕 건축에 비해 수평성이 비교적 강한 것이 특징이다.

early reflected sound 초기 반사음(初期反射音) 폐공간 내에서 음원에서 수음점(受音點)으로 전파해 가는 과정에서 직접음 이후에 계속해서 도래하는 극히 초기의 반사음군. 주관 평가에 주는 영향이 크다고 한다.

early wood 춘재(春材) 봄부터 여름에 걸쳐 목재의 형성이 왕성하게 이루어진 시기에 있어서의 부분. ＝spring wood

earth 어스, 접지(接地) 전선로의 일부나 설치한 전기 기기 외장의 금속 부분과 대지 사이를 도선으로 잇는 것.

earth anchor 어스 앵커 흙 속에 구멍을 뚫고, 그 속에 PC강선을 매입하여 모르타르로 굳여서 인발 저항을 크게 한 것. 흙막이의 토압 지지 등에 쓰인다.

earth anchor method 어스 앵커 공법(－工法) ＝tie-back method

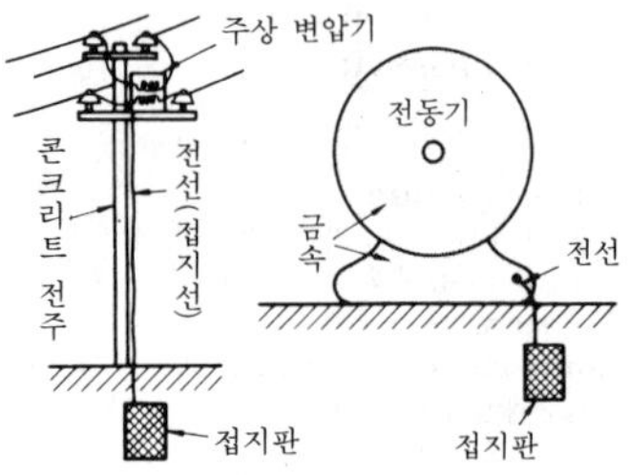

earth

earth auger 어스 오거 오거 헤드를 붙인 스크루를 회전시키면서 지면에 구멍을 뚫는 기계. 현장치기 콘크리트 말뚝의 제작에 쓰인다.

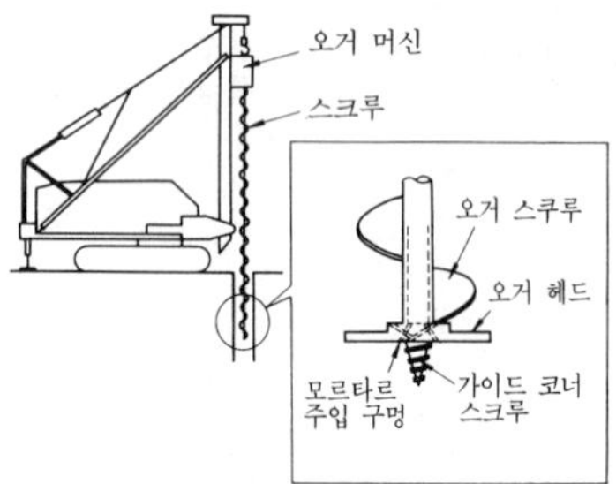

earth carrier 삼태기 네모진 그물 모양으

로 되어 있는 토사 운반 용구. 양쪽에 줄을 달아 막대를 통해 두 사람이 지고 토사나 무게있는 물건을 운반한다.

earth color 토성 안료(土性顔料) 주로 알칼리성 흙으로 만든 안료로, 황산 바륨, 백악(초크, 돌가루), 황토 등.

earth connection 지선 공사(地線工事) 전기 기기와 대지에 매설한 접지 전극을 잇는 배선을 하는 공사.

earth drill 어스 드릴 끝에 날이 붙은 회전식 버킷을 갖는 굴착기. 현장치기 콘크리트 말뚝의 조성 등 대구경 구멍의 굴착에 쓰인다.

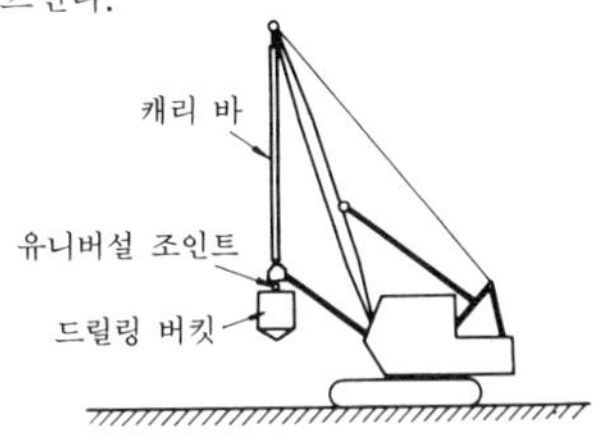

earth drill method 어스 드릴 공법(-工法) 현장치기 콘크리트 말뚝 타설을 위한 굴착 방법의 일종. 끝에 날이 붙은 회전식 버킷을 갖는 어스 드릴로 굴착을 한다. 굴착 구경은 최대 1.5m까지(리머 장치인 경우는 최대 2.0m까지), 굴착 심도는 30m 정도까지로 되어 있다. 단단한 점성토의 지반에서는 흙탕물(벤토나이트액)없이 온통파기를 할 수 있다든지 굴착 속도가 빠르고, 공사비도 싸다는 등의 장점을 갖는다. 미국의 칼웰드(Calwelled)사가 개발하여 칼웰드 공법이라고도 한다.

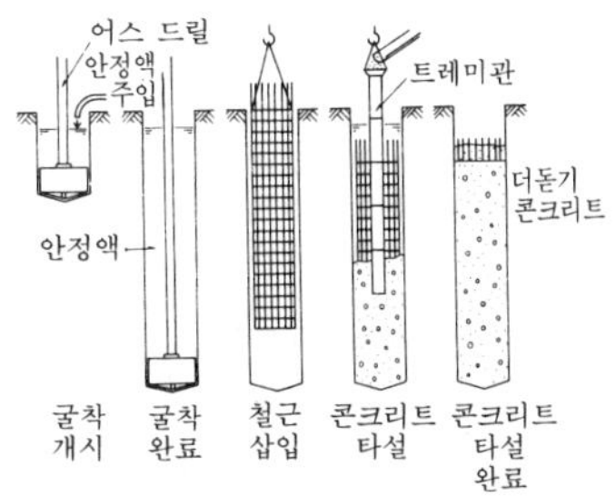

earth drill pile 어스 드릴 말뚝 끝에 날이 붙은 회전식 버킷을 갖는 어스 드릴기로 굴착하여 만드는 현장치기 콘크리트 말뚝.

earth electrode 접지 전극(接地電極) 접지를 하기 위해 대지 속에 매설하는 전극. 금속 막대, 금속판, 금속 메시 등 각종 형상이 있다. 대지에 사고 전류를 안전하게 흘리는 구실을 한다.

earthenware 도기(陶器)[1], 토기(土器)[2] (1) 양질의 찰흙을 주원료로 하는 소성 제품. 경토(硬土) 등의 품질은 토기와 자기의 중간에 위치한다. 흡수율은 10% 이상 크고, 보통 유약을 칠하여 사용한다. = potery

(2) 찰흙을 주원료로 하여 800~1,000℃의 온도로 소성한 제품. 다공질이고 흡수율이 크며, 또 강도가 낮다. 화분, 토관 등이 있다.

earthenware pipe 도관(陶管) 양질의 찰흙을 사용하여 높은 온도로 소성한 찰흙 제품의 관. 경질이고 바탕의 흡수가 적은 것이 특징이다. 주로 배수용으로, 급수·배연·전선 매설용으로도 사용된다.

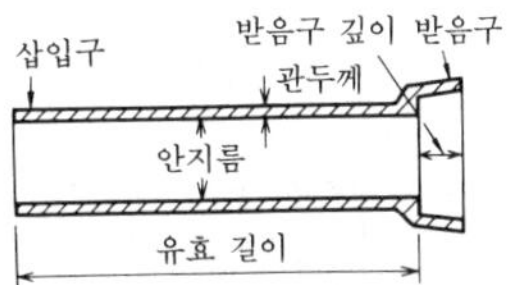

earthenware products 점토 제품(粘土製品), 찰흙 제품(-製品) = clay products

earthenware tile 도기질 타일(陶器質-) 바탕의 흡수율이 10% 이상인 타일. 유약을 칠하고, 주로 내장의 벽에 사용한다. →porcelain tile

earth filling 매립(埋立) 준설 토사 기타를 이용하여 바다 속에 새로 육지를 만드는 것. = reclamation

earth flow 토석류(土石流) 물과 토사가 함께 흘러나가는 현상. 흘러내리는 거리가 길고, 이동 속도가 크다. 대책으로서 사방 댐이나 유로구(流路口)의 건설이 행하여진다. = debris flow

earthing 접지(接地) 전기 기기 배선의 특정점과 대지 사이에 전류가 흐를 수 있는 회로를 형성하는 것. = grounding

earth-moving machine 토목 기계(土木機械) 토목 공사에 쓰이는 기계. 굴착 기계, 배토 기계, 삭토 기계, 정지 기계, 홈파기 기계, 롤러, 착암기, 토사 운반 기계 등이 있다.

earth observation satellite 지구 관측 위성(地球觀測衛星) 지구의 자원이나 환경 등 지상의 상태를 관측하기 위한 인공 위성. 가시, 근적외, 열적외, 마이크로파 영역의 방사 정보가 얻어진다.

earth pressure 토압(土壓) 흙과 접하는

지하벽 · 옹벽 · 널말뚝 등의 면에 미치는 흙의 압력.

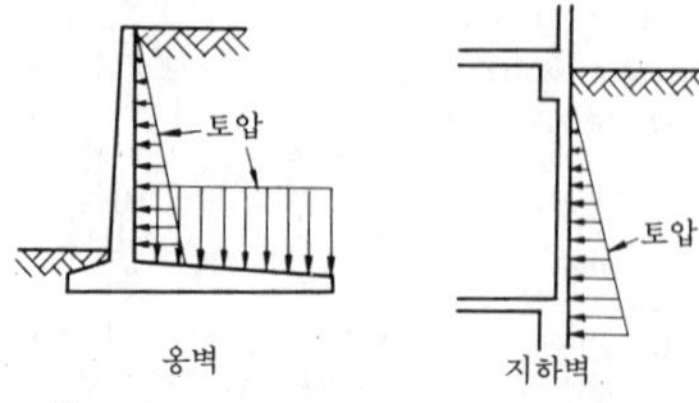

earth pressure at rest 정지 토압(靜止土壓) 흙이 정지 상태에 있을 때 수평 방향으로 작용하는 토압. →active earth pressure, passive earth pressure

earth pressure distribution 토압 분포(土壓分布) 토압의 심도 방향에 있어서의 분포. 토압 분포는 흙덮기압에 비례한 3각형 분포가 기본으로 된다.

earth pressure during earthquakes 지진시 토압(地震時土壓) 지진시에 벽에 작용하는 토압.

earth pressure gauge 토압계(土壓計) 토압을 계측하는 측정기. 수압부(受壓部)와 계측부로 구성되어 있다.

earthquake 지진(地震) 지각 내의 어느 부분에 자연히 일어나는 급격한 변동에 의해서 탄성 파동이 발생하여 사방으로 전파하는 현상.

earthquake damage 진해(震害) 지진에 의한 피해를 말한다. 예를 들면, 산사태 등을 포함하는 지반의 붕괴, 건축물이나 토목 구조물의 파손, 도시 시설의 파괴 등. =earthquake disaster

earthquake damage of ground 지반 진해(地盤震害) 지진에 의해서 발생하는 지반의 피해. 사질토의 액상화, 지반 균열, 산사태, 부동 침하(不同沈下) 등이 있으며, 주로 흙쌓기나 연약 지반에서 일어난다. =seismic ground failure

earthquake disaster 진해(震害) =earthquake damage

earthquake fire 지진 화재(地震火災) 지진에 의해서 생기는 화재. 대지진이 일어날 때 많다.

earthquake forecast 지진 예지(地震豫知) 대지진의 발생 전에 일어나는 각종 선행 현상을 관측하고, 그 데이터에 따라 발생 지진의 규모 · 지점 및 시기를 예측하는 것을 목적으로 하고 있는 학문 또는 사업. 측지 · 검조(檢潮) · 지진 관측 · 탄성파 속도 · 지자기 · 지전류 · 지하수 등 각종 선행 현상의 관측이 행하여진다.

earthquake ground motion 지진동(地震動) 지진에 의해서 지반에 생기는 진동.

earthquake load 지진 하중(地震荷重)[1], 지진력(地震力)[2] (1) 지진 발생에 수반하는 지진동에 의해서 생기는 구조물의 응답을 하중 효과로 간주하고, 그것과 등가한 정적인 힘 혹은 지진동에 의한 작용을 말한다. =seismic load
(2) 지동(地動) 가속도에 구조물의 질량을 곱한 모양의 관성력, 또는 응답층 전단력. =seismic force

earthquake prediction 지진 예지(地震豫知) 지진이 발생하기 전에 그 장소, 크기, 시기의 3요소를 어느 정도 한정된 범위에서 지정하는 것. 장기 · 중기 · 단기 예지로 나뉜다.

earthquake proofing construction 내진 구조(耐震構造) 지진에 견딜 수 있도록 설계된 구조. 내진 구조에는 유구조(柔構造)와 강구조(剛構造)의 두 방식이 있다.

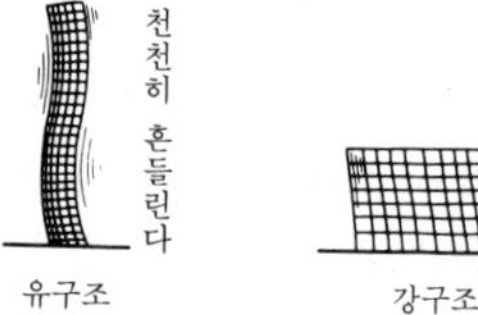

earthquake records at El Centro 엘 센트로 지진파(—地震波) 캘리포니아주 엘 센트로에 설치된 강진계로 관측된 지진파의 총칭. 1940년 5월 18일 임페리얼 밸리 지진의 기록이 유명하다.

earthquake records at Taft 타프트 지진파(—地震波) 1952년 7월 21일에 발생한 칸 카운티 지진에서 미국의 캘리포니아주 타프트시에서 기록된 지진동.

earthquake resistant construction 내진 구조(耐震構造) 지진에 대하여 충분히 저항할 수 있도록 시공된 구조물 또는 건축물. 또는 그와 같이 하는 방법, 구조.

earthquake resistant design 내진 설계(耐震設計) 구조물을 지진에 견딜 수 있도록 설계하는 것. =seismic design

earthquake resisting element 내진 요소(耐震要素) 구조물 전체 중에서 특히 지진력에 저항하는 구조의 요소, 그와 같이 기대되는 구조 요소를 말한다. 라멘 가구(架構) 내진벽, 가새 등.

earthquake resisting wall 내진벽(耐震壁) 건축물의 벽 중 지진 등의 수평력에 대하여 유효하게 작용하는 벽. 일반적으로는 철근 콘크리트의 벽체를 말한다. 그림은 내진벽의 배치를 나타낸 것이다.

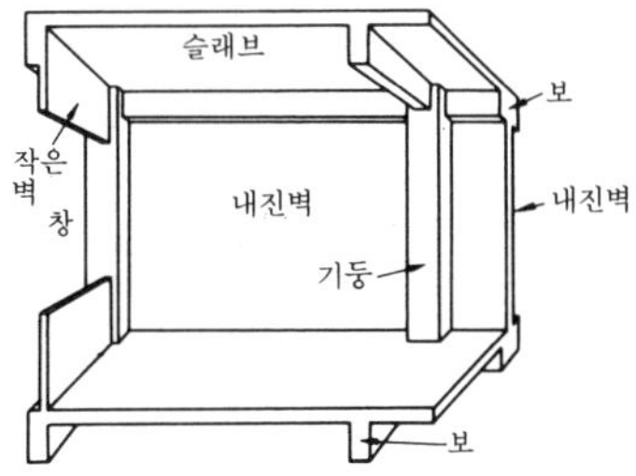

earthquake response 지진 응답(地震應答) 지진동을 받아서 물체가 운동을 일으키는 현상.

earthquake response analysis 지진 응답 해석(地震應答解析) 진동계가 지진동에 대하여 반응하는 모양을 역학 모델을 써서 수학적으로 분석하는 방법.

earth retaining 흙막이 터파기할 때나 사면에서 지반의 붕괴를 방지하는 것, 또는 그를 위해 두어지는 구조물. =shoring

earth retaining wall 흙막이벽(－壁) 흙막이를 위해 흙을 끊어내는 면, 혹은 흙을 돋운 면에 두어지며, 측압(토압 · 수압)을 직접 받는 부재.

earth surface temperature 지표면 온도(地表面溫度) 지표면을 구성하고 있는 재료의 표면 온도, 또는 등가적인 표면을 설정했을 때의 온도. 인공 위성에서 측정된 어느 면의 평균 온도를 말하는 경우도 있다. =ground surface temperature →underground temperature

earth temperature 지중 온도(地中溫度) 지중 온도는 외기온, 일사 등으로 영향되며, 그 변화의 양상은 복잡하다. 일반적으로 지온(地溫)은 1일과 1년을 주기로 하여 변화하고, 그 변화는 지표면이 가장 크며, 지하 깊숙히 갈수록 작아진다. 지표면은 일사를 받으면 낮에는 온도가 상승하고 야간에는 강하한다. 지표면하에서는 지면의 온도 변화가 점차 전해져서 그 일변화는 깊이 약 1m에서 거의 인정되지 않으나 연변화에서는 6~20m 정도까지에 이른다. 지중 온도의 변화가 거의 인정되지 않는 층을 지온 부익층(地溫不易層)이라 한다.

earth tube 어스 튜브 =cool tube

earth work 흙일, 토공사(土工事) 건축의 토공사로서는 대지 정리, 흙깎기, 터파기, 되메우기, 성토, 땅고르기, 잔토 처분 등을 하는 공사.

earth worker 토공(土工) 토사의 굴착이나 적재, 운반 등을 하는 사람. =navvy

easy chair 안락 의자(安樂椅子) 앉기 편하고, 쿠션성이 좋은 의자의 총칭.

eaves 처마 외벽면에서 밖으로 돌출한 지붕. 외벽을 비로부터 보호하고, 개구부의 일조 조정의 구실을 한다.

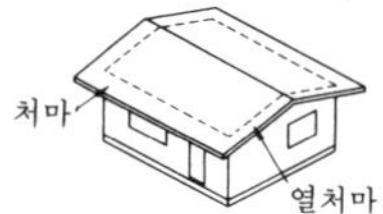

eaves gutter 처마홈통(－桶) 처마끝에 설치하여 지붕면으로부터의 빗물을 받는 통. →gutter

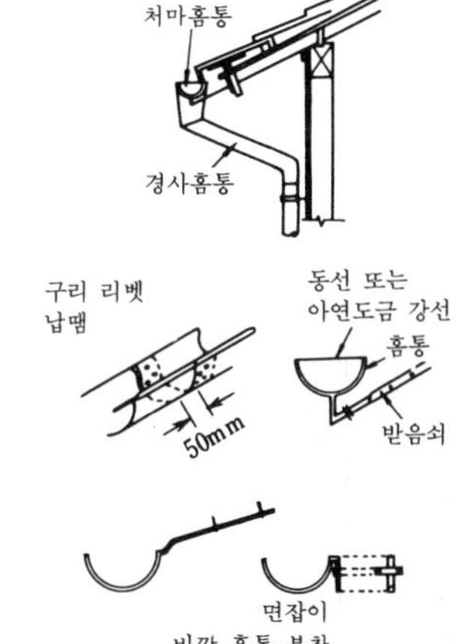

eaves height 처마높이 지표면에서 건축물의 지붕틀 또는 이를 대신하는 횡가재를 지지하는 벽, 깔도리 또는 기둥 상단까지의 높이. 일반적으로 목조, 벽돌 구조, 석조, 콘크리트 블록 구조 등은 처마높이 9m 이하로 제한되어 있다.

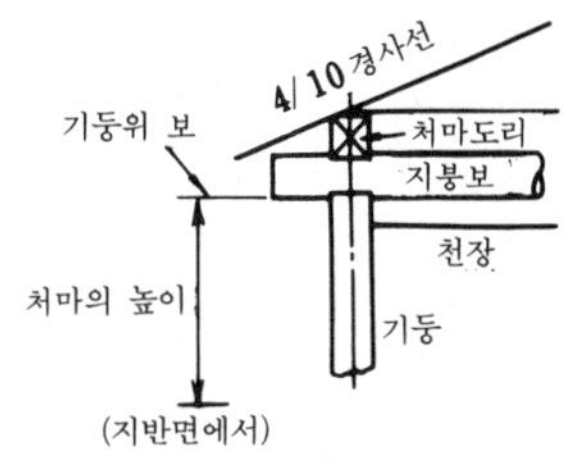

eaves trough 처마홈통(－桶) ＝eaves gutter

ebonite 에보나이트, 경질 고무(硬質－) 절연재로 사용되는 경질성의 고무. 생고무에 다량의 유황과 충전재를 가하고, 가황하여 만들어진다.

ebony 흑단(黑檀) 감나무과에 속하는 상록 활엽 교목. 목재는 단단하여 가구를 만드는 데 사용된다. ＝ebony wood

ebony wood 흑단(黑檀) ＝ebony

eccentrically loaded compressed member 편심 압축재(偏心壓縮材) 압축력이 편심하여 작용하는 부재. 압축력과 휨 모멘트를 동시에 받기 때문에 중심 압축재에 비해 크게 내력이 떨어진다.

eccentric distance 편심 거리(偏心距離) 부재에 작용하는 축방향 힘이 부재 단면의 도시(圖心)상에 작용하지 않고, 도심과 e만큼 떨어져 있을 때 이 거리 e를 편심 거리라 한다.

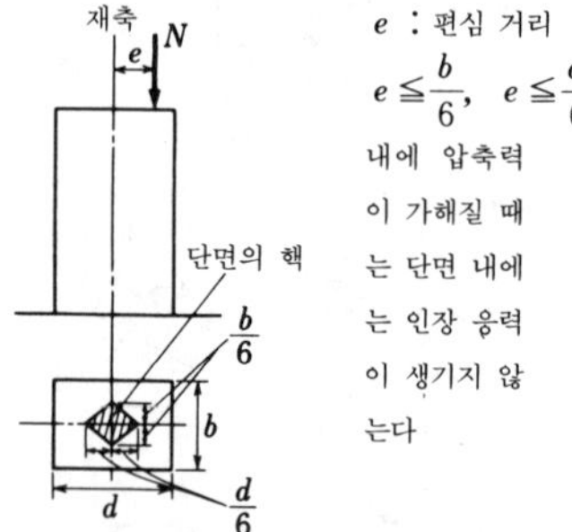

eccentric fitting 편심 관이음(偏心管－) 상대하는 관경(管徑)이 다른 관의 관저(管底)를 직선상으로 접속하기 위한 관이음. 증기관 등에 사용한다.

eccentricity 편심(偏心) 힘의 작용이 재축(材軸)에서 벗어나 작용하는 것. 힘이 편심하고 있는 경우는 재축 방향의 힘과 휨이 작용하고 있는 것과 같다. 그림 (a)와 같이 편심하여 힘이 가해지는 경우는 그림 (b)와 같이 $N+M$이 작용한다고 생각한다. →eccentric distance

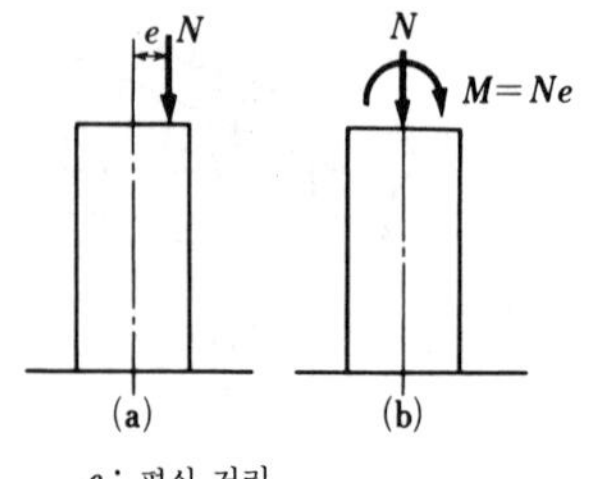

eccentric load 편심 하중(偏心荷重) 부재에 편심하여 작용하는 축방향의 하중. 편심 하중 N에 의해 단면에는 축방향 힘 외에 편심 모멘트가 작용한다.

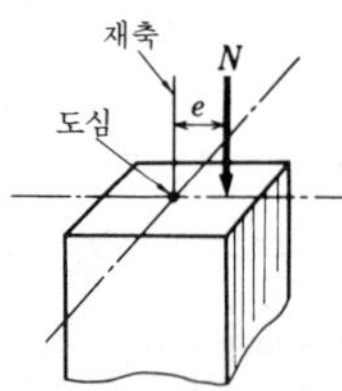

eccentric moment 편심 모멘트(偏心－) 편심 하중에 의해 생기는 모멘트. 그 크기는 하중과 편심 거리의 곱으로 나타낸다.

echo 에코, 반향(反響) 음원으로부터의 직접음과 벽, 천장 등으로부터의 반사음이 구별하여 들릴 때 그 반사음을 말한다.

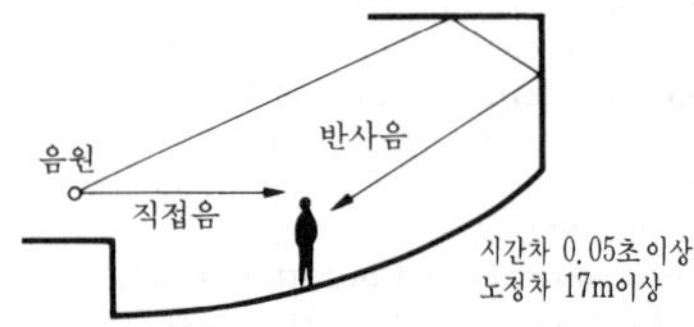

echo room 반향실(反響室) 실내를 흡음률이 작은 재료로 마무리하여 잔향 시간이 긴 방. 방송, 녹음 등의 경우에 인공적으로 잔향감을 내기 위해 쓰인다. ＝echo chamber, live room

echo time pattern 에코 타임 패턴 홀 등에서 단음(短音)을 방사했을 때의 어느 점의 직접음, 반사음의 응답을 시계열 음압 파형으로 표시한 것.

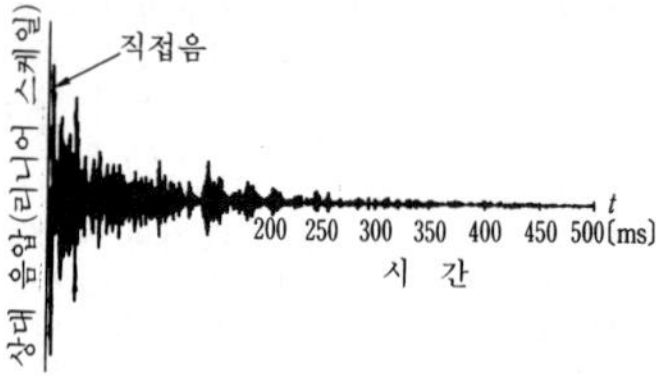

eclectic garden 절충식 정원(折衷式庭園) 상이한 정원 양식이 절충된 정원.

eclecticism 절충 주위(折衷主義) 독자적인 양식을 생각하는 것이 아니고, 이미 있는 양식을 모아 디자인하는 양식, 또는 사고 방식.

ecological architecture 이콜로지컬 건축(－建築) 자연 환경에 대립하는 조형 혹은 색채를 사용한 건축이 아니고, 농촌의 초가집에 볼 수 있는 환경에 조화한 건축물을 말한다.

ecology 생태학(生態學), 생태 환경(生態環境) 생물과 환경의 관계를 연구하는 생물학의 분야.

econometrics 계량 경제학(計量經濟學) 경제학과 통계·수학을 조합한 학문.

economic durable years 경제적 내용 연수(經濟的耐用年數) 건축물이나 그 부분이 건설비와 유지 관리비를 종합적으로 검토하여 가장 경제적으로 되기까지의 연수. 또, 경제적으로 이용 존속할 수 없게 되는 시점까지의 연수. ＝economic life time

economic effect of highway investment 도로의 경제 효과(道路－經濟效果) 경제적 기준으로 평가한 도로 정비의 효과. 주행 시간, 주행 비용, 교통 사고, 소음 등의 삭감의 직접 효과와 고용 증대 등의 간접 효과가 있다.

economic life time 경제적 내용 연수(經濟的耐用年數) ＝economic durable years

economizer 이코노마이저 ① 보일러의 연도 중에 설치하는 열교환기로, 열회수에 의해 보일러 급수를 예열하여 기기 효율을 향상시키는 장치. ② 냉동기나 압축기의 냉각 능력을 증대시키는 중간 냉각기.

ecumenopolice 에큐메노폴리스 종국적인 미래 도시에 관한 개념의 하나로, 전세계에 걸쳐서 도시화 지역이 그물눈 모양으로 이어진 상태가 되는 것.

eddy kinetic energy 난류 운동 에너지(亂流運動－) 유체의 흐름에서 유체의 평균 운동 에너지로부터의 변동 성분의 운동 에너지. ＝turbulence energy

edge beam 에지 빔 판이나 셸의 가장자리에 생기는 큰 응력에 대하여 판이나 셸을 보강하는 보.

edge cable 에지 케이블 막구조나 케이블 네트 구조의 외주부에 사용하는 케이블.

edge clearance 에지 클리어런스 창호의 유리홈에 유리판이나 패널 등을 끼워 넣었을 때의 단면(端面)과 유리홈의 저면 사이의 틈.

edge distance 연단 거리(緣端距離) 형강에 리벳을 박는 경우 형강의 변두리와 이에 가장 가까운 리벳의 중심과의 거리. 리벳 지름에 따라 그 최소한이 정해진다.

edge grain 곧은결 나이테에 직각 방향으로 쪼갠 제재의 면에 나타나는 나뭇결. 고운곧은결, 막곧은결 등이 있다.

edge joint 변두리이음, 가장자리이음, 끝이음 강구조에서 재단(材端)을 용접한 이음의 일종. V형, U형 그루브 등이 있다.

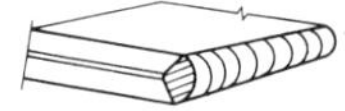

edge light 에지 라이트 아크릴판의 마구리 부분에서 빛을 대어 조각된 문자·도형 등을 빛나게 하는 방법. 표시판 등에 쓰인다.

edge of eaves 처마끝 처마의 선단.

edge preparation 모서리 가공(－加工) 용접할 수 있도록 모서리를 가공하는 것.

edge weld 가장자리 용접(－鎔接) 겹쳐진 모재의 가장자리를 용접하는 것.

educational district 문교 지구(文敎地區) 도시의 청소년에 대한 환경을 손상시키지 않도록 하기 위해 건축 시설의 규제를 하는 지구.

educational facilities 교육 시설(敎育施設) 교육을 목적으로 하여 설치되는 시설의 총칭. 학교 교육 시설과 사회 교육 시설의 체계가 있으며, 양자는 생애 교육 시설에 포함된다.

effective acceleration amplitude 유효 가속도값(有效加速度－) 구조물의 응답에 기여하는 유효한 가속도의 값. 펄스파의 기여는 작기 때문에 실제의 피크 최대 가속도보다 작은 경우가 많다.

effective area 유효 면적(有效面積)[1], 세력권(勢力圈)[2] (1) ① 일정한 목적을 위해 사용할 수 있는 면적. 예를 들면 빌딩 건축의 임대 면적. ② 일정한 목적에 대하여 완전한 효율을 주는 면적. 예를 들면 채광 면적에서의 유효 면적, 구조 계산에서의 유효 단면적, 흡배기구에 부착되는 그릴, 레지스터의 유효 면적 등. (2) ＝influence area

effective binding post-tensioning force 유효 압착력(有效壓着力) 프리스트레스를 도입한 프리캐스트 부재 접합부에 프리스트레스의 손실이 생긴 후도 작용하고 있는 압축력.

effictive center 음향 중심(音響中心) ＝acoustic center

effective demand 유효 수요(有效需要) 현실에 화폐 지출로 되어서 나타나는 수요. 구매력를 수반한 수요로, 단지 단순한 욕망과 다르다. 후자를 잠재 수요라 한다.

effective depth 유효 춤(有效－) 구조 계산에서 유효하다고 간주되는 보의 춤. 철근 콘크리트보에서는 보의 상측과 하측의 철근 단면의 중심과의 거리 d 또는 d'를 말한다. 목조의 합성보, 트러스보 등의 조립보에서는 상현재, 하현재의 도심(圖心)간 거리를 말한다.

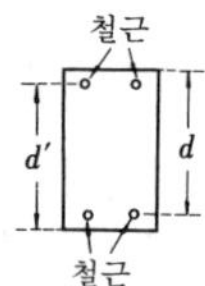

effective distance 유치 거리(誘致距離) 어느 시설을 일상적으로 이용하는 사람들이 사는 구역과 그 시설과의 위치 관계를 나타내는 거리. 그 시설을 중심으로 하여 유치 거리를 반경으로서 그린 구역.

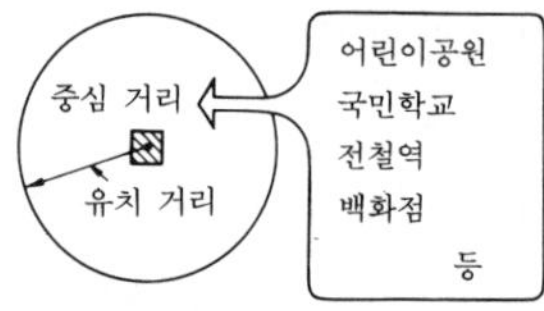

effective equivalent section 유효 등가 단면(有效等價斷面) 철근 콘크리트 부재에서 인장 응력이 생기고 있는 콘크리트 부분을 무시했을 때의 등가 단면.

effective flange width 유효폭(有效幅) 철근 콘크리트 구조의 구조 계산에서 슬래브가 보와 한 몸으로 되어 작용하는 것으로 간주하는 부분. 강비(剛比) 계산, T형 보의 단면 계산 등에 쓴다.

effective humidity 실효 습도(實效濕度) 흡습성의 물체와 공기 중의 수분과의 흡습 평형에는 장시간을 요하므로 하루만이 아니고 과거 수일간의 대기의 습도를 고려한 습도.

effective input 유효 입력(有效入力) 구조물의 응답에 실제로 기여하는 입력. = input loss

effective mass 유효 질량(有效質量) 전 질량 중 각차의 모드에 관여하는 부분의 질량. 유효 질량의 전 모드 차수에 걸친 총합은 계(系)의 전 질량과 같다.

effectiveness ratio of prestress 프리스트레스 유효율(－有效率) 초기 프리스트레스력에 대한 유효 프리스트레스력의 비.

effective overburden pressure 유효 흙덮기압(有效－壓) 지반 중의 흙입자에 실제로 작용하고 있는 압력 중 그보다 위의 흙의 자중에 의한 압력. 흙덮기압에서 간극 수압을 빼서 구한다.

effective prestress 유효 프리스트레스(有效－) 유효 인장력에 의해 콘크리트 단면에 생기고 있는 압축 응력.

effective radiant temperature 실효 방사 온도(實效放射溫度) 주벽(周壁)으로부터의 방사열의 영향을 포함하는 글로브 온도계의 지시 온도와 실내 공기 온도의 차. +값인 경우는 실내 공기 온도보다 주벽 표면 온도가 높다. = effective radiative temperature

effective radiation 유효 복사(有效輻射)[1], 야간 복사(夜間輻射)[2] (1) 일반적으로는 어느 면으로부터의 복사와 이것과 마주보고 있는 다른 1면 또는 여러 면과의 상호간 복사 열수수를 뺀 결과 어느 면에서 방출되는 정미(正味)의 복사.
(2) 지표면이나 건물의 외표면은 주야를 불문하고 반복사(역복사)를 받고, 또 이들 물체로부터는 언제나 대기를 향해서 열복사를 하고 있다. 따라서 지표면이나 건물과 대기간에는 열복사 수수가 이루어져 양자의 차에 의해 지표면이나 건물이 잃는 열복사를 야간 복사라 한다. 야간에 현저하기 때문에 이 명칭이 붙었다. = nocturnal radiation

effective radiative temperature 실효 방사 온도(實效放射溫度) = effective radiant temperature

effective section area 유효 단면적(有效斷面積) 철골 구조나 나무 구조의 단면 계산에서 인장 응력이 생기고 있는 부재 단면의 결손(볼트 구멍 등)을 고려한 단면적을 말한다.

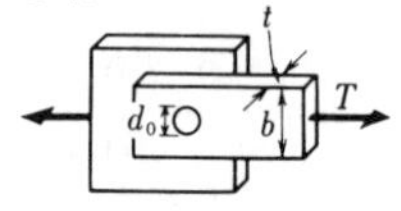

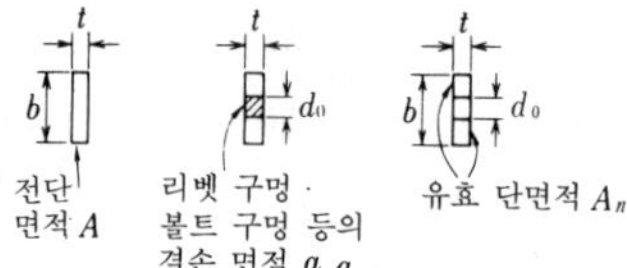

$$A_n = A - a = bt - td_0 = (b - d_0)t$$

effective slenderness ratio 유효 세장비(有效細長比) 좌굴 길이와 단면 2차 반경의 비.

effective span 유효 스팬(有效－) ① 주로 목조의 경우, 일반적으로 구조 계산에서 유효하다고 생각되는 스팬을 말한다. ② 주로 목조 또는 철골조에서 그림과 같은 버팀대가 쓰인 균등한 연속보로 경미한 경우는 버팀대의 영향으로서 스팬을 짧게 L로 하여 계산하는 경우가 있다. 이러한 L을 스팬에 대하여 유효 스팬이라 한다. ③ 철근 콘크리트 구조 슬래브의 유효 스팬은 그림과 같이 보(큰 보 또는 작은 보)의 안치수 간격을 말한다.

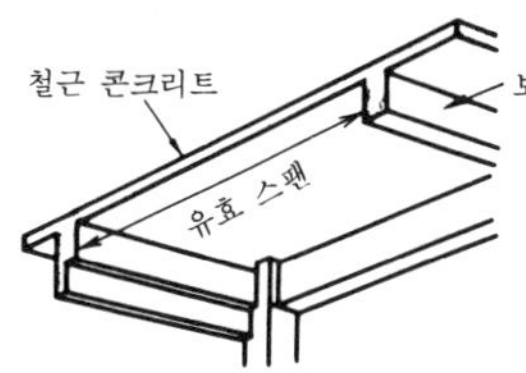

effective stable gain (of loudspeaker system) 안전 확성 이득(安全擴聲利得) 확성 장치가 하울링을 일으키지 않고 어느 정도의 확성 효과가 있는가를 나타내는 지수를 말한다. 하울링을 발생하는 한계의 증폭도에서 6dB 낮추어 확성했을 때의 실내 대표점의 확성음의 음압 레벨과 마이크로폰에 들어오는 음원의 음의 음압 레벨의 차.

effective stack height 유효 굴뚝 높이(有效－) 확산 계산 등에 사용하는 보정된 배출구의 높이. 배연이 최종적으로 도달하는 연기축의 높이. 굴뚝의 실효 높이와 연기 상승 높이의 합으로 주어진다.

effective stiffness ratio 유효 강비(有效剛比) 절점 A에 모멘트가 작용했을 때 A단에서의 각 부재의 분배 모멘트는 각 부재의 강비 k_i와 다른 끝의 지지 조건에 좌우되는 계수와의 곱에 비례한다. 이 곱을 유효 강비라 한다.

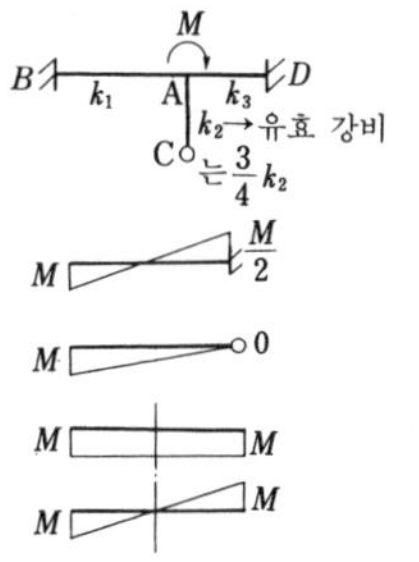

effective stress 유효 응력(有效應力) 흙의 응력 전달 기구 중 흙입자의 골조 구조에 의한 것을 유효 응력이라 한다. 이것에 간극 수압을 더하면 전응력이 된다.

effective stress analysis 유효 응력 해석법(有效應力解析法) 유효 응력을 대상으로 하는 해석법. 사면 안정 문제 등 하중 작용의 조건이 배수 과정을 고려할 필요가 있는 경우에 쓴다. →total stress analysis

effective temperature 감각 온도(感覺溫度), 실효 온도(實效溫度), 유효 온도(有效溫度) 실내 환경 공기의 온도, 습도, 기류속 등 3요소의 종합에 의한 체감을 나타내는 하나의 척도. ET라 약기한다. ET는 기온과 주벽면(周壁面)의 평균 온도가 같은 경우에 위 3요소의 종합에 의한 체감과 똑같은 체감과 같은 무풍시, 습도 100%일 때의 기온으로 나타낸다. 감온 온도는 C. P. Yaglau들에 의해 연구된 것으로, 많은 피험자의 주관적 체감에 의한 신고에 따라서 만들어졌다.

effective temperature difference 실효 온도차(實效溫度差) 내외 온도차, 일사량, 구조체에서의 시간 지연을 고려한 온도차를 말한다. 열부하 계산에서 외벽, 지붕으로부터의 열관류량의 계산을 간략화할 때 사용된다. →equivalent temperature difference, effective temperature

effective tensile force 실효 인장력(實效引張力) 프리스트레스트 콘크리트에서 프리스트레스를 준 다음 긴장재의 릴렉세이션(relaxation), 콘크리트의 크리프 등에 의한 프리스트레스의 손실이 생긴 다음도 계속 긴장재에 작용하고 있는 인장력을 말한다.

effective tensile stress 유효 인장 응력도(有效引張應力度) 유효 인장력에 의해 PC강재에 생기고 있는 인장 응력도.

effective throat 유효 목두께(有效－) 용접 이음의 강도를 계산하는 데 유효한 용착 금속의 단면 두께. 필릿 용접에서는 필릿 사이즈로 정해지는 3각형의 루트에서 측정한 높이.

effective value 실효값(實效－) 교류의 전력계 · 전압계 · 전류계에 의해 지시되는 값을 말한다.

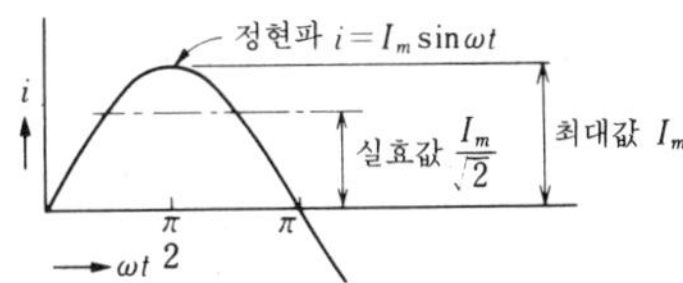

E

effective width 유효폭(有效幅) 철근 콘크리트 구조의 계산에서 유효로 간주되는 폭을 말한다.

efficiency 효율(效率) 기계 등이 외부에 대하여 하는 유효한 일과 기계에 공급한 에너지의 비(이 비는 1보다 작다).

efficiency of thermal storage 축열 효율(蓄熱效率) 축열조에서 조(槽)의 물 전부가 축열 온도부터 방열 온도까지 변화했을 때의 열량에 대하여 실제로 축방열할 수 있는 열량의 비율을 말한다.

efficiency type apartment 집중형 집합 주택(集中形集合住宅) 계단·엘리베이터 등을 한 곳에 묶어서 중앙에 두고, 그 주위에 많은 주택을 집중하여 배치하는 집합 주택의 한 형식.

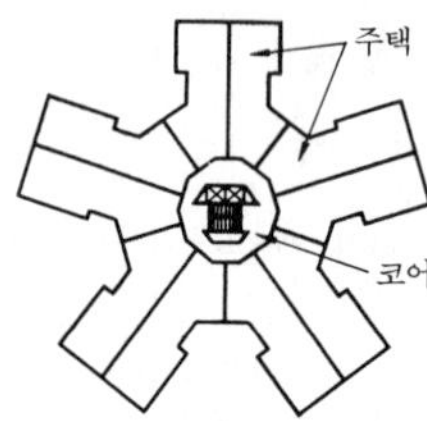

efficient dwelling 1실 주택(一室住宅) 거주실이 1실뿐인 주택. 독신자용 공동 주택으로서 건설되는 경우가 많다.

efflorescence 백화(白華) 석재나 콘크리트 등의 표면에 생기는 흰 결정. 석재인 경우는 석재 중의 소량의 알칼리 금속이 시멘트 속의 석고나 공기 중의 아황산 가스와 반응하여 황산 소다가 되는 것이고, 콘크리트인 경우는 주로 시멘트의 가수 분해에 의해서 생기는 수산화 석회 때문이다.

***e*-functional method** *e*함수법(－函數法) 철근 콘크리트 단면의 모멘트·곡률 관계를 구하는 방법의 하나. 콘크리트의 응력·변형 관계를 두 지수 함수의 차로 나타내는 방법.

Egyptian architecture 이집트 건축(－建築) 나일강 유역에 형성된 고대 이집트 문명의 건축 양식. 왕을 위한 분묘와 신전에 대표되는 석조의 거대한 기념 건축이 특징. →mastaba, pyramid, Egyptian temple

Egyptian temple 이집트 신전(－神殿) 묘와 신전을 겸한 묘신전에서 발달한 고대 이집트 문명의 신전. 일반적으로는 장방형 평면으로 구성되고, 탑문·안뜰·다주실(多柱室)·성소(聖所) 등이 축선상에 배치된다. 또, 전면에는 오벨리스크(obelisk)가 서 있고 참배의 길 양쪽에 스핑크스를 배치했다.

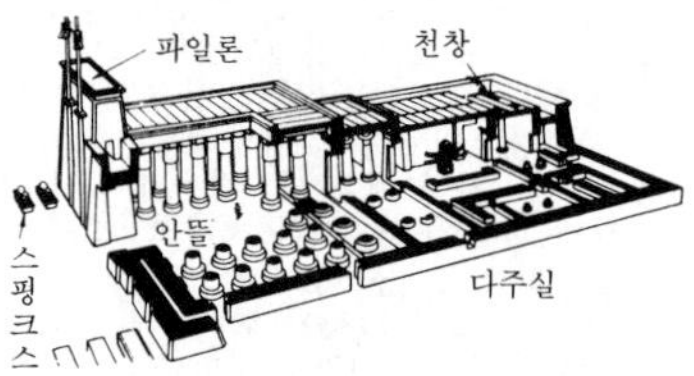

Eiffel-type wind tunnel 에펠형 풍동(－形風洞) 풍로(風路) 형식으로서 개회로형, 즉 외부의 공기를 도입하고, 외부로 분출하는 형식의 풍동. 에펠(G. Eiffel)이 설계한 풍동.

eigenfunction 고유 함수(固有函數) ＝natural mode function

eigenmode 고유 모드(固有－) ＝characteristic mode

eigenvalue 고유값(固有－) 물리계가 에너지 극소에서 안정하는 상태를 나타내는 수학적 파라미터. ＝characteristc value

eigenvalue analysis 고유값 해석(固有－解析) 물리계의 고유값을 구하기 위한 해석 방법.

eigenvector 고유 벡터(固有－) 질점계 등 이산형의 진동계에서 고유 주기에 대응하는 진동계의 형상(고유 모드)을 벡터 표시한 것. ＝characteristic vector

ejector 이젝터, 방출 장치(放出裝置) 증기, 압축 공기 또는 압력수를 노즐에서 고속도로 사출하면 그 주위에 저압부를 만들어 주위의 유체를 유인하고 이것을 어느 장소에서 배출 또는 어느 장소로 보낼 수 있는 일종의 펌프. 제트 펌프라고도 한다. 효율은 작지만 구조가 간단하고 파손, 고장 등이 적다. 오수, 흙탕물을 퍼올리는 등에도 편리하다.

EL 일렉트로루미네선스 ＝electroluminescence

elastic body 탄성체(彈性體) 탄성을 나타내는 물체. 어느 재료에나 탄성 한도가 있으므로 그 이하의 범위에서 탄성체로 간주할 수 있다.

elastic buckling 탄성 좌굴(彈性座屈) 부재 내의 응력도가 재료의 비례 한도 이하 즉 탄성 범위 내에서의 좌굴을 탄성 좌굴이라 한다. 이 경우의 좌굴 강도는 재료의 영 계수에만 관계하고 재료의 강도에는 관계가 없다. →buckling, buckling load

elastic buckling load 선형 좌굴 하중(線

形座屈荷重) 막대의 오일러 좌굴인 경우와 같이 좌굴 하중을 정할 때 좌굴 후의 균형식을 선형화하여 고유값 문제로서 정해진 좌굴 하중.

elastic curve 탄성 곡선(彈性曲線) 부재가 외력의 작용으로 만곡했을 때 그 재축(材軸)이 그리는 곡선을 휨 곡선이라 하고, 그 변형이 탄성 범위인 경우에 탄성 곡선이라 한다. →deflection curve

elastic deformation 탄성 변형(彈性變形) 구조물, 부재 등이 외력의 작용을 받을 때의 탄성 범위 내에서의 변형.

elastic design 탄성 설계(彈性設計) 부재의 탄성적 거동에만 주목하는 구조 설계법의 하나. 구조물의 탄성 한내력을 안전율로 나눈 상태를 허용 응력 상태로 하는 설계법.

elastic energy 탄성 에너지(彈性－) 탄성 변형에 의해 물체 내에 축적되는 에너지.

elastic equilibrium state 탄성 평형 상태(彈性平衡狀態) 구조물 및 부재 등이 외력의 작용을 받았을 때 각부의 응력, 변형이 탄성 범위 내를 넘지 않고 균형 상태에 있는 것.

elastic failure 탄성 파손(彈性破損) 재료가 탄성 범위에서 파괴하는 것. 예를 들면 피로 파괴 등.

elastic half space 반무한 탄성체(半無限彈性體) 지반을 탄성체로 가정할 때의 용어. 지표면을 경계로 하여 수평 방향과 연직 방향은 균등 탄성체가 무한히 계속하는 것으로 한다.

elastic hysteresis 탄성 이력(彈性履歷), 탄성 히스테리시스(彈性－) 탄성 한도 이하라도 하중을 증가할 때와 감소할 때의 곡선이 다른 현상.

elasticity 탄성(彈性) 물체에 힘을 가하면 변형되는데, 그 힘을 제거했을 때 변형이 완전히 회복하는 성질.

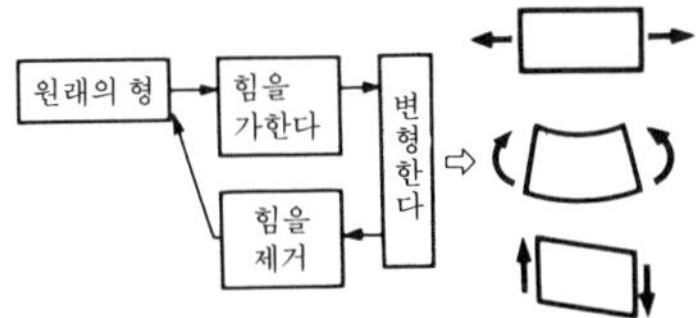

elastic limit 탄성 한도(彈性限度), 탄성 한계(彈性限界) 물체가 탄성을 나타내는 것은 재질에 따라 다르나 어떤 응력도(應力度) 이하의 범위이다. 그 한도의 응력도 또는 응력 변형 곡선상의 그 한계점을 말한다.

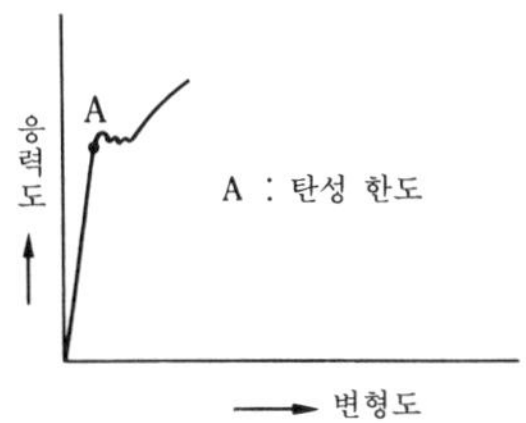

연장의 응력 변형도

elastic line 탄성 곡선(彈性曲線) ＝elastic curve

elastic modular ratio 탄성 계수비(彈性係數比) 상이한 재료로 이루어지는 구조 부재 등에서 각 재료의 탄성 계수의 비율을 말한다. 철근 콘크리트 부재에서 널리 쓰인다. →ratio of Young's modulus

elastic modulus 탄성률(彈性率) 탄성 한도 내에서 응력도는 변형도에 비례한다. 이 비례 상수를 탄성률이라 한다.

탄성률＝(응력도/변형도)

종탄성률(영 계수), 횡탄성률(강성률 전단 탄성 계수), 체적 탄성률의 세 가지가 있다. ＝modulus of elasticity

$$\frac{\text{응력도}(\sigma)}{\text{변형도}(\varepsilon)} = \boxed{\text{상수}} (E)$$

이것을 탄성 계수가 한다

erastic rebound theory 탄성 반발설(彈性反撥說) 지진의 발생 기구에 관한 설. 변형을 받은 지각이 파괴하여 파괴면 양쪽이 탄성적으로 반발하여 변형이 없는 상태를 향해 단층이 생긴다는 설.

elastic region 탄성 영역(彈性領域) 응력(도), 변형(도)의 관계가 탄성을 나타내는 영역을 말한다. 즉 응력(도)이 탄성 한도 이하의 범위.

elastic response 탄성 응답(彈性應答) 탄성 복원력 특성을 갖는 진동계에 동적 외력이 작용한 경우의 진동계의 응답.

elastic sealing compound 탄성 실링(彈性－) 경화 후에 고무 모양의 탄성이 확보되는 부정형 실링재. 폴리설파이드계 · 실리콘계 · 폴리우레탄계 · 아크릴계 등이 있다. 유리 퍼티 · 유성 코킹 · 아스팔트계 등과 같은 비탄성형에 대해서 말한다.

elastic strain 탄성 일그러짐(彈性－) 탄성을 나타내는 일그러짐. 즉 탄성 한도 이하의 응력에 의해서 생기는 일그러짐.

elastic support 탄성 지지(彈性支持) 지

지점에 그 지지 반력에 비례한 변위가 생긴다고 상정, 또는 가정한 지지 방법.

elastic vibration 탄성 진동(彈性振動) 구조물, 흔들이 등의 복원력이 탄성적 성질을 갖는 경우의 진동. 고체인 경우에는 종진도, 전단 진동, 휨 진동, 비틀림 진동 등이 있다.

elastic vibration energy 탄성 진동 에너지(彈性振動－) 탄성 진동을 하고 있는 진동계의 탄성 변형 에너지와 운동 에너지의 합. 자유 진동을 하고 감쇠가 없는 진동계에서는 언제나 일정하다.

elastic wave 탄성파(彈性波), 탄성 파동(彈性波動) 탄성체 내에 생기는 파동. 종파(소밀파, P파), 전단파(횡파, S파), 표면파가 있다.

elastic wave exploration 탄성파 탐사(彈性波探査) 지구의 내부를 전파하는 탄성파를 이용하여 지하의 구조를 조사하는 것. 인공적으로 지진을 발생시켜서 조사하는 방법이 널리 쓰인다. ＝seismic exploration

elastic wave velocity 탄성파 속도(彈性波速度) 탄성체 내를 전파하는 파의 속도. 일반적으로 압축 변형에 관련하는 종파(P파)와 전단 변형에 관련하는 횡파(S파)의 속도가 대상이 된다.

elastic weights 탄성 하중(彈性荷重) 보에 생기고 있는 휨 모멘트 M을 그 보의 영 계수 E와 단면 2차 모멘트 I로 나누고, 그것을 가상의 하중이라고 생각한 것. 가상 하중이라고도 한다. 모어의 정리에 의해서 보의 휨 각이나 휨을 구할 때 사용한다. →Mohr's theorem

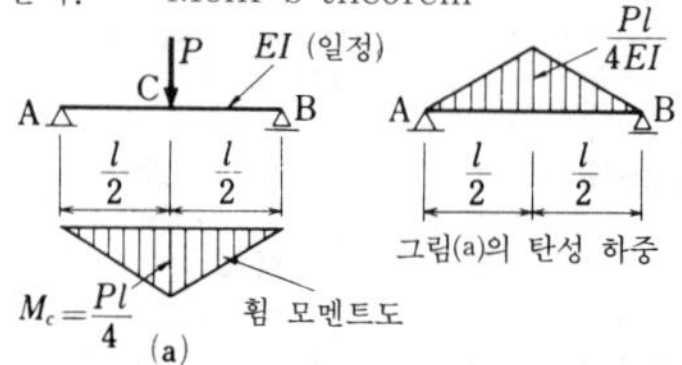

elastite 엘라스타이트 방수 피복 콘크리트나 토방 콘크리트의 신축 줄눈 등에 넣는 판 모양의 아스팔트계 재료.

elastomer 엘라스토머 일반적으로 고무류와 같은 탄성이 현저한 고분자 재료를 말하며, 가소성이 큰 플라스토머(plastomer)에 대한 말.

elastomeric sealant 탄성 실링재(彈性－材) 경화 후의 역학적 성질로서 고무 탄성을 갖는 부정형(不定形)의 실링재. ＝elastomeric sealing compound

elastomeric sealing compound 탄성 실링재(彈性－材) ＝elastomeric sealant

elasto-plasticity 탄소성(彈塑性) 구조물 및 부재 등이 하중, 외력의 증가에 따라 내부의 응력, 변형이 점차 탄성 영역에서 소성 영역으로 이행하는 성질.

elasto-plastic response 탄소성 응답(彈塑性應答) 탄성과 소성의 성질을 아울러 가지며, 힘과 변형의 관계가 이력 루프를 그리는 복원력 특성(탄소성 복원력 특성)을 갖는 진동계에 동적 외력이 작용한 경우의 진동계의 응답.

elasto-plastic strain energy 탄소성 변형 에너지(彈塑性變形－) 물체나 구조물에 외력이 작용하여 그 내부에 생기는 탄성 변형 및 소성 변형에 의한 전 변형 에너지를 말한다.

elasto-plastic vibration 탄소성 진동(彈塑性振動) 탄소성 복원력 특성을 갖는 진동계의 진동. →elasto-plastic response

elbow 엘보[1], 홈통(－桶)[2], ㄱ자관(－字管)[3] (1) 증기, 탕, 급배수, 통기용 등의 배관 굴곡부 접속을 하기 위한 원호상의 곡관(曲管). 금속, 도기 등으로 말들며 95°, 45° 기타 여러 가지 굴곡 각도의 것이 있다. 만곡 반경의 대소에 따라 장곡(長曲 : long sweep), 단곡(短曲 : short sweep) 등이라 한다.

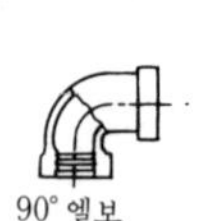

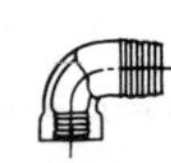

90° 엘보　45° 엘보　암수 엘보

(2) 물받이의 일부로 처마홈통과 선홈통과의 연락 부분. ＝goose neck, swan neck

(3) 콘크리트 타설용 슈트의 회전 연결부.

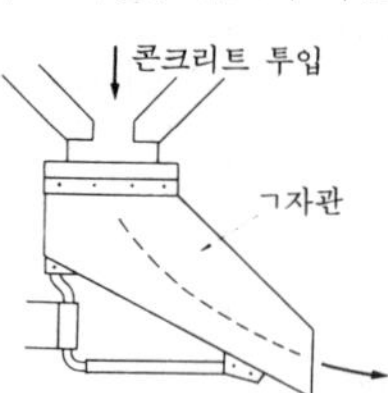

electric air cleaner 전기 집진 장치(電氣集塵裝置) =electric dust collector

electric air heater 전기 공기 가열기(電氣空氣加熱器) 통전에 의해 발열하는 니크롬선 등의 전열선을 공기 조화기나 덕트 내에 설치할 수 있도록 코일 모양으로 가공한 공기를 가열하는 히터.

electric alarm 전기 경보기(電氣警報器) 화재, 도난 등의 경보 및 공장, 작업장 등에서의 각부 동작 불량을 전기적으로 경보하는 설비. 또 적외선을 이용하여 건물 외주에 도난 예방을 위해 설치하는 경보기 등 다종 다양하나, 어느 것이나 각종 릴레이를 동작시켜서 경보를 발하도록 설계한다.

electrical dust sample 전기 집진(電氣集塵) 공기 중의 부유 미립자를 하전(荷電)시켜 포집(捕集)하는 것. 현미경에 의한 관찰이나 공기 청정을 목적으로 한다.

electrical logging 전기 검층(電氣檢層) 보링 구멍 속에 전극을 삽입하여, 지반의 저항에 관한 계수나 자연히 발생하는 전위를 측정함으로써 토질을 조사하는 방법.

electrical prospecting 전기 탐사(電氣探査) 지반의 전기적 성질의 차이에 의해 자연 혹은 인공적으로 발생한 전계 내지 전자계를 측정하여 지반의 성상(性狀)을 추정하는 방법.

electrical structure 전기 공작물(電氣工作物) 전기를 발생하고, 그것을 전송하고, 그리고 사용하기 위한 일체의 시설·설비·기계 기구, 및 그들에 부수하는 모든 재료나 구조물의 총칭. 수력 발전소에서 수용가에 이르기까지의 전기 공작물의 예를 아래에 나타냈다.

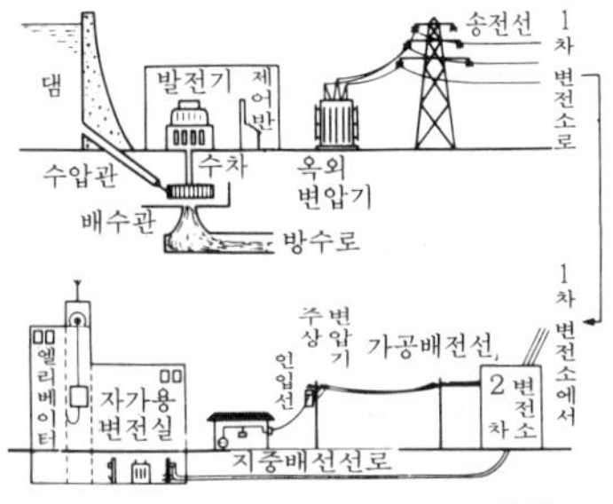

electrical zincing 전기 아연 도금(電氣亞鉛鍍金) 전기 도금의 일종. 피도금 재료를 음극, 금속 아연을 양극으로 하여 도금 용액 속에서 직류 전류를 흘려 재료 표면에 아연층을 형상시키는 것.

electric automatic control 전기식 자동 제어(電氣式自動制御) 자동 제어용 조절부의 주요 구성 요소인 브리지, 밸런싱 릴레이 등이 링크 기구 접점, 저항 등의 전기 기구 부품으로 구성되어 있는 조절부에서 발신되는 전기 신호에 의해 행하여지는 자동 제어.

electric circuit 전기 회로(電氣回路) 전기가 흐르는 닫혀진 통로. 단지 회로라고도 한다. 예를 들면 전선으로 전지와 전동기를 접속한 전기 회로.

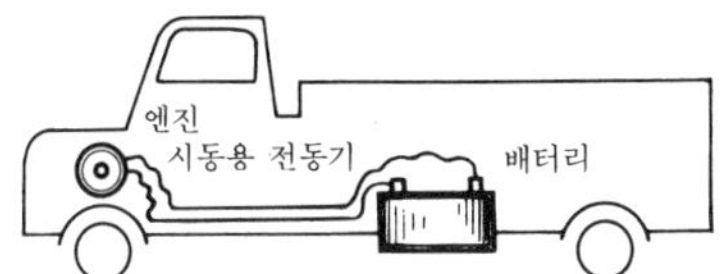

electric conductivity 전기 전도도(電氣傳導度), 도전율(導電率) 전기가 통하기 쉬운 정도를 나타내는 값. 전기 저항의 역수. 물의 도전율은 수중의 이온 농도와 밀접한 관계가 있으므로 전도도를 측정하면 용해성 물질의 대체적인 그 값을 추정할 수 있다.

electric conduit work 금속관 공사(金屬管工事) 옥내 전기 배선 포설 방법의 일종. 전선관의 일종인 금속관 속에 전선, 케이블을 통해 넣어 배선하는 공사 방법.

electric control room 배전반식(配電盤室) 발변전소에서 배전반만을 설치하고 있는 방. 수전반, 궤전반, 배전반, 조작실 등을 두고, 언제나 감시 및 관리에 편리하도록 설비되어 있다.

electric corrosion 전식(電蝕) 산, 알칼리, 바닷물 등의 전해질 용액 중에서, 전위가 낮은 금속에서 전위가 높은 금속으로 전류가 흘러 전위가 낮은 금속이 부식하는 것.

electric curing 전기 양생(電氣養生) 전열에 의해서 콘크리트의 한기(寒期) 양생을 하는 것.

electric current 전류(電流) 도체 내의 차에 의해 생기는 전기의 흐름. 전류의 실용 단위를 암페어(ampere)라 하고, 1암페어란 2점간의 전압(전위차)이 1볼트이

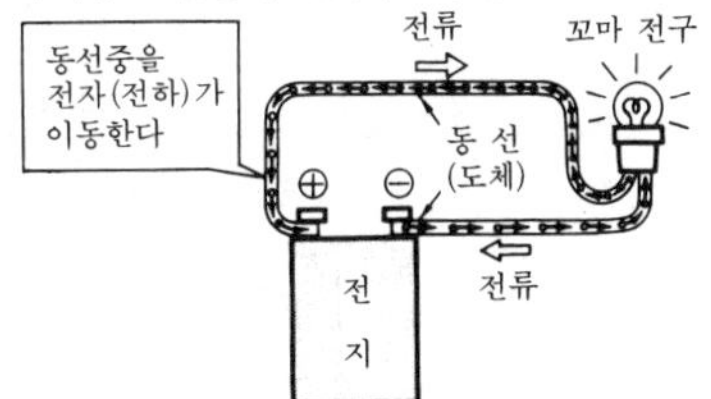

고 저항이 1옴일 때에 흐르는 전류이다.

electric damper 전동 댐퍼(電動−) 공기 조화·환기 설비 등의 공기 조화기나 덕트계에 설치되는 풍량 제어용 댐퍼. 조절기 등으로부터의 신호 전류에 의해 전동 모터를 구동시켜서 개폐 등의 조작 기능을 갖는 댐퍼. =motorized damper

electric discharge lamp 방전등(放電燈) 관구(管球) 내에서의 전기 방전 현상을 광원으로 하는 조명용 전등. 미소 금속 가스 속에서 방전을 야기시켜 방전광을 직접 이용하는 수은등, 나트륨 램프 등, 또 방전을 형광 물질에 조사(照射)하여 그 형광을 이용하는 각종 형광등 등이 있다.

electric drill 전기 드릴(電氣−) 모터에 의해 선단의 드릴을 회전시켜서 구멍을 뚫는 공구. 모터의 회전은 기어에 의해 감속된다.

electric dust collector 전기 집진 장치(電氣集塵裝置) 전기적으로 집진을 하는 장치를 말한다. 통과 공기 중의 부유 미립자를 대전시키고, 반대 전위로 하전시켜서 후방에 둔 전극에서 전기적으로 흡착시켜 집진한다.

electric energy 전기량(電氣量) 어떤 시간 내에 소비 또는 공급된 전기 에너지의 양을 말한다. 단위는 와트초(Ws), 킬로와트시(kWh).

1Ws=1W의 전력을 1초간 사용했을 때의 전기량

1kWh=1kW의 전력을 1시간 사용했을 때의 전력량

electric equipment 전기 설비(電氣設備) 전등, 동력 기타 일체를 포함하는 전기적인 설비. 단, 약전 설비, 통신 설비 등은 분리하여 별칭한다.

electric field 전계(電界), 전장(電場) 전하를 가진 물체(대전체)나 전압이 가해진 선의 주위에서 전기력이 작용하는 장소. 대전 전하가 많을수록, 또 전압이 높을수록 전기력도 그 미치는 범위가 크다. 전계의 세기가 크면 선에 직접 접촉하지 않아도 감전한다.

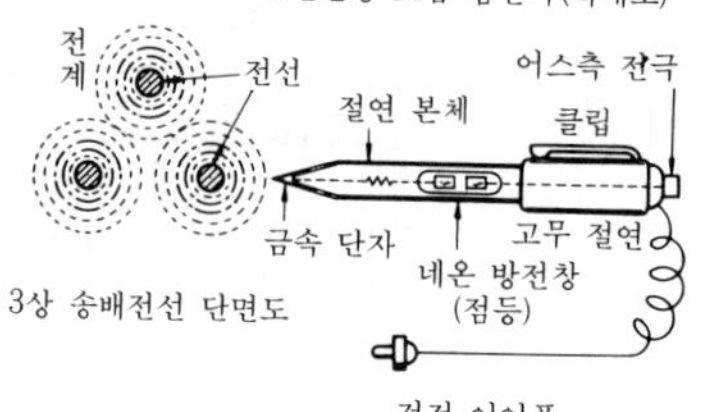

electric heater 전열기(電熱器) 전열을 열원으로 하는 기구. 발열체에는 비금속 발열체(탄소를 주체로 하는 것, 규소 또는 석영과 탄소의 분말을 점착재로 가압 성형한 것)와 금속 발열체(니크롬선)가 있다. 또 적외선 전구도 금속 발열체의 일종이다. 전열기의 주요한 것으로는 전기 난로, 전기로, 전기 보일러, 아크로, 용접기, 건조기 및 각종 가정 전열기가 있다.

electric heating 전기 난방(電氣煖房) 전열을 열원으로 하는 난방 방법의 총칭. 난로 형식의 것부터 전열선을 천장, 벽 등에 매입한 복사 난방 형식의 것, 가리개형의 것, 전열기를 속에 넣은 장막 모양의 것 등이 있다. 운전비는 비싸게 먹히지만 설비비는 싸고, 조절, 취급이 간단하며, 보조용 난방으로서 뛰어나다.

electric lamp 전등(電燈) 대별하여 필라멘트의 온도 복사에 의한 빛을 이용하는 백열 전등에 속하는 것과 방전에 의한 발광을 이용하는 방전등에 속하는 것 등이 있다. =electric lighting

electric leakage 누전(漏電) 전기 배선·기구 등의 열화 손상 등에 의해 누설 전류가 소정값을 넘어 전기적 위험이 생길 염려가 있는 경우를 누전이라 한다.

electric lighting 전등(電燈) =electric lamp

electric motor 전동기(電動機) 전기 에너지를 기계 에너지로 변환시키는 것. 전기 방식에서는 직류식(직권, 분권, 복권)과 교류식으로 분류할 수 있으나, 건설 기계용 전동기는 대부분이 교류이며 3상 교류 유도 전동기가 사용된다.

electric pipe of hard vinyl chloride 경질 비닐 전선관(硬質−電線管) 염화 비닐을 주성분으로 하여, 압축 성형해서 만들어진 전선관. 관의 색은 회색을 표준으로 하고 있다.

전기 배선에서 전선을 보호하기 위해 사용한다
두께 2～5.9 mm
길이는 4m가 표준
외경 18～89 mm

electric power 전력(電力) ① 전기의 원동력 즉 전류에 의해 이루어지는 일의 양의 시간에 대한 비율. 공업 단위는 와트(W), 킬로와트(kW) 등.

$1W = 10^7 efg/sec = 1joule/sec$

$1kW = 1000W = 1.36HP$

또 전력이 하는 일은 전력과 전력이 작용하는 시간과의 곱으로 주어지며, 공업 단위는 와트시(Wh), 킬로와트시(kWh) 등이고 1kWh = 1000Wh = 3.67×10^5kgm 또한 전력을 발생하여 공급하는 것을 전원이라 하며, 전력을 측정하기 위해 전력계(wattmeter)가 있다. ② 전기 에너지의 뜻으로 쓰인다.

electric power station 발전소(發電所) 발전기를 설치하여 전기를 발생하는 곳. 수력 발전소, 화력 발전소, 디젤 기관 발전소, 원자력 발전소 등이 있다. = power station

electric (radiant) heater 전기 난로(電氣煖爐) 전열을 이용하는 복사식 난로.

electric room 전기실(電氣室) 전기 설비 관계의 기기를 설치하는 방. 대규모의 건물에서는 변압기실, 차단기실, 모선실, 케이블실, 배전반실 등이 있다.

electric tool 전기 공구(電氣工具) 각종 공사나 공작을 할 때 사용하는 전기 에너지를 필요로 하는 도구. 예를 들면 전기 드릴, 전기 인두 등.

electric welded tube 전봉관(電縫管) 띠강을 롤에 의해 만곡시키고, 전기 용접에 의해서 용착한 전기 배선용 관. 이음은 재축 방향으로 직선 또는 나선을 그린다.

electric welding 전기 용접(電氣鎔接) 전기를 열원으로 하여 행하는 용접으로, 전기 저항 용접과 아크 용접으로 대별된다. 이 밖에 양자를 절충한 것과 같은 충격 용접도 있다.

electric wire 전선(電線) 전류를 통하기 위한 선. 나선·절연 전선·단선(單線)·꼰선·케이블 등이 있다.

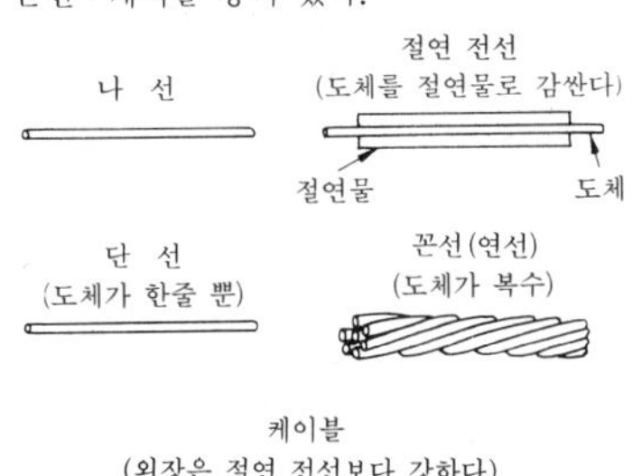

electric work 전기 공사(電氣工事) 전기 설비의 전부 혹은 일부를 형성하는 공사의 총칭. 대별하면 주로 전기 에너지를 이용하기 위한 강전 공사와 전기 통신을 위해서 하는 약전 공사가 있다.

electro-acoustic equipment 전기 음향 설비(電氣音響設備) 각종 용도의 건물 내외에서 음성·음악 방송을 하는 설비. 장내 확성 및 재생 장치는 마이크로폰, 스피커, 증폭기, 테이프 리코더, 레코드 플레이어 등의 전기 음향 기기로 구성된다.

electrocoating 전착 도장(電着塗裝) 수용성(水溶性)의 도료에 피도물(被塗物)을 담그고, 피도물을 양극, 도료조(塗料槽)를 음극으로 하여 직류 전류를 흘려서 도장하는 것.

electrode of float switch 액면 전극(液面電極) 수조 액면위의 제어 혹은 경보용으로 설치되는 전극. 보통 3개 이상의 전극 막대로 구성되며, 가장 긴 공통 전극과 제어할 수위 레벨의 길이를 갖는 전극 사이에 낮은 전압을 가하여 그 도통의 유무를 수위 계전기에 보내서 수위 제어 신호, 경보 신호를 발신시킨다.

electrodeposition coating 전착 도장(電着塗裝) = electrocoating

electrode tip 전극 팁(電極－) 점용접에서 금속 부재에 직접 접촉하여 용접 전류를 통하는 동시에 가압력을 전하는 작용을 하는 막대 모양의 전극.

electrodynamic speaker 다이내믹 스피커 = dynamic loudspeaker

electro-galvanizing 전기 도금(電氣鍍金) = electro-plating

electroluminescence 일렉트로루미네선스 전자파의 자극에 의해 고체, 주로 형광체에서 방출되는 루미네선스. = EL

electrolytically colored anodic oxide coating 전해 착색(電解着色) 알루미늄 등의 금속 표면에 다공성 피막을 생성 중 또는 생성 후에 금속 염류를 써서 전해적으로 착색하는 것. →self-color anodic oxidation coating

electrolytic polishing 전해 연마(電解硏磨) = electro-polishing

electromagnetic contactor 전자 접촉기(電磁接觸器) 전기 회로에 사용하는 개폐기의 하나. 전자석을 동작시킴으로써 개폐하는 것으로, 주로 자동 제어 회로에 사용한다. →electromagnetic switch

electromagnetic switch 전자 개폐기(電磁開閉器) 전자석의 자편(磁片) 흡인 작용을 구동 원리로 하는 개폐기(스위치). 전기 접점 개폐 스프링 기구에 링크한 자편을 전류를 흘린 전자석으로 흡인하여 접점을 닫고, 또 이 전류를 끊어 자편을 해방하여 여는 동작을 한다. = magnetic switch

electromotive force 기전력(起電力) 전압을 유지하면서 외부에 전류를 공급할 수 있는 기능. 단위 기호 V(볼트).

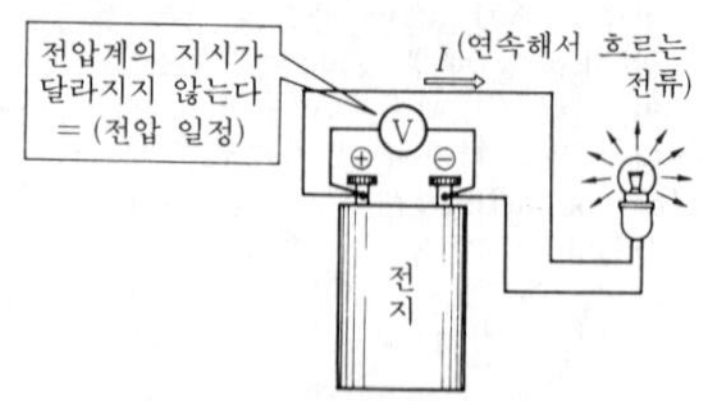

electromotive force

electron beam welding 전자 빔 용접(電子－鎔接) 고진공 속에서 고속의 전자 빔을 조사(照射)하여 그 충격 발열을 이용해서 하는 용접.

electronic automatic control 전자식 자동 제어(電子式自動制御) 주로 마이크로 컴퓨터, 반도체 소자 등의 전자 디바이스로 구성되는 조절부에 의해서 행하는 자동 제어. →electric automatic control

electronic ceramics 일렉트로닉 세라믹스 절연재로서 사용되는 세라믹. 열이나 압력을 전기로 바꾼다든지, 온도가 높아지면 전기 저항이 제로가 되는 등 여러 가지 전기 특성을 갖는다.

electronic computer 전자 계산기(電子計算機) 트랜지스터나 다이오드 등의 소자를 사용한 전자 회로에 의해 계산을 하는 기기. 디지털형과 아날로그형 및 양자를 조합시킨 형이 있다.

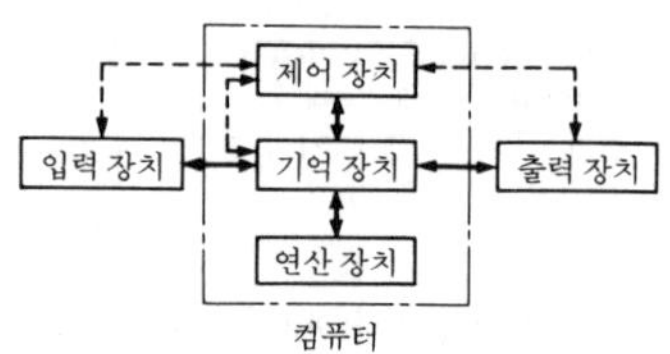

컴퓨터

electronic cottage 일렉트로닉 코티지 교외의 환경이 좋은 곳에서 재가(在家) 근무할 수 있도록 컴퓨터 기기를 탑재하여 통신망으로 연락을 취하도록 설계된 주택.

electronic office 일렉트로닉 오피스 컴퓨터나 사무 자동화 기기를 완비하고, 외부와의 데이터 통신도 할 수 있어 고도한 정보 활동을 할 수 있는 사무실.

electro-plating 전기 도금(電氣鍍金) 전기 분해에 의해 저전위의 금속에 고전위의 금속을 정착시키는 것. 장식의 목적으로는 가치가 낮은 금속에 가치가 높은 금속을 도금하고, 녹을 방지할 목적으로는 부식하기 어려운 금속을 도금한다. 황동, 구리의 합금에 크롬, 니켈을 도금하고, 철에 아연 크롬, 카드뮴 등을 도금한다. =electro-galvanizing

electro-polishing 전해 연마(電解硏磨) 금속 표면을 특정 용액 속에서 양극 용해하여 평활한 광택면으로 하는 방법을 말한다. =electrolytic polishing

electro-slag welding 일렉트로슬래그 용접(－鎔接) 자동 용접의 일종. 녹은 슬래그 속에 전극 와이어를 보내서 슬래그의 저항열을 이용하여 와이어와 모재를 용융한다. 용융 금속이 흘러나오지 않도록 통 모양으로 감싸고, 통 밑에서 위를 향해 용접한다.

electrostatic dust collector 정전형 집진기(靜電形集塵器) =electric dust collector

electrostatic earphone 콘덴서 이어폰 =condesnser earphone

electrostatic microphone 콘덴서 마이크로폰 =condenser microphone

electrostatic painting 정전 도장(靜電塗裝) 도장면을 (+), 도료 분무기를 (−)로 하여 고전압을 가하고, 이들에 작용하는 정전 인력을 이용하여 도장하는 방법. 분무된 도료가 전계 내에 있으면 도장면에 모두 흡착되므로 도료의 비산이 적고, 이면까지 도장된다.

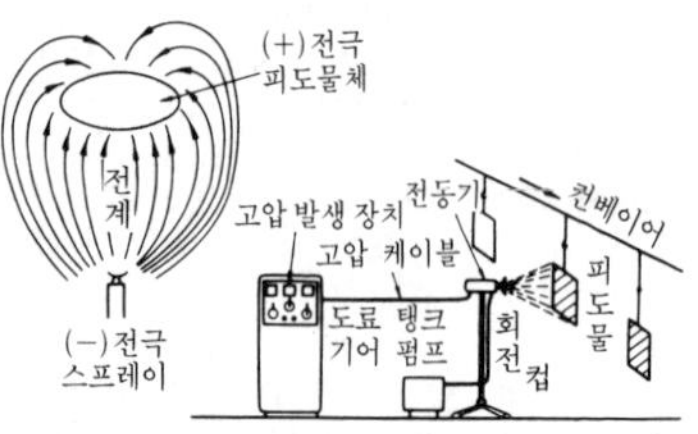

element 요소(要素) 건축물을 구성하는 단위 부분. 구조 해석에서는 개개의 부재나 분할한 면의 각각 독립한 부분을 말한다. 매트릭스법으로 각각의 성분을 가리킨다.

elemental unit cost 합성 단가(合成單價) =composed unit cost

elements of cost 원가 요소(原價要素) 원가를 구성하는 각종 요소. 통상은 재료비, 노무비, 경비 등의 분류에 의한 요소를 가리키나 재화비(財貨費)와 역무비, 직접비와 간접비, 고정비와 변동비 등의 분류도 있다.

elevated railway 고가 철도(高架鐵道) 시가 지구 등에서 가로와의 평면 교차를 피하고 교통 능률의 증가나 사고 방지를 도모하기 위해 고가식으로 한 도시 철도.

elevated road 고가 도로(高架道路) 고가

의 연속적인 도로 다리. 보통, 출입 제한이 있는 도로에 사용한다.

elevated tank 고가 수조(高架水槽), 고가 탱크(高架−) =elevated water tank

elevated tank water supplying 고가 수조식 급수법(高架水槽式給水法) 고가 수조에 양수하여 자연 흐름에 의해서 필요한 장소에 물을 공급하는 방식. 대규모 건물의 급수 방식으로, 급수압이 일정하고 단수가 적다.

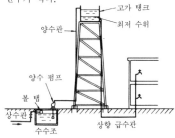

고가 탱크
최저 수위
양수관
양수 펌프
볼 탭
상수관
수수조
상향 급수관

elevated water tank 고가 수조(高架水槽), 고가 탱크(高架−) 건물에 급수하기 위해 높은 가대를 축조하고, 그 상부에 설치하는 수조. 수압이 낮아서 건축물의 소요 개소에 직접 급수가 불가능할 때, 필요한 수두를 얻기 위해 쓰인다. 가대는 강철 구조 또는 철근 콘크리트 구조가 많다.

elevation 입면도(立面圖) 건물의 연직면으로의 투상도(投像圖). 통상 평면도에 입각해서 그리고 축척도 같게 한다. 건축물의 외면 각부의 형상, 창이나 출입구 등의 위치 · 치수 · 마감 방법 등을 알 수 있다.

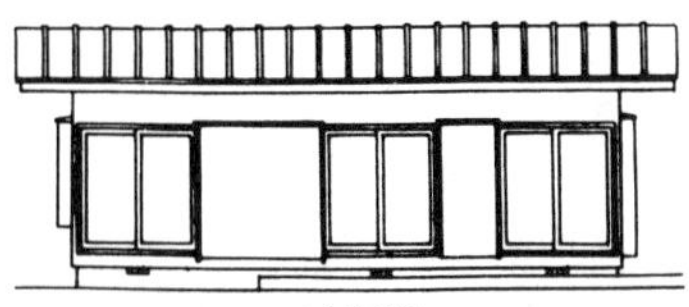
날입면도

elevation tower 타워, 탑(塔) ① 폭에 비해 높이가 현저하게 높은 건조물. 주위의 건물보다 한층 높은 것. ② 산형강 혹은 파이프를 써서 조립하여 자재, 콘크리트, 토사 등의 승강 운반에 사용하는 탑.

elevator 엘리베이터, 승강기(昇降機) 권상(卷上) 전동기의 조작에 의해 와이어 로프로 승강함을 상하시켜 사람이나 짐을 운반하는 수송 설비. 승강기의 종류는 인원 수송용, 인원과 화물 공용, 화물 전용, 침대용, 자동차용 등이 있다. 조작은 카스위치와 푸시버튼에 의한 방법이 있다. 전자는 주로 교류 승강기에 쓰이고, 설비비도 저렴하나 조작에는 언제나 운전원이 필요하다. 푸시버튼식의 조작은 가장 간단하며 운전원 없이도 조작할 수 있다.

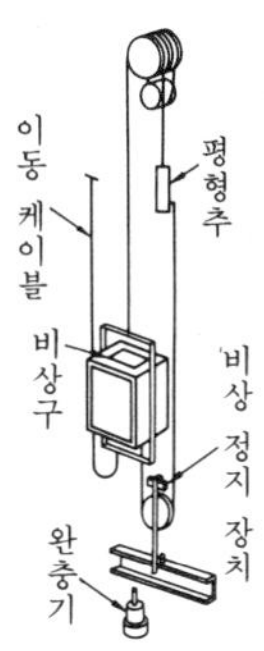

elevator cage 승강 케이지(昇降−) 승강기로 사람이나 화물 등을 싣는 칸.

elevator driven by alternating current 교류 엘리베이터(交流−) 권상기(卷上機)용 전동기를 교류 전원에 의해 직접 구동하는 방식의 엘리베이터. 저속도시에 큰 토크가 필요하기 때문에 종래는 직류 전동기가 사용되고 있었으나 최근에는 유도 전동기의 벡터 제어로 이것이 가능하게 되어 엘리베이터의 교류화가 크게 진전되고 있다. →direct current elevator

elevator hall 엘리베이터 홀 승강기 이용을 위한 전실(前室). 엘리베이터 앞에 있는 넓은 장소.

elevator lift 엘리베이터 리프트 =elevator

elevator lobby 엘리베이터 로비 =elevator hall

elevator machine room 엘리베이터 기계실(−機械室) 전기 제어반, 권상기, 모터 등의 여러 기계를 수납한 기계실. 일반의 로프식 엘리베이터인 경우는 펜트하우스에 설치하고, 유압식인 경우는 최하층 가까이에 설치한다.

elevator microphone 엘리베이터 마이크로폰 원격 조작에 의한 승강 장치에 설치되어 있는 마이크로폰. 비사용시는 바닥 밑에 수용되어 있고, 사용시는 마이크로폰을 상승시켜 사용 위치에 설정된다.

elevator pit 엘리베이터 피트 엘리베이터 샤프트 최하부에 두어진 완충용 공간. 엘리베이터 케이지가 만일 낙하한 경우를 위해 필요한 완충기가 설치되어 있다.

elevator shaft 엘리베이터 샤프트, 승강로(昇降路) 엘리베이터 승강 케이지가 승강하는 통로로, 벽체와 케이지의 간격에는 규정이 있다.

elevator to parking 주차용 엘리베이터(駐車用—) 지하 주차장이나 옥상의 주차장으로 자동차를 운반하기 위한 자동차 전용의 엘리베이터.

elevator tower 엘리베이터 타워 고층 부분으로의 콘크리트 수직 운반용 가설 설비. 슈트, 콘크리트 펌프, 카트 등의 수평 운반용 기계와의 조합으로 콘크리트를 타설한다.

eliminated building 철거 건축물(撤去建築物) 철거에 의해 멸실한 건축물.

eliminator 엘리미네이터 일반적으로 제거 장치라는 뜻. 설비 용어로서는 공기 세척 장치 내에서 공기 중의 물방울을 제거하기 위해 사용하는 지그재그형의 방해판, 터보 냉동기의 증발기 속에 두는 것 등은 그 예이다.

EL lamp EL 램프 EL은 electroluminescent의 약어. 황화 아연을 주체로 하는 형광체에 높은 전계를 걸 때 발하는 빛을 광원으로 하는 램프. 효율이 나쁘므로 일반 조명에는 사용되지 않으나, 박형으로 만들 수 있는 특징을 살려서 각종 표시등, 표지등의 광원으로서 사용된다.

ellipse of inertia 단면 2차 타원(斷面二次惰圓) 직교하는 좌표축에 관한 단면 2차 모멘트의 관계를 나타내는 타원.

elliptical vibration 타원 진동(惰圓振動) 진동계 대표점의 궤적이 타원을 그리는 진동.

elliptic compass 타원 컴퍼스(惰圓—) 타원을 그리기 위해 사용하는 특수한 컴퍼스를 말한다.

elliptic shell of revolution 타원 회전 셸(惰圓回轉—) 타원을 장축 혹은 단축에 관해서 회전하여 얻어지는 곡면의 전체 또는 일부를 사용한 셸.

elm 느릅나무 느릅나무과의 낙엽 활엽 교목. 골짜기나 개울가에 나는데, 높이는 20m가량. 4~5의 종 모양을 한 꽃이 핀다. 어린 잎은 먹을 수 있고 껍질은 한방에서 약재로 사용되며, 나무는 판재, 건축, 가구, 세공물 등에 쓰인다.

elm-tree 느릅나무 =elm

***e*-log *p* curve** *e*-log *p* 곡선(—曲線) 압밀 시험에서 얻어지는 압력 p와 간극비 e의 관계를 이은 곡선. 가로축에 p를 대수로 잡고, 세로축에 e를 보통 눈금으로 취하여 나타낸다.

elongation 늘음, 신율(伸率) 힘을 받아서 재료가 늘어나는 양(길이의 단위로 나타낸다)으로, 재료의 연성을 나타내는 척도로서 사용한다. 때로는 신장률을 줄여서 단지 늘음이라고 하는 경우도 있다.

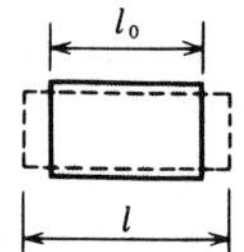

embedded bar 매입 철근(埋入鐵筋) 정착용으로 미리 콘크리트 속에 매입된 철근.

embedded type column base 매입 형식 주각(埋入形式柱脚) 고정도(固定度)를 확보하기 위해 콘크리트 기초 속에 기둥 높이의 2배 정도 철골주를 매입하는 형식의 강철 구조물의 주각.

embedment 밑둥묻힘깊이 ① 기초나 말뚝을 흙 속에 넣는 것. 특히 직접 기초에서는 지표면에서 더 깊게 넣음으로써 말뚝에서는 지지층 상면보다, 흙막이벽에서는 밑둥묻힘깊이 밑보다 더 깊히 흙 속에 넣는 것. 또, 그들의 부분. ② 수목의 뿌리를 흙 구멍에 심는 것.

embossed steel plate 엠보스 강판(—鋼板) 표면에 요철(凹凸)을 붙여서 모양을 낸 치장 강판.

emergency disaster 비상 재해(非常災害) 지진, 폭풍, 화재 등 비일상적인 사상(事象)이 유인으로 되어서 발생하는 재해.

emergency dwelling 응급 주택(應急住宅) 재해 등이 발생했을 때 임시로 세우는 주택.

emergency elevator 비상용 엘리베이터(非常用—), 비상용 승강기(非常用昇降機) 화재시의 피난·구조·소화 활동을 위해 소방용 사다리차가 도달할 수 없는 높이 이상의 건축물에 설치되는 엘리베이터.

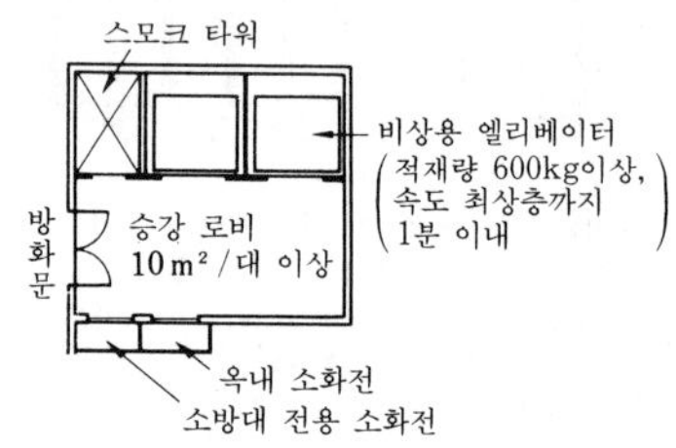

emergency exit 비상구(非常口) 건물이나 차량에 사고가 있었을 때 피난을 위해 사용하는 출구. =fire exit

emergency exit lock 비상 자물쇠(非常—) 평상시는 열쇠로 잠그고 열 수 있으나 비상시에는 열쇠없이도 열 수 있는 장치를 갖는 자물쇠를 말한다. 주로 비상구에 사용된다. =lock with emergency opening device

emergency house 응급 주택(應急住宅) 재해나 전재(戰災)의 이재민을 응급 거주케 하기 위한 주택.

emergency illumination 비상용 조명 장치(非常用照明裝置) 재해시의 피난·유도·구조를 위한 조명 장치.를 말한다 비상용의 예비 전원을 두고, 바닥면에서 1lx(룩스) 이상.

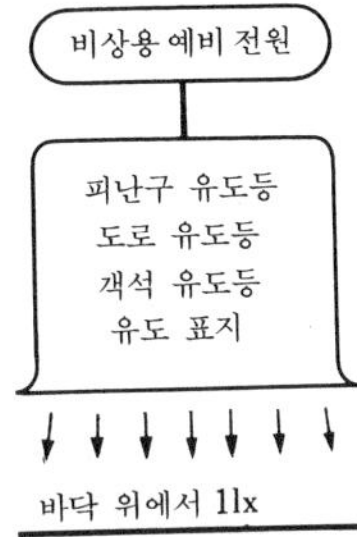

emergency information 비상 통보기(非常通報機) 발생한 비상 사태를 푸시버튼을 누르거나 하여 통보하는 장치. 발신에는 비상 푸시버튼, 비상 전화, 설치 개소로는 구내 전용, 경찰서 등으로의 직통. 화재에는 화재 경보기가 있다.

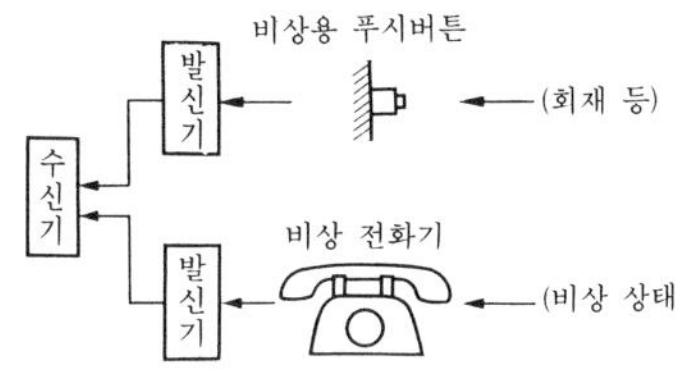

emergency lighting equipment 비상용 조명 장치(非常用照明裝置) 비상시에 사용하는 조명 장치. 거주자가 많은 건물의 거실, 피난용 통로부 등에 설치하며, 정전시에 예비 전원으로 30분 이상 계속 점등 가능하고, 최저 조도 1 lx가 확보될 수 있는 장치.

emergency power for fire protection system 방재 전원(防災電源) 방재 설비로 전원을 공급하는 발전 설비, 축전지, 옥내 배선 등의 총칭.

emergency power supply system 예비 전원 설비(豫備電源設備) =back-up power source

emergency power system 비상 전원 설비(非常電源設備) 일반적으로는 비상시 용의 전원. 소방법에서는 화재시에 사용 가능한 전원으로서 발전 설비, 축전지 설비, 비상 전원 전용 수전 설비가 정해져 있으며, 소방 설비 부하에 비상 전원을 공급하는 설비를 말한다.

emergency stair 비상 계단(非常階段), 파난 계단(避難階段) 재해가 발생했을 때 피난할 수 있도록 설치된 계단. =fire escape stair

emery cloth 에머리 클로스 카보런덤 등의 분말을 접착한 연마용의 면직물. 사포·연마포 등이 있다.

emission 방사(放射), 복사(輻射) 음, 빛 등 파동의 에너지가 매질 중으로 방출되는 것. =radiation

emission factor 배출 계수(排出係數) 오염원이 오염 물질을 배출하는 정도(수량)의 평균값을 말한다.

emissivity 복사율(輻射率), 방사율(放射率) 완전 흑체의 복사 상수 C_b, 또는 복사능 E_b에 대한 회색체의 복사 상수 C, 또는 복사능 E의 비 즉 C/C_b 또는 E/E_b를 복사율이라 한다. 복사율을 ε이라 하면 완전 흑체의 $\varepsilon=1$, 회색체에서는 $\varepsilon<1$. 키르히호프의 법칙에 의하면 ε과 흡수율 a는 일정 온도에서 파장 영역이 같은 경우는 $\varepsilon=a$이다. =radiation factor, emission ratio

emittance 복사율(輻射率), 방사율(放射率) =emissivity

emperor's mausoleum 능(陵) 왕, 왕비 또는 제왕의 묘소.

Empire 앙삐르 19세기의 프랑스에서 나폴레온 1세의 시대에 유행한 인테리어 양식. 직선 구성, 시머트리 등 고대 로마 양식의 영향이 강하다.

Empire State Building 엠파이어 스테이트 빌딩 1931년, 뉴욕시 5번가에 세워진 102층, 380m의 초고층 빌딩.

employed population 취업 인구(就業人口) 조사 시점에서 종업하고 있는 인구와 일시적으로 휴업하고 있는 인구를 합친 인구. →daytime population

employee's room 사용인실(使用人室) 사무실 건물, 병원, 호텔 기타의 건물에서 특히 잡무에 종사하는 이른바 사용인을 위해 두어지는 방. =servant's room

employer 발주자(發注者) 청부 계약에 따라서 업무를 주문하는 시공주. 매매 계약에서의 주문자. =client, orderer, owner

employment 고용(雇傭) 당사자의 한쪽이 상대방에 대하여 어떤 노무를 제공하고,

상대방이 그에 대하여 보수를 지불하는 것. 또 넓게는 취업의 의미로도 쓰인다.

emulsion 유제(乳劑) 액체 중에 다른 액체가 분산되어서 생기는 교질(膠質) 용액. 또 분산 물질이 고체인 경우라도 그 입자 주위에 용매 분자가 집적하여 위와 비슷한 상태에 있는 것도 유제라 한다.

emulsion paint 에멀션 도료(-塗料) 물에 아스팔트, 유성 도료, 수지성 도료 등을 현탁시킨 유화 액상 도료. 도포 후는 물의 발산에 의해 고화되고, 표면에는 거의 광택이 없는 도막을 만든다.

enamel 에나멜 ① 에나멜 도료를 말한다. ② 법랑(琺瑯)을 말한다.

enamel lacquer 에나멜 래커 =lacquer enamel

enamel paint 에나멜 도료(-塗料) 단지 에나멜이라고도 한다. 유성 도료에 수지류를 혼합한 것. 보통은 용해 도료의 상태로 판매된다. 광택이 강하고, 주로 장식용으로 사용된다. 안료는 유성 도료보다도 한층 미세한 분말이며, 선명한 색의 것을 사용한다. 도막을 강인하게 하기 위해 소부 도장을 하는 일이 있으며, 이것을 소부 에나멜이라 한다.

enamel paint coating 에너멜 페인트칠 에나멜 도료를 사용한 도장법. 에나멜은 건조가 비교적 빠르고, 평활하며 광택이 있는 도막을 만든다. 칠하는 횟수는 초벌칠 1회, 재벌칠 2회, 정벌칠 1회가 표준이다.

encased and infilled type 충전 피복형(充塡被覆形) 강관 콘크리트 구조의 일종. →steel pipe reinforced concrete structure

encased type 피복형(被覆形) 강관 콘크리트 구조의 일종. →steel pipe reinforced concrete structure

enclosed refrigerator 밀폐형 냉동기(密閉形冷凍機) 압축기와 전동기가 일체화되어 있으며, 용기 중에 밀폐된 냉동기. 저온용, 대형 냉동기용 등에 많고, 소리가 조용하며 비교적 고회전이 가능. 반밀폐형도 있다.

enclosed welding 닫힘 용접(-鎔接) 용융 금속이 용접부에서 흘러 나오지 않도록 용융지(鎔融池)를 덮개판으로 싸서 아래로부터 위로 용접해 가는 상진 용접(上進鎔接).

end bearing capacity 선단 지지력(先端支持力) 말뚝 또는 잠함(潛函)의 선단이 지지하는 힘. =point bearing capacity

end bearing capacity of a pile 말뚝의 선단 지지력(-先端支持力) 말뚝 선단 저면이 지지하는 힘. =point bearing capacity of a pile

end block 엔드 블록 =anchor block

end board 측판(側板) ① 건물의 조작 부분에 대하여 측면 또는 합각머리 부분에 있는 판의 총칭. ② =string. ③ 거푸집에서 보 등의 측면에 설치하는 판.

end check 마구리갈림 목재의 마구리 가까이의 갈림. 목재 결점의 하나. 마구리는 다른 부분에 비해 건조가 빠르기 때문에 갈라지기가 쉽다. 통나무재일 때는 주로 변재(邊材)가 별모양 또는 방사형으로 갈라진다.

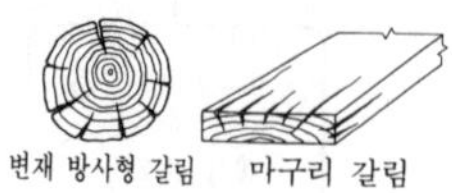

end distance 리벳 끝남기 형강 또는 강판의 절단한 가장자리와 여기에 가장 가까운 리벳의 중심과의 거리. 리벳 지름에 따라서 그 최소한이 정해지고 있다. →rivet pitch

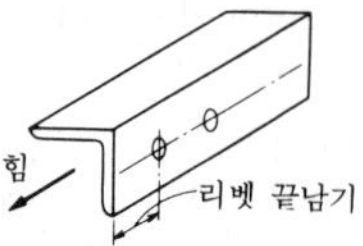

end grain 마구리 목재의 나뭇결에 직각인 절단면. =butt end

endless 엔드리스 스키 리프트나 벨트 컨베이어와 같은 순환식 운반 용구를 말한다. 와이어 로프 등의 양단을 이어서 사용하는 경우에는 엔드리스로 한다고 하기도 한다.

endless rope way 무한 삭도(無限索道) 무한 가공 삭도를 말하며, 순환식 또는 연속식의 가공 삭도로, 운반용이다.

end moment 재단 모멘트(材端-) 재료의 끝부분에 작용하고 있는 모멘트.

M_{AB}, M_{BA} : 재단 모멘트
부호는, 시계 방향(+)
반시계 방향(-)

end plate 엔드 플레이트 강철 부재의 끝부분에 재축(材軸)과 직각으로 부재의 전단면을 포함하는 모양으로 부착하는 강판을 말한다.

end plate connection 엔드 플레이트 접합(－接合) 보 끝에 부착된 엔드 플레이트를 고력 볼트 인장 접합으로 기둥 플랜지에 접합하는 접합 형식. →sprit T-connection

end stiffness 재단 강도(材端剛度) 재단에 단위 회전각을 일으키는 데 필요한 재단 모멘트.

end stiffness of member 재단 강도(材端剛度) 부재의 끝을 단위각 만큼 회전시키는 데 요하는 그 점에 주어지는 재단 모멘트의 크기. 다른 끝의 지지 상태와 부재의 영 계수(E), 강도(K)의 함수로 나타내어진다.

end tab 엔드 태브 용접 결함이 생기기 쉬운 용접 비드의 시단과 종단 용접을 하기 위해 용접 접합하는 판재의 양단에 부착한 보조 강판. =run-off tab

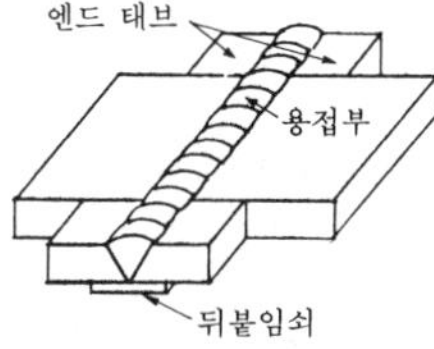

end trap 관말 트랩(管末－), 배관 트랩(配管－) 증기 배관의 말단, 수직관의 하부 또는 적당한 개소에 설치하여 배관 내에 생기는 응축수를 배출하는 증기 트랩.

energy 에너지 높은 곳에 있는 물체가 중력의 작용을 받아서 낮은 곳으로 내려와 정지하기까지에는 도중의 변화에 관계없이 처음과 끝의 위치만으로 정해지는 일정량의 일을 외부에 할 수 있다. 이것을 위치의 에너지라 한다. 또 움직이고 있는 물체가 정지하기까지는 도중의 변화에 관계없이 최초의 속도만으로 정해지는 일정한 일을 외부에 대해서 할 수 있다. 이것을 운동의 에너지라 한다. 이들의 물체는 그것이 할 수 있는 일을 위해서만의 에너지를 가지고 있다고 한다. 단위는 joule, erg, cal, kg-m 등.

energy absorbing capacity 에너지 흡수 능력(－吸收能力) 구조물에 소성 변형이 생겨서 진동 에너지의 일부를 열 에너지로서 구조물이 흡수하는 능력, 또 그 크기. →energy absorption

energy absorption 에너지 흡수(－吸收) 구조물에 큰 동적 외란이 작용하여 그 일부에 소성 변형이 생겼을 때 구조물의 진동 에너지 일부가 열 에너지로 변화하는 것을 말한다.

energy consumption density 에너지 수요 밀도(－需要密度) 단위 면적당의 에너지 수요량.

energy consumption per unit area 에너지 소비 원단위(－消費原單位) 어떤 용도의 건물이 소비하는 에너지를 그 바닥 면적으로 나눈 값. 건물 상호의 비교나 건물, 지역 전체의 에너지 소비량의 추정 등에 사용한다.

energy consumption rate 에너지 원단위(－原單位) 건물의 바닥 면적 $1m^2$당이나 거주자 1인당 등, 단위량당, 단위 시간 또는 단위 기간에 필요로 하는 에너지의 총량.

energy conversion 에너지 변환(－變換) 석유, 원자력 등의 1차 에너지를 열, 동력, 전력 등의 에너지로 바꾸는 것. 일반적으로는 만저 열 에너지를 거쳐서 역학적인 회전력 등으로 변환하고, 이것을 다시 전기 에너지로 변환한다.

energy density 에너지 밀도(－密度) ① 단위 체적 중에 포함되는 에너지량. ② 단위 면적당의 에너지량.

energy efficiency ratio 에너지 사용 효율(－使用效率) 룸 에어컨이나 소형 패키지 에어컨의 에너지 절감성을 나타내는 지표.

energy for the people's livelihood 민생용 에너지(民生用－) 인류가 소비하고 있는 에너지를 세 가지의 주요 용도(산업, 운수, 민생)로 나눈 경우의 하나. 주택이나 압무용의 건물 등에서 생산 이외의 목적으로 사용되는 에너지를 말한다.

energy loss 손실 에너지(損失－) 일반적으로 외부·내부의 마찰이나 소성 루프에 의해 손실하는 에너지의 총칭.

energy method 에너지법(－法) 구조물의 응력, 변형을 구할 때 외력이 하는 일과 내력이 하는 일은 같다고 하는 법칙에 따라서 해석하는 방법.

energy of radiation 방사 에너지(放射－) 전자파의 모양으로 방출 또는 전파하는 에너지.

energy of turbulence 난류 에너지(亂流－) 난류의 변동 유속의 분산 혹은 그 절반의 양 또는 그들에 공기 밀도를 곱한 양을 말한다.

energy-saving architecture 에너지 절감 건축(－節減建築) 건축물에서 소비되는 에너지량을 절약하도록 계획·설비상 배려된 건축물.

energy security 에너지 안전 보장(－安全保障) 에너지 자원의 안정 공급을 위해 여러 가지 방법을 채용하는 것.

energy supply system 에너지 공급 시스템(-供給-) 전력, 열, 가스, 기름 등의 에너지를 공급하기 위한 시스템.

energy transfer 에너지 수송(-輸送) 1차 · 2차 에너지를 인공적으로 수송하는 것. 파이프 라인이나 송전선에 의한 연속 수송과 탱커 등에 의한 일괄 수송이 있다.

energy transportation 에너지 수송(-輸送) =energy transfer

enetopia 에네토피아 공해를 발생하지 않는 이상적인 에너지 계획. 에너지와 유토피아의 합성어.

engine door 엔진 도어 =automatic door

engine driven generator 자가 발전 설비(自家發電設備) 건물, 공장 등의 구내에서 시설을 운용하기 위해 자가용으로 설치하는 발전 설비. 정전시에 대비하는 비상용 발전기도 포함한다. 전력 회사가 전력 공급용으로 설치하는 것은 사업용 발전 설비라 한다. =premises generator installation, inhouse power generating station

engineered wood 엔지니어드 우드 집성재로 대표되는 공업화 목질 구조용 재료. 재료 강도의 표시, 내구성 · 내화성 등의 성능을 가지며, 품질의 균일성, 안정한 공급 등의 조건을 만족한 재료를 말한다.

engineering ceramics 엔지니어링 세라믹스 =fine ceramics

engineering constructor EC화(-化) 기계 · 장치 · 시스템 등을 포함한 시설 전체를 기획 · 설계 · 시공 · 보수 등 포괄적이고 종합적으로 하는 방법을 말한다. 건설업의 새로운 방향으로서 주목되고 있다.

engineering industry 엔지니어링 산업(-産業) 플랜트 설비에 관한 기획 · 설계 · 공사 · 관리에 이르기까지를 일관한 시스템으로서 수행하는 기업.

engineering plastics 엔지니어링 플라스틱 일반 플라스틱의 성능에 경도 · 내열성 · 내구성 · 강도 등을 겸비한 금속에 가까운 공업 부품 재료.

engineer's representative 현장 관리자(現場管理者) =field engineer, foreman

engine room 기관실(機關室) 보일러 및 원동기실, 혹은 냉난방용 기관 등의 방.

engine shad 기관고(機關庫) 전기, 디젤 기관차의 차고.

Engler viscosity 엥글러 점도(-粘度) 점성을 재는 척도. 용기의 구멍에서 시료(試料) 200g이 흘러 나오는 시간을 같은 용기에서 20℃의 같은 양의 물이 흘러 나오는 시간으로 나눈 값. 단위는 도(度).

English bond 영국식 쌓기(英國式-) 벽돌 쌓기의 일종으로, 마구리면과 길이면이 보이도록 교대로 쌓는 방법. →brick masonry

English landscape garden 영국식 정원(英國式庭園) 18세기에 시작된 영국 독자적인 정원 양식. 프랑스풍의 바로크 정원에 비하여 자연이나 전원의 풍경을 지향하고 있다. →landscape garden

English roof tile 영국식 기와(英國式-) 양기와의 일종. 구형 평판형으로 맞물림식의 가로겹침부를 갖는다. 주로 미국에서 사용된다.

English sheathing 영국식 미늘판벽(英國式-板壁) 판을 겹쳐 붙인 외부 판벽.

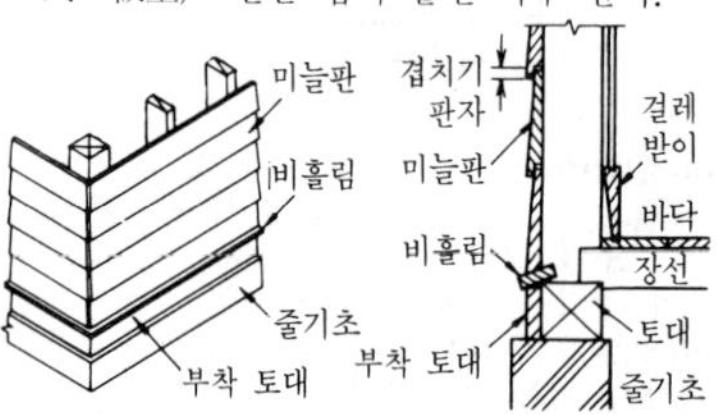

ensemble average 앙상블 평균(-平均), 집합 평균(集合平均) 음, 진동, 온도 등의 확률 사상(事象)에 대해서 어떤 시간, 공간에서의 평균값을 각 측정값의 평균으로서 정의한 것.

entablature 엔태블러처 서양 고전 건축에 있어서의 주상(柱上)의 수평 부분. 아키트레이브(architrave), 프리즈(frieze), 코니스(cornice)로 구성된다.

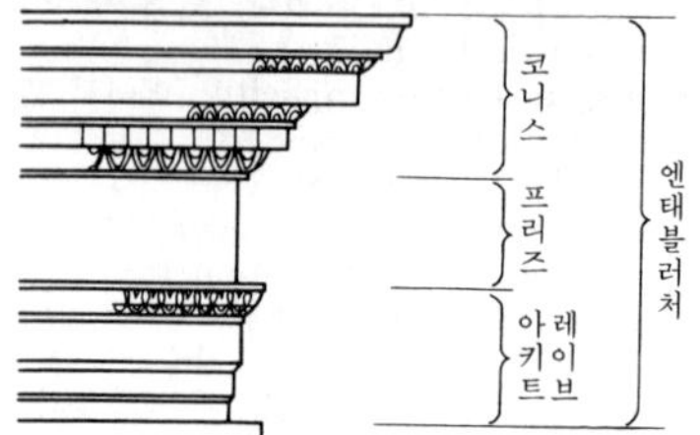

entasis 엔타시스 고대 그리스·로마에서 볼 수 있는 기둥의 중간에 배가 약간 나오도록 한 건축 양식.

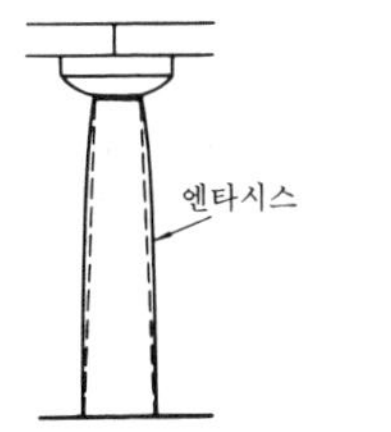

enterpriser 기업가(起業家) 건축 장소·규모·시기 등을 기획하고, 자금을 투하하여 건축의 실현을 꾀하는 자.

enthalpy 엔탈피 모든 물질은 온도의 변화 혹은 상태의 변화에 의해서 열의 출입이 있고, 어느 조건이 정해졌을 때 그 물질이 갖는 일정한 열량. 내부 에너지와 외부에 일을 하는 압력의 에너지의 합으로 나타낸다. 단위 kcal/kg.

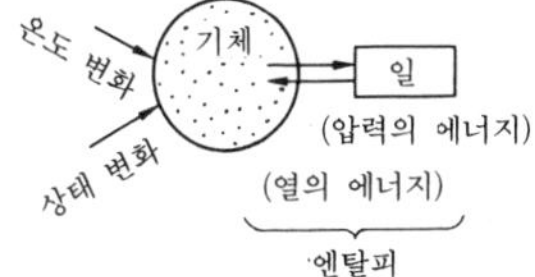

entrained air 연행 공기(連行空氣) AE제를 가함으로써 콘크리트 속에 생기는 미세(지름 0.025~0.3mm)한 독립 기포의 공기.

entrainment ratio 유인비(誘引比) 분출구에서 분출되는 기류에서 유인 작용에 의해 생긴 풍량을 직접 분출되는 풍량으로 제한 값. →induction ratio

entrance 입구(入口)[1], 승강구(昇降口)[2], 출입구(出入口)[3] (1) 건물이나 방의 내부에 들어가기 위한 부분.
(2) ① 문 밖에서 건물로의 출입구. ② 학교의 아동, 학생이 교사에 출입하고, 신발과 실내화를 갈아신는 장소.
(3) 건물 혹은 어떤 영역 등에 출입하기 위한 장소, 혹은 그곳에 두어진 문.

entrance hall 현관 홀(玄關－) 건물의 출입구를 위해 두어진 큰 공간. 큰 건물에서는 많은 사람의 흐름을 처리하기 위해 넓은 공간이 필요하다.

entrance lobby 현관 로비(玄關－) 호텔의 현관에서 숙박객이 방문객과 면담하기 위해 두어진 공간.

entrance turn 차돌림목(車－) 현관과 문간 사이에 자동차를 대고 되돌아 나가는 찻길.

entrapped air 갇힌 공기(－空氣), 잠재 공기(潛在空氣) 혼합제를 가하지 않은 콘크리트에서 비빌 때 들어가는 기포. 통상의 콘크리트에서는 1% 전후의 공기가 포함된다.

entresol 중2층(中二層) ① 1층 바닥과 2층 바닥 사이에 만들어진 층높이나 상면적이 기준층보다 작은 층. ② 어느 층과 다음 층 혹은 천장과의 중간에 만들어진 위와 같은 층.

entropy 엔트로피 물체의 상태를 나타내는 상태량의 일종으로, 그것이 가역 변화에 의해 외부에서 미소 열량 dQ를 주었을 때 그 물체의 엔트로피의 증가 ds는 $ds = dQ/T$로 나타내어진다. 단, T는 절대 온도. 이와 같은 함수 s를 엔트로피라 하고 열역학에서 사용된다. CGS계 단위는 클라우지우스(clausius, cal/°K), 실용 단위는 오네스(onnes, joule/°K).

environment 환경(環境) 인간을 비롯한 지구상의 동식물을 둘러싸는 상황을 말한다. 플론 가스가 지구의 오존층을 파괴하는 등 지구 규모에서의 환경 문제로 발전되고 있다.

environmental acceptable limit 환경 용량(環境容量) ＝carrying capacity, environmental capacity

environmental architecture 환경 건축(環境建築) 에너지 절감, 자원 절감 등의 방법으로 도시 환경의 악화를 방지하고, 또 경관이나 쾌적성 등의 환경 보전을 위해 디자인된 건축.

environmental arrangement 환경 정비(環境整備) ＝environment preservation

environmental assessment 환경 어세스먼트(環境－) 개발 행위가 원인이 되는 자연 파괴에 관해서 사전에 예측 조사하는 것. 또, 그 악영향을 최소로 하는 방법을 찾아내는 것. ＝EA

environmental capacity 환경 용량(環境容量) ＝carrying capacity, environmental acceptable limit

environmenatal chamber 인공 기후실(人工氣候室) 실험용으로 만들어지고, 인공적으로 기후 조건을 제어할 수 있는 방. 온도와 습도만 조절 가능한 것이 많다.

environmental cleanup 환경 정화(環境淨化) 환경 오염을 제거하여, 인간이 안전하고 건강한, 그리고 미적·문화적으로 쾌적한 생활을 영위할 수 있는 환경을 확보하는 것. →environment preservation

environmental design 환경 디자인(環境－) 바람직한 환경이라고 평가되는 것을 목적으로 하여 환경을 형성하는 사물, 사상(事象) 및 그 배치를 설계하는 것. →environmental planning

environmental destruction by traffic 교통 공해(交通公害) 자동차, 철도, 항공기 등의 교통에 의해서 야기되는 소음, 진동, 대기 오염 등의 공해.

environmental evaluation 환경 평가(環境評價) 당해 지구의 환경을 지구의 성격이나 목표(거주, 레크리에이션 등)에 따라서 평가하는 것. 재해로부터의 안전성, 교통의 편리, 각종 시설의 수준, 자연 조건 등 여러 항목에 걸친 상황 파악을 한다.

environmental factor 환경 계수(環境係數)[1], 환경 요인(環境要因)[2] (1) 주변 환경의 효과를 평가하는 계수. 특히 눈 하중의 평가에 있어서 구조물 주변의 차폐의 정도, 온도, 풍속 등의 조건을 고려하여 설정하는 계수를 말한다. ＝exposure factor
(2) 사람들을 둘러싸는 환경을 구성하고 있는 자연적, 인위적, 사회적 요소나 조건을 말한다.

environmental hygiene 환경 위생(環境衛生) 넓은 뜻으로는 환경이 인체의 건강에 미치는 영향을 고찰하는 것. 좁은 뜻으로는 건물 내 생활 환경의 위생을 유지하고, 바람직한 환경을 유지하는 것을 의미한다. ＝environmental sanitation

environmental impact assessment 환경 영향 평가(環境影響評價) ＝environmental assessment

environmental index 환경 지표(環境指標) 환경의 어떤 종류의 상태를 가능한 한 정량적으로 표현 혹은 평가하기 위한 척도. 물리·화학 지표나 생물 지표를 비롯하여 여러 가지 지표가 고안되고 있다.

environmental level 환경 수준(環境水準) 생활 환경을 구성하고 있는 생활의 편리성이나 도시 시설 정비 상황, 공해 등의 상황을 말한다. 통상, 지표를 써서 나타낸다.

environmental lighting 환경 조명(環境照明) 인간을 둘러싸는 환경에 주어지는 조명. 통상 옥외의 야간 조명, 즉 가로, 공원, 도로, 외관 투광 등의 조명을 의미한다.

environmental load 환경 하중(環境荷重) 자연 환경 조건에 따르는 하중. 바람 하중, 유체력, 파력(波力), 지진력, 얼음 하중, 얼음 압력, 적설 하중 등이 있다.

environmental noise 환경 소음(環境騷音) ＝ambient noise

environmental planning 환경 계획(環境計劃) 영향이 예상되는 모든 환경 요소에 대하여 평가를 하고, 그 종합적 최적값을 구하여 목적으로 하는 구축 환경을 개발하는 계획. →environment preservation, environmental design

environmental pollution 환경 오염(環境汚染) 인구의 증가, 자원의 소비량과 폐기 물량의 증가 등에 의한 환경의 파괴나 오염. 단, 가치 판단 기준의 차이로 오염의 정의는 다양하다.

environmental pollution caused by mining 광해(鑛害) 광업이 환경에 미치는 피해. 갱도로부터의 광독수(鑛毒水), 제련소로부터의 연해(煙害), 지하 채굴에 따르는 지반 침하 등의 피해가 있다.

environmental quality 환경질(環境質) 생물이나 인간의 존재·생활에 관련을 갖는 대기, 물, 일조 등 외계 상태의 정도.

environmental quality level 환경 성능(環境性能) 온습도, 탄산 가스, 일산화탄소, 부유 진애, 기류, 일사, 소음, 냄새, 진동 등 실내나 옥외의 환경 지배 인자의 그레이드.

environmental sanitation 환경 위생(環境衛生) ＝environmental hygiene

environmental standard 환경 기준(環境基準) 인간의 건강 보호와 생활 환경의 보전을 위해 유지되는 것이 바람직하다고 하여 정해진 생활 환경의 기준.

environmental vibration 환경 진동(環境振動) 거주 환경에 전파하는, 혹은 거기서 발생하는 진동. 거주자 및 거주 공간에 어떤 영향을 미치는 진동의 총칭.

environment art 환경 예술(環境藝術) 작품을 둘러싸는 환경까지도 포함하여 창작 활동을 하는 것.

environment management programme 환경 관리 계획(環境管理計劃) 어떤 특정한 공간을 중심으로 하여 그것을 포함한 주변의 환경을 물적, 사회적으로 조정하여 바람직한 환경을 실현·유지하기 위한 계획.

environment preservation 환경 보전(環境保全) 인간이 안전하고 건강한, 그리고 미적·문화적으로 쾌적한 생활을 영위할 수 있도록 환경 제 조건을 좋은 상태로 지키고 유지하는 것.

EP 에멀션 도료(－塗料) ＝emulsion paint

epicenter 진앙(震央) 지진의 진동이 최초로 일어난 장소 즉 진원은 지표하의 어느 깊이의 곳에 있는 것이 보통이다. 그 진원

바로 위 지표의 지역을 진앙이라 한다. 진앙은 상당한 범위를 갖는 지역이나 보통 지표상의 한 점으로 대표된다.

epoxide resin adhesive 에폭시 수지 접착제(-樹脂接着劑) 접착 강도가 강하고, 내약품·내열·내수 성능이 뛰어난 접착제. 콘크리트의 균열 보수나 금속의 접착에도 사용된다.

epoxide resin paint 에폭시 수지 도료(-樹脂塗料) 에폭시 수지를 성분으로 한 도료. 상온 건조용과 소부용이 있으며, 내약품성·내후성이 있는 단단한 도막을 만든다. =epoxy enamel

epoxy anchor 에폭시 앵커 앵커 볼트를 고정하는 방법. 콘크리트에 드릴로 구멍을 뚫고, 볼트를 삽입하여 주위를 에폭시 수지로 굳힌다.

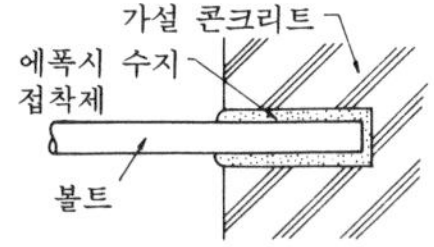

epoxy enamel 에폭시 에나멜 =epoxide resin paint

epoxy mortar 에폭시 모르타르 에폭시 수지를 결합제로 한 모르타르. 콘크리트의 표면 보수 등에 쓰인다.

epoxy resin 에폭시 수지(-樹脂) 에피크로르히드린과 비스페놀류 또는 다가 알코올과의 반응에 의해 얻어지는 쇄상(鎖狀) 축합체 및 아민산 등에 의해 경화한 수지. 도료, 접착제, 방식 라이닝 등에 쓰인다.

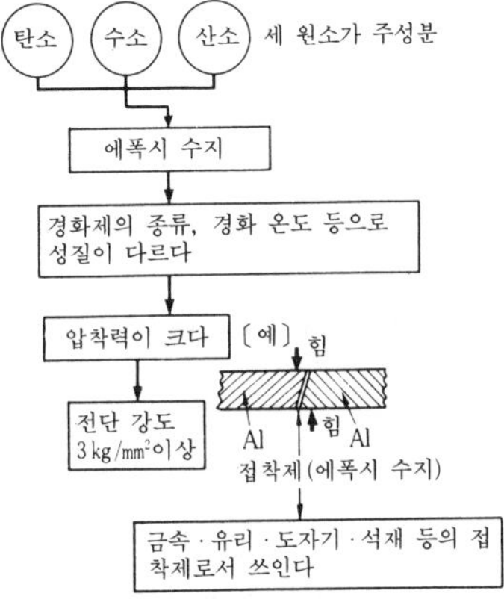

equal angle steel 등변 산형강(等邊山形鋼) 산형강 중에서 양변의 길이가 같은 것. =equal legs angle

equal friction loss method 등마찰법(等摩擦法) 공기 조화·환기용 덕트의 풍속을 한계 풍속에 머물게 하고, 그 때의 덕트 단위 길이당의 마찰 손실을 적용하여 전 덕트계의 덕트 치수를 결정하는 방법.

equal legs angle 등변 산형강(等邊山形鋼) =equal angle steel

equal loudness contours 등음 곡선(等音曲線) 청각으로 들어서 같은 크기로 들리는 음의 음압 레벨과 주파수의 관계를 나타내는 곡선. Fletcher-Munson 양씨가 측정한 것이 대표적이며, 이 밖에 Churcher-King 양씨의 것 등이 있다.

equal sensation curve 등감도 곡선(等感度曲線) 진동에 대하여 건전한 감각을 갖는 사람이 같은 크기로서 느끼는 진동의 크기를 주파수의 함수로서 표현한 곡선.

equal sound pressure contour 등음압선(等音壓線) 음장에 있어서의 음압의 분포를 나타내기 위해 지도의 등고선과 마찬가지로 음압이 같은 점을 이은 선.

equal velocity method 등속법(等速法) 공기 조화나 환기용 덕트의 치수를 결정하는 방법의 하나. 덕트 내 풍속을 주관(主管), 지관(枝管) 모두 일정 풍속이 되도록 설계하는 방법. →equal friction loss method

equation of continuity 연속 방정식(連續方程式) 연속 조건에 입각하여 구성되는 조건식.

equation of equilibrium 평형 방정식(平衡方程式) 힘의 모멘트 등의 일종의 평형 방정식이다. 평형 조건을 나타내는 방정식. 층 방정식, 전력 방정식 등.

equation of motion 운동 방정식(運動方程式) 운동하는 물체에 관한 외력, 관성 저항, 내부 마찰 저항, 탄성력 등의 평형 방정식. 그 해는 운동의 상태를 나타낸다.

equation of state 상태식(狀態式) 균질한 등방성의 물체에 대하여 그 상태량인 절대 온도 T, 압력 p, 비체적 v, 가스 상수 R 사이에 성립하는 일정한 관계식. 이상 기체의 상태식은 보일·샤르의 법칙에 따르는 식 $pv=RT$이다. 건조 공기에서는 $v_a \fallingdotseq (29.27\times10^{-4}\times T)/p_a$[m³/kg]. 단, p는 kg/cm². 수증기에서는 $v_w \fallingdotseq 47.06\times10^{-4}\times T)/p_w$[m³/kg]. 또 온도 $t=0$℃, $p=1$kg/cm²를 습공기의 엔탈피(i)의 기준($i=0$)으로 잡고, x를 습공기의 절대 습도(kg/kg′)로 하면 $i=0.240t+(597.3+0.441t)x$ 등의 식이 얻어진다.

equation of time 균시차(均時差) 지방 진태양시와 평균 태양시와의 차.

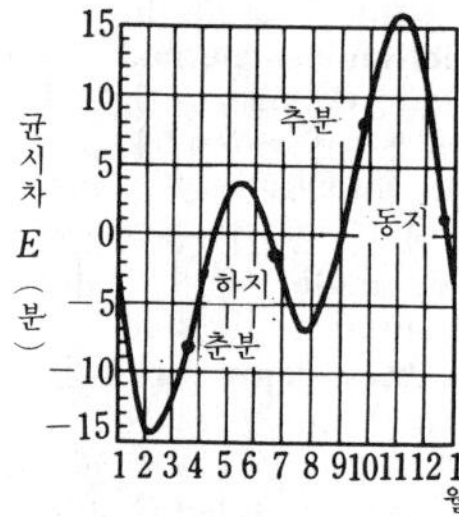

equation of time

equidistant projection 등거리 사영(等距離射影) 구면(球面)상의 도형을 평면으로 사용하는 방식의 하나. 건축에서는 정사영, 등입체각 사영, 등거리 사영, 극사영(極射影)을 널리 쓴다.

equilibrium 평형(平衡) 물체가 외력의 작용하에 정지하는 경우 물체는 역학적으로 평형 상태에 있다고 한다.

equilibrium condition 평형 조건(平衡條件) 평형 상태를 유지하기 위한 역학적 조건.

equilibrium condition of forces 힘의 평형 조건(－平衡條件) 힘을 받고 있는 물체 등이 평형 상태에 있기 위한 조건.

equilibrium moisture content 평형 함수율(平衡含水率) 물질을 일정한 온도와 습도의 공기 중에 오래 두었을 때 물질에 포함되는 수분(함수량)은 일정량으로 되어 평형 상태에 이른다. 이 때의 함수율을 말한다.

equilibrium of forces 힘의 평형(－平衡) 어느 물체에 동시에 많은 힘이 작용하고 있을 때 그 물체가 이동도 회전도 하지 않는 경우의 힘의 상태. 임의의 점에 대한 각 힘의 모멘트의 총합은 제로이다.

〔힘의 평형 조건〕

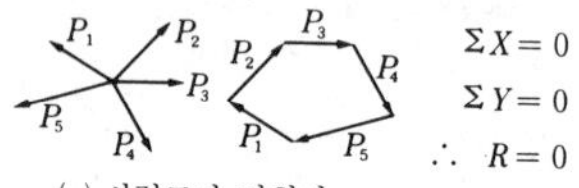

(a) 시력도가 닫힌다

(b) 연력도가 닫힌다 $\Sigma M=0$

equilibrium water content [ratio] 평형 함수율 곡선(平衡含水率曲線) 재료를 일정한 온습도의 습공기 중에 충분히 긴 시간 두고, 재료 수분의 무게가 변화하지 않게 된 상태(평형 상태)일 때의 재료의 함수율과 그 때의 상대 습도와의 관계를 나타낸 곡선.

equipment 부대 설비(附帶設備) 건축물에 부대하여 설치되는 여러 설비. 전기, 가스, 수도, 환기, 난방, 서비스 설비, 수송 설비 등.

equipment capacity 장치 용량(裝置容量) 장치의 용량, 출력 등을 말한다. 일반적으로는 연속 정격 출력을 가리킨다.

equipment core 설비 코어(設備－) 건축 설비의 배관 공간·설비실·엘리베이터 샤프트·기타 서비스 기능을 하나로 묶은 코어.

equipment equation 절점 방정식(節點方程式) 비틀림각법에 의한 라멘의 해법인 경우, 해법 조건 중 절점의 회전에 대한 평형 조건식 $\Sigma M=0$을 절점 방정식이라 한다.

equipment load 설비 하중(設備荷重) 건물 내에 설치되는 기기, 설비류의 자중. 기종이나 설치 위치가 특정되지 않는 비교적 경미한 것은 적재 하중에 속하지만, 건물 고유의 어느 정도 이상의 중량물은 고정 하중으로서 다룬다.

equipment planning 설비 계획(設備計劃) 건축물에서 그 목적을 달성시키는 각종 설비의 개요를 입안하는 것. ＝planning of equipment system

equipment unit 설비 유닛(設備－) 호텔의 욕실·세면실·변소 등을 하나로 한 유닛. 일정한 기능을 만족시키는 공간을 유닛화하여 공장 제작하여 현장에서 조립, 설치하는 대형의 부품이다. ＝sanitary unit

equipment work 설비 공사(設備工事) 건축물의 냉난방, 공기 조화, 급배수, 기타의 위생 관계, 전기 가스 관계, 기타 여러 설비 전반의 공사를 말한다.

equipped space 장비 공간(裝備空間) 건축 설비를 구성하는 여러 장치·배관계 등을 유효하게 배치한 건축 공간의 개념 용어.

equisolidangle projection 등입체각 사영(等立體角射影) 구면(球面)상의 도형을 평면으로 사영하는 방식의 하나. 건축에서는 정사영, 등입체각 사영, 등거리 사영, 극사영을 널리 쓴다.

equity 지분(持分) 공유물에 대해서 각 공유자가 일정한 비율로 갖는 권리 또는 그 비율. ＝interests, quote-part

equivalent cross-sectional area 등가 단면적(等價斷面積) 이종의 재료를 조합시켜서 구성할 때 특성이 다른 각 재(材)의 단면적을 단일재로 이루어지는 것으로서 환산한 단면적.

equivalent damping factor 등가 감쇠 상수(等價減衰常數) =equivalent viscous damping factor

equivalent diameter 등가 지름(等價－), 상당 지름(相當－) 장방형 덕트를 이것과 같은 유량으로 같은 마찰 손실을 갖는 원형 덕트로 대치했을 때의 지름.

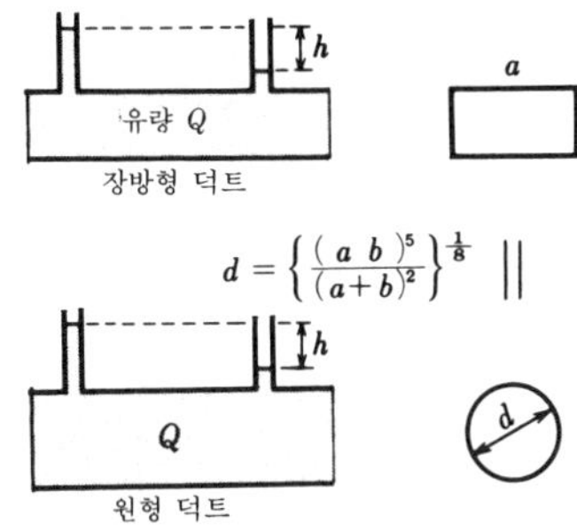

h : 손실 수두

equivalent direct radiation 상당 방열 면적(相當放熱面積) 방열기의 전방열량 Q와 어느 표준 상태에서의 표준 방열량 q_0와의 비. 기호는 EDR. →standard radiant vale

$$\mathrm{EDR}=\frac{Q}{q_0}\,(\mathrm{m}^2)$$

equivalent evaporation 상당 증발량(相當蒸發量), 환산 증발량(換算蒸發量) 보일러의 능력을 나타내는 것의 하나로, 실제 증발량을 기준 상태의 증발량으로 환산한 것.

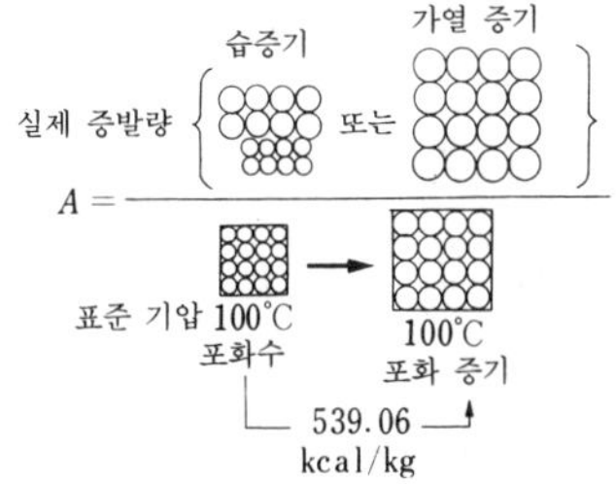

$$A=\frac{X\,\mathrm{kg/h}\times(h_s-h_w)\,\mathrm{kcal/kg}}{539.06\,\mathrm{kcal/kg}}$$

A : 환산 증발량 X : 실제 증발량
h_s : 증기의 열량 h_w : 물의 열량

equivalent grain size 등가 입경(等價粒徑) 비중계 분석으로 얻어지는 흙입자의 침강 속도에 대응하는 구경(球徑)을 스토크스의 법칙에 의해 구한 값.

equivalent length 상당 길이(相當－) 덕트나 배관에서 보통 부분 이외의 장소에 생기는 국부 저항을 그것과 같은 저항을 발생하는 보통 부분의 직선 덕트 혹은 직관의 저항으로 대치했을 때의 길이를 말한다. 원형 덕트인 경우에는 그 직경을 d〔m〕, 국부 저항 계수를 ξ, 직관부의 저항 계수(마찰 계수)를 λ라 하면 상당 길이 l_e〔m〕는 $l_e=(\xi/\lambda)\cdot d$로 주어진다.

equivalent length of pipe 등가 관 길이(等價管－), 상당 관 길이(相當管－) 덕트, 관 등에 대해서 밸브나 굴곡부의 마찰 저항이나 국부 저항을 그 저항과 같은 덕트, 관 등의 직관(直管)으로 대치했을 때의 길이.

equivalent linear response 등가 선형 응답(等價線形應答) 구조물의 탄소성(彈塑性) 복원력 특성을 등가의 강성(剛性)과 감쇠로 치환하여 얻어지는 가상의 선형 진동계의 응답.

equivalent loss of area 등가 결손 면적(等價缺損面積) 단면 결손을 갖는 부재에 대하여 응력적인 효과를 생각해서 구조 설계용으로 설정한 등가의 결손 단면적.

equivalent nodal load 등가 절점 하중(等價節點荷重) 부재에 작용하는 중간 하중, 부재의 자중, 온도 등의 자기 변형에 의한 작용을 절점에 가해지는 하중으로 등가하게 치환한 하중을 말한다.

equivalent outdoor air temperature 상당 외기 온도(相當外氣溫度) 외기 온도에 (외벽면 전일사량×일사 흡수율/외벽 표면 열전달률)을 더한 값. 기온에 일사에 의한 열이동을 더한 가상의 온도. 실효 외기 온도라고도 한다. =sol-air temperature

equivalent outdoor temperature 일사 등가 기온(日射等價氣溫) =sol-air temperature

equivalent outdoor temperature defference 등가 외기온(等價外氣溫), 상당 외기 온도차(相當外氣溫度差) 어느 시각에 있어서의 상당 외기온 t_e와 옥외 기온 t_0와의 차. 단, 상당 외기 온도차를 상당 외기온의 의미로 사용하는 경우가 있다. =sol-air temperature difference

equivalent reflectance 등가 반사율(等價反射率) 작업면과 같이 실제하지 않는 가

상면을 생각한 경우, 그 가상면으로의 입사 광속에 대한 그 면을 통과하여 되돌아오는 광속의 비를 말한다.

equivalent rigidity ratio 등가 강비(等價剛比), 유효 강비(有效剛比) 라멘의 응력을 구할 때 계산을 간단하게 하기 위해 재료 끝 지지 상태, 변형의 대칭성, 외력의 작용 상태 등에 따라 수정한 강비. →relative stiffness ratio

equivalent sectional area 등가 단면적(等價斷面積) 철근의 단면적을 탄성 계수비배하고, 철근 콘크리트 단면적으로 환산한 값.

equivalent stiffness 등가 강성(等價剛性) 구조물의 탄소성(彈塑性) 복원력을 등가한 선형의 복원력과 감쇠력으로 치환했을 때의 등가 선형의 강성.

equivalent temperature 등가 온도(等價溫度) 기온·습도·기류·주벽 방사를 조합시킨 체감의 척도. 위의 조합에 의한 체감을 무풍시의 실내에서 습도 100%, 주벽(周壁)의 평균 방사 온도가 실온과 같은 경우의 체감으로 되었을 때 그 실온으로 나타낸다.

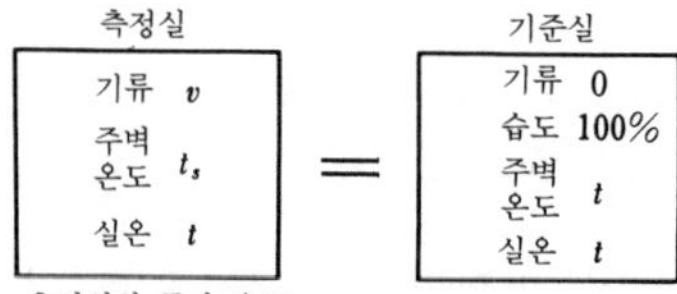

측정실의 등가 온도 = t

equivalent temperature difference 등가 온도차(等價溫度差) 열부하 계산에서 벽이나 천장 등 열용량이 큰 부재를 통한 일사를 수반하는 열전도를 등가한 정상 열전도로 치환하기 위해 쓰이는 가상의 온도차.

equivalent temperature difference method 등가 온도차법(等價溫度差法) 상당 온도차를 쓰는 열부하 계산법.

equivalent transfer 등가 교환 방식(等價交換方式)[1], 등가 교환(等價交換)[2] (1) 등가 교환에 의한 개발 또는 건물의 건설 방식을 말한다.
(2) 토지 소유권 등의 부동산을 다른 토지나 새로 건설한 건물의 일부 등 같은 가치가 있는 것과 교환하는 것.

equivalent uniform distributed load 등가 등분포 하중(等價等分布荷重) 임의 분포 하중 혹은 집중 하중의 하중 효과와 등가한 하중 효과를 발생하는 등분포 하중.

equivalent viscous damping 등가 점성 감쇠(等價粘性減衰) 여러 가지 감쇠 작용을 진동 속도에 비례하는 점성 감쇠라고 생각한 경우의 감쇠이다.

equivalent wet bulb temperature 등가 습구 온도(等價濕球溫度) 절대 습도가 같고, 기온이 글로브(globe) 온도계의 지시값까지 상승했다고 가정했을 때의 습구 온도. 공기 선도(空氣線圖)에서 구할 수 있다. →globe thermometer

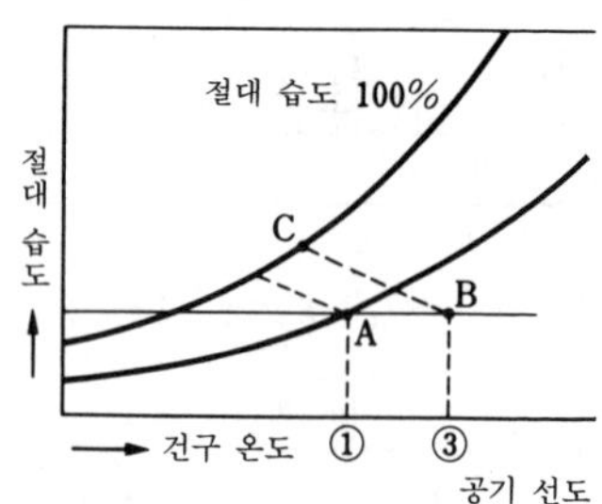

① 건구 온도를 취한다.
② 상대 습도와의 만난점 A를 취한다.
③ 절대 습도가 같고 글로브 온도③의 B점을 구한다.
④ 습구 온도 눈금에 의해 C점의 값을 읽는다.

erasing shield 지우개판(-板) 도면의 수정에 사용하는 제도 기구. 각종 형상의 구멍이 뚫려 있는 금속제 등의 박판으로, 그림에 대고 구멍 인쪽 부분만을 지우는 데 사용한다.

Erbbaurecht 지상권(地上權) =right of land use, leasehold

erection 조립(組立), 현장 조립(現場組立) 현장에서 구성재를 조립하는 작업. 목조의 조립은 토대·기둥·보·지붕틀을 조립하고, 상량까지의 작업을 말한다. =erection of framing

erection bar 조립 철근(組立鐵筋) 철근의 위치를 확보하기 위해 넣는 보조의 철근을 말한다.

erection bolt 가설 볼트(假設-), 가조이기 볼트(假-) 임시로 죄기 위해 사용하는 볼트로, 볼트의 수는 현장 리벳수의 20% 이상으로 한다. =fitting-up bolt

erection of framing 현장 조립(現場組立) 다듬어진 기둥이나 보 등의 축부(軸部)를 소정의 위치에 조립해 가는 작업. 작업에 있어서는 판그림의 번호순으로 한다. =erection

erection piece 이렉션 피스 용접 이음의 철골주를 현장에서 조립할 때 볼트로 임시로 멈추기 위한 플레이트. 용접 후는 제

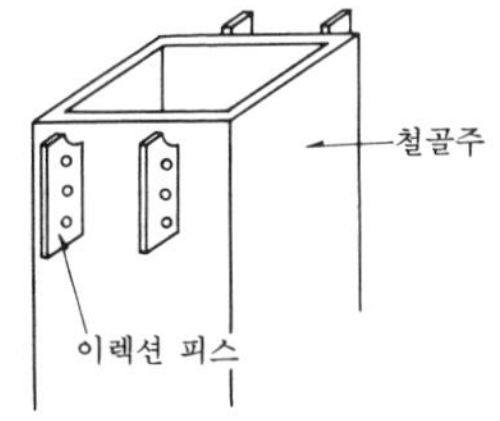

거한다.

erection reference line 조립 기준선(組立基準線) 설계도에서 건물 구성재의 기준이 되는 선. 가장 기준이 되는 선을 주기준선, 여기서부터 재기 시작한 다른 선을 보조 기준선이라 하고 번호를 붙여서 구별한다.

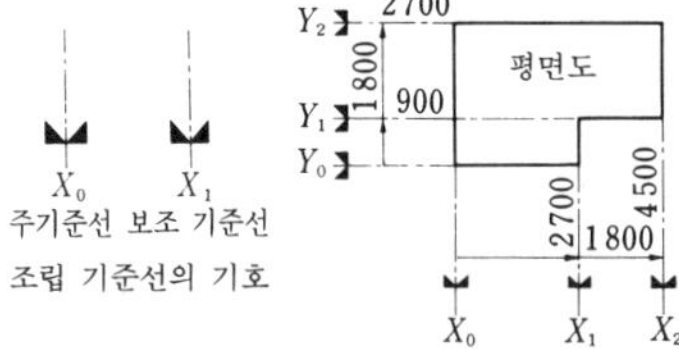

주기준선 · 보조 기준선의 사용

erector 이렉터 철골을 현장에서 조립하는 작업자.

ergonomics 에르고노믹스 인체에 대해서 생리, 해부, 심리 등의 기초 과학을 종합적으로 응용하여 인간 동작의 능률에 관해서 무리없는 방법을 찾아내는 것을 목적으로 하는 과학으로, 기계, 가구, 탈것 등의 형상, 치수, 배치 등에 대해서 연구되고 있다. =human engineering

erosion 궤식(潰蝕), 침식(浸蝕) 관 속을 흐르는 액체의 속도에 의해 관벽의 보호피막이 국부적으로 파괴되어 관벽이 깎여서 구멍이 뚫리는 부식 현상.

erosion of slope 사면 침식(斜面浸蝕) 사면이 빗물, 유수, 바람, 파도, 눈, 빙하 등의 작용으로 침식되는 것.

erratic deposit 불규칙 토층(不規則土層) 수평이나 연직 방향으로 입도 조성(粒度組成) 등이 현저하게 변화하는 토층. 붕적토(崩積土), 빙적토(氷積土) 등에 볼 수 있다.

erratic structure of soil 부정 구조(不整構造) 토층의 경계가 불규칙한 퇴적 상태를 말한다.

error 오차(誤差) 측정값과 참값과의 차.

오차=(측정값)−(참값)

오차의 종류는 다음과 같다.

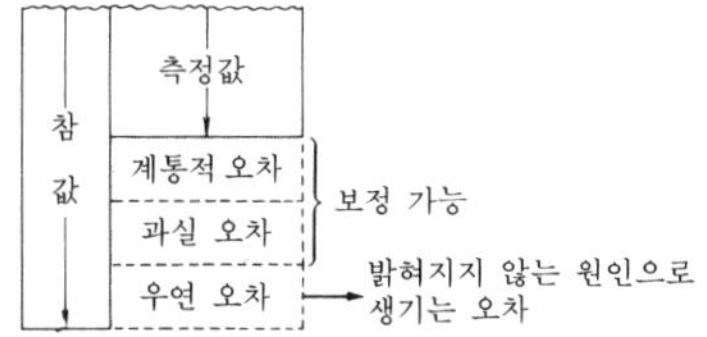

error due to in-correct level up 정준 오차(整準誤差) 기계가 수평이 아니기 때문에 생기는 오차. 특히 고저차가 클 때는 오차도 커진다. 그림은 평판의 경우를 나타낸 것이다.

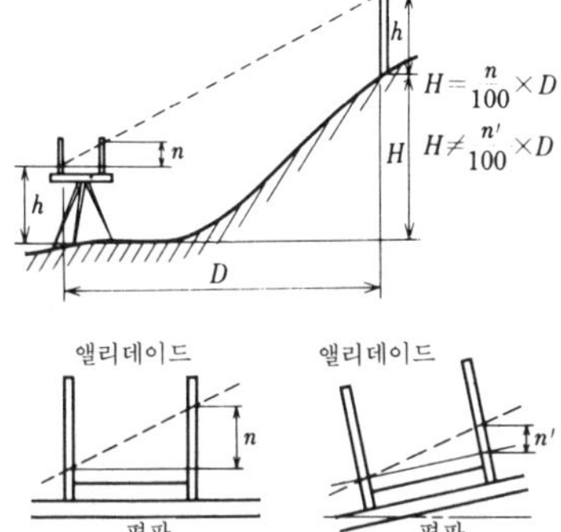

error insighting 시준 오차(視準誤差) 정확하게 시준하지 않음으로써 생기는 오차를 말한다.

error of closure 폐합 오차(閉合誤差) 폐합 트래버스 측량에서 트래버스가 닫히지 않을 때의 오차. 트랜싯 측량에 의한 폐합 오차 E는

$$E=\sqrt{(\sum L)^2+(\sum D)^2}$$

ΣL : 위거의 총합, ΣD : 경거의 총합

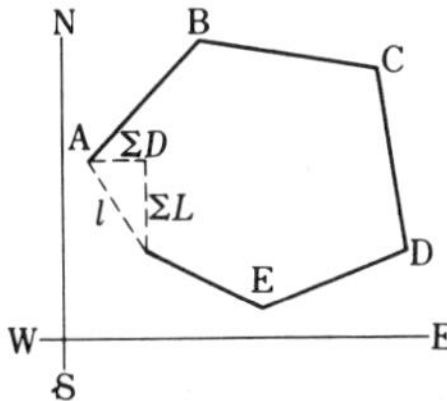

error of orientation 표정 오차(標定誤差) 평판의 설치에 있어서 정확하게 표정하지 않기 때문에 생기는 오차. →orientation

escalator 에스컬레이터 전력에 의해 운전

되는 자동 계단으로, 백화점 등에서 많은 사람의 승강에 사용한다.

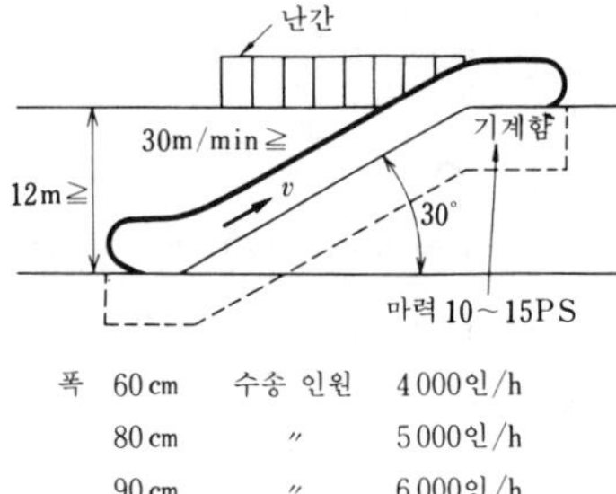

폭		수송 인원	
	60 cm		4 000인/h
	80 cm	〃	5 000인/h
	90 cm	〃	6 000인/h
	120 cm	〃	8 000인/h

escape 피난(避難) 화재 등 각종 재해로부터 생명 등을 지키기 위해 사람이 안전한 장소로 이동하는 것. =evacuation, refuge

escape equipment 피난 설비(避難設備) 화재시에 건물 내에서 피난하기 위해 쓰이는 설비. 피난 기구 외에 유도등, 유도 표지를 포함한다.

escape ladder 피난 사닥다리(避難－) 건물 내로부터의 피난을 위해 설치하는 사닥다리를 말한다. 외벽 등에 상설되는 것과 줄사닥다리와 같이 일시적으로 내리는 것이 있다.

espagnolette bolt 양꽂이쇠(兩－) 양여닫이문의 문단속 철물의 일종으로, 상하가 동시에 잠겨지도록 되어 있는 것.

esplanade 에스플러네이드 본래는 성채와 시가지간의 평탄한 빈터를 뜻하이지만, 일반적으로는 산책길이 되는 평탄한 장소를 말한다.

esquisse 에스키스 설계 과정에서 도면, 모형, 스케치 등에 의해 구상을 짜고, 설계 내용을 추찰하는 것. 또는 그 성과의 총칭.

estate agent 부동산 업자(不動産業者) 부동산 및 부대하는 권리(지상권 등)의 매매를 직업으로 하는 자.

estate management 단지 경영(團地經營) 단지의 계획, 건설, 유지 관리 등의 경영 행위의 총칭.

estate planning 단지 계획(團地計劃) 일단의 토지 위에 주택, 상업 시설, 공장 등 일정한 용도의 건물과 부속 시설을 건설하기 위한 종합적인 계획.

esthetic area 미관 지구(美觀地區) 도시 계획 구역 내에 두어지는 지구.

estimate 견적(見積) →estimation

estimated amount 계획 수량(計劃數量) 건축 공사의 수량 적산에서 설계도에 직접 표시되어 있지 않기 때문에 적산자가 치수 등을 상정하여 매기는 수량. 토목 공사의 터파기나 가설 관계의 수량 등이 이에 해당한다. =estimated quantity

estimated amounts 견적 가격(見積價格) 입찰시 혹은 견적 의뢰시에 업자 등이 작성하는 수주 희망 가격. =estimated value

estimated cost of reconstruction 재건축비(再建築費), 추정 재건축비(推定再建築費) 건축물의 감정 평가에 쓰이는 개념. 동일한 건물을 신축하는 것으로 하여 산축한 추정 공사비.

estimated price 추정 계산 가격(推定計算價格), 계산 가격(計算價格)[1], 적산 가격(積算價格), 적산 가액(積算價額)[2] (1) 건축 공사비의 적산, 부동산의 감정 등에서 일정한 방식에 의해 산출된 가격. 최종적인 공사비나 부동산 가격을 결정할 때 참고로 한다.

(2) 공사의 발주자 또는 수주자가 설계 도서를 대상으로 수량 산출을 하여 단가를 곱해서 얻어진 순공사비에 현장 경비와 일반 관리비 등 부담액의 제경비를 더해서 산출한 공사 가격의 예측 금액.

estimated quantity 계획 수량(計劃數量) =estimated amound

estimated value 견적 가격(見積價格) = estimated amounts

estimation 적산(積算) 설계도에 따라서 공사에 요하는 모든 비용을 추정 산출하는 것.

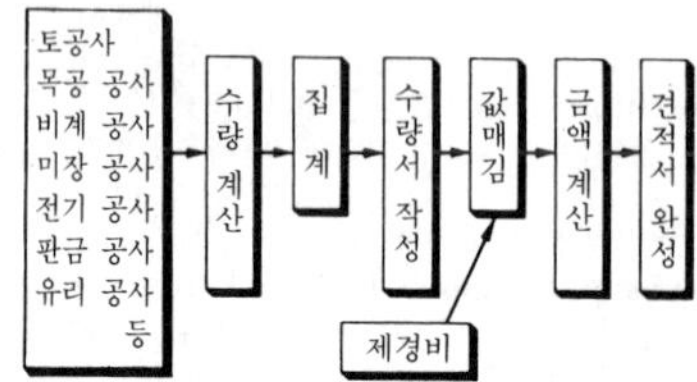

estimation by depreciation of initial price 시가 체감법(始價遞減法) 중고 건축물의 가치를 평가할 때, 그 신축시의 가격을 시가(始價)로 하여 경년적인 감가를 가미해서 산출하는 방법.

estimation by unit cost 유닛법(－法) 건축 공사의 개산(概算)에 있어서 건축물 특유의 단위(유닛)에 착안하여 수량, 금액을 예측하는 것. 단위로서는 병원 건축에서의 병상수나 극장, 학교 건축에서의 정원이나 학생수 등이 대표적이다.

estimation expenses 적산 비용(積算費用) 적산 업무에 필요한 비용.

estimation method 적산법(積算法) 건축 공사비의 적산을 하는 방법. 여러 가지 개산법(槪算法) 외에 하청 시공 단가에 입각하는 적산법, 재료 노무 단가에 입각하는 적산법 등 각종 수법이 있다. →method of measurement

estimation of construction investment 건설 투자액 추계(建設投資額推計) 건설 착공 통계, 공공 공사 착공 통계, 정부 예산 등을 종합적으로 가공하여 추계되는 건설 투자액.

estimation of residential environment 주환경 평가(住環境評價) 거주지의 주환경을 각종 지표에 입각하여 평가하는 것. 안전성, 보건성, 편의성, 쾌적성의 4항을 기본으로 하는 예가 많다.

estimation sheet 견적서(見積書) 공사에 요하는 비용을 계수적으로 산출하여 이들의 내용을 구체적으로 나타낸 문서.

estimation standard 적산 기준(積算基準) 적산을 표준적으로 하기 위한 기준.

Etanit pipe 에터닛관(一管) 석면과 시멘트를 혼합한 것을 강철제의 원통 심형에 감고, 관 모양으로 성형한 것. 내압에는 강하지만 외압에는 약하다. 수도, 배수, 케이블관으로 사용한다.

etching 에칭 특정한 약품에 의한 부식으로 강판이나 스테인리스판, 알루미늄판, 유리 등에 모양을 양각으로 하는 표면 처리 방법.

etching primer 에칭 프라이머 도장(塗裝)에 있어서 금속면의 바탕 처리와 녹 방지를 동시에 하는 도료.

eternit pipe 에터닛관(一管) 수도용 석면 시멘트관.

ethylene 에틸렌 무색 · 가연성(可燃性)의 탄화 수소 기체로, 석유 화학 공업의 기초 원료이다.

ethylene-propylene methylene 에틸렌프로필렌 고무 =ethylene-propylene rubber

ethylene-propylene rubber 에틸렌프로필렌 고무 에틸렌과 프로필렌의 공중합에 의한 합성 고무로, 2중 결합을 갖지 않고 내구성 · 내열성이 풍부하다.

ettringite 에트링가이트 시멘트가 수화(水和)할 때 시멘트 중의 알루미네이트와 석고와의 반응으로 생기는 침상(針狀) 결정의 광물.

Euler load 오일러 하중(一荷重) 중심 압축재의 탄성 좌굴 하중.

Euler's load 오일러 하중(一荷重) =Euler load

Euler's equation 오일러식(一式) 오일러 하중을 주는 식.

$$N_k = \frac{\pi^2 EI}{l_k^{\,2}}$$

N_k : 오일러 하중, l_k : 좌굴 길이, EI : 휨강성. 1759년에 오일러(L. Euler)가 유도했다.

Euler's formula 오일러의 공식(一公式) 중심 압축 하중을 받는 장주(長柱)의 탄성 좌굴 하중을 이론적으로 구하는 공식. 장주의 영 계수를 E, 단면 2차 모멘트를 I, 좌굴 길이를 l_k라 하면, 탄성 좌굴 하중 P_k는 다음과 같이 된다. →Young's modulus, geometrical moment

$$P_k = \frac{\pi^2 EI}{l_k^{\,2}}$$

European glare limiting system 유럽 휘도 제한법(一輝度制限法) 글레어를 방지하기 위해 시야 내에 보이는 조명 기구의 시선 방향 휘도를 작업면의 조도 레벨과 기구를 보는 올려본각과의 관련에서 규제하는 방법.

evacuated tubular solar collector 진공 유리관형 집열기(眞空一管形集熱器) 태양 집열기의 일사 흡수 부분을 진공 유리관 내에 밀봉한 집열기. 대류 열손실이 없기 때문에 고온으로 집열해도 집열 효과의 저하가 적다.

evacuation 피난(避難) =escape

evacuation cost 철거비(撤去費) 공사 현장에서 가설 자재 등의 철거에 요하는 비용. =removal cost

evacuation estimation 피난 계산(避難計算) 피난 계획에서 예상되는 피난 시간을 계산 · 평가하여 계획의 타당성을 검토하는 것.

evacuation facilities 피난 시설(避難施設) 도시 재해에 대한 피난시에 필요로 하는 시설. 피난로, 구호 시설, 소방서 등을 말한다. =refuge facilities

evacuation passage 피난 통로(避難通路) 피난을 위해 부지 내에 설치하는 통로. 건물의 옥외 출구나 피난 계단의 출구에서 도로 또는 공원 기타의 빈터로 통하는 것. →evacuation route

evacuation planning 피난 계획(避難計劃) 건축 계획 또는 도시 계획에서 사람들이 안전하게 피난할 수 있도록 계획하는 것.

evacuation route 피난로(避難路) 대지진이나 화재시에 피난자가 안전하게 피난지에 도달할 수 있게 하기 위한 경로. 건축 내의 경로와 부지 내, 시가지 내 등 각종 레벨이 있다.

evacuation system 피난 시스템(避難－) 안전하고 효과적으로 피난을 하기 위하여 피난 시설의 배치나 정보 수집·전달, 피난 방식·피난 유도 등을 체계화한 것을 말한다.

evacuation time 피난 시간(避難時間) 재해시에 안전한 장소까지 피난하는 데 요하는 시간. 피난 계획에서 위험한 상태로 되기까지의 시간과 비교하여 안전성을 검토한다.

evaluation-based replotting calculation method 평가식 환지 계산법(評價式換地計算法) 토지 구획 정리 사업의 환지 설계시에 정리 후의 택지 평가액 총계를 정리 전 평가액에 비례시켜서 분배하고, 그에 상응하는 환지 면적을 계산하는 법.

evaluation of noise 소음의 평가(騷音－評價) 소음의 크기, 시끄러움, 방해의 정도 등 소음의 영향을 나타내는 항목에 대한 평가. 평가의 기본 척도로서 소음 레벨이 쓰이고 있다.

evaluation scale of vibration 진동 평가 척도(振動評價尺度) 진동, 충격의 크기를 판단하기 위한 지표.

evaluation system 평가 방식(評價方式) ＝appraisal 〔evaluation〕 system

evaporation 증발(蒸發) 액체나 고체의 표면에서 이루어지는 기화 현상. 고체에서 직접 기화하는 것을 특히 승화라 한다. ＝vaporization

evaporative condenser 증발식 응축기(蒸發式凝縮器) 응축기 냉각관을 분무수로 적시고, 거기에 송풍하여 주로 물의 증발열에 의해서 관 속의 냉매 증기를 응축시키는 장치. 소형 냉동기에 쓰인다.

evaporative cooling 증발 냉각(蒸發冷却) 물이 액체에서 기체로 상변화할 때 주위의 공기나 부재가 물의 증발열에 의해 냉각되는 현상.

evaporative latent heat 증발 잠열(蒸發潛熱) ＝heat of evaporation

evaporative temperature 증발 온도(蒸發溫度) 일반적으로 냉매가 액체에서 기체로 상변화하는 온도. 압력에 의해서 변화한다. 증발 온도에 대응하는 압력을 포화 압력이라 한다.

evaporator 증발기(蒸發器) 냉동기 열교환기의 하나. 응축기로 응축한 냉매를 증발기 내부에서 증발시키고, 그 잠열에 의해 냉각한다. 외부의 이용측에서 보면 냉각기이다.

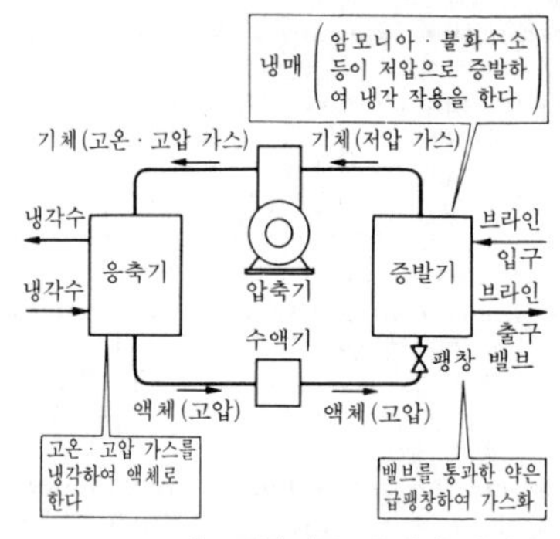

evergreen oak 떡갈나무 목질이 단단하여 가구를 만드는 데 사용한다.

evergreen spindle tree 사철나무 노박덩굴과에 속하는 상록 관목. 울타리에 많이 심는다.

excavating work 굴착 공사(堀鑿工事), 흙파기 공사(－工事) 손으로 파거나 혹은 굴착기 등에 의해 지반을 파는 공사. 일반적으로는 굴착·적재·배토 운반의 작업을 포함한다. 굴착 기계에 의한 경우는 전진 굴착·후퇴 굴착·수직 굴착이 있다.

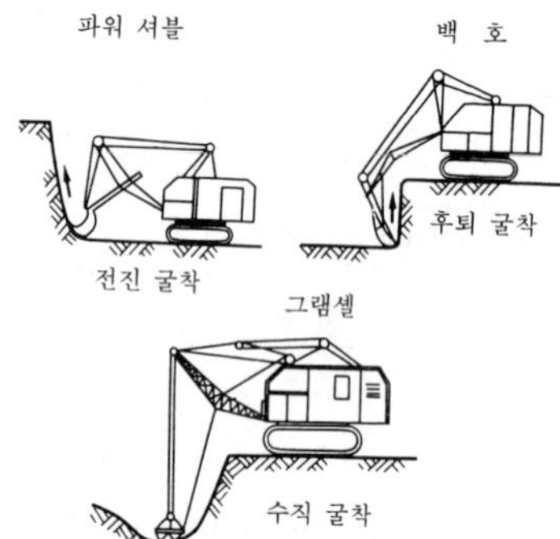

excavation 굴착(掘鑿), 터파기, 흙깎기 건물의 기초나 지하실을 만들기 위해 소정의 모양으로 지반을 파내는 것.

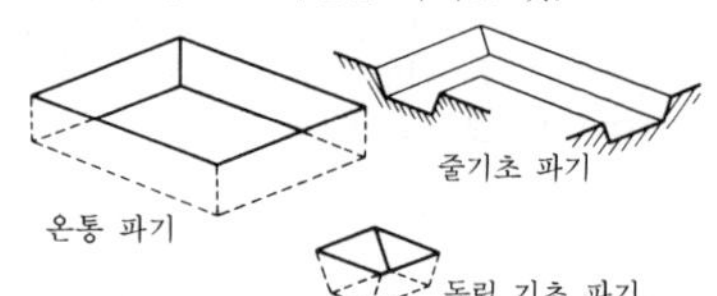

excavation without shorting 온통파기 주변 지반의 붕괴를 방지하기 위한 흙막

이를 하지 않고 흙을 굴착하는 것.

excavation without timbering 온통파기 흙막기를 하지 않고 하는 터파기.

excavator 굴착기(掘鑿機) 토지를 굴착하는 기계로, 파워 셔블, 드러그 셔블, 드러그 라인, 그램셸, 트렌처 등이 있다.

excelsior making machine 목모 제작기(木毛製作機) 목모(wood wool)를 만드는 커터.

excess air coefficient 공기 과잉 계수(空氣過剩係數), 공기비(空氣比) 연료의 완전 연소에 필요한 이론 공기량에 대한 실제의 연소에 사용한 공기량의 비율.

excess attenuation 초과 감쇠(超過減衰) 음이 전파할 때의 기하학적 확산 이외의 원인에 의한 감쇠. 지표면에 의한 흡수, 공기의 음향 흡수, 장애물에 의한 회절, 대기의 불균일성에 의한 굴절 등을 주요 원인으로서 들 수 있다.

excess condemnation 초과 수용(超過收用) 공공의 이익이 되는 사업을 할 때 보다 큰 사업 효과나 종합성을 얻기 위해 당해 사업 구역에 인접하는 필요한 토지를 아울러 토지 수용하는 것.

exess fuel combustion 과잉 연료 연소(過剩燃料燃燒) 연소 장치에서 필요량 이상의 연료를 공급하고 있는 상태에서의 연소. 연소실의 과열이나 폭발 등의 위험이 있다.

excess pore (water) pressure 과잉 간극 수압(過剩間隙水壓) 하중의 작용에 의해 흙이 변형을 받을 때 생기는 간극 수압의 상승분. 지하 수위보다 깊은 곳에서는 정수압과의 차와 같다.

excitation 가진(加振) 어느 계(系)에 진동을 발생시키는 것. 또는 어느 계에 진동을 발생시키기 위해 진동 또는 외력을 가하는 것.

excitation force 가진력(加振力), 기진력(起振力) 진동계에 가해지는 진동 외력. 힘의 크기, 가진 주기, 위상으로 규정된다. 기진기(起振機)나 액추에이터에 의해 발생된다.

exclusive 전용(專用) 특정한 개인 또는 집단이 배타적으로 이용하는 것. 또는 특정한 용도에 사용하는 것.

exclusive district for industrial use 공업 전용 지역(工業專用地域) 용도 지역의 하나. 특히 공업의 전용 발전을 위한 지역이며, 공업 단지, 매립지 등 계획적으로 개발된 지역을 중심으로 지정되어 있다.

exclusively possessed area 전유 부분(專有部分) 구분 소유된 건물에서 독립한 주거, 점포, 사무소 등으로서 개별적으로 소유하는, 구분 소유권의 대상이 되는 부분. =individual ownership space

exclusively residential dwelling 전용 주택(專用住宅) 거주를 위해 사용하는 부분만으로 이루어지는 주택. 점포, 사무소 등 업무용으로 사용되는 비거주 부분은 갖지 않는다. =purely residential structure

exclusive office 전용 사무소(專用事務所) 건물 전체를 한 기업이 자기 자신이 사용하는 사무소 건축을 말한다. 자사 건물이라고도 한다.

exclusive pedestrian road 보행자 전용 도로(步行者專用道路) 보행자의 통행만을 목적으로 하고, 자동차 교통을 완전히 배제한 도로의 총칭.

exclusive residential district 주거 전용 지구(住居專用地區) 주거 지역 내에서 특히 주거지로서의 조용함과 쾌적함을 보호할 목적으로 설정되는 전용 지구. =restricted residential district

executed quantity 시공 수량(施工數量) =execution quantity

execution 시공(施工) =excution of works

execution bar 조립용 철근(組立用鐵筋) 배근(配筋)의 위치를 정확하게 하기 위해 보조적으로 사용하는 철근의 총칭.

execution drawing 실시 설계도(實施設計圖) 공사에 있어서 계획안에 따라 실시 단계의 실제 설계를 그린 제도.

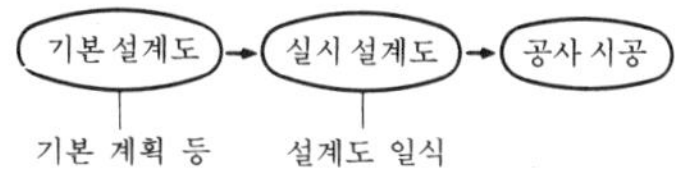

execution method 시공법(施工法) 공사를 실시하는 기술이나 방법의 총칭.

execution of works 시공(施工) 공사를 실시하는 것.

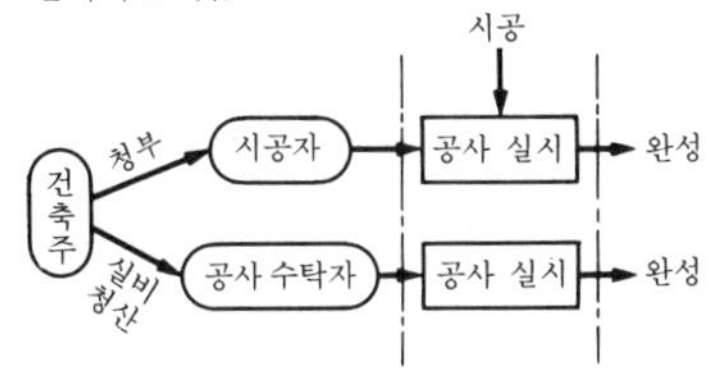

execution quantity 시공 수량(施工數量) 실제의 시공시에 필요로 하는 자재, 노무 등의 수량. 입찰시의 적산이 네트의 설계 수량인 데 대해 재료의 정척(定尺)이나 손실을 고려한 소요 수량을 말한다.

execution scheme drawing 시공 계획도(施工計劃圖) 시공 계획을 도면에 나타낸 것. 가설 건물 · 터파기 · 흙막이 · 말뚝박기 · 철골 조립 · 콘크리트 치기, 비계 등의 계획도가 그 주요한 것이다.

터파기 · 흙막이 시공계획도 예 평면도(일부)

exhaust air 배기(排氣) = air exhaustion

exhaust fan 배기기(排氣機) 실내에서 공기를 빨아내는 팬 및 건물에서 공기를 옥외로 배출하는 팬의 총칭.

exhaust opening 배기구(排氣口) 열기나 가스 등의 오염 공기를 배출하기 위해 설치한 개구부.

exhaust port 배기구(排氣口) = air exit, air outlet

exhibition 박람회(博覽會) 산업이나 학예 등 문화의 실태를 전시나 실연 등에 의해 일반 사회 사람들에게 알리기 위한 전시회. 상품의 선전을 목적으로 하는 견본시와 혼동되는 일이 있다. = exposition

exhibition hall 전시장(展示場) 학술 자료, 상품 등을 진열 공개하여 전시하는 장소. 예술 작품 등의 경우와 같이 관상하는 장소라는 성격은 적다. 옥외에 설치하는 경우도 있고, 또 실내인 경우는 전시실이라고도 한다. = display room

exhibition place 전시장(展示場) = exhibition hall

exhibition room 전시실(展示室) →exhibition hall = showroom

existing building construction map 건물 구조별 현황도(建物構造別現況圖) 현존의 전 건물에 대해서 그 구조별 분류를 색별로 나타내는 지도.

existing building stories map 건물 층수별 현황도(建物層數別現況圖) 도시 계획이나 도시 계획 사업 등을 입안할 때의 도시 계획 기초 조사 항목의 하나. 지도상에 건물을 1동마다 현황의 층수를 색별 등을 하여 나타낸 그림.

existing building use 건물 이용 현황(建物利用現況) 이용 용도, 이용 형태로 분류한 현존의 전 건물의 현황. →existing land use

existing building use map 건물 용도별 현황도(建物用途別現況圖) 도시 계획이나 도시 계획 사업 등을 입안할 때의 도시 계획 기초 조사 항목의 하나. 지도상에 건물을 1동마다 현황의 용도로 색별 등을 하여 나타낸 그림.

existing land use 토지 이용 현황(土地利用現況) 토지 구획마다의 도시적 이용이나 농림업적 이용에 쓰이고 있는 상황을 수량적으로, 혹은 지도상에 명백히 한 것. →existing building use

existing population 현재 인구(現在人口) = de facto population

existing stress 존재 응력(存在應力) 구조 부재 또는 접합부에 현실로 생기는 응력. 허용 응력이나 내력에 대해서 말한다.

exit 출구(出口) 건물 혹은 방 등의 안에서 밖으로 나가기 위한 장소, 혹은 나가기 위한 문.

expand cement 무수축 시멘트(無收縮－) 팽창 시멘트를 말하는 경우가 많다. 경화 · 건조에 따르는 수축 등을 방지하는 시멘트로, 석회 · 보크사이트 · 석고를 원료로 하여 소성 분쇄한 것을 포틀랜드 시멘트에 15% 정도 혼합한다. 다른 제법도 있다.

expanded metal 강망(鋼網) 금속판에 눈금을 넣어 가로로 늘린 망으로, 이것은 콘크리트 또는 모르타르벽 가운데에 넣어서 벽의 보강재로 사용한다. 그물코에는 다이아몬드형과 직4각형이 있다.

expanded polystyrene 발포 폴리스티렌(發泡－) 폴리스티렌의 발포체를 말한다. 단열재, 흡음재, 쿠션재 등으로 이용된다. = polystyrene foam

expanded shale 팽창 혈암(膨脹頁岩) 양질의 혈암을 굵은 골재, 잔골재용으로 파쇄하여 소성한(비조립형 : 非造粒形) 인공 경량 골재.

expanded vermiculite 팽창 질석(膨脹蛭石) 질석을 입경(粒徑) 3mm 정도로 파쇄, 소성해서 팽창시킨 단열용 인공 경량 골재. 비중 0.12~0.2.

expanding color 팽창색(膨脹色) 실제의 도형보다도 면적이 크게 보이는 색. 수축색의 대비어. 밝은 색은 어두운 색보다도,

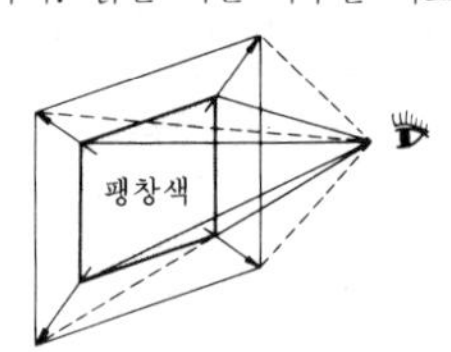

난색(煖色)은 한색(寒色)보다도 넓게 느껴진다.

expansion 팽창(膨脹) ① 물체의 체적이 증대하는 것. ② 규모가 커지는 것. 수량이 크게 늘어나는 것.

expansion bend loop 벤드형 신축 이음(－形伸縮－) ＝bend type expansion joint

expansion bolt 팽창 볼트(膨脹－) 콘크리트용 볼트 등에 사용하는 타입(打入) 볼트로, 끝이 쪼개져서 벌어지게 되어 있는 볼트.

expansion-chamber muffler 공동형 소음기(空洞形消音器)[1], 팽창 공동형 소음기(膨脹空洞形消音器)[2] (1) 관 속을 전하는 소음을 저감하기 위하여 관 도중에서 어느 길이에 걸쳐 그 단면적을 여러 배로 확대한 형식의 소음기. ＝reactive muffler
(2) 덕트 등 관로의 단면을 갑자지 확대 또는 축소시킴으로써 관로 내를 전파하는 음파에 간섭시켜 감음 효과를 얻는 장치.

expansion coefficient 팽창률(膨脹率), 팽창 계수(膨脹係數) 물체가 열팽창을 일으킬 때 원래의 길이 또는 체적에 대한 변화의 비율을 말한다. 선팽창률과 체적 팽창률이 있다.

expansion compensating device 팽창 이음(膨脹－) 신축 이음, 휨 이음 등 배관의 신축을 흡수할 수 있는 관 이음의 총칭. ＝expansion joint

expansion crack 팽창 균열(膨脹龜裂) 응고 수축 후의 냉각 도중이나 단조 가열 등이 있을 때 이상 팽창으로 인해 생기는 균열을 말한다.

expansion curve 팽창 곡선(膨脹曲線) 압밀 시험에서 짐이 적재된 하중을 짐을 제거해 갈 때의 간극비와 압력과의 관계를 나타내는 곡선.

expansion index 팽창 지수(膨脹指數) 압밀 시험의 제하시(除荷)시에 있어서의 간극비 e와 압력 p의 관계를 e-log p의 관계로 나타냈을 때의 물매를 말한다. ＝swelling index

expansion joint 신축 줄눈(伸縮－)[1], 신축 이음(伸縮－)[2], (1) 구조체의 온도 변화에 의한 팽창, 수축 혹은 부동 침하(不同沈下), 진동 등에 의해서 콘크리트에 균열의 발생이 예상되는 위치에 구조체를 떼내는 목적으로 두는 탄력성의 갖게 한 줄눈.
(2) ① 길고 큰 건물의 부동 침하나 온도 변화, 진동 등에 의한 장애를 피하기 위해 구조재를 분리하여 시공하고 그 사이를 구리, 황동판 등으로 이은 신축 가능한 이음을 말한다.

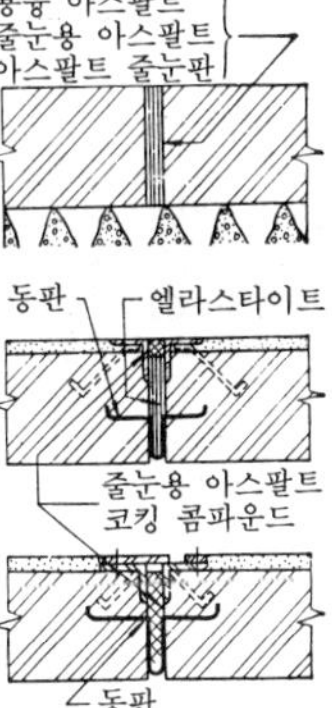

② 난방용 배관의 팽창 신축을 흡수하는 이음으로, 곡관식(曲管式), 미끄럼 신축 이음(슬리브 조인트), 백 레벨 신축 이음 등이 있다. 곡관식은 관을 구부리고 또는 이음으로 루프를 만들어 그 위 부분에서 신축을 흡수하는 것으로, 고압에 견디고, 나머지는 저압 증기용 배관에 사용한다.

expansion pipe 팽창관(膨脹管) 가열 장치나 냉각 장치에서 팽창 수조에 이르는 배관. 물의 가열로 장치 내의 압력이 이상하게 상승하는 것을 방지할 목적으로 압력을 제거하기 위해 둔다. ＝pressure relief pipe

expansion tank 팽창 수조(膨脹水槽) 온수 난방 배관 계통에서는 관 속의 물이 온도 상승에 의해 팽창하므로 배관 속에서 넘쳐 나온 온수를 보일러 바로 상부의 팽창관(expansion pipe)을 통해서 도입하여 온수를 저장하고, 너무 많은 경우는 넘침관을 통해서 넘치게 하는 탱크. 개방식과 밀폐식이 있다. 팽창관에는 밸브는 두지 않는다.

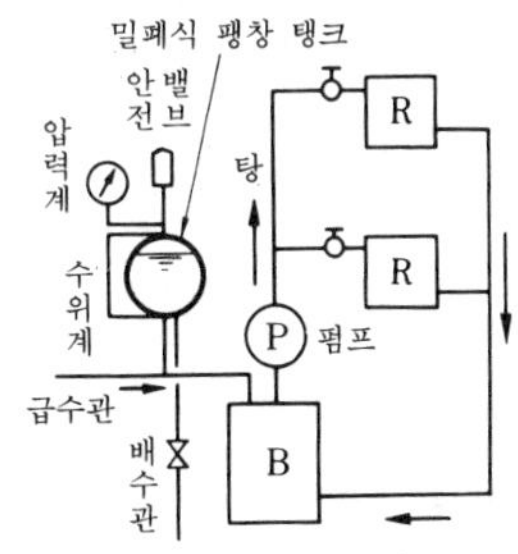

expansion test 팽창 시험(膨脹試驗) 재료의 팽창 성질을 살피는 시험.

expansion U bend 벤드형 신축 이음(－形伸縮－) ＝bend type expansion joint

expansion valve 팽창 밸브(膨脹－) 냉동기 및 열 펌프 사이클 중에서 고온 고압의 냉매를 갑자기 저압의 증발기(냉각 코일) 속에 방출하는 밸브. 일종의 감압 밸브로 매우 작은 틈에서 냉매를 방출한다. 동작에 따라 수동 밸브, 자동 밸브가 있으며, 자동식에는 압력식(다이어프램식), 온도식, 플로트식, 전자식(電磁式) 등이 있다.

expansive admixture for cement mixture 시멘트 팽창재(－膨脹材) 수화 반응에 의해 에트링가이트(ettringite) 또는 수산화 칼슘 등을 생성하여, 모르타르 또는 콘크리트를 팽창시키는 작용이 있는 혼합재.

expansive cement 팽창 시멘트(膨脹－) 응결, 경화 중에 적당히 팽창하는 시멘트를 말하며, 콘크리트의 수축 균열이 발생하는 것을 방지하기 위해 고안되었다. 석고 슬래그 시멘트 80과 포틀랜드 시멘트 20의 혼합물.

expected reliability 기대 신뢰도(期待信賴度) 구조 설계된 개개 구조물의 안전성 혹은 사용성에 대한 신뢰도에 대하여 검토 대상이 되는 어느 범위의 구조물 신뢰성 정도로서 추정되는 기대값.

expenses for electricity 광열수비(光熱水費) 전기 요금, 가스 요금, 수도 요금 등의 총칭. 현장 경비의 일부로서는 동력용수광열비라고 한다. 건물의 생산 비용 산정상 경상적인 광열비와 상하수도 요금을 산출한다. ＝gas and water supply

expenses of machines and tools 기계 기구비(機械器具費) 공사에 사용하는 기계·기구에 요하는 경비.

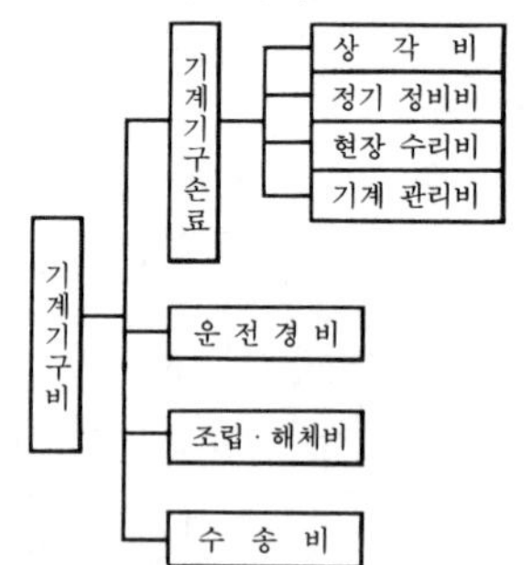

experimental banking 시험 흙쌓기(試驗－) 실제의 시공 결과를 구하기 위해 시험적으로 하는 흙쌓기. 전압(轉壓) 시험, 선행 흙쌓기, 모델 시공, 파일럿 흙쌓기 등이 이에 포함된다. ＝test banking, test embankment

expert system 전문가 시스템(專門家－) 인공 지능을 이용하여 전문가가 갖는 지식이나 사고 방식을 컴퓨터로 옮겨서 이용할 수 있도록 한 시스템. 공장 제어나 의료 진단, 금융 등의 분야에서 실용되고 있다.

explanatory drawing 설명도(說明圖) 설계 도서의 내용 전달을 용이하게 하기 위해 보조적으로 그려지는 그림의 총칭.

explosion 폭발(爆發) 급격한 산화나 분해 반응에 의해서 온도나 압력이 현저하게 증대하고, 굉음을 발한다든지 하는 연소 현상. →explosive burning

explosion-induced pressure 폭압(爆壓) 폭발에 기인하여 건축물의 내외 표면에 작용하는 압력.

explosion-proof construction 방폭 구조(防爆構造) 비래물(飛來物) 및 내용물의 폭발에 대하여 저항을 갖게 한 구조.

explosion-proof structure 방폭 구조(防爆構造) ＝explosion-proof construction

explosion-proof type 방폭형(防爆形) 전기 기기의 보호 방식의 하나. 폭발성 가스 등이 발생하는 장소에서 운전하는 전기 기기가 전기 불꽃이나 기기의 온도 상승에 의해서 폭발하지 않는, 또는 폭발해도 위험이 없는 구조로 되어 있다.

explosive burning 폭연(爆燃) 가연 가스 중을 음속 가까이에서 반응면이 이행하는 연소 현상. 초음속으로 충격파을 수반하는 경우를 폭굉(爆轟 : detonation)이라 한다. ＝deflagration →explosion

explosive fire 폭발 화재(爆發火災) 폭발이 원인으로 일어나는 화재.

explosive fracture 폭렬(爆裂) 콘크리트 부재가 화재 가열을 받아 표층부가 소리를 내어 박리할 때 등의 급격한 파열 현상. 콘크리트 부재의 내화 성능을 나쁘게 하는 중요한 요인이다. ＝spalling

exponential function method *e*함수법(－函數法) 콘크리트의 변형·응력도 곡선을 해석하는 데 편리하도록 지수식으로 나타낸 것.

$$\eta=K(e^{-k_1\xi}-e^{-k_2\xi})$$

여기서, $\eta=\sigma/\sigma_u$, $\xi=\varepsilon/\varepsilon_u$, K, k_1, k_2는 재료 상수이다. $K=6.75$, $k_1=0.812$, $k_2=1.218$이 널리 쓰이고 있다.

exposed concrete 치장 콘크리트(治粧－) 거푸집을 제거하여 얻어지는 콘크리트 표면을 그대로 마감면으로 하는 콘크리트.

exposed-type column base 노출 형식 주각(露出形式柱脚) 베이스 플레이트에서 위 부분이 기초 콘크리트 위에 노출하고 있는 형식의 강구조물 주각.

exposition 박람회(博覽會) =exhibition

exposure 폭로(暴露) 자연 환경에서의 성능 등을 조사하기 위해 재료를 옥외에 방치하는 것.

exposure allowance 부가 계수(附加係數) =exposure factor

exposure factor 부가 계수(附加係數) 벽체나 지붕으로부터의 열손실에 그 면하는 방향에 따라서 풍속에 대한 영향 기타를 고려하여 어느 계수를 생각하고, 안전율로 한 것. 빙위 계수, 방위 갱생률이라고도 한다.

exposure time of vibration 진동 폭로 시간(振動暴露時間) 인간, 건물 등이 진동에 노출되어 있는 시간.

expressway 고속 도로(高速道路) 자동차 전용 도로 중 중앙 분리대를 갖는 왕복 분리 도로. 고속 자동차 국도와 도시 고속 도로가 있다. =motorway

expropriation 강제 수용(强制收用), 수용(收用) =compulsory acquisition

extended degree-day method 확장 도일법(擴張度日法) 일사, 내부 발열 등을 가한 상당 온도차에 의한 확장 도일을 써서 건물에 생기는 기간 열부하 및 연간 열부하를 추정하는 계산 방법.

extended family 확대 가족(擴大家族) 3세대(世代) 세대(世帶) 등 단독 세대 및 핵가족 이외의 가족 구성의 세대.

extend elevation 전개도(展開圖) =development elevation

extender pigment 체질 안료(體質顔料) 도막(塗膜)의 보강, 증량을 위해 사용하는 착색력이 낮은 무기질 안료. 탄산 칼슘 등이 있다.

extension 증축(增築) 같은 지붕마루 내에서 건축물의 바닥 면적을 늘리는 것을 말하는데, 같은 대지 내에서 별채를 추가 신축하는 것도 증축이라 하는 경우가 있다.

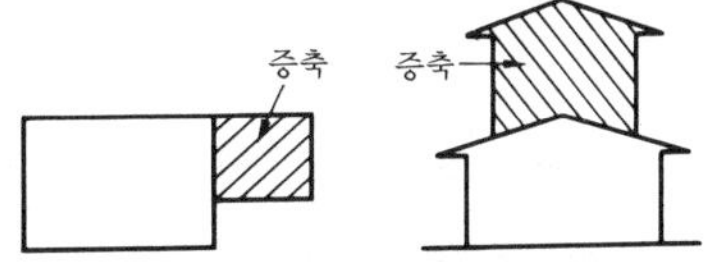

extensional rigidity 신장 강성(伸張剛性) 재료 혹은 부재가 축방향 인장력을 받는 경우의 강성. 축(방향) 강성이라고도 한다. =axial stiffness

extension and alteration of building 증개축(增改築) 증축 및 개축의 총칭.

extension line 치수 보조선(一數補助線) 치수선의 길이를 나타내기 위해 도형에서 끌어낸 선.

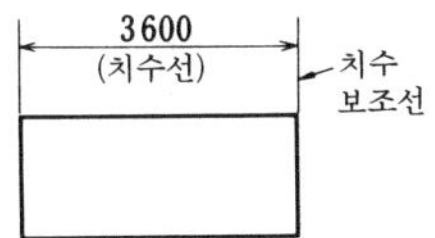

extension of building 증축(增築) 기존의 건물에 부가하는 형태로 건축 공사를 하여, 전체의 바닥 면적이 증가하는 것. 동일 대지 내의 별채 신축에 있어서도 건축 기준법상은 대지 내 용적의 증가로 되므로 증축으로서 다루어지는 일이 있다.

extent of damage 소손 정도(燒損程度) 화재에 의한 직접적 손해의 정도. 건물 화재에 있어서는 전소, 반소, 부분소, 소화(小火)로 분류된다.

exterior 익스테리어 문짝·뜰 등 건물 외부의 부속 구조물이나 그들을 포함한 공간을 말한다.

exterior finish 외장 공사(外裝工事) 건물의 외부에 면하는 마감 공사의 총칭. 내구성·내후성이 풍부하고, 아름다운 재료·공법을 택한다. 돌공사, 타일 공사, 도장 공사, 지붕 공사, 미장 공사 등의 종류가 있다.

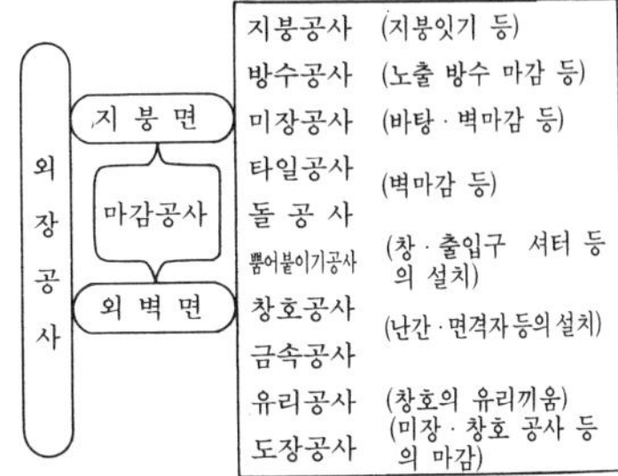

exterior finish work 외장 공사(外裝工事) =exterior finish

exterior material 익스테리어재(一材) 건축물의 본체가 아니고 건물 주변에 사용하는 재료.

exterior space 외부 공간(外部空間) 건물의 바깥쪽 공간. 건물 사이에 존재하는 공간 그 자체의 의의나 구성에 착안한 경우에 쓰이는 일이 많다.

exterior stairway 옥외 계단(屋外階段)

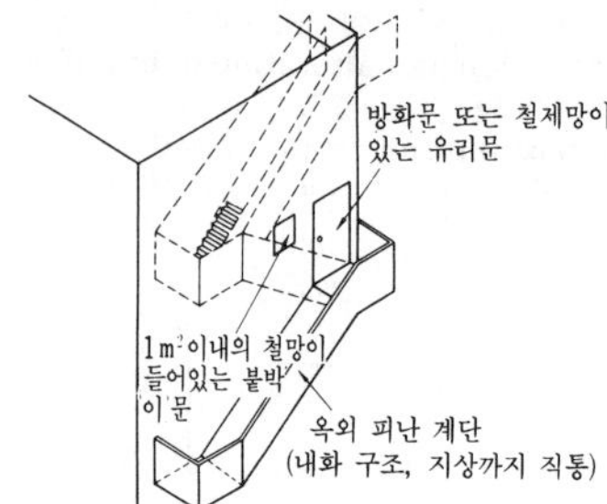

건축물의 옥외에 설치된 계단.

exterior zone 익스테리어 존 =perimeter zone

external angle 모서리 두 면이 교차하여 생기는 바깥쪽. =outside angle

external damping 외부 감쇠(外部減衰) 구조물이 갖는 진동 감쇠 기구는 외부 감쇠·내부 점성 감쇠·고체 마찰 감쇠·이력 감쇠·지반으로의 에너지 방출 감쇠 등으로 나누어 생각된다. 외부 감쇠는 진동계 주위에 존재하는 공기·물·기름 등의 유체가 갖는 점성 저항에 의해서 생기는 감쇠를 가리킨다.

external facing 외장(外裝) 건물의 외벽, 창이나 지붕 등의 외부 마감을 말한다.

external fiber stress 연응력(緣應力) = extreme fiber stress

external force 외력(外力) 구조물이나 부재에 외부로부터 작용하는 힘. →load, reaction

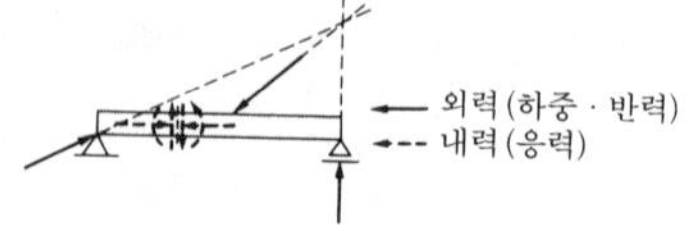

external force line 외력선(外力線) 부재 단면과 외력이 작용하는 평면과의 만난 선. 단면 내에서 외력이 작용하는 방향을 명확하게 나타낼 때 쓴다.

externally reflected component of daylight factor 옥외 반사 성분(屋外反射成分) 직사 일광 이외의 실내 주광 중 옥외 사물의 반사광에 의한 부분. →internally reflected component of daylight factor

externally reflected light 지물 반사광(地物反射光) 직사 일광이나 천공광이 옥외의 지표면과 그에 부수하는 인접하는 건축물이나 수목 등의 지물에 의해 반사되어 건축 공간에 입사하는 주광을 말한다. →externally reflected component of daylight factor

external pressure 외압(外壓) 기류 중에 두어진 구조물의 외부 표면에 작용하는 압력.

external pressure coefficient 외압 계수(外壓係數) 구조물에 작용하는 외압을 기준이 되는 압력으로 나눈 값. 기준이 되는 압력으로서는 평균 풍속의 속도압을 쓰는 일이 많다.

external thread 수나사 원통 또는 원뿔의 표면에 나선상으로 홈을 판 것. 암나사와 서로 조합해서 사용한다. →screw, internal thread

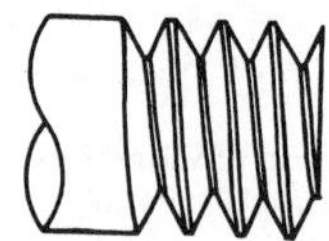

external wall 외벽(外壁), 외주벽(外周壁) 건물 외주를 구성하는 벽의 구조 전체, 즉 외주벽을 말한다. 내벽의 대비어.

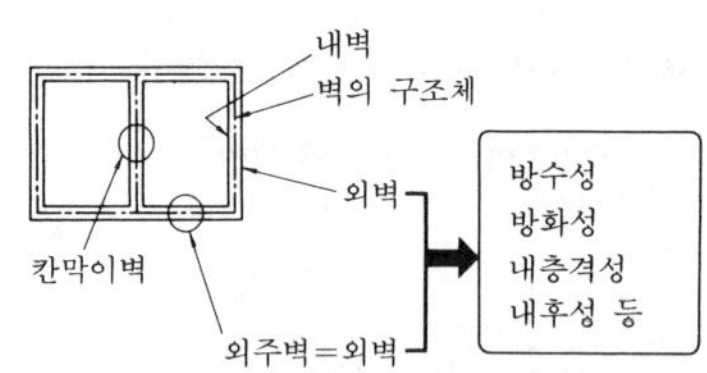

external work 외력 일(外力-), 외부 일(外部-) 외력이 하는 일. 구조물에 외력이 작용하여 가력점(加力點)에 변위가 일어났을 때 외력에 의해 일이 이루어진다.

extinction coefficient 소멸 계수(消滅係數) 복사속 F_0가 투명체의 두께 x의 층을 지나 F로 감쇠할 때 $F=F_0e^{-ax}$가 된다. 이것을 Lambert-Bouguer의 법칙이라 하고, a를 소멸 계수, 또는 흡수 계수, 감쇠 계수라고도 한다. 또한 e^{-a}를 투과 계수(transmission coefficient), ax를 감쇠도라 한다.

extinguisher 소화기(消火器) 화재의 초기 단계에서의 소화를 목적으로 한 가반형(可搬形)의 소화용 기구. =fire exitinguisher

extinguishment 소화 설비(消火設備) = extinguishment facilities

extinguishment facilities 소화 설비(消火設備) 건물 내의 초기적 단계의 화재를 소화하는 설비. 옥내 소화전, 스프링클러, 물분무 소화 설비, 거품 소화 설비, 탄산

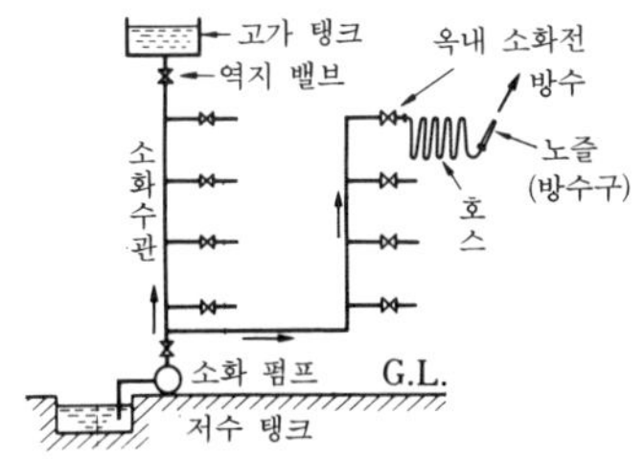

가스 소화 설비가 있다.

extra 엑스트라 견축에서 견적을 할 때 표준 단가에 플러스되는 특별한 금액에 대하여 쓰인다.

extra banking 더돋우기 지반 침하를 예상하여 예정 이상의 높이로 흙을 돋우어 두는 것. =extra fill for settlement

extractor 탈수기(脫水機) 일종의 원심 분리기로, 고속도의 회전 운동에 의해서 세탁물의 수분을 튕겨 탈수하는 것. 2~3분 정도로 60~70% 정도의 수분을 제거할 수 있다. 세탁기와 조합되어 자동적으로 세탁, 탈수되는 것도 있다.

extra fill for settlement 더돋우기 = extra banking

extra hard steel 최경강(最硬鋼) 탄소량 0.5~0.6%가 함유된 강으로, 인장 강도 70kg/mm² 이상. 스프링 · 강선 · 공구 등에 사용한다.

extra mild steel 극연강(極軟鋼) 탄소 함유량 0.15% 이하의 강. 인장 강도 40kg/mm² 이하, 신장 25% 이상. 박철판 · 철선 · 리벳 등에 사용한다.

extreme fiber stress 연응력(縁應力) 휨이 생기는 부재는 재축(材軸)에 수직인 단면에 수직 응력(압축 응력 및 인장 응력)이 생기고 있다. 이 수직 응력 중 중립축에서 가장 먼 점(외표면)에 생기는 응력. 연응력은 휨에 의한 수직 응력의 최대값이 된다. =external fiber stress

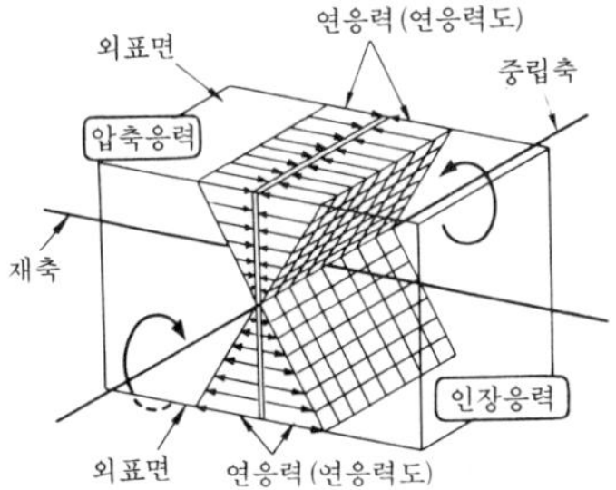

extremes principle 정류 원리(停留原理) =stationary principle

extruded shape 압출 형재(押出型材) 압출하여 성형된 형재. 알루미늄 합금제 또는 합성 수지제의 창 새시는 그 대표적인 예이다.

extrusion 압출 가공(押出加工) 고온으로 가열 연화(軟化)한 금속 재료 등을 다이스를 부착한 용기에 넣어 강한 압력을 가해서 구멍으로부터 압출하여 성형하는 가공을 말한다.

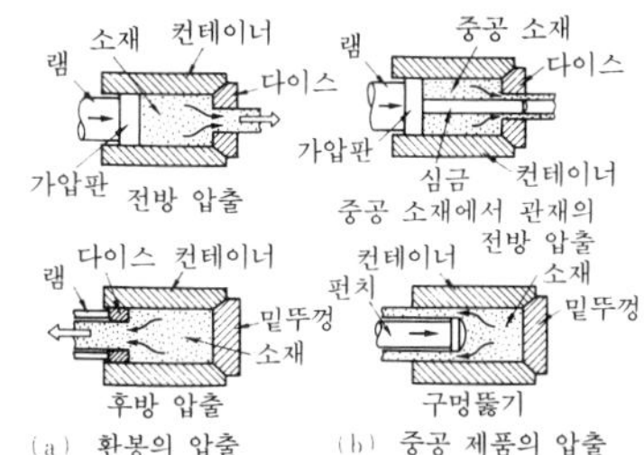

(a) 환봉의 압출 (b) 중공 제품의 압출

extrusion molding 압축 성형(押出成形) 금속 · 플라스틱의 소재를 가열 연화(軟化)하고, 압출 다이스로부터 압출하여 냉각해서 성형한 것. 다이스를 바꿈으로써 여러 가지 단면의 것을 만들 수 있다.

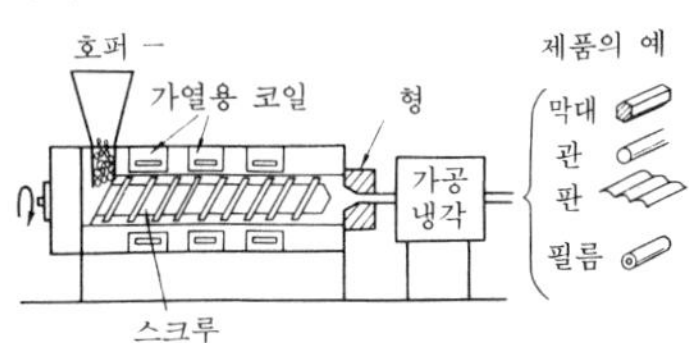

eye bar 아이 바 봉강(棒鋼)이나 강판의 끝에 부착한, 접합을 위한 원형 구멍을 갖는 것. 브레이스(brace) 등에 사용한다.

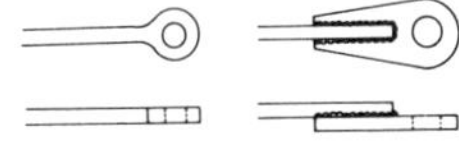

eye bolt 아이 볼트 무게가 있는 기기류를 매달기 위해 환봉(丸棒)의 한 끝에 나사를 내고, 다른 끝을 고리로 해서 기기 등에 부착한 것.

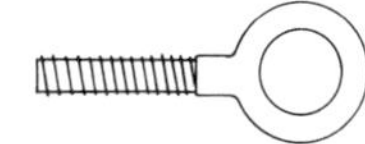

eye lamp 아이 램프 반사경을 내부에 갖춘 전등. 가설용 투광기나 사진 촬영시의 조명 등에 사용한다.

eye splice 아이 스플라이스 와이어 로프 단말을 고리로 해서 결속하는 방법을 말한다. 로프만으로 고리를 만드는 경우와 심블(thimble : 손모를 방지하기 위해 넣는 철물)을 사용하는 경우가 있다.

eye stop 아이 스톱 도시의 이미지 조사 등에서의 소재의 하나로, 그 동네, 그 거리에서의 표시가 되는 것이나 눈에 잘 띄는 것.

eye tracer 아이 트레이서 도형, 형(型) 등을 광학적으로 모방, 형 절단에 사용되는 장치.

Eyring's reverberation time formula 아이링의 잔향식(-殘響式) C. E. Eyring이 구한 방의 잔향 시간〔T(초)〕의 식. 방 용적〔V(m^3)〕과 방의 벽, 바닥, 천장 등의 평균 흡음률(α), 실내 총표면적〔S(m^2)〕 사이의 관계식이다.

$$T = \frac{0.161V}{-S\log_e(1-\alpha)}$$

FA 공장 자동화(工場自動化) =factory automation

fabrication 짜기 주로 목조에서 기둥, 보 등의 부재를 조립하기 위해 부재를 필요한 모양으로 만들어 장보를 만들고, 구멍을 파고, 맞춤 등의 가공을 하는 것.

fabricator 패브리케이터 공장에서 강재(鋼材)를 가공·조립하여 철골 부재를 제작하는 업자. 이른바 철골 업자를 말한다.

facade 포사드, 정면(正面) 건물의 정면으로 주입구가 있는 면.

facade conservation 파사드 보존(-保存), 벽면 보존(壁面保存) 건축물의 정면 외벽을 보존하고, 그 배후에 다시 새로 지은 건조물의 외벽으로서 사용하는 역사적 건조물 보존의 한 수법.

face 외면(外面), 겉보기 건축의 각부나 창호·가구 등의 정면 또는 그 폭치수.

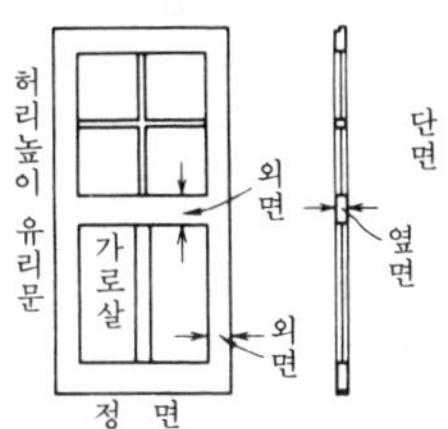

face bend test 표면 굽힘 시험(表面-試驗) 완전 용입 용접에 의한 맞댐 용접 이음의 겉쪽이 인장이 되도록 굽히는 시험.

face brick 치장 벽돌(治粧-) =dressed brick

face clearance 면 클리어런스(面-) 유리와 같은 판형 재료의 내외면과 그것을 고정하는 프레임이나 누름대 안쪽과의 사이의 틈. →edge clearance

face measure 외면(外面), 겉보기 =face

face moment 페이스 모멘트 면내(面內)에서 직교하는 부재가 있을 때 직교하는 부재의 표면 위치에 있어서의 부재단(部材端) 모멘트. →nodal moment

face of exterior wall 외벽(外壁) 건물 바깥쪽의 외벽면.

face of slope method 사면 공법(斜面工法) 터파기 공법의 일종으로, 터파기할 때 흙막이벽을 만들지 않고 사면을 만들어 주위의 지반이 무너지지 않도록 하여 굴착하는 공법. 터파기의 주위가 넓고 지반이 양호하며, 얕은 굴착에 적합하다. →excavation, sheathign

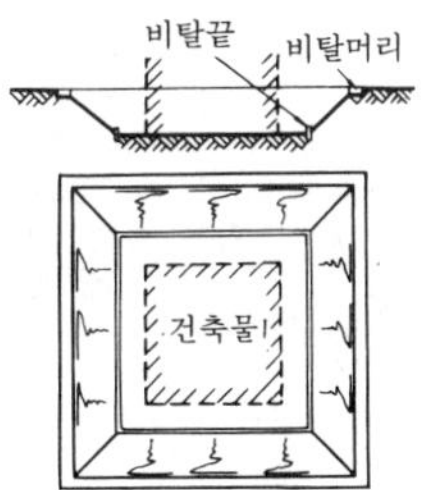

face puttying 유리끼기 유리 퍼티로 판유리를 창틀, 기타 창호 등에 고정하는 것. =puttying

face shell 페이스 셸 콘크리트 블록에 있어서 이를 쌓을 때 겉과 뒤의 양면에 노출하는 판 모양의 부분.

face side 보임 눈에 보이는 건축 부재의 부분. 치장재에서는 특히 나뭇결·옹이 등에 주의하여 방향을 정한다.

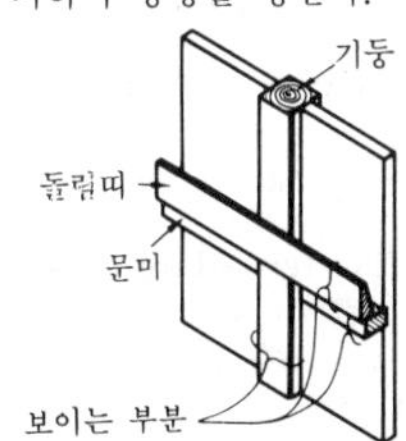

face to face 페이스 투 페이스 윌턴 카펫(Wilton carpet) 제법의 하나로, 2중 카펫 직기로 짠 것의 중앙을 자르고, 동시에 두 장 짤 수 있게 한 것.

face towel 페이스 타월 욕실용 타월의 하나. 세면할 때 사용하는 것, 보통의 목욕용 타월 사이즈의 것.

face velocity 면속(面速) 덕트 내 등의 풍속. 풍량(m^3/s)을 높이와 폭의 곱으로 나눈 값.

facility management 퍼실리티 매니지먼트 기업에서의 인원이나 작업이 제대로 공간에 배치되고, 효율적인 운용이 이루어지고 있는가를 관리하는 것. 따라서 내용은 계획, 실행, 관리라는 세 프로세스로 성립되고 있다. 다욱이 이 프로세스의 운용은 통상 컴퓨터에 의해 처리된다.

facilities for agricultural productions 농업 생산 시설(農業生産施設) 온실, 축사, 창고, 사일로, 선과장(選果場) 등의 농업 생산 및 농산물의 유통 가공을 위한 건축물 등의 시설.

facility network planning 시설망 계획(施設網計劃) 지역 주민 등에 일상적인 서비스를 제공하는 말단의 시설부터 그들을 통괄 또는 지원하고, 혹은 전문적인 고차 기능을 제공하는 것을 주목적으로 하는 시설에 이르기까지의 시설군을 하나의 유기적인 네트워크를 갖는 시스템으로서 계획하려는 생각. 의료 시설망, 도서관 시설망 등이 있다.

facing 페이싱 표면을 마감하는 것.

facing brick 페이싱 벽돌(-壁-), 표면 쌓기(表面-) 벽돌 쌓기에서 마감면에 나오는 벽돌, 또는 그것을 표면에 내서 쌓는 것을 말한다.

facsimile 팩시밀리, 팩스 화상 전송 시스템. 서류, 인쇄물, 사진 등을 전기 신호로 바꾸어 전송하고, 원격지 등에서 재생, 재현하여 이용한다. =fax

factor analysis 인자 분석(因子分析) 다변량 해석법의 하나. 많은 변수가 복잡하게 상관하고 있는 경우, 변수 간의 상관 관계를 설명하는 공통의 인자를 꺼내는 방법.

factorial ecology 팩토리얼 이콜러지 도시의 균질 지구를 인자 분석, 클러스터 분석으로 추출하여 그 공간 구성을 분석하는 수법.

factor of disaster enlargement 재해 확대 요인(災害擴大要因) 재해 위험 에너지의 분류 중 재해 발생의 위험성이 높고, 폭발 등에 의해 재해 가속의 위험성이 높은 요인.

factor of housing shortage 주택난 요인(住宅難要因) 주택난의 주된 원인의 총칭. 비주택 거주, 동거, 협소 과밀 거주, 노후 주택, 원거리 통근, 악환경, 공해, 고임대료, 고지가 등에 의한 주택 취득난 등.

factor of plate buckling 판 좌굴 계수(板座屈係數) 평판의 좌굴 응력의 크기에 관계하는 계수 k를 말한다.

$$\sigma_{cr} = \pi^2 \cdot k \cdot D \cdot \left(\frac{t}{b}\right)^2$$

여기서 σ_{cr} : 좌굴 응력, D : 판 강도, b/t : 폭두께비. 판 형상 · 지지 상태 · 하중의 종류 등에 따라 결정된다. 웨브판의 좌굴 검정에 쓰이는 일이 많다.

factor of safety 안전율(安全率) 구조물 전체 혹은 그것을 구성하는 각 부재의 안전의 정도를 나타내는 계수. 탄성 설계 : 설계에 있어서 구조 각부에 파괴, 대변형이 생기지 않도록 계산 응력도가 재료 강도 σ_0의 $1/S$ 이하로 되도록 형상 치수를 결정한다. S를 안전율이라 한다. S를 정하려면 재료 강도의 불균일, 상가법에 의한 강도의 변화, 응력 계산의 신뢰도 등을 고려해야 한다. 리밋 디자인 : 붕괴 하중을 기준 하중으로 나눈 몫.

factors influencing building cost 건축비 결정 요인(建築費決定要因)[1], 건축비 변동 요인(建築費變動要因)[2] (1) 자재, 노무비 등 시장 시세나 지불 조건 등의 공사비 결정에 영향하는 요인.

(2) 자재, 노무비 등의 단가나 수급 균형에 의한 시장 시세 등의 공사비가 변동하는 요인.

factors of comfort air 쾌적 공기 조건(快適空氣條件) 재실자의 대부분이 쾌적하다고 느끼기 위한 실내 공기의 온도, 상대 습도 및 기류속의 조합.

factors of land rent 지대 구성 요소(地代構成要素) 지대를 구성하는 비용 요소. 고정 자산세, 도시 계획세, 하수, 계단, 옹벽 등의 유지 수선비 및 지주의 임대 수익 등이다.

factors of rent 임대료 구성 요소(賃貸料構成要素) 임대료를 구성하는 여러 비용. 감가 상각비, 고정 자산세, 화재 보험료, 수선비, 유지 관리비, 이윤 등인데, 지대 또는 지대 상당액을 포함하기도 한다.

factory 공장(工場) 원래, 재료, 설비, 동력, 노동력 등을 일정한 장소에 모아 생산 가공 작업을 계속적으로 하는 시설. 이 시설만을 공장이라고도 하나 이러한 작업장과 창고, 사무실, 연구소, 후생 시설 등의 부속 건물을 포함하여 공장이라 하는 경우도 있다. 현재는 거의 후자의 뜻으로 쓰인다.

factory automation 공장 자동화(工場自動化) 제조 설비의 자동화 · 무인화를 말한다. 제조 라인의 기계화 · 로봇화, 자동 운반, 자동 창고, 나아가 설계와 생산을 일관하여 지원하는 CAD/CAM 등 최신의 일렉트로닉스 기술을 써서 실현을 도모한다. =FA

factory illumination 공장 조명(工場照明) =factory lighting

factory lighting 공장 조명(工場照明) 공장, 특히 작업실 내의 조명을 말한다. 작업 능률의 점에서나 작업자의 안전과 위생의 점에서나 조명의 정도는 일정한 기준 이상이어야 하는 것이 요구된다.

factory-made house 공장 생산 주택(工場生産住宅) 주요 부분을 공장에서 미리 생산하는 조립 주택. →prefabricated built-up house

factory noise 공장 소음(工場騷音) 공장 내의 작업에 의해 발생하고, 취업자에게 장애가 되는 소리로, 공장 인근에도 피해를 준다. 따라서 공장에는 방음, 차음의 설비를 하게 되어 있다.

factory planting 공장 녹화(工場綠化) 공장 내의 환경 향상이나 조경, 레크리에이션 공간의 확보, 공장 경관의 차폐나 공해 · 재해의 방지를 목적으로 공장 부지 내에 식수하는 것.

factory ventilation 공장 환기(工場換氣) 공장의 노동 위생이나 열환경상의 악조건을 외기로 희석한다든지, 배기로 제거한다든지 하는 방법. 일반적으로 고온 가스, 유해 가스가 발생하는 경우가 많으므로 이것을 공장 내에 확산시키지 않도록 하여 배기한다. =industrial ventilation

factory vibration 공장 진동(工場振動) 공장의 기계류 등을 진동 발생원으로 하는 진동. 공장 내에서 발생하고 있는 진동을 총칭해서 말하는 경우도 있다.

fading 퇴색(退色, 褪色) 재료나 안료의 색이 자외선이나 약품에 의해서 변질하여 열화하고, 바래서 희게 되는 것. →discoloration

fading test 퇴색 시험(退色試驗, 褪色試驗) 빛이나 화학 약품 등의 작용에 의해 재료의 색을 잃어가는 정도를 살피는 시험. 주로 도료, 직물, 플라스틱에 대해서 한다.

fail-safe 페일세이프 구조의 일부에 결함 · 미스가 발생해도 파괴가 구조 전체에 미치지 않는 조치를 취하여, 2중으로 안전성을 고려한 시스템.

failure 파괴(破壞) 재료나 구조물이 파단한다든지 망가진다든지 하여 외력에 저항할 수 없게 된 상태.

failure load 파괴 하중(破壞荷重) 부재 혹은 구조물이 파괴할 때의 하중. →ultimate load

failure surface 파괴면(破壞面) ① 파괴가 생긴 면. ② 재료 혹은 부재가 파괴할 때의 응력도 혹은 응력의 상태를 나타내는 응력면.

failure type 파괴 형식(破壞形式) 구조물 혹은 구조 부재가 하중을 받아 파괴하는 경우의 파괴의 종별. 예를 들면, 인장 파괴, 압축 파괴, 휨 파괴, 전단 파괴와 같이 파괴의 주원인이 되는 응력의 종류로 분류한다.

fair-faced concrete 치장 콘크리트(治粧－) =architectural concrete

fallen object 낙하물(落下物) 위쪽에서 떨어져 내려오는 물건. 건축에서는 건물의 일부가 무너져서 낙하하는 경우나 잘못해서 물건을 떨어뜨린 경우에 사람이나 물건에 위해를 준다.

fallen particle 낙하 먼지(落下－), 침적 먼지(沈積－) 스토크스의 법칙에 의해 침강 속도를 얻어서 침적(沈積)하는 입자상 물질.

falling branch region 종국 영역(終局領域) 콘크리트의 σ-ε곡선에서 최대 응력 부근 및 그 이후의 영역.

falling head permeameter [for soil] 변수위 투수 시험기(變水位透水試驗機) 투수 시험기의 일종으로, 비교적 투수성이 낮은 흙에 적용된다. 투수성이 높은 흙에는 정수위 투수 시험기가 쓰인다.

false heartwood 의심재(擬心材) 너도밤나무와 같은 목재에는 심재가 없고, 변재로 이루어져 있는 목재.

false set 이상 응결(異常凝結) 시멘트에 주수하여 비빈 후에 급격히 컨시스턴시가 저하하는 현상. 비빔을 계속하면 다시 부드러워진다. 모르타르 및 콘크리트에서도 볼 수 있다.

family household 친족 세대(親族世帶) 세대 구성원의 전원이 서로 친족 관계에 있는 세대.

family make-up 가족 구성(家族構成) 가족을 구성하는 세대원의 성별, 연령, 세대주와의 관계에 의해서 결정되는 가족 유형을 가족 구성이라 한다.

family room 패밀리 룸 미국의 주택에서 다이닝 키친과 거실을 겸한 방.

family structure 가족 구성(家族構成) =family make-up

fan 팬 송풍기, 선풍기 등의 총칭. → blower

fan anemometer 풍차형 풍속계(風車形風速計) 풍속을 감지하는 부분에 풍차를 사용한 회전식 풍속계.

fan coil heater 팬 코일 히터 방열기와 송풍기를 조합시킨 난방 기구

fan coil unit 팬 코일 유닛 팬·분출구·냉온수 코일·필터 등을 내장한 소형 공기 조화기의 일종.

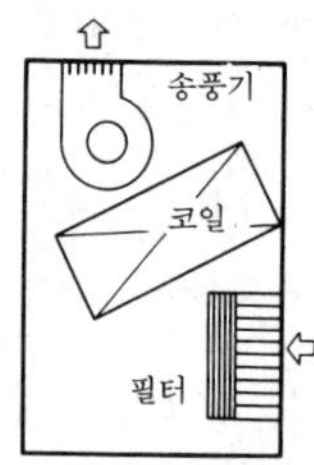

fan coil unit system 팬 코일 유닛 방식(－方式) 소형 공기 조화기를 각방에 설치하는 공기 조화 방식.

fan convector 팬 컨벡터 난방용의 방열기를 강판제의 케이스에 수납하고 송풍기를 붙인 것.

fancy plywood 치장 합판(治粧合板), 화장 합판(化粧合板) 치장을 목적으로 하여 얇은 단판(單板), 문양지, 합성 수지, 도장 등을 써서 표면을 치장 가공한 합판의 총칭. ＝decorated plywood

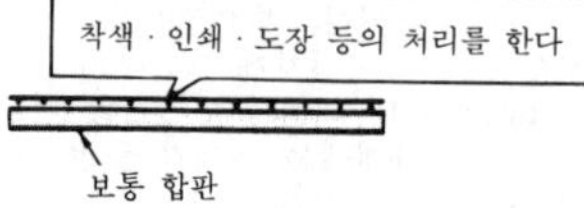

fan heater 팬 히터 석유나 가스를 연소시켜서 그 열을 송풍기로 보내는 난방 기구.

fan vault 팬 볼트 기둥에서 리브가 부채꼴로 뻗고 측면이 패인 반원뿔을 형성하며, 그것이 연속해서 생기는 볼트.

farad 패럿 정전 용량의 단위. 1C(쿨롬)의 전기량을 주어 전위가 1V 상승하는 정전 용량. 기호 F.

farm buildings 농촌 건축(農村建築) 농촌에 입지하는 농촌 주택, 지역 시설, 농업 생산 시설 등의 총칭.

farmhouse 농가(農家) 농업을 영위하는 세대 또는 그 주택. ＝farm household

farm household 농가(農家) ＝farmhouse

farming population 농가 인구(農家人口) 농업에 종사하는 세대 구성원이 있는 세대의 인구.

farmland 농지(農地) ＝agricultural land

farm shop 작업장(作業場) 공사를 하는 장소. ＝workshop

fascia board 처마돌림 서까래 끝에 부착한 긴 판재. 수직의 것과 경사에 직각인 것이 있다.

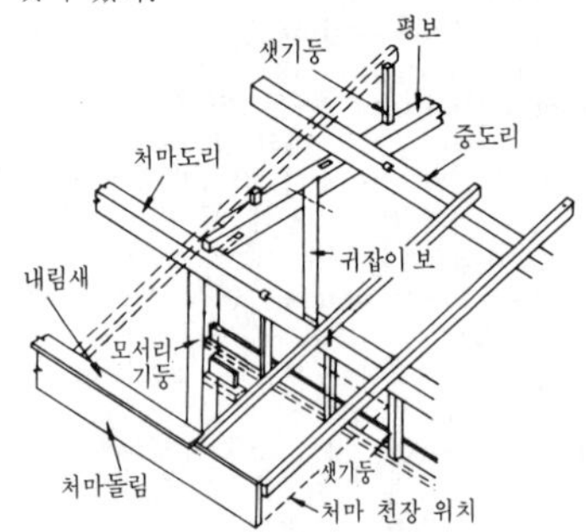

fashion building 패션 빌딩 부디크나 진열장 등의 화려한 전문점을 모은 빌딩으로, 건물도 그에 걸맞는 공간 연출을 하고 있는 것.

fastener 파스너, 죔쇠 ① 고정용 철물의 총칭. ② 장막벽을 건물의 구조체에 설치하기 위한 철물.

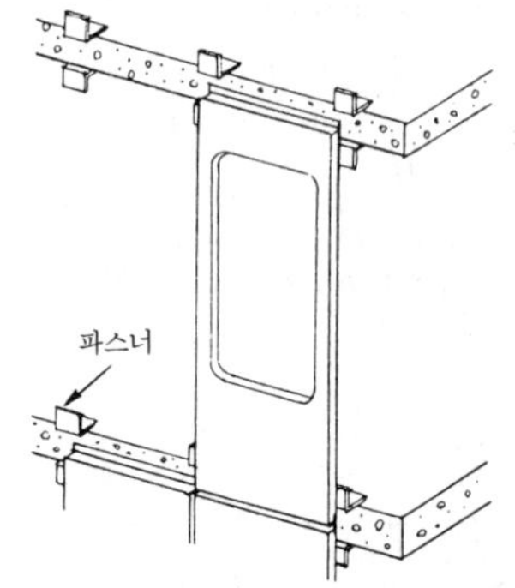

fast Fourier transform 고속 푸리에 변환(高速－變換) 컴퓨터를 쓴 파형 해석에 널리 쓰이는 수법으로, 원 데이터의 푸리에 변환에서 직접 파워 스펙트럼 밀도를 구하고, 평활화 조작을 반복하여 안정한 스펙트럼을 단시간에 구하는 방법.

fatigue 피로(疲勞) 재료는 정하중(靜荷重)에서 충분한 강도를 지니고 있더라도

반복 하중이나 교번 하중(交番荷重)을 받게 되면 그 하중이 작더라도 마침내 파괴를 일으키게 된다. 이러한 현상을 피로라 한다. 또, 시간적으로 변동하는 응력하에서 생기는 재료의 파괴를 피로 파괴(fatigue fracture)라 한다.

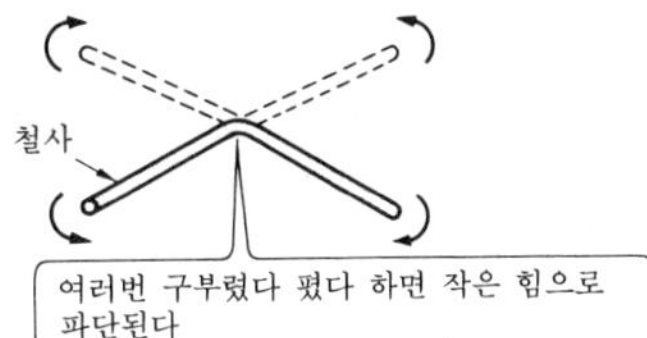

fatigue fracture 피로 파괴(疲勞破壞) 피로에 의해서 금속이 파단하는 현상.

fatigue limit 피로 한도(疲勞限度) 반복 시험에서 어떤 응력도까지의 범위에서는 무한히 반복해도 재료가 파괴하지 않는 한계가 있다. 이 한계를 피로 한도 또는 내구 한도라 한다. 피로 한도는 온도 반복 응력의 주기 등에 좌우된다. 응력도가 피로 한도 이상인 경우는 그림과 같이 응력도가 커짐에 따라서 파괴까지의 반복 횟수가 감소한다.

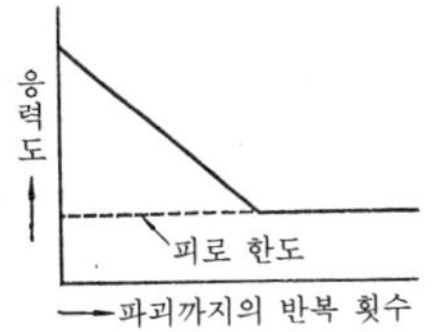

fatigue test 피로 시험(疲勞試驗) 반복 시험의 일종으로, 반복 응력도와 파괴까지의 반복 횟수와의 함수에서 피로 한도를 추정하는 시험.

fatigue testing machine 피로 시험기(疲勞試驗機) 피로 시험 전용의 시험기로, 반복 시험기라고도 한다. 응력의 종류에 따라서 인장 압축, 휨, 비틀림, 충격용의 피로(반복) 시험기이다.

faucet 급수전(給水栓), 수전(水栓), 수도꼭지(水道－) 급수관 끝에 붙는 꼭지의 일종으로, 손으로 개폐하여 물을 흘린다. ＝cock

fault 단층(斷層) 지각(地殼)이 있는 면에서 파괴되어 양쪽 지반이 수평 또는 상하로 어긋나는 것.

fault coefficient of timber 결점 계수(缺點係數) 시판되고 있는 구조용 목재의 무결점재에 대한 강도비로, 압축·인장·휨·전단의 응력 종류마다 다르다. 허용 응력도를 정할 때 표준 강도 하한값에 곱해지는 계수이다.

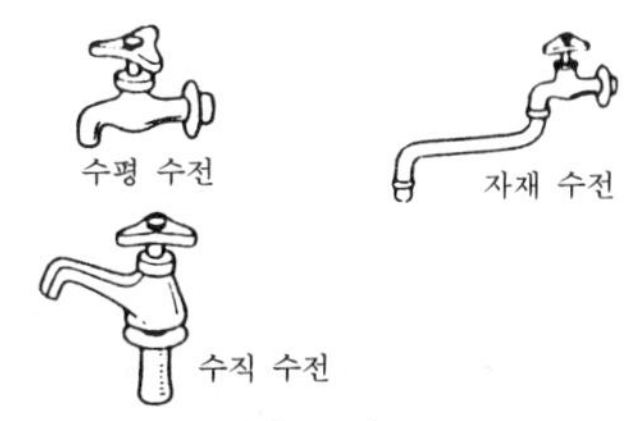

faucet

faulting 단층(斷層) ＝fault

fault model 단층 모델(斷層－) 진원에 있어서의 단층 운동의 이상화된 역학 모델. 장방형의 단층면을 가정하는 일이 많다.

faying surface 마찰면(摩擦面) 마찰력이 작용하는 면. 특히 고력 볼트 마찰 접합에서 응력을 전달하는 접합면을 말한다.

F-cable F케이블 염화 비닐로 피복된 전선 2～3줄을 평행하게 배열하고 염화 비닐 수지 혼합물로 피복한 것. 주로 옥내 배선에 사용된다.

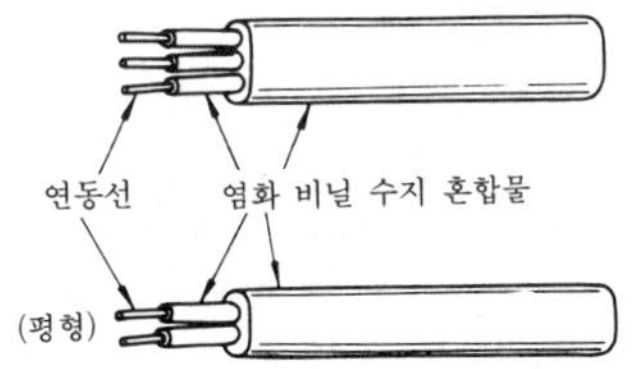

feasibility study 사업화 가능성 조사(事業化可能性調査) 계획안의 실현 가능성을 검토하기 위한 분석. 특히 계획안의 사업으로서의 경영적 채산성을 검토하는 것을 말한다.

feed pipe 급수관(給水管) ① 일반의 급수 배관계의 파이프를 말한다. ② 상수도에서는 배수 소관이나 기설의 급수 장치에서 도수(導水)하기 위해 택지나 가옥 내에 인입되는 관을 말한다. 주철관, 아연도금 강관, 연관, 석면 시멘트관, 경질 염화 비닐관 등이 쓰인다.

feed water pressure 급수 압력(給水壓力) 급수 계통에서의 배관이나 기구에 걸리는 수압. 기구를 기능시켰을 때 진동, 소음을 발생시키지 않는 적당한 압력으로 한다. ＝water supply pressure

feed water pump 급수 펌프(給水－) 일반적으로 급수용으로서 물을 공급하기 위해 사용하는 펌프의 총칭. ＝water supply pump

feet 피트 야드·파운드법에 의한 길이의 단위로, 1피트는 3분의 1야드(약 30.3 cm)이다.

felt 펠트 섬유를 적당한 두께로 깔고, 가습·가열하여 압축한 것. 흡음·단열·완충용으로 사용하는 외에 아스팔트 펠트나 아스팔트 루핑의 바탕으로 한다. →asphalt felt, asphalt roofing

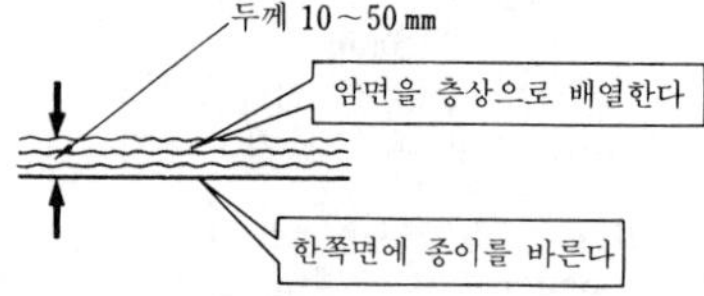
두께 10~50 mm
암면을 층상으로 배열한다
한쪽면에 종이를 바른다

felt carpet 펠트 카펫 세정한 양모를 균등한 두께로 배열하고, 수분·열·압력을 가하여 가공한 것을 염색하여 만들어지는 깔개.

female cone 암콘 프리스트레스 콘크리트의 포스트 텐션 공법의 정착부 부품. 프레시네 공법에서 주로 쓰인다. 수콘과 한 몸으로 되어 양자의 쐐기 작용으로 PC강선을 정착한다.

female screw 암나사 원통형 구멍의 내면에 나사를 낸 것.

femto 펨토 10^{-15}배를 나타내는 SI단위의 접두어. 기호 f.

fence 울담 토지의 경계, 구획 등을 하는 울타리. 각재, 통나무, 죽재 등을 간격을 두어 세우고, 여기에 꿸대를 통한 것이 많다. =paling

ferrocement 페로시멘트 2층 이상의 쇠그물과 지름이 작은 보강 철근을 매입한 시멘트 모르타르의 얇은 판. 보통의 철근 콘크리트에서는 얻을 수 없는 끈기나 충격·균열에 대한 저항력을 갖는다. 4~5 cm 정도의 두께에 철근과 쇠그물 2층을 배치하므로 품질 관리가 어렵다. 유럽에서 선박 등에 사용되어 발달한 기술이다.

ferro-concrete 철근 콘크리트(鐵筋－) = reinforced concrete

ferromagnetic 강자성(强磁性) 자석의 영향을 받으면 강하게 자화하는 성질. 철, 코발트, 니켈과 같은 재료에서 볼 수 있다. 강자성을 갖는 재료는 강한 전자 유도 효과를 내므로 전자 유도 효과를 이용하는 각종 전기 기계, 예를 들면 변압기, 유도 전동기 등에 널리 사용된다.

ferromortar 페로모르타르 =ferrocement

Festpunkt Methode 정점법(定點法) 연속보나 라멘의 해법의 하나. 부재마다 휨 모멘트 0이 되는 정점(定點)을 구해 두고, 재하(載荷) 스팬에서 다른 스팬으로 휨 모멘트를 전해 가는 방법.

few stories 저층(低層) 건물 높이가 낮은 것. 일반적으로는 1~3층 정도를 말한다. =low-rise

fiber 섬유(纖維) 가늘고 긴 실 모양의 고체 물질.

fiber board 섬유판(纖維板) 식물질 섬유를 주원료로 하여 압축 성형한 판을 총칭하는 것. 연질 섬유판, 반경질 섬유판, 경질 섬유판이 있다. 옥내의 천장·벽 등에 사용된다. 소리·열의 차단성이 크지만 흡습성이 있다.

fiber cement board 섬유 시멘트판(纖維－板) 실 모양의 물질과 시멘트를 물로 비벼서 판 모양으로 성형한 것.

fiber for plastering 여물 미장 공사에서 벽칠 재료에 혼합하여 건조 후의 수축 균열을 방지하는 것.

fiber glass 파이버 글라스 단열재 등에 사용되는 유리 섬유. →glass wool

fiberglass reinforced plastics 강화 플라스틱(强化－) 유리 섬유를 보강재로 한 열경화성 수지의 일종. =FRP

fiber insulation board 텍스 식물 섬유를 주원료로 하고, 주로 단열·흡음을 목적으로 하여 성형한 판. 연질 섬유판을 말하며, 비중 0.4 미만.

fiber reinforced concrete 섬유 보강 콘크리트(纖維補强－) 고강도의 섬유를 보강재로서 혼입한 콘크리트. 혼입되는 섬유에 따라 GRC(유리 섬유)·CFRC(탄소 섬유)·PFRC(합성 섬유) 등의 종류가 있다. 현재는 주로 프리캐스트 콘크리트로서 사용되고 있으나, 건축의 신소재로서 주목되고, 구조재로서의 개발도 이루어지고 있다. =FRC

fiber reinforcement 섬유 보강(纖維補强) 섬유를 재료 중에 혼입·복합함으로써 주로 재료의 변형능, 강도 등을 개선하는 것, 또는 그 상태를 말한다. →fiber reinforced concrete

fiber saturation point 섬유 포화점(纖維飽和點) 목재 세포가 최대 한도의 수분을 흡착한 상태. 함수율이 약 30%의 상태이다. 목재의 세기는 섬유 포화점 이상의 함수율에서는 변화는 없지만 그 이하가 되면 함수율이 작을수록 세기는 증대한다.

fiberscope 내시경(內視鏡) 유리 섬유의 케이블과 광원 장치를 써서 배관이나 기기의 내부를 보는 기구.

fiber stress 연응력(緣應力) 재료 표면의 재축(材軸) 방향의 응력.

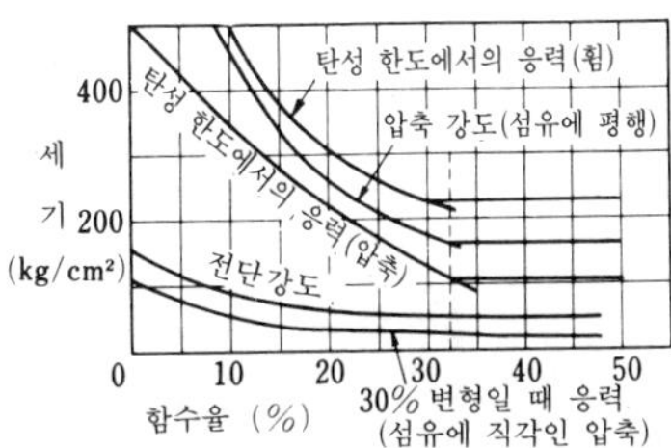

fiber saturation point

Fibonacci's sequence 피보나치 수열(-數列) 1, 2, 3, 5, 8, 13··· 등과 같이 인접하는 2항의 합이 다음의 항으로 되어 있는 수열.

fibre 섬유(纖維) =fiber

fibrous insulation 섬유계 단열재(纖維系斷熱材) 섬유를 사용한 단열재의 총칭. 유리솜, 암면, 셀룰로오스 파이버, 세라믹 파이버 및 단열판 등이 있다. 저온 영역에서 고온 영역까지 사용이 가능하다.

fibrous peat 섬유질 이탄(纖維質泥炭) 식물 섬유가 남아 있는 이탄.

fibrous wall coating 섬유벽(纖維壁) 섬유질 재료 및 풀을 물로 비벼 인두를 써서 칠하여 마감한 벽.

field 작업장(作業場), 현장(現場) 노동 작업을 하는 장소. 공사를 하는 장소.

field assembling 지상 조립(地上組立) 대형 구조물의 철골을 분할하여 현지에 반입해서 현장 조립에 앞서 조립하는 것. 또는 공장에서 가조립하는 것. =tentative assembling

field book 야장(野帳) 측량의 측정값을 현장에서 기록하는 수첩. 측량의 방법이나 목적에 따라서 형식이 다른 것이 있다. 누가 보아도 알 수 있도록 정해진 방법으로 정확하게 기입하고, 연필을 사용한다. 잘못 쓴 것은 선을 그어서 지우고 지우개는 사용하지 않는다.

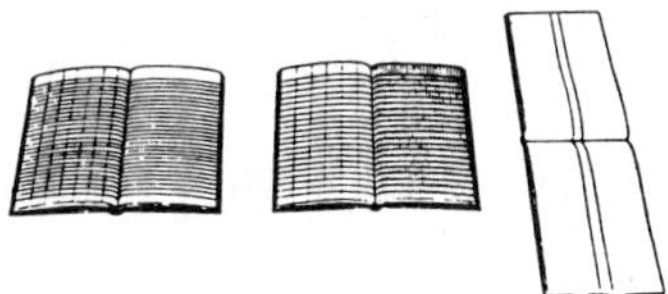

field control 현장 관리(現場管理) 공사 청부자가 하는 공사 관리 중 공사 현장에서 행하여지는 부분. 품질 관리, 공정 관리, 노무 관리, 원가 관리 등으로 이루어진다. =site management

field engineer 현장 관리자(現場管理者) =foreman, engineer's representative

field expense 현장 경비(現場經費) 현장을 운영 관리하는 데 필요한 간접적 비용. 현장 경비는 공사 현장에서의 경비 중 일반 관리 경비에 가까운 성격을 갖는 것의 총칭이다.

field joint 현장 접합(現場接合) 공장 접합에 대한 용어. 공사 현장에 반입 후에 부재를 접합하는 것.

field measure 현장 계량(現場計量) 현장에서 용기에 의한 계량 방법으로(표준 계량에 대해서 말한다), 콘크리트의 조합에 쓰인다.

field mix 현장 조합(現場調合) 계획 조합의 콘크리트가 얻어지도록 공사 현장에서 하는 조합. =job mix

field mixing 현장 비빔(現場-) 공사 현장에서 콘크리트 재료의 저장, 계량을 하고, 콘크리트를 비벼서 제조하는 것.

field office 현상 사무소(現場事務所) 시공자가 공사 관리를 하기 위해, 또는 건축주나 공사 감리자가 공사 감리 등을 하기 위해 현장에 가설하는 사무소. 또 공사 관계자 전원의 협의의 장으로서도 기능한다. =site office

field overhead expenses 현장 경비(現場經費) 공사의 실시에 있어서 현장의 관리 기능면에 투입되는 경비. 현장 경비와 일반 관리비 등을 합쳐 제경비라 한다. =site overhead expenses

field representative 현장 대리인(現場代理人) 공사의 시공에 있어서 청부자를 대신하여 공사 현장에 관한 일체의 사항을 처리하는 권한을 갖는 자를 말한다. 일반적으로 현장소장 등이라고 불리고 있는 자가 그에 해당된다.

field research 현장 조사(現場調査) =field survey

field rivet 현장 리벳(現場-) 공사 현장에서 박는 리벳(공장에서 박는 리벳은 공장 리벳이라 한다).

field survey 현장 조사(現場調査) 현장에서 수행하는 조사. =field research

field test 필드 실험(-實驗) 인간 공학이나 환경 심리학의 연구 중 실험실에서 할 수 있는 것과 현실의 조건 속에서 하는 것이 있는데, 후자인 경우의 인간의 행동·의식을 직접 취재하는 방법을 말한다.

field welding 현장 용접(現場鎔接) 공사 현장에서 하는 용접. 공장 용접의 대비어.

field work 현장 작업(現場作業) 야외에서 하는 거리·각도·고저차 등의 측정 작업

F

을 말한다.

figured glass 형판 유리(型板－) 판유리의 한쪽 면 혹은 양면에 모양을 내고, 장식을 겸해 확산광을 얻으면서 투시성을 적게 한 판유리. 욕실·변소·현관문 등에 사용된다.

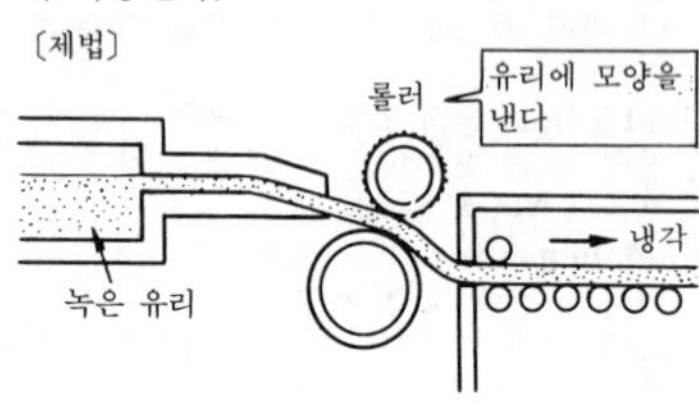

fill 흙쌓기, 흙돋움 재래 지반에 흙을 쌓아 올리는 것. ＝filling

filled ground 매립지(埋立地) 항만 용지, 공장 부지 등에 이용하기 위해 바다 등을 매립한 토지. ＝filled up-land

filled up-land 매립지(埋立地) ＝filled graound

filler 필러, 채움재(－材)[1], 눈먹임[2] (1) ① 두 부재 사이에 끼워넣는 작은 조각. 양 부재의 간격을 정확하게 유지하기 위해 사용하는 경우가 많다. 또 두 재료가 접촉하여 파손하지 않도록 임시로 삽입하는 경우도 있다. 나무 조각의 채움재를 받침목 또는 굄목이라 한다. ② 합성 수지에서 플라스틱 제품을 만들 때 증량, 보강, 성형 가공성의 개량 등을 위해 첨가하는 충전 재료.

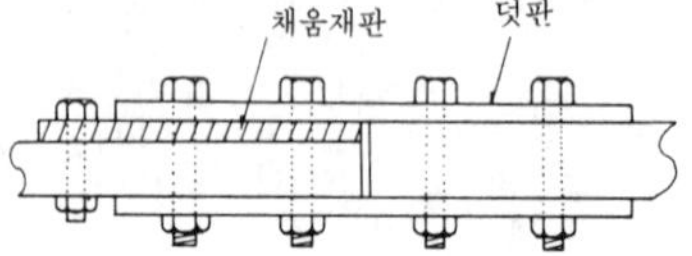

(2) 토분 등의 눈먹임제를 목재 표면에 칠하여 도관을 막아서 도료의 흡입을 방지한다든지, 표면을 평탄하게 하는 것. 투명한 도료(래커 등)를 칠할 때 등에 하는 바탕 처리법.

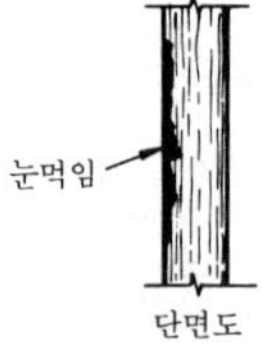

filler metal 용가재(鎔加材) 모재를 접합하기 위해 용접부에 용융 첨가되는 금속.

filler plate 필러 플레이트 두께가 다른 철골 부재를 덧판 사이에 끼우고 볼트 접합하는 경우, 두께를 조정하기 위해 삽입하는 얇은 강판.

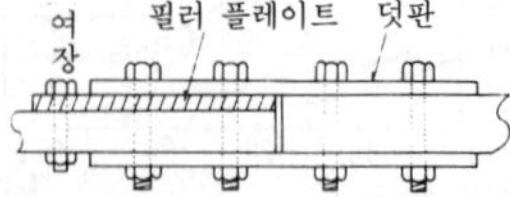

fillet weld 필릿 용접(－溶接), 모살 용접(－鎔接) 겹이음, T이음, 각이음에서 거의 직교하는 두 면의 만난선을 따라서 모살형으로 하는 용접.

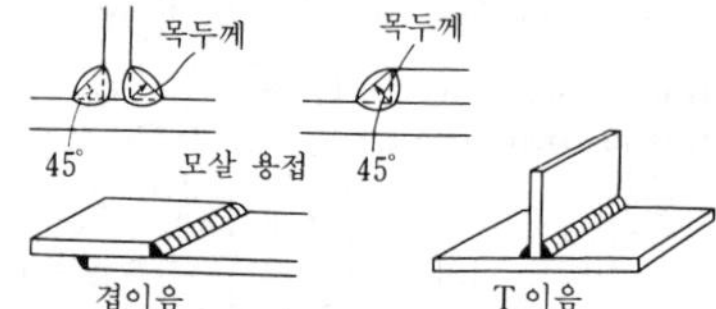

fillet welded joint 필릿 용접 이음(－鎔接－) 필릿 용접에 의해 접합한 용접 이음.

fillet weld in normal shear 전면 필릿 용접(前面－鎔接) ＝front fillet weld

fillet weld in parallel shear 측면 필릿 용접(側面－鎔接) 용접선의 방향이 전달하는 응력의 방향으로 거의 평행한 필릿 용접. ＝side fillet weld

filling 틈막이, 틈메움[1], 흙쌓기, 흙돋움[2] (1) 틈을 메우는 것. 예를 들면 기초 잡석을 배열한 다음 돌의 틈을 자갈로 메우는 것(이 자갈을 틈막이 자갈이라 한다). 또 칠을 할 때의 눈먹임을 하는 것 등.

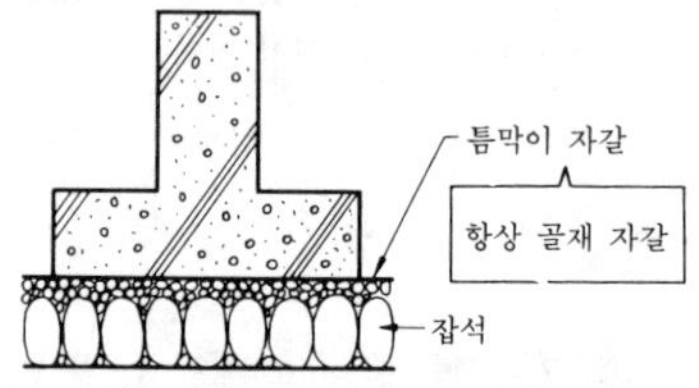

(2) ＝fill

filling gravel 틈막이 자갈, 사춤 자갈 틈막이에 사용하는 자갈.

filling mortar 사춤 모르타르 돌붙임을 할 때 돌과 바탕 뼈대 사이에 모르타르를 충전하는 것. ＝grouting

filling powder 토분(土粉) 목재 도장의 바탕이나 눈먹임 등에 쓰이는 안료. 목재의 색조에 가까운 색을 갖는다.

filling-up 매립(埋立) 패인 토지에 토사를

메우는 것.

full-up bank 흙쌓기, 흙돋움 대지 조성 등에서 현 지반 위에 다른 토사를 돋우어 다져서 소정의 형상으로 하는 것.

fill-up concrete block 거푸집 콘크리트 블록 콘크리트 타입(打入)용 거푸집으로서 사용하고, 그대로 마감재가 되는 박판으로 구성된 콘크리트 블록.

fill-up concrete block structure 거푸집 콘크리트 블록 구조(一構造) 비교적 얇은 콘크리트의 블록판을 조합해서 만들어진 중공(中空) 부분에 철근을 넣고 콘크리트를 타설하여 벽이나 기둥을 만드는 구조. 소규모 건축에 쓰인다.

fill-up construction 매립 공법(埋立工法) 연해를 매립하여 해안 또는 해중에 건축물의 부지를 조성하는 공법.

filling-up gravel 틈막이 자갈 잡석 지정에서 모오리돌의 틈사이를 메우기 위한 자갈.

film applicator 필름 애플리케이터 도막(塗膜)을 어느 일정한 두께로 칠하는 기구. 도막 시험에서 시료를 만드는 데 사용한다.

filter 필터, 여과기(濾過器) ① 어느 특정한 대역의 주파수의 음만을 통과시키거나 반대로 통과시키지 않거나 하는 특성을 갖는 기기. ② 여과를 하는 장치. ⓐ 급배수에서의 수중의 유해 불순물을 제거하기 위한 기구에서 보통, 용수의 여과는 모래층에 의하지만 작은 기구에는 자기 등을 쓰는 것이 있다. ⓑ 환기 장치 등에서 공기 중의 먼지 기타의 유해물을 여과에 의해 제거하는 것을 에어 필터라 한다.

filtration 여과(濾過) 건축 설비에서는 공기의 여과와 물의 여과가 있다. 공기 여과는 에어 필터 즉 공기 여과기에 의해 공기를 정화하는 것. 물의 여과는 모래와 같은 다공질의 층에 물을 통해서 수중의 현탁 물질을 제거하는 조작이다. 응집 조작을 받은 박테리아 등의 미소 입자는 모래 입자의 틈을 흐를 때 모래 입자 표면에 접촉, 부착하여 분리된다.

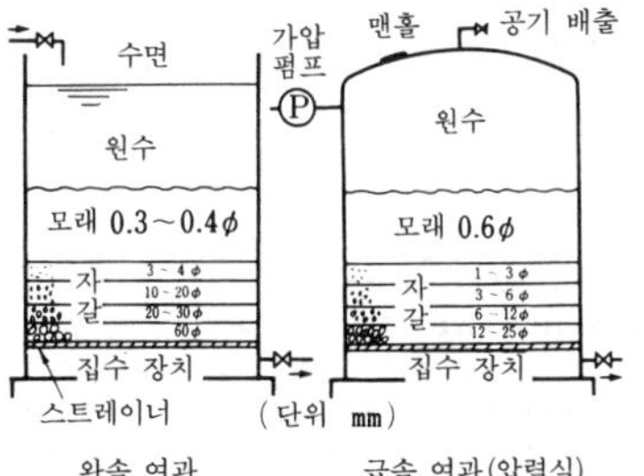

fin 핀 열전도를 좋게 하기 위해 파이프 주위에 부착하는 판 모양의 비늘. 파이프 주위에 나선형으로 감은 것을 나선형 핀, 여러 장의 평판으로 된 핀을 파이프에 관통시키는 것을 판형 핀이라 한다.

final setting 종결(終結) 시멘트의 응결이 끝났을 때를 의미한다. 물로 반죽한 시멘트는 초기에는 매우 큰 소성을 나타내고, 이것이 점차 줄어서 응고하여 단단해진다. 이 시기를 종결이라 한다. 그 다음은 점차 고결하여 외력에 저항할 수 있게 된다. 이 시기 이후를 경화라 한다. 종결의 측정 피커 바늘 장치로 행하여진다.

final sewage treatment plat 종말 처리장(終末處理場) 하수를 최종적으로 처리하여 공공용 수역으로 방류하기 위한 하수도의 처리 시설 및 이를 보충하는 시설.

final tightening 정체결(定締結) 철골 공사에서 볼트나 고력 볼트에 소정의 축력을 도입하기 위해서 하는 최종적인 볼트 체결.

final value of drying shrinkage strain 건조 수축 변형 최종값(乾燥收縮變形最終一) 콘크리트의 건조 수축 변형이 시간의 경과와 더불어 일정하게 되어 가는 값.

financial ratios 재무 비율(財務比率) 기업 경영의 내용을 표시하려고 하는 계수. 재무 제표에 있어서의 여러 수치간의 비율로서 산출한다. 안전성, 수익성 등에 관한 여러 비율이 있다.

financial statements 재무 제표(財務諸表) 손익 계산서나 대차 대조표 등 기업의 경영 내용을 나타내는 문서. 건설업의 경우에는 건설업 재무 제표 준칙에 따라서 작성된다.

financing plan 자금 조달 계획(資金調達計劃) 건설 사업이나 개발 사업에서 필요로 하는 자금을 어떻게 구성하고, 준비하는가에 대한 계획.

fine aggregate 잔골재(一骨材) 콘크리트용 골재 중 표준 망체(5mm)를 85% 이상 통과하는 골재.

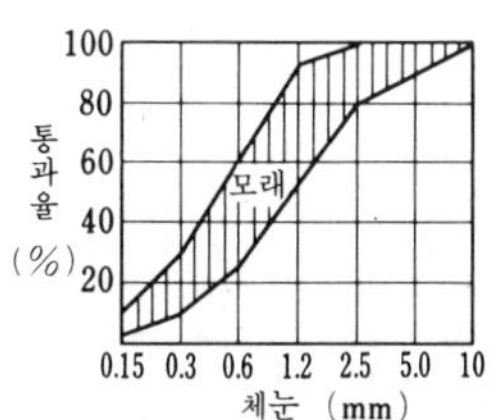

F

fine aggregate modulus 잔골재율(−骨材率) 잔골재 및 굵은 골재의 절대 용적의 합에 대한 잔골재의 절대 용적의 백분율.

fine ceramics 파인 세라믹스 요업계의 제품으로, 세라믹스의 특징인 내열성, 내식성, 전기적 절연성 등을 더욱 고도화시킨 것의 총칭. 용도는 인공뼈, 인공 치아, 콘덴서, 절삭 공구, 자동자 엔진, 광통신 케이블, IC기판 등.

fine glass 파인 글라스 ＝newglass

fine grain 가는 고든결 곧은결이 가는 것으로, 이에 대해서 거친 것은 거친 곧은결이라 한다.

fine-grained soil 세립토(細粒土) 입경(粒徑)이 75μm 이하인 흙입자.

fineness 분말도(粉末度) 분체(粉體)의 미세 정도. 체질 시험 · 비표면적(比表面積) 시험 · 기류에 의한 낙하 위치의 계측 등 각종 시험으로 구해진다. 시멘트의 분말도는 블레인(blaine)법에 의한다.

fineness modulus 조립률(粗粒率), 입도율(粒度率) 골재의 입도(粒度)를 나타내는 것.

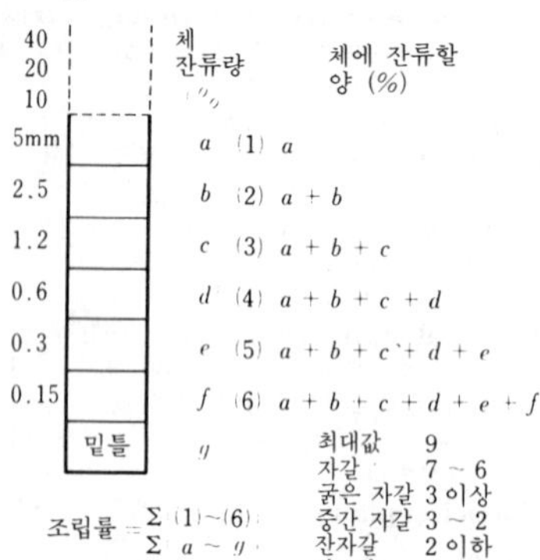

fineness test 분말도 시험(粉末度試驗) 시멘트의 분말도에 대한 시험으로, 망체법, 비표면적법(Blaine method)이 있다.

fine polymer 파인 폴리머 플라스틱계의 신소재.

fine sand 가는 모래 모래의 입도(粒度)를 나타내는 방법에는 5mm 이하, 2.5 mm 이하, 1.2mm 이하, 0.6mm 이하의 네 종류가 있는데 주로 0.6mm 이하의 것을 말한다. 미장용 모래로서 쓴다.

fine steel 파인 스틸 금속 복합 재료에 사용되는 내열성, 강도, 내식성과 같은 특정한 기능을 높인 강재의 총칭.

finger joint 핑거 조인트 좌우의 손가락을 조합시킨 것과 같은 목재의 이음 방법.

finger plan 핑거 플랜 병원 등에서 볼 수 있는 것과 같이 각 병동을 관리하기 쉽게 하기 위해 한 곳에서 여러 동으로 분기하는 형식의 설계 방법.

finish 마감(磨勘) ① 건축물의 표면을 마무리하기 위한 재료, 공법, 구법(構法) 등의 총칭 및 표면의 부분. ② 설비 관계를 제외한 구조 강도를 부담하지 않는 부분의 총칭.

finishability 피니셔빌리티 콘크리트 타설면을 마감할 때 작업성의 난이를 나타내는 아직 굳지 않은 콘크리트의 성질.

finish coating 정벌바름, 정벌칠 최종 마무리의 도장.

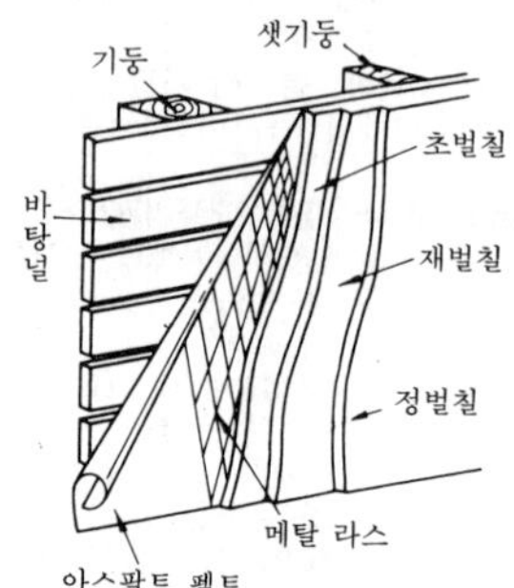

finished bolt 마감 볼트(磨勘−) 축의 부분이 올바른 형상으로 마감되어 있는 볼트. 건축에서 사용하는 것은 중(中) 볼트이다.

finished concrete block 치장 콘크리트 블록(治粧−) 연삭 마감, 스프릿 마감 등에 의해 미리 표면에 마감을 한 콘크리트 블록.

finished grading level 정지 지반면(整地地盤面) 요철(凹凸)이나 장애물이 있는 부지를 정리, 또는 조성하여 평균하게 다진 지반면.

finished on both sides 평벽(平壁) 기둥을 내외의 양면에서 감싸고, 중간을 비어 둔 벽. 벽 내부에는 충분히 가새가 들어가므로 건물이 튼튼해진다. 또 방음, 방열을 위해 벽의 공간에 톱밥이나 왕겨, 방화에는 모래를 넣는다든지 벽돌을 쌓는다. ＝stud wall framing

finished size 마무리 치수(−數) 모든 가공이나 조립이 완료한 상태에서의 치수.

finish floor 피니시 플로어 바닥을 구성하는 재료 중 맨 마지막이 되는 재료 즉 마감재를 말한다. 미관과 내마모성이 요구

된다.

finish hardware 피니시 하드웨어 단지 하드웨어라고도 하며, 문의 손잡이 등 이른바 건축 철물을 말한다.

finishing capentry 조작(操作) ① 목공사에 축조(軸組) 공사 완료 후에 행하여지는 천장, 바닥, 문턱, 계단, 붙박이 가구 등의 마감 공사의 총칭. ② 가옥을 만드는 것을 말한다.

finishing material load 마감 하중(磨勘荷重) 마감재에 의한 고정 하중.

finishing of wall 벽마감(壁磨勘), 벽마무리(壁－) 보드류를 붙이거나 벽지를 발라 벽면을 마무리하는 것.

finishing plane 마감 대패(磨勘－) 목재를 깎을 때 마지막 마감에 사용하는 대패. 보통의 대패보다 얇은 날을 사용한다.

finishing whetstone 마감 숫돌(磨勘－) 날을 갈 때 마감의 단계에서 사용하는 치밀하고 단단한 점판암(粘板岩)의 숫돌.

finish schedule 마감표(－表), 마무리표(－表) 건축물의 내부와 외부의 각각에 대해서 각 부분의 모든 마감 재료를 일람표로 정리한 것.

finite difference method 유한차법(有限差法) 회전각이나 모멘트를 미지수로 한 연립 방정식(유한차 방정식)을 풀음으로써 구조 부재 혹은 골조(뼈대) 등의 응력과 변형을 구하는 방법의 하나.

Fink truss 핑크 트러스 지붕틀 구조의 일종으로, 미국의 핑크의 이름을 딴 트러스. 연직 하중시의 압축재가 짧은 것이 특징이며, 철골 트러스로서 가장 널리 사용되는 형이다.

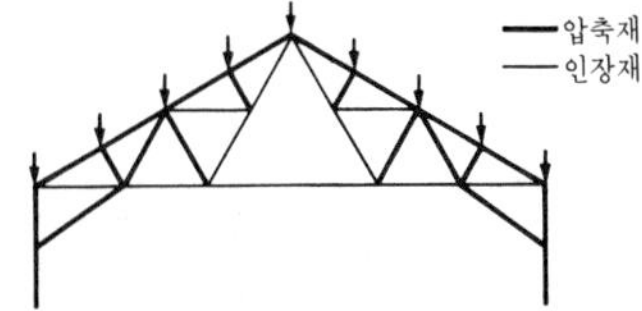

fire 화재(火災) 건물, 차량, 선박, 삼림 등이 연소하는 현상.

fire alarm 화재 경보기(火災警報器) 화재 발생을 알리는 발신기와 이것을 수신하여 표시·기록하는 수신기·음향 경보기로 이루어지는 장치. 수동식(푸시버튼식이라고도 한다), 사설 화재 경보기(자동 화재 경보기라고도 한다)가 있다.

fire alarm apparatus 화재 경보 설비(火災警報設備) 화재 발생시 이것을 검지하여 벨 등으로 경보하는 동시에 소방서 등에 통보하는 장치. 자동 화재 경보 설비,

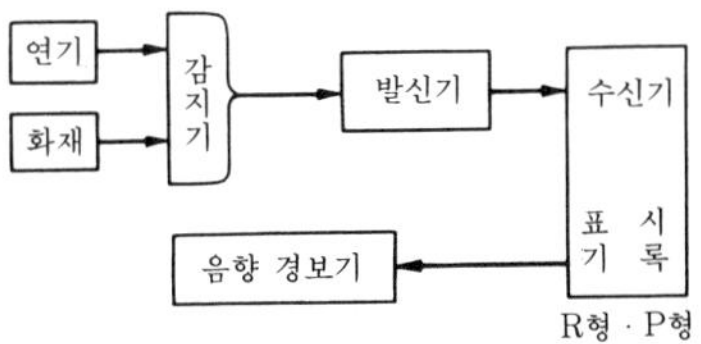

fire alarm

전기 화재 경보 설비, 소방 기관으로 통보하는 화재 경보 설비, 경종·비상 벨·사이렌, 기타의 비상 경보 기구 또는 비상 경보 설비로 분류된다.

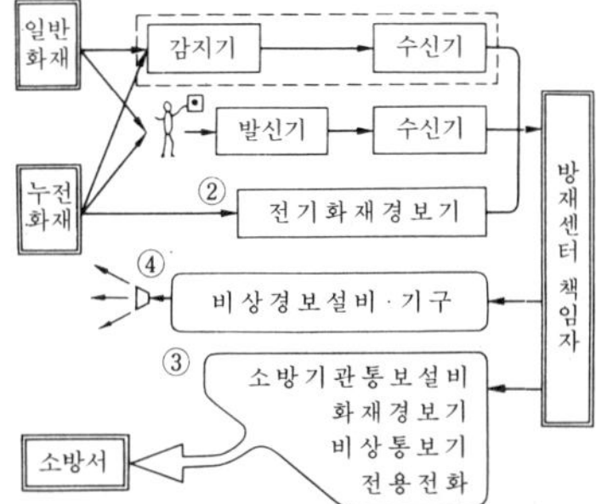

fire alarm device 화재 경보기(火災警報器) 화재 발생의 염려가 있는 장소에 설치하여 화재의 발생을 벨 소리 등으로 인간에게 전하는 기기를 말한다. 화재 감지기로부터의 입력에 의해 동작하는 것도 있으나, 감지기가 경보기에 내장되어 있는 것이 많다.

fire alarm service telephone 화재 전용 전화(火災專用電話) 화재시에만 사용하는 전화를 말한다. 보통 소방서 직통의 전용 전화를 의미하지만, 공중 전화망을 이용한 119번 전화, 혹은 구내 자동 교환 설비의 특수 번호를 이용한 화재시 전용 전화 등이 있다.

fire atmospheric phenomena 화재 기상(火災氣象) 화재가 났을 때 특유한 국지적인 기상 현상. 화재가 발생했을 때 열대류에 의해 열풍이 일어나는 것 등.

fire belt 방화띠(防火－), 방화대(防火帶) 도시 방화의 목적으로 두어진 띠 모양의 지역으로, 내화 건축(방화 건축대) 또는 녹지(방화 식수대) 등.

firebreak belt 연소 차단대(燃燒遮斷帶) 연소를 차단하기 위해 설치하는 지대. 도로, 철도, 하천 등의 골격이 되는 연소 차단 노선과 그 연선 시가지의 내화 건축물,

공원, 빈터(공지) 등으로 만들어진다.

fire brick 내화 벽돌(耐火－) 내화도 1,580℃ 이상의 내화성을 갖는 벽돌. 공업용 노, 굴뚝 등에 사용한다. ＝refractory brick

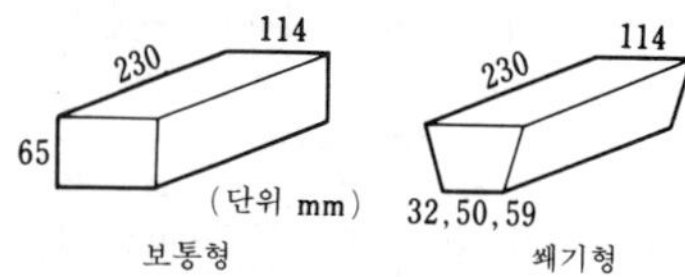

fire by gas explosion 가스 폭발 화재(－爆發火災) 폭발성 물질이나 인화성 물질 등의 순간적인 화학 변화에 의해서 발생하는 폭발 화재.

fire clay 내화 점토(耐火粘土), 내열토(耐熱土), 내화토(耐火土) 고온도에 견디는 찰흙.

fire compartment 방화 구획(放火區劃) 건축물 내부에서 발생하는 화재의 연소 방지를 위해 일정한 부분을 다른 부분과 방화적으로 격리한 구획. 면적 구획, 이종(異種) 용도 구획 등이 있다.

fire curtain 방화막(防火幕) 불연성의 재료로 만든 막, 또는 가연성의 재료로 만든 것을 방화제로 처리한 막. ＝fire screen

fire-damage 화재 손해(火災損害) 건물, 차량, 선박, 삼림 등의 화재에 의한 손해. 보통, 소실 면적, 손해액 등을 나타낸다.

fire damper 방화 댐퍼(防火－) 화재시에 불꽃·연기 등을 차단하기 위해 덕트 내에 설치하는 장치. 덕트가 방화 구획을 관통하는 부근에 설치된다. 온도가 상승하면 퓨즈가 녹아서 자동적으로 닫는다.

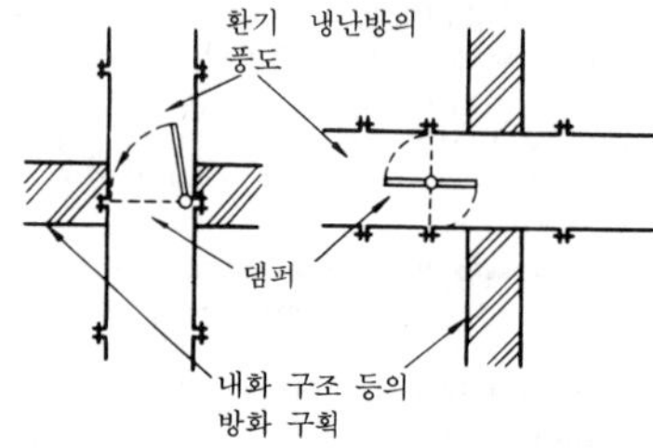

덕트가 방화 구획을 관통하는 부근에 설치된다

fire defence by destruction 파괴 소방(破壞消防) 소방 전술의 하나. 연소 중인 것 혹은 연소될 염려가 있는 것을 파괴하여 더 연소가 확대하는 것을 저지하는 것.

fire department connection 송수구(送水口)[1], 연결 송수관(連結送水管)[2] (1) 스프링클러 설비, 연결 살수 설비, 연결 송수관에 소방 펌프차로부터 송수하기 위한 쌍구(雙口)의 호스 접속구. ＝siamese connection

(2) 화재가 발생했을 때 지상에서 호스를 연장하기가 곤란한 고층 건물 등을 대상으로 하여 소방 펌프차로부터 송수구를 통해서 압력수를 보내어 방수구에서 호스, 노즐에 의해 방수하여 소화하는 설비. ＝fire department standpipe

fire department standpipe 연결 송수관(連結送水管) ＝fire department connection

fire detector 화재 감지기(火災感知器) 실내의 출화를 자동적으로 감지하여 경보를 발하는 장치로, 화재 경보기의 일부. 이 형식에는 정온식과 차동식이 있고, 차동식에는 스폿형과 분포형이 있다. 배분은 실내 천장면에 배치하고, 이것과 수신반을 잇는 회로를 포함하여 화재 경보기가 된다.

fire door 방화문(防火門) 화재의 확대, 연소를 방지하기 위해 개구부에 설치하는 문. 건물 위주의 개구부에 설치하는 경우는 주로 연소를, 내부의 방화벽 등의 방화 구획에 있는 개구부에 설치하는 경우는 확대를 방지하는 것이 목적.

연소될 염려가 있는 부분

방화문

내화건축물 간이 내화 건축물 방화 지역 · 준방화 지역의 건축물

개구부

방화구획 방화벽 피난계단

fire duration time 화재 계속 시간(火災繼續時間) 건축물의 화재에서 출화하고부터 가연물이 다 타고 불기운이 약해지기까지의 시간. 방화 공학(防火工學)에서는 화재의 최성기 시간을 가리키는 경우가 있다.

fire endurance time 내화 시간(耐火時間) 방화 구획 구성 부재인 바닥, 벽, 문, 보, 기둥 등의 화재에 저항할 수 있는 시간. ＝fire resistive period

fire engine 소방 펌프(消防－) 화재시의

소화 주수에 소방대가 사용하는 펌프. 소방 펌프 자동차 등에 설비되어 있는 것으로, 건축 설비의 소화 펌프와 구별된다.

fire escape apparatus 피난 기구(避難器具) 피난 사닥다리, 구조대(救助袋) 등, 화재시에 건물 내에서 피난하기 위해 사용하는 기구. →escape equipment

fire escaping floor 피난층(避難層) 직접 지상으로 통하는 출입구가 있는 층. 계단을 통하지 않고 안전하게 지상으로 나올 수 있으며, 경사지 등에서는 2 이상의 층이 해당하기도 한다. =refuge floor

fire escape stair 피난 계단(避難階段) = emergency stair

fire escaping equipment 피난 설비(避難設備) 피난할 때 사용하는 용구. 피난 사닥다리 · 슈트 · 구조대(救助袋) · 완강기(緩降機) · 피난교 등과 그에 수반하는 유도등 · 표지 등을 말한다.

fire escaping floor 피난층(避難層) 건축기준법상 지상에 직접 통하는 출입구가 있는 층.

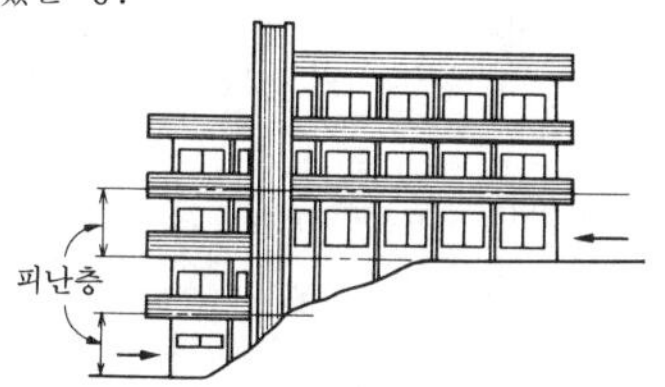

fire exit 비상구(非常口) 출화나 기타 비상시의 출구.

fire extinguisher 소화기(消火器) 불을 끄는 기구. 일반적으로는 소방 펌프와 구별하고, 소화용의 대상에 따라 다음과 같이 대별된다. 물탱크가 달린 펌프 소화기, 산 알칼리 소화기, 거품 소화기, 4염화 탄소 소화기, CB소화기, 탄산 가스 소화기, 가스 가압 수조 소화기, 분말 소화기.

fire extinguishing 소화(消火) 불을 꺼서 연소를 정지시키는 것. 열, 산소, 연료 등 어느 것인가를 차단함으로써 냉각 소화, 질식 소화, 파괴 소화 등의 방법이 있다.

fire extinguishing system 소화 설비(消火設備) 물 기타의 소화 약제를 써서 소화하는 설비 또는 기계 기구. 소화기, 소화전, 스프링클러, 물분무 소화, 거품 소화, 분말 소화, 동력 소방 펌프, 연결 살수, 연결 송수관 등의 각 설비를 말한다. =extinguishment equipments

fire extinguishment 진화(鎭火) 가연물이 다 타든가 소화 활동에 의해 불이 꺼지든가 하여 화재가 종료하는 것. =fire extinguishing

fire fighting 소방(消防) 화재를 예방, 경계, 진압하여 국민의 생명, 재산을 화재로부터 보호하는 동시에 풍수해, 지진 등의 재해에 의한 피해를 경감하는 것.

fire fighting system 방재 설비(防災設備) 화재의 예방, 피난, 초기 소화, 본격 소화를 지원하는 설비의 총칭. 자동 화재 경보, 유도등, 유도 방송, 비상용 조명 장치, 배연, 옥내 소화전, 스프링클러, 드렌처(drencher), CO_2 및 할로겐 화합물 소화, 연결 송수관, 비상용 콘센트, 비상용 엘리베이터 등. =fire protection system →emergency power for fire protection

fire hydrant 소화전(消火栓) 소화를 위해 설치된 방수 개소의 총칭. 옥내 소화전과 옥외 소화전이 있다. 그림은 옥내 소화전의 예이다.

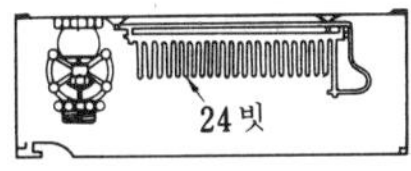

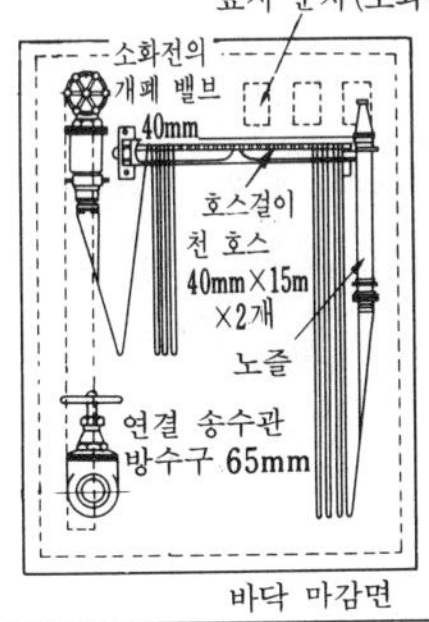

fire information apparatus 화재 통보설비(火災通報設備) 고정 장소에 설치된 수동의 화재 통보기에서 화재 발생을 소방서에 전하는 설비. 건물 내에서는 방재센터 혹은 경비원이 있는 장소에 통보하는 설비.

fire insurance 화재 보험(火災保險) 화재에 의해 입는 손해를 보상하기 위한 손해보험. 건축에 관한 대표적인 보험.

fire insurance premium 화재 보험료(火災保險料) 화재 보험 가입자가 보험 회사에 지불하는 요금. 가옥 소재지의 위험도, 가옥의 구조 등에 따라서 산정되는 요율과 보험 금액에 의해서 산출된다.

fire limit 방화 구획(防火區劃) 건물 내부

의 연소를 방지하기 위해 설치한 칸막이 벽, 격벽, 방화문 등에 의해 절연되는 것.

fire load 화재 하중(火災荷重) 건물 화재에 의한 가열 온도를 가리킨다. 한 건물에 대한 화재 하중은 내부의 가연물 양으로 정해진다. 인접 건물에 대한 화재 하중은 내부 가연물의 양과 화재 건물의 구조를 포함한 것이 된다.

fire mortar 내화 모르타르(耐火－) 내화 벽돌을 쌓는 데 사용하는 특수한 모르타르. ＝fire resistance mortar

fire occurrence 출화(出火) 화재가 나는 것. 보통 목조의 화재에서는 천장판에 착화했을 때, 혹은 천장뒤나 벽내의 나무에 착화했을 때를 출화 시각으로 하는 경우가 많다. ＝fire outbreak, outbreak of fire

fire occurrence point 출화점(出火點) 화재에서 출화가 발생한 장소. 건물 화재에서는 건물 내의 출화 장소를 가리키고, 시가지 화재 등에서는 출화 건물의 위치를 가리킨다.

fire occurrence ratio 출화율(出火率) 인구 1만인당 1년간의 출화 도수. 단위 지역 면적(또는 건물 바닥 면적)당 1년간의 출화 도수, 혹은 1동당 1년간의 출화 도수를 말하기도 한다. →risk index occurrence

fire outbreak 출화(出火) ＝fire occurrence

fire partition 방화 구획(防火區劃) 화재의 확대를 방지하기 위해 설치되는 방화상 유효한 구획. 내화 구조의 바닥 · 벽 또는 소화문으로 구획한다.

fire place 난로(煖爐) 난방을 위해 장작이나 석탄을 직접 태우기 위한 노. 굴뚝을 설치하기 위해 벽측에 만들어지는 것과 독립한 것이 있다.

fire plume 화재 기류(火災氣流) 화재시에 발생하는 기류. 열대류 현상의 일종이지만, 화재가 원인이 되는 경우는 화재 기류라 한다.

fire point 발화점(發火點) 연소를 시작하는 온도로, 목재의 발화점은 350～450℃이다. ＝ignition point

fire preventive belt 방화대(防火帶) 도시에서의 화재 연소 방지의 목적으로 두어지는 띠 모양의 지역. 방화 건축대, 방화 식수대 등이 있다.

fire preventive block 방화 구획(防火區劃) 도시에서 화재시에 화재를 국부적으로 억제하는 동시에 피난을 용이하게 하기 위해 일정 면적 이내의 지역마다 또는 일정 용도의 지역에 대해서 그은 구획.

fire preventive building zone 방화 건축대(防火建築帶) 도시의 대화 연소 방지를 위해 그 주요 노선 연변을 내화 건축물에 의해 불연화하여 방화대로 하는 지역.

fire preventive construction 방화 구조(防火構造) 내화 구조에 이은 방화 성능으로서 일정한 기준에 적합하는 구조. 벽, 바닥 등에 대해서 바탕이 불연 재료인 경우와 목조인 경우로 나누어서 지정되고 있다.

fire preventive district 방화 지역(防火地域) 시가지에서의 화재의 위험을 방지하기 위해 도시 계획에 의해서 정해지는 지역 지구의 하나.

fire preventive equipment 방화 설비(防火設備) 건물을 화재로부터 지키기 위한 설비의 총칭. 방화 구획, 피난 계단, 배연 설비, 비상용 조명 장치, 소화 설비, 경보 설비, 피난 설비, 소방 용수, 소화 활동상 필요한 시설을 말한다. ＝fire protection facilities

fire preventive green belt 방화 식수대(防火植樹帶) 불에 강한 상록 광엽수를 주요 노선 등을 따라서 띠 모양으로 심어, 수목에 의한 방화대로 한 지대. →fire preventive tree

fire-preventive material 방화 재료(防火材料) ① 통상의 화재시의 가열에 있어서 화재의 확대를 억지하고, 또한 연기 또는 유해 가스의 발생으로 피난을 저해하는 일이 없는 재료. ② 건축 기준법에 규정되는 불연 재료, 준불연 재료, 난연 재료 등의 총칭.

fire preventive tree 방화수(防火樹) 화재 연소를 방지할 목적으로 심어진 수관(樹冠)의 지엽이 많고, 화열력(火熱力)의 감소와 열풍 차단의 효과가 있는 상록 광엽수를 가리킨다.

fireproof building 내화 건축물(耐火建築物) 건물이 화재가 나도 도괴하는 일 없이 일부의 수리만으로 재사용이 가능할 것을 목적으로 한 건축물.

fire proof center 방재 센터(防災－) 지역 내 또는 건축물의 방재 관계 각종 설비를 감시하고, 제어하기 위한 설비를 갖춘 방.

fireproof construction 내화 구조(耐火構造) 철근 콘크리트 구조 · 벽돌 구조 등 화재를 받아도 일정 시간 이상 불에 견디고, 건물을 지탱하는 구조.

fireproofing adhesives 내화 접착제(耐火接着劑) 내화 피복재를 철골 등에 부착할 때의 접착제. 물유리에 무기질의 충전재를 혼합한 것으로, 800℃ 정도의 열에 견딘다. 접착 강도는 그다지 크지 않다.

fireproofing materials 내화 재료(耐火材料) 콘크리트나 석재와 같이 화재를 당해도 표면만 변질하고 외면의 보수 정도로 재사용할 수 있는 것.

fireproofing protection 내화 피복(耐火被覆) 철골조의 기둥·보 등을 내화 구조로 하기 위해 표면을 필요한 내화 성능을 가진 재료로 감싸는 것.

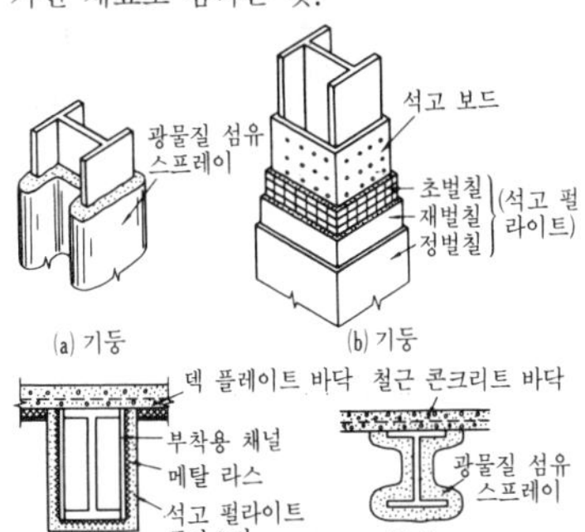

fireproof paint 방화 도료(防火塗料) ＝fire-retarding paint

fireproof road 방화 도로(防火道路) 시가지의 연소 화재를 방지하는 방화대로서 대응하는 교통량 이상으로 넓은 도로. 방화 건축대 등과 한 몸으로서 방화 효과를 얻는다.

fire protecting performance 방화 성능(防火性能) 건축 재료나 구조 부위의 화재 확대 방지 능력. →fire resistance efficiency

fire-protecting test 방화 성능 시험(防火性能試驗) 재료나 구조의 방화상 성능을 판정하는 시험. 일반적으로는 화재시를 재현하는 표준 온도 시간 곡선에 따라 가열로 내에서 시험체를 가열하여 재료의 표면 온도, 손상 열화의 유무로 판정한다. 내화 구조에 대해서는 내화 시험이라 하기도 한다.

fire protection construction 방화 구조(防火構造) 지역 내에 있는 목조의 건축물에서 그 외벽 및 처마 뒤에서 연소할 염려가 있는 부분 또는 지정하는 위치의 계벽·칸막이벽 및 격벽을 법령으로 정하는 방화 성능을 갖는 구조로 한 것. 방화 구조는 본래 목조 건축물의 연소를 방지하기 위한 구조이다.

fire protection facilities 방화 설비(防火設備) ＝fire preventive equipment

fire protection system 방재 설비(防災設備) ＝fire fighting system

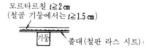

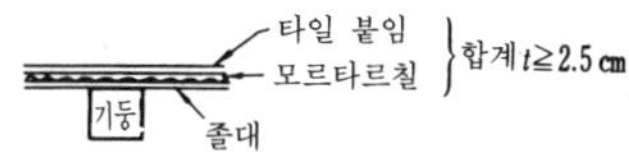

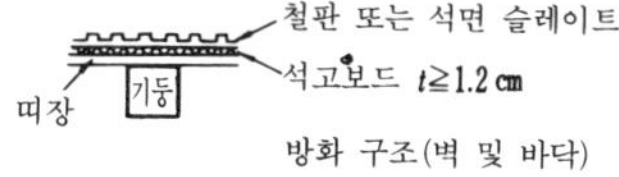

철판 또는 석면 슬레이트
석고보드 $t \geq 1.2$ cm
띠장
기둥

방화 구조(벽 및 바닥)

fire protection construction

fire pump 소방 펌프(消防－) 화재 소화를 위한 주수용 펌프. 종류는 볼류트 펌프, 터빈 펌프, 로터리 펌프, 피스톤 펌프 등이 있다.

fire resistance design 내화 설계(耐火設計) 건물 내에 발생한 화재를 하나의 방화 구획 내에 봉해 버리도록 화재 하중을 고려하여 구획 부재나 가구(架構) 골조를 설계하는 것.

fire resistance efficiency 내화 성능(耐火性能) 부재가 갖는 화재에 저항하는 성능. 차염(遮焰), 차열, 구조 안정(내열)의 3성능으로 이루어진다. ＝fire resistive performance →fire protecting performance

fire resistance mortar 내화 모르타르(耐火－) ＝fire mortar

fire resistance test 내화 시험(耐火試驗) 건축 재료 및 구조의 내화성에 관한 시험. 시험은 급별로 가열 온도를 규정의 조건에 따라서 가하고, 이 때의 이면 온도, 착염(着炎) 온도 또는 착염까지의 시간 등을 측정하여 시험체의 내화성을 판별한다.

fire resistance test under load 재하 가열 시험(載荷加熱試驗) 바닥, 벽, 보, 기둥 등의 방화 구획을 구성하는 부재에 하중을 걸면서 가열하여 그 내화 성능을 판정하는 시험 방법. →fire resistance test

fire resistance time 내화 시간(耐火時間) 내화 구조의 성능 기준이 되는 통상의 화재시 가열에 견딜 수 있는 시간수. 3시간·1시간·30분 등의 그레이드로 나뉘어져 있다.

fire resisting construction 내화 구조(耐火構造) ＝fireproof construction

fire-resisting material 방화 재료(防火材

料) =fireproofing material

fire resisting wall 내화벽(耐火壁)[1], 방화벽(防火壁)[2] (1) 내화 구조의 벽을 통칭하는 것.
(2) =division wall

fire resistive building 내화 건축물(耐火建築物) 주요 구조부를 내화 구조로 한 건축물. 외벽의 개구부에서 연소의 염려가 있는 부분에는 법률에 정해진 구조의 방화문 등을 갖춘다. =fireproof building

fire resistive construction 내화 구조(耐火構造) 소요의 내화 성능을 갖는 구조. =fireproof construction

fire resistive covering 내화 피복(耐火被覆) 주로 강구조의 기둥, 보 등에 내화 성능을 갖게 하기 위한 피복.

fire resistive covering material 내화 피복재(耐火被覆材) 기둥, 보 등의 강구조 골조를 화재로부터 지키기 위해 사용하는 단열성이 있는 내화 재료. 암면, 규산 칼슘판, 질석 모르타르 등이 있다.

fire resistive material 내화 재료(耐火材料) 화재시 등의 고온하에서 성능이 저하하지 않는 재료.

fire resistive performance 내화 성능(耐火性能) =fire resistance efficiency

fire resistive period 시간(耐火時間) = fire endurance time

fire-retardant timber 방화 목재(防火木材) 난연 약제를 가압 주입한다든지 방화 도료를 칠함으로써 난연 처리한 목재.

fire-retarding paint 방화 도료(防火塗料) 목재에 칠함으로써 화재에 의한 연소를 어느 정도 방지할 수 있는 도료. 물유리(규산 나트륨)의 수용액에 내화성 안료를 넣은 것, 카세인이나 아교에 석면, 석회 등을 섞은 수성 도료, 실리콘 수지 도료, 염소 화합물을 포함하는 것 등 외에 아민계 합성 수지에 거품제나 소염제를 넣은 기포성(起泡性) 방화 도료가 있다.

fire risk 화재 위험도(火災危險度) 도시에서 화재가 얼마나 자주 발생하는가를 평가한 지표. 출화 위험도와 연소 위험도를 가미해서 구한다. →degree of total danger

fire screen 방화막(防火膜) =fire curtain

fire shutter 방화 셔터(防火－) 방화 성능을 갖는 셔터. 방화문의 일종.

fire simulated temperature curve 표준 가열 온도 곡선(標準加熱溫度曲線) = standard of temperature and heating time

fire spreading 연소(燃燒) 화재가 구획내, 건물 내, 블록 내 등의 발생 장소에서 다른 장소로 확대하는 것.

fire station 소방서(消防署) 소방을 위한 기구, 설비를 갖추고, 소방 집행하는 기관을 말한다.

fire stop material 화염 막이재(火焰－材) 벽돌, 콘크리트, 목편 블록 등으로 대표되는 화재의 전파 작용을 방지하는 곳에 사용하는 블록 모양의 재료.

fire tower 망루(望樓) 소방서에서 화재 등의 조기 발견을 위해 높게 세워진 감시대.

fire treatment 방화 처리(防火處理) = flame-retardant material

fire tube 연관(煙管) 각종 연관 보일러에서 연소 가스의 통로가 되는 관을 말한다. →fire tube boiler

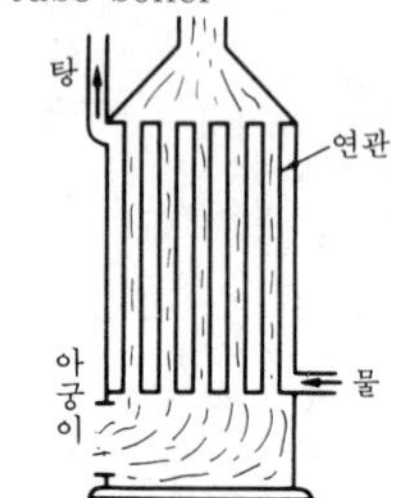

fire tube boiler 연관 보일러(煙管－) 보일러 동체 속에 다수의 연관을 갖춘 보일러. →fire tube

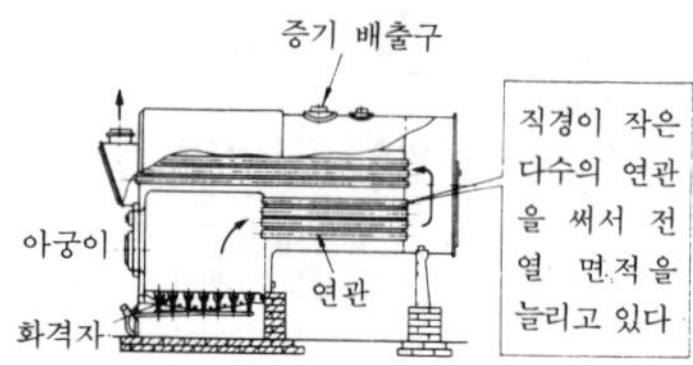

fire wall 방화벽(防火壁) 규모가 큰 목조 건물을 적당한 크기로 구획하고, 한 구획 내에서의 출화를 다른 구획으로 확대시키지 않는 것을 목적으로 한 벽.

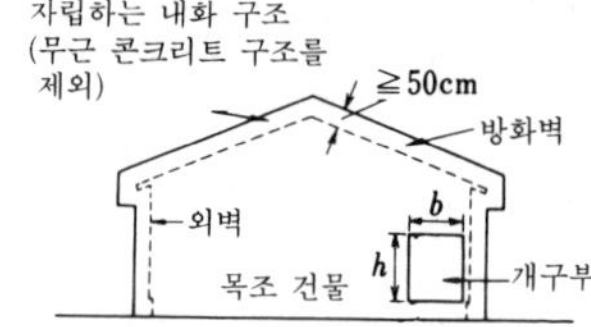

fire zone 방화 지역(防火地域) 도시 계획법에 의해 도시 방재상 당국이 지정하는

지역의 하나. 구역 또는 간선 도로를 따라서 지정하고, 구조상의 규제가 가장 엄격하며, 원칙으로서 목조 건축물은 건축할 수 없다.

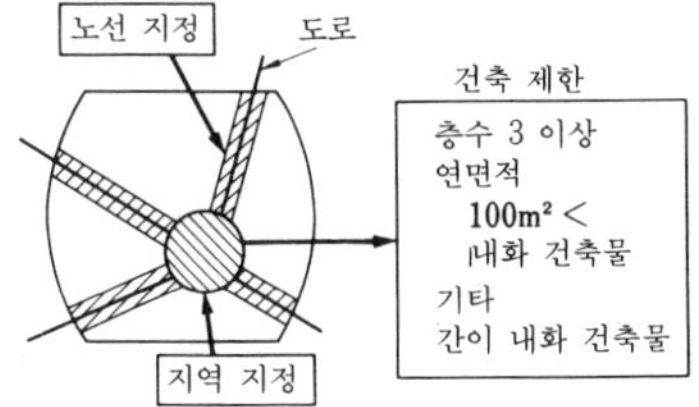

firing 점화(點火) 불을 붙이는 것. 어떤 수단에 의해 연소를 일으키게 하는 것.

first-aid fire fighting 초기 소화(初期消火) 출화 후 재빨리 소화하는 것. 일반적으로는 소방대가 도착하기 전에 자동 소화 설비 또는 출화점 가까이에 있는 자 등에 의한 소화를 가리킨다.

first angle projection 제1각법(第一角法) 물건 등을 제1각에서 투영면에 정투영하는 제도 방식. →third angle projection

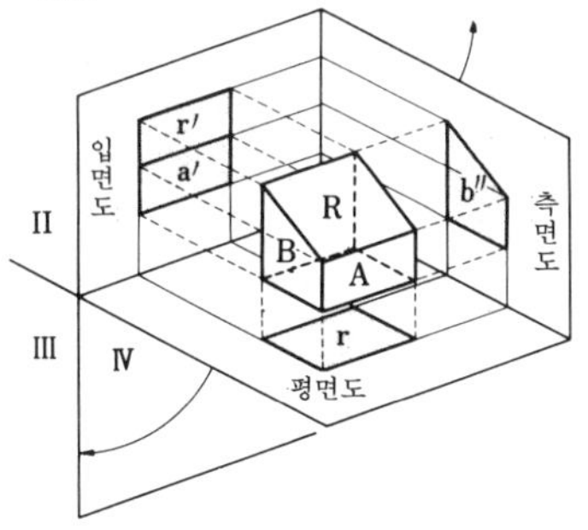

first coating 초벌, 초벌칠 미장 공사나 도장 공사·도막 방수 공사 등에서 도장층이 2층 이상으로 되는 경우의 최초에 칠하는 층, 또는 그 작업.

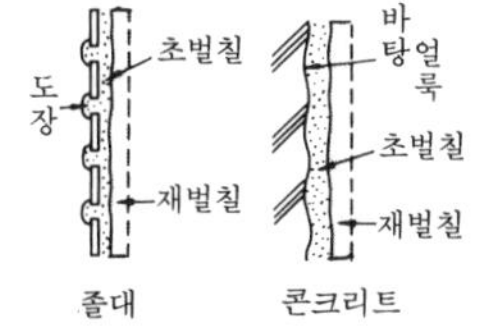

first floor 1층(一層) 건물의 지상층 중 맨 아래층. =ground floor

first fundamental metric 제1 기본 계량(第一基本計量) 곡면상의 국소 공간 좌표에서 서로 1차 독립한 접선 기본 벡터 또는 그 스칼라곱을 말한다.

first layer of stone 밑창돌 돌쌓기, 돌붙이기할 때 최하단에 두는 돌.

fished joint 부목 이음(副木－) 이음을 보강하기 위해 부목을 대서 잇는 이음. =spliced joint

fishermen's house 어가(漁家) 가족 노동력을 중심으로 한 개인 경영으로 어업을 영위하는 세대 및 어업 경영체에 고용되는 어업 종사자 세대의 총칭. =fishery households

fishery harbor 어항(漁港) 어업의 근거지가 되는 천연 또는 인공의 수역, 육역(陸域) 및 시설의 종합체. =fishing port

fishery households 어가(漁家) =fishermens' s house

fishery settlement 어업 취락(漁業聚落) 어가(漁家)의 취락. 엄밀하게는 농업 취락의 총호수에 대한 어가수의 비율이 30% 이상인 취락을 말한다.

fishery settlement planning 어촌 계획(漁村計劃) 생산·유통 기능과 교통의 거점인 어항과 생활 공간인 어업 취락의 생활 환경과의 종합적인 정비를 도모하는 계획. →rural planning

fish eye 은점(銀點) 용착 금속의 파면(破面)에 나타나는 은백색을 한 생선눈 모양의 결함부. 기공(氣孔)·공극·불순물의 주변에 수소가 집적해서 취화하여 그 부분만 취성 파단(脆性破斷)하고 있는 것이다. 저수소계 용접봉을 사용하든가 또는 용접 후 500~600℃로 가열하면 발생을 방지할 수 있다.

fishing area 어업 구역(漁業區域), 어업 수역(漁業水域) 어업이 행하여지는 구역. 특히 해양 연안국 또는 어업 조합 등이 자기들의 어업 이익을 타로부터의 침해를 지키기 위해 설정하는 수역.

fishing port 어항(漁港) =fishery harbor

fishing village 어촌(漁村) 어업을 중심으로 하여 형성된 촌락. 농촌에 비해 밀도가 높고, 개방적인 사회라는 것 등이 특징.

fish plate 덧판(－板) 이음에 대는 폭이 좁은 판.

fit 끼워맞춤 한계 게이지에 있어서 서로 끼워 맞추어지는 관계를 말한다. 그리고 구멍과 축 사이에 틈새가 있는 것을 헐거운 끼워맞춤, 구멍과 축 사이에 체결 여유가 있는 것을 억지 끼워맞춤, 공차에 의해서 헐거운 끼워맞춤과 억지 끼워맞춤을 할 수 있는 것을 중간 끼워맞춤이라 한다.

fitness center 피트니스 센터 건강 유지를 위한 트레이닝 설비를 각종 준비한 건강 관리 시설.

fitting room 피팅 룸 가봉한 옷을 시착(試着)하는 방.

fittings 창호(窓戶) 건축물의 외벽 · 칸막이벽의 개구부 내에 개폐 형식에 따라서 설치하는 문 · 창 새시류.

fittings list 창호표(窓戶表) =door and window schedule

fitting-up bolt 가설 볼트(假設－), 가조이기 볼트(假－) =erection bolt

fixed 붙박이 창호 등이 끼워진 채로 여닫을 수 없도록 고정된 상태.

fixed amount method 정액법(定額法) 고정 자산의 내용 연수 중 매기 균등액의 감가 상각을 하는 방법.

fixed assets 고정 자산(固定資産) 기업에서는 화폐의 형태로 복구하는 데 장기간(1년 이상)을 요하는 자산. 가계에서는 장기간 내용하는 재산. 유형 고정 자산과 무형 고정 자산으로 대별된다. 전자에는 토지, 건물, 기계, 장치, 선박, 차량 운반구, 공구 기구 비품, 건설 가계상 등. 후자에는 지상권, 대차권, 특허권, 영업권 등이 있다. =capital assets

fixed beam 고정 보(固定－) 양단이 고정된 보. 즉, 양단이 이동도 회전도 할 수 없는 보. =clamped beam →fixed end

fixed end 고정단(固定端) 지점(支點)이 고정되어 있는 끝. 하중에 따라서 수평 · 수직 · 모멘트의 세 반력을 일으킨다.

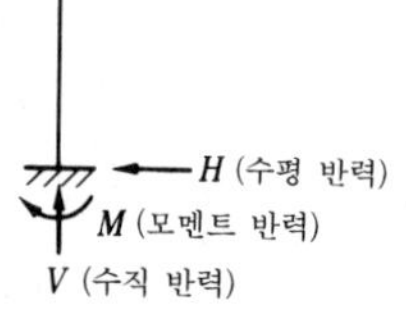

fixed end moment 고정단 모멘트(固定端－) 고정단에 생기는 저항 모멘트 반력의 일종.

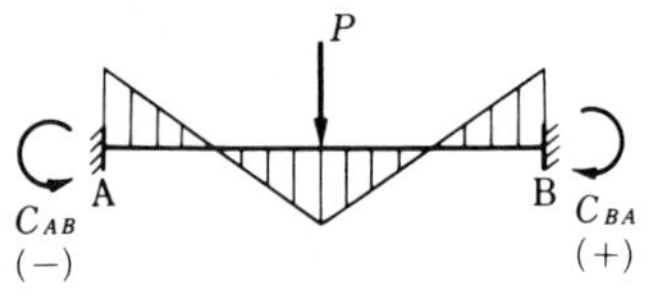

fixed fitting 붙박이 개폐할 수 없는 상태. 고정한 유리창 등을 말한다.

fixed load 고정 하중(固定荷重) 골조 부재, 마감 재료 등과 같은 구조물 자신의 무게, 또는 구조물상에 상시 고정된 물품의 하중. =dead load

fixed price contract 정액 청부(定額請負), 총액 확정 청부(總額確定請負) 청부 보수를 일정한 금액으로 정하여 계약을 하는 청부 방식. =lumpsum contract

fixed pulley 정활차(定滑車) 위치가 움직이지 않는 활차. 힘의 방향을 바꾸는 데 사용한다. →pulley, moved pulley

fixed sash window 붙박이창(－窓) 창틀에 끼워서 고정한 창. 채광만을 목적으로 한다.

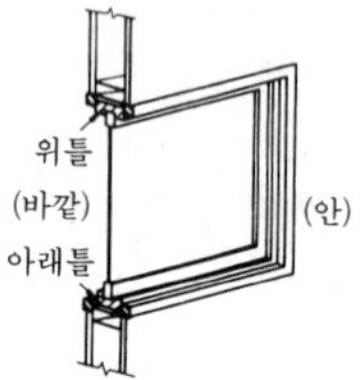

fixed temperature hot-wire anemometer 정온식 열선 풍속계(定溫式熱線風速計) 기류에 의해서 빼앗기는 만큼의 열을 전류로 보상하여 열선의 온도를 일정하게 유지함으로써 유속을 구하는 형의 열선 풍속계. →anemometer

fixed type 고정식(固定式) 해양 건축물에서 해저 지반에 고정하여 사용하는 구조 방식.

fixed water 흡착수(吸着水) 재료 중에는 여러 가지 형으로 물이 존재한다. 그 중에서 흡착의 형으로 존재하는 물을 말한다. =absorbed water

fixing ratio of pile head joint 말뚝머리 고정도(－固定度) 말뚝머리의 휨 모멘트에 대한 회전의 구속도. 완전 고정일 때 1, 완전 핀일 때 0으로 나타내어진다.

fix moment 고정 모멘트(固定－) 부정정(不整定) 구조물의 각 절점에서 회전을 저지하기 위한 구속 모멘트. 그 절점에 모이는 각 부재의 고정단 모멘트, 또는 도달 모멘트의 값의 합으로 구해진다.

fixture 조작(造作) 건물의 마감 · 마무림 등에 장식을 위해 부착하는 마감 공사의 총칭.

fixture unit for drainage 기구 배수 부하 단위(器具排水負荷單位), 배수 단위(排水單位) 기구의 동시 사용 확률과 평균

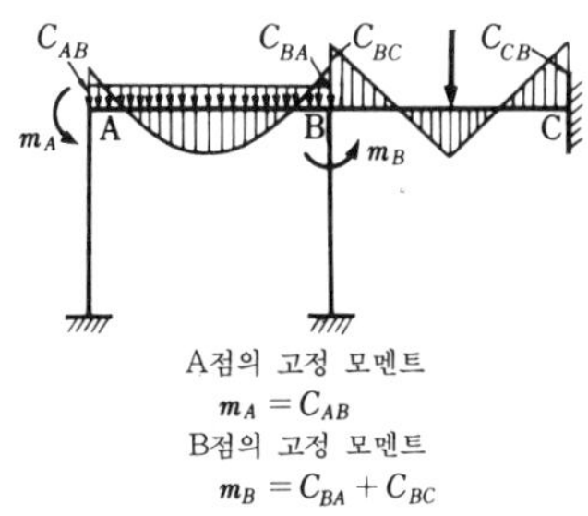

A점의 고정 모멘트
$m_A = C_{AB}$
B점의 고정 모멘트
$m_B = C_{BA} + C_{BC}$

fix moment

배수 유량을 바탕으로 정한 단위를 말한다. 각각의 기구가 가지고 있는 배수 부하의 무게를 어느 기구를 기준으로 단위화하여 얻어진다.

fixture unit for water supply 기구 급수 부하 단위(器具給水負荷單位) 기구의 동시 사용 확률과 기준 토수량을 바탕으로 정한 단위. 각각의 기구가 가지고 있는 순시 급수 부하의 무게를 어느 기구를 기준으로 단위화하여 얻어진다. 급수 단위라고도 한다. →fixture unit of standard flow rate

fixture unit of standard flow rate 기구 급수 단위(器具給水單位) 기구의 기준 토수량을 어느 기구를 기준으로 단위화한 것. →fixture unit for water supply

flaking 플레이킹 =peeling

flame 화염(火焰) 가연물의 연소에 의해서 생기는 고온의 연소 기체 중 육안으로 보이는 범위를 말한다.

flame adjustment 불꽃 조정(-調整) 산소 아세틸렌 불꽃에서 그 혼합비를 조정하여 불꽃의 성질을 바꾸는 것. 가스 용접에서는 표준 불꽃, 가스 압접에서는 환원 불꽃을 쓰는 경우가 많다.

flame core 염심(焰心) 가스 용접에서 가스 불꽃의 노즐 바로 앞에서 생기는 백광(白光)이 원뿔형인 부분. 노즐이란 토치(吹管) 끝에 붙여지는, 불꽃이 나오는 부분을 말한다.

flame hardening 화염 담금질(火焰-) 산소 아세틸렌 화염으로 C 0.35~0.55%의 탄소강이나 저합금강(低合金鋼)의 표층부를 급속히 담금질 온도까지 가열한 직후에 수냉(水冷)으로 담금질 경화시키는 표면 경화법.

flame interruption performance 차염성(遮焰性) 불꽃이나 열기류의 관통을 방지하는 능력. 구획 구성 부재의 내화 성능을 평가하는 항목의 하나.

flame planer 플레임 플레이너 2개 내지 수10개의 절단 토치를 갖춘 자동 동시 절단기.

flame resistance 내염성(耐焰性) 물질이 불꽃에 의해 연소·변질 등의 변화를 잘 일으키지 않는 것.

flame retardancy 방염(防焰)[1], 난연성(難燃性)[2] (1) 목질 재료나 플라스틱 등에 대하여 착화하기 어렵고 연소 속도를 늦추는 처리, 또는 그 효과를 말한다.
(2) 화재의 가열하에서 불이 잘 붙지 않고 연소 속도가 느린 성질.

flame-retardant material 방염 재료(防焰材料) 박판, 시트, 필름, 천 등에 불꽃의 발생을 억제하는 처리를 한 것.

flame-retardant plywood 난연 합판(難燃合板) 인산 암모늄이나 황산 암모늄 등의 난연 약제로 처리한 합판. 연소가 잘 되지 않는 성질을 갖는다.

flame-retardant treatment 난연 처리(難燃處理) 유기질 재료에 난연 약제를 함침 또는 도포하는 등의 가공을 함으로써 재료 자체를 잘 타지 않는 것으로 하는 것. =fire treatment

flame spread 화염 전파(火焰傳播) 고체의 표면에 착염(着焰)하여 착염 영역이 확대해 가는 현상.

flame-spread velocity 연소 속도(燃燒速度) 가연성 가스와 공기와의 혼합기가 연소하고 있는 부분이 확대하는 속도.

flaming 착염(着焰)[1], 유염 연소(有焰燃燒)[2] (1) 가연물이 가열되어 유염(有焰) 연소를 시작하는 것.
(2) 불꽃을 내면서 연소하는 현상.

flaming ignition 발염(發焰) 가연성 물질이 연소의 과정에서 불꽃을 발하는 현상.

flammability 연소 용이성(燃燒容易性) 발화점이나 인화점이 특이 낮든가, 혹은 가루·섬유·박판상 등과 같이 비표면적이 크기 때문에 연소하기 쉬운 성질.

flange 플랜지 웨브에 대해서 I형 단면의 상하 부분. 조립부에서는 플랜지는 앵글 또는 앵글과 커버 플레이트의 조합으로 이루어진다.

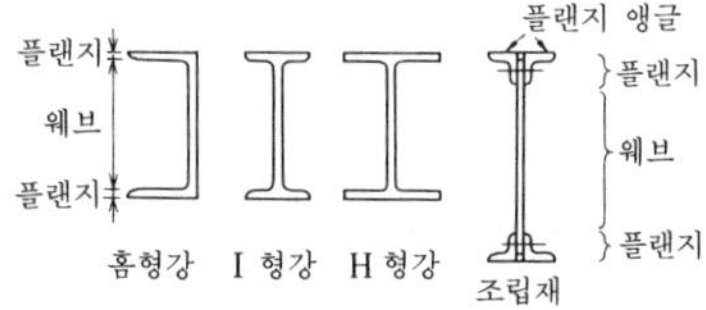

flange and web rivet 플랜지측 리벳(-

側—) 플레이트 보의 플랜지 앵글과 웨브 플레이트를 조립하는 리벳.

flange angle 플랜지 앵글, 플랜지 산형(—山形) 플레이트 보의 상하현에 있는 산형강.

flange coupling 플랜지 이음 강관 이음의 일종으로, 관 끝의 플랜지 상호를 볼트로 체결하는 형식의 이음.

flange joint 플랜지 이음 강관 끝에 두어진 플랜지를 볼트로 죄어 접합하는 강관 이음법.

flange plate 플랜지 플레이트 용접 구조에서 I형 단면의 플랜지에 사용한 강판. →plate girder

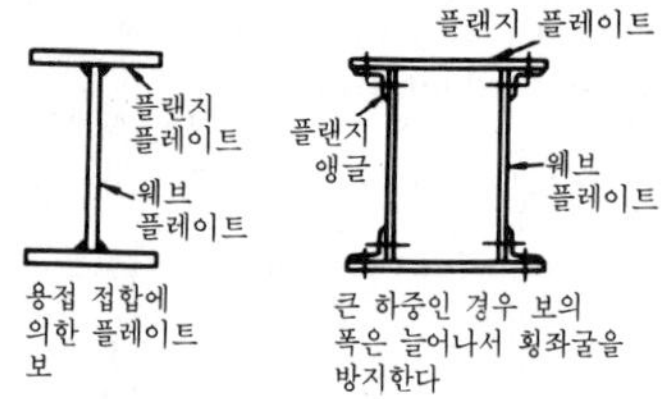

flange splice joint 플랜지 덧이음 플랜지에 덧판을 써서 플랜지의 응력을 전달하는 이음. 볼트 및 용적이 쓰인다.

flap 플랩 =drop door

flap door 플랩 도어 =drop door

flap hinge 플랩 경첩 =drop hinge

flare groove weld 플레어 용접(—鎔接) 플레어는 스커트의 플레어를 뜻하지만, 여기서는 두 부재간의 플레어 부분에 하는 용접을 말한다. 철근이나 경량 형강의 용접에 쓰인다.

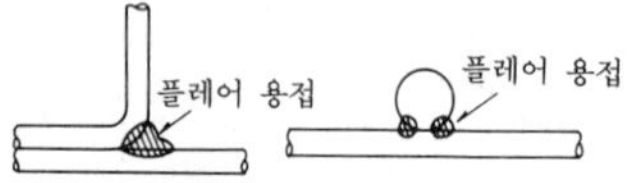

flare welding 플레어 용접(—鎔接), 주름 용접(—鎔接) 반대 방향으로 구부린 두 판의 1면을 접했을 때 부재간에 생기는 주름(플레어) 부분에 하는 용접.

flash back 역화(逆火) 가스 절단이나 용접에 사용하는 토치의 노즐에서 불꽃이 돌발적으로 역행하는 현상. 재료와 노즐 끝의 접촉·노즐끝의 과열·가스 압력이나 노즐 체결의 부적합 등이 원인으로 발생한다.

flash butt welding 플래시 맞대기 용접(—鎔接), 불꽃 맞대기 용접(—鎔接) 전기 저항 용접의 하나. 접합할 2개의 금속 단면을 가볍게 접촉시켜서 전류를 통하고, 접촉점에 집중 발열을 발생시켜 용융 팽창하여 불꽃으로 되어서 비산함에 따라 양 금속을 더욱 접근시켜 연속적으로 불꽃을 튀기면서 용접부의 온도를 상승시키는 동시에 용접 단면을 기화 금속의 증기로 감싸 불순물이 개재하지 않도록 하여 압접한다.

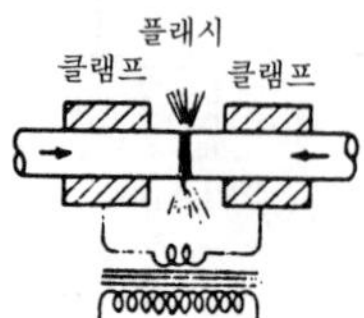

flashing 비막이 빗물이 건물 속으로 침입하는 것을 방지하는 것, 또는 그 방법.

flash over 플래시 오버 화재의 초기 단계에서 연소물로부터의 가연성 가스가 천장 부근에 모이고 그것이 일시에 인화해서 폭발적으로 방 전체가 불꽃이 도는 현상.

flash point 인화점(引火點) 물질이 인화하는 최저 온도. 시험 방법에 따라서 현저한 차가 있다. 예를 들면 휘발유 40~48℃, 등유 31~60℃, 경유 45~85℃.

flash setting 순결(瞬結) 시멘트에 물을 붓고 반죽한 순간에 점성을 잃고 굳어지는 것. =quick setting

flash tank 증발 탱크(蒸發—) 증기 난방의 고압 증기의 환수관과 저압 환수관 사이에 삽입하는 탱크. 고압 증기의 환수관을 저압 증기의 환수관에 직접 접속하면 압력의 감소로 고압 환수의 일부가 증발하여 저압 배관 등에 지장을 주므로 이 탱크로 환수의 압력을 저하시킨다.

flash welding 플래시 용접(—鎔接) = flash butt welding

flat 공동 주택(共同住宅) 1동이 2 이상의 주택으로 이루어지며, 각각의 주택이 벽, 복도, 계단, 외부로의 출입구 등을 공동으로 사용하고 있는 건물로, 각 호별로 구획된 뜰을 가지고 있지 않다.

flat arch 평 아치(平—) 아치돌이 수평으로 된 아치.

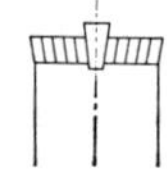

flat bar 평강(平鋼) =flat steel, flat steel bar

flat cable 평형 케이블(平形—) 언더 카펫 배선에 사용하는 테이프 모양의 전선. 두께는 1~3mm 정도.

flat-drawn sheet glass 판유리(板－) 소다 석회 유리를 판 모양으로 성형한 유리의 총칭.

flat fillet 평면 필릿(平面－) 용접면이 편평한 필릿 용접.

flat fillet welding 평면 필릿 용접(平面－鎔接) ＝flat fillet

flat grain 널결 목재의 나이테에 대하여 거의 접선을 이루고 있는 널면의 나뭇결. 건조에 의한 널면의 수축차가 크다. ＝cross grain, quarter grain

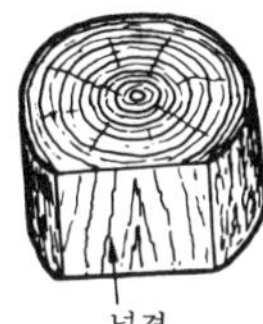

flat-head rivet 납작머리 리벳 머리 부분이 납작한 리벳.

flat jack 플랫 잭 두 장의 얇은 연강판을 맞붙인 밀폐 원형의 잭. 액체를 압입하여 부풀려 잭으로서 작동시킨다. 일반적으로 스트로크는 25mm 정도이므로 여러 개 겹쳐서 사용된다. 프리스트레스력의 도입을 위해 PC강재를 배치한 부재나 블록 사이에 넣어서 콘크리트를 퍼지게 하여 사용한다. 작동시킨 채로 고정할 필요가 있을 때에는 무수축 모르타르나 에폭시 수지를 주입한다. 중량물을 밀어 올리거나 반력 조정용으로도 사용하고 있다.

flat plate 평판(平板) 골판에 대한 용어. 양철, 슬레이트 등의 평면판을 말한다. ＝plain plate, sheet

flat plate type solar collector 평판형 집열기(平板形集熱器) 태양광을 집열하는 장치. 투과체(유리, 폴리카보네이트 등), 집열체(구리, 알루미늄, 스테인리스 등의 흑색 마감) 및 외장판(단열재를 포함)으로 구성되며, 일반적으로 태양열 이용의 집열기를 가리키는 경우가 많다.

flat roof 평지붕(平－) 지붕면이 수평 또는 그에 가까운 지붕. ＝deck roof

flats 공동 주택(共同住宅) 집합 주택의 한 형식. 복수 주택에 의해 한 동을 구성하고 각 주택은 대지를 공용하고 있다. 일반적으로 중·고층 주택이 되는 경우가 많다. ＝apartment house

flat slab 평판 슬래브(平板－) 슬래브가 보의 지지없이 직접 철근 콘크리트 기둥에 접하고, 휨에 안전하도록 여기에 직결된 2방향 이상의 배근을 갖는 철근 콘크리트 슬래브. →flat slab construction

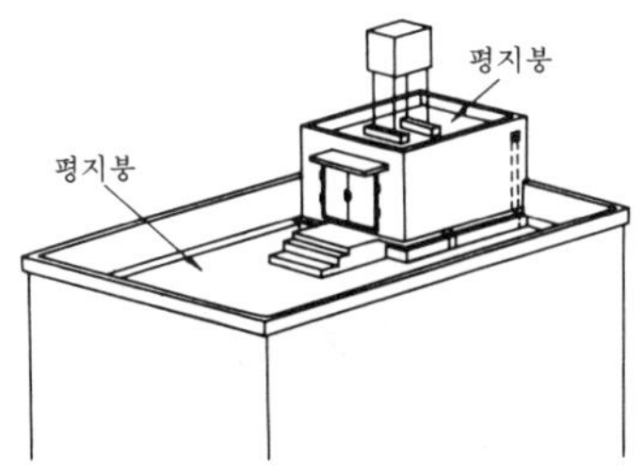

flat roof

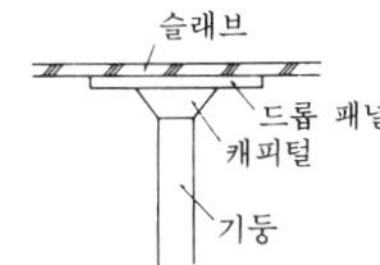

flat slab construction 평판 슬래브 구조(平板－構造), 평판 구조(平板構造) 평판 슬래브를 채용한 구조. 배근법에는 주열을 잇는 방향으로 평행하게 직교 배근하는 2방향 배근, 기둥 배치를 지그재그로 하여 주열선을 3각형상으로 하고, 여기에 평행하게 배근하는 3방향 배근, 주열을 잇는 방향으로 직교 배근하는 외에 기둥의 중심을 잇는 대각선 방향으로 평행하게 배근하는 4방향 배근의 여러 방법이 있다.

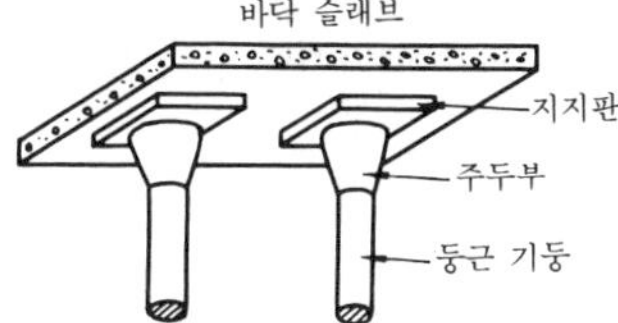

flat slab structure 평판 슬래브 구조(平板－構造), 평판 구조(平板構造) ＝flat slab structure

flat spring 판 스프링(板－) 판의 휨 변형을 이용한 스프링. ＝leaf spring

flat steel 평강(平鋼) 두께가 얇은 띠 모양의 형강. 두께 6~30mm 정도, 판폭 25~300mm 정도이다. 래티스(lattice)·용접 보·필러(filler) 등에 사용된다.

flat steel bar 평강(平鋼) ＝flat steel

flat steel deck 평강 덱(平鋼－), 플랫 덱 철골조의 슬래브 매입 거푸집으로 사용되는 상부가 평탄한 덱 플레이트.

flat valley 모임골 두 지붕 또는 지붕과 벽면이 만나는 곳에 두는 수평으로 되는 골을 말한다.

flat welding 하향 용접(下向鎔接) 위쪽에서 아래보기 자세로 하는 일반 용접.

Flemish bond 프랑스식 쌓기(-式-) 벽돌 쌓기의 일종. 같은 단에 마구리면과 긴 면이 교대로 나타나게 쌓는 공법.

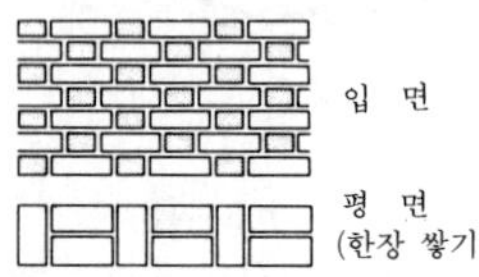

flexibility 가요성(可撓性), 유연성(柔軟性), 융통성(融通性) ① 용도, 환경 등의 변화에 대하여 유연하게 대응하고, 조정할 수 있는 성질. 칸막이의 변경, 증축의 가능성 등을 가리킨다. ② 구조물 혹은 구조 부재가 얼마나 변형하기 쉬운가를 나타내는 양. 단위의 힘에 의해 일어나는 변형량으로 나타내어진다.

flexible board 플렉시블판(-板) 석면 시멘트판의 일종으로, 내외장재. 내화·내수성이 있으며 큰 휨에 견딜 수 있다.

flexible chute 플렉시블 슈트 콘크리트 타설용의 슈트로, 타입 위치에 따라서 자유롭게 움직일 수 있는 재료로 만들어져 있는 슈트.

flexible connection 가요성 접속(可撓性接續) =flexible joint

flexible joint 가요성 이음(可撓性-) 변형하기 쉬운 접합부 또는 그를 구성하는 것.

flexible manufacturing system 다품종 중소량 생산 시스템(多品種中少量生産-) 공장 자동화의 중심을 이루는 생산 시스템으로, 다품종의 제품을 로봇이나 수치제어(NC) 공작 기계를 사용하여 양의 다소를 불문하고 자동 생산하는 것. =FMS

flexible rigidity 휨 강성(-剛性) =flexural rigidity

flexible rule 자재 곡선자(自在曲線-) 자유롭게 구부릴 수 있는 자로, 임의의 매끄러운 곡선을 그리는 데 사용한다. 납, 합성 수지제나 목제(木製)의 것이 있다.

flexible sheet 플렉시블 시트 =flexible board

flexible structure 유구조(柔構造) 구조물에 작용하는 지진력을 작게 할 목적으로 강성(剛性)을 낮게 하고, 고유 주기가 길어지도록 한 내진 구조. 고층 건축물은 그 한 예이다.

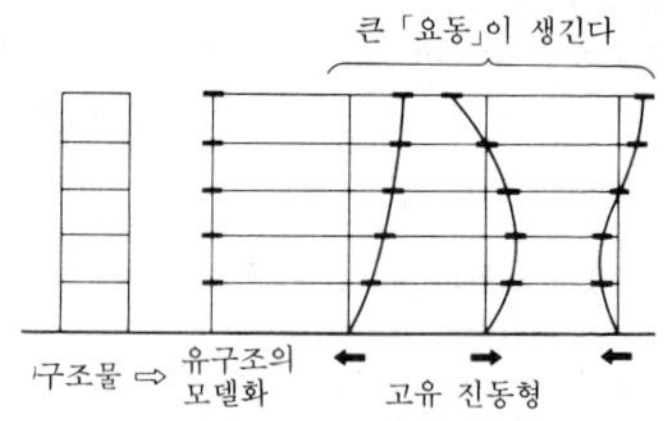

flexible structure

flexural buckling 휨 좌굴(-座屈) 부재가 재축(材軸) 방향으로 압축 하중을 받는 경우, 하중이 한계 하중에 이르렀을 때 급격히 만곡이 시작되는 불안정 현상.

flexural failure 휨 파괴(-破壞) 부재가 휨 응력에 의해서 파괴하는 것. =binding failure

flexural rigidity 휨 강성(-剛性) 보나 판이 휘는 정도를 나타내는 양. 탄성 범위의 보인 경우, 영률 E와 단면 2차 모멘트 I의 곱 EI로 주어진다.

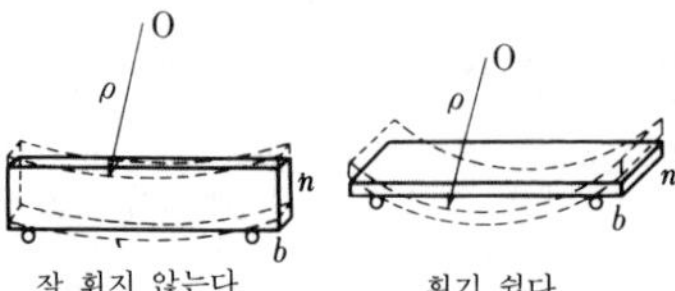

flexual rigidity of plate 판강성(板剛性) 판의 면외 방향으로의 휨 강성의 대표값으로, 다음 식으로 나타낸다.

$$D = \frac{Eh^3}{12(1-\nu^2)}$$

여기서 E : 용 계수, h : 판의 두께, ν : 포와송비.

flexural stiffness 판강도(板剛度) 판 또는 셸 단면의 단위폭에 대한 휨 강성. 영 계수 E, 두께 t, 포하송비 ν로 하면

$D = Et^3/[12(1-\nu^2)]$

로 나타낸다.

flexural strength 휨 강도(-强度) 휨 시험에 의한 재료 파괴시의 휨 모멘트를 단면 계수로 나눈 값. 주철, 콘크리트 등 취성 재료의 인장 강도를 판단하기 위해서도 사용한다.

flexural vibration 횡진동(橫振動) ① 횡파에서의 매질 입자의 진동. ② 막대 모양 물체의 진동으로, 그 구성 질점의 변위가 길이 방향의 재축(材軸)에 수직인 진동, 전단 진동, 휨 진동의 총칭. =lateral vibration, transverse vibration

flexural yielding 휨 항복(-降伏) 부재가 휨 모멘트를 받아서 항복 현상을 일으키는 것.

flexure 휨 부재가 만곡하여 곡률이 변화

하는 현상. 중립축을 경계로 하여 한쪽에는 인장, 다른쪽에는 압축의 수직 응력도가 생긴다. 또 휨에 의해서 일반적으로 부재에는 휨 모멘트와 전단력이 생긴다. = bending

flicker 플리커 휘도 또는 색이 시간적으로 변화하는 빛이 눈에 들어올 때 정상적인 광자극으로 느껴지지 않는 현상. 어른거림을 말한다. 형광등이나 터널 조명 등에서 일어난다.

flies 플라이즈 극장에서 무대의 배경이나 대도구를 조작하는 부분.

flimsy ground 연약 지반(軟弱地盤) 연약층(軟弱層)이 두껍고, 지지력이 작은 지반으로, 자주 지반 침하가 생기고, 진해(震害)도 받기 쉽다. 일반적으로는 하천 델타 지대·매립지·간척지 등을 가리키는데, 나아가 충적 점토층이나 약한 홍적층·특수토 등을 포함해서 말할 때도 있다. = weak stratum

floating body 부체(浮體) 해양 또는 수상 구조물에서 구조물의 하중을 부력에 의해 지지하는 것. 부유 방지를 위해 정착을 병용하는 경우와 자력으로 항행 가능한 것으로 하는 경우가 있다.

floating city 수상 도시(水上都市) 호소, 바다의 수면상에 있던 도시, 혹은 도시의 부분. 말뚝 위 또는 부유체 위의 인공 지반에 만드는 도시.

floating construction 플로팅 구조(-構造) 천장, 벽, 바닥 등의 내장 부분을 탄성 지지체로 분리시키는 것.

floating foundation 플로팅 기초(-基礎) 연약 지반에 철근 콘크리트 구조 등의 중량 건축물을 세우는 경우, 지면하의 배토 토량과 건축물 중량이 균형을 이루도록 만든 기초.

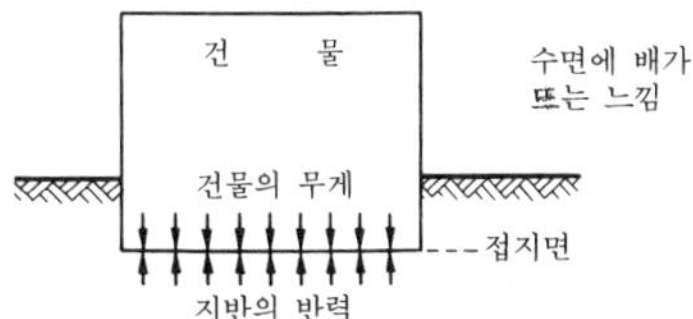

floating particle ratio 부립률(浮粒率) 골재 등을 물에 담갔을 때 떠오르는 것의 비율.

floating type 부유식(浮遊式) 해양 건축물에서 바닷물의 부력을 이용하여 해상 또는 해중에 뜬 상태로 계류하여 사용하는 구조 방식.

floating type structure 부유식 구조물(浮遊式構造物) 수면에 부력에 의해서 뜨는

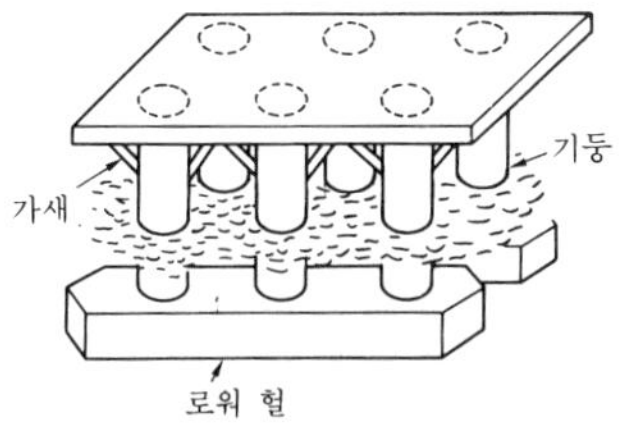

floating type

형식의 해양 구조물. 정착식·자항식(自航式)·예항식(曳航式)이 것이 있다.

float switch 플로트 스위치 플로트와 개폐기를 조합시킨 자동 스위치의 일종. 급수, 배수 펌프의 자동 운전에 사용한다. 수면에 플로트를 띄우고, 수면의 고저에 따라서 플로트가 상하하여 개폐기를 조작한다. 플로트와 개폐기와의 연락은 금속 막대 또는 사슬을 사용한다. 또 보일러 급수용의 것도 있다.

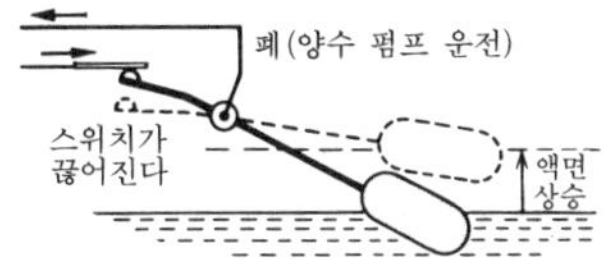

float valve 플로트 밸브 저수조로 급수하는 급수관으로부터의 급수량을 플로트의 상하에 의해 조절하게 되어 있는 밸브.

floc 플록 물처리, 오수 처리 등의 과정에서 응집(凝集)에 의해 생기는 고형물. 입경 수mm에 이르는 것까지 있다.

flocculant 응집제(凝集劑) 응집(凝集)을 일으키게 하기 위해 첨가하는 물질.

flocculant structure 면모 구조(綿毛構造) 복수의 흙입자가 틈을 둘러싸서 집합체를 이루고, 그들이 다시 큰 집합체를 이루어 면모상으로 배열하는 흙의 구조 조직. 찰흙에 많다.

flon 플론 =chloro-fluoro carbon

flood area 하천 범란 구역(河川汎濫區域) 제방의 파괴 등에 의한 하천의 범람이 예상되는 유역. =flood zone

flooding method 주수법(注水法) 현장 투수 시험의 하나. 보링 구멍에 케이싱을 설치하고, 케이싱에서 토층 내에 물을 주수하여 주수압과 주수량의 변화를 측정해서 토층의 투수성을 살피는 시험법.

flood light 투광등(投光燈) 투과 조명에 사용하는 투광기.

flood lighting 투명 조명(投光照明) 투광기에 의한 조명. 건물, 분수, 광고탑 등을

비추어내는 미적 효과나 상업 가치를 노리는 조명, 각종 운동 경기장의 조명, 작업장 · 주차장 · 조차장 · 비행장 · 항만 등의 야간 작업을 위한 조명 등.

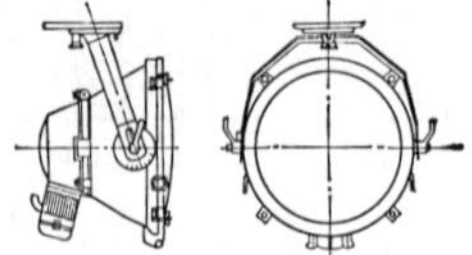

flood stage 고수위(高水位) 출수(出水)에 수반해서 일어나는 높은 수위. 일반적으로 1년을 통해서 1~2회 일어나는 출수의 하천 유량을 취한다.

flood warning 홍수 경보(洪水警報) 홍수에 의해 크게 재해를 일으킬 염려가 있는 경우에 일반 사람에게 경고하기 위해 기상 관서가 내는 특별한 예보.

flood zone 하천 범람 구역(河川汎濫區域) =flood area

floor 마루, 마루바닥, 바닥 천장, 벽과 함께 건물 내부 공간을 구성하는 보통 평평한 바닥.

floor area 상면적(床面積), 바닥 면적(－面積) 건물 바닥의 면적을 말한다. 건축물의 각층 또는 그 일부로 벽 기타 구획의 중심선으로 감싸인 부분의 수평 투영 면적. =floor space

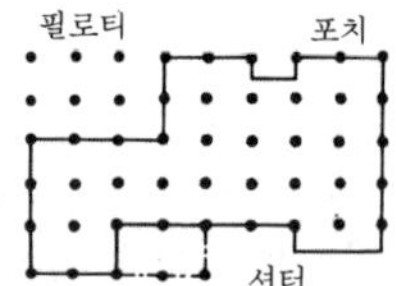

floor area ratio 바닥 면적률(－面積率) 건축물 또는 건축물군의 총 바닥 면적(연면적의 합계)과 합계의 부지 면적의 비율.

floor-by-floor air handling unit system 각층 유닛 방식(各層－方式) 사무소 건축과 같은 다층 건물에서 각층마다 중앙식 공기 조화기를 설치하는 공기 조화 방식.

floor board 마루널, 마루판(－板) 바닥에 까는 판.

floor climbing 플로어 클라이밍 타워 크레인에서의 클라이밍의 호칭으로, 선회부분을 철골 등의 구조체에 맡기고, 기계의 베이스를 달아 올리는 방식.

floor construction plan 바닥 평면도(－平面圖) 건물의 바닥 구조를 나타낸 평면도. 각 층에 대해서 그린다. 목조인 경우 1층 평면도에서는 토대 · 기둥 · 멍에 · 장선 · 귀잡이토대 · 마룻귀틀 등의 재종(材種) · 치수 및 배열 치수를 표시하고, 보통 축척 1/100로 제도한다.

floor drain 바닥 배수(－排水) 욕실이나 화장실 등의 바닥에 설치하는 배수용 기구를 말한다.

floor duct 플로어 덕트 전선의 인출구를 두는 데 편리하도록 바닥 슬래브 속에 매입한 배선용의 장방형 단면을 한 강철제 덕트.

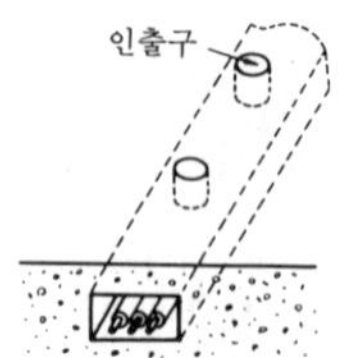

floor framing 바닥 구조(－構造) 바닥을 받치는 바닥의 골조. 사용 목적, 마감재의 형상 · 치수, 높이 위치 및 바닥의 지지 상태에 따라 종류가 있다.

floor framing plan 바닥 평면도(－平面圖) 주로 바닥의 구조를 그린 평면도의 일종. 보의 위치, 가구(架構), 부재 치수 등도 기입하는 경우가 많다. →framing plan, plan

floor heating 바닥 난방(－煖房) 패널 히팅, 온돌 등과 같이 바닥을 방열면으로 하는 난방 방법.

floor height 바닥 높이 바닥의 마감면에서 그 바로 밑 지면까지의 높이. 주거의 거실에서는 바닥 밑을 콘크리트로 방습한 경우 이외는 45cm 이상으로 한다. 그림은 바닥 높이와 부재 위치를 정하는 법을 나타낸 것이다.

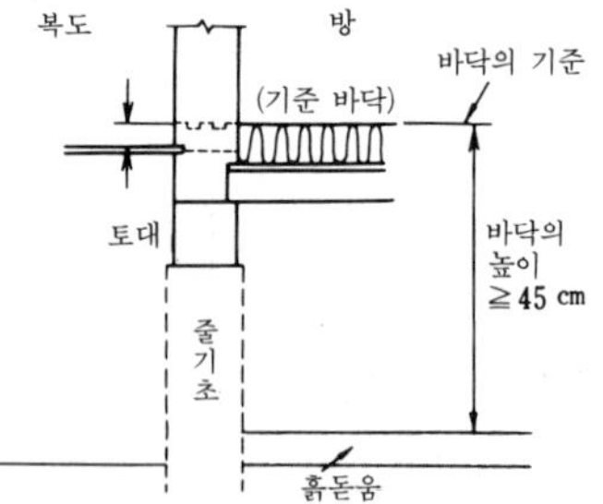

floor hinge 바닥지도리 무거운 문의 개폐용 철물의 하나. 상자 모양을 하고 있으며, 직접 바닥에 매입한다. 유압에 의해 개폐 속도를 조정하면서 자동적으로 문을 닫는 기능을 갖는다. 전후 양방향의 개폐가 가능하고, 무거운 문에도 견디므로 현관문이나 방화문에 사용된다.

floor hopper 플로어 호퍼 콘크리트 버킷 등에서 배출되는 레미콘을 일시적으로 저장해 두기 위해 각 층에 설치하는 강철제 용기. 호퍼 게이트의 개폐로 콘크리트 카트 등에 레미콘을 공급한다.

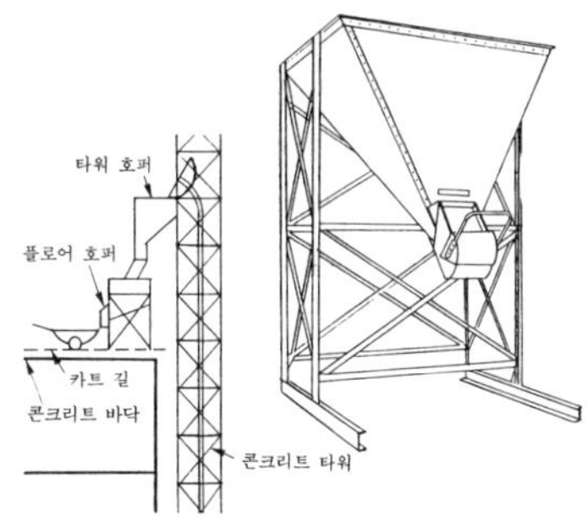

floor impact sound 바닥 충격음(－衝擊音) 어린이가 뛰거나 보행, 가구의 이동 등 바닥에 충격을 줌으로써 주로 바로 밑의 방에 방사되는 소리.

floor impact sound generator 바닥 충격음 발생기(－衝擊音發生器) 바닥 충격음의 측정에 사용하는 표준의 바닥 타격 장치. 경충격원(輕衝擊源)으로서 태핑 머신, 중충격원으로서 타이어의 낙하를 사용한다.

floor impact sound insulation 바닥 충격음 차단력(－衝擊音遮斷力) 건물의 바닥에 관해서 바닥 충격음을 차단하는 성능을 표현하기 위한 일반적 용어.

floor impact sound pressure level 바닥 충격음 레벨(－衝擊音－) 표준의 바닥 충격음 발생기를 사용했을 때의 바닥 충격음의 측정값. 보통 1옥타브 밴드 분석기를 써서 밴드 레벨로 나타내어진다.

flooring 플로어링, 바닥 마감 재료(－材料) 목질계 바닥 마감 재료의 총칭. 쪽나무로 만들어지는 단층 플로어링과 합판이나 집성재로 만들어지는 복합 플로어링, 또 플로어링 보드, 플로어링 블록, 모자이크 파켓(mosaic parquet) 등으로 분류된다.

flooring block 쪽매바닥판(－板) 쪽나무를 접합하여 정방형 또는 장방형의 블록을 만들고, 아스팔트 시멘트 혹은 모르타르를 사용하여 콘크리트 바닥에 붙이는 목질의 바닥 마감재. 두께 15mm 또는 18mm로 30cm각의 블록이 널리 사용되고 있다.

flooring board 플로어링 보드, 플로어링 판(－板) 폭 5～10cm 가량의 판으로, 표면을 대패로 마감하고, 측면을 개탕붙임 가공한 바닥 마감재. 장선 혹은 바탕판에 못 또는 못과 접착제로 붙인다.

flooring work 바닥 공사(－工事) 건축물의 바닥을 마감하는 작업의 총칭. 모르타르칠, 콘크리트 고르기, 돌, 타일, 비닐 바닥 시트, 플로어링 보드 붙임, 융단 깔기 등이 있다.

floor isolation method 면진 바닥 구법(免震－構法) 기기 등을 얹는 바닥 부분과 구조물 본체의 바닥을 나누어서 2중으로 하고, 그 사이에 면진 장치를 삽입하여 본체로부터의 진동의 전달을 저감하도록 한 바닥 구법.

floor joist 장선(長線) 바닥널을 받치기 위해 받음재에 가설하는 부재를 말한다. → floor height

floor lamp 플로어 램프 바닥에 직접 설치되는 조명 기구. 광원이 바닥보다 높은 위치에 있는 플로어 스탠드와는 다르다. 바닥에 직접 앉는 생활 양식을 배경으로 사용되고 있다.

floor load 바닥 하중(－荷重) 바닥 및 바닥이 받치는 적재물의 무게에 의한 하중.

floor parket 플로어 파킷 합판에 벚나무나 졸참나무재 등의 얇은 판를 쪽매널깔기로 한 바닥재의 총칭.

floor plan 평면 계획(平面計劃)[1], 평면도(平面圖)[2], 간살잡기[3] (1) 평면도로 나타내어지는 건물 전체의 형상, 각실의 크기와 위치, 상호 관계나 동선(動線), 창이나 출입구 등의 위치를 계획하는 것. ＝floor planning

(2) 도법상으로는 수평 투영면상의 투영도. 건축에서는 적당한 높이의 수평면에서 절단하고, 각층마다의 간살잡기, 평면상의 구성 등을 그린 그림.

(3) ① 주택에서의 방의 배치. ② 주택에서의 각 방으로의 기능 할당.

floor planning 평면 계획(平面計劃) ＝ floor plan

floor pocket 플로어 포켓 무대 바닥에 두어진 전기 접속구(소켓)가 수납된 금속제 박스.

floor post 동바리 1층 바닥을 받치기 위해 멍에 밑에 수직으로 세우는 부재.

floor receptacle 플로어 콘센트 바닥면에 부착한 콘센트.

floor response 플로어 리스폰스 건물 각층 바닥 위치에서의 지진 응답. 바닥 위에 얹혀 있는 가구, 설비 기기 등의 거동을 알기 위해 필요하다.

floor slab 바닥판(-板)[1], 바닥 슬래브[2] (1) 건축물의 바닥을 형성하는 구조. 연직 하중을 주변의 보로 전달하는 구실과 건물의 평면형을 한 몸으로 유지하는 구실을 한다.
(2) 바닥을 구성하는 슬래브.

floor space 상면적(床面積), 바닥 면적(-面積) =floor area

floor space index 용적률(容積率) 건축물에 의한 토지의 이용도를 나타내는 척도. 건축물의 연 바닥 면적의 토지 면적에 대한 비율. 건축 용적률, 연면적률 등이라고도 한다. 토지 면적을 부지 면적으로 하는 경우에는 순용적률, 토지 면적에 부지 면적 외에 주변의 도로, 공공 빈터 등을 더한 경우에는 총 용적률이라고 하여 구별한다.

floor stand 플로어 스탠드 바닥 위에 세우는 전기 스탠드.

floor tile 바닥 타일 바닥의 마감에 사용하는 타일. 정방형, 장방형, 6각형, 8각형 등의 종류가 있다.

floor vibration 바닥 진동(-振動) 구조물의 바닥 구조체에 발생하고 있는 진동.

flop house 플롭 하우스 노동자를 위한 간이 숙박 시설.

flouride resin 불소 수지(弗素樹脂) 분자 중에 불소 원자를 함유하는 합성 수지의 총칭. 내열성, 내약품성, 전기 절연성, 비점착성, 내후성, 저마모성 등이 뛰어난 특성을 갖는다. →polyvinyl fluoride

flow 흐름 시멘트 모르타르나 콘크리트 등의 유동성.

flow around building 주변 기류(周邊氣流) 물체 주위의 기류를 총칭하는 것. 일반적으로는 건축물 주위의 건물, 수목 등에 영향되는 기류를 말한다.

flow chart 플로 차트, 흐름도(-圖) 여러 가지 문제를 발생의 흐름에 따라서 분석한다든지, 해결한다든지 하는 경우의 도식적 표현의 일종. 품질 관리 분야에서 클레임 처리 체계도나 품질 보증 체계도 등에 활용되고 있다.

flow coater 플로 코터 피도물(被塗物)에 도료를 흘려서 칠하는 기계.

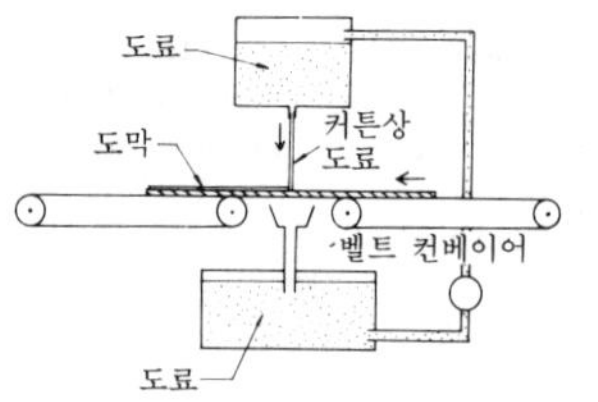

flow curve 유동 곡선(流動曲線) 액성 한계 시험에서 낙하 횟수를 가로축의 대수 눈금, 함수비를 세로축의 등간격 눈금상에 취하여 이은 곡선.

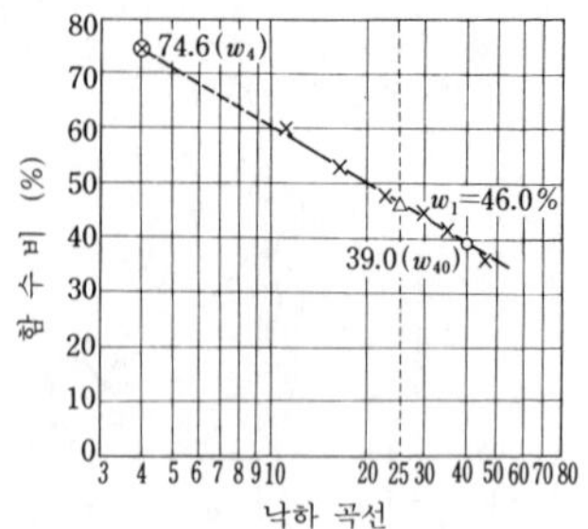

flower bed 화단(花壇) 일정한 형식으로 화초를 심은 곳. =flower garden

flower box 플로워 박스 출입구 곁이나 창 밖에 설치한 화초를 심는 상자형 용기.

flow diagam 동선도(動線圖) →flow planning

flow equation 흐름의 방정식(-方程式) 유체의 운동을 나타내는 방정식.

flower garden 화단(花壇) =flower bed

flow index 유동 지수(流動指數) 유동 곡선의 경사도를 나타내는 것으로, 낙하 횟수가 1과 10 또는 5와 50에 대응하는 함수비의 차.

flowing concrete 묽은비빔 콘크리트[1], 유동화 콘크리트(流動化-)[2] (1) 된비빔 콘크리트에 대한 용어로, 보통 슬럼프 15cm 이상의 콘크리트를 가리킨다. =high slump concrete, plastic concrete
(2) 미리 비벼진 된비빔의 콘크리트에 유동화제를 첨가하여 이것을 교반해서 일정한 시간 동안만 유동성을 증대시킨 콘크리트. 고성능 감수제(減水劑)를 주성분으로 하고, 다량으로 사용해도 응결 지연이나 공기량 변화가 생기지 않도록 개량된 유동화제를 사용한다. 나프탈렌스루혼산염 축합물, 멜라닌스루혼산염 축합물, 변성 리그닌스루혼산염, 기타의 종류가 있다. 콘크리트의 품질 개선과 시공성의 개선을 목적으로 하여 사용된다.

flow line beam 유선보(流線-) 등분포 하중을 받는 곡선상의 격자보로, 주응력선 방향의 큰 보, 이것과 직교하는 방향은 작은 보로 하여 바닥을 지지하는 구성법. 하중의 전달을 물의 흐름으로 치환하여 흐름 방향을 큰 보, 수위 일정 방향을 작은 보로 생각한 유선망으로도 구해진다.

flow meter 유량계(流量計) 단위 시간에 일정 면적 중의 속을 통과하는 유체의 체적을 측정하는 계기.

flow net 유선망(流線網) 흙의 내부를 침투하는 물의 흐름을 나타낸 것으로, 흐름 방향으로 가상한 유선과 등(等) 퍼텐셜선으로 표시한다.

flow planning 동선 계획(動線計劃) 건축물 내의 사람의 움직임(이것을 동선이라 한다)을 건축의 평면 계획으로 생각하는 것. 동선 상황을 도면상에 나타낸 것(거리를 길이, 빈도를 굵기로)을 동선도(flow diagram)라 한다.

flow rate 유량(流量) 유체가 관, 덕트 등의 유로를 흐르고 있을 때의 단위 시간당의 양. 엄밀하게는 유량률이라 한다. = quantity of flow

flow resistance 흐름 저항(-抵抗) 다공질재 등의 통기성의 정도를 나타내는 양. 흡음률과 높은 상관이 있다. 관내의 정상 기류 중에 시료(試料)를 두고, 양측의 압력차와 유속으로 구한다.

flow slide 측면 유동(側面流動) 지진시의 흙이동이나 유동화에 의해 흙쌓기 또는 기초 말뚝 등이 측면으로 변형하는 것.

flow table 플로 테이블 흐름 시험에 사용하는 철제의 테이블. 모르타르의 흐름 시험에서는 직경 30cm, 상하 진동 낙차 10 cm의 것이 널리 쓰인다.

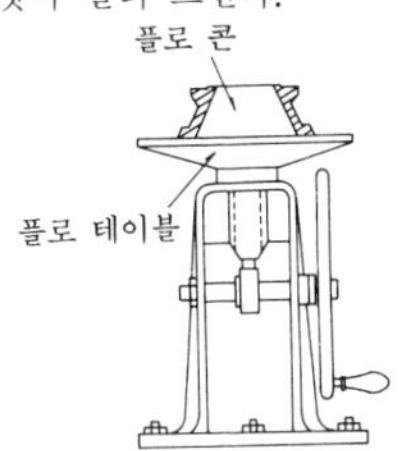

flow test 흐름 시험(-試驗) 모르타르나 콘크리트의 연도(軟度)를 측정하기 위한 시험. 시험할 물체를 얹은 플로 테이블에 상하 진동을 주어 밑면의 확산(단위 : mm)을 흐름값으로 나타낸다.

flow velocity 유속(流速) 유체의 속도.

fluctuating noise 변동 소음(變動騷音) 소음 레벨이 시간적으로 일정하지 않은 소음.

flue 연도(煙道) 보일러, 난로 등 굴뚝을 연락하는 통모양의 부분. 보통 강판, 철근 콘크리트, 벽돌, 도기(陶器) 등으로 만든다. 내부에 내화 벽돌을 내장(內裝)하거나, 소형의 강판제 연도로 외부에 보온층을 두거나, 온도에 의한 신축을 고려하여

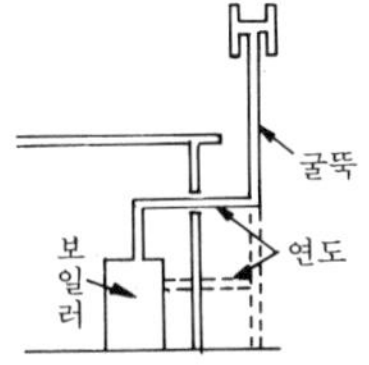

적당한 이음을 사용하는 것 등이 있다.

fluid 유체(流體) 액체와 기체의 총칭.

fluidics 유체 공학(流體工學) 유체를 사용한 자동 제어 장치에 관해 연구하는 학문.

fluidization 유동화(流動化) 미리 비빈 콘크리트에 유동화제를 첨가하여 다시 교반해서 보다 더 연화시키는 것.

fluid mechanics 유체 역학(流體力學) 유체의 정적·동적 운동을 해명하려는 역학. →aerodynamics

fluorescent lamp 형광등(螢光燈), 형광 방전관(螢光放電管) 열음극형과 냉음극형(형광 네온)이 있으며, 열음극형에는 형광등과 같이 저압으로 필라멘트의 예비 가열을 요하는 것과 슬림 라인형 형광 방전관과 같이 고압으로 예열을 요하지 않는 것이 있다. 일반적으로는 형광등이 가장 널리 사용되며, 그 기구는 밀봉 유리관에 아르곤과 소량의 수은 증기를 봉해 넣고 양단에 표면을 전자 방사성 산화물 (BaO, SrO 등)로 피복한 텅스텐 필라멘트를 두어 음극으로 한다. 음극을 예비 가열하여 방전을 하고 유리관 내면에 칠해진 형광 물질에 의해서 가시 광선으로 바꾸어 방사한다.

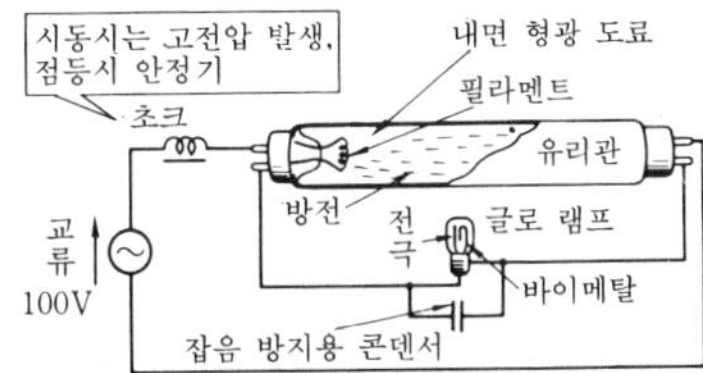

fluorescent mercury lamp 형광 (고압) 수은 램프(螢光(高壓)水銀-) 외관(外管)에 형광 물질을 칠한 (고압) 수은 램프.

fluorescent paint 형광 도료(螢光塗料) 형광 안료를 포함하고, 형광을 발하는 도막(塗膜)을 형성하는 도료. 형광 안료는 외부로부터의 전자파 에너지를 흡수하여 형광을 방출한다.

fluorescent substance 형광 물질(螢光物質) 형광을 발하는 물질. 형광체라고도 한다. 형광 방전관을 사용하는 것은 무기

황화물(예를 들면, AnS, ZnCdS), 산화물(예로서, $ZnSiO_3$, $CdSiO_3$, $CaSiO_3$), 할로겐 화물을 원료로 한다.

fluorocarbon rubber 불소 고무(弗素－) 불화 비닐리덴과 6불화 플로필렌의 공중합체로 이루어지는 고무. 내열성이 특히 뛰어나고, 내유성·내약품성에도 뛰어나다. =FRM

flush 민면(－面) 두 부재의 접합면이 동일 평면이 되는 것.

flush bolt 접시머리 볼트 머리 부분이 접시 모양인 볼트.

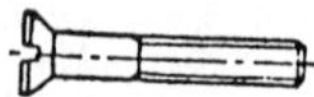

flush door 플러시문(－門) 나무 뼈대의 양면에 합판을 바른 창호. 양실 등에 널리 쓰인다.

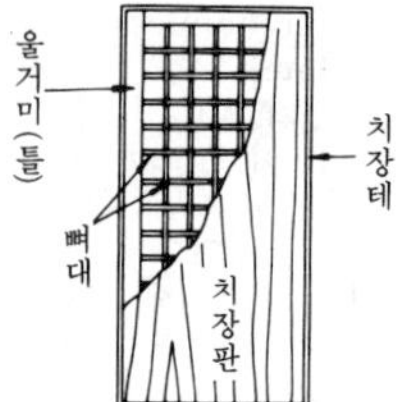

flushing 플러싱 ① 벽과 지붕의 접합부 등 빗물이 새기 쉬운 부분에 두는 방수용의 금속판 또는 시트재. ② 고압의 고온수나 고압 증기의 응축수 등이 압력이 저하하여 재증발해서 저압의 증기가 되는 현상. ③ 파이프 속에 일시에 많은 물을 급속히 흘리는 것.

flushing cistern 세척용 시스턴(洗滌用－) →cistern

flush panel 플러시 패널 골조의 양면에 판을 대어, 단판(單板)으로 보이도록 가공한 부재.

flush valve 세척 밸브(洗滌－) 대소변기 등 위생 기구의 세척에 사용하는 밸브. 밸브의 조작으로 일정량의 세척수가 흘러나온 다음 자동적을 밸브가 닫힌다. 수동식, 푸시버튼식 등이 있다.

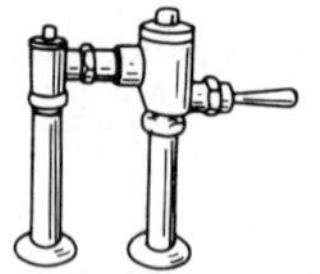

fluting 플루팅 기둥에 조각한 세로로 홈을 낸 장식.

flutter 플러터 =flutter echo

flutter echo 명룡(鳴龍) 평행한 두 반사면 사이에서 단음을 냈을 때 반사음이 여러 번 반복하여 들리는 현상.

flux 플럭스 ① 열, 빛의 분야에서는 각각 복사속(輻射束), 광속을 말한다. ② 요업 원료에 배합하여 그 융점을 낮추어 소성 온도를 저하시킨다든지, 용접에서 생성하는 산화물이나 유해물을 분리 제거하기 위해 사용하는 것.

flux cored wire 용융제 함유 와이어(鎔融劑含有－) 중공(中空)으로 되어 있고, 그 속에 플럭스가 충전되어 있는 용접 와이어를 말한다.

flux tab 플럭스 태브 맞대기 용접 등의 양단부에 부착하는 보조판의 일종. 세라믹제의 블록으로, 누름쇠로 소정의 위치에 부착하고 용접 완료 후에 제거한다.

fly-ash 플라이애시 화력 발전소 등의 보일러에서 미분탄 연소 후에 재로서 산출되는 부산물을 말한다. 거친 입자의 것은 매립하고, 미세한 것은 시멘트용 혼합재로 사용한다.

fly ash cement 플라이 애시 시멘트 포틀랜드 시멘트 클링커에 플라이 애시를 혼합하여 적당량의 석고를 더해 혼합 분쇄한 혼합 시멘트의 일종.

flying beam 중간보(中間－) 층의 중간에 설치하는 보. =middle beam

flying buttress 플라잉 버트레스 주벽과 떨어져 있는 경사진 아치형으로 벽을 받치는 노출보. 고딕 건축의 독특한 양식.

flying cage 플라잉 케이지 동물원 등에서 조류가 나를 수 있는 공간을 갖는 대형의 새장.

flying door 플라잉 도어 =over head door

flying shore 수평 지주(水平支柱) 두 벽 사이를 버티어 지지하는 재목. 그러나 현장에서는 대형의 이동식 슬래브 거푸집을 말한다.

flying sparks 비화(飛火) 굴뚝으로부터의 불똥, 회재 건물로부터의 불똥이 공중을 날라 떨어진 곳의 가연물 또는 건물에 착화하는 것. 풍속에 따라서는 매우 먼 거리에 이르는 경우가 있다.

fly screw press 마찰 프레스(摩擦－) =friction press

FMS 다품종 중소량 생산 시스템(多品種中少量生産－) =flexible manufacturing system

foamed plastics 발포 플라스틱(發泡－) 발포시켜서 성형한 플라스틱. 발포 방법으로는 화학 반응법, 용제 휘발법, 발포제

법 등이 있다. =plastic foam

foamed thermal insulation material 발포 플라스틱계 단열재(發泡－系斷熱材) 플라스틱 수지를 발포제로 발포시킨 단열재. 대표적인 것으로서는 압출 발포 폴리스티렌, 경질 우레탄 폼, 폴리에틸렌 폼 등이 있다. 열전도율은 평균 온도 20℃에서 개략 0.020~0.035의 범위에 있다. 사용 한계 온도는 110℃가 최고이다.

foam glass 다포 유리(多泡－) 불연성 단열재나 보냉재로서 쓰이는 발포 유리. 판유리를 냉각하지 않는 동안에 분쇄기로 미분말로 하고 탄소 등의 발포제를 혼입하여 재차 가열 발포시킨 유리.

foaming agent 발포제(發泡劑), 기포제(起泡劑) 열, 화학 반응에 의해 가스체를 발생하여 다공질의 물체를 만드는 약제. 시멘트에는 알루미늄, 아연의 분말, 카세인 등, 고무에는 가황 온도로 분해하는 암모니아 염류가 쓰인다.

foaming concrete 발포 콘크리트(發泡－) 시멘트 중에 기포제(起泡劑)를 섞어서 발포, 경화시킨 콘크리트. 경량 콘크리트의 일종으로, 비중이 0.5~0.9 정도이다. 기포제로서는 알루미늄 분말이 흔히 사용되고 있다. =gas concrete

focal distance 진원 거리(震源距離) 진원에서 관측점까지의 최단 거리. =hypocentral distance

focal point 결절점(結節點) 철도나 노선 버스의 집중에 의한 교통의 편의성이 기초가 되는 도시 기능의 만난점. 이들 사이의 부분을 링크라 한다.

focal region 진원 영역(震源領域) 지진에 의해 진원 부근에서 암석의 파괴가 발생했다고 생각되는 영역. =source region

focus 초점(焦點) ① 타원, 쌍곡선, 포물선의 초점. ② 광선, 음선 등이 집중하는 점. ③ 주의나 흥미가 집중하는 점.

focus point 초점(焦點) =focus

foil sampler 포일 샘플러 연약한 점성토의 시료(試料)를 길게 연속적으로 채취하기 위한 샘플러.

folded plate 절판(折板) 평탄한 판을 구부린 것, 혹은 그러한 모양으로 만들어진 건축의 부분.

folded plate structure 절판 구조(折板構造) 그림과 같이 평면판이 서로 어느 각도를 이루어 접속하여 입체 공간을 구성한 구조.

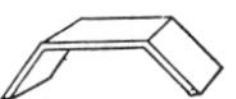

folding chair 접의자(－椅子), 접는 의자(－椅子) 사용하지 않을 때에는 접어서 수납해 두는 의자.

folding door 신축문(伸縮門) 개구부 내를 신축하여 개폐하도록 만들어진 문.

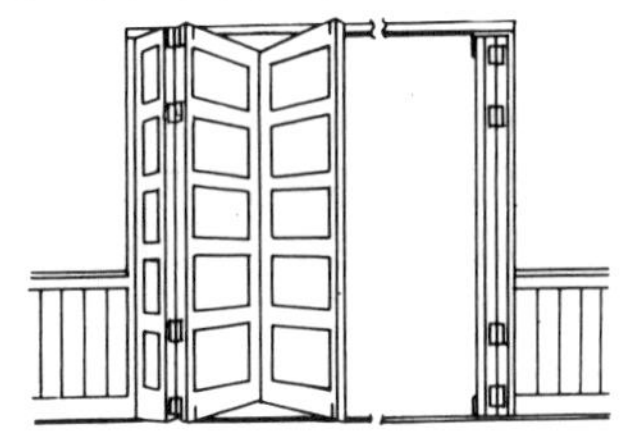

folding rule 접이자 =folding scale

folding scale 접이자, 접자 휴대에 편리하도록 접을 수 있게 만들어진 자.

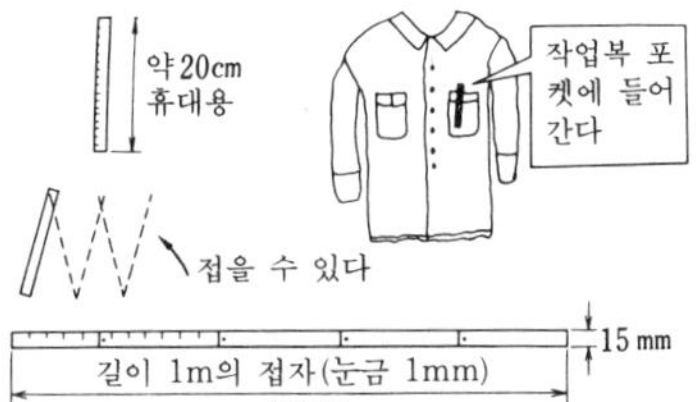

follow pile 이음 말뚝 말뚝 이음을 거쳐서 연결하여 박아 넣는 말뚝.

follow spot light 폴로 스폿 라이트 폴로 라이트와 스폿 라이트의 기능을 갖는 조명 기구. 무대 등에서 피조체(被照體)의 움직임을 추적하여 비추기 위한 조명 기구를 폴로 라이트라 하고, 투사광이 피조체의 주위 바닥면을 원 혹은 타원형에 한해서 비추는 것을 스폿 라이트라 한다.

food mixer 푸드 믹서 주방에서 사용하는 조리 기기의 하나. 각종 식품을 대량으로 교반, 혼합, 반죽하는 기계.

fool proof 풀 프루프 인적 미스나 고장이 발생했을 때 전체로서 재해가 일어나지 않도록 누구나 안전하게 다룰 수 있도록 설계하는 것. →fail-safe

foot board 디딤판(－板) 발판 위에 작업원의 통로 또는 작업 바닥으로서 깐 판. =scaffolding board

foot candle meter 조도계(照度計) 조도를 측정하는 장치. =illuminometer

footing 기초(基礎) 기둥, 벽, 토대 및 동바리 등으로부터의 하중을 지반 또는 터다지기에 전하기 위해 두는 구조 부분. 독립 기초, 복합 기초, 줄기초, 온통기초 등이 주요한 것이다. 넓은 뜻으로는 터다지기도 포함해서 말한다. =foundation

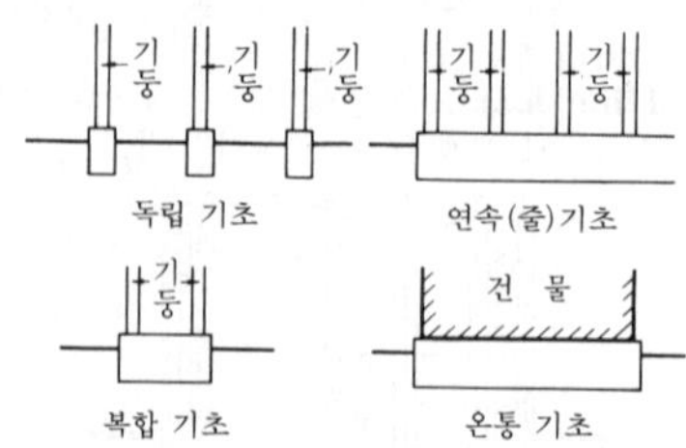

footing

footing bar arrangement drawing 기초 배근도(基礎配筋圖) 철근 콘크리트 구조 기초의 철근 배치를 나타낸 도면. 일반적으로는 주각(柱脚)의 휨 모멘트는 기초보(지중보)가 부담하므로 기초에는 압축력만이 작용한다고 생각하고 설계하여 배근한다. 그림은 독립 기초 배근도의 예이다. →bending moment

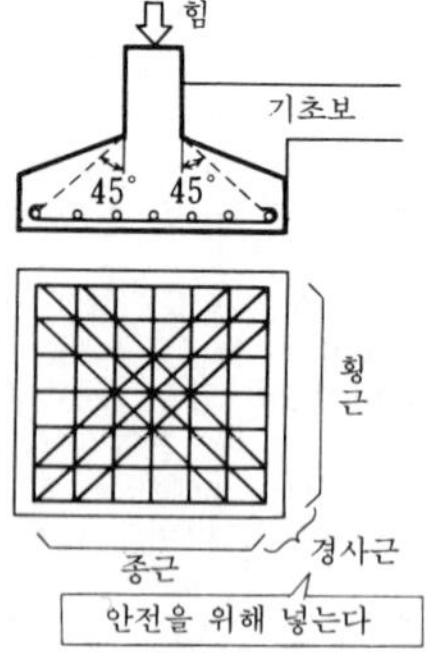

footing beam 기초보(基礎−) 건물의 각 기초를 잇는 수평재. 주각의 휨 모멘트 및 그에 의한 전단력을 부담한다. 또 이 보의 강성을 크게 함으로써 기초의 부동 침하(不同沈下)를 방지하여 건물 전체의 강성이 높여진다.

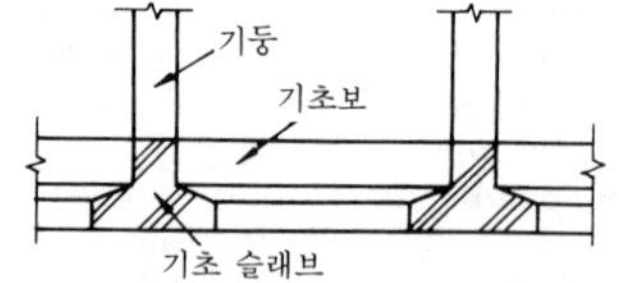

연속 푸팅 기초

footing bolt 기초 볼트(基礎−) 철골조의 주각부(柱脚部) 또는 목조 토대 등을 콘크리트 기초에 긴결(緊結)하기 위해 콘크리트 기초에 매입한 볼트. →anchor bolt

footing foundation 푸팅 기초(−基礎) 상부 구조의 하중을 푸팅을 거쳐서 직접 지반에 전하는 기초. 독립 · 연속 · 복합의 푸팅 기초가 있다.

footing of floor post 동바리돌 멍에기둥 등을 받치는 돌.

footing piece 밑창판(−板) =base plate

footing slab 기초 슬래브(基礎−) 지반력(地反力), 수압 등을 지지하는 기초 밑면의 슬래브. 통상 기초보에 지지된다. =foundation slab

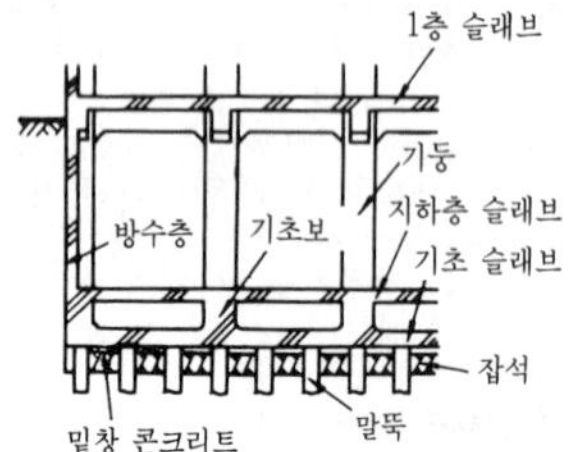

온통 기초

footlights 풋라이트 무대 조명의 하나로, 무대 끝 바닥면에 설치하여 발밑에서 경사지게 위쪽으로 조명하는 것.

foot line 족선(足線) 투시화법에서의 시선의 수평 투상. 물체와 입점(立點)을 잇는 선이다. F.L.라 약기한다.

footpath 보도(步道), 인도(人道) 보행자의 통행을 위한 도로 부분. =sidewalk

foot point 족점(足點) 투시화법에서 족선과 화면이 만나는 점. F라 약기한다.

foot post holder 밑등잡이 나무 구조의 바닥 동바리나 기둥의 근본을 상호 연결하는 횡목. 또는 비계의 기둥 하부에 부착하는 보강재.

foot valve 푸트 밸브 펌프 흡입관 끝에 부착하는 역지(逆止) 밸브.

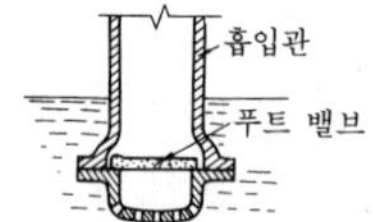

foot way 보도(步道), 인도(人道) 보행자 전용의 도로. 주로 간선 가로, 보조 가로 등 너비가 넓고, 교통량이 많은 가로 양쪽에 차도와 구별하여 설치된다.

force 힘 정지하고 있는 물체를 움직이고, 또는 운동하고 있는 물체에 작용하여 속도(빠르기 및 방향)를 변화시키는 것. 뉴턴의 제2법칙에 의하면 다음 식으로 나타내어진다.

$F = m\alpha$
단, m : 물체의 질량, α : 가속도. 힘의 단위는 물리 단위에 의하면 kg · cm/sec², 공학 단위에 의하면 kg으로 나타낸다.

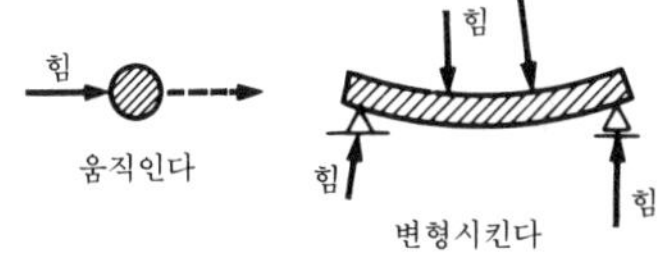

force by deformation 변형 하중(變形荷重) 구조물의 변형에 따라서 작용하는 하중을 말한다.

forced air circulation 공기 강제 순환(空氣强制循環) 송풍기를 써서 실내 공기를 강제적으로 순환시키는 것. 송풍기의 위치에 따라 공기를 밀어넣는 형식과 빨아들이는 형식이 있다.

forced airing system hot air furnace 강제 급배기식 온풍 난방기(强制給排氣式溫風煖房機) 연소한 폐 가스를 배출하는 배기 팬을 내장한 온풍 난방기. 연소용 공기로는 외기를 도입하고, 폐 가스는 외기로 배기한다.

forced convection 강제 대류(强制對流) 유체에 외력이 작용하여 유체 내의 압력차에 의해 생기는 강제적인 유동. 강제 대류에는 자유 대류를 수반하나, 유속이 커서 자유 대류를 무시할 수 있는 경우는 강제 대류라 불러도 된다.

forced convector 강제 대류식 방열기(强制對流式放熱器) 송풍기 등을 사용하여 강제적으로 온풍을 공급하는 방열기. 대류에 의한 방열 성분이 크다. →fan convector

force diagram 시력선도(示力線圖), 시력도(示力圖) 그림상에서 연결하여 그 크기나 방향을 구할 때 화살표로 그 방향을, 화살의 길이로 그 크기를, 화살촉 또는 화살끝으로 그 작용점을 나타내면서 그리는 도형. 시력도를 그려서 정정(靜定) 트러스를 푸는 방법을 크레모나(Cremona)의 도해법이라 한다.

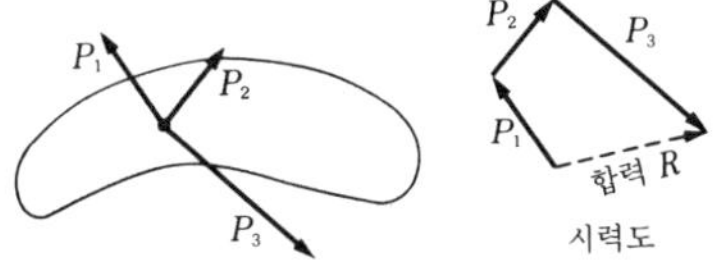

forced displacement 강제 변위(强制變位) 구조물의 바닥이나 지점(支點)이 이동했을 때 각부에 생기는 응력 · 변형 상태를 해석하기 위해 해석 조건으로서 미리 주는 이동 또는 변형의 양. 바닥의 수평 이동량, 지점의 침하량 등이 그에 수반해서 생기는 부재의 강제 부재각의 모양으로 쓰인다. =compulsory displacement

forced power 강제력(强制力) 강제 진동에서 진동계에 외부에서 가해지는 가진력(加振力)이다. 어느 시각을 취하면 관성력 · 감쇠력 · 복원력 · 강제력의 넷은 평형하고 있다고 생각하여 풀 수 있다.

forced ventilation 강제 환기(强制換氣) 송풍기, 환기 팬 등에 의해 강제적으로 실내를 환기하는 것.

forced vibration 강제 진동(强制振動) 물체에 외부에서 직접 힘이 가해지든가 그 물체를 받치고 있는 부분에 변위가 주어짐으로써 이루어지는 물체의 진동. 전자를 외력에 의한 강제 진동, 후자를 변위에 의한 강제 진동이라 한다. →free vibration

forced vibration test 강제 진동 실험(强制振動實驗) 구조물의 진동 특성을 실험적으로 평가하기 위한 수법의 하나. 구조물에 기지(旣知)의 주기적 외력을 주고, 그 응답을 계측하여 진동계로서의 특성을 구한다.

force method 응력법(應力法) 부정정(不整定) 골조의 구조 해석에 있어서 부재 응력이나 반력을 미지량으로 하여 변형의 적합 조건식을 세워서 푸는 방법.

force of restitution 복원력(復元力) 변형 또는 이동한 물체를 원래의 상태로 되돌리려는 힘. 선박, 부체(浮體) 등에서는 기울어진 상태를 원상태로 되돌리려는 힘. =restoring force →hysteresis characteristics

force polygon 힘의 다각형(－多角形), 시력도(示力圖) 한 점에 작용하는 다수의 힘의 합성을 도해법으로 구할 때 만들어지는 다각형을 말하며, 이 그림을 시력도(示力圖)라 한다. 합성하는 힘의 순서는 임의이다.

force-resisting skin structure 내력 외피 구조(耐力外被構造) 구조물의 외면 부분이 주요 구조체가 되는 구조 형식.

forcet 급수전(給水栓) 배수관 말단에 부착하여 수용자가 개폐해서 사용하는 물마개. =hydrant, stop cock, tap

forecourt 앞뜰 현관 앞의 뜰로, 정문에서 현관에 이르는 사이 등에 만든다. =front garden, front yard

foreman 감독(監督)[1], 현장 관리자(現場管理者)[2] (1) 공사의 시공에서 지휘 · 명령한다든지, 단속하는 것, 또는 그것을 직무로 하는 자.
(2) 공정 관리, 품질 관리, 노무 관리 및 원가 관리 등 공사 현장에서의 여러 관리를 하는 건설 회사 직원. =engineer's representative, field engineer

foreshock 전진(前震) 큰 지진(주진)에 앞서 발생하는 비교적 작은 지진.

fore sight 전시(前視) 수준 측량에서 전진 방향의 측점을 시준한다든지, 그 표척(標尺)의 눈금을 읽는 것. →backsight

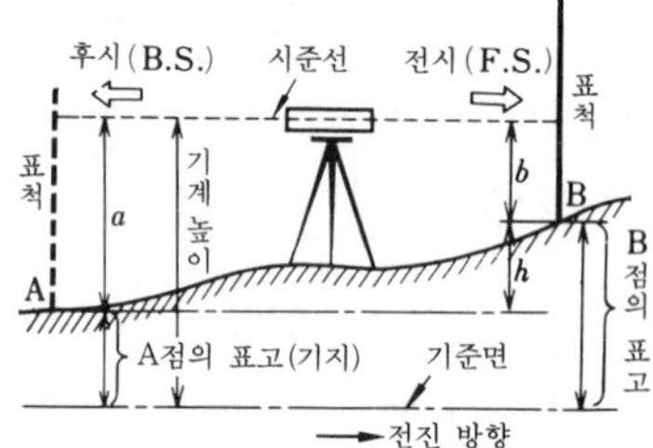

forest park 삼림 공원(森林公園) 삼림 지대를 주체로 한 공원.

forest preserve 보안림(保安林) 공공의 위험 방지나 복리 증진, 혹은 다른 산업의 이익 보호를 위해 삼림법에 의해 특정한 제한을 가한 삼림. =protection forest

forge 화덕(火－) 현장에서 리벳을 달군다든지 강철재에 휨 가공이나 담금질 등을 하기 위해 사용하는 가열로.

forge welding 단접(鍛接) 금속 용접법의 하나로, 접합하는 부분을 외부로부터의 열원으로 반용융 상태로 가열하고, 압력 또는 타격을 가하여 접합하는 방법.

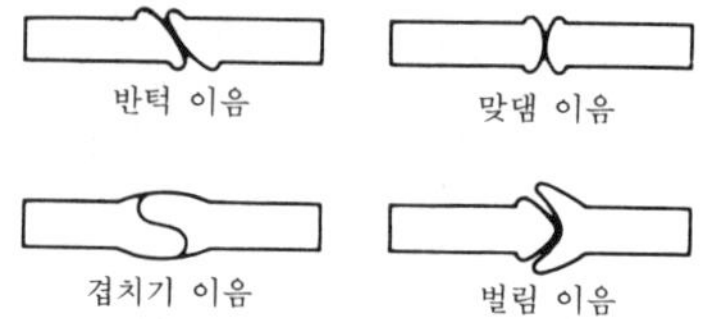

forging 단조(鍛造) 금속을 일정한 온도로 열 압력을 가해 성형하는 작업.

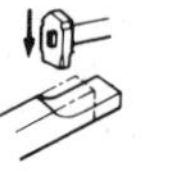
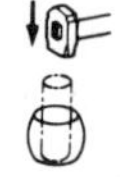
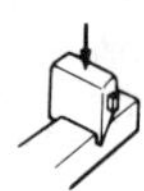

(a) 늘림 (b) 뭉뚝임 (c) 저밈 (d) 펴기

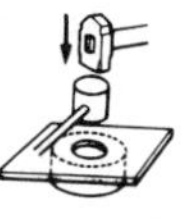
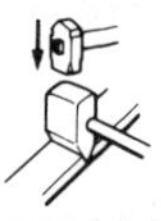

(e) 굽힘 (f) 구멍내기 (g) 절단

fork lift 포크 리프트 차의 앞부분에 전후로 약간 경사질 수 있는 포스트를 갖추어 이에 따라서 승강할 수 있는 포크를 구비한 운반차. 짐을 실어 운반하고 내리는 데 사용된다.

form 거푸집 콘크리트나 철근 콘크리트의 구조물을 설계대로의 형상으로 만들기 위해 필요한 가설 공작물. 거푸집널, 거푸집널을 지지하는 지보공, 체결 철물로 이루어지며, 재료로서는 목재, 합판, 강재 등. =mold, mould

formable curved surface 형성 가능 곡면(形成可能曲面) 내압 또는 초기 장력에 의해서 형성되는 공기막 구조 등의 곡면으로, 막면이 모두 장력 상태에 있고, 안정한 곡면.

formable surface 형성 가능 곡면(形成可能曲面) 막(膜)구조에서 링클링 조건을 만족하고, 가압했을 때 막면상에서 국부적인 변형을 일으키지 않고 형성할 수 있는 곡면. →wrinkling condition

formaldehyde 포름알데히드 메틸 알코올을 은 등을 촉매로 하여 산화해서 얻어지는 기체. 합판 접착제의 방부제로서 이 수용액이 쓰이고 있었으나 자극적인 냄새 등 유해하다고 하여 사용이 금지되었다.

formal garden 정형식 정원(整形式庭園) =geometric garden

formation level 시공 기면(施工基面) 노

반의 마무리를 나타내는 기준면.

form change energy 형상 변화 에너지(形狀變化-) =deviator strain energy

formed plywood 성형 합판(成形合板) 미리 필요한 형상으로 마무리된 합판. =moulded plywood

form factor 형상 계수(形狀係數) ① 단면의 최대 전단 응력도나 부재의 전단 변형을 산정할 때에 유효한 단면적을 주기 위한 계수. ② 소성 단면 계수 Z_P와 탄성에 있어서의 단면 계수 Z_E의 비 Z_P/Z_E를 말한다. =shape factor

form of construction work 시공 방식(施工方式) 건축 공사를 하기 위한 계약 관리의 방식. 청부 방식이 일반화되고 있으나 그 밖에 직영이나 실비 정산에 의한 위탁의 방식도 있다.

form of estimation 견적 양식(見積樣式) 견적서의 편집 양식. 건축 공사의 내역서 표준 서식으로서는 일반적으로 사용되고 있는 공종별 내역서 표준 서식과 부분별 내역서 표준 서식이 있다.

form oil 박리제(剝離劑), 거푸집 박리제(-剝離劑) 콘크리트 거푸집의 탈형을 쉽게 하기 위해 미리 내면에 칠하는 약제. 주로 광물유·식물유·송진·합성 수지가 쓰인다.

Formosa gum tree 단풍나무 단풍나무과의 낙엽 활엽 교목. 각지의 산지에 절로 나기도 하고 관상용으로 심기도 한다. 잎은 손바닥 모양으로 깊게 갈라져 있으며 가을에 빨갛게 단풍이 든다.

form panel 거푸집 패널 거푸집의 거푸집 널에 사용하는 일정 치수의 패널. 목제(木製)에서는 보통 60cm×180cm의 치수를 갖는다.

form regularization 정형화(整形化) 구조 골조를 힘의 흐름에 충실하도록 규칙적인 형식으로 고치는 것.

form resistance 형상 저항(形狀抵抗) 유체 중에 있는 물체가 상대적으로 움직일 때 물체 표면의 심한 형상 변화가 있는 부분에 발생하는 소용돌이에 의해서 받는 저항.

form resistance membrane structure 내력 외피 구조(耐力外被構造) 스트레스 스킨 구조. 스페이스 프레임 중에서 강판·알루미늄판 등의 강체(鋼體) 유닛을 결합하여 입체 구조로 하는 수법. 마감재의 외피가 구조체를 겸한다. →stressed skin

form resistance structure 내력 구조(耐力構造) 그 구조 형상을 유지함으로써 저항력을 발휘하는 구조 방식. 절판(折板)이나 셸 등이 대표적이다.

form tie 폼 타이 벽 등의 콘크리트 시공에서 상대하는 거푸집의 간격을 일정하게 유지하기 위해 사용하는 볼트.

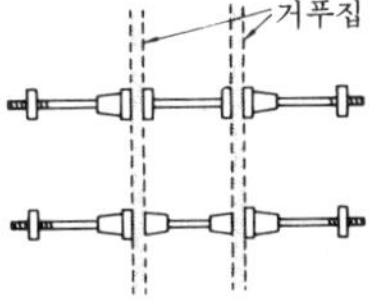

formula of split-flux at working plane 작업면 절단의 식(作業面切斷-式) 작업면의 간접 조도(照度)의 간이 계산식. 작업면을 절단하여 그 면의 상향 하향의 등가 반사율을 구하고, 그 사이에서 상호 반사가 일어난다고 생각한 식.

formula of strength interacton 상관 내력식(相關耐力式) 조합 응력을 받는 부재(예를 들면 축력과 휨을 동시에 받는 기둥)가 종국 내력에 이를 때의 각 응력의 한계값을 주는 식.

form work 거푸집 공사(-工事) 거푸집의 설계·가공·조립 등에 관한 공사.

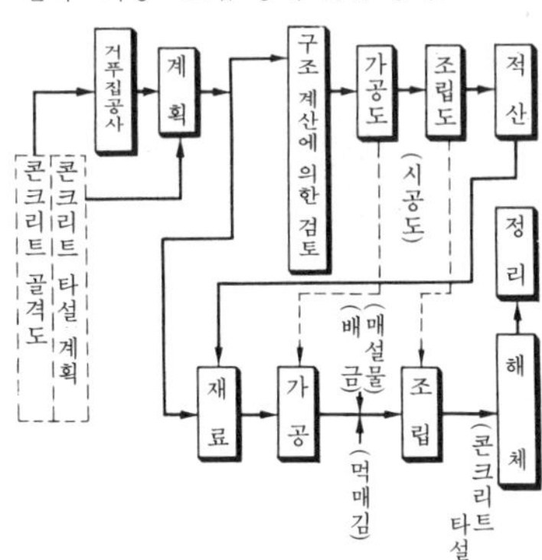

거푸집 공사의 시공 계통

forum 포럼 고대 로마에서 주위를 신전이나 공공 건축에 둘러싸인 시민을 위한 광장. 고대 그리스의 아고라에 해당한다. →agora

forward blades type fan 전곡형 송풍기(前曲形送風機) 원심형 송풍기의 일종. 송풍기의 회전 다익 날개가 회전 방향으로 앞으로 굽어 있다. 공기 조화, 환기 등의 송풍기에 가장 널리 사용된다.

forward welding 전진 용접(前進鎔接), 좌진 용접(左進) 오른손에 토치, 왼손에 용접봉을 쥐고, 우에서 좌로 용접한다. 박판 · 파이프 등에 적합하다.

foundation 기초(基礎) 구조물로부터의 하중을 지반에 전달시키는 부분으로, 기초 슬래브와 말뚝의 총칭. =footing

foundation beam 기초보(基礎－) 인접하는 기초 사이를 잇는 보로, 철근 콘크리트 구조 혹은 기초 슬래브를 이용하는 기초에는 대부분의 경우 이것을 사용한다. =footing beam

foundation bed 기반(基盤) 기초공에서 지반 내부의 어느 토층 이하가 충분히 단단하고 안정한 지내력을 기대할 수 있는 경우 그 토층을 말한다. =bed rock

foundation engineer 기초공(基礎工) 기초에 관한 문제를 전문으로 담당하는 기술자로, 해외 공사 등에서 사용된다. 그 주요한 업무에는 토질 시험, 기초 형식의 제안 등이 있다.

foundation pile 기초 말뚝(基礎－) 연약 지반에서 구조물의 하중을 밑의 기초 지반에 분포하고, 또 지반을 다지기 위해 박는 말뚝.

foundation plan 기초 평면도(基礎平面圖) 건물의 기초의 배치, 종류, 크기 등을 나타낸 평면도. 그림은 철근 콘크리트 구조 기초 평면도의 예이다.

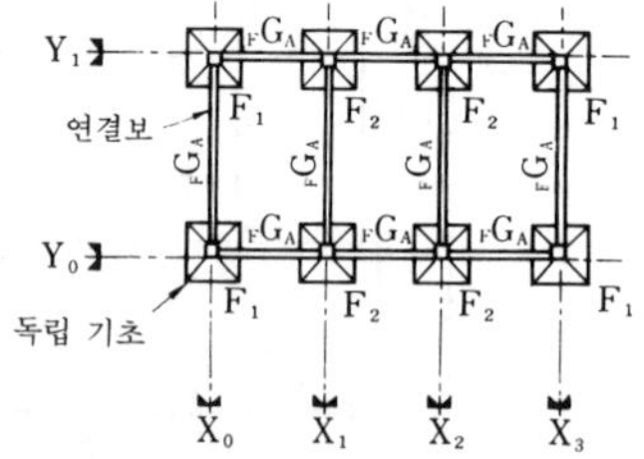

foundation slab 기초 슬래브(基礎－) 상부 구조의 응력을 지반 또는 지정(地定)에 전하기 위해 두어진 구조 부분을 가리키며, 푸팅 기초에서는 푸팅, 온통기초에서는 그 슬래브 부분을 가리킨다. 일반적으로는 연결보로 둘러싸여 지반 반력이나 수압에 견디는 판을 말한다. =footing slab

foundation structure 기초 구조(基礎構造) 구조체의 응력을 지반에 전하는 기초 슬래브와 그 밑에 두어지는 자갈 · 모오리돌 · 말뚝 등의 지정(地定) 등을 총칭해서 기초라 하고, 상부 구조와 대비하여 부를 때는 기초 구조라 한다.

foundation work 기초 공사(基礎工事) 기초를 축조하는 공사로, 말뚝박기 공사, 널말뚝 공사(시트 파일 공사), 우물통 기초, 케이슨, 특수 기초 등이 있다.

fountain 분수(噴水) 물이 위쪽으로 분출하도록 한 설비. 최근에는 단지 수직 방향으로만이 아니고 여러 각도의 분출이나 조명에 의한 착색도 할 수 있다.

Fourier analysis 푸리에 해석(－解析) 푸리에 변환을 사용한 해석. 진동 현상이 어떤 주기의 성분으로 구성되어 있는가를 분석하는 수법.

Fourier's law 푸리에의 법칙(－法則) 열전도에 관한 법칙. 어느 방향으로의 열류속(熱流束)은 그 방향의 온도 물매에 비례한다는 법칙. 그 비례 계수를 열전도율이라 한다.

four moment method 4모멘트법(四－法), 4련 모멘트법(四連－法) 부정정(不靜定) 라멘의 해법에 있어서 연속하는 임의의 두 부재의 재단(材端) 휨 모멘트 4개와 부재 회전각 2개와의 관계식을 공식으로 하는 해법.

four pipes system 4관식(四管式) =four pipe system

four pipe system 4관식(四管式) 공기 조화 부하계로 열원계로부터 냉온수를 공급하는 방식의 하나. 부하계의 배관에 상시 냉수 및 온수를 공급하고 그 냉수 및 온수의 출입을 완전히 분리한 방식. =four pipe system

four way system of reinforcement 4방향 배근법(四方向配筋法) 슬래브 배근법의 하나. 주근 · 배력근 외에 대각선 방향의 배근을 병용하는 배근법.

four week age compressive strength 4주 압축 강도(四週壓縮強度) 시멘트 · 콘크리트의 재령(材齡) 4주일 때의 강도로, 설계상의 기준 강도로 되어 있다.

foyer 포이어 포장된 산책길. 극장이나 호텔 등의 휴게실. =promenade

Fraass breaking point 프라스 취화 파괴점(－脆化破壞點) 아스팔트를 냉각했을 때 취화가 시작되는 온도. 이 값이 낮을수록 저온에 대한 특성이 좋다.

fractgraphy test 파면 검사(破面檢査) 손상한 파면의 관찰에 의해서 균열이 어떤 응력하에서 생겼는가를 살피는 검사.

fracture 파단(破斷) 부재가 외력, 특히 인장력을 받아서 절단되는 것. =rupture

fracture energy 파괴 에너지(破壞－) 재료가 파괴하기까지 내부에 축적되는 에너지를 말한다.

fracture mechanics 파괴 이론(破壞理論) 재료가 파괴할 때의 응력 상태 혹은 변형 상태를 다루는 이론. →plastic theory

fracture strain 파괴 변형(도) (破壞變形

(度)) =breaking strain

fracture strength 파괴 강도(破壞强度) 재료가 파괴할 때의 응력도.

fracture stress 파괴 응력(도)(破壞應力(度)) =fracture strength

fracture test 파면 시험(破面試驗) 용접 금속이나 모재의 파면에 대해서 파괴의 발생 위치, 전단 파면과 취성 파면의 분포 상황, 용접 결함의 유무 등을 살피는 시험을 말한다.

fragility 취성(脆性) 여리게 파괴되는 성질. 외력의 작용에 의해 파괴에 이르기까지의 변형 능력이 적은 재료의 성질. = brittleness

fragility factor 취도 계수(脆度係數) 재료의 압축 강도에 대한 인장 강도의 비율. 이 값이 작을수록 여린 성질을 나타낸다.

frame 프레임, 가구(架構) 건축물에 작용하는 여러 가지 외력을 안전하게 지탱할 목적으로 부재를 접합하여 만든 골조. 부재의 조합 방법에 따라 라멘·트러스·아치 등이 있다.

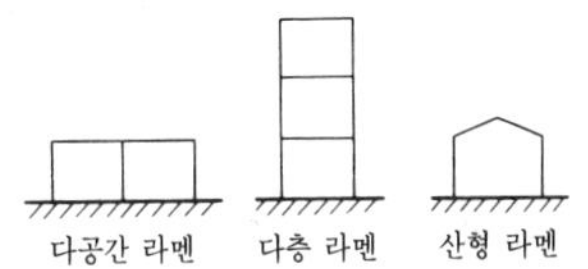

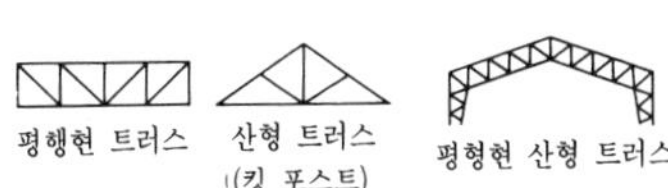

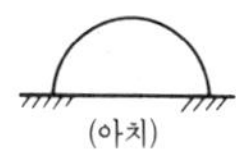

frame construction 가구식 구조(架構式構造) 주로 기둥·보 등의 선재(線材)를 주로 하여 구성되는 구조 형식. 일체식 구조의 대비어로서 쓰인다.

framed structure 골조식 구조법(骨組式構造法) 기둥·보·가새와 같은 비교적 가늘고 긴 부재를 조합시켜서 골조를 만드는 구조 방식.

frame member around wall plate 벽판 주변 가구(壁板周邊架構) 내진벽(耐震壁)을 감싸는 기둥·보의 총칭. 부대(附帶) 라멘이라고도 한다. 내진벽의 허용 수평 전단력은 벽판만의 전단력 Q_1과 벽근과 주변 기둥의 전단력의 합 Q_2와의 큰 쪽으로 결정된다.

$$Q_1 = rtlf_s$$
$$Q_2 = r(Q_w + \Sigma Q_c)$$
$$Q_w = p_s t l' f_s$$
$$Q_c = bj\{1.5f_s + 0.5{}_w f_t(p_w - 0.002)\}$$

frame saw 기계 바디 톱(機械－) 여러 개의 톱을 프레임에 걸어서 재료를 잘라 내는 기계톱. 한 번에 10장 이상씩 켤 수 있다.

framework 뼈대, 골격(骨格) 토대·기둥·층도리·도리·가새 등으로 구성하는 벽의 골조.

framing completion ceremony 상량식(上樑式) 상량을 함에 있어서 고사를 지내는 의식.

framing elevation 골격도(骨格圖) 골격의 구성 상태를 입면으로서 표시하는 설계 도서의 하나.

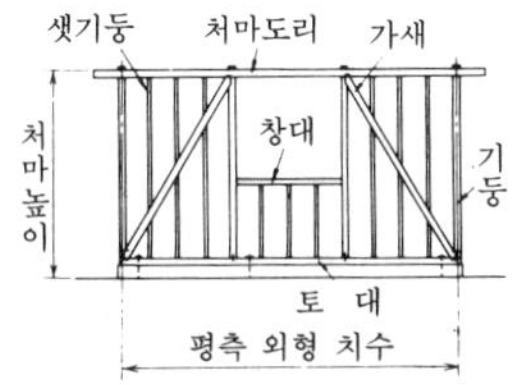

framing plan 평면도(平面圖) 주로 구조적인 구성을 나타내는 그림. 기초 평면도, 바닥 평면도, 천장 평면도 등이 있다. = plan

FRC 섬유 보강 콘크리트(纖維補强－) = fiber reinforced concrete

free access-floor 프리 액세스플로어 콘크리트 슬래브와 바닥 마감 사이에 배선이나 배관을 하기 위한 공간을 둔 2중 바닥. 45~60cm 각의 바닥 패널과 그것을 지지하는 높이 조절 가능한 다발로 구성된다. 전산실의 바닥에 널리 쓰이고 있으며, 그 밖에 전기실·방송 스튜디오 등에서 사용된다.

free address 프리 어드레스제(－制) 사무실 등에서 고정석을 폐지하고 비어 있는 자리에 마음대로 앉아서 업무를 보게 하는 것으로, 사무실 공간의 유효 활용을 목적으로 하고 있다.

free area ratio 자유 면적비(自由面積比) 분출구의 외주에서 잰 전면적에 대한 자유 면적의 비. 자유 면적이란 공기가 통과하는 구멍의 부분 면적, 장애물을 제외한 유효 면적을 말한다.

free bed-rock surface 개방 기반 표면(開放基盤表面) 기반이 지표면에 노출된 상태를 말한다.

free bend test 자유 굽힘 시험(自由－試

驗) 미리 시험편(試驗片) 중앙부를 구부린 다음 양단을 상하에서 압축하여 표면에 균열이 발생하기까지 구부려서 연성(延性)을 살피는 시험. 금속 및 용접부에 사용하는 시험. 치구·롤러 등을 쓰지 않으므로 자유 굽힘이라 한다.

free damping 자유 감쇠(自由減衰) 에너지의 손실이 있는 자유 진동의 감쇠.

freedom of kinematics 운동의 자유도(運動-自由度) 골조 등의 절점의 독립한 변위 성분수. 라멘 등에서는 각 절점을 핀으로 대치하여 그 골조의 큰 이동을 멈추기 위해 필요한 가상 브레이스의 최소 재수(材數)로 결정한다. 순 전단형 진동계의 골조에서는 자유도는 층수와 같다.

free edge 자유변(自由邊) 평면판, 곡면판에서 변위 및 회전에 구속이 없고, 지지 반력이 생기지 않는 연변(緣邊).

free end 자유단(自由端) 캔틸레버의 끝과 같이 받침이 없는 끝.

free ground surface 자유 지표면(自由地表面) 그 장소 또는 근처에 구조물이 없고, 구조물의 영향이 없다고 생각되는 지표면.

free ground water 자유 지하수(自由地下水) 흙의 틈을 통해서 직접 대기와 접하고, 지하 수면을 갖는 지하수.

free hand drawing 자재화(自在畵) 도면을 자나 컴퍼스 등의 제도 도구를 쓰지 않고 자유롭게 그리는 것.

free lime 유리 석회(遊離石灰) 소성(燒成)이 불충분하기 때문에 시멘트 중에 유리 상태로 남은 석회분.

free oscillation 자유 진동(自由振動) = free vibration

free plan 프리 플랜 조립 주택이나 규격 주택을 주문자의 희망에 따라 계획의 일부를 변경하는 것.

free supplied material 무상 지급 재료(無償支給材料) 건설 청부 공사 등에서 시공주의 비용 부담으로 사용하는 건설 재료. =gratuitous supplied material →owner supplied material

free vibration 자유 진동(自由振動) 그림 (a)와 같은 정지 상태에 있는 물체에 (b), (c)와 같이 정적 또는 동적으로 힘 P를 가하여 변형을 일으킨 다음 갑자기 이 힘을 제거하면 물체는 그 자신이 고유의 주기를 가지고 진동한다. 이것을 자유 진동이라 한다. =free oscillation →forced vibration

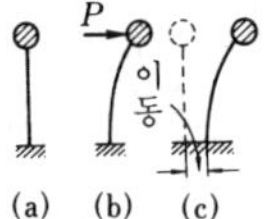

free water 자유수(自由水), 유리수(遊離水) 목재 시멘트 경화체, 흙 등에서 틈속에 유리 상태로 포함된 물.

free water table 자유 수면(自由水面) 중력 작용으로 유동 가능한 물에 의해서 충만된 토층의 상수면.

free way 프리 웨이, 자동차 전용 도로(自動車專用道路) ① 미국의 고속 도로. ② 자동차만의 통행을 허용하는 도로. 완전 출입 제한의 프리웨이 외에 일부 출입 제한의 것을 포함한다.

freezing 응고(凝固) ① 액체 또는 기체가 고체로 바뀌는 것. 예를 들면 물이 얼음으로 되는 것은 응고이다. ② 교질 용액이 응결하는 것을 응고라고도 한다.

freezing and thawing test 동결 융해 시험(凍結融解試驗) 석재, 굵은 골재, 콘크리트, 모르타르, 기와, 벽돌, 타일 등의 안정성, 내구성 또는 내해성을 판정하는 시험법. 시험하고자 하는 물체를 흡수시켜 빙점 하에 냉각 동결시키고, 이어서 상온으로 되돌려 융해시키는 조작을 반복하여 이상을 나타내기에 이르는 사이클수로 판정한다.

freezing damage 동해(凍害) 지면의 동상(凍上), 건물 각부 재료의 동결과 융해의 반복 작용에 의한 파손·파괴 등 동결에 기인하는 해. 일반적으로 재료는 저온시에는 수축, 취약화하고, 흡수 수분은 동결 팽창하는 등으로 동해를 받는다. 건물의 피해 상황은 콘크리트, 석재류의 균열, 동괴(凍壞), 표면이나 모서리의 박리 결손, 기와·타일, 모르타르·도벽류(塗壁類)·위생 도기의 박락(剝落)·균열, 수도관의 파열 등이 있다.

freezing method 동결 공법(凍結工法) 연약한 지반 중에 동결관을 여러 개 박아 넣고, 냉각액을 보내어 동결 경화시켜서 작업에 필요한 기간 중 안정하고 불투수(不透水)의 지반으로 해 두는 지반 개량 공법. =frosting method

freezing point 응고점(凝固點), 빙점(氷點) 액체 또는 기체가 응고할 때의 온도. =solidifying point

freezing resistance test 내한 시험(耐寒試驗) 매우 한랭한 조건하에서의 재료의 재질 변화나 강도 잔존율 등을 살피는 시험. 저온하에 방치하는 방법과 저온과 상온의 반복을 주는 방법이 있다.

freezing room 동결실(凍結室) 식료품 등을 장기간 보존하기 위해 냉동 설비를 가지며, 또 벽, 천장, 바닥에 대해서 가장 두껍게 열절연재를 사용한 냉장 창고의 한 방.

freezing temperature 동결 온도(凍結溫度) 액체가 동결하기 시작할 때의 온도. 동결점이라고도 한다. 일반적으로는 물의 동결 온도 0℃가 알려져 있다.

freight elevator 화물용 엘리베이터(貨物用－) 화물 운반 전용의 엘리베이터. 화물 취급자 또는 운전자 이외의 이용이나 동승은 금지되어 있다.

freight villa 프레이트 빌라 도시부의 지가가 높아짐에 따라 쓰지 않는 가구류를 과소지의 보관 창고에 맡기고 공간의 유효 이용을 꾀하기 위한 창고.

French curve 운형자(雲形－) 원호 이외의 곡선을 그릴 때 사용하는 목제, 셀룰로이드제의 자. ＝irregular curve

French door 프랑스식 문(－式門) 정방형의 유리를 끼운 격자가 폭이 비교적 넓은 문틀 속에 끼워진 여닫이문.

French garden 프랑스식 정원(－式庭園) 17세기에 프랑스에서 유행한 정형식 정원의 양식. 프랑스 전토는 물론 독일, 영국, 스웨덴 등에 널리 알려졌다.

French method roofing 마름모잇기 슬레이트를 마름모꼴로 잇는 것.

French provincial 프렌치 프로빈셜 프랑스 전원 지방의 양식. 손수 만든 소박한 목제 가구 등.

French roof 프랑스 지붕 ＝mansard roof

French roof tile 프랑스식 기와(－式－) 양기와의 한 형식. 장방형 평판상으로 표면에 세로로 홈이 있고, 맞물림식의 겹침 부분을 갖는다.

French window 프랑스식 창(－式窓) 외주벽에 있으며, 프랑스식 문이 붙여지고 하단은 바닥과 같은 높이의 창.

Frenet-Serret formulas 프레네 · 세레의 공식(－公式) 공간 곡선의 주법선, 종법선의 각 벡터와 접선 벡터 사이에 성립하는 관계식. 직교계의 매개 변수 표시식에서 유도된다.

freon gas 프레온 가스 불화계 탄화 수소의 냉매. 일반적으로 불연성이며 독성이나 금속에 대한 부식성도 적고, 응축 능력, 1냉동톤당의 용적도 작으므로 압축 냉동기에 널리 사용된다. 기호 R.

frequency 주파수(周波數), 진동수(振動數) 주기적 현상이 매초 반복되는 횟수, 즉 1초간의 진동 횟수. 단위는 헤르츠(hertz), 기호는 Hz. 주기의 역수이다.

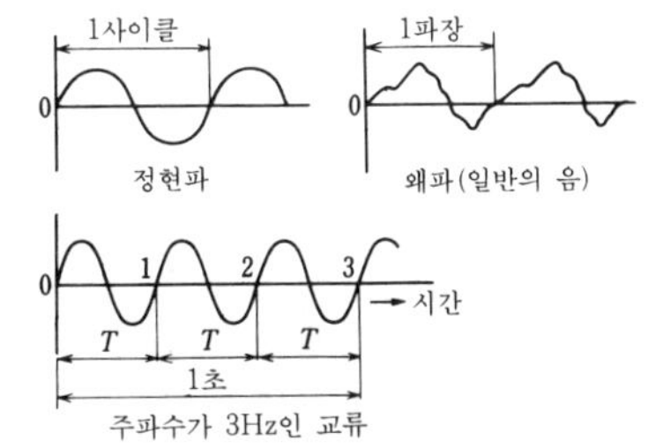

frequency

frequency analysis 주파수 분석(周波數分析) 복잡한 소리, 또는 진동이 어떤 세기와 주파수의 음으로 이루어져 있는가를 분석하는 것.

frequency characteristics 주파수 특성(周波數特性) 어떤 양이 주파수에 따라서 어떻게 변화하는가 하는 특성. 어느 양으로서는 방의 잔향 시간, 흡음재의 흡음률, 스피커의 음향 출력, 증폭기의 증폭률 등 여러 가지가 있다.

frequency distribution 빈도 분포(頻度分布) 변동량에 대해서 그 발생 빈도를 변동의 레벨별로 레벨이 낮은 쪽에서 높은 쪽으로 차례로 나타낸 분포. 히스토그램이라고도 한다.

frequency response 주파수 응답(周波數應答), 주파수 리스폰스(周波數－) 어떤 점에서 다른 점으로 소리 혹은 진동이 전해질 때 주파수를 바꿈으로써 그 전파 방법이 어떻게 변화하는가를 수량적으로 나타내는 것의 총칭. 전송 주파수 특성은 그 일례이다. 전기 음향의 분야에서는 전기계에서 음향계로의 변환에도 이 용어를 쓰며, 예를 들면 스피커에 일정한 입력 전압을 가하면서 주파수를 바꾸었을 때 스피커로부터의 음향 출력이 어떻게 변화하는가를 나타내는 주파수 특성은 그 일례이다.

fresco 프레스코 벽화(壁畵) 기법으로, 회반죽이 아직 마르기 전에 수채 물감으로 그려진 것. 벽화, 천장화 등에 많이 볼 수 있다.

fresh-air inlet 외기 취입구((外氣取入口) ＝fresh-air intake

fresh-air intake 외기 취입구(外氣取入口) 건물 외부로부터 건물 내로 공기를 끌어들이는 전용의 개구부. ＝fresh-air inlet, outside air opening

fresh air load 외기 부하(外氣負荷) 실내 공기의 청정화를 도모하기 위해 도입하는 신선한 외기를 실내 온습도로 하기 위한 열부하.

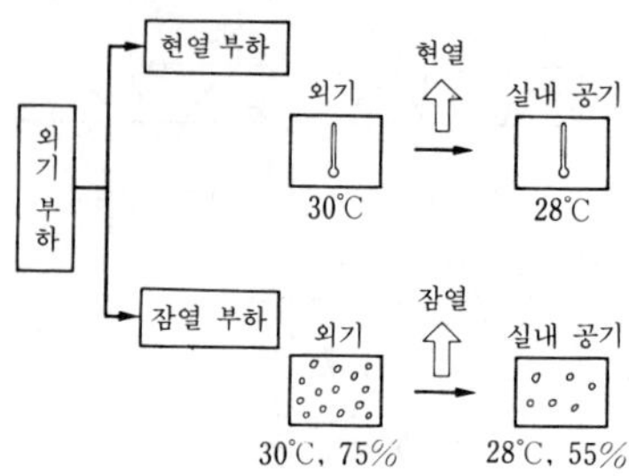

fresh air load

fresh concrete 프레시 콘크리트 비비고부터 운반, 타입 직후까지의 아직 굳지 않은 콘크리트.

freshly mixed concrete 레미콘 ① 콘크리트 제조 설비를 갖는 공장(레미콘 공장)에서 생산되고, 아직 굳지 않은 상태로 현장에 운반되는 콘크리트. ② =ready-mixed concrete

fret saw 실톱 매우 얇고 가는 날을 가진 톱. 목재, 금속의 박판을 자유로운 모양으로 잘라낼 수 있다. =jig saw, scroll saw

fretwork 투각(透刻), 섭새김 목재 또는 금속판 등에 겉에서 뒤까지 판 조각.

Freyssinet system 프레시네 공법(-工法) 프리스트레스트 콘크리트용 정착 공법의 일종. 강재(鋼材)로 보강한 모르타르제의 수 콘과, 암 콘을 써서 PC강새를 정착하는 공법을 기본으로 하여 다양한 시스템이 준비되어 있다. 프레시네(E. Freyssinet)가 고안했다.

friction 마찰(摩擦) 접촉하고 있는 표면간에 요철(凹凸), 경연(硬軟)의 차가 있는 경우 접촉면에서 운동을 저지하는 방향으로 작용하는 힘. 정지 상태에서 운동하기 시작하기까지 힘에 대해 반항하여 작용하는 정지 마찰, 운동 상태에 관한 미끄럼 마찰, 전동(轉動) 상태에 관한 미끄럼 마찰이 있다.

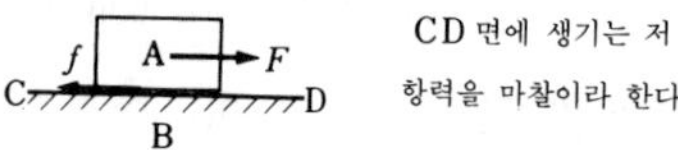

CD 면에 생기는 저항력을 마찰이라 한다

frictional angle 마찰각(摩擦角) 평탄한 사면(斜面)상에 물체를 올려 놓고 사면의 경사를 차츰 크게 할 때, 물체가 바로 미끄러지려고 하는 경사각 φ를 마찰각이라 한다.

frictional force 마찰력(摩擦力) 정지와 운동에 대응하여 각각 정지 마찰(력)과 운동 마찰(력)로 나뉜다. 정지 마찰(력)은 물체에 작용하는 외력과 크기가 같다. 외력이 어느 한도 이상이 되면 물체는 정지하지 못하고 미끄러지는데, 바로 미끄러지기 시작하려고 할 때의 정지 마찰력을 최대 정지 마찰(력)이라 한다. 미끄러지고부터는 운동 마찰(력)이 작용한다. →friction

frictional resistance 마찰 저항(摩擦抵抗) ① 두 물체가 접촉하고 있고, 그 접촉면이 매끄럽지 않을 때는 이 면을 따라서 두 물체가 미끄러져 움직이려는 저항이 있다. 이것을 마찰 저항이라 한다. ② 마찰력이라고도 한다.

friction bolt 마찰 볼트(摩擦-) 고력 볼트 마찰 접합시에 사용하는 볼트.

friction bolt joint 마찰 볼트 접합(摩擦-接合) 고력 볼트를 사용하여 접합 부재 상호를 강력하게 체결하여 접합면에서 재료간에 작용하는 마찰 저항에 의해 응력을 전하는 접합 방법.

firction circle 마찰원(摩擦圓) 원호 미끄럼면을 따라서 토괴(土塊)가 미끄러질 때 토괴에 작용하는 마찰 반력의 합력 방향을 정하기 위한 원을 말한다. →friction circle analysis

friction circle analysis 마찰원법(摩擦圓法) 마찰원을 써서 원호 미끄럼면에 작용하는 반력을 구하여, 사면의 안정 계산을 하는 방법.

friction coefficient 저항 계수(抵抗係數) 일반적으로 유체가 물체에 미치는 힘을 무차원화한 값. 물체에 작용하는 힘의 방향 성분에 따라 항력 계수, 양력 계수 등이라 불린다. 또, 관로를 흐르는 경우에는 압력 손실 계수라고 부르는 경우도 있다. =resistance coefficient

friction damper 마찰 댐퍼(摩擦-) 기계 진동 에너지를 마찰에 의해서 열 에너지로 변환하여 흡수 제어하는 댐퍼.

friction damping 마찰 감쇠(摩擦減衰) 물체와 물체가 마찰할 때 생기는 감쇠.

friction factor 마찰 저항 계수(摩擦抵抗係數) 관저항 계수 중 관벽의 마찰에 의해서 생기는 저항을 나타내는 비례 상수. 다음 식의 f를 말한다.

$$f = -\frac{dp}{dx} / \frac{l}{D}\left(\frac{1}{2}\rho U_0^2\right)$$

여기서 l : 관의 길이, U_0 : 단면 평균 유속, D : 관 지름, ρ : 유체의 밀도. 층류에서는 레이놀즈수에 비례하여 작아진다. 난층류(亂層流)인 경우보다 크다. →loss coefficient

friction head loss 마찰 손실 수두(摩擦損

失水頭) 유체는 점성을 가지고 있기 때문에 흐름 내부의 각 층간, 유체와 유로와의 사이 등에 마찰 저항이 존재한다. 그 때문에 상류에서의 전 수두와 하류에서의 그것과는 같지 않다. 양자의 차가 마찰에 의한 손실량이며, 이것을 마찰 손실이라 한다. 보통은 수주(水柱)의 높이(mmAq · mmH_2O)로 나타낸 것을 마찰 손실 수두 또는 마찰 손실 헤드라 한다.

friction hinge 프릭션 경첩 너클 속에 마찰 장치를 설치하여 문을 임의의 위치에 정지시킬 수 있는 경첩.

friction joint 마찰 접합(摩擦接合) =friction bolt joint

friction loss 마찰 손실(摩擦損失) 유체가 관이나 덕트 내를 흐를 때 점성 때문에 접촉 벽면과의 외부 마찰이나 유체 자신의 분자간에 생기는 내부 마찰에 의한 에너지 손실.

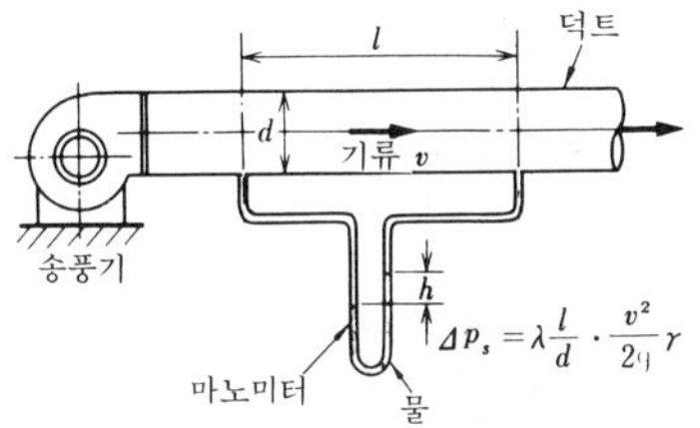

여기서, Δp_s : 마찰 손실, λ : 마찰 계수, g : 중력 가속도, l : 직관 길이(m), d : 관내 지름(m), v : 평균 유속(m/s), γ : 유체의 비중량(kg/m^3)이다.

friction loss of head 마찰 손실 수두(摩擦損失水頭) 마찰 손실을 수두로 나타낸 것. 단위 m. →head, friction loss

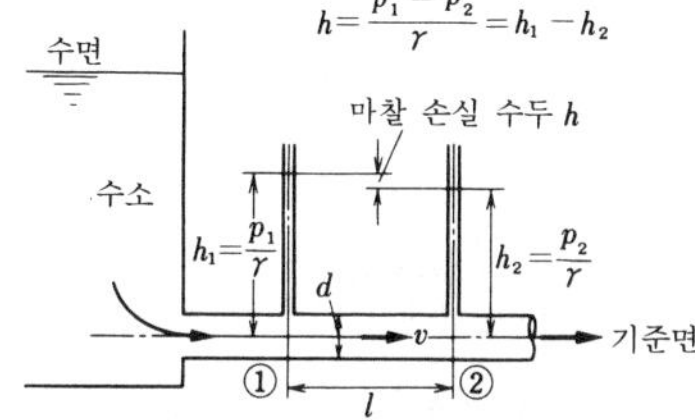

friction pile 마찰 말뚝(摩擦-) 기초 말뚝 중 말뚝 끝이 경질 지반(기반)까지 도달하지 않고 연약 지반 속에 멈추어 있고, 말뚝의 지지력의 대부분이 말뚝 주변 마찰력에 의존하는 말뚝.

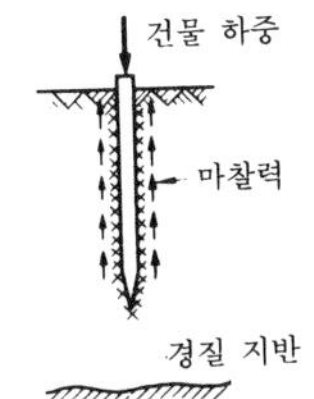

friction pile

friction press 마찰 프레스(摩擦-) 마찰력으로 플라이휠을 회전시키고, 그 회전 운동을 나사에 의해 직선 운동으로 바꾸어 램을 상하로 작동시키는 식의 프레스. 플라이휠에 축적된 에너지가 전부 사용된다. =fly screw press

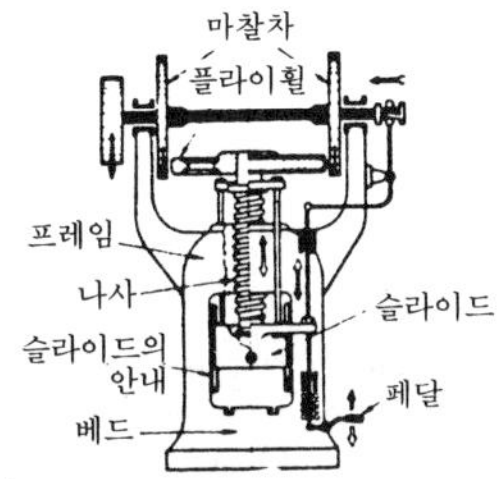

friction stress 마찰 응력(摩擦應力) 점성 유체의 층 사이 및 유체와 벽면 사이에서 흐름에 저항하는 모양으로 생기는 응력.

friction type high strength bolted connections 고력 볼트 마찰 접합(高力-摩擦接合) 고력 볼트를 큰 힘으로 체결하여 얻어진 재간(材間) 압축력에 의한 마찰 저항을 이용한 철골 부재의 접합법. →friction joint

friction velocity 마찰 속도(摩擦速度) 벽면 가까이의 흐름에서 벽면 마찰 응력과 밀도로 정의되는 속도의 차원을 갖는 양. 속도 변동을 대표하는 스케일.

friction vibration 마찰 진동(摩擦振動) 두 물체간에 작용하는 상대 운동을 방해하는 힘에 의해서 생기는 진동.

frieze 프리즈 그리스 건축, 로마 건축에서 3층으로 이루어지는 엔터블래처(entablature)의 중간 부분.

FRM 불소 고무(弗素-) =fluorocarbon rubber

fringe order 프린지 차수(-次數) 광탄성 실험에 있어서의 주응력도차에 비례하는 등색선(等色線)의 수.

fron gas 프론 가스 냉장고의 냉매나 스프레이식의 분사제에 쓰이는 불소와 염소를 포함하는 탄화 수소 화합물. 축적된 프론 가스가 오존층을 파괴하는 것이 사회 문제화 되고 있다.

front 프론트 ① 건축에서는 현관을 들어간 내부의 정면을 뜻하며, 카운터가 설치되어 있고 손님의 안내나 연락 등의 서비스를 하는 곳. ② 무대 전방의 부분.

frontage 개구(開口) 건물 또는 토지 전면의 폭.

frontage saving 프론티지 세이빙 도시 주택 등에서 남쪽의 전면을 좁게 하고 안길이를 길게 하는 계획 방법.

frontal fillet weld 전면 필릿 용접(前面-鎔接) 용접선의 방향이 응력의 방향에 직각인 필릿 용접. 이 용접은 대체로 인장 응력을 받으나 설계 계산에서는 전단 응력을 받는 것으로 한다.

frontality 정면성(正面性) 건축 형태의 어느 특정한 입면에 좌우 대칭형을 주거나 하여 정면으로서의 자립한 효과를 강조하는 것. 고전 건축에 많이 볼 수 있다.

frontal road 전면 도로(前面道路) 건축 부지가 접하는 도로. 이 도로가 도로 사선 제한, 도로폭에 의한 용적 제한 등을 규정한다.

front elevation 정면도(正面圖) 건축물 정면(일반적으로는 현관측)의 입면도. 4면의 입면도는 일반적으로 동서남북의 방위를 붙여서 구별하지만 현관측이나 그 건축물의 주가 되는 면의 외관을 정면도로 했을 때는 그 배면을 배면도, 좌우를 각각 좌측면도 · 우측면도라 한다.

front garden 앞뜰 =forecourt

front putty 누름 퍼티 유리를 창호에 부착할 때 누름에 사용하는 퍼티.

front view 정면도(正面圖) =front elevation

front yard 앞뜰 =forecourt

frost 동결(凍結)[1], 지반 동결(地盤凍結)[2]
(1) 물체의 온도가 0℃ 이하일 때 물체 중의 물이 얼어서 빙정(氷晶)을 만드는 현상.
(2) 지반 중의 간극수가 0℃ 이하로 되어서 빙결(氷結)하는 것.

frost damage 동해(凍害) =freezing damage

frost damage at early age 초기 동해(初期凍害) 모르타르나 콘크리트가 경화 초기에 수분의 동결 혹은 동결, 융해 반복 등의 작용에 의해 받는 피해. →freezing damage

frosted glass 젖빛 유리 표면을 불투명하게 한 유리.

frosted work 혹두기 석재 표면을 고르게 혹 모양으로 마감하는 것.

frost heaving 동상(凍上) 흙이 얼어서 지면을 들어 올리는 현상. 들어 올리는 힘은 강대하며, 철도의 침목을 들어 올린다든지, 건물의 기초를 들어 올려 경사 · 변형을 일으키게 한다. 건물의 기초는 동결하는 지층의 깊이(지하 동결선이라 한다)보다 깊게 할 필요가 있다.

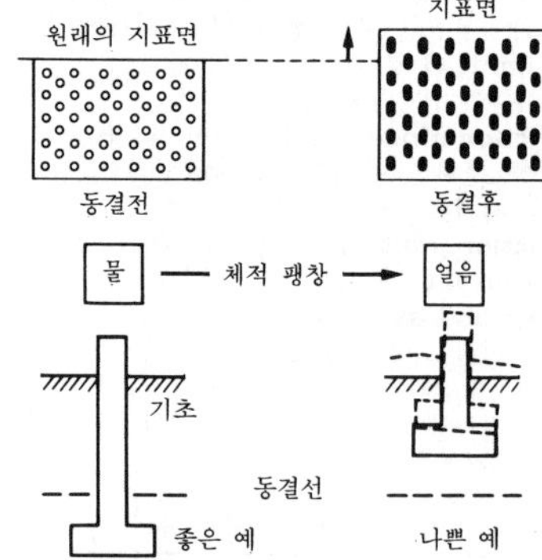

frost heaving load 동상압(凍上壓) 동상을 억제하기 위해 동상하는 흙의 표면에 가하는 압력(하중). 토질에 따라서 값은 다르다.

frosting method 동결 공법(凍結工法) = freezing method

frosting work method 동결 공법(凍結工法) 연약 지반을 일시적으로 동결시켜 지수(止水) 또는 굴착에 대한 안정을 도모하는 시공법. 일반적으로는 동결관을 설치하고, 그 속에 냉각액 등을 흘려서 주위 지반을 얼린다. 염화 칼슘 용액 · 액체 질소 등이 쓰인다.

frost-line 지하 동결선(地下凍結線) 흙 속의 온도가 0℃ 이하로 저하하여 흙이 동결하는 층과 동결하지 않는 층의 경계선을 말한다. 어느 깊이 이하에서는 흙 속의 온도가 높기 때문에 동결하지 않는다. 한랭 지역의 건축물 기초 밑면은 동결선보다도 깊을 필요가 있다.

frost penetration depth 동결 심도(凍結深度) 지반면에서 지하 동결선까지의 깊이를 말한다.

Froude number 프루드수(-數) 중력의 영향을 크게 받는 운동에 관계하는 무차원수. 관성력과 중력의 비를 나타낸다.

$$Fr = v / \sqrt{gl}$$

여기서, v : 대표 속도, l : 대표 길이. 자유 표면을 갖는 흐름에 관련하여 하천의 흐름, 선박의 조파 저항 문제에 사용하는 경우가 많다.

frozen soil 동토(凍土) 흙 속의 간극수가 동결하여 고결 상태로 된 토층 혹은 토괴(土塊).

FRP 강화 플라스틱(强化－) ＝fiberglass reinforced plastics

FSA system FSA공법(－工法) 프리스트레스트 콘크리트용 정착 공법의 일종. PC강연선을 쐐기, 앵커 헤드, 캐스팅, 스파이럴로 정착하는 공법.

full automatic welding 전자동 용접(全自動鎔接) 반자동 아크 용접과 구별하는 용어. 와이어의 자동 송급뿐 아니라 전조작을 손 조작없이 하는 용접.

full building element system 풀 BE방식(－方式) 가동 칸막이의 형식으로, 패널의 높이가 그 층 높이와 같은 것. 상하로 분할하는 것을 하프 BE방식이라 한다.

full cost 풀 코스트, 전부 원가 계산(全部原價計算) 모든 비용을 추정하여 산출한다는 개념에 의한 원가. 건축 적산은 일반적으로 전부 원가 계산적이며, 직접 원가, 기계 원가 등의 특수 원가 개념이 공식적으로 쓰이는 일은 드물다.

full line 실선(實線) 고른 굵기로 연속한 선. 도면의 크기, 복잡성, 도시(圖示)의 내용에 따라서 굵은선·중간선·가는선으로 대별되며, 굵은선은 단면 도형, 중간선은 표면적인 도형, 가는선은 치수선·인출선·해칭 등에 사용된다. 굵기는 굵은선·중간선은 0.8~0.3mm, 가는선은 0.2mm 이하로 한다.

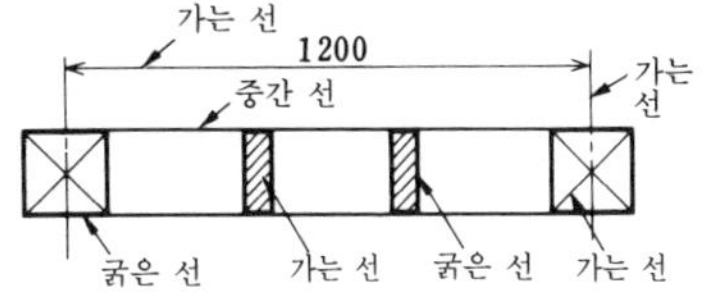

full load operating 전부하 운전(全負荷運轉) 기기, 장치 등을 정격 출력으로 운전하는 것.

full load performance 전부하 특성(全負荷特性) 기기, 장치 등을 정격 출력으로 운전했을 때의 기기 효율, 장치 효율.

full local equivalent hour 전부하 상당 운전 시간(全負荷相當運轉時間) 연간 총 부하를 그것을 처리하는 기기의 정격 출력으로 나눈 값. 냉동기나 보일러의 연간 소비 에너지량을 추정할 때 쓴다.

full penetrated welding 완전 용입 용접(完全鎔入鎔接) 용접 이음의 강도를 모재와 같게 확보하기 위해 모재의 전 두께에 걸쳐서 용착 금속을 용입시키는 용접.

full plastic moment 전소성 모멘트(全塑性－) 휨재의 전 단면이 항복했다고 생각하고 구하는 저항 휨 모멘트. 항복 응력과 소성 단면 계수의 곱으로 구해진다.

full prestressing 풀 프레스트레싱 프레스트레스트 콘크리트에서의 프레스트레스 방법의 하나로, 설계 하중을 받았을 때 콘크리트에 인장 응력이 생기지 않도록 하는 것.

full radiator 완전 방사체(完全放射體) ＝perfectly black body, Planckian radiator

full radiator locus 완전 방사체 궤적(完全放射體軌跡) 여러 가지 온도의 완전 방사체의 방사 색도 좌표가 색도도상에 그리는 곡선. 흑체 궤적이라고도 한다. ＝Planckian locus

full scale 현치(現－), 실치수(實－數), 원척(原尺) ＝full size

full size 현치(現－), 실치수(實－數), 원척(原尺) 실물 크기의 치수. 1/1의 척도로 도면을 그리는 것.

full size drawing 현치도(現－圖), 원척도(原尺圖) 실물과 같은 치수로 그리는 도면. 실물 크기의 도면이므로 상세하게 나타낼 수 있다.

full strength connection 전강 접합(全强接合) 접합되는 부재의 전 강도를 전달하도록 설계된 접합부.

full turn key 풀 턴 키 기획·계획부터 설계·시공까지 프로젝트의 일체를 맡는 계약 방식. 주문자는 완성한 건설물의 키를 돌리기만 하면 된다는 뜻에서 나온 명칭이다.

full-unit system 풀유닛 방식(－方式) 조립 건축에서 1주택 단위로 제작한 가옥을 그대로 운반하여 설치하는 시스템. 트레일러 하우스나 캐러밴(caravan) 등을 가리킨다.

full web 충복형(充腹形) 부재의 웨브 부분이 한 장의 강판으로 만들어진 단면 형식을 말한다.

full web member 충복재(充腹材) H형강이나 I형강의 보나 기둥과 같이 웨브의 부분이 틈이 없는 강판으로 형성되는 재료.

fume 퓸 가열이나 화학 반응 등에 의해서 발생한 고체 또는 액체의 증기가 응축하여 형성되는 미세한 고체 입자.

functional depreciation 기능적 감가(機能的減價) 건물 등 내구재의 경년 감가의 일종. 그 기능이 열화함으로써 일어나는 감가.

functional design 기능 설계(機能設計) 제품의 성능, 건축물 각 방에서의 작업 내용, 각 방 상호간의 관계 등을 고려하여 필요하고 충분한 크기, 형상 등을 설계하는 것.

functional deterioration 진부화(陳腐化) 건물이나 시설 내지는 설비 기기의 당초 기능이나 성능이 기술 진보나 사회적 요구 수준의 상승에 맞지 않게 되어 사용 가치나 자산 가치가 감소하는 것. ＝obsolescence

functional diagram 기능도(機能圖) 내용을 분석하고, 각 기능을 설명하기 위해 도식화한 것.

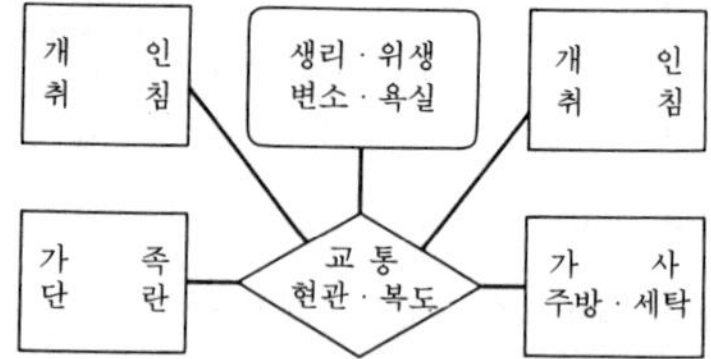

functionalism 기능 주의(機能主義) ① 근대 건축 운동의 대표적인 슬로건의 하나. 형태는 기능에 따라 결정된다고 하고, 기능적인 것은 아름답다고 하는 것. ② 유럽 건축의 기초인 실용을 기본으로 한다는 사고 방식.

functional lifetime 기능적 내용 연한(機能的內容年限) 건물이나 건축 설비 기기가 주어진 성능이나 기능의 열화, 혹은 진부화를 이유로 교환, 전면 갱신 혹은 개축되기까지의 연수.

function of building value 건물 가격 함수(建物價格函數) 중고 건물의 가격을 그 건물의 취득 원가, 경과 연수 등의 수치의 함수로서 나타낸 것.

fundamental frequency 기본 진동수(基本振動數) 기본 진동의 진동수.

fundamental tone 기본음(基本音) 복합음의 성분 중에서 기본 주파수(기본 진동수)를 갖는 음.

fundamental vibration 기본 진동(基本振動) 진동계의 고유 진동 중에서 최소의 진동수의 것.

fundamental wave 기본파(基本波) 정현파(正弦波)가 여러 개 합쳐진 복합파 중 진동수가 가장 적은 것을 말한다. 예를 들면 100, 200, 300, 500Hz로 이루어지는 복합파에 대해서는 100Hz의 파를 기본파라 한다.

funicular polygon 연력도(連力圖) 한 점에 작용하지 않는 힘의 합력의 작용점을 시력도(示力圖)와 병용하면서 그림 상에서 구하기 위해 그린 그림. →force diagram

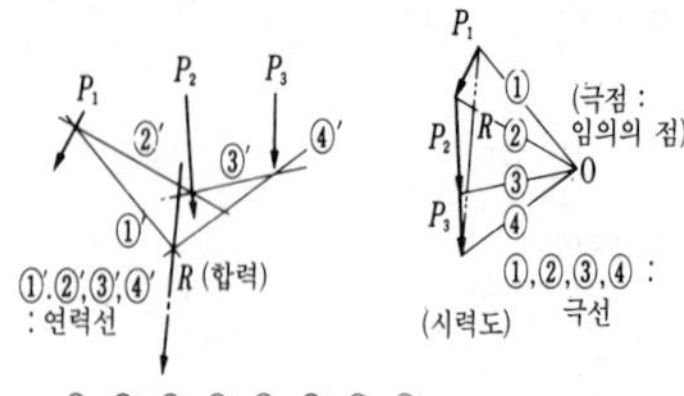

funicular 연력선(連力線) 연력도에서 시력도(示力圖)의 극선(極線)에 평행을 그리면서 각 힘을 연결한 선. 또, 다각형을 구성하는 부분. →funicular polygon

funneling effect 수속 효과(收束效果) ＝convergence effect

furnace 가마, 노(爐)[1], 온기로(溫氣爐)[2]
(1) 연료를 연소시키는 장치. 일반적으로 연소 장치와 연소실이 있다.
(2) 열교환기를 거쳐서 등유, 중유, 가스 등의 연소열로 직접 공기를 데우는 온풍 난방기.

furniture 가구(家具) 건축에 부속하는 설비구로, 의자, 침대, 책상, 테이블, 조리대, 장, 책장, 물품을 소장하는 것을 총칭한다.

furniture layout drawing 가구 배치도(家具配置圖) 가구의 배치를 나타내는 그림을 말한다.

furniture load 물품 하중(物品荷重) 적재 하중의 일종. 건축물이 수용하는 물품류의 무게에 의한 하중.

furniture maker 가구공(家具工) 가구 생산과 그 설치에 종사하는 기능자.

furring of bamboo 힘살 벽의 평고대를 짤 때 종횡으로 45cm간격 정도로 부착하는 대나무의 골조.

furring strips 띠장(一杖) 벽마감의 벽널 · 보드류, 파형 철판 등을 주체 구조로 부착하기 위한 수평재.

fuse 퓨즈 소정의 크기 이상으로 전류가 흐르면 가열 용단하여 전기 회로의 일부

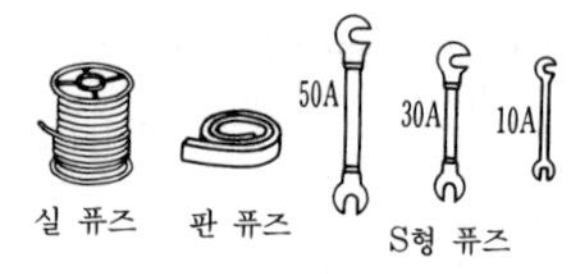

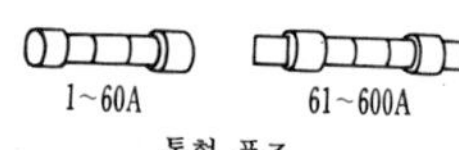

통형 퓨즈

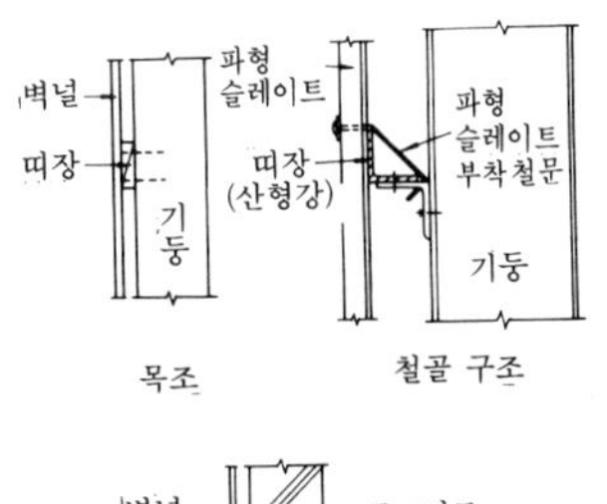

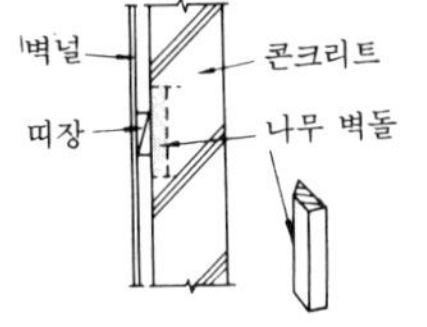

철근 콘크리트 구조

furring strips

를 자동적으로 여는 금속 조각. 배선 및 기계 기구의 과열 손상을 방지한다.

fusible alloy 가융 합금(可融合金) ＝fusible metal

fusible metal 가융 합금(可融合金) 주석보다 낮은 융점의 합금을 총칭한다. 납·주석·비스무트·카드뮴 등의 합금으로, 융점은 약 65～180℃이다. 땜납·퓨즈·스프링클러 등에 사용한다.

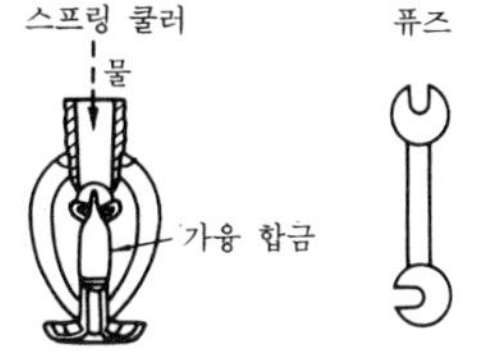

fusing point 융점(融點), 융해점(融解點) 일정 압력(통상 1기압)하에서 고체의 융해가 무한이 완만하게 행하여져서 고상(固相)과 액상(液相)이 평형을 유지할 때의 온도. 일반적으로 응고점과 같다. ＝melting point

fusion 융해(融解), 용해(溶解) 고체가 가열되어 액체로 되는 것.

fusion welding 융접(融接) 용융 상태에서 금속에 기계적 압력을 가하지 않고 하는 용접. 가스 용접, 아크 용접, 테르밋 용접 등의 총칭.

fusion zone 융합부(融合部) 모재가 용융하여 용착 금속과 녹아 붙어 조직이 현저하게 변질한 부분.

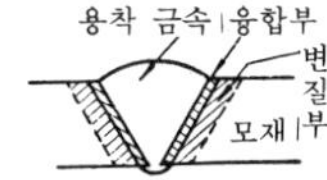

future built-up area 장래 시가지(將來市街地) 도시 계획 구역 내의 시가화(市街化) 구역 내에서 현재는 시가화가 진행하고 있지 않지만 장래 시가화가 진행할 것으로 생각되는 지역.

future city 미래 도시(未來都市) 미래의 어느 시점에 실현할 것으로 상정, 혹은 제안되는 도시상. 이상 도시와 혼용되는 경우도 있다.

future population 장래 인구(將來人口) 전국 혹은 어느 지역의 장래의 예측 인구.

***F*-value** *F*값 강재, 용접 접합 등의 각종 허용 응력도 및 재료 강도는 강재의 종류·품질이나 용접 작업 조건에 따라서 정해지고 있는 기준 강도(*F*값)를 어느 값으로 나누어서 구해진다. 강재의 *F*값은 거의 그 재(材)의 항복 강도를 쓰고 있다. 콘크리트에 대해서는 설계 기준 강도(*F*값)를 쓰며, 설계상 필요한 콘크리트의 4주 압축 강도를 쓰고 있다. →standard strength

G

gable 박공(朴工) ㅅ자보가 없는 지붕의 합각머리 부분. 이 형식의 지붕을 뱃집지붕이라 한다. 가장 단순한 형식의 지붕.

gable-board 박공널(朴工―) =bergeboard

gable dormer 박공지붕창(朴工―窓) =gable window

gabled roof 박공 지붕(朴工―) 보의 좌우에 2개의 장방형 사면을 붙인 것과 같은 모양의 지붕. 책을 펼쳐서 엎어놓은 모양.

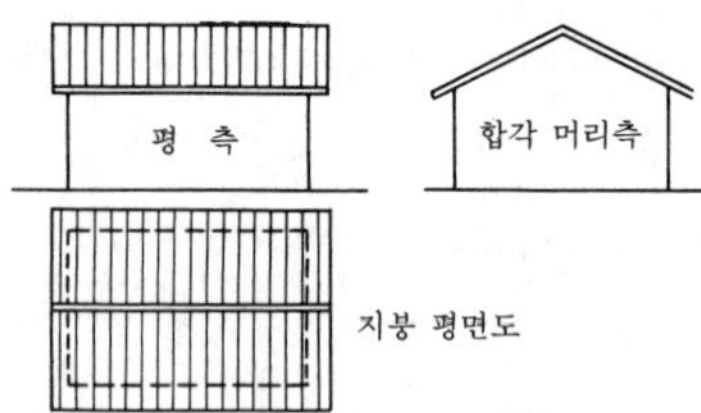

gabled roof frame 산형 라멘(山形―) 보의 부분이 산 모양을 이루고 있는 라멘 구조. 주로 철골 구조의 체육관 등 대 스팬의 건축물에 쓰인다.

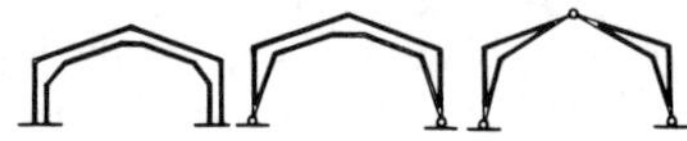

gabled roof truss 산형 트러스(山形―) 양옥에 있어서의 3각 트러스의 기본형. ㅅ자보와 지붕보 사이를 여러 개의 3각형 구면으로 이은 형식.

gable end 박공벽(朴工壁) 뱃집지붕 끝에 있는 3각형의 벽 부분. =gable wall

gable site 합각머리 박공·팔작집 지붕 양단의 3각형으로 된 부분. 일반적으로 건물의 단변(短邊) 방향의 측면을 말한다.

gable wall 박공벽(朴工壁) =gable end

gable window 박공창(朴工窓) 다락방에 설치된 채광창.

gage 게이지 =gauge

gage line 게이지 라인 =gauge line

Gal 갈 =gal

gal 갈 가속도의 단위. 1갈은 1cm/sec^2. gal이라는 명칭은 힘과 운동의 관계를 처음으로 연구한 갈릴레오(Galilei)의 이름에서 딴 것이다.

gall 옹두리 박테리아 때문에 수목의 나이테 일부분이 융기한 것.

gallery 갤러리 화랑 또는 미술 진열실, 회랑 또는 보랑, 극장의 최상층 좌석, 2층 외측의 복도, 베란다 등을 말한다.

gallon 갤런 액체의 용적 단위. 기호 gal.

galloping 갤러핑 바람에 의한 불안정 진동의 하나. 구조물 단면이 바람과 직각 방향으로 움직일 때 풍력이 그것을 조장하는 방향으로 작용하기 때문에 발생한다.

galvanic anode method 유전 양극법(流電陽極法) 음극 방식(陰極防蝕)의 일종으로, 방식하는 금속체를 음극으로 하고, 그보다 이온화 경향이 큰 금속을 양극으로 하여 접촉시키고, 여기에 전기를 통하여 방식하는 방법.

galvanic corrosion 갈바니 부식(―腐蝕) 금속이 보유하는 자연 전위차에서 이종금속 상호의 접촉에 의해 발생하는 부식.

galvanized sheet 함석 강판을 아연으로 피복한 재료로, 지붕을 잇거나 하는 데 사용된다.

galvanized sheet iron 아연 도금 강판(亞鉛鍍金鋼板) 용융한 아연을 도금한 강판. 아연 철판, 아연도 철판, 함석판이라고도 한다. 지붕 재료·외벽재로서 쓰인다.

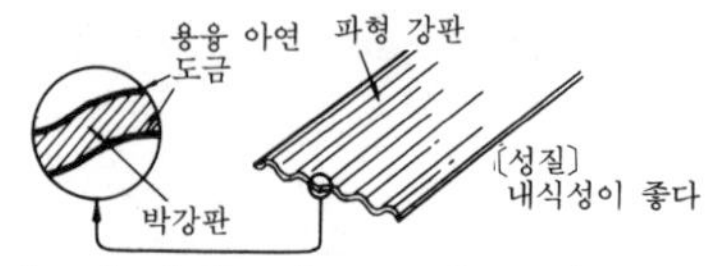

galvanized sheet iron roofing 아연 도금 강판 잇기(亞鉛鍍金鋼板―) 아연 도금 강판을 이은 지붕으로, 함석지붕을 말한다.

평판과 골판이 있으며, 골판은 골함석이라고도 한다.

galvanized steel pipe 백 가스관(白-管), 백관(白管) 아연 도금한 배관용 강관. 급배수, 기름 · 가스용관 등으로 사용된다.

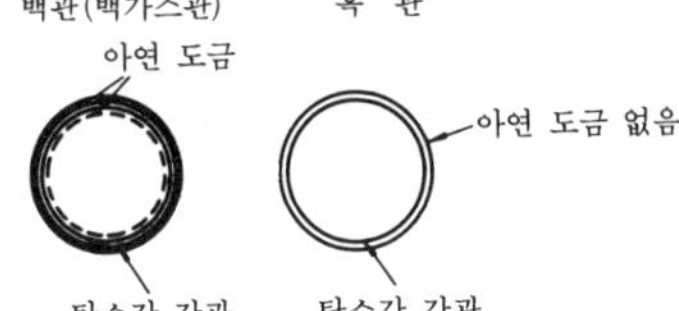

galvanized steel sheet 아연 철판(亞鉛鐵板) 용융 아연 도금을 한 강판 및 강대(鋼帶). 강판에 파형을 붙인 골판을 포함한다. 일반적으로 양철판으로서 알려져 있다.

galvanizing 아연 도금(亞鉛鍍金) 용융 아연에 담가서 도금하는 요융 아연 도금과 전기 분해에 의한 전기 아연 도금의 두 가지 방법이 있다. 아연 도금에 의해서 철강재의 부식은 현저하게 방지할 수 있다. 박강판에 도금한 연철판, 아연 도금 철사, 아연 도금 못 등의 제품이 있고, 철탑 등의 옥외 구축물도 방식을 위해 아연 도금이 되는 경우가 있다. →zincing

gambrel roof 합각지붕(合角-), 팔작집 상부를 박공으로 하고, 하부의 지붕을 사방으로 이어내린 지붕 형식.

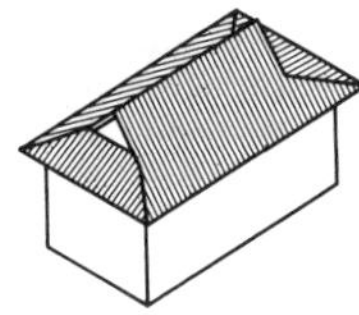

game room 오락실(娛樂室) 호텔, 여관, 레스토랑, 클럽 등에 설치되는 각종 게임실을 말한다. =recreation room

gamma distribution 감마 분포(-分布) 확률 분포의 하나. 포아송 과정에서 생기는 사상(事象)이 있을 때 n회 생기는 데 요하는 시간의 분포.

Gantt chart 간트 차트 작업의 일정 계획이나 그 관리에 쓰이는 그래프. 미국의 간트(H. L. Gantt)가 고안한 것. 바 차트와 마찬가지로 작업의 개시 · 종료를 한눈으로 알 수 있는 반면에 각 작업의 관련성은 알 수 없다는 결점이 있다.

gap 갭 ① 접합부에서 접합 작업에 필요한 유효 치수. ② 틈, 간극을 말한다.

garage 자동차 차고(自動車車庫) 자동차를 격납해 두는 창고.

garbage 쓰레기 일반 폐기물의 하나인데, 명확하게 정의되어 있지 않다. 일반적으로 고형상(固形狀)의 것을 가리키는 경우가 많고, 주로 부엌 쓰레기와 잡쓰레기로 분류된다. =refuse

garden 정원(庭園) 일정한 구획을 실용상, 미관상, 위락상 특히 계획되어 조형된 토지.

garden city 전원 도시(田園都市) 대도시의 과밀과 팽창을 억지할 목적으로 교외의 전원 지대에 개발되는 독립 자족의 소도시. 뉴 타운 개발의 원형으로서 20세기 초에 영국에서 실현되었다.

garden fence 정원 울짱(庭園-) 일반적인 울짱과 달리 주택, 정원용으로 디자인된 울짱.

garden furniture 정원용 가구(庭園用家具) 테라스나 정원에 두는 옥외용의 테이블이나 의자.

garden gate 정원문(庭園門) 정원에 설치된 문.

garden house 가든 하우스 휴게용 등을 목적으로 하여 정원에 만들어지는 건축물을 말한다.

gardening 조원(造園) =garden making

gardening plan 조원 설계도(造園設計圖) 조원 공간의 설계 의도에 따라서 조원 공사를 진행하기 위해 필요한 재료, 수량, 공법 등의 정보를 나타내는 그림을 말한다. =landscape plan

garden making 조원(造園) 정원, 공원, 유원지 시설 등의 조성.

garden ornament 첨경(添景) 평면도 · 입면도 · 투시도 등에 덧그리는 사람 · 나무 · 차량 등. 첨경은 건물의 스케일이나 용도를 나타내고 현실성을 주는 것이므로 치수도 정확하게 그릴 필요가 있다.

garden set 정원 세트(庭園-) 금속, 도자

기 등으로 만들어진 테이블 1개에 의자 2~4개의 옥외용 가구 세트.

garden suburb 전원 주택지(田園住宅地) 전원 도시는 일단 공업 등의 생산적 기능을 갖는 독립 도시이지만 이에 대해서 전원 주택지는 생산적 기능을 갖지 않는 순수한 주택지이다. 전원 생활을 즐기려는 점은 전원 도시와 다르지 않다. 전원 교외 등이라고도 한다. 대부분은 대도시로의 통근 도시 또는 별장지 등이다.

garelia 가렐리아 원래는 폭넓은 복도, 회랑의 의미이지만 유리 지붕이 있는 상점가를 이렇게 부르게 되었다. →arcade

gargoyle 가고일 처마끝에 부착된 빗물 배수를 위한 토수구. 주로 고딕 건축에 볼 수 있으며 괴기한 조수(鳥獸) 등의 조각이 새겨져 있다.

garret 다락방(-房) 다락에 설치된 방.

gas absorber 가스 흡착 장치(-吸着裝置) 유해 가스 등을 제거하는 장치. 공기 조화 장치에서는 활성탄의 흡착 작용을 이용하여 패널이나 원통형 유닛에 내장하여 공기 청정 장치로서 사용한다.

gas absorption method 가스 흡착법(-吸着法) 공기 중의 유해 가스 등을 실리카 겔, 활성탄, 알루미나 겔 등의 흡착제로 흡착, 제거하는 방법.

gas and water supply 광열수비(光熱水費) =expenses for electricity

gas boiler 가스 보일러 =gas fired boiler

gas cabinet 가스 캐비닛 가스용의 오븐이나 레인지를 내장한 주방용 비품.

gas checking 가스 체킹 도료가 건조할 때 연소 생성 가스의 영향으로 도막(塗膜)에 주름, 균열이 생기는 현상.

gas circulator 가스 서큘레이터 가스 난방 기구의 하나. 가스의 연소로 가열한 열교환기에 공기를 흘려서 대류에 의해 난방하는 기구. 자연 대류식과 강제 대류식이 있다.

gas cock 가스 콕, 가스 마개 각종 가스 기기에 접속하기 위한 가스 공급구로서 가스 공급관의 단말에 부착되는 개폐 마개를 말한다.

gas concrete 발포 콘크리트(發泡-) =foaming concrete

gas constant 가스 상수(-常數), 기체 상수(氣體常數) 보일·샬의 법칙(Boyle-Charl's law)에서의 비례 상수. 기호 R. 기체의 압력 p, 체적 V, 절대 온도 T라 하면 $pV=RT$. 이상 기체 1mol에 대해서 비례 상수 $R=8.3144\times10^7$erg/deg·mol은 기체의 종류와 관계없으며, 이것을 보편 기체 상수(universal gas constant) 또는 단지 기체 상수라 한다. 또 이것을 기체의 분자량으로 나눈 단위 질량에 대한 값을 비기체 상수(specific gas constant)라 한다.

gas cutting 가스 절단(-切斷) 강재 기타의 금속을 주로 산소 아세틸렌 불꽃으로 절단하는 것. 아세틸렌 불꽃(3000~4000℃)으로 금속을 녹이고, 여기에 고압 산소를 뿜어서 절단한다. 수동식과 자동식이 있다.

gas cutting apparatus 가스 절단기(-切斷機) 산수소 불꽃, 산소 아세틸렌 불꽃 등을 써서 강재를 절단하는 장치. 가장 간단한 것은 가스 발생기 또는 봄베와 도관, 취관(吹管), 역화 방지로 이루어진다.

gas detector 가스 검지관(-檢知管) 유해 가스의 존재나 농도를 그 자리에서 측정하는 간이 측정기. 검지할 수 있는 가스의 종류가 많고, 간단한 조작으로 단시간에 측정할 수 있다.

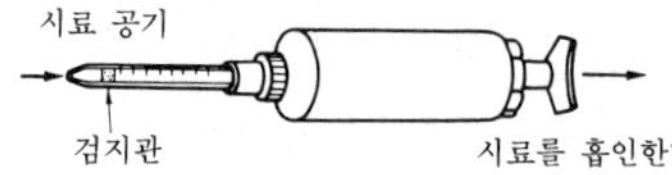

gas detector tube 가스 검지관(-檢知管) 가는 유리관 속에 각종 가스 검지제를 충전하고, 가스 채취기에 접속하여 관의 한 끝에서 가스를 흡입하고, 검지제의 변색 현상을 이용하여 그 농도를 검출하는 측정기.

gas engine heat pump 가스 엔진 히트 펌프 기체 연료를 사용한 엔진에서 히트 펌프의 압축기를 구동하여 외부 열원에서 열을 끌어 올리는 동시에 엔진의 냉각수와 연소 배기 가스의 열도 이용하도록 한 장치.

gaseous fuel 기체 연료(氣體燃料) 연료용 가스를 말한다. 천연 가스(액화 천연 가스, 천연 가스 변성 가스), 석유계 가스(액화 석유 가스, LPG 변성 가스, 나프타 분해 가스, 정제소 가스, 대체 천연 가스), 석탄계 가스(코크스로 가스, 발생로 가스)로 분류된다.

gas fired boiler 가스 보일러, 가스 연소 보일러(-燃燒-) 도시 가스나 액화 석유 가스 등의 기체 연료를 연료로서 이용하는 보일러.

gas furnace 가스로(-爐) 기체 연료를 이용한 온기로.

gas governor 가스 거버너 가스를 공급하는 경우, 압력을 소정의 레벨로 조정하는 기계.

gas heating 가스 난방(－煖房) ＝gas heating system

gas heating system 가스 난방(－煖房) 가스를 열원으로 하는 난방 방법으로, 스토브, 서큘레이터, 적외선 복사 장치, 온풍로 등이 있다. 배기통을 갖는 것과 갖지 않는 것이 있다.

gas holder 가스 홀더 가스를 일시적으로 저장하는 설비. 안정 공급을 유지하는 역할을 한다. 원통형의 저압식과 구형(球形)의 고압식이 있다.

gas interferometer 가스 간섭계(－干涉計) 공기의 빛에 대한 굴절률과 피검(被檢) 가스 혼합체의 빛에 대한 굴절률의 차에 의해서 일어나는 간섭 무늬를 이용하여 공기 중에 포함되는 피검 가스(탄산 가스, 메탄 가스 등)의 함유율을 광학적으로 측정하는 계기.

gasket 개스킷 ① 부재의 접합부에 끼워 물이나 가스가 누설하는 것을 방지하는 패킹. ② 수밀성·기밀성을 확보하기 위해 프리캐스트 철근 콘크리트의 접합부나 유리를 끼운 부분에 사용하는 합성 고무제의 재료.

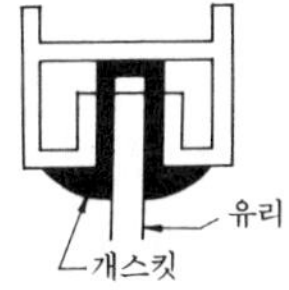

gas meter 가스 미터 가스 소비량을 측정하는 계기. 습식과 건식이 있다. 습식은 드럼의 회전수에 의해 가스 통과량을 재는 장치로, 대형이며, 건식은 격막을 전후로 움직여 그 운동의 횟수에 의해 통과량을 보는 장치로, 일반 수용가에 설치된다.

gas oil 경유(輕油) ＝light oil

gasoline engine 가솔린 기관(－機關) 가솔린을 연료로서 사용하는 내연 기관의 일종. 작동 방식에 따라 4사이클 기관과 2사이클 기관의 두 종류가 있다. 그림은 4사이클 기관의 예이다.

gasoline station 주유소(注油所) 자동차의 연료 급유를 위한 소매 시설. 간단한 수리, 점검, 세차 등을 할 수 있는 설비를 갖추는 것이 일반적이다.

gasoline trap 가솔린 트랩 가솔린이 배수관 속으로 흘러 들어가지 않도록 설치하는 트랩을 말한다. 주차장 등의 배수 설비의 일부.

gas pipe 가스관(－管) 증기, 물, 탕, 가스 등의 수송에 쓰이는 강관. 이음이 없는 관, 단접관, 전봉관(電縫管) 등이 있다.

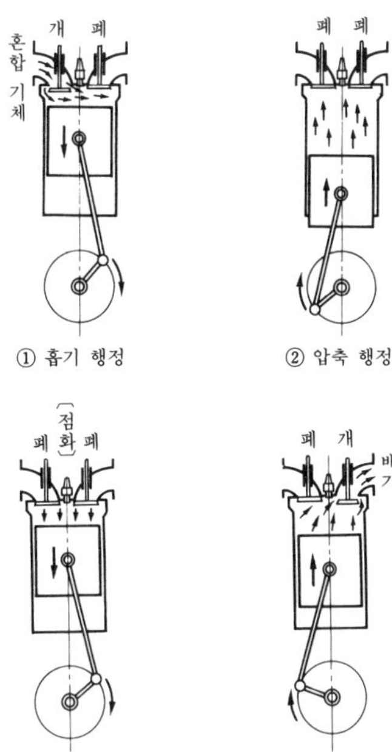

gasoline engine

아연 도금을 한 것을 백 가스관이라 한다.

gas pressure welding 가스 압접(－壓接) 철근 상호를 맞대어 접합하는 방법의 하나. 접합하는 모재면에 축방향의 압축 응력을 가하면서 가스 불꽃으로 가열하여 접합한다.

gas pressure welding method 가스 압접법(－壓接法) 철근의 접합 방법의 하나. 철근의 접합면을 가스 버너로 가열하고 축방향으로 압력을 가하여 접합하는 방법.

gas sensor 가스 센서 가스 농도에 의한 저항의 변화, 기전력의 발생 등을 이용한 가스 검지기. 용도는 가스 누설 경보기, 방폭, 방재, 공업용 등.

gas shielded arc welding 가스 실드 아크 용접(－鎔接) CO_2가스나 CO_2와 Ar의 혼합 가스 등으로 아크 및 용착 금속을 대기로부터 차폐하면서 하는 아크 용접.

gas station 주유소(注油所) ＝gasoline station

gas supplying facility 가스 공급 설비(－供給設備) 가스를 공급하기 위한 설비의

총칭. 가스 홀더, 도관, 미터, 밸브, 거버너 등 부대 설비를 포함한 전체를 말한다.

gas tank 가스 탱크 가스를 저장하는 탱크를 말한다.

gastight 기밀(氣密) 기체를 전혀 통하지 않는 것. 기밀실이란 외기와의 연락이 완전히 차단된 방을 가리킨다. 기밀 창 새시라고 하는 것은 틈사이에 의한 통기량이 보통 새시의 수분의 1 내지 수백분의 1 정도이다.

gas turbine 가스 터빈 압축기 등으로 압축한 공기와 연료의 연소 가스 등의 고온 고압 가스로 날개차를 고속 회전시켜서 동력을 얻는 원동기.

gas welding 가스 용접(-溶接) 가스 가열에 의한 용접. 산소, 아세틸렌, 산수소 기타의 가스를 사용한다. 용가재를 사용하는 방법과 용가재를 사용하지 않고 용융한 이음에 재축(材軸) 방향으로 가압하여 접합하는 방법이 있다.

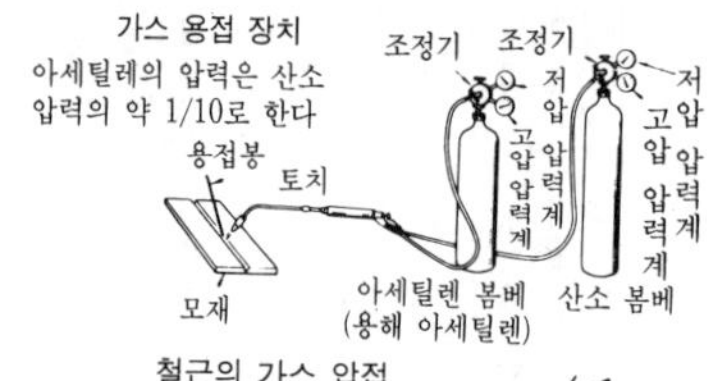

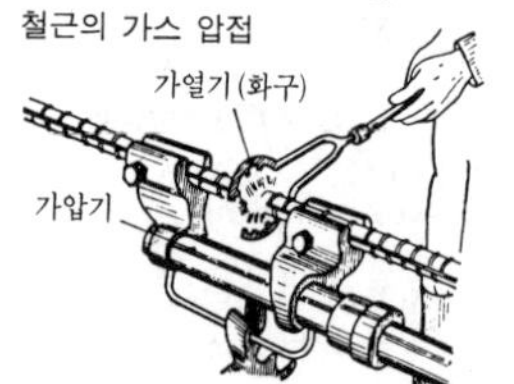

gate 문(門) 출입구로서 만들어진 공작물을 말한다. 2개의 기둥을 세우기만 한 단순한 것부터 누문(樓門)과 같이 복잡한 건축물까지 있다.

gate bar 문빗장(門-) 무이나 출입구 등의 여닫이문을 닫아 단속하는 횡목.

gate valve 게이트 밸브 관 도중에 삽입하여 유체의 흐름을 완전히 차단한다든지 조정한다든지 하는 밸브.

gateway 문(門) =gate

gauge 게이지 ① 치수(두께, 직경 등), 각도 등을 재기 위해 만들어진 표준 계기의 총칭. 또는 이것으로 잰 수치, 치수 또는 각도의 총칭. 예를 들면 한계 게이지, 각도 게이지, 블록 게이지, 철사 게이지 등. ② 형강의 모서리와 게이지 라인과의 사이 또는 게이지 라인 상호간의 거리.

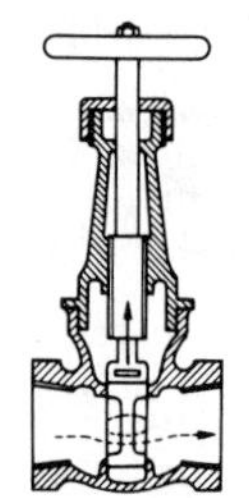

gate valve

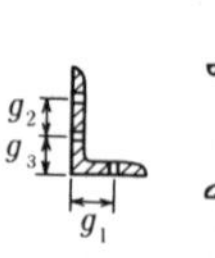
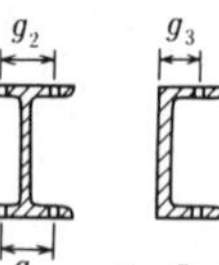

gauge

gauge factor 게이지율(-率) 금속에 준 변형과 그 때 생기는 전기 저항의 변화량과의 비. =gauge ratio

gauge length 표점 거리(標點距離) 변형도를 측정하는 경우에 기준이 되는 2점간의 상대 변위(일그러짐)를 측정하는데 이 2점간의 처음의 거리를 말한다.

gauge line 게이지 라인 형강에 리벳을 박는 경우의 재료 길이 방향의 리벳열 중심선.

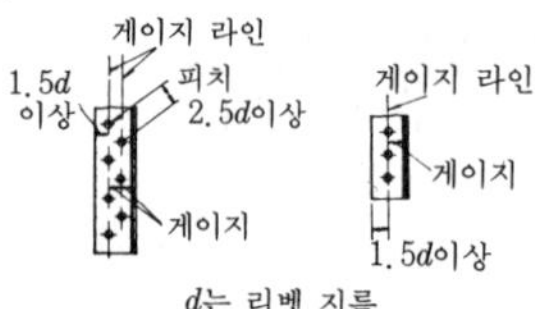

d는 리벳 지름

gauge pressure 게이지 압력(-壓力) 증기압 등의 압력을 알기 위해 사용하는 공업용 압력계가 가리키는 압력은 절대 압력(증기압 등)과 대기 압력과의 차를 나타낸다. 이 압력을 게이트 압력이라 하고 절

게이지압=절대압-대기압

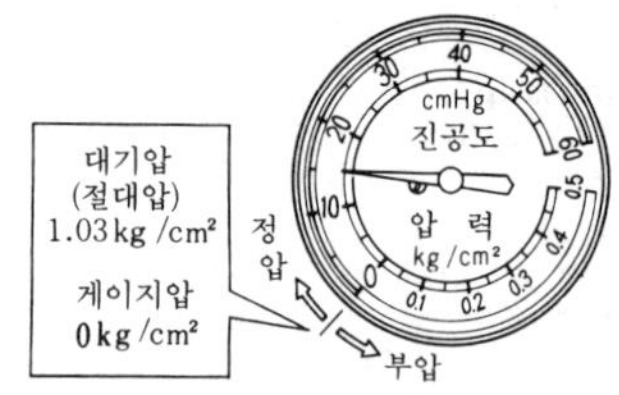

대 압력(absolute pressure)과 구별하고 있다.

gauge ratio 게이지율(一率) ＝gauge factor

gauge-rod 장척(長尺) 곧은 목재에 척도의 눈금, 각부의 치수를 매긴 목공사용 자. 길이는 필요에 따라 2~4m의 것을 만든다. 목공사에서 토대나 기둥 등 부재의 길이나 마름질, 기타 건물 각부의 치수를 재는 데 사용한다.

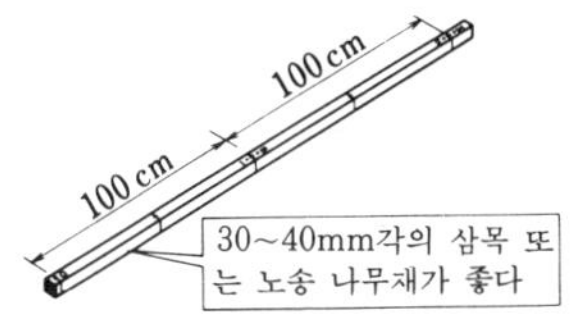

Gaussian curvature 가우스 곡률(一曲率) 곡면상의 점에 있어서의 두 방향의 주곡률의 곱.

Gaussian noise 가우스 잡음(一雜音) 정상 불규칙음의 일종. 순시값이 가우스 분포(정규 분포)를 나타내는 음.

Gauss's method 가우스의 소거법(一消去法) 연립 1차 방정식의 기본적인 해법. 미지수를 하나씩 소거해 가서 어느 미지수를 결정하고, 그것을 반대로 대입해 가서 전 미지수를 구한다. 소거의 순서에 따라 몇 가지 구하는 방법이 있다. 전진 소거 · 후퇴 대입이 쓰이는 일이 많다.

gear pump 기어 펌프 밀폐된 케이싱 내에서 서로 맞물려 회전하는 2개의 기어(회전자)에 의해 유체를 송출하는 펌프. 소용량 · 고양정이고, 점성이 높은 연료유 등에 적합하다.

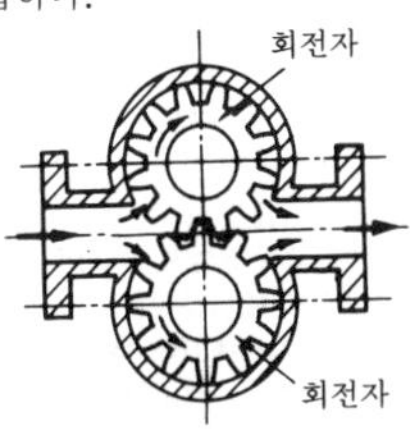

Geiger's gravity formula 가이거의 중력식(一重力式) 1차 고유 진동 주기의 약산식으로 다음의 형을 갖는다.

$$T = \frac{\sqrt{\eta}}{c}$$

단, T : 1차 고유 주기〔sec〕, η : 각층에 중력과 같은 수평력을 가했을 때의 정상 부분의 휨〔cm〕, c : 상수(5.0~6.0).

gel 겔 액체의 일부가 냉각 혹은 화학 변화 등에 의해 젤리 모양으로 고화하는 것.

gelatine 아교(阿膠) ＝glue

general administrative cost 일반 관리비(一般管理費) 건축 공사비에서의 경비 중 현장을 통괄하는 본점 · 지점 등, 관리 기관의 경비. 임직원의 급여, 세금, 복리 후생비, 통신 교제비, 광고 선전비 등.

general bid 일반 경쟁 입찰(一般競爭入札) 널리 일반으로부터 입찰자를 모집하여 경쟁 입찰시키는 방법. 일반적으로 최저 가격의 입찰자를 낙찰자로 한다.

general caretaking expenses 일반 관리비(一般管理費) 건설 공사에 포함되는 비용 중에서 개별의 공사에는 직접 필요하지 않지만 본지점 경비, 영업비, 연구비 등 사업 경영상 불가결한 비용. ＝general overhead expense

general contract 종합 청부(綜合請負), 일식 청부(一式請負), 원청(元請) ① 전 건축 공사를 하나의 시공 업자에 청부시키는 방식. 시공자는 재료, 노력, 기계력 등 모두를 조달하여 각 부문별의 전공사를 실시한다. 단, 통례로서 설비 공사만은 제외하는 경우가 많다. ② 주문주와 직접 계약한 종합 청부. 원청 업자는 그 청부 공사를 분할하여 하청 업자에 발주한다.

general contract of building 건축 일식 공사(建築一式工事) 건축 공사 전체를 원청부하고, 하청업자를 조직하여 건축물의 건설을 하는 공사 방식.

general contractor 종합 건설 업자(綜合建設業者) 건설 공사 일체를 청부하여 시공하는 업자.

general corrosion 전면 부식(全面腐蝕) 금속 표면 전체에 거의 균일하게 생기는 부식.

general diffuse lighting 전반 확산 조명(全般擴散照明) 상향 구면 광속(上向球面光束)이 전광속의 40~60%, 하향 구면 광속이 전광속의 60~40%인 조명 방식. 또 이와 같은 배광의 등기(燈器)를 말하며, 사방으로 발산하는 광속이 거의 같은 것을 diffusing enclosure형(그림 (a)), 상하 방향으로 발산하는 광속은 거의 같으나 수평 방향으로의 발산이 적은 것을 direct-indirect형(그림 (b))이라 한다(다음 면 그림 참조).

general drawing 기본 설계도(基本設計圖)[1], 일반도(一般圖)[2] (1) 건축 등의 설계에서 그 설계의 전반적인 개요를 나타낸 도면. 구상은 대체적이지만 설계의 모든 근본이 되는 것.

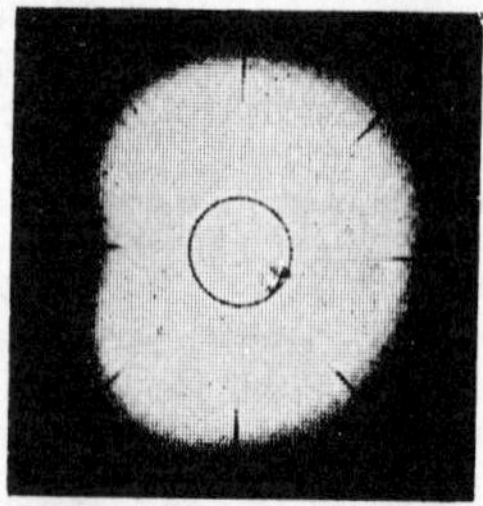

그림 a

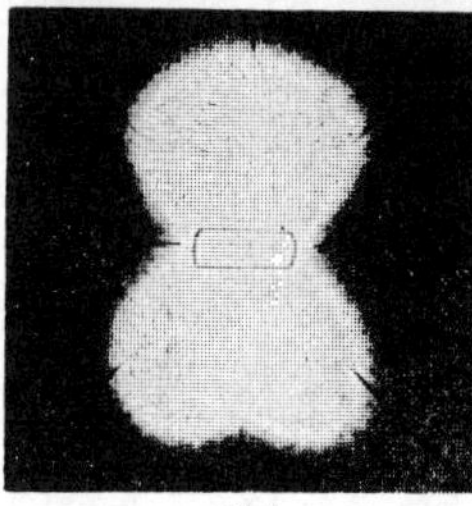

그림 b

general diffuse lighting

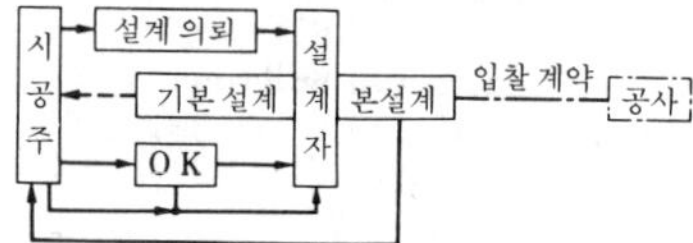

(2) 설계 내용을 전체적으로 나타내고, 설계된 건물의 개략을 표현한 그림. 배치도, 평면도, 입면도, 단면도 등.

general expenses 잡비(雜費) 전문 공사나 설계 등의 업무 위탁에서 주된 업무를 하기 위해 필요로 하는 보조적인 비용. 일반적으로는 금액적으로 적은 것을 묶어서 계상한다. =petty expenses, sundry expenses

general hospital 종합 병원(綜合病院) 병상 100 이상을 가지며, 진료 과목 중 내과, 외과, 산부인과, 안과, 이비인후과를 포함하고, 의료법에 규정된 시설을 갖는 병원.

general illumination 전반 조명(全般照明) 실내 등의 조명에서 천장등 등에 의해 방 전체를 조명하는 방식. 이에 대하여 실내의 특정한 장소, 예를 들면 작업면을 특히 조명하는 방식을 국부 조명이라 한다. =general lighting

generalized coordinate 일반화 좌표(一般化座標) 구조 해석에서 연속 부재의 변위 $y(x)$를 임의 형상 함수 $\varphi_n(x)$의 1차 결합의 모양(아래 식)으로 나타내었을 때의 계수에 해당하는 변위 Z_n을 일반화 좌표라 한다.

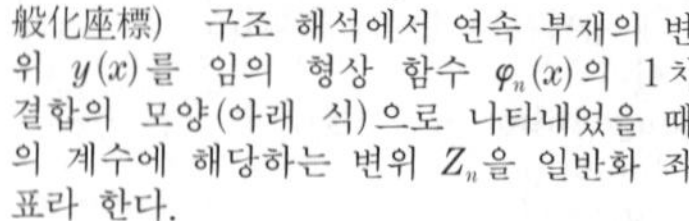

$$y(x)=\sum_{n} Z_n \phi_n(x)$$

예를 들면 단수보의 휨은

$$y(x)=\sum_{n=1}^{\infty} b_n \sin\frac{n\pi x}{L}$$

L : 재료의 길이. 이 때의 일반화 좌표는 $b_n(n=1, 2, \cdots)$이다. 다자유도계의 계산을 할 때 이산형의 집중 질량 모델과 함께 널리 쓰이고 있다.

general lighting 전반 조명(全般照明) = general illumination

general overhead expense 일반 관리비(一般管理費) =general caretaking expenses

general overheads 제경비(諸經費) 공사 가격의 구성에 있어서의 순공사비 이외의 부분. 현장 경비와 일반 관리비 등 부담액으로 이루어진다. 중소 건설업의 공사에서 일반적으로 쓰인다.

general plan 기본 계획(基本計劃) 지역 지구제와 같은 도시 계획 제한이나 각종 도시 계획 사업 등의 공정 도시 계획 또는 세부의 시설 계획의 기초가 되는 방향을 주기 위해 미리 입안되는 도시의 중요 시설 진반에 관한 기본적, 종합적인 구상 계획을 말한다. 기본 계획의 주요 내용은 토지 이용 계획, 교통 계획, 공원 녹지 계획, 각종 시설 계획 등이며 공정 도시 계획보다도 보다 큰 내용을 가지고 세워진다. =comprehensive plan, master plan

general shear failure 전반 전단 파괴(全般剪斷破壞) 지반에 하중을 걸었을 경우에 초기에는 탄성적인 침하를 일으키고, 어떤 하중을 넘으면 급격한 침하를 일으켜서 파괴하는 현상을 말한다. →local shear failure

general structural analysis code 구조 해석용 범용 코드(構造解析用汎用－) 구조 해석을 컴퓨터에 의한 수치 해석에 의해서 할 때 사용하기 쉽도록 배려된 프로그램류의 총칭.

general ventilation 일반 환기(一般換氣), 전반 환기(全般換氣) 확실한 정의는 없으며, 실내 전반을 환기하는 각종의 자연 또는 기계 환기법에 의한 환기를 말한다. 국소 환기에 대한 말.

general waste 일반 폐기물(一般廢棄物)

산업 폐기물을 제외한 폐기물. 배설물, 쓰레기 등의 생활계 일반 폐기물과 사업계 일반 폐기물이 있다. =non-industrial waste, municipal waste

generation of vaporizing water 수증기 발생량(水蒸氣發生量) 재실자(在室者)를 비롯하여 개방형 연소 기구, 조리, 세탁 등을 발생원으로 하는, 절대 습도를 증가시키는 수증기량.

generator 발전기(發電機) 기계 동력을 작용시켜서 전력을 발생하는 기계. 교류 발전기와 직류 발전기로 구별된다. 또 원동기의 종류에 따라 수차 발전기, 엔진 발전기, 터빈 발전기로 분류된다. 그림은 화력 발전소용 동기 발전기의 예이다.

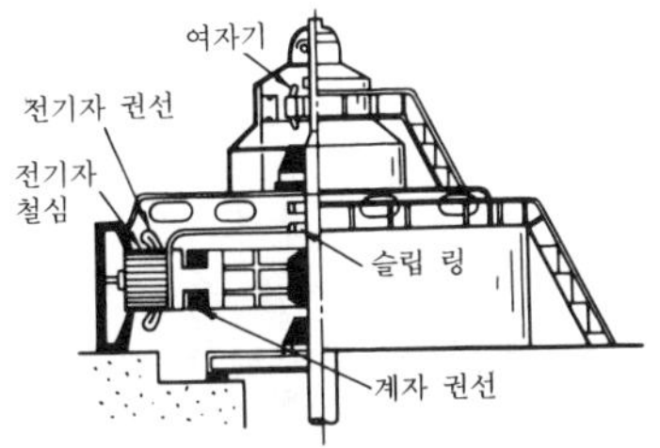

generator room 발전실(發電室) 예비 전원 실비로서의 자가 발전기를 설비하는 방. 자가 발전에는 가솔린 기관 발전기와 디젤 기관 발전기가 있다.

geodesic dome 지오데식 돔 되도록 같은 길이의 직선 부재를 써서 구면(球面) 분할을 한 트러스 구조에 의한 돔 형식의 하나. 정20면체를 기본으로 잘게 분할해 가는 경우가 많다.

geodetic servey 대지 측량(大地測量) 국지적인 측량에 대하여 지구의 표면을 곡면으로서 다루는 측량. 측량 구역이 넓은 경우에 사용한다.

geological exploration method 물리 지하 탐사법(物理地下探査法) 지반의 물리적 성질을 이용하여 토질 조사를 하는 방법으로, 전기 저항식 지하 탐사법(전기 탐사), 탄성파 지하 탐사법, 진동 기록에 의한 방법 등이 있다. =physical method for soil survey

geological survey 지질 조사(地質調査) 지각표부를 구성하는 암석이나 지층의 종류, 그 분포 상태, 그들 상호의 지질학적 관계를 조사하는 것으로, 이들의 결과는 지형도에 기입하여 지질도를 작성하는 자료가 된다.

geometrical acoustics 기하 음향학(幾何音響學) 음의 파동성을 고려하지 않고 공간에 있어서의 음향 현상을 기하학적, 통계적으로 다루는 음향학의 영역.

geometrical confining effect 기하학적 구속 효과(幾何學的拘束效果) 기반과 지반의 동적 상호 작용 효과의 하나. 강성(剛性)이 높은 기초가 지반의 운동을 구속하는 효과. 지진 입력의 변화가 생긴다.

geometrical moment of area 단면 1차 모멘트(斷面一次－) 재료의 단면에 대해서 다음 식으로 주어지는 값. 단위는 길이의 3승.

$$S=\int y da$$

또, 단면의 도심(圖心)에서 축 X-X까지의 거리를 y_0이라 하면

$S_X=y_0A$

A : 단면적

따라서 도심을 통하는 축에 관한 단면 1차 모멘트는 0이다. =statical moment of area

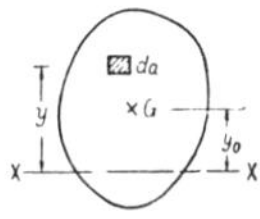

geometrical moment of inertia 단면 2차 모멘트(斷面二次－) 단면과 어느 축 X가 주어졌을 때 미소 면적 dA와 거기서부터 X축까지의 거리 y의 제곱과의 곱을 구하고, 총합한 것. 기호 I. 관성 모멘트라고도 한다.

$I_x=\Sigma y^2dA$

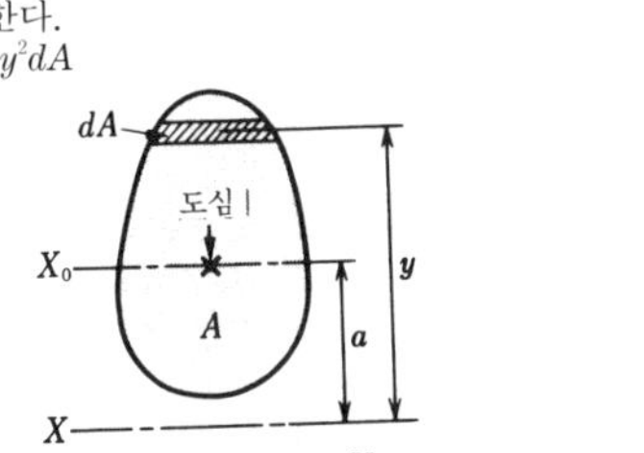

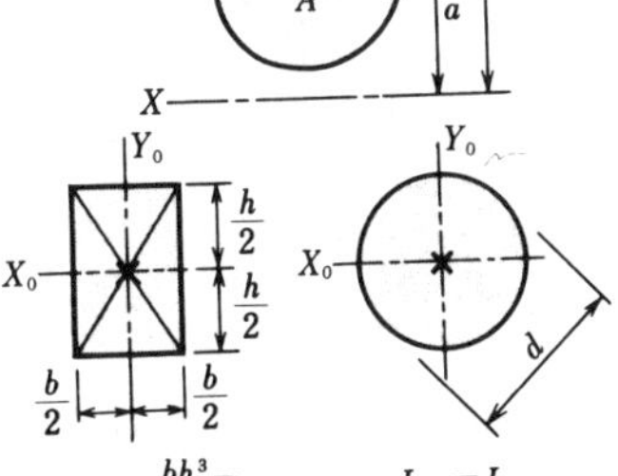

$I_{X0}=\dfrac{bh^3}{12}$

$I_{Y0}=\dfrac{hb^3}{12}$

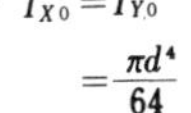

$I_{X0}=I_{Y0}$

$=\dfrac{\pi d^4}{64}$

$= I_{x0} + Aa^2$

여기서, I_x : X축에 대한 단면 2차 모멘트, I_{x0} : X_0축에 대한 단면 2차 모멘트, X_0축 : 단면의 도심을 통하는 축(X축과 평행), a : 도심에서 X축까지의 거리, A : 단면적.

geometric garden 기하학식 정원(幾何學式庭園) 모양이 직선, 원형, 곡선으로 구성되어 있는 정원. 정형식 정원이라고도 한다.

geometric line form of road 도로 선형(道路線形) 도로의 중심선이 입체적으로 그리는 선의 형상. 도로의 기하 설계에서는 평면 선형과 종단 선형으로 나누어서 다루어진다.

geometric series method 등비 급수법(等比級數法) 감가 상각비를 계산하는 방법의 하나. 각기(各期)의 상각액을 등비 급수에 의해 산출한다.

geophysical exploration 물리 탐사(物理探査) 인위적 또는 자연히 발생하는 물리 현상을 지표나 보링 구멍을 이용해서 계측하여 그것을 해석함으로써 지하의 성층 상태, 토층의 밀도, 탄성 계수 등을 추정하는 지반 조사 방법.

geotechnical engineering map 지반도(地盤圖) 지반을 구성하는 지층 및 지질 층상을 나타내는 그림. 지동상으로 등심선(等深線)을 표시한다든지, 지반 단면도 등의 모양으로 표현한다.

Gerberbalken 게브버 보 = Gerber's beam

Gerber's beam 게르버 보 연속보의 도중에 핀 접합을 두고 정정보로 한 보. 힘의 균형 조건만으로 응력을 구할 수 있고, 또 어느 스팬에 작용하는 힘에 의해서 생기는 응력은 인접 스팬 이상으로 전해지지 않는다. = Gerberbalken

German bond 독일식 쌓기(獨逸式－) 벽돌 쌓기의 일종. 표면에 마구리면만이 나타나도록 쌓는 방법.

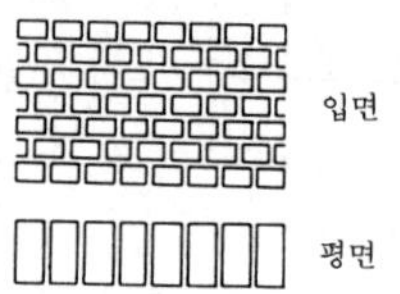

german silver 양은(洋銀) Cu 60~65%, Ni 12~22%, Zn 18~23%를 포함하는 합금. 단단하고 부식에 견디며 은의 대용이 된다. = white metal

Gestaltung 조형(造形) = plastic art

giant furniture 자이언트 퍼니처 공간을 분할한다든지 다양하게 사용할 수 있는 거대한 가구.

giant order 대 오더(大－) = colossal order

giga 기가 10억배(10^9)를 나타내는 단위. 기호 G.

gilding 도금(鍍金) 금속 표면의 다른 금속 박막을 정착시켜 녹을 방지하거나 장식을 하는 방법. = plating

gimlet 송곳 목재에 구멍을 뚫기 위한 목공구의 일종. 끝이 뾰족한 철제 막대에 나무 자루를 붙인 것으로, 회전시켜서 구멍을 뚫는다.

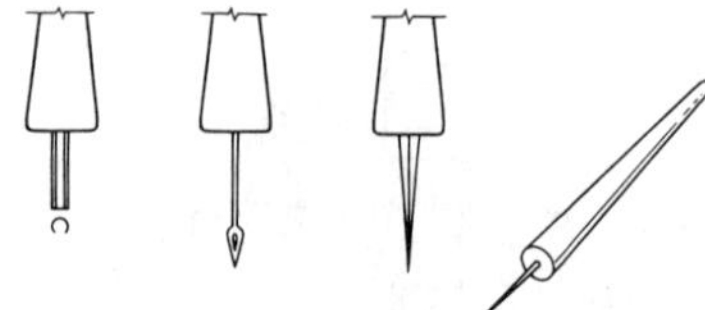

ginkgo 은행나무 은행나무과의 낙엽 교목. 중국 원산으로, 높이는 30m 가량 자란다. 흔히 가로수나 정자나무로 심는데 암수딴그루이다. 잎은 부채 모양이며 서리를 맞으면 노랗게 단풍이 든다. 녹음수(綠陰樹), 방풍·방화수에 적합하다. = maidenhair tree

gin pole derrick 진 폴 데릭 데릭의 일종으로, 1개의 기둥을 보조 로프로 경사지게 지지하고, 윈치를 별도로 설치하여 와이어 로프와 도르래를 써서 중량물을 들어 올리고 내리는 것.

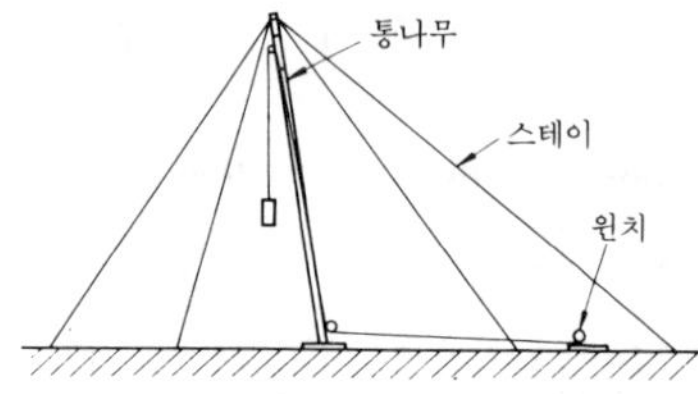

girder 도리[1], 큰보[2], 보[3] (1) 골격의 정부(頂部)에서 기둥 상단을 잇는 횡재(橫材). 서까래가 이 위해 얹힌다.
(2) 작은보에서 전해지는 하중을 받기 위해 걸친 보.
(3) 기둥이 수직재인데 대해 보는 수평 또는 그에 가까운 위치에 두어진 구조 부재로, 재축(材軸)에 대하여 경사, 또는 직각인 하중을 받아 휨이 생긴다.

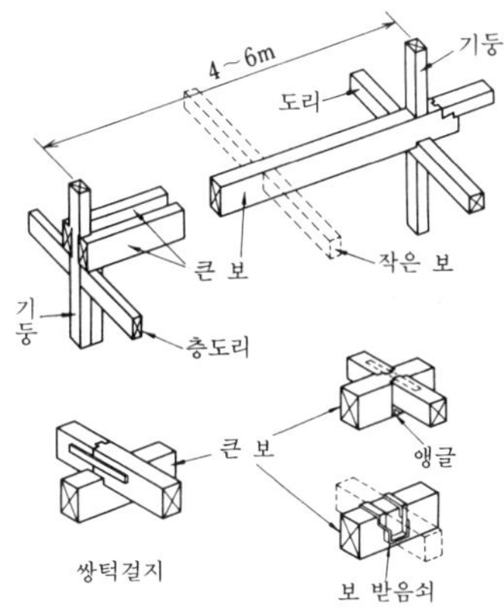

girder

girt 층도리(層道理) =girth

girth 층도리(層道理) 골격 중간에서 기둥을 연락하여 2층의 벽·바닥을 받치는 횡가재.

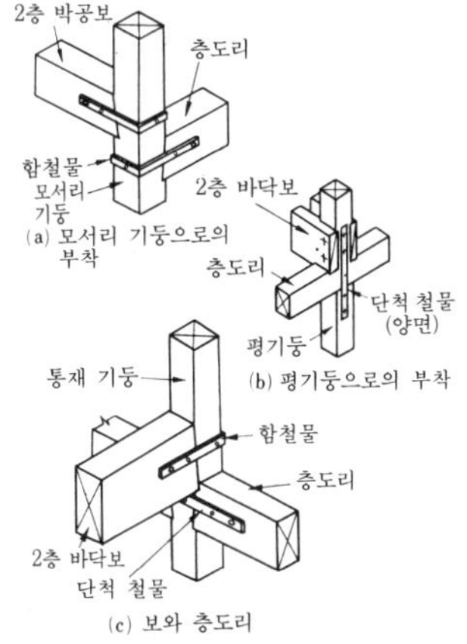

GL 지반면(地盤面) =ground line

gland cock 글랜드 콕 공기, 가스의 관로에 널리 쓰이는 밸브의 일종. 글랜드 패킹 및 글랜드 패킹 누름에 의해 밸브체와 밸브 상자 사이에 기밀을 유지하는 구조의 밸브를 말한다.

glare 눈부심 휘도가 높은 광원 등을 볼 때 눈이 부셔서 불쾌하고 고통을 느끼는 현상. 시야 내의 휘도 대비가 클 때 혹은 어두운 곳에서 갑자기 밝은 곳으로 바뀌었을 때에도 느낀다.

glare constant 클레어 콘스턴트 개개이 글레어 광원에 의한 불쾌 글레어를 나타내는 수치. 글레어원이 비교적 작은 경우와 창과 같이 큰 경우의 두 가지가 있다. →glare index

glare index 글레어 인덱스 불쾌 글레어의 정도를 나타내는 척도값. →glare constant

glareless 글레어리스 광원이 보이지 않도록 하여 난반사에 의해 눈부심이 없도록 한 조명.

glare source 글레어 광원(一光源) 글레어의 원인에 의한 광원. 조명 기구나 창 등이 눈부심을 느끼는 원인으로 될 때 이것을 글레어 광원이라 한다.

glare zone 현각역(眩覺域) 광원이 직접 눈에 들어오면 눈부심을 느끼는 시각의 범위. 책상 작업인 경우 시선을 중심으로 하는 상하 30도의 범위를 말한다.

Glasgow group 글라스고파(一派) 스코틀랜드의 글라스고에서 건축가 매킨토시에 의해 추진된 양식. 19세기말의 탐미를 상징한 것.

glass 유리(琉璃) 석영이나 소다 등을 조합하여 규산염을 주성분으로 한 단단하고 투명도가 높은 내외장 재료.

glass block 유리 블록(琉璃一) 두 장의 유리를 접합하여 속이 빈 상자 모양으로 만든 블록. 입사 광선을 방향 변경·확산·선택 투광한다든지 하여 채광벽으로 사용한다. 차음성·차열성도 있다.

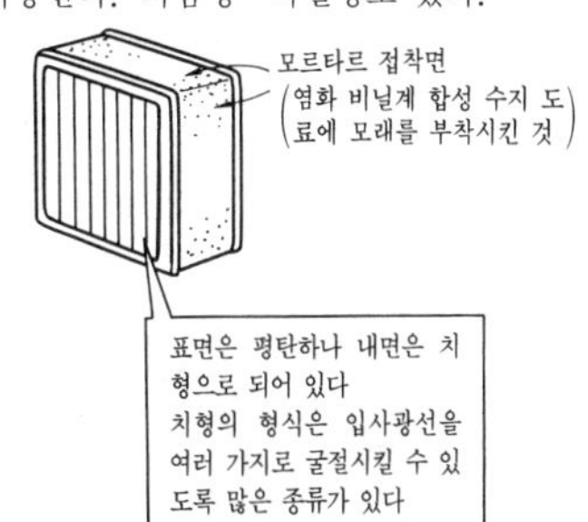

glass brick 유리 벽돌(琉璃一) 유리를 벽돌 모양으로 주조한 것. 그물이 들어 있는 것, 착색한 것이 있다. 금속틀을 따라 쌓아올려 현관 둘레의 장식용 스크린 등에 사용된다. 모양은 판모양, 막대 모양의 것 등 각종이 있다. 넓은 뜻으로는 유리 블록을 포함해서 말하기도 한다. →glass block

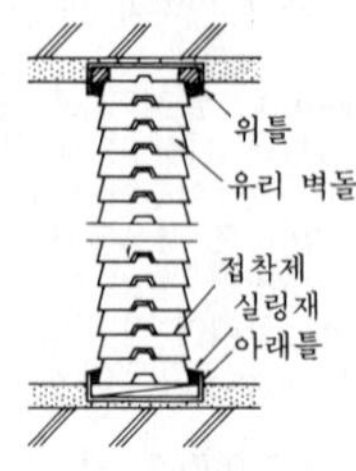

glass brick

galss coating 유리 피복((琉璃被覆) 시멘트 제품의 표면에 유약을 칠해서 구워 표면을 유리 모양으로 마감하는 것.

glass cutter 유리 절단기(琉璃切斷機) 유리판 또는 관, 막대 등을 자르는 도구.

glass door 유리문(琉璃門) 문틀 내부에 유리를 끼워 넣은 채광·투시용의 문.

glass fiber 유리 섬유(琉璃纖維) 고온의 용융 유리에서 만드는 무기 섬유. 섬유화 방법에 따라 장섬유(長纖維), 단섬유(短纖維)가 있다.

glass fiber filter 유리 섬유 필터(琉璃纖維－) 유리 섬유를 여과 재료로 한 건식(乾式) 에어 필터.

glass fiber reinforced cement 유리 섬유 보강 시멘트(琉璃纖維補强－) 시멘트 페이스트나 모르타르 중에 내알칼리 유리 섬유를 분산해서 넣은 것. 강도가 크고, 내충격성이나 내화성이 뛰어나며, 장막벽이나 내외장의 릴리프로서 널리 사용되고 있다. ＝GRC

glass fiber reinforced concrete 유리 섬유 보강 콘크리트(琉璃纖維補强－) 내알칼리 유리 섬유를 보강재로서 사용한 콘크리트. ＝GRC

glass glove 유리 글로브(琉璃－) 유리로 만든 둥근 조명 기구. 투명한 것, 유백색의 것 등이 있다.

glass house 글라스 하우스[1], 온실(溫室)[2] (1) 미국의 건축가 필립 존슨이 설계한 주위를 유리로 둘러싼 주택. 오픈 플랜으로서 욕실의 핵 부분 이외를 하나의 공간으로서 설계하고 있다.
(2) 가온·가습 설비를 가지며, 야채, 과실, 꽃, 관엽 식물 등을 재배 또는 감상하기 위한 건축물. 지붕, 측벽에 유리, 염화 비닐판 등을 사용한다.

glass putty 유리 퍼티(琉璃－) 판유리를 창틀에 끼워 넣는 데 사용하는 풀 모양의 것. 경화성의 것과 비경화성의 것이 있다. 후자는 열선 흡수 유리 등의 특수 유리 부착에 사용한다.

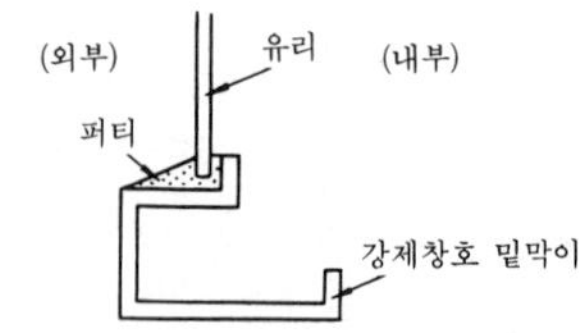

glass roof 유리 지붕(琉璃－) 자외선 투과 유리 등을 사용하여 이은 지붕으로 선 룸, 요양소 등에 사용한다.

glass roof tile 유리 기와(琉璃－) 유리로 만들어진 기와.

glass screen 유리 스크린(琉璃－) 주로 판유리로 구성된 칸막이벽. 구획은 하지만 시각적으로는 일체로 보이고 싶은 경우 등에 채용한다. 고정식의 것과 가동식의 것이 있다.

glass tile 유리 타일(琉璃－) 불투명 색유리제의 타일을 말하며, 10～15cm 각의 두꺼운 유리로, 쇠틀에 끼워서 벽체로 하고, 혹은 포장 도로나 옥상의 콘크리트 속에 타입하여 채광의 목적에 사용된다.

glass transition point 유리 전이점(琉璃轉移點) 고무, 플라스틱계 재료의 물성(物性)이 크게 변화하는 온도. 이 온도 이하에서는 유리 모양으로 단단하고 부서지기 쉽게 되며, 이 온도 이상에서는 유연성을 나타낸다.

glass wool 유리솜(琉璃－) 가는 유리 섬유. 차열(遮熱), 흡음, 전기 절연, 여과용 등으로 사용한다. 수지 가공한 것도 있다.

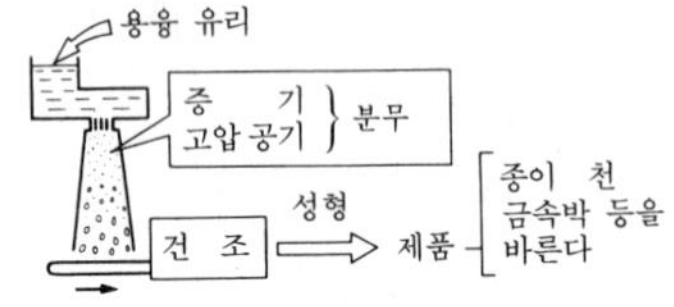

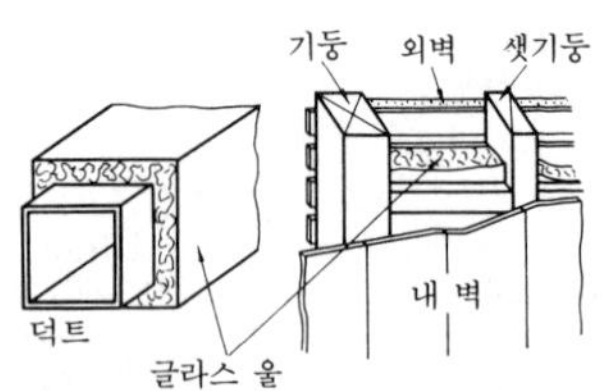

glass wool acoustic material 유리솜 흡음재(琉璃－吸音材) 유리 섬유를 접착제에 의해 펠트 모양 내지는 판 모양으로 성형한 흡음재. →rock wool acoustic material

glass wool duct 유리솜 덕트(琉璃－) 유리솜을 열경화성 수지로 처리·성형한 덕트. 외면은 유리 섬유로 보강된 알루미늄 박으로 감싸고, 내면은 난연성 흑색 수지 코팅을 한다. 흡음성이 좋고, 시공면에서는 인력 절감화를 도모할 수 있다.

glass wool shock absorber 유리솜 완충재(琉璃－緩衝材) 바닥 충격음을 경감하기 위해 마감 바닥 밑에 방진재(防振材)로서 사용하는 매트 모양의 유리솜.

glaze 유약(釉藥) 도자기 표면에 입힌 경질의 유리층을 말한다. 제품에 미관을 주고, 오염 방지, 화학적 저항성, 전기적 저항성, 기계적 강도를 준다. 일반적으로 PbO · Al_2O_3 · SiO_2 외에 BaO, Na_2O3 기타의 조성이 쓰인다. 유광, 무광, 결정(結晶) 등 마무리에 종류가 있다. 유색 유약을 얻으려면 유리 착색제와 같은 여러 금속을 섞는다. 위생 도기, 타일, 기와 등 점토 제품에 쓰인다. 또 식염 유약이라고 해서 타일, 기와, 토관, 벽돌 등 소성 중에 식염을 투입하여 표면에 흑갈색의 규산 소다를 생성시킨 것이 있다.

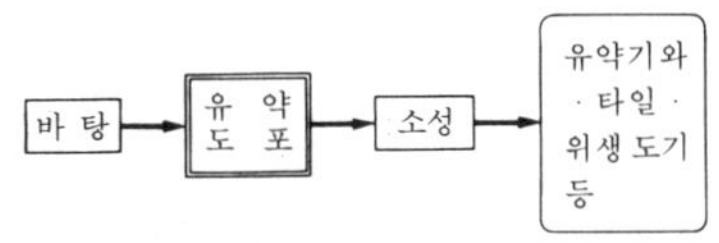

glazed brick 시유 벽돌(施釉－) 붉은 벽돌의 흡수율을 작게 하기 위해 유약을 입혀 1,200℃ 정도로 구운 것.

glazed roofing tile 시유 기와(施釉－), 청기와(靑－), 오지 기와 도기(陶器)와 같이 유약(망간·쇠 등)을 입힌 지붕 기와. 동해(凍害)에 강하다. 이 밖에 크롬이나 코발트 구리 등의 착색 유약을 입힌 기와가 있다.

glazed tile 시유 타일(施釉－) 표면에 유약을 입힌 타일.

glazing 유리 공사(－工事)[1], 글레이징[2]
(1) 유리가 끼워진 칸막이, 커튼 월(장막벽)이나 창유리의 부착 등 유리를 다루는 공사의 총칭.
(2) 도자기류에 유약을 입히는 것.

glazing bar 창살(窓－) 문의 울거미 사이에 꾸며넣는 가늘고 긴 부재. ＝sash bar

glazing bead 글레이징 비드 →bead

glazing gasket 글레이징 개스킷 새시에 유리를 끼워넣기 위한 합성 고무 등으로 만들어진 제품을 말한다. 수밀성·기밀성이 확보된다. 내외 일체의 글레이징 채널과 내외별의 글레이징 비드의 두 종류가 있다.

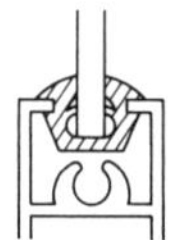
그레이징 채널

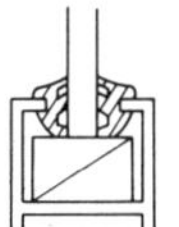
그레이징 비드

glazing work 유리 공사(－工事) glazing(1)

global daylight 글로벌 주광(－晝光) 천공광(天空光)과 직사 일광의 양쪽을 포함하는 주광.

global illuminance 글로벌 조도(－照度) 글로벌 주광에 의한 조도. 천공광(天空光) 조도와 직사 일광 조도의 합.

global solar radiation 글로벌 방사(－放射), 전천 일사(全天日射) 지표면에 도달하는 천공(天空) 방사와 직달 방사의 양쪽을 포함하는 태양 방사.

globe 글로브 광원의 주위를 감싸서 빛의 세기를 부드럽게 하는 구실을 하는 둥근 조명 기구.

globe temperature 글로브 온도(－溫度) 글로브 온도계로 얻어진 온도. 주위 환경으로부터의 복사열을 가미하여 계측되므로 온열 지표의 한 요소로서 쓰이는 일이 있다.

globe thermometer 글로브 온도계(－溫度計) 기온·방사와 체감과의 관계를 측정하는 온도계. 직경 15cm의 표면을 검게 칠한 중공(中空)의 구리구슬 속에 온도계를 삽입하여 구슬 속의 온도를 측정한다. 무풍·가벼운 작업시에는 글로브 온도 16.7~20℃가 쾌적.

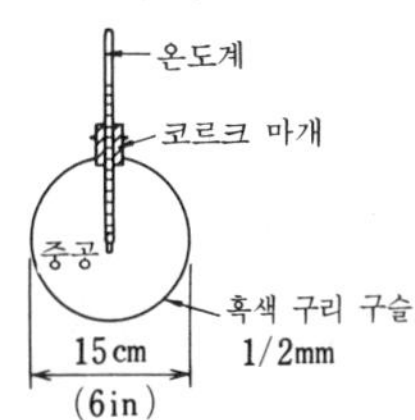

globules 용적(溶滴) 용접봉 끝에서 녹아 모재에 떨어지는 금속 방울.

glossiness 광택도(光澤度) 물체 표면의 광택의 정도를 수량화한 지표. 정반사 광 성분의 대소에 따라 정해진다.

glove valve 글러브 밸브 밸브의 입구와 출구가 S자 모양으로 연결되어 있는 형식을 글러브형이라 하고, 일반적으로 구슬 모양의 밸브 박스 속에 S자 모양의 유로

(流路)를 가지며, 더욱이 입구와 출구의 중심선이 일직선상에 있는 밸브를 글러브 밸브라 한다.

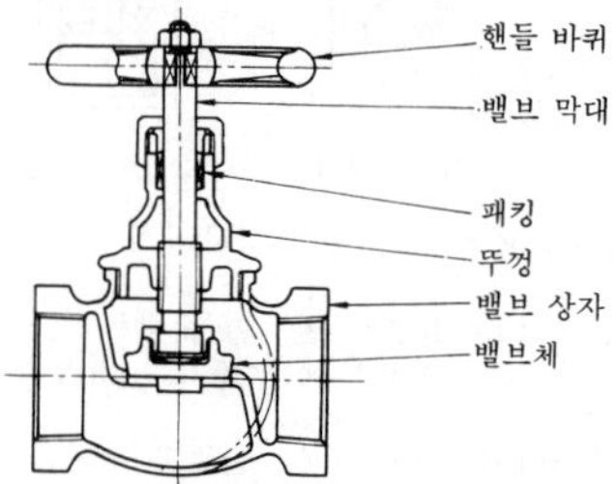

glow lamp 글로 램프 형광등을 점등하는 데 사용하는 램프. 자동적으로 전류를 단속시키는 구실을 한다. 전압을 가하면 고정 전극과 바이메탈 사이에 글로 방전이 생겨서 바이메탈이 가열되어 변형해서 고정 전극과 밀착한다. 양 전극이 밀착하면 방전이 멈추고 바이메탈의 온도가 낮아져서 양 전극이 떨어지고, 그 순간에 회로의 전류가 끊긴다.

glow starter 글로 스타터 바이메탈을 내장한 형광등 점등용의 방전관. =glow lamp

glue 아교(阿膠) 동물의 가죽·힘줄·뼈를 끓여서 만든 접착제. 사용할 때는 물에 담가 팽창시켜서 점액상(粘液狀)으로 해서 사용한다. 목공 공작용 목재의 접착 또는 아교칠 등에 사용한다. =gelatine

glued joint 교착(膠着), 접착 이음(接着―) 목재를 접착제를 써서 접합하는 것.

glued laminated timber 집성재(集成材), 집성 목재(集成木材) 쪽나무의 섬유 방향을 서로 평행하게 하고, 접착제를 써서 길이, 폭, 두께의 각 방향으로 집성 접착한 재료. =glued laminated wood

glued laminated timber construction 집성 목재 구조(集成木材構造) 집성 목재를 써서 형성한 구조.

glued laminated wood 집성재(集成材) = glued laminated timber

glue gun 글루 건 접착제를 바를 때 사용되는 분무 기기.

glueing 접착(接着) =bonding, adhesion

glue mixer 접착제 조합기(接着劑調合機) 접착제 제조시에 합성 수지나 증량제, 경화제 등을 조합하여 혼합하는 기계.

golden ratio 황금비(黃金比) 평면 기하에서 하나의 선분을 외중비(外中比)로 나눌 때의 비. 소부분의 대부분에 대한 비를 대부분의 전체에 대한 비와 같아지도록 한다. 그 비를 숫자화하면 1 : 1.618이다. 물체의 가로와 세로와의 치수 관계를 이 비로 하면 아름다운 감각을 준다고 하여 고대 그리스 시대부터 사용되어 왔다.

〔작도예〕
AB⊥BD, $BD=\frac{AB}{2}$, D점을 중심으로 반경 BD의 원호를 그려 E점을 구한다. BD=ED

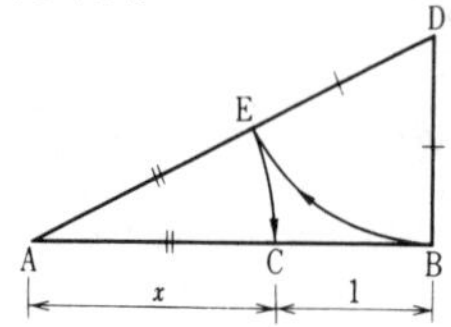

A점을 중심으로 반경 AE의 원호를 그려 C점을 구한다.
이 때 AC : BC=AB : AC=1.618 : 1

golden section 황금 분할(黃金分割) 황금비를 써서 선분·면 등을 분할하는 것. → golden ratio

〔작도예〕

황금비 장방형

BE = EC
ED = EG
BG : AB = 1.618 : 1
ϕ : 황금비

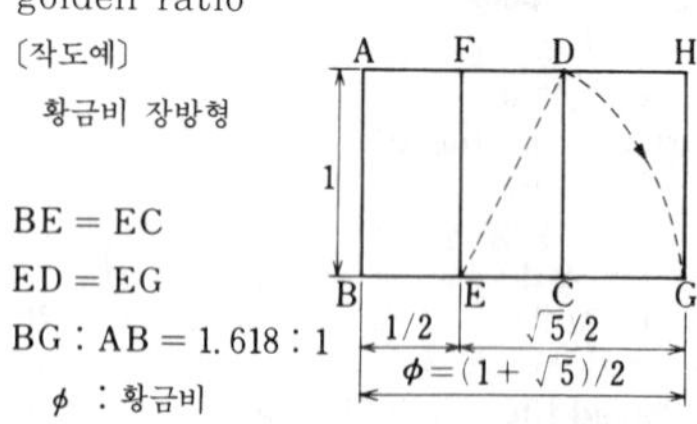

goliath crane 문형 이동 기중기(門形移動起重機) 기중기의 스팬이나 양중 능력이 매우 큰 것. PC부재의 제조 공장이나 현장에서의 철근 가공장 등에서 쓰인다.

gondola 곤돌라 건축물의 외벽이나 창의 보수, 청소, 도장 등에 사용하는 간이 비계. 건축물의 옥상이나 중간층에 가설한 보나 훅을 부착하고, 거기에 와이어 로프를 걸어 권상(卷上) 기계를 조작하여 승강시킨다.

good will 영업권(營業權) 무형 고정 자산의 일종이나, 지상권·의장권(意匠權)과 같은 법률상의 권리는 없고 사실 관계에 의한 권리이다. 특정한 영업이 다른 동종 영업보다 초과 수익이 있을 때 그 초과분을 자본 환원한 것이 영업권 가격이다.

goose neck 학각(鶴角) 처마홈통과 선홈통을 연결하는 홈통.

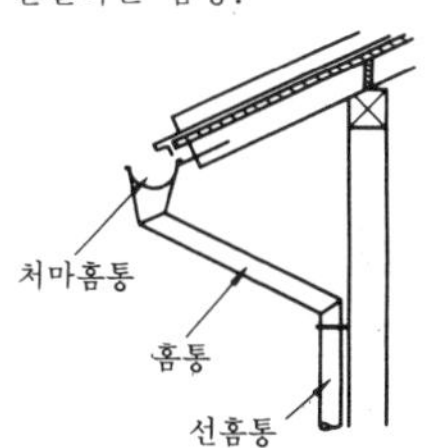

Gothic architecture 고딕 건축(-建築) 12세기 중엽부터 북 프랑스의 기독교 건축을 중심으로 발전한 건축 양식.

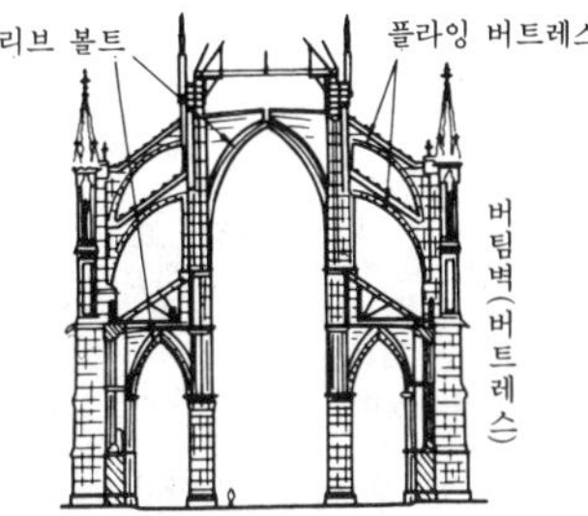

Gothic revival 고딕 리바이벌 19세기 건축 양식의 하나로, 내장이나 구조적으로는 새로운 것을 사용하지만 외관은 중세의 고딕 양식을 채용하고 있다.

gouge 둥근 끌 날끝이 원호상(圓弧狀)의 단면을 한 끌.

gouging 가우징 강재(鋼材) 등의 금속판이나 철근에 홈을 내는 것. 샌더 등의 기계를 사용하는 방법과 가스나 아크를 사용하는 방법이 있다.

government facilities 청사(廳舍) 국가나 지방 자치체가 행정 사무를 하기 위해 사용하는 시설의 총칭. =city hall

government land 공유지(公有地) 지방 자치체가 소유하는 토지.

government work 관청 공사(官廳工事) 건축주가 국가인 경우의 공사. 건축주가 국가나 지방 공공 단체인 경우의 공사를 총칭하여 공공 공사라고도 한다.

governor 거버너 내연 기관이나 엘리베이터 등에 사용되는 속도·회전수를 조정 가능한 조속기, 조정기의 총칭.

grab bucket 그래브 버킷 짐을 잡는 장치. 단지 그래브라고도 한다.

grab-hooks 그래브훅 =clamshell

grade 물매, 경사(傾斜) =incline

grader 그레이더 흙의 표면을 깎는 토공기계. 정지 마감 등에 사용한다.

grade separated crossing 입체 교차(立體交叉) =grade separation

grade separation 입체 교차(立體交叉) 도로와 도로, 또는 철도와 도로를 상하로 분리하는 교차 형식. =solid crossing

gradient 물매, 경사(傾斜) =incline

gradient of slope 법면 물매(法面-) 법면의 물매. 연직 높이를 1로 한 수평 거리의 비로 표시된다. 예를 들면 1 : 1.5. 수평 거리 부분의 값이 클수록 완만하다.

gradient wind 경도풍(傾度風) 지표보다 어느 정도 떨어진 고공에서의 바람의 상태로, 기압의 물매, 등압선의 굴곡, 지구 자전의 영향에서 각각의 힘의 평형으로 풍속이 구해진다. 경도풍이 지형이나 지표면 거칠기의 영향에 의해 약해진 것이 지표 부근의 바람이 된다.

grading 정지(整地)[1], 입도(粒度)[2], 입도 분포(粒度分布)[3] (1) 기복이 있는 지반면 또는 장애물이 있는 지반면을 평탄하게 다지는 것. =leveling
(2) 잔골재 및 굵은 골재의 대소 혼합의 비율. 입도를 나타내려면 체질에 의해서 체의 눈을 통과한 것의 백분율을 쓴다.
(3) 흙, 모래, 자갈 등을 표준 체로 체질하여 입경별로 각각 분포하는 상태.

grading curve 입도 분포 곡선(粒度分布曲線) 흙, 모래, 자갈 등의 체질 시험 결과를 도시한 곡선. 가로축에 체눈의 크기, 세로축에 체의 통과분을 취해서 그린다.

grain 나뭇결 목재면에 나타난 섬유의 배열 상태. 곧은결·널결도 나뭇결의 일종.

grain crushing 입자 파쇄(粒子破碎) 흙에 작용하는 응력에 의해서 흙입자가 파쇄되는 것. =particle breakage

grain property 입자 특성(粒子特性) 흙을 구성하는 흙입자가 가지고 있는 성질. 입자의 종별·비중·형상·입경(粒徑)·입도(粒度) 등 흙의 기본적인 성질을 가려내기 위한 지표의 총칭.

grain shape 입형(粒形) 모래나 자갈 등 입상(粒狀) 재료의 입자 형상을 말한다.

grain size 입경(粒徑) 흙입자의 지름. 실제로는 각종 형상의 흙입자가 존재하지만 가상적으로 구형(球形)이라 생각한 경우의 지름을 가리킨다.

grain size accumulation curve 입경 가적 곡선(粒徑加積曲線) 어떤 일정한 양의 흙에 포함되는 흙입자의 입경을 가로축에 대수 눈금으로, 그 입경을 통과하는 중량 백분율을 세로축에 보통 눈금으로 표시되

는 곡선. ＝grain size distribution curve

grain size distribution 입경 분포(粒徑分布) 지반 중의 각 토층에 포함되는 흙입자 입경의 분포 성상(性狀)을 나타내는 개념. 입경 가적 곡선에서 읽을 수 있다.

grain size distribution curve 입경 가적 곡선(粒徑加積曲線) ＝grain size accumulation curve

granary 곡물창(穀物倉) 곡물이나 사료용 생초류를 저장하는 곳. 원형, 방형, 6각형, 8각형의 탱크로, 목재, 벽돌, 콘크리트 블록, 철근 콘크리트 등으로 만들어진다. ＝silo

grand hopper 그랜드 호퍼 레미콘차 등에서 콘크리트를 일시적으로 받아 버킷 등에 공급하는 강철제의 용기.

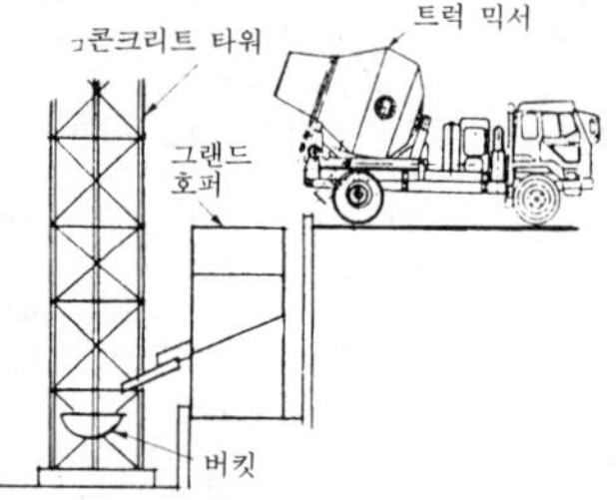

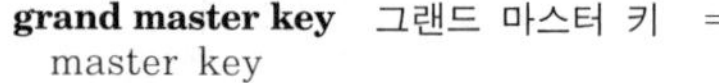

grand master key 그랜드 마스터 키 ＝master key

granite 화강암(花崗岩) 화성암(심성암)의 일종. 구조용, 장식용 등 건축, 토목용으로 널리 사용된다. 내구성이 뛰어나지만 내화성이 떨어진다.

성 분
석 영 20~39%
장 석 57~72%
운모·휘석·각섬석
각 결정의 열팽창률의 차이
(내화성 소)
표면 박리
강도
붕괴
300 500 600
→온도(°C)

glanular material 입상체(粒狀體) 고체 입자로 구성되는 집합체. 유동하는 등 고체에는 볼 수 없는 역학적 성질을 가지고 있다.

granulated slag 수쇄 슬래그(水碎－) 고로(高爐) 슬래그를 물로 급랭하여 유리 모양인 채로 고화시킨 것. 고로 시멘트의 혼합재나 슬래그 시멘트에 사용한다. ＝water granulated slag

graphical analysis 도식 해법(圖式解法) 수식 계산을 쓰지 않고, 작도에 의해 그림 상에서 필요한 수치를 구하는 방법.

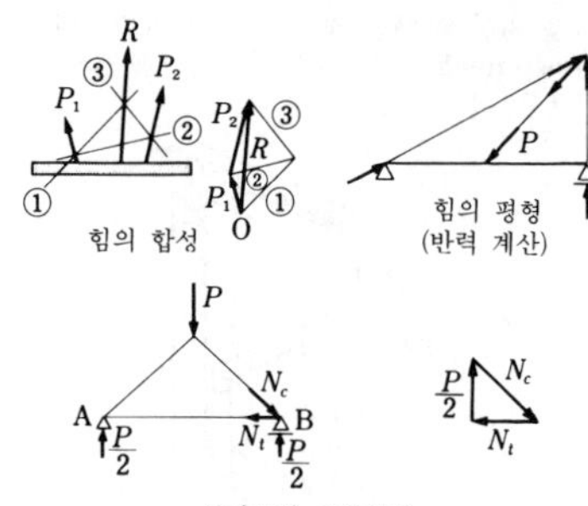

힘의 합성　힘의 평형 (반력 계산)
트러스의 축방향력

graphical solution 도식 해법(圖式解法) 계산법에 의하지 않고 작도에 의해 문제를 푸는 방법.

graphical symbols for piping 배관용 그림 기호(配管用－記號) 배관·기기 및 부속품을 배치·접속하는 상태를 도시하는 경우에 사용하는 기호.

graphic art 그래픽 아트 선에 의한 표현을 중심으로 한 미술로, 최근에는 컴퓨터 제어에 의한 컴퓨터 그래픽이 있다. → computer art

graphic design 그래픽 디자인 문자, 그림, 사진 등의 제작, 복제, 가공 등의 인쇄 프로세스를 통해 만들어지는 디자인.

graphic display 그래픽 디스플레이, 그래픽 표시 장치(－表示裝置) 컴퓨터의 도형 표시 장치. 단지 디스플레이 장치라고도 한다. 데이터 또는 처리 결과를 도형과 문자의 모양으로 표시한다.

graphic input-output device 도형 입출력 장치(圖形入出力裝置) 도형을 컴퓨터로 수치화하여 처리하기 위한 입력 장치와 처리된 수치 데이터를 도형 표현하기 위한 출력 장치의 총칭.

graphic panel 그래픽 패널 계통도나 기기의 배치도를 큰 패널상에 그려 넣고, 그 속에 계기나 램프를 내장시켜 운전 상황이나 고장 개소 등의 감시를 하기 쉽게 한 패널.

graphic statics 도식 역학(圖式力學), 도해 역학(圖解力學) 역학을 도식 해법에 의해서 다루는 것.

graphite 흑연(黑鉛) ＝black lead

graphite paint 그래파이트 도료(－塗料) 고순도 흑연(그래파이트)을 안료로 한 유성 도료. 도막은 투수성이 적고, 내후성(耐候性)이 뛰어나다.

grass tex 그래스 텍스 식물 섬유와 아스팔트를 혼합하여 포장한 것으로, 스포츠 시설 경기장에 사용한다.

grating 그레이팅 옥외 배수구의 뚜껑 등에 쓰이는 격자 모양의 철물. 주철제가 일반적이며, 차량 등의 하중에도 견딜 수 있도록 튼튼하게 만들어져 있다.

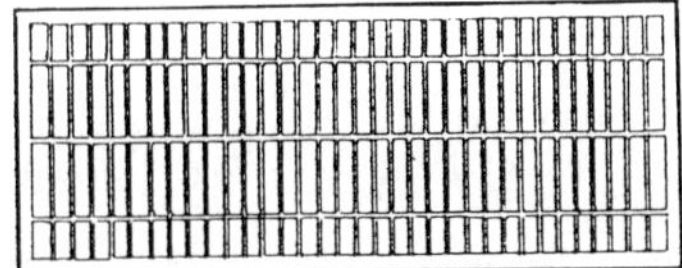

gratuitous supplied material 무상 지급 재료(無償支給材料) =free supplied material

grave foundation 자갈 지정(-地定) 지지 지반과 직접 기초, 말뚝 기초의 기초 슬래브, 기초보 혹은 토방 콘크리트와의 사이에 다져서 만드는 바닥 자갈.

gravel 자갈 건축 공사용 자갈은 크기 5 mm 체에 90%, 토목에서는 85% 이상 머무는 것을 말한다. 콘크리트용 굵은 골재로서의 최대 치수는 건축에서는 25mm 이하를 사용하게 되어 있고, 토목에서는 용도에 따라 다르다. 채취 장소에 따라 강자갈, 산자갈, 바다자갈이 있다. =ballast

gravimetric unit 중력 단위(重力單位) 길이·힘·시간의 단위에 미터(m), 킬로그램(kg), 초(s)를 사용하고 이것을 기본 단위로서 조립된 단위계. 공학 단위라고도 하며, 공학상 널리 쓰이고 있다.

gravity acceleration 중력 가속도(重力加速度) 지구상에 정지하고 있는 물체에 작용하고 있는 중력을 물체의 질량으로 나눈 값. 통상 g로 나타내고, 약 980cm/s² 와 같다.

gravity arc welding 그래비티 용접(-鎔接) 피복 아크 용접봉이 용융함에 따라서 막대 지지부가 중력에 의해 비스듬하게 서서히 하강하고 막대가 용접선을 따라서 이동하여 행하여지는 용접.

gravity drainage 중력 배수(重力排水) 자연 배수의 일종. 중력만의 작용으로 지반 중의 물을 집수하여 퍼올리는 형식의 배수.

gravity equation 중력식(重力式) 각 부분의 무게와 같은 하중을 정적으로 진동계의 진동 방향으로 가하여 변형을 구하고, 그에 따라서 진동계의 고유 주기를 구하는 공식.

gravity piping system 중력식 배관법(重力式配管法) 탕(湯)의 온도차에 의해서 자연 순환시키는 방식. 소규모의 급탕이나 온수 난방 등에 적합하다.

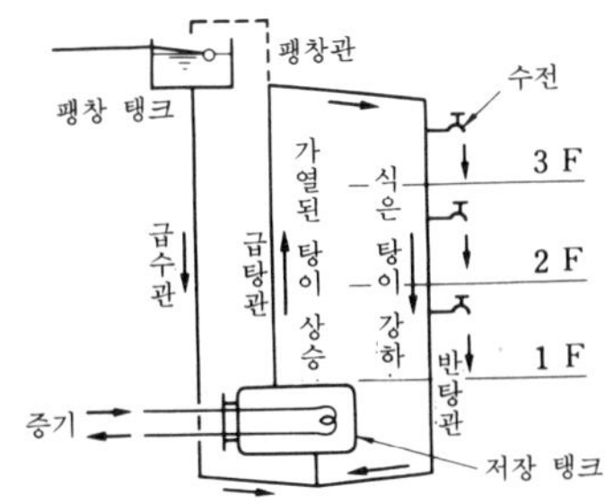

gravity retaining 중력식 옹벽(重力式擁壁) 자중으로 토압에 저항하는 형식의 옹벽. 기초 지반이 양호하고, 벽의 높이가 낮은 경우에 쓰인다.

gravity tank 고가 수조(高架水槽) 독립의 가구(架構) 위에 두어진 수조.

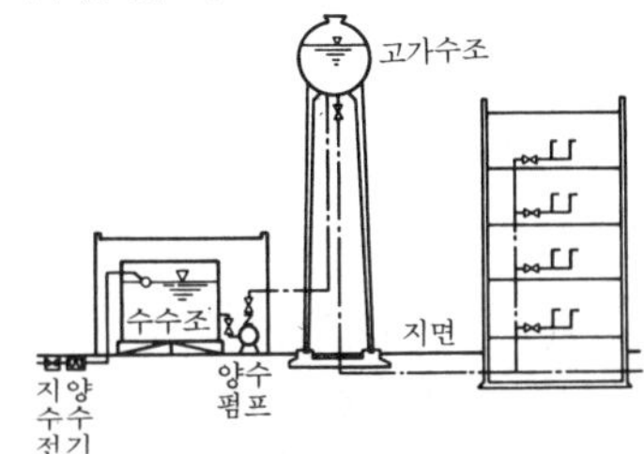

gravity type 중력식(重力式) 해양 건축물에서 주로 자중으로 안정시키는 고정식의 구조 형식.

gravity type arc welding 중력식 아크 용접(重力式-鎔接) 자동 용접의 하나로, 모재와 일정한 경사를 갖는 지주를 따라서 홀더가 하강하고, 홀더에 고정된 긴 용접봉이 중력에 의해서 서서히 하강하여 자동적으로 용접하는 방법.

gravity type formula 중력식(重力式) 진동계의 1차 고유 주기(T)를 구할 때 진동하는 방향으로 구조체의 자중에 해당하는 힘을 가하여 그 최대의 변형량을 η로 하여

$$T=\frac{\sqrt{\eta}}{c} \qquad c : 상수(5.0\sim6.0)$$

식에서 구하는 약산식을 말한다.

gravity wall 중력식 옹벽(重力式擁壁) 옹벽 형식의 하나. 옹벽 자신의 중량만으로 토압에 견디는 형식.

gray body 회색체(灰色體) 어떤 물체 표면의 복사가 모든 파장에 걸쳐서 행하여지고, 또 각 파장에서의 복사의 세기가 그 물체와 등온도에 있는 완전 흑체의 동일

파장의 복사와 언제나 일정 비율로 작아지는 표면을 갖는 물체. 즉 복사능이 그 물체와 절대 온도의 4승에 비례하는 비흑체를 말한다. 공학적으로는 흑체를 제외한 다른 모든 고체는 회색체로 간주한다.

GRC 유리 섬유 보강 시멘트(琉璃纖維補强-)[1], 유리 섬유 보강 콘크리트(琉璃纖維補强-)[2] (1) =glass fiber reinforced cement
(2) =glass fiber reinforced concrete

grease 그리스 차축·기어 등 기계 부품의 윤활제로서 사용되는 연고상의 점도가 높은 윤활유. 광유에 소다 비누나 칼슘 비누 등을 섞어서 만들어진다.

grease intercepter 지방 트랩(脂肪-) 주방 기타로부터의 배수 중에 포함되는 지방을 제거할 목적을 겸한 트랩. 보통 큰 물웅덩이를 두고 자연 냉각에 의해서 지방을 분리시키며, 지방을 포함하지 않는 아래쪽 물은 배수관에 흘리고 상부의 분리 지방층은 그물로 제거한다. 물웅덩이를 작게 하여 물로 냉각하는 것도 있다. =grease trap

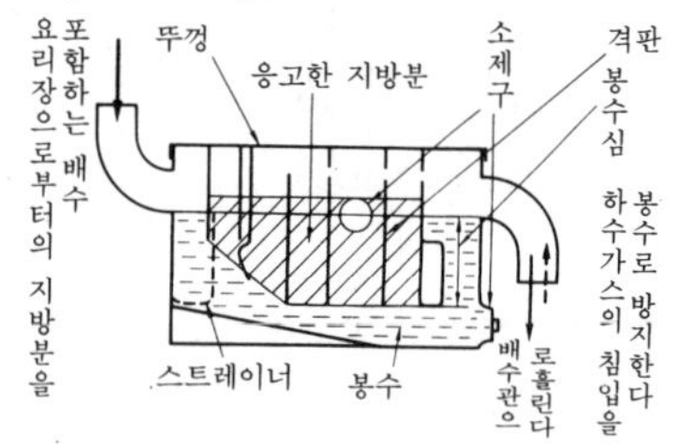

grease trap 지방 트랩(脂肪-) =grease intercepter

great fire 대화(大火), 큰불 넓은 지역에 걸쳐서 많은 건물을 소실시키는 화재.

Greek architecture 그리스 건축(-建築) 신전을 중심으로 하는 고대 그리스의 건축 양식. 처음에는 목조였으나 기원전 7세기경부터 석조 신전이 세워지게 되고, 그 후의 서양 건축의 규범이 되는 형식미를 완성시켰다.

Greek cross 그리스 십자(-十字) 4개의 팔대 길이가 같은 십자형.

Greek roof tile 그리스 기와 양기와의 일종. 로마 기와와 비슷하나, 둥근 기와 대신 산형의 기와를 사용한다.

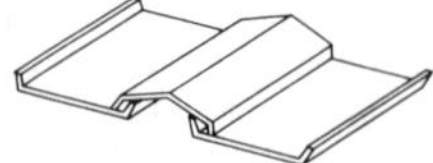

green 녹지(綠地) =green area

green area 녹지(綠地) 도시에서 수목이 있는 토지로, 공원, 유원지, 농업지, 산림 등을 가리킨다.

green belt 녹지대(綠地帶) 도시의 무계획한 외연적 발전을 방지하고 시가지 내부에 신선한 공기를 공급하기 위해 띠모양으로 설치된 녹지. 이것에는 환상 녹지대와 방사상 녹지대 및 이 양자가 조합된 것 등이 있다.

green business 그린 비즈니스 수목이나 비료 등 녹화에 관한 것의 생산, 판매, 시공과 관련되는 업종의 총칭.

green concrete 그린 콘크리트 비빈 다음의 아직 굳지 않은 상태의 콘크리트.

green coordinator 그린 코디네이터 실내를 장식하는 관엽 식물과 주위와의 조화를 종합적으로 연출하는 사람.

green house 온실(溫室) =conservatory

greenhouse effect 온실 효과(溫室效果) 대기 중의 2산화 탄소 등의 열을 흡수하는 가스가 일단 흡수한 지표로부터의 적외 방사를 다시 아래쪽으로 방사하기 때문에 지표면 부근의 기온이 상승하는 현상. 일종의 보온 효과이기 때문에 이렇게 부른다.

greening 녹화(綠化) 적극적으로 식물을 심고, 유지 관리를 도모하는 것. 넓은 뜻으로는 녹지 보전을 포함한다. 공장 녹화, 도시 녹화, 사막 녹화 등, 대상이나 장소를 가리켜서 부르는 경우가 많다.

green interior 그린 인테리어 관엽 식물 등 자연의 식물을 인테리어로서 도입하는 것을 말한다.

green room 분장실(扮裝室) =dressing-room, back stage

green space conservation 녹지 보전(綠地保全) =conservation of landscape

green wedge 쐐기형 녹지(-形綠地) 도시 주변에서 중심부로, 쐐기 모양으로 들어간 녹지대. =wedge green

green wood 생목(生木) 벌채하여 아직 건조하지 않은 목재.

Grenzregelung 경계 정리(境界整理) = boundary adjustment

grid 그리드 설계나 분석의 기준으로 하는 방안(方眼)을 말하며, 사용하는 목적에 맞추어서 크기가 정해진다.

grid beam 교차보(交叉-)[1], 격자보(格子-)[2] (1) 서로 교차한 작은보. 격자 모양으로 배치되었을 때는 격자보라 한다.
(2) 2방향의 보를 격자 모양으로 배치한 것. 연직 하중을 2방향의 보에 부담시키

기 때문에 하중 능력이 증대한다. 대 스팬 구조에 사용한다.

gridiron pattern 그리드 패턴 =grid pattern

gridiron road 격자형 도로망(格子形道路網) =checkerboard type of street system

grid model 그리드 모델, 격자 모델(格子-) 지반 등의 연속체를 격자 모양으로 분할하고, 그 각점에 질량을 집중시켜 질점간을 종횡의 축방향 스프링, 전단 스프링으로 이은 해석 모델.

grid pattern 그리드 패턴 격자 모양으로 짜여진 기하 모양, 도형, 설계에 있어서 그리드(기준으로 하는 격자)를 설정하는 경우의 격자(格子)의 모양.

grid planning 격자 계획(格子計劃) 건축 설계시에 일변이 일정 치수로 그려진 방안을 기준으로 하여 지역 분석이나 평면 계획을 하는 것. →single grid

grid system 그리드 시스템 건축 계획이나 도시 계획에서 모듈로서의 기준 치수에 의한 격자형 패턴에 따라서 평면적, 입체적으로 구성하는 계획 수법을 말한다. →grid planning

grill 그릴 ① 생선이나 고기를 굽는 망 또는 그 요리. ② 양식의 일품 요리를 제공하는 소형의 식당 또는 음식점.

grille 격자(格子) 창 등에 목재 · 금속 · 대나무 등을 짜서 부착한 것. 창이나 입구의 문 등에 도난 방지나 가리개 혹은 의장상의 취향으로 설치한다.

grill room 그릴 ① 호텔 · 클럽 등의 불고기 · 생선구이 요리실. ② 그릴을 가진 식당을 가리킨다.

grill type air inlet 그릴형 흡입구(-形吸入口) 표면에 날개 격자 또는 펀칭 메탈을 갖는 흡입구.

grill type air outlet 그릴형 배출구(-排出口) 표면에 날개 격자 등을 갖는 배출구. 벽면 등에 설치된다.

grind 갈기, 갈아내기 석재나 인조석 등의 표면을 잘 연마, 평활하게 하여 광택을 내는 것. 또 칼을 숫돌 등에서 갈아 날을 세우는 것. =grinding, polish

grinder 연마기(硏磨機) 금속, 목재, 석재 등을 매끄럽게 갈아내는 기계.

연마기

grinding 갈기, 갈아내기 =grind

grindstone 숫돌 날을 갈거나 석재를 연마하기 위한 연마 재료. 천연재와 인조재가 있다. =whetstone

Grinter's method 그린터법(-法) 수평력을 받는 라멘의 응력 해법의 하나. 라멘의 각층마다 일정한 부재각을 발생시키는 외력과 부재 응력을 기본으로 한 해법.

grip 그립 리벳의 실제 죄는 부분의 길이.

grip anchor 그립 앵커 철근 콘크리트 구조체 등에 앵커 철근을 부착하는 경우에 사용되는 철물. 콘크리트에 전동 드릴 등을 써서 구멍을 뚫고, 나사를 낸 이 그립 앵커를 해머 등으로 박아 넣어 일부분 나사를 낸 철근을 여기에 비틀어 넣어서 앵커 철근으로서 사용한다.

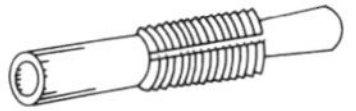

grip bolt 그립 볼트 나사를 사용하지 않고 너트에 해당하는 것을 특수한 방법으로 축부(軸部)에 체결하여 사용하는 볼트.

grip joint 그립 이음 굵은 이형 철근(異形鐵筋)에 적합한 이음으로, 슬리브에 철근을 삽입하여 유압식의 잭으로 죄어서 접합한다.

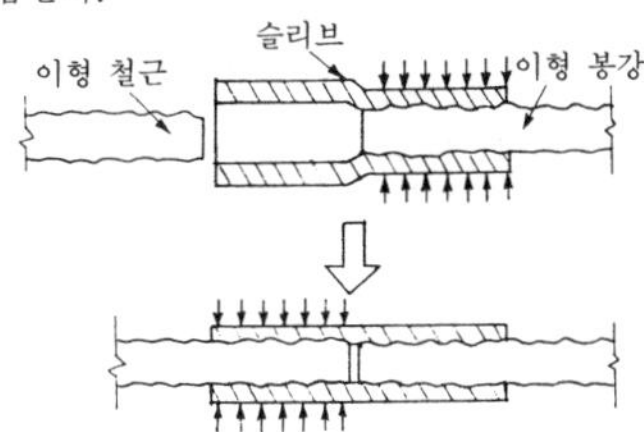

grip joint method 그립 이음 공법(-工法) 철근의 압착 이음의 일종으로, 이음용 슬리브(강관)에 두 줄의 철근을 삽입하여 냉간 가공해서 접속하는 공법.

gripper 그리퍼 융단을 고정하기 위해 방둘레에 설치된 바늘이 튀어나온 판. =gripper edge

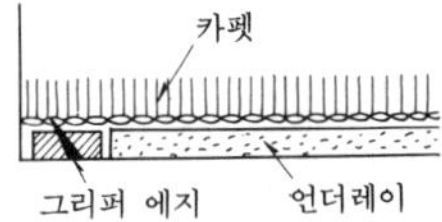

gripper edge 그리퍼 에지 =gripper

grit blast 그릿 블라스트 도장의 바탕 조정의 한 방법. 철 부분의 녹이나 더러움을 닦아내고 깨끗한 금속면을 노출시키기 위해 주철의 거친 가루(grit)를 압축 공기로 뿜어 붙이는 것.

grit chamber 침사조(沈砂槽) 수중의 모래를 침전시키기 위해 설치하는 조. 유속을 느리게 한다든지, 트랩을 둔다든지 하는 조.

groin vault 교차 볼트(交叉－) =cross vault

groove 그루브, 홈, 개선(開先) 용가재를 사용하는 맞대기 용접에서 모재부에 두는 홈. 그림은 그루브 단면의 표준형. 그 선정에는 ① 용착 금속이 홈 밑까지 잘 모재에 녹아들고, ② 용착 금속의 양이 되도록 적어도 되며, ③ 그루브의 공작이 간단한 것 등을 생각하여 정한다.

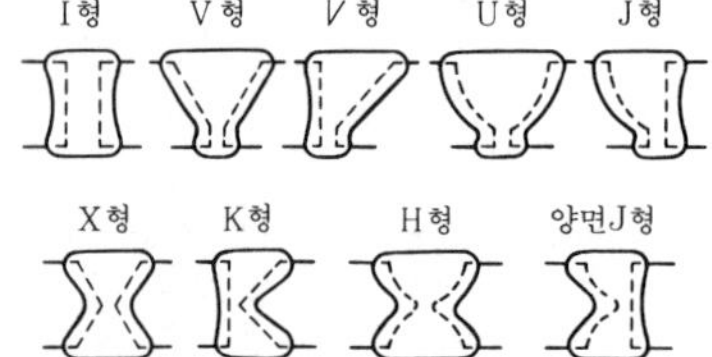

groove angle 개선 각도(開先角度) 용접되는 두부재의 접합 부분에 두는 홈의 각도를 말한다.

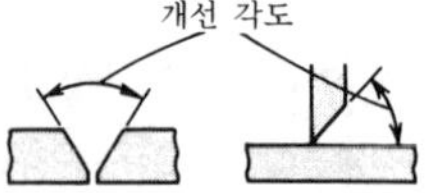

groove depth 개선 깊이(開先－) 용접하는 2부재간에 두는 홈의 깊이.

grooved plywood 그루브 합판(－合板) V자형의 홈이 있는 합판.

groove weld 그루브 용접(－鎔接) 접합하는 2부재간에 개선(開先)을 두고 행하는 용접. 완전 용입 용접과 부분 용입 용접이 있다.

grooving 그루빙, 구식(溝蝕) 금속 재료의 표면 피막이 국부적으로 파괴되어 발생하는 홈 모양의 부식. →pitting

grooving machine 그루빙 머신 ① 목재에 문지방 등의 홈파기 가공을 하는 기계. 일반적으로 홈파기는 둥근 기계톱 등의 절삭 기계에 홈파기용 커터를 붙여서 가공한다. ② 고속 도로나 공항의 활주로에 있어서의 하이드로플레이닝(hydroplaining)에 의한 슬립 방지를 위해 차바퀴의 주행 방향에 대하여 세로, 가로, 경사지게 등간격으로 가는 홈을 내기 위한 기계.

grooving plane 개탕대패 문지방이나 문미의 홈, 판의 홈파기를 할 때 쓰이는 대패. =plow plane

gross 그로스 ① 자본 가치에 대해서는 소모를 고려하지 않는 경우의 값. ② 인구 등의 밀도에 대해서는 도로나 공공 시설을 포함한 면적 밀도.

gross area 연면적(延面積) =gross floor area, total floor area

gross calorific value 총발열량(總發熱量) 연료의 단위량이 완전히 연소했을 때 발생하는 열량. 연료 가스 중 수증기의 잠열을 뺀 참발열량과 구별하여 사용한다.

gross density 그로스 밀도(－密度) 간선도로 중심선 등의 안쪽 전역의 토지 면적에 대하여 산정하는 밀도 지수.

gross density of population 총인구 밀도(總人口密度) 토지(도로, 택지, 녹지 등을 포함)의 단위 면적에 대한 인구의 비율을 말한다.

gross dwelling unit density 총호수 밀도(總戶數密度) 가로(街路), 공원, 학교 등의 공공 시설도 포함한 지구 전체의 면적에 대한 주택 호수의 밀도. →dwelling density

gross floor area 연면적(延面積) 건물의 각층 면적을 합계한 총면적을 말한다. =gross area, total floor area

gross population density 총인구 밀도(總人口密度) 가로, 학교, 공원 등을 포함하는 모든 토지 면적에 대한 인구 밀도.

gross pump head 실양정(實揚程) 흡입 수면에서 토출 수면까지의 수직 높이.

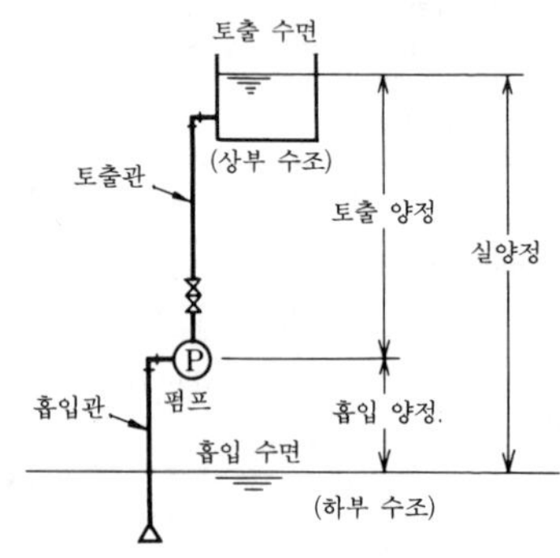

gross tonnage 총톤수(總－數) 부유식 해양 건축물 내부의 총용적. 단위는 2841 m^3(100ft^3)를 1t으로 한다.

ground 어스[1], 땅[2], 지반(地盤)[3], 바탕[4],

육상 경기장(陸上競技場)[5] (1) 전기 설비에서는 기준 전위로서 취하는 대지를 말한다. 일반적으로는 대지에 전기적으로 결합된 금속 전극, 즉 매입 전극(판)의 전위를 기준 전위로 하고, 이것을 어스라 부르는 경우가 많다. =earth
(2) 바다를 제외한 지구의 겉면.
(3) 구조물을 받치는 토사, 돌, 암석 등. 지반의 양부는 보링, 표준 관입(貫入) 시험, 전기 탐사, 토질 시험, 적하(積荷) 시험 등에 의해 판정한다. =soil
(4) 아직 도장되어 있지 않은 도장의 대상이 되는 피도면(被塗面).
(5) =athletic field

ground anchor 그라운드 앵커, 어스 앵커 선단부를 양질 지반에 정착시키고, 이것을 반력으로 하여 흙막이벽의 지지용 혹은 건물의 부상, 전도를 방지하기 위해 사용하는 구조체. 인장재로서 강봉을 사용하는 경우, 앵커 로드라고 한다. =tie-back

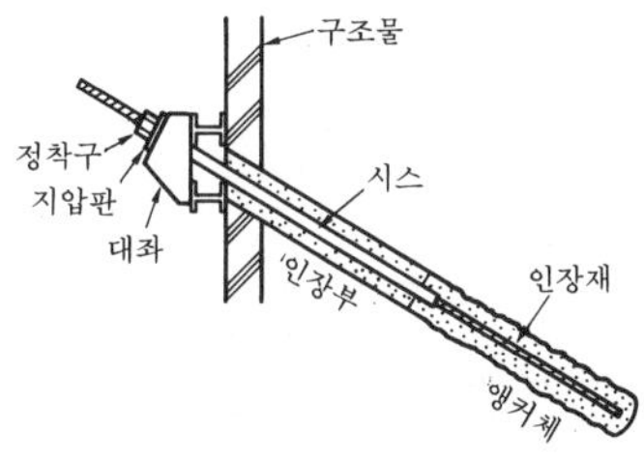

ground-breaking ceremony 기공식(起工式) 공사 착수에 있어서 고사를 지내고 이어서 건축주 주최 또는 건축주·시공자의 주최로 행해지는 기념식.

ground compliance 그라운드 컴플라이언스 지반상에 두어진 무질량(無質量)의 강(剛) 기초가 단위 크기의 정상적인 정현파의 외란을 받았을 때의 운동을 복소수로 나타낸 것.

ground coverage 토지 피복(土地被覆) 일반적으로 지표면에 존재하는 물질 및 그 분포 상황을 가리킨다. 나지(裸地), 초지(草地), 수목, 수면 등의 자연적인 것과 포장, 가옥 등의 인공적인 것이 있다. =land coverage

ground disaster 지반 재해(地盤災害) 지반에 기인하는 재해. 지반 진해(震害) 외에 광역의 지반 침하에 수반할 때도 있다.

ground floor 1층(一層) =first floor

ground glass 젖빛 유리 투명한 유리의 한쪽 표면에 미세한 요철(凹凸)을 붙여서 불투명하게 한 유리. =frosted glass

ground hopper 그라운드 호퍼 레미콘차 등에서 콘크리트를 일시적으로 받아 카트 등에 공급하는 강철제 용기.

grounding 접지(接地)[1], 지락(地絡)[2] (1) =earthing
(2) 전위를 갖는 도체, 예를 들면 전압이 걸려 있는 배선과 대지간에 전기의 통로가 생긴 상태.

ground level 지반면(地盤面) 건축이 접하는 지표면에서 건축물의 높이나 층수 등 산정의 기준이 된다. =ground line

ground leveling 정지(整地) 기복이나 장애물이 있는 토지를 평탄하게 다듬는 것. =grading

ground leveling expenses 정지비(整地費) 건축 공사의 부지를 공사를 위해 정리, 청소하는 비용. 내역서에서는 공통 가설비로서 계상한다. =site grading cost

ground line 지반면(地盤面) =GL → ground level

ground master key 그라운드 마스터 키 사무실이나 호텔 등에서 관리자가 사용하는 각실 공통의 열쇠 중 전관에서 사용할 수 있는 열쇠. 층마다 사용되는 것을 서브 마스터 키라 한다.

ground motion 지동(地動) 지면의 움직임. 지진 외에 교통 기관, 공장의 기계, 폭발, 바람, 파랑 등도 그 원인이 된다.

ground packing 그라운드 패킹 원심 펌프의 축봉 방식의 하나로, 축 둘레의 틈에 무명 등의 충전물을 넣어 물이 새지 않도록 한 것.

ground plan 토지 이용 계획(土地利用計劃) 시가지 내의 각종 토지 이용을 적정하게 배치하기 위한 지역제 계획. =land use plan

ground roughness 지표면 조도(地表面粗度) 지표면상의 초목이나 건축물 등의 조도를 말한다.

ground sill 토대(土臺) 상부 하중을 기초로 전하기 위해 기둥 하부를 연결하는 수평재. =sill

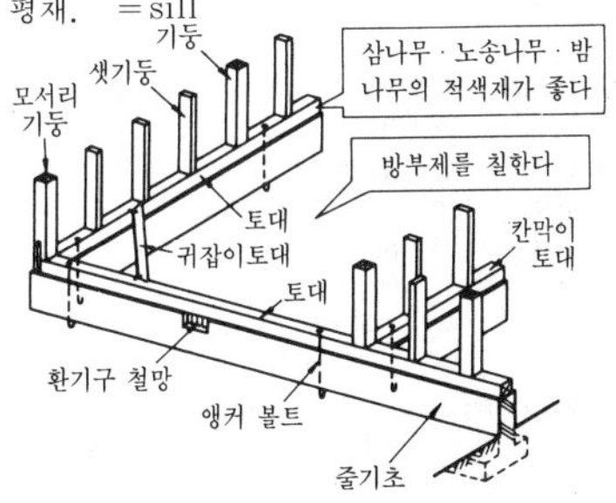

ground surface 지표면(地表面) 지반의 표면 위치.

ground surface roughness 지표면 조도(地表面粗度) 풍속의 높이 분포에 큰 영향을 주는 지표면의 거칠기.

ground surface temperature 지표면 온도(地表面溫度) =earth surface temperature

ground temperature 지온(地溫) 지중 농도, 지표면 온도의 총칭. 즉, 지표면 이하의 토양의 온도를 말한다. 일반적으로 기온에 대하여 지온이라는 경우가 많다. = earth temperature

ground vibration 지반 진동(地盤振動) 지반에 발생하는, 혹은 발생하고 있는 진동의 총칭.

groundwater 지하수(地下水) 지하에 존재하는 물로, 빗물이나 융설수(融雪水)가 지중에 침투하여 흙입자나 암석의 틈을 흐른다. =underground water

groundwater discharge method 탈수 공법(脫水工法) 연약한 점성토 지반 중의 간극수를 탈수재 또는 발열하는 재(材)를 써서 탈수하여 강도 증가를 도모하는 지반 개량 공법.

groundwater level 상수면(常水面), 지하수위(地下水位), 지하 수면(地下水面) 지하 수면은 계절적으로, 또 시기적으로 변동한다. 그 경우, 특정한 장소에서 그 지표면에서 맨 위의 위치에 있는 지하 수면.

groundwater pollution 지하수 오염(地下水汚染) 병원균, 하수나 농지 침출수(浸出水)의 지하 침투, 산업 폐기물의 누설이나 지하 주수에 의해 지하수가 오염되는 것. 일단 오염되면 회복이 곤란하다.

groundwater recharge method 복수법(複水法) ① 주변 지반의 침하를 방지하기 위해 터파기 내에서의 배수와 병행하여 터파기 외의 지반에 주수해서 주변의 수위를 회복시키는 공법. ② 지하 수위 조사에서 조사 구멍 내의 물을 양수한 다음 수위의 회복 상태를 조사하는 방법. = restoring method, tube method

groundwater table 상수면(常水面) = groundwater level

groundwater zone 지하수층(地下水層) 지하에 있어서의 대수층(帶水層).

group architecutre 군건축(群建築) 의도적인 설계 이념하에서 복수의 건축물 또는 그 단위 블록의 집합을 전체로서 디자인의 대상으로 한 건축 작품.

group houses 집단 주택(集團住宅) 동일 부지 내에 집단적으로 세워진 주택의 집합을 말한다.

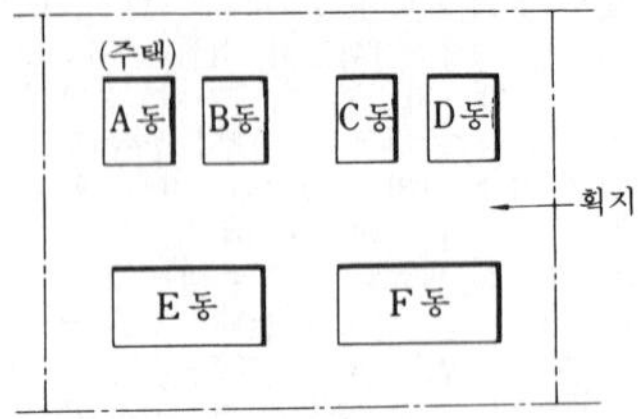

group (supervisory) control 군관리 제어(群管理制御) 복수대의 엘리베이터를 합리적으로 운행하기 위한 제어 방식.

group velocity 군속도(群速度) 표면파 중의 어느 주기 성분이 진앙(震央)에서 어느 관측점에 도달하기까지의 속도를 말한다. 진원과 관측점간의 평균적인 지하 구조를 반영한다.

grout 그라우트 타일 · 석재 등을 붙이는 데 사용하는 모르타르. 시멘트 용액을 말하기도 한다.

grouted cut-off wall 주입 지수벽(注入止水壁) 침투해 오는 물을 막기 위해 주입재를 지반 속에 주입하여 만드는 벽.

grouting 그라우팅 균열 부분이나 공극 부분의 틈 사이를 매우기 위해 시멘트 모르트라 · 약액, 접착제 등을 주입하는 것. 콘크리트 균열 보수를 위한 에폭시 수지 주입, 지반 개량의 약액 주입 등.

grouting mixer 그라우팅 믹서 모르타르, 약액 등의 그라우트를 비비는 교반기(믹서)를 말한다.

grouting pump 그라우트 펌프 모르타르나 약액의 주입 · 충전용의 펌프. 피스톤식, 플런저식, 유압식 등의 구조 형식이 있으며, 주입 · 충전의 목적에 따라 선정된다.

grout mixer 그라우트 믹서 그라우트를 비비는 믹서로, 보통 2련식으로 된 그라우트 주입용 모르타르 믹서를 사용하고, 그라우트 펌프에 연결해서 사용한다.

groyne 수제(水制) 하안(河岸)에서 하천 중앙을 향해 돌출한 모양으로 설치된 하안 호안(河岸護岸)의 보호나 수류 제어를 위한 구조물이나 공작물. 콘크리트 블록이나 목공 침상(沈床) 등이 있다.

guarantee against defaults 하자 보증(瑕疵保證), 하자 담보(瑕疵擔保) 건설 공사의 계약에서 하자에 의하여 생긴 손해에 대한 청부측의 보증을 말한다. =guarantee against defects

guarantee against defect 하자 담보 책임(瑕疵擔保責任) 청부 계약이나 매매 계약에 있어서의 하자에 대하여 구입한 사람으로부터 요구가 있는 경우에 판 사람이 지는 담보 책임.

guarantee against defects 하자 보증(瑕疵保證), 하자 담보(瑕疵擔保) =guarantee against defaults

guaranty 보증(保證) =bond

guaranty money for bidding 입찰 보증금(入札保證金) =bidding deposit, tendered [bid] bond

guard angle 보호각(保護角) 피뢰 설비에 관한 용어. 수뢰부(受雷部)의 상단에서 그 상단을 통하는 연직선에 대하여 보호 범위를 예상하는 각도.

guard fence 가드 펜스 주행 차량이 보도나 대향 차선으로 벗어나는 것을 방지하기 위해 차도를 따라서 만들어진 각종 울타리. =guardrail

guardrail 가드레일 차도와 인도 사이에 설치되는 철제의 방호 울타리.

guestchamber 객실(客室), 응접실(應接室) =guest room

guesthouse 게스트하우스 손님을 환대하기 위해 세워진 객용 건물. 영빈관 등 공공의 건물이 많다. →guest room

guest room 객실(客室), 응접실(應接室) 호텔이나 여관 등의 숙박 시설에서는 손님이 숙박하는 방. 주택 등에서는 주로 방문객의 응접, 숙박 등을 위해 전용으로 사용하는 방.

guide board 가이드 보드 건설 현장에 있어서의 안내판.

guide code 가이드 코드 블라인드의 슬랫(slat) 양단에 통한 코드 및 테이프를 말하며, 승강시의 가이드가 되는 것.

guide rail 가이드 레일 ① 엘리베이터의 케이지나 에스커레이터의 발판. ② 미닫이 등에서 문바퀴가 벗어나지 않도록 안내하는 레일. ③ 셔터의 슬랫(slat)이 벗어나지 않도록 한 세로의 홈 철물.

guide roller 가이드 롤러 ① 미닫이를 매끄럽게 이동시키기 위해 가이드 레일을 따라서 부착한 바퀴. ② 수동 가스 절단을 정확하게 하기 위해 토치에 부착한 바퀴.

guide vane 안내 날개(案內－) 펌프, 배관, 덕트 등 유체 기기의 입구나 출구에 설치하여 흐름을 소정의 방향으로 유도하록 한 날개.

guild 길드 중세 유럽의 도시에 있어서의 상공업자의 직능 단체.

gum 고무 특이한 성질을 가지고 있는 고분자 화합물의 일종. 천연 고무와 합성 고무가 있다. 천연 고무는 고무 나무의 유액을 응고하여 만들어지는 생고무에 여러 가지 배합제를 가하고, 가황하여 만든다. 합성 고무는 석유·아세틸렌·알코올 등을 원료로 하여 합성시켜서 만든다. 많은 고무 제품 외에 접착제로서도 이용된다. =rubber

gum tile 고무 타일 =rubber tile

gun 건 모르타르, 도료, 암면 등을 뿜어붙이는 기구. →cement gun, spray gun

gunite 거나이트 건식의 모르타르 분사 공법으로, 시멘트 건 등을 사용하여 노즐 끝에서 물을 가하면서 한다.

gun metal 포금(砲金) 동합금으로 청동의 일종. 동을 주로 하여(약 90%), 주석 10% 전후, 아연 소량을 가한다. 옛날에 포신에 사용하였으므로 이 이름이 있다. 주조성이 좋고, 강인하며 내식성이 있어 창호 쇠붙이로서 널리 사용되고, 문짝·스크린·그림 등의 장식 쇠붙이 및 기어·밸브·콕 등 일반 기계, 부품의 주물에 사용된다.

gun spraying 건 스프레이 모르타르 건에 의해 뿜어 붙여서 마감하는 것.

gusset plate 연결판(連結板) 철골 구조의 절점에서 부재를 접합하기 위해 사용하는 강판.

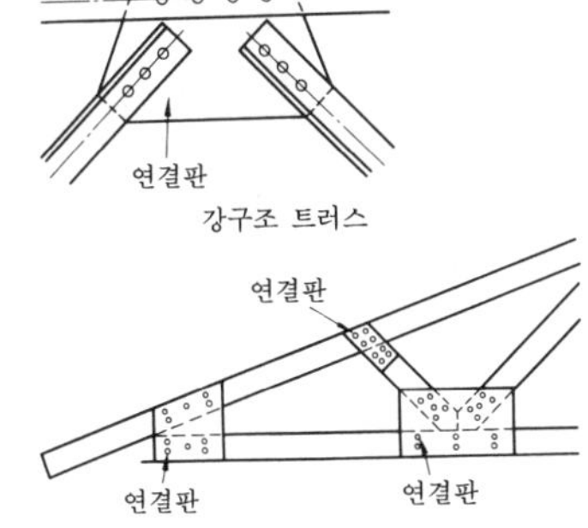

gust 돌풍(突風) 갑자가 강하게 불고 단시간에 그치는 바람. 보통은 뇌우(雷雨)를 수반하는 한랭 전선과 함께 발생하고, 계속 시간은 20~30초 이하이며, 평균 풍속은 5m/sec를 넘는데, 때로는 순간 최대 풍속 30m/sec 이상의 선풍(旋風)이 되기도 한다.

gusty air 돌풍(突風) =gust

gutter 홈통(－桶) 지붕의 빗물을 흘리기 위해 설치한 것. 금속제와 염화 비닐제가 있다.

gutter hook 홈통받침쇠 =bracket(3)

guy 지선(支線) 가설물의 도괴를 방지하기

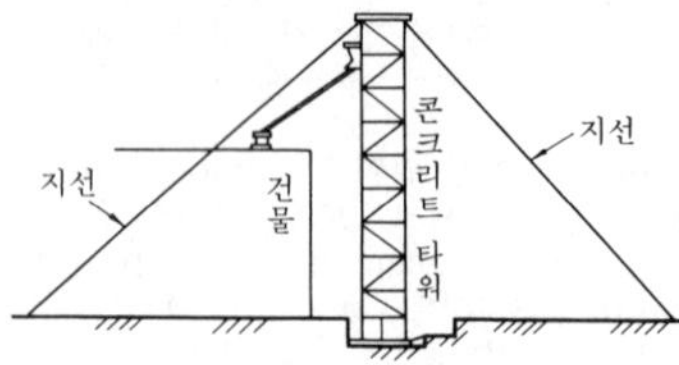

위해 설치하는 것.

guy-derrick 가이데릭 데릭의 일종. 마스트를 수직으로 세우고 마스트 하부에서 경사지게 경사주(붐 : boom)를 내어 마스트 상부에서 경사주 선단을 통해 로프를 걸고, 로프 한 끝에 짐을 매달아 다른 끝을 인장함으로써 짐을 끌어올려 경사주의 기복·회전에 의하여 짐을 이동시키는 장치를 말한다.

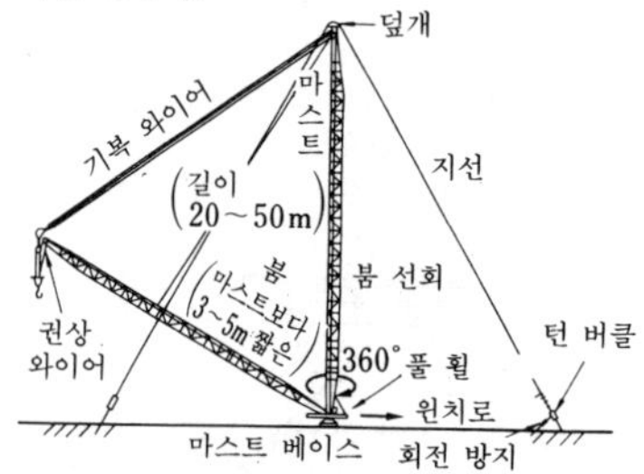

gymnasium 체육관(體育館), 옥내 경기장(屋內競技場) ① 체육을 위해 체조, 경기 등을 하기 위한 건물. ② 체육 경기장으로 옥내에서 경기를 하는 장소.

gymnastic hall 체육관(體育館) ＝gymnasium

gypsum 석고(石膏) 2수 석고($CaSO_4 \cdot 2H_2O$)를 말한다. 천연산과 화학 공업의 부산물이 있다. 이것을 소성하면 소석고(燒石膏)나 경석고(硬石膏)가 된다.

gypsum board 석고판(石膏板) 소석고와 혼합재에 적량의 물을 가하여 잘 휘저어 뒤섞은 것을 심재로 하고, 그 양면을 종이 기타의 섬유질재로 피복하여 성형한 것. 혼합재에는 톱밥, 피복재에는 보드 원지를 사용한다. 보통 보드, 내수 보드, 치장 보드, 라스 보드, 흡음 보드, 합성판 등이 있다.

gypsum plaster 석고 플라스터(石膏－) 소석고를 주성분으로 한 미장 재료. 기경성(氣硬性)이 있고 경화가 빠르며, 균열이 적다. 여기에 소석회·돌로마이트 등을 가하여 사용한다.

gypsum plaster coating 석고 플라스터칠(石膏－) 벽이나 천장 등을 석고 플라스터로 칠하는 것. 혹은 칠한 것. 건조가 빠르므로 공정상 유리하며 균열은 적고, 도층(塗層)의 강도도 비교적 크다.

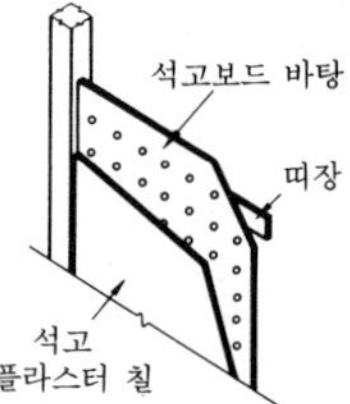

gypsum wall board 석고 보드(石膏－) 소석고에 톱밥 혹은 기타의 경량재를 대체로 85 : 15의 비율로 섞어서 물로 반죽한 것을 두꺼운 종이 사이에 끼우고 판모양으로 성형하여 건조시켜서 만든 판. 방수성이 있고, 온도 변화에 의한 신축이 적으며, 흡습성이 적다. 평 보드 외에 많은 둥근 구멍을 뚫은 라스 보드, 많은 작은 구멍을 뚫은 흡음 보드 등이 있다. 실내벽, 천장 등에 사용. ＝plaster board

HA 가정 자동화(家庭自動化) =home automation

habitability 거주성(居住性) =amenity

habitable area 거주 부분(居住部分) 주택의 거실, 침실, 객실, 응접실 등 거주를 위해 사용하는 부분으로 취침할 수 있는 부분. 따라서 취사장, 변소, 욕실, 복도, 툇마루, 광 등은 거주 부분이 아니다. =living space

habitable room 거실(居室), 거주실(居住室) 거주, 집무, 작업, 집회, 오락 등을 위해 사람이 계속적으로 사용하는 방.

habitat 해비탯 개발과 거주 환경 개선.

hacksaw 쇠톱 손으로 켜는 금속 재료 절단용 톱.

hair crack 헤어 크랙, 잔금가기 콘크리트나 모르타르 등에 생기는 폭 0.3mm 정도 이하의 가는 균열.

hair hygrometer 모발 습도계(毛髮濕度計) 모발이 공기의 습도에 따라서 신축하는 성질을 이용한 습도계.

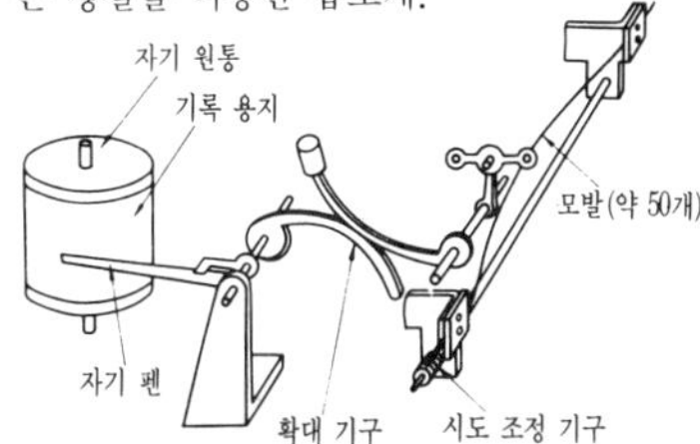

hair line finish 헤어 라인 마감(-磨勘) 스테인리스강의 연마 마감의 하나. 스테인리스 용접부의 여분을 샌더나 줄을 사용하여 제거하고, 매끄럽게 한 다음 연마하여 마감하는 방법으로, 모두 손작업이 된다.

half cut 하프 컷 도로나 주차장·경기장·광장을 주위의 지반면보다 한 단계 파내려가서 만드는 것, 또는 그 기법. 도로에 채용한 경우 출입 제한이 확실해지고, 입체 교차가 용이하게 되는 등의 이점이 있다. =depressed

half embankment 하프 뱅크 주위의 지반 높이보다도 한 단계 높게 흙쌓기를 하여 도로면이나 부지면을 만드는 것.

half-hipped roof 합각지붕(合角-), 팔작집 =gambrel roof

half-lap joint 반턱 이음, 사모턱 이음 나무 구조의 이음의 일종. 접합할 양쪽의 재를 깎아내어 볼트, 못 등에 의해 접합하는 방법. =halving joint

half mirror 하프 미러, 열선 반사 유리(熱線反射-) 유리 표면에 금속 산화물을 구어붙여 거울면 효과를 갖게 한 판유리.

half mitre 반연귀(半燕口) 모서리의 맞춤을 치장하기 위해 보이는 측으로부터의 반 정도를 45° 로 접합하는 방법.

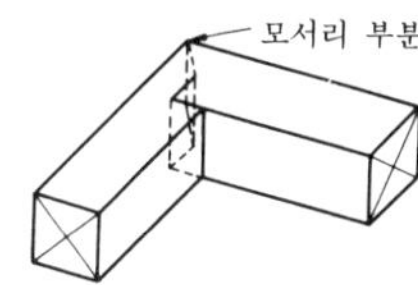

half timbering 하프 팀버링 목조의 구조체를 외벽에 나타낸 구법. 서양에서는 중세 말기부터 근세 초기의 민가에 널리 볼 수 있다(프랑스 북부, 독일 북부, 영국).

halftone 중간색(中間色) 순색 이외의 유채색. 순색과 무채색의 중간 색조를 의미하며, 육안으로 구별할 수 있는 색 중의 대부분을 차지하고 있다. 이것은 그림과 같이 청색(淸色)과 탁색(濁色)으로 나뉘어져 있다.

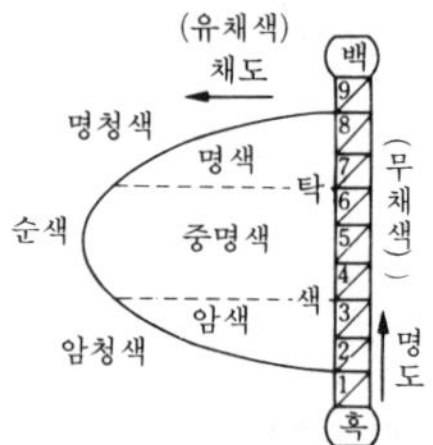

half unit 하프 유닛 유닛 배스(unit bath)의 제법으로, 하반부에 욕조, 변기, 세면기를 부착한 제품.

hall 홀 ① 넓고 천장이 높은 방. ② 건물 내에서 여러 방과 이어지는 넓은 공간. 위치에 따라서 엔트런스 홀, 엘리베이터 홀 등이라 한다. ③ 각종 집회 등에 사용하는 넓고 천장이 높은 방. 특히 극장, 강당 등의 기능을 아울러 가진 공간.

hall access type 홀형(－形) 사무실이나 집합 주택의 평면 계획에 널리 볼 수 있는 형식으로, 중앙에 홀을 두고, 그 주위에 각 방이 배치되어 홀에서 직접 각 방으로의 출입이 가능하게 되는 것.

hall accesstype apartment house 홀형 집합 주택(－形集合住宅) 집합 주택의 일종으로, 평면의 중앙에 홀을 두고, 홀에서 직접 각 주거로 들어가는 형식. 보통 홀에 계단실 · 엘리베이터를 설치한 집중형이 된다.

halogenated extinguishing system 할로겐화물 소화 설비(－化物消火施設) 탄화수소인 할로겐 화합물의 소화제를 방호 대상물에 방사하여 그 질식 작용과 억제 작용 및 냉각 작용을 이용하여 소화를 하는 설비. 독성이 적고, 2산화 탄소와 비교하여 위험성이 적다. 물을 멀리 해야 할 중앙 감시실이나 컴퓨터실 등에 쓰인다.

halogen lamp 할로겐 램프 할로겐 가스를 봉해 넣은 전구. 백열 전구보다 강한 빛을 발하는 것이 특징이며, 전시용, 옥외등용으로서 사용된다.

halving 반턱 ＝halving joint

halving joint 반턱이음 두 재(材)의 재면을 평평하게 접합하기 위해 각 재의 반을 깎아내는 접합법. ＝half-lap joint

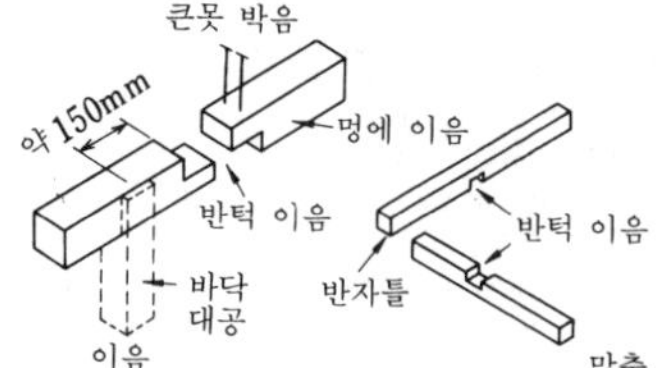

hammer 쇠망치[1], 쇠메[2], 해머[3] (1) 못을 박는 데 사용하는 머리 부분이 강철제인 망치. 자루는 주로 목제이나 쇠인 경우도 있다.
(2) 석공용, 목공용이 있다. 석공용 쇠메는 자루의 길이 약 60cm, 끝의 머리 길이 약 30~36cm. 대소를 한 조로 하고, 큰 것은 약 9kg, 작은 것은 약 5.5kg. 돌 나누기, 메다듬에 사용한다. 목공용 쇠메는 머리가 원기둥 모양으로, 한 끝은 평탄하고 다른 끝은 가운데가 조금 높으며, 대중소의 3개가 있다. 대(大)는 약 0.6~0.75kg, 중은 약 0.38~0.53kg, 소는 0.26~0.3kg. 머리의 평탄한 면은 못을 박거나 끌을 두드리는데 사용하고, 가운데가 높은 면은 후리질에 사용한다. 자루는 평탄한 면의 사용에 편리하게 하기 위해 조금 굽어 있다. ＝sledge hammer
(3) 타격력을 주는 공구 또는 기계. 건축에서는 공구로서의 해머 외에 리벳을 죄는 뉴매틱 해머, 말뚝을 박는 증기 해머 등이 있다.

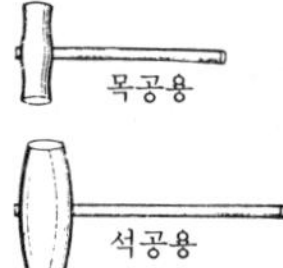

hammer drill 해머 드릴 콘크리트나 암석의 파쇄에 사용하는 소형 착암 기계. 끝에 부착된 드릴이 압축 공기에 의해 급격한 타격 운동을 일으키는 해머 형식의 것.

hammered finish 해머 마무리 석재 표면을 잔다듬메 등으로 두드려서 마감하는 공법의 일종. =hand-tooled finish

hammer grab 해머 그래브 베노토 공법(Benoto method) 등에서 사용하는 케이싱 튜브를 흙 속에 압입했을 때 튜브 내의 토사를 굴착하는 기계.

hammer welding 단접(鍛接) 금속 용접의 하나로, 접합하는 부분을 외부로부터의 열원에 의해 반용융 상태로 가열하고, 압력 또는 타격을 가하여 접합하는 방법.

hand arc welding 아크 손용접(−鎔接) 피복 아크 용접봉을 써서 용접 작업자가 수동으로 하는 아크 용접. =manual arc welding

hand car 손수레 =barrow, hand cart

hand cart 손수레 =barrow, hand car

hand-dirll 핸드드릴 구멍을 뚫는 데 사용하는 수동의 공구.

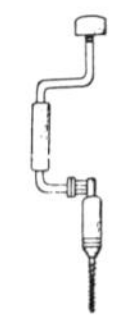

hand finishing 손다듬질 마감면을 기계를 쓰지 않고 손작업으로 마감하는 방법. 기계 등으로 마무리할 수 없는 부분, 및 꼼꼼하게 마무리할 경우의 공작 혹은 시공 방법이다.

hand hammer 손해머 =jack hammer, sinker

hand hole 핸드 홀 지중에 매설하는 전화선 등의 부설·수리를 위해 매설 구간 도중에 설치하는 구멍. 사람이 들어가서 작업하는 구멍을 맨홀이라 하는 데 대해 손만을 넣어서 작업하는 구멍을 말한다.

handicraft 공작물(工作物) 일반적으로는 인위적으로 지상이나 지중에 만들어진 것을 말한다. 건축물과 공작물을 나누어서 말하는 경우는 굴뚝·광고탑·고가 수조·옹벽·엘리베이터 등을 말한다.

handle 손잡이 문짝, 미닫이, 가구 등의 개폐나 기물을 쥐기 위해 부착하는 철물.

handling 운반(運搬) 건설 공사에서 현장으로의 자재, 노무, 건설 기계 등의 반입, 반출을 하는 것. 현장 내에서의 운반을 별도로 소운반이라 한다.

hand-level 핸드레벨 측량에 사용되는 간단한 수준기. 길이 12~15cm의 놋쇠로 만든 원통 또는 각통의 망원경으로, 통 내부가 좌우로 2분되고, 왼쪽 반으로 목표를 관측하고, 오른쪽 반에는 시선과 45°를 이루는 반사경이 장치되어 있어 상부 기포관의 기포 위치가 이것으로 확인된다. 거울 중앙을 통해 한 줄의 횡선이 그려져 있으며 기포가 횡선으로 2등분되는 위치로 한 경우 횡선을 관찰하는 시선이 수평이 된다.

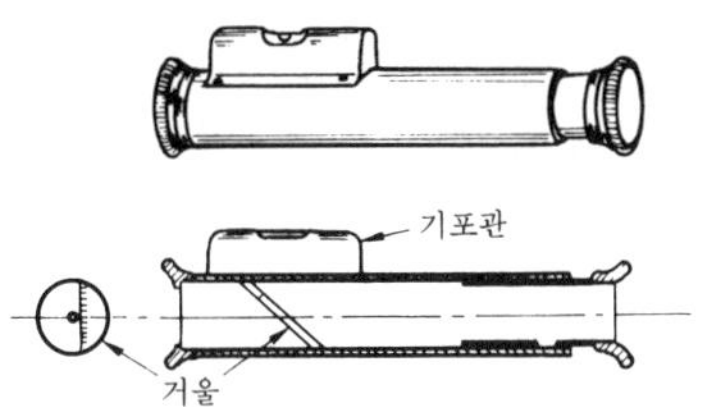

hand-mixing 손비빔 인력에 의해 콘크리트를 비비는 것. 철판과 삽을 사용한다. 기계 비빔에 대해서 말한다.

handover 인도(引渡) ① 상품이나 가공 성과물을 주문자에게 넘기는 것. ② 건축 공사에서 준공 후 시공자가 시공주에게 소유권을 옮기는 것.

hand plate 밀판(−板) 문짝을 미는 곳에 부착된 금속판. =push plate

hand rail 난간(欄干) 베란다나 계단 등의 전락 방지를 위한 두겁대. 보통 선 자세로 손을 얹는 높이로 설치된다.

hand rammer 달구 흙이나 잡석을 다지기 위해 사용되는 도구. 말뚝을 박는 데에도 이용된다.

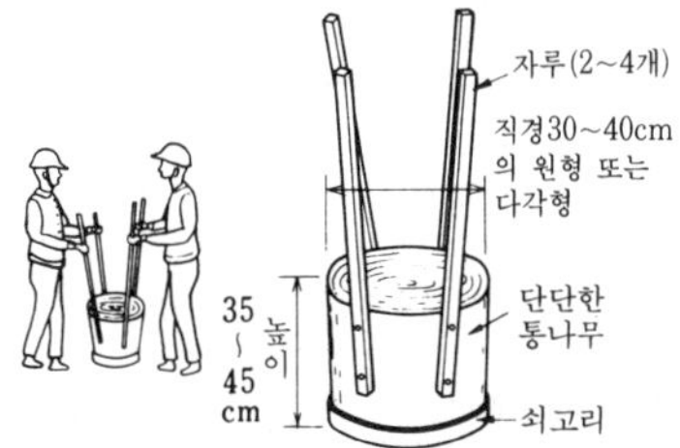

hand-shield 핸드실드 차광창이 있는 아크 용접용 보호면(구).

hand-tooled finish 해머 마무리 =hammered finish

hand winch 윈치 중량물을 이동시키는 데 사용되는 목제의 수동 윈치.

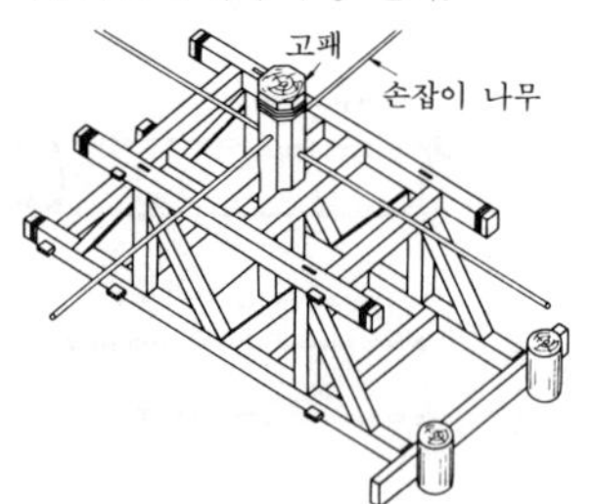

hanger 달쇠[2], 격납고(格納庫)[2] (1) 물건을 매다는 쇠. 달대 등의 나무 대신 쇠를 사용한 것. 배관류를 매다는 쇠를 말하기도 한다.
(2) 항공기의 격납, 정비 점검을 하는 건물을 말한다.

hanger of ceiling 달대 천장을 매달아 고정하기 위한 부재.

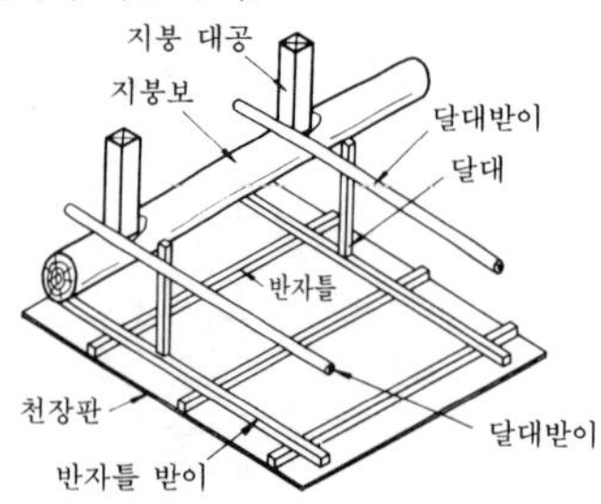

hanging 창호달기(窓戶－) 창호류를 경첩 따위를 써서 틀에 다는 것.

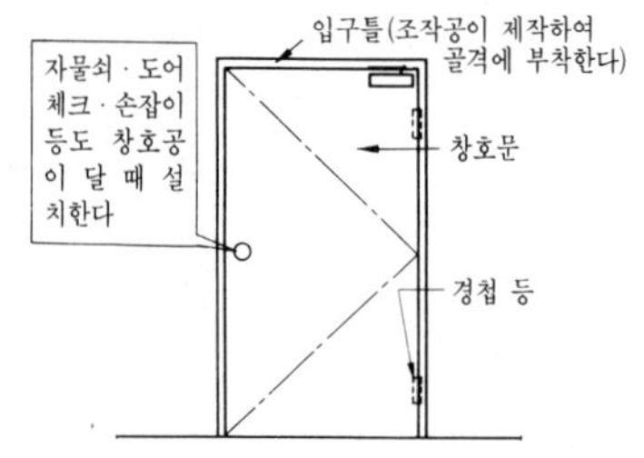

hanging member 달대 나무 구조에서 조작의 부분을 위에 매다는 부재의 총칭. 천장 달대 등이라고 한다. 달대를 만들기 위해 보 등에 걸치는 재를 달대 받이라 한다. 콘크리트 슬래브 하단에 달대 받이를 설치하는 경우도 있다.

hanging scaffolding 달비계(－飛階) 벽의 상부에서 매단 작업 비계(고층 건축). =suspended scaffold

hanging step 쪽보식 계단(－式階段) 계단폭의 한 끝이 콘크리트벽 등에 고정되어 있는 계단.

harbor 항만(港灣) =horbour

horbour 항만(港灣) 천연의 지형 또는 인공 시설에 의해 풍랑을 막아 비교적 안전하게 선박을 정박 또는 피난시킬 수 있는 수역(水域).

harbour distric 임항 지구(臨港地區) 도시의 토지 이용 계획상의 지구 분류의 일종. 항만에 접하는 구역으로, 헛간, 창고, 기타 항만에 관계있는 시설이 집중하고 있는 구역. 공정 도시 계획으로서는 임항 지구를 지정하고, 항만의 관리 운영상 부적당한 건축물이나 구축물을 제한할 수 있다. 또한 임항 지구 내는 상업 항구(港區), 특수 물자 항구, 공업 항구, 철도 연락 항구, 어업 항구, 보안 항구 등의 분구로 나뉜다. =port district

hard board 하드 보드, 경질 섬유판(硬質纖維板) 섬유판의 일종. 목재의 대패밥에 약품을 첨가하여 파쇄, 가열에 의해 섬유화한 것을 열압, 성형한 판. 비중 0.8 이상. 휨 강도 400kg/cm^2 이상의 것과 200kg/cm^2 이상의 것이 있다. =hard fiber board

hard board siding 하드 보드 사이딩 경질 섬유판으로 만들어진 외벽용의 벽널.

hardener 경화제(硬化劑) =curing agent

hardening 경화(硬化)[1], 담금질[2] (1) 액체가 수화 · 산화 · 중합 등의 화학 변화 또는 건조 등의 물리 변화에 의해서 유동성을 잃어 강성이나 강도가 증가해 가는 과정. 시멘트에서는 응결에 이어서 생기는 과정을 말한다. 금속에서는 가공 기타의 조작에 의해 재료의 경도가 증가하는 것을 말한다.
(2) 열처리의 하나. 고온으로 가열한 금속 재료를 급랭하여 경화시키는 조작. 강철에서는 750~800℃ 전후가 담금질 온도이다. =quenching

hardening acceleration 응결 경화 촉진제(凝結硬化促進劑) 모르타르나 콘크리트의 경화를 촉진시키기 위한 혼합제. 조강제 · 경화제라고도 한다. 경화 촉진제로서는 주로 염화 칼슘($CaCl_2$)을 사용한다. 공기 단축, 한중(寒中) 콘크리트, 조기 탈형용 등으로 사용된다.

hard fiber board 경질 섬유판(硬質纖維板) ＝hard board

hard finishing plaster 경석고 플라스터(硬石膏－) 킨스 시멘트(Keene's cement)라고도 하며, 미장 재료의 일종으로, 무수 석고를 주재료로 한 것. 바닥, 벽, 천장 등의 마감에 사용한다. 명반(응결 촉진제) 등이 혼입되어 쇠 따위를 녹슬게 하는데, 다른 석고 플라스터에 비하면 되비비기를 할 수 있다.

hardness 경도(硬度) 외력에 의해서 변형이 주어졌을 때의 재료가 나타내는 저항. 넓은 내용을 가지며, 여러 가지 의미로 사용된다. 목적에 적합한 방법의 시험에 의해 재료의 경도를 정한다.

hardness of hearing 난청(難聽) 청력이 정상값보다도 열화하고 있는 상태. 원인에 따라 소음성, 중독성, 심인성(心因性), 유전성, 노인성으로 분류된다.

hardpan 하드팬 점토층이 압밀되어서 경화하여 이암화(泥岩化)한 것으로, 암청회색(暗青灰色)을 하고 있다. 일반적으로 지내력(地耐力)이 크고, 무거운 구조물을 받칠 수 있는 지반이다. →bearign capacity of soil

hard steel 경강(硬鋼) 탄소를 0.4～0.5% 포함하는 강철. 축류(軸類), 기어, 공구, 궤도, 스프링 등에 사용한다. 인장 강도 60～70kg/mm^2, 신장 약 14%. 담금질 경화 가능. 탄소량 0.28～0.40%의 것을 반경강, 탄소량 0.5～0.6%의 것을 최경강 또는 극경강이라 한다.

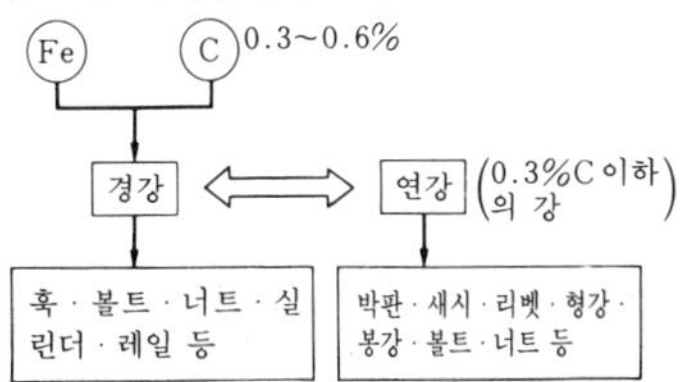

hard steel wire 경강선(硬鋼線) 경강제의 강선으로, 지름 0.08～10.0mm까지 43종이 있다. 인장 강도는 일반적으로 높다.

hard stone 경석(硬石) ① 견고한 석재. 10×10×20cm의 시험체의 압축 강도가 500kg/cm^2 이상인 것. ② 견고한 골재. 활석이라고도 한다.

hard tex 하드 텍스 목재 조각이나 폐 펄프 등을 화학 처리하여 가역·가압 성형한 판(섬유판)의 경질인 것. 텍스는 연질·반경질·경질의 3종으로 구분되는데, 경질의 것은 면이 매끄럽고 강도도 크다. 여기에 작은 구멍을 뚫어서 흡음판으로 가공한 것도 있다.

hard vinyl chloride pipe 경질 염화 비닐관(硬質鹽化－管) 염화 비닐을 주성분으로 하여 열가소성 경질 수지로 만든 관. 수도관·홈통·전선관 등으로 사용된다. 그림은 일반 유체 수송 배관용의 예이다.

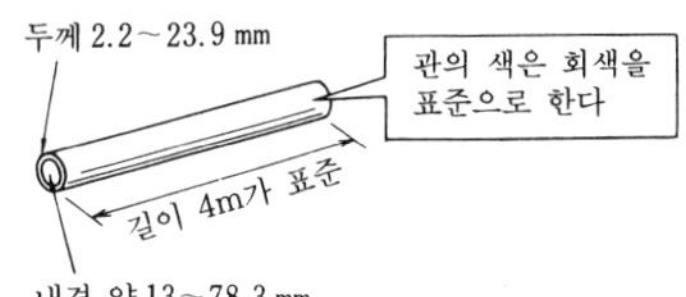

hardware 철물(鐵物), 건축 금구(建築金具) 건축에 사용하는 쇠. 경첩, 자물쇠, 손잡이, 문바퀴 등이 있다.

hard water 경수(硬水) 칼슘 염류 및 마그네슘 염류를 비교적 다량으로 포함하고 있는 천연수로, 경도 20 이상인 것. 경도 10 이하인 것을 연수, 그 중간의 것을 중간수라 한다. 탄산 수소염의 것을 일시 경수, 황산염의 것을 영구 경수라 하고, 침전물에 의한 열전도율 저하, 세탁의 거품 불량, 염색 불량의 원인이 된다.

hardwood 견목재(堅木材), 경목(硬木) 떡갈나무, 호도나무, 단풍나무, 밤나무, 물푸레나무, 회양목, 떡갈나무, 느티나무, 졸참나무 등의 광엽수나 나왕 등으로 재질이 단단한 나무. 연재(軟材 : 삼나무, 소나무 등)에 대해서 말한다. 견목재는 문지방 등 자주 닳는 곳에 쓰인다.

harmful gas 유해 가스(有害－) 사람의 건강이나 생활 환경에 장애를 미치는 가스상 오염물.

harmonic components 조화 성분(調和成分) 어느 음의 비연속 성분 중에서 가청 주파수 내에 주파수의 공약수를 가진 것. 예를 들면 100, 103, 150, 158, 179, 200Hz로 이루어지는 복합음에서는 100, 150, 200Hz가 조화 성분이다.

harmonics 고조파(高調波) 주기적인 복합파의 각 성분 중에서 기본이 되는 주기를 가진 파 이외의 파.

harmonic tone 배음(倍音) 주기적 복합음에 포함되어 있는 성분 중 기본음의 주파수에 대하여 정수배(2배 이상)의 주파수를 갖는 음. ＝overtone

harmony of similarity 유사(성)의 조화(類似(性)－調和) 전혀 다른 색채끼리라도 색상이나 명도나 채도에 유사성이 있으면 그 배색에 질서감이 생겨서 아름다움을 느끼는 것.

hatch 해치 ① 칸막이 또는 수납장의 양쪽에서 물건을 넣고 꺼내기 위해 설치한 개구. ② 천장·바닥·지붕 등의 사람이 출입하는 지붕달린 개구. ③ 도면의 표현 방법의 하나로, 좁은 간격의 평행선. 주로 음영이나 단면을 강조하기 위해 사용하며, 보통, 평행의 사선으로 나타낸다.

hatchet 자귀 나무, 대나무류 등을 쪼개는 날로, 짧고 두꺼우며 폭이 넓다.

hatching 해칭 도면에 그려진 모늬 모양의 선. 주로 음영이나 단면을 나타내는 제도법. 보통 경사 방향의 평행선을 사용.

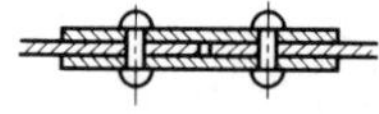

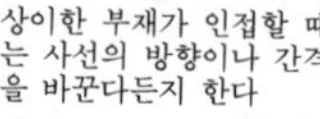

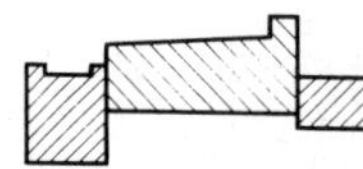

hatch wall 해치벽(-壁) 식당과 주방의 경계에 두어지는 수납을 겸한 칸막이벽 또는 간막이용 가구. 요리를 내고 넣는 개구부가 있으며, 양쪽에서 식기 선반으로서 사용한다.

hat section steel 해트 형강(-形鋼) 모자(해트)의 형상을 한 경량 형강의 일종.

hat truss 해트 트러스 구조 골조의 정상부에 설치한 강한 트러스보로, 고층 골조의 응력·변형의 제어를 위해 의도적으로 설치한 것을 말한다. 같은 목적의 것으로 벨트 트러스가 있다.

haunch 혼치 보, 슬래브 단부(端部)에서 모멘트나 전단력에 대한 강도를 늘리기 위해 단면을 중앙부다 크게 한 것.

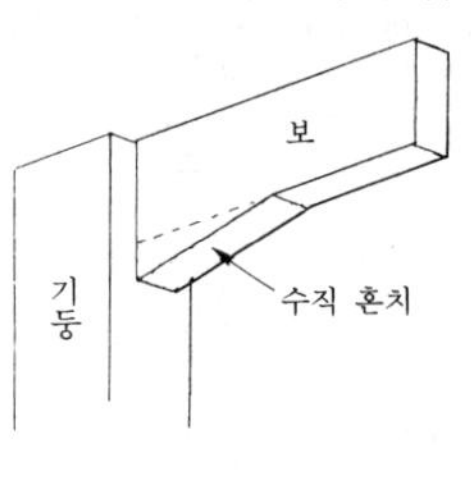

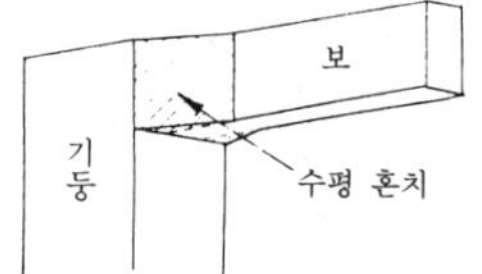

haunch reinforcing bar 혼치근(-筋) 보나 슬래브의 단부(혼치부)에 두는 보강용 철근.

Haupt system 기본형(基本形) 부정정(不整定) 골조에 핀 롤러 등을 두어 응력이 용이하게 얻어지는 골조로 개조했을 때 이 골조를 기본형이라 한다. 또 이 때문에 일시적으로 제거된 응력이나 반력을 여력 또는 부정정 힘(부정정 응력)이라 한다. 여력의 수는 부정정 차수와 같다.

hazard 위험도(危險度) 위험의 정도 혹은 위험성이 생기기 쉬운 정도를 확률 통계적 수법에 의해 정량적으로 표현한 것. =risk

hazard assessment 위험 예측(危險豫測) 건축물의 효용 연수 중에 생길 수 있는 위험 상태를 미리 예측하는 것. 안전 계획이 기초가 되는 작업이다.

haze 연무(煙霧) =dry haze

HDPE 고밀도 폴리에틸렌(高密度-) = high density polyethylene

head 수두(水頭) 단위 무게의 물이 갖는 압력은 수주(水柱)의 높이로 나타내어진다. 이 높이를 수두라 한다. 공기의 동압, 정압 기타의 압력은 수두로 나타내어진다. 단위는 수주 밀리미터(mmAq) 등. 1mmAq ≒ (1/10000) kg/cm^2 = 1kg/m^2.

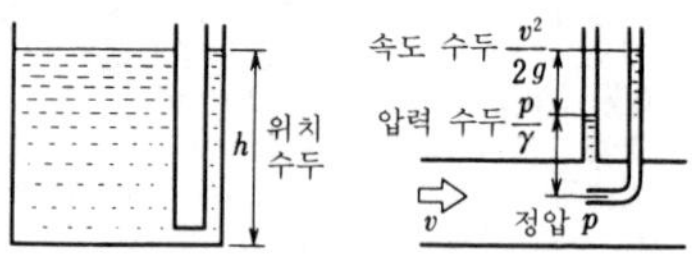

g : 중력 가속도

header 헤더[1], 마구리[2] (1) 증기, 온수 등을 계통별로 분배하는 다수의 배출구가 붙은 원통형의 용기.
(2) 벽돌 양단의 면.

header bond 마구리 쌓기 벽돌쌓기에서 벽돌의 마구리면이 마감면에 나타나도록 쌓는 법. =heading bond

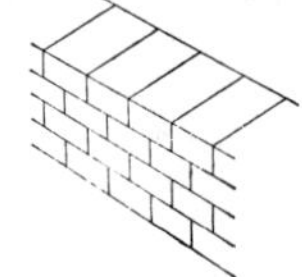

header duct 헤더 덕트 덱 플레이트의 홈을 이용하여 배선하는 셀룰러 덕트와 배선 샤프트 등을 잇기 위해 셀룰러 덕트에 대하여 직각 방향으로 바닥 콘크리트 내에 매입하는 배선 덕트. 사무 자동화용의

바닥 배선 방식으로서 쓰인다.

header pipe 헤더 파이프, 집수관(集水管) 웰 포인트 공법에 쓰이는 집수 주관으로, 각 흡수관으로부터의 물을 모아 배수 펌프로 유도한다. 펌프 1세트로 약 100m까지 연결할 수 있다.

heading 헤딩 PC강선 또는 PC강봉의 끝 부분에 버튼 모양의 가공을 하는 것. 위의 가공을 한 PC강선 또는 PC강봉의 끝 부분을 버튼 헤드라 한다.

heading bond 마구리 쌓기 =header bond

head jamb 상인방(上引枋) 기둥 사이에 있으며 문지방과 상대하여 여닫이문, 미서기, 미닫이 등을 부착하는 개구 상부의 홈이 있는 수평재.

head joint 세로줄눈 돌쌓기나 벽돌쌓기인 경우의 수직의 줄눈. =vertical joint

head loss 손실 수두(損失水頭) 유동하고 있는 유체에서 마찰이나 휨, 분기, 합류, 단면 변화, 밸브류 등의 저항체에 의해 생기는 에너지 손실을 수두로서 나타낸 것.

head of fluid 양정(揚程) ① 펌프에 의해 퍼올릴 수 있는 액체의 높이. 액체의 단위 용적 중량이 γ이고, 가한 압력이 P인 경우의 양정 H는

$$H=P/\gamma$$

② 리프트나 데릭 등이 물건을 들어올릴 수 있는 높이.

head of fluid lift 양정(揚程) =head of fluid

head race 도수로(導水路) =driving channel

head rail 웃막이 창호 상부의 울거미. =top rail

headway 차두 간격(車頭間隔) 동일 차선상을 연속하여 주행하는 두 차의 선단에서 선단까지의 거리 또는 주행 시간. 각각 차두 거리, 차두 시간이라 한다.

healthiness 보건성(保健性) 주환경 요소의 하나. 건강성이라고도 한다. 일조(日照) 통풍이 양호하고, 상하 수도가 정비되어 있으며, 주위로부터의 소음 진동을 받지 않는 등을 내용으로 한다.

heap up 둑돋기 흙돋움하여 지반을 높게 하는 것.

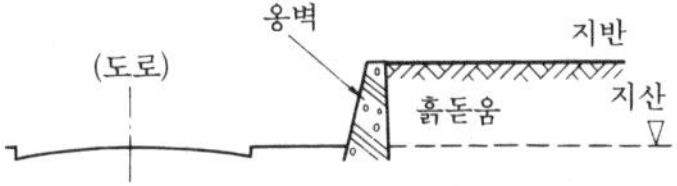

hearing 청력(聽力) =auditory acuity, hearing ability

hearing ability 청력(聽力) =auditory acuity, hearing

hearing defect 청력 장애(聽力障碍) 청력에 이상이 생겨서 난청의 상태가 되는 것.

hearing level 청력 손실(聽力損失) ① 개인의 주파수마다의 최소 가청값과 기준의 최소 가청값으로서 정한 값과의 레벨차. ② =hardness of hearing

hearing sense 청각(聽覺) =audibility

hearing system 히어링 방식(-方式) 건축물 설계자 선정 방법의 하나. 지명된 복수의 사람으로부터 구두의 설명을 듣고 정하는 것.

heart 하트 ① 시트 파일을 빼낼 때 사용하는 하트형의 공구. ② 하트형을 한 스페이서 블록.

heart core 하트 코어 공기 조화, 급배수·급탕 등의 건축 설비를 건물의 일부에 집중하여 설치하는 방식을 말한다. → wet core, core, core system

hearth 노변(爐邊) 난방용 혹은 요리용으로 실내에 설치하는 노.

heart metal 허트 널말뚝을 뽑을 때 널말뚝을 쥐도록 부착하는 철물.

heart shake 방사 갈램(放射-) 수심(髓心)에서 방사상으로 생긴 목재의 갈라짐을 말한다.

heart-side 널안 널결재로 수심(樹心)에 가까운 쪽의 면. 널대기인 경우 보통 널거죽을 표면측으로, 널안을 이면측으로 하여 시공한다.

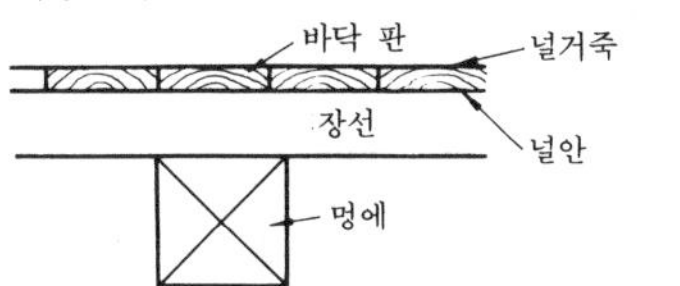

heart wood 심재(心材) 수심(樹心)에 가까운 목질. 세포가 고사 상태이고 변재(邊材)에 비해 사용 후의 변형이 적고, 일반적으로 충해, 균해(菌害)를 입는 정도가 적다. 심재는 변재에 비하여 일반적으로 색이 진하며, 특히 삼나무 등은 적색 또는 홍색이다.

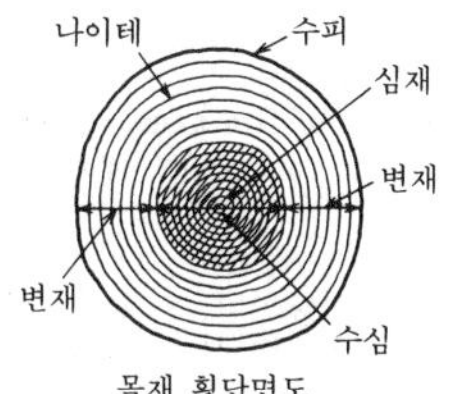

목재 횡단면도

heat 열(熱) 에너지의 일종. 온도의 높은 쪽에서 낮은 쪽으로 흐른다. 건축에서는 전도, 대류, 방사, 공기 흐름, 습분(濕分) 이동에 의한 열이동과 축열이 있다.

heat absorbing glass 열선 흡수 유리(熱線吸收琉璃) 흡열에 의해서 적외선의 투과를 적게 한 유리. 그러므로 흡열에 의한 재복사는 보통 유리보다는 커진다. 흡열 유리라고도 한다. 유리 속의 철은 산화 제1철(FeO)의 모양으로 포함되어 다소 푸른색을 띤다. 법선 일사 투과율은 두께 3mm의 흡열판 유리로 약 64%, 재복사 15%, 합계 투과율 약 79%, 같은 두께의 보통 판유리의 일사 투과율은 약 86%, 건축·기차·항공기·자동차용 창 등의 판유리로서 사용한다.

heat-affected zone 열영향부(熱影響部) 용접이나 가스 절단 등의 열에 의해 금속 조직이나 성질에 변화를 받은 모재의 부분. 예를 들면 담금질 경화·수소 취화·변형 구속 등에 의해 균열이 생기는 경우가 있다. 열영향부에 생기는 균열에는 루트 균열·지단(止端) 균열·비드 균열 등의 저온 균열과 입계(粒界)를 따라서 생기는 고온 균열이 있다.

heat air current 열기류(熱氣流) 화재는 고온도의 기류라고 볼 때 이것을 열기류라 한다. 열기류의 상승 속도는 그 중심에서 가장 크고 12~14m/sec의 실측값이 있다.

heat balance 열평형(熱平衡) 인체의 체내에서 생산되는 열량과 체외로 방산되는 열량이 평형하여 일정한 체온이 유지되는 상태. =thermal equilibrium →zone of thermal equilibrium

heat balance at the ground surface 지표면 열수지(地表面熱收支) 지표면에 입사하는 태양 방사 에너지의 반사나 흡수 후의 지표면에 있어서의 대류, 재방사, 증발, 지중으로의 전도 등에 의한 열의 유입, 유출의 균형 상태.

heat balance equation 열수지식(熱收支式), 열평형식(熱平衡式) 열적 계 중의 어느 점에 있어서 열의 출입은 언제나 평형 상태에 있으나 그 구체적인 열류(熱流)를 항목별로 표기하여 열의 수지가 성립되는 것을 나타낸 식.

heat budget of the atmosphere 대기의 열수지(大氣-熱收支) 대기의 어느 영역 내에서의 열의 흡수량과 방출량과의 수지 계산의 결과. 결과가 플러스이면 그 영역의 온도는 상승한다. 또한 지구 대기 전체로서는 수지 평형하고 있어 열평형이 성립하고 있다.

heat capacity 열용량(熱容量) 물체의 온도를 1℃ 올리는 데 필요한 열량.

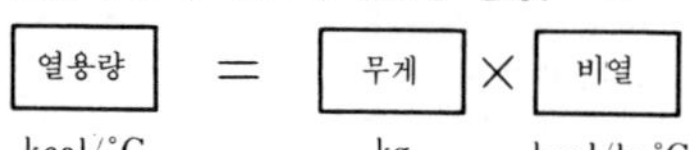

heat changing coil 냉온수 코일(冷溫水-) 공기 조화기 내 등에 사용되는 물·공기 열교환기.

heat changing pump 냉온수 펌프(冷溫-) 냉동개 또는 보일러 등에서 만든 냉수 또는 온수를 공기 조화기에 보내기 위한 공기 조화용 펌프.

heat collection 집열(集熱) 태양열을 모으는 것. 태양을 추미하는 집광식에서는 열발전도 가능하지만 집열 효율은 낮으며, 100℃ 이하의 집열에는 평판형이 적합하다. →rate of heat collection

heat conductance 열 컨덕턴스(熱-) 물체를 흐르는 열량과 그 물체의 양 표면의 온도차와의 비. 열전도율을 두께로 나눈 값. 보통 평판형의 물체에 적용된다. 열전도 계수라고 하는 경우가 있다. =thermal conductance

heat conduction 열전도(熱傳導) 물질의 이동 내지 열이 물체의 고온부에서 저온부로 흐르는 현상. 고체 내에서의 전열(傳熱)은 열전도에 의한 것으로 간주된다. =thermal conduction, conduction of heat

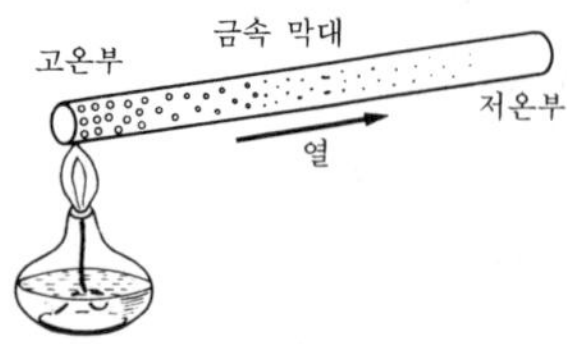

heat conductivity 열전도율(熱傳導率) 물질의 열전도 특성을 나타내는 비례 상수. 단위 면적, 단위 두께의 열전도체에 대하여 단위 온도차일 때 단위 시간에 전도하는 열량. 기호 λ., 단위는 〔kcal/mh°C〕. =thermal conductivity

heat consumption density 열수요 밀도(熱需要密度) 지역 냉난방에서 지역 내의 최대 열부하를 공급 지역 면적으로 나눈 값. 열공급 사업의 성공 여부를 판단하는 지표의 하나이다.

heat convection 열대류(熱對流) 유체 내의 어느 부분이 따듯해지면 팽창에 의해 밀도를 줄여서 상승하고, 주위의 저온 유체가 이를 대신해서 유입하여 열이 유체 자신에 의해 운반되는 현상. 즉 유체의 온도가 다른 부분의 상승과 하강류가 상대하여 자연히 흐르는 운동에 의해 행하여지는 열이동 현상. 이와 같이 부력에 의한 대류를 자유 대류라 하는데, 풍력과 같은 외력에 의한 대류를 강제 대류라 한다.

heat degradation 열열화(熱劣化) 열에 의한 재료의 열화 작용 또는 현상. 일반적으로 고온에서는 재료의 화학 반응이 빠르기 때문에 산화, 가수 분해 등의 반응도 빠르게 진행한다. =thermal degradation

heat demand 열수요(熱需要) 건물의 냉난방, 급탕용 및 생산 프로세스용 등에 사용되는 증기, 온수, 냉수 등의 열의 수요량을 말한다.

heat discharge radiator 방열(放熱) = heat dissipation

heat dissipation 방열(放熱), 열방산(熱放散) ① 인체는 열발생과 방열(열방산)을 하여 열평형을 유지하고 있다. 방열이란 몸 표면으로부터의 전도, 대류 및 복사에 의한 열전달 및 발한(發汗)에 의한 증발, 호흡 등에 의해서 인체로부터 그 현열(顯熱), 잠열을 외부로 잃는 것. ② 인체에서 전도, 대류, 복사, 발한, 배설 등에 의해 열을 방산하는 현상.

heater 가열기(加熱器) 온수, 증기, 전열 등을 열원으로 하여 공기나 물을 가열하는 장치. →heating coil, air heater

heat exchange 열수수(熱授受), 열교환(熱交換) 고온 물체와 저온 물체 사이에서 서로 열을 주고 받는 것. =interchange of heat

heat exchanger 열교환기(熱交換器) 어느 유체를 가열 또는 냉각하려고 할 때 고온의 유체(증기, 온수 등)에서 저온의 유체로 열을 전하는 장치로, 공기 조화에 있어서의 보일러, 가열기, 냉동기의 증발기, 응축기 등. 열교환기를 서로 유동하는 유체의 흐름 방향에 따라 병류(parallel flow), 향류(向流 : counter flow), 직교(直交 : cross flow)의 3형으로 크게 나뉜다.

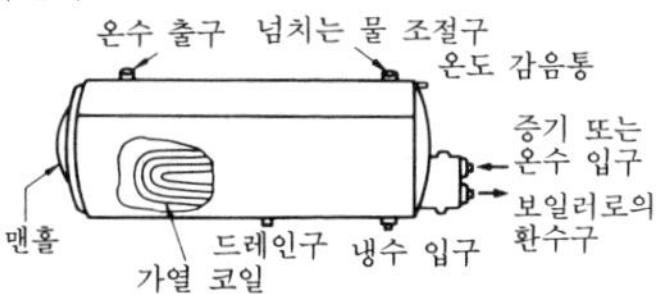

heat exchanger type ventilator 열교환형 환기 팬(熱交換形換氣-) 실내의 공기를 환기하는 경우에 실내 배기열과 외기온을 열교환시키는 장치가 붙은 환기 팬.

heat exchanging type ventilation 열교환 환기(熱交換換氣) 환기 팬과 열회수형 열교환기를 조합시킨 장치를 써서 배기 중의 열을 급기측으로 회수하여 에너지 절감을 도모하기 위한 환기.

heat extraction 제거 열량(除去熱量) 열부하 계산에 있어서 방에서 실제로 제거해야 할 열량을 말한다. 냉방 부하에 실온 변위에 의한 축열 부하를 가산한 값과 같다. →load

heat flow loss 손실 열량(損失熱量) 실내 난방 부하를 말한다. 건물의 지붕, 벽, 바닥 등의 외벽에서 전도, 대류에 의해 실내에서 직접 잃는 열량이나, 개구부나 틈새를 통해서 환기에 의해 실외로 유출하는 열량을 말한다. →heat gain

heat flow meter 열류계(熱流計) 물체를 지나는 열량을 측정하는 계기. 벽·천장·바닥 등의 평면 구조체, 탱크·파이프 등의 곡면 구조체를 관통하는 열량을 측정하기 위해 그 표면에 열저항이 작은 기지(旣知)의 편준판을 대고, 그 양 표면의 온도차를 측정함으로써 그 구조체를 지나는 열량을 측정할 수 있다. 초산 섬유소판 등을 표준판으로 한 것이 사용되고 있다.

heat flow rate 열류속(熱流束) 열이 이동하는 방향에 대해 직각을 이루는 단위 면적을 단위 시간당 통과하는 열량. 열류의 세기를 나타내는 값. 단위 $kcal/m^2 \cdot h$. =heat flux, heat flow ratio

heat flow ratio 열류속(熱流束) =heat flow rate

heat flux 열류속(熱流束) =heat flow rate

heat gain 취득 열량(取得熱量) 고온측에서 저온측의 실내에 들어오는 열량으로, 냉방시에 실내에서 제거하지 않으면 안 되는 열량.

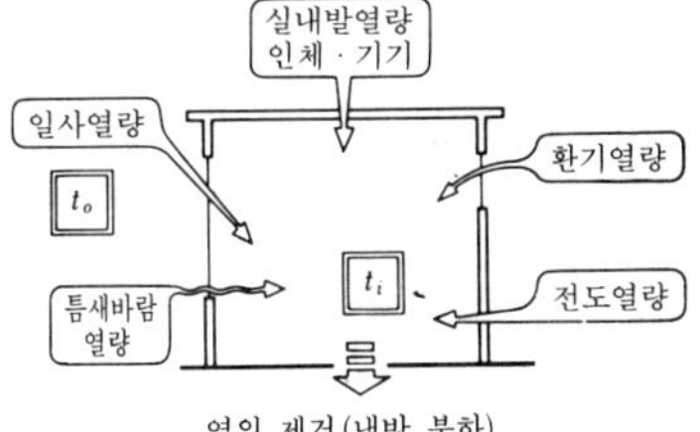

열의 제거(냉방 부하)

heat generation rate 발열량(發熱量) 일정 단위량의 연료가 연소하여 발생하는 열량. 공기 조화 부하에서는 조명 기구, 인체 등에서 실내로 발산하는 열량.

heating 난방(煖房) 겨울철 등 외기 온도가 낮을 때 가열원에 의해 열을 공급하여 실내를 적극적으로 덥게 하는 것.

heating and cooling load characteristic 열부하 특성(熱負荷特性) 건물의 열부하의 특질. →load characteristic

heating apparatus 난방 설비(煖房設備) 가열원을 이용하여 실내를 적극적으로 덥게 하기 위한 설비의 총칭.

heating coil 가열 코일(加熱－) ① 공기의 온도를 높이기 위한 코일 모양의 열교환기. 열매로서는 일반적으로 증기나 온수를 쓴다. 공기 조화기 내에 내장된다든지 덕트 내에 설치된다. ② 저탕조 내에 설치하여 물을 가열하는 코일. →heater

heating degree-day 난방 도·일(煖房度·日) 난방 실내 온도와 매일의 일평균 외기 온도와의 차를 난방 기간에 걸쳐서 적산한 값.

heating-limit temperature 난방 한계 온도(煖房限界溫度) 방의 소요 난방 온도보다 낮은 어느 정해진 일평균 외기온. 일평균 외기온이 난방 한계 온도 이하로 되는 날만, 그 방을 소요 난방 온도로 유지하도록 난방하는 것을 목적으로 하여 설정된 온도이다. 예를 들면 일평균의 소요 난방 온도를 18℃로 하고 난방 한계 온도를 10℃로 하면 일평균 외기온이 10℃ 이하로 하강하는 날만 실온이 18℃가 되도록 난방을 한다.

heating load 난방 부하(煖房負荷) 난방에 필요한 공급 열량. 단위 kcal/h. 실내에 열원이 없을 때의 난방 부하는 관류(貫流) 및 환기에 의한 열부하, 난방 장치의 손실 열량 등으로 이루어진다. 방의 손실 열량에 걸맞는 만큼의 공급 열량을 방의 난방 부하 또는 열요구량이라 한다.

heating loss 가열 감량(加熱減量) 물질을 가열할 때 감소하는 질량. 보통 %로 나타낸다. 수분 및 휘발성 성분의 소실에 의하는데, 화학 변화를 수반하는 경우의 열분해와 단순한 탈착이 있다.

heating medium 열매(熱媒) 열을 운반하는 물질로, 넓은 뜻으로는 냉매를 포함해서 말한다. 열매로는 공기·물·증기 등이 있다(그림 참조).

heating period 난방 기간(煖房期間) 1년 중 난방을 하는 기간.

heating surface area 전열 면적(傳熱面積) 넓은 뜻으로는 열전달을 하는 전열 표면적을 말한다. 좁은 뜻으로는 보일러 본체의 한쪽 면이 화기 기타의 고온 가스 등의 연소 가스에 닿고, 이면이 물 등의 열매에 접하는 부분을 연소 가스에 접하는 측에서 잰 표면적을 말한다. =heat transmission area

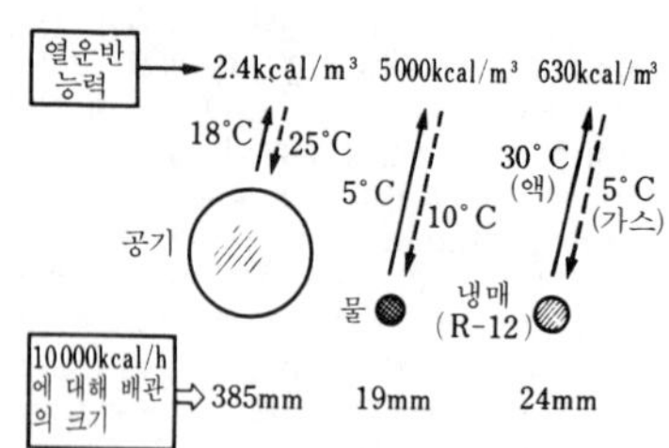

heating medium

heating system 난방 방식(煖房方式) 난방하는 장소에 열량을 공급하는 방법. 종류로는 장소에 따라 개별 난방·중앙 난방·지역 난방이 있고, 열매의 종류에 따라 증기 난방·온수 난방·온풍 난방이 있으며, 열의 이동에 따라 직접 난방·간접 난방·대류 난방·방사 난방이 있다.

heating temperature curve 가열 온도 곡선(加熱溫度曲線) 내화 성능 시험이나 방화 성능 시험에서의 가열로 내부 분위기 온도의 시간 경과를 나타내는 곡선.

heating value 발열량(發熱量) 연료가 완전히 연소했을 때 발생하는 열량(고체, 액체 연료에서는 cal/g 또는 kcal/kg, 기체 연료에서는 kcal/m^3).

heating work 난방 공사(煖房工事) 건축물의 난방 설비(증기, 온수, 온기 등)를 하는 공사.

heat insulating belt 보온대(保溫帶) 보온재를 띠 모양으로 성형한 것. 주로 파이프, 덕트, 용기 등의 곡관부(曲管部)나 곡면부에 사용한다.

heat insulating board 보온판(保溫板) 판형으로 성형된 보온재. 암면이나 글라스울 등을 바인더에 의해 판형으로 성형한 것, 혹은 플라스틱을 발포시켜서 판형으로 성형한 것을 말한다. →cold reserving plate

heat insulating material 열절연재(熱絶緣材), 보온재(保溫材) 열전도율 λ가 비교적 작고(약 0.06~0.07kcal/m·h·deg 이하), 열절연 즉 보온, 보냉에 적합한 재료를 말한다. 예를 들면 암면, 광재면(鑛滓綿), 유리 섬유, 탄화 코르크, 폼폴리스티렌, 요소 수지계 기포재, 석면, 규조토, 염기성 탄산 마그네슘, 우모 펠트, 규산 칼슘 폴리에스테르, 이소시아네이트계, 인조 고무질계 등 종류가 많다. 흔히 단열재라고도 한다.

heat insulating sash 단열 새시(斷熱－)

구조를 다중으로 한다든지 틀이나 울거미의 내부에 열절연재를 끼워넣는 등의 조치에 의해 단열성을 높인 새시. 채광부에는 복층 유리나 2중 유리가 널리 쓰인다. 일반적으로 열관류율이 3.0kcal/m² · h · ℃ 이하의 새시를 가리킨다.

heat insulation 보온(保溫) 건물의 바닥 · 벽 · 천장, 공기 조화 장치 · 급탕 장치의 각 기기, 덕트 · 배관 등에서 열이 도망가는 것을 방지하는 것. 보통 단열성이 높은 재료를 사용한다.

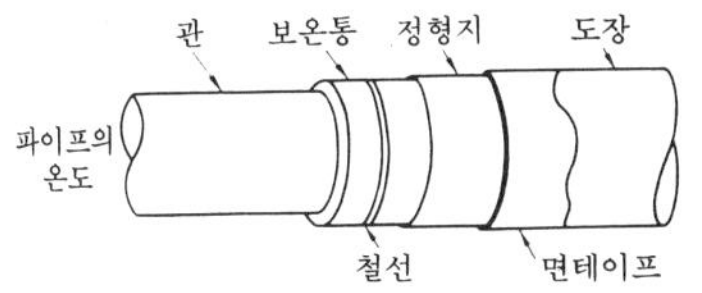

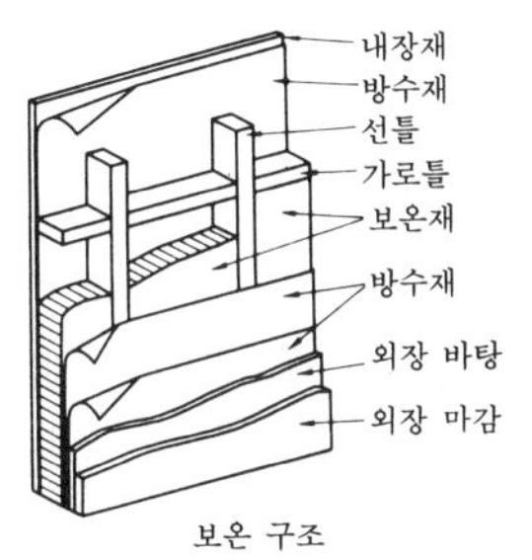

보온 구조

heat insulation property 단열 성능(斷熱性能) 엘리먼트 또는 부재 등에 대해서 열의 관류 이동을 적게 억제하는 성능. 건축에서는 지붕이나 외벽 등의 건물 내부와 외부를 막는 부분이나 덕트 등에서 중시된다.

heat insulation work 보온 공사(保溫工事) 열의 유출을 방지하기 위해 암면이나 글라스 울 등의 단열재로 피복하는 공사. 저온역에서는 보냉 공사라 한다. ＝heat reserving work

heat insulator 열절연체(熱絶緣體) 열의 불량 도체 즉 열전도율이 작아지는 물체.

heat island 히트 아일런드 대도시의 기온은 배기 가스, 냉난방, 조명 등의 영향으로 주변부보다 높아지며, 같은 온도를 연결해 가면 섬 모양을 이룬다고 해서 이렇게 불린다. 도시 및 주변부의 기후를 연구하는 자료가 된다.

heat load 열부하(熱負荷) 건물 내에 침입 또는 발생하는 불필요한 열 에너지를 말한다. 열취득, 냉방 부하, 제거 열량, 장치 부하의 총칭. →load

heat load calculation 부하 계산(負荷計算) 건물을 냉방, 난방, 급탕하는 경우에 필요한 열량을 구하는 계산.

heat load density 열부하 밀도(熱負荷密度) 토지의 단위 면적당의 난방, 급탕용 열 에너지 소비량 밀도. 도시 내에서의 대기 오염이나 지역 냉난방 도입 가능성의 분석 등에 사용한다.

heat loss 손실 열량(損失熱量) 난방시에 실내에서 실외로 도망가는 열량.

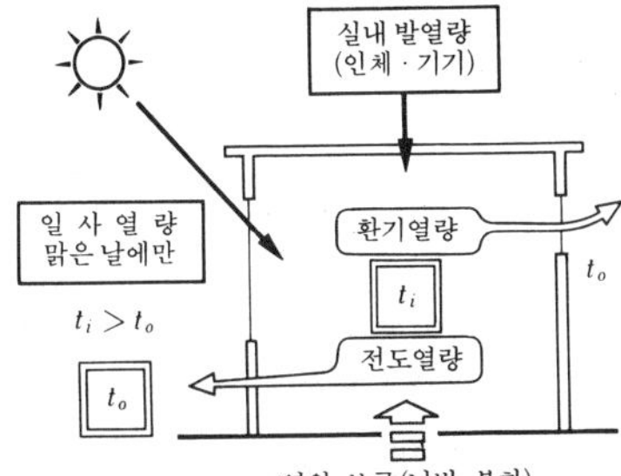

열의 보급(난방 부하)

heat measurement 열계량(熱計量) 어떤 계(系) 또는 물질에 있어서의 온도차 및 유량의 측정을 통하여 열량을 계량하는 것. 또, 지역 냉난방 등에서 각 수용가마다 소비한 열량을 계량하는 것.

heat of adsorption 흡착열(吸着熱) 흡착할 때 발생하는 열. 예를 들면 흡착제에 공기 중의 수증기가 흡착할 때 수증기의 응결에 의해서 잠열을 방출한다. 이 열은 현열로 되므로 제습되어서 흡착제를 나오는 공기는 들어갔을 때보다도 온도가 높아진다.

heat of condensation 응결열(凝結熱) 기체가 응결하여 액체로 될 때 방출하는 열.

heat of evaporation 증발열(蒸發熱), 기화열(氣化熱) 어느 물질이 액체 표면에서 기화할 때 필요한 열량. 반대로 기체가 액체로 바뀌었을 때 물의 기화열은 0℃에 방출하는 열량(응축열)과 거의 같다. 잠열의 일종. ＝heat of vaporization →잠열

heat of fusion 융해열(融解熱) 고체가 융해할 때 흡수하고, 액체가 응고할 때 방출하는 잠열.

heat of hydration 수화열(水和熱) 무수물이 수화 작용에 의해 수화물로 바뀔 때 발생 또는 흡수하는 열량(다음 면 그림).

heat of phase change 상변화열(相變化熱) 물질의 상(相)이 변화할 때 수반하는 열량을 말한다.

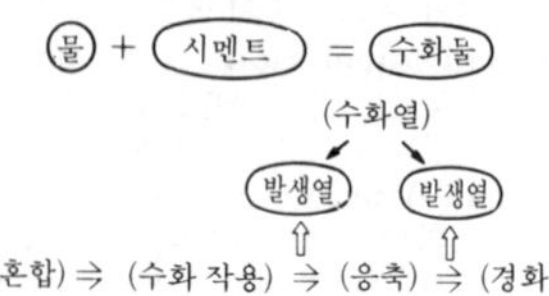

heat of hydration

heat of solidification 응고열(凝固熱) 액체 또는 기체가 응고하여 고체로 될 때 방출하는 열.

heat of transmission 관류열(貫流熱) 벽 등의 부위 양쪽이 온도가 다른 유체에 접하고 있을 때 벽 등을 통해 전해지는 열을 말한다. 열전도와 열전달로 이루어진다.

heat of vaporization 증발열(蒸發熱) = heat of evaporation

heat pipe 히트 파이프 파이프 속에 증발성 액체를 봉해 넣고, 파이프 한 끝을 가열하면 관 속에서 증발이 일어나고 다른 끝에서 응축하여 방열하는 원리를 사용한 전열관.

heat production per unit air volume 발열 강도(發熱强度) 공장 등에서의 열발생의 정도를 단위 방 용적당의 발열량으로 나타낸 값.

heat pump 열 펌프(熱－) 냉동기와 같은 장치로, 냉동기 본래의 냉동 사이클과는 반대로 방출하는 열을 난방이나 가열에 이용하는 장치. 전환 밸브에 의해 냉난방에 이용된다.

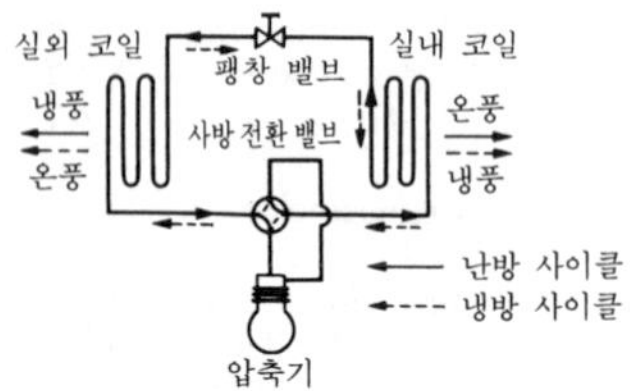

heat pump system 열 펌프 난방(熱－煖房) 열 펌프에 의한 난방.

heat pump with recharge well 환원 우물 히트 펌프(還元－) 지하수를 열원으로 하는 히트 펌프로, 흡열 후의 지하수를 환원 우물을 써서 다시 지하로 되돌리는 방식의 것.

heat radiation 열방사(熱放射) 공간을 통과한 방사 에너지가 직접 접촉하고 있지 않은 다른 물체에 도달하여, 그 일부가 흡수되어서 열로 되어 그 물체의 온도를 상승시키는 열의 전파 현상. 일반적으로 물체는 절대 온도 0도가 아닌 한 열을 가지

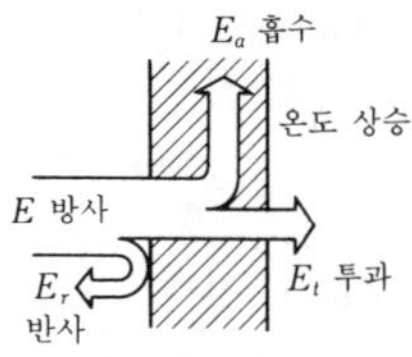

$$E = E_r + E_a + E_t$$

고 있으며, 그에 따른 열방사를 한다.

heat ray 열선(熱線) 적외선을 말한다. 물체에 흡수되면 열을 주므로 이러한 복사선을 열선이라 한다. 열선의 파장은 0.8 ~400μ.

heat reclaim pump 열회수 히트 펌프(熱回收－) ＝boot strap heat pump

heat recovery 열회수(熱回收)[1], 배열 회수(排熱回收)[2] (1) 배기나 배수 등의 보유열을 회수하여 이용하는 것.
(2) 건물 내의 잉여열, 쓰레기 소각열, 배수열, 변전소의 발열 등 통상 배출되어 버리는 열을 재이용하기 위해 회수하는 것. 건물 단위일 때와 지역 단위일 때가 있다.

heat recovery system 열회수 시스템(熱回收－) 건물 내의 배열(조명, 인체), 배수열 등을 열회수 장치(열교환기, 히트 펌프 등)로 회수하여 난방에 재이용하는 시스템.

heat reflecting glass 열선 반사판 유리(熱線反射板琉璃) 표면에 금속 산화막을 소부법(燒付法) 등으로 코딩하여 면발색(面發色)시킨 판 유리. 냉난방 부하의 경감 효과를 기대할 수 있다.

heat reflecting mirror glass 열선 반사 거울 유리(熱線反射－) 열선 반사 판 유리를 사용하여 만들어진 거울 유리. 보통의 거울 유리보다도 열선의 투과가 적다.

heat reserving 보온(保溫) 배관, 덕트, 기기 등의 유체 온도와 주위 공기 온도와의 온도차로 일어나는 열이동을 방지하기 위해 단열하여 유체 등의 온도를 유지하는 것. ＝insulation

heat reserving board 보온판(保溫板) 연질 섬유판, 석면 시멘트를 주성분으로 하는 합성판, 목모(木毛) 시멘트판, 암면 보온판, 기타 플라스틱판, 기포판 등.

heat reserving material 보온재(保溫材) 한서(寒暑)를 방지하기 위해 건축 벽체 또는 보온 보냉 장치의 격벽재로서 사용하는 열전도율이 작은 재료. 600℃ 정도까지의 것을 보온재, 그 이상의 고온에 사용되는 것은 단열재라 한다.

heat reserving work 보온 공사(保溫工事) ＝heat insulation work

heat resisting material 내열재(耐熱材) 고온도로 사용할 수 있는 금속 재료. 내열강, 내열 합금 등.

heat resources 열원(熱源) 주로 냉난방 급탕용의 열 에너지를 만들어 내기 위한 에너지원. 공기, 가스, 기름, 전기 등이 있다.

heat source 온열원(溫熱源)[1], 히트 소스[2] (1) 공기 조화 설비나 급탕 설비의 가열용 열매를 제조하는 장치. 일반적으로 보일러가 있다.
(2) 열의 공급원을 말한다. 가열원과 냉각원이 있다.

heat source equipment 열원 기기(熱源器機) 보일러, 냉동기, 냉온수 발생기, 히트 펌프 등 공기 조화 설비에 필요한 1차측의 기기.

heat source water 열원수(熱源水) 지하수, 하천, 바닷물 등 일정 수온을 갖는 에너지원. 히트 펌프의 열원이 된다.

heat storage 축열(蓄熱) 열을 축적하는 것. 축열조로의 축열, 실온 변동에 의해 생기는 구조체로의 축열, 일사 등의 복사열의 바닥판으로의 축열 등이 있다. = thermal storage

heat storaging system 축열 시스템(蓄熱—) 냉난방을 위해 열원 기기(냉동기, 보일러 등)과 공기 조화기 사이에 축열조를 둔 열원 방식.

heat stress 열 스트레스(熱—) 인간이 고온 환경하에서 일정 대사율로 작업할 때 그 환경의 적부는 인체의 생리적 반응에 의해 판정할 수 있는데 이것은 발한(發汗)에 의한 방열량의 정도로 평가된다고 한다. 이 때의 인체의 생리적 열반응을 열 스트레스라 한다. 주어진 환경에 있어서의 인체의 발한에 의한 증발의 최대 방열량 E_{max}(kcal/h)와 열평형을 유지하기 위해 필요한 땀의 증발에 의한 방열량 E_{req}(kcla/h)과의 비 E_{req}/E_{max}의 백분율을 열 스트레스 지표(heat stress index, HSI라 약기)라 한다. 열 스트레스에 대한 8시간 노동일 때의 생기적 의미는 HSI＝0일 때는 열 스트레스가 0이고 온열성 발한(보통으로 말하는 땀)없이 체온을 조절할 수 있다. HSI＝100은 환경에 순응한 건강한 청년 남자가 견디는 최대의 열 스트레스이다. Belding과 Hatch가 제안한 것이다. 그 후 McArdle은 4시간 발한율을 고려한 새로운 지표를 발표했다.

heat stress index 열응력 지수(熱應力指數) 서열(暑熱) 환경의 평가 지표. 평균 피부 온도가 35℃일 때의 최대 가능 증발량에 대한 인체의 열평형을 유지하는 데 필요한 증발 열손실량의 비율로 나타내어진다. ＝HSI

heat supplying service 열공급 사업(熱供給事業) 지역 내의 불특정 다수의 수요에 대응하여 가열된 또는 냉각된 물 또는 증기를 도관(導管)에 의해 공급하는 사업. →district cooling and heating

heat supply plant 열공급 플랜트(熱供給—) 동일 부지 내의 복수의 동 또는 지역 내의 복수의 시설에 증기, 온수, 냉수 등의 열 에너지를 공급하기 위한 플랜트.

heat [thermal] bridge 열교(熱橋) 구조체의 일부에 극단적으로 열전도율이 큰 것이 있으면 그 부분은 다른 부분보다도 열을 전하기 쉽게 되는 열적 단락부를 구성한다. 이 부분을 열교 혹은 냉교라 하며, 하기 냉방시에 실내측에서 다른 부분보다도 온도가 높아지는 경우를 열교라 한다.

heat [thermal] storaging tank 축열조(蓄熱槽) 냉난방용의 열을 저장하기 위해 둔 조. 보통, 물을 열매로서 이용한다. 밀폐식과 개방식이 있다.

heat transfer 전열(傳熱)[1], 열전달(熱傳達)[2], 열이동(熱移動)[3] (1) 열전도, 열전달, 열관류 혹은 열복사 등에 의해 열이 전해지는 것. 또 열전도에 대한 용어로서 열전달 혹은 열관류에 의한 열이동 과정을 기리키는 경우도 있다.
(2) 고체 표면과 그에 접하는 주위 유체간의 전열. 즉 고체 표면에서 주위 유체 또는 주위 유체에서 고체 표면에 전해지는 열이동 현상으로, 열전달은 복사·대류·전도의 총합에 의해 행하여진다.

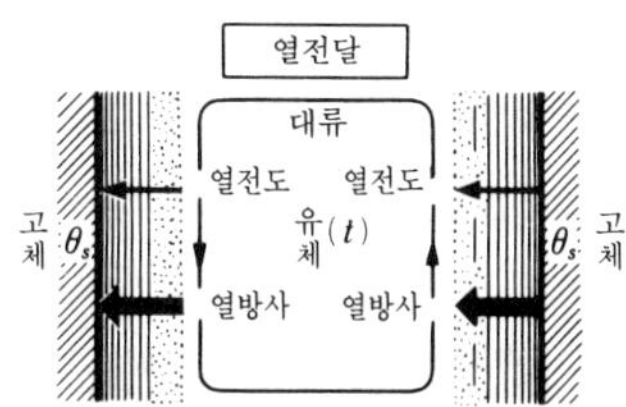

θ_s, t : 온도

(3) 열 에너지가 한 장소에서 다른 장소로 전해지는 것. 열이동에는 복사, 대류 및 전도의 세 과정이 있다.

heat transfer coefficient 열전달 계수(熱傳達係數) 뉴턴의 냉각 법칙에 의한 열전달량의 계수. 열전달 계수 α는 단위 시간에 단위 온도차일 때 단위 표면적으로 행하여지는 열전달량. 단위 kcal/m²h ℃. ＝coefficient of heat transfer, film conductance, surface conductance, surface coefficient

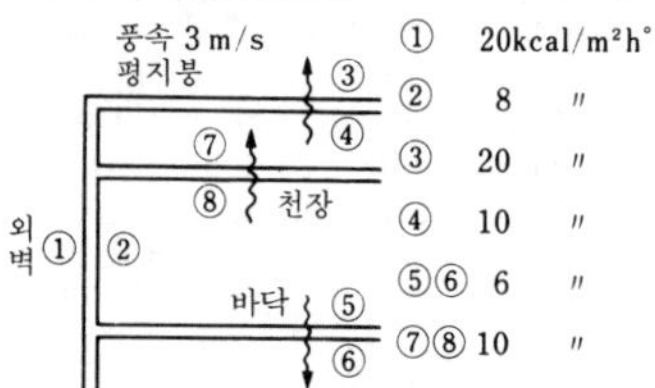

heat transfer rate [coefficient] 열전달률(熱傳達率) 일반적으로 종합 열전달률의 약칭. 고체 표면과 주위 유체간의 열전달량 Q는 뉴턴의 냉각 법칙을 써서 $Q=\alpha(\theta_1-\theta_2)\cdot A$로 주어진다. α를 열전달률 혹은 열전달 계수(W/m²·℃)라 한다. θ_1 θ_2 : 고체 및 유체 온도(℃), A : 고체 표면적(m²). 식 중의 α는 대류 열전달률 α_{cv}와 방사 열전달률 α_r로 나뉘어지며 $\alpha=\alpha_{cv}+\alpha_r$이 된다. ＝surface conductance

heat transmission 열관류(熱貫流)[1], 전열(傳熱)[2] (1) 고체벽의 양쪽 유체 온도가 달라질 때 고온 유체에서 저온 유체로의 열통과 현상. 그 열이동 과정은 고체 표면에서의 열전달→고체 내의 열전달→고체 표면에서의 열전달의 세 과정을 거쳐서 행하여지며, 이 전 과정에 의한 전열이 열관류이다.
(2) 열의 이동 현상. 열의 이동 현상에는 전도·대류·방사의 3종이 있다.

heat transmission area 전열 면적(傳熱面積) 보일러 등의 열교환기에서 열을 전하는 면의 면적. 전열 면적은 보일러 등의 용량을 결정하는 요소로, 보일러에서는 접촉 전열 면적과 방열 전열 면적이 있다. 보일러의 전열 면적당 발열량은 소형 보일러인 경우 8,000kcal/m²h, 중형 보일러인 경우 9,000kcal/m²h, 대형 보일러인 경우 12,000kcal/m²h이다.

heat transmission load 전열 부하(傳熱負荷) 외기 온도와 실내 온도 사이에 차가 있을 때 온도차에 비례해서 벽체를 전하는 열류를 말한다. 일사가 있을 때는 상당 외기 온도를 쓴다.

heat transport 열수송(熱輸送) ＝heat transfer(3)

heat treatment 열처리(熱處理) 금속 재료를 융점 이하의 적당한 온도로 가열하고 냉각 속도를 가감해서 소요되는 조직, 성질을 부여하는 조작. 담금질, 풀림, 불림, 뜨임 처리 등을 한다.

heat work 난방 공사(煖房工事) 건축 공사에서 난방 설비 기구를 설치 시공하는 공사의 총칭. 건축의 청부 업자가 일괄하여 수주하고, 다시 하청을 내는 경우와 분리하여 발주하는 경우가 있다.

heaving 부풀음 연약한 점토 지반의 터파기 작업을 할 때 시트 파일의 밑둥묻힘깊이가 얕으면 굴삭에 의한 지반의 고저차에서 생기는 토압 때문에 시트 파일 배후의 흙이 터파기측으로 돌아와 터파기밑을 밀어 올려 부풀어 오르는 현상. 흙막이 붕괴의 원인이 된다.

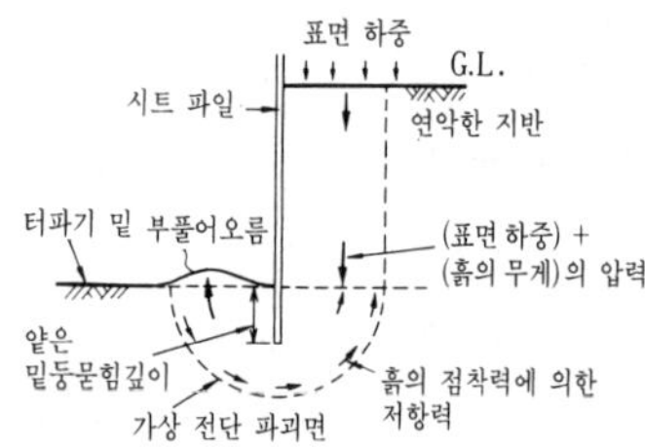

heavy concrete 중량 콘크리트(重量－) 골재에 철광석, 중정석(重晶石), 철편 등을 사용한 비중이 큰 콘크리트. 주로 조사실(照射室), 핫 셀 등의 대량의 γ선을 차폐하기 위한 벽으로 벽을 두껍게 할 수 없는 장소에 사용한다. 보통 쓰이는 것의 비중은 3.2~4.0 정도이다. ＝heavy-density concrete, heavy aggregate concrete, high density concrete

heavy metal pollution 중금속 오염(重金屬汚染) 비중 5 이상의 금속(중금속)에 의한 수질, 토양, 대기, 식품 등의 오염. 대부분은 생체 내에 축적되어 악영향을 미친다.

heavy snow fall region 다설 지역(多雪地域) 적설 기간이 1개월 이상인 지역.

heavy timber construction 중량 목구조(重量木構造) 내화 성능의 향상을 목적으로 하여 각 부재의 치수를 크게 한 나무 구조.

heavyweight aggregate 중량 골재(重量

骨材) 콘크리트의 비중을 증가하기 위해 사용하는 보통 골재보다 비중이 큰 골재. 주요한 것으로 철편, 자철광, 갈철광, 펄라이트 등이 있다. →heavy concrete

heavyweight concrete block 중량 콘크리트 블록(重量－) 골재로서 중정석(重晶石), 자철광 등의 중량 골재를 써서 만든 콘크리트 블록.

heavyweight impact sound generator 중량 바닥 충격음 발생기(重量－衝擊音發生器) 건물 바닥의 바닥 충격음 차단 성능 중 중량이 있는 충격음에 대한 차단 성능을 계측하기 위한 시상수와 가진력(加振力)을 가진 표준의 음원 장치.

hecto 헥토 100배를 나타내는 단위. 기호는 h. 그리스어의 hecton(100)에서 파생한 것.

hedge 울타리[1], 생울타리(生－)[2] (1) 벽이나 담과 같은 목적으로 만들어지는 간이한 것. 주택 주위에 둘러 친다. 재료는 목재, 죽재, 석재, 콘크리트 블록 등을 사용할 때는 담이라 한다.
(2) 정원수 등의 저목류를 심고 대나무 또는 판재 등을 배치하여 만드는 담장.

hednic index 헤드닉 지수(－指數) 건물과 같이 개별성이 강한 재화의 물가 지수를 작성할 때 그 성능의 표준화에 의해 회귀적으로 산출되는 물가 지수.

height and bulk zoning 형태 지역제(形態地域制) 건축물의 건폐율, 용적률, 높이 등 건축물의 형태에 관한 규제를 지역별로 지정하여 지역의 환경 수준의 유지나 토지 이용 계획의 실현을 도모하는 제도를 말한다.

height control district 고도 지구(高度地區) ＝building height control district

height district 고도 지구(高度地區) 시가지의 환경(일조나 도시 경관)을 유지하고, 토지 이용상의 효과를 도모하기 위해 건축물 높이의 최고 또는 최저 한도를 정하는 구역.

height of building 건축물의 높이(建築物－) 일반적으로는 지반면으로부터의 최고 높이를 말하며, 옥상 패러핏 상단까지를 말한다.

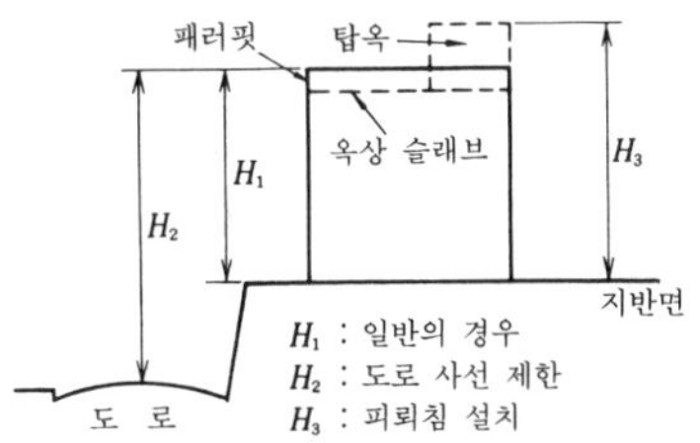

height of collimation 시준 높이(視準－) 기준면에서 잰 레벨의 시준선의 높이. 기계 높이라고도 한다. 어느 점의 표고에 후시(後視)를 더하면 시준 높이가 된다.

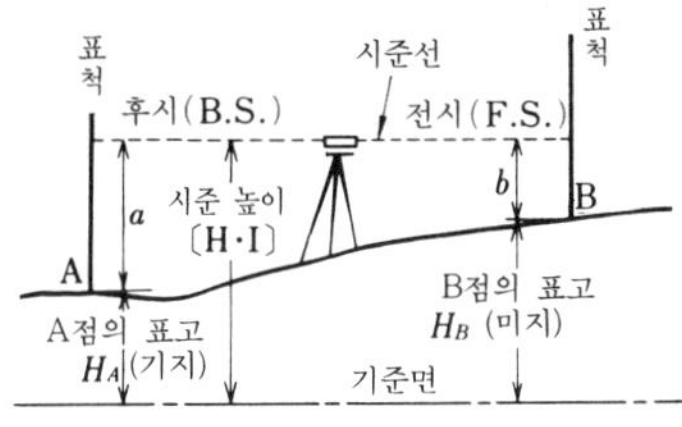

$$\mathrm{H\cdot I} = H_A + a \qquad H_B = \mathrm{H\cdot I} - b$$

height of eye 눈높이 사람이 직립했을 때의 눈의 높이로, 입목(立木) 등의 굵기를 계측하는 것. 또는 계측한 값. 일반적으로는 지상 1.2m 높이의 위치를 말하며, 눈높이 지름 몇 cm 등이라고 한다. 눈높이 지름, 눈높이 주위라고도 한다.

height of inflection point ratio 반곡점 높이 비율(反曲點－比率) 주각(柱脚)부터 반곡점까지의 거리를 반곡점 높이라 하고, 반곡점 높이를 기둥의 높이로 나눈 값을 말한다.

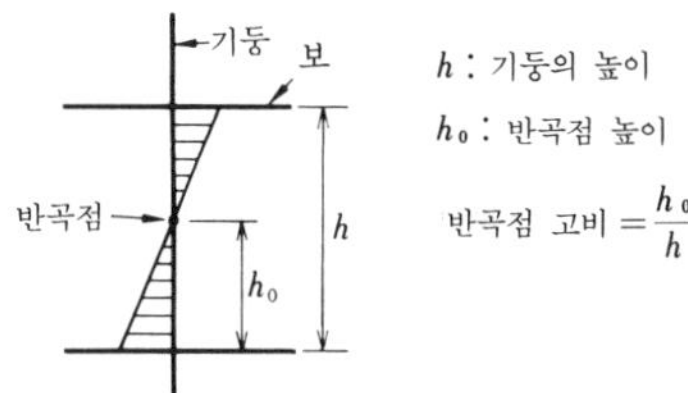

height of point of contraflexure 반곡점 높이(反曲點－) 라멘 구조에 있어서 기둥의 주각에서부터 반곡점까지의 높이.

height of ridge 지붕마루 높이 지반면에서 건축물의 지붕마루 위까지의 높이.

height of story 층높이(層－) 층의 바닥

면 상단에서 그 바로 위층 바닥 상단까지의 높이를 말하며, 천장의 높이는 이보다 얼마간 낮다.

helical auger 헬리컬 송곳 나선상의 송곳. 원통형의 관 속에 나선상의 송곳을 넣고, 이것을 회전하면서 천공하는 보링 기계를 말한다.

heliport 헬리포트 헬리콥터 전용의 비행장. 지상의 다른 건축물 옥상에도 설치할 수 있다. 항공법에 의한 최소한 면적은 $45m^2$.

helmet 헬멧, 보안모(保安帽) 낙하물이나 전도 전락한 경우에 머리 부분을 보호하기 위해 쓰는 모자. 합성 수지, 경합금 등으로 만든다.

Helmholtz resonator 헬므홀츠 공명기(－共鳴器) 그림과 같은 항아리 모양의 것으로, 그 목 부분(경부 : 頸部)의 공기가 질량으로서, 또 내부의 공기가 스프링으로서 작용하여 공명을 일으킨다. 공명하면 목 부분의 공기가 심하게 출입하여 관벽과의 마찰에 의해 열 에너지로 바뀌어 흡음이 행하여진다. 공명 주파수(f)는 다음 식으로 주어진다.

$$f = 5410\sqrt{\frac{A}{V(l+0.8d)}} \quad (\mathrm{c/sec})$$

경부 단면적 A (cm²) d (cm) l (cm)
내부 용량 V (cm³)

hemi-anechoic room 반무향실(半無響室) 반자유 음장의 조건을 실현하기 위해 바닥 또는 벽면의 일면만을 완전 반사성으로 하는 무향실. 기계류에서 발생하는 소음의 음향 파워 레벨 측정 등에 쓰인다.

hemihydrate gypsum 반수 석고(半水石膏) ＝burn sypsum, plaster of Paris

hemispherical illuminance 반구면 조도(半球面照度) 주어진 점을 중심으로 하는 미소 반구의 외측면 평균 조도.

hemlock 솔송나무 전나무과에 속하는 상록 침엽 교목. 울릉도 및 일본에 분포한다. 담갈색이며, 단단하고, 나무결이 치밀하며, 광택이 있다. 목재는 건축 용재로 쓰이고, 수피는 펄프, 내피는 타닌산 제조에 사용한다.

hemp fiber 마닐라 여물 마닐라 삼 제품의 제품, 대부분은 로프 등을 절단하여 이를 풀어서 제조하는 미장용 재료의 여물. 플라스터 칠에 사용한다.

hemp fiber for plastering 삼 여물 삼 제품의 폐품 또는 삼 가공품 제조시의 찌꺼기 등을 원료로 하여 만드는 미장용 여물의 총칭. →hemp fiber

henneberg's method 부재 치환법(部材置換法) 복잡한 형상의 정정(靜定) 트러스의 해법. 부재를 배치 변경하여 풀기 쉬운 트러스의 형상으로 하여 푸는 방법. ＝method of member substitution

Herbert-Stevens model 허버트·스티븐스 모델 허버트(J. D. Herbert)와 스티븐스(B. H. Stevens)가 제창한 주택 입지 모델. 세대의 최적 입지를 선형 계획으로 표현한 모델.

hermetic compressor 전밀폐형 압축기(全密閉形壓縮機) 전동기와 압축기를 하나의 용기 속에 수용하고, 용기 접합부를 용접 등의 방법으로 밀봉한 압축기.

herringbone 오늬무늬 지그재그형으로 되도록 교대로 방향을 바꾸면서 비스듬하게 돌, 벽돌, 타일을 배열함으로써 만들어지는 모양.

hertz 헤르츠 진동수(주파수)의 단위. 기호 Hz.

hexagonal method roofing 마름모잇기 슬레이트를 마름모꼴로 잇는 것.

hexagonal nut 6각 너트(六角－) 볼트의 나사 멈춤용 금속 부품으로 6각형을 하고 있고 암나사가 내어져 있다.

hexagonal pattern 귀갑무늬(龜甲－) 6각형의 연속 모양. 귀갑의 모양을 장식화한 것.

hexagonal method of roofing 마름모 잇기 정방형 평판상(平板狀)의 지붕잇기재를, 대각선을 지붕의 경사 방향으로 일치시켜서 잇는 공법. 금속판 잇기, 슬레이트 잇기 등에서 사용한다.

hidden line 은선(隱線) 투시도법에서 작도상 필요하기는 하지만 실제로는 앞의 물체에 의해 가려져서 보이지 않는 것.

hidden outline 은선(隱線) 물체를 도면으로 표현하는 경우 보이지 않는 부분을 나타낸 선. 파선으로 나타낸다.

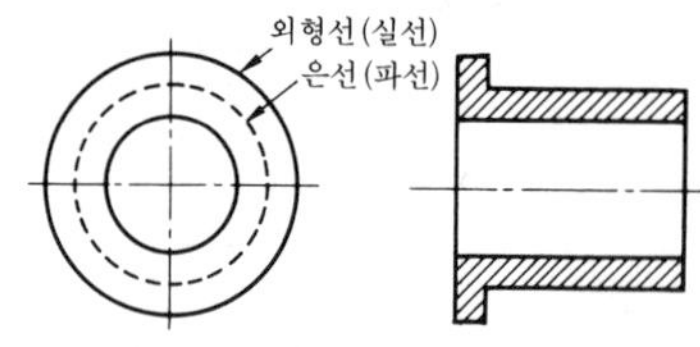

hiding power 은폐력(隱蔽力) 도료에서

바탕색의 차를 도막이 감추는 능력. 대부분은 막의 두께로 나타낸다.

HID lamp HID램프, 고휘도 방전 램프(高輝度放電－) HID는 high intensity discharge의 약. 각종 가스 중의 방전에 의한 발광 원리를 이용한 램프. 수은 램프, 나트륨 램프, 메탈핼라이드 램프 등.

high-art 하이아트 밀도 혹은 질이 높은 건축 또는 미술품.

high building 고층 건축물(高層建築物) 계단이 많은 높은 건물.

high cellulose type electrode 고 셀룰로오스계 용접봉(高－系鎔接棒) 피복재로 셀룰로오스를 20% 이상 포함하는 연강용 피복 아크 용접봉. 슬래그의 생성이 적다.

high class structural timber 상급 구조재(上級構造材) 구조용 목재 중에서 보통 구조재에 비해 특히 강성·강도가 뛰어나고 품질이 우수한 구조재를 말한다. 비중·나이테폭 기타 결점의 조건에도 합격한 것. 중요한 구조부에 쓰이며, 영 계수·허용 응력도 모두 보통 구조재보다 높게 규정되어 있다.

high color rendering type fluorescent lamp 고연색형 형광 램프(高演色形螢光－) 물체의 색이 아름답고 선명하게 보이도록 한 형광 램프. 연색 평가수(통상의 형광 램프에서는 평균 60～70)를 80～90 정도로 한 것.

high cycle fatigue 고 사이클 피로(高－疲勞) 10^4회 이상 다수회의 반복 변동 하중을 받는 경우의 피로. 보통, 파괴는 항복 응력 이하에서 생기고, 소성 변형은 수반하지 않는다.

high density concrete 중량 콘크리트(重量－) ＝heavy concrete

high density development 고밀도 개발(高密度開發) 토지 이용의 효율을 되도록 높이기 위해 건축 용적 밀도를 높이는 개발 형태. 주로 주택지의 개발에 쓰인다.

high density polyethylene 고밀도 폴리에틸렌(高密度－) 결정화도가 높고 고밀도인 폴리에틸렌. 기계적 성질, 내열성, 내한성(耐寒性)이 뛰어나다. 투명도는 낮다. 각종 용기, 절연 재료 등에 이용된다. ＝HDPE

high density residential district 고밀도 주택지(高密度住宅地) 인구 밀도에 대표되는 밀도 지표가 단독 주택, 중층·고층 주택지 등의 주택지가 갖는 적정 밀도 수준을 웃도는 주택지.

high early strength cement 조강 시멘트(早强－) ＝high early strength Portland cement

high early strength Portland cement 고강도 시멘트(高强度－), 조강 포틀랜드 시멘트(早强－) 조기의 강도가 큰 것을 특징으로 하는 포틀랜드 시멘트. 분말도가 약간 곱고, 화학 성분상 석회분이 약간 많으며 규산 3석회 함유량이 크다. 일반적으로 조강 포틀랜드 시멘트는 습식법에 의해 만들어지며 보통 시멘트에 비해 장기 강도는 크고, 응결은 약간 빠르나 대차는 없으며, 수화(水和)시의 발열은 약간 크다. 이 시멘트를 사용한 콘크리트는 투수가 적다.

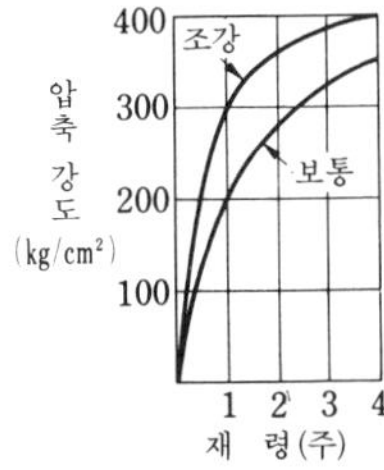

higher harmonics 고조파(高調波) 복합파 및 복합음의 성분 중 기본 주파수의 정수배 주파수를 갖는 것. 예를 들면 100, 200, 300, 500Hz로 이루어지는 복합파 및 복합음인 경우에는 100Hz 이외의 200, 300, 500Hz 등의 파를 100Hz(기본파)에 대한 고조파라 한다.

higher heating level 고발열량(高發熱量) ＝higher heating value

higher heating value 고위 발열량(高位發熱量) 연료가 완전 연소했을 때 방출하는 열량. 연소에 의해 생긴 수증기의 잠열을 포함한 값. 총발열량이라고도 한다.

higher mode vibration 고차 진동(高次振動) 구조물의 2차 이상의 고유 진동을 총칭하는 것.

highest floor 최상층(最上層) 다층 건축물의 맨 위층. 법규적으로는 일정 규모 이하의 면적을 갖는 탑옥은 층수로 치지 않는다.

high frequency seasoning 고주파 건조(高周波乾燥) 목재를 고주파 전계 속에 두면 재료의 중심부가 내부 가열에 의해 외부보다도 증기압이 높아진다. 이 증기압의 차에 의해 목재를 급속히 건조하는 방법. 섬유 포화점 이하로 되어도 건조 속도가 저하하지 않고 재료의 변형(변질)이 적다는 등의 장점이 있다.

high frequency welding 고주파 용접(高周波鎔接) 용접부를 가압하면서 고주파 전력을 열원으로 하여 용접하는 방법. 고주파 유도 용접과 고주파 저항 용접으로 대별할 수 있다.

high grade concrete 고급 콘크리트(高級−) 콘크리트 품질 등급의 하나. 특히 신뢰성이 높은 콘크리트를 필요로 하는 철근 콘크리트 구조, 철골 철근 콘크리트 구조의 골격을 대상으로 한 콘크리트.

high-intensity use district 고도 이용 지구(高度利用地區) 용도 지역 내에서 토지의 합리적이고 건전한 고도 이용을 도모하기 위해 용적률, 건폐율의 최저 한도를 정하는 지구. →building height control district

high level road 고가 도로(高架道路) 지상보다 높게 가설된 도로.

highly-densed low rise built-up district 저층 고밀도 시가지(低層高密度市街地) 대체로 1~3층 건물 주택 등의 건축이 고밀도로 집적하여 형성된 시가지.

high manganese steel 고 망간강(高−鋼) 함유 금속 원소 중에 망간을 11~14 % 함유하고 있는 합금강. 내충격성, 내마모성이 뛰어나다.

high output fluorescent lamp 고출력 형광 램프(高出力螢光−) 단위 길이당의 광출력을 늘리기 위해 관벽 부하가 0.5W/cm² 로 설계된 형광 램프. 통상의 형광 램프는 관구의 관벽 부하가 0.3W/cm² 정도로 설계되어 있다. 널리 사용되고 있는 40W 관구와 같은 길이로 60W의 관구가 만들어지고 있다.

high polymer 고분자(高分子) 통상 분자량이 1만 이상인 유기 화합물의 총칭. 천연 고무, 섬유소, 단백질 등의 천연 고분자와 합성 고무, 합성 수지, 합성 섬유 등의 합성 고분자가 있다. =macromolecule

high-pressure boiler 고압 보일러(高壓−) 고압 온수 난방이나 고압 증기 난방에 사용하는 고압의 온수 또는 증기를 만드는 보일러. 1kg/cm² 이상의 압력으로 사용되며, 상용 압력 4~7kg/cm²가 많다. 저압 보일러의 대비어. 노통 연관(爐筒煙管)·수관 등의 각종 보일러가 있다.

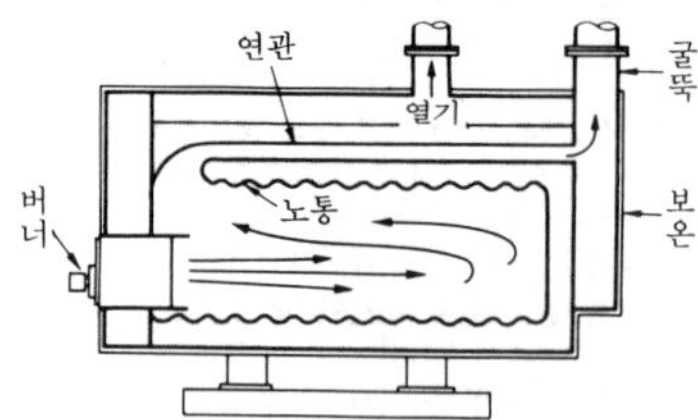

그림은 노통 연관 보일러의 예이다.

high-pressure gas 고압 가스(高壓−) 게이지 압력 1kg/cm² 이상의 가스를 말한다. →gauge pressure

high pressure mercury vapour lamp 고압 수은등(高壓水銀燈) 고압 수은 증기를 봉해 넣은 석영 유리 발광관 양단에 방전 전극을 두고, 이 전극간의 방전광을 광원으로 한 램프. 이 발광관을 보호 유리 외관(外管)으로 감싸고 베이스를 붙인 구조의 전구로 한다. 혹은 이 전구를 사용하는 등구(燈具).

high pressure sodium vapor lamp 고강도 방전 램프(高强度放電−) 고휘도 방전 램프. 고압 수은 램프, 메탈핼라이드 램프, 고저압 나트륨 램프 등의 총칭.

high pressure steam curing 고압 증기 양생(高壓蒸氣養生) =autoclave cure

high pressure steam heating 고압 증기 난방(高壓蒸氣煖房) 보통으로 행하여지는 저압 증기 난방(증기압은 게이지압으로 약 0.35kg/cm² 이하)보다도 높은 증기압(대부분의 경우는 게이지압 1~3kg/cm²)을 사용하는 증기 난방. 공장이나 지역 난방에 사용된다.

high pressure steam sterilizer 고압 증기 멸균 장치(高壓蒸氣滅菌裝置), 고압 멸균기(高壓滅菌器) 병원 등의 멸균·소독 설비의 하나. 고압 용기에 넣은 기재 등을 고온(120~135 ℃)의 포화 증기에 의해 멸균하는 장치. =autoclave, steam sterilizer

high-rise 고층(高層) 건물의 높이가 비교적 높은 것. 일반적으로는 5~6층부터 14~15층 정도를 말하며, 그보다 더 높은 것은 초고층이라 한다.

high-rise building 고층 건축물(高層建築物) 고층의 건축물. 집합 주택에서는 5~6층부터 14~15층 정도의 것을 말하고, 구조의 분야에서는 안전성의 검증에 동적 해석을 필요로 한다. 높이 60m 이상의 건축물을 말하는 경우가 많다.

high side lighting 정측광(頂側光) 정측창(頂側窓) 채광 등에 의한 빛. 즉 머리 위보다 높은 위치에 있는 측창에서 비스듬하게 아래쪽으로 입사하는 빛. 미술관이나 체육관 등에 볼 수 있다.

high slump concrete 묽은비빔 콘크리트 =flowing concrete

high solid lacquer 하이 솔리드 래커 니트로셀룰로오스와 수지의 비율이 1 : 2 이상인 것. 수지에는 알키드 수지가 일반적으로 사용되고 있다. 불휘발분이 35% 이상으로 만들어지기 때문에 건조가 매우 빠르다. 광택·내후성이 뛰어나다.

high speed elevator 고속 엘리베이터(高速-), 고속 승강기(高速昇降機) 승강 속도가 매분 120m 이상의 엘리베이터. 보통 10층 이상의 건물에 사용된다.

high speed steel 고속도강(高速度鋼) 600℃ 이상의 고온에서도 경도가 줄지 않기 때문에 고속도의 절삭에 사용되는 특수 합금강. 일반적으로는 탄소 0.7%, 크롬 4%, 텅스텐 2% 이하, 코발트 2~11%의 함유량을 갖는다.

high stage 하이 스테이지 철골 부재를 볼트로 죄거나 용접 작업에 사용하는 달비계의 일종. 조립 방법으로서는 기둥·보 부재의 현장 조립시에 세트하는 방법과 현장 조립 완료 후에 조립하는 방법의 두 종류가 있다.

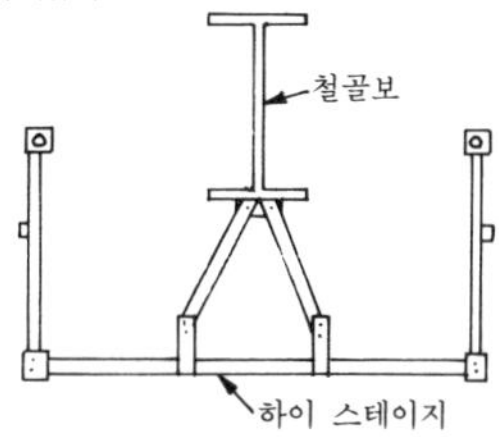

high-storied rigid frame 고층 라멘(高層-) 여러 층이 있는 장방형 라멘. 라멘층수나 스팬수가 많아지면 탄성 해법보다도 휨각법이나 고정 모멘트법 등을 쓴다.

high strength bar 고강도 철근(高强度鐵筋) 일반적으로는 항복점 30kg/mm²를 넘는 철근 콘크리트용 이형 봉강.

high strength bolt 고력 볼트(高力-) 고장력강으로 만들어진 고강도 볼트. 항복점 7t/cm² 이상, 인장 강도 9t/cm² 이상. 체결에 의한 마찰 접합, 전단에 의한 지압 접합, 인장에 의한 인장 접합 등이 쓰인다.

high strength bolted connections 고력 볼트 공법(高力-工法) 고력 볼트를 사용한 강구조물의 접합 공법.

high strength concrete 고강도 콘크리트(高强度-) 설계 기준 강도가 보통 콘크리트에서 270kg/cm² 이상, 경량 콘크리트에서 240kg/cm2 이상이고 고품질의 것을 말한다.

high strength steel 고강도강(高强度鋼), 고장력강(高張力鋼) 인장 강도 50kg/mm² 이상, 항복점 30kg/mm² 이상의 강을 총칭. 성분 첨가에 의하는 것과 열처리 조질강이 있다. 100kg/mm² 이상의 인장 강도를 갖는 것까지 제조되고 있다.

high tank 고가 탱크(高架-) 대소 변기의 세정 방식의 하나로, 천장 가까이에 물탱크를 설치하고, 물의 위치 에너지에 의해 변기를 세정하는 방식. =cistern

high-technology furniture 첨단 가구(尖端家具) 기능성이 뛰어나고, 메커닉한 사무용 가구를 가정용으로 사용한 것.

high temperature and high pressure curing 고온 고압 양생(高溫高壓養生) 콘크리트 성형품의 제조에 있어서 상온보다 높은 온도와 고압하에서 양생하여 강도 출현을 늘리는 조작. =hot pressed curing

high temperature hot water heating 고온수 난방(高溫水煖房) 가압함으로써 100℃ 이상으로 된 고온수를 열매로 한 난방 방식. 일반적으로 지역 난방이나 블록 난방에 채용되고 있다. 펌프 가압하거나 질소 봄베에 의해 가압하는 것이 있다.

high temperature radiant heating 고온 방사 난방(高溫放射煖房) 방사 난방의 일종. 고온 방사판을 이용하여 공장, 체육관, 창고 등에 쓰인다. 고온수, 증기, 가스 연소 등이 쓰인다.

high tension bolt 고력 볼트(高力-) 고장력강으로 만들어진 볼트. 기계 구조용 탄소강이나 저합금강을 열처리하여 만들어진다.

high tenstion bolted connection 고력 볼트 공법(高力-工法) =high strength boled connections

high titanium oxide type electrode 고산화 티타늄계 용접봉(高酸化-系鎔接棒) 피복제에 산화 티타늄을 40~50% 정도 포함하는 연강용 피복 아크 용접봉을 말한다. 작업성이 좋고, 전 용접 자세의 용접에 적합하다.

high utilized district 고도 이용 지구(高度利用地區) 시가지 토지의 건전한 고도 이용과, 도시 기능의 갱신을 도모하기 위해 용적률의 최고 및 최저 한도, 건폐율의 최고 한도, 건축 면적의 최저 한도 및 벽면의 위치 제한을 정하는 지구.

high velocity air duct system 고속 덕트 방식(高速-方式) =high velocity duct system

high velocity duct 고속 덕트(高速-) 내부의 풍속이 15m/s를 넘든가 정압(靜壓)이 50mmAq를 넘는 덕트. 덕트 지름이 작아지기 때문에 천장 내부가 좁은 경우 등에 쓰인다.

high velocity duct system 고속 덕트 방식(高速-方式) 공기 조화에 있어서의 주 덕트의 풍속이 20~30m/s인 덕트 방식.

덕트의 길이가 긴 경우, 천장 안쪽이 작고 덕트 단면을 작게 하고 싶은 경우에 사용된다.

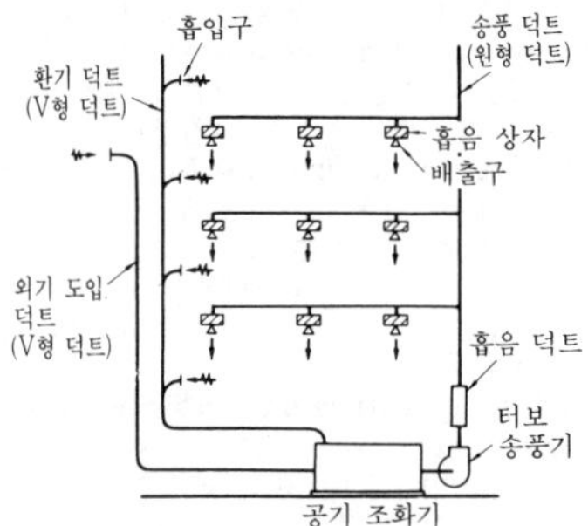

high voltage line 고압 배선(高壓配線) 고압의 전기를 사용하는 배선. 우리 나라에서는 전기 설비 기술 기준에 의해 교류 600V를 넘고 7,000V 이하의 전압이 고압으로 정해져 있다.

high volume air sampler 하이 볼륨 에어 샘플러 대기 중의 부유 미립자의 중량 농도 및 성분 분석용 측정기. 흡인 속도가 비교적 빠르며 500 l/min 정도. 필터로 포집(捕集)하여 전후의 중량차에서 농도를 구한다.

highway benefit assessment 도로 수익자 부담(道路受益者負擔) 도로 정비 사업에 의해 지가 상승 등으로 크게 이익을 받는 자에게 사업비의 일부 또는 전부를 부담시키는 것.

highway investment criteria 도로 투자 기준(道路投資基準) 도로 투자의 우선 순위를 부여하기 위한 평가 기준. 비용 편익 분석에서는 순현재 가치법, 비용 편익 비율법, 내부 수익률법이 쓰인다.

highway landscape 도로 경관(道路景觀) 도로에서 연도의 건물이나 원경을 총체적으로 본 경치. =road side landscape

highway net 도로망(道路網) 대소의 도로를 조합시킨 형태를 말하며, 기본적인 형으로는 격자형, 환형(環形), 방사형, 방사 환형 등이 있다. =net of roads

highway network 도로망(道路網) = highway net

Hiley's pile driving formula 하일리의 말뚝박기식(-式) 해머 중량, 타격 에너지, 해머의 효율, 말뚝 관입량, 리바운드 등으로 산정하는 말뚝의 동적 극한 지지력식. 하일리(A. Hiley)가 제창했다. →pile driving test

hinge 핀 접합(-接合) 부재·부재 접합의 구조 역학적인 한 형식. 부재 상호간에는 작용선이 핀을 통하는 힘은 전하나, 휨 모멘트는 생기지 않고 또 부재 상호간의 각도는 구속없이 변화할 수 있다. 트러스의 절점은 모두 핀 접합이라고 생각한다.

hinged door 여닫이문(-門) 한쪽의 세로틀 또는 거기에 부착한 경첩 등의 철물을 축으로 하여 회전하는 형식으로 개폐하는 문.

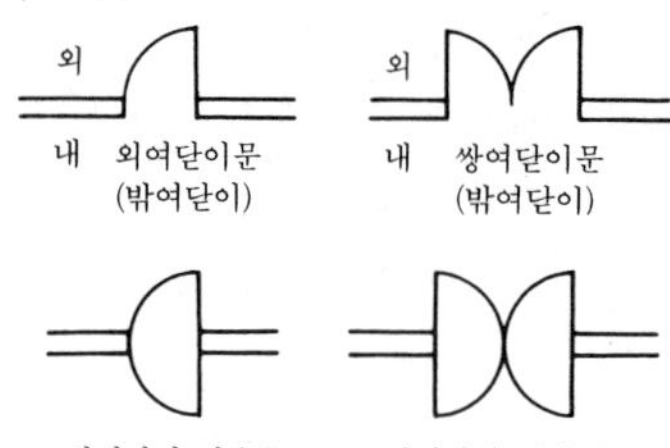

hinged end 회전단(回轉端) 외력에 대하여 이동은 하지 않지만 회전만은 자유로운 지점(支點). 힌지 또는 핀이라고도 한다. 반력은 수평·수직 방향의 둘 뿐이며, 모멘트는 생기지 않는다. →reaction

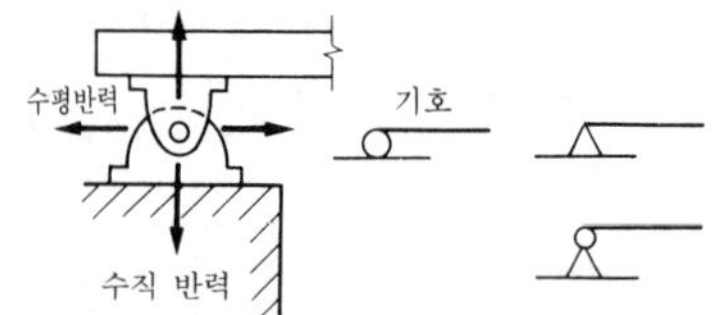

hinged joint 활절(滑節) 부재의 접합점에서의 각 부재의 경사에 의해 부재에 휨 모멘트를 발생하지 않도록 핀으로 접합된 상태. =pin joint

hinter land 후배지(後背地) 핵(도시 계획의)을 성립시키는 지지 인구가 거주하는 지역을 말한다. 특히 불특정 다수의 고객을 대상으로 하는 핵, 예를 들면 상업핵 등에 대해서 사용되는 용어.

hipped roof 모임지붕 =hip roof

hip point 히프 포인트 운전실이나 조종실의 실내 치수, 시트 치수를 결정하기 위한 기준이 되는 점.

hip rafter 추녀 =angle rafter

hip roof 모임지붕 지붕면이 사방으로 흐르고, 용마루와 내림 용마루가 있는 지붕. 다락의 환기가 불충분하기 쉬운 결점이 있다.

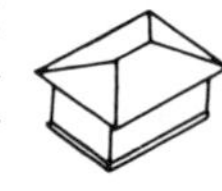

hire 손비(損費), 손료(損料) 시공상 필요한 가설 재료나 기기 등의 손

모 · 수리 등을 예상한 일종의 사용료를 말한다. 가설 재료 손료와 기계 기구 손료 등이 있다.

손료=원가×손료율

hirer 임차인(賃借人), 차주(借主) 임대차 계약에서 빌리는 측의 사람.

hires of machines 기계 손료(機械損料) 건축 공사비의 적산에서 공사에 사용하는 기계 기구의 상각비 · 정비비 · 현장 수리비 및 기계 기구 등의 관리비를 합친 것. →expenses of machines and tools

hires of machines and tools 기계 기구 손료(機械器具損料) 건축 공사에 필요한 기계 기구의 사용 기간 중의 손료. 손료에는 상각비, 정비 · 수리비, 관리비가 포함된다.

hisplit 하이스플릿 철골 구조의 기둥과 보를 접합하기 위한 가공재.

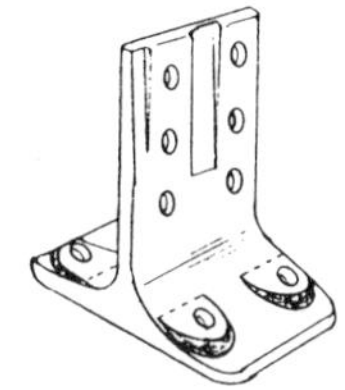

histogram 히스토그램, 주상도(柱狀圖) 도수 분포의 상태를 기둥 모양의 그래프로 나타낸 것. 통계를 잡고, 그것을 여러 계급으로 나누어서 각 계급에 속하는 도수를 세면 도수 분포표가 얻어진다.

신장 (cm)	인원수
145이상~150 미만	2
150 ~155	9
155 ~160	15
160 ~165	7
165 ~170	4
170 ~175	3
합계	40

historic building 역사적 건조물(歷史的建造物) 역사적 건축 작품으로서, 혹은 토지의 역사, 유서 등을 표현하는 것으로서 존재가 평가되는 현존 건조물.

historic landscape 역사적 경관(歷史的景觀) 그 토지의 역사적인 의미를 표현하고 있는 경관. 거리 등 인위적으로 형성된 경관뿐만 아니라 역사상의 문학이나 사건의 무대가 되는 자연 경관도 포함된다.

historic park 역사 공원(歷史公園) 역사적 가치가 높은 문화재 등의 보전, 활용을 도모하면서 필요한 수경(修景) 시설이나 편익 시설 등을 정비하여 사람들의 이용을 목적으로 해서 설치되는 도시 공원.

history museum 역사 박물관(歷史博物館) 고고 자료, 민속 자료 및 관련 자료를 수집하여 연구를 하고, 이를 보존하며, 조직적으로 전시하여 일반이 관람할 수 있게 하는 박물관.

history of individual building 건물 이력(建物履歷) 건축물이나 부속 시설의 건설, 대수선, 증축, 이용 상황 등의 개황을 시간의 경과로 정리, 일람한 기록 자료.

hogging 호깅 부체(浮體)가 파랑 하중이나 불평형한 적재 하중 등을 받아 부체의 중앙부가 들어 올려지듯이 변형하고 있는 상태.

hoist 호이스트 전동기, 감속 장치, 와인딩 드럼 등을 일체로 통합시킨 소형의 감아 올리기 기계(권상기)로, 스스로 주행할 수 있는 것이 많다. 체인 호이스트, 공기 호이스트, 전기 호이스트 등이 있다.

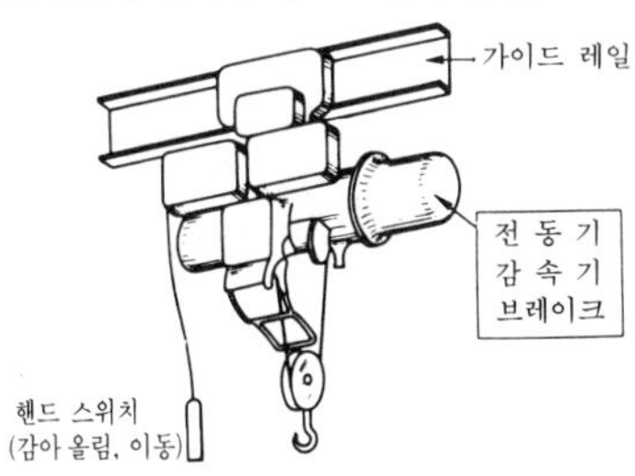

holder 홀더 아크 용접에서 용접봉의 말단을 쥐고 용접 전류를 케이블에서 용접봉으로 전하는 기구.

hole in anchor 홀 인 앵커 콘크리트 몸체에 구멍을 뚫고 납으로 된 원통 워셔 또는 플러그를 타입하여 앵커로 하는 방법. 이 앵커에 볼트나 나사를 낸 철근을 비틀어 넣어서 사용한다.

hollow block 공동 블록(空洞—) =hollow concrete block

hollow brick 공동 벽돌(空洞—) 속이 빈 벽돌로, 다공질의 것도 있다. 경량, 단열, 방습, 보온, 흡음 등이 특징이다.

hollow chisel motiser 각 기계 끌(角機械—) 목재에 정방형의 구멍을 뚫는 목공기계.

hollow concrete block 속빈 콘크리트 블록, 공동 콘크리트 블록(空洞－) 콘크리트 블록의 경량화나 보강용 철근을 삽입할 목적으로 구멍을 뚫은 블록.

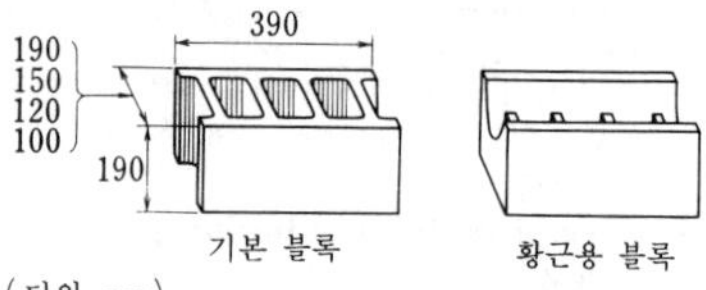

hollow shutter 홀로 셔터 중공(中空)의 방화 셔터로, 온도의 상승에 따라 자동적으로 닫히는 것.

Hollywood bed 할리우드 침대(－寢臺) 매트리스와 보텀에 부착한 헤드 보드만인 침대.

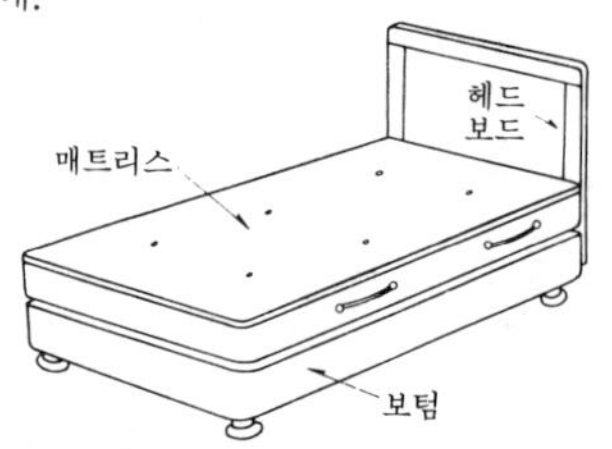

Hollywood twin 할리우드 트윈 싱글 베드를 둘 배열하고, 헤드 보드를 하나로 한 침대, 또는 그 배열 방법.

Hollywood type 할리우드형(－形) 보텀, 매트리스에 헤드 보드가 붙은 침대. 풋 보드가 없다.

Holzer method 홀처법(－法) 고유 주기, 진동 모드를 반복적으로 계산하는 방법. 진동수를 최초로 가정하고, 경계 조건이 만족되기까지 반복적으로 수속(收束) 계산을 한다. →Stodola method

home ambient lighting 홈 앰비언트 조명(－照明) 주택의 조명에서 방 전체를 밝게 조명(앰비언트)하면서 특별히 식탁 윗면만을 조명하는(태스크) 두 가지 조명을 조합시킨 것. →task and ambient lighting

home automation 가정 자동화(家庭自動化) 가정 생활에 일렉트로닉스 기술을 도입하여 자동화를 도모하는 것으로, 쾌적한 생활을 추구한다. 방범·방재·조명·냉난방·급탕·세탁 등을 자동 제어할 수 있다. ＝HA

home bar 홈 바 주택 내의 한 구석에 만들어진 간이 카운터 바.

home control 홈 컨트롤 가정 자동화의 하나로, 주로 공기 조화, 조명, 환기, 급탕 등을 자동 제어하는 장치. 전화를 사용하여 밖에서도 제어할 수 있다.

home counter 홈 카운터 주택의 주방과 식당 사이의 카운터 또는 주택의 바 카운터 등을 말한다.

home electronics 홈 일렉트로닉스 가정 생활에 전자 기술을 응용한 기기를 도입하여 편리하게 생활하려는 개념으로, 방범, 온도 제어, 전화 회선을 이용한 원격 조작 등이 있다.

home office 홈 오피스 주택 내의 작업을 능률적으로 할 수 있도록 설비화된, 즉 사무실화된 공간.

home security 홈 시큐리티, 주택 보안(住宅保安) ＝home security system

home security system 주택 보안 시스템(住宅保安－) 가정의 안전을 컴퓨터를 이용하여 집중 관리하는 시스템. 가스 누설, 화재, 도난, 욕탕의 수위를 자동적으로 감지하는 등 각종 기능을 갖는다. 이상시에는 긴급 연락선으로 통보하는 시스템.

homogeneous body 등질체(等質體) 내부의 재료 역학적 성질이 방향, 위치에 관하여 균질이고 일정한 물체, 특히 탄성체.

homogeneous diffusion 균등 확산(均等擴散) 모든 방향에 대하여 휘도나 방사 휘도가 같은 이상적인 빛이나 방사가 발산하는 상태. 발산의 특성은 람벨트 여현 법칙에 따른다. ＝uniform diffusion

homogeneous light 단색광(單色光) 단일 파장만을 포함하는 빛, 혹은 단일 파장이라고 간주할 수 있을 만큼 좁은 파장 범위의 빛.

homogeneous turbulent flow 등방성 난류(等方性亂流) 속도의 변동 성분의 통계적 평균량이 좌표의 회전 및 반전에 대해서도 불변인 난류.

homotron 호모트론 바이오트론 중 대상이 인간에 한정된 것으로, 인간의 생활 환경을 인공적으로 제어할 수 있는 시설.

honed finishing 물갈기 석재의 표면을 연마 마감으로 하고, 광내기 버프(buff)를 사용하지 않는 마감 공법. ＝rubbing

honeycomb 곰보(판)(－(板)) 콘크리트 표면에 자갈만이 모여서 곰보 모양을 이

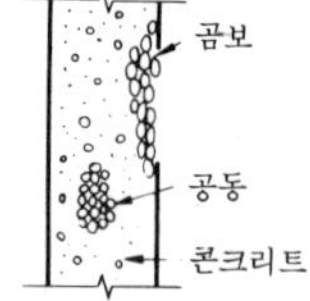

룬 부분.

honeycomb beam 허니콤 보 H형강의 웨브(web)부를 절단 가공하여 보의 높이를 크게 한 것. 같은 무게의 것에서는 단면계수가 크고, 휨이나 비틀림에 강해지지만, 반면에 웨브의 좌굴이나 휨 좌굴에 약해진다. 철골 철근 콘크리트의 보로서 이용하면 이 결점을 방지할 수 있고, 부착이 좋아진다.

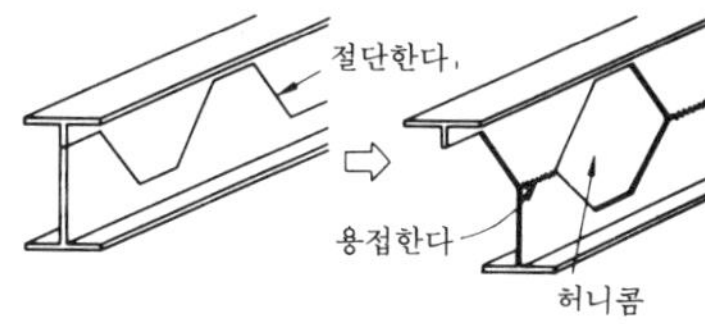

honeycomb board 허니콤 합판(-合板) 크라프트지 등을 벌집 모양의 구조로 하여 심재로 사용하고, 양면에 합판·석면판 등을 붙인 것. 경량이고 강도가 크며, 열전도율도 작다.

honeycomb core 허니콤 코어, 벌집심(-芯) 리번 모양의 두꺼운 종이 내지 알루미늄을 벌집 모양으로 구성하여 만든 샌드위치 패널의 심재. 칸막이용 스크린이나 내부의 창호에 사용된다.

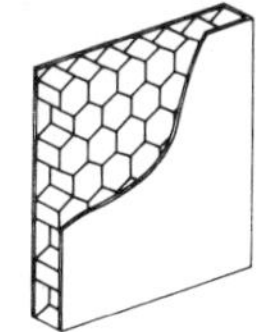

honeycomb core plywood 허니콤 코어 합판(-合板) 수지 가공을 하여 허니콤 모양으로 조합시킨 종이를 코어로 하고, 단판의 덧심판, 표판, 뒤판을 붙인 경량 합판.

honeycomb structure 벌집 구조(-構造) 벌집 모양의 구성을 말한다. ① 열경화성 수지를 함침시킨 크라프트 종이 또는 천, 알루미늄 박판 등을 6각형의 벌집 모양으로 붙인 구성. 허니컴 보드 등의 심재(芯材)로 사용한다. ② 흙의 세립자가 벌집 모양으로 결합한 상태.

hood 후드, 부뚜막 배기갓(-排氣-) 열기, 수증기, 금속가루, 냄새, 유해 가스 연기 등을 국소적으로 배출하는 장치의 흡입구에 설치한 갓.

hook 훅 철근 말단을 갈구리 모양으로 구부린 부분. 콘크리트 속의 철근이 미끄러지지 않도록 하는 데 유효하다.

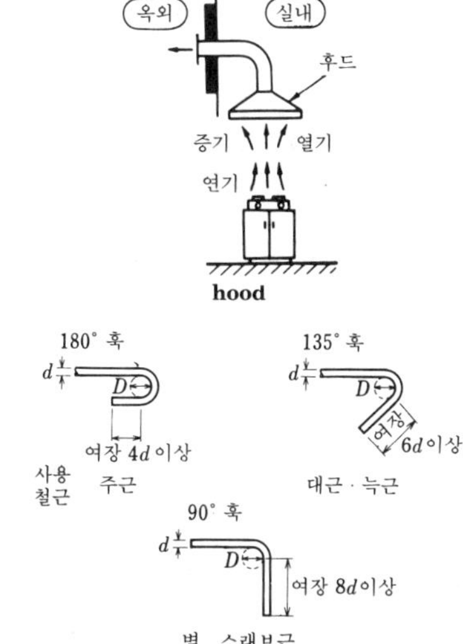

hood

hook

hook bolt 훅 볼트 끝이 갈구리 모양으로 구부러진 볼트. 골판 철판·슬레이트 등을 철골에 고정시키는 볼트, 앵커 볼트 등으로서 사용된다.

hook bolt lock 갈구리 자물쇠 미닫이에 사용하는 자물쇠.

hooker 갈구리, 후커 철근 결속에 사용하는 도구.

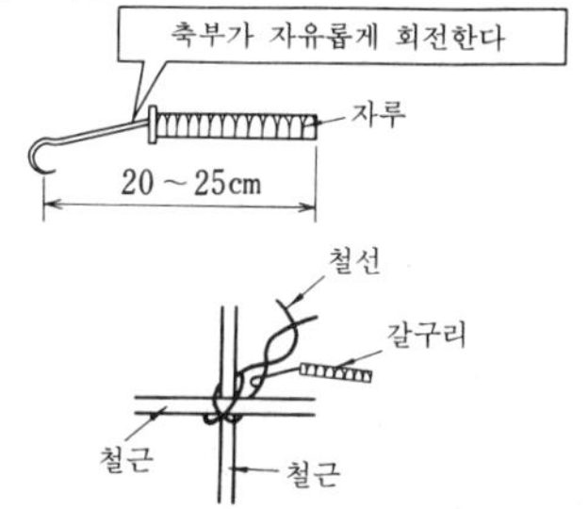

Hooke's law 후크의 법칙(-法則) 「변형도가 작은 범위에서는 탄성체의 응력도 σ와 변형도 ε은 정비례한다」는 법칙(다음면 그림 참조). →elastic body, stress intensity, strain

hooking up sprinkler system 연결 살수 설비(連結撒水設備) 화재시에 연기나 열

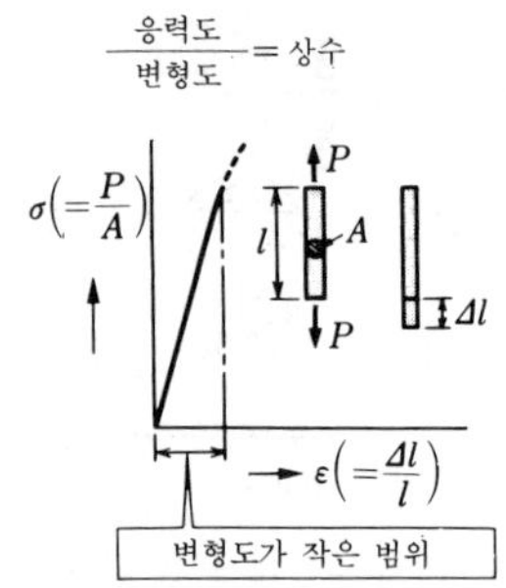

Hook's law

기가 차기 쉬운 지하층을 대상으로 하여 소방 펌프차에서 송수구를 통해 압력수를 보내고, 살수 헤드에서 살수하여 소화하는 설비. 살수 헤드에는 폐쇄형과 개방형이 있다. =sprinkler system with hose connection

hoop 대근(帶筋), 띠근(-筋) 기둥의 주근을 수평면에서 서로 연결하여 압축력에 의해서 주근이 밖으로 나오는 것을 방지하여 기둥의 압축 강도를 증대시키고, 또 전단 보강을 하는 철근. =tie hoop

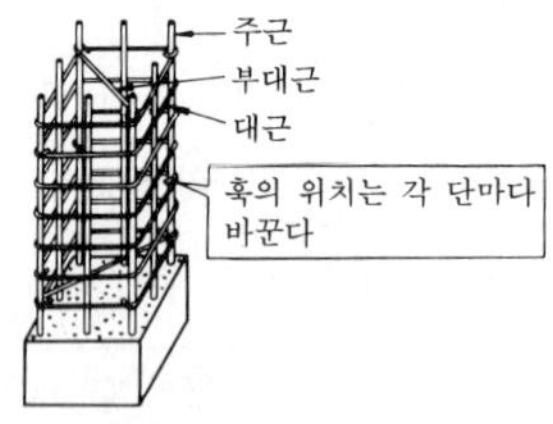

hooped reinforcement 나선 철근(螺旋鐵筋) 철근 콘크리트 기둥은 주근을 수직으로, 늑근을 수평으로 주근을 감싸듯이 넣는데, 비틀림을 받는 기둥에서는 철근을 나선형으로 사용한다. 이것을 나선 철근이라 한다. 보통의 기둥에서도 늑근을 나선형으로 사용하는 경우가 있다. =spiral hoop, spiral reinforcement

hoop iron 띠강(-鋼) =band steel

hoop reinforcement ratio 대근비(帶筋比) 대근량의 콘크리트 단면에 대한 비를 말한다. 대근의 단면적을 기둥의 폭과 대근 간격의 곱으로 나누어서 구한다. =web reinforcement ratio

hopper 호퍼 시멘트, 자갈, 모래 혹은 콘크리트 등을 아래쪽으로 떨어뜨릴 때 사용하는 깔대기 모양의 장치. =feed hopper, receiving hopper

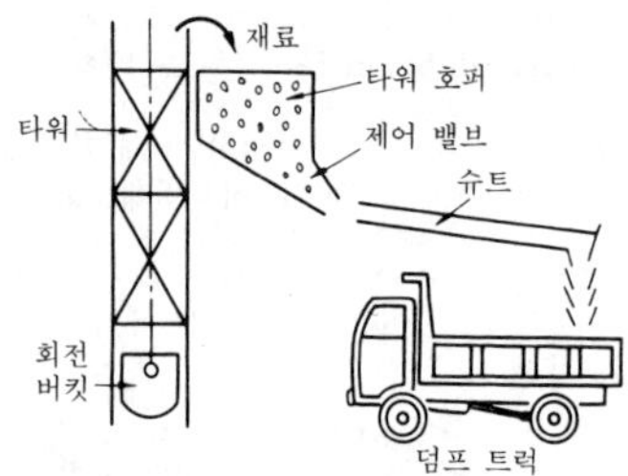

horizon 지평(地平) 관측점을 포함하는 수평면과 천구(天球)와의 만남을 말한다. 지평을 선으로서 생각할 때를 지평선, 면으로서 생각할 때는 수평면을 지평면이라 한다.

horizontal angle 귀잡이 =angle tie, angle brace

horizontal angle brace 귀잡이보 보와 층도리, 보와 도리 등의 구석 부분을 보강하는 재(材).

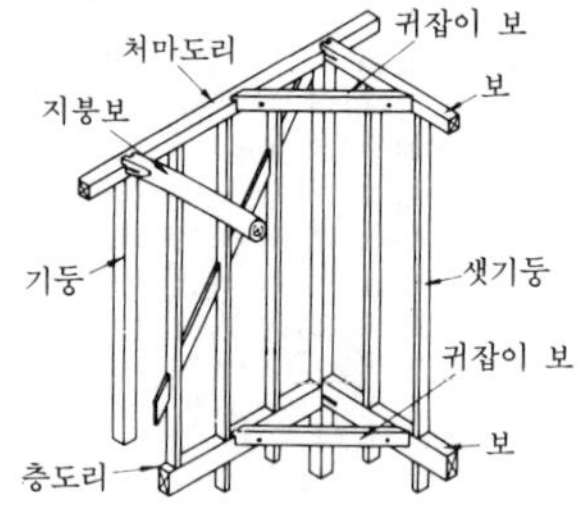

horizontal angle sill 귀잡이 토대(-土臺) 토대의 안구석에 부착하여 구석 부분을 보강하는 재(材).

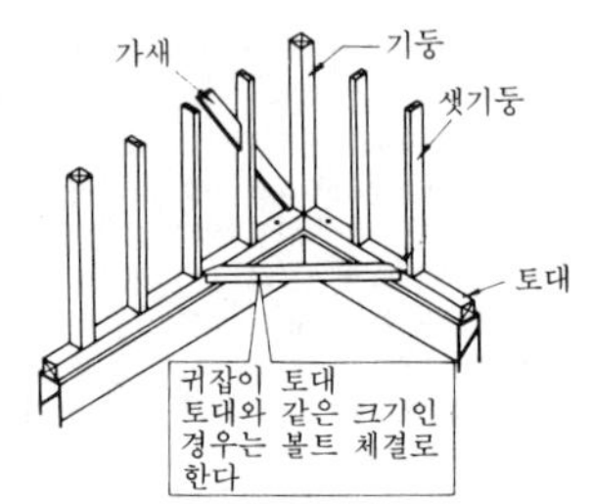

horizontal brace 귀잡이 수평으로 직교하는 부재간에 비스듬하게 걸치고, 구석을 보강하기 위한 부재. 지진이나 바람 등의 수평력을 분산시켜 구석 부분의 변형을 방지한다. 종류로는 귀잡이 토대와 귀잡이보가 있다. =horizontal angle

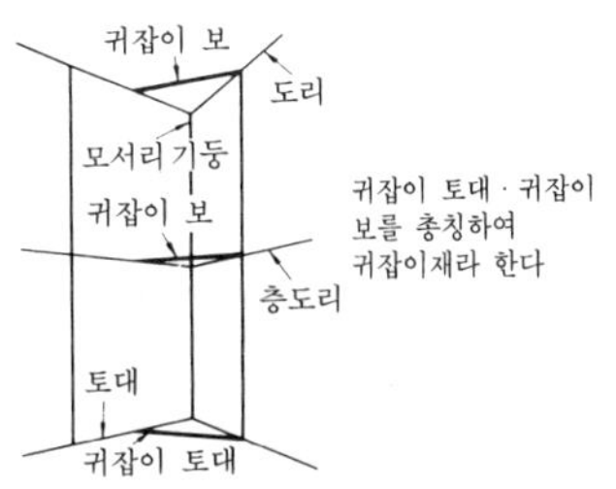

horizontal brace

horizontal bracing 수평 가새(水平－) 지붕면, 바닥면 내의 힘을 전달한다든지 강성(剛性)을 높이기 위해 거의 수평으로 배치한 가새. ＝lateral bracing

horizontal coefficient of subsoil reaction 수평 지반 반력 계수(水平地盤反力係數) 말뚝의 수평 저항 등을 산출하는 데 사용하는 지반의 스프링 계수에 해당하는 것으로, 수평력에 의해 흙이 수평 방향으로 단위 길이만큼 변형했을 때 수압면의 단위 면적당 힘으로 표시한다. t/cm^3의 디멘션을 가지고 있다.

horizontal diaphragm 수평 구면(水平構面) 바람이나 지진 등에 의한 수평력에 의해 지붕면이나 바닥면 등의 수평면이 일그러지는 것을 방지하기 위한 수평 또는 수평에 가까운 면. 지붕면, 수평보면, 바닥면에 브레이스, 면재(面材) 등에 의해 면내 강성을 갖게 한다.

horizontal distance 수평 거리(水平距離) 어느 2점간의 사거리(斜距離)를 수평면으로 투영한 길이. 단지 2점간의 거리라고 하면 수평 거리를 뜻한다.

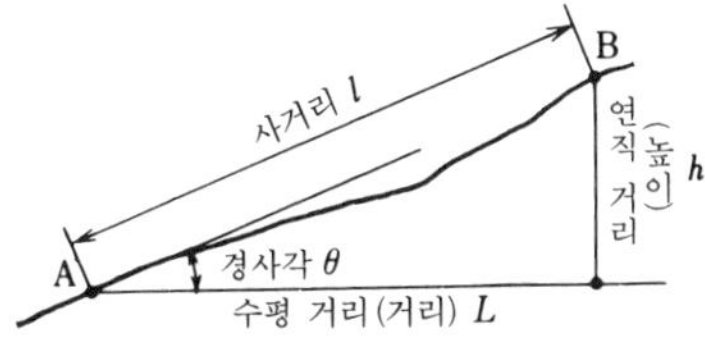

horizontal force 수평력(水平力) 수평 방향으로 작용하는 힘.

horizontal haunch 수평 혼치(水平－) 보 등의 플랜지 내력을 높이기 위해 단부(端部) 등으로 비스듬하게 폭을 넓힌 부분을 말한다.

horizontal illumination 수평면 조도(水平面照度) 수평면상의 조도.

horizontal intensity distribution curve 수평 배광 곡선(水平配光曲線) 광원 또는 조명 기구의 배광(광도 분포)을 그 중심을 통하는 수평면상에서 중심을 원점으로 하는 극좌표로 나타낸 곡선.

horizontal joint 가로줄눈[1], 수평 접합부(水平接合部)[2] (1) 돌, 벽돌, 콘크리트 블록, 타일 등의 수평의 줄눈.
(2) 프리캐스트 콘크리트 구조에서 부재 상호가 어긋나는 것을 방지하기 위한 접합부.

horizontal linemark 수평묵(水平墨), 수묵(水墨) 건축물의 벽면 등에 그린 수평의 선. 바닥 · 개구부의 위치, 천장의 높이 등을 정하는 기준으로서 사용된다.

horizontal load 수평 하중(水平荷重) 수평 방향으로 작용하는 하중의 총칭. 지진력, 풍압력, 토압 등.

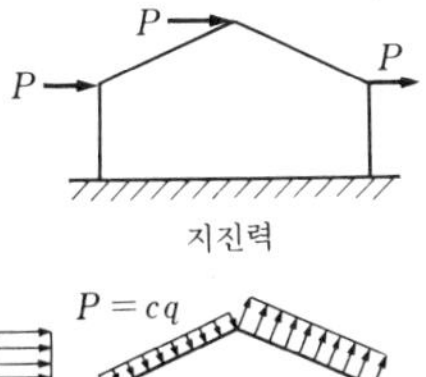

horizontal load-carrying capacity 보유 수평 내력(保有水平耐力) 붕괴 기구에 있는 골조에서 각층의 기둥 및 벽에 생기고 있는 출력과 전단력의 수평 성분의 총합을 각층의 보유 수평 내력이라 한다.

horizontal load test 수평 가력 시험(水平加力試驗) 구조물에 수평 방향의 힘을 가하여 그 역학적 성질을 살피는 시험.

horizontal louvers 수평 루버(水平－) 수평의 핀(fin)에 의해서 구성되고 있는 루버. 주로 태양 고도가 높은 경우의 일조(日照)를 가리는 데 유효하다.

horizontal member 횡가재(橫架材), 수평재(水平材), 횡재(橫材) ① 가로로 걸치는 부재. ② 보, 도리, 층도리, 토대 등의 수평재(다음 면 그림 참조)..

horizontal motion 수평동(水平動) 지진동의 수평 방향의 성분. 통상은 NS, EW의 두 성분별로 나타내는데 양자를 합성한 도형으로 나타낸 편이 실제의 움직임을 아는 데 편리하다. 또 지진동 이외의 진동인 경우에도 그 수평 성분을 말한다. →vertical motion

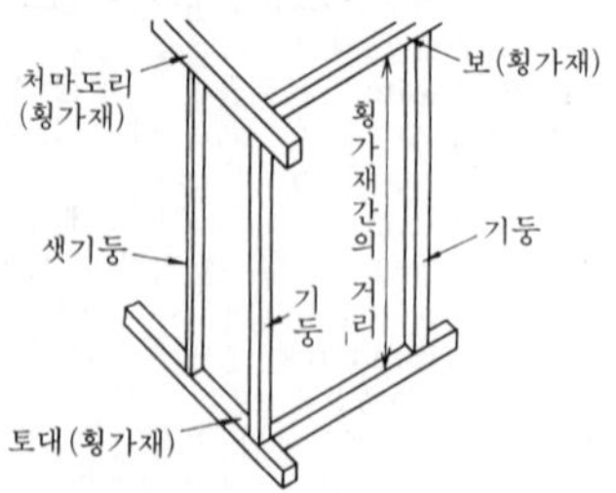

horizontal member

horizontal muntin 동살 문 상하의 울거미에 평행하게 둔 살.

horizontal panel 가로판벽(-板壁) 가로 방향으로 붙인 벽. =lying panel

horizontal plane 지평면(地平面) 지구면상의 각점에서 중력의 방향으로 수직인 곡면을 수평면, 1점에서 지표에 접하는 평면을 지평면이라 한다.

horizontal plane of projection 평화면(平畫面) 정투영법에서 물체에 대하여 아래 또는 위에 두어진 투영 화면. →orthogonal projection

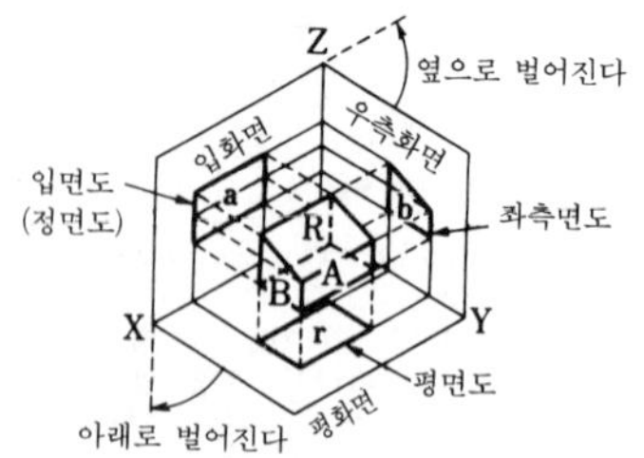

horizontal reinforcement 가로 철근(-鐵筋) 벽에 수평 방향으로 배치된 철근.

horizontal segregation 평면 분리 방식(平面分離方式) 보행자, 자전차, 자동차 등 운동 특성이 다른 교통 요소를 동일 평면상에서 영역을 분리하여 처리하는 교통 방식. →vertical segregation

horizontal sheathing 가로 널말뚝 공법(-工法) 흙막이벽의 버팀기둥 사이에 수평으로 널말뚝을 삽입하여 굴착하는 흙막이 공법.

horizontal stiffener 수평 스티프너(水平-) 플레이트 거더를 부분적으로 보강하기 위해 사용하는 재축(材軸) 방향으로 배치하는 스티프너.

horizontal stiffness 수평 강성(水平剛性) 구조물에 단위의 수평 방향의 변위를 주는 데 요하는 수평력. 바닥이나 벽 등의 연직 부재의 지진시 전단력의 부담률은 그 부재의 수평 강성에 비례하고 있다.

horizontal thrust 수평 추력(水平推力) 아치의 지점(支點) 부분이나 케이블의 정착 부분 등에 생기는 수평 방향의 반력. 라이즈(rise) 또는 새그(sag)와 스팬(span)의 비로 그 크기는 달라진다. 수평 추력은 지점간을 넓힌다든지 좁힌다든지 하는 힘이며, 그 처리가 충분하지 않으면 붕괴의 위험이 있다.

horizontal truss 수평 트러스(水平-) 수평력을 기둥·보·벽 등에 전달하기 위해 지붕면·바닥면 등에 설치하는 트러스.

horizontal welding 수평 측면 용접(水平側面鎔接) 용접축이 수평이고, 용접면이 거의 연직이 되는 작업 위치에서 하는 용접을 말한다.

horsepower 마력(馬力) 동력 작업률의 실용 단위. 1초에 대하여 75kgf/m의 비율로 이루어지는 작업률을 미터마력이라 하며, 0.7355kW에 해당한다.

hose 호스 유연성 있는 관으로, 고무 호스, 천 호스, 합성 수지관 등이 있다.

hospice 호스피스 죽음이 가까운 환자를 간호하는 병원. 치료보다도 고통이나 불안을 덜어주는 것을 중점으로 한다.

hospital 병원(病院) 의료법의 규정이 있으며, 공중을 위해 의업 또는 치과 의업을 하는 장소에서 환자 20인 이상의 수용 시설을 말한다. 19베드 이하는 진료소로 분류된다. 종합 병원은 환자 100인 이상을 수용, 내과, 외과, 산부인과, 안과, 이비인후과를 가질 필요가 있다.

hospital curtain 병원 커튼(病院-) 병원에서 사용되는 커튼. 균이 부착하지 않도록 가공되어 있다.

hot-air drying 열기 건조(熱氣乾燥) 건조실 내의 공기를 가열하든가 가열 공기를 보내서 건조하는 방법을 말한다. =hot-air seasoning

hot air furnace 온기로(溫氣爐) 공기를 직접 가열하여 온풍을 뿜어내서 난방하는 장치. 개개의 방에 설치하는 방식과 덕트를 통해서 각방에 송풍하는 방식이 있다(다음 면 그림 참조).

hot-air heating 온풍 난방(溫風煖房) 공기 가열기로 가열한 공기를 송풍기를 써서 덕트를 통해 각 방으로 보내서 하는 난방. 공기 가열기와 송풍기의 상호 위치에 따라서 흡입식(송풍기의 흡입측에 가열기를 설치하는)과 압입식(송풍기의 흡출측에 가열기를 설치하는)의 두 형식이 있다. 공기의 가열 송풍에는 현재는 거의 온기

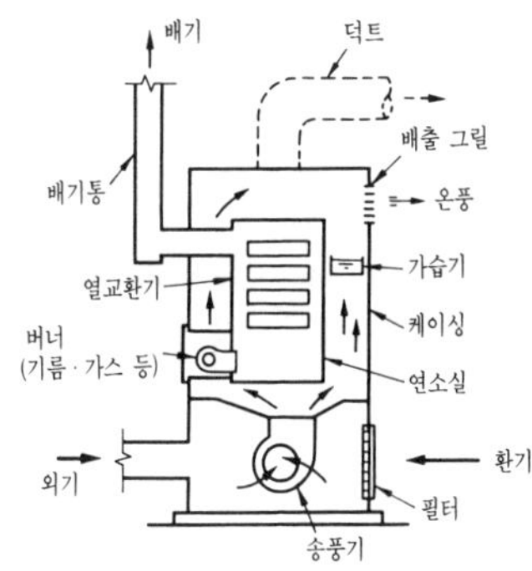

hot air furnace

로(溫氣爐)가 사용된다. 유닛 히터도 이 일종이다.

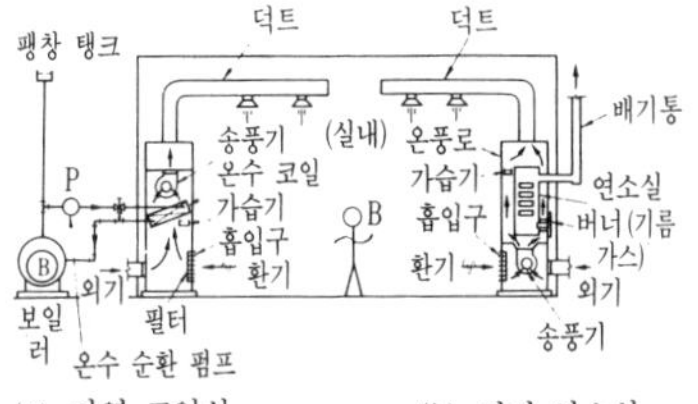

(a) 가열 코일식 (온수 덕트식)　(b) 직접 연소식

hot-air seasoning 열기 건조(熱氣乾燥) =hot-air drying

hot and chilled water generator 냉온수 발생기(冷溫水發生機) 재생기의 가열원을 가스 또는 기름에 의해 연소시키는 흡수 냉동기. 재생기가 단체(單體)인 단효용식(單效用式)과 제1 재생기와 제2 재생기를 가지며 가열원을 2중으로 이용할 수 있는 2중 효용식이 있는데, 후자의 열효율이 높다.

hot cave 핫 케이브 방사선이 외부로 누설하는 것을 방지하는 차폐용 안전 시설을 갖춘 방.

hot cell 핫 셀 높은 방사능을 갖는 방사성 물질을 다루는 방으로, 사람이 들어가지 않고 실험 가능한 기계 설비를 갖는 것.

hot concrete 핫 콘크리트 골재나 믹서 속의 콘크리트를 가열하여 고온으로 비빈 콘크리트. 보통 50~55℃로 한다. 프리캐스트 콘크리트 부재, 철도의 직결 궤도 슬래브 등의 제조에 사용되며, 증기 양생 기간의 단축에 효과가 있다.

hot dip galvanized steel pipe for gas service 백가스관(白－管) 아연 도금을 한 배관용 탄소강 강관의 속칭.

hot dip galvanizing 용융 아연 도금(熔融亞鉛鍍金) 450℃ 정도로 용융시킨 아연 속에 재료를 담가 표면에 아연층을 형성시키는 것. =hot dip zincing

hot dip zincing 용융 아연 도금(熔融亞鉛鍍金) =hot dip galvanizing

hotel 호텔 고객으로부터 요금을 받고 숙박 시설을 제공하는 곳. 일반적으로는 숙박 부문과 식사나 연회를 할 수 있는 부문을 아울러 갖추고 있다.

hot-mixed concrete 핫 믹스트 콘크리트 콘크리트를 비빌 때 고온 증기를 뿜어 넣어 가열하여 높은 온도로 비빈 콘크리트.

hot press 핫 프레스 합판 등을 열판간에 끼우고, 압력과 열을 가하는 장치. 합판을 제조하는 경우 접착제를 칠한 단판(單板)을 핫 프레스에 건다. 그 밖에 파티클 보드 등의 제조에도 사용된다.

hot pressed curing 고온 고압 양생(高溫高壓養生) =high temperature and high pressure curing

hot processing 열간 가공(熱間加工) 금속 재료를 재결정 온도(철에서는 450℃ 이상)로 가열하여 성형 가공하는 것.

hot rolled flat bar 열간 압연 평강(熱間壓延平鋼) 열간에서 4변이 압연 제조된 장방형 단면의 강재. 표면의 일부에 요철(凹凸)이 있는 것도 있다.

hot rolled plate 열간 압연 강판(熱間壓延鋼板) 열간에서 압연 제조된 강판.

hot rolled shape 열간 압연 형강(熱間壓延形鋼) 열간에서 압연 제조되는 형강.

hot shortness 적열 취성(赤熱脆性) 강을 1,000℃ 이상으로 가열했을 때 황화철·산화철·구리 등의 저융점 불순물이 녹아 결정 입계의 결합력을 약화시켜 무르게 되는 성질. 열간 균열의 원인이 된다. = red shortness

hot spot stress 핫 스폿 응력(－應力) 이음부 등의 응력 집중이 높은 곳에 생기는 최대 국부 응력.

hot waste water 온배수(溫排水) 급탕을 쓰는 생활계, 발전소, 공장 등으로부터의 가온(加溫)된 물의 배수. 강, 바닷 속의 동식물 생태계에 미치는 영향도 있어 열회수가 고려되고 있다.

hot water apparatus 급탕 설비(給湯設備) 가열 장치를 설치하여 필요한 곳에 필요한 양의 탕을 적온으로 공급하는 설비. 개별식과 중앙식이 있다. 개별식은 급탕 개소마다 소형 가열 장치를 설치한다. 소형 가열 장치로서는 순간 탕 가열기·저탕식 가열기 등이 있다. 중앙식은 대형의 가열 장치에서 배관에 의해 급탕한다. 그림은 중앙식 급탕 배관도이다.

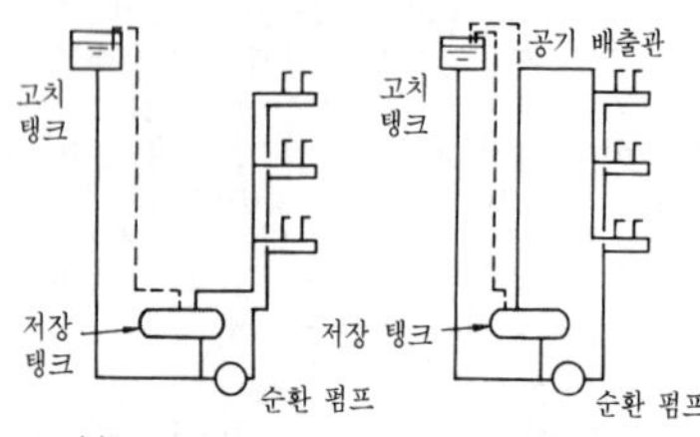

hot-water boiler 온수 보일러(溫水－) 온수 난방이나 공기 조화, 급탕용 열매로서의 온수를 발생시키는 보일러.

hot-water circulating pump 온수 순환 펌프(溫水循環－) 온수 난방 배관이나 급탕 배관으로 계(系) 내에 온수를 순환시키기 위해 사용되는 펌프.

hot-water coil 온수 코일(溫水－) 열매로서 온수를 이용하는 공기 가열 코일.

hot water direct heating 직접 온수 난방(直接溫水煖房) 온수를 냉매로 하여 라디에이터, 컨벡터 등을 써서 실내를 직접적으로 가열하는 직접 난방.

hot water heating 온수 난방(溫水煖房) 온수를 방열기, 대류 방열기 등에 의해 순환시켜서 방열하여 난방을 하는 방식을 말하며, 보통은 100℃ 이하의 온수를 사용하지만 고압의 고온수를 사용하는 고압 온수 난방도 있다. 증기 난방에 비해 방열 온도가 낮으므로 느낌이 부드럽고 실내 온도 분포가 좋아 상당 시간 여열을 이용할 수 있다. 개방형과 밀폐형이 있다. 온수 순환 펌프의 유무에 따라 강제 순환식과 중력 순환식이 있다.

온수 난방의 분류

분류법	명칭	분류법	명칭
온수온도	고온수(100℃이상)	배관방식	단관식
	보통온수(99℃이하)		복관식
순환방식	중력순환식	공급방식	상향식
	강제순환식		하향식

온수 배관(상향·복관·강제 순환식)

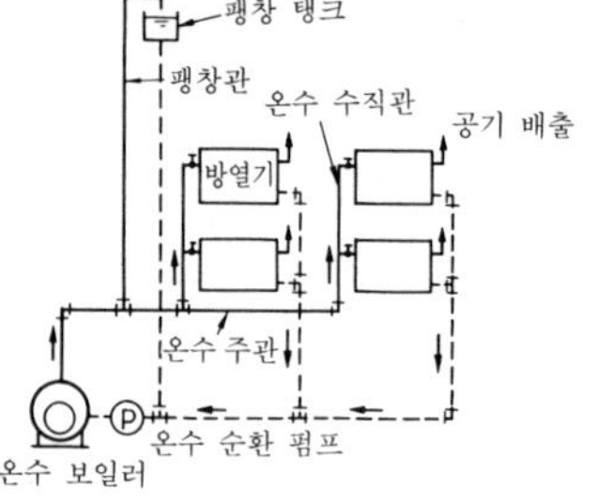

hot water storage type heat exchanger 저탕식 열교환기(貯湯式熱交換器) 내부에 증기 등을 열원으로 하는 열교환기를 내장하여 급탕 부하의 변동에 대응할 수 있도록 하고, 언제나 일정 온도의 탕을 일정량 저장하여 공급하는 급탕 탱크.

hot water supply 급탕(給湯) 건물 내의 필요한 장소에 온수를 공급하는 것. 급탕의 방법에는 국부 급탕법과 중앙 급탕법이 있다.

hot water supplying system 급탕 방식(給湯方式) 건물 내 및 부지 내에서 탕을 공급하는 방식. 기계실 등에 가열 장치를 설치하고, 배관으로 건물 전체에 공급하는 중앙 급탕 방식과 탕을 사용하는 곳마다 소형의 가열 장치를 설치하여 급탕하는 국소식 급탕 방식으로 대별된다. → hot water supply system

hot water supply system 급탕 설비(給湯設備) 음료용, 목욕용, 잡용 등을 위해 온수를 공급하는 설비. 국부 급탕법과 중앙 급탕법이 있다.

hot water supply temperature 급탕 온도(給湯溫度) 급탕되는 탕의 온도. 급탕용 가열 장치에서 배관을 거쳐 사용 개소까지의 온도를 가리키며, 용도에 따라 물을 섞어서 사용 온도를 낮춘다.

hot weather concreting 서중 콘크리트(暑中－) 기온이 높아서 운반 중의 슬럼프 저하나 표면으로부터의 수분의 급격한 증발 등의 염려가 있는 시기에 타입하여 시공되는 콘크리트. →winter concreting

hot wire anemometer 열선 풍속계(熱線風速計) 전류를 통해서 가열한 가는 백금선 또는 니켈선 등을 기류에 노출시키면 냉각하여 전기 저항이 감소하는 것을 이용하여 기류의 속도를 측정하는 계기. 미풍속 및 난류의 측정에 사용된다. 풍속을 직독하는 것은 가열 전류를 일정하게 하고, 저항의 변화를 읽는다. 또 열선의 온도 즉 저항이 일정하게 되는 전류를 측정하여 풍속을 구할 수 있다(다음 면 그림 참조).

hot working 열간 가공(熱間加工) 금속 가공법의 하나. 강재(鋼材) 등의 가열 가공에서는 가공 경화가 일어나지 않으므로

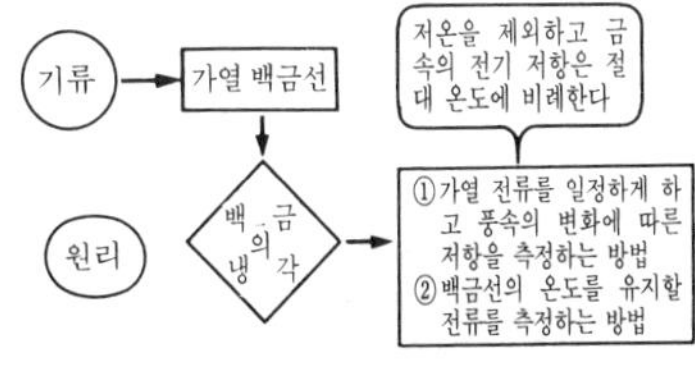

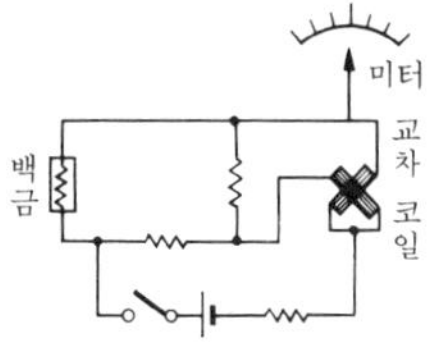

열선 온도계의 회로

hot-wire anemometer

연속하여 가공할 수 있고, 치밀하고 균질한 조직으로 되며, 안정한 재질이 얻어진다. 냉간 가공에 비해 치수는 부정확하다. →cold working

hot zone 핫 구역(－區域) 방사성 물질을 다루는 시설 내에서 방사성 오염이 발생할 위험성이 있는 영역.

hourly load of water supply 시간 급수 부하(時間給水負荷) 건축물의 하루의 물 수요량을 나타내는 시계열 변동 중에서 비교적 긴 일정 시간 내의 부하를 말한다. 수수조(受水槽) 등의 기기 용량 산정에 사용한다. →instantaneous load of water supply

house 가옥(家屋) 건물과 거의 동의어이다. 그러나 법적 용례는 어쨌든 간에 이 명칭은 최근에는 빌딩, 공장, 집회장 등 규모가 거대한 것에는 사용하지 않는다.

house climate 주거 기후(住居氣候) 인간의 생활에 직접 관계하여 주거 내에 형성되는 기후적 요소의 총칭. 또 이것에 영향을 미치는 주거 주변의 기후를 포함할 수 있다. ＝housing weather →domestic climate

housed joint 통끼움 ＝dado joint

house for installment sale 분양 주택(分讓住宅) 분할 지불 방법에 의해 소유권의 양도를 받는 주택.

house for rent 셋집 타인에 빌려주는 가옥. 임대 계약에 의해 상대에게 사용할 수 있게 하는 가옥. 넓은 의미로는 사용 임대에 의한 것도 포함한다. ＝house-to-let

house for sale 매가(賣家) 매매에 부쳐진 가옥.

house for singles 독신자 주택(獨身者住宅) 원칙으로서 미혼의 독신자가 거주하기 위해 세워지는 주택. 공동 주택인 경우가 많다.

house for working class 근로자 주택(勤勞者住宅) 근로자용의 주택. 근로자에 대하여 노동 정책의 일환으로서 공급된다.

household 세대(世帶) 일반의 가정과 같이 주거와 생계를 함께 하고 있는 사람의 모임을 말하며, 이 밖에 혼자서 1주택을 차지한다든지, 기숙사, 하숙집 등에 모여 살고 있는 사람들도 각각 하나의 세대라고 한다.

household density 세대 밀도(世帶密度) 단위 면적당의 세대수. 주택지 등에 있어서의 밀도의 상황을 아는 한 지표인데, 최근의 1세대당 인구의 감소로 수치가 갖는 의미가 변화해 가고 있다.

householder 세대주(世帶主) 세대의 장. 세대주는 세대를 단위로 하여 주민 등록표를 작성하고, 계출하지 않으면 안 된다.

Householder's method 하우스홀더법(－法) 고유값 계산법의 하나. 실대칭 고유값을 계산할 때 3중 대각화의 방법(하우스홀더 변환)을 쓴다.

housekeeping room 가사실(家事室) 주택에서 가사를 하기 위한 방. 부엌과 접하여 설치되는 경우가 많다.

house ledger 가옥 대장(家屋臺帳) 가옥의 상태를 명확하게 한 공부(公簿)로, 가옥 대장법에 의하여 등기소에 비치되어 있다.

house substation 자가용 변전소(自家用變電所) 고압으로 전력 공급을 받아 이것을 건물 · 공장 구내에서 사용하는 전압으로 변압하는 시설. 보통, 수전 · 배전 설비도 병설된다.

house tank 급수 탱크(給水－), 저수조(貯水槽) 공급하는 물을 저장해 두는 수조. 급수 설비에서는 수수조(受水槽), 고치 수조(高置水槽), 압력 수조 등이 있다. ＝reservoir, water storage tank, water supply tank

house-to-let 셋집 ＝house for rent

house top structure 옥상 돌출물(屋上突出物) 건축물의 일부로, 옥상에 돌출하고 있는 부분. 고가 수조 · 굴뚝 계단실 · 승강기탑 · 장식탑 등이 포함된다. 건축 면적의 1/8을 넘지 않는 경우에는 층수에 산입되지 않는다. 구조 설계상은 풍압력 및 지진 하중에 특별한 고려가 필요하게 된다.

housing 통끼움[1], 주택 계획(住宅計劃)[2] (1) ＝dado joint

(2) 휴양의 장소로서 안전하고 쾌적한 주택을 만들기 위해 대지의 조건, 방의 수나 배치, 방의 크기나 설비, 건물의 의장 등을 고려하여 입안, 계획하는 것.

housing administration 주택 행정(住宅行政) 주택의 건설, 융자, 세제, 법제의 정비 등에 의해 주택 수요를 조정하고, 주거 수준의 향상을 도모하여 주택 문제의 해결에 기여하는 행정.

housing census 주택 조사(住宅調査) 주택에 관한 독립한 조사로, 내용으로서는 가옥에 관한 것과 거주 상황이나 세대에 관한 사항이 포함된다.

housing condition 주거 수준(住居水準) 주택 사정의 평균적인 수준. 거주 상태보다도 주택 자체의 물적 수준에 역점이 두어진다.

housing consciousness 주의식(住意識) 주택이나 주생활에 관한 생활 의식. 주택, 주생활에 대한 주관적인 사고 방식, 태도, 의욕 등을 말한다. 주거관 형성의 중핵이 되는 의식. =sense of housing

housing cost 주거비(住居費) =housing expenditure, housing expense

housing demand 주택 수요(住宅需要) 주택에 대한 유효 수요이다. 주택 공급에 대한 용어. 주택의 현재(顯在) 수요라고도 한다. 이에 대하여 주택 부족수 등을 잠재 수요라 한다.

housing density 주택 밀도(住宅密度) 단위 면적(통상은 1ha)당의 주댁수를 말한다. 보통, 주호수(住戶數)로 나타내지만, 주동수(住棟數)로 나타내기도 한다. 주택지의 물적인 특성을 규정하고, 간접적으로 사회적 특성에도 영향을 준다.

housing development 주택 단자(住宅團地) 계획적으로 건설된 한 단지의 주택지를 말한다.

housing economy 주택 경제(住宅經濟) 주택에 관한 경제 현상, 경영 관리, 경제 정책 등의 총칭.

housing estate 주택 단지(住宅團地) = housing development

housing expenditure 주거비(住居費) 가계비 중 주거 관계의 경비로, 이 중에는 가옥의 설비 수선비, 가구 집기의 구입·수선비, 수도료 및 임대 가옥인 경우는 임대료, 자기 가옥인 경우는 가옥의 감가 상각비를 포함하고 있다. =housing cost, housing expense

housing expense 주거비(住居費) = housing cost, housing expenditure

housing investment 주택 투자(住宅投資) 좁은 뜻으로는 주택 생산에 있어서의 투자. 생산 뿐만 아니라 구입 취득을 포함해서 주택 투자라고 하는 경우도 있다. 넓은 뜻으로는 생산면 외에 유지 관리비를 포함하여 주택 투자라고 생각하는 경우가 있다.

housing management 주택 관리(住宅管理) 주택의 유지 관리에 관한 업무의 총칭. 특히 공동 분양 주택의 관리를 가리키는 경우가 많다. 또 임대 주택의 경영에 관한 여러 업무를 가리키는 경우도 있다.

housing needs 주요구(住要求) 주택에 관한 불만을 개선하는 필요성. 주택 규모의 확대, 설비의 충실, 개선, 주환경의 개선 등 다양한 사항에 걸친다. 주택 수요와 달리 금전적 지불 능력이 없는 경우도 포함한다.

housing notion 주거관(住居觀) 주의식 등에 입각한 주거에 대한 견해. 주요구(住要求)의 기본이 되는 의식으로, 개인적, 사회적인 여러 조건에 따라 다르다. = housing opinion

housing opinion 주거관(住居觀) = housing notion

housing policy 주택 정책(住宅政策) 주택 문제의 해결에 기여하기 위해 공적 기관이 행하는 정책. 직접 주택 건설을 하는 외에 주택 금융의 정비, 주택 세제의 조정, 주택 생산의 합리화, 지대 임대료의 통제, 지도 등 다면적인 정책의 총칭.

housing problem 주택 문제(住宅問題) 전쟁, 재해, 대규모의 경제 변동 등에 의해 주택의 부족이나 집세의 고등, 거주 수준의 저하, 주택 취득 조건의 악화 등이 발생하여 일반 서민의 주택 사정이 악화하는 것. 토지 문제, 도시 문제, 실업, 빈곤 등 다른 사회 문제와 연관되고 있는 경우도 적지 않다.

housing program 주택 계획(住宅計劃)[1], 주택 건설 계획(住宅建設計劃)[2] (1) ① 정부, 지방 자치체 등에 의한 주택 건설, 공급에 관한 계획. ② 도시 계획이나 지역 계획에 있어서의 주택수의 예측과 건설 계획. ③ 주택의 기획 설계.
(2) 주택 정책의 한 가이드라인으로 하기 위해 국가 혹은 지역의 주택 건설을 종합적으로 계획하고 3개년, 5개년 등의 기간에 걸쳐 건설 호수 등을 예측하고, 또 목표로 하는 계획.

housing project 주택 계획(住宅計劃) = housing program

housing standard 주택 기준(住宅基準) 주택 건설, 주택 관리 등에 대하여 정책적으로 정해진 기준을 말한다. →standard of dwelling construction

housing statistics 주택 통계(住宅統計) 주택과 그 거주 세대의 상태에 관한 통계. 주택 이외라도 사람이 거주하는 시설도 포함하여 조사되는 경우도 있다.

housing supply 주택 공급(住宅供給) 주택의 신축, 중고 주택의 분양 임대 등에 의해 수요자에게 주택을 제공하는 것. 단지 물리적인 건설뿐만 아니라 주택의 제공을 실현하기 위해 금융이나 세제법제 등의 여러 조건을 갖추는 것을 포함한다.

housing survey 주택 조사(住宅調査) = housing census

housing weather 주거 기후(住居氣候) = house climate

Howe truss 하우 트러스 사재(斜材)의 방향이 바깥쪽을 향해서 아래 방향인 트러스. 보통 사재는 압축재이다.

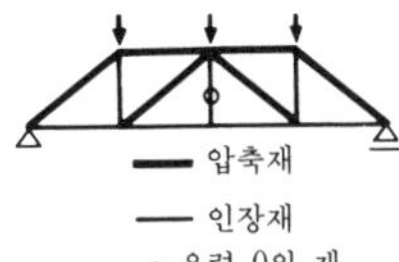

howl back 하울링 = howling

howling 하울링 마이크로폰→증폭기→스피커에 의한 확성 장치를 사용할 때 스피커에서 나온 음이 다시 마이크로폰으로 들어가 증폭되어서 순환하여 명음(鳴音)을 발생하는 현상.

HPC method HPC공법(–工法) 기둥, 보 등의 주요 구조부에 H형강을 사용하고, 벽, 바닥 등에 프리캐스트 콘크리트판을 사용한 조립 공법의 일종.

HP shell HP셸 HP는 hyperbolic paraboloidal의 약어. 추동(推動) 셸의 하나. 서로 반대 방향으로 만곡한 두 포물선 중의 하나를 다른 포물선을 따라 이동시킴으로써 생기는 곡면을 갖는 셸.

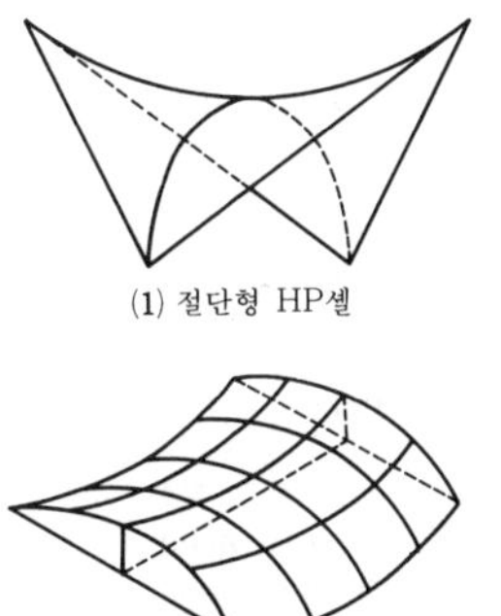

(1) 절단형 HP셸

(2) 안장형 HP셸

H-shaped steel pile H형강 말뚝(–形鋼–) H형강을 사용한 말뚝.

H-steel H형강(–形鋼) 형강의 일종. 플랜지의 두께가 같고 국부 좌굴을 일으키지 않는 범위에서 폭넓은 모양을 하고 있다. 주로 열간 압연재이나, 일부에 용접에 의해 성형한 것도 있다. 건축 골조, 말뚝 등으로 널리 쓰이고 있다. = wide flange shapes

Huber Mises and Hencky's assumption 휴버 · 미제스 · 헹키의 가설(–假說) = shear strain energy theory

Huck bolt 헉 볼트 유압으로 너트에 상당하는 칼라를 체결하는 그립 볼트(grip bolt) 형식의 특수 고력 볼트.

hue 색상(色相) 적 · 녹 · 황 등의 색조. 기호 H. 색상의 차이는 주파장의 차이에 따라 느낀다. 먼셀 표색계에서는 100색상으로 나눈다.

hue contrast 색상 대비(色相對比) 색상이 다른 두 색을 대비하여 볼 때 색상차를 보다 크게 느끼고, 대비하는 색의 보색 방향으로 색상이 변화해 보이는 현상을 말한다. →complementary color

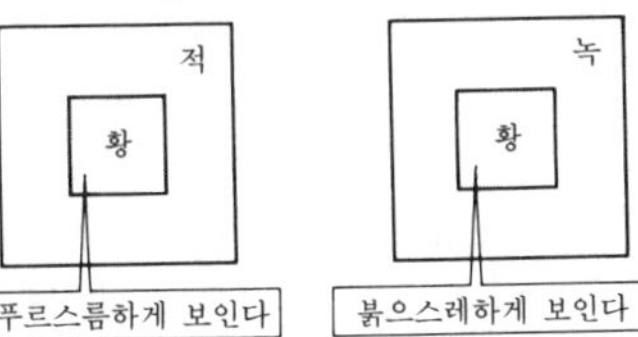

hue harmony 색상 조화(色相調和) 둘 이상의 색이 배색되었을 때 각 색상간에 아름답고 쾌적한 관계가 성립되는 것. 색채의 조화는 명도차 · 채도차에도 영향되지만 색상 조화가 기본이 된다. 그림은 색상 조화의 예이다(2색의 경우).

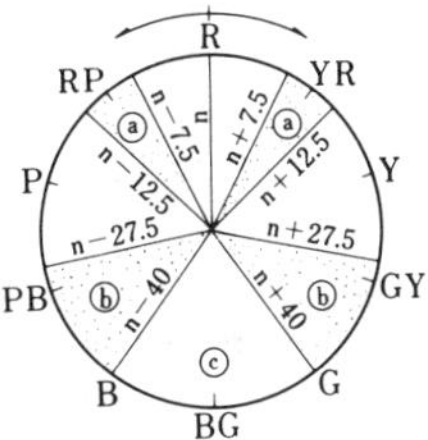

숫자는 먼셀 생상환 100분 기호. 색상 n(예를 들면 R)에 대하여 ⓐ는 유사색의 조화 영역, ⓑ는 이색, ⓒ는 보색의 각 조화 영역을 나타낸다.

Huff model 허프 모델 몇 개의 상업 센터가 존재하는 경우 소비자가 각 센터를 선택하는 확률을 나타내는 모델. 어느 센터의 선택 확률은 그 효용에 비례한다고 한다.

human engineering 인간 공학(人間工學) 심리학이나 생리학의 입장에서 인간의 작업 능력과 그 한계, 인간이 갖는 성질이나 특성 등을 파악하여 이들에 적합하도록 기계, 설비품, 작업 등을 설계하는 과학. =ergonomics

human factor 휴먼 팩터 인간·기계계의 적정한 상호 관계를 유지하는 데 필요한 인간이 갖는 여러 가지 특성을 해명하기 위한 연구의 총칭. →human engineering

human heat load 인원 부하(人員負荷) 인체에서 발생하는 현열, 잠열, CO_2, 냄새 등 공기 조화, 환기 설비 등의 부하가 되는 요인. =occupancy load

human load 인간 하중(人間荷重) 적재 하중의 일종. 인간의 무게에 의한 하중.

human scale 인간 척도(人間尺度) 인간의 몸의 크기를 기준 척도로 하여 공간을 설계하는 것. →super scale

human settlement 거주지(居住地) 주택지와 동의어이지만 ① 상업적, 공업적 지역에서 사람이 살고 있는 경우, ② 물적인 주거뿐만 아니라 거주자와의 관련을 말하는 경우, ③ 세틀먼트(settlement)나 해비탯(habitat)을 번역하는 경우 등에 "주택지"의 표현으로는 부족한 경우에 사용된다.

Hume concrete pipe 흄관(−管) =Hume pipe

Hume pipe 흄관(−管) 원심력을 응용하여 만든 철근 콘크리트관. 고안자 Hume의 이름을 딴 명칭. 정식으로는 원심력 철근 콘크리트관이라 한다. =centrifugal reinforced concrete pipe

humid air 습공기(濕空氣), 습윤 공기(濕潤空氣) 건조 공기에 대한 용어로, 대기 기타 일반의 공기는 건조 공기와 수증기의 혼합이므로 이것을 습공기라 한다. =moist air

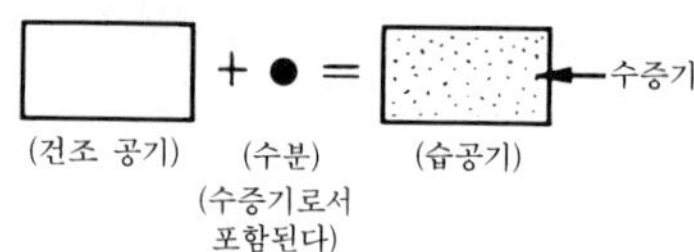

humidification 급습(給濕), 가습(加濕) 공기 중의 수증기량을 증가시키는 것. 가습에 의해 그 절대 습도가 높아진다.

humidifier 가습기(加濕器), 공기 가습기(空氣加濕器) 공기 조화 장치에서 공기에 수증기를 주는 장치. 간접적 가습 장치로서는 공기 청정기(분무식, 충전식), 다공질 충전식 세척기, 증발 접시에 의한 것 등이 있으며 직접적 장치는 실내에 노즐 등에 의해 직접 물방울을 실내에 분무하므로 분무기, 미립 분무기, 압축 공기식 또는 원심식 분무 장치, 스팀 제트 등의 방법이 있다.

humidistat 습도 조절기(濕度調節器), 조습기(調濕器) 공기 조화 설비의 제어에 사용되는 기기의 하나로, 습도의 검출부를 가지며, 그 부분의 습도 조건을 검출하여 조절 밸브 기타에 소요의 지령을 발하는 것이다. 습도의 검출에는 모발의 신축을 사용하는 것이 많으나 물질의 열전도율의 변화를 이용하는 것, 건습구계식의 것도 있다.

humidity 습도(濕度) 대기 중에 포함되는 수증기량. 상대 습도, 절대 습도 등의 표현법이 있다.

humidity chart 습공기 선도(濕空氣線圖) 습공기의 상태를 나타낸 선도. 대기압하에 건구 온도, 습구 온도, 엔탈피, 절대 습도, 상대 습도, 노점 온도를 나타내고 있다. t-x선도, h-x선도 등이 있다. =psychrometric chart

humidity control 습도 조정(濕度調整) 공기 조화 장치에서 ① 에어 와셔, ② 팬형 급습기, ③ 증기 분사 등에 의해 급습한다든지, 공기의 노점보다 낮은 물로 세척한다든지, 냉각 코일의 냉수량 제어, 직접 팽창식 냉동기의 제어 등에 의해 공기의 절대 습도를 낮춘다든지, 또 가열, 냉각하여 상대 습도를 조정한다든지, 또는 액체 고체의 흡착제에 의해 감습한다든지 하는 것을 말한다. 어느 경우나 조절기(조온기, 조습기)를 사용한다.

humidity diffusional coefficient 습기 확산 계수(濕氣擴散係數) 습기(수분)의 확산 현상을 나타내는 변화 방정식으로 나타나는 계수. 습기 농도의 변화 정도를 나타낸다. 수분 확산 계수라고도 하며, 수증기 확산 계수, 액수(液水) 확산 계수로 나뉜다.

humidity effect 가습 효율(加濕效率) 가습을 위해 공기 중에 분출한 수분 중 증발하여 수증기로 된 만큼의 비율을 %로 나타낸 값. →saturation efficiency

humidity pressure 습압(濕壓) 습기의 농도를 말한다. 공기 중에 포함되는 수증기의 농도(수증기압, 절대 습도), 재료 중의 공극의 수증기 농도, 액수(液水)의 농도(함습률, 수압)를 말한다. →air humidity, rate of moisture content

humidity regulation 습도 조정(濕度調整) 공=humidity control

humidity sensor 습도 센서(濕度－) 공기 중의 습도를 검출하기 위한 계측기. 섬유의 흡습에 의한 신장, 노점 온도의 측정, 흡습에 의한 전기 저항의 변화를 측정하는 등의 방법이 있다.

hump 험프 노면을 부분적으로 높여 차량의 속도를 억제하려는 수법. 원호상의 것과 사다리꼴의 것이 있다.

humus 부식토(腐蝕土) 공기의 유통이 나쁜 토지나 배수가 나쁜 곳에 축적한 많은 유기 화합물을 포함하는 흙. 20% 이상의 부식토를 포함하는 것을 부식 토양 또는 부식질 흙이라 한다. =humus soil

hung gutter 홈통 물받이(－桶－) 건물 외부에 설치한 홈통. 처마홈통·선홈통 등이 있다.

hurdle 바자 대나무·갈대·수수깡 등으로 발처럼 엮은 것. 울타리를 만드는 데 사용한다.

hut 산막(山幕) 등산자의 휴게, 피난 또는 숙박을 위해 등산로나 산정에 설치된 오두막집.

hybrid 하이브리드 이종(異種)의 재질을 조합시킨 부재의 총칭. 보통 강재의 웨브에 고장력강의 플랜지를 용접한 하이브리드 I형 보가 대표적이다.

hybrid girder 하이브리드 거더 이종(異種)의 재질을 조합시킨 조립 보. 플랜지와 웨브의 재질이 다른 H형강 등이 이에 해당한다.

hybrid solar house 하이브리드 솔라 하우스 하이브리드 솔라 시스템을 갖춘 주택. 외관상도 패시브(passive) 요소와 집열기와의 조화가 도모되고, 난방용 보조열을 거의 불필요하게 된다.

hybrid solar system 하이브리드 솔라 시스템 패시브(passive)와 액티브(active)의 솔라 시스템을 조합한 시스템. 액티브 요소를 적게 하여 보조열의 소비를 최소한으로 한다. →hybrid solar house

hybrid structure 복합 구조(複合構造) 상이한 재료의 부재나 판을 조합시켜 한 몸의 가구(架構)로서 작용하도록 형성된 구조. =mixed structure

hybrid system 하이브리드 시스템 각기 상이한 두 개념으로 구성되는 시스템을 일체화하여 양자의 특징을 살리면서 목적에 대하여 가장 효과적으로 기능하도록 짜여진 시스템.

hydrant 급수전(給水栓)[1], 소화전(消火栓)[2] (1) 급수 장치 말단의 물의 출구에 부착한 마개(개폐 기구).
(2) 소화 호스를 접속하는 물마개. 공설의 것(지상식, 지하식)과 구내 사설(私設)의 것 등이 있다. =fire hydrant

hydrate 수화물(水和物) 수화 화합물 또는 함수화물이라고도 한다. 물이 결합수로서 화합한 물질을 말하는 것으로, 비교적 용이하게 그 물을 잃게 할 수 있는 화합물을 말한다. 시멘트에 물을 가하여 반죽하면 점차 물을 포함하여 그 입자의 외주에서 가수 분해를 일으켜 수분을 성분의 일부에 섭취하여 함수 복염류를 만든다. 이것을 시멘트의 수화물이라 한다.

hydration 수화 작용(水和作用) 수용액 중에서 용질 분자 또는 이온이 그 주위에 약간의 물의 분자를 끌어당겨 마치 수분자의 피막을 가지고 있는 것과 같은 상태가 되는 현상을 말한다. 그 결합이 화합물의 형태로 되는 경우에는 수화물을 만든다. 시멘트의 응결은 시멘트 입자의 수화 작용에 의해서 일어난다.

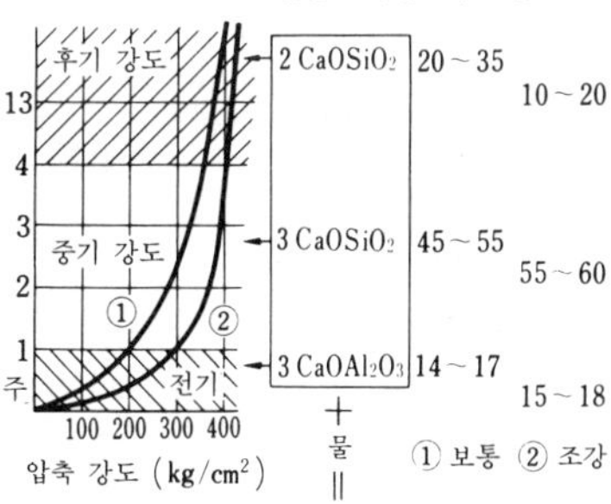

hydraulic admixture 수경성 혼합 재료(水硬性混合材料) 콘크리트에 사용하는 수경성을 나타내는 혼합 재료.

hydraulic breaker 압쇄기(壓碎機) 유압력을 이용하여 콘크리트를 눌러 부수는 장치.

hydraulic cement 수경성 시멘트(水硬性－) 공기 중은 물론 수중에서도 경화하는 시멘트를 말한다. 넓은 뜻의 시멘트 중 석회, 소석고, 마그네시아 시멘트 등과 같이 공기 중에서만 경화하는 기경성(氣硬性) 시멘트에 대하여 수경성 석회, 포틀랜드 시멘트, 각종 혼합 시멘트(고로 시멘트, 실리카 시멘트, 플라이 애시 시멘트), 알루미나 시멘트 등이 이에 속한다.

hydraulic gradient 동수 경도(動水傾度) 다공질 재료 속을 물이 흐를 때의 단위 길이당 손실 수두를 말한다. 2점간의 수두차 h, 거리를 L로 하여

$i=h/L$

동수 경사(動水傾斜)·수두 경사(水頭傾斜)라고도 한다.

hydraulic hammer 유압 해머(油壓－) 유압을 구동원으로 하는 해머를 사용한 말뚝 타입(打入) 기계.

hydraulicity 수경성(水硬性) 물질이 물과 화합하여 응결하고, 수중에서 다시 그 세기를 증가하는 성질. 시멘트·소석고 등이 이 성질을 가지고 있다.

hydraulic jack 수압 잭(水壓－)[1], 유압 잭(油壓－)[2] (1) 수압 실린다와 피스톤을 이용한 잭으로, 구조는 유압 잭과 같다. (2) 유압에 의해 램을 압출하여 물체를 가력(加力) 또는 물체를 받치는 잭.

hydraulic jet 물 제트, 수사기(水射機) 고압의 물을 분출시켜 말뚝 또는 시트 파일 등을 박아 넣기 위한 기계. 말뚝박기인 경우는 수사식 말뚝 타입기라 하며, 말뚝 끝에 물을 분출시켜 주위의 토사를 배제하여 말뚝을 침하시킨다(모래, 자갈 등의 지반에 적합하다). 압력은 연한 토질 1~2kg/cm^2, 다져진 토질 10~12kg/cm^2.

hydraulic pressure 수압(水壓) 탱크 등의 측벽이나 밑바닥 혹은 수중에 있는 물체의 표면에 작용하는 압력.

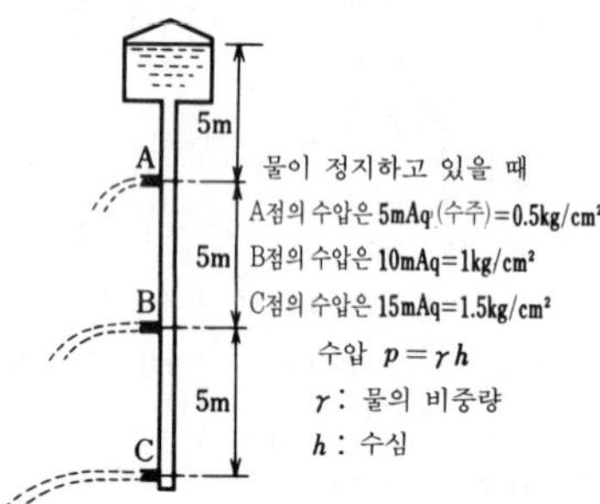
5m
A
물이 정지하고 있을 때
A점의 수압은 5mAq(수주)=0.5kg/cm²
5m
B점의 수압은 10mAq=1kg/cm²
B
C점의 수압은 15mAq=1.5kg/cm²
수압 p=γh
5m
γ : 물의 비중량
h : 수심
C

hydraulic property 수경성(水硬性) 시멘트나 석고 등이 물과 화학 반응을 일으켜 응결·경화하는 성질. ＝hydraulic setting

hydraulics 수리학(水理學)[1], 수력학(水力學)[2] (1) 주로 토목 공학 분야에서 하천, 호소(湖沼), 해양, 지하 대수층(帶水層) 등의 자연계에 존재하는 물의 움직임, 수중 물질의 확산 등의 현상이나 인공적 수로에 대해서 이론적, 실험적으로 연구하는 과학. (2) 주로 기계 공학 분야에서 유체 일반의 흐름의 해석에서 비교적 간단한 원리를 실제로 결부시켜 유체의 여러 현상의 측정, 유체 기계의 설계 등을 위해 발달한 과학.

hydraulic test 수압 시험(水壓試驗) 수압 검사, 관, 탱크 보일러 등과 같이 압력을 받는 물체에 수압을 가하여 하는 시험. 급수 배관 계통, 탱크의 완성 후에 시험을 하여 누수의 유무를 검사한다.

hydro-crane 하이드로크레인 유압을 동력원으로 하는 크레인.

hydrogen brittleness 수소 취성(水素脆性) 강의 조직 내에 수소를 포함하면 연성을 잃는 현상. 고강도강의 지연 파괴 등의 현상의 원인이라고도 하다. 용접시에 저수소계 용접봉을 사용함으로써 방지할 수 있는 경우가 있다.

hydrogen crack 수소 균열(水素龜裂) 용접 금속 내에 확산성 수소량이 많을 때 생기는 수소 취성에 의해 발생하는 균열.

hydrogen-ion concentration 수소 이온 농도(水素－濃度) 수중의 수소 이온 H^+의 농도. 1l의 용액 중 수소 이온의 그램 이온수를 의미한다. 수중의 수소 이온은 화학 반응에 중요한 역할을 하므로 수질 시험에는 불가결한 항목의 하나이다.

hydro hammer 유압 해머(油壓－) 유압 가력 기구를 사용하는 말뚝 박는 기계.

hydrological balance 물 수지(－收支) 도시, 지역 또는 건물에서 물의 공급량과 수요량 및 배출량의 관련성에 착안하여 물의 이동량을 파악하는 것. ＝water balance

hydrological cycle 물 순환(－循環) 물이 지구 표면과 그 근처에서 수평 또는 수직 방향으로 이동하여 순환하는 것. 수자원의 입장에서는 주로 증발, 구름, 강수, 지표수, 증발이라는 순환을 가리킨다.

hydrological environment 물 환경(－環境) 도시·건축 레벨에서 고체·기체·액체의 3형태에서의 물의 존재 형태와 생활용, 산업용, 경관용 등의 물의 이용 형태를 말한다. ＝water environment, waterscape environment

hydrologic constant of subsoil 수리 상수(水理常數) 지하 수류의 침투 또는 투수에 관한 흙의 성질을 대표하는 계수. 일반적으로는 투수 계수가 널리 쓰인다. 투수 계수와 투수층 두께를 곱한 투수량 계수, 유효 간극률에 상당하는 저류(貯留) 계수도 수리 상수로서 배수 공법의 계획에 널리 쓰인다.

hydrology 수문학(水文學) 자연계에서의 물의 존재, 순환 및 분포에 관한 물리적, 화학적 여러 현상, 나아가 물과 생물을 포함하는 환경과의 상호 관계를 연구하는 과학.

hydromechanics 유체 역학(流體力學) 유체의 정지 상태를 논하는 유체 정역학 및 유체의 운동을 논하는 유체 동역학을 합쳐서 유체 역학이라 한다.

hydrometer analysis 비중계 분석(比重計分析) 세립토(細粒土)의 분석 시험 방법. 침전 측정용 실린더에 흙과 물의 교반액을 넣고 비중계를 삽입하여 시간 경과에 따르는 흙입자의 침전 진행법을 현탁액의 비중 감소에서 측정하여 흙의 입도 분포를 구하는 방법.

hydrophilic property 친수성(親水性) 물과의 친화력이 강한 성질. 물을 매질로 하는 용액 중에서 소량의 전해질을 가해도 쉽게 침전을 일으키지 않는 성질.

hydropneumatic tank 압력 수조(壓力水槽) 밀폐 탱크 내에 기체와 물을 압입하여 기체의 압축성에 의해서 수압을 유지하는 수조. 최근에는 펌프 시동시마다 공기를 물과 함께 압입하는 자동 공기 보급 장치를 갖춘 것이라든가, 수조 내에 격막을 두고 공기의 용입을 방지한 격막식 압력 수조가 많다. =pressure tank

hydrostatic excess pressure 과잉 간극 수압(過剩間隙水壓) 포화 모래의 간극 수압이 정수압(靜水壓)보다 커진 부분. 모래의 전단 강도는 아래 식으로 표시된다.

$s=(\sigma-u)\tan\varphi$

여기서, σ : 응력, u : 정수압. 과잉 간극 수압 Δu가 있으면

$s=(\sigma-u-\Delta u)\tan\varphi$

로 저하하여 진동이나 전단 변형(剪斷變形)을 받은 모래의 액상화(液狀化)의 원인이 된다.

hydrostatic head 정수두(靜水頭) 물이 정지하고 있을 때의 수두에 따라서 미치는 압력. =static head

hydrostatic pressure 정수압(靜水壓) 정지한 수중에 있는 면에 직각으로 작용하는 압력. 면에 작용하는 수압은 깊이에 비례한다.

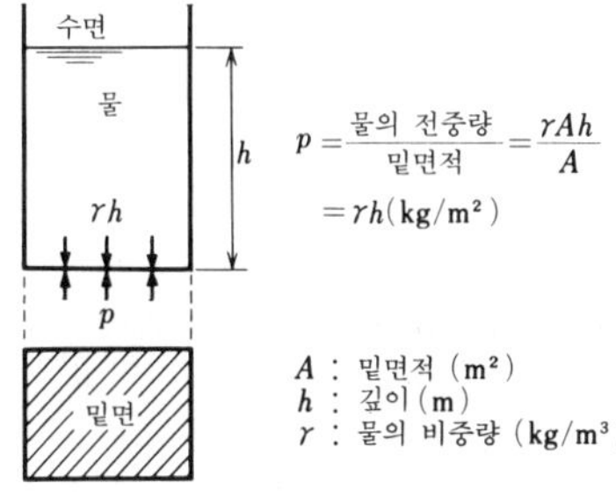

hydrostatic pressure

hydrostatic stress 등방 응력(等方應力) 액체 중에서 응력과 같이 모든 방향으로 수직 응력이 같은 응력 상태.

hygrometer 습도계(濕度計) 습도를 측정하는 기계.

hygroscopic 하이그로스코픽 수분의 이동은 증기 확산이 지배적이며, 벽 내부에는 자유수에 가까운 모세관수(매크로 모세관수)는 존재하지 않고, 공극 내의 상대 습도가 약 96~98% 이하로 유지되는 상태.

hygroscopy 급습(給濕) =humidification

hygrostat 조습기(調濕器) =humidistat

hyperbolic paraboloidal shell 쌍곡 포물선면 셀(雙曲拋物線面－), HP셀 수평으로 절단하면 그 단면이 쌍곡선이 되는 셸. 체육관 등 대공간의 지붕 구조에 응용된다.

hyperbolic shell of revolution 쌍곡선 회전 셸(雙曲線回轉－) 두 평행원 사이에 친 직선군을 비틀든가, 쌍곡선을 축 둘레에 회전시켜서 얻어지는 곡면을 갖는 셸. 냉각탑에 사용한다.

hyperboloid of two sheets 2엽 쌍곡면(二葉雙曲面) 2차 방정식 $x^2/a^2+y^2/b^2-z^2/c^2=-1$로 나타내어지는 곡면. 셸 구조의 돔 형태로서 쓰인다. →one sheet hyperboloid

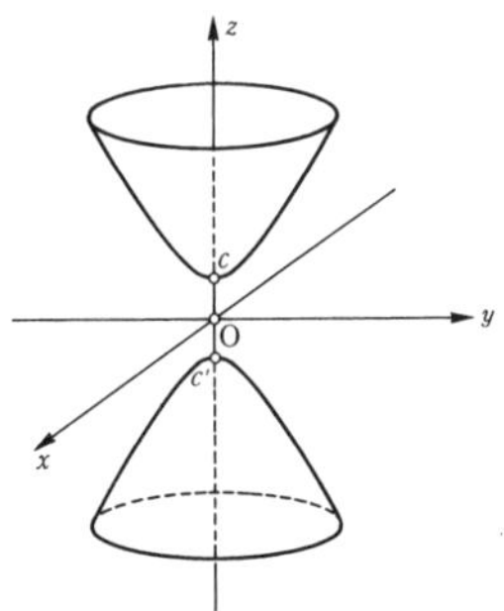

hypocenter 진원(震源) 지중에서 지진이 발생한 원천. →epicenter

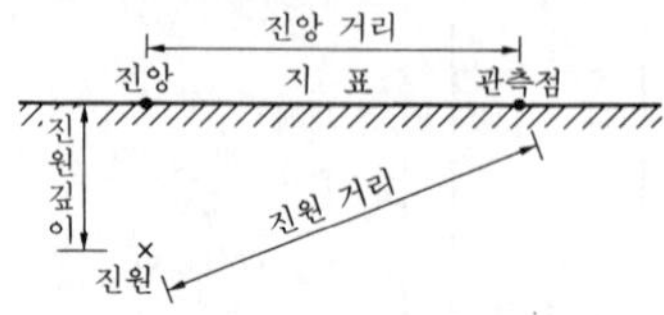

hypocenter

hypocenter region 진원역(震源域) 진원이 차지하는 면적 또는 체적. 진원의 범위를 말한다.

hypocentral distance 진원 거리(震源距離) 진원에서 관측 지점까지의 직선 거리를 말한다.

hypostyle hall 하이포스타일 홀 다주식(多柱式)의 공간. 기둥을 나란히 세워서 천장을 받치는 형식이다.

hysteresis 히스테리시스, 이력(履歷) 하중·변형 곡선이 상승시와 하강시에 일치하지 않고, 루프를 그리는 현상.

hysteresis characteristics 복원력 특성(復元力特性) 스프링에 주는 변형과 그에 대응하는 복원력과의 관계. 복원력이 변형에 비례하는 경우에 선형, 그렇지 않는 경우에 비선형이라 한다.

hysteresis curve 이력 곡선(履歷曲線) 정부(正負)의 반복 하중에 의해 그려지는 하중 변형 곡선으로, 비선형의 성질 때문에 탄성 범위와 같이 직선으로 되지 않고, 어느 면적을 둘러싸는 성질을 갖는 곡선. 응력과 변형의 곡선에 대해서도 같다.

hysteresis damping 이력 감쇠(履歷減衰) 하중 변형 곡선이 루프를 그림으로써 진동 에너지가 흡수되어 진동이 감쇠하는 것을 말한다.

hysteresis loop 이력 루프(履歷－) 하중 변형 곡선에서 처녀 곡선과 이력 곡선을 구별할 때 쓰는 용어.

hysteresis model 이력 모델(履歷－) 일반적으로 비선형인 계의 입력·응답이나 점탄성체의 동적인 응력·변형 곡선이 그리는 폐곡선적인 히스테리시스를 나타내는 모델. 이것은 계의 감쇠성의 대소를 나타낸다. 수종의 모델이 생각되고 있다.

hysteresis rule 이력 룰(履歷－) 구조체나 부재에 작용하는 하중과 변형의 관계를 나타내는 이력 모델에서 하중과 변형의 관계를 정의하는 규칙. ＝hysteretic rule

hysteretic characteristics 이력 특성(履歷特性) 부재, 재료, 골조에 고유인 하중과 변형량의 관계.

hysteretic damping 이력 감쇠(履歷減衰) 히스테리시스 루프가 둘러싸는 면적에 의해서 나타내어지는 에너지 손실에 해당하는 감쇠 작용.

hysteretic rule 이력 룰(履歷－) ＝hysteresis rule

I

IB 인텔리전트 빌딩 =intelligent building

I-beam I빔 I형 단면의 형강. 강철 구조나 철골 철근 콘크리트 구조의 보·기둥 등에 사용된다. 그림은 표준 치수를 나타낸 것이다.

	A(mm) × B(mm)	t_1 (mm)	t_2 (mm)	길이 (m)
	100×75 ∫ 600×190	5 ∫ 16	8 ∫ 35	6 ∫ 15

ice box 냉장고(冷藏庫) 식품의 부패를 방지하기 위해 외기와 절연하여 내부의 온도를 낮게 유지하는 저장고로, 얼음 냉장고, 가스 냉장고, 전기 냉장고가 있다. 호텔, 여관, 식당 등의 식품 저장실은 냉장실이라 한다.

ice pressure 빙압력(氷壓力), 얼음 압력(－壓力) 결빙에 따르는 팽창에 의해서 얼음이 주위에 주는 압력.

ice-resistant construction 내빙 구조(耐氷構造) 얼음 압력, 유빙(流氷)의 충돌 등에 구조 강도로 저항하는, 혹은 형상으로 외력을 저감할 수 있도록 한 구조. = ice-resistant structure

ice-resistant structure 내빙 구조(耐氷構造) =ice-resistant construction

ice storage system 얼음 축열 방식(－蓄熱方式) 얼음의 상태로 냉열을 축열하는 장치를 갖는 공기 조화 시스템. 얼음이 갖는 얼음⇄물의 상변화에 의한 융해열을 이용함으로써 보다 고밀도의 축열이 가능해져서 축열조 본체가 소형화된다.

icing 착색 시멘트(着色－), 컬러 시멘트 백색 포틀랜드 시멘트에 안료를 혼합하여 색을 붙인 시멘트.

iconology 이코놀로지 종교 예술 등의 도상(圖像)을 대상으로 하여 그 의미나 내용을 해명하기 위한 연구·학문. 건축의 영역에서는 G. 밴트맨의 중세 건축 연구가 주목되고 있다.

ICOS method 이코스 공법(－工法) 무진동·무소음의 굴착 공법의 일종. 특수한 보링 헤드(비트) 또는 해머 그래브에 의해 굴착하면서 벤토나이트액을 순환시킴으로써 거푸집이나 특별한 처리를 필요로 하지 않고 구경(40~100cm)이 큰 구멍을 뚫거나 두께 60~80cm, 길이 1.8~5.0 m의 장방형 벽체를 구성할 수 있다. = Impresa di Construzione Opere Specializzate method

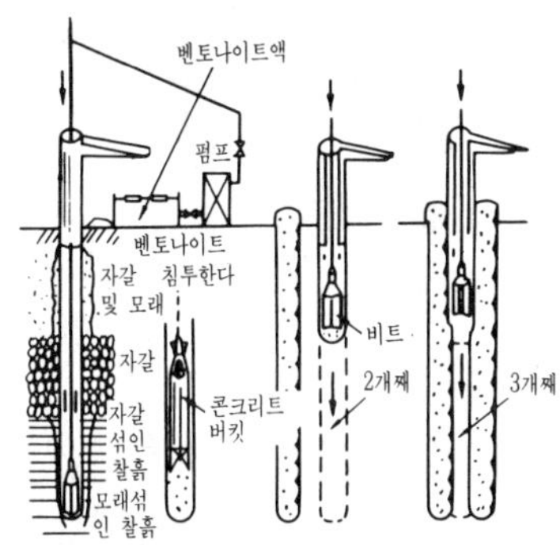

①굴착중 ②콘크리트 타설 ③1개째 완성 ④2개째 완성

ideal city 이상 도시(理想都市) 현실적인 입지 조건을 떠나 이상적인 환경, 형태를 상정한 공상의 도시. 서구에서는 다빈치의 공상 도시, 공상 사회 주의자의 이상 도시 등이 있다.

ideal fluid 이상 유체(理想流體) 점성, 압축성을 갖지 않는다고 가정한 유체.

ideal gas 이상 기체(理想氣體) ① 보일·샤르의 법칙 $pv = RT$(p : 기체의 압력, v : 비체적, R : 기체 상수, T : 절대 온

도)에 대하여 완전히 따르는 이상적인 기체. ② 통계 역학적으로는 상호 작용이 전혀 없는 입자(분자)의 집합을 말한다. = perfect gas

ideal plastic material 이상 소성체(理想塑性體) 소성역에서 트레스카(Tresca)나 미제스(Mises)의 항복 조건과 흐름 법칙에 따르는 재료.

ideal shock pulse 이상 충격 펄스(理想衝擊-) 일반적으로 간단한 수학적 표현으로 정확하게 표현되는 충격 펄스.

identity matrix 단위 행렬(單位行列) = unit matrix

IDF 중간 단자반(中間端子盤) = intermediate distribution frame

IE 인더스트리얼 엔지니어링 = industrial engineering

igloo 이글루 에스키모 지방에 세워진 집. 눈이나 얼음을 블록 모양으로 잘라 쌓아서 만든 것. 에스키모가 수렵을 할 때 만드는 헛간.

igneous rock 화성암(火成岩) 지중의 마그마가 지표 또는 지하에서 고결한 암석. 화산암과 반심성암으로 대별된다.

ignition 발화(發火) 가연물이 연소를 시작하는 것.

ignition loss 강열 감량(强熱減量) 시료(試料)를 방열하면 포함되는 수분, 결정수, 탄산 가스, 휘발성 물질 등은 강열에 의해서 방출되고, 그 때문에 시료의 무게가 감소한다. 이 감량을 그 물질의 강열 감량이라 하고, 감량의 원시료에 대한 백분율로 나타낸다.

ignition point 발화점(發火點) 가연물이 연소를 시작하는 데 필요한 최저 온도. 시험 방법에 따라서 현저하게 차가 있다. 예를 들면 목재 등은 시료의 크기나 가열 속도가 다르면 분해 속도가 달라져 발화점은 일정하지 않다.

ignition temperature 착화점(着火點)[1], 발화점(發火點)[2] (1) 소정 조건하에 물질(재료)이 연소를 시작할 때의 최저 온도. 목재의 착화점(인화점)은 대체로 230~280 ℃ 정도이다.
(2) = ignition point, fire point

illegal building 위반 건축물(違反建築物) 건축 기준법 등에 위반하는 건축물을 총칭한다.

illuminance 조도(照度) = illumination (1)

illuminance calculation [counting] 조도 계산(照度計算) 조명 설계에서 피조면(被照面)의 조도를 계산·산출하는 것. 평균 조도(수평면, 연직면)의 계산, 직달 조도의 계산 등 각종의 계산이 행하여진다.

illuminance distribution 조도 분포(照度分布) 예를 들면 실내의 작업면과 같은 피조면(被照面)상의 조도의 분포 상태.

illuminance from unobstructed sky 전천공 조도(全天空照度) 직사 일광에 의한 조도를 제외한, 전천공으로부터의 천공광에 의한 조도.

illuminance from unobstructed sky for daylighting design 설계용 전천공 조도(設計用全天空照度) 주광률(晝光率)을 주광 조도로 환산하기 위해 곱해야 할 전천공 조도값. 표준적 일기 조건에 대하여 정해지며, 어두운 날은 5,000룩스이다.

illuminance meter 조도계(照度計) = illuminometer

illuminated plane 수조면(受照面), 피조면(被照面) 빛을 수조하는 면. 어느 면이나 면상의 점이 빛을 받는 것을 빛을 수조한다고 한다. = reference plane

illuminated point 수조점(受照點) 빛을 수조하는 점. 어느 면이나 면상의 점이 빛을 받는 것을 빛을 수조한다고 한다. = reference point →illuminated plane

illumination 조도(照度)[1], 조명(照明)[2]
(1) 피조면(被照面)에 입사하는 광속의 면적 밀도. 피조면상의 한 점 주위 화소를 dS, 입사 광속을 dF라 하면 그 점의 조도는 dF/dS이다. 어느 면의 평균 조도는 그 면이 받는 광속 F와 그 면의 면적 S와의 비 F/S로 나타낸다. 기호는 E. 단위는 룩스, 포토, 푸트 캔들.

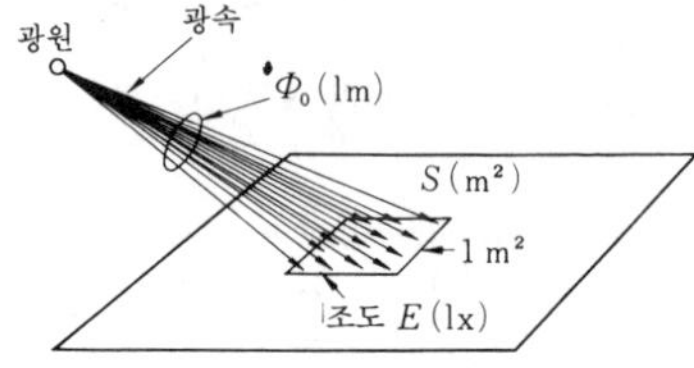

S(m²)의 면에 광속 Φ(lm)가 닿는 경우의 면의 평균 조도 E는

$$E = \frac{\Phi}{S} \text{ (lx)}$$

(2) 빛을 공간에 시환경(視環境)으로서 적절하게 공급하는 것. 인공 조명과 주광 조명으로 나눌 수 있다. 인공 조명만을 조명이라 하기도 한다.

illumination vector 조명 벡터(照明-) 완전 확산성의 피조면상의 P점에서 점광원 L방향의 조도 E_n을 벡터라 생각하고, 이것을 조도 벡터라 하지 않고 조명 벡터라 한다. 점광원이 없을 때는 등휘도 완전 확산성의 선광원(線光源), 면광원 등에 대해서 피조면측의 광원에 대해서만 P점이 최대 조도를 받는 면의 방향을 그 방향으로 하는 벡터가 조명 벡터이다. 조명 벡터 E_n은 피조면에 대하여 생각하므로 언제나 +이다.

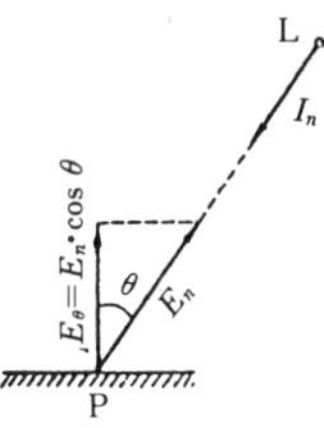

illuminator 조명 기구(照明器具) 전구의 갓이나 글로브와 같이 광원을 적당히 유지하거나 보호하기 위한 부속 기구로, 많은 종류가 있다.

illuminometer 조도계(照度計) 조도를 측정하는 계기. 가장 보급되고 있는 것은 광전지 조도계이다. 수광기는 셀렌의 얇은 금속판으로, 여기에 빛이 닿으면 빛의 양에 비례한 기전력이 발생하여 전류가 흐른다. 이 전류를 광전류라 한다. 이 전류는 눈의 시감도와 근사하므로 전류계를 동작시켜 조도로 읽도록 되어 있다.

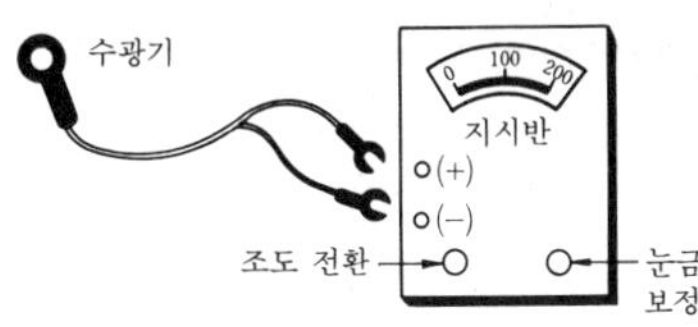

illusion 착시(錯視) 대상의 형이나 색을 실제와는 다른 것으로서 보는 시각상의 착각.

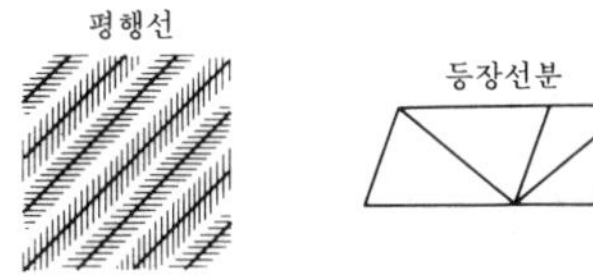

평행한 사선이 평행하게 안보인다 | 왼쪽 대각선이 오른쪽보다 길게 보인다

image 이미지 사람이 기억, 지각 등에 의해 마음 속에 만드는 심상(心象), 형상(形象)을 말한다.

image map theory 이미지 맵법(－法) ＝sketch map

image source of sound 허음원(虛音源) 실재하지 않지만 귀로 들은 느낌으로는 거기에 음원이 있다고 판단되는 음원. 큰 벽면으로부터의 반사음을 들으면 그 저쪽에 음원이 있는 것과 같이 느끼며(빛의 허상에 상당한다), 입체 재생에서는 스피커가 없는 곳에서 소리가 오는 것과 같이 느낀다.

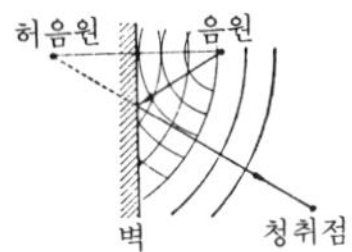

imaginary line 상상선(想像線) 도시(圖示)된 단면의 앞쪽에 있는 부분을 나타내는 선, 가공 전·가공 후의 형상을 나타내는 선, 이동하는 부분을 이동한 곳에 나타나는 선 등 물체의 관계 위치·운동 범위를 나타내는 선. 가는 1점 쇄선으로 나타낸다.

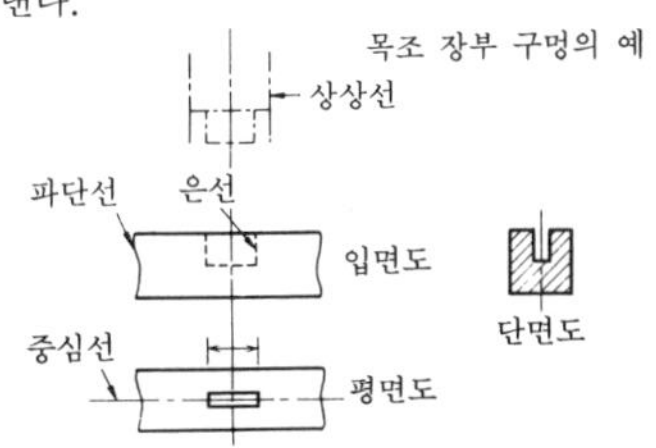

imbedded type column base 매입형식 주각(埋入形式柱脚) ＝bedded type column base

imcompressible fluid 비압축성 유체(非壓縮性流體) 압축성을 무시할 수 있는 유체를 말한다.

imitation stone 모조석(模造石), 인조석(人造石), 의석(擬石) 천연석의 모조품으로, 포틀랜드 시멘트, 백색 포틀랜드 시멘트와 모래를 물로 비비고, 여기에 종석(화강암, 대리석 기타 쇄석)과 안료를 가하여 판 모양으로 성형한 것. 또 인조 대리석이라고 해서 마그네시아 시멘트 안료를 가하여 대리석 모양을 나타낸 것도 있다. ＝artificial stone

immediately setting 즉시 침하(卽時沈下) 재하(載荷) 직후에 생기는 침하량을 말한다. 시간의 경과와 더불어 증대하는 압밀 침하 등과 구별하여 사용한다. 사질토 등에서도 시공 중에 문제로 되고 있다. ＝promptly setting, instantly setting, spot setting

immersion 침지(沈漬), 액침(液侵) 각종

액체에 재료를 담가 그 표면에 액제를 부착 또는 내부까지 침투시키는 조작.

impact 충격(衝擊) 매우 짧은 시간 동안에 작용이 끝나는 힘을 말한다. 구조물이 충격을 받으면 진동을 발생하고, 또 그 탄성적 성질은 정하중의 경우와 다른 성질을 나타낸다. ＝impulse

impact coefficient 충격 계수(衝擊係數) 충격 하중은 동적인 것이지만 정역학으로서 다루는 편의적인 수단으로서 충돌하는 물체의 무게에 어느 계수를 곱한 값을 가지고 충격 하중을 나타내는 그 계수를 말한다.

impact load 충격 하중(衝擊荷重) 속도를 갖는 물체가 구조물에 충돌하거나 유사한 상황이 됨으로써 작용하는 하중. 차의 충돌, 급 브레이크, 인간의 도약 등이 포함된다. ＝impulsive load

impact resistance 내충격성(耐衝擊性) 사람, 기물의 충돌 등으로 생기는 충격력에 대하여 전체적 또는 부분적인 파괴, 손상, 마모 등을 일으키는 일 없이 견디는 성질.

impact sound 충격음(衝擊音) ＝impulse sound

impact strength 충격 강도(衝擊强度) 충격력에 대한 재료의 파괴 강도로, 충격 시험으로 구해진다.

impact test 충격 시험(衝擊試驗) 시료에 물체를 충격적으로 충돌시켜서 시료를 파괴시키는 시험. 충격력은 그 파괴 에너지에서 구한다. ① 연직 낙하식. 낙하 시험이라고도 한다. 시료를 정지시키고 추를 낙하시킨다. ② Charpy식, Izod식. 흔들이를 써서 시료에 충돌시킨다. ③ 회전 원판식. 고속 충격에 사용한다.

impact test hammer 테스트 해머 ＝Schmidt concrete test hammer

impact value 충격값(衝擊－) 충격 시험으로 구해지는 흡수 에너지를 kg·m/cm^2의 단위로 한 것. 강재의 규격에도 규정되는 경우가 있다.

impact wrench 임팩트 렌치 압축 공기에 의해 볼트·너트 등을 죄는 공구. 철골 공사에서는 고력(高力) 볼트 등을 죄거나 푸는 데 사용된다.

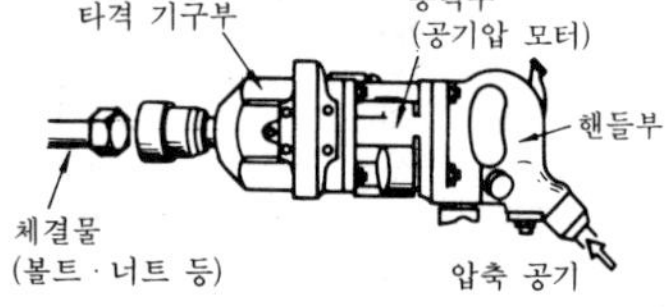

impedance 임피던스 입력 신호로서의 정현파적 변화량에 대한 물리계가 나타내는 정현파 응답량의 비. 이 경우 입력량 및 응답량은 복소수 표시가 전제이다.

impeller 임펠러 송풍기, 펌프 등의 유체를 내보내는 날개차.

impeller flow meter 임펠러 유량계(－流量計), 날개차 유량계(－車流量計) 간접 유량계라고도 하며, 가장 널리 쓰이고 있는 수도 계량기. 날개차의 회전수가 수류의 속도에 비례하는 것을 이용하여 유량을 측정하는 방식. ＝vane wheel water meter, turbine water meter

imperfect arch 불완전 아치(不完全－) 아치에서 압축력만으로 전달할 수 없는 형상의 아치. 포물선 아치 이외의 것.

imperfect diffusion 불완전 확산(不完全擴散) 복사체(輻射體)에서 발산하는 복사가 람베르트의 여현(餘弦) 법칙에 따르지 않는 확산.

imperfect elastic body 불완전 탄성체(不完全彈性體) →perfect elastic body

imperfect elasticity 불완전 탄성(不完全彈性) 힘을 제거해도 완전하게는 변형이 원상으로 되돌아가지 않는 성질. 잔류 변형량이 작고, 거의 탄성체로서 다룰 수 있는 정도의 것을 가리킨다.

impermeable layer 불투수층(不透水層) ＝impervious layer

impervious layer 불투수층(不透水層) 투수 계수가 작아 물이 침투하기 어려운 토층. 점성토가 많다. 투수 계수 k가 10^{-6}～10^{-7}/s 이하의 것은 불투수층으로 간주하고 있다.

implicit method 임플리싯 방식(－方式) 개별 디플레이터(deflator)를 종합한 디플레이터를 작성하는 경우 개개의 투자액(예를 들면 목조 주택과 비목조 주택)의 개별 디플레이터에 의해 각각의 실질 투자액을 구하고, 이것을 가산한 실질 투자액으로 원래의 명목 주택 투자액의 합계를 나눗셈함으로써 결과적으로 구하는 방식을 말한다.

importance factor 중요도 계수(重要度係數), 용도 계수(用途係數) 건물 용도의 중요도에 따라 설계 하중을 할증하는 계수. 재해시에 기능을 유지해야 할 건물, 위험물 등을 수장하는 건물, 사회적으로 영향이 큰 건물 등이 이 대상이 된다. 건축물의 부분이나 설비에 대해서도 고려되는 경우가 있다.

imported timber 외재(外材) 외국산의 재료. 주로 외국산의 목재를 총칭하는 것.

impounding reservoir 저수장(貯水場),

저수지(貯水地) 상수, 발전, 관개용 등을 위해 하천을 막아서 저수하는 장소. = reservoir

Impresa di Construzione Opere Specializzate method ICOS공법(-工法) = ICOS method

improved wood 개량 목재(改良木材) 물리적·화학적 처리를 하여 목재 고유의 결점을 개량하여 뛰어난 성질을 부여한 목재의 총칭.

improvement 개수(改修) 초기 성능이나 초기의 기능을 향상시키는 내용을 갖는 전면적인 수선. = repair

improvement of a district 지구 개선(地區改善) 재개발의 한 개념. 지구를 대상으로 하여 주택이나 도시 시설 등의 개별 개선에 그치지 않고 그들을 유기적으로 조합시켜 일체적, 종합적으로 개선하는 것을 말한다.

improvement of living condition 생활 개선(生活改善) 물적 환경뿐만 아니라 사회적 측면을 포함하여 생활 전반의 향상을 지향한 행위. 주택, 식생활, 생활 양식의 근대화를 추진한 운동에서 쓰이던 용어이다.

improvement of the living environment 생활 환경 정비(生活環境整備) 주생활을 중심으로 한 생활 전반을 둘러싸는 외부적인 환경을 일정 이상의 수준으로 정비하려는 도시 계획 수법의 일반적 명칭.

improvement of residential environment 거주 환경 정비(居住環境整備) 주생활에 관련하는 거주 환경 전반을 여러 가지 수법을 써서 단계적, 계속적으로 개선, 정비하는 것.

improvement planning of roadside district 연도 정비 계획(沿道整備計劃) 도로 교통 소음에 의한 장애의 방지와 합리적인 토지 이용의 촉진을 도모하기 위해 연도 정비 도로에 접하는 지역에 대하여 시군구가 정하는 도시 계획.

impulse 충격(衝擊) = impact

impulse sound 충격음(衝擊音) ① 계속 시간이 짧은 소리. 예를 들면 발자국 소리 등과 같은 충격에 의해서 발생하는 소리. ② 충격파에 의해서 발생하는 소리. = shock sound, impact sound

impulsive load 충격 하중(衝擊荷重) 충격적으로 구조물이나 재료에 작용하는 하중. 충격 하중은 그것이 조용하게 작용할 때보다도 구조물에 생기는 응력 등이 커지므로 충격 효과를 갖는 적재 하중을 지지하는 구조 부분에 있어서는 하중이 할증된다.

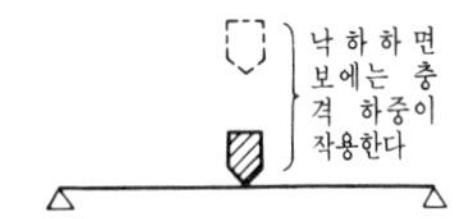

impulsive stress 충격 응력(衝擊應力) 충격 하중에 의해서 재(材)에 생기는 응력.

impulsive vibration 충격성의 진동(衝擊性-振動) 매우 단시간에 피크값에 이르고, 순간적으로 원상으로 되돌아가는 성질의 진동.

inadequate infrastructure provision 기반 미정비(基盤未整備) 농지 등이 계획적인 대처가 없는 상태에서 시가화(市街化)되고 도로, 공원 등의 생활 기반이 되는 시설이 장비되어 있지 않은 것.

in antis 인 안티스 그리스 신전의 한 형식. 가장 오래된 형식으로, 셀라(cella)의 양측면 벽이 전방으로 뻗고, 그 사이에 2개의 원주가 세워져 있다.

incandescent lamp 전구(電球)[1], 백열 전구(白熱電球)[2] (1) 진공 유리구에 봉해 넣은 금속 필라멘트에 통전하고, 이 발열, 발광을 광원으로 해서 이용하는 램프. 소켓이 달린 등구(燈具)에 비틀어 넣어 사용하는 각종 전구가 있다.
(2) 유리구에 텅스텐 필라멘트를 진공 혹은 미량의 불활성 가스(아르곤 등)를 봉해 넣고 베이스를 붙인 구조의 전구. 필라멘트에 전류를 흘려서 고온으로 백열하여 그 고온 방사 가시광을 광원으로 한다.

incentive zoning 인센티브 조닝 역사적 건조물의 보호나 공원 설치 등 도시 환경의 향상에 기여한 경우에 용적률의 할증을 인정하는 것.

inch 인치 12분의 1피트(약 2.54cm)에 해당하는 야드·파운드법에 의한 길이의 단위. 기호는 in. 라텐어의 uncia(12분의 1)에서 파생.

incidence 입사(入射) 음이나 빛 등이 어느 면에 닿는 현상.

incidence wave 입사파(入射波) 상이한 매질의 경계면에 한쪽 매질에서 입사하는 파동.

incident light flux 입사 광속(入射光束) 어떤 점, 선 또는 면에 입사하는 광속.

incident luminous flux 입사 광속(入射光束) = incident light flux

incident seismic wave 입력 지진파(入力地震波) 지진 응답 해석을 할 때 진동계에 주는 외란파이다. 강진계 기록 파형을 축소·확대 또는 수정한다든지, 통계적으로 처리된 인공 지진파를 쓴다든지 한다. = in-put wave

incineration plant 쓰레기 소각장(－燒却場) 가정에서 나오는 일반 폐기물 중 가연(可燃) 쓰레기를 소각하여 처리하는 장소. 최근에는 여열(餘熱)을 이용하여 시민 시설로의 열공급도 실시되고 있다.

incinerator 소각로(燒却爐) 쓰레기 등의 가연성 고형 폐기물을 소각 처리하는 설비. 소형의 것부터 대형의 축로(築爐)한 것까지 있다. 또 연속식과 일괄식이 있다. →refuse incineration plant

incinerator of spontaneous combustion type 자연식 소각로(自燃式燒却爐) 종이 쓰레기와 같은 발열량이 큰 자연(自燃)할 수 있는 쓰레기를 소각하는 노. ·

inclination 비탈, 경사(傾斜) ＝Batter

incline 경사(傾斜)[1], 종단 경사(縱斷傾斜)[2] (1) 일반적으로 사면 또는 사선의 경사 정도를 말한다. ＝grade
(2) 도로에서의 노면의 종단면 방향의 경사. 즉 비탈길의 경사.

inclined crack 경사 균열(傾斜龜裂) 내진벽, 보, 기둥 등의 철근 콘크리트 구조 부재에서 전단력에 의해 재축(材軸)에 대하여 경사 방향으로 생기는 균열을 말한다. →diagonal tension crack

inclined manometer 경사계(傾斜計), 경사 미압계(傾斜微壓計) 가는 유리관을 경사시키고 속의 액주의 움직임을 크게 한 미차(微差) 압력계. 차동 마노미터의 일종으로, U자관보다도 미소한 압력차를 측정할 수 있다.

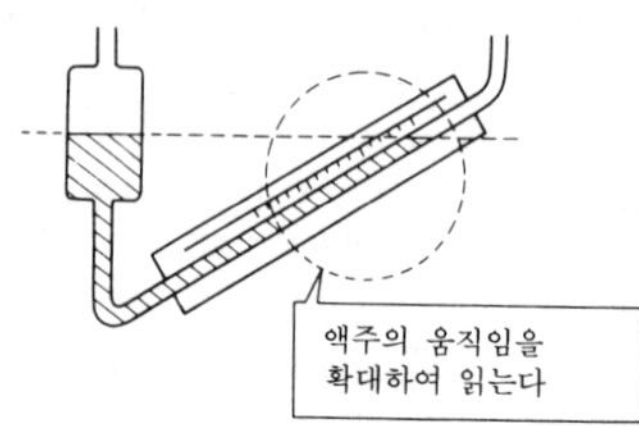

included angle 개선 각도(開先角度) 용접에서 두 모재(母材)의 접합 부분이 가공된 각도.

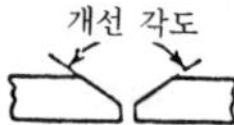

incoherence 비간섭(적)(非干涉(的)) 서로 간섭하지 않는 파동의 성질 및 그 상태를 말한다.

incombustible material 난연 재료(難燃材料) 불연 재료·준불연 재료에 이어서 난연성이 있는 재료. 난연 합판·난연 섬유판·난연 플라스틱판 등이 있다.

incoming panel 수전반(受電盤) 전력 회사로부터 전력 공급을 받기 위해 주개폐기, 주차단기, 계측용 기기 등을 부착하거나 수용한 반.

incomplete composite beam 불완전 합성보(不完全合成－) 합성보가 갖는 스터드 커넥터의 양이 완전 합성보에 필요한 양에 미치지 않는 합성보.

incomplete penetration 용입 부족(鎔入不足) 용입이 부족하여 루트면 등이 용융되지 않고 남는 용접 결함. ＝lock of penetration

incremental load 점증 하중(漸增荷重) 단조롭게 증가하는 하중. ＝monotonically increasing load

incubator building 인큐베이터 빌딩 인큐베이터 사업을 위해 임대용 사무실 공간과 각종 지원 서비스의 기능을 가진 빌딩. 인큐베이터 사업은 미국에서 급속히 보급되기 시작한 사업으로, 인큐베이터란 부화기 또는 보육기라는 뜻. →incubator business

incubator business 인큐베이터 사업(－事業) 첨단 기술 관련의 기업이나 벤처기업 등, 새로운 산업을 육성하기 위해 국가나 지방 자치체가 사람, 물자, 자금 등 사업에 필요한 각종 원조를 하여 육성하는 것.

indemnification 보상(補償) ＝compensation

indemnity for area loss 용지 보상(用地補償) 토지의 수용 또는 사용에 대하여 지불되는 보상.

independent bearing wall 독립 내력벽(獨立耐力壁) 면내 방향으로 다른 골조와 연결되어 있지 않은 벽.

independent contractor 청부인(請負人) ＝contractor

independent footing 독립 기초(獨立基礎) 기둥 등의 하중을 1개의 기초로 받는 것. →continuous footing, mat foundation

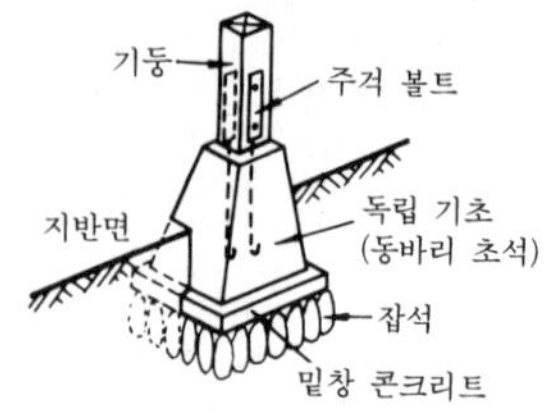

independent lighting 독립형 조명(獨立

形照明) 전반 조명과 같이 같은 조명 기구를 많이 쓰지 않고, 하나 또는 소수의 조명 기구를 사용하는 조명 방식. 가동의 조명 기구를 쓰는 경우가 많다.

independent pole 독립 기둥(獨立－) 주위에 벽이 접속되지 않고 단독으로 서 있는 기둥.

index 지표(指標) 측점을 시준하기 쉽도록 미리 세워두는 목표물. 트랜싯 측량에서는 측점에 박은 못, 측점에 세워서 유지하는 연필의 끝, 측점 바로 위에 매단 다림추의 실이나 선단, 측점 바로 위에 세운 핀 폴 등이 사용된다.

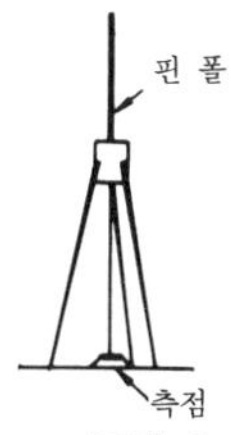

지표의 예

index of living environment 생활 환경 지수(生活環境指數) 생활 환경을 측정 비교하기 위해 생활 환경을 구성하는 요소를 표준화, 종합화한 지수.

index of nominal building cost 실태 건축비 지수(實態建築費指數) 실태 건축비의 변동을 지수화한 것. 건축물 내용의 변화나 질수준 변화의 영향이 포함되므로 엄밀한 건축비 지수로서는 쓸 수 없다. 실태 지수라 약칭하기도 한다.

index of specialization 특화 계수(特化係數) 어느 지구의 몇 가지 변수에 관한 구성비를 그 지구를 포함하는 넓은 지역에서의 평균 구성비로 나누어서 얻어지는 수치. 집중의 정도를 보는 데 이용한다.

India paper 인디어 페이퍼 18세기경 중국, 일본, 인도 등에서 유럽으로 수출된 동양 취미의 미술 벽지.

indicating lamp 표시등(表示燈) 건물의 성격이라든가 특수한 장소·내용을 명시하기 위한 마크를 보기 쉬운 장소에 설치하는 등화 장치. 예를 들면 비상구등, 소화전 표시등 등. ＝indicator light

indicator 표시기(表示器) 엘리베이터의 각층 승강장 벽면 및 케이지 내에 부착하는 행선 표시 장치.

indicator light 표시등(表示燈) ＝indicating lamp

indicator lock 표시 자물쇠(表示－) 변소, 욕실 등에 부착하여 사용 중인지 어떤지를 외부의 표시판에 의해 표시할 수 있는 자물쇠.

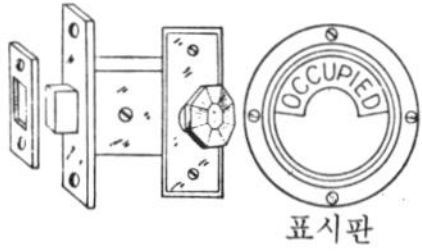

indicial response 인디셜 응답(－應答) 계단형으로 크기가 급변하는 돌풍 등의 외력에 대한 구조물의 응답. 동적인 효과에 의해 같은 크기의 힘이 정적으로 작용한 경우보다 커지는 일이 있다.

indirect construction cost 간접 공사비(間接工事費) 가설 공사비, 동력용 수광열비(水光熱費) 등 공사의 특정 부분으로 분류할 수 없는 공사 비용. →indirect cost

indirect cost 간접 공사비(間接工事費) 시공상 필요하나 직접 그 건축에 사용되지 않는 것에 대한 비용. 가설비, 보험비, 경비로 이루어진다.

indirect daylight factor 간접 주광률(間接晝光率) 간접 조도에 의한 주광률. 주광률은 직접 조도에 의한 직접 주광률과 간접 조도에 의한 간접 주광률로 나눌 수 있다.

indirect gain system 간접 열취득 방식(間接熱取得方式) 패시브 솔라 시스템(passive solar system)에서 난방 공간에는 일사를 도입하지 않고, 트롬브 월(Trombe's wall)이나 부설 온실, 루프 폰드(roof pond)와 같이 집열을 위한 장소를 대상 공간과는 별도로 두어 간접적으로 태양열을 이용하여 난방 효과를 얻는 방식을 말한다.

indirect glare 간접 글레어(間接－) 시선과 떨어진 방향에 있는 고휘도의 광원 등에 의한 글레어.

indirect heating 간접 난방(間接煖房) 난방에 요하는 열원의 증기나 온수를 실외에 두고, 공기를 가열하여 온풍으로서 실내로 보내는 난방 방법.

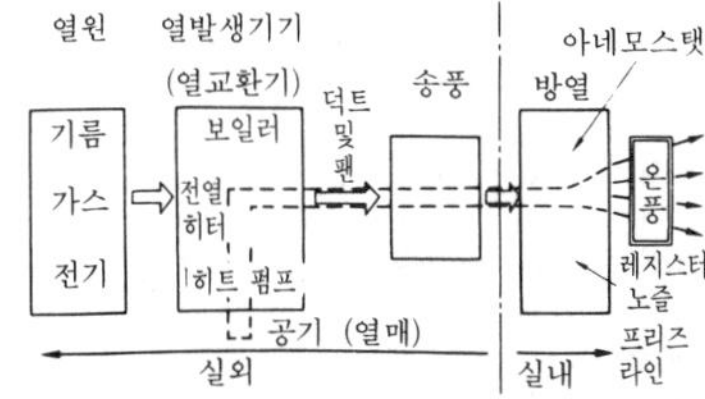

indirect heating hot water supply sys-

tem 간접 가열식 급탕 방식(間接加熱式給湯方式) 보일러 등에서 만들어진 증기 또는 온수를 1차측 회로의 열매로 하고, 2차 회로의 물을 데워서 급탕하는 방식. 저탕 탱크에 증기 코일 또는 온수 코일을 넣어서 가열하는 것과 열교환기와 같이 가열하는 물을 코일 내에 통하여 관체(罐體)에 열매를 통하는 코일식의 것이 있다.

indirect illuminance 간접 조도(間接照度) 광원에서 수조면(受照面)에 직접 도달하지 않고, 실내 마감면 등에서 반사한 다음 수조면에 입사하는 빛에 의한 조도.

indirect illumination 간접 조명(間接照明) 조명 광원에서 나온 빛의 반사광에 의하여 피조면(被照面)을 비추는 조명 방식. 조명 효율은 좋지 않지만 눈부심이 없다. 일반적으로 그늘이 거의 생기지 않으므로 피조명물의 모양이 확실하지 않다. →lighting system

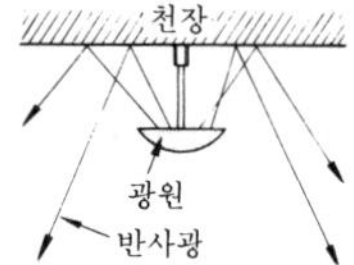

indirect light 간접광(間接光) 방 옆에 있는 복도(또는 옆방) 바깥쪽 창에서 입사하는 빛 중 그 방의 복도측(또는 옆방측)의 창을 통해서 그 방에 입사하는 간접적인 빛.

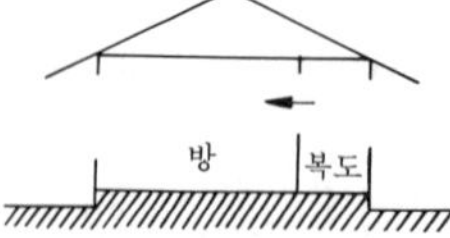

indirect lighting 간접 조명(間接照明) 상향 광속 90~100%, 하향 광속 0~10%의 등기(燈器) 또는 조명 방식에 의한 조명. 또 그와 같은 배광의 등기(燈器)를 간접 조명형 등기라 한다. 간접 조명은 작업면에 오는 빛은 주로 천장면, 벽면 등으로부터의 반사광이며, 효율은 다른 조명 방식보다 낮고, 설비비도 들지만 조도의 분포는 균등하게 되기 쉽고 음영이나 눈부심이 적어진다.

indirect illumination 간접 조명(間接照明) =indirect lighting

indirect prime cost 간접 원가(間接原價) =indirect cost

indirect waste 간접 배수(間接排水) 특히 위생상 배려해야 할 기기의 배수 계통을 일단 대기 중에서 관계를 끊고, 일반의 배수 계통으로 직결하고 있는 물받이 용기 또는 배수 기구 속으로 배수하는 것.

individual control 개별 제어(個別制御) 작은 방 또는 에어리어 단위로 개별적으로 설치한 공기 조화기에서 각각 단독으로 능력 제어하는 것.

individual deflator 개별 디플레이터(個別—) 건설 투자액이 디플레이터 중 목조 주택, RC구조 주택, 철골 구조 비주택, 도로 보수 공사 등 개별적으로 작성되는 디플레이터를 말한다. 개별 디플레이터는 건축비의 투입 원가 지수와 같은 방식으로 작성된다.

individual footing 독립 기초(獨立基礎) 1개의 기둥을 1개의 푸팅으로 지탱하는 기초. 저면의 형상은 정방형, 장방형 또는 사다리형이 많은데, 독립 굴뚝의 기초에는 정6각형, 정8각형, 원형 등을 널리 사용한다.

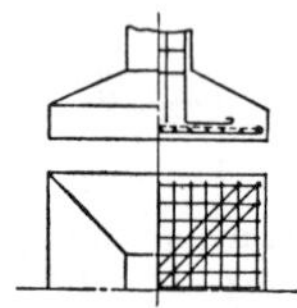

individual heating 개별 난방(個別煖房) 각실마다 난로, 전열기 등의 소형 가열기를 설치하여 행하는 난방.

individual ownership space 전유 부분(專有部分) =exclusively possessed area

individual vent 개별식 통기(個別式通氣) 개개의 트랩을 통기하기 위해 각 트랩의 하류에서 통기하는 방법 및 그 통기관. →drainage waste and vent system

indoor air 실내 공기(室內空氣) 보통은 거실 내의 공기 환경을 의미한다. 특히 공기의 온열 및 청정도 조건, 공기 청정도 등의 공기질의 확보 및 그 절대량이 과제가 된다.

indoor air distribution 실내 공기 분포(室內空氣分布) 실내 공기의 온습도, 기류 등의 상태. 배출구의 특성, 설치 위치 등에 따라 크게 지배된다.

indoor air flow 실내 기류(室內氣流) 실내에서의 공기의 흐름.

indoor climate 실내 기후(室內氣候), 옥내 기후(屋內氣候) 실내 공기의 온도, 습도, 기류 외에 내표면의 열복사, 입사하는 일사 등에 의해서 생기는 실내 공기의 종합 상태.

indoor design temperature 난방 실내

온도(煖房室內溫度) 난방 설계에 쓰이는 실내 온도 조건을 말한다. →room condition set point

indoor environment 실내 환경(室內環境) 실내에 있어서의 생활 활동의 목적에 걸맞도록 조정된 실내 기후나 기타의 생리적 · 감각적 환경 및 행동적 환경 등의 총칭.

indoor fire hydrant 옥내 소화전(屋內消火栓) 옥내에 설치되는 사설의 소화전. 초기 소화의 목적으로 보통 아무나 다룰 수 있도록 직경 1/2~2″의 소형의 것을 설치하고, 30m 정도의 천 호스를 붙여서 소화전 상자에 수납되어 있다.

indoor garden 옥내 정원(屋內庭園) 주택 내부에 만드는 정원. 일조(日照) 관계로 주로 관엽 식물이 심어진다.

indoor parking space 옥내 주차 시설(屋內駐車施設) 차고, 옥상 주차장, 지하 주차장과 같이 건축물 내에 두어진 자동차의 주차 시설.

induced production 생산 유발비(生産誘發費) 산업 관련 분석에서 일정한 건설 투자액 등의 파급 효과로서 직접, 간접으로 유발되는 건설 자재 등의 생산액.

induced siphonage 유도 사이폰 작용(誘導−作用) 다른 기구의 배수로 생기는 배수관 내의 부압(負壓)에 의해 트랩의 봉수(封水)가 흡인되어 봉수를 잃게 되는 현상을 말한다.

inducing color 유도색(誘導色) 어떤 색의 도형을 볼 때 도형 주변부에 발산하듯이 나타나는 엷은 보색의 색. 잔상 보색과 같은 성질의 것이며, 유도 보색이라고도 한다. →complementary color, complementary after image

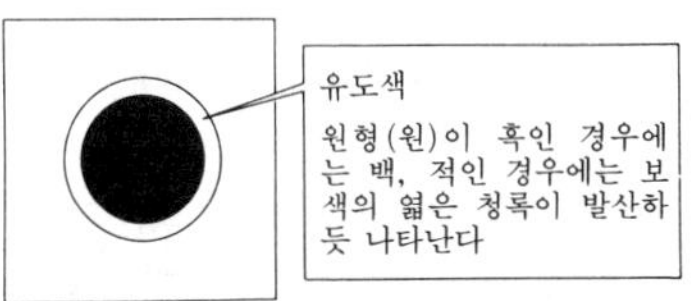

induction convector 2차 유인 유닛식(二次誘引−式) =induction unit

induction effect 유인 효과(誘引效果) 유체의 흐름에 그 주위의 것이 끌려 드는 것을 말한다.

induction motor 유도 전동기(誘導電動機) 중공(中空) 고정자 내에 통형 회전자가 있는 교류 전동기의 일종. 고정자에 교류 전류를 흘려 회전 자계를 발생시켜서 회전 전자석과 같게 한다. 고정자 회전 자계는 또 회전자에 자계를 유인하여 반대 방향 전자석을 만든다. 고정자측 회전 전자석이 회전자측 전자석을 유인하여 회전자를 회전시킨다.

induction ratio 유도비(誘導比) 냉장용 유닛 쿨러 등에서 고(庫) 내의 풍속을 산정함에 있어 송풍량을 유효 단면적으로 나눈 값과 풍속과의 비. 토출 풍속 2.5~7.5m/s일 때 3~8이 된다.

induction unit 2차 유인 유닛식(二次誘引−式), 유인 유닛(誘引−) 중앙 공기 조화기에서 보내지는 고압 공기를 배출하기 위한 노즐 및 배출되는 고속 공기에 의해 유인된 실내 공기를 냉각 · 가열하기 위한 공기 코일을 하나의 케이싱 내에 수납한 장치로, 실내에 설치하는 소형의 공기 조화기.

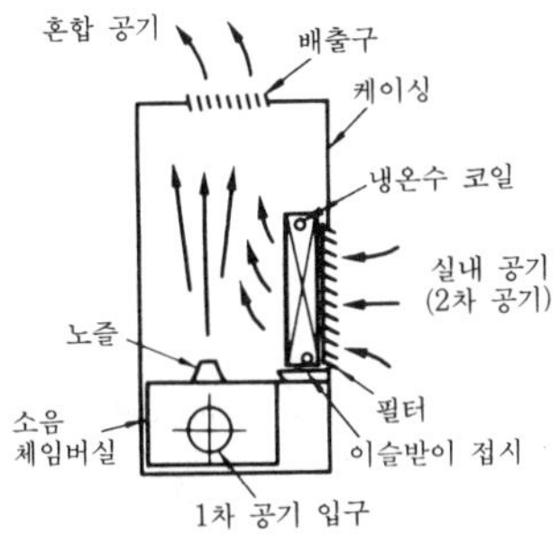

induction unit with built-in heater 가열 코일 내장 인덕션 유닛(加熱−內藏−) 가열 코일을 내부에 내장한 인덕션 유닛.

industrial air-conditioning 공업용 공기 조화(工業用空氣調和), 산업용 공기 조화(産業用空氣調和) 공업 제품의 품질 유지, 기계 · 기구의 신뢰성 유지 등을 목적으로 하여 공장, 창고, 작업장 등을 대상으로 한 공기 조화. 특히 고도한 공기 청정도가 요구되는 경우는 클린 룸이 사용된다.

industrial area 공업 지역(工業地域) 용도 지역의 일종으로, 주로 공업용을 대상으로 하는 지역. 영화관, 병원, 여관, 학교 등이 금지된다.

industrial art 공업 예술(工業藝術) 손작업에 의한 예술(handicraft)에 대한 것으로, 기계 생산에 의해서 만들어지는 공예품. 식기나 가구류 등 일상 사용되는 것이 대상이며, 디자인의 특색은 기능적으로 다량 생산하기 쉬운 데 있다.

industrial clean room 공업용 클린 룸(工業用−) 공업용으로 사용되는 클린

룸. 대상으로 하는 부유상(浮遊狀) 물질은 주로 분진 등의 무생물 미립자이다.

industrial design 공업 디자인(工業－) 공업 생산품의 의장(意匠)을 하는 것 또는 그 디자인.

industrial district 공업 지역(工業地域) ＝industrial area

industrial engineering 인더스트리얼 엔지니어링 다양한 시스템화 수법 중 건축의 분야에 적용되는 것으로서 작업 연구의 분석 수법이나 공정 관리 등의 생산 관리 합리화를 위한 수법이 대표적이다. ＝IE

industrial estate 공업 단지(工業團地) 많은 공장이 모여 입지되도록 종합적인 계획에 따라서 구획, 개발된 공업을 위한 단지. ＝industrial park

industrial estate development projects 공업 단지 조성 사업(工業團地造成事業) 근교 정비 지대(구역)에 계획적으로 시가지를 정비하고, 도시 개발 구역을 공업 도시로서 발전시키기 위해 지방 자치체 등이 실시하는 도시 계획 사업.

industrialization 공업화(工業化) 건축 생산의 현장 작업을 줄이고, 되도록 공장에서 생산하는 부분을 증대하여 표준화·양산화해 가는 시책.

industrialization of construction 건축 생산 공업화(建築生産工業化) 공기 단축, 인력 절감, 품질 관리 등을 목적으로 하여 건축 생산에 제조업과 같은 공업적 수법(기계화, 흐름 작업적인 반복 작업, 생산 관리의 합리화 등)을 널리 도입해 가는 것을 말한다.

industrialized house 공업화 주택(工業化住宅) 공업적인 방법을 널리 도입하여 생산되는 주택. 부품의 공장 생산과 현장에서의 공업적인 조립 생산의 양쪽을 포함한 개념이며, 조립식 주택, 양산 주택과 같은 뜻으로 쓰이는 경우도 많다. ＝prefabricated house

industrial park 공업 단지(工業團地) ＝industrial estate

industrial population structure 산업별 인구(産業別人口) 사람들을 그 종사하고 있는 산업 활동이나 취업하고 있는 사업소의 주요 산업 활동의 종별에 따라서 분류한 인구.

industrial property 공업 소유권(工業所有權) 넓은 뜻으로는 산업적 이익 보호를 위해 인정되는 배타적, 독점적 권리를 말한다. 좁은 뜻으로는 특허권, 실용 신안권, 의장권, 상표권 등을 가리킨다.

industrial robot 산업용 로봇(産業用－) 인간의 동작 기능과 비슷한 동작 기능을 갖든가, 또는 감각 기능·인식 기능에 의하여 자율적으로 행동할 수 있는 로봇. 생산 공정에 있어서의 물품의 이동·가공·용접·도장 등의 직접 작업을 한다. 능력·방식에는 여러 종류가 있다.

industrial standard 공업 표준(工業標準) 공업 표준화를 위한 기준을 말한다. 공업 표준화법에 의해 제정된 공업 표준을 한국 공업 규격(KS)라 한다.

industrial ventilation 공장 환기(工場換氣) 공장의 노동 위생이나 열환경상의 악조건을 외기로 희석한다든지, 배기로 제거한다든지 하는 방법. 일반적으로 고온 가스, 유해 가스가 발생하는 경우가 많으므로 이것을 공장 내에 확산시키지 않도록 하여 배기한다. ＝factory ventilation

industrial waste 공장 오수(工場汚水), 공장 폐수(工場廢水) 생산 공장에서 배출되는 각종 하수. 무해한 것도 있으나 일반적으로 가정 하수보다 오염 농도가 높고, 또 산성, 알칼리성이 강한 것, 기타 유해 금속, 유해 약품 등을 많이 포함하는 것 등이 있으며, 하천 등에 방류되면 수산업, 농업에 피해를 주고, 또 하천의 미관을 해친다.

industrial water 공업 용수(工業用水) 공장에서 여러 용도로 사용되는 물을 말하며, 기관 급수, 원료 용수, 조작 용수, 냉각수, 원자로 용수, 잡용수 등.

inelastic buckling 비탄성 좌굴(非彈性座屈) 한계 세장비(細長比)보다 작은 세장비를 갖는 부재로, 오일러의 좌굴식이 해당되지 않는 영역의 좌굴 현상.

inelastic region 비탄성 영역(非彈性領域) 재료나 구조물이 탄성체로서의 성질을 갖지 않는 영역.

inert gas arc welding using a consumable electrode MIG용접(－鎔接) ＝MIG welding

inert-gas shielded arc welding 이너트가스 아크 용접(－鎔接) 아르곤, 헬륨 등의 불활성 가스 혹은 이들에 소량의 활성 가스를 가한 가스 분위기 속에서 하는 아크 용접.

inert-gas tungsten arc welding TIG용접(－鎔接) ＝tungsten inert-gas arc welding

inertia 관성(慣性) 외력이 작용하지 않으면 정지하고 있든가 또는 운동의 상태가 달라지지 않는 것(다음 면 그림 참조).

inertia control 관성 제어(慣性制御) 추, 스프링, 저항으로 이루어지는 진동계에

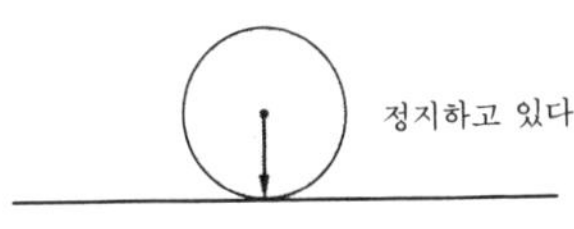

주기적 외력을 가했을 때 추의 진동 진폭이 그 질량의 대소만으로 정해지는 상태, 또 그러한 주파수 영역. =mass control

inertia force 관성력(慣性力) 물체가 현재의 상태를 유지하려고 발생하는 힘. 물체의 질량에 그 운동의 가속도를 곱하고, 방향을 반대로 한 힘.

inertial impaction 관성 충돌(慣性衝突) 입자상 오염 물질을 포집(捕集)하는 원리의 하나. 시료 기체를 충돌판에 뿜어 붙여 관성력에 의하여 입자를 침착시킨다.

inertial matrix 관성 행렬(慣性行列) n자유도 비감쇠계의 운동식을 행렬로 표시할 때 가속도의 항에 걸리는 행렬. 대칭 행렬로 된다.

inferiority cost 열성 비용(劣性費用) 기설의 기계 운용이 새로운 기계의 운용에 비해 여분으로 드는 비용.

infill 충전(充塡) 틈에 물건을 채워 넣는 것을 말한다.

infilled concrete 충전 콘크리트(充塡－) 거푸집 콘크리트 블록 등의 중공부(中空部)나 강관 속에 충전하는 콘크리트.

infilled mortar 충전 모르타르(充塡－) 콘크리트 블록의 중공부(中空部) 등에 충전하는 모르타르.

infilled type 충전형(充塡形) 강관 콘크리트 구조의 일종.

infiltration 침입 공기(侵入空氣) 문, 창, 천장, 벽, 바닥 등의 틈, 도어의 개폐 등에 의해 실내에 침입하는 공기.

infiltration air 침입 공기(侵入空氣) 외벽, 창 등의 건물 외주부나 출입구의 개폐에 의해 실내에 침입하는 외기.

infiltration rate 통기량(通氣量) 건물의 틈새로부터의 공기의 유출입량. 새시 등의 틈의 단위 길이당 유입 공기량을 통기량($m^3/h \cdot m$)이라 한다.

infinitesimal deformation 미소 변형(微小變形) 구조물(부재)이 변형했을 때 힘의 작용 방향 및 작용점의 변위가 무시할 수 있을 정도로 작고, 회전 변형이 충분히 작으며, 휨 변형에 의한 곡률이 변위의 2차 미분으로 나타낼 수 있을 정도의 변형. =small deformation

infinitesimal deformation theory 미소 변형 이론(微小變形理論) 부재 및 구조물에 미소 변형을 가정하여 구축된 탄성 해석 이론 및 소성 해석 이론.

infinitesimal wave 미소 진폭파(微小振幅波) 파장에 비해 진폭 또는 파고가 매우 작은 파.

inflammability 인화성(引火性) 불씨 등에 의해 발화하는 물질의 성질.

inflated state 인플레이트 상태(－狀態) 막(膜)구조에서 내압을 가함으로써 막을 부풀게 하여 형태가 안정한 상태.

inflection point 반곡점(反曲點) 부재 내에서 모멘트가 제로로 되어 곡률의 부호가 변화하는 점.

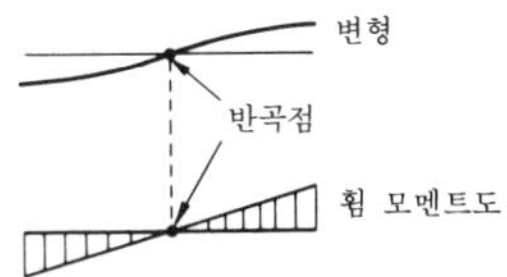

influence area 세력권(勢力圈) 도시의 영향을 받는 경제 범위. =effective area

influence coefficient 영향 계수(影響係數) 구조물의 어떤 점(i점)에 단위의 힘을 작용시켰을 때 어떤 점(j점)에 생기는 변위 C_{ij}를 변위 영향 계수라 한다. 또 i점에 단위의 변형을 주었을 때 j점에 생기는 힘 k_{ij}를 강성 영향 계수라 한다. 중합의 원리를 써서 각점의 작용력 F_i가 주어지면 j점의 변형 $\delta_j = \Sigma C_{ij} F_i$, 각점의 강제 변형 δ_i가 주어지면 j점에 생기는 힘 $F_i = \Sigma k_{ij} \delta_i$로 구해진다.

influence line 영향선(影響線) 보 등의 위를 하중이 이동하는 경우 재료의 어느 점의 응력 변형. 또는 반력은 하중의 작용점의 위치에 의해 변화한다. 이 상태를 도시한 그림에서 통상 어느 한 점에 착안하여 그 점의 응력 또는 반력을 힘의 작용한 점에 그리고 그 점의 무엇무엇(응력, 반력) 영향선 등이라고 한다.

influential sphere 영향권(影響圈) ① 도시의 상업권 등 시설의 흡인력이 미치는 범위 ② 공장 등의 배출원이 수질 오탁, 대기 오염 등 환경에 현저한 변화를 미치는 범위.

information center 정보 센터(情報－) 특정 분야의 전문적인 정보를 수집하여 분석·합성 등의 가공을 한 형태로 보관하고, 이용자의 요구에 따라 제공하는 기관. 각 과정에서 컴퓨터를 이용하는 경우가 많다.

information city 정보 도시(情報都市) 대

량의 정보가 생산, 축적, 전파되고 있는 도시. 정보의 조작에 의해 부가 가치를 생산하는 제3차 산업 종사자의 인구 비율이 높다.

information retrieval 정보 검색(情報檢索) 각종 정보·데이터 등을 컴퓨터에 기억시켜 두고, 필요에 따라 신속히 필요한 자료를 얻을 수 있는 시스템. =IR

infrared absorption spectrum 적외선 흡수 스펙트럼(赤外線吸收－) 파장 1~1000μm의 적외선을 물질에 조사(照射)했을 때 관측되는 분자 구조에 특유한 파장별 흡수 패턴.

infrared camera 적외선 방사 카메라(赤外線放射－) 물체에서 방사되는 적외선 방사 에너지를 검지기에 의해 검출하고, 물체의 방사 온도를 전기 신호로서 꺼내어 2차원의 가시상으로 표시하는 장치.

infrared gas analyzer 적외선 가스 분석계(赤外線－分析計) 각종 가스가 적외선에 대해 고유한 흡수 파장대를 갖는 성질을 이용하여 정량 성분을 구하는 장치. 비분산형 적외선 가스 분석계라고도 한다.

infrared radiant heating 적외선 방사 난방(赤外線放射煖房) 적외선 가스 버너, 적외선 전기 히터 등의 적외선을 사용한 방사 난방. 공장, 체육관 등의 대공간이나 옥외에 널리 사용된다.

infrared radiation 적외선(赤外線) = infrared ray

infrared radiation thermometer 적외선 방사 온도계(赤外線放射溫度計) 물체에서 방사되는 적외선 방사 에너지를 계측하여 비접촉으로 그 물체의 방사 온도를 얻는 장치. 일반적으로는 대기의 창(窓) 영역의 파장대가 쓰인다. 정확한 표면 온도를 구하기 위해서는 대기 보정, 방사율 보정이 필요하다. =ifrared radiometer

infrared radiometer 적외선 방사 온도계(赤外線放射溫度計) =infrared radiation thermometer

infrared ray 적외선(赤外線) 가시 광선의 장파장부에 인접하는 파장대(대체로 0.77μ~0.4mm)의 복사선. 일반적으로 열작용을 갖지만 그 중 단파장의 근적외선은 그 밖에 가시 광선과 마찬가지로 형광 작용 및 광전 작용, 사진 작용을 가지며, 공기 중에서의 투과력이 크다.

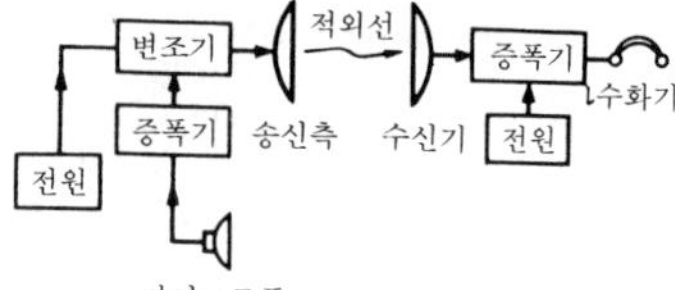

infrared ray absorbent glass 적외선 흡수 유리(赤外線吸收琉璃), 열선 흡수 유리(熱線吸收琉璃) 태양 광선에 포함되는 적외선(열선)을 흡수하여 열을 차단하기 위한 유리. 보통 유리에 철·니켈 등을 가하여 만든다. 여름의 냉방 효과를 높이기 위해 병원 건축·사무실 건축·자동차·차량 등의 창에 사용한다. =absorbent glass of infrared

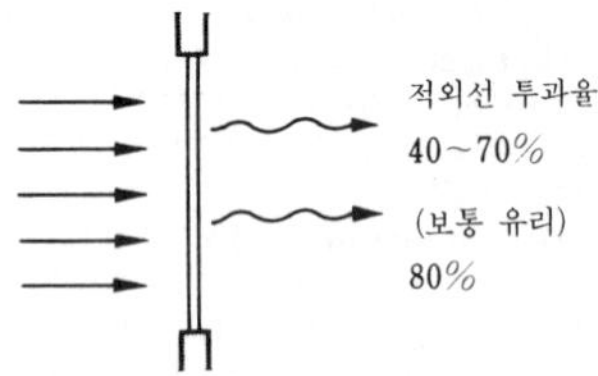

infrastructure 인프라스트럭처 사회 생활의 기반이 되는 것으로, 장기적 구상하에 정비되는 도시 구조의 기간적 기능. 예를 들면 도로, 항만, 철도, 상하수도, 에너지 공급 처리의 네트워크 등.

infra-wave 초저주파(超低周波) 주파수축상에서 명확한 규정은 없으나 음향 분야에서는 가청 주파수(20Hz) 이하, 환경 진동 분야에서는 1Hz 이하의 파동을 가리키는 경우가 많다.

ingot iron 연강(軟鋼) 탄소 함유량 0.12~0.20% 범위의 강으로, 구조용 압연 강재로서 가장 널리 쓰인다. 탄소 0.12% 이하의 것을 극연강, 0.21~0.35%의 것을 반연강이라고 한다. =mild steel, soft steel

inhibitor 인히비터 금속 표면의 부식을 방지하기 위해 첨가하는 부식 억제제.

inhouse power generating station 자가 발전 설비(自家發電設備), 자가용 발전 설비(自家用發電設備) 건물, 공장 등의 구내에서 시설을 운용하기 위해 자가용으로 설치하는 발전 설비. 정전시에 대비하는 비상용 발전기도 포함한다. 전력 회사가 전력 공급용으로 설치하는 것은 사업용 발전 설비라고 한다. =engine driven generator, premises generator installation

initial condition 초기 조건(初期條件) 어떤 상태 변수 $X(t)$를 지배하는 미분 방정식의 해를 얻을 때 필요한 $t=0$에 있어서의 조건. 진동계의 응답에서는 초기 변위와 초속도의 값.

initial cost 이니셜 코스트 주로 건축 설비에 관해 완성하기까지 드는 비용.

initial crack 초기 균열(初期龜裂) ① 콘크리트 타설 직후에 발생하는 균열. 콘크리트의 블리딩(bleeding)에 의한 균열, 건조 수축에 의한 균열 등이 있다. ② 철근 콘크리트 구조에 하중이 작용했을 때 하중이 비교적 낮은 초기의 레벨에서 발생하는 균열.

initial curing 초기 양생(初期養生) 콘크리트의 건전한 경화를 촉진하기 위해 경화 초기에 하는 양생.

initial displacement 초기 변위(初期變位) 시간 t에서의 진동계에 주어지는 변위.

initial elastic modulus 초기 탄성 계수(初期彈性係數) 재료의 응력도·변형도 관계에서 탄성 상태에 있는 원점 가까이에 있어서의 물매.

initial form 초기 형상(初期形狀) 초기 기준 상태에서의 구조 부재 배치의 기하 형상. =initial shape

initial frost damage 초기 동해(初期凍害) 모르타르나 콘크리트가 경화 초기에 수분의 동결, 혹은 동결 융해 반복 등의 작용에 의해 받는 피해. →freezing damage, frost damage

initial motion 초동(初動) 진원에서 발생하여 관측점에 도달하는 지진파의 최초의 움직임.

initial prestressing 초기 긴장력(初期緊張力) 프리스트레스 도입에 있어서 최초에 주는 프리스트레스력으로, 수축이나 리랙세이션에 의한 긴장력의 감퇴를 고려하여 할증하고 있는 긴장력.

initial prestressing force 도입 긴장력(導入緊張力) 프리스트레스트 콘크리트에서 도입 작업 완료 직후에 긴장재에 작용하는 긴장력.

initial setting 시발(始發) 시멘트의 응결에 있어서 유동성이 없어지고 점성을 증가시키기 시작한 시기를 말한다. 이것은 편의상 시멘트 응결시 상태의 둘을 골라서 시발과 종결로 정한 것의 하나.

initial shape 초기 형상(初期形狀) =initial form

initial stiffness 초기 강성(初期剛性) 외력이 작은 영역에서의 구조물 또는 부재의 강성.

initial strain 초기 변형(初期變形) 구조 부재 또는 구조물을 만들어냈을 때 외력을 작용시키기 전부터 구조의 내부에 생기고 있는 변형.

initial stress 원응력(元應力), 초기 응력(初期應力) 재료의 제작, 가공할 때 생기는 잠재 응력, 부재의 접합이나 구조물의 현장 조립시 시공 오차, 치수 오차 등에 의해 생기는 응력, 프리스트레스트 콘크리트에서 사전에 가하는 응력 등을 총칭하여 원응력 또는 초기 응력이라 한다.

initial tangent 초기 접선 계수(初期接線係數), 초기 탄성 계수(初期彈性係數) 변형과 응력의 곡선에서 원점에서의 접선의 물매를 말한다.

initial tangent modulus 초기 접선 계수(初期接線係數) 응력(도)·변형(도) 곡선(그림의 σ-ε곡선)에서 응력(도)가 0인 점에서 이 곡선에 접하는 선, 즉 접선이 가로축과 이루는 각의 tangent. 영 계수의 표현법의 일종.

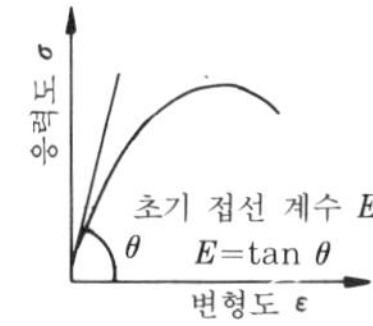

initial tensile stress 초인장 응력도(初引張應力度) 초인장력에 의한 PC강재의 인장력.

intial tension 초기 장력(初期張力)[1], 초인장력(初引張力)[2], 도입 장력(導入張力)[3]
(1) 초기 기준 상태에서 구조 내에 존재하는 인장 응력.
(2) 프리스트레스 도입 직후의 PC강재의 인장력.
(3) 설계에 따라서 고력 볼트나 PC강봉에 미리 도입되는 초기 장력. 초기 도입 축력이라고도 한다.

initial value 시가(始價) 중고 건축물의 가치를 평가할 때 그 신축시의 가격.

initial velocity 초속도(初速度) 시간 $t=0$에서 진동계에 주어지는 속도.

injector 인젝터 고압 보일러 내의 압력보다 높은 압력에 의해 역지(逆止) 밸브를 밀어 열어서 보일러에 급수하는 간단한 장치. 증기 분출 펌프라고도 한다.

inking 잉킹 도면을 먹으로 마감하는 것.

ink-pot 먹통(-桶) 솜에 축인 먹물을 넣는 먹구멍과 먹실을 감은 실바퀴로 이루어지는 도구. 먹실 끝의 작은 송곳을 목재

에 고정하고 먹실을 쳐서 직선을 그린다.

ink test 잉크 시험(－試驗) 위생 도기의 품질을 정하기 위한 시험으로, 도기의 시험편을 일정 시간 잉크에 담가 도기 바탕 내에 침투한 잉크의 양에 의해 도기의 흡수율을 살핀다.

inlaid sheet 인레이드 시트 플라스틱제 바닥재의 하나로, 착색한 염화 비닐 칩을 적층하여 패턴을 낸 것.

inlaid work 상감(象嵌) 귀금속, 목재, 도자기 등의 재료에 다른 같은 재료를 박아 넣어 장식으로 하는 것.

inland city 내륙 도시(內陸都市) 내륙부에 발달하고, 바다에 면하고 있지 않는 도시. 대규모 평야의 내륙부나 분지, 고지에 입지한다.

inlay 상감(象嵌) ＝inlaid work

inlet vane control 인렛 베인 제어(－制御) 원심 송풍기의 흡입구측에 방사상으로 설치한 베인의 각도를 바꿈으로써 그 능력을 제어하는 것.

inner architect 이너 아키텍트 ＝interior coordinator

inner city 이너 시티 대도시의 중심 업무 지구 외주에 위치하는 소규모 공업이나 상업, 주택이 혼재하는 지역. 일반적으로 거주 환경의 악화가 문제이다.

inner court 안뜰 ＝court yard

inner pressure for wind load 강풍시 내압(强風時內壓) 공기막 구조에서 외부에 강풍이 불 때 풍속의 레벨에 따라 설정되는 구조체 내부의 공기압의 값. 풍속의 레벨에 맞추어서 내압을 변화시켜 변형, 거주성 등을 제어하는 데 쓴다.

inner scaffold 내부 비계(內部飛階), 축비계(軸飛階) 옥내의 고소 작업을 위해 건물 내부에 조립하는 비계.

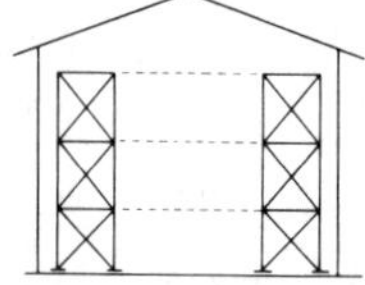

inner surface 내면(內面) 하나의 방 공간 속에서 보았을 때의 구성재의 방공간측의 면, 또는 중공(中空) 구성재의 안쪽 면.

inner wall 내벽(內壁) 외벽의 대비어로, 실내에 면하는 벽 및 내부의 칸막이벽. →external wall

inorganic pigment 무기 안료(無機顔料) 불투명이고, 농도는 불충분하지만 일광에 강하고, 내구력이 크다.

inorganic soil 무기질토(無機質土) 유기물을 포함하지 않은 흙.

in-plane deformation 면내 변형(面內變形) 평판 혹은 곡면판에서 판면 접선 방향의 변형.

in-plane displacement 면내 변위(面內變位) 벽판, 곡면판 등의 면상(面狀) 구조 내 어느 점의 중심면을 따른 이동량을 그 점의 면내 변위라 한다. 좌표 방향으로 2 성분이 있다. ＝longitudinal displacement

in-plane normal stress 면내 직응력(面內直應力) 면내 응력 중 특히 가상 단면에 수직인 방향으로 작용하는 응력. 2개의 면내 좌표 방향으로 각각 1개의 직응력이 있다.

in-plane shearing stress 면내 전단력(面內剪斷力) 면내 응력 중 특히 가상 단면을 따른 응력, 혹은 합응력. 응력의 경우 면내에 1개, 합응력의 경우 보통 2개의 성분이 있다.

in-plane strain 면내 변형(面內變形) 면상(面狀) 구조에서 면에 수직인 가상 단면에 있어서의 중심을 따른 변형. 직변형 2, 전단 변형 1의 도합 3 변형의 총칭.

in-plane stress 면내 응력(面內應力) 벽판, 곡면판 등의 면상(面狀) 구조에서 면에 수직인 가상 단면에 작용하는 중심에 연한 응력. 직응력, 2, 전단 응력 1의 도합 3응력의 총칭.

in-plane stress resultant 면내력(面內力) 면내 응력을 판두께 방향으로 합산한 합응력. 중심면 단위 길이당으로 나타낸다. 4개의 면내력이 있다.

in-plane vibration 면내 진동(面內振動) 막이나 판 등의 면내에 생기는 진동. 면방향의 진동.

input cost index 투입 원가 지수(投入原價指數) 건축물과 같은 개별성이 강한 재(財)의 물가 변동 계측에 사용하는 경우가 많은 지수. 건재 가격이나 노무비의 지수를 건물의 원가 구성에 따라서 가중 평균하여 산출한다. 생산성 향상을 무시하게 되므로 본래 산출될 산출 가격 지수보다 상향으로 편향하는 경향이 있다.

input earthquake motion 입력 지진파(入力地震波), 입력 지진동(入力地震動) 지진 응답 해석에 쓰이는 계산용 지진동 파형.

in-put wave 입력 지진파(入力地震波) ＝incident seismic wave

insect attack 충해(蟲害) ＝insect damage

insect damage 충해(蟲害) 충류(蟲類)에

의해 받는 피해. 건축 재료에서는 목재의 피해가 많고, 수목으로서 생육 중, 혹은 저수 중, 혹은 제재 후에 받은 피해, 건물에 사용한 후에 받는 피해 등의 모두를 총해라 총칭한다.

insecticide 방충제(防蟲劑) =insecticide agent

insecticide agent 방충제(防蟲劑) 목재·합판 등에 주입 또는 도포하여 충해를 방지하는 약제. 크레오소트·붕산·불화 소다·염소 가스·석유 등이 쓰인다.

insert 인서트 볼트 등을 부착하기 위해 미리 콘크리트에 매입된 철물.

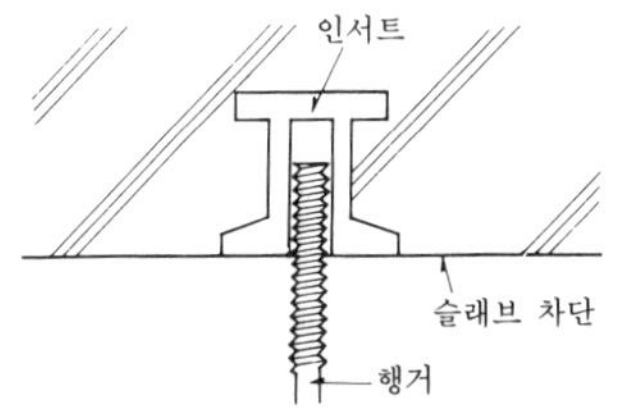

insert bolt 인서트 볼트 미리 콘크리트에 매입된 철물에 비틀어 넣어 부착하는 볼트.

insert marker 인서트 마커 매입 표시를 뜻한다. 전기 설비에서는 바닥에 매입된 플로어 덕트의 배선 인출 구멍의 위치를 나타낸다. 보통 비틀어 넣은 나사머리가 이에 해당한다. 또 사용하지 않는 플로어 덕트의 배선 인출 구멍에 비틀어 넣어 뚜껑을 덮는 철물을 말하기도 한다.

insert metal 인서트 메탈 천장 등을 매달기 위한 행거를 부착하기 위해 미리 콘크리트 속에 매입하는 철물.

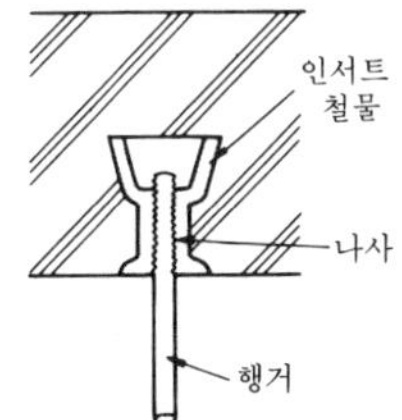

inside face 널안 판의 원목(통나무)일 때 수심(樹心)에 가까운 쪽을 널안이라 한다.

inside heat insulation construction 내단열 공법(內斷熱工法) 벽체나 기둥·보의 내면에 방습층을 두고, 단열재를 붙이거나 또는 박아 넣는 공법. 외벽의 외단열 공법과 대비하는 용어.

inside insulation 내단열(內斷熱) 외벽, 지붕 등의 외주 부위를 단열할 때 단열재를 해당 부위의 주요 구조체 실내측에 넣는 단열 방법을 말한다. 실내측의 열용량이 작아지므로 냉난방을 개시할 때 비교적 단시간에 필요한 실온에 도달하는 등의 특징이 있다.

inside measurement 안치수(一數), 안목 ① 상대하는 두 부재의 안쪽에서 안쪽까지의 치수. 기둥 간격·개구부 폭 등에 사용한다. ② 문턱 상단에서 문미 하단까지의 높이.

inside region of separated shear layer 박리 영역(剝離領域) 유체의 물체 표면으로부터의 박리에 의해 생긴 전단층과 물체 표면 사이의 영역.

inside waterproofing 내방수(內防水) = inside waterproofing work

inside waterproofing work 내방수(內防水) 지하층 등의 방수 시공법의 일종으로, 외벽 안쪽에서 방수층을 시공하는 방법. 지하수가 적을 때에 사용된다. 이 방법은 외방수에 비해 시공·수선이 용이하나 지하층의 스페이스가 좁혀지는 결점이 있다. →wall water proofing on outside

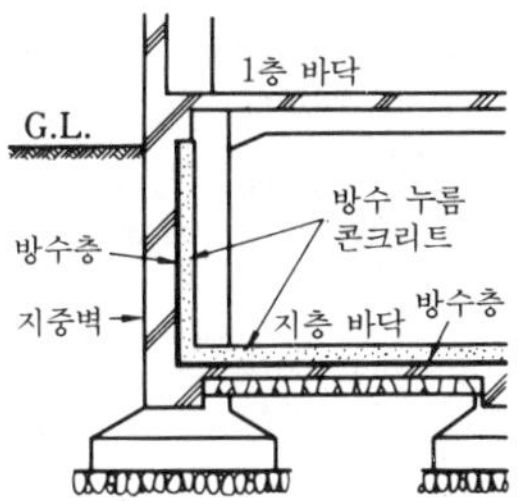

in-site permeability test 현장 투수 시험(現場透水試驗) 원위치에 행하는 흙의 투수성에 관한 시험.

in-site survey 현장 답사(現場踏査) 부지나 부지 주변의 현황 확인 및 공사에 관련하는 각종 정보의 수집을 위해 현지에 나가서 조사하는 것. =reconnaissance

in-site test 현위치 시험(現位置試驗) 일반적으로는 지반을 구성하는 흙의 성질을 살피기 위해 현장에서 하는 시험의 총칭. 샘플링·토질 시험·표준 관입 시험 및 사운딩 이외에 하는 시험. 평판 재하(載荷) 시험·말뚝의 재하 시험·말뚝의 시공 시험·양수 시험이 주된 것이다.

insolation 일조(日照) 태양의 움직임에 따른 일광의 방향이나 세기의 변화 등에 관한 태양 방사. 건축 환경을 좌우하는 영향이 크다. 하루 중의 햇빛이 드는 시간을 일조 시간이라 하고, 일조 시간을 가조(可照) 시간(태양이 아침에 떠서 저녁에 지기까지의 시간)으로 나눈 것을 일조율이라 한다. =sunshine

inspection 순시 점검(巡視點檢)[1], 점검(點檢)[2] (1) 순회하면서 보수 점검을 하는 것.
(2) 건축물, 설비, 기기 또는 부품 등에 이상이 있는지 어떤지를 외관이나 계기에 의해 살피는 것.

inspection hole 점검구(點檢口) 배관, 배선 등을 점검하기 위해 천장, 벽, 바닥 등에 두어진 개구부.

inspection lot 검사 로트(檢査－) 재료, 부품 또는 제품 등의 품질을 관리할 때의 검사 대상이 되는 단위체, 단위량의 집합.

inspection pole 인스펙션 폴 동일 길이의 것을 계측할 때 현장에서 사용하는 기준이 되는 길이의 막대. =measure pole

instability 불안정(不安定) 구조물이 하중에 대한 저항이 없는 상태에서 작은 하중으로 크게 변위가 진행해 버리는 상태.

installation expenses 설치비(設置費) 건설 공사에 사용하는 기계 기구나 설비 기기를 소정의 장소에 설치하는 비용.

installation for heading of water [conveyance of water] 도수 시설(導水施設) 수도용으로 취수한 물을 정수장으로 보내기 위한 개거(開渠), 암거(暗渠), 터널 등의 수로나 그에 부수하는 펌프장 등을 포함한 시설. 자연 유하식(自然流下式)과 펌프 압송식이 있다.

installing stone veneers 돌붙임 석재의 박판을 건축의 구조체 등의 바탕에 긴결(緊結) 철물이나 모르타르를 써서 붙이는 것. 습식 공법, 메쌓기 공법, 건식 공법 등이 있다.

instantaneous gas water heater 가스 순간 급탕기(－瞬間給湯器) 급탕 마개를 열면 공급된 물이 가열되어서 탕으로 되어 나오는 장치. 탕량에 따라 온도가 변화하는 결점이 있다.

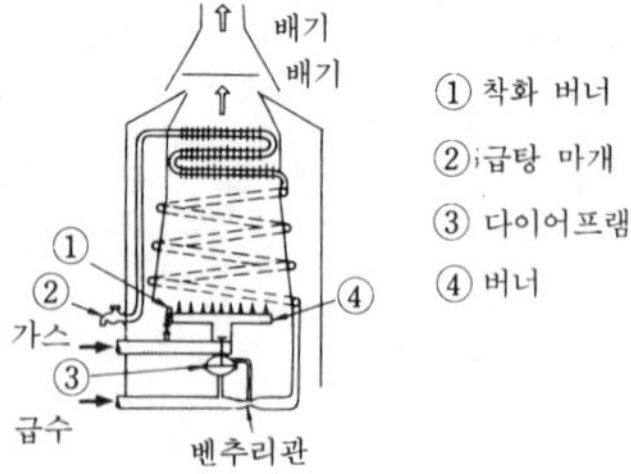

instantaneous load of water supply 순시 급수 부하(瞬時給水負荷) 건축물의 하루의 물 수요량을 나타내는 시계열 변동 중에서 1분 내지는 그 이하의 짧은 시간 내의 부하를 말한다. 급수관 지름의 산정 등에 사용한다. →hourly load of water supply

instantaneous settlement 즉시 침하(卽時沈下) 재하(載荷)에 의해 즉시 발생하는 침하. 하중이 작을 때는 탄성 침하를 의미한다. 따라서 압밀 침하와는 달리 시간에 관계없다.

instantaneous sound pressure 순시 음압(瞬時音壓) 음압의 임의의 순간에 있어서의 값. 피크 음압의 관찰에 유효하다.

instantaneous water heater 순간식 온탕기(瞬間式溫湯器) 급탕 마개를 열면 자동적으로 열원이 들어가 물을 연속적으로 가열하여 탕을 공급하는 온탕기. 연속적인 사용에 적합하며, 일반적으로 국소식 급탕에 사용하는 경우가 많다.

instantaneous wind velocity 순간 풍속(瞬間風速) 시시 각각으로 변동하는 풍속에 있어서 각각의 순간에서의 값. 보통은 다인스 자기(自記) 풍압계의 기록에서 구한다.

instantly setting 즉시 침하(卽時沈下) = immediately setting

instruction of work procedure 시공 요령서(施工要領書) 공사의 시공 또는 부재의 제작에 있어서 시공의 절차, 제작상의 주의, 품질 관리의 방법 등을 구체적으로 기술한 문서.

instrumentation 계장(計裝) 공업 장치의 자동 제어 및 원격 감시 제어 시스템용 기기·장치의 선정, 부착, 시운전 등의 공사를 하는 것.

instrument drawing 용기화(用器畫) 자, 컴퍼스 등의 제도 용구를 써서 정확하게 표현한 그림. 또는 그 화법. 기하 화법이라고도 한다. 자재화에 대한 용어.

instrument screen 백엽상(百葉箱) 외기의 온도, 습도 등을 측정하는 계기를 넣는 작은 상자. 백엽상은 목제로 통풍을 좋게 하기 위해 창, 측벽은 미늘로 하고, 일사를 방지하기 위해 상자 내외, 전면은 흰 칠을 한다. 상자 속에는 건습계, 최고 온도계, 최저 온도계, 자기(自記) 온도계, 자기 습도계를 둔다. 설치는 정면의 창을 북향으로 하고, 상자 밑의 높이는 지상 약 1m로 한다(다음 면 그림 참조). =shelter

instrument shelter 백엽상((百葉箱) = instrument screen

instrument screen

insula 인술라 고대 로마의 집합 주택. 점포나 대실(貸室), 때로는 안뜰형의 고급 주택까지 다양한 질과 형식의 주택으로 이루어지는 복합 건축.

insulated wire 절연 전선(絶緣電線) 도체를 절연물로 피복한 전선. →electric wire

insulating door 단열문(斷熱門) 속에 단열재를 넣어 제조한 문짝. 쇠문, 플러시 도어 등은 단열문이라고는 하지 않는다. 특히 금속성의 표면재를 사용한 문짝 속에 단열재를 넣었을 때 외기와 실내측의 금속면재가 마구리에서 단락하고 있는 것과 같은 것은 냉교(冷橋) 작용으로 단열성이 줄어들기 때문에 단열문이라고는 하기 어렵다.

insulating material 절연재(絶緣材) 전기 절연의 목적으로 사용하는 물질을 말한다. 도자기, 유리, 운모, 석면, 절연유, 각종 합성 수지 등이 있다. 열의 절연재로서는 특수 내화물, 코르크, 석면, 공기 등이 있다.

insulating oil 절연유(絶緣油) 전기 기기 등의 절연용으로 사용하는 기름. 광유나 실리콘유 등이 있다.

insulation 절연(絶緣) 열 또는 전기의 도체를 절연체로 차단하는 것.

insulation board 단열판(斷熱板), 연질 섬유판(軟質纖維板) 섬유판의 일종. 경량이고 시공성이 좋으며, 표면 가공이 용이하고 단열성이 뛰어나다는 등의 성질을 갖는다. 두께 10~15cm 정도이며, 지붕·바닥의 바탕재, 혹은 표면 가공하여 내장재로 사용된다.

insulation fiberboard 연질 섬유판(軟質纖維板) 비중 0.4 미만의 섬유판. 단열·흡음 재료로서 쓰인다. =low-density fiberboard, soft board

insulation glass 단열 유리(斷熱琉璃) 단열 및 열선 반사를 목적으로 만들어진 개구부용 유리. 다음과 같은 종류가 있다. ① 복층 유리(2중, 3중, 4중), ② 열선 반사 유리(단판, 복층, Low-ε), ③ 초단열 복층 유리.

insulation method 절연 공법(絶緣工法) 구조체의 고체 전달음이나 진동을 차단하기 위해 사용하는 공법의 하나.

insulation resistance 절연 저항(絶緣抵抗) 절연된 배선에 직류 전압을 가할 때에 그 선간 및 대지간에 흐르는 극미소한 전류값으로 전압을 나눈 값. 이 값은 배선의 절연 성능을 나타내고 그 양부를 정하는 값이 되기도 한다.

insulator 절연물(絶緣物)[1], 애자(碍子)[2] (1) 전기를 거의 통하지 않는 물질, 부도체라고도 한다.

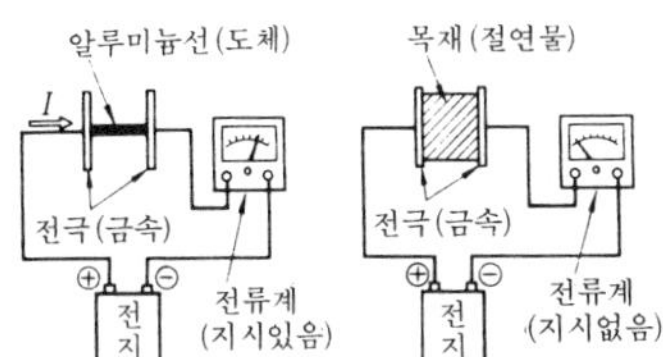

(2) 가공 배선이나 옥내 배선 지지용의 자기, 유리, 염화 비닐제의 절연물로, 고압용, 저압용, 네온 공사용 등이 있다.

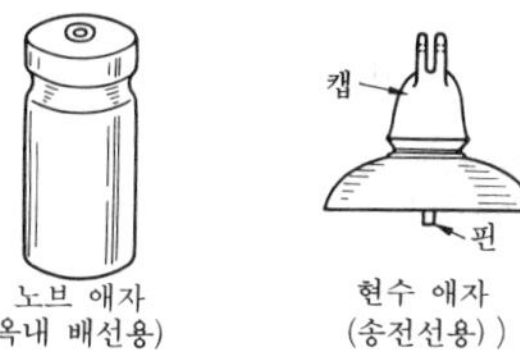

노브 애자
(옥내 배선용)

현수 애자
(송전선용))

insurance premium 보험료(保險料) 사회 보험 및 손해 보험 등의 보험 계약에서 피보험자 및 고용주 등이 지불하는 비용.

integral designing 종합적 설계(綜合的設計) 한 단지에 건축되는 복수의 건축물을 그 사이의 도로나 녹지 등을 포함하여 종합적으로 설계한 경우에 전체를 하나의 부지로 보고 인정되는 설계.

integrated ceiling 시스템 천장(-天障) 경량 형강 등의 천장 바탕에 조명, 연기 감지기, 배출구나 스프링클러 등의 설비 기능을 내장하여 일체화한 규격화된 천장. 공장 생산된다.

integrated deflator 종합 디플레이터(綜合-) 목조 주택이라든가 RC구조 비주택 등 특정한 그룹마다 만들어지는 개별 디플레이터를 종합해서 만들어지는, 건축 투자액이나 건설 투자액의 디플레이터. 개별 디플레이터와 달리 엄밀한 의미로는 건축비 지수가 아니다.

integrating sphere 적분구(積分球) 파장에 대하여 되도록 비선택적이고 완전 확산에 가까운 반사면을 내면에 칠한 중공(中空)의 구. 광속계 등의 측광기나 방사계에 널리 쓰인다.

integrating wattmeter 적산 전력계(積算電力計) 전력을 시간에 대하여 적산하는 계기. =watt-hour meter

intelligent building 인텔리전트 빌딩 건물 내에서 공용하는 정보 통신 기능을 미리 장비한 건물. 복합적 기능을 갖는 전화 교환기 · LAN(근거리 통신망) · 고속 디지털 전송 등을 통신 매체로 하여 대형 컴퓨터와 단말기 · 전화 · 전자 우편 · TV회의 · VAN정보 시스템 등의 서비스를 건물 내 어느 장소에서도 받을 수 있다.

intelligent city 두뇌 도시(頭腦都市), 고도 정보화 도시(高度情報化都市) 신경이라고도 할 정보 통신망을 부설하여 고도 정보 통신 시스템에 의해 지능을 부가하여 지역 전체를 지능화한 미래 도시. 도시 기능의 운영 효율화, 도시 정보 기능의 강화, 도시 문제의 해결, 도시 생활의 쾌적성 향상 등이 기대된다.

intelligent house 인텔리전트 주택(-住宅) 조명이나 냉난방 · 급탕 등의 각종 기기가 컴퓨터로 자동 제어되고, 방범 · 방재 등의 정보가 외부와도 접속되어 있는 주택.

intelligibility 양해도(諒解度) 청취 명료도 시험에서 단어, 문장 등을 양해하는 정도의 백분율(%).

intensity 강도(强度) 방사선, 스펙트럼선의 강도, 전류의 강도, 압력의 강도, 재료의 강도(인장 또는 압축 등에 의해 파단할 때의 힘) 등. 이 밖에 단위 지적당의 지반의 세기.

intensity level 음의 세기 레벨(音-) 어떤 음의 세기와 기준음의 세기의 비의 상용 대수를 10배한 값. 기준의 음의 세기는 공기 중인 경우 $1 pW/m^2$.

intensity of bending stress 휨 응력도(-應力度) =bending unit stress

intensity of light 광도(光度) 면이 광원에서 수직으로 조사(照射)될 때 광원으로부터 단위 거리에 있는 단위 면적의 받는 빛의 에너지의 양. 단위는 칸델라를 쓰고 1칸델라는 1촉과 거의 같다. =luminous intensity

intensity of rainfall 강우 강도(降雨强度) 강우량을 시간당 밀리미터로 나타낸 것.

intensity of sound 음의 세기(音-) 음장(音場)의 한 점에서 음파의 진행 방향으로 수직인 단위 면적을 단위 시간에 통과하는 음향 에너지. 음의 3속성의 하나이다. =sound intensity

intensity of stress 응력도(應力度) 단위 면적상에 작용하는 응력. 단위 kg/cm^2.

intensity ratio of labor accident 강도율(强度率) 노동 재해의 경중(輕重) 정도를 나타내는 수치. 노동 손실 일수×1000/연 노동 시간으로 나타내어진다.

intensity (value) of solar radiation 일사량(日射量) 어느 면이 받는 단위 면적 · 단위 시간당의 일사 에너지. 어떤 면적이나 어떤 시간 내의 일사 에너지의 총량을 의미하기도 한다. =solar irradiance

intensive rigid frame 집약 라멘(集約-) 여러 층 건너 큰보를 갖는다든지, 여러 스팬마다 지지한다든지 하는 라멘. 메이저 스트럭처(major structure)로서의 라멘이다. =major rigid frame

intensive truss 집약 트러스(集約-) 여러 층 단위의 도리를 가진 트러스 또는 트러스보 등을 가리킨다. =major truss

interaction 상호 작용(相互作用) ① 두 물체가 서로 작용하는 것. ② 두 작용(힘이나 모멘트 등)이 하나의 현상(예를 들면, 부재의 파괴)에 서로 영향을 미치는 것을 말한다.

interceptor 저집기(沮集器) 배수에 혼입 흘러 내려가는 기름, 그리스, 모래 등 유해 물질 및 재이용할 수 있는 물질의 유출을 저지 · 분리 · 회수하기 위해 설치하는 기구.

interchange 인터체인지 일반 도로에서 고속 도로로 진입하기 위한 도로의 교차부를 말한다.

intercolumniation 기둥 배치(-配置) ① 서양 건축에서 기둥의 직경을 기준 치수로 하여 기둥 사이의 치수를 정하는 방법. ② 건축물의 평면을 계획할 때 그 건물의 기능, 구조, 공법 등을 바탕으로 기둥의 배치 및 치수를 정하는 것. =column spacing, column arrangement

interference 간섭(干涉) 같은 장소에 동시에 도달한 둘 또는 그 이상의 수의 음파의 진폭(변위) 사이에 있어서의 상쇄하거나 서로 중첩하는 현상.

interference body bolt 타입식 고력 볼트(打入式高力-) 지압 볼트 접합용의 축부(軸部)에 홈을 갖는 고력 볼트. 볼트 지름보다 약간 작은 지름의 볼트 구멍에 유압기기를 써서 박아 넣어 사용한다.

interference type muffler 간섭형 소음기

(干涉形消音器) 관 도중에 본관과 길이를 바꾼 바이패스관을 두고, 2관을 전하는 음의 합류점에서의 위상차에 의한 간섭에 의해 감음 효과를 얻는 구조의 소음기.

interior 인테리어 쾌적한 실내 환경을 만들어내기 위한 실내 마감재, 가구, 조명 기구, 커튼 등의 총칭.

interior coordination 인테리어 코디네이션 인테리어 공간과 그것을 구성하는 내장이나 가구류의 선정이나 배치 등의 종합적인 구성이나 조정을 하는 것.

interior coordinator 인테리어 코디네이터 인테리어의 계획·판매에서 고객에게 조언·제안을 하는 사람 또는 그 직업.

interior craft 인테리어 크라프트 실내 장식에 쓰이는 공예품.

interior decoration 인테리어 데커레이션 실내를 색채, 양식 등으로 장식하는 것.

interior design 실내 설계(室內設計) 실내 공간의 설계, 가구, 재료, 배색 등의 설계에 의해 실내 공간을 종합적으로 구성하여 창조하는 것.

interior designer 인테리어 디자이너 실내의 설계, 장식을 하는 실내 설계가, 실내 건축가.

interior element 인테리어 엘리먼트 실내를 구성하는 요소의 총칭. 내장 마감재, 가구, 조명 기구, 창 처리 등을 말한다. →interior goods

interior elevation 실내 전개도(室內展開圖) 실내의 사방을 전개시켜서 실내의 사방 및 바닥, 천장까지를 입면적으로 나타낸 도면.

interior finish 내장 공사(內裝工事) 실내의 벽·천장·바닥 등 마감 공사의 총칭. 융단·커튼·블라인드 등도 포함된다. →interior finish

interior finishing 내장(內裝) 건물 내부의 마감을 총칭하는 것.

interior finish work 내장 공사(內裝工事) =interior finish

interior goods 인테리어 구즈 실내에 쓰이는 용품의 총칭. 인테리어 엘리먼트의 일종. →interior element

interior green 인테리어 그린 인테리어로서 쓰이는 꽃, 식목 등 식물의 총칭. 주로 관엽 식물이 널리 쓰인다.

interior gutter 안홈통(－桶) 패러핏의 안쪽에 설치하는 홈통으로, 외부에서는 보이지 않는다. =parapet gutter, builtpin gutter

interior illumination 실내 조도(室內照度)[1], 실내 조명(室內照明)[2] (1) 실내 어느 점의 조도를 말하는데, 실내의 어느 평면상의 평균 조도를 가리키는 경우도 있다. =interior illuminance
(2) 실내를 전등으로 밝게 하는 것. 옥내 조명이라고도 한다. =interior lighting

interior landscape 인테리어 랜드스케이프 건축물의 내부 공간에 수목을 심어 자연과 인공의 조화를 도모하여 도시 공간에 정취를 주도록 하는 디자인 수법.

interior perspective drawing 실내 투시도(室內透視圖) 실내를 입체적으로 실제와 같이 눈에 비치도록 투시도법에 의해 그린 그림. 시공용으로는 필요없고, 설계 도면을 설명한다든지, 계획을 이해시킨다든지 하기 위해 사용하는 것으로, 착색하거나 음영을 갖게 하거나 하여 회화적 표현을 한 그림이다. 아래 그림은 1소점법에 의한 실내 투시도의 예이다.

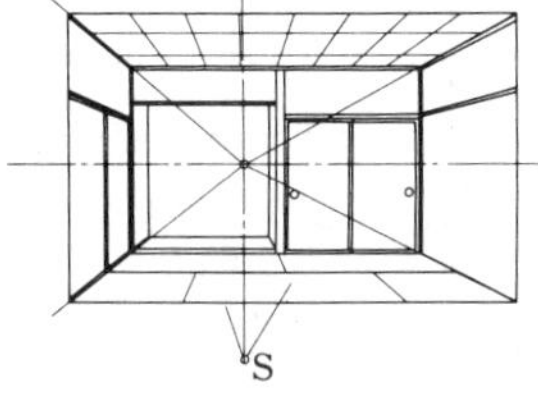

interior planner 인테리어 플래너 건축물 내부 공간의 설계, 관리를 하는 전문가.

interior planning 실내 계획(室內計劃) 건축물의 실내, 인테리어 설계의 기초가 되는 조건이나 사고 방식을 정리하는 것.

interior simulation 인테리어 시뮬레이션 실내의 가구 배치 등을 컴퓨터를 써서 검토하는 방법.

interior space 내부 공간(內部空間) 외부 공간과 병용하여 쓰이는 디자인 용어. 건축 공간은 단지 건축물 내부의 공간뿐만 아니라 건축물 둘레나 건축물 상호간의 공간도 대상으로 해야 한다는 인식에서 외부 공간이라는 개념이 생기고, 본래의 건축물 안쪽에 차지하는 공간을 가리켜 내부 공간이라고 구분해서 말한다.

interior stairway 옥내 계단(屋內階段) 건축물의 옥내에 설치된 계단. 계단의 디딤바닥 치수, 단높이 치수, 폭 및 구조 등에 대해서 건축 기준법 시행령에 의해 규

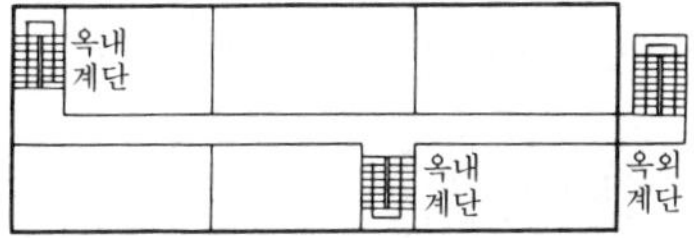

제되어 있다.

interior tile 인테리어 타일 내장용 타일의 총칭.

interior video 인테리어 비디오 실내의 쾌적한 분위기 조성을 위해 쓰이는 비디오. 자연의 풍경, 음을 표현한 아름다운 영상이 중심이다.

interior wall 내벽(內壁) ① 건물 내부에 있는 벽. 칸막이벽, 계벽(界壁) 등의 건물 내부 공간을 칸막는 벽. ② 외주벽의 내면을 말한다.

interior wiring 옥내 배선(屋內配線) 건축물 내에 설치하는 전등·전열기 등을 위해 시공하는 배선.

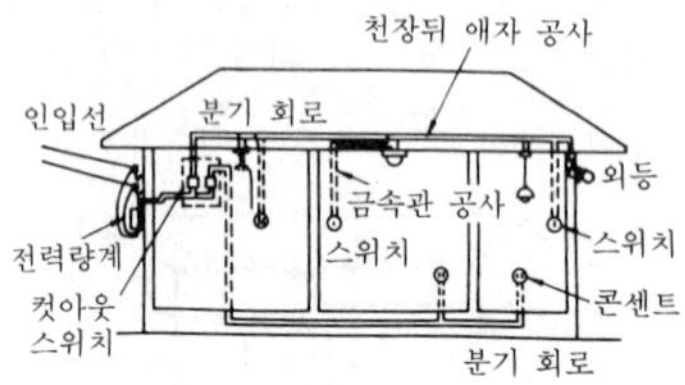

interior wiring plan 옥내 배선도(屋內配線圖) 건축물 내의 전등·전동기 등 전기 설비의 배선·시공을 나타내는 전기 공사 설계도. 기기의 위치·배선 방법·종별을 그림 기호에 의해 나타낸다. 배선도는 보통 평면도와 접속도로 나타내고 특별한 공사에서는 구조도·설치도·계통도·상세도도 첨가한다.

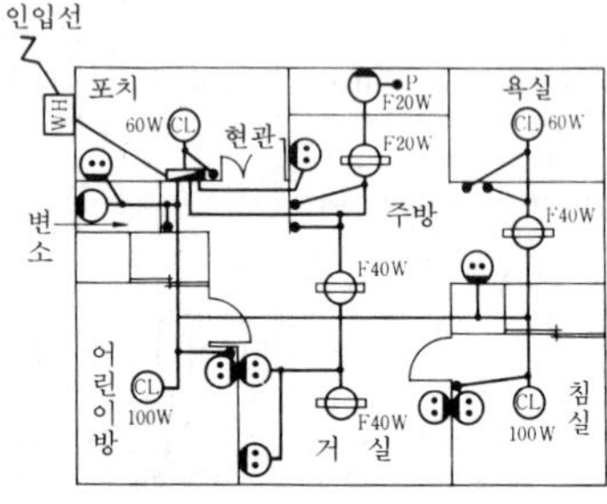

interior zone 인테리어 존 건축의 평면에서 공조 영역이고 외벽으로부터의 열적 영향을 받지 않는 영역. 일반적으로 외벽에서 3~6m의 부분을 제외한 안쪽을 말한다.

interlacing arches 인터레이싱 아치 아케이드에서 아치가 서로 교차하고 있는 부분을 말한다.

interlock 인터로크, 연동(連動) 안전을 위해 전기적으로 잠그는 것. 한쪽이 안전 상태가 되지 않으면 다른쪽의 동작을 할 수 없게 하는 것을 말한다.

interlocked grain 엇결 목재면의 대패질에서 올바르지 않은 방향으로 대패질하는 것을 말한다.

interlocking block 인터로킹 블록 보도(인도)나 광장 등의 포장에 사용하는 콘크리트제의 조합 블록.

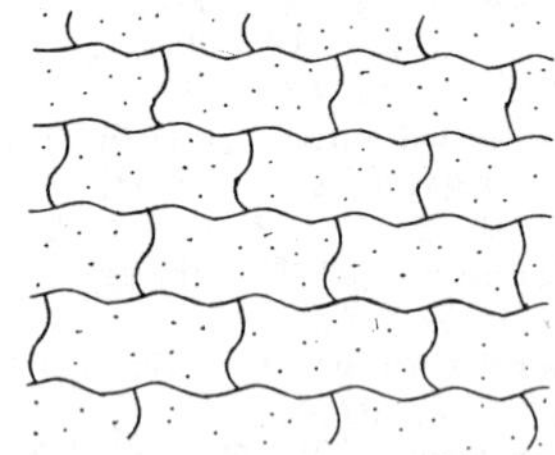

interlocking shell 상관 셸(相貫－) 복수의 셸을 축을 교차시켜서 얻어지는 조합 셸. ＝crossing shell

intermediary charge 중개 수수료(仲介手數料) ＝agent charge

intermediate color 중간색(中間色) 난색(暖色)도 한색(寒色)도 아닌 색.

intermediate damage 중파(中破) 지진의 피해 정도를 나타내는 지표. 중정도의 파손을 말한다.

intermediate distribution frame 중간 단자반(中間端子盤) 전화 설비 공사에서 MDF와 말단의 단자반과의 중간에 설치하여 배선을 계통마다 분배하기 위한 반.

intermediate hue 중간색(中間色) 색각(色覺)의 4원색 사이에 위치하는 색상.

intermediate room 중간방(中間房) 두 방 사이에 있는 방.

intermediate season 중간기(中間期) 냉방기(冷房期)인 여름철과 난방기인 겨울철의 중간 시기. 일반적으로 4~5월 및 10~11월을 말한다.

intermediate stiffener 중간 스티프너(中間－) 강구조 부재의 끝 부분, 지점(支點) 및 가력점(加力點) 이외의 중간 부분에서 부재의 보강에 사용하는 재축(材軸)의 직교 방향에 배치하는 스티프너.

intermediate territory 중간 영역(中間領域) 두 종류의 공간 영역 사이에 있으며, 그 어느쪽에도 속하지 않는 중간적인 성격을 갖는 공간적 영역을 말한다. 옥내와 옥외의 중간적인 공간이나 세미퍼블릭 스페이스 등.

intermediate zone 중간 영역(中間領域) ＝intermediate territory

intermediation 중개(仲介) 매매, 교환, 대차 등 거래의 대리 또는 매개를 하는 것을 말한다.

intermittent air conditioning 간헐 공기 조화(間歇空氣調和) 24시간 연속하여 공기 조화를 하는 것이 아니고 때때로(일반적으로는 야간에) 공기 조화 장치를 정지하는 운전 방법.

intermittent fillet welding 단속 필릿 용접(斷續－鎔接) 용접 비드를 연속하지 않고 일정한 간격을 두고 뛰엄뛰엄 하는 필릿 용접.

intermittent heating 간헐 난방(間歇煖房) 하루 동안에 방을 사용하는 시간대만 난방하고, 기타의 시간은 난방 장치의 운전을 정지하는 난방법.

intermittent noise 간헐 소음(間歇騷音) 어떤 계속 시간을 가지고 발생한다든지 또는 멈춘다든지 하는 시간적 패턴의 소음을 말한다.

intermittent welding 단속 용접(斷續鎔接) 용접 이음에서 용접선상에 간격을 두고, 파선상(破線狀)으로 비드를 둔 용접. 연속 용접의 대비어.

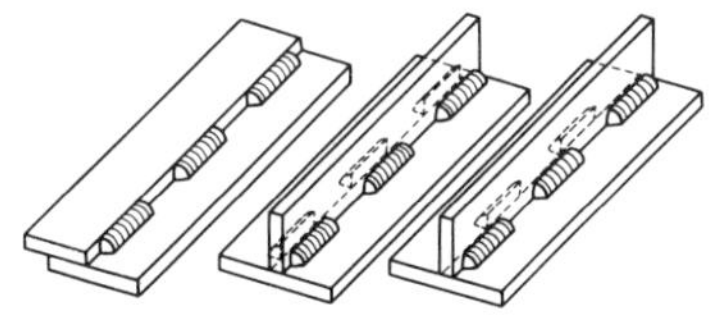

internal air pressure 공기압(空氣壓) = air pressure

internal combustion engine 내연 기관(內燃機關) 열 에너지를 기계적 에너지로 바꾸는 원동기로, 연료에 따라서 가솔린 기관, 석유 기관, 디젤 기관, 가스 기관 등이 있다.

internal damping 내부 감쇠(內部減衰) 물체 지부의 분자 마찰에 입각한 감쇠. 그 감쇠력은 보통, 변형 속도에 비례한다고 한다.

internal energy 내부 에너지(內部－) 물질이 정지하고 외력이 작용하고 있지 않을 때 보유하고 있는 에너지. 구성하고 있는 분자가 갖는 운동 에너지와 위치 에너지의 합계.

internal force 내력(內力), 응력(應力)[1], 단면 응력(斷面應力)[2] (1) 외력에 의해 부재나 구조물의 내부에 생기는 힘.
(2) 부재 응력이라고도 한다. 단면 계산, 단면 설계에 있어서 사용하는 응력. 휨 모멘트, 전단력, 축방향력 외에 비틀림 모멘트가 있다.

internal friction 내부 마찰(內部摩擦) 경계면 상호에 변형의 속도차가 있을 때 발생하는 마찰. 토질 역학에서는 흙입자 상호의 마찰을 말한다.

internal friction angle 내부 마찰각(內部摩擦角) 지반의 세기를 지배하는 상수. 한 몸으로 된 흙덩어리 속의 흙과 흙 사이의 마찰각. 내부 마찰각은 다져진 흙일수록 크고, 순수한 찰흙에서 0°, 느슨한 모래에서 30~40°, 다져진 모래에서 40~45° 정도이다.

internal heat gain 실내 발열(室內發熱) 실내에서 발생하며, 냉방 부하가 되는 열량. 조명 발열, 인체 발열, 기구 발열 등이 있다.

internal pressure coefficient 내압 계수(內壓係數) 구조물에 풍압력이 작용할 때의 건축 구조물 내부의 압력을 기준이 되는 평균 풍속의 속도압으로 나누어서 얻어지는 계수.

internal thread 암나사 둥근 구멍의 내면에 나사홈을 가진 나사를 말한다. →external thread

internal vibrator concrete 콘크리트 막대형 진동기(－形振動機) 콘크리트 작업에 사용하는 막대형의 진동기. 콘크리트 내부에 꽂아서 사용하고 직경 100mm 이하의 막대형 진동체를 갖는 것.

internal viscous damping 내부 점성 감쇠(內部粘性減衰) 진동계를 구성하는 골조 자체가 갖는 고체 점성에 의한 감쇠로, 진동계 주변의 유체의 점성 저항에 의한 외부 점성 감쇠와 구별해서 부른다. 급속하게 힘을 가했을 때 그 변형 속도가 빠를수록 커지는 내부 저항력에 의한 감쇠를 가리킨다.

internal work 내력 일(內力－) 물체에 작용하는 외력에 저항하여 물체 내에 내력이 생길 때 그 내력이 하는 일.

international conference hall 국제 회의장(國際會議場) 국제 회의를 개최하기 위해 설치되는 시설. 회의실만을 가리키는 경우와 부속 부분을 포함한 시설 전체를 가리키는 경우가 있다.

International Organization Standardization 국제 표준화 기구(國際標準化機構) = ISO

international prototype kilogram 국제 킬로그램 원기(國際－原器) 질량의 기본 단위 1kg을 정한 원기. 백금 90%, 이리듐 10%의 합금제(1879년)이다(다음 면 그림 참조). →MKS system of units

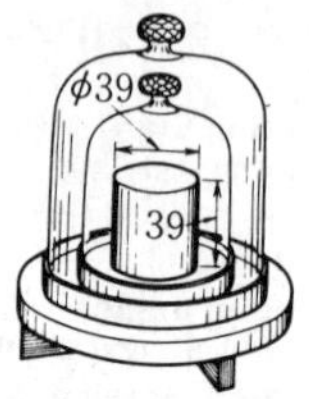

international prototype kilogram

International Standardization Organization 국제 표준화 기구(國際標準化機構) =ISO

international standard meter 국제 미터 원기(國際－原器) 1875년 이래 파리의 국제 도량형국에 있으며, 종래 미터의 정의에 사용되었던 구원기. =MKS system of units

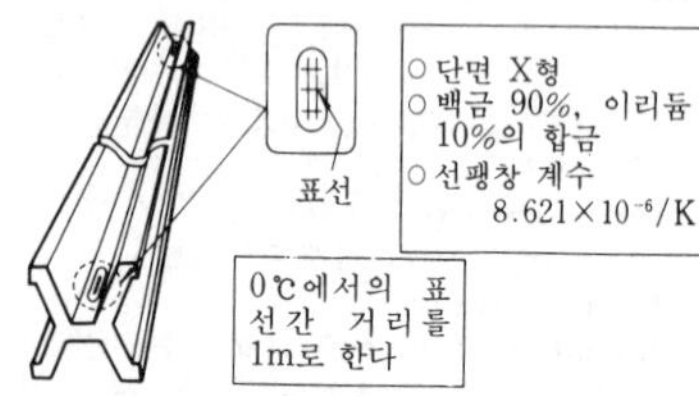

international style 인터내셔널 스타일 근대 건축 중에서도 최신의 기술을 신뢰하고, 추상적인 미를 추구하는 건축. 지역성이 아니고 보편성이 중시된다. 히치콕(H. R. Hitchcock)이 명명했다.

international unit 국제 단위(國際單位) ① 전기·열 등의 단위를 국제적 규약에 따라서 정한 것. ② 국제적으로 인정된 비타민이나 항생 물질의 양이나 효과를 측정하는 단위. =IU

interphone 인터폰 실내 전화의 일종으로, 하나의 상자 속에 송수화기를 내장하고, 키의 전환으로 서로 통화하는 것. 모자식(母子式), 각개 상호 통화식, 양통화식 등 여러 가지 있으며, 병원, 호텔, 공장 등에 사용된다.

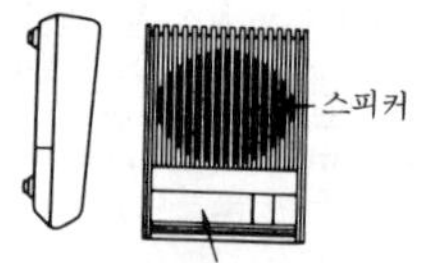

interpolation formula 보간 공식(補間公式) 변수 x_i에 대한 함수값 y_i를 주어 $y=f(x)$의 식을 만드는 공식. 최소 자승법식, 뉴턴의 식, 라그랑지의 식, 에르미트(Hermite)의 식 등이 널리 쓰인다.

interpolation matrix 보간 매트릭스(補間－) 변위법에 의한 유한 요소법의 기본식으로 쓰이는 매트릭스. 변위 계수 매트릭스라고도 하며, 요소의 강성 매트릭스를 구할 때 쓰인다.

$\{v_p\}=[A]\{u_e\}$

여기서, $\{v_p\}$: 요소상의 1점의 변위, $\{u_e\}$: 요소상에 취한 절점의 이동량, $[A]$: 보간 매트릭스

interreflected component 상호 반사 성분(相互反射成分) 조도(照度)나 주광률(晝光率) 중 광원에서 직접 입사하지 않고 실내 마감면 등에서 상호 반사하여 입사하는 빛에 의한 성분.

interreflection 상호 반사(相互反射) 상대하는 둘 이상의 복사체 표면으로부터의 복사를 서로 무한으로 반복하는 반사. 상호 반사에서는 상반 정리 및 복사속 보존의 법칙이 성립한다. 또 상호 반사에서는 어느 점에 생기는 전복사속은 그 점에 직접 복사에 의해서 받는 복사속과 상호 반사에 의해서 받는 정미(正味)의 복사속과의 합과 같다.

intersecting bodies 상관체(相貫體) 둘 이상의 입체가 서로 교차한 것.

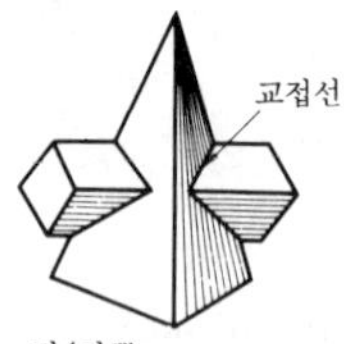

정4각뿔
정4각 기둥의 상관체

intersecting vault 교차 볼트(交叉－) 두 반원형 볼트를 직각으로 교차시켜서 이루어진 형태. 십자형 평면의 교차부에 사용한다.

intersection 교차점(交叉點) 둘 이상의 도로가 만나는 지점. 평면 교차와 입체 교차가 있다.

intersection angle method 교각법(交角法) 트래버스 측량에서 기준이 되는 측선

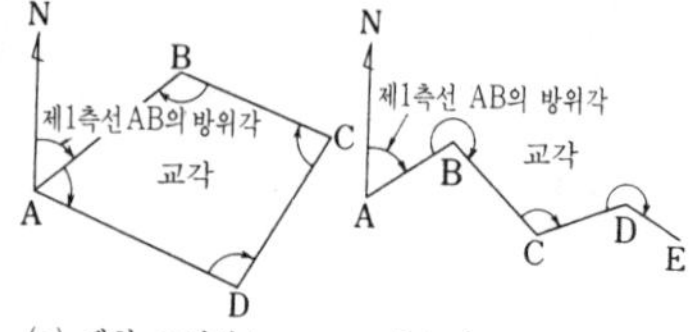

(a) 폐합 트래버스 (b) 개 트래버스

(보통은 제1 측선)의 방위각과 각 측점에서의 교각 및 각 측선 길이를 재서 지형을 구하는 방법.

intersection capacity 교차점 교통 용량(交叉點交通容量) 교차점 전체의 교통 처리 능력을 나타내는 지표. 차선별의 교통 용량을 기초로 하여 신호 현시(現示) 방식에 따라 산출한다.

interstitial space 설비층(設備層) 사용하는 층의 위 또는 아래에 설치한 설비 기기의 설치나 배관 등의 전용 계층. 연구소 등 기능의 변화가 심한 건물에 두며, 설비의 갱신, 증감, 보수를 용이하게 한다.

intertruss bracing 밑둥잡이 횡좌굴을 방지하기 위한 보강재.

intrusion aid 인트루전 에이드 프리팩트 콘크리트의 시공에 있어서 골재간에 주입하는 페이스트의 침투를 좋게 하기 위한 혼합제.

inundator 이넌데이터 콘크리트 재료의 계량 장치의 일종. 시멘트량에 대한 수량을 정확하게 하여 강도가 일정한 콘크리트를 만들기 위한 장치로, 수량계, 모래의 이넌데이션 탱크, 자갈의 계량기를 갖추고, 시멘트는 포장 단위로 투입한다.

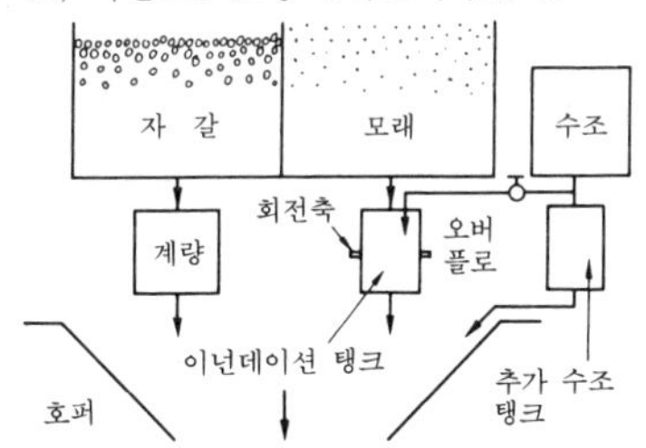

invariable expense 고정비(固定費) 생산량의 증감과 관계없이 고정적인 지출액이 되는 비용.

inversed arch 역 아치(逆-) 아치의 상하를 역전하여 수평면을 위로 해서 호의 부분을 인장재로서 사용하는 구조 요소. 교량이나 거푸집 지지보에 사용한다. 아치와 서스펜션의 관계를 설명하는 용어로서 쓰인다.

inversed triangle type distribution 역3각형 분포(逆三角形分布) 건축물의 높이에 따라서 거의 직선적으로 증대하는 형식의 수평 진도(震度) 또는 전단력 계수의 높이 방향으로의 분포형을 말한다. 각층 등질량에서 역3각 분포의 수평 진도일 때

$$A_i = 1 + (1 - \alpha_i)\frac{N}{N+1}$$

이 된다.

inversed T shape retaining wall 반T형 옹벽(反-形擁壁) 토압을 받는 수직에 가까운 벽과 직교한 수평의 슬래브로 이루어지는 역T형의 옹벽이다. 슬래브는 옹벽의 바로 앞까지 뻗어 있다. 이것이 뻗어 있지 않을 때는 L형 옹벽이라 한다. → reversed T-shaped retaining wall

invert 인버트 하수의 흐름을 좋게 하기 위해 수채통이나 맨홀의 밑바닥을 거기에 연결되는 배수관과 같은 지름의 반원으로 마감한 홈.

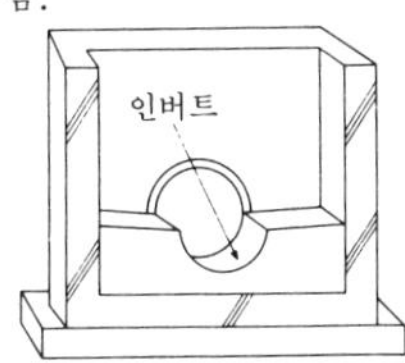

inverter 인버터 직류 전류를 교류 전류로 변환하는 장치. 정전시 자가 발전으로 전환할 필요가 있는 자동 화재 경보 설비, 비상 방송 설비 등에서 사용된다.

invisible hinge 숨은 경첩 문을 닫았을 경우 밖에 나타나지 않는 경첩. =secret hinge

invited design competition 지명 설계 경기(指名設計競技) 미리 지명된 건축가만으로 행하여지는 설계 경기. 보통, 참가자에게는 당락과 관계없이 일정한 기초적인 보수가 보증된다.

involute 인벌류트 원통에 감아붙인 실을 헐거워지지 않도록 당기면서 풀어갈 때 실 끝이 그리는 곡선.

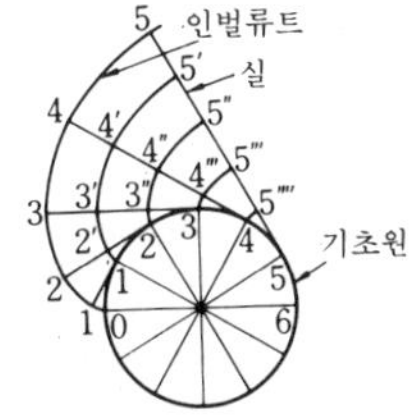

ion 이온 음 또는 양의 전하를 갖는 분자나 원자를 말한다. 물처리에서는 이온 교환법이 있으며, 염소 이온 Cl^-는 분뇨계 오수가 얼마나 희석되었는가의 정도를 보는 데 쓰인다.

ionexchange resin 이온 교환 수지(-交換樹脂) 이온 교환 기능을 가진 수지. 불순물로서의 이온의 제거, 유가물(有價物)의 분리 정제 등 용도는 넓다. 순수(純

水), 초순수(超純水)의 제조에도 쓰인다.

Ionia 이오니아식(－式) 고대 그리스 건축의 주두부(柱頭部) 장식의 한 양식으로, 소용돌이 문양이 특징이다. →order

Ionic order 이오니아식 오더(－式－) 소용돌이 모양의 주두(柱頭)를 갖는 오더. 소아시아에 그 기원을 찾을 수 있으며, 고대 그리스에서는 비교적 소규모의 건물에 사용되었다.

ionization smoke detector 연기 감지기(煙氣感知器) 화재 감지기의 일종. 화재에 의해 발생하는 연기(연소 생성물)를 검지하여 작동하는 장치. 이온화식과 광전식의 2종류가 있다. ＝smoke perceiver

IR 정보 검색(情報檢索) ＝information retrieval

Irish moss 바닷말 ＝carrageen

iron 쇠, 철(鐵) 지구상에 널리 다량으로 존재하는 원소의 하나. 순수한 철로서 존재하는 것은 드물고, 토양, 광물, 암석 중에 화합물로서 포함된다. 주요 광석은 자철광, 적철광, 갈철광, 사철(砂鐵) 등. 건축 용재에는 철과 탄소의 합금 즉 강철로서 사용된다. Fe, 융점 1,530℃, 비중 7.86, 선팽창 계수 $1.15\times10\text{-}5\mathrm{deg}^{-1}$(0～100℃), 열전도율 36～54kcal/m · h℃.

iron filler 아이언 필러 백악, 토분, 바라이트 가루 등과 니스를 이겨서 풀 모양으로 한 것. 쇠 부분에 도장할 때 바탕칠에 사용하며, 오목한 부분 등을 주걱으로 땜질한다.

iron manufacture 제철(製鐵) 철광석을 석회석 · 코크스와 함께 용광로에 넣고, 열풍으로 용융시켜 비중차에 의해서 철분을 분리하여 세철을 만들고, 평로나 전로를 써서 탄소나 불순물을 제거하여 강을 만든다.

iron Portland cement 철 포틀랜드 시멘트(鐵－) 고로 시멘트의 B, C종. 슬래그량이 많고, 혼입률 30% 이상인 것.

iron power low hydrogen type electrode 철분 저수소계 용접봉(鐵分低水素系鎔接棒) 저수소계의 피복제에 다량의 철분을 첨가하여 용착 속도를 크게 한 피복 아크 용접봉. 하향 및 수평의 필릿 용접에 적합하다.

iron power cement 철분 시멘트(鐵粉－) 철분, 산화 망간, 염화 암모니아 등을 배합해서 만든 특수한 내화 시멘트.

irradiance 방사 조도(放射照度) 수조면(受照面)에 입사하는 방사의 양을 나타내는 지표. 단위 면적당의 방사속($\mathrm{W/m^2}$). 측광량의 조도에 해당한다. 일사량이라고도 한다.

irregular curve 운형자(雲形－) 원호 이외의 곡선을 그릴 때 사용하는 자.

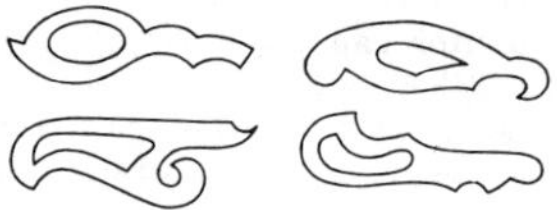

irregular frame 이형 라멘(異形－), 부정형 라멘(不整形－) ＝deformed rigid frame

irregularity 불균일(不均一) 마무리된 면이 균일하지 않은 것.

irregular Rahmen 이형 라멘(異形－) 수직 기둥 · 수평보로 이루어지는 정형의 장방형 라멘에 대하여 경사재 · 오픈 스페이스 등을 포함하는 부정형의 라멘을 말한다. 사다리꼴 · 톱니꼴 · 산형 등이 있다.

irregular reflection 난반사(亂反射) 물체의 표면이 거칠고 요철(凹凸)이 있을 때 여기에 복사선이 닿아서 각 방향으로 산란하는 반사.

irregular rigid frame 부정형 라멘(不整形－) 이형 라멘을 말한다. 기둥 보의 구성이 정형의 장방형 라멘이 아닌 구성의 라멘. 경사재 · 곡선재를 갖는 라멘이나 오픈 스페이스를 갖는 라멘 등.

I section steel I형강(－形鋼) ＝I-beam, I-steel

Islamic architecture 이슬람 건축(－建築) 7세기 이후 서아시아 · 이집트 · 북아프리카 · 스페인 등을 중심으로 사용되었던 이슬람교(회교)의 건축 양식. 모스크라고 하는 예배당이 중심이며, 다양한 아치와 아라베스크가 특징이다. 그림은 이슬람 건축의 아치를 예시한 것이다.

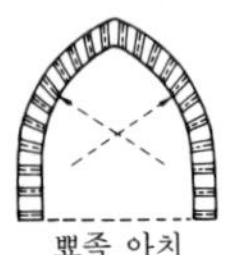
뾰족 아치

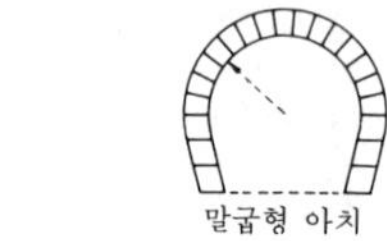
말굽형 아치

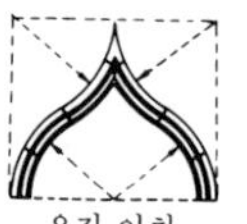
오지 아치

다엽형 아치

island kitchen 아일랜드 키친 주방 가구 배치 방식의 하나로, 싱크대, 레인지대 등을 중앙에 두어 4방향에서 사용할 수 있게 한 것. →kitchen type

island method 아일랜드 공법(－工法) 흙

막이 공법의 일종으로, 중앙부를 먼저 굴착하고, 건물의 기초 등을 축조하여, 이것을 이용해서 터파기 주위의 널말뚝에 비스듬히 버팀대를 대고 주위부를 굴착하는 공법.

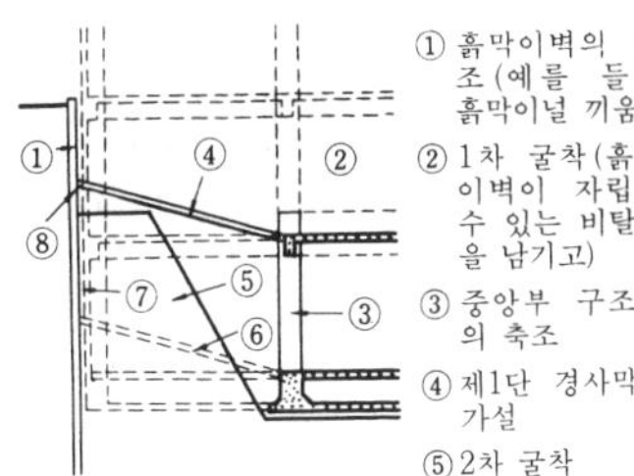

ISO 국제 표준화 기구(國際標準化機構) International Organization for Standardization의 약어. 1947년 창립, 물자 및 서비스의 국제 교류를 용이하게 하기 위해, 또 지적, 과학적, 기술적 및 경제적 활동의 국제간 협력을 조장하기 위해 국제적 표준화를 기도하여 만들어진 조직. 본부를 제네바에 둔다.

isobutylene-isoprene rubber 부틸 고무 =butyl rubber

isochrono fire front line 연소 동시선(延燒同時線) 큰 화재인 경우 같은 시각에 연소하고 있는 개소를 이은 선.

iso-illuminance curve 등조도(곡)선(等照度(曲)線) 임의의 면에서의 조도가 같은 점을 이은 곡선, 혹은 곡선군.

iso-intensity curve of a source 등광선(곡)선(等光線(曲)線) 광원의 중심을 중심으로 하는 가상구(假想球)상의 광도가 같은 점을 이은 곡선, 혹은 곡선군. 또는 이것을 평면으로 투사한 곡선, 곡선군을 말한다.

isolated gain system 분리 열취득 방식(分離熱取得方式) 패시브 솔라 시스템에서 집열, 축열의 부위를 난방 공간에서 분리시켜 만들고, 그들 사이의 열의 이동을 제어하여 난방 효과를 얻는 방식.

isolated ward 전염병동(傳染病棟)[1], 격리 병실(隔離病室)[2], 격리 병동(隔離病棟)[3] (1) 법정 전염병의 환자를 일반 환자로부터 격리하기 위한 병동.
(2) 정신병, 전염병 등 격리를 필요로 하는 환자를 위해 다른 입원 환자와 분리하여 마련한 특정한 방. 큰 병원에서 특히 그들 사람들을 많이 수용할 때는 별동(別棟)으로 한다(격리 병동). 작은 병원에서는 방만 달리하는데, 그 때문에 다른 방과의 접근율이 크므로 병독 살포, 감염을 완전히 억제하도록 소독 시설을 완비시킨다.
(3) 일반의 병동과 격리하여 정신병 환자, 전염병 환자를 각각 수용하는 병동.

isolater 아이솔레이터 면진(免震) 구법에서 기초와 상부 구조 사이에 넣어 지진력을 흡수하는 역할을 하는 것. 고무를 강판 사이에 넣는 것이 개발되어 있다.

iso-luminance curve 등휘도(곡)선(等輝度(曲)線) 임의의 면에서의 휘도가 같은 점을 이은 곡선, 혹은 곡선군.

isometric 아이소메트릭 길이·폭·높이를 직교하는 3직선으로 나타내는 축측 투영(軸測投影) 중 교각이 120도가 되는 경우의 그림.

isometric drawing 등각도(等角圖), 정각도(正角圖), 등측도(等測圖) 등측 투영에 의해 그려진 그림.

isometric perspective drawing 평행 투시도(平行透視圖) 입방체의 상하면이 기면(基面)에 평행하고, 다른 면의 하나가 화면에 평행한 위치의 투시도.

isometric projection 등각 투영도(等角投影圖) 대각선을 화면에 수직으로 하여 입방체를 투영했을 때 세 측변이 각각 120°로 만나고, 윤곽이 정6각형으로 되는 투영법. 투영은 실제 길이보다 짧아지지만 보통 실제 길이로 그린다. 입방체인 경우 3변의 길이가 같아져서 작도하기 쉬우므로 설명도로서 쓰인다.

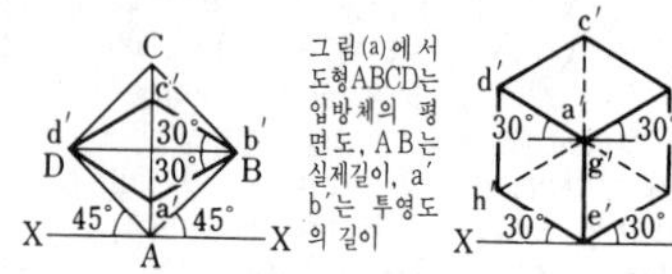

(a) 투영도의 변의 길이 (b) 투 영 도

isometic projection

isoparametric element 아이소파라메트릭 요소(－要素) 요소 내의 변위 분포를 나타내는 보간 함수(형상 함수라고도 한다)와 요소의 형상을 나타내는 보간 함수를 동일하게 선택한 유한 요소.

isoparametric shell element 아이소파라메트릭 셸 요소(－要素) 아이소파라메트릭 요소의 한 종류. 셸은 곡면으로 나타내어지므로, 곡면을 근사할 수 있는 적당한 보간 함수를 선택함으로써 정밀도가 좋은 요소가 된다. →isoparametric element

isoprene rubber 합성 천연 고무(合成天然－) 이소프렌을 중합하여 얻어지는 천연 고무와 동일 구조의 합성 고무. 천연 고무에 비해 불순물이 적고 품질의 균일성이 높다.

isosceles sawtooth roof 등변 톱날지붕(等邊－) 2등변 3각형을 이은 것과 같은 모양의 지붕.

isoseismal line 등진도선(等震度線) 지진동의 진도 분포를 나타내는 지도상에서 진도가 같은 점을 연결한 선. 보통, 진앙을 중심으로 한 동심원상의 선이 되는 경우가 많다.

isotherm 등온선(等溫線) ① 등온 혹은 항온의 점을 연결한 선. ② 온도를 일정하게 유지했을 때의 압력과 체적과 같은 두 변수간의 관계를 나타내는 곡선 혹은 식.

isothermal air diffusion 등온 배출(等溫排出) 공기 조화 설비에서 배출 온도를 실온과 같게 하는 배출 방법.

isothermal change 등온 변화(等溫變化) 온도를 일정하게 유지하면서 하는 변화를 말한다. 물체에 등온 변화를 시키려면 그것을 충분히 큰 열용량을 갖는 일정 온도의 물체에 접촉시키고 준정적(準靜的) 변화를 할 필요가 있다.

isothermal jet 등온 분류(等溫噴流) 배출하는 유체와 배출되는 넓은 공간의 유체의 온도가 같은 분류.

isotropic diffuse reflection 균등 확산 반사(均等擴散反射) 반사 방사의 방사 휘도 또는 휘도가 반사되는 반구면(半球面)의 어느 방향으서도 같게 되는 확산 반사. 반사 방사의 광도는 람베르트 여현 법칙에 따른다.

isotropic diffuse transmission 균등 확산 투과(均等擴散透過) 투과 방사의 방사 휘도 또는 휘도가 투과되는 반구면(半球面)의 어느 방향으로도 같게 되는 확산 투과. 투과 방사의 광도는 람베르트 여현 법칙에 따른다.

isotropic shell 등방성 셸(等方性－) 모든 방향의 영 률과 포아송비가 같고, 특별한 방향성을 갖지 않는 재료에 의한 셸. 철골 셸 등.

isotropic turbulence 등방성 난류(等方性亂流) ＝homogeneous turbulent flow

isotropy 등방성(等方性) 방향에 따라서 물질의 물리적 성질이 달라지지 않는 것. 이방성 또는 비등방성의 대비어. 기체 및 통상의 액체, 비결정성의 고체는 등방성을 나타낸다.

issued house 급여 주택(給與住宅) 회사나 관공서가 거기에 종사하는 사람들을 위해 짓는 주택.

I-steel I형강(－形鋼) 단면이 I형을 이루고 있는 압연 강재.

Italian modern 이탈리아 모던 1970년대에 세계에 큰 영향을 준 이탈리아의 모던 디자인 작품군. 가구, 조명 기구부터 패션에 이르는 넓은 범위의 총칭.

Italian poplar 포플라 ＝black poplar

item of trade 공사 종목(工事種目) 복수의 공사 과목으로 이루어지는 공사비 내역서에 있어서의 대구분. 일반적으로 건물의 동별(棟別)이나 건축 공사, 설비 공사, 외구(外構) 공사 등의 분류를 말한다.

item of work section 공사 과목(工事科目) 공사비 내역서에 있어서의 분류 항목의 하나. 개개의 단가에 대응하는 공사 세목을 합친 항목. 공종별 내역에서는 가설 공사, 콘크리트 공사, 타일 공사 등.

itemized statement 내역서(內譯書) ＝bills of quantities

itemized statement by trades 과목별 내역 명세서(科目別內譯明細書)[1], 공종별 내역서(工種別內譯書)[2] (1) 공사 과목별로 분류한 내역 명세서. 전통적이고 일반적인 양식.
(2) ＝detailed bill of quantities for trade sections

itemized statement of contract price 청부 대금 내역 명세서(請負代金內譯明細書) 청부 가격에 대한 내역 명세서.

itemized statement of cost 내역 명세서(內譯明細書) ＝bills of quantities

IU 국제 단위(國際單位) ＝international unit

J

jack 잭 가력(加力)이나 재료의 이동, 중량물을 들어 올리는 등에 사용하는 기구.

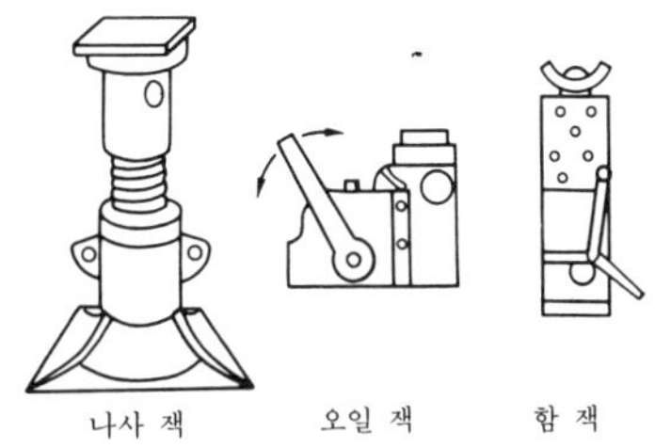

나사 잭　　오일 잭　　함 잭

jack base 잭 베이스 틀비계의 근원에 세트하는 높이 조정을 할 수 있는 받침. 지반이 고르지 않는 경우에 사용한다.

jacket type 재킷식(－式) 해양 건축물에서 대구경의 직립 각주(直立脚柱) 또는 경사 각주로 이루어지는 골조 구조를 말하며, 상부 구조를 지지하는 고정식의 구조 형식.

jack hammer 잭 해머 압축 공기를 써서 날끝에 회전 타격을 주는 방식의 착암기. 대형의 것을 드리프터라 한다.

jacking force 작업 긴장력(作業緊張力) 프리스트레스 도입 작업시에 일시적으로 긴장재에 작용하는 긴장력.

jack rafter 가지ㅅ자보 중도리를 받치기 위해 귀잡이판재의 수평면으로 비스듬하게 부착한 서까래.

Jacobean 재커비언 영국의 제임즈 1세 시대에 이탈리아 건축의 영향을 받은 고딕의 양식.

Jacobian matrix 야코비안 행렬(－行列) 좌표 변환 행렬에 널리 쓰이는 행렬.

$$[J]=\begin{bmatrix}\frac{\partial x}{\partial u} & \frac{\partial y}{\partial u}\\ \frac{\partial x}{\partial v} & \frac{\partial y}{\partial v}\end{bmatrix}$$

좌표 변환 행렬은

$$\begin{Bmatrix}\frac{\partial}{\partial u}\\ \frac{\partial}{\partial v}\end{Bmatrix}=[J]\begin{Bmatrix}\frac{\partial}{\partial x}\\ \frac{\partial}{\partial y}\end{Bmatrix}$$

로 나타내어진다.

Jacobi's method 야코비법(－法) 행렬의 고유값을 계산하는 방법의 하나. 순차 행렬의 대각화를 하여 고유 모드 및 고유값을 구한다.

Jaina architecture 자이나교 건축(－教建築) 인도에서의 자이나교의 건축. 불교 건축, 힌두교 건축과 비슷하나 특히 힌두교 사원과 유사하다.

jalousie 잴루지 창호에 부착한 가동 루버 또는 유리문.

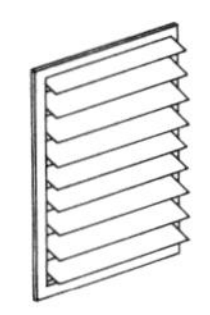

jalousie window 잴루지창(－窓) 가동 루버가 붙은 창.

jamb 틀받이 대벽식(大壁式) 구조의 개구부에서 좌우 벽의 측면. 즉 안기장을 말한다. 보통 창호에서 바깥쪽만을 가리키나 선틀의 전면을 말하기도 한다. 또 이 면에 부착하는 부재를 말하기도 한다.

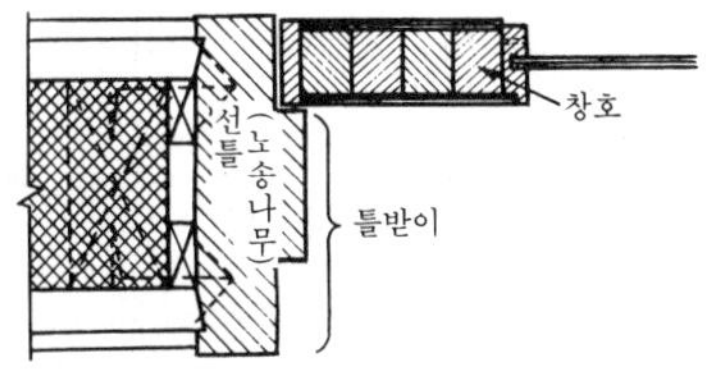

jambping 잼핑 콘크리트나 모르타르에 구멍을 뚫는 드릴.

jam riveter 잼 리베터 압축 공기를 이용한 리벳 해머와 버커(bucker)가 한 몸으로 된 리벳 타입기.

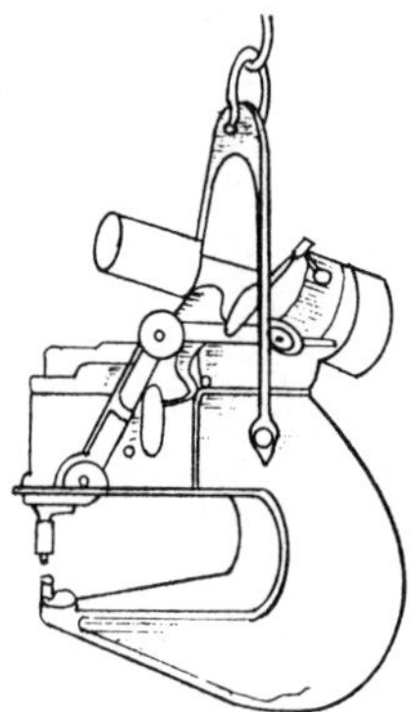

jaw crusher 조 크러셔 고정판과 이것과 경사한 진동판 사이에 돌덩어리를 넣고 압축 파괴시키는 형식의 파쇄기.

jaw riveter 조 리베터 =jam riveter

jerk 가가속도(加加速度) 가속도가 단위 시간당으로 변화하는 비율. 단위는 cm/s^3.

jet 제트, 분류(噴流) 방의 환기 장치에서는 실내로의 공기 분출구로부터의 분출 공기류를 말한다. 이것은 다음과 같이 분류된다. free jet(straight flow jet)란 방해판, 대류 등의 영향을 받지 않는 자유 분류이고, radial jet(복류 : 輻流)란 분출구에 접속하는 덕트의 축의 반경 방향으로 공기를 뿜어내는 기류를 말한다.

jet burner finish 제트 버너 마감 돌의 표면 마감의 일종. 화염을 뿜어서 표면의 돌을 튀겨 거친 마감면을 만든다.

J

jet construction method 제트 공법(-工法) 압축 공기 또는 고압수를 분사시키는 공법. 전자를 에어 제트, 후자를 워터 제트라 하며, 지하 공법의 보조 수법으로서 사용한다.

jet fan system 제트 팬 방식(-方式) 터널 환기 방식의 한 형식으로, 터널 내 천장에 축류 송풍기를 수백m 간격으로 연락하여 설치한 것.

jet flow pump 사류 펌프(斜流-) 터보형 펌프의 하나. 비교 회전도는 축류 펌프에 이어서 크고, 비교적 대용량, 저양정의 경우에 사용된다.

jet polish 제트 연마(-硏磨) =jet burner finish

jet pump 제트 펌프 =ejector

jet shower 제트 샤워 강한 압력으로 분사하는 미용용 샤워. 최근 건강·미용 붐으로 가정에 설치되는 경우도 있다.

jetting 분사(噴射) 고압 공기 또는 고압수를 분출시키는 것. 지반 주입 등에도 사용된다. =ejecting

jib 지브 기중기에서 비스듬하게 튀어나온 선회할 수 있는 암(arm)의 부분.

jib crane 지브 크레인 지브는 짐을 매달기 위한 암(arm)을 말하며, 경사 암과 수평 암이 있다. 지브로 짐을 매다는 기중기를 총칭하여 지브 크레인이라 한다.

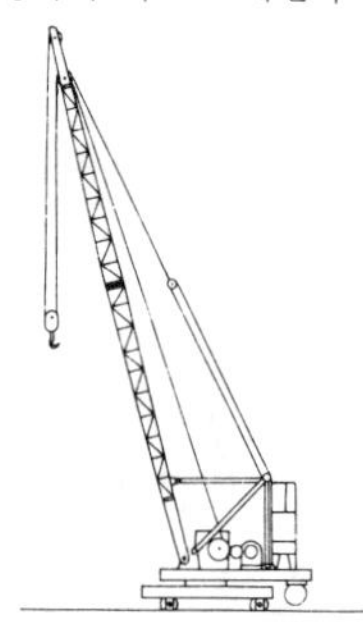

jig 지그 공작물·부재 등의 가공 위치를 용이하고 정확하게 고정하는 도구.

〔회전하여 하향 용접 상태로 한다〕

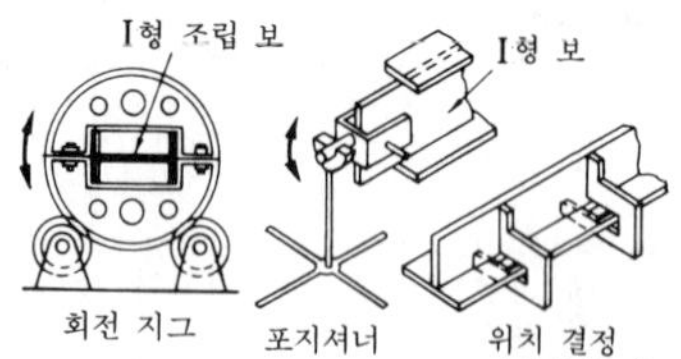

용접 공작의 지그 예

jigging test 지깅 시험(-試驗) 골재의 단위 용적 중량 시험에서의 용기로의 골재 담는 방법의 하나. 골재의 최대 치수가 40mm를 넘을 때, 또는 경량 골재일 때 사용한다.

jim crow 짐 크로 나사를 사용하여 형강(形鋼)·축·레일 등의 굽혀진 부분을 바로 잡는 도구.

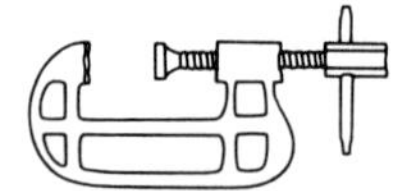

jitterburg 지터버그 콘크리트를 두드려서

다지는 탬핑(tamping)용 대형 탬퍼.

job coordination 조브 코디네이션 건축·인테리어의 시공에 있어서 관계하는 기술자, 직공의 관리·조정을 하는 것.

job mix 현장 조합(現場調合) =field mix

job site 현장(現場) 구축물이 건설되는 장소. =field, building site

joggle 꽂임촉 돌 또는 목재를 접합할 때 꽂는 작은 조각. 돌공사에서는 막대 모양의 철물, 목공사에서는 나무 조각.

joiner 조이너 보드 붙임의 조인트 부분에 부착하는 가는 막대 모양의 줄눈재. 알루미늄제나 플라스틱제의 것이 많고, 형상도 여러 종류가 있다.

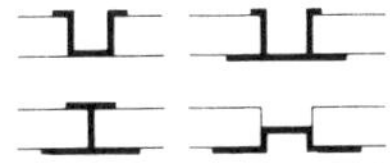

joinery 조이너리[1], 조작(操作)[2] (1) 가구·창호 등 정교한 목공 제품을 만드는 목공, 창호공.
(2) =finishing carpentry

joining 접합(接合) =connecting

joining telephone 국선 전화(局線電話) 전화국으로부터의 회선에 접속된 전화.

joint 이음[1], 절리(節理)[2] (1) 부재를 긴 방향으로 잇는 접합 부분. 맞춤, 이음의 총칭으로서의 접합부와 같은 뜻으로 사용하기도 한다.
(2) 천연 암석 중에 있는 갈라진 금. 단단한 암석의 채석에는 절리가 이용된다. 그림은 현무암의 주상(柱狀) 절리의 예이다.

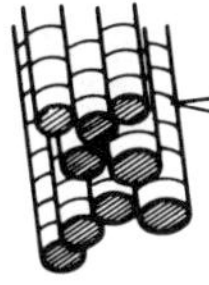
용암이 냉각할 때 체적이 수축하기 때문에 생긴다

joint aging time 조인트 에이징 시간(-時間) 접착 직후부터 이은 곳의 접착력이 최고로 되기까지의 시간.

joint bar 삽입근(挿入筋) 철근 콘크리트 구조에서 콘크리트의 이어붓기 부분에 신·구 콘크리트의 일체화를 도모하기 위해 미리 배치하는 철근.

joint-box 접속함(接續函) 금속관 배선 공사에 있어서 전선을 접속하기 위해 설치하는 함.

joint concrete 조인트 콘크리트 프리캐스트 콘크리트 부품(예를 들면, 프리캐스트판 등) 상호의 접합을 위해 접합부에 충전하는 콘크리트.

joint connection 접합부(接合部) 접합된 부분의 총칭. 부재 상호를 이을 때는 이음과 접합으로 나누어서 생각된다.

joint contract 공동 청부(共同請負) 한 공사 물건을 복수의 업자가 공동으로 청부하는 계약 방식. →joint venture

joint device 접합구(接合具) 프리스트레스트 콘크리트에 사용하는 긴장재 또는 정착구를 접속하기 위한 장치. =joint element

joint distribution method 절점 배분법(節點配分法) 골조 구조의 붕괴 하중을 구하는 약산법(略算法)의 하나. 특히 빌딩 건축의 보유 수평 내력을 구할 때 널리 쓰인다.

joint efficiency 이음 효율(-效率) 이음 부분의 인장 강도를 이음 이외의 모재의 인장 강도와 비교한 값. 보통 백분율로 나타낸다.

joint element 접합구(接合具) =joint device

joint enterprise 공동화(共同化) 갱신 시기를 맞은 건축이 집적하는 지구에서 일정한 계획 의도하에서 공동 재건축이나 공통 시설의 정비를 하는 것.

joint family 복합 가족(複合家族) =composite household

jointing 조인팅 타일 붙이기·돌붙이기·벽돌쌓기 등의 치장 줄눈을 시공하는 것. 줄눈폭을 같게 한다든지 여분의 모르타르를 제거하는 작업에서 부착용 모르타르가 어느 정도 경화한 다음에 한다.

jointing board 마루널쪽매 합판을 만들기 위해 목재에서 단판을 벗기는 것.

jointing of successive pours 이어붓기, 시공 접합(施工接合) 콘크리트 공사는 일정에 따라서 하나의 구획을 타설하고, 다음에 그것과 인접하는 구획의 콘크리트를 친다. 이 때 전후의 콘크리트를 접속하는 것을 이어붓기 또는 시공 접합이라 하며, 약점이 될 염려가 있으므로 그 위치나 방향, 시공에 대해서 주의한다. =placing joint

joint layout 줄눈 할당(-割當), 줄눈 나누기 타일 붙이기, 벽돌쌓기, 돌쌓기 등에서 마감을 아름답게 하기 위해 줄눈의 간격이나 폭의 치수를 할당하는 것. =joint plan

joint management 공동 관리(共同管理) =communal management, cooperative management

joint metal 접합 철물(接合鐵物) 부재 상호를 접합하기 위해 접합부에 부착한 철물을 말한다.

joint moment distribution method 절

J

점 모멘트 분할법(節點－分割法) =joint distribution method

joint movement 조인트 무브먼트 구성재의 열팽창, 수축, 지진시의 층간 변위 등에 의해 접합부에 생기는 틈의 거동 또는 그 양. →movement

joint node 옹이 줄기 속에 남아 있는 가지. =knot, node

joint of framework 절점(節點) 구조물 골조, 트러스의 부재 만난점으로, 부재가 모이는 점. =panel point

joint ownership component 공유 부분(共有部分) 복수의 소유자가 공유하고 있는 토지 또는 건물의 부분. 특히 구분 소유되어 있는 건물에서 공유되고 있는 공용 부분을 가리킨다. =joint ownership space

joint ownership space 공유 부분(共有部分) =joint ownership component

joint panel 접합부 패널(接合部－) = connection panel

joint pin 연결 핀(連結－) 틀비계를 세우는 틀의 연결부에 사용하는 이음 철물.

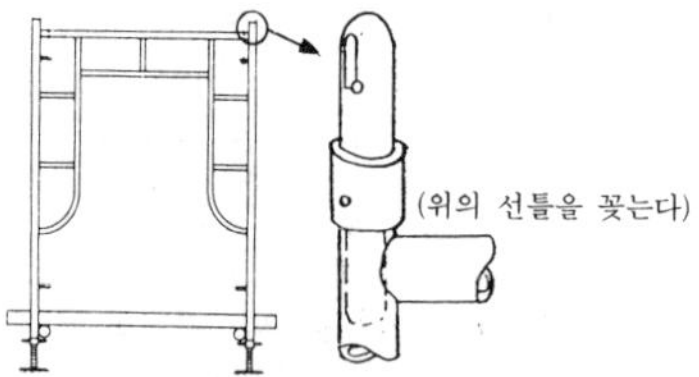

joint plan 줄눈 할당(－割當), 줄눈 나누기 =joint layout

joint plate 조인트 플레이트 =splice plate

joint probability 동시 확률(同時確率) 복수의 확률 변수에 대해서 그들의 동시 발생을 확률적으로 나타낸 양.

joint surface 맞댐자리 돌쌓기의 경우 석재와 석재의 접합면을 말한다. =abutment

joint translation angle 부재각(部材角) 절점의 이동이 생기고 있는 라멘에서 부재 AB의 양 재단(材端) A, B가 A′, B′로 변위했을 때 A단과 B단의 변위차 δ를 부재 AB의 재 길이 h로 나눈 것.

부재각 $R=\delta/h$

부재각은 절점 이동이 생기고 있는 라멘이 변형하는 모양을 아는 데 도움이 된다. 장방형 라멘에서는 기둥의 부재각은 각층마다 각각 같고, 보의 부재각은 모두 0이다.

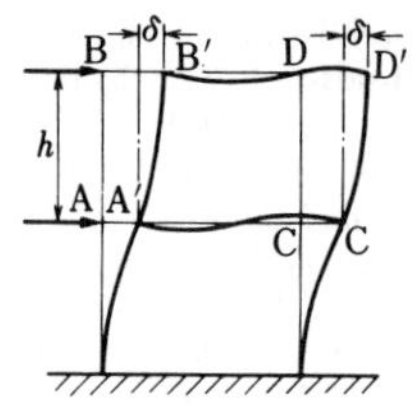

joint venture 협동 도급(協同都給), 공동 도급(共同都給) 특정한 공사에서만 2사 이상의 청부 업자가 임시의 기업체를 만들어 공동하여 청부하는 형태.

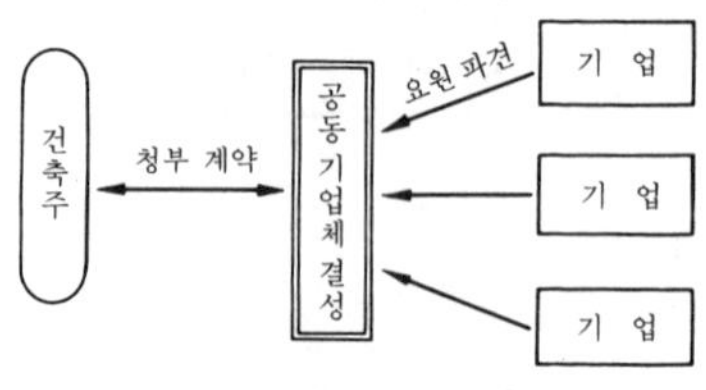

joist 조이스트[1], 장선(長線)[2], 보[3] (1) 대들보나 벽 사이에 여러 개를 평행하게 걸쳐지는 소형의 보. 그 위에 바닥이나 천장을 마감한다.
(2) =common joist
(3) 둘 이상의 지점(支點) 위에 걸쳐진 구조 부재, 혹은 한 끝이 고정된 캔틸레버 형식의 수평인 구조 부재.

joist hanger 장선받이 철물(長線－鐵物) 목조의 보재(材) 끝을 고정하는 철물.

joist slab 조이스트 슬래브 스팬이 큰 건물이나 교량 등에 사용되는 작은보를 나란히 배치한 슬래브.

joist system 조이스트 공법(－工法) = soldier beam and breastboard construction

Jordan's heliograph 조던 일조계(－日照計) 실제로 일조가 있었던 시각과 시간을 기록하는 측정 장치. 원통 안쪽에 감광지를 바르고 한쪽 끝에 뚫은 작은 구멍에서 입사하는 직사 일광으로 감광시킨다.

Jordan's method 조던법(－法) 연립 1차 방정식의 소거법의 하나. 완전 소거법이라 한다. 조작의 종료시에 계수 행렬이 주대각선의 요소를 제거하고 모두 0으로 된다. 가우스 · 조던의 방법이라고도 한다.

joule 줄 일 · 에너지의 단위로, 1뉴턴의 힘을 가하여 물체를 1m 움직일 때의 일의 양. 또는 1암페어의 전류가 1옴의 저항을 갖는 도체를 1초간에 통과할 때의 열량. 기호 J.

journal jack 저널 잭 스크루 잭의 일종. 나사를 회전하여 사용한다. 그 능력은 10~50톤이 일반적이며, 토대 밑에서 짐을 들어 올릴 때에는 100톤 정도의 것을 여러 대 사용한다.

jumbo sink 점보 개수대(一水臺) 부엌 개수대의 일종으로, 치수가 특히 큰 것.

jumping 도약 현상(跳躍現象) 진동 시험에서 진동 모드가 급격히 다른 모드로 변화하는 것. 또는 진폭·주기 곡선이 불연속으로 되는 것. 비선형 진동에서 볼 수 있다.

jumping vibrator 도약 진동(跳躍振動) 물체가 지지면에서 도약하면서 발생하는 진동.

junction box 정크션 박스 플로어 덕트 공사에서 덕트와 덕트, 혹은 덕트와 전선관을 접속하기 위한 주철제의 박스.

J

kamin 카민 벽에 설치하는 방식의 난로.

Kani's method 카니법(一法) 라멘의 근사 해법의 하나로, 고정법에 휨각법의 절점 방정식을 릴랙세이션적으로 푸는 데 대해 카니법에서는 절점 방정식과 층방정식을 도상에서 이터레이션적으로 푼다. 회전 계수 μ, 이동 계수 ν 등을 써서 도식적으로 모멘트가 구해진다.

Kármán constant 카르만 상수(一常數) 지표 부근의 연직 풍속 분포를 대수 법칙으로 나타낸 경우에 사용하는 상수. 유속, 지면으로부터의 거리, 전단 응력, 유체의 밀도로 주어진다. 보통, κ로 나타내고, 0.4의 값을 취한다.

Kata factor 카타율(一率) 카타계의 알코올 기둥이 상부 눈금에서 하부 눈금까지 강하하는 동안에 구(球)부의 단위 면적에서 잃는 열량. 기호는 F, 단위는 빌리 cal/cm². →Kata thermometer

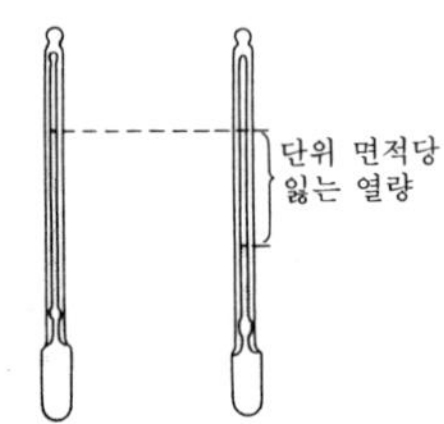

보통 카타계 $F=0.27(36.5-t)T$

고온 카타계 $F=0.27(53-t)T$

T : 강하는 시간 (s)

t : 주위의 기온 (℃)

Kata thermometer 카타계(一計), 카타 온도계(一溫度計) 유리제 막대 모양의 알코올 한난계로, 기온과 풍속과 온감의 관계를 구하는 것. 건구와 습구가 있다.

KCL system KCL공법(一工法) 프리스트레스트 콘크리트용 정착 공법의 일종으로, PC강 연선(撚線)을 쐐기, 슬리브, 지압판 또는 캐스팅에 의해 정착하는 공법.

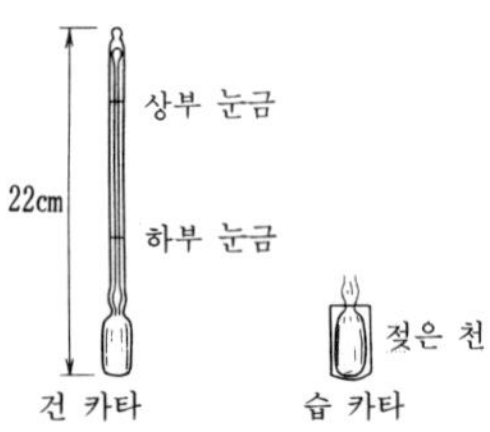

Kata thermometer

Keen's cement 킨스 시멘트 반수염(半水鹽)으로 소성한 석고에 명반액을 함침 수화(水和)시켜 약 100℃로 소성하여 제조되는 무수 석고를 주성분으로 한 시멘트. 도장이나 각종 석고 제품에 쓰인다.

kelly-bar 켈리바 어스 드릴 및 리버스 서큘레이션 굴착기의 굴착용 버킷을 회전시키는 각형 단면의 막대.

kelvin 켈빈 열역학 온도(절대 온도)의 단위로, 기호는 K.

Kelvin damping 켈빈 감쇠(一減衰) 감쇠 계수가 강성에 비례하는 감쇠. 이 때 감쇠 상수는 진동수에 비례한다.

Kelvi'ns function 켈빈 함수(一函數) 셀의 미분 방정식을 베셀 방정식으로 변환하여 풀 때 쓰는 특수 함수. ber, bei, ker, kei의 네 무한 급수를 기본으로 하여 조립되어 있다.

Kent's formula 켄트의 식(一式) 굴뚝의 높이를 구하는 데 사용하는 식.

$$(147A-27\sqrt{A})\sqrt{H} \geq Q$$

로 나타내어진다. A : 굴뚝의 실제 단면적 (m²), Q : 연소시키는 석탄량(kg/h), H : 보일러 화격자부터 굴뚝 끝까지의 높이(m).

kerb 연석(緣石) ＝curb

Kewani boiler 케와니 보일러 연관 보일러의 일종으로, 연소실이 보일러 내에 있는 기관차형의 보일러. 상용 압력 6~10

kg/cm², 전열 면적 20~23m², 증발량 2.0~4.0t/h. →fire tube boiler

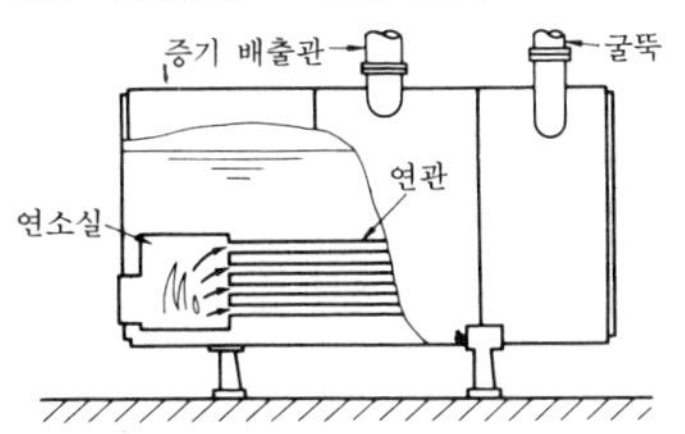

key 산지[1], 열쇠[2] (1) 접합 목재의 전단면간에 삽입하는 마개. 전단에 대한 저항 작용을 한다. 보통 참나무 등 단단한 나무를 사용한다.

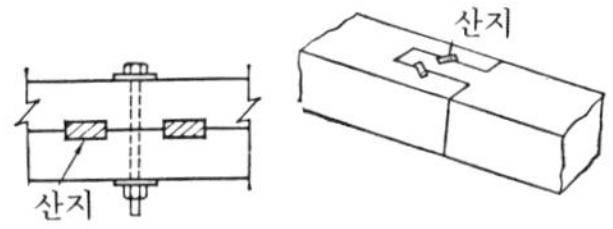

(2) 열쇠 구멍에 꽂아서 자물쇠를 개폐하는 철물.

keyed compound beam 겹보 =built-up beam

key money 권리금(權利金) 권리 취득의 대가로서 지불하는 금전.

key plan 키 플랜 건조하는 건물의 기둥이나 보, 도리 등의 시공 배치도.

key stone 키 스톤, 종석(宗石) 석조나 벽돌 구조의 아치나 볼트(vault)의 맨 꼭대기에 넣는 돌. 이 돌을 제거하면 아치는 파괴되므로 중요한 돌이다.

keystone plate 키스톤 플레이트 철골조의 슬래브 거푸집으로서 쓰이는 홈이 패인 강판을 말한다. 덱 플레이트보다도 요철(凹凸)이 작다.

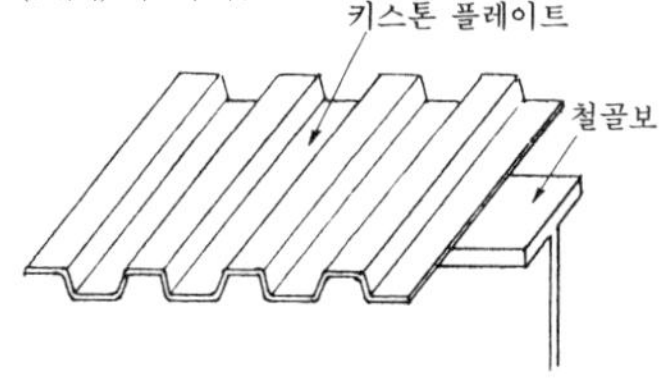

kick plate 찰판(一板) 문짝 하부의 손상을 방지하기 위해 밑막이에 붙이는 판. 보통은 금속제.

killing 옹이땜 목재 도장의 전처리로서 주로 침엽수재의 옹이둘레 및 수지가 나올 염려가 있는 부분에 미리 셸락 니스를 칠하는 것. =knotting

killing knot 옹이땜 칠을 할 때 목재면의 옹이에서 나오는 수지에 의한 얼룩을 방지하기 위한 작업으로, 퍼티를 충전한다든지, 셸락 니스를 칠하는 경우도 있다. =knotting

kiln drying 인공 건조(人工乾燥) 목재를 인위적으로 건조시키는 것. 증기 건조, 직화(直火) 건조, 열기 건조, 고주파 건조 등의 방법이 있다. =artificial drying

kinematic adaptable state 변형 적합 상태(變形適合狀態) 소성 설계에서 평형 조건과 기구 조건을 만족하는 상태를 말한다. 골조가 운동하는 데 필요한 수의 소성 힌지가 발생하여 붕괴 메커니즘에 도달하는 상태이며, 운동적 허용 상태라고도 한다. =movable admissive stae

kinematic admissible multiplier 운동적 허용 배수(運動的許容倍數) 골조의 소성 해석에서 골조가 붕괴하는 데 필요한 수만큼 항복 힌지가 발생하여 골조가 운동 가능한 상태로 되는 것을 운동적 허용 상태 또는 변형 적합 상태에 도달했다고 한다. 간단하게는 붕괴 메커니즘에 도달했다고도 한다. 어떤 외력 분포 $\{p_i\}$를 가정하고, 그 m_k배로 메커니즘에 도달했을 때 m_k를 운동적 허용 배수(변형 적합 승수)라 한다. 골조의 붕괴 메커니즘이 여럿 있는 경우 $m_k\{p_i\}$의 최소값이 붕괴 하중을 준다.

kinematically admissible state 운동적 허용 상태(運動的許容狀態) 구조물의 일부 혹은 전체에 소성 붕괴 기구가 형성되어 하중의 증가없이 소성 변형만이 증대하는 상태. →collapse mechanism

kinematic coefficient of viscosity 동점도(動粘度) =kinematic viscosity, coefficient of kinematic viscosity

kinematic energy 운동의 에너지(運動一) 물체가 운동하고 있을 때 갖는 에너지. 어느 질점이 갖는 운동의 에너지는 다음 식으로 나타내어진다.

$$K = \frac{mv^2}{2}$$

여기서, m : 질량, v : 운동 속도.

kinematic spring costant 동적 스프링 상수(動的-常數) =dynamic stiffness

kinematic theory 카이네매틱 이론(-理論) 불안정한 뼈대의 운동을 살피기 위한 이론으로, 미소 변형을 대상으로 하여 운동의 상태는 직각 변위도로 나타내어진다. 모든 절점과 지점이 핀의 불안정한 골조(뼈대)의 극히 최초의 미소 변형은 같은 골조 형상을 갖는 안정한 골조의 변형과 같다고 간주되므로 불규칙한 라멘의 응력 계산, 골조의 종국 강도의 계산 등에 이용된다.

kinematic viscosity 동점성률(動粘性率) 점성 계수 μ((kg · s^2/m^2)를 밀도 ρ(kg · s^2/m^4)로 나눈 값 ν(m^2/sec)를 말한다. =kinematic coefficient of viscosity

kinetic energy 운동의 에너지(運動-) 운동하는 물체가 가지고 있는 에너지. 물체의 질량 m, 속도 v일 때는 그 에너지는 (1/2)mv^2로 나타낸다. 운동의 에너지의 증가는 외력에 의해 행하여진 일과 같다.

king post 왕대공(王臺工) 양식 지붕틀 중앙에 있는 대공.

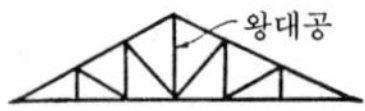

king post roof truss 왕대공 트러스(王臺工-) =king post truss

king post truss 왕대공 트러스(王臺工-) 산형 트러스의 중앙에 수직재가 있는 트러스.

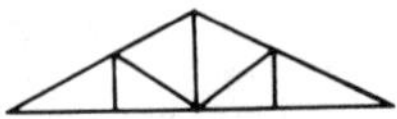

king size bed 킹 사이즈 침대(-寢臺) 침대 중에서 가장 큰 사이즈의 것. 세미더블 침대의 매트리스 두 장분 정도 크다.

kink 킹크 뒤틀리는 상태를 말하며, 와이어 로프 등을 이 상태에서 사용하면 절단되기 쉽다.

Kirchhoff-Love's assumption 키르히호프 · 러브의 가정(-假定) 얇은 곡면판의 탄성 풀이에서 계산상 두는 가정. ① 두께의 신축은 없고, 변형 전의 중립면에 대한 수직선은 변형 후도 직선을 유지하며, 변형 후의 중립면에 대한 수직선이 된다. ② 두께 방향의 두께가 작으므로 t/R를 포함하는 항을 생략할 수 있으므로

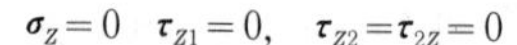

$\sigma_Z=0 \quad \tau_{Z1}=0, \quad \tau_{Z2}=\tau_{2Z}=0$

kitchen 주방(廚房), 부엌 일반 가정 내에 있는 조리실.

kitchenette 간이 주방(簡易廚房) 최소한에 필요한 주방 시설을 간단하게 갖춘 작은 방.

kitchen set 주방 세트(廚房-) 조리대, 개수대, 레인지 등의 유닛으로 구성되어 있는 주방용 가구의 세트.

kitchen sink 키친 싱크 주방에 설치되는 식기, 식품, 기구 등을 닦기 위한 개수대.

kitchen sub system 주방 서브 시스템(廚房-) 공장 생산된 부품 · 부재를 건축의 부분으로서 구성하는 것을 서브 시스템이라고 하는데, 주방 세트, 주방 유닛, 시스템 키친 등의 총칭.

kitchen type 키친 타입 주방 기구의 배열 형식으로 분류되는 주방의 형을 말한다. 개수대, 조리대, 레인지 등의 배열에 따라서 I형, L형, II형, 아일랜드 키친 등으로 분류된다.

kitchen unit 주방 유닛(廚房-) 주방용 가구의 치수, 재질을 통일하여 조합이 자유로운 방식의 시리즈.

kitchenware 키친웨어 주방 용품의 총칭.

knee brace 버팀대 가새가 들어가지 않는 골조의 보강을 위해 수직재와 수평재의 모서리 부분에 넣는 사재(斜材). 수평 하중에 의한 변형 방지에 도움이 된다. → horizontal load

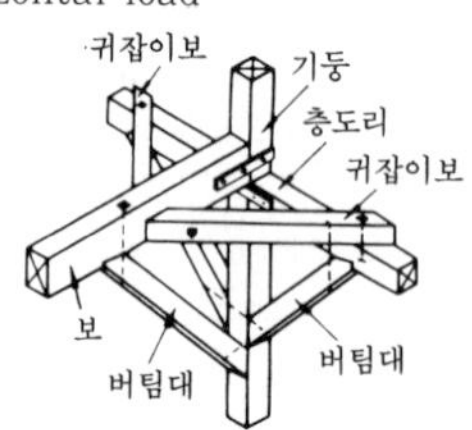

knife switch 나이프 스위치 대리석 등의 절연대 위에 부착된 칼날 모양의 개폐기. 600V 이하에 사용한다.

knob 노브, 알손잡이 =door knob

knobbing 메다듬 메로 거친 돌의 면을 다듬어 마감하는 것.

knockdown 녹다운 부품으로 분할하여 운반하고 현장에서 조립하도록 한 제품의 납입 방법. 새시나 가구 등에서 운반에 편리를 위해 행하여진다.

knock down furniture 조립식 가구(組立式家具) 부품을 조립하여 만드는 가구.

knocker 노커 방문자가 두드려서 내방을 알리기 위해 현관문에 부착한 철물.

knot 옹이 =joint node

knotting 옹이땜 목재에 칠을 할 때 옹이로부터 수지가 스며나오는 것을 방지하는 것. 랙 니스를 칠하는 것, 또 전열기·인두로 옹이를 태우는 것, 옹이 부분에 골드 사이즈로 주석박을 붙이는 것 등 모두를 옹이땜이라 한다.

knuckle 너클 경첩에서 핀(회전축)을 통하기 위한 원통형의 부분.

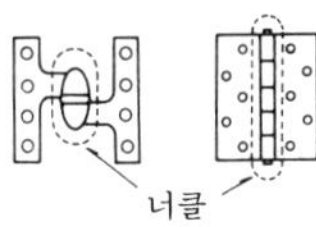

Korean floor heater 온돌(溫突) 우리나라에서 사용되고 있는 난방 방식의 하나. 바닥 밑에 아궁이와 연도를 두고, 바닥 표면을 가열하여 패널 히팅을 한다.

kraft paper 크라프트지(-紙), 하도롱지(-紙) 황산 펄프로 만든 갈색이고 튼튼한 내습성 있는 종이.

KTB system KTB공법(-工法) 프리스트레스트 콘크리트용 정착 공법의 일종. 나사 가공된 앵커 헤드와 링 너트로 이루어지는 정착구로, PC강 연선(撚線)을 한 줄씩 쐐기 또는 압착 클립에 의해 정착하는 공법.

K-truss K트러스 평행 현 트러스의 조립재의 하나. 좌굴 길이를 짧게 하기 위해 사용하는 형식. 가새에도 비슷한 K형 가새의 용어가 있다.

Kurdjumoff effect 쿠르주모프 효과(-效果) 지반상에 재하판(載荷板)을 두고 하중을 가했을 때 판 밑의 흙이 쐐기 모양으로 압축되어 강체(剛體)와 같이 되는 현상을 말한다.

K-value K값, 지반 계수(地盤係數) 지반면에 하중을 걸었을 때의 단위 면적당의 하중 $P(\mathrm{kg/cm^2})$를 그 때의 침하량 S(cm)로 나눈 계수.

$K=P/S \quad (\mathrm{kg/cm^3})$

연약한 점토층에서 2.0 미만, 모래층에서 8.0~10.0의 값을 취한다.

L

LA 실험실 자동화(實驗室自動化), 연구실 자동화(硏究室自動化) =laboratory automation

labor 품 ① 특정한 일을 하기 위한 시간, 노무량. ② 직공의 작업, 일.

labor assistants 조공(助工), 조력공(助力工) 목공·미장공 등의 직중 중에서 전문의 기능을 갖지 않고, 작업을 돕는 인부.

laboratory 연구실(硏究室)[1], 연구소(硏究所)[2], 실험실(實驗室)[3], 실습실(實習室)[4] (1) 연구소, 대학 등에서 연구자가 연구를 하는 방. 주로 데스크 워크를 하는 방을 가리킨다. =study room
(2) 계속하여 연구 활동을 하는 조직 및 그 시설.
(3) 화학, 물리, 생물, 의학 등의 연구 또는 교육을 위해 시험이나 분석을 할 수 있도록 설비, 비품을 장비한 방.
(4) 실물 학습을 하는 교실.

laboratory automation 실험실 자동화(實驗室自動化), 연구실 자동화(硏究室自動化) 연구실이나 개발 부문의 자동화·기계화를 말한다. 자료의 정리·검색, 사고의 지원, 계산, 작도, 그 밖에 연구·개발에 따르는 작업의 컴퓨터화로 업무 효율화를 지향하는 것. =LA

labor attendant 출역(出役) 현장의 각 직종마다 작업에 종사하고 있는 노동자의 그날의 인원수. =labourer's daily

labor cost 노무비(勞務費) 사용자가 체력 또는 지력에 의한 노동에 대해서 대상으로서 지불할 비용. 노무비의 내용은 임금·급료·상여·수당 등이 있고, 재료비·경비 등과 함께 비용의 3대 요소의 하나로 분류된다.

laborer 출역(出役) 건설 현장에서의 노무자, 또는 그 출근부.

labor [industrial] accident 노동 재해(勞動災害) 사업장에서 건설물, 설비, 원재료, 가스, 증기, 분진 등에 의해, 혹은 노동자의 작업 행동이나 업무에 의해 발생하고, 노동자의 사상을 수반하는 사고.

labor management 노무 관리(勞務管理) 노동자의 사용을 합리화하여 생산성을 높이기 위해서 행하는 계획적이고 체계적인 관리 체계. 작업 조직의 개선, 기계화에 의한 기능 향상, 후생상의 처리 등에 의해 효율화를 도모한다.

labor management expenses 노무 관리비(勞務管理費) 건설 공사에서의 작업 용구, 작업 피복, 숙사 용품 등의 비용 및 위생, 안전, 후생에 요하는 비용.

labor-only subcontract(or) 노무 하청(勞務下請) 비계공, 토공 등 노무의 제공을 주로 하는 전문 공사업. 또 이들이 하청을 하는 것. =labor supply subcontrac(or)

labor supply 노무 공급(勞務供給) 노동자를 조직하여 생산 현장에 제공하는 것.

labor supply subcontract(or) 노무 하청(勞務下請) =labor-only subcontract(or)

labor union 노동 조합(勞動組合) 노동 조건의 유지, 개선 및 노동자의 사회적, 경제적인 지위의 향상을 목적으로 하는 노동자의 자주적인 단체.

labourer's daily 출역(出役) =labor attendant

lac 래크 수지성 니스라고도 하며, 수지류를 알코올이나 테레빈유 등의 휘발성 용제로 녹인 것으로, 건조가 빠르다. 실내 나무 부분의 도장에 사용한다. 수지는 셸락(인도산의 어떤 종류의 나무에 기생하는 래크 벌레 분비물을 정제한 것)이 최고품이다. =lac vernish

lacing 레이싱 =lattice

lacing bar 레이싱 바 =lattice bar

lack of fusion 융합 불량(融合不良) 용착 금속과 모재간, 또는 용착 금속 상호간이 융합하고 있지 않는 상태.

lock of penetration 용입 부족(鎔入不良) =incomplete penetration

lacquer 래커 섬유소 유도체(니트로셀룰로오스 등)를 사용한 도료의 총칭. 질소화면을 아세톤 등의 용제로 녹인다. 니트로셀룰로오스 도료, 질소화면 도료라 하기도 한다.

lacquer enamel 래커 에나멜 클리어 래커에 안료를 혼입한 도료의 하나. 속건성이기 때문에 분사가 보통이다. 불투명이고, 도막은 래커보다 강하고, 오일 니스보다 건조가 빠르다. 내후성·내유성이 뛰어나다. 주로 가구 등의 금속면 도장에 사용되는데, 정벌칠에 있어서 습도가 75~80%가 되면 도면(塗面)이 백화할 염려가 있으므로 주의한다. =LE

lacquer thinner 래커 시너 래커를 묽게 하는 액체. 주로 래커의 스프레이 도장에 사용한다. 인화성이 매우 강하다.

lac varnish 래크 니스, 수지성 니스(樹脂性-) =lac

ladder 사다리, 사닥다리 2개의 막대 모양 부재 사이에 일정 간격으로 횡목을 댄 것으로, 높은 곳에 오르내리기 위하여 사용한다.

ladder chair 래더 체어 사다리꼴의 등받이가 붙은 높은 의자.

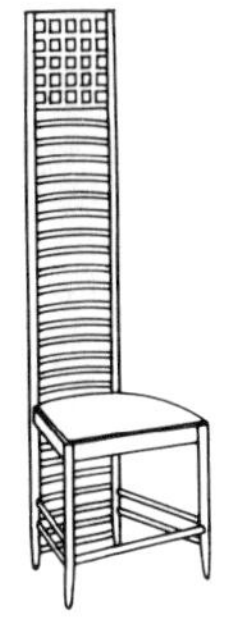

ladder dredger 준설선(浚渫船) =bucket dredger

ladder excavator 래더 굴착기(-掘鑿機) =bucket excavator

lagging 래깅, 피복(被覆) 급탕관 등 배관의 보온재를 보호하고, 보온 효율을 높일 목적으로 보온재 위에 감은 아연 도금 철판이나 스테인리스판. 또는 그 작업.

lagging board 흙막이판(-板) 토사의 붕괴를 방지하고 토압에 저항하기 위해 수직의 지주나 수평보 사이에 삽입하는 판. =sheathing board

Lagrange's equation of motion 라그랑지의 운동 방정식(-運動方程式) 진동 곡선을 일반 좌표 q_k와 고유 함수 u_k를 써서 차수마다 조합시켜서

$$y=a+u_1q_1+u_2q_2+\cdots$$

의 형식으로 나타냈을 때

$$\frac{d}{dt}\left(\frac{\partial T}{\partial \dot{q}_k}\right)-\frac{\partial T}{\partial q_k}+\frac{\partial V}{\partial q_k}+\frac{\partial F}{\partial \dot{q}_k}=Q_k$$
$$(k=1,2,\cdots\cdots n)$$

를 말한다. 여기서 T는 운동의 에너지, V는 위치의 에너지, F는 에너지 일산 함수, Q_k는 보존력 이외의 외력이다.

lag window 래그 윈도 불규측한 파형 데이터의 스펙트럼의 불균일을 평활화하기 위해 자기 상관 함수를 곱하는 감소 함수를 말한다. 이것은 시간 영역에서의 조작이며, 주파수 영역에서의 동일 조작은 스펙트럼 윈도(spetral window)라고 하여 구별해서 표현하고 있다.

laid on end 길이세워쌓기 벽돌이나 잡석의 길이면을 세로로 세워 내보이게 쌓는 것을 말한다.

laitance 불경화층(不硬化層) 콘크리트 타입 후 경화할 때 수분의 상승에 따라 그 표면에 나타나는 미세한 페이스트상 물질. 시멘트 분말의 불순분이나 골재 중의 페이스트분 등으로 경화력이 없어 이어붓기 부분의 일체화를 방해한다.

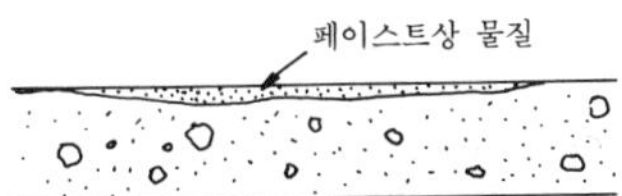

lake 레이크 유기 색소와 금속염을 결합시킨 물이나 기름 등에 녹지 않는 유기 화합물(분말). 알리자린이나 아조 염료를 모체로 한 $BaCl_2$, $Al_2(SO_4)_3$ 등의 침전제.

lake asphalt 레이크 아스팔트 천연으로 지하에서 생성된 아스팔트가 솟아나와 지각의 오목한 곳에 표면 퇴적물로서 생긴 것을 말한다.

lake color 레이크 컬러, 레이크 안료(-顏料) =lake

Lamaistic pagoda 라마탑(-塔) 라마교 사원에 볼 수 있는 불탑. 13세기에 티벳에서 중국에 전해지고, 명, 청 나라를 통해 활발히 건립되었다.

lambert 람베르트 휘도의 단위. 완전 확산면에서 $1cm^2$당 1루멘의 광속 발산도를 가질 때의 휘도를 1람베르트라 한다. 기호 L.

Lambert's cosine law 람베르트 여현 법칙(-餘弦法則) (방사)휘도가 어느 방향으로도 같은 물체 표면(균등 확산면)에서는 면의 법선에서 θ방향의(방사의) 광도는 $\cos\theta$에 비례한다는 법칙.

lamella tear 라멜라 티어 압연 강판에 존재하는 비금속 개재물이 주요 원인으로 발생하는 계단상의 저온 균열. 강판 표면에 거의 평행 방향으로 진전한다.

Lame's constants 라메의 상수(-常數) 등방 탄성체의 특성을 정하는 두 탄성 상수 λ, μ를 말한다. μ는 강성률(剛性率). 이 상수를 써서 포아송비 υ는 $\upsilon=\lambda/2(\lambda+\mu)$, 영 계수는 $E=\mu(3\lambda+2\mu)/(\lambda+\mu)$로 나타내어진다.

Lame's stress ellipse 라메의 응력 타원(-應力惰圓) =stress ellipse

lamina 래미너 ① 얇은 층. ② 집성재(集成材)를 구성하는 박판. 일반적으로는 10~30mm 정도의 두께를 갖는다.

laminar flow 층류(層流) 유체의 분자가 규칙적으로 항상 일정한 선을 이루고 흐르는 흐름. 유속이 느린 경우, 벽면 마찰과 분자간 마찰에 차가 없으면 각 분자는 정연하게 진행하고 흐름이 고르게 된다.

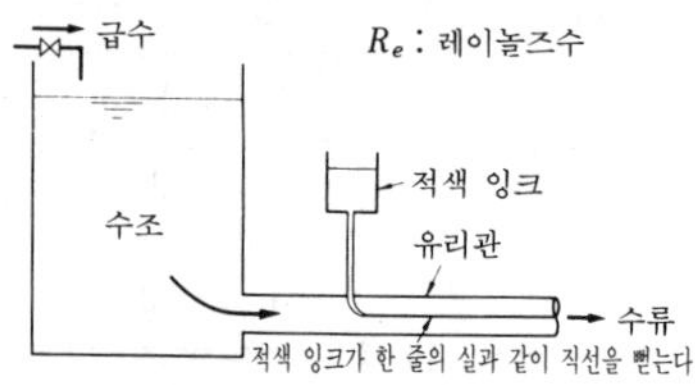

laminar flow boundary layer 층류 경계층(層流境界層) 층류의 경계층.

laminar flow type 층류 방식(層流方式) 실내 기류가 한 방향으로 흐르도록 한 클린 룸의 방식을 말한다. 수평형과 수직형이 있다. →unidirectional flow type clean room

laminar sublayer 층류 저층(層流底層) 벽면 근처에서 벽에 의해 구속되어 형성되는 극히 얇은 층류의 층. →boundary layer

laminate 래미네이트 재료를 얇은 판으로 하는 것, 혹은 플라스틱 등을 천이나 얇은 철판에 얇게 씌우는 것.

laminated sheet glass 합 유리(合琉璃) 안전 유리의 하나. 2매 또는 여러 매의 판 유리 사이에 폴리비닐브라틸 수지 필름을 중간막으로서 사이에 끼워 가열 압착하여 만든다.

laminated timber 집성 목재(集成木材), 집성재(集成材) 목재의 널 또는 작은 각재를 섬유 방향으로 집성, 접착하여 각재나 두꺼운 판재로 한 것.

laminated veneer lumber 단판 적층재(單板積層材) 로터리 레이스 또는 슬라이서 등에 의해 절삭한 단판을 주로 섬유 방향을 서로 거의 평행하게 하여 적층 접착한 재. 일반재와 구조용재가 있다.

laminated wood 적층재(積層材), 적층 목재(積層木材) 단판을 여러 장 겹쳐 쌓아서 접착한 목재. 목재의 불균질성을 개선하고, 신축 변화를 적게 한다든지, 양질의 구조재를 얻는 것이 목적이다. 쪽나무를 적층한 것을 집성재라 한다.

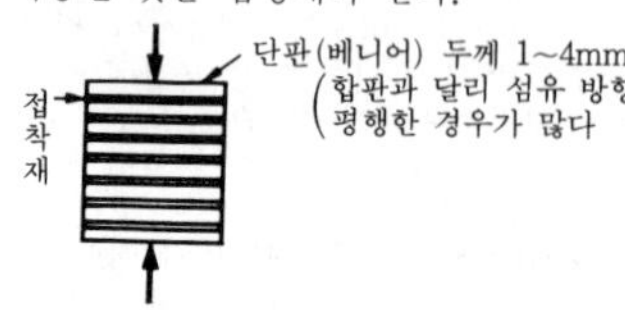

lamination 래미네이션 ① 압연 강재의 결함의 일종. 강재에 포함되는 유황 기타의 불순물 부분이 열응력을 받아 갈라지는 현상. ② 벽돌의 결함의 일종. 내화 벽돌의 성형시에 생기는 조직적 방향성.

lamp shade 전등 갓(電燈-) 전등 등의 조명 기구에 씌우는 장식용 갓.

LAN 근거리 통신망(近距離通信網), 기업내 정보 통신망(企業內情報通信網) =local area network

lancet arch 란싯 아치 스팬보다도 긴 반경을 갖는 두 원호로 구성되는 아치.

land breeze 육풍(陸風), 육연풍(陸軟風) 육지와 바다의 온도차 때문에 육지에서 바다를 향해 부는 바람. 해안 가까이에서는 야간에 분다.

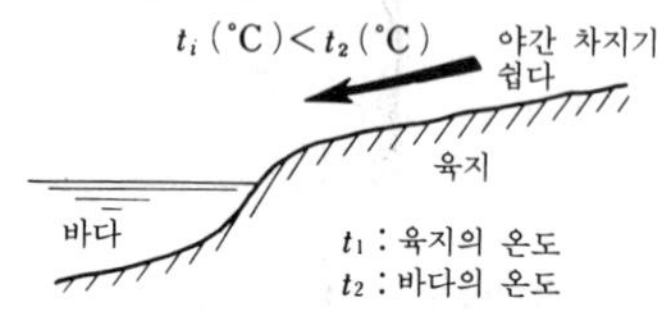

land category 지목(地目) 택지, 논, 산림, 공중용 도로 등 토지의 이용 현황이나 주요 용도를 나타내는 분류 항목.

land classification 토지 분류(土地分類) 토지의 형상, 특성, 이용 현황 등에 의해 각 획지를 구분 분류하는 것.

land coefficient 택지 계수(宅地係數) 지가의 노선가식(路線價式) 평가에서 택지의 이용성(규모, 용도), 보안성(공공 공지율), 기타(급배수, 일조 등)를 나타내는 계수.

land condemnation 토지 수용(土地收用) 공공의 이익이 되는 사업에 이용하기 위해 법에 따라 필요한 토지 등의 소유권 또

는 사용권을 보상금을 지불하여 강제적으로 취득하는 것. =land expropriation

land coverage 토지 피복(土地被覆) = ground coverage

land deformation 지각 변동(地殼變動) =diastrophism

land development 택지 개발(宅地開發) 대규모의 토지를 대상으로 도로 건설 등의 공공 시설 정비를 하여 택지를 조성하는 개발 행위.

land expropriation 토지 수용(土地收用) =land condemnation

land for public use 공공 용지(公共用地) 도로, 공원, 광장, 하천, 기타 공공용으로 사용되는 토지. 국가 또는 자방 공공 단체가 소유한다.

land formation 토지 조성(土地造成) 각종 건축물 부지나 농업 등 각종 용도에 사용하기 위한 토지로서 새로 또는 기존의 토지를 필요한 구획, 형질로 축조하는 것.

land formation plan 조성 계획(造成計劃) 설계된 지반 높이로 되도록 하는 토공사 등의 절차에 대한 계획.

landing 계단참(階段站) 계단 도중에 둔 넓은 평탄한 부분. 승강을 위한 위험 방지, 휴식, 진행 방향의 변경 등의 구실을 한다.

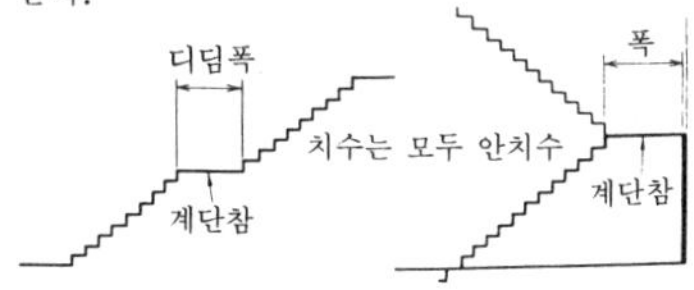

landing mat 랜딩 매트 강철제의 판. 리브를 붙여서 강도를 증가시키고, 지면의 기복에 적응할 수 있도록 작은 구멍이 뚫려 있다.

land inprovement project 토지 개량 사업(土地改良事業) 토지 개량법에 따라 농업의 생산성 향상, 농업 구조의 개선 등을 목적으로 한 농업 용지의 개량, 개발, 보전 및 집단화에 관한 사업.

landmark 랜드마크 도시나 지역 중에서 목표가 되는 건조물, 혹은 수목 등의 표지(標識). 역사적 건축물이 많다.

land ownership 토지 소유권(土地所有權) 토지의 일정 구획을 소유하는 권리.

land planning 국토 계획(國土計劃) 국내에서 토지의 개선, 산업의 개발 등을 하여 인구의 수용력을 크게 하는 등 개발 사업을 종합적으로 추진하는 것. 국내의 한 지방에 한정된 경우는 지방 계획이라 한다. =national land planning

land preparation 토지 조성(土地造成) =land formation

land price 지가(地價) 토지의 가격.

land readjustment 토지 구획 정리(土地區劃整理) 미개발·미정비 지역에서 토지의 이용·증진을 도모하기 위해 실시하는 사업 방식. 기성 시가지의 개조, 미개발지의 조성, 농지로부터의 택지화·시가지화 등.

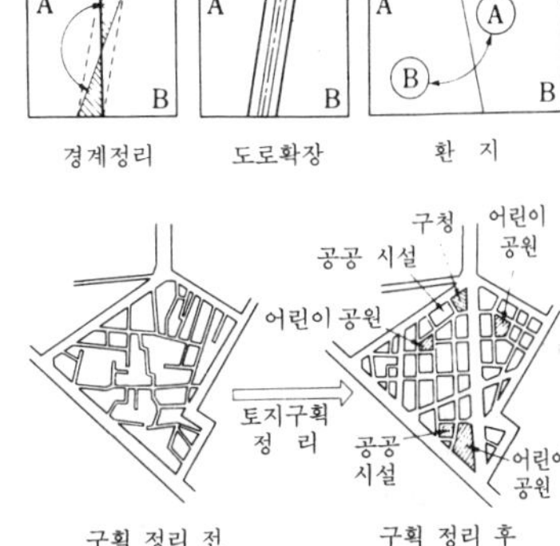

land reclamation type 매립식(埋立式) 일정한 수역을 막아 그 속에 토사 등을 투입하여 지반으로 하는 토지 조성의 방식.

land register 지적(地籍) 토지 대장에 등기되어 있는 토지 1필지마다의 속성으로, 그 토지의 지번, 지목, 지적(地積), 소유자 등을 가리킨다.

land reserved for replotting 환지 예정지(換地豫定地) 토지 구획 정리 사업에서 환지가 예정되어 있는 부지.

landscape 조원(造園) 일반적으로는 정원이나 공원의 설계·시공·관리를 말하지만, 크게는 토지 개발 등에서 아름다운 경관을 만들어 내기 위한 일련의 행위를 말한다.

landscape architect 조원가(造園家) 조원이 대상으로 하는 공간에서 전문적 지식과 기술에 따라서 공간의 계획, 설계, 시공, 관리를 하는 것을 직능으로 하는 자의 총칭.

landscape architecture 조원(造園) = gardening, garden making

landscape area 풍치 지구(風致地區) 도시 계획 구역 내에 도시의 자연 환경의 유지를 목적으로 하여 지정하는 지구.

landscape conservation 경관 보전(景觀保全) 자연, 건축물, 공작물 혹은 그 무

리로 형성되는 경관을 전통적인 경관, 거주지로서 양호한 경관 등의 목표에 따라 형성, 유지, 육성하는 것.

landscape engineering 경관 공학(景觀工學) 경관 형성에 있어서 공학적인 대처를 도모하는 기술 분야. 기법에 있어서는 경관 시뮬레이션, 수법에 있어서는 형태의 제어가 있다.

landscape gardening 조원(造園) = landscape

landscape plan 경관 계획(景觀計劃)[1], 조원 설계도(造園設計圖)[2] (1) 도시 등의 지역에서 뛰어난 경관을 보전하고, 또 형성하기 위해 세우는 계획.
(2) =gardening plan

land sinking 지반 침하(地盤沈下) =subsidence of ground

landscape style 조원 양식(造園樣式) 정원이나 공원을 만들기 위한 경관 구성의 형식.

land use 토지 이용(土地利用) 토지를 유효하게 사용하는 것. 도시에서는 이용 구분에 따라 주택지, 공업 용지, 상업 용지, 교통 용지, 기타의 형 혹은 그 혼합 형태로 사용된다. 또 이용의 정도에 대해서는 고도 지구 지정이나 용적 제한제 등이 행하여진다.

land use classification 토지 이용 구분(土地利用區分) 토지의 자연 조건이나 이용 조건을 감안하여 일정한 목표에 따라서 합리적인 토지의 이용을 도모하기 위해 토지 이용의 목적 등 마다 적정한 구분을 하는 것.

land use intensity 토지 이용 강도(土地利用强度) 어떤 토지가 이용될 때의 그곳에서의 여러 활동량 또는 물량의 정도. 단위 면적당의 인구, 건물 바닥 면적, 생산고나 매상고 등으로 나타낸다.

land use plan 토지 이용 계획(土地利用計劃) 어느 지구의 토지를 가장 유효하고 합리적으로 이용하는 방법을 정하는 계획을 말한다. =ground plan

land use program 규모 계획(規模計劃) 토지, 시설, 설비 등의 규모, 개수, 치수 등에 대하여 계획의 목적, 규약 조건 등을 고려하면서 적정값을 합리적인 수법으로 정하는 것. =planning of capacity and size, volumetric plan

lane 차선(車線) 도로에서 자동차를 일렬로 안전하고 원활하게 통행시키기 위해 두는 띠모양의 차도 부분.

lap 겹침[1], 겹침판(-板)[2] (1) 겹치는 것 또는 겹친 부분. 판 등의 겹친 부분을 겹침판이라 한다.

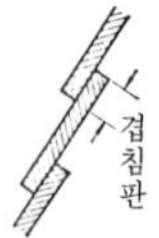

(2) 미늘판, 지붕널 등이 서로 겹치는 부분.

lap joint 겹이음, 겹치기이음 두 부재 끝을 겹친 이음. 철근의 이음, 비계 통나무의 이음, 평강의 이음 등에 쓰인다.

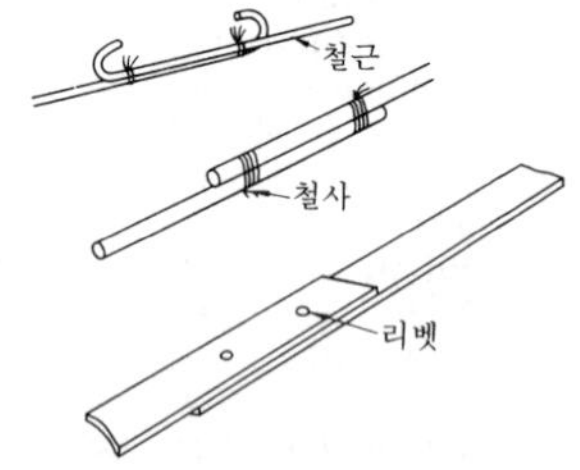

Laplace transform 라플라스 변환(-變換) 미분 방정식을 대수 방정식으로 변환하는 테그닉의 하나.

$$L(f) = F(s) = \int_0^\infty e^{-st} f(t)dt$$

에서 $F(s)$를 $f(t)$의 라플라스 변환이라 하고 $L(f)$로 나타낸다. s는 복소수이다. $F(s)$에서 $f(t)$를 구하는 조작을 라플라스 역변환(inverse Laplace transform)이라 한다.

$$f(t) = \frac{1}{2\pi i}\int_{c-i\infty}^{c+i\infty} e^{st} F(s)ds$$

large diameter pile 대구경 말뚝(大口徑-) 현장치기 말뚝 등에서 사용하는 직경 80cm 정도 이상의 큰 단면을 갖는 말뚝.

large panel 대형 패널(大形-) 패널식의 조립 공법에서 층높이 만큼의 높이와 방 하나 만큼의 폭을 갖는 패널 또는 이에 준하는 크기를 갖는 패널. 룸 사이즈의 패널이라고도 부른다.

large panel construction 대형 패널 구조(大形-構造), 대형판 조립 구조(大形板組立構造) 벽·바닥 등의 부위를 룸 사이즈에 가까운 대형 패널에 의해서 조립하는 형식의 구조. 목조·프리캐스트 콘크리트 구조에 널리 쓰인다.

large scale truss 장대 트러스(長大-) 지간(支間)이 긴 트러스를 주로 이렇게 부르는데, 외주면 트러스 등 대단위로 짜는 트러스를 가리키는 경우가 있다.

large size form construction 대형 거푸집 공법(大形－工法) 통상의 거푸집보다 큰 거푸집에 의해 외벽·바닥 슬래브·보 등의 타설을 하는 공법. 거푸집널과 지보공이 일체로 되고, 잭 등을 장착한 것도 있다. 해체하여 재사용이 가능하다.

laser 레이저 light amplification by stimulated emission of radiation의 약어. 파장과 위상에 불균일이 아주 적은 코히어런트한 빛. 단색광성·가간섭성(可干涉性)의 특징이 있다. 레이저 광선을 발생시키는 물체로서는 He, Ne, Ar, CO_2 등의 기체, 루비, 유리, YAG 등의 고체, 갈륨, 비소 등의 반도체가 쓰인다. 광통신·정보 처리·정밀 계측·가공 등에 쓰이고 있다.

laser distance meter 레이저 굴절기(－屈折器) 광원으로 레이저광을 사용한 광파 거리계.

laser processing apparatus(machine) 레이저 가공 장치(－加工裝置) 레이저 광선을 써서 재료의 절단, 구멍뚫기, 용접 등의 가공을 하는 장치.

latch 걸쇠, 헛자물쇠 열쇠를 사용하지 않고 개폐할 수 있는 문단속 철물(나무인 경우의 빗장).

latch bolt 래치 볼트 문을 닫으면 스프링의 작용으로 도어 볼트가 튀어나와 문이 잠기고, 손잡이 등을 돌리면 열리는 자물쇠의 볼트 부분.

latent heat 잠열(潛熱) 물체의 증발, 응축, 융해 등의 상태 변화에 따라 출입하는 열. 단위는 joule/g, kcal/kg 등. 물의 증발 잠열(기화 잠열) 또는 수증기의 응축 잠열은 0℃일 때 대체로 597.3kcal/kg이므로 온도 t℃, 무게 x kg의 수증기 잠열의 엔털피는 0℃를 기준으로 하면 약 597.3x(kcal)이다. 현열(顯熱)의 대비어. →enthalpy

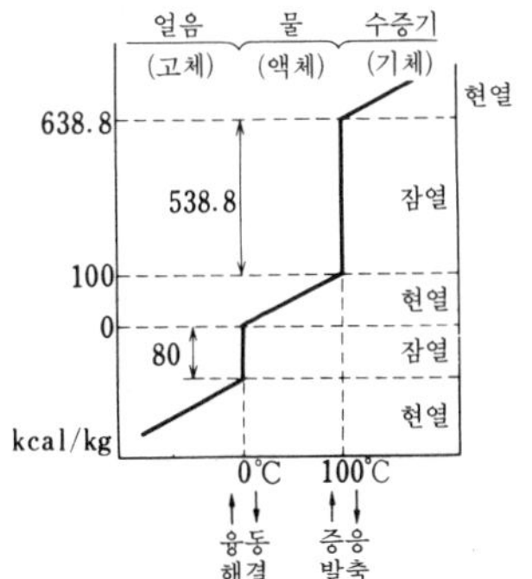

latent heat load 잠열 부하(潛熱負荷) 공기 조화 부하 중 잠열에 의한 부하. 이것은 틈새바람, 인체, 외기 부하 등에 포함되어 있다.

latent heat storage 잠열 축열(潛熱蓄熱) 물체의 상변화(相變化)에 따르는 융해열, 증발열, 천이열 등을 이용하여 축열하는 방법. 주로 융해열이 쓰인다.

lateral bearing capacity of pile 말뚝의 수평 저항(－水平抵抗) 연직 말뚝에 수평력이 작용했을 때의 말뚝이 저항하는 상태 혹은 힘을 말한다. ＝lateral resistance of pile

lateral bracing 수평 가새(水平－) ＝horizontal bracing

lateral buckling 횡좌굴(橫座屈), 가로 좌굴(－座屈) 휨 모멘트를 받는 보가 하중면에 대하여 가로 바향으로 비틀려서 좌굴하는 현상.

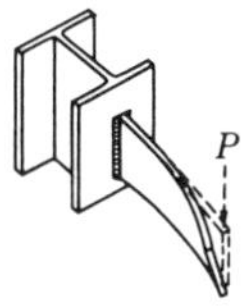

lateral buckling from plane of structure 구면외 좌굴(構面外座屈) 구면에 직각인 방향으로 부재가 좌굴하는 것.

lateral daylighting 측창 채광(側窓採光) 측창으로부터의 채광. 주광 조명의 가장 일반적인 방식. 측창에서 채광하는 주광은 주로 측광이 된다.

lateral earth pressure 수평 토압(水平土壓), 측토압(側土壓), 측압(側壓) 옹벽·지하벽·흙막이벽 등에 작용하는 수평 방향의 토압. 연직 토압과 구별하는 용어. 주동 토압·정지 토압·수동 토압이 있다. 흙막이벽일 때는 수평 토압과 수압을 함께 하여 측압이라 한다.

lateral fillet weld 측면 필릿 용접(側面－鎔接) 용접선에 평행하게 전단력이 작용하는 형식의 필릿 용접.

lateral flow 측면 유동(側面流動) 지반에 중량물이나 흙돋움으로 재하(載荷)했을 때 재하중이 극한 지지력에 가까운 경우에 생기는 지반의 측면으로의 큰 변형.

lateral force 수평력(水平力), 횡력(橫力) 수평 방향으로 작용하는 외력. 풍압력, 지진력은 그 대표 예이다.

lateral-force distribution factor method 횡력 분포 계수법(橫力分布係數法) 수평

력에 대한 각 기둥, 벽의 분담률을 계산하는 방법.

lateral light 측광(側光) 측창(側光) 채광 등에 의한 빛, 즉 측창 등에서 수평에 가까운 각도로 입사하는 빛.

lateral load 횡하중(橫荷重), 가로 하중(－荷重) 부재의 재축(材軸)에 대하여 직각으로 가해지는 하중.

lateral pressure 측압(側壓) ① 유체, 분체(粉體), 입체(粒體) 등이 용기 또는 이들에 접하는 물체의 측면에 작용하는 압력. 예를 들면, 옹벽, 지하벽, 거푸집널, 시트 파일 등에 작용하는 토압. 거푸집에 가해지는 콘크리트의 수평 방향의 압력, 분체, 입체의 사일로벽에 미치는 압력. ② 전단을 받는 리벳이나 볼트가 리벳이나 볼트 구멍의 측벽에 미치는 압력.

lateral resistance of pile 말뚝의 수평 저항(－水平抵抗) ＝lateral bearing capacity of pile

lateral seismic coefficient 수평 진도(水平震度) ① 수평 방향의 지진의 진도. ② 구조물에 작용하는 수평 방향의 진도.

lateral seismic factor 수평 진도(水平震度) ＝lateral seismic coefficient

lateral stiffening 횡보강(橫補剛) 기둥이나 보의 횡좌굴을 방지하기 위해 재축(材軸)에 직교하는 방향으로 부재를 설치해서 행하는 보강. →lateral stiffening member

lateral stiffening member 횡보강재(橫補剛材) 기둥이나 보의 횡좌굴을 방지할 목적으로 축에 직교하는 방향으로 설치하는 보강재. 철골 구조에서는 안채, 띠장이나 작은보에 그 기능을 갖게 하는 경우가 많다.

lateral strain 가로 변형(－變形) 부재의 단면에 수직 하중이 작용했을 때 힘이 가해지는 방향과 직각인 방향의 변형. →longitudinal strain

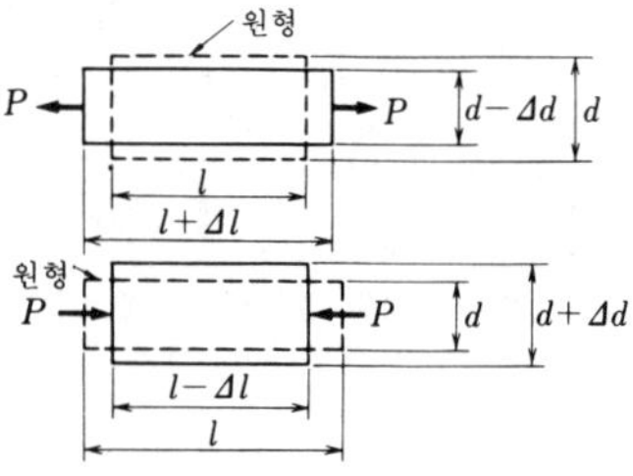

가로 변형 : Δd

가로 변형도 $\varepsilon=\frac{\Delta d}{d}$

lateral torsional buckling 휨 비틀림 좌굴(－座屈), 가로 좌굴(－座屈) 휨 모멘트가 어떤 값에 도달하여 부재가 가로 방향으로 휘고, 비틀림을 수반하여 좌굴하는 현상.

late wood 추재(秋材) 늦여름부터 가을에 걸쳐서 목재 생육 종말 계절에 형성되는 목재 조직. 횡단면상에 선상의 색이 진한 부분으로 춘재(春材)에 비해 세포는 작고 단단하다.

latex 라텍스 천연 고무나무에 포함되는 백색의 분비액. 30～45%의 고무 성분 외에 단백질이나 당류(糖類)도 포함한다. 수성의 라텍스 페인트 원료가 된다.

lath 라스 바름벽·도장처리 천장 등의 바탕으로 사용하는 금속제의 그물.

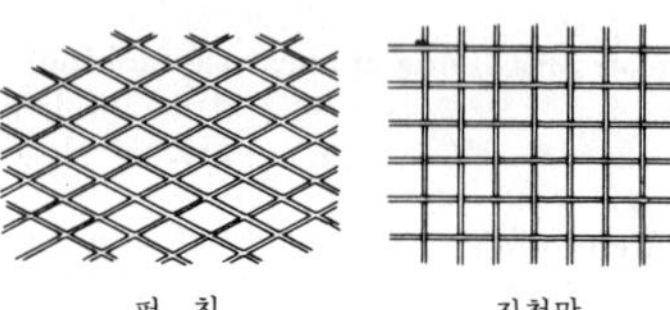

편 칭　　　　직철망

lathe 선반(旋盤) 가장 일반적인 공작 기계로, 회전하는 주축에 가공하려는 물건을 물리고 거기에 날을 접촉시켜서 절삭을 하는 것.

lathing board 라스 보드 바름벽 바탕재의 하나로, 구멍이 뚫린 석고 보드. 석고 보드에 직경 15mm 정도의 구멍이 약 9cm 간격으로 뚫려 있으며 플라스터 등의 재료를 칠하여 마감한다.

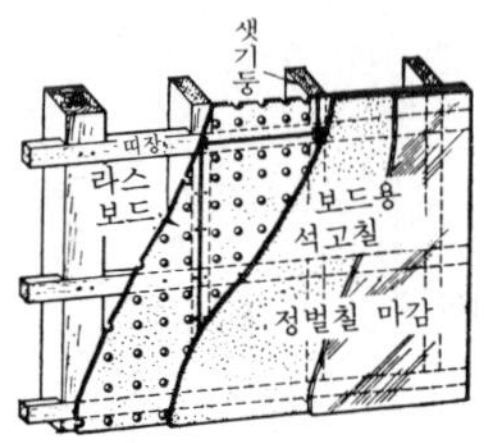

lath mortar 라스 모르타르 와이어 라스나 메탈 라스를 바탕으로 한 모르타르 마감.

lath nail 라스못 메탈 라스나 와이어 라스를 붙이기 위한 못.

lath sheet 라스 시트 네모진 골판형의 아연 철판에 메탈 라스를 용접한 것. 벽·지붕·바닥의 모르타르 바름 등의 바탕재.

lattice 래티스 래티스 보 등의 웨브 부분을 구성하는 경사재.

lattice bar 격자재(格子材) 격자로서 사용되고 있는 막대 모양의 강재.

latticed column 래티스 기둥, 격자 기둥(格子－) 조립 기둥의 일종. 형강과 격자재(평강 등)에 의해 조립된 기둥. 기둥의 폭이 40cm 정도까지는 단격자 기둥이, 그 이상일 때는 복격자 기둥이 쓰인다.

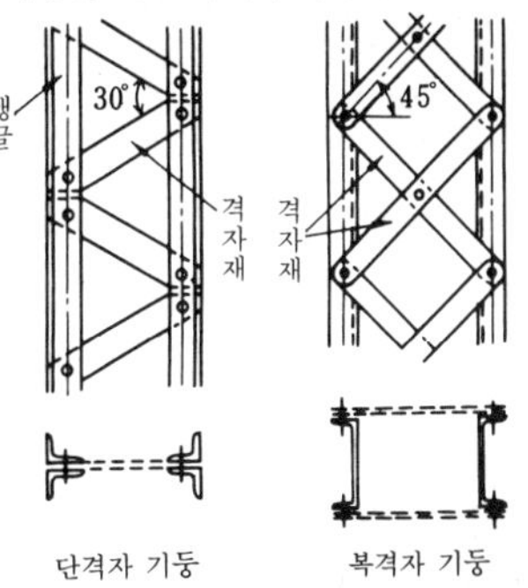

latticed girder 교살보 조립보의 일종. 웨브를 래티스(격자)로 짠 보. 래티스는 평강이나 철근이 쓰이며, 비교적 경미한 보의 구법이다. 래티스에 산형강 등의 형강을 쓰면 트러스보라고 하는 큰 보가 된다.

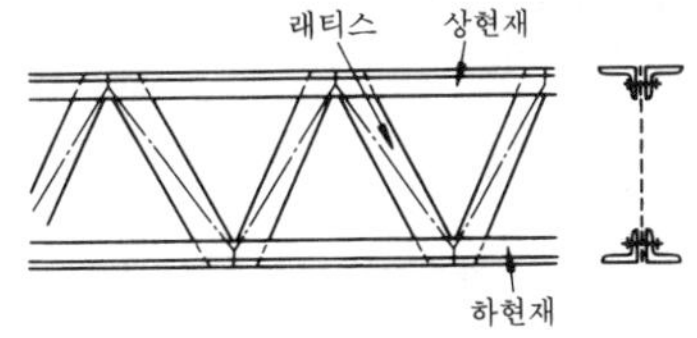

lattice door 격자문(格子門) 격자를 짠 문. 미서기로서 널리 쓰인다.

lattice window 격자창(格子窓), 만살창(－窓) 단면이 방형 혹은 마름모꼴의 세로 격자를 조밀하게 배열한 창.

lauan 나왕(羅王) 용뇌향과(龍腦香科)의 상록 교목, 또는 그 재목. 인도 · 자바 · 필리핀 등지에 분포하며, 그 재목은 빛깔이 곱고, 가공하기가 쉬워 가구 · 장식재 · 차량용재 등으로 널리 사용된다.

laundry room 세탁실(洗濯室) 세탁기와 건조기를 설치한 방. 합숙소나 연수소에 설치되어 있다.

lavatory 세면소(洗面所)[1], 변소(便所)[2]
(1) 화장, 세면을 위해 세면기, 화장 선반, 거울 등을 갖춘 방. 변소와 함께 있는 경우도 있다. ＝wash room, toilet
(2) 대 · 소변을 하기 위한 방의 총칭. ＝toilet, rest room

lavatory hinge 래버터리 힌지 변소 부스의 문짝에 사용하는 경첩. 스프링에 의해 자동적으로 열린 상태 또는 닫힌 상태를 유지할 수 있다.

lavatory lock 변소 자물쇠(便所－) 사용중의 표시를 할 수 있는 변소용 자물쇠.

lawn 잔디밭 잔디를 심은 뜰.

lawn garden 잔디뜰 ＝lawn

law of similarity 상사 법칙(相似法則) 유체 역학에서는 기하학적으로 닮은 물체를 상사(相似) 방향의 유체 속에 둔 경우, 실물 크기 건물과 모형과의 레이놀즈수가 같으면 물체 주위의 풍압 상황도 닮게 되어 풍압 계수, 풍력 계수 또한 같다는 법칙을 말한다.

law of the first wave front 제 1 파면의 법칙(第一波面－法則) 직접음과 반사음 등 같은 음이 둘 이상의 경로에서 귀로 도달한 경우 최초에 도달한 음의 방향에 음상(音像)이 정위(定位)하는 현상.

layer 층(層)[1], 지층(地層)[2] (1) 겹쳐진 부분을 말한다.
(2) 자연의 상태로 흙이나 바위가 층상(層狀)으로 퇴적한 것. ＝stratum

laying-out 표하기(標－), 먹매김 재료에 가공의 가늠이 되는 선을 긋는다든지, 점을 찍는다든지 하여 원하는 형상으로 가공할 수 있도록 본뜨기 하는 것을 말한다. ＝marking-off

layout 레이아웃 ① 대지 내에 건축물이나 주차장 · 수목 등을 대지의 유효한 이용을 고려하여 배치하는 것.
② 실내에 가구 등의 배치를 정하는 것.

layout of panelling 패널 할당(－割當) 거푸집 공사를 할 때 사용하는 거푸집 패널을 할당하는 것.

layout of stone masonry 돌나누기 석재를 쌓는다든지 붙인다든지 할 때 석재의 배치나 개개의 돌의 치수. 또는 배치나 치수를 정하는 것.

layout of tiling 타일 할당(－割當) 타일을 화장적으로 아름답게 마감하기 위해 배치를 할당하는 것.

layout planning 배치 계획(配置計劃) 일정한 부지 내에 건물이나 공작물 · 설비 등을 배치하는 계획. 방위 · 도로와의 관계 · 인접동 간격 · 건물의 기능 · 동선(動線) 등에 따라 달라진다.

LC 경량 콘크리트(輕量－) ＝light weight concrete

LD 리빙 다이닝 ＝living dining

LDK 리빙 다이닝 키친 ＝living dining kitchen

LE 래커 에나멜 =lacquer enamel

lead 납 비중이 매우 크며 연질, 전연성(展延性) 및 내식성이 풍부한 금속. 단, 알칼리에 침식되므로 습윤한 콘크리트 속에서는 크게 해를 받는다. 건축에서는 관, 판으로서 위생 공사나 방수용, 방습용, 렌트겐 실내 설치 등에 사용되며, 특히 황산 공장에는 필요하다.

lead alloy pipe 합금 연관(合金鉛管) 납에 구리·안티몬을 혼합하여 만든 원관. 내식성이 뛰어나 주로 수도관에 쓰인다.

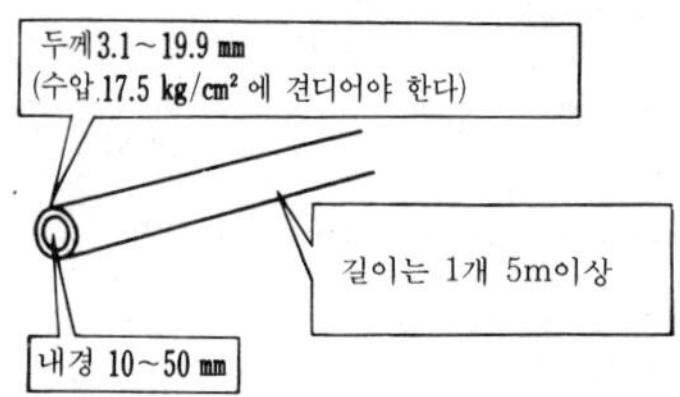

lead battery 납축전지(-蓄電池), 연축전지(鉛蓄電池) 납합금에 양극 작용 물질 혹은 음극 작용 물질을 여러 가지 방법으로 충전한 음극·양극판을 사용한 2차(충전 가능) 전지를 말한다. =lead storage battery

leader 선홈통(-桶) 연직 방향의 홈통.

leader line 인출선(引出線) 제도에서 기술, 기호, 치수 등을 기입하기 위해 해당 개소를 지시하는 선.

leading light 유도등(誘導燈) 바람직한 보행, 피난 방향으로의 유도를 돕기 위해 상시 점등하고 있는 표지등을 말한다. 피난구 유도등, 통로 유도등, 객석 유도등 등이 있다. =luminaire for emergency exit sign

leading sign 유도 표지(誘導標識) 옥외나 피난 계단으로 안전하게 피난할 수 있도록 피난 통로나 비상구 등을 가리키는 표지를 말한다.

lead-in wire 인입선(引入線) =drop wire

lead pipe 연관(鉛管) 납으로 만들어진 관. 내식성·내산성은 크지만 콘크리트·모르타르 등의 알칼리에는 침식되므로 콘크리트 매설 부분에는 피복할 필요가 있다. 수도관·가스관·배수관 등으로 사용된다.

lead plate 연판(鉛板) 주조판과 압연판이 있다. 지붕 잇기, 방화층. 홈통 속받침, 비막이 등에 사용한다. =sheet lead

lead storage battery 납축전지(-蓄電池), 연축전지(鉛蓄電池) =lead battery

lead white 연백(鉛白) 백색 안료로, 초벌칠용 도료로서 쓰인다.

leaf spring 판 스프링(板-) =flat spring

leaking test 누설 시험(漏泄試驗) 액체, 가스, 공기 등 에너지나 열매체, 유체를 내보낼 때 그 배관 경로 중의 누설 유무를 검사하는 것.

lean-mix concrete 빈조합 콘크리트(貧調合-), 빈배합 콘크리트(貧配合-) 단위 시멘트량의 비교적 적은 150~250kg/m^3 정도의 배합 콘크리트.

lean-to roof 차양(遮陽) 외벽에 면하는 개구부상에 두는 작은 지붕.

lease 임대(賃貸)[1], 임대 방식(賃貸方式)[2], 정기 임대차 계약(定期賃貸借契約)[3] 임대인(賃貸人)이 자기가 소유하는 물건을 임차인에게 사용 또는 수익케 하고 그 대가로서 임대료를 받는 계약. =lending, letting

(2) 여러 가지 목적, 용도를 갖는 건물에서 차주(借主)에게 바닥의 일부 또는 전부를 유상으로 전용하게 하고, 그 대가로서 임대 수입을 얻는 방식. =rental system

(3) 기간을 정한 임대차 계약.

leased land 차지(借地) 토지의 차용. 특히 건물의 부지로서의 토지의 차용, 또 그 차용한 토지. =rented land

leaseholder 임차인(賃借人), 차주(借主) 임대차 계약에서 빌리는 측의 사람.

least strength joint 최소 접합(最小接合) 존재 응력이 아무리 작더라도 어느 최저한의 응력을 전달하도록 설계하는 것을 요구한 접합부에 관한 구조 규정.

lecture amphitheater 계단 교실(階段教室) 바닥이 계단 모양으로 만들어진 교실. =lecture theater

lecture-hall 강당(講堂) 강연이나 강의, 거식 등을 위해 청중을 수용하는 큰 방의 건축. =auditorium

lecture room 교실(教室), 강의실(講義室) =classroom

lecture theater 계단 교실(階段教室) =lecture amphitheater

ledger 비계띠장목(-木) 장나무 비계에서 비계 기둥과 직각을 이루는 수평 장나무.

ledger strip 장선받침(長線-) 벽측에 있는 멍에 방향의 부재를 말한다. 장선의 말

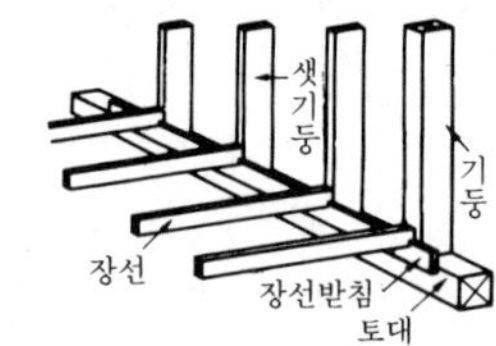

단을 받친다.

Lee-McCall system 리 · 매콜 공법(-工法) 프리스트레스트 콘크리트용 정착 공법의 일종. PC강봉 끝에 나사를 내고, 너트에 의해 지압판에 정착하는 공법.

lefthand welding 좌진 용접(左進鎔接) =forward welding

leg 다리 ① 본체를 받치는 부재. ② 용접에 있어서 모재 표면의 만난점에서 다리 끝까지의 사이.

leg length 다리길이 =leg of fillet weld

leg of fillet weld 다리길이 필릿 용접(fillet weld)에서 모재 표면의 만난점에서 다리끝까지의 길이.

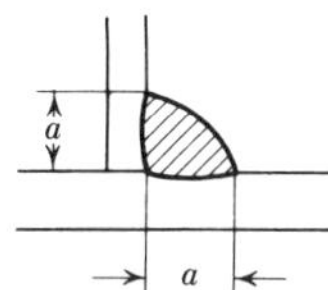

leisure hotel 레저 호텔 관광지에 있는 리조트 호텔의 일종으로, 테니스 코트나 골프장, 수영장 등을 이용할 수 있는 호텔.

leisure house 레저 하우스 여가를 즐기기 위한 제2의 주택으로, 별장이나 캠핑 카가 있다.

lending 임대(賃貸) =lease

length 춤 높이를 말한다. 특히 도리, 보 등의 건축 부재의 아래 끝부터 위 끝까지의 수직 거리.

length of fillet weld 다리길이 =leg of fillet welding

length of slope 경사면 실길이(傾斜面實-) 사면의 표면을 따른 경사 방향으로 잰 위에서 아래까지의 길이.

lessee 임차인(賃借人), 차주(借主) =leaseholder

lettering 레터링 ① 도면 등에 기입된 문자, 숫자 등의 글자꼴. ② 도면 등에 문자나 숫자를 기입하는 것. 글자꼴을 중시할 때 레터링이라 한다.

lettering guide 문자 형반(文字形盤) 도면 등에 써넣기를 할 때에 사용하는 문자의 모양을 따낸 자.

letting 임대(賃貸) =lease

level 레벨, 수준기(水準器) 수준 측량용의 광학 기기. 수평으로 설치한 망원경에 의해서 수평면을 시준(視準)하여 이것을 기준면으로 해서 높낮이차를 측량한다. Y 레벨, 덤핑 레벨, 가역 레벨, 틸팅 레벨, 자동 레벨, 핸드 레벨 등이 있다. 최근에는 틸팅 레벨, 자동 레벨이 널리 쓰이고 있다.

level crossing 평면 교차(平面交叉) 가로 상호간 또는 가로와 철도 등이 동일 지상면에서 교차하는 것. =grade crossing

leveling 땅고르기[1], 수준기(水準器)[2], 수준 측량(水準測量), 고저 측량(高低測量)[3] (1) 울퉁불퉁한 지반면 또는 장애물이 있는 지반면을 평탄하게 다듬는 것.
(2) =level
(3) 지구상의 여러 점의 높낮이차를 재는 측량.

leveling concrete 밑창 콘크리트 기초 · 지중보 · 토방 콘크리트 등의 밑에 전처리로서 표면을 수평으로 매끄럽게 하기 위해 타입되는 콘크리트. 먹매김을 위해 타입되기도 한다.

leveling mark 수평 표시 먹(水平表示-) =horizontal linemark

leveling mortar 고루기 모르타르 울퉁불퉁한 바닥을 수평으로 하기 위하여 하는 모르타르칠을 말한다. 마감재의 바탕면을 만든다.

leveling of ground 정지(整地) 건축 대지로서 이용할 수 있도록 토지를 정비하는 것을 말한다.

leveling rod 함척(函尺) 측량용의 표척(標尺).

leveling string 수평실(水平-), 수평줄(水平-) 수평의 긴 직선을 긋는 경우나 측정 기준 위치를 유지하고자 할 때 사용하는 실. 그림은 타피기 공사에서의 사용 예이다.

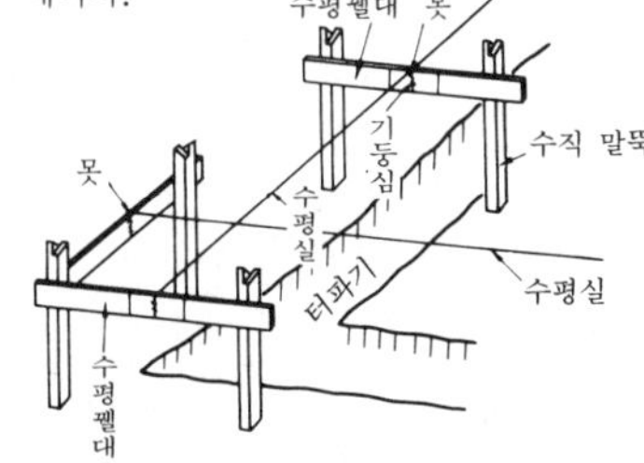

level instrument 수준기(水準器) 수평을 확인하는 기구. 막대형 수평기, 고무관 수평기, 측량 기계에 부속하는 수준기(관형 기포관 · 원형 기포관) 등이 있다.

level parking 수평 순환식 주차 설비(水平循環式駐車設備) 기계식 주차 설비의 하나. 평면적으로 배열한 케이지에 차량을 싣고, 순환 회전시켜서 수납한다. 다층 순환식도 있다.

level recorder 레벨 리코더 계측 시스템 중에서 측정 회로의 전압 기타를 기록시키는 기구. 소음 · 진동 측정 등에 널리 쓰이며 대역마다 분석할 수 있는 것도 있다.

level regulating valve for low water 정수위 밸브(定水位−) 수수조(受水槽) 등으로의 인입관에서 밸브가 닫혔을 때 생기는 워터 해머를 방지하기 위해 자동적으로 폐지(閉止) 시간을 제어하여 수위를 일정하게 유지하는 유량 조정 밸브.

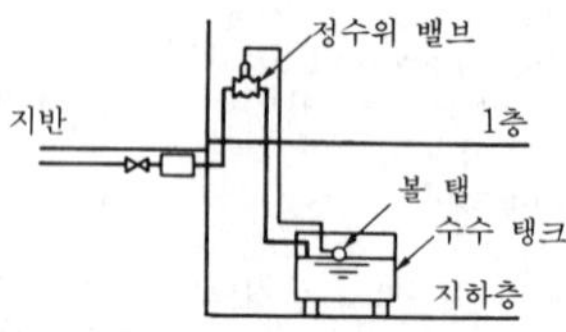

level survey 레벨 측량(−測量) →leveling

level up 정준(整準) 트랜싯 · 레벨 · 평판 등의 측정 기계를 정확하게 수평으로 설치하는 것. 기포관의 기포가 언제나 중앙에 있도록 한다. 그림은 평판의 정준 예를 나타낸 것이다.

level vial 수준기(水準器) 수평을 재기 위한 기기. 일반적인 형식의 것은 기포관을 갖추어 기포가 중앙에 있을 때 수평이라는 것을 알 수 있다. =spirit level

lever 지레 물체를 이동하는 데 사용하는 막대 모양의 공구. 모멘트를 이용하여 무거운 물체를 작은 힘으로 이동한다.

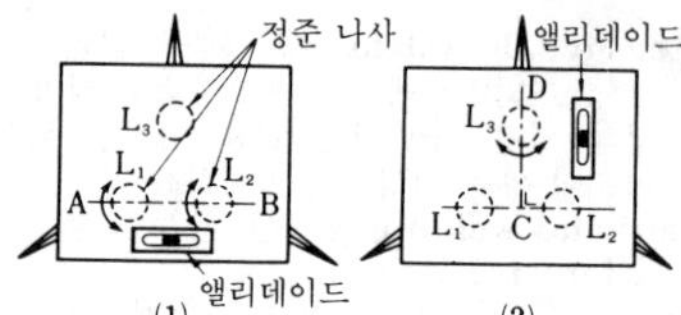

(1)
AB선에 평행으로 앨리데이드를 두고 L_1, L_2를 조정하여 기포를 중앙으로 한다

(2)
다음에 AB선과 직각인 CD선에 앨리데이드를 두고 마찬가지로 L_3을 조정한다

level up

lever 지레[1], 레버[2] (1) 중량물을 움직이거나 올리거나 할 때 지점(支點)을 받쳐 들어 올리는 목제나 철제의 막대.

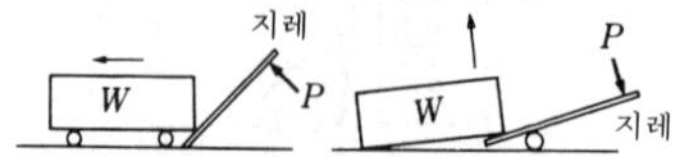

(2) 여닫이문에 붙이는 가늘고 긴 팔을 갖는 손잡이. 지레의 원리로 회전시켜 래치를 움직인다.

lever arm 응력 중심간 거리(應力中心間距離) 휨재의 인장측 합력 중심과 압축측 합력 중심간의 거리. RC부재에서는 j라는 기호로 나타내고, 장방형 부재에서는 유효 춤을 d로 했을 때 $j=7/8d$와 근사해서 쓰인다. =distance between centers of tension and compression

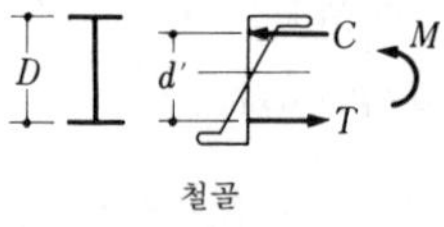

철골

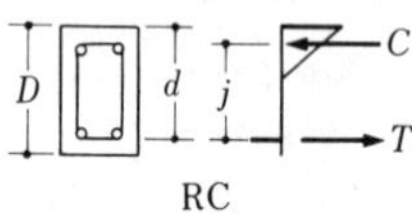

RC

lever block 레버 블록 레버로 조작하는 체인 블록. 트럭에 실은 짐 등에 로프를 걸어서 고정시킬 때 헐거워진 부분을 쥐기 위해 사용한다.

lever handle 레버 핸들 문 개폐용의 가늘고 긴 팔을 가진 손잡이. 황동, 청동 등으로 만든다.

library 도서관(圖書館) 도서를 갖추고, 독서 열람할 수 있는 설비를 갖는 곳.

library room 도서실(圖書室) 학교, 병원, 회사 등의 조직에서 책, 잡지, 신문,

교재 등을 비치하고 열람, 대출, 독서 지도, 자료 활용을 하는 방. 학교에서는 학교 도서관이라고도 한다.

lid cover 리드 커버 변기의 뚜껑을 씌우는 커버.

lien 선취 특권(先取特權) 특정한 채권자가 우선적으로 채무자로부터의 변제를 받는 법정 담보권. =preferential right

life 수명(壽命) 건축물이나 설비 등이 사용될 수 있는 기간. 전구의 경우에는 점등 불능 또는 광속 유지율이 규정값 이하로 되기까지의 시간의 짧은 쪽 시간.

life cycle 라이프 사이클 ① 개인이나 가족의 발전 단계에 있어서의 순환적인 시기 구분을 말한다. ② 재료, 건축물, 생산 등에 대한 발생부터 성장, 쇠퇴까지의 기간을 말한다.

life cycle cost 생앨 비용(生涯費用) 건물의 기획·설계부터 시공, 운용, 보전, 철거까지에 드는 건물의 일생에 소요되는 총비용.

life cycle costing 생애 비용 산정법(生涯費用算定法) 건축물의 건설부터 철거까지의 생애에 드는 비용을 예측 계산하는 수법. 취득시 뿐만 아니라 운용시의 경제성도 종합 평가한다.

life cycle energy 라이프 사이클 에너지 건물을 건설하고, 수명 기간 중 운전하고, 유지 보전하고, 마지막에 철거할 때까지에 요하는 총 에너지. 건축 자재를 제조하기 위해 소요된 에너지도 포함한다.

lifeline 라이프라인 생활을 유지하기 위한 여러 시설. 도로, 철도, 항만 등의 교통 시설, 전화, 무선, 방송 시설 등의 통신 시설, 상하수도, 전력, 가스 등의 공급 처리 시설 등이 있다.

life-time 내용 수명(耐用壽命), 내용 연수(耐用年數) 고정 자산의 수명. 보통, 건물·기계·장치 등의 유형 고정 자산에 대해서 말한다. 자산을 취득했을 때부터 폐기할 때까지의 기간으로써 나타낸다. 수명을 지배하는 주요한 조건에 따라 물리적 내용 수명, 사회적 내용 수명, 경제적 내용 수명 등이라고 한다. =usefull life, duration

lift 리프트 ① 사람이 타지 않고 소하물을 위 아래로 운반하는 엘리베이터. 또 보통의 엘리베이터를 영국에서는 리프트라고 부른다. 또 스키장에서 공중 케이블을 사용하여 사람이나 물건을 운반하는 설비도 리프트라 한다. ② 펌프가 물을 퍼올리는 높이. 양정(揚程). ③ 날개가 유체 중에 두어졌을 때 흐름 방향과 직각으로 위쪽으로 작용하는 힘. 양력(揚力).

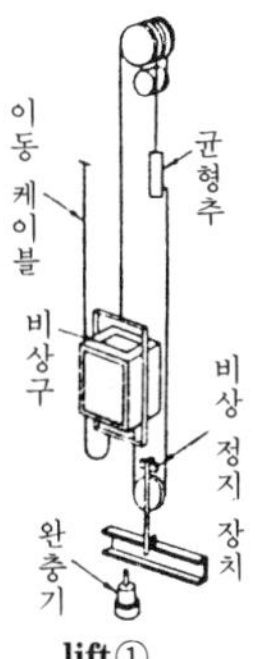

lift①

lift coefficient 양력 계수(揚力係數) 양력의 크기를 나타내는 계수. $L/q \cdot S$로 정의된다. L : 양력(N), q : 바람의 동압(Pa), S : 수풍(受風) 면적(m^2).

lift fitting 흡상 이음(吸上－) 진공 환수식 증기 배관의 환수관에 사용되는 이음의 일종. 사이폰 작용을 이용하여 환수를 높은 위치에 빨아 올리는 이음.

lift force 양력(揚力) =dynamic lift

lifting 리프팅 상층 도료의 용제에 의해 그 하층의 도막(塗膜)이 연화(軟化)하여 주름이 생기는 것.

lifting pump 양수 펌프(揚水－) 낮은 수위에서 높은 수위로 액체를 보내기 위하여 사용하는 펌프의 총칭. 급수 설비에서 수수조(受水槽)의 물을 고치 수조(高置水槽)로 양수할 때 등에 사용한다. →feed water pump

lifting trap 리프트 트랩 증기 트랩 중 고압 증기의 압력을 이용하여 응축수를 높은 곳으로 올리는 장치. 분출 트랩이라고도 한다.

lift pumping equipment 양수 설비(揚水設備) 낮은 수위의 수조에서 높은 수위의 수조로 펌프를 써서 물을 밀어 올리는 설비. 일반적으로는 양수 펌프와 양수관 및 제어 장치로 이루어지며, 수격(水擊) 장치를 고려한다.

lift pumping test 양수 시험(揚水試驗) 우물 또는 보링 구멍에서 양수하여 지하 수위의 변동을 계측하고, 대수층(帶水層)의 수리 상수(水理常數) 등 양수 공법에 필요한 데이터를 구하는 것. 평형식과 비평형식이 쓰인다.

lift-slab construction method 리프트슬래브 공법(－工法) 지상에서 현장치기하여 만든 콘크리트 슬래브를 기둥을 따라서 매달아 건물을 건설하는 공법.

lift-up method 리프트업 공법(－工法) 대

스팬 구조의 지붕 가구(架構) 등에서 지상 등 낮은 곳에서 조립하여 잭 등의 장치를 써서 소정의 위치까지 상승시켜 세트하는 공법. 부재를 단위마다 구부릴 수 있도록 조립하여 잭 업하는 수법도 있다.

light 빛 눈에 들어와서 느끼는 것. 물리적으로는 가시 방사.

light alloy 경합금(輕合金) 비중 약 3.5 이하의 합금을 총칭하는 것. Al, Mg를 주성분으로 하여 이것과 다른 금속(Mn, Cu, Si, Zn, Ni, Cr 등)과의 합금으로, Al를 주성분으로 하는 두랄루민(Duralumin), 실루민(Silumin), Mg을 주성분으로 하는 일렉트론(Elektron), 다우 메탈(Dow metal), Mg와 Al의 합금인 마그날륨(Magnalium) 등이 있다. =light alloy metal →light metal

light alloy plate 경합금판(輕合金板) 알루미늄 합금 등의 판.

light amplification by stimulated emission of radiation 레이저 =laser

light color 명색(明色) 명도가 높은 색. 암색의 대비어. 명색은 보통 진출·팽창·경량 등의 시각 효과를 갖는다. 그림은 명색의 명도 범위를 나타낸 것이다.

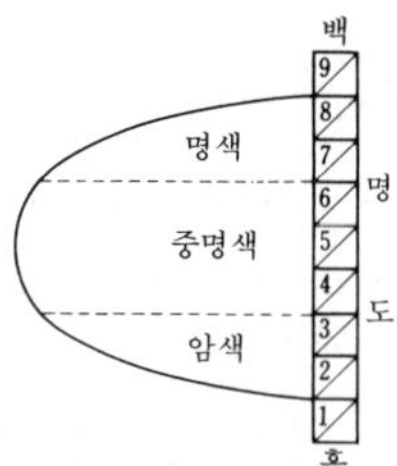

light court 라이트 코트 채광을 위해 안뜰과 마찬가지로 건물의 중앙부에 둔 외부 공간.

light degradation 빛 열화(-劣化), 광열화(光劣化) 빛에 의한 재료의 열화 작용 또는 현상. 일반적으로 자외선 열화와 같은 뜻으로 사용하는 일이 많다. =photo degradation

light distribution 배광 곡선(配光曲線) 광원을 중심으로 한 연직면상의 광원으로부터의 광속의 분포 상황에서 같은 조도점을 나타낸 곡선.

light fillet weld 경 필릿 용접(輕-鎔接) 필릿 용접에서 용접면이 오목하게 들어간 형상의 것.

light gauge channel 경홈형강(輕-形鋼), 경 채널 형강(輕-形鋼) ㄷ자형의 단면을 갖는 경량 형강.

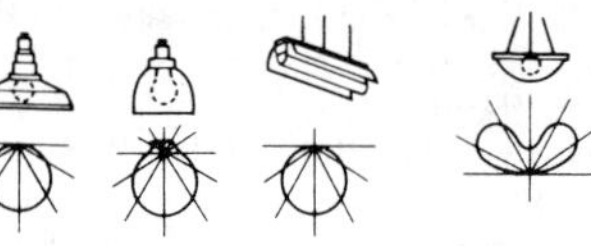

light distribution

light gauge steel 경량 형강(輕量形鋼) 띠강을 롤로 냉간 성형하여 만든 형강. 두께는 1.6~4.0mm 사이의 각종이 있으며, 열간 압연의 일반 형강에 비하여 무게에 비해 단면 계수나 단면 2차 반경이 큰 것이 특징이다.

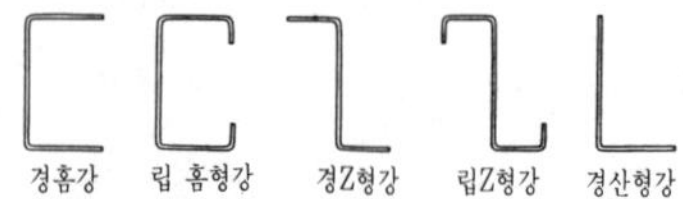

light gauge steel construction 박판강 구조(薄板鋼構造) 주재(主材)에 경량 형강을 사용한 강구조. 강구조와 비교하면 ① 골조가 경량이므로 운반·조립이 용이하고, 기초가 작아도 된다. ② 같은 중량의 보통 형강에 비하면 단면 성능(단면 2차 모멘트 등)이 크다. ③ 사용 강재량이 적고, 공기도 짧으므로 경제적이다. ④ 중소 규모의 건축에 적합하며, 경쾌·자유로운 디자인도 용이하다. ⑤ 결점으로서는 판두께가 얇기 때문에 부재에 비틀림이 생기기 쉽다는 것, 용접하기 어렵다는 것, 또 녹의 영향을 받기 쉽다는 것 등이 있다. →light gauge steel

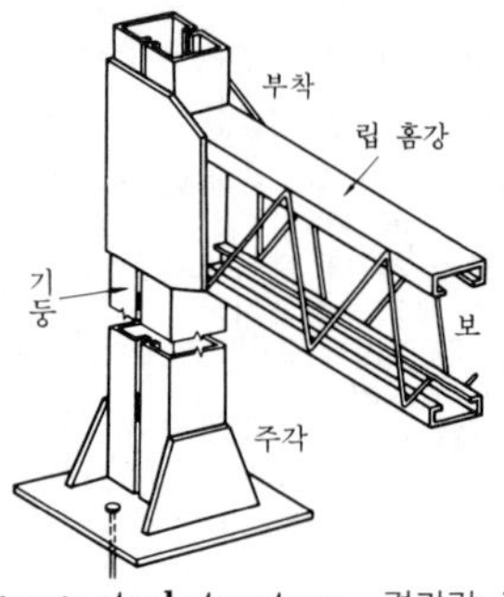

light gauge steel structure 경량강 구조(輕量鋼構造) 경량 형강을 사용한 강구조. →light gauge steel construction

lighthouse 등대(燈臺) 강력한 등기(燈器)

를 갖는 항로 표지탑으로, 광력(光力)에 따라 1～6등 및 등외로 구별된다.

light industrial district 경공업지(輕工業地) 도시의 토지 이용 계획상의 지구 분류의 일종. 식료품의 제조, 방적업, 장신구 제조, 목공업 등의 경공업을 업종으로 하는 공장이 집중하고 있는 구역. 공장의 규모는 일반적으로 작으나 대규모 공장도 있다. 공장 공해의 정도는 적고, 도시 계획 규제로서 일반적으로는 준공업 지역으로 지정된다.

lighting 조명(照明) =illumination(2)

lighting busway 라이팅 덕트 절연물로 지지한 도체를 덕트에 넣은 것. 전용의 어댑터에 의해 임의의 개소에서 전기를 꺼낼 수 있다.

lighting control 조광(調光) =dimming

lighting control booth 조광실(調光室) 무대 조명을 제어(조광)하는 조작 테이블을 설치하는 방. 제어반을 설치하는 조광기계식과 구별한다.

lighting design 조명 설계(照明設計) 빛을 이용하는 여러 상태를 이미지·설정하고, 그 실현을 위해 필요한 조명 기구, 점멸·조광 시스템, 전원 시스템, 배선 등을 설계 도서에 표시하는 것. 연출 조명에서는 배경에 따른 조명 기구의 점멸·조광·사용 시나리오를 작성하는 것.

lighting fittings 조명 기구(照明器具) 광원으로부터의 광속을 밝기로서 사용 장소에 보내기 위한 기능, 장식 기능, 표지 기능에 사용하는 기구. 램프, 광속의 투과재, 확산재, 반사재, 차광재, 안정기, 점멸기, 부착 부품, 장식 부품 등으로 구성된다.

lighting fixture 조명 기구(照明器具) = luminaire

lighting for distinct vision 명시 거리(明視距離) 통상의 시력을 가진 사람이 독서, 재봉 등 물건의 세부를 보는 시작업을 편하게 할 수 있는 시거리. 약 30cm로 한다.

lighting installation 조명 설비(照明設備) 조명 기구, 점멸·조광 시스템, 전원 시스템 및 배선으로 구성되는 빛의 이용 설비를 말한다. 고유의 용도를 붙여서 부르는 경우가 많다. 예를 들면 사무실 조명, 공장 조명, 병원 조명, 무대 조명, 투광 조명, 도로 조명 등의 각 설비.

lighting load 전등 부하(電燈負荷) 전력 소비 부하의 대부분이 조명용인 부하군. 단상 110V 배선인 경우는 보통 콘센트 부하도 이에 합산한다.

lighting room 조명실(照明室) 극장이나 집회실 등에서 투광실, 조광실, 조광 기계실 등 연출용의 조명 설비에 관계하는 여러 방의 총칭.

lighting system 조명 방식(照明方式) 광원에서 나오는 빛을 피조면(被照面)에 대는 방식. 배광에 의한 분류와 조도 분포에 의한 분류가 있다.

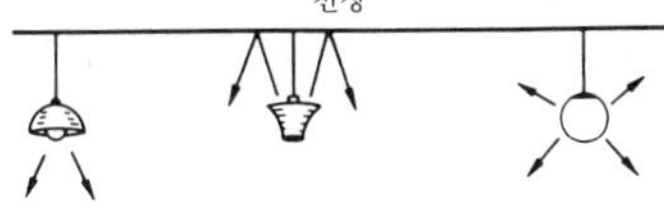

lighting window 채광창(採光窓) 채광을 위한 창.

light loss factor 보수율(保守率) ① 조명 기구를 어느 기간 사용한 후의 작업면의 평균 조도(照度)와 신설시의 평균 조도와의 비율. ② 창면을 어느 기간 사용한 후의 작업면의 평균 주광 조도와 신설시의 평균 주광 조도와의 비율.

light metal 경금속(輕金屬) 비중이 작은 금속의 총칭. 알루미늄(비중 2.7), 마그네슘(비중 1.74) 등. 또 경합금을 경금속이라고 부르는 경우가 많다.

lightness 명도(明度) 대상 물체의 빛에 대한 성질의 하나로, 대상 물체가 투사된 빛을 얼마만큼 투과하는가, 혹은 반사하는가를 나타내는 것.

lightning arrester 피뢰기(避雷器) 뇌격(雷擊)에 의해 배선에 생는 고전압을 대지로 방전하는 기기. 배선과 대지간에 설치한다.

lightning arrester equipment 피뢰 설비(避雷設備) 벼락의 습격에 의하여 건물 등의 피해를 피하기 위해 설치하는 설비를 말한다. 큰 뇌전류를 대지로 안전하게 방전시킨다.

lightning conductor 피뢰침(避雷針) = lightning rod

lightning rod 피뢰침(避雷針) 낙뢰 방지 또는 낙뢰시의 대전류를 직접 대지로 유도하기 위해 건물의 최고부에 설치하는 돌침(突針).

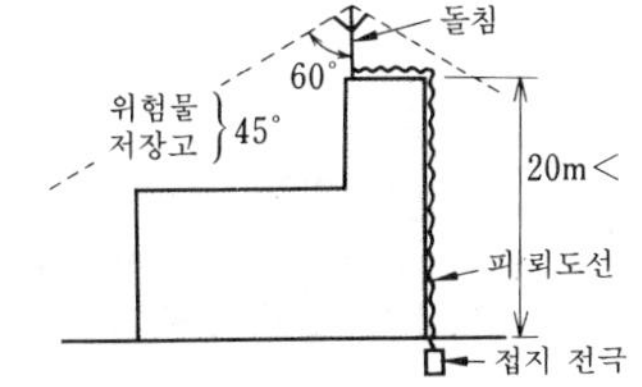

lightning strike 낙뢰(落雷) 공중에 대전(帶電)한 전기와 지면에 유도된 전기 사이에서 순간적으로 방전하는 현상을 말한다. =thunderbolt

light output ratio of a fitting 기구 효율(器具效率) 조명 기구에서 나오는 총광속과 광원에서 발생하는 총광속의 백분비를 말한다. 광원에서 발한 광속은 조명 기구에 따라 여러 방향으로 향해지고, 반사, 투과 등에 의해 광속의 감소가 일어난다. 조명 기구 효율이라고도 한다. =luminaire efficiency

light shelf 라이트 셸프 채광창의 난간 밑에 상면이 반사성의 재료로 된 차양을 둔 주광 조명의 한 방식. 직사 일광을 차양 상면과 천장에서 반사시켜 방 깊숙한 곳까지 도달케 한다.

light source 광원(光源) ① 태양·전구 등과 같이 물체 자신이 갖는 에너지를 복사 에너지로 전환함으로써 스스로 빛을 발하는 발광체의 광원을 1차 광원 또는 단지 광원이라 한다. ② 어느 물체가 1차 또는 다른 2차 광원으로부터의 빛을 받아 반사 또는 투과하여 빛을 발하는 2차 발광체의 광원을 2차 광원이라 한다.

light-source color 광원색(光源色) 광원이 방사하는 빛의 색자극. =self-luminous color

light stability 내광성(耐光性) 태양광 혹은 인공광, 주로 자외선의 조사를 받았을 때의 재료의 성능 저하에 대한 저항성을 말한다.

light tower 라이트 타워, 조명탑(照明塔) ① 야구장이나 비행장의 야간 조명용 철탑. ② 무대 조명용의 사닥다리와 플랫폼을 갖는 이동식 조명 장치.

light weight aggregate 경량 골재(輕量骨材) 천연 또는 인공 골재 중 굵은 골재로 비중 2.0 이하, 잔골재로 2.3 이하인 것. 경량 콘크리트에 사용한다. 천연 경량 골재, 인공 경량 골재 및 부산(副産) 경량 골재가 있다.

light weight aggregate concrete construction 경량 콘크리트 구조(輕量-構造) 경량 골재를 사용한 경량 콘크리트에 의한 구조. 경량 콘크리트는 경량이며, 단열이나 방음에 대한 효과는 크지만 시공이 까다롭고 내구성이 작아 어느 정도 이상의 강도를 바랄 수 없다.

light weight concrete 경량 콘크리트(輕量-) 보통 콘크리트보다 비중이 작은 콘크리트. 건물의 중량 경감, 내화 피복, 칸막이벽·지붕 방수 피복 등에 쓰인다. =LC

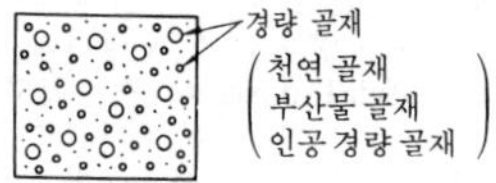

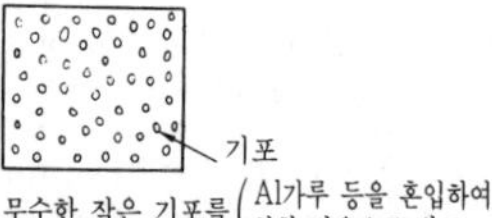

light weight concrete block 경량 콘크리트 블록(輕量-) 경량 콘크리트로 만든 블록(경량 골재를 사용한 것).

light-weight impact sound 경량 바닥 충격음(輕量-衝擊音) 경량 바닥 충격음 발생기로 바닥에 충격을 가했을 때 아래 층 방에 발생하는 음.

light-weight impact sound generator 경량 바닥 충격음 발생기(輕量-衝擊音發生器) 건축물의 바닥 충격음 차단 성능을 살필 때 바닥에 표준적인 충격을 가하는 장치.

light well 채광정(採光井)[1], 채광정(採光庭)[2] (1) 천장이 있는 방에 사용되는 채광 방법의 하나(정광 : 頂光). 밖으로부터의 빛을 천장면의 일부로, 마치 빛의 우물과 같은 모양으로 가져올 수 있다고 해서 채광정이라 한다.
(2) 채광을 위한 안뜰.

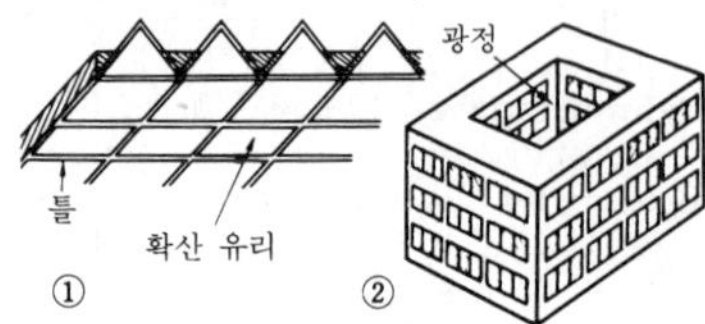

light worker 경작업원(輕作業員) 현장에서 청소 등 가벼운 작업에 종사하는 노동자를 말한다.

lignin 리그닌 펄프 제조의 폐물로서 얻어지는 목재 중의 중합 물질. 접합제 등에 사용한다.

lime 석회(石灰) 소석회〔$Ca(OH)_2$〕를 말한다. 석회암을 900~1200℃로 구워서 생기는 생석회에 물을 뿌려서 소화하여 만든다. 백색의 분말이며, 물로 비비면 풀 모양으로 되고, 방치하면 공기 중의 탄산가스에 의해 불용성의 탄산 석회로 변화하고, 경화하는 성질이 있다. 벽 재료로 사용된다.

lime aluminous cement 석회 알루미나 시멘트(石灰－) ＝alumina cement

lime mortar 석회 모르타르(石灰－) 소석회에 모래를 섞고 여기에 물을 가하여 비빈 것. 바름벽에는 소석회, 모래, 여물 등을 섞은 회반죽을 사용한다.

lime plaster 석회성 플라스터(石灰性－), 회반죽(灰－) 소석회에 여물·풀·모래 등을 섞어서 물로 비빈 것. 소성이 크고, 사용 후 표면이 공기에 접하여 탄산 칼슘으로 되어 단단한 피막을 만든다.

lime plaster finish 회반죽칠(灰－) 벽면의 도장에서 소석회에 해조풀, 여물, 모래 등을 혼합하여 사용한다.

lime sand plaster 모래 회반죽(－灰－) 소석회에 모래를 섞은 보통의 회반죽.

limestone 석회암(石灰岩) 체적암에 속하는 암석의 하나. 보통 회백색이 많고, 적·청 등을 띤 것도 있다. 경도는 0.3~0.5로 칼날로 흠을 낼 수 있다. 시멘트·석회의 원료 외에 철 등의 야금 용제로서 도 쓰인다.

limit analysis 극한 해석(極限解析) 좌굴(座屈)을 일으키지 않는 완전 소성체로 이루어지는 구조물이나 부재의 종국 하중 또는 붕괴 하중을 구하는 해석법을 말한다. →limit design

limitation of deformation 변형 제한(變形制限) 용도상, 구조상의 이유로 보나 슬래브·벽 등의 휨이나 변형각에 설계상 가하는 제한.

limitation on spray water 방수 제한(放水制限) 부유식의 해양 건축물이 화재를 만났을 경우의 소화 활동에서 침수·침몰을 회피하기 위해 방수를 제한하는 것.

limit control 리밋 제어(－制御) 제어 대상의 제어 목표값이 설정 한계값의 범위 외(혹은 범위 내)로 되었을 때 설정 한계값 내(외)로 복귀시키는 조작을 하게 하는 제어. 건축 설비의 상하한 제어로서 널리 행하여진다.

limit design 극한 설계(極限設計) ① 종국 하중 또는 붕괴 하중이 주어지고 있을 때 리밋 애널리시스의 이론에 의거하여 구조물의 부재 치수나 형상을 설계하는 방법. 최소 중량 설계라고도 한다. ② 종국 하중 설계와 같은 뜻으로서 사용되기도 한다.

limit design method 소성 설계법(塑性設計法) 탄성 허용 응력도 설계법에 대비되는 설계법으로, 단면이 항복하여 골조 속에 충분한 수의 소성 힌지가 생겨서 골조가 붕괴 메커니즘에 이르렀을 때의 하중을 산출하여 외력과 비교해서 안전성을 검정하는 설계법. ＝plastic design method

limited access highway 출입 제한 도로(出入制限道路) 교차 도로로부터의 출입을 제한한 도로. 평면 교차가 없는 완전 출입 제한 도로와 일부 평면 교차가 있는 일부 출입 제한 도로가 있다.

limited access roof 비보행용 지붕(非歩行用－) 지붕의 유지 관리 목적 이외에는 사람이 그 위를 보행하지 않는 평지붕. 노출 방수층 등으로 마감하는 경우가 많다.

limited tender 지명 입찰(指名入札) ＝ appointed competitive tender

limit load 한계 하중(限界荷重) 재료의 강도에 대하여 부재나 골조의 견딜 수 있는 하중을 가리켜서 말하는 용어. 예를 들면 탄성 강도에 대하여 탄성 한계 하중이라는 식으로 쓴다.

limit load blower 리밋 로드형 송풍기(－形送風機) ＝reverse blower

limit of decay resistance 내후 연한(耐朽年限) 건축 주요 부재의 내후성 한계.

limit of size 허용 한계 치수(許容限界－數) 실 치수가 그 사이에 들도록 정해진 상한 또는 하한의 치수.

limit point 극한점(極限點) 하중·변위 곡선에 있어서의 극대점. 극대점에 이르면 전이(轉移) 좌굴이 출현한다.

limit-point buckling 굴복 좌굴(屈服座屈) 단면 형상의 편평화에 의해 강성이 저하하고, 휨 모멘트와 곡률의 관계에 극대값이 생겨서 재하(載荷) 능력이 저하하는 좌굴.

limit state 한계 상태(限界狀態) 구조물의 거동이 설정한 한계에 도달하는 상태. 사용 한계 상태와 종국 한계 상태가 있다.

limit state design 한계 상태 설계법(限界狀態設計法) 한계 상태를 명확하게 정의하여 하중 및 내력의 평가에 따라서 한계 상태에 이르지 않는 것을 확률 통계적으로 조건 설정하는 설계법. →load and resistance factor design

limit state function 한계 상태 함수(限界狀態函數) 한계 상태를 정량적으로 표현한 함수.

limit strength 극한 내력(極限耐力) 구조물 혹은 구조 부재가 붕괴 기구에 이르렀을 때의 내력.

limit switch 리밋 스위치 어느 한도를 넘으면 자동적으로 스위치를 끊을 필요가 있는 기기에 부착하는 안전 장치.

linear 선형(線形) 함수가 1차 결합의 상태에 있는 것. 좁은 뜻으로는 힘과 변형이 비례하고 있는 범위에서의 해석의 가정.

linear acceleration method 선형 가속도법(線形加速度法) 지진 응답 해석에 쓰이는 수치 적분법의 하나. 미소 구간에서의 가속도 변화를 직선이라 가정하고, 속도를 2차식, 변위를 3차식으로 표현하여 순차 진동 방정식에 넣어서 응답량을 구한다. Newmark의 β법에서 $\beta=1/6$로 한 경우에 해당한다.

linear city 대상 도시(帶狀都市), 선형 도시(線形都市) 구심적인 시가지 형태에 대한 용어로, 가늘고 긴 띠 모양으로 형성된 시가지를 말한다. ＝belt line city

linear coefficient of expansion 선팽창률(線膨脹率), 선팽창 계수(線膨脹係數) 열팽창률의 하나. 어느 방향의 단위 온도, 단위 길이당의 열에 의한 팽창 길이의 비율을 말한다.

linear elasticity 선형 탄성(線形彈性) 힘과 변형, 응력도와 변형도가 비례하는 것.

linear element 선재(線材) 기둥, 보, 가새 등과 같이 단면의 크기에 비해 길이가 긴 막대 모양의 구조 부재를 단면 도심(斷面圖心)을 통하는 선으로서 이상화하는 모델.

linear fire zone 노선 방화 지역(路線防火地域) 도로 양단에 띠 모양으로 설치하는 방화 지역.

linear heating 선상 가열(線狀加熱) 강판의 표면을 가스 버너로 직선상으로 가열하고, 그 열변형을 이용하여 재질을 확보하면서 휨가공을 하는 것.

linear length 실자, 줄자 요철면(凹凸面)을 따라서 잰 길이. 도장 공사, 미장 공사 등에서 도장 면적을 구하는 데 사용한다. ＝girth

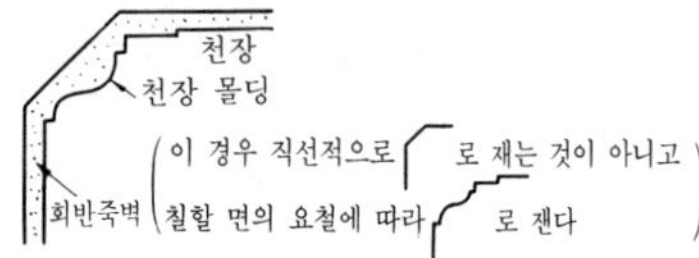

linear light source 선광원(線光源) 선상(線狀)의 광원.

linear motor elevator 리니어 모터 엘리베이터 구동 장치에 리니어 모터를 사용한 엘리베이터. 종래의 권상식이나 유압식에 비해 구조가 간단하기 때문에 고장이 적고, 보수가 용이하며, 건물의 단순화를 도모할 수 있다는 특징이 있다.

linear plan 리니어 플랜 도시의 경우는 도로나 고속 교통 기관, 건축물인 경우는 복도 등 선상(線狀)의 것을 중심으로 하여 주요한 시설을 이 선을 따라서 배치하는 형식.

linear programming 선형 계획법(線形計劃法) 1차식의 체계에 의해 변수의 최적값을 찾아내는 수학적 해법.

linear system 선형계(線形系) 선형 예측이 가능한 계. 과거의 출력과 새로운 입력으로 예측, 데이터 압축 등에 응용할 수 있다.

linear vibration 선형 진동(線形振動) 힘과 변형이 비례한다는 복원성 특성을 갖는 진동계의 진동.

line balancing 라인 밸런싱 조립식화된 같은 형 주택의 다량 생산이나 초고층 건축 등에서 필요한 생산 관리 기술의 하나. 또 일반 제조업의 생산 공정에서는 불가결한 기술로, 생산 라인의 작업 공정(워크스테이션)에서의 생산 시간의 균등화를 도모하고, 총 유휴 시간이 최소가 되도록 작업 시간이나 작업 요소의 선행 관계 등의 제약 조건을 전제로 하여 각 작업 공정으로 작업 요소를 할당한다.

line capacity 선로 용량(線路容量) 송전·배전선이 보낼 수 있는 전력 혹은 전류의 능력.

lined duct 내장 덕트(內張－) 안쪽 면에 흡음 재료를 붙인 덕트. 흡음 덕트의 일종. 일반적으로 중고음부의 소음에 유효하다.

line load 선하중(線荷重) 선상(線狀)으로 분포한 하중.

linen chute 리넨 슈트 호텔 등의 숙박 시설에서 사용한 옷잇 등을 아래 층으로 떨어뜨리기 위한 수직 구멍.

linen closet 보자실(褓子室) 호텔이나 병원 등에서 시트·모포·베개 커버 등을 수납해 두는 방.

linen room 리넨실(－室) 호텔이나 병원 등에서 침구, 시츠, 타월 등 섬유류를 수납하는 방.

line of action 작용선(作用線) 힘의 작용점을 지나 힘의 방향으로 그은 직선. 힘의 3요소의 하나. 강체(剛體)에 작용하는 힘은 작용선상의 임의의 위치로 이동해도 힘의 효과는 달라지지 않는다. 이것을 힘의 이동성 법칙이라 한다.

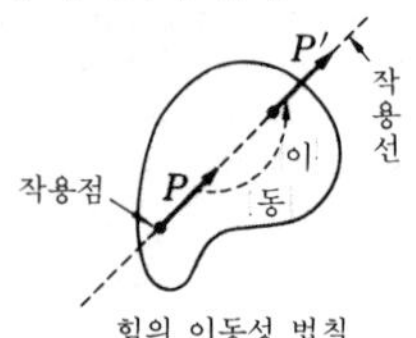

힘의 이동성 법칙

line of building frontage 건축선(建築線) 도로와 부지의 경계선.

line of force action 힘의 작용선(－作用線) 힘의 작용점을 지나 힘의 방향으로 연장한 선.

line pump 라인 펌프 ＝circulating pump

liner 라이너 부재를 부착할 때의 높이 조정 등을 위해 부재 하단에 까는 쇳조각.

line source of light 선광원(線光源) ＝ linear light source

line type fire detector 분포형 화재 감지기(分布形火災感知器) 천장에 선상(線狀)으로 포설하는 화재 발생 감지기의 검출부. 전선상(電線狀)으로 가공한 온도에 의한 저항 증가 계수가 큰 재료의 전기 저항값 및 가는 동관 내의 공기 압력값의 각각이 화재에 의한 포설 개소의 온도 상승에 의해서 변화하는 것을 감지 원리로 한다. 두 종류가 있다. ＝pneumatic tube type fire detector

lining 라이닝 관이나 수조 등의 안쪽을 보호하기 위해 내약품제나 단열재 등으로 피복하는 것.

lining board 복공판(覆工板) 터널 공사의 내벽 콘크리트 타입용 거푸집인데, 지하 굴착시에 위의 도로면에 까는 가설재로서의 의미로 쓰이는 일이 많다. 강철제의 상자 모양의 것과 프리캐스트 콘크리트판이 있다.

lining membrane 라이닝막(－膜) 탱크, 관, 굴뚝 등의 내벽에 바르는 피복층. 단열, 방식 등의 목적으로 사용된다.

lining steel pipe 라이닝 파이프, 라이닝관(－管) 강관의 내부식성(耐腐蝕性)을 높이기 위해 관의 내면에 염화 비닐 수지나 에폭시 수지 등을 칠한 것.

link 링크 네트워크 표시한 교통망의 노드와 노드 사이의 부분. 구체적으로는 주요 교차점이나 인터체인지 등 이외의 각 노선 구간을 말한다.

linoleum 리놀륨 아마인유에 수지를 가해서 리놀륨 시멘트를 만들고, 코르크 가루·안료 등을 혼입하여 삼베에 압착한 것. 탄력성이 풍부하고, 내수성·내구성이 있으며 바닥 마감재로서 쓰인다.

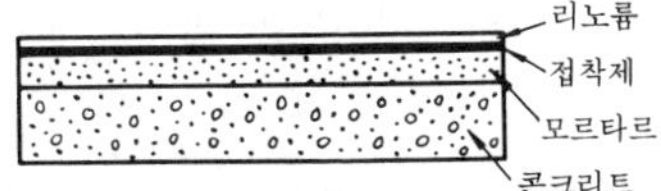

linoleum tile 리놀륨 타일 리놀륨을 절단하여 바닥 마감재의 타일로서 서용한 것.

Lino-tile 리노타일 리놀륨에 합성 수지나 안료를 혼합하여 가압 성형해서 시트 모양으로 한 연질 타일. 바닥면 마감용.

lintel 인방(引枋) 창, 출입구 등 벽면 개구부 위에 보를 얹어 상부의 하중을 받치는 경우에 이 보를 인방이라 한다.

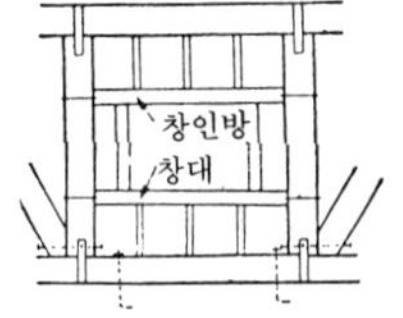

lintel stone 인방돌(引枋－) 석조 벽돌 구조에서 인방에 사용한 돌.

liparite 석영 조면암(石英粗面岩) 화성암 중 분출암의 일종으로, 석질은 거칠다. 특히 다공질의 것을 경석(輕石)이라 한다. ＝rhyolite

lip channel 립 홈형강(－形鋼) 홈형강의 가장자리를 다시 접은 단면형을 갖는 경량 형강.

liquefaction 액상화(液狀化)[1], 유사 현상(流砂現象)[2] (1) 사질토 등에서 지진동의 작용에 의해 흙 속에 과잉 간극 수압이 발생하여 초기 유효 응력과 같게 되기 때문에 전단 저항을 잃는 현상.
(2) 물을 함유한 모래가 물로 포화한 상황에서 진동을 받아 현탁액상(懸濁液狀)으로 되어 흘러 나가는 현상.

liquefied petroleum gas 액화 석유 가스(液化石油－) 프로판, 부탄 등을 주성분으로 하는 가스를 가압, 냉각하여 상온에서 액화한 것. 운반이 용이하며, 공업용, 가정용으로 널리 사용되고 있다.

liquid-applied membrane waterproofing 도막 방수(塗膜防水) 바탕에 솔, 인두, 스프레이로 액상(液狀)의 재료를 칠하고 필요한 두께의 방수층을 형성시키는 공법.

liquidity index 액성 지수(液性指數) 자연스러운 상태에서의 흙의 유동성의 정도를 나타내는 지수(I_L)

$$I_L = \frac{w - w_p}{w_L - w_p} \times 100[\%]$$

여기서, w : 자연 함수비, w_p : 소성 한계, w_L : 액성 한계.

liquid limit 액성 한계(液性限界) 점성토가 소성 상태에서 유동 상태로 옮길 때의 함수비. LL 또는 W_L로 표시한다. 흙의 자연 함수비가 액성 한계에 가깝든가 그 이상이면 굴착 공사에서 주의할 필요가 있다.

liquid pressure 액체 압력(液體壓力) 액

체에 의해 구조체에 가해지는 압력. 수압은 그 대표적인 것이다. 용기 구조에서는 용기면을 따라 작용하는 경우도 있다.

liquid slag 용융 슬래그(熔融－) 용접 중의 용융 상태에 있는 슬래그. ＝molton

listening room 리스닝 룸 음향 효과를 고려한 음악을 듣기 위한 방. 잔향 시간을 조절할 수 있는 것은 물론이고, 외부에 대한 방음 조치도 필요하다.

lithin 리신 시멘트에 방수제나 점착제·안료를 가한 외장용의 스프레이재. 비교적 값이 싸다.

lithin finish 리신 마감 미장 마감의 일종. 색 모르타르 또는 골재에 대리석의 잔쇄석(碎石)을 사용한 모르타르를 바르고, 표면이 경화되지 않는 동안에 와이어 브러시 등으로 긁어 내어 거친면 마감으로 한 것.

lithopone 리소폰 백색 안료로, 황화 아연과 황산 바륨으로 만든다. 도료용이다.

live end 라이브 엔드 음악 스튜디오나 홀 등에서 음원에 가까운 쪽의 벽면이 반사성으로 마감되어 있는 것.

live fire load 적재 가연물량(積載可燃物量) 건물에 고착하지 않고 이동 가능한 책상, 의자, 서류 등 중 화재 온도의 상승에 기여하는 가연물의 양. 가연물량은 건물의 용도나 거주 형태에 크게 의존한다.

live knot 생옹이(生－) 제재할 때 수목 가지의 살아 있는 부분이 목재의 단면에 나타난 옹이. ＝sound knot

live load 이동 하중(移動荷重), 활하중(活荷重)[1], 적재 하중(積載荷重)[2] (1) 정하중에 대해서 말하며, 이동하면서 구조물에 응력을 미치는 연직 하중. ＝moving load, travelling load
(2) 건축물 내에서 바닥 위에 얹혀 있는 가구나 물품류, 인간의 무게를 합친 것. 고정 하중과 마찬가지로 장기 하중이라고 생각한다.

livering 리버링 도료 등이 응고하여 곤약 모양의 덩어리로 되는 것.

live starting 직입 시동(直入始動) 유도 전동기의 시동법의 일종. 전원의 선간 전압을 그대로 전동기 입력 단자에 걸어서 시동시키는 방식.

living activity 주행위(住行爲) 주공간에서의 생활 행위를 말한다. 좁은 뜻으로는 주거 내부에서의 생활 행위를 가리킨다.

living condition 거주 수준(居住水準) ＝dwelling level

living design 리빙 디자인 생활을 보다 풍요롭고, 쾌적하게 하는 것을 지향하는 생활 공간의 설계.

living dining 리빙 다이닝 주방만을 독립시키고, 식사실과 거실을 편안히 지내는 공간으로서 일체화시키는 플래닝. ＝LD

living dining kitchen 리빙 다이닝 키친 거실·주방·식당을 일체 공간으로 한 플래닝. ＝LDK

living environment 거주 환경(居住環境) 인간의 주생활의 쾌적성, 안전성, 건강성은 건축물과 그 환경에 의해서 유지된다고 생각하며, 건축물을 둘러싸는 여러 조건, 즉 소리, 일조, 바람 외에 주변의 토지 이용, 공공 시설 등을 가리킨다.

living function 생활 기능(生活機能) ① 생활을 유지하기 위해 필요한 기능. ② 디자인의 의미 중의 하나. 전달하는 기능에 대하여 사용하기 위해서나 생활을 위한 기능을 가리킨다. ＝requirements of living

living in structures other than dwellings 비주택 거주(非住宅居住) 주택 이외의 거주 시설에 거주하고 있는 것.

living kitchen 리빙 키친 거실과 주방과 식당의 기능을 방 하나로 병용하는 방.

living population 상주 인구(常住人口) 어느 지역에 언제나 살고 있는 인구. → night time population

living room 거실(居室) 주택 중 가족이 공용하는 방이나 장소. ＝sitting room, dwelling room, parlour

living space 거주 부분(居住部分) 주택의 거실, 침실, 응접실 등 거주를 위해 사용하는 부분으로 취침을 할 수 있는 부분을 말한다. 따라서 부엌, 화장실, 욕실, 복도, 툇마루, 반침, 광 등은 거주 부분이 아니다. ＝habitable area

living space industry 리빙 스페이스 산업(－産業) 가구·조명 기구 등의 제품을 제조하는 산업.

LL 액성 한계(液性限界) ＝liquid limit

load 하중(荷重) 구조물에 외부에서 작용하는 힘. 하중의 방향에 따라 연직 하중과 수평 하중, 하중의 원인에 따라 고정 하중, 적재 하중, 적설 하중, 풍하중, 지진력, 충격 하중 등으로 나뉘고, 또 하중 기간의 장단에 따라 장기(상시) 하중, 단기(임시) 하중으로 나뉜다.

load acting along the member 중간 하중(中間荷重) 골조(뼈대)를 구성하는 각 부재의 절점, 또는 재단(材端)에 작용하는 하중 이외의 하중. ＝span load

load and resistance factor design 하중 내력 계수 설계법(荷重耐力係數設計法) 하중 및 내력의 확률 모델에 입각하여 목표로 하는 안전성의 레벨을 확보하는 설

계식을 하중 계수, 내력 계수를 써서 표현한 설계법. →limit state design

load balancing method 로드 밸런싱법(-法) 프리스트레스트 콘크리트 보, 바닥 부재 등의 설계에서 하향으로 볼록하게 배치된 PC강재를 따라서 생기는 프리스트레스력의 상향 분력과 연직 하중을 평형시키는 방법.

load carrying capacity 지지력(支持力)[1], 보유 내력(保有耐力)[2] (1) =bearing capacity
(2) 구조물에 하중을 일정한 비율로 점증하여 작용할 때의 붕괴 하중에 상당하는 값. 구조물은 붕괴 하중 크기의 하중까지는 지지하는 능력을 갖는다.

load cell 로드 셀 콘크리트나 철근 등의 재료·시험체의 역학적 성질을 시험하는 측정 기기의 일종. 하중의 측정 기구는 원통형의 강재에 선 변형 게이지를 부착하고, 힘을 가하여 생기는 축방향의 변형을 측정하여 하중으로 환산한다. 인장형, 압축형 및 양자 겸용의 것이 있으며, 5kg~200t 정도까지 측정할 수 있는 여러 가지 형이 있다.

load characteristic 부하 특성(負荷特性) 건물별, 용도별, 장치별, 시간대별, 일별, 계절별, 재실자의 성별, 연령별, 생활 스케줄 등을 변동 요인으로 한 부하의 성상(性狀). →heating and cooling load characteristic

load combination 하중 조합(荷重組合) 일반적으로 복수의 하중이 동시에 작용하는 건축물의 구조 설계에서 검토의 대상으로 할 하중군, 혹은 동시에 작용하는 상태를 말한다.

load control 하중 제어(荷重制御) 재료 시험이나 구조 실험에서 하중 증가의 비율에 입각하여 재하(載荷)를 하는 것. =stress control

load control test 힘 제어 실험(-制御實驗) 구조 실험의 실행 스텝을 힘의 크기로 제어하는 방식을 말한다. 변형 제어에 대한 용어.

load-deformation curve 하중 변형 곡선(荷重變形曲線) 구조물이나 부재에 하중이 작용한 경우, 측점(測點)의 변형량과 하중의 크기와의 관계를 도시한 곡선.

load diagram 하중도(荷重圖) 구조물에 작용하는 여러 가지 하중이 작용하는 상태를 나타내는 그림. →load

load due to accident 사고시 하중(事故時荷重) 기기계를 갖추는 구조물에서 사고의 발생에 따라 생기는 압력, 열변동, 충격 등에 의한 하중.

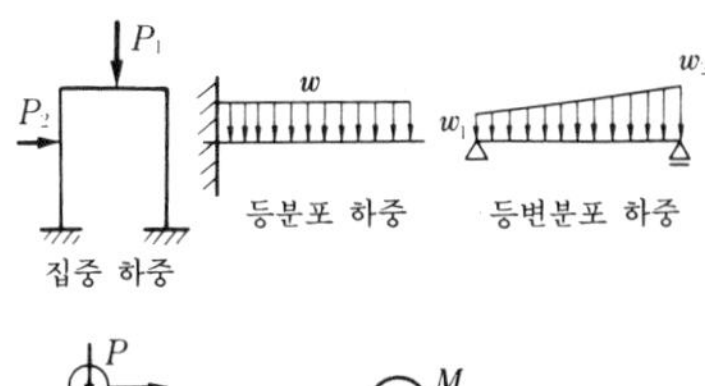

load diagram

load effect 하중 효과(荷重效果) 구조물에 하중이 작용함으로써 생기는 구조물 전체 혹은 부재의 변위, 변형, 부재력, 응력 등의 총칭.

loader 로더 토사를 싣고 운반하는 기계. 트랙터 셔블, 로커 셔블, 셔블 로더 등.

load factor 하중 계수(荷重係數) 종국 설계에서 설계 하중을 할증해 두는 계수.

load factor design 하중 계수 설계법(荷重係數設計法) 구조 설계에서 소정의 하중 혹은 하중 효과의 값에 하중 계수를 곱하여 필요한 내력의 평가를 하는 설계법.

loading 재하(載荷) 구조 실험, 현장 실험 등에서 구조물에 하중을 서서히 작용시키는 것.

loading factor 부하율(負荷率) 전기 설비에서 어느 기간 중의 평균 전력을 같은 기간의 최대 전력으로 나누어서 백분율로 나타낸 값. 기간에 따라 1년, 1월, 1일이 있으며, 각각 연부하율, 월부하율, 일부하율이라 부른다.

loading frame 가력 프레임(加力-) 재하(載荷) 시험에서 시험체에 하중을 가하기 위한 반력용 골조. =test frame

loading plate 재하판(載荷板) 평판 재하 시험에서 직접 지반에 접하여 하중을 전달시키는 강판(剛板).

loading term 하중항(荷重項) 구조물의 응력 해석에서 나타나는 탄성 방정식 중에서 주어진 하중의 크기만으로 정해지는 항. 중간 하중이나 초기 변형에 평형하는 절점력에 상당한다.

loading test 재하 시험(載荷試驗), 하중 시험(荷重試驗) =load test

load resistant celing 힘 천장(-天障) 하중에 견딜 수 있도록 계획된 천장. 천장 위를 수납 스페이스 등으로 사용할 때의 천장.

load resistant floor joist 힘 장선(-長線) 통상의 장선 중간에 넣어서 하중을 받치는 장선. 2층 바닥 이상에 사용하는 일이 있다.

load-settlement curve 하중·침하 곡선(荷重·沈下曲線) 말뚝이나 평판의 재하(載荷) 시험 혹은 실제의 구조물에서 재하중과 말뚝, 평판 혹은 구조물의 침하와의 관계를 그린 곡선. →plate loading test

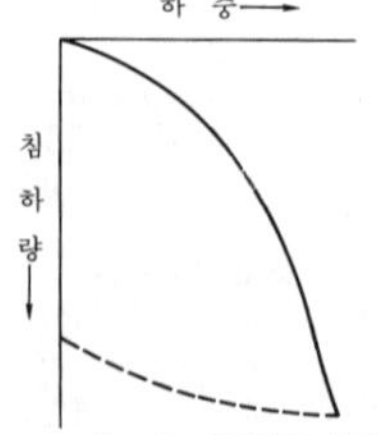

load strain product 항장곱(抗張－) 인장강도와 파단시의 신장의 곱. 재료의 파단에너지의 대용 특성으로서 물성의 비교에 사용한다. =tensile product

load system 부하 설비(負荷設備) 건축설비의 일부. 각종 에너지, 물질을 소비하여 환경 형성, 편의 지원 등을 하는 설비. 전기 설비에서는 조명 콘센트 설비, 동력설비 등, 공기 조화 설비에서는 공기 조화기, 위생 설비에서는 수전(水栓), 가스 설비에서는 가스 기구 등.

load test 재하 시험(載荷試驗), 하중 시험(荷重試驗) 지반에 정적인 하중을 가하여 지반의 지지력과 안정성을 살피기 위한 시험. 기초 지반에 하중을 가했을 때의 하중과 침하량의 관계를 측정하여 그 지반의 지내력을 추정하는 한 자료로 한다. → bearing capacity of soil

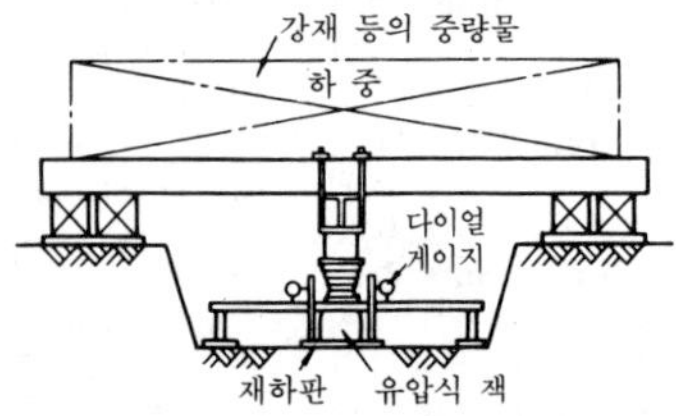

load test of pile 말뚝 재하 시험(－載荷試驗) 지중에 설치한 말뚝에 정하중을 가하여 하중과 침하량의 관계를 구하는 시험.

loam 롬 모래, 실트(silt : 모래와 찰흙의 중간 입경의 것), 찰흙을 거의 등분으로 포함한 것.

lobby 로비 건물의 출입구에 부속하여 방문자를 유도하는 역할을 하는 동시에 만남의 장으로도 쓰이는 넓은 방.

local area network 근거리 통신망(近距離通信網), 기업내 정보 통신망(企業內情報通信網) 한 건물 혹은 비교적 좁은 지역의 컴퓨터·단말기·전화·팩시밀리 등을 서로 연결하는 통신망. 공중 통신 회선을 쓰지 않고 동축 케이블이나 광섬유 케이블을 사용한 독자적인 통신 회선이다. =LAN

local buckling 국부 좌굴(局部座屈) 압축재가 국부적으로 변형하여 일으키는 현상을 말한다.

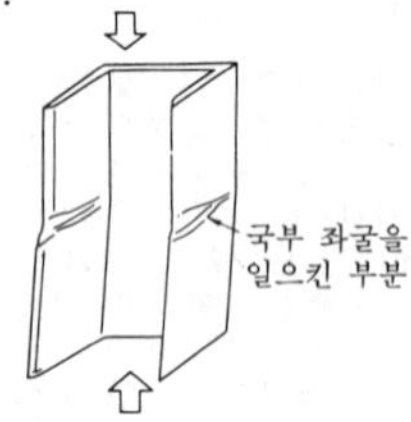

local collapse 국부 붕괴(局部崩壞) 구조골조가 그 부정정(不整定) 차수에 1을 더한 수보다 적은 소성 힌지의 형성에 의해 붕괴 기구에 이르는 것.

local collapse mechanism 국부 붕괴 기구(局部崩壞機構) 국부 붕괴에 의해 형성되는 붕괴 기구.

local compression 부분 압축(部分壓縮) 재(材)의 일부분만이 강하게 압축되는 것.

local contamination 국지 오염(局地汚染) 한정된 범위의 지역에 발생하는 오염. 발생원이 비교적 소규모이고 주변의 지형 또는 기상 조건에 따라 발생원의 주변에만 오염하는 상태. =localized pollution

local coordinate system 국부 좌표계(局部座標系) 요소나 부재 등의 응력·변형을 생각하기 위해 전체 좌표계와는 별도로 취한 좌표계로, 전체 좌표계와 좌표 변환 매트릭스로 이어진다.

local corrosion 국부 부식(局部腐蝕) 금속 표면의 국부에 집중하여 생기는 부식.

local distribution road 보조 간선 도로(補助幹線道路) 도로망상의 기능에 의한 도로 분류의 하나. 구획 도로를 통하여 지구에 발생 집중하는 교통을 수집하여 간선 도로와 연락하는 기능을 갖는 도로.

local energy system 로컬 에너지 시스템 각 지역에서 자연으로부터 얻어지는 태양열·풍력·수력·지열 등의 에너지를 이용하는 소규모의 에너지 시스템.

local failure 국부 파괴(局部破壞) 구조물이나 구조 부재의 일부만이 파괴하는 것.

local head loss 국부 압력 손실(局部壓力

損失) 관로 중의 국부 저항에 의한 압력 손실. →dynamic loss

local hot water supply 국부식 급탕법(局部式給湯法) 소형 급탕기에 의해 사용 개소마다 개별적으로 탕을 공급하는 방식. 열원으로서 가스·전기를 이용한 순간식·저탕식 가열기가 있으며, 소규모 주택에 적합하다.

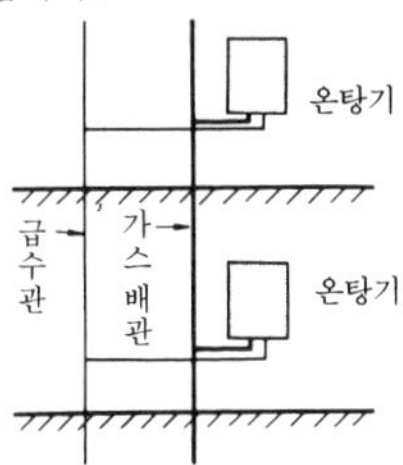

localization 정위(定位)[1], 방향감(方向感)[2] (1) 소리를 들었을 때 그 음원 위치가 감각적으로 특정할 수 있는 것.
(2) 음파가 도래하는 방향의 감각. 스테레오에 대표되듯이 물리적인 음파의 도래 방향과 감각적인 그것과는 반드시 일치하지 않는다.

localized lighting 국부 전반 조명(局部全般照明) 어떤 특정 위치, 예를 들면 특정한 시작업(視作業)이 행하여지고 있는 장소를 그 공간의 전반 조명보다 고조도로 되도록 전반을 포함해서 설계된 조명.

localized pollution 국지 오염(局地汚染) =local contamination

local lighting 국부 조명(局部照明) 전반 조명으로 충분한 밝기가 얻어지지 않을 때 부근을 밝게 하는 조명 방식. 스탠드 등도 사용된다. →lighting system

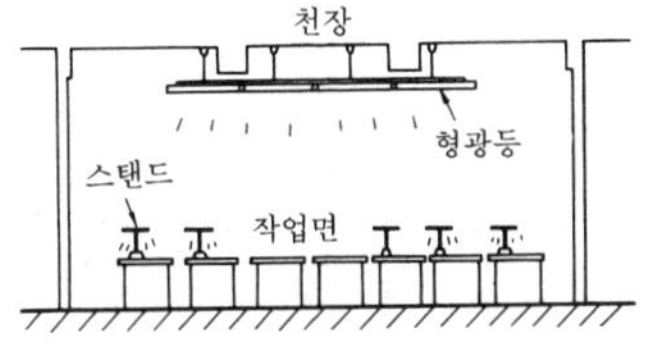

local mean time 지방 평균시(地方平均時) 그리니지 이외 지점의 자오선을 기준으로 하여 정한 어느 지점의 평균 태양시.

local response 국부 응답(局部應答) 옥상 돌출물이나 2차 부재 등이 건물 전체로서의 진동계와 별도로 국부적인 진동계를 구성하고, 그 부분만 심하게 흔들릴 때의 응답. 플로어의 가속도에 다시 국부 응답 배율이 걸린 것이 국부 수평 진도가 된다.

local seismic coefficient 국부 진도(局部震度) 옥상에서 돌출하는 수조 등이나 설비 기기 등에 대한 지진력을 구하기 위해 그 부분의 중량에 곱하는 계수. 장대(長大)한 보나 처마 등 상하 방향에 대해서도 생각하는 경우가 있다.

local stress 국부 응력(局部應力) 구조물이나 부재의 어느 부분만 응력이 높아지고 있는 것. 예를 들면 부재의 교차부, 단면의 결손부, 집중력의 작용점 등에 생기기 쉽다.

local ventilation 국부 통기(局部通氣), 국부 환기(局部換氣) 작업 때문에 실내에서 국부적으로 발생하는 먼지, 유해 가스, 냄새, 수증기 등이 실내에 비산하기 전에 이들의 유해물을 배제하기 위한 단락 통기를 말한다. 국부 배기와 같은 뜻으로 쓰인다.

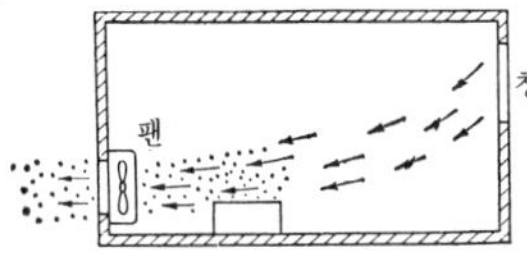

local wind 국지 바람(局地－), 국지풍(局地風) 국지적인 지형의 특징에 의하여 발생하는 바람. 비교적 한정된 풍향의 바람이 되는 일이 많다.

local wind pressure 국부 풍압(局部風壓) 지붕면의 주위(처마·박공단)나 벽면의 모서리 부분에서 국부적으로 증가하는 풍압. 이들 부분에 대해서는 풍압 계수를 증가시켜 설계하도록 정해져 있다.

local wind pressure coefficient 국부 풍압 계수(局部風壓係數) 국부 풍압에 대한 풍압 계수를 말한다. 내풍 설계에서는 외장 마감재용 풍하중의 산정에 있어서 중요한 계수이다.

location 입지(立地) 생산 시설, 상업 시설이나 주택 등을 세우는 토지의 위치에 관한 자원, 시장, 교통, 기후, 노동력 등의 여러 조건.

locational conditions 입지 조건(立地條件) 건물·부지의 장소에 따라서 규정되는 조건. 좁은 뜻으로는 부지 그 자체가 아니고 외적 환경의 사회적, 교통적 조건 등을 말한다.

locational equilibrium 입지 균형(立地均衡) 입지 경쟁 모델에서 경쟁 주체가 각각 입지를 바꾸어도 이윤이 증가하지 않기 때문에 입지를 변경하는 동기가 없는 상태를 말한다.

locational triangle 입지 3각형(立地三角

形) 웨버(W. P. Weber)의 입지 이론에서 2원료지, 1시장이 3각형의 꼭지점으로 주어졌을 때 1공장의 최적 입지점을 구하는 데 사용하는 3각형.

location deviation 건립 편차(建立偏差) 부재를 조립할 때의 시공상의 오차.

location-holding system 위치 유지 시스템(位置維持－) 해양 구조물에서 언제나 자기 위치를 측정하여 허용 한도 이내로 되돌리기 위한 시스템.

location map 안내도(案內圖) 부지의 위치와 주위의 상황을 나타내는 그림. 보통, 방위, 도로, 표적이 되는 주위의 시설 등을 기입한다. ＝vicinity plan

location theory 입지(이)론(立地(理)論) 세대(世帶)나 기업 등의 입지 선택을 자원, 수송, 지가(地價) 등을 변수로 하여 몇 가지 가정에서 연역적으로 설명하는 이론 체계.

lock 자물쇠 창호나 서랍 등에 설치하여 개폐를 불가능하게 하기 위한 철물.

locker 로커 자물쇠가 달린 개인의 의복 기타 소지품을 넣는 장(목제와 금속제가 있다)을 말한다. 로커를 비치한 방을 로커실 또는 로커 룸이라 한다.

locker room 로커실(－室) →locker

locking bar 문빗장 쌍여닫이용 문을 여닫는 빗장.

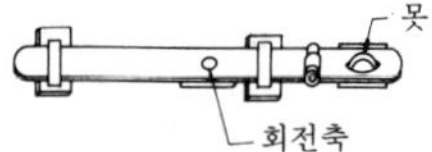

locking bolt 체결 볼트(締結－) 일반적으로 체결에 사용하는 볼트. 거푸집 조립용의 볼트 등을 특히 말하기도 한다. ＝clamped bolt

locknut 로크너트 전선 배관 공사 등에서 전선관을 박스에 접속, 고정하기 위한 강철제 혹은 가단 주철제(可鍛鑄鐵製)의 너트를 말한다.

lock nut joint 로크 너트 접합(－接合) 나사 가공한 철근의 접합 방법. 커플러 및 너트를 철근에 박아 넣어서 접합한다.

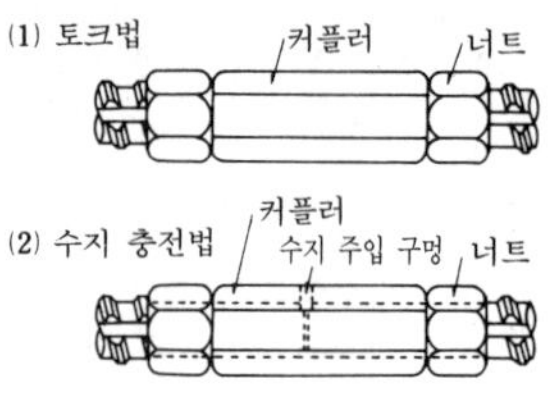

locus 궤적(軌跡) ＝orbit

lodge 로지 산 등에 세워진 간이 숙박 시설을 말한다.

lodging 로징 사람에게 방을 빌려주는 것, 이른바 셋방.

lodging facilities 숙박 시설(宿泊施設) 일시적인 숙박을 위한 시설이 총칭. 호텔, 여관, 펜션, 모텔, 유스호스텔 등.

lodging household 동거 세대(同居世帶) 한 주택에 2세대 이상이 거주하고 있는 경우의 주세대가 아닌 세대. ＝sharing household

lodgings 숙사(宿舍) 숙박하기 위한 건물 또는 직원 등이 거주하기 위해 세우지는 건물. 공공적 또는 비영리적 목적인 경우가 많다.

loft-building 고층 건축물(高層建築物) ＝high building

loft business 로프트 비즈니스 공장이나 창고를 개조하지 않고 그대로 다른 업종의 장사에게 빌려 주는 것. 화랑이나 디스코, 레스토랑에 이용되고 있다.

log 원목(原木), 통나무 벌채된 채로 제재되지 않은 목재. ＝raw log

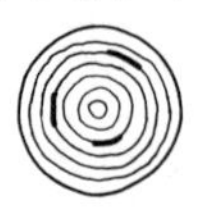
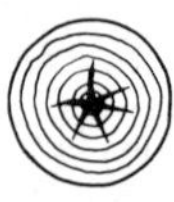

갈림 중심 갈림 바깥쪽 갈림

logarithmic decrement 대수 감쇠율(對數減衰率) 진동 감쇠의 지표의 하나. 감쇠 파형의 인접하는 진폭 최대값을 x_n, x_{n+1}로 했을 때

$$\delta = \log \frac{x_n}{x_{n+1}}$$

로 정의된다. 감쇠 상수를 h로 하면

$$\delta = \frac{2\pi h}{\sqrt{1-h^2}}$$

logarithmic mean enthalpy difference 대수 평균 엔탈피차(對數平均－差) 대수 평균 온도차에서 온도 대신 엔탈피를 사용한 것. 열교환기의 설계에 쓰인다. 대수 평균 엔탈피차를 MED로 나타내면

$$\mathrm{MED} = (\varDelta i_1 - \varDelta i_2)/\ln(\varDelta i_1 - \varDelta i_2)$$

여기서, $\varDelta i_1$: 유체 입구측의 엔탈피차, $\varDelta i_2$: 유체 출구측의 엔탈피차. ＝MED

loggia 로지아 한쪽에 벽이 없는 복도 모양의 방으로, 복도가 되기도 한다. 이탈리아 건축에 볼 수 있다.

log house 방틀집[1], 귀틀벽 창고(－壁倉庫)[2] (1) 통나무를 쌓아서 건물을 만드는 방법 또는 그 구조 형식.

(2) 벽면을 다각형 단면의 재료로 겹쳐 쌓아서 만든 창고.

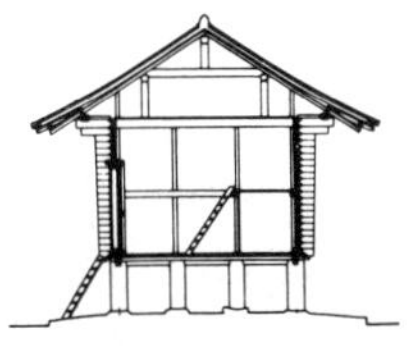

단면도

logistic curb 로지스틱 커브 변화의 법칙 중 현상의 값과 상한값과의 차의 곱에 비례하여 증가하는 커브로, 일반적으로는 인구 증가 등의 성장 현상을 나타내는 것으로서 알려져 있다.

logistics 로지스틱스 시스템의 수명 기간을 통한 필요 비용을 최소로 하는 동시에 성능을 최적화하기 위한 일련의 작업.

log scaffolding 통나무 비계(－飛階) 통나무를 짜서 만든 비계.

log *t* method 로그 *t* 법(－法) 캐서그랜드(A. Cassagrande)의 제안에 의한 압밀 시험을 할 때의 압밀도와 시간의 관계를 구하는 방법. →root *t* method

long-age strenth of concrete 장기 강도(長期强度) 콘크리트의 재령(材齡) 4주 이후의 강도.

long aluminium plate 장척 알루미늄판(長尺－板) 코일 모양으로 감긴 장척의 알루미늄 박판.

long column 장주(長柱) 단면에 비해 길이가 비교적 긴 압축재로, 단면 내의 압축 응력도가 재료의 비례 한도 이하에서 좌굴하는 압축재. 이 경우의 좌굴 강도는 재료의 영 계수에만 관계하고 세기와는 관계가 없다. 일반적으로 세장비(細長比)가 100 이상의 영역을 장주라 한다.

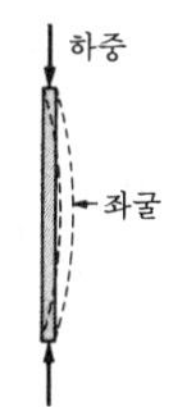

longitudinal crack 세로 균열(－龜裂) 용접 비드 상에 용접선의 방향으로 생기는 균열.

longitudinal direction 도리간수 ① 지붕보에 직각인 방향. 장방형 평면 건물의 긴 쪽 방향을 말하기도 한다. ② 도리를 받치는 양단 기둥의 심심 치수.

longitudinal displacement 면내 변위(面內變位) ＝in-plane displacement

longitudinal force 세로 방향력(－方向力) 절판(折板)이나 셸의 긴쪽 방향, 또는 모선 방향으로 생기는 힘으로, 일반적으로는 단위 폭당으로 표시된다.

longitudinal reinforcement 주근(主筋) 철근 콘크리트 구조에서 부재의 축방향으로 배치하는 철근. 축방향력과 휨 모멘트에 대하여 저항한다. ＝main reinforcement

longitudinal section 종단면도(縱斷面圖) 공작물의 길이 방향으로 절단한 단면도.

longitudinal stiffner 세로 보강재(－補剛材) 재축(材軸) 방향으로 설치되며, 판의 국부 좌굴을 방지하기 위한 보강재.

longitudinal strain 세로 변형(－變形) 부재에 수직 하중이 작용할 때 생기는 축방향의 변형. 인장 변형, 압축 변형이 있다.

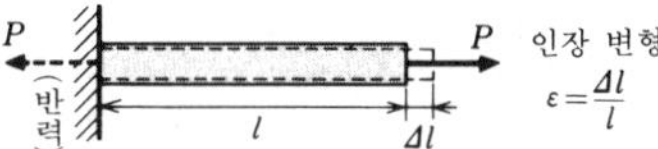

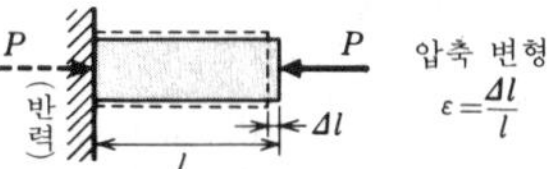

longitudinal vibration 세로 진동(－振動) ① 탄성 진동의 일종. 막대 모양의 물체에서 각 점이 재축(材軸) 방향으로 변위하는 진동. 즉 재축 방향으로 변위를 발생하는 진동. ② 종파(縱波 : 소밀파)가 발생하고 있는 매질 중의 입자의 진동.

longitudinal wave 종파(縱波) 매질 중 각 점의 입자의 변위 방향이 전파(傳播) 방향과 일치하는 파. 공기 중을 전하는 음파는 이 종파(소밀파)이다.

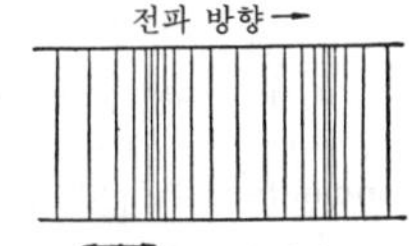

long lift 롱 리프트 공사 현장에서 장척물이나 대형 자재 등을 상하 운반하기 위한 기계. 틀비계에 2개의 가이드 레일을 설치하여 짐받이를 승강시킨다.

long line method 롱 라인법(－法) 프리텐션 공법의 대표적인 공법. 어벗(abut)

간에 PC강재를 긴장 배치하여 그 사이에 거푸집을 여러 개 두고, 타설 후에 긴장력을 해제하여 프리스트레스를 도입해서 동시에 많은 PC부재를 제작하는 방법.

long pitch corrugated asbestos cement slate 큰골판(一板) 골이 진 석면 슬레이트의 일종으로, 골의 피치에 따라 큰골판과 작은골판이 있다.

long shell 롱 셸 셸의 횡단 방향보다 모선 방향의 길이가 상당히 긴 셸 형식으로, 모선 방향에 걸쳐진 보와 비슷한 작용이 강한 셸.

long term heat storage 장기 축열(長期蓄熱) 여름에서 가을의 태양열을 집열하여 이것을 겨울의 열수요에 대비하여 대량으로 땅 속 등에 장기간 저장하는 것. 여름철의 냉열용(冷熱用)으로 눈을 저장하는 방식도 있다.

long-term repair program 장기 수선 계획(長期修繕計劃) 건물의 기획 · 계획 단계 혹은 공여 개시시에 있어서의 건물 내용 연수 내의 건물 각 부분의 수선 주기나 개산(概算) 공사비의 장기적인 계획. 기술적 자료이지만 건물의 관리 지침의 책정이나 생애 비용 검토의 지원 자료로서 유효하다.

long time loading 장기 하중(長期荷重) 장기간 구조물에 작용하는 하중.

장기 하중	=	고정 하중	+	적재 하중	+	적설 하중

다설 지방 이외의 지방은 고려하지 않음

loop 루프 정상파에서 음압 또는 입자 속도의 진폭이 최대가 되는 곳. 이것은 점, 선, 면인 경우가 있다. ＝antinode → node

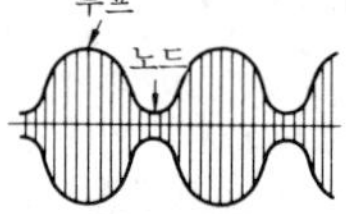

loop bar 루프 바 끝에 고리 모양의 가공을 한 인장재.

loop dynamometer 루프 다이너모미터 ＝ proving ring

loop expansion joint 루프형 신축 이음 (一伸縮一) ＝bend type expansion joint

loop piping 루프식 배관(一式配管) ① 고리 모양으로 된 배관. ② 벤드형 신축 이음을 사용한 배관.

loose joint 루스 조인트 부재와 부재간, 구조물과 구조물간 등에 의식적으로 두는 여유의 클리어런스를 갖는 접합부. 지진시의 층간 변위의 흡수나 부재의 낙하 방지 등에 사용하기도 한다.

loose knot 옹이 구멍 목재의 옹이가 빠져서 생긴 구멍.

loose laying method 절연 공법(絶緣工法) 바탕 균열이나 패널 접합부의 움직임에 의한 방수층의 파단을 방지하기 위해 방수층을 바탕의 대부분과 접착시키지 않는 공법. 부풀음 방지 효과도 있다. → partially bonding method

loss 손실(損失) ① 공학적으로는 입력과 출력의 차. 혹은 에너지를 잃는 것.
② 시공 과정에서 부득이 발생하는 재료 등의 손실이나 낭비. 레미콘의 넘침이나 철근의 절단 낭비.

loss coefficient 형상 저항 계수(形狀抵抗係數), 형상 압력 손실 계수(形狀壓力損失係數) 관로 등 저항을 갖는 경로를 유체가 흐를 때 그 상류와 하류의 전압(全壓)의 차, 즉 압력 손실을 속도압에 비례하는 것으로 하여 나타내었을 때의 비례 상수 ζ.

$$\Delta P = \zeta \frac{\rho v^2}{2}$$

여기서, ΔP : 압력 손실, ρ : 밀도, ν : 평균 유속. ζ는 레이놀즈수에 따라 변화하는데, 실용상은 일정값을 쓰는 일이 많다.

loss coefficient of converging flow 합류 저항(合流抵抗) 형상 저항의 일종. 유체가 두 경로(관로)에서 합류할 때 생기는 압력 손실.

loss coefficient of pipe 관저항 계수(管抵抗係數) 관로의 유체가 흐르는 경우의 저항 계수를 말한다. 마찰 저항 계수와 형상 저항 계수가 있다.

loss factor 손실 계수(損失係數) 질점계 모델에 있어서의 계(系)의 고유 진동수 감쇠비 $\zeta=\gamma/\gamma_c$(γ_c : 계의 임계 감쇠 저항, γ : 실제의 제어 저항)의 2배의 값 2ζ(＝η n)를 말한다.

loss from mixing 혼합 손실(混合損失) 실내나 공기 조화 장치 내에서 냉풍과 온풍, 혹은 냉수와 온수 등 냉매 매체와 가열 매체가 혼합하여 결과로서 에너지의 손실이 되는 것.

loss of head 손실 수두(損失水頭) 유체가 관이나 덕트 내를 흐를 때 관로의 형상, 관벽과의 마찰에 의해서 생기는 손실을 수두로 나타낸 것. 손실 수두는 다음 식으로 구해진다. 그림은 확대관의 손실 수두를 나타낸 것. 손실 수두는 다음 식으로

구한다. →head

$$\Delta P = \zeta \frac{\rho v^2}{2} \qquad \zeta: \text{국부 저항 계수}$$

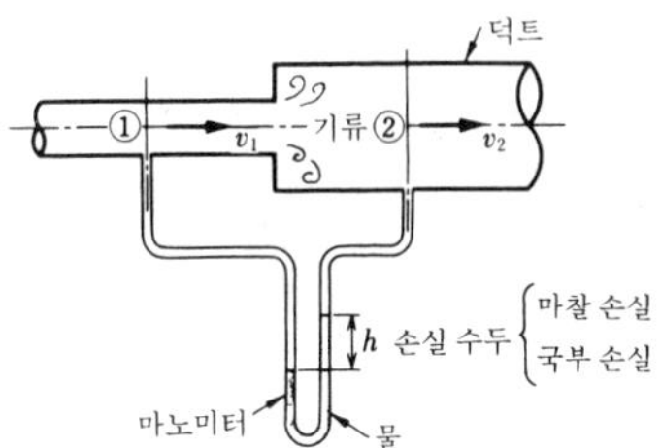

lot 필지(筆地)[1], 획지(劃地)[2] (1) 토지의 소유 단위. 토지에는 1필지마다 지번을 붙여 지목 및 지적을 정한다.
(2) 건축 부지로서 구획된 한 획지를 의미한다. 일반적으로는 아직 부지라는 밀이 이 의미로 쓰이는 일이 많다. 획지가 모여서 도로에 감싸인 일련의 건축 부지를 블록이라 한다.

lot area 대지 면적(垈地面積) 대지의 수평 투영 면적. 단, 도로로 간주되는 부분은 고려되지 않는다. 또 전면 도로의 중심선까지의 부분을 포함해서 말하는 경우가 있다. 이 경우 전자를 net area, 후자를 gross area라고 구별한다. =site area

loudness level of sound 음의 크기 레벨(音−) 모든 음은 그 물리적인 세기의 레벨과는 관계가 없고 정상적인 청각을 가진 사람에게 1,000Hz의 정현파로 그 세기의 레벨이 A dB의 음과 같은 크기로 들리는 경우에는 그것을 A폰의 크기의 레벨음이라 한다.

loudness of sound 음의 크기(音−) 정상인의 청각으로 느끼는 음의 대소의 정도를 말한다. 따라서 물리적인 강약과는 다르다. 단위는 손(sone).

loudspeaker 스피커, 확성기(擴聲器) 전기계에서 음향계로 에너지를 변환하는 변환기로, 여기에 흘린 전류와 같은 파형의 음을 발생하도록 설계되어 있다.

loudspeaker system 확성 설비(擴聲設備) 마이크로폰, 음성 증폭기, 스피커 및 배선으로 구성되며, 큰 음성 출력을 내는 시스템. 음성 방송 설비의 일종이기도 하다.

Louis XIV style 루이 14세 양식(−十四世樣式) 17세기에 프랑스 루이 14세의 시대에 발달한 바로크 양식. 부르봉 왕조의 권위를 나타내기 위해 가구는 크고 호화롭다. 금도금이나 상감(象嵌)이 특징이며, 베르사이유 궁전이 대표적이다.

Louis XV style 루이 15세 양식(−十五世樣式) 17세기 후반에 바로크 양식에 이어서 로코코 양식이 생겨나, 변화 무쌍한 곡선을 중시한, 우아하고 유려한 로코코풍의 가구를 당시의 왕 이름을 따서 루이 15세 양식이라 한다.

Louis XVI style 루이 16세 양식(−十六世樣式) 18세기 후반에 고대 그리스·로마 양식으로의 회기로서 신고전 주의가 생겨났다. 직선적이고 끝이 가는 형이 특징이며, 그리스 건축의 코린트식의 주형(柱形)이나 월계수의 잎 등이 디자인에 사용되었다.

launge 라운지 호텔·극장 등의 담화실.

launge chair 라운지 체어 담화실이나 오락실에 두어지는 휴식용 의자.

louver 루버 ① 미늘판을 붙인 것. 고정식과 개폐식이 있다. 직사 광선이나 빗물을 방지하고 통풍, 환기를 목적으로 한다. 문, 난간, 공기 도입구, 공기 배기구, 흡입구 등에 사용한다.

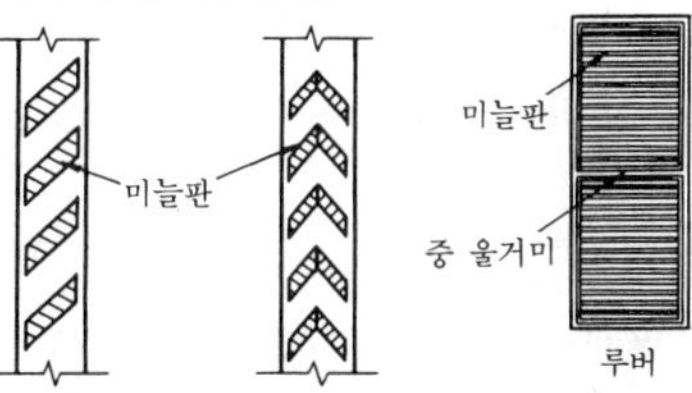

② 광원으로부터 수평 방향으로 나오는 직사광을 차단하여 눈부심을 방지하기 위해 사용하는 일종의 차광기.

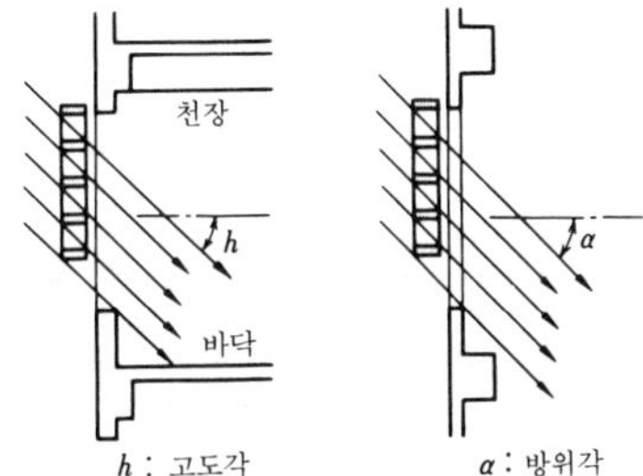

louver boards 루버 =louver②

louver door 루버 도어, 미늘문(−門) 미늘판(차광을 위해 판을 붙인 것)을 붙인 문으로, 비를 막고, 통풍을 좋게 한다.

louver eaves 루버 차양(−遮陽) 루버를 내장한 차양, 혹은 루버를 차양으로 사용하는 것.

louvered ceiling lighting 루버 천장 조명

(－天障照明) 천장 전면에 루버를 붙이고, 그 상부에 광원을 설치한 조명 방식.

lovatory door bolt 문자 자물쇠(文字－) 문의 개폐에 의해 문자가 표시되도록 되어 있는 문단속 철물.

love chair 러브 체어 커플로 사용하는 2인용의 긴 의자.

Love's hypothesis 러브의 가정(－假定) 평판과 곡판의 응력 해석에 있어서 면에 수직 방향의 변형과 응력은 면내 방향의 변형 및 응력에 비해 충분히 작아 무시할 수 있다고 하는 근사 가정.

Love wave 러브파(－波) 표면파의 일종. 전파 방향으로 직각인 수평 변위를 갖는 진동으로, 표층의 S파의 속도가 아래층의 S파의 속도보다 작은 경우에 발생한다.

low alkali cement 저 알칼리형 시멘트(低－形－) 콘크리트의 내구성을 잃는 알칼리 골재 반응을 예방하기 위해 알칼리 함유량($Na_2O + 0.658K_2O$)을 0.6% 이하로 한 시멘트.

low board 로 보드 창 밑 등에 두어지는 높이가 낮은 식기장, 장식장.

low calorific power 저위 발열량(低位發熱量) 수소 또는 수분을 포함하는 가연물을 연소시킨 경우의 발열량에서 열로서 이용할 수 없는 수분의 증발 잠열을 뺀 유효 발열량.

low climate 냉습(冷濕) 기온과 습도에서 본 기후 특성의 하나. 습도가 높고 기온이 낮은 상태. 습하고 춥다. 유럽의 겨울이 이에 가깝다.

low cost house 저가 주택(低價住宅) 일정한 주택 수준을 확보하면서 건축 단가를 가능한 한 줄여서 설계된 주택의 총칭.

low cycle fatigue 저 사이클 피로(低－疲勞) 피로 현상 중 하중의 반복 횟수가 $10 \sim 10^4$회 정도 이하의 피로 현상.

low-density fiberboard 연질 섬유판(軟質纖維板) ＝insulation fiberboard

low density polyethylene 저밀도 폴리에틸렌(低密度－) 결정화도가 낮은 저밀도의 폴리에틸렌. 투명도는 비교적 높고, 필름이나 시트 등으로서 이용하는 범용 플라스틱.

low density residential area 저밀도 주택지(低密度住宅地) 비교적 대규모한 부지를 갖는 독립 주택이 배치된 주택지. 일반적으로 대체로 100인/ha 이하의 총인구 밀도를 갖는다.

lower chord 하현재(下弦材) 트러스나 트러스보의 아래쪽 현재(弦材)로, 연직 하중 시에는 일반적으로 인장재로 된다. ＝bottom chord

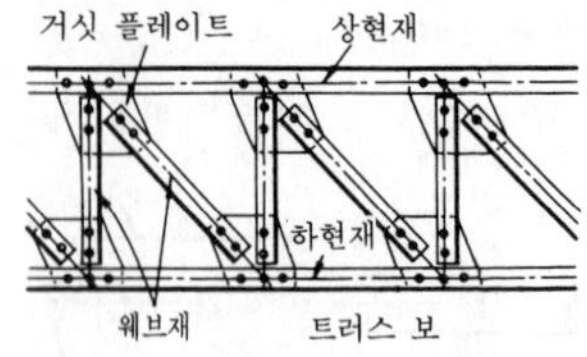

lower limit 최소 허용 치수(最小許容－數) 어떤 부분의 크기로 실측했을 때 허용되는 최소의 치수.

lower limit method 최저 제한 가격 방식(最低制限價格方式) 입찰에 있어서 최저 가격의 응찰자를 낙찰자로 하지만, 예정 가격보다 어떤 폭 이상으로 밑도는 응찰자는 무효로 하는 방식.

lower structure 하부 구조(下部構造) ＝base structure

lower yield point 하항복점(下降伏點) 연강 등과 같은 금속 재료의 인장 시험에서 인장 응력과 변형의 관계가 비례 관계를 나타내지 않게 되는 점 중 상항복점에서 갑자기 응력이 하강한 점을 말한다. →upper yield point

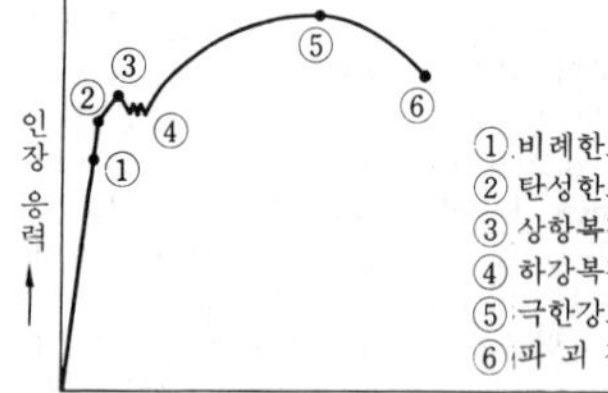

lowest bid price method 최저 낙찰 방식(最低落札方式) 경쟁 입찰에 있어서 최저 가격의 응찰자를 낙찰자로 하는 방식.

lowest floor 최하층(最下層) ＝bottom floor

low frequency vibration 저주파 진동(低周波振動) 낮은 주파수 영역에서의 구조물의 진동.

low-frequency vibration meter 공해(용) 진동계(公害(用)振動計) 공해 진동의 진동 레벨을 측정하기 위해 사용하는 기기. 1～90Hz에 걸치는 진동 감각 보정 회로를 통해서 진동이 측정된다. ＝vibration level meter

low grade concrete 간이 콘크리트(簡易－) 목조 건축물의 기초나 경미한 구조물에 사용하는 콘크리트. 강도 등의 품질이 특히 뛰어나지 않아도 된다. →high grade concrete

low-heat cement 저열 시멘트(低熱－) 수화열이 낮은 시멘트(보통 포틀랜드 시멘트보다 대체로 25~30% 낮다). 댐 공사 등에 사용된다.

low hydrogen type electrode 저수소계 용접봉(低水素系鎔接棒) 피복제 속에 유기물 등의 수소원을 포함하지 않고, 탄산석회나 불화 칼슘을 주성분으로 하여 용접 금속의 수소를 현저하게 낮춘 용접봉을 말한다. 강력한 탈산 작용을 가지며 산소량도 적어지므로 인성(靭性)이 뛰어나고, 균열 감수성도 낮다. 후판(厚板)의 초층 용접, 구속이 큰 부분의 용접, 저온 균열 방지 등에 사용한다.

low magnetic steel 저자성강(低磁性鋼) 비자성강이라고도 한다. 자기적 성질이 매우 적은 강. Mn-Ni강, Mn-Ni-Cr강, 18-8스테인리스강 등이 이 종류의 강이다. 구조체 중의 강재에 생기는 자계 또는 전자 유도를 피하기 위해 사용한다.

low pass filter 저역 필터(低域－) 어떤 주파수(차단 주파수) 이하의 주파수의 신호만을 통과시키는 필터.

low pressure boiler 저압 보일러(低壓－) 상용 압력 1kg/cm^2 이하이고, 전열 면적 1m^2 이하인 보일러. →boiler

low pressure concrete 감압 콘크리트(減壓－) 비빈 콘크리트를 밀폐 용기 속에 넣고, 펌프로 감압하여 콘크리트 속의 기포를 팽창시켜서 만드는 다공질 콘크리트를 말한다.

low-pressure gas 저압 가스(低壓－) 게이지 압력 1kg/cm^2 미만의 가스. →gauge pressure

low pressure mercury vapor lamp 저압 수은등(低壓水銀燈), 저압 수은 램프(低壓水銀－) 약 1.3Pa의 수은 증기압의 방전관 중에서의 방전에 의해 생기는 광원을 이용하는 램프. 살균, 광화학 반응 등의 용도에 쓰인다.

low pressure sodium vapor lamp 저압 나트륨 램프(低壓－) 발광관의 내부에 봉해 넣은 저압 나트륨 가스 중의 방전에 의한 발광을 광원으로 이용한 램프. 나트륨 고유의 589.0/589.6mm 파장(황색)의 빛만이 발광된다.

low pressure steam heating 저압 증기 난방(低壓蒸氣煖房) 사용하는 증기의 압력이 비교적 낮은 증기 난방 방식을 말한다. 보통, 공급 증기 압력이 게이지압 0.10~0.35kgf/cm^{2}의 저압 증기가 쓰인다. 고압 증기 난방과 비교해서 안전한 동시에 방열기 표면 온도가 낮기 때문에 쾌적성이 뛰어나다.

low-rise 저층(低層) ＝few stories

low-rise flat [apartment house] 저층 공동 주택(低層共同住宅) ＝dwelling of few stories

low-rise house 저층 주택(低層住宅) ＝dwelling of few stories

low-rise housing area 저층 주택지(低層住宅地) 2~3층 이하의 주택을 주체로 하여 구성되어 있는 주택지.

low storied building 저층 건축물(低層建築物) 층수가 적은 건축물. 일반적으로 1~2층 정도 이하의 건축물을 말한다.

low tank 로 탱크 변기의 세정 용수를 담아 두는 탱크. 변기에 직결 또는 변기와 가까운 벽에 설치된다.

low temperature brittleness 저온 취성(低溫脆性) 강재 또는 용접부가 저온이 되면 물러지는 성질. 특히 새김눈이 있으면 취성 파괴가 일어나기 쉽다. 극한지용의 저온용 강재가 개발되고 있다.

low velocity duct 저속 덕트(低速－) 메인 덕트의 풍속이 15m/s 이하가 되도록 설계되어 있는 공기 조화·환기용 덕트.

low velocity duct system 저속 덕트 방식(低速－方式) 공기 조화·환기용으로 저속 덕트를 사용하는 방식.

L-shaped retaining wall L형 옹벽(－形擁壁) 옹벽의 기초 슬래브를 전면에 내지 않고 배면에만 둔 형식의 항토압 구조물. 부지 경계선 전체에 옹벽을 둘 때에 사용한다.

L-shaped staircase L형 계단(－形階段) 도중에서 직각으로 꺾인 계단. 이 꺾인 부분이 계단참으로 되어 있는 것이 많다.

Luder's line 류더선(－線) 강재의 인장 파단면에서 시험편(試驗片)의 축선(軸線)과 약 45도의 기울기를 갖는 미끄럼면에서 특유한 모양이 발생한다. 이 미끄럼의 모양 또는 미끄럼면과 표면과의 만난선을 가리켜 류더선이라 한다. 부재의 파괴 원인을 파면(破面)에서 추정할 때 이용된다.

lumber 목재(木材) 구조재, 조작재, 가구재로서 사용되는 주요한 건축 재료. ＝wood, timber

lumber core plywood 럼버 코어 합판(－合板) 두께 1cm 이상의 작은 각재와 덧판을 심재로 사용한 특수 합판. 보통의 합판보다 판두께가 두꺼우며, 도어나 가구·칸막이 등에 사용된다.

lumber core veneer 럼버 코어 합판(－合板) ＝lumber core plywood

lumbering 제재(製材) 벌채한 통나무에서 각재, 판 등을 생산하는 것. ＝lumber sawing

lumber sawing 제재(製材) 통나무를 톱으로 판재, 각재 등으로 켜서 생산하는 것. 또 판재, 각재를 다시 가공하는 것을 목재 가공이라 하고, 소재에서 소요 치수의 목재를 제재하는 것을 마름질이라 한다. =sawing lumber, lumbering

lumen 루멘 광속(光束)의 단위. 1cd(candela)의 광도를 갖는 등방성의 점광원에서 단위 입체각 내에 방사되는 광속을 말한다. 혹은 1cd의 광도를 갖는 등방성 점광원에서 방사되는 전광속의 $1/4\pi$의 광속. 기호 lm.

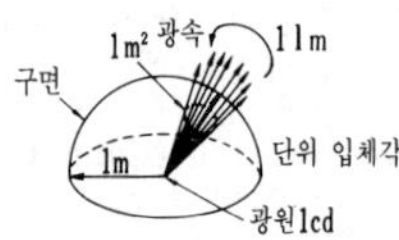

lumen method 광속법(光束法) 실내의 전등 조명 계산의 한 방법. 다음 식에서 전등 1개가 발하는 소요 광속 F(lm)을 구하고, 작업면이 필요한 평균 조도가 되도록 전등수, 배치 등의 설계를 하는 법.

$$F = AED/UN$$

단, A : 작업 면적, E : 소요 조도, U : 조명 기구의 이용률(조명률), N : 전등의 수, D : 감광 보상률(1.3~1.5). 이 방법은 Harrison과 Anderson(1920)의 제창으로 널리 일반화되었다. =flux method

lumen per square meter 루멘 매평방 미터(-每平方-) 광속 발산도의 단위(lm/m^2). 종래 관용적으로 쓰이고 있는 라도룩스는 SI단위계에서는 사용하지 않는다($1\ lm/m^2 = 1\ rlx$).

luminaire 조명 기구(照明器具) 광원을 장치한 조명용의 기구. =lighting fixture

luminaire efficiency 기구 효율(器具效率) =light output ratio of a fitting

luminaire for emergency exit sign 유도등(誘導燈) =leading light

luminance 휘도(輝度) 어느 면을 어느 방향에서 보았을 때의 발산 광속. 단위는 lm/m^2sr 또는 cd/m^2(sr은 단위 입체각으로, 스테라디안이라 읽는다).

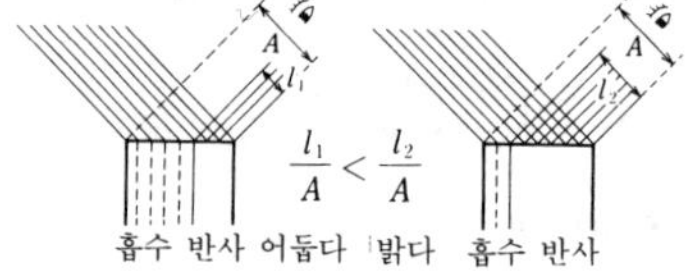

luminance contrast 휘도 대비(輝度對比) 보려고 하는 물체와 그와 인접하는 물체의 휘도 또는 광속 발산도를 B_1, B_2로 하고, 이들 차이의 정도를 그 비, 차 등으로 나타낸 것을 말한다. B_1/B_2를 luminance difference, $(B_1-B_2)/B$를 relative luminance difference라 한다. B는 B_1 또는 B_2 혹은 $(B_1+B_2)/2$로 한다. =brightness contrast

luminance distribution 휘도 분포(輝度分布) ① 1차 광원(전등빛, 면광원 등)의 휘도의 분포. ② 1차 및 2차 광원(반사광 등)의 휘도의 분포. 실내나 야외에서 시야 내의 물체(창·벽·바닥·천장·전등빛이나 천공·수목·하천 등)의 휘도 분포가 현저하게 고르지 않게 되면 휘도 대비가 커져서 목적물을 잘 볼 수 없게 되고 시력이 저하하여 눈이 피로한다. =brightness distribution, distribution of brightness

luminance factor 휘도율(輝度率) 물체 표면의 반사 지향 특성의 한 표현. 특정한 입사 조건에 있어서의 특정한 방향의 휘도와 같은 입사 조건에서의 완전 확산 반사면의 휘도의 비.

luminance meter 휘도계(輝度計) 휘도를 측정하기 위한 계기.

luminance ratio 휘도비(輝度比) 휘도 대비를 정하는 한 벙밥으로, 보려고 하는 물체와 그와 인접하는 배경의 휘도 또는 광속 발산도를 B_1, B_2로 하고, B_2/B_1 또는 B_1/B_2를 휘도비라 한다. 같은 색에서는 B_2/B_1이 1/2 정도보다 강해지면 휘도의 차이가 곧 눈으로 인식된다. 대체로 이 비가 클수록 잘 보인다. =brightness ratio

luminescence 루미네선스 물질이 빛, 열, 자외선, X선 등의 방사선, 화학적 자극, 기계적 자극을 받아서 온도 복사와는 다른 형광을 발하는 현상. 발광에 고열을 수반하지 않기 때문에 냉광(冷光)이라고 하는 경우가 있다. 발광의 특성은 물질과 자극 에너지와의 종류에 따라 다르다. → fluorescent substance

luminosity 밝기 시감각에 의한 명암의 정도. 휘도, 광도 등을 흔히 밝기라고 하는 일이 있지만 원래 이들은 물리적인 측광량이며, 밝기는 심리적인 것이다. =subjective brightness

luminous ceiling 광천장(光天障) 천장의 전부 또는 대부분을 확산 투과성의 재료로 덮고, 그 위쪽에 많은 광원을 배열하는 조명 방식.

luminouse efficacy 발광 효율(發光效率) 입력 에너지량에 대한 발산 광속의 비율.

주광(晝光)의 발광 효율은 (조도/방사 조도) 등. 램프의 발광 효율은 (발산 광속/소비 전력) 등.

luminous efficacy of a light source 광원의 효율(光源-效率) 광원의 단위 소비 전력(W)이 발생 광속(lm)으로 바뀌는 비율을 광원의 효율이라 한다. 백열등에서 10~16(lm/W), 40W 형광 램프에서 50~80(lm/W), 400W 고압 수은 램프에서 50(lm/W), 400W 고압 메탈 핼라이드 램프에서 80(lm/W) 정도이다.

luminous efficiency 시감도(視感度) 1), 발광 효율(發光效率) 2) (1) 어떤 복사체에서 발하는 파장 λ의 복사속(輻射束) Φ_λ와 그에 의해서 생기는 광속 F_λ와의 비. 시감 효율, 복사의 광당량이라고도 한다. 파장 λ의 단색 복사일 때의 기호는 K_λ. 그러므로 $K_\lambda = F_\lambda / \Phi_\lambda$. 단위는 〔lm/W〕. 시감도는 판장, 복사속의 대소에 따라 다르며, 개인차가 있다. 정상적인 눈으로는 황록색($\lambda = 0.555\mu$)의 빛이 최대이고 최대 시감도는 $K_m = 680$lm/W이다.
(2) 어떤 복사체(광원)에서 발하는 전복사속 Φ(W)와 그에 의해서 생기는 전광속 F(lm)과의 비. 기호는 K 또는 ε.
$K = F/\Phi$ 〔lm/W〕
즉 발광 효율은 복사의 전파장에 대한 시감도이며, 단일 파장인 경우의 K를 시감도라 한다.

luminous emittance 광속 발산도(光速發散度) 광원면의 단위 면적당에서 발하는 광속 즉 어느 면에서 모든 방향으로 발산되는 광속의 면적 밀도를 말한다. 기호는 R 또는 H. 발광면의 1점 주위의 무한소의 화소 dS에서 발하는 광속을 dF라 하면 $R = dF/dS$. 면적 S일 때 평균 광속 발산도는 $R_a = F/S$. 이 경우 면적은 어느 방향에서 본 겉보기의 면적이 아니고 참 면적이다. 단위는 가도룩스, 라도포토, 아포스틸브(apostilb), 람베르트(lambert) 등이 쓰인다. 완전 확산면의 R과 휘도 B와의 사이에는 동일 단위일 때 $R = \pi B$의 관계가 있다. =luminous radiance

luminous environment 조명 환경(照明環境) 건축, 도시 등 모든 환경에서 생리적 및 심리적 효과에 관련하여 고려된 조명에 의해 만들어지는 환경.

luminous exitance 광속 발산도(光速發散度) 단위 면적당의 발산 광속(lm/m²). 단위로서 SI단위계에서는 루멘 매평방 미터를 쓰고, 라도룩스는 쓰지 않는다.

luminous flux 광속(光束) 광원의 에너지 방사속 중 인간이 빛으로서 느끼는 양. 단위 루멘(lm), 기호 F.

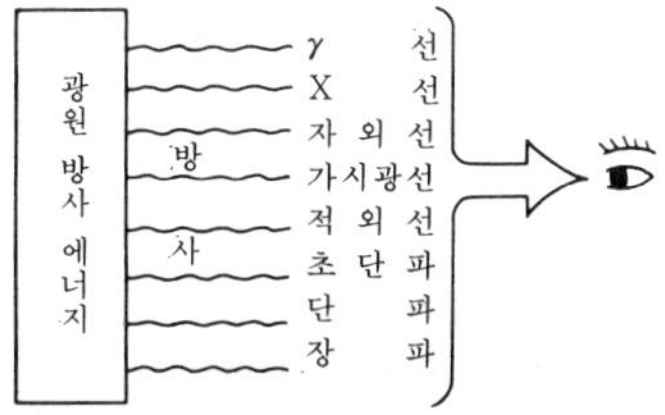

luminous intensity 광도(光度) 광원의 밝기의 정도. 단위는 칸델라(cd). 광원의 어느 방향의 광도란 그 방향에 있어서의 단위 입체각당의 광속을 말한다.

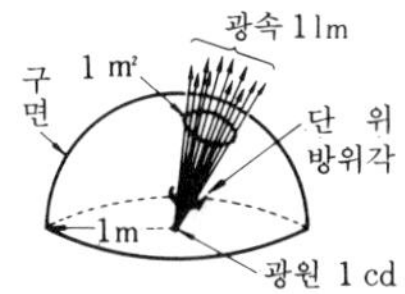

luminous intensity distribution 배광(配光) 광원 또는 조명 기구의 공간 내 방향의 함수로서 곡선 또는 표로서 나타낸 광도값. →luminous intensity distribution curve

luminous intensity distribution curve 배광 곡선(配光曲線) 광원 또는 조명 기구의 중심을 포함하는 어느 면 내의 광도를 방향의 함수로서 나타낸 곡선. 보통, 광원 등의 중심을 원점으로 하는 극좌표로 나타낸다. →luminous intensity distribution

luminous paint 야광 도료(夜光塗料) 빛을 발하는 형인광체(螢燐光體)를 휘발성 니스로 비비고, 발광 시간을 길게 하기 위해 방사성 물질(Ra, U 등)을 소량 더한 것. 게시판이나 광고, 야간의 표지 등에 사용된다.

luminous radiance 광속 발산도(光束發散度) 광원의 발광면·반사면·투과면에서 단위 면적당 발산하는 광속. 단위 라도룩스(rlx), 루멘 매평방 미터(lm /m²).

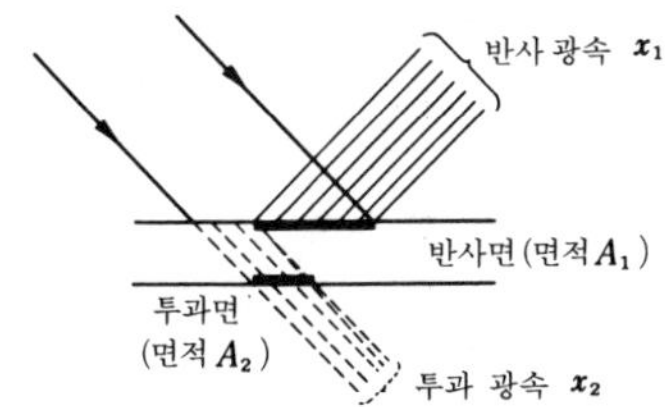

luminous reflectance 시감 반사율(視感反射率) ① 물체면에서 반사하는 광속과 물체면에 입사하는 광속과의 비. ② 특정한 측정 조건하에서 확산성의 시료면으로부터의 반사 광속과 완전 확산 반사면(산화 마그네슘의 표준 백색면 등)으로부터의 반사 광속과의 비. ＝luminous reflection factor

luminous reflection factor 시감 반사율(視感反射率) ＝luminous reflectance

lump sum contract 정액 청부(定額請負) 전공정을 청부하여 총공사비를 청부 금액으로서 계약을 맺는 방식.

lump sum ordering 일괄 발주(一括發注) 건축 공사, 설비 공사, 외구(옥외 정비) 공사 등을 분리하지 않고 묶어서 한 업자에게 공사를 발주하는 것.

luncheon mat 런천 매트 식탁에 사용되는 1인용 테이블 클로스. 식기, 글라스 등 밑에 까는 테이블 리넨의 일종.

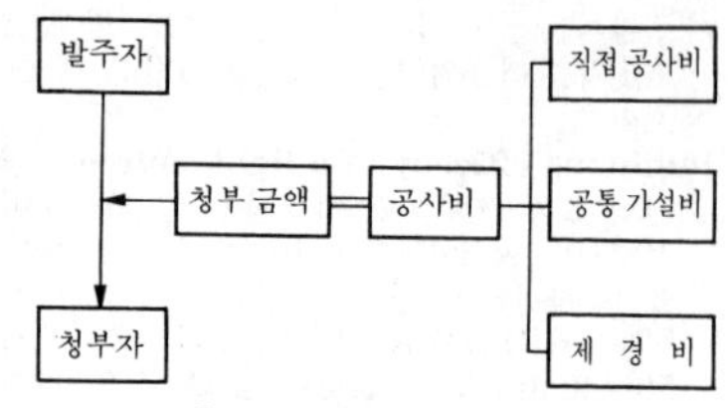

lump sum contract

lux 룩스 광원에 의해서 조사(照射)되는 면의 조도(照度)의 단위. 기호 lx. 1 lm의 광속이 균일하게 분포한 $1m^2$의 면의 조도는 1 lx이다. 혹은 1 cd의 점광원으로부터 1m 거리에서의 관측점과 광원을 잇는 선에 수직인 면에 있어서의 관측점의 법선 조도는 1 lx이다.

lying panel 가로판벽(－板壁) 가로로 붙여진 벽널.

MAC 멀티 액티비티 차트 =multi activity chart

macadamization 머캐덤 공법(-工法) 포장 노반 조성법의 하나로, 머캐덤 롤러로 전압(轉壓)하면서 마감해 가는 공법.

Macadam roller 머캐덤 롤러 노반 등을 중압하기 위한 기계. 앞바퀴 1개 뒷바퀴 2개의 롤러를 갖는다. 중량은 6, 8, 10톤 등. 전압폭(轉壓幅)은 1.5~1.8m. = three wheel roller

자갈·쇄석을 다지거나 정지 작업 등에 사용한다

매커덤 롤러
(전륜1, 후륜2)

Macadam's paving 머캐덤 포장(-鋪裝) 입상(粒狀) 재료만을 사용하여 도로면을 굳히는 것.

machine drill 착암기(鑿岩機) 암석이나 콘크리트 등에 구멍을 뚫는다든지 파쇄하기 위한 기계. 타격식(해머식), 회전식(오거 드릴) 등이 있다.

machine drilling 기계 굴착(機械掘鑿) 셔블·불도저 기타이 굴착 기계를 써서 하는 굴착.

machine hatch 머신 해치 기기의 반입을 위해 만들어지는 바닥 등의 개구부. 기기를 매달기 위한 훅을 갖추는 경우가 많다.

machine mixing 기계 혼합(機械混合) 모르타르, 콘크리트의 혼합을 믹서를 사용하여 하는 것.

machine room 기계실(機械室) 건축물에서의 기계 설비. 즉 냉난방, 공기 조화 발전기, 펌프, 엘리베이터 등의 기계 설비를 각각 집약적으로 설치한 방.

machine room for elevator 엘리베이터 기계실(-機械室) 엘리베이터의 구동 장치·제어 장치 등을 설치하는 방. 설치 면적, 천장 높이 등에 법규제가 있다.

machinery repair cost at construction site 현장 수리비(現場修理費) 건설 공사에 사용하는 기계 기구의 사용 기간 중 수리, 보수에 드는 비용.

Mach number 마하수(-數) 기체의 단열 압축 및 기체의 초음속 흐름 등에 관계하는 현상에 쓰이는 무차원수. 흐름의 관성력과 흐름을 압축하는 데 요하는 힘(탄성력)의 비의 평방근과 같다.

macrocosm testing 매크로 시험(-試驗) 용접의 시험 방법. 용접 부분을 절단하여 약품 등을 써서 결함의 유무를 살핀다.

macromolecule 고분자(高分子) =high polymer

magic glass 매직 글라스 =half mirror

magic hand 매직 핸드 =manipulator

magic mirror 매직 미러 =half mirror

Magnel-Blaton system 마그넬·블라톤 공법(-工法) =Magnel system

Magnel system 마니엘 공법(-工法) 프리스트레스트 콘크리트용 정착 공법의 일종. 샌드위치 플레이트라고 하는 장방형의 강판에 패인 홈에 긴장한 PC강재를 두 줄마다 4조 8줄을 각각 공통의 쐐기로 정착하고, 그 샌드위치 플레이트를 지압판에 걸쳐서 정착하는 공법. =Magnel-Blaton system

magnesia brick 마그네시아 벽돌 마그네시아 클링커(마그네사이트를 1,600~1,800℃의 고온에서 소성하여 반융괴로 한 것)를 주성분으로 하는 염기성 내화 벽돌로, 제강용 평로 등의 노재(爐材)로 사용된다.

magnesia cement 마그네시아 시멘트 산화 마그네슘의 분말에 염화 마그네슘을 가하여 비벼 섞은 시멘트. 여기에 톱밥, 안료 등을 섞어서 바닥 마감에 사용한다. =MO

magnesia cemented excelsior board 목모 마그네시아 시멘트판(木毛－板) 목모와 시멘트에 경화 촉진제로서 염화 마그네슘을 사용한 목모 시멘트판.

magnesia lime 마그네시아 석회(－石灰) ＝dolomite plaster

magnesium carbonate board 탄산 마그네슘판(炭酸－板) 수산화 마그네슘에 석면 기타의 섬유질 재료 등을 혼합하여 슬러리상(狀)으로 하여 판 모양으로 가압 성형한 것. 내외장 재료로서 사용한다.

magnetic azimuth 자방위각(磁方位角) 자침이 가리키는 남북선(자북선)을 기준으로 하여 시계 방향으로 측선(測線)까지를 잰 각도. 자북은 지구의 극을 향하는 진북과 일치하지 않고, 자침 편차가 있다.

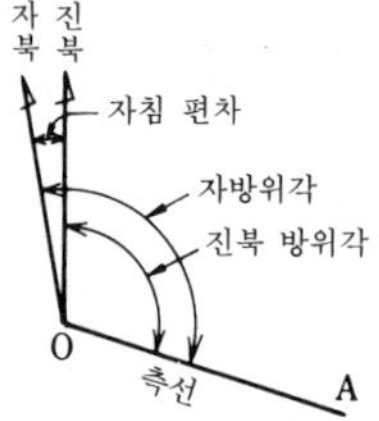

magnetic blow 자기 쏠림(磁器－) 아크 용접에서 아크가 전류의 자기 작용에 의해 쏠리는 현상.

magnetic circuit breaker 전자형 차단기(電磁形遮斷器) 전로(電路)의 개폐에 자기를 이용한 자동 전류 제한기. →current limiter

magnetic defect inspection 자기 탐상법(磁氣探傷法) 전자석을 응용하여 재료나 용접부 등의 불량 부분을 발견하는 비파괴 검사법.

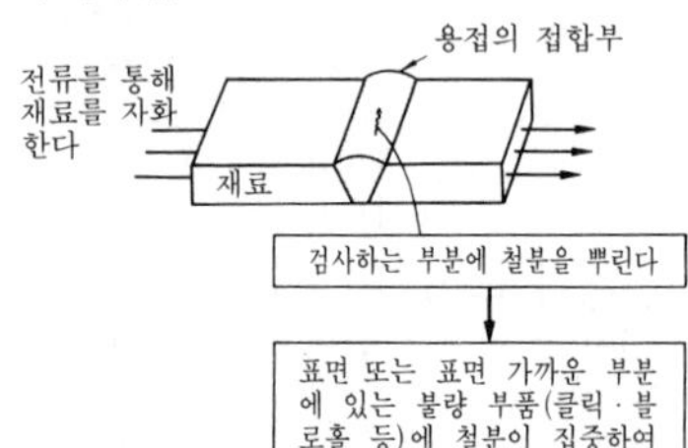

magnetic field 자계(磁界) 자석은 쇳조각이나 쇠가루를 흡인한다. 이 힘(자력)이 미치는 범위. 자계의 세기는 암페어 매미터(A/m)로 나타낸다.

magnetic needle 자침(磁針) 방위를 구한다든지, 도판의 표정(標定)을 위해 사용되는 자석.

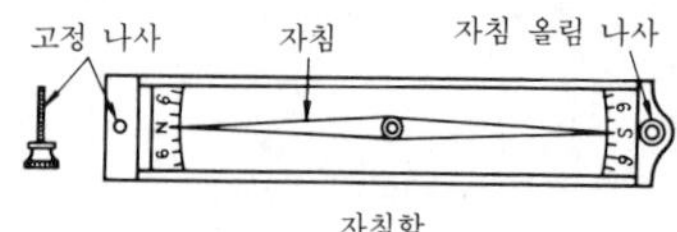

자침함

magnetic particle inspection 자기 탐상 검사(磁氣探傷檢査) 전자석을 응용하여 용접부 내부의 균열, 블로홀(blowhole) 등의 불량을 발견하는 검사. 자기 분말 검사법과 탐색 코일법이 있다.

magnetic switch 전자 개폐기(電磁開閉器) 전자력으로 개폐 조작을 하게 하는 스위치로, 일종의 자동 개폐기이다. 철판제 케이스에 들어 있는 것으로, 전동기의 제어용으로 사용된다. 전동기의 소손을 발지하기 위해 바이메탈을 사용한 열동 계전기를 갖춘 것도 있다. 50HP 정도까지 사용된다.

magnetic valve 전자 밸브(電磁－) 조절기로부터의 신호 전류를 전자(電磁) 코일에 통전하여 발생한 전자력으로 개폐를 하는 밸브. 배관 도중에 두어 관내 유체의 흐름을 개폐할 목적으로 사용된다. ＝solenoid valve

magnetism 자기(磁氣) 자석의 반발력·흡인력과 같은 작용의 원인을 말한다.

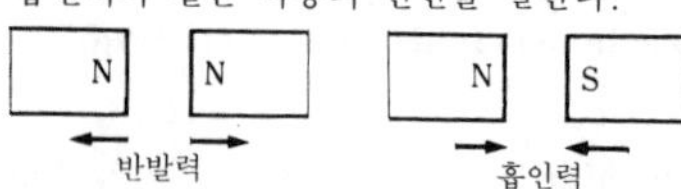

magnet sensor 마그넷 센서 도어나 창 등 개폐하는 장소에 설치하여 침입자를 검지하는 방범 검지기. 자석부와 스위치부로 이루어지며, 양자가 접근하든가 떨어지든가 하면 전기 접점이 열려서(닫혀서) 작동한다.

magnification factor of displacement 변위 응답 배율(變位應答倍率) 강제 진동에서 응답 진폭과 가진(加振) 진폭과의 비를 나타내는 배율.

magnitude of force 힘의 크기 벡터량으로서의 힘의 크기, 양을 가리킨다.

mahogany 마호가니 서인도, 멕시코, 파나마, 쿠바 지방산의 광엽수. 재질은 치밀하고 단단하며 홍갈색을 띠고 있다. 아름다운 물결 모양의 나무결을 가진 것이 있다. 가구 기타 일반 치장 용재.

mail chute 메일 슈트 고층 건축의 각 층을 관통하여 전면에 유리를 붙인 통 모양의 도관(슈트)으로, 아래층(1층 또는 지하층)에 설치한 우편함에 통하는 장치. 슈트는 각 층에 투입구를 두고 투입된 서류를 우편함에 모은다.

main building 본관(本館) 대지 내에 건물이 둘 이상 있는 경우의 주된 건물. 주요한 역할, 기능을 가지고 있는 건물을 말하는 경우와 역사적으로 오래 된 건물을 가리키는 경우가 있다.

main circuit 주회로(主回路) 각종 전기 회로로 구성되어 있는 전기 설비 중의 주요한 전력 공급 회로.

main column 본기둥(本－) 구조물의 중심이 되는 기둥. ＝main post

main contract 종합 청부(綜合請負)[1], 원청(元請), 원청부(元請負)[2], 원청 계약(元請契約)[3] (1) 건축이나 토목 공사의 각종 공종·공정의 모두를 일괄하여 청부하는 방식.
(2) 건설 공사를 건축주로부터 직접 청부하는 것. 또 그 건설 업자.
(3) 건설 공사 등을 시행자로부터 직접 수주한 업자와 시행자(발주자) 사이의 청부 계약.

main contractor 종합 공사업(자)(綜合工事業(者))[1], 원청 업자(元請業者)[2] (1) 건설 공사 중 건축 일체 공사, 토목 일체 공사와 같이 전반적인 공사를 주로 청부하는 업자. ＝general contractor
(2) 건설 공사를 원청의 입장에서 청부하는 업자. ＝prime contractor

main distributing frame 본배선반(本配線盤) ＝MDF

main entrance 정문간(正門間) 건물의 정식 출입구. 방문객용의 문간. 가족용, 종업용 등의 현관은 따로 설치되는 경우가 있다.

main hall 대청(大廳) ① 한국 주택에서의 개방적인 방. ② 중국 건축에서의 큰 홀, 대회장.

main household 주세대(主世帶) 1주택에 2세대 이상이 살고 있을 때는 그 주택의 소유자, 차주(借主)의 세대 등 그 주된 것. 주세대수는 사람이 거주하는 주택수에 일치한다. ＝principal household

main pipe 주관(主管) 배전계에서 모든 지관(枝管)이 연락하여 그 계에서 주요한 간선을 이루는 관.

main reinforcement 주근(主筋) 철근 콘크리트 구조에서 주로 휨 모멘트에 의해 생기는 장력에 대하여 배치된 철근. 기둥에서는 재축(材軸) 방향으로 넣는 철근, 보에서는 상부근, 하부근으로 재축 방향으로 사용한다. 슬래브에서는 짧은 변 방향의 인장 철근을 말한다. 일반적으로 기둥·보에서는 주근경은 13~25mm의 범위이고, 슬래브에서는 9mm나 13mm가 사용된다.

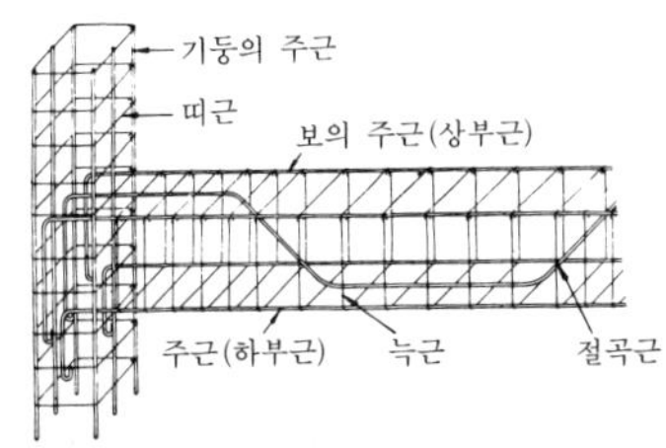

main ridge 용마루 지붕 상부에 있는 수평의 지붕마루.

main road 간선 도로(幹線道路) 중요 지점을 연락하여 교통량이 많은 주요 도로. 시가지 내의 간선 도로를 특히 간선 가로라 한다.

main standard line 주기준선(主基準線) 건축물의 설계·제작·조립 등을 명시하는 경우 가장 기준이 되는 선. 단지 기준선이라고도 한다. 건축 공간을 X, Y, Z의 3방향으로 구분했을 때 사용한다. 벽심·기둥면을 기준으로 하는 경우도 있으나 일반적으로는 기둥 중심을 기준으로 하는 경우가 많다. 시공시에 치수를 측정하기 시작하는 점이 된다.

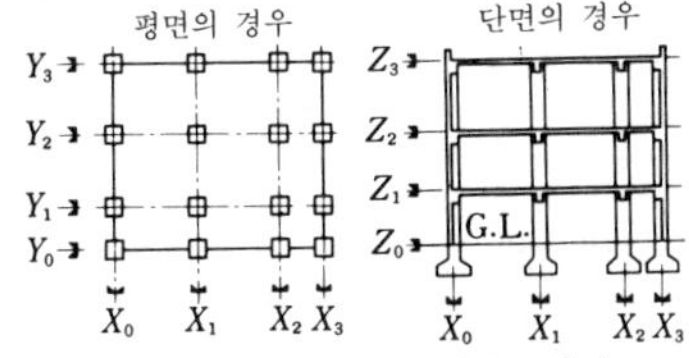

main survey 본조사(本調査) 지반 조사에서 예비 조사에 이어 행하여지는 정식 조사.

main switch 메인 스위치, 주개폐기(主開閉器) 시설 전체 혹은 장치 전체를 충전, 개방할 수 있는 스위치.

maintenance 보전(保全) 건물이 완성된

후에 건물의 기능을 유지 관리하는 것. 청소·점검·수리·부품 교환 등도 포함.

maintenance and conservation expenses 유지 보전 비용(維持保全費用) 유지 보전에 요하는 비용. 유지 관리비의 일부로 점검·보수, 청소·위생, 수선비 및 운전 감시의 업무비. 수선비, 보전비를 포함한다. →maintenance and repair

maintenance and conservation program 유지 보전 계획(維持保全計劃) 건축물 등의 시설, 부분 및 부위의 보수 점검, 수리 및 전면 갱신의 계획을 시간의 경과와 더불어 체계적으로 정리 일람하는 것.

maintenance and repair 유지 수선(維持修繕) 건물 등의 성능을 유지하기 위해 하는 수선 행위. →maintenance and conservation expenses

maintenance and repair cost 유지 수선비(維持修繕費) 건축물이나 설비의 기능과 자산 가치를 유지하기 위한 비용. 유지 관리비의 일부로 건물이나 설비 기기의 보수 점검, 청소 위생, 식목, 수선, 모양 변경 등의 비용.

maintenance expenses 유지 관리비(維持管理費) ① 건축물이나 설비의 유지 관리에 요하는 비용. →maintenance and repair cost. ② =management expenses

maintenance inspection 보수 점검(保守點檢) 건축물이나 건축 설비 기기의 기능이나 손모 상태를 살펴 수선의 필요성 유무를 판단하는 것. 또 소모 부품이나 재료의 교환, 나사의 조임, 주유 및 먼지, 오염의 제거 등 내구성의 확보를 위한 작업.

maintenance management 보수 관리(保守管理) 보수 업무를 통괄적으로 관리하는 것.

maintenance schedule 수선 계획(修繕計劃) 건물, 시설 혹은 건축 설비의 각 부분, 부위별로 수선에 관한 점검 조사나 공사를 시간의 경과로 정리하여 일람으로 한 것. 유지 보전 계획의 일부를 이루며, 기간의 장단에 따라 연간, 중기, 장기로 나뉘어진다.

maisonette 메소네트 중고층의 공동 주택으로, 1세대가 상하 2층 또는 그 이상으로 구성된 형식.

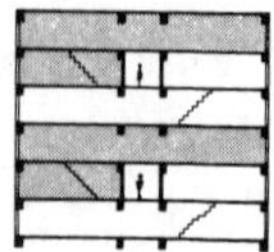

maisonette type dwelling unit 복층형 주택(複層形住宅) 집합 주택에서의 주택 형식의 일종으로, 1주택이 2층 이상에 걸치는 것. 공용 통로 면적의 절약, 엘리베이터 정지층 감소, 2층 부분의 통풍, 프라이버시의 확보 등을 할 수 있다.

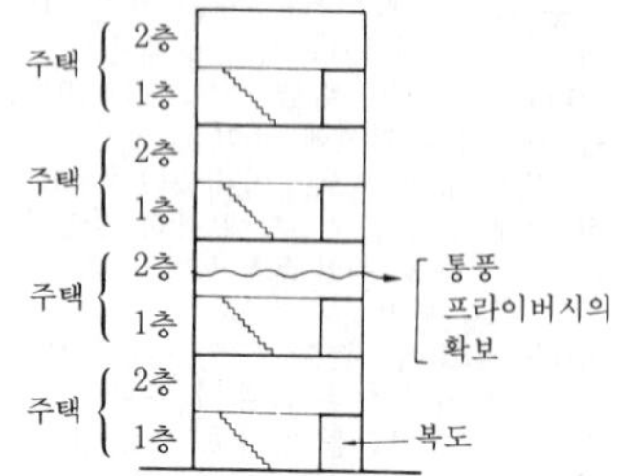

major damage 대파(大破) 지진 등에 의한 구조물의 피해 정도를 나타내는 지표. 중대한 파손을 말한다.

major rigid frame 집약 라멘(集約-) = intensive rigid frame

major structure 메이저 스트럭처 ① 부분적으로 완성된 복수의 구조를 조합시켜서 구성되는 대규모 건축물에서 그것을 받치고 있는 대형 구조 부분을 말한다. ② 부분적인 구조에 대한 전체 구조 시스템.

major truss 집약 트러스(集約-) =intensive truss

male cone 수콘 프리스트레스트 콘크리트용 정착 장치의 한 구성 부재를 말한다. 원뿔 모양을 한 강철제 또는 모르타르제의 쐐기의 일종. 암콘 혹은 캐스팅 플레이트 등과 조합하여 PC강재를 유지하는 데 사용한다.

mall 몰 거리의 활성화를 위해 보도의 환경을 고려하여 벤치, 식수(植樹), 타일 포장 등을 한 상점가나 유보도(遊步道).

malleability 전성(展性) 금속에 압력 또는 타격을 가했을 때 박판이나 박(箔)과 같이 퍼지는 성질.

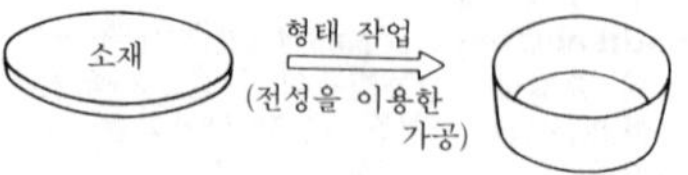

mallet 나무메, 나무 망치 단단한 나무로 만든 작은 망치. 끌이나 정을 두드린다든지 대패날을 조정하는 데 사용한다.

management 관리(管理) ① 공사가 정해진 공기 및 예산 내에서 진행하고 완성하도록 힘쓰는 것. ② 건축물이 쾌적한 환경을 유지하고 그 기능을 충분히 발휘하도록 노력하는 것.

management by block 동별 관리(棟別管理) 분양 공동 주택으로 구성되는 단지에서 주동(住棟)마다 관리 조합을 조직하여 관리하는 방식. 또는 단지 단위의 관리 조합을 조직하고 있으나 특정한 관리 업무(쓰레기 처리, 계단 청소 등)를 동별의 재량에 맡기는 방식.

management by staircase group 계단별 관리(階段別管理) 계단실형 분양 공동 주택의 관리 방식의 하나. 계단실마다 공용하는 시설(계단실, 게시판 혹은 급배수관)을 해당 계단실에 접하는 주택의 구분 소유자가 관리 책임을 지는 방식.

management expenses 관리비(管理費) 건물이나 시설의 관리에 관한 비용. 감가상각비, 지대, 차입금 이자, 공과금, 수선비, 보수 점검, 운전·청소, 인건비, 동력용 수광열비, 용도품비, 잡비 등으로 이루어진다. →maintenance expenses②

management of real estate 부동산 경영(不動産經營) 부동산에 대한 투자, 개발, 관리, 임대, 분양 등에 의해 수익 활동을 하는 것.

management of works progress 공정 관리(工程管理) 공사 진행 상황을 관리하는 것. 건축 공사에서는 예정 기일까지 공사를 완성하기 위해 공사의 진행 상황을 관리하는 것. 근대 공업에 있어서의 대량 생산 방식에서는 계획적으로 생산품을 공정표, 공정도 등에 의해 관리한다.

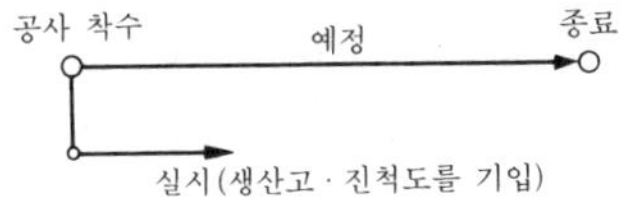

manager 관리인(管理人) 관할하고, 처리하는 사람. 임대 주택의 관리인이라고 할 때는 임차인으로부터 임대료를 징수하고, 임대 가옥의 유지 보전을 위해 점검, 감시를 하며, 임차인과의 법률 관계에 대해서 조정하는 사람.

managing expense of house 가옥 관리비(家屋管理費) 건물의 유지에 필요한 제경비 중에서 수선비, 고정 자산세, 화재 보험료, 감가 상각비 등을 제외한 비용.

mandate 위임 계약(委任契約) 설계 계약이나 감리 계약 등과 같이 법률 행위를 타자에게 위임하는 계약. 공사 계약은 일반적으로는 청부 계약이지만 실비 정산 방식의 계약은 위임 계약이다.

man-day 인공(人工) 공수(工數)를 나타내는 단위의 하나. 작업자수에 작업 일수를 곱한 것.

mandrel 맨드릴 페이퍼 드레인 공법에서 카드 보드를 송출하여 타설해 가는 기구로, 유압으로 구동하는 장치.

Manhattan distance 맨해턴 거리(－距離) 2점의 좌표를 (x_1, y_1), (x_2, y_2)로 했을 때 $|x_1-x_2|+|y_1-y_2|$로 나타내어지는 거리.

manhole 맨홀 암거(暗渠), 관거(管渠)·물탱크·보일러 등의 점검·수리·청소하기 위해 사람이 출입하는 구멍.

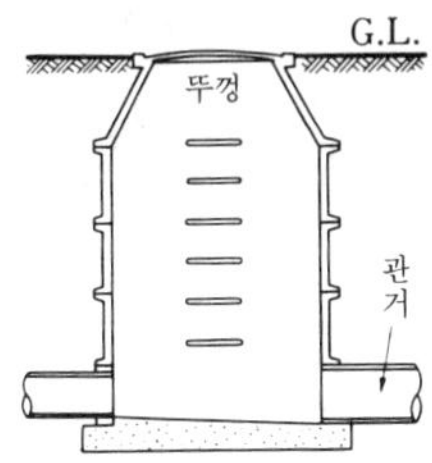

man-hour 인·시간(人·時間) 작업자 1인이 1시간에 하는 일의 양.

Manila rope 마닐라 로프 마닐라삼으로 만든 로프. 강하고, 물이나 습기에 견디며, 가볍고 부유력이 크다. 최근에는 보다 강도가 높은 합성 섬유 로프가 대신 사용되고 있다.

manipulator 머니퓰레이터 인간의 손과 같은 구실을 하는 원격 자동 장치. 원자로 내 등 직접 인간이 할 수 없는 부분에 사용된다.

man-machine system 맨머신 시스템 사람과 기계가 정보 교환을 주고 받는 장치. 중앙 감시 제어반에서 사람이 램프의 표시를 보고 판단하여 기기 조작 버튼을 누르는 장치 등.

man-made beach 인공 해변(人工海邊) ＝artificial beach

man-made environment 인공 환경(人工環境) ＝artificial environment

manometer 마노미터 유체의 압력을 여기에 접속한 유리제 굴곡관 내의 액주(液柱) 높이로 재는 압력계. →pressure gauge

$$p_1 = p_2 + \gamma h$$

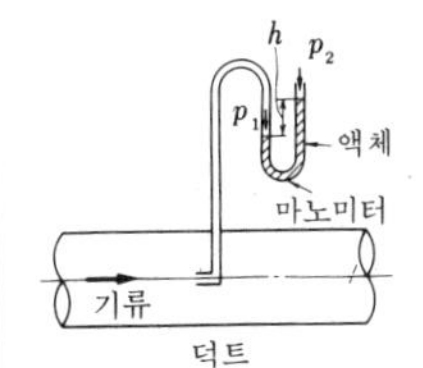

압력차 $(p_1 - p_2) = \gamma H$ (kg/m²)

γ : 액체의 비중량 (kg/m³)

h : 액체의 수직 높이(m)

man-power excitation method 인력 가진법(人力加振法) 구조물의 진동 실험에 쓰이는 간편한 가진 방법. 체중의 이동 등에 의해 인간이 가진하여 정지 후의 자유 진동에서 진동 특성을 얻는다.

man-power scheduling 인력 계획(人力計劃) 공정 계획에서의 작업원 배치 계획. 기술자나 노무자의 필요 인원수가 가장 경제적, 합리적으로 되도록 작업의 예정을 정하는 것.

mansard 맨사드 =mansard roof

mansard roof 맨사드 지붕 모임지붕의 상부와 하부의 지붕면에서 경사를 완급 2단으로 한 형식의 지붕을 말한다. 다락 방이 두어진다.

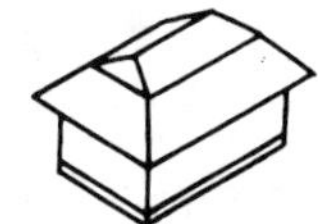

mansion 맨션 ① 중세에 영국, 프랑스의 장원 소유주 등의 대저택. ② 일반적으로는 민간 기업에 의한 분양을 주로 한 중·고층 공동 주택의 통칭으로 쓰이는 용어.

mantel 맨틀 ① 지구의 지각 밑부터 깊이 약 2,900km의 핵에 닿기까지의 층. 지구 전 체적의 80%여를 차지하고, 상부에서 섭씨 약 1,000도, 하부에서 5,000도라는 고온이다. ② 가스등의 밝기를 내기 위한 것.

mantelpiece 맨틀피스 벽에 꾸며진 장식 난로. 또 난로 위의 장식장을 말한다.

manual 매뉴얼 기계류의 취급 설명서. 인간의 행동이나 작업의 절차·정형을 정리한 소책자.

manual arc welding 아크 손 용접(-鎔接) =hand ard welding

manual control 수동 제어(手動制御) 사람 손으로 기기의 운전·접속·개폐 등의 조작을 하는 것. →automatic control

manual manipulater 수동 머니퓰레이터(手動-) 조종자가 조작하여 그 움직임을 지령으로서 부여함으로써 작업을 하는 자동 기기를 말한다. 원격 조작용 로봇 등이 대표적이다.

manual weld 손 용접(-鎔接), 수동 용접(手動鎔接) 자동 아크 용접에 대한 용어. 용접 작업을 사람 손으로 하는 것.

manufacturing and fitting cost 가공 조립비(加工組立費) 철골 공사나 철근 공사 등에서 재료의 가공과 조립에 요하는 비용. 공장 가공 조립비와 현장 조립비로 나뉜다.

manufacturing to order 일품 생산(一品生産), 단품 생산(單品生産) 시방이 다른 제품을 개개로 생산하는 방식.

manufacturing tolerance 제작 공차(製作公差) 허용 한계 치수의 상하한의 차 또는 위의 치수 허용차와 아래의 치수 허용차의 합.

manufacturization 공업화(工業化) 생산 방식을 공장에서의 부품 생산과 현장에서의 효율적인 조립 작업을 중심으로 하는 공업적인 생산 시스템을 다용하도록 변화시키는 것.

manufacturized construction method 공업화 공법(工業化工法) 공사 현장 내에서의 손작업의 삭감을 주요 목적으로 하여 공장 생산에 의한 건축 부재, 부품을 되도록 많이 사용하는 공법.

many-storied house 고층 건축물(高層建築物) =high building

maple 단풍나무(丹楓-) 단풍나무과의 낙엽 활엽 교목. 각지의 산지에 절로 나기도 하고, 관상용으로 심기도 한다. 장식재, 가구재, 조각재로서 사용된다.

map of urban general plan 도시 기본 계획도(都市基本計劃圖) 주요한 토지 이용, 골격적인 교통 시설, 기간적 도시 시설, 주요한 프로젝트의 배치 등을 1/10000~1/50000의 지형도상에 나타낸 그림.

marble 대리석(大理石) 수성암의 일종으로, 석회질물의 침전에 의해 생긴 석회암이 변질한 것.

marginal cost 한계 원가(限界原價), 한계 비용(限界費用) 생산량 전체의 평균적인 비용이 아니고, 생산량을 1단위 증가시키기 위해 필요한 비용.

marginal density of population 한계 인구 밀도(限界人口密度) 지역 특성에 따라서 각각에 상정되는 한계적인 인구 밀도. 이 값을 초과하면 거주 환경상 어떤 문제가 생긴다.

marine architecture 해양 건축물(海洋建築物) 해양에 관계하는 구조물로 인간 생활과 직접, 간접으로 관계하는 것.

marine city 해상 도시(海上都市) 해양상에 건설하여 도시 기능을 갖춘 해양 건축물을 말한다. =seaside city, sea city

marine structure 해중 구조물(海中構造物)[1], 해양 구조물(海洋構造物)[2] (1) 해양 구조물 중에서 주로 바닷속에 설치되는 구조물. 다이빙 기지·해중 전망탑·해중 플랜트 등을 가리킨다.
(2) 해양 개발을 위해 설치되는 구조물 중 항만이나 연안에서 떨어져 설치되는 구조물. 해상·해중·해저에 설치된다.

Mariot-Poncelet's assumption 마리오·퐁셀레의 가설(－假說) 재료의 파괴 가설 중 최대 주변형이 일정에 이르면 파괴 한계에 도달한다는 설. 평면 응력 상태에서는 주응력도면에서 마름모꼴로 나타내어진다. Mises나 Tresca의 항복 조건보다 넓은 범위에 있다.

market 시장(市場) 다수의 매매가 일정한 때와 장소에서 행하여지는 곳. 도매 시장, 소매 시장 등이 있다.

marking 먹줄치기[1], 먹매김[2], 금긋기[3] (1) 먹실을 써서 직선을 표시하는 것.
(2) ① 이음, 맞춤의 가공, 부재의 부착을 위해 그 형상, 치수, 위치 등의 선을 부재 표면에 표시하는 것. ② 벽, 바닥, 기둥 등에 심의 위치, 마감면의 위치 등을 표시하는 것.
(3) 철골 공사의 한 공정으로, 현치수 형판이나 자에 의해 강재 절단이나 천공의 위치를 표시하는 것. 금긋기는 가공·조립의 기준이 되므로 미리 금긋기 부분에 물감을 칠하고, 금긋기 바늘·컴퍼스·펀치로 표시를 한다.

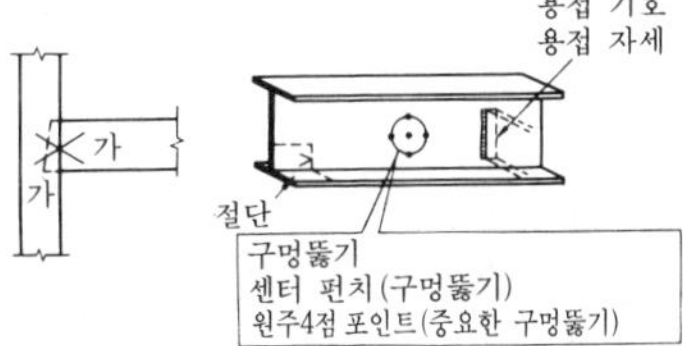

marking gauge 금쇠 목재의 일면을 기준으로 하여 이로부터 필요 거리를 재고, 이것과 병행하는 직선을 재면(材面)에 금긋기 위해 사용하는 도구.

marking-off 금긋기 ＝marking(3)

marking string 먹실, 먹줄 먹통에 부속한 삼실. 먹실은 먹통의 먹구멍을 통과할 때 먹물이 묻으므로 이것을 부재 표면에 대고 튕겨서 직선의 표시를 한다.

Markov process 마르코프 과정(－過程) 미래는 현재에만 관계하고, 과거에는 관계하지 않는다는 조건을 만족하는 확률 과정.

masking 마스킹 둘 이상의 음이 존재할 때 그 한쪽 때문에 다른쪽이 들리지 않게 되는 현상. 이 작용을 은폐 작용이라 한다. 일반적으로 저음은 고음을 잘 은폐하지만 고음은 저음을 은폐하기가 어렵다. 이러한 작용을 은폐 효과(masking effect)가 있다고 한다.

masking phenomenon 마스킹 현상(－現象) ＝masking

masking tape 마스킹 테이프 후에 벗기기 쉬운 접착제를 칠한 테이프. 도장이나 실링 등 칠의 경계선을 깨끗하게 마감하기 위해 사용한다.

mason 석공(石工)[1], 연와공(煉瓦工)[2] (1) 석재를 잘라내고, 가공, 설치를 하는 사람.
(2) 벽돌을 쌓는 작업을 하는 사람.

masonry 조적(組積) 돌, 벽돌, 콘크리트 블록 등의 단체(單體)를 쌓아서 건조물을 만드는 것.

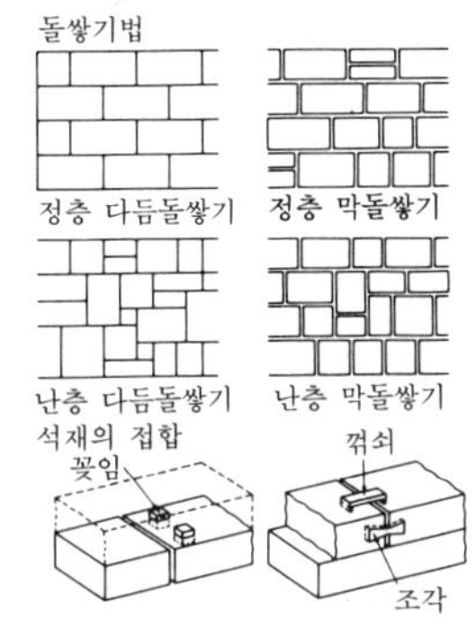

masonry cement 메이슨리 시멘트 석재 벽돌, 콘크리트 블록 등의 조적(組積)에 적합하도록 제조된 시멘트. 도벽(塗壁)에도 사용할 수 있다. 혼합 시멘트의 일종으로, 보수성(保水性)이 큰 것이 특징이다.

masonry coefficient 조적 계수(組積係數) 돌, 벽돌, 콘크리트 블록 등 단체(單體)를 쌓아서 벽체를 만들 때 그 전단 강도를 조적의 영향을 고려하여 단체의 강도보다 저감하는 계수.

masonry construction 조적 구조(組積構造) 일반적으로 돌 또는 벽돌 등으로 주체 구조를 구축하는 것. 현재는 거의 쓰이지 않고, 간단한 칸막이벽이나 표면 마감 등에 쓰인다(다음 면 그림 참조).

masonry joint 줄눈 석재나 콘크리트 덩어리, 벽돌 등을 쌓는 경우에 모르타르로 이어 맞추는 접합 부분.

masonry mortar 메이슨리 모르타르 조적(組積) 작업에 적합하도록 만들어진 모르타르.

masonry stone construction 석조(石造) 주요 구조부를 석재를 써서 구축한 구조.

masonry structure 조적식 구조(組積式構造) 주체 구조를 돌, 벽돌, 콘크리트 블록 등의 작은 단체(單體)의 재료로 겹쳐 쌓은 것.

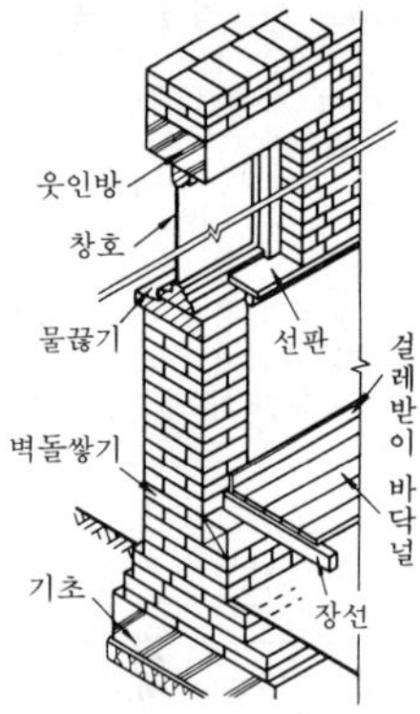

masonry structure

masonry work 조적 공사(組積工事) 석재, 벽돌, 콘크리트 블록 등의 재료를 조적하는 공사.

mass 질량(質量) 힘에 의해서 운동의 상태가 변화하는 것에 대하여 물체가 저항하는 양. 질량 1kg의 물체는 표준의 중력 가속도($g = 9.80665 m/s^2$)일 때 1kg중의 무게가 있다.

massage shower 마사지 샤워 건강 증진을 위해 수압을 높게 하여 신진 대사를 도모하는 샤워.

mass concentration 질량 농도(質量濃度), 중량 농도(重量濃度) 단위 체적의 기체 또는 액체 중에 포함되는 입자상 물질이나 가스상 물질의 질량.

mass concrete 매스 콘크리트 댐 등과 같이 단면 및 용적이 큰 콘크리트. 토목용의 콘크리트에 많으며, 시멘트의 수화열(水和熱) 축적에 의한 콘크리트의 피해가 문제가 된다. 따라서 일반적으로 수화열이 비교적 적은 중용열(中庸熱) 시멘트나 혼합 시멘트, 나아가 시멘트의 수화 발열을 억제 감소시키는 혼합재 등을 사용한다.

mass control 질량 제어(質量制御) =inertia control

mass matrix 질량 매트릭스(質量－) 다자유도 진동계의 진동 방정식으로 나타내어지는 매트릭스. 각점의 질량을 대각 요소로 갖는 매트릭스이다.

mass per unit 면밀도(面密度) 평판상 재료의 단위 면적당 질량. 음향 투과 손실에 관한 중요한 양의 하나. 일반적으로 이것이 클수록 투과 손실은 커진다.

mass point 질점(質點) 물체가 갖는 질량을 한 점에 집중하여 그 물체를 대표시킨 것. 진동 모델에 널리 쓰인다.

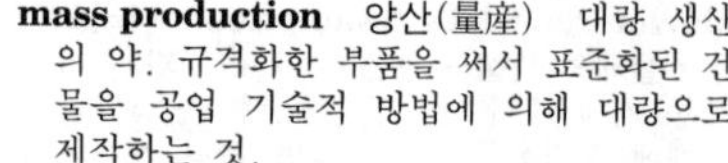

mass production 양산(量産) 대량 생산의 약. 규격화한 부품을 써서 표준화된 건물을 공업 기술적 방법에 의해 대량으로 제작하는 것.

mass production house 양산 주택(量産住宅) 코스트 다운과 공급의 효율화를 목적으로 양산 방식으로 공급 건설되는 주택. 조립식 주택과 같은 뜻으로 쓰이는 경우도 있다.

mass system 질점계(質點系) 질점으로 구성되어 있는 역학적인 계. 질점이란 이상적으로 크기가 없는 점에 집중하고 있다고 간주된 질량을 말한다. =material particle system

mastaba 마스타바 초기의 고대 이집트 왕조 때의 귀족의 묘. 묘실 위에 돌이나 벽돌에 의해 사다리꼴의 묘를 구축했다.

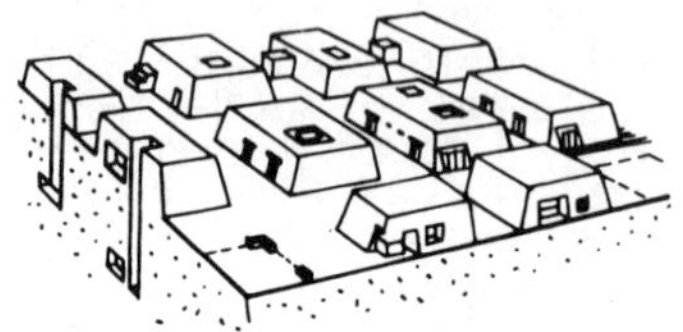

mast climbing 마스트 클라이밍 타워 크레인의 크레인 본체를 상승시키는 방법으로, 마스트를 연장시키면서 상승한다.

master bedroom 마스터 베드룸 부부의 침실로, 프라이버시가 요구되며, 취침·갱의·화장부터 독서·음악 감상 등 교양을 위한 공간이 되기도 한다.

master key 마스터 키 자물쇠에는 어느 일정한 열쇠가 전속하고, 이 이외의 열쇠로는 열 수 없게 되어 있으나 자물쇠의 사용과 방의 관리를 편리하게 하기 위해 하나의 특별한 열쇠로 전체의 자물쇠를 열 수 있도록 하는 경우가 있다. 이 만능 열쇠를 마스터 키라 한다. 사무실, 호텔, 공동 주택 등에 갖추어진다. 마스터 키로서는 실린더 자물쇠가 기능적으로 가장 적합하다.

master plan 기본 계획(基本計劃) 지역지구제와 같은 도시 계획 제한이나 각종 도시 계획 사업 등의 공정 도시 계획 또는 세부의 시설 계획의 기초가 되는 방향을 주기 위해 미리 입안되는 도시의 중요 시설 전반에 관한 기본적, 종합적인 구상 계획을 말한다. 기본 계획의 주요 내용은 토지 이용 계획, 교통 계획, 공원 녹지 계획, 각종 서설 계획 등에서 공정 도시 계획보다 큰 내용을 가지고 세워진다.

master space 마스터 스페이스 루이스 칸이 공간을 설명하는 데 사용한 「서비스되는 공간」(연구실, 실험실 등)을 통칭으로서 이와 같이 부르게 되었다.

mastic 매스틱 ① 에게해 연안에 생육하는 옻나무에서 얻어지는 고무질의 수지. ② 역청 물질 등에 석면·돌가루·모래 등을 섞은 점착성의 물질. 코킹(caulking)·방수층·바닥 마감 등에 쓰인다.

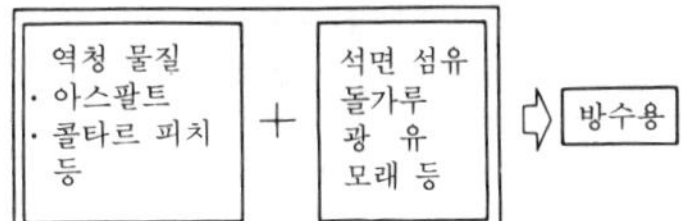

mastic waterproofing 매스틱 방수(－防水) 매스틱을 2~5mm 두께로 칠하여 방수층으로 한 것.

mat 매트 현관이나 욕실 등에 까는 깔개를 말한다.

matching 매칭 치장 합판 등의 겉판에 쓰이며, 단판(單板)을 이어서 모양을 만드는 것을 말한다.

mat concrete 매트 콘크리트 바탕에 까는 콘크리트로, 밑창 콘크리트나 온통 기초를 말한다.

material 재료(材料) 제품의 바탕이 되는 것으로, 이것을 가공하여 제품으로서도 원래의 조성을 유지하는 물질. 가공하여 원래 조성이 변화하는 경우에는 원료라 한다.

material age 재령(材齡) 재료가 만들어지고부터의 경과 일수를 말한다. 시멘트·콘크리트에서는 4주를 기준으로 한다. 목재인 경우는 나이테에 의해 성장한 기간을 말한다.

material cost 재료비(材料費) 어떤 재화의 생산을 위해 소비되는 각 물적 재화의 가치. 건축 생산인 경우는 주로 건축물을 직접 구성하는(시멘트, 목재, 철재 등의) 각 재료를 구입하여 현장에 반입하기까지의 비용.

material lifting operation planning 양중 계획(揚重計劃) 시공 중인 건축물의 높은 곳으로 소요 자재·부품 등을 적절한 시기에 낭비없이 올려가기 위한 계획.

material particle system 질점계(質點系) ＝mass system

materials constant 재료 상수(材料常數) 구조 재료의 역학적 특성을 대표하는 상수를 말한다. 비중, 탄성 계수, 포아송비, 열팽창 계수 등을 가리킨다. 물리적으로는 라메의 상수(Lame's constant)로 대표된다.

materials control 자재 관리(資材管理) 공사에 필요한 재료의 관리 업무. 재료의 발주부터 검사·보관, 적절한 사용 등의 업무가 포함된다.

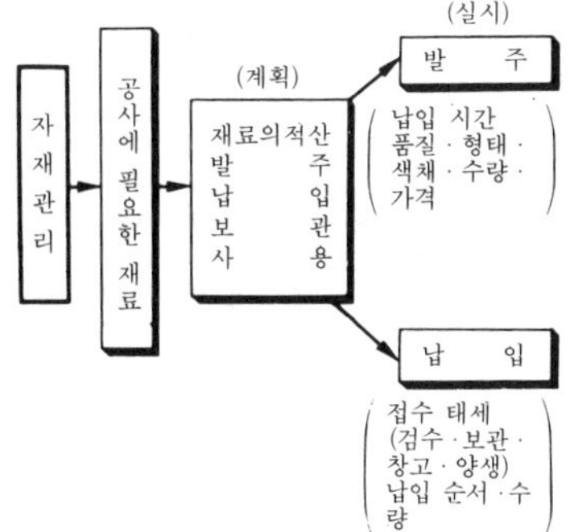

material standard 재료 규격(材料規格) 공업 제품으로서의 재료에 대하여 그 크기, 모양, 품질 등을 통일 하기 위한 규격. 우리 나라에는 한국 공업 규격(KS)이 있다.

material strength 재료 강도(材料强度) 재료의 세기. 법규상으로는 부재의 종국 강도를 산정하기 위해 사용하는 재료의 강도.

materials yardstick 재료 품샘(材料－) 건축 공사의 개개 시공 항목에서 단위당 필요한 재료의 수량. →quantity per unit

material testing 재료 시험(材料試驗) 재료의 물리적·화학적·전기적·기계적 시험의 총칭. 좁은 뜻으로는 강도, 탄소성, 점성, 크리프, 마모 등 기계적 시험을 가리킨다.

mat foundation 온통 기초(－基礎), 전면 기초(全面基礎) 건축물의 전면 또는 광범위한 부분에 걸쳐서 기초 슬래브를 두는 경우의 기초.

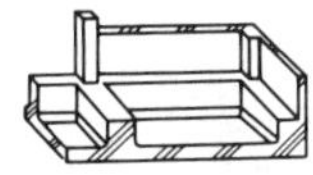

mathematical model 수리 모델(數理－) 시스템의 요소간 관계를 정량적인 수학적·논리적인 관계식으로 표현한 것. ＝mathematical theory

mathematical theory 수리 모델(數理－) ＝mathematical model

matrix analysis 매트릭스 해석법(－解析法) 구조 해석 이론을 매트릭스 표시를 써서 조립하는 해석 수법. 컴퓨터에 의해

대규모 구조물이나 복잡한 구조물을 해석하는 데 이용한다.

matrix decomposition method 매트릭스 분해법(−分解法) 매트릭스 연산에서 부분 매트릭스를 사용하여 연산을 간단하게 하는 수법. 몇 가지 분해법이 있다.

matrix iteration method 매트릭스 반복법(−反復法) 매트릭스법에서 연립 대수 방정식의 해를 구할 때의 점근 해법. 수치 해석에서 널리 쓰인다.

matrix method 매트릭스법(−法), 행렬법(行列法) 주택지의 인구 변동 예측 등에 이용되는 방법의 하나로, 거주 세대를 가족형으로 분류하고, 가족 변화율 행렬식에 의한 연산으로 추계한다.

metrix method of structural analysis 매트릭스 구조 해석법(−構造解析法) 전체의 구조물을 부분의 집합체로 하여 구조 해석에 적합한 모델로 치환하고, 그 응력이나 변형을 매트릭스법을 써서 해석하는 수법. 변위법·응력법으로 대별된다.

mattress 매트리스 요 밑이나 침대에 사용하는 깔개. 탄력성이 있는 솜이나 발포 재료를 사용한 두꺼운 깔개.

maturity 머추리티 경화 초기에서의 콘크리트의 경화 정도를 평가하는 지표로서 사용하는 양생 온도와 재령(材齡)의 곱을 말한다.

maturity method 적산 온도 방식(積算溫度方式) 콘크리트의 강도 발현을 비빈 후의 경과 시간과 양생 온도의 곱의 적분 함수로서 나타내고, 조합 강도에 따른 물 시멘트비, 양생 온도 및 시간을 정하는 방식을 말한다.

mausoleum 묘(廟) 조상의 영을 모시는 곳을 말한다.

max cement 맥스 시멘트 고온으로 함수분을 탈수한 석고에 황산 소다 또는 황산 알칼리를 소량 혼합하여 소성한 시멘트. 내화성, 경질이므로 천장·벽의 마감에 사용한다.

maximum amount of water supply 최대 급수량(最大給水量) 수도, 급수 설비 등의 장치 설계의 기초로서 사용하는, 시계열적으로 변동하는 일(日) 또는 시간 급수량 중 어떤 기간 중의 최대값을 말한다.

maximum and minimum thermometer 최고 최저 온도계(最高最低溫度計) 어느 시간 중의 최고 및 최저 온도를 지시할 수 있도록 한 온도계. 최고 온도계와 최저 온도계를 각 1개씩 1조로 한 것과, 그림과 같이 하나의 관으로 이루어지는 것이 있다. AFB부분 및 CD부분에는 알코올을, BAC부분에는 수은이 채워져 있다.

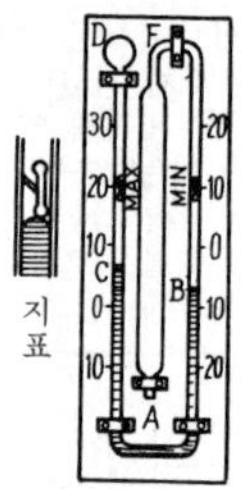

maximum density theory 최대 밀도설(最大密度說) 콘크리트에서 시멘트량이 일정하면 굵은 골재의 틈을 잔골재, 시멘트 그리고 물로 채웠을 경우 최대 밀도 및 최대 강도가 얻어진다는 설.

maximum depth of snow deposit 수직 최대 적설 깊이(垂直最大積雪−) 일정한 관측 기간 중에서 지상의 적설 깊이가 최대값을 나타냈을 때의 값. 적설 하중 산정의 규준량이다.

maximum dry density 최대 건조 밀도(最大乾燥密度) 어떤 일정한 체결 방법에 의해 함수비를 여러 가지로 바꾸어서 만든 흙을 건조시켰을 때의 최대의 밀도.

maximum elastic energy theory 최대 탄성 에너지설(最大彈性−說) 재료의 파손에 대한 가설의 하나. 재료에 축적된 탄성 에너지가 한계에 이르렀을 때 파손이 생긴다는 설. 연성 재료에는 잘 일치한다.

maximum electric power 최대 전력(最大電力) 부하의 사용시에 발생하는 전력의 최대값.

maximum instantaneous wind speed 최대 순간 풍속(最大瞬間風速), 순간 최대 풍속(瞬間最大風速) 어떤 기간 내의 순간 풍속 중 가장 큰 풍속.

maximum load 최대 하중(最大荷重) 부재나 구조물이 지지할 수 있는 최대의 하중.

maximum principal strain theory 최대 주변형설(最大主變形說) 재료의 어떤 점에서의 세 가지 주변형 중 어느 하나가 어느 한계값에 도달했을 때 파손이 일어난다고 하는 설.

maximum principal stress theory 최대 주응력도설(最大主應力度說) 재료의 파손에 대한 가설의 하나. 라메(Lame)나 랭킨(Rankine)에 의해 제시된 재료 내 어느 점의 세 방향의 주응력 중 어느 하나가 한계값에 이르렀을 때 파손이 생긴다는 설로, 취성 재료에는 해당되지만 연성 재료에는 부적합한 설.

maximum principle axis 강축(强軸) 단면의 주축 중 최대값의 단면 2차 모멘트

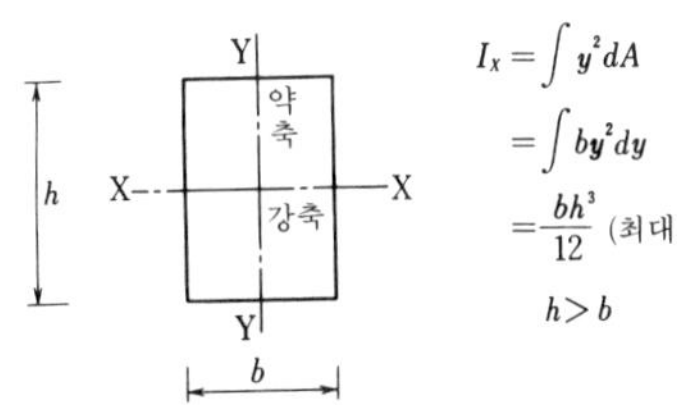

를 주는 주축.

maximum shearing stress theory 최대 전단 응력도설(最大剪斷應力度說) 재료의 파손에 대한 가설의 하나. 쿨롬에 의해 제시된 수직 응력도와 관계없이 전단 응력도가 어느 값으로 되었을 때 파손이 생긴다는 설이며, 관용의 연성 재료, 흙 등에 일치한다.

maximum slenderness ratio 최대 세장비(最大細長比) 설계상 규제되어 있는 최대의 세장비. 나무 구조에서는 150 이하, 철골 구조에서는 250 이하(기둥에서는 200 이하), 철근 콘크리트 구조에서는 세장비에 의하지 않고 지점(支點)간 거리와 기둥의 최소경에 의해 규제된다.

maximum thermal load 최대 열부하(最大熱負荷) 공기 조화의 대상물 등에 걸리는 일정 조건하에서의 가장 큰 열부하. 냉방과 난방 각각에 있다.

maximum wind speed 최대 풍속(最大風速) 어떤 기간 내의 어떤 시간마다의 평균 풍속 중 가장 큰 풍속.

Maxwell-Betti's theorem 맥스웰 · 베티의 정리(－定理) 맥스웰의 상반 정리와 베티의 정류를 묶어 맥스웰 · 베티의 정리라 한다. 상반 작용의 정리와 같은 뜻.

Maxwell model 맥스웰 모델 감쇠(점성) 요소와 스프링 요소를 직렬로 이은 역학 모델.

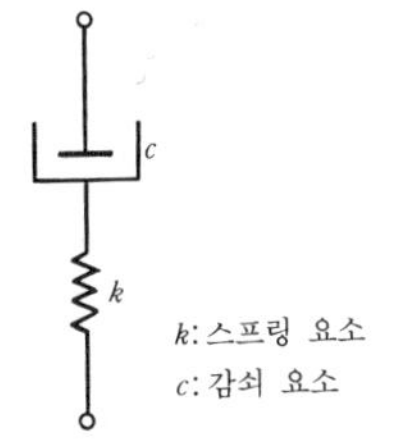

Maxwell-Mohr's method 맥스웰 · 모어의 방법(－方法) 부정정 골조(不整定骨組)의 해석법의 하나. 부정정 골조에서 부재를 제거하여 정정 골조로 개조하고, 내력과 변형을 구하여 변형의 적합 조건에서 제거한 부재의 내력을 구한다. 적합 조건의 계수를 가상 일을 써서 구한다.

Maxwell's reciprocal theorem 맥스웰의 상반 정리(－相反定理) 구조물의 임의의 2점 i, j에 있어서 점 i에 작용하는 단위 하중에 의한 점 j의 변위는 점 j에 작용하는 단위 하중에 의한 점 i의 변위와 같다는 정리.

Maxwell's theorem 맥스웰의 정리(－定理) ＝Maxwell's reciprocal theorem

MDC system MDC공법(－工法) 프리스트레스트 콘크리트용 정착 공법의 일종. PC강선 또는 PC강연선을 수콘과 스파이럴을 거쳐서 암콘에 정착하고 외주 나사와 너트로 지압판에 정착하는 공법.

MDF 중질 섬유판(中質纖維板)[1], 본배선반(本配線盤)[2] (1) ＝medium density fibreboard
(2) main distribution frame의 약어. 전화선을 건축물에 인입하는 경우에 사용하는 단자반. 전화선과 교환기간 및 교환기와 내선 전화기간에 설치하고, 양자를 접속하는 기능을 갖는다.

MDF cement MDF시멘트 MDF는 macro defect free의 약어. 영국의 ICI사가 개발한 초고강도 시멘트. 시멘트와 특수한 폴리머와의 혼합에 의해 휨강도 1,000 kgf/cm^2 이상을 얻는다.

mean absolute humidity difference 대수 평균 절대 습도차(對數平均絶對濕度差) 대수 평균 온도차에 있어서 온도(t) 대신 절대 습도(x)로 한 것. 대수 평균 절대 습도차를 MHD로 하면

$$\mathrm{MHD} = \Delta x_m = (\Delta x_2 - \Delta x_1)/\ln(\Delta x_2/\Delta x_1)$$

mean [average] wind speed 평균 풍속(平均風速) 어떤 관측 시간에 있어서의 풍속의 평균값. 10분간 평균 풍속, 일평균 풍속, 연평균 풍속 등. ＝mean 〔average〕 wind velocity

mean [average] wind velocity 평균 풍속(平均風速) ＝mean 〔average〕 wind speed

mean curvature 평균 곡률(平均曲率) 곡면상에서 정의되는 두 주곡률의 상가(相加) 평균. 제르만(S. Germain)의 곡률이라고도 한다.

mean free path 평균 자유로(平均自由路) 실내의 벽, 천장 등에서 반사한 음이 다음 반사를 하기까지의 평균 전파 거리. V를 방의 용적, S를 실내 총표면적으로 하면 통계적으로 $4V/S$가 된다.

mean illuminance 평균 조도(平均照度) 장소마다 다른 조도를 방단위, 혹은 일정한 범위에서 평균하여 나타낸 경우의 조

도. 평균 조도 E(lx)는 다음 식으로 산출된다.

E = N × F × U × M / A

여기서, N : 광원의 수, F : 광원의 광속(lm), U : 조명률, M : 보수율, A : 방면적(m^2).

= average illuminance

mean luminance 평균 휘도(平均輝度) 어떤 방향에서 본 조명 기구의 평균 휘도. 조명 기구에 의한 불쾌 글레어의 평가에 필요한 양.

mean pressure 평균 풍압력(平均風壓力) 풍압 변동의 평균 성분.

mean pressure distribution 평균 풍압 분포(平均風壓分布) 건축물에 작용하는 평균 풍압력의 내외 표면상의 분포.

mean principal stresss 평균 주응력(平均主應力) 최대, 최소 및 중간 주응력의 평균값.

mean radiant temperature 평균 방사 온도(平均放射溫度) 인체나 물체가 주위로부터 받는 방사열의 영향을 그 전방향으로 평균한 것과 등가한 흑체의 온도. 실내의 장소에 따라 다르다. →mean surface temperature

mean shear stress intensity 평균 전단 응력도(平均剪斷應力度) 부재에 작용하는 전단력을 부재 단면적으로 나눈 값. 단면에 평등하게 전단력이 작용한다고 가정하고 구하는 값으로, 내력의 가늠으로서 사용한다.

mean solar time 평균 태양시(平均太陽時) 평균 태양일의 1/24의 시간. 평균 태양일은 태양이 자오선상에서 1회전하여 다시 원래의 자오선상에 오기까지의 시간의 연간 평균 시간.

mean surface temperature 평균 표면 온도(平均表面溫度) 고체 표면상의 평균 온도.

mean wind velocity 평균 풍속(平均風速) 관측 시점 이전 10분간의 풍속의 평균값을 m/s로 나타낸 것.

measure 계량(計量) 물체의 질량, 체적(용적), 길이 등을 측정하는 것.

measured drawing 실측도(實測圖) 대지라든가 기존 건물을 실제로 측정하여 그 측정값에 따라서 그린 도면.

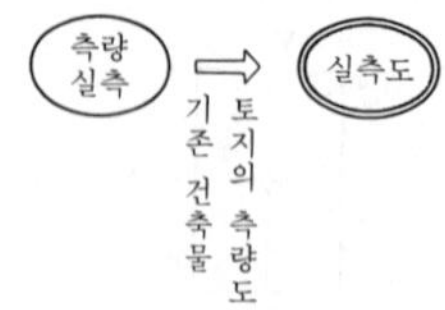

measurement of flow rate 풍량 측정(風量測定) 배출구나 흡입구 등의 풍량을 측정하는 것.

measurement resistor 측온 저항체(測溫抵抗體) 온도 변화에 따라 전기 저항이 민감하게 변화하는 물질. 전기 저항식 온도계의 측온부로서 쓰인다. 백금, 니켈, 서미스터 반도체 등이 대표적인 예이다. 정밀도가 좋고 안정성이 뛰어나다는 특징이 있으나 가격, 범용성의 면에서 열전쌍보다 약간 뒤진다.

measurement unit 척도(尺度) ① 물체나 공간의 크기를 잰다든지 평가할 때의 길이의 단위. ② 감각의 세기를 나타내는 단위. 감각 척도라 한다. ③ 실물 크기에 대한 그림에 그려진 크기의 비율.

measure pole 눈금대 = inspection pole

measuring efficiency 오차율(誤差率) 참값에 대한 오차의 비율. 오차율의 절대값이 작은 것일수록 측정의 정밀도가 좋다.

measuring rope 줄자 거리 측정용의 로프. 신축이 크기 때문에 높은 정밀도가 요구되는 측량에는 적합하지 않다.

measuring tape 테이프자 길이나 거리를 그에 대서 측정하는 자로, 보통 용기 내에 감아들일 수 있다. 강철제, 직물제 등이 있다.

mechanic 기계공(機械工), 건설 기계 운전 기사(建設機械運轉技士) 건설 공사에서는 건설 기계의 운전을 하는 전문의 기능자.

mechanical analysis of grain 입도 시험(粒度試驗) 흙이나 콘크리트용 골재 등의 입자의 혼합 상태를 살피기 위한 시험. 큰 입자는 체질 시험, 74μ 이하의 입자는 비중 측정법에 의한다.

mechanical anchor 메커니컬 앵커 기기 등을 콘크리트면에 고착하는 앵커의 한 형식으로, 콘크리트의 천공부에 볼트나 너트를 삽입하고, 그 안 부분을 확대시켜 마찰력으로 고정하는 것.

mechanical and electrical contractor 설비 공사업(設備工事業) = building services trade, building services contractor

mechanical circulation 강제 순환(强制循環) ① 난방 설비에서 실내의 공기와

방열기와의 열교환을 하기 위해 송풍기에 의해 공기를 순환시키는 것. →natural circulation. ② 온수관 등의 탕을 펌프 등의 기계력에 의해 기계적으로 순환시키는 것.

mechanical draft cooling tower 기계 통풍 냉각탑(機械通風冷却塔) 재사용을 위해 냉동기 등의 냉각수를 공기와 직접 접촉시키고 일부 증발시켜서 냉각하는 장치. 팬을 사용하여 공기를 움직여서 냉각 효과를 높인다. 강제 통풍 냉각탑이라고도 한다.

mechanical equipment 기계 설비(機械設備) 위생 설비와 공기 조화 설비 및 이에 준하는 건축 설비의 총칭.

mechanical equivalent of heat 열의 일당량(熱－當量) 서로 같다고 간주되는 일의 양 W와 열량 G와의 비(기호는 J)를 말한다. 즉 J＝W/G. 열량과 일의 양은 본질상 같은 것이므로 그 한쪽을 다른쪽으로 환산할 수 있다. 즉 단위의 열량(1 kcal)을 일의 양으로 환산한 값(426.9kg·m)이므로 J＝426.9kg·m/kcal 또는 1/J＝A로서 A를 일의 열당량이라 한다.

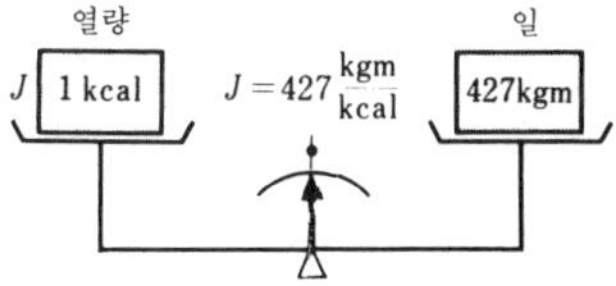

mechanical fastener 메커니컬 파스너 부재에 구멍을 뚫어 덧판을 써서 접합하는 기계적 접합법용 접합 요소의 총칭. 리벳, 볼트, 고력 볼트 등.

mechanical impedance 기계 임피던스(機械－) 진동하는 물체의 한 점에 가해지는 힘과 그 점의 속도와의 복소수비를 그 점의 기계 임피던스라 한다. 만일 어느 면상의 점이 모두 동일 속도, 동일 위상으로 진동하는 경우에는 그 면에 가해지는 진동 방향의 힘과 그 면의 속도와의 복소수비를 그 면의 기계 임피던스라 한다.

mechanical joint 메커니컬 조인트 볼트·너트로 접합하고, 충전재로서 고무를 사용하는 주철관의 이음법.

mechanical joint of bar 기계식 철근 이음(機械式鐵筋－) 겹이음·가스 압접 이음·용접 이음 등 이외에 특히 굵은 직경의 철근을 주로 하여 기계적 접합을 하는 이음. 그립 이음·스퀴즈 이음·커플러 이음·슬리브 충전 이음 등이 있다.

mechanical parking station 기계식 주차장(機械式駐車場) 전용의 기계를 써서 자동차를 반송, 격납하는 주차 시설. 독립하고 있든가 건물 속에 갖추어져 있다.

mechanical property 역학적 성질(力學的性質) 재료나 부재·골조의 역학적 작용에 대한 성질. 압축·인장·전단·휨·마찰·충격 등의 응력에 대응한다. 구조물 전체로서는 상시·비상시 또는 장기의 경년 변화에 대하여 부여할 역학적 성질을 역학적 성능이라 하기도 한다.

mechanical return system 기계 환수식(機械還水式) 일단 핫 웰(hot well)에 모은 증기 배관계의 환수를 펌프를 써서 보일러에 공급하는 방식.

mechanical smoke exhaustion 기계 배연(機械排煙) 외기에 면한 배연구(排煙口)를 개방하여 배풍기 또는 송풍기를 구동시킨 환기에 의해서 연기를 배출하는 것.

mechanical ventilation 기계 환기(機械換氣) 송풍기, 배풍기 등에 의해 강제적으로 하는 환기.

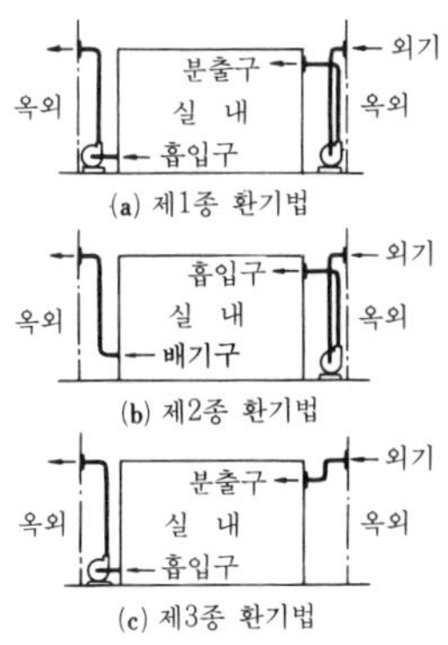

(a) 제1종 환기법
(b) 제2종 환기법
(c) 제3종 환기법

mechanical works 기계 설비 공사(機械設備工事) 위생 공사와 공기 조화 설비 공사의 총칭.

mechanism 기구(機構), 붕괴 기구(崩壞機構) 리밋 디자인에 있어서 부재가 플라스틱 힌지와 진짜 힌지로 결합된 상태에 이르렀을 때의 골조계를 말한다. 이 계는 변형이 작은 동안은 하중의 증감없이 무제한으로 변형하므로 불안정하다.

mechanism condition 기구 조건(機構條件) 구조물의 일부 혹은 전체에 운동적 허용 상태가 성립하기 위한 조건.

mechanism of collapse 붕괴 메커니즘(崩壞－) 구조물에 필요한 수의 소성 힌지가 발생하여 운동 가능하게 된 기구.

medallion 메달리온 건축에 있어서의 원형 모양의 양각 조각.

medial strip 중앙 분리대(中央分離帶) = dividing strip
median 미디언, 중앙값(中央−) 각 개체를 변량의 크기 순으로 배열했을 때 그 중앙에 자리하는 값. 개체의 총수가 짝수일 때는 중앙에 가장 가까운 두 수의 산술 평균으로써 중앙값이라 정의한다.
medical center 메디컬 센터 지역의 의료 중심이며, 의과 대학을 포함하는 종합 병원과 각종 전문 병원으로 이루어지는 의료 센터.
medical management consultant 메디컬 매니지먼트 컨설턴트 회계사·세리사 등이 의료 분야에 참여한다든지, 대형 건설 회사가 병원 시설의 설계나 건설에 수반하여 경영 지도를 하는 병원 경영에 관한 지도 진단업을 말한다.
medicine cabinet 메디신 캐비닛 욕실이나 세면실에 설치되는 화장품이나 세면 용구의 수납 가구.
medium 매질(媒質) 음·빛·열·전기 등이 전달되는 물질 또는 공간을 말한다. 예를 들면 공기 중을 음이 전할 때는 공기가 매질이다.
medium denstity fibreboard 중질 섬유판(中質纖維板) 목재 섬유에서 불순물을 제거하여 제조한 섬유판으로, 치밀하고 가벼우며 가공성이 좋다. 창호틀이나 가구 등에 사용된다. =MDF
medium earthquake 중지진(中地震) 지진학상에서는 $7>M>5$ 규모의 지진을 중지진이라 한다. 내진 설계에서는 거의 표준 전단력 계수 0.2의 것을 중지진이라 하고, 보유 수평 내력 검정용의 1.0의 것을 대지진이라 개념적 구별을 하고 있다.
medium finished bolt 중 볼트(中−) 마감 정도가 상 볼트보다 약간 적으며, 축과 머리의 내부를 마감하고, 외측은 마감하지 않는 볼트. 구조체의 볼트로서 보통 널리 쓰인다.
medium fire 중화재(中火災) 대화재에 대하여 연소 규모가 그다지 크지 않은 화재.
medium-rise 중층(中層) 건물 높이가 중정도라는 것. 일반적으로 층수 3~5층 정도, 10~15m 정도를 말한다.
medium-rise housing 중층 주택(中層住宅) 3~5층 정도 높이의 주택. 일반적으로 집합 주택이다.
medium stone 준견석(準堅石) 견석과 연석의 중간적인 성질의 석재. =semihard storne
medium square 중각(中角) 대각과 소각과의 중간인 제재 목재.
meeting room 회의실(會議室) 회합하여 회의를 하기 위해 설치된 방.

meeting style 마중대 미닫이, 미서기 등이 닫을 때 서로 접하는 것. 또는 그 부분을 말한다.

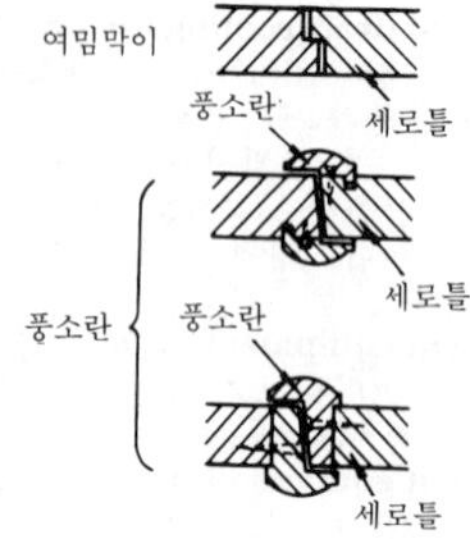

mega 메가 100만배를 나타내는 SI단위의 접두어. 그리스어의 megas(크다)에서 파생되고 있다. 기호 M.
megacity 메가시티 인구 100만명 이상의 도시.
megahertz 메가헤르츠 주파수의 단위. 기호 MHz.
megalopolis 메갈로폴리스 거대 도시가 연이어 형성된 도시간을 말하며 미국의 지리학자 고트맨이 제창했다.
mega structure 초구조체(超構造體) 통상의 스케일을 넘는 길이 또는 높이의 구조체. 기둥·보·벽 등을 집약하거나 여러 층 또는 전면에 걸쳐서 하나의 구조 요소라고 생각할 때에 사용한다. 도시 구조의 구성에도 개념으로서 쓰인다.
megger 메거 전기 기기의 절연 저항을 측정하는 계기.
megger test 메거 시험(−試驗) 메거를 써서 전기 절연을 계측하는 것.
Meisner's operator 마이스너의 연산 기호(−演算記號) 셸의 평형 조건식이나 적합 조건식을 간략화하기 위해 사용되는 기호를 말한다.

$$L(x)=\left\{s\frac{d^2x}{ds^2}+\frac{dx}{ds}-\frac{1}{s}x\right\}\cot\alpha$$

Meister curve 마이스터(감각) 곡선(−(感覺)曲線) =Meister' s sensation curves
Meister's sensation curves 마이스터(감각) 곡선(−(感覺)曲線) 진동의 인체 감각을 진동수와 진폭(변위, 속도, 가속도)의 관계로 나타낸 곡선.
melamine resin 멜라민 수지(−樹脂) 무색 투명하고 착색성이 좋으며, 단단하고 내열성이 뛰어난 열경화성 수지의 일종으로, 치장판 · 식기 · 접착제 · 도료 등에 사용된다.

melamine resin adhesive 멜라민 수지 접착제(－樹脂接着劑) 멜라민과 포름알데히드의 축합에 의해 얻어지는 열경화성 수지를 접착제로서 사용한 것. 내열성 · 내수성이 뛰어나다. 금속, 고무, 유리 이외의 것을 접착하는 데 사용된다.

melamine resin overlayed board 멜라민 치장판(－治粧板) 멜라민 수지를 인쇄지에 함침시켜 가열 가압하여 만드는 복합판.

melamine resin plastic board 멜라민 치장판(－治粧板) 테이블이나 카운터의 갑판에 사용되는 멜라민 수지계의 플라스틱판을 붙인 치장 합판.

melt hotly adhesive 핫 멜트 접착제(－接着劑) 가열 용융한 상태로 시공하고, 냉각에 의해 경화하는 접착제.

melting 융해(融解), 용융(熔融) 고체가 가열되어 액체로 되는 것을 말한다. ＝fusion, thawing

melting point 융점(融點) 융해가 이루어지는 온도. 그 물질의 고상(固相)과 액상(液相)이 공존할 수 있을 때의 온도.

melting pot 멜팅 포트 여러 인종이나 문화, 민족 등이 융합한 도시나 지역. 뉴욕이 대표적이다.

member 부재(部材) ＝member of framework

member coordinate 부재 좌표(部材座標) 전체 좌표와는 별도로 구조물의 요소를 이루는 부재마다 설정하는 국부 좌표.

member list 부재 리스트(部材－) 기둥 · 보 등의 부재 단면 구성을 층마다 부재 기호마다 정리하여 나타낸 도표.

member of framework 부재(部材) 골조를 구성하는 기둥이나 보, 지붕틀 구조 등의 막대 모양의 재료.

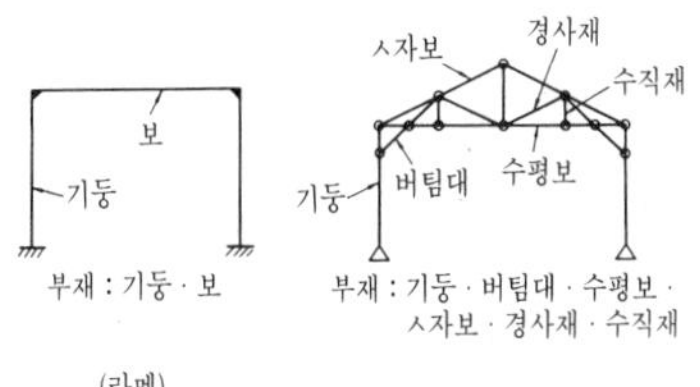

(라멘)

member of non-uniform section 변단면재(變斷面材) 재축(材軸)에 직각인 단면이 재축 방향으로 고르지 않는 재료.

member of uniform section 등단면재(等斷面材) 단면이 같게 변화하지 않는 것.

member subjected to bending 휨재(－材) 휨 모멘트를 받는 부재. ＝bending member

member substitution method 부재 치환법(部材置換法) 트러스 등의 해법의 하나. 트러스를 절점마다 평형 방정식으로 풀어갈 때 필요에 따라 부재를 제거 또는 가상 부재를 삽입하여 풀어가는 수법.

member with closed section 폐단면재(閉斷面材) ＝closed section member

membrane 막(膜)[1], 멤브레인[2] (1) ① 얇은 피막의 총칭. 방수층이나 도료 등의 피막을 가리키는 경우가 많다. ② 천막 등에 쓰이는 얇은 천 · 판상의 것. 막으로 구성되는 구조를 막구조라 한다.
(2) 건물의 방수 공사에서 아스팔트 등의 얇은 피막상의 방수층.

membrane stress 막응력(膜應力) 셸 구조가 막응력 상태에 있을 때의 셸면 내의 압축 응력이나 인장 응력을 말한다.

membrane stress state 막응력 상태(膜應力狀態) 얇은 셸이나 막구조에서 셸면 내의 압축 응력이나 인장 응력만으로 외력과 평형을 이루는 상태. 구조물의 끝 부분이나 하중이 집중하는 곳에서는 성립하지 않는다.

membrane structure 막구조(膜構造) 구조체가 휨 강성을 갖지 않든가 또는 그것을 무시할 수 있는 부재로 구성되고, 외부 하중에 대하여 막응력 즉 막면 내의 인장 압축 및 전단력으로만 평형하고 있는 구조. 좁은 뜻의 막구조로서는 인장 · 전단력에만 견디는 막재료를 쓰는 것에 한정하고 있다. 텐트 구조 · 서스펜션 막구조 · 공기막 구조가 주이다.

membrane theory 박막 이론(薄膜理論) 셸의 면내의 직응력과 전단력만으로 저항한다고 생각하고, 휨 저항을 무시한 해석 이론을 말한다.

membrane theory of shell structure 셸의 막이론(－膜理論) 판으로서의 휨 모멘트에는 저항하지 않고, 면내의 압축, 인장 또는 전단 응력만이 생긴다고 가정하여 셸 구조의 응력을 해석하는 이론.

membrane water-proofing 멤브레인 방수(－防水) 지붕 등의 넓은 면적을 얇은 방수층으로 전면 덮는 방수 공법의 총칭. 아스팔트 방수, 시트 방수, 도막 방수 등이 이에 해당된다.

memorial arch 기념문(記念門) 전승(全勝) 등을 기념하여 건조된 아치형의 문. 개선문이라고도 한다. 특히 고대 로마에 많은데, 그 후도 전승이나 중요한 사건을 기념하여 세워졌다.

memorial arch

memorial architecture 기념 건축물(記念建築物) 어느 사적이나 특정한 인물의 업적 등을 기념하여 만들어지는 건축물의 총칭.

mending 보수(補修) 고장, 파손을 회복하기 위해 행하는 사후적인 소규모의 수선. =repair

menhir 멘히르 원시인이 거대한 자연석을 써서 만든 것으로 지상에 하나 또는 여러 개의 석주(石柱)를 세운 것. 높이 10m에 이르는 것도 있으며, 주로 서구에서 볼 수 있다.

menu form 메뉴 방식(一方式) 주택 판매의 한 방법. 여러 종류의 주택을 구입자에게 선정케 하는 방식.

mercury 수은(水銀) 원소 기호 Hg, 비중 13.6, 상온에서 액체인 단 하나의 금속. 다른 금속과 합금을 만들기 쉽고, 그들 합금을 총칭하여 아말감이라 한다. 온도계·기압계나 수은등·정류계 등에 쓰인다.

mercury arc lamp 수은등(水銀燈) 수은 증기 중에서 아크 방전시켰을 때 발하는 빛을 이용한 램프. 저압 수은등·고압 수은등이 있다.

mercury barometer 수은 기압계(水銀氣壓計) =mercury manometer

mercury manometer 수은 압력계(水銀壓力計) 압력차를 수은의 액면 높이로 나타내도록 한 압력계.

mercury switch 수은 수위치(水銀一) 수동 및 자동에 의한 제어에 사용되는 스위치로, 그림과 같이 밀봉한 유리 속에 2개 이상의 전극이 있고, 소량의 수은이 봉입

저압 수은등

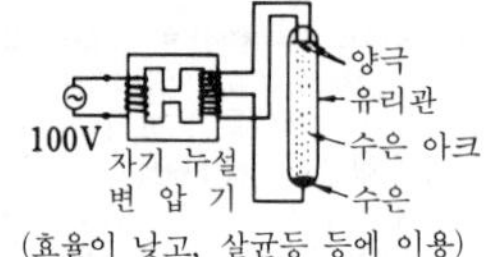

(효율이 낮고, 살균등 등에 이용)

고온 수은등

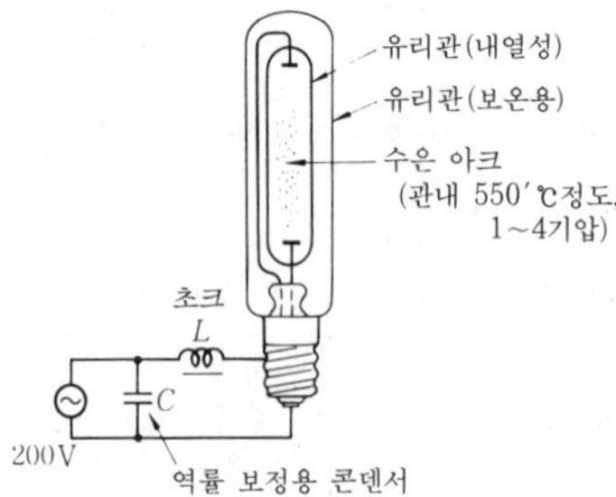

전구보다 효율이 높다. 빛에 붉은 기가 없다.
옥외 조명 광원에 적합하다.

mercury arc lamp

되어 있다. 유리 용기의 기울기에 따라 전기 접촉한다든지 끊어진다든지 한다.

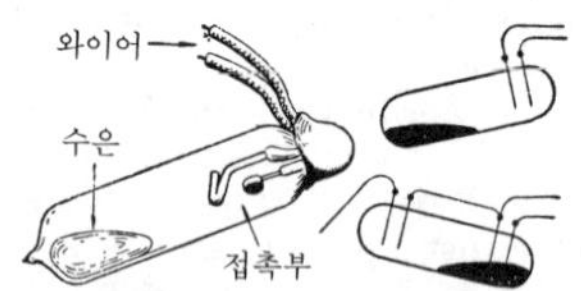

mercury thermometer 수은 온도계(水銀溫度計) 온도계의 일종으로, 온도 변화에 따라서 팽창·수축하는 수은의 성질을 이용한 것. 0~100℃ 이외는 그다지 정확하지 않으나 −35~+360℃의 측정이 가능하다.

mercury-vapour lamp 수은등(水銀燈) 수은 증기 중의 방전에 의한 빛을 이용하는 램프. 저압 수은등(수은 증기압 0.01~10mmHg), 고압 수은등(수은 증기압 100mmHg~1기압 이상), 초고압 수은등(수은 증기압 10~200기압) 등이 있다. 수은등의 빛은 1mmHg의 저압에서는 자외부 2537Å이 매우 강하다. 1기압에서는 자외부가 감소하여 가시부가 현저하게 증가하고, 20기압 이상에서는 스펙트럼선의 확산과 동시에 연속 부분이 나타난다.

mesh 메시 체눈의 크기를 말한다. 보통

1인치(25.4mm)의 길이 사이에 있는 그물눈의 수로 나타낸다. 시멘트의 입도(粒度)를 나타내는 데 사용한다.

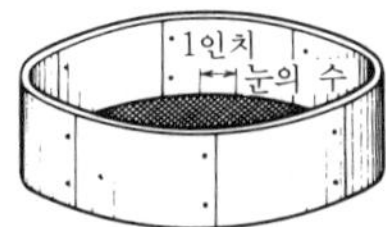

mesh data 메시 데이터 지역의 특성을 아는 방법의 하나로, 일정한 넓이의 면적마다의 수치를 입체적으로 표시하여 계획에 도움을 줄 수 있다. 컴퓨터에 사용하기 쉽고 표시가 명확하게 얻어진다.

mesh-data system 메시데이터 시스템 지도상에 그리드를 설정하고, 그 그리드 내에 포함되는 내용을 수치화하여 지역의 특성을 시각적으로 표현하는 방법. → mesh data

mesh map 메시 맵 지역을 그리드로 나누고, 그리드마다 색으로 구분하여 양적 및 질적 분포 상태를 표현한 지도.

mesh of reinforcement 철근 격자(鐵筋格子) 격자 모양으로 조립한 철근. 원강(환강)을 용접에 의해 사다리꼴로 조립하여 이형 철근의 일종으로 한 것도 있다.

Mesopotamian architecture 메소포타미아 건축(－建築) 티그리스, 유프라테스 양강의 유역에 발전한 고대 메소포타미아 문명의 건축 양식.

message waiting lamp 메시지 램프 호텔의 숙박객에 대하여 외부로부터의 메시지가 와 있다는 것을 알리는 램프.

metabolism 대사(代謝) 체내에서 화학 반응에 의해 행하여지는 물질 변화의 현상을 대사라고 총칭한다. 인체가 생명을 유지하고, 혹은 활동에 의해서 생기는 열 에너지가 대사량이다. 단위 시간당, 단위체 표면적당의 대사량을 대사율(metabolic rate : MR이라 약기)이라 한다. MR의 단위는 kcal/m²h.

metal arc welding 금속 아크 용접(金屬－鎔接) 아크의 고온을 이용하여 모재의 용접부를 가열하고, 용가재 또는 용접봉을 용융시켜서 접합을 하는 방법을 말한다. 아크 발생용의 전류는 직류 또는 교류로 하고, 아크의 양단은 모재의 용접부와 전극봉의 끝 혹은 두 줄의 전극의 선단간이 된다.

metal curtain wall 메탈 커튼 월 알루미늄, 스테인리스강, 청동 등을 사용한 금속제의 커튼 월.

metal form 메탈 폼 콘크리트의 타입(打入)에 사용하는 강철제의 형틀.

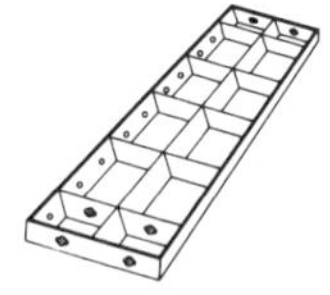

metal furniture 금속 가구(金屬家具) 주요 구조에 금속을 사용하고 있는 가구. 고대 이집트에서는 청동, 중세부터는 철, 근대에서는 알루미늄, 스테인리스, 티타늄 등도 사용한다.

metal-halide lamp 메탈핼라이드 램프 수은 램프 속에 금속의 할로겐 화합물을 넣은 방전 램프. 태양광에 가까운 백색광을 낸다.

metal inert gas welding MIG용접(－鎔接) 알루미늄 합금의 스폿 용접에 쓰이는 불활성 가스 아크 용접법.

metal joiner 줄눈 철물(－鐵物) 섬유판, 합판, 인조석 등의 줄눈에 장식을 겸해 사용하는 철물. 황동, 스테인리스, 알루미늄 등이 사용된다.

metal lath 메탈 라스 바름벽의 바탕에 사용하는 박강판에서 만든 라스. 형상에 따라 평라스, 리브 라스 등이 있다.

metallic coating 금속 피복(金屬被覆) 재료의 방식 등을 목적으로 하여 재료 표면을 금속으로 피복하는 것.

metallic enamel 메탈릭 에나멜 래커 에나멜, 아크릴 수지 에나멜 등의 다소 투명도가 있는 것에 알루미늄 페이스트를 혼입하여 금속적인 광택을 갖게 한 에나멜의 총칭.

metallic joiner 줄눈대 인조석이나 치장줄눈에 사용하는 철물.

metallic paint 메탈릭 도장(－塗裝) 도료속에 금속 가루를 섞어서 도장하는 방법으로, 금속적인 광택을 갖는다.

metallic wall covering 메탈릭 벽지(－壁紙) 금속박의 표면을 투명 도료로 코팅하고, 종이를 뒤에 바른 벽지.

metallization 금속 피복(金屬被覆) ＝ metallic coating

metallizing 용사(熔射) 금속 또는 그 화합물의 미분말을 가열하여 반용융상으로 해서 뿜어붙여 밀착 피복하는 방법. 가스 불꽃 또는 아크 불꽃을 쓰는 경우와 플라스마 용사가 있다.

metallographical microscope 금속 현미경(金屬顯微鏡) 금속 조직을 관찰하기 위한 현미경. 금속은 광선이 통과할 수 없으므로 광선을 시료면(試料面)에 조사(照射)하여 반사시켜 조직을 보도록 되어 있다.

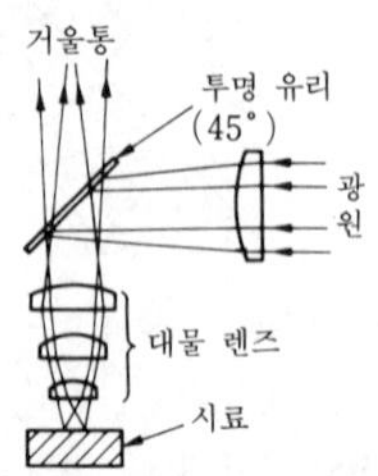

metallographical microscope

metal plate 금속판(金屬板) 강, 알루미늄을 소재로 하는 판. 금속 바닥판, 금속 벽판, 금속 천장판, 금속 지붕판 등이 있다.

metal raceway 금속 선피(金屬線被) 옥내 배선 공사에서 전선을 외상(外傷)에서 보호하기 위한 금속제 홈통과 뚜껑.

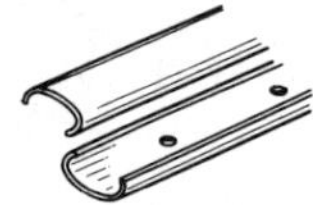

metal sheet roofing 금속판 잇기(金屬板-) 각종 비철 금속판, 녹방지 처리 강판 등을 써서 지붕을 잇는 공법. 또 그 작업.

metal shingle 금속 기와(金屬-) 금속판을 프레스하여 기와 모양으로 만든 지붕 잇기 재료.

metal spraying 금속 용사(金屬熔射) 용융한 금속을 고압 가스로 재료의 표면에 뿜어붙여서 피복하는 것.

metal touch 메탈 터치 기둥의 축력(軸力)이 매우 크고, 인장력이 거의 발생하지 않는 초고층의 하부 기둥 등에 있어서 상하 부재의 접촉면에서 축력을 전달시키는 이음 방법. 전 축력의 약 반을 이 방법으로 전할 수 있다.

metal touch joint 메탈 터치 이음 철골 구조의 기둥에서 이음 부분에 인장 응력이 생기지 않는 경우 접합부 단면(端面)을 깎아 마감하고, 단면 상호를 밀착시킨 이음. 강구조 설계 규준에서는 그 부분의 압축력 및 휨 모멘트의 각각 1/4은 접촉면에서 직접 전달한다고 생각해도 된다.

metal tube furniture 스틸 파이프 가구(-家具) 파이프재의 탄력성이나 휨 가공성, 경량이고 절단 용이 등의 특성을 이용하여 만든 가구로, 플라스틱 피막으로 감싸인 것. =steel pipe furniture

metal work 금속 공사(金屬工事) 금속류를 다루는 공사 중 철골, 철근, 판금, 창호, 설비 공사를 제외하는 것의 총칭. 예를 들면 코너 비드, 줄눈 철물, 조이너, 논슬립 등의 부착 공사.

metamerism 메타메리즘 특정한 관측 조건하에서 분광 분포가 다른 두 색자극이 같게 보이는 것. 조건 등색이라고도 한다.

metamorphic rock 변성암(變成岩) 화성암이나 퇴적암(수성암)이 고압, 고열 등의 변성 작용을 받아 변질 재결정하여 만들어진 암석.

meteoric water 강수(降水) 대기 중의 수증기가 응축하여 지상에 나타난 것으로, 비, 눈, 싸라기눈, 우박, 진눈깨비, 이슬 등. =precipitation

meteorological damage 기상 재해(氣象災害) =meteorological disasters

meteorological disasters 기상 재해(氣象災害) 기상이 직접 원인으로 되어서 일어나는 재해 및 기상이 밀접하게 관계하고 있는 재해. 건물에 대한 주요 기상 재해로는 풍해, 홍수, 산사태, 고조(高潮), 염해, 낭해(浪害), 설해(雪害), 동상해(凍上害), 낙뢰(落雷), 대화재 등이 있다.

meteorological observation 기상 관측(氣象觀測) 대기 중에서 일어나는 여러 가지 기상 현상을 관측, 측정하는 것. 육안으로 관측하는 목시(目視) 관측과 정량적으로 측정하는 측기(測器) 관측이 있다. 대규모의 기상 위성에 의한 관측도 실시되고 있다.

meter 미터 전기 · 가스 · 수도 등의 사용량을 측정하는 자동 계량기.

meter box 미터 박스 독립 주택이나 공동 주택에서 가스 미터, 수도 미터, 전기 미터 등을 한 곳에 둔 공간으로, 배수관의 파이프 스페이스와 병용되는 일이 있다.

meteropolis 수도(首都) 한 국가의 통치 기관이 두어지고 있는 도시. =capital city

methane gas 메탄 가스 천연 가스의 주성분으로, LNG의 원료가 된다. 유기물이 혐기성균(嫌氣性菌)에 의해 분해되어도 발생하므로 하수 처리장의 소화층에서도 얻어진다.

method of curing 양생법(養生法) 콘크리트 타입 후는 외력, 일광 직사, 한기, 풍우를 피하고, 수화 작용을 돕기 위해 노출면은 거적 등으로 덮고, 5일간 이상 살수 기타의 방법으로 습윤(濕潤)을 유지한다(조강 시멘트를 사용한 경우는 3일 이상). 겨울 공사는 특수한 양생을 한다.

method of elastic center 중심법(重心法) 양단 고정의 아치나 라멘을 푸는 방법의 하나. 부재가 단위 길이당 (1/*EI*)의 무게를 갖는 것으로 하여 그 중심(重心 : 탄성 중심)을 구하고, 이 점에서 정점에 $I=\infty$의 가상재를 부착하여 중심 위치의 부정정력(不整定力)을 미지수로서 푼다. 연립 방정식을 풀지 않아도 된다는 점이 간단하다.

method of elastic load 탄성 하중법(彈性荷重法) 탄성 곡선의 미분 방정식 중의 M/EI하중도를 써서 트러스의 수직 변위를 계산하는 방법(보에 있어서의 모르의 정리에 해당한다).

method of equation 산식 해법(算式解法) 힘의 합성이나 분해, 구조물의 반력이나 응력을 대수적 계산에 의해 구하는 해법.

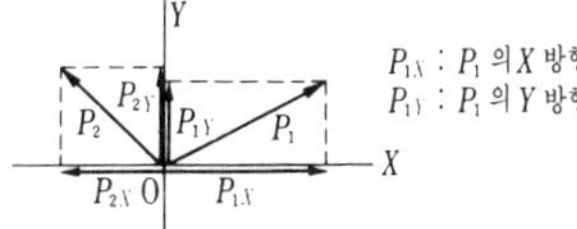

$$\Sigma X=P_{1X}+P_{2X} \qquad \Sigma Y=P_{1Y}+P_{2Y}$$

$$R=\sqrt{(\Sigma X)^2+(\Sigma Y)^2} \qquad \tan\theta=\frac{\Sigma Y}{\Sigma X}$$

method of intersection 교회법(交會法) 평판 측량에서 하천 등의 장애물이 있어 거리를 직접 잴 수 없을 때 위치를 확정할 수 있는 다른 1점을 써서 기타의 위치를 확정할 수 있는 측정 방법. 기지(既知)의 2측점(A, B)을 정합으로써 평판에 의한 시준(視準)만으로 각 측점(C, D)의 위치가 구해지므로 능률적이지만, 오차는 커지기가 쉽다.

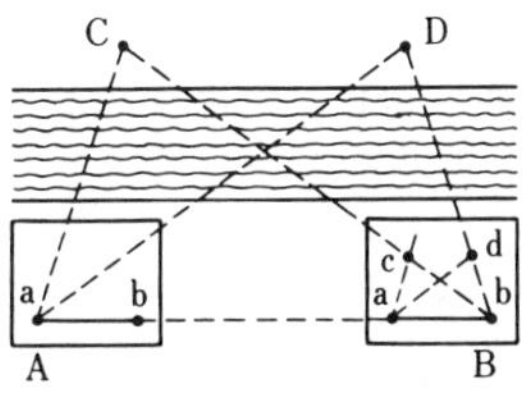

method of joint 절점법(節點法) 트러스의 구조 해법. 지점(支點)에서의 반력을 구한 다음 각 절점에서의 힘의 균형에서 부재 축력을 차례로 구해 가는 방법.

method of member substitution 부재 치환법(部材置換法) =Henneberg's method

method of panel point 절점법(節點法) 트러스의 부재 응력을 구하는 방법. 도식해법과 산식 해법이 있다. 어느 것이나 1점에 모이는 힘(하중·반력·응력)의 균형 조건에서 부재 응력이 구해진다.

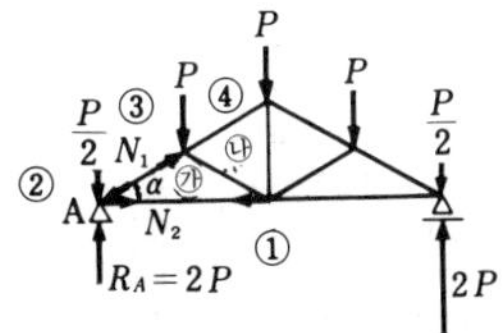

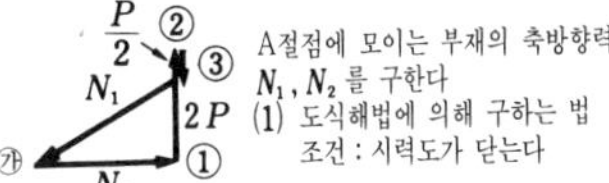

(2) 산식해법에 의해 구하는 법
조건 : $\Sigma X=0$, $\Sigma Y=0$
$\Sigma X=0$에서 $-N_1\cos\alpha+N_2=0$ ①
$\Sigma Y=0$에서 $-\frac{P}{2}+R_A-N_1\sin\alpha=0$ ②
식 ①, ②에서 N_1, N_2이 구해진다

method of section 단면법(斷面法), 절단법(切斷法) 트러스의 해석법. 트러스를 임의로 절단하여 얻어지는 부분의 힘의 균형에서 절단된 부재의 축력(軸力)을 계산한다.

method of steepest descent 최급강하법(最急降下法) 최대 경사선법이라고도 한다. 다변수 함수의 극값을 구할 때 경사가 최대의 방향을 따라 근사해 가는 점근법으로서 제안된 것. 연립 대수 방정식 대신 연립 미분 방정식을 풀어서 근사해 간다. 많은 응용 범위가 있다.

methyl-cellulose 메틸셀룰로오스 백색의 수용성 분말. 주로 시멘트 모르타르에 혼입하여 아직 굳지 않는 동안의 보수성, 작업성을 개선한다.

methyl-methacrylate resin 메타크릴 수지(-樹脂) 열가소성 수지의 일종. 경량이고, 강인하며 무색 투명. 자유롭게 착색할 수 있고, 내후성, 내광성이 뛰어나다. 유기 유리로서 창재(窓材), 조명 부품으로서 널리 쓰인다.

metope 메토프 도리스식 오더의 프리즈(frieze)에 있어서 트리글리프(triglyph) 사이에 끼워진 부분. 일반적으로 조각 등으로 장식된다.

metro 메트로 단지 메트로라고 하는 경우는 프랑스의 지하철을 가리키나, 메트로폴리턴 레일웨이(Metropolitan Railway)는 영국 지하철도의 의미를 갖는다.

metropolis 대도시(大都市), 중추 도시(中樞都市) 인구 규모가 수백만인을 넘는 대도시로, 근린 도시에 대하여 경제적으로

나 사회적으로 중추가 되는 도시.

metropolitan area 대도시 구역(大都市區域), 대도시권(大都市圈) 인구, 산업이 집중하는 대도시의 도시 계획을 세우는 경우, 대도시의 시가지나 행정 구역을 넘어서 그 영향권 내에 있는 주변의 농촌 지방, 소도시에 대해서도 고려할 필요가 있는데, 그들을 포함한 구역을 대도시 구역 또는 대도시 지방이라 한다. =metropolitan region

metropolitan district 대도시 지방(大都市地方), 대도시권(大都市圈) 경제상, 사회상, 지리상, 밀접한 관계에 있고, 하나의 형태를 이루어 대도시를 형성하는 범위.

metropolitan planning 도시군 계획(都市群計劃) 각종 기능을 가진 도시가 비교적 접근하여 군집하고 있는 경우, 지역 전체를 포함해서 하는 도시 계획. 과대 도시의 방지, 지역 격차의 시정, 기업의 합리화, 자원의 유효 이용, 균형적 지역 개발.

metropolitan region 대도시 구역(大都市區域), 대도시권(大都市圈) =metropolitan area

mezzanine 메자닌, 중2층(中二層) ① 1층 바닥과 2층 바닥 사이에 만들어진 층높이나 바닥 면적이 기준층보다 작은 층. entresol이 이에 대응한다. ② 어떤 층과 다음 층 혹은 천장과의 중간에 만들어진 위와 같은 층.

mezzanine floor 중2층(中二層) =mezzanine

mica 운모(雲母) 전기의 불량 도체로, 내열성이 있는 반투명의 천연 규산염 광물.

micro 마이크로 100만분의 1을 나타내는 단위. 그리스어의 micros에서 파생하고 있다. 기호 μ.

microcrack 미크로 균열(一龜裂) 용접 금속 중에 발생하는 육안으로는 판별하기 어려울 정도의 미세한 저온 균열.

micrometer 마이크로미터 측미계(測微計)의 일종. 피치의 정확은 나사를 써서 물체의 외경, 내경, 두께 등의 치수를 정밀하게 측정하는 데 사용한다. 보통 1눈금은 0.01mm. 외측 마이크로미터, 막대형 내측 마이크로미터, 지침 마이크로미터, 지시 마이크로미터 등이 있다.

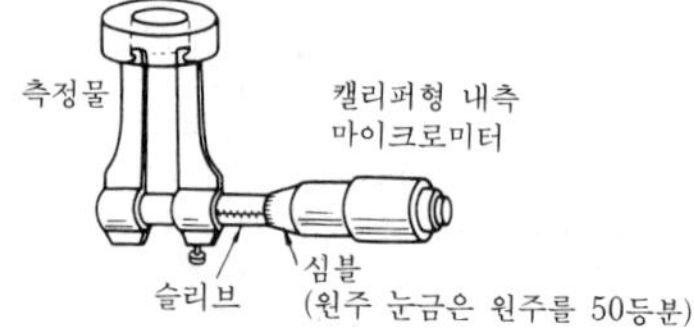

micron 미크론 1mm의 1,000분의 1의 길이. 기호 μ.

microphone 마이크로폰 음파를 이것과 위상 및 주기를 같게 하는 진동 전류로 바꾸는 장치. 크리스털형, 무빙 코일형, 벨로시티형, 콘덴서형 등이 있다.

microporer elastic body 미크로포러 탄성체(一彈性體) 면외 전단 변형에 의한 회전 변형을 고려한 탄성체. 전체 좌표계의 x, y변위를 u, v, 면외 전단 변형의 회전각 β로 하면 미크로포러 탄성체의 변형은

$$\varepsilon_{xx} = \frac{\partial u}{\partial x} \qquad \varepsilon_{yy} = \frac{\partial v}{\partial y} \qquad \kappa_1 = \frac{\partial \beta}{\partial x}$$

$$\varepsilon_{xy} = \frac{\partial v}{\partial x} - \beta \quad \varepsilon_{yx} = \frac{\partial u}{\partial y} + \beta \quad \kappa_2 = \frac{\partial \beta}{\partial y}$$

로 나타내어지며, $\varepsilon_{xy} \fallingdotseq \varepsilon_{yz}$로 되고, 면내 변형 κ_1, κ_2가 나타난다. 층상(層狀)의 부재, 강접(剛接) 트러스 부재 등에서 가정하는 탄성체의 가정이다.

microseism 맥동(脈動) 상시 관측되는 지반의 미진동 중 주기가 수초 이상으로 비교적 긴 진동을 말한다. 바다의 물결 작용·화산의 활동·기압 변화 등에 의해 생긴다고 한다.

microswitch 마이크로스위치 소형 스위치의 일반적인 명칭이며, 각종 장치, 기기, 기구 등에 내장하여 사용된다. 다용도, 다종류가 있으며, 도어 스위치 등은 그 한 예이다.

micro tremor 상시 미동(常時微動) 지진이나 건물의 관측점에서 상시 관측되는 미약한 진동. 교통 기관·기계 등의 인공 가진원(加振源)이나 해양의 파도 등의 영향으로 발생하는 잡진동이다. 상시 미동 파형을 분석하여 지반이나 구조물의 진동 특성을 판단할 수 있다고 한다.

middle and high storied building 중고층 건축(中高層建築) 철골 또는 철근 콘크리트 구조 등의 수층 이상의 건축. 관행적으로는 아파트에서는 4~5층 정도를 중층, 6층 이상을 고층이라 하고, 1~2층을 저층이라 한다.

middle beam 중간보(中間一) 층 중간에 두는 보.

middle coat 재벌칠 초벌칠 또는 고름질 다음에 칠하는 층. 또는 그것을 칠하는 것을 말한다.

middle corridor 속복도(一複道) 양쪽 방의 중간에 있는 복도. 집합 주택이나 아파트 등에도 만들어진다.

middle corridor type apartment house 속복도 집합 주택(一複道集合住宅) 집합

주택의 일종으로, 복도를 가운데 두고 양측에 주택이 있는 형식.

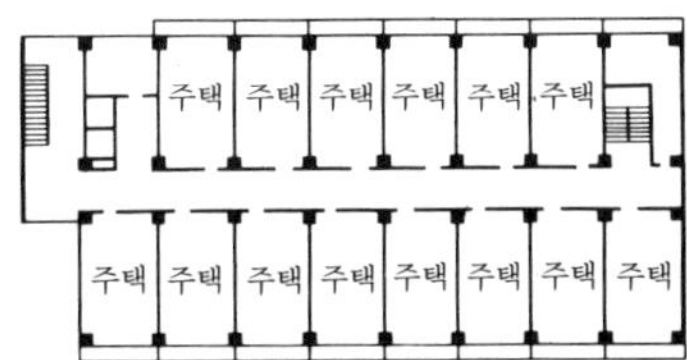

middle hoop 중간 띠철근(中間－鐵筋) 기둥의 띠철근 중에서 축방향 철근의 주위를 둘러싸는 것만으로는 충분하지 않으며, 네 구석 이외의 축방향 철근을 잇는 형식의 것. 철근의 좌굴 방지, 반복 하중에 대한 인성(靭性)의 향상 등에 효과가 있다.

middle principal stress 중간 주응력(中間主應力) 3축 방향의 세 주응력 중 중간값의 주응력.

middle storied apartment 중층 주택(中層住宅) 상하의 교통로로서 계단을 사용하고, 엘리베이터를 필요로 하지 않는 3~5층의 공동 주택.

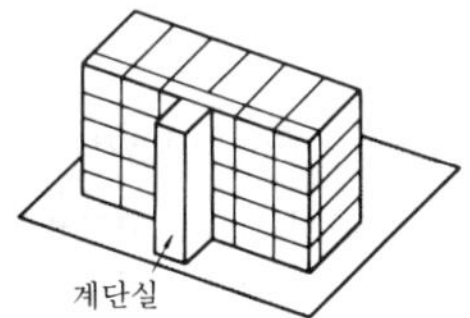

middle strip 주간대(柱間帶) 정방형 또는 구형 슬래브의 중앙 부분.

mid-rise 중층(中層) ＝medium-rise

mid-to-high-rise apartment 중고층 아파트(中高層－) 4층 이상의 공동 주택. 4, 5층을 중층 아파트, 6층 이상을 고층 아파트라고 구별하기도 한다.

mid-to-high-rise housing 중고층 주택(中高層住宅) 대체로 4, 5층의 중층 주택과 6층 이상의 고층 주택을 총칭.

migration 인구 이동(人口移動) 한쪽의 지역 또는 계층의 인구가 감소하고 다른 쪽 인구가 증가함으로써 인구가 이동한 것과 같이 보이는 현상.

MIG welding MIG용접(－鎔接) MIG는 metal inert gas의 약어. 불활성 가스 아크 용접의 하나로, 용가재의 전극 와이어를 연속적으로 공급하여 아크를 발생시키는 방법. 반자동 또는 전자동 용접이 있으며, 알루미늄 합금의 스폿 용접 등에 쓰인다.

mil 밀 길이의 단위로, 1인치의 1,000분의 1을 나타낸다. 1밀은 0.0254mm. 기계의 정밀도에 관해서는 0.01mm가 기준이 되기 때문에 밀도 쓰기 쉬운 단위로서 널리 사용되고 있다.

mild steel 연강(軟鋼) 탄소강의 일종. 강은 탄소 C의 함유량에 따라 분류되며, 연강은 C의 함유량이 0.15~0.28%이다. 토목·건축의 일반 구조용재로서 형강·강판·철근으로, 또 선박·차량 등에 사용된다.

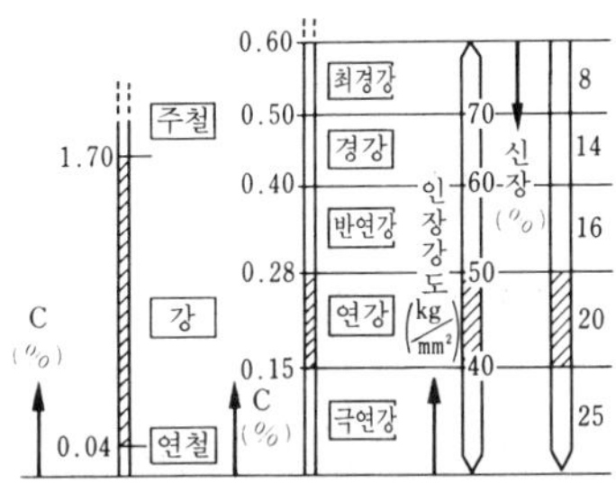

(철의 분류) (강의 분류) (기계적, 물리적 성질)

mild steel arc welding electrode 연강용 피복 아크 용접봉(軟鋼用被覆－鎔接棒) 보통 연강의 용접에 쓰이는 피복 아크 용접봉. 일루미나이트계·라임티타니아계·고 셀룰로오스계·고산화 티탄계·저수소계 등 외에 철분 혼입의 것 등이 있다.

milk-casein 밀크카세인 탈지유에 염산을 가해서 만든 접착제. 목재나 합판용.

milk of lime 석회유(石灰乳) ＝cream of lime

milling machine 밀링 머신 주로 밀링 절삭에 사용되는 공작 기계. 축에 끼운 원형 절삭구(밀링 커터)가 회전하여 공작품에 이송을 주면서 절삭한다.

mill scale 밀 스케일 압연 강재의 표면에 압연 중에 견고하게 부착한 산화철의 얇은 피막.

mill sheet 밀 시트 철근의 품질을 보증하기 위해 메이커가 규격품에 대하여 발행하는 증명서.

minar 미나 고딕 건축의 탑 위 끝이 높고 뾰족한 지붕. ＝spire

mineral fiber 광물 섬유(鑛物纖維) ＝mineral wool

mineral wool 광물 섬유(鑛物纖維) 천연의 석면, 인공의 암면, 슬래그 울 등이 있으며 주로 단열 및 흡음재.

miner structure 마이너 스트럭처 전체 구조에 대하여 여기에 복합하거나 또는 부착 제거가 가능한 부분 구조 시스템을 말한다. 전체의 가구계(架構系) 중에 무관계하게 두어진 부분 가구(架構)도 이에 포함된다.

minimum edge clearance 최소 연단 거리(最小緣端距離) 볼트 구멍 중심에서 가장자리 끝까지의 허용 최소 거리.

minimum lot 최소한 부지(最小限敷地) 주환경 등의 면에서 문제가 생기지 않도록 설정되는 최소 한도의 부지 면적.

minimum outside air volume 최소 외기량(最小外氣量) 필요 최소한의 공기 조화용 외기 도입량. 주로 실내의 거주 인원에 따라 결정한다. 제어의 지표로서는 일반적으로 CO_2농도가 쓰인다.

minimum pitch 최소 피치(最小－) 볼트 구멍 중심간의 허용 최소 거리로 통상은 볼트 직경의 2.5배이다.

minimum weight design 최소 중량 설계(最小重量設計) 구조물이 지지하지 않으면 안 되는 하중에 대해서 안전율을 생각한 종국 하중을 설정한다. 그 조건을 만족하는 설계 중 구조 재료의 중량이 최소로 되는 부재의 단면 치수·구조물의 모양 등을 생각하는 설계.

minium 연단(鉛丹), 광명단(光明丹) Pb_3O_4. 산화연(PbO)을 구워서 만든 적색 안료. 착색제로서보다도 녹방지 페인트의 안료로서 사용된다. H_2S에는 검게 변하지만 알칼리에는 강하다. ＝red lead

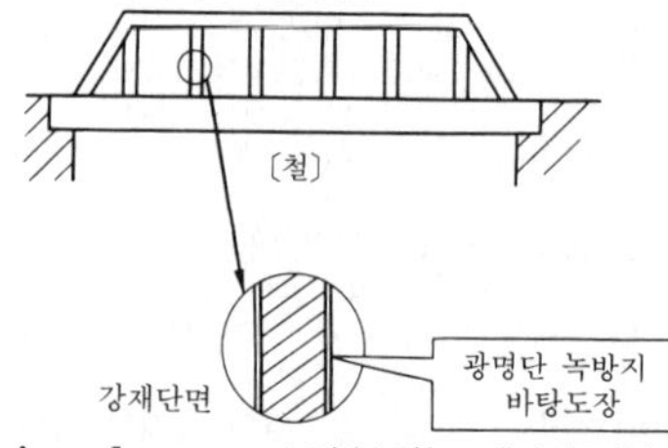

minor damage 소파(小破) 경미한 파손. 지진의 피해 정도를 나타낼 때 흔히 쓰인다. 무피해, 소파, 중파, 대파, 도괴와 같이 분류되는 가운데의 하나.

minor street 세가로(細街路) ① 일반적으로 주택로에서 주택으로의 입구로 통하는 통로로, 주택의 대지를 잇는 구실을 하는 것. ② 도시의 간선 가로에서 가구 내의 각 시설로 통하는 가로나, 보조 간선 가로의 일부 및 구획 가로를 총칭하는 경우도 있다.

minor structure 마이너 스트럭처 전체에 관련하는 주요한 구조에 종속한, 혹은 독립한 부분적인 구조 시스템.

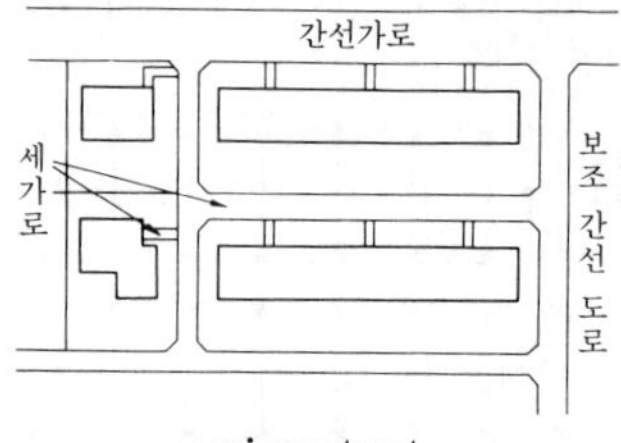

minor street

MIO paint MIO도료(－塗料) MIO는 micaceous iron oxide의 약어. 운모상의 산화철 녹방지 안료를 사용한 녹방지 도료를 말한다.

mirror 거울 ① 빛의 반사를 이용하여 물건을 비추어서 보는 도구. ② 일반적으로 평활한 면을 말한다.

mirror glass 미러 글라스, 거울 유리 한쪽 면에 초산은을 발라 거울면으로 한 열반사 유리. 보통 유리의 여러 배가 되는 단열 효과가 있으며, 고층 건물의 외장재나 점포의 내장재로서 사용된다.

miscellaneous work 잡공사(雜工事) 주요한 공사 종목에 포함되지 않은 여러 가지 공사를 말한다. 각종 작은 공사 부분에서 선반, 받침, 개수대, 욕조, 굴뚝, 환기구멍, 천창(天窓) 등.

Mises-Hencky yield condition 미제스·헹키의 조건식(－條件式) 조합 응력에 대한 금속 재료의 항복을 규정하는 조건식.

mission tile 미션형 기와(－形－) 양기와의 일종.

mist 미스트 공기 중에 부유하는 미세한 액체 방울.

mistake error 과실 오차(過失誤差) 측정값의 오독·오기(誤記) 등 부주의로 생기는 오차. 주의하면 생기지 않는다. 이 때문에 이론상 오차로서는 다루지 않는다.

miter 연귀 모서리 부분에서의 부재 접합법의 하나. 각각의 부재 마구리가 보이지 않도록 하는 접합법. 표면에 보이는 이음은 모서리의 2등분선이 된다.

miter joint 연귀맞춤 가구 등의 접합에 쓰이며 재(材)는 45도 또는 여러 각도로 짜서 마구리를 외부에 보이지 않게 하는 접합법.

mitre 연귀 ＝miter

mix design 조합 설계(調合設計), 배합 설계(配合設計) 필요한 품질의 콘크리트가 얻어지도록 사용하는 콘크리트 재료의 배합을 정하는 것.

mixed air 혼합 공기(混合空氣) 상태가 다른 습한 공기가 단열적으로 혼합된 기체. 공기 조화에서는 흔히 냉각기 앞에서 실내 공기의 일부와 외기를 혼합한다.

mixed construction 혼합 구조(混合構造) 상이한 구조 재료의 부분 가구(架構)를 혼합하여 형성된 구조.

mixed development 혼합 개발(混合開發) 주택지 개발이나 도시 재개발에서 기능, 인구, 사회적 구성, 건축물의 형태 등을 혼합시켜 특화에 의한 폐해를 제거하도록 하는 개발.

mixed in place pile MIP말뚝 끝에 프로펠러 모양의 날끝이 붙은 파이프에서 프리팩트 모르타르를 분출시키면서 회전하여 흙 속에 매입해서 설치하는 소일(soil) 말뚝을 말한다.

mixed joint 혼용 이음(混用－) 두 종류 이상의 접합법을 써서 구성된 접합부. 예를 들면 웨브를 고력 볼트 접합, 플랜지를 용접 접합으로 하는 경우의 접합부.

mixed land use area 혼합 지역(混合地域) 토지 이용이 순화되지 않고 각종 용도가 혼재하고 있는 지역을 말한다. 용도 지역 중 준공업 지역, 주거 지역 등이 그 전형이다.

mixed land use area of residential and industry 주공 혼재 지역(住工混在地域) 근대의 공업화가 앞선 도시로, 공업 지역 및 그 주변에서 일반적으로 볼 수 있는 주택과 공장이 혼재된 지역.

mixed paint 조합 도료(調合塗料), 배합 도료(配合塗料) 바로 사용할 수 있도록 미리 배합한 도료로, 된비빔 도료에 보일유, 희석제, 건조제 등을 섞어서 용액으로 한 것.

mixed ratio of land use 혼재율(混在率) 토지 이용에서 용도가 다른 이용이 혼재하고 있는 상황을 표시하는 면적 구성 비율을 말한다.

mixed rubbish 혼합 쓰레기(混合－) 폐지류, 가정 쓰레기, 사업장으로부터의 가연성 쓰레기와 식당, 호텔 등의 조리장에서 나오는 쓰레기가 혼합한 쓰레기.

mixed sand in gravel 잔자갈 자갈(지름 5mm 이상) 속에 남아 있는 모래.

mixed structure 합성 구조(合成構造), 복합 구조(複合構造) 강과 철근 콘크리트 등 이종의 구조 종별이 협력하여 저항하는 구조. 토목에서는 철골 철근 콘크리트 구조를 합성 구조라 한다. ＝composite structure

mixed use development 복합 개발(複合開發) 상이한 여러 용도의 건축물이나 토지 이용을 유기적으로 조합시켜 일체적으로 개발하는 것.

mixer 믹서 혼합기의 일종으로, 건축 공사용에서는 시멘트 · 모래 · 자갈 · 물 혹은 플라스터 등의 재료를 교반하여 비비는 기계. 콘크리트 믹서, 모르타르 믹서 등이 있다.

콘크리트 공사 · 미장 공사용 가반경동형 믹서

mix-forming concrete 믹스포밍 콘크리트 기포 콘크리트의 일종. 슬러리(slurry)에 미리 기포제를 첨가해 두고, 믹서로 비벼서 공기를 연행시키는 것.

mixing 믹싱, 조합(調合), 배합(配合) 2종 이상의 재료를 분량에 따라 혼합시키는 비율. 중량 또는 용적비로 나타내어진다. 토목 관계에서는 배합이라 한다.

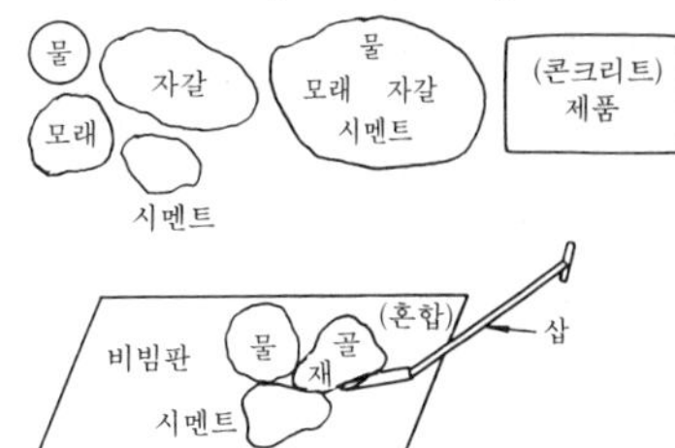

mixing by volume 용적 조합(容積調合) 콘크리트를 구성하는 물 · 시멘트 · 모래 · 자갈의 각 재료를 용적비에 의해 나타낸 조합 방법. 계량 방법에 따라서 표준 계량 조합 · 현장 계량 조합 · 절대 용적 조합 등이 있다.

mixing chamber 혼합실(混合室) ① 연소 장치에서 연료와 공기 또는 증기를 혼합시키는 곳. 점도가 높은 기름을 무화(霧化)하는 경우에는 증기 분무가 쓰인다. ② ＝plenum chamber

mixing faucet 온냉수 혼합 수전(溫冷水混合水栓) 온수와 냉수를 혼합하여 토수하는 급수전. 냉수측, 온수측 각각의 핸들을 돌려서 토수 온도 및 토수량의 조절을 하는 것과 핸들 하나로 하는 것이 있다.

mixing of air flow 기류 혼합(氣流混合) 공기 조화 존(zone) 간의 공기의 혼합을 말한다. 서로 접하는 두 존의 공기가 자연히 혼합하는 경우와 각 존을 받는 공기 조화 장치로부터의 송풍 공기류가 부딪혀서 혼합하는 경우가 있다.

mixing plant 믹싱 플랜트 공사 현장에서 시멘트 · 모래 · 자갈 등 콘크리트 제조용 재료의 저장 · 투입 · 계량 · 혼합, 비빔을 하는 일련의 시설.

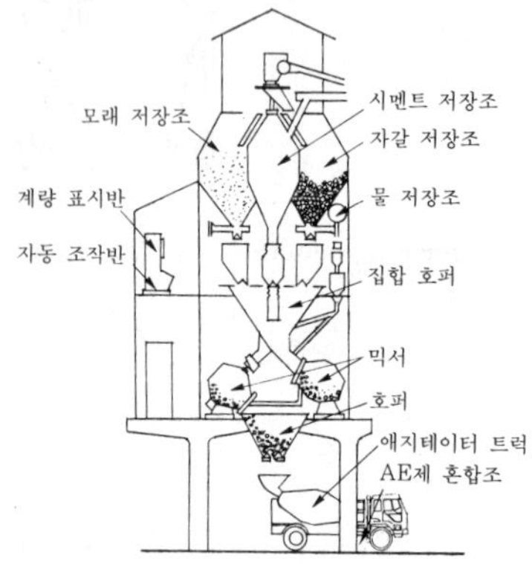

mixing ratio 조합비(調合比), 배합비(配合比) 시멘트를 1로 한 경우의 잔골재 및 굵은 골재의 양을 무게 또는 용적의 비율로 나타낸 조합의 값을 말한다.

mixing ratio by volume 용적 조합비(容積調合比), 용적 배합비(容積配合比) 콘크리트의 재료인 시멘트, 모래, 자갈, 물 등의 각 소요량을 1m³당의 용적으로 나타낸 것.

mixing ratio by weight 중량 조합비(重量調合比), 중량 배합비(重量配合比) 콘크리트의 비빔 1m³당의 재료 소요량을 무게(kg)로 나타내는 것.

mixing ratio in site 현장 조합비(現場調合比), 현장 배합비(現場配合比) 콘크리트 조합의 경우 현장 계량 방법에 의한 조합비. 시멘트는 포대수, 골재는 용적(m³)으로 나타내고 w/c(%wt), 수량(kg/m³)도 나타낸다. 골재의 단위 용적 중량은 자갈은 약 95%, 굵은 모래 약 80%, 잔모래 약 75%로 잡는다. =field-mixing ratio

mixing time 비빔 시간(－時間) 콘크리트를 비빌 때의 소요 시간. 콘크리트의 전 원료를 믹서에 투입하고부터 1분간 비비면 그 이상 비벼도 세기에는 차가 없다. 그러나 1분 이내에는 비빔 시간이 짧을수록 콘크리트의 세기가 급격히 작아진다.

mixing valve 믹싱 밸브 따로 배관된 탕과 물을 혼합시켜서 적온수를 만드는 수전(水栓).

mixing vessel 비빔상자(－箱子) 모르타르, 회반죽 등을 비비는 데 사용하는 상자를 말한다.

mix [maximum and minimum] thermometer 최고 최저 온도계(最高最低溫度計) 어떤 시간 범위의 최고 온도와 최저 온도를 같은 장치로 지시하는 온도계. 최고 온도계와 최저 온도계를 병렬한 것과, 하나의 온도계 내에 알코올 기둥과 수은주를 직렬하여 만든 것이 있다.

mix proportion 조합(調合), 배합(配合) =mixing

mix proportion by absolute volume 절대 용적 조합(絶對容積調合), 절대 용적 배합(絶對容積配合) 프레시 콘크리트 1m³ 중에 포함되는 시멘트, 잔골재, 굵은 골재, 물 및 혼합재를 각각의 절대 용적으로 나타낸 배합.

mix proportion by volume 용접 조합(容積調合), 용적 배합(容積配合) 용적으로 나타낸 콘크리트의 배합. 절대 용적 배합, 표준 계량 용적 배합, 현장 계량 용적 배합 등이 있다.

mix proportion by weight 중량 조합(重量調合), 중량 배합(重量配合) 콘크리트를 비빌 때 각 재료의 혼합 비율을 무게로 나타내는 방법을 말한다. 콘크리트의 배합 중에서는 가장 엄밀한 배합법이다. 배처 플랜트(batcher plant)는 이 방법으로 혼합된다.

mix propotion of concrete 콘크리트 조합(－調合), 콘크리트 배합(－配合) 콘크리트를 구성하는 시멘트, 물, 굵은 골재, 잔골재, 혼합 재료의 비율로, 단위 용적(1m³)의 콘크리트 속에 포함되는 각 재료의 양.

mixture of residential and industry 주공 혼재(住工混在) 소규모의 주택과 공장이 혼재하는 시가지의 토지 이용 형태.

MKS system of units MKS 절대 단위(－絶對單位) 계량의 기본 단위로서 길이는 m, 질량은 kg, 시간은 s를 쓰고, 이들을 기본 단위로서 조립된 단위계. →absolute unit

MO cement 마그네시아 시멘트 =magnesia cement

mobile 모빌 움직이는 조각이라고 일컬어지며, 금속 등의 작은 조각을 천칭을 이용하여 매달아서 풍력으로 움직이도록 구성된 것.

mobile concrete pump 펌프차(一車), 콘크리트 펌프차(一車) 콘크리트 타설 위치까지의 압송 장치를 탑재한 차. 건축 공사에서의 대부분의 콘크리트 타설은 콘크리트 펌프차에 의한다.

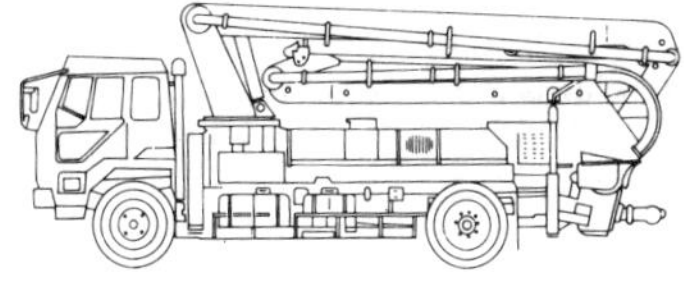

mobile crane 모빌 크레인 =wheel crane

mobile emission source 이동 발생원(移動發生源) 대기 오염 발생원의 하나. 이동하면서 오염 물질을 배출하는 발생원. 자동차, 항공기, 선박, 철도 등이 있다.

mobile home 모빌 홈 =mobile house

mobile house 모빌 하우스 자주식 또는 견인식의 이동 주택. 거실, 침실, 샤워 등을 완비한 주택.

mobility of force 힘의 이동성(一移動性) 강체(剛體)에 작용하는 힘, 혹은 힘의 균형을 생각할 때에는 힘을 작용선상에서 이동해도 같은 효과라는 것을 말한다.

mock-up 실체 모형(實體模型) 설계자가 외관 등을 결정하기 위해 작성하는 실제 치수의 견본.

mode 모드, 최빈값(最頻一) 통계 자료의 도수표(분포표)에 있어서 도수가 최대로 되는 계급의 값. 즉 가장 많이 나타나는 변량의 값을 말한다. 따라서 자료값이 연속적인 값을 취하는 경우는 도수 분포선의 최고점에 대한 자료값이 된다.

model 모델[1], 모형(模型)[2] (1) 대상물의 특성을 추상화하여 재현한 것. 이른바 모형 이외에 기하학 도식, 수식, 그래프 등 개념적인 것도 포함한다.
(2) 실물과 같은 모양으로 만든 것. 일반적으로 건축의 경우에는 완성시의 모양을 입체적, 공간적으로 파악하기 위해 제작하는 축척 모형을 말한다.

model house 모델 하우스 주택 전시장에 세워지는 전시 판매용의 주택.

modelling 모델링 ① 건축물의 모형을 작성하는 것. 또는 모형에 의하여 에스키스(esquisse)를 하는 것. ② 입체에 적도의 명암(음영)을 붙여서 그 모양이나 질감을 적절하게 표현하는 빛의 능력. 입체감이나 재질감 등의 종합된 실체감.

model room 모델 룸 집합 주택이나 호텔 등의 실물 크기의 모형, 현물 견본.

model scope 모델 스코프 시뮬레이션 미디어의 하나로, 건물 모형을 만들고, 그 세부 공간을 시점의 높이에서 볼 수 있도록 고려된 파이버 스코프의 일종.

moderate heat cement 중용열 시멘트(中庸熱一) 보통 포틀랜드 시멘트보다 실리카가 많고, 알루미나, 산화 칼슘이 약간 작은(C_3S, C_3A 적고, C_2S가 많은) 것으로, 발열량이 작고, 조기 강도가 완만하며, 장기 강도가 높다. 매스 콘크리트에 사용된다.

moderate heat Portland cement 중용열 포틀랜드 시멘트(中庸熱一) 보통 포틀랜드 시멘트보다도 경화시의 수화열이 적은 시멘트. 댐 공사 등 일시에 대량의 콘크리트를 타설하는 경우에 사용된다.

modern architecture 근대 건축(近代建築) 근대 사회의 건축 일반을 총칭하여 사용되는 경우도 있으나, 통상은 미술에 있어서의 「모던 아트」와 마찬가지로 근대에 있어서의 새로운 건축 사상이나 새로운 건축 운동과 더불어 창조되어온 건축을 가리켜서 말한다.

modernism 모더니즘 표현은 쇠와 유리와 콘크리트로, 사고 방식은 기능 주의라고 하는 이른바 근대 주의.

modern living 모던 리빙 근대적인 생활, 생활 양식.

modified seismic coefficient method 수정 진도법(修正震度法) 내진 설계법의 하나. 지반이나 구조물의 고유 주기에 의해서 지진 입력이 달라지는 성질을 고려하기 위해 어느 주기 이상의 건물에 생각하는 방법. 설계 수평 진도를 수정하여 사용하며, 탄성 설계법으로 설계한다. 구조물의 내진 설계법은 정적 진도법 · 수정 진도법 · 동적 해석법 · 응답 변위법 등으로 대별되고 있다. 내진 법규에서는 진동 특성 계수 R_t가 이 수정 계수에 해당한다.

modular coordination 모듈러 코디네이션 건축물의 생산에 있어서 각부의 구성 치수를 모듈에 의해 조정하는 것.

modular home 모듈러 홈 모듈(기준 치수)에 의해 구성된 주택.

modular line 모듈 기준선(一基準線) 설계에 있어서의 기본 치수선.

modular ratio 영 계수비(一係數比) = ratio of Young's modulus

module 모듈 ① 측정의 기준. ② 건축에서는 구성하는 상자형의 단위로, 건축물의 설계나 생산의 기준이 되는 치수. ③ 기계에서는 기어의 크기를 정하는 데 사용되는 기준 피치를 원주율로 나눈 것. ④ 전기에서는 한 조로 하여 장치의 단위로 한 것.

module plan 모듈 플랜 건물 공간으로서의 최소 기능 단위를 정하고, 그것을 하나의 단위로서 그들의 조합에 의해 건물 전체를 형성한다.

modulus 모듈러스 탄성 실링재 등의 특성을 나타내는 수치로, 재료를 1.5배로 늘렸을 때의 인장 응력(kg/cm²).

modulus of deformation 변형 계수(變形係數) 응력과 변형의 관계가 반드시 직선적이 아니고 탄성 계수의 개념이 합치되지 않는 재료에 대해서 정하는 응력과 변형과의 비. 흙 등에 주로 쓰이고 있다.

mudulus of eccentricity 편심률(偏心率) 편심 거리 e의 회전 반경에 대한 비율.

modulus of elasticity 탄성 계수(彈性係數) ＝Young's modulus

modulus of elasticity of volume 체적 탄성률(體積彈性率) 등방형 탄성체에 고르게 압력 p를 가하면 그 물체는 단위 체적마다 p/k의 비율로 압축된다. 이 때의 k를 체적 탄성률 또는 체적 탄성 계수라 한다. ＝bulk modulus, volume modulus

modulus of longitudinal elasticity 세로 탄성 계수(－彈性係數), 종탄성 계수(縱彈性係數) 탄성 범위 내의 수직 응력도 σ와 세로 변형도 ε과의 비. 영 계수라고도 하며 E로 나타낸다.

종탄성 계수 $$E=\frac{\sigma}{\varepsilon}=\frac{Pl}{A\,\Delta l}$$

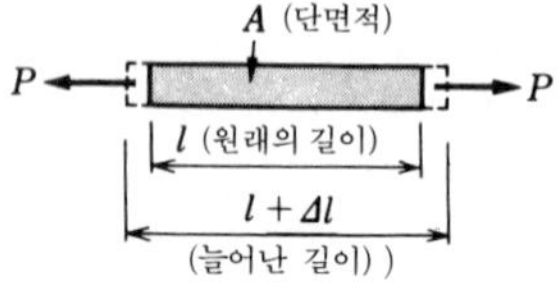

modulus of rigidity 전단 탄성 계수(剪斷彈性係數) 탄성률의 일종. 횡탄성 계수, 횡탄성률, 강성률이라고도 한다. 전단 응력도 τ와 전단 왜도(剪斷歪度) γ 사이의 비례 상수이다.

$\tau/\gamma=G$

기호 G, 단위 dg/cm².

modulus of rupture 파괴 계수(破壞係數) 재(材)가 외력을 받아서 파괴하기까지 단면이 탄성 응력 분포를 하고 있다고 가정하고, 탄성 공식으로 구한 최대 응력도. 참의 파괴 응력도가 아니고 지표로서 쓰고 있다.

modulus of shearing elasticity 전단 탄성 계수(剪斷彈性係數) ＝modulus of rigidity

modulus of subgrade reaction 지반 계수(地盤係數) 지반에 작용하는 단위 면적당의 하중 p를 변형량 s로 나눈 값. kg/cm³ 등의 단위로 나타낸다. 연직 지반 계수 k_v, 수평 지반 계수 k_h 등으로 나누고 있다. 지반의 강성(剛性)값을 대표하는 지표이다.

modulus of torsional rupture 비틀림 파괴 계수(－破壞係數) 비틀림 파괴할 때의 비틀림 모멘트에 대하여 탄성 비틀림 응력도 분포를 가정하여 계산되는 최대 비틀림 응력도.

modulus of volume change 체적 변화율(體積變化率) 흙의 침하량을 계산하는 경우에 사용하는 계수. 체적 변화율 m_v'〔cm²/kg〕는 1m 두께의 층이 전층에 걸쳐서 1kg/cm²의 압력을 평균으로 받을 때의 최종 압축량을 나타낸다.

Mohr-Coulomb's standard of fracture 모어·쿨롬의 파괴 기준(－破壞基準) 흙의 전단 강도를 주는 식. 모어의 응력원의 포락선으로 주어진다.

$s=c+\sigma\tan\varphi$

여기서, s : 흙의 전단 강도, σ : 수직 응력, c : 점착력, φ : 내부 마찰각.

Mohr's circle 모어의 원(－圓) ＝Mohr's stress circle

Mohr's stress circle 모어의 응력원(－應力圓) 평면 응력 상태에서의 수직 응력도 및 전단 응력도에서 주응력도와 그 방향 및 주응력도와 임의의 각을 이루는 방향의 단면상 응력도의 관계를 나타낸 그림. ＝Mohr's circle

Mohr's theorem 모어의 정리(－定理) 정정(靜定) 보의 변형(휨각 및 휨)을 구하는 정리의 하나.

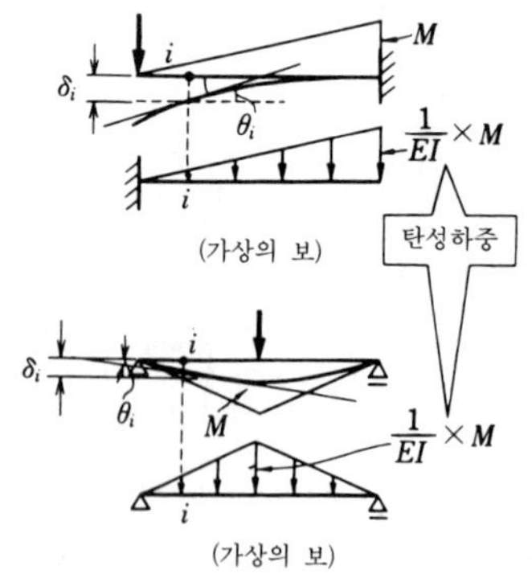

moire 나뭇결 ＝wood grain

Moire's method 모아레법(一法) 가는 평행선을 갖는 두 면을 벗어나게 했을 때 생기는 간섭 무늬를 이용하여 변위, 회전각, 일그러짐 등을 광학적으로 측정하는 방법의 하나.

moist curing 습윤 양생(濕潤養生) 시멘트를 사용하는 성형품이나 구조물의 응결에 필요한 수분을 확보 또는 보급할 목적으로 모르타르나 콘크리트를 타설 후 일정 기간 습윤 상태를 유지하는 것을 말한다. 적신 멍석, 적신 모래 또는 톱밥 등에 의한 피복, 살수, 포화 습기 중에의 방치 또는 수중 침지(浸漬) 등 각종 방법이 있다.

moisture 습기(濕氣) 공기 중에 존재하는 수분과 벽체 등의 고체 내에 있는 수분. =damp

moisture absorption 흡습(吸濕) 물체가 수증기를 흡착하는 현상.

moisture absorptivity 흡습률(吸濕率) 재료를 습한 공기 중에 방치함으로써 함습률(含濕率)이 증가했을 때의 증가분.

moisture capacity 습기 용량(濕氣容量) 재료 단위 체적 내에서 단위의 상대 습도를 변화시키는 데 요하는 함습량(含濕量). 이것은 재료의 평형 함습률 곡선에서 구해진다.

moisture conductance 습기 컨덕턴스(濕氣一) 벽체 양측 표면간의 습기의 침투 정도를 나타내는 계수. 다층 평면벽의 경우는 각 재료의 습기 전도 저항의 합으로 나타내어진다.

moisture conduction resistance 습기 전도 저항(濕氣傳導抵抗) 습기 전도율의 역수. 재료 내의 습기 이동의 정도를 나타내는 계수. 재료 두께를 l, 습기 전도율을 λ'로 하면 l/λ'로 나타내어진다.

moisture conductivity 습기 전도율(濕氣傳導率) 재료 중에서의 수증기 이동은 수증기압 물매에 비례하여 흐르는데, 이 비례 상수를 습기 전도율이라 한다.

moisture content 함수비(含水比)[1], 중량 함습률(重量含濕率)[2], 함수량(含水量)[3] (1) 흙 속의 흙 입자 무게에 대한 물 무게의 비. 함수비 w, 물의 무게 W_w, 흙 입자의 무게 W_s라 하면

$$w = (W_w/W_s) \times 100\,(\%)$$

(2) 재료의 단위 무게당의 함습량. 대부분은 백분율로 나타낸다.
(3) 물체 중에 포함되는 수분의 양.

moisture diffusivity 습기 확산 계수(濕氣擴散係數) 단위 시간에 단위 면적에서 투과 확산하는 습기량. 재료 중의 습기 투과에 대해서는 불명한 점이 많으나 재료의 흡습 밀도(단위 용적이 흡착하고 있는 물의 양) 물매에 비례하여 수증기가 투과하고, 투과한 물은 즉시 재료 속에 고르게 분배된다고 하는 생각에 따르는 것. 디멘션은 대기 중의 수증기 확산 계수와 같은 L^2T^{-1}이다. 원래는 투습률도 습기 확산 계수라고 불렀으나 이것은 다른 것이다.

moisture flow 습기 이동(濕氣移動) 재료 중에서 습기가 고습측에서 저습측으로 이동하는 것. 재료의 함습률(含濕率)이 낮을 때에는 수증기 이동이, 높을 때에는 액수(液水) 이동이 지배적이며, 중간일 때에는 양자의 이동이 공존한다.

moisture flux 습류(濕流) 재료 및 공기 중의 단위 시간당 단위 면적을 통과하는 습기의 양.

moisture migration 습분 이동(濕分移動) 다공질의 물체 중을 수증기가 흡착, 탈착을 반복하면서 이동하는 현상. 건축 재료 중의 습분 이동은 실내의 습도 변동이나 결로(結露) 등에 관계한다.

moisture permeance 투습 계수(透濕係數) 재료 전체로서 투습성을 나타내는 계수. 투습의 경우는 저항이 재료의 표면에 집중하여 두께에 비례하지 않는 경우가 있으므로 이 계수를 사용한다. 단위는 습기 관류율(濕氣貫流率)과 같다. =vapor permeance

moisture prevention 방습(防濕) 습기 전도 저항이 큰 방습 재료를 써서 습기를 방지하는 것.

moisture proof 내습성(耐濕性) 습도에 견디어 사용할 수 있는 성능. 특히 전기 기구·기기 등에서는 습도가 높은 장소에서 사용 가능한 성능이 있는 경우 내습성이 있다고 한다.

moisture ratio 수분비(水分比) 엔탈피 변화량을 절대 습도 변화량으로 나눈 값. 습공기의 상태 변화를 나타낸다.

moisture resistance 습기 저항(濕氣抵抗) 재료 중을 통과하는 습기의 정도를 말한다. 공기 중의 습기 전달 저항, 재료 내의 습기 전도 저항이 있다.

moisture transfer 습기 전달(濕氣傳達) 벽 등의 고체 표면이나 수면과 주변 공기와의 경계층에 있어서의 수증기의 이동.

moisture transfer coefficient 습기 전달률(濕氣傳達率) 공기 중에서의 수증기 이동은 수증기압차에 비례해서 흐르는데 이 비례 상수를 습기 전달률이라고 한다. =surface moisture transfer coefficient

moisture transfer resistance 습기 전달 저항(濕氣傳達抵抗) 습기 전달률의 역수. 수증기의 전달 정도를 나타내는 계수. 열

이동을 생각하는 경우의 열전달 저항과 같다.

moisture transmission 투습(透濕) 건물의 벽 양측에 수증기압차가 있는 경우에 높은 쪽에서 낮은 쪽으로 벽을 통해서 습기가 이동하는 것. =transmission of humidity

moisture transmission coefficient 습기 관류율(濕氣貫流率) 벽체 등의 습기 관류는 양측 공기의 수증기압차에 비례해서 흐른다. 이 때의 비례 상수를 습기 관류율이라 한다.

moisture transmission resistance 습기 관류 저항(濕氣貫流抵抗) 습기 관류율의 역수. 벽체 등의 습기 통과 정도를 나타낸다. 벽의 양면 습기 전달 저항과 벽을 구성하는 재료의 습기 전도 저항을 합친 값으로 나타낸다. →moisture conductance

mold 형판(形板)[1], 거푸집[2] (1) 돌공사, 목공사 등에서 필요한 모양의 것을 만들 때 그 윤곽을 나타내고, 제작이나 검사의 보조 역할로 쓰이는 판. =template
(2) 타입된 콘크리트를 필요한 형상, 치수로 유지하고, 콘크리트가 적당한 강도에 이르기까지 지지하는 가설 구조물의 총칭. =form, shuttering

moldcase circuit breaker 몰드케이스 회로 차단기(-回路遮斷器), 배선용 차단기(配線用遮斷器) 저압 전기 배선 중의 사고 전류를 차단하여 전기 회로를 열 수 있는 능력을 갖는 부품과 전기 회로를 개폐하기 위한 부품을 한 몸의 성형 플라스틱 수지의 케이스에 수납한 기기. 저압 전기 배선 중의 필요한 개소에 설치하고, 전기 사고시에 사고 부분을 건전 부분에서 격리하는 구실을 한다.

molded brick 이형 벽돌(異形-) 보통 벽돌에 대하여 특수한 형상, 성상(性狀)의 벽돌(공동 벽돌은 포함하지 않는다). =special brick

molded plywood 성형 합판(成形合板) 베니어판, 고주파 접착법 등에서 평판형의 합판에 압착하여 만들어지는 2중 곡면의 입체적인 합판. 접착제로서는 페놀, 요소, 멜라민계의 것을 사용하며, 가구에 널리 사용된다.

molded plywood furniture 성형 합판 가구(成形合板家具) 접착제를 칠한 단판(單板)을 홀수매 겹치고, 암수의 형으로 상온 또는 고주파 가열로 압착하여 주로 곡면 성형한 부재로 구성하는 가구.

molden slag 용융 슬래그(熔融-) 용접 중에 용융 상태에 있는 플럭스나 그 분해 생성물.

mold form 거푸집 콘크리트를 타입하기 위한 가설의 틀. 목제 거푸집이나 강철제 거푸집이 널리 쓰인다. 전용 횟수가 많을수록 경제적이다.

보의 거푸집

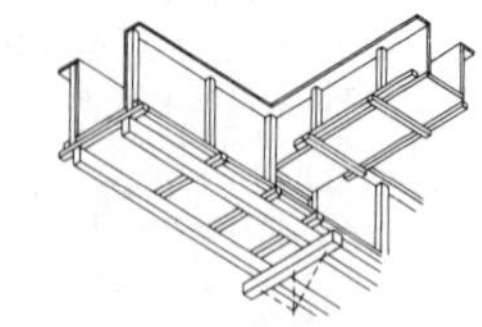

강철제 거푸집 패널

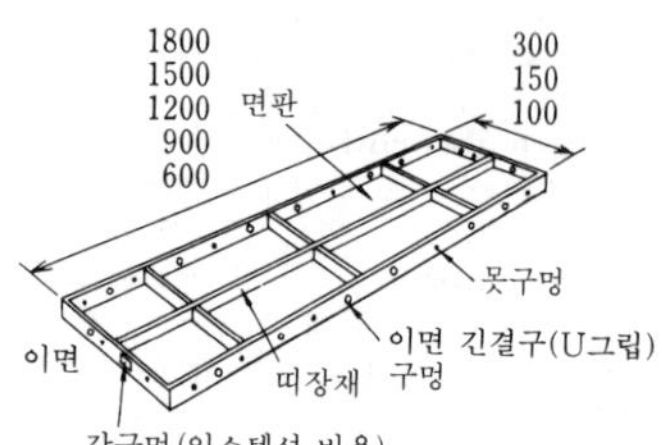

molding 몰딩 부재를 깎아서 장식적 곡선으로 한 것.

molding machine 조형기(造型機), 몰딩 머신 ① 주조 작업에서 주형을 다량으로 만들 경우에 사용한다. 주물 모래의 다지기, 주형의 반전, 주형 빼내기 등을 기계적으로 처리하는 것. ② 판재(板材)의 모따기를 하는 기계.

mold of battery casting 배터리형 거푸집(-形-) 프리캐스트 콘크리트판의 생산 방식의 하나. 거푸집을 세로로 배열하고 콘크리트판을 제작하는 방식. 거푸집의 코스트는 높아지지만 설비에 요하는 면적이 적어도 되고, 생산 효율도 높다. 주로 칸막이벽이나 경계벽 등 형상이 심플한 무개구(無開口) 패널의 제조에 쓰인다.

mold releasing agent 이형제(離型劑) 탈형(脫型)을 용이하게 하기 위해 미리 거푸집 내면에 칠하는 약제. =surface lubricant

Mollier chart 몰리에르 선도(-線圖), 몰리에 선도(-線圖) 냉매의 모든 상태를 나타내는 도표. 가로축에 냉매의 엔탈피(kcal/kg), 세로축에 냉매의 압력(ata)을 취한다.

molton 용융(熔融) =liquid slag

molton pool 용융지(熔融池) 용접 중 용접 금속이 녹아서 괴어 있는 곳.

moment 모멘트 물체를 회전시키는 힘의 양. 회전의 중심점에서 힘의 작용선까지의 수직 거리와 작용하는 힘과의 곱으로 산출한다.

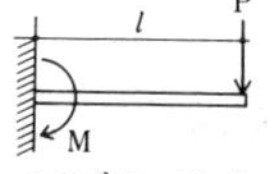

モ모멘트 $M=P\times l$

moment by couple of forces 우력의 모멘트(偶力－) 우력에 의해 임의의 점에 작용하는 일정한 모멘트. 그 크기는 우력의 크기와 우력간의 거리와의 곱이 된다.

moment distribution factor 분할률(分割率), 분배율(分配率) 강접(剛接)된 절점에 모이는 각 부재의 강비(剛比)를 부재의 강비의 합으로 나눈 값.

moment distribution method 고정 모멘트법(固定－法) 부정정(不靜定) 보나 라멘 등의 해법의 하나. 절점의 이동과 회전이 생기지 않도록 임시로 절점을 고정했을 때의 휨 모멘트를 구하고, 다음에 고정을 해방했을 때의 휨 모멘트(분할 모멘트)를 구하여 그들을 합성해서 그 구조물에 생기고 있는 휨 모멘트의 근사값을 구하는 방법.

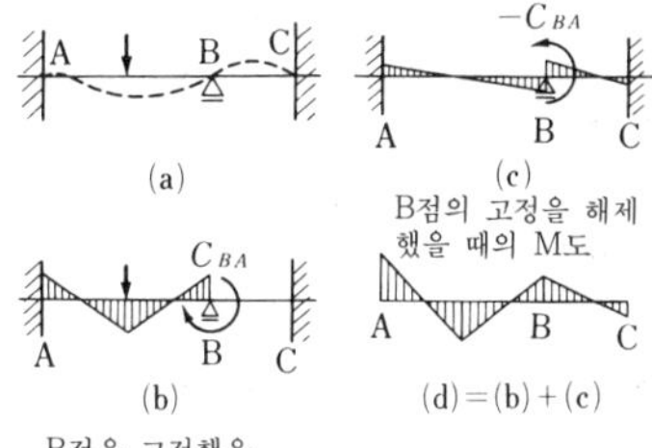

moment equation 모멘트 방정식(－方程式), 절점 방정식(節點方程式) 절점에서의 재단(材端) 모멘트의 균형 조건식.

$\Sigma M=0$ 또는 $\Sigma M+M'=0$

ΣM : 절점에 모이는 재의 재단 모멘트의 합(tm), M' : 절점에 작용하는 모멘트 하중(tm).

moment load 모멘트 하중(－荷重) 부재상의 1점에 작용하고, 부재를 회전시키려는 힘의 모멘트의 하중. 기호 M, 단위 kgm, tm 등.

moment of force 힘의 모멘트 힘 P의 O점에 대한 모멘트 M_O는 힘 P와 점 O에서 P의 작용선까지의 수직 거리 l과의 곱.

$M_O=Pl$

물체를 회전시키려는 작용의 크기를 나타낸다. 회전 방향에 따라 음양의 부호를 붙인다.

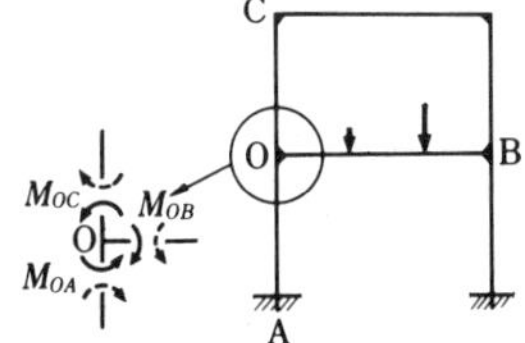

$\Sigma M_O=(-M_{OC})+(-M_{OA})+(+M_{OB})=0$

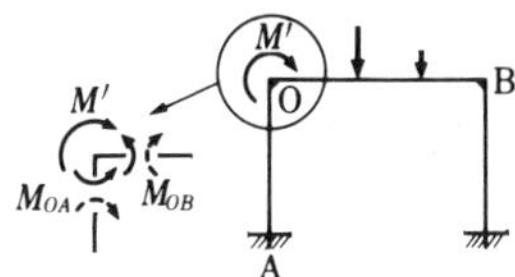

$(-M_{OA})+(-M_{OB})+(+M')=0$

moment equation

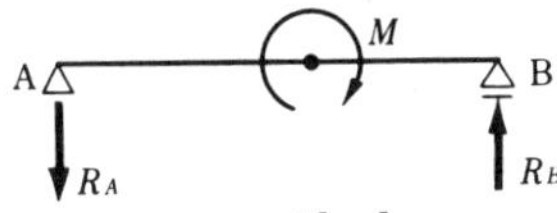

moment load

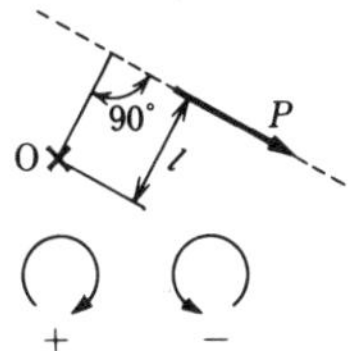

moment of inertia 관성 모멘트(慣性－) 임의의 축에 관해서 다음 식으로 주어진다. 단위 km · cm², 기호 I.

$I=\int a^2dm$

여기서, dm : 물체를 구성하는 질점의 질량, a : 축에서 그 질점까지의 거리. 또 전 질량 M, 중심(重心)을 통하는 축에 관한 관성 모멘트 I_G, 중심을 통하는 축과 그와 평행인 축의 거리를 d로 하면

$I=I_G+d^2M$

moment of second order 단면 2차 모멘트(斷面二次－) 그림의 단면에서 x-x축에 관한 단면 2차 모멘트 I_x는 다음 식으

로 주어진다. 단위는 길이의 4곱.

$I_x = \int y^2 da$

또한 단면의 도심(圖心)을 통하는 축에 관한 단면 2차 모멘트를 I_g, x-x축에 관한 단면 2차 모멘트를 I_x, 단면적을 A로 하면 다음의 관계가 있다.

$I_x = I_g + y_0^2 A$

=geometrical moment of inertia

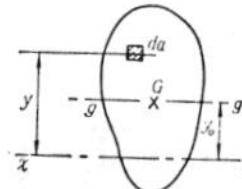

moment resisting frame 강접 골조(剛接骨組), 라멘 각 절점에서 부재끼기 강하게 접합된 골조(뼈대). 외력에 대하여 휨 모멘트, 전단력, 압축 축력 및 인장 축력에 의해 저항한다.

monastery 수도원(修道院)[1], 승방(僧房)[2] (1) 수도사들이 독립하여 생활하는 장. 중세 유럽에서 발달하고 로마네스크 건축의 중심이 되었다. 수도원 교회당을 중심으로 각종 생활 시설이 배치되어 있다.
(2) 사찰에서 승려가 수업을 위해 기거하는 건물.

monitor 모니터, 감시 장치(監視裝置) 건축 설비에는 여러 가지 시스템, 장치, 기기가 있으며, 그 운전 상태 및 여러 방의 여러 상태(온도, 습도 등)를 감시할 필요가 있다.

monitoring system for grouped buildings 군감시 시스템(群監視-) 복수의 건물을 집중 관리 센터에 의해 감시하는 시스템.

monitor roof 솟을지붕 지붕의 용마루 위에 한층 높게 설치한 작은 지붕. 환기 · 채광 · 연기 배출을 위한 것.

monitor-roof lighting 솟을지붕 채광(-採光) 솟을지붕에서 채광하는 방식. 원래 환기 개구를 채광에 사용한 것. 공장 등에 많다. 깊은 공간의 내부에서도 어느 정도의 조도 분포를 얻기가 쉽다.

monkey ram 멍키 램, 드롭 해머 무거운 추를 와이어로 매달고 윈치로 끌어올려 가이드를 따라서 말뚝머리에 낙하시켜서 말뚝을 박아 넣는 형식의 말뚝 타입 기계.

monkey spanner 멍키 스패너 나사를 조절하여 대소 임의의 너트를 물리게 할 수 있는 스패너.

monkey wrench 멍키 렌치 볼트 · 너트를 죄거나 푸는 데 사용하는 작업 공구. 너트의 지름에 따라서 렌치의 구경을 조절할 수 있다.

monochromatic light 단색광(單色光) 단일 파장만을 포함하는 빛, 혹은 단일 파장으로 간주할 수 있을 만큼 좁은 파장 범위의 빛.

monolithic construction 일체식 구조(一體式構造) 기초에서 지붕에 이르기까지의 건물 전체의 주체 구조를 한 몸으로서 구성하는 구조. 철근 콘크리트 구조, 철골 철근 콘크리트 구조와 같이 거푸집을 만들고, 여기에 콘크리트를 흘려 넣어서 만든 구조를 말한다.

monolithic structure 일체식 구조(一體式構造) =monolithic construction

monolithic surface finish 모놀리식 마감 골격 콘크리트 타설 후 경화하기 전에 표면을 쇠흙손으로 마감하고, 모르타르칠을 생략하는 방법.

monolock 모노로크 문 손잡이 속에 실린더 장치가 있는 문 자물쇠. =unit lock

monomer 모노머 합성 수지가 중합 등에 의해 결합하기 전의 분자. →polymer

monorail hoist 모노레일 호이스트 1빔의 레일을 따라서 주행하는 소형의 감아 올리는 장치(호이스트).

mono tone 모노 톤 흑, 백, 그레이의 무채색으로 구성되어 있는 배색. 단조롭게 보인다.

monotonically increasing load 점증 하중(漸增荷重) =incremental load

monsoon 계절풍(季節風) 겨울철과 여름철에 반대 방향으로 부는 바람으로, 겨울철에는 대륙으로부터 해양으로, 여름철은 해양으로부터 대륙을 향해서 부는 계절적인 탁월풍.

Monte Carlo method 몬테 카를로법(-法) 응용 수학의 한 분야. 통계학의 표본 조사의 기술을 응용하여 수리적인 문제를 근사적으로 푸는 방법. 해석적인 식으로 나타내어지는 현상에 난수를 주어 그 분포를 구하는 방법과 불균일이 있는 현상 그 자체를 시뮬레이트하는 방법으로 대별된다.

Monte Carlo simulation 몬테 카를로 시뮬레이션 변수를 확률 분포 또는 확률 과정의 미지의 특성값으로 나타내고, 무작

위 추출에 의해 추정하는 시뮬레이션.

monthly unit requirement 시기별 원단위(時期別原單位) 원단위를 착공 후의 월별로 분해한 것. 공기 중의 월별 원단위를 합계하면 일반의 원단위에 일치한다. = time series unit requirement

monument 기념물(記念物) ① 기념비, 기념 건조물 등과 같이 사적을 기념하기 위해 만들어진 영조물, 또는 과거의 사적(史蹟)을 기념하고 있는 유적. ② 문화재 보호법이 정의하는 사적, 명승 및 천연 기념물.

Moody's chart 무디 선도(－線圖) 새로운 깨끗한 시판의 관에 대하여 관마찰 계수와 레이놀즈수의 관계를 관벽의 상대 조도(粗度)의 차이에 의해 정리한 그림.

mopart 모파트 차고가 달린 집합 주택. 1층을 차고, 위층을 주택으로 한다.

morning room 모닝 룸 주방 곁의 조식용 방을 말하며, 뜰을 전망할 수 있는 위치에 만들어진다.

mortar 모르타르 잔 입자의 골재를 결합재에 섞어서 만든 것. 일반적으로는 모래와 시멘트를 물로 반죽한 시멘트 모르타르를 말한다.

mortar finish 모르타르 칠 미장칠의 일종으로, 모르타르 칠 마감을 하는 것. 또는 칠한 것. 모르타르의 조합은 초벌칠은 시멘트：모래＝1：2(용적비), 재벌칠·정벌칠은 1：3을 표준으로 한다. 미장칠 중 가장 널리 행하여지며, 용도도 광범위하다. 값이 싸고 내화성·내구성·내후성이 풍부하다.

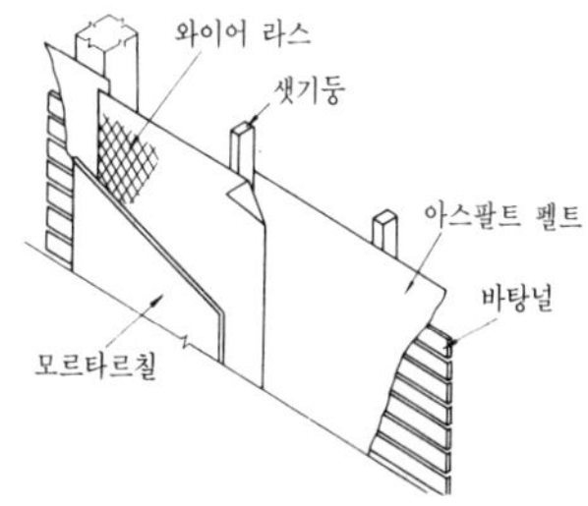

mortar finish on metal lathing 라스 모르타르 칠 메탈 라스나 와이어 라스의 바탕 위에 모르타르를 칠한 것.

mortar gun 모르타르 건 압축 공기에 의해 모르타르를 뿜어 붙이는 기계.

mortar mixer 모르타르 믹서 모르타르를 비비기 위한 믹서로, 그라우트 주입용과 블록류나 방수 모르타르용이 있다.

mortar moisture meter 모르타르 수분계(－水分計) 고주파나 직류 전기 저항을 써서 콘크리트 골격 표면의 수분을 측정하는 계기. 아스팔트 방수를 하는 경우는 함수율 8% 이하가 좋다.

mortar mixer

mortar pump 모르타르 펌프 부드럽게 비빈 모르타르를 소정의 장소로 파이프를 통해서 압송하는 기계.

mortar screed 고루기 모르타르 마무리를 하는 콘크리트 바닥면이나 지붕면을 매끄럽게 하기 위해 혹은 철골주의 주각 베이스 플레이트 밑면의 수평도를 확보하기 위해 바르는 모르타르.

mortar spray 모르타르 스프레이 스프레이 기계를 써서 모르타르를 벽면에 뿜어 붙여서 마감하는 것.

mortar trowel finish 모르타르 쇠흙손 마감 모르타르 마감면을 금속제 흙손을 써서 매끄럽게 마감하는 방법.

mortar waterproofing 모르타르 방수(－防水) 방수제, 급결제 등을 혼입한 시멘트 모르타르를 바탕면에 칠하여 방수층을 형성하여, 또는 누수 개소에 충전하여 물을 막는 방수 공법을 말한다. →waterproofed mortar

mortice 장부구멍 장부를 꽂아 넣기 위해 또 한쪽 부재에 뚫은 구멍. ＝mortise

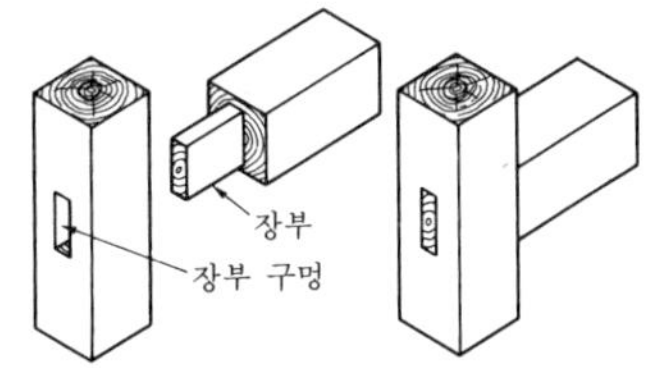

mortise 장부구멍 ＝mortice

mortise and tenon 장부맞춤 접합부에 장부를 낸 이음을 말한다. 수평의 골조재에 사용한다.

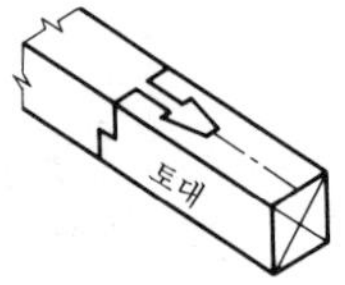

mortise and tenon

mortise lock 파넣기 자물쇠 문짝의 울거미나 서랍 앞판 등에 파넣어서 부착한 자물쇠. 창호나 가구에 쓰인다. 가장 일반적인 자물쇠.

mosaic 모자이크 각종 모양을 한 작은 조각의 대리석, 유리 혹은 타일 등으로 바닥, 벽 또는 천장면을 여러 가지 모양으로 마감한 장식.

mosaic glass 모자이크 유리(一琉璃) 벽이나 창에 끼워서 장식물로 한 색 유리로 도안화한 것.

mosaic tile 모자이크 타일 장식 마감용의 소형 타일. 자기질의 것과 도기질의 것이 있다. 모양은 각형·원형·특수형 등이 있다. 색도 각종 있으며 1변 30cm의 대지에 붙인 것으로 시공한다.

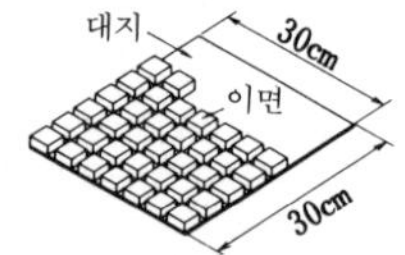

mosque 모스크, 회교 사원(回敎寺院) 회교도가 성지를 향해서 예배하기 위한 건물. 맨 앞 열이 성지에 가장 가까운 최상의 자리이며, 일반적으로 성지를 향하는 측면을 길게 잡은 건물로서 만들어지며, 그 앞에 안뜰을 둔다.

most frequent wind direction 최다 풍향(最多風向) 어느 지방에서 일정 기간 내에 가장 빈도가 큰 풍향. 보통, 풍배도(風配圖)로 이것을 나타낸다. 최다 풍향은 여름철에 통풍을 들이는 경우나 비행장의 활주로를 설계할 때 등에 중요시된다.

motel 모텔 motorist's hotel의 약. 자동차 여행자를 위한 자동차 도로와 가까운 곳에 세워진 간이 여관.

motion dimensions 동작 치수(動作一數) 인체가 동작하기 위해 신체 각부를 움직였을 때 만들어지는 평면적 혹은 입체적인 운동의 영역을 나타내는 치수.

motion space 동작 공간(動作空間) 일상생활 동작에 있어서의 인체의 동작 치수에 기능적으로 필요한 것의 치수를 더한 공간.

motor 모터, 전동기(電動機) 전력을 받아서 회전하고, 그 축에 회전력을 발생시키는 동력 기계. 공급되는 전기 방식에 따라 직류용·단상 교류용·3상 교류용 등이 있다.

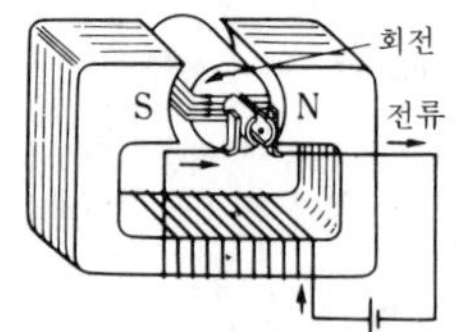

motor damper 모터 댐퍼 공기 조화 설비의 자동 제어에 쓰이는 기기의 하나로, 풍량을 제어하는 댐퍼를 모터로 개폐 조작한다.

motor grader 모터 그레이더 자주식 그레이더로, 스캐리파이어(scarifier)와 원형 가구(架構 : circle)에 부착한 블레이드에 의해 정지(整地), 자갈길의 유지 보수, 도로 신설, 측구 굴착(側溝掘鑿), 초기 제설 등의 작업에 사용한다.

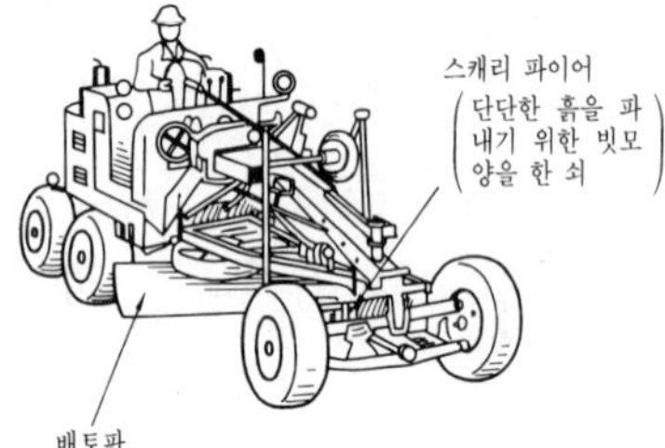

motor hoist 모터 호이스트 동력에 전기를 사용한 모터와 감속 기어 및 와인드 드럼이 한 몸으로 된 감아 올리는 기계. I형강을 사용한 레일에 매달아 주행하는 것이나, 철도 레일(두 줄) 상을 주행하는 것이 있다. 또, 고압 공기를 동력으로 한 공기(에어) 호이스트도 있으나, 특수 용도로서 사용되기 때문에 호이스트라고 하면 일반적으로는 모터 호이스트를 가리킨다. = hoist

motor home 모터 홈 =mobile house
motorized damper 전동 댐퍼(電動－) = electric damper
motorized valve 전동 밸브(電動－) = motor operated valve
motor operated valve 전동 밸브(電動－) 공기 조화의 열매 유체계의 자동 제어에 쓰이는 제어 밸브. 조작용의 전동 모터와 링크 기구와 밸브 본체를 조합시킨 장치. 밸브의 용도에 따라 2방 밸브, 3방 밸브 등이 있다. =motorized valve
motor pool 주차장(駐車場) 자동차를 장시간 주차시킬 목적으로 설치된 광장, 빈터 또는 시설. 옥내 주차장과 옥외 주차장이 있으며, 옥외 주차장에는 또 노상 주차장과 노외 주차장이 있다. 최근 도심부에서는 토지의 유효 이용이나 가로의 교통 완화를 위해 다층의 주차용 건축물이나 공원 가로 밑의 지하 주차장이 설치되고, 노상 주차장을 폐지해 가는 경향이 있다. =parking area, parking space
motor viscosity coefficient 운동 점성 계수(運動粘性係數) ·유체의 점도를 그 물질의 밀도로 나눈 값. 단위는 공학 단위계, 절대 단위계이며 cm^2/s, $1cm^2/s$를 스토크스라 한다.
motorway 고속 도로(高速道路)[1], 자동차 전용 도로(自動車專用道路)[2] (1) =expressway
(2) =freeway
mould 거푸집 =mold
moulding 쇠시리[1], 몰딩[2] (1) 요철(凹凸)이 있는 곡선의 윤곽을 가진 장식적인 모양.
(2) 건물, 가구 등에 사용되는 띠모양의 장식. 일정한 단면이 수평 방향으로 연속하는 것이 보통이다. 단면의 형상에 따라서 분류된다.

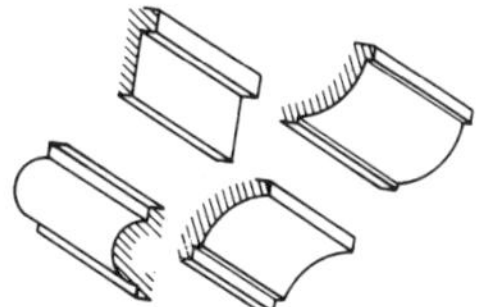

mountain breeze 산바람(山－) 야간에 산의 사면을 따라 불어내리고, 골짜기에서 평야부로 부는 바람. 야간은 산 사면의 공기가 같은 높이의 자유 대기보다도 차지므로 찬 공기가 사면을 따라 내려오기 때문에 생긴다.
mounted resonance 설치 공진(設置共振) 진동 픽업을 측정 대상면상에 설치했을

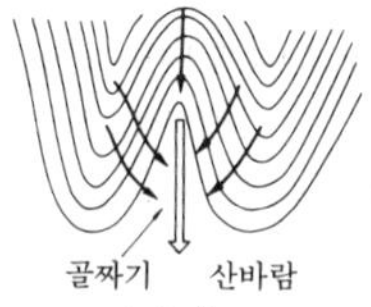

mountain breeze

때 픽업에 생기는 접촉 공진. =resonance of mounting
mounting method of luminaire 조명 기구의 부착 방식(照明器具－附着方式) 조명 기구를 부착하는 방식을 말한다. 천장 매입, 노출, 현수의 각 방식, 벽부착 방식, 바닥 매입, 바닥 설치 등.
movable admissive state 변형 적합 상태(變形適合狀態) =kinematic adaptable state
movable element 가동 부위(可動部位) 건물을 다치지 않고 필요에 따라 이동·부착·제거 등을 할 수 있는 설계의 부위. 가동 칸막이·가동 지붕 등.
movable end 가동단(可動端) 구조물을 지지하는 지점(支點)이 평면상을 자유롭게 이동할 수 있는 것으로, 반력은 연직 방향으로만 작용한다.
movable partition wall 가동 칸막이(可動－) 필요에 따라 쉽게 설치, 제거, 다른 장소로의 재설치 등이 가능한 칸막이. 이동의 빈도에 따라 여러 종류가 있다.
moved pulley 동활차(動滑車) 축을 고정하지 않고 자유롭게 이동하는 도르래를 말한다. 끌어 올리는 힘은 1/2로 되지만 거리는 2배가 된다. 정활차와 조합시키면 하향의 작업에 편리하다. 기중기나 기어와 도르래를 조합시킨 체인 블록에 응용된다. →chain block

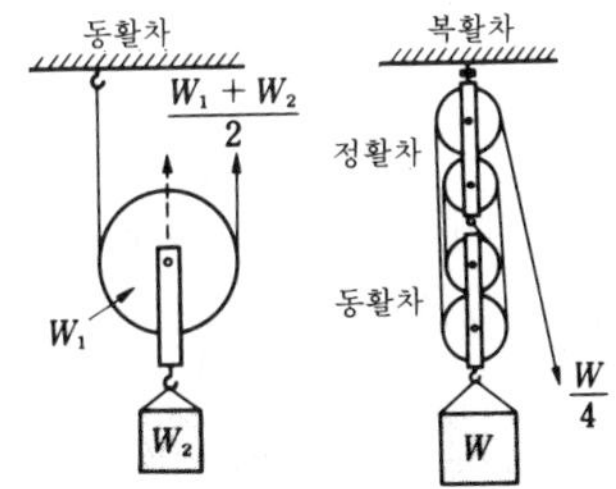

move-in ratio 진입률(轉入率) 한정된 지역에서의 전세대수에 대한 전입 세대수의 비율.
movement 무브먼트 지진, 풍압, 온도 변화 등이 원인으로 건축물을 구성하는 부

재의 접합부에 생기는 각종 움직임.

movement capability 허용 신축률(許容伸縮率) =allowable movement

move out ratio 전출률(轉出率) 어떤 지역에 대해서 그 전세대수 중 일정 기간 내에 전출한 세대수의 비율. 보통은 1년간에 대해서 산출한다.

movie theater 영화관(映畵館) =cinema

moving coil microphone 가동 코일 마이크로폰(可動－) 음파를 받는 진동막에 직결한 자계 중의 가동 코일에서 전압을 꺼내는 마이크로폰.

moving form 이동 거푸집(移動－) 철근 콘크리트의 거푸집을 이동 가능하게 한 것으로, 타설 단계마다 이동하는 점프업 공법과 연속적으로 이동하는 슬립 폼 공법이 있다. 탑상(塔狀) 구조물의 축조에 적합하다. =travelling form

moving load 이동 하중(移動荷重) 정하중에 대해서 말하며, 이동하면서 구조물에 응력을 미치는 연직 하중.

moving machine load 운반 기기 하중(運搬器機荷重) 기중기, 차량, 포크 리프트, 기타의 인원이나 물품을 운반하는 기계 등에서 구조물에 작용하는 하중. 이동 하중의 일종. 작용점의 위치, 충격 등을 가미하여 설계용 하중을 정한다.

moving walk 움직이는 보도(－步道) 벨트 모양의 바닥이 저속으로 움직이는 보행자용의 대량 수송 기관. 공항 내나 관람회장 등 공간이 평면적으로 넓어 보행 동선이 긴 장소에서 사용된다.

mudstone 이암(泥岩) 찰흙이나 실트의 흙입자로 이루어지는 퇴적암. 입경에 따라 점토암과 실트암으로 나뉜다.

muffler of air chamber type 체임버형 소음기(－形消音器) 공기 조화 덕트계의 분기부 등에 삽입되는 상자 모양의 덕트. 단면적의 변화에 의한 반사 및 내장(內張) 다공질재의 흡음에 의한 감음(減音)의 효과를 갖는다. →sound absorber, muffler type sound absorber

muffler of air diffuser 배출구 소음기(排出口消音器) 공기 조화 덕트를 전파하여 배출구에서 방사되는 소음을 감쇠시키기 위한 소음기. 박스 모양의 호흡형 소음기가 널리 쓰인다.

muffler type sound absorber 머플러형 소음기(－形消音器) 관벽에 구멍을 뚫고 바깥쪽을 기밀 공동으로 덮은 공명기형의 소음기. 저음 감쇠에 효과가 있어 배기 소음 등의 소음기로서 이용된다.

mulberry 뽕나무 주로 밭에 재배되는 뽕나무과의 낙엽 활엽 교목 또는 관목. 목재는 가구, 악기, 세공물 외에 기둥, 바닥널 등으로도 사용된다.

mullion 멀리온, 중간 문설주(中間門楔柱) 창틀 또는 문틀로 둘러 싸인 공간을 다시 세로로 세분하는 중간 선틀.

multi activity chart 멀티 액티비티 차트 복수의 작업 팀에 의해 행하여지는 상호 관계를 갖는 반복 작업을 조정하고, 작업 순서 · 시간을 나타내는 작업 계획 수법. 작업 팀을 구성하는 작업자 한 사람씩의 작업을 1일 단위로 시간표에 나타낸다. =MAC

multi-blade fan 다익식 송풍기(多翼式送風機) 원심형 송풍기의 일종으로, 회전 방향에 대하여 날개가 원심 방향에 대하여 만곡하고, 그 길이가 짧으며, 매수가 많다. 공기 조화 팬으로서 가장 널리 쓰인다. 전류(轉流) 송풍기에 비하면 소음이 적고 정압(靜壓)이 크다. =sirocco fan

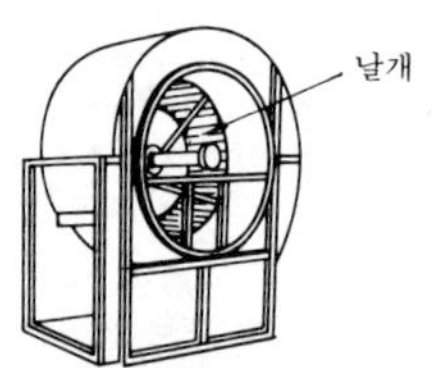

multi-cylinder high speed compressor 고속 다기통 냉동기(高速多氣筒冷凍機) 왕복동 압축기를 대용량화하는 데 기통수를 많게 하여 회전수를 높이고, 소형 경량이며 부품의 공통화를 도모한 압축기를 사용하는 냉동기를 말한다. 냉매는 R12, R22, R502이며, 용량은 전동기 출력으로 3.7~120kW의 범위.

multi-degree of freedom 다질점계(多質點系) 하나의 진동계가 복수의 질량 · 스프링계로 구성되어 있는 진동계.

multi-degree of freedom system 다자유도계(多自由度系) 둘 이상의 자유도를 갖는 계.

multi-family dwelling 다세대 주거(多世帶住居)[1], 다세대 주택(多世帶住宅)[2] (1) 한 동(棟) 내에 많은 주택이 포함되는 주택.
(2) 복수의 세대가 생활할 수 있는 설비를 갖춘 주택을 말한다. 복수의 주방 등이 설치된다. =multi-family house

multi-family house 다세대 주택(多世帶住宅) =multi-family dwelling(2)

multi-gap arrester 다간극 피뢰기(多間隙避雷器) 방전부에 다수의 방전용 간극을 둔 피뢰기. 벼락과 같은 높은 전압이 인가 되면 대지에 접속된 간극에서 불꽃 방전을 일으켜 대지에 전류를 흘려 전기 기기에 걸리는 전압을 억제한다.

multi habitation 멀티 해비테이션 하나의 세대가 복수의 주택을 소유하고, 필요에 따라 번갈아 사용하는 것. 예를 들면, 근무지 가까이와 교외에 있는 가족의 거주지 등.

multi-lateral lighting 다면 채광(多面採光) 셋 이상의 벽면에 측창(側窓)을 두는 채광 방식. 측창은 주광 조명보다도 오히려 전망을 위해 설치되는 경우가 많다.

multi-layered sound absorbing construction 다층 흡음 구조(多層吸音構造) 밀도가 다른 두 종류 이상의 다공질 흡음재 등을 겹쳐서 구성한 흡음 구조.

multi-layer wall coating for glossy textured finish 복층 마감 도재(複層磨勘塗材) 시멘트, 합성 수지 등의 결합재 및 골재를 주원료로 하고, 초벌칠재, 주재(主材), 정벌칠재의 3층으로 구성하며, 요철(凹凸) 모양으로 마감하는 마감 도재.

multi-layer weld 다층 용접(多層鎔接) 비드를 여러 층 겹쳐서 하는 용접. 단층 용접에 대한 용어.

multi-mass system 다질점계(多質點系) 질점이 여럿 모여서 구성되어 있는 역학적인 계.

multi-nuclear theory 다핵 이론(多核理論) 도시의 발생 원인이 되는 기능과 그에 부수하여 성립하는 기능의 입지점을 고려하면 도시의 핵은 하나라고만 할 수 없다는 설.

multi-nucleus city 다핵 도시(多核都市) 복수의 부도심을 갖는 도시.

multi-panel filter 멀티패널 필터 점착식 필터의 하나. 여과재(패널)가 쇠그물로 구성되고, 여기에 점착유를 함침시켜 회전함으로써 하부의 유조(油槽)에서 제진(除塵)한다.

multiple cylindrical shell 병렬 원통 셸(竝列圓筒-) 호(弧)의 방향으로 연속하여 배열하고 있는 원통 셸의 용법.

multiple dwelling house 집합 주택(集合住宅) 복수의 주택이 집합하여 한 동으로 되어 있는 주택의 형식.

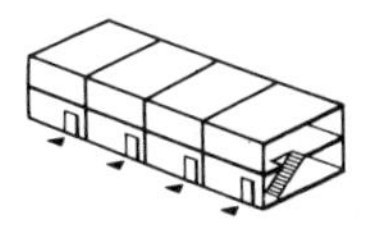

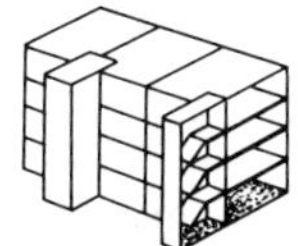

multiple dwelling house of gallery type 편복도형 집합 주택(片複道形集合住宅) 각 주택에 출입하기 위한 복도를 한쪽에 설치한 형식의 집합 주택. 엘리베이터 1대당의 주택수는 많으나 프라이버시의 면에서 난점이 있다. 중·고층에 쓰인다.

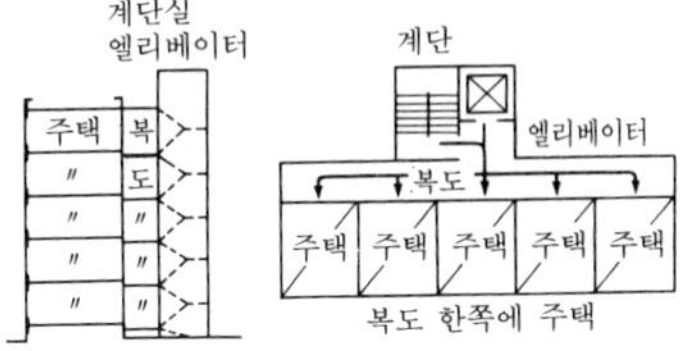

multiple dwelling house of staircase type 계단실형 집합 주택(階段室形集合住宅) 계단실에서 복도를 통하지 않고 직접 주택에 들어가는 형식의 집합 주택. 중층 주택에 많다. 각 가구의 프라이버시가 높고, 공용 통로 부분의 면적이 작아도 된다. 또 채광·환기에 편리하다. 반면에 고층 주택으로 하면 주택의 수에 비해 엘리베이터가 많아져서 불경제적이다.

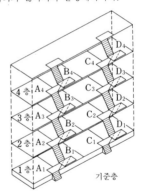

multiple electrode welding process 다전극 아크법(多電極-法) 2개 이상의 전극을 동시에 작동시켜서 하는 고능률의 자동 아크 용접법.

multiple folding plate vault 다절면 볼트(多折面-) 여러 개의 절판면을 조합시켜 통 모양의 볼트를 만드는 구조 방식.

multiple line shear bolt joint 다열 전단 볼트(多列剪斷-) 볼트 접합부에서 전단 볼트를 2열 이상 둘 때의 볼트.

multiple mass system 다질점계(多質點系) 진동 모델의 하나. 많은 질점을 스프링으로 이은 형식. 고층 빌딩의 간이한 진동 모델로서 사용한다.

multiple position action 다위치 동작(多位置動作) 자동 제어에서의 제어 동작의 하나. 제어량이 변화했을 때 동작 신호의 크기에 따라 셋 이상 있는 동작 단수의 하나를 취하는 동작을 말한다. 보통, 3위치 동작과 스텝 동작이 널리 쓰인다.

multiple position control 다위치 제어(多位置制御) 자동 제어에서의 제어 방식의 하나. 2위치 동작의 사이클링 경향을 약화시키고, 연속계에 접근시키기 위해 동작 단수를 늘려서 다위치 동작의 제어를 하는 것을 말한다.

multiple reflection 반복 반사(反復反射) 두 표면간에서 반복되는 반사. 이 현상은 음파, 광선, 열복사선 등에 볼 수 있다.

multiple regression analysis 중회귀 분석(重回歸分析) 어떤 변수(목적 변수)의 변동을 다른 복수의 변수(설명 변수)의 변동에 의해서 설명·예측하기 위한 통계 해석 수법.

multiple regression equation 다중 회귀식(多重回歸式) 복수의 매개 변수로 이루어지는 회기 분석에 의해 구하는 추정식.

multiple truss 복식 트러스(複式-) 트러스 형식의 하나로, 경사재가 X형으로 교차하고 있는 것. 트러스의 해법으로서 절점마다의 힘의 평형에서 순차 풀 수 없는 종류의 트러스를 복합 트러스라고 부르는 경우가 있다.

multiple units application for partial load [redundancy compliance] 대수 분할(臺數分割) 냉동기, 보일러, 펌프 등과 같이 저부하시에 저효율로 대용량 기기를 운전하는 것이 불리한 경우에 소용량기의 복수대로 분할하는 것. 효과적인 데다 1대가 고장나도 시스템 전체가 다운하지 않는다.

multiple window 연창(連窓) 가로로 연속하고 있는 창. 2개의 연속한 창을 연쌍창(連雙窓)이라 한다.

multiplex sub-contracting 중층 하청(重層下請) 하청이 여러 차례에 걸치는 것. 건설 생산의 특색의 하나이다.

multi-purpose athletic ground 종합 운동 경기장(綜合運動競技場) 육상 경기장, 구기장, 수영장 등 각종 스포츠 시설이 계획적으로 배치되어 있는 시설 또는 건축의 복합체.

multi-purpose auditorium 다목적 홀(多目的-) 무대 예술, 강연회 등 다목적으로 이용할 수 있도록 만들어진 홀.

multi-purpose dam 다목적 댐(多目的-) 하나의 댐으로 치수, 발전, 상수·공업 용수·농업 용수의 확보 등 복수 용도를 갖게 한 댐.

multi-purpose reservoir 다목적 저수지(多目的貯水地) 다목적 댐에 의해 만들어지는 저수지. 그 관리를 위해 각 용도마다 용량 배분과 계절마다의 제한 수위가 정해지고 있다.

multi-purpose room 다목적실(多目的室), 다용도실(多用途室) 다목적으로 사용되는 방.

multi-purpose space 다목적 공간(多目的空間) 복수의 목적으로 사용되는 것을 전제로 하여 만들어진 공간. 기능 분화가 심화되는 과정에서 반대로 사용의 편리성·경제성 등의 면에서 생각되고 있는 공간. 다목적 홀, 주택의 다용도실 등.

multi-reflection 중복 반사(重複反射) 파동이 지층의 경계면 사이에서 반복하여 반사하는 현상. 지진파가 표면층 내에서 중복 반사하여 증폭하는 현상이 주목되고 있다.

multi-stage compressor 다단 압축기(多段壓縮機) 고압 압축을 하는 경우 체적 효율을 저하시키지 않고 큰 압축비를 얻기 위해 사용하는 2단 혹은 그 이상으로 분할한 압축기.

multistoried apartment 고층 주택(高層住宅) 5~6층 이상의 엘리베이터를 필요로 하는 공동 주택. 대지 면적에 대한 주택 밀도가 매우 높으므로 도시의 재개발이 추진되는 경우에 널리 쓰인다.

multistoried frame structure 중층 골조 구조(重層骨組構造), 중층 뼈대 구조(重層-構造) 구조의 기본 형식의 하나. 다층의 층을 갖는 건물의 골조 구조를 가리키며, 일반적으로는 다층 강접(剛接) 라멘을 주로 가리킨다.

multistoried rigid frame 고층 라멘(高層-) =high rigid frame

multi-story building 고층 건축물(高層建築物) =high-rise building

multi-story parking space 입체 주차장(立體駐車場) 다층의 주차 공간을 갖는 주차장. 자주식(自走式)과 기계식이 있다.

multi-story shear wall 연층 내진벽(連層耐震壁) 다층 건물에서 연속하는 복수층에 걸치는 내진벽. 통상, 최하층에서 최상층까지의 연속하는 내진벽을 가리킨다.

multi studio 멀티 스튜디오 음악 녹음용 스튜디오로, 각 악기의 녹음을 개별로 할 수 있도록 부스 또는 칸막이로 막은 스튜디오.

multi-tier automatic warehouse 입체 자동 창고(立體自動倉庫) 고층으로 꾸며 올린 선반에 물건을 입체적으로 보관하고, 컴퓨터 제어에 의한 기계 설비를 써서 자동적으로 물건을 넣고 꺼낼 수 있도록 한 창고.

multivariate analysis 다변량 해석(多變量解析) 다수의 대상을 다수의 변수에 의해 측정한 데이터를 각 변수를 독립시키지 않고 종합적으로 상호 관계를 분석하는 통계적 여러 수법의 총칭.

multizone air conditioner 멀티존 공기 조화기(－空氣調和機) 1대의 공기 조화기로 실온이나 부하가 다른 다수의 방을 공기 조화할 때 방의 수만큼 다른 분출 온도의 공기를 송풍할 수 있는 공기 조화기. 각 실내의 현열 부하에 따라 냉풍과 온풍을 자동적으로 혼합 조절한다.

multizone unit 멀티존 유닛 상이한 부하 조건의 존에 대응하여 송풍하는 공기 조화기. 공기 조화기의 출구에 가열기와 냉각기를 세트하고, 온풍과 냉풍을 혼합하여 각 존의 부하에 따라서 풍량을 조절, 덕트로 보낸다.

municipal hall 공회당(公會堂) 공중의 집회를 주목적으로 건설된 공공 시설. 이전에는 강당과 비슷한 형식이 많았으나 최근에는 다목적 홀에 가까운 것이 많다. = public assembly hall

municipal waste 일반 폐기물(一般廢棄物) =general waste

municipal water 도시 용수(都市用水) 도시에서의 생활, 업무, 생산 활동, 방재 등에 필요한 물로, 일반 생활에 필요한 생활 용수와 공업에 쓰이는 공업 용수의 총칭.

Munsell 먼셀 색채 표시에 사용되는 기호의 일종. 색상 · 명도 · 채도를 입체적으로 조합시킨 체계를 가지며, 먼셀 기호로 표시한다. 미국의 먼셀(A. H. Munsell)에 의해 고안되었다.

Munsell book of color 먼셀 색표(－色票) 색을 색상 · 명도 · 채도로 나타낸 색표. 모든 색을 수치적으로 표현한다.

Munsell chroma 크로마 먼셀 표색계의 3속성의 하나인 채도(彩度)를 말한다.

Munsell color system 먼셀 표색계(－表色系), 수정 먼셀 표색계(修正－表色系) 색상 · 명도 · 채도로 나타낸 색의 표시 방법으로, 먼셀이 생각한 것을 일부 수정하여 물리적으로나 감각적으로난 편리하게 한 것.

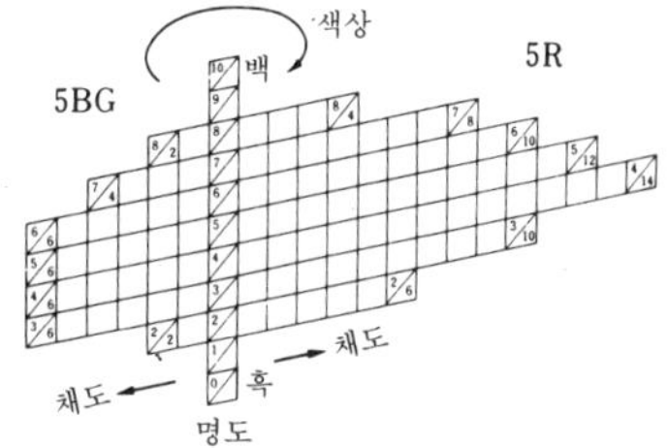

Munsell hue 휴 먼셀 표색계에서의 3속성의 하나인 색상을 말한다.

Munsell notation system 먼셀 표색계(－表色系) 색채의 심리적인 3속성 휴(색상), 밸류(명도), 크로마(채도)에 의해 표색하는 체계.

Munsell value 밸류 먼셀 표색계에서의 3속성의 하나인 명도(明度)를 말한다.

muntin 문살 창호나 격자의 면을 가로지르는 세로, 가로 또는 비스듬하게 조합시킨 나무오리.

mural (painting) 벽화(壁畵) 건축물의 천장, 벽면 등에 그려진 회화(繪畵). 건축과 일체화하여 구상되는 경우가 많다. = wall painting

museum 박물관(博物館) 미술품, 역사적 귀중품, 자연 과학에 관한 귀중한 자료를 수집하고 보존, 진열하여 전람하기 위한 건물. 연구 시설을 병설하는 경우가 많다.

mushroom construction 머시룸 구조(－構造) =flat slab

musical sound 악음(樂音) 그 파형이 일정한 주기성을 가지며, 푸리에 급수에 의해서 정현파의 합에 전개할 수 있는 음. 즉 순음과 복합음을 총칭해서 말한다.

music hall 음악당(音樂堂), 연주실(演奏室) 음향 효과를 충분히 고려한 음악 연주를 위한 방.

music room 음악실(音樂室) 음악의 활동이나 감상을 하기 위한 시설, 설비를 갖추고, 음향 조건을 배려한 교실, 방.

nail 못 2개의 목재를 접합하기 위한 구조 철물의 일종. 사용 목적에 따라 여러 종류가 있다.

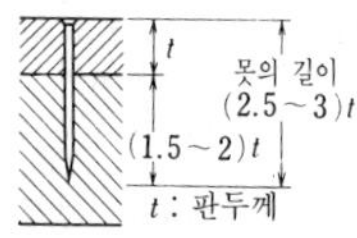

사용 목적에 따른 분류

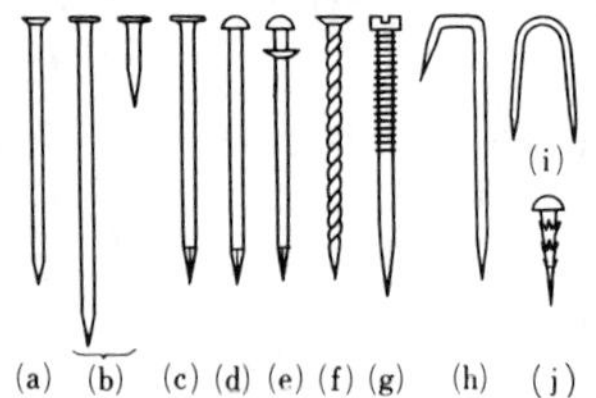

(a) 보통못 (b) 지붕못 (c) 평머리못 (d) 둥근머리못 (e) 2중 머리못 (f) 스크루못 (g) 나무못 (h) 갈구리못 (i) 스테이플 (j) 가시못

nail connection 못 접합(－接合) 못을 박음으로써 목재 상호의 접합을 하는 것. 덧판을 사용하는 경우는 목판, 목질 판재, 강판 등을 사용한다.

nail for concrete 콘크리트못 콘크리트에 박아넣는 못. 니켈, 크롬을 주성분으로 한 특수강으로 만들어진다.

nailhead (molding) 네일헤드 초기 영국식 건축에 볼 수 있는 작은 피라미드 모양의 돌기가 띠 모양으로 연속한 몰딩.

nailing 못질 못을 박아 넣는 것.

nail-puller 배척 잘못 박거나, 박힌 오래된 못을 뽑을 때 사용하는 공구. ＝pincers

nain 나인 페르시아 융단의 일종으로, 산지의 이름을 땄으며, 고유의 무늬와 색을 갖는다.

nano 나노 10억분의 1을 나타내는 단위. 어원은 라텐어의 nanus(소인)에서 파생하고 있다.

naphtha 나프타 석유·유혈암(油頁岩)·석탄 타르 등을 증류하여 얻어지는 투명한 유상(油狀) 액체로, 비점이 250℃ 이하인 것.

narrow band process 협대역 과정(狹帶域過程) 파형의 파워 스펙트럼 밀도가 넓은 주파수 범위에 걸쳐서 평탄하게 되는 경우를 광대역 과정(wide band process), 어느 주파수에서 날카로운 피크를 갖는 경우를 협대역 과정이라 한다. 일반적으로 지진파 등의 랜덤한 파형은 광대역 과정인 경우가 많으나 구조물의 응답파에서는 그 고유 진동수의 곳에서 피크를 갖는 협대역 과정으로 되는 경우가 많다.

narrow gap welding 내로 갭 용접법(－鎔接法) I형의 개선(開先)을 한쪽 면에서 아크 용접하는 방법. 용접부의 개선(開先) 면적이 작고, 용접 금속이 적어도 되므로 두꺼운 판의 용접에 적합하다.

national land planning 국토 계획(國土計劃) ＝land planning

national park 국립 공원(國立公園) 천연 공원의 일종으로, 국가가 경영 관리하고, 국가의 대표적인 경승지를 선정한다.

native asphalt 천연 아스팔트(天然－) ＝natural asphalt

natrium lamp 나트륨 램프 나트륨 증기 중의 아크 방전에 의한 빛을 이용한 조명. 황색의 눈부시지 않는 빛으로 안개나 아지랑이에 대해서 투과성이 좋아 고속 도로의 조명에 사용된다.

natural aggregate 천연 골재(天然骨材) 강모래, 바다모래와 같이 천연에서 산출되는 골재.

natural asphalt 천연 아스팔트(天然－) 아스팔트분을 포함하는 석유의 일부가 천연으로 증발 혹은 산화하여 생긴 것. 불순물을 포함하는 경우가 많다. 이 때문에 가열 정제하여 방수 공사·도료·포장 등에 쓰인다.

N

natural cement 천연 시멘트(天然－) 점토질 석회석을 성분 조정하는 일 없이 소성하여 만든 시멘트. 품질이 일정하지 않으므로 그다지 쓰이지 않는다.

natural circulating head 자연 순환 수두(自然循環水頭) 유체는 온도의 차이로 밀도차가 생겨 상하로 순환 흐름이 생긴다. 이 순환 흐름을 일으키게 하는 밀도차에 의한 힘을 수두로서 나타낸 것.

natural draft (自然通風) 자연 환기에 의해 바람이 실내를 관통하는 현상.

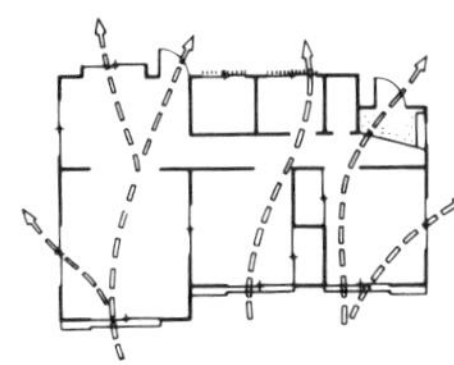

natural driving pressure 자연 통기력(自然通氣力) 통기를 자연히 일으키려는 힘. 바람에 의한 것이나 온도차에 의한 것이 주이다. 이 힘은 풍력이나 온도차에 의한 압력차로서 나타내어진다.

natural energy 천연 에너지(天然－) 태양열, 풍력, 지열, 바이오 가스, 파력(波力) 등의 에너지를 말하며, 탈석유 에너지라고도 한다.

natural frequency 고유 진동수(固有振動數) 고유 진동의 진동수. 즉 어느 물체가 고유 진동을 하고 있을 때의 진동수.

natural ground 생땅 표토층 밑에 어느 정도 단단한 자연 지반.

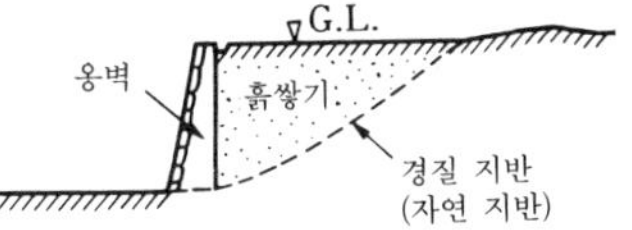

natural lighting 채광(採光) 주광을 실내에 들게 하여 밝게 하는 것.

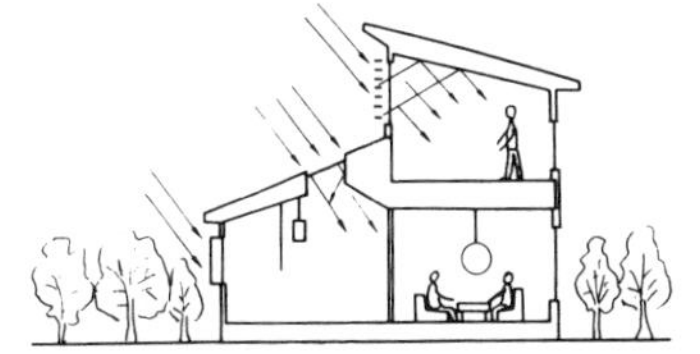

natural mode function 고유 함수(固有函數) 진동계가 각차의 고유 모드로 정상 진동을 할 때의 형태를 나타내는 함수로, 보통 최상층 또는 최하층의 진동에 대한 비율로 나타내어진다.

natural moisture content 자연 함수비(自然含水比) 자연 상태에 있는 흙이 포함하고 있는 물의 양을 그 흙의 건조 질량과의 비로 나타낸 수치. ＝natural water content

natural oscillation 고유 진동(固有振動) 자유 진동, 규준 진동, 규준형의 진동, 탄성 진동계의 진동인 경우, 자유 진동의 주기, 감쇠성 모드는 언제나 일정하다. 이러한 진동계 고유의 진동을 말한다. 고유 진동에는 기본 진동(1차 진동) 및 고차 진동(2차 진동, 3차 진동 등), 여러 고유 진동을 가지고 있다. 예를 들면 구조물, 스프링 등의 고유 진동. ＝natural vibration

natural park 자연 공원(自然公園) 뛰어난 자연의 풍경지를 보호하는 동시에 그 이용의 증진을 도모하고, 국민의 보건 휴양, 교화(教化)에 도움을 주기 위해 지정되는 공원.

natural period 고유 주기(固有周期) 진동체의 자유 진동일 때의 주기. 그 물체에 고유한 값을 취하므로 고유 주기라 한다. 고유 주기와 외력의 주기가 같을 때에는 공진을 일으킨다. 단위는 초.

natural room air temperature 자연 실온(自然室溫) 냉난방 등의 열의 공급이 없는 상태에서 자연 그대로 형성되는 실온.

natural rubber 천연 고무(天然－) 식물에서 얻어지는 고무상 고분자 물질. 가황하면 양호한 탄성 특성을 발휘하지만, 공기, 자외선에 약하다.

natural seasoning 자연 건조(自然乾燥) 대기 중에 방치하여 건조시키는 것. 천연 건조라고도 한다. 목재의 경우는 이것을 옥외에 적당히 퇴적 또는 세워서 일사나 비를 방지하기 위해 지붕을 두고, 오랫동안 점차 건조시킨다.

natural slate 천연 슬레이트(天然－) 점판암(粘板岩)의 일종으로, 성형한 슬레이트를 말한다. 재질은 촘촘하며, 흡습성은 작고 충격에 약하다. 지붕 재료, 벽재료로서 사용된다.

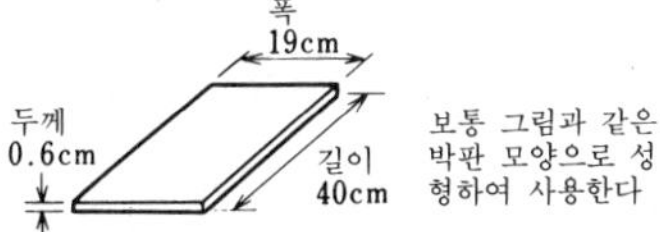

natural slope 자연 사면(自然斜面) 인공적으로 손이 가해지지 않은 사면.

natural smoke control 자연 배연 방식

(自然排煙方式) 외기에 면하는 창 기타의 개구부에서 연기를 직접 옥외로 배출하는 배연 방법의 하나.

natural smoke exhaustion 자연 배연(自然排煙) 외기에 면한 배연구를 개방하여 배풍기를 쓰지 않고 연기를 부력에 의해 자연히 배출하는 것.

natural soil 자연 지반(自然地盤) 인공적으로 손이 가해지지 않은 지반.

natural ventilation 자연 환기(自然換氣) 풍력이나 실내외의 온도차 등의 자연적인 원동력에 의해 자연적 통기로(창, 문 등의 틈이나 벽체 자신의 모세관적 통로)를 통해서 행하여지는 환기. 단, 인공적 통기로(환기구, 고창, 개방창 등)에 의한 환기라도 원동력이 자연적이면 이것을 자연 환기로서 다루는 것이 보통이다.

natural vibration 고유 진동(固有振動) = natural oscillation

natural vibration period of the primary mode 1차 (진동) 주기(一次(振動)周期) = natural period

natural water content 자연 함수비(自然含水比) = natural moisture content

natural wind 자연풍(自然風) 인공적이 아니고 자연의 기압 경도에 의해서 일어나는 공기의 흐름.

nave 신랑(身廊) 교회당 정면 입구에서 성단까지 사이의 천장이 높은 부분.

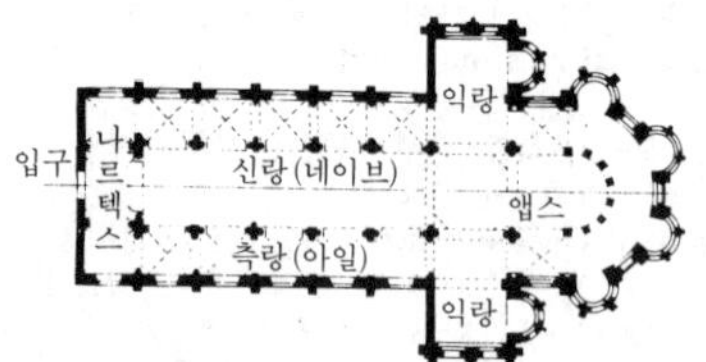

Navier's assumption 나비에의 가정(一假定), 평면 유지의 가정(平面維持一假定) = Navier' s hypothesis

Navier's hypothesis 평면 유지의 가정(平面維持一假定) = Bernoulli-Euler' s hypothesis

Navier-Stokes equation(s) 나비에 · 스토크스의 방정식(一方程式) 점성 유체의 운동을 나타내는 방정식. 뉴턴의 운동 법칙을 유체에 응용한 비선형의 편미분 방정식이다.

navvy 토공(土工) = earth worker

NBR 니토릴 고무 = nitoril-butadiene rubber

NC curve NC곡선(一曲線), 소음 허용 곡선(騷音許容曲線) NC는 noise creterion)의 약어. 주파수 범위에 대한 소음의 허용값을 나타내는 꺾인 선. = noise creterion curves

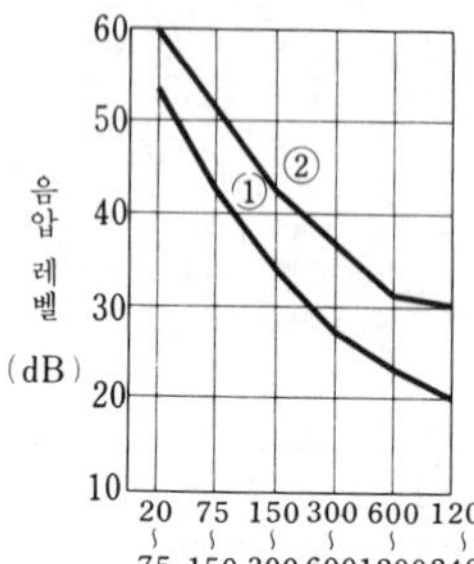

nearest neighbor distance 최근린 거리(最近隣距離) 개체가 공간에 분포하고 있는 경우 어느 개체에서 가장 가까운 개체까지의 거리.

nearest neighbor distance method 최근린 거리법(最近隣距離法) 관찰되는 최근린 거리의 평균값과 랜덤하게 개체가 분포하고 있을 때의 최근린 거리 평균값의 비로 개체의 분포 패턴을 분석하는 수법.

neat cement 니트 시멘트 시멘트와 물을 섞은 페이스트상의 것.

necessary horizontal load-carrying capacity 필요 보유 수평 내력(必要保有水平耐力) 건축 법규가 요구하는 건축물의 수평 내력. 붕괴 기구를 형성할 때에 각층의 기둥, 내력벽 및 가새가 부담하는 수평 전단력의 합.

necking 네킹 탄성 실링재 등이 인장 응력을 받아서 잘록해지는 현상.

negative friction 네거티브 프릭션 지반 침하가 원인으로 말뚝에 아래 방향의 마찰력이 생기는 것.

negative pore water pressure 부의 간극 수압(負一間隙水壓) 지하 수면보다 얕은 위치에서는 간극 수압이 대기압보다 작은 경우가 있다. 이러한 수압을 부의 간극 수압이라 한다.

negative pressure 부압(負壓) ① 물체의 표면에 물체를 흡인하는 방향으로 가해지는 수직력. 흡인력이라고도 한다.

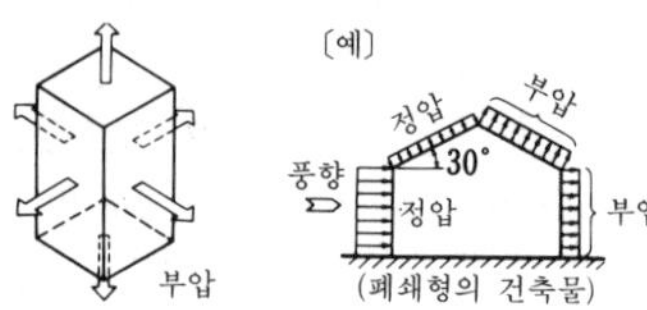

② 대기압 이하의 압력.

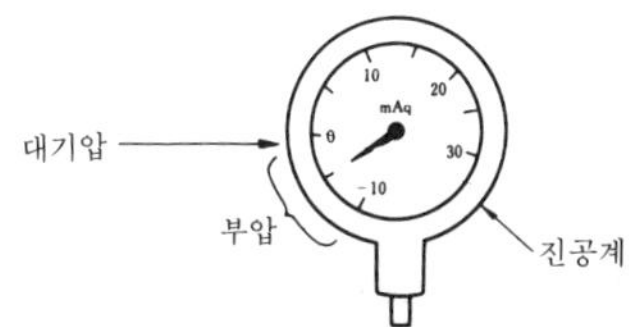

negative pressure type 부압 형식(負壓形式) 공기막 구조에서 정압 형식과는 반대의 방법. 2중막의 내부를 대기압보다 약간 작은 기압으로 유지하고, 막을 긴장시키는 방법. 와이어나 지지재가 병용되는 일이 있다.

negative skin friction 부의 주면 마찰(負-周面摩擦) 압밀 침하하고 있는 지층을 관통하여 지지층까지 타설되어 있는 말뚝의 주면에 작용하는 하향의 마찰력을 말한다. 통상의 말뚝은 선단 지반의 지지력과 상향의 주면 마찰력의 합으로서 지지력을 가지고 있으나 말뚝 주면의 지반이 침하하면 말뚝을 끌어 내리는 방향으로 마찰력이 작용하게 된다. 끝에는 정의 마찰력의 감소분이 더해지고 더 진행하면 부의 주면 마찰에 의해 보다 큰 힘이 가해지게 된다. →negative friction

negative space 네거티브 스페이스 물체(positive)에 의해 둘러싸여서 생기는 공간을 말한다.

negotiated contract 수의 계약(隨意契約) 경쟁 입찰에 의하지 않고 건축주와 특정한 청부 업자가 담합에 의해 맺는 계약. 건축주가 가장 적당한 업자를 선정할 수 있어 좋은 공사를 기대할 수 있으나 공사비가 비싸지는 경향이 있다.

negotiation 담합(談合) =conference

neighbourhood commercial district 근린 상업 지역(近隣商業地域) 도시 계획 구역 내 용도 지역의 하나로, 근린 주택지의 주민에 대한 일용품의 공급을 목적으로 한 상업 지대.

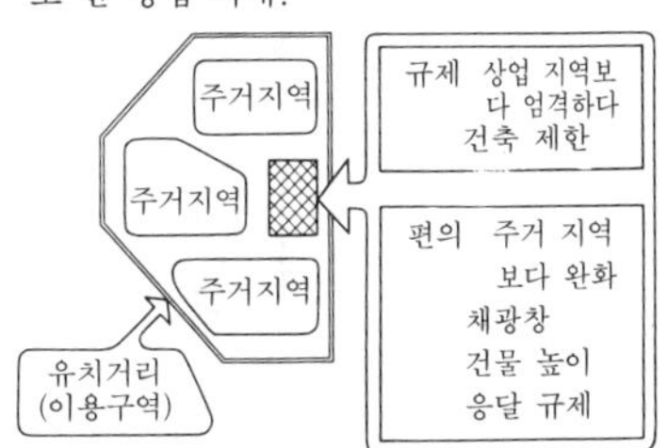

neighbourhood characteristics 주택지 특성(住宅地特性) =characteristics of residential area

neighbourhood group 근린 그룹(近隣-) 최소의 주택지 단위. 한적한 주택 환경의 유지를 도모하는 인구 100~200명으로 구성되며, 4~5지구로 근린 분구를 구성한다.

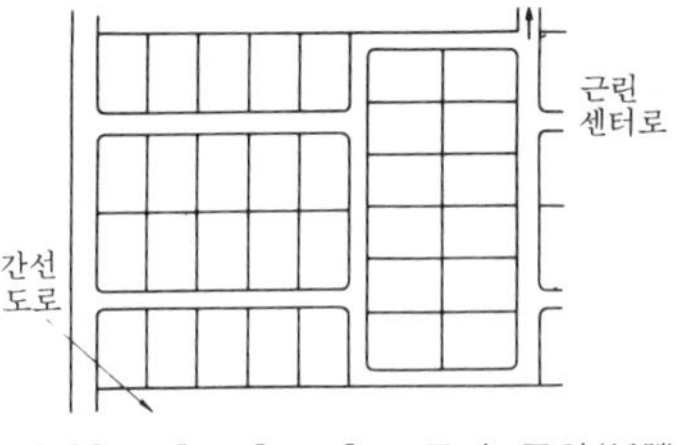

neighbourhood park 근린 공원(近隣公園) 근린 단위 내 거주자의 휴양, 산책에 쓰이는 공원. 유치 거리는 1km 정도, 면적은 기성 시가지의 경우 2ha 정도, 신개발인 경우 8ha 정도를 표준으로 한다.

neighbourhood street 구획 가로(區劃街路) =access road

neighbourhood unit 근린 단위(近隣單位) 국민 학교, 점포·녹지 등 일상 생활에 직접 필요한 여러 시설을 내부에 가지며, 간선 도로로 둘러싸인 인구 8,000~10,000명 정도의 규모를 갖는 주택지. 나라에 따라 다소 계획 기준은 다르지만 기본적인 개념은 대체로 일치하고 있다.

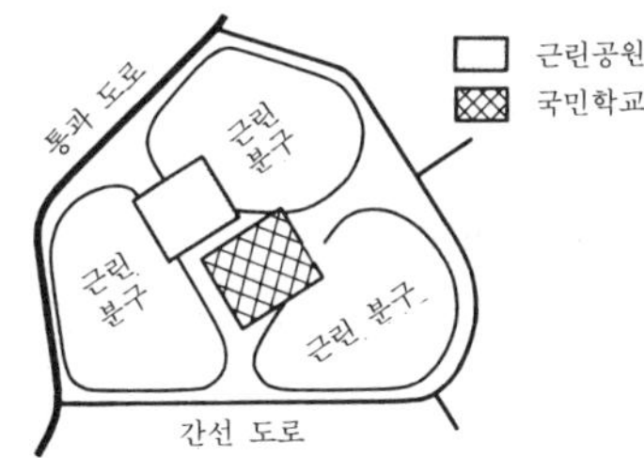

Neo-Baroque architecture 네오바로크 건축(-建築) 19세기 후반부터 20세기 초엽에 걸쳐서 일어난 바로크 양식을 사용한 건축.

Neo-Classicism architecture 신고전 주의 건축(新古典主義建築) 18세기 중반부터 19세기 중반에 걸쳐서 바로크 건축이나 로코코 건축의 전아한 취미에 반발하여 일어난 고전 고대의 재인식을 기반으로 하는 건축.

Neo-Gothic architecture 네오고딕 건축(－建築) 18세기 후반부터 19세기에 유행한 고딕 양식을 사용한 건축.

neon sign 네온 사인 네온관등을 구부려서 만든 광고 또는 표시.

neopolis 네오폴리스 네오(neo)는 새롭다는 뜻이고, 폴리스(polis)는 그리스어의 고대 도시 국가를 의미하는 말. 새로 개발된 주택지 또는 신흥 도시를 말한다.

Neo-Renaissance architecture 네오르네상스 건축(－建築) 19세기에 일어난 르네상스 양식을 사용한 건축.

net area loss 순결손 면적(純缺損面積) 강철 부재의 볼트 접합부 등에서 볼트 구멍에 의해 생기는 부재의 실제 단면 결손 면적을 말한다.

net calorific value 참발열량(－發熱量) 수소나 수분을 포함하는 연료의 경우 수증기가 가져가는 잠열을 이용할 수 없는 열량으로서 총발열량에서 뺀 발열량.

net density 순밀도(純密度) 전면적에서 도로, 공원, 공공 시설, 학교, 병원 등을 뺀 순주택 용지에 대한 총인구를 말하며, 주택의 건축 형식이나 수용 인구를 정하는 데 쓰인다. →gross density

net density of population 순인구 밀도(純人口密度) 인구 밀도에 대하여 순인구 밀도란 면적의 범위를 주택 용지 등의 거주 용지에만 잡고, 교통 용지, 녹지 용지 등의 공공 빈터를 제외한 경우의 인구 밀도이다. ＝net population

net fence 네트 펜스 강철제의 기둥·동살로 구성된 뼈대에 쇠그물을 쳐서 제작된 펜스. 가종 규격의 기성 제품이 많다.

net floor area 안목 면적(－面積) 벽의 안목에서 잰 공간의 면적.

net of road 도로망(道路網) ＝highway net

net population 순인구 밀도(純人口密度) ＝net density of population

net quantity 설계 수량(設計數量) ＝design quantity

net rating 네트 레이팅 보일러 출력 표시의 하나. 정격 출력에서 배관 열손실 및 연소 개시 부하의 여유의 개산값을 뺀 출력. 열량(kcal/h) 또는 상당 방열기 면적(EDR)(m^2)으로 나타낸다. 순출력이라고도 한다.

net vault 망형 볼트(網形－) 리브가 마름모꼴의 그물눈 모양으로 형성되어 있는 볼트.

network 네트워크 →network planning

network planning 네트워크 방식(－方式), 네트워크 공정(－工程) 작업·순서 관계를 화살선이나 ○표 등을 써서 화살 계획 도표로 구성한 공정표. 작업 공정의 진행 과정을 단위 작업으로 분해하고, 각 작업 상호간의 관계, 소요 일수·작업 완료기 등을 일련의 그림으로 나타내어 합리적으로 계획·관리할 수 있다. 그림은 액티비티(시간) 관리를 목적으로 한, 화살형과 서클형 네트워크의 예이다. 작업 1, 2, …, 11로 이루어지는 11개의 작업 네트워크의 예이다.

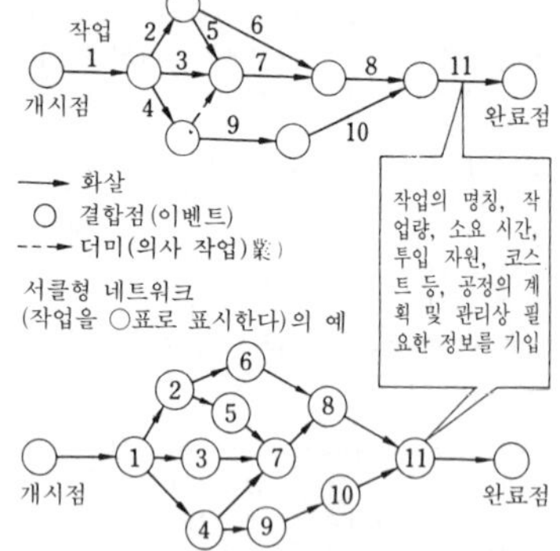

neutral axis 중립축(中立軸) 중립면을 재축(材軸)에 대하여 직각인 평면으로 절단했을 때 나타내어지는 축. 이 선상에서는 수직 응력도는 0이다.

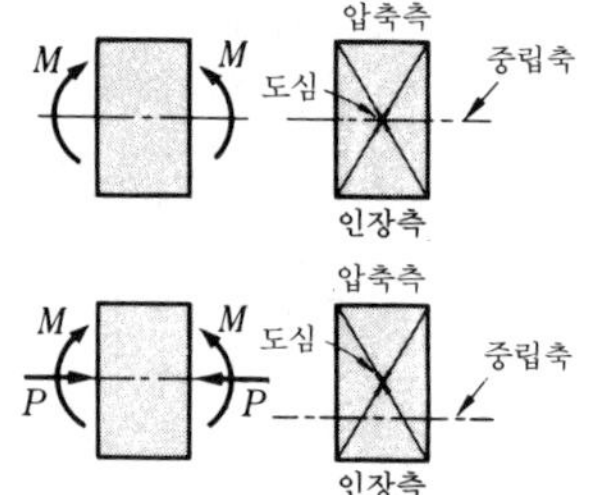

neutral axis ratio 중립축비(中立軸比) 철근 콘크리트의 휨재 압축측 가장자리에서 중립축까지의 거리 x_n과 단면의 유효 높

이 d와의 비를 말한다. →neutral axis, effective depth

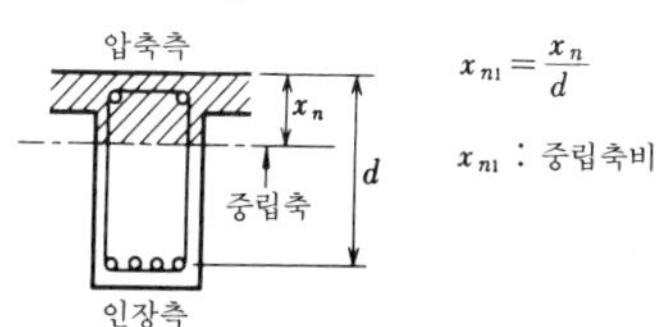

neutral flame 중성 불꽃(中性－) 산소 아세틸렌 불꽃에 있어서 산소와 아세틸렌의 혼합비를 약 1 : 10으로 했을 때 나타나는 산화 작용도 환원 작용도 없는 중성의 가스 불꽃.

neutralization 중성화(中性化) 모르타르나 콘크리트가 공기 중에 있는 탄산 가스의 작용을 받아서 서서히 알칼리성을 잃어가는 현상. 중성화가 진전하여 철근 위치까지 도달하면 철근에 녹을 발생할 위험이 생긴다.

neutralization test 중성화 시험(中性化試驗) 콘크리트의 중성화되기 어려운 정도를 아는 시험. 일반적으로 시험 대상물을 공기 중에 일정 기간 두고, 중성화 깊이를 측정하는데, 넓은 뜻으로는 탄산 가스에 의한 촉진 중성화 시험을 포함한다.

neutral line 중성선(中性線) 중성대(中性帶)와 벽면이 만나는 선.

neutral plane 중립면(中立面) =neutral axis, neutral surface

neutral surface 중립면(中立面) 휨 모멘트가 작용하는 재(材)에서 신축하지 않는 재축 방향의 면. →bending stress

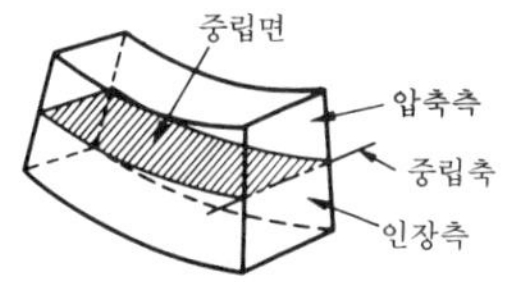

neutral zone 중립대(中立帶) 제어 동작이 일어나지 않는 동작 신호의 특정 범위를 말한다. 동작 간격이라고도 한다.

neutral zone around buildings 건물 중성대(建物中性帶) 하나의 방에 대한 중성대를 건물 전체로 확장한 개념. 복수층 건물에서도 실내와 외기의 압력차가 없어지는 높이가 있으며, 이보다 위에서는 실내에서 공기가 유출하고, 이보다 아래 층에서는 외기가 유입해 온다. 이 위치를 말한다. =natural zone of buildings

neutral zone of buildings 건물 중성대(建物中性帶) =neutral zone around buildings

new built-up area 신시가지(新市街地) 비도시적인 토지로서 이용되고 있던 지역에 주로 계획적 개발 등이 행하여져서 새롭게 시가지로서 형성된 일정한 토지의 구역.

new ceramics 뉴 세라믹스 =fine ceramics

new city 신도시(新都市) 새로 계획적으로 건설되는 도시. 뉴 타운보다 규모가 크고, 소도시의 기능을 갖추고 있다.

new construction 신축(新築) 새로 건축물을 대지에 건축하는 것.

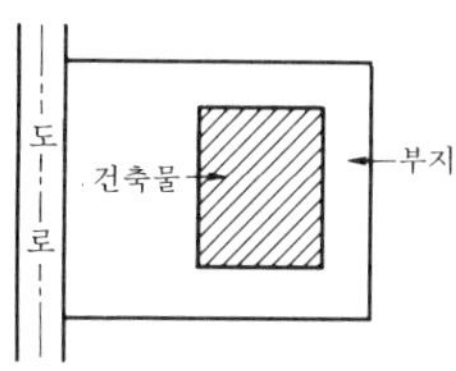

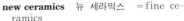

new development 신개발(新開發) 미이용지나 비도시적 토지 이용의 구역을 어떤 개발 주체가 도시적 토지 이용으로 전환하는 행위.

newel 엄지기둥 =newel post

newel post 엄지기둥 난간이나 계단 등의 양단, 꺾이는 곳에 두어 손잡이를 고정하는 짧은 기둥.

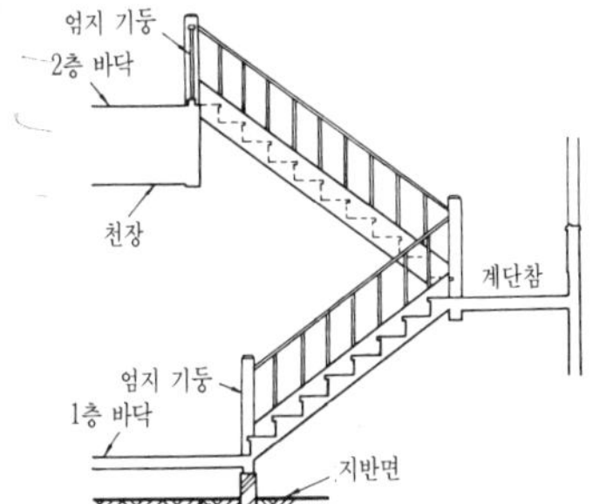

newglass 뉴글라스 광섬유로 대표되는 것과 같이 종래 유리의 성능에 특정한 높은 기능을 갖게 한 고기능 유리의 총칭.

new heartland 뉴 허트랜드 미국에서 하이테크나 서비스 등의 신산업에 의해 발달한 소도시.

Newling's model 뉼링의 모델 뉼링이 제창한 도시내 인구 분포 모델. 도심에서 거리 x지점의 인구 밀도 d는

$$d = a \exp\{-bx(c-x)\}$$

로 나타내어진다고 하는 모델.

Newmark's β-method 뉴마크의 β법(一法) 뉴마크(N. M. Newmark)가 고안한 축차 적분법의 하나. 식 중의 β값을 적당히 선택하면 선형 가속도법 등과 같게 된다.

new office 뉴 오피스 쾌적 공간의 창조라는 관점에서 본 새로운 사무실 공간.

newton 뉴턴 힘의 SI단위의 접두어. 기호 N. 질량 1kg의 물체에 $1m/s^2$의 가속도를 주는 힘을 1N이라 한다.

Newtonian fluid 뉴턴 유체(一流體) 전단 응력이 변형 속도에 비례하는 점성 유체. 공기나 물 등 천연의 유체는 모두 뉴턴 유체이다.

Newton's law of cooling 뉴턴의 냉각 법칙(一冷却法則) 온도 θ의 고체 표면에서 온도 t라는 주위 유체에 대한 dt시간의 열전달량 dQ, 혹은 dt시간에 냉각하는 온도 dT는 온도차(θ−t)에 비례한다고 하는 뉴턴에 의해 제창된 근사 법칙. 열전달량의 시간적 변화 dQ/dt 혹은 냉각 속도 dT/dt가 (θ−t)에 비례하므로 열전달 계수를 α로 하면 단위 표면적에 대하여 $dQ=\alpha(\theta-t)dt$와 같은 식이 얻어진다.

new town 뉴 타운 대도시 주변부에 계획적으로 건설되는 주택 중심의 신도시. ＝bed town

n-hexane 노멀 헥산 ＝normal hexane

Ni-Cd battery 니켈카드뮴 축전지(一蓄電池) 대표적인 알칼리 축전지. 양극에 수산화 제2 니켈, 음극에 카드뮴을 사용한다. 공칭 전압은 1.2V.

niche 감실(龕室)[1], 감실장(龕室欌)[2] (1) ① 벽면의 일부에 우묵하게 만든 자리로, 조상(彫像), 화병 등을 둔다(기독교 교회당의 내벽 등). ② 불교에서 부처를 모셔두는 방. ③ 천주교에서 제대(祭臺) 위에 성체를 모셔 두는 작은 방.
(2) 사당 안에 신주를 모셔 두는 장.

nichrome wire 니크롬선(一線路) Ni에 Cr을 첨가한 합금으로, 전기 저항률이 크고 내열성이 뛰어나므로 발열체로서 사용하는 선.

nickel chrome steel 니켈 크롬강(一鋼) 니켈 7~12%, 크롬 18~20%, 탄소 0.1~0.4%의 합금. 내식성이 크고, 비교적 부드럽다. →stainless steel

nickel silver 양은(洋銀) 니켈·아연·구리로 이루어지는 합금. 색조가 아름답고, 경도·내식성이 좋기 때문에 장식·가정용 기구류 등에 주물·압연물로서 널리 사용된다.

night deposit 나이트 디포짓 야간용 은행의 예금구.

night-duty room 숙직실(宿直室) 공공 시설, 사무실 등에서 야간, 휴일의 관리를 하는 자가 숙박 혹은 가면하는 방.

night latch 밤자물쇠 문에 사용하여 한쪽은 손잡이, 한쪽은 실린더 장치 등으로 되어 있는 개폐하는 자물쇠.

night purge 나이트 퍼지 야간에 실내 공기를 외기와 바꾸어 넣어 실내에 찬 냄새나 열기를 제거하는 것.

night soil treatment 분뇨 처리(糞尿處理) 수세 변소 배수를 하수도나 분뇨 정화조에서 정화 처리하는 것, 및 하수도 미정비 지역의 변소에서의 수거 처리.

night stand 나이트 스탠드 취침시에 나이트 테이블 위 등에 두고 사용하는 조명 기구를 말한다.

night table 나이트 테이블 침실에서 침대 곁에 두어지는 탁자. 스탠드나 시계 등을 얹는다.

night time population 야간 인구(夜間人口) 어떤 지역에 야간 상주하고 있는 사람의 수. 통근, 통학에 의한 유동의 결과 낮과 밤에 인구 분포의 형태가 변화하기 때문에 주간 인구에 대비해서 말한다.

nipper 니퍼 철선, 강선, 동선 등을 절단하는 데 이용되는 공구.

nipple 니플 직선 축의 양단에 수나사가 절삭되어 있는 관 이음. 단주철(鍛鑄鐵)의 것과 강관제의 것이 있다.

일반 배관용

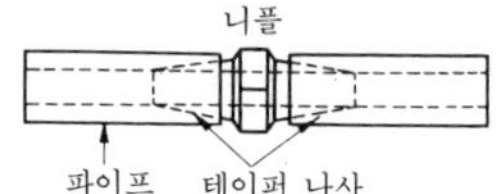

전기공사 배관용

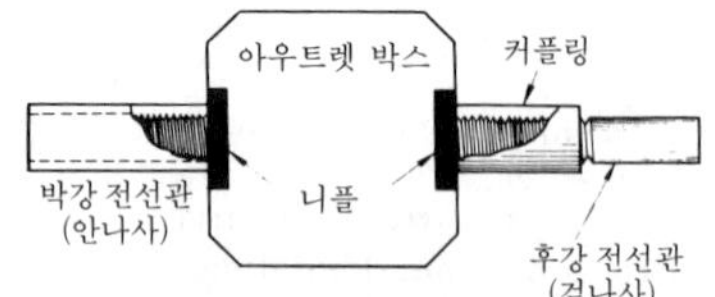

nitoril-butadiene rubber 니토릴 고무 아크릴 니토릴과 부타디엔에 의한 합성 고무. 내열성·내유성이 뛰어나지만 내오존성이 떨어진다. ＝NBR

nitrate nitrogen 초산성 질소(硝酸性窒素) 암모니아성 질소가 초산균에 의해 산화되어 만들어지는 최종 생산물. 생활 배수 등 유기성 질소를 포함하는 배수의 생물학적

산화의 상태를 보는 지표로서 사용된다.

nitrogen dioxide 2산화 질소(二酸化窒素) NO_2. 대표적인 질소 산화물로 자극 냄새가 있는 유독 가스. 연료의 고온 연소 등으로 발생하며, 대기 오염 물질이 된다.

nitrogen oxides 질소 산화물(窒素酸化物) NO_x. 질소와 산소의 화합물을 총칭. 특히 대기 오염 물질로서는 1산화 질소와 2산화 질소가 있으며, 일반적으로는 이 두 화합물을 NO_x라 한다. 광화학 스모그의 원인 물질이기도 한다.

nodal displacement 절점 이동(節點移動) 힘이 작용하는 골조(뼈대) 등에 생기는 절점의 이동 변위량.

nodal equation of equilibrium 절점 방정식(節點方程式) 절점에서의 외력과 내력의 평형을 나타내는 식.

nodal force 절점력(節點力) 골조(뼈대)의 응력 계산에 있어서 절점에 하중으로서 작용시키는 힘. 요소에 작용하는 분포 하중을 등가한 절점에 작용하는 외력으로 치환할 때 쓴다.

nodal load 절점 하중(節點荷重) 절점에 작용하는 집중 하중.

nodal moment 절점 모멘트(節點－) 골조(뼈대)의 응력 계산을 할 때 절점에 하중으로서 작용시키는 모멘트.

nodal rotation 절점 회전각(節點回轉角) 절점에서 변형 곡선의 접선과 변형 전의 재축(材軸)이 이루는 각.

nodal stiffness 절점 강도(節點剛度) 절점법에서는 절점에 모이는 부재의 재단 강도(材端剛度)의 합. 처짐각법에서는 강비(剛比)의 합의 2배를 말한다.

noise 비악음(非樂音)[1], 소음(騷音)[2], 잡음(雜音)[3] (1) 주기성이 없는 불규칙한 파형의 음. 따라서 주파수는 일정하지 않다. (2) 듣는 사람에게 바람직하지 않은 음. 따라서 같은 음이라도 듣는 사람에 따라서, 또 때와 장소에 따라서 소음이 되기도 하고 그렇지 않기도 하다.
(3) 주기성이 없고 부분음으로 분해할 수 없는 음.

종 류	공통 요소	영 향
교통소음 공장소음 건설소음 일반소음 등	너무 큰 소음 변동이 심한 소음 계속음 주위의 음보다 큰 음 순음성의 음 경험이 없는 음	불쾌감 대화방해 작업능률 저하 수면방해 등

noise attenuation 소음 감쇠량(騷音減衰量) 어떤 크기의 소음이 시간, 거리, 차폐물의 유무 등의 변화에 따라 작아졌을 때 그 감쇠의 크기를 dB로 나타낸 양.

noise barrier 방음 담장(防音－) 옥외에서 방음을 위해 사용하는 담장. 전파 도중에 장애물이 있으면 음파는 회절하여 그 세기가 약화되는 효과를 이용하고 있다. ＝sound barrier

noise creterion curves NC곡선(－曲線), 소음 허용 곡선(騷音許容曲線) 귀로 느끼는 음의 크기와 소음의 대화에 대한 방해도(SIL)를 기준으로 소음의 허용값을 주파수 분석한 곡선. 사람의 귀는 저음에 관대하므로 저음부일수록 강한 음까지 허용되어 그림과 같이 왼쪽이 올라가는 곡선이 된다. ＝NC curves

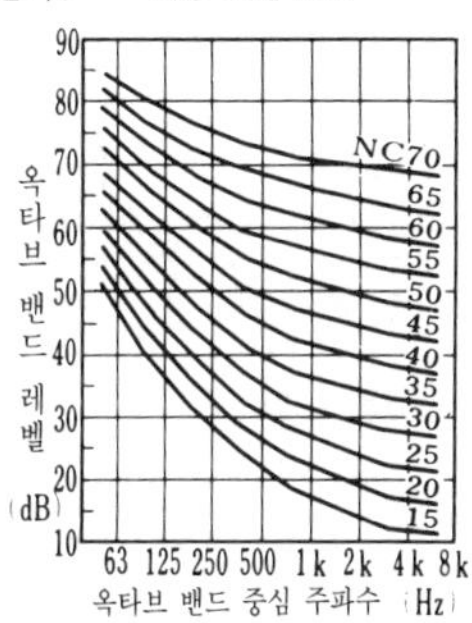

noise level 소음 레벨(騷音－) 인간의 귀의 감도를 고려한 청감 보정 회로 A를 갖는 소음계로 측정하여 얻어지는 음압 레벨. 데시벨(dB)로 나타낸다.

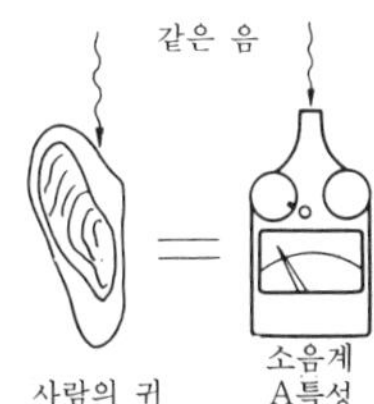

noise level meter 지시 소음계(指示騷音計) 소음 레벨의 척도를 써서 계측할 수 있는 소음계.

noise pollution 소음 공해(騷音公害) 교통, 항공기, 공장, 건설 작업 등으로 발생하는 바람직하지 않은 소리가 사회 생활이나 인간의 건강에 장애를 미치는 것.

noise source 잡음원(雜音源) 명백하게 소

음의 발생원으로서 지적할 수 있는 것.

nominal building cost 실태 건축비(實態建築費) 실제로 시공된 공사 단가의 평균값. 예를 들면, 착공 건축 예정액의 평균 단가는 하나의 실태 건축비이다. 이 실태 건축비의 변동에는 물가의 변동 외에 건축물 내용의 변화나 질수준의 변화의 영향이 포함된다. →index of nominal building cost

nominal cross-section 공칭 단면(公稱斷面) 원강(환강)·이형 봉강·형강 등의 생산시에 설정된 단면의 타입.

nominal cross section area 공칭 단면적(公稱斷面積) 철근, 형강 등의 단면적의 공칭값. 단위 길이당 무게를 밀도로 나누어서 정한다.

nominal diameter 공칭 직경(公稱直徑) 철근 직경의 공칭값. 공칭 단면적에서 정한다.

nominal dimension 호칭 치수(呼稱－數) 부품의 사이즈를 표시하는 대표적 치수.

nominal measurement 기준 치수(基準－數) 구성재의 표준화를 위해 정해진 치수 기준. 건축에 관한 공업의 표준화로서 정해진 치수 기준으로 건축 모듈이 있다. 다음 표는 건축 모듈의 기초 수치 및 그 구성을 나타낸 것이다.

875	175	35	**7**	14	28	56	112	(224)	(448)
125	25	**5** –	**1** –	**2**	4	8	16	32	64
375	75	15	**3**	6	12	24	48	96	192
(1125)	225	45	9	18	36	72	144	288	576
(3375)	675	135	27	54	108	216	432	864	(1728)

nominal perimeter of deformed bar 공칭 둘레 길이(公稱－) 철근의 단면 둘레 길이의 공칭값.

nominal scale 명목 척도(名目尺度) 척도값이 분류의 의미만을 갖는 척도.

nominal size 호칭 치수(呼稱－數) ＝nominal dimension

nominal strength 호칭 강도(呼稱强度) 레디 믹스트 콘크리트에서 구입자가 지정하는 강도로, 135kg/cm^{2}부터 400kg/cm^{2}까지 여러 단계의 값이 있다.

nominal stress 공칭 응력(公稱應力) 하중이 작용하기 전의 시험편의 단면적으로 하중을 나눈 값. 인장 시험에서는 시험편의 단면적은 실제로는 축소하므로 참응력은 이보다 커진다.

nominated design competition 지명 설계 경기(指名設計競技) 미리 지명된 건축가만으로 행하여지는 설계 경기. 보통, 참가자에게는 당락과 간계없이 일정한 기초적인 보수가 보증된다. ＝invited design competition

non asbest tile 논 아스베스트 타일 종래의 반경질 비닐 아스베스트 타일 대신 개발된 아스베스트를 포함하지 않은 플라스틱 바닥 타일. 아스베스트의 인체로의 유해성이 지적되었기 때문에 생산된 것.

non-blended cement 단미 시멘트(單味－) 시멘트 클링커를 분쇄하여 만드는 혼합 재료를 혼합하지 않은 시멘트. 포틀랜드 시멘트나 알루미나 시멘트 등이 있다.

non-combustibility 불연성(不燃性) 재료가 갖는, 연소하지 않는 성질.

non-combustible construction 불연 구조(不燃構造) ① 기둥·보·벽 등의 주요 구조부를 불연 재료 또는 내화 재료로 만든 건물. ② 불연 재료만으로 만들어진 칸막이 등의 구획 구성 부위. →fire resistive construction

non-combustible material 불연 재료(不燃材料) 재료 자신은 연소하는 일이 없고, 또 유해한 용융이나 변형이 없으며, 실내에 사용하는 경우는 유해한 가스·연기가 발생하지 않는 재료.

non-combustible rate 불연화율(不燃化率) 일정 지역 내의 전건축물의 양에 대한 불연 구조 건축물의 양의 비율. 건축 건수, 건축 면적, 건축 연 바닥 면적 등이 지표로서 쓰인다.

non-combustible structure 불연 구조(不燃構造) 주요 구조부를 불연 재료로 만든 구조.

non-combustiblization 불연화(不燃化) 건축물 등을 불연성 재료에 의하여 불연 구조로 하는 것. 내화 구조, 방화 구조가 있다.

non-destructive inspection 비피괴 시험(非破壞試驗) ＝non-destructive test

non-destructive test 비파괴 시험(非破壞試驗) 재료 혹은 제품 등을 파괴하지 않고 강도·탄성이나 결함의 유무 등을 살피는 시험. 초음파 탐상법, 자기 탐상법, 방사선 탐상법 등이 있다.

non-dimensional frequency 무차원 진동수(無次元振動數) 진동수(Hz)를 어느 기준 진동수(Hz)로 나누어 무차원화한 값.

non-dimensional wind velocity 무차원 풍속(無次元風速) 평균 풍속을 구조물의 고유 진동수와 기준 길이의 곱으로 나눈 양을 말한다.

non-directional sound source 무지향성

음원(無指向性音源) 3차원적으로 모든 방향에 같은 세기와 위상으로 음파를 방사하는 음원. 이론적으로 음장(音場)을 고찰할 때의 기본적인 음원.

non-drying oil 불건성유(不乾性油) 공기 중에서 쉽게 건조하지 않는 유지류. 옥소가(沃素價) 100 이하. 올리브유, 낙화생유, 피마자기름 등. 도료에는 쓰이지 않는다. 식용, 약용, 비누의 제조에 쓰인다.

non-dwellings 비주택(非住宅) ① 주택이 아닌 건축물. ② 사람이 거주하는 시설 중 주택의 정의에 들지 않는 것. =structures other than dwellings

non-ferrous metal 비철 금속(非鐵金屬) 철 또는 강 이외의 금속. 구리, 알루미늄, 납, 아연, 주석, 니켈, 크롬, 금, 은 등.

nongas arc welding 논가스 아크 용접(-鎔接) 실드 가스를 사용하지 않고, 솔리드 와이어나 플럭스 와이어를 써서 공기 중에서 직접 용접을 하는 방법. 반자동 용접 중에서는 가장 용이한 것으로 바람에 대해서도 강하다. =self shield welding, nongas shield welding

nongas-nonflux method 논가스·논플럭스법(-法) 플럭스나 실드 가스를 쓰지 않고 와이어 내에 포함되는 탈산제나 질소 고정제에 의해 공기 중의 산소를 제거하고, 질소를 고정하여 깨끗한 용착 금속이 얻어지도록 한 용접법.

nongas shield welding 논가스 실드 용접(-鎔接) =nongas arc welding

non-harmonic component 비조화 성분(非調和成分) 여러 가지 주파수로 이루어지는 복합음 중 기음(基音)과 배음(倍音) 관계가 아닌 주파수 성분.

non-harmonic vibration 불규칙 진동(不規則振動) 시간적이고 주파수적으로 불규칙한 변동을 하는 진동. 임의의 시각에서의 크기가 정확하게 예측할 수 없는 진동. =random vibration

non-industrial waste 일반 폐기물(一般廢棄物) =municipal waste, general waste

non-isotropic diffuse reflection 불균등 확산 반사(不均等擴散反射) 반사하는 방사, 빛의 방사 휘도 또는 휘도가 방향에 관해서 균등하지 않은 확산 반사.

non-isotropic diffuse transmission 불균등 확산 투과(不均等擴散透過) 투과하는 방사, 빛의 방사 휘도 또는 휘도가 방향에 관해서 균등하지 않은 확산 투과.

non-isotropic diffusion 불균등 확산(不均等擴散) 발광·반사·투과하는 방사 또는 빛의 방사 휘도 또는 휘도가 방향에 관해서 균등하지 않은 것.

non-isotropic turbulence 비등방성 난류(非等方性亂流) 속도 변동의 통계적 평균량이 좌표축의 회전이나 반전에 대하여 불변이 아닌 난류.

non-linear 비선형(非線形) =non-linearity

non-linearity 비선형(非線形) 구조물 혹은 부재의 하중·변형 관계, 혹은 재료의 응력도·변형도 관계가 직선적이 아닌 것을 말한다.

non-linear vibration 비선형 진동(非線形振動) 변형과 힘이 비례하지 않는 복원력 특성을 갖는 진동계의 진동.

non-Newtonial fluid 비 뉴턴 유체(非-流體) 전단 응력과 변형 속도가 비례 관계에 있지 않은 유체.

non-potable water 잡용수(雜用水) 세정, 냉각, 세차, 청소 등의 목적으로 공급되는 물. =water for miscellaneous use

non-sag type 논새그형(-形) 줄눈을 충전했을 때 흘러내리지 않도록 만들어진 실링재.

non-slip 논슬립 계단의 계단코에 부착하여 미끄러짐·파손 및 마모를 방지하는 것. 재료·형상은 계단 마감 재료나 위치에 따라 종류가 있다.

non-stationary 비정상(非定常) 시간축상에서 파동 등의 변화가 불규칙한 모양.

nonstructural element [member] 비구조(부)재(非構造(部)材) 건물을 구성하는 부재 중 외주벽, 칸막이, 개구(부), 천장 등이나 그 마감재 등 구조 내력을 부담하지 않는 것을 말한다. 넓은 뜻으로는 설비기기, 배관 등까지 포함하는 경우가 있다. 주로 내진성의 관점에서의 호칭이다.

nonstructural member 비구조재(非構造材) 설계상 구조 내력을 기대하지 않는 부재의 총칭. 그 범위는 반드시 명확하지는 않다. 칸막이벽, 마감재, 부착 부재 등을 말한다. 뼈대의 주요부 이외를 널리 가리키기도 한다.

non-vibration anti-noise pile driver 무진동 무소음 말뚝박기 기계(無振動無騷音-機械) 말뚝 공사시에 발생하는 진동·

소음을 경감하도록 고안된 말뚝박기 기계의 총칭. 압입식 · 천공식 · 중굴식(中掘窟) · 제트식 등이 있다.

non-vulcanized rubber roofing sheet 비가황 고무 루핑(非加黃－) 고무를 가황하지 않고 제조한 방수 시트. 강도는 작지만 소성적 성질을 가지며, 변형시의 응력 완화성, 접착성이 뛰어나다.

non-walled Rahmen 무벽 라멘(無壁－) 구면(構面) 내에 내력벽을 갖지 않는 라멘. 유벽 라멘과 대비하여 쓰인다.

non-working joint 논워킹 조인트 실링 공사에서 콘크리트 이어붓기 줄눈, 수축 줄눈과 같이 무브먼트를 일으키지 않든가 또는 그것이 미소한 줄눈을 가리킨다.

normal bend 노멀 벤드 전기 설비 공사에서 전선관을 직각으로 구부려서 접속하는 이음.

normal close 노멀 클로즈 자동 제어에서 신호를 주지 않을 때, 혹은 정전시에 전폐가 되는 기구. →normal open

normal combustion 정상 연소(正常燃燒) 불꽃 점화 기관에서 불꽃 점화에 의한 불꽃핵의 생성과 불꽃 전파에 의해 전혼합 기체의 연소가 정상으로 이루어지는 것.

normal concrete 보통 콘크리트(普通－) 보통 포틀랜드 시멘트와 자갈 · 모래로 이루어지는 일반적인 콘크리트. ＝plain concrete

normal condition air 표준 상태 공기(標準狀態空氣) 1기압, 0℃의 상태인 공기. 표준 공기라고도 한다.

normal consistency 표준 연도(標準軟度) 시멘트 페이스트의 표준이 되는 연한 정도로, 물의 양은 시멘트의 24～28%로 하고 있다(표준 연도봉이 밑에서 6mm인 곳에서 멈추었을 때의 연도).

normal consolidated clay 정규 압밀 찰흙(正規壓密－), 정규 압밀 점토(正規壓密粘土) 정규 압밀 상태에 있는 찰흙.

normal consolidation 정규 압밀(正規壓密) 현재 받고 있는 압밀 응력으로 압밀이 종료하고 있는 상태를 말한다. 원리적으로는 하중 등의 새로운 변동이 없는 한 침하하지 않는다.

normal distribution 정규 분포(正規分布) 연속적 확률 변수 x의 밀도 함수가 다음 식으로 나타내어지는 분포를 말한다.

$$f(x) = \frac{1}{\sqrt{2\pi}\,\sigma}\exp\{-(x-\mu)^2/2\sigma^2\}$$

$$(-\infty < x < \infty)$$

여기서, μ : 확률 변수 x의 평균값. σ : 표준 편차.

normal force 수직력(垂直力) 면에 직각인 방향으로 작용하는 힘. 인장력과 압축력이 있다.

normal hexane 노멀 헥산 지방족 탄화수소에 속하는 용매. 배수 기준에도 배수 중의 동식물 유지류, 광물유류의 함유량을 알기 위해 노멀 헥산을 쓰도록 정해져 있다.

normal illuminance 법선 조도(法線照度), 법선면 조도(法線面照度) 진행 방향에 수직인 면을 수조면(受照面)으로 한 빛에 의한 조도.

normal impedance 노멀 임피던스 음향 재료 등의 표면에 있어서의 음압과 입자 속도의 면에 대한 수직 방향 성분과의 비. ＝surface impedance

normal incidence acoustic impedance 수직 입사 (음향) 임피던스(垂直入射(音響)－) 재료 표면에서의 음압과 표면에 수직인 입자 속도 성분과의 비($Z_n = p/v$). 흡음률보다도 음의 반사 성상에 대해서 보다 많은 정보를 포함한다.

normal incidence sound absorption coefficient 수직 입사 흡음률(垂直入射吸音率) 흡음재의 면에 수직으로 음이 입사한 상태의 흡음률. 직접 실음장(實音場)에서 적용하는 일은 없으나 흡음 특성의 기초적인 연구나 품질 관리 등에 유효하다.

normalization 표준화(標準化) 제품의 치수나 기능의 다양성 혹은 공법이나 절차의 다양성을 정리하고, 소수의 타입으로 통일하여 혼란을 방지한다든지 효율을 높인다든지 하는 것. ＝standardization

normalized variable 기준화 변수(基準化變數) 일반적인 척도가 되도록 변환한 변수. 높이를 기준 고도로 나눈 값, 확률 변수에서 평균값을 빼고 표준 편차로 나눈 값 등. ＝reduced variate

normalizing 불림 결정 조직이 큰 것, 또는 변형이 있는 것을 상태화(常態化)하기 위한 목적으로 처리하는 조작. 보통 강을 오스테나이트 범위로 가열하고 서서히 공기 속에서 방랭(放冷)한다.

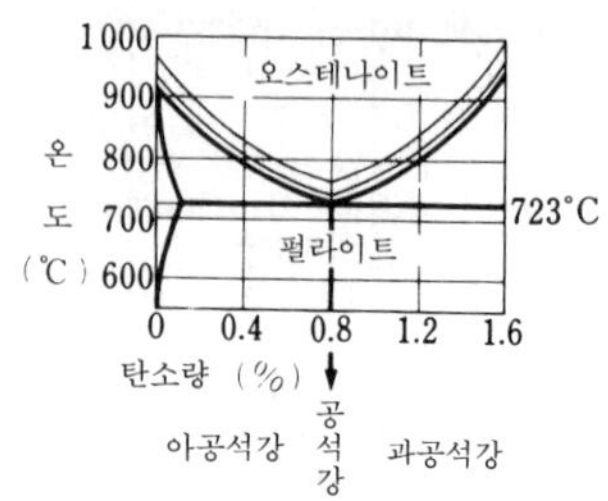

normal load 법선 하중(法線荷重) 경사재·곡선재 등에서 그 재나 면에 대하여 수직 방향으로 작용하는 하중.

normal method 노멀법(－法) 보링 구멍을 이용하여 지반의 전기 저항을 계측할 때의 전극 배치. 구멍 속의 전극 간격을 a로 하면 지층의 겉보기 비저항은

$\rho_a = 4\pi a V/I$

여기서, V : 전압, I : 전류.

normal mixing ratio 표준 조합비(標準調合比), 표준 배합비(標準配合比) 시멘트, 잔골재, 굵은 골재, 물의 표준이 되는 배합 비율.

normal mode 정규 모드(正規－) ＝characteristic mode, eigenmode

normal mode of vibration 기준 진동형(基準振動形) 진동계의 고유 함수로 나타내어지는 진동의 분포형. 고유 모드라고도 한다. 전단형의 질점계 모델에서는 질점의 수만큼 존재한다.

normal open 노멀 오픈 자동 제어에서 신호를 주지 않을 때, 혹은 정전시에 전개(全開)가 되는 기구. 밸브나 댐퍼에 내장되며, 시스템의 안전성을 높인다. →normal close

normal output 상용 출력(常用出力) 기계, 기구 등의 출력의 정의. 일반적으로 정격 출력의 90~100%를 쓴다.

normal Portland cement 보통 포틀랜드 시멘트(普通－) 가장 널리 사용되고 있는 시멘트로, 포틀랜드 시멘트 중에서도 대표적인 것. 단지 시멘트라고 하는 경우는 이것을 가리킨다. ＝ordinary Portland cement

normal quantity of solar radiation 법선면 일사량(法線面日射量) ＝quantity of direct solar radiation

normal sand 표준 모래(標準－) 시멘트 세기의 규격 시험을 하기 위해 규정되어 있는 모래.

normal stress 수직 응력(垂直應力), 수직 응력도(垂直應力度) 어느 방향의 단면에 수직 방향인 응력. 응력은 그 면에 대하여 수직 방향과 접선 방향으로 분해할 수 있으며, 전자를 수직 응력(도)라 하고, σ로 나타내며, 후자를 전단 응력(도)라 하고 τ로 나타낸다. 수직 응력도는 인장, 압축에 따라 인장 응력도, 압축 응력도라 한다.

normal stress resultant 수직 응력(垂直應力) 물체 내에 어떤 크기의 가상면을 생각했을 때 여기에 작용하는 인장력 또는 압축력의 합력.

normal structural timber 보통 구조재(普通構造材) 나무 구조에 사용하는 목재는 상급 구조재와 보통 구조재로 나뉘며, 섬유 방향의 허용 응력도와 영 계수에 차를 두고 있다. 통상의 구조재라고 생각하면 된다.

normal tensile force of bolt fastening 표준 볼트 장력(標準－張力) 고력 볼트의 목표 체결력에 해당하며, 체결시의 오차·변동 등에 대응하기 위해 설계 볼트 장력의 10%증으로 하고 있다.

normal unit stress 수직 응력도(垂直應力度) 방향이 단면에 대하여 수직인 응력도. 인장 응력도와 압축 응력도가 있다. 수직 응력도를 단지 수직 응력 또는 직응력이라고도 한다. →stress intensity

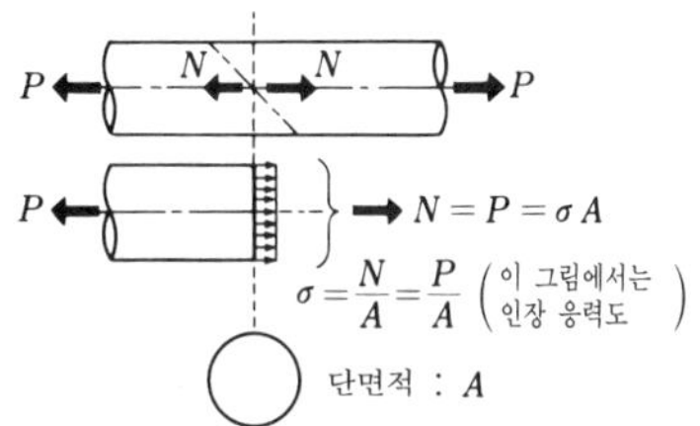

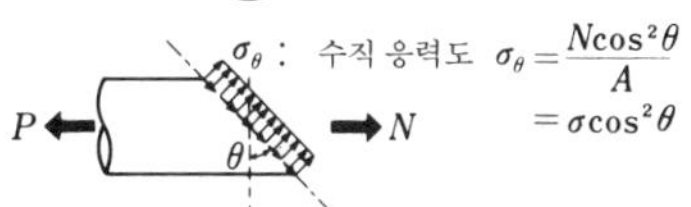

normal weight aggregate 보통 골재(普通骨材) 보통 비중(2.4~2.6)의 암석으로 만들어지는 모래, 자갈 또는 부순모래, 부순돌 및 같은 정도의 비중인 고로 슬래그 쇄석, 슬래그 모래 등의 골재. ＝ordinary aggregate

Norman architecture 노르만 건축(－建築) 11, 12세기의 영국 로마네스크 건축.

nose 루트면(－面) ＝root face

no-slump concrete 노슬럼프 콘크리트 제로 슬럼프 또는 이에 가까운 초경 비빔의 콘크리트. 즉시 탈형 공법에 의한 콘크리트 제품의 제조에 쓰인다.

notch 오늬 활의 화살끝에서 활줄을 받는 V형으로 되어 있는 부분을 말하며, 오늬상(狀)으로 만든 것의 총칭.

notch brittleness 새김눈 취성(－脆性) 연성 재료라도 단면에 새김눈이 있으면 쉽게 파괴하는 일이 있다. 그러한 성질을 말한다.

notch effect 노치 효과(－效果) 구멍이나 홈이 있는 재료에 응력을 가했을 때 응력 집중에 의해 강도가 저하하는 현상.

notching 비늘턱치기 비늘판을 대기 위해 거기에 맞게 턱을 따낸는 것을 말한다.

noy 노이 피해자측에서 본 소음의 단위. 음량의 계측에 있어서 소음이 갖는 감각적인 크기를 채용하고 있다.

nozzle 노즐 유체의 유로에서 갑자기 단면적을 축소하여 유체를 분출시키는 분출구. 공기 조화에 있어서의 공기의 분출구 등에 사용하며, 또 유량 측정 장치로서 사용한다.

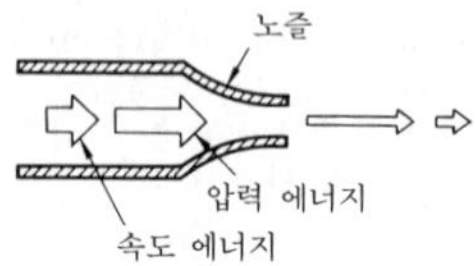

nozzle flow meter 노즐 유량계(－流量計) 관, 덕트 등의 유로에 노즐을 두면, 그 전후에서 유량에 따라 압력차가 생기는 것을 이용한 유량계.

nozzle outlet 노즐형 분출구(－形噴出口) 축류형 분출구의 일종. 유로(流路)의 단면적을 갑자기 축소시킨 분출구. 기류의 도달 거리가 길기 때문에 극장이나 홀과 같은 넓은 공간에 쓰인다.

nugget 너깃 점용접기로 점용접한 용접부를 말한다.

number of air changes 환기 횟수(換氣回數) 1시간당의 환기량을 방 용적으로 나눈 값.

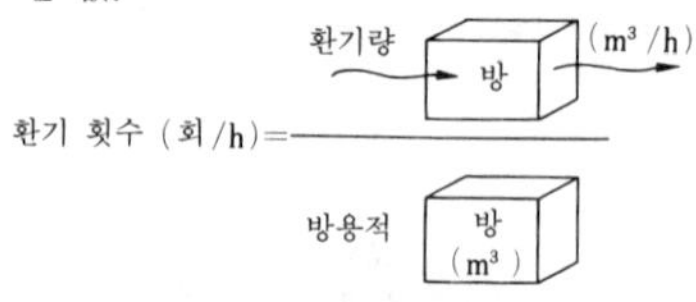

number of fires 출화 도수(出火度數) 출화의 횟수. 일반적으로는 출화 건수라고도 한다.

number of lot 지번(地番) 토지의 1필지마다 붙이는 번호.

number of stories 층수(層數) 그 건물의 바닥면이 가장 많은 개소의 층수를 말한다. 탑옥(塔屋)·지하층에서 그 수평 투영 면적이 건축 면적의 1/8 이하이고, 기계실 등으로 사용하는 경우는 층수에 넣지 않는다.

numerical control work NC가공(－加工) NC는 수치 제어를 말한다. 컴퓨터를 써서 가공에 필요한 데이터를 주어 수치 제어 공작기에 의해서 가공하는 것. 철골 제작 공장에서 자동 절단이나 절삭 등에 널리 쓰이고 있다.

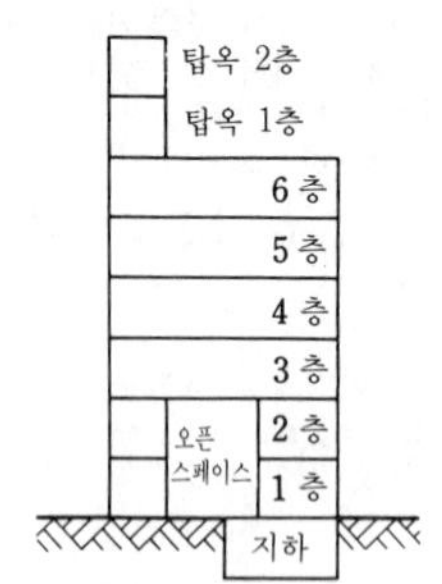

number of stories

numerical simulation 수치 시뮬레이션(數値－) 물리 현상을 수식을 써서 나타내고, 컴퓨터에 의해 계산하여 현상을 재현하려는 연구 수법.

nurse call system 너스 콜 설비(－設備) 병원의 병실 혹은 병상에서 환자가 긴급히 간호원을 호출하기 위한 설비. 병실의 너스 콜 버튼과 간호원실에 있는 호출(표시) 장치 및 신호 배선으로 구성된다.

nursery 너서리 유아를 돌보는 곳, 탁아소 또는 어린이방.

nurse station 간호원실(看護員室) 병원에서의 간호원이 상주하는 방으로, 병실을 관리하는 데 중요한 역할을 한다. 외래자의 관리도 할 수 있도록 그 위치가 중요해진다.

nursing home 너싱 홈 작은 사적 병원, 의료·복지를 겸비한 노인 홈.

nursing unit 병동(病棟) 병원에서 환자를 입원시키는 부문 또는 건물. ＝wards

Nusselt number 너셀수(－數) 고체벽과 유체간의 열전달에 관한 무차원수. 전달열과 전도열의 비.

$$Nu = \frac{\alpha \cdot l}{\lambda}$$

여기서, α : 열전달률, l : 대표 길이, λ : 유체의 열전도율.

nut 너트 볼트에 끼워 2개의 부품을 체결하는 것. 6각 너트, 4각 너트 등이 있다.

nut rotation method 너트 회전법(－回轉法) 고력 볼트의 축력의 양을 너트의 회전량으로 판정하는 시험법.

N-value N값 지반의 표준 관입 시험에서 63.5kg의 해머를 75cm 자유 낙하시켜 샘플러를 30cm 관입시키는 데 요하는 해머의 타격 횟수. 지반의 단단함을 나타내는 지표가 된다.

ω method ω법(―法) 단일 압축재의 좌굴에 대한 설계법의 일종. 좌굴 계수를 ω로 나타내기 때문에 오메가법이라는 이름이 붙었다.

OA 사무 자동화(事務自動化) ＝office automation

OA system OA시스템 ＝office automatic system

oak 떡갈나무[1], 참나무[2] (1) 참나무과의 낙엽 교목. 해변이나 산지에 흔히 자라는데, 높이는 20m 가량. 마른 잎은 겨우내 가지에 붙어 있다가 이듬해 새싹이 나올 때 떨어지며, 늦봄에 황갈색의 꽃이 핀다. 열매인 도토리는 먹을 수 있고, 나무는 질이 단단하여 쓰이는 곳이 많다.
(2) 참나무과에 속하는 나무를 통틀어 이르는 말이다. 상수리나무·떡갈나무·굴참나무 등.

OBC system OBC공법(―工法) 프리스트레스트 콘크리트용 정착 공법의 일종. 강철제의 암콘과 쐐기로 이루어지며, 복수 줄의 PC강연선 사이에 쐐기를 1개씩 끼워 PC강선을 지지해서 긴장 정착한다.

obelisk 오벨리스크 위쪽을 향해서 가늘어진 높은 돌 기둥. 네모진 단면을 가지며, 끝 부분은 피라미드 모양이다. 일반적으로 화강암이 사용되었다. 고대 이집트에서 널리 사용되었다. 그림은 카르낙의 아몬 신전에 있는 오벨리스크(B.C. 1570～1085년경).

object color 물체색(物體色) 물체에서 반사 또는 투과하는 빛의 색.

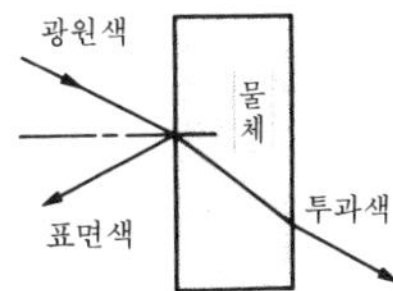

oblique distance 사거리(斜距離) 어느 2점간의 사면을 따라서 잰 거리. 사거리를 l, 경사각을 θ, 연직 거리를 h로 하면

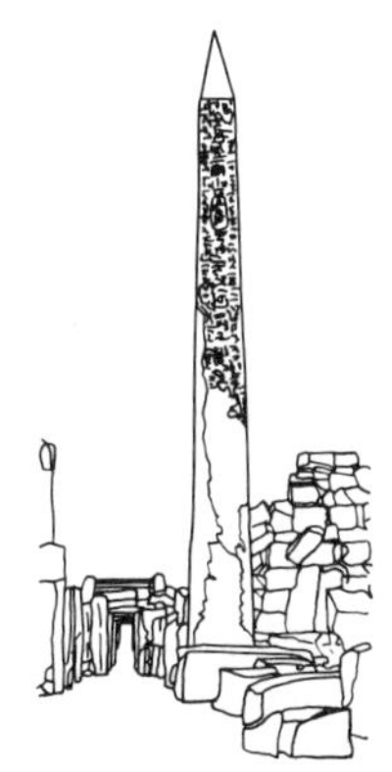

obelisk

$$L = l\cos\theta \qquad L = \sqrt{l^2 - h^2}$$

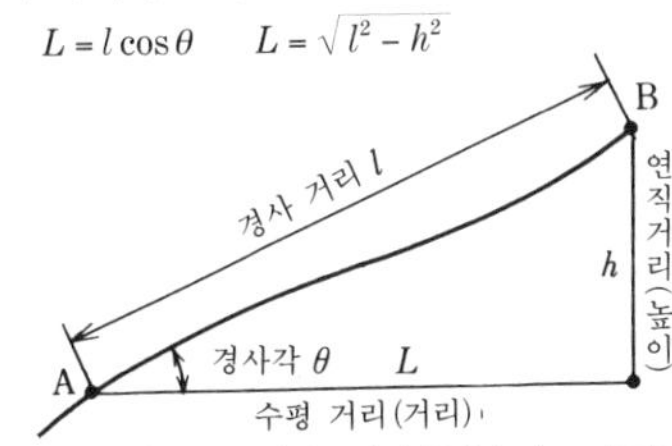

oblique fillet 경사 필릿(傾斜―) 용접에서 용접선과 부재 응력이 직각 이외의 각을 이루는 경우를 말한다.

oblique fillet welding 사면 필릿 용접(斜面―鎔接) 용접선이 전달해야 할 하중이 걸리는 방향과 어느 각도를 이루는 필릿 용접.

oblique incidence 경사 입사(傾斜入射) 경계면에 비스듬히 파동이 입사하는 것.

oblique incidence sound absorption coefficient 경사 입사 흡음률(傾斜入射吸

音率) 재료 표면에 음파가 특정한 각도로 비스듬하게 입사했을 때의 흡음률.

oblique projection 사투영(斜投影) 투영선이 화면에 사교(斜交)하는 투영. 캐비닛법·카발리에법·밀리터리법이 있으며, 어느 것이나 화면에 대하여 평행을 유지하는 면은 실제 길이와 실제 모양을 나타내고, 프리 핸드 스케치나 간단한 설명도 등에 이용된다.

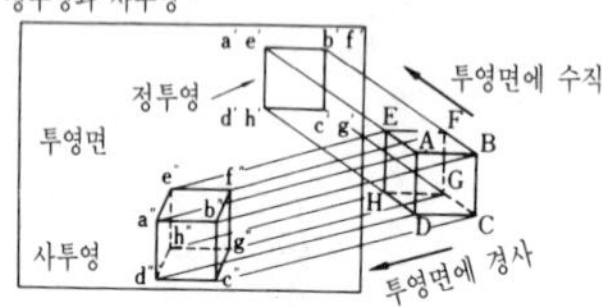

● 캐비닛법 ● 가발리에법 ● 밀리터리법

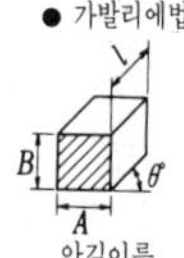

안길이를 ½로 한다 / 안길이를 실장으로 한다 / 높이는 ½로 한다

oblique rake 경사 버팀대(傾斜－) 흙막이 벽의 측압을 경사재로 받는 버팀재 또는 그 공법. 수평 버팀대와 구별하여 사용한다. ＝oblique strut

oblique stress 경사 응력(傾斜應力) 주축 방향에 대하여 경사진 편면상에 작용하는 응력. ＝diagonal stress

oblique strut 경사 버팀대(傾斜－) ＝oblique rake

observational procedure 계측 관리(計測管理) 공사 시공 현장에서 계측을 병용하여 공사 중의 실재 구조물의 거동을 파악하여 안전하고 적절한 시공을 하는 것.

observation method of depreciation 관찰 감가법(觀察減價法) 가옥의 부동산 감정 평가법의 하나. 건물 각 부분의 손모 실태를 관찰하고 그 재조달 가격에 대한 감가액을 추정한다.

observation of angle 측각(測角) 트랜싯 등에 의해 두 시준선(視準線) 간의 각도를 측정하는 것(그림 참조).

observation well 관측 우물(觀測－) 양수 시험·배수 공사 등에서 지하 수위의 변동을 조사·기록하기 위하여 설치하는 우물을 말한다.

observed value 측정값(測定－) 어느 미지량을 측정한 값.

obsolescence 진부화(陳腐化) 고정 자산의 기능이 당초의 예상대로라도 새로운

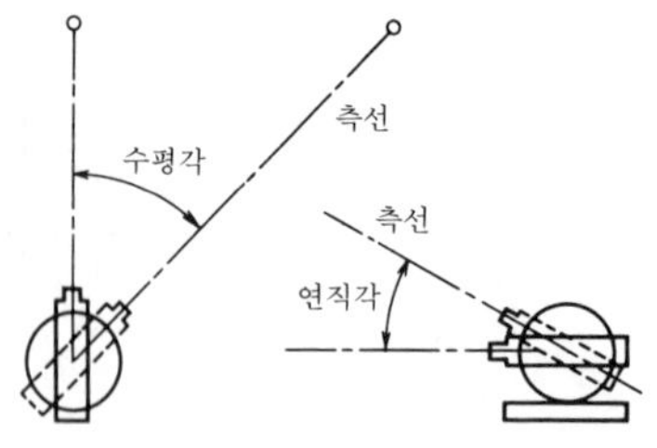

observation of angle

기술이나 생산 방식의 진전에 따라 그 고정 자산이 상대적으로 구식으로 된 결과가 감가의 정도를 촉진시키는 것. 기술적 진부화라고도 한다. 건물의 경우에는 사회적인 유행의 뒤짐에 따라 감가의 속도를 촉진시키는 것을 말한다.

OCB 유입 차단기(油入遮斷器) ＝oil circuit breaker

occupancy load 인원 부하(人員負荷) ＝human heat load

occupancy ratio 시설 이용률(施設利用率)[1], 이용률(利用率)[2] (1) 시설측에서는 단위 시간 내에 실제로 가동한 시설수나 이용자수 또는 그 비율. 이용자측에서는 단위 시간 내의 이용자수 또는 그 비율. (2) 재료, 설비, 시설 등이 얼마만큼 이용되고 있는가, 혹은 이용자가 설비, 시설 등을 얼마만큼 이용하고 있는가를 나타내는 지표. ＝utilization ratio

occupant 거주자(居住者) 그 건물에 계속 살거나 또는 살려고 생각하고 있는 자를 말하며, 일시 현재자와 구별하여 사용된다. 주택 조사 등에서는 계속 3개월 이상 그곳에 살거나 또는 살고자 생각하고 있는 자를 「거주자」로 하고 있다. ＝resident

occupied zone 거주 범위(居住範圍) 실내에서 사람이 거주하여 행동하는 범위의 실내 공간을 말하며, 바닥 위 약 1.8m 이하의 부분을 가리킨다.

ocean architecture 해양 건축(海洋建築) 해양에서의 인간의 활동 환경을 안전하고 쾌적한 것으로 정비하는 것. ＝marine architecture

ocean structure 해양 건축물(海洋建築物) 해양 건축의 목적에 따라서 구현화시킨 구조물.

ochre 황토(黃土) 천연산의 황색 안료로, 산화철을 함유하는 띠황색의 흙. ＝yellow ochre

octahedral normal strain 8면체 수직 변형(八面體垂直變形) 세 응력도 방향에 대

하여 같은 각도를 이루는 면에 작용하는 수직 응력도에 대응하는 변형도.

octahedral normal stress 8면체 수직 응력(八面體垂直應力) 세 주응력도 방향에 대하여 같은 각도를 이루는 면에 작용하는 수직 응력도.

octahedral shear strain 8면체 전단 변형(八面體剪斷變形) 세 응력도 방향에 대하여 같은 각도를 이루는 면에 작용하는 전단 응력에 대응하는 변형도.

octahedral shear stress 8면체 전단 응력(八面體剪斷應力) 세 응력도 방향에 대하여 같은 각도를 이루는 면에 작용하는 전단 응력도.

octahedral stress 8면체 응력(八面體應力) 3차원의 재료 역학에서 주응력 σ_1, σ_2, σ_3을 축으로 하는 정8면체(8개의 정3각형으로 이루어지는)를 생각했을 때 그 면에 작용하는 수직 응력 σ_{oct}, 그 면의 전단 응력 τ_{oct}를 8면체 응력이라 한다.

$$\sigma_{oct} = \frac{1}{3}(\sigma_1 + \sigma_2 + \sigma_3)$$

$$\tau^2_{oct} = \frac{1}{9}\{(\sigma_1 - \sigma_2)^2 + (\sigma_2 - \sigma_3)^2 + (\sigma_3 - \sigma_1)^2\}$$

로 주어진다. 재료의 항복 조건을 생각할 때 쓰인다.

odeion 오데이온 고대 그리스·고대 로마 시대의 음악당, 극장. 일반적으로 지붕이 씌워져 있다.

Offene Bauweise 개방형 배치(開放形配置) =open plan(2)

offer 입찰(入札), 경쟁 입찰(競爭入札) 청부 또는 매매의 계약에 앞서 다수의 업자가 각각 가액을 자유롭게 기입한 종이를 봉하여 발주자에게 동시에 제출하는 것. 이것을 업자의 면전에서 개찰하여 청부, 구입에 대해서는 최저, 매각에 대해서는 최고의 가격을 제시한 업자에게 낙찰하여 계약하는 것이 원칙이다. =bid, tender

office automation 사무 자동화(事務自動化) 회사나 관청 등 사무실 내에 컴퓨터나 워드 프로세서, 팩시밀리, 디지털 교환기 등의 정보 기기를 설치하여 사무 처리의 자동화, 효율화를 꾀하는 것을 말한다. =OA

office automation system OA시스템 사무실에서의 업무를 컴퓨터를 중심으로 기계화, 시스템화하여 사무 처리의 생산성 향상과 경영의 합리화를 도모하기 위한 시설 또는 사무 기구. =OA system

office building 사무소 건축(事務所建築) 건물의 대부분 또는 전부가 사무실 및 그 부속실이든가, 또는 대사무실인 건물. 그 발생은 18세기 중기부터이고 근대 건축의 주요한 건축 분류의 하나가 되고 있다.

office computer 오피스 컴퓨터, 사무용 컴퓨터(事務用－) 사무 처리를 중심으로 이용하는 소형 컴퓨터. 조작이 간단하며, 전용의 전산실이나 조작원을 필요로 하지 않고, 상위 기종과의 데이터 수수가 가능하다는 등의 이점이 있다.

office furniture 사무용 가구(事務用家具) 책상, 의자, 수납 가구, 칸막이 등의 사무실에 사용되는 가구. 강철제의 것이 주류이지만 목제도 많다.

office landscape 오피스 랜드스케이프 칸막이벽을 사용하지 않고 프라이버시의 확보와 커뮤니케이션의 용이성을 조화시킨 사무실 레이아웃의 수법.

office layout 사무실 레이아웃(事務室－) 사무실의 가구나 OA기기를 합리적이고 아름답게 배치하는 것.

office layout planning 사무실 레이아웃(事務室－) =office layout

office planning 오피스 플래닝 사무 형태의 차이에 맞춘 합리적인 책상 등의 배치뿐만 아니라 거기서 일하는 사람의 환경(쾌적성)도 고려한 설계 수법.

office room 사무실(事務室) 사무 작업을 하기 위한 방.

offset 오프셋 ① 단벽(段壁). 벽에 선반 또는 계단 모양으로 돌출 또는 오목한 부분. ② 힘의 작용원이 기준점을 통하지 않을 때 이 점으로부터 작용원까지의 거리. ③ 배관 중 어느 배관선에서 그것과 평행인 다른 선으로 배관을 옮기기 위한 엘보 또는 휨 조인트의 조합 부분. ④ 지거(支距)(측량). 잔류 편차(자동 제어). 제어량(예를 들면 온도)의 목표값으로부터의 편차가 정상 상태에 이른 후에도 존재하는 경우를 말한다.

offset line 오프셋선(－線), 오프셋 먹긋기 기준이 되는 선에서 일정 거리를 떼어서 낸 먹긋기.

offsetting 오프셋량(－量) 구하고자 하는 점에서 기준이 되는 측선(본선)으로 내린 수직선을 오프셋이라 하고, 본선상의 거리와 오프셋을 측정함으로써 측선 부근의 세부 측량을 하는 것을 오프셋 측량이라 한다.

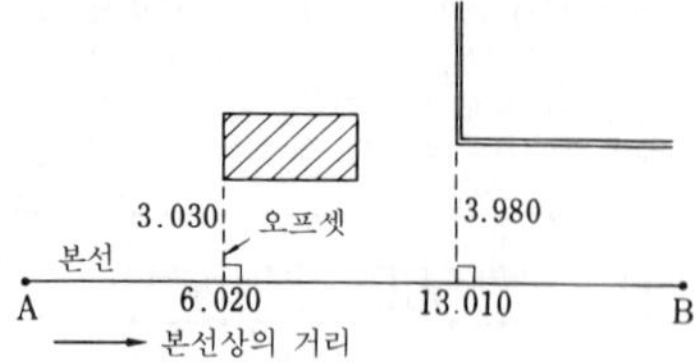

offsetting

offset wrench 오프셋 렌치 볼트·너트를 죄는 공구의 일종.

off-shore structure 해중 구조물(海中構造物) =marine structure

off-site shadow control 응달 규제(一規制) 인접하는 부지에 생기게 하는 응달의 시간을 제한함으로써 중고층 건축물의 높이 등의 형태를 제한하는 제도.

off-street parking area 노외 주차장(路外駐車場) 도로의 노면 밖에 있는 주차 공간 또는 주차 시설.

ogee arch 오지 아치 4개의 4분 원호 중 꼭지 부분의 둘을 반전시킨 파 뿌리 모양의 아치. 이슬람 건축에 널리 사용되었다. →Islamic architecture

ohm 옴 전기 저항의 계량 단위. 전압이 1볼트인 2점간의 도체를 1암페어의 전류가 흐르는 경우의 전기 저항을 1옴으로 규정하고 있다. 기호 Ω.

Ohm's law 옴의 법칙(一法則) 「도체에 흐르는 전류의 크기 I는 가한 전압 V에 비례하고, 도체의 저항 R에 반비례한다」는 법칙. $I=V/R$

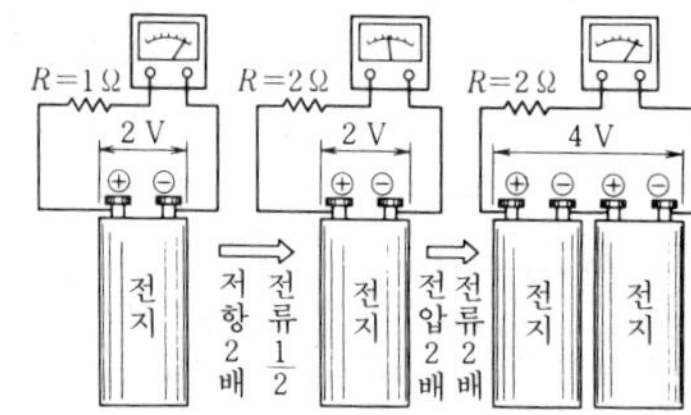

oil absorber 오일 흡수 장치(一吸收裝置) =oil damper

oil based caulking compound 유성 코킹(油性一) 합성 고무 또는 합성 수지에 각종 첨가제를 더하여 페이스트상으로 한 실링재. 줄눈의 충전 등에 사용한다. 값은 싸지만 내구성이 떨어진다.

oil buffer 유입 완충기(油入緩衝器) 유압에 의해 충격을 흡수하여 진동을 제어하기 위한 장치.

oil burner 오일 버너 연료유의 연소 장치로, 가압 분무식, 회전 분무식, 증기 분무식 등이 있다. 가압 분무식은 소형 보일러에 널리 사용되고, 기름은 고온으로 분무구에서 분출하여 송풍 공기와 혼합하고 전기 착화에 의해 연소한다. 회전 분무식은 회전에 의해서 기름을 무화(霧化)하는 것으로, 사용 연료의 범위는 넓다. 증기 분무식은 대형 보일러에 쓰이며, 중유를 증기 분출력으로 분무하는 방법이다.

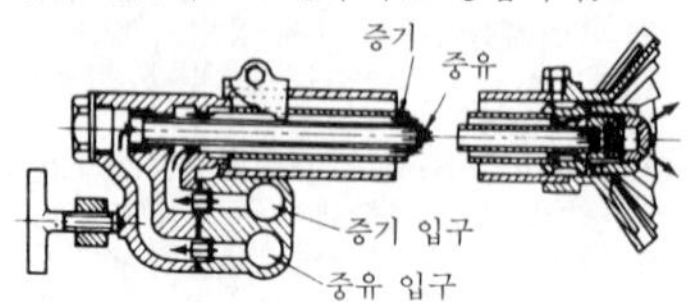

oil circuit breaker 유입 차단기(油入遮斷器) 전기 회로에 이상이 발생했을 때 전로(電路)의 개폐를 하는 차단기로, 차단시에 생기는 아크를 없애기 위해 차단 부분이 기름 속에 있는 것. =OCB

oil damper 오일 댐퍼 원통 내의 기름 속을 피스톤이 움직일 때 기름의 점성 저항으로 에너지를 흡수하는 장치. =oil absorber

oil fence 오일 펜스 유출한 기름의 확산을 방지하기 위해 두는 방산벽(防散壁). 육상에서는 벽체를 두는 일이 많지만 수면상에서는 부체(浮體)와 벽에 해당하는 수중의 스커트를 사용한다.

oil finish 오일 마감 목재에 건성유를 침투시켜 건조시킨 다음 왁스 마감을 하는 방법.

oil fire 기름 화재(一火災) 기름 기타의 가연성 액체의 연소에 의해 생기는 화재. 소화를 위한 주수에는 위험이 따르므로 보통 화재와 구별된다.

oil fired boiler 기름 보일러 등유나 중유 등의 연료유를 이용하는 보일러.

oil heater 기름 가열기(一加熱器) 중유와 같이 상온이나 사용시의 온도에서의 점도가 높고, 유동하기 어려운 연료유를 가열하는 장치. 기름 탱크나 기름 버너에 내장 또는 부속하여 설치되는 일이 많다.

oil interceptor 오일 저집기(一沮集器) 자동차의 수리 공장, 급유소, 세차장, 차고 등으로부터의 배수에는 가솔린의 오일이 포함되어 이것이 배수 계통에서 기화 폭발할 염려가 있기 때문에 미리 분리 제거하기 위해 설치되는 저집기.

oil jack 오일 잭 유압을 이용한 잭으로, 소형인 것은 펌프와 잭이 하나로 조립되어 있으나 대형인 것은 분리된 것이 많다. 최근에는 휴대용의 소형 유압 펌프와 실린더를 고무 호스로 쉽게 연결할 수 있는 형식의 것도 증가하고 있다. 사용 유압도 200~300kg/cm² 이상에 이르는 것도 있다. 능력에 비해 소형으로 만들 수 있는 것이 장점이기는 하지만 유류의 누출에 조심하지 않으면 위험하다.

oil of turpentine 터펜틴유(-油) 송진을 건류하여 만드는 휘발유. 도료의 시너 등에 사용한다.

oil paint 유성 도료(油性塗料), 유성 페인트(油性-) 안료를 보일유 또는 건성유로 혼합한 것. 보일유의 양의 다소, 안료의 종류에 따라 견련(堅練) 페인트, 종(種) 페인트, 조합(調合) 페인트로 나뉜다.

oil painting 유성 페인트칠(油性-) = oil paint work

oil paint work 유성 페인트칠(油性-) 유성 페인트를 솔·스프레이 건 등으로 칠하는 도장 공사. 또는 마감한 것. 내후성이 있고, 나무·철 등 건물 일반에 사용되는데, 내 알칼리성이 없어 모르타르면에는 부적당한다.

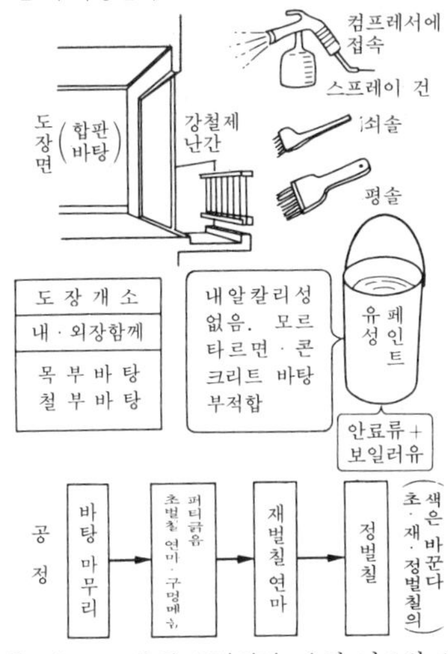

oil primer 오일 프라이머 오일 니스와 안료를 비빈 액상(液相), 불투명, 산화 건조성의 도료. 안료는 주로 산화철이 쓰이며 녹 방지 효과는 적다.

oil putty 오일 퍼티 오일 니스와 안료를 비빈 페이스트상, 불투명, 산화 건조성의 도료.

oil resistance 내유성(耐油性) 물질이 기름에 의하여 성능 저하를 일으키지 않는 성질.

oil service tank 오일 서비스 탱크 보일러의 연료유를 버너에 공급하기 쉽게 하기 위해 일시 저장해 두는 소용량의 탱크.

oil stain 오일 스테인 나무에 투명한 도장 마감을 할 때 소지의 착색에 사용한다. 스테인(착색제)의 일종. 유용성 염료를 보일유, 건성유에 용해한 것. 오일 니스를 소량 가하는 경우가 많다.

oil storage tank 저유조(貯油槽) 연료용의 경우나 중유 등을 저장하기 위한 탱크. 저장 방법이나 설치 장소에 따라 옥내 탱크, 옥외 탱크, 지하 탱크로 분류된다.

oil strainer 오일 스트레이너 기름 속에 포함되는 고체의 이물을 제거하기 위한 장치.

oil surfacer 오일 서페이서 래커 에나멜 도장 등에서의 재벌칠용 도료. 바탕의 흡입 방지 효과가 있다.

oil switch 오일 스위치 고압선의 개폐, 내폭성을 요하는 장소에 사용되는 유입(油入) 개폐기.

oil tank 기름 탱크 보일러의 연료용 기름을 저장해 두는 탱크

oil varnish 유성 니스(油性-) 천연 수지, 합성 수지, 역청질 등과 건성유를 가열 융합하여 건조제를 가하고, 용제에 용해하여 만든다. 수지와 건성유의 배합비. 수지의 종류, 건성유의 종류에 따라 종별이 있으며, 각각 성질은 다르나 도막(塗膜)은 광택 양호하고 단단하다. 나무의 투명 도장에 쓰인다. 수지와 건성유의 배합비에 따라 장유성(長油性) 니스, 중유성 니스, 단유성 니스의 3종으로 구분된다.

oil well cement 오일 웰 시멘트 석유를 채취하기 위한 매우 깊은 말뚝의 측벽에 쓰이는 특수 시멘트. 고온 고압 상태에서 급속 경화하지 않는 성질을 필요로 한다.

olive knuckle butts (hinge) 프랑스 경첩 축부가 대추씨 모양(세로 단면은 타원형)을 한 경첩. 수납장의 쌍여닫이문이나 다락문에 널리 쓰인다.

omega method ω법(-法), 오메가법(-法) =ω method

omnia decker 옴니어판(-板) 상현재(상부근)와 하현재(하부근), 경사재(래티스근)를 조합시킨 옴니어 트러스를 주근의 일부로서 사용한 콘크리트 제품.

one-bedroom house 1침실 주택(一寢室住宅) 침실로서 사용할 수 있는 방이 하나 뿐인 주택. 거실 외에 1침실이 있는 경우와 하나의 거실과 다이닝 키친으로 구성되는 경우(1DK) 등이 있다.

one-brick wall 한장쌓기 벽돌 쌓기의 일종이다. 벽 두께가 벽돌의 긴쪽 치수(210 mm)가 되게 쌓는 법.

one center system 원 센터 시스템 어느 일정한 중심 지구에 집중적으로 상업 시설이나 편의 시설을 설치하는 주택지 계획을 말한다.

one-dimensional consolidation 1차원 압밀(一次元壓密) 간극수가 1차원적으로 유출하는 압밀 현상 또는 그 모델.

one family house 단독 주택(單獨住宅) =detached dwelling

one-leaf hyperboloidal shell 1엽 쌍곡면 셸(一葉雙曲面－) 쌍곡선을 어느 축 둘레에 회전시켜서 구성되는 복곡면 셸이다. HP셸이나 코노이드 셸(conoidal shell)과 마찬가지로 선직면(線織面) 셸로서의 특성을 가지며, 안장형 셸 지붕이나 통형의 급수탑, 냉각탑, 사일로 등에 널리 쓰이는 셸 형식의 하나이다.

one mass system 1질점계(一質點系) 진동 해석용의 모델로, 구조물의 질량을 하나의 질량을 갖는 점으로 치환하고, 구조물의 검토하려는 방향에 대한 강성(剛性)을 스프링으로 치환한 모델.

질 량 : m
스프링 : k $m\ddot{x}+c\dot{x}+kx=f(t)$
감 쇠 : c

one-person household 단독 세대(單獨世帶) 한 주택에 혼자서 거주하고 있는 독신자의 세대. 보통 세대 중에 포함한다.

one-pipe system 단관식(單管式) 증기 난방에서의 단관식. 방열기로 보내는 증기와 그 응축수를 같은 관으로 운반하는 방식. =single piping system

one room 원 룸 =one room system

one-room apartment house 원룸 맨션 1실 거주로 구성되어 있는 공동 주택. =studio apartment house

one-room dwelling 1실 거주(一室居住) 1실 주택(거주실이 1실뿐인 주택)에 사는 것을 말한다.

one-room house 원룸 주택(－住宅) =one-room dwelling

one room mansion 원 룸 맨션 1실뿐인 독신자용 집합 주택. 화장실, 주방은 붙어 있다.

one room system 원 룸 방식(－方式) 방을 세분할하지 않고 하나의 큰 공간으로서 사용하는 방식.

onerous supplied material 유상 지급 재료(有償支給材料) 건설 공사 청부 계약에서 시행주로부터 지급되는 건설 자재 중 청부 업자가 비용을 지불하는 재료를 말한다. →owner suppled material, owner furnished material

one sheet hyperboloid 1엽 쌍곡면(一葉雙曲面) 2차 곡면의 하나. $(x/a)^2+(y/b)^2-(z/c)^2=1$로 나타내어진다. 마이너스의 가우스 곡률을 갖는 z축 방향으로 북 모양을 한 곡면.

one-storied building 단층 건물(單層建物) 지상의 층수를 1층으로 하는 건물.

one-storied factory 단층 공장(單層工場) 단층 건물의 공장.

one-storied house 단층집(單層－), 단층 주택(單層住宅) 지상의 층수가 1층인 주택을 말한다.

one-story 단층(單層) 층수가 하나인 건축물을 말한다.

one way slab 1방향 배근 슬래브(一方向配筋－) 철근 콘크리트의 바닥·계단·발코니 등의 슬래브로, 구조 계산상 한 방향의 배근만으로 휨 모멘트에 저항하도록 설계된 것. 직교 방향으로 보조 철근이 배치되어 있더라도 1방향 배근 슬래브 또는 1방향 슬래브라 한다.

on-off control of lighting 점멸 조광(點滅調光) 조명 설비의 광원을 점등, 소등함으로써 광원의 광속을 변화시키는 조광.

on-site automation 온사이트 오토메이션 시공 로봇 등에 의해 건설 현장의 고도한 자동화를 추진하는 것. 현재 여러 가지 시도가 이루어지고 있으나 실현은 아직 시간이 걸릴 것으로 예상된다.

on-site energy system 온사이트 에너지 방식(－方式) 건물 단위로, 그 건물에서 소비하는 전력의 전체 혹은 일부를 발전하여 공급하는 방식.

on-site orientation 현장 설명(現場說明) 설계자가 견적 참가자에 대하여 설계 도서에 나타낼 수 없는 사항 등을 현지에서 보충 설명하는 것.

on-site wastewater treatment system 정화조(淨化槽) =digestion tank

on-street parking 노상 주차(路上駐車) =curb parking

onyx marble 오닉스 마블 석회분이 종유석과 같이 굳은 층리(層理)로 되어 있는 치밀한 대리석. 장식적 모양으로 공예품으로서 이용된다.

opalescent glass 오펄레슨트 유리(－琉璃) 유백색 기타 각종 유리를 혼합하여 충분히 섞이지 않도록 압연(壓延)한 색유리판을 말한다.

open-air classroom 외기 교실(外氣敎室)

도시의 허약 아동의 체질을 개선하기 위해 신선한 외기 속에서 면학할 수 있도록 개방적으로 만들어진 교실.

open-air theater 야외 극장(野外劇場) 관객석에 지붕이 없는 극장.

open area 공지 지구(空地地區) 일조(日照)나 통풍을 좋게 하고, 화재의 연소를 방지하기 위해 주거 지역 내에 두어진 공지 지구. 공지를 제한함으로써 건축물의 연면적 또는 건축 면적에 대한 대지 면적을 제한한다.

open bid 일반 경쟁 입찰(一般競爭入札) 공사의 내용, 입찰자의 자격, 입찰 규정 등을 널리 관보, 신문, 게시 등으로 공고하여 일반으로부터 입찰자를 모집하여 입찰 보증금을 납부시키고 입찰을 하는 방법. 지명 경쟁 입찰에 대해서 말한다. = public tender

open caisson 개방 잠함(開放潛函) 잠함의 상부가 개방되어 있고 대기압하에서 굴착 작업을 하는 것.

open caisson method 개방 잠함 공법(開放潛函工法) 특수 공법의 일종으로, 상부가 대기 중에 열린 케이슨(지하실 구조체)을 지상에서 구축하고, 케이슨의 밑부분을 굴삭하여 예정의 지반까지 침설시키는 공법. →caisson method

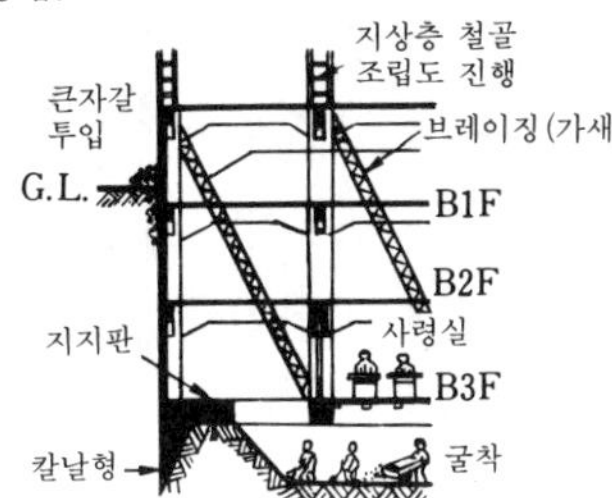

open channel 개거(開渠) 물을 통하는 관 또는 상부를 개방한 홈.

open cut 오픈 컷 터널 굴착의 방법으로, 지표에서 밑을 향해 파는 노천굴(露天掘).

open cut method 오픈 컷 공법(-工法) 지표면에서 아래쪽을 향해 비교적 넓은 면적을 굴착하는 통상 굴착법으로, 부지가 넓을 때 사면 오픈 컷, 흙막이를 요할 때는 흙막이 오픈 컷이라 구별한다.

opened burning type fixture 개방형 연소 기구(開放形燃燒器具) 연소에 필요한 공기를 실내에서 얻고 배출 가스를 실내로 방출하는 형의 연소 기구. 난방 기구, 주방 기구, 온탕기에 쓰인다.

open end correction 개구단 보정(開口端補正) 유한 길이의 관이나 덕트 내의 음향 현상에서는 관 등의 길이가 겉보기로 실제의 길이보다도 길어진다. 그 길이의 보정값을 말한다.

open end pile 개단 말뚝(開端-) 중공(中空) 말뚝의 끝 부분을 폐색하지 않고 중공인 채로 사용하는 말뚝.

open excavation 온통파기 흙막이 지보공을 두지 않고 굴착하는 것.

open garden (for public) 공개 정원(公開庭園) 공공 단체, 개인, 법인 등이 소유하고, 널리 일반에게 공개하여 이용케 하는 정원.

open-hearth steel 평로강(平爐鋼) 노의 모양이 평평하고 그 천장으로부터의 복사열을 이용한 반사로인 평로에서 제조되는 강철. 전로강(轉爐鋼)에 비해 작업 시간은 길지만 품질 조정은 자유롭다.

opening 개구부(開口部) 벽이나 지붕, 바닥 등에 뚫린 구멍 또는 그 부분을 총칭하는 것. 창, 출입구 등.

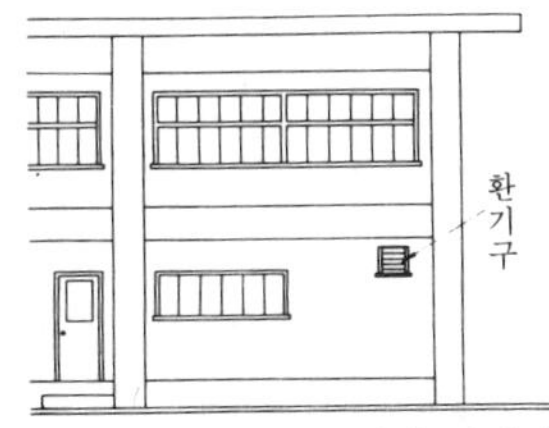

opening in 안여닫이 문이나 여닫이문이 안쪽을 향해서 열리는 것.

opening of tenders 개찰(開札) 입찰자의 면전에서 입찰서를 개봉하여 입찰 금액을 밝히는 것으로, 계약 담당자나 관계자 입회하에 한다. = bid opening

opening out 밖여닫이 문이나 창 등을 안에서 밖으로 여는 구조.

opening ratio 개구비(開口比) 개구 부분이 다른 부분에 대해 차지하는 비율. 예를 들면 채광에 대해서는 거실의 창 기타의 개구부에서 채광에 유효한 부분의 면적과 그 거실의 바닥 면적의 비율을 말한다.

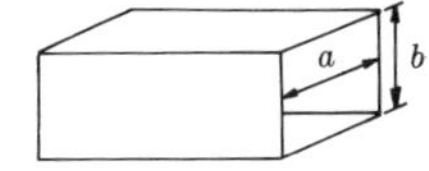

·개구비 b/a 또는 a/b

open joint 열린 이음, 열린 접합(-接合) 실링재에 의존하지 않고 빗물의 침입을 방지하도록 고려된 외벽의 이음 방법(다음 면 그림 참조).

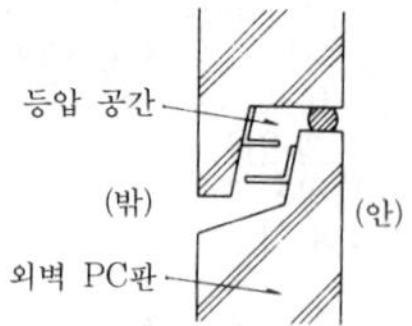

open joint

open plan 오픈 플랜[1], 개방형 배치(開放形配置)[2] 공간을 목적마다 작게 구분하지 않고 넓고 자유롭게 이용할 수 있도록 하는 방식. 주택에서의 LDK 등의 수법.
(2) 부지 또는 가구(街區)마다 주택 혹은 건축물을 건축하는 경우, 도로측에서 보아 각 건축물 사이에 간격을 유지하여 건축하는 건축 방식을 말한다. ＝Offene Bauweise

open section pile 개단 말뚝(開端－) 말뚝의 선단 단면이 개방되어 있는 중공(中空) 파일. 개단 말뚝인 경우에는 내부에 있는 흙의 마찰력이 말뚝의 지지력 요소에 더해진다. 일반적으로는 아래 식으로 나타낸다.

$$P_u = R_{OF} + R_{PO} + R_{IF} = R_{OF} + \eta R_{PC}$$

여기서, P_u : 말뚝의 극한 하중, R_{OF} : 말뚝의 외주면 마찰력, R_{IF} : 말뚝 내부의 흙의 마찰력, R_{PO} : 개단 말뚝의 선단 지지력, R_{PC} : 폐단(閉端) 말뚝의 선단 지지력, η : 폐색 효율.

open space 공지(空地), 빈터 건폐되지 않은 토지, 공원, 녹지, 광장 등 공공적인 공지를 말하는 경우도 있고, 또 대지 내의 건폐되지 않는 토지를 말하는 경우도 있다. 공지 지구, 공지율 등은 후자의 뜻으로 쓰이고 있다.

open space for disaster refuge 피난 광장(避難廣場) 도시 화재 기타의 재해시에 많은 사람이 피난 장소로서 이용할 수 있는 광장.

open space ratio 공지율(空地率) 공지 면적의 부지 면적에 대한 비율(1에서 건폐율을 뺀 값)을 말한다.

open space ratio per floor area 공지 연바닥 면적 비율(空地延－面積比率) 한정된 지구에서 비건폐 공지의 면적을 거기에 포함되어 있는 모든 건축물의 연 바닥 면적의 합계로 나누어서 얻어지는 비율. 외부 공간의 개방성, 쾌적성을 종합적으로 나타내는 척도.

open stack system 개가식(開架式) 개가식 서고를 주체로 하는 도서관 이용 형태의 한 형식.

open stage 오픈 스테이지 무대와 객석을 구획하지 않는 형식. 관객과 연기자와의 일체감이 얻어지기 쉽지만 여러 가지 각도에서 보이기 때문에 연출의 제한을 받기 쉽다.

open system 오픈 시스템 KS규격의 건축 부품은 누구라도 공통의 것으로서 사용할 수 있는데, 이와 같이 일반에게 공개되어 있는 체계·조직. →closed system

open tendering 일반 경쟁 입찰(一般競爭入札) ＝open bid

open time 오픈 타임 접착제를 칠한 다음 피착재(被着材)를 붙이는 적당한 상태가 되기까지의 시간.

open tube 개관(開管) 양단이 개방된 음향용의 관.

open type cooling tower 개방식 냉각탑(開放式冷却塔) ＝direct contact cooling tower

open (type) expansion tank 개방식 팽창수조(開放式膨脹水槽) 대기압에 개방되어 있는 팽창 수조. 배관계의 최고부보다 충분히 높은 위치에 자유 수면이 오도록 설치된다.

open web column 웨브재 기둥(－材－), 띠판 기둥(－板－), 사다리 기둥 주재와 웨브재로 조합된 강구조의 기둥. 웨브재는 주재와 직각으로 배치한다. 주로 철골 철근 콘크리트 구조에 사용된다.

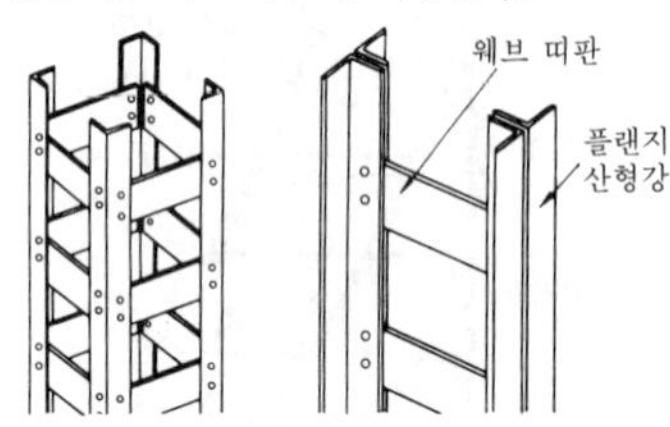

open web girder 사다리보, 띠판보(－板－) 주재와 웨브재(띠판)로 이루어지는 철골조의 보. 전단에 대한 저항이 현저하게 작고, 변형도 커지기 쉬우므로 이대로 사용되는 일은 드물고, 보통 철골 철근 콘크리트 구조의 보로 쓰인다.

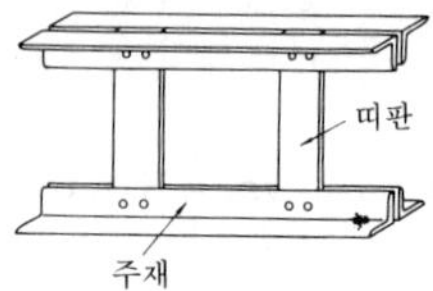

open web member 비충복재(非充腹材) 웨브의 부분에 틈을 가지고 있는 부재. 띠판·래티스 등으로 잇는 것이 많다.

operating console 조작 콘솔(操作－), 조작 데스크(操作－) 테이블 모양의 조작반. 다수의 기기, 장치, 설비 등을 종합적으로 운전, 관리하기 위해 설치하는 경우가 많다.

operating load 운전시 하중(運轉時荷重) 기기계를 갖추는 구조물에서 그 기기계의 통상 운전시에 생기는 하중.

operating number control 대수 제어(臺數制御) 열원 기기나 펌프 등을 복수대 설치하고, 부하의 변동에 따라서 그 운전 대수를 바꾸는 제어 방식. 에너지 절감 효과가 있다. →multiple units application for partial load 〔redundancy compliance〕

operating panel 조작반(操作盤) 기기, 장치를 조작하기 위한 반. 스위치, 운전 정지 표시등, 계측 미터 등을 부착하고, 제어반 표면에 이들을 설치하여 한 몸으로 하는 예가 많다.

operating revenue 영업 수익(營業收益) ＝business profit

operating room 수술실(手術室) 무균 상태를 유지하고 공기 조화, 조명, 산소 등의 설비가 완비한 방.

operating sea area 가동 해역(稼動海域) 해양 건축물이 그 본래의 목적에 따라 사용되는 해역.

operation control system 운전 관리 제어 시스템(運轉管理制御－) 설비 기기나 설비 시스템의 운전 조작, 제어, 감시, 보전에 필요한 각종 기능을 갖춘 시스템.

operation standard 작업 표준(作業標準) 표준화된 작업 절차. 각 공사마다의 시공 요령서가 그에 해당한다. ＝work standard

operative temperature 효과 온도(效果溫度), 작용 온도(作用溫度) 기온, 기류 및 주위면 온도의 종합에 의한 체감도를 나타내는 척도로, 인체의 물리적 생리적 논거에 의한 것. 실내가 거의 무풍일 때 효과 온도는

$$T_0 \fallingdotseq (T_W + T_A)/2$$

단, T_W : 평균 벽면 온도, T_A : 기온. 일반식은

$$T_0 = (K_R T_W + K_C T_A)/(K_R + K_C)$$

단, K_R : 방사 환경 상수, K_C : 대류 환경 상수.

operator 기계공(機械工), 건설 기계 운전기사(建設機械運轉技士) ＝mechanic

operator switching board 국선 중계대(局線中繼臺) 구내 교환기(PBX)에서 교환원이 국선 착신을 내선 전화기에 수동 중계 접속을 하기 위한 장치.

opportunity cost 기회 원가(機會原價) 경영 계획, 투자 계획 등에 사용되는 특수한 원가 개념. 계획에 있어서 두 방식이 선택의 대상이 되는 경우, 버려진 쪽의 방식을 만일 채용하였다면 얻어질 것으로 예상되는 이익을 원가(비용)라고 생각한 것. 이 기회 원가 이상의 이익을 갖는 방식이 채용되도록 의사 결정이 행하여진다. 예를 들면 건설 공사에서 기계력과 노동력과의 어느 것을 택할 것인가를 결정하는 자료로서 쓰인다.

optical (fiber) cable 광 케이블(光－) 정보 통신용으로서 전선 대신 사용하는 굵기 0.1mm 정도의 유리 섬유. 중심부가 굴절률이 높고, 외주부가 낮은 구조로 되어 있다. 중심부에 들어온 빛은 외주부와의 경계에서 전반사하여 유리 속을 전파한다.

optimal capacity 적정 규모(適正規模) 토지, 시설, 설비 등의 수량, 치수 등에 대해서 계획의 목적, 제약 조건 등을 고려하여 합리적이라고 생각되는 값. ＝optimal size →optimal location and allocation, land use program

optimal location and allocation 적정 배치(適正規模) 시설, 설비 등을 계획의 목적, 제약 조건 등을 고려하면서 합리적으로 배치하는 것. 또 합리적이라고 생각되는 배치. →optimal capacity

optimal reliability 최적 신뢰성(最適信賴性) 구조물에 요구되는 신뢰성이 최대 효용 원리에 입각한 최적값이라는 것. ＝optimum reliability

optimal size 적정 규모(適正規模) ＝optimal capacity

optimization 최적화(最適化) 미리 정의된 가치의 척도를 최대로 하는 대체안을 선택하는 것. 만족할 가치 척도의 수준을 달성하는 만족화와 대비된다.

optimum design 최적 설계(最適設計) 어떤 설계 조건을 설정하고, 안전성에 대한 판단 지표를 정하여 그 범위에서 가장 적절한 설계를 추구하는 설계. 또는 구조물의 안전 성능을 가장 적절하게 주기 위한 설계 조건을 선택하는 것.

optimum illuminance 최적 조도(最適照度) ＝optimum illumination

optimum illumination 최적 조도(最適照度) 각종 시작업(視作業) 혹은 방의 사용 목적 등에 가장 적합한 조도.

optimum reliability 최적 신뢰성(最適信賴性) ＝optimal reliability

optimum reverberation characteristics 최적 잔향 특성(最適殘響特性) 최적 잔향

시간의 주파수 특성을 말한다. 일반적으로 작은 방에서는 평탄한 주파수 특성이, 방 용적이 큰 콘서트 홀에서는 중·고 음역에 비해 저음역이 약간 긴 특성이 권장되고 있다.

optimum reverberation time 최적 잔향 시간(最適殘響時間) 방의 사용 목적(강연·음악·학교 강당 등)에 따라서 경험상 정해지는 가장 적합한 잔향 시간. 이것은 방의 용적이나 주파수에 따라서도 달라진다.
잔향 시간 T는

$$T = \frac{0.161V}{-2.3\,S\log_{10}(1-\alpha)} \text{ (s)}$$

여기서, V : 방의 용적(m^3), S : 실내 표면적(m^2), α : 실내 평균 흡음률.

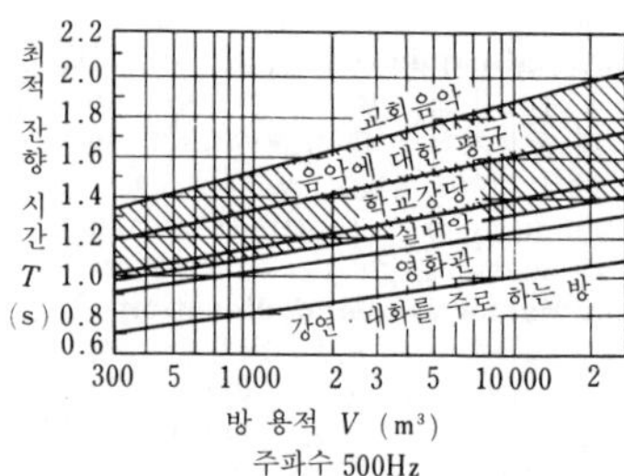

optimum safety 최적 안전성(最適安全性) 안전성에 관한 최적 신뢰성을 말한다. 건설비와 파괴시 손실 비용의 기대값 총합의 최소를 주는 안전성을 말한다.

optimum temperature 최적 온도(最適溫度) 인체가 느끼는 쾌적성과 건강상 가장 적합한 온도.

optimum water content 최적 함수비(最適含水比) 최대 건조 밀도를 얻는 함수비를 말한다.

optional purchase 임의 매수(任意買收) 토지 수용에 의하지 않고 토지 소유자의 자유 의사에 따라서 매수를 하는 토지의 매수 방식.

orbit 오빗 어떤 점의 운동을 그리는 궤적. 일반적으로 수평면 또는 연직면에 투영된다. 지진파에서는 표면파나 실체파의 식별에 쓰인다.

orchestra box 오케스트라 박스 무대 전방에 두어지며, 관현악을 연주하는 장소. 바닥면은 관객석보다 낮게 되어 있고, 그 바닥은 상하 이동 가능한 것도 있다. = lrchestra pit

orchestra pit 오케스트라 피트 오케스트라 박스라고도 하며, 오페라나 뮤직 등 주로 양악을 연주하는 극장에 있으며, 보통은 무대의 전면 풋 라이트 바로 앞에 바닥을 낮추어서 설치된다.

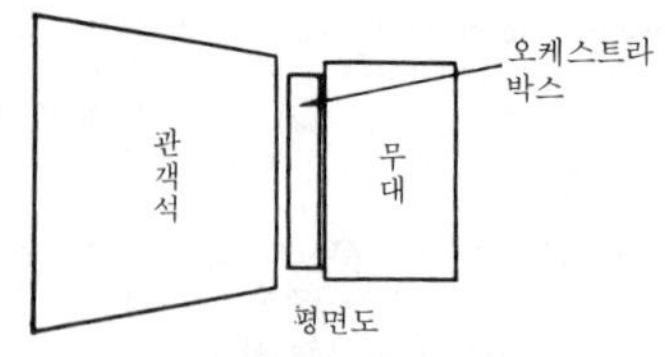

orchestra box

order 오더[1], 발주(發注)[2] (1) 서양 고전 건축에서의 원주와 엔터블러처(enterblature)의 총칭. 이들 구성에는 일정한 규칙이 있으며, 고대 그리스에서는 거의 완성되었다. 고대 그리스에서는 도리스식·이오니아식·코린트식의 3종이 쓰이고, 로마식에서는 거기에 토스카나식·콤퍼짓식의 2종이 더해진다.

(2) 매매 계약이나 공사 계약에서 주문을 하는 것.

order curtain 오더 커튼 시공 장소의 치수, 다자인에 맞추어서 특별 주문으로 봉제하는 커튼.

ordered production 주문 생산(注文生産) = order-made

order entry system 오더 엔트리 시스템 고객이 요구하는 제품의 시방·규격을 명확히 하여 희망 수량·시기에 맞도록 효율적으로 제조·공급하는 것을 목적으로 한 시스템.

orderer 발주자(發注者) = employer, client

order-made 수주 생산(受注生産) 발주자로부터의 주문이 있음으로써 비로소 생산 활동이 개시되는 생산. 건설 생산의 특색의 하나. = production by order

order-made production industry 수주 산업(受注産業) 수주 생산을 기초로 하는

산업.

order sheet 주문서(注文書) 상품이나 서비스를 수주할 때 견적서 등에 의해 확인한 조건에 따라서 정식으로 구입을 의사 표시하는 문서. 수주자는 이것에 대하여 주문 요청서를 발행한다.

ordinary aggregate 보통 골재(普通骨材) 통상 쓰고 있는 골재를 말한다. 경량 골재 · 인공 골재 등에 대한 용어.

ordinary bolt joint 보통 볼트 접합(普通一接合) 고력 볼트가 아니고 보통의 볼트를 사용하여 접합하는 것. 나무 구조 등이나 경미한 접합에 사용한다.

ordinary fire 보통 화재(普通火災) 목재 기타의 일반적인 가연물에 의한 화재. 주수(注水)에 의한 소화가 부적당한 기름 화재, 전기 화재와 구별하여 말한다.

ordinary household 보통 세대(普通世帶) 주거와 생계를 함께 하고 있는 사람의 모임, 또는 독립하여 주거를 유지하는 독신자를 말한다. 주거와 생계를 함께 하고 있는 가족 외에 단신 거주의 고용인이나 집세 · 식비 등을 지불하고 있지 않는 동거인, 세입자 등이 있으면 이들도 포함하여 하나의 보통 세대라고 한다.

ordinary loading 상시 하중(常時荷重) 구조물에 상시 작용하고 있는 하중. 통상은 고정 하중과 적재 하중의 합이지만, 운전시 하중이 작용하는 경우는 그것도 더한다. →permanent load, stational loading

ordinary Poltland cement 보통 포틀랜드 시멘트(普通一) =normal Portland cement

ordinary repair 경상적 수선(經常的修繕) 유리의 파손, 전등의 교환 등 예측하기 어려운 파손이나 고장을 1회기 기간 내의 예산화된 재원 내에서 행하는 작은 수선.

ordinay repair expenses 경상 수선비(經常修繕費) 각 예산 기간에 경상적으로 지출되는 수선비. 사용이나 자연에 의한 열화, 예측할 수 없는 파손이나 고장의 작은 수선이 포함되며, 경상적인 식수(植樹)나 수수(受水) · 저수 · 양수조나 배수관의 청소 등의 보수 업무비를 포함하는 경우도 있다.

ordinary steel 보통강(普通鋼) 평로나 전로(轉爐)에서 정련된 보통 쓰이는 탄소강의 총칭.

ordinary weight 기건 중량(氣乾重量) = air-dried weight

organic architecture 유기적 건축(有機的建築) 제2차 세계 대전 후 이제까지의 기능 주의 건축의 획일화, 규격화 혹은 그 비인간성에 반대하고, 인간성과 개성의 회복을 주장하여 행하여지기 시작한 건축 디자인의 한 흐름. 프랭크 로이드 라이트(F. L. Wright)의 작풍이 옛부터 그 사고 방식에 입각한 것으로서 재평가되었다. 그 비사회성에 있어서 비판되기도 하지만 현대의 건축이 단지 합리성만으로는 충족되지 않는다는 것을 이해시키고, 근대적 기술과 인간성을 융합시키는 경향은 이들 사고 방식에 의해 생겨났다고 해도 될 것이다.

organic impurities 유기 불순물(有機不純物) 산모래, 산자갈, 모래 등에 포함되는 부식 식물의 분해 생성물. 시멘트의 수화를 방해하고, 콘크리트의 강도, 내구성을 저하시킨다.

organic nitrogen 유기성 질소(有機性窒素) 아미노산, 단백질 등과 같이 생물 활동에 의해서 생긴 것 또는 여러 가지 유기 화합물에 포함되는 질소. 생활 배수 처리에서는 유기성 질소가 어디까지 산화되었는가에 따라서 처리 효과를 판정한다.

organic pigment 유기 안료(有機顔料) 안료용의 불용성 염료로 레이크 안료와 피그먼트 컬러로 나뉜다.

organic soil 유기질토(有機質土) 유기물을 다량으로 포함하는 흙.

organic space 유기적 공간(有機的空間) 건축 공간의 각부를 통일하여 자연의 유기체와 같이 생명력있는 공간으로 구성하는 것을 지향한 목적 공간이다. 때로는 성장력의 반영으로서의 입체적 형태를 취하고, 또 대사적(代謝的) 개념을 포함하는 경우가 있다.

orgranization for design work 설계 조직(設計組織) 건축물의 설계에 관여하는 설계자 · 기술자 또는 그 사무소 등의 각각의 담당하는 업무와 책임을 명확하게 한 설계 작업을 위한 협동 체제를 말한다.

oriel window 내닫이창(一窓) 벽면의 일부가 외부에 돌출한 창.

orientation 방위(方位)[1], 표정(標定)[2] (1) ① 일조 일사 혹은 채광의 관점에서의 건물의 방향. 또는 단지 건물의 방향. 일조 일사를 대상으로 하는 경우를 solar orientation이라 한다. ② 옛부터 쓰인 12지(支)의 명칭으로, 방위를 나타내거나 32방위, 16방위, 8방위로 나누어서 나타내는 방법 등이 있다.

(2) 평판 설정의 3조건 중의 하나로, 그림종이상의 측선과 지상의 측선 방향을 같게 하는 것(다음 면 그림 참조).

orifice 오리피스 일반적으로 유체가 분출하는 날 모양의 방축널에 의해 좁혀진 개

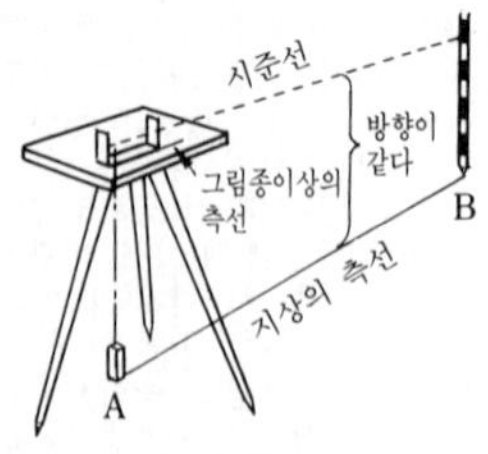

orientation

구부를 말한다. 이것을 사용하는 유량계를 오리피스 유량계라 한다. 국소 배기용 흡입구의 형식을 총칭하여 오리피스라 하는 경우도 있다.

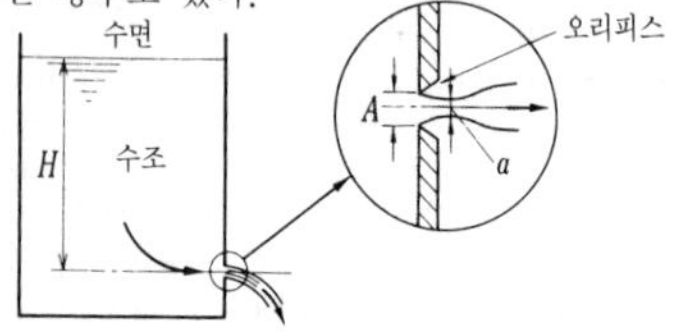

orifice flow meter 오리피스 유량계(－流量計) 오리피스에 의한 압력차를 이용한 유량계. 이론적으로 유량이 구해지는 정밀한 구멍을 뚫은 것(크리티컬 오리피스)부터 적당한 구멍을 뚫어두고 유량과 압력차의 관계를 교정에 의해 구하는 것까지 각종의 형이 있다.

original contract 원청 계약(元請契約) ＝main contract

original drawing 원도(原圖) 모사·복제 등의 바탕이 되는 도면.

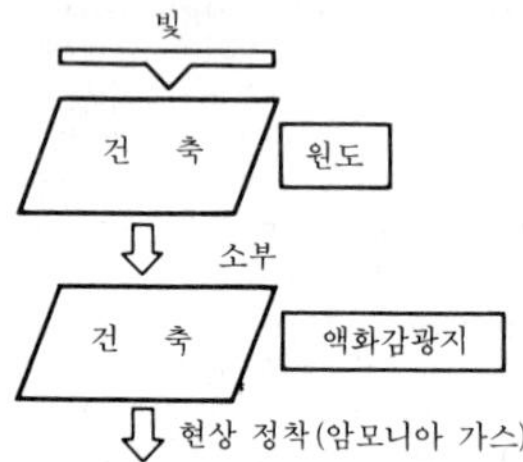

original form survey 현형 측량(現形測量) 토지 구획 정리, 도시 계획 사업, 기타 공사 개시에 있어서 그 때 현재에 있어서의 지형·건축물 등의 상태를 확인하여 보상 기타의 기초 자료로 하기 위한 측량.

ornament 오너먼트 장식, 조각이나 도장 등에 의해 건물에 부가되는 장식적 부분.

orthogonal coordinate 직교 좌표(直交座標) 평면상에서 직교하는 2직선의 만난 점을 원점으로 하여 평면상의 점을 (x, y) 등으로 나타낸 실수의 좌표.

orthogonal curvilinear coordinate 곡률선 좌표(曲率線座標) 곡면의 주곡률을 주는 두 방향(주방향)으로 향하는 곡선(곡률선)을 좌표 방향으로 하는 직교 좌표.

orthogonal projection 정투영법(正投影法) 투영선이 화면에 수직인 투영법. 물체와 화면·도면과의 관계에서 제1각법·제2각법·제3각법의 구별이 있는데, 건축 설계도의 평면도·입면도 등은 제1각법에 의한 정투영도법에 의해 나타낸다.

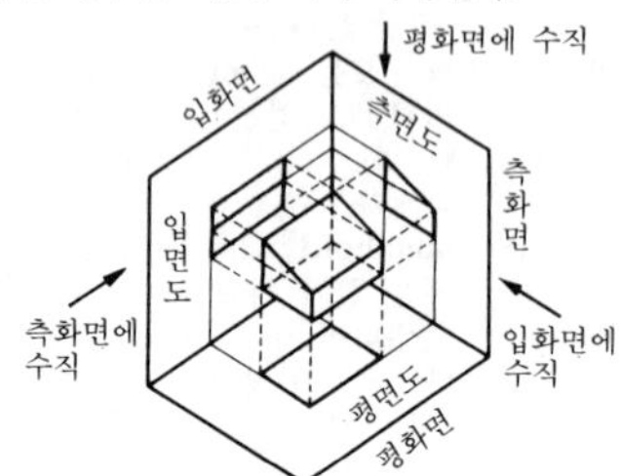

orthographic projection 정사영(正射影) 구면(球面)상의 도형을 평면으로 사용하는 방식의 하나. 건축에서는 정사영, 등입체각 사영, 등거리 사영, 극(極)사영을 널리 쓴다.

orthographic projection diagram 입체각 투사도(立體角投射圖) 입체각 투사의 법칙에 의해 면광원(面光源)을 포함하는 입체각을 단위구(單位球)로 끊어내어 수조면(受照面)에 정사영한 그림.

orthotomic grid 직교 그리드(直交－) 직교하는 2축에 평행한 직선군에 의해 구성되는 그리드. ＝rectangular grid

orthotropic shell 직교 이방성 셸(直交異方性－) 직교하는 두 방향에서 응력·변형 관계 등의 역학 성상(性狀)이 다른 셸.

orthotropy 직교 이방성(直交異方性) 직교하는 두 방향에 대하여 재료의 성상(性狀)이 다른 것. →isotropy

oscillation 진동(振動) 어느 물리적 양이 시간적으로 변화하는 경우, 일정한 값 또는 비슷한 값을 되풀이하는 현상. 그 시간이 일정한 경우를 주기 진동이라 한다. 물리적으로는 진동체의 제약 상황에 따라 자유 진동, 감동(減動), 감쇠 진동, 강제 진동 등으로 구별한다. 또 진동체의 종류에 따라 탄성 진동, 전기 진동 등이 있다. ＝vibration

oscillograph 오실로그래프 시간과 더불어 변화하는 전기 진동을 파형으로 관측 또는 자동적으로 기록하는 장치. 음파나 기계적 진동 등의 순간적 현상도 전기 신호로 바꾸어 기록할 수 있다. 그림은 전자(電磁) 오실로그래프를 나타낸 것이다.

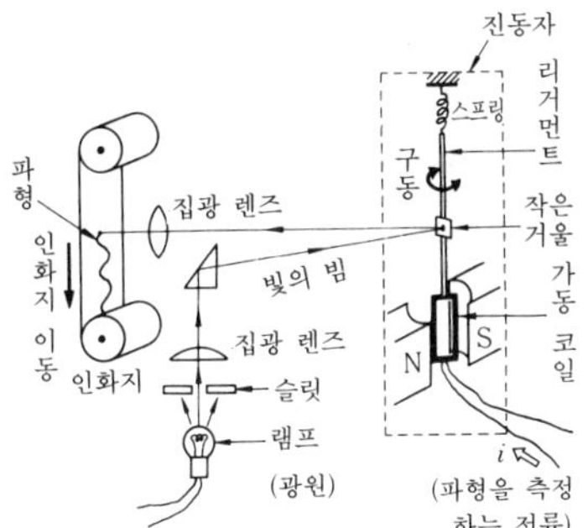

oscilloscope 오실로스코프 브라운관을 이용하여 전류나 전압의 변화를 형광면상에 그리게 하는 장치. 관측파 전압과 시간축 전압으로 전자 빔을 편향시켜서 파형을 그린다.

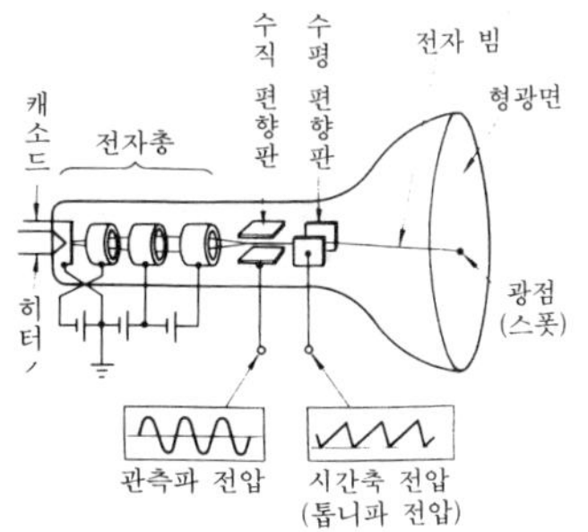

OSPA system OSPA공법(-工法) 프리스트레스트 콘크리트용 정착 공법의 일종. PC강선 끝을 T자형으로 가공하여 나사식 정착구와 조합시켜서 정착하는 공법.

oster 오스터 파이프에 나사를 절삭하는 그림과 같은 다이스 돌리개의 일종.

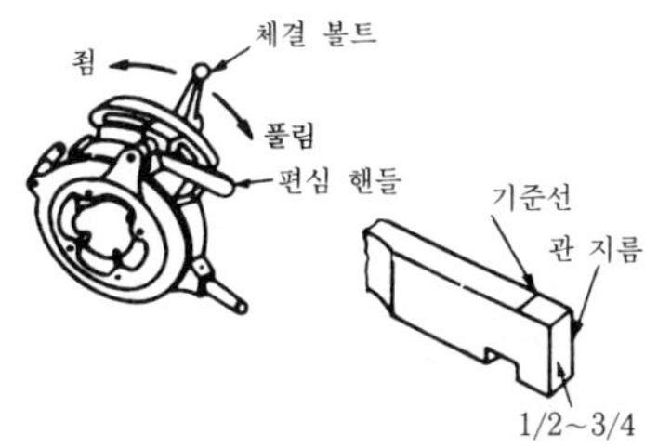

Ostwald's color system 오스트발트 표색계(-表色系) 8종의 기본 색상을 중심으로 하여 각각의 사이에 색상이 세분되고, 색상환(色相環)은 24분할되며, 직경 양단의 2색은 보색(혼합하면 회색이 되는 관계)이 되는 표색계.

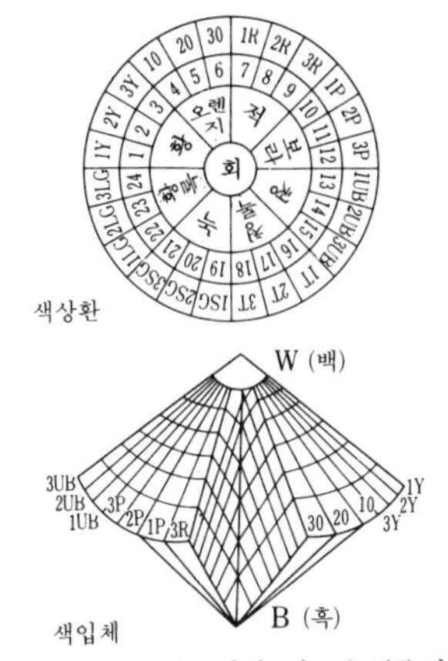

outcrop 노두(露頭) 지하 심부(深部)에 이어진 특정한 암석·지층·광상·단층 등이 지표에 노출하고 있는 장소. 암반 지대의 지질 조사에 사용하는 용어.

outdoor advertisement 옥외 광고물(屋外廣告物) 옥외에 설치되는 광고물. 독립하여 세워지는 것과 건축물에 부착되는 것이 있다.

outdoor air 외기(外氣), 옥외 공기(屋外空氣) 건물 외부의 공기. 설비에서는 외부에서 끌어 들이는 신선한 공기. =outside

outdoor air cooling 외기 냉방(外氣冷房) 외기의 건구 온도가 실온보다 낮을 때 외기를 끌어 들여서 실내를 냉방하는 것.

outdoor-air inlet 외기 도입구(外氣導入口) 공기 조화 설비나 환기 설비에서 이용하는 외기를 끌어 들이기 위해 두는 개구. =fresh-air intake

outdoor air temperature compensation 외기 보상(外氣補償) 공기 조화 설비의 자동 제어계에서 외기 온도에 의해 실내 온도의 설정값을 바꾸어 실내의 온감을 개선하도록 보상 요소를 도입하는 것.

outdoor-air volume 외기 도입량(外氣導入量) 공기 조화 설비나 환기 설비에서 건물 밖으로부터 도입되는 공기량.

outdoor escape stair 옥외 피난 계단(屋外避難階段) 옥외에 설치된 피난 계단으

로, 계단에서 2m 이내의 벽에는 1m² 이내의 철제 그물이 든 유리의 붙박이창 이외는 설치해서는 안 된다. 구조적으로는 본체에 지지케 하는 형식과 독립하여 지지한 것이 있다. 지진시에 기능을 잃지 않도록 충분히 주의해야 한다.

outdoor fire hydrant 옥외 소화전(屋外消火栓) 옥외에 설치되는 사설의 소화전.

outdoor furniture 옥외 가구(屋外家具) 옥외 또는 정원에서 사용하는 가구. 고정의 것과 이동 가능한 것이 있다. 재료는 합성 수지, 알루미늄, 쇠, 목재, 돌, 도기(陶器) 등.

outdoor labor 옥외 노동(屋外勞動) 옥외에서 행하여지는 작업의 형태. 건설 생산의 특색의 하나. =open air labor

outdoor life 옥외 생활(屋外生活) 옥외에서의 생활 또는 자연과 함께 하는 생활.

outdoor lighting 옥외 조명(屋外照明) 옥외에 설치하는 조명 설비. 안전 확보를 위한 환경 조명과 야간 경관을 연출하기 위한 경관 조명이 있다.

outdoor living 아웃도어 리빙 생활의 장으로서 거실과 같이 쓰이는 외부 공간. 정원 가구 등으로 네거티브 공간을 연출하여 지붕이 없는 거실로서 쓰인다. 고층 맨션에서는 조금 넓은 발코니가 이 목적으로 쓰이고 있다.

outdoor parking space 옥외 주차 시설(屋外駐車施設) 옥외 공지(빈터)를 이용하여 설치되는 자동차의 주차 시설. 노상 주차장, 노외 주차장 등이 있다.

outdoor substation 옥외 변전소(屋外變電所) 변압기, 차단기, 배선 등 옥외에서 변압의 주요한 일을 하는 것. 배전반, 축전지 등은 따로 전기실에 수납되어 있다.

outdoor temperature 외기 기온(外氣氣溫) =outside-air temperature

outdoor temperature of cooling design 냉방 설계용 외기온(冷房設計用外氣溫) 냉방 설비의 용량 산정 계산에서 사용되는 외기의 온도를 말한다. 일반적으로 초과 위험률 2.5~5.0%의 값을 쓴다.

outdoor temperature of heating design 난방 설계용 외기온(煖房設計用外氣溫) 난방 설비에서의 장치 용량 산정을 위한 외기의 온도를 말한다. 일반적으로 초과 위험률 2.5~5.0%의 값이 쓰이며, 방 사용 시간대에 따라 다르다.

outdoor weather-proof polyvinyl chloride insulated wire OW전선(－電線) =OW-wire

outdoor wind pressure coefficient 외압 계수(外壓係數) 설계용 풍하중을 구할 때의 풍압 계수의 하나. 풍압 계수는 외압 계수 C_{pe}, 내압 계수 C_{pi} 및 국부 풍압으로 나누어서 규정하고 있다. 풍동 실험 결과에서 건물 외주면의 형상에 따라서 정해진다.

outer slope 바깥길이 구조물의 바깥쪽 치수를 말한다.

outer surface 외면(外面) 구성재의 바깥쪽 면.

outer dimension 바깥길이 =outer slope

outhouse 헛간 농산물을 저장한다든지 광으로 사용하는 일종의 창고. =barn

outlet 아우트렛[1], 토수구(吐水口)[2] (1) 전등 기구나 콘센트 등을 접속하는 전기의 인출구. 전기 공사의 배관 종단 또는 중간에 두어진다.

(2) 급수전 등 물이 나오는 수도 끝 부분을 말한다. =spout

outlet box 아우트렛 박스 전기 공사에서 배관의 종단 또는 중간에 부착되어 전선의 인출 및 전기 기구류의 부착에도 사용된다. 용도에 따라 종류가 많다.

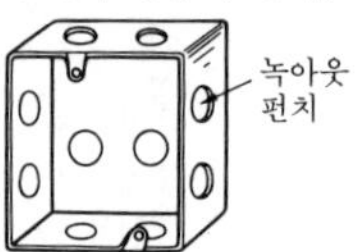

outlet of air 급기구(給氣口) 공기 조화, 환기 등에서 실내에 공기를 송풍하기 위한 개구부. 개구부의 형상은 여러 종류가 있다.

outlet socket 아우트렛 소켓, 콘센트 이동 사용하는 전기 기기용의 전기 인출구.

outlet velocity 분출구 속도(噴出口速度) 분출구에서 분출하는 기류 속도. 실내 허용 소음 레벨, 도달 거리, 확산 반경 등의 요소에 따라 결정된다.

outline 외형선(外形線) 건축물이나 물체 외면의 형상을 나타내는 선.

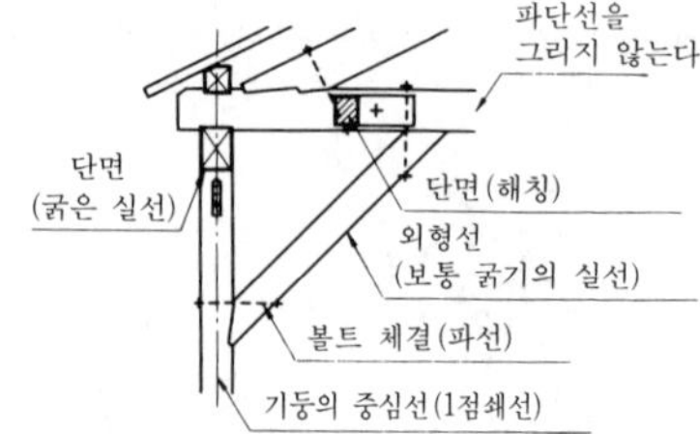

out-of-plane bending 면외 방향 휨(面外方向－) 평면판 혹은 곡면판에서 기준면이 휨으로써 생기는 판을 구부리려는 작

용. 곡률 변화의 함수로 나타내어진다.

out-of-plane deformation 면외 변형(面外變形) 평판 혹은 곡면판에서 판면과 직교하는 방향의 변형.

out-of-plane vibration 면외 진동(面外振動) 막이나 판 등에 생기는 면에 직각인 방향의 진동.

output 출력(出力) ① 엔진이나 전동기 등에서 외부로 나오는 동력 또는 전력. ② 보일러의 능력. 증기 보일러에서는 증기의 발생량(kg/h)을, 온수 보일러에서는 온수의 가열량(kcal/h)을 나타낸다.

output power of sound 음향 출력(音響出力) 단위 시간 내에 음원이 방사하는 전음향 에너지. =sound power (of a source)

output price index 가격 지수(價格指數), 산출 가격 지수(産出價格指數) 물가 지수를 작성할 때 산출된 재화의 가격을 기초로 한 지수. 건축은 개별성이 강하기 때문에 산출 가격 지수의 작성이 곤란하며, 대신 투입 원가 지수가 작성되는데, 양자 사이에는 개념의 차이가 있어 엄밀한 의미로서의 건축 공사 가격의 지수는 되지 못한다. =price index

outrigger 아우트리거 이동식 기중기 중에서 트럭 크레인, 휠 크레인에 장착하여 기중기 작업시의 안정성을 보다 좋게 하기 위한 것.

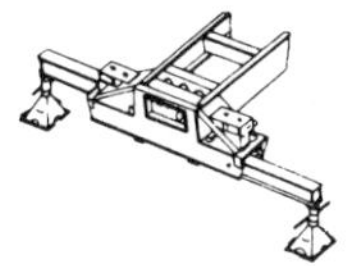

outside 외기(外氣) =outdoor air

outside-air temperature 외기 기온(外氣氣溫) 옥외 공기의 온도. 단지 기온이라고 한다. 옥외 기온은 보통은 백엽상 내에 두어진 온도계로 잰다.

outside angle 모서리 =external angle

outside dimension 외목 치수(外目一數) 양 바깥쪽 사이의 치수.

outside heat-insulation wall method 외단열 공법(外斷熱工法) 외벽의 옥외측에 단열층을 두는 공법. 최근에 한랭지에서 쓰이고 있다.

outside measurement 외목 치수(外目一數) =outside dimension

outside gutter 바깥홈통(一桶) 건물의 처마끝에 설치한 홈통. =hung gutter

outside insulation 외단열(外斷熱) 외벽, 지붕 등의 외주 부위를 단열할 때 단열재를 해당 부위의 주요 구조체 외기측에 넣는 단열 방법을 말한다. 만일 구조체가 콘크리트 등 열용량이 큰 재료이면 실내에 축열 효과를 유지시킬 수 있게 되어 실내에 들어오는 태양열을 축열할 수 있다.

outside order 외주(外注) 공사 목적물의 일부를 제작할 때 자사의 제작 설비나 작업원을 쓰지 않고 사외의 하청 업자나 공장에 주문하여 제작시키는 것. 원청 업자가 재료·품을 모두 공사 계약에 의해 하청 업자에 청부시킨다.

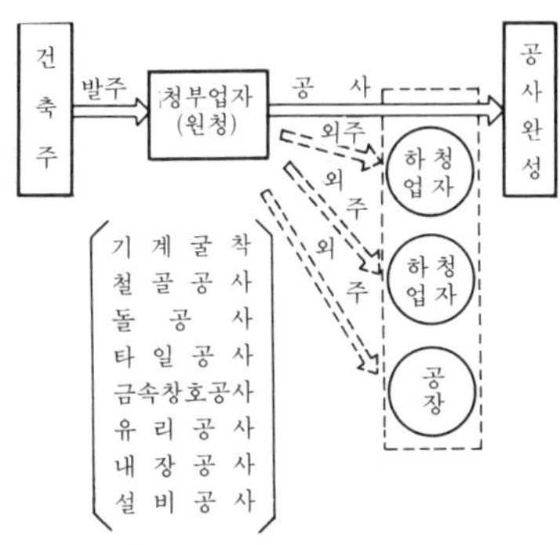

outside order expenses 외주비(外注費) 다른 기업 등에 업무의 일부를 발주하는 경우의 비용. 건축 공사의 원가 요소의 하나. 토공 등의 노무 외주는 노무비로 하는 경우가 많다.

outside waterproofing 외방수(外防水) 지하 구조물의 외주벽 바깥쪽에 방수층을 두는 방수 공법. 지하 골격의 타설 후에 방수하는 공법과 먼저 방수층을 시공해 두는 공법의 2종이 있다.

outstanding account of completed works 완성 공사 미수입금(完成工事未收入金) 완성 공사 청부 대금의 미수입액을 말한다. 내용에 따라 완성 인도한 공사의 미수액과 공사 진행 기준에서 매상 계상한 공사의 미수액의 둘로 나뉜다.

outstading leg 돌출 다리(突出一) 단독으로 돌출하고 있는 산형강 등의 변.

outward opening 밖여닫이 외여닫이 또는 양여닫이 중 여는 방향이 바깥쪽인 창호의 개폐 방식. =outward-swinging

oval gear type water meter 오벌 기어형 유량계(一形流量計) 액체의 흐름에 의해 2개의 타원형 기어가 맞물려서 회전하고, 그 회전수로 유량을 측정하는 계기.

ovaling 오벌링 원통 셸이 외력을 받아서 면외로 변형하여 원형 평면이 타원형이나 화판형으로 변형하는 현상.

overall excavation 온통파기 건물 아래쪽 전반에 걸친 흙파기.

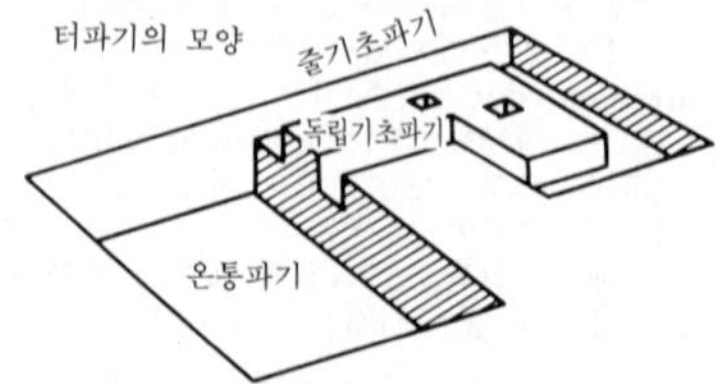

over-all heat transmission 열관류(熱貫流) 벽체 양쪽의 공기에 온도차가 있을 때 열이 고온측 공기에서 벽체를 통해 저온측 공기로 전해지는 현상. 열전달과 열전도로 이루어진다. →heat transfer, heat conduction

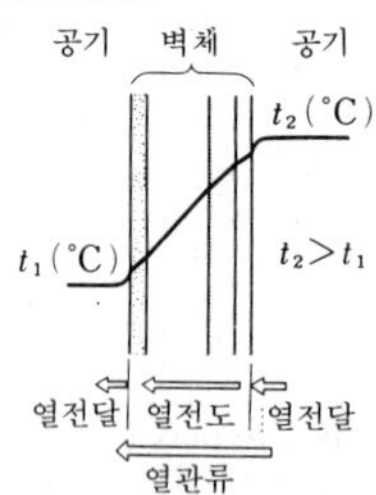

overbridge 과선교(跨線橋)[1], 보도교(步道橋)[2], 구름다리, 가도교(架道橋)[3] (1) 선로 위를 가로질러 설치한 다리.
(2) 시가지의 건축 공사장에서 보도 위에 설치한 건물 또는 가대로, 공사 관계의 사무소 · 창고 · 변전실 등을 설치한다. 또 공사용 재료의 일시적인 보관 장소로 사용한다.

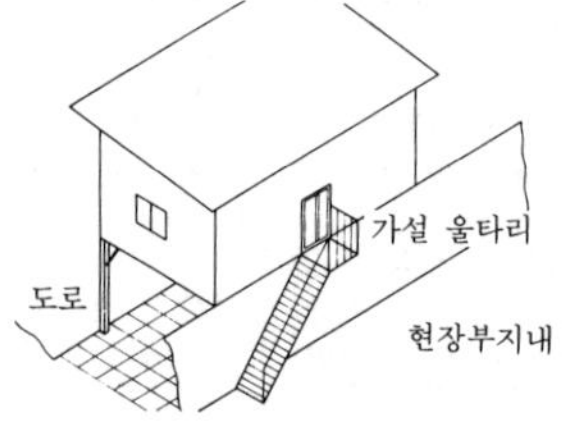

(3) 도로를 가로질러 세워진 다리.

overburden 흙덮이 ① 건축물 상부에 덮어 씌운 흙. ② 땅 속의 어느 면 이상에 위치하는 흙. 이 흙에 의한 압력을 흙덮이압 또는 흙덮이 압력이라 한다.

overburden load 상재 하중(上載荷重) 일반적으로는 지반이나 바닥 위에 적재되는 하중. 흙막이벽의 측압 산정을 할 때 지표면상의 각종 하중을 예상해 두는 하중.

overburden pressure 흙덮이압(－壓), 흙덮이 압력(－壓力) 지반 중의 어느 임의의 점에서 그보다 위에 있는 지반의 무게(흙입자와 물의 무게)에 의한 압력.

overcast sky 전담 천공(全曇天空) 전천공이 구름에 덮인 운량(雲量) 10인 하늘. 이럴 때의 천공 휘도는 지평선 부근보다 천정(天頂) 부근쪽이 크지만, 실용적으로는 천공의 방위, 고도에는 관계없이 등휘도(等輝度) 완전 확산면이라고 생각하는 경우가 적지 않다.

over compaction 과도 다짐(過度－) 흙을 지나치게 다지는 것. 오히려 강도가 감소한다.

over consolidated clay 과압밀 점토(過壓密粘土) 과압밀 상태에 있는 찰흙.

over consolidation 과압밀(過壓密) 과거에 현재 받고 있는 이상의 압밀 응력으로 압밀을 받은 일이 있는 흙의 상태. 설계상은 찰흙의 압밀 시험에서 압밀 선행 응력도 σ_0을 구하고, 건물 건설 전과 건설 후의 상재(上載) 하중에 의한 유효 지중 응력도를 각각 σ_1, σ_2로 한다. $\sigma_0>\sigma_1$의 상태를 과압밀 상태라고 하는데, ① $\sigma_0<\sigma_2$인 경우는 압밀 침하량을 계산하지 않으면 안 된다. ② $\sigma_0>\sigma_2$인 경우는 매우 과압밀되어 있는 지반으로 설계상은 침하량 0으로 간주하고 있다.

over consolidation ratio 과압밀비(過壓密比) 현재의 유효 응력에 대한 과거에 받은 최대의 유효 응력의 비를 말한다. 과압밀의 정도를 나타낸다.

over counter 오버 카운터 시스템 키친의 싱크대 설치 방법의 일종. 작업대 상부에 싱크를 설치하는 방법. →under counter

over crowded dwelling 과밀 거주(過密居住) ＝over cowding

over crowding 과밀 거주(過密居住) 주택의 거주 부분 면적에 비해 적도(適度) 이상의 인원이 거주하는 성태를 과밀 거주라 하고, 보통 1인당의 평수로 나타낸다.

over crowding city 과밀 도시(過密都市) 인구 밀도가 너무 높아서 정상적인 생활을 하기 어려운 도시. 일반 시가지에서는 보통은 인구 밀도가 300인/ha를 넘는 도시를 가리키지만, 초고층 주택지에서는 1,000인/ha 정도라도 과밀이라고는 할 수 없다.

over crowding dwelling 과밀 주거(過密住居) 일정한 거주 밀도를 초과한 주거. 현재는 최저 거주 수준의 규정에 의해 판단된다.

over damping 과감쇠(過減衰) 진동계의 감쇠 저항이 임계 감쇠보다 너무 커서 진동하지 않는 상태. 감쇠 상수 h가 1보다 큰 경우에 해당한다.

overflow 넘쳐흐름 용기 또는 둑에서 물이 넘쳐서 흘러나가는 것.

overflow pipe 일수관(溢水管), 넘쳐흐름관(－管) 설계한 수면보다 높게 물이 괴는 것을 방지하기 위해 물을 넘쳐흐르게 하기 위한 파이프. 일반 수조·팽창 수조 등에 설치한다.

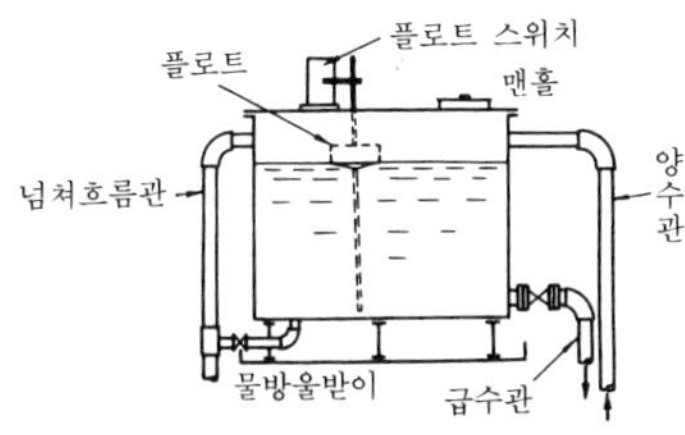

overhang 돌출부(突出部) 지점(支點)에서 밖으로 돌출한 수평 부재.

overhang door 들창(－窓) 빈지문 대신 창을 밀어 올려서 채광하는 창.

overhanging beam 내민보 보의 지지점에서 바깥쪽에 캔틸레버 형식으로 돌출한 보를 말한다.

overhang sash window 들창(－窓) 창호의 상단 수평부를 회전축으로 하여 외부로 개폐하는 창.

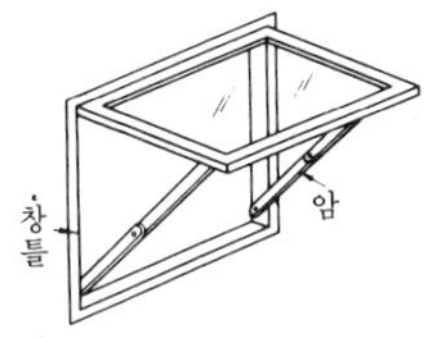

overhaul 오버홀 기계, 장치를 분해 정비하여 필요한 수리를 하는 보전 작업.

overhaul new 오버홀 뉴 부품이나 장치를 분해·검사하여 마모한 부품은 교환한다.

overhead conductor 가공 전선(架空電線) ＝aerial conductor wire

overhead costs 제경비(諸經費) 공사 가격의 구성에서의 순공사비 이외의 부분. 현장 경비와 일반 관리비 등 부담액으로 이루어진다. 이익도 포함된다. 중소 건설업의 공사에서 일반적으로 쓰인다.

overhead crane 천장 주행용 기중기(天障走行用起重機) 공장 건축물 옥내에 사용하는 기중기로, 기중기 거더 위를 긴쪽 방향으로 주행하여 중량물을 운반하는 기중기를 말한다.

overhead door 오버 헤드 도어 셔터와 마찬가지로 상부로 들어 올려서 개방하는 대형문. 문은 양쪽의 레일을 따라 천장부에 수납된다. 스프링을 사용한 수동식의 것이 많다. 개폐가 간단하고 주차장이나 차고 등에 사용된다.

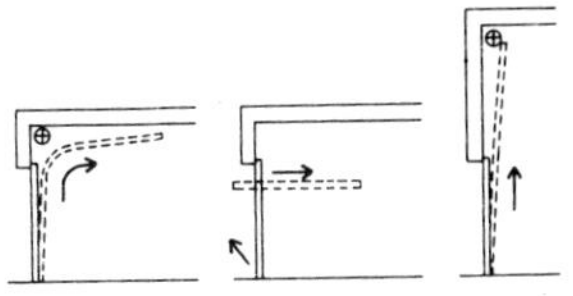

overhead expenses charge 일반 관리비 등 부담액(一般管理費等負擔額) 청부 가격 중 일반 관리비 및 경비상의 이익에 상당하는 금액으로서 개개의 공사 가격에서 일정한 비율로 징수될 금액.

overhead fire tube boiler 노통 연관식 보일러(爐筒煙管式－) 통형로(筒形爐)와 다수의 연관을 갖는 구조의 보일러. 중고압 증기 또는 고온수를 만드는 보일러로, 비교적 소형이고 고출력이 얻어진다. 대형 건물 난방용 열원 기기로서 널리 쓰이고 있다.

overhead supply wire 가공선 인입(架空線引入) 전력 공사의 전주에서 지지·배선되고 있는 가공 배전선에서 인입 개폐기에 이르는 사이의 배선의 일부 혹은 모두를 가공 전선으로 하는 것.

overhead transmission 가공 송전(架空送電) 지표상의 지지물에 가설된 전선로를 써서 송전하는 것. 단, 배전용의 가공 송전은 가공 배전이라 하여 구별한다.

over height 라이즈 ＝rise

overlap 오버랩 아크 용접에서 용융 풀(pool)이 작고 용입(熔入)이 얕은 경우에 용착 금속이 용융 풀 주위에 겹쳐지는 것을 말한다. 용접부를 약하게 하며, 파괴될 위험이 있다.

overlay 오버레이 아스팔트 포장의 침하나 파손 개소를 수리하기 위해 그 위에 아스팔트 콘크리트를 씌우는 것.

overlayed plywood 치장 합판(治粧合板) 표면에 멜라민이나 폴리에스테르의 치장판이나 얇은 금속판을 붙인 합판의 총칭.

over load 과하중(過荷重)[1], 초과 하중(超過荷重)[2] (1) 구조물의 설계 상정 하중보다 큰 작용 하중.
(2) 설계 또는 실험 등에서 미리 정한 하중을 초과하는 하중. ＝excess load

overseer 감독원(監督員) ＝supervisor

overshoot 오버슈트 자동 제어에서 제어 신호에 추종하여 제어 대상의 실현값이 목표값을 향해 변화해 갈 때 목표값을 넘고부터 다시 목표값으로 접근해 가는 상황을 말한다.

overtone 배음(倍音) ＝harmonic tone

over turning method 전도 공법(轉倒工法) 구조물의 도괴 공법의 하나. 전체 또는 그 부분을 전도시켜서 대파시키는 수법. 굴뚝 등에 널리 쓰인다. 건물인 경우는 슬래브나 한 방향의 보·벽 등을 제거하여 평면 라멘으로서 도괴하는 경우가 많다.

over turning moment 전도 모멘트(轉倒－) 구조물의 기부(基部)에 있어서의 외력 모멘트의 총합이다. 기초의 회전·인발(引拔) 등을 검토하는 외력에 해당한다.

owned land 소유지(所有地) 자기가 소유하는 토지.

owner 건축주(建築主)[1], 발주자(發注者)[2] (1) 건축 공사의 주문자. 발주자, 주문자라고도 한다. 또는 건축물의 소유자. (2) ＝orderer

owner furnished material 지급 재료(支給材料) 건설 공사의 청부 계약에서 발주자로부터 지급되는 재료. 일반적으로 무상 지급 재료이나, 청부자가 대금을 지불하는 유상 지급 재료도 있다. ＝owner supplied material

owner supplied material 지급 재료(支給材料) ＝owner furnished material

OW-wire OW전선(－電線) outdoor weather-proof polyvinyl chloride insulated wire의 약. 옥외용 염화 비닐 수지 절연 전선을 말한다. 심선상에 염화 비닐 수지를 주체로 한 콤파운드를 피복한, 주로 가공 전선로에 사용하는 전선.

oxidant 옥시던트 자동차의 배기 가스(대기 오염물)에 일광(자외선)이 작용한다든지 NO_2가 유기물에 의해 광분해될 때 발생하는 가스.

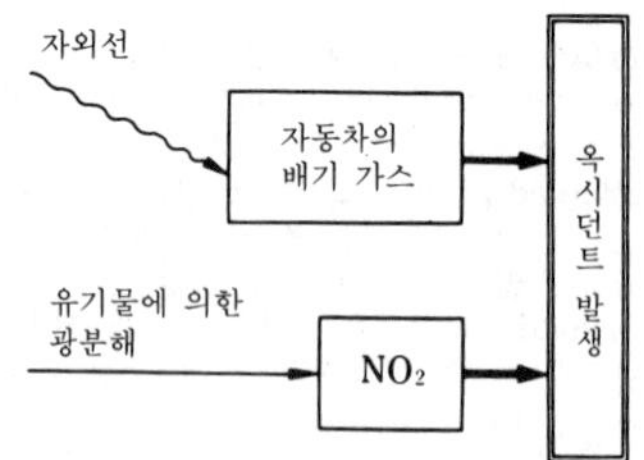

oxidation degradation 산화 열화(酸化劣化) 주로 공기 중의 산소나 오존의 작용에 의해 야기되는 화학적 열화를 말한다.

oxy-acetylene cutting 산소 아세틸렌 절단(酸素－切斷) 산소와 아세틸렌을 써서 아세틸렌의 연소열을 이용하여 금속을 녹이고 여기에 산소를 뿜어서 절단하는 것.

oxy-acetylene flame 산소 아세틸렌 불꽃(酸素－) 산소와 아세틸렌 가스의 연소에 의해서 생기는 불꽃을 말한다. 혼합비에 따라 아세틸렌 과잉 불꽃(환원 불꽃)·표준 불꽃(중성 불꽃)·산소 과잉 불꽃(산화 불꽃)으로 나뉜다. 표준 불꽃은 아세틸렌과 산소의 혼합비가 약 10：1의 것으로, 가스 용접의 가장 보통의 불꽃이다. 산화 불꽃은 온도가 높고 단순한 가열이나 절단에 쓰인다. 환원 불꽃은 연강·알루미늄 등의 용접이나 철근의 가스 압접의 초기에 쓰인다.

oxy-acetylene welding 산소 아세틸렌 용접(酸素－鎔接) 산소와 아세틸렌을 써서 아세틸렌의 연소에 의해 생기는 열을 이용하여 행하는 용접.

oxy-arc cutting 산소 아크 절단(酸素－切斷) 모재와 전극 사이에 아크를 발생시키고 중공(中空) 전극봉에서 산소를 분출시켜서 하는 절단을 말한다. 고속 절단이 가능하다. 비철 금속의 절단도 효과적으로 할 수 있다.

oxgen cutting 가스 절단(－切斷) ＝gas cutting

oxygen lack 산소 결핍(酸素缺乏) 맨홀·지하조·우물 등의 공기 중 산소가 적어지는 현상.

oxy-hydrogen welding 산수소 용접(酸水素鎔接) 산소와 수소를 써서 수소의 연소열을 이용하여 하는 용접. 산소 아세틸렌 불꽃보다 불꽃 온도가 낮으므로 저용융점의 금속이나 합금에 사용한다.

oxy-propane cutting 산소 프로판 절단(酸素－切斷) 프로판의 연소열을 이용하는 절단. 두꺼운 판에서는 산소 아세틸렌 절단보다 절단 속도·산소 소비량이 유리하며, 저렴한 공비로 절단할 수 있다.

ozone 오존 병원성 미생물의 불활성화를 하는 산화력이 강한 물질. 특히 가스 생성균의 억제가 염소보다도 강하다.

ozone cracking 오존 균열(－龜裂) 디엔계 합성 고무나 천연 고무의 이중 결합 부분이 오존의 작용으로 절단되어서 생긴 균열. 고무가 인장되었을 때는 성장이 현저하다.

ozone layer 오존층(－層) 오존 농도가 높은 고도 10～50km의 대기층으로, 성층권과 거의 일치하고 있다. 0.32μm 이하의 일사를 차단하여 지표에 도달하지 않도록 하고 있다. 최근 프론 가스와 질소 산화물에 의한 오존층의 파괴가 지구 환경에 큰 영향을 미치고 있어 중요한 문제로 대두되고 있다.

ozone resistance 내오존성(耐-性) 오존에 접했을 때의 재료의 성능 저하에 대한 저항성. 특히 공액 2중 결합을 분자 구조 중에 포함하는 고무, 플라스틱 등은 내오존성이 낮다.

ozonization 오존 처리(-處理) 정수의 살균·탈취·탈색 등 방법의 일종. 강한 살균 작용을 갖는다.

ozone treatment 오존 처리(-處理) 오존(O_3)이 갖는 강력한 산화력을 이용하여 수중이나 가스 중의 특정 물질을 제거하는 것. 살균, 표백, 탈취, 제철(除鐵), 페놀 시안의 분해, ABS분해, 바이러스의 불활성화 등에 사용한다.

P

pace 계단참(階段站) 계단 도중에서 폭이 넓게 되어 있는 부분. 계단의 방향을 바꾼다든지, 피난, 휴식 등의 목적으로 설치된다. =stair landin

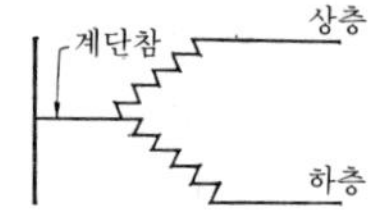

packaged air conditioner 패키지형 공기 조화기(－形空氣調和器), 패키지형 공조기(－空調器) 하나의 용기(케이싱) 속에 냉동기를 수납한 공기 조화기.

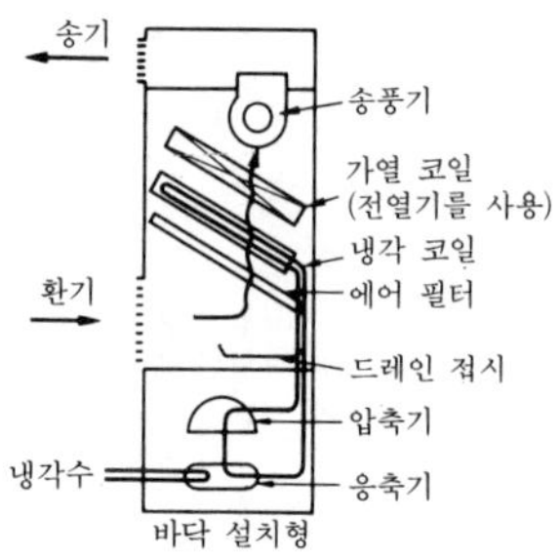

packaged air conditioner for low temperature service 저온용 패키지(低溫用－) 인간을 대상으로 한 쾌감 공기 조화보다도 낮은 온습도 조건의 시설(전산실, 정밀 기계 공장 외에 5~10℃ 정도를 요구하는 저온 창고, 냉장실 등)을 위해 특별히 개발된 패키지 공기 조화기.

packaged air conditioning 패키지 방식(－方式) 패키지형 공기 조화기를 사용하는 공기 조화 방식. 냉매 방식이라고도 한다. 소규모 사무실, 상점, 전산실에 쓰이는 일이 많다.

packaged boiler 패키지 보일러 공장 조립의 보일러. 배관, 연도, 굴뚝을 붙여서 전기 배선을 하면 사용할 수 있게 된다.

packed in place pile PIP말뚝 모르타르 주입 말뚝의 일종. 오거로 굴착하여 선단에서 모르타르를 주입하고, 필요에 따라 철근이나 H강을 삽입하여 만든다. 주열벽(柱列壁)에도 사용한다.

packing 패킹 ① 기밀 · 수밀을 위해 접합면 사이에 끼워서 접합면을 통해 유체의 누설 방지를 목적으로 하는 것. 종이 · 삼 · 파이버, 연질 고무 등의 비금속의 것과 구리, 납, 연강, 모넬 메탈 등의 금속이 쓰인다. 박판형의 패킹을 개스킷이라 한다. 회전 또는 탈착하는 축 둘레의 기체, 액체의 누설 방지에 사용되는 아스베스토 전지로 만든 원형 또는 단면이 네모진 코일 모양의 것. ② 물품의 손상 방지를 위해 사용되는 충전물. ③ 기기류를 설치할 때 바닥, 벽면 등과 틈 사이에 삽입하는 것.

padding 패딩 용접 홈에 용착 금속이 채워져 볼록하게 녹아 붙은 덩어리.

pad-eye 패드아이 로프의 말단, 도르래 등을 구조물의 윗면, 측면 등에 부착하기 위한 구멍을 뚫은 작은 강판.

pad lock 통자물쇠, 맹꽁이자물쇠 U자형의 볼트를 자물쇠 자신의 구멍에 밀어 넣음으로써 잠그는 가동 자물쇠.

pagoda 탑(塔) 불타의 사리 등을 모시는 건축.

paint 페인트, 도료(塗料) 유동성의 액체로, 고체 표면에 칠해서 일정 시간 후에 건조하여 얇은 연속한 단단한 피막을 형성하고, 그 물체 표면의 미화 또는 보호의 작용을 주는 것. 페인트, 니스, 래커, 옻칠 등 종류가 많다.

paint and varnish 도료(塗料) =coating

material

painter 도장공(塗裝工) 도료를 칠하는 사람을 말한다.

painter's work 도장 공사(塗裝工事) = painting work

painting 도장(塗裝) 도료를 물체에 칠해서 도막(塗膜)을 형성하는 것.

painting system 도장계(塗裝系) 도장에 의해 얻어지는 도막의 목적이나 효과를 충족하기 위한 초벌칠부터 정벌칠까지의 공정의 구성.

painting work 도장 공사(塗裝工事) 페인트, 니스, 에나멜, 수성 도료 등을 써서 건축물의 나무 부분이나 금속부, 벽면 등을 칠하여 부식의 방지와 보존을 도모하며, 아름답게 장식하는 공사.

pair cable 페어 케이블 두 줄의 도체를 꼬아서 만든 케이블을 다시 여러 가닥 합쳐 한 줄의 케이블로 하느 것. 통신용으로 사용된다.

pair glass 페어 글라스, 2중 유리(二重琉璃), 복층 유리(複層琉璃), 겹유리(－琉璃) 단열이나 결로 방지를 위해 두 장의 판 유리 사이에 긍극을 만들어 조합시킨 유리.

palace 궁전(宮殿) 군주, 왕 등이 거주하는 건축.

palazzo 팔라쪼 이탈리아 도시에서의 부유한 시민의 대저택, 궁전, 관저, 청사 등을 말한다.

PALC 팔크 ALC(autoclaved light weight concrete)의 기능을 더욱 높인 것. 대형 패널을 일체 성형할 수 있는 것이 특징이다. 고층 빌딩의 외벽, 주택의 구조재로 사용되고 있다.

Palladionism 팔라디오 주의(－主義) 이탈리아의 건축가 팔라디오(Andrea Palladio, 1518~80)의 작품과 저서를 통해서 제시된 고대 로마 건축의 간소한 아름다움이나 장식 세부보다도 전체의 구성을 중시하는 사고 방식을 건축 설계의 기본 방침으로 하는 입장으로, 특히 1715~60년경의 영국에서 유행했다.

pallet service 팔레트 수송(－輸送) 팔레트 위에 화물을 싣고 수송하는 방식. 규격화된 팔레트에 의해 포장, 적재, 하적, 운송의 효율과 보관 능력이 향상된다.

palmette 당초무늬(唐草－) 식물의 줄기나 덩굴 등을 문양으로 한 것으로, 꽃, 잎, 열매 등이 뒤얽힌 모양. =rinceau

Palmgren-Meiner's formula 팔므그렌·마이너의 식(－式) 여러 개의 크기가 다른 반복 응력을 받는 재(材)의 수명 판정의 기준식.

$$\sum_i \frac{n_i}{N_i} = 1$$

여기서, n_i/N_i를 누적 피해비라 한다. n_i : i번째의 반복 응력만을 받을 때의 수명, N_i : i번째의 반복 응력이 작용한 횟수이다.

palm-house 온실(溫室) =green house, conservatory

pan 팬 방수성이 없는 바닥에 세탁기 등 물을 사용하는 기기를 두는 경우에 밑에 두는 배수구를 가진 물받이를 말한다.

panel 패널 바탕없이 평면이 유지될 정도의 크기를 갖는 판. 목적에 다라서 바닥 패널·벽 패널·거푸집 패널 등으로 나눠어진다. 그림은 콘크리트용 거푸집의 예이다.

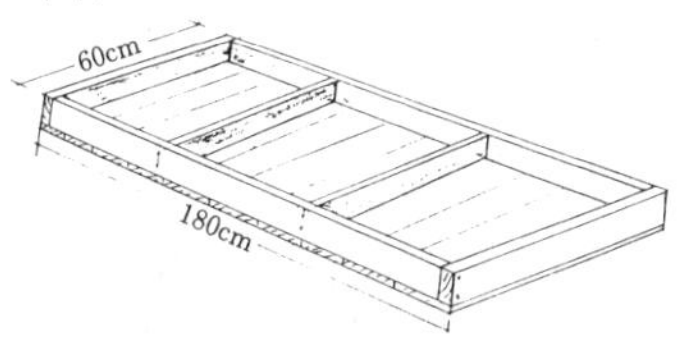

panel absorber 판진동 흡음재(板振動吸音材) 합판, 석면판, 하드 보드 등 비교적 얇은 판에 음이 닿으면 음압 때문에 판이 진동하여 음의 에너지가 판의 진동이라는 기계 에너지로 변환된다. 그리고 이 에너지는 다시 판의 내부 마찰 및 판의 부착 부분의 마찰에 의해 열 에너지로 바뀌어 소비된다. 이러한 기구로 흡음하는 재료를 판진동에 의한 흡음 재료라 하고, 판이 공명하면 더욱 흡수가 커진다.

panel board 경판(鏡板), 통널판(－板) 벽, 천장, 문 등에서 문열굴, 울거미 속에 끼워넣은 표면이 매끄러운 단판. 잇댐자리가 있어도 눈에 띄지 않는 것은 단판으로서 다룬다.

panel construction 패널 구조(－構造) 조립 구조의 하나. 지붕·천장·벽·바닥 등을 패널로 조립하는 수법에 의한 구조. 축부(軸部)를 기둥 보 축조로 하고, 여기에 패널을 붙이는 구조도 포함한다.

panel cooling 복사 냉방(輻射冷房) 바닥면 외에 천장, 벽면 등에 파이프 코일을 매입하고, 여기에 냉수를 통하여 그 면을 냉각해서 냉방을 하는 방식. 표면에 결로(結露)를 일으키지 않도록 실내 공기의 습도에 대해서 고려되지 않으면 안 된다.

panel door 양판문(兩板門) 유리나 판을 틀에 끼운 형식의 문.

panel gate 패널 게이트 폭 45cm 정도의 패널을 연속해서 행거 레일로 매달고, 병풍과 같이 접었다 폈다 하여 개폐하는 문. 현장의 출입구 등에 사용된다.

panel heater 패널 히터, 복사 난방기(輻射煖房器) 얇은 패널 속에 넣은 오일을 전기로 데워서 복사열을 방산시키는 난방 기구.

panel heating 복사 난방(輻射煖房) 복사열에 의한 난방. 천장, 벽, 바닥 등에 파이프 코일을 매입하여 온수를 통하는 방법, 전열선을 매입하는 방법, 덕트를 바닥 하면에 배치하고 여기에 온풍을 통하는 방법 등이 있다. 실내에 방열기가 나타나지 않고, 온도 환경은 뛰어나지만 건축과 일체화하기 때문에 시공상의 주의가 필요하다. =radiant heating

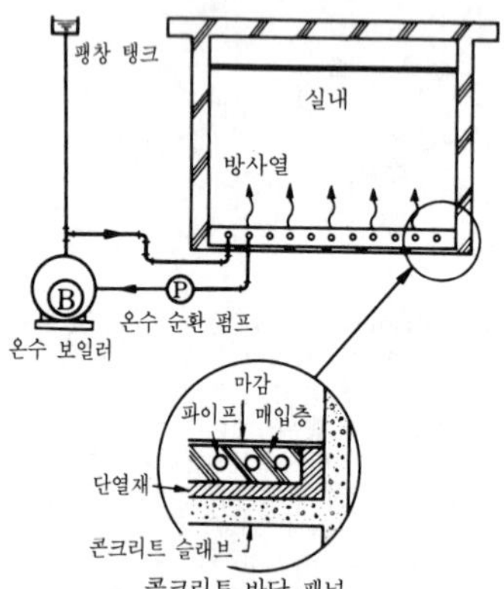

콘크리트 바닥 패널

panelled door 양판문(兩板門) 밑막이와 선대로 둘레를 만들고, 속에 중간막이를 넣고 그 사이에 통널판을 끼운 문.

panelling board 벽널(壁-) 가늘고 긴 판을 평행하게 겹쳐서 붙인 판.

panel of radiant heating 방사 패널(放射-) 방사 냉난방에서의 코일을 매입한 패널. 온수 패널에서는 직경 13~25mm의 강관을 코일로 하고, 이음은 모두 용접 혹은 놋쇠 납땜으로 하여(사용 압력의 3배 정도에 견딜 수 있도록) 건축 마감 속에 매입한다.

panel point 절점(節點) 구조물을 구성하는 부재와 부재의 접합점. 역학상, 절점에

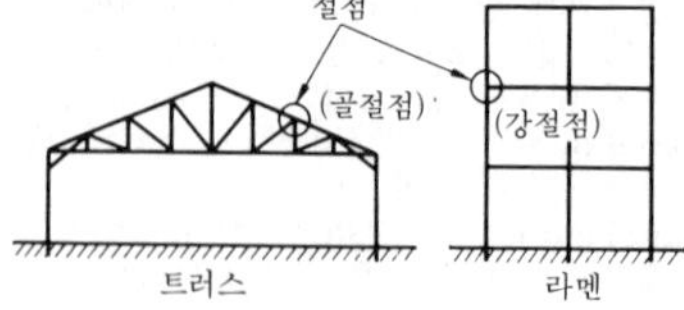

는 활절점과 강(剛)접점의 두 가지가 있다. 실제로는 그 중간의 것도 있다. → pin, rigid joint

panel point method 절점법(節點法) 정정(靜定) 트러스 해법의 하나. 하나의 절점을 중심으로 하여 그 절점에 모이는 모든 부재를 가로지르는 절단면을 생각하고, 절점에 작용하는 부재 반력의 평형 조건에서 부재 응력을 구하는 방법.

panel screen 패널 스크린 =panel shade

panel shade 패널 셰이드 레일에서 매단 천으로 만든 스크린으로, 이동·개폐를 할 수 있다.

panel strip 틈막이대 판이 이어지는 곳에 덧대는 폭이 좁은 널. =batten

panel system 패널 방식(-方式) 건축 각 부를 패널로 구성하는 방법으로, 프리패브 공법이나 커튼 월(장막벽) 공법에 채용되고 있다.

panel system for housing PASH공법(-工法) 프리캐스트 콘크리트(PC)벽식 공법의 일종. 종래의 PC판 접합 방법(용접)을 시공성이 좋은 철근 이음(스플라이스 슬리브 조인트)과 굵은 철근을 사용한 집중적인 보강에 의해 내진성을 높여 고층화를 가능하게 한 공법.

벽(PC)과 바닥(현장치기 철근 콘크리트) 부분의 상세도

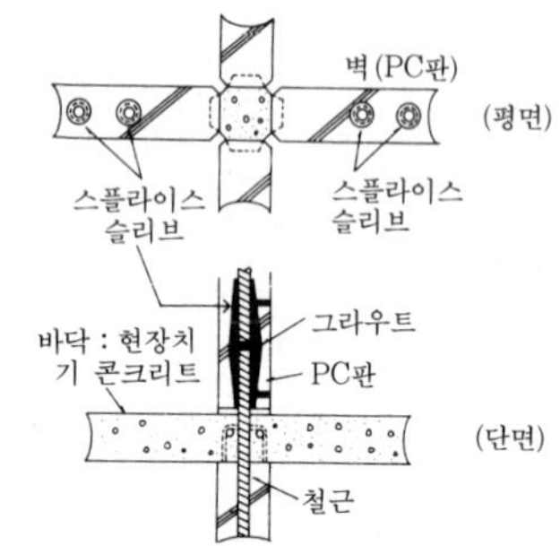

panel tank 패널 탱크 FRP나 강판을 모듈 치수로 성형한 패널을 사용하여 조립한 수조.

panel type sound absorber 판진동 흡음재(板振動吸音材) 강벽(剛壁) 사이에 공기층을 두고 설치하는 흡음을 위한 판형 재료. 이렇게 하면 공진계가 형성되어 그 공진 주파수 부근의 주파수의 음에 대하여 흡음 효과를 갖는다.

panel zone 패널 존 철골의 기둥과 보의 접합부에서 기둥·보 각각의 플랜지에 감

싸인 웨브 부분을 말한다. 큰 전단력을 받는 경우는 판두께를 두껍게 하거나, 스티프너 등으로 보강한다.

panic handle 비상구 자물쇠(非常口－) 비상구 문에 사용하는 자물쇠. 안쪽에서 손잡이를 누르기만 하면 열린다. 바깥쪽에서는 열쇠가 필요하다.

pan mixer 팬 믹서 ＝turbo mixer

pan outlet 팬형 배출구(－形排出口) 아래를 향해서 배출구 바로 밑에 팬이 붙어 있으며, 팬을 상하로 움직여서 수평 배출, 하향 배출로 바꿀 수 있다.

pantagraph 팬터그래프 도형을 일정 비율로 확대 또는 축소하는 데 사용는 제도기를 말한다.

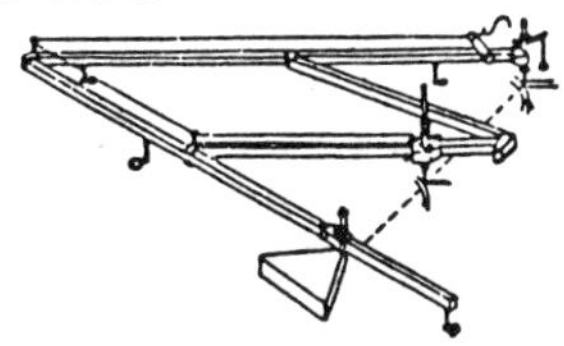

pan tile 걸침기와 양기와의 형상에 의한 종별. 점토제와 시멘트 모르타르제.

pantry 배선실(配膳室)[1], 식기실(食器室)[2] (1) 배선을 위한 방. 배선대, 식기 선반 등을 설치한다.
(2) 식기를 수납하는 방이지만 식기 싱크나 건조기 등도 설비하여 배선실과 같은 뜻으로 쓰이기도 한다.

paper-drainage method 페이퍼드레인 공법(－工法) 연약 지반에서 배수함으로써 압밀을 촉진하는 공법의 하나. 카드 보드라고 하는 두꺼운 종이에 홈을 낸 것을 사용하여 소정의 깊이까지 연직으로 여러 개 박아 넣고, 흙쌓기 자중 또는 프리로딩 공법으로 압밀을 촉진시킨다.

paper hanger 도배공(塗褙工), 도배장이(塗褙匠－) 창문, 벽, 천장에 종이나 천을 바르는 것을 전문으로 하는 사람.

paper honeycomb 페이퍼 허니콤 실내의 스크린이나 문짝용 샌드위치 패널의 심재로서 쓰이는 크라프트지로 만든 허니컴 코어.

parabola antenna 파라볼라 안테나 지향성이 특히 강한 안테나의 일종. 회전 포물면(파라볼라형)의 금속판으로 일단 전파를 반사시켜서 수신한다.

parabola formula 포물선 공식(抛物線公式) 좌굴 하중 공식으로, 비탄성 좌굴부를 방사선으로 잇는 형식의 식. 긴 주기의 건물의 지진 하중을 주기에 역비례하여 저감하는 식. 콘크리트의 피복두께와 중성화에 의한 내용 연수의 관계식 등을 말한다.

parabolic translational shell 파라볼라 추동 셸(－推動－) 위로 복록한 포물선을 아래로 볼록한 포물선을 따라서 평행 이동시켰을 때 얻어지는 곡면. 안장형으로 된다.

paraboloidal surface shell 파라볼로이드 셸 포물선을 모선으로 하여 만들어지는 곡면의 셸.

paraboloid shell 2차 곡면 셸(二次曲面－) 곡면이 2차 대수식으로 나타내어지는 셸. EP셸, HP셸, 편평 원통 셸 등 설계에 널리 쓰인다.

paraffin 파라핀 파라핀계 탄화 수소. 파라핀 왁스(고형 파라핀). 전기 절연재나 방습재, 연화제로 쓰인다.

parallax 시차(視差) 망원경으로 시준(視準)할 때 물체의 상이 십자선에 대하여 움직이고 있는듯 보이는 현상. 접안 렌즈 조절 나사에 의해 십자선을 확실하게 내어 초점 나사로 목표에 초점을 맞춘다.

parallel 평행 투시도(平行透視圖) ＝isometric perspective drawing

parallel chord truss 평행현 트러스(平行弦－) 상하의 현재(弦材)가 평행인 트러스를 말한다.

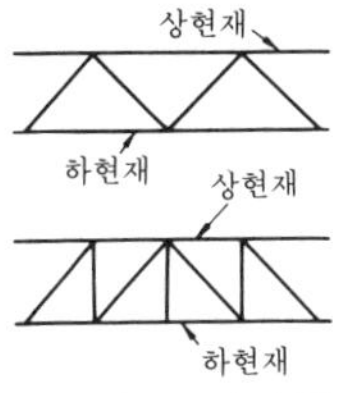

parallel connection 병렬 접속(並列接續) 둘 이상의 전기 저항을 병렬형으로 조합시켜 하나의 저항으로서 작용시키는 저항의 접속 방법. →series connection

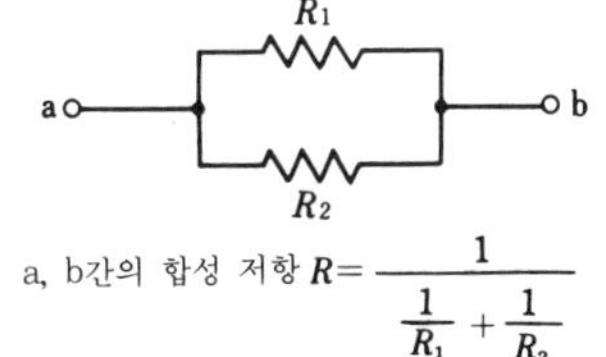

a, b간의 합성 저항 $R=\dfrac{1}{\dfrac{1}{R_1}+\dfrac{1}{R_2}}$

parallel edge type holded plate 평행 능선 절판(平行稜線折板) 절판 구조 중 평행한 능선을 갖는 형식. V형 · W형 등의 절판 기둥이나 절판 보는 이 형식이 된다. 사교(斜交) 능선 절판 · 방사 능선 절판 등과 구별하기 위한 용어.

parallel gutter 상자 홈통(箱子－桶) 상자 모양의 홈통.

parallel mode vibration 병진형 진동(竝進形振動) 비틀림을 수반한 진동형 중 회전 중심이 멀리 있는 것을 병진형 또는 병진성 진동, 회전 중심이 가깝고 비틀림이 현저한 것을 회전형 또는 회전성 진동이라 한다. 일반적으로는 고유 진동수가 다른 x방향 병진형, y방향 병진형, 회전형의 세 가지 진동 형식이 존재한다.

parallelogram of force 힘의 평행 4변형(－平行四邊形) 1점에 작용하는 두 힘의 합력은 이 두 힘을 인접하는 2변으로 하는 평행 4변형의 대각선으로 표시되고, 이 4변형을 힘의 평행 4변형이라고 한다. 대각선은 합력의 크기, 방향을 나타낸다.

parallel parking 평행 주차법(平行駐車法) 주차 방법의 하나로, 차로(車路)측에 평행하게 주차하는 방법. →angle parking

parallel perspective 평행 투시도(平行透視圖) 투시도법에 있어서 물체의 일면을 화면에 평행하게 두고 그린 투시도. 화면에 대하여 수직인 직선은 모두 심점(心點 : C. V.)에 집중한다. 실내의 투시도에 널리 쓰인다.

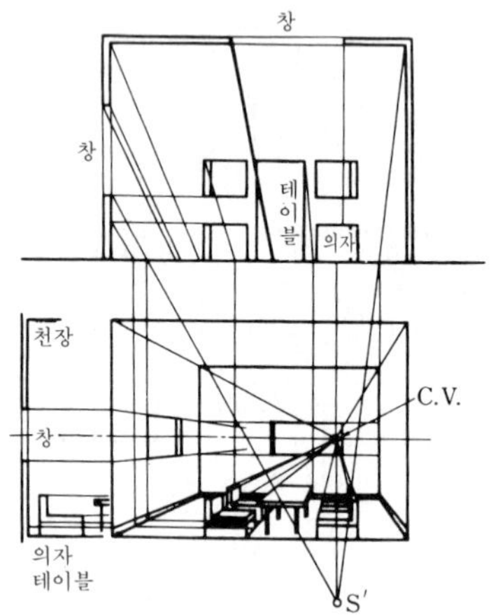

parallel projection [drawing] 평행 투영법(平行投影法) 평행 투영선에 의해 물체를 투영하는 방법. 중심 투영법의 대비어.

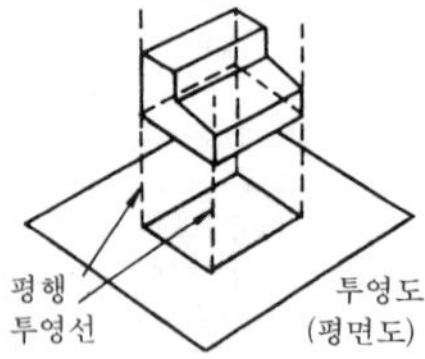

parallel rule 평행자(平行－) 제도판상을 평행 이동하도록 만들어진 곧은 자. T자와 와이어 기구나 벨트 기구에 의한 기계식의 자재 평행자가 있다.

parallel shells 병렬 셸(竝列－) 동일한 형식의 셸을 배열하여 만드는 셸 구조의 총칭. 병렬 원통 셸은 그 예이다.

parallel spring 병렬 스프링(竝列－) 역학 모델의 하나. 직렬 스프링과 대비하는 스프링의 용법.

parallel truss 평행현 트러스(平行弦－) 트러스 형식의 보로, 상하 현재(上下弦材)가 수평인 형식이다. 현재(弦材)가 휨을, 경사재가 전단을 주로 부담한다. 각종 형식이 있다.

parallel welding 패럴렐 용접(－鎔接) ＝ straight board welding

parapet 패러핏, 흉벽(胸壁) 건물의 옥상에 만들어진 난간 모양의 벽.

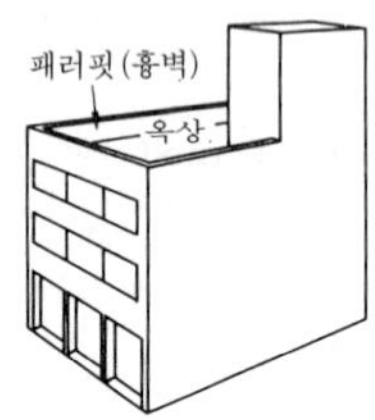

parapet gutter 안홈통(－桶) 외벽면 위치에서 안쪽에 두어진 처마홈통(gutter)

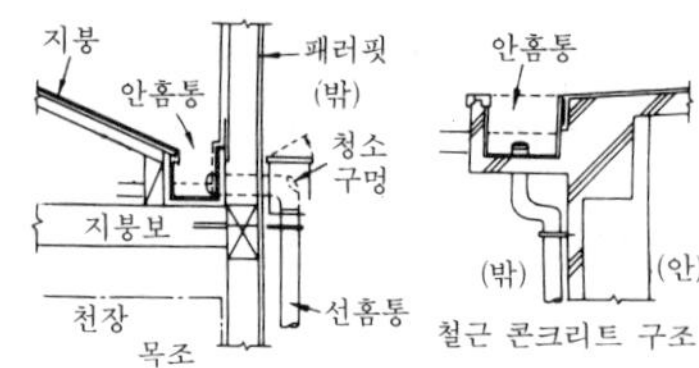

이나 선홈통(leader)을 말한다.

parent metal 모재(母材) 용접 또는 가스 절단의 대칭이 되는 금속 재료. =base metal

paring chisel 손끌 마감에 사용하는 끌의 일종으로, 평 손끌, 원 손끌이 있다.

park 공원(公園) 사회 시설의 하나로, 시민 생활의 보건, 보안, 관상 등을 목적으로 하는 공개된 유원지. 공원은 그 기능에 따라 아동 공원, 근린 공원, 보통 공원, 운동 공원, 자연 공원, 특수 공원, 또 법률에 의해서 도시 공원, 자연 공원 등으로 분류되고 있다.

park and ride system 파크 앤드 라이드 시스템 가까운 역까지 자가용차로 가서 주차장에 차를 주차시키고, 그곳에서 전철로 갈아타는 통근 방식.

park cemetery 공원 묘지(公園墓地) 공원으로서의 기능을 갖게 하고, 시민의 휴양·산책에도 적합하도록 계획된 묘지.

park drive 공원 도로(公園道路) =parkway

parkerizing 파커라이징 철강재의 인산화성 피막에 의한 방식법의 하나. 인산철의 포화 수용액에 2수인산 망간을 가한 액 속에 철재를 담가서 100℃로 40분~2시간 비등하여 표면에 두께 0.005~0.010mm 정도의 회흑색의 인산 망간, 인산철의 방식성 피복을 만든 것.

parkerizing process 파커라이징 =parkerizing

park for special use 특수 공원(特殊公園) 입지에 양호한 자연 조건이나 역사적 조건을 가지고 있다든지, 공원 내에 정비되는 시설의 관리, 운영면에서 특별한 취급을 요하는 공원. 풍치 공원, 동식물 공원, 역사 공원 등.

parking area 주자창(駐車場) 자동차를 장시간 주차시킬 목적으로 설치되는 시설. =motor pool, parking space

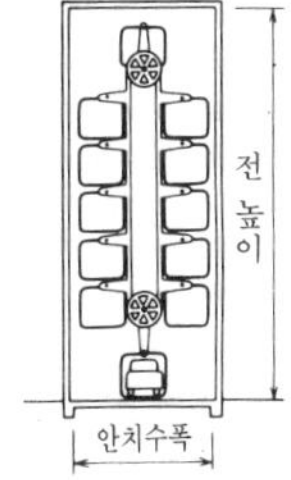

parking area with charge 유료 주차장(有料駐車場) 이용자로부터 요금을 징수하는 주차장.

parking building 주차장 건물(駐車場建物) 옥내 주차장을 주목적으로 하는 건물을 말한다.

parking capacity 주차 용량(駐車容量) 일정한 지역 혹은 일정한 시설에서 일정한 시간 내에 주차 가능한 자동차의 대수. 보통은 주차장 공급 대수로 나타낸다.

parking garage 주차용 차고(駐車用車庫) 자동차의 차고·실내 주차장.

parking regulation 주차 규제(駐車規制) 도로상 등에서 주차의 금지, 제한 혹은 부분적 허가를 하는 것.

parking space 주차장(駐車場) =motor pool, parking area

parking strip 주차대(駐車帶) 주로 차량의 정차를 위해 설치되는 띠 모양의 차도 부분.

park system 공원 녹지 계통(公園綠地系統) 공원 녹지를 서로 연결하여 도시의 골격 형성, 환경 향상, 레크리에이션 이용, 방재 대책 등을 기대하여 종합적으로 계통화하는 것.

parkway 공원 도로(公園道路) 공원 계통을 연락하며, 공원적 시설을 한 도로.

parlor 팔러 주택의 응접실, 거실, 호텔·클럽의 담화실, 휴게실.

parquet block 쪽매널 블록 쪽매널깔기 모양으로 표면재를 바탕판에 붙인 바닥용 합판. 치장 합판의 일종인데, 표면재로서 단단한 나무나 대나무 등을 쪽매널깔기와 같이 접착제로 붙인 것으로, 아름답고, 흠이 잘 나지 않고 마모에 강하다. →fancy plywood

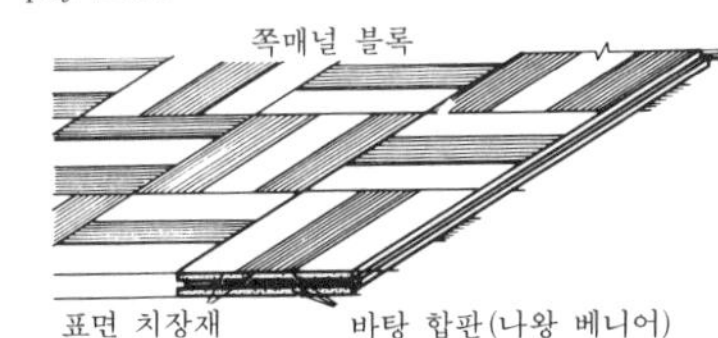

parquetry 쪽매널 밑창널 위에 까는 마룻널에 여러 종류의 널조각을 무늬를 놓아 붙이는 데 사용되는 널.

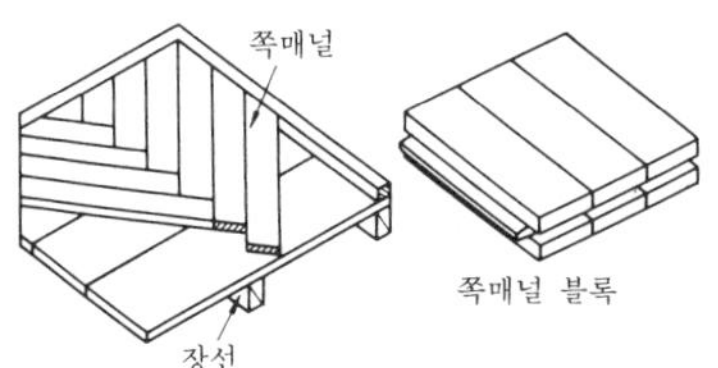

part 부위(部位) 건축물의 바닥 · 벽 · 천장 · 지붕 등의 구성 요소를 말한다.

partial burning 반소(半燒), 부분소(部分燒) 화재에 의해 건축물의 일부가 소손하여 어느 정도 수복이 가능한 상태.

partial collapse 반괴(半壞), 부분 붕괴(部分崩壞) 구조물이 재해 때문에 일부가 붕괴하였으나 수선에 의해 어느 정도 이상 수복이 가능한 상태.

partial contract 분할 청부(分割請負) 전체의 공사를 여러 개의 블록으로 나누고, 각 블록마다 청부시키는 것. 블록을 나누는 방법으로는 전문 공사별 · 공정별 · 공구별이 있다. 공사 감리자는 종합적인 기술 관리를 하지 않으면 안 된다.

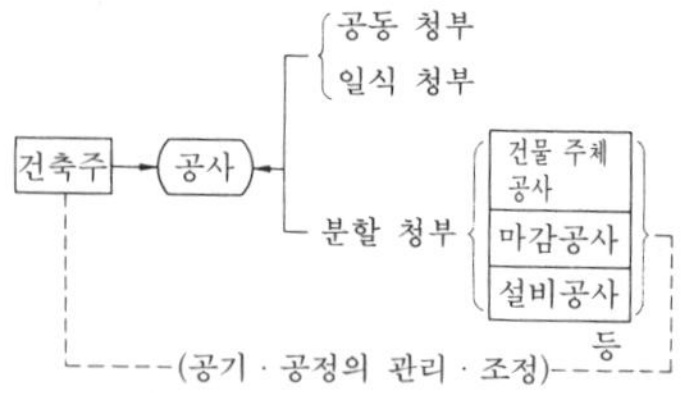

partial cylindrical shell 부분 원통 셸(部分圓筒－) 완전 원통면을 잘라내어 얻어지는 곡면을 갖는 셸. 반원형의 것을 가리키는 경우가 많고, 특히 이것을 지붕형 원통 셸이라고도 한다.

partial delivery 부분 인도(部分引渡) 공사 청부 계약에 있어서의 공사의 일부가 완성하여 검사에 합격한 경우, 그 부분에 대한 청부 대금 상당액을 주문주가 지불하고 소유권도 청부자에서 주문주로 옮기는 것.

partial loading 부분 재하(部分載荷) 재하 하중의 일부를 가력(加力)하는 것. 특히 불균형을 발생하는 스팬으로 분할하여 재하할 때 쓰인다.

partial loss of area 단면 결손(斷面缺損) 관통 구멍, 볼트 구멍 등에 의해 부재의 단면에 생긴 결손.

partially bonding method 부분 접착 공법(部分接着工法) 방수층의 절연 공법의 일종. 방수층을 바탕으로 부분적으로만 접착시키는 공법.

partially prestressed concrete 부분 프리스트레스트 콘크리트(部分－) 부분 프리스트레싱을 도입한 콘크리트 구조.

partially saturated soil 불포화토(不飽和土) 불포화 상태에 있는 흙.

partial penetration weld 부분 용입 용접(部分熔入鎔接) 접합하는 2부재간에 부분적인 개선(開先)을 두고, 용접의 용입이 접합하는 부재의 전 두께에 이르지 않는 용접을 말한다.

partial prestressing 부분 프리스트레싱(部分－) 프리스트레스트 콘크리트 구조에서 도입시부터 재하(載荷)시에 이르는 각 시기의 프리스트레스와 설계 하중과의 합성 응력도가 허용 인장 응력도에 이르지 않는 범위에서 프리스트레스를 도입하는 것. 즉, 부분적으로는 작은 인장 응력의 발생을 허용하는 도입법이다. 인장 응력의 발생을 허용하지 않는 경우는 풀 프리스트레스라 한다.

partial safety factor 부분 안전 계수(部分安全係數) 건축물의 한계 상태에 대한 여유에서 하중에 대한 여유와 저항에 대한 여유로 나누어서 다룰 때의 각각의 계수를 말한다.

partial supply of material 재료 일부 지급(材料一部支給) 공사 발주에 있어서 발주자가 공사에 필요한 재료의 일부를 지급하는 것.

partial use 부분 사용(部分使用) 건축물의 공사 청부 기간 중에 그 대상물의 일부를 주문자가 사용하는 것. 이에 관한 제비용, 손해 등은 주문자가 부담한다.

partial vibration 부분 진동(部分振動) 전체의 진동이 둘 이상의 진동수 성분의 합성 진동일 때 그 원래의 진동 성분을 부분 진동이라 한다.

partial washout 반유실(半流失) 홍수 등에 의해 구조물의 일부분이 유실하였거나 심한 피해를 받았으나 큰 수선에 의해 수복할 수 있는 상태를 말한다.

participation factor 자극 계수(刺戟係數) 복수의 자유도를 갖는 진동계에서 각차의 고유 모드에 곱해서 자극 함수를 정하는 계수. 각점의 질량, 고유 모드, 외란의 분포형에서 계산된다.

participation function 자극 함수(刺戟函數) 복수의 자유도를 갖는 진동계가 진동 외란에 대하여 선형 진동할 때 각차 고유 진동이 자극되는 정도를 나타내는 함수. 진동계의 자유도의 수만큼 존재한다. → participation factor

participation width 협력폭(協力幅) 보와 한 몸으로 된 슬래브의 일부는 보가 휨 모멘트를 받았을 때 협력하여 저항한다. 이 협력하는 범위를 나타내는 폭.

particle 파티클 관측할 수 있는 길이, 폭을 갖는 알갱이 모양의 작은 물질.

particle board 파티클 보드 목재를 깎아 만든 작은 조각을 열압 성형한 판. 쪼개지거나 휘지 않는 것이 특징이다.

particle breakage 입자 파쇄(粒子破碎)

=grain crushing

particle number concentration 개수 농도(個數濃度) 단위 체적의 기체나 액체 중에 존재하는 입자상 물질 농도의 개수에 의한 표현.

particle velocity 입자 속도(粒子速度) 어느 점에서의 매질의 미소 부분의 운동 속도 중 음파에 기인하는 성분.

particulate matter 분진(粉塵) 공기 중에 부유하는 입자상 물질의 총칭.

parting board 칸막이판(一板) 상자나 서랍의 내부에서 스페이스를 작게 칸막이하는 판.

parting plane 돌결 석재의 층상 결, 또는 결정의 벽개면(劈開面) 방향. 돌결에 대한 방향에 따라 물리적 강도나 표면의 겉보기가 다르다. =rift

parting strip 칸막이판(一板) 오르내리창의 분동 상자 중앙에 분동이 서로 부딪히지 않도록 하기 위해 매단 금속판.

partition 칸막이벽(一壁) 건축 내부의 공간을 분할하기 위한 것으로, 고정적인 것, 이동적인 것, 스크린 등이 있다.

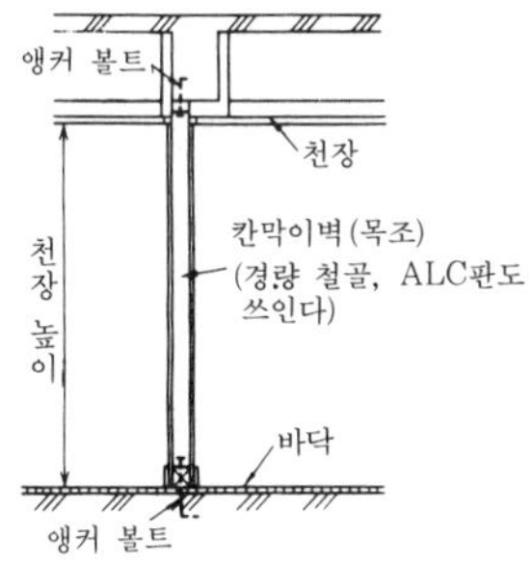

partion cap 깔도리 벽이나 기둥 등의 뼈대 위에 가로로 걸치고, 지붕보의 한끝 또는 장선 등을 받치는 재(材). =upper plate, wall girder

partition wall 칸막이벽(一壁), 격벽(隔壁) 구조물의 칸막이를 위해 설치하는 벽체를 말한다.

parts 부품(部品) 건축물이나 부재를 구성하는 요소가 되는 제품.

party wall 계벽(界壁), 경계벽(境界壁) 공동 주택 등의 각 주택간을 가르는 공용의 벽. 대지 경계선상에 두어지는 양측 건물 소유자의 공유 벽.

Pascal 파스칼 압력, 응력, 탄성 계수의 SI단위. 기호 Pa.

Pascal's principle 파스칼의 원리(一原理) 「밀폐한 용기 속의 유체 일부에 가한 압력은 동시에 유체 각부에 같은 세기로 전달된다」는 원리.

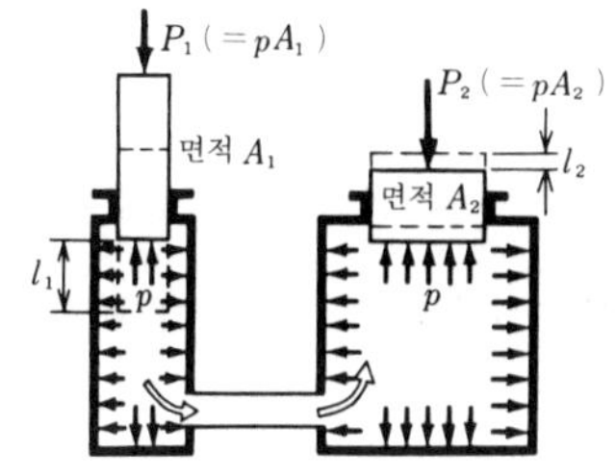

pass 패스 용접의 진행 방향을 따라서 하는 1회의 용접 조작.

passage 통로(通路) 일반 통념으로서 사람만이 통행할 수 있는 좁은 길을 가리킨다. 피난 통로와 같이 건물이나 부지 내에도 두어진다.

pass box 패스 박스 클린 룸이나 바이오 클린 룸의 벽면에 설치되는 소형 물품의 이송용 장치로, 상자 모양의 용기 양면에 문이 있고, 양자가 동시에 열리지 않는 기구로 되어 있다.

passive earth pressure 수동 토압(受動土壓) 그림과 같이 벽이 힘을 받아서 오른쪽으로 이동하려고 하는 경우, 오른쪽의 흙은 횡압(橫壓) 때문에 수축하는 동시에 위쪽으로 밀어 올려진다. 이러한 상태를 수동 상태라 하고, 흙이 바로 밀어 올려지려고 할 때의 흙의 저항력(벽이 받는 토압)을 수동 토압이라 한다.

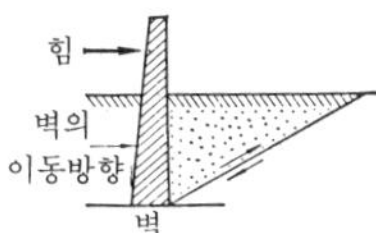

passive heating 패시브 히팅 겨울철에 패시브 시스템을 도입하여 따듯한 실내 환경을 얻는 것.

passive sensor 패시브 센서 원적외선을 사용한 검지기로, 침입자의 표면 온도를 검출하여 이것을 신호로 바꾸는 것. 센서 자체로부터는 아무 것도 방출되고 있지 않고 온도차를 검출할 뿐이므로 패시브라고 한다.

passive soil pressure 수동 토압(受動土壓) =passive earth pressure

passive solar house 수동 태양열 주택(受動太陽熱住宅) 태양열을 이용하여 채난(採煖)을 하는 주택 형식의 하나. 특별한 기계 장치를 설치하지 않고 건물에 태양

열을 충분히 받아 들여서 그것이 누설되지 않도록 고려된 것.

passive solar system 수동 태양열 방식(受動太陽熱方式) 특별한 기계 장치를 사용하지 않고 따듯하고 시원한 효과를 얻는 방식. 이 시스템에서는 건물 내에 태양열을 받아서 건물 자체의 성능에 의해 열의 흐름을 자연스럽게 제어하여 집열, 축열, 방열, 열반송 등을 적절하게 한다.

passive system 패시브 시스템 특별한 기계 장치를 쓰지 않고 건물 자체의 성능에 의해 열의 흐름을 자연스럽게 제어하여 따듯하고, 시원한 효과를 얻는 방식.

paste 페이스트, 풀 쌀이나 밀가루 등의 전분질로 만든 접착재.

pastel color 파스텔 컬러 파스텔로 그린 것과 같은 부드러운 중간색.

pat 패트 시멘트의 안정성 시험에 사용하는 시험체로, 시멘트 페이스트로 만든 작은 덩어리. 주로 시멘트의 팽창성 균열이나 변형의 발생 유무를 살피기 위해 사용.

patching mortar 패칭 모르타르 미장 공사에서 바탕에 요철(凹凸)이 있을 때 오목한 부분을 모르타르 등으로 메워서 바탕 표면을 균일하게 하는 것.

patch work 패치 워크 상이한 무늬나 색의 천을 봉합하여 모양을 만드는 수예품. 침대 커버나 깔개 등, 미국의 식민지 시대부터 만들어지고 있었다.

path difference 행로차(行路差) 어느 점에 도달하는 음이 음원으로부터 다른 코스를 통해 전파(傳播)할 때 그들 음 사이의 전파 거리의 차. 오디토리엄의 P점에서 음원 S로부터의 직접음을 반사음으로 보강하는 경우에 그 행로차는 15~17m 이하가 아니면 P점에서 반향(echo)을 일으킨다.

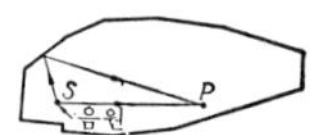

patient's room 병실(病室) 병원에 부설된 환자의 요양실. =ward

pattern 패턴 규칙성을 갖는 도안에서 그것을 구성하는 단위로 되어 있는 무늬 혹은 그 규칙을 말한다.

pattern recognition 패턴 인식(－認識), 도형 인식(圖形認識) 문자 · 도형 · 음성 등에 대해 어떤 패턴과 다른 패턴을 판별하는 것. 컴퓨터나 로봇 관계에서 쓰인다.

paulownia tomentose 오동나무(梧桐－) 현삼과의 낙엽 활엽 교목. 회백색, 가볍고 연질, 외관이 아름답고 방습성이 크며, 반곡성(反曲性)이 작다. 천장판, 창호, 조작, 장식에 쓰인다. =Paulowniawood

Paulowniawood 오동나무(梧桐－) = paulownia tomentose

pavement 포장 도로(鋪裝道路) 표면은 돌, 벽돌, 콘크리트, 아스팔트 등으로 포장한 도로.

pavilion 정자(亭子) 휴식이나 전망을 즐기기 위한 작은 시설. 정원이나 공원 내에 배치되며, 이 건물 자체가 첨경물(添景物)이 된다.

pavilion roof 네모지붕, 방형 지붕(方形－) 정사각형의 지붕.

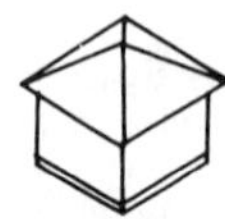

paving 포장(鋪裝) =pavement

paving brick 포도 벽돌(鋪道－) 도로 포장용의 벽돌. 흡수율이 작고, 마멸, 충격, 동결 등에 대한 저항성이 강하다.

paving stone 포장석(鋪裝石) 자연석, 깬돌, 마름돌, 콘크리트 평판, 벽돌 등의 석재를 써서 포장하는 것 혹은 거기에 사용하는 돌.

PC 프리캐스트 콘크리트 =precast concrete

PC curtain wall PC장막벽(－帳幕壁) 프리캐스트 콘크리트제의 장막벽.

PC pile PC말뚝 =prestressed concrete pile

peacock 피콕 ① 소형의 콕을 말하며, 구멍이 뚫린 원뿔형의 마개를 90° 회전하여 유체의 흐름을 개폐하는 밸브.

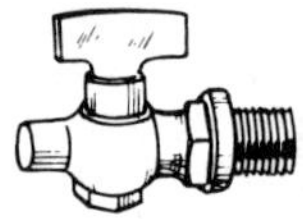

② 이동식 소형의 에어 블리더(air bleeder).

peak-cut 피크컷 전력, 물, 도시 가스 등의 첨두적 수요를 없애고, 다른 시간대로 부하를 옮겨서 평활화하는 것. 여름철 오후의 전력 수요 피크가 큰 문제로 되고 있으며, 피크컷이 강제되는 일이 있다.

peak factor 피크 팩터 ① 어느 기간에 있어서의 최대 순간 풍속의 평균 풍속으로부터의 편차를 그 표준 편차로 나눈 것. ② 최대 단위 시간 사용량과 평균 단위 시간 사용량의 비. 평균 시간 사용량을 알고 있을 때 최대 사용량을 추정하기 위한 계수이다.

peak heating load 최대 난방 부하(最大煖房負荷) 난방 운전 기간 중 최대값을 나타내는 난방 부하. 간헐 난방인 경우 상승 부하가 최대 난방 부하로 되는 경우가 많다.

peak load 최대 부하(最大負荷) 하루 중에서 전력의 소비량이 최대가 되는 시각의 전력 부하. 또 사용 수량(水量)의 소비가 최대가 되는 시각.

peak value 피크값, 첨두값(尖頭-) 변동하는 양의 관측 구간 내의 극대값. 진동하는 양의 피크값이란 관측 구간 내의 평균값으로부터의 최대 변화량을 말하며, 음양(+, -)이 있다.

peat 피트 갈대나 사초(莎草) 등의 습지성 식물의 유체가 습윤, 저온의 환경하에서 분해가 충분히 되지 않은 채로 퇴적한 유기질토.

pechka 페치카 벽에 만들어진 러시아식 난방 기구. 돌, 찰흙, 벽돌 등으로 방의 구석 등에 만들어 벽 자체를 가열하여 난방한다.

pedestal 페디스털 원주, 조상(彫像), 미술품을 얹는 지지대.

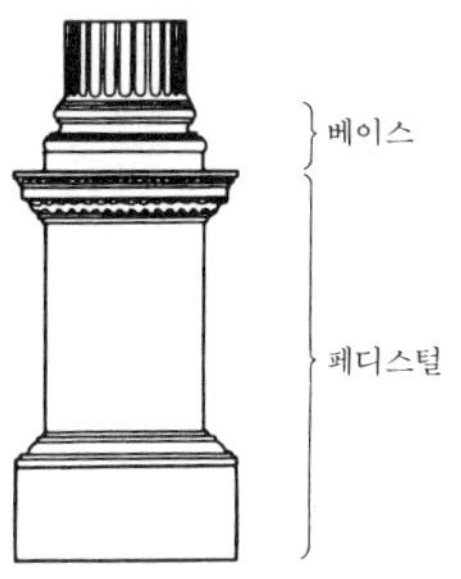

pedestal pile 페디스털 말뚝 끝이 구근(球根 : pedestal) 모양으로 되어 있는 현장치기 콘크리트. 내관·외관의 2중 강관을 매입하고, 콘크리트를 투입하여 내관으로 콘크리트를 타격하면서 외관을 빼내는 작업을 교대로 반복하여 형성한다.

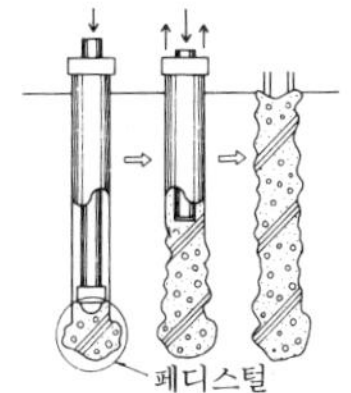

pedestrian cross 횡단 보도(橫斷步道) 보행자의 도로 횡단을 위해 표시 구획된 도로의 부분.

pedestrian deck 보행자 통로(步行者通路) 역전 광장 등에서 보행자와 차를 입체적으로 분리하기 위해 설치되는 보행자 전용의 통로.

pedestrian overbridge 횡단 보도교(橫斷步道橋) 차도를 횡단하는 보행자를 보호하기 위해 교통량이 많은 차도상에 걸어 놓은 보행자 전용의 횡단 시설.

pedestrian space 보행자 공간(步行者空間) 일반적으로 보행자가 전용할 수 있는 가로 공간을 가리킨다. 보행자 전용 도로와 거의 같은 뜻이지만 보행을 즐기는 쾌적한 공간으로서의 의미가 강하다.

pedestrian way 보행자용 통로(步行者用通路) 건물, 부지, 가로 내부에 설치되는 보행자 통행의 공간.

pediment 페디먼트 서양 고전 건축에서의 3각형의 박공. 입구나 창의 상부에 장식적으로 쓰이는 경우도 많다. 3각형을 기본으로 하지만 원호상의 것 등도 있다.

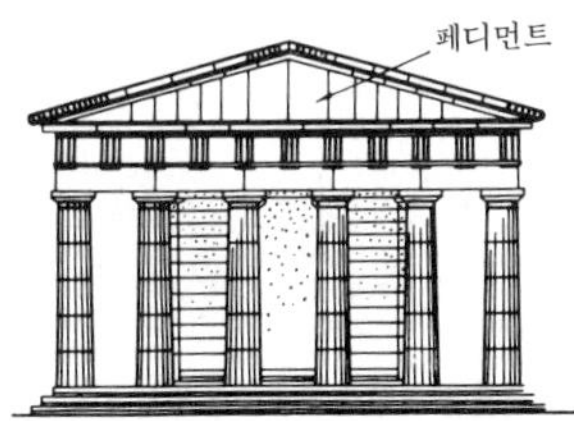

peeing 박리(剝離) ① 도막(塗膜)이나 방수 시트 등이 벗겨지는 것. ② 내화 벽돌을 제조할 때 가열면과 반대측의 균열에 의해 가열면 표층부가 벗겨지는 것.

peeler 필러 껍질을 벗기는 기계로, 주방 조리 기기의 하나. 감자, 기타의 구근(球根) 야채를 물로 씻으면서 단시간에 효율적으로 껍질을 벗기는 기계. =vegetable peeler, potato peeler

peeling test 박리 시험(剝離試驗) 아스팔트 방수의 루핑과 바탕과의 접착 성능을 확인하는 시험.

peel strength 박리 강도(剝離强度) 박리에 견디는 세기.

peel stress 박리 응력(剝離應力) 박리시키려는 힘에 대하여 피착체(被着體) 내에 발생하는 응력.

peel up method 필 업 공법(-工法) 카펫의 안감에 접착제를 묻히고, 바탕에 직접 접착하여 까는 방법.

peening 피닝 일반적으로 금속 위를 해머

로 때리는 기계적인 처리를 말한다. 용접의 경우에는 응력 완화, 균열 및 변형의 방지를 목적으로 하여 비드 표면을 두드리는 방법을 말한다.

Peltier effect 펠티에 효과(－效果) 이종(異種)의 금속선을 잇고, 그 접속점을 통해서 전류를 흘리면 접속부에 줄 열(전류에 의해 도체 내에서 발생하는 열) 이외의 열의 발생 또는 흡수가 나타난다. 이러한 열효과를 말한다. 이 열효과는 가역적이며, 전류의 방향을 반대로 하면 열의 발생은 흡수로 되고, 흡수는 발생으로 바뀐다. 펠티에 효과의 원리는 전자 냉동에 응용된다.

pencel building 펜슬 빌딩 연필과 같이 가늘고 긴 건물을 뜻하는데, 건물의 높이와 폭의 비가 4를 넘어 6 이하인 것을 탑상(塔狀) 건축물이라 하고, 특별한 검토가 요구되고 있다.

pendant lamp 펜던트 램프 천장이나 처마, 지붕 등에서 코드나 사슬로 매단 조명기구.

pendant switch 펜던트 스위치 전등이나 환풍기 등을 켜고 끄기 위하여 그 코드 끝에 붙이는 스위치를 말한다. 보통은 단극이지만 푸시버튼식으로 2회로, 3회로 등의 것도 있다.

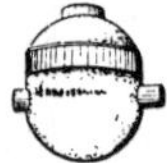

pendentive 펜덴티브 벽면에서 원형의 돔으로 옮길 때 완화면을 만들기 위해 넣는 일종의 구면(球面) 3각형의 부분.

pendentive dome 펜덴티브 돔 정방형 평면의 네 구석에서 구면(球面) 3각형을 세워 원형 평면을 만들고, 그 위에 반원구의 돔을 얹은 것. 비잔틴 돔이라고도 한다. 6세기경의 비잔틴 건축가에 의해 고안되었다. →Byzantine architecture

penetrated mortise and tenon 긴 장부, 내다지장부 평평하고 길게 만든 장부.

penetrating inspection 침투 탐상 검사(浸透探傷檢査) 강재(鋼材)의 표면에 개구한 미소한 결함에 침투액을 침투시킨 다음 표면을 닦아내고 현상액을 사용하여 침투액을 빨아내어 표면 결함을 검출하는 방법.

penetration 용입(鎔入) 용접부에 있어서 모재 표면에서 용착 금속(또는 모재의 용융한 부분)의 밑까지의 거리.

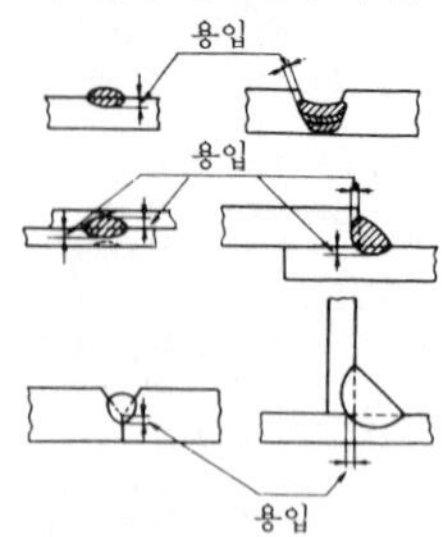

penetration depth of caisson 유효 밑둥 묻힘깊이(有效－) 지반 중에 있는 케이슨의 깊이 방향의 길이.

penetration test 관입 시험(貫入試驗) 관입 시험기를 써서 지내력, 지반 내 토층의 강도, 모래층의 상대 밀도, 점토층의 강도 등을 추정하는 시험. 스웨덴식과 WES형 페네트로미터 등이 있다.

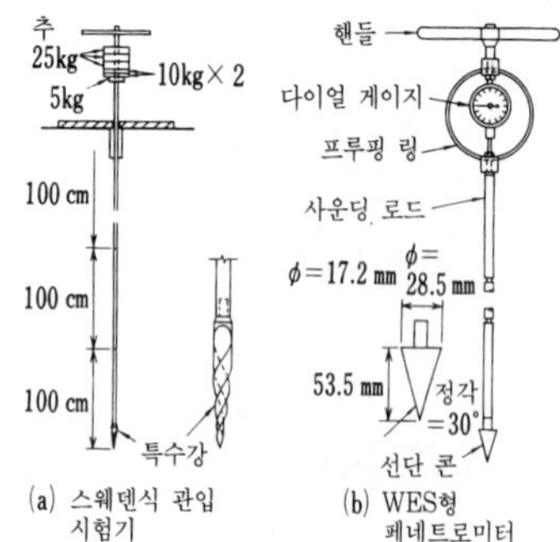

(a) 스웨덴식 관입 시험기 (b) WES형 페네트로미터

penetration zone 융합부(融合部) 모재가 용융하여 용착 금속과 융합(鎔合)하여 조직이 현저히 변질한 부분. ＝fusion zone

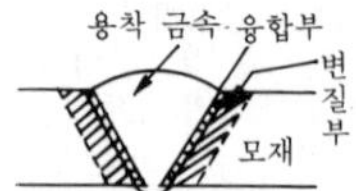

penetrometer 관입 시험기(貫入試驗機) 막대 끝에 콘 또는 슈를 부착하여 흙 속에 압입하거나 또는 타입(打入)하여 관입 저항을 구해서 자연 지반의 역학적 성상(性狀)을 하는 현장 토질 시험기의 하나이다. 포켓형의 소형의 것도 있다.

peninsula type 반도형(－半島形) 시스템 키친 배치 방법의 하나. 개수대 등이 반도형으로 튀어나온 모양.

pent house 옥상탑(屋上塔)[1], 옥상층(屋上層)[2] (1) 옥상에 돌출한 엘리베이터의 탑이나 계단실 등의 부분. =PH
(2) 건물의 옥상과 옥상탑을 포함한 층을 말한다.

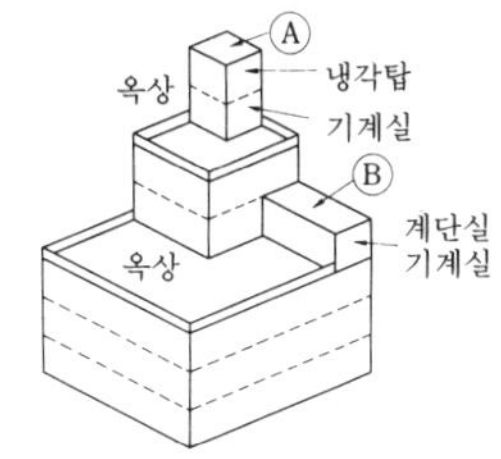

pent house roof 외쪽지붕 =pent-roof

pent house tower 옥상탑(屋上塔) 건축물의 옥상에 돌출한 탑으로, 승강기탑, 환기통, 전망탑, 장식탑, 시계탑, 수조 등.

pent-roof 달개지붕 본가의 벽에서 가설한 외쪽 지붕.

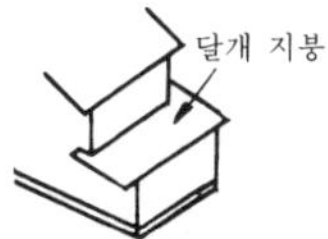

percentage of absolute volume 실적률(實積率) 용기를 골재로 채운 경우 용기의 용적에 대한 골재의 절대 용적을 백분율(%)로 나타낸 값.

percentage of damaged houses 가옥 피해율(家屋被害率) 주로 지진에 의한 가옥의 피해 정도를 나타내는 척도의 하나. 가옥 피해율은 다음 식으로 산정한다.

가옥 피해율=(전괴 가옥수+1/2 ×반괴 가옥)/(전 가옥수)

percentage of impervious areas 불투수면율(不透水面率) 토양면이 포장이나 건물 등으로 덮여서 빗물이 침투할 수 없는 불투수 지역의, 어느 지역에 있어서의 면적 비율. 일반적으로 도시화의 진행에 따라 증가한다.

percentage of moisture content 함수율(含水率) 수분을 포함하는 고체 중의 수분량을 나타내는 것(전중량에 대한 수분량의 분율로 나타내는 경우와 무수물의 무게에 대한 수분량의 분율로 나타내는 경우가 있다). 함수율은 목재의 강도에 영향을 미치는 경우가 크며, 압축 강도는 함수율 30%(섬유 포화점) 이상일 때는 달라지지 않지만 그 이하일 때는 함수율이 감소함에 따라서 강도가 급격히 증가한다(인장 강도, 휨의 경우에도 거의 같다). =percentage of water content

percentage of saturated water content 포화 함수율(飽和含水率) 일반적으로 일정 조건하에 있는 상태량의 변화에 의해 함수율이 증대할 때 함수율이 일정 한도에 멈추고 더 이상 상태량을 변화시켜도 그 이상 증가하지 않을 때의 함수율. 예를 들면, 목재의 포화 함수율을 결합수가 세포막에 포화하고 나아가 유리수가 세포내강(細胞內腔)이나 간극에도 포화했을 때의 함수율을 말하며, 일반적으로 비중이 가벼운 목재일수록 큰 값을 나타낸다.

percentage of sunshine 일조율(日照率) 가조(可照) 시간에 대한 일조 시간의 비율을 말한다.

일조율=(일조 시간/가조 시간)×100%

일조율은 그 토지의 기후 상황을 나타내는 데 사용된다.

percentage of void 공극률(空隙率) 물체 중의 공극량의 물체 용적에 대한 백분율.

percentage of volume water absorption 체적 흡수율(體積吸水率) 흡수량(용적)을 그 재료의 절대 건조시의 용적으로 나누어서 구한 값. 백분율로 나타낸다.

percentage of volume water content 체적 함수율(體積含水率) 함수량(용적)을 그 재료의 절대 건조시의 용적으로 나누어서 구한 값. 백분율로 나타낸다.

percentage of water content 함수율(含水率) =percentage of moisture content

percentage of water retention 보수율(保水率) 물로 비벼서 바른 재료가 아직 굳지 않는 동안은 수분을 유지할 수 있는 성능을 나타내는 값. 유지한 수량(水量)을 전수량으로 나눈 비율. →water retentivity

percentile level 시간율 소음 레벨(時間率騷音−) 불규칙하고 변동폭이 큰 소음을 위한 평가 수법. 소음의 관측 시간 내에 어느 레벨 이상의 소음의 폭로 시간이 x%일 때 그 레벨을 x%시간율 소음 레벨이라 한다. 50%일 때 중앙값으로 된다.

percolating water 침투수(浸透水) 흙의 틈을 흐르는 중력수. 그 흐름을 침투류 또는 침투 흐름이라 하고, 흙입자에 미치는 압력을 침투 수압(seepage pressure)이라 한다.

percolation 침투(浸透) 물이 흙 속의 틈 속을 통해서 이동하는 것. =seepage

percussion boring 충격식 보링(衝擊式−) 지질 상황 및 지지층의 위치 등을 알 때 사용되는 방법.

percussion test 충격 시험(衝擊試驗) 축의 낙하나 해머 등에 의한 타격을 주어 재료의 내충격 강도나 손상의 발생 정도를 살피는 시험. =impact test

percussion welding 충격 용접(衝擊鎔接) 압착하고자 하는 두 용접선을 맞대어 놓고 그 부분에 순간적으로 아크를 발생시켜 인접 부분이 용융 상태가 되는 동시에 양쪽 모재를 충격으로 압착시키는 용접법. 알루미늄, 구리, 니켈 등의 선 용접(線鎔接)에 사용되고, 또 Al과 Cu의 용접 등 서로 다른 금속간의 용접도 할 수 있다.

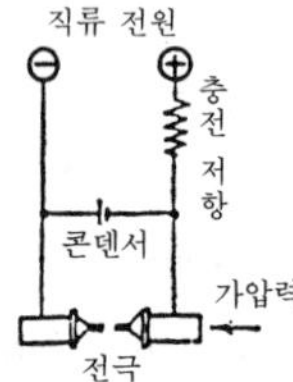

perfect diffused reflection 완전 확산 반사(完全擴散反射) 반사율이 100%인 이상적인 균등 확산 반사. 반사율이 100%가 아닌 통상의 균등 확산 반사와 같은 뜻으로 쓰이는 경우도 있다.

perfect diffused transmission 완전 확산 투과(完全擴散透過) 투과율이 100%인 이상적인 균등 확산 투과. 투과율이 100%가 아닌 통상의 균등 확산 투과와 같은 뜻으로 쓰이는 경우도 있다.

perfect diffusing 완전 확산(完全擴散) = perfect diffusion

perfect diffusion 완전 확산(完全擴散) 복사체에서 발산하는 복사가 람베르트의 여현 법칙에 따르는 방출.

perfect elastic body 완전 탄성체(完全彈性體) 완전한 탄성을 갖는 물체를 말한다. 실제에는 존재하지 않지만 응력도가 작은 범위에서는 강철 등은 완전 탄성체로 간주한다.

perfect elasticity 완전 탄성(完全彈性) 응력과 변형이 어디까지나 비례하는 이상화된 재료의 역학적 성질. →perfect plasticity

perfect elasto-plasticity 완전 탄소성(完全彈塑性) 물체의 응력과 변형의 관계가 어느 일정한 응력까지는 완전히 비례하고, 그 비례 한도를 넘으면 응력이 일정하고 변형만이 진전하는 성질. →perfect elasticity, perfect plasticity

perfect elasto-plastic model 완전 탄소성 모델(完全彈塑性－) 재료의 응력과 변형의 관계, 혹은 구조물이나 구조 부재의 하중과 변형의 관계를 완전 탄소성으로 이상화한 모델.

perfect fluid 이상 유체(理想流體) 유체란 그것이 정지하고 있을 때 그 속에 생각한 임의의 경계면에 작용하는 힘이 항상 그 면에 수직인 것을 말한다. 유체가 운동하고 있을 때는 경계면에 평행한 힘도 일반적으로는 존재한다. 유체에 점성이 없고 그 힘이 언제나 0인 경우에 그 가상의 유체를 완전 유체 혹은 이상 유체라 하고, 그렇지 않은 것을 점성 유체라 한다.

perfect gas 이상 기체(理想氣體) ① 보일 샤를의 법칙 $pv=RT$(p : 기체의 압력, v : 비체적, R : 기체 상수, T : 절대 온도)에 대하여 완전히 따르는 이상적인 기체. ② 통계 역학적으로는 상호 작용이 전혀 없는 입자(분자)의 집합을 말한다.

perfectly black body 완전 흑체(完全黑體) 모든 파장의 복사를 완전히 흡수하는 물체. 완전 흑체는 람베르트의 여현 법칙에 따라 온도에 관한 복사 법칙을 적용할 수 있다. 완전 흑체의 복사 상수 C_b≒4.9kcal/m^{2}h°K^4, 복사율 $\varepsilon=1$.

perfectly diffused surface 완전 확산면(完全擴散面) 투과 혹은 반사의 결과 빛이나 방사를 완전 확산하는 이상적인 면.

perfect plastic body 완전 소성체(完全塑性體) 역학적 성질이 완전 탄소성으로 이상화된 탄소성 연속체. →perfect elastic body

perfect plasticity 완전 소성(完全塑性) 외력을 가해갈 때 탄성 한계를 넘으면 응력은 일정값을 유지하고 일그러짐만이 무한으로 커진다고 가상한 소성역의 역학 모델이다. 소성역의 해석을 간단히 하기 위해 이상화된 상태이다.

perfect rigid body 강체(剛體) 어느 물체에 힘이 작용했을 때 그 물체 내의 임의의 2질점간의 거리가 언제나 일정 불변인 경우 이 물체를 강체라 한다. =rigid body

perfect transmission body 완전 투과체(完全透過體) 투과율이 100%이고 완전히 정투과하는 이상적인 물체. 완전 투명체와 거의 같은 뜻으로 쓰인다.

perforated absorbing panel 유공 흡음판(有孔吸音板) =perforated panel for accoustic use

perforated beam 유공보(有孔－) 웨브에 관통 구멍을 뚫은 보.

perforated board 유공판(有孔板) 흡음 효과나 디자인 상의 목적에서 다수의 작은 구멍을 뚫은 판. 석면판, 석고판, 금속판, 연질 섬유판 등이 있다.

perforated panel 천공판(穿孔板) 흡음용 유공판. 구멍 지름·피치에 대해서 규격이 있다. 흡음재를 삽입하고 배후 공기층에 따라 흡음 특성이 크게 변화한다.

perforated panel absorber 유공 흡음판(有孔吸音板) =perforated panel for acoustic use

perforated panel for acoustic use 유공 흡음판(有孔吸音板) 주로 음의 공명 흡수를 목적으로 하여 관통 구멍을 다수 뚫은 판 모양의 건축 재료. 그 배후에 공기층을 두고 사용한다.

perforated pipe 다공 집수관(多孔集水管) 비교적 얕은 위치의 지하수를 집수하여 취수 혹은 배수하기 위해 관 측면에 많은 구멍을 뚫은 관.

perforation 퍼포레이션 구조 부재의 경량화를 위해 불필요한 부분을 제거하는 것.

performance 성능(性能) 사용 목적을 수행하기 위해 갖추어야 할 품질 또는 구실을 말한다. 구조물에 부여할 성능을 구조 성능이라 부르는 경우가 있다. 기능성·조형성·안전성·경제성·시공성·내용성 등 각종 성능이 있다.

performance appointed order 성능 발주(性能發注) 건축물을 발주하는 형식의 하나. 구체적인 설계 도서로 지시하지 않고, 건축물에 요구되는 성능의 그레이드를 지시하여 발주하는 형식.

performance bond system 완성 보증 제도(完成保證制度) 건설 등의 청부 계약에서 청부인의 공사 완성을 보증하는 제도.

performance code 성능 규정(性能規定) 재료, 구법 등에 대하여 필요한 성능을 나타내어 정한 규정. 내화 구조의 지정 방법 등으로서 쓰인다.

performance concept 성능 개념(性能概念) 성능 발주나 성능 시방의 기본 개념으로, 재료나 구조를 선택할 때 그 성능에 따른 평가에 의해서 그레이드를 선택하는 수법.

performance criteria 요구 성능(要求性能) 건축물 혹은 건축 부품 등의 설계를 할 때 확보하는 것이 요구되는 성능.

performance facilities 흥행장(興行場) 영화관, 극장, 음악당 등 영화, 연극, 음악, 스포츠, 연예 등을 대중에게 보인다든지 듣게 한다든지 하는 시설의 총칭.

performance factor 성적 계수(成績係數) 냉동기나 히트 펌프의 입력에 대한 출력의 비.

performance for construction work 시공 성능(施工性能) 구조 성능의 하나. 설계된 골조가 시공 가능하고, 또 안전하게 합리적으로 시공될 수 있는 성질을 대표한다. 공장 생산 및 현장 작업의 양자에 적용된다.

performance of safety 안전 성능(安全性能) 구조물에 부여할 기본적인 성능의 하나로, 상시·비상시의 외란이나 하중에 대하여 그 구조물이 사용되고 있는 기간에 허용되는 한도 이상의 장애를 발생하지 않는 것. 설계·시공·보전의 각 단계에 걸쳐 신뢰성·방재성(防災性)이 높은 것이 요망된다.

pergola 퍼골라 건물 외벽과 뜰의 일부를 이용하여 기둥을 세우고, 보로 연결하여 도리를 걸치는 것.

perilla oil 들기름 들깨 종자 속에 포함되는 건성 지방유로, 페인트, 니스, 리놀륨, 인쇄 잉크, 유포(油布) 등에 쓰인다.

perimeter 페리미터 =perimeter zone

perimeter annual load factor 연간 열부하 계수(年間熱負荷係數) 건물 외주부의 열적 성능을 평가하는 지표. 페리미터 부분, 지붕 등으로부터의 연간 취득 및 손실열량을 각층의 메리미터 부분과 최상층의 바닥 면적의 합계로 나눈 값.

perimeter column 측주(側柱) 건축물의 외주선 부근을 따라 설치되는 기둥.

perimeter heating 페리미터 난방(－煖房) 건물 외주부를 따라서 천장, 벽 등에 방열체를 두든가, 덕트를 두어 온풍을 뿜어내는 방식에 의한 난방.

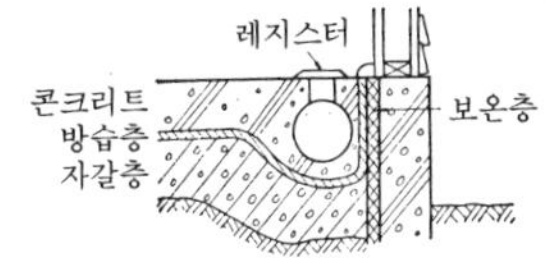

perimeter load 페리미터 부하(－負荷) 건물의 외벽, 창, 지붕 등 외주부로부터의 공기 조화 부하.

perimeter of bar 둘레길이 철근 단면의 원주 길이.

perimeter ratio of opening 개구 주비(開口周比) 철근 콘크리트벽의 개구 크기를 나타내는 값을 말한다. 개구 면적을 벽의 겉보기 전면적으로 나눈 값의 평방근으로서 구한다.

perimeter system 페리미터식(－式) 페리미터 난방과 같은 방법에 의해 냉난방·환기 등을 하는 방식의 총칭. 냉방일 때는 perimeter cooling system, 환기일 때는 perimeter ventilating system이라

한다.

perimeter zone 페리미터 존 공기 조화에서 건물을 조닝했을 때의 창측 및 외벽측에 있는 실내 부분을 가리킨다. 건물 내에서는 외주부로부터의 열량 변화의 영향이 크므로 그 부분을 다른 것과 구분하여 공기 조화 제어를 한다.

period 주기(周期) 주기적 현상(진동·음향)에 있어서 같은 상태가 다시 일어나기까지의 시간 간격. 독립 변수로서 위치의 좌표를 취하면 거리 간격이 되기도 한다. 주기 T(sec), 진동수 f(1/sec), 원(각) 진동수 ω(1/sec) 사이에는 다음의 관계가 있다.

$$T=1/f=2\pi f=\omega$$

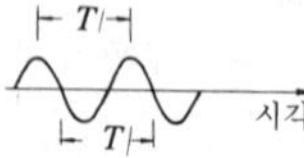

periodical inspection 정기 점검(定期點檢) 주, 월 혹은 연(年)을 단위로 하여 건물이나 설비 기기의 특정 부분을 정기적 주기로 하는 점검.

periodic thermal conduction 주기적 열전도(週期的熱傳導) 온도나 열류가 같은 패턴으로 반복된다고 가정했을 때의 열전도. 주기는 24시간인 경우가 많다.

period of estimate 견적 기간(見積期間) 견적 의뢰부터 입찰까지의 일수. 주문자는 업자가 공사비를 견적하는 데 충분한 기간을 확보할 수 있도록 견적 기간을 설정할 의무가 있다.

period of motion 진동 주기(振動周期) 진동 현상에서 동일 상태가 다음의 동일 상태로 도달하기까지의 시간. 일반적으로는 진폭 최대값과 다음에 최대값으로 되었을 때의 시각의 차를 주기로 하고 있다. = vibration period

peripteros 페리프테로스 그리스 신전, 로마 신전의 형식의 하나. 셀라(cella)의 주위를 열주(列柱)가 둘러싸는 형식.

peristilume 페리스티륨 로마 시대의 주위에 주열(柱列)이 있는 안뜰.

peristyle 회랑(回廊) 일획을 구성하기 위해 그 주위의 두 곳 이상을 둘러싸는 복도를 말한다.

perlite 펄라이트 철강 조직의 한 성분으로 페라이트와 시멘타이트가 층상(層狀)으로 배열된 공석(共析) 조직. 시멘타이트 12.47%, 페라이트 87.26%로 이루어진다. 경도가 크고, 자성이 있으며 담금 효과가 크다. 탄소량이 0.85% 미만의 강철의 조직 성분은 펄라이트와 페라이트로 이루어진다.

perlite aggregate 펄라이트 골재(一骨材) 흑요석(黑曜石), 진주암의 파쇄 조각을 1,000℃로 급열하여 결정수를 팽창시켜서 만든 경량 골재. 콘크리트, 미장 공사(바닥, 벽 도장)에 골재로서 단열·보온·흡음 등의 목적으로 사용한다. 또 시멘트 기타의 결합재를 사용한 판, 통 등의 성형품의 원료로 한다.

perlite board 펄라이트 보드 경량화·단열화를 목적으로 하여 펄라이트를 혼입해서 제작된 건재.

perlite mortar 펄라이트 모르타르 펄라이트를 시멘트 또는 플라스터 등과 혼합한 것. 흡음·단열성이 뛰어나며, 벽·천장용의 미장 재료로서 사용된다.

permanent deformation 영구 변형(永久變形) 구조물에 작용하는 외력을 제거해도 원상으로 되돌아가지 않고 남는 변형.

permanent force 장기 응력(長期應力) 설계용의 장기 하중에 의한 가구(架構) 각부의 응력값. 구조 설계의 기본이 되는 응력의 하나. = stress due to sustained loading, permanent stress

permanent hotel 퍼머넌트 호텔 체재 일수가 비교적 긴 업무상의 여행자나 고급의 고객을 대상으로 한 호텔. 객실은 트윈 베드 룸이 주체이며, 스위트 룸이나 특별실도 준비되어 있다.

permanent load 사하중(死荷重) = dead load, fixed load

permanent loading 상시 하중(常時荷重) = ordinary loading

permanent roofing 퍼머넌트 루핑 비닐론이나 유리 섬유, 동선 등으로 짠 천에 블론 아스팔트, 아스팔트 콤파운드를 피복한 것. 또 석면을 사용한 석면 루핑, 알루미늄박을 심체로 하여 맞붙인 것 등이 있다.

permanent strain 영구 변형(永久變形) 소성역에서 가력(加力)을 제거해도 회복하지 않고 잔류하고 있는 변형.

permanent stress 장기 응력(長期應力) = permanent force

permanent support 퍼머넌트 서포트 장선과 거푸집널을 제거해도 슬래브를 계속

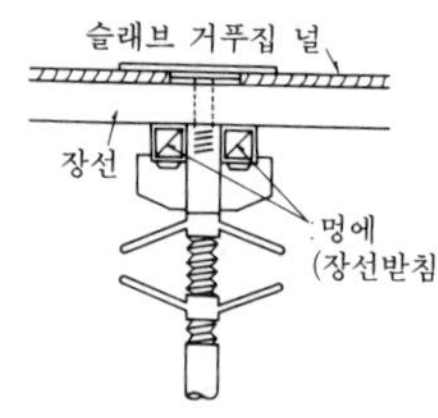

지지할 수 있는 파이프 서포트.

permeability 투습률(透濕率)[1], 투수성(透水性)[2] (1) = moisture conductivity (2) 압력을 받은 물이 물체 내부에 침입하여 투과하는 성질.

permeability test 투수 시험(透水試驗) 흙의 투수성을 구하는 시험으로, 실내 시험과 현장 시험이 있다.

permeable layer 투수층(透水層) 흙입자 간의 틈이 크고, 물을 통하기 쉬운 지층. 사질토층이 이에 해당한다.

permissible deviation 허용 편차(許容偏差) 실체값(실체 치수 등)과 공칭값의 차의 허용할 수 있는 최대값.

perpendicular anisotropy 직교 이방성(直交異方性) 재료의 세로 방향과 가로 방향에서 역학적 특성이 다른 것.

perpetual shadow 영구 음영(永久陰影), 항구 음영(恒久陰影) 건물 등에 의해 1년을 통해서 태양의 직사 광선을 받을 수 없는 그늘 부분을 말한다. 일반적으로 저위도 지방을 제외하고 북위의 지방에서는 하지, 남위의 지방에서는 동짓날에 종일 음영이 되는 부분은 영구 음영이 된다.

Persian carpet 페르샤 융단(-絨緞) 이란과 그 주변 지역에서 만들어지는 융단. 화려하게 채색된, 이른바 아라베스크 문양을 갖는 것이 많다. 품질은 세계 최고라고 하며 오늘에도 대부분이 손 작업으로 제작된다.

Persian rug 페르샤 융단(-絨緞) = Persian carpet

personal computer 개인용 컴퓨터(個人用-) 개인 이용을 목적으로 만들어진 컴퓨터. 워드 프로세서, 표계산, 데이터 베이스, PC통신 등이 대표적인 용도이다.

personal error 개인 오차(個人誤差) 측정자의 시각 불완전, 조작 미숙, 측정자의 버릇 등으로 생기는 오차. →error

person trip 퍼슨 트립 도시에서의 교통 체계를 조사하는 방법으로, 사람을 대상으로 연령·직업·지위·이동 목적·수단·어디에서 어디로 등을 조사하는 것.

person trip study 퍼슨 트립 조사(-調査) = person trip

perspective drawing 투시도(透視圖) 건물의 내부·외관을 원근법에 의해 입체적 3차원의 표현으로 나타낸 그림. 시점(視點)의 위치를 여러 가지로 바꾸어 건물을 여러 각도에서 본 경우를 그릴 수 있다.

perspective drawing method 투시도법(透視圖法) 투시도를 도학적(圖學的)으로 그리는 방법. 원리적으로는 대상이 되는 입체와 시점(視點)을 잇는 투사선을 투영

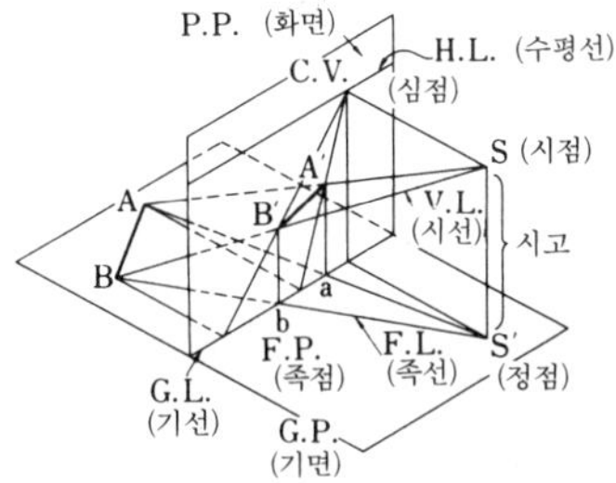

물체(직선 AB)의 투시도는 직선 A'B'

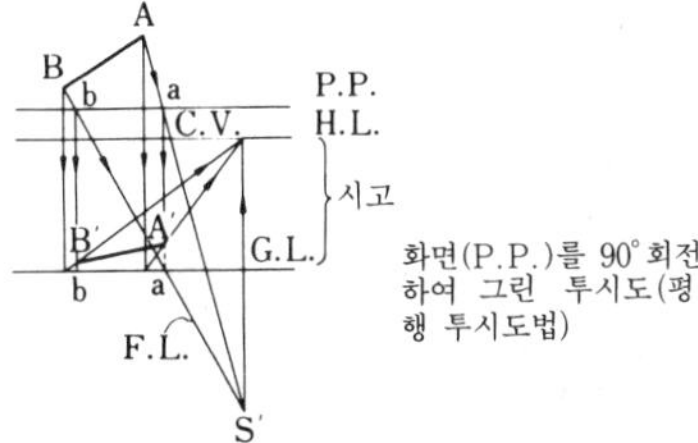

화면(P.P.)를 90° 회전하여 그린 투시도(평행 투시도법)

perspective drawing

면과 교차시키면서 그 만난점의 궤적을 구한다.

PERT 퍼트 program evaluation and review technique의 약어. 일정의 계획·제어의 기법의 하나. 네트워크 수법을 써서 크리티컬 버스를 구하는 부분은 CPM과 같다. 작업 시간을 세 단계로 나누어서 예측하고, 거기에 무게를 주어 전체 공기 달성의 가능성을 계산한다. 이 수법은 코스트 관리와 이어져서 PERT/COST로 발전하고, 다시 전 매니지먼트 관리를 위한 MICS(management information and control system)로 발전했다.

peta 페타 10^{15}배를 나타내는 SI단위의 접두어. 기호 P.

petroleum asphalt 석유 아스팔트(石油-) 아스팔트기의 원유 또는 원유에서 인공적으로 얻고 있는 천연 아스팔트와 비슷한 역청질(흑색 가소성 탄화 수소)로, 성분은 복잡하며 대체로 아스팔텐과 석유로 이루어진다. 어느 것이나 복잡한 화합물의 혼합이다. 원료유에 수증기를 뿜어넣고 또는 진공으로 증류하여 저비점 유분을 빼내서 제조하는 스트레이트 아스팔트와 공기를 뿜어넣고 가열하여 제조하는 블론 아스팔트(blown asphalt)가 있다.

포장 재료, 방수 재료, 전기 절연 재료, 도료 등에 사용한다.

petroleum pitch 석유 피치(石油－) 원유를 증류할 때 남는 찌꺼기로, 고정 탄소의 함량이 많고, 부스러지기 쉬우며 신전성(伸展性)이 적다. 연료, 도료 원료, 탄소 전극 원료, 연탄의 결합재, 전선 피복 등에 쓰인다.

PFRC 합성 섬유 보강 콘크리트(合成纖維補强－) ＝plastic fiber reinforced concrete

P

PH 옥상탑(屋上塔) ＝pent house

phantom member 치환 부재(置換部材) 골조의 구조 해석의 편의를 위해 수법상 덧붙인 가상의 부재.

phase 위상(位相) 주기적 변화를 하는 하나의 전기적 또는 기계적 파의 어느 임의의 기점에 대한 상대적 각도. 보통은 1사이클을 360° 또는 2π라디안으로서 각도로 나타낸다.

phase angle 위상각(位相角) 위상을 나타내는 각을 말하며, 단지 위상이라고도 한다. 임피던스 $Z=r+jx$가 있을 때 $\theta=\tan^{-1}x/r$를 임피던스의 위상각이라 한다.

phase difference 위상차(位相差) 같은 각주파수를 갖는 두 교번량에 있어서 그 파형의 최대값(또는 최소값) 사이에서 잰 시간차를 말한다. 보통, 전기각으로 나타내어진다. 이 때 두 파형 중 어느 파형을 기준으로 해도 상관없다.

phase line 상태선(狀態線) 공기선도상에서 실내 공기의 상태점을 지나 실내 열부하의 현열비의 경사를 갖는 직선.

phase velocity 위상 속도(位相速度) 시간 t 및 거리 x에 대하여 $Y=E\cos(\omega t+\alpha x+\varphi)$ (α : 위상 상수, φ : 초위상)의 변화를 하는 하나의 파가 전송될 때 $v=\omega/\alpha$에 있어서 나타내어지는 그 속도를 위상 속도라 한다. 통신에 일반적으로 쓰이는 파는 다수의 정현파의 연속 스펙트럼으로 이루어지므로 그 속도를 위상 속도로 정할 수는 없다.

PHC pile PHC파일 ＝prestressed high-strength concrete pile

phenol resin 페놀 수지(－樹脂) 페놀류(석탄산, 크레졸, 크실레놀 등)와 포름알데히드를 축합시켜서 얻어지는 열경화성 합성 수지의 총칭. 나무가루, 석면, 펠트천, 크라프트지 등의 충전재를 넣어, 이 수지의 기계적 강도, 전기 절연성, 내열성 등을 향상시킨 것이 많다. 황산에는 강하지만 알칼리에는 약하다. 석탄산 수지라고도 하며, 베이클라이트라는 이름으로 알려져 있다. 건축 재료를 비롯하여 접착제, 전기 절연 재료, 기계 부분 등 용도가 넓다.

phenol resin adhesive 페놀 수지 접착제(－樹脂接着劑) 페놀류와 포름알데히드류를 축합 반응시킨 것을 주성분으로 한 접착제. 일반적으로 접착력이 크고, 내수·내열·내구성이 뛰어나지만, 사용 가능 시간의 온도에 의한 영향이 크다.

phenol resin paint 페놀 수지 도료(－樹脂塗料) 페놀류와 포름알데히드류를 축합 반응시켜서 만든 합성 수지를 주요소로 하는 도료. 내산·내 알칼리·내수성이 뛰어나다.

phon 폰 정상적인 청력을 갖는 자가 어떤 소리를 들었을 경우, 그 소리와 같은 크기라고 판단하는 1,000Hz의 순음(정현파)의 음압 레벨값. 지시 소음계는 측정 지시값으로서 이 단위를 사용한다. →sound pressure level

phosphor bronze 인청동(燐靑銅) 특수 청동의 하나. 주석, 인을 포함하는 구리 합금. 주조성, 내식성, 내마모성이 뛰어나다. 자물쇠, 주물 등에 사용한다.

photocell illuminometer 광전지 조도계(光電池照度計) 광 에너지를 전기적 에너지로 바꾸어 조도를 전기적으로 측정하는 휴대용 계기. 광전지에는 직경 5cm 정도의 셀렌이나 아산화동을 사용한다. 측정 범위는 0.1～10만lx.

photo degradation 광열화(光劣化) ＝light degradation

photo-elastic experiment 광탄상 실험(光彈性實驗) 플라스틱 등의 투명한 등방성이 있는 탄성체는 하중을 가하여 응력·변형을 일으키면 복굴절성을 띠고, 여기에 편광을 통하면 무늬 모양이 나타나므로 이것을 관찰하여 응력의 크기·방향 및 변형의 분포 상태를 아는 실험(다음 면 그림 참조).

photoelasticity 광탄성(光彈性) 투명하고 등방 등질인 탄성체에 편광을 대면 응력 분포에 대응한 무늬 모양을 볼 수 있는 현상. 이 성질을 이용하여 구조물의 탄성 응력 상태를 살필 수 있다.

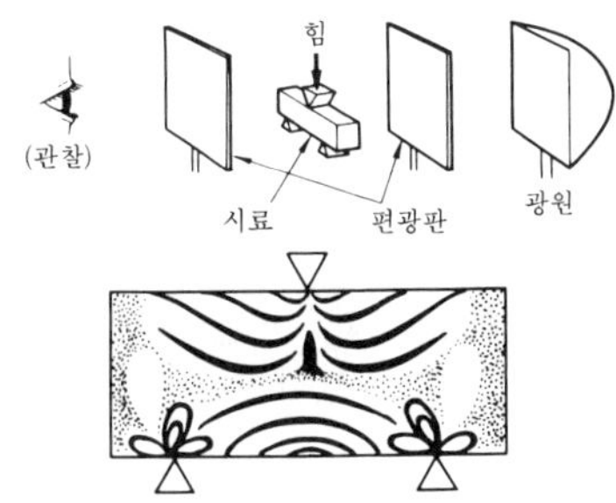

photo-elastic experiment

photoelectric cell 광전지(光電池) = barrier layer cell, photovoltaic cell

photoelectric illumination meter 광전지 조도계(光電池照度計) = photocell illuminometer

photoelectric photometry 광전 측광(光電測光) 광전관 또는 광전지에 의해서 광 에너지를 전기적 에너지로 바꾸어 빛을 전기적으로 측정하는 것. 따라서 광도, 광속, 조도 외에 휘도, 광량, 분광 측정, 사진 농도, 천체 측광 등을 할 수 있다. 광전지는 광전관보다 감도가 떨어지므로 정밀 측정에는 적합하지 않다.

photoelectric tube 광전관(光電管) 빛을 전류로 바꾸는 진공관. 빛을 대면 진공 중의 음극에서 양극을 향해 전자가 방출된다. 이것을 이용하여 토키(talkie)나 전송 사진 등에 사용된다.

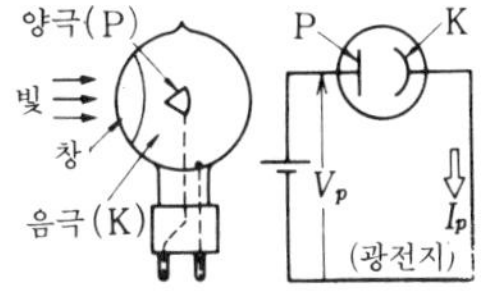

photometer 광도계(光度計) 휘도, 광도, 광속 등을 측정하는 계기의 총칭. 전구 등의 광도 측정에는 장형(長形) 광도계, 전광속 측정에는 구형(球形) 광속계 등을 사용한다. 광도계의 원리에 의해 조도 측정을 목적으로 하는 계기를 조도계, 재료를 투과율이나 반사율을 측정하는 계기를 각각 투과율계, 반사율계라 한다.

photometry 측광(測光) 빛을 측정하는 것을 말한다.

phototube illuminometer 광전관 조도계(光電管照度計) 광전관을 사용하여 조도를 측정하는 계기. 저조도까지 정밀하게 측정할 수 있지만, 전지를 사용하므로 대형이 된다.

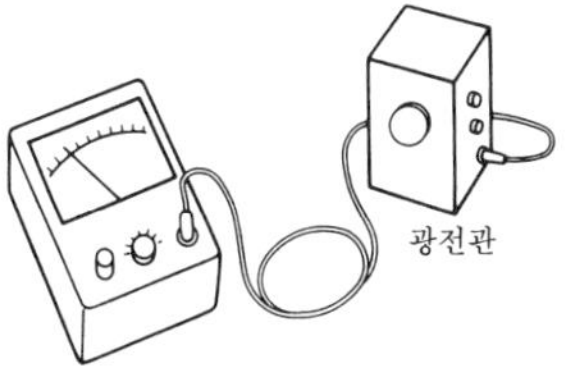

photovoltaic cell 광전지(光電池) = barrier layer cell, photoelectric cell

photo wall paper 사진 벽지(寫眞壁紙) 풍경 사진 등을 확대하여 벽지에 인화한 것. 벽면 전체에 벽화와 같이 사용된다.

phreatic line 침윤선(浸潤線) 흙 속의 중력수(重力水) 표면을 나타내는 선을 말한다. = seepage line, saturation line

phthalic acid resin 푸탈산 수지(一酸樹脂) = alkyd resin

phthalic resin coating 푸탈산 수지 도료(一酸樹脂塗料) 유변성(油變性) 푸탈산 수지를 사용한 도료. 내후성은 양호하지만 내 알칼리성은 좋지 않다.

phthalic resin varnish 푸탈산 수지 니스(一酸樹脂一) 기름 니스의 하나. 액상(液狀), 산화 건조성의 도료로, 자연 건조에 의해 도막을 형성하여 투명 도장에 적합하다. 녹 방지 도료의 비이클(vehicle)로서 사용한다.

physical durable years 물리적 내용 연수(物理的耐用年數) 구조적 내용 연수와 거의 마찬가지로 사용하는데, 넓은 뜻으로는 건물 그 자체가 물성적인 이유로 사용할 수 없게 되기까지의 연수를 말한다. 따라서 구조 내력 이외이 요소도 포함한다. 사회적 또는 경제적 내용 연수에 대하여 사용한다.

physical method for soil survey 물리 지하 탐사법(物理地下探查法) = geological exploration method

physical photometry 물리 측광(物理測光) 물리적 광검출기를 센서로 하는 계기를 써서 하는 측광.

physical weathering 물리적 풍화(物理的風化) 암석이 풍화하는 원인 중 온도 변화·동결 융해·파랑·유수(流水)·빙하·바람 등 주로 물리적 작용으로 설명되는 것을 말한다.

piano wire 강현(鋼弦), 피아노선(一線) 탄소량 0.6% 이상의 경강선. 인장 강도, 탄성 한도, 피로 한도가 높고, 건축에서는 프리스트레스트 콘크리트 등에 널리 쓰인다. 피아노선의 인장 강도는 인발 가공 후는 세경(細徑)의 것에서는 300kg/mm^2

이상으로 된다.

piano wire concrete 강현 콘크리트(鋼弦─) 프리스트레스트 콘크리트용 강선을 사용한 프리스트레스트 콘크리트. 이 밖에 강봉 등도 사용되며, 일반적으로 프리스트레스트 콘크리트(PS콘크리트)라 한다. =string wire concrete

piazza 피애저 이탈리어어로, 주위를 건물로 둘러싸인 광장. 영국에서는 회랑(回廊)을 말한다.

PIC 폴리머 함침 콘크리트(─含浸─) = polymer impregnated concrete

P-i chart P-i 선도(─線圖) 세로축에 압력, 가로축에 엔탈피를 취한 선도. 증기 압축 냉동 사이클의 계산에 이용한다.

pick 곡괭이 양단을 뾰족한 새의 부리 모양으로 만들고, 중앙에 자루를 붙인 것으로, 단단한 토사를 굴착하는 데 사용하는 도구.

picket 피킷 수세(水勢)를 약화시키기 위해 강 속에 불규칙하게 박아 넣는 말뚝.

pick hammer 픽 해머 =coal pick hammer

pickup 픽업 음향 용어로서는 레코드 플레이어의 카트리지와 톤 암을 조합시킨 기기. 진동 용어로서는 진동계의 진동 응답을 검출하는 장치. 동전형, 압전형 등.

pick-up load 예열 부하(豫熱負荷) 간헐 난방 운전에서 난방 개시시부터 방 사용 개시시까지의 사이(예열 중)에 걸리는 난방 부하를 말한다. 난방 최대 부하로 되는 일이 많다. =preheating load

pico 피코 1조분의 1을 나타내는 단위. 이탈리어의 piccolo(작다)가 어원이다.

pictograph 픽토그래프 문자를 사용하지 않고 안내, 유도, 주의, 금지 등의 표지를 그림으로 표현한 것. 공항이나 박람 회장 등에서는 문자를 이해하지 못하는 외국인이나 어린이 등을 위해서도 유효하다.

pictorial sketch 목측도(目測圖) 건물, 지형, 주변 상황 등을 관찰에 의해서 그린 도면, 혹은 스케치. =sketch

picture gallery 화랑(畫廊) 건물의 일부에 설치된 회화(繪畫)나 조형 예술의 작은 전시장. 넓은 방, 복도, 주계단 등에 직면한 장소를 사용한다.

picture rail 픽처 레일 그림 등을 걸기 위해 천장과 벽의 코너에 부착되어 있는 홈형의 철물.

picture window 픽처 윈도 밖의 경치를 보이기 위해 만들어진 큰 붙박이창.

piece laying 부분 깔기(部分─) 카펫을 까는 방법의 일종. 응접 세트 밑이나 방의 필요한 부부에만 카펫을 까는 방법.

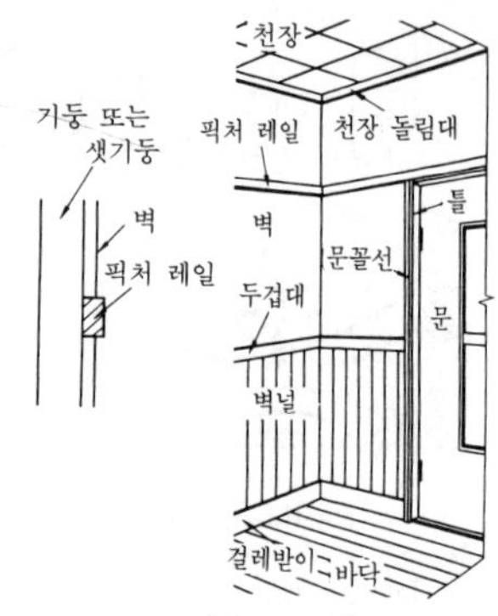

picture rail

pier 피어[1], 교각(橋脚)[2] (1) ① 원래는 지붕, 바닥의 하중을 받치는 벽의 일부 또는 독립한 벽. ② 독립한 굵은 기둥으로 단면은 원, 정방형, 다각형 또는 이들을 조합시킨 복잡한 형을 이룬다. 원주는 단일 부재 또는 짧은 원통형 부재를 겹쳐 쌓은 원형 단면의 기둥이지만 피어는 1층이 여러 개의 석재를 조합시켜 만들어지고 있다.

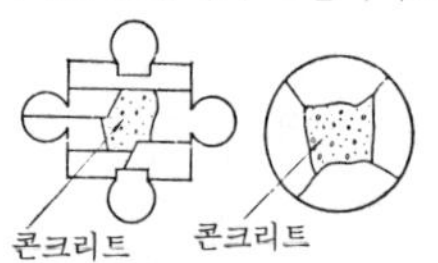

(2) 교대(橋臺) 중간에 있으며, 상부 구조부를 지지하고, 하중을 기초 지반에 전하는 구조물. →abutment

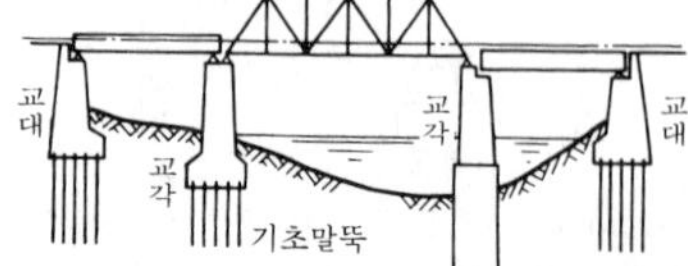

pier foundation 피어 기초(─基礎) 건축물을 지지하고, 지중의 지지 지반에 이르는 현장치기 콘크리트 말뚝의 일종으로, 보통 지름이 80cm 이상인 것(다음 면 그림 참조).

piezoelectric effect 압전 효과(壓電效果) 유전체 결정(압전 소자)에 역학적인 힘을 가했을 때 전위차를 발생한다든지 혹은 전압을 걸었을 때 역학적인 힘을 발생하는 성질.

piezoelectric pickup 압전형 픽업(壓電形─) 압전 효과를 이용하여 진동 현상을 그 진폭에 비례하는 전압 신호로서 출력

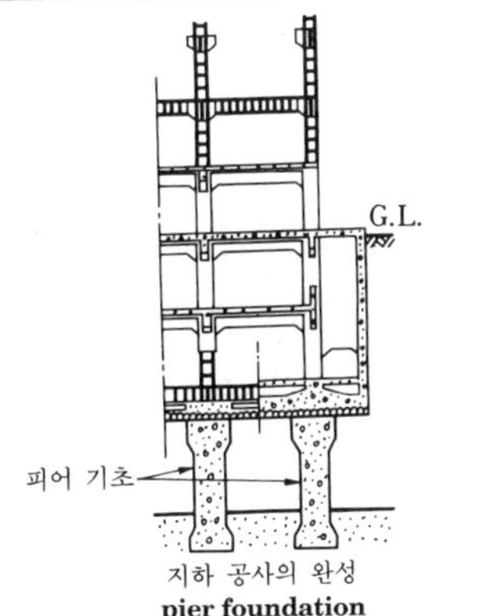

pier foundation

하는 변환기. 고감도, 고 고유 진동수, 경량이라는 특징을 갖는다.

pig iron 선철(銑鐵) 용광로에서 철광석을 융해·환원하여 얻어지는, 4% 정도의 탄소를 포함한 철. 제강용 선(銑)·주물용 선이 있다.

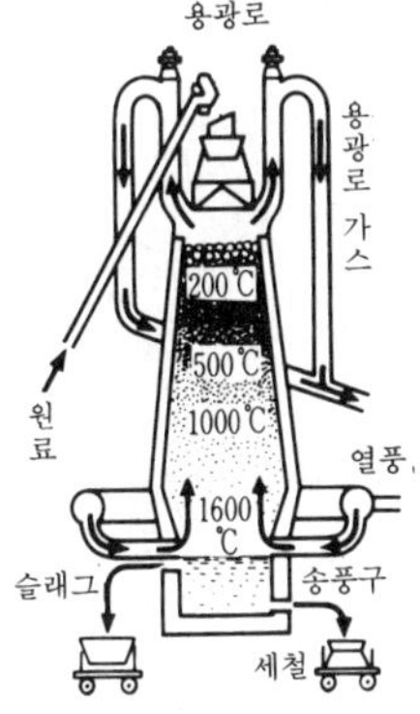

pigment 안료(顔料) 광물질이나 유기질의 백색 또는 유색의 고체 분말로, 물이나 기름에 녹지 않는 착색제. 도료의 착색재 또는 증량재로서 사용된다.

pigments for coloring cement 시멘트 안료(－顔料), 시멘트 착색제(－着色劑) 시멘트를 착색하는 각종 무기질 안료의 총칭. 내 알칼리성의 무기 화합물로 카본 블랙, 산화철, 엄버(umber) 등이 있다.

pilaster 외뚜껑기둥 벽체에서 돌출하고, 이것과 한 몸을 이루어 만들어진 장방, 정방형 단면의 기둥.

pile 말뚝 연약 지반 등에서 구조물을 지지하기 위해 사용되는 기둥 모양의 구조 부

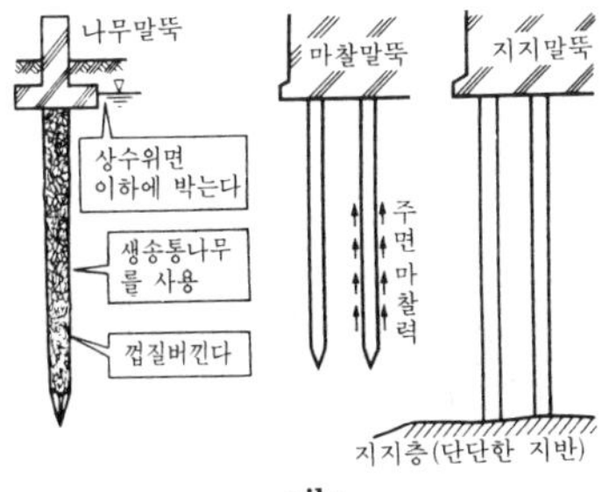

pile

재의 총칭.

pile arrangement drawing 말뚝 배치도(－配置圖) 말뚝의 배치, 치수를 나타낸 평면도.

pile bearing capacity 말뚝의 지지력(－支持力) 지반 내에 박힌 말뚝의 지지력. 지지력은 말뚝의 주변 마찰력과 선단 지지력에 의해 정해지며, 마뚫박기 시험, 말뚝의 하중 시험 등에 의해 판정한다. 마찰말뚝에 의한 기초의 침하량을 산정하는 경우, 말뚝 길이의 1/3만큼 위쪽에서 말뚝 하중이 지반에 전해지는 것으로 생각된다.

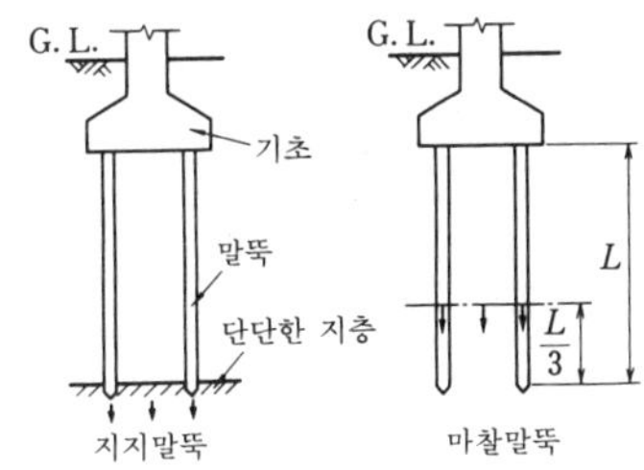

pile cap 말뚝 캡 ① 말뚝을 박을 때 말뚝 머리의 보호와 해머의 타격을 유효하게 전하기 위해 말뚝 머리에 씌우는 캡. 강철제의 고리와 나무나 헌 타이어로 만들어진다. ② 기초 콘크리트가 PC말뚝의 중공부(中空部)에 흐르는 것을 방지하기 위해 말뚝 머리에 부착하는 캡.

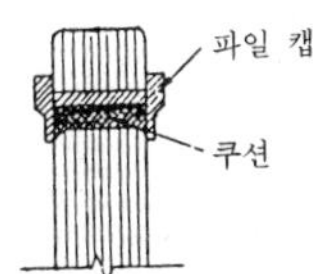

pile carpet 파일 카펫 바탕이 되는 직물

의 표면에 섬유를 세워서 짠 융단의 총칭.

pile collar 말뚝 칼라 해머에 의해 말뚝머리가 손상하지 않도록 씌우는 쇠고리. = pile hoop, pile ring

pile drawer 파일 드로어 = pile puller

pile driver 파일 드라이버 말뚝을 박아넣기 위해 사용하는 기계. 타입식(드롭 해머, 증기 해머, 공기 해머, 디젤 해머), 압입식〔사수식(射水式), 압입식〕, 진동식이 있다. 보통 타입식이 채용되고 있다.

pile driving 말뚝박기 = piling

pile driving test 말뚝박기 시험(-試驗) 말뚝의 타입 에너지와 관입량을 계측하여 허용 지지력 · 소요 길이 등을 구하는 시험. 설계 내력의 확인에도 사용한다.

pile driving tower 말뚝박기 가구(-架構) 말뚝을 박을 때 말뚝을 지지하고, 해머를 설치하여 말뚝을 박아넣기 위한 가구. 목제 · 철골제 외에 크롤러(crawler)식이 있다. →crawler crane

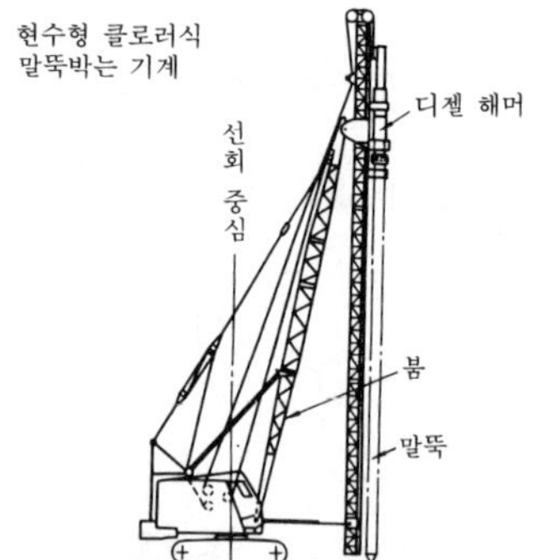

pile extractor 말뚝 뽑기 기계(-機械) 지중에 박아 넣은 말뚝을 압축 공기나 증기를 써서 뽑아내는 기계.

pile foundation 말뚝 기초(-基礎) 기초 종별의 하나. 말뚝을 기초 슬래브 밑에 타설하여 기초공으로 사용하는 형식.

pile group 파일 그룹 2개 이상의 말뚝이 한 무리로 되어서 구조물의 하중을 지지하고 있는 경우의 말뚝. 개개의 말뚝이 서로 영향하므로 파일 그룹 효과에 의한 저감을 고려한다.

pile group effect 파일 그룹 효과(-效果) 말뚝의 지지력, 저항 및 변위 · 변형이 말뚝 상호의 영향에 의해 외말뚝의 성상과 다른 것. = pile group efficiency

pile group efficiency 파일 그룹 효과(-效果) = pile group effect

pile head 말뚝머리 말뚝의 근원에 해당하는 부분으로, 말뚝 모자 또는 말뚝고리 등을 부착하여 보강한다. = butt end

pile hoop 말뚝고리 = pile collar, pile ring

pile load test 말뚝의 하중 시험(-荷重試驗) 시험 말뚝에 하중을 가하여 하중과 침하량의 관계를 측정하여 말뚝의 지지력을 정하는 시험.

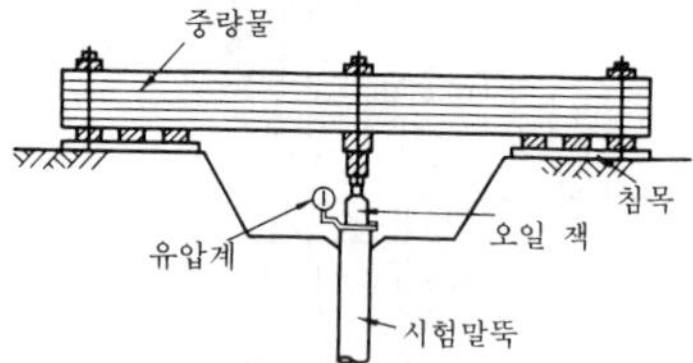

pile puller 파일 풀러 박아넣은 말뚝이나 널말뚝을 뽑아내는 기계. 복동식 타입기를 거꾸로 응용하여 뽑아낸다. 또 말뚝을 뽑아내기 위한 해머도 있다.

pile ring 말뚝고리 = pile collar, pile hoop

pile shoe 말뚝신발 말뚝끝의 손상(갈라지거나 쪼개지는)을 방지하기 위해 말뚝끝(tip)에 끼우는 금속제의 덮개.

pile spacing 말뚝 배치(-配置) 말뚝박기 공사에서 말뚝의 배치를 정하는 것.

pile type 말뚝식(-式) 해양 건축물에서 해저에 박아 넣은 말뚝으로 상부 구조를 지지하는 고정식의 구조 형식.

piling 말뚝박기 타격 혹은 진동에 의해 지중에 말뚝을 관입시켜 설치하는 것. = pile driving

piling cap 말뚝 모자(-帽子) 떨공이(낙하메)나 드롭 해머 등으로 말뚝머리가 파손하지 않도록 씌우는 것으로, H형 주철이 사용된다. 나무 말뚝에는 떨공이, 해머와의 사이에 단단한 나무의 쿠션재를 두고, 콘크리트 말뚝에는 여기에 톱밥, 모래, 헌 고무, 널판 조각 등을 둔다.

piling foundation 말뚝 지정(-地定), 말뚝 기초(-基礎) 말뚝을 박아 구조물의 하중을 기초 또는 기초 슬래브에서 지반

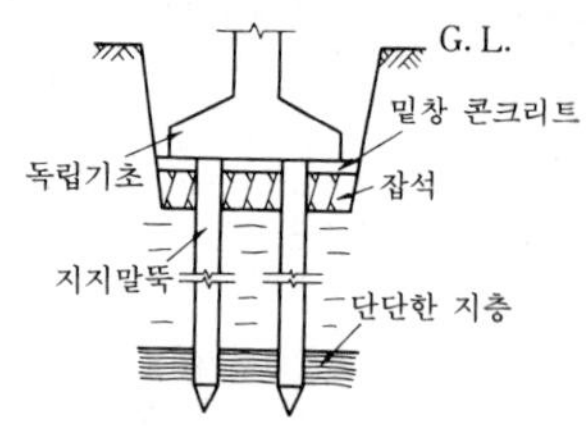

으로 전달시키는 지정.

piling test 말뚝박기 시험(－試驗) 말뚝을 지반 속에 박아넣어 그 관입량(貫入量)을 측정하여 말뚝의 허용 지지력을 말뚝의 공식에서 구하는 시험.

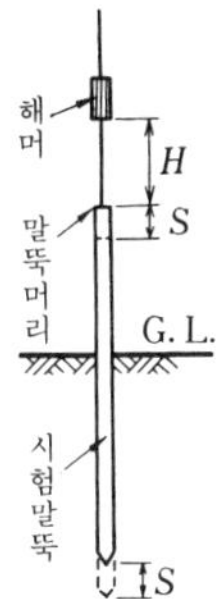

pillar 기둥 =column, post

pilot boring 파일럿 보링 보링 조사 중에서 본조사에 앞서 행하는 보링. 본조사의 계획을 세우기 위해 하는 사전 조사에 포함되는 현지 조사의 하나.

pilot house 파일럿 하우스 정부가 권장하는 모델 주택. 제시된 조건에 따라 민간 회사가 제안·시작(試作)하여 선정한다.

piloties 필로티 ① 프랑스어로, 건축물을 지지하는 기초 말뚝. ② 독립 기둥 또는 벽만으로 건물을 지지하고, 지상층을 자유롭게 지날 수 있도록 한 공간.

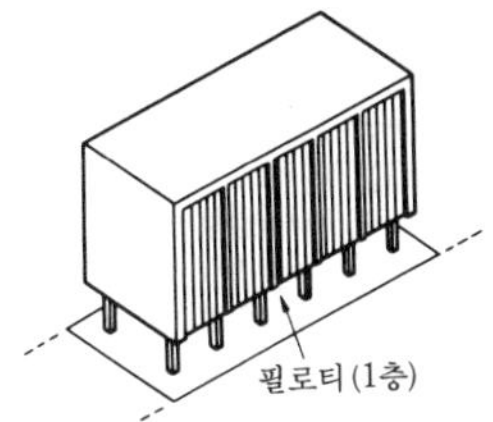

pilot ignition 인화(引火) 가연성 물질의 표면 부근에 불씨를 주면서 가열했을 때, 혹은 가까이에 불꽃이 있어서 가열되었을 때 불꽃을 발하여 타기 시작하는 현상. =take fire

pilot lamp 파일럿 램프 전기 회로에 소정의 전압이 가해지고 있는지 어떤지를 표시하는 램프.

pilot plant 파일럿 플랜트 새로운 생산 플랜트의 건설에 앞서 여러 가지 데이터·자료를 얻기 위해 만들어지는 시험 시설·공장을 말한다.

pin 핀 강재(鋼材) 접합 방법의 일종으로, 회전이 자유로운 접합법. 부재를 연결하는 골조 구성재의 절점, 또는 구조물의 지점(支點)에 사용된다. 그림은 핀 접합에 의한 산형 라멘의 예를 나타낸 것이다.

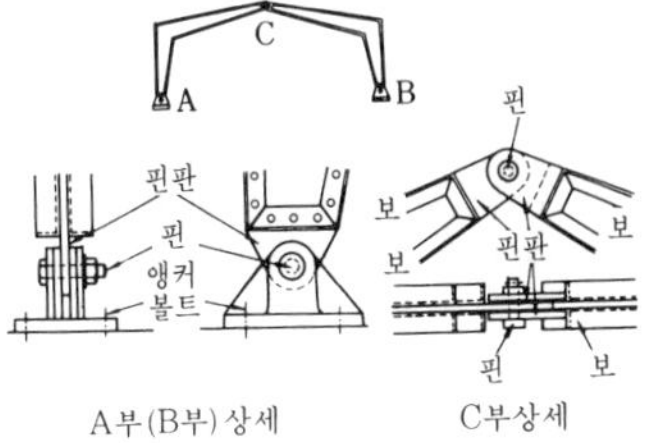

pin bearing 핀 베어링 구조물 베어링의 하나. 교량 등에 널리 쓰인다. 한 방향 또는 전방향으로 회전이 자유로운 베어링. =pin support

pincers 펜치[1], 못빼기[2] (1) 철사나 작은 못을 자르는 데 사용하는 공구를 말한다. =nippers
(2) =nail-puller

pin-connected construction 핀 구조(－構造) 부재와 부재와의 결합부가 핀 접속으로 되어 있는 구조.

pin-connected structure 핀 구조(－構造) =pin-connected construction

pine tree 소나무 소나무과의 상록 침엽 교목. 나무껍질은 적갈색 또는 흑갈색이며 잎은 바늘 모양인데 한 눈에 두 잎 또는 세 잎, 다섯잎씩 난다. 북반구에 약 200종이 분포하는데 용도가 매우 많다.

pin hinge 핀 경첩 가장 일반적인 경첩으로, 너클에 축 핀을 꽂은 것.

pinhole 핀홀 도장·타일·위생 도기 등 매끄러운 마감면에 생긴 작은 구멍. 결함의 하나.

pin joint 활절(滑節), 핀 이음 절점의 일종. 한쪽 부재가 움직이지 않는다고 생각했을 때 다른쪽 부재가 절점을 중심으로 하여 회전할 수 있는 것.

pinnacle 피너클 옥상에 끝이 뾰족하게 나온 가늘고 긴 작은 탑.

pinning method 피닝 공법(－工法) 모르타르면이 뜨거나 균열이 생긴 것을 보수하는 경우 모르타르가 벗겨지는 것을 방지하기 위해 모르타르 표면에서 스테인리스 나사를 박아 넣고 에폭시 수지를 주입하여 고정하는 방법.

pin node 핀 절점(－節點) 회전의 자유도를 구속하지 않고 부재 상호를 접합한 절점을 말한다.

pin support 핀 서포트 =pin bearing

pipe 파이프, 관(管) 일반적으로 유체를 보내는 데 쓰이는 관. 금속관, 목관, 염화비닐관, 콘크리트관, 도관(陶管), 에터닛관(eternit pipe) 등이 있다. 금속, 콘크리트 파이프는 구조 부재로서도 쓰인다.

pipe arrangement 배관(配管) 냉난방, 급배수, 가스관 등 각종 관의 배치.

pipe chair 파이프 의자(－椅子) 강철제 또는 알루미늄 합금제의 파이프를 주재로 하여 만들어진 의자. →pipe furniture

pipe channel 관로(管路) 주로 유체(액체나 기체)를 흘리기 위한 관의 동내(胴內).

pipe clamp 파이프 클램프 ＝clamp

pipe coil 파이프 코일 동관·황동관·강관 등에 증기·온수·냉수·냉매를 통해서 냉난방을 하는 경우의 열교환용 방열관.

pipe coupling 관 이음(管－) 배관에 있어서 관의 접속, 방향 전환, 분기, 집합, 회전, 굴곡, 신축의 흡수, 말단의 폐쇄, 기기와의 접속 등에 사용하는 이음. ＝pipe joint, pipe fitting

pipe cutter 관절단기(管切斷器) 배관용 파이프를 물고, 체결하면서 절단하는 공구.

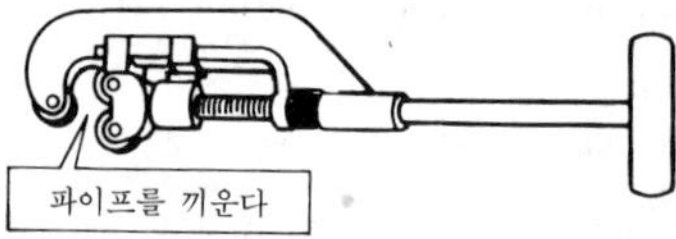

pipe duct 파이프 덕트 파이프군을 수납하는 관로. 철근 콘크리트 구조의 상하에 통하는 관로를 파이프 샤프트, 전기 배선의 유도 관로를 버스 덕트라 한다.

pipe fan 파이프 팬 변소나 세면실의 배기 용량 확보를 위해 파이프 부분에 소형의 팬을 내장시킨 것.

pipe fitting 관 이음(管－) ＝pipe coupling

pipe friction loss 관내 마찰 손실(管內摩擦損失) 배관 내에서 유체가 갖는 에너지에서 잃는 에너지. 내경 d의 직원관(直圓管) 내를 유체가 평균 속도 v로 흐를 때 관 길이 l의 구간에 생기는 마찰 손실을 Δp로 나타내면

$$\Delta p = \lambda \frac{l}{d} \frac{\rho v^2}{2}$$

여기서 λ : 관 마찰 계수라는 무차원수, ρ : 밀도.

pipe furniture 파이프 가구(－家具) 강철제 또는 알루미늄 합금제의 파이프를 주재로 한 가구. 주로 의자에 쓰인다. → pipe chair

pipe joint 관이음(管－) 관의 접속을 말한다. 관의 종류에 따라서 소켓 이음, 플랜지 이음, 나사 이음, 유니언 이음, 납땜 이음, 기타가 있다.

pipe laying 배관(配管) ＝pipe arrangement

pipe line 배관계(配管系) 냉난방, 환기, 급배수, 급탕, 소화, 가스 등의 배관 계통을 말한다.

pipe-line conveyance 파이프라인 수송(－輸送) 파이프를 통해서 대량의 유체를 연속적으로 수송하기 위한 시설을 말한다. 도시 가스, 석유, 수도 등의 수송에 사용된다.

pipeline (net work) 지역 배관(地域配管) 지역 냉난방을 할 때 열매를 운반하기 위해 집중 열원 플랜트와 수용가를 잇는 옥외 배관.

pipe pendant 파이프 펜던트 샹들리에 등을 천장에서 매다는 파이프.

pipe pile 관 말뚝(管－) 철관을 땅 속에 박아 넣고, 관 속의 토사를 배제하여 콘크리트를 충전한 철관 콘크리트 구조의 말뚝을 말한다.

pipe radiator 관 방열기(管放熱器) 증기 난방에서 증기관보다 굵은 수평 관로를 실내에 노출시켜 자연 대류로 난방을 하는 방열기. 때로는 온수 난방에서 사용되기도 한다.

pipe shaft 파이프 샤프트 건물 각층을 통해서 건축 설비용의 수직관 등을 수납하기 위한 통모양의 개소.

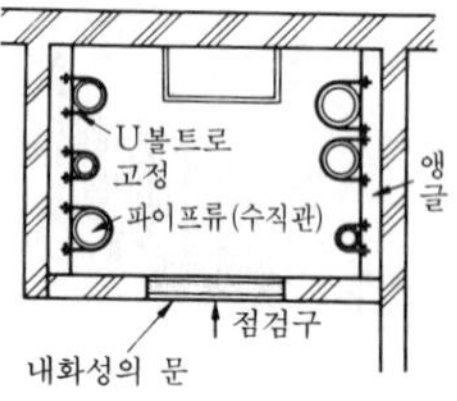

pipe space 파이프 공간(－空間) 건축 설비용의 각종 배관을 집중적으로 수납한 공간. 각층을 관통한 수직 방향의 공간으로, 일부에 미터류를 수납하여 미터 박스를 겸하는 경우도 있다.

pipe storage 파이프 창고(－倉庫) 큰 공간 내에서 형강이나 강관으로 선반을 만들고, 조립 제품이나 재료를 보관하는 것으로, 여러 가지 크기에 대응할 수 있는 특징을 갖는다.

pipe support 관버팀(管－) 슬래브나 보의 거푸집을 지지하는 지주. 두 줄의 강관을 조합시켜 길이를 조절할 수 있다.

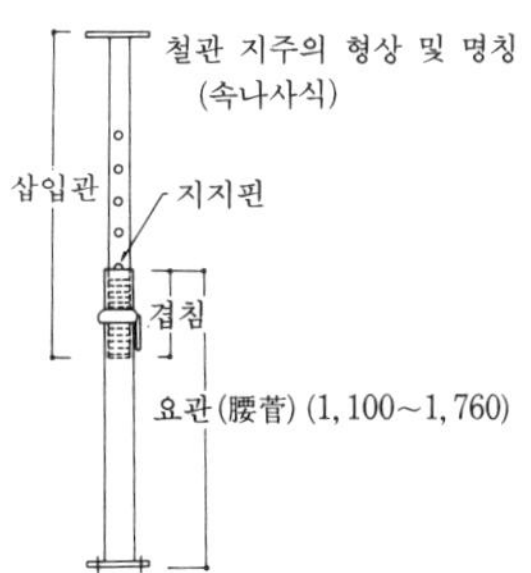

pipe support

pipe tax 배관 부하(配管負荷) 열량을 공급할 때 배관에서 잃는 열량.

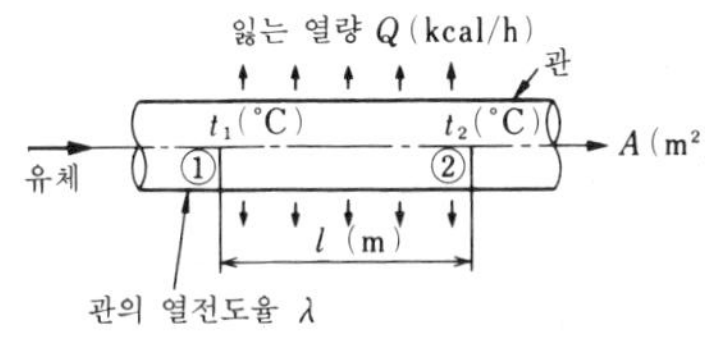

$$Q=\lambda\frac{t_1-t_2}{l}A \quad (\text{kcal/h})$$

pipe trap 관 트랩(管一) 관을 구부려서 수봉부(水封部)를 만든 트랩. →trap

pipe wrench 파이프 렌치 관을 돌려 조인트나 기타 부품과 체결, 해체하는 공구.

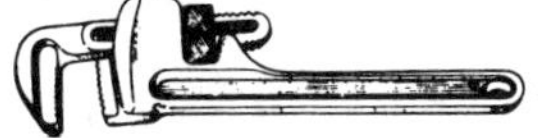

piping 파이핑[1], 배관(配管)[2] (1) 유수의 작용에 의해 구부적인 퀵 샌드가 일어나 모래 지반의 일부에서 모래와 물의 혼합액이 파이프에서 분출하는 현상. (2) = pipe arrangement

piping diagram 배관도(配管圖) 관의 배치, 기기의 종류·위치 등 배관에 필요한 사항을 표시한 도면. 배관용 그림 기호를 써서 도시한다. →graphical symbols for piping

piping system 배관법(配管法) 각종 관을 공작하여 배관하는 방법을 말한다. 단관식, 2관식, 상향식, 하향식, 중력식, 강제식 등이 있다.

piping system diagram 배관 계통도(配管系統圖) 배관 평면도만으로는 배관 계통을 이해하기 어려운 경우 수직관과 수평관의 접속 관계를 알기 쉽게 입체적으로 표현한 그림.

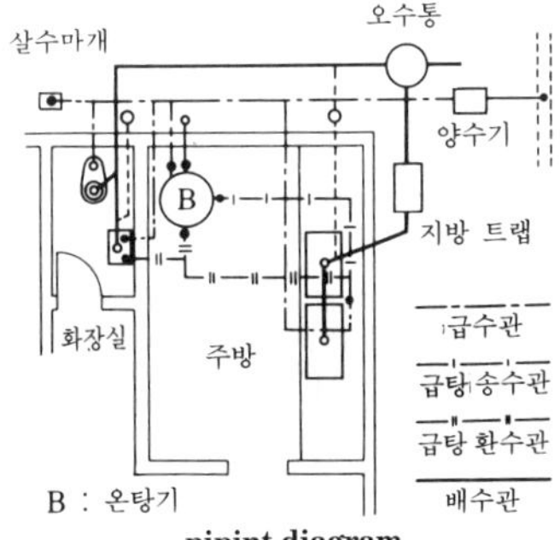

pipint diagram

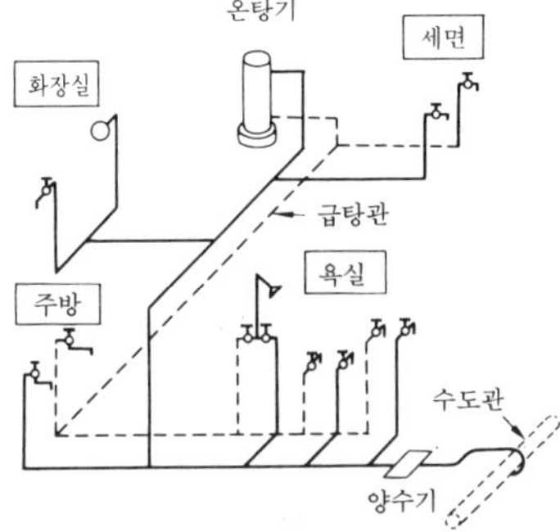

piping system diagram

piping work 배관 공사(配管工事) 건축 설비에 있어서의 냉온수관, 급배수관, 급탕관 등의 각종 관을 설치하는 공사. = plumbing work

piston sampler 피스톤 샘플러 보링 구멍에서 흙의 시료(試料)를 채취하는 데 사용하는 기구. 피스톤에 의해 통 속의 압력을 낮추어 시료가 떨어지는 것을 방지한다 (다음 면 그림 참조).

pit 피트 구멍 또는 홈을 말하며, 주위보다 한 단계 낮은 부분. 엘리베이터 피트, 배선 피트, 오케스트라 피트 등이 있다.

pitch 물매[1], 피치[2] (1) 경사의 정도. 지

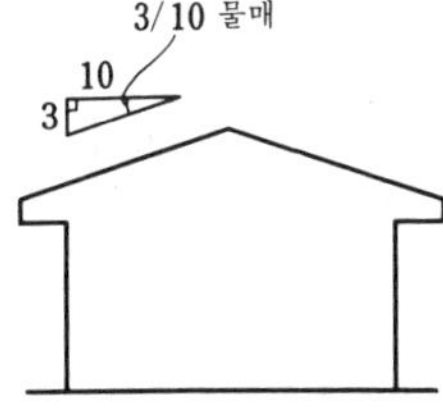

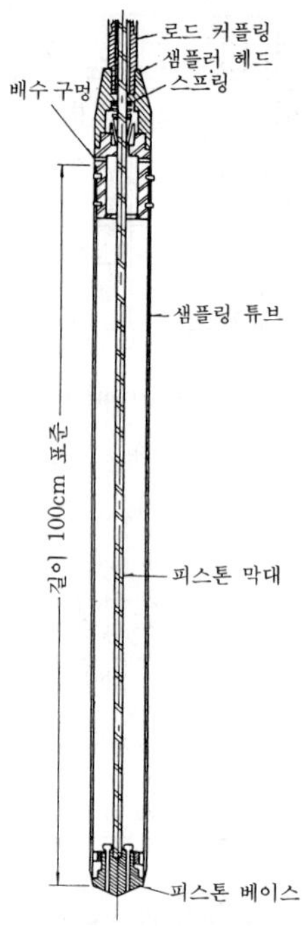

piston sampler

붕의 경사를 나타낼 때 등에 사용되며, 각도로 나타낸다든지, 10을 분모로 했을 때의 분수, 높이/저변(예를 들면 3/10)으로 나타낸다. 3/10을 3/10물매라 한다.
(2) ① 같은 형의 것이 등간격으로 다수 배열되어 있을 때 그 중심 간격. 철골 구조의 리벳이나 볼트의 중심 간격.

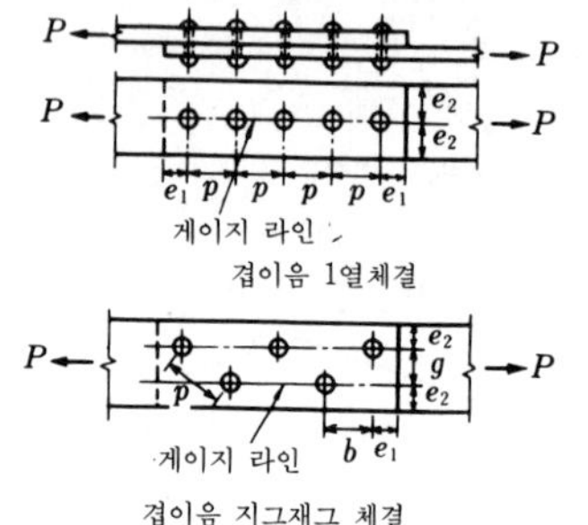

② 타르·석유 등의 증류에서 생기는 고체물.

pitching 혹두기 석재 표면을 정 등을 사용하여 혹 모양으로 남긴 마감 공법.

pitch of building 인동 간격(隣棟間隔) 집합 주택의 계획에서 동(棟)을 병렬로 배치했을 때 동 상호의 간격. 전면·측면 중 전면 인접동 간격으로 동의 배치를 정하는 경우가 많다. 일조 조건·시계(視界)·채광·프라이버시 등을 고려하여 결정하지만, 일반적으로는 동지(冬至)에 거실에 4시간 이상의 일조가 얻어지도록 한다.

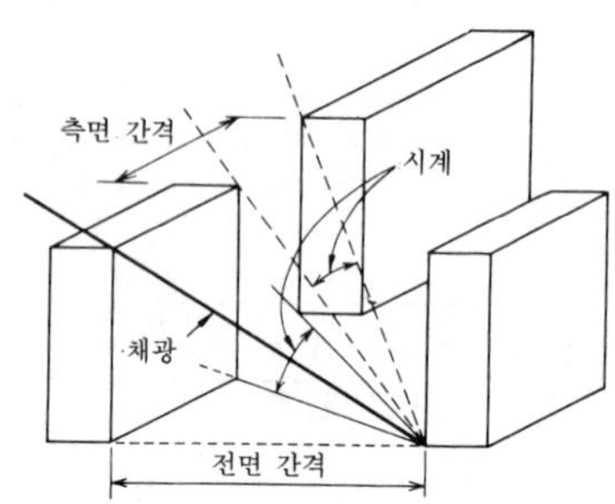

pitch of roof 지붕 물매 지붕면의 경사 각도(3각 함수의 정접으로 나타낸다). 5/10물매란 수평 100cm에 대하여 수직으로 50cm 올라간 경사를 말하고, 또 50% 물매, 5치 물매라고도 한다.

pitch of sound 음의 높이(音—) 음의 진동수(주파수)의 다소의 정도. 진동수가 많은 음을 높은 음, 적은 음을 낮은 음이라 한다.

pit drainage 웅덩이 배수(—排水) 터파기 밑에 지하수의 용수(湧水) 및 투수를 모아 웅덩이를 만들고, 그곳에서 펌프로 퍼올려 배수하는 것.

pit excavation 구덩이파기 독립 기초 등을 구축하기 위해 기초의 형상에 맞추어서 필요한 치수만큼 부분 굴착하는 것.

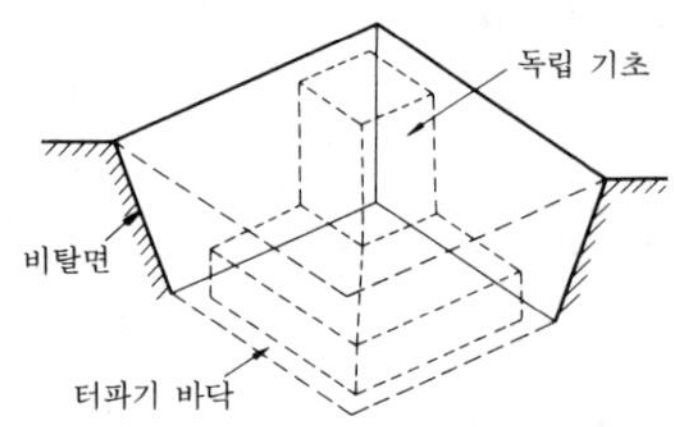

pit gravel 산자갈(山—) 강 이외의 산지에서 산출하는 자갈.

pith 수심(髓心) 나무줄기의 횡단면상에 동심원상으로 발달한 목재 조직의 초기 생성 중심부.

pith ray 수선(髓線) 목재의 마구리 중심부(수심 : 髓心)에서 나무껍질로 향하는 방사상의 세포 조직. 널결에 방추형 또는 선형으로 나타나며, 수액(樹液)을 보내 양분을 저장한다.

Pitot tube 피토관(-管) 유속을 구하는 계측기. L자형 파이프의 측면과 끝에 측정 구멍이 있고, 전압(全壓)과 정압(靜壓)을 측정하여 유속을 구한다. 풍동 시험에서는 정압 측정값을 그대로 이용한다.

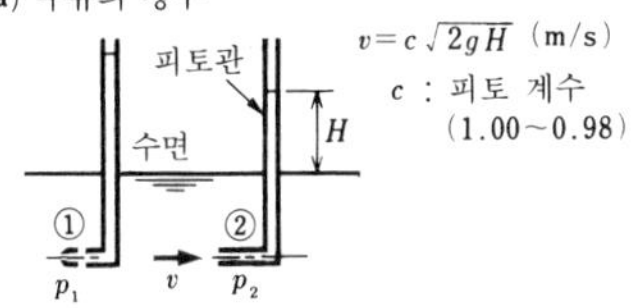

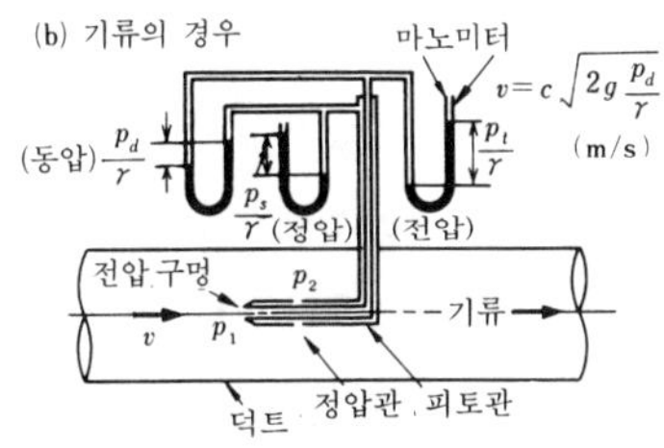

pit run gravel 막자갈 산 등에서 채취된 그대로의 상태, 혹은 쇄석장에서 분쇄된 그대로의 골재. 흙이나 쇄석 가루가 섞여 있다. =unscreened gravel

pit sand 산모래(山-) 육지에서 채집되는 모래로, 찰흙분이 많은 결점이 있다.

pitting 점식(點蝕) 금속 부식 중 국부적으로 점 모양으로 부식이 발생하는 것. 커지면 공식(孔蝕)이라 한다.

pivot 회전 철물(回轉鐵物), 지도리 회전식 개폐 창호에 사용되는 철물.

pivoted window 회전창(回轉窓) 문의 중앙을 회전축으로 하여 문을 회전함으로써 개폐하는 창. 횡축 회전창과 종축 회전창이 있다. 거의 전개할 수 있다.

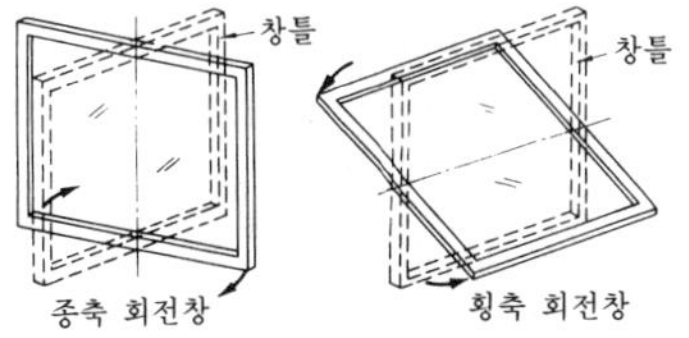

pivot hinge 피벗 경첩, 지도리 경첩 무거운 문을 세로축 중심으로 쉽게 회전시키기 위한 개폐 철물.

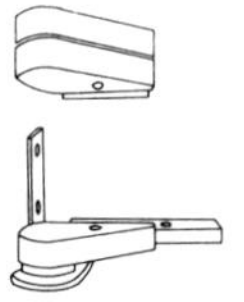

place 광장(廣場) 교통, 집회, 미관, 시장 등을 위해 설치되는 공공적인 공지. 교통 광장, 역전 광장, 집회 광장, 건축 광장, 미관 광장 등, 용도나 기능상 많은 종류로 분류된다. 구미의 도시에서는 각종 광장이 많으며, 도시 생활상 중요한 장소로 되어 있다. =plaza

place for disaster refuge 피난소(避難所) 재해가 발생 또는 발생할 염려가 있는 경우에 인간의 생명, 신체를 재해로부터 보장하기 위한 위험 회피의 장소.

place of scenic beauty 명승(名勝) 기념물에 속하며, 정원, 교량, 협곡, 해변, 산악 기타의 명승지로, 우리 나리에 있어서 예술상 또는 관상상 가치가 높은 것으로서 문화재 보호법에 의해 지정된 것.

place of temporal refuge 일시 피난 장소(一時避難場所) 재해시에 집단으로서 피난하기 위해 광역 피난 광장 등에 이르는 중계 지점에 피난자가 일시 집합하는 장소.

placing 부어넣기 비빈 콘크리트를 소정의 거푸집 내에 부어넣는 것.

placing joint 이어붓기[1], 이어박기[2] (1) 경화한 콘크리트 또는 경화하기 시작한 콘크리트에 접하여 새로 콘크리트를 이어붓는 것.
(2) 말뚝을 박아 넣을 때 복수의 말뚝을 이어서 박는 것.

plain bar 원강(圓鋼), 환강(丸鋼) 단면이 원형인 봉강(棒鋼)을 철근으로서 사용하는 외에 볼트, 너트 등의 재료로서 사용한다. =round steel (bar)

plain bearing 미끄럼 베어링 일부분이 다른 부분에 대하여 미끄러지도록 조립된 베어링. =sliding bearing

plain concrete 무근 콘크리트(無筋-) 철근 등의 보강재를 쓰지 않은 콘크리트.

plain concrete construction 무근 콘크리트 구조(無筋-構造) 철근 등을 넣지 않고 무근 콘크리트로 만든 구조.

plain plate 평판(平板) =flat plate

plain roof tile 평기와(平-) 장방형이고 횡단면이 호상(弧狀)을 이룬 기와.

plan 평면도(平面圖) 건축에서는 건물의 각층을 일정한 높이의 수평면에서 절단한 면을 수평 투사한 도면. 각층의 방 배치, 출입구, 창 등의 위치를 나타내기 위해 그린다. 또, 평면도 중에 실내에 있어서의 기계, 기구나 가구류의 평면적인 크기나 위치를 나타내는 경우가 있다. 또, 지붕, 옥상층 등의 수평 투영도도 평면도의 일종이다.

planar structure 평면 구조(平面構造) 평면판으로 구성되는 구조.

planar truss 평면 트러스(平面－) 한 평면 내에서 조립되는 트러스.

Planckian locus 완전 방사체 궤적(完全放射體軌跡) ＝full radiator locus

Planckian radiator 완전 방사체(完全放射體) ＝full radiator

plan drawing 계획도(計劃圖) 아직 실시되고 있지 않은 건축이나 도시 계획의 도면. 계획 초기 단계의 도면이나 실시하지 않기로 결정된 계획의 도면을 기리키는 경우도 있다. ＝scheme drawing

plane 대패 ＝planer

plane asbestos cement board 평판(平板), 석면판(石綿板) 석면 섬유에 석회나 운모 등의 충전재(充塡材)나 접착제를 가하여 성형한 판. 패킹이나 전기 절연재로 사용한다.

plane asbestos cement sheet 대평판(大平板) 석면판 중 보드로서 사용하는 비교적 큰 치수의 평판.

plane asbestos cement slate 대평판(大平板) 석면 슬레이트를 평평하게 늘린 것. 대평판은 1×2m의 크기이며 벽널로 사용된다. 40×40cm로 자른 것은 소평판으로, 지붕에 사용된다.

plane element 면요소(面要素) 평판이나 곡판(曲板) 등의 2차원적인 퍼짐을 갖는 구조 요소.

plane finish 대패 마감(－磨勘) 대패를 써서 목재 표면을 절삭 가공하여 그 면을 매끄럽게 마감하는 것.

plane frame 평면 뼈대(平面－), 평면 골조(平面骨組) ＝plane framework

plane framework 평면 뼈대(平面－), 평면 골조(平面骨造) 뼈대 각 부재의 재축이 동일 평면으로 구성된 것. 실제의 뼈대는 보통 입체적인 것이지만 편의상 평면 뼈대의 집합으로서 다루는 경우가 많다. →space flame

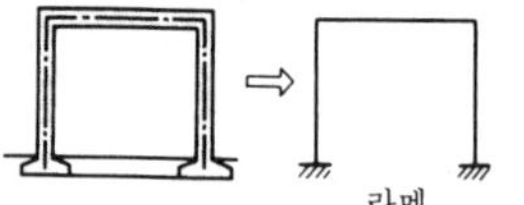

plane load 면내 하중(面內荷重) 판의 중면에 작용하는 판과 평행 방향의 하중 성분을 말한다.

plane of structure 구면(構面) 외력에 저항할 수 있도록 여러 부재로 조립된 평면 골조를 말한다.

planer 대패[1], 평삭기(平削機)[2] (1) 나무 표면을 깎아서 매끄럽게 하기 위한 공구.

(2) 공작물을 장착한 장대한 테이블에 왕복 운동을 시키고, 절삭 공구를 이것과 직각 방향으로 직선적으로 이송하여 절삭하는 기계. 비교적 대형 공작물을 평활하게 절삭하는 데 사용된다.

plane-sawn 널결 나이테에 대하여 거의 접선 방향으로 절단한 제재의 면에 나타나는 나뭇결.

plane strain 평면 변형(平面變形) 하나의 평면 내에만 생기는 2차원의 변형.

plane stress 평면 응력(平面應力) 어느 한 평면 내에만 응력이 생기고, 이것과 직교하는 방향으로 응력이 존재하지 않는 상태일 때 이 평면 내에 생기고 있는 응력.

plane surveying 평면 측량(平面測量) 지구의 표면은 곡면이지만, 일반의 측량에서는 지표면을 평면으로 간주할 수 있는 좁은 구역의 측량. 일반적으로는 반경 약 10km까지의 범위로 하고 있다.

plane table 평판(平板) 도판·3각 받침대·앨리데이드 1조(앨리데이드와 기타 평판의 부속 기구가 들어 있다)로 이루어지는 측량 기구. 수평으로 설치한 도판상의 그림 종이에 앨리데이드로 목표를 보고, 거리를 재서 그림상의 가시선상에 필요한 축척으로 점을 찍는다. 이렇게 하여

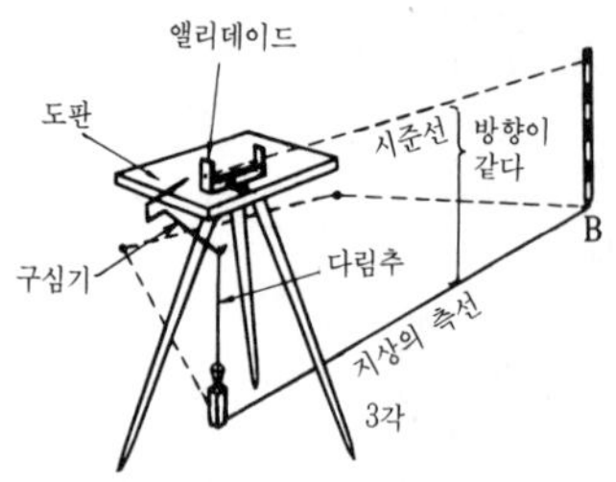

주변의 각 측점을 차례로 찍어 나가면 실제 지형의 축소된 비슷한 평면도가 그림 종이상에 그려진다. →alidade

plane table surveying 평판 측량(平板測量) 평판을 주된 기구로서 행하는 측량. 기구의 취급이 간단하고, 현장에서 직접 재면서 작도하므로 잘못이 적고, 능률적이다. 그 반면, 정도(精度)가 낮고, 기후의 영향을 크게 받는 등의 결점이 있다.

plane truss 평면 트러스(平面－) 부재의 구성면이 평면으로 되는 트러스. 입체 트러스의 대비어. →space truss

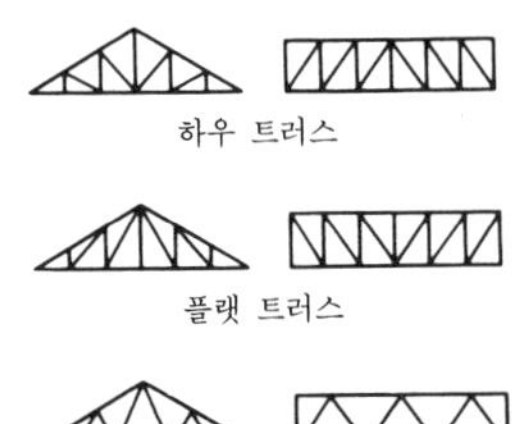

plane wave 평면파(平面波) 파면(波面)이 평면인 음파.

plane with back iron 덧날대패 2매의 대패날을 대패집의 구멍에 넣은 대패로, 연질 재료를 깎는 데 사용한다. 2매로 한 이점은 대패밥을 굴곡시키는 점에 있다. =plane with cap iron

plane with cap iron 덧날대패 =plane with back iron

plan for preventing disasters 방재 계획(防災計劃) 재해를 방지하고, 재해에 대처하며, 재해의 처리를 할 목적으로 세워지는 계획으로, 과거에 발생했던 재해를 교훈삼아 예상되는 재해시의 피해를 되도록 적게 하기 위한 대책을 기획하는 것.

planimeter 플래니미터 불규칙한 도형의 면적을 측정하는 기계. 측침(測針)을 도형의 외주를 따라 미끄러지게 하면 그에 따라서 측륜(測輪)이 회전하므로 그 회전수를 읽어서 면적을 구한다.

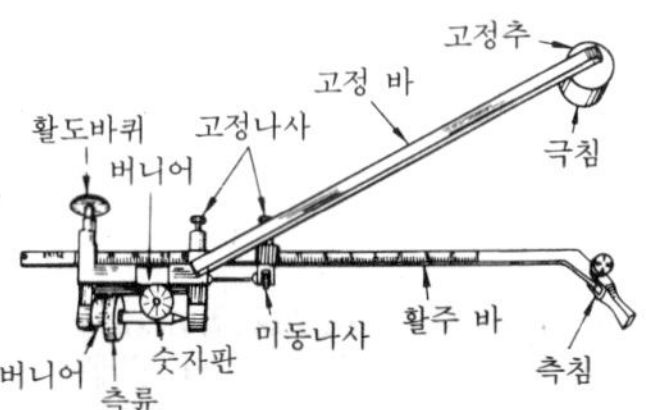

planimetric surveying 평면 측량(平面測量) =plane surveying

planing and moulding machine 기계 대패(機械－) 공작물을 수동 또는 자동으로 주로 직선 이송을 시켜 회전하는 대팻날에 의해 평삭 또는 홈파기, 모따기 등의 가공을 하는 목공 기계로, 목공용 밀링 커터를 사용하는 경우도 있다. 또 대팻날이 테이블에 고정된 것도 있다.

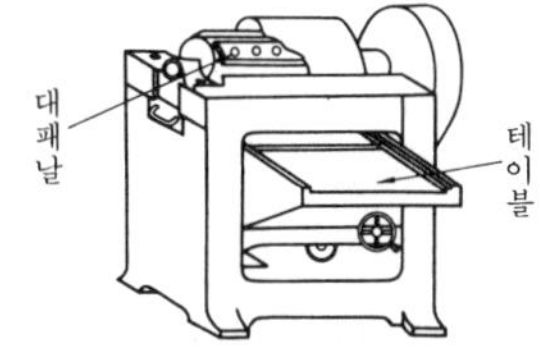

planing machine 평삭기(平削機) =planer

plank 널, 판(板), 두꺼운널, 반널(盤－) 두께가 8cm 미민이고 폭이 두께의 3배 이상인 것. 다음 4종류로 나뉜다. ① 널, 판 : 두께가 3cm 미만이고 폭이 12cm 이상인 것. ② 소폭판 : 두께가 3cm 미만이고 폭이 12cm 미만인 것. ③ 사면판 : 폭이 8cm 이상이고 단면이 사다리꼴인 것. ④ 두꺼운널, 반널 : 두께가 큰 널. 목재에서는 두께가 3cm 이상의 것.

planner 플래너 기획 · 입안을 세우는 사람이며 설계자.

planning 평면 계획(平面計劃) 좁은 뜻으로는 건물의 평면도를 만드는 작업. 넓은 뜻으로는 동시에 단면이나 입면 기타 건축 전체의 종합 계획도 포함하면서 평면도를 작성하는 것.

planning and design 기획 설계(企劃設計) 건축의 기획 및 설계의 총칭.

planning control 계획 규제(計劃規制) 토지 이용 규제의 일종. 도시 및 지구에 대하여 책정되는 일정한 구속력을 갖는 구체적 내용의 계획에 적합하도록 건축, 개발 행위, 토지 이용 변경 등을 유도 또는 규제하는 것.

planning criteria 계획 표준(計劃標準)

건축, 시설, 도시를 대상으로 한 계획에서 최저한 또는 적정하게 지켜져야 할 계획 내용과 실시의 기준. =planning standard

planning grid 플래닝 그리드 설계할 때 사용되는 기준 치수(모듈)로 만들어진 바둑판 눈. 이것을 밑에 깔고 설계를 한다.

planning of building construction 구법 계획(構法計劃) ① 건축물의 설계에 있어서 구법을 계획하는 것. ② 구법을 계획하는 데 필요한 지식을 체계화한 학문 분야. 구법 계획학.

planning of capacity and size 규모 계획(規模計劃) =land use program

planning of equipment system 설비 계획(設備計劃) =equipment planning

planning of lighting 조명 계획(照明計劃) 건축 또는 시설의 조명 설비를 기능적 요구를 만족하고 동시에 뛰어난 의장(意匠)을 갖도록 계획하는 것.

planning of park and green 공원 녹지 계획(公園綠地計劃) 도시 계획 중의 공원·녹지 등에 관한 계획으로, 도시의 경관을 좋게 할 뿐만 아니라 공기의 정화, 재해시의 피난 장소, 아동의 놀이터, 시민의 레크리에이션의 장으로서 필요한 것.

planning of residential area 주택지 계획(住宅地計劃) 주택의 종류, 주환경의 질, 밀도, 전체의 호수 등을 고려하여 도로, 공원, 초·중교 시설, 상업 시설 등을 포함하여 주택지를 계획하는 것.

planning standards 계획 표준(計劃標準) 도시 계획에서 가로, 공원, 광장, 운하, 주택지 경영 등의 계획 및 사업을 하는 경우의 표준이 되는, 그들의 시설의 규모나 배치 등에 관해서 정해진 최소한 또는 적정 기준.

plant 플랜트 시스템화된 제조 공정을 갖는 공장으로, 건축에서는 레미콘 제조 시설을 말한다.

plant industry 장치계 공업(裝置系工業) 철강, 중화학 등의 대규모 공장 설비를 갖춘 공업. 소재·제품 수송의 제약이 있기 때문에 임해부(臨海部)에 입지된다.

planting belt 식수대(植樹帶) 도로 녹화를 목적으로 중앙 분리대나 보차도의 경계부 등에 고목, 중저목, 화초 등을 심기 위해 두어진 띠 모양의 부분.

plantype 플랜타입, 평면형(平面形) ① 건축의 도면(플랜)을 기능의 형(타입)별로 분류하여 연구하는 것을 말한다. ② 건물 평면의 전부 또는 그 일부에 대해서 다른 것과는 다른 개성적인 특징에 대한 유형을 말한다.

plasma 플라스마 기체를 수천도 이상의 고온으로 가열할 때 그 속의 가스 원자가 원자핵과 전자로 유리하여 음양의 이온 상태로 되는 것을 말한다. 플라스마 절단·플라스마 용접·플라스마 용사(熔射) 등은 이러한 플라스마 아크나 제트를 이용한 가공법이다.

plasma arc cutting 플라스마 아크 절단(－切斷) 플라스마 아크의 열을 이용하여 금속을 녹여서 절단하는 것.

plaster 플라스터 석고를 주성분으로 하는 도벽 재료의 총칭. 석고 플라스터와 돌로마이트 플라스터(dolomite plaster)계가 있다.

plaster board 석고 보드(石膏－) 소석고에 톱밥 혹은 기타의 경량재를 대체로 85 : 15의 비율로 섞고, 물로 비빈 것을 두꺼운 종이 사이에 끼우고 판 모양으로 성형하여 건조시켜서 만든 판. 방화성이 있고, 온도 변화에 의한 신축이 작으며, 흡습성이 작다. 길이×폭이 182×91cm 및 200×100cm의 두 종류가 있고, 두께는 7, 9, 12mm의 3종으로 나뉘어 있다. 이러한 평 보드 외에 다수의 둥근 구멍을 뚫은 라스 보드, 다수의 작은 구멍을 뚫은 흡음 보드 등이 있다. 실내벽, 천장 등의 바탕 또는 마감에 사용한다.

plaster board finish 플라스터 보드 마감 벽·천장 혹은 이들의 바탕에 석고 보드를 붙이는 것. 혹은 마감한 것.

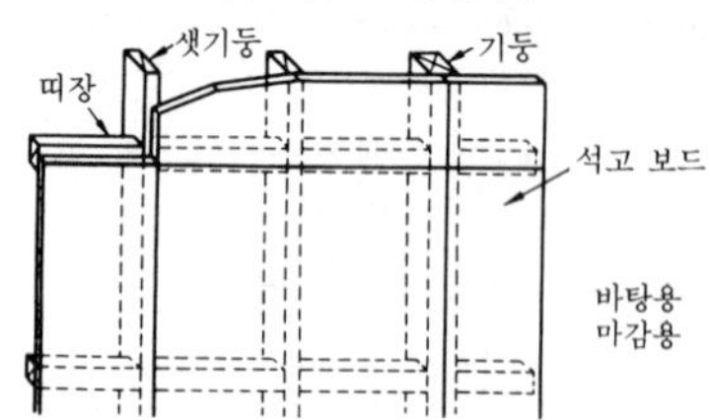

plastered celling 바름 천장(－天障) 회반죽, 플라스터, 모르타르 등으로 칠하여 마감한 천장.

plastered wall 바름벽(－壁) 벽면이나 바닥면을 칠하여 마감한 벽. 모래벽, 흙벽, 회반죽벽 또는 플라스터칠, 모르타르칠, 인조석 등으로 마감한 벽.

plasterer 미장공(美裝工), 미장이(美裝－) 미장 공사를 하는 사람.

plaster finish 플라스터칠 광물질의 분말과 물을 비빈 것으로, 내벽·천장을 구성하는 칠 마감의 총칭(다음 면 그림 참조).

plastering 새벽질 모르타르, 회반죽, 플라스터 등으로 마감한 벽.

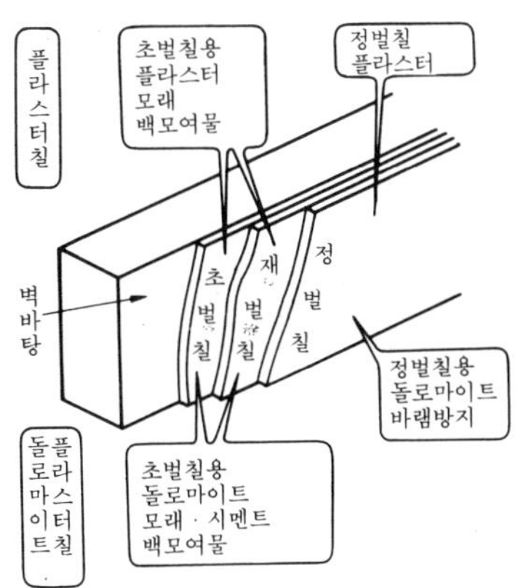

plaster finish

plastering material 미장 재료(-材料) 미장 공사에 쓰이는 재료로, 벽흙, 여물, 소석회, 풀, 돌로마이트 플라스터, 석고 플라스터, 시멘트 등.

plaster interceptor 플라스터 저집기(-沮集器) 치과, 외과의 등에서 사용하는 석고는 배수관의 관벽에 부착 응고하여 쉽게 제거할 수 없기 때문에 이것을 저집하는 분리기.

plaster of Paris 파리 플라스터 =calcined gypsum, burnt gypsum

plaster tool 미장용 공구(美裝用工具) 모르타르칠 · 회반죽칠 등의 칠공사에 사용하는 공구류.

plaster work 미장 공사(美裝工事) 회반죽, 진흙, 모르타르 등을 바르는 공사. 각종 마감 공사 중 건물의 우열을 결정하는 규준이 될 정도로 중요한 공사의 하나.

plastic analysis 소성 해석(塑性解析) 균형 조건, 소성 조건, 기구 조건을 만족하는 구조물의 소성 붕괴 하중에 관한 해를 구하는 것.

plastic arts 조형 예술(造形藝術) 물질적 재료에 모양을 갖춤으로써 성립하고, 주로 시각을 대상으로 하는 예술. 조각, 회화, 건축 등이 이에 속한다.

plastic buckling 소성 좌굴(塑性座屈) 부재의 응력도가 소성역으로 들어오고부터 생기는 좌굴. 탄성 좌굴과 대비하는 용어.

plastic concrete 묽은비빔 콘크리트 건축에서는 슬럼프 약 15cm 이상으로 거푸집에 흘려넣는 시공에 적합할 정도의 부드러운 콘크리트.

plastic decorative board 플라스틱 치장판(-治粧板) 종이에 멜라민 수지, 페놀 수지 등을 함침시켜 합판이나 파이버 보드의 목질 재료 위에 오버레이 처리한 마감 재료.

plastic deformable ability 소성 변형 능력(塑性變形能力) 구조물이 힘을 받아서 항복하고, 힘과 변형이 비례하지 않게 되어도 내력이 갑자기 감소하는 일 없이 소성역에서 변형을 계속할 수 있는 능력. 에너지 흡수를 위해 필요한 성질이다.

plastic deformation 소성 변형(塑性變形) 소성을 나타내는 변형.

plastic deformation capacity 소성 변형 능력(塑性變形能力) 부재, 또는 구조물이 외력의 작용하에서 항복한 다음에도 저항력이 갑자기 저감하는 일 없이 소성 영역에서도 계속 변형하는 능력.

plastic design 소성 설계(塑性設計) 구조물의 종국 한계 상태로서 소성 붕괴를 직접 고찰의 대상으로 하고, 안정성에 대하여 보다 합리적으로 설계하려는 방법.

plastic design method 소성 설계법(塑性設計法) =limit design method

plastic equilibrium 소성 평형(塑性平衡) 소성 상태에 있어서의 평형.

plastic fiber reinforced concrete 합성 섬유 보강 콘크리트(合成纖維補强-) = PFRC →aramid fiber reinforced concrete

plastic finishing 플라스틱 마감(-磨勘) 합성 수지를 소재로 한 투명 또는 반투명의 판을 붙인 공법. 또는 붙인 것. 플라스틱은 열에 의한 신축을 고려하여 다소 여유를 보고 붙인다.

plastic flow 소성 흐름(塑性-) 소성역에 있으며, 응력이 일정한 상태에서 변형이 증대하는 현상.

plastic form 발포 플라스틱(發泡-) = foamed plastics

plastic hinge 플라스틱 힌지, 소성 관절(塑性關節) 어떤 단면이 전면적으로 항복하여 소성 모멘트 M_p에 이르면 그 단면은 마치 핀 절점과 같은 상태가 되고 그 점 둘레에 일정한 모멘트 M_p하에 회전을 시작한다. 이러한 상태를 플라스틱 힌지라 한다. 핀 절점과 다른 점은 핀 절점이 모멘트를 전할 수 없는 데 대해 플라스틱 힌지는 임의 크기의 소성 모멘트를 전하면서 회전한다.

plasticity 소성(塑性) 외력에 의한 변화가 외력을 제거한 다음에도 변형하여 남는 성질. 이 변형을 소성 변형 또는 영구 변형이라 한다. →rwsidual strain

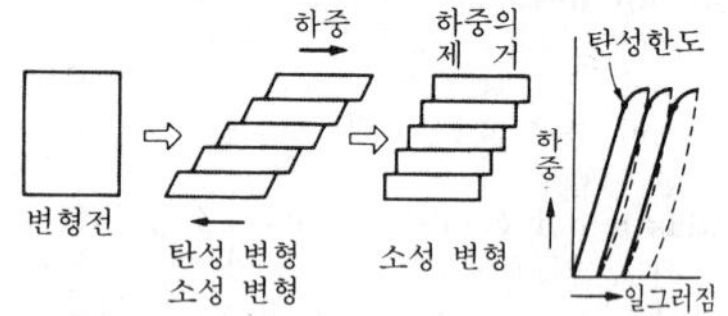

plasticity chart 소성도(塑性圖) 가로축을 액성 한계, 세로축을 소성 지수로 나타내는 그림. 압축성, 투수성 등 흙의 상태를 분류하는 데 사용한다. 주로 점성토가 대상이다.

plasticity index 소성 지수(塑性指數) 주어진 흙의 액성(液性) 한계와 소성 한계의 함수비의 차. 그 흙의 소성의 폭을 나타내는 것. I_p로 나타낸다.

$I_p = w_L - w_P$

여기서, w_L, w_P는 액성, 소성 각각의 한계의 함수비. →liquid limit

plasticizer 가소제(可塑劑) 물질에 가소성을 주기 위해 첨가하는 물질. 예를 들면 고무, 플라스틱계 재료에 제조 과정에서의 가공성, 제품으로서의 유연성을 적당히 하기 위해 첨가한다.

plastic lawn 합성 잔디(合成－) ＝artificial lawn

plastic limit 소성 한계(塑性限界) 흙의 상태가 소성에서 반고체로 변화하는 경계에서의 함수비.

plastic lined steel pipe 플라스틱 라이닝 강관(－鋼管) 강관 안쪽에 플라스틱을 라이닝한 녹 방지 강관.

plastic moment 소성 모멘트(塑性－) 전단면이 항복했을 때의 최종 휨 모멘트. 소성 단면 계수를 Z_p로 하면 소성 모멘트 M_p는

$M_p = \sigma_y Z_p$

여기서, σ_y는 항복 응력도.

plastic moment distribution method at panel points 절점 분할법(節點分割法) 라멘 골조의 붕괴 하중을 산정하기 위한 약산법(略算法)의 하나. 각 부재의 종국 모멘트에서 절점의 모멘트를 내고, 하나의 절점에 모이는 보의 모멘트합과 기둥의 모멘트합을 비교하여 소성 힌지의 위치를 정한다. 또 소성 힌지를 야기하지 않는 부재에 모멘트를 분할해 가서 전체의 붕괴형을 구하고, 메커니즘시의 기둥 전단력의 합을 취하여 그 층의 수평 보유 내력으로 하는 방법이다.

plastic pipe 플라스틱관(－管) 경질 염화 비닐관이나 폴리에틸렌관 등의 합성 수지제 관의 총칭. 일반적으로 경량이고 내식성이 뛰어나지만 내력성이 떨어진다.

plastic region 소성역(塑性域) ① 응력도·변형 곡선 또는 하중·변위 곡선에 있어서 후크의 법칙이 성립하지 않는 영역. ② 구조물 또는 재료에 하중을 가하면 일반적으로는 각 부분에 생기는 응력의 크기가 달라지므로 하중을 증대시켜 가면 소성 변형이 생기는 부분이 생긴다. 이러한 부분을 말한다.

plastics 플라스틱 가소성 물질 또는 가소물이라고도 한다. 보통은 합성 수지라고 불리고 있다. 열, 압력 혹은 그 양자에 의해서 성형할 수 있는 고분자 화합물(고분자 물질)의 총칭. 열가소성의 것과 열경화성의 것이 있다. 전자에는 염화 비닐 수지, 초산 비닐 수지, 아크릴 수지, 폴리에틸렌, 스티롤 수지 등이 있고, 후자에는 페놀 수지, 요소 수지, 멜라민 수지, 폴리에스테르 수지, 알키드 수지, 에폭시 수지, 실리콘 수지, 폴리우레탄 수지 등이 있다. 판, 필름상(狀), 막대, 관 스폰지상, 기타의 제품이 만들어지며, 또 접착제, 합성 수지 도료의 제조에 쓰이는 등 용도는 매우 넓다.

plastic sash 플라스틱 새시 플라스틱제의 공업 창호 제품. 결로가 잘 안 되고, 부식에 강하다는 등의 이점이 있다.

plastic section modulus 소성 단면 계수(塑性斷面係數) 부재의 전단면이 항복하여 휨 모멘트 일정이고 곡률이 자유롭게 증대하는 상태의 단면 계수. Z_P로 나타낸다. 탄성 단면 계수 Z_E와의 비 $f = Z_P/Z_E$를 형상 계수라 한다. 또 이 상태를 소성 힌지로 되었다고 한다.

plastic sheet floor 플라스틱 시트 바닥 장척의 플라스틱계 바닥 마감재의 호칭.

plastics product 플라스틱 제품(－製品) 건축 재료로서는 평판·골판·바닥용 타일·시트·필름·발포체·관 등의 고체 재료 외에 도료·접착제·실링재 등의 액체·반액체의 재료로서 공급된다.

plastic strain 소성 일그러짐(塑性－) 항복점을 넘는 변형에 의해서 소성 흐름, 일그러짐 경화의 성질을 나타내는 재료에서 부하를 제거해도 잔류하는 일그러짐.

plastic theory 소성 이론(塑性理論) 구조

물이나 부재에 큰 외력이 작용했을 때 소성역의 문제가 되지만 재료의 소성에 입각하여 현상의 이론화를 지향하는 기초 이론.

plastic tile 플라스틱 타일 비닐 수지 기타의 플라스틱을 원료로 하여 만든 타일. 염화 비닐 수지를 사용한 바닥용의 것이 많고, 스티롤 수지를 사용한 벽용의 것도 있다. 비닐 타일은 두께 2.0~3.0mm로 30×30cm가 많다. 접착제로 모르타르 바닥, 목조 바닥에 붙인다. 비닐 타일은 내마모성이 좋고 내약품성이 뛰어나다.

plastomer 플라스토머 가소성을 나타내는 고분자 화합물의 총칭. 탄성을 나타내는 고분자 화합물이다.

plate 판(板), 널 목재의 판류를 말하며, 이것에는 박판, 후판, 소폭판, 사면판 등이 있다. 보통 박판을 판이라 한다. 삼나무, 소나무, 노송나무 등의 침엽수 제재가 많다. ＝board

plate and shell structure 면구조(面構造) 평판·곡판(曲板) 등을 구조 요소로서 형성되는 구조. 선재(線材)를 주로 하는 골조 구조와 대비하여 쓰인다.

plate column 플레이트 기둥 웨브재에 강판을 사용하고, 강판과 앵글 또는 강판으로 단면을 I형 또는 H형으로 조립하는 기둥. 플레이트 보와 같은 구성이며, 기둥에 작용하는 휨 모멘트나 전단력이 큰 경우에 쓰인다. 그림에서 휨 모멘트는 플랜지 부분으로 저항하고, 커버 플레이트로 보강한다. 전단력은 웨브 플레이트로 저항한다.

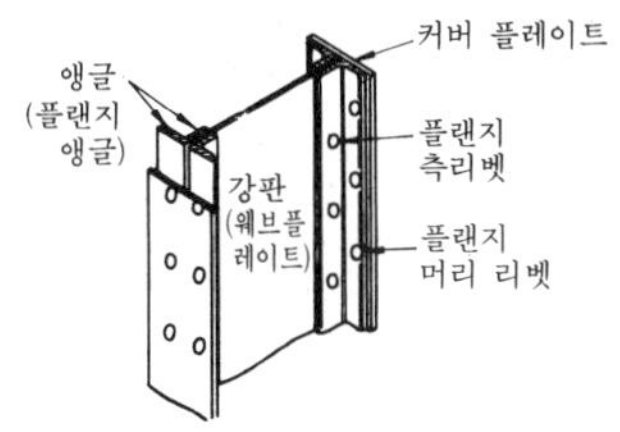

plate element 판요소(板要素) 부재 단면을 형성하고 있는 플랜지나 웨브 등의 판 부분.

plate girder 플레이트 보 웨브재에 강판을 사용하여 단면을 I형으로 조립한 보. 하중이나 스팬의 대소에 따라 단면을 자유롭게 증감할 수 있는 이점이 있다. 일반적으로 보 높이는 스팬의 1/10~1/15 정도이다. 보 높이가 플랜지폭에 비해 크게 좌굴하기 쉬우므로 스티프너로 보강한다. 플랜지 부분은 휨 모멘트에, 웨브 부분은

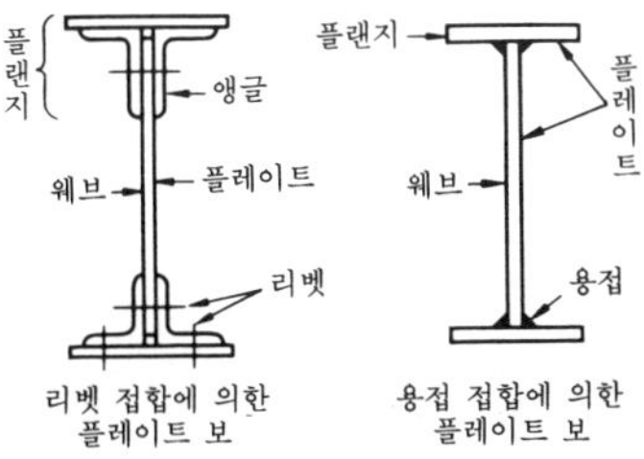

리벳 접합에 의한 플레이트 보　　용접 접합에 의한 플레이트 보

전단력에 저항한다.

plate glass 판유리(板琉璃), 후판 유리(厚板琉璃), 두꺼운 판유리(－板琉璃) 두께 6mm 이상의 판유리 표면을 닦아 광을 낸 마감판과 닦지 않은 것 외에 형 판유리, 망입 판유리(평판과 결판) 등이 있다.

plate load test 평판 재하 시험(平板載荷試驗) 지반의 현위치 시험의 하나. 재하판을 써서 지반에 재하하고, 침하량과 하중의 관계에서 지내력을 구하기 위한 시험. 30cm각의 판이 널리 쓰이고 있다.

plate stone 판돌(板－) 폭에 비해 두께가 작은 돌.

plate structure 평판 구조(平板構造) 평판을 구조 요소로 하는 구조 형식 중에서 주로 면외 휨이나 전단에 의해서 저항하는 슬래브 형식의 것을 가리킨다. 벽구조나 절판(折板) 구조와 대비해서 쓰인다.

plate with fixed edges 주변 고정판(周邊固定板) 전 둘레에 걸쳐서 변위 및 회전이 구속되어서 지지되는 평면판 또는 곡면판.

Plateresque style 플라테레스크 양식(－樣式) 16세기에 스페인에서 유행한 고딕, 르네상스, 이슬람의 여러 요소를 장식적으로 사용한 양식.

platform 플랫폼 바닥이 한층 높아진 부분을 말한다. 예를 들면 역의 열차 승강장, 연단 등.

platform construction 플랫폼 공법(－工法) 투 바이 포 공법의 일종. 먼저 1층 바닥을 꾸미고, 그것을 작업대로 하여 1층의 벽을 만든 다음 2층 바닥을 꾸며 나가는 작업을 반복하여 건물을 완성시키는 공법.

platform frame construction 플랫폼 프레임 공법(－工法) 목조 주택의 공법의 하나로, 2인치×4인치의 목재를 사용하기 때문에 2×4공법이라고도 한다. 목재로 짠 틀에 구조용 합판을 붙여 나가는 공법. 내구성이 높고 화재에 강하다.

plating 도금(鍍金) 금속 표면에 밀착하여 다른 금속의 박층을 피복하는 것. 장식을

위해서는 놋쇠 등의 모재에 귀금속의 전기 도금을 하고, 방식 보호의 목적으로는 철재에 아연을 전기 도금 또는 용융 도금을 한다.

platinum resistance thermometer 백금 저항 온도계(白金抵抗溫度計) 절연체의 박판에 백금선을 감아 보호관에 봉해 넣은 측온 저항체를 사용하는 저항 온도계. 변형이 잘 되지 않고, 정밀 측정이 가능하다. 측정 범위도 −260℃부터 1,600℃까지로 넓다. 국제 상용 온도 눈금에서는 −259.34~630.74℃의 표준 온도계에 지정되고 있다.

Platte 플라테 면외 하중에 대하여 면외 전단력·휨 모멘트·비틀림 모멘트 등을 일으키는 평면판 구조. 바닥 슬래브 등이 대표적이다.

play-back type robot 플레이백 로봇 인간이 조작하여 견본을 나타낸 동작을 기억하여 반복 실행하는 로봇.

play field park 운동 공원(運動公園) 운동 경기 시설을 갖춘 공원.

play ground 놀이터, 아동 공원(兒童公園) 일반적으로 아동의 놀이터를 목적으로 하는 공원. 그네·미끄럼대·정글 짐 등의 동적인 놀이 기구가 중심이 되는 외에 광장·벤치·화장실 등을 설치한다.

play space 놀이터 주로 어린이가 옥외에서 놀 수 있도록 제공되는 공간을 총칭하는 것. 도시 공원 중에서는 어린이 공원, 어린이 놀이터 등이 이에 해당한다. = play lot, play-ground

plaza 광장(廣場) = place

pleasure ground 유원지(遊園地) 위락을 위해 여러 종류의 오락 시설을 갖춘 녹지. 공원이나 아동 공원과 달리 하나의 기업으로서 경영된다.

plenum chamber 플리넘 체임버, 충만 상자(充滿箱子) 공기 조화 설비에서는 덕트를 부풀게 한 상자 모양의 부분으로, 공기 실용의 소구획실을 말한다. 이 방과 1개 내지 여러 개의 덕트, 혹은 송풍기 등이 연락되어 있다. 이 방의 공기압은 덕트 내보다 낮게 되어 있다.

plinth 플린스[1], 걸레받이[2] (1) 기둥 또는 벽체 하부에 두어지는 주경(柱徑) 또는 벽 두께보다 큰 판돌로, 계단 모양으로 여러 단 겹쳐지는 경우가 있다. 높이가 1m 정도에 이르는 것은 페디스털이라 한다.

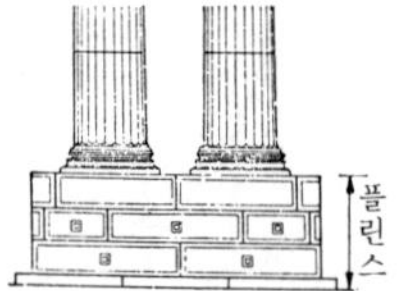

(2) 벽이 바닥에 접하는 기부에 둔 횡목 또는 횡판. 벽면 하부의 손상을 방지하는 것이 주목적이다. 목조 바닥인 경우는 대부분 목제이고, 목조 바닥 이외는 목재, 석제, 인조석, 타일, 모르타르, 아스팔트 타일 등을 사용한다. = baseboard

plinth stone 정두리돌, 근석(根石) 건물의 접지 부분에 쌓는 돌.

plot 획지(劃地) 하나의 건축물 또는 용도상 불가분의 관계에 있는 둘 이상의 건축물이 있는 1단지의 토지.

plot coverage 건폐율(建蔽率) = building coverage

plot plan 배치도(配置圖) 미리 작성된 부지의 조사도를 바탕으로 하여 건축물과 부지·도로의 위치 관계, 부지 내의 여러 시설 및 지형 등을 나타내는 그림. 건축물은 1층 평면을 대상으로 하고, 부지나 건물이 소규모인 경우는 건축물의 평면도 또는 지붕 평면도와 겸하는 경우도 있다.

plot planning 배치 계획(配置計劃) = layout planning

plot ratio 택지율(宅地率) 어느 지역이나 구역의 면적에 대하여 택지의 면적이 차지하는 비율.

plotter 플로터 일반적으로 컴퓨터에 접속하여 사용하는 제도 기계의 일종. 인자(印字)에 펜을 쓰고, 이것을 이동시켜서 묘화(描畵)한다.

plow plane 홈 대패 = grooving plane

plough groove 작은 구멍 목조나 창호 공사 등에서 한쪽의 나무에 가늘고 긴(깊이는 폭과 같이) 홈을 뚫은 구멍. 여기에 다른 재(材)를 꽂아 넣어서 접합한다.

plug 마개, 플러그 ① 전기 접속기의 일종으로, 회전 플로그 및 세퍼러블 플러그가 있으며, 리셉터클과 쌍을 이룬다. ② 급배수관을 잇는 이음의 일종.

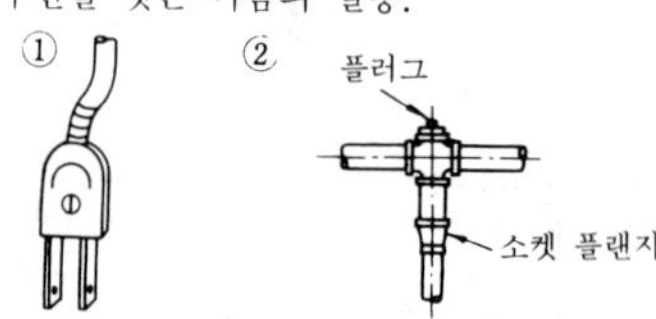

plugging effect 폐색 효과(閉塞效果) = closing effect

plug in 플러그 인 본래는 전기 회로에 플러그를 꽂아 자유롭게 회로 구성을 하는 수법이지만 공간의 구성 수법에도 응용되고 있다. 필요에 따라 엘리먼트를 부착 또는 제거하는 수법.

plug socket 플러그 소켓, 콘센트 옥내 배선과 코드의 접속을 위해 배선측에 설치하는 플러그를 받는 것. 노출형과 매입형, 바닥용·벽용이 있다.

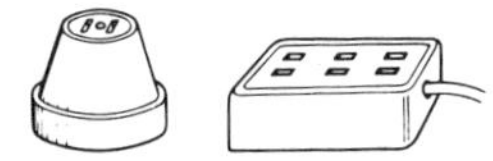

plug welding 플로그 용접(-鎔接) 겹치기하는 모재의 한쪽에 구멍을 뚫고, 그 구멍에 살붙이를 하여 접합하는 용접 방법.

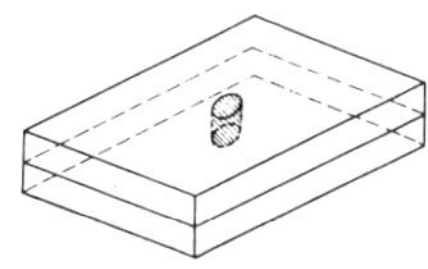

plug welding joint 플러그 용접 이음(-鎔接-) 플러그 용접법을 써서 강판 등을 접합하는 방법. →plug welding

plumb 다림추(-錘) 실 끝에 원뿔 모양의 무게 0.2~1kg 정도의 추를 매단 것으로, 어느 점을 동일 연직선상으로 옮기는데 사용하는 먹매김 도구. 벽이나 기둥 등의 연직(鉛直) 양부를 살피는 데에도 사용한다.

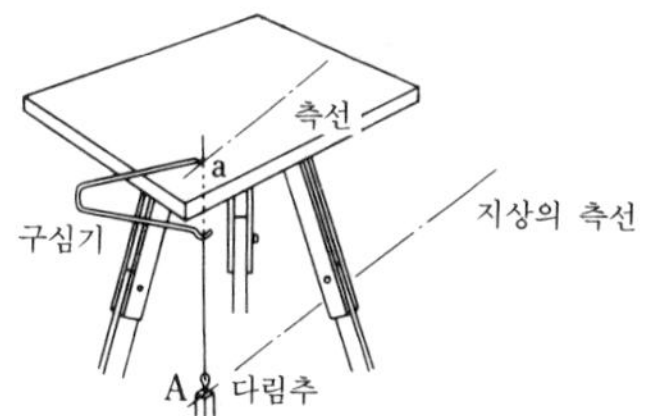

plumb bob 다림추(-錘) 석공이 사용하는 널틀이 붙은 다림추.

plumber 배관공(配管工), 위생공(衛生工) 위생 공사, 급배수 공사, 가스 공사 등의 배관 작업을 하는 직공.

plumbing 다림[1], 위생 공사(衛生工事)[2] (1) 건물 부분의 수직도(그림 참조).
(2) 위생 설비에 관한 공사. 공기 조화 설비 공사 등과 함께 기계 설비 공사라 한다. =sanitary plumbing

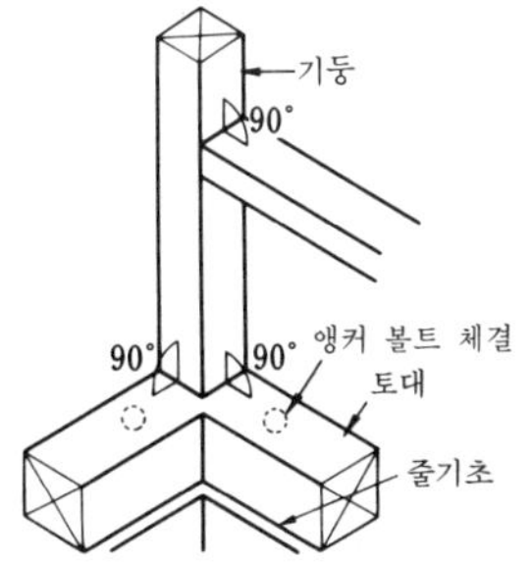

plumbing equipment 급배수 설비(給排水設備) 건물의 급수 및 배수에 관한 기구 배관을 포함하는 설비 전반을 말한다.

plumbing equipment drawing 급배수 설비도(給排水設備圖) 급배수 공사용 그림 기호를 써서 기구 및 기구로의 접속관 배치 상태를 나타낸 그림. 급수·급탕 배관·배수 배관에 대하여 평면도, 입면도, 부분 상세도, 계통도가 그려진다.

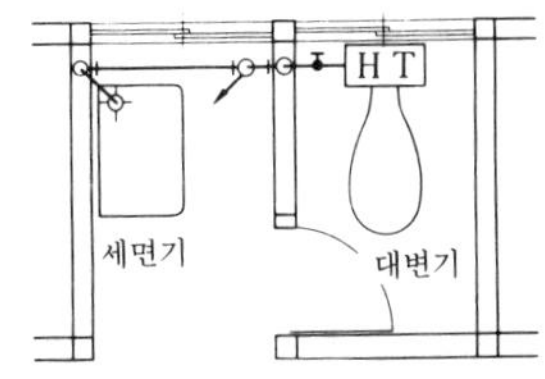

plumbing fixture 위생 기구(衛生器具) 변기, 세면기 등 급수, 급탕을 위해, 또는 액체나 세정하는 오물을 받는다든지, 그들을 배출하기 위하여 설치되는 급수 기구, 배수 기구, 물받이 용기 및 부속품을 말한다. =sanitary

plumbing installation 급배수 공사(給排水工事) =plumbing work

plumbing noise 급배수 설비 소음(給排水設備騷音) 급수 설비 및 배수 설비에서 물의 흐름에 의해 생기는 거주 공간에서 문제가 되는 소리.

plumbing system 급배수 (위생) 설비(給排水(衛生)設備) 건물 내 및 부지 내에서 사람의 생활용으로 사용하는 물이나 탕을 공급하고, 사용한 물을 배제하여 보건 위생적 환경을 향상, 실현하기 위한 설비. 급수, 급탕, 배수, 통기, 위생 기구 설비 및 특수 설비 등이 있다. 이전에는 단지 급배수 설비라 약칭했다.

plumbing work 위생 공사(衛生工事), 급배수 공사(給排水工事) 급배수 등의 배관 부설, 기구의 부착을 비롯하여 위생 설비 전반을 포함하는 공사. =plumbing installation

plume rise height 연기의 상승 높이(煙氣-上昇-) 굴뚝에서 배출되는 연기가 분출 속도에 의한 상향의 운동량과 배연 온도와 주변 대기 온도와의 차에 의해 부력의 영향을 받아서 상승하는 높이.

plunge bath 전신 욕조(全身浴槽) 어깨까지 잠길 수 있는 욕조.

plunger pump 플런저 펌프 왕복 펌프의 일종. 원통 피스톤(플런저)을 왕복시켜서 물을 수송하는 펌프. 고압의 양수에 적합하나 구조상 단동식(單動式)이므로 양수가 불연속으로 되기 때문에 둘 이상의 플런저를 위상을 갖게 하여 배치한다. 보통은 3개의 플런저를 120°의 위상차로 설치한다.

ply 플라이 합판을 구성하는 단판(單板)의 한 층을 말한다. 예를 들면 3매 겹친 합판은 3플라이 합판이라 한다.

plywood 합판(合板) 두께 1~2mm로 만든 단판을 3매 이상(홀수매)을 부착한 판. 표면에 나타나는 단판을 표판(치장판), 이면의 것을 뒤판, 중간의 판을 심판(心板)이라 하고, 인접하는 각 단판의 섬유 방향은 서로 직교하도록 붙인다. 내수성의 정도에 따라 여러 가지 구분이 있다.

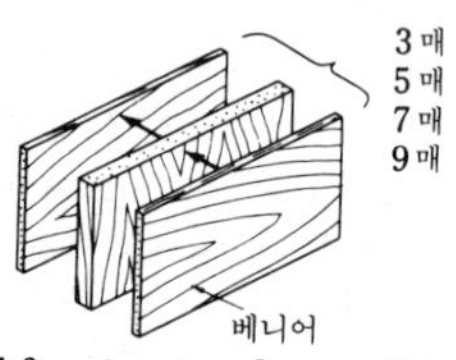

plywood for structural use 구조용 합판(構造用合板) 목구조의 구조용 주요 부분에 쓰이는 합판.

PNC curve PNC곡선(-曲線) PNC는 prefered noise criteria의 약어. 실내의 정상성 광대역 소음을 평가하기 위한 도표의 하나. NC곡선의 개량판. 음질에 의한 불쾌감의 평가를 도입하고 있다.

pneumatic automatic control 공기식 자동 제어(空氣式自動制御) 공기식 조절기 및 조작기에 의해 행하여지는 제어. 각 기기는 구리, 폴리에틸렌관에 의한 공기압 배관으로 이어지고, 동력원으로서 압축 공기가 필요하다.

pneumatic caisson 뉴매틱 케이슨 케이슨 선단부의 작업실에 압축 공기를 보내고, 고압의 상태에서 작업실 내의 물을 배제하여 저면하의 토사를 굴착, 배제할 수 있도록 한 케이슨 공법으로 구축한 기초 구조.

pneumatic caisson method 뉴매틱 케이슨 공법(-工法), 압기 잠함 공법(壓氣潛函工法), 가압식 잠함 공법(加壓式潛函工法) 케이슨 공법의 일종. 지반을 깊이 굴착하는 경우에 장애가 되는 지하수의 분출을 각 심도의 수압에 상당하는 공기 압력으로 억제하여 케이슨을 침하시키는 공법. 그림과 같이 케이슨의 하부에 작업실을 두고, 이 속에 압축 공기를 보내고, 토사의 반출 및 작업원의 출입은 에어 로크라는 상부가 2중인 방으로 된 강철제의 샤프트를 통해서 행하여지는 것. 침하가 잘 안 될 때는 케이슨 속에 하중용의 물을 넣기도 한다.

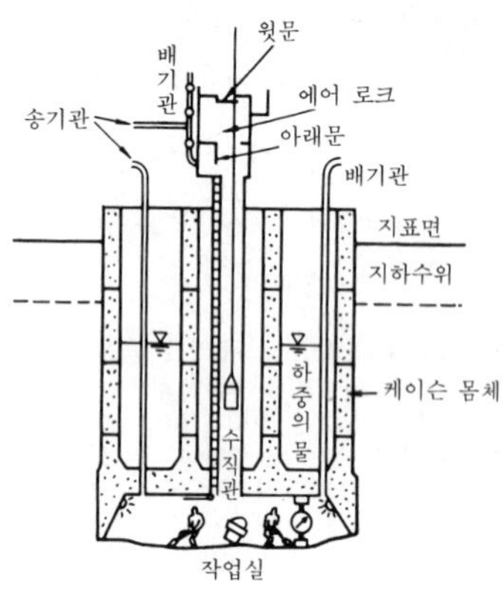

pneumatic carrier 기송관(氣送管) = pneumatic tube

pneumatic compressor 공기 압축기(空氣壓縮機) = air compressor

pneumatic conveyance 공기 수송(空氣輸送) 관로 중을 공기 또는 가스를 매체로 하여 고체 물질을 수송하는 방식.

pneumatic conveyer 공기 컨베이어(空氣-) 관로 중을 공기 또는 가스를 매체로 하여 고체 물질을 수송하는 장치. 압축 공기에 의해 기송관(氣送管)을 통해 캡슐에 넣은 물건을 운반하는 것이 일반적이다.

pneumatic drill 공기 드릴(空氣-) = air drill

pneumatic hammer 공기 해머(空氣-) 압축 공기를 이용한 타격 해머. 말뚝박기용, 리벳 박기용 등이 있다.

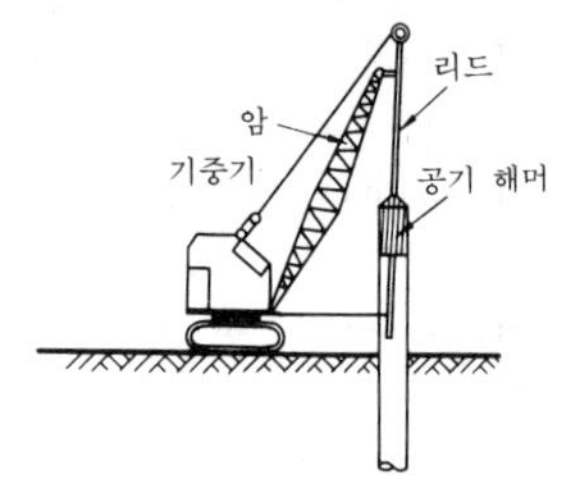

pneumatic impact wrench 임팩트 렌치 압축 공기를 이용하여 볼트를 체결하는 공구.

pneumatic structure 공기막 구조(空氣膜構造) 대 스팬을 필요로 하는 스포츠 시설 등에 이용되는 곡면상의 피막 내외 양면에 기압차를 주어, 막면에 생기는 인장력에 의해서 공간을 구성하는 구조.

pneumatic tube 기송관(氣送管) 압축 공기 또는 진공을 이용하여 관을 통해서 서류 등을 보내는 장치. 병원, 은행, 회사 등에서 널리 사용된다.

pneumatic tube installation 기송관 장치(氣送管裝置), 에어 슈터 기송관 속을 공기압에 의해서 주행하는 기송자라고 하는 통 속에 서류 등을 넣고, 건물 각처에 반송하는 장치. 병원·도서관 등 큰 건물에 설치된다.

pneumatic tube structure 공기관 막구조(空氣管膜構造) 통상의 공기 막구조보다 높은 기압을 관내에 주어 부풀린 공기관을 구조재로서 구성하는 구조.

pneumatic tube type fire detector 분포형 화재 감지기(分布形火災感知器) = line type fire detector

pocket park 포켓 파크 고밀화하는 도심부에서 만남의 장, 휴식처의 정비나 도시 경관의 향상을 목적으로 만들어지는 소공원을 말한다. 중고층 빌딩가의 일각 등에 정비된다.

point bearing capacity 선단 지지력(先端支持力) = end bearing capacity

point bearing capacity of a pile 말뚝의 선단 지지력(-先端支持力) = end bearing capacity of a pile

point bearing pile 선단 지지 말뚝(先端支持-) 말뚝의 선단 저항에 의해서 하중을 지지하는 말뚝.

point-by-point method 축점법(逐點法) 전등 조명에 의한 어느 점 P의 조도(照度)를 구하는 데, 주위의 반사가 없는 것으로 하여 각개의 점광원 L에 의한 조도를 역제곱의 법칙에서 구하고, 이것을 가산한 것을 그 점의 조도 E로 하는 조명 계산법.

$$E=\Sigma\,(I/r^2)\cos\theta=\Sigma\,(I\cdot h/r^3)$$

단, I는 LP방향의 광도. 이 방법은 주위 반사의 영향을 무시하고 있기 때문에 실내 조명에서는 실조도(實照度)보다 언제나 낮은 값이 된다.

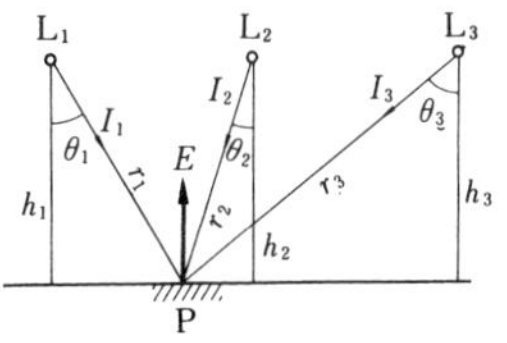

pointed arch 뾰족 아치, 첨두 아치(尖頭-) 반경이 같은 두 원호에 의해서 만들어지는 꼭지가 뾰족한 아치.

pointed joint 치장 줄눈(治粧-) 돌, 벽돌, 콘크리트 블록, 타일 등을 겹쳐 쌓거나 붙인 다음 마감한 줄눈.

point excitation 점가진(點加振) 외력의 입력되는 부분이 점으로서 주어지거나 또는 생각되는 가진 방법 또는 가진 상태.

pointing 줄눈마감 벽돌이나 돌 등의 쌓기에서 이음 모르타르가 경화하기 전에 줄눈천을 제거하고, 줄눈파기를 하여 수세 후 된비빔의 모르타르로 줄눈을 메워서 치장 줄눈 마감을 하는 것.

pointing trowel 줄눈흙손 미장 공사나 조적(組積) 공사에서 줄눈칠이나 그 마감에 쓰이는 가늘고 긴 특수한 모양을 한 흙손.

point light source 점광원(點光源) 광원과 수조면(受照面)과의 거리에 비해 충분히 작고, 계산이나 측정에 있어서 그 크기를 무시할 수 있는 광원.

point load 점하중(點荷重) 구조물 또는 부재의 임의점에 작용하는 집중 하중. 선상에 또는 면상에 분포하여 작용하는 선하중, 면하중에 대하여 사용한다.

point of action 작용점(作用點) 힘이 작용하는 점. 힘의 3요수의 하나.

point of application 작용점(作用點) 힘이 직접 물체에 작용하고 있는 점.

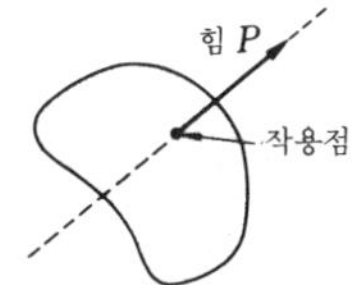

point of application of the force 힘의 적용점(-作用點) 힘이 작용하고 있는 점. 힘의 3요소의 하나.

point of contraflexure 반곡점(反曲點) = inflection point

point resistance of pile 말뚝 선단 저항(-先端抵抗) 말뚝의 선단 부분에 생기는 말뚝의 관입에 대한 저항.

point resistant 선단 저항(先端抵抗) 말뚝에 걸리는 하중에 대한 말뚝의 선단 지반의 저항력.

point sound source 점음원(點音源) 음의 파장 혹은 전파 거리에 비해서 충분히 크기가 작고, 모든 방향으로 고른 음을 방사하는 음원.

point source 점진원(點震源) 실제의 지진에서는 진원으로 단층면상의 어느 장소에서 파괴가 시작되고 퍼져 가는데 이산적으로 확산을 갖지 않는 점으로서 생각된 가상적인 진원.

point source jet 점원 분류(點源噴流) 작은 둥근 구멍에서 뿜어나오는 분류와 같이 분출구가 점원으로서 가상할 수 있는 분류.

point transfer matrix 포인트 트랜스퍼 매트릭스 전달 매트릭스법에서 사용하는 절점 전달 매트릭스를 말한다. 절점간 전달 매트릭스는 필드 매트릭스라 한다.

point vibration source 점진원(點振源) 발생 진동의 파장에 비해서 충분히 작은 크기의 진동원. 모든 부분이 동위상으로 변위하는 진동원을 말한다. =simple vibration source →point sound source

Poisson's coefficient 포와송 계수(－係數) 포와송비의 역수. → Poisson's ratio

Poisson's distribution 포와송 분포(－分布) 2항 분포의 극한으로서 나오는 분포. 확률 함수가 $(\mu^x/x!)\cdot e^{-\mu}$로 주어진다. μ는 확률 변수 x의 평균값. 불규칙하고 비교적 드물게 발생하는 사상(事象)을 모델화할 때의 대표적인 함수이다.

Poisson's number 포와송수(－數) → Poisson's ratio

Poisson's process 포와송 과정(－過程) 사상(事象)의 시간적 혹은 공간적 발생 상황이 포와송 분포에 따르는 확률 과정.

Poisson's ratio 포와송비(－比) 재료 내부에 생기는 수직 응력에 의한 세로 변형과 가로 변형의 비를 말한다. →longitudinal strain, lateral strain

polarity 극성(極性) 기전력의 음(－), 양(＋), 자성의 남(S), 북(N) 등과 같이 항상 쌍으로 이루어지는 전자기적 특성.

polar moment of inertia 관성 극 모멘트(慣性極－)[1], 극 2차 모멘트(極二次－)[2], 극2차율(極二次率)[3] (1) 단면에 대하여 임의의 직교 좌표를 생각했을 때 원점에 관한 단면 2차 모멘트를 말한다.
(2) 회전하는 물체의 중심축(重心軸)에 관한 모든 미소 부분의 질량의 2차 모멘트의 합. →polar moment of inertia of area
(3) =polar moment of inertia of area

polar moment of inertia of area 단면 2차 극 모멘트(斷面二次極－) 단면과 직각 좌표가 주어졌을 때 미소 단면적 dA와 그로부터 원점까지의 거리 r의 제곱의 곱을 구하고, 총합한 것. 기호 I_p. 관성 극 2차 모멘트·극 2차율이라고도 한다.

$$I_p=\Sigma r^2 dA=\Sigma(x^2+y^2)dA$$
$$=\Sigma x^2 dA+\Sigma y^2 dA=I_x+I_y$$

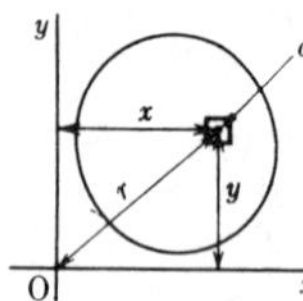

I_x : x 축에 관한 단면 2차 모멘트
I_y : y 축에 관한 단면 2차 모멘트

polar projection 극사영(極射影) 구면(球面)상의 도형을 평면으로 사영하는 방식의 하나. 평사영(平射影)이라고도 한다. 건축에서는 정사영, 등입체각 사영, 등거리 사영, 극사영을 널리 쓴다. =stereographic projection

pole 폴[1], 통나무[2] (1) 목표로서 보기 쉽도록 막대 부분을 20cm씩 적색·백색으로 칠한 측량 용구. 목제 또는 금속제로 2m, 3m의 것이 많고, 측점의 명시, 측선의 방향이나 약측(略測)에 사용한다.
(2) 입목을 벌채하여 가지를 잘라내고 소정의 사용 목적에 맞추어서 일정한 직경과 길이로 마무리한 것. 직경에 따라 대·중·소 통나무로 나뉜다. =round timber

pole light 폴 라이트 옥외 전용의 조명 기구로, 막대 끝에 기구를 부착한 방수형이 일반적이다. 도로, 광장, 숲속, 정원, 방범등 등으로 쓰인다.

pole plate 처마도리 외벽의 상부에 있으며 서까래 등을 받치는 보.

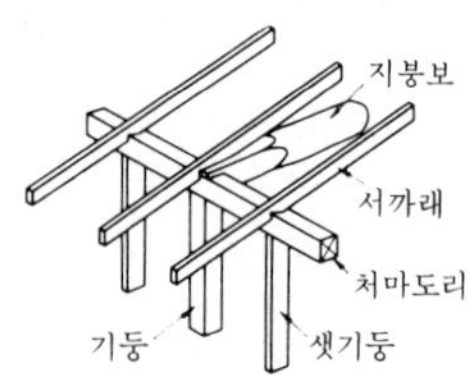

pole trailer 폴 트레일러 기성 제품의 말뚝이나 시트 파일 등의 긴 중량물을 운반하는 트럭. 앞바퀴와 뒤바퀴의 간격을 바꿀 수 있다.

polished artificial stone 인조석 갈기(人

造石－) 모르타르를 초벌칠한 다음 5mm 이하의 쇄석을 종석(種石)으로 하여 시멘트, 안료 등을 섞은 모르타르를 정벌칠하여 그것이 경화할 때쯤 표면을 연마하는 마감.

polished finish 정갈기 마무리 석재의 표면을 연마 마감하여 광내기 버프에 의해 광택을 내는 마감 공법.

polish finishing 연마 마감(研磨磨勘) = polishing

polishing 광내기(光－) 돌공사에서의 연마의 최종 공정. 거울과 같이 광택있는 면으로 마감하는 것.

polishing compound 광내기 콤파운드(光－) 래커나 도막(塗膜)을 연마하여 광을 내기 위한 재료.

polishing machine 연마기(研磨機) 금속, 석재 등의 표면을 숫돌이나 버프 등을 써서 연마하는 기계. 대형 자동, 수동, 휴대용 등이 있다. =grinder

polishing powder 토분(土粉) 산화철을 포함한 황토를 구워서 가루로 하여 물에 적신 것. 나무 기둥이나 널 등의 착색, 양생, 도장의 눈먹임에 사용한다.

pollution 공해(公害), 오염(汚染) 자동차의 배기 가스나 공장의 배수 등에 의한 대기 오염이나 수질 오탁.

pollution source 연원(煙源) 연기나 대기 오염 물질의 발생원을 말한다. 일반적으로는 굴뚝을 가리키며 대기 확산의 기점이 된다.

polyacetal 폴이아세탈 열가소성 수지의 일종으로, 나일론이나 폴리카보네이트 등과 함께 엔지니어링 수지라고 불리며, 내피로성(耐疲勞性), 강인성, 내마모성 등이 뛰어나다.

polyamide 폴리아미드 강도 · 내약품성 · 내수성이 뛰어난 아미드 결합을 가진 고분자 화합물의 총칭.

polyamide resin 폴리아미드 수지(－樹脂) 아미드 결합을 갖는 고분자 화합물을 말한다. 내약품성 · 내수성이 뛰어나고, 강도를 갖는다.

polycarbonate 폴리카보네이트 충격 강도와 인장 강도의 균형이 잡힌 탄산 에스테르형 구조를 갖는 고분자 화합물의 총칭. 유리에 가까운 투명도가 있으며, 안전유리 등에 이용된다. 또 기계적 성질이 뛰어나고, 온도 변화에 의한 강도 변화도 적기 때문에 기계, 전기 부품, 헬멧 등에 사용된다.

polycylinder 폴리실린더 음의 확산체의 일종으로, 원통형 볼록면을 벽면 등에 붙인 것을 말한다.

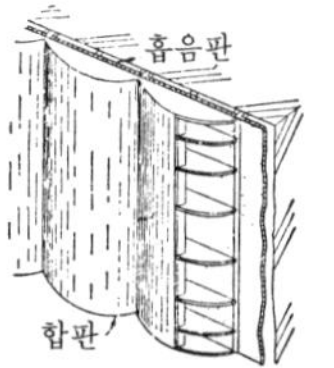

polyester 폴리에스테르 알키드 수지, 열가소성 폴리에스테르, 불포화 폴리에스테르 등의 고분자 화합물의 총칭. 내장용의 폴리에스테르 합판이나 강화 플라스틱에 사용된다.

polyester pipe 폴리에스테르관(－管) 강화 폴리에스테르관이라 한다. 폴리에스테르 수지와 유리 섬유를 기재(基材)로 하여 강도가 강하고, 내열성이 있다.

polyester plywood 폴리에스테르 합판(－合板) 폴리에스테르계의 플라스틱판을 붙인 치장 합판. 칸막이벽이나 목제 문짝에 사용된다.

polyester resin 폴리에스테르 수지(－樹脂) 열경화성 수지의 일종.

polyethylene 폴리에틸렌 에틸렌을 중합하여 얻어지는 열가소성 수지. 고압으로 중합시킨 고밀도 고압 폴리에틸렌 외에 고밀도 중압 폴리에틸렌, 고밀도 저압 폴리에틸렌 등이 있으며, 제법에 따라서 분자 구조 및 물리적 성질이 다르다. 필름, 관, 전선의 피복, 병, 컵 등의 성형품 등이 만들어지고, 필름은 방수 공사, 관은 급수 배관에 사용된다.

polyethylene film 폴리에틸렌 필름 주로 방습층으로서 쓰이는 투명한 시트. 두께 0.1~0.2mm, 폭 0.9~1.8m의 장척 시트로서 널리 쓰이고 있다.

polyethylene resin 폴리에틸렌 수지(－樹脂) 에틸렌을 중합하여 얻어지는 열가소성 수지. 용기 · 필름 · 파이프 · 식기 · 섬유 등 용도가 넓다.

polyhedron structure 다면체 구조(多面體構造) 구성의 기본 단위로서 일정한 다면체를 생각하고, 이것을 결합시켜서 만든 입체 구조. 정4면체, 정6면체, 정8면체 등이 단위로 되는 일이 많다.

polyisobutylene resin 폴리이소부틸렌 수지(－樹脂) 이소부틸렌의 중합체. 접착제, 왁스 등의 도료나 방수 시트에 사용.

polymer 폴리머, 중합체(重合體) 합성 수지 등의 원료가 되는 고분자 화합물과 같이 분자가 복수 결합한 것. →monomer

polymer cement concrete 폴리머 시멘트 콘크리트 결합재로 시멘트와 폴리머를 사용한 콘크리트. 보통, 폴리머 시멘트비 5% 이상인 것을 말한다. =polymer modified concrete

polymer cement mortar 폴리머 시멘트 모르타르 결합재로 시멘트와 폴리머를 사용한 모르타르. 보통, 폴리머 시멘트비가 5% 이상인 것을 사용한다. =polymer modified mortar

polymer-cement ratio 폴리머 시멘트비(－比) 폴리머 시멘트 콘크리트 혹은 폴리머 시멘트 모르타르에 있어서의 시멘트에 대한 폴리머 디스퍼전의 전 고형물의 중량비. 보통 백분율로 나타내고 *P/c*라 약칭하기도 한다.

polymer concrete 폴리머 콘크리트 레진 콘크리트, 폴리머 시멘트 콘크리트 및 폴리머 함침 콘크리트를 종합하는 명칭. 결합재로서 폴리머, 시멘트 외에 석고를 사용하는 것도 있다.

polymer dispersion 폴리머 디스퍼전 폴리머의 미립자(1μm 이하)가 수중에 균일하게 분산한 유액상(乳液狀)의 것. 라텍스나 에멀션의 총칭.

polymer impregnated concrete 폴리머 함침 콘크리트(－含浸－) 경화 콘크리트에 모노머를 함침시켜 가열하여 중합 등의 조작을 거쳐서 콘크리트와 폴리머를 일체화시킨 것. =PIC

polymerization 중합(重合) 하나의 화합물의 2개 이상의 분자가 화학적으로 결합하고, 그 화학적 조성에 변화가 없더라도 여러 배의 분자량이 큰 다른 화합물로 되는 현상.

polymer modified asphalt 폴리머 개질 아스팔트(－改質－) SBS, APP수지 등의 고분자 재료를 혼입하여 성능을 향상시킨 아스팔트.

polymer modified concrete 폴리머 시메트 콘크리트 혼합제로서 고무나 플라스틱과 같은 폴리머(중합체)를 가한 콘크리트. 강도·접착성·수밀성 등이 향상되어 방수재·접착재·보수재로서 사용된다. = polymer cement concrete

polymer modified mortar 폴리머 시멘트 모르타르 =polymer cement mortar

polymer mortar 폴리머 모르타르 폴리머를 혼입한 모르타르. 탄성, 방수성, 접착성, 내식성 등의 특성이 있다. 콘크리트의 보수재로서는 불가결한 재료이다. → polymer concrete

polymethyl acrylate 폴리메틸 아크릴산(－酸) 아크릴산 메틸 중합체로, 비중 1.15, 굴절률 1.49, 무색 투명, 연질 강인한 탄성체. 안전 유리의 중간막, 도료, 접착제, 섬유 처리제 등에 쓰인다.

polymethyl methacrylate 폴리메틸 메타크릴산(－酸) 메타아크릴산 메틸 중합체의 수지로, 비중 1.19～1.20, 굴절률 1.482～1.521, 연화점(軟化點) 125℃, 무색 투명, 광선 투과율 92%. 견고 강인하고 유기 유리로서 항공기, 자동차 등의 창유리, 광학용 렌즈, 프리즘 등 외에 의치상(義齒床), 의치, 의안, 장신구, 시계 유리 등에 사용된다.

polyol 폴리올 수산기(水酸基)를 갖는 고분자 화합물의 총칭. 2성분형의 폴리우레탄의 주제(主劑 : 또는 基劑)로서 이용하는 경우가 많다.

polyolefine 폴리올레핀 2중 결합을 갖는 불포화 탄화 수소를 원료로 한 고분자 물질의 총칭. 폴리에틸렌, 폴리프로필렌이 대표 예이다.

polyorgano siloxane 폴리오가노 실록산 실록산 결합을 포함하는 유기 고분자 화합물의 총칭. 실리콘 수지는 이에 속한다. →polysiloxane

polypropylene 폴리프로필렌 플라스틱 중에서 비중이 가장 작은 프로필렌의 중합에 의해서 얻어지는 열가소성 플라스틱. 필름, 용기 등의 성형품이나 합성 섬유의 원료가 된다.

polysiloxane 폴리실록산 실록산 결합을 갖는 고분자 화합물의 총칭. →polyorgano siloxane

polystyrene 폴리스티렌, 폴리스티롤 스티롤 수지라고도 한다. 스티롤의 고중합체. 열가소성 수지로, 무색 투명하지만 보존 중에 투명성을 잃기가 쉽다. 흡습성은 거의 없고, 고주파 절연물로서 뛰어나다. 발포제를 써서 팽창시킨 스폰지상의 홈폴리스티렌은 매우 경량이고 단열재, 흡음재에 사용된다.

polystyrene form 발포 폴리스티렌(發泡－) =expanded polystyrene

polystyrene resin 폴리스티렌 수지(－樹脂) 스티렌의 중합체로 이루어지는 투명의 열가소성 수지. 접착제, 단열재 등으로 사용된다.

polysulfide 폴리설파이드 염소 원자를 갖는 유기 화합물과 다황화 알칼리를 결합시킨 폴리머의 총칭. 실링재로서 사용한다. 다황화 고무라고도 한다.

polysulfide sealant 폴리설파이드 실링재(－材) 합성 고무의 일종인 폴리설파이드를 주성분으로 한 실링재. 장막벽 등의 외장용으로 사용된다.

polyurethane 폴리우레탄 우레탄 결합을 가진 열가소성의 고분자 화합물의 총칭.

탄성이 풍부하고, 강인하기 때문에 도료, 접착제, 단열재, 방수재 등 용도는 광범위하다.

polyurethane foam 폴리우레탄 폼 물이나 발포제에 의해 발포체로 한 폴리우레탄. 연질, 경질, 반경질로 대별되며, 단열성이 큰데다 전기 절연성이 뛰어나고 강도도 크다.

polyvinyl acetate resin 폴리 초산 비닐 수지(－酢酸－樹脂) 초산 비닐의 중합에서 만들어지는 열가소성 수지의 총칭. 합성 섬유(비닐론)의 원료로서 쓰이는 외에 접착제나 도료 등 용도가 넓다.

polyvinyl alcohol 폴리비닐 알코올 초산 비닐 수지를 탈초산하여 얻어지는 수용성 수지로, PVA라고도 한다. 수용액은 수성 페인트의 베이스, 목재의 접착제로서 사용되며 비닐론 등의 원료가 된다.

polyvinyl chloride resin 염화 비닐 수지(鹽化－樹脂) 열가소성 수지의 일종. 비닐의 단독 중합체. 가소제의 양에 따라 연질에서 경질까지 조정이 용이하다. 난연성, 내약품성, 전기 절연성이 뛰어나다.

polyvinyl fluoride 불화 비닐 수지(弗化－樹脂) 염화 비닐의 염소 원자가 불소 원자로 바뀐 구조의 수지. 내후성·내약품성이 뛰어나며, 시트나 표층재로서 쓰인다. ＝PVF

pump-crete 펌프크리트 콘크리트 펌프를 써서 타설 장소까지 콘크리트를 압송하는 공법.

ponding 폰딩 막구조 등을 사용한 지붕의 평탄한 부분에 물이 괴는 것. 물의 중량 증가와 변형의 증가가 악순환을 일으켜 치명적 파괴를 발생한다.

pop out 팝 아웃 콘크리트 표층하에 존재하는 팽창성 물질이나 연석(軟石)이 시멘트나 물과의 반응 및 기상 작용에 의해 팽창하여 콘크리트 표면을 파괴해서 생긴 크레이터 모양으로 움푹 패인 것.

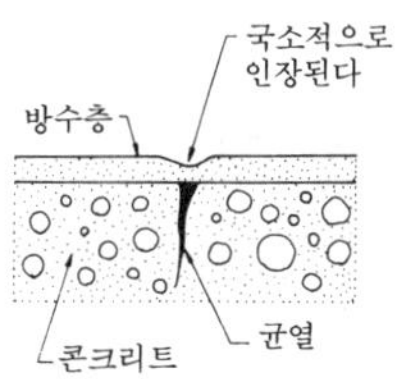

popping 포핑 ＝pop out

population 인구(人口)[1], 모집단(母集團)[2] (1) 일정 시점, 일정 조건에 의해 계측된 일정 지역 내의 사람의 수. 거주자수로 나타내는 것이 보통이다.
(2) 이 말은 원래는 통계의 대상이었던 인간 집단을 뜻하는 데 사용되었으나, 집단의 개체를 특징짓는 수치의 집합을 뜻하는 데 쓰인다. 모집단에서 적당히 선택된 1조의 개체 수치를 그 모집단의 표본이라 한다. 생각되는 모집단의 도수 분포는 수학적 공식에 의해서 근사되는 것이 많다. 모집단에는 무한 모집단, 유한 모집단이 있다.

population density 인구 밀도(人口密度) 인구 분포를 나타내는 지표로서, 어느 구역 내의 인구수를 그 구역의 토지 면적으로 나눈 값. 도시 계획에서는 일반적으로 단위로서 인/ha를 쓴다. 토지 면적의 범위에 따라 총인구 밀도, 순인구 밀도, 또 측정 시점에 따라 주간 인구 밀도, 야간 인구 밀도 등의 종류가 있다.

population drain 과소화(過疎化) ＝depopulation

population forecast 인구 예측(人口豫測) 장래에 있어서의 인구 총수, 연령 구조, 취업 구조 등 인구에 관한 사항을 추계 등에 입각하여 예측하는 것. ＝population projection

population projection 인구 예측(人口豫測) ＝population forecast

porcelain enamel 법랑(琺瑯) 금속 바탕을 유리질의 유약으로 피복한 것.

porcelain tile 자기 타일(磁器－), 자기질 타일(磁器質－) 소지(바탕)가 자화하여 흡수성이 거의 없는 타일.

pore pressure coefficient 간극압 계수(間隙壓係數) 지반 중의 최대·최소 주응력의 변화에 의한 간극 수압의 변화를 나타내는 계수. A, B 두 계수로 이루어진다.

pore water 간극수(間隙水) 흙 속의 틈에 존재하는 물.

pore water pressure 간극 수압(間隙水壓) 흙입자간의 간극에 존재하는 물이 나타내는 압력.

porosity 다공성(多孔性)[1], 간극률(間隙率)[2] (1) 내부에 많은 작은 구멍을 가지고 있는 성질. 다공성 재료는 경량이고, 단열·흡음 등의 효과가 크다.
(2) 흙 속에의 간극 용적의 전용적에 대한 백분율. n으로 나타낸다.

porous concrete 다공질 콘크리트(多孔質－) 입경(粒徑)이 작은 굵은 골재만을 사용한 다공질이고 투수성이 있는 콘크리트를 말한다.

porous sound absorbing material 다공질 흡음재(多孔質吸音材) 통기성을 가지며, 공기의 점성 마찰이나 섬유의 진동 손실에 의한 흡음 효과를 나타내는 재료의 총칭. 유리솜, 암면, 발포재, 직물류 등.

portable house 포터블 하우스 프리패브 형식의 이동 가능한 간이 주택.

portable welder 휴대용 용접기(携帶用鎔接機) 소형이고 운반이 용이한 용접기.

portal frame 포틀 프레임 일반적으로 문형 가구(門形架構)를 말한다. 스팬이 넓은 산형 라멘 등이 대표적이다.

port district 임항 지구(臨港地區) 항만의 이용이나 개발을 위해 항만법에 의해 지정된 지구. 상항구, 특수 물자 항구, 공업구 등으로 나뉜다. =harbor district

Portland blast-furnace cement 고로 시멘트(高爐−) 포틀랜드 시멘트의 클링커에 급랭 고로 슬래그를 적량 넣고, 거기에 석고를 가하여 미분쇄한 시멘트. 바닷물·산 등의 화학적 침식 저항성이 크다. 바닷물의 작용을 받는 구조물, 터널·하수도 등에 쓰인다.

Portland blast-furnace slag cement 고로 시멘트(高爐−) 급랭한 고로 슬래그 미분을 혼합재로서 사용한 혼합 시멘트. = Portland blast-furnace cement

Portland cement 포틀랜드 시멘트 1824년 Joseph Aspdin이 특허를 딴 시멘트로 대표적인 수경성 시멘트이다. 주성분으로서 실리카, 알루미나, 산화철 및 석회를 포함하는 원료(보통, 석회석, 점토 또는 연규석, 황철광 신터를 사용)를 적당한 비율로 충분히 섞고, 그 일부가 용융하기까지 소성한 클링커에 적당량의 석고를 가하여 분쇄해서 분말로 한 것이다. 보통 포틀랜드 시멘트, 조강(早强) 포틀랜드 시멘트, 중용열(中庸熱) 포틀랜드 시멘트 등이 있다.

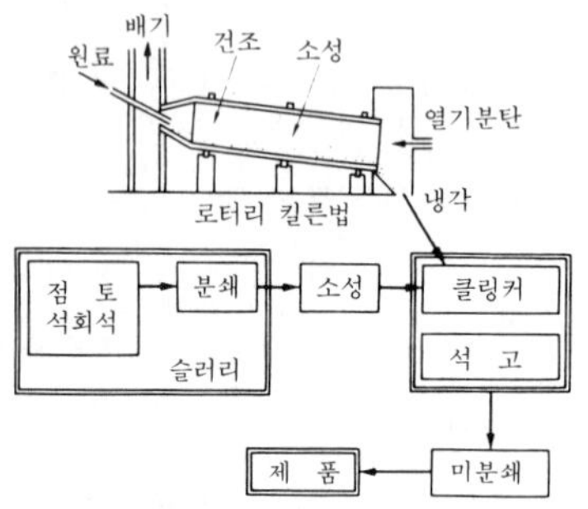

Portland fly-ash cement 플라이애시 시멘트 포틀랜드 시멘트에 미분탄 연소 후의 부산물인 플라이애시를 혼합한 시멘트를 말한다.

Portland pozzolan cement 실리카 시멘트 규산 백토 등의 포졸란을 혼입한 혼합 포틀랜드 시멘트. =silica cement

positional tolerance 위치 공차(位置公差) 구성재를 조립할 때의 위치 오차의 허용 범위.

positioner 포지셔너 용접용의 회전 지그의 하나. 용접 자세를 양호하게 유지하기 위해 부재를 자유롭게 회전할 수 있도록 유지하는 장치.

position index 포지션 인덱스, 위치 지수(位置指數) 주시점(注視點)상의 작은 글레어원(glare source)에 의한 불쾌 글레어감과 같은 글레어감을 발생시키는 주시점 외의 같은 크기의 글레어원의 상대 휘도를 나타내는 수치.

positive blue print 양화(陽畵) 복사체 또는 원도면의 농담·색조가 그대로 재현되어 있는 사진(복사) 화상을 말한다. 음화의 대비어.

positive friction 포지티브 프릭션 말뚝에 작용하는 마찰력 중 상향으로 작용하는 주면(周面) 마찰력을 말한다. 하향으로 작용하는 마이너스의 마찰력은 네거티브 프릭션이라 한다.

positive pressure 정압(正壓) 물체면에 대하여 압축하는 방향으로 작용하는 압력. 그 반대를 부압(負壓)이라 한다. → negative pressure

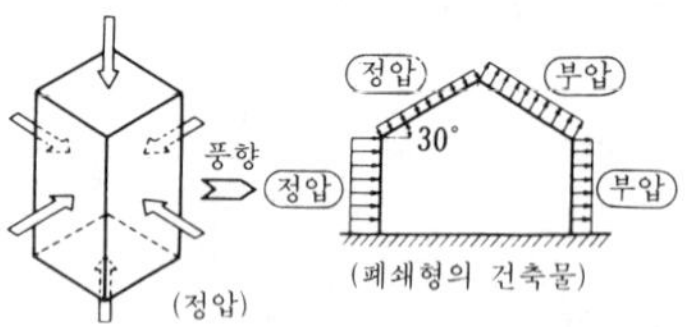

positive pressure type 정압 방식(正壓方式) 공기 막구조에서 대기압보다 약간 높은 가압을 하여 막을 긴장시키는 방식. 정압 공간에 있어서의 사람의 출입 등으로 압력이 저하하는 것을 피하기 위해 에어로크나 압축기를 둘 필요가 있다. 부압 방식의 반대어.

positive print 백사진(白寫眞) 양화(陽畵) 감광지에 복사한 도면. 원도의 선이나 문자 등이 보라·청·흑·갈색 등으로 나타나며, 기타는 흰 바탕이 된다.

possible traffic capacity 가능 교통 용량(可能交通容量) 도로의 교통 용량. 그 도로의 도로 조건과 교통 조건에 따라 정해진다. 1시간당 1차선당의 최대 통과 가능 차량수.

post 기둥[1], 말뚝[2] (1) =column (2) =pile

post and lintel type 기둥·인방 형식(-引枋形式) 기둥머리에 단순 지지보의 인방을 걸친 형식의 골조. 수평력에 대한 저항은 기대할 수 없다. 석조·조적조(組積造) 등에서 쓰인다.

post-costing 사후 원가 계산(事後原價計算) 공사 종료 후에 필요로 한 원가를 집계하는 것. 건축 공사인 경우 이른바 사후 정산이 이에 해당한다.

postembeded anchor method 가동 매입 공법(可動埋入工法) 설치 오차를 흡수할 수 있도록 고려된 앵커 볼트를 사용하는 공법.

post forming 포스트 포밍 열경화성의 멜라민 수지를 합판에 붙일 때 중합시키면서 곡면으로 붙이는 방법. 주방의 작업면 가장자리 등에 쓰인다.

post heating 후열(後熱) 용접부의 급랭 경화의 방지, 수소의 방출, 내부 응력의 제거나 경감을 위해 용접 후에 가스 불꽃, 가열로 등에 의해 가열하는 것.

post-hole auger 포스트홀 오거 원호상의 날끝을 가진 천공 공구. 천천히 회전하면서 구멍 밑을 깎아서 천공한다.

post metabolism group 포스트 메타볼리즘 1960년의 세계 디자인 회의를 계기로 결성된 건축가 집단(메타볼리즘 그룹) 다음의 건축가 세대.

post-modern 포스트모던 기능 중심의 합리성에 대한 것으로서 감성(感性)의 자유로운 표현이나 놀이의 요소를 도입한 사고 방식이나 표현 수법으로, 근대(modern) 주의의 다음(post)에 오는 것이라는 뜻이다.

post-modernism 포스트모더니즘 근대 건축의 사고 방식이나 표현 방법을 초월하려는 새로운 디자인 운동.

post-tension 포스트텐션 프리스트레스트 콘크리트의 응력 도입법의 하나. 콘크리트의 경화 후에 PC강봉을 긴장하여 정착하는 수법. 대부분은 매입용의 시스를 사용하고, 긴장 후 그 속에 그라우트한다.

post-tension construction 포스트텐션 공법(-工法) 콘크리트에 프리스트레스를 주는 방법의 하나. 시스 내에 PC강재를 배치하여 콘크리트를 타설하고, 콘크리트 경화 후에 PC강재를 긴장하여 정착구를 써서 재단부(材端部)에 정착함으로써 인장 응력을 도입하는 방법.

post-tensioning system 포스트텐셔닝 방식(-方式) 프리스트레스트 콘크리트 제작법의 일종. 콘크리트의 경화 후 미리 배치한 시스 내에 PC강봉·PC강 꼰선을 삽입하여, 이것을 긴장(緊張)해서 정착하고, 틈에 그라우트를 주입하여 만드는 프리스트레스트 공법. 주로 현장에서 타설하며, 라멘재 등의 큰 부재에 이용한다.

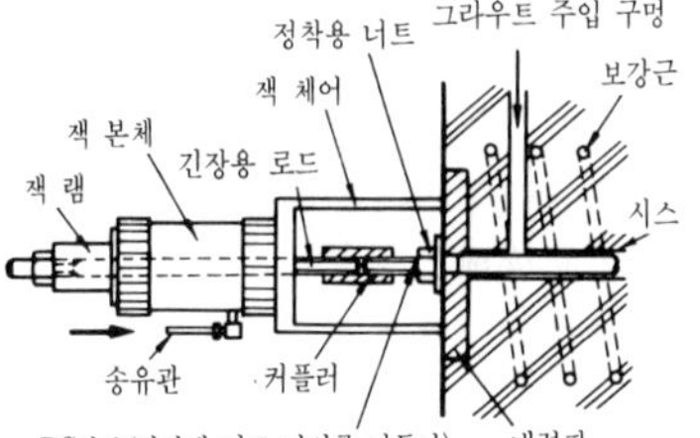

potential difference 전위차(電位差) 정전계 또는 전기 회로에서의 2점간의 전위의 차, 즉 전압. ① 정전계에서는 1C(쿨롬)의 전하를 운반하는 데 요하는 일이 1J(줄)인 2점간의 전위차를 1V로 한다. ② 전기 회로에서는 1Ω(옴)의 저항에 1A(암페어)의 전류를 흘리는 데 요하는 저항 양단의 전위차를 1V라 한다.

potential energy 위치 에너지(位置-) 역학적으로는 물체의 위치에 의해 정해지므로 운동 에너지에 대해서 말한다. 일반적으로 운동 또는 기타의 동적 상태로서 나타나지 않는 정적 상태에 있는 에너지.

〔예 1〕 중력에 의한 위치 에너지

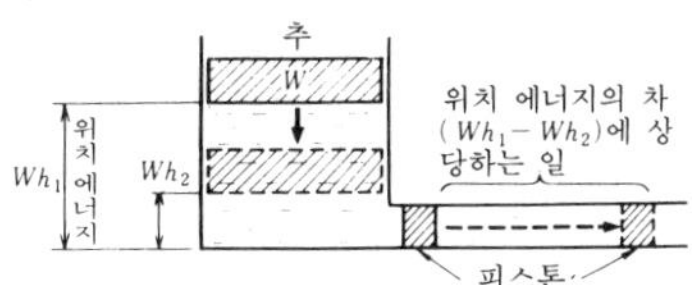

〔예 2〕 탄성에 의한 위치 에너지

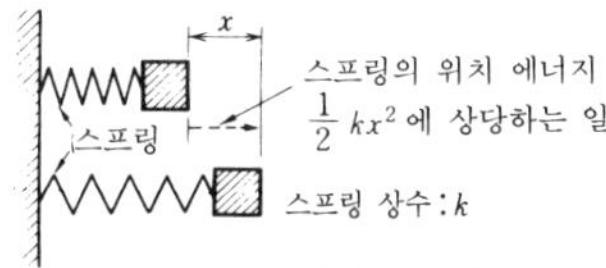

potential energy of deformation 변형 에너지(變形-) 외력을 받은 구조체가 변형할 때 외력 또는 내력이 하는 일.

potential function 퍼텐셜 함수(-函數) 셸의 해법 중 울라소프(Wlassow)계의 기초 방정식으로, 하중을 표시하기 위하여 사용하는 함수(Ω). 면내력은 에어리(Airy)의 응력 함수를 써서 표시된다.

$$p_1=-\frac{\partial\Omega}{\partial\xi_1},\ p_2=-\frac{\partial\Omega}{\partial\xi_2},\ p_z=-\frac{\partial\Omega}{\partial z}$$

potential head 위치 수두(位置水頭) 물이 기준면에서 어느 높이에 있을 때 단위 체적당의 물이 가지고 있는 위치 에너지를 물기둥으로 나타낸 것.

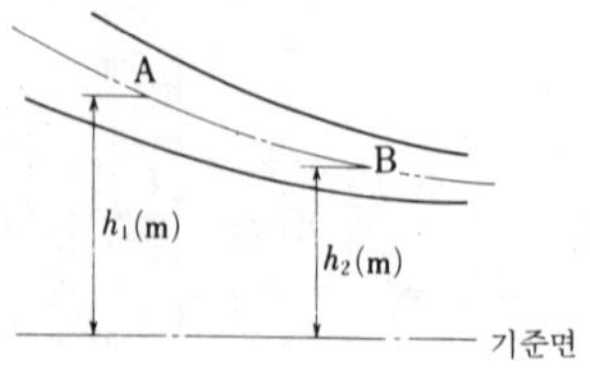

A점의 위치 수두 $= h_1$ (m)

B점의 위치 수두 $= h_2$ (m)

potential pressure 위치 압력(位置壓力) 유체가 기준면에서 어느 높이에 있을 때 단위 체적당의 유체가 갖는 위치 에너지를 압력으로 나타낸 것.

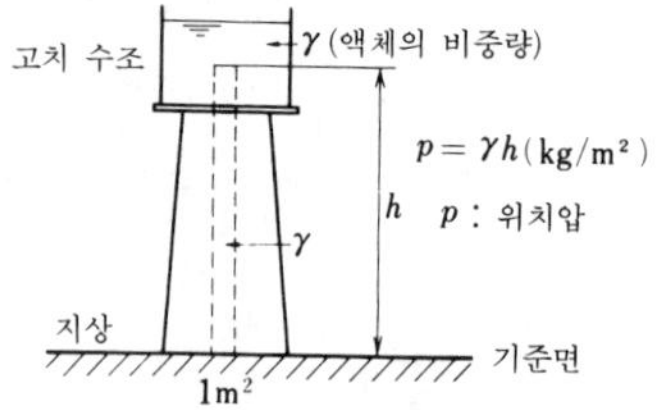

pot life 가용 시간(可用時間) 접착제를 공기 중에 노출하여 사용 불능으로 되기까지의 시간. =working life

powder pressure 분체압(粉體壓) 시멘트·밀가루·쌀·모래·자갈·광석 등의 저장 사일로의 설계에 있어서 고려하는 하중. 입자간 점착력을 0으로 하고, 마찰력만이 작용하는 분체로서 산출한다.

powder room 화장실(化粧室) 화장을 위해 거울, 화장 용구 등을 갖춘 방을 말한다. =dressing-room, toilet

power 동력(動力) 단위 시간에 대한 일의 비율. 일의 율 또는 공률(工率)이라고도 한다. 동력의 단위는 다음과 같다.

W = 1J/s
1kW = 101.97kgm/s ≒ 102kgm/s
1kgm/s = 9.80665W
1PS = 75kgm/s = 735.5W

power cutting 파우더 절단(-切斷), 분말 절단(粉末切斷) 철분이나 플럭스 분말을 연속적으로 산소 중에 섞어서 보내고, 그 산화열이나 용제 작용을 이용한 절단법. 주철·고합금강·비철 금속·콘크리트 등 절단이 어려운 재료의 절단에 사용.

power distribution 배전(配電) 배전용 변전소에서 각 수용가에 전력을 분배하는 것을 말한다.

power distribution system 배전 방식(配電方式) 전기 방식(전압 및 단상, 3상), 배전선의 재료(전선, 케이블), 전선로의 방식(옥외 : 지중, 가공, 옥내 : 전선관 매입, 은폐, 노출, 케이블), 형태(방사상, 분기상) 등을 조합시키는 배전 방식.

power equipment 동력 설비(動力設備) 일반적으로는 회전 혹은 왕복 동력을 얻기 위한 설비를 말한다. 건축 전기 설비에서는 전력에 의해 전동기를 구동하여 회전력을 얻기 위한 설비. 동력 조작반, 동력 배선, 전동기로 구성된다.

power extinguisher 분말 소화기(粉末消火器) 용기 속에 봉해 넣은 분말상의 약제를 분출시켜서 소화하는 소화기. 분사한 약제는 열분해로 탄산 가스를 발생하여 화재를 질식과 냉각으로 소화한다. 주차장 등의 기름 화재에 사용된다.

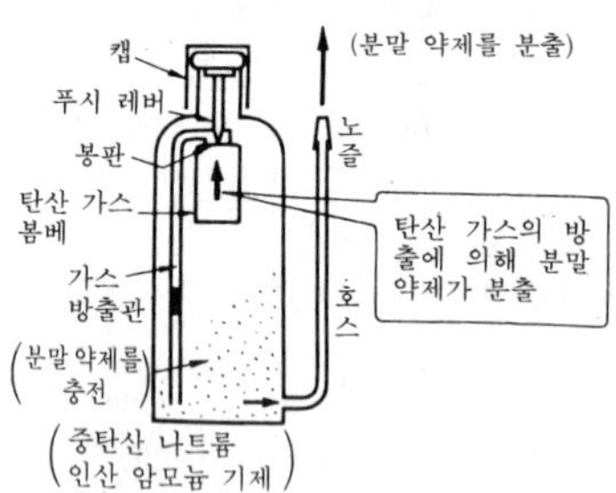

power factor 역률(力率) →alternating current power

power line 동력 배선(動力配線) 전력 배선의 일종. 주로 전동기에 전력을 공급하기 위한 전기 배선.

power load 동력 부하(動力負荷) 전동기에 의해 구동되는 부하. 예를 들면 건축 설비에서의 펌프, 송풍기, 냉동기, 승강기(엘리베너터) 등.

power loader mixer 파워 로더 믹서 골재나 시멘트 등의 콘크리트 재료를 자동

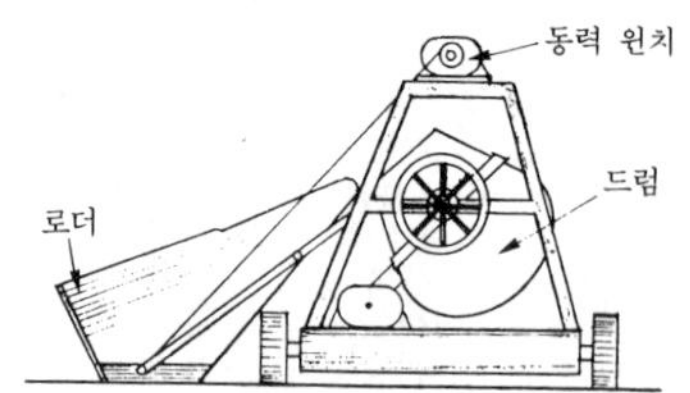

투입하는 장치를 갖는 혼합기.

power plant 발전소(發電所) 수력, 화력, 원자력, 지열, 파력(波力), 풍력 등이 갖는 에너지를 써서 전기 에너지를 발생시켜 공급하는 시설. =power station

power receiving room 수전실(受電室) 주요 수변전 설비 기기를 설치하는 방.

power schedule 전력 사용표(電力使用表) 가종 동력 기계의 사용 계획을 도시한 것. 주로 가설 전력 인입 등의 지침이 된다.

power shovel 동력 셔블(動力-) 토목 공사용 굴착 기계. 디퍼를 붐으로 밀어 올려 기체 위치보다도 상부에 있는 흙까지도 퍼올릴 수 있다. 또, 단단한 지반, 파쇄된 암석의 굴착에도 널리 쓰인다. 또 선회시켜서 덤프 트럭에 실을 수도 있다.

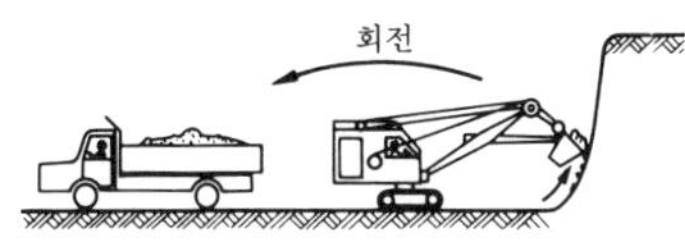

power source equipment 전원 설비(電源設備) 건축 전기 설비에서 수변전 설비, 비상 예비·보안용 자가용 발전 설비, 동 축전지 설비 등의 총칭.

power station 발전소(發電所) =electric power station, power plant

power substation 수변전 설비(受變電設備) 전력 회사에서 전력을 수전하여 필요한 사용 전압으로 변전하고, 이를 필요한 곳으로 배전하기 위한 장치, 기기로 구성되는 설비.

power transmission 송전(送電) 전력을 멀리 떨어진 지점으로 보내는 것. 예를 들면 발전소에서 원격지의 배전용 변전소로 보내는 것 등.

power winch 동력 윈치(動力-) 동력을 사용하는 윈치로, 동력으로서는 전동기, 증기 기관, 내연 기관이 있다.

power wiring 전력 배선(電力配線) 어떤 지점에서 다른 지점으로 에너지(전력)를 전하기 위한 전기 배선.

pozzolan 포졸란 화산회, 화산암의 풍화물로, 가용성 규산을 많이 포함하고, 그 자신은 수경성(水硬性)은 없으나 물의 존재로 쉽게 석회와 화합하여 경화하는 성질의 것을 총칭해서 말한다. 시멘트 혼합재, 용성 백토, 규산 백토, 의회암의 풍화물 등의 천연 포졸란과 플라이애시(fly-ash) 등의 인공 포졸란이 있다. 위의 것과 같은 성질의 것이 처음에 이탈리아의 Pozzuoli에서 채취되었기 때문에 이 이름이 있다.

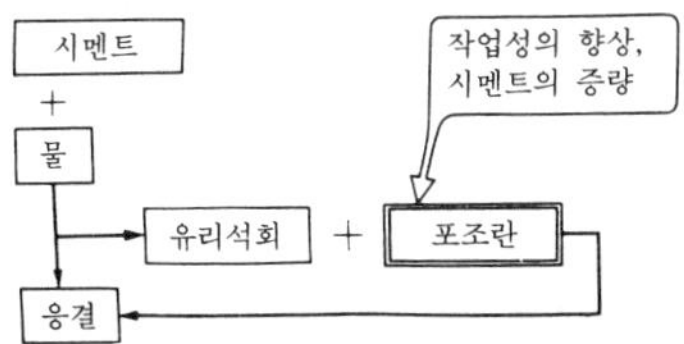

pozzolan Portaland cement 포졸란 포틀랜드 시멘트 포틀랜드 시멘트 클링커에 플라이애시(fly-ash)를 혼합하여 만드는 혼합 시멘트의 일종. 포틀랜드 시멘트에 비해 경화는 약간 늦고, 초기 강도는 낮으나 장기 강도는 조금 크며, 수화열은 낮다.

Prantl number 프란틀수(-數) 흐름과 열이동의 관계를 정하는 무차원수. 강제 대류의 열전달 등에 널리 쓰인다.

$$Pr = \frac{c_P \cdot \mu}{\lambda} = \frac{\nu}{a}$$

여기서, c_P : 정압 비열, μ : 유체의 점성계수, λ : 열전도율. 물성값의 관계를 써서 변형하면 ν/a가 된다. ν : 동점도, a : 온도 전도율.

Pratt truss 프래트 트러스 경사재의 방향은 중앙쪽 하향으로 되어 있으며, 보통 경사재는 인장재이고, 수직재는 압축재인 트러스.

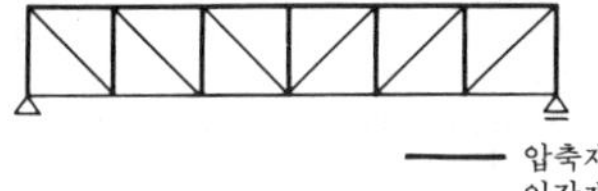

PRC 프리스트레스트 철근 콘크리트(-鐵筋-) =prestressed reinforced concrete

preboring method 프리보링 공법(-工法) 말뚝박기의 진동이나 소음을 피하기 위해 미리 오거로 천공해 두고 그 속에 말뚝을 박아넣는 공법.

precast built-up structure 프리캐스트 조립 구조(-組立構造) 프리캐스트 부재나 패널을 현장에서 조립하여 구조체를 만드는 구조.

precast concrete 기성 콘크리트(既成-) 미리 거푸집에 흘려 넣어서 만든 콘크리트의 총칭. 보, 바닥판, 관, U자관, 보도판, 말뚝 등이 있다(다음 면 그림 참조).

precast concrete fence 조립 콘크리트 담장(組立-) 공장 생산한 콘크리트제의 기둥, 보, 벽판 등을 현장에 운반하여 조립해서 만드는 담장.

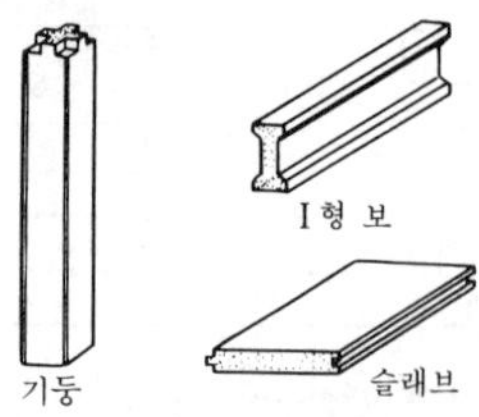

precast concrete

precast concrete panel 기성 콘크리트 패널(旣成－) 공장 등에서 거푸집에 타입하여 제작된 콘크리트 부재(판). 거푸집의 전용을 도모하기 위해 증기 양생을 하여 조기에 탈형한다.

precast concrete pile 기성 콘크리트 말뚝(旣成－) 공장 또는 현장에서 미리 생산되는 콘크리트 말뚝. 공장 제품은 원심력을 이용하여 제작되어 끝을 뾰족하게 한 중공(中空) 원통의 것이 많다.

precast concrete slab 프리캐스트 콘크리트판(－板) 공장이나 현장 구내에서 제조한 철근 콘크리트판. 거푸집의 회전수를 높이기 위해 증기 양생이나 오토클레이브(autoclave) 양생된다.

precast concrete wall construction 벽식 프리캐스트 철근 콘크리트 구조(壁式－鐵筋－構造) 공장 생산의 철근 콘크리트제 벽판을 조립하여 만드는 벽식 구조. 바닥판은 공장 생산제와 현장치기의 경우가 있다.

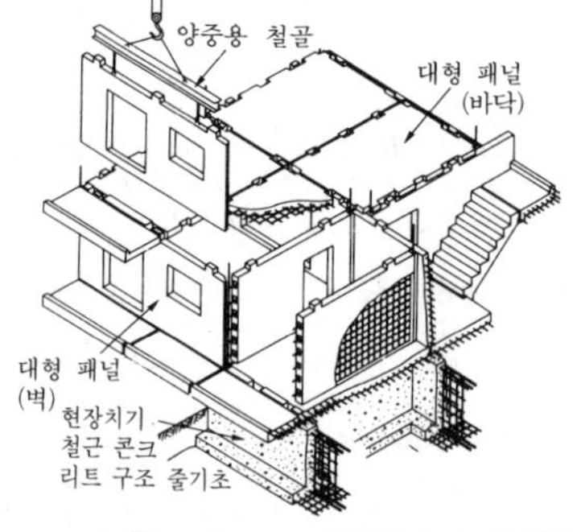

precast floor beam 프리캐스트 바닥보 미리 공장 제작된 바닥보. 또는 슬래브가 달린 보 부재.

precast floor slab 기성 바닥판(旣成－板) 공장이나 현장의 제조 설비를 써서 미리 제작된 철근 콘크리트제의 바닥판.

precast insiteplaced concrete composite slab method PICOS공법(－工法) 현장 사이트 PC공장에서 제작한 프리캐스트 철근 콘크리트(PC) 바닥판과 현장치기 콘크리트 슬래브와의 합성 바닥을 특징으로 하는 SRC구조의 새로운 공법.

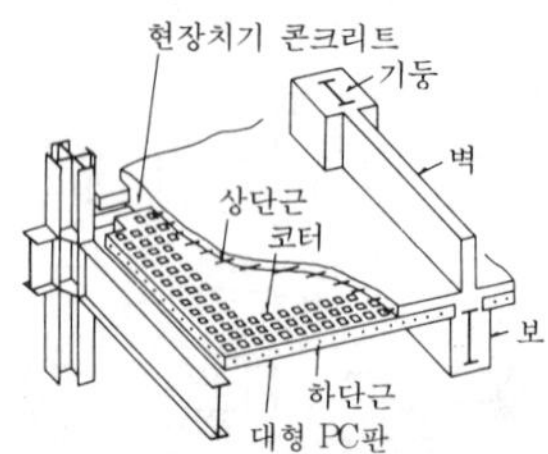

precast light-weight concrete method PLC공법(－工法) 고강도이고 경량의 콘크리트와 고강도의 이형 철근을 사용하는 프리캐스트 철근 콘크리트(PC)에 의한 고층의 벽식 구조를 채용한 건설 방식.

precast panel 프리캐스트 패널 미리 거푸집에 타설하여 제조한 철근 콘크리트판.

precast pile 기성 말뚝(旣成－) 공장 등에서 미리 생산되는 말뚝. ＝prefabricated pile

precast prestressed concrete pile 기성 프리스트레스트 콘크리트 말뚝(旣成－) 공장 생산되는 프리스트레스 도입의 콘크리트 말뚝. 단지 프리스트레스트 콘크리트 말뚝 또는 PC말뚝이라고도 한다.

precast reinforced concrete 기성 철근 콘크리트(旣成鐵筋－) 공장이나 현장의 가설 공장에서 미리 제작된 철근 콘크리트 부재.

precast reinforced concrete constructure 조립 철근 콘크리트 구조(組立鐵筋－構造) 미리 공장에서 제작된 철근 콘크리트제의 기둥·보 부재 혹은 벽·바닥 부재를 현장에서 조립하여 만드는 구조.

precast reinforced concrete pile 기성 철근 콘크리트 말뚝(旣成鐵筋－) 원심 성형법에 의해 공장 생산되는 철근 콘크리트의 말뚝. 단지 철근 콘크리트 말뚝 또는 RC말뚝이라고도 한다. ＝prefabricated reinforced concrete pile

precast structure 조립식 구조(組立式構造) 공장 제작의 부재나 엘리먼트를 현장

에서 조립하는 구조. =prefabricated type structure

precast wall structure 프리캐스트 벽식 구조(-壁式構造) 프리캐스트 철근 콘크리트의 벽 패널을 내력벽으로서 사용하는 구조.

precipitation 강수(降水)[1], 집진(集塵)[2] (1) 빗물만이 아니고 지상에 내린 눈, 우박, 싸라기눈 등 녹으면 물이 되는 것의 총칭.
(2) 각종 공장의 작업에 의해 생기는 공기, 가스 등의 배기 중에 혼입 부유하는 금속 가루, 회, 그을음, 톱밥 등의 분진(粉塵)을 보안, 보건 혹은 공기 조화용의 공기를 청정화(淸淨化)하기 위해 공기 중에 부유하는 분진을 이들의 기체에서 분리 수집하는 것. 집진법에는 사이클론을 사용하여 원심력에 의해서 분리시키는 방법, 코트렐 장치(Cottrell precipitator) 등의 집진 장치에 의해 정전기적으로 미분진을 전극에 침착(沈着)시키는 방법, 집진실(dust collecting chamber)을 두어 그 실내에서 중력에 의해 분진을 자연 낙하시키는 방법, 분진을 포함하는 공기를 고체판에 충돌시켜 그곳에 부착시키는 방법, 분무에 의해 분진을 적셔서 낙하시키는 방법. 여과에 의해 입자를 포집(捕集)하는 방법 등이 있다.

precipitator 집진 장치(集塵裝置) ① 먼지를 포함하는 가스 중의 입자를 분리, 포집하는 장치. 중력, 원심력, 관성력, 정전기력 등을 이용하여 제진(除塵)하고 있다. ② 바닥이나 물건에 묻은 먼지를 흡인하는 장치. =dust collector

precision 정도(精度), 정밀도(精密度) 본래는 계측 용어로, 측정값의 불균일의 정도를 말한다. 가공·조립·완성품의 정확성이나 정밀성을 대표하는 지표. 소요 치수에 대한 오차나 공차를 가리켜서 말하는 경우도 있다.

precoated galvanized 착색 철판(着色鐵板), 착색 아연 철판(着色亞鉛鐵板) 착색 도료를 미리 구워 붙여 도장한 아연 철판. 지붕이나 외벽 등의 재료로서 사용한다.

precompression load 선행 하중(先行荷重) 과거에 토층(土層)이 지반 내에서 받은 일이 있는 하중을 말한다. 지반 내의 점토층은 지질학 및 인공적 영향으로 현재 받고 있는 연직 토압보다도 큰 압력을 받고 있던 가능성이 있다. 이에 대하여 선행 하중이 현재 받고 있는 연직 토압과 같은 것을 정상적으로 압축된 점토를 말한다. 선행 하중 이내의 응력에서는 점토 지반은 압밀 침하(壓密沈下)를 완료하고 있으며, 압축성이 작다. 선행 하중은 압밀 시험의 e-log p곡선에서 판정한다.

preconsolidation 선행 압밀(先行壓密) 흙이 과거에 받은 일이 있는 압밀.

preconsolidation load 선행 압밀 하중(先行壓密荷重), 선행 하중(先行荷重) 압밀된 상태에 있는 흙이 과거에 받은 최대 유효 하중이다. 이 경우 하중을 응력도로 표시하면 선행 압밀 응력과 일치한다.

preconsolidation stress 선행 압밀 응력(先行壓密應力) 점토층 지반이 과거에 받은 최대의 압밀 응력을 말한다. 흙의 압밀 시험에서 간극비 e와 응력의 대수 log σ의 곡선이 얻어지고 있을 때 그 곡선의 최대 곡률점의 접선과 곡선의 직선 부분을 연장한 직선의 만난점을 구하고, 그 점의 응력을 선행 압밀 응력으로 하는 일이 많다.

precooler 예냉기(豫冷器) 2단계의 냉각기가 있는 공기 조화기의 앞단 냉각기를 말한다. 일반적으로 도입 외기를 먼저 냉각할 때 채용되는 일이 많다.

precooling 프리쿨링 콘크리트의 경화열에 의한 균열을 방지하기 위해 물이나 골재를 사전에 냉각하는 것.

precooling load 예냉 부하(豫冷負荷) 간헐 냉방 운전에서 냉방 개시시부터 방 사용 개시시까지의 사이(예냉중)에 걸리는 냉방 부하. =pull-down load

precosting 사전 원가 계산(事前原價計算) 공사에 앞서 원가 예측을 하는 것. 사전 원가의 계산을 하는 것.

precursor 전조 현상(前兆現象) 지진이 일어나기 전에 그와 관련하여 일어나는 현상. 지각 변동, 지진 활동의 이상, 각종 물리 파라미터의 변화 등.

pre-cut 프리컷 목조 주택용 목재의 가공을 공장세서 기계로 대량으로 하는 것. → precut house

precut house 프리컷 하우스 주택 건설에서의 재래 공법에서 생산성을 높이기 위해 부재의 접합부 등을 공장에서 미리 가공해 두고 세워진 주택. →pre-cut

precut system 프리컷 방식(-方式) 조립식 주택 등의 공장 생산 방식에 대하여 재래 공법에서 인력 절감화나 가공 정밀도의 향상을 위해 행하여지는 예비 가공.

predication control 예측 제어(豫測制御) 자동 제어에서 대응이 불충분하게 되기 쉬운 요소에 대하여 관련하는 요소의 상황을 파악하고, 예측을 포함한 최적 제어를 하는 것. 미리 설정한 부하 조건과 대조한 공기 조화 제어 등이 있다.

predicted population 예측 인구(豫測人口) 이제까지의 인구 증감, 금후 공급되

는 주택지의 면적과 밀도, 지역의 특성과 그 변화 등을 고려하여 예측한 장래의 인구를 말한다.

predicting future transportation demand 장래 교통량 추계(將來交通量推計) 장래의 도시 활동을 나타내는 사회 경제 지표와 교통망의 정비 지표를 바탕으로 장래의 교통량과 그 패턴을 추계하는 것.

predominant flexural yielding 휨 항복 선행(-降伏先行) 부재의 휨 항복이 그 부재의 다른 파괴에 선행하는 것. 보통, 휨 강도가 전단 강도, 부착 강도 등 보다 낮을 때 생긴다.

pre-estimated cost 사전 원가(事前原價) 공사 착공 전에 예측되는 원가.

prefabricated bar 조립 철근(組立鐵筋) 공장 등에서 미리 조립된 철근.

prefabricated building 조립 건축(組立建築) 기둥이나 벽 · 지붕 등의 부재를 미리 공장에서 양산하고, 현장에서 조립하는 건축물 또는 그 시공법.

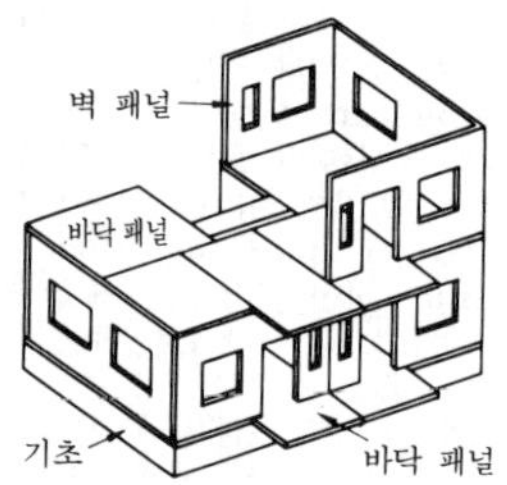

prefabricated built-up house 조립 주택(組立住宅) 미리 생산된 건축 구성재를 현장에서 조립하여 주요 부분을 건설하는 주택.

prefabricated concrete pile 기성 콘크리트 말뚝(旣成-) 콘크리트계의 기성 말뚝의 총칭. =precast concrete pile

prefabricated construction 프리패브 공법(-工法) 건축 부재를 미리 공장에서 작성하고, 현장에서는 간단한 조립이나 부착만으로 끝내도록 한 공법. 현장의 생산성 향상, 품질의 균일성, 품질의 향상을 목적으로 한다. =prefabrication method

prefabricated floor 조립 바닥(組立-) 미리 준비된 부재를 조립하여 구성하는 바닥. 주로 프리캐스트 콘크리트 부재에 의한 바닥판(지붕판도 포함)을 말한다.

prefabricated frame structure 조립 구조(組立構造) 각종 부재를 공장에서 제작하고, 현장에서 조립하는 구조. 조립 철근 콘크리트 구조 등.

prefabricated house 조립 주택(組立住宅), 공장 생산 주택(工場生産住宅) 공장에서 규격화하여 대량 생산된 부재를 조립하여 만들고, 혹은 공장 생산된 유닛(침실, 주방, 화장실 등)을 현장에서 조립하여 만드는 주택(골조 방식, 패널 방식). 또 대부분 공장에서 조립하여 현장에 운반해서 설치하는 형식의 것도 있다(유닛 방식).

prefabricated house industry 조립 주택 산업(組立住宅産業) 조립 주택의 부품 생산, 건설, 판매 등에 관계하는 여러 기업의 총칭. 통계상의 산업 분류에 의한 정의는 없다.

prefabricated pile 기성 말뚝(旣成-) = precast pile

prefabricated reinforced concrete pile 기성 철근 콘크리트 말뚝(旣成鐵筋-) = precast reinforced concrete pile

prefabricated scaffolding 틀비계(-飛階), 조립 비계(組立飛階) 강관을 사용하여 공장에서 제작한 유닛의 선틀로 조립한 비계. 조립 · 해체가 용이하고, 강도도 크므로 쌍줄비계 기타에 널리 쓰인다. → scaffold

prefabricated type structure 조립식 구조(組立式構造) =precast structure

prefabrication 프래패브 건축의 경우 그 부재의 생산 가공 혹은 부재의 조립을 공장에서 하는 것. 현장 작업의 공정을 되도록 공장 생산으로 돌리고, 건축 작업의 능률, 정도(精度) 향상, 비용의 절감을 목표로 하는 것. 주택 등 대부분 공장에서 가공, 조립이 행하여지는 것도 있다. 이러한 공법 방식을 말하는 것인데, 그에 의해서 생산된 부재 또는 건물 그 자체를 가리키기도 한다.

prefabrication method 프리패브 공법(-工法) =prefabricated construction

preferential right 선취 특권(先取特權) =lien

pre-finish 프리피니시 부품 등에 도장을 하는 등 미리 마감까지 해 두는 방식.

preflextion method 프리플렉션 공법(-工法) 프리캐스트 부재의 생산법의 하나로, I형강에 힘을 가하여 구부리고, 그 인장측 플랜지를 감싸듯이 콘크리트를 타설하여 경화 후 힘을 빼어 프리스트레스를 도입하는 공법.

preformed bar arrangement 철근 선조립 공법(鐵筋先組立工法) 프리패브 철근 공법이라고도 한다. 미리 어느 단위로 조립한 철근망 또는 철근농(鐵筋籠)을 소정

위치에 조립 접합하는 공법.

preformed sealing material 정형 실링재(定形－材) 공장에서 성형한 실링재. 개스킷, 테이프 등이 있다.

preheating 예열(豫熱) ① 방의 사용 개시시에 실내의 온도가 소정의 온도로 되도록 미리 난방 장치를 운전해 두는 것. ② 공기 조화에서 외부 조건이나 내부 조건의 급격한 변화가 있어도 안정한 상태로 처리할 수 있도록 도입하는 외기를 미리 따듯하게 해 두는 것.

preheating load 예열 부하(豫熱負荷) ＝preheat load

preheating time 예열 시간(豫熱時間) 난방 장치를 운전 개시할 때 실내의 온도가 소정의 온도에 도달하기까지에 요하는 시간을 말한다.

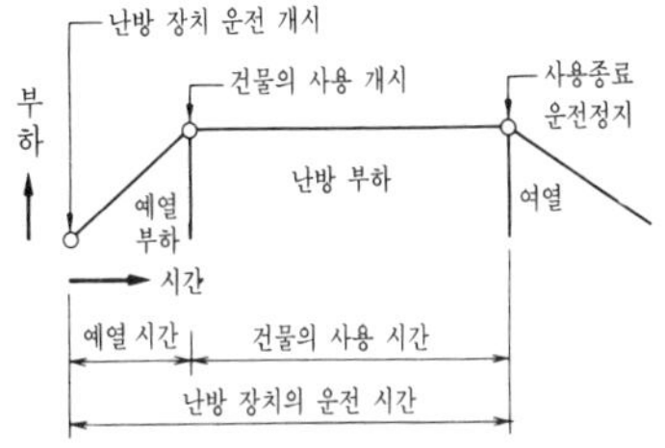

preheat load 예열 부하(豫熱負荷) 난방 운전을 시작할 때 장치 내나 구조체가 냉각되어 있기 때문에 이 온도를 높이기 위해 필요한 열량.

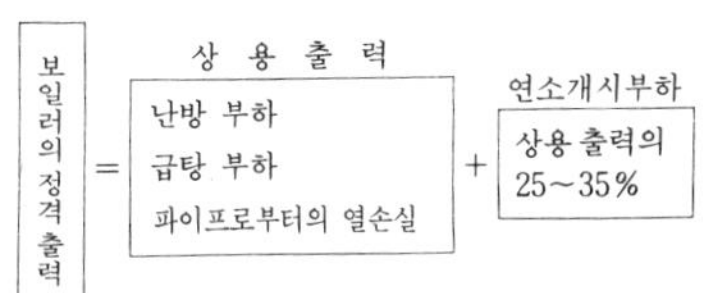

preliminary 초기 미동(初期微動) 지진동의 초기에 진폭이 작고, 주기가 짧은 부분이 있다. 이것을 초기 미동이라 한다. 지진파(P파), 횡파(S파), 표면파(L파)의 순으로 도달하는데, 보통 P파가 시작되고부터 S파가 시작되는 부분의 지진동을 말한다.

preliminary calculation 준비 계산(準備計算) 구조 계산에서 골조의 응력 계산에 들어가기 전 단계의 계산. 부재의 강성(剛性), 골조에 걸리는 하중, $C \cdot M_0 \cdot Q$의 계산 등이 포함된다. 컴퓨터에 입력하기 전 단계의 계산을 가리킬 때도 있다.

preliminary design 기본 설계(基本設計) 실시 설계에 앞서 행하여지는 설계 업무로, 의뢰주의 목적에 따라 건물의 설계 조건을 조직화하고, 그에 대응하는 건축에 필요한 기본을 나타내는 도서를 작성하는 업무. 구조의 기본 설계에는 구조 계획·예비 설계·개략적 공사비의 산출 및 필요한 조사를 포함한다.

preliminary design drawings 기본 설계도(基本設計圖) 기본 설계의 종료시 실시 설계 전에 건축주에 제출하는 설계도. 계획 개요서, 배치도, 각층 평면도, 입면도, 단면도, 시방 개요서 등으로 이루어진다.

preliminary tremors 초기 미동(初期微動) 지진동의 최초에 나타나는 비교적 진폭이 작은 파. P파가 주성분이다. 초기 미동의 계속 시간(P-S시간)은 진원 거리의 산정에 쓰인다.

preload 프리로드 압밀 촉진을 위해 미리 흙쌓기 등의 상재(上載) 하중을 지표면에 가하는 것.

preloading 선행 하중(先行荷重) ＝pre-compression load

pre-loading method 프리로딩 공법(－工法) 지반에 구조물과 동등 이상 하중을 걸어서 건설 전에 압밀 침하시키고, 지반의 전단 내력을 증가시킨 다음 하중을 제거하여 구조물을 만드는 공법.

preload system 프리로드 공법(－工法) ① 프리스트레스트 콘크리트에 있어서의 포스트 텐션 방식의 정착 방법의 하나. 구조체 바깥쪽에 PC강선을 고정하여 체결하는 것. ② 흙막이 공사에서 토압에 의해 걸리는 축력(軸力)을 유압 잭으로 미리 버팀대로 도입한 다음 굴착을 하는 공법.

premature crack 초기 균열(初期龜裂) 콘크리트 타설 직후의 균열 또는 철근 콘크리트 부재에 가력할 때 처음으로 발생하는 균열. ＝early-age cracking

premises 구내(構內) ① 건물이나 부지 내를 말한다. ② 공사 등 특정한 행위에 대하여 울타리, 담장 등으로 칸막이되고 관계자 이외의 자가 자유롭게 출입할 수 없는 범위.

premises generator installation 자가 발전 설비(自家發電設備) ＝engine driven generator

premix mortar 프리믹스 모르타르 시멘트와 여러 가지 잔골재·혼합제를 미리 조합 혼입하여 포장한 모르타르 재료. 물을 섞기만 하면 사용할 수 있다.

premodern city 근세 도시(近世都市) 근세의 국가 체제하에서 중세까지의 독립적인 도시나 농촌을 해체하여 성립한 도시.

premolded concrete pile 기성 콘크리트

말뚝(既成-) =precast concrete pile

prepacked concrete 프리팩트 콘크리트 굵은 골재를 거푸집 속에 미리 넣어두고 후에 파이프를 통해서 모르타르를 압입하여 타설한다. 중량 골재나 굵은 골재를 쓰는 콘크리트의 시공에 사용하는 공법으로, 골재간에 압입하는 모르타르의 유동성을 좋게 하기 위해 모르타르 속에 특수한 혼합재를 사용한다. 수중 콘크리트의 타설에 널리 쓰인다.

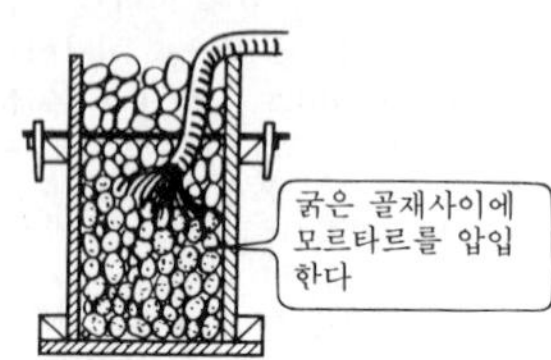

프리팩트 콘크리트 공법

prepacked concrete pile 프리팩트 콘크리트 말뚝 굴착한 구멍 내에 철근과 주입 파이프를 삽입한 다음 굵은 골재를 충전하고 모르타르를 주입하여 만드는 현장치기 콘크리트 말뚝.

preparation 마련 목재, 석재 등과 같이 부착하기 전이나, 정해진 치수로 마감하기 전에 그 크기로 미리 가공하는 것.

preparation cost 준비비(準備費) 부지 측량, 가설 도로, 차지(借地) 등 건설 공사에서의 준비적 비용. 내역서에서는 종합 가설 중에 포함된다.

preparation of housing site 택지 조성(宅地造成) 농지, 녹지 등 건축물 및 기타 공작물의 부지 이외의 토지를 택지로 하기 위해 조성하여 토지의 형질을 변경하는 행위.

prepared paint 조합 도료(調合塗料) 바로 사용할 수 있도록 미리 조합한 도료로, 된비빔 도료에 보일유, 희석제, 건조제 등을 섞어서 용액으로 한 것을 말한다. = mixed paint, ready-mixed paint

Pre-Romanesque architecture 프리로마네스크 건축(-建築) 유럽에서의 9~10세기의 건축 양식. 로마네스크 건축에 이르기 전의 건축. →Romanesque architecture

presence 임장감(臨場感) ① 재생음을 들었을 때 청취자가 그 음이 실제로 발생되거나 연주되고 있는 장소에 있는 것과 같은 인상을 갖는 감각. ② 실제의 장소에 임했을 때 받는 느낌.

presentation 프레젠테이션 건축에서는 도면, 모형, 슬라이드, 비디오에 의해 계획이나 설계의 내용을 시각적으로 표현하는 것을 말한다.

presentation model 프레젠테이션 모델 설계가 끝난 단계에서 만드는 완성 작품의 전시용 모형. 석고·플라스틱·나무 등에 의해 정밀한 것이 만들어진다. →study model

preservation 보전(保全) 수리 가능한 계, 기기, 부품 등의 신뢰성을 유지하기 위해 행하는 조치, 건축물의 부지, 구조 및 건축 설비를 상시 적법한 상태로 유지하는 것, 시설의 기능 유지 및 내구성의 확보를 도모하기 위해 행하는 점검, 보수, 운전, 보안 및 수리 등의 정의가 있다.

preservation of neighboring houses 인가 양생(隣家養生) 시가지의 터파기 공사 등에서 인접한 가옥에 침하나 변형 등의 장애를 발생하지 않도록 조치하는 것.

preservation registration 보존 등기(保存登記) 부동산의 선취득권을 보존하는 등기. 또 일반적으로는 부동산의 소유권 등기를 말한다.

preservative 방부제(防腐劑) 목재가 썩는 것을 방지하기 위해 사용하는 약제. 크레오소트유, 불화 소다, 염화 제2수은, 황화동, 염화 아연, 타르 제품 등이 쓰인다. 방부제의 성능 시험 통칙, 방부 효력 시험 방법, 착화성과 그 시험 방법, 철부식성 시험 방법, 흡습성 등에 대해서 제정되고 있다.

preservative antiseptic 방부제(防腐劑) 부패균의 번식을 방해하기 위해 사용하는 약제. 보통 크레오소트유가 쓰인다.

preservative treated sill 방부 토대(防腐土臺) 목재가 썩는 것을 방지하기 위해 방부제를 가압 주입 처리한 목재를 사용한 토대.

preservative treatment 방부 처리(防腐處理) 방부제를 쓰든가 또는 다른 방법에 의해 재료의 방부 처리를 하는 것. 목재에서는 도포법(塗布法), 침지법(沈漬法), 주입법 등의 처리 방법이 있고, 또 약제를 사용하지 않는 표면 탄화법이 있다.

press 프레스 기계적인 힘을 가하여 금속판을 구부린다든지 절단한다든지 하는 작업 또는 그 기계. 예를 들맨 새시, 가구 등은 철판을 프레스한 것이 있다.

pressed cement roof tile 후형 스레이트(厚形-) 조합비 1 : 2(중량비)의 시멘트 모르타르를 기계로 가압 성형하여 만든 기와.

pressed concrete 프레스 콘크리트 아직 굳지 않은 콘크리트에 직접 압력을 가하여 여분의 수분이나 기포를 없애고, 그 압력을 유지한 채로 양생하여 경화시킨 콘크리트.

press-in pile driver 압입식 말뚝박기 기계(押入式-機械) 타격에 의하지 않고 말뚝머리를 유압 잭 등에 의해 압입함으로써 말뚝을 설치하는 기계. 대부분의 경우 제트 또는 커터를 병용하여 시공한다.

press-roll 전압(轉壓) =rolling

pressure 압력(壓力) 어느 면적에 힘이 작용하고 있는 경우 단위 면적당의 힘을 압력이라 한다. 단위 kg/cm^2. 또 바(var), 수주 밀리미터(mmAq) 등. $1kg/m^2 = (1/10000)kg/cm^2 \fallingdotseq 1mmAq$.

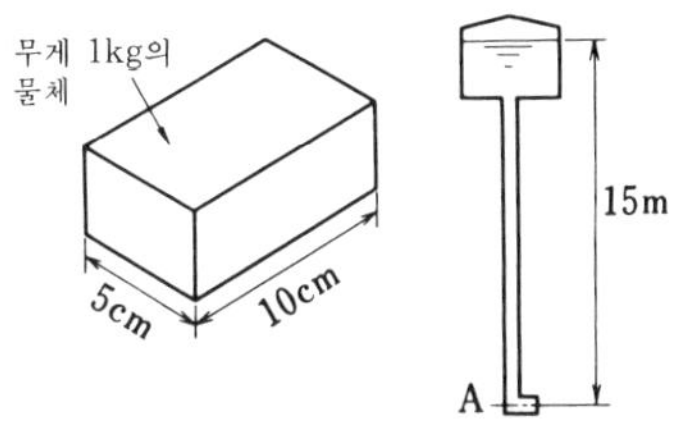

pressure bulb 압력 구근(壓力球根) 재하판(載荷板)에 하중을 작용시킨 경우, 지반 중에 구근상으로 생기는 연직 압력의 등분포 곡선을 말한다.

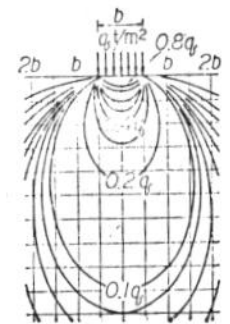

pressure coefficient 압력 계수(壓力係數) 물체 표면에 작용하는 압력을 기준이 되는 압력으로 나누어서 무차원수로 한 값. 기준이 되는 압력으로서는 유체에서는 속도압을 사용하는 일이 많다.

pressure difference transducer 차압 변환기(差壓變換器) 차압계에 의해 검출된 2점간의 압력차를 액면의 높이, 전기적 출력 등 눈에 보이거나 기록계에 수록할 수 있는 신호로 바꾸는 장치.

pressure distribution 압력 분포(壓力分布) 면에 작용하는 압력이 부분적으로 변화하고 있는 경우, 그 변화의 비율을 나타내는 것. 전체로 변화가 없는 경우 등압력 분포라 한다.

pressure drop 압력 강하(壓力降下) 어느 점에서 다른 점에 이르기까지의 압력의 저하. 압력 p인 점으로부터의 거리 dx간의 압력 변화를 dp라 하면 dx당의 압력 강하는 dp/dx이다. 또 dp/dx 그 점에 있어서의 압력 물매를 나타낸다. =pressure fall

pressure-equalized joint 등압 조인트(等壓-) 접합부의 내부에 외기압과 같아지는 공간(등압 공간)을 두고, 압력차에 의한 빗물의 침입을 방지하는 장막벽의 부재 접합 구법. →open joint

pressure fall 압력 강하(壓力降下) =pessure drop

pressure fan 압력 팬(壓力-) 3~5mm Aq 정도의 압력에 저항하여 환기할 수 있는 축류 환기 팬. 보통의 프로펠러형의 환기 팬은 덕트 등의 저항이 있으면 거의 송풍 능력이 없어진다.

pressure gauge 압력차계(壓力差計) 기체의 압력차를 측정하는 계기로, 가장 간단한 것은 U자관 압력계, 미세한 차를 측정하기 위해 경사 미압계 등이 널리 쓰인다. =differential manometer

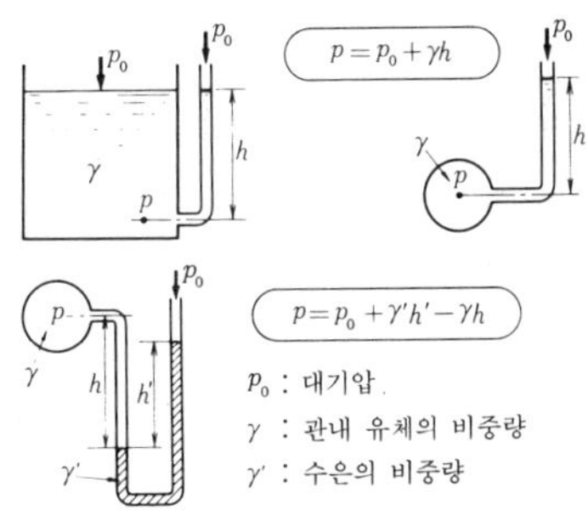

pressure gradient 압력 물매(壓力-)[1], 기압 경도(氣壓傾度)[2] (1) 유체가 갖는 압력이 저항 손실에 의해서 내려갈 때의 단위 길이당의 압력 변화량.
(2) 지상 대기압의 수평 방향으로의 물매. 기압 경도가 커지면 일기도상의 등압선 간격은 조밀해지고, 일반적으로 지상이나 해상의 바람은 강해진다.

pressure head 압력 수두(壓力水頭) 유체 내의 한 점에 있어서의 압력의 크기(정압)

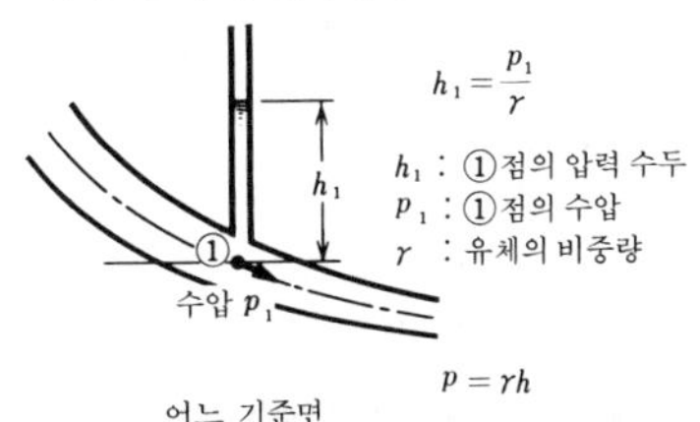

를 물기둥 높이로 나타낸 것. 단위는 mm Aq 등.

pressure line 압축선(壓縮線), 압축력선(壓縮力線) 아치에 있어서 외력과 반력의 합력의 작용선을 말한다.

pressure loss 압력 손실(壓力損失) 유체가 갖는 압력 저항 등의 손실에 의한 감소를 말한다.

pressure microphone 음압 마이크로폰(音壓－) 가해진 음압에 비례한 전기 출력을 갖는 마이크로폰.

pressure-reducing tank [cistern] 감압 수조(減壓水槽) 보일러 등으로의 급수 압력을 조정하여 일정값 이하로 억제하기 위해 설치하는 개방식의 수조.

pressure-reducing valve 감압 밸브(減壓－) 고압 배관과 저압 배관 사이에 두고, 밸브의 열림을 적당한 장치에 의해 제어하여 고압측의 압력 여하에 관계없이 저압측에 일정한 압력을 공급하는 밸브를 말한다. 밸브 작동의 대부분은 저압측의 압력에 의해 벨로스 내지는 다이어프램을 신축시켜서 한다.

pressure relief pipe 팽창관(膨脹管) ＝expansion pipe

pressure relief valve 압력 릴리프 밸브(壓力－) 보일러, 압력 용기 또는 배관 등에 부착되어 규정의 압력을 초과하면 밸브가 열리고, 유체를 방출하여 압력을 낮추는 안전 밸브.

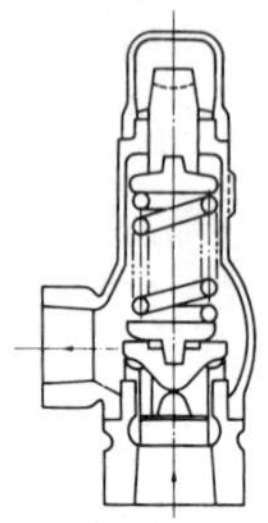

pressure switch 압력 스위치(壓力－) 자동 스위치의 일종. 주로 수압에 의해 조작하는 스위치로, 수압 탱크 등에 사용한다. 압력이 규정 이상으로 올라가면 끊어지고 내려가면 들어간다.

pressure tank 압력 탱크(壓力－) 고가 탱크를 사용할 수 없는 경우에 설치하는 탱크. 탱크 내 상부에 압축 공기를 축적하고 이것으로 수면에 압력을 가하여 수압을 유지시킨다. 이것에는 공기 압축기와 고양정(高揚程)의 펌프를 필요로 한다.

pressure tank water supplying 압력 탱크식 급수법(壓力－式給水法) 압력 탱크에 의해 급수하는 방식. 소규모 주택의 급수 방식으로, 급수압이 일정하지 않으며, 공기의 보급이 필요하다.

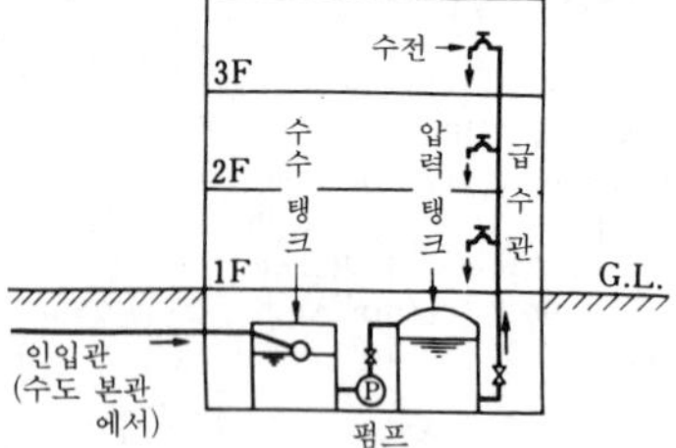

pressure test 압력 시험(壓力試驗) 유체 배관, 덕트에 시험 압력을 가하여 누액(漏液), 누기(漏氣)가 없는 것, 혹은 규정값 이하인 것을 확인하는 시험.

pressure vessel 압력 용기(壓力容器) 기압, 수압 등의 압력을 받는 용기. 예를 들면 원자력 발전소의 노심을 수납하는 용기는 원자로 압력 용기라 한다.

pressure welding 압접(壓接) 금속의 용해점을 초과하지 않는 온도에서 접합부에 기계적 압력을 가하여 접합하는 것. 가열 압접과 상온 압접이 있다. 가열법으로서는 산소 아세틸렌 불꽃에 의한 가스 압접법, 통전에 의한 전기 압접법이 있다. 건축에서는 철근의 가스 압접이 널리 쓰이고 있다.

pressurized combustion 가압 연소(加壓燃燒) 연소실 내 압력을 대기압 이상으로 하여 연료를 연소시키는 것. 가압 연소를 하면 보일러 등의 열효율이 높아진다.

pressurized siamese facilities 가압 송수 장치(加壓送水裝置) 일반적으로는 급수계 내에 있으며 급수 압력을 가하는 장치. 보통은 옥내 소화전에 대하여 가압하는 부스터 펌프를 의미한다. ＝pressurized water supply system

pressurized smoke exhaustion 가압 배연(加壓排煙) 연기가 들어온 방에 송풍기에서 공기를 보내어 방 내외의 압력차에 의해 연기를 배출하는 것. 기계 배연의 일종이다.

pressurized water supply system 가압 송수 장치(加壓送水裝置) ＝pressurized siamese facilities

prestress 초기 응력(初期應力) 재료의 제작, 가공할 때 생기는 잠재 응력, 부재의 접합이나 구조물을 세울 때 시공 오차, 치수 오차 등 때문에 생기는 응력, 프리스트레스 콘크리트에 있어서 사전에 가하는

응력 등을 총칭하여 초기 응력이라 한다. =initial stress

prestressed concrete 프리스트레스트 콘크리트 철근 콘크리트 제품의 일종으로, 제품에는 보, 슬래브, 침목 등이 있다. 콘크리트 인장 강도가 현저하게 작으므로, 인장 응력이 생기는 부분에 미리 압축의 프리스트레스를 주어 콘크리트의 인장 강도를 겉보기로 증가시키도록 한 것으로, 보의 인장측에 이 원리를 사용하면 보의 겉보기 휨 강도를 증가시킬 수 있다. 제작 방법에는 프리텐션법과 포스트 텐션법이 있다. 설계 하중을 받았을 때 균열이 생기지 않는다, 수축 균열이 적다, 탕선과 가요성이 풍부하다는 등의 이점이 있다.

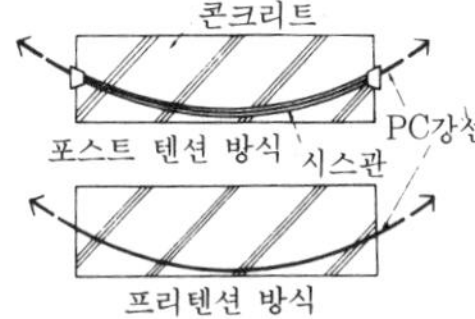

prestressed concrete pile PC말뚝, 프리스트레스트 콘크리트 말뚝 프리스트레스를 도입하여 제작한 중공 원통상(中空圓筒狀)의 기성 콘크리트 말뚝. 하나의 최대 길이는 15m이고, 3개까지는 이어서 사용할 수 있다.

prestressed concrete pressure vessel PCPV 프리스트레스트 콘크리트 구조를 사용한 고압 용기. 원자로 격납 용기 등에 사용되고 있다.

prestressed concrete steel PC강재(－鋼材), 프리스트레스트 콘크리트 강재(－鋼材) 프리스트레스트 콘크리트에 있어서의, 콘크리트에 잠재 압축 응력을 주기 위해 사용하는 고강도 강재의 총칭. 강선·강봉·강연선 등이 있다.

prestressed concrete structure PC구조(－構造), 프리스트레스트 콘크리트 구조(－構造) 구조상의 주요 부위에 프리스트레스트 콘크리트를 사용한 구조.

prestressed high-strength concrete pile 고강도 프리스트레스트 콘크리트 말뚝(高强度－) 원심 성형법에 의해 공장 생산된 프리스트레스트 도입의 고강도 콘크리트 말뚝. =PHC pile

prestressed reinforced concrete 프리스트레스트 철근 콘크리트(－鐵筋－) 프리스트레스트 콘크리트와 철근 콘크리트를 병용한 구조. =PRC

prestressed steel frame construction 프리스트레스트 철골 구조(－鐵骨構造) 대스팬 철골보의 하현재 가까이에 PC강봉을 배치하고, 프리스트레스를 주는 구조법. 강관 트러스 등에서는 관 속에 긴장재를 넣기도 한다.

prestressing 프리스트레싱 부재에 미리 내부 응력을 주는 조작 전체를 말한다.

prestressing bar PC강봉(－鋼棒) 직경 9~33mm의 PC강재를 말한다. PC강선에 비해 굵다. 압연, 열처리, 인발(引拔) 등에 의해 제조된다.

prestressing devices PC 강재 긴장 장치(－鋼材緊張裝置) 프리스트레스트 콘크리트 공사에서 PC강재에 인장력을 도입하는 잭, 펌프, 긴장 로드, 신장 측정기 등으로 이루어지는 장치의 총칭.

prestressing steel PC강재(－鋼材) 프리스트레스트 콘크리트에서 긴장재로서 사용되는 강재. 주요한 것으로는 PC강선, PC강연선, PC강봉 등이 있다. 성질은 고강도이고 탄성 한계, 내력 또는 항복점이 크며, 적도의 신장과 인성이 있다.

prestressing steel bar PC강봉(－鋼棒) PC강재의 하나. 고강도의 강봉으로 지름 10~33mm, 강도에 따라 여러 종류가 있다. 인발 강봉·압연 강봉·고주파 열연(高周波熱錬) 강봉의 3종이 있다.

prestressing strand PC강연선(－鋼撚線), PC스트랜드 PC강선을 여러 줄 꼬은 PC강재. 2줄, 3줄 및 7줄의 강연선 외에 굵은 직경의 연선이 있다. 부착 성능이 뛰어나며, 1줄당의 인장 하중이 크므로 PC강재의 주류로서 사용되고 있다.

prestressing wire PC강선(－鋼線) 직경 2~8mm의 가는 선상(線狀)의 PC강재를 말한다. 보통, 프리텐션에는 가는 것을 사용하고, 포스트 텐션에는 굵은 것을 여러 줄 묶어서 사용한다.

pre-tensioning 프리텐셔닝 포스트 텐셔닝에 대한 용어. PC강재에 인장력을 주어 두고, 콘크리트를 타설하여 경화 후 긴장을 풀면 강재와 콘크리트의 부착에 의해 부재 내의 프리스트레스가 도입되는 공법. 롱 라인으로 제조할 수 있으며 공장 제작에 적합하다.

pre-tensioning construction 프리텐션 공법(－工法) 콘크리트에 프리스트레스를 주는 방법의 하나. PC강재를 긴장한 상태에서 콘크리트를 타설하고, 콘크리트 경화 후에 PC강재와 콘크리트와의 부착에 의해 콘크리트에 프리스트레스를 주는 방법.

pre-tensioning system 프리텐션 방식(－方式) 프리스트레스트 콘크리트 제법의 일종. PC강선을 긴장(緊張)해 두고 콘크리트를 타설하여 경화 후 긴장을 해제한다. 작은보 · 슬래브 기타의 작은 부재에 이용한다.

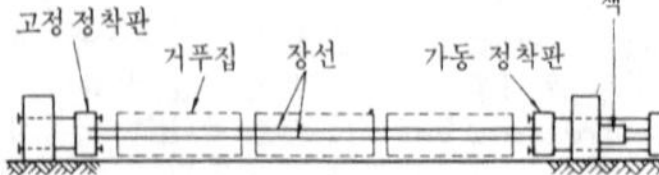

pretreatment facilities for sewerage protection 제해 시설(除害施設) 공장, 사업소 등으로부터의 배수 중에서 하수도 시설의 기능을 방해한다든지 손상시킬 염려가 있는 물질을 제거하기 위한 처리 시설.

prevention of crimes 방범(防犯) 건축물의 집무 환경을 평온하게 유지하고, 도난 등 범죄로부터 사람들이나 재산을 지키는 것. =securities

prevention of explosion 방폭(防爆) 위험물의 폭발을 예방하거나 또는 폭발에 의한 피해를 방지하는 것.

prevention of fire outbreak 출화 방지(出火防止) 화재의 발생을 방지하는 것. 발화원에 대한 대책과 주변에 가연물을 두지 않는 대책, 착화하면 즉시 소화하는 대책 등을 말한다.

preventive factors of disaster risk 재해 억제 요인(災害抑制要因) 소방력, 수리, 녹지, 불연 건축대 등 재해 현상을 억제하는 구실을 하는 것의 총칭.

preventive maintenance 예비 보수(豫備保守), 예비 보전(豫備保全) 기기의 정기 점검을 하여 설비에 고장이 발생한다든지, 또는 기능을 잃기 전에 수리나 부품을 교환하여 기능 유지를 도모하는 것.

preventive repairing 예방 수선(豫防修繕) 계획적으로 점검 조사를 하여 사용 중의 고장이나 기능 저하를 방지하기 위한 수선. 엘리베이터 등의 정기 점검, 철재 부분 도장 공사가 전형이다.

prewetting 프리웨팅 흡수성이 큰 경량 골재를 콘크리트에 사용하기 전에 골재를 미리 살수 또는 침수시켜서 충분히 흡수시키는 것. 콘크리트를 비비는 과정이나 펌프 압송시에 경량 골재가 흡수하여 콘크리트의 반죽질기가 변화하는 것을 방지하는 것을 목적으로 한다.

price 가격(價格) 매매, 청부 등의 상거래에서 거래의 대가로서 지불되는 금액.

price index 가격 지수(價格指數) =output price index

price of real term 실질 가격(實質價格) 매년의 건축 공사량 등 다른 시점의 금액 표시 수량을 비교할 때 그 시점간의 물가 변동을 물가 지수 등에 의해 조정하여 한 시점의 가치로 통일적으로 표시한 가격. =real price

price under restricted condition 한정 가격(限定價格) 특별한 거래 조건을 고려한 경우의 감정 평가 가격.

primary air 1차 공기(一次空氣) ① 인덕션 유닛에서 실내 공기를 유인하기 위해 고속으로 노즐에서 뿜어내는 공기. ② 중앙식 공기 조화 방식에서 분출구에서 뿜어내어지는 공기. ③ 착화와 불꽃의 안정을 위해 연료에 최초로 공급되는 연소용 공기.

primary battery 1차 전지(一次電池) 전지의 일종. 방전해 버리면 다시 원 상태로 되돌아가지 않는 전지를 말한다. 예를 들면 건전지 등.

primary color 원색(原色) 모든 색을 만드는 바탕이 되는 색. 3원색을 혼합하면 그림 물감에서는 회색, 색광(色光)에서는 백색이 된다.

primary consolidation 1차 압밀(一次壓密) 압밀 이론에 대응하는 통상의 압밀 과정. 그 종료 시점 부근에서 인정되는 2차 압밀과 대비해서 쓰이는 용어.

primary energy 1차 에너지(一次－) 전력, 가스, 석유 등의 에너지(2차 에너지)를 화석(化石) 연료 레벨에 효율을 고려하여 환산한 에너지를 말한다. 예를 들면 1kWh＝2,250kcal.

primary equipment load 열원 부하(熱源負荷) 열원 용량 결정의 기준이 되는 부하. 건물의 존(zone)마다의 부하를 각 시각마다 집계하여 그 최대값을 취한다.

primary stress 1차 응력(一次應力) 통상의 가정에 따라서 푼 응력. 2차 응력에 대해서 말한다.

primary structure 흙의 1차 구조(－一次構造) 흙이 최초로 퇴적한 상태 그대로 있는 것.

primary subcontract 1차 하청(一次下請) 원청과 직접 하청 계약을 맺는 것, 혹은 그것을 맺은 하청인. 2차 하청, 3차 하청이라는 식으로 수차에 이르는 경우가 있다.

primary system 정정 기본계(整定基本系) =statically determinate principal system

primary treatment 1차 처리(一次處理) 일반적으로는 처리가 여러 공정으로 구성될 때 최초의 공정을 가리킨다. 배수의 생물학적 처리 프로세스에서는 전처리(스크리닝, 침사)의 다음 공정. 주로 침전에 의해 부유 물질을 제거하는 물리적 처리를 말한다.

primary wave P파(－波) 지진파 중 가장 빨리 도달하는 소밀파(疎密波). S파 도달까지의 시간을 P-S시간이라 하며 진원 거리의 추정에 사용한다.

primate city 프라이메이트 도시(－都市) 각국의 인구 규모 제1위의 도시. 개발 도상국일수록 1위와 2위 이하의 도시와의 규모에 차가 있기 때문에 이 비로써 그 나라의 발전 단계를 분석할 때 쓰이는 용어.

primcoating 초벌칠(初－) 2회 이상으로 나누어 겹쳐 칠할 때 바탕에 가장 가까운 층, 또는 그것을 칠하는 것. 단, 미장 공사에서는 실러(sealer)를 초벌칠이라고 하지 않지만 도장 공사나 뿜어바르기 공사에서는 실러를 초벌칠이라고 한다. ＝scratch coating

prime coat 프라임 코트 노반과 포설(鋪設)하는 아스팔트 혼합물과 잘 융합하고, 표면의 물이 노반으로 침투하는 것을 방지하기 위해 노반면상에 살포하는 아스팔트 유제.

prime contract 원청(元請), 원청부(元請負)[1], 원청 계약(元請契約)[2] (1) ＝main contract
(2) ＝original contract

prime contractor 원청 업자(元請業者) ＝main contractor

prime cost 원가(原價) 공사 완성을 위해 지출된 일체의 경제적 가치. 보통 총원가.

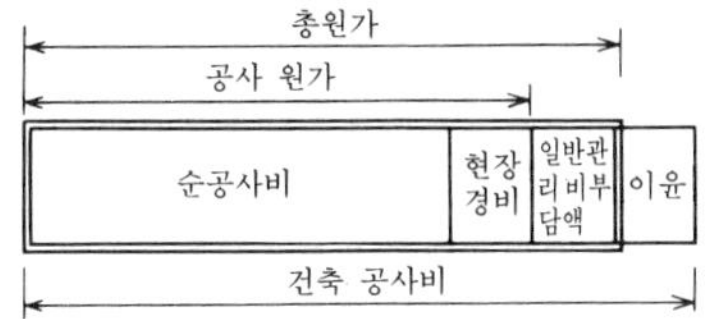

prime mover 원동기(原動機) 수력, 연료, 원자력, 태양열 등의 에너지원을 이용하여 원동력을 발생하는 기계를 말한다. 수력 터빈, 증기 기관, 증기 터빈, 내연 기관, 전동기 등.

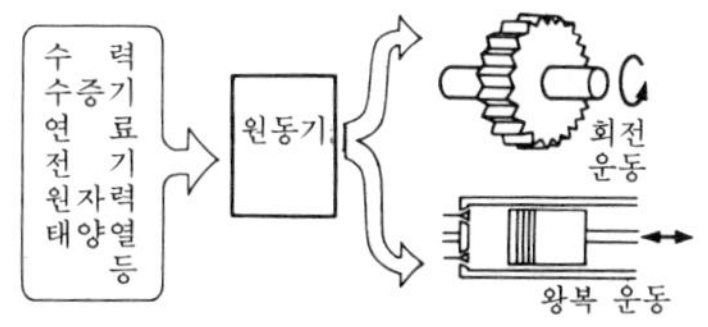

primer 프라이머 ① 방수용의 용융 아스팔트를 바탕과 밀착시키기 위해 콘크리트 바탕면에 칠하는 액상물. ② 나무나 금속 등의 도장 바탕의 침입이나 녹의 발생을 방지하여 정벌칠과의 부착성을 높이기 위한 초벌칠용 도료.

priming coat 바탕칠 페인트칠을 할 때 바탕면의 기복을 다지기 위해 바탕 도료를 칠하는 것. 미장 공사, 도장 공사로 소지에 직접 칠하는 것도 바탕칠이라 한다.

principal axis 주축(主軸), 단면 주축(斷面主軸) 단면의 도심(圖心)을 통하는 임의의 직각 좌표 중 1축에 관한 단면 2차 모멘트가 최대이고, 다른 축에 관한 단면 2차 모멘트가 최소인 1조의 직각 좌표를 말한다. 단면 주축에 관한 단면 상승 모멘트는 0이다.

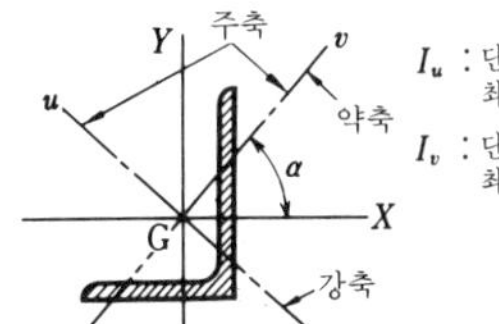

principal axis of section 단면 주축(斷面主軸) ＝principal axis

principal curvature 주곡률(主曲率) 곡면상의 공간 곡선이 갖는 최대와 최소의 법선 곡률.

principal household 주세대(主世帶) ＝main household

principal member 주재(主材) ① 트러스로 말하면 현재(弦材)에 해당하는 조립재. 축력과 휨을 담당하는 주요한 재. ② 덧판 이음에서 접합되는 쪽의 재.

principal moment of inertia 주단면 2차 모멘트(主斷面二次－) 단면 주축에 관한 단면 2차 모멘트. 도심(圖心)을 통하는 축에 관한 단면 2차 모멘트 중에서 극대 및 극소의 것.

principal plane 주평면(主平面) 주응력이 작용하는 면.

principal rafter ㅅ자보(－字－) 부재를 ㅅ자 모양으로 조합시킨 것의 총칭.

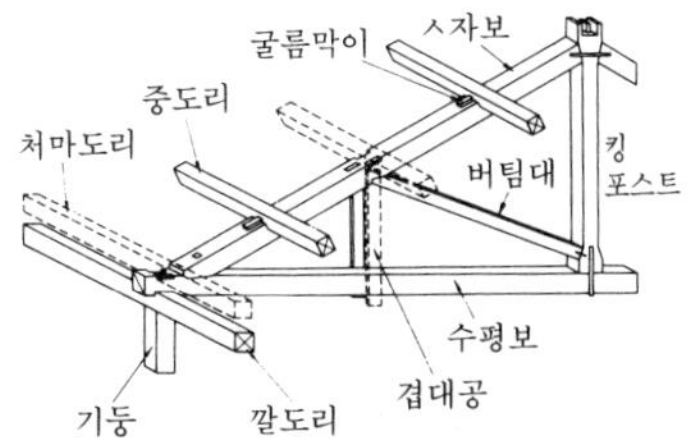

principal shock 주요동(主要動) 초기 미동에 이어서 일어나는 지진동 중 가장 진폭이 큰 부분. 근지 지진에서는 횡파, 원

지 지진에서는 표면파에 의한다.

principal strain 주변형(主變形) 주응력의 방향에 생기는 변형.

principal strain theory 주변형설(主變形說) = maximum principal strain theory

principal stress 주응력(主應力) ① 단면 주축의 방향에 생기는 수직 응력. 즉 주응력도면에 직각으로 생기는 응력. 주응력도와 그것이 작용하는 면적과의 곱으로 나타내어진다. ② 주응력도를 약해서 주응력이라고도 한다.

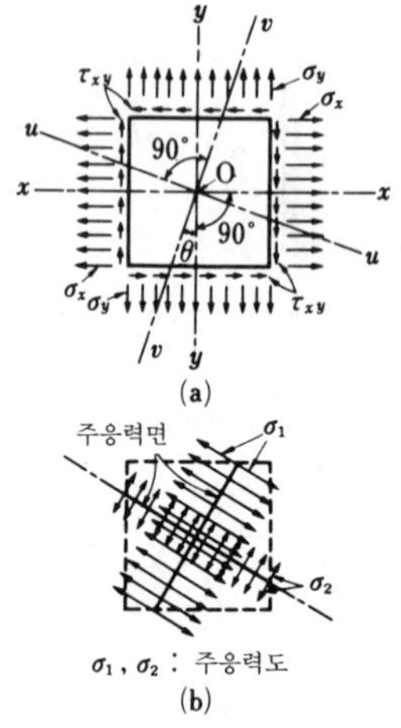

σ_1, σ_2 : 주응력도

(b)

주응력은 다음 식으로 구한다

$$\sigma_1,\ \sigma_2=\frac{\sigma_x+\sigma_y}{2}\pm\frac{1}{2}\sqrt{(\sigma_x-\sigma_y)^2+4\tau_{xy}^2}$$

$$\theta=\frac{1}{2}\tan^{-1}\frac{2\tau}{\sigma_y-\sigma_x}$$

principal stress circle 주응력원(主應力圓) 탄성체 내 하느 한 점의 3축 응력을 다룰 때 쓰는 주응력점을 통하는 모어의 응력원(Mohr's stress circle).

principal stress line 주응력선(主應力線) 탄성체 내의 각점에 있어서 그 점에 작용하는 최대 주응력의 방향에 접하는 곡선 및 최소 주응력의 방향에 접하는 곡선. 양 곡선은 직교한다.

principal stress plane 주응력도면(主應力度面) 어느 점의 응력을 표현할 때 그 점에서 어느 방향의 전단 응력도도 0으로 되는 직교 좌표계를 설정할 수 있다. 이 각 좌표축에 직교하는 면을 가리킨다.

principal stress theory 주응력설(主應力說) Lame과 Clapeyron에 의해 제창된 재료의 파괴 이론의 하나로, 세 주응력의 최대값이 어느 한계에 이르렀을 때 파괴가 일어난다, 또는 인장이나 압축의 탄성 한도에 이르렀을 때 파손이 일어난다는 설. 최대 주응력설이라고도 한다.

principal structural parts 주요 구조부(主要構造部) 주로 방화의 견지에서 보아 주요한 건축물의 부분. 벽, 기둥, 보, 바닥, 지붕 및 계단을 말하며, 칸막이벽, 샛기둥, 최하층의 바닥, 옥외 계단 등은 제외한다.

principle of minimum strain energy 변형 에너지 최소의 정리(變形－最小－定理) 안정한 평형 상태에 있는 선형 구조물에서는 하중 작용점 이외의 변위로 변형 에너지를 나타내면 그 값은 최소로 된다고 하는 정리. = theorem of minimum strain energy

principle of superposition 중첩의 원리(重疊－原理), 겹침의 원리(－原理) 정정(靜定) 또는 부정정의 구조물에 많은 힘이 동시에 작용할 때 그것이 미치는 영향, 예를 들면 휨 모멘트, 전단력, 축방향력, 휨, 휨각 등은 모두 개개의 힘에 의한 영향의 총합과 같고, 부하의 순서에도 관계가 없다는 원리. 구주물이 미소 변형을 대상으로 한 탄성체인 경우에 한해 성립한다(단, 축방향력을 수반하는 휨의 경우 등 약간의 예외가 있다).

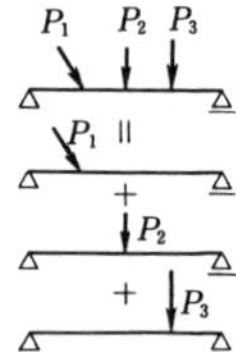

principle of the least work 최소 일의 원리(最小－原理) = theorem of the least work

principle of virtual work 가상 일의 원리(假想－原理) 탄성체에 외력 P가 작용하여, 체내에 응력이 생겨서 균형을 이루고 있다. 그 상태에 가상의 외력이 작용하든가 혹은 어떤 원인으로 가상의 미소 변형 $\Delta\delta$가 생겼다고 하자. 그에 따르는 외력 P가 하는 일을 가상 일 δW라 하고, 가상 변형과 응력에 의해서 축적되는 변형 에너지를 가상 변형 에너지 δV로 하면 $\delta W=\delta V$이다. 이것을 가상 일의 원리라 한다.

$$P\Delta\delta = N_1\Delta l_1 + N_2\Delta l_2 = \frac{N_1N_1l_1}{EA} + \frac{N_2N_2l_2}{EA} = \sum\frac{NNl}{EA}$$

$$P\Delta\delta = \delta W \qquad \sum\frac{NNl}{EA} = \delta V$$

E : 영 계수

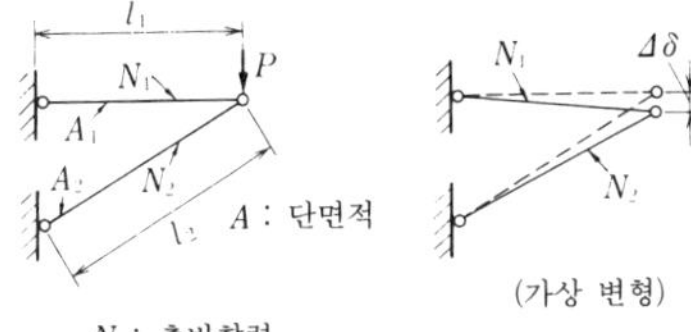

(가상 변형)

N : 축방향력

principle of work 일의 원리(一原理) 「기계에 마찰 등의 손실이 없으면 주어진 일 또는 에너지와 이루어진 일은 같다」고 하는 법칙. 바꾸어 말하면, 어떤 교묘한 기구의 기계라도 주어진 에너지보다도 큰 일은 할 수 없다. 그림은 마찰이 없는 사면을 나타낸 것이다.

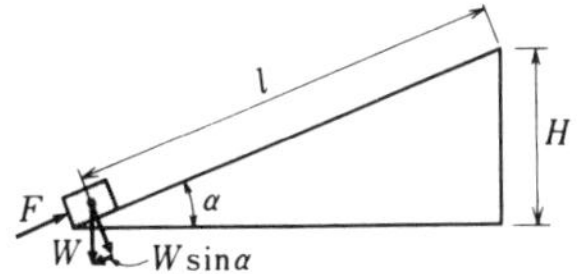

주어진 일 $Fl = Wl \sin\alpha$
이루어진 일 $WH = Wl \sin\alpha$
주어진 일=이룬 일

print board 프린트 보드 치장 석고 보드의 일종으로, 표면에 모양을 인쇄한 것.

printed curtain 프린트 커튼 형지(型紙)를 써서 무늬를 날염·인쇄한 천으로 봉제한 커튼.

printed hard board 프린트 하드 보드 표면에 각종 모양의 인쇄를 한 하드 보드.

printed plywood 프린트 합판(一合板) 합판상에 나뭇결 등을 인쇄한 종이를 붙인 치장 합판.

prism plate glass 프리즘 판유리(一板琉璃) 한쪽 면은 톱니 모양, 다른 면은 평활한 유리로, 평활면을 밖으로 하여 빛을 넣으면 굴절 확산하여 실내의 조도(照度)를 균일하게 한다. 천창이나 지하실의 채광에 사용된다.

pritzker architectural prize 프리츠커 건축상(一建築賞) 미국의 하이엇 재단이 중심이 되어 제정한 건축상. 건축계의 노벨상이라고 한다.

privacy 프라이버시 격리성, 사람 눈에 닿지 않는 것. 사회성 또는 공중과의 접촉성의 반대로, 개인적 자유도의 독립성이나 외계와의 접촉으로부터의 격리성.

private land 사유지(私有地) 개인, 사적 단체 등이 소유하는 토지.

privately financed houses 민간 자금 주택(民間資金住宅) 민간 자금만으로 건설되고 공적 자금을 이용하고 있지 않은 주택.

private road 사도(私道) 사유지 내의 도로로, 일반의 교통에 사용되고 있는 것.

private room 개실(個室), 개인실(個人室) 개인의 사실.

private sewerage system 배설물 정화조(排泄物淨化槽) 수세 변소로부터의 오수 또는 잡배수를 정화 처리하는 설비. 부패조, 산화조, 소독조로 이루어진다. 배설물만의 단독식과 잡배수를 포함한 합병식이 있다. =septic tank, wastewater purifier →night soil treatment

private telephone 사설 전화(私設電話) 공중 통신망에 접속 가능하며, 시설자가 자기 시설로서 설치한 전화(설비·장치·송수화기 등).

private work 민간 공사(民間工事) 건축주가 민간의 법인 또는 개인인 건설 공사.

private zone 사적 공간(私的空間), 사적 구간(私的區間) 주택에서는 개실이나 개인 사용의 변소, 욕실 등을 가리킨다.

prize design competition 현상 경기 설계(懸賞競技設計) 경기 설계 중에서 현상이 걸린 것.

probabilistic model 확률 모델(確率一) 확률 변수 혹은 확률 변수군에 대하여 상정하는, 일정한 특성을 갖는 확률 구조를 말한다. 예를 들면 시간적 변동을 대상으로 하지 않는 경우는 확률 분포로 나타내어진다.

probability density 확률 밀도(確率密度) 어느 확률 변수가 생기는 확률. 또는 그 함수.

probability of failure 파괴 확률(破壞確率) 설정한 파괴의 기준을 넘는 확률. 일반적으로 하중 효과가 내력을 웃도는 확률로서 나타낸다.

probability of survival 비파괴 확률(非破壞確率) 설정한 파괴의 기준을 넘지 않는 확률.

problem soil 특수토(特殊土) 통상의 토질 공학의 수법만으로는 설계, 시공을 할 수 없는 문제가 많은 흙. =special soil, unusual soil

process air conditioning 프로세스 공기 조화(–空氣調和) 산업 공기 조화를 말한다. 생산 공정에서 요구되는 특수한 조건에 맞추어서 만들어진다.

process control 프로세스 제어(–制御) 온도 제어를 위해 관련하는 실내외 공기, 열교환, 냉온수 제어 등 여러 가지 제어·조절을 할 수 있도록 하나의 제어 대상을 전체적으로 제어하는 방식.

process of repair 수선 과정(修繕過程) 수선을 하는 순서. ① 설비 기기의 보수나 교환 후 내장 개수를 하는 등 수선 공사에 포함되는 공정의 순서. ② 조사 진단–공사 계획–업자 선정–공정 관리–준공 검사 등 수선 공사 계획의 순서.

process of works 공정(工程) 각종 부분 공사 및 각종 작업의 수순. 또 그 부분 공사 등의 단계. =stage of execution works

production 생산(生産) 건축물의 준공에 이르기까지의 설계, 계약, 시공에 걸치는 작업 공정, 기술, 관리 등의 총칭.

production by order 수주 생산(受注生産) =order-made

production control 생산 관리(生産管理) 자재의 공장 가공도 포함하여 현장의 작업 공정의 흐름을 코스트, 공기, 품질 등의 시점에서 관리하는 것. =production management

production effect 생산 효과(生産效果) 투자의 경제 효과 중 생산력의 증강에 주는 효과.

production management 생산 관리(生産管理) =production control

productive green 생산 녹지(生産綠地) 시가지를 둘러싸는 농경 지대.

productive planning 생산 계획(生産計劃) 어떤 프로젝트에 대하여 그 필요로 하는 자재·제품 등을 공업화하여 제조 공급하기 위한 계획.

productivity 생산성(生産性) 일반적으로는 투입된 노동 1단위당의 생산량, 혹은 생산량 1단위당의 필요 노동량(원단위)이다. 이 노동량을 1기업·1산업·1시회로 범위를 넓힘으로써 생산성의 내용은 다르다. 1사회의 경우는 그 산출물에 대한 사회적 필요 노동의 전체에 걸친다. 보통은 1기업 또는 1산업에 대해서 계측되는 일이 많다. 이 경우 자본의 단위당 생산량, 토지의 단위당 생산량 등도 마찬가지로 생산성의 개념하에 계측된다.

product moment of inertia of area 단면 상승 모멘트(斷面相乘–) 단면에 대하여 임의의 직교 2축 x, y를 생각하고, 그 미소 단면적을 dA로 했을 때 다음 식으로 나타내어지는 값.

$$I_{xy} = \iint xy dA$$

도심(圖心)에 관한 단면 상승 모멘트는

$$I_{xy} = 0$$

product of inertia 관성 상승 모멘트(慣性相乘–) 물체 내의 임의의 직교 좌표 x, y, z에 관해서 다음 식으로 주어진다. 단위 kg·cm², 기호 I_{xy}, I_{yz}, I_{zx}.

$$I_{xy} = \iint xy dm \quad I_{yz} = \iint yz dm$$
$$I_{zx} = \iint zx dm$$

여기서, dm : 물체를 구성하는 질점의 질량, x, y, z : 직교 좌표로 나타낸 그 질량의 위치. 관성 주축에 대해서는 이들의 값은 0으로 된다.

product of inertia of area 단면 상승 모멘트(斷面相乘–) 그림에서 미소 면적 dA와 x축으로부터의 거리 y, y축으로부터의 거리 x와의 곱 $dAxy$를 단면 전체에 대해서 모은 것을 말하며, 다음 식으로 나타낸다.

$$I_{xy} = \Sigma dAxy$$

또는

$$I_{xy} = \int xy dA$$

도심을 통하는 직각축에 대한 상승 모멘트는 0이다.

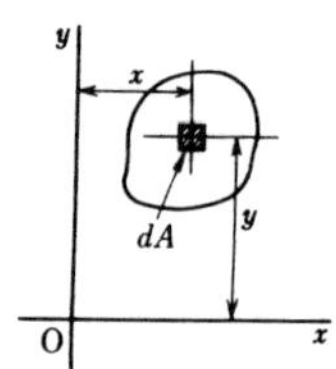

profile leveling 종단 측량(縱斷測量) 도로·하천 등의 노선을 따라 지반 높이를 재서 종단면도를 작성하는 측량. 일반적으로 20m 간격으로 중심 말뚝을 두고, 중심 말뚝의 중간에서 경사의 변화가 큰 점이 있으면 플러스 말뚝을 박는다.

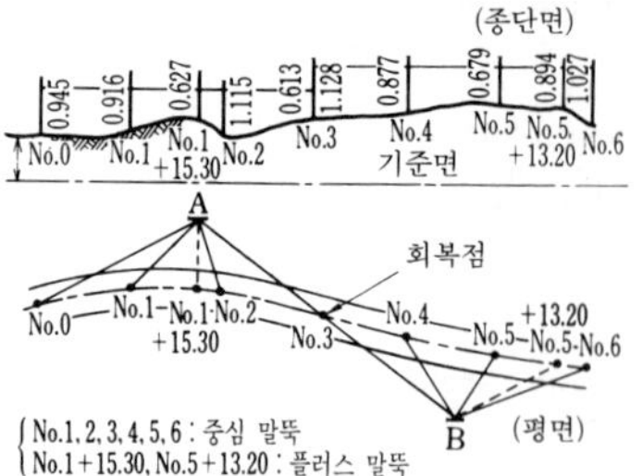

program evaluation and review technique 퍼트 =PERT

programmed repair and restoration 계획적 수선(計劃的修繕) 특정한 부위나 부분에 대하여 예방 보전적 시점에서 정기적 간격으로 하는 수선. 철재 부분 도장, 저수·수수조(受水槽)의 청소, 배수관의 청소, 식수(植樹) 등이 전형이다.

program of urban disaster prevention 도시 방재 진단(都市防災診斷) 도시의 방재상 문제가 있는 지구를 적출하는 작업. 도시 공간의 구조, 구성, 활동 등을 도시 방재적 시점에서 조사·분석하여 재해 위험 지구의 적출 등을 한다.

progressive failure 진행성 파괴(進行性破壞) 하중의 점증에 따라서 진전하는 파괴. 또는 시간이 경과해도 파괴 현상이 멈추지 않는 파괴.

progressive settlement 진행성 침하(進行性沈下) 순간적으로 침하하지 않고 시간의 경과에 따라서 서서히 침하하는 현상. 또는 시간이 경과해도 침하 현상이 멈추지 않는 현상.

progress schedule 공정표(工程表) 시공 계획에 따라 건축 공사의 각 부분 공사에 대해서 착공부터 완성까지의 작업량과 일정과의 관련을 표로 만든 것.

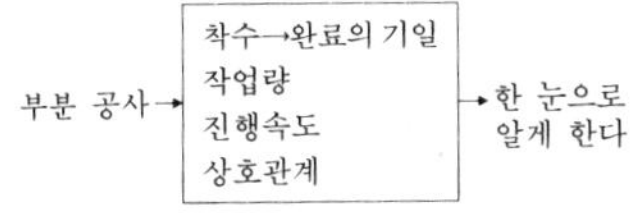

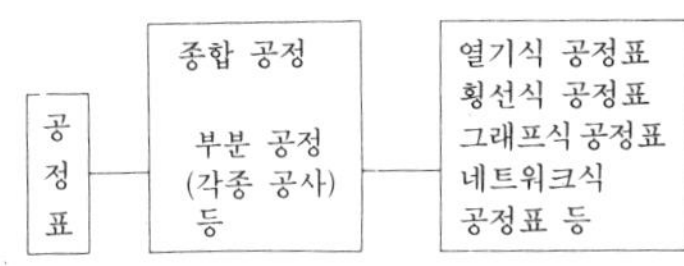

project drawing 실시 설계도(實施設計圖) 기본 설계 확정 후의 실시 설계(견적을 위한 설계)의 도면으로, 평면도, 입면도, 단면도, 구조도, 상세도 등. =execution drawing

projected area 투영 면적(投影面積) 어떤 방향에서 본 건축물 혹은 그 부분의 보는 방향과 수직인 면으로의 사영 면적.

projected corner 모서리 두 면이 각도를 이루어 만난 곳에 생기는 외측의 능각부(稜角部). =outside angle

projected net area 수압 면적(受壓面積) 구조물이 풍압력을 받을 때 압력을 받는다고 생각되는 표면의 면적. 일반적으로는 풍향에 직각인 면으로의 투영 면적을 사용하는 일이 많다.

projected window 미들창(一窓) 새시의 위(또는 아래) 울거미 양단이 창의 선틀 홈을 미끄러져서 내려가는(또는 올라가는) 동시에 선 울거미에 부착한 다리의 회전으로 새시가 미끌어져서 열리는 창. 그림 (a), (b), 또는 (c)와 같이 하나의 창 위쪽에 밖으로 열리는 미들창, 아래쪽에 안쪽으로 열리는 미들창을 조합시킨 것을 austral window라 한다.

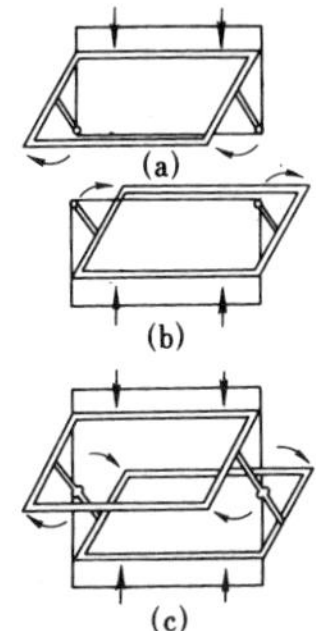

projecting butt hinge 나온경첩 벽면의 문선(門線) 등이 방해가 되어 문, 창의 개폐를 충분히 할 수 없는 경우, 경첩의 판을 벽면에서 돌출시켜 그 개폐를 지장없이 하기 위한 폭이 넓은 경첩.

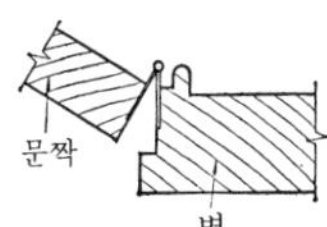

projection 투영도법(投影圖法), 투상도법(投像圖法) 공간에 있는 물체의 위치나 모양을 한 점에서 보아 1평면상에 나타나는 도법. 시점(視點)과 물체상의 모든 점을 이은 직선을 1평면상에 모으고, 그 평면상에 도형을 그리는 방법.

projection booth 투영실(投映室) 극장 등에서 연출을 위해 슬라이드나 투명한 판에 그려진 그림이나 모양을 투영하기 위한 방. 영화의 영사를 위한 영사실과는 다르다.

projection drawing 투영도(投影圖) 투영도법에 의해 투영면상에 얻어지는 그림.

projection drawing method 투영 도법(投影圖法) 평면상에 입체를 그리기 위한 투영에 의한 도법의 총칭. 대상이 되는 입체상의 점과 투영된 화면상의 점을 잇는 선을 투사선이라 하고, 이것이 서로 한 점에서 만난다고 하는 경우를 투시 투영, 서로 평행한 경우를 축측(軸測) 투영이라 한다. →projection drawing

projection method 사영법(射影法) 3차원 물체의 표면적 등의 양을 일정한 방법으로 평면상에 사영하여 2차원화하는 방법. 정사영, 등입체각 사영, 등거리 사영, 극사영이 있다.

projection welding 돌기 용접(突起鎔接) 접합할 금속 부재의 접합 개소에 만든 돌기부를 접촉시켜 가압하고, 여기에 전류를 통하여 비교적 작은 특정한 부분에 발열시켜서 하는 저항 용접.

project management 프로젝트 매니지먼트 건설 공사의 설계 시공 업무에 한하지 않고, 프로젝트 전체의 매니지먼트를 건축주의 입장에 서서 총괄적으로 하는 것.

project manager 프로젝트 매니저 개발 사업·신규 공사 등의 대규모 공사에서 프로젝트 팀을 조직하는 경우, 그 계획을 종합적으로 운용해 가는 책임자.

projector 투광기(投光器) 원뿔 모양의 광빔을 내는 조명 기구. 백열등, 형광등, 수은등 등의 램프와 반사경을 조합시킨 것으로, 전면을 유리판 또는 렌즈로 덮은 것과 덮지 않은 것이 있다. 피조면(被照面)의 대소, 광원으로부터의 거리 등에 따라 빔의 벌어짐(beam spread)이 적당한 것을 고른다. 빔의 벌어짐은 빔의 중심축을 포함하는 평면 내에서 축광도의 10% 광도를 갖는 방향의 각을 말한다. 투광기는 일반적으로 투광 조명에 사용하는 외에 무대 스폿 라이트, 자동차의 전조등, 탐조등으로서 사용된다. =flood light projector

project team 프로젝트 팀 연구 개발이나 대규모 공사에서, 계획에서 실시에 이르기까지 하나의 프로젝트를 수행하기 위해 편성되는 조직. 프로젝트 완료시에는 해산하는 임시의 것.

prolongation of life time 연명화(延命化) 건축물 등의 내용 연수를 늘리는 기술상의 배려를 하는 것.

promenade 소풍길(逍風-) 공원 등 거닐 수 있는 시설을 말한다. 건물 내의 유보장도 포함된다.

promotion table 프로모션 테이블 철골·PC판·새시·철물 등 주로 공장 제작되는 것의 발주부터 현장 납입까지의 시기를 기입한 공정표를 말한다. 발주 시기, 제작도 작성 기간과 승인 시기, 공장 제작 기간, 제품 검사 시기, 현장 납입 시기가 명시된다.

promptly setting 즉시 침하(即時沈下) = immediately setting, instantly setting

pronaos 프로나오스 그리스 신전, 로마 신전에서 셀라(cella) 앞에 있는 방. 전실(前室).

proof stress 내력(耐力) 명확한 항복을 나타내지 않는 금속 재료에서 일정한 잔류 변형을 일으키는 응력을 내력이라 하고, 허용 응력의 기준으로 한다. 보통, 0.2%의 잔류 응력으로 하고 이 경우는 0.2% 내력이라 한다.

propagation 전파(傳播) 음이 매질 중을 전하는 현상.

propagation constant 전파 상수(傳播常數) 등방성의 무한히 벌어진 매체 중의 평면 진행파에 대해서 매질 중의 1점의 정상 상태의 음압을 $\dot{p}_1$, 입자 속도를 $\dot{v}_1$로 하고, 그 점에서 전파 방향에 단위의 길이만큼 측정한 점의 각각을 $\dot{p}_2$, $\dot{p}_2$로 할 때 다음 식으로 나타내어지는 복소수 γ를 전파 상수라 한다.

$$\gamma = \ln\frac{\dot{p}_1}{\dot{p}_2} = \ln\frac{\dot{v}_1}{\dot{v}_2} = \alpha + j\beta$$

propagation of sound 전파(傳播) 기체, 액체, 고체 등의 매질에 가한 압력의 변화가 매질 중에 생긴 진동과 함께 다른 장소로 전해져 가는 현상. 속도는 매질에 따라 정해진다.

propagation of vibration 진동 전파(振動傳播) 진동이 진동원에서 지반이나 건물 몸체 등의 매질이나 매체를 전해가는 현상.

propagation of wave (motion) 파동 전파(波動傳播) 음파나 지진파 등이 매질 중 또는 표면을 전해 가는 모양 또는 전해 가는 현상.

propagation velocity of pressure wave 압력파의 전파 속도(壓力波－傳播速度) 음 기타의 압력파가 기체, 액체, 고체 중을 전하는 속도를 말한다. 설비 소음이나 수격(水擊) 작용으로 특히 다루어진다.

propane gas 프로판 가스 주로 가정용 연료로 쓰이는 액화 석유 가스. LP가스의 일반적 호칭.

propeller anemometer 프로펠러형 풍속계(－形風速計) 풍속을 감지하는 부분에 프로펠러를 사용한 회전식 풍속계.

propeller fan 프로펠러 팬 프로펠러형의 날개를 갖는 송풍기. 축류 송풍기의 일종으로, 외통에 들어 있지 않다. 그다지 압력을 필요로 하지 않는 실내 환기, 주방·화학 실험용 드래프트의 배기용 등에 쓰인다. 유효 정압(靜壓)이 작으므로 전후에 덕트를 굴곡부 기타의 저항이 있는 경우에는 현저하게 송풍량이 감소한다.

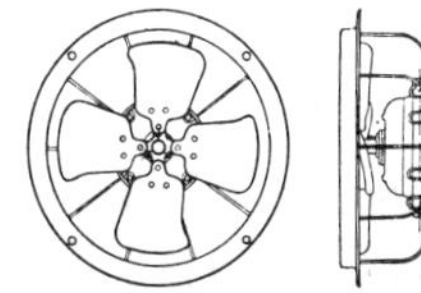

properties 가옥(家屋) 건축물 일반을 가리키는 용어이나, 주택을 포함하는 중규모 건축물의 이미지가 강하다. 지방세법에서는 고정 자산으로서 토지와 가옥이 과세되고 이 경우의 가옥은 모든 건축물을 포함한다. =building, house

property 소유권(所有權) 목적물을 전면적, 일반적으로 지배하는 물권으로, 소유자는 그 소유물을 자유롭게 사용, 수익, 처분할 수 있다. 신성 불가침화된 소유권은 최근 많은 통제, 제한을 받게 되었으며 특히 이용권의 확보를 위해 택지, 건물, 농지 등의 소유권에 이 경향이 강하다.

property insurance 손해 보험금(損害保險金) 건축물의 손해·사고에 대비하여 거는 보험금. 공사 중, 건축물의 화재 보험은 시공자가 지불한다. 화재 보험·운송 보험 등이 있다.

property of orthogonality 직교성(直交性) 다자유도 진동계의 고유 함수 상호간에 성립하는 성질. 상이한 두 고유 함수를 ${}_su_i$, ${}_ru_i(s \neq r)$로 했을 때

$$\sum_{i=1}^{n} m_i \cdot {}_su_i \cdot {}_ru_i = 0 \qquad \text{또는}$$

$$\sum_{i=1}^{n} \sum_{i=1}^{n} K_{ij} \cdot {}_su_i \cdot {}_ru_i = 0$$

의 관계를 말한다. 진동계의 임의의 상태는 이 관계를 쓰면 N개의 고유 함수의 선형 결합으로서 나타낼 수가 있다.

proportion 조합(調合), 배합(配合) 2종 이상의 재료를 분량에 따라 혼합시키는 비율. 무게 또는 용적비로 나타내어진다. 토목 관계에서는 배합이라 한다.

proportional compass 비례 컴퍼스(比例—) 이동 나사의 눈금을 양 다리상의 눈금에 맞추어서 간단한 조작으로 선분이나 원의 분할, 축소, 확대가 비례적으로 얻어지는 컴퍼스.

proportional control 비례 제어(比例制御), P제어(—制御) 대표적인 피드백 자동 제어의 하나. 제어 대상량의 설정 목표값과 계측값의 차(편차)에 비례한 동작 신호를 조작부에 가하고, 제어량을 목표 설정값에 접근시키려는 제어.

proportional divider 비례 컴퍼스(比例—) =proportional compass

proportional cost 비례비(比例費) 변동비의 일종으로, 생산량의 증가에 비례하여 증대하는 비용. 예를 들면 재료비.

proportional limit 비례 한도(比例限度) 응력과 변형과의 사이에 직선 관계가 성립하는 상한. 이에 대한 응력도 또는 하중의 약칭.

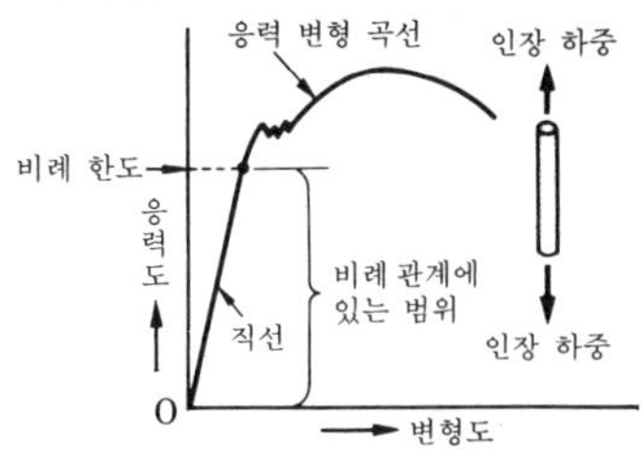

proportional limit stress 비례 한도 응력(比例限度應力) 응력과 변형의 관계에 비례 관계가 성립하는 한계의 응력도. → proportional limit

proportional loading 비례 재하(比例載荷) 골조에 여러 개의 하중이 작용하고 있을 때 그들 하중의 비를 일정하게 유지하면서 하중을 증감하는 것.

proportioning 조합(調合), 배합(配合) 2종 이상의 재료를 혼합하기 위한 비율. 콘크리트를 조합할 때 단위 용적당의 콘크리트를 구성하는 각 재료의 양을 비비기 전에 결정하는 것. 용적 조합(배합)과 중량 조합(배합)이 있다.

proportioning design 단면 계산(斷面計算) 구조 계산 분야의 하나. 응력 계산으로 얻어진 응력을 조합시켜 부재 단면이 그에 저항할 수 있도록 그 세부를 설계하는 것.

proportioning of section 단면 산정(斷面算定) 단면에 작용하고 있는 단면 응력과 함께 기둥, 보 등의 단면 형상, 치수, 배근 등을 계산하여 확정하는 것.

proportioning strength 조합 강도(調合强度), 배합 강도(配合强度) 콘크리트를 조합할 때 목표로 하는 압축 강도. 품질의 불균일이나 양생 온도의 영향을 고려하여 설계 기준 강도에 할증한 값으로 한다. = required average strength

proportion of ingredients 배합(配合) =proportion

proposal 입찰서(入札書) 입찰 행위에서 응찰자가 제시하는 수주 희망 조건, 수주 희망액을 표시한 서류.

proposal system 제안 방식(提案方式) 발주자가 설계자 혹은 시공자를 선정하는 경우, 예정하는 건축물에 대한 설계 제안 혹은 기술 제안의 제출을 요구하고, 그 내용을 평가하여 결정하는 방법. 고도한 설계 · 시공 기술이 요구되는 경우에 행하여진다.

proscenium 프로시니엄 극장에서 객석과 무대의 경계를 이루는 개구.

proscenium arch 프로시니엄 아치 무대와 객석과의 경계에 있는 개구부.

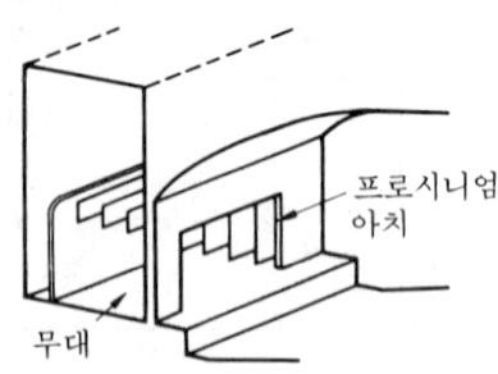

proscenium stage 프로시니엄 무대(-舞臺) 무대와 객석 사이에 건축적인 구획을 두고, 관객은 영화를 보듯이 틀을 통해서 연극을 보는 방법.

proscenium wall 무대벽(舞臺壁) 프로시니엄 아치의 양쪽에 두어 관객석과 무대 곁의 경계를 이루는 벽을 말한다. = stage wall

prosity 다공성(多孔性) 재료의 내부 조직에 거의 균일하게 많은 작은 구멍을 갖는 성질.

protect angle of louver 루버 보호각(-保護角) 루버면(루버에 의해 구성되는 면)과 루버를 통해서 광원이 보이지 않게 되는 한계선과의 이루는 각도.

protection 양생(養生) 공장 현장에서 사람이나 물건을 위험이나 손상에서 방호하는 것, 또는 그를 위한 시설.

protectional lighting 보호 조명(保護照明) 건물 혹은 방 등이 평상 사용 상태가 아닌 경우에도 점등하는 조명. 순회, 보안, 점검용의 것이 있다.

protection forest 보안림(保安林) =forest preserve

protective device 보안 장치(保安裝置) 사용권이 있는 자 이외는 사용할 수 없고, 사용할 때는 그 사용권을 확인한 후 사용자에게 사용을 허락하는 장치. 이러한 설비, 장치, 기기 등을 사용권이 없는 자가 고의 또는 잘못하여 사용하려고 해도 그것을 불가능하게 하고, 때로는 경보를 발한다.

protective potential 방식 전위(防蝕電位) 전기 방식에서 부식을 정지시키기 위해 필요한 최저한의 전위.

protective relay 보호 계전기(保護繼電器) 각종 전기 사고를 검출하여 사고 구간 개방용의 차단기에 개방 동작 신호를 전하는 릴레이. 사고시에는 이 릴레이가 동작하고 차단기를 동작시켜서 사고 구간부를 개방하여 정상 구간부에 있는 기기, 배선을 보호한다.

protective screen 양생 철망(養生鐵網) 공사 현장에서 외부 또는 아래쪽으로의 낙하물을 방지하기 위해 설치하는 철망.

protractor 분도기(分度器) 반원형 또는 전원형(全圓形) 박판의 원주에 각도를 눈금 매긴 제도 용구. 셀룰로이드, 플라스틱, 강철제 등이 있다.

proving ring 프루빙 링 압축력 또는 인장력의 크기를 측정하는 고리 모양의 스프링 하중계. 고리 모양을 한 스프링의 변형량을 다이얼 게이지로 측정하여 그 변형량으로 가한 하중의 크기를 검출한다.

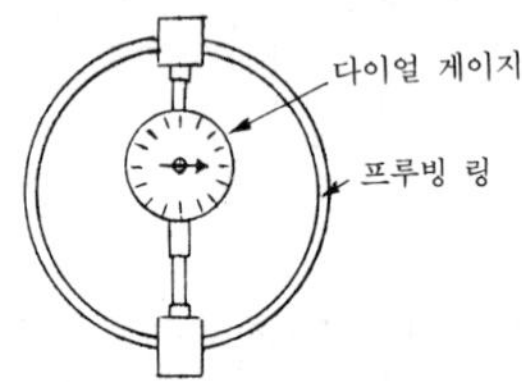

provisional replotting 가환지(假換地) 토지 구획 정리 사업에서 환지 처분을 하기 전에 사용 수익을 행사하는 편의를 주기 위해 임시의 환지로서 지정한 택지.

prying action 지레 반력(-反力) 메커니컬 파스너를 사용한 인장 접합부에서 외력의 작용선과 파스너의 위치와 편심에 의해 접합 끝부분에 생기는 외력 방향의 2차 응력.

pseudo-load of air conditioning 가상 공기 조화 부하(假想空氣調和負荷) 공기 조화 에너지 소비 계수(CEC)를 구할 때 사용하는 실내 부하와 외기 부하를 각각 누적하여 얻어지는 연간 공기 조화 열부하. 실제의 부하와는 크게 다르다.

psychrometer 건습구 온도계(乾濕球溫度計) 건구와 습구의 지시차에서 상대 습도를 아는 계기. 액체 봉입의 유리제 온도계를 2개 사용하고, 1개의 구부(球部)에 습한 천을 감아 사용한다. 건습계 · 건습구계라고도 한다(다음 면 그림 참조).

psychrometric chart 습도 선도(濕度線圖), 공기 선도(空氣線圖), 습공기 선도(濕空氣線圖) 공기의 건구 온도, 습구 온도, 절대 습도, 상대 습도, 수증기압, 엔

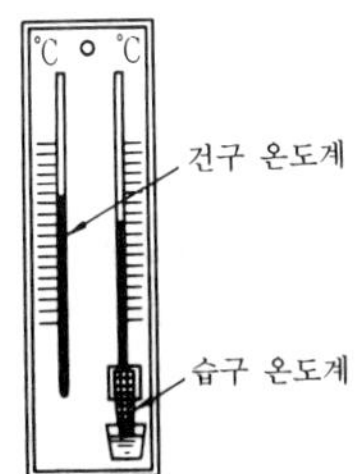

psychromter

털피 등의 상호 관계를 그림으로 나타낸 것. 또 psychrometric chart는 감각 온도도를 의미하는 경우도 있다.

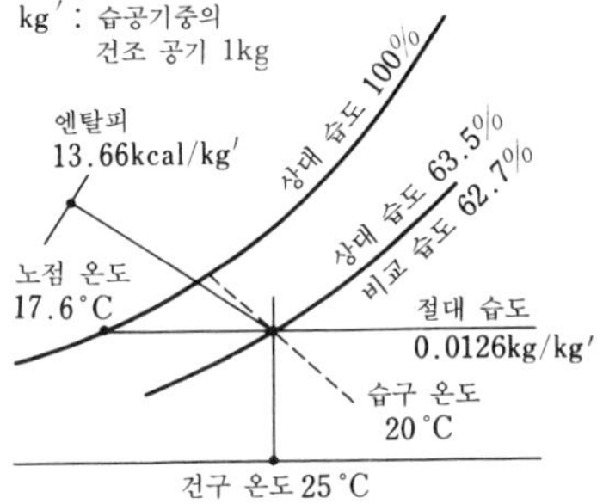

P-trap P트랩 배수관의 일부를 P자형으로 한 관 트랩의 일종. 세면기·개수대 등에 사용되며, 자기 사이폰 작용이 잘 일어나지 않는다. →pipe trap

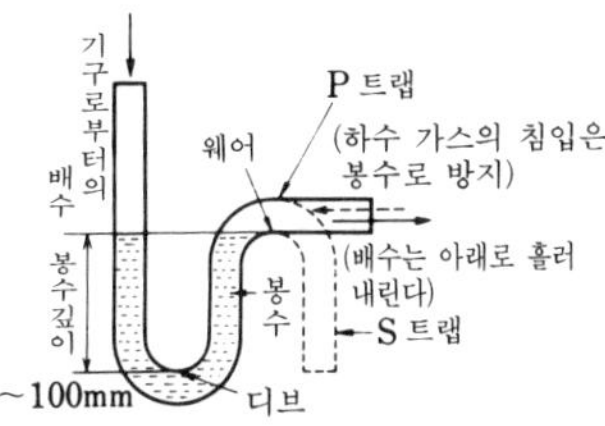

public assembly hall 공회당(公會堂) 시민 및 공중을 위해 강연이나 집회, 오락을 목적으로 한 건물. =public hall

public building 공공 건축(公共建築) 공공성있는 건축물로, 공익성과 공용성을 갖는다. 대부분은 관공서, 공공 단체에 의해 운영되지만 민영의 것도 있다.

public component 공공 부분(公共部分) ① 구획 정리 등에서 도로, 공원과 같은 공공의 목적으로 이용되는 부분. ② 건물 내부에서 널리 일반의 이용에 개방되어 있는 부분. =public space

public domain 공유지(公有地) =government land, public land

public facilities 공공 시설(公共施設) 공공 건축물 및 철도, 도로 등의 교통 시설, 공원, 묘지 등의 녹지 시설, 상하수, 전기, 가스 등의 공급 처리 시설을 말한다.

public facilities related to development 관련 공공 시설(關聯公共施設) 하나의 개발 사업에 관련하여 필요로 하는 공공 시설. 일반적으로는 신규의 대규모 택지 개발에 의해 새로 필요로 하는 도로, 공원, 하수도 등의 시설을 말한다.

public forest 공유림(公有林) 국가 또는 공공 단체가 소유하는 삼림(森林). 국토를 수해 등으로부터 지키는 기능이나 도시의 수원 함양림(水源涵養林)으로서의 기능 등을 가지고 있다.

public hall 공회당(公會堂) =public assembly hall

public hazzard 공해(公害) =public nuisance

public house 공공 주택(公共住宅) 공공 기관이 만드는 집합 주택.

public land 공유지(公有地) =government land

public lavatory 공중 변소(公衆便所) 공중에게 제공되는 변소.

public lodging house 간이 숙박소(簡易宿泊所) 숙박하는 장소를 다수인이 공용하는 구조 및 설비를 주로 하는 시설을 두고, 숙박료를 받는 숙박소로, 하숙 이외의 것을 말한다.

public nuisance 공해(公害) 불특정 다수의 사람들이 내는 소음, 진동, 대기 오염, 냄새, 수질 오염 등에 의해 불특정 다수의 사람들이 입는 해를 말한다.

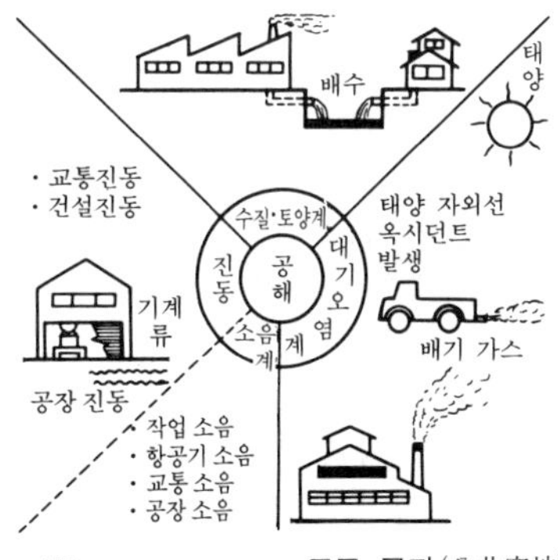

public open space 공공 공지(公共空地)

일반적으로 개방되어 있는 공원, 녹지, 운동자, 광장 등 공유의 공지.

public sewer 공설 하수도(公設下水道) 공공의 하수도. 하수는 사설 하수 이외는 공공 단체에 의해 유지 관리되고 있으므로 이렇게 부른다.

public space 공중실(公衆室), 대기실(待機室) 은행이나 공공 건물에서 손님이나 내방자가 한때 대기하는 장소. =waiting room

public tender 일반 경쟁 입찰(一般競爭入札) =open bid

public transit 공공 교통 기관(公共交通機關) 철도, 버스, 택시 등 불특정 다수의 사람이 이용할 수 있는 교통 기관. 개별 교통 기관에 대하여 보다 효율적인 수송을 제공할 수 있다.

public trasportation 공공 교통 기관(公共交通機關) =public trasit

public urban facilities 도시 공공 시설(都市公共施設) 공공성의 관점에서 분류된 도시 시설. 이용층이 넓고, 특정되지 않은 도시 시설과 공공적인 관리 소유에 의한 공공 공익 시설로 나뉜다.

public utility services 도시 공급 처리 시설(都市供給處理施設) =urban installations, urban equipment

public water supplies 상수도(上水道) 상수를 공급하기 위한 공공용 설비로, 취수(取水), 도수(導水), 정수(淨水), 송수(送水), 배수(配水), 급수 등의 시실 전체의 총칭. 규모가 작은 것으로 간이 수도가 있다. =water works

public work 관공서 공사(官公署工事) 국가, 지방 자치체 등이 발주하는 공사.

publlic work amount 공공 공사비(公共工事費) =public work budget

public work budget 공공 공사비(公共工事費) 광공서에 의한 건설 공사의 금액. =public work amount

public works 토목(土木) =civil engineering

public zone 퍼블릭 존 공공적인 공간. 주택에서는 거실, 응접실 등을 말한다.

pull box 풀 박스 전기의 배관 공사에서 관이 긴 경우나 분기하는 경우 등, 전기의 인입을 용이하게 하기 위해 설치하는 철판제의 상자.

pull-down load 예냉 부하(豫冷負荷) = precooling load

pulley 활차(滑車) 1개 또는 여러 개의 바퀴에 와이어 또는 체인을 걸고, 힘의 방향이나 속도를 바꾼다든지 견인력을 증대시킨다든지 하는 공구. 정활차(定滑車)와 동활차(動滑車)가 있다. =block

pull handle 문고리(門-) 창호, 서랍, 상자의 뚜껑 등을 앞으로 당기든가 옆으로 움직여서 개폐할 때 손을 거는 것. 대부분은 철물이다.

pulling resistance of pile 말뚝의 인발 저항(-引拔抵抗) 인발력에 대한 말뚝의 저항 상태 혹은 힘.

pull-out test 인발 시험(引拔試驗) ① 콘크리트에 매입한 철근의 부착력을 판정하는 시험. ② 목재에 박은 못의 유지력을 판정하는 시험.

pull socket 풀 소켓 전구를 점멸시키기 위해 풀 스위치에 내장한 소켓.

pull switch 풀 스위치 조명 기구나 환기팬 등에 붙이는 끈을 당겨서 작동시키는 소형 스위치. 천장이나 높은 벽에 부착된 기구에 사용한다.

pulp cement board 펄프 시멘트판(-板), 목모 시멘트판(木毛-板) 단열성·흡음성·방화성이 뛰어난 목모(木毛) 시멘트질의 성형판. 흡수한 목재를 리본 모양으로 깎은 목모와 시멘트를 혼입하여 가압 성형한 것으로, 천장, 벽의 바탕이나 치장재로서 쓰인다.

pulsation welding 맥동 용접(脈動鎔接) 하나의 접합 개소에 2회 이상 전류를 통해서 하는 저항 용접법. 열평형을 잡기 어려운 두꺼운 판 또는 여러 장 겹친 판 등의 용접에 사용한다. 스폿 용접·프로젝션 용접·업세트 용접에 응용되고 있다.

pulse glide pattern 펄스 글라이드 파형(-波形) 실내의 전송 특성 측정에서 음원으로서 순음의 단음(短音)을 사용하여 그 주파수를 서서히 변화시키는 동시에 화면을 조금씩 벗어나게 하면서 연속적으로 기록한 잔향 파형.

pulse response 충격 응답(衝擊應答) 충격이 가해졌을 때의 계의 응답. =shock response

pumice 경석(輕石) 화산 분출물 중의 흰색을 한 다공질의 덩어리. 양질의 경석은 경량 콘크리트의 골재로 사용된다. =pumice stone

pumice concrete 경석 콘크리트(輕石-) 경석을 골재(경량 골재)로서 사용한 콘크리트.

pumice stone 경석(輕石) =pumice

pump 펌프 흡인, 압축 작용에 의해 액체 또는 기체를 수송하는 장치. 토목 건축 관계에서는 배수, 양수, 송수, 압축용으로서 주로 액체 펌프가 사용된다. 액체 펌프는 그 기구상 ① 회전식, ② 왕복식, ③ 공기 부력식, ④ 기타로 나뉘며, ①에 속하는 것에 와권(渦卷) 펌프, 축류 펌프, ②에는 왕복 펌프, 윙 펌프, ③에는 기포 펌프 등이 있다. ④에는 웰포인트 등에 사용되는 진공 펌프, 보일러 급수용의 진공 펌프 등이 있다. 동력으로서는 인력, 전기 외에 증기, 압축 공기 등이 쓰인다.

pumpability 펌퍼빌리티 콘크리트 펌프에 의해 콘크리트를 압송할 때의 운반성.

pump application 펌프 공법(-工法) 비빈 콘크리트를 현장 내에서 운반하는 방법의 하나로, 콘크리트를 펌프에서 압송관을 통해 타입 장소로 연속 운반하는 방법. =conveying system of concrete by pump and pipe

pumped concrete 펌프 콘크리트 콘크리트 펌프를 사용하여 타설하는 콘크리트.

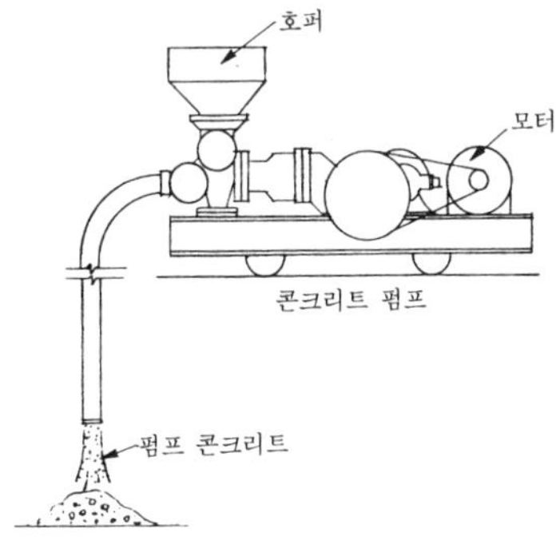

pump room 펌프실(-室) 펌프를 설치하기 위한 전용의 방.

punch 펀치 ① 철골 부재 가공의 구멍뚫기 중심 위치를 나타내는 작은 구멍을 뚫는 공고. ② 철골 부재에 리벳 구멍 · 볼트 구멍을 뚫는 공구.

punching 펀칭, 천공(穿孔) ① 프레스로 통조림통, 약품 용기의 뚜껑, 밑바닥, 기타 여러 가지 형상의 것을 펀치를 이용해서 따내는 것. ② 단조 작업에서 강괴(鋼塊) 또는 강편(鋼片)에 펀치로 쳐서 구멍을 뚫는 것. ③ 드릴로 철골에 리벳 구멍을 뚫는 것.

punching metal 펀칭 메탈 박판에 여러 가지 모양을 따낸 것.

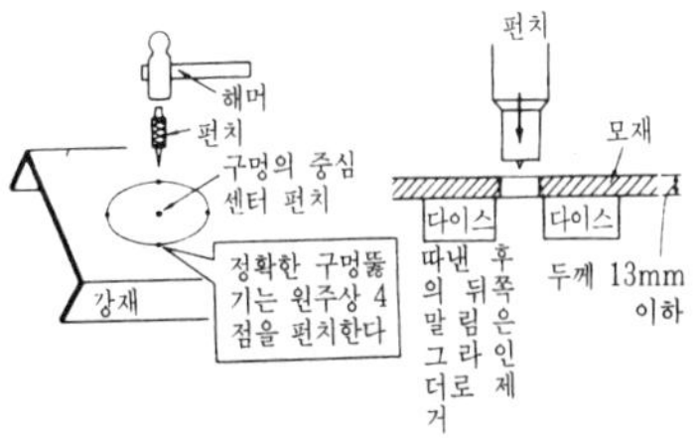

punching

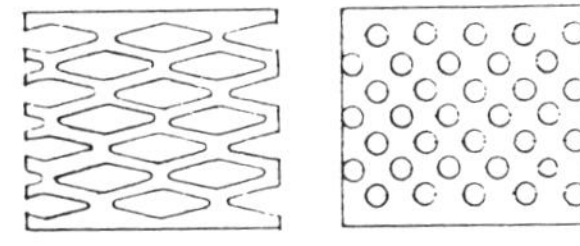

punching metal

punching shear 펀칭 전단(-剪斷) 평판에 물체를 밀어붙일 때 평판에는 펀칭 전단이 생긴다. 펀칭 전단은 밀어붙인 물체의 외주 부분에 생기고, 생긴 응력을 펀칭 전단력이라 한다.

punner 달구 말뚝박기나 흙을 다지는 데 사용하는 목제 도구. 느티나무나 떡갈나무재 등을 원형 또는 다각형으로 만든 나무에 2개, 4개의 자루를 붙인 것.

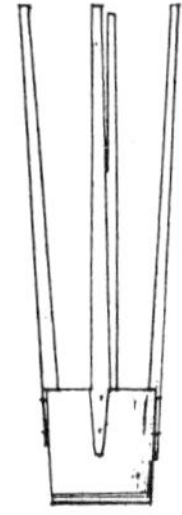

pure bending 단순 휨(單純-) 엄밀하게는 부재에 휨 모멘트만을 발생하고 축방향력이나 전단력이 가해지고 있지 않은 상태. 통상은 축방향력을 무시할 수 있는 상태를 말한다. =simply bending

pure color 순색(純色) 하나의 색상 중에서 채도가 가장 높은 선명한 색. 먼셀 색상환에서 색상 기호 5의 색은 순색이며, 10순색이라 부른다. 그림은 순색의 예(색상 5R, 5Y의 순색)이다(다음 면 그림 참조). →hue, chroma, color circle

pure framed structure 순 라멘 구조(純-構造) 강절(剛節)하는 기둥과 보만으로 구성되며, 가새나 내진벽을 갖지 않는 골

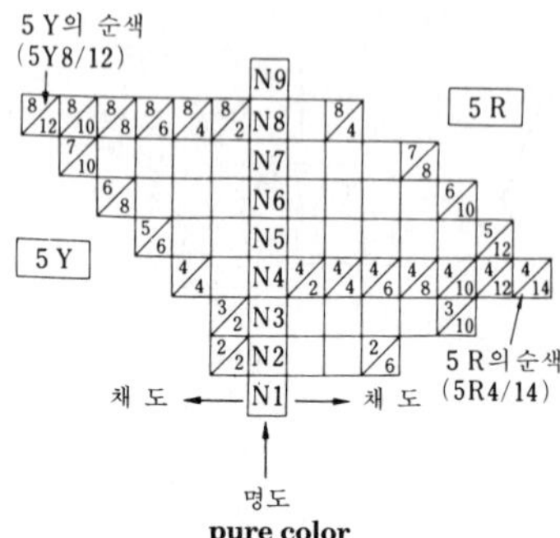

pure color

조 구조.

purely residential structure 전용 주택(專用住宅) =exclusively residential dwelling

pure rigid frame 순 라멘(純-) 무벽 라멘을 말한다.

pure shear 순전단(純剪斷) 한 방향의 인장력과 이와 직각 방향의 같은 크기의 압축력으로 일어나는 응력 상태. 인장력 및 압축력과 45°를 이루는 단면에는 전단 응력만이 생기고 수직 응력은 생기지 않는다. 모어의 응력원(Mohr's stress-circle)의 중심이 원점에 있는 응력 상태에 해당한다.

pure sound 순음(純音) =pure tone

pure space grid 순입체 그리드(純立體-) 입체 트러스 구성법의 하나. 구성 단위를 다각뿔로 한 것. 피라미드를 나란히 연결하여 정상부를 연결한 것과 같은 형식이다. 입체 소자 그리드라고도 한다.

pure tone 순음(純音) 단일 주파수의 정현파로 이루어지는 음.

pure torsion 단순 비틀림(單純-) 그림과 같이 막대 양단에 반대 방향을 가지며 또한 막대의 축 둘레에 회전하는 모멘트 M이 작용했을 때 막대의 단면은 같은 비틀림 변형이 생긴다. 이 현상을 단순 비틀림이라 하고, 이 경우 단면에는 비틀림 모멘트 M만이 생기고 다른 응력은 생기지 않는다.

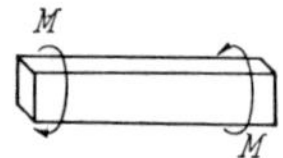

purification plant 정수장(淨水場) 수원(水源)에서 도입한 원수를 정화하는 장소로, 침전지(보통 침전, 약품 침전), 여과지(모래 여과, 기계 여과), 정수지(소독) 외에 폭기(曝氣), 철이나 망간의 제거, 경수 연화 등의 설비를 갖춘다.

purity construction expense 순공사비(純工事費) 공사비의 일부로, 직접 공사비와 공통 가설비를 합친 것.

purlin 중도리(中-) 용마루, 처마에 평행하여 서까래를 받치는 수평목.

purline 중도리(中-) =purlin

purpose performance 목적 성능(目的性能) 건축물의 목적을 달성하기 위해 건축물에 주어야 할 성능인데, 구조 성능의 분류 중에서 안전 성능이나 시공 성능과 구별하여 사용하고 있다. 기능·표현·거주성·경제성 등을 포함하고 있다.

push-button switch 푸시버튼 스위치 옥내용 소형 스위치의 일종으로, 스프링을 사용한 것이 많고, 푸시버튼에 의해 on-off를 하는 것.

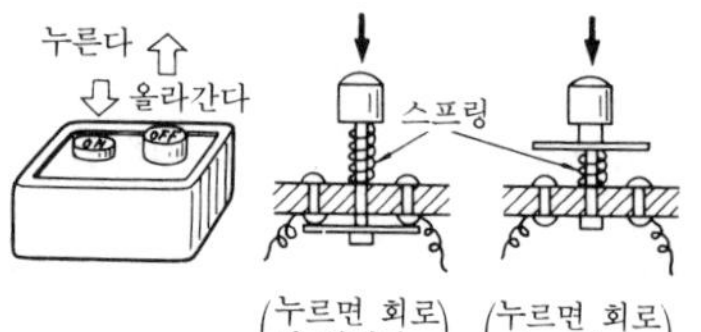

push plate 밀판(-板) =hand plate

putty 퍼티 도장 바탕의 오목하게 패인 부분을 보수하거나 창호에 판유리를 끼울 때 사용하는 재료. 유지나 수지에 무기질의 충전제 등을 이겨서 만든다.

puttying 퍼티땜 퍼티로 유리판을 고정시키는 것. 유리를 고정시키는데 목제 창호인 경우는 3각못, 강철제 창호인 경우는 클립으로 누르고 퍼티로 고정시킨다.

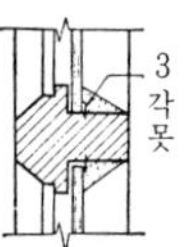

puzzolana 화산재(火山-) 화산의 분화에 의해 용암이 강하게 분출되어 재 모양으로 되어서 내린 것, 혹은 이것이 퇴적한 것, 또는 용암의 풍화 분해한 것 등을 분쇄한 것으로 시멘트 혼용재. =volcanic ash

PVC insulated flexible cord for electrical appliances 비닐 코드 교류 300V 이하의 소형 전기 기구에 사용하는 비닐 절연 코드.

PVC sheathed cable 비닐 케이블 염화비닐을 절연 재료로서 사용한 케이블로,

외장도 염화 비닐을 사용한다.

pycnometer 피크노미터, 비중병(比重甁) 물체의 비중 측정에 사용되는 유리제의 계기.

pylon 파일런 고대 이집트에서 주로 신전의 정문으로서 사용되었던 탑문(塔門).

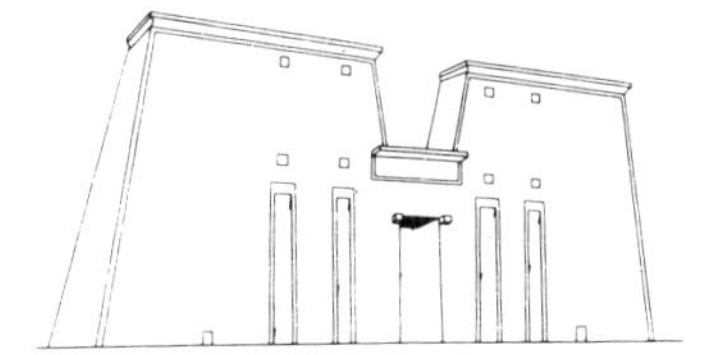

pyramid 피라미드 고대 이집트에서의 거대한 석조 각뿔체인 국왕의 묘.

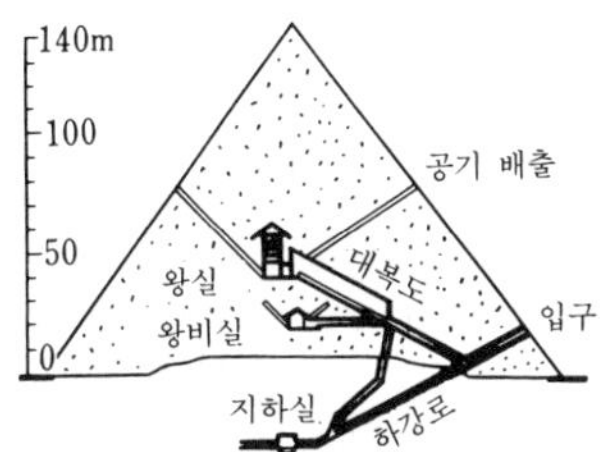

pyramidal roof 네모지붕 평면이 정방형 또는 정8각형이고, 지붕면이 각뿔형으로 하나의 정점에 모이는 지붕을 말한다.

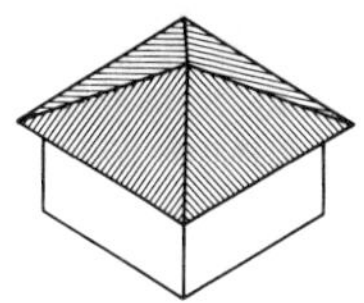

pyranometer 일사계(日射計) 일사를 측정하는 계기. 목적에 따라 직달(直達) 일사계나 전천 일사계 등이 있으며 어느 것이나 원리적으로는 열량식, 열전식, 차온식으로 대별된다.

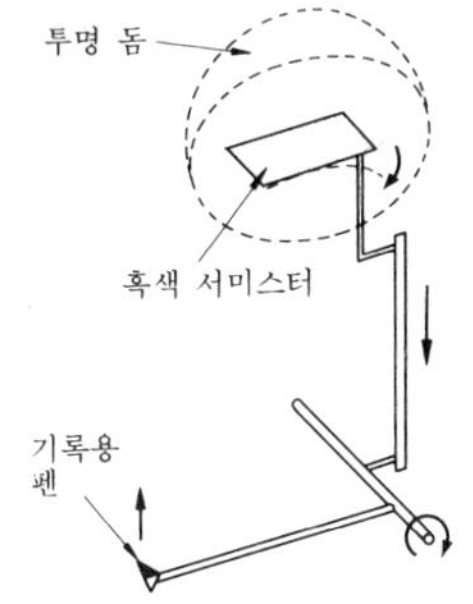

pyrheliometer 일사계(日射計) =pyranometer

pyrolysis 열분해(熱分解) 물질이 가열되어서 각종 성분으로 분해하는 것. 주로 연소할 때 일어나는 것을 말하지만, 불활성 기체 중에서의 가열에 의한 분해를 포함하는 경우도 있다.

pyrolytic combustion 분해 연소(分解燃燒) 가연성 물질의 열분해에 의해 발생한 가연성 가스가 공기와 혼합하여 연소하는 현상.

pyrometer 고온계(高溫計) 고온을 측정하는 온도계. 백금 열전쌍을 사용한 열전 고온계, 물체의 휘도에서 측정하는 광고온계, 방사 에너지에 의해 측정하는 방사 고온계 등이 있다. →thermoelectric thermometer

Q 큐 진동계가 공명할 때 그 공진에 날카로움을 나타내는 양으로, 공명 주파수로 진동계가 갖는 에너지(운동의 에너지와 위치의 에너지의 합)와 일정 진폭을 지속시키기 위해 주어지는 1사이클당의 에너지와의 비의 2π배. =Q factor

Q factor 큐 =Q

quadrilateral element 4변형 요소(四邊形要素) 유한 요소법에서 사용하는 요소의 하나. 3각형 요소를 둘 또는 넷 조합시킨 형의 단위이다.

quadripartite vault 4분 볼트(四分－) 4개의 지주에 의해 구획된 공간상의 볼트가 대각선 리브 아치에 의해 4분되어 있는 볼트. 주변은 횡단 아치 및 벽이 달린 아치로 지지된다.

quality control 품질 관리(品質管理) 제품의 품질을 통계적인 수법으로 관리하는 것. 후에 종합적 품질 관리(TQC)로 이행하여 널리 기업 전반이 목표로 하는 과제의 개선에까지 그 수법이 응용되고 있다.

quality of lighting 조명의 질(照明－質) 조도나 휘도의 분포, 빛의 방향성이나 확산성, 빛의 흐름, 빛의 색, 연색성 등 시환경에 관한 조명의 양 이외의 시환경의 속성을 말한다.

quality test of water 수질 시험(水質試驗) 물의 성질이나 성분 등을 살피는 시험. 음료수, 공업 용수 등에서는 이용 목적에 적합한지, 배수 처리에서는 처리수의 배수 기준에 적합한지를 판정하기 위해서 한다. =water examination

quantity 수량(數量) 건설 공사의 적산에 있어서의 자재나 노무 등의 수량. 설계 수량 외에 소요 수량, 계획 수량 등이 있다.

quantity estimation 수량 적산(數量積算) 설계서에 따라서 공사 시공 수량이나 재료 수량을 가려내는 것.

quantity of direct solar radiation 직달 일사량(直達日射量) 직달 일사를 일사의 방향으로 수직인 면에 대해서 나타낸 것으로, 법선면 일사량이라고도 한다. 단위 kcal/m^{2}h.

$J = J_0 \operatorname{cosec} h$

$J_H = J \sin h$

$J_V = J \cos h \cos(\alpha - \alpha')$

J_0 : 태양 상수(1170kcal/m^{2}h)

J : 직달 일사량

J_H : 수평면 직달 일사량

J_V : 연직면 직달 일사량

p : 대기 투과율≒0.6~0.8(시가지)
0.8~0.9(고원)

h : 태양 고도 α : 태양 방위각

α' : 면을 향하고 있는 방위각

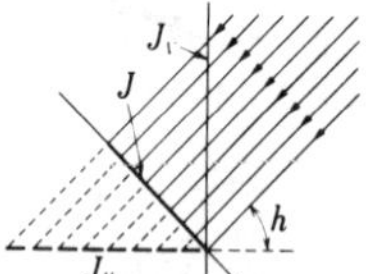

quantity of flow 유량(流量) 관 속 또는 흐름 속에 생각한 하나의 면을 통해서 단위 시간에 흐르는 유체의 질량 또는 체적. 유체의 밀도를 ρ, 비중량을 γ, 면의 면적을 A, 유속을 v로 하면 질량의 유량(mass flow, weightflow)은 ρAv 또는 γAv, 체적의 유량은 Av로 나타내어진다. 후자는 m^3/s, l/s, m^3/min 등이 쓰인다.

quantity of heat 열량(熱量) =amount of heat

quantity of light 광량(光量) 광속을 시간 적분한 양(lm·s). SI단위계에서는 단위를 루멘·초로 하고 있으나 루멘·시(lm·h)도 병용할 수 있다.

quantity of lighting 조명의 양(照明－量) 조명의 질에 대하여 조도나 주광률 등 시환경에 있어서의 빛의 양에 관한 속성.

quantity of material 재료 수량(材料數量) 건축 공사에 필요한 재료의 수량.

quantity per unit 품셈 건축의 각 부분 공사에서의 단위당 자원 투입량. 예를 들면 단위 면적당의 표준 노무량, 표준 자재량이나 단위 자재량당의 표준 노무량.

quantity surveying 적산(積算) 건축 공사에 있어서 설계 도서 등에서 공사비를 예측하는 작업. 좁은 뜻으로는 수량 산출을 의미하고, 금액 산출에 중점을 둔 견적과 대비하는 경우도 있다. 또 건축비 예측을 뜻하기도 한다.

quarry 채석장(採石場) 석재(石材)를 채취하는 장소.

quarry face 제면 원석을 쪼갠 돌의 표면.

quarrying 채석(採石) 공사용 석재를 채취하는 것.

quarry stone 거친돌 손을 가하지 않은 자연석. 천연 그대로 풍화한 자연의 돌.

quarter 샛기둥 벽체의 뼈대를 만들기 위해 주요 기둥과 기둥 사이에 45cm 정도의 간격으로 세운 작은 기둥. =stud

quarter grain 널결 나무의 나이테에 절선 방향으로 쪼갠 제재의 면에 나타나는 나뭇결을 말하며, 곧은결에 대한 말.

quarter-sawn grain 곧은결 목재를 나이테가 재면에 직교하도록 절단했을 때 단면에 나타나는 나뭇결. 나이테의 선이 평행하여 여러 줄 나타난다. =straight grain

quartz glass 석영 유리(石英琉璃) 2산화 규소(실리카)를 주성분으로 하는 내열 유리. 주로 내열 기구에 사용한다. =silica glass

quartz iodine lamp 옥소 전구(沃素電球) 할로겐 전구의 일종으로, 옥소 가스를 봉해 넣은 텅스텐 필라멘트의 석영 유리 백열 전구.

quartztrachite 석영 조면암(石英粗面岩) 산성 분출암의 일종으로, 화학 조성, 광물 성분 등은 화강암과 대체로 같다. 석영, 정장석 사장석, 운모를 포함하며, 백색~회색이고, 건축재로는 이 중 경석을 사용한다.

quasi dwelling 준주택(準住宅) 사람이 거주하기 위한 건물에 대한 통계 용어. 생계를 함께 하지 않는 독신자의 집단이 거주하는 기숙사, 하숙집, 독신 아파트 외에 일시 체재자가 숙박하는 여관, 숙박소 등.

quasi-fire-preventive district 준방화 지역(準防火地域) 도시 계획에 의해 방화 지역에 준하는 지역으로서 정해지는 지역. 지역 내의 일정 규모, 층수의 건축물은 내화 건축물 또는 준내화 건축물로 하는 것이 요구된다.

quasi-fire-proof building 간이 내화 건축물(簡易耐火建築物)[1], 준내화 건축물(準耐火建築物)[2] (1) 일정 정도까지 화재에 견디는 건축물. 방화 성능은 일반적으로 목조 건축물과 내화 건축물의 중간에 위치한다. 외벽이 내화 구조인 것과 불연 구조인 것이 있다.
(2) =quasi-fire-resistive building

quasi-fire-resistive building 준내화 건축물(準耐火建築物) 내화 건축물에 준하는 내화 성능을 갖는 건축물. 주요 구조부를 준내화 구조로 한 것, 불연 구조로 한 것 및 외벽을 내화 구조로 한 것이 있다. =quasi-fire-proof byilding

quasi-fire-resistive construction 준내화 구조(準耐火構造) 내화 구조에 준하는 성능을 갖는 구조.

quasi-household 준세대(準世帶) 보통 세대를 구성하는 사람 이외에, ① 보통 세대와 주거를 함께 하고, 따로 생계를 유지하고 있는 독신자 또는 그 집단, ② 한 주거에 살고, 각각 독립하여 생계를 유지하고 있는 독신자만의 집단을 말한다.

quasi-noncombustible material 준불연 재료(準不燃材料) 불연 재료에 준하는 방화 성능을 갖는 재료. 두께 9mm의 석고보드나 목모(木毛) 시멘트판 등의 재료가 이에 해당한다.

quasi-stationary theory 준정상 이론(準定常理論) 동적 상호 작용 문제에서 구조물의 진동을 등가한 정지 상태의 연속으로 간주하고 작용력을 평가하여 해석하는 이론. =quansi-steady theory

quasi-steady theory 준정상 이론(準定常理論) =quasi-stationary theory

Queen Anne 퀸 앤 영국 앤 여왕 시대의 로코코 양식을 말한다. 의자의 다리 곡선이 특징이다.

queen post 퀸 포스트 양식 지붕틀 구조에서 좌우 대립하는 동바리를 말한다.

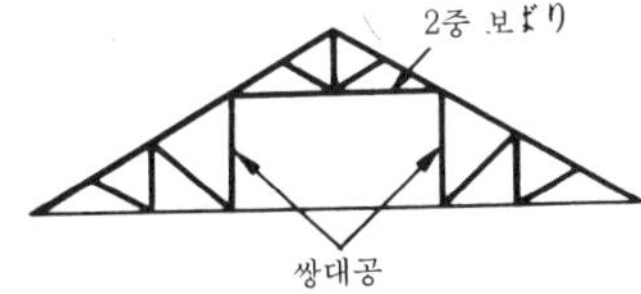

queen post truss 퀸 포스트 트러스 퀸 포스트를 사용한 트러스.

quenching 담금질 금속 재료 열처리의 일종. 고온으로 가열한 금속 재료를 금랭하여 경화시키는 조작(다음 면 그림 참조).

quick cement 급결 시멘트(急結－) 시멘트를 물로 비볐을 때 빨리 응결하는 시멘

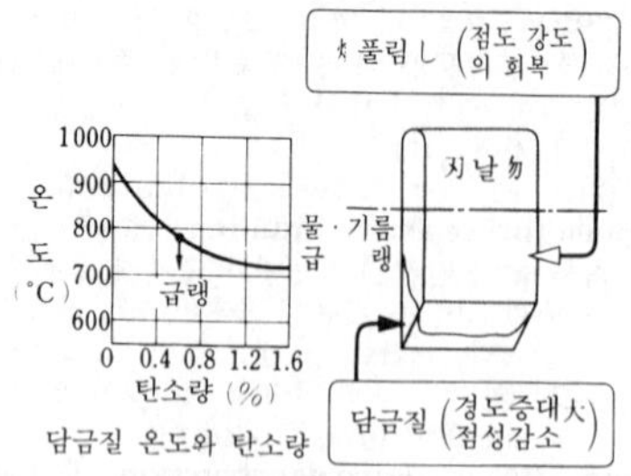

담금질 온도와 탄소량

quenching

트를 말한다. 단기 강도는 반드시 높지는 않다. 토목 건축에는 사용하지 않는다. ＝quick-setting cement

quick clay 퀵 클레이 예민비(銳敏比)가 극히 높은 찰흙. 일반적으로는 액성(液性) 지수가 100% 이상인 것을 말한다.

quick fence 생울타리 정원수 등의 저목류(低木類)를 심고 대나무나 나무판 등을 배치하여 만드는 울타리. ＝hedge

quick lime 생석회(生石灰) 산화 칼슘(CaO)을 주성분으로 하는 무정형 물질. 순수한 것은 백색이지만 철분, 점토를 함유하는 것은 담황색 내지 담갈색을 띤다. 석회석, 패각(貝殼) 등을 구워서 만든다.

quick sand 퀵 샌드 상향의 수류 때문에 모래 지반의 지지력이 없어지는 현상. 모래층의 지반에 상향 수류가 있는 경우, 모래의 입자는 이 유수의 투수 압력에 의해 정수(靜水) 중의 경우보다 큰 부력을 받지만 이 유수의 속도가 커져서 모래 입자의 무게 이상의 부력을 얻을 수 있게 되면 모래 전체가 비등상(沸騰狀)으로 되어 모래 입자는 유수 중에 부유한 상태가 되며, 모래 지반이 물과 모래의 혼합액으로서의 액체성상으로 되는 현상.

quick setting 급결(急結) 시멘트에 급결제를 써서 급격히 응결시키는 것.

quick-setting cement 급결 시멘트(急結−) ＝quick cement

quoin 귀돌 벽체의 모서리에 쌓여지는 돌. 일반적으로 벽돌 또는 오림목 석조의 벽체에 쓰인다.

quota of common 공유 지분(共有持分) 구분 소유 건물의 공용 부분의 권리나 가치를 그 건물의 전유 부분 바닥 면적의 비율로 배분한 각 공유자의 지분.

QUV accelerated aging test QUV 촉진 폭로 시험(−促進暴露試驗) 촉진 내후 시험의 하나. 광원에 형광 자외선 램프를 사용하고, 자외선 조사와 동시에 시료에 건습 반복 작용을 주어서 하는 시험.

R

rabbet joint 개탕붙임 판을 붙이는 방법의 일종으로, 판 옆의 한쪽에 돌기를, 다른쪽에 홈을 만들어 붙이는 방법.

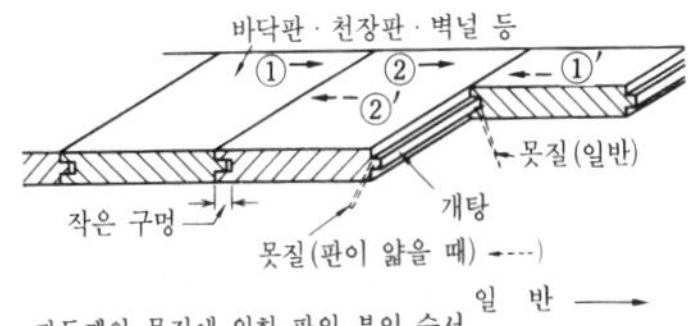

rack 래크 물품을 배열하거나 보관, 격납하기 위한 선반. 컴퓨터 관리의 창고 등에서 입체적 이용을 위해 특히 쓰이며 여러 층에 이르는 경우가 있다.

rack scaffold 래크 비계(-飛階) 실내 높은 곳의 작업에 사용하는 작업 바닥을 둔 비계.

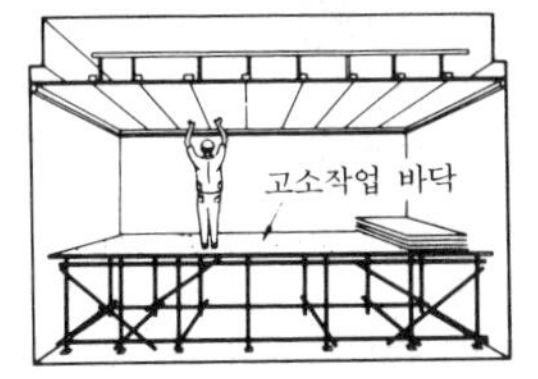

rack warehouse 래크 창고(-倉庫) 팔레트에 적재된 물품을 전용의 선반에 격납하여 보관하기 위한 창고. 입체 자동 창고도 고층 래크 창고에 포함된다.

radial and ring road system 방사 환상형 도로망(放射環狀形道路網) 도심부를 중심으로 하는 방사형으로 뻗는 도로와 거기에 직행하는 환상 도로로 이루어지는 도로망. 런던, 파리가 대표 예이다.

radial displacement 반경 방향 변위(半徑方向變位) 원통 좌표나 구좌표(球座標) 등의 축대칭(軸對稱) 좌표계에서의 반경 방향의 변위. 축대칭 셸이나 파이프 등의 변위 표시에 널리 쓰인다.

radial or ring pattern 방사 환상 패턴(放射環狀-) 도로망이나 철도망의 형태 패턴의 하나. 도심에서 방사상으로 뻗는 교통로와 도심을 환상으로 둘러싸는 교통로로 이루어지는 패턴.

radial road system 방사형 도로망(放射形道路網) =radial street system

radial street system 방사형 도로망(放射形道路網) 도시에서의 주요 도로를 방사형으로 배치하는 방식. 대부분의 경우 환상 도로망과 조합시킨 방사 환상형 도로망(radial and ring street system)으로 하는 것이 많다. 또 격자형 도로망과 병용한 방사 종횡형 도로망도 있다.

radial stress 반경 방향 응력(半徑方向應力), 반경 방향 응력도(半徑方向應力度) 좌표축에 원통 좌표, 극좌표를 써서 셸, 파이프 등의 내부 응력을 나타내는 경우, 반경 방향에 생기는 응력 또는 응력도.

radial type holded plate structure 방사 절판 구조(放射折板構造) 여러 장의 절판을 방사상으로 조합시킨 지붕 구조.

radian 라디안 각도의 단위(rad). 1 rad은 반경과 같은 길이의 원호 중심에 대한 각도로 57.29578°이다.

radiance 방사 휘도(放射輝度) 검토하는 방향에서 방사의 발산면의 발산 방사량을 평가하는 지표. 단위 투영 면적당 단위 입체각당의 방사 발산량($W/m^2 \cdot sr$).

radiance emittance 방사 발산도(放射發散度) 방사체가 발산하는 방사의 양을 나타내는 지표. 단위 면적당의 방사속(W/m^2). 측광량의 광속 발산도에 상당한다.

radian frequency 각진동수(角振動數) 진동수(주파수) f에 2π를 곱한 것. 기호 ω. $\omega=2\pi f$, 단위 rad/sec. =angular frequency

radiant conduction 방사 전열(放射傳熱) 열이 고온 물체에서 전자파의 모양으로 공간을 진행하고, 저온 물체에 이르러 열

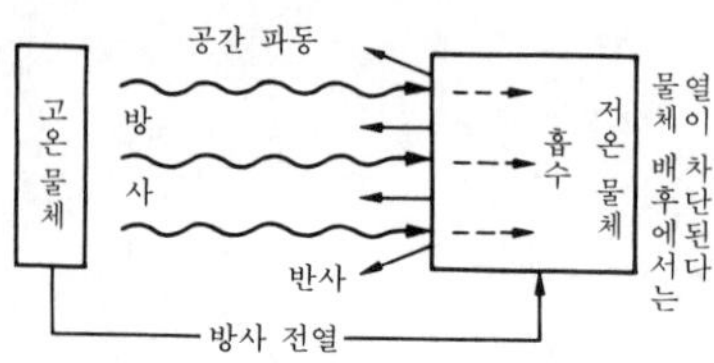

로 되돌아가는 전열 현상.

raidant energy 방사 에너지(放射－) 방사체에서 발산하는 전자파의 에너지. 단위 J(줄), erg(에르그), cal.

radiant flux 복사속(輻射束) 단위 시간에 발산하는 복사 에너지의 양. 기호는 Φ 또는 P. 단위는 W, kcal/h, erg/sec 등. ＝energy flux

radiant heat 방사열(放射熱), 복사열(輻射熱) 물체에서 전자파로서 방출되는 방사 에너지가 물체에 흡수되어 변환되어서 생기는 열. ＝radiation

radiant heating 방사 난방(放射煖房) 방사열을 이용하여 난방하는 방식.

radiant heating of low temperature 저온 방사 난방(低溫放射煖房) 방사 패널(바닥, 천장, 벽 패널 등)의 표면 온도를 대체로 30～45℃ 정도로 유지하고, 그 방사열 효과에 의해 행하는 난방.

radiant intensity 복사의 세기(輻射－), 복사 강도(輻射强度) 복사체에서 방출되는, 어느 방향의 단위 입체각당 단위 시간의 복사 에너지. 즉 어느 방향의 단위 입체각당으로 발산되는 복사속. 기호는 J. 단위 watt/steradian. 어느 방향의 미소 입체각을 $d\omega$, 그 방향의 복사속을 $d\Phi$로 하면 복사 강도는

$$dJ_\beta = d\Phi / d_\omega$$

＝intensity of radiation

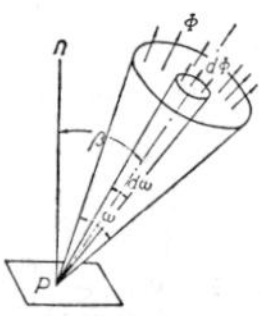

radiant panel 방사 패널(放射－) 비폐쇄 공간 등에서 냉난방하는 경우에 쓰이는 방열·수열(受熱) 패널. 증기·고온수·전열·연소형 등이 있으며, 어느 것이나 원적외선이 이용되고 있다.

radiant ray inspection 방사선 투과 시험(放射線透過試驗) 금속 재료 또는 그 제품·용접부 등을 X선 또는 γ선을 써서 투과 방사선을 필름에 촬영하여 결함을 찾아내는 검사법.

radiating body 복사체(輻射體) ＝radiator

radiation 방사(放射) 열이 고온 물체에서 전자파의 모양으로 튀어나가 공간을 직진하는 현상.

radiation constant 복사 상수(輻射常數) 흑체의 복사 상수를 σ_b 또는 C_b, 회색체의 복사 상수를 σ 또는 C로 하면 $\sigma=\varepsilon\sigma_b$, $C=\varepsilon C_b$. 단 ε은 복사율. 따라서 회색체의 복사능을 E로 하면 스테판·볼츠만의 법칙에서

$$E=\sigma T^4 = C(T/100)^4 \quad [\text{kcal/m}^2\text{h}]$$

radiation cooling 방사 냉각(放射冷却) 물체가 그 표면의 방사열 수수에 의해 냉각되는 현상. 두 면이 마주보고 있는 경우 고온면은 저온면에 의해 방사 냉각된다. ＝radiative cooling

radiation impedance 방사 임피던스(放射－) 매질 중에서 진동하는 물체의 표면에서의 단위 면적의 음향 임피던스. 또는 기계 임피던스 중 매질 중으로의 파워의 방사에 의한 부분. 즉 매질 중에서 진동하는 물체의 표면이 매질로부터의 반작용으로서 받는 힘과 그 면의 입자 속도와의 복소수비.

radiation inspection 방사선 탐상법(放射線探傷法) X선·γ선·β선 등의 방사선을 써서 재료 내부의 결함을 탐색하는 방법.

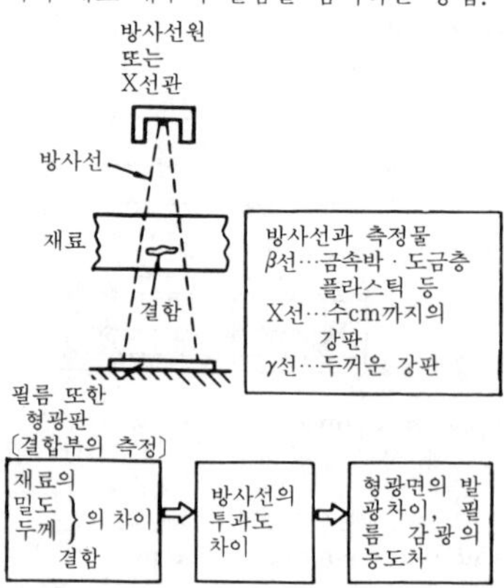

radiation of heat 열복사(熱輻射) ＝heat radiation, thermal radiation

radiation (panel) heating 방사 난방(放射煖房) ＝radiant heating

radiation shielding concrete 차폐용 콘크리트(遮蔽用－) 방사선을 차폐하기 위한 콘크리트. 차폐 효과는 비중이 클수록

높으므로 골재에는 중정석(重晶石)·자철광 등의 비중이 큰 것을 사용한다. 콘크리트의 비중은 3.5~4.0 정도이다.

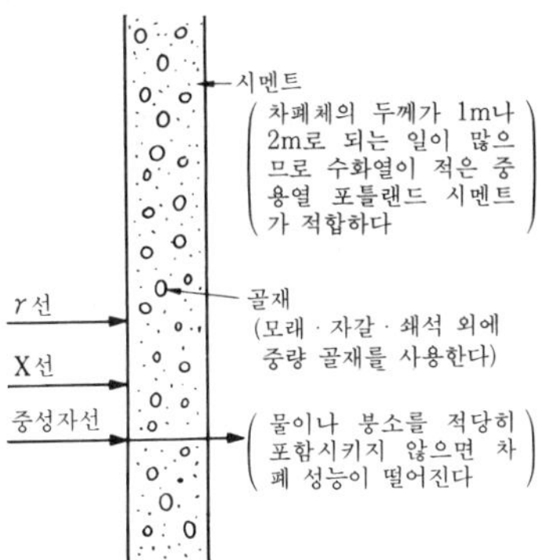
시멘트
차폐체의 두께가 1m나 2m로 되는 일이 많으므로 수화열이 적은 중용열 포틀랜드 시멘트가 적합하다
γ선
X선
중성자선
골재
(모래·자갈·쇄석 외에 중량 골재를 사용한다)
물이나 붕소를 적당히 포함시키지 않으면 차폐 성능이 떨어진다

radiation shielding material 방사선 차폐재(放射線遮蔽材) 방사선 중 γ선과 중성자선을 주로 차폐하는 재료. 비중이 큰 것이 유효하며, 강철·납·철광석·중정석(重晶石) 등을 사용한다. 방사선 차폐용 콘크리트는 중량 콘크리트라고도 하며 벽 두께도 크다.

radiation thermometer 방사 온도계(放射溫度計) 물체에서 방사되는 방사 에너지를 검지기에 의해 검출하여 그 물체의 방사 온도를 구하는 비접촉 방식에 의한 온도계.

radiative cooling 방사 냉각(放射冷却) = radiation cooling

radiative flux 방사속(放射束) = radiant flux

radiative heat transfer 방사열 전달(放射熱傳達) 방사 에너지의 유입 또는 유출에 의해 가열 또는 냉각되어 열이 전하는 것.

radiative heat transfer coefficient 방사열 전달률(放射熱傳達率) 일반적으로 방사 에너지의 유입 혹은 유출에 의해 가열 또는 냉각되어서 열이 전달되는 비율을 말한다. 두 상대하는 물체가 있고, 1면의 절대 온도를 T_1, 면적을 A_1, 2면의 절대 온도를 T_2, 면적을 A_2로 하고, 1면에서 2면으로의 형태 계수를 φ_{12}로 한다. 지금 $T_1 > T_2$의 조건하에서 방사열 전달량은 온도차에 비례하며, 다음 식으로 표시된다.

$$Q_r = C_{12} \cdot \varphi_{12} \cdot A_1 \left[\left(\frac{T_1}{100} \right)^4 - \left(\frac{T_2}{100} \right)^4 \right]$$

여기서, C_{12}는 유효 방사 상수이다.

radiator 방열기(放熱器)[1], 복사체(輻射體)[2] (1) 엄밀하게는 직접 방열기, 대류 방열기, 베이스 보드 히터 등의 총칭이나, 일반적으로는 직접 방열기를 가리킨다. 직접 방열기에는 기둥형, 벽거리형 등이 있고, 2주(柱), 3주, 3세주(細柱), 5세주, 수평형, 수직형이 있다. 방열량의 약 1/3은 복사열이고, 2/3는 대류 방열이다.

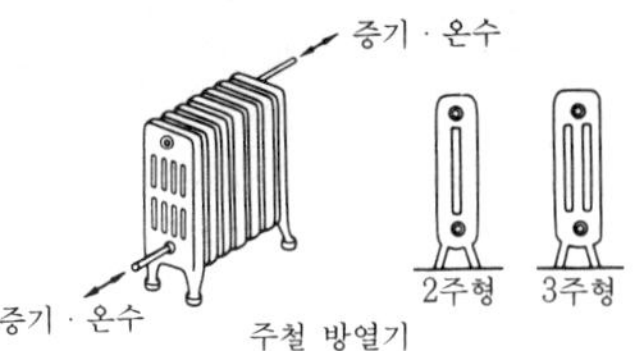
증기·온수
증기·온수
주철 방열기
2주형
3주형

(2) 복사 에너지(열, 빛 등)를 내는 물체. 모든 물체는 온도가 절대 0도가 아닌 한 열의 복사체이다.

R

radiator heater 방열기(放熱器) = radiator

radiator trap 방열기 트랩(放熱器－) 증기 난방의 방열기 출구에 두어 열에 의해서 작동하는 트랩. 내부에 있는 청동제의 벨로스가 증기에 접하고 있는 동안은 니들 밸브가 닫고, 응축수가 되면 열어서 배출한다.

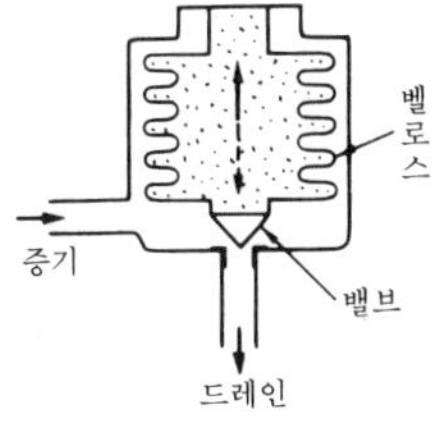
벨로스
증기
밸브
드레인

radiator valve 방열기 밸브(放熱器－) 방열기로의 증기나 온수의 양을 가감하기 위한 밸브.

방열기로
앵글형

radioactive contamination 방사능 오염(放射能汚染) 라디오아이소토프 등의 방사성 물질이 의복, 기구, 건물 등에 부착

한다든지 공기, 물 등에 혼입하는 것.

radioactive isotope 방사성 동위 원소(放射性同位元素) 방사선을 방출하면서 다른 원소로 변해가는 동위 원소를 말하며, 이것을 의료 등에 이용하는 시설도 포함한다. 외부로의 오염을 관리하는 방사선 관리실이 의무화되고 있다. =RI

radioactive matter 방사성 물질(放射性物質) 방사성 붕괴(어떤 원소가 자발적으로 방사선을 내고 다른 원소로 바뀌는 것)하는 원소를 포함한 물질.

radioactivity 방사능(放射能) 원소가 자연히 붕괴하여 α, β, γ선과 같은 방사선을 방출하는 성질을 말한다. 우라늄, 가듐, ^{14}C, ^{32}P 등은 이 성질을 갖는다.

radiometer 복사계(輻射計) 복사선의 세기를 측정하는 계기.

radio tower 무전탑(無電塔) =antenna tower

radius curvature 곡률 반경(曲率半徑) 곡선이 굽는 정도를 나타내는 값을 곡률이라 하고, 곡률의 역수를 곡률 반경이라 한다. 곡률 반경을 r로 하면 곡률은 $r/1$이다.

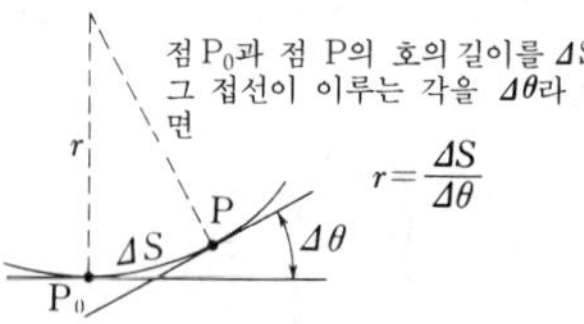

radius of attraction 유치 반경(誘致半徑) 유치권을 원으로 근사했을 때의 그 반경을 말한다. →served distance

radius of curvature 곡률 반경(曲率半徑) 곡선상의 1점에서 그 곡선에 접하는 원의 반경으로, 곡률의 역수.

radius of gyration 회전 반경(回轉半徑) 임의의 축에 관해서 다음 식으로 주어진다. 단위 cm, 기호 r.

$$r = \sqrt{\frac{I}{M}}$$

여기서 I : 관성 모멘트, M : 전 질량.

radius of gyration of area 단면 2차 반경(斷面二次半徑) 단면의 도심을 통하는 축에 대한 단면 2차 모멘트 I를, 그 단면적 A로 나눈 것의 평방근. 기호 i. 회전 반경이라고도 한다.

$$i = \sqrt{\frac{I}{A}}$$

radius of rotation 회전 반경(回轉半徑) 구조 역학에서는 단면 2차 반경과 동의어로 쓰인다.

radlux 라드룩스 광속 발산도의 단위. 1 m^2의 면에서 1루멘의 광속을 발산하는 경우의 광속 발산도. 기호는 rlx, radlx. radlx $=1m/m^2$.

rafter 서까래 지붕 바탕의 산자널을 받아 종도리·중도리·처마도리에 가설하는 재(材).

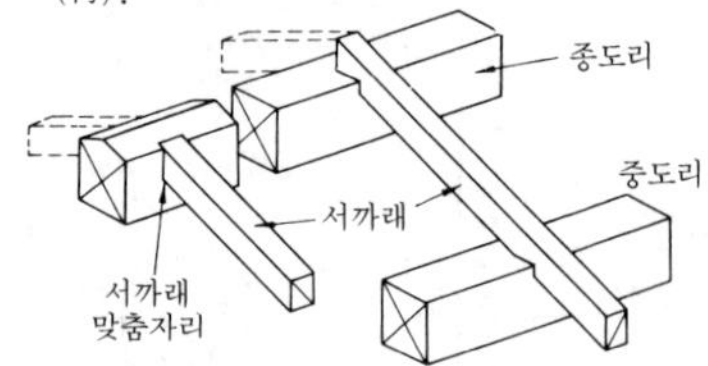

Rahmen 라멘 강절점(剛節點 : 1절점에 모아지는 재(材)가 서로 강하게 접합되는 것)만을 포함하는 가구(架構). 이 때 라멘의 부재를 응곡재(應曲材)라 한다. 철근 콘크리트 구조나 철골 철근 콘크리트 구조 고층 건축의 중요한 주체 구조가 된다. =rigid frame

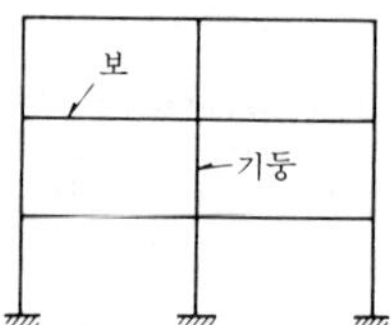

Rahmen construction 라멘 구조(—構造) 건축물의 기본적인 뼈대로, 기둥·보의 절점(節點)이 강접합(剛接合)으로 한 몸으로 된 구조.

rail 레일[1], 동살[2] (1) 미닫이문의 작은 바퀴가 지나는 길이 되는 철물(대나무, 합성 수지 등도 있다).
(2) 짧게 대는 살이나 가로대는 살.

rail of sliding door 미닫이 레일 미닫이용의 레일. 쇠, 놋쇠, 포금제, 대나무제, 합성 수지제 등이 있다.

railway station 정차장(停車場) 역(역객의 승강, 화물의 적재·하적을 하는 곳), 신호장, 조차장(열차의 조성, 분해, 차량의 입환 등을 하는 곳)을 말한다.

railway station sphere 역세권(驛勢圈) 역을 중심으로 하는 지역의 이용자가 거주하는 범위를 말한다. 역세권의 경계는 보통 인접역 혹은 인접 노선과의 중간점 부근에 있지만, 역간격이 매우 짧은 경우나 노선이 교차점에서는 역세권이 중복하는 일이 있다.

rain-fall intensity 강우 강도(降雨强度) =intensity of rainfall

rain-gauge 우량계(雨量計) 강수량을 측정하는 기구. 수수기(受水器)와 계측기로 이루어진다.

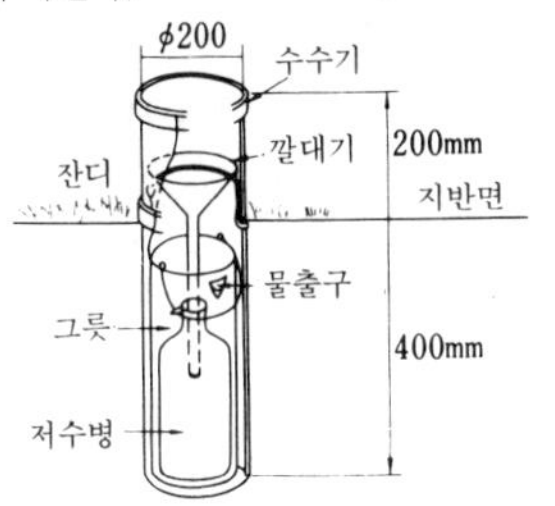

rain gutter 낙수받이(落水－) 특히 빗물을 흘리기 위한 홈통.

rain shutter door 빈지문(－門) 풍우를 방지하고, 방범을 위해 개구(부)의 맨 바깥쪽에 두는 문.

raked joint 다짐줄눈 줄눈막대를 사용하지 않고 모르타르칠면을 줄눈 흙손으로 눌러서 마감한 줄눈. =stripped joint

ram 램, 공이, 떨공이 =drop hammer

Ramberg-Osgood type 람버그 · 오스구드형(－形) 탄소성 복원력 특성의 해석 모델 형식의 하나. 골격 곡선(skeleton curve)과 이력 곡선(hysteresis curve)과의 조합으로 주고 파라미터의 값에 의해 여러 가지 복원력 특성을 나타낼 수 있도록 배려된 형식.

rammer 래머 그림과 같이 1기통 2사이클의 가솔린 엔진에 의해 기계를 튕겨 올리고 자중과 충격에 의해 지반, 말뚝을 박거나 다지는 것. 보통 소형의 핸드 래머 외에 대형의 프로그 래머가 있다. =drop hammer

rammering 달구질 지반에 타격을 주어 다지는 것. 달구 등을 사용한다.

ramming 달구질 =rammering

ramp 램프, 경사로(傾斜路) 경사한 통로, 복도, 병원, 자동차 차고 외에 학교, 전시장 등에도 쓰인다.

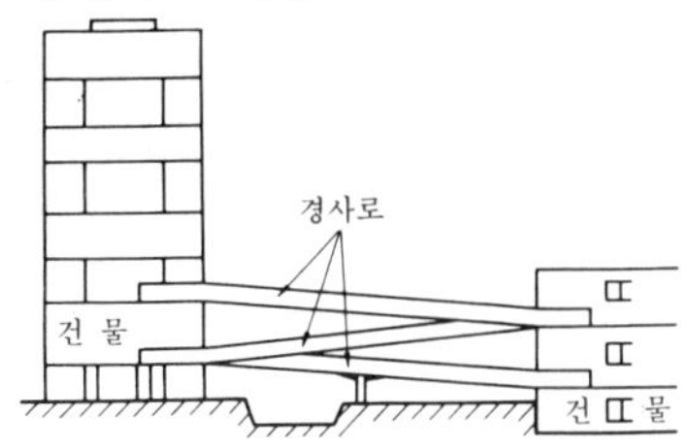

ramped slab type stair 경사판식 계단(傾斜板式階段) 계단실 주위가 벽이나 보로 굳혀져 있을 때 계단판을 평판의 역학을 써서 푼 것. 보(beam)식의 계단과 대비된다.

ramp way 램프 웨이 고속 도로 등으로의 진입 통로.

random incidence 랜덤 입사(－入射) 벽면이나 마이크로폰 등에 음파의 입사각이 일정하지 않고, 모든 방향에서 불규칙하고 고르게 입사하는 것.

random incidence sound absorption coefficient 랜덤 입사 흡음률(－入射吸音率) 음파가 랜덤 입사하는 상황에 놓여진 재료의 흡음률. 잔향실법 흡음률이 이에 해당한다.

random masonry 막쌓기 모양이나 크기가 다른 막돌을 불규칙하게 쌓은 돌쌓기 형식. =random rubble

random noise 랜덤 노이즈 =white noise

random rubble 막쌓기 =random masonry

random vibration 불규칙 진동(不規則振動) =non harmonic vibration

range hood 레인지 후드 조리용 레인지의 열 · 연기를 배출하기 위한 후드.

Rankine's earth pressure 랭킨 토압(－土壓) 수평한 지표면을 갖는 지반에서 흙의 파괴 상태(주동 상태 또는 수동 상태)에 의해 임의의 지중 연직면에 생기는 토압을 말한다. 랭킨(W. J. M. Rankine)이 유도했다.

Rankine's hypothesis 랭킨의 가설(－假說) 재료 내부의 어느 점에서의 세 주응력 중 어느 하나가 어떤 한계값에 도달했을 때 파손이 야기된다고 하는 랭킨의 설.

rasp 나무줄 목공용의 줄.

rated output 정격 출력(定格出力) 지정된 조건하에서 그 기기가 사용될 수 있는 출력의 한도. 보일러에서는 연속 운전으로 낼 수 있는 최대 출력이며, 상용 부하에 연소하기 시작할 때의 부하를 더한 것.

rate of building volume to lot 용적률(容積率) 부지 면적에 대한 건축물의 연면적 비율을 백분율로 나타낸 것.

rate of effective prestress tensile force 프리스트레스 유효율(-有效率) 초기 프리스트레스력에 대한 유효 프리스트레스력의 비. 도입 직후의 프리스트레스력이 긴장재의 릴랙세이션, 콘크리트의 크리프나 건조 수축이 끝난 다음에도 콘크리트에 작용하고 있는 비율.

rate of heat collection 집열량(集熱量) 집열기에 닿는 일사량 중 집열체로부터의 열손실을 뺀 나머지 열량, 혹은 집열기 출입구 온도차와 열매 유량과의 곱으로서 얻어지는 열량.

rate of loading 하중 속도(荷重速度) 각종 시험에서의 하중 증가 속도를 말한다. 통상 단위 시간에 증가하는 하중 또는 응력도의 크기로 나타낸다.

rate of paved road 포장률(鋪裝率) 도로의 실 연장에 대하여 포장된 부분의 연장이 차지하는 비율.

rate of repairing level 수선율(修繕率) 수선 계획을 입안할 때 가상되는 지표. 건축물의 특정한 부분이나 부위의 전면 수선 주기 기간 내에 발생하는 예측할 수 없는 파손이나 고장에 대한 수선을 전면 수선비의 일정률로 정의한다.

$R = C_p/C_A$

여기서, R : 수선율, C_p : 수선 주기 내의 사후 수선비, C_A : 전면 수선비.

rate of simultaneous use 동시 사용률(同時使用率) 설치되어 있는 복수의 기구 중 동시에 쓰이는 기구수의 비율. =usage factor

rating 정격(定格) 기기가 정해진 능력을 내기 위한 여러 가지 조건값. 예를 들면 전동기에서 소정의 출력을 내기 위한 입력 전압, 입력 전류 등의 값.

ratio of absolute volume 실적률(實績率) 분체(粉體)나 입체(粒體)를 용기에 넣었을 때의 용기의 용적에 대한 분체나 입체의 체적 비율.

ratio of building volume to lot 용적률(容積率) 건축물의 연면적의 부지 면적에 대한 비율. 도시 계획 구역 내에서는 용적률의 한도는 용도 지역에 따라서 각각 비율이 정해지고 있다.

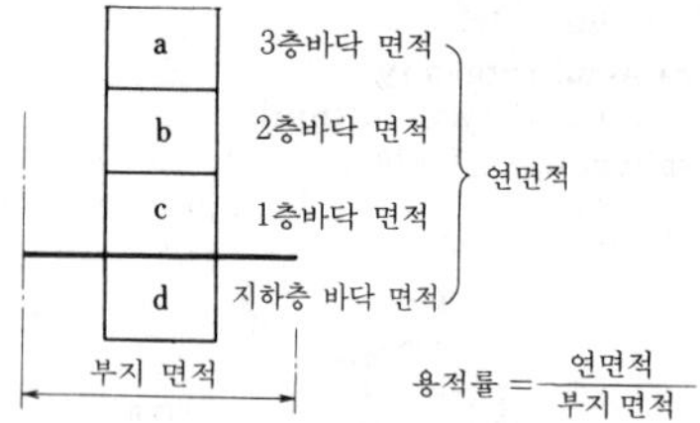

ratio of closure 폐합비(閉合比) 폐합 트래버스의 측정 정밀도는 폐합 오차 E와 측선 길이의 총합 Σa의 로 나타내어지며 이것을 폐합비라 한다. 폐합비 A는

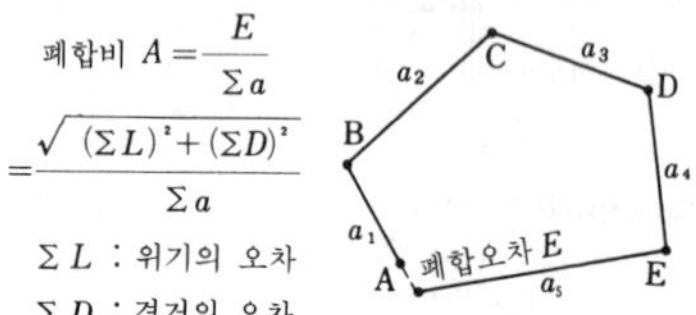

ratio of expansion and contraction 신축률(伸縮率) 온도, 습도 기타 상태의 변화에 따르는 재료의 길이 변화율.

ratio of living space 거주 면적률(居住面積率) 주택 바닥 면적의 거주 면적에 대한 백분율.

ratio of long side to short side 변장비(邊長比) 구형의 평판 또는 단면형에서 2변의 길이의 비.

ratio of noncombustible area 불연 영역률(不燃領域率) 일정 지역 내에서의 불연 구조물 및 공원 등 대규모 공지가 차지하는 면적의 비율.

ratio of reinforcement 철근비(鐵筋比) =reinforcement ratio

ratio of remaining value 잔가율(殘價率) 건축물의 신축시 가격에 대한 잔가의 비율. 시가에 대한 종가의 비율. 물가 변동 등에 의한 재평가는 생각하지 않고 모델적인 수치를 상정하는 것이 보통이다.

ratio of rentable area 렌터블비(-比) 연면적에 대한 수익 부분의 바닥 면적의 백분율(다음 면 그림 참조).

ratio of shear reinforcing bar 전단 보강근비(剪斷補强筋比) 철근 콘크리트 부재의 전단 보강근의 단면적과 콘크리트 단면적과의 비. 보에서는 늑근비, 기둥에서는 띠근비라 한다.

$p_w = a_w/(b \cdot x)$

으로 나타낸다. a_w는 1조의 보강근의 단면적, b : 재(材)의 폭, x : 보강근의 간격이다. 벽근(壁筋)의 경우는 벽의 종횡 각

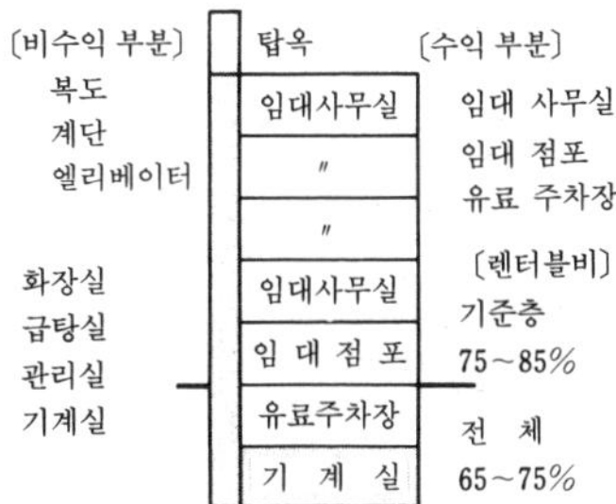

ratio of rentable area

방향마다의 철근량 합계와 벽판의 유효 단면적의 비로 나타낸다.

$p_s = \Sigma a_w / (b \cdot t)$

여기서, a_w : 벽근의 단면적, b : 벽의 유효 길이, t : 벽 두께.

ratio of shear wall resisting force 내력벽 분담 내력비(耐力壁分擔耐力比) 건축물의 보유 수평 내력은 기둥, 보 등의 골조가 붕괴 메커니즘에 이르렀을 때의 하중과 벽이나 가새 등이 붕괴형에 도달했을 때의 하중의 합산으로 구해지고 있다. 전 건물의 보유 수평 내력 중 벽이나 브레이스가 분담하는 내력비 β를 내력벽 분담 내력비라 한다. 구조 특성 계수 D_s의 값을 결정할 때 참고가 되는 값이다.

ratio of shrinking-swelling 수축 팽창률(收縮膨脹率) 목재의 함수율 1%에 대한 체적 변화율.

ratio of storey shear coefficient to base shear coefficient 높이 방향 분포 계수(一方向分布係數) A_i분포라 약칭된다. 법규에서 정해진 각층의 전단력 계수의 분포식,

$$A_i = 1 + \left(\frac{1}{\sqrt{\alpha_i}} - \alpha_i \right) \frac{2T}{1+3T}, \ A_i = 1.0$$

여기서, α_i : i층의 전중량(全重量)과 지상 전중량의 비(比), T : 건물의 고유 주기〔s〕이다.

ratio of water permeability 투수비(透水比) 시멘트 방수제의 규격 시험에서 일정 조건으로 만들어진 표준 모르타르의 투수량에 대한 시험 모르타르의 투수량의 비를 말한다.

ratio of Young's modulus 영 계수비(一係數比) 철근 콘크리트 구조에 있어서의 철근의 영 계수와 콘크리트의 영 계수의 비.

rattan 등(藤) 열대 아시아에 나는 야자과의 덩굴성 식물. 많은 종류가 있다. 매우 긴 유연하고 강인한 줄기를 가지며, 의자 등 여러 가지 등제품을 만든다.

rattan furniture 등가구(藤家具) ＝cane furniture

raw material 원재료(原材料) 원료와 재료의 총칭. 생산 과정에 투입한 물질 중 그 형질이 그다지 달라지지 않고 산출물 속에 인정되는 것을 재료라 한다. 형질의 변화가 커서 원래의 모습을 인정할 수 없는 것을 원료라 한다. 예를 들면 목재는 건축에서는 재료이지만 종이, 펄프에서는 원료이다.

raw stone 원석(原石) 각종 제품에 가공하기 전의 석재.

RC pile RC말뚝 ＝reinforced concrete

reaction 반력(反力) 외력을 받아도 구조물이 이동 또는 회전하지 않도록 지점(支點)을 두었을 때 외력에 대한 저항력으로서 지점에 생기는 힘(이른바 힘 외에 고정단 모멘트도 포함).

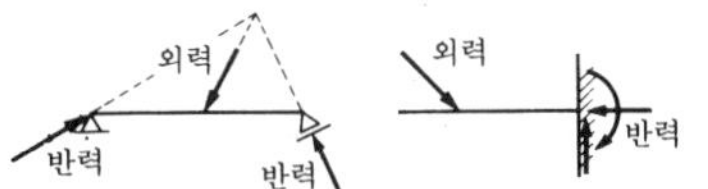

reaction influence line 반력 영향선(反力影響線) 이동하는 단위 하중의 작용점에 그 하중에 의한 반력의 크기를 도시한 선.

reaction wall 반력벽(反力壁) ＝abutment test wall

reactive aggregate 반응성 골재(反應性骨材) 시멘트 중의 주로 Na_2O, K_2O와 반응하여 팽창을 일으키는 물질을 포함하는 골재.

reactive muffler 공동형 소음기(空洞形消音器) ＝expansion-chamber muffler

reactor 원자로(原子爐) 우라늄, 플루토늄 등의 연료의 원자핵 분열 연쇄 반응을 장시간 계속하도록 설계된 장치. 발생하는 중성자선을 이용하는 실험로, 재료 시험로 및 열을 이용하는 동력로의 3종으로 대별된다.

reading room 열람실(閱覽室)[1], 독서실(讀書室)[2] (1) 도서관에서 자료를 열람하는 이용자를 위해 열람 책상과 의자를 갖춘 방.
(2) 책을 읽기 위해 마련된 방. 클럽 하우스나 보양 시설 등 내에 설치되는 경우의 호칭.

readymade concrete pile 기성 콘크리트 말뚝(旣成一) 공장에서 미리 제작된 콘크리트 말뚝을 말한다. 원심력 철근 콘크리트 말뚝, 원심력 프리스트레스트 콘크리트 말뚝, 외각 강관이 달린 콘크리트 말뚝

등이 있다.

ready-mexed concrete 레디믹스트 콘크리트 아직 굳지 않은 상태로 배달되는 콘크리트. 재료 기타 보통의 콘크리트와 같다. 믹서로 다 비빈 다음 교반(攪拌)하면서 운반하는 것, 어느 정도 비비고 운반 도중에 비빔을 끝내는 것, 운반 도중에 비비기 시작하여 배달하는 것 등이 있다.

ready-mixed paint 조합 페인트(調合－) ＝ready paint, prepared paint

ready paint 조합 페인트(調合－) 유성 페인트의 캔을 따고 그대로의 상태로 칠할 수 있도록 미리 건성유나 수지 니스 등의 적량을 조합한 페인트. 용해 페인트라고도 한다.

ready precast concrete plate 기성 프리캐스트판(旣成－板), 기성 프리캐스트 콘크리트판(旣成－板) 공장에서 미리 만들어진 콘크리트판. 바닥·벽 등에 쓰인다.

real estate 부동산(不動産) 자산 중 토지, 가옥 등을 가리킨다. 가재(家財), 기계 등의 동산에 비해 고액이고 이동이 어려우며, 개별성이 강하다는 등의 특질이 있으며, 독자적인 시장 구조를 갖는다.

real estate agent 부동산업(不動産業)[1], 부동산 업자(不動産業者)[2] (1) 부동산에 대한 투자 수익, 부동산 개발을 하는 기업, 혹은 부동산의 매매, 임대 등의 대리나 중개를 하는 것.
(2) 부동산업을 하는 기업 또는 개인.

real estate appraisal 부동산 감정 평가(不動産鑒定評價) 부동산의 가격, 임대료, 임차권의 가치 등을 감정 평가 기준에 의해 금액으로 평가하는 것.

real estate company 부동산 회사(不動産會社) 토지, 가옥 등 부동산의 건설, 매매, 교환 등의 여러 업무를 하는 기업.

real price 실질 가격(實質價格) ＝price of real term

realtime construction control RCC 특히 지하 굴착 공사 등의 시공에서 현장의 계측·해석 시스템을 두고, 그 안전성을 실시간에 파악하면서 시공하는 시스템.

reamer 리머 미리 드릴로 뚫어 놓은 구멍을 정확한 치수의 지름으로 넓히고 또한 구멍의 내면을 깨끗하게 다듬질하는 데 사용하는 공구(그림 참조).

reaming 리밍, 리머 가공(－加工) 드릴로 뚫은 구멍의 내면을 리머로 다듬질하는 작업. 리밍에 의해 구멍의 정확한 치수, 깨끗한 내면이 다듬질된다(그림 참조).

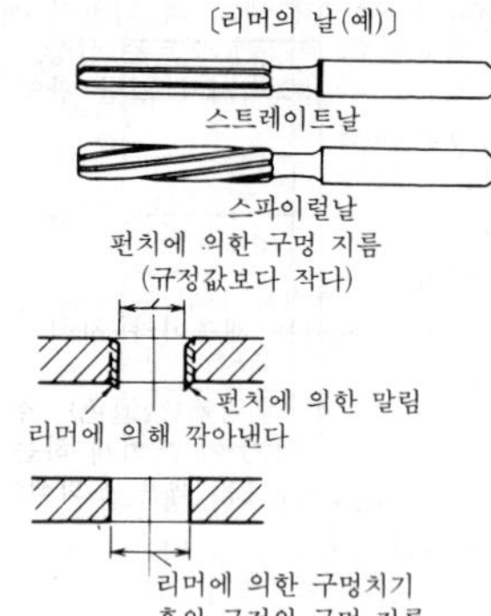

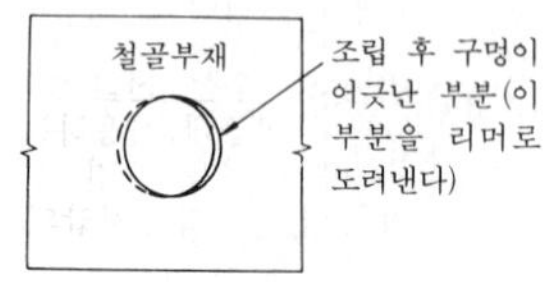

reamer

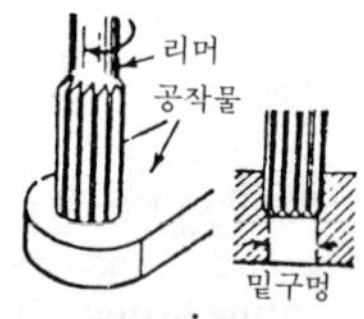

reaming

rearrangement 전위(轉位) 결정 내의 어느 선을 따라 원자 배열이 벗어나는 것. 격자 결함의 하나이기도 하다. 또는 어느 분자 내에서 2개의 원자 또는 원자단이 서로 그 위치를 바꾸는 반응.

rear side elevation 배면도(背面圖), 후면도(後面圖) ＝back view

rebate joint 개탕붙임 ＝rabbet joint

rebating 반턱쪽매(半－) 판 두께를 반턱씩 깎아내어 단을 서로 겹쳐 잇는 것.

rebidding 재입찰(再入札) 개찰의 결과 최저 입찰 가격이 예정 가격을 초과하고 있을 때 같은 날 일정 시간 후에 하는 입찰. 다시 필요한 경우는 입찰이 반복된다.

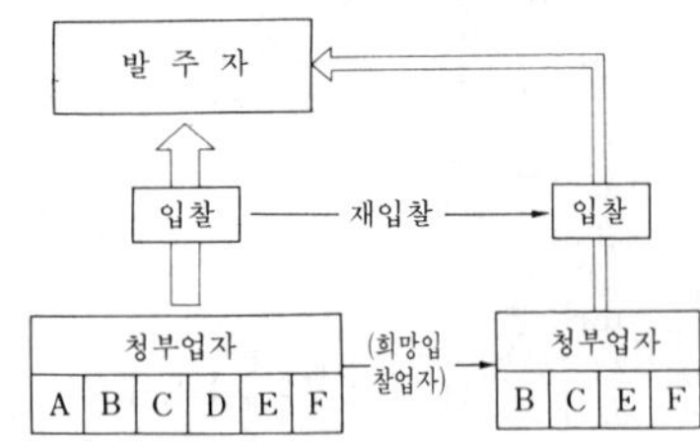

rebound 리바운드 ① 터파기에 수반하는 흙덮이압의 감소에 의해 터파기 저면이나 주위 지반이 부풀어 오르는 현상. ② 말뚝을 박을 때 말뚝머리가 일단 관입한 다음 되나오는 현상.

rebuilding 개축(改築) 종전의 건축물을 헐거나 또는 화재 기타의 재해로 소실한 경우에 규모, 구조 등이 대체로 종전과 같은 것을 건축하는 것. 또한 재해에 의한 경우에 대해서는 재축이라 하여 구별하는 경우가 있다.

receding color 후퇴색(後退色) 실제의 위치보다 멀리 있는듯이 느끼게 하는 색. 진출색의 대비어. 다음 색은 후퇴색이 된다.
색상－한색계의 녹청 · 청 등
명도－어두운 색
채도－낮은 색
인테리어의 벽면 안길이의 변화를 주는 데 응용하면 효과적이다.

receiving voltage 수전 전압(受電電壓) 전력 회사가 전력 공급에 사용하는 전압. 시설측에서 보아 이것을 수전 전압이라 부른다. 특별 고압, 고압, 저압의 3종류가 있다.

receptacle 콘센트 ＝outlet socket

receptacle for sliding door 두껍닫이 ＝door case

reception room 응접실(應接室) 방문객을 응대하기 위해 두어진 방의 총칭.

recessed corner 구석 두 면이 각도를 이루어 만난 곳에 생기는 안쪽 구석부. ＝reentrant angle, reentrant part

recessed lighting fitting 매입형 조명 기구(埋入形照明器具) 매입 구멍을 뚫은 천장에 끼워 넣어 부착하는 형식의 조명 기구를 말한다. 기구면과 천장면이 거의 같은 면으로 되는 형식이 많은데, 기구 표면이 천장면에서 나오는 반매입형도 있다. ＝recessed luminaire

recessed luminaire 매입형 조명 기구(埋入形照明器具) ＝recessed lighting fitting

receiving tank 수수조(受水槽) ＝break tank

recharge well 환원 우물(還元－) 지반 침하 대책이나 지하수 보전 등의 목적으로 일단 퍼올린 지하수를 지하로 다시 주입(지하 환원)하기 위해 설치된 우물.

recharge well method 복수 공법(復水工法) 지하 배수 공법에 의해서 굴착을 할 때 주변 지반의 침하나 우물물의 고갈 등을 경감 · 방지하기 위해 필요한 장소에 복수 우물을 두고, 배수한 지하수를 거꾸로 주입하여 그 부분의 지하 수위 저하를 방지하고, 지하 수위 저하를 목적지에만 한정하는 공법.

reciprocal theorem 상반 작용의 정리(相反作用－定理) 탄성체의 i, k점에 P_i, P_k가 작용할 때 $P_k=1$에 의한 i점의 P_i방향의 변위 u_{ik}는 $P_i=1$에 의한 k점의 P_k방향의 변위 u_{ki}와 같다는 정리.

reciprocating compressor 왕복식 압축기(往復式壓縮機) 왕복 운동을 하는 피스톤에 의해 실린더 내에서 기체의 압축을 하는 기계. 단동 압축기, 복동 압축기가 있으며, 냉동기용에 사용된다.

reciprocating engine 왕복 기관(往復機關) 실린더 내를 피스톤이 왕복하는 기관. 피스톤의 왕복 운동을 크랭크 기구에 의해 회전 운동으로 변환하는 구조(왕복 슬라이더 크랭크 기구)가 보통이다.

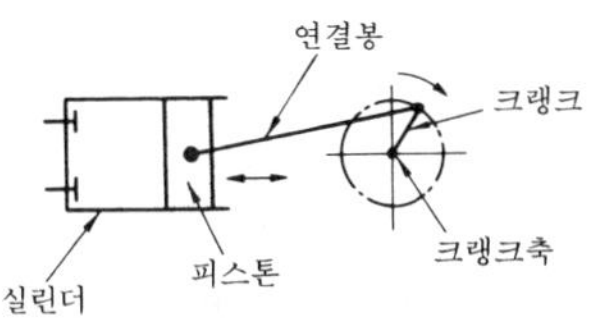

reciprocating pump 왕복 펌프(往復－) 원통형 실린더 내의 피스톤의 왕복 운동에 의해서 직접 액체에 압력을 주는 펌프. 플런저형 · 버킷형 · 피스톤형이 있다. 양수량이 적고, 고압을 요하는 경우에 적합하다.

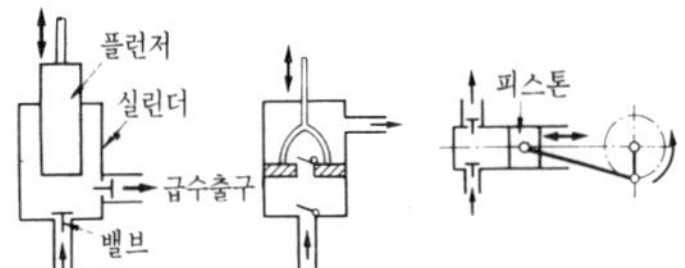

(a) 플런저형 (b) 버킷형 (c) 피스톤형

reciprocating refrigerator 왕복동 냉동기(往復動冷凍機) 왕복동 압축기를 사용한 냉동기.

reciprocity theorem 상반의 정리(相反－定理) 어떤 음장에서도 음원과 수음점을 바꾸어도 음원이 같으면 수음점에서의 응답은 달라지지 않는다는 원리.

recirculating air 재순환 공기(再循環空氣) 급기(給氣)한 방에서 재차 공기 조화기로 되돌려지는 공기. 급기는 방의 배기나 누출 공기량에 걸맞는 외기량을 도입하여 재순환 공기와 혼합하여 급기한다.

recital hall 리사이털 홀 피아노나 바이올린 혹은 가창 등의 독주회, 독창회 등을 주목적으로 한 비교적 소규모의 음악당.

reclamation 매립(埋立) 호소(湖沼), 바다, 저습지 등에 토사를 투기하여 토지를 조성하는 것.

reclaimed rubber 재생 고무(再生－) 폐고무를 가성 알칼리액, 산 또는 지방유, 광유 등과 함께 가열하여 가소성을 준 것. 값싼 고무 제품에 사용하고, 또 고무에 배합하여 사용한다.

reclaimed water 재생수(再生水), 재이용수(再利用水) 배수를 처리하여 다시 쓸 수 있는 상태로 한 물.

reclining chair 리클라이닝 체어 등받이의 경사를 바꿀 수 있는 의자.

recommended air velocity 권장 풍속(勸奬風速) 경제성, 발생 소음 등의 종합적인 판단에서 가장 적절하다고 생각되는 에어 덕트 내의 풍속, 배출구 풍속, 흡입구 풍속.

recommended daylight 기준 주광률(基準晝光率) 방의 종류 또는 시작업(視作業)의 종류에 따라 가장 적합한 것으로서 권장되고 있는 주광률.

recommended illuminance 기준 조도(基準照度)[1], 권장 조도(勸奬照度)[2] (1) 조도 기준으로 정해지고 있는 개개의 조도. (2) 방의 종류 또는 시작업(視作業)의 종류에 따라 가장 적합한 것으로서 권장되고 있는 조도.

recommended level of illuminance 조도 기준(照度基準) ＝recommended illuminance(2)

reconnaissance 현지 답사(現地踏査) ＝ in-site survey

reconsolidation 재압밀(再壓密) 지금까지 가해지고 있던 압력을 제거하거나 흩어진 상태의 흙에 재차 압력을 가하든가 탈수 처리를 하여 압밀시키는 것.

reconstruction 개축(改築) 건축물의 전부 또는 일부를 제거하고, 종전과 구조·용도·규모가 크게는 달라지지 않는 것을 세우는 것. ＝rebuilding

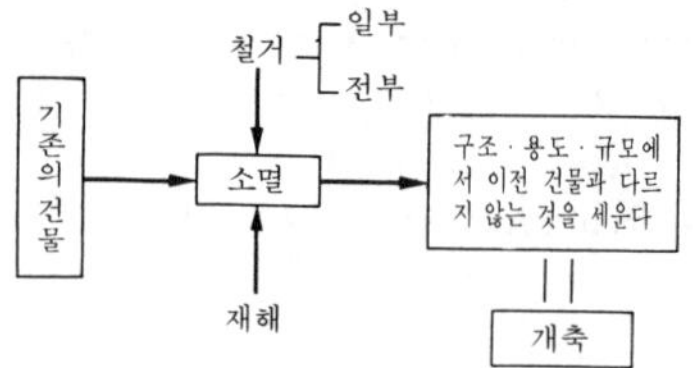

recorded initial building cost 원건축비(原建築費) 건축 공사의 비용으로서 장부에 기재되는 가격.

recovery ratio 채취 변형비(採取變形比), 채취비(採取比) 흙의 시료를 채취할 때 채취기를 밀어넣은 길이 H와 실제로 채취된 시료의 길이 L과의 비 L/H을 말한다.

recreation city 레크리에이션 도시(－都市) 대도시권 등에서 발생하는 다양하고 대량의 여가 활동 수요의 충족을 목적으로 하여 레크리에이션 시설이 충분히 정비된 도시.

recreation facilities 후생 시설(厚生施設) 병원, 진료소 등의 의료 시설, 체육관, 풀 등의 체육 설비, 공원, 운동장 등의 녹지 시설을 말하며, 주로 레크리에이션에 제공되는 시설을 말한다. 사업소가 종업원을 위해 설치하는 시설을 후생 시설이라고 하는 경우에는 사택이나 구매 등도 포함한 넓은 의미로 사용되는 경우가 많다.

recreation heights 레크리에이션 하이츠 여가를 이용하여 운동이나 오락을 즐기는 근로자를 위한 시설. 숙박·오락 시설 외에 연수 시설 등도 갖추고 있다.

recreation room 오락실(娛樂室) 여관, 클럽 등에 있는 실내 유희를 위한 방.

rectangle element 4각형 요소(四角形要素) 유한 요소법의 분할된 단위로, 장방형의 것을 말한다.

rectangular beam 장방형 보(長方形－), 구형 보(矩形－) 단면이 장방형인 보.

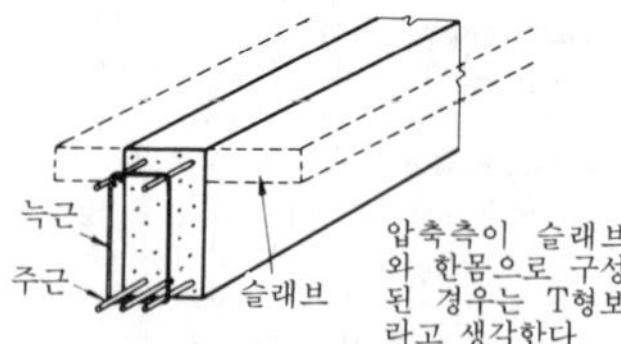

rectangular bent 구형 라멘(矩形－) ＝ rectangular rigid frame

rectangular block 구형 블록(矩形－) 직각으로 만나는 가로(街路)에 의해 둘러싸인 가로 구획.

rectangular column 네모기둥 정방형 단면 또는 장방형 단면의 기둥으로, 원기둥 등에 대해서 말한다. ＝square column, square post

rectangular element 장방형 요소(長方形要素) 유한 요소법에서 사용하는 장방형의 분할 요소. 3각형 요소보다 간편하며, 판의 해석 등에 쓰인다.

rectangular grid 직교 그리드(直交－) ＝ orthotomic grid

rectangular rigid frame 구형 라멘(矩形－) 기둥과 보가 서로 직교하여 강접합

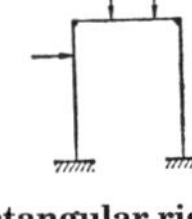

rectangular rigid frame
(剛接合)된 평면 골조.

rectangular section member 장방형 부재(長方形部材) 부재의 단면이 장방형인 부재.

rectangular stone 장대석(長臺石), 토대석(土臺石) ① 포장석으로서 긴쪽 방향으로 깐 장방형의 마름돌. ② 줄기초로 하기 위해 긴쪽으로 연속해서 배열한 마름돌.

rectification 정류(整流) =commutation

rectifier 정류기(整流器) 교류를 직류로 변환하는 기기. 단상 교류를 정류 소자(단상의 한쪽 반파만을 통과시키는 소자)에 통해서 얻어지는 직류(맥류)를 평활 회로에 의해 맥동이 적은 직류로 변환한다. 이 원리를 이용하여 각종 단상·3상용 정류가 만들어진다.

rectilinear vibration 직선 진동(直線振動) 진동하고 있는 매질 입자 혹은 진동계의 궤적이 직선이 되는 진동.

recycle 리사이클 재순환을 말한다. 사용이 끝난 자원이나 에너지를 재이용하는 것을 가리키는 경우가 많다.

recycled aggregate 재생 골재(再生骨材) 해체 구조물에서 배출된 콘크리트나 콘크리트 제품을 파쇄기로 파쇄·분별하여 재차 콘크리트에 사용하는 골재.

recycled aggregate concrete 재생 콘크리트(再生－) 재생 골재를 사용하여 만든 콘크리트.

recycling 리사이클링 하수나 폐기물을 자원의 유효 활용을 위해 재처리하여 이용하는 것. 쓰레기의 퇴비화, 소각 시설의 여열(餘熱) 이용 등에 의한 에너지 자원의 절약도 포함된다.

red brick 붉은 벽돌(－壁－) 적색을 한 보통 벽돌의 속칭. 산화철을 포함한 찰흙과 강모래를 원료로 하고, 색을 가감하기 위해 석회를 넣는다.

red-check 레드체크 침투 탐상 검사의 일종. 적색 침투액과 백색 현상액을 사용하는 염료 침투 검사법.

redemption cost 상각비(償却費) =depreciation cost

redevelopment 재개발(再開發) 기존의 도시 또는 지구에서 주로 재건축에 의해 도시 기능의 갱신, 환경의 개선, 토지 이용의 고도화 등을 도모하는 것.

redevelopment plan 재개발 계획(再開發計劃) 기존의 도시 또는 지구에서 주로 재건축에 의해 도시 기능의 갱신, 환경의 개선, 토지 이용의 고도화 등을 도모하는 계획의 총칭.

red lauan 적나왕(赤羅王) 목재의 색에 따라 분류된 나왕의 명칭으로, 적나왕류, 황나왕류, 백나왕류 등의 명칭이 있다. 건축용재, 가구 용재, 차량재 등으로 쓰인다.

red lead 광명단(光明丹) Pb_3O_4. 산화연(PbO)을 구워서 만든 적색 안료. 착색제로서보다도 녹방지 페인트의 안료에 사용된다. H_2S에는 검게 변하나, 알리칼리에는 강하다.

red oak 북가시나무 심재(心材)는 담적색, 변재(邊材)는 백색이며 단단하다. 나뭇결은 세밀하고 무거우며 탄성이 있다. 가구, 바닥널, 조작 등에 쓰인다.

red oxide 빨강칠 산화철을 주성분으로 하는 적색 안료로, 도료, 그림물감, 착색제, 연마제용.

red putty 붉은 퍼티 방수 또는 녹 방지를 위해 보통의 퍼티에 붉은 안료를 넣은 것.

red sandal wood 자단(紫檀) 콩과의 낙엽교목. 건축, 가구, 장식재로서 쓰인다.

red sanders wood 자단(紫檀) =red sandal wood

red shortness 적열 취성(赤熱脆性) =hot shortness

reduced frequency 환산 진동수(換算振動數) 바람이나 풍력의 스펙트럼 특성을 표현할 때 쓰는 무차원수. 진동수에 대표 길이(예를 들면 구조물의 겉보기폭)를 곱하고 대표점의 평균 풍속으로 나누어서 얻어지는 값. →reduced wind speed

reduced scale 축척(縮尺) 제도에서 실물 크기 또는 그보다 작게 그리는 경우의 길이의 축소율.

reduced variate 기준화 변수(基準化變數) =normalized variable

reduced wind speed 환산 풍속(換算風速) 풍력이나 바람에 대한 응답 등을 표현할 때 사용하는 무차원수. 평균 풍속을 대표 길이(예를 들면 구조물의 겉보기폭)와 구조물의 고유 진동수로 나누어서 얻어진다.

reducer 리듀서, 이음쇠, 이경관(異徑管) ① 지름이 서로 다른 관과 관을 접속하는데 사용하는 관 이음쇠. ② 지름이 차츰 작아져가는 것의 총칭. 배관에서는 이경관, 가공에서는 지름을 차츰 가늘게 가공하는 기계를 말한다.

reducing flame 환원염(還元焰), 환원 불꽃(還元－) 아세틸렌의 혼합비가 큰 환원성을 갖는 가스 불꽃이다. 중성 불꽃이나 산화 불꽃과 달리 담백색의 아세틸렌 페저를 외염(外焰)의 내부에 갖는다. 연강(軟鋼)의 가스 용접이나 철근 가스 압접의 초기에 쓰인다. 아세틸렌 과잉 불꽃이라고도 한다.

reducing rate for opening of wall 개구 저감률(開口低減率) 유개구 내진벽의 전단 강성 및 허용 전단력의 무개구벽에 대한 저감률을 말한다. 응력 계산에 대해 사용하는 탄성 전단 강성 저감률 r은 다음 식을 쓴다.

$$r = 1 - 1.25p, \quad p = \sqrt{\frac{h_0 l_0}{hl}} \quad (p < 0.4)$$

허용 전단력의 저감률은 아래 식 $r_1 r_2$ 중 작은 쪽을 r로 한다.

$$r_1 = 1 - \frac{l_0}{l}, \quad r_2 = 1 - p \quad (p < 0.4)$$

여기서, h : 벽판 주변의 보 중심간의 거리, l : 벽판 주변의 기둥 중심간의 거리, h_0 : 개구부의 높이, l_0 : 개구부의 길이.

reduction due to bolt hole 볼트 구멍 공제(-控除) 강철 부재의 볼트 접합부 유효 단면적을 산정할 때 부재 전단면적에서 볼트 구멍에 의한 결손 단면적을 빼는 것.

reduction ratio for opening 개구 저감률(開口低減率) 개구가 있는 철근 콘크리트벽의 강성(剛性), 강도를 약산할 때 개구의 크기에 따라서 무개구벽의 강성, 강도에 곱하는 저감률. 보통, 개구 주비(周比)가 0.4 이하의 경우에 사용한다.

redundant 부정정(不整定) =statical indeterminancy

redundant force 여력(餘力) 구조상의 여유 내력, 또는 부정정(不整定) 구조일 때의 잉여 부정정력. =reserved force

redundant member 여재(餘材), 잉여 부재(剩餘部材) 정정(靜定) 구조의 뼈대를 구성하기 위해 필요하지 않은 여분이 되는 부재.

redundant strength 잉여 강도(剩餘强度) 구조 계산상 필요한 강도와 실제의 강도와의 차.

reentrant angle 구석 =recessed corner, reentrant part

reentrant part 구석 =ecessed corner, reentrant angle

reference area 기준 면적(基準面積) 어떤 물리량이 면적에 따라 변화할 때 그 가늠을 주는 기준으로서 설정하는 면적.

reference column 규준대 기둥(規準-) 미늘판벽이 모서리에 붙인 기둥 모양 또는 건물 구석의 기둥.

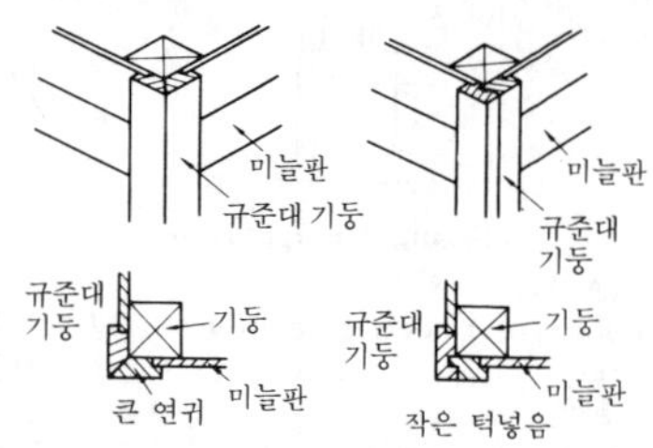

reference grid 기준 격자(基準格子) 기준계에 관련시켜서 조립된 격자. 기준선을 조합시켜서 만든다.

reference length 대표 길이(代表-) 통계량이나 역학량을 표시할 때 그 부분의 치수를 가장 특징적으로 나타내는 대표값.

reference line 기준선(基準線) 건축 설계 도면의 건축 각부 조립의 기준이나 위치 등을 나타내기 위한 기준이 되는 선. 주기준선과 보조 기준선이 있다. 평면적으로는 X방향 · Y방향, 입체적으로는 Z방향을 잡고, 필요에 따라 주기준선 외에 보조 기준선을 여러 줄 취하는 경우가 있다.

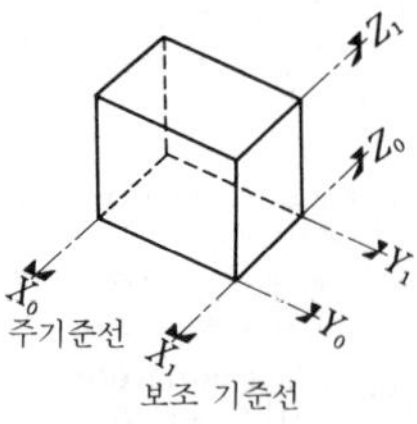

reference plane 기준면(基準面) 치수의 지시 · 조정시에 기준이 되는 면.

reference point 기준점(基準點) 기준계에 관련시켜서 치수를 잰다든지 위치를 정한다든지 하는 기준이 되는 점.

reference pressure 기준압(基準壓), 기준 압력(基準壓力) 압력 계측에서 기준으로서 설정하는 압력. 기준에는 압력이 변화하지 않는다고 생각되는 지점의 압력을 취한다. →reference static pressure

reference room 리퍼런스 룸 도서관 열람실의 하나. 이용자가 학습, 조사, 연구를 위한 자료와 기기를 갖추고, 그것을 원조하는 직원이 배치되는 열람실.

reference sound pressure 기준 음압(基準音壓) 음압 레벨을 나타낼 때의 기준이 되는 음압. 공기 중의 음인 경우 20μPa.

reference sound source 규준 음원(規準音源) 기계의 소음 발생 파워 레벨을 측정할 때 상호 비교용으로서 사용하는 규준의 파워를 발생하는 장치.

reference static pressure 기준 정압(基準靜壓) 풍동 실험 등 흐름의 장에 있어서의 압력의 계측에서 기준으로 하는 정압. →reference pressure

reference strength 기준 강도(基準强度) 건축 기준법에 규정된 강재 등의 재료 강도. 허용 응력도를 산정하는 기준이 되는 강도.

reference wind speed 기준 풍속(基準風速) 구조 설계나 실험 혹은 실측에서 시간적·공간적으로 변화하는 풍속 중 평가의 기준으로서 다루기 위해 정한 것.

reflectance 반사율(反射率) 음, 진동, 빛 등이 경계면에서 반사될 때의 입사 강도(또는 진폭)에 대한 반사 강도(또는 진폭)의 비율. =reflection coefficient, reflectivity

reflected ceiling plan 천장 평면도(天障平面圖) 천장을 그린 평면도. 천장의 마감재, 그 배치, 조명 기구, 공기 조화 기구 등을 기입한다.

reflected flux 반사 광속(反射光束) 임의의 면 혹은 경계면에서 반사된 광속.

reflected glare 반사 글레어(反射-) 정반사성의 면에 비친 광원 등의 고휘도 부분으로부터의 반사광에 의하여 생기는 글레어를 말한다.

reflected glass 반사 유리(反射琉璃) 표면에 얇은 금속의 막을 붙인 유리. 차폐 효과가 있으며, 냉방 부하를 절감할 수 있어 에너지 절감상 유효하다.

reflected light 반사광(反射光) 임의의 면 혹은 경계면에서 반사된 광속.

reflected solar radiation 반사 일사(反射日射) 물체의 표면에서 반사된 일사.

reflected sound 반사음(反射音) 음원에서 나와 평면 또는 곡면에서 반사한 음.

reflected wave 굴절파(屈折波) 상이한 매질의 경계면에 한쪽 매질에서 입사한 파동 중 경계면에서 각도를 바꾸어 다른쪽 매질을 전파하는 파동.

reflecting surface 반사면(反射面) 빛이 입사하여 반사광을 발생하는 면.

reflection 반사(反射) 어떤 매질 중을 일정한 방향으로 진행하는 복사선, 또는 파동이 다른 매질과의 경계면에 도달했을 때 그 진행 방향이 반사의 방향으로 바뀌는 현상을 말한다. 반사에 의해 복사선 또는 파동은 다시 원래의 매질 중을 진행한다. 반사 현상은 열복사선, 광선, 음파 등에 볼 수 있다.

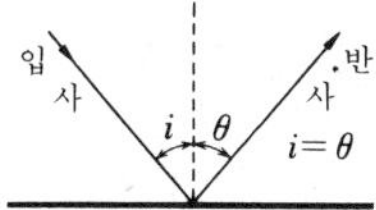

reflection at duct end 개구단 반사(開口端反射) 관이나 덕트 내를 전해 온 음이 그 출구에서 넓은 공간으로 방사될 때 음에너지 일부가 관 속으로 반사되는 현상.

reflection board 반사판(反射板) 음을 반사시킬 목적으로 사용하는 판 모양의 장치. =reflector

reflection coefficient 반사 계수(反射係數) 음파 등이 어느 물체나 물질에 입사했을 때 입사파의 음압에 대한 반사파 음압의 비율.

reflection coefficient of sound pressure 음압 반사율(音壓反射率) 2종의 상이한 매질의 한쪽에서 음파가 입사한 경우의 입사파 음압의 진폭에 대한 반사파의 진폭 비율.

reflection factor 반사율(反射率) 어느 면에서의 입사량과 반사량의 비. 빛이나 음 등의 경우에 사용한다.

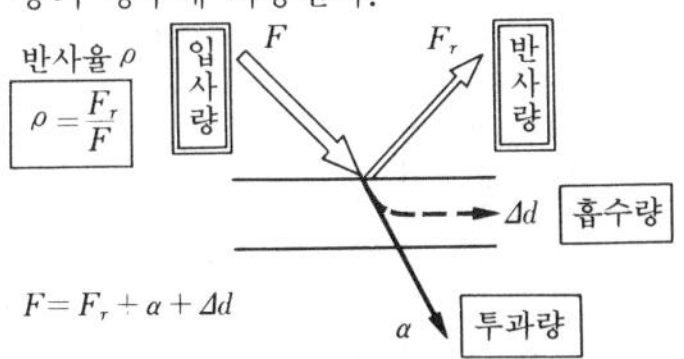

reflection plane 반사면(反射面) 음, 진동, 빛 등을 반사하는 면. =reflecting surface

reflective wave 반사파(反射波) 매질의 경계면에서 반사한 파로, 원래의 매질쪽으로 되돌아가서 진행한다. 동일층 내에서 반복하여 반사하는 중복 반사 현상은 지진파의 표면층에서의 진동을 증대하는 현상으로서 주목되고 있다.

reflectivity 반사율(反射率) =reflectance

reflector 갓, 전등 갓(電燈-)[1], 반사 갓(反射-)[2], 반사판(反射板)[3], 리플렉터[4]
(1) 조명 기구의 일부로, 광원의 일부를 감싸고 빛을 아래쪽이나 위쪽 등 특정 방향으로 집광하는 반사성 및 반투과성 재료의 것.
(2) 직접 조명에서 쓰이는 광원의 위쪽에 두어지는 갓 모양을 한 불투명한 반사판.
(3) =reflection
(4) 가설 공사 등에서 사용되는 조명용 투광기.

reflector lamp 리플렉터 램프 전구의 관

구 후부 안쪽 면에 금속 반사재를 용착하고, 후방을 향하는 빛을 반사시켜 전방을 향하게 하는 구조의 전구.

reform 리폼 건설 후 연수가 지나 진부화된 건물의 내장, 외장, 설비, 디자인 등을 개량하는 것. 넓은 뜻으로는 증개축을 포함하는 개수도 가리킨다.

refraction 굴절(屈折) 평면 위상파의 파동이 전파할 때 매질 중의 장소에 따라서 그 파면의 진행 방향을 바꾸는 현상. 상이한 매질의 경계면에서 이 현상이 생길뿐 아니라 같은 매질 중에서도 그 밀도의 차이에 따라 일어난다. 음파, 광선 등은 이러한 성질이 있다.

refraction factor 굴절률(屈折率) 소리, 빛, 전파가 이질인 매질을 투과할 때 그 경계면에서의 입사각 θ_i와 굴절각 θ_r의 정현비($\sin\theta_i/\sin\theta_r$).

refraction wave 굴절파(屈折波) 매질의 계면에 파동이 들어올 때 그 진행 방향이 변화하는 것.

refractive index 굴절률(屈折率) 음, 빛, 전파가 이질인 매질을 투과할 때 그 경계면에서의 입사각 θ_1과 굴절각 θ_r의 정현비 ($\sin\theta_1/\sin\theta_r$).

refractoriness 내화도(耐火度) 벽돌이나 찰흙이 고온에서 산화나 연화·변질되기 어려운 성질을 나타내는 정도. 보통 세게르 번호(SK)로 나타낸다. 예를 들면 SK 26번은 1,580℃의 내화도를 갖는다. 내화도는 온도뿐 아니라 가열 시간, 열원의 용량 등에도 관계한다. SK26번 이상의 것을 내화물이라 한다. →seger cone

refractory brick 내화 벽돌(耐火壁－) = fire brick

refrigerant 냉매(冷媒) 팽창 또는 증발에 의해서 열흡수의 효과를 일으키는 물질. →heating medium

refrigerated warehouse 냉장 창고(冷藏倉庫) 고내(庫內)를 저온으로 하여 물품을 보관하는 창고. 보관 온도는 4단계로 분류되는 것이 일반적이다.

refrigerating capacity 냉동 능력(冷凍能力) 냉동기가 목적물을 냉각할 수 있는 능력. 냉동 열량으로 나타내고, 실용 단위는 1일당의 냉동 톤, 제빙 톤 및 kcal/h 등으로 나타낸다. 냉방 부하에서는 kcal/h를 쓴다. 제빙 톤은 냉동 톤의 1.5~2배에 해당한다.

refrigerating cycle 냉동 사이클(冷凍－) 냉동 장치에 봉입된 냉매에 팽창(흡열)·압축(방열)의 상태 변화를 연속적으로 반복시켜 냉동 작용을 하는 사이클. 압축 냉동기인 경우 압축 액화한 냉매가 팽창하면, 냉매는 압력 강하하여 증발하여 주위의 열을 흡수한다.

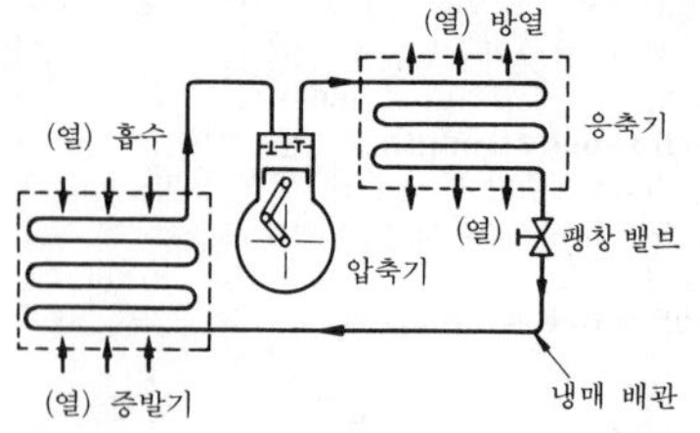

refrigerating machine 냉동기(冷凍機) = refrigerator

refrigerating room 냉장실(冷藏室) 식품 등을 각종 온도의 단계에 따라 냉각하고, 저온으로 저장하는 방.

refrigeration 냉동(冷凍) 냉동기에 의해 저장물을 동결시켜서 저장하는 방법.

refrigeration load 냉동기 부하(冷凍機負荷) 냉동기에 걸리는 열부하. 공기 조화기 냉각 코일의 냉각 열량에 펌프 부하 및 배관 부하를 더한 열량.

refrigeration room 냉동실(冷凍室) 식품 등 장기적으로 보존하기 위해 냉동 시설이 되어 있는 방.

refrigeration temperature 냉장 온도(冷藏溫度) 냉장고(실) 내에 저장하는 식품, 약품 등의 품질, 형상을 유지하기 위하여 필요한 온도. 10℃ 이하로 보존하지만 냉동 식품은 －15℃ 이하로 보존한다.

refrigerator 냉동기(冷凍機) 냉매에 의하여 저온을 얻어 액체를 냉각 또는 냉동시키는 기계의 총칭. 냉동기의 주요부는 압축기, 응축기, 팽창 밸브, 증발기의 네 부분으로 이루어져 있다. 냉매를 운반하는 방법에 따라 압축식(왕복, 회전, 원심 냉동기)과 흡수식이 있다.

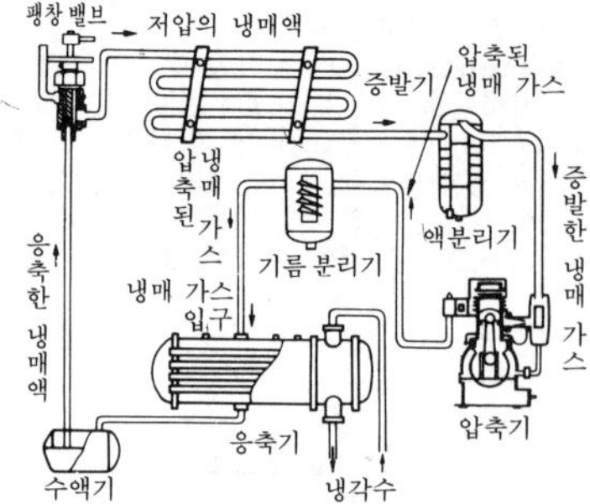

refuge 피난(避難) =escape, evacuation

refuge area 안전 구획(安全區劃) 화재시의 피난 경로가 되는 복도 등을 다른 부분과 방화상, 방연(防煙)상 유효하게 구획하여 일시적으로 안전한 장소로 하는 것. 또는 그 구획된 장소.

refuge barrier 피난 장애(避難障碍) 재해시에 피난을 할 때 피난로 등의 구조상 또는 노상의 공작물, 자동차 등에 의해 원활한 피난이 방해되어 위험이 발생하는 것.

refuge facilities 피난 시설(避難施設) = evacuation facilities

refuge floor 피난층(避難層) =fire escaping

refundment expenses 상환비(償還費) =repayment expenses

refurnishing 개장(改裝) 기존 건축물의 외장, 내장 등의 마감 부분을 개변(改變)하는 것. =renovation, remodeling →improvement

refuse chute 쓰레기 슈트 =dust chute

refuse disposal 쓰레기 처리(-處理) 소각, 퇴비화, 파쇄, 압축, 고화, 분별 기타의 물리적, 화학적 혹은 생물학적 수단에 의해 쓰레기를 변화시키는 것, 및 그 결과의 생성물 또는 쓰레기 그 자체를 매립하여 처분 혹은 해양 투입 처분하는 것. = waste treatment

refuse disposal plant 쓰레기 처리장(-處理場) 넓은 뜻으로는 쓰레기 처리를 하는 장소를 가리키나, 주로 매립, 육상 투기에 의해 쓰레기를 처리하는 장소를 말한다. →incineration plant

refuse incineration plant 쓰레기 소각 시설(-燒却施設) 쓰레기를 소각 처리하는 시설. 연속 연소식과 배치식으로 대별된다. 접수, 공급, 소각, 가스 배출 처리 등의 설비가 되어 있다.

refuse incineration treatment 쓰레기 소각 처리(-燒却處理) 폐기물을 연소시켜서 무기물과 산화 가스로 하는 처리. 폐기물의 감용화(減容化)와 안정화를 도모하는 가장 유효한 중간 처리 수단이다. →refuse incineration

refuse incinerator 쓰레기 소각로(-燒却爐) 가연성의 쓰레기를 완전 연소시켜 안전화, 안정화를 도모하는 열반응 장치.

regional planning 지역 계획(地域計劃) 넓은 지역 전반에 대하여 인구나 산업의 적정한 배치·분산을 도모하여 교통망·공원·녹지·상하수도 등의 시설에 대하여 종합적으로 개발 정비하려는 계획.

regional vibration 국소 진동(局所振動) 어느 계(系), 장치 등의 한정된 범위의 장소에서 생기는 진동.

register 레지스터 가로 방향용의 실내 공기 배기구에서 격자 후방에 풍량 조정용의 셔터를 둔 것. 유니버설형은 셔터 대신 세로와 가로 방향으로 가동 날개를 붙인 것이다.

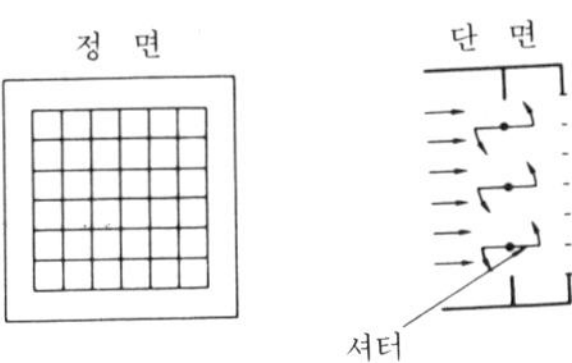

registered architect 건축사(建築士) 건축사법에 의해 건설교통부 장관의 면허를 받아 건축물의 설계 또는 공사 감리의 업무를 수행하는 자.

registration 등기(登記) 일정한 사항을 법무 관계의 기관에 갖춘 등기부에 기재하여 사법(私法)상의 권리 또는 지위를 공시하고 보호하는 행위. 부동산 등기 등이 있다.

regression analysis 회귀 분석(回歸分析) 어떤 변수(목적 변수)의 측정값 변동을 다른 변수(설명 변수)의 측정값 변동에 의해 설명·예측하기 위한 통계 해석 수법.

regular class concrete 상용 콘크리트(常用-) 고급 콘크리트에 이어 일반적인 품질의 콘크리트 종별.

regular employee 상용 노동자(常用勞動者) 기업과 계속적으로 고용 계약을 하고 있는 노동자.

regular fire fighting 본격 소화(本格消火) 초기 소화에 대하여 화재가 어느 정도 성장한 후에 하는 소화. 일반적으로는 소방 기관에 의한 소화를 가리킨다.

regular reflectance 정반사율(正反射率) 어떤 면 또는 물체로 입사하는 광속 또는 방사속에 대한 반사하는 광속 또는 방사속의 정반사 성분의 비.

regular reflection 정반사(正反射) 복사선의 입사각과 반사각이 같고, 입사선, 반사선, 입사점에서의 법선이 동일 평면 내에 있는 반사. 경면 반사라고도 한다.

regular welding 본용접(本鎔接) 가용접 다음에 하는 설계 도서에 지시된 용접 치수를 확보하는 용접.

regulation 규제(規制) =control

regulator 레귤레이터 변동이 있는 각종 입력을 필요한 평활성과 레벨로 변환하여 출력하는 기기, 장치. 전기 설비에서는 전압 레귤레이터(전압 조정기), 가스 설비, 급수 설비, 증기 설비 등에서는 압력 레귤레이터(조정기) 등이 사용된다.

rehabilitation 복구(復舊), 수복(修復) 건조물이나 그 일부의 손상된 곳을 고치는 것.

reheat 재열(再熱) 실내의 온습도를 목표의 값으로 유지하기 위해 냉각 제습한다든지 예열한 공기를 재가열하는 것.

reheat load 재열 부하(再熱負荷) 재열을 위해 필요한 가열 부하.

reinforced brick construction 철근 벽돌 구조(鐵筋壁-構造) 벽돌 구조에 횡가재로서 철근 콘크리트를 사용하여 내진적으로 한 구조. 또 벽돌을 공동(空洞)으로 쌓고, 철근을 배치하여 콘크리트를 넣어서 뼈대로 하는 보강 벽돌 구조도 있다.

reinforced concrete 철근 콘크리트(鐵筋-) 철근으로 보강된 콘크리트. 인성(靭性)의 철근으로 보강함으로써 취성 재료인 콘크리트의 인장에 약한 성질이 보상된다. 철근은 주로 인장을 담당하는 외에 콘크리트를 구속하여 압축 강도를 향상시키는 역할을 한다.

reinforced concrete block construction 보강 콘크리트 블록 구조(補强-構造) 철근으로 보강한 콘크리트 블록 구조로, 공동(空洞) 콘크리트 블록을 쌓아서 내력벽을 만든다.

reinforced concrete construction 철근 콘크리트 구조(鐵筋-構造), RC구조(-構造) 주체 구조를 철근 콘크리트로 구축하는 구조를 말한다. 내진·내화·내구적이며, 자유로운 형상의 설계를 할 수 있지만 자중이 크고, 긴 공기를 필요로 하는 것이 결점이다.

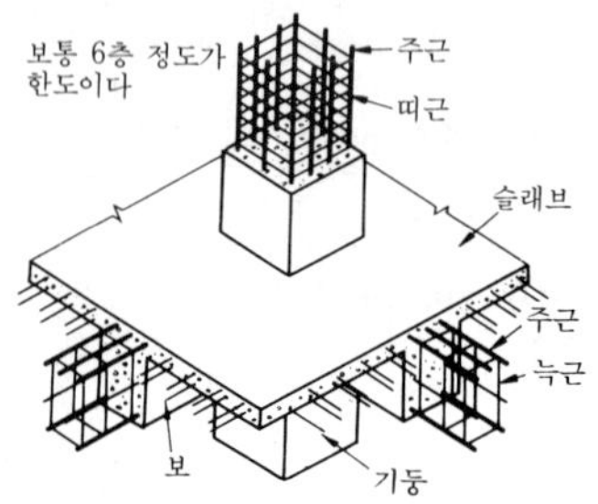

reinforced concrete pile 철근 콘크리트 말뚝(鐵筋-) 철근 콘크리트제 말뚝의 총칭. 기성 콘크리트 말뚝과 현장치기 콘크리트 말뚝이 있다.

reinforced concrete pipe 철근 콘크리트관(鐵筋-管) 철근으로 보강을 한 콘크리트관. 상하수도용 배관으로서 사용된다.

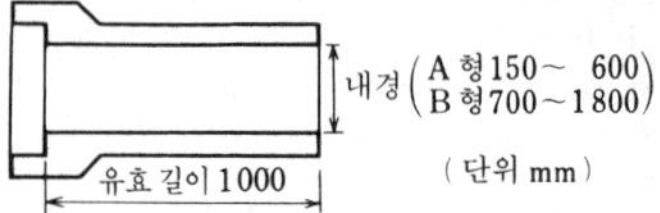

reinforced concrete structure 철근 콘크리트 구조(鐵筋-構造) =reinforced concrete construction

reinforced concrete structure with partial prestressing RPC공법(-工法) 이전에는 철근 콘크리트 라멘 프리패브 공법을 가리키고 있었으나 최근에는 프리스트레스의 도입량이 적은 PC구조에 대해서 이 용어가 쓰인다.

reinforced concrete type calculation method 철근 콘크리트식 계산법(鐵筋-式計算法) 철골 철근 콘크리트 단면의 산정에 있어서 철골 플랜지부를 철근으로 치환하여 계산하는 방법.

reinforced concrete wall construction 벽식 철근 콘크리트 구조(壁式鐵筋-構造) 철근 콘크리트 구조에 의한 벽식 구조. 벽량(壁量)의 최소값, 층높이 등에 제한이 있다. 주로 저층 주택용의 구조 방식으로서 보급되었다.

reinforced concrete work 철근 콘크리트 공사(鐵筋-工事) 철근 콘크리트 구조물의 시공에 있어서의 거푸집 공사, 철근 공사 및 콘크리트 공사의 총칭.

reinforced fabric 보강천(補强-) 막구조의 막면에 국부적으로 높은 응력이 작용하는 부분으로, 막면을 두 장 이상 겹쳐서 보강한 막재.

reinforced light-weight concrete construction 철근 경량 콘크리트 구조(鐵筋輕量-構造) 경량 콘크리트를 사용한 철근 콘크리트 구조.

reinforced plastics 강화 플라스틱(强化-) 유리·강 등의 섬유로 보강하여 기계적 강도를 높인 플라스틱. 구조재로서도 사용된다.

reinforcement 철근(鐵筋) 콘크리트 속의 적당한 위치에 넣어 보강하여 철근 콘크리트를 형성하는 강철봉. 보통은 원강, 이형 원강이 사용된다.

reinforcement for opening 개구 보강(開口補强) 보, 벽 등의 개구 둘레의 보강.

reinforcement grill 철근 격자(鐵筋格子), 철근 그릴(鐵筋-) 이형 철근을 격자 모양으로 하고, 만난점을 전기 저항 용접한 것. 격자의 치수는 100~200mm가 많다. 용접 쇠그물보다 크며, 조립 철근 공법에 쓰인다.

reinforcement index 철근 계수(鐵筋係數) 철근 콘크리트 단면에서의 인장측 철근의 단면적과 항복점 응력을 곱한 값을 콘크리트의 유효 단면적과 콘크리트의 압축 강도의 곱으로 나눈 값을 말한다. →steel index

reinforcement of weld 보강 용접(補强鎔接) 용접 치수 이상으로 표면에 덧씌워진 용착 금속.

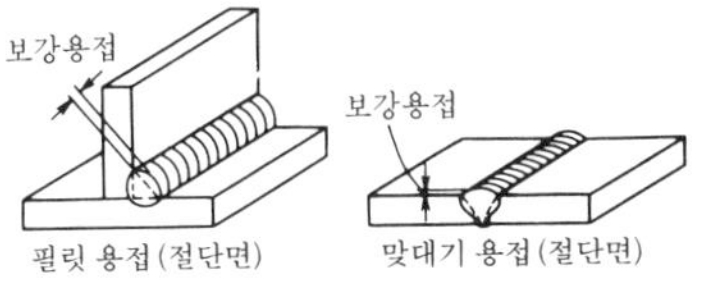

reinforcement ratio 철근비(鐵筋比) 철근 콘크리트 구조에서 철근 단면적의 콘크리트 단면적에 대한 비. 체적비를 쓰기도 한다. =steel ratio

reinforcing 보강(補强) 구조물의 강도적인 약점을 보완하기 위해 다른 부재를 대는 것. →strengthening

reinforcing bar 보강근(補强筋) 콘크리트 구조에 있어서 콘크리트의 균열 방지의 목적으로 배근된 철근. 혹은 콘크리트 블록 구조에서 블록벽을 보강하기 위해 종횡으로 배근된 철근.

reinforcing bar basket 철근농(鐵筋籠) 미리 조립하여 그물 모양 또는 바구니 모양으로 되어 있는 철근군. 현장치기 콘크리트 말뚝 등의 경우에 지상에서 구멍 안에 세워진다.

reinforcing bar placer 철근공(鐵筋工) 철근의 가공, 조립, 배근, 결속 등의 작업원을 총칭하는 것.

reinforcing bar work 철근 공사(鐵筋工事) 철근을 사용해서 하는 가공, 조립·배근 등의 공사.

reinforcing cable 보강 케이블(補强－) 막구조의 이완(弛緩)이나 휨을 감소시키고, 막면의 응력을 저감시키기 위해 사용하는 케이블. 1방향 혹은 직교하는 방향으로도 치는 경우가 있다.

reinforcing metal 보강 철물(補强鐵物) 목공사에서의 이음·접합의 보강에 사용하는 철물(그림 참조).

reinforcing post 덧기둥 기둥재의 보강을 위해 덧붙인 기둥(그림 참조).

relative density 상대 밀도(相對密度) 사질토(砂質土)의 밀도를 나타내는 용어. 가장 성긴 상태와 가장 밴 상태의 간극비를

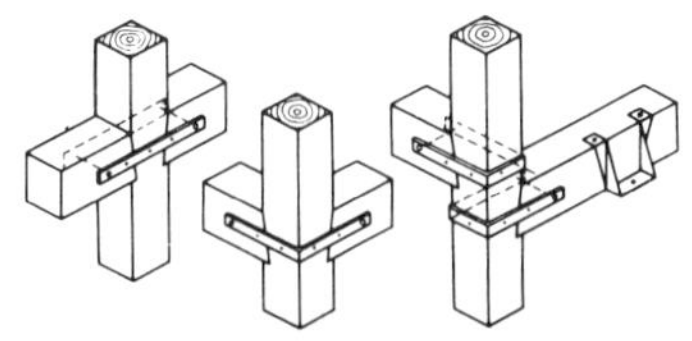

reinforcing metal

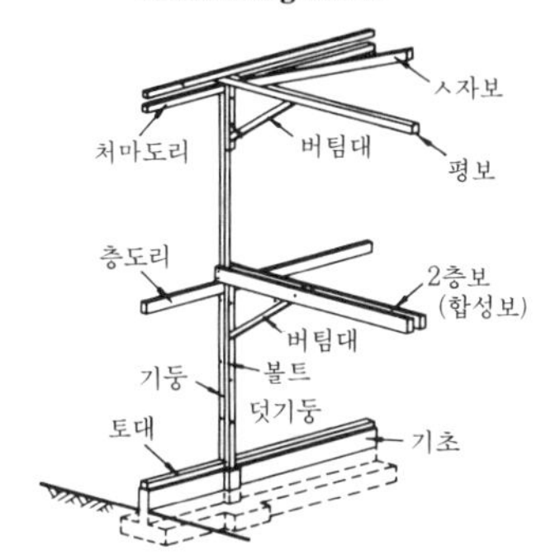

reinforcing post

e_{max}, e_{min}이라 하면 간격비 e에 대하여 상대 밀도는

$$D_r = (e_{max} - e)/(e_{max} - e_{min})$$

가 된다.

relative displacement 상대 변위(相對變位) 기준점에 대한 다른 임의 부분이나 임의 질점의 거리의 변화. 기준점과 이동하는 경우도 있다. →absolute displacement

relative humidity 상대 습도(相對濕度) 포화 수증기 분압에 대한 습윤 공기의 수증기 분압의 비.

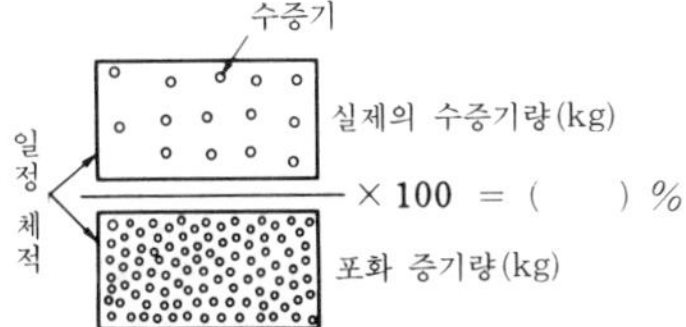

relative metabolic rate 에너지 대사율(－代謝率) 노동 대사의 기초 대사에 대한 비율. {(작업시 소비 에너지)－(안정시 소비 에너지)}/(안정시 소비 에너지)로 나타내어지며, 육체 노동 등의 세기를 나타내는 지수가 된다.

relative response 상대 리스폰스(相對－) 어느 기준 조건을 명기한 다음 그것을 기

준으로 하여 얻어진 출력 응답. 보통은 dB로 나타낸다.

relative setting 상대 침하량(相對沈下量) 건물 기초의 각부 침하량과 기준으로 하는 침하량과의 차.

relative settlement 상대 침하(相對沈下) 세월의 경과와 더불어 일어나는 구조물 침하의 일종. 전침하에서 고른 침하와 경사분을 제한 침하. 구조체에 강제 변형에 의한 응력을 야기시켜 균열의 발생, 내력의 저하와 같은 구조 장해를 일으킨다.

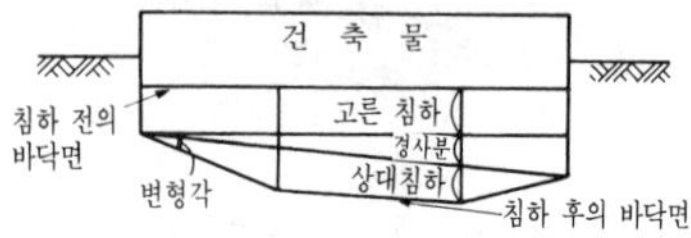

relative slope 상대 처짐각(相對－角) 처짐각법에서, 부재상의 임의점의 처짐각 또는 회전각에서 강체 변위(剛體變位)로서의 부재각을 감하여 얻어지는 각도.

relative spectral distribution 상대 분광 분포(相對分光分布) 방사량의 분광 분포 $X(\lambda)$의 정해진 기준값 R에 대한 비. RR이 분광 분포의 평균값, 최대값 등 임의로 선택한 값.

relative stiffness 강도(剛度) 기둥이나 보의 휨의 정도.

$$강도(K) = \frac{부재의\ 단면\ 2차\ 모멘트(I)}{부재의\ 길이\ (l)}$$

단면 2차 모멘트 I I_0 I_1 I_2

l_0 l_1 l_2

강 도 K $K_0 = \frac{I_0}{l_0}$ $K_1 = \frac{I_1}{l_1}$ $K_2 = \frac{I_2}{l_2}$

relative stiffness of panel point 절점 강도(節點剛度) 절점에 모이는 부재 재단(材端) 강도의 합으로 나타내며, 정점법(定點法)에 이용된다. 휨각법에서는 절점에 모이는 부재 강비(剛比)의 합의 2배로 나타내기도 한다.

relative stiffness ratio 강비(剛比) 어떤 부재의 강도를 표준 강도로 나눈 값.

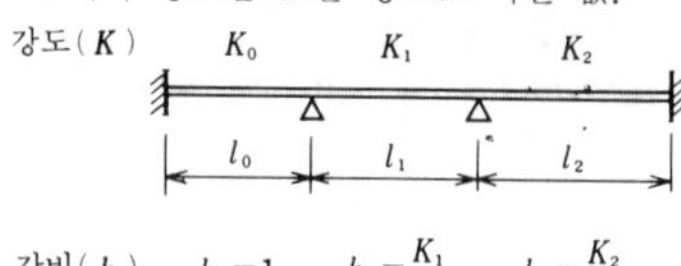

relative storey displacement 층간 변위(層間變位) 지진이나 바람 등의 외란에 의해 어느 층의 바닥과 바로 위층의 바닥 사이에 생기는 수평 변위량의 차.

relative sunshine duration 일조율(日照率) 일조 시간의 가조(可照) 시간에 대한 비를 말한다. 가조 시간은 계절과 지역에 따라 다르다.

relative velocity 상대 속도(相對速度) 함께 움직이는 두 물체 A, B가 있을 때 A에 좌표계를 고정하고, 이 계에서 본 B의 속도.

relative wind speed 상대 풍속(相對風速) 풍속과 물체의 역방향 속도를 벡터적으로 합성하여 얻어지는 속도.

relaxation 릴랙세이션 PC강재의 인장 응력이 시간과 더불어 감소하는 현상.

relaxiation method 릴랙세이션법(－法) 연립 방정식 해법의 하나. 뼈대의 해법에도 쓰인다. 뼈대의 평형 방정식

$\{F\} = [K]\{u\}$

를 $\{R\} = [K]\{u\} - \{F\}$로 바꾸어 쓰고, $\{R\} = \{0\}$으로 되도록 $\{u\}$를 순차 구해가는 방법. 원리적으로는 고정법과 비슷하다.

relay 계전기(繼電器) 어떤 물리적 신호 입력을 필요한 신호로 변환하여 소정의 물리 신호를 출력하는 기기.

reliability 신뢰성(信賴性) 대상으로 하는 구조물이 소정의 조건하에서 규정의 기간 중에 요구되는 기능을 완수하는 성질을 말한다. 기능으로서 안전성, 사용성, 거주성 등이 있다.

reliability design 신뢰성 설계(信賴性設計) 신뢰성의 정도로 나타낸 설계의 기준을 달성하는 설계 수법.

reliability index 신뢰성 지표(信賴性指標) 신뢰성을 확률적으로 평가할 때 그 값을 표준 정규 분포상에서 규정하는 지표. 예를 들면 지표값 2는 신뢰성 확률 97.7%에 대응한다.

reliablity theory 신뢰성 이론(信賴性理論) 신뢰성 설계, 품질 관리, 안전성 평가의 골격이 되는 이론.

relief 양각(陽刻) 평면상에 볼록하게 깎은 조각.

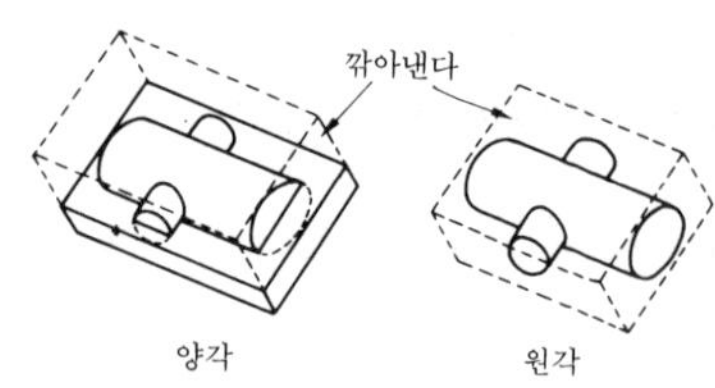

relief pipe 릴리프 파이프 온수 보일러 등

의 안전 장치의 일종. 온수가 과열되어서 팽창한 양 또는 발생한 증기를 배출하기 위한 관을 말한다. 팽창관과 겸용하는 경우도 있다.

relief valve 릴리프 밸브 배관계의 압력을 설정값 이하로 억제하기 위해 소량의 배출로 압력의 안정을 도모하는 밸브.

relief vent (pipe) 릴리프 통기(관)(-通氣(管)), 보조 통기(관)(補助通氣(管)) 배수 배관의 통기를 확보하기 위해 취해지는 보조적인 통기 방법 및 그 통기관. 고층의 배수 수직관 도중, 오프셋의 전후, 루프 통기의 경우에 다수의 변기 등이 접속되어 있는 배수 횡지관(橫枝管)의 하류 등에 설치된다.

relief well 감압 우물(減壓-) 터파기면보다 밑의 피압 대수층에서 지하수를 퍼올려 굴착 저면에서의 피압을 낮추기 위한 우물.

remaining durable years 여명수(餘命數) 어떤 건물이 금후 몇년 정도 사용할 수 있는가에 대한 기대값.

remaining price 잔존 가격(殘存價格) 건축물 등이 내용 연수에 이르렀을 때의 가격을 말한다.

remaining value 잔가(殘價), 잔존 가치(殘存價值) 일정 기간이 경과한 내구재가 경년 감가에 의해 감소한 경우의 평가액.

remaining value of house 가옥 잔존 가격(家屋殘存價格) 가옥의 가격은 사용 연수에 따라 저하하는데, 그 경과 연수의 특정시에 있어서의 건물의 가격.

remixing 거듭비비기 흙, 콘크리트, 모르타르, 기타 비벼서 사용하는 미장 재료를 일단 비빈 것을 사용하기 전에 다시 비비는 것.

remodeling 개장(改裝) 개조하는 것. 건축의 경우는 마감 부분에 사용되는 일이 많다.

remote control 원격 조작(遠隔操作), 원격 제어(遠隔制御), 원격 운전(遠隔運轉) 일반적으로 기계, 장치를 제어, 운전, 조종하는 경우 그것이 존재하는 위치에서 하지 않고 떨어진 장소에서 하는 것을 말한다. =remote operation

remote operation 원격 조작(遠隔操作) =remote control

remote reading of meter 원격 검침(遠隔檢針) 일반적으로는 온도, 압력, 유량 등의 측정값을 전기량 등의 물리량으로 변환하고, 그 현장에서 떨어진 장소로 전달하여 계측, 기록하는 것. 특히 수도 계량기의 검침에 쓰인다.

remote sensing 리모트 센싱 일반적으로는 비접촉으로 원격에서 계측하는 것을 말한다. 최근에는 인공 위성이나 항공기를 사용한 이 방법을 가리키는 경우가 많다. 환경 계측, 자원 탐사, 기상 관측 등에 쓰이고 있다.

remould 되비비기 한 번 비빈 모르타르나 콘크리트를 다시 비비는 것. =retemper

remoulding 재성형(再成形) 일반적으로는 성형할 재료를 재차 비벼서 다시 성형하는 것. 토질 시험의 경우 세립자를 완전히 흩어지게 하여 시험하는 조작을 말한다.

removal 철거(撤去) =demolition

removal cost 철거비(撤去費) =evacuation cost

removal of forms 탈형(脫型) 타입(打入)된 콘크리트에서 거푸집을 제거하는 것.

removal of panel point 절점 이동(節點移動) 수평력이 가해진 뼈대 등에서 생기는 절점의 이동 변형량이다. 이동 변형을 고려하는 해법과 고려하지 않는 해법이 있다.

removal of surplus soil 잔토 처분(殘土處分) 터파기의 발생토 중 되메우기 등에 필요한 양 이외의 것을 공사장 외로 반출하여 매립해서 조성지 등으로 이용하는 것을 말한다.

remover 박리제(剝離劑) 칠을 다시 칠할 때 낡은 도막을 벗기는 데 사용하는 도포제(塗布劑).

removing 이전(移轉) 동일 부지 내에서의 건축물의 이동을 가리키는 건축 법규 용어. 다른 부지로 이동한 경우는 신축 또는 증축으로 취급된다.

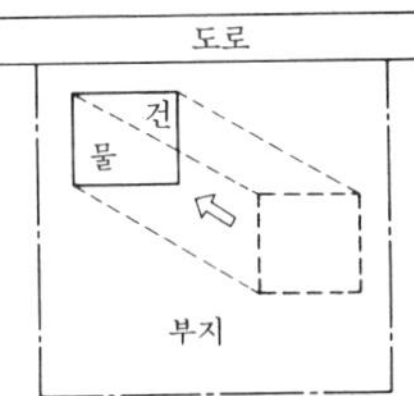

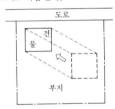

removing and reconstructing 이축(移築) 건축물을 해체하거나 또는 그것을 그대로 이동시키는 것.

Renaissance architecture 르네상스 건축(-建築) 르네상스 시대의 건축.

rendering 렌더링 입면도나 전개도에 그림자를 붙여서 입체감을 내는 것. 공업 디자인에서는 완성 예상도를 말한다.

renovation 개조(改造)[1], 개장(改裝)[2] (1) 주요 구조를 크게 개변(改變)하지 않고 기

존 건축물의 일부 또는 전부를 바꾸어 만드는 것.
(2) = refurnishing

rent 임대료(賃貸料) 임대차에 있어서 차주(借主)가 대주(貸主)에게 경상적으로 행하여지는 급부. 예를 들면, 지대, 소작료, 집세.

rentable area 임대 면적(賃貸面積) ① 임대차 계약의 대상이 되는 부분의 면적. ② = rentable floor area

rentable room 대실(貸室) 집세를 받고 빌려주는 방.

rentable space 임대 면적(賃貸面積) = rentable area

rental contract 임대차 계약(賃貸借契約) 차용한 가옥 등 내구재의 사용·수익에 대하여 차주(借主)가 대주(貸主)에게 임대료를 지불하는 임대 계약.

rental house 임대 주택(賃貸住宅) 임대되고 있든가 임대를 예정하고 있는 주택.

rental system 임대 방식(賃貸方式) = lease

rental value 임대 가격(賃貸價格) 등기부 또는 토지 대장, 가옥 대장에 기재되어 있는 토지나 가옥의 과세 표준이 되는 가격. 또 과세 표준이 되는 토지 면적이나 가옥의 바닥 면적을 임대 면적이라 한다.

repair 수선(修繕), 보수(補修), 수리(修理) 고정 자산의 사용 도중에 일부분이 손상한 경우, 그 원형으로 회복하여 원능률을 유지하기 위한 복구 공작을 말한다.

repairing expense 수선비(修繕費) 수선에 관한 비용. 경상적 지출, 정기적 지출, 임시의 큰 비용 등의 지출액, 지출 간격에 따라 경상, 계획, 특별 등으로 분류된다. 또 관리 기관에 따라서는 직영의 보수비를 포함한다.

repairing standard 수선 실시 기준(修繕實施基準) 수선을 하기 위한 기술 기준. ① 열화, 손모의 상황을 점검 조사하여 필요한 수선을 판정하는 기준. ② 확실하게 성능이나 기능을 회복하고, 내구성을 확보하기 위한 수선 방법을 나타내는 기준.

repair work 개수 공사(改修工事)[1], 보수 공사(補修工事)[2] (1) 건축물에 어떤 감모(減耗), 열화 혹은 현상에 대한 불만이 있기 때문에 이를 해소하기 위해 실시하는 수선.
(2) 건축물의 전체 또는 일부가 손상한 경우 그것을 원형으로 복구하여 당초의 형상, 외관, 성능, 기능으로 되돌리기 위한 복구 공작.

reparation 수선(修繕) = repair

repayment cost 상각비(償却費) = redemption cost

repayment expenses 상환비(償還費) 차입금 등 채무의 반제에 대한 지출. = refundment expenses

repeated load 반복 하중(反復荷重) 여러 번 반복 작용하는 하중. 횟수가 많아지면 작은 하중이라도 파괴한다.

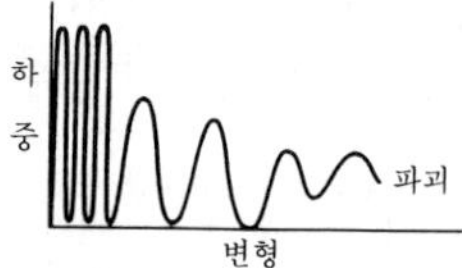

repeated stress 반복 응력(反復應力) 반복 하중에 의해서 생기는 응력.

repetition method 배각법(倍角法) 트랜싯에 의한 수평각 측각법의 하나로, 어느 각을 2회 이상 반복하여 측각하고, 그 평균값을 측정값으로 하는 방법. 트랜싯의 능력을 충분히 발휘할 수 있으며, 버니어의 최소 눈금 이상으로 정밀한 측정값이 얻어진다.

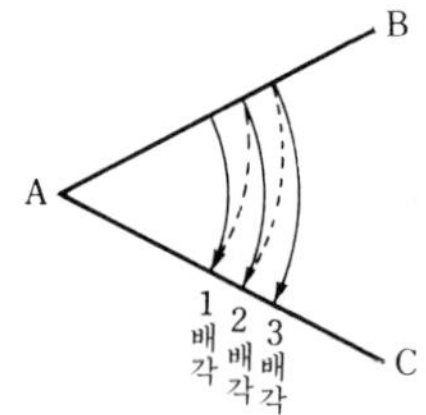

repetition test 반복 시험(反復試驗) 재료나 구조물에 하중이나 변형, 기타의 외력을 반복해서 가하여 피로 한도 등의 피로에 대한 성능이나 내마모성을 살피는 시험을 말한다.

replace 비계 옮김(飛階－) 공사의 진행에 따라 비계의 작업 바닥 등이나 가설물의 위치를 옮기는 것.

replaced soil 객토(客土) 불량 지반의 개량을 위해 다른 곳에서 가져오는 양질토를 말한다. = substituted soil

replacement 갱신(更新) 건물이나 기계 등의 고정 자산의 낡은 것을 폐기하고, 새로운 것과 교환하는 것. 갱신 시기나 신자산의 성능, 수익성 등이 투자 계획이나 경비 계획을 결정하는 중요한 요소가 되는 의미에서 주목된다.

replacement method 치환 공법(置換工法) 연약 지반층이 얇은 경우의 지반 개량 공법의 하나로, 약한 층을 굴착하여 모래 등의 양질토를 충전하고, 전압(轉壓)하여 지지반을 만드는 공법. 발파나 프리로드 공법을 병용하는 경우도 있다. =substitution method

replotting 환지(換地) 토지 매수에 의하지 않고 민유지 등을 정리하는 방법으로, 일반적으로 토지 구획 정리로 행해진다.

replotting in original position 원지 환지(原地換地) 토지 구획 정리에서 정리 전의 토지의 위치를 환지하는 것.

replotting lot 환지(換地) =allocated land

replotting plan 환지 계획(換地計劃) 토지 구획 정리 사업에서 종전의 토지에 대응시켜 토지 이용 계획이나 감보율(減步率) 등의 조건을 만족시키면서 환지 등에 의해 토지의 구획을 정리해 가는 계획.

reproduction 모사(模寫) 원도를 보면서 똑같은 비례 및 수단으로 베끼는 것. 도면을 깨끗하게 다시 그리거나, 복제품을 제작하여 보전하거나 할 때 한다.

reproduction cost 재건축비(再建築費) 주로 건물 평가에 관한 용어. 특정한 건물에 대해서 이와 동일한 것을 현재 혹은 특정 시점에 있어서 신축하는 것으로 하여 계산한 건축비.

requidation 철거(撤去) =demolition

required air content 소요 공기량(所要空氣量) 타입시에 요구되는 콘크리트의 공기량.

required average strength 조합 강도(調合强度) =proportioning strength

required illuminance 소요 조도(所要照度) 집무 혹은 작업에 필요로 하는 조도. 규격으로 정해진 조도 기준을 참조하여 정하는 경우가 많다.

required slump 소요 슬럼프(所要-) 타입시에 요구되는 콘크리트의 슬럼프.

requirements of living 생활 기능(生活機能) =living function

rerolled steel 재생 강재(再生鋼材) 강의 스크랩 등을 재압연하여 얻어지는 강재. 재생 원강이나 재생 이형 봉강 등이 있다.

rerolled steel bar 재생 봉강(再生棒鋼) 강철 찌꺼기를 재용해·재압연하여 만드는 재생 강재에 의한 봉강. 철근으로서 사용한다.

rescue entrance 비상용 진입구(非常用進入口) 재해시에 외부에서 구조, 소화 등을 위해 건축물 내에 진입할 수 있는 구조의 개구(부). 도로 등에 면하는 3층 이상의 각층 외벽면에 설치한다.

reserved force 여력(餘力) =redundant force

reserved land area 보류지(保留地) 토지 구획 정리 사업에서 환지나 공공 시설 용지 이외의 토지. 통상은 매각하여 사업비의 일부로 충당한다.

reserved land for replotting 환지 예정지(換地豫定地) 환지로서 미리 예정되는 토지.

reserved water volume of fire-extinguishing 소화용 저수량(消火用貯水量) 옥내 소화전을 위한 저수조의 용량. 소방법에 의해 최저의 필요량이 정해져 있다.

reservoir 저수장(貯水場) =impounding reservoir

reset action 리셋 동작(-動作) 각종 제어 시스템·장치를 운전 초기 상태로 재설정시키는 동작.

residence 주택(住宅)[1], 거주자(居住者)[2]
(1) 하나의 세대가 독립하여 주생활을 영위할 수 있도록 건축되고, 또는 개조된 건물을 말한다. 이 밖에 공장 등의 일부를 개조하여 한 세대가 독립하여 생활을 영위할 수 있도록 다른 부분과 완전히 구획된 곳도 주택이라 한다. =dwelling house
(2) 그 건물에 계속 살고, 또는 살려고 생각하고 있는 자를 말하며, 일시 현재자와 구별하여 쓰인다. 주택 조사 등에서는 계속 3개월 이상 그곳에 살고, 또는 살려고 생각하고 있는 자를 거주자로 하고 있다. =occupant

residence for employers 급여 주택(給與住宅) 회사나 관공서가 그곳에 종사하는 사람들을 위해 세우는 주택을 말한다. =issued house

resident 거주자(居住者) 어떤 주택을 생활의 본거지로서 이용하고 있는 자.

residential area 주거 지역(住居地域), 주택지(住宅地) 도시의 각종 활동 중 주생활에 관련한 활동이 주로 행하여지는 지역. 주로 주거, 생활 관련 시설로 이루어진다.

residential area of noncombustible houses 불연 주택지(不燃住宅地) 주요 구조부를 불연성 재료로 만든 불연 주택에 의해 형성되어 있는 주택지.

residential district 주거 지역(住居地域) =residential area

residential hotel 레지덴셜 호텔 고급 고객을 대상으로 하여 체재 일수가 긴 트윈베드를 주체로 한 호화스러운 호텔.

residential location 주택 입지(住宅立地) 주택에 적합한 자연 조건이나 사회 조건을 고려하여 토지를 정하는 것.

residential neiborhood 근린 주거 구역(近隣住居區域) 하나의 도시 계획 단위

로, 적절한 계획하에 공공 시설을 정비하고, 거주자가 건강하고 문화적인 일상 생활과 사회 생활을 확보할 수 있도록 만들어진 집합 주택지의 단위이다.

residential quarter project 주택지 계획(住宅地計劃) 도시 계획에서 주택지의 구성 요소인 주택과 그 주민의 일상 생활에 밀접한 관계가 있는 시설, 교통·환경 등의 각종 관련 시설을 유기적으로 계획하는 것.

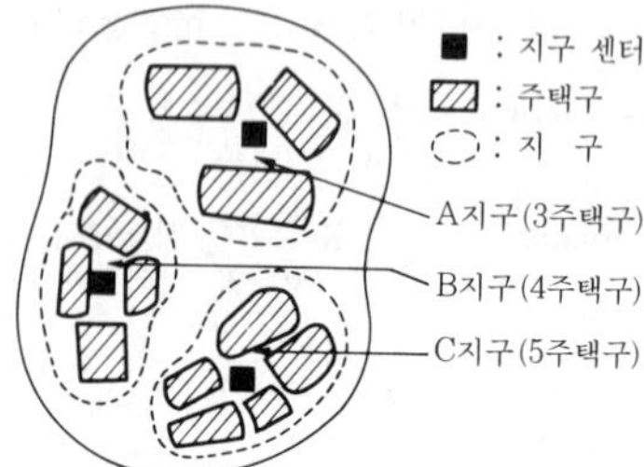

residential town 주택 도시(住宅都市) 공업 도시 등에 대해서 말한다. 대부분은 대도시 주변에 입지하고, 중심 도시로의 통근 인구의 주택에 의해 구성되는 도시로, 위성 도시와 같이 공업을 갖지 않는다.

resident population 정주 인구(定住人口) 일반적으로 도시나 지역에 주소를 정하여 거주하는 인구를 가리키는데, 특히 일정 기간 이상 계속 거주하고 있는 인구를 말하는 경우가 많다.

residual clay 잔류 점토(殘留粘土), 잔류 찰흙(殘留－) 암석이 풍화한 장소에 그대로 퇴적되어 있는 찰흙. 1차 찰흙 또는 1차 점토라 한다.

residual deformation 잔류 변형(殘留變形) 하중을 적재한 다음 이것을 제거해도 변형은 적재 전의 상태로 되돌아가지 않는다. 이 때의 변형을 잔류 변형이라 한다. 잔류 변형의 대소는 구조물의 소성 정도를 나타내는 하나의 가늠이 된다. ＝permanent set

residual deposit 잔적토(殘積土) 암석이 풍화하여 생긴 토사가 그 생성된 위치에서 모암 위에 쌓여 있는 것.

residual soil 잔적토(殘積土) ＝residual deposit

residual strain 잔류 변형(殘留變形), 영구 변형(永久變形) 물체에 하중을 가하면 변형이 생기고, 하중을 제거하면 원 상태로 되돌아 간다. 그러나 하중이 어느 정도 넘으면 하중을 제거해도 원 상태로 되돌아 가지 않고 변형이 남는다. 이 때의 변형을 말한다.

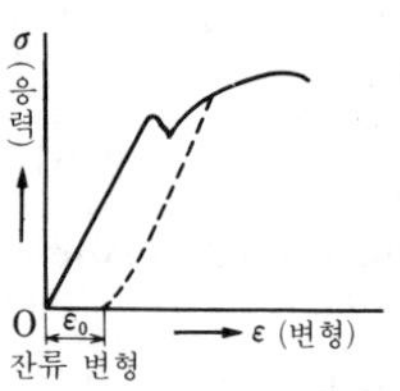

residual stress 잔류 응력(殘留應力) 물체가 외력을 받은 다음 물체 중에 잠재하는 응력 재질의 불균일성, 조립시의 치수 오차 때문에 생긴다.

resin 수지(樹脂) 고형상의 고분자 물질의 총칭. 자연계에 존재하는 것과 화학 합성에 의해 만들어지는 것이 있다.

resin anchor 수지 앵커(樹脂－) 후시공 앵커의 일종. 콘크리트에 구멍을 뚫고 접착제에 의해 볼트를 정착하는 형식의 앵커. 접착제에는 에폭시계와 폴리에스테르계가 있다.

resin concrete 레진 콘크리트, 수지 콘크리트(樹脂－) ＝resinification concrete

resinification concrete 레진 콘크리트, 수지 콘크리트(樹脂－) 불포화 폴리에스테르 수지, 에폭시 수지 등을 액상(液狀)으로 하여 모래·자갈 등의 골재와 섞어 비벼서 만든 콘크리트. 보통 콘크리트에 비해 강도, 내구성, 내약품성이 뛰어나다.

resin mortar 수지 모르타르(樹脂－) 건조한 잔골재와 에폭시 수지·폴리우레탄 등의 열경화성 합성 수지를 섞어 비빈 재료. 내약품성이나 내마모성이 뛰어나기 때문에 바닥 칠 재료로서 널리 쓰이고 있다.

resistance coefficient 국부 손실 계수(局部損失係數), 저항 계수(抵抗係數) ＝friction coefficient

resistance force 내력(耐力) 구조물·부재·접합부 등이 외력을 받아서 파괴하기까지 견딜 수 있는 최대의 하중.

resistance of heat conduction 열전도 저항(熱傳導抵抗) 어떤 재료의 열에 대한 저항을 나타내는 상수. 기호 R, 단위 mh℃/kcal. 여러 종류의 재료로 구성되어

두께 (m)

$R = R_1 + R_2 + R_3$

R : 적층재의 열전도 저항

열전도율 (kcal/mh°C)

열전도 저항 $\frac{d}{\lambda}$

d_1 d_2 d_3

λ_1 λ_2 λ_3

R_1 R_2 R_3

있는 벽의 경우, 열전도 저항은 각 재료의 열전도 저항의 합으로 나타내어진다. = thermal resistivity

resistance of heat transfer 열전달 저항(熱傳達抵抗) 열전달시의 열의 저항을 나타내는 상수. 단위는 $m^2h/kcal$. →heat transfer

resistance of heat transmission 열관류 저항(熱貫流抵抗) 열관류율의 역수. 열관류 현상에서의 열의 이동하기 어려운 정도를 나타낸다. 기호는 R. =thermal resistance

resistance of line 관로 저항(管路抵抗) 유체가 관 속을 흐를 때의 마찰에 의한 저항 및 관로의 형상에 의한 저항.

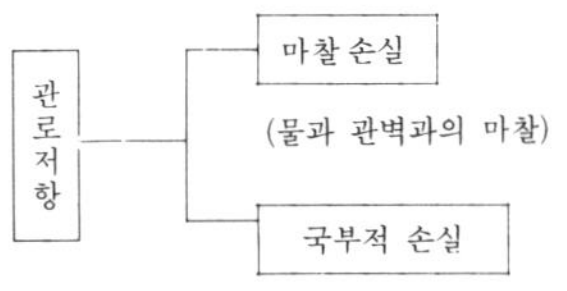

resistance thermometer 저항 온도계(抵抗溫度計) 도체의 전기 저항이 온도와 함께 변화하는 것을 이용하여 전기 저항을 측정해서 온도를 아는 온도계. 코일 모양으로 감은 니켈 또는 구리의 저항선을 금속관 속에 밀봉한 형식이다. 백금 저항 온도계는 −260~1,600℃의 영역에서 사용되고, −183~630℃에서는 정밀 측정에도 가장 적합하다.

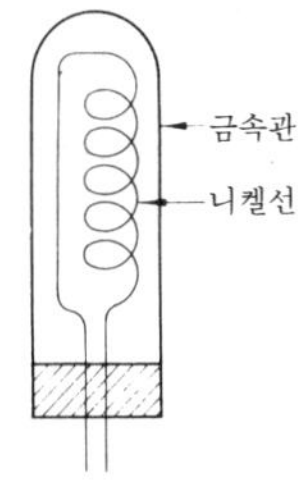

resistance to UV rays 내자외선성(耐紫外線性) 자외선에 조사(照射)되었을 때의 재료의 성능 저하에 대한 저항성.

resistance welding 저항 용접(抵抗鎔接) 접합하는 부재의 접촉부를 통해서 통전하고, 발생하는 저항열을 이용하여 압력을 가해서 하는 용접으로, 겹치기 저항 용접과 맞대기 저항 용접이 있다. 스폿 용접·프로젝션 용접·심 용접 등이 전자의 예이고, 포일 심 용접·버트 용접·플래시 용접이 후자의 예이다.

resisting moment 저항 모멘트(抵抗−) ① 물체에 휨 또는 우력에 의한 모멘트가 작용했을 때 이 모멘트와 반대 방향으로 작용하는 모멘트. ② 단면이 허용 응력도의 범위 내에서 안전한 휨 모멘트. 단면계수 Z, 허용 휨 응력도 f_b일 때

저항 모멘트$=Z \cdot f_b$

resonance 공명(共鳴), 공진(共振) 어느 진동체가 다른 진동체의 진동에 유도되어서 다른 진동과 같은 진동수로 진동하는 현상. 즉 진동계의 강제 진동으로, 외력의 크기를 일정하게 해 두고 주파수를 변화시켰을 때 계(系)의 고유 진동수 부근에서 변위, 속도, 압력 등이 극대값을 취하는 현상. 또는 그러한 극대값을 취한 상태. 구조물, 소리, 전기 진동 등에서 이 현상이 일어난다.

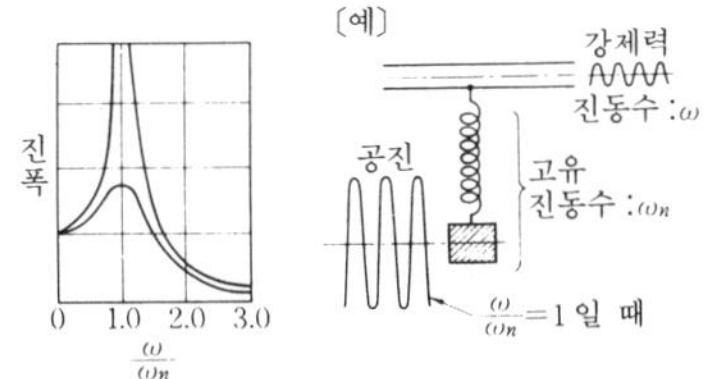

resonance absorption 공명 흡수(共鳴吸收) 음 혹은 기계적인 진동계에서의 공명 현상을 이용하여 음이나 진동의 에너지를 효과적으로 흡수하는 것.

resonance coefficient 공진 계수(共振係數) 거스트 영향 계수(gust response factor)의 평가에 있어 건물의 응답 중 고유 진동수 부근의 성분의 크기를 평가하는 계수.

resonance component 공진 성분(共振成分) 일반적으로 넓은 대역의 진동수 성분으로 구성되어 있는 것으로 간주되는 구조물의 응답 중 고유 진동수 부근의 성분.

resonance curve 공진 곡선(共振曲線) 강제 진동을 받은 물체의 진폭과 강제 진동을 주는 원인(힘 또는 변위)의 진동수(또는 주기)와의 관계를 나타내는 곡선으로, 물체의 고유 진동수와 강제 진동의 원인의 진동수가 일치하는 곳에서는 물체의 진폭은 무한대로 되어 이른바 공진을 나타내므로 물체의 고유 진동수를 구하는 경우 등에 이용된다.

resonance effect 공진 효과(共振效果) 진동계에 지진동이나 풍력과 같이 변동하는 입력이 작용하여 입력의 탁월 진동수와 계의 고유 진동수가 일치했을 때 그 응답이 현저하게 증대하는 것.

resonance frequency 공명 진동수(共鳴振動數), 공명 주파수(共鳴周波數) 공명 현

상이 일어나는 진동수(주파수).

resonance method 공진법(共振法) 콘크리트 재료 또는 구조 부재의 비파괴 검사법의 하나. 공진 진동수를 측정하여 그 동탄성 계수 또는 강성을 추측하는 수법.

resonance of longitudinal wave 종파 공진(縱波共振) 종파에 의한 공진 현상.

resonance of mounting 설치 공진(設置共振) =mounted resonance

resonance transmission 공명 투과(共鳴透過) 2중벽 등의 차음벽에서 표면재와 공기층과의 공진(공명)에 의해 음의 투과가 커지는 현상.

resonance transmission frequency 공명 투과 주파수(共鳴透過周波數) 공명 투과가 일어나는 진동수.

resonance wind velocity 공진 풍속(共振風速) 바람의 주기적 변동에 의해 구조물이 공진할 때의 풍속. 특히 가늘고 긴 구조물이나 부재가 교번 소용돌이의 발생에 의해 바람 직각 방향으로 진동할 때의 공진 풍속(V_r)은 아래 식으로 주어진다.

$V_r = D_m / (S_r \cdot T)$

여기서, D_m : 구조물 혹은 부재의 외경, S_r : 스트로헐수(Strouhal's number), T : 구조물 혹은 부재의 주기.

resonant column test 공진 원주 시험(共振圓柱試驗) 실내 토질 시험의 일종. 원주상으로 성형한 토질 피시험체에 정현파의 토크를 주어 그 공진 특성에서 흙의 강성(剛性)과 감쇠 상수를 구하는 방법.

resonant frequency 공명 진동수(共鳴振動數), 공명 주파수(共鳴周波數) =resonance frequency

resonant sound absorber 공명기형 소음기(共鳴器形消音器) =resonator type absorber

resonator type absorber 공명기형 소음기(共鳴器形消音器) 필터형 소음기의 일종. 공명기의 원리를 이용하여 관이나 덕트 속을 전하는 음을 감소시키는 형의 소음기.

resort hotel 리조트 호텔 레크리에이션을 위해 이용하는 고객을 대상으로 한 호텔. 목적에 따라 해안 호텔, 온천 호텔, 스포츠 호텔 등으로 나뉜다.

resort villa 별장(別莊) 별장의 어원인 빌라는 도시의 교외나 시골의 큰 독립 주택을 말한다. 우리 나라에서는 본가에 대하여 피서지나 피한지에 세워지는 별택(別宅)을 가리킨다.

resources saving 자원 절감(資源節減) 자원을 효율적으로 이용하여 낭비없는 사용을 하는 것. 계획·설계·시공·유지관리의 각 면에서 배려되고 있다.

response 응답(應答) 어떤 구조계에 외부에서 자극이 가해졌을 때의 구조계에 생기는 반응의 총칭.

response analysis 응답 해석(應答解析) 진동계가 지진동 등의 동적 외란에 대하여 반응하는 모양을 역학 모델을 써서 수학적으로 분석하는 방법.

response control 제진(制振) 진동을 자동적으로 감지하여 그것을 저감시키기 위해 인위적으로 제어하는 것. =vibration control

response displacement 응답 변위(應答變位) 동적인 외란을 받아서 진동계가 응답하여 생기는 변위. 기초에 대한 상대 변위로 나타내어지는 일이 많다.

response displacement method 응답 변위법(應答變位法) 지중 매설관, 지하 탱크 등 지진시의 진동이 주로 주변 지반의 운동에 지배되는 구조물에 대하여 쓰이는 내진 설계법. 깊이 x(m)의 지반 변위 진폭(U_h)의 제안식으로서 다음 식이 있다.

$$U_h = \frac{2}{\pi^2} S_V T_G k_h' \cos\frac{\pi x}{2H}$$

S_V : 기반의 응답 속도, T_G : 지표층의 주기, k_h' : 표층 지반에 작용시키는 설계 수평 진도(震度), H : 지표층의 두께.

response factor 응답 계수(應答係數) 동적인 외란에 대하여 진동계가 나타내는 최대 응답값을 구하기 위한 계수.

response magnification factor 응답 배율(應答倍率) =response magnification ratio

response magnification ratio 응답 배율(應答倍率) 외란파의 진폭·속도·가속도를 기준으로 한 응답량의 배율. 통상은 같은 시각의 값을 취하지만 최대값만을 비교하는 경우도 있다.

response shear force 응답 전단력(應答剪斷力) 지진동 등의 동적 외란을 받은 진동계의 각부에 생기는 전단력.

response spectrum 응답 스펙트럼(應答―) 어떤 지진동이 일정한 감쇠 상수를 갖는 임의 주기의 1질점계에 작용하여 생기는 최대 응답값을 질점계의 주기에 대하여 플롯한 것.

response value 응답량(應答量) 구조체를 진동 모델화하고 외란을 가했을 때 생기는 변형 또는 힘 등의 양. 일반적으로는 변위·속도·가속도·전단력·전도 모멘트 등이 쓰인다.

rest chair 안락 의자(安樂椅子) 휴식용의 의자.

rest house 휴게소(休憩所), 보양소(保養所) 미국에서는 공중 변소, 인도에서는 간이 숙박소의 뜻으로 쓰이고 있다.

restoration 복구(復舊) 재해로 파괴, 소실 또는 유실한 건물이나 시설을 되도록 원상과 같이 세운다든지 설치한다는 뜻인데, 완전히 원상대로 한다는 뜻은 아니다. 완전히 원상 대로 하는 경우는 「복원」이라 한다.

retoration to original state 원상 회복(原狀回復) 주택 등의 임대차 계약에서 계약을 해제했을 때 차실(借室)의 상태를 계약전의 상태로 복구하는 것.

restoration work 보전 공사(保全工事) = repair

restoring force 복원력(復元力) 변형을 받은 탄성체가 중립 위치로 되돌아 가려고 하는 힘.

restoring force characteristic 복원력 특성(復元力特性) 진동 해석에서 각부 스프링의 성질을 나타내는 변형과 하중의 관계. 선형·비선형으로 구별된다. 탄성 범위 내에서는 통상 직선으로 나타내어진다. 탄소성 범위에서는 Bi-linear나 Tri-linear, 나아가 이력 루프의 특성을 고려한 것이 쓰이고 있다.

restoring method 복수법(復水法) 현장 투수 시험의 하나. 시험 우물의 수위 회복 시간을 살펴서 토층의 투수성을 살피는 방법. 뉴브법이라고도 한다.

restraint crack 구속 균열(拘束龜裂) 용접에 의한 팽창·수축 등의 변형이 억제되었을 때 발생하는 구속 응력에 의해서 발생하는 균열.

restricted amplitude oscillation 한정 진동(限定振動) 강풍 속에서 공기 역학적으로 대진폭의 응답을 발생하는데, 진폭이 발산하는 일 없이 일정한 크기로 한정되는 구조물의 진동.

restricted industrial district 공업 전용 지구(工業專用地區) 공업 지역 내에서 토지의 이용 증진을 도모할 목적으로 공업 관계 이외의 건축물을 특정한 것 이외에는 건설할 수 없게 하는 지구.

restricted resisdential district 주거 전용 지구(住居專用地區) 주거 지역 내에서 특히 주거의 환경을 보호하기 위한 전용 지구로, 거주용 건축물 이외는 원칙으로서 제한된다.

restriction factor of column base 주각의 고정도(柱脚-固定度) 주각부의 휨 변형에 대한 구속의 세기. 구속이 없을 때는 주각 핀, 완전 구속일 때는 주각 고정으로 한다. 일반적으로는 반고정이며, 지중보 외에 회전 저항을 갖는 가상 부재를 생각하여 고정도의 영향을 넣는다.

restriction on interior finish 내장 제한(內裝制限) 화재의 확대를 방지하고 피난과 소화 활동의 촉진을 도모하기 위해 건축물의 용도, 규모 등에 따라 실내의 벽과 천장의 마감 재료를 방화적인 것으로 제한하는 것.

rest room 휴양실(休養室)[1], 공중 변소(公衆便所)[2] (1) 체육 시설에서의 휴양 장소를 말한다.
(2) 공중이 자유롭게 이용할 수 있는 변소. 도로가, 고속도의 휴게소, 공원의 한 구석, 역구내 등에 있다.

restyling 리스타일링 건물의 구조체에는 손을 대지 않고 외관만을 개축, 개장하는 것을 말한다.

resultant 합력(合力) = resultant force

resultant force 합력(合力) 둘 이상의 힘을 합성하여 생긴 힘.

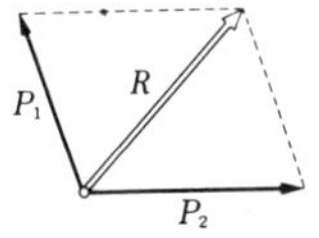

힘의 평행4변형

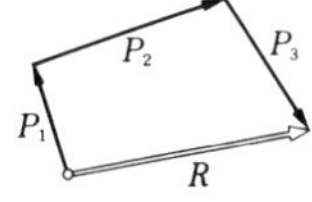

힘의 다각형

resultant line structure 합력선 구조물(合力線構造物) 휨이 생기지 않도록 외력의 합력선과 부재축을 일치시킨 구조물. 등분포 연직 하중을 받는 방사선 아치, 등분포선 하중을 지지하는 현수선(懸垂線) 케이블 등이 이 예이다.

resultant moment 합 모멘트(合-) 둘 이상의 모멘트를 합성하여 얻어지는 모멘트를 말한다.

resultant of seismic coefficient 합진도(合震度) 상하동의 영향을 고려하여 수정한 수평 진도. 수평 진도를 K_H, 상하 진도를 K_V로 할 때 $K_H/(1 \pm K_V)$로 나타내어진다.

resultant pairs swing door 쌍여닫이문(雙-門) 두 장의 문이 좌우로 열리는 것.

resultant stress 합응력(合應力) 둘 이상의 응력을 합성한 응력.

result unit cost 실적 단가(實績單價) 과거에 준공한 건축물의 공사비를 참고로 하여 구한 단가(다음 면 그림 참조).

retaining of earth 흙막이 토사의 붕괴를 방지하기 위한 공작물. = sheathing, sheeting, timbering

retaining wall 옹벽(擁壁), 흙막이벽(-壁) 토사가 무너지는 것을 방지하기 위해 설치하는 구조물로, 재료적으로 보면 무

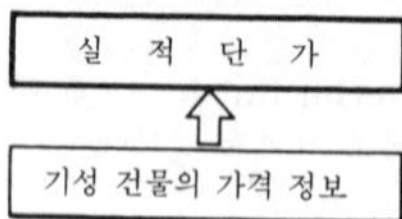

(과거에 준공한 동종 또는 유사 건물의 예산·예정 가격 계약 내용)

resi;t imot cost

근 콘크리트, 철근 콘크리트, 돌, 벽돌 등으로 나뉜다. 구조상으로는 중력식 옹벽·반중력식 옹벽·L형 옹벽·반T형 옹벽·버트레스식 옹벽이 있다. 반T형 옹벽은 높이 6m 정도까지 쓰인다.

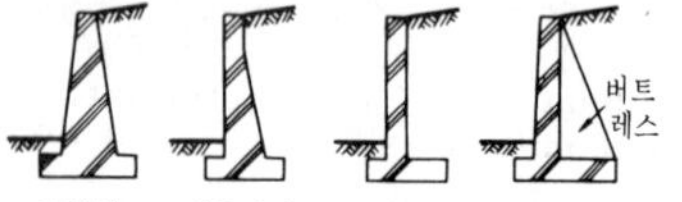

중력식 반중력식 L형 버트레스식

retamping 리탬핑 타설한 콘크리트의 침하 균열을 방지하기 위해 다시 다지는 작업을 하는 것.

retarder 완결제(緩結劑) 시멘트의 응결을 늦추기 위해 넣는 물질.

retarder of setting 완결제(緩結劑) =retarder

retemper 되비비기, 되비빔 =remould, retempering

retempering 되비비기 굳지 않은 콘크리트를 다시 혼합하는 것.

reticulate 그물 무늬 그물눈과 같은 문양을 말한다.

reticulated roofing sheet 망형 루핑(網形－) 면사, 삼실, 유리 섬유, 동선 등을 거칠게 짜고, 여기에 블론 아스팔트 또는 아스팔트 콤파운드를 피복한 루핑.

reticulated shell 망상 셸(網狀－) 곡면 내에 그물눈 모양으로 배치한 부재로 구성한 곡면 구조. 축강성(軸剛性)과 휨강성을 유효하게 써서 높은 강성과 내력을 갖게 할 수 있다.

riticulated work 그물 무늬 =reticulate

return air 순환 공기(循環空氣) 환기를 하는 방에서 배기되지 않고 다시 공기 조화 장치로 되돌아 오는 공기.

return duct 환기 덕트(還氣－) 공기 조화 설비에서 돌아오는 공기를 공기 조화기로 보내기 위한 덕트.

return pipe 환관(還管), 환수관(還水管) 증기 및 온수 난방 배관 계통 중에서 응축수 또는 라디에이터로부터의 냉각된 물을 보일러로 되돌리는 배관을 말한다. 증기 난방에서는 습기 환수관(wet return pipe)과 건조 환수관(dry return pipe)의 구별이 있으며, 전자는 환수관이 보일러의 수면 이하에 있는 부분으로, 농축수(환수)로 충만하고 있으나 후자는 관이 보일러의 수면상에 있는 경우이며, 응축수와 공기가 흐르는 환수관이다.

return troffer 흡입형 트로퍼(吸入形－) 조명 기구와 한 몸으로 만들어진 공기 흡입구. 조명 발열을 흡입 공기로 제거하기 때문에 실내 냉방 부하가 감소한다.

revegetation 녹화(綠化) =greening

revelling concrete 밑창 콘크리트 철근 콘크리트 기초 공사에서 기초 지반상에 미리 두는 1 : 3 : 6 정도의 콘크리트의 얇은 기층(基層). =concrete sub slab

reverberant sound absorption coefficient 잔향실법 흡음률(殘響室法吸音率) 잔향실 내에서 측정 시료를 설치했을 때와 하지 않았을 때의 잔향 시간을 구하고 제빈(W. C. Sabine)의 잔향식에서 산출하는 흡음률. 일반의 음향 설계에 쓰인다.

reverberation 잔향(殘響) 실내 기타의 닫힌 장소에서 음이 벽, 바닥, 천장 등에 여러 번 반복하여 반사하기 때문에 음원이 정지한 다음까지 음이 남는 현상. 일반적으로 주위의 벽이 반사성이면 길어지고, 흡음성이면 짧다.

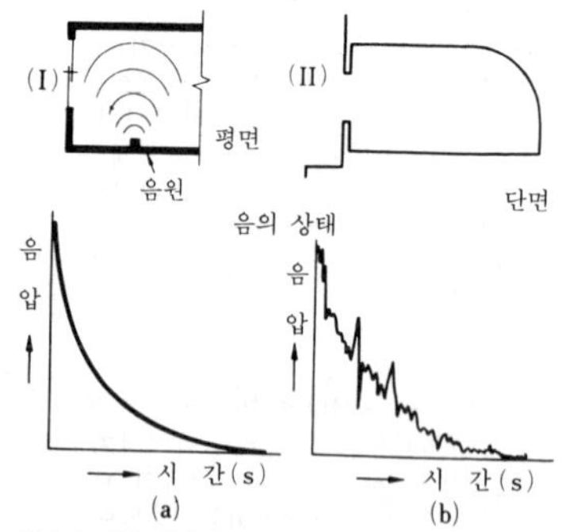

(I)과 같은 반사성의 평행2평면이나 (II)와 같은 凹구면이 있는 경우, (b)와 같은 감쇠 상태로 되어 귀에 거슬린다

reverberation chamber 잔향실(殘響室) 벽, 바닥, 천장 등을 반사성이 매우 좋은 재료로 마감하고, 잔향 시간을 되도록 길게 한 방. 주로 재료의 흡음률 측정에 쓰인다. =reverberation room

reverberation room 잔향실(殘響室) =reverberation chamber

reverberation time 잔향 시간(殘響時間)

실내에서 음을 내고, 정상 상태에 이른 다음 이것을 멈추어 음향 에너지 밀도가 처음의 $1/10^6$로 되기까지의 시간을 말한다. 단위는 sec.

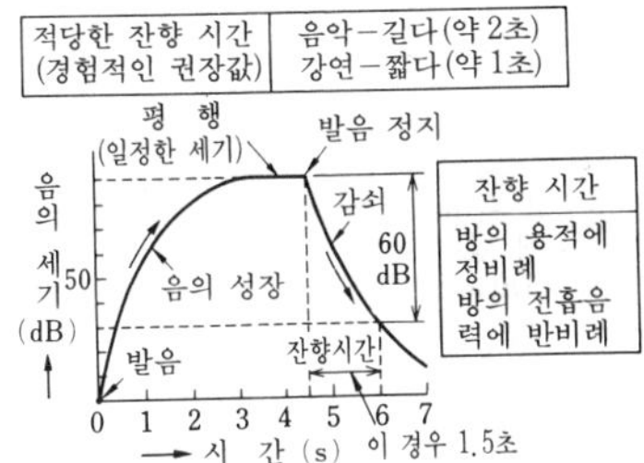

reverberation tube method 관내 잔향법(管內殘響法) 관내법에 의한 건재(建材)의 수직 입사 흡음률 측정 방법의 하나. 관내의 잔향 시간에서 흡음률을 구하는 방법.

reverberator 잔향 부가 장치(殘響附加裝置) 철판이나 스프링 등의 잔향을 이용한 다든지, 복수의 자기 헤드나 전기적인 지연 회로에 의해 지연 신호를 꺼내어 음성 신호에 잔향을 부가하는 장치.

reverse action 역동작(逆動作) 자동 제어에서 제어 신호의 변화 방향에 대하여 조작부에 역방향 동작을 시키는 것.

reverse blower 리버스형 송풍기(－形送風機) 원심 송풍기의 하나. 날개의 모양은 S자형의 반전한 원호로 이루어지며, 그 동력은 풍량이 늘어남에 따라 계속 늘어나는 것이 아니고 최대값을 나타내는 점이 있으며, 이 점을 넘으면 풍량이 늘으나도 동력은 늘어나지 않는다.

reverse circulation drill method 리버스 서큘레이션 공법(－工法) 대구경의 현장 치기 콘크리트 말뚝의 말뚝 구멍을 굴착하는 공법. 정수압(靜水壓)으로 용수(湧水)를 억제하면서 비트를 회전시키고, 삭토(削土)와 함께 물을 빨아올려 대구경의 구멍을 고속으로 굴착하는 것으로, 물은

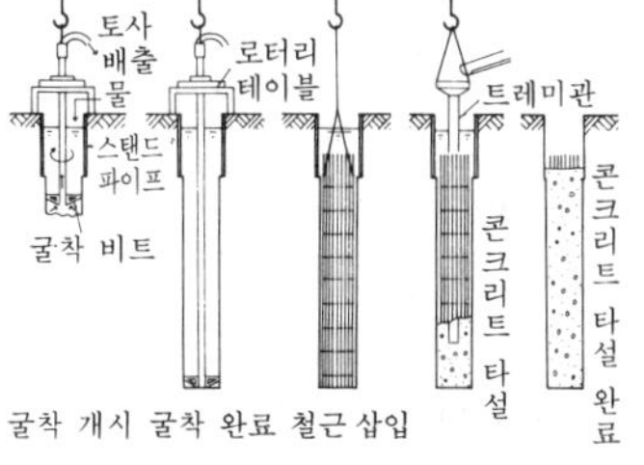

다시 구멍으로 순환시킨다.

reversed T-shaped rataining 역T형 옹벽(逆－形擁壁) 옹벽의 배면에 기초 슬래브가 일부 돌출한 모양의 옹벽.

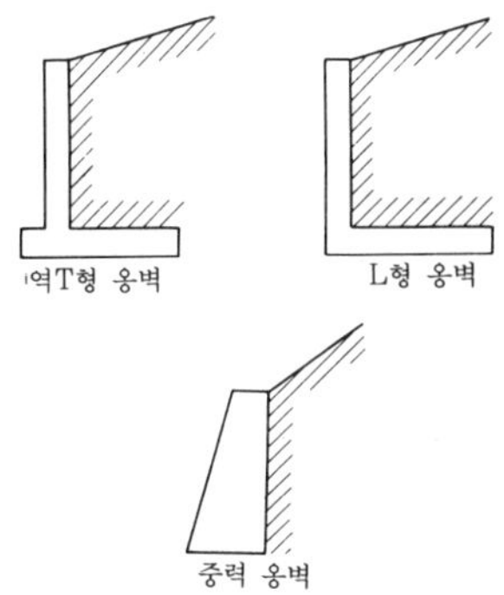

reverse-return system 리버스리턴 방식(－方式) 공기 조화 유닛을 여러 대 배열하여 설치하는 경우에 온수 또는 냉수를 공급하는 배관 방식의 반환관의 한 형식. 배관 원근 거리의 차에 의한 유량의 극단적인 치우침을 적게 하는 배관 방식.

revised drawing 정정도(訂正圖)[1], 변경도(變更圖)[2] (1) 완성한 도면에 수정, 정정을 가하여 다시 그린 그림.
(2) 설계상의 변경이 생겼을 경우 원래 도면에 변경점을 부가, 수정하여 얻어지는 그림의 총칭.

revitalization 리바이털리제이션 불필요한 건물을 이용하여 다른 목적을 위해 활성화해 가는 계획.

revolutional shell 회전체 셸(回轉體－) 평면상의 임의 곡선이 동일 평면상에 있는 직선을 축으로 하여 회전해서 이루어지는 곡면을 갖는 셸.

revolving chair 회전 의자(回轉椅子) 자리가 자유롭게 회전하는 장치의 의자.

revolving door 회전문(回轉門) 4매의 문짝을 십자 모양으로 세우고 이것을 중심의 수직축에 설치한 문. 문짝과 문짝으로 감싸인 부채꼴의 공간에 사람이 한 사람씩 들어가 문짝을 밀어 돌려서 출입하게 되어 있다.

revolving stage 회전 무대(回轉舞臺) 여러 장면을 장치하여 회전시키는 원형 무대. 수동 또는 전동기 동력으로 움직인다.

Reynolds equation 레이놀즈 방정식(－方程式) 유체의 운동을 나타내는 나비에·스토크스의 방정식에 속도와 압력을 평균값과 변동분으로 나누어서 대입하여 유도

되는 식.

Reynolds number 레이놀즈수(－數) 유체 밀도를 ρ(kg), 유체의 속도를 V(m/sec), 유체의 점성 계수를 μ, 물체의 주요 치수를 L(m)로 하면 레이놀즈수 R은 다음 식으로 나타내어진다.

$R=\rho VL/\mu$

흐름의 상태가 층류로 되는가 난류로 되는가는 R의 크기에 따라서 달라진다.

Reynolds stress 레이놀즈 응력(－應力) 난류에 있어서 속도의 변동에 의한 운동량의 수송체에 의해 생기는 겉보기의 전단 응력. 유체의 밀도를 ρ, 속도 변동을 u_1, u_2, u_3로 하면 $-\rho u_i u_j\,(i, j=1, 2, 3)$로 나타내어진다.

RGB colorimetric system RGB표색계(－表色系) R(적), G(녹), B(청)의 세 기본 색광의 혼합량으로 모든 색광을 표시하는 체계. CIE표색계의 근거를 명시.

rheology 유성학(流性學), 유동학(流動學) 물질의 점성이나 가소성도 포함한 변형과 유동에 관한 재료 공학 분야의 학문.

rhyolite 석영 조면암(石英粗面岩) ＝quartztrachite

RI 방사성 동위 원소(放射性同位元素) ＝radioactive isotope

rib 리브 ① 일반적으로 변형 방지를 위해 부착한 돌기물. ② 고딕 건축 등에서 볼트(vault) 천장의 능선에 부착된 부재. → ribbed vault

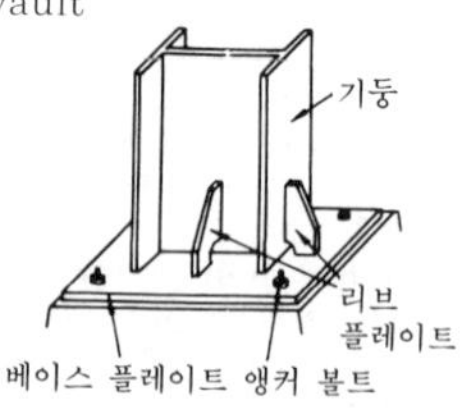

ribbed acrylic resin board 아크릴 골판(－板) 톱 라이트나 조명 기구 등에 사용되는 아크릴산 수지로 이루어지는 리브가 달린 유기 유리의 판.

ribbed arch 리브 아치 아치의 웨브재가 충복형(充腹形)인 아치. 트러스 아치와 대비하여 쓰고 있다. ＝solid-rib arch

ribbed dome 리브 돔 곡판(曲板)의 면외에 보강을 위한 리브를 붙인 돔.

ribbed lath 리브 라스 메탈 라스의 일종. 높이 5～17mm의 산형 리브가 약 10cm 간격으로 붙은 것. 모르타라칠의 바탕으로서 쓰인다.

ribbed seam roofing 기와가락잇기 ＝batten seam roofing

ribbed slab 리브 슬래브 면외 강성(面外剛性)을 증대시키기 위해 그 밑면에 가늘고 긴 돌기물을 붙인 철근 콘크리트 구조 바닥 슬래브.

ribbed thin-wall panel structure 리브 박 패널 구조(－薄－構造) 프리캐스트 철근 콘크리트 구조의 일종. 얇은 콘크리트 판에 리브를 배치하여 보강한 패널로 구성된다.

ribbed vault 리브 볼트 교차하는 볼트의 능선을 리브에 의해 보강된 볼트. 고딕 건축의 특징을 이루는 중요한 요소이다.

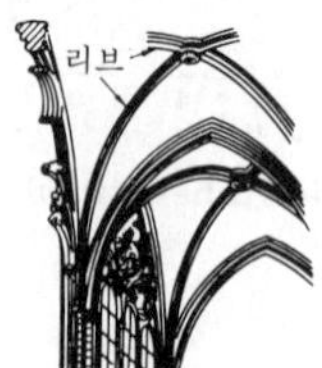

ribbon grain 리본 나뭇결 곧은결이 서로 엇결로 되어 있는 나뭇결.

ribbon window 연창(連窓) ＝band window

rib lath 리브 라스 10cm 전후의 간격으로 산형의 리브를 붙인 메탈 라스. 한 장의 박강판을 가공해서 만들어진다.

ribrometer 진동계(振動計) 진동의 변위, 속도, 가속도를 계측, 기록하는 측정기의 총칭. 진동계를 구성하고 있는 변환기에 따라서 기계적, 광학적 및 전기적 진동계로 대별된다. ＝vibration meter

rib slate 리브 슬레이트 파형(波形) 석면 슬레이트의 하나. 휨 내력을 늘리기 위해 전폭을 일정한 간격으로 리브 모양을 한 부분을 두어 성형한 것.

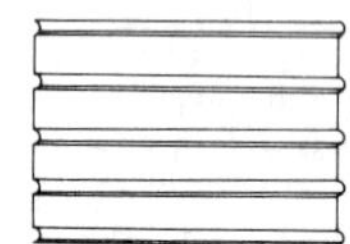

rice husk ash 왕겨 재 실리카를 많이 포함하여 콘크리트용 혼합재로서 이용된다.

Richardson number 리차드슨수(－數) 온도차의 영향을 받는 유체의 운동에 관계하는 무차원수. 본질적으로는 프루드수(Froude number)와 같다. 단, 대표 길이로 나타내는 것이 곤란하므로 미분형으로 나타낸다.

$$Ri = g\left(\frac{\partial\theta}{\partial Z}\right) / \theta\cdot\left(\frac{\partial v}{\partial Z}\right)^2$$

$\partial\theta/\partial Z$: 연직 방향 온도 물매, $\partial\nu/\partial Z$: 수평 방향 속도의 연직 방향의 물매.

rich-mixed concrete 부조합 콘크리트(富調合－) 단위 용적당의 시멘트 사용량이 비교적 많은(350kg/m^3 이상) 콘크리트.

ride-in stage 반입 가대(搬入架臺) 공사용 가설 잔교(棧橋)의 하나. 지주 또는 버팀대·철골보 위에 H강·각형 강관 등을 걸치고, 장선·비계널 등을 설치하여 트럭이나 중기계 등의 설치나 통행을 가능하게 하는 것. 트럭 잔교라고도 한다.

ridge 지붕마루 전후 지붕면의 위 끝이 마주쳐 이루는 지붕 꼭대기를 덮은 마루턱으로, 용마루·일반마루·추녀마루·합각마루·박공마루 등이 있다.

ridge beam 종도리, 마룻대 지붕틀 구조의 정상부를 주로 도리간수 방향으로 잇는 횡가재.

ridge direction 도리간수 ＝longitudinal direction

ridge piece 용마루대(龍－) 지붕틀의 꼭대기에 있는 가장 중요한 마루대로, 흔히 상량보라고 한다.

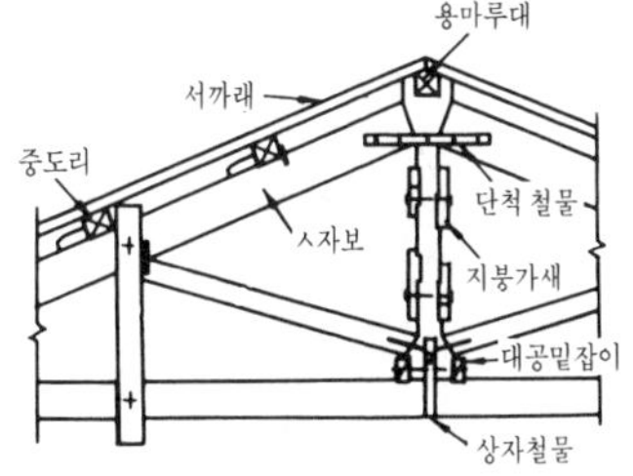

ridge pole 종도리 ＝ridge beam

ridge tile 용마루기와(龍－) 지붕의 용마루에 사용하는 기와.

rift 돌결 석재 중에 있는 틈새와 거의 평행의 갈라지기 쉬운 면. 일반적으로는 석재의 자연적인 균열을 일괄하여 돌결이라 하고, 석공이 암석을 쪼갠다든지 가공한다든지 할 때 이것을 이용한다.

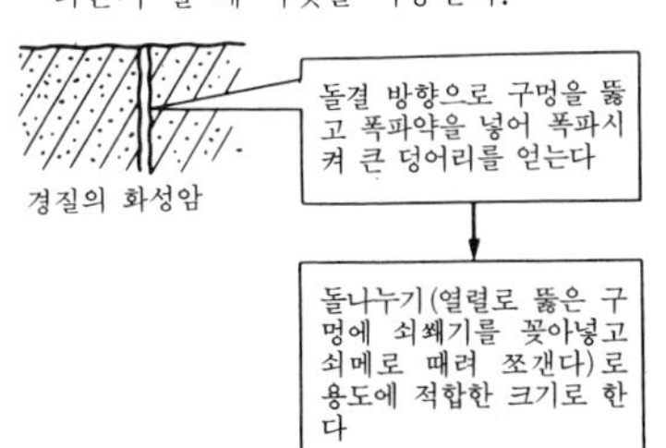

rift cut 리프트 컷 곧은 결을 얻는 마름질.

right direction 도리간수(－間數) 목조 건축의 보나 지붕틀 구조에 직각인 방향의 도리의 길이.

right of land use 지상권(地上權) 민법으로 정하는 물권으로, 타인의 토지를 빌려서 거기에 건물을 세운다든지, 식수(植樹)를 한다든지 하는 권리. 지상권은 차지권(借地權)에 비해 타인에게 양도, 매매할 수 있다는 것, 존속·갱신 기간이 길다는 것, 지주가 바뀌어도 구속성이 있다는 것 등 강한 권리가 있다. ＝lease hold

right of possession 점유권(占有權) 어떤 사람이 어떤 물건을 현실로 자기를 위해 지배하고 있는 상황에서 생겨나는 권리. 예를 들면 건물이나 방을 임차하여 사용하고 있는 경우 그 소유권은 임대자에 속하지만 점유권은 자기를 위해 건물이나 방을 사용하고 있는 임차인에 발생한다. ＝possessory right

right to light 일조권(日照權) 거주 생활에서 일조를 향수(享受)하는 권리. 가까이에서 타인이 건축 등을 함으로써 일조가 차단되므로 문제가 되는데, 일조가 생활 환경의 질을 대표하고 있다고도 볼 수 있다. ＝righto sunshine

right to sunshine 일조권(日照權) ＝right to light

rigid body 강체(剛體) ＝perfect rigid body

rigid body displacement 강체 변위(剛體變位) 물체가 변형을 일으키지 않고 변위할 때의 변위의 총칭.

rigid body motion 강체 운동(剛體運動) 물체가 그 자체의 형상을 바꾸는 일 없이 운동하는 상태. 병진(竝進) 운동과 회전 운동의 성분이 있다.

rigid frame 라멘 절점이 강(剛)하게 접합되어 있는 뼈대(골조). 각 부재에 보통 휨모멘트·전단력·축방향 힘이 생기고 있다. 철근 콘크리트 구조·철골 철근 콘크리트 구조의 뼈대는 주로 라멘이며, 강구조의 뼈대도 라멘이 많다.

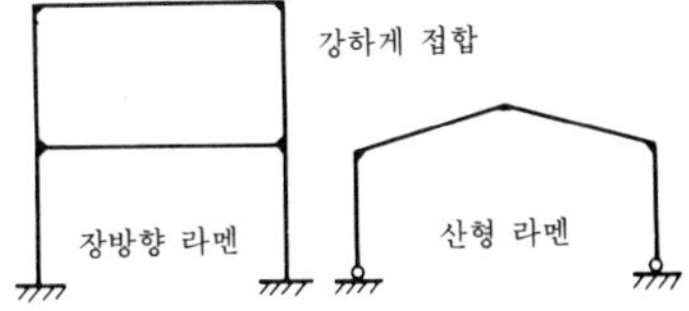

rigidity 강성(剛性) 구조물 또는 그것을 구성하는 부재는 하중을 받으면 변형하는

데 이 변형에 대한 저항의 정도, 즉 변형의 정도를 말한다. 축방향력만을 받는 부재에서는 영 계수 E와 단면적 A의 곱 EA, 휨을 받는 부재에서는 영 계수 E와 단면 2차 모멘트 I의 곱 EI, 전단을 받는 부재에서는 전단 탄성 계수 G와 단면적 A의 곱 GA에 비례한다. =stiffness

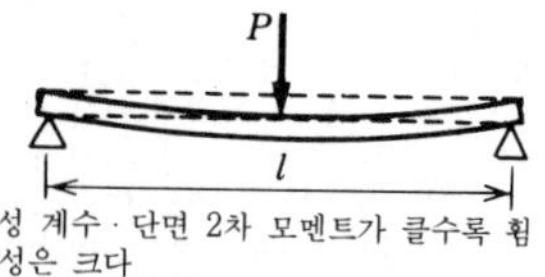

탄성 계수·단면 2차 모멘트가 클수록 휨 강성은 크다
l이 길수록 휨 강성은 작다

rigidity degrading ratio 강성 저하율(剛性低下率) 철근 콘크리트 구조의 탄소성 복원력 특성에서 소성 변형의 증가로 겉보기의 강성이 초기의 탄성 강성에 대해 저하하고 있는 비율. =stiffness drop ratio

rigid joint 강절(剛節)[1], 강접합(剛接合)[2] (1) 강접합된 절점(節點). 외력에 의해 뼈대·부재가 변형해도 강절점에서의 각 재의 각도는 달라지지 않는다. 한 몸으로 타입된 철근 콘크리트 구조나 용접으로 만들어진 철골조의 기둥과 보의 접합부 등은 강절로 간주한다.

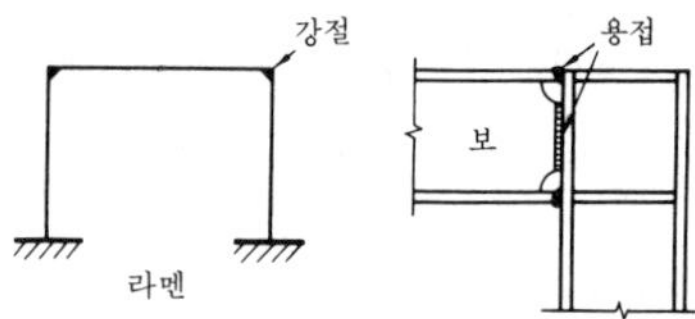

(2) 부재간 접합의 한 형식. 접합된 부재 상호간의 각도(변형 후의 각 부재의 절점에서의 접선 상호간이 이루는 각도)가 외력을 받아도 변화하지 않도록 접합. 라멘의 절점은 강접합이다.

rigid joint truss 강접 트러스(剛接−) 트러스 부재의 절점을 축력(軸力)과 함께 휨 모멘트도 전달할 수 있게 접합한 트러스.

rigid plasticity 강소성(剛塑性) 재료가 항복하기까지는 변형을 일으키지 않고 항복 후는 변형만이 증가한다고 하는 이상화된 역학적 성질.

rigid plasticity model 강소성 모델(剛塑性−) 재료의 응력도와 변형도의 관계 혹은 부재의 하중과 변형의 관계를 강소성으로 한 모델.

rigid structure 강구조(剛構造) 건축물 뼈대의 접합점이 완전히 강하게 만들어진 구조.

rigid wall 강벽(剛壁) 강성이 높은 벽. 보통은 수평 하중에 대하여 잘 변형하지 않는 벽을 가리킨다. 내력벽은 강벽의 대표적인 것이다.

rigid zone 강역(剛域) 일반적으로 뼈대의 절점에는 헌치(haunch)가 있거나 폭이 넓은 기둥이나 벽이 부착되어 있다든지 하기 때문에 여기에는 단면 2차 모멘트가 무한대에 가까워지는 부분이 생긴다. 이 부분을 강역이라 하고 일종의 변단면재(member of non-uniform section)로서 다룬다.

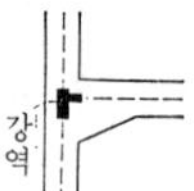

rim lock 함자물쇠(函−) 상자 속에 장치를 넣은 자물쇠.

rinceau 당초무늬(唐草−) =palmette

rind-gall 껍질박이 수목이 성장 도중에 목질부에 파고든 나무껍질. 제재(製材)에서는 종단면상에 검은 선 모양으로 나타내어 외관을 해치고, 또 이 부분의 조직은 부착 강도가 거의 없다.

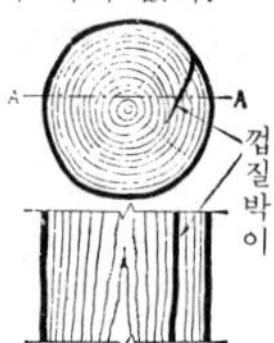

ring girder 링 거더 고리 모양의 보. 설계에는 휨 비틀림 모멘트도 고려된다.

ring green 환상 녹지(環狀綠地) 도시를 환상으로 감싼 녹지로, 시가지의 팽창을 억제한다.

ring plate 링 플레이트, 링판(−板) 중심부에 둥근 구멍이 있는 원판이 면에 수직인 하중을 받는 것.

ring-porous wood 환공재(環孔材) 나이테를 따라 거친 도관(導管)이 배열되어 있는 층과, 촘촘한 도관이 배열되어 있는 층으로 이루어져 있는 목재.

ring reinforcement system 원형 배근법(圓形配筋法) 플랫 슬래브 등의 배근법의 하나. 독일에서 고안되었다. 주두부(柱頭部) 상단근과 주간부(柱間部) 하단근에 고리 모양의 배근을 하는 수법.

ring road 환상 도로(環狀道路) 도심 혹은 중요 지점을 중심으로 하여 그 외주부에 환상으로 설치되는 도로. 방사형 도로의 상호간을 연락하여 방사 환상 도로망을 형성한다.

ring runner 링 러너 막대 모양의 장식형 레일에 쓰이는 고리 모양의 커튼용 철물.

ring shake 갈림 =cup shake

ring stress 링 응력(－應力) 회전 대칭 곡면판의 위선(緯線) 방향의 응력.

ring tension 링 텐션 회전체 셸의 위선(緯線) 방향의 링을 받는 인장력.

rip 립 경량 형강의 단면 끝을 구부린 것과 같은 모양을 한 것을 말한다. 립 홈형강, 립 Z형강, 립 산형강 등이 있다. 국부 좌굴을 방지하여 단면형을 유지하는 효과를 갖는다.

rip channel steel 립 홈형강(－形鋼) 국부 좌굴을 방지하기 위한 리브를 끝 부분에 붙인 경량 홈형강.

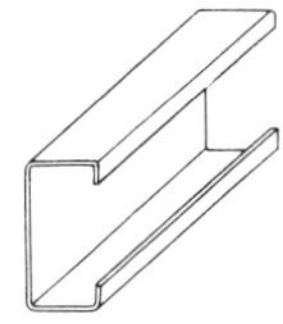

ripper 리퍼 단단한 흙이나 연약한 암석을 파내는 갈고랑이 모양의 기계.

riprap 사석(捨石) 돌담쌓기 등에서 밑창돌 밑에 지반 보강을 위해 까는 대형의 쇄석. =rubble mound

rip saw 세로톱 목재를 나뭇결 방향으로 켜는 톱.

rip Z section steel 립 Z형강(－形鋼) 경량 형강 중 Z형을 한 것으로, 양 끝이 좌굴 방지를 위해 굽혀져 있다.

rise 단높이(段－) 계단의 디딤바닥간의 수직 거리. 일반적으로 15~18cm 정도가 적합하다. 계단의 경사는 단높이와 디딤바닥 치수와의 비율로 정해진다. 건물 용도에 따라 최대 단높이가 정해져 있다(그림 참조).

riser 챌면(－面)[1], 입관(立管)[2] (1) 계단의 디딤널간에 넣는 수직의 판.
(2) 건축 설비의 난방이나 냉방, 급배수관 등에서 수직으로 설치되어 있는 관.

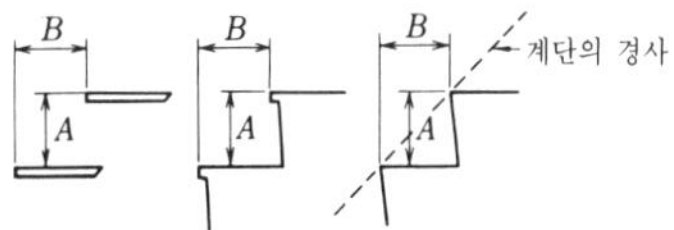

A : 단높이(주택에서는 23cm이하, 국교 아동용 16cm이하)
B : 디딤바닥

rise

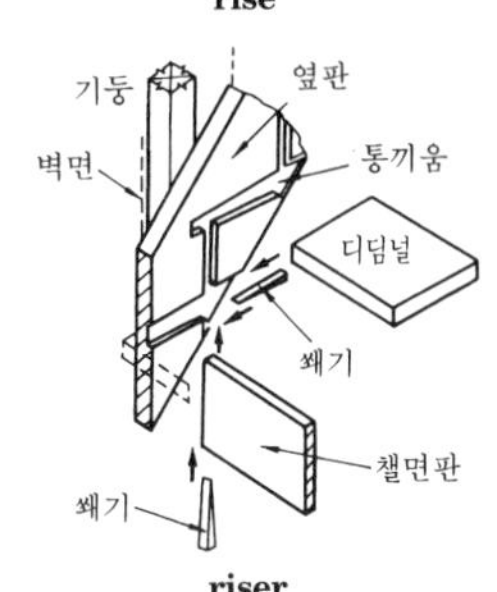

riser

riser pipe 수직관(垂直管) 웰 포인트 공법에서 지중에 설치하는 수직의 관. 하단에 취수용의 웰 포인트를 부착하고, 상단은 배수용의 헤더 파이프에 스윙 조인트로 접합한다. 관경은 일반적으로 $1\frac{3}{4}$인치.

risk 위험도(危險度) =hazard

risk analysis 위험도 해석(危險度解析) 구조물의 위험도를 하중 및 내력의 모델화에 입각하여 확률 통계적 수법에 의해 정량적으로 구하는 것.

risk index of fire occurrence 출화 위험도(出火危險度) 시설별 혹은 지역별로 본 예상되는 출화율.

risk index of interioral space 시설내 공간 위험 지수(施設內空間危險指數) 시설내에 있는 방, 복도 등의 각 공간에 대하여 각종 재해에 대한 위험성의 정도를 지표화하여 나타낸 것.

risk index of urban space 도시 공간 위험 지수(都市空間危險指數) 각종 재해에 대한 도시 공간의 위험성 정도를 나타내는 지수. 지반, 지형, 시설의 밀도 등을 가미하여 판정된다.

risk management 위험 관리(危險管理), 위기 관리(危機管理) 건설 사업 등에 수반하는 인위적, 경제적인 리스크나 천재(天災) 등에 의한 각종 리스크를 분석, 평가하여 최소한으로 억제하기 위한 체계적 조치.

risk probability 위험 확률(危險確率)[1], 초과 확률(超過確率)[2] (1) 구조물 혹은

기타의 물체가 파괴 혹은 과도한 변형과 같은 위험한 상태로 되는 확률.
(2) 설정한 한계를 넘어서 어떤 사상(事象)이 발생하는 확률.

ritire community 리타이어 커뮤니티 미국에서 발달하고 있는 고령자만이 생활하는 지역 공동체. 상업 시설, 의료 시설, 운동 시설이 갖추어져 있으며, 입주에는 고액의 자금을 필요로 한다.

Ritter's method 리터의 절단법(－切斷法) 트러스 부재에 생기는 축방향력을 구하는 방법의 하나. 단지 절단법이라고도 하며, 어느 특정한 부재의 축방향력만을 구할 때 유효한 해법이다. 응력을 구하려는 부재를 포함하여 2 또는 3개의 부재를 절단하여 트러스 전체를 두 구조체로 분할하고, 그 어느 한쪽의 구조체에 대해서 $\Sigma X=0$, $\Sigma Y=0$, $\Sigma M=0$의 힘의 균형에서 구한다.

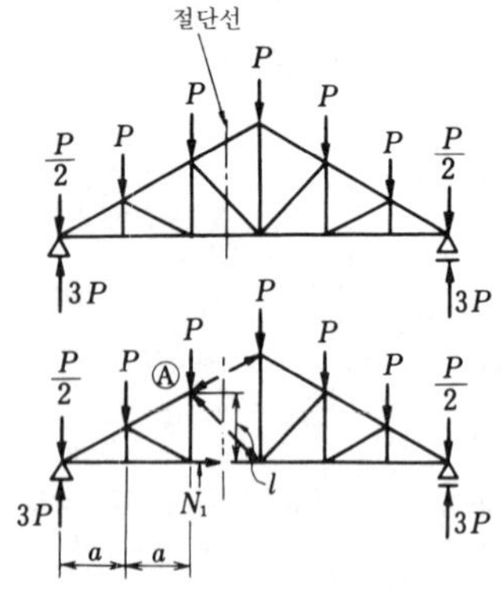

$\Sigma M_A=0$ 에서,

$$3P\times 2a-\frac{P}{2}\times 2a-Pa-N_1 l=0$$

$$N_1=\frac{4Pa}{l}$$

Ritz's method 리츠법(－法) 경계값 문제를 대상으로 하는 변분 문제의 직접법에 의한 해법.

river gravel 강자갈(江－) 하천에서 산출하는 자갈.

river sand 강모래(江－) 하천에서 산출하는 모래.

river surveying 하천 측량(河川測量) 하천 개수 등 하천의 공사에 있어서 하천의 상태를 명백하게 하기 위해 하는 측량. 평면 측량·수준 측량(종단면도·횡단면도)·유량 측정 등이 포함된다.

rivet 리벳 체결용 부품의 일종. 환봉(丸棒)에 머리가 달린 것. 철판이나 강재 등을 겹쳐서 뚫은 구멍에 리벳을 꽂고 끝을 압착하여 체결한다.

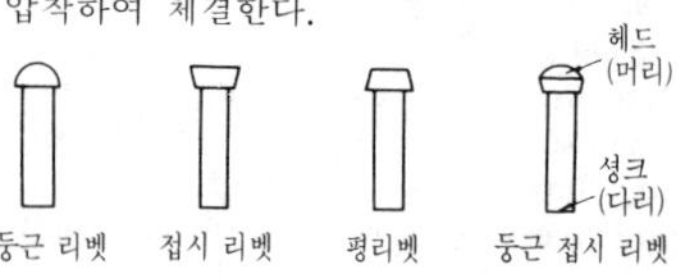

riveted connection 리벳 이음 철골 구조의 맞춤이나 이음을 리벳으로 박아 접합하는 것. ＝riveted joint

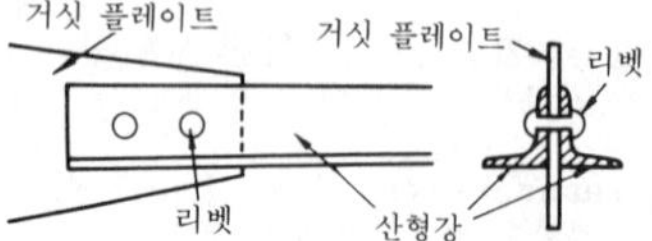

riveted joint 리벳 이음 ＝riveted connection

riveter 리베터 리벳을 박는 기계로, 압축 공기를 사용하여 피스톤을 고속으로 왕복시켜 리벳 머리에 댄 스냅을 충격하여 때리는 리벳 해머. 이 밖에 전기 리베터도 있다.

rivet gauge 리벳 게이지 응력 방향으로 배열된 리벳의 중심을 잇는 선을 리벳 게이지선이라 하고, 게이지선의 간격을 리벳 게이지 또는 게이지 치수라 한다.

rivet holder 리벳 홀더 리벳을 체결할 때 리벳 머리를 지지하는 받침쇠.

rivet hole 리벳 구멍 리벳 이음에서 리벳을 꽂기 위해 리벳 체결 판재(板材)에 미리 뚫어놓는 구멍.

riveting 리벳 체결(－締結) 800℃ 정도로 가열한 리벳을 리벳 구멍에 통하고, 리벳의 머리에 판을 댄 다음, 반대측에서 리벳으로 체결하는 것. 보통 공기 해머로 때리며, 리벳이 구멍 지름에 충분히 들어가는 것이 중요하다.

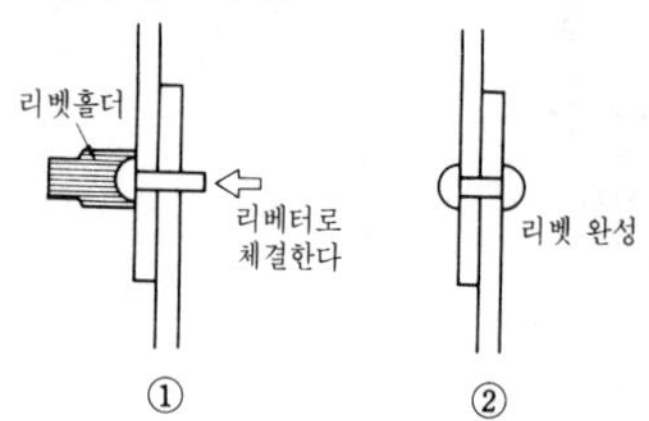

riveting hammer 리벳 해머 리벳 머리를 쳐서 체결하는 해머. 철골, 철판의 접합

등에 사용한다.

rivet joint 리벳 이음 리벳으로 접합된 이음을 말한다.

rivet line 리벳선(-線) 리벳을 박는 기준선을 말한다.

rivet pitch 리벳 피치 일렬로 배열한 리벳과 리벳의 중심간 거리. =rivet spacing

rivet shaft length 리벳 길이 리벳축의 길이를 말한다.

rivet spacing 리벳 피치 =rivet pitch

road 도로(道路) 일반 교통에 쓰이는 통행로의 총칭.

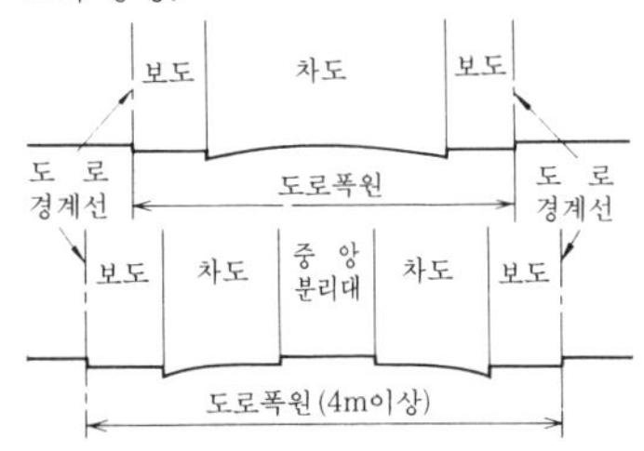

road heating 로드 히팅 적설에 의한 교통 정체를 방지하기 위해 도로 밑에 히터를 설치하는 융설(融雪) 장치.

road lamp 가로등(街路燈) 야간의 통행 안전을 도모하기 위해 도로에 면하여 설비하는 조명 기구.

road ratio 가로율(街路率)[1], 도로율(道路率), 도로 면적률(道路面積率)[2] (1) 시가지의 지구 면적에 대한 가로 면적이 차지하는 비율. 백분비로 나타낸다. =street ratio
(2) 지역에 있어서의 전토지 면적에 대한 도로 면적의 비율. 백분비로 나타낸다.

road roller 도로용 롤러(道路用-) 도로 공사나 정지 작업에서 지면을 다지는 데 사용하는 전압(轉壓) 기계. 머캐덤 롤로(Macadam roller), 탠덤 롤로(tandem roller), 3축 탠덤 롤러, 타이어 롤러가 있다.

roadside 노측(路側) 차도 바깥쪽에 인접하는 부분을 가리키는 일반적인 명칭.

roadside environment 연도 환경(沿道環境) 도로나 철도에 접하는 공간에 있어서의 소음, 진동, 대기 오염, 일조 장해, 경관 등을 포함한 지구의 환경.

roadside green-belt 환경 시설대(環境施設帶) 주택지 등 생활 환경 보전이 필요한 지역에서 도로 교통에 기인하는 소음, 배기 가스, 진동 등의 연도 지역으로의 영향을 경감하기 위해 도로 용지로서 확보되는 폭 10~20m의 공간.

roadside land use 연도 토지 이용(沿道土地利用) 간선적 도로의 연도에 특징적인 토지 이용을 말한다. 기능적 측면과 제도적 측면에서의 이용을 볼 수 있다. 드라이브인의 입자가 전자의 예이고, 용적률이 큰 중고층 건축물의 입지가 후자의 예이다.

roadside landscape 도로 경관(道路景觀) =highway landscape

roadside scenery 연도 경관(軟度景觀) 보도, 차도에서 본 경관. 도로 자체의 설계, 부대물, 식수, 건축물, 광고물 등에 따라 정해진다.

roadside trees 가로수(街路樹) 가로를 따라 심어진 수목. =street trees

road sign 도로 표지(道路標識) 교통에 대한 안내, 경고, 규제 또는 지시를 기호, 문자, 색에 의해 전하기 위해 도로상에 설치하는 표시판.

road structure 도로 구조(道路構造) 도로의 기능 설계에서 다루는 횡단면 구성 등의 기하 구조와 도로의 구조 설계에서 다루는 노체(路體), 토목 등의 물리적 구조를 나타내는 총칭.

road traffic vibration 도로 교통 진동(道路交通振動) 도로상을 주행하는 차량에 의해 발생하는 진동. 발생 진동의 크기는 차량 중량, 노면의 평활도, 차속 등에 따라 변화한다.

roadway 차도(車道) =driveway

Robinson anemometer 로빈슨 풍속계(-風速計) 반구형(半球形)의 풍배(風杯) 3~4개를 부착하여 바람에 의한 회전수에서 풍속을 구하는 표준적인 풍속계. →anemometer

Robinson's cup anemometer 로빈슨 풍속계(-風速計) =Robinson anemometer

Robitzsch's pyrheliometer 로비치 자기 일사계(-自記日射計) 일사량을 자동적으로 기록할 수 있는 계기. →pyrheliometer

robot 로봇 위험 작업, 단순 반복 작업, 중노동 등을 인간을 대신해서 하는 기계 장치의 총칭. 건설용 로봇으로서는 조사, 점검, 도장, 스프레이, 철골·철근, 미장,

청소 등 각종의 것이 개발되고 있다. 건설 노동력의 부족과 숙련공의 감소를 보상하기 위해 건설 로봇의 개발이 요망된다.

robotics 로보틱스, 로봇 공학(—工學) 로봇+테크닉스(공학)의 합성어로, 로봇에 관한 기술 공학적 연구를 하는 학문. 센서 공학·인공 지능의 연구, 마이크로일렉트로닉스 기술의 종합적 학문 분야.

robotology 로보톨로지, 로봇학(—學) 로봇+로고스(학문)의 합성어로, 로봇의 사회에 미치는 사회적·경제적·기술적인 연구를 하는 새로운 분야.

rocaille 로카이유 장식(—裝飾) 로코코 양식에 사용된 복잡한 부각 장식. →Rococo style

rock bed 암반(岩盤) 기초 지반이 암석으로 되어 있는 지반. =base rock

rock drill 착암기(鑿岩機) 암석을 파쇄하기 위해 암석에 구멍을 뚫는 기계로, 동력으로서는 압축 공기 외에 전동식도 있다.

rocker bearing 로커 베어링 교대(橋臺)나 교각(橋脚)에 사용되는 콘크리터 로커 베어링.

rocker room 갱의실(更衣室) 옷을 바꾸어 입기 위한 방. =dressing-room

rock garden 바위 정원(—庭園), 암석 정원(岩石庭園) 암석을 조합시켜 고산 식물이나 암지에서 자라는 식물 등을 심은 정원을 말한다.

rocking 로킹 강(剛)한 건물이나 내력벽의 진동 모델에서 전도(轉倒) 모멘트에 의해 생기는 기초의 회전 진동 성분.

rocking chair 로킹 체어, 흔들 의자(—椅子) 앉은 채로 전후로 흔들리게 하는 것을 목적으로 하여 네 다리 끝에 굽은 가는 부재를 고정시킨 의자.

rock-jack breaking method 록잭 공법(—工法) 콘크리트의 무진동·무소음 해체 공법의 하나. 천공 중에 쐐기식 등의 천공 확대 용구를 꽂아서 파괴한다. 철근이 있는 부분에서는 곤란하다.

rock mass 암반(岩盤) 암석으로 구성되는 지반의 총칭. 대소 여러 가지 불연속면을 경계로 하여 상접하고 있는 집합체.

rock pocket 곰보 콘크리트 속에 곰보 모양으로 빈틈이 생긴 불량 부분.

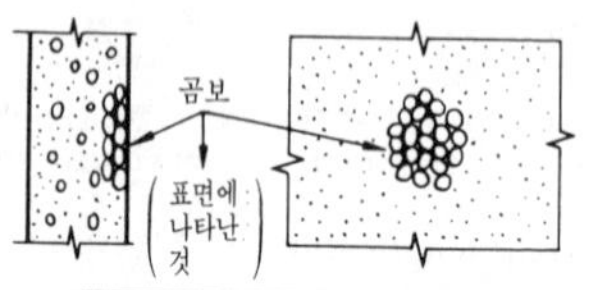

〔원인〕
- 거푸집의 틈에서 모르타르가 누출한다
- 콘크리트 타설 방법에 따른 굵은 골재의 분리·집중
- 다짐 불충분으로 모르타르가 굵은 골재를 덮지 못한다

〔영향〕
- 피복 두께가 부족하여 철근의 부식을 촉진시킨다
- 단면의 결손이 된다

Rockwell hardness 록웰 경도(—硬度) 다이아몬드 콘(cone) 또는 강구(鋼球)에 압력을 가하여 시료(試料)에 자국을 내고, 그 깊이로 나타내는 경도. 일반적으로 브리넬 경도 시험기에 비하여 엷은 재료도 측정할 수 있는 이점이 있다.

rock wool 암면(岩綿) 안산암이나 현무암을 용해하여 섬유상으로 급랭한 인조 광물 섬유. 암면은 암면 아스팔트판, 보온재, 흡음재로서 사용된다.

rock wool acoustic material 암면 흡음재(岩綿吸音材) 암면의 섬유를 접착제에 의해 펠트상(狀)이나 판상으로 성형, 가공한 흡음재.

rock wool board 암면판(岩綿板) 암면을 원료로 하여 만든 판상(板狀) 제품으로, 암면 밀 보드, 암면 보온판, 암면 블랭킷 등이 있다. 단열, 흡음용으로 사용된다.

rock wool felt 암면 펠트(岩綿—) 암면에 접착제를 가하여 판상(板狀)으로 하고 펠트를 붙인 것.

rock wool shock absorber 암면 완충재(岩綿緩衝材) 고체음이나 충격성 진동 등의 전파(傳播)를 차단 혹은 감쇠시키기 위해 전파 경로 도중에 삽입되는 판상이나 펠트상(狀)으로 정형된 암면.

rock wool sound absorbing board 암면 흡음판(岩綿吸音板) 암면을 주성분으로, 접착제·혼합제를 써서 성형한 마감 재료. 단열성이나 흡음성이 뛰어나고, 시공성도 좋기 때문에 각종 건축물의 천장재로서 사용한다.

rock wool spraying 암면 스프레잉(岩綿—) 암면을 분출기에 의해 뿜어붙인 마감법. 또는 마감한 것. ① 암면과 접착제를 섞어서 뿜어붙인다. ② 안산암 등을 녹여서 압축 공기에 의해 직접 뿜어붙인다. 표면은 섬유상이며, 내화성이 있다. 철골재의 방화 성능을 높이기 위해 널리 쓰인다.

Rococo architecture 로코코 건축(-建築) 바로크 건축의 최종 단계로서 18세기 프랑스를 중심으로 유행한, 주로 실내의 장식 양식.

Rococo style 로코코 양식(-樣式) 18세기 전기에 프랑스 등에서 유행한 실내 장식 양식. 로카이유라고 불리는 독특한 장식이 특징이다. →rocaille

rod 로드 ① 암반이나 토질의 보링에 사용하는 시추용 강관. 이 이음을 로드 커플링이라 한다. ② 슬라이딩 폼에서의 잭을 승강시키는 파이프.

rod buster 철근공(鐵筋工) =reinforcing bar placer

rodding 막대다짐 ① 나무 막대나 대를 써서 콘크리트를 다지는 것. ② 다짐대로 매토(埋土) 혹은 모래, 자갈을 다지는 것.

rod rail 로드 레일 막대 모양의 커튼 레일. 목제, 금속제 많다.

rod tamping 다짐 흙쌓기 또는 콘크리트 타입 등에서 틈이 작고 조밀하게 되도록 찌르거나 두드리거나 하는 것.

rod type vibrator 막대형 진동기(-形振動機) 발진체를 내장한 원통 막대형의 진동체를 갖춘 콘크리트용 진동기. 직접 콘크리트 속에 삽입하여 진동을 준다.

roll 기와가락 금속판 기와가락으로 이은 지붕의 심재.

roll blind 롤 블라인드 창 안쪽에 부착하는 감아 올리기식의 차양.

rolled steel 압연강(壓延鋼) 상온 또는 고온으로 가열한 강괴를 봉강·형강·강판 등 소정의 형상으로 압연한 강.

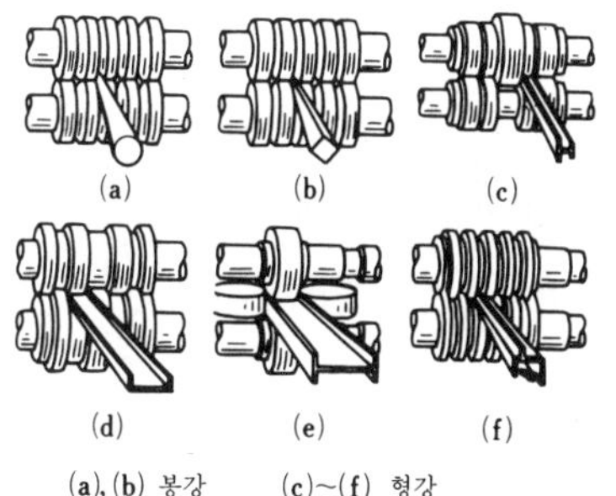

(a), (b) 봉강 (c)~(f) 형강

rolled steel beam 형강보(形鋼-) H형강·I형강 또는 U자형강 등을 단독으로 사용한 보.

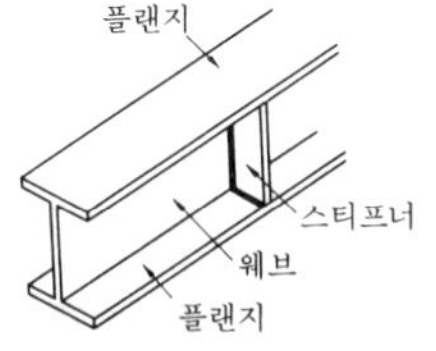

rolled steel column 형강주(形鋼柱) 형강(주로 I형강, U형강)을 그대로 사용한 기둥을 말한다.

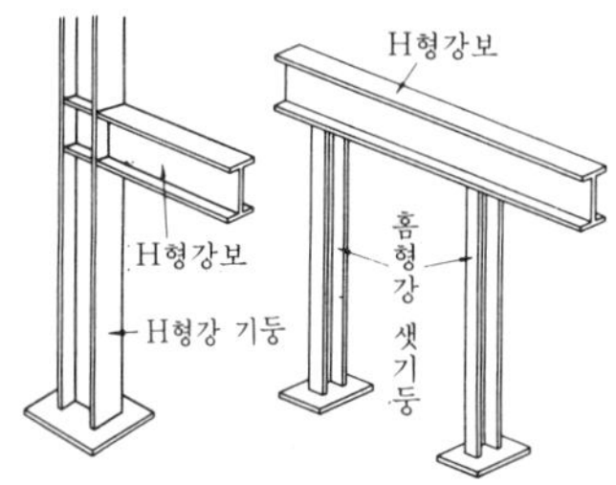

rolled steel for general structure 일반 구조용 압연 강재(一般構造用壓延鋼材) 림드(rimmed)강을 압연한 강재. 재료 기호에 SS를 사용하므로 SS재라고도 한다. 종류로는 강판·띠강·평강·봉강 및 형강이 있다. 건축·교량·선박·차량, 기타의 구조물에 사용한다.

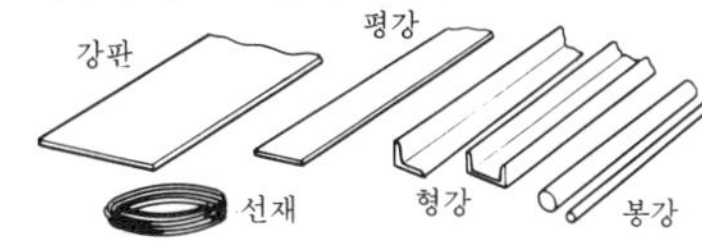

rolled steel for welding structural purpose 용접 구조용 압연 강재(鎔接構造用壓延鋼材) 용접성이 뛰어나고, 특히 균열 등이 생기지 않는 강재. 강재 기호는 SM으로 표시되고 A, B, C의 순서로 용접성이 좋아진다.

rolled structural steel 일반 구조용 압연 강재(一般構造用壓延鋼材) 일반의 구조에 쓰이는 압연된 강판, 형강 등의 총칭.

roller 굴림대 중량물을 이동시킬 때 밑에 까는 롤러.

roller bearing 롤러 베어링, 구름 베어링 구름 베어링의 일종. 내외륜(內外輪) 사이에 다수의 롤을 삽입한 베어링. 볼 베어링보다 접촉면이 넓기 때문에 큰 하중에 견디어낼 수 있어 타격력이 많이 작용하는 곳에 사용된다.

roller brush 롤러 브러시 솔을 대신하는 도장 용구. 양모 등을 감은 롤러에 도료를 묻혀 회전시키면서 도장한다.

roller chain 롤러 체인 다수의 롤러 링크를 연결한 체인. 동력 전달용 및 원료·제품의 반송용 등 사용 범위가 넓다.

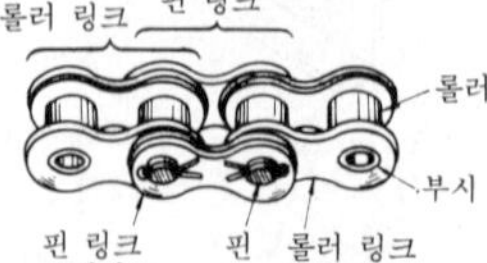

roller coating 롤러 칠 외벽의 도장이나 천장면의 페인트칠을 할 때 롤러를 써서 마감하는 방법.

roller conveyer 롤러 컨베이어 물체의 연속식 반송 기계. 조립한 틀에 롤러를 배열하고, 롤러의 회전에 의해 물체를 활주시킨다. 인력으로 미는 것과 동력에 의한 것이 있다.

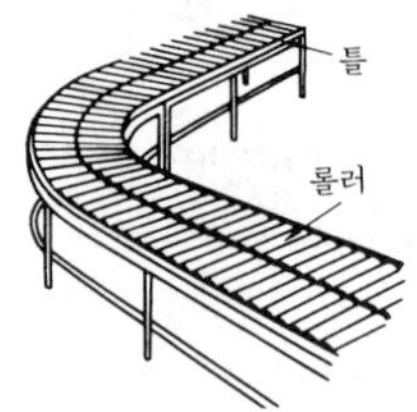

roller electrode 롤러 전극(−電極) 심 용접이나 롤러 점용접 등에 사용하는 전극. 원판상의 두 전극 사이에 용접할 재(材)를 끼우고, 통전하면서 전극을 회전시켜 용접한다.

roller end 이동단(移動端) 지지하고 있는 부재의 회전과, 지지대에 평행한 방향으로의 이동이 가능한 지점(支點) 또는 재단부(材端部). 롤러라고도 한다.

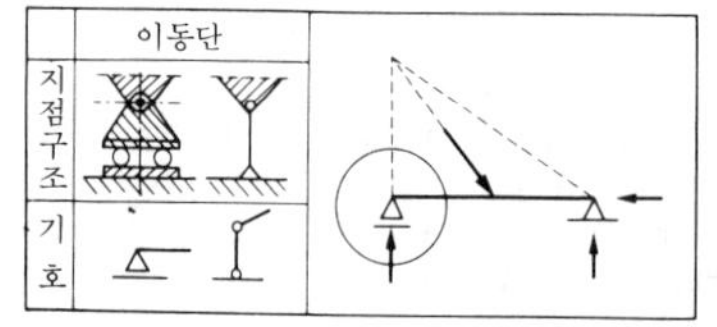

roller finish 롤러 마감 스프레이 마감재를 도포하여 요철(凹凸) 부분을 롤러로 매끄럽게 마감하는 방법.

roller latch 롤러 래치 닫힌 문이 열리지 않도록 고정시키는 철물. 스프링을 누른 롤러와 받음쇠의 조합으로 되어 있다.

roller pipe 롤러 파이프 롤 블라인드를 감아 올려서 수납하는 스프링을 내장한 파이프.

roller support 롤러 서포트, 롤러 지점(−支點) 지점을 고정하지 않고 수평 이동을 가능하게 한 단부(端部).

roller support (bearing) 롤러 접합(−接合) 구조 부재의 지지단이 어느 방향으로 자유롭게 이동하는 롤러로 되어 있는 지지 방법.

roll H 롤 H 회전 롤을 써서 열간 압연한 기성 제품의 H형강. →built H

rolling 압연(壓延)[1], 전압(轉壓)[2] (1) 금속 덩어리를 일정한 모양으로 전연(展延)·가공하는 방법의 하나로, 서로 반대 방향으로 회전하는 롤 사이를 통하여 필요로 하는 재형(材形)을 얻기까지 압출하여 성형을 한다. 열간 압연과 냉간 압연이 있다.
(2) 흙을 어느 두께로 돋우고 전압 기계를 써서 다지는 조작. =press-roll

rolling core plywood 롤 코어 합판(−合板), 롤 합판(−合板) =rolling core veneer

rolling core veneer 롤 코어 합판(−合板), 롤 합판(−合板) 허니콤 합판의 코어 구조와 비슷한 것으로, 합성 수지를 함침 처리한 크라프트지를 특수한 구조로 성형하여 코어로 한 합판을 말한다. =rolling core plywood

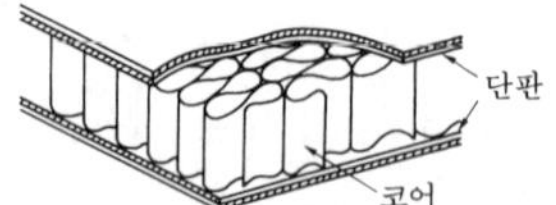

rolling door shutter 셔터 금속제의 가늘고 긴 부재를 발 모양으로 조합시켜 이를 감아서 수납할 수 있는 문. =rolling shutter

rolling load 구름 하중(−荷重) 이동할 수 있는 하중을 말한다. 차량 등이 이동함으로써 차바퀴를 전해서 가해지는 하중.

rolling method 롤링법(−法) 콘크리트 속의 공기량 측정법의 하나. 시험 용기에 자료를 넣고, 진동한다든지 롤링한다든지 하여 공기를 빼고, 물과 치환하여 공기량을 용적에 의해 측정한다. 용접 방법이라고도 한다.

rolling screen 롤링 스크린 창 등의 위쪽에 감아 올리는 방충용의 쇠그물 스크린.

rolling shear 롤링 시어 접착한 합판의 접착층에 작용하는 층내 전단력, 그 현상을 말한다.

rolling shutter 셔터, 두루마리문(−門)

창 위 또는 기타 편리한 곳에 감아넣을 수 있는 강철제 등의 셔터.

rolling temperature 압연 온도(壓延溫度) 압연 과정에서의 강재의 온도.

rolling tower 이동식 비계(移動式飛階) 필요한 위치로 자유롭게 이동하여 작업할 수 있는 작업대.

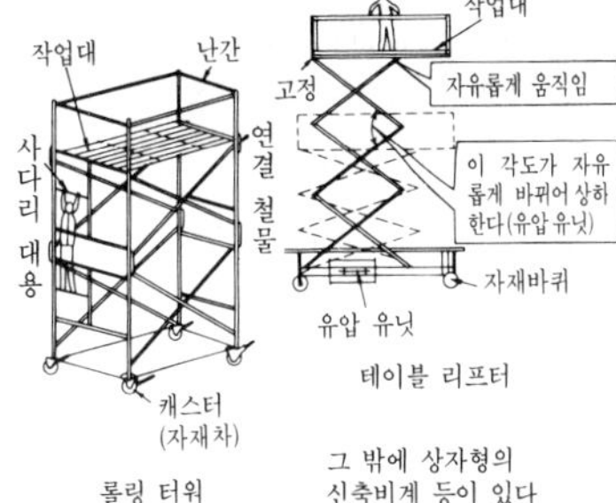

roll steel 롤 스틸 제품의 단면 형상과 같은 형의 회전 롤을 써서 제작된 강재의 총칭. I형, H형 등의 형강이나 레일, 시트 파일 등이 있다.

Roman architecture 로마 건축(一建築) 고대 로마 건축의 양식. 기본적으로는 그리스 건축을 승계하고 있으나 콘크리트의 사용과 아치의 채용으로 보다 대규모이고 복잡한 건축이 가능하였다. 신전뿐만 아니라 궁전·주택·극장·투기장·욕장·시장·기념문 등 건물의 종류도 풍부하며, 도로나 수도 등의 도시 시설도 발달하였다.

Romanesque architecture 로마네스크 건축(一建築) 11세기부터 12세기에 걸쳐 서유럽 각지의 교회당을 중심으로 행하여진 건축 양식. 지방색이 강하고, 반원 아치를 사용한 소박한 외관이 특색이다.

Roman roof tile 이탈리아 기와 양기와의 일종. 둥근 기와와 평기와를 조합시켜서 잇는다.

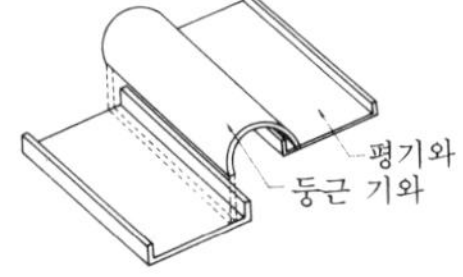

roof 지붕 건축물의 상부를 덮어 외부와 차단하고, 비바람이나 직사 일광으로부터 내부를 보호하는 부분. 건물의 외관, 지붕의 구조, 바탕 및 마감 재료에 따라 여러 가지 형상이 있다.

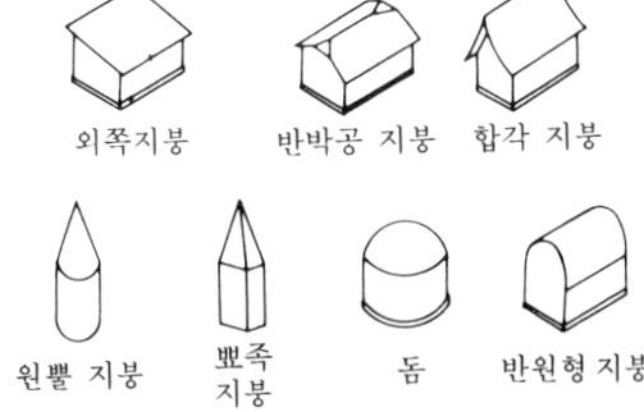

roof beam 지붕보 지붕 바로 밑에 위치하는 보. 휨 전단에 저항한다.

roof board 지붕널 지붕 또는 지붕면이나 서까래 위에 덮는 널.

roof coating 루프 코팅 지붕면을 지붕 재료로 피복하는 것. 지붕면 위를 도료로 마감하는 것.

roof construction plan 지붕 구조 평면도(一構造平面圖) 지붕 구조재의 배치를 평면적으로 표시한 도면. 보·도리·중도리·마루대·귀잡이보·서까래의 배치와 치수를 나타낸 것.

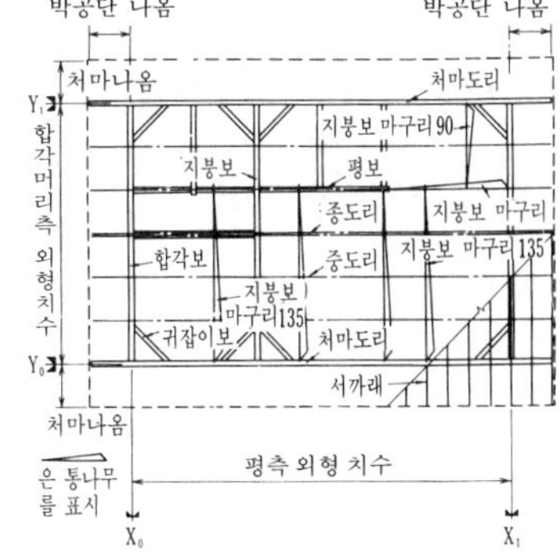

roof deck 루프 덱 판두께 0.4~0.8mm의 컬러 철판 또는 알루미늄판을 절판(折板)으로 가공한 지붕재. 창고나 공장에서 쓰인다.

roof drain 지붕 배수(一排水) 지붕의 빗물 흐름이나 비아무림을 좋게 하는 것.

roof fan 루프 팬 환기를 위해 지붕에 설치하는 송풍기.

roof floor 옥상(屋上)[1], 옥상층(屋上層)[2]
(1) 지붕 위. 보통은 사람들이 나올 수 있는 평지붕의 부분.
(2) 건물의 옥상에 두어진 층. 보통, 탑옥이 있고, 광장, 설비 기계실 등으로 사용되는 경우가 많다.

roof frame 지붕틀 구조(一構造) 지붕을 받치는 뼈대의 총칭. =roof truss

roof framing plan 지붕 평면도(-平面圖) 건물을 위에서 보아 목조 지붕의 구조를 나타낸 평면도.

roof garden 옥상 정원(屋上庭園) 옥상에 만들어진 정원.

roof guard 눈막이 =snow guard

roofing 지붕 공사(-工事) 지붕에 관한 공사의 총칭. 너와지붕잇기, 기와잇기, 금속판 잇기, 석면 슬레이트 잇기, 천연 슬레이트 잇기 등이 있다.

roofing felt 루핑 펠트 지붕잇기나 지붕 방수를 할 때 쓰이는, 섬유를 적당한 두께로 가습·가열한 단열·방수용 재료.

roof light window 천창(天窓) 천장이나 지붕에 설치한 창. =skylight window

roof parking 옥상 주차장(屋上駐車場) 건물 옥상에 설치한 주차 시설.

roof plan 지붕 평면도(平面圖) 지붕의 모양을 평면적으로 나타낸 그림.

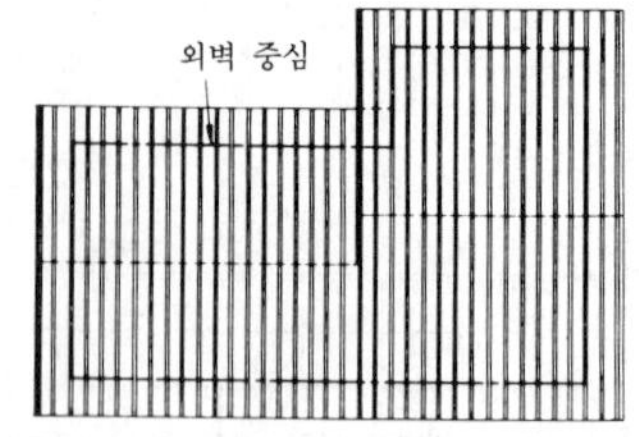

roof tank 옥상 탱크(屋上-), 옥상 수조(屋上水槽) 급수를 위해 건축물 옥상에 설치하는 수조. 수압이 낮아서 건축물의 필요한 곳에 직접 급수할 수 없는 경우에 필요한 수두(水頭)를 얻기 위해 사용한다.

roof tile 기와 지붕을 이는 재료의 일종. 원료에 따라서 찰흙 기와·시멘트 기와·석면 기와·금속 기와가 있다.

roof truss 지붕틀 수직재·수평재 및 경사재를 세모로 짜서 만든 지붕을 받치는 목조의 뼈대.

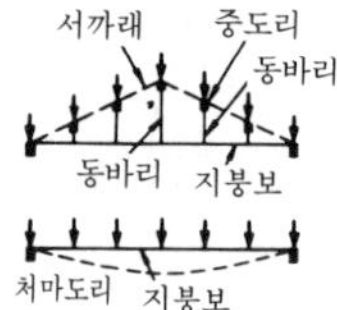

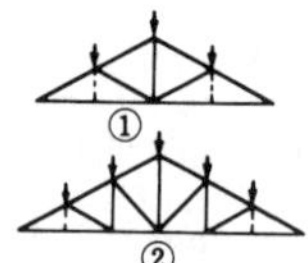

(a) 한 옥 (b) 양옥 부재의 축방향력

파선은 응력 0 굵은선은 압축재

roof ventilator 루프 벤틸레이터 공장의 지붕 등에 설치하는 자연 환기 장치. 지붕면에 군데군데 배치된다.

room 방(房), 실(室) 건물 내부의 구별된 원래 거실적인 부분.

room acoustics 실내 음향학(室內音響學) 실내의 음의 전달 및 잔향 등의 현상과 그것을 들었을 경우의 효과를 연구 대상으로 하는 과학.

room air conditioner 룸 에어 컨디셔너, 룸 에어컨 주택 및 건물 작은 방의 냉방 또는 냉난방을 하는 소형의 공기 조화기를 말한다. 창문형, 스플릿형, 간이 설치형 등이 있다.

room condition set point 실내 설정 조건(室內設定條件) 공기 조화 설비 등을 운전하는 경우 실내에 설치하는 제어 장치의 목표값.

room cooler 룸 쿨러 룸 에어 컨디셔너 중 냉방 전용기를 말한다.

room devider 룸 디바이더 실내를 분할하는 칸막이, 병풍, 가리개 등.

room for rent 대실(貸室) =rentable room

room fragrance 룸 프레이그런스 인테리어를 색이나 모양 뿐만 아니라 좋은 향이 있는 것으로 하는 것. 단순한 방향제가 아니고 상품에 향을 함침시킨 것.

room height 천장높이(天障-) 바닥면에서 천장 밑면까지의 높이.

room index 방지수(房指數), 실지수(室指數) 광속법에 의해 실내의 전등 조명 계산을 하는 경우, 조명 기구의 이용률(조명률) U를 구하기 위한 하나의 지수로 방의 모양에 의한 영향을 나타낸 것. 방지수 R은 방의 폭 X, 길이 Y, 작업면에서 조명 기구까지의 높이 H, 천장 높이 H_0 등의 함수로서 나타낸다. 보통 R은 X/H와 Y/H로 정해진다. R은 직접 조명일 때는 $R=(3/4)(1/Z)$, 간접 조명일 때는 $R=(1/2)(\lambda/H_0)=(1/2)(1/Z)$. 여기서 $\lambda=2XY/(X+Y)$, $Z=H_0/\lambda$이며, λ는 단순화 척도, Z를 등가 높이라 한다.

room indicator 재실 표시 장치(在室表示裝置) 방 사용자의 재실을 필요한 곳에 표시하는 장치. 재(在)·부재(不在) 혹은 행선 등의 지시 장치와 표시 장치 및 전기 배선으로 구성된다.

room layout 간살잡기 주택에서의 방의 배치나 각방의 기능 할당.

room lighting 실내 조명(室內照明) 건물 내 각 방의 조명. 방에 고정한 조명 기구 및 이동 조명 기구의 점멸에 의해 각종 실내 조명이 행하여진다.

room temperature 실온(室溫) 어떤 방의 공기의 온도. 실내 공기의 평균 또는 특정한 장소의 온도를 가리킨다. 공기의 온도가 아니고 방사나 기류의 영향을 포함한 인체의 감각 온도를 가리킬 때도 있다.

room temperature fluctuation 실온 변동(室溫變動) 외기 기후 또는 실내 발열의 변화 등에 의해 실온이 시간에 따라서 변화하는 것.

room temperature setting 상온 경화(常溫硬化) 특히 가열하지 않아도 경화하는 현상. 접착 접합에 있어 상온(실온)에서 접착 작업을 할 수 있기 때문에 경화 촉진제를 가하여 상온 경화 접착제로서 사용되고 있다.

root 루트 ① 용접부의 단면에서 용착 금속의 밑과 모재의 만나점을 말한다. ② 그룹의 밑부분을 루트라 한다. 즉 그림의 E를 루트 에지, f면을 루트면, d를 루트 간격이라 한다.

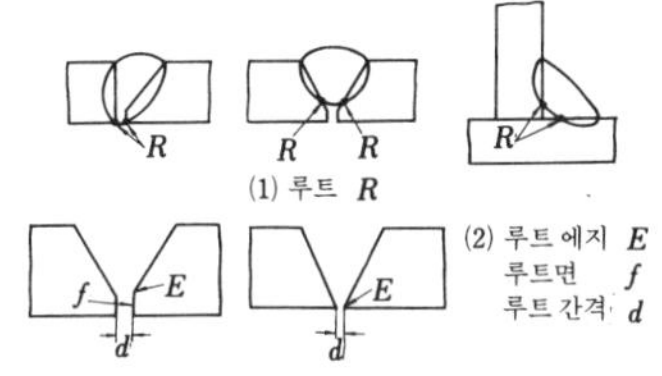

root bend test 뒷면 굽힘 시험(-面-試驗) 맞대기 용접 이음의 루트측이 인장으로 되도록 구부리는 시험.

root crack 루트 균열(龜熱) 용접부의 루트에서 발생하는 균열. 저온 균열의 일종으로, 용착 금속의 경화·수속·구속 응력 등이 원인이다.

root edge 루트 에지 용접부의 밑바닥 부분에서의 접합면.

rooter 루터 날카로운 날로 단단한 흙이나 포장 등을 파내는 토목 기계.

root face 루트면(-面) 용접부의 루트에 있어서의 접합면.

root gap 루트 간격(-間隔) 그루브 용접에서 용접되는 모재의 루트 간격. →root

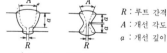

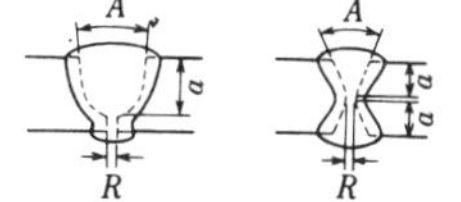

root opening 루트 간격(-間隔) 용접에서 접합하는 모재(母材)간이 밑바닥 부분의 간격.

root pass 초층 용접(初層鎔接) 개선(開先)의 루트부에 두는 비드의 용접.

root radius 루트 반경(-半徑) 그루브 용접에서 J형·U형·H형 등의 곡면이 있는 이음의 곡률 반경.

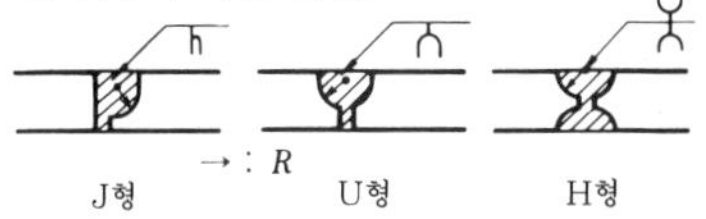

root running 뒷면 용접(-面鎔接) 한쪽 맞대기 용접에서 뒷면의 용입 부족을 보완하기 위하여 하는 가벼운 용접.

Roots flow meter 루츠식 유량계(-式流量計) 톱니바퀴식 유량계의 일종. 2개의 회전자가 미끄럼 접촉하면서 회전하고, 회전자와 케이스 사이를 계량실로 하여 유량을 측정한다.

root *t* method 루트 t법(-法) 테일러(D. W. Taylor)가 제안한 압밀 시험시의 압밀도와 시간의 관계를 구하는 방법.

rope 로프 섬유 또는 강선 등을 여러 가닥 꼬아서 만든 튼튼한 밧줄. 용도는 전동(傳動), 짐 매달아 올리기, 견인, 계류 등에 사용된다.

rosette 로제트 천장 부분에서 코드로 매다는 조명 기구와 옥내 전기 배선을 접속하여 조명 기구를 지지하기 위한 배선용 기구.

rosette type strain gauge 다축 게이지(多軸-) 스트레인 게이지 중 특히 2축 또는 3축 방향의 변형을 동시에 측정할 수 있는 것.

rose window 장미창(薔薇窓), 원화창(圓花窓) 꽃잎형의 장식 격자(tracery)에 스테인드 글라스를 끼워넣은 원형의 창. 고딕 건축에서는 특히 크고 화려한 것이 사용되었다. →Gothic architecture

rosin 송진(松津), 송지(松脂) 소나무과 수지에서 얻어지는 투명 황갈색의 고체를 말한다. 종류로는 도료용, 비누용, 제지용이 있다.

ro-tap shaker 로탭 셰이커 체질 시험기의 일종. 수평, 회전, 상하의 운동에 의해 모래나 자갈을 체질하는 기계.

rotary boring 회전식 보링(回轉式-) 지

반 조사의 하나. 굴착용 공구를 회전시켜 지중에 구멍을 뚫고, 흙의 시굴(試掘)을 하여 지층의 각 깊이의 시료(試料) 채취, 표준 관입 시험 및 지하 수위의 측정도 한다. →standard penetration test

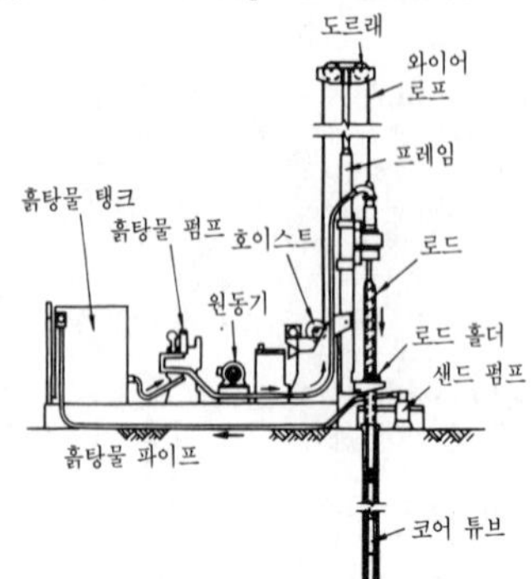

rotary burner 로터리 버너 보일러의 기름 연소 장치를 말한다. 주로 중유용으로 사용된다.

rotary compressor 로터리 압축기(-壓縮機) 편축(偏軸) 로터의 회전에 의해 형성되는 압축 기능을 이용한 압축기. 소형 저진동 저소음을 특징으로 하고 있다.

rotary cutting veneer 로터리 베니어 원목을 길이 2~5m로 마름질하고, 증기를 통해서 부드럽게 하여 로터리 플레이너로 통나무의 원주를 따라서 얇고 둥글게 벗긴 것.

rotary kiln 회전로(回轉爐) 시멘트를 소성하기 위한 직경 2~4m, 길이 160~170m의 회전하는 노.

rotary place 로터리 광장(-廣場) 원주상으로 차를 돌림으로써 신호기를 쓰지 않고 교통 정리를 하는 방식으로, 중심부의 섬 모양을 한 공간을 공원으로 한 것.

rotary planer 로터리 플레이너 로터리 베니어용의 폭이 넓은 대패를 갖는 평삭반을 말한다.

rotary pump 회전 펌프(回轉-) 압출형 펌프로 피스톤 작용을 하는 부분이 회전 운동을 하고, 밸브없이 작용하는 것을 말한다. 날개형의 회전자를 사용한 윙 펌프, 기어형 회전자를 사용한 기어 펌프 등이 있다.

rotary refrigerator 로터리 냉동기(-冷凍機) 로터리 압축기를 갖는 냉동기.

rotary switch 로터리 스위치 스냅 스위치의 일종으로, 손잡이의 회전에 의해 개폐를 한다.

rotary system 로터리 시스템 자동차의 교통 시스템의 하나. 신호를 쓰지 않고 한 방향으로 선회시키면서 처리하는 방식.

rotary type boring 회전식 보링(回轉式-) 로드(철제 파이프) 끝에 코어 튜브와 코어 비트를 붙이고, 이것을 강력하게 밀어붙여 회전면서 땅 속에 구멍을 뚫는 보링으로, 지반 조사에 사용된다.

rotary veneer 로터리 단판(-單板) 원목 통나무의 중심을 축심으로 하고, 회전시켜서 축에 평행하게 절삭한 단판.

rotary welding jig 회전 지그(回轉-) = positioner

rotating anemometer 회전식 풍속계(回轉式風速計) 프로펠러나 풍배(風杯) 등의 풍력에 의해서 회전하는 기구를 풍속의 수감부(受感部)로서 갖는 풍속계.

rotating wall 회전벽(回轉壁) 지진시의 파괴 형식이 기초의 부상 등에 의한 회전으로 지배되는 벽.

rotational capacity 회전 능력(回轉能力) 보, 기둥 등 휨재의 소성 변형 능력을 나타내는 지표. 예를 들면, 종국 내력에 대응하는 변형과 항복 변형의 비로서 정의된다.

rotational distortion 회전 변형(回轉變形) ① 구조물 또는 부재의 일부가 회전하기 때문에 생기는 변형. ② 아크 용접에서 아크의 이동에 따라 개선(開先)의 비용접 부분이 회전 이동함으로써 생기는 변형을 말한다.

rotational inertia 회전 관성(回轉慣性) 회전 중심으로부터의 거리의 재곱에 그 점의 질량을 곱하여 회전체 전체에 대해 적분한 것. 회전 운동에 관한 관성 질량.

rotation and sway of foundation 기초의 회전·이동(基礎-回轉·移動) 강체(剛體) 또는 고층 내진벽의 기초 부분이 전도(轉倒) 모멘트 또는 수평 전단력에 의해 회전 또는 수평 이동하는 현상으로, 벽체의 전단 변형, 휨 변형과 함께 해석시에 이들의 변형을 고려하고 있다. 벽의 보유 수평 내력은 휨 항복보다 회전에 의한 부상으로 정해지는 경우가 많다.

rotation angle 회전각(回轉角) 일반적으로는 회전량의 단위로 라디안 또는 도(度)로 표시된다. 라멘에서의 절점 회전각·내진벽의 기초 회전각·화전형 진동의 회전각 등에 쓰인다. 단위의 회전각을 발생시키는 데 요하는 모멘트를 회전 강성(回轉剛性)이라 한다.

rotation angle of member 부재각(部材角) 라멘의 어느 부재가 변위했을 때 부재에 생기는 회전각을 말한다.

rotation angle of panel point 절점 회전각(節點回轉角) 절점각, 처짐각 등이라고도 한다. 부재가 휨을 받아 변형할 때 절점에서 그 변형 곡선을 그은 접선과 부재의 재축(材軸)이 이루는 각도를 말한다.

rotation shell 회전 셸(回轉－) 평면 곡선을 동일 평면 내의 하나의 축 둘레에 회전시켰을 때 생기는 곡면. 구형(球形) 셸, 원뿔 셸, 원통 셸, 1엽 쌍곡 회전면 셸 등이 있다.

rotative distortion 회전 변형(回轉變形) 부재나 뼈대가 회전함으로써 생기는 변형을 말한다.

rotative vibration 회전형 진동(回轉形振動) 중심(重心)과 강심(剛心)이 일치하지 않는 건물에서는 비틀림을 수반하는 진동이 발생한다. 그 고유 진동 중 건물의 변형하는 방향이 수평력의 방향과 거의 일치하는 것을 병진형(竝進形), 건물의 변형하는 방향이 수평력의 방향과는 일치하지 않고 강심 둘레의 비틀림에 가까운 움직임을 나타내는 것을 회전형이라 불러 구별하고 있다.

rotonde 로톤드 원형 평면의 돔을 갖는 건물, 건물의 일부 혹은 방.

rough coat 거친바름 건축의 바름벽, 도장 공사에서 벽의 표면을 거칠게 마감하는 것.

rough estimate contract 개산 계약(概算契約) 상세가 결정되지 않은 상태에서 계약을 맺고, 공사 종료까지 정산을 하는 계약. 단가 청부 계약의 경우 최초의 공사비에 대해서는 개산 계약이 된다.

rough estimation 개산 견적(概算見積) 공사에 필요한 재료 수량이나 노무 수량을 상세하게 산출하지 않고 과거의 공사 실적 자료 등에서 공사비를 개략적으로 작성하는 적산 방법.

rough sketch 러프 스케치 대체적으로 작성된 평면도 혹은 입면도, 투시도 등을 말하며, 이미지를 확정하기 위한 초안.

rough string 계단 멍에(階段－) 계단폭이 넓은 경우, 디딤널의 휨을 방지하기 위해 중앙에 설치한 보강재(그림 참조).

round bar 환강(丸鋼), 원형 철근(圓形鐵筋), 원강(圓鋼) ＝round steel

rounded center 회전 중심(回轉中心) 강체(剛體)의 회전 운동을 생각했을 때 그 회전의 중심이 되는 점.

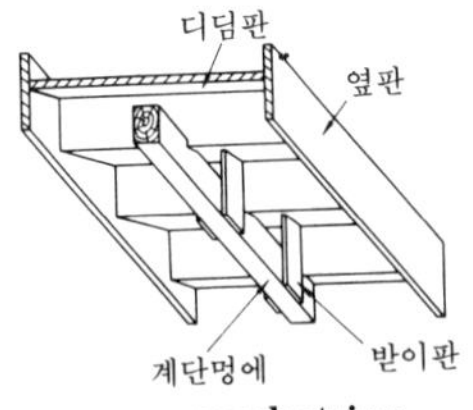

rough string

roundhead rivet 둥근머리 리벳 머리 부분이 둥근 리벳.

round rotor type induction motor 권선형 유도 전동기(捲線形誘導電動機) 유도 전동기의 일종. 회전자 유기 자계에 의해 생기는 유도 2차 전류를 슬립 링을 거쳐 외부로 꺼내도록 회전자 코일 권선을 한 전동기.

round steel 원강(圓鋼), 환강(丸鋼) 단면이 원형(환형)인 봉강(棒鋼). 철근 콘크리트의 철근 등에 사용하는 특수한 것으로, 콘크리트와의 부착을 좋게 할 목적으로 만든 이형 원강(철근)이 있다.

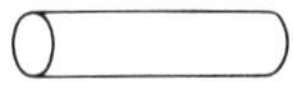

round steel bar 원강(圓鋼), 환강(丸鋼) 단면이 원형인 봉강.

round table 원탁(圓卓) 원형의 테이블.

round timber 통나무 ＝pole

Rousseau-diagram 루소 선도(－線圖) 광원의 평균의 수직 배광 곡선 ABC가 주어진 경우, 전 광속이나 평균 광도를 구하기 위한 직각 좌표 곡선. 광중심 L을 중심으로 한 반경을 r의 원의 수직인 직경을 ZN으로 하고, 이것과 평행이고 같은 길이인 $Z'N'$를 취하고, 가로축에 수직각 θ 방향의 광도 I_θ, 세로축에 $r(1-\cos\theta)$를 취하면 그림과 같은 루소 선도 $A'B'C'$를 그릴 수 있다. 대칭 광원일 때는 전 광속 F_0＝(면적 N′Z′A′C′)×(2πr), 평균 광도 I0＝(면적 $N'Z'A'C'$)/$2r$이다. 또한 이 선도에서 확산능도 구할 수 있다.

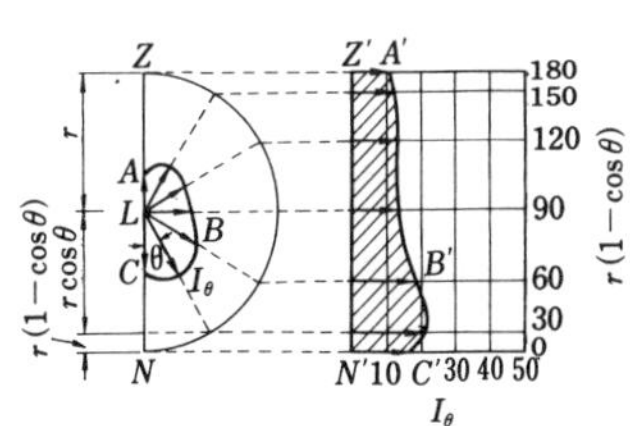

route location 노선 선정(路線選定) 도로나 철도의 신설에서 노선의 위치와 기하 구조를 선정하는 것. 비용, 효과, 정비의 용이성 등 각 측면에서 비교 검토한다.

routine inspection 정기 검사(定期檢査) 특수 건축물이나 건축 설비의 유지 관리 상태에 대하여 정기적으로 하는 검사.

routine inspection report 정기 보고(定期報告) 정기적으로 하는 검사, 점검의 결과 등의 보고. 법령에 의해 일정한 특수 건축물이나 건축 설비에 대해서는 소유자 등이 특정 행정 관서에 보고하는 것이 의무화되어 있다.

row house 연마루집(椽-), 연립 주택(聯立住宅) 여러 주택을 연속하여 세워 한 동으로 하고, 각각에 전용의 출입구를 갖는 건축물.

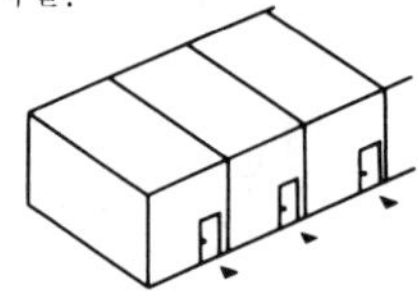

row of trees 가로수(街路樹) 거리의 미관과 주민의 보건을 위해 큰길 양쪽 가에 줄지어 심은 나무.

rubber 고무 특이한 성질을 가지고 있는 고분자 화합물의 일종. 천연 고무와 합성 고무가 있다. 천연 고무는 고무 나무의 유액을 응고해서 만들어지는 생고무에 여러 가지 배합제를 가하고, 가황하여 만든다. 합성 고무는 석유·아세틸렌·알코올 등을 원료로 하여 합성시켜서 만든다. 많은 고무 제품 외에 접착제로서도 이용된다.

rubber flooring 고무 시트 =rubber sheet

rubber isolator 방진 고무(防振-) 진동을 절연하기 위한 고무 제품. 고무의 낮은 압축 강성 혹은 전단 강성에 의해 방진한다. =rubber pad, rubber spring

rubberized asphalt 고무 아스팔트, 고무화 아스팔트(-化-) 고무 성분을 혼입하여 저온 신도(伸度)를 개선하여 연화점을 높인 아스팔트. 방수용, 도로용으로서 이용된다. =rubber-modified asphalt

rubber latex 고무 라텍스 고무 나무에서 채취한 백색 유액. →latex

rubber-modified asphalt 고무 아스팔트 =rubberized asphalt

rubber pad 방진 고무(防振-) =rubber isolator

rubber sheet 고무 시트 바닥에 까는 고무 재료.

rubber spring 방진 고무(防振-) =rubber isolator

rubber tile 고무 타일 고무판을 타일 모양으로 성형한 바닥 마감재. =gum tile

rubbing 물갈기 석재(石材)의 마감에서 그 표면을 매끄럽게 하기 위해 잔다듬 후에 물을 써서 가는 것.

rubble 잡석(雜石), 거친돌, 막돌 =broken stone

rubble concrete 잡석 콘크리트(雜石-) 직접 기초에서 푸팅 하단과 지지 지반과의 사이에 대량으로 타설되는 콘크리트. 밤자갈을 쓴 콘크리트.

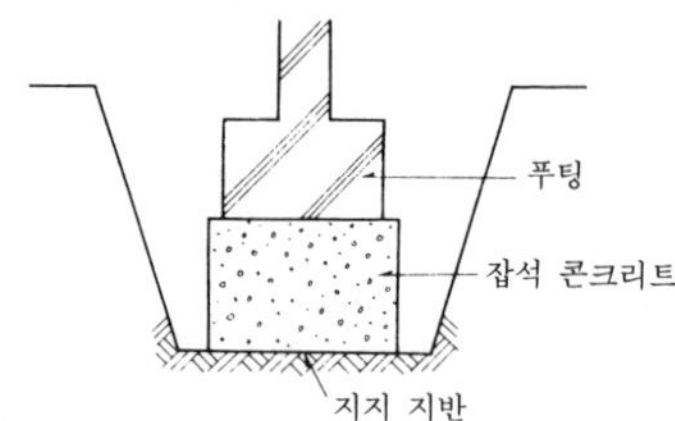

rubble masonry 막돌쌓기 자연 그대로 가공되지 않은 돌, 또는 거칠게 마감한 돌을 겹쳐 쌓은 돌쌓기.

rubble mound 사석(捨石) =riprap

ruled surface 선직면(線織面) 두 분리한 곡선의 대응하는 점을 잇는 직선에 의해 구성되는 곡면. 원통면·원뿔면 등 외에 쌍곡 포물면(HP)이나 코노이드(conoidal) 등이 널리 쓰인다.

ruler 자 직선 또는 곡선을 긋기 위한 제도 용구로, 직선용으로는 3각자, T자, 곡선용으로는 운형자, 줄자, 자재 곡선자가 있다. 종류로는 목제, 금속제, 합성 수지제가 있다.

ruling pen 오구(烏口) 도면에 먹줄을 긋는 데 사용하는 제도 기구.

run 런, 패스 용접의 진행 방향을 따라서 행하는 1회의 용접 조작.

runner 러너 ① 커튼 레일의 홈 속을 지나는 철물. ② 경량 철골 칸막이의 세로띠장의 가이드로서 바닥 및 천장에 부착하는 U자 모양의 금속 부재.

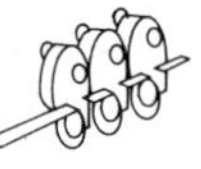

running cost 운전 자금(運轉資金) 기계·장치·설비 등의 유지에 드는 비용.

running speed 주행 속도(走行速度) 주행 거리를 주행 시간으로 나눈 값.

run-off tab 엔드 태브 =end tab

rupture 파괴(破壞)[1], 파단(破斷)[2] (1) = failure
(2) =fracture

rupture in bending 휨 파괴(−破壞) 휨 모멘트를 받는 부재가 재(材)의 인장측에서 파괴하든가, 또는 압축측에서 압괴(壓壞)하든가 하여 파괴하는 것. 골조의 파괴형으로서는 끈기가 있는 파괴형으로, 전단 파괴와 대비하여 쓰인다.

rural planning 농촌 계획(農村計劃) 농촌에 있어서의 경제, 사회, 환경 등의 기본적 틀, 제시설의 체계, 토지 이용의 구상 등을 나타내는 계획.

rural settlement planning 취락 계획(聚落計劃) 취락 및 그 주변의 농지 등을 포함하는 일정한 지역에 있어서 적정한 토지 이용의 실현과 생산 조건, 거주 환경의 정비를 도모하는 계획.

rust 녹 대기 중에서 산소와 습기의 작용에 의해 금속에 생긴 산화물·수산화물·탄산염 등이 혼합한 생성물. 쇠의 녹은 함수산화철로 산화 제1철, 산화 제2철이 공존한다.

rustica 러스티카, 빗모접기 마름돌쌓기의 수법 또는 그 접합부의 하나. 줄눈을 깊게 하고 석재의 표면을 거칠게 마감하는 것이 특징이다. =rusticated joint

rusticated joint 우묵모접기 줄눈 =rustica

rust-inhibitor 녹방지제(−防止劑) 콘크리트 속의 철근이 사용 재료 중에 포함되는 염화물에 의해 부식하는 것을 억제하기 위해 사용하는 혼합제.

rust preventives 녹막이, 녹방지(−防止) 철재, 경합금재, 스틸 새시 등에 칠하여 녹을 방지하는 것.

rustproof agent 녹방지제(−防止劑) 금속의 부식을 방지하기 위한 약제. 특히 바다모래 사용 콘크리트 중에 혼합하여 철근의 부식을 방해하기 위한 것을 철근 녹방지제라 한다.

rust-proofing 녹방지(−防止) 금속의 녹을 방지하는 것. 도금 등 금속의 표면 처리와 도장(塗裝)에 의한 방법이 있다. = rust preventives

rustproof paint 녹방지 도료(−防止塗料) 강재의 녹방지를 위해 사용하는 도료. 녹을 억제하는 성질을 갖는 안료를 주요 성분으로 하고, 전색재(展色材)로서 보일유, 합성 수지 니스 등을 사용한다.

rust resisting paint 녹방지 도료(−防止塗料) 금속에 녹이 발생하는 것을 방지하는 도료. 안료에 광면단을 사용하고, 보일유로 비빈 것이나, 알루미늄 도료 등이 있다. 이 밖에 안료에 일산화납·백납·흑연화 등이 사용된다.

S

Sabine's reverberation time formula 세이빈의 잔향식(－殘響式) 세이빈(W. C. Sabine)이 구한 방의 잔향 시간 T(초)를 구하는 식으로 방용적 $V(m^3)$, 실내의 총 흡음력 $A(m^2 \cdot sabins)$ 간의 관계식이다.

$$T = \frac{0.161V}{A}$$

saddle 새들[1], 문턱[2] (1) ① 각재를 교대로 직교시켜서 겹쳐 쌓은 가설의 지지대. ② 전기 공사에서는 전선관 등을 벽 등을 따라서 부착하기 위해 사용하는 작은 조각. 전선관을 걸쳐서 양단을 나사 등으로 멈춘다.
(2) 여닫이문 출입구 밑에 둔 가로판. 바닥 상단보다 조금 위에 있으며, 면보다 약간 높게 하여 문소란을 붙였다.

saddle shell 안장형 셸(鞍裝形－) 복곡면 셸로, 직교 곡선에서 구한 가우스 곡률이 마이너스의 형식인 것.

saddle surface 안장형 곡면(－曲面) 두 주곡률이 서로 역부호인 곡면.

saddle-type shell 안장형 셸(鞍裝形－) ＝saddle shell

safe light 보안 조명(保安照明) 건물 혹은 방 등이 평상 사용 상태가 아닌 경우라도 점등하는 조명. 순회, 보안, 점검용의 것이 있다.

safety 안전성(安全性) ① 도시나 건축의 재해에 대하여 안전한 성질. ② 구조물의 내력이 작용하는 하중에 의해 생기는 응력을 웃도는 성질.

safety color 안전 색채(安全色彩) 공장이나 사무소 등에서 뜻하지 않은 재해를 방지하기 위해 안전 지시나 주의의 환기에 사용되는 색.

safety compartment 안전 구획(安全區劃) ＝refuge area

safety device 안전 장치(安全裝置) 설비 시스템 내에 설치하여 설비의 사용, 가동이 위험한 상태가 되었을 때 설비 시스템의 사용을 정지시켜 가동을 멈추게 하는 장치. 화재, 지진, 사고 등의 경우에 작동한다.

safety factor 안전율(安全率) 구조물이나 부재의 내력을 설계상 허용하는 힘으로 나눈 값. 내력으로서는 붕괴, 파단, 항복, 혹은 변형이 갑자기 커지는 점을 쓴다.

safety factor of material 재료 안전율(材料安全率) 구조 재료의 실제 강도와 설계 기준 강도와의 비. 재료의 품질 불균일, 시공에 의한 신뢰성 등을 고려한 것.

safety glass 안전 유리(安全－) 안전성을 갖게 한 유리. 합 유리와 강화 유리가 있다. 전자는 합성 수지막 등을 사이에 끼운 것, 후자는 가열 급랭하여 강화 처리한 것. 망 유리도 일종의 안전 유리라 할 수 있다.

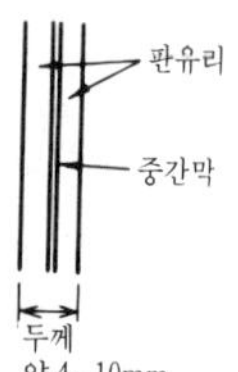

safety index 안전성 지표(安全性指標) 안전성의 정도를 정량적으로 표현한 척도. 특히 확률 통계적으로 안전하게 되는 확률의 표준 정규 분포 함수의 역함수로서 주는 일이 많다.

safety load 안전 하중(安全荷重) 구조물 혹은 부재가 안전하게 지지할 수 있는 한계라고 생각되는 하중. 위험 하중을 안전율로 나눈 값. →safety statical permissible load

safety load domain 안전 하중 영역(安全荷重領域) 단일의 하중에 대해서는 안전 하중 이하의 하중의 범위. 일반적으로 구조물 또는 부재가 안전하게 지지할 수 있는 하중의 조합 범위.

safety manager 안전 관리자(安全管理者) 건축 공사에서의 작업자나 제3자의 상해·사고를 방지하기 위한 안전 관리의 책임자.

safety mark 안전 표지(安全標識) 안전의 확인, 위험·금지 등을 호소하기 위한 표지. 안전색의 표지 사항과 관련을 갖게 한 색을 써서 눈에 띄기 쉽게 하고 있다.

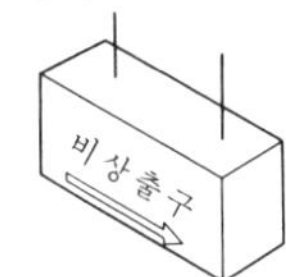

safety net 방호망(防護網) 낙하물이나 비래물(飛來物)을 방호하기 위해 사용하는 그물을 말한다. 전락 방지의 역할을 갖는 경우도 있다.

safety plan 안전 계획(安全計劃) 건축 공사에서의 작업자나 제3자의 상해·사고의 발생을 방지하기 위한 계획.

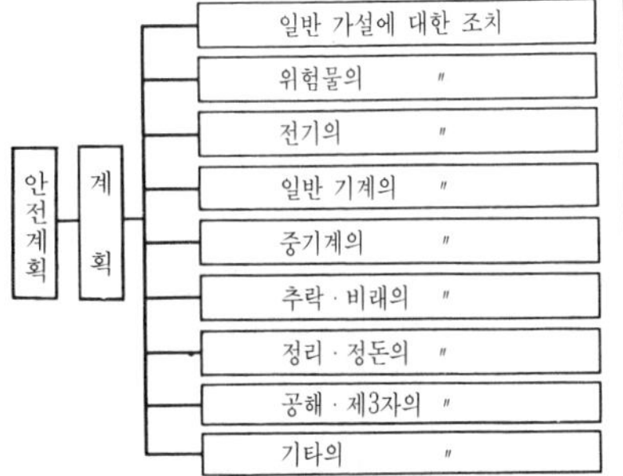

safety planning 안전 계획(安全計劃) = safety plan

safety rope 안전 벨트(安全－) 높은 곳에서 작업을 하는 경우에 추락 사고를 방지하기 위해 몸에 장착하는 밧줄. 허리에 찬 벨트를 비계 기타의 고정물에 연결해서 사용한다.

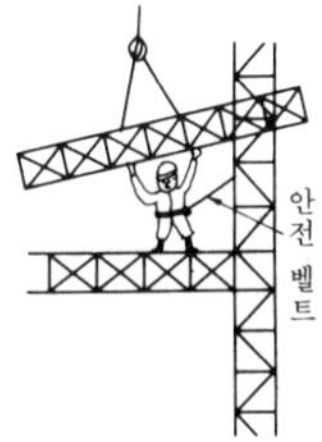

safety statical permissible load 안전 정적 허용 하중(安全靜的許容荷重) 구조물의 극한 설계에서 부재의 항복 조건을 넘지 않고 정적인 평형 조건을 만족할 수 있는 하중. →safety load

safety valve 안전 밸브(安全－) 압력 기기나 압력 배관에서 그 내부의 압력이 설정 압력 이상으로 되었을 때 자동적으로 밸브가 열려서 유체의 일부를 방출하여 장치 내의 유체 압력을 설정 압력까지 낮추는 밸브. 레버 웨이트식과 스프링식이 있다.

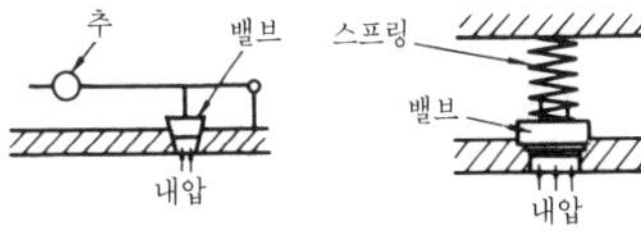

레버 웨이트(추)식　　스프링식

sag ratio 새그비(－比) 케이블의 처짐량을 인접하는 지점을 잇는 직선에서 잰 값을 새그라 하며, 새그와 지점간 수평 거리와의 비를 새그비라 한다.

sale of building lots 택지 분양(宅地分讓) 집단적으로 조성한 택지의 각 구획을 개개의 구입자에게 매각하는 것.

salt content 염분(鹽分), 염화물량(鹽化物量) 철근 콘크리트 구조물에 사용하는 프레시(fresh) 콘크리트 속에 포함되는 염화량의 총중량을 단위 체적당으로 나타낸 값. 잔골재·혼합제·사용수 중의 염분도 대상이 된다. 염소 이온 농도로 환산한다. 규제값으로서 0.30, 0.60kg/m^{3}가 있다.

salt damage 염해(鹽害) = chloride-induced corrosion

salt-glazed (roofing) tile 오지기와 찰흙 기와의 일종. 소성의 최종 공정에서 연료와 함께 식염을 가마에 투입하여 표면에 적갈색의 유리 모양의 피막을 형성한다.

salt pollution 염해(鹽害) =chloride-induced corrosion, salt damage

salt spray test 염수 분무 시험(鹽水噴霧試驗) 염수를 분무시킨 시험조 내에 시험편을 두고 내식성을 살피는 시험.

salt water resistance 내염수성(耐鹽水性) 물질이 식염수의 침식에 견디는 성질.

sample function 표본 함수(標本函數) 어떤 확률 분포에 따르는 확률 변수의 모집단 중에서 추출된 관측값을 그 확률 과정의 견본의 함수라고 생각할 때 표본 함수라 한다.

sampler 샘플러 ① 일반적으로 시료 채취용의 기구를 말한다. ② 토질 시료의 샘플링인 경우에 막대 끝에 붙여서 시료를 채취하는 기구. 점토층 및 부드러운 모래층을 채취하는 경우의 신 월 샘플러(thin walled sampler)와 단단한 흙이나 극히 단단한 점토층을 채취하는 경우의 콤퍼짓 샘플러(composite sampler)의 두 종류가 있고, 이외에 흙을 교란하지 않도록 특히 고려된 오스터버그 샘플러(Osterberg sampler), 포일 샘플러 등이 있다.

sample splitter 시료 분취기(試料分取器) 흙이나 골재 등 입상(粒狀) 재료의 시료를 채취할 때 입도(粒度)의 구성을 바꾸지 않고 시료를 2분하기 위한 기구.

sampling 샘플링 재료의 재질이나 마감 등을 알기 위해 재료의 일부분을 표본(시료)으로서 채택하는 것. 재료를 선택할 때 현물을 보는 대신 표본(시료)을 판단의 자료로 한다.

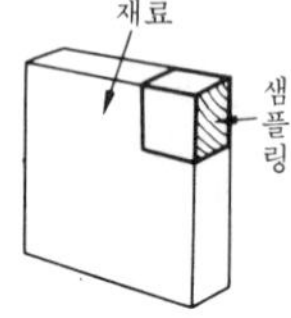

sampling inspection 발취 검사(拔取檢查) 공장 생산된 제품이나 재료에서 일부를 발취하여 검사하고, 그 결과를 판정 기준과 비교하여 전체 품질의 양부를 판정하는 방법(그림 참조).

sampling tube 샘플링 튜브 흙의 시료를 채취하기 위한 튜브.

sand 모래 모르타르·콘크리트의 골재 중 입경 5mm 이하인 것.

sand blasting 샌드 블라스트 강재, 콘크리트재, 석재, 타일재 등의 표면의 청소나 광택을 지우기 위해 압축 공기를 써서 모래를 뿜는 것. =blast cleaning

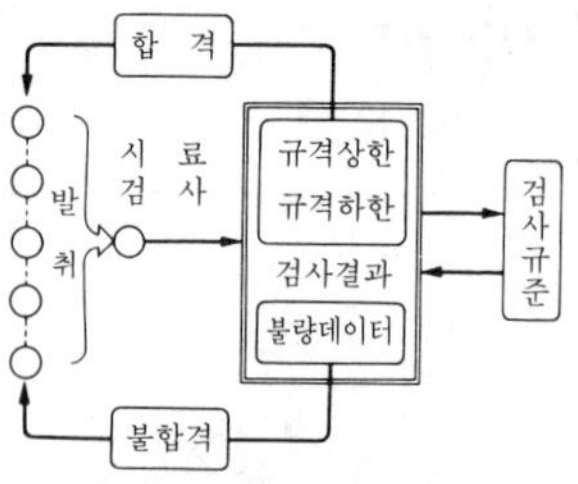

sampling instpection

sand boil 분사(噴砂) 액상화에 의해 지반 중의 모래가 물과 함께 지표로 분출하는 것. 분사의 자리는 화구상(火口狀)으로 되는 일이 많기 때문에 모래 화산이라고도 한다.

sand coat 모래벽(-壁) 흙바름벽의 마감에 널리 쓰인다. 색모래를 해초풀로 이긴 것을 칠한다.

sand compaction pile 샌드 콤팩션 말뚝 연약 지반의 개량 공법의 하나. 타격식·진동식 등의 모래 말뚝을 써서 지반을 다진다. 연약한 모래 지반의 지지력 향상, 액상화의 방지를 위해 쓰이는 경우와 점성토의 압밀 촉진을 위해 쓰이는 경우가 있다.

sand compaction pile method 샌드 콤팩션 말뚝 공법(-工法) 진동 또는 충격 하중을 이용해서 지반 중에 모래 말뚝을 타설하여 밀도가 큰 안정한 지반을 만드는 지반 개량 공법.

sand drain 샌드 드레인 압밀의 촉진을 도모하기 위해 연약 지반 중에 배수로로서 설치된 모래 기둥.

sand drain method 샌드 드레인 공법(-工法) 탈수 압밀 촉진 공법의 하나. 지름 40~60cm의 모래 말뚝을 적당한 간격으로 소요 깊이까지 설치하고 그 위에 흙을 쌓는다. 웰 포인트로 강제 배수를 병용하는 공법, 또 부지 전역을 시트로 덮고 내부를 진공으로 하여 대기압으로 재하(載荷)하는 공법(샌드 드레인 진공 공법) 등이 있다.

sanded roofing 샌드 루핑 아스팔트 루핑의 표면에 광물질 대신 모래를 밀착시켜서 아스팔트의 내구성을 유지하는 것. 방수의 상층이나 일시적인 지붕 잇기에 쓰인다.

Sander's pile driving formula 샌더의 말뚝 공식(-公式) 해머의 무게, 해머의 낙하 높이, 말뚝의 관입량에서 말뚝의 동적 극한 지지력을 산정하는 식. 샌더가 제창했다. →piling, pile driving

sand foundation 모래 지정(一地定) 지지 기반과 직접 기초, 말뚝 기초의 기초 슬래브, 기초보 혹은 토방 콘크리트와의 사이에 다져서 만드는 바닥 모래.

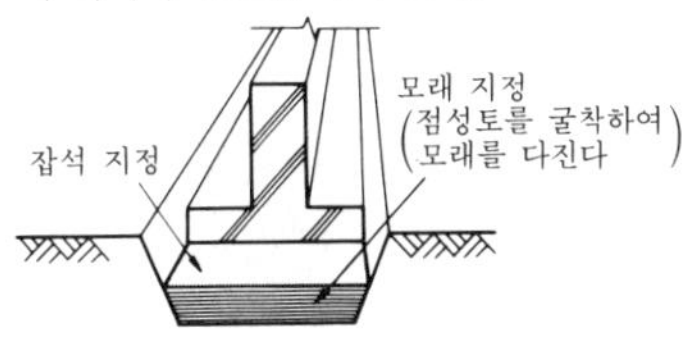

sand gravel 사력(砂礫) 모래와 자갈. 혹은 그들이 집합한 흙.

sand gravel layer 사력층(砂礫層) 모래와 자갈로 이루어지는, 세립분(細粒分)이 5% 미만의 지층.

sand mat 샌드 매트 기초 슬래브 밑 등에 설치한 모래의 층으로, 특히 방진 지지 등의 목적으로 설치된다. 시공적으로는 연약 지반의 표층 지지력을 늘리기 위해 사용한다.

sand paper 사포(砂布) 유리 등의 분말을 종이나 천에 교착시킨 것.

sand percentage 잔골재율(一骨材率) s/a로 표시. 잔골재의 절대 용적을 골재 전부의 절대 용적으로 나눈 값.

sand pile 모래 말뚝 지반 개량을 하기 위해 지중에 구멍을 뚫고 이 구멍 속에 모래를 넣어 말뚝 모양으로 한 것. →sand compaction pile

sand pit 모래 채취장(一採取場) 모래를 파내는 곳.

sand pit court 모래판 정원이나 공원 부지의 일부에 틀을 만들고 깨끗한 강모래를 넣어서 놀이터로 하는 곳을 말한다. = sand pool

sand pool 모래판 =sand pit court

sand pump 샌드 펌프 날개 매수를 줄이고, 날개를 두껍게 한 와권(渦卷) 펌프로, 10~30%의 토사 혼입수까지 배수할 수 있는 펌프.

sand stone 사암(砂岩) 수성암 중에서 모래 입자의 지름이 6mm 이하 정도의 것을 말하며, 석영립이 주이다.

sand stratum 모래층(一層) 주로 모래 또는 사질토로 구성된 지층. 토질 분류에서는 74μ~2mm까지를 모래라 한다. 조립토(粗粒土) 중 모래가 조약돌보다 많은 지층이 이에 해당한다.

sandwich panel 샌드위치 패널 경량 다공질 재료를 강도가 높은 박판 사이에 끼운 형식의 패널. 허니콤 구조의 것도 있다. 저층 건물의 구조 재료로도 사용된다.

sandwich section 샌드위치 단면(一斷面) 2매의 박판으로 구성되는 해석상의 가상 단면.

sandwich shell 샌드위치 셸 상하면에는 얇고 강한 면재(面材)를 사용하고, 중간 부분에는 가벼운 코어 재료를 샌드위치 모양으로 배치한 셸.

sandy clay 사질 점토(砂質粘土) 세립분(細粒分)이 50% 이상으로 모래 성분이 두드러지게 포함되는 찰흙, 또는 3각 좌표로 분류되는 사질 점토의 범위에 해당하는 흙.

sandy clay stratum 사질 점토층(砂質粘土層) 모래가 섞여 있는 점토층.

sandy soil 사질토(砂質土)[1], 모래 지반(一地盤)[2] (1) 지반을 대별하여 사질토와 점성토로 나누었을 때의 용어. 흙의 물리적 성질로 판정한다. 일반적으로 찰흙·실트분이 15% 이하, 흙입자의 함수비 20% 이하, 소성 지수 I_p가 7~10% 이하 등의 흙을 사질토라 한다.
(2) 흙입자의 분류에서는 입경 2.4mm~74μ까지의 것을 모래라 한다. 지반을 구성하는 흙의 대부분이 이 범위인 것을 모래 지반이라 한다.

sanitary corner 새니터리 코너 벽의 구석이나 벽과 바닥이 접하는 곳에서 둥글게 면을 딴 단면 형상을 한 부분. 먼지가 잘 쌓이지 않고 청소하기 쉽게 된다.

sanitary fittings 위생 철물(衛生鐵物) 위생 기구에 부속 장착되는 급배수 마개·급배수관 접속 철물 및 부착 철물. → sanitary fixture

sanitary fixture 위생 기구(衛生器具) 급수·급탕·배수의 설비에 사용되는 용기·장치·용구. 위생적이고 내구성이 있으며, 외관이 좋고, 부착이 용이하다는 것이 필요하다(다음 면 그림 참조).

sanitary installations 위생 설비(衛生設備) 넓은 뜻으로는 급배수(위생) 설비를 의미하며, 상하 수도까지 포함하는 경우

S

sanitary fixture

도 있다. 좁은 뜻으로는 오수 처리 설비, 특히 분뇨 정화조 설비를 의미하며, 쓰레기 처리 설비 등을 포함하는 경우도 있다.

sanitary plumbing 위생 공사(衛生工事) 배수·급수·급탕·오물 처리 및 환기·난방·냉방 기타 재해 방지에 관한 공사.

sanitary sewage 오수(汚水) 가정 하수(수세 변소·주방·욕조 기타의 배수), 공장으로부터의 폐수, 가로 세척의 폐수 등 빗물 이외의 배수. 이것은 공설 하수도로 유도된다. ＝waste water

sanitary sewer 가정 하수(家庭下水) ＝ domestic waste

sanitary superintendent 위생 관리자(衛生管理者) 공사 현장의 시설·설비를 건강적인 것으로 한다든지 위생을 위한 교육을 실시하여 노동자의 건강 유지에 대해서 관리하는 자.

sanitary unit 새니터리 유닛 욕실, 세면소, 변소 등의 위생 설비 관계의 방 또는 그 일부가 되는 프리패브 공법의 부품.

sanitary ware 위생 도기(衛生陶器) 위생 공사에 사용하는 도자기의 총칭으로, 세면기·수세기·욕조·대소 변기·세정 수조·자동 사이폰 개수대류·트랩 기타.

sanitary work 급배수 공사(給排水工事) ＝plumbing work

sap 변재(邊材) ＝sapwood

sap-side 널거죽 널결재에서 수심(樹心)으로부터 먼쪽의 면.

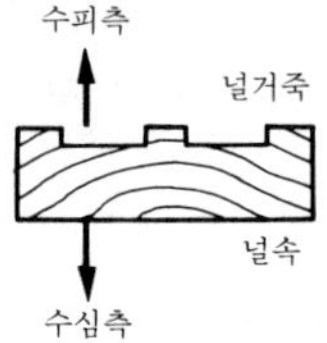

sapwood 변재(邊材) 목재의 나무 줄기를 둘러싸는 백색 내지 담색의 부분.

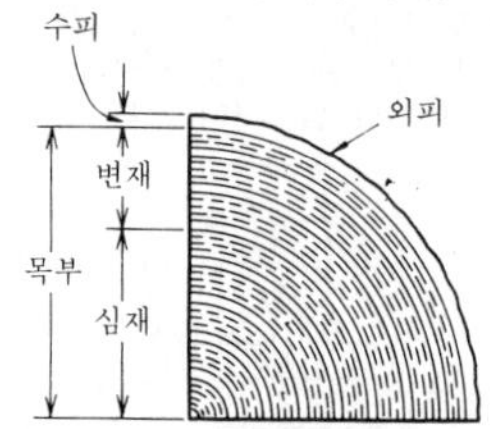

sash 새시 보통창·출입구의 틀을 포함한 금속제의 창호. 강철제 혹은 알루미늄 합금제가 많으며, 전자를 스틸 새시, 후자를 알루미늄 새시라 한다.

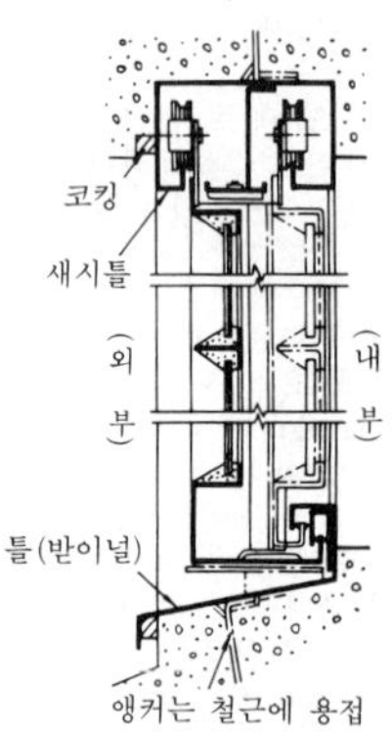

sash balance 새시 밸런스 상하 2매의 미닫이를 로프로 연결하고, 도르래로 서로 평형시켜 한쪽 미닫이를 올리면 다른쪽이 내려가는 오르내리창의 양식.

sash bar 새시 바 새시의 틀·울거미·살 혹은 도어의 살 등에 사용하는 주재료. 각종 형상·치수가 있다.

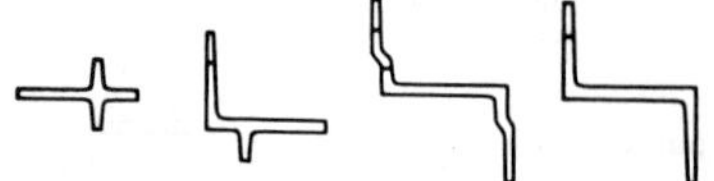

sash pulley 새시 풀리 상하하는 창에 부착하는 바퀴 모양의 창호 철물.

sash roller 새시 롤러 창 또는 문의 밑막이에 부착하는 철물. 목제, 금속제, 고무제, 합성 수지제 등이 있다.

sash weight 분동(分銅) 새시 밸런스용의 추로, 로프에 의해 매달며, 창틀에 들어 있다.

sash window 여닫이창(－窓) 한쪽의 세로틀이 회전축으로 되어 열리는 창.

satellite city 위성 도시(衛星都市) 대도시 주변에 발달하는 중소 도시로, 대도시로의 인구 집중을 완화한다.

saturated absolute humidity 포화 절대 습도(飽和絶對濕度) 어떤 온도의 공기 중 건조 공기 1kg당에 포함할 수 있는 한계의 수분량을 포함했을 때의 절대 습도.

saturated air 포화 공기(飽和空氣) 포화 상태의 공기. 이 한계는 공기의 온도나 압력에 의존한다.

saturated and surface-dried condition 표면 건조 포수 상태(表面乾燥飽水狀態) 골재의 표면에는 부착한 물이 없고(건조하고), 골재 알갱이의 내부 공극이 물로 차 있는 상태.

saturated condition 포화 상태(飽和狀態) 어떤 온도의 공기가 이 이상 수증기를 포함할 수 없는 상태. 공기 중에 포함할 수 있는 수증기량은 건구 온도가 높을수록 많다.

saturated moist air 포화 습공기(飽和濕空氣) 어떤 온도에서 포함할 수 있는 한계의 수증기를 포함한 공기. →saturated air

saturated moisture content 포화 함습률(飽和含濕率) 재료의 틈이 모두 액으로 충만되었을 때의 함습률.

saturated relative humidity 포화 습도(飽和濕度) 일정 시간에 수면에서 뛰어나가는 수증기 분자의 수와 습공기에서 수면으로 뛰어드는 수증기 분자의 수가 동수로 된 평형 상태의 습도. →saturated absolute humidity

saturated soil 포화토(飽和土) 포화 상태에 있는 흙.

saturated steam 포화 증기(飽和蒸氣) = saturated vapor

saturated vapor 포화 증기(飽和蒸氣) 포화 온도에서 발생하는 증기. →saturation temperature

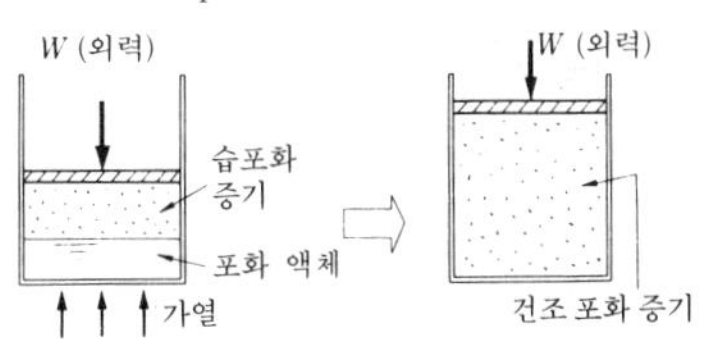

saturated vapor pressure 포화 수증기압(飽和水蒸氣壓)[1], 포화 증기압(飽和蒸氣壓)[2] (1) 포화 상태에 있는 수증기의 분압(分壓). 이 값은 습도와 함께 커진다.
(2) 어떤 물질의 포화 증기의 분압(分壓).

saturated water 포화수(飽和水) 어떤 압력으로 포화 온도에 이른 물. →saturation temperature

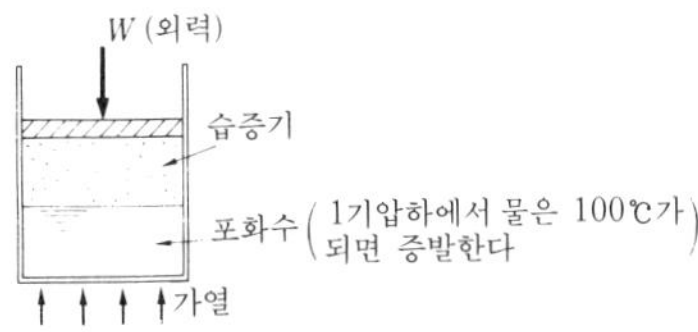

saturation 포화(飽和)[1], 채도(彩度)[2] (1) 흙 속의 틈이 모두 물로 차 있는 상태를 말한다.
(2) = chroma

saturation efficiency 포화 효율(飽和效率) 공기를 단열 가습할 때의 가습 성능을 나타내는 개념이다. 에어 와셔(물 분무 장치 등)에 의한 증발 냉각의 경우에 사용된다.

saturation line 침윤선(浸潤線) = phreatic line

saturation pressure 포화 압력(飽和壓力) 포화 온도에서의 압력. →saturation temperature

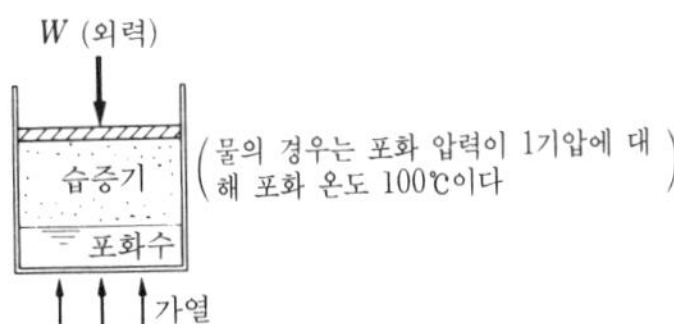

saturation temperature 포화 온도(飽和溫度) 액체를 가열하여 온도가 상승하면 액체의 종류와 액체에 가해지는 압력에 의해 정해지는 온도에 도달하여 증기가 발생하고 비등이 시작되는데 이 때의 온도를 말한다.

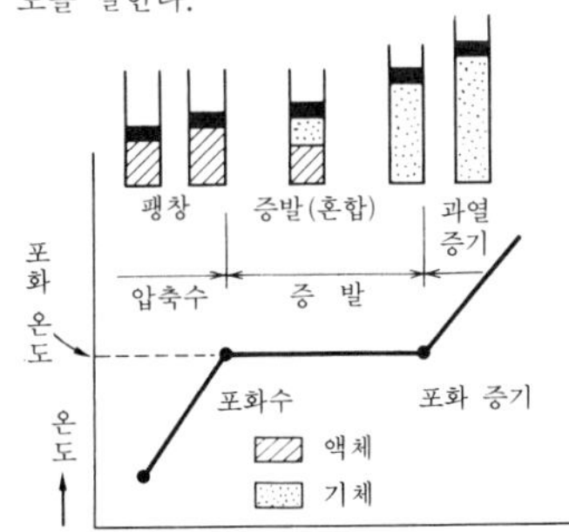

saw 톱 목재·석재·금속 등의 절단에 사용하는 공구. 목공용으로는 섬유 방향으

로 켜는 세로톱과 섬유를 직각으로 자르는 데 적합한 가로톱이 있다.

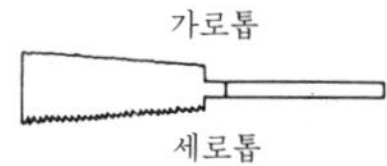

sawdust 톱밥 제재할 때 생기는 목재의 가루. 보온, 방한, 단열 또는 방음 등에 이용된다.

sawed veneer 소 베니어 각재로 제재한 원목을 세로형 띠톱이나 둥근 톱으로 켠 단판.

sawing lumber 제재(製材) =lumbering, lumber sawing, sawmilling

sawing machine 기계톱(機械－) 톱을 장착하여 목재를 자르는 동력 구동식 목공 기계.

sawing pattern 마름질 통나무 또는 반제품을 원재료로 하여 소정의 치수품 등의 제재품을 고수율이고 고능률로 얻기 위하여 절단 방향이나 수순을 정하는 것. →sawmilling

sawmilling 제재(製材) 벌채한 통나무에서 각재, 판 등을 생산하는 것.

saw sharpener 톱날 샤프너 마모된 띠톱의 날을 다시 세우는 기계.

saw-tooth roof 톱날 지붕 톱날 모양을 한 지붕. 트러스 또는 이형 라멘으로 만든다. 수직면에서 채광하며, 공장 건축에 많다.

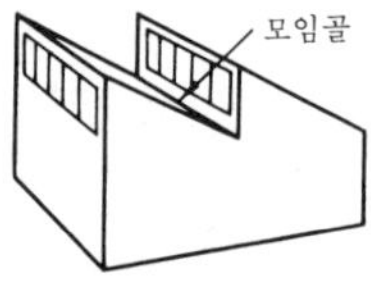

saw-tooth roof lighting 톱날지붕 채광(－採光) 정측창(頂側窓) 채광의 일종으로, 톱날 지붕으로부터의 채광을 말한다. 보통 북향이며 직사 일광이 없는 안정한 천공광(天空光)을 채광한다. 공장 등에서 널리 쓰인다.

S-breaker S브레이커 일반 가정 등에서 인입구의 분전반 내 등에 설치되는 전류 제한기. 계약 전류 이상의 전류가 흐르면 회로를 자동적으로 차단한다.

scaffold 비계(飛階)[1], 쌍줄비계(雙－飛階)[2] (1) 공사 시공상 설치하는 가설물의 일종. 작업 바닥이나 작업원 통로로서 사용한다. 목적에 따라 외부 비계 · 천장 비계 · 철골 달비계 등이 있고, 이동식과 고정식이 있다. 구성에 따라 쌍줄비계 · 외줄비계 · 겹비계 등이 있다. (2) 비계기둥이 2열로 비계띠장 · 팔대 · 가새로 이루어지는 비계. 통나무나 단관(單管)으로 짠다. 쌍줄비계와 틀비계가 있다.

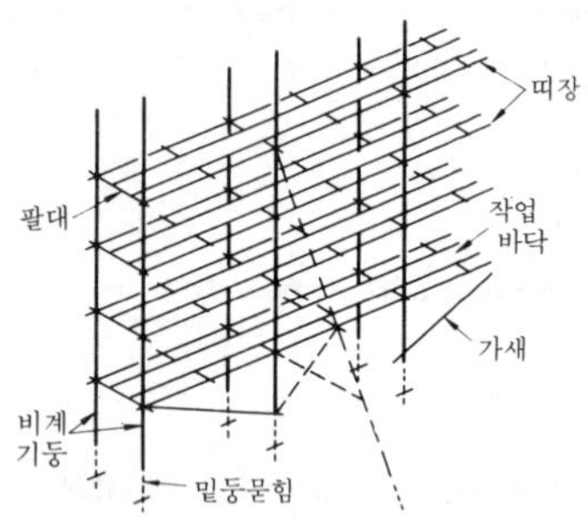

scaffold board 비계 발판(飛階－板), 비계 다리(飛階－) ① 작업 통로 · 자재의 임시 하치 · 운반 등을 위해 가설적으로 만들어진 구조물. ② 비계의 발판. 운반차 등의 통행을 위해 지면에 까는 두꺼운 판.

scaffolding 비계 설치(飛階設置) →scaffold

scaffolding man 비계공(飛階工) 높은 곳에서 부재 조립 등을 하는 사람.

scalar 스칼라 크기만을 갖는 양. 예를 들면 길이 · 면적 · 시간 등.

scalar illuminance 스칼라 조도(－照度) 모든 방향에서 공간의 한 점으로 입사하는 빛의 총량을 나타내는 지표. 모든 방향으로부터의 입사광에 의한 공간의 미소 구면(球面)상의 평균 조도.

scale 축척(縮尺) 척도 중 건축물 등 큰 것에 사용하는 축소하는 길이의 비율. 예로서 1/10, 1/100, 1/200, 1/500 등.

scale coefficient 규모 계수(規模係數) 거스트 영향 계수(gust response factor)의 평가에 있어 건물의 규모 효과에 의해 변동 풍력이 저감되는 정도를 정량화한 계수.

scale effect 축척 효과(縮尺效果) 모형 시험을 할 때 축소의 정도에 따라 생기는 원형과 모형 사이의 물성량 크기의 차이.

scale model 축소 모형(縮小模型) 실험에 있어 구조물 혹은 부재의 일부나 조합시킨 것을 일정한 축척률로 같은 형상으로 축소하여 제작한 모형. 상사의 법칙이 성립할 필요가 있다.

scale model test of sound 모형 실험(模型實驗) 예를 들면 모형을 써서 하는 음향 실험. 실제의 음장을 예측, 평가, 혹은 개선하기 위한 음향 실험 등. 신뢰할 수 있는 결과를 얻기 위해서는 상사의 법칙을 만족시키는 것이 중요하다.

scale reduction 축척(縮尺) =reduced scale

scallop 스캘럽 용접선이 교차하는 것을 피하기 위해 부재에 둔 부채꼴의 새김눈.

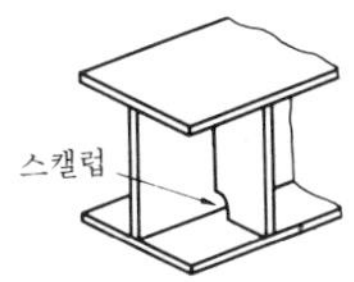
스캘럽

scanning 스캐닝 자동 검출의 주사 기구. 계측 및 제어에 쓰인다.

scarcement 둑턱 =berm

scarf joint 스카프 이음, 거멀 이음 비스듬하게 절단된 두 재를 절단면에서 접합하는 이음. 목조의 장선·서까래·판 등의 접합에 사용한다. 접착제 또는 못질로 접합한다. =splayed joint

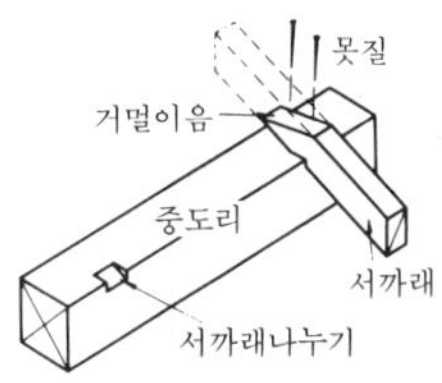
못질
거멀이음
중도리
서까래
서까래나누기

scattered solar radiation 산란 일사(散亂日射) 대기 중의 공기 분자나 부유 입자에 충돌하여 여러 방향으로 산란된 일사. 레일리 산란이나 미 산란 등이 있다.

scattered type seismic resisting wall 분산 내진벽(分散耐震壁) 내진벽의 배치 형식의 하나. 벽을 의도적으로 분산 배치하여 저항시키는 방식.

scattering 산란(散亂) 파동이나 입자 등이 물체에 입사하여 모든 방향으로 불규칙하게 반사, 굴절, 회절하는 것.

scattering of sound 음의 산란(音－散亂) 많은 방향으로 발생하는 음파의 불규칙한 파의 반사, 굴절, 회절을 말한다.

scenery 무대 장치(舞臺裝置) 연극 등에서 배경이나 건물이나 실내를 구성하기 위하여 무대 위에 가설적으로 설치되는 것의 총칭. 무대에 부속한 무대 기구와는 구별한다.

Schalen 샬렌 =shell

Schalenkonstruktion 샬렌 구조(－構造) =shell structure

schedule of member sections 단면 리스트(斷面－), 단면표(斷面表) 각 구조 부재의 단면 설계를 일람표로 하여 층마다, 부재 마다 기호와 함께 정리하여 나타낸 도표. 구조도의 필수 요소로 되어 있다.

Scheibe 샤이베 평면 구조를 주로 면내 응력으로 저항시키는 구조.

schematic design 기본 계획(基本計劃) 구상에서 실현에 이르는 일련의 계획 설계 행위 중 가장 초기 단계로, 개괄적, 기본적인 방침을 획정하는 계획. 이후 단계적으로 전개하여 직능별로 분화해 가는 설계 업무의 기본이 된다.

schematic diagram 계통도(系統圖) 조직의 구성, 일의 흐름 등을 네트워크 등에 의해 시각적으로 표현한 그림, 급수·배수·전력 등의 제어 계통을 나타낸 그림. =system diagram

schematic drawing 계획도(計劃圖) = plan drawing

scheme of execution 실시 계획(實施計劃)[1], 시공 계획(施工計劃)[2] (1) 건축 공사가 공기 내에 완성하도록 각 부문별 공사의 방법, 진행법, 수단 등을 합리적으로 계획하는 것.
(2) 시공자가 공사를 함에 있어서 가설물, 기계의 배치, 자재의 반입 경로, 시공의 순서, 방법 등을 사전에 계획하는 것.

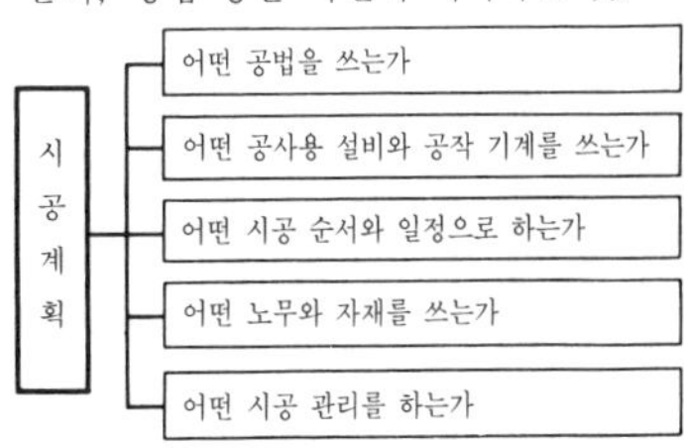
시공계획
어떤 공법을 쓰는가
어떤 공사용 설비와 공작 기계를 쓰는가
어떤 시공 순서와 일정으로 하는가
어떤 노무와 자재를 쓰는가
어떤 시공 관리를 하는가

Schmidt concrete test hammer 시미트 해머 재료의 표면 경도(硬度)를 측정하는 시험기. 계기에 내장하는 스프링과 추에 의해 반발 계수를 계측하여 그 재료의 세기를 추정한다. 콘크리트 비파괴 시험에 널리 쓰이고 있다. =Schmidt rebound hammer

Schmidt rebound hammer 시미트 해머 =Schmidt concrete test hammer

school building 교사(校舍) 수업, 학습을 하기 위한 학교의 건물. 교실 등의 학습 공간, 관리 각실, 변소, 수세, 급식실, 아동·학생회실 등의 부속 제실, 복도, 계단 등의 통로 부분으로 이루어진다.

schoolhouse 교사(校舍) =school building

school site 교지(校地) 학교가 교육 목적을 달성하기 위해 사용하고 있는 교사 부지(교사, 교사 주변 여지, 놀이터, 이과의

S

학습을 위한 정원, 서비스 에어리어) 등과 운동장, 수영장, 실험 실습지를 합친 토지를 말한다.

Schwedler dome 슈베들러 돔 구면(球面)을 위선군(緯線群), 경선군(經線群) 및 그들의 한쪽 소용돌이 모양 대각선군을 이루는 부재로 구성하는 단층 래티스 돔.

scoria 스코리아 자갈 크기의 화산 분출물로, 그 내부가 다공질 구조인 흙.

Scott connection 스코트 결선(-結線), T결선(-結線) 3상 전압에서 2조의 단상 전압을 꺼내는 변압기의 결선법의 하나.

scraped finish 리신 마감 벽칠 공법의 하나. 대리석의 잔쇄석을 혼입한 색 모르타르를 칠하고, 반경화했을 때 빗 모양의 금속으로 긁어내어 거친면으로 마감한다.

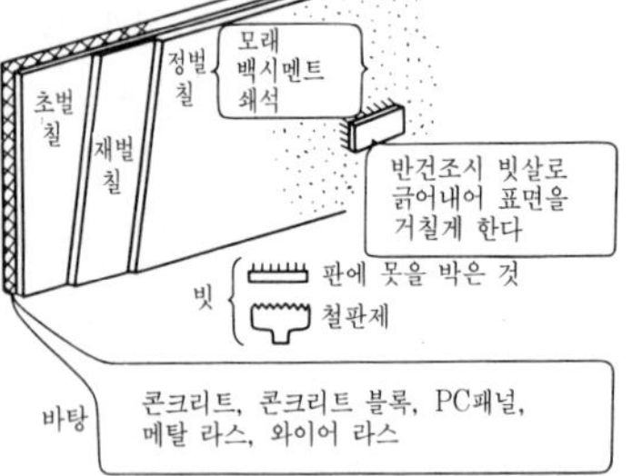

scraper 스크레이퍼 ① 흙의 절삭·운반, 펴고르기 등의 일관 작업을 한 사람의 운전 기사가 조작할 수 있는 능률적인 토공 기계. 자주식(自走式)으로는 모터 스크레이퍼, 견인식으로는 트랙터에 견인 되는 것이 있다.

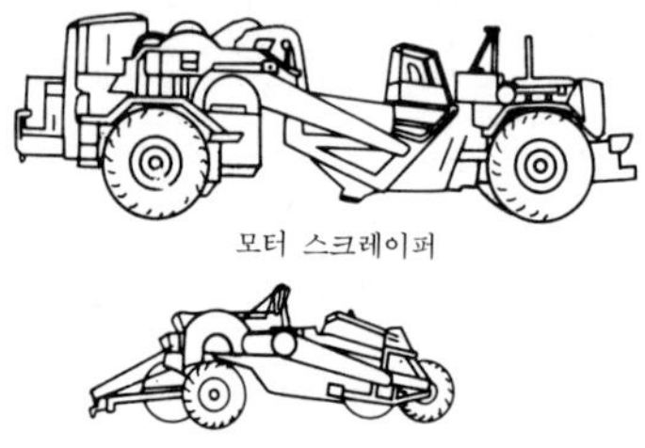
모터 스크레이퍼

견인식 스크레이퍼

② 강재 등의 녹 제거용으로서 사용하는 공구.

scraping 바탕 처리(-處理), 표면 정리(表面整理) ① 바닥이나 벽의 콘크리트면에 부착하고 있는 콘크리트나 모르타르의 찌꺼기를 제거하는 것. ② 해체 후의 거푸집면을 청소하는 것.

scratch coating 초벌칠 마감까지 여러 층 칠하는 경우 맨 먼저 칠하는 층.

scratching 긁어내기 모르타르칠을 한 다음 빗 모양의 도구로 표면을 긁어서 거친 면으로 하는 것. 도층(塗層)간의 부착을 도울 목적으로 초벌칠 표면에 하는 경우가 많다.

SCR dimming equipment SCR 조광 장치(-調光裝置) SCR은 silicon controlled rectifier의 약. 사이리스터를 사용한 조명 기구의 빛의 세기를 변화시켜 원하는 밝기를 설정할 수 있는 장치. 무대 조명 설비에 널리 쓰인다.

screeding 규준대 밀기(規準臺-) 모르타르·콘크리트 등의 표면을 평평하게 마무리하기 위해 울퉁불퉁한 면을 규준대로 밀어서 다지는 작업. 긴 규준대를 사용함으로써 큰 면을 보다 평평하게 마감할 수 있다.

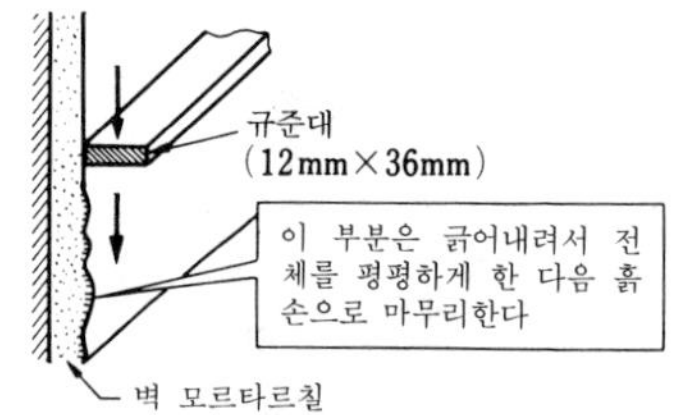

screen 체[1], 그물문(-門)[2] (1) 고체 분말 입자의 대소를 가려내기 위해 체질에 사용하는 기구를 말한다. 시험용의 것은 표준 체라 한다.
(2) 쇠그물을 끼운 문. 통풍을 좋게 하고, 쥐, 파리 기타의 벌레가 들어오는 것을 방지한다. =wire door, screen door

screen door 그물문(-門) =screen(2)

screened room 실드 룸 전기적인 실험, 검사를 하기 위해 전자파가 실내로 침입한다든지 실외로 누설한다든지 하지 않도록 바닥, 벽, 천장, 창 등을 동판이나 쇠그물 등의 전도성이 높은 재료로, 또 필요에 따라 투자성도 높은 재료로 틈을 두지 않고 접합 구성하여 어스한 방. =shield enclosure

screening 체질 분말 시료를 체에 담아 입자의 크기에 따라 체눈을 통하는 것과 통하지 않는 것으로 나누는 조작. =sieving

screw 나사 원통 또는 원기둥의 표면에 나선상의 홈을 낸 철물. 외면에 나사산이 있는 것을 수나사, 내면에 나사산이 있는 것을 암나사라 한다(다음 면 그림 참조).

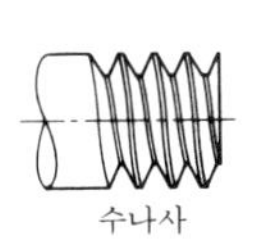

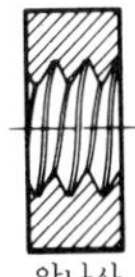

screw

screw auger 스크루 오거, 나사 송곳 나사 모양의 날을 갖는 송곳에 의한 천공기. 지반에 구멍을 파는 데 사용한다.

screw conveyor 스크루 컨베이어 나선상 회전체의 날개에 의해 재료를 이동시키는 반송 장치. 가루나 페이스트 모양의 재료를 짧은 거리에 반송하는 데 적합하다.

screw driver 드라이버, 나사돌리개 나사를 박거나 풀기 위한 공구.

screw jack 나사 잭 나사를 회전시켜서 그 추력에 의해 중량품을 올리고 내리기 위한 공구.

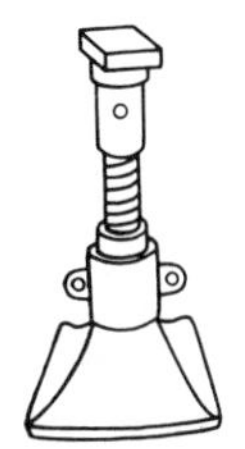

screw nut 너트 수나사의 볼트와 1조를 이루어 체결 고정에 사용되는 나사. 6각형, 4각형 8각형의 것이 있다. =nut

screw pile 나선 말뚝(螺旋-), 나사 말뚝 쇠막대나 철관 끝에 나사를 내어 비틀어 넣는 기초 말뚝.

screw refrigerator 스크루 냉동기(-冷凍機) 스크루형 압축기를 사용한 냉동기. 서징 특성이 없고 압축비가 높으므로 히트 펌프에 이용된다.

scum 스컴 분뇨 정화조의 부패실이나 침전조의 수면에 부상한 고형물, 유지 등이 모인 협잡물을 말한다. 부상물이라 하는 경우도 있다.

sea breeze 해풍(海風), 바닷바람 바다에서 육지를 향해 부는 바람. 오전 10시 경부터 저녁 가까이까지 분다.

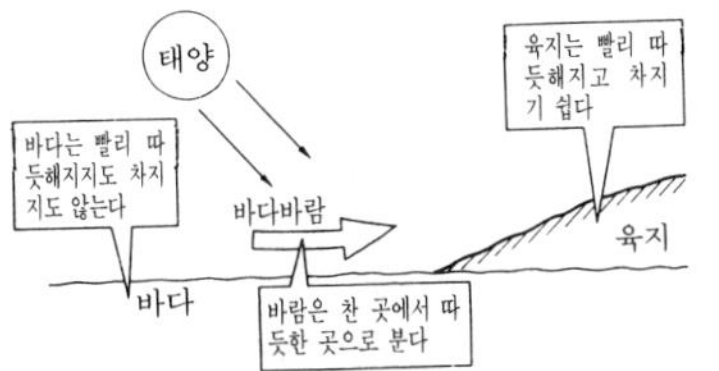

sea city 해상 도시(海上都市) =marine city

sealant 실링재(-材) 줄눈에 충전하여 수밀성, 기밀성을 확보하는 재료. 통상은 부정형(不定形)의 것을 가리키나 넓은 뜻으로는 정형의 것도 포함한다. 코킹재와 구별하여 사용할 때는 크게 무브먼트가 예상되는 줄눈에 충전하는 것을 가리킨다.

sealed beam lamp 실드 빔형 램프(-形-) 램프 고유의 배광만으로 간단한 투광 조명을 할 수 있는 협각(狹角) 빔 램프의 속칭.

sealer 실러 도료의 흡입을 방지하고, 바탕의 알칼리나 수지 등의 영향을 억제하기 위해 최초로 바탕에 칠하는 초벌칠의 도료.

sealing compound 봉함제(封緘劑), 양생제(養生劑) 타설 직후의 콘크리트 표면에 칠하거나 살포하여 연속한 피막을 형성하는 합성 수지. 염화 비닐리덴 수지의 에멀션 등이 쓰인다.

sealing compound material 실링재(-材) 새시 둘레, 프리패브재의 접합부, 건축물의 줄눈 주위에 충전하는 고무상 물질·합성 수지 등의 총칭. 종류로는 유성 코킹·탄성 실재 등이 있다.

sealing material 실링재(-材) 프리패브재의 접합부나 새시 부착 둘레 등의 충전재로서 쓰이는 고무상 물질의 총칭. 유성 코킹·탄성 실링이 있다.

sealing water 봉수(封水) 냄새의 침입을 방지하기 위해 트랩의 봉수부에 담겨진 물. →trap

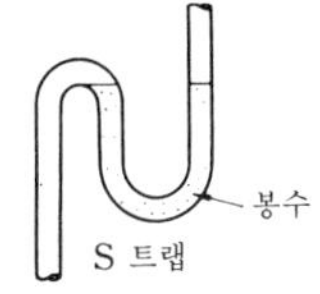

sealing work 실링 공사(-工事) 부재 접합부의 줄눈에 수밀성, 기밀성을 확보하기 위해 실링재를 충전하는 공사.

seal up 틈막이 종이 테이프 등을 붙여서 틈을 막는 것.

seal water 봉수(封水) 배수 트랩 내부에 차 있는 물. 이에 의해서 하수관으로부터의 냄새나 가스 등이 실내로 침입하는 것을 방지한다.

seam 심 판의 접합이나 리벳 접합 등에 있어서의 이은 자리(다음 면 그림 참조).

seam joint 솔기접기 박판끝을 접어서 잇

seam

는 접합법.

seamless steel pipe 심리스 강관(-鋼管), 이음매없는 강관(-鋼管) 이음매가 없는 강관. 탄소강 강관 중 용접이나 단접(鍛接)으로 만들어진 것과 대비하여 쓰이는 용어.

seam welding 심 용접(-鎔接), 봉합 용접(縫合鎔接) 원판상 전극간에 피용접물을 사이에 끼우고 전극에 가압력을 건 채 전극을 회전시키면서 스폿 용접을 반복해 가는 용접. 스폿 용접보다 전류·가압력을 모두 크게 한다.

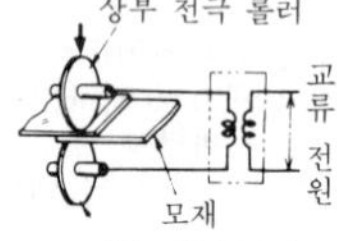

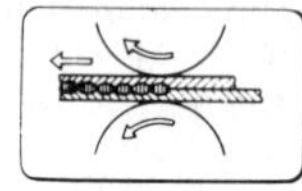

searchlight 투광기(投光器) 떨어진 장소를 골라서 조명하기 위한 기구. 특히 극장용의 것을 스폿라이트, 먼 곳의 장소를 조명하는 것을 서치라이트라 한다. =spotlight

sea sand 바다모래 바다에서 채취하는 모래로, 일반적으로 알갱이가 고르다. 콘크리트용 골재로서 사용하는 것은 바람직하지 못하지만 골재 사정으로 사용하는 경우가 있다. 함유 염분은 모래의 절건(絶乾) 중량에 대하여 0.01% 이하가 바람직하고, 0.04%를 넘으면 적절한 녹 방지제를 사용하고, 물 시멘트비를 작게 하는 등 제약이 있다.

seashore gravel 바다 자갈 해저 또는 해변에서 채취되는 자갈. 철근 콘크리트용으로서는 충분한 제염(除鹽)이 필요하다.

seaside city 해상 도시(海上都市) =marine city

seasonal air conditioning 기간 공기 조화(期間空氣調和) 1년 중 어느 계절에만 공기 조화를 하는 것.

seasonal cooling load 기간 냉방 부하(期間冷房負荷) 냉방 기간 전체에서의 적산 냉방 부하. 일반적으로는 6~9월.

seasonal fluctuation 계절 변동(季節變動) 물가 등의 1년을 주기로 하는 계절적인 변동. 건축 공사는 그 착공, 시공, 준공의 각 단계에서 공사 종별마다 특유의 계절적 변동을 한다.

seasonal heating load 기간 난방 부하(期間煖房負荷) 난방 기간 전체에서의 적산 난방 부하. 일반적으로는 12~3월.

seasonal labor 계절 노동(季節勞動) 겨울의 농한기 등에 한정하여 취업하는 계절적인 노동. 건설 공사의 일부는 날품팔이의 계절 노동에 의존하여 행하여진다.

season crack 갈림 목재의 건조에 따르는 균열. 부분 수축이나 이방 수축에 의해 생긴다.

seat 시트, 자리 ① 사람이 앉는 장소, 또는 그 깔개. ② 의자의 구조 중 궁둥이를 받치는 부분.

seat angle 시트 앵글 철골조의 보와 기둥, 작은보와 큰보의 접합에서의 보 끝을 얹기 위한 산형강.

seat waterproofing 시트 방수(-防水) 합성 고무계나 플라스틱계의 시트를 접착재로 바탕에 한 장 깔아서 방수하는 방법. 접착에는 전면 접착과 부분 접착이 있다. 인장에 대한 신장률이 크고, 방수 바탕의 움직임에 대해 추종성이 풍부하지만 태양광선·산소(오존)에 의한 열화가 크고, 균열이 생기기 쉽다.

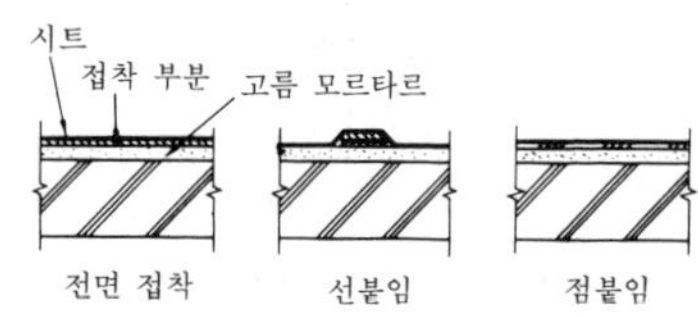

seawater-resistant steel 내해수성 강(耐海水性鋼) 바다 속에서 뛰어난 내식성을 나타내는 강.

secant modulus 시컨트 모듈러스 응력도·변형도 곡선상의 점과 원점을 이은 직선의 물매(경사).

secant modulus of elasticity 시컨트 모듈러스 탄성 계수(-彈性係數) 응력과 변형이 비례하지 않는 재료의 역학적 성질을 나타내기 위해 응력·변형 곡선의 어느 점과 원점을 잇는 물매($\tan \theta_s$)를 써서 탄성적 취급을 하는 경우의 탄성 계수를 말한다.

secondary air 2차 공기(二次空氣) ① 공기 조화에서 ㅜㄴ출구에서 분출되는 1차 공기에 의해 유인되는 공기. ② 연소 장치에 공기를 여러 단계로 나누어서 공급할 때의 제2단째의 공기.

secondary consolidation 2차 압밀(二次壓密) 통상의 압밀 과정(1차 압밀) 종료시 부근에서 인정되는 압밀 크리브 현상. 침하의 속도는 1차 압밀보다 느리다.

secondary fastening 2차 체결(二次締結) 고력 볼트의 체결에서 체결력을 2단계로 가할 때 그 대부분을 1차 체결, 나머지를 2차 체결이라 한다.

secondary pollution 2차 오염(二次汚染) 2차적 오염의 총칭. 예를 들면, 자동차 배기 가스 중의 NO_x는 그 자신이 환경 오염을 야기하지만 태양광을 받아서 옥시던트를 발생시켜 더욱 환경을 오염한다.

secondary public nuisance 2차 공해(二次公害) 2차 오염과 같이 2차적으로 발생하는 공해.

secondary seismic design 2차 설계(二次設計) 내진 설계 법규에서 1차 설계에 부가하여 행하도록 정해져 있는 부분으로, 층간 변형각의 계산, 강성률·편심률의 계산 및 보유 수평 내력의 확인 등을 총칭하고 있다.

secondary statically indeterminate stress 부정정 2차 응력(不整定二次應力) 부정정 가구(架構)에 프리스트레스를 도입할 때 프리스트레스의 도입에 따라 생기는 2차 응력.

secondary stress 2차 응력(二次應力) 구조물의 응력을 구하는 경우에 설정한 가정이 실제와는 엄밀하게 일치하지 않기 때문에 생기는 응력. 예를 들면 트러스 부재의 축심 불일치 때문에 생기는 휨, 절점 구속에 의한 휨 등을 말한다. 프리스트레스 도입시의 보에 대한 기둥이나 벽의 구속에 의해 생기는 응력도 2차 응력이라 한다.

secondary subcontract 2차 하청(二次下請) 원청으로부터 하청(1차 하청)한 공사 등을 다시 다른 자에게 하청시키는 것. 또는 그것을 수주하는 자를 말한다.

secondary treatment 2차 처리(二次處理) 배수의 생물학적 처리 프로세스에서 1차 처리로 제거할 수 없었던 비침전성의 부유물이나 용해성 유기물을 미생물의 대사 작용을 이용하여 제거하는 생물 처리를 말한다.

secondary wave S파(-波) 전단파를 말한다. 지진파의 제2의 부분에 나타나기 때문에 이렇게 부른다.

second coat 재벌칠 미장 공사나 도장 공사에서 초벌칠과 마감과의 중간에 칠하는 면이나 작업. 마감을 위한 준비층이기 때문에 바탕과의 밀착도와 평면의 정확성에 주의해야 한다.

second floor girder 2층 보(二層-) 2층 바닥 장선을 받치는 보.

second fundamental metric 제2 기본 계량(第二基本計量) 3차원 국소 공간의 휨에 관계하는 양. 단위 법선 벡터를 포함하는 기본 벡터의 법선 방향의 변화.

second house 세컨드 하우스, 제2 주택(第二住宅) 동일 세대가 사용하는 주택이 두 채 있는 경우 주된 주택이 아닌 별장 등을 가리킨다.

second moment method 2차 모멘트법(二次-法) 건축물의 신뢰성 설계 혹은 신뢰성 평가에 관한 수법의 하나. 확률 통계적 정보로서 평균값과 표준 편차와 같은 1차 및 2차 모멘트의 정보만을 사용하는 수법.

secret hinge 숨은 경첩 =invisible hinge

section 단면도(斷面圖) 건물의 전체 수직 단면도. 넓은 뜻으로는 건물의 제도는 대부분 단면도로 표시되고 있다.

sectional area 단면적(斷面積) 부재 단면의 전면적.

sectional detail drawing 단면 상세도(斷面詳細圖) 건물의 각 부분의 표준적인 높이를 나타내기 위해 그린 수직 단면도로, 지반면·기초·바닥·기둥·벽·개구부·천장·지붕 등의 치수 및 구조 치수와 마감 치수의 차 등을 나타낸다. 보통, 1/20 정도의 축척으로 그린다.

sectional drawing 단면도(斷面圖) 단면을 나타낸 도면으로, 종단면도와 횡단면도가 있다.

sectional force 단면 응력(斷面應力) = sectional stress

sectional furniture 조합 가구(組合家具) 단위가 되는 형식을 목적에 따라 복수 개 조합시켜서 사용하는 가구.

sectional stress 단면 응력(斷面應力), 단면력(斷面力) 단면 계산을 할 때 사용하는 응력으로, 휨 모멘트, 축방향력, 전단력, 휨 모멘트 등이다.

section-detail drawing 단면 상세도(斷面詳細圖) 건물 전체 또는 부분의 수직 단면도를 상세하게 그린 그림. 척도는 보통 1/20로 하고, 각부의 높이·구조·마감 등에 대해 치수·재명(材名)을 시공 가능한 정도로 상세하게 기입한다.

section line 단면선(斷面線) 부재 단면의 윤곽을 나타내는 선. 외형선을 굵은 선으로 하고 재종(材種)을 나타낼 때는 그림 (b)와 같이 한다. 그림은 단면선의 예이다(다음 면 그림 참조).

section list 단면 리스트(斷面-) 구조도의 하나. 구조 부재의 각 부재 단면을 일람표로 하여 층마다, 부재마다, 부재 기호마다 정리하여 나타낸 도표.

section modulus 단면 계수(斷面係數) 단

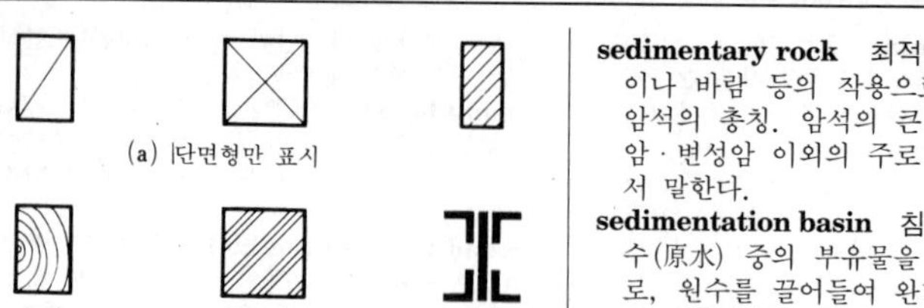

section line

면의 도심(圖心)을 통하는 축에 대한 단면 2차 모멘트를 I로 하고, 축에서 가장 떨어진 인장측 또는 압축측의 점까지의 거리를 y_1, y_2로 할 때

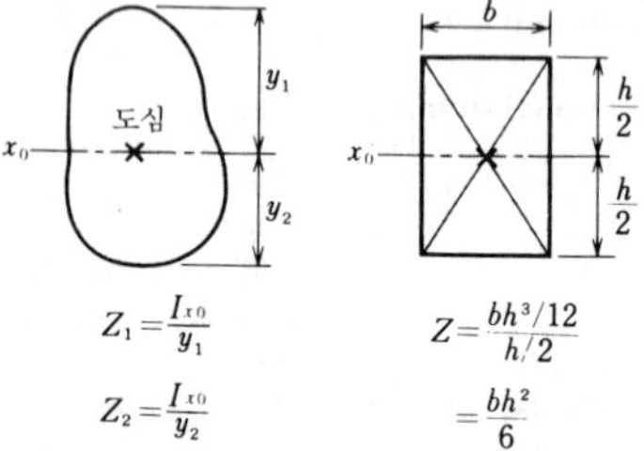

$$Z_1 = \frac{I_{x0}}{y_1} \qquad Z = \frac{bh^3/12}{h/2}$$

$$Z_2 = \frac{I_{x0}}{y_2} \qquad = \frac{bh^2}{6}$$

로 나타내어지는 계수 Z를 말한다. 대칭일 때는 $Z_1 = Z_2$이다.

section modulus of tension side 인장측 단면 계수(引張側斷面係數) 단면 2차 모멘트를 중립축에서 인장 응력이 발생하고 있는 맨 가장자리까지의 거리로 나눈 값.

section paper 방안지(方眼紙) 단위 치수의 정방형 눈금을 그린 종이.

section steel 형강(形鋼) 특정한 단면으로 압연된 구조용 강재. 단면형에 따라 산형강 · I형강 · 홈형강 · T형강 · H형강 등이 있다. =shape steel

sector theory 선형 이론(扇形理論) 호이트(H. Hoyt)가 제창한 도시 형성의 이론. 동심원 이론을 인정하면서도 그 거주 계층 배치가 교통 간선에 따라 일정한 방향성을 갖는다는 이론.

secular change 경년 변화(經年變化) 경년과 더불어 일어나는 물리적, 화학적, 사회적 변화. 형상, 색채의 변화, 가격 · 비용 · 공사량의 변화 등.

securities 방범(防犯) =prevention of crimes

sedentary deposit 풍화토(風化土) 암석의 풍화에 의해 생긴 토양이 모암 위에 쌓여 있는 것.

sedimentary rock 퇴적암(堆積岩) 하천이나 바람 등의 작용으로 퇴적하여 생긴 암석의 총칭. 암석의 큰 분류에서는 화성암 · 변성암 이외의 주로 수성암을 가리켜서 말한다.

sedimentation basin 침전지(沈澱池) 원수(原水) 중의 부유물을 침전시키는 못으로, 원수를 끌어들여 완만한 속도로 흘리는 상류식(常流式)과 원수를 끌어들여 일정 시간 정지시켜 두는 단류식(斷流式 : 간헐식)이 있다.

sedimentaion crack 침하 균열(沈下龜裂) 콘크리트 타설 후 1~2시간에 걸쳐서 생기는 콘크리트의 침강 현상을 내부 철근이 방해함으로써 철근 바로 위 부분에 발생하는 균열. 묽은비빔 콘크리트에서 블리딩(bleeding)량이 큰 것일수록 발생할 위험이 있다.

sediments 저질(底質) =bottom materials

SEEE system SEEE공법(－工法) 프리스트레스트 콘크리트용 정착 공법의 일종. 다중으로 꼬은 PC강 꼬임선(撚線)으로 이루어지는 긴장재에 슬리브를 압착하고, 그 외주에 둔 나사와 너트로 지압판에 정착하는 공법.

seepage 침투(浸透) =percolation

seepage line 습윤선(濕潤線) =phreatic line, saturation line

seger cone 세게르 콘 재료의 내화도나 노내(爐內) 온도를 측정하기 위해 각종의 내화도(세게르 번호 SK)를 갖는 재료로 만들어져 있다. 높이 5cm 정도의 가늘고 긴 3각뿔의 것. 내화도의 측정법으로서는 세게르 콘과 같은 형상의 피측정물을 만들고, 기준의 각종 세게르 콘과 함께 노내에서 가열하여 연화 만곡의 정도에서 세게르 번호를 측정한다.

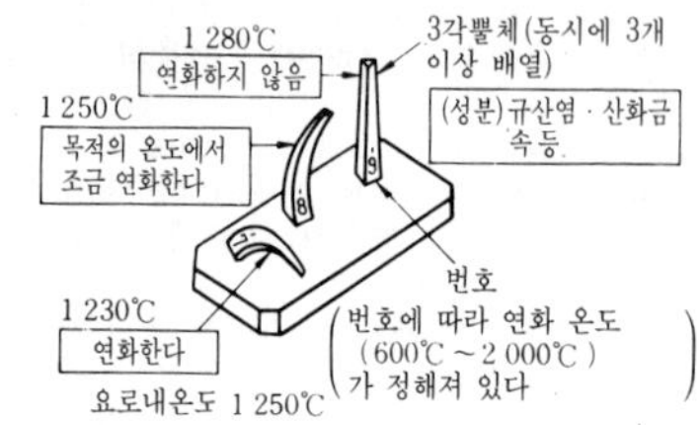

segmental arch 원호 아치(圓弧－) 반원보다 작은 원호로 이루어지는 아치를 총칭하는 것.

segregated ward 격리 병실(隔離病室) 법정 전염병 환자를 강제적으로 격리하는 병실.

segregation 분리(分離) 콘크리트가 시공 중 또는 타입 직후에 굳지 않고 재료가 나뉘는 것.

Seilnetz construction method 세일네츠 공법(－工法) 막 구조의 맨내에 케이블망을 배치한 구조로, 케이블 네트 방식이라고도 한다. 막 구조와 달리 면의 응력은 반드시 균일하지 않아도 되기 때문에 자유로운 조형(造型)이 얻어지며, 상당한 스팬까지 가능하다.

seismic capacity evaluation 내진 진단(耐震診斷) 기존 구조물의 내진 성능을 살피는 진단을 말한다. 철근 콘크리트 구조 건축물 등에 대한 내진 진단 기준이 있다. ＝seismic diagnosis →strength diagnosis

seismic coefficient 진도(震度) 설계 진동의 경우는 지진시의 수평 하중을 구하기 위해 그 부분의 중량을 거는 계수를 말한다. 진도 계급에서는 그 관측점에서 느낀 지진의 강한 계급이다.

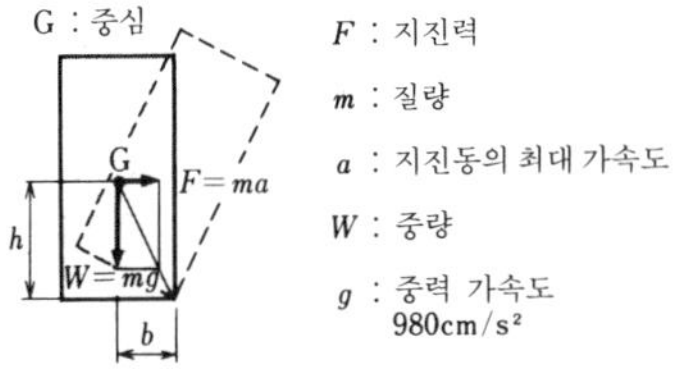

G : 중심
F : 지진력
m : 질량
a : 지진동의 최대 가속도
W : 중량
g : 중력 가속도 980cm/s²
$F=ma$, $W=mg$, h, b

seismic coefficient factor method 진도법(震度法) 정적 진도법이라고도 한다. 지진력을 중량의 예를 들면 0.2배의 수평력으로 치환하고 탄성 허용 응력도 설계를 하는 설계법. 동적 응답의 영향을 가미하여 주기에 따라서 설계 진도를 바꿀 때는 수정 진도법이라 한다.

seismic coefficient method 진도법(震度法) 진도에 입각하여 구조물에 작용하는 정적 지진력을 산출하여 구조물의 내진 계산을 하는 방법.

seismic coefficient of yield state 항복 진도(降伏震度) 뼈대가 지진력을 받아서 저항력 곡선이 저하할 때의 지동(地動)의 크기를 진도 표시한 것. 거의 탄성 한계에 도달했을 때라고 생각하면 된다.

seismic design 내진 설계(耐震設計) 구조 설계의 주요한 분야로, 지진 하중에 대하여 구조물의 안전성을 확인하는 작업을 말한다. 상정하는 지진동의 강도와 그 때에 허용할 수 있는 피해 정도에 따라 차가 있다. 중지진에 대해서는 탄성 허용 응력도법이 쓰이고, 대지진에 대해서는 보유 수평 내력의 검정이 이루어진다. 지진 하중의 결정에는 정적 진도법 · 수정 진도법 · 응답 변위법 · 동적 응답법 등이 쓰이고 있다.

seismic diagnosis 내진 진단(耐震診斷) ＝seismic capacity evaluation

seismic exploration 탄성파 탐사(彈性波探査) ＝elastic wave exploration

seismic fault 지진 단층(地震斷層) 지진에 의해 운동을 일으킨 단층 또는 지진을 발생시킨 단층.

seismic force 지진력(地震力) 지진의 동적인 동요를 정적으로 평가하여 설계 하중으로서 쓰는 힘.

seismic force of underground part 지하 부분의 지진력(地下部分－地震力) 건물 지하 부분의 설계 지진력은 수평 진도와 중량을 곱하여 구한다. 진도는 지표면에서 $k=0.1$로 하고, 지하 20m 이상의 깊이를 $k=0.05$로 하여 그 사이를 직선 보간해서 주고 있다. 지역 계수 Z를 다시 여기에 곱해서 지하 부분의 지진력을 구하고, 지하층에서 전달하는 전단력과 가산하여 설계용 전단력을 산정한다.

seismic ground failure 지반 진해(地盤震害) ＝earthquake damage of ground

seismic index 내진 지표(耐震指標) 내진 진단 기준에서 기준 구조물의 내진성을 나타내는 지표. 철근 콘크리트 구조인 경우에는 구조 내진 지표와 비구조재 내진 지표가 있다.

seismic intensity 진도(震度) ＝seismic coefficient

seismic intensity scale 진도 계급(震度階級) 어떤 장소에서의 지진동의 세기를 인체 감각, 주위의 물체, 구조물 혹은 자연계에 대한 영향의 대소에 따라 매긴 계급.

seismicity 지진 활동도(地震活動度) 어떤 지역에서의 지진 발생의 빈도. 과거에 있어서의 지진 발생의 상황(규모, 장소, 때)에 입각하여 정해진다.

seismicity map 지진 활동도(地震活動圖) 기왕의 피해 지진의 통계에서 재현 연수에 따라 예상할 수 있는 지진동의 기대값을 가속도나 속도의 등치선(等值線)으로 지도상에 나타낸 그림. 지진 지역 계수를 정하는 자료로서 쓰인다.

seismic lateral earth pressure 지진시 토압(地震時土壓) 옹벽 등의 항토압(抗土壓) 구조물에 채용하는 지진시의 토압. 실측 예가 거의 없으므로 그다지 해명되어 있지 않다.

seismic load 지진 하중(地震荷重) 구조물의 설계에 있어서 지진동의 영향을 해석할 수 있도록 평가하여 정한 하중.

seismic moment 지진 모멘트(地震－) 지진의 규모를 나타내는 지표의 하나. 지진을 발생시킨 단층의 변위, 암반의 강성, 단층 면적에서 계산되는 우력의 크기.

seismic motion 지진동(地震動) 지진에 의한 지면의 움직임. 지진 파형으로서 지진계에 의해 기록된다.

seismic resistance wall of steel plate 철판 내진벽(鐵板耐震壁) 강판에 리브를 두는 등 하여 구성된 내진벽. 인성(靭性)을 기대하여 사용한다.

seismic sea wave 해일(海溢) 해저 지진이나 해저 분화, 폭풍우 등에 의해 해양에서 내습하는 큰 파도. ＝tidal wave

seismic shear coefficient 지진층 전단력 계수(地震層剪斷力係數) 지진 하중의 평가에 있어서 어떤 층에 작용하는 전단력을 그 층 이상의 무게, 즉 고정 하중과 적재 하중의 총합으로 나눈 값.

seismic shear distribution coefficient 지진층 전단력 분포 계수(地震層剪斷力分布係數) 각층의 지진층 전단력 계수를 최하층(보통 1층)의 층 전단력 계수로 나누어서 얻어지는 계수.

seismic storey shear coefficient 지진층 전단력 계수(地震層剪斷力係數) 어떤 층의 지진시의 층 전단력을 그 층에서 상부 중량의 합으로 나눈 값. 내진 법규에서는 C_i로 나타내고 다음 식으로 나타낸다.

$$C_i = Z \cdot R_t \cdot A_i \cdot C_o$$

여기서 Z : 지진 지역 계수, R_t : 진동 특성 계수, A_i : 높이 방향 분포 계수, C_o : 표준 전단력 계수.

seismic wave 지진파(地震波) 지진에 의해 지구 내부에 생기는 파동. 실체파와 표면파로 나뉘며, 실체파는 P파와 S파로 나뉜다. P파는 소밀파·종파(縱波)이며, S파는 전단파·횡파이다. 표면파에는 레일리파(Rayleigh wave)와 러브파(Love wave)가 있다. 구조물에 피해를 주는 수평 지동 성분은 S파인 경우가 많다. P파가 도달하고부터 S파가 도달하기까지를 초기 미동이라 하고, S파 이후를 주요동(主要動)이라 한다.

seismic zone 지진대(地震帶) 지진이 집중하여 발생하고 있는 띠 모양의 지역. 예를 들면 환태평양 지진대 등.

seismograph 지진계(地震計) 지진동을 자동적으로 기록하는 기계. 감쇠를 준 흔들이식의 것이 대표적이다. 가속도, 속도, 변위 등을 기록한다. ＝seismometer

seismometer 지진계(地震計) ＝seismograph

selective bidding 지명 경쟁 입찰(指名競爭入札) 미리 복수의 응찰자를 지명하여 입찰을 하는 제도. ＝selective tendering

selective tendering 지명 경쟁 입찰(指名競爭入札) ＝selective bidding

self-excited vibration 자려 진동(自勵振動) 비진동적인 에너지가 진동계 내부에서 진동적인 여진(勵振)으로 바뀌고, 그 진동 자신이 여진력을 지속시키는 진동. ＝self-induced vibration

self-extinguishing 자기 소화성(自己消火性) 불씨를 제거했을 때 불꽃이 꺼지고 연소가 계속하지 않는 재료의 성질. 통상 플라스틱 재료의 난연성 레벨을 표시할 때 쓴다.

self-forming 셀프포밍 기둥이나 벽 등의 부재를 중공(中空)으로 한다든지 하여 그 속에 배근하고, 거푸집을 쓰지 않고 콘크리트를 타설하는 방법. 프리캐스트 부재의 접합 등에 사용한다.

self-help housing 셀프헬프 주택(－住宅) 주요 구조와 공급 처리 시설만을 공적으로 건축하고 나머지는 입주자가 스스로 건설하는 주택. 주로 발전 도상국에서 세워지고 있다.

self-imposed control 자주 관리(自主管理) ① 발주자측의 공사 감리를 받기 전에 시공자가 자주적으로 공사 내용이 요구 사항에 적합하도록 적정하게 처리하는 것. ② 건물의 관리 업무를 외부에 위탁하지 않고 소유자 스스로가 하는 것. 분양 공동 주택에서는 관리 사무소가 스스로 사무 관리(관리 요원 고용·지휘, 출납, 회계, 사무소 운영 등)의 전부 내지는 대부분을 하는 관리 방식.

self-induced vibration 자려 진동(自勵振動) ＝self-excited vibration

self-leveling 셀프레벨링 흘려 넣기만 하면 표면이 평탄해지는 성질. 부정형 재료에 볼 수 있다. 시멘트 모르타르 등에서는 유동화제를 가함으로써 얻어진다.

self-leveling method 셀프레벨링 공법(－工法) 바닥 바탕 모르타르칠의 대용 공법. 석고계의 유동 재료를 콘크리트 타설면에 흘리고 경화시켜서 수평면을 만드는 공법.

self-load 자중(自重) 구조물 자신의 중량. 마감 중량을 더해서 고정 하중으로서 다룬다.

self-luminous color 광원색(光源色) ＝light-source color

self-purification 자연 정화 작용(自然淨化作用) 자연 환경 중에 오탁 물질을 혼입한 경우에 미생물의 작용 등으로 그 농도가 자연히 감소하는 작용.

self-recording thermohygrometer 기록 온습도계(記錄溫濕度計) 온도, 습도를 동시에 측정하여 기록하는 장치. 모발과 바이메탈 혹은 부르동관을 사용한 것이 오래 전부터 사용되고 있으나, 최근에는 세라믹 센서 등을 사용한 전기식이 널리 쓰이고 있다.

self-shielded arc welding 셀프실드 아크 용접(-鎔接) 플럭스가 들어 있는 와이어를 사용하여 외부에서 실드 가스를 공급하지 않고 하는 아크 용접.

self siphonage 자기 사이폰 작용(自己-作用) 위생 기구에 설치된 트랩에서 배수를 할 때 생기는 사이폰 작용에 의해 트랩 봉수의 전부 또는 일부가 빨려 나가는 현상을 말한다.

self-strain 자기 변형(自己變形) 온도 변화에 의한 신축, 콘크리트의 경화, 건조 수축 등에 의해 구조물이나 부재에 유기되는 변형의 총칭이다. 이에 의해 생기는 응력을 자기 변형 응력이라 한다.

self-strain stress 자기 변형 응력(自己變形應力) 자기 변형에 의해 생기는 응력.

self-supported sheet pile construction method 널말뚝벽 자립 공법(-壁自立工法) 굴착 깊이가 얕은 경우 버팀목이나 앵커를 설치하지 않고 널말뚝벽만의 흙막이벽을 써서 굴착하는 간이한 공법. = sheet pile retaining wall construction method

self-weight 자중(自重) 구조물 그 자체에 의한 하중. 건축물의 경우는 고정 하중을 말한다.

SE method SE법(-法) SE는 storey-enclosure의 약. 영국의 전통적인 건축 공사비 개산법. 바닥, 지붕, 벽 등의 수량을 그 비용을 고려하여 가산한 SE면적이라고 하는 가공의 수치로 변환하여 적산한다.

semi-anechoic room 반무향실(半無響室) = hemi-anechoic room

semi-automatic arc welding 반자동 아크 용접(半自動-鎔接) 용접 와이어가 자동적으로 공급되는 장치를 손에 쥐고 하는 용접. 강구조물의 접합이나 말뚝의 용접 이음에 널리 쓰이고 있다.

semi-automatic welding 반자동 용접(半自動鎔接) 용접용 와이어의 보내기가 자동적으로 되는 장치를 써서 용접 작업자가 수동으로 하는 용접.

semi-circular arch 반원 아치(半圓-) 반원형의 호(弧)를 갖는 아치.

semiconductor strain gauge 반도체 스트레인 게이지(半導體-) 전기 저항 스트레인 게이지의 하나. 반도체 단결정에 힘을 가했을 때 피에조 효과에 의해 비저항이 변화하는 것을 이용한 고감도 스트레인 게이지. 충격 측정, 진동 측정용의 변환기로도 사용한다.

semi-direct lighting 반직접 조명(半直接照明) CIE와 IESNA의 배광 분류의 한 항목. 조명 기구의 하향 발산 광속이 60%에서 90%일 때를 말한다. 조명 기구나 조명 방식의 분류에 사용한다.

semi-fireproof construction 준내화 구조(準耐火構造) 철골조로, 벽을 내화 구조로 한 것.

semi-fire zone 준방화 지역(準防火地域) 시가지에서 화재의 위험을 방지하기 위해 도시 계획에서 정해진 지역의 하나. 건물 규모에 따라 구조가 규제되어 있다.

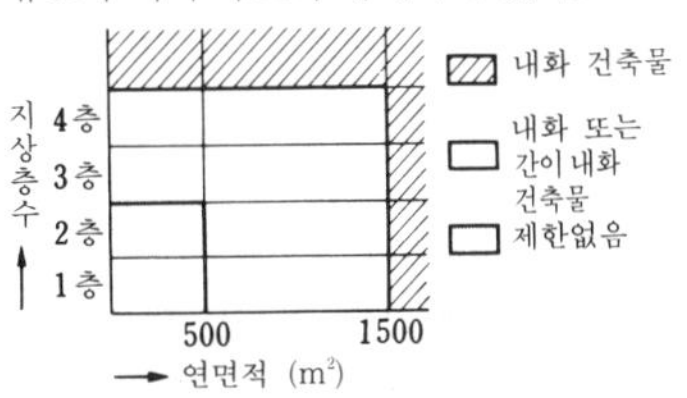

semi-fixed 반고정(半固定) 부재의 단부(端部) 구속 상태가 완전 핀과 완전 고정의 중간에 있다고 상정되는 상태.

semi-gravity type retaining wall 반중력식 옹벽(半重力式擁壁) 중력식 옹벽과 마찬가지로 벽의 자중으로 토압에 저항하는 형식의 옹벽. 벽두께가 얇으므로 철근으로 보강하고 있다.

semihard stone 준견석(準堅石) = medium stone

semi-indirect lighting 반간접 조명(半間接照明) 조명 기구의 배광에 의한 분류의 한 형식으로, 간접의 광속이 90~60%인 것을 말한다.

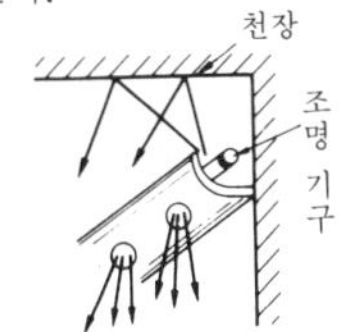

semi-infinite body 반무한 고체(半無限固體) 하나의 표면을 가지며, 무한의 확산을 갖는 고체. 지표면 이하의 흙의 모델 등에 사용하는 이상 형식. 탄성체라고 가정했을 때는 반무한 탄성체라 한다.

semi-non-combustible material 준불연 재료(準不燃材料) 불연 재료에 준한 방화 성능을 갖는 것.

톱밥 혼입률 10% 이하
석고 보드 6mm(양면 난연 처리), 9mm(단면 난연 처리)이상
목모 시멘트판 12mm 이상

semi-rigid connection 반강절(半剛節) 부재 상호가 완전히 강접합(剛接合)되어 있지 않은 상태.

sense of housing 주의식(住意識) =housing consciousness

sensible heat 현열(顯熱) 물체에 가한 열 중 온도를 변화시키는 열. →latent heat

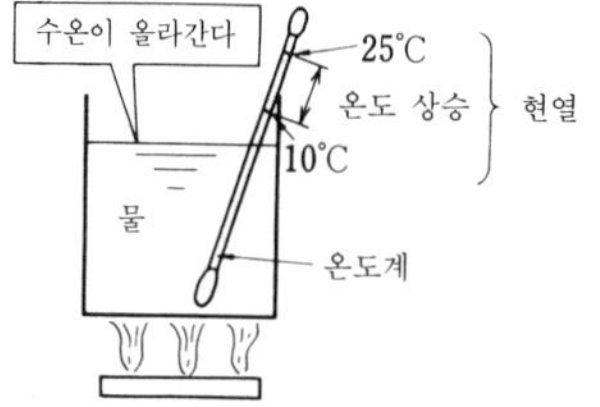

sensible heat factor 현열비(顯熱比) 습공기의 상태 변화를 아는 데 편리한 값. ① 전 열량 변화에 대한 현열량 변화의 비율, 또는 ② 공기 조화 부하 계산에 있어서 실내 열부하에 대한 실내 현열 부하의 비율(특히 실현열비라 한다)을 말한다. =SHF

sensible heat load 현열 부하(顯熱負荷) 냉난방 부하 중 현열에 의한 부하. 외벽으로부터의 열이동, 일사, 조명, 인체, 외기 틈새 바람의 현열, 사무 기기의 발열 등으로 구성된다.

sensible heat storage 현열 축열(顯熱蓄熱) 물체의 상태(고체, 액체, 기체)를 바꾸지 않고 온도 변화·비열을 이용하여 열을 축적하는 것. 0℃ 이상의 물, 쇄석, 흙, 건축 골격을 축열재로서 사용하는 경우가 해당한다.

sensitivity 감도(感度) 장치, 시스템, 생물체 등에 있어서의 입력 자극에 대한 반응, 출력 능력의 정도.

sensitivity for initial irregulatity 초기 부정 민감도(初期不整敏感度) 무하중 상태의 구조체에 존재하는 형상의 불완전성, 구성 재료의 불균일성, 미소 편심 하중 등이 좌굴 응력에 미치는 영향의 정도.

sensor 센서 계측계 중에서 검지기(detector)를 말한다. 각종 물리량 뿐만 아니라 기호·화상·패턴 등의 정보도 검출할 수 있다. 컴퓨터에서의 판독(sense)에서 발생한 용어이지만 최근에는 감각 기관을 대신해서 감각량을 파악하는 목적의 것도 가리켜서 말하기도 한다.

separate contract 별도 계약(別途契約) 본계약과는 따로 별도 공사를 계약하는 것을 말한다.

separate contractor 전문 공사 업자(專門工事業者) 종합 공사 업자 이외의 건설 업자로 직종별의 전문 공사 업자.

separate flow 분류(分流) 주관(主管)에서 지관(枝管)으로 흐름이 분기해 가는 것, 또는 하수도나 배수 설비에서 오수와 빗물, 오수와 잡배수를 다른 관로로 배수하는 것.

separate order 분리 발주(分離發注) 발주자가 하나의 공사를 둘 이상의 업자에게 분리하여 발주하는 것. 건축 공사에서는 골격과 마감이나 설비 관계를 분리 발주하는 일이 많다. =split order

separate project 별도 공사(別途工事) 특정 공사와 별개로 계약하여 시공하는 공사. =separate work

separate sewer system 분류식 하수도(分流式下水道) 하수의 배수 방법의 하나. 빗물과 오수를 각각 다른 관거로 배제하는 하수도. 도시에서는 지표면의 오탁물질을 빗물이 씻어내리기 때문에 오염원으로 되기가 쉽다.

separate work 별도 공사(別途工事) =separate project

separating compound 박리재(剝離材) PC판을 적층하여 제작할 때 각단의 부재 사이에 까는 재료. 두꺼운 종이, 필름, 보드, 루핑 등이 쓰인다. =separating material

separating material 박리재(剝離材) =separating compound

separation 분리(分離) 아직 굳지 않은 콘크리트가 시공 중 또는 타입 직후에 재료의 분포가 불균일하게 되는 것.

separation failure 분리 파괴(分離破壞) 취성 파괴의 일종. 심한 변형없이 인장력을 받은 방향으로 수직인 단면에서 파괴하는 형식.

separation of space 공간 분리(空間分離) 기능이나 목적이 다른 건축 공간을 각각 독립으로 처리하여 전체를 구성하는 수법을 말한다.

separation wall 계벽(界壁) 소유자나 이용자가 다른 부분의 경계에 세우는 벽.

separator 세퍼레이터 철근 콘크리트 공사에서 철근간의 간격이나 철근과 거푸집의

간격을 유지하기 위해 사용하는 받침 또는 부품.

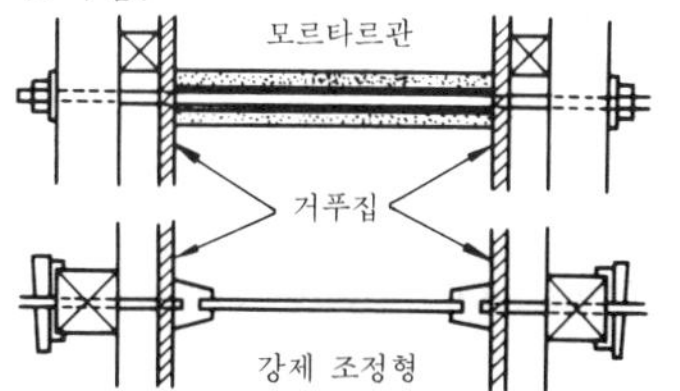

septic tank 오물 정화조(汚物淨化槽)[1], 부패조(腐敗槽)[2] (1) 건물에서 배출한 오물이나 잡배수를 정화하는 장치.

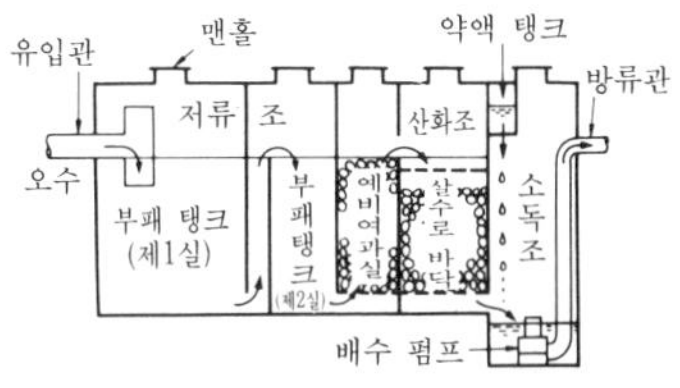

(2) 오물 정화조의 경로 중 부패·침전·분리를 담당하는 최초의 조.

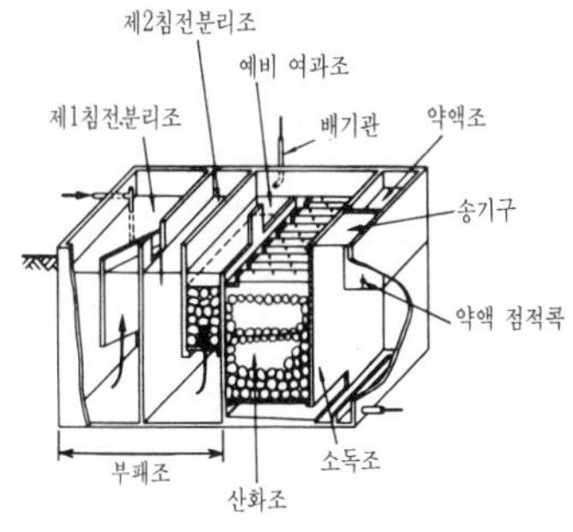

sequence control 시퀀스 제어(-制御) 자동 제어의 일종. 미리 정해진 여러 조건에 따라서 그 제어 목표 상태가 달성되도록 소정의 순서로 조작부가 동작하여 제어를 하는 것.

seratching finish of stucco 리신칠 착색 모르타르에 의한 치장 마감칠.

series connection 직렬 접속(直列接續) 둘 이상의 저항을 차례로 접속하여 하나의 저항으로서 작용케 하는 저항의 접속 방법.

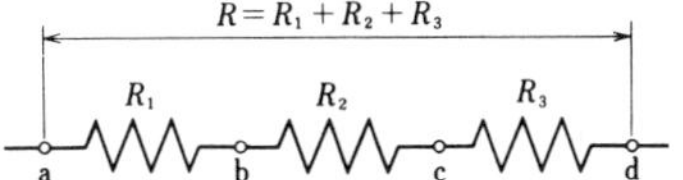

serpentine 사문암(蛇紋岩) 주로 사문석으로 이루어지는 염기성의 화성암.

served area 유치 권역(誘致圈域) =attractive sphere, catchment area, service area

served distance 유치 거리(誘致距離) 어떤 시설의 일상적 이용자의 주거, 직장 등에서 당해 시설까지의 물리적 혹은 시간적 거리. →radius of attraction

servey 측설(測設) 공사 등에 있어서 기준점·기준선, 각종 중심선 등을 현장에 올바르게 표시하는 것. →reference line

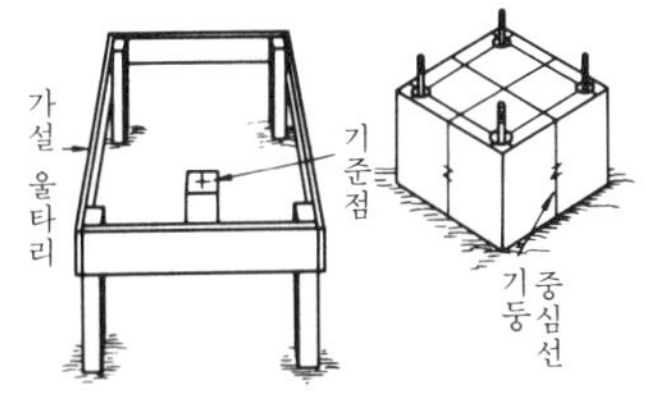

serviceability limit state 사용 한계 상태(使用限界狀態) 한계 상태의 하나. 구조물이 소정의 사용 성능을 만족하지 않게 되는 한계 상태. 구체적으로는 변형, 탄성한내력, 진동 진폭 등으로 정의한다.

service area 유치권(誘致圈) 자원이나 시설 혹은 그 집적이 이용자를 흡인하는 범위. 상점가나 공원, 관광 자원·시설 등에 관하여 그 이용자의 어떤 비율(예를 들면 50%, 80%)이 거주하는 범위로 나타내어진다. =served area

service bolt 임시 체결 볼트(臨時締結-) 현장 조립시에 부재의 접합 위치를 고정해 두기 위해 사용하는 임시 결합용 볼트. 전 구멍수의 1/3 정도를 체결해 둔다.

service illuminance 서비스 조도(-照度) 조명 기구에 필요한 청소나 램프 교환 등의 보수 작업을 할 때 어느 보수 작업에서 다음 보수 작업까지의 기간에 확보되는 평균 조도.

service life 내용 연수(耐用年數) 건축물이 갖는 수명의 총칭이다. 구조적 내용 연수·물리적 내용 연수와 사회적 내용 연수·경제적 내용 연수 등의 개념으로 나뉜다. 고정 자산의 평가 또는 상각시에도 쓰인다.

services 부대 설비(附帶設備) 전기, 냉난방, 환기, 급배수, 가스 등 건축물에 부대하는 설비의 총칭. 최근에는 건축 설비라 한다. =utilities

service sleeve 서비스 슬리브 배관의 장

래 증설용으로서 보, 벽 등에 설치하는 예비의 슬리브.

service stair 뒷계단(一階段) ＝back stairs

service tank 서비스 탱크 기름을 버너에 공급하기 쉽게 하기 위해 일시 저장해 두는 소용량의 탱크. 오일 서비스 탱크라고도 한다.

service water 상수(上水) 수돗물 및 이에 준하는 음용(飮用)할 수 있는 깨끗한 물. 음료수가 된다. 수질 기준이 수도법에 의해 정해져 있다.

service wire 배전선(配電線) 배전을 위하여 포설되고 배전 기기에 결선된 전선, 케이블.

service yard 서비스 야드 상품, 자재 등 물품의 반입, 폐기물의 반출 등에 사용하는 공간. 주택에서는 세탁물 건조대, 부엌문 앞의 옥외에서의 가사를 하는 뜰을 말한다.

set back 건축 후퇴(建築後退) 사선 제한 등에 의해 건물의 상부를 후퇴시켜서 건축하는 것.

setback distance from boundary line 외벽 후퇴 거리(外壁後退距離) 도로 혹은 인접지와의 경계에서 건축물 외벽까지의 거리.

setback of buildings line 벽면선 후퇴(壁面線後退) 벽면선을 지정하여 부지의 도로 경계선에서 건축물의 벽면 위치를 낮추는 것. ＝setback of wall surface line

setback of wall surface line 벽면선 후퇴(壁面線後退) ＝setback of buildings line

setback regulation 사선 제한(斜線制限) 건축물의 높이가 전면 도로나 인접지 경계선으로부터의 거리에 따라 어떤 일정한 물매(경사)의 범위 내에 있어야 한다는 건축 제한.

setback regulation from road width 도로 사선 제한(道路斜線制限) 건축물 각 부분을 부지의 전면 도로 반대측 경계선에서 부지 내의 상공을 향해 일정한 각도로 그은 사선의 안쪽에 제한하는 규정. →setback regulation

setback regulation from site boundary 인접지 사선 제한(隣接地斜線制限) 인접지로의 영향을 고려한 건축물의 높이 제한. 인접지 경계선까지의 거리에 따라서 그 부분의 높이가 제한된다. →setback regulation

set building 조립 건축물(組立建築物) 조립 구조에 의한 건축물.

set loss 세트 손실(一損失) PC강재를 긴장하여 콘크리트 단면에 정착할 때 쐐기 등의 박힘 등에 의해 생기는 프리스트레스력의 손실.

set square 3각자(三角一) 제도 용구의 기본 자. 45°의 등변 직각 3각형의 것과 60°, 30°의 직각 3각형의 것 2매 1조로 되어 있다. 합성 수지제의 것이 많고, 45°자의 사변의 길이에 따라 그 크기를 구별하고 있다. 그림은 45° 직각자와 30°, 60° 직각자의 조합에 의한 75°, 15°의 작도 예이다.

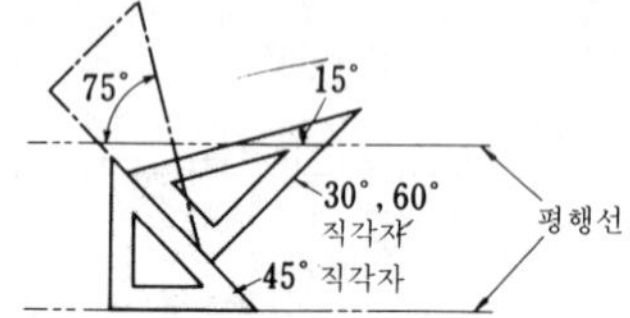

setting 응결(凝結)[1], 침강(沈降)[2] (1) 시멘트의 수화 작용에 의해 페이스트가 점차 유동성을 잃어서 고형화하는 것. 일반적으로는 콜로이드 입자가 모여서 침전하는 현상을 말한다.
(2) 콘크리트 타설 후에 재료가 분리하여 물의 일부가 상부로 모여서 콘크리트가 처지는 현상. 침하 균열의 원인이 된다.

setting accelerator 응결 촉진제(凝結促進劑) 시멘트의 응결을 촉진하는 약제. 염화 칼슘이 가장 값싸고 유효하지만 철근의 부식을 촉진하므로 최근에는 다른 약제가 쓰이고 있다.

setting base 세팅 베이스 프리캐스트 콘크리트의 내력벽 상단에 위층의 내력벽을 얹기 위해 대형(臺形)으로 설치한 부분.

setting force 침강력(沈降力) 적설 중의 가로재나 경사재 등이 하부의 눈의 침하와 상부의 적설 하중에 의해 받는 힘.

setting retarder 지연제(遲延劑), 응결 지연제(凝結遲延劑), 경화 지연제(硬化遲延劑) 시멘트나 콘크리트의 응결을 늦추기 위한 혼합제. 콘크리트의 운반 시간이 길 때 서중(暑中) 콘크리트 등에 사용한다. 당분·알코올류·표면 활성제·무기산 등이 있다.

setting time 응결 시간(凝結時間) 시멘트 및 콘크리트의 시발과 종결의 시간. →setting time test

setting time test 응결 시험(凝結試驗) 적당한 수량(水量)을 첨가하여 표준 연도(軟度)로 한 시멘트 페이스트에 피커침을 관입하여 시발과 종결의 시간을 측정한다. →setting time

settlement 집단 주택지(集團住宅地)[1)], 단지(團地)[2)], 침하(沈下)[3)] (1) = housing development
(2) 주택, 공장, 창고 등의 특정 용도의 건물을 세우는 토지. 주택 단지, 공업 단지, 유통 단지 등이 있다.
(3) 연직 아래 방향으로의 이동.

settlement crack 침하 균열(沈下龜裂) 콘크리트의 타입 후, 잠시 후에 상단 철근 등의 상부를 따라 콘크리트 표면에 발생하는 균열. 블리딩(bleeding)에 의한 콘크리트 상면이 침하하기 때문에 생긴다.

settlement plate 침하판(沈下板) 지반 또는 흙쌓기 등의 침하 측정을 위해 설치되는 판.

settling basin 침전지(沈澱池) = sedimentation basin

settling tank 침전조(沈澱槽) 수중의 현탁 물질을 비중차를 이용하여 침강시켜 고체와 액체를 분리하기 위한 조. 물처리는 고체·액체 분리라고 할 만큼 중요하며, 침전 공정의 효율이 전체의 처리 효율을 좌우한다.

settling velocity 침강 속도(沈降速度) 부유 미립자가 기체 또는 액체 중을 침강하는 속도.

set to touch 지촉 건조(指觸乾燥) 도막의 건조 상태의 하나. 도료를 칠한 면에 댔을 때 손가락에 묻지 않는 상태를 말한다. = tack-free

sewage 하수도(下水道)[1)], 오수(汚水)[2)], 하수(下水)[3)] (1) 하수를 배제하기 위해 설치되는 배수 관로·하수거·펌프 시설·종말 처리장 등을 포함한 시설. 사업 주체·처리 단계·처리 구역에 따라 사설 하수도·공공 하수도·개량 하수도·완전 하수도·유역 하수도 등의 분류가 있다.

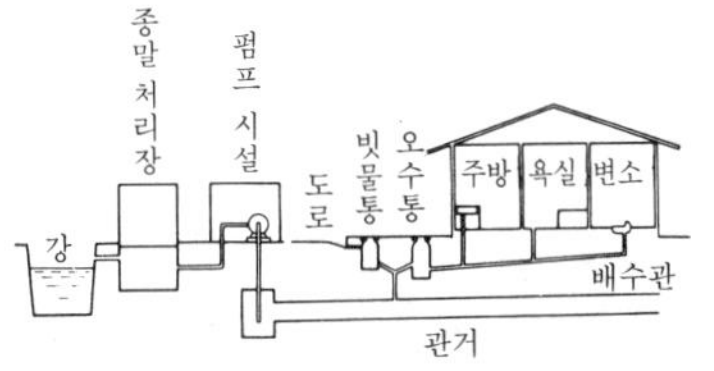

(2) 하수도에서는 일반 가정, 사업소, 점포, 공장 등으로부터의 생활, 영업 및 생산 활동에 따라 발생하는 배수를 말하며, 건축 설비에서는 변소 계통의 배수만을 가리켜 잡배수와 구별한다. = soil water
(3) 하수도에서 일반 가정, 사업소, 공장 등에서 생활, 영업 및 생산 활동에 따라 발생하는 오수와 빗물을 총칭.

sewage disposal plant 오수 처리장(汚水處理場) 관거(管渠) 시스템에 의해 유도된 하수를 최종적으로 수질 개선 처리하여 무해화하고 이를 부근의 하천이나 바다 등으로 방류하기 위한 시설.

sewage pump 오수 펌프(汚水－) 대소변기 등에서 배출되는 오수 및 그들을 정화조 등에서 처리한 오수, 기타 잡배수를 이송하는 펌프.

sewage treatment 하수 처리(下水處理) 하수 관거(管渠)에서 모여진 하수 중의 오탁 물질을 물리적, 화학적 및 생물학적인 방법 또는 이들 방법의 조합에 의해 제거하는 것.

sewage treatment plant 하수 처리장(下水處理場) 하수를 처리하는 시설. 하수를 처리하여 하천 기타의 공공용 수역 또는 해역으로 방류하기 위해 설치되는 처리 시설 및 이것을 보완하는 시설.

sewageworks 하수도(下水道) = sewage

sewer 하수관(下水管)[1)], 하수거(下水渠)[2)]
(1) 하수도에서 오수 또는 오수와 빗물을 흘리기 위한 관. 원심력 철근 콘크리트관, 염화 비닐관, 도관(陶管) 등이 쓰인다.
(2) 하수도에 있어서의 오수나 빗물을 모으기 위한 배수거.

sewerage manhole 하수 맨홀(下水－) 하수 관거의 점검, 청소 및 그 접합, 회합을 위해 관거의 방향, 물매, 관경이 변화하는 개소나 단차가 생기는 개소, 관거가 합류, 회합하는 개소에 필요에 따라 설치하는 설비.

sewerage system 하수 계통(下水系統) 하수 배제 방식을 말한다. 오수와 빗물을 따로따로 배제하는 분류식과 같은 관거로 배제하는 합류식이 있다.

sexpartite vault 6분 볼트(六分－) 교차 볼트의 역사적 용법의 하나. 네 기둥으로 지지된 교차 볼트는 기둥 사이에 걸쳐지는 4개의 아치가 리브로 되는데, 여기세 대각선 리브를 더하면 4분 볼트가 된다. 또 용마루 리브를 더한 모양이 6분 볼트이며, 6개의 곡면으로 구성된다.

shackle 섀클 와이어 로프나 사슬의 끝을 멈추는 철물.

shade 전등갓(電燈－) 조명 기구의 일부로, 광원의 일부를 감싸고 빛을 아래 방향 또는 위 방향 등 특정한 방향으로 집광하는 반사성 및 반투과성 재료의 것.

shade and shadow 음영법(陰影法) 물체에 빛을 댔을 때 빛이 닿는 면을 양면(陽面), 빛이 닿지 않는 면을 음면(陰面), 물체에 의해 빛이 차단되는 면을 그늘면이라 하는데 이것을 도학적(圖學的)으로 취급하여 물체의 입체 효과를 내기 위한 도법을 말한다.

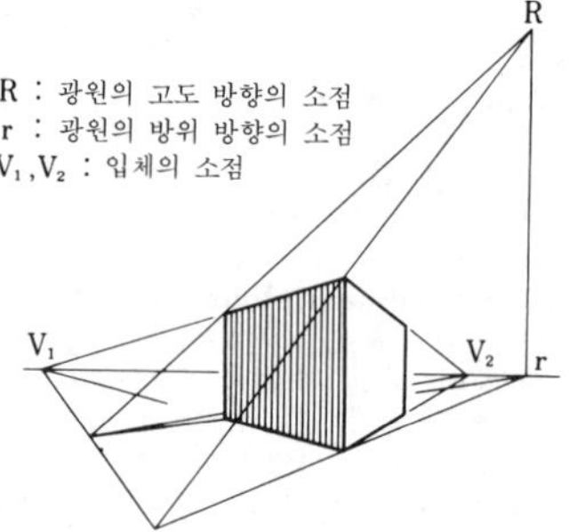

shade colors 암색(暗色) 명도가 깊은 어두운 색. 명도가 낮고 채도가 낮은 색은 무겁게 느낀다.

shading coefficient 차폐 계수(遮蔽係數), 일사 차폐 계수(日射遮蔽係數) 일사 차폐물에 의해 차폐된 후의 실내에 침입하는 일사열의 비율. 투명 유리창으로부터 침입하는 일사열을 기준으로 하여 그것과의 비율로 나타내는 경우가 많다.

shading factor 일사 차폐 계수(日射遮蔽係數) =shading coefficient

shaft 샤프트 엘리베이터 · 설비 주관 덕트 등을 통하는 연직 방향의 중공(中空) 공간을 말한다.

shaft horsepwer 축마력(軸馬力) 원동기에서 실제로 동력으로서 이용할 수 있는 출력. 정미(正味) 마력이며, 축동력을 말한다.

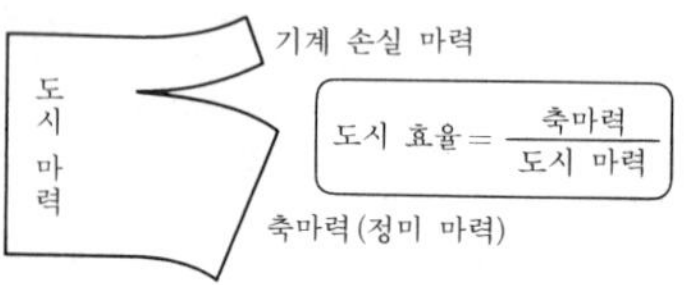

shake 갈림 =check

shaker 가진기(加振機) 어떤 계에 진동을 발생시키기 위한 장치. 동작 방식에 따라 기계식, 전기식, 전기 유압식 등으로 분류된다. =vibrator

shaking table 진동대(振動臺) 목표로 하는 진동을 인공적으로 발생시킬 수 있는 기계적인 받침. 그 위에 구조물 등의 모형을 설치하여 그 동적 거동을 살피는 데 사용한다. =vibration table

shallow curved surface 편평 곡면(扁平曲面) 평면의 크기에 대해 라이즈(rise)가 낮은 곡면을 말한다. 곡면의 기울기가 매우 작다.

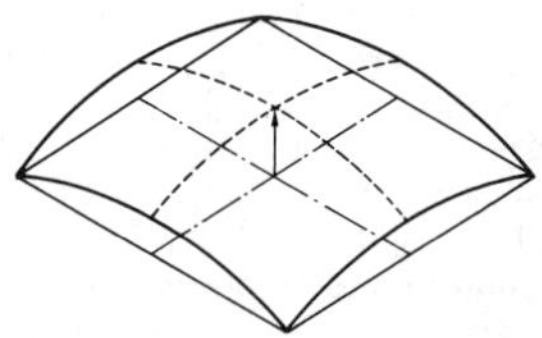

shallow dome 편평 돔(扁平－) 편평 곡면으로 형성되는 돔. →shallow shell

shallow foundation 얕은 기초(－基礎) 지지층이 얕고 상재(上載) 하중을 직접 지지할 수 있는 경우의 기초 형식. 푸팅의 형상에 따라 독립 기초 · 복합 기초 · 연속 기초 · 온통 기초 등으로 나뉜다.

shallow well 얕은 우물 펌프의 흡상 양정이 6~7m 이내인 우물. 개방식과 폐쇄식이 있으며, 수동 펌프나 볼류트 펌프를 사용한다.

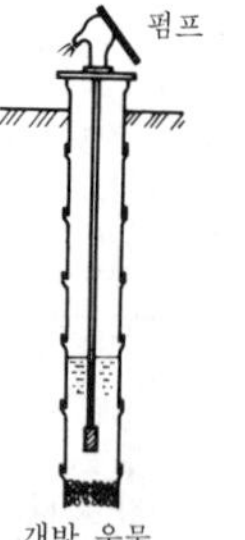

개방 우물

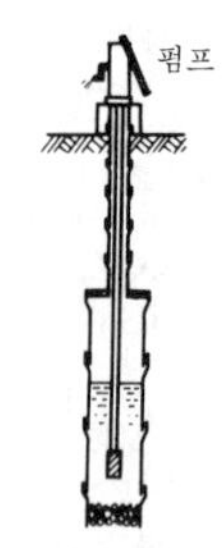

폐쇄 우물

shallow shell 편평 셸(扁平－) 편평 곡면으로 구성되는 셸. 지붕 구조에 쓰인다.

shallow spherical shell 편평 구형 셸(扁平球形－) 구면의 일부를 사용한 편평한 곡면상의 셸. 체육관, 석유 탱크의 지붕 등에 쓰인다.

shape factor 형상 계수(形狀係數)[1], 형태 계수(形態係數)[2] (1) =form factor
(2) 임의의 위치에서 마주보는 완전 확산성의 두 면에 있어서 면 1에서 방사하는 전방사량 중 면 2의 단위 면적에 들어오는 직접 방사량의 비율.

shape index 형상 지표(形狀指標) 기존 건물의 내진 진단 기준에서 내진 성능을 나타내는 구조 성능 기본 지표를 건물 형상의 양부에 의해 수정하는 지표.

shaper 셰이퍼 공작 기계의 일종. 소형 공작물의 평면이나 홈을 깎는 기계.

shape steel 형강(形鋼) 열간 압연된 각종 단면형을 갖는 장척의 강재. ＝section steel

명 칭	형 상	표 시 법
산 형 강	A, t, B	L－$A \times B \times t$
I 형 강	H, t_2, t_1, B	I $H \times B \times t_1 \times t_2$
홈 형 강	H, t_2, t_1, B	[$H \times B \times t_1 \times t_2$
H 형 강	H, t_2, t_1, B	H $H \times B \times t_1 \times t_2$

shaping machine 셰이퍼 ＝shaper

share of imported timber 외재 의존도(外材依存度) 목재 공급 중 외국산의 목재가 차지하고 있는 비율.

sharing household 동거 세대(同居世帶) ＝lodging household

shaving finish 절삭 마감(切削磨勘) 강재의 표면을 절삭 가공에 의해 매끄럽게 마감하는 것.

shear 전단(剪斷) 물체 내의 임의의 면을 경계로 하여 양측이 역방향으로 어긋나는 현상.

shear bolt 전단 볼트(剪斷－) 볼트축에 직각인 힘을 전할 수 있게 사용되는 볼트.

shear center 전단 중심(剪斷中心) 전단력의 합력이 단면 내를 통과할 때 비틀림을 수반하지 않는 순수한 휨이 생기는 점.

shear coefficient 전단력 계수(剪斷力係數) ＝storey shear coefficient

shear column 전단 기둥(剪斷－) 휨 파괴 이전에 전단 파괴하는 기둥. 철근 콘크리트 등의 내진 설계, 내진 진단에서 쓰이는 용어.

shear connector 시어 커넥터 강재와 콘크리트와의 합성 구조에서 양자 사이의 전단 응력 전달에 사용하는 접합재.

shear cotter 시어 코터 ＝cotter

shear crack 전단 균열(剪斷龜裂) 주로 콘크리트 부재에 생기는 경사진 균열로, 전단력에 의해 발생하며, 경사 장력의 방향이 약하기 때문에 생기는 균열이다.

shear deformation 전단 변형(剪斷變形) ＝shearing deformation

shear distribution ratio of total bracing 가새 분담률(－分擔率) 통상의 설계법에서는 가새가 분담하는 지진력의 합을 그 층의 지진 전단력으로 나눈 비. 보유 내력의 확인의 경우에는 가새의 보유 수평 내력의 합을 그 층 전체의 보유 수평 내력으로 나눈 비. 가새 분담률이 클수록 강도 저항형의 건물로 되며, 구조 특성 계수는 커진다.

sheared edge 전단연(剪斷緣) 강재 부재 단부(端部)의 절단된 가장자리. 볼트 구멍 중심에서 힘을 전달하는 방향으로의 단부까지의 거리를 전단연 거리라 하고, 그 최소값이 규정되어 있다.

shear equation 전단 방정식(剪斷方程式) 처짐각법에서 사용하는 수평 방향의 힘의 평형 방정식. 층 방정식이라고도 한다.

shear failure 전단 파괴(剪斷破壞) 전단력에 의해 구조물이나 부재가 파괴하는 형식. 휨 모멘트에 의해 생기는 휨 파괴와 대비된다.

shear flow 전단 흐름(剪斷－) 평균 유속의 분포가 고르지 않은 흐름.

shear force 전단력(剪斷力)[1], 전단 응력(剪斷應力)[2] (1) 고체 또는 부재 내 임의의 면에 작용하여 그 양쪽을 역방향으로 어긋나도록 작용하는 내력(內力).
(2) ＝shear stress

shear force diagram 전단력도(剪斷力圖) ＝shearing force diagram

shear fracture surface 전단 파면(剪斷破面) 금속이 연성 파괴를 일으켰을 때의 파괴면. 쥐색의 섬유상을 띤다.

shearing deformation 전단 변형(剪斷變形) 전단력에 의해 구조체에 생기는 변형. 휨 모멘트에 의해 생기는 휨 변형과 대비해서 쓰인다.

shearing force 전단력(剪斷力) ＝shearing load

shearing force diagram 전단력도(剪斷力圖) 부재의 각점에 생기고 있는 전단력의 크기를 적당한 척도로 나타낸 그림.

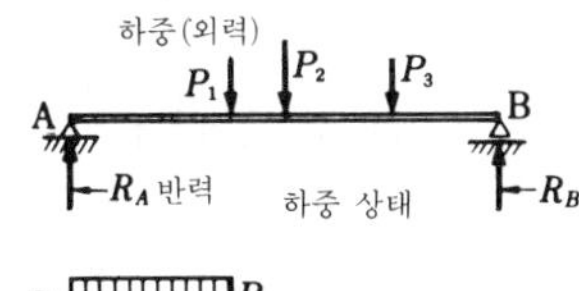

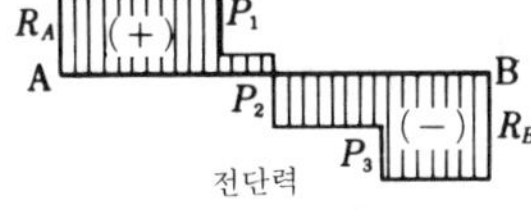

shearing load 전단 하중(剪斷荷重) 물체 내의 접근한 평행 2면에 크기가 같고 방

향이 반대로 작용하는 하중. 이 하중이 작용하면 2면에 서로 미끄럼을 일으킨다. 전단력이라고도 한다.

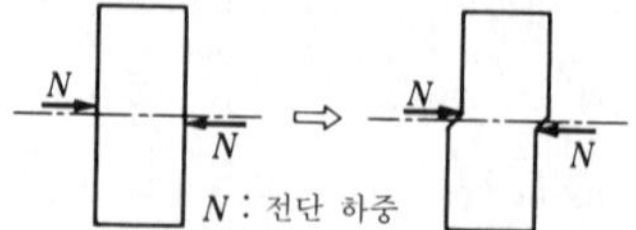

shearing mode vibration 전단형 진동(剪斷形振動) 구조물의 각층 바닥이 수평으로 층마다 독립으로 움직이는 형식을 가정한 진동형의 진동. 층수 만큼의 자유도를 갖는다. 전체 휨의 효과를 생각할 때는 휨 전단형 진동이라 한다.

shearing modulus 전단 탄성 계수(剪斷彈性係數) 횡탄성 계수를 말하는 것으로, 강성률(剛性率)이라고도 하다. →modulus of rigidity

shearing strain 전단 일그러짐(剪斷－), 전단 변형(剪斷變形) 물체 내의 미소 요소가 전단력을 받아 상대하는 변이 어긋남으로써 생기는 각변화를 말한다.

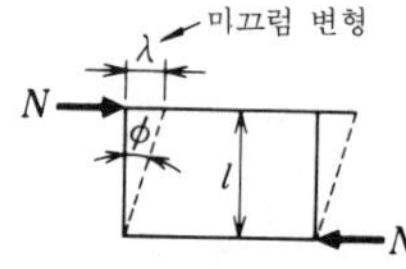

shearing strength 전단 강도(剪斷强度) 재료가 전단 파괴할 때의 최대 전단 응력도를 말한다.

shearing strength of soil 흙의 전단 강도(－剪斷强度) 흙의 전단 강도 s는 일반적으로

$$s=(p-u)\tan\varphi+c$$

여기서, p : 흙의 수직 응력, u : 흙의 간극 수압, φ : 내부 마찰각, c : 점착력.

shearing stress 전단 응력(剪斷應力) 부재의 접근한 평행 2면을 따라서 크기가 같고 방향이 반대로 작용하는 한 쌍의 전단력. 그림은 리벳축의 전단 응력을 나타낸 것이다. →shearing load

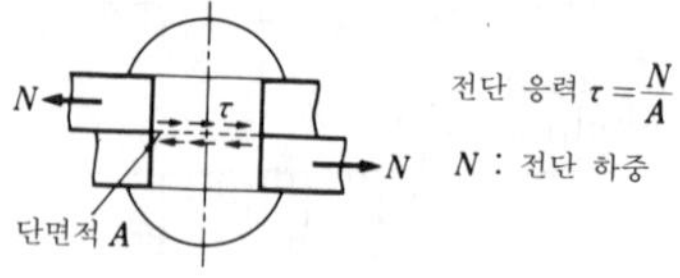

shear lag 시어 지연(－遲延) 강성(剛性) 부족 때문에 단면 내의 응력이 불균등하게 되는 것.

shear modulus 전단 탄성 계수(剪斷彈性係數) 재료가 탄성 범위 내에서 전단력을 받아 전단 변형을 일으킬 때의 전단 응력도와 전단 변형 사이의 비례 상수.

shear nail 전단못(剪斷－) 목재의 전단 접합에 사용하는 못.

shear-off 직접 전단(直接剪斷) 휨 모멘트를 수반하지 않고 전단력이 직접 작용하는 상태. 전단 스팬이 0인 상태이다. 직접 전단 시험은 시험체에 직접 전단 하중을 주든가 또는 강제로 변형시켜서 하는 시험이다.

shear panel 전단 패널(剪斷－) 웨브판이나 기둥보 접합부 패널과 같이 주로 전단력에 저항하고 있는 판.

shear reinforcement 전단 보강(剪斷補强)[1], 전단 철근(剪斷鐵筋)[2] (1) 전단력에 대한 보강. 보통 철근 콘크리트 구조, 철골 철근 콘크리트 구조의 기둥, 보의 띠근, 스파이럴근, 늑근 등에 의한 보강, 혹은 벽의 세로, 가로, 경사근에 의한 보강을 가리킨다. ＝web reinforcement
(2) 전단 보강에 사용하는 철근.

shear reinforcement ratio 전단 보강근비(剪斷補强筋比) 전단 보강근 단면적의 콘크리트 단면적에 대한 비. ＝web reinforcement ratio

shear reinforcing bar 전단 보강근(剪斷補强筋) 철근 콘크리트 부재의 전단 파괴를 방지하고, 휨 파괴를 선행시키기 위해 설치하는 보강근, 보에서는 늑근·절곡근 등, 기둥에서는 띠근·스파이럴근 등, 벽에서는 종횡의 벽근이나 대각선근 등이 이에 해당한다.

shear rigidity 전단 강성(剪斷剛性) 부재가 전단력을 받아 전단 변형을 일으킬 때의 전단력과 전단 변형 사이의 비례 상수. ＝shear stiffness

shear span 전단 스팬(剪斷－) 전단력이 일정하다고 간주되는 구간의 길이. 전단 스팬을 재(材)의 유효 춤으로 나눈 값을 전단 스팬비라 한다. 철근 콘크리트 부재에서는 전단 스팬비가 작을수록 인성(靭性)이 저하하고 취성적인 파괴가 생기기 쉽다.

shear span to depth 전단 스팬비(剪斷－比) 전단 스팬의 부재 높이에 대한 비.

shear splitting failure 전단 부착 파괴(剪斷附着破壞) ① SRC부재에서 철근의 부착 응력에 의해 콘크리트에 전달된 수평 전단력에 의해 철골 플랜지의 위치에 생기는 파괴.
② 전단력을 받는 RC부재에서 주근을 따라 부착 균열을 수반하는 전단 파괴. ＝

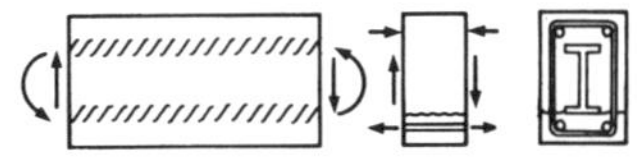
shear tension failure

shear stiffness 전단 강성(剪斷剛性) = shear rigidity

shear stiffness reduction ratio 전단 강성 저하율(剪斷剛性低下率) 콘크리트계 구조물의 내진 설계에 있어서의 벽, 보 등의 강성을 계산할 때 지진시의 응력 집중 등에 의한 조기의 균열 발생을 미리 상정하여 탄성 전단 강성을 저하시킬 때의 저하율.

shear strain 전단 일그러짐(剪斷－), 전단 변형(도)(剪斷變形(度)) =shearing strain

shear strength 전단 강도(剪斷强度) = shearing strength

shear stress 전단 응력도(剪斷應力圖) 전단되는 면에 작용하는 전단력을 그 단위 면적으로 나눈 값인데, 부재의 형상에 따라서 그 분포가 변화하기 때문에 형상 계수 κ를 곱해서 그 단면의 최대 응력값을 구하고 있다.

$\tau=\kappa Q/A$

Q/A를 평균 전단 응력도라고도 한다.

shear tension failure 전단 부착 파괴(剪斷附着破壞) =shear splitting failure

shear wall 내진벽(耐震壁) 내진 설계에서 구조물의 강성, 강도를 높이기 위해 사용되는 벽. 철근 콘크리트 구조, 철골 철근 콘크리트 구조 등의 벽이 널리 쓰인다.

shear wave 전단파(剪斷波) 탄성파 중에서 파동 전파 방향과 직각인 변위 성분을 갖는 파. 지진파의 S파가 이에 해당한다.

sheath 시스 프리스트레스트 콘크리트 구조의 포스트텐션 공법에서, 콘크리트 경화 후에 긴장재를 통하기 위해 미리 세트해 두는 슬리브.

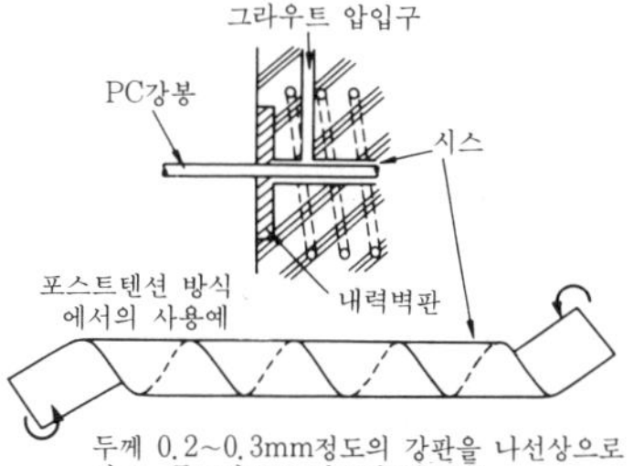

두께 0.2~0.3mm정도의 강판을 나선상으로 잇고, 통모양으로 만든다(전봉관).

sheathed electrode 피복 아크 용접봉(被覆－鎔接棒) 아크 용접에 사용되는 것으로, 표면에 용제(피복제)를 칠하거나 또는 피복한 금속 전극봉.

sheathing 흙막이 지반을 굴착할 때 주위의 지반이 침하나 붕괴하는 것을 방지할 목적으로 만드는 토압·수압에 저항하는 벽체와 그 지보공의 총칭. 통상은 가설 구조물이지만 구조 주체로서 다루는 경우가 있다.

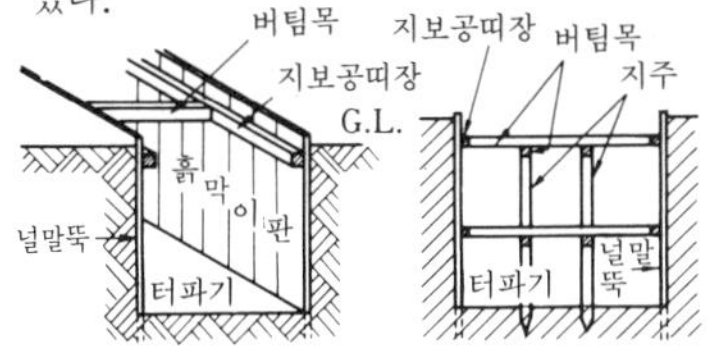

sheathing board 거푸집널[1], 흙막이널[2] (1) 거푸집에서 콘크리트에 접하는 부분. (2) 흙막이벽의 버팀기둥에 접하여 넣는 널을 말한다.

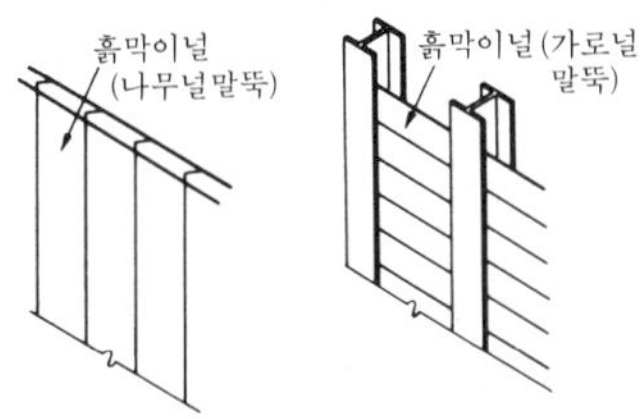

sheathing roof board 산자판(－板) 지붕 잇기 마감을 위한 바탕판. 그림은 기와잇기의 처마끝 단면을 나타낸 것이다.

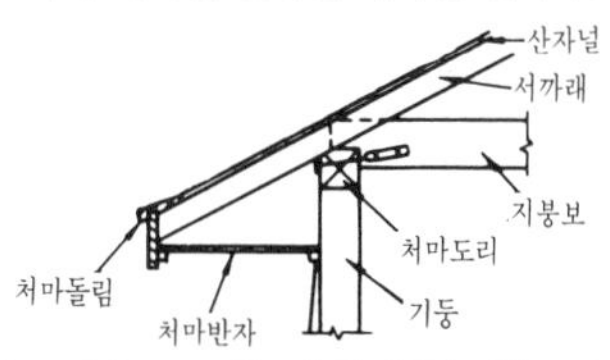

sheathing wall 흙막이벽(－壁) 흙막이를 위해 터파기 주면(周面)에 두어지며, 측압(토압, 수압)을 직접 받는 벽 모양의 부재를 말한다.

shed-roof 외쪽지붕 =penroof

sheet 평판(平板) =flat plate, plain plate

sheet-applied membrane waterproofing 시트 방수(－防水) 합성 고무, 플라스틱 등의 시트상 재료를 접착이나 기계적 고정법에 의해 바탕에 부착하는 방수 공법의 총칭.

sheet glass 판유리(板－) 규산·소다회·붕산·석회를 배합·분쇄·혼합하여 용융한 종(種)유리로 제조한 판형의 유리.

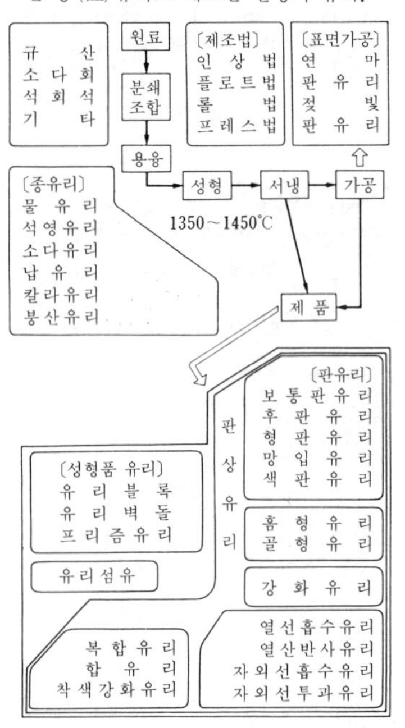

sheeting 거푸집널[1], 흙막이[2] (1) ＝sheathing board
(2) retaining of earth

sheet lead 연판(鉛板) ＝lead plate

sheet metal 판금(板金)[1], 금속판(金屬板)[2] (1) 금속 박판의 총칭(박강판, 놋쇠판, 강판, 박아연판 등).
(2) ＝metal plate

sheet metal tool 판금 공구(板金工具) 판금 가공에 사용하는 공구의 총칭(그림 참조). →sheet metal

sheet metal working 판금 가공(板金加工) 금속판을 두드려 가공하는 방법으로, 금속의 전성(展性)을 이용한 가공법. 굽힙·프레스·스피닝 등의 가공법이 있다.

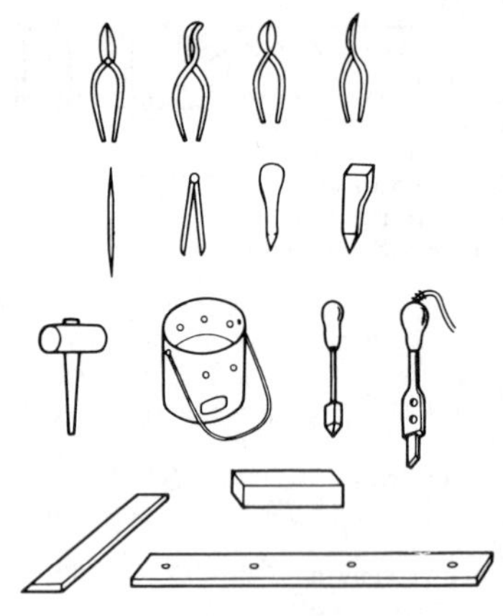

sheet metal tool

sheet pile 널말뚝 연약 지반을 굴착할 때 주변으로부터의 토압을 지지하고, 또 물의 침입을 방지할 목적으로 미리 주변에 연속적으로 박아넣는 판 모양의 말뚝을 말한다. 강철 널말뚝·경량강 널말뚝 외에 목제나 철근 콘크리트제의 것도 사용된다. 굴착 후는 뽑아내는 것이 원칙이지만 상황에 따라서는 박아넣은 채로 두는 경우도 있다.

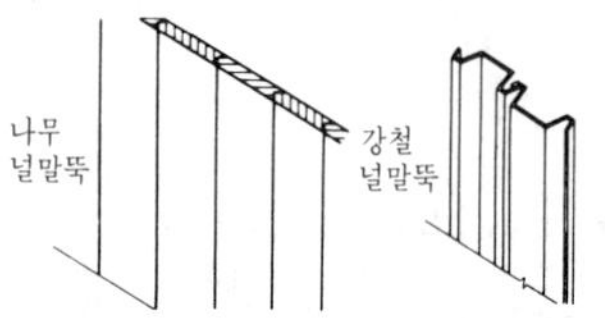

sheet pile retaining wall construction method 널말뚝벽 자립 공법(－壁自立工法) ＝self-supported sheet pile construction method

sheet steel 박강판(薄鋼板) 극연강의 판(탄소 0.15% 이하)으로, 두께 1mm 이하인 것.

shelf 선반 지지구에 판을 수평으로 걸쳐서 물건을 얹는 가구.

shell 셸, 곡면판(曲面板) 재(材)의 두께가 곡률 반경·길이·폭 등에 비해 매우 작은 곡면상의 판이다. 주로 면내력으로 하중을 전달할 수 있으므로 경량이고 내력이 큰 구조를 만들 수 있다. 곡면으로서는 회전면·추동면(推動面), 선직면(線織面)이 있으며, 가우스 곡률의 부호에 따라서 단곡면(單曲面)과 통형(筒形)·안장형의 복곡면으로 나뉜다. 특히 대 스팬의 지붕에 쓰인다.

shellac varnish 셸락 니스 고급의 수지성 니스로, 세라믹을 알코올에 용해한 것.

shell construction 셸 구조(－構造) 곡면판을 구조로서 이용한 구조물. 곡면 슬래브의 역학적 특질을 이용하고, 하중은 재축선을 따른 압축력으로서 하부에 전달되므로 휨 모멘트가 작다. 따라서 작은 단면으로 대 스팬을 구성할 수 있다.

① 원호를 회전한다 ② 직선을 회전한다 ③ 타원의 일부를 회전한다

(a) 회전 셸

① 직선을 곡선에 따라서 추동한다 ③ 직선을 골형 곡선을 따라서 추동한다

(b) 추동 셸

shell effect 셸 효과(－效果) 구조물의 어느 부분이 갖는 실재 또는 가상의 면을 따라서 면내 방향으로 하중이 전달되는 성질을 말한다.

shell span 셸 스팬 셸의 평면적인 크기를 그 평면형의 직경 등으로 나타낸 수치.

shell structure 셸 구조(－構造) 구조물의 크기에 비해 매우 얇은 재료로 만들어지는 곡면판상의 구조. 국부적으로는 휨 응력도 작용하지만 대부분의 힘을 면내력(面內力)으로서 전달시키는 것이 특징.

shell thickness 셸 두께 셸 구조의 두께.

shell vault 통형 셸(筒形－) 직선의 모선을 임의의 곡선을 따라서 평행 이동하여 얻어지는 곡면을 갖는 셸. 가우스 곡률이 0인 단곡면(單曲面)이다. 원호·타원·포물선·현수선(懸垂線) 등이 쓰인다. 쇼트 셸·롱 셸로 나뉘고, 또 교차 상관(相貫)시켜서 사용하기도 한다. 회전면 셸·선직면(線織面) 셸에 대한 용어.

shelter 셸터 폭발 기타의 밖으로부터의 가해력에 대한 피난소. 원폭 셸터·화산 폭발 셸터 등에 쓰인다. 조원 설계에서는 차양·퍼골라(pergola)·정자류의 총칭.

shelter fence 방풍 펜스(防風－) 바람을 막기 위해 세워진 펜스.

shelter net 방풍 네트(防風－) 바람을 막기 위해 처진 네트.

shield arc welding 실드 아크 용접(－鎔接) 아크 및 용접 금속을 아르곤·헬륨·탄산 가스 등의 보호 매질로 대기로부터 차단하면서 하는 아크 용접.

shield enclosure 실드 룸 ＝screened room

shielding angle of louver 루버 차폐각(－遮蔽角) ＝protect angle of louver

shielding concrete 차폐용 콘크리트(遮蔽用－) γ선, X선, 중성자선 등을 차폐하여 생체 방호를 위해 사용하는 콘크리트.

shifting device 구심 장치(求心裝置) 구심을 위한 장치. 고정한 채로 3각 두부(頭部)상에서 측량 기계의 위치를 이동시켜 측점(測點)의 연직상에 기계의 중심을 맞출 수 있다. 트랜싯의 기계 저부(底部), 평판 측량기에서는 평판의 저부에 붙어 있다.

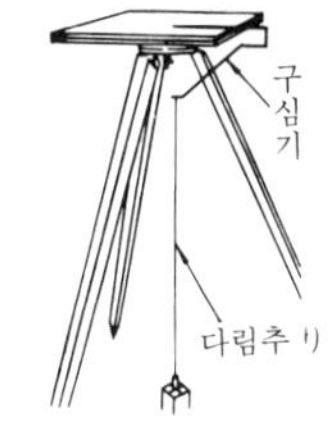

shingle 너와판(－板) 지붕잇기·벽바르기에 사용되는 얇은 나무판.

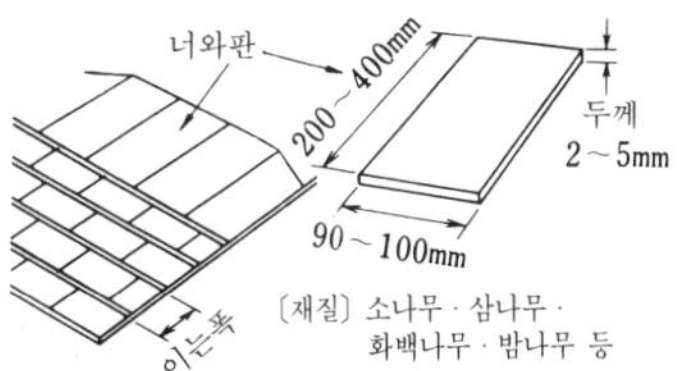

shingle roof 너와지붕 삼나무·노송나무·소나무 등의 얇은 나무조각을 산자널 위에 이는 것. 또는 이은 지붕.

shiplap 반턱쪽매 판의 두께를 반씩 깎아내고 단모양으로 겹쳐서 잇는 것.

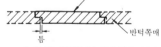

(윗면을 밀착시키기 위해 틈이 있는 듯이 판을 만든다)

shiplap joint 반턱쪽매이음 판을 폭방향으로 접합할 때 접합 끝부분을 반턱쪽매로 하여 접합하는 것.

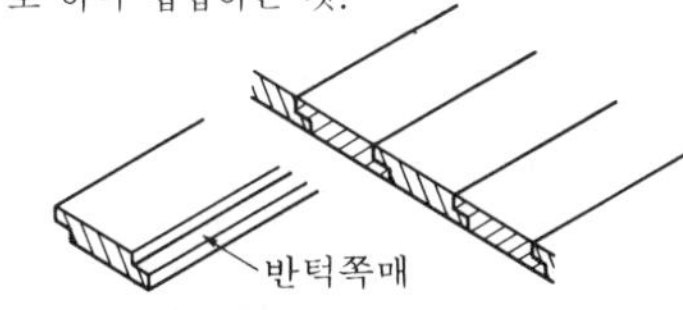

shock 충격(衝擊) 물체에 단시간 갑자기 가해지는 타격. 또 전류 혹은 회로에 단시간 가해지는 전압 또는 전류를 임펄스라 한다.

shock absorber 완충기(緩衝器) 스프링·고무·유체 등을 이용, 운동 에너지를 흡수하여 기계적인 충격을 완화하는 장치.

shock response 충격 응답(衝擊應答) = pulse response

shock wave 충격파(衝擊波) 계속 시간이 매우 짧은 충격적인 파. 폭발이나 초음속으로 물체가 이동할 때 등 압축성 유체 중에서 어느 면을 경계로 하여 압력, 속도 등이 갑자기 증가하는 현상.

shoot 슈트 콘크리트를 흘리는 통.

shop 점포(店鋪) =store

shop assembly 가조립(假組立) 현장 조립에 들어가기 전에 조정을 위해 임시로 조립해 보는 것.

shop assembling 공장 조립(工場組立) 공장에서 가공한 것을 공장에서 조립하는 것. 현장에 반입하여 조립하는 부분의 작업을 현장 조립이라 한다.

shop drawing 공작도(工作圖), 가공도(加工圖), 제작도(製作圖) 부품의 가공, 제작을 위해 그려지는 그림. 가공도, 제작도라고도 한다.

shop rivet 공장 리벳(工場-) 리벳 타입 작업을 공장 내에서 하는 것.

shop welding 공장 용접(工場鎔接) 공장 내에서 하는 용접으로, 현장 용접과 구별하여 사용하는 용어.

shore 버팀기둥, 버팀대 버트레스를 필요로 하는 건물의 외부에 설치되는 보강의 경사재.

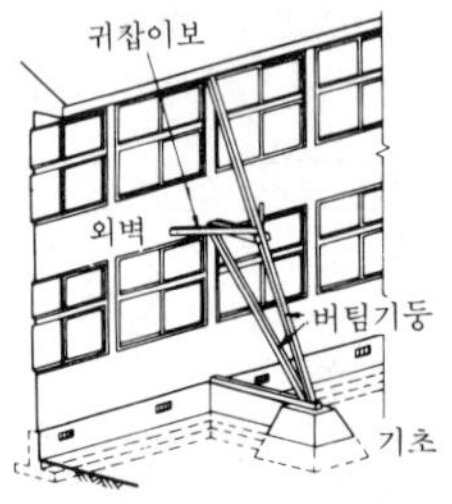

Shore hardness 쇼어 경도(-硬度) 공업 재료의 경도를 나타내는 대표적인 지표. 쇼어 경도계에 의해 계측한다. 다이아몬드를 매입한 강관 해머를 자유 낙하시켜서 시료면으로부터 튀어 올라가는 높이에서 식으로 구한다.

shore strut 버팀대, 버팀목(-木) 흙막이 공사에서 마주본 지보공 띠장 흙막이벽 사이에 수평으로 걸쳐서 흙막이벽에서 전해지는 힘을 압축력으로 받치는 부재.

shoring 흙막이 =earth retaining

short age strength 단기 강도(短期强度) 모르타르·콘크리트 등의 재령 4주까지의 강도.

short column 단주(短柱) 장주(長柱)와 같이 좌굴로 단면이 결정되는 것이 아니고 압축력으로 결정되는 세장비(細長比)가 작은 기둥을 가리켜서 말한다. 철근 콘크리트 기둥에서는 시어 스팬비가 작은 기둥을 말하며, 지진시에 전단 파괴가 일어나기 쉬운 기둥을 그렇게 부르고 있다.

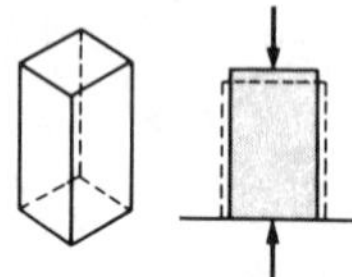

short dashes line 파선(破線) 도면 등에 그린 선 중 짧은 선분을 아주 좁은 간격으로 배열한 선. 은선 등으로 사용한다.

shortening 수축(收縮) 물체의 길이, 치수가 작아자는 것.

short shell 쇼트 셸 셸의 스팬이 그 길이 방향에 비해 작은 셸. 빔 작용보다 아치 작용이 주가 되는 셸.

short time loading 단기 하중(短期荷重) 장기 하중에 대한 용어. 상시 하중과 적설·폭풍·지진 등의 비상시 하중을 각각 조합시킨 하중의 상태. 실제 계산에서는 하중이 아니고 응력으로 조합된다.

shot blast 숏 블라스트 녹이나 흑피(黑皮)를 제거하기 위해 강철 가루를 노즐에서 4~6기압으로 표면에 뿜어 붙이는 조작.

shot boring 강구 보링(鋼球-) 암반 등의 보링에서 틸트 숏이라는 작은 알갱이의 강구를 회전 비트의 선단에 물과 함께 보내어 절삭하는 형식의 것.

shotcrete 숏크리트 압착 공기에 의한 스프레이 시공에 쓰이는 콘크리트. 골재와

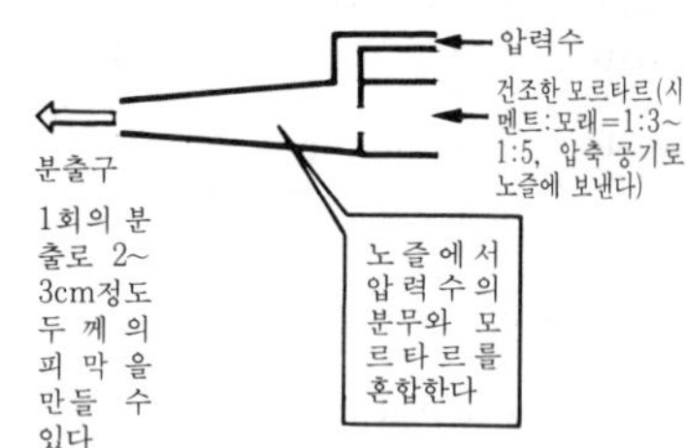

물을 비벼서 관로를 수송하는 방법과 건비빔으로 수송하여 노즐에서 물을 가하는 방법이 있다.

shot concrete 숏 콘크리트 콘크리트를 압축 공기에 의해 수송하여 노즐에서 뿜어 붙이는 공법. 비탈면이나 얇은 셸 등의 시공에 사용한다. =spraying concrete

shoulder 루트면(-面) =root face

shovel 셔블 굴착기 또는 굴착구. 셔블계 굴착기는 각종의 프론트 어태치먼트를 갖는 자주식의 것이 많다.

shower 샤워 욕탕 등에서 적온의 탕 또는 물을 분출시키는 장치.

shower booth 샤워실(-室) 샤워에 의해 몸을 닦는 방. =shower room

shower room 샤워실(-室) =shower booth

showroom 전시실(展示室) 물품을 진열하여 관람할 수 있게 한 방. 박물관, 미술관, 상점 등에 설치된다.

show-window 진열창(陳列窓) =display

shrinkage 수축(收縮) 물체의 길이나 체적이 작아지는 것.

shrinkage crack 수축 균열(收縮龜裂) 수축량이 재료나 구속물로 흡수할 수 있는 신장률을 넘었을 때 생기는 균열.

shrinkage joint 수축 줄눈(收縮-) 콘크리트 외벽 등에 발생하는 건조 수축 균열을 그 부분에 집중시켜서 발생시키도록 미리 설정하는 줄눈.

shrinkage limit 수축 한계(收縮限界) 흙의 함수량을 그 이하로 감해도 수축하지 않고, 그 이상으로 하면 체적이 증대하는 한도의 함수비.

shrinkage stress 수축 응력(收縮應力) 자기 변형 응력의 하나. 온도 변화나 건습 변화 등에 의해 물체가 수축할 때 변형이 구속되어 생긴다. 콘크리트의 건조 수축·용접 등에서 쓰이는 용어.

shringkage test 수축 시험(收縮試驗) 온도, 건습, 재질의 변화에 의해 생기는 재료의 수축 속도나 수축 크기를 측정하는 시험. 길이 방향에 대해서 측정하는 경우가 많다.

shutter 셔터 개폐식의 미늘문. 재질·개폐 방식에 따라 여러 종류가 있다. 스틸 셔터로 1.5mm 정도의 것을 중량 셔터라 한다(그림 참조).

shuttering 거푸집널 =sheathing board

shuttering board 거푸집널 =sheathing board

SH wave SH파(-波) S파 중 매질의 입자 운동 궤적이 수평 성분만인 파동. 비연직 방향의 전파(傳播)에서는 파동 전파 경로를 포함하는 연직 평면에 대하여 수직인 입자 운동을 한다.

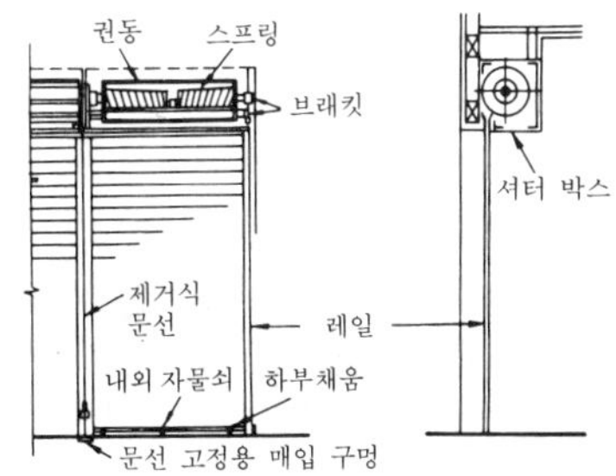

shutter

Siamese connection 사이어미스 이음, 송수구(送水口) 소방 자동차의 호스를 연결하여 옥외에서 건물 내로 압력수를 보내기 위한 접속 기구. 연결 송수관이라고도 한다. 노출형, 매입형, 스탠드형 등이 있다. 도로에 면한 외벽에 지상 50cm 이상, 1m 이하에 설치한다. 구경 63.5mm의 암나사로 하고, 쌍구형(雙口形)과 단구형(單口形)이 있다.

노출형 2개

side 측면(側面) 보의 측면, 웨브의 부분, 판의 긴쪽 방향의 측면.

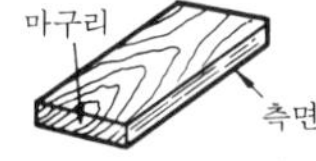

side angle 사이드 앵글 재료의 측면에 두는 부착 또는 보강용의 산형강.

side-bend test 측면 굽힘 시험(側面-試驗) 용접 이음에서 비드와 직각 방향으로 절단하여 시험편을 채취하고, 용착부를 인장측으로 구부리는 시험.

side boundary line 측계선(側界線) 부지 양쪽의 경계선.

side core 측면 코어(側面-) 코어 배치 형식의 하나. 건물 평면의 한쪽에 기울이거나 돌출하여 코어를 설치한 형식. 구조 코어로서는 편심 배치로 되기 때문에 강성(剛性)의 평형을 취할 필요가 생긴다.

side corridor 갓복도(-複道) 한쪽에만

방을 두고, 한쪽은 복도로 되어 있는 것.

side elevation 측면도(側面圖) 건조물·물체 등의 측면에서 측화면으로 투영한 그림. 좌우 혹은 방위 등을 나타내어 구별한다. =side view

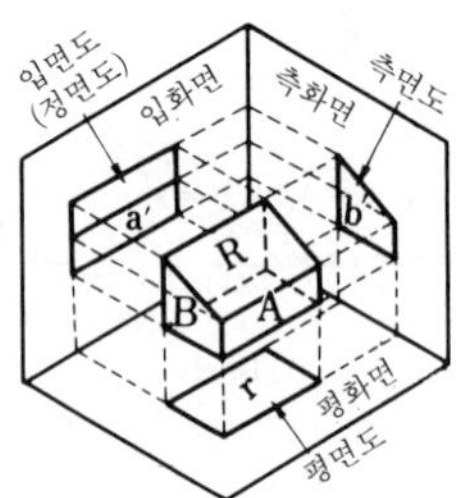

side fillet weld 측면 필릿 용접(側面－鎔接) =fillet weld in parallel shear

side lighting 측창 채광(側窓採光) 벽에 두어진 창으로부터 채광하는 방식.

side of board 너와 판, 각재 등의 측면.

side picture plane 측화면(側畵面) 정투영법의 측면도를 그리는 화면. →orthogonal projection

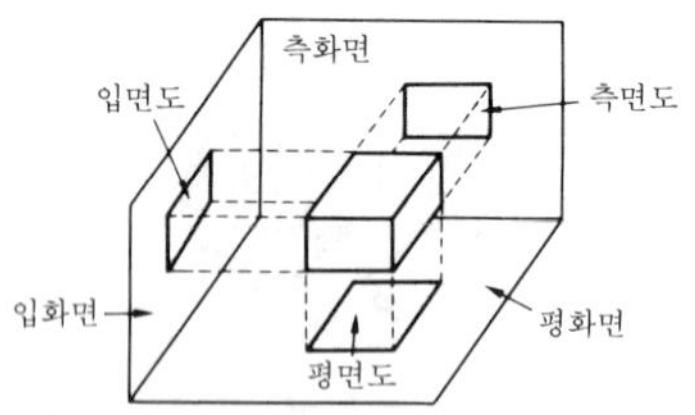

side slope 비탈 =Batter

side stair auxiliary stair 뒷계단(－階段) =back stairs

side sway 사이드 스웨이 가로 하중 혹은 연직 하중이 작용했을 때 생기는 구조물의 가로 방향으로의 움직임.

side table 사이드 테이블 주목적 가구의 보조용 탁자를 총칭. 나이트 테이블, 긴의자 양옆에 두는 테이블, 장식용 테이블, 코너 테이블 등이 있다.

side view 측면도(側面圖) =side elevation

side walk 보도(步道) =footpath

side wall 측벽(側壁) 건물의 외부에 돌출하여 두어지는 벽을 말하는데, RC라멘 구조에서는 기둥의 한쪽 또는 양쪽에 라멘면 내에 두는 길이가 짧은 벽을 가리키는 경우가 많다. =wing wall

side window 측창(側窓) 벽면 등 연직면 혹은 연직면에 가까운 건축 요소에 부착되어 일반적으로 주광 조명 등을 목적으로 하는 개구부. =window

siding board 미늘판(－板) 판을 수평으로 붙인 널벽의 판. 또는 붙인 벽.

sieve 체 =screen

sieve analysis 체질 시험(－試驗) 표준체를 사용하여 분포한 입도(粒度) 또는 그 분포 상태를 정하는 것.

sieving 체질 =screening

sight 시준(視準) 트랜싯·레벨·평판 등으로 목표를 보는 것.

sightline 가시선(可視線) 극장 등에서 관객의 눈과 무대 위의 시초점(視焦點)을 잇는 선. 시야의 한계를 나타낸다.

sign 사인 일반적으로는 기호를 말한다. 건축에서는 건축물에 부속하는 간판, 안내판, 방 명찰 등을 총칭해서 말한다.

Silberkuhl slab 실버쿨 슬래브 프리캐스트 프리스트레스트 콘크리트 제품의 하나. HP셀상의 얇은 단면판에 프리텐션 공법으로 프리스트레스를 준 제품.

silencer 소음 장치(消音裝置) 발생 소음을 작게 하기 위한 장치.

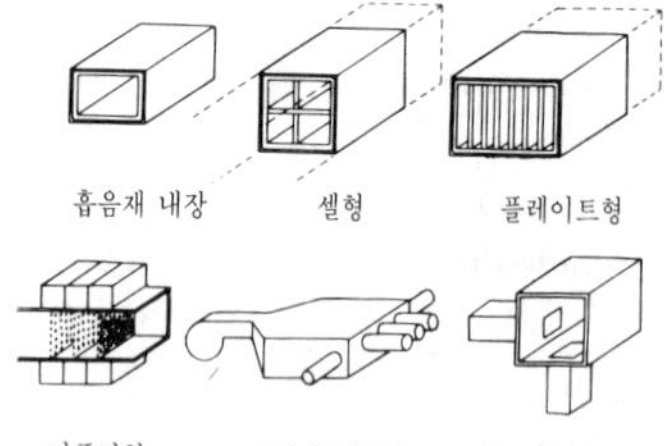

silica brick 규석 벽돌(珪石壁－) 규석 내화 벽돌로, 내화 점토 벽돌에 이어 널리 쓰인다. 규석에 약 1~1.5%의 석회를 물과 섞어서 형성, 건조시켜 약 1,500℃로 소성하여 만든다. 성분은 SiO_2 95% 이상. 주로 제강용 산성 평로 내에 쓰인다.

silica cement 실리카 시멘트 포틀랜드 시멘트의 클링커에 실리카질 백토를 섞어

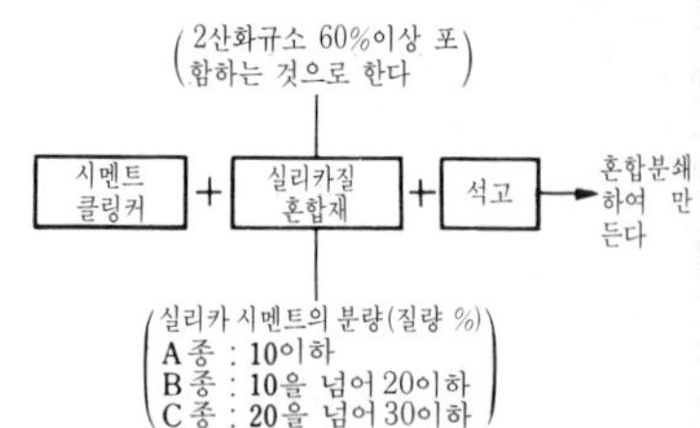

미분쇄하여 만든 혼합 시멘트. 혼합 비율에 따라 A, B, C종으로 나뉜다.

silica fume 실리카 퓸 페로실리콘 등의 제조시에 고온 전기로에서 발생하는 폐가스 중에서 회수된 초미립자 실리카(SiO_2) 분말. 고강도 및 고내구성 혼합재로서 주목되고 있다.

silica gel 실리카 겔 흡착력이 강한 규산 $SiO_2 \cdot nH_2O$의 겔. 무색 또는 황갈색의 다공성 분말로 용기 중의 수분 제거 등에 사용한다.

silica glass 석영 유리(石英琉璃) =quartz glass

silica sol 실리카 졸 물 등의 분산매 중에 규산($SiO_2 \cdot nH_2O$)의 미립자가 분산한 콜로이드. 도료 등의 결합재로 사용한다.

siliceous earth 백토(白土) 화산암계의 규산 광물을 주성분으로 하는 백색의 흙. 실리카 시멘트의 원료나 콘크리트, 모르타르 등의 혼합 재료로서 사용한다.

silicone 실리콘 규소와 산소가 하나 건너 연결한 골격으로, 유기기(有機基)를 갖는 고분자의 총칭. 수지상, 고무상, 액상의 것이 있다.

silicone resin 실리콘 수지(－樹脂) 규소 수지라고도 한다. 유기 규소 화합물의 중합체에서 만들어지며, 기름·그리스·고무·수지 등의 성질을 갖는 것. 발수제(撥水劑)·접착제·도료·탈형재(脫型劑)·소포제(消泡劑) 등에 사용한다.

sill 토대(土臺) 목조 건축의 기둥 하부에 배치하여 기둥으로부터의 하중을 기초에 전하는 횡재(橫材).

silo 사일로 분체(粉體)·입상(粒狀) 물질 등의 저장고. 역학적으로는 특수한 하중을 생각할 필요가 있다.

silt 실트 일반적으로 흙은 여러 가지 입경(粒徑)의 흙입자가 섞인 것이다. 입경 구분에 의한 흙입자의 명칭으로, 직경이 0.005~0.05mm 정도인 입경의 것.

(입경 mm)

	0.001	0.005	0.05	2	
콜로이드	찰흙	실트	모래	잔돌	호박돌

siltstone 실트암(－岩) 실트의 입자(5~75μm의 입경)로 이루어지는 고결(固結)한 퇴적암. 이암(泥岩)의 일종.

silty clay 실트질 점토(－質粘土) 세립분(細粒分)이 50% 이상이고, 모래분이 적으며, 액성 한계가 50% 미만인 흙, 또는 3각 좌표식 토질 분류법으로 실트질 점토에 해당하는 조성의 흙.

silver solder 은랍(銀鑞) 은과 구리의 합금에 인, 카드뮴, 아연 등을 첨가한 땜납용 합금. 금속 상호간의 접합에 사용한다.

simple beam 단순보(單純－) 한끝 핀, 한끝 롤러로 지지된 보.

핀 (회전단) 롤러 (이동단)

simple harmonic motion 단현 진동(單弦振動), 단진동(單振動) 시간의 정현 함수로 나타내어지는 진동.

$x = A \sin \omega t$

simple harmonic vibration 조화 진동(調和振動) 단현 진동(單弦振動)·단진동(單振動)·정현파 진동 등이라고 한다.

$x = a \sin(\omega t + \alpha)$

의 모양으로 나타내어지는 진동.

simple plastic analysis 단순 소성 해석(單純塑性解析) 전소성 모멘트에 이른 단면에 회전만의 자유도를 갖는 단순 소성 힌지가 형성된다고 하는 가정에 따르는 소성 해석.

simple shear test 단순 전단 시험(單純剪斷試驗) 피시험체의 상하면에 수직 응력을 작용시켜서 피시험체에 단순 전단 변형을 주는 시험.

simple support 단순 지지(單純支持) 한끝 핀, 한끝 롤러로 지지하는 지지 형식.

simple vibration source 점진원(點振源) =point vibration source

simplex joint 심플렉스 조인트 석면 시멘트관의 접합에 사용하는 관 이음을 말한다. 통형의 칼라와 고무 링을 관에 삽입하여 접합한다.

simply bending 단순 휨(單純－) =pure bending

simply curved surface 단곡면(單曲面) 1방향으로만 곡률을 갖는 셸 구조의 곡면. 예를 들면 원통 곡면.

simply supported beam 단순보(單純－) =simple beam

simply supported edge 단순 지지변(單純支持邊) 평면 또는 곡면을 주변에서 지지할 때 연직 반력만을 가정하고, 변 둘레에 회전을 허용하는 지지 방법일 때 그 지지변을 말한다.

simply supported plate 단순 지지판(單純支持板) 주변 경계를 단순 지지한 평판. 지지변에서는 면외 방향의 변위와 지지변 둘레의 휨 모멘트가 생기지 않는다.

simply tension 단순 인장(單純引張) 재축(材軸) 방향으로 인장력만 작용하고 있는 상태.

simulated earthquake ground motion

모의 지진동(模擬地震動) =simulated earthquake motion

simulated earthquake motion 모의 지진동(模擬地震動) 어떤 지점에 예상되는 강진 파형을 진원 특성·전파 특성·지반 특성 등을 고려하여 상정한 지진동의 파형 모델. 각종 수법이 있으나 정상 랜덤 파형을 지동(地動)의 스펙트럼 특성에 따라 주고, 여기에 지진동의 비정상성을 나타내는 함수를 조합시켜서 작성하는 수법이 많다.

simulation 시뮬레이션, 모의 실험(模擬實驗) 복잡한 현상을 재현할 수 있는 모델을 만들어서 실험 또는 해석하는 수법의 총칭. 교육 훈련용으로도 사용된다. 시뮬레이션을 실행하기 위한 장치를 시뮬레이터라 한다.

simultaneous contrast 동시 대비(同時對比) 서로 인접하거나 접근하여 두어진 두 색을 동시에 볼 때 색이 서로 영향을 주어 차이가 강조되어서 단독으로 보는 경우와는 다르게 보이는 현상.

simultaneous exciting 동시 가진(同時加振) 구조물의 각부를 동시에 요동시키는 것. 또는 그와 비슷한 상태를 만드는 것.

simultaneous tension 동시 긴장(同時緊張) 다층의 현장치기 프리스트레스트 콘크리트 구조의 가구 응력 계산에 있어서 각층 보의 프리스트레스 도입을 동시에 한다고 가정하는 것.

sine wave 정현파(正弦波) =sinusoidal wave

single bead 싱글 비드 한 줄의 비드에 의한 간단한 용접.

single bed 싱글 베드 1인용의 침대. 폭은 900mm, 1,000mm, 1,050mm, 길이 1,900mm, 2,000mm가 표준이다.

single-bed room 싱글 베드 룸 1인용 침대가 1대 설비된 호텔의 객실. 침대의 사이즈는 싱글 베드인 경우와 세미더블 베드인 경우가 았다.

single bevel groove 편면 맞대기(片面－) 맞대기 용접 이음의 일종. 모재의 한쪽 면에만 그루브를 가공하여 맞대기 용접을 하는 것으로, 16～19mm의 판두께에 적합하다.

single curvature 단곡률(單曲率) 부재 전체에 걸쳐서 휨 모멘트의 방향이 같고, 곡률의 부호가 일정한 상태.

single curvature surface 단곡면(單曲面) 주곡률 곡선의 하나가 직선인 곡면. 가우스의 곡률은 0으로 된다. 원통면·주두(柱頭)·뿔면 등에서 평면으로 전개가 가능하므로 전개 가능 곡면(developable surface)이라고도 한다.

single-degree-of-freedom system 1자유도계(一自由度系) 운동을 완전히 기술하기 위해 필요한 독립 좌표의 변수가 하나뿐인 진동계.

single duct system 단일 덕트식(單一－式) 가장 기본적인 중앙식 공기 조화 방식. 중앙의 공기 조화기에서 1개의 주 덕트로 건물 내에 송풍하고, 지관(枝管)으로 분기하여 각 방으로 공급한다.

single duct variable air volume system 단일 덕트 변풍량 방식(單一－變風量方式) 단일 덕트 방식 중 송풍 온도 일정한 공기 송풍량을 각 방 또는 각 존의 실내 부하 변동에 따라서 변화시키는 공기 조화 방식. 송풍량을 제어하기 위한 VAV터미널 유닛을 덕트 단말에 둔다.

single flooring 홑마루, 단식 마루(單式－), 장선 바닥(長線－) 보나 멍에를 사용하지 않고 장선만으로 바닥을 받치는 바닥 구조.

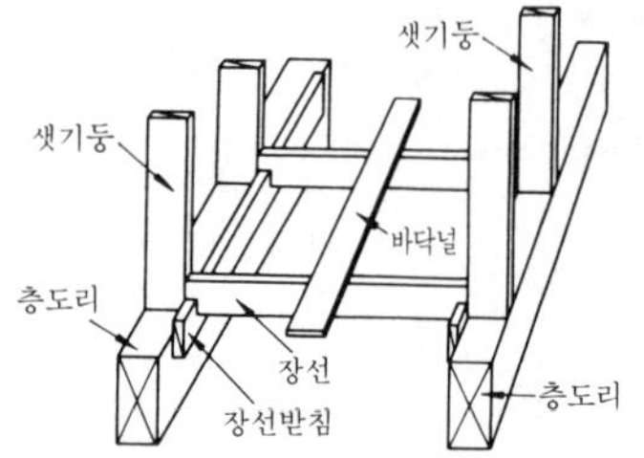

single footing 독립 기초(獨立基礎) =independent footing

single-grained structure 단립 구조(單粒構造) 흙입자가 서로 맞물려서 구성하는 흙의 구조를 가리킨다. 조립토(粗粒土)의 배열 상태에 많다.

single groove joint 편면 홈이음(片面－) 맞대기 용접 이음의 한쪽 면만 개선(開先)을 두는 이음. I형·J형·L형·V형 등의 기본형이 있다.

single-J groove J형 그루브(－形－) J형을 한 용접의 홈.

single lattice 단 레티스(單－) 주재(主材)를 트러스 모양으로 짠 통상의 래티스. 복 래티스에 대비하는 용어.

single layer 단층(單層) 층이 하나인 것.

single layer dome 단구면 돔(單構面－) 입체 철골 트러스의 하나. 트러스 형식으로 조립된 한 겹의 곡면에 의한 돔. 중구면(重構面)의 입체 트러스에 대하여 단구면이라 한다.

single layer reinforcement 싱글 배근(－配筋) 철근 콘크리트 구조, 특히 슬래브, 벽 등의 판재에서 철근을 1단으로 배근하는 것.

single-layer space frame 단층 스페이스 프레임(單層－) 부재를 1층의 곡면 형상으로 배치한 입체 뼈대로, 셸 효과에 의해 하중을 받치는 구조.

side-load corridor 갓복도(－複道) ＝side corridor

single-mass system 1질점계(一質點系) 질량을 갖는 하나의 질점이 스프링과 대시 포트로 지지되어 있는 진동계.

single-phase three-wire system 단상 3선식 배선법(單相三線式配線法) 세 줄의 전선을 사용하여 단상의 전기를 2조 송전하는 방식. 세 줄의 전선 중 한 줄은 중성선이라 하여 공동 사용되고 있다. 단상 2선식에 비해 경제적으로 유리하다.

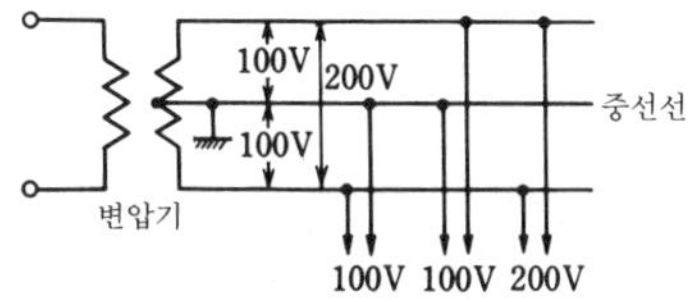

single-phase two-wire system 단상 2선식 배선법(單相二線式配線法) 두 줄의 전선을 써서 단상의 전기를 보내는 방식.

single pile 싱글 파일 지지력, 저항 및 변위, 변형에 관하여 주위 말뚝의 영향을 받지 않는 말뚝.

single piping method 단관식 배관법(單管式配管法) 온수관이나 증기관의 배관 방법의 일종. 말단의 방열기 만큼 방열 면적 또는 배관 직경을 크게 한다.

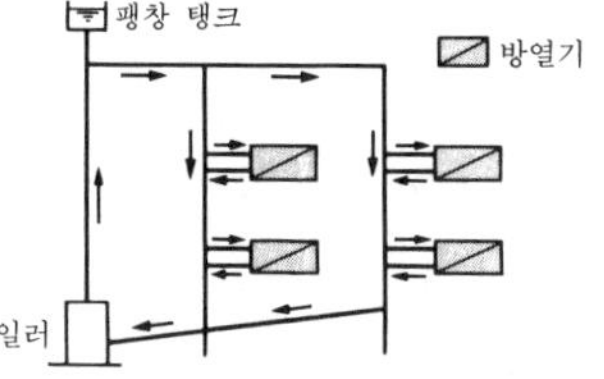

single piping system 단관식(單管式) ＝ one pipe system

single-point mooring system 1점 계류 방식(一點繫留方式) 직접 혹은 부이를 거쳐 한 줄의 계류삭(繫留索) 혹은 계류 프레임으로 부유식 해양 건축물을 유지하는 계류 방식.

single pole disconnecting switch 단극 단로기(斷極斷路器) 부하측의 전류를 단로하기 위해 고압·전원측의 회로에 설치하는 극의 수가 하나인 개폐기.

single pole switch 단극 스위치(單極－) 단상 2선식 전로의 한 줄의 전선만을 개폐하는 소형 스위치. 300V 이하인 경우에 한해서 사용한다.

single reinforcement 단근(單筋) 철근 콘크리트에서 단면의 인장측만 배근되는 것. 또는 벽이나 프리캐스트재로 중앙에 한 겹으로 배근되는 것.

single scaffold 외줄 비계(－飛階) 수직재, 수평재가 일렬인 비계목(강관 또는 통나무)으로 짜여진 비계. 비계 발판 등은 없고 가장 간이한 비계.

single shear 1면 전단(一面剪斷) 볼트·리벳·못·홈 등에서 전단을 받는 면이 1면일 때 1면 전단이라 한다. 보통 2면 전단 또는 복전단인 경우의 강도의 1/2을 취한다.

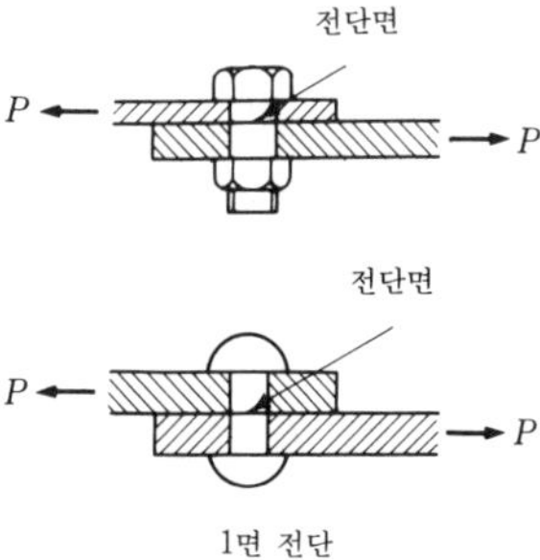

1면 전단

single shear strength 1면 전단 강도(一面剪斷强度) 1면 전단으로 접합된 접합 요소이 전단 강도.

single side welding 단면 용접(單面鎔接) 한쪽에서만 하는 용접.

single sliding 외미닫이 한 장의 문을 한 줄의 홈이나 레일에 따라서 움직이는 창호의 개폐 방식.

single sliding door 외미닫이문(－門) 개폐 방식이 외미닫이인 문.

single sliding window 외미닫이창(－窓) 개폐 방식이 외미닫이인 장지(미닫이)에 의해 구성되는 창.

single-story building 단층집(單層－), 단층 건물(單層建物) 지상의 층수를 1층으로 하는 건축물, 또는 부분을 말한다.

single swinging 외여닫이 개구부가 1매인 문으로 구성되는 경우, 문의 한끝을 연직 회전축으로 하여 안쪽 또는 바깥쪽 어느 한쪽으로 개폐할 수 있는 창호의 개폐 방식을 말한다.

single swinging door 외여닫이문(－門) 문짝이 하나인 여닫이문.

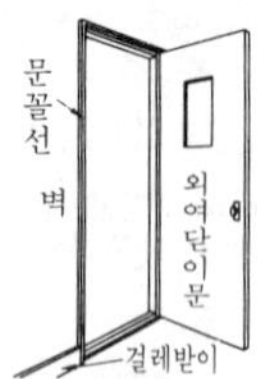

single swinging window 외여닫이창(－窓) 개폐 방식이 외여닫이인 미닫이에 의해 구성되는 창.

single T slab 싱글 T 슬래브 프리캐스트, 프리스트레스트 콘크리트판에서 T형 단면을 한 것. 스템이 둘 있으면 더블 T 슬래브가 된다.

single-U groove U형 그루브(－形－) 맞대기 이음의 접합부 간극이 U자형을 이루는 홈(그루브).

single-V groove V형 그루브(－形－) 용접에 있어서의 V형 맞대기 이음.

single winch 단동 윈치(單胴－) 와이어로프를 감는 드럼이 1개인 윈치.

singly reinforced beam 단근보(單筋－) 단면의 상단 또는 하단에만 배근한 철근콘크리트보.

singular matrix 특이 매트릭스(特異－) 연립 방정식의 해가 불가능하게 될 때 생기는 계수 매트릭스와 같이 종속 또는 그에 가까운 식이 혼입하고 있을 때 생기는 매트릭스.

sink 싱크, 개수(改水)[1], 개수대(改水臺)[2]
(1) 주방 등에서 물을 흘리는 장치.
(2) 급배수 설비의 하나. 상수를 받아 배수하는 장치. 요리용, 세탁용, 실험용 등이 있다. 또 서서 사용하는 개수대와 앉아서 사용하는 낮은 개수대가 있다.

sinker 싱커 ＝hand hammer

sinking 침하(沈下) 지반이나 구조물이 가라앉는 현상. 즉시 침하와 압밀 침하로 나누어 생각한다.

sinusoidal vibration 정현 진동(正弦振動) 진동 파형이 단일의 정현 함수로 나타내어지는 가장 기본적인 진동. 단진동이 이에 해당한다.

sinusoidal wave 정현파(正弦波) 진폭 파형이 정현 함수의 연속이라고 생각되는 파동.

siphon 사이폰 액체를 일단 높은 곳으로 올렸다가 낮은 곳으로 옮기기 위한 곡관(曲管). 사이폰에 의한 액체의 유하(流下) 현상을 사이폰 작용이라 한다.

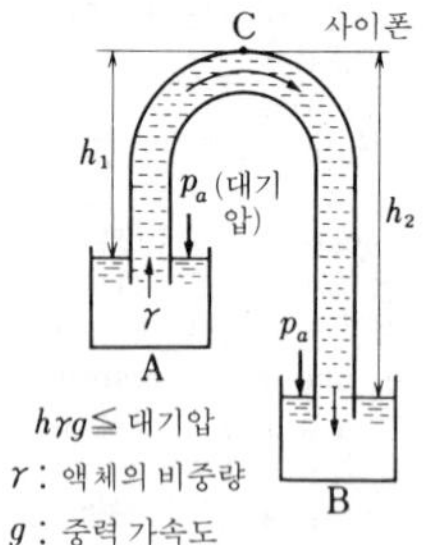

siphonage 사이폰 작용(－作用) 사이폰의 원리에 의해 물이 빨려 나가는 현상을 말한다. 예를 들면 배수 트랩의 통수로를 만수시켜서 흘린 경우 트랩의 봉수(封水)가 빨려 나간다.

sirrocco fan 시로코 팬 원심형 송풍기의 일종. 송풍기의 회전 다익 날개가 회전 방향으로 전굴(前屈)하고 있다. 공기 조화, 환기 등의 송풍기에 가장 널리 사용된다.

site 부지(敷地) ① 도로·하천·건축물 등이 차지하는 토지. 보통은 구획된 1획지를 말한다. ② 하나의 건축물 또는 용도상 불가분의 관계에 있는 둘 이상의 건축물의 어느 일단의 토지.

site analysis 부지 분석(敷地分析) 부지 계획을 위해 사전에 하는 자연 조건, 사회, 경제, 문화에 대한 조사와 분석.

site area 부지 면적(敷地面積) 부지의 수평 투영 면적(수평 거리에서 산정하는 면적).

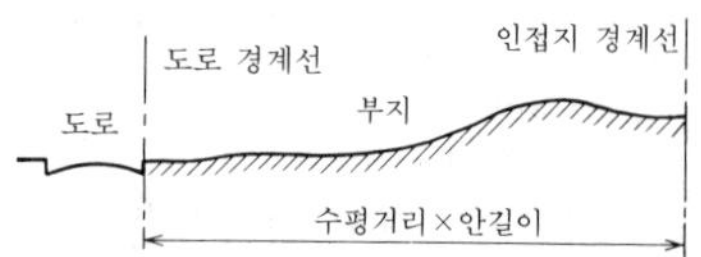

site conditions 부지 조건(敷地條件) 부지의 형상, 규모, 지질, 식생(植生), 지가, 규제 등의 조건. 넓은 뜻으로는 부지가 두어지고 있는 입지 조건을 포함한다.

site furniture 사이트 퍼니처 부지 내의 외구(外構)에 두어지는 가구적인 기구, 설비를 말한다. 벤치, 분수, 안내 표지, 조명 기구 등.

site grade map 부지 고저도(敷地高低圖)

부지의 각 부분의 높낮이를 나타내는 그림. 측점의 벤치마크로부터의 높이를 나타내든가 또는 등고선에 의해 도시한다.

site grading cost 정지비(整地費) = ground leveling expenses

site management 현장 관리(現場管理) =field control

site map 부지도(敷地圖) 부지의 형상, 치수, 높낮이 등을 나타낸 그림.

site office 현장 사무소(現場事務所) = field office

site operation 현장 시공(現場施工) = site work

site overhead expenses 현장 경비(現場經費) =field overhead expenses

site plan 부지 계획도(敷地計劃圖)[1], 배치계획(配置計劃)[2], 배치도(配置圖)[3] (1) 부지 계획에서 용도, 액티비티와 동선(動線)의 레이아웃 등을 나타내는 그림.
(2) ① 시설이나 설비 등을 계획의 목적, 제약 조건 등을 고려하여 적정하게 배치하는 것. ② 단지 계획 등에서 부지 중의 건물 등을 배치하는 것. 또는 그것을 나타내는 도면.
(3) 건물과 부지의 위치 관계를 나타내는 그림. 외구(外構)의 계획 등을 함께 그리는 경우도 있다.

site planning 부지 계획(敷地計劃) ① 하나의 부지 내에서 부지의 특성을 살리면서 토지 조성 등의 토목적 계획, 외구(外構) 등의 조원(造園) 계획, 건축 공간의 디자인을 동시에 종합적으로 계획하는 기법. ② 일단(一團)의 토지에 건축을 비롯하여 도로, 공원, 기타의 여러 시설을 배치하는 계획, 또는 그 이용 구분을 정하고 기반 시설을 계획하는 것.

site renovation 부지 조성(敷地造成) 부지에 대하여 조성 계획에 따라 기존의 불요물을 제거하고, 소정의 지면 높이가 얻어지도록 흙이나 암석을 이동한다든지 하는 것.

site renovation drawing 부지 조성도(敷地造成圖) 부지 조성의 방법을 그 전후의 관계로 나타내는 도면.

site supervision 현장 감리(現場監理) 공사 현장에서 하는 감리.

site survey 부지 측량(敷地測量) 부지의 형상, 높낮이 등을 측량하여 기준 구조물 등을 명백히 하고, 인접 도로 기타와의 관계를 나타내는 측량도를 작성하는 것.

site work 현장 시공(現場施工) 현장에서 직접 부착, 조립, 마감 등의 작업을 하는 것. 공장 조립, 공장 가공 등에 대비하여 쓰이는 용어. =site operation

sitting room 거실(居室) =living room

size 치수(一數) ① 물체나 그 부분의 크기 또는 2점간의 거리를 어느 단위에 따라서 표현한 값. ② 건축 구성재의 크기를 대표적으로 지시하는 표현. 호칭 치수, 제작 치수, 실치수의 총칭. =dimension

size reduction factor 수압면 계수(受壓面係數) =area scale factor

skeleton 골격(骨格) 건축물의 구조 주체. 창호·마감·조작·설비를 제외한 부분의 총칭.

skeleton construction 철골 구조(鐵骨構造) 형강, 강판, 평강 등을 리벳이나 볼트, 용접 등으로 접합하여 조립한 것을 주요한 뼈대로 한 건축. 철근 콘크리트를 피복하여 사용한 것도 철골 구조이다. = steel structure, steel frame structure

skeleton curve 스켈리턴 곡선(一曲線) 복원력 특성은 스켈리턴 곡선과 이력 루프의 특성에 의해 모델화된다. 스켈리턴 곡선은 초경험 하중과 초경험 변위를 진행하는 점을 이어서 얻어지는 곡선으로, 일반적으로는 하중 변형 곡선의 포락선으로 정해진다. 균열점, 항복점, 최대 하중점 등의 하중 및 변위가 나타내어지며, 그에 의해서 초기 강성(剛性), 항복점 강성, 그 이후의 강성 등이 추측된다.

skeleton diagram 스켈리턴 다이어그램 전기 설비에 사용하는 전기 계통, 전기 기기간의 배선 상태를 나타내는 도면.

skeleton model 골조 모델(骨組一), 뼈대 모델 구조 해석용으로 간단화된 뼈대의 모델로, 부재는 선재로 치환하고, 하중은 외력으로 치환하여 적절한 지점(支點) 조건을 설정한 것.

skeleton surveying 골조 측량(骨組測量), 뼈대 측량(一測量) 어떤 지역을 측량할 때 측량하는 구역 전체를 둘러싸는 뼈대를 만들고 그 뼈대의 기본이 되는 점(측점)이나 선(측선)의 상호 위치 관계를 정하는 측량. 세부 측량의 대비어.

skeleton work 골격 공사(骨格工事) 건축물의 주요 구조부를 만드는 공사의 총칭. 예를 들면 철근 콘크리트 구조물에서 토공사부터 콘크리트를 만들어 내기까지의 공사를 가리킨다. 이에 대하여 마감 공사가 있다.

sketch design 초안도(草案圖), 계획 원안도(計劃原案圖) =sketch design drawing

sketch design drawing 초안도(草案圖), 계획 원안도(計劃原案圖) 본설계 도면에 들어가기 전에 초안 설계 도면을 그리고 이것을 바탕으로 하여 안을 짠다(각층 평면도, 입면도, 단면도, 배치도, 투시도 등).

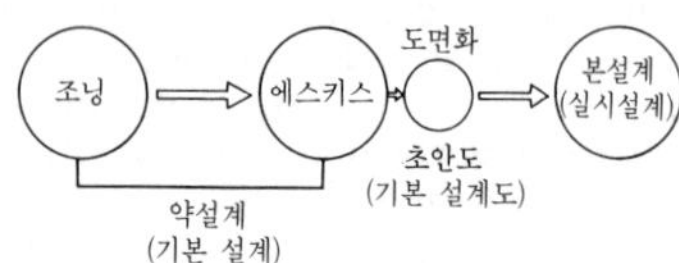

sketch drawing 목측도(目測圖) ① 건물·물체 등을 목측에 의해 입체적으로 그린 그림. ② 건물 부근의 도로·지형 등의 상황을 그린 약도.

skew arch 빗 아치 아치축이 구조물의 주구(主構) 방향과 사교(斜交)하는 형식의 아치.

skin force 표면력(表面力) 구조물 표면에만 작용하는 힘. 풍하중 등이 대표적이다.

skin friction 측면 마찰(側面摩擦), 주면 마찰(周面摩擦) 옹벽·널말뚝·말뚝 등의 연직면과 흙 사이에 작용하는 마찰.

skin friction force 주면 마찰력(周面摩擦力) 말뚝 주면을 따라 작용하는 마찰력.

skin load 스킨 로드 건물의 외벽, 지붕, 창 등 외기에 접하는 부분에 발생하는 현열, 잠열 등의 열부하.

skip bucket 스킵 버킷 ＝concrete bucket

skip distance 스킵 거리(－距離), 도약 거리(跳躍距離) 초음파 탐상의 사각 탐촉자(斜角探觸子)의 입사점에서 1 도약점까지의 탐상면상의 거리를 1 도약 거리 또는 1 스킵 거리라 하고, 1S로 나타낸다.

skip floor 스킵 플로어 반층씩 바닥을 어긋나게 한 구조. 집합 주택 등에서 쓰이는 공간 구성이다. 상업 건물 등에서 1/4층분씩 어긋나게 하여 만든 사례도 있다.

skip floor type apartment 스킵 플로어형 아파트(－形－), 스킵 플로어형 집합주택(－形集合住宅) 1층 건너 또는 2층 건너에 복도를 두고 엘리베이터는 복도가 있는 층에만 정지하는 집합 주택. 복도층을 제외하는 각 주택의 프라이버시를 확보하기 쉽고, 통로 면적의 비율을 작게 할 수 있다(그림 참조).

skip point 스킵점(－點) 사각(斜角) 초음파 탐상에서 빔 중심선이 재료의 뒤쪽에서 반사하여 탐상면에 도달한 점을 말한다. 1회 반사한 경우는 1스킵점이라 하고, 2회 반사했을 때는 2스킵점이라 한다. 뒷면의 반사점은 0.5스킵점, 1.5스킵점이라 한다.

skip tower 스킵 타워 스킵을 부착한 타워. 굴착 토사를 반출하는 장치. 스킵이란 로프에 의해 매다는, 바닥이 열리거나 경사가 가능한 운반구이다. 터파기면에서 토사를 스킵 버킷에 받아서 이것을 가이드 레일을 따라 끌어 올리고, 스킵 버켓이 정상부에 오면 기울어져서 토사가 호퍼 속으로 들어간다.

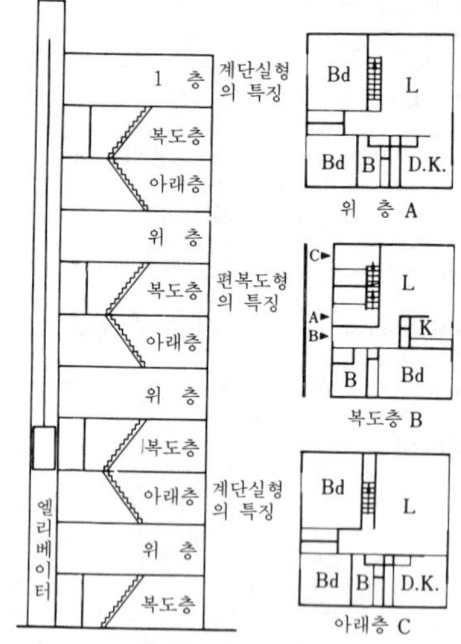

skip floor type apartment

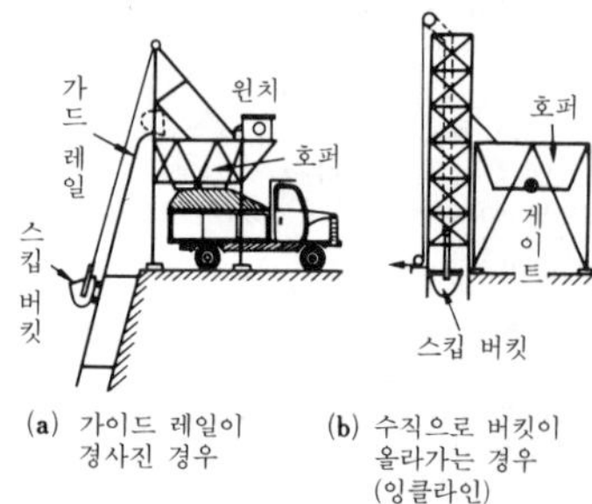

(a) 가이드 레일이 경사진 경우 (b) 수직으로 버킷이 올라가는 경우(잉클라인)

skip welding 스킵 용접(－鎔接) 용접에 의한 변형을 적게 할 목적으로 징검돌과 같이 용접 금속을 두고 냉각 후에 징검돌 사이의 용접을 하는 방법.

skirting 걸레받이 벽 최하부의 문턱 부분에 사용하는 보호판.

SK system SK공법(－工法) 프리스트레스트 콘크리트용 정착 공법의 일종. 7줄 혹은 19줄을 꼬은 PC강 꼬임선을 압착 그립 및 지압판을 써서 한 줄씩 콘크리트에 긴장 · 정착하는 공법.

sky factor 천공률(天空率) 인접하는 건조물이나 수목 등의 지물로 차폐되지 않는 천공의 입체각 투사율. 특히 지적하지 않는 한 수평면에 대한 입체각 투사율을 말한다.

skylight 천공광(天空光) 천공에서 지표로 도달하는 주광 중 천공에서 산란 혹은 구름을 통과, 또는 반사되어서 지표면에 도달하는 직사 일광 이외의 주광.

skylight illuminance 천공광 조도(天空光照度) 천공광에 의한 조도.

skylight window 천창(天窓) =roof light window

sky luminance 천공 휘도(天空輝度) 천공의 미소 부분을 천공 요소라 하고, 천공 요소의 휘도를 천공 휘도라 한다. 주광 조명의 계산은 천공 휘도의 값이나 천공 휘도의 분포를 필요로 한다.

sky radiation 천공 방사(天空放射) 태양으로부터의 방사는 대기 중 · 공기 · 수증기 · 먼지 등에 의해 산란하는데 그 중 지표를 향해서 산란 · 방출되는 방사.

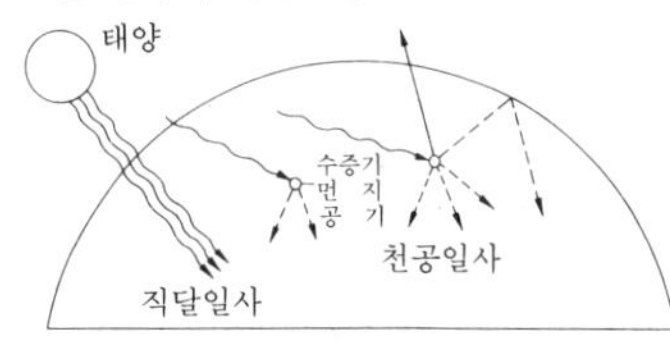

skyscraper 초고층 건축물(超高層建築物) 수10층의 고층 건물을 말한다.

sky solar radiation 천공 방사(天空放射) =sky radiation

sky solar radiation incident upon a horizontal surface 수평면 천공 일사(水平面天空日射) 수평면에 입사하는 천공 일사.

sky solar radiation incident upon a vertical surface 연직면 천공 일사(鉛直面天空日射) 연직면에 입사하는 천공 일사.

slab 슬래브 연직 하중을 받는 면상(面狀) 부재로, 주로 면외 방향의 휨 내력에 저항하는 것. 바닥 슬래브로서는 철근 콘크리트 바닥널을 가리키는 것이 일반적이다.

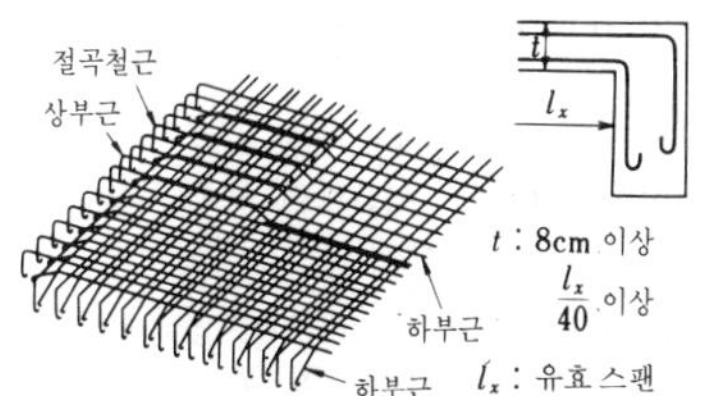

slab foundation 슬래브 기초(-基礎) 기초 지반의 지반 반력을 바닥판으로 지지하도록 한 기초.

slab joint 슬래브 이음 프리캐스트 철근 콘크리트 구조에서 바닥판에 둔 접합부.

slab vibration 슬래브 진동(-振動) 바닥판의 진동.

slag 슬래그 용접 비드의 표면을 덮는 비금속 물질로, 피복제의 성분 중 가스 발생 물질 이외의 플럭스나 분해 생성물로 이루어지며, 용접 금속의 정련(精鍊)이나 보호의 구실을 한다. 금속 정련시의 잔재도 슬래그라 한다. 고로(高爐) 슬래그 등이라고 한다.

slag brick 슬래그 벽돌(-壁-) 수쇄(水碎) 슬래그에 소석회(10~15%)를 혼합하여 압축 성형해서 경화시킨 벽돌. 적색 벽돌보다 흡수율이나 열전도율이 작고 강도가 크다.

slag cement 슬래그 시멘트 수쇄(水碎) 슬래그를 주체로 소석회를 혼합한 시멘트. 공기 중에서 경화가 잘 되지 않지만 포틀랜드 시멘트의 증량제, 해수 공사나 지하 공사에 적합하다.

slag inclusion 슬래그 혼입(-混入) 용착 금속 중 혹은 모재와의 융합부에 슬래그가 남아 있는 용접 결함.

slag wool 슬래그 울, 광재면(鑛滓綿) 슬래그를 용융하여 작은 구멍에서 뿜어내어 유리질 단섬유의 솜 모양으로 한 것. 석면과 마찬가지로 보온재나 방음재가 된다.

slaked lime 소석회(消石灰) 생석회를 물로 소화하여 얻어지는 수산화 칼슘($Ca(OH)_2$). 미장용의 소석회는 이로부터 미소성의 탄산 석회 입자를 체질한 것.

slaking 슬레이킹 건조한 점성토의 덩어리나 이암(泥岩) 등의 연암(軟岩)을 급속히 수중에 담그면 내부에 갇혀 있던 공기가 뿜어나와 덩어리가 무너지는 현상.

slaking test 슬레이킹 시험(-試驗) 건조한 점성토의 덩어리나 이암(泥岩) 등의 연암(軟岩)이 건습의 반복으로 붕괴하여 세편화(細片化)하는 성질을 살피는 시험.

slate 슬레이트[1], 천연 슬레이트(天然-)[1] (1) 석질(石質) 박판의 총칭. 지붕 · 천장 · 내외벽의 재료로서 쓰인다. 천연 슬레이트, 석면 시멘트판 등이 있다.
(2) 점판암(粘板岩)을 판 모양으로 박리 가공한 것. 지붕 · 외장재 재료로서 사용.

slate finish 슬레이트 잇기 천연 슬레이트나 석면 슬레이트판 등을 써서 지붕을 잇는 것. 또는 슬레이트로 이은 지붕.

slate roofing 슬레이트 잇기 슬레이트를 써서 지붕을 잇는 것. 또는 슬레이트로 이은 지붕.

sledgehammer 메, 해머 목제 자루 끝에 쇠머리를 붙인 메. 석공용과 목공용이 있다. =hammer

sleeper 장선(長線)[1], 침목(枕木)[2], 멍에[3]
(1) =bridging joint
(2) 레일을 지지하기 위해 지상에 깐 목재. 레일에서 오는 차축의 압력을 도상(道床)으로 분포하는 구실을 한다.
(3) 1층의 목조 바닥 구조로, 장선을 받치기 위해 약 1m 가량의 간격으로 배열하는 횡목.

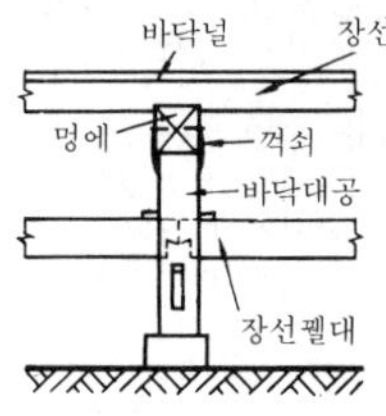

sleeve 슬리브 ① 축 등의 외주(外周)에 끼워 사용하는 길쭉한 통 모양의 부품. ② 전선의 접속에 사용하는 관 모양의 철물.

sleeve expansion joint 슬리브 신축 이음(－伸縮－), 미끄럼 신축 이음(－伸縮－) 배관의 축방향 변위를 흡수할 수 있는 신축 이음. 내통(슬리브)이 외통 내면의 패킹부를 미끄러짐으로써 신축한다. 단식과 복식이 있다. =slip expansion joint

sleeve joint 슬리브 이음 통 모양의 너트에 역방향 나사를 내 두고, 인장 막대의 접합 등에 사용하는 이음. 턴 버클 등도 이에 포함된다. 온도 변화를 받는 관의 신축 이음에도 쓰인다.

sleeve nut 슬리브 너트 암나사를 낸 가늘고 긴 통 모양의 부재. 수나사를 낸 2개의 봉재(棒材)를 연결하는 경우에 사용.

sleeve piping system 슬리브관 공법(－管工法) 주로 주택 내의 급수·급탕 배관에 사용되고 있는 공법. 벽 속 등에 미리 슬리브를 시공해 두고 후에 플라스틱관 등의 급수·급탕관을 삽입하는 공법.

slenderness ratio 세장비(細長比) 압축재의 좌굴 길이 l_k를 단면 2차 반경 i로 나눈 값으로, 통상 λ로 표시. 세장비가 커지면 좌굴 하중은 작아진다. 각종 구조별로 세장비의 한도가 설계상 정해져 있다.

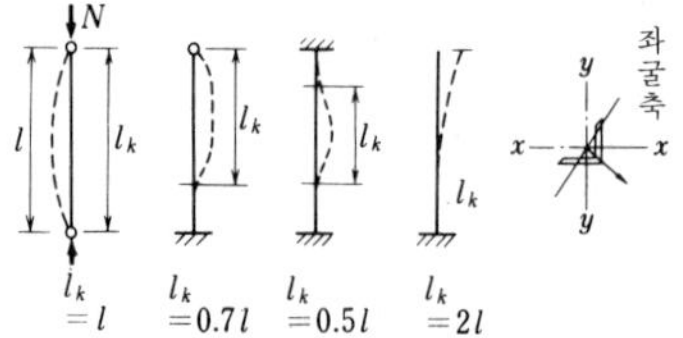

sliced veneer 무늬목(－木) 소요 나뭇결이 나타나도록 켠 각재에서 칼로 얇게 깎아낸 치장판. 치장 목재·치장 합판의 겉판으로 쓰인다.

slicer 슬라이서 합판의 단판을 만들 때 원목의 각재(角材) 길이보다 날폭이 넓은 대패로 필요한 나뭇결면에서 깎아내는 기계톱을 말한다.

sliding 슬라이딩, 활동(滑動) 물체가 그것을 받치고 있는 면 위를 미끄러져 움직이는 현상.

sliding bearing 미끄럼 베어링 가동 베어링의 하나. 지지면에서 자유롭게 미끄러지게 하는 베어링.

sliding door 미닫이문(－門) 홈이나 레일 상을 수평 이동하여 개폐하는 창호.

sliding factor 미끄럼 계수(－係數) 면에 평행하게 물체를 끌어, 물체가 미끄러지려고 할 때의 힘을 물체의 연직 중량으로 나눈 값.

sliding form 슬라이딩 폼, 활동 거푸집(滑動－) 이동 거푸집의 하나. 슬립 폼, 미끄럼 거푸집 등이라고 한다. 거푸집의 지보공 띠장에 요크를 거쳐서 유압 또는 전동 잭을 붙이고, 그 중앙에 로드를 관통시켜 유지하면서 1시간당 30~50cm 정도씩 거푸집을 끌어 올리면서 연속하여 콘크리트를 타설하는 공법. 사일로·급수탑·코어부 등의 타설에 사용한다.

sliding form method 활동 거푸집 공법(滑動－工法) 콘크리트를 연속하여 타입하면서 동시에 거푸집을 활동시켜 시공해 가는 공법. →sliding form

sliding jack 미끄럼 잭 가로 이동의 기구가 붙어 있는 잭.

sliding load 미끄럼 하중(－荷重) 고력 볼트 마찰 접합부에서 마찰 저항이 끊기고 주(主) 미끄럼이 발생할 때의 하중. =slip load

sliding shutter 빈지문(－門) 주택 건축의 바깥쪽 개구부에 설치되는 창호. 방우·방풍·방범 등에 대비하는 것.

sliding stage 활주 이동 무대(滑走移動舞臺) 극장의 무대에서 무대 전환을 하기 위해 무대의 바닥면이 수평으로 이동할 수 있도록 한 장치.

sliding surface 미끄럼면(－面) 미끄럼 파괴를 일으키는 경우의 이동층과 움직이지 않는 지반과의 경계면. =slip surface

sliding window 씽미닫이창(雙－窓) 쌍미닫이 형식의 창(다음 면 그림 참조).

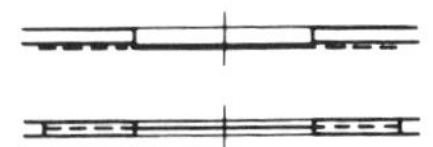

sliding window

slight earthquake motion 미진(微震) 진도 1에 해당하는 지진동의 강도. 정지하고 있는 사람이나 특히 지진에 주의깊은 사람만이 느낄 정도의 지진.

slight fire 소화재(小火災) 대화재에 대하여 소손 면적이 작은 회재. =small fire

slime 슬라임 흙탕물을 쓴 지하 굴착에서 굴착토의 세립분(細粒分)이 벤토나이트 흙탕물과 현탁하여 구멍 바닥에 침전한 것. 타설 직전에 제거한 다음 수중 콘크리트를 타설한다. 대구경 현장치기 콘크리트 말뚝이나 연속 지중벽 공법일 때의 유의 사항의 하나.

slip 슬립, 미끄럼 ① 두 물체가 접촉한 상태에서 상대 변위를 일으키는 것. ② 유도 전동기의 회전 속도가 자계의 회전 속도에 비해 늦어지는 비율. 부하 상태에 따라 값이 달라진다. 전부하에서 5% 정도.

slip deformation 미끄럼 변형(-變形) 일반적으로는 전단 변형에 의해 생기는 일그러짐이지만 금속 재료 등이 소성역에서 결정 구조가 바뀌는 경우에도 쓴다.

slip expansion joint 미끄럼 신축 이음(-伸縮-) =sleeve expansion joint

slip failure 미끄럼 파괴(-破壞) 흙이 전단 파괴하여 어떤 곡면을 따라서 흙이 상대 이동하는 것. 이 면을 미끄럼면이라 한다. 옹벽의 안정, 기초 바닥면 이하의 흙의 지지력을 구할 때 생각하는 파괴 형식.

slip form 활동 거푸집(滑動-) =sliding form

slip load 미끄럼 하중(-荷重) =sliding load

slip plane breaking 전단 미끄럼 파괴(剪斷-破壞) 재료가 전단 미끄럼면을 발생하여 파괴하는 현상.

slip surface 미끄럼면(-面) =sliding surface

slip-type restoring force character 슬립형 복원력(-形復元力) 하중의 반복 작용에 의해 변형이 슬립 모양으로 증가하고 있는 형의 복원력 특성. 인장 가새 등에 대표적으로 볼 수 있는 특성.

slit type air diffuser 슬릿형 분출구(-形噴出口) 띠 모양의 분출 공기가 얻어지는 슬릿형의 공기 분출구. 가동판에 의해 풍향 가변인 것도 있다.

slit-type wall 슬릿벽(-壁) 구조벽에 의도적으로 슬릿을 둠으로써 지진시에 변형능력을 갖게 하도록 고안된 벽.

slope 경사로(傾斜路)[1], 절점 회전각(節點回轉角)[2], 변형각(變形角)[3], 물매[4] (1) 종단 방향으로 경사를 갖는 통로 또는 도로. =ramp
(2) =rotation angle of panel point
(3) 전단이나 회전 변형의 변형각. 또는 부재 양단을 잇는 부재각 등을 말한다.
(4) =pitch(1)

slope angle 부재(회전)각(部材(回轉)角) 부재 양단의 부재축에 직교하는 방향의 상대 변위를 그 부재 길이로 나누어서 얻어지는 각도.

slope angle of deflextion 처짐각(-角) 부재가 휨을 받아서 변형한 곡선상의 어떤 점에서 변형 곡선에 그은 접선과 변형 전의 재축이 이루는 각. 특히 절점에서 널리 쓰이며 절점각, 절점 회전각 등이라고도 한다. 변형 후의 재축과 변형 곡선의 접선과의 이루는 각을 상대 처짐각이라 하고, 이것과 구별하기 위해 전자를 절대 처짐각이라 하는 경우가 있다. 처짐각법에서 쓰이는 미지량의 하나.

slope by relative storey displacement 층간 변형각(層間變形角) 층간 수평 변형량을 그 층의 높이로 나눈 값.

slope deflection method 처짐각법(-角法) 라멘 해법의 하나. 절점각 θ와 부재각 R을 미지수로 하여 절점 둘레의 모멘트 평형식(절점 방정식)과 각층 전단력의 평형식(층 방정식)을 연립하여 푸는 형식의 해법.

sloped roof 물매 지붕 지붕면이 수평면에서 어떤 물매를 갖는 지붕. 박공, 모임, 외쪽지붕의 총칭.

slope failure 사면 붕괴(斜面崩壞), 사면내 파괴(斜面內破壞) 사면 붕괴 형식의 하나. 붕괴 미끄럼면이 사면 끝에서 위의 경사부에 생기는 형식. 사면 파괴로서는 사면선 파괴 · 사면내 파괴 · 바닥면 파괴의 형식이 있다.

slope green 사면 녹지(斜面綠地) 시가지에서 사면에 남는 녹지. 급경사 때문에 건축하지 않고 녹지로 남아 있는 경우가 많으며, 녹시율(綠視率)을 높이는 데 유효.

slope housing 사면 주택(斜面住宅) 구릉 사면에 세워진 주택. 집합 주택인 경우가 많다.

slope protection 비탈면 보호(-面保護) 사면의 토압 · 침투수 등에 의한 붕괴를 방지하기 위해 그 표면에 하는 방호공. 식생(植生) · 스프레이공 · 돌 · 블록 쌓기 · 콘크리트틀 등이 있다.

slope stability 사면 안정(斜面安定) 사면

붕괴에 대한 안정성을 말한다. 일반적으로 미끄럼면을 여러 가지로 가정하고 그 중 최소의 안전율로써 사면의 안전율로 한다.

slope way 경사로(傾斜路) 경사한 통로로, 건축의 내부에서도 볼 수 있다. 극장, 병원, 고층 차고 등.

slop sink 청소용 싱크(淸掃用-) 청소용 물의 취수, 청소 후의 더러워진 물의 배수, 청소 도구의 세척 등에 사용하는 대형의 위생 도기.

sloshing 슬로싱, 액면 요동(液面搖動) 수조 등의 용기 내 액체가 용기의 진동에 따라서 요동하는 것.

slot type air diffuser 슬롯 분출구(-噴出口) 애스펙트비가 큰 장방형의 공기 분출구. 개구의 긴쪽 방향으로 여러 장의 날개가 붙여진다.

slot welding 슬롯 용접(-鎔接), 홈 용접(-鎔接) 모재(母材)를 겹쳐 놓고 한쪽 모재에만 홈을 파고 그 속에 용착 금속을 채워 용접하는 것.

slowburning construction 방화 구조(防火構造) 밖으로부터의 연소를 방지할 수 있는 구조로, 외벽이 철망 모르타르칠이나 회반죽칠 등의 구조. 내화 구조보다는 못하다.

slow-butt welding 슬로 맞대기 용접(-鎔接) 맞대기 저항 용접 · 업세트 맞대기 용접의 속칭. 플래시 버트 용접에 비해 용접 시간이 걸리므로 이렇게 불린다.

slow hardening cement 완경 시멘트(緩硬-) 급결(急結) 시멘트에 대하여 완결제를 넣어서 완경성으로 한 시멘트.

slow (sand) filtration 완속 여과(緩速濾過) 정수 처리에 사용하는 여과법. 하루에 4~5m의 속도로 원수를 모래층에서 여과하고, 모래층 표면에 형성되는 생물 여과막에 의해 현탁 물질의 포착, 용해성 유기물의 흡착, 산화를 한다.

sluice valve 슬루스 밸브 관 도중에 설치하여 유체의 흐름을 완전히 차단한다든지 조정한다든지 하는 밸브.

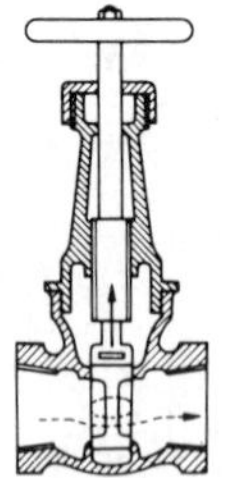

slum 슬럼 도시의 빈민가를 말하며, 불량 주택 지구이다.

slum area 슬럼 지구(-地區) →slum

slum clearance 슬럼 클리어런스 슬럼 혹은 노후화, 열악화한 주거나 건조물로 점유된 구역을 강제적으로 제거하는 재개발 수법.

slump 슬럼프 슬럼프 콘에 프레시 콘크리트를 충전하고, 탈형했을 때 자중에 의해 변형하여 상면이 밑으로 내려앉는 양. 프레시 콘크리트의 유동성 정도를 표시.

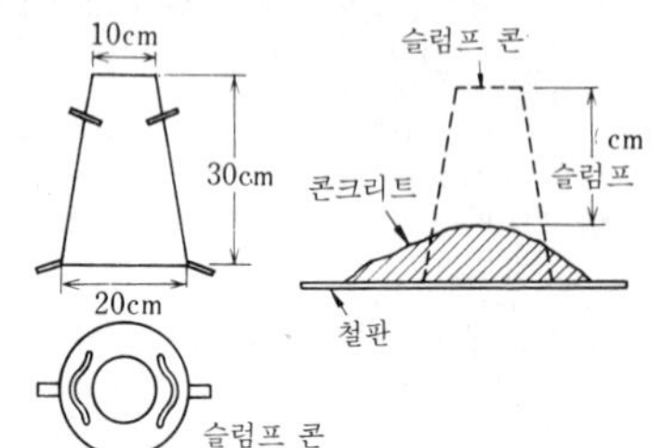

slump cone 슬럼프 콘 슬럼프 시험에서 사용하는 원뿔 대형(상단 내경 10cm, 하단 내경 20cm, 높이 30cm)인 강제 용기를 말한다.

slump loss 슬럼프 저하(-低下) 타입 전 콘크리트의 슬럼프가 시멘트의 응결이나 공기 중의 수분이 없어져서 저하하는 것.

slump test 슬럼프 시험(-試驗) 슬럼프 콘에 의한 콘크리트의 유동성 측정 시험.

slurry trench method 이수 공법(泥水工法) =stabilized liquid method

small deformation 미소 변형(微少變形) 구조물(부재)이 변형했을 때 힘의 작용 방향 및 작용점의 변위가 무시할 수 있을 정도로 작고, 회전 변형이 충분히 작으며, 휨 변형에 의한 곡률이 변위의 2차 미분으로 나타내어질 정도의 변형.

small deformation theory 미소 변형 이론(微少變形理論) 부재 및 구조물에 미소 변형을 가정하여 구축된 탄성 해석 이론 및 소성 해석 이론.

small fire 소화재(小火災) =slight fire

smart building 스마트 빌딩 =intelligent building

SMM 적산 기준(積算基準) =standard method of measurement, estimation standard

smog 스모그 원래는 연기(smoke)와 안개(fog)의 공존 상태를 나타내는 합성어인데, 현재는 고농도의 대기 오염을 나타내는 말로서 사용되고 있다.

smoke 매연(煤煙) 공장 등으로부터의 배출 가스 중에 포함되는 유해 물질.

smoke and soot emitting facility 매연 발생 시설(煤煙發生施設) 매연을 발생하고 배출하는 시설.

smoke compartment 방연 구획(防煙區劃) 화재시에 연기가 확산하여 피난에 지장을 초래하는 것을 방지하기 위해 방연벽 등으로 연기가 일정한 부분에서 다른 부분으로 확산되지 않도록 구획하는 것.

smoke damper 방연 댐퍼(防煙－) 화재시에 폐쇄하여 덕트 내를 연기가 전해지는 것을 방지하는 댐퍼. 일반적으로는 실내에 둔 연기 감지기와 연동하여 화재의 초기시에 댐퍼를 폐쇄한다.

smoke density 배연 농도(排煙濃度) 주로 굴뚝에서 배출되는 매연의 농도로, 링게르만 농도표나 광전관에 의한 측정법 등으로 계측한다.

smoke detector 연기 감지기(煙氣感知器) 화재 발생에 의한 연기를 감지하여 화재의 발생 이전에 보다 빨리 사고를 발견하는 화재 감지기의 일종. 이온식과 광식(光式)이 있으며, 이온식은 연소 생성 입자를 이온 전류의 변화로 포착하는 것, 광식은 연기에 의해 광속의 변화로 감지하는 것이다.

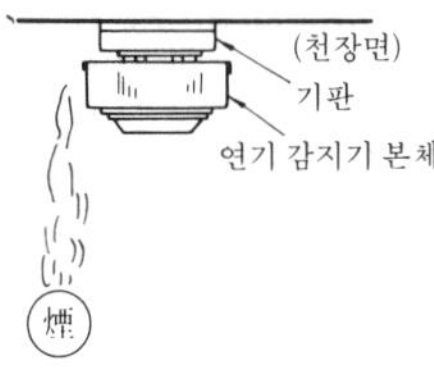

smoke eliminating 배연(排煙) 건물의 화재시에 피난 및 소화 활동을 원할하게 추진하고, 질식에 의한 사고를 방지하기 위해 발생한 연기를 배출 제거하는 것을 말한다. 방연(防煙) 구획마다 방연벽 및 배연구를 두고, 연기 감지기와 연동한 배연 설비(팬 · 덕트)를 설치하는 등의 방법이 쓰이고 있다.

smoke eliminating equipment 배연 설비(排煙設備) ＝smoke exhaustion equipment

smoke exhaustion equipment 배연 설비(排煙設備) 건축물의 화재시에 화재 발생원에서 피난 경로로 연기의 유출을 방지하는 설비. 방연벽, 배연구, 배연 덕트, 배연기 등을 말한다(그림 참조).

smoke generation 발연(發煙) 물질이 연소할 때 연기가 발생하는 것. 불완전 연소의 과정으로, 고체나 액체 등의 입자가 배기 가스 중에 가시적으로 발생하는 현상이다.

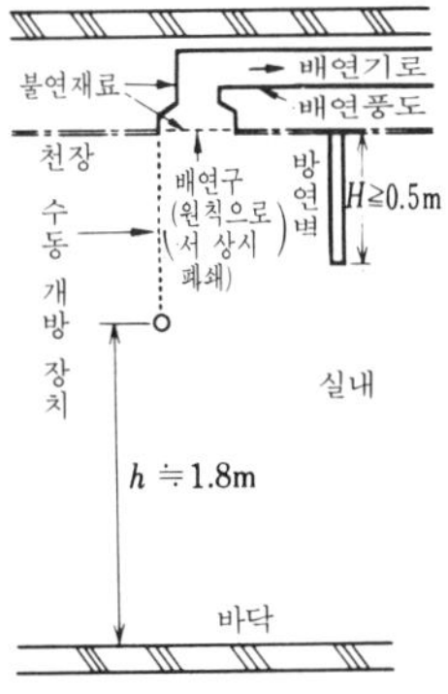

smoke exhaustion equipment

smoke generation coefficient 발연 계수(發煙係數) 소정의 조건하에서의 재료의 단위 중량당의 발연량. 특정한 장치를 사용하여 정온(定溫)하에서 측정하는 경우가 많다.

smoke partition wall 방연벽(防煙壁) 화재시 연기의 흐름을 방해하는 칸막이벽 및 천장에서 밑으로 50cm 이상 돌출한 벽을 말하며, 바닥 면적 500m^2 이내에 설치된다.

smoke perceiver 연기 감지기(煙氣感知器) ＝ionization smoke detector

smoke prevention wall 방연벽(防煙壁) ＝smoke partition wall

smoke seasoning 훈연 건조(燻煙乾燥) 재목의 수분을 증발시키거나 또는 재질의 세포간에 연기를 통해서 방부성을 주는 목재 건조법. 갈림이나 변형은 적지만 변색한다.

smokestack 굴뚝 연기나 가스를 위쪽으로 배출하는 통 모양의 구조물.

smoke tower 스모크 타워, 배연탑(排煙塔), 배연실(排煙室) 건축물 내 특히 계단실에 설치된 연직 방향의 배연통. 급기통과 병용하므로 효과적이다.

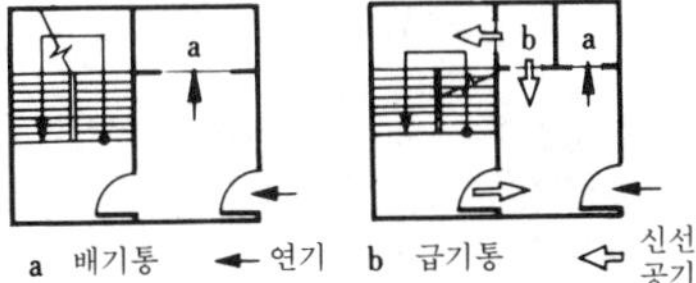

smoke tube boiler 연관식 보일러(煙管式－) 원통 속에 전열면이 되는 연소실과

다수의 연관을 갖추고, 연소실에서 발생한 연소 가스가 연관 내에 흘러 연소실과 연관과 바깥쪽 원통과의 사이에 들어가 물을 증발시키도록 한 보일러.

smoking room 끽연실(喫煙室), 흡연실(吸煙室) 극장이나 영화관 등에서는 관객석 이외의 곳에서 끽연하도록 되어 있다. 보통 복도, 휴게실, 로비 등을 사용한다.

SM system SM공법(-工法) 프리스트레스트 콘크리트용 정착 공법의 일종. PC 강 꼬임선을 캐스팅 플레이트와 수 콘으로 직접 정착하는 공법.

snap 스냅 손치기 리벳의 머리를 만드는 용구.

snatch block 스내치 블록 측판이 열리므로 로프를 바꾸어 걸어서 양중 방향을 바꿀 수 있는 도르래.

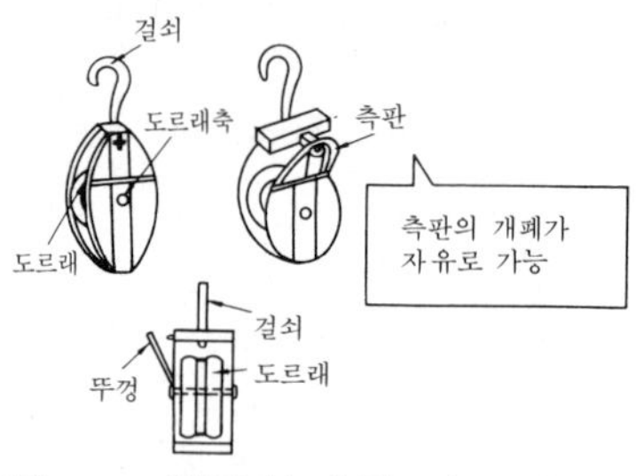

S-N curve SN곡선(-曲線) 세로축에 응력(S), 가로축에 하중 반복수의 대수(log N)를 취하여 재료나 부재의 피로 특성을 나타낸 그림.

snow breake 방설림(防雪林) =snow breake forest

snow breake forest 방설림(防雪林) 눈보라, 눈사태 등의 설해를 방지할 목적으로 두어진 식림.

snow damage 설해(雪害) =snow disaster

snow disaster 설해(雪害) 눈에 의한 재해. 강설, 적설, 융설 등 여러 가지 상태에서 일어나는 재해이며, 구조물의 피해뿐만 아니라 농작물의 피해, 교통 두절 등의 사회적 기능 장해 등도 포함한다.

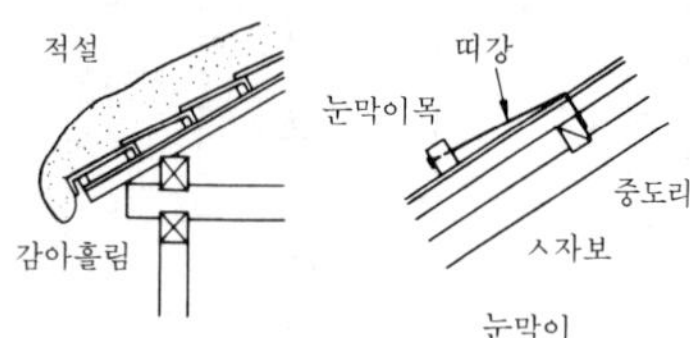

snowfall intensity 적설 강도(積雪强度) 단위 시간당의 적설량을 써서 표시하고 있다.

snow guard 눈막이 지붕으로부터 눈이 미끌어져 내려오지 않도록 하기 위해 차양 가까이에 두는 판이나 부재. 보통은 지붕 마루와 평행하게 눈막이목을 사용한다. 사면에서의 방설(防雪)에는 눈막이 울타리가 사용된다. =snow step

snow-induced lateral pressure 눈의 측압(-側壓) 건물의 외벽에 접하는 적설에 의한 벽면 압력.

snow load 눈하중(-荷重), 적설 하중(積雪荷重) 적설 중량이 구조물에 외력으로서 작용하는 하중. 법규적으로는 다설 구역에서는 장기, 일반 구역에서는 단기의 하중이 된다. 지구마다 지상의 수직 최대 적설 깊이와 눈의 비중에서 표준값이 정해지며, 지붕 물매 · 바람 · 일사 등의 여러 가지 조건을 고려하여 설계 하중이 정해지고 있다.

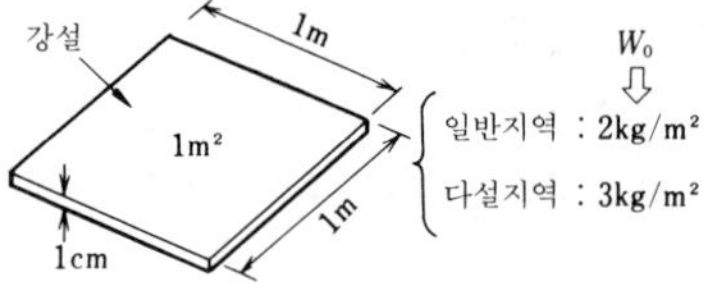

snow melting facilities 융설 장치(融雪裝置) 눈이 많이 내리는 지역에서 눈을 녹여 적설을 적게 하기 위해 설치하는 장치. 우물물이나 온수의 살포, 적외선 · 전열선의 히터 등이 쓰인다.

snow-proof house 내설 주택(耐雪住宅) 눈이 많이 내리는 지방에서 설해에 견딜 수 있도록 설계된 주택.

snowslip 눈사태(-沙汰) =avalanche

snow step 눈막이 =snow guard

snow weight for unit depth 단위 적설 중량(單位積雪重量) 적설 하중을 산정할 때 적설 깊이에 곱하는 단위 깊이당의 눈의 무게.

socket 소켓 ① 전구 등을 전선이나 코드에 접속하는 기구.

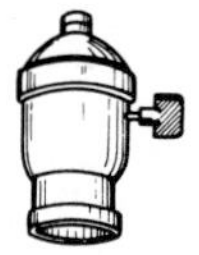

② 비틀어 넣는 관 이음의 일종으로, 두 관을 잇는 이음. ③ 드릴을 꽂아서 드릴링 머신에 부착하는 공구.

socket wrench 소켓 렌치 볼트나 너트를 죄거나 풀 때 사용하는 공구(그림 참조).

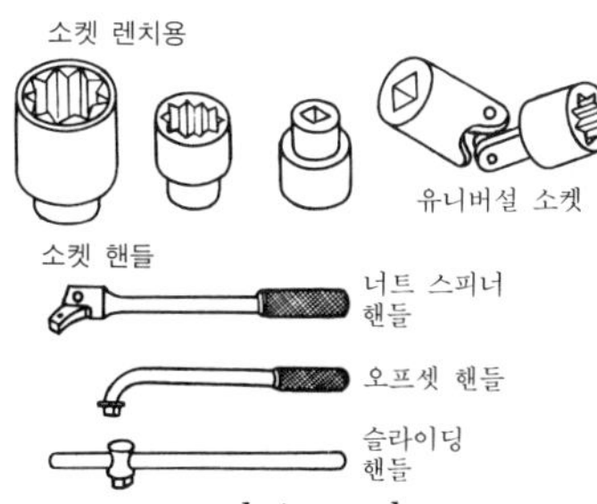

socket wrench

soda-lime glass 소다 석회 유리(-石灰-) 실리카, 석회, 소다회를 주성분으로 하는 유리. 판유리, 병 등에 사용한다.

sodium silicate 규산 소다(硅酸-) 일반적으로는 $Na_2O \cdot nSiO_2 \cdot nH_2O$로 나타내어지는 화합물. n의 값에 따라 품종이 달라진다. 물에 잘 녹으며, 수용액을 물유리라 한다. 시멘트의 급결제나 접착제로서 사용한다.

sodium (vapor) lamp 나트륨 램프 나트륨 가스 중의 방전에 의한 발광을 광원으로 하는 램프. 나트륨 금속과 미소 수은 및 시동 보조용 크세논 가스를 봉해 넣은 다결정 알루미나관의 양단에 전극을 둔 발광관의 전극간에 전압을 걸어서 발광시킨다. 발광관을 유리구에 넣어 베이스를 붙여서 램프로 한다.

sofa 소파, 긴 의자(-椅子) 2인 이상이 앉을 수 있는 긴 의자. 등받이와 양팔걸이가 있다. 안락성이 매우 크며, 18~19세기에 그 형이 정착했다.

soffit 밑면(-面) 건축 재료 등의 아래측에 해당하는 부분.

soft board 연질 섬유판(軟質纖維板) = insulation fiberboard, low-density fiberboard

softening point 연화점(軟化點) 유리나 아스팔트, 수지 등이 연화 변형하기 시작할 때의 온도.

soft ground 연약 지반(軟弱地盤) 구조물의 지지 지반으로서 충분한 지지력을 갖지 않은 지반. 부드럽고 압축성이 높은 점성토, 유기질토 및 모래 등으로 이루어지는 지층. =soft soil

soft soil 연약 지반(軟弱地盤) =flimsy ground, soft ground

soft solder 땜납 =solder

soft spring type 소프트 스프링형(-形) 하중·변형 곡선 중 변형의 증가에 따라서 하중이 탄성 곡선보다 아래쪽으로 굽는 형식의 것을 말한다.

soft steel 연강(軟鋼) =ingot iron

soft stone 연석(軟石) 사암·응회암 등 강도가 낮은 무른 돌. 10×10×20cm의 공시체(供試體)로 압축 강도 $100kg/cm^2$ 이하의 것이 이에 해당한다. 콘크리트 골재 중 연질(軟質)의 자갈을 가리켜서 말하기도 한다.

software 소프트웨어 컴퓨터 이용 기술 중 하드웨어에 대비하여 사용되며, 어떤 컴퓨터 시스템에 사용하는 모든 프로그램류의 총칭이다.

soft water 연수(軟水) 칼슘염, 마그네슘염의 함유량이 적은 물. 음료수, 보일러용수 등으로는 적합하다.

soft wood 연재(軟材) 재질이 무른 것. 노송나무, 삼나무, 소나무 등.

soft-bearing test 지내력 시험(地耐力試驗) 지내력을 판정하기 위한 재하(載荷) 시험. 항복 하중 한도 또는 파괴 하중 한도로 판정하는데, 실제의 구조물에 적용할 때는 재하판의 크기, 터파기의 깊이, 지하 수위, 토층의 구성 등에 주의하여 판정한다.

soil 지반(地盤) 구조물을 받치는 지층(표토·찰흙·실트·모래·조약돌·암반 등)의 총칭.

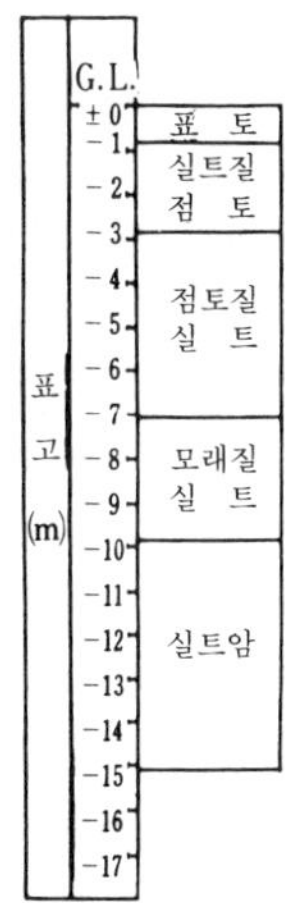

soil bearing test 지내력 시험(地耐力試驗) 기초 저면의 위치에 적하판(積荷板)을 두고, 하중을 얹어서 침하량을 측정하여 하중·침하량 곡선에서 허용 지내력을 아는 시험법. 재하판 밑의 지층이 연속하여 동질인 경우에 적당한 시험법이다(다음 면 그림 참조).

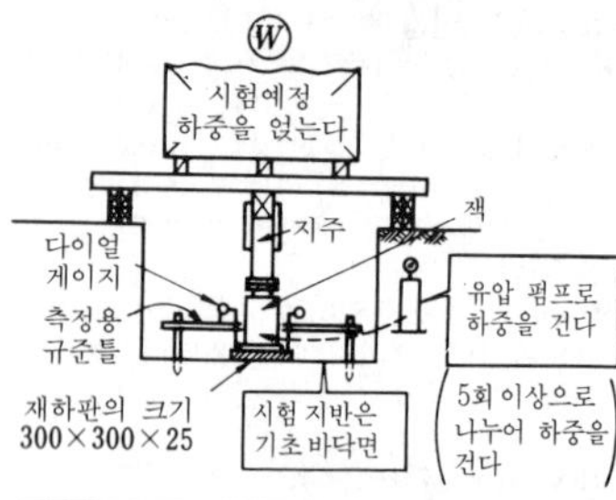
Ⓦ
시험예정 하중을 얹는다
잭
지주
다이얼 게이지
측정용 규준틀
유압 펌프로 하중을 건다
재하판의 크기 300×300×25
시험 지반은 기초 바닥면
5회 이상으로 나누어 하중을 건다
하중과 침하 곡선에서 허용 지내력을 결정한다

soil bearing test

soil boring log 토질 주상도(土質柱狀圖) 지반 구성을 기둥 모양으로 나타낸 그림.

soil cement 소일 시멘트 일반적으로는 분쇄된 흙과 포틀랜드 시멘트와 물에 의한 조밀한 혼합물의 총칭이다. 노반·사면 표층 보호·라이닝 등에 사용한다. 그라우트로서 토질 안정 처리에 사용하는 예가 많다. 지중벽 등에 사용할 때는 점성토로는 그다지 강도는 기대할 수 없다.

soil character 토질(土質) 주로 공학적 견지에서 흙의 조성·구조·물성·역학적 성질·압밀 등을 생각한 경우의 호칭.

soil classification 토질 분류(土質分類) 흙의 입경(粒徑) 분포나 연경(軟硬) 등의 성질에 입각해서 여러 그룹으로 분류하는 것을 말한다.

soil column map 주상도(柱狀圖) 지반 조사시의 보링 결과에 입각하여 지층의 성질, N값, 지하 상수위, 토질 시험 대표값 등을 깊이 방향으로 표시한 그림.

soil-concrete pile 소일콘크리트 말뚝 회전하는 축 끝에 붙인 믹싱 헤드에서 모르타르 등을 사출하면서 주위 흙과 교반 혼합하여 만드는 소일 시멘트에 의한 말뚝.

soil density inspection survey 밀도 검층(密度檢層) 지반의 방사능 검층의 하나. 감마 검층이라고도 한다. 코발트 60이나 세슘 137 등의 선원(線源)에서 방사된 감마선의 투과선 강도로 지반의 밀도를 계측하는 방법. 중성자를 쓸 때는 수분 검층이라 한다.

soil exploration 토질 조사(土質調査) 지층의 상태, 흙의 성질, 내력, 지하수의 상황을 살펴서 설계·시공의 자료로 하는 조사. 보링 등에 의해 시료를 채취하여 토질 시험을 한다. 그림은 토질 표본 상자(상면 유리의 나무 상자)의 예로, 채취한 토사의 샘플(코어)을 표토에서 깊이를 표시하여 순차 배열한다. =soil investigation, soil survey

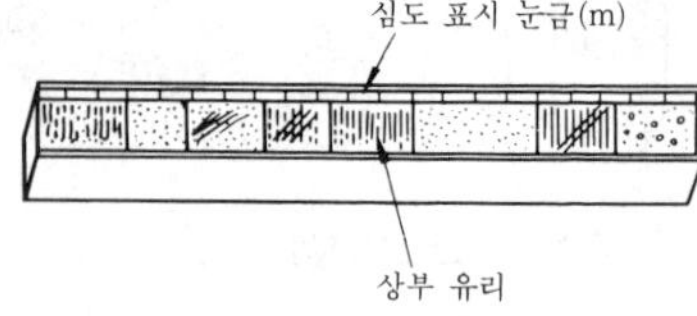
심도 표시 눈금(m)
상부 유리

soil improving 지반 개량(地盤改良) 원지반의 토질 그 자체를 개량하는 것의 총칭. 주로 연약 지반의 지지력을 높혀 침하 성상을 변화시키고, 투수성을 저하시키는 등의 목적으로 다지기·강제 압밀·탈수·고결·주입·치환 등을 하는 것.

soil map 토성도(土性圖) 표층 혹은 그보다 깊은 층을 포함해서 흙의 종류나 성질 등을 기록한 그림.

soil moisture 토중수(土中水) =soil water

soil particle 흙입자(-粒子) 흙을 구성하고 있는 광물 입자.

soil pipe 오수관(汚水管) 건물 내 및 그 부지 내에서 오수를 배제하는 관. 잡배수관과 구별할 때 사용한다. 또 하수도에서는 빗물 배수관과 구별할 때 사용한다.

soil pressure 토압(土壓) 토사의 벽체에 미치는 힘.

soil profile 토층 단면(土層斷面) 지반 구성과 각 지층의 성상(性狀)을 표시한 지반의 단면.

soil's removal 표토 이동(表土移動) 토양이 여러 가지 작용으로 생성된 장소에서 다른 장소로 이동하는 것. 전적토(轉積土)·붕괴토·선형토(扇形土)·수적토(水積土)·화산성토 등으로 된다.

soil stabilization 토질 안정(土質安定) 흙의 성질을 개선하여 지지력을 확보하고 침하를 방지하기 위해 안정 처리를 하는 것. 공법으로서는 토질 개량·다지기·탈수·치환·화학적 처리 등이 있다.

soil surveying of site 지반 조사(地盤調査) 지반을 구성하는 지층이나 토층의 층서(層序), 지하수의 상태, 각층의 토질 등을 밝혀 구조물의 설계·시공의 기초적인 자료를 구하는 조사. 예비 조사와 본조사로 나뉜다(다음 면 그림 참조).

soil temperature 지온(地溫), 지중 온도(地中溫度) =ground temperature

soil test 토질 시험(土質試驗) 흙의 입도(粒度) 조성·분류·물리적 성질·역학적 성질 및 압밀 특성 등을 살피는 시험.

soil water 토중수(土中水) 흙 속에 포함되는 물의 총칭. 지하 수면 이하에 존재하

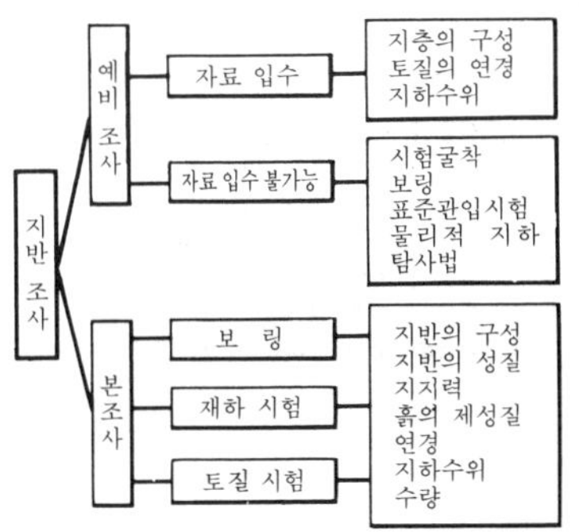

soil survey of site

는 것을 단지 지하수라 하고, 지표에서 지하 수면을 향해서 침투하는 물을 중력수라 한다. 그 밖에 흙의 틈이나 표면에 보유되고 있는 물을 보유수라 하고 액상(液相)의 것으로서 모세관수 · 흡착수 · 화학적 결합수로 나뉜다. 기상(氣相)의 것은 증기로서 존재한다. =soil moisture

sol 졸 콜로이드 중 액체를 분산매(分散媒)로 하는 것을 말하며, 현탁액과 유탁액의 총칭. 콜로이드 용액과 거의 같은 뜻.

sol-air temperature 상당 외기 온도(相當外氣溫度), 실제 외기 온도(實際外氣溫度), 등가 외기 온도(等價外氣溫度) 벽을 통해서 실내에 흘러드는 열량 중 일사에 의한 증가분에 의해 상승하는 온도로, 실제의 외기 온도를 더한 것.

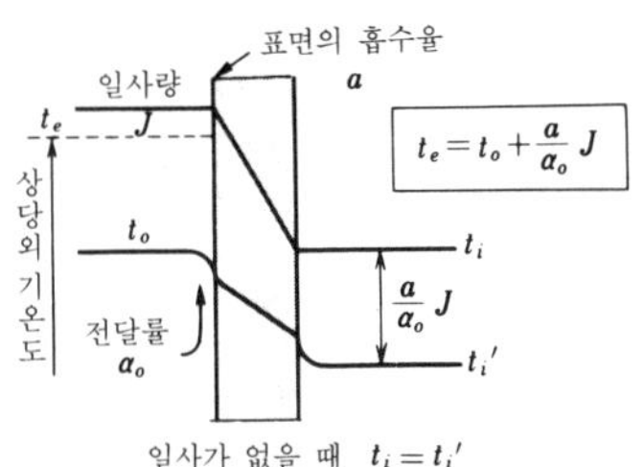

일사가 없을 때 $t_i = t_i'$

sol-air temperature differential 상당 온도차(相當溫度差), 상당 외기 온도차(相當外氣溫度差) 어떤 시각에 있어서의 상당 외기 온도와 외기 온도와의 차. 일사(日射)가 닿는 경우 외벽면의 온도는 외기 온도보다도 높아지고, 일사량, 구조체 표면의 흡수율, 구조체의 열용량 및 열전도율에 따라 다른데, 이 영향을 추가하여 고려하고 계산에 의해 정한다. 상당 온도차 t_e는 다음 식으로 구해진다.

$$t_e = JA_sR_o$$

여기서, J : 외벽 1m²당의 일사량(kcal/m²h), A_s : 외벽 표면의 일사 흡수율(콘크리트 0.65~0.80, 백색 타일 0.30~0.50), R_o : 외벽 바깥쪽의 열전달 저항 0.05(m²h℃/kcal).

solar 솔라 서양 중세 주택의 상층 거실. 라텐어의 솔라륨을 어원으로 한다.

solar absorptance 일사 흡수율(日射吸收率) =absorption factor of solar radiation

soalr absorptivity 일사 흡수율(日射吸收率) =absorption factor of solar radiation

solar battery 태양 전지(太陽電池) 광 에너지를 조사(照射)함으로써 직접 전기 에너지를 얻는 장치. 광전기 변환 재료로서 주로 실리콘 반도체를 쓴다. =solar cell

solar cell 태양 전지(太陽電池) =solar battery

solar chimney 솔라 침니 침니(굴뚝)에 일사가 닿으면 내부의 공기가 더워져서 부력의 효과에 의해 실내의 통풍, 환기가 촉진된다. 이 자연 대류 작용을 강화하기 위해 배려한 침니를 말한다.

solar collector 집열기(集熱器) 급탕이나 냉난방, 건조용 등의 목적으로 태양 에너지를 열로서 모으는 장치. 평판형, 진공관형 등이 있다. 집열 매체로는 물이나 다른 액체, 공기, 입상물(粒狀物)이 있다.

solar cooling and heating 태양열 냉난방(太陽熱冷暖房) 태양열을 열원으로서 이용하는 냉난방 시스템. 흡수식 냉동기를 사용하는 경우와 랭킨 사이클 엔진 구동식 압축 냉동기를 사용하는 경우가 있다.

solar energy 태양 에너지(太陽－) 태양에서 방사되는 에너지. 대기권 밖에서의 평균 세기는 1,367W/m²(태양 상수)이지만, 대기층을 통과하여 지표에 이르기까지 오존이나 수증기에 의해 일부가 흡수된다.

solar fraction 태양 의존율(太陽依存率), 태양열 의존율(太陽熱依存率) 냉난방 급탕 등에 필요한 에너지 중에서 태양열에 의존하는 비율. 일, 월, 연 등의 기간 적산값의 비율로 나타내는 경우가 많다. =solar percent

solar heat collector 태양 집열기(太陽集熱器) 태양 에너지를 열로서 모으는 장치. 집열 온도가 높은 집광형과 효율이 높은 평판형, 용도에 따라 수식(水式) 집열기와 공기식 집열기가 있다.

solar heat gain 일사열 취득(日射熱取得) 건물 외면에 닿는 일사 열량 중 창, 벽,

지붕을 통해서 실내로 침입하는 열량.

solar heatpump heating and cooling 태양열 히트펌프 냉난방(太陽熱－冷暖房) 태양열을 이용한 냉난방 시스템의 일종. 난방시는 집열기로 모아진 열을 이용하여 히트펌프로 난방을 하고, 냉방시는 히트펌프의 역 사이클로 냉방을 하며, 집열기를 야간의 방열용으로 이용한다.

solar house 솔라 하우스 솔라 시스템을 갖춘 주택.

solar irradiance 일사량(日射量) ＝intensity (value) of solar radiation

solarium 솔라륨 ＝sunroom

solar panel 솔라 패널 깨끗한 표면에 세로 무늬나 격자 무늬로 박리재를 칠한 두 장의 알루미늄판을 고온으로 롤 성형하여 한 장의 판에 압착하고 후에 박리 부분에 압력수를 보내서 그 부분을 관 모양으로 부풀린 것.

solar percent 태양 의존율(太陽依存率), 태양열 의존율(太陽熱依存率) ＝solar fraction

solar radiation 일사(日射)[1], 태양 방사열(太陽放射熱)[2] (1) 열적 작용에 착안해서 말하는 경우의 태양으로부터의 방사 에너지를 말한다.
(2) 태양 광선이 지구 표면에 도달하여 내는 방사열. 통상 직달 일사와 천공 일사로 나누어서 생각한다.

solar radiation load 일사 부하(日射負荷) 태양 일사에 기인하는 부하. 창을 투과한 일사열 취득은 바닥 등에 흡수되어 시간 지연을 수반하여 일사 부하로 된다.

solar reflectance 일사 반사율(日射反射率) 입사한 일사 에너지에 대한 반사 에너지의 비율을 말한다. 유리와 같은 투명 재료의 일사 반사율에는 다중 반사, 흡수가 고려된다.

solar shading 일사 차폐(日射遮蔽) 일사 차폐물에 의해 창이나 외벽, 지붕 등에 닿는 일사를 차단하는 것. 직달 일사가 주대상으로 되지만 천공(天空) 일사는 반사도 고려하는 경우가 있다.

solar shading coefficient 일사 차폐 계수(日射遮蔽係數) ＝shading coefficient

solar space heating 태양열 난방(太陽熱煖房) 태양열에 의한 난방. 물 집열에 의한 바닥 난방 등의 저온 온수 나방이나 공기 집열에 의한 온풍 난방이 있지만, 창으로부터 들어오는 일사열도 난방 효과가 있다.

solar system 솔라 시스템 태양 에너지를 열, 전력, 화학 에너지로 변환하여 저장, 반송의 수단을 거쳐 냉난방 급탕, 조명, 건조 등 생활이나 산업용으로 이용하기 위한 각종 방식.

solar tracking mechanism 태양 추미 장치(太陽追尾裝置) 시간이나 계절과 더불어 바뀌는 겉보기의 태양 위치를 추미하기 위한 장치. 태양 에너지를 냉난방이나 급탕 등에 이용하는 경우에 쓰인다. 수동과 자동의 것이 있다.

solar transmittance 일사 투과율(日射透過率) 입사한 일사 에너지에 대한 투과 에너지의 비율. 유리와 같은 투명 재료의 일사 투과율에는 다중 반사, 흡수가 고려된다.

solar water heater 태양열 온수기(太陽熱溫水器) 태양열을 집열기에 의해 집열하여 온수를 만드는 장치. 통상은 주택의 지붕에 설치되는 유닛형의 소형 급탕 장치를 말한다.

solder 땜납 납땜용의 합금. 납 10~70%, 주석 25~90%로 융점은 180℃ 정도이다. 철판·구리·놋쇠 등의 접합에 사용된다.

soldering 납땜 땜납을 사용하여 모재를 용융시키지 않고 결합하는 방법.

soldering iron 납땜인두 땜납을 사용하여 금속 상호를 접속할 때 땜납을 녹이기 위해 사용하는 공구.

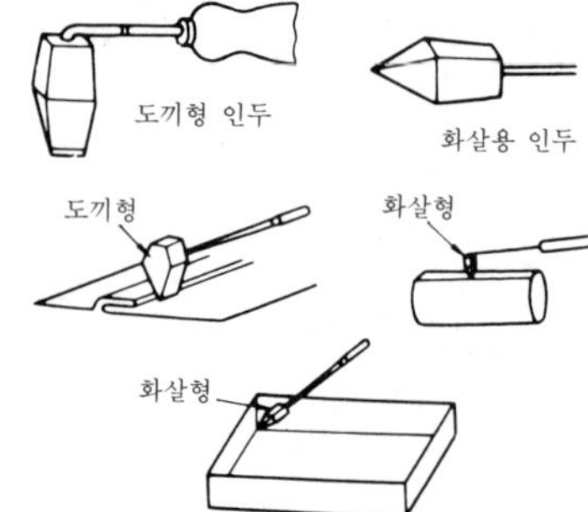

soldering paste 페이스트 납땜 인두로 접합하는 부분의 산화막을 제거하여 납땜을 효과적으로 하는 도포제(塗布劑).

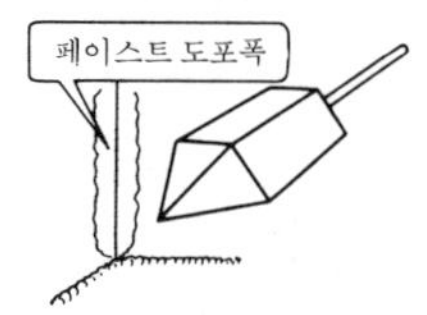

soldier beam 솔저 빔 굴착시에 넣는 흙막이판을 지지하는 수직 부재. 버팀기둥이라고도 한다. =soldier pile

soldier beam and horizontal sheath method 버팀기둥 가로널말뚝 공법(－工法) 흙막이벽에 사용하는 공법의 하나. 버팀기둥이라고 하는 H형강 등을 등간격으로 박아 넣고, 굴착의 진행에 맞추어 버팀말뚝 사이에 두꺼운 판을 가로로 넣어 흙막이벽으로 하는 공법. 지하 수위가 깊고 물막이가 필요없는 경우에 널리 사용된다.

soldier pile 버팀기둥 흙막이 공사 중의 가로 널말뚝 공법으로, 가로 널말뚝을 받는 말뚝.

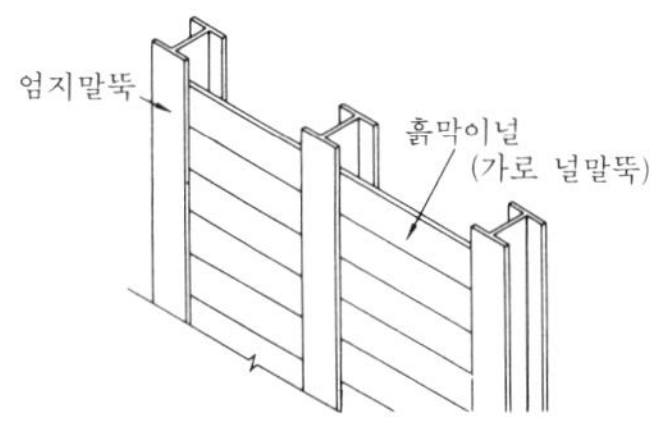

solenoid valve 전자 밸브(電磁－) =magnetic valve

sole plate 솔 플레이트[1], 가로재(－材)[2]
(1) 직접 보가 콘크리트 등의 지지대상에 지지되었을 때 그 지점(支點)에서 보와 지지대 사이에 두어지는 강판. 상부 구조로부터의 무게를 균등하게 베이스 플레이트에 전한다.
(2) 각 기둥 바로 위에 두어진 기둥 사이를 수평으로 연락하여 위의 두공을 얹는 폭이 넓은 횡가재. 또는 장(欌) 따위의 최하부의 횡목.

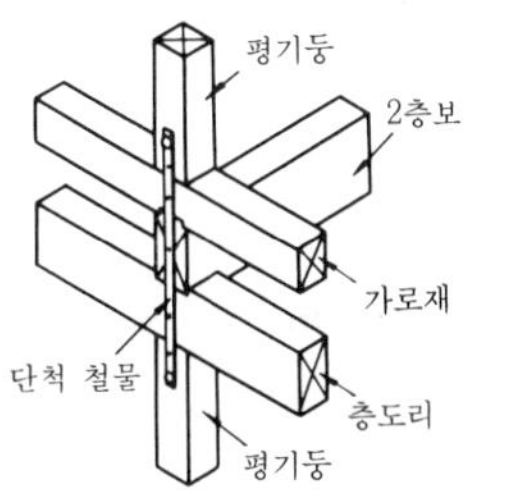

sole right of use 전용 사용권(專用使用權) 구분 소유되는 건물에서 특정한 공유 부분의 사용을 특정한 구분 소유자가 전용 사용하는 권리. 베란다, 외주 창호 등이 전형적이다. 관리 규약에 따라서는 주차장, 창고, 뜰도 임대 계약에 의해 전용 사용케 하는 예도 많다.

soletemche method 솔레탕셰 공법(－工法) 프랑스에서 개발된 현장치기 말뚝의 공법. 케이싱을 쓰지 않고 순환 역류식의 공법이다.

solid beam 단일보(單一－) 조립보·합성보 등에 대한 용어로, 단일의 소재로 만들어진 보를 말한다. =solid girder

solid borne sound 고체음(固體音), 고체 전파음(固體傳播音) 콘크리트나 철 등의 고체 중을 전하는 진동이 벽 등을 진동시킴으로써 건축 공간으로 방사되는 음. =structure borne sound

solid compressive member 단일 압축재(單一壓縮材) 부재가 받는 압축력이 재축(材軸)의 중심에 작용하는 단일재.

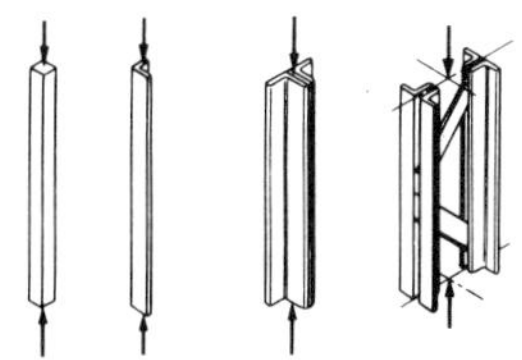

solid concrete block 속찬 콘크리트 블록 공동 부분이 없는 콘크리트 블록.

solid content 고형분(固形分) 용액 또는 디스퍼전에 있어서의 용질 또는 고형물. 또는 그들의 전질량에 대한 질량비. 보통, 백분율로 나타낸다.

solid crossing 입체 교차(立體交叉) =grade separation

solid damping 고체 감쇠(固體減衰) 재료 자체의 내부 마찰에 기인하는 감쇠.

solid-drawn steel pipe 인발 강관(引拔鋼管) 강괴를 가열하여 천공 롤러에 의해 심금(心金)을 이용해서 소관(素管)을 만들고, 다시 이것을 압연하여 필요한 형상으로 인발하여 만드는 강관.

solid girder 단일보(單一－) =solid beam

solidification 응고(凝固) 액체가 고체로 바뀌는 것.

solidifying point 응고점(凝固點) =freezing point

solidity ratio 충실률(充實率) 쇠그물, 타워, 시공 중인 건축 뼈대 등 틈이 있는 구조물에서 실제로 풍압력이 작용하는 수압면적을 외주로 둘러싸이는 면적의 풍향에 직각인 면으로의 투영으로 나눈 값.

solid line 실선(實線) 그려진 또는 인쇄된 선으로 연속한 선. 파선, 쇄선 등과 구별된다.

solid-rib arch 리브 아치 =ribbed arch

solvent 용제(溶劑) 고체를 녹이기 위한 액체의 총칭. 수지 접착제에 가해진다.

solvent-based adhesive 용제형 접착제(溶劑形接着劑) 고분자 물질을 용제에 녹여서 유동화하여 사용하는 접착제. 용제의 휘발에 의해 고형화하여 접착력을 발휘한다.

solvent-welding 용제 용착(溶劑溶着) 방수용 시트의 접합법의 하나. 접합하는 양면을 특수한 용제로 녹여서 접착시키는 방법. 염화 비닐 수지 시트에서 사용된다.

sonic method 공진법(共振法) 비파괴 시험 방법의 하나. 시험체에 진동을 주어 1차 공진 진동수와 응답을 구하여 동탄성 계수나 대수 감쇠율 등을 측정한다.

sound 음(音), 소리 공기 중에서 생긴 진동은 그 물체 주위의 공기 압력을 변화시키면서 공기 중을 전해 간다. 이 진동(소밀파=종파)을 음이라 한다.

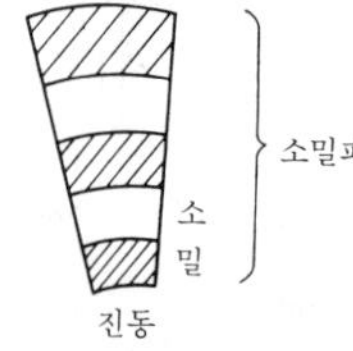

sound absorbent elbow 흡음 엘보(吸音ー), 소음 엘보(消音ー) 덕트 내를 전하는 공기 조화 소음의 저감을 목적으로 덕트에 굴곡부를 만들고, 흡음재를 안에 바른 부분의 호칭.

sound absorber 소음기(消音器) 덕트계에 있어서 음원이나 전파 중의 발생 소음을 감쇠시키는 장치. 흡음재에 의한 에너지 흡수형과 공명 간섭형의 두 종류가 있다. =sound attenuator

sound absorbing coefficient 흡음률(吸音率) 흡음의 정도를 나타내는 수치로, 재료면에 투사한 전음(全音)의 에너지와 그 재료에 흡수되거나 투과하여 반사하지 않은 음의 에너지와의 비.

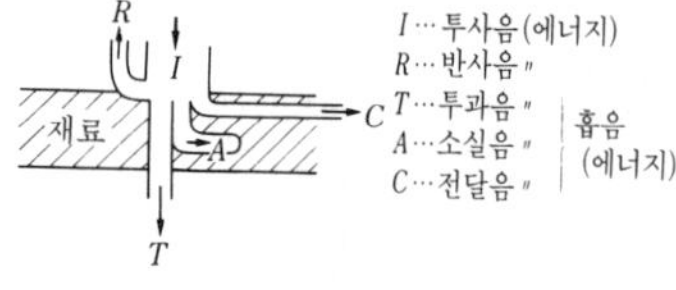

$$\text{흡음률 } \alpha = \frac{T+A+C}{I}$$

sound absorbing duct 흡음 덕트(吸音ー) 공기 조화 덕트 내를 전하는 소음을 저감하기 위해 안쪽에 흡음 재료를 붙인 덕트.

sound absorbing material 흡음재(吸音材) 음파를 흡수하는 성능이 뛰어난 재료. 텍스, 펠트, 천 등의 외공성(外孔性) 물질과 판(흡음판) 등의 공명 흡수를 이용한 것. 마, 솜, 석면, 암면 등. 실내의 천장, 벽, 바닥에 사용된다. 또 시멘트, 플라스터, 석회, 페인트 등을 접착제로 하여 고르크 알갱이, 질석, 암면, 톱밥, 펄프 등을 혼합하여 바르는 흡음재도 있다.

sound absorbing plenum chamber 흡음 체임버(吸音ー) 덕트 내를 전하는 공기 조화 소음을 저감하기 위해 덕트 도중에 두어지며, 흡음재를 안에 붙인 큰 상자.

sound absorbing power 흡음력(吸音力) 재료의 흡음력은 그 면저 $A(\mathrm{m}^2)$와 그 재료의 흡음률 α와의 곱 $\alpha A(\mathrm{m}^2)$로 나타낸다. 흡음력의 단위는 세이빈(sabine)이며, 미터 세이빈이라 부른다. 어떤 방의 흡음력은 각 재료의 흡음력을 합계한 것.

sound absorbing soft fiber board 흡음 텍스(吸音ー) 주로 흡음의 목적으로 구멍을 뚫은 연질 섬유판.

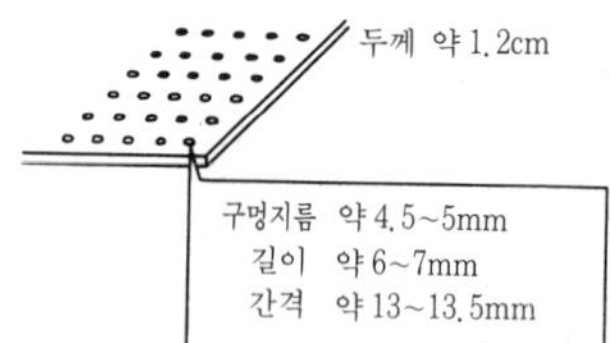

sound absorption 흡음(吸音)[1], 흡음력(吸音力)[2], 흡수(吸收)[3] (1) 음의 에너지가 재료나 공명기 등에 의해 흡수되는 현상을 말한다.
(2) =sound abrobing power
(3) 음의 경우 음파의 에너지가 다른 모양의 에너지로 비가역적으로 변환되는 것.

sound absorption coefficient 흡음률(吸音率) =sound absorbing coefficient

sound absorption structure 흡음 구조(吸音構造) 음의 흡수를 목적으로 한 여러 가지 마감 공법의 총칭.

sound absorption wedge 흡음 쐐기(吸音ー) 고흡음률(거의 1.0)을 갖게 하기 위해 글라스 울을 쐐기 모양으로 성형 가공한 내장재. 무향실의 마감에 사용한다.

sound absorptive finish 흡음 처리(吸音處理) 실내의 잔향 조절, 유해 반향의 방

지, 혹은 소음의 저감 등을 도모하기 위해 필요한 부분에 음이 흡수되도록 시공하는 것을 말한다

sound absorptive object 흡음체(吸音體) 음을 흡수하기 위해 용도에 따라 적절한 형상으로 성형 가공한 물체.

sound articulation 단음절 명료도(單音節明瞭度) 청취점에서 단음절의 이해 테스트를 하여 그 결과를 올바르게 알아들은 비율(%)로 나타낸 것으로, 그 결과를 분포도로 나타낸다. 방의 장향 시간, 소음의 크기 등에 따라 영향되는데, 85% 이상이면 양호, 70% 이하이면 불량이다.

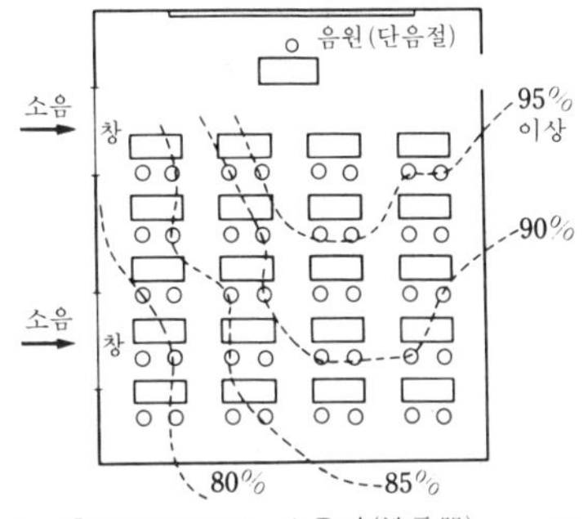

sound attenuator 소음기(消音器) = sound absorber

sound barrier 방음담(防音-) = noise barrier

sound booth 음향 조정실(音響調整室) 극장 등에서 확성이나 연출 효과를 위해 전기 음향 설비의 조작·제어를 하기 위한 방을 말한다.

sound bridge 음의 다리(音-) 차음이나 방진(防振)을 위해 2층 이상의 벽이나 구조체가 진동적으로 절연되어 지지되어 있을 때 어떤 형태로 그 절연 구조를 진동적으로 연결하는 것 또는 구조.

sound diffuser 확산체(擴散體) 실내에서 음의 확산을 도모하는 것을 목적으로 사용되는 물체 또는 벽, 천장 마감에 있어서의 요철(凹凸)체.

sound diffusing panel 확산판(擴散板) 실내에서 음의 확산을 도모하기 위해 사용되는 패널. =sound diffuser

sound environment 음환경(音環境) = acoustical environment

sound field 음장(音場) 음이 존재하는 공간을 말한다.

sound focus 음의 초점(音-焦點) 실내의 벽이나 천장에 반사성의 볼록면이 있는 경우 그 면으로부터의 반사음이 실내의 특정한 부분에 집중하여 그 점의 음압이 이상하게 커지는 현상.

sound image 음상(音像) 사람이 양귀로 음을 들었을 때 어느 방향, 거리에 느끼는 감각상의 음원.

sounding 사운딩 막대에 붙인 저항체를 지반 속에 관입, 회전, 인발(引拔)을 하여 그 저항에서 지반의 강도나 변형 성상(性狀)을 살피는 원위치 시험.

sound insulating wall 방음벽(防音壁) 벽면을 흡음재로 마감하고, 벽체를 차음 구조로 한 것. 흡음재로서는 내벽에 구멍이 뚫린 섬유판, 합판, 금속판을 붙인 것, 흡음재를 칠하고 양면의 마감재 공간에 암면 등을 넣은 것 등. 차음 구조로서는 벽의 양면 바탕을 분리한 것, 벽을 주체 구조에서 절연하여 띄운 구조로 한 것 등.

sound insulation 차음(遮音) 건물의 벽 등에 의해 음을 차단하는 기능.

sound insulation between rooms 실간 차음도(室間遮音度) 대상벽 외에 그 주변의 음의 전파계 및 양 방의 흡음력을 포함한 실질적인 두 방 사이의 차음 성능. → average sound pressure level difference between rooms

sound insulation door 차음문(遮音門) 단면 및 4주의 문서란 부분에서 면의 복층화, 차음재의 삽입, 공극 대책 등 차음을 위한 배려가 이루어진 문.

sound insulation material 차음재(료)(遮音材(料)) 차음을 목적으로 사용하는 건축 재료. 일반적으로 면밀도는 크다.

sound insulation wall 차음벽(遮音壁) 차음을 위해 벽면의 다층화, 사운드 브리지의 방지, 차음재의 삽입 등의 처리를 한 벽을 말한다.

sound intensity 음의 세기(音-) 평면 진행파에 있어서 음파의 진행 방향으로 수직인 단위 면적을 단위 시간에 통과하는 에너지(다음 면 그림 참조).

sound intensity level 음의 세기 레벨(音-) =intensity level

sound isolation 방음(防音) 공기 전파음이나 고체 전파음 등을 차단하는 것. = sound proofing

sound knot 생옹이(生-) =live knot

sound lens 음향 렌즈(音響-) 음파를 굴절시킴으로써 음파에 대하여 확산, 굴절, 수속(收束) 등의 렌즈 작용을 시키는 장치를 말한다.

sound level meter 소음계(騷音計) 정상적인 청력을 갖는 인간이 소음의 정도를 판정하는 것과 같은 기능을 갖게 한 지시 계기(다음 면 그림 참조).

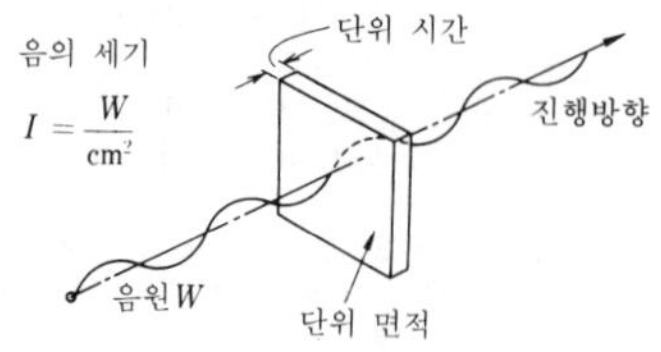

W : 음향 출력(음파로서 단위 시간에 방출되는 에너지)

$$I = P^2/\rho c = \rho c v^2$$

P : 음압
ρ : 매질의 밀도
v : 입자의 속도
c : 음의 속도

sound intensity

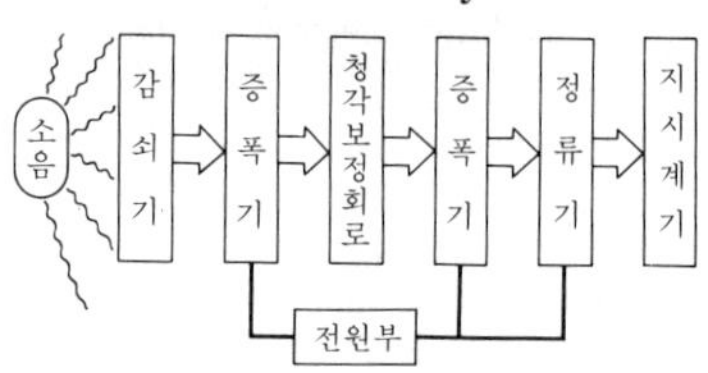

사람 귀의 특성(음 크기의 느낌)을 갖게 하여 미터를 지시케 한다

sound level meter

sound lock 사운드 로크 차음성이 요구되는 방의 출입구에서 흡음 처리한 전실을 두는 등의 건축적 수단에 의해 음의 전파계에서 감음 대책을 하는 것.

soundness 안정도(安定度) 안정한 구조물을 불안정하게 하기 위해 힌지를 삽입한다든지 부재를 절단한다든지 하여 도입할 자유도의 수를 말한다.

soundness test 안정성 시험(安定性試驗) 시멘트가 이상한 용적 팽창 등을 일으키지 않고 경화하는지 어떤지를 살피기 위한 시험.

sound power level 음향 파워 레벨(音響ー) 어떤 음향 파워와 기준의 음향 파워와의 비의 상용 대수를 취하고 10배한 양. 기준의 음향 파워는 1pW.

sound power level (of a source) 음향 출력 레벨(音響出力ー) 어떤 음향 출력과 기준의 음향 출력과의 비의 상용 대수를 10배로 한 값. 기준의 음향 출력은 1pW. →sound power level

sound power (of a source) 음향 출력(音響出力) =output power of sound

sound power (through a surface element) 음향 파워(音響ー) 어떤 지정된 면을 단위 시간에 통과하는 음향 에너지. →output power of sound

sound pressure 음압(音壓) 유체 매질 중의 음파에 의해 생기는 정압(靜壓)으로부터의 매질 내 압력의 변화분. 보통 실효값으로 나타낸다.

sound pressure level 음압 레벨(音壓ー) 음압의 대소를 표시하는 물리량. 단위는 데시벨(dB). 일반적으로 음의 에너지보다도 음압쪽이 측정하기 쉽기 때문에 음압의 측정으로 음의 세기를 나타낸다.

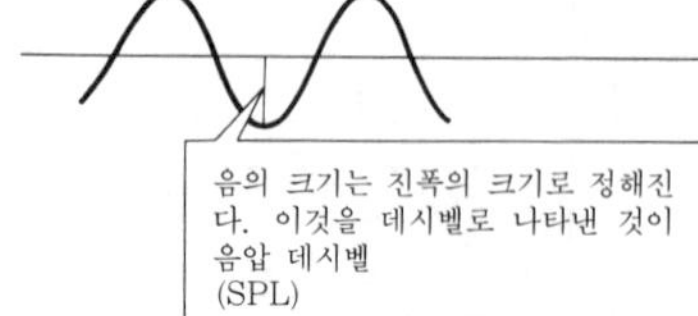

음의 크기는 진폭의 크기로 정해진다. 이것을 데시벨로 나타낸 것이 음압 데시벨
(SPL)

$$SPL = 20\log_{10}\frac{P}{P_0}\text{(dB)}$$

P : 음압
P_0 : 실효 음압($2\times10^{-4}\,\mu$bar)
$1\,\mu\text{bar} = 1\text{dyn/cm}^2$

soundproof box 방음 상자(防音箱子) 소음원을 밀폐하여 소음의 전파를 차단하도록 만들어진 상자. 비교적 소형의 기계로부터의 소음 방지 대책 수단으로서 사용한다.

soundproof chamber 방음실(防音室) 청력 검사실, 방송 스튜디오 등과 같이 외부로부터의 소음이나 진동을 차단하기 위해 천장, 바닥, 벽 등이 방음 구조로 되어 있는 방. =soundproof room

soundproof construction 방음 구조(防音構造) 방음 재료, 흡음재를 사용하여 음의 전달을 방지하려는 구조.

soundproof cover 방음 커버(防音ー) 기계 등의 소음원을 주위에 그 소음이 전파하지 않도록 하기 위한 커버. 가능한 한 틈을 만들지 않는 것이 중요하다.

soundproof door 방음문(防音門) 방음을 위해 사용하는 문. 일반적으로 무거운 재료로 만들고, 체결 핸들 등으로 틀과의 사이에 틈이 생기지 않도록 배려되어 있다.

soundproof floor 방음 바닥(防音ー) 주로 보행 등에 의한 고체 전파음을 방지하도록 배려된 바닥. 진동 전파를 방지하기 위해 슬래브와 바닥판 사이에 완충재를 삽입한 구조가 많다.

sound proofing 방음(防音) =sound

isolation

soundproof material 방음 재료(防音材料) 흡음재(료) 및 차음재(료)의 총칭. 외부로부터의 음을 차단하거나 또는 실내의 음이 외부로 누설하는 것을 방지하기 위해 사용하는 재료.

soundproof room 방음실(防音室) = soundproof chamber

soundproof window 방음창(防音窓) 창과 틀 사이에 틈이 생기지 않도록 한 기밀창을 말한다.

soundproof window sash 방음 새시(防音-) 창을 닫았을 때 틈 등이 생기지 않도록 특히 밀폐성을 높이고 방음을 위한 배려가 되어 있는 새시류.

soundproof work 방음 공사(防音工事) 소음 전파를 차단하는 것을 목적으로 한 공사의 총칭. 통상 벽체의 투과 손실의 증대, 차음벽의 설치, 흡음력의 증대 등이 도모된다.

sound radiation 음향 방사(音響放射) 음파의 에너지가 음원으로부터 매질 중으로 방출되는 현상.

sound ray 음선(音線) 음의 파면에 수직인 직선으로 나타내어진 음파의 진행 방향을 나타내는 선. →sound ray tracing diagram

sound ray tracing diagram 음선도(音線圖) 실내 음향의 분야에서 방 형상의 양부를 검토하기 위해 음선을 써서 음의 반사나 방사의 모양을 그린 그림.

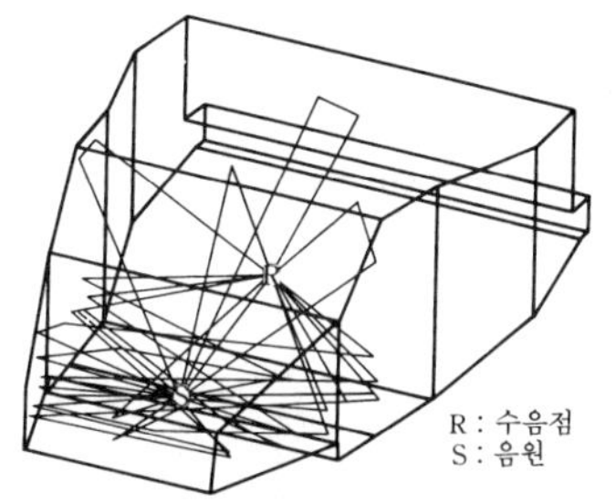

sound receiving room 수음실(受音室) 방 사이의 차음 성능 측정시에 음을 받는 쪽의 방.

sound reduction index 음향 투과 손실(音響透過損失), 투과 손실(透過損失) 벽 등의 재료로 입사하는 음향 파워와 투과한 음향 파워의 비의 상용 대수를 10배한 값. = sound transmission loss

sound reflecting board 음향 반사판(音響反射板) 무대 위의 음을 유효하게 객석측으로 보내거나 무대의 연주자에게 그 반사음의 일부를 되돌리거나 할 목적으로 설치하는 반사판.

sound source 음원(音源) 매질 중에 음을 발하고 있는 것.

sound source intensity 음원의 세기(音源-) 정현파의 음파를 발생하고 있는 음원의 체적 속도를 말한다. = sound source strength

sound source room 음원실(音源室) 인접하는 두 방 사이의 차음 성능을 측정하는 경우에 대상으로 하는 두 방 중 어느 한쪽으로, 음원을 설치하는 방.

sound source strength 음원의 세기(音源-) = sound source intensity

sound survey 음파 탐사법(音波探査法) 지반의 물리 탐사법의 하나. 발진원으로서 화약을 사용하지 않고, 전기적 발진기 · 수중 방전 등을 이용하여 하는 탐사법. 지층 중의 탄성파 속도를 계측하여 지층의 구성을 살피는 방법의 하나이다.

sound transmission loss 음향 투과 손실(音響透過損失) = sound reduction index

sound tube method 음향관법(音響管法) 파장에 비해 작은 내부 단면을 갖는 관 속의 매질 중을 음파가 전파할 때의 간섭 현상 등을 이용하여 재료의 반사 계수 등을 측정하는 방법.

sound wave 음파(音波) 탄성 매질 중에 있어서의 압력, 응력, 입자 속도 등의 진동 및 이들 진동의 전파 현상.

source region 진원역(震源域) = focal region

soybean plastic 대두 단백 플라스틱(大豆蛋白-) 탈지 대두를 강 알칼리 수용액(수산화 나트륨 등)으로 추출하고, 염산 또는 황산을 가하여 단백을 침전시켜서 만든 플라스틱으로 성형품용 또는 접착제로 사용한다.

space for balance 분동함(分銅函) 문과 균형을 잡는 분동이 승강하도록 상자 모양으로 되어 있는 오르내리창의 선틀.

space frame 입체 골조(立體骨組), 입체 뼈대(立體-) 소재를 입체적으로 조립하여 입체 라멘 · 입체 트러스로 한 뼈대. 전체로서 평판형 또는 곡판형의 구조를 만

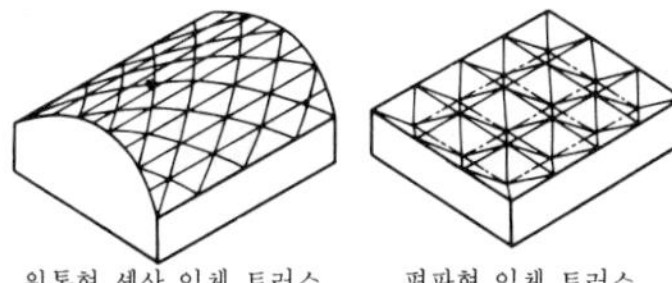
원통형 셀상 입체 트러스 평판형 입체 트러스

들 수도 있다. 보통 소재를 3각형의 집합 형식으로 짜서 입체 트러스로 하는 경우가 많다.

space grid 입체 격자(立體格子) 3차원으로 조합된 선부재(線部材)가 만드는 격자. 구조 시스템의 기본형의 분류에 쓴다.

space in space 스페이스 인 스페이스 계획 용어의 하나. 대공간 속에 2차 공간을 포괄시키는 건축 공간의 구성법. 복합 공간, 유기적인 공간 등을 생각하기 위해 쓰이는 수법.

space model 입체 모델(立體—) 건조물의 해석용 모델의 하나. 평면 모델과 구별하여 3차원의 모델을 호칭하는 용어.

space of luminaires 기구 간격(器具間隔) 전반 조명에서 천장에 부착된 조명 기구의 중심 간격. 광속법(光束法)에서는 기구의 배광에 따라 그 최대한의 간격이 정해져 있다.

space organization 공간 구성(空間構成) =construction of space

space planning 공간 계획(空間計劃) 건축 공간의 특질 분류를 하고, 그것을 구성하여 유기적인 건축물로 종합하는 계획. 또는 그 조립법.

spacer 스페이서 철근 콘크리트의 기둥·보 등의 철근에 대한 콘크리트의 피복두께를 정확하게 유지하기 위한 받침. 모르타르제·플라스틱제의 것 등이 있다(그림 참조).

space structure 공간 구조(空間構造), 공간 구성(空間構成), 입체 구조(立體構造) 구조 형식을 뼈대 구조와 공간 구조로 대별하여 분류할 때의 용어. 일반적으로 저층, 대 스팬의 건축 구조를 주로 대상으로 생각하는 구조. =space organization

space truss 입체 트러스(立體—) 선재(線材)를 입체적으로 결합하여 만드는 트러스. 각 절점은 모든 방향으로 이동이 구속되고, 부재의 좌굴이 생기기가 어렵다. 기준 격자를 사용하는 래티스 그리드 형식

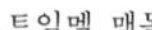

트임멜 맨돔　　디스커버리 돔

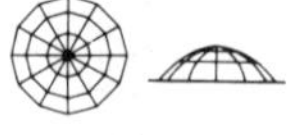
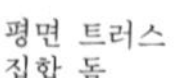
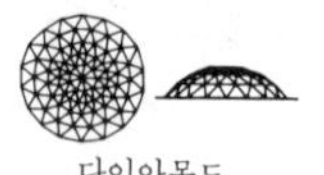

평면 트러스 집합 돔　　다이아몬드 셀 (구형)

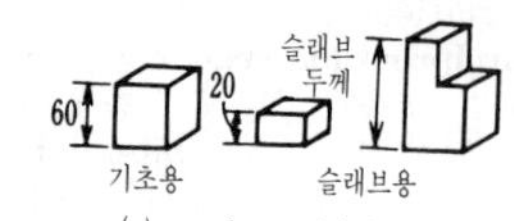

(a) 모르타르 스페이서

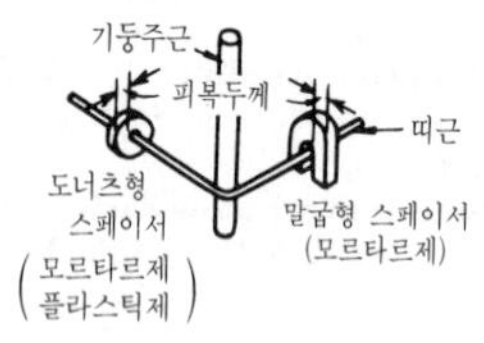

(b)

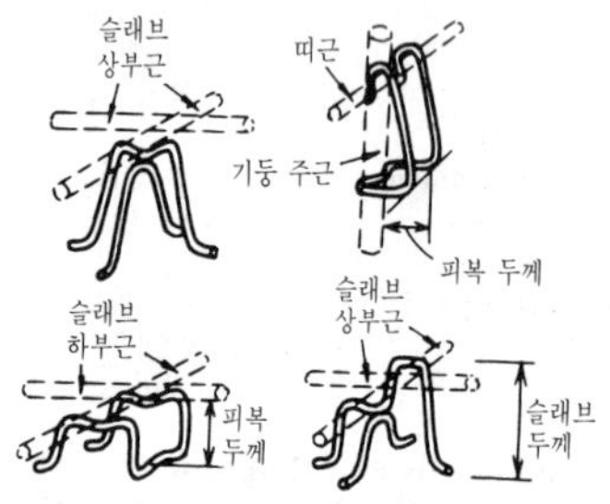

(c) 강선 스페이서

spacer

과 기준 뿔체를 접합하는 스페이스 그리드 형식이 주요한 것이다. 대 스팬의 구조에 쓰인다.

space use intensity 공간 이용 강도(空間利用强度) 일정한 토지가 이용되는 경우의 물량 혹은 활동량의 다소를 단위 토지 면적 등에 대한 비율(밀도)로 나타내는 개념을 말한다.

spacing 굄쐐기 돌공사에서 석재를 소정의 위치에 설치하기 위해 돌 하단 혹은 상단 등에 괴는 쐐기.

spacing bar 스페이싱 바 철근 콘크리트의 늑근의 폭을 일정하게 유지하도록 복근 사이에 걸치는 수평 보조근.

spacing of piles 말뚝 간격(—間隔) 말뚝 중심에서 말뚝 중심까지의 거리.

spalling 폭열(爆裂) =explosive fracture

spalling wedge 쐐기 석공이 돌나누기에 사용하는 철제의 것, 톱질에 사용하는 철제·목제의 것, 꽬대를 기둥에 멈추는 목제의 것 등이 있다.

span 스팬 구조물을 지지하는 지점(支點) 간의 거리.

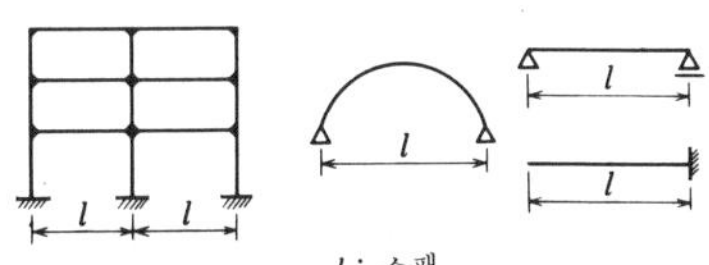

l : 스팬

spandrel 스팬드렐 아치와 상부의 수평재로 둘러싸이는 면의 부분을 가리켜서 말한다. 장막벽에서는 상하로 겹치는 개구부(창 · 출입구) 등 사이의 벽 부분.

span load 중간 하중(中間荷重) =loading acting along the member

spanner 스패너 너트 및 볼트를 죄거나 풀기 위해 그 머리를 돌리기 위한 공구. 종류가 많다.

spare filter tank 예비 여과조(豫備濾過槽) 오수 정화 장치에서 부패 작용에 의해 액화한 오수에서 부유 고형물을 제거하기 위한 여과조.

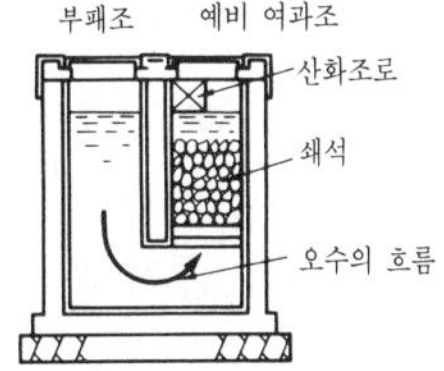

spare power source 예비 전원 설비(豫備電源設備) 정전시에 작동하여 전기를 공급하기 위한 설비.

spar varnish 스파 니스 에스테르 고무나 유용성 페놀 수지 등을 건성유와 가열 융합하여 용제로 희석한 것. 내 알칼리성, 속건성이 있으므로 외부의 정벌칠에 적합하다.

spacial structure 공간 구성(空間構成) =construction of space, space organization

spatter 스패터 용접 중에 비산하는 슬래그나 금속 알갱이. 금속이 스패터로 되어서 비산하여 용착 금속의 무게를 줄이는 것을 스패터 손실이라 한다.

spatter loss 스패터 손실(-損失) →spatter

spatula 주걱 얇은 판 모양의 공구. 도료를 반죽한다든지, 퍼티나 실링재 등 점성 있는 재료를 시공할 때 사용한다. 금속제와 목제가 있다.

special appliances 특수 설비(特殊設備) 주방, 세탁, 의료, 수영 풀, 분수, 배수처리, 중앙 집진, 쓰레기 처리 등의 설비를 말한다. 이들은 특정한 건물에 설치되는 것으로, 전용의 기기가 있고, 고유의 기술을 필요로 하므로 특별히 취급된다.

special brick 이형 벽돌(異形壁-) = molded brick

special building 특수 건축물(特殊建築物) 특수한 용도로 사용되는 건물.

special cement 특수 시멘트(特殊-) 특수한 용도에 사용되는 시멘트, 또는 포틀랜드 시멘트 이외의 시멘트. 팽창 시멘트 · 고황산염 슬래그 시멘트 · 착색 시멘트 · 백색 시멘트 · 폴리머 시멘트 등.

special concrete construction 특수 콘크리트 구조(特殊-構造) 콘크리트계 구조 중에서 통상의 철근 콘크리트 · 철골 철근 콘크리트 구조 이외의 것을 일괄하여 이르는 명칭. 보강 콘크리트 블록 구조 · 거푸집 콘크리트 블록 구조 · 조립 철근 콘크리트 구조 · 벽식 철근 콘크리트 구조 등이 있다. 일반적으로 5층 정도 이하에 쓰인다.

special form 특수 거푸집(特殊-) 거푸집 재료에 나무 이외를 사용한 거푸집과 변형 사이즈의 거푸집을 총칭하고 있다. 재료로서는 강 · 알루미늄 · FRP · 종이 · 프리캐스트판 등이 있다. 거푸집 공법으로서는 여러 가지 고안이 있으며, 이들을 일괄하여 특수 거푸집 공법이라고도 한다.

special high tension bolt 특수 고력 볼트(特殊高力-) 체결을 위해 여러 가지로 배려된 볼트, 너트 또는 와셔로 구성된 고력 볼트의 세트.

specialist 전문 공사 업자(專門工事業者) 주로 종합 공사 업자의 하청 업자로서 부분 공사를 청부하는 직별 공사 업자 또는 설비 공사 업자. =subcontractor

specialist contractor 직별 공사업(職別工事業) 건설 공사 중 직종별의 전문 공사를 청부하는 건설업.

specialist subcontracting 직별 공사 청부(職別工事請負) 건설 공사 중 전문 직종별 공사의 청부.

specialist trades 전문 업자(專門業者) = specialist

specially shaped pipe 이형관(異形管) 형상이 곧지 않은 관. 토관, 도관(陶管), 강관 등의 각각에 있으며, 형상에 따라 곡관(曲管), 분기관, 십자관 등이 있다.

special Portland cement 특수 포틀랜드 시멘트(特殊-) 포틀랜드 시멘트 중 보통 · 중용열(中庸熱) · 조강(早强) 포틀랜드 시멘트 이외의 포틀랜드 시멘트를 말한다.

special Rahmen 이형 라멘(異形－) ＝ irregular Rahmen

special soil 특수토(特殊土) ＝problem soil, unusual soil

special steel 특수강(特殊鋼) 탄소강에 일종 이상의 금속 원소를 가하여 성질을 개선한 합금강. 니켈·망간·크롬·텅스텐·코발트 등이 가해진다. 강도·항복점·신장·내식성·내마모성 등의 개량이 이루어지고 있다.

special steel plate 특수 강판(特殊鋼板) 망간강, 니켈강, 크롬강, 니켈 크롬강 등의 합금강으로 만든 구조용 판재.

special use district 특별 용도 지구(特別用途地區) 도시 및 시가지의 특수성, 산업의 특수성 등을 감안하여 필요한 토지 이용을 달성하기 위해 규제가 행하여지는 용도 지역.

special waste water 특수 배수(特殊排水) 병원 배수, 연구소 배수, 세탁 공장의 배수 등 사업계 배수와 방사성 배수, 산, 알칼리 등의 폐약품, 유해물을 포함하는 배수 등 취급에 주의를 요하는 배수.

specifications 시방서(示方書) 계약 도서의 하나. 설계도에 도시할 수 없는 설계상의 지시를 문장·수치 등으로 나타낸 것. 품질·소요 성능·시공 정밀도·제조법·시공법·메이커나 시공 업자의 지정 등이 이루어진다. 각종 공사별로 표준 시방서가 만들어져 있어 여기에 추가 또는 특기되는 형식이 많다. 토목에서는 설계 규준도 포함한다.

specific fire escape stairs 특별 피난 계단(特別避難階段) 옥내 부분과 계단실과의 사이에 연기를 배출할 수 있는 부실, 발코니 등의 완충 부분을 두고, 화재시에 화재와 연기의 침입을 방지할 수 있는 피난 계단.

specific gravity 비중(比重) 어떤 물체의 무게와 같은 체적의 4℃, 표준 대기압에서의 물의 무게와의 비. 무명수이다.

specific heat 비열(比熱) 어떤 물질 1g의 온도를 1℃만큼 높이는 데 필요한 열량. cal/g·℃, kcal/kg·℃의 단위로 흔히 쓰인다.

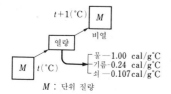

M : 단위 질량

specific heat loss coefficient 열손실 계수(熱損失係數) 외기 온도가 1℃만큼 실온보다 낮다고 가정한 경우 외벽, 바닥, 천장, 창 등의 외주 부위를 통과하여 옥외로 도망가는 열량과 자연 환기에 의해 손실되는 열량의 합계를 건물의 연 바닥 면적으로 나눈 수치. 건물의 단열 성능, 보온 성능을 나타내는 수치로서 널리 쓰이고 있다.

specific humidity 비습(比濕) 단위 질량의 습윤 공기 중에 포함되는 수증기의 양.

specific surface area 비표면적(比表面積) 재료의 표면적을 그 무게로 나눈 값(cm^2/g). 시멘트 분말도는 Blaine의 비표면적으로 나타내는 일이 있다. 이것은 5,260 cm^2/g를 100으로 한 값이다.

specific concrete strength 설계 기준 강도(設計基準强度) 구조 계산상에서 기준으로서 사용한 콘크리트 4주 압축 강도. 강재에 대해서는 법규적으로 기준 강도가 강의 종류에 따라 주어지고 있다.

specific viscosity 비점도(比粘度) 고분자 용액의 점도를 나타내는 척도의 하나. 용액의 점도를 η, 용매의 점도를 η_0으로 하면 비점도는 $\eta_{SP}=\eta/\eta_0-1$로 주어진다.

specific volume 비용적(比容積) ① 단위 중량당의 용적. 단위는 m^3/kg. ② 습공기의 중량에 대하여 그 중 수증기의 용적이 차지하는 비율. 단위로서는 건조 공기 1kg당의 수증기의 용적(m^3)으로 나타낸다. ＝specific volume bulk

specific volume bulk 비용적(比容積) ＝ specific volume

specified building 특수 건축물(特殊建築物) 특히 방재면에서 보아 특수한 용도로 사용하는 건축물의 총칭. 학교, 병원, 극장 등.

specified design strength 설계 기준 강도(設計基準强度) 부재의 내력 등을 산정하는 경우에 기준이 되는 재료의 강도. 법규에 정하는 콘크리트의 압축 강도.

specified fire-prevention object 특정 방화 대상물(特定防火對象物) 다수인이 출입하여 화재시의 안전 확보가 특히 필요한 것으로서 소방법에 규정된 방화 대상물. 학교, 병원, 극장 등. →specified building

specified mix 계획 조합(計劃調合), 계획 배합(計劃配合) 필요한 품질의 콘크리트가 얻어지도록 계획된 조합(배합).

specified use 특정 용도(特定用途) 건축물에 대한 법령에서 특정한 용도. 통상, 극장, 백화점 등의 용도를 말하며, 일정수의 주차 시설의 부설 등이 의무화된다.

spectro-photometer 분광 측광기(分光測光器) 분광 분포 또는 분광 반사율 · 분광 투과율을 측정하는 계기.

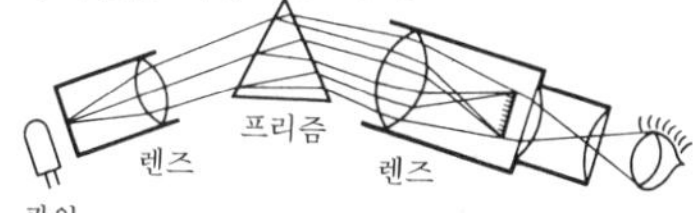

spectrum 스펙트럼 진동이나 음향의 파형 기록을 각 주파수 성분으로 분해하여 나타낸 것. 푸리에 스펙트럼 · 파워 스펙트럼 · 응답 스펙트럼 등의 종별이 있다.

speed 속도(速度) 물체가 움직인 거리를 그에 요한 시간으로 나눈 값. 속도의 크기를 나타내는 스칼라량이다.

spherical dome 구형 돔(球形－) 아치를 대칭축을 중심으로 하여 회전시킨 폼. 오래 전부터 사용되고 있으며 주로 압축에 의해 지지한다. 엄밀하게는 구(球)가 아니라도 이 명칭으로 부르는 예가 많다.

spherical shell 구형 셸(球形－) 구면의 일부를 사용한 얇은 곡면판. 철골조 또는 철근 콘크리트 구조로 만들어진다. 주로 압축장만을 사용한 편평 셸의 예가 많다.

spherical structure 구형 구조물(球形構造物) 형상이 구형을 하고 있는 구조물의 총칭. 구형 탱크나 구형 돔 지붕 등이며, 풍력 평가에서 같은 취급이 가능하다.

spherical wave 구면파(球面波) 고른 매질의 한 점에서 발생한 파의 파면이 구면을 이루어 확산해 가는 파. 이상화한 파동 형태의 하나이다.

spike 대못(大－) 길이 10cm 정도 이상의 대형 못.

spindle molder 모따기 기계(－機械) 모따기나 홈파기를 하는 목공 기계.

spiral grain 선회 나뭇결(旋回－) 시계 방향 또는 반시계 방향으로 비틀린 나뭇결.

spiral hoop 나선근(螺旋筋) 철근 콘크리트 원기둥의 주근 주위에 나선상으로 감아 붙이는 띠근. 나선근은 띠근과 마찬가지로 전단력에 저항하고, 주근이 부푸는 것을 방지하는 것이 목적이지만 그 효과는 매우 크다. =spiral reinforcement, hooped rainforcement

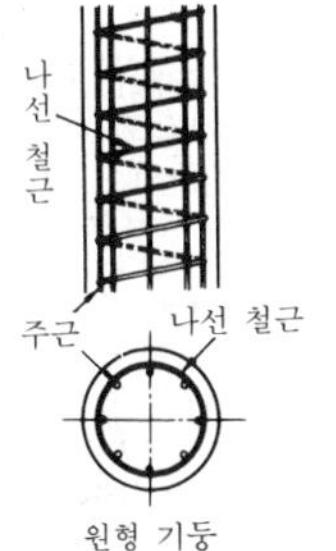

원형 기둥

spirally coil spring 나선 스프링(螺旋－) 원형 단면의 강선재를 나선상으로 감아서 스프링으로 한 것. 선의 반경 r, 스프링의 반경 R, 권선 n, 중심에 가해지는 힘 p로 했을 때 그 신축량은 다음 식으로 주어진다.

$$y = \frac{4nR^3}{Gr^4}p$$

여기서 G는 전단 탄성 계수이다.

spiral paper form 나선형 종이제 거푸집(裸線形－製－) 종이를 비틀어 나선상으로 감아서 만드는 원통형의 거푸집으로, 박철판제의 것과 마찬가지로 중공(中空) 슬래브의 보이드 부분을 만들기 위해 슬래브에 설치된다. 굵은 직경의 것도 있으며, 말뚝 등의 거푸집에도 이용되고 있다.

spiral reinforced column 권근주(卷筋柱) 전단 보강근에 나선근을 사용한 기둥.

spiral reinforcement 나선근(螺旋筋), 나선 철근(螺旋鐵筋) =hooped reinforcement, spiral hoop

spiral stairs 나선 계단(螺旋階段) =spiral stairway

spiral stairway 나선 계단(螺旋階段) 곡선상으로 오르내리는 계단. =winding stair

spire 스파이어 =minar

spirit level 수준기(水準器) =level vial

splayed joint 거멀이음 =scarf joint

splice 이음 =joint

spliced joint 덧판 이음(－板－) 덧판을 써서 볼트 체결 등을 한 이음.

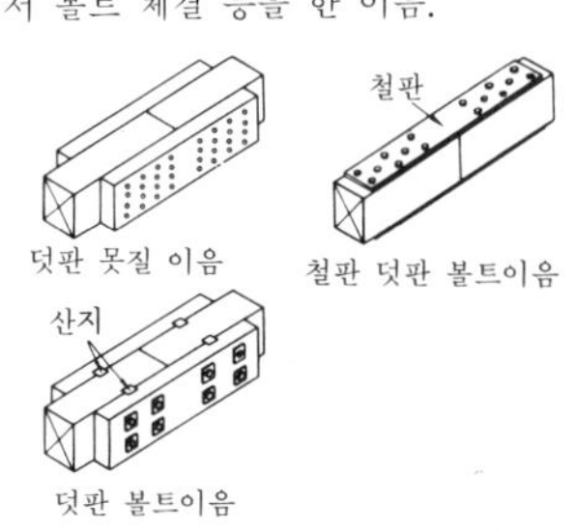

덧판 못질 이음 / 철판 덧판 볼트이음 / 덧판 볼트이음

splice plate 덧판(－板) 이음 부분에서 모재에 덧대어 못 · 볼트 등을 거쳐서 힘을 전달시키는 판. 이 형식의 접합을 덧판이음이라 한다.

spline joint 딴혀쪽매 목조에서의 판재 접합법의 하나. 각 판재의 측면에 홈을 파고 거기에 딴혀라고 하는 가늘고 긴 나무조각을 끼워넣어 접합한다.

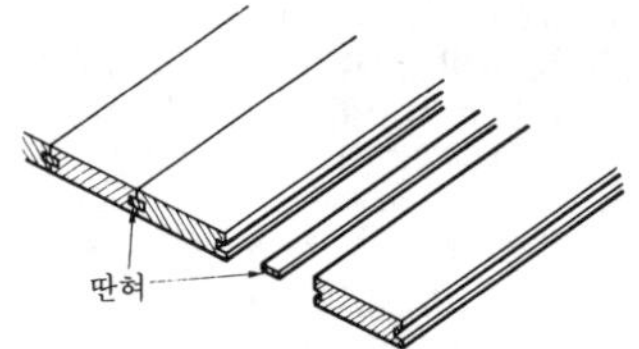

split 갈림, 건조 갈림(乾燥－)[1], 분류(分流)[2] (1) 건조가 원인으로 생기는 갈림의 총칭. 마구리 갈림, 표면 갈림, 내부 갈림 등이 포함된다.
(2) ＝separate flow

split contract 분할 청부(分割請負) ＝division contract

split order 분리 발주(分離發注) ＝separate order

split spoon sampler 스플릿 스푼 샘플러 표준 관입 시험에 사용하는 샘플러. 샘플러 튜브를 세로로 둘로 쪼갤 수 있어 시료를 쉽게 관찰할 수 있다.

split T-connection 스플릿 T 접합(－接合) T형의 접합 피스를 써서 보 플랜지와 기둥 플랜지를 고력 볼트로 인장 접합하는 형식의 보의 단부(端部) 접합부.

split-tee joint 스플릿티 이음 기둥 보 접합부의 고력 볼트 인장 접합에 쓰이는 이음. T형을 가로로 써서 긴 변을 보의 상하 플랜지에 접합하고 다른 변을 주면(柱面)에 볼트 접합한다.

splitter plate type sound absorber 스플리터 플레이트형 소음기(－形消音器) 덕트의 치수에 비해 파장이 짧은 주파수에 대하여 효과적인 감쇠 효과를 나타내는 소음기. 흐름에 평행한 직선 또는 파형(波形) 흡음재의 틈을 통과하여 감쇠를 한다.

splitting 스플리팅 목재가 섬유 방향으로 쪼개지는 것. 콘크리트의 인장 강도를 구하기 위해 시험체를 긴쪽 방향으로 쪼개는 것.

spoon sample 스푼 샘플 표준 관입 시험을 할 때 스플릿 스푼 샘플러로 채취되는 흙의 시료.

spoon sampler 스푼 샘플러 토질 시험의 자료 채취기.

spot clearance 스폿 클리어런스 불량한 단체(單體)의 건물 혹은 비교적 소수의 불량 건물이 밀집하는 구역을 제거하는 재개발 수법.

spot cooling 스폿 쿨링 대공간 혹은 옥외에 대하여 그 일부를 냉풍에 의해 냉방하는 것.

spot delivery 현장 인도(現場引渡) 자재류를 현장의 지정 장소까지 보내주는 것을 조건으로 한 상거래의 형태. 건축 공사 자재는 현장까지 운임 포함의 가격으로 거래되는 것이 보통이다.

spot light 스폿 라이트 무대 조명 설비의 일종으로, 평볼록 렌즈를 써서 집광하여 일부를 특히 밝게 하는 기구. 광원에는 아크등, 전구가 있다. 무대앞, 측벽 상부, 후벽 상부, 발코니의 선단, 천장면 등에 설치된다.

spotlight booth 투광실(投光室) 극장 등에서 스폿라이트 등의 연출용 조명 기구를 설치하는 방.

spotlighting 스폿 조명(－照明) 특정한 좁은 범위에만 빛을 대는 조명의 방식.

spot setting 즉시 침하(卽時沈下) ＝immediately setting, promptly setting

spot type fire detector 스폿식 감지기(－式感知器) 화재 감지기의 하나로, 대부분은 원형으로 천장에 돌출하여 부착된다. 내부에 열 혹은 연기의 검출부를 갖는다.

spot welding 스폿 용접(－鎔接), 점용접(點鎔接) 금속을 겹쳐서 전극 끝에 물리고, 국부적으로 가열하여 동시에 전극으로 가압하면서 하는 저항 용접.

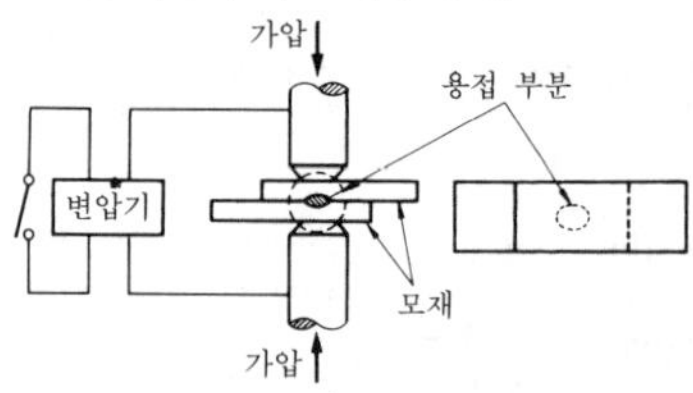

spout 토수구(吐水口) ＝outlet

sprawl phenomenon 스프롤 현상(－現象) 시가지가 비계획적으로 무질서하게 주위로 확산되는 현상.

spray 스프레이 묘화(描畵)나 도장을 위해 사용하는 분무기. 또는 분무하여 뿜어붙이는 것.

spray gun 스프레이 건 도료를 압축 공기에 의해 분무상으로 하여 뿜어 붙이는 도장용 기구. 공기에 의해 분출식과 압력을 가하여 호스로 보내는 압송식이 있다.

spraying 용사(熔射), 분사(噴射) 고압 공기와 분무 장치를 사용하여 도료 등을 무상(霧狀)으로 하여 균일한 도막을 기계적으로 뿜어 붙이는 방법(다음 면 그림 참조). ＝metallizing

spraying asbestos rock wool fire-resist covering 스프레이 석면 암면 내화 피복

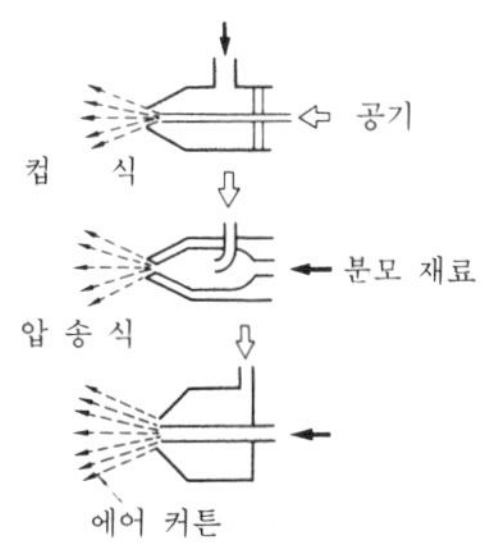

spraying

재(-石綿岩綿耐火被覆材) 철골 등의 내화 피복재의 하나. 석면·암면 및 시멘트의 혼합물을 철골 부재 표면에 뿜어서 시공하는 재료.

spraying concrete 스프레이 콘크리트 = shot concrete

spray painting 스프레이 도장(-塗裝) 압축 공기로 도료를 분무상으로 하여 뿜어서 도장하는 것. 일반적으로 스프레이 건을 사용한다.

spread foundation 직접 기초(直接基礎) 상부 구조로부터의 하중을 말뚝 등을 쓰지 않고 기초 슬래브에서 직접 지반으로 전하는 기초. 푸팅 기초와 온통 기초가 있다.

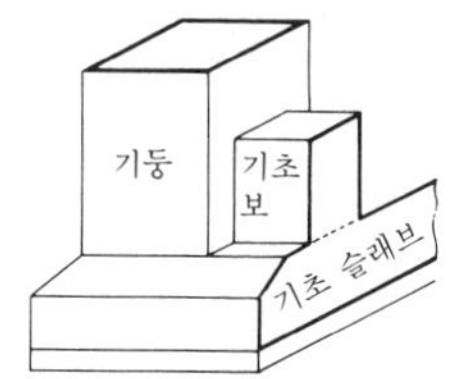

spring 스프링[1], 용수(湧水)[2] (1) 금속의 탄성을 이용한 용수철. 진동에서는 복원력이 만들어내는 반발 장치.

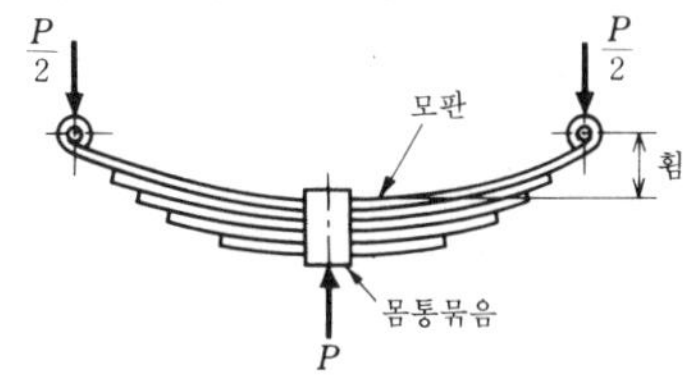

(2) 자연 상태에서 물이 지표면 혹은 터파기면, 지하 부분에 솟아나오는 상태 또는 그 물.

spring bow compasses 스프링 컴퍼스 컴퍼스의 일종. 비교적 작은 원을 그리기 위해 2개의 다리 간격을 나사로 세밀 조정할 수 있게 한 컴퍼스.

spring butt 자유 경첩(自由-) 경첩의 축을 통하는 관 속에 스프링을 넣고 스프링의 되돌아가는 힘을 이용하여 문을 자동적으로 닫는 기구를 갖는 경첩. 외여닫이용과 양여닫이용이 있다.

spring constant 탄력 계수(彈力係數)[1], 스프링 상수(-常數)[2] (1) 1질점에서는 스프링 상수를 말한다. 다질점의 진동계에서 어떤 질점에 단위의 변형을 주는 데 필요한 각 질점에 가하는 힘을 말한다. 강성 매트릭스의 작성에 필요한 양이다.
(2) 스프링에 단위의 변형을 일으키게 하는 데 요하는 힘.

spring pit 용수 피트(湧水-) 지중을 침투하여 지하 부분에 흘러드는 물의 배수를 위해 설치하는 피트. 굴착 공사 중일 때는 웅덩이라 한다.

spring support 탄성 지지(彈性支持) 지점(支點)의 변형이 지지 반력에 비례하여 생기는 형식의 지지 방법.

spring washer 스프링 와셔 강철제 스프링을 이용한 와셔. 주로 너트의 풀림을 방지하기 위해 진동이 있는 곳에 사용한다.

spring wood 춘재(春材) 목재의 생장 단계에서 봄부터 여름에 걸쳐 형성된 목재 조직. 세포는 크고, 색은 단백하다. 추재(秋材)와 함께 나이테를 구성한다.

sprinkler 스프링클러 화재가 발생하여 온도가 상승하면 살수전의 퓨즈가 녹아서 살수하는 실내의 자동 살수 장치. 초기의 방화에 도움이 된다.

스프링클러 헤드

sprinkler system with hose connection 연결 살수 설비(連結撒水設備) = hooking up sprinkler system

square 직각자(直角-)[1], 광장(廣場)[2] (1) 하나의 각이 90°인 자(3각자, T자 등).
(2) 도시의 도로 교차점이나 공관 앞 등에 교통, 미관, 집합 등의 목적으로 두어진 빈터.

square column 각주(角柱) = rectangular column

squared timber 제재각(製材角) 제재품의 재종(材種)의 하나. 1변의 길이가 7.5cm 이상, 횡단면이 정방형의 정각과 장방형의 평각 등으로 나뉜다.

square footing 방형 기초(方形基礎) 정방형 또는 장방형의 푸팅을 갖는 기초.

square groove I형 그루브(-形-) 용접부의 형으로 편면 그루브의 일종. 접하는 두 부재의 단면을 평행하게 하는 것.

square hipped roof 방형 지붕(方形-) 4면 또는 8면의 지붕면이 한 점에 모이는 형식의 지붕.

square joint 통줄눈 세로로 줄눈이 통해서 이어진 것. =straight joint

square matrix 정방 매트릭스(正方-) 행수와 열수가 같은 매트릭스.

square pitch 45도 경사(四五度傾斜) 저변의 길이와 같게 수직으로 상승했을 때의 사변의 경사. 45°가 된다.

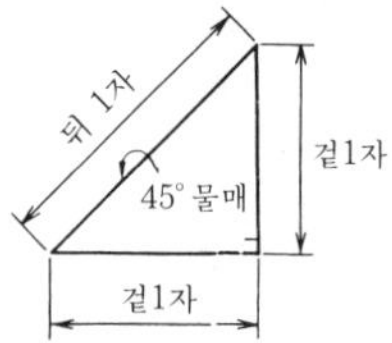

square post 각주(角柱) =rectangular column, square column

square roof 방형 지붕(方形-) 지붕의 평면이 정방형이며, 사방으로 지붕을 이어 내리고 4개의 ㅅ자보가 중앙의 한 점에 만나도록 되어 있는 것.

sqaure-shape steel pipe 각형 강관(角形鋼管) 네 귀퉁이가 약간 둥근 각형의 강관. 제조법으로서는 심리스(seamless) 강관 또는 용접 강관을 각형으로 성형하는 것과 강판을 각형으로 구부리거나 또는 한 쌍의 홈형으로 하여 연속적으로 용접 접합하는 것이 있다. 일반 구조용 각형 강관으로서 규격화되어 있다.

square steel 각강(角鋼) 횡단면이 정방형인 봉강재. =steel square bar

square stone 각석(角石) 각형 또는 장방형의 횡단면에 일정한 길이를 가진 각주형(角柱形)의 석재. 화강암, 안산암, 응회암 등을 사용하여 기초, 계단, 돌담, 동바리 등에 사용한다.

square timber 각재(角材) 정방형 단면 또는 정방형에 가까운 장방형 단면의 재(두께 6cm 이상, 폭이 두께의 3배 미만)를 말한다.

square trench 독립 기초 파기(獨立基礎-) 독립 기초를 위한 터파기와 같이 기둥 밑 부분마다 필요한 부분을 기초 형상에 따라 굴착하는 것.

squeeze pumping 압송(壓送) 펌프 등에 의해 유체에 압력을 가하여 송출하는 것.

squinch 스킨치 정방형의 평면상에 돔을 얹기 위한 구조 부분의 명칭. 벽구석에 판형의 돌을 경사지게 걸치고 점차 원형으로 하여 상부 하중을 받친다. 사산조 페르샤(3~7세기)나 소아시아에서 시도되었다.

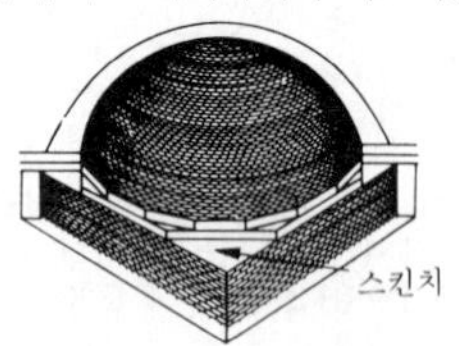

SSG system SSG구법(-構法) SSG는 structural sealant glazing의 약어. 판유리를 지지하는 금속 부재를 실내측에 수납하여 판유리를 스트럭추럴 실랜드로 접착 고정하여 지지하는 글레이징 구법.

stability 안정(安定) 임의 방향의 미소한 하중 변동에 대하여 구조물이 이동하거나 변형하여 크게 모양이 흐트러지는 일이 없는 상태를 말한다. 일반적으로 반력수가 힘의 평형 방정식의 수 3 이하일 때는 외적 불안정이라 한다. 아래 식의 부정정 차수(不整定次數) $m<0$일 때는 불안정, $m=0$일 때는 정정, $m>0$일 때는 부정정이라도 불안정한 경우가 생긴다.

$m=n+s+r-2k$ (평면 구조물)

$m=n+s+r-3k$ (입체 구조물)

여기서, n : 반력수, s : 부재수, r : 강접합재수, k : 절점수이다. 동적으로는 위치의 에너지가 극소값을 취하여 외력과 평형할 때 안정한 평형 상태에 있다고 하고, 위치가 이동해도 평형을 유지할 때 중립의 평형, 위치가 이동하면 평형이 유지될 수 없을 때 불안정이라 한다.

stability at low temperature 저온 안정성(低溫安定性) 물질이 냉각되어도 상온으로 되돌리면 냉각 전의 원래 성능 상태로 되돌아가는 성질.

stability factor 안정 계수(安定係數) 사면의 미끄럼 파괴를 일으키는 임계 높이 H_c, 점착력 C, 흙의 단위 체적 중량 γ로 했을 때

$N_s=\gamma H_c/C$

로 나타내어지는 값. $1/N_s$을 안정수라고도 한다.

stability number 안정수(安定數) 점성토의 사면 붕괴에 대한 안전성을 나타내는

척도. (흙의 점착력)/(흙의 단위 체적 중량×사면의 높이)로 나타내어진다.

stability of slope 사면 안정(斜面安定) 흙쌓기·흙깎기 등의 사면이 미끄럼을 일으키지 않는 것. 안정 해석에는 사면의 형상·토층 단면·흙의 단위 중량·흙의 전단 강도 및 간극수압의 자료가 필요하며, 일반적으로 미끄럼면상의 전단 응력을 그 흙의 전단 저항과 비교하여 안정도를 구하고 있다.

stability theory 안정 이론(安定理論) 구조물의 안정성을 해석하는 이론. 구조 형식 그 자체가 안정한지 어떤지, 좌굴과 같이 안정 한계 하중이 있는지 등을 다룬다.

stabilized liquid method 이수 공법(泥水工法) 주로 벤토나이트계의 이수를 써서 굴착공벽의 붕괴를 방지하면서 굴착하는 공법. 액의 비중 및 점성의 관리를 필요로 한다. 연속 지하벽·실드·대구경 현장치기 말뚝 등의 공사에 널리 쓰인다. = slurry trench method

stabilized moment 안정 모멘트(安定－) 옹벽의 기초 슬래브 전면에 있어서 토압에 의한 전도 모멘트에 저항하는 모멘트. 옹벽 자중 및 기초 슬래브 바로 위에 있는 흙의 무게에 의한 모멘트의 합이다.

stabilizer liquid 안정액(安定液), 굴착 안정액(掘鑿安定液) 굴착 구멍 주벽의 붕괴를 방지할 목적으로 사용하는 벤토나이트, CMC 등의 액. 흙입자 중에 침투하여 불투수막을 표면에 만들어서 보호하는 작용이 있다.

stable 외양간 우마(牛馬) 등을 사육하기 위한 건축물.

stable door 네덜란드식 문(－式門) = Dutch door

stable equilibrium 안정 평형(安定平衡) 외력과 내력이 평형 조건을 만족하고, 더욱이 퍼텐셜 에너지가 극소로 되는 상태. 가능한 미소 변위를 주어도 원인을 제거하면 원상으로 되돌아간다.

stable state 상태(常態) 물질을 사용하는 환경하에서 외관, 형상, 성능이 변화하는 일 없이 안정하고 있는 상태.

stable truss 안정 트러스(安定－) 안정한 구조를 갖는 트러스. 임의의 외력에 대하여 형을 크게 바꾸지 않고 힘의 평형 조건이 성립하는 트러스로, 정정(整定)과 부정정을 포함한다.

stach 굴뚝 연소 가스 혹은 생성 가스를 배출시키기 위해 열, 가스 기둥을 발생시키는 공작물. 굴뚝의 건설은 법규에 의해 규정된다. =chimney

stack 수직관(垂直管) 배관 계통에서 연직 또는 연직과 45° 이내의 각도로 설치되는 관을 말한다.

stack damper 연도 댐퍼(煙道－) 연도에 설치하여 연소 배기 가스량을 조절하기 위해 사용하는 댐퍼.

stack effect 굴뚝 효과(－效果) 폭에 비해 높이가 높은 실내 공간에서 실내 공기의 온도가 외기온보다 높은 경우 위쪽에서 공기가 유출하고 아래쪽에서 유입하는 현상.

stack loss 통풍 저항(通風抵抗) 통풍의 공기가 흐를 때의 저항.

stadia hairs 스타디아선(－線) 트랜싯의 경관(鏡管) 내 십자 횡선 상하에 새겨진 두 줄의 선. 스타디아 측량에 이용된다. →stadia survey

stadia survey 스타디아 측량(－測量) 2점간이 거리·고저차를 망원경에 매겨진 스타디아선을 써서 간접적으로 재는 측량 방법. 세부 측량에 주로 이용되며, 특히 기복이 많은 지형에 적합하다. →stadia hairs

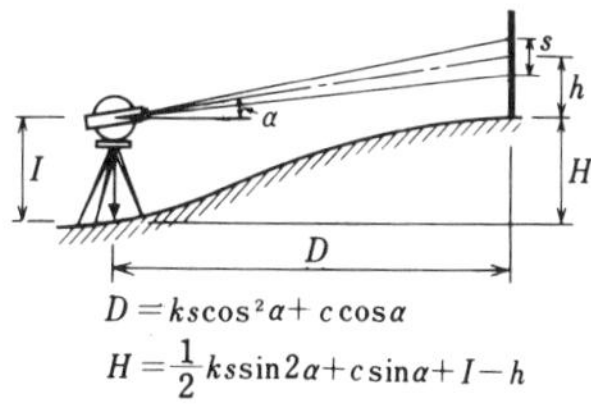

$$D = ks\cos^2\alpha + c\cos\alpha$$

$$H = \frac{1}{2}ks\sin 2\alpha + c\sin\alpha + I - h$$

d : 기계의 중심과 대물렌즈의 중심까지의 거리
i : 스타디아선의 간격
f : 대물 렌즈의 초점 거리
$k = \frac{f}{i}$ $c = f + d$
s : 스타디아선에 끼워진 표척의 읽기

stadion 스타디온 고대 그리스에 있어서 U자형 평면의 경기장.

stadium 경기장(競技場), 스타디움 ① 운동 경기 시설(육상 경기장, 구기장 등)의 총칭. 대부분은 관객석을 갖추고 있다. ② 주위에 계단형의 관객석을 갖는 경기장 또는 원형 극장 등을 말한다.

staff 함척(函尺), 표척(標尺) 수준 측량을 할 때 높이를 재는 자. 목제·경합금제의 장방형 단면이 보통이며, 운반에 편리하도록 일반적으로 3단의 인출식으로 되어 있다(다음 면 그림 참조).

stage 구대(構臺)[1], 무대(舞臺)[2] (1) 자재의 반입, 중기의 진입을 위해 가설적으로 설치하는 구조물. 지하 굴착에 병용하여 흔히 설치된다.
(2) 극예술에서의 연기 등을 하는 장소.

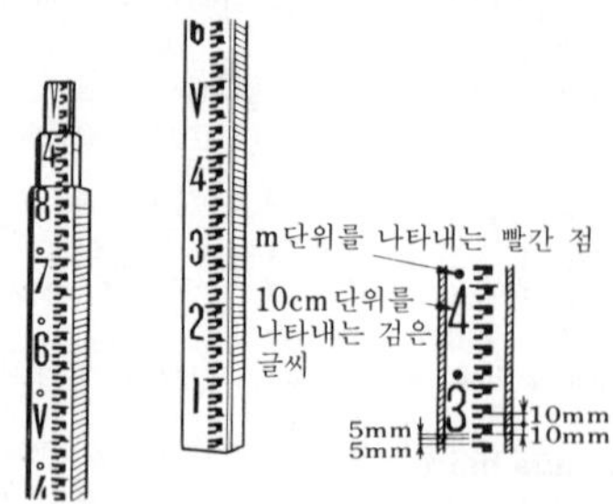

staff

stage equipments 무대 설비(舞臺設備) 무대 기구, 무대 조명, 전기 음향 설비, 무대 연락 설비 등 무대의 운용상 필요한 특수 설비의 총칭. →scenery

stage lighting 무대 조명(舞臺照明) 무대상의 조명 효과를 높이기 위한 조명 장치.

stage of execution works 공정(工程) 공사를 공기 내에 원할하고 순서있게 진행하기 위한 기준. 각 부분 공사에 대하여 가동 인원과 기계에 의한 하루의 작업량을 상정하여 이에 의해 공사의 일정을 생각한다. 보통 공정표로 나타낸다. →progress schedule

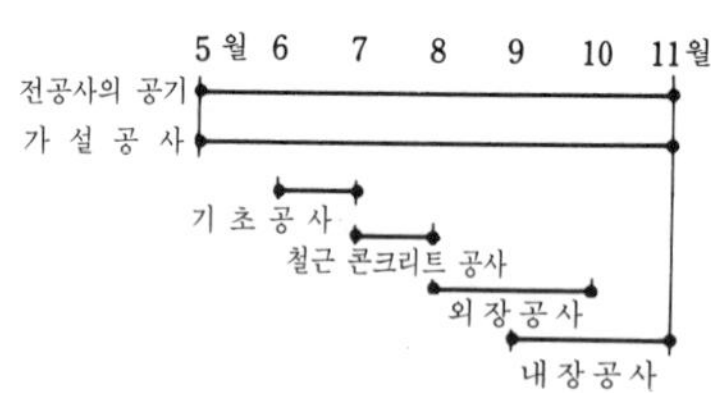

stage wall 무대벽(舞臺壁) =proscenium wall

staggered intermittent fillet weld 지그재그 단속 필릿 용접(−斷續−鎔接) 필릿으로 단속 용접한 것이 지그재그형으로 된 것을 말한다.

stain 착색제(着色劑) =coloring agent, colorant, coloring matter

stained glass 스테인드 유리(−琉璃) 색판유리의 작은 조각을 납끈으로 철해서 모양을 조립한 것. 교회 건축·상점 건축의 창·천창의 장식용등으로 사용한다.

stainless steel 스테인리스강(−鋼) 크롬 12~20%를 포함하는 고크롬강. 대표적인 것으로는 18-8강(Cr 17~20%, Ni 7~10%)으로 내식성이 크다. 각봉·선재·파이프·강판·원강 등의 모양으로 공급되고 있다.

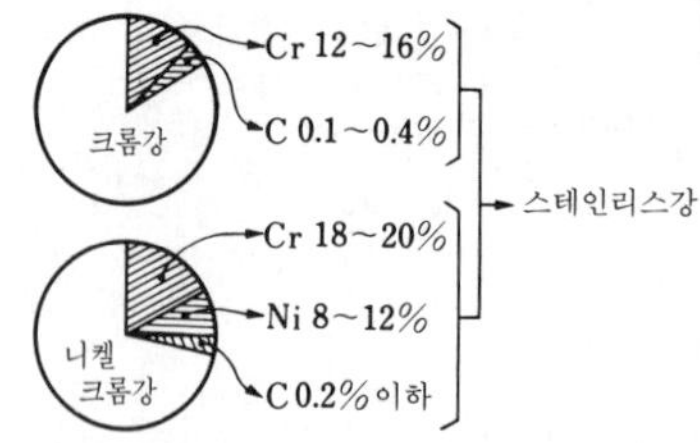

stainless steel sheet-applied waterproofing 스테인리스 시트 방수(−防水) 0.4 mm 정도의 스테인리스강 박판을 사용하여 이음매를 심 용접에 의해 연속 접합하는 방수 공법.

stair 계단(階段) 위층·아래층 사이를 오르내리기 위한 단 모양의 통로.

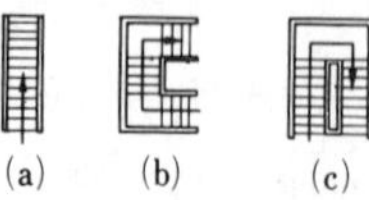

(a) 직진 계단

(b), (c) 굴곡 계단

디딤바닥(T)
단높이(R)
챌면
디딤바닥

stair bar arrangement drawing 계단 배근도(階段配筋圖) 철근 콘크리트 구조 계단의 철근 배치를 나타내는 도면. 계단은 슬래브를 경사지게 한 것으로, 그 배근도 슬래브와 마찬가지로 생각하면 된다.

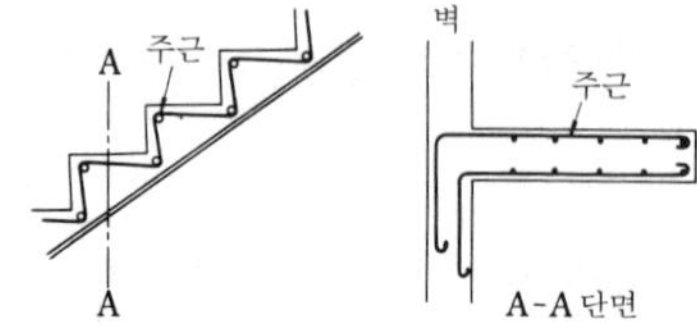

staircase 계단실(階段室) 계단을 위한 전용 공간. 구조 코어의 일부로서 쓰이는 일이 많다. 집합 주택에서는 계단실을 주택의 액세스로서 사용하는 형식이 있다.

stair hall 계단실(階段室) =staircase

stair stringer 계단보(階段−) 계단의 디딤널을 지지하기 위해 계단에 평행하게 걸치는 보.

stake 말뚝 =pile

staking 줄치기 부지에 건물의 위치를 정하기 위해 배치도에 따라 줄을 치는 것.

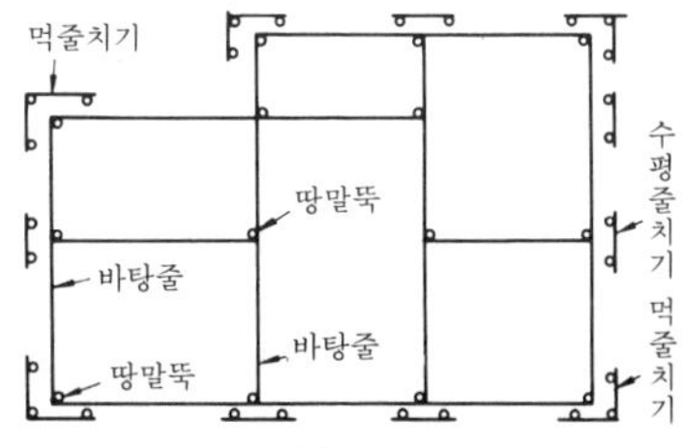

staking

staking out work 줄치기 =staking

stand 스탠드 가대(架臺)나 전기 스탠드, 경기장 등의 입석.

standard 비계기둥(飛階－) 비계나 가설 울타리의 수직재. =upright post

standard atmospher pressure 표준 기압(標準氣壓) 기압의 표준으로 하고 있는 값으로, 1기압=1013.25mbar의 압력.

standard bar arranement 배근 표준(配筋標準) 철근의 배치에 대해 정해져 있는 표준. 철근의 간격·정착 길이·휨 반경·훅의 형상·피복두께 등이 정해져 있다.

standard color card 표준 색표(標準色票) =standard color chart, color chart

standard color chart 표준 색표(標準色票) 표색계에 따라 작성된 색표를 계통적으로 정연하게 배열한 것. 시료 물체의 색채와 비교하는 물체 표준으로서 사용한다.

standard conditions of constraction contract 표준 청부 계약 약관(標準請負契約約款) 건축주와 건설 업자 사이의 청부 계약에 관한 권리 의무를 정하고 있는 문서를 말한다.

standard consistency 표준 연도(標準軟度) 응결 시험용 시멘트 페이스트의 연도를 말하며, 표준 막대가 밑에서 6mm의 곳에서 멈추었을 때의 연도를 말한다.

standard cost for repair and maintenance 표준 보수비(標準保守費), 표준 수선비(標準修繕費) 표준화된 보수비. 보수비에 대해서는 주요한 발주 기관에서는 각각 독자적인 적산 방법을 설정하여 표준 보수비를 산정하고 있다.

standard cross section of roads 도로 표준 횡단면(道路標準橫斷面) 도로의 위치하는 지역에 따른 표준적인 횡단 구성. 도로 기능, 미관, 유지 관리의 연속성을 유지하는 역할이 있다.

standard curing 표준 양생(標準養生) 20±3℃의 수중 또는 포화 습기 중에서 하는 콘크리트 시험체의 양생.

standard curing temperature 표준 양생 온도(標準養生溫度) 시멘트·콘크리트 피시험체의 표준 양생 온도. 시멘트에서 20°±3℃, 콘크리트에서 21°±3℃.

standard curve of temperature and heating time 표준 가열 온도 곡선(標準加熱溫度曲線) 내화 성능 시험 등에서 사용하는 가열 시간과 온도의 표준 곡선이다. 30분 내화에서 840℃, 1시간 내화에서 925℃, 2시간 내화에서 1,010℃, 3시간 내화에서 1,050℃, 4시간 내화에서 1,095℃가 실내 화재일 때의 곡선이다. 옥외 화재를 대상으로 하는 방화 구조일 때는 1급·2급·3급 가열 곡선을 사용하고, 약 10분의 가열시에 각각 1,120℃, 840℃, 420℃를 피크로 하는 곡선이 정해지고 있다. =fire simulated temperature curve

standard design 표준 설계(標準設計) 특정한 용도의 건축, 또는 건축의 특정한 부분에 대하여 건물 치수나 구성 부재 등을 표준으로서 규격화한 설계.

standard deviation 표준 편차(標準偏差) 측정값의 불균일 정도를 나타내는 값. 표준 편차는 다음 식으로 구한다.

$$\sigma = \sqrt{\frac{(x_1 - \bar{x})^2 + (x_2 - \bar{x})^w + \cdots\cdots + (x_n - \bar{x})^2}{n}}$$

$$= \sqrt{\frac{1}{n}\sum_{i=1}^{n}(x_i = \bar{x})^2}$$

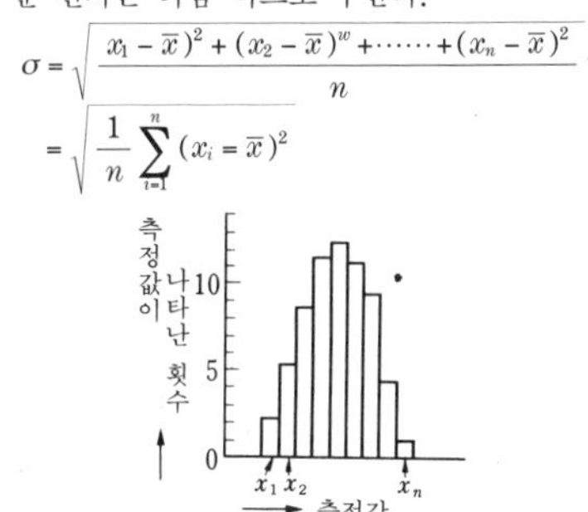

σ : 표준 측정값 x_i : 측정값

$\bar{x}$: 평균값 n : 측정 횟수

standard drawing 기준도(基準圖) 다른 사항을 결정할 때의 기준, 원칙으로 되는 생각, 치수 체계 등을 나타낸 그림.

stanadrd earthquake ground motion 기준 지진동(基準地震動) 원자로 시설의 내진 설계에 사용하는 지진동. 그 세기의 정도에 따라 S_1, S_2의 2종이 있으며, 부지의 개방 기반 표면으로 정의된다.

standard earthquake response spectrum 표준 지진 응답 스펙트럼(標準地震應答－) 설계용 표준 스펙트럼의 명칭. 많은 지진 응답 스펙트럼을 표준화하여 입력파의 레벨과 관련시켜서 나타낸 것.

standard error 표준 오차(標準誤差) 추정

값의 오차의 표준 편차.

standard family 표준 세대(標準世帶) 표준적인 가족 구성의 거주 세대 또는 그 가족 구성형을 말한다. 특히 핵가족 세대 중 부부와 자식으로 이루어지는 세대를 가리킨다.

standard fire time-temperature curve 표준 화재 온도 곡선(標準火災溫度曲線) 내화 성능 시험이나 방화 성능 시험에서 가열로 내부의 분위기 온도의 시간 경과를 규정한 표준 곡선. 내화 성능 판정에 관해서는 각국의 곡선은 거의 동일하다.

standard floor 기준층(基準層) 그 건축물의 기준이 되는 평면형을 갖는 층. 사무용 건축이나 집합 주택 등의 고층 건축에서 동일적인 평면형이 여러 층 겹쳐진 경우의 대표적인 평면형을 갖는 층으로, 규범층이라고도 한다.

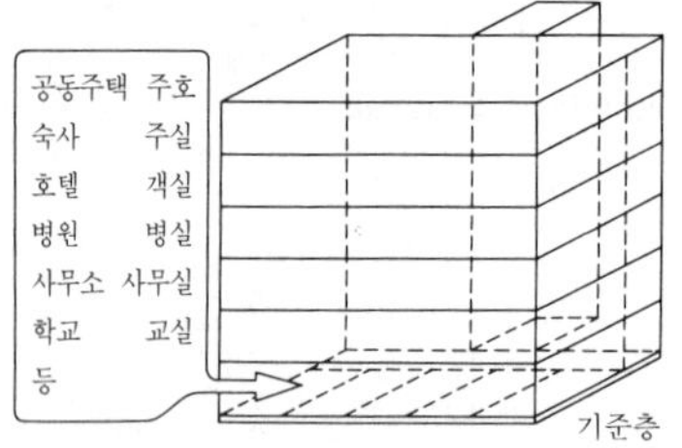

standard flow rate of fixture 기준 토수량(基準吐水量) 표준적인 사용 상태일 때 쓰이는 기구의 토수량. 급수 부하의 산정에서 최대 동시 사용시에 기준으로서 사용하는 기구의 토수량을 말한다.

standard for bending bar 절곡 표준(折曲標準) 배근 표준의 하나. 철근을 구부리는 각도, 내접원의 반경 등을 규제한 것.

standard illuminants 표준의 빛(標準－) 표준 광원이 방사하는 측색용의 빛. 약 2,856K의 흑체 방사용 A, 직사 일광용 B, 평균적 주광용 C, 자외역을 포함하는 주광용 D_{65} 등이 있다.

standard intensity of illumination 표준 조도(標準照度) 어떤 특정한 건물의 조명 설계를 할 때 사용 조건이 같은 각부에 설계 표준으로서 설정되는 조도.

standardization 표준화(標準化) 일반적으로는 다종류의 부품·부재·설계·상세 등을 소수의 타입으로 정리하는 것. 구조의 재료·부재 치수·기둥 배치·공간의 크기·설계 상세 등의 표준화는 공업 생산화와 인력 절감화를 목표로 하고 있다.

standardized building component 규격 구성재(規格構成材) 정해진 규격의 치수, 성능에 따라 생산되고 시장에 유통하고 있는 건축 구성재.

standardized design 규격 설계(規格設計) 형, 치수, 재료, 품질 등에 대하여 미리 규격화된 부재를 써서 하는 설계. 건축물, 생산, 유통에서부터 설계, 시공, 보수까지의 전공정의 성능을 확보하여 인력 절감화를 도모할 수 있다.

standardized house 규격 주택(規格住宅) 규격에 의한 제품 재료를 사용하여 세워진 주택.

standardizing box 스탠더다이징 박스 주로 가력 시험기의 교정용으로 사용하는 하중계. 통형 탄성체 중에 봉입된 수은의 양의 변화에 의해 하중값을 측정한다.

standard life of lamp 정격 수명(定格壽命) 다수의 램프를 표준 조건하에 점등했을 때의 평균 수명.

standard loading test 표준 재하 시험(標準載荷試驗) 지반의 지내력을 구하는 평판 재하 시험으로, 30cm각의 재하판을 사용하여 5단계 이상의 재하 단계로 하고, 각 하중 단계에서 침하가 정지했다고 간주되는 상태로 된 다음에 다음 재하 단계로 진행한다. 또 최대 재하중은 지반의 극한 지지력 또는 장기 설계 하중의 3배 이상으로 한다.

standard lot 표준지(標準地) 지가 공시에서 공시 지가를 공표하여 근처 토지의 감정 평가의 표준이 되는 토지를 말한다. 이용 상황이나 형태가 표준적인 획지가 선정되고 있다.

standard mark 기준 먹긋기(基準－) 건축물을 구축하기 위한 기준이 되는 먹긋기. 각 공사마다 기준이 되는 먹긋기를 말하기도 한다.

standard moisture content 표준 함수율(標準含水率) ① 일반적으로 재료의 표준적인 함수율. ② 목재의 여러 성질이 함수율, 특히 섬유 포화점 이하의 함수율로 변화하기 때문에 그들을 서로 비교하는 경우에 사용하는 기준의 함수율.

standard of clean room 클린 룸 규격(－規格) 클린 룸에 관한 규격. 미국 연방 규격이 현재 가장 널리 쓰이고 있다. 청정도를 입자경(粒子徑) 및 누적 입자수에 의해 클래스 분류하고, 그 밖에 온도, 습도, 압력, 기류, 환기 횟수, 조도를 규정하고 있다.

standard of floor area ratio 기준 용적률(基準容積率) 용도 지역에 관한 도시 계획에 의해 정해진 용적률의 최고 한도. 이것을 기준으로 고도 이용 지구, 특정 가구 등에 의한 용적률 완화가 이루어진다.

standard penetration test 표준 관입 시험(標準貫入試驗) 원위치에서의 지반 조사의 보편적인 방법. 로드 끝에 외경 5.1 cm, 내경 3.5cm, 길이 81cm의 스플릿 스푼 샘플러를 부착하고, 보링 구멍 내에서 무게 63.5kg의 해머를 높이 75cm에서 낙하시켜 30cm 관입시키는 데 요하는 타격 횟수(*N*값)를 측정하는 시험. 사질토의 경우에는 *N*값에서 전단 강도나 모래의 압축성 등을 판정할 수 있으며, 지반 지지력의 추정에 쓰인다. 점성토의 경우에도 일단 가늠을 할 수 있으나 오히려 토질 자료의 채취를 목적으로 한다. *N*값의 분포에서 그 지반에 대한 기초 구조나 공법의 판단 자료가 얻어진다.

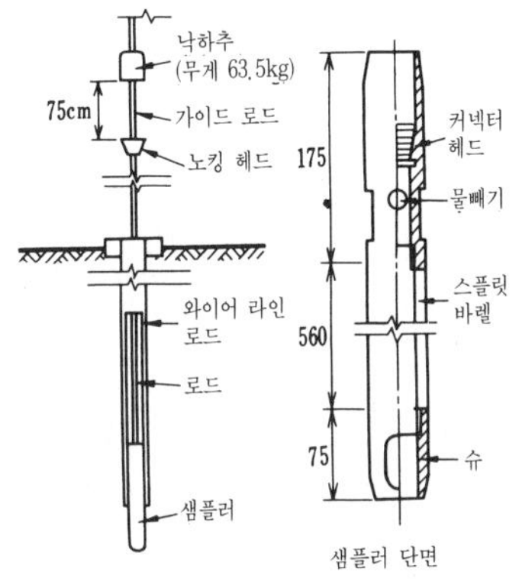

샘플러 단면

타격 횟수	모래의 상대 밀도
0～ 4	매우 묽다
4～10	묽 다
10～30	보 통
30～50	단단하다
50이상	매우 단단하다

standard radiant value 표준 방열량(標準放熱量) 방열기의 방열 능력을 나타내기 위한 지표.

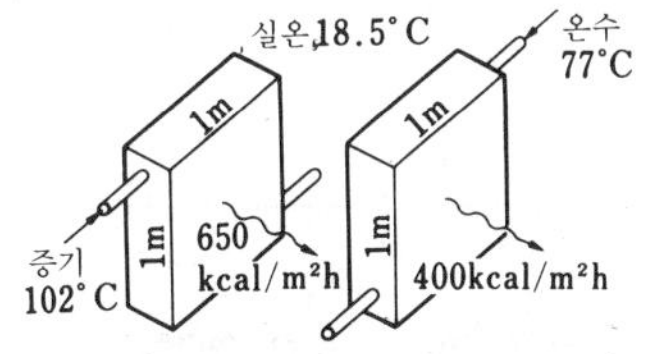

standard rigidity 표준 강도(標準剛度) 뼈대 부재의 강도를 무차원화하기 위한 기준량. 강도를 표준 강도로 나눈 것을 강비(剛比)라 한다.

standard sand 표준 모래(標準－) 시멘트 강도의 시험에 사용되는 모래.

standard shear coefficient 표준 전단력 계수(標準剪斷力係數) 내진 설계에서 각층의 지진층 전단력 계수 C_i는 다음 식으로 나타내어진다.

$$C_i = Z \cdot R_t \cdot Ai \cdot C_0$$

여기서, Z : 지진 지역 계수, R_t : 진동 특성 계수, Ai : 높이 방향 분포 계수, C_0 : 표준 전단력 계수. 이 C_0는 다른 계수가 모두 1일 때의 베이스 시어 계수에 해당하고, 건물에 작용하는 전 지진력을 그 무게로 나눈 값에 해당한다. C_0는 0.2 이상과 1.0 이상의 2단계로 설정되어 있는 외에 목조이고 크게 연약한 지반상에서는 0.3 이상으로 정해지고 있다. $C_0=0.2$는 지동(地動)의 최대 수평 가속도 약 80～100 gal의 강진〔V〕을 상정하고, $C_0=1.0$은 마찬가지로 약 300～400gal의 매우 드문 대지진을 상정하고 있다.

standard sieve 표준 체(標準－) 골재나 흙 등의 입도(粒度) 재료를 구분하는 체. 골재용으로는 호칭 치수가 0.088, 0.15, 0.3, 0.6, 1.2, 2.5, 5, 10, 15, 20, 25, 30, 40, 50, 60, 80, 150mm의 것을 사용한다. 흙의 입도 분석에서는 74μ～50.8mm까지 12단계의 체를 사용한다.

standard size 정척(定尺) 재료의 표준 치수. 표준 치수의 기성 제품을 정척물이라 한다.

standard source 표준 광원(標準光源) CIE에 의해 상대 분광 분포가 규정된 측색용의 빛(표준의 빛) A, B, C에 근사하는 방사를 갖는 인공 광원.

standard specification 표준 시방서(標準示方書) 각종 공사에 쓰이는 공통의 시방서 또는 표준적인 공법에 대해서 작성된 시방서.

standard strength 기준 강도(基準强度)[1], 규격 강도(規格强度)[2] (1) 재료 강도·허용 응력도의 기준이 되는 값으로, 보통 F값으로 나타낸다. 재료마다 정해져 있다. (2) KS규격으로 정해지고 있는 재료의 강도. 재료 강도·허용 응력도의 기준이 되는 F값은 규격 강도를 참고로 하여 정해지고 있다.

standard temperature 표준 온도(標準溫度) 온도차에 의한 측정의 불통일을 방지하기 위해 둔 표준의 온도. 공업상으로는 각국 모두 20℃.

standard temperature time curve 내화

표준 가열 곡선(耐火標準加熱曲線) 내화 시험에서 사용하는 표준 화재 가열 온도 곡선을 말한다.

standard test piece 표준 시험체(標準試驗體) 표준 시험에서 사용하는 시험체. 치수, 형상, 제작법 등이 정해져 있다. =standard test specimen

standard test specimen 표준 시험체(標準試驗體) =standard test piece

standard thermometer 표준 온도계(標準溫度計) 상용하는 온도계를 검정하기 위한 표준이 되는 온도계. 국제 실용 온도 눈금에서는 −259.34~630.74℃는 백금 저항 온도계, 630.74~1,064.43℃에 백금·백금 로듐 열전쌍, 그 이상에 광고온계를 지정하고 있다.

standard unit price of building construction 표준 건설비(標準建設費) 보조금이나 융자액의 산출 등 행정 목적을 위해 설정된 표준적인 건축비 단가, 또 표준적인 건물에 대해 산출된 건축비.

standard wage 기준 임금(基準賃金) 건설 공사에서의 노무비에서 각 전문 공종별로 정해진 1인 1일당의 기준 노무 임금.

standing 조작(造作) 주체 공사에 대하여 천장, 선반, 기타 창호, 붙박이 가구, 수도 가스 등.

standing wave 정상파(定常波), 정재파(定在波) 진폭 분포가 정해진 주기파이다. 동일 주파수의 정현파가 반대 방향으로 진행하여 서로 간섭했을 때에도 생긴다. = stationary wave

stand pipe 스탠드 파이프 수직 주관을 말한다. 우물이나 지하수의 배수관 등으로 사용한다.

staple 스테이플 U자형으로 구부려서 양단 끝을 뾰족하게 한 못. 전선, 쇠그물, 라스 등을 고정시키는 데 사용한다.

star crack 방사형 갈림(放射形−) 목재의 흠의 일종. 심재 방사형 갈림·변재 방사형 갈림 등이 있으며, 건조 속도가 빠를 때 생기기 쉽다.

star house 스타 하우스 계단실 등을 중심으로 하여 방사상으로 각 주택이 있는 공동 주택. 포인트 하우스, 탑상(塔狀) 또는 탑형 주택이라고도 한다.

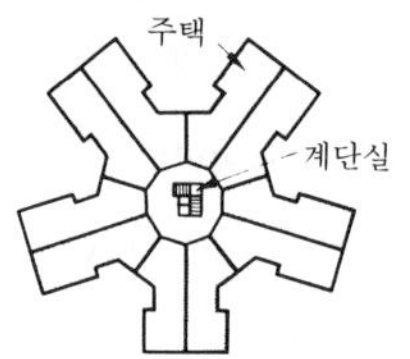

star shake 방사형 갈림(放射形−) 목재의 외부에서 중심을 향하는 갈림.

state of compatible configuration 적합 변형 상태(適合變形狀態) 소성 설계에서 평형 조건과 기구 조건을 만족하는 뼈대의 상태를 말한다. 동적 허용 상태라고도 하며, 뼈대가 운동학상 자유롭게 변형할 수 있기까지 소성 관절이 발생한 상태이다. 예상되는 복수의 적합 변형 상태 중에서 최소의 붕괴 하중을 갖는 것이 참 붕괴 기구로 된다.

state of plane strain 평면 변형 상태(平面變形狀態) 하나의 평면 내에만 2차원의 변형이 생기고 있는 상태.

state of plane stress 평면 응력 상태(平面應力狀態) 하나의 평면 내에 응력이 존재하고 평면에 직교하는 방향의 응력이 존재하지 않은 상태. 2차원 응력 상태라고도 한다.

statically admissible state 정적 허용 상태(靜的許容狀態) 뼈대의 모든 장소에서 부재가 전 소성 모멘트를 넘지 않는 상태에서 외력과 평형하고 있는 경우를 말한다. 이 상태의 상한 하중이 뼈대의 붕괴 하중이다. 뼈대가 붕괴하는 데 필요한 수의 항복 힌지가 발생하고 있지 않은 상태라고 생각하면 된다.

statically determinate 정정(整定) 힘의 평형 조건만으로 지점 반력(支點反力)이나 부재 응력이 모두 구해지는 구조물의 상태를 말한다. 평면 뼈대에서는 아래의 판별식이 0으로 되었을 때가 정정이다.

$s+r+n-2k=0$

여기서, s : 부재수, r : 강접합수, n : 반력수, k : 절점수.

statically determinate arch 정정 아치(整定−) 정정 구조가 되는 아치. 예를 들면 양 지점(支點)과 스팬 중앙에 힌지를 갖는 3힌지 아치.

statically determinate beam 정정보(整定−) 하나 또는 둘 이상의 지점(支點)으로 지지된 보 중 힘의 평형 조건만으로 반력이나 응력이 구해지는 것.

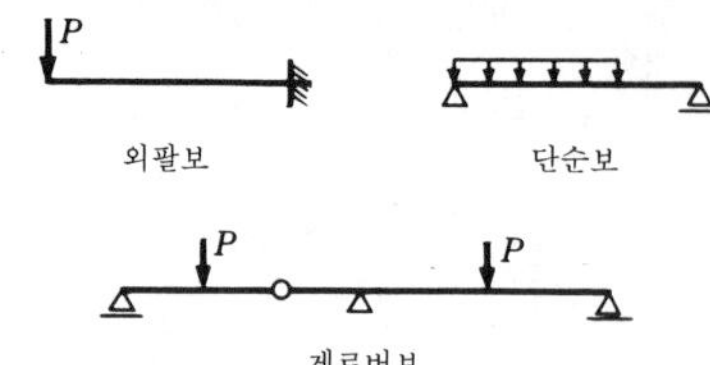

statically determinate frame 정정 라멘(整定−) 정정 구조의 라멘.

statically determinate principal system 정정 기본계(整定基本系) 부정정 구조물을 응력법으로 풀 때 사용하는 것으로, 부정정 구조물의 반력 또는 부재 응력의 일부를 미지수인 부정정력으로 치환하여 정정 구조물로 고친 계. =primary system

statically determinate rigid frame 정정 라멘(整定-) 정정 구조의 라멘. →statically determinate structure

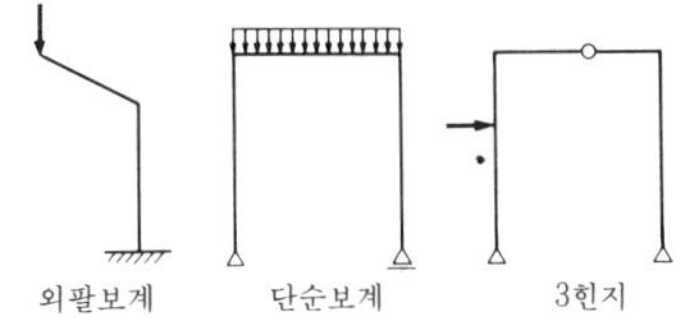

statically determinate shell 정정 셸(整定-) 변형을 고려하지 않는 힘의 평형식만이 역학적 거동을 결정할 수 있는 셸. 예를 들면 휨 응력이 없고 막응력만이 생기는 셸.

statically determinate space truss 정정 입체 트러스(整定立體-) 힘의 평형 조건만으로 응력이나 반력을 결정할 수 있는 입체 트러스를 말한다. 단순 입체 트러스라고도 한다.

statically determinate structure 정정 구조물(整定構造物) 정정인 상태에 있는 구조물. 정정 보·정정 라멘·정정 트러스·정정 아치 등이 있다. 막 응력 상태에 있는 어떤 셸도 막이론에 의해 힘의 평형 조건만으로 풀 수 있으므로 정정 셸이라고 부르기도 한다.

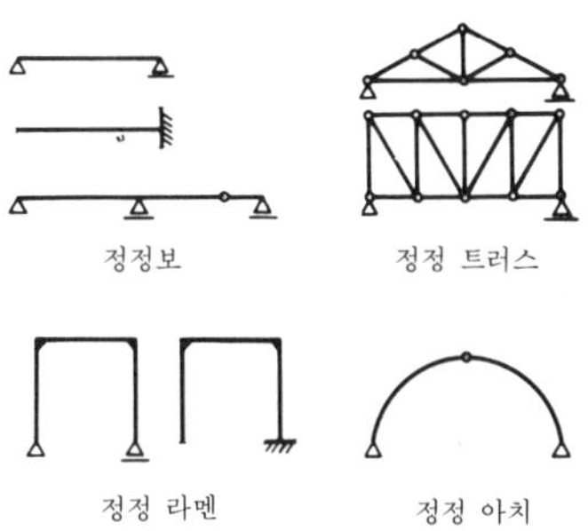

statically determinate support 정정 지지(整定支持) 구조물의 안정한 지지법의 하나로, 지지의 하나라도 헐겁게 하면 불안정하게 되는 지지. 정정 지지가 되려면 적어도 반력수는 셋 필요하다. 지지를 하나 헐겁게 해도 불안정하게 되지 않는 지지를 부정정 지지라 한다.

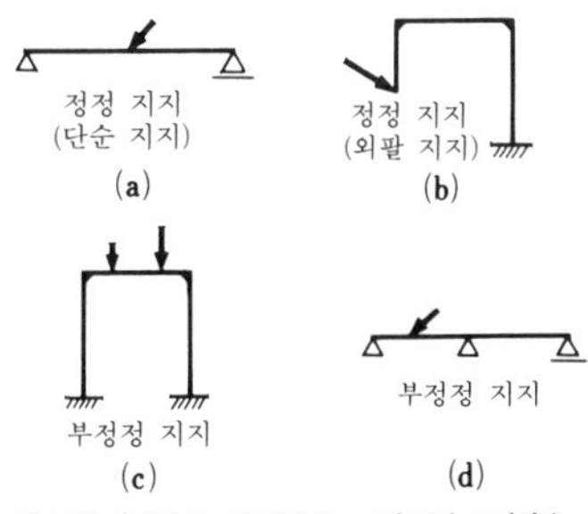

그림 (a)의 회전단을 이동단으로, 그림 (b)의 고정단을 회전단으로 하면 (a), (b) 모두 불안정해진다

statically determinate truss 정정 트러스(整定-) 정정 구조의 트러스.

statically determinate with respect to reactions 외적 정정(外的整定) 임의의 외력에 대하여 안정하기 위해 필요 최소한의 수의 반력인 구조의 상태. 반력은 외력과의 힘의 평형 조건만으로 결정된다.

statically indeterminate 부정정(不整定) 반력이나 부재의 응력이 힘의 평형 방정식만으로는 구할 수 없고, 변형도 고려하지 않으면 안 될 때의 구조물의 상태. 판별식은

평면 구조물에서는

$m=n+s+r-2k>0$

입체 구조물에서는

$m=n+s+r-3k>0$

여기서, n : 반력수, s : 부재수, r : 강접합재수, k : 절점수.

statically indeterminate arch 부정정 아치(不整定-) 힘의 평형 조건만으로는 반력 및 부재 응력을 정할 수 없는 아치.

statically indeterminate force 부정정력(不整定力) 부정정 구조물을 응력법으로 풀 때 정정 기본형에 미지수로서 작용시키는 응력 또는 반력으로, 부정정 차수만의 수가 필요하다.

statically indeterminate frame 부정정 라멘(不整定-) 힘의 평형 조건만으로는 반력 및 부재 응력을 정할 수 없는 라멘.

statically indeterminate reaction 부정정 반력(不整定反力) 외적 부정정 구조에 있어서 힘의 평형 조건만으로는 크기를 정할 수 없는 반력.

statically indeterminate shell 부정정 셸(不整定-) 면내 응력뿐만이 아니고 면외 전단력이나 휨 모멘트를 무시할 수 없는 셸. 힘의 평형 조건만으로 응력이 정해지지 않으므로 이렇게 부르는 일이 있다.

statically indeterminate structure 부정정 구조물(不整定構造物) 부정정인 구조물. 반력에 대해서만 말할 때 외적 부정정, 부재 응력에 대해서만 말할 때 내적 부정정이라 한다.

① 한 지점의 파손 : 지점이 파손하여 수평 방향의 저항력을 잃어도 안정성은 유지된다

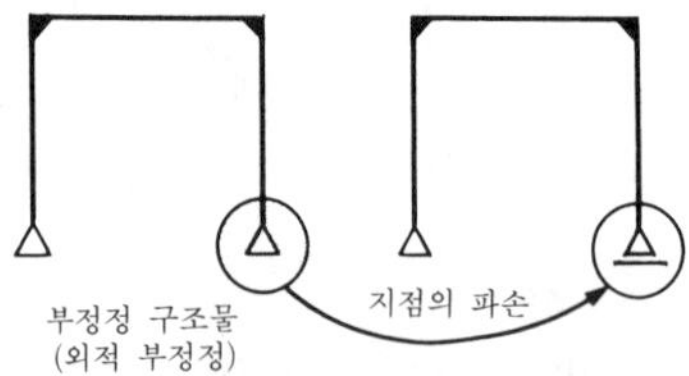

② 한 부재의 파손 : 경사재 중 1개가 파손하여 저항력을 잃어도 안정성은 유지된다

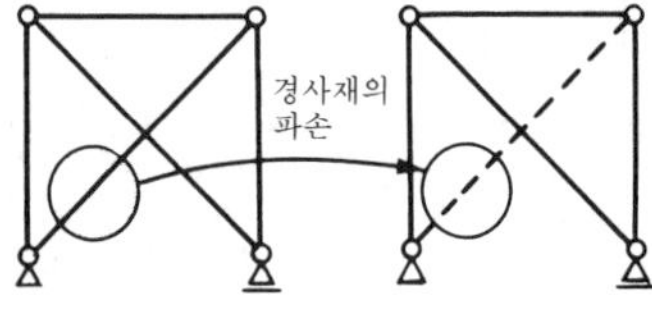

statically indeterminate structure with respect to reactions 외적 부정정 구조(外的不整定構造) 뼈대가 안정하는 데 필요한 수만큼의 반력수가 주어지고 있는 구조를 외적 정정 구조라 한다. 외적 부정정 구조에서는 지점(支點)의 반력수가 필요한 수 만큼 없고, 힘의 평형 방정식만으로는 반력의 크기를 구할 수 없다.

statically indeterminate truss 부정정 트러스(不整定－) 힘의 평형 조건만으로는 반력과 부재 응력을 정할 수 없는 트러스.

statically indeterminate with respect to internal forces 내적 부정정 구조(內的不整定構造) 부정정 구조물로, 힘의 평형 조건만으로는 부재의 응력을 구할 수 없는 구조물. 외적 부정정 구조의 대비어. 부재를 제거하거나 혹은 절점의 결합력을 작게 하는 접합으로 바꿈으로써 정정 구조물로 바꿀 수 있다.

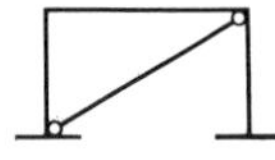

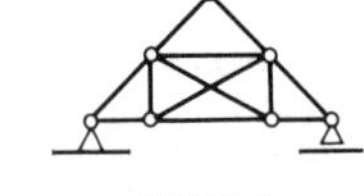

statically indeterminate with respect to reactions 외적 부정정(外的不整定) 임의의 외력에 대하여 안정하기 위해 필요 이상의 수의 반력이 있고, 힘의 평형 조건만으로는 반력의 크기를 결정할 수 없는 구조의 상태.

statical moment of area 단면 1차 모멘트(斷面一次－) 단면과 어느 축 x가 주어졌을 때 미소 단면적 dA와 x축까지의 거리 y와의 곱을 전단면적에 대해서 구하고 총합한 것. 기호 S_x.

$S_x = \Sigma\, ydA$

단면의 중심(重心)을 통하는 축에 대한 S_{x0}은 0이다.

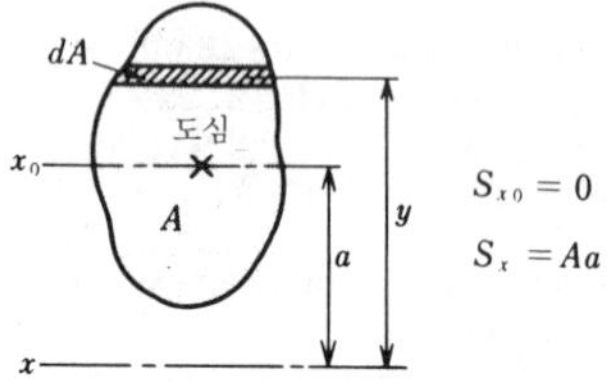

static characteristic 정특성(靜特性) 충분한 평형 안정 상태에서 측정된 값으로 나타낸 재료, 기기, 장치가 표시하는 여러 특성값의 관계.

static deflection 정적 비틀림(靜的－) 탄성체에 정적 하중을 가했을 때(가속도를 무시할 수 있도록 조용하게 물체를 얹은 상태 등)의 변형량.

static design 정적 설계(靜的設計) 동적 설계에 대비하는 용어. 외력을 정적인 힘으로 치환하여 정역학을 써서 구조물을 설계하는 것.

static electricity 정전기(靜電氣) 정지하고 있는 전하에 의한 전기(현상).

static friction 정지 마찰(靜止摩擦) 정지하고 있는 접촉면에 작용하는 마찰.

static head 정수두(靜水頭) ＝hydrostatic head

static load 정하중(靜荷重) 자중·적재 하중 등과 같이 일정한 사태를 유지하든가 또는 변동 속도나 변동 상태가 작은 것을 말한다. 정역학적인 하중이다.

static loading 정적 가력(靜的加力) 재료 시험이나 구조 실험에서 서서히 하중을 가해 가는 것.

static modulus of elasticity 정적 탄성 계수(靜的彈性係數), 정탄성 계수(靜彈性係數) 시험체에 정적인 하중을 가하여 구한 탄성 계수.

static pressure 정압(靜壓) 정지하고 있는 유체 중의 임의의 면에 작용하는 압력. 대기압 · 정수압은 이에 해당한다. 속도 V로 이동하고 있는 밀도ρ의 물체 표면에는 정압 p와 동압 $\rho V^2/2$이 작용하여 베르누이의 법칙에 의해 그 합이 일정하게 된다. 흐름을 막는 물체의 면에서는 유속 V가 저하하고 동압이 내려간 만큼 정압이 상승하여 그 면을 밀게 된다. 풍하중의 산정에서는 이 정압 변동분과 속도압의 비가 풍압 계수로 된다.

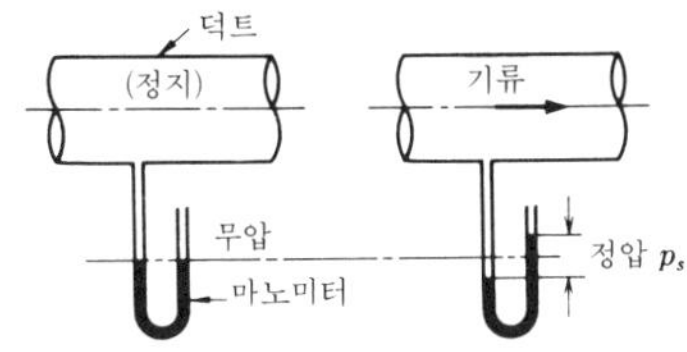

static pressure bases 정압 기준(靜壓基準) 에어 덕트의 국부 저항 계수의 표시 기준. 국부에 있어서의 풍속의 변동에 의한 정압 재취득을 더하지 않은 것.

static pressure control 정압 제어(靜壓制御) 일반적으로 유체의 정압을 목적의 값으로 조정하는 것.

static pressure controller 정압 조정 장치(靜壓調整裝置) 유체의 정압을 목적의 값으로 조절하는 장치.

static pressure regain method 정압 재취득법(靜壓再取得法) 정압 기준의 국부 저항을 쓴 경우 국부 저항의 상류, 하류의 풍속의 변동에 의한 정적 재취득을 고려한 덕트 설계법.

statics 정역학(靜力學) 물체에 작용하는 힘의 평형에 관한 역학. 동력학에 대해서 말한다.

static unstable phenomenon 정적 불안정 현상(靜的不安定現象) 자신의 변형이 원인으로 더욱 변형이 증대한다는 정(正) 피드백 기구하에 발생하는 불안정 현상 중 특히 진동적이 아닌 현상.

station 측점(測點) 측량을 할 때 기준이나 목표가 되는 점. 측점에는 나무말뚝, 돌말뚝, 콘크리트 말뚝 등이 쓰인다.

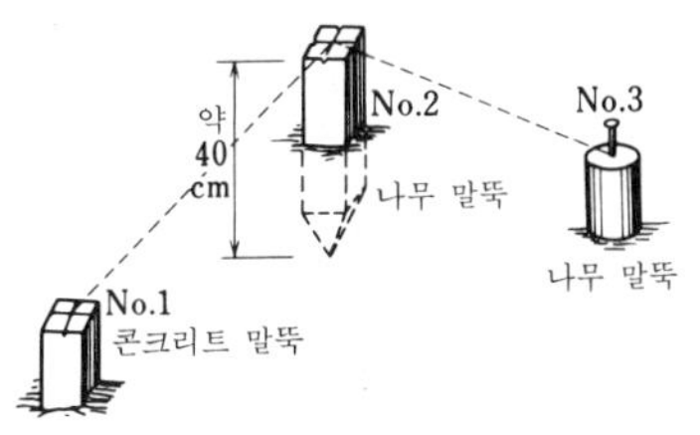

stationary emission source 고정 발생원(固定發生源) 대기 오염 발생원의 하나. 공장, 사업소, 가정, 발전소, 청소 공장 등과 같이 장소적으로 고정한 발생원.

stationary load 상시 하중(常時荷重), 장기 하중(長期荷重) 상시 작용하고 있는 하중.

stationary principle 정류 원리(停留原理) 변위 변분에 대한 원리의 하나. 「주어진 경계 조건과 적합 조건을 만족하는 변위 중 평형 조건을 만족시키는 것은 전 퍼텐셜 에너지를 정류시킨다.」 응력 변분에 대해서 마찬가지로 「응력의 경계 조건과 평형 조건을 만족하는 응력 상태 중 참 변형의 적합 조건을 만족하는 것은 전 보족 퍼텐셜 에너지를 정류시킨다.」가 있다. 소성 설계의 종국 하중의 상하계 정리를 가리켜서 종국 하중의 정류 원리라고도 한다. 이와 같이 세 가지 조건 중 둘을 만족하는 것의 극값(極値)이 참이라고 하는 원리가 일반적인 정류 원리이다. ＝extremes priciple

stationary probability process 정상 확률 과정(定常確率過程) 확률 과정의 성질이 시각에 따라 변화하지 않는 경우 시간적으로 불변인 확률 과정을 생각한다. 정상 과정에서는 평균값 및 제곱 평균값은 일정값을 유지하고, 자기 상관 함수는 시간차만의 함수가 된다.

stationary wave 정상파(定常波), 정재파(定在波) ＝standing wave

station of triangulation 3각점(三角點) 3각 측량을 할 때 그 3각망의 기준이 되는 점을 말한다.

station place 역전 광장(驛前廣場) ＝station square

station plaza 역전 광장(驛前廣場) ＝station square

station square 역전 광장(驛前廣場) 철도역 전면에 두어진 광장으로, 여기에는 가로(街路)가 연결되고, 보도, 자동차 주차장, 승합 자동차 정류소, 교통 정리 시설을 설치하는 외에 미관을 고려하여 앞뜰, 분수, 기념비 등도 설치된다. ＝station place

statistical incidence sound absorption coefficient 통계 입사 흡음률(統計入射吸音率) 흡음면에 모든 방향에서 고르게 음파가 입사한다고 가정한 경우의 흡음률. 입사각마다의 경사 입사 흡음률에서 계산으로 구해진다.

statocs 장약학(靜力學) 정지하고 있는 질점 또는 물체에 작용하는 힘과 거기에 생기는 변형 · 응력에 관한 역학의 분야.

stay 스테이[1], 버팀대[2] (1) 구축물이나 부재가 하중에 견디지 못하여 기울어지지 않도록 지지하는 것.
(2) 주로 가설물 등에 사용하는, 도괴를 방지하기 위해 비스듬하게 버티는 막대.

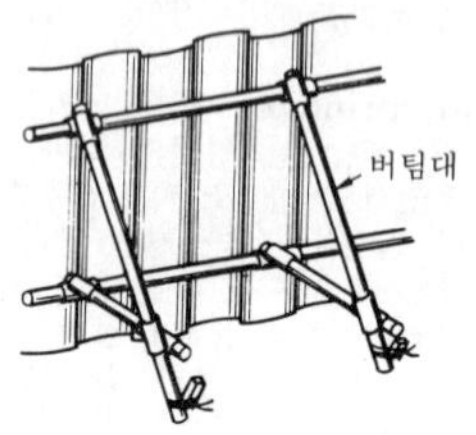

stay post 가새기둥 목조의 문 · 담 등의 경사 방지를 위한 지주.

steady flow 정상 흐름(定常－) 흐름의 상태가 시간적으로 변화하지 않는 일정한 흐름을 말한다.

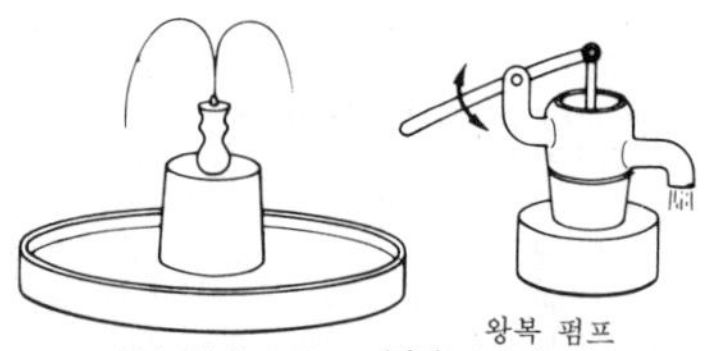

분수(정상 흐름) 왕복 펌프 (정상 흐름이 아닌 흐름)

steady heat transmission 정상 열관류(定常熱貫流) 고체벽 양측의 공기에 장시간 일정한 온도차가 있을 때 고온측에서 저온측을 향하여 정상적으로 일정한 열량이 흐르는 현상.

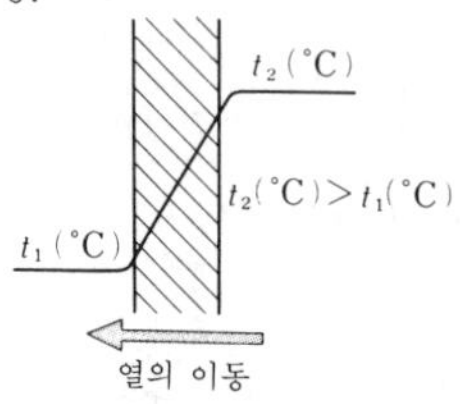

steady noise 정상 소음(定常騷音) 회전 기계류의 발생 소음이나 공기 조화 소음 등 음압이 시간적으로 일정한 소음.

steady temperature and humidity room 항온 항습실(恒溫恒濕室) 일정 온도, 일정 습도로 조정되어 있는 방. 각종 시험실, 반도체의 제조 프로세스 등 고정도 제품의 가공 · 제조실, 귀중품의 수장고 등에 필요하게 된다.

steam atomizing burner 증기 분무 버너(蒸氣噴霧－) 기름을 무화(霧化)하기 위하여 증기의 압력을 이용하는 버너. 유압 분무식이나 로터리식에 비해 무화 효과가 좋다.

steam coil 증기 코일(蒸氣－) 플레이트 핀(plate fin)이나 헬리컬 핀을 이용하여 공기를 증기에 의해 가열하는 열교환기.

steam curing 증기 양생(蒸氣養生) 고온도의 수증기(일반적으로 대기압하)를 사용한 콘크리트 등의 촉진 양생.

steam direct heating 직접 증기 난방(直接蒸氣煖房) 증기를 열매로 하여 라디에이터, 컨벡터 등을 써서 실내를 직접적으로 가열하는 직접 난방.

steam ejector 증기 이젝터(蒸氣－) 냉매 증기를 노즐에서 고속으로 분출시키고, 흡인한 냉매 증기를 디퓨저 속에서 압축하는 장치. 증기 분사식 냉동기에 쓰인다.

steam engine 증기 기관(蒸氣機關) 고압 증기의 압력에 의해 실린더 내의 피스톤을 움직여 그 왕복 운동을 크랭크 기구에 의해 회전 운동으로 바꾸는 기관.

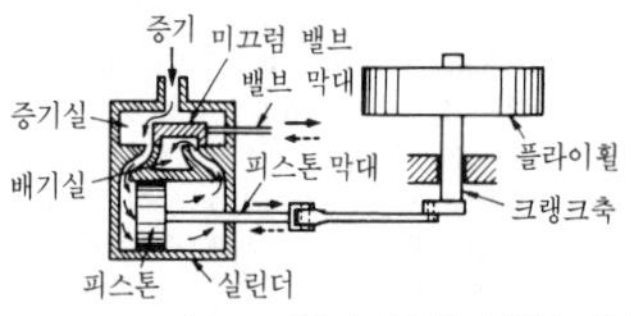

steam generator 증기 발생기(蒸氣發生機) 소형 장치로 고압 증기가 얻어지는 단관식 관류 보일러.

steam hammer 증기 해머(蒸氣－) 증기 또는 압축 공기(압축 공기 해머)를 동력으로 하는 말뚝 박는 기계.

steam header 증기 헤더(蒸氣－) 증기를 등압으로 많은 계통에 분기한다든지 합류한다든지 하는 증기 배관의 장치.

steam heating 증기 난방(蒸氣煖房) 증기를 열원으로 하는 난방 방식. 라디에이터 · 컨벡터 등의 방열기가 사용된다. 온수 난방에 비해 방열 면적 · 배관 구경이 작고, 예열 시간이 짧다. 증기 온도 · 유량을 보일러실에서 제어하기가 어렵다(다음 면 그림 참조).

steam piping 증기 배관법(蒸氣配管法) 증기를 공급, 또는 환수(還水)하는 배관의 방법. 압력에 따라 고압 방식과 저압 방식이 있고, 환수 방식으로서 중력식, 진공식이 있다. 배관 방식으로서 상향 공급, 하향 공급, 단관식, 복관식 등이 있다.

steam seasoning 증기 건조(蒸氣乾燥) 인공 건조의 일종으로, 목재를 건조실에 넣고, 증기를 보내어 온도와 습도를 조절해

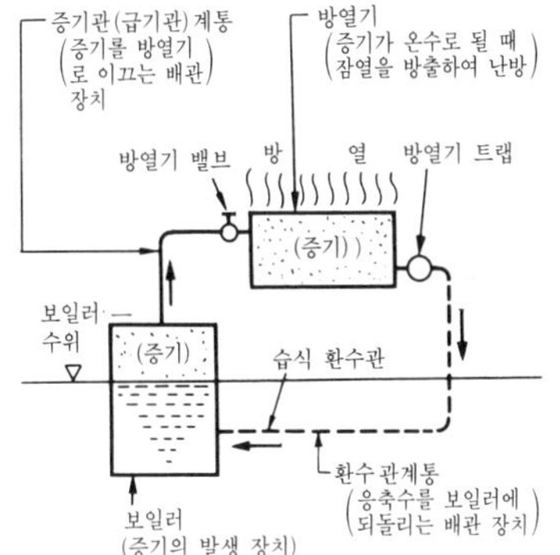

steam heating

서 건조하는 방법.

steam shovel 증기 셔블(蒸氣−) 증기 기관을 동력으로 하는 셔블로, 현재는 디젤 기관을 동력으로 하는 것을 사용한다.

steam stop valve 증기 스톱 밸브(蒸氣停止−) 증기의 흐름을 차단할 목적으로 사용되는 밸브.

steam tables 증기표(蒸氣表) 증기의 상태량(압력 · 온도 · 비용적 · 엔탈피 · 엔트로피)을 압력 혹은 온도를 기준으로 하여 나타낸 표. 포화 증기표(온도 기준, 압력 기준), 과열 증기표가 있다.

steam trap 증기 트랩(蒸氣−) 증기를 사용하는 배관이나 기기에 부착되며, 증기와 드레인을 분리하여 드레인만을 환수(還水)하는 장치. 벨로스형, 버킷형, 플로트형 등이 있다.

steel 강(鋼) 주로 철과 탄소의 합금. 탄소 함유량은 0.04~1.7%이다. 함유량에 따라 극연강 · 연강 · 반경강 · 경강 · 최경강으로 나뉘고 있다. 건축에 사용되는 것은 탄소량 0.1~0.3%인 연강이 많다. 인성 · 신장이 뛰어나고, 단조 · 담금질이 가능하다. 탄소 외에 Ni, Mn, Cr 등을 가한 합금강이 있다.

steel bar 봉강(棒鋼) 강철제의 막대. 원강 · 이형 원강 · 각강 등이 있다.

steel brush 스틸 브러시 =wire brush

steel chimney 강철제 굴뚝(鋼鐵製−), 강제 굴뚝(鋼製−) 강판이나 강관 등의 강제 부재로 만든 굴뚝.

steel-concrete composite structure 철골 철근 콘크리트 구조(鐵骨鐵筋−構造) = steel framed reinforced concrete structure

steel construction 철골 구조(鐵骨構造) 형강, 강판, 평강 등을 리벳이나 볼트, 용접 등으로 접합하여 조립한 것을 주요 뼈대로 한 건축. 철근 콘크리트를 피복하여 사용한 것도 철골 구조이다. =skeleton construction, steel structure, steel framed structure

steel deck 덱 플레이트, 바닥 강판(−鋼板) 광폭의 띠강에 산이나 골형의 가공을 한 것. 냉간 압연에서 주로 제작된다. 콘크리트 슬래브 밑에 거푸집으로서 사용되는 예가 많다. 형상은 여러 종류가 있다. 합성 슬래브로서 내력을 갖게 하는 경우와 강철 바닥판으로서 그대로 사용되는 경우가 있다.

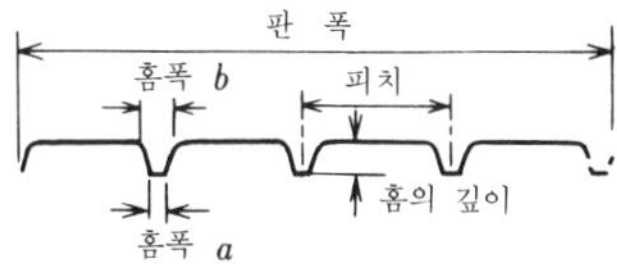

홈이 깊은 것, 얕은 것, 특수한 모양의 것, 피치의 대소 등 종류는 많다

steel door 철문(鐵門), 강철문(鋼鐵門) 강철로 만든 문.

steel encased reinforced concrete 철골 철근 콘크리트 구조(鐵骨鐵筋−構造) 철골을 중심으로 그 주위를 철근 콘크리트 구조로 한 부재에 의해 형성되는 구조.

steel fabrication 철골 제작(鐵骨製作) 철골 부재를 제작하는 것. 공장 가공이라고도 한다. 설계도에서 공작도를 그리고, 본뜨기 절단 · 구멍뚫기 · 조립 · 공장 접합부의 리벳이나 용접 · 검사 · 도장 · 가조립 등을 한다. 운반에 들어가기 직전까지의 공정. =steel work

steel fiber 강섬유(鋼纖維) 박판의 절단, 강괴의 절삭, 강선의 신선(伸線) · 절단 등의 방법에 의해 단섬유상으로 가공한 강재. 콘크리트의 보강에 사용한다.

steel fiber reinforced concrete 강섬유 콘크리트(鋼纖維−) 길이 20~30mm, 직경 0.5mm 정도의 강섬유를 균등하게 분산 혼입한 콘크리트. 강도가 크고, 에너지 흡수 능력이 크다.

steel frame 철골(鐵骨) 철골 구조물이나 철골 철근 콘크리트 구조물의 주체 구조를 형성하는 강제 부재. 형강, 강판, 강관 등을 말한다.

steel framed reinforced concrete struc-

ture 철골 철근 콘크리트 구조(鐵骨鐵筋-構造), SRC구조(-構造) 합성 구조라고도 한다. 철골 뼈대 주위에 철근을 배치하고 콘크리트를 타입한 부재를 주구조부로서 구성된 구조. 구조적으로는 강구조와 철근 콘크리트 구조가 협력하여 작용한다고 생각되며, 단면 산정에는 누가(累加) 강도식이 쓰이고 있다. =steel-concrete composie sturcture

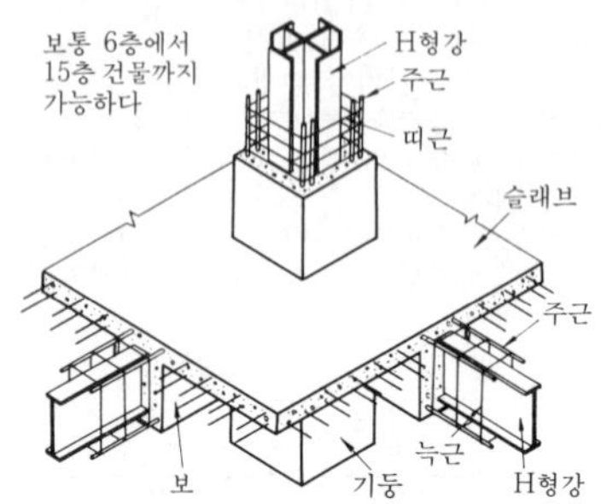

steel framed structure 철골 구조(鐵骨構造) =steel construction

steel grade 강종(鋼種) 강재의 종류. 주로 항복점이나 인장 강도 등 기계적 성질이나 화학 성분에 따라 분류되어 있다.

steel guyed mast 지선식 철탑(支線式鐵塔) 철탑 구조의 일종. 연직으로 세운 마스트와 그것을 주위에서 인장하여 지지하는 지선으로 이루어진다.

steel index 강재 계수(鋼材係數) PC강재 및 인장측의 보통 철근의 단면적에 각각의 항복점 응력을 곱한 값을 콘크리트의 유효 단면적과 콘크리트의 압축 강도의 곱으로 나눈 값.

steel joist 스틸 조이스트 강철제의 보.

steel pile 강말뚝(鋼-) 강철제 말뚝. H형 또는 강관이 주이다. 운반·타입이 용이하고, 용접에 의해 이음이 가능하며 긴 말뚝에 적합하다. 콘크리트와 합성 말뚝도 이용되고 있다.

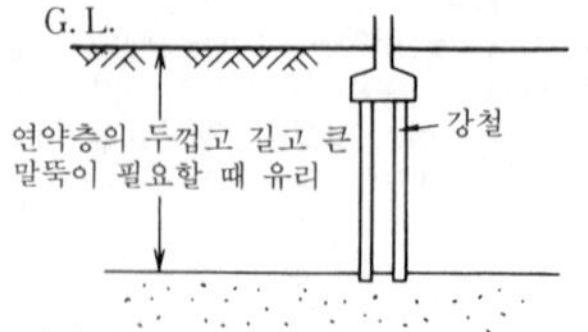

steel pipe 강관(鋼管) 탄소량 0.15~0.28%의 연강으로 만들어진 원관을 말한다. 각종 제법이 있다. →structural carbon steel tube

steel pipe branch joint 강관 분기 이음(鋼管分岐-) 관통하고 있는 주관(主管)에 지관(支管)이 어느 각도를 이루고 부착되어 있는 강관 트러스의 절점.

steel pipe furniture 강관 가구(鋼管家具) =metal tube furniture

steel pipe pile 강관 말뚝(鋼管-) 지반에 건물을 지지하기 위하여 사용하는 강관의 말뚝.

steel pipe reinforced concrete pile 강관 콘크리트 말뚝(鋼管-) 강관의 중공부(中空部)에 (철근)콘크리트를 충전한 말뚝.

steel pipe reinforced concrete structure 강관 콘크리트 구조(鋼管-構造) 강관과 타설된 콘크리트가 한 몸으로 되어서 작용하도록 배려된 복합 부재로 이루어지는 구조. 피복형, 충전형, 충전 피복형이 있다.

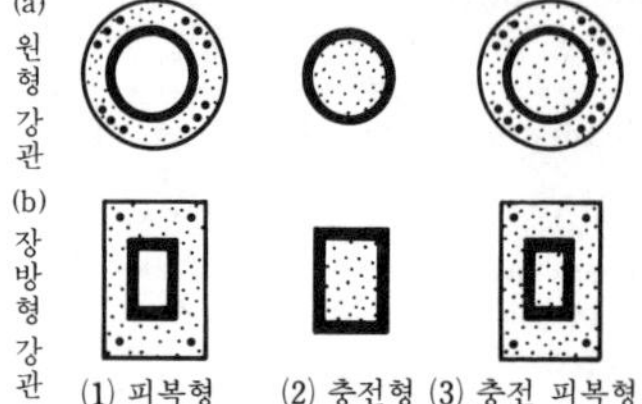

steel pipe scaffold 강관 비계(鋼管飛階) 강철제 파이프를 클램프로 조립하는 비계. 단관 비계와 틀비계가 있다.

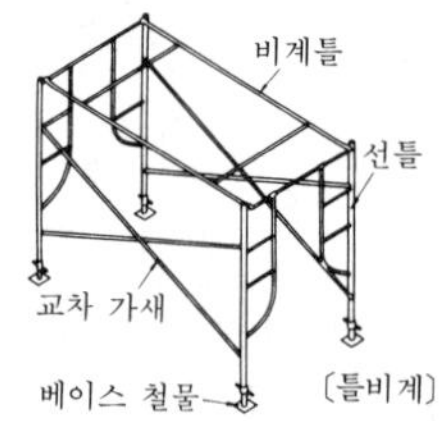

steel pipe sheet pile 강관 널말뚝(鋼管-) 강관 말뚝을 기둥 모양으로 박아 넣어 널말뚝의 일종으로 사용하는 구조.

steel pipe structure 강관 구조(鋼管構造) 구조용 강관을 주구조재로 하는 철골 구조. 단면에 방향성이 없고, 비틀림에 강하기 때문에 기둥 보의 주재나 평면 트러스·입체 트러스로서 사용한다. 각종 접합법이 제안되고 있다(다음 면 그림 참조).

steel pipe truss 강관 트러스(鋼管-) 강관을 용접이나 볼트에 의해 조립한 트러스 부재.

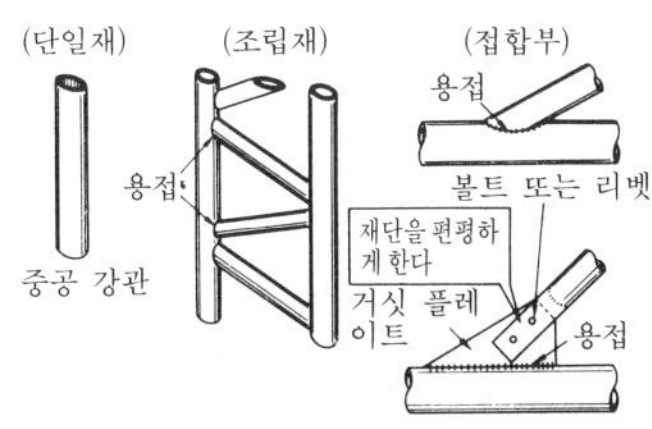

steel pipe structure

steel plate 강판(鋼板) 강괴를 압연 가공하여 판상(板狀)으로 한 것. 박강판 · 평강 · 강판으로 나뉜다. =steel sheet

steel plate shear wall 강판 내진벽(鋼板耐震壁) 비교적 얇은 강판을 써서 벽을 만들어 기둥, 보 가구(架構) 속에 꾸며 넣고 면내 전단 내력으로 지진력에 저항하도록 한 내진벽.

steel ratio 철근비(鐵筋比) =reinforcement ratio

steel sash 스틸 새시 강판, 알루미늄, 스테인리스강, 또는 새시 바(sash bar)로 조립한 창호로, 내화 건축의 창, 출입구, 문, 미닫이, 방화문 등에 사용되며, 규격화된 것 외에 다수의 기성 새시가 있다.

steel sheet 강판(鋼板) =steel plate

steel sheet pile 강 널말뚝(鋼−) 토압이나 수압을 지지하는 강철제 널말뚝으로, 특수한 단면을 가지며, 서로 맞물려서 수밀성을 향상시킨다.

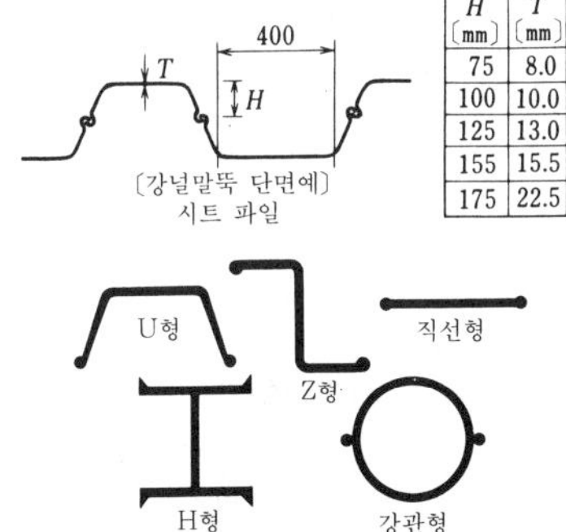

H (mm)	T (mm)
75	8.0
100	10.0
125	13.0
155	15.5
175	22.5

steel square 곱자, 곡척(曲尺) =carpenter' s square

steel square bar 각강(角鋼) =squre steel

steel structure 강구조(鋼構造), 철골 구조(鐵骨構造), S구조(−構造) 구조상 주요한 부분에 형강 · 강판 · 강관 등의 강재를 사용한 부재를 써서 구성된 구조.

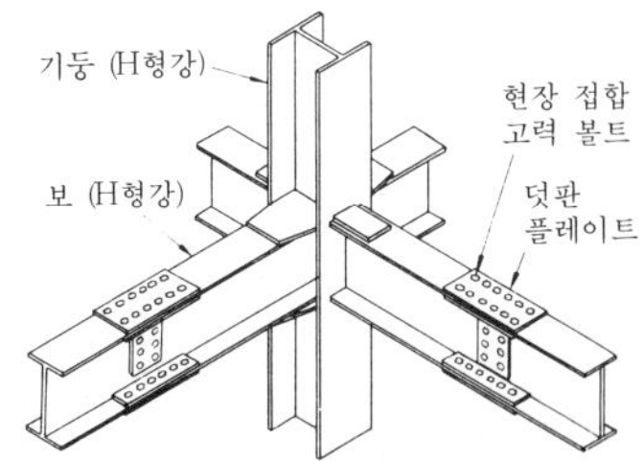

steel structure

steel structure type calculation method 철골식 계산법(鐵骨式計算法) 철골 철근 콘크리트 단면의 산정에 있어서 철근을 철골의 일부로 생각하여 계산하는 방법.

steel tape 강제 줄자(鋼製−) 강의 박판으로 만든 줄자.

steel tower 철탑(鐵塔) 강제 부재로 조립된 탑의 총칭. 독립 철탑과 지선식 철탑으로 나뉜다. 형상과 용도에 따라 분류된다.

steel tower structure 철탑 구조(鐵塔構造) 탑을 형성하는 철골의 뼈대 구조.

steel truss 철골 지붕틀(鐵骨−) 철골 부재로 조립한 지붕을 구성하는 뼈대.

steel tube 강관(鋼管) =steel pipe

steel wire 강선(鋼線)[1], 철선(鐵線)[2] (1) 강제의 선재. 연강 혹은 경강을 선 모양으로 가공해서 만든다. 비계 등의 긴결, 가선(架線), 용접 쇠그물, PC강재 등에 사용한다.
(2) 연강재를 신선(伸線)한 것. 보통 철선, 풀림 철선, 아연 도금 철선, 못용 철선의 종류가 있으며, 보통 철사, 못 등으로 사용한다.

steel work 철골 제작(鐵骨製作) =steel fabrication

steeple 뾰족 지붕 원뿔형 또는 다각뿔의 급경사를 이루며 끝이 뾰족한 지붕.

Steinbrenner's approximate solution 스타인브레너의 근사해(−近似解) 유한 두께의 지층상 기초의 즉시 침하량을 주는 식.

$$S_E = \mu H \cdot \frac{q\sqrt{A}}{E}$$

여기서, S_E : 즉시 침하량, A : 기초 바닥 면적, q : 기초의 단위 면적당 하중, E : 지반의 영 계수, μH : 지반의 포와송비 · 두께 · 기초 형상으로 정해지는 계수(침하계수).

stencil 스텐실 도면에 문자, 기호를 기입할 때 사용하는 형판. 템플릿이라고도 한다. 벽면 등에 쓰는 대형의 것도 있다.

step 계단(階段) 높이를 달리 하는 아래층

과 위층을 연락하는 통로. ＝stair

step by step integration 축차 적분법(逐次積分法), 순차 적분법(順次積分法) 수치 적분법으로, 미소 시간 간격마다 다음 상태를 추정해 가는 방법. 지진 응답의 기본적인 조작이다.

step by step method 증분법(增分法) 뼈대의 붕괴 하중을 구할 때 가력(加力)을 증대시키면서 뼈대의 참 붕괴형으로 접근시켜 가는 수법.

step control of lighting 단조광(段調光) 조명 설비의 광원 특히 형광 램프의 광속을 전기 회로에 의해 단계적으로 변화시키는 조광. 에너지 절감을 위한 조광의 한 수법.

step force 스텝 외력(－外力) 진동계에 가해지는 이상적 외력 형식의 하나. 어떤 시각 이후에 일정한 크기의 하중이 가해지는 형식의 외력. 크기 1의 스텝 외력에 의한 과도 응답을 단위 스텝 응답이라 한다.

stepped pyramid 계단 피라미드(階段－) 고대 이집트의 분묘로, 마스타바에서 피라미드로의 발전 과정을 나타낸 것. 예를 들면 사카라의 계단 피라미드(BC 2640경).

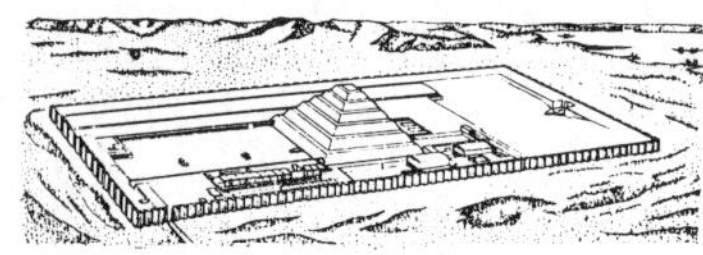

stepping stone 디딤돌, 징검돌 뜰 안의 보행과 경치를 위해 배열하는 평탄한 돌.

step response 스텝 응답(－應答) 단계적(스텝 함수적)으로 크기가 변화하는 외력을 가했을 때의 계의 응답.

stereographic projection 극사영(極射影) ＝polar projection

stereotomy 규구법(規矩法) 건축에 있어서의 이음 기타 구조 의장 등의 실형을 전개 작도하여 이것을 실용적으로 산출해 내는 방법.

sterilizing chamber 소독 탱크(消毒－) 오수 처리 탱크의 최후의 일부를 이루는 것으로, 하수를 방류하기 전에 정화시킨 오수를 소독하는 탱크. 약액은 표백분의 수용액에 묽은 산염을 섞은 것이다.

stiff consistency concrete 된비빔 콘크리트 슬럼프 15cm 정도 이하의 콘크리트를 통칭하는 것.

stiffened shell 보강 셸(補剛－) 얇은 셸의 강성, 좌굴 강도를 높이기 위해 셸면에 적당한 간격으로 보강재를 부착한 셸.

stiffener 스티프너 보강재(補剛材)의 총칭. 플레이트 거더나 박스 기둥의 플랜지나 웨브의 좌굴을 방지하기 위해 쓰이는 판을 말한다.

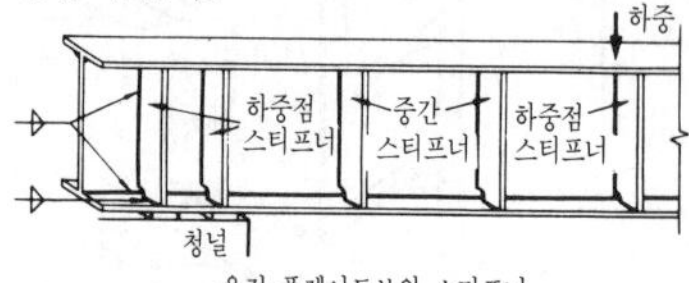

용접 플레이트보의 스티프너

stiffening 보강(補剛) 강성이나 강도를 유지하기 위해, 또는 좌굴을 방지하기 위해 부재나 판(板) 요소를 대는 것.

stiffening force 보강력(補剛力) 보강재에 작용하는 응력.

stiffening frame 보강 뼈대(補剛－), 보강 골조(補剛骨組) 구조물의 강성을 높이고, 또는 유해한 진동 모드를 발생하지 않도록 의도적으로 삽입하는 뼈대. 내진 설계에서의 강성률 개선이나 내풍(耐風) 설계에서의 불안정 진동의 방지에 쓰인다.

stiffening member 보강재(補剛材) 구조물을 잘 변형하지 않도록 강성을 높이기 위한 재. 바닥이나 지붕면을 일체화한다든지, 보 등의 가로 좌굴을 방지하기 위해 설치된다.

stiffening truss 보강 트러스(補剛－) 구조물이 외력을 받을 때 큰 변형이 생기지 않도록 보강을 위해 구면(構面) 내에 삽입하는 트러스.

stiff-leg derrick (crane) 스티프레그 데릭(기중기)(－(起重機)), 3각 데릭(기중기)(三脚－(起重機)) 양중용(揚重用) 작업 기계의 일종으로, 직각으로 접합한 수평한 토대의 정점에서 수직으로 마스트를 세우고, 그 끝과 토대끝을 45°의 경사 지주(레그 : leg)로 이어 마스트의 각부(脚部)에서 긴 붐을 돌출한 형식의 것. 마스트와 붐을 동시에 회전시키고 그 회전 각도는 270°이며, 지선은 불필요하다.

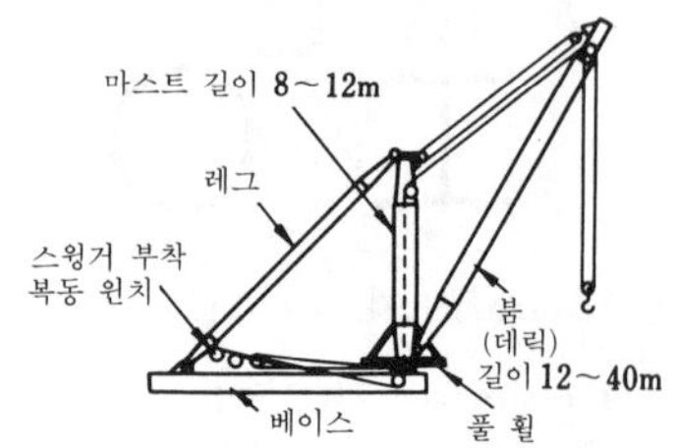

stiffness 강성(剛性) 구조물이나 부재에 단위의 변형을 일으키게 하는 데 필요로 하는 외력의 크기. ＝rigidity

stiffness drop ratio 강성 저하율(剛性低

下率) =rigidity degrading ratio

stiffness factor 강도(剛度) 부재의 중립축에 관한 단면 2차 모멘트 I를 부재의 길이 l로 나눈 값. 강도를 K로 하면

$K=I/l$

또 표준으로 하는 부재의 강도를 표준 강도라 하고, 임의의 값을 취할 수 있다. 어떤 부재의 강도 K와 표준 강도 K_0의 비를 그 재의 강비(剛比)라 하고, 이것을 k로 하면

$k=K/K_0$

부정정(不整定) 라멘의 재(材) 응력은 재의 강비에 따라 변화한다.

stiffness matrix 강성 매트릭스(剛性－) 변위법에서 힘과 변형의 관계를 나타내는 매트릭스.

$\{F\}=[K]\{\delta\}+\{C\}$

의 $[K]$에 해당한다. 유성(柔性) 매트릭스의 역 매트릭스가 된다.

stiffness method 강성법(剛性法) 응력 해석의 수법 중 변위를 미지수로 잡고, 강성 매트릭스를 거쳐서 외력과 평형 방정식을 세워 해석하는 수법. 변위법 · 평형법 등이라고도 한다. 유성법(柔性法)에 대비하여 쓰인다.

stiff paint 된비빔 페인트 배합 페인트(용해 페인트)에 대하여 유동성이 적은 페이스트상의 오일 페인트를 말한다. 도장할 때는 보일유를 가해 묽게 해서 사용한다. =stiff paste paint

stiff paste paint 된비빔 페인트 =stiff paint

stimulating color 흥분색(興奮色) 색이 인간의 감정에 주는 심리적 효과, 색의 감정적 표상성(表象性)의 하나. 즉, 보았을 때 흥분을 일으키게 하는 색. 적색 · 오렌지색 · 황색 등의 난색계의 색상으로, 채도가 높은 색일수록 자극이 강하고, 흥분을 높인다.

stirrup 늑근(肋筋)[1], U형 철물(－形鐵物), 감잡이쇠[2] (1) 철근 콘크리트 보의 상하 주근을 감은 철근. 보의 전단 보강근이다. 또 시공시의 조립근으로서 중요하다. 늑근

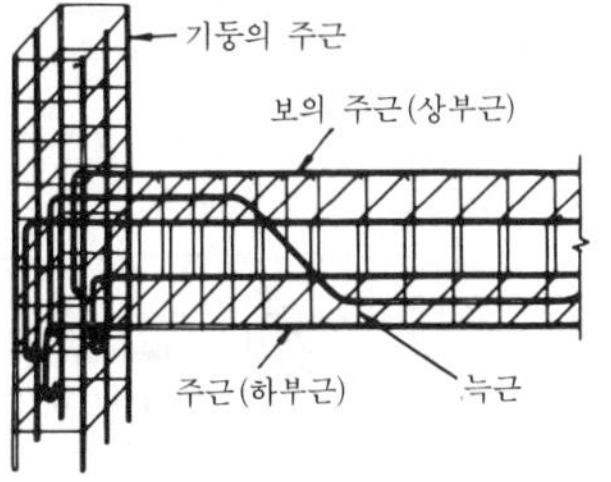

의 어느 위치에서의 총단면적을 보의 폭과 늑근 간격의 곱으로 나눈 값을 늑근비라 하고 백분율로 나타낸다.
(2) 목조 건물의 기둥과 토대, 보와 기둥 등의 접합에 사용하는 U자형의 접합 철물을 말한다. =U-strap

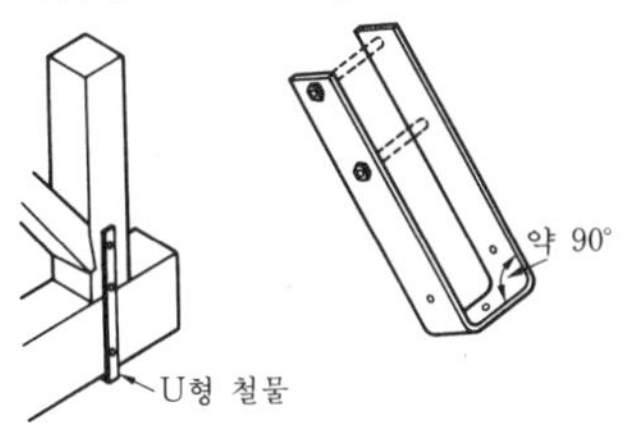

stoa 스토아 고대 그리스에서 광장(아골라)에 면하여 세워진 열주랑(列柱廊)이 있는 건축.

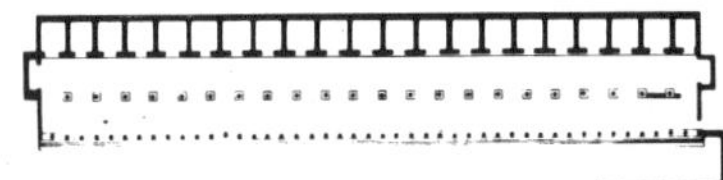

stockroom 창고(倉庫) =warehouse

stoker 스토커 노(爐)의 연소실로 석탄을 기계적으로 공급하는 연소 장치.

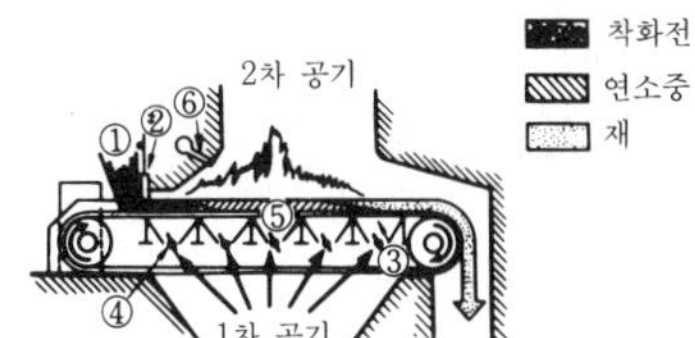

Stokes' law 스토크스의 법칙(－法則) 유체 중을 운동하는 구형(球形) 입자가 받는 저항을 나타내는 법칙. 반경 r의 구(球)가 점성 계수 η의 유체 중을 속도 v로 움직일 때 이 구에 $F=6\pi\eta rv$의 저항이 작용한다는 법칙. 레이놀즈수가 거의 1 이하인 경우에 성립한다.

Stokes' law of resistance 스토크스의 저항 법칙(－抵抗法則) =Stokes' law

Stokes' resistance of friction 스토크스의 마찰 저항(－摩擦抵抗) 스토크스의 저항에서 압력 저항을 제한 값.

stone 석재(石材) 채석한 암석을 가공 성형하여 건축 기타에 사용하도록 한 것. 건축용 석재에는 화강암, 안산암, 경석, 점

판암, 사암, 의회암, 석회암, 대리석, 사문암 등이 있다. 형상으로는 각석, 판석, 견치돌, 연경(軟硬)으로는 견석(> 600kg/cm²), 준견석(600~200kg/cm²), 연석(< 200kg/cm²).

stone construction 석조(石造) 석재를 사용한 구조물.

stone crusher 쇄석기(碎石機) 암석을 어느 크기로 파쇄하여 쇄석을 만드는 기계. 조쇄기(粗碎機 : 최소 직경 15mm 정도), 중쇄기(中碎機 : 5mm 이하의 강모래 정도), 분쇄기(粉碎機 : 강모래 정도)가 있다.

stone cutting 돌나누기 주로 정, 해머, 쐐기 등을 사용하여 석재를 필요한 크기로 쪼개는 것.

stone fence 돌담 돌을 주체로 하여 쌓아 올린 담.

stone grinder 석재 그라인더(石材-) 석재를 가공할 때 사용하는 마감기, 연마기 등.

stone mason 석공(石工) 석재의 채석, 가공, 설치 등의 실무면에서 일하는 작업원.

stone masonry 돌쌓기 돌을 쌓아 담, 울타리, 흙막이 등을 구축하는 것.

stone masonry work 돌공사(-工事) 석재를 써서 시공하는 공사 전반을 말한다.

stone pavement 돌깔기 수평면 또는 사면에 돌을 까는 것. =stone paving

stone paving 돌깔기 =stone pavement

stone pitching 돌붙임 벽이나 바닥 등에 돌을 붙이는 공법. 또는 돌을 붙인 벽이나 바닥 등. 긴결 철물로 벽의 골격에 긴결하고, 꽂임촉이나 꺽쇠로 석재 상호가 벗어나는 것을 방지한다.

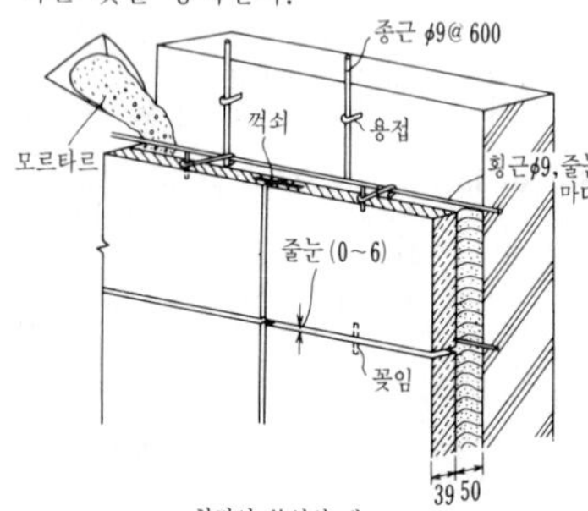

화강암 붙임의 예

stone step 돌계단(-階段) 면을 평평한 자연석이나 그것을 반가공한 석재 혹은 마름돌을 써서 만든 계단.

stone work 돌공사(-工事) 석재의 공사로, 용재에는 화강암, 안산암, 사암, 응회암, 대리석 등이 있다.

stop cock 급수전(給水栓) =forcet

stopped pipe 폐관(閉管) =closed tube

stopper 문소란 ① 문을 열었을 때 또는 닫았을 때 문이 지나치지 않게 하기 위해 틀이나 바닥 등에 부착하는 돌출물. ② 미닫이를 닫았을 때 문이 닿는 기둥 또는 선틀의 면. 혹은 여닫이문을 닫았을 때 문이 닿는 틀의 돌출부.

stop valve 스톱 벨브 경사형 밸브와 벨브 시트에 대하여 나사를 상하로 움직임으로써 유체의 흐름을 개폐하는 장치. 글로브 밸브와 앵글 밸브의 두 종류가 있다.

storage 광 =barn

storage battery 축전지(蓄電池) 방전해도 다시 충전하여 반복 사용할 수 있는 전지. 2차 전지라고도 한다. 납축전지 · 알칼리 축전지 등이 있다. 그림은 납축전지의 구성 예를 나타낸 것이다.

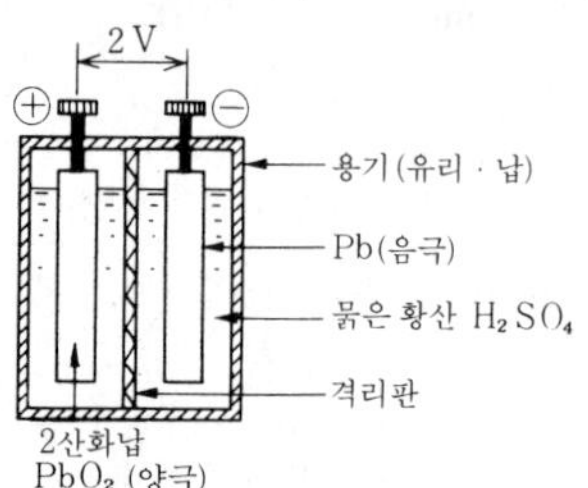

storage furniture 수납 가구(收納家具) 생활 용구, 의류, 식료, 서적 등을 수납, 정리하기 위한 가구.

storage reservoir 저수장(貯水場) 물을 저류하기 위한 시설. 못, 조(槽), 탱크 등이 있다. 상수용, 방화용, 홍수 방지용, 발전용 등으로 사용된다.

storage space 수납 공간(收納空間) 물건을 보존, 관리해 두는 장소의 총칭. 주택에서의 반침, 선반, 다락, 서랍이나 광 등이 포함된다.

storage stability 저장 안정성(貯藏安定性) 저장 중에 재료가 변질한다든지 열화하지 않고 사용 가능한 상태를 유지하는 것.

storage tank 저장 탱크(貯藏-) 물이나 기름을 저장하기 위한 탱크. 건축 설비에

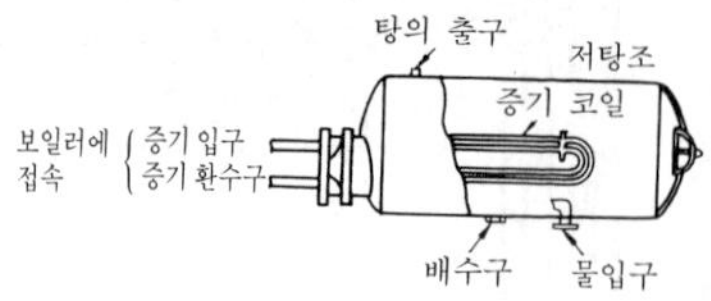

사용되는 탱크는 그 사용 목적에 따라 저유 탱크·저탕 탱크 등, 저장 내용의 단어를 첫멀리에 붙여서 쓰이는 일이 많다. 그림은 중앙식 급탕 설비에 있어서의 저장 탱크의 예를 나타낸 것이다.

store 점포(店鋪) 상품을 전시, 판매하기 위해 만들어진 건물. 음식점을 포함. = shop

storehouse 격납고(格納庫)[1], 곳간[2], 창고(倉庫)[3], 저장고(貯藏庫)[4] (1) 항공기, 헬리콥터, 대형 농업 기계 등을 격납하고, 정비 점검하는 건축물.
(2) 물품을 저장, 보관할 목적으로 세워진 건물의 총칭. 형태, 외벽 마감, 보관 물품 등에 따라 분류된다.
(3) 물품을 일시적 혹은 장기간에 걸쳐서 보관, 저장하기 위한 방 또는 그 건물 전체. =warehouse
(4) 물품을 일정 기간에 걸쳐서 저장, 보관하기 위한 방. 물품을 보존하기 위해 공기조화 설비 등이 설치되는 경우가 있다. = stockroom

storey 층(層) 연속적인 바닥에 의해 구획되어 있는 건물 내부의 층. 수직 방향으로 높이가 다른 바닥면을 세는 단위. =story

storey equation 층 방정식(層方程式) 처짐각법에서 라멘의 응력 해석을 하는 경우에 세우는 힘의 평형식의 하나. 전단력 방정식이라고도 한다. 각층 기둥의 전단력과 그 층에서 상부에 작용하는 수평력은 평형하고 있다. 부재각과 같은 수의 수평 방향의 평형식이 만들어진다.

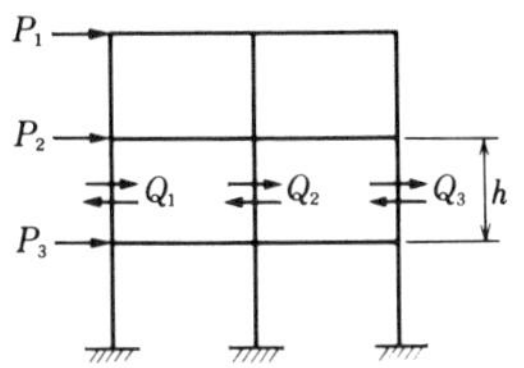

storey moment 층 모멘트(層−) 라멘의 어느 층에 있어서의 기둥의 주두(柱頭)·주각 모멘트의 총합으로, 그 층의 층 전단력에 층높이를 곱한 것이다.

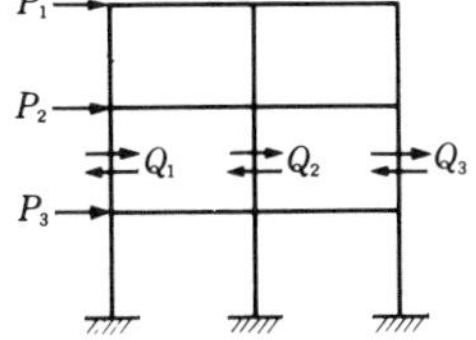

storey moment distribution method 층 모멘트 분할법(層−分割法) 라멘 뼈대 붕괴 하중의 약산법의 하나. 절점 분할법과 같이 각 절점의 소성 힌지를 정하고, 그 플로어에 대한 힌지의 모멘트의 총합인 플로어 모멘트를 각층의 전단력 q_i에 따라 분할하여 붕괴형을 정해 가는 수법.

storey shear coefficient 층 전단력 계수(層剪斷力係數) 어떤 층에서 생기는 전단력을 그 층 이상의 건물 전중량으로 나눈 값. 내진 법규에서는 지진층 전단력 계수라 한다. 건물 기저부의 층 전단력 계수를 베이스 시어 계수라고 한다. →seismic storey shear coefficient

storey shear force of yield state 항복 층 전단력(降伏層剪斷力) 어떤 층의 주두(柱頭)·주각 등에 항복 힌지가 발생하여 그 층이 불안정하게 되었을 때의 층 전단력을 말한다.

storm drain 빗물 배수관(−排水管), 우수 배수관(雨水排水管) 건물 내 및 그 부지 내에서 빗물을 배제하는 관.

stormwater reservoir of seepage water 우수 침투 시설(雨水浸透施設) 빗물을 지하로 침투시켜서 일시 저류하는 시설. 시가지화에 의해 저하한 지면의 보수(保水) 능력을 보완한다.

story 층(層) =storey

story collapse 층붕괴(層崩壞) 어떤 층 기둥의 모든 주두(柱頭), 주각 위치에 소성 힌지가 형성되어 그 층이 수평 방향으로 붕괴하는 것.

story deformation angle 층간 변형각(層間變形角) =drift angle

story equation 층 방정식(層方程式) = storey equation

story height 층높이(層−) 어떤 층의 수평 기준면에서 그 바로 위층의 수평 기준면까지의 높이.

story mechanism 기둥 항복형(−降伏形)[1], 기둥 붕괴형(−崩壞形)[2] (1) 다층 라멘의 설계에서 수평력이 작용했을 때 보보다 앞서 기둥이 항복하도록 부재 배치를 한 뼈대 형식.
(2) 라멘 구조에서 어떤 층의 모든 기둥의 주두(柱頭), 주각에 소성 힌지가 생겨서 그 층에서 형성되는 부분 붕괴 기구.

story moment 층 모멘트(層−) =storey moment

story moment distribution method 층 모멘트 분할법(層−分割法) =storey moment distribution method

story shear 층 전단력(層剪斷力) =story shear force

story shear at yield point 항복 층 전단력(降伏層剪斷力) 다층의 뼈대에 수평 외력이 가해져서 보 끝이나 기둥 끝에 항복 힌지가 발생하여 메커니즘에 도달한 층의 기둥 전단력의 총합.

story shear coefficient 층전단력 계수(層剪斷力係數) =storey shear coefficient

story shear coefficient at yield point 항복 층 전단력 계수(降伏層剪斷力係數) 다층의 뼈대에서 어떤 층의 항복 층전단력을 그 층보다 상부의 전중량으로 나눈 값.

story shear force 층전단력(層剪斷力) 수평력에 의하여 건축물 각층에 작용하는 전단력.

story stiffness ratio 강성률(剛性率) ① 지진 하중에 대하여 구해지는 층간 변형각의 역수를 각층 층간 변형각의 역수의 전층에 걸치는 평균값으로 나눈 비율.

stoving painting 소부 도료(燒付塗料) 일정 온도로 일정 시간 가열함으로써 칠한 도막 중의 합성 수지를 반응 경화시켜 튼튼한 도막을 이루게 하는 도료.

straight asphalt 스트레이트 아스팔트 석유 아스팔트 제조시에 직접 증류하여 얻은 아스팔트로, 신장률이 크고, 융점이 낮으며 감온비가 크다. 비중 1.00~1.17.

straight bead welding 스트레이트 비드 용접(-鎔接) 위빙(weaving)을 하지 않고 선상(線狀)으로 비드를 두는 용접.

straight edge ruler 곧은자 대나무·플라스틱 등으로 만들어진 판 모양의 가늘고 긴 자. 직선을 긋기 위해 쓰이는데, 눈금이 매겨져 있는 것은 치수를 재는 경우에도 사용한다. 그림은 곧은자의 일례와 단면의 종류를 나타낸 것이다.

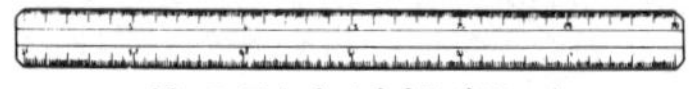
양눈금 곧은자 (대나무제 30cm)

각종 단면형

straightening 변형 보정(變形補正) ① 가공에 의해 생긴 비틀림·휨 등의 보정 작업(그림 참조). ② 두꺼운 목재판의 휨을 방지하기 위한 공작. ③ 현장 조립할 때의 다시 세우기를 하는 경우도 있다.

straight grain 곧은결 나이테와 거의 직각으로 되는 종단면의 나뭇결. 판 양면의 수축차가 작으며, 건조에 의한 수축률도 널결에 비해 작다(그림 참조).

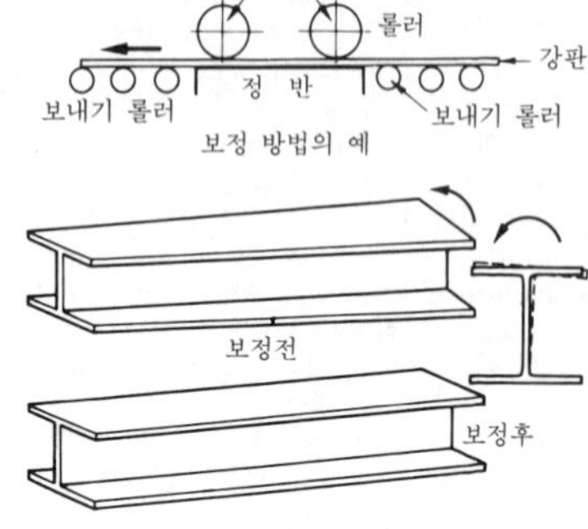

straightening

곧은 결
straight grain

straight joint 통줄눈 벽돌 쌓기, 블록 쌓기 등에서 세로 줄눈이 2단 이상 상하로 통하는 것. 1단마다 줄눈이 통하고 있지 않는 것을 막힌 줄눈이라 한다.

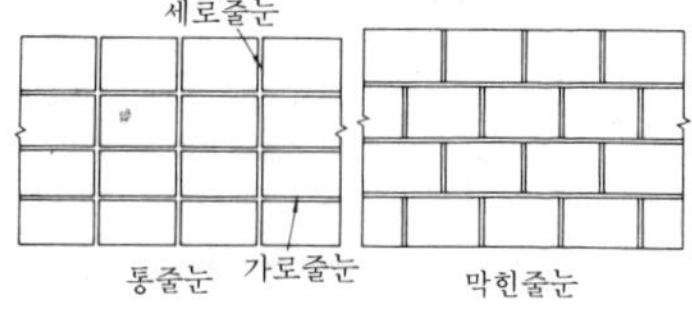

straight line 직선(直線) 곧은 선. 두 점 사이를 최단 거리로 잇는 선.

straight polarity 정극성(正極性) 직류 아크 용접인 경우의 접속 방법. 용접봉 또는 전극을 전원의 마이너스측에, 피용접물을 플러스측에 접속한 경우를 말한다.

straight stop valve 지수전(止水栓) 급수 배관 또는 급탕 배관 도중에 설치하여 통수량의 조정 또는 지수를 하기 위한 수전을 말한다.

strain 변형(變形) 힘이나 온도·건조 등에 의해 물체의 모양이 변화하는 것. 길이·각도·체적의 변화에 대응하여 세로 변형·전단 변형·체적 변형 등이라 한다. 변형이 전혀 생기지 않는 물체를 강체(剛體), 힘을 제거했을 때 원상으로 되돌아가는 변형을 일으키는 것이 탄성체이며, 그 변형을 탄성 변형이라 한다. 회복하지 않고 남는 변형의 성분이 있을 때 소성 변형이라 한다.

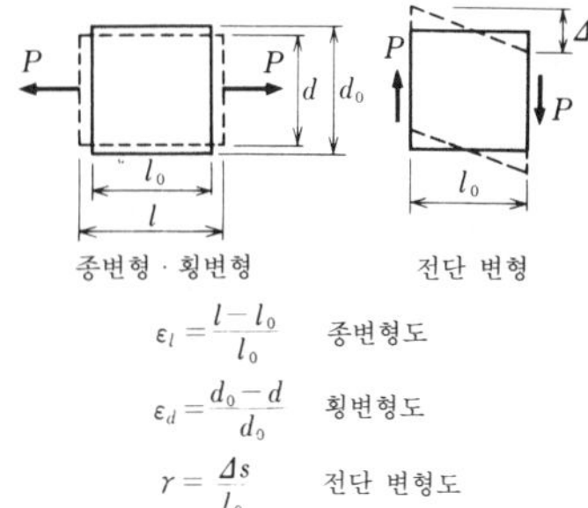

$$\varepsilon_l = \frac{l - l_0}{l_0} \quad \text{종변형도}$$

$$\varepsilon_d = \frac{d_0 - d}{d_0} \quad \text{횡변형도}$$

$$\gamma = \frac{\Delta s}{l_0} \quad \text{전단 변형도}$$

strain control 변형 제어(變形制御) 실험 시에 시험체 내부의 변형값을 목표값으로 되도록 가력을 제어하는 것.

strain ellipse 변형 타원(變形楕圓) 평면 변형 상태에 있어서 수직 변형 방향을 회전시킬 때 변형도 벡터가 그리는 타원.

strain energy 변형 에너지(變形—) 물체가 변형할 때 내부에 축적되는 에너지로, 외력 일에 대비된다. 탄성체인 경우에는

$$U_i = \frac{1}{2}\int_v \{\sigma\}^T \{\varepsilon\} dV$$

로 주어진다.

strainer 스트레이너 깊은 우물의 체수층(滯水層) 부분에 두는 채수(採水) 기구. 토사의 유입을 방지하고 지하수를 우물 내에 취수(取水)하는 부분. 간단히 슬릿을 낸 것붙터 각종 방사(防砂) 장치를 감은 것까지 각종이 있다.

strain gauge 스트레인 게이지 변형계의 총칭. 와이어 스트레인 게이지나 박(箔) 스트레인 게이지 등이 있다. 미소 변형에 의한 전기 저항의 변화를 계측하는 장치.

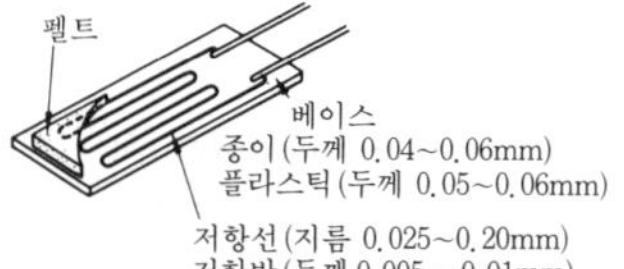

strain hardening 변형 경화(變形硬化) 금속 재료의 응력도 · 변형도 곡선에서 항복점 응력도에 이른 후 변형의 진행에 따라서 응력이 완만히 증대하는 현상.

straining beam 2중보(二重—) 보 위에 다른 보를 얹은 구조.

strain matrix 변형 매트릭스(變形—) 유한요소법에서 요소 내의 점 P의 변형 $\{\varepsilon_e\}$를 잇는 매트릭스.

$\{\varepsilon_p\} = [B]\{u_e\}$

strain meter 변형계(變形計) 변형의 변화량을 살피는 계기의 총칭. 정적과 동적의 변형계가 있다.

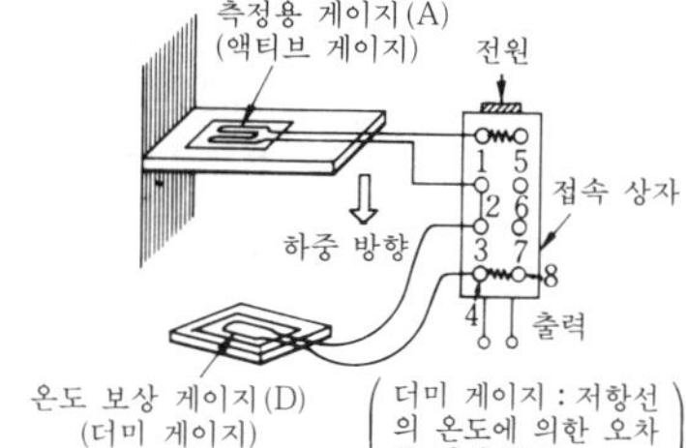

strain of volume 체적 변형도(體積變形度) =bulk strain

strain tensor 변형 텐서(變形—) 변형의 상태를 나타내는 텐서.

strain velocity 변형 속도(變形速度) 일반적으로는 변형의 시간적인 증가율이다. 소성 변형의 진행에 대하여 특히 사용한다.

strait grain 곧은결 목재의 나이테와 직각으로 켠 제재의 면에 나타나는 나뭇결.

stranded wire 꼬임선(—線) 여러 줄의 연동 소선(軟銅素線)을 서로 꼬은 전선. 굵기는 소선의 단면적의 합으로 나타낸다.

strand rope 스트랜드 로프 유연한 철선이나 섬유를 꼬은 로프.

S trap S트랩 위생 기구에 직결되는 배수용 관 트랩의 일종으로, S자형을 하고 있는 것. 세면기 등에 사용된다.

strap 스트랩 장방형의 가늘고 긴 평판의 철물로, 못구멍이 뚫려 있다. 목조 부재의 이음이나 접합부를 보강하기 위해 쓰인다.

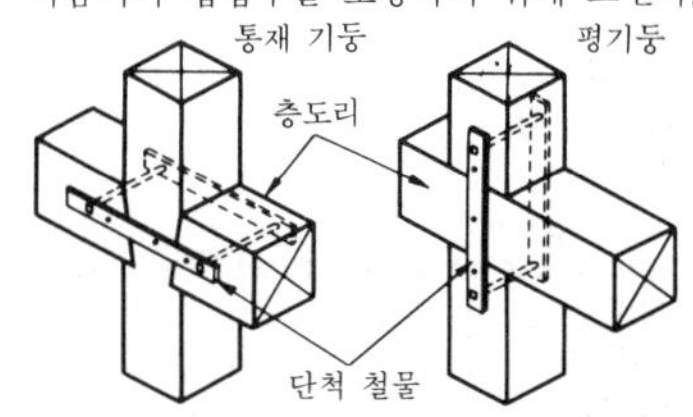

strap bolt 주걱 볼트 나무 구조의 접합 철물의 하나. 평판의 철물에 볼트를 용접한 것. 원강 브레이스의 끝이나 기둥과 횡가재의 접합에 사용한다.

strap steel 띠강(—鋼), 대강(帶鋼) 긴 띠 모양으로 열간 압연한 강판. 두께 0.6~6 mm, 폭 20~1,800mm의 사이즈가 있으

며, 강관, 경량 형강 등의 제조에 사용.

stratification 성층(成層) 여러 지층이 겹쳐 쌓인 상태에서 퇴적한 지층.

stratum 지층(地層) =layer

street 가로(街路) 시가지 내의 도로.

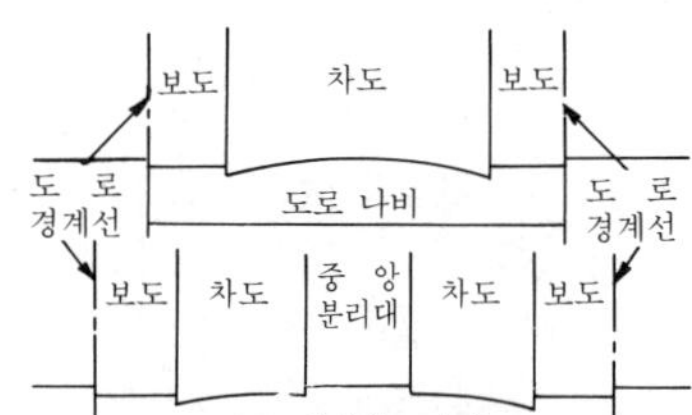

street commercial district 노선 상업 지역(路線商業地域) 노선을 따라서 지정된 상업 지역.

street furniture 스트리트 퍼니처 가로 공간에서 사용되는 가구, 공작물, 조명 기구 등의 총칭.

street gutter 측구(側溝) 노면의 강수(降水) 기타의 배수를 모아서 배제하기 위해 길 가에 설치하는 도랑.

street lighting 가로 조명(街路照明) 도시에서의 가로의 조명 시설로, 야간의 교통 안전, 보안 유지, 방범 등에 크게 도움이 된다.

street line 가로 경계선(街路境界線) 가로 폭의 경계선을 말하며, 이것은 건축선이라고도 한다.

street system 가로 계통(街路系統) 도시 계획상 조직화된 가로의 배열로 방사 환상형, 수선형, 사선형의 3종으로 대별.

street trees 가로수(街路樹) =roadside trees

street utilities 노상 시설(路上施設) 노상에 있는 각종 시설. 전기 통신 시설, 도로 표지, 가드 레일, 간판, 버스 정류장 등.

street value 노선가(路線價) 도로의 계통이나 폭, 구조 등을 표준으로 하여 정하는 도로의 비교값.

street value evaluation method 노선가식 평가법(路線價式評價法) 토지 가격의 평가 방식의 하나. 노선가를 기준으로 하여 그 토지의 형상, 도로로부터의 후퇴 거리 등을 감안하여 평가한다. 토지 구획 정리에 있어서의 토지 가격 평가나 상속세의 산출 기초가 된다.

strength 세기, 강도(强度)[1], 내력(耐力)[2] (1) 구조물이나 그것을 구성하는 부재가 외력에 대하여 저항하는 힘의 최대값. 재료의 경우에는 주로 단위 단면적당의 힘의 크기로 나타낸다.
(2) =resistance force

strength at early age 초기 강도(初期强度) =early age strength

strength coefficient 내력 계수(耐力係數) 하중 내력 계수 설계법 혹은 그 수법을 채용한 한계 상태 설계법에 있어서의 설계 내력을 정하는 계수. 이것을 공칭 내력 또는 내력의 산정값에 곱함으로써 설계 내력이 주어진다.

strength coefficient of building use 용도 계수(用途係數) 건물의 용도에 따라 구조 강도에 차를 두기 위해 하중에 곱하는 할증 또는 저감 계수. →importance factor

strength correction value for curing temperature 기온 보정 강도(氣溫補正强度) 설계 기준 강도에 콘크리트 타입부터 구조체 콘크리트의 강도 관리 재령까지의 기간의 예상 평균 기온에 의한 콘크리트 강도의 보정값을 더한 값.

strength diagnosis 내력 진단(耐力診斷) =strength evaluation

strengthening 보강(補强) =reinforcing

strength evaluation 내력 진단(耐力診斷) 기존 구조물을 조사하여 그 비상시 하중에 대한 안전성을 진단하는 것. 특히 지진에 대하여 진단할 때 내진 진단이라 한다.

strength index 강도 지표(强度指標) 기존 건물의 내진 진단 기준에서 수평력에 대한 종국 강도를 나타내는 지표. 전단력 계수의 단위를 갖는다.

strength magnification factor 응력 상승률(應力上昇率), 강도 상승률(强度上昇率) 변형 경화에 의해 부재의 종국 강도가 항복 강도(예를 들면, 전 소성 모멘트)보다 커지는 비율.

strength of material 재료 강도(材料强度) 일반적으로는 재료의 세기를 말한다. 내진 법규상으로는 부재의 종국 강도를 산정하기 위해 사용한 재료의 강도, 거의 F값에 상당한다.

strength of pile material 말뚝체 강도(－體强度) 말뚝 본체의 재료로 정해지는 강도. 이음에 의한 저감을 포함하여 생각할 때도 있다.

strength of proportion 조합 강도(調合强度), 배합 강도(配合强度) 콘크리트의 배합을 정할 때 목표로 하는 강도로, 설계 기준 강도에 대하여 품질의 불균일이나 기온 보정 등을 하여 할증한 강도.

strength reduction factor 강도 저감 계수(强度低減係數) 종국 강도형의 설계법

에서 사용되는 부재 강도를 저감하는 계수. 재료 강도나 부재 치수의 불균일, 설계식의 신뢰성 등을 고려한 안전 계수.

strength resistant type structure 강도 저항형(強度抵抗形) 내진 설계의 해설 용어. 탄성한 강도(彈性限强度)를 크게 하여 소성 변형 능력에 의한 에너지 흡수에 그다지 기대할 수 없는 형식의 내진 설계 또는 그 건물. 강한 내력벽이나 브레이스가 붙은 뼈대 등이 주로 저항하는 타입의 것이다. 점성 저항형과 대비하여 쓰인다.

stress 응력(도)(應力(度)) 구조체에 외력이 작용했을 때 구조체 내부에 생기는 저항력의 총칭. 내력·단면력 등이라 한다. 통상 부재의 단위 단면적당의 응력을 응력도(stress intensity)라 하며, 간단히 응력이라고 하는 경우가 많다.

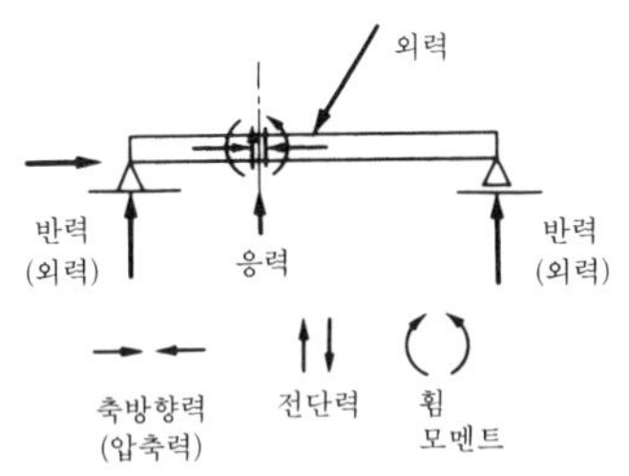

stress amplitude 응력 진폭(應力振幅) 반복 피로 시험에서 부재에 생기는 응력의 변동폭.

stress analysis 응력 해석(應力解析) 외력이 작용하는 구조물의 각부에 발생하는 응력(및 응력도)을 계산에 의해 구하는 것. =structural analysys

stress annealing 응력 풀림(應力－), 응력 제거(應力除去) 강재의 용접 이음부 근처에 생기는 잔류 응력을 제거할 목적으로 하는 열처리의 일종. 일정 온도로 가열한 후에 서서히 냉각하는 조작.

stress block 응력괴(應力塊) 휨을 받는 철근 콘크리트 단면의 압축측 콘크리트에 있어서의 응력 분포의 형. 단면 내의 변형 분포가 직선이면 콘크리트의 응력도·변형도 곡선과 유사하다.

stress calculation 응력 산정(應力算定), 응력 계산(應力計算) 작용하는 하중에 대하여 부재 각부에 생기는 휨 모멘트·전단력·축방향력·비틀림 모멘트 등을 구하는 부분을 가리킨다.

stress calculation for horizontal load 수평 응력 계산(水平應力計算) 수평 하중시 응력 계산의 줄인 말.

stress coating method 응력 도료법(應力塗料法) 시험체 표면에 도료막을 만들고, 힘을 가해 생기는 균열을 관찰하여 표면 변형 상태를 아는 방법. 응력 도료로서는 수지계와 유리계가 있다.

stress component 응력 성분(應力成分) 구조 부재 중에 임의의 방향에 설정한 단면에 작용하는 응력도, 혹은 x, y축 방향 등 특정 방향의 단면에 작용하는 응력도.

stress concentration 응력 집중(應力集中) 단면의 급변부·구멍·균열·새김눈 등의 근처에 현저하게 응력이 집중하는 것을 말한다. 국부 응력과 전 단면의 공칭 응력의 비를 응력 집중 계수 또는 집중 계수라 한다.

stress control 응력 제어(應力制御)[1], 하중 제어(荷重制御)[2] (1) 재료 시험, 토질 시험 등에서 응력을 단계적으로 증가시켜 이에 의한 변형의 증대를 측정하여 응력·변형 관계를 구하는 방법.
(2) =load control

stress corrosion 응력 부식(應力腐蝕) 응력의 존재하에서 부식이 심하게 진행하여 이에 의해 균열이 생기는 현상. 고속도강을 소재로 하는 경우에 많이 발생하며, 국부적 부식보다 응력 집중을 일으키고 분자 이간을 일으켜서 부식이 진행한다고 생각된다.

stress cracking 응력 균열(應力龜裂) 파괴 강도보다도 훨씬 작은 응력으로도 환경에 따라 균열이 발생하는 현상.

stress diagram 응력도(應力圖) 뼈대 각부에 생기고 있는 응력의 크기를 도시한 것. 응력의 크기는 재축(材軸)에 직각으로 어떤 척도로 나타낸다. 축방향 응력도(A.F.D 또는 Q도), 휨 모멘트도(B.M.D. 또는 M도)가 있다.

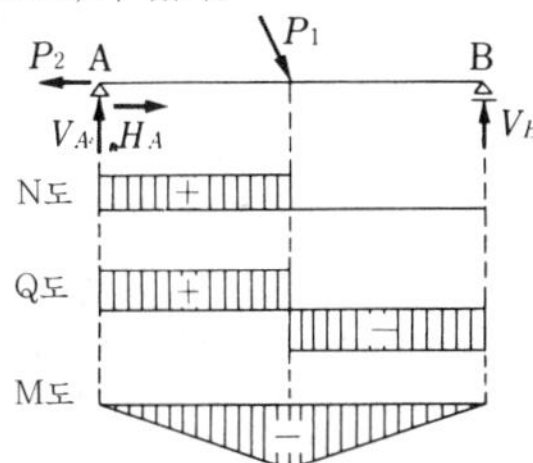

stress drop 응력 강하(應力降下) 지진 단층 파라미터의 하나. 지진 발생 전후의 단층면에 작용하는 전단 응력의 차를 응력 강하라 한다.

stress due to long time loading 장기 응력(長期應力) 장기 하중에 대해서 구해진 응력.

stress due to sustained loading 장기 응력(長期應力) 설계용의 장기 하중에 의한 가구(架構)의 각부 응력값. 구조 설계의 기본이 되는 응력의 하나.

stress due to temporary loading 단기 응력(短期應力) =stress for temporary loading, temporary force

stressed skin 응력 외피(應力外皮), 내력막(耐力膜) 구조 방식으로서는 막응력으로 지지할 수 있는 구조 전체를 가리킨다. 실용적으로는 알루미늄이나 강의 시트를 사용하고, 이것을 뿔형체로 짜서 그 정점을 바로 이은 입체 뼈대를 내력막 공간 격자라 부르고 있다. 선재를 짜는 형식의 입체 트러스보다 응력의 분산 기구가 좋고 중량도 가볍게 된다.

stressed skin space grid 각뿔 유닛 구조(角−構造) 응력 외피 구조의 한 형식. 철이나 알루미늄의 시트를 사용한 각뿔의 입체 유닛을 배열하고, 그 뿔꼭지를 선재로 이어 힘의 균형과 강성을 유지하는 형식. 유닛의 사이즈가 클 때는 시트면에 보강 리브를 필요로 한다. 3각뿔 · 4각뿔 · 6각뿔 등이 기본형이며, 정립(正立) · 도립(倒立)의 형식이 있고, 때로는 곡면을 따라서 배치된다. 공장 생산화된 입체 프레임이다.

stress ellipse 응력 타원(應力楕圓) 응력과 그 방향을 응력 타원체의 도해법으로 구하는 것. 라메(Lame)의 응력 타원이라 한다.

stress ellipsoid 응력 타원체(應力楕圓體) =stress quadric

stress for design 설계용 응력(設計用應力) 어떤 부재의 설계를 하기 위해 그 대표적인 단면에 생기고 있는 설계 응력을 채용하여 설계를 통일하는 일이 있다. 이런 경우의 응력값을 설계용 응력이라 한다. 보의 끝 부분 · 중앙 · 기둥의 끝 부분 등의 응력값이 채용되는 경우가 많다.

stress for temporary loading 단기 응력(短期應力) 단기 하중에 의해 생기는 부재의 응력. →short-time loading

stress function 응력 함수(應力函數) 3차원 탄성체 또는 2차원 탄성체에서 물체력이 제로인 경우의 선형 평형식을 항등적으로 만족하도록 정한 응력을 나타내는 함수를 말한다.

stress history 응력 이력(應力履歷) 지반 중의 흙이 과거에 경험한 응력의 이력 성상을 말한다. 대표적인 예로서 압밀 이력 등이 중요하다.

stress influence line 응력 영향선(應力影響線) =influence line

stress intensity 응력도(應力度) 부재 내에 생기는 단위 단면적당의 응력의 크기. 단위 t/cm², kg/cm², kg/mm² 등.

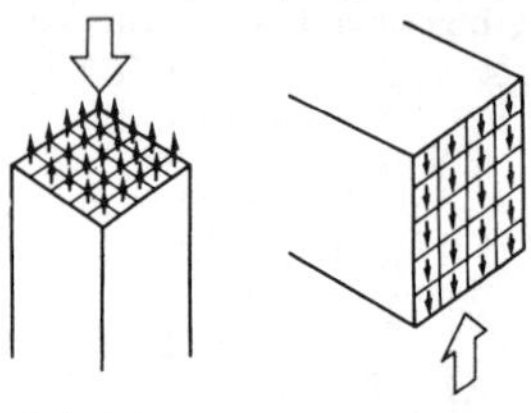

수직 응력도　　　　전단 응력도

stress in the ground 지중 응력(地中應力) 지반에 작용하는 하중에 의해 생기는 지반 중의 응력. 흙의 탄성체로 가정하고 탄성 응력해에서 구해진다.

stress magnification factor 응력 할증 계수(應力割增係數) 프리스트레스트 콘크리트 구조 건물의 종국 강도 설계에서 단면 내력의 검사에 사용하는 장기 또는 단기의 응력에 곱하는 1보다 큰 계수. →load factor

stress of member 부재 응력(部材應力) 외력에 의해 부재 내부에 작용하고 있는 응력. 압축, 인장, 휨, 비틀림 등이 있다.

stress path 응력 경로(應力經路) 흙이 전단을 받는 과정에서 응력 상태의 변화를 응력 평면상에서의 궤적으로서 나타낸 그림. 모어의 원의 정상점 궤적 등이 있다.

stress quadric 응력 2차 곡면(應力二次曲面) 3차원 응력 상태에서 임의 방향의 평면에 작용하는 합응력 벡터의 끝이 그리는 곡면. 세 주응력 방향을 주축으로 하는 타원체가 된다.

stress redistribution 응력 재배분(應力再配分) 탄성의 응력 해석으로 구한 구조물 각부의 응력이 소성의 영향으로 변동하는 것. 또 이것을 고려하여 해석 결과를 조작하는 것.

stress relaxation 응력 완화(應力緩和) 일정 변형하에서 시간과 더불어 응력이 저하하는 현상.

stress relief heat treatment 응력 제거 열처리(應力除去熱處理) 용접 등에 의해 싱긴 내부 응력을 제거하기 위해 550~650℃로 재가열하여 어닐링하는 것.

stress removal 응력 제거(應力除去) = stress annealing

stress-skin structure 스트레스스킨 구조(−構造) 시트로 구성된 각뿔 모양 유닛을 배열하고, 그 뿔꼭지를 선재로 이어서 3차원적인 힘의 평형이나 입체적 강성을 얻으려는 구조 방식.

stress-strain curve 응력·변형 곡선(應力·變形曲線) 부재에 발생하는 응력과 변형의 상호 관계를 나타낸 그림. 후크의 법칙이 성립하는 범위에서는 직선이라고 가정되는 경우가 많다.

그림(a)는 연강의 인장 시험, 그림(b)는 콘크리트의 압축 시험의 결과

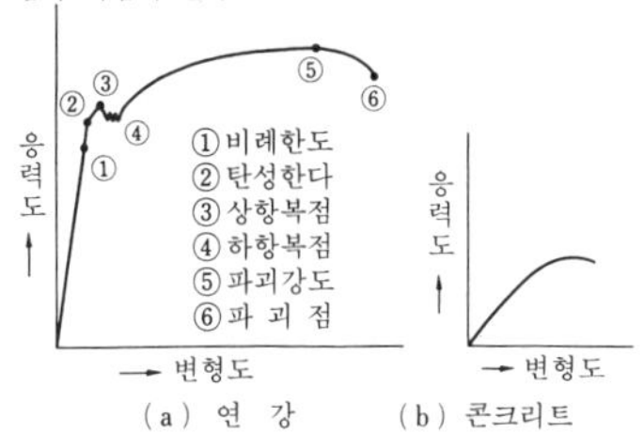

(a) 연 강 (b) 콘크리트

stress-strain diagram 응력·변형도(應力·變形圖) =stress-strain curve

stress-strain relation 응력·변형 관계(應力·變形關係) 일반적으로는 2차원, 3차원 응력 상태에 있어서의 재료의 응력도와 변형도의 관계를 가리킨다. 좁은 뜻으로는 단순 인장 또는 압축에서의 관계를 말한다. →stress

stress tensor 응력 텐서(應力-) 구조물 중의 임의점 주위의 응력도를 단면 벡터에 따라 힘의 벡터를 정하는 하나의 텐서량으로서 나타낸 것.

stretcher 스트레처 부재 치수의 긴 변을 말한다. 건물 평면 도리간수 방향을 부를 때에도 사용한다.

stretcher lift 침대용 엘리베이터(寢臺用-) =bed elevator

stretching rigidity 면내 강도(面內剛度) 면상(面狀) 구조의 면에 수직인 가상 단면에서 중심 면내 방향으로 주어진 단위 변형에 대하여 생긴다고 하는 면내력 혹은 면내 응력의 총칭. 면내 방향의 강성을 나타낸다.

string 계단옆판(階段-板) 목조 계단의 디딤널을 받치는 양측의 경사재를 말한다. =stringer

string course 돌림띠 =cornice

stringer 계단옆판(階段-板) =string

string wire concrete 강현 콘크리트(鋼弦-) =piano wire concete

strip 스트립 금속판으로 지붕을 이을 때 판을 멈추기 위해 사용하는 철물. =clip

strip flooring 플로어링판(-板) 긴쪽 방향의 양 측면을 개탕붙임한 소폭판.

strip footing 줄기초(-基礎) =strip foundation

strip foundation 줄기초(-基礎) 직접 기초의 하나. 주열(柱列) 또는 벽밑을 따르는 가늘고 긴 연속 푸팅 기초.

strippable paint 스트리퍼블 페인트 바탕이나 도막 위에 부착하지 않는 도막을 형성하고, 그들을 보호하는 도료. 필요한 보호 기간을 거친 다음 쉽게 벗겨서 제거할 수 있다.

strepped joint 다짐줄눈 =raked joint

stripping 탈형(脫型) =removal of forms

stripping time of concrete form 거푸집 존치 기간(-存置期間) 콘크리트 타설부터 거푸집을 해체하기까지의 기간.

strong axis 강축(强軸) 부재의 단면에 관한 두 직교하는 주축 중 단면 2차 모멘트가 큰쪽의 축.

strong back 스트롱 백 피용접재를 구속하여 위치를 올바르게 유지하기 위한 치구를 말한다.

Stronghold system 스트롱홀드 공법(-工法) 프리스트레스트 콘크리트용 정착 공법의 하나. PC강 꼬임선을 앵커 헤드와 쐐기로 지압판에 정착하는 공법 외에 각종 공법이 있다.

strong motion accelerometer 강진계(强震計) 비교적 강한 지진동을 기록하는 지진계. 설정값 이상의 지진동을 감지하면 자동적으로 작동한다. =seismograph

strong motion observation 강진 관측(强震觀測) =strong motion seismic observation

strong motion seismic observation 강진 관측(强震觀測) 비교적 큰 지진동을 기록시키기 위해 지반이나 구조물에 배율이 작은 지진계를 설치하고, 어떤 설정값 이상의 지진파를 받아서 자동적으로 시동시키는 지진 관측을 말한다. 주로 공학적으로 이용할 수 있는 가속도 또는 속도 파형으로 기록시킨다.

strong room 스트롱 룸 구조 실험을 하기 위해 바닥이나 반력벽 등을 설치하여 가력 장치가 부착되도록 만들어진 실험실.

strong wind 강풍(强風) 대기의 흐름이 온도에 의한 상승 기류, 하강 기류의 영향이 적은 상태에서 평균 풍속이 지상 10m에서 10m/s 정도 이상의 바람을 말한다. 내풍 설계의 대상이 되는 바람.

structural analysis 구조 해석(構造解析) 구조 역학을 써서 구조계의 각부에 생기고 있는 응력·변형 상태를 살피는 것.

structural calculation 구조 계산(構造計算) 구조물에 가해지는 자중·적재 하

중 · 눈 · 바람 · 지진 · 토압 · 수압 등의 외력에 대하여 안전하도록 응력이나 단면을 수치 계산하는 것.

structural characteristics 구조 특성(構造特性) 구조물이 갖는 성질을 종합적으로 표현하는 용어. 중량, 강성, 내력, 고유 진동수, 감쇠 상수, 강성률, 편심률, 소성 변형 능력, 에너지 흡수 능력 등을 포함한다.

structural characteristics factor 구조 특성 계수(構造特性係數) 내진 설계에서 필요 보유 내력을 구하기 위한 계수. 구조물의 변형 성능, 진동시의 감쇠성 등을 고려하여 탄성 응답에 의한 층 전단력을 얼마만큼 저감할 수 있는가를 나타낸다.

structural damping 구조 감쇠(構造減衰) 구조물의 내부 감쇠에 입각하는 저항.

structural design 구조 설계(構造設計) 건축 설계 중 주로 구조의 입장에서 실시되는 행위로, 구조 계획에 따라 기본적인 설계를 정하고, 구조 역학을 기초로 한 구조 계산에 의해 구조물의 안전을 확인하며, 구조체 각부에 대하여 시공 가능한 도면 및 시방서를 작성하는 것.

structural drawings 구조도(構造圖) 건물의 설계 도서 중 구조에 관한 설계도의 총칭. 기초 평면도 · 바닥 평면도 · 보 평면도 · 지붕틀 평면도 · 축조도(軸組圖) 등 외에 각종의 구조 단면 리스트 · 배근도 · 구조 상세도 등이 있다.

structural durable years 구조적 내용 연수(構造的耐用年數) 구조물의 주요 부재가 부식 · 열화 · 손상 등에 의해 물리적 또는 화학적으로 수명에 이르러 보수를 가해도 계속 사용이 바람직하지 않다고 판단되어 폐기되는 연수.

structural experiment 구조 실험(構造實驗) 실제 크기 또는 모형의 시험체를 써서 구조물이나 그 부분의 역학적 특성을 해명 실증하기 위한 실험. 구조물의 소재의 성질을 살피는 시험은 재료 시험이라 하여 구별한다.

structural form 구조 폼(構造－) 건축 공간의 이미지를 대표하는 표현 언어로서 구조 방식이나 형태를 유별한 것으로, 속성보다 시각적 표현법을 중시한 사고 방식에 입각한 용어.

structural light gauge steel 일반 구조용 경량 형강(一般構造用輕量形鋼) 강판 또는 강대를 냉간에서 롤 성형한 두께 1.6 ~2.6mm의 얇은 형강.

sturctural material 구조 재료(構造材料) 구조재로서의 역학적 성능이 뛰어난 재료. 나무 · 강 · 콘크리트를 주로 하고, 알루미늄 · 플라스틱을 포함한다.

structural mechanics 구조 역학(構造力學) 구조 계산에서의 부재 응력의 산정이나 구조물의 변형을 산정하는 역학. = theory of structure, theory of construction

structural member 주요 구조 부재(主要構造部材) 구조 내력의 평가에 불가결한 건축 구조물을 구성하는 부재. 일반적으로는 기둥, 보, 바닥널, 내력벽, 브레이스, 기초를 구성하는 부재를 가리킨다.

structural method 구법(構法) 건축의 구성 방법을 총칭하는 것.

structural model 구조 모델(構造－) 구조 해석에 사용하기 위해 간략화한 구조체의 모델. 선재(線材) 모델 · 연속체 모델 · 유한 요소 모델 등이 있다.

structural panel wall construction 패널 내력벽 구조(－耐力壁構造) 패널 구조의 내력벽을 주요 구조부로서 조립되는 구조를 말한다.

structural performance 구조 성능(構造性能) 구조물에 부여할 성능 전반을 가리키는 말. 기능이나 용도에 대한 목적 성능. 구조물의 라이프 사이클에 있어서의 안전 성능, 건설에 있어서의 시공 성능 등을 기둥으로 하여 다시 세분되어 생각되고 있다.

structural planning 구조 계획(構造計劃) 건물의 사용 목적에 적합시키면서 모든 외력 · 하중에 대하여, 또 지반에 대하여 안전한 구조체의 종별 · 뼈대의 형식 · 기초 구조 등을 선택하고, 동시에 경제성을 고려하여 건물을 조형하고 창조하는 것.

structural resistance 구조 내력(構造耐力) 구조물이 발휘할 수 있는 저항력. 일반적으로 같은 구조물이라도 하중의 작용 방법에 따라 그 크기는 다르다.

structural rolled steel 일반 구조용 압연 강재(一般構造用壓延鋼材) 탄소량이 적은 극연강 또는 연강을 압연하여 만든 구조용 강재.

structural safety 구조 안전성(構造安全性) 구조물이 외력이나 주변 조건에 대하여 단기적으로나 장기적으로나 충분한 저항력을 가지고 있는 것, 또는 그 성능의 총칭. 역학적 성능만이 아니고 내화 · 내구 등의 성능도 포함한다.

structural sealant 구조 실런트(構造－) 마이너스의 풍압력에 대하여 판유리를 접착 고정할 수 있는 내력을 갖는 부정형(不定形)의 실링재. SSG구법에서 사용된다.

structural seismic index 구조 내진 지표(構造耐震指標) 기준 건물의 내진 진단

기준에 있어서 구조체의 내진 성능을 나타내는 지표. 강도 지표, 인성(靭性) 지표, 형상 지표, 경년 지표, 층위치, 층수 등에서 구해진다.

structural square shape steel 일반 구조용 각형 강관(一般構造用角形鋼管) 심리스(seamless) 강관 또는 용접 강관을 중공(中空) 각형으로 성형하든가, 강대를 각형 단면 또는 한 쌍의 홈형 단면으로 성형하여 이음매를 연속 용접하든가 하는 방법으로 제조된 구조용 강재.

structural steel 구조용 강재(構造用鋼材) 건축·토목·선박 등의 구조재로서 사용하는 강재로, 형강·봉강·강관·경량 형강·강판·강 널말뚝 등이 있다. 주로 연강·반연강의 압연재가 쓰인다. 일반 구조용 강재와 용접 구조용 강재가 있고, 또 합금강으로서 구조용 특수강이 있다.

structural steel pipe 일반 구조용 탄소 강관(一般構造用炭素鋼管) 일반의 구조에 사용되는 강관. 재질, 기계적 성질, 형상이 규정되어 있다.

structural steel work 철골 현장 조립(鐵骨現場組立), 가설 조립(架設組立) 공장에서 운반된 철골 부재를 현장에서 조립하는 작업.

structural strength 구조 내력(構造耐力) 구조물 또는 그 부재가 그 이상의 힘에 견딜 수 없게 되었을 때의 최대한의 부담 능력을 말한다.

structural system 구조 시스템(構造−), 구조계(構造系) 구조 부재·내력 요소를 조합하여 한 몸의 저항체로서 생각한 것을 가리킨다. 각 부위마다의 구조에 대하여 전 체계로서의 의미를 가지고 있다.

structural type 구조 형식(構造形式) 건물의 주요 구조부를 구성하는 형식. 트러스·라멘·셸 등을 가리킨다. 본래는 부위마다의 구조 엘리먼트를 형성하는 방식을 가리키고, 건물 전체일 때는 구조 시스템(구조계)이나 구조 폼을 사용하는 일이 많다.

structural wire rope 구조용 와이어 로프(構造用−) 주요 가구(架構)의 일부로서 하중에 견딜 수 있도록 사용되고 있는 와이어 로프.

sturctural zoning 구조 지역제(構造地域制) 도시 방재를 위해 지역마다 구조 방식을 집단적으로 규제하는 것.

structure 구조물(構造物) 토지에 정착하여 설치된 건물·공작물로, 기둥·보·슬래브·벽 등의 뼈대에 의해 구성된 것(그림 참조).

structure borne sound 고체 전파음(固體傳播音) = solid borne sound

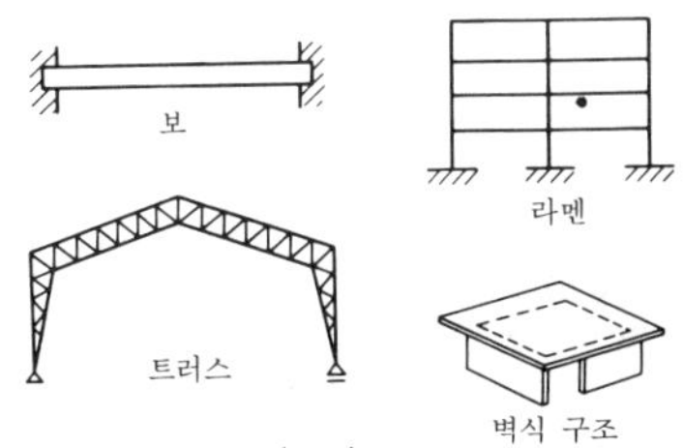

structure

structure of heat consumption 열소비 구조(熱消費構造) 여러 시설의 에너지 소비 특성(용도, 양 등)과 그들 상호 결합 관계의 총칭인 에너지 소비 구조 중 열 에너지에 한정한 것.

structure of heat exhaust 열배출 구조(熱排出構造) 도시 내 여러 시설의 열배출량, 배출 온도 등의 열배출 특성과 그들 상호 결합 관계의 총칭.

structures other than dwellings 비주택(非住宅) = non-dwellings

strut 가새[1], 동바리[2], 버팀대[3], 보[4], 지주(支柱)[5], 샛기둥[6] (1) = brace
(2) 짧은 기둥. 종류가 많다.
(3) 널말뚝에 가해지는 토압이나 수압에 저항하기 위해 널말뚝 측면에 부착한 지보공 띠장을 수평 방향으로 지지하는 재.

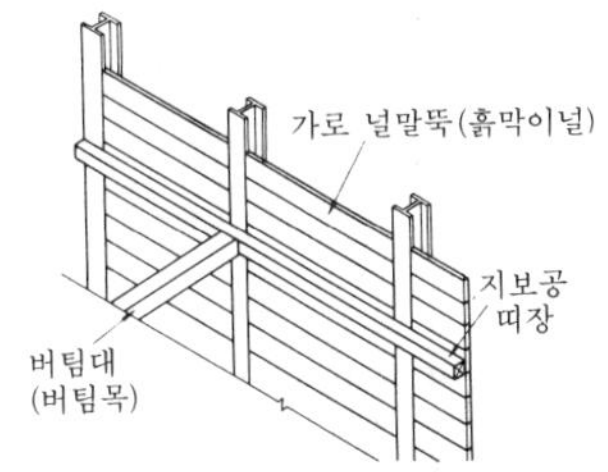

(4) 흙막이 공사에서의 두겁대나 지보공 띠장을 버티는 수평재.

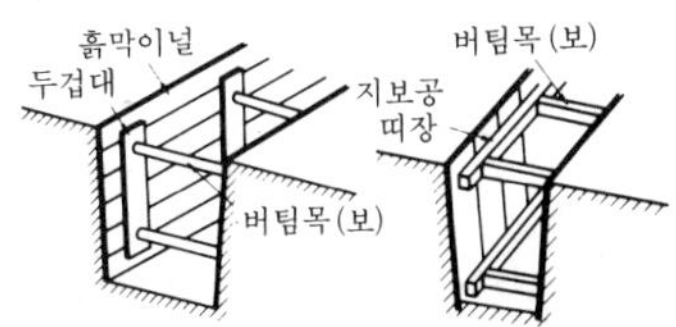

(5) 주로 압축 하중을 받는 기둥. = post
(6) = quarter

STS system STS공법(−工法) 프리스트

레스트 콘크리트용 정착 공법의 일종. PC강 꼬임선을 슬리브와 쐐기에 의해 지압판에 정착하는 싱글 스트랜드 공법.

stub column test 스터브 칼럼 시험(-試驗) 좌굴을 일으키기 전에 항복하는 짧은 부재의 압축 시험을 말한다. 압축측 재료의 응력도·변형도 곡선을 살피기 위해 행하여진다.

stucco 스터코 소석회에 대리석 가루와 찰흙을 섞은 표면 마감에 사용하는 벽재료. 플라스터와 회반죽과 유사하다.

stud 샛기둥 기둥 사이가 클 때 중간에 보족적으로 세우는 작은 단면의 수직재. 벽의 축부재(軸部材)의 하나. 벽면에서 걸리는 힘을 주가구(主架構)에 전달하는 역할을 한다.

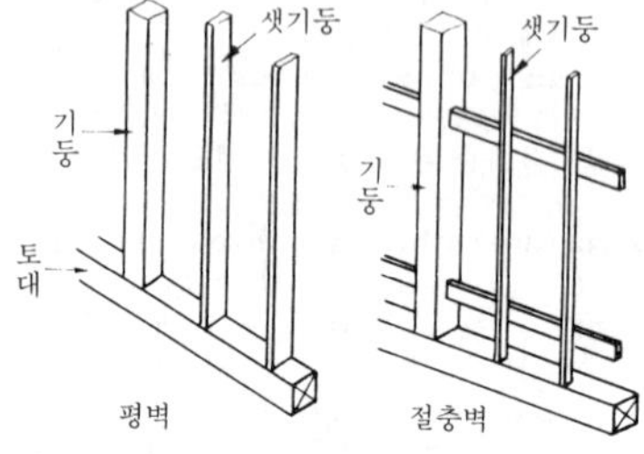

stud bolt 스터드 볼트 보 플랜지 상면에 적당한 관계를 가지고 수직으로 부착하여 콘크리트와 철골보의 합성 효과를 기대하는 볼트. 스터드, 매입 볼트라고도 한다.

stud dowel 스터드 듀벨 시어 커넥터의 일종으로, 합성보 등에 쓰인다. 각종 형상의 강재 또는 철근을 보의 철골 플랜지에 용접하여 콘크리트부에 매입한다.

studio 스튜디오 제작실, 작업실, 촬영실, 연주실 등을 말한다.

studio apartment house 원룸 맨션 = one-room apartment house

stud welding 스터드 용접(-鎔接) 강봉을 모재에 심는 일종의 아크 용접법으로, 막대(스터드)를 모재에 접속시켜 전류를 흘린 다음 막대를 모재에서 조금 떼어 아크를 발생시켜 적당히 용융했을 때 다시 용융지에 밀어붙여서 용착시키는 방법.

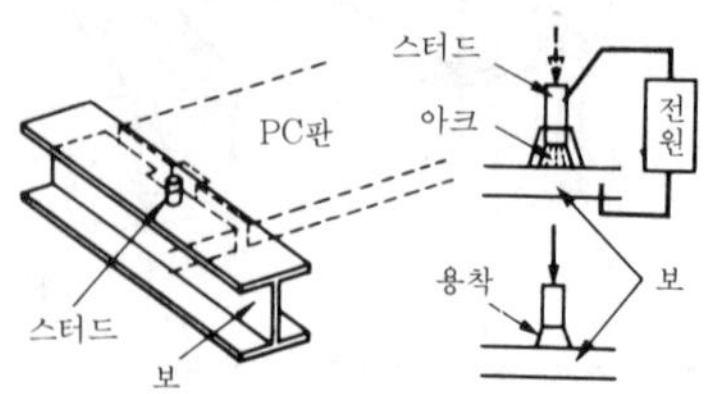

study model 스터디 모델 설계의 과정에서 만드는 연구용의 모형. 재료는 손질하기 쉬운 유토(油土)나 종이를 사용하는 일이 많다.

study room 연구실(研究室)[1], 서재(書齋)[2] (1) = laboratory
(2) 주택에서 주인이 독서, 조사, 집필, 학습 등을 하기 위한 방.

style 살 문짝, 미닫이, 양판문 등의 평면을 구분하거나 보강하기 위해 부착하는 가늘고 긴 재.

stylobate 기단(基壇) 건축물을 세우기 위해 흙을 돋우어 만든 단.

S-type trap-pipe S트랩 도관(-陶管) 하수의 악취를 방지하기 위해 배수관 도중에서 S형으로 구부려 물을 채워둔 트랩의 일종. 이 밖에 U트랩, P트랩이 있다.

styrol resin 스티롤 수지(-樹脂) = polystyrene

sub-beam 서브빔 중도리 스팬의 증대를 방지하고, 또는 횡좌굴 방지를 위해 지붕틀에 평행하게 넣는 보.

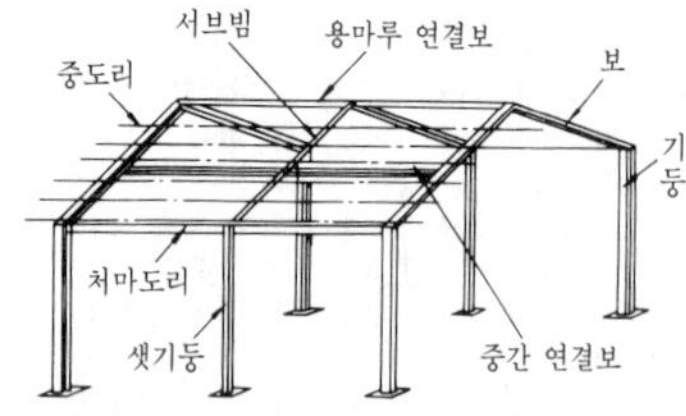

subcenter 부도심(副都心) 대도시에 형성되는 부도심. = subcivic center

sub-central area 부도심(副都心) = subcenter

subcivic center 부도심(副都心) = subcenter

sub-contract 하청(下請) 청부 업자(원청)가 공사의 완성에 대하여 제3자와 재계약 청부를 맺는 것. 재계약자를 하청인 또는 하청 업자라 한다.

subcontract cost 하청 경비(下請經費) 하

청의 현장 경비와 일반 관리비 부담액.

sub-contractor 협력 업자(協力業者), 하청 업자(下請業者), 재도급자(再都給者) 건설 공사에서 종합 청부 업자(원청 업자)로부터 주문을 받아 공종별로 공사를 맡는 전업의 업자.

subdivision lots for sale 분양지(分讓地) 신도시나 주택 단지 등에서 여러 구획으로 분할하여 매각되는 일단의 토지 또는 그 획지.

subdivision of lot 분필(分筆) 1필지로 되어 있는 토지를 여러 필지로 나누는 것. 그 반대를 합필(合筆)이라 한다.

subduing color 진정색(鎭靜色) 여러 색 중에서 자극이 약하고, 보는 사람에게 진정한 느낌을 주는 색. 흥분색의 대비어. 청록 · 청 · 청자색 등 주로 한색계의 색.

subgrade reaction 지반 반력(地盤反力) 기초 저면에 작용하는 상부 구조로부터의 접지압에 대하여 반력으로서 지반에서 구조물측에 작용한다고 가정한 힘.

submatrix 소행렬(小行列), 분할 행렬(分割行列) 매트릭스를 분할하여 생기는 부분 요소에 의한 행렬.

sub-merged arc welding 잠호 용접(潛弧鎔接), 복광 용접(覆光鎔接) 두 모재의 접합부에 입상(粒狀)의 용제(溶劑), 즉 플럭스를 놓고 그 플럭스 속에서 용접봉과 모재 사이에 아크를 발생시켜 그 열로 용접하는 방법.

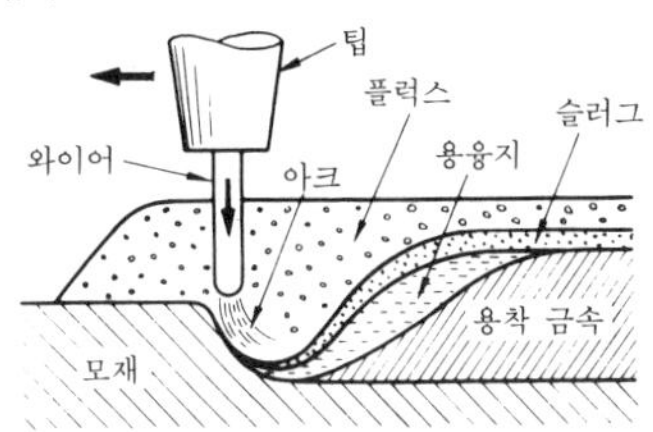

submerged condition 침수 상태(浸水狀態) 흙이 수중에 있고 흙입자가 부력의 영향을 받는 상태.

submerged unit weight 수중 단위 체적 중량(水中單位體積重量) 포화토의 중량에서 물의 중량을 뺀 것. 상수위(常水位) 이하의 흙의 계산에 쓰이다.

submersible type 잠수식(潛水式) 해양 건축물에서 구조물 전체를 수몰시키는 부유식의 구조 형식.

subordinate entrance 내현관(內玄關), 안문간 가족용으로서의 현관.

subordinate space 종속 공간(從屬空間) 건축 공간의 주공간에 부속 또는 종속하고 있는 공간.

subsidence 침하(沈下) =settlement

subsidence of ground 지반 침하(地盤沈下) 일반적으로 지반이 각종 요인에 의해 침하하는 현상의 총칭. 자연 현상으로서는 지각 변동 · 해면 상승 등이나 재해에 의한 지변을 들 수 있다. 인위적 요인으로서는 지하수의 과도한 양수나 매립 하중에 의한 침하, 굴착에 따른 침하가 있다. 구조 설계상은 즉시 침하 · 압밀 침하로 나누어서 생각되는 경우가 많고, 고른 침하와 부동 침하에 대해 검토된다. =land sinking

subsidence of ground settlement 지반 침하(地盤沈下) =subsidence of ground

subsidiary material 부자재(副資材) 주요한 자재의 기능을 충분히 발휘시키기 위해 보조적으로 사용되는 자재.

subsidiary work 부대 공사(附帶工事) 공사 중 주요한 부분을 가리키는 본체 공사에 대하여 부대적인 역할의 공사를 말한다. 보통, 전기, 급배수, 공기 조화 등의 설비 공사를 가리키는 경우가 많다.

sub space 부분 공간(部分空間) 건축 공간을 막은 부분의 공간을 말한다. 전체 공간의 대비어.

substandard house 불량 주택(不良住宅) 주택의 구조상의 위험, 방재성의 난점, 설비 불완전 등의 점에서 일정한 기준에 이르지 않는 열악한 주택.

substation 변전소(變電所) 발전소와 소비지 사이에서 전압을 송전선이나 배전선에 적합한 전압으로 변성하는 중계소. 여기서 강압되어 2차 송전선, 배전선으로 되어 소비지에 이른다.

substituted bracing model for wall 브레이스 치환(－置換) 벽체를 라멘 부재와 함께 해석하기 위해 적당한 단면적을 가진 X형 브레이스로 치환하는 수법.

substituted frame 치환 라멘(置換－) 산형의 트러스 라멘 등을 라멘 구조로 치환하여 푸는 기준형. 탄소성 라멘을 등가의 탄성 라멘으로 치환했을 때의 라멘.

substituted skeleton model 선재 치환 모델(線材置換－) 구조 해석의 편의를 위해 부재를 재축선(材軸線)으로 치환한 모델. 지점(支點)을 두고 자중은 외력으로 치환하고, 부재는 강성(剛性) 등으로 대표된다.

substituted soil 객토(客土) =replaced soil

substitute structure 치환 구조(置換構造) 탄소성 지진 응답 해석에서 강성(剛性) 저하 및 감쇠의 증대를 고려하여 설정한 등가 선형 뼈대를 말한다.

substitution method 치환 공법(置換工法) =replacement method

subsurface geologic map 표층 지질도(表層地質圖) 표토를 제거한 지표 부분의 지질을 특히 상세하게 나타낸 지질도.

sub-system 서브시스템 시스템 빌딩에서 건물 전체의 구성 요소로서의 부위 또는 부품을 말한다.

sub-tie 서브타이 부띠근, 철근 콘크리트 단면의 주근 주위를 둘러감는 띠근 이외에 주근을 잇고 있는 전단 보강 철근.

sub-truss 서브트러스 메인 트러스의 간격이 클 때 중간에 두는 보조적인 트러스.

suburban residential quarter 근교 주택지(近郊住宅地) 기성 시가지 가까이에 입지하고, 도심으로 통근하는 사람 및 그 가족을 주요 거주자로 하는 주택지.

suburbia 교외(郊外) 시가지의 외주부로, 주택, 공장, 유통 시설이 입지하는 일이 많은 지역. =suburbs

suburbs 교외(郊外) =suburbia

successful bidder 낙찰자(落札者) 공개 입찰 결과 공사 청부자로서 결정된 자. =successful tender

successful price tendered 낙찰 가격(落札價格) 경쟁 입찰 등에서 최종적으로 낙찰한 자의 입찰 가격을 말한다. 관공서의 공사 발주에서는 예정 가격의 범위 내에서의 최저 입찰 가격이 원칙으로서 낙찰 가격이 된다.

successful tender 낙찰자(落札者) =successful bidder

suction 석션 흙입자 표면의 흡착력, 모세관력, 토중수(土中水)에 포함되는 용질에 의한 침투압 등으로 유지되는 토중수를 대기 중에 끌어내는 데 필요한 압력.

suction apparatus 흡인 설비(吸引設備) 배관 내를 부압으로 하여 단말에서 오물, 먼지, 쓰레기 등을 흡인하는 설비.

suction blower 흡입 송풍기(吸入送風機) 공기 조화기 등의 기기류를 흡입측에 설치한 송풍기.

suction tank 수수조(受水槽) =reservoir, break tank, receiving tank

suction type 흡입 방식(吸入方式) 공기 조화기 등의 기기를 흡입측에 설치한 송풍기 방식.

suggested trial mix proportion 표준 조합(標準調合), 표준 배합(標準配合) $1m^3$의 콘크리트에 사용하는 재료를 절대 용적, 무게, 현장 계량 용적 중 어느 것으로 나타낸 표준적인 조합.

sulfate resistant Portland cement 내황산염 포틀랜드 시멘트(耐黃酸鹽－) 바닷물이나 황산염을 포함하는 토양에 접하는 콘크리트에 사용하는 시멘트. 칼슘 알루미네이트의 함유량을 낮게 억제한다.

sulfur 유황(硫黃) 단체(單體) 또는 화합물로서 자연에 존재하는 원자량 32.066의 물질. 용융 상태에서 분체나 골재와 비벼서 하는 유황 캐핑(capping)은 콘크리트의 압축 시험에 쓰인다.

sulfur band 설퍼 밴드 강재(鋼材) 중에 생긴 유황의 편석이 압연 공정 중에 띠모양으로 벌어진 것. 특히 용접 금속이 응고할 때 수소 등이 이 층에 집적하여 취화해서 설퍼 크랙을 일으켜 쪼개지는 위험이 있다.

sulfur crack 유황 균열(硫黃龜裂) 강재 중의 설퍼 밴드에서 용접에 의해 발생하는 용접 균열. 림드강을 용접하는 경우 등에 발생하는 일이 있다.

sulphur 유황(硫黃) =sulfur

summer house 정자(亭子) 공원이나 정원에 세워지는 건물로, 휴게나 전망을 목적으로 한 것.

summer wood 추재(秋材) 목재의 성장 단계에서 여름부터 가을에 걸쳐 이루어진 목재 조직. 세포는 작고 단단하며, 색은 진하다. 춘재와 함께 나이테를 구성한다. →spring wood

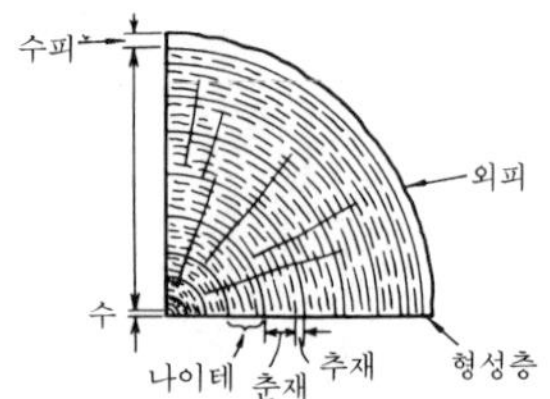

sump 배수조(排水槽) 용수(湧水)를 배수하기 위해 터파기 바닥에 설치하는 얕은 우물.

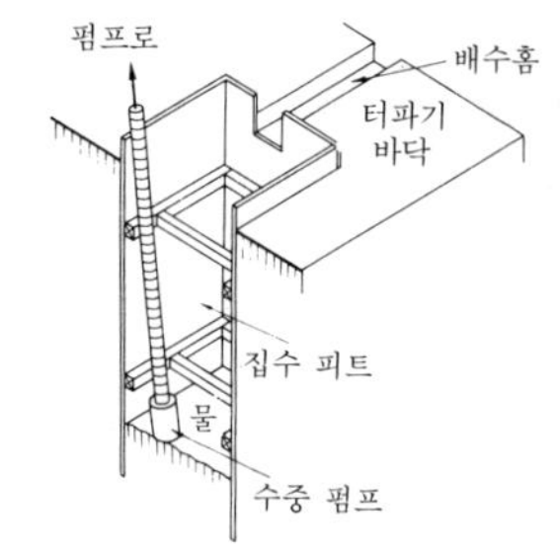

sump water 용수(湧水) =spring

sunbath room 일광욕실(日光浴室) 병원 등에서 일광욕을 하기 위한 방. 남동, 남향으로 만들고, 자외선 투과 유리를 사용한다. =sunroom, solarium

sun control 일조 조정(日照調整) 채난(採煖), 살균 등 일조의 좋은 효과를 적극적으로 이용하고, 초열(焦熱), 퇴색 등 나쁜 효과를 효율적으로 방지하기 위한 직사 일광의 건축적인 수단에 의한 제어.

sun-dried brick 흙벽돌(-壁-)[1], 일건 벽돌(日乾壁)[2] (1) 흙별돌은 중동 지구 등에서 구조 재료로서 쓰이고 있으며, 대부분은 일건 벽돌이다.
(2) 점토류를 성형한 다음 일광으로 자연 건조한 벽돌.

sundry expenses 잡비(雜費) =general expenses

sunken garden 분지 정원(盆地庭園) 지표에서 한단 낮추어 설치한 정원. 반지하 등의 디자인 수법으로서 쓰인다.

sun parlor 선룸, 일광욕실(日光浴室) 유리를 붙인 지붕, 큰 유리창 등을 써서 일광을 많이 들이도록 만든 방. =sunroom

sunroom 일광욕실(日光浴室) =sunbath room

sun shadow 그늘, 응달 태양의 일사에 의한 건축물의 그림자. 그늘의 상황은 태양의 위치에 따라 정해진다.

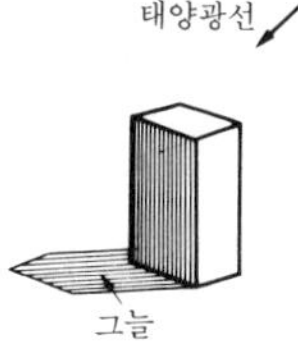

sun shadow curve 그늘 곡선(-曲線) 평지(수평면)에 연직으로 서 있는 단위 길이의 막대 끝을 지나는 태양 광선과 평지(수평면)와의 만난점의 궤적으로, 위도의 차이에 따라 달라진다.

sunshine 일조(日照) 어떤 지점에 닿는 태양 광선. 그 지점의 주위 상황, 그 날의 운량, 계절에 따라서도 다르며, 일사량·그늘에 영향을 준다. →sun shadow

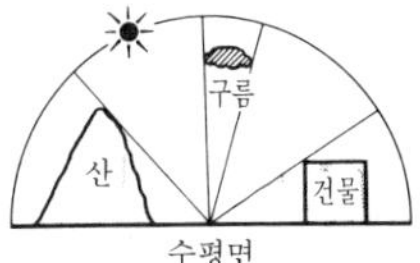

sunshine carbon arc 선샤인 카본 아크 촉진 내후 시험에 사용하는 광원의 하나. 파장 분포가 비교적 태양 광선에 가깝다.

super computer 수퍼 컴퓨터 가장 계산 속도가 빠른 디지털 컴퓨터. 가늠으로서 1초간에 부동 소수점 연산을 1억회 이상 하는 능력을 갖는 것을 말한다.

super duralmin 초 두랄루민(超-) 고력 알루미늄 합금의 일종. 알루미늄에 구리·마그네슘을 주로 하는 합금으로 인장 강도 43kg/mm^2 이상, 신장 14% 이상. 비중 2.7~2.8.

superheated steam 과열 증기(過熱蒸氣) 온도가 100℃ 이상의 수증기. 이용할 수 있는 잠열이 크므로 증기 난방용의 증기는 과열 증기로서 방열기에 보낸다. →latent heat

super-high-early-strength cement 초조강 시멘트(超早强-) 조강 시멘트보다 경화가 빠른 포틀랜드 시멘트로, 수화 활성도가 높은 규산 3칼슘의 혼합량이 많은 것을 초조강 시멘트라 한다. 활성화된 알루민산 칼슘의 양이 많은 것을 초속경(超速硬) 시멘트와 구별하여 말하는 경우가 있다. 경화 콘크리트는 압축 강도에서 재령 1일에 4주 강도의 약 40%, 재령 3일에 약 70%에 이른다.

super high-early-strength Portland cement 초조강 포틀랜드 시멘트(超早强-) 조강 프틀랜드 시멘트보다도 조기 강도를 더욱 높인 시멘트.

super high pressure jet 초고압 분사(超高壓噴射) 지반 내에 주입재를 높은 압력으로 분사하여 고결하는 범위를 크게 하는 방법.

super high-rise housing 초고층 주택(超高層住宅) 특별 피난 계단이 필요한 15층 이상의 집합 주택을 가리킨 명칭이었으나 현재는 25층 정도를 넘는 경우에 쓰이는 것이 일반적이다.

super high strength concrete 초고강도 콘크리트(超高强度-) 일반적으로는 4주 압축 강도 270kg/cm^2(경량에서는 240 kg/cm^2) 이상의 것을 고강도 콘크리트라 하는데, 초고강도 콘크리트는 그보다 훨씬 높아, 예를 들면 1,000kg/cm^{2}에 이르는 강도를 갖는 콘크리트를 가리킨다. 구체적으로 정의되어 있지는 않다.

superimposed load 적재 하중(積載荷重) 구조물의 바닥에 가해지는 인간 및 물품의 하중. 건물의 용도와 부위에 따라 설계용으로 표준값이 주어지고 있다. 단위 바닥 면적당의 무게에 집중 계수 및 충격 계수를 곱해서 구한다. 바닥 슬래브 계산용·평보 기둥 계산용·지진력 산출용의 3종으로 나뉜다. 중량물을 보관하는 창고 등에서는 별도 조사하여 결정하지 않으면 안 된다. →live load

super-imposed material load 물품 하중(物品荷重) 바닥 위에 적재되는 물품의 하중. 적재 하중의 산정은 인간과 물품의 평균 중량에 집중 계수·충격 계수를 곱해서 구한다.

super light weight concrete 초경량 콘크리트(超輕量−) 절건(絶乾) 비중 1.0 이하의 초경량 골재를 써서 만들어진 콘크리트. 기건(氣乾) 단위 용적 중량 0.8~1.3kg/l 정도이며, 설계 기준 강도는 150kg/cm^2 정도이다. 건물의 경량화를 위해 쓰인다.

super mini-computer 수퍼 미니컴퓨터 종래 기종에 비해 현저하게 계산 정보 처리 능력이 높은 소형의 디지털 컴퓨터.

superplasticized concrete 유동화 콘크리트(流動化−) =flowing concrete

superplasticizer 고성능 감수제(高性能減水劑)[1], 유동화제(流動化劑)[2] (1) 일반의 감수제보다도 분산 효과가 뛰어난 감수제. 고강도용 감수제 및 유동화제는 이에 포함된다. 이 개발로 콘크리트의 고품질화가 가능하게 되었다.
(2) 혼합제의 하나. 미리 비빈 콘크리트에 첨가하여 이것을 교반함으로써 더 부드럽게 하는 것을 주목적으로 한다.

supersaturation 과포화(過飽和) 용해도 이상의 용질을 포함하는 용액이 준안정한 상태로 존재하는 것. 증기의 과포화란 어떤 온도에서의 증기가 그 온도에 상당하는 포화 증기압보다 큰 압력을 가질 때 그 증기는 과포화에 있다고 한다.

super-set-retarding concrete 초지연제 콘크리트(超遲延劑−) 초지연제를 첨가하여 응결을 지연시킨 콘크리트. 옥시카르본산염이 쓰인다. 매스 콘크리트의 수화열의 저감, 주입시의 유동성 향상, 연속 지중벽에서의 슬라임 처리 등에 사용.

supersonic anemometer 초음파 풍속계(超音波風速計) 초음파의 전파 속도나 위상이 기류에 의해 영향되는 것을 이용하여 풍속을 구하는 측정기.

supersonic flow meter 초음파 유량계(超音波流量計) 초음파의 전파 속도나 위상이 유속에 의해 영향을 받는 것을 이용하여 유속을 구하는 측정기.

supersonic wave 초음파(超音波) 보통 사람의 가청 주파수 범위를 넘는 20,000 Hz 이상의 주파수를 갖는 음파를 말한다. =ultrasonic wave

superstructure 초구조체(超構造體)[1], 상부 구조(上部構造)[2] (1) =mega structure
(2) ① 건축 구조물에서 지상에 나와 있는 부분의 총칭. ② 하부 구조 위에 구축되는 해양 건축물의 구조. =upper sturucture

superviser 감독(監督) 공사 현장에서 감리를 직무로 하는 자.

supervising 감리(監理) 설계 도서에 충실하게 건물을 실현하기 위해 공정한 입장에서 공사 시공을 지도·감독하는 것.

supervising contract 감리 계약(監理契約) 건축 공사의 감리에 관한 위임 계약.

supervising expenses 공사 감리비(工事監理費) 공사 감리에 필요한 비용 또는 공사 감리 계약에서의 위탁비.

supervision 감독(監督) 공사 현장에서 감리를 하는 것.

supervision of work 시공 관리(施工管理) 시공 계획에 따라서 공사를 합리적, 능률적으로 진행해 가는 것.

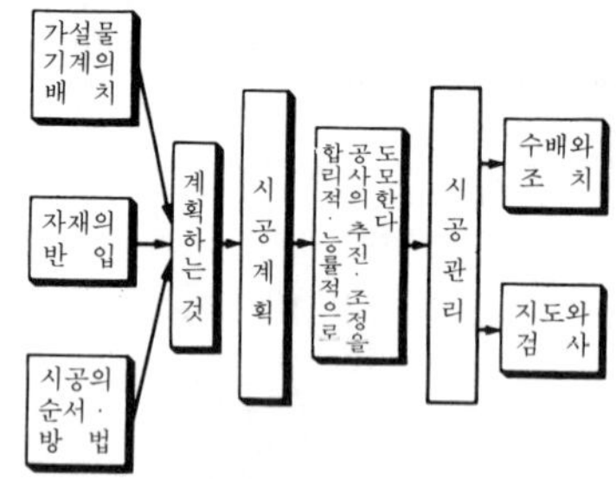

supervisor 감독원(監督員) =overseer

supervisory office 감독 관청(監督官廳) 특정한 업무 등에 대해서 행정의 입장에서 감독하는 입장에 있으며 그 책임을 지고 있는 관청.

supplementary force 치환 전단력(置換剪斷力) 평판이나 곡면판의 자유 지지단에서 가정하는 등가 전단력. 주변을 따른 비틀림 모멘트를 면외(面外) 방향의 집중력으로 치환하여 전단력에 더한 합.

supplied materials 지급 자재(支給資材) =owner furnished material

supplied mortar 패칭 모르타르 =patching mortar

supply duct 급기 덕트(給氣−) 공기 조화 설비에서 공기 조화 대상 공간으로 공기를 공급하는 데 사용하는 덕트.

supply fitting 급수 기구(給水器具) 위생 기구 중 급수전, 지수전, 볼탭 등 특히 물 및 탕을 공급하는 계통에 사용하는 기구.

supply of material 재료 지급(材料支給) 공사 발주에 있어서 발주자가 특정한 재료를 지급하는 것.

support 받침기둥, 지주(支柱) 하중을 받치는 기둥. 보통 널리 쓰이는 것은 콘크리트 타설·양생시에 보 또는 슬래브 밑에 설치하는 서포트류이다.

supporting force 지지력(支持力) =bearing power

supporting point 지점(支點) 구조물을 지지하는 점. 역학적으로는 이상화하여 사용하고, 고정단·이동단·회전단 등으로 나뉜다. 탄성 지지의 경우도 있다.

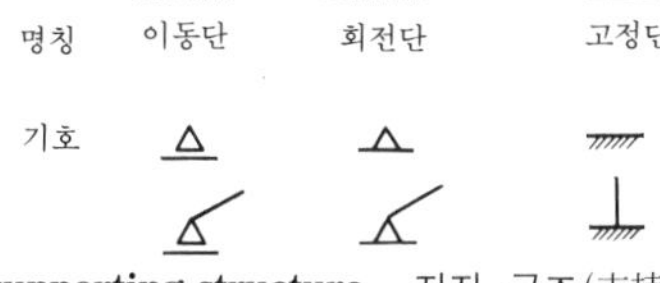

supporting structure 지지 구조(支持構造) 셸 구조를 사용한 대공간 구조 등에서 셸 구조 부분이 이론대로의 응력 상태를 유지할 수 있도록 셸 구조를 지지하는 구조.

supportless construction method 서포트리스 공법(-工法) 콘크리트 타설용 거푸집을 본체 철골이나 기둥에서 매달거나 또는 특수 거푸집을 쓰거나 하여 보 밑·슬래브 밑 등의 지지를 생략하는 공법. 공사 기간의 단축 등에 도움을 주고 있다.

surcharge 재하(載荷) 하중을 가하는 것. 일반적으로는 중량물을 싣는 것. 시험할 때는 잭을 사용하는 경우가 많다.

surcharge load 재하중(載荷重) 기초의 설계에 있어서 기초 저면보다 상부의 흙 등을 단지 중량으로서 생각하여 가한 하중을 말한다.

surcharge replacement method 치환 공법(置換工法) 지반 개량 공법의 하나. 연약층을 배제하여 모래 등 양질의 흙으로 치환하는 공법.

surface 면(面) 물건의 표면을 총칭. 또는 동일한 평면 위치에 있다는 것을 말하는 속어(그림 참조).

surface active agent 표면 활성제(表面活性劑) 액체에 첨가하여 그 용액의 표면 장력을 저하시키는 물질. 음 이온·양 이온·비 이온의 3종의 활성제로 나뉜다. 콘크리트용 혼합제로서는 AE제, 분산

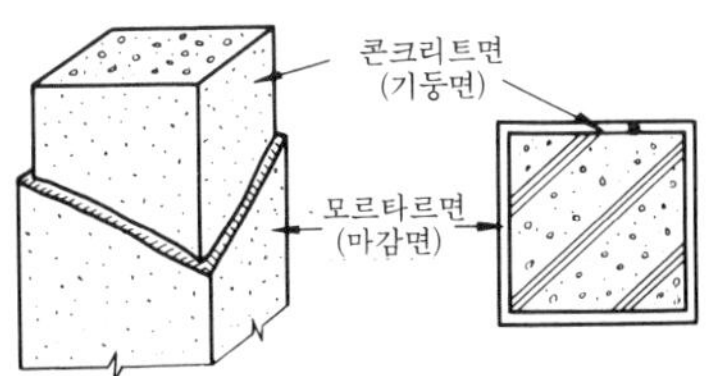

surface

제·감수제 등이 있다.

surface bearing 평면 베어링(平面-) 구조물의 베어링 형식의 하나로, 베어링판과 평면으로 접촉하는 형식. 롤러 또는 고정단에 사용한다.

surface carbonizing process 목재 표면 탄화법(木材表面炭化法) 목재의 방부 방충을 위해 판을 태우거나 그을리는 것.

surface check 표면 갈림(表面-) 목재가 건조 등으로 말미암아 표면에 갈림이 생기는 것.

surface condensation 표면 결로(表面結露) 천장, 벽, 바닥 등의 구조체 표면에 생기는 결로.

surface conductance 열전달률(熱傳達率) =heat transfer rate〔coefficient〕

surface course 표층(表層) =surface layer

surface crack 표면 균열(表面龜裂) 용접일 때는 비드 표면에 개구하는 균열을 말한다. 목재일 때는 표면의 섬유를 따라서 발생하는 균열을 말한다.

surface drainage 표면 배수(表面排水) 지중으로의 물의 침투를 방지하기 위하여 옹벽의 배면이나 전면의 강우수나 유입수를 지표에 둔 불투수층과 배수구로 배수하는 것.

surface-dried specified gravity 표면 건조 비중(表面乾燥比重) 표면 건조 내부 포화 상태의 비중. 골재립(骨材粒)의 비중 중 입자 속에 충분히 흡수하고, 입자면은 건조하고 있는 상태의 입자의 중량을 입자의 체적으로 나눈 것.

surface dry 표면 건조(表面乾燥) 도장한 도막의 표면만이 건조하고 하부는 미건조인 상태.

surface force 표면력(表面力) 물체 표면에 작용하는 힘. =surface traction

surface impedance 노멀 임피던스 = normal impedance

surface layer 표층(表層) ① 아스팔트 포장의 표면에 있으며, 2~3cm 이상의 두께의 아스팔트 혼합물로 이루어지는 층. ② 기반보다 위에 있는 지층.

surface load 면하중(面荷重) 어느 면적에 걸쳐서 분포하여 작용하는 하중.

surface lubricant 이형제(離型劑) = mold releasing agent

surface model 서피스 모델 컴퓨터 그래픽스에 있어서 3차원의 물체를 2차원 표면의 구성 요소로 분해하여 다루는 기법.

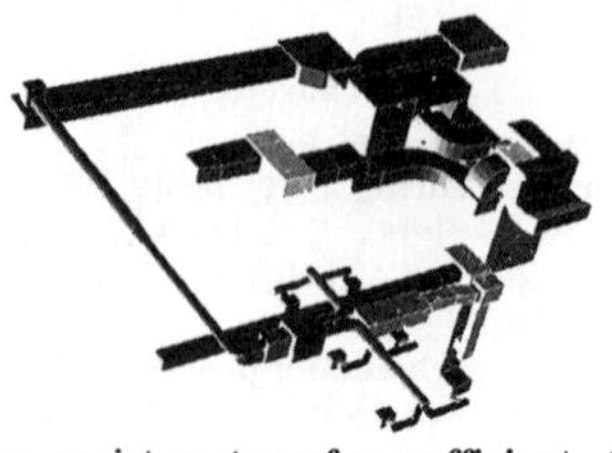

surface moisture transfer coefficient 표면 습기 전달률(表面濕氣傳達率) = moisture transfer coefficient

surface nailing 표면박기(表面−) 재료의 표면에서 직접 못을 박는 것. 작업은 간단하지만 못의 머리가 보이므로 외관상 좋지 않다. 조작 공사에서는 좋은 공법이 되지 못한다.

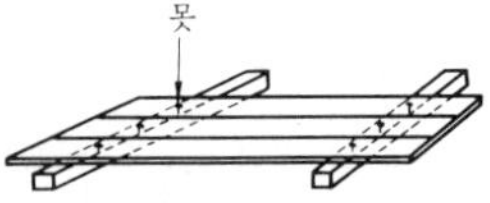

surface of light source 광원면(光源面) 채광이나 조명의 설계 또는 계산에서 그 면이 실제의 관원이 아니라도 창면이나 조명 기구면과 같이 광원이라고 생각하는 편이 편리한 면.

surface of nonzero Gaussian curvature 복곡면(複曲面) 곡면상의 두 주곡률의 곱(가우스 곡률)이 마이너스로 되는 곡면. 또는 보다 넓은 뜻으로 가우스 곡률이 0이 아닌 곡면.

surface of slope 비탈면(−面) 흙깎기, 흙쌓기 등의 인공에 의해 만들어진 경사 지형의 사면 부분을 말한다. 물매가 일정한 단순 비탈면과 물매가 변화하는 복합 비탈면이 있다.

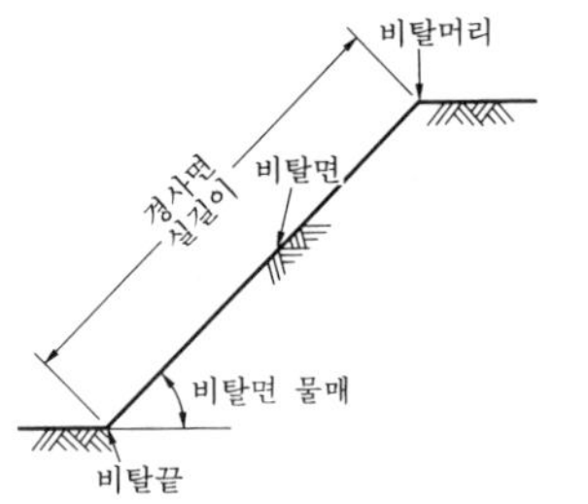

surface preparation 바탕만들기 도장(塗裝) 전의 재료에 대하여 도장의 준비를 위해 하는 작업. 청소 연마, 더러움·기름 제거, 녹 제거 등.

surface roughness 표면 조도(表面粗度) 대상물 표면의 작은 요철(凹凸)의 정도. 어떤 면에서 랜덤하게 발취한 계측값을 평균하여 대표값으로 하는 일이 있다.

surface soil 표토(表土) 자연 지반의 최상부에 있는 토층. 일반적으로는 풍화되고 유기물을 포함하는 부드러운 층이다.

surface sound source 면음원(面音源) 음을 투과하는 창이나 벽 혹은 큰 기계의 진동면과 같이 발생 음파의 파장과 같은 정도 이상의 크기의 면상(面狀)으로 확산을 갖는 음원.

surface source of light 면광원(面光源) 빛을 발하는 부분이 면상(面狀)으로 확산을 갖는 광원.

surface stratum 표층 지반(表層地盤) 지진 기반보다 상부의 지반에서 지진파가 그 지진 특성에 따라서 여러 가지 전달 특성을 나타내는 부분을 말한다. 일반적으로 기반에서 입사하는 파동은 이 부분에서 증대된다.

surface tension 표면 장력(表面張力) 액체의 자유 표면이 수축하여 최소의 표면적을 차지하려고 표면상의 임의의 선 양측 부분이 서로 당기고 있는 힘.

surface thermal resistance 열전달 저항(熱傳達抵抗) 열전달률의 역수. 일반적으로 외기측을 R_0, 실내측을 R_1의 기호로 나타낸다.

surface traction 표면력(表面力) = surface force

surface treatment 표면 처리(表面處理) 재료의 표면을 접합, 장식 등을 위해 처리하는 물리적·화학적 방법. 연마, 용제 세정, 전해, 부식 등이 있다.

surface treatment of metal 금속 표면 처리(金屬表面處理) 금속 재료 표면의 경화 처리·녹 방지·도금·청정(淸淨) 등 화학적·물리적으로 쓰이는 처리의 총칭. 표면 조정이라고도 한다. 도장·도금 등의 전처리로서 할 때는 바탕 처리라 한다.

surface water 지표수(地表水) 지하수나 복류수(伏流水)가 아니고 빗물이나 용수(湧水)가 지표면에 흐르고 있는 상태의 물. 강물 및 호수(湖水)로 나뉜다.

surface wave 표면파(表面波) 매질의 표면을 따라 전달하는 파동의 총칭. 지진파에서는 레일리파(Rayleigh wave) · 러브파(Love wave) 등이라 부른다.

surge tank 서지 탱크[1], 수수조(受水槽)[2] (1) 관로에 두어 물의 출입에 의해 관로 내 압력 변화를 완화하는 탱크. 수격(水擊) 작용의 완화에도 쓰인다.
(2) = break tank, receiving tank

surplus soil 잔토(殘土) 터파기 등으로 굴착한 흙에서 되메우기, 흙쌓기 등에 사용하는 만큼을 제외한 나머지 흙.

survey 실태 조사(實態調査)[1], 측량(測量)[2] (1) 실지 답사나 조사표 조사에 의해 기존의 정보로는 불명한 실정을 상세히 조사하는 것. 또 의식 조사에 대하여 객관적인 사항만을 조사하는 경우에 실태 조사라 부르는 경우도 있다.
(2) 토지 및 그에 부수하는 것의 모양이나 크기를 재는 것. 측량법에서는 지도의 조제 및 측량용 사진의 촬영을 포함한다고 규정하고 있다. 건축 공사에서는 지적 측량, 평면 측량, 고조 측량의 3종이 있다.

survey drawing 측량도(測量圖) 토지의 크기나 형상, 높낮이를 계측한 도면.

surveyed area 실측 지적(實測地積) 현지에서 측량하여 얻어지는 토지의 면적.

surveyed drawing 실측도(實測圖) 건물, 부지 등을 실측하여 그 결과를 기입한 그림을 말한다.

surveying chain 체인 = chain

surveying pin 측량 핀(測量-) 줄자로 1 측장(測長) 이상의 거리를 재는 경우에 줄자를 여러 회 옮길 때 줄자 끝의 위치를 나타내기 위해 사용하는 것.

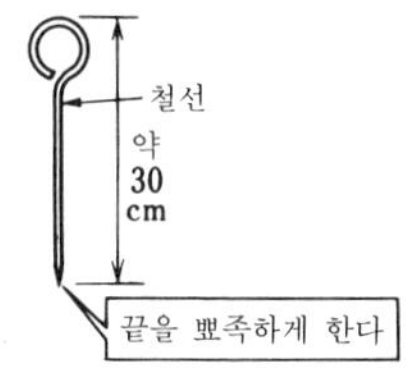

surveying tape 줄자 띠 모양이나 선 모양으로 감을 수 있게 된 자. 금속제, 섬유제 등이 있다. 측량용으로 20, 30, 50m 의 것이 있다.

survey-law 측량법(測量法) 각종 측량의 정비 및 측량 제도의 개선 발달을 목적으로 하여 제정된 법률.

surveyor 측량사(測量士), 측량 기사(測量技士) 측량에 관한 계획을 작성하고 실시하는 자.

suspend arch 서스펜드 아치 등분포 하중에 대하여 압축만으로 지지할 수 있는 파라볼라 아치를 상현으로 하고, 등선(等線) 하중에 대하여 인장만으로 지지할 수 있는 커티너리 케이블을 하현으로 하여 그 사이를 연직재나 경사재로 연결한 조합 구조 요소를 말한다. 아치와 케이블의 수평 추력이 역방향으로 상쇄되기 때문에, 지점(支點) 부분의 기둥에는 축방향력만이 작용하기 때문에 유리하게 계획할 수 있다.

suspended absorber 현수 흡음체(懸垂吸音體) 실내의 음을 흡수하기 위해 흡음재를 주부재(主部材)로 하여 성형 가공된 물체. 천장에 매달아 사용한다.

suspended luminaire 현수형 조명 기구(懸垂形照明器具) 천장에서 코드 혹은 현수용의 철사, 사슬, 파이프 등으로 조명 기구 본체를 매다는 형식, 구조를 갖는 조명 기구.

suspended sash window 오르내리창(-窓) 수직으로 상하할 수 있도록 장치한 창호.

suspended scaffold 달비계(-飛階) 상부에서 매단 작업용 비계. 철골 공사 등에서 널리 쓰인다.

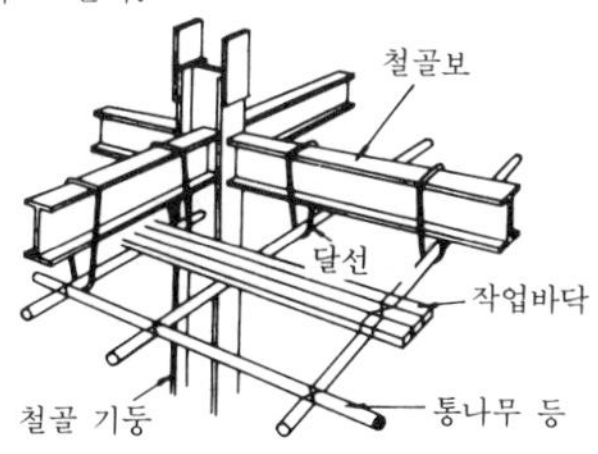

suspended solid 부유 물질(浮遊物質) 액체나 공기 중에 용해하지 않고 부유하고 있는 미립자의 총칭. 수중 부유 물질의 양은 수질 오탁의 지표의 하나. 액체 중에 있는 것은 현탁 물질이라고도 한다.

suspension membrane structure 서스펜션 막구조(-膜構造) 막곡면을 서스펜션 상태(매단 상태)로 하여 막면에 인장 응력이 작용하도록 한 막구조.

suspension roof structure 서스펜션 지붕 구조(-構造) 케이블 등의 장력재를 써서 지붕 구조를 지주 기타의 지지부에서 매다는 구조 형식. 대 스팬의 지붕을 만드는데 적합하다. 케이블이 직접 지붕면을 형성하는 것이 일반적이다.

suspension structure 서스펜션 구조(-構造) 구조물의 주요한 부분을 지점(支點)에서 매단 인장력이 지배적으로 되는 구조 형식(다음 면 그림 참조).

sustained loading 장기 하중(長期荷重),

suspension structure

상시 하중(常時荷重) 고정 하중·적재 하중 및 다설 구역에 있어서의 적설 하중을 조합시킨 설계용 하중.

swanneck bend 홈통 처마홈통과 선홈통을 연결하는 홈통.

S wave S파(－波) ＝secondary wave

S1 wave S1지진(－地震) 원자력 발전 시설의 내진 설계시에 상정되는 두 종류의 지진의 하나. 발생을 예기해 두는 것이 적절한 세기의 지진. 설계용 최강 지진이라고도 한다.

S2 wave S2지진(－地震) 원자력 발전 시설의 내진 설계시에 상정되는 두 종류의 지진의 하나. 입지점 주변에서 발생 가능한 한계의 세기의 지진. 설계용 한계 지진이라고도 한다.

sway 스웨이 지반에 의해 지지된 건물의 기초 부분의 수평 이동. 회전은 로킹이라 한다. 건물 전체의 진동형 또는 내진벽 등의 계산시에 고려하는 변형 형식이다.

sway-rocking model 스웨이로킹 모델 지반상 구조물의 진동 해석용 모델의 하나. 구조물의 기부에 지반 변형의 수평 성분인 스웨이와 회전 성분인 로킹의 스프링과 대시포트(dashpot)를 둔 진동계.

Swedish window 스웨디시창(－窓) 개폐할 수 있는 베네션 블라인드를 두 장의 유리 사이에 둔 미닫이로 구성되는 창.

swelling 팽윤(膨潤) 고체가 액체를 흡수하여 화학적 조직을 변화시키는 일 없이 용적을 증가시키는 현상.

swelling index 팽창 지수(膨脹指數) ＝expansion index

swelling pressure 팽윤압(膨潤壓) 흡수하여 팽창하는 흙이나 암석이 주변에 미치는 압력.

swelling test 팽윤 시험(膨潤試驗) 흙에 흡수시켰을 때의 체적 증가량이나 그 팽창을 저지하는 데 필요한 압력(팽윤압)을 측정하는 시험.

swimming pool 풀 옥내 또는 옥외에 설치된 수영장.

switch 스위치, 개폐기(開閉器) 전기 회로를 개폐하기 위한 기구. 전등용과 동력용이 있으며, 조명용을 특히 점멸기라 한다.

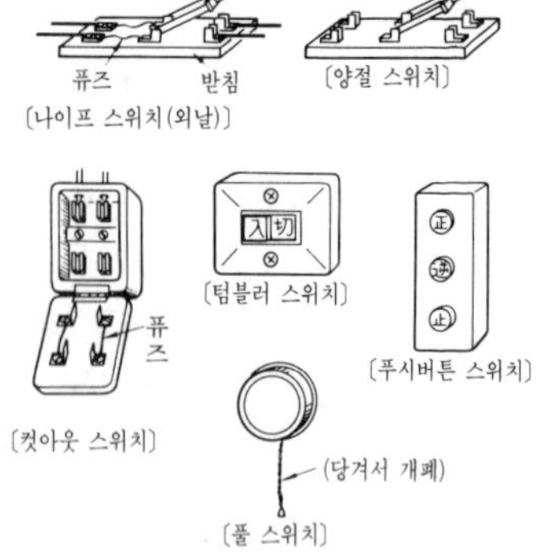

switch board 배전반(配電盤) 전기 회로의 개폐 혹은 전압, 전류, 전력 등을 계측하는 장치로, 고압 수전반, 고압 배전반, 저압 배전반이 있다.

switch box 스위치 박스 안전을 위해 스위치나 계기를 수납한 강철제의 상자로, 상자 밖에서 핸들로 조작한다.

switch-on ratio 점등률(點燈率) 정해진 시간, 예를 들면 집무 시간 중 조명 설비를 점등하고 있는 시간 비율. (점등률)＝1－(소등률)의 관계가 있다. ＝turning-on ratio

sword hardness rocker 스워드 로커 도막(塗膜)상에서의 구름 진동의 지속성에 의해 도막의 경도를 측정하는 시험기.

symbols for material in section 재료 구조 표시 기호(材料構造表示記號) 평면도·단면도·단면 상세도 등의 부재의 단면을 표시하기 위한 기호. 동일 재료라도 축척에 따라 다를 때도 있다.

symbols for wiring plan 옥내 배선용 그림 기호(屋內配線用－記號) 건축물의 옥내 배선에서 전등·동력·통신·피뢰침·신호 등의 배선·기기 및 그 부착 위치, 접속 방법을 나타내는 도면에 사용하는 그림 기호.

symmetrical deformed member 대칭 변형재(對稱變形材) 부재의 변형 상태가 대칭으로 생기는 부재.

symmetrical matrix 대칭 매트릭스(對稱－) 정방(正方) 매트릭스에서 주대각선에 관해 각 요소가 $a_{ij}=a_{ji}(i \neq j)$로 되어 있는 매트릭스.

symmetrical stress distribution 대칭 응력(對稱應力) 부재나 뼈대에 대칭으로 되어서 분포하는 응력을 말한다. 뼈대가 대칭이고 작용하는 외력도 대칭일 때 이 상태가 생긴다.

symmetrical structure 대칭 구조물(對稱構造物) 구조물의 뼈대 형상 · 단면 치수 · 지지 방법이 어떤 축(대칭축)에 관해 대칭으로 만들어지고 있는 구조물. 일반적으로 좌우 대칭인 구조물. 하중도 대칭이면 해석은 간단해진다. 대칭 뼈대, 대칭 라멘 등이라고도 한다.

symmetric bifurcation 대칭 분기점(對稱分岐點) 분기 좌굴 후의 평형 곡선이 모든 변위 증가에 대하여 강성 증가 또는 감소를 나타내는 경우의 분기점.

symmetry 대칭(對稱) 1점 또는 하나의 축선에 대하여 동일 형체를 상대하도록 배치하는 것. 좌우 대칭, 역대칭, 방사 대칭이 있다. 통일감과 안정성이 높다.

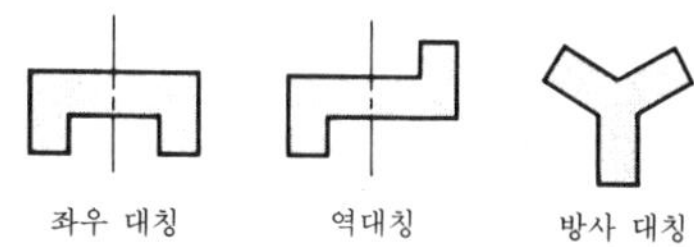

좌우 대칭 역대칭 방사 대칭

synthetic resin 합성 수지(合成樹脂) 석유나 석탄 · 천연 가스 등을 원료로 하여 인위적으로 합성한 수지상의 것. 일반적으로 경량이고 내수성 · 내약품성 · 전기 절연성이 뛰어나며, 판 · 관 · 선으로 성형되는 외에 도료 · 접착제의 원료가 된다.

synthetic resin adhesive 합성 수지계 접착제(合成樹脂系接着劑) 접착제의 하나로, 열경화성과 열가소성이 있다.

synthetic resin paint 합성 수지 도료(合成樹脂塗料) 합성 수지를 전색제(展色劑)로 한 도료의 총칭. 도료의 형태로서는 용제형 · 에멀션형 · 무용제형 등이 있다. 종류로는 염화 비닐 · 초산 비닐 · 푸탈초 · 페놀 · 아크릴 · 멜라민 수지 등이 있다.

synthetic rubber 합성 고무(合成-) 천연 고무에 대하여 인공적으로 제조된 고무의 총칭.

synthetic rubber adhesive 합성 고무계 수지 접착제(合成-系樹脂接着劑) 합성 고무의 중합체 등으로 만들어진 접착제로, 금속 · 목재 · 플라스틱 · 피혁 · 천 등의 접착에 적합하다.

systematic error 계통적 오차(系統的誤差) 발생 원인을 알고 있는 오차. 이론 오차, 계기 오차, 개인 오차가 있다. 이론 오차는 이론적으로 보정할 수 있는 오차로 열팽창 · 실온 등에 의한 오차. 계기 오차는 사용하는 계기에 원인이 있어서 생기는 오차. 그 계기보다 오차가 작은 표준 계기에 의해 보정할 수 있다. 개인 오차는 측정자의 버릇에 의해 생기는 오차이다.

systematized furniture 시스템 가구(-家具) 호환성있는 자유로운 조합이 가능한 가구군. 인테리어 구성 요소를 통일적으로 디자인한 가구류도 포함한다.

system building 시스템 건축(-建築) 건축 생산의 용어. 구조체 또는 건축 부품을 규격화, 표준화하고, 공업 제품화하여 그것을 조합시켜서 사용하는 건축 생산 시스템 또는 그것을 사용한 건축을 말한다.

system diagram 계통도(系統圖) ＝schematic diagram

system Domino 도미노 시스템 양산 주택용의 철근 콘크리트 구조 뼈대. 6개의 지주와 3매의 수평 슬래브로 이루어지는 2층 건물의 기본형이다.

system industry 시스템 산업(-産業) 각종 서브시스템을 구사하여 종합적인 시스템을 만들어내는 산업을 뜻하며, 주택 산업이나 건축 산업의 일부를 말한다.

systems building 시스템즈 빌딩 건축물을 여러 서브시스템으로 분할하고, 각각에 성능 시방을 설정하여 공업 제품으로서 생산한 것을 조합시키는 건설 수법.

system technology 시스템 기술(-技術) 시스템의 목적을 달성하기 위해 시스템의 구성 요소, 조직, 정보, 제어 기구 등을 분석하여 설계하는 기술. 시스템 엔지니어링이라고도 한다.

T

table 테이블, 탁자(卓子) 식사나 작업 혹은 물건을 올려놓는 받침으로서 사용하는 가구.

table cloth 테이블 클로스 테이블 천판의 더러움 방지, 식기와의 접촉음을 약화시키는 등의 구실을 한다.

table coordinator 테이블 코디네이터 식사의 목적, 양식 등에 맞추어서 식기, 나이프, 포크, 유리 그릇, 테이블 크로스, 꽃 등의 선택, 구성에 대해서 조언 · 제안하는 사람.

table tap 테이블 탭 전기 배선의 말단에 붙여 여러 개의 플러그를 사용할 수 있도록 한 대형 콘센트. 대부분은 기둥, 작업대 또는 측면 벽 위에 고정하여 사용한다.

tack coat 택 코트 도로 포장에 사용하는 부착성 향상을 위한 역청 재료. 포장에 있어서의 기층(基層) 표면 또는 기설 도로 등 위에 아스팔트 포장을 하는 경우에 사용한다.

tack-free 지촉 건조(指觸乾燥) =set to touch

tack welding 가용접(假鎔接) 본용접 전에 소정의 위치에 부재를 고정해 두기 위해 하는 경미한 용접.

tacky dry 건조 접착성(乾燥接着性) 접착제의 휘발 성분이 증발하거나, 혹은 피착재에 침투하는 것.

TAC temperature TAC온도(-溫度) TAC는 technical advisory committee의 약어. 일반적으로는 초과 위험률을 고려한 설계용 외기 온도를 의미한다.

tact scheduling 택트 공정(-工程) 기준층의 층수가 많은 초고층 건물 등에서 채용되는 공정으로, 1층분의 공정을 충분히 검토하여 정하고 그 다음은 이것을 단순히 되풀이하는 방식.

tact system 택트 시스템 부품 · 부재의 제조에서 전공정 모두 동시에 가공을 하고 동시에 다음 공정으로 이동하는 흐름 작업. 가공 부품이 이동하는 방식과 작업자가 이동하는 방식이 있다.

taenia 테니어 도리스식 오더의 엔태블러처(entablature)에 있어서 아키트레이브(architrave)의 맨 윗부분.

tailing 테일링 섬유의 길이가 짧고, 가루와 같이 된 석면. 보수성(保水性)이 좋은 섬유이며, 작업성의 향상이나 균열 방지를 위해 모르타르의 혼합재로서 쓰인다.

take fire 인화(引火) 물질을 가열하고, 여기에 작은 불꽃을 가까이 하든가 전기 불꽃을 튀게 하면 가열되어서 생긴 가연성의 가스가 연소하는 현상.

tall building 고층 건축물(高層建築物) = high-rise building

tamper 템퍼 ① 충격에 의해 자갈 · 토사 등을 다지는 기계. ② 콘크리트의 침하 균열을 방지할 목적으로 표면을 두드리는 도구.

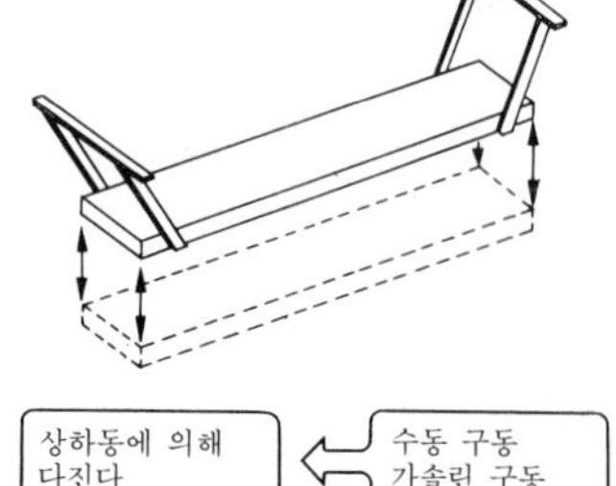

tamping 탬핑 바닥 슬래브 콘크리트의 침하 균열을 방지할 목적으로 콘크르트의 표면을 두드리는 조작.

tamping rod 다짐대 콘크리트를 타설할 때 다지는 데 사용하는 막대 모양의 기구.

tamping roller 탬핑 롤러 흙쌓기 등의 다짐에 사용되는, 표면에 돌기물이 붙은 롤러. 통상 트랙터 등을 써서 견인한다. 돌기 부분이 흙쌓기 등에 파고 들기 때문에 충분히 다질 수 있다. 롤러 내에 넣는 모래나 물로 그 중량을 조정한다. 돌기의 형상에 따라서 시프스푸트 롤러(sheepsfoot roller), 테이퍼푸트 롤러(taperfoot roller) 등의 구별이 있다.

tandem roller 탠덤 롤러 로드 롤러의 일종. 앞바퀴와 뒷바퀴가 각 1개인 쇠바퀴를 갖는 롤러. 3륜을 세로로 배열한 것은 3축 탠덤 롤러라 한다.

tandem ultrasonic testing 탠덤 탐상법(－探傷法) 탐촉자를 2개 전후시켜서 배치하고 한쪽을 송신용, 다른쪽을 수신용으로 하는 사각(斜角) 탐사법.

tangential elastic modulus 접선 탄성 계수(接線彈性係數) 재료의 응력도·변형도 곡선상의 임의의 점에서 그은 접선의 물매.

tangential load 접선 하중(接線荷重) 상정하고 있는 면 또는 재료 단면의 접선 방향으로 작용하는 힘의 분력.

tangential strain 전단 변형(剪斷變形) 전단 응력에 의해서 생기는 변형.

tangential stress 접선 응력(接線應力) 선재(線材)의 중심선, 판·셸 등의 면재(面材)의 중심면 등에 대하여 평행하게 작용하는 응력.

tangential wave 접선파(接線波) 직방체의 방에서 한 쌍의 평행 벽면에 평행하고 다른 두 쌍의 벽면에 비스듬하게 입사하는 평면파와 그 반사파 성분으로 합성되는 정재파.

tap 급수전(給水栓) ＝forcet, stop cock

tap bolt 탭 볼트 강구조에서 볼트 구멍을 뚫지 않고 볼트를 비틀어 넣어 체결하는 볼트.

tape 줄자 거리 측정 기구의 하나. 강철제, 합성 섬유제의 것이 많고, 측정 길이 20m, 30m, 50m의 것이 널리 쓰인다.

taper board 테이퍼 보드 석고 보드의 긴쪽 방향 측면에 테이퍼를 붙인 것.

taper bolt 테이퍼 볼트 끝(나사를 낸 부분)이 가는 모양의 볼트.

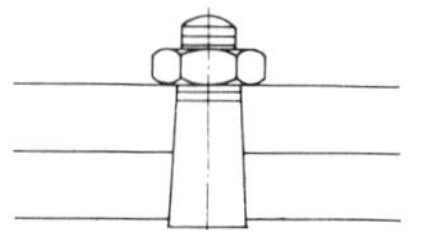

tapered washer 테이퍼 와셔 ＝taper washer

taper joint 테이퍼 조인트 테이퍼 보드를 사용한 석고 보드의 줄눈 처리를 말한다. 테이퍼 부분을 조인트 시멘트나 조인트 테이프로 묻고, 이음매가 보이지 않는 마감으로 한다. 드라이 월 공법(dry wall method)이라고도 한다.

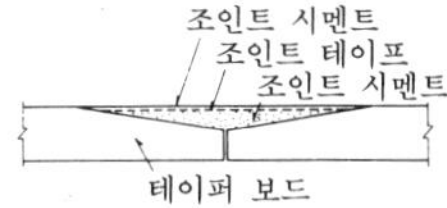

taper washer 테이퍼 와셔 I형강이나 홈형강의 플랜지 등 물매가 있는 부분의 볼트 접합부에 사용하는 상하면에 물매가 있는 와셔.

tapestry 벽걸이(壁－) 벽에 거는 장식품.

tapping 태핑 ① 탭을 써서 암나사를 내는 것. ② 설비나 기기 등에서 배관을 접속하기 위해 둔 접속구.

tapping machine 태핑 머신 바닥 충격음 차단 성능을 살피기 위한 표준 충격원(衝擊源). 질량 500g의 강철제 해머 5개가 연속적으로 40mm의 높이에서 자유 낙하하여 바닥을 타격하는 구조를 갖는다.

tapping screw 태핑 나사 박철판을 체결하여 고정시키기 위해 사용하는 나사.

tar 타르 석탄, 목재 등 고체의 탄소 화합물을 가열 분해하여 만드는 흑갈색의 유상(油狀) 물질. 목재에서 얻는 것을 목 타르, 석탄에서 얻는 것을 석탄 타르 또는 콜타르라 한다.

tar concrete 타르 콘크리트 타르에 자갈 혹은 모래를 섞은 것으로, 머캐덤 도로(macadam road) 등에 사용한다.

tar-epoxy resin 타르에폭시 수지(－樹脂) 상온 경화의 미변성(未變性) 에폭시 수지에 콜타르를 혼합한 것. 방식 도료·접착제 등에 사용한다.

tar felt 타르 펠트 종이조각, 짚, 천조각 등을 주원료로 한 펠트상의 원지에 가열 코르타르를 침투시킨 것. 방습재가 되지만 내구성이 약하다.

target 타깃 적당한 모양(적·백 등)으로 착색하고 표척(標尺) 등에 붙이는 목표판.

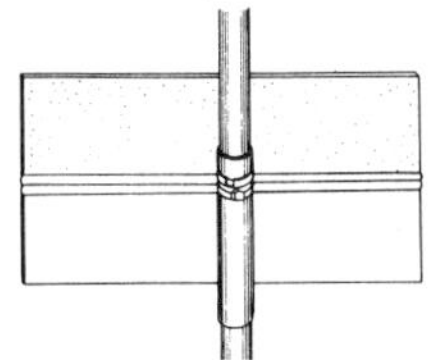

target price 예정 가격(豫定價格) ＝budget price

target value of maximum cracking width 최대 균열폭 목표값(最大龜裂幅目標－) 프리스트레스트 철근 콘크리트 부재

의 설계에서 설계상 제어의 목표값으로 하는 장기 설계 하중시의 최대 균열폭.

tar-modified polyurethane 타르 우레탄 타르를 충전제의 하나로서 사용한 폴리우레탄. 방수재, 도료로서 사용된다.

tar paper 타르지(-紙) 탄화 수소와 그 유도체를 주성분으로 한 흑갈색의 유상(油狀) 물질에 담근 종이. 방부재·방수재로서 이용된다.

tarpaulin 타폴린 방수의 목적으로 사용하는 막재(膜材)의 총칭. 직포(織布)의 상하면을 염화 비닐 등의 막을 라미네이트한 것. 원래 타르를 사용하였으므로 이 명칭이 쓰이고 있다. 공사용 시트, 차양 천막 등에 사용한다.

task-ambient lighting 태스크앰비언트 조명(-照明) 사무실 조명에 있어서 책상, 파티션, 선반에 꾸며 넣은 태스크 조명과 천장, 주벽으로의 앰비언트 조명을 조합시키는 수법.

task lighting 작업 조명(作業照明) 사무실이나 공장 등의 작업 현장에서 전반 조명에 의존하지 않고 개개의 작업에 적합한 시환경(視環境)을 만들도록 배려된 조명.

tassel 태설 열린 커튼을 개구부 양쪽에 묶어서 고정시키기 위한 장식끈.

T-bar T바 T형 단면의 막대. 대부분의 경우 형강 또는 알루미늄제의 막대를 말한다. →T-shape

T-beam T형 보(-形-) 보 상부에 슬래브가 붙은 T자형의 단면을 갖는 보. 보통, 슬래브는 철근 콘크리트 구조이며, 보 부분에는 철근 콘크리트, 철골 철근 콘크리트, 철골 등이 쓰인다.

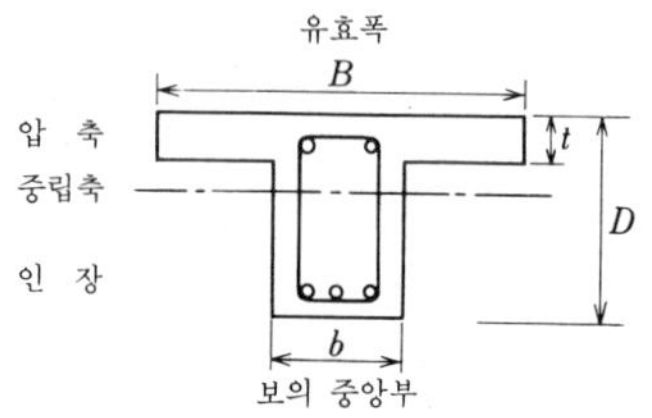

일반적으로 끝부분은 장방형보로서 생각한다

T-degree-T T°T 티 디그리 티라 읽는다. 콘크리트의 20℃, 재령 3일 정도 이내의 강도 발현이나 슬라이딩 폼 공법에 있어서의 거푸집 활동(滑動) 속도를 정하기 위해 사용하는 적산 온도의 단위. 콘크리트의 가상 양생 온도와 양생 시간과의 곱.

teak 티크 나뭇결은 곧고, 팽창이나 수축이 적으며 휨이나 갈림이 없다. 적당히 단단하며 선박재, 조작, 창호, 가구 등에 사용된다.

tea room 다방(茶房) 주로 커피, 홍차, 주스류 등의 음료를 제공하고 음식시키는 영업점, 또는 그 음식하는 방.

technical overhead expenses 공사 경비(工事經費) 건축 공사에 있어서의 경비 중 직접 공사에 관계가 깊은 부분.

technological innovation 기술 혁신(技術革新) 생산 기술의 진보가 생산 공정 전체에 걸쳐 진행하는 것.

technology assessment 기술 검증(技術檢證) 새로운 기술의 개발을 하는 경우에 그 개발 과정이나 개발 결과가 사회나 환경에 미치는 영향을 사전에 검토 평가하여 개발의 방향이나 우선 순위를 종합적으로 판단하는 것.

technology transfer 기술 이전(技術移轉) 특허, 제조상의 노하우 등 기술에 관한 지식을 자사(자국)에서 타사(타국)로 양도하는 것.

technopolis 테크노폴리스 첨단 산업 및 이에 관련하는 대학, 연구 기관을 중심으로 한 첨단 기술 집적 지역.

tees 티즈 3방향으로 접속구가 있는 T자형을 한 배관용의 이음.

Teflon 테플론 4불화 에틸렌의 상품명. 마찰 계수가 매우 작고, 내압 강도가 높은 재료로, 금속판면 등에 붙여서 롤러 베어링 등에 사용하며, 안정이 좋으므로 실험 장치 등에도 이용된다. 테플론 코팅은 막 재료의 보강에도 널리 사용된다.

Teflon bearing 테플론 베어링 마찰 저항이 적은 테플론을 강판에 붙이고 그 매끄러움을 이용한 롤로 접합.

telecontrol sytem 텔레컨트롤 시스템 전화 회선을 이용하여 가정 내의 보안 기기 등을 제어하는 시스템. 전화로 문단속이나 에어컨의 조작 등을 할 수 있다.

telemetering 원격 측정(遠隔測定) 측정 대상으로부터 떨어진 장소에서 측정값의 판독이나 기록을 하는 측정법.

teleport 텔레포트 위성 통신 안테나, 통신 제어 시설, 고속 통신 회선 등으로 이루어지는 위성 지구국을 중심으로 한 오피스 빌딩군이 집적하는 업무 지역.

television common antenna system 텔레비전 공동 청취 설비(-共同聽取設備) 공동 안테나로 텔레비전 전파를 수신하고, 필요하다면 증폭하여 동축 케이블로 텔레비전 수상기로 공급하는 설비.

tell 텔 이집트, 중동에서 도시, 취락이 존속하는 동안에 퇴적물에 의해 만들어진 언덕의 총칭. 퇴적 그 자체가 유적으로 되어 있다.

temenos 테메노스 고대 그리스에서의 신전을 중심으로 하는 둘러싸인 성역.

temperature 온도(溫度) 냉온의 감각적인 정도. 물리적으로는 열평형에 있는 계가 갖는, 분자의 운동 에너지의 평균값에 비례하는 양.

temperature control 온도 조정(溫度調整) 공기 조화에서는 공기 온도를 조절하는 것을 말한다. 공기 온도 감지부(검출부)로서 서모스탯을 사용하여 가열 냉각 장치를 작동시켜서 온도를 조절한다. ＝temperature regulation

temperature control valve 온도 조절 밸브(溫度調節－) 제어 대상의 온도를 검출하여 그 온도를 제어하여 증기나 온수 등의 열매(熱媒) 유량을 조절하기 위해 사용되는 자동 제어용 밸브. 자력식(自力式)과 타력식이 있다.

temperature difference 온도차(溫度差) 온도 분포를 갖는 계에 있어서의 상이한 점간 온도의 차. 예를 들면 외벽의 외표면과 내표면, 공기 가열 코일의 입구와 출구의 온수, 배출구로부터의 배출 공기와 실내 공기 등의 상호 온도의 차를 말한다.

temperature deflecter 온도 감지기(溫度感知器) 화재가 났을 때 온도 상승을 자동적으로 감지하여 수신기에 알리는 장치로, 화재 감지기의 하나. 차동식 스폿형, 차동식 분포형, 정온식(定溫式) 스폿형, 정온식 감지선형이 있다.

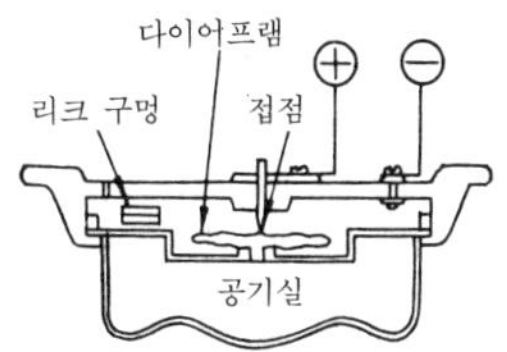

temperature drop 온도 강하(溫度降下) ① 온도가 내려가는 것. ② 온도 경사(물매)에 있어서 $d\theta/dx$를 말한다.

temperature factor 온도 계수(溫度係數) ① 표면 온도 θ_1℃(절대 온도 T_1)인 물체에서 표면 온도 θ_2℃(절대 온도 T_2)의 물체로의 복사 전열량을 구할 때의 계수. 이것을 K라 하면

$$K=[(T_1/100)^4-(T_2/100)^4]/(\theta_1-\theta_2)$$

로 주어진다. ② 일반적으로 물질의 성질을 나타내는 값(예를 들면 열전도율)이 온도에 따라서 직선적으로 변화할 때 온도 변화 1℃에 대한 그 값의 변화량을 나타내는 값을 온도 계수라 한다. ＝temperature fall

temperature fall 온도 강하(溫度降下) ＝temperature drop

temperature gradient 온도 물매(溫度－), 온도 경사(溫度傾斜) 물체 내부를 열전도할 때 평행한 양면의 온도가 각각 일정하고, 물체 내부의 열의 흐름이 고르면 물체 내부의 온도 분포는 직선이 된다. 이 직선의 물매를 온도 물매 또는 온도 경사라 한다.

$$\text{온도 물매}=t_1-t_2/d$$

여기서, t_1, t_2 : 온도.

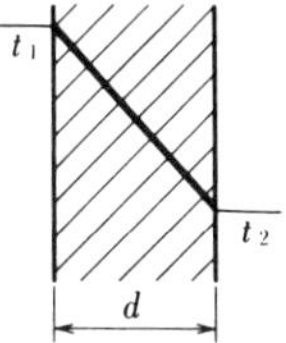

temperature of condensation 응축 온도(凝縮溫度) 냉동 사이클에 있어서 어느 압력하에서 응축할 때의 냉매의 온도.

temperature reduction 온도 강하(溫度降下) ＝temperature drop, temperature fall

temperature regulation 온도 조정(溫度調整) ＝temperature control

temperature sensor 온도 센서(溫度－) 공기나 물과 같은 유체나 벽면 등의 온도를 검출하여 그 온도를 기록한다든지 제어한다든지 하기 위해 사용되는 장치. 보통은 검출한 온도를 전기 신호로 변환하여 전송한다. 검출 소자에는 서미스터, 백금, 니켈, 열전쌍 등이 쓰인다.

temperature stress 온도 응력(溫度應力) 온도 변화에 따라서 구조물은 신축한다. 그러나 구조물의 지지 조건에 따라서는 자유롭게 신축할 수 없으므로 그 변형이 구속되어 응력을 일으킨다. 이 응력을 온도 응력이라 한다.

temperature susceptibility 감온비(感溫比) 물질의 온도와 경도 또는 점도의 관계(감온성)를 나타내는 용어. 아스팔트에서는 상이한 온도에 있어서의 침입도(針入度)의 비로 나타내지만, 최근에는 대신 침입도 지수를 쓰는 일이 많다.

tempered glass 강화 유리(强化琉璃) 안전 유리의 하나. 판유리를 연화점 가까이까지 가열한 다음 공기를 전 표면에 균일하게 뿜어서 급랭하여 만든다. 충격, 휨, 압축에 강하고, 깨질 때 파편이 알갱이 모양으로 된다. ＝toughened glass

tempering 템퍼링, 뜨임 열처리의 일종.

담금질한 강은 경도는 높아지나 재질이 여리게 되므로 A_1변태점 이하의 온도로 재가열하여 주로 경도를 낮추고, 점성(粘性)을 높이기 위해서 하는 열처리를 말한다. 뜨임 방법에는 건식, 습식, 직접 뜨임 등이 있다.

template 형판(型板), 템플릿 ① 목공사·철골 공사·돌공사·미장 공사 등에서 원하는 모양의 것을 만들 때 실형이나 실치수 등에서 딴 판. 철골의 형판은 박강판이나 투명 경질 비닐판을 사용하지만 다른 공사에서는 목제의 판이 많다. ② 숫자·도형 등을 그리기 위한 플라스틱제의 형판. 원·각·영문자·숫자 외에 건축 기호·설비 기호·전기 기호 등이 있다. 정확한 숫자나 도형 등을 능률적으로 아름답게 그릴 수 있다.

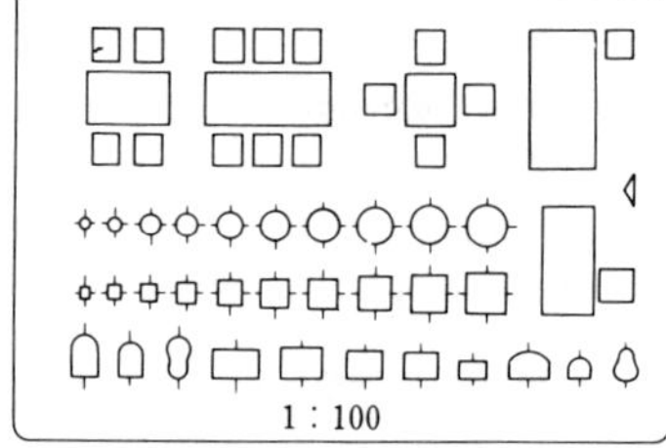

templating 템플레이팅 금속판이나 합판의 복잡한 곡면을 성형하는 경우 미리 소정의 형상과 치수로 단판(單板)을 절단하는 것.

temporal expenses 일시적 비용(一時的費用) 건축물의 신축시나 대수선시 등에 일시적으로 지출하는 비용. =temporay expenses

temporary building 가설 건축물(假設建築物) 공사의 필요에 따라서 임시로 세워지는 건축물, 비상 재해시의 응급 가설 건축물. 보통 재해시의 공공 응급 가설 건축물, 공사용 일간·재료 하치장 등, 가설 흥행장·박람회 건축물·가설 점포 등이 있다.

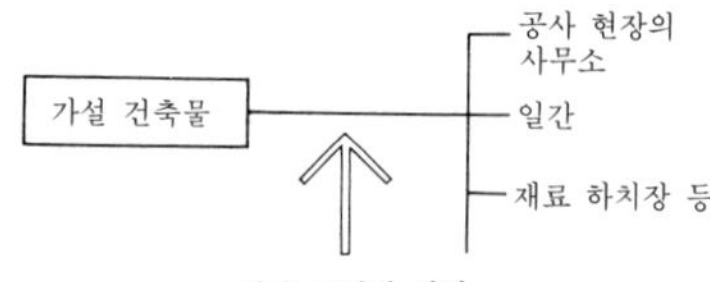

temporary construction 가설물(假設物) 일정 기간, 임시로 설치되는 공작물.

temporary dwelling 가설 주택(假設住宅) 공사 현장, 흥행장 등, 또는 이전을 위한 일시 수용 시설로서 일시적으로 사용하는 것을 목적으로 하여 세운 주택.

temporary employee 임시공(臨時工) 본래는 날품팔이 노동자는 아니지만 공사의 바쁜 시기 등에 단기 계약으로 임시로 고용되는 노동자를 말한다. 현재는 일당 계약의 노동자나 부정기 계약도 포함해서 말한다. =temporary laborer

temporary enclosure 가설 울타리(假設-) 공사장과 외부와의 칸막이, 교통 차단, 내외의 안전, 도난 방지 등을 위해 공사 기간 중 공사장 주변에 설치하는 울타리를 말한다.

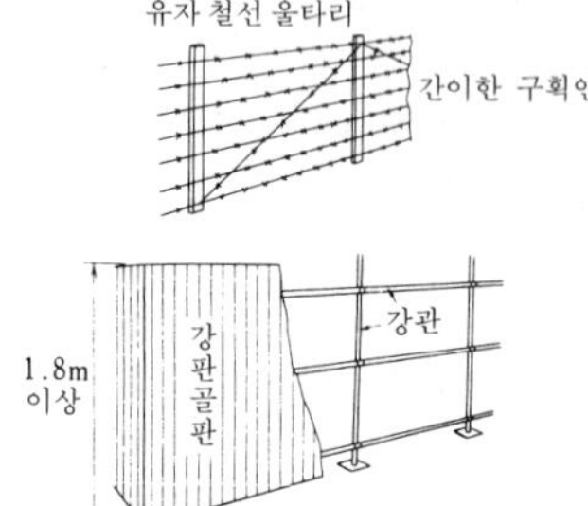

목조 이외의 건축물로 층수 2이상의 공사인 경우 (높이 1.8m이상의 판장, 기타 이와 유사한 가설 울타리로 한다)

temporary expenses 일시적 비용(一時的費用) =temporal expenses

temporary facilities expenses directly attributed to each building 직접 가설비(直接假設費) 건축 공사에서 각 동별 또는 각 부분 공사별로 필요로 하는 가설비. 규준틀 먹매김, 비계, 양생, 청소 뒤처리 등이 주요 항목이다.

temporary force 단기 응력(短期應力) 상시의 고정 하중, 적재 하중에 의한 응력(장기 응력)에 지진, 폭풍, 적설 등 비상시의 하중에 의한 응력을 조합시켜서 합성한 설계 응력. =stress due to temporary loading

temporary laborer 임시공(臨時工) = temporary employee

temporary laying 임시 깔기(臨時-) 바닥 재료나 루핑을 위치 확인 등의 목적으로 소정의 위치에 임시로 까는 것.

temporary load 임시 하중(臨時荷重) 매우 짧은 기간에 구조물에 작용하는 하중. 상시 작용하는 하중과 달라서 허용 응력도를 높게 잡을 수 있다.

temporary loading 단기 하중(短期荷重), 임시 하중(臨時荷重) ① 지진력, 풍압력, 다설(多雪) 구역 이외의 일반 지방에서의 적설 하중, 충격 하중 등과 같이 단시간 작용하는 하중의 총칭. ② 장기 하중과 상술한 임시 하중의 합. 구조 계산에서 쓰이는 단기 하중은 이 뜻이다. =short-time loading

temporary material expenses 가설 손료(假設損料) 공통 가설이나 직접 가설에 사용하는 가설용 자재의 개개 공사에 사용하는 기간에 대한 손료.

temporary shed 현장 대기소(現場待機所) 시공 현장에 가설되는 감독원이나 작업원의 대기소. 통상의 현장 사무소라는 개념보다도 간이한, 보다 소규모의 것을 가리킨다.

temporary tightening 임시 체결(臨時締結) 철골을 현장 조립할 때 조립한 철골 부재의 접합부를 임시로 볼트를 죄어 일시적으로 결합하는 작업.

temporary work 가설 공사(假設工事) 건축 공사에 필요한 일시적인 시설이나 설비의 공사.

temporary works expenses 가설비(假設費) 공사의 실시에 있어서 일시적으로 사용하는 재료·시설·설비 등의 비용. 가설비에는 공사 전체에 관련하여 필요한 공통 가설비와 직접적인 공사에만 필요한 직접 가설비가 있다.

tenant 테넌트, 임차인(賃借人) 건물의 일부를 빌리는 사람.

tender 경쟁 입찰(競爭入札) 청부 또는 매매의 계약에 앞서 다수의 업자가 각각 가액을 자유롭게 기입한 종이조각을 봉하여 주문주에 동시에 제출하는 것. 이것을 업자의 면전에서 개찰하고, 청부·구입에 대해서는 최저, 매각에 대해서는 최고 가격의 업자에게 낙찰하여 계약하는 것이 원칙이다.

tender by specified bidders 지명 입찰(指名入札) =appointed competitive tender, limited tender

tendered [bid] bond 입찰 보증금(入札保證金) =quaranty money for biding, bidding deposit

tendered price 입찰 가격(入札價格) = bidden price

tenderer 입찰자(入札者) =bidder

tendering system 입찰 제도(入札制度) =bidding system

tendering with open bill of quantities 수량 공개 입찰(數量公開入札) 입찰시에 발주자측이 수량 적산을 하여 내역서를 제시하는 입찰의 방식. 업자는 내역 항목에 단가를 넣음으로써 공사 가격을 얻을 수 있다.

tender of specified contractors 지명 경쟁 입찰(指名競爭入札) =selective tendering, selective bidding

tendon 긴장재(緊張材) 프리스트레스트 콘크리트에 사용하는 응력 도입을 위한 고강도 강재의 총칭. PC강선·PC강봉·PC강 꼬임선 등이다.

tenon 장부 목재·돌·철물 등의 두 부재를 접합할 때 하나의 부재에 만들어낸 돌기. 다른 부재에는 이것을 받는 장부 구멍을 뚫는다.

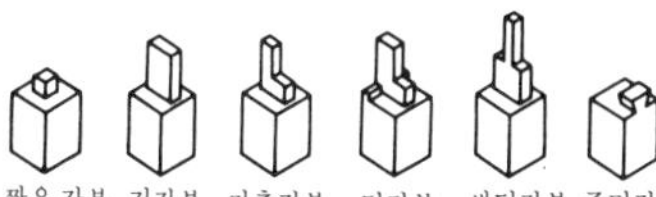

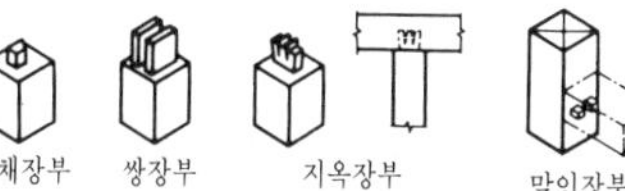

tenoner 테노너 장부를 만드는 기계.

tenon jointing 장부맞춤 한쪽 재료에 장부를, 다른 재료에 장부구멍을 파서 재료를 접합하는 것. 대부분의 경우 비녀장, 쐐기, 꽂임촉 등으로 보강한다. 또는 큰 못, 꺽쇠와 같은 철물, 널고무래 볼트 기타의 철물을 병용하여 보강한다.

tensile brace 인장 가새(引張-) 인장 응력이 작용하는 측의 가새.

tensile force 장력(張力), 인장력(引張力) 물체에 작용하는 외력이 서로 당기는 방향으로 작용했을 때 물체 내에 생기는 축방향력.

tensile load 인장 하중(引張荷重) 부재를 당기려고 하는 하중.

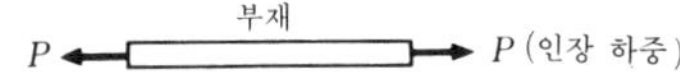

tensile membrane 장력막(張力膜) 천막·공기막과 같이 막의 인장력에 의해 형을 유지하고, 하중을 지지하는 막.

tensile product 항장적(抗張積) =load strain product

tensile reinforcement 인장 철근(引張鐵筋) 철근 콘크리트의 인장측에 배치하는 주근. =tension bar of reinforced concrete

tensile strain 인장 변형(引張變形) 인장력

에 의해 부재에 생기는 수직 변형.

tensile strength 인장 강도(引張强度) 재료가 인장력을 받아 파단할 때의 세기. 최대 인장력을 그 재료의 원단면적으로 나누어 단위 면적당의 힘으로서 나타낸다.

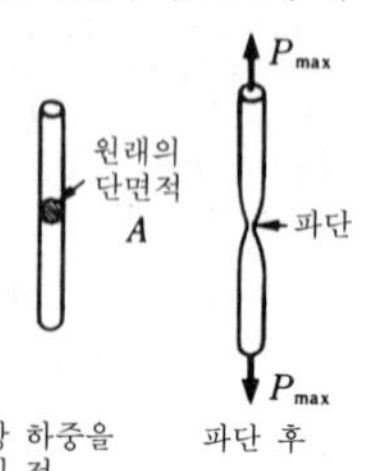

tensile stress 인장 응력(引張應力) 부재의 재축(材軸) 방향으로 신장을 일으키도록 외력이 작용했을 때 그에 저항하여 부재 내에 생기는 재축 방향의 내력. 인장력이라고도 한다.

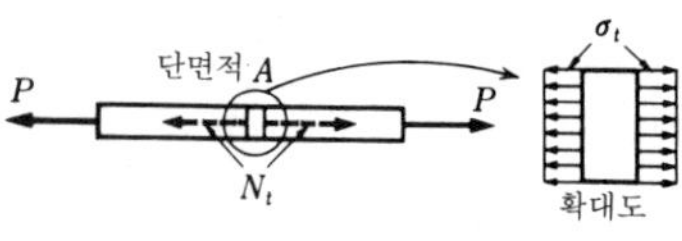

$$N_t = P \qquad \sigma_t = \frac{N_t}{A}$$

N_t : 인장 응력

tensile structure 장력 구조(張力構造) 구조물에 작용하는 하중에 대하여 주로 인장력으로 저항하는 구조.

tension 인장(引張) 부재에 인장력이 작용하고 있는 상태.

tension bar 텐션 바 아이 바나 루프 바 등으로 대표되는 경미한 인장재. 원강을 가공하여 만들고, 접합은 턴 버클 등을 사용하고 있다.

tension bar of reinforced concrete 인장 철근(引張鐵筋) ＝tensile reinforcement

tension bolt 인장 볼트(引張－) 인장력의 전달을 목적으로 한 볼트. 앵커 볼트·고력 볼트 인장 접합 등에 사용한다.

tension bracing 인장 가새(引張－) 인장력에 의해 저항하고, 압축 저항을 기대하지 않는 가새.

tension field 장력장(張力場) 인장력이 작용하여 긴장 상태에 있는 막, 케이블 등의 각부가 언제나 장력 작용하의 상태에서 안정하게 되는 영역.

tensioning jack 긴장용 잭(緊張用－) 프리스트레스트 콘크리트의 긴장재를 긴장시키기 위해 사용하는 잭. 보통, 유압 방식이다.

tension joint 인장 접합(引張接合) 볼트 또는 리벳의 축방향에 응력이 작용하는 형태로 볼트 또는 리벳을 사용하는 접합 형식.

tension member 인장재(引張材) 부재 중 인장력을 분담하는 부재. 축방향력을 받는다.

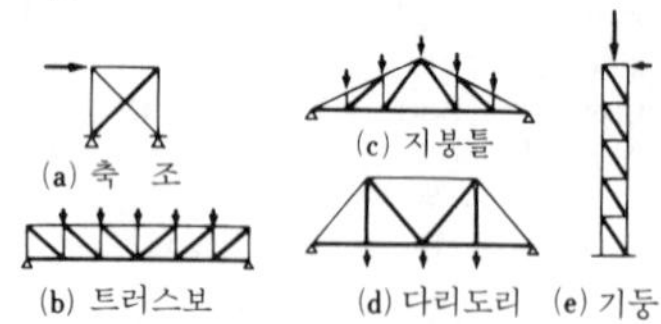

(굵은 선이 인장재)

tension meter 텐션 미터 인장 하중을 검출하기 위한 하중계.

tension reinforcement 인장 철근(引張鐵筋) 휨을 받는 철근 콘크리트 부재의 인장측에 배치한 철근.

tension reinforcement ratio 인장 철근비(引張鐵筋比) 인장 철근의 단면적의 합을 보의 유효 단면적 또는 기둥의 전단면적으로 나눈 값. %로 표시한다.

tension ring 인장 링(引張－) 회전 셸의 외주 경계나 차바퀴형 서스펜션 구조의 내주 경계에 두는 고리 모양의 부재. 수평력에 의해 생기는 인장 응력을 처리하는 부재.

tension stiffness 인장 강성(引張剛性) 구조물 또는 그것을 구성하는 부재가 인장력을 받았을 때의 변형에 대한 저항의 정도. 선재(線材)에서는 영 계수와 단면적의 곱으로 주어진다.

tension structure 장력 구조(張力構造) 주로 인장력으로 저항하면서 하중을 지점(支點)에 전달하는 구조. 서스펜션 구조, 텐트 구조 등이 이 예이다.

tension test 인장 시험(引張試驗) 시료의 양단을 잡고 인장력을 가하여 파단하는 시험. 인장 강도, 항복점, 신장률을 아는 것을 목적으로 한다(다음 면 그림 참조).

tension test of re-bar embedded in concrete 양측 인장 시험(兩側引張試驗) 부착 강도를 살피기 위해 콘크리트 내에 매입된 철근에 인장력을 가하는 시험 방법.

tension type high strength bolted connections 고력 볼트 인장 접합(高力－引張接合) 큰 재료간 압축력을 상쇄하는 모양으로 볼트의 축방향 응력을 전달하는

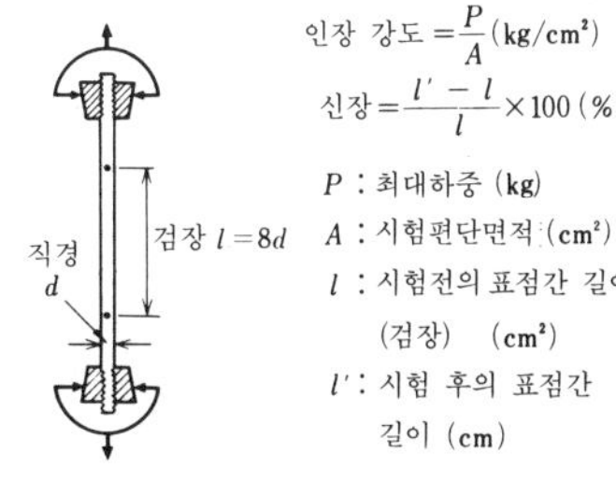

철근의 인장 시험

tension test

고력 볼트의 접합법.

tension type joint 인장 접합(引張接合) 고력 볼트 등을 인장에 사용하여 부재를 접합하는 형식. 기둥·보 접합부 등에 사용한다.

tentative assembling 지상 조립(地上組立) =field assembling

tent structure 텐트 구조(-構造) 천·플라스틱 피막·금속 시트 등을 사용하여 공간을 덮는 구조. 흔히 와이어와 병용되고 있다.

tepe 테페 =tell

tera 테라 10^{12}배를 나타내는 SI단위의 접두어.

terminal 종착역(終着驛), 터미널[1], 단자(端子)[2] (1) ① 철도 노선의 종단에 위치하는 역. 통상, 도심 주변부에 배치되며, 부근은 새로운 업무, 상업의 중심이 된다. ② 자동차, 철도, 항공 등의 교통로의 종점, 또는 집산 거점. 고속 버스 터미널, 화물 터미널 등.
(2) 전기 배선의 끝부분에 부착하는 접속용 부품. 또는 접속을 위해 가공한 전선의 종단 부분.

terminal board 단자반(端子盤) 단자대에 복수 개의 단자를 두고, 이 단자대를 복수 개 배열하여 전선의 접속을 쉽게 하기 위한 반. 전화·통신 배선, 신호 배선의 접속은 주로 단자반에서 이루어진다.

terminal building 터미널 빌딩 터미널에 세워지는 건물의 총칭. 교통 기관으로서의 시설 외에 호텔, 점포 등이 병설되기도 한다.

terminal department store 터미널 백화점(-百貨店) 승강객이 많은 교통 기관의 종착영 등에 역과 한 몸으로 되거나 또는 인접하여 세워지는 백화점.

terminal reheat system 터미널 리히트 방식(-方式) 단일 덕트 방식에서 부하 특성이 다른 복수의 개실을 1대의 공기조화기로 대응할 때 각 방의 분출구마다 재열기를 두어 온도 조절기에 의해 분출 온도를 조절하는 공기 조화 방식. 존 리히트(zone reheat) 방식을 세분화한 방식.

termination of contract 계약 해제(契約解除) 계약 후에 어떤 이유로 계약의 속행을 중단하는 것.

termite damage 충해(蟲害) 벌레류에 의한 피해. 건축 재료에서는 목재의 피해가 많다. 나무의 생육 중·저목(貯木) 중·제재 후에 받는다. 이 중 흰개미의 피해가 가장 크다.

term of depreciation 상각 연수(償却年數) 감가 상각을 하는 기간. 세법상은 건물의 용도, 구조 등에 따라 그 연수가 정해져 있다. 또, 건설 기계 등 특별 상각이 인정되는 경우는 그 연수가 단축된다. =years of depreciation

term of works 공기(工期) 공사를 시작하고부터 완성하기까지의 기간.

terms of estimate 견적 조건(見積條件), 견적 요항(見積要項) 견적 의뢰시에 주문자로부터 제시되는 견적 대상물 이외의 거래 조건. 지불 조건, 공기 등으로, 설계도서에 표현되는 공사 내용은 포함하지 않는다.

terrace 테라스 지상면보다 한단 높힌 인공 또는 자연의 평탄부.

terrace door 테라스문(-門) 거실 등에서 테라스나 발코니로 출입하는 부분에 사용하는 창문.

terrace house 테라스 하우스 =continuous house

terracotta 테라코타 건물의 외장용으로서 사용하는 대형 타일의 일종.

terrain category 지표면 조도 구분(地表面粗度區分) 지표면상의 지물의 상황을 지표면 조도라는 관점에서 구분하는 것. 트인 평탄지, 교외, 시가지, 대도시 중심과 같이 구분한다.

terrazzo 테라조 백색 시멘트에 대리석 가루를 섞어 연마·갈아내기 마감을 한 것. 현장 마감과 공장 마감이 있다. 바닥·벽에 사용한다.

terrazzo block 테라조 블록 공장에서 성형되어 생산된 테라조 제품.

terrazzo finish 테라조 바름 테라조를 사용한 인조석 바름의 일종. 인조석 바름은 종석(種石)의 크기 5mm 미만의 것을 사용하여 바름두께 7.5mm(정벌바름) 정도. 테라조 바름은 9~12mm의 것을 사용하고, 바름두께 15mm(정벌바름)로 구별하고 있다.

terrazzo tile 테라조 타일 30cm각 또는

40cm각 등의 규격 치수로 공장에서 성형, 생산된 테라조의 판.

Tertiary deposit 제3기층(第三紀層) 신생대 제3기(약 7000만년 전～약 200만년 전 사이)에 퇴적해서 이루어진 지층.

tertiary industry 제3차 산업(第三次産業) 상업, 운수 통신, 금융 보험, 기타의 서비스업 등을 포함하는 서비스형의 산업.

tertiary sector 제3 섹터(第三－) 지역 개발 등의 대사업을 위해 국가나 지방 자치체와 민간 기업과의 공동 출자로 설립된 사업체. 공공 섹터와 민간 섹터의 양자가 그 능력을 서로 보완하는 제3의 섹터라는 의미이다.

tertiary treatment 3차 처리(三次處理) 하수 처리에서 2차 처리(생물 처리)로 제거하지 못한 미세한 부유 물질, 난분해성 물질, 질소, 인 등의 영양 염류, 착색 물질 등을 제거하기 위한 처리.

tessera 테세라 대리석 등의 자연석을 타일 모양의 작은 조각으로 한 것. 벽의 마감 등에 사용된다. 테세라를 모방한 타일을 테세라 타일이라 한다.

test and investigation expenses 시험 조사비(試驗調査費) 건축 공사의 공사 전반에 걸친 각종 시험, 조사에 요하는 비용. 견적서에서는 공통 가설로 계상한다.

test banking 시험 흙쌓기(試驗－) ＝experimental banking

test bed 시험 바닥(試驗－) 각종의 구조 실험에 대응할 수 있도록 만들어진 큰 강성과 내력을 갖는 실험실의 바닥. 어느 정도 임의의 시험 장치, 시험체에 대응할 수 있는 배려가 되어 있다. ＝test floor

test boring 시굴(試掘) 부지 지반의 상태를 알기 위한 굴착 또는 공법의 적용성을 확인하기 위한 시험적인 굴착.

test by wet mortar 묽은비빔 모르타르 시험(－試驗) 통상 물 시멘트비 65%, 시멘트와 표준 모래의 중량 조합비(배합비) 1 : 2의 모르타르로 하는 시멘트의 강도 시험.

test digging 시굴(試掘) 지반 조사 방법의 하나로, 부지의 일부를 필요한 깊이까지 굴착해 보는 방법. 자연 그대로의 토질 시험의 시료를 채취한다든지 지반 내의 지내력을 시험할 수 있고, 또 지층의 상태를 직접 눈으로 보고 흙의 성질을 조사할 수 있다. 깊이는 토질과 지하수의 상수두(常水頭) 높이에 따라 다르지만 10m 이하이다.

test embankment 시험 흙쌓기(試驗－) ＝test embankment, experimental banking

test floor 시험 바닥(試驗－) ＝test bed

test for mechanical properties of soil 흙의 역학 시험(－力學試驗) 지반 중의 흙의 압축(압밀) 특성, 전단 특성, 투수성 등 역학적인 성질을 살피기 위한 시험의 총칭.

test for physical properties of soil 흙의 물리 시험(－物理試驗) 지반 중의 흙의 질량, 함수량, 입도(粒度) 분포, 상대 밀도, 컨시스턴시 등, 주로 상태를 살피기 위한 시험의 총칭.

test frame 가력 프레임(加力－) 구조 실험을 할 때 시험체에 가력하기 위한 반력이 되는 뼈대.

test hammer 테스트 해머, 시험용 해머(試驗用－) ① 철골·보일러·차량 등의 체결 리벳 등의 체결 상태를 시험하는 해머. ② 타일의 부착 상태나 나사의 체결 상태 등을 검사하기 위한 해머. ③ 경화한 콘크리트의 세기를 추측하는 비파괴 간이 시험기. 종류로는 콘크리트 테스트 해머, 시미트 해머 등이 있다.

testing hammer 테스트 해머, 시험용 해머(試驗用－) ＝test hammer

test of earth resistance 접지 저항 시험(接地抵抗試驗) 접지 전극과 대지간에 전류가 흐를 때 주위의 흙과 전극간에 생기는 접지 저항값의 확인 시험. 접지 저항에 의해 전극에 전위 상승이 생기는데, 이 값은 안전상 작은 것이 바람직하며, 접지의 종류마다 규정값 이내로 하지 않으면 안 된다.

test piece 시험체(試驗體) 재료나 제품의 품질, 성질을 평가하기 위해 정해진 작성 방법에 의해서 만들어진 소정의 형상, 치수를 갖는 시험용 성형품. ＝test specimen

test pile 시험 말뚝(試驗－) 공사 착수에 앞서 말뚝의 허용 지지력을 시험하기 위한 말뚝. 공사에 사용하는 말뚝과 같은 종류, 같은 방법의 것이 바람직하다.

test pit 시험 피트(試驗－) 토층 구성 및 토질 조사를 위해 파는 수직갱.

test-pit digging 시굴(試掘) 시료 채취, 원위치 시험이나 지반의 관찰을 목적으로 하여 지반에 구멍이나 도랑을 파는 것.

test specimen 시험체(試驗體) ＝test piece

Tetmajer's formula 테트마이어식(－式) 비탄성 좌굴 영역의 근사식의 하나. 한계 세장비(細長比)의 탄성 좌굴 응력과 세장비 0일 때의 항복 응력도를 직선으로 이은 실험식.

tetrahedron element 4면체 요소(四面體要素) 입체 유한 요소법에서 사용되는 요소. 3각뿔의 모양을 하고 있다.

Tetron 테트론 폴리에스테르계 섬유의 상품명. 막재료로서 쓰이고 있다.

textile block 텍스타일 블록 표면에 조각 모양이 있는 콘크리트 블록.

texture 텍스처 재료의 표면이 촉각이나 시각에 주는 재질의 감각이나 효과의 전체. 형태, 색채 모두 조형 요소의 하나.

T-flange T플랜지 T형강 등 T형을 한 강구조용 부재의 플랜지 부분.

T-grade separation T형 입체 교차(一形立體交叉) 입체화된 T형 교차. 트럼펫형 인터체인지가 대표적이다.

theater 극장(劇場) =theatre

theater-in-the-round 원형 극장(圓形劇場) =arena theater

theatre 극장(劇場) 연극을 상연하기 위해 필요한 건물. 무대 관계 부분과 관객 관계 부분으로 구성된다.

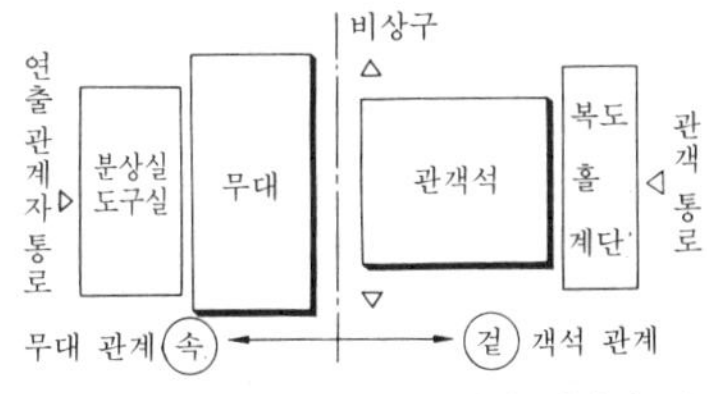

thema park 테마 파크 특정한 테마에 의해 놀이 시설이나 집회 시설, 호텔 등을 배치한 대형 레저 시설.

theodolite 세오돌라이트 먹매김이나 실측에 사용하는 측량 기기. 직선의 연장이나 각도를 재는 기능은 트랜싯과 같으나 각도의 판독은 숫자 표시.

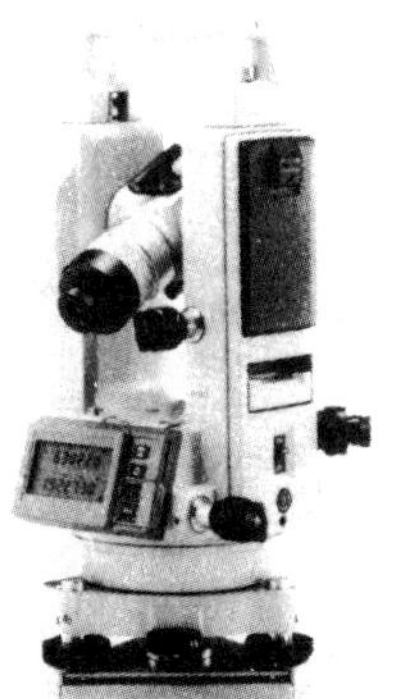

theorem of minimum complementary total strain energy 보족 전변형 에너지 최소의 정리(補足全變形-最小-定理) 보족 전변형 에너지는 구조물의 평형점에서 최소가 되는 것을 나타내는 정리. 카스틸리아노(Castigliano)의 최소 일의 정리라고도 하며, 부정정(不整定) 구조물의 해법에 쓰인다.

theorem of minimum strain energy 변형 에너지 최소의 정리(變形-最小-定理) 안정한 평형 상태에 있는 선형 구조물에서는 하중 작용점 이외의 변위로 변형 에너지를 나타내면 그 값은 최소가 된다는 정리.

theorem of the least 최소 일의 정리(最小-定理) 응력과 변형의 관계 및 변위의 연속 조건을 만족하는 변형 상태 중 외력 일과 변형 에너지의 합을 최소로 하는 상태가 평형 상태를 나타낸다는 정리.

theorem of unit displacement 단위 변위의 정리(單位變位-定理) 선형 탄성체(변형을 θ', γ, u'로 한다)에 작용하는 힘 P_i는 그에 대응하는 단위 가상 변위를 줄 때 그에 적합하는 변형을 θ_1', γ_1, u_1'로 하면

$$P_i = \int EI\theta'\theta_1'ds + \int \kappa^{-1}GA\gamma\gamma_1 ds + \int EAu'u_1'ds$$

로 주어진다고 하는 정리.

theorem of unit load 단위 하중의 정리(單位荷重-定理) 선형 탄성체(응력을 M, Q, N로 한다)의 임의점의 변위 δ_i는 그 변위 방향에 단위 가상 하중 $P_i=1$을 줄 때 그 각 응력을 M_1, Q_1, N_1으로 하면

$$\delta_i = \int \frac{MM_1}{EI}ds + \int \frac{\kappa QQ_1}{GA}ds + \int \frac{NN_1}{EA}ds$$

로 주어진다고 하는 정리.

theory of consolidation 압밀 이론(壓密理論) 압밀 현상을 이론적으로 해석하는 방법.

theory of construction 구조 역학(構造力學) =structural mechanics, theory of structure

theory of elasticity 탄성학(彈性學) 물체의 탄성을 이론적, 실험적으로 해명하는 학문.

theory of finite deformation 유한 변형 이론(有限變形理論) 통상, 탄성체의 역학이 미소 변형 이론에 입각하는 미소 변형을 대상으로 하는 데 대해 큰 기하학적인 변형량을 고려한 이론.

T

theory of plate 평판 이론(平板理論) 면외력(面外力) 혹은 면내력을 받는 평판의 응력도와 변형에 관한 이론.

theory of quantification 수량화 이론(數量化理論) 질적 변수에 적당한 수량을 주어 해석하는 수법의 총칭. 수량화 Ⅰ류부터 수량화 Ⅳ류까지 크게 네 가지 수법이 있다.

theory of structure 구조 역학(構造力學) =structural mechanics, theory of construction

thermae 테르마에 고대 로마의 공공 욕장. 냉수부터 고온탕까지 각종 욕실과 오락을 위한 방이나 설비를 갖춘다.

thermal admission response 흡열 응답(吸熱應答) 벽 한쪽의 공기 온도를 단위의 크기로 변화시켰을 때 동일 표면에서 유입하는 열량의 응답.

thermal bridge 열교(熱橋) =heat bridge

thermal capacity 열용량(熱容量) 물체의 온도를 1℃ 상승시키는 데 필요한 열량. 비열과 질량의 곱.

thermal circuit network 열회로망(熱回路網) 건축 구성 부재 내부의 열저항과 축열 용량으로 이루어지는 건축 전열계를 표면간의 방사열 교환을 포함해서 전기 회로망을 모방하여 구성하는 열의 회로망을 말한다.

thermal coefficient 온도 계수(溫度係數) 측온 저항체의 저항값의 비에 의해 나타내어지는 값. 전기 저항 온도계에서는 저항을 R_t, 온도를 θ, 기준 온도에 있어서의 저항을 R_0, 온도 계수를 α로 하면

$$R_t = R_0(1+\alpha\theta)$$

로 표시된다.

thermal comfort environment 쾌적 환경(快適環境) 인체가 열적으로 쾌적하게 느낄 때의 환경. 여기서의 쾌적성에는 적극적인 의미는 포함하지 않는다. 열적 중립 상태에서 국부 온냉감에 의한 쾌감이 없는 것이 조건이 된다. →comfort conditions, comfort index

thermal conductance 열 컨덕턴스(熱－) =heat conductance

thermal conductivity 열전도율(熱傳導率) 물질의 열전도 특성을 나타내는 비례 상수. 단위 면적, 단위 두께의 열전도체에 대하여 단위 온도차일 때 단위 시간에 전도하는 열량. 기호 λ. 단위는 〔kcal/mh℃〕. =heat conductivity

thermal constant 열상수(熱常數) 물리량으로서의 열상수에는 절대적으로 불변인 상수도 있으나 각 물질 고유의 양을 상수라 한다. 예를 들면 열전도율이 통상의 기압 범위이면 변화는 하지 않지만 온도에 따라 변화해도 열상수라 한다. 따라서 일반적으로는 절대적인 불변량은 아니다. 열확산율, 비열도 같다.

thermal degradation 열열화(熱劣化) = heat degradation

thermal diffusivity 온도 확산율(溫度擴散率), 온도 전파율(溫度傳播率) 부정상 열전도에서 온도 전파에 관한 기본 방정식의 계수. 기호는 a, 단위는 〔m^2/h〕. a는 물질의 열적 특성값이며, λ를 열전도율, c를 비열, ρ를 밀도라고 하면 $a=\lambda/c\rho$로 주어진다.

thermal efficiency 열효율(熱效率) 열에너지의 효율. 어떤 조작에 의해 발생한 일의 양을 W, 그를 위해 소비한 열량을 Q, 열의 일 당량을 J라 하면 열효율 η는

$$\eta = W/(JQ)$$

thermal environment 온열 환경(溫熱環境) 온열 감각에 영향을 미치는 환경. 즉 기온, 습도, 기류, 방사의 상태에 의해 만들어지는 환경.

thermal environmental index 온열 환경 지표(溫熱環境指標) 온열 환경의 쾌적성, 한서감(寒暑感), 히트 스트레스, 콜드 스트레스 등을 평가·표현하기 위해 온열 환경 요소의 인체 영향을 단일의 척도로 표현한 지표.

thermo equilibrium 열평형(熱平衡) = heat balance

thermal equivalent of work 일의 열당량(－熱當量) 일의 양을 열량으로 환산할 때 사용하는 상수로, 양기호는 A.

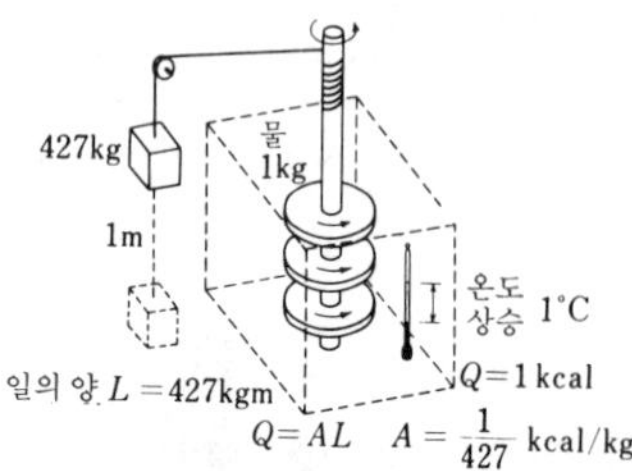

thermal expansion 열팽창(熱膨脹) 온도가 높아짐에 따라서 물체의 체적이 팽창하는 것. =expansion due to heat

thermal factors 온열 요소(溫熱要素) 인체에 느끼는 온도의 체감은 주로 공기의 온도, 습도, 기류 및 주위의 열복사(평균 복사 온도)의 4자에 기인하는 것으로 간주하고, 이들 물리적 요소를 환경의 온열 요소라 한다(다음 면 그림 참조).

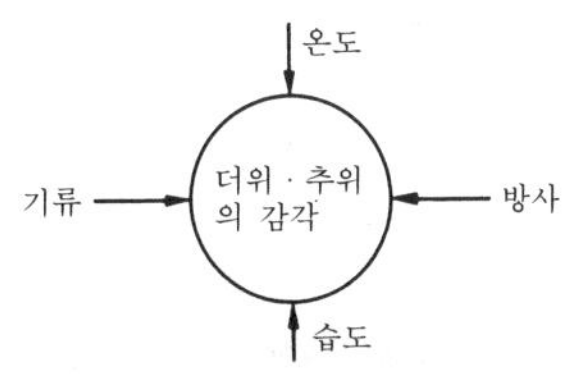

thermal factor

thermal fuse 온도 퓨즈(溫度－) 주위 온도가 어느 온도 이상으로 높아지면 용단하는 퓨즈. 전열 기구의 보안이나 방화문의 폐쇄 등에 사용한다.

thermal fuse fire damper 온도 퓨즈형 방화 댐퍼(溫度－形防火－) 덕트 내의 공기 온도가 규정값 이상으로 되었을 때 고정구로서 사용되고 있는 퓨즈가 녹아서 자동적으로 폐쇄하는 방화 댐퍼.

thermal image 열화상(熱畵像) ＝thermography

thermal insulating material 단열재(료)(斷熱材(料)) 열을 차단하기 위해 사용하는 재료. 섬유계, 발포 플라스틱계, 기타로 대별할 수 있다. 주택용으로서 대표적인 재료로 글라스 울 등이 있다.

thermal liquid 고온 열매(高溫熱媒) 물에 비해 비교적 저압이고 고온 상태가 얻어지는 물질. 액상(液狀)이며 전열 매체로서 이용된다.

thermal load calculation method 열부하 계산법(熱負荷計算法) 건물의 열부하를 구하는 방법. 정상 계산법, 주기 정상 계산법, 비정상 계산법 등이 있다. 열원이나 공기 조화기의 용량을 결정하기 위한 최대 부하를 구하는 계산과 연간의 에너지 소비량을 구하기 위한 연간 부하 계산이 있다.

thermal movement 온도 무브먼트(溫度－) 부재의 열팽창, 수축에 의해 균열부나 접합부의 줄눈이 확대 축소하는 움직임 또는 그 양.

thermal or thermometric conductivity 온도 확산율(溫度擴散率) ＝thermal diffusivity

thermal output 열출력(熱出力), 출열(出熱) 단위 시간당에 방출되는 열 에너지량. 기계에서 나오는 열량 및 일의 양의 열당량을 말한다.

thermal pollution 열오염(熱汚染) 인간의 여러 활동에 수반하여 생기는 열 에너지가 환경 중에 방출되어 대기나 물의 온도가 상승하여 기후나 생태계에 영향을 미치는 것.

thermal polymerization 열중합(熱重合) 열의 작용에 의해 일어나는 중합 반응. 비닐 화합물이 그 대표 예이다. ＝thermo polymerization

thermal property 열물성(熱物性) 물체 고유의 열적 성질을 총칭. 열전도율, 열확산율, 비열, 팽창률, 점성 계수 등.

thermal radiation 열복사(熱輻射) 어느 온도의 물체에서 발하는 열 에너지가 열복사선(열선)을 투과하는 공간(공기 · 진공 등)을 빛과 같은 모양으로 일정 속도(진공 중에서는 광속도. 약 3×10^5km/sec)로 진행하고, 발열체에서 떨어진 다른 물체에 도달하면 다시 열 에너지로 바뀌는 것과 같은 전파에 의한 전열. ＝heat radiation, radiation of heat

thermal resistance 열관류 저항(熱貫流抵抗)[1], 열저항(熱抵抗)[2] (1) ＝resistance of heat transmission
(2) 열전달의 정도를 나타내는 비례 상수로, 열전달 저항 · 열전도 저항 · 열관류 저항 등의 총칭. 벽체 등에서는 통과 열류에 대하여 열저항은 직렬로 배열되어 있으므로 전체의 저항은 각각의 저항의 합으로서 작용한다.

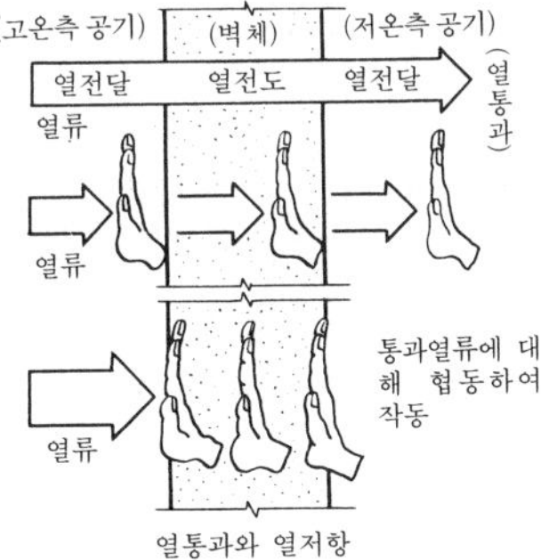

열통과와 열저항

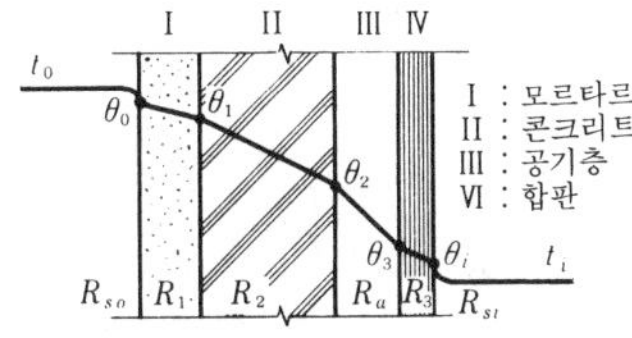

$$R_t = R_{so} + R_1 + R_2 + R_a + R_3 + R_{si}$$

R_t : 열관류 저항(m²h°C/kcal)
R_{so} : 열전달 저항(외기측) (m²h°C/kcal)
R_{si} : 〃 (실내측) (〃)
R_1, R_2, R_3 : 각 재료의 열전도 저항(〃)
R_a : 공기층 열저항(〃)

thermal resistivity 열전도 저항(熱傳導抵

抗) 두께 d라는 전열 평면층의 열전도율을 λ로 하면, 열전도 저항은 d/λ로 나타내어진다. 열 컨덕턴스의 역수. 단위는 〔m^2h ℃/kcal〕. =resistance of heat conduction

thermal storage 축열(蓄熱) =heat storage

thermal storage floor 축열 바닥(蓄熱-) 패시브 솔라 시스템에서 축열 기능을 갖게 한 바닥.

thermal storage in floor 바닥 축열(-蓄熱) 패시브 솔라 시스템에서 바닥에 축열 기능을 갖게 하는 것. 개구부로부터의 일사를 직접 축열하고, 야간에 축열한 열을 방출하여 실온의 저하를 억제한다.

thermal storage in structure 구조체 축열(構造體蓄熱) 대양열이나 심야 전력 등을 이용하여 냉난방을 할 때 바닥, 벽, 천장 등 건축의 주요 구조체에 축열 또는 축랭시키는 것.

thermal storage in under floor 바닥밑 축열(-蓄熱) 패시브 솔라 시스템에서 집열하여 따듯해진 공기를 바닥밑으로 순환시켜 축열하는 것. 축열과 바닥 난방을 동시에 할 수도 있다.

thermal storage in wall 벽축열(壁蓄熱) 패시브 솔라 시스템에서 벽에 축열 기능을 갖게 하는 것. →thermal storage wall

thermal storage wall 축열벽(蓄熱壁) 패시브 솔라 시스템에서 축열 기능을 갖게 한 벽. 특히 남면창의 실내측에 두는 축열벽을 트롬브 월(Trombe's wall)이라고 한다.

thermal storaging tank 축열조(蓄熱槽) =heat storaging tank

thermal stress 온도 응력(溫度應力)[1], 열응력(熱應力)[2] (1) 온도 변화에 따라서 구조체 내부에 발생하는 응력. 온도 변화에 의한 신축 변형이 구속되었을 때 발생한다.

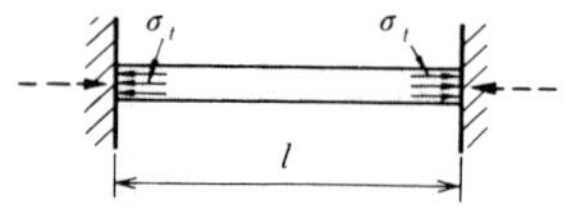

$$\sigma_t = \alpha E \Delta t$$

(2) 열에 의한 물체의 팽창·수축이 구속되어서 생기는 응력. 용접 등에 의한 가열인 경우를 주로 이렇게 부르고, 기온 변화·일사 등의 온도 변화에 의한 경우는 온도 응력이라 한다.

thermal transmission 열관류(熱貫流) 고체벽에 의해 칸막이된 양측의 유체 온도가 다를 때 고온측 유체에서 저온측 유체로 고체벽을 통해서 열이 이동하는 현상. 유체와 고체의 경계면에서는 열전달, 고체의 내부에서는 열전도의 과정을 포함한다. 건물의 개구부 등에서는 통기에 의한 열이동을 포함하는 경우도 있다.

thermal transmittance 열관류율(熱貫流率) 열관류에 의한 관류 열량의 계수로, 단위 표면적을 통해 단위 시간에 고체벽의 양쪽 유체가 단위 온도차일 때 한쪽 유체에서 다른쪽 유체로 전해지는 열량. 열통과율이라고도 한다. 기호 k 또는 U, 단위는 〔kcal/m^2h ℃〕.

thermal utilization of solar energy 태양열 이용(太陽熱利用) 냉난방 급탕 등의 저온열 수요에 대하여 고온 출력이 가능한 석유나 석탄 등의 화석 연료에 의존하지 않고 태양 에너지를 열로서 이용하는 것을 말한다.

thermistor 서미스터 반도체의 일종으로, 전기 저항이 온도의 상승에 따라서 현저하게 감소하는 회로용 소자. Ni, Co, Mn, Fe, Cu 등의 산화물을 소결하여 만든 것. 도체와 절연물의 중간 저항을 갖는다. 온도 측정, 제어, 계측기의 온도 보상에 사용한다.

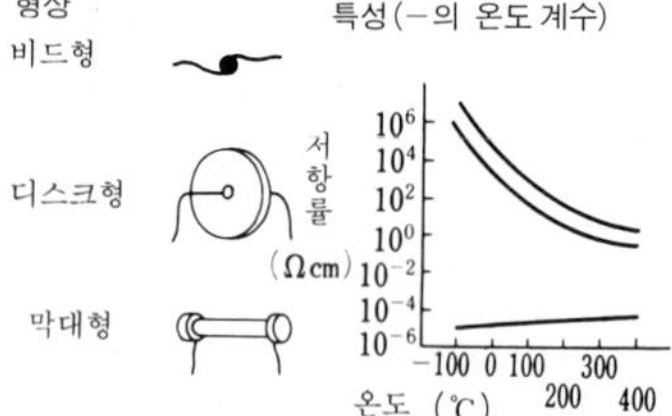

thermistor anemometer 서미스터 풍속계(-風速計) 온도 변화에 대하여 전기 저항이 변화하는 서미스터(반도체의 일종)의 성질을 이용한 풍속계. 구형상(球形狀) 서미스터를 기류 중에 두고 그 냉각 정도로 풍속을 계측한다.

thermistor thermometer 서미스터 온도계(-溫度計) 서미스터의 저항이 온도에 의해 크게 변화하는 현상을 이용한 온도 측정 계기.

thermit welding 테르밋 용접(-鎔接) 금속 산화물이 알루미늄에 의해 탈산될 때의 강한 반응열을 이용해서 하는 용접. 용접 테르밋법과 가압 테러밋법이 있다. 전력을 사용하지 않는다. 주강·후판(厚板)·레일 등의 용접에 사용한다.

thermocouple 열전쌍(熱電雙) 상이한 두

종류의 금속선으로 폐회로를 만들고, 접점간의 온도차에 의해 기전력을 발생시키는 장치. 열전 온도계에 이용된다.

(+) (−)	
철 · 콘스탄탄	800℃ 까지
크로멜 · 알메르	1 200℃ 까지
백금 로듐 · 백금	1 600℃ 까지

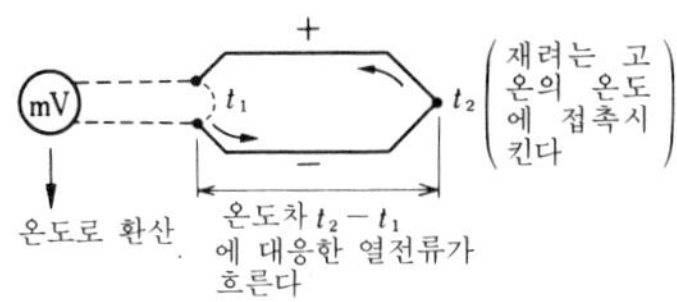

thermo-detector 열식 감지기(熱式感知器) 화재 감지기의 하나. 화재의 발생을 열에 의한 온도 상승을 검지하여 감지하는 검출기.

thermodynamics 열역학(熱力學) 주로 열과 역학적 일과의 관계, 또 열평형의 상태를 논하는 과학.

thermoelectric element 열전 소자(熱電素子) p형 반도체와 n형 반도체로 구성되는 금속 소자. 직류 전류를 흘림으로써 열전 3효과의 하나인 펠티에 흡열 · 방열이 발생한다.

thermoelectric thermometer 열전 온도계(熱電溫度計) 열전쌍의 양 접합점의 온도차에 의해 회로에 생긴 기전력(열기전력)을 이용한 온도계. 국소적인 온도, 각각 변화해 가는 온도의 측정을 할 수 있고, 측정 범위가 넓다.

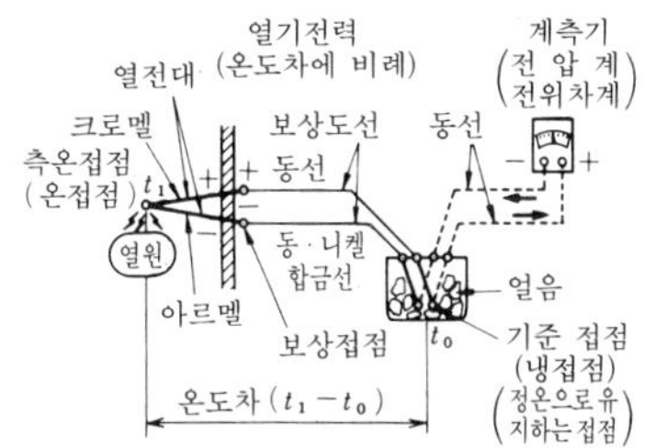

thermoelectromotive force 열기전력(熱起電力) 열전쌍(熱電雙)의 두 접합 부분의 농도를 바꾸면 이 회로에 전류가 흐른다. 이것을 열전류라 한다. 이 전류는 금속의 종류 및 접합부의 온도차 일정일 때 회로의 저항에 비례하므로 일정한 기전력에 의한다고 생각되며, 그것을 열기전력이라 한다. 즉, 열전류를 일으키는 모든 동전력(動電力)을 말한다.

thermography 서모그래피 측정 대상의 방사 온도 분포를 2차원의 가시상으로 표현하는 방법, 또는 그 화상을 말한다. 목적으로 하는 정보를 얻기 위해 화상 처리 등을 할 수도 있다.

thermo-junction 열전쌍(熱電雙) =thermo-couple

thermo-element 열전지(熱電池) =thermo-couple

thermometer 온도계(溫度計) 물체(기체, 액체, 고체)의 온도를 재는 계기. 일정 시간, 물체에 접촉시켜서 재는 방법이 일반적이지만 방사 온도를 재는 방법도 있다.

thermo-paint 시온 도료(示溫塗料) 특정한 온도로 일정한 색을 띠는 안료를 포함하는 도료. 피도 물체(被塗物體)의 온도를 색의 변화로 표시한다.

thermo-pile 서모파일 열전쌍을 직렬로 여러 개 연결하여 온도차에 의한 기전력을 증폭하여 발생시키는 것. 미소 온도차의 검출에 사용된다.

thermoplastic 열가소성(熱可塑性) 열을 가하면 물러지고, 냉각하면 원래의 물성으로 되돌아가는 성질.

thermoplastic resin 열가소성 수지(熱可塑性樹脂) 합성 수지 중에서 열을 가하면 가소성이 되고, 냉각하면 딱딱해지지만 다시 가열하면 가소성이 되는 것. 이와 같이 열에 대하여 가역적인 성질을 가진 합성 수지를 말한다. 염화 비닐 수지, 초산 비닐 수지, 아크릴 수지, 스티롤 수지, 폴리에틸렌 수지 등.

thermoplastic rubber 열가소성 고무(熱可塑性—) 상온에서는 탄성을 나타내지만 가열하면 가소성으로 발현하는 고무. SBS 등이 있다.

thermo-polymerization 열중합(熱重合) =thermal polymerization

thermosetting 열경화성(熱硬化性) 플라스틱의 경화 과정에서 가열함으로써 굳어지는 성질. 냉각 후 다시 가열해도 연화(軟化)하지 않는다.

thermosetting resin 열경화성 수지(熱硬化性樹脂) 열을 가하면 어떤 온도에서 경화하고, 다시 원상으로 되돌아가지 않는 성질의 수지. 페놀 수지 · 요소계 수지 · 멜라민 수지 · 폴리에스테르 수지 · 에폭시 수지 등이 이에 해당한다. 일반적으로 축합형의 수지이다.

thermostat 서모스탯, 온도 제어기(溫度制御器) 온도 조절에 사용되는 것으로, 온도의 검출부와 신호를 보내는 조절부를 아울러 갖춘 것. 다음 세 종류가 있다. ① 바이메탈을 이용한 것, ② 가스 또는 액체를 벨로스와 감온부를 갖는 것 속에 봉입하여 그 압력 변화에 의한 벨로스의 신축을 이용하는 것. ③ 온도의 변화에 의한 저항체의 전기 저항값 변화를 이용하는 것. 그림은 바이메탈을 이용한 것을 나타낸 것이다.

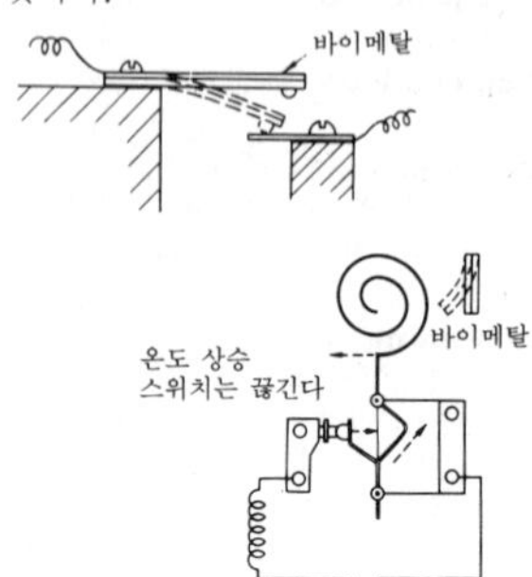

thermostatic regulating valve 열동식 조정 밸브(熱動式調整－) 자력식 조정 밸브를 말한다. 감온체의 변위(액체 팽창)를 이용하여 밸브를 개폐시킨다. 왁스 밸브, 증기 트랩, 온도 조정 밸브, 난방용 조정 밸브 등이 있다.

thermostat room 항온실(恒溫室) 실온을 일정하게 유지하도록 관리된 방. 약품, 생물체 등의 보존이나 재료의 내구성 시험 등에 쓰인다.

thermo syphone system 서모 사이폰 방식(－方式) 분리 열 취득 방식의 하나. 공기식의 집열기를 난방 공간보다도 낮은 위치에 두고, 일사가 있을 때만 자연 대류에 의해 생기는 공기 순환을 이용하여 난방 효과를 얻는 방식.

thickness of coating 칠두께 미장 공사나 도장 공사에서 칠해진 층의 두께.

thickness of cover concrete 피복 두께(被覆－) 피복의 치수. 구조체의 종별, 콘크리트의 종별에 따라 최소 두께가 정해져 있다. 통상 3～5cm.

thick plate 후판(厚板) 목재에서는 판재 중 2cm두께 이상의 것, 판금에서는 5mm두께 이상의 것, 유리에서는 3mm 이상 20mm 정도의 것.

thick shell 두꺼운 셸 곡면판의 판두께가 다른 치수에 비해 충분히 얇지 않고, 통상의 셸 이론의 가정을 적용할 수 없는 곡면판을 말한다.

thin layer method 박층 요소법(薄層要素法) 탄성 지층 내의 파동 전파의 해를 구하는 수치 계산법의 하나. 지반을 수평한 박층으로 분할하고, 수평 방향으로는 균질한 연속체, 깊이 방향으로는 이산적으로 다룬다.

thinner 시너 도료를 묽게 하여 점도를 감소시키는 혼합 용제.

thin plate 박판(薄板) 두께가 약 3mm 이하인 열간 압연 강판.

thin shell 얇은 셸 판두께가 다른 치수에 대해 충분이 얇은 셸. 해석 가정으로서 중립면에 대하여 수직 방향의 직응력 σ_z, 수직 방향에 관계하는 전단 응력 τ_{xz}, τ_{yz}를 모두 0으로 하고, 셸의 두께 방향으로 평면 유지를 가정할 수 있는 셸.

thin steel sheet 박강판(薄鋼板) 두께 4mm 이하 정도의 얇은 강판. 극히 얇은 것은 아연 도금이나 도장하여 지붕재 등으로, 좀 두꺼운 것은 경량 형강이나 패널 등으로, 또 1.6mm 이상은 흙막이용 널말뚝 등으로 사용된다.

thin walled open section 얇은 개단면재(－開斷面材) 박판으로 구성되며, 그 단면 형상이 폐쇄되어 있지 않은 부재.

thin walled sampler 신 월 샘플러 얇은 튜브를 사용하는 흙의 시료 채취기.

thin walled tube 신 월 튜브 점성토를 채취하기 위한 얇은 튜브.

thiokol 티오콜 미국의 티오콜사에서 생산된 폴리설파이드계의 탄성 실링재.

third angle projection 제3각법(第三角法) 물건 등을 제3각에 두고 투영면에 정투영하는 제도 방식.

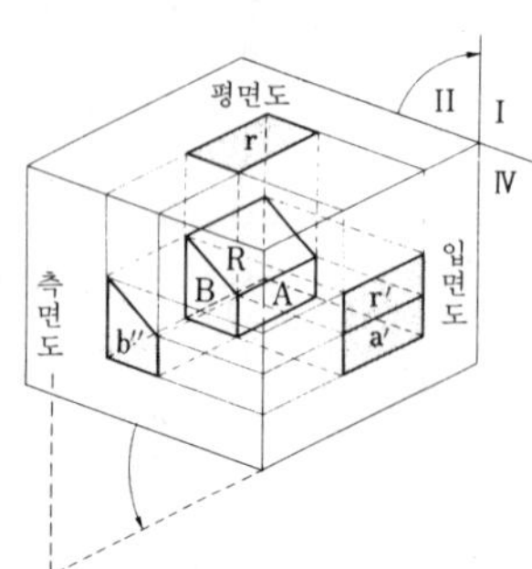

thixotropy 틱소트로피 점토분이 많은 흙은 함수비를 증대하면 점착력이 증대하지만 원래의 함수비로 되돌리면 점착력도 원상으로 되돌아가는 가역적인 성질을 말한다.

three attributes of color 색의 3속성(色－三屬性) 색의 감각을 나타내기 위해 쓰이는 3종의 성질. 색상, 명도, 채도가 그것이며, 기호 및 수치로 각각을 나타내고,

그 조합에 의해 어느 색의 감각을 기호적으로 표현할 수 있다. 예를 들면 먼셀에 의하면 색상 5R(적), 명도 5, 채도 6의 색은 5R 5/6로 나타낸다.

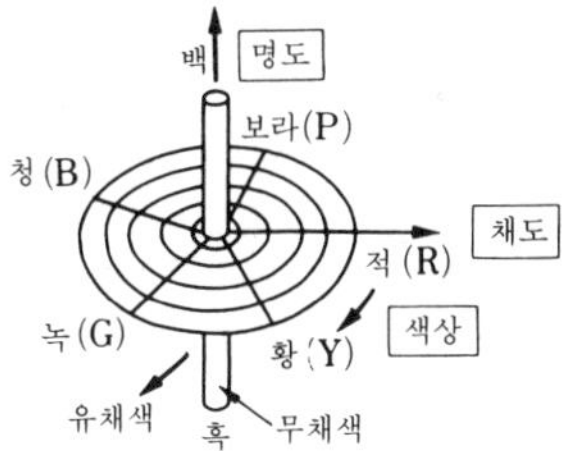

three attributes of sound 음의 3속성(音-三屬性) 음의 감각적 속성 중 순음이나 악음에 공통으로 느껴지는 세기, 높이, 음색의 세 속성.

three band radiation lamp 3파장(역 발광)형 형광 램프(三波長(域發光)形螢光-) 특수한 형광재를 써서 적, 황, 청의 세 분광 파장역에 분광 분포의 피크가 있도록 한 형광 램프.

three cup anemometer 3배형 풍속계(三杯形風速計) 3개의 배(cup)를 지주를 거쳐 연직축에 부착하고, 기류의 세기에 따라 축의 회전수가 많아지는 것을 이용하여 전압 변화에서 풍속을 측정하는 계기.

three dimensional consolidation 3차원 압밀(三次元壓密) 간극수가 3차원적으로 유출하는 압밀 현상, 또는 그 모델.

three dimensional stress 3차원 응력(三次元應力) 3차원으로 표현한 구조체 내부의 응력의 6성분. 직응력 성분으로서 σ_x, σ_y, σ_z, 전단 응력 성분으로서 τ_{xy}, τ_{yz}, τ_{zx}가 있다.

three dimensional intersection 입체 교차(立體交叉) 둘 이상의 도로, 혹은 도로와 철도가 입체적으로 교차하여 연속하는 것. 교차부의 교통 용량 증가나 교통 사고 감소 등의 효과가 있다.

three-dimensional vibration 입체 진동(立體振動) 입체적인 진동을 말한다. 직교하는 3방향(x, y, z)의 병진과 그 축둘레의 회전의 계 6자유도를 갖는다.

three elements of force 힘의 3요소(-三要素) 힘의 크기, 작용선, 방향을 힘의 3요소라 한다.

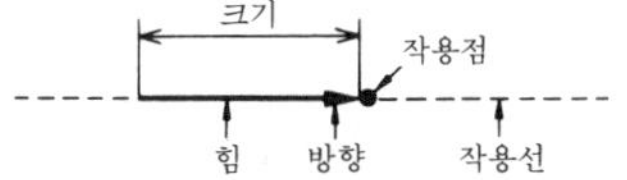

three elements of sound 음의 3요소(音-三要素) 음의 높이, 음의 세기, 음색을 말한다.

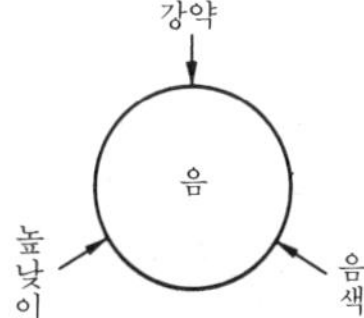

three force components 3분력(三分力) 물체에 작용하는 힘 및 모멘트를 직교 좌표축상의 3방향의 힘과 모멘트로 분해했을 때 그들을 6분력이라 하고, 그 중의 세 힘 또는 모멘트의 성분을 말한다.

three-generation family home 3세대 주택(三世代住宅) 3세대가 동거하는 주택. 도시부에서 일반적으로 공급되고 있는 핵가족의 표준 세대용 주택에 비해 대형이고, 부엌, 식당 등도 둘 갖추어지는 경우가 있다.

three hinged arch 3힌지 아치 두 지점(支點)과 정부(頂部)에 힌지를 갖는 아치. 정정(整定) 아치의 대표적인 예이다.

three hinged frame 3핀식 뼈대(三-式-) 문형(門形) 또는 아치형의 구조물에서 양 지점(支點)과 정상 부분에 핀을 갖는 구조. 정정(整定) 뼈대의 대표적인 형식이다.

three moment method 3련 모멘트식(三連-式) 3모멘트식, 크라페이론의 공식이라고도 한다. 연속보에서 각 지점에 있어서의 좌우 보의 회전각이 같다고 하는 조건에서 유도된 공식으로 각 지점에서 연립 방정식을 만들어 풀면 재단(材端) 모멘트가 얻어진다. 그림의 지점 3에서 식을 만들면 다음과 같이 된다.

$$M_2\frac{l_2}{I_2}+2M_3\left(\frac{l_2}{I_2}+\frac{l_3}{I_3}\right)+M_4\frac{l_4}{I_4}$$
$$=-6\left(\frac{F_2\bar{x}_2}{I_2l_2}+\frac{F_3\bar{x}_3}{I_3l_3}\right)$$

여기서, M : 재단 모멘트, l : 스팬, I : 단면 2차 모멘트(다음 면 그림 참조).

three-phase four-wire system 3상 4선식(三相四線式) 3상 전류의 각상 전류의 크기가 다른 경우는 전류합이 0로는 되지 않으므로 한 줄의 귀전선을 더하여 송전선 3, 귀선 1선으로 하여 배전하는 방식.

three-phase motor 3상 전동기(三相電動機) 3상의 전압으로 구동되는 전동기.

three-phase three-wire system 3상 3선식 배선법(三相三線式配線法) 세 줄의 전

F : 중간 하중에 의한 휨 모멘트도의 면적

three moment method

선을 사용하여 3상의 전기를 보내는 방식. 일반 동력용 전동기의 전원 등으로 사용되고 있다.

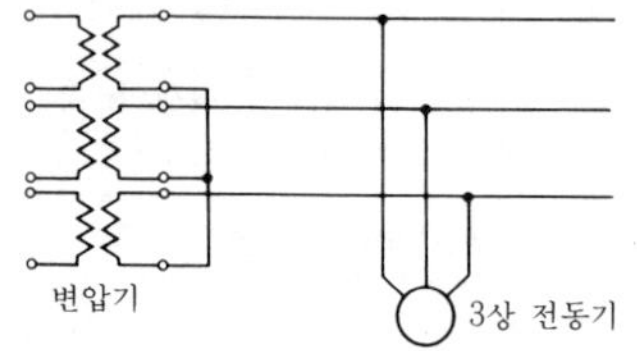

three-phase transformer 3상 변압기(三相變壓器) 3상 전압의 승압, 강압을 하는 변압기.

three pipe induction unit system 3관식 유인 유닛 방식(三管式誘引－方式) 유인 유닛에 대한 냉온수 공급에 3관식을 채용한 공기 조화 방식.

three pipe system 3관식(三管式) 공기 조화기, 팬 코일 유닛 등에 대하여 냉수관, 온수관, 공용 환수관의 합계 3관을 배관하여 연간을 통해서 각 기기에 냉수, 온수를 수시로 공급하는 방식.

three-sided adhesion 3면 접착(三面接着) 실링재가 피착체의 상대하는 2면과 줄눈밑에 접착하고 있는 상태. →two-sided adhesion

three way system of reinforcement 3방향 배근법(三方向配筋法) 슬래브 배근에서 서로 60도씩 교차시켜 배근하는 방법.

three way valve 3방 밸브(三方－) 액체를 합류, 혹은 분류하는 유량 제어 밸브. 냉온수 코일, 열교환기 등의 온도 제어용으로 사용된다.

threshold 문지방, 문턱 방과 방의 경계, 혹은 문의 안과 밖의 경계 바닥에 설치하는 부재. 창호를 받는 경우가 많고 미닫이인 경우는 홈을 판다.

throat 목두께 용접 이음에서 응력을 유효하게 전달한다고 생각되는 용착 금속의 두께. 이론 목두께(theoretical throat)와 실제 목두께(actual throat)가 있다.

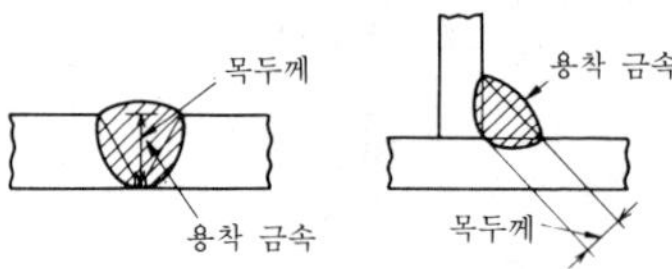

throat depth 목두께 ＝throat

throating 물끊기 창대·차양 등의 돌출부 하면에 붙이는 홈으로, 빗물이 벽까지 전해지는 것을 방지하는 것. ＝water drip

throat section area 목의 단면적(－斷面積) 필릿 용접에서 목두께와 필릿의 길이의 곱을 말한다. 용접 이음의 내력은 이것에 허용 응력도를 곱해서 구한다.

throat thickness 목두께 ＝throat

through flow boiler 관류식 보일러(貫流式－) 긴 관군계(管群系)만으로 구성되며 급수 펌프에 의해 한끝에서 가압 급수되고, 도중 예열, 증발, 과열되어 다른 끝에서 증기를 꺼내는 형식의 보일러. 난방용 등에서는 주로 포화 증기 발생을 목적으로 하는 소형의 것이 사용된다.

through hole 관통 구멍(貫通－) 구조 부재에 두며, 설비 배관·덕트 등을 관통시키기 위해 두는 개구. 구조의 약점이 되기 쉬우므로 충분한 보강을 생각한다.

throw 도달 거리(到達距離) ＝blow

thrust 스러스트, 추력(推力) 지점(支點)에 생기는 수평 방향의 힘 또는 축방향으로 미는 힘.

thrust line 압축력선(壓縮力線) 아치에 작용하는 압축력이 외력의 작용에 의해 재축(材軸)을 따라서 굽을 때의 곡선(또는 절선).

thumb-turn 섬턴 열쇠를 쓰지 않고 손가락으로 돌리기만 하면 잠기는 손잡이형의 철물. 현관 안쪽이나 방 안쪽에서 문단속하는 데 사용되며 바깥쪽에서는 열쇠로 여닫을 수 있다.

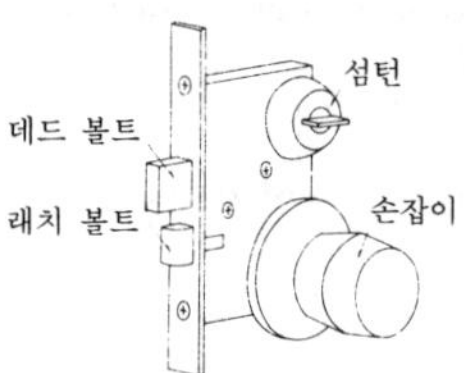

thumb-piece 섬피스 자물쇠의 래치 볼트를 움직이는 철물. 이것을 손가락으로 밀어 내려서 문을 연다(다음 면 그림 참조).

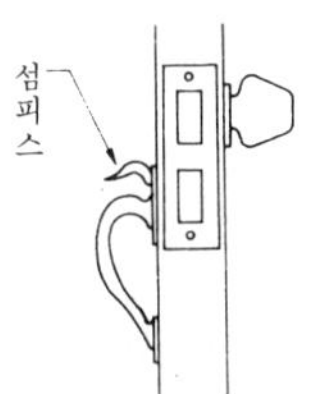

thumb-piece

thunderbolt 낙뢰(落雷) =lightning strike

thunder-storm disaster 뇌해(雷害) 낙뢰 또는 심한 뇌우에 의해 생기는 재해.

thyristor 사이리스터 반도체 고유의 전기 현상을 이용하여 전류를 흘린다든지 저지하는 제어를 하는 소자의 총칭.

Tibetan architecture 티벳 건축(−建築) 티벳에 있어서의 라마교 건축의 양식. 7세기 이후 인도 불교 건축의 양식을 도입하여 성립.

tie-back 타이백 =ground anchor

tie-back method 타이백 공법(−工法) 벽 뒤의 경질 지반에 앵커를 박고 여기에 띠장을 긴결하여 흙막이벽을 받치는 흙막이의 가구(架構) 방법. 터파기 면적이 넓고, 깊은 흙막이에 적합하다. 어스 앵커 공법이라고도 한다.

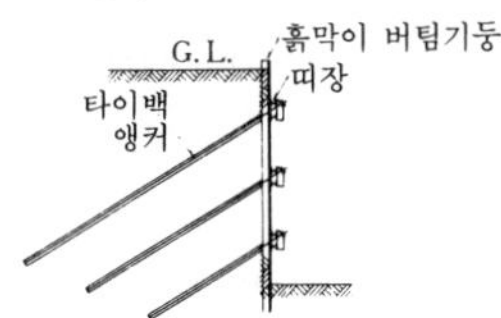

tie beam 연결보(連結−) 독립 기초 상호를 연결하여 주각(柱脚)의 이동이나 회전을 구속하고, 부동 침하를 방지하여 지반 반력 또는 지진시에 주각에서 전달되는 모멘트에 저항하는 보를 말한다. 지중보라고도 한다.

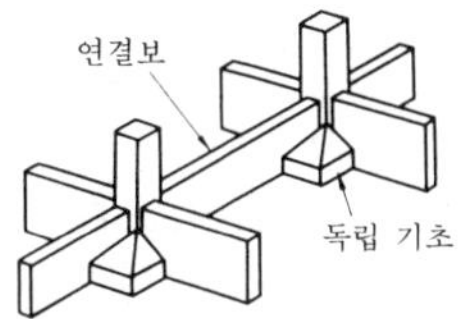

tie beam of footing 연결보(連結−) =tie beam

tied arch 타이드 아치 아치의 다리 부분을 수평 인장재(타이)로 이어서 수평 스러스트를 처리한 아치.

tied house 급여 주택(給與住宅) 기업이나 관공서가 그 종업원에 대하여 임대하는 주택. 사택, 관사 등의 총칭.

tie hoop 띠근(−筋) 철근 콘크리트 기둥의 주근 주위에 일정한 간격으로 배치하는 전단 보강을 위한 철근. 기둥의 압축강도, 인성(靭性)을 높이는 효과가 있다.

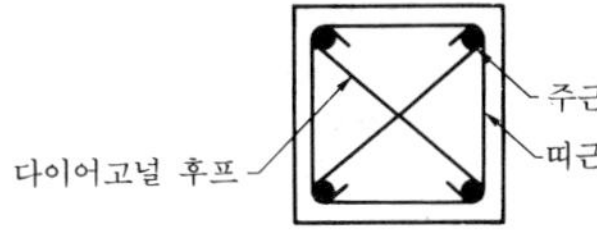

tie metal 연결 철물(連結鐵物) 비계 등이 넘어지지 않도록 건물과의 사이에 일정한 간격으로 고정시키기 위하여 사용하는 철물을 말한다.

tie plate 띠판(−板) 강구조의 조립재로, 기둥·보 등의 웨브로서 쓰인다.

tie plate beam 띠판보(−板−) 재축(材軸)에 병행한 산형강 등의 플랜지에 이것과 직교하여 작은 강판을 적당한 간격으로 배치하여 조립한 보.

tie plate column 띠판 기둥(−板−) 재축(材軸)에 병행한 산형강 등의 플랜지에 이것과 직교하여 작은 강판을 적당한 간격으로 배치하여 조립한 기둥.

tie plate reinforcement 띠판 보강(−板補强)[1], 띠판 감기 공법(−板−工法)[2] (1) 띠 모양의 강판 또는 이것을 사용한 보강. 오래 전부터 강구조, 철골 철근 콘크리트 구조의 플랜지에 직각으로 배치하여 전단 보강에 사용했다. 최근에는 철근 콘크리트 기둥, 보의 내진 보강을 위해 주위에 감는 일이 많다.
(2) 철근 콘크리트 기둥, 보의 내진 보강을 위해 띠 모양의 강판을 주위에 감는 공법.

tie rod 타이 로드 ① 두 부재의 벌어짐을 방지하기 위한 인장재. 산형 라멘의 주두(柱頭), 아치의 주각부 등에 사용한다. ② 철골 중도리의 지붕면의 면외 비틀림을 방지하기 위해 중도리끼리를 연결하는 볼트. ③ 버팀대를 사용하지 않고 널말뚝과 띠장을 산측에 인장하여 지보하기 위한 흙막이용 봉재(棒材).

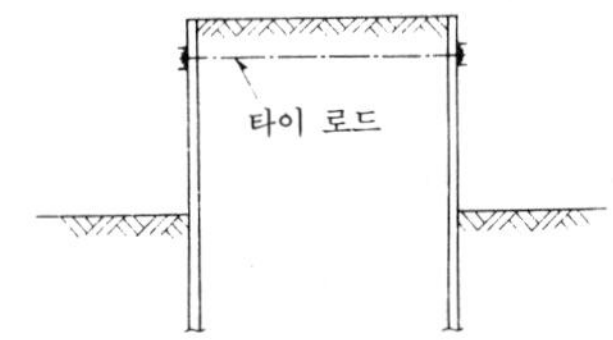

TIG arc welding TIG용접(－鎔接) TIG는 tungsten inert-gas의 약어. 이너트 가스 아크 용접의 일종. 텅스텐 기타 잘 소모되지 않는 금속을 전극으로 하는 아크 용접.

tight frame 타이트 프레임 금속판에 의한 절판(折板) 지붕을 구성하는 부품의 하나. 띠강을 절판 모양으로 구부린 것으로, 절판을 보에 고정하기 위해 사용한다.

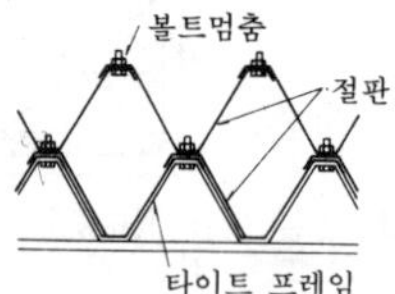

tile 타일 벽이나 바닥 등의 마감용으로 붙이는 치장 타일(18cm～5.5cm각). 자기 타일, 경질 도기 타일, 연질 타일(아스팔트 타일, 리노타일, 염화 비닐계 타일, 고무 타일) 등이 있으며, 소형의 것은 모자이크 타일, 대형의 것 또는 블록형의 것을 테라코타(terracotta) 타일이라 한다.

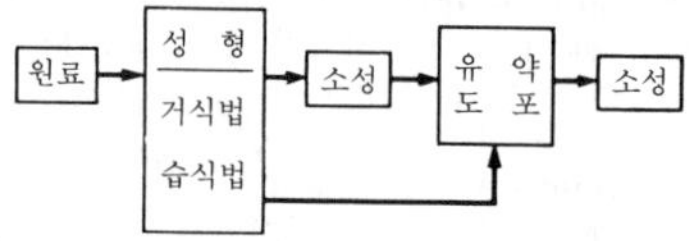

〔형상〕 바닥용의 예

tile carpet 타일 카펫 50cm각의 타일 모양으로 절단한 융단. 부분적 교환이 가능하다.

tile facing 타일 붙이기 벽이나 바닥에 시멘트 페이스트, 모르타르, 접착제 등의 부착 재료를 써서 타일을 붙이는 것. →tile work, tiling

tile joint 타일 줄눈 타일의 부착성 강화, 타일 배치에 의한 치수 조정, 치장 등의 목적에서 필요하게 되는 타일 상호의 이음. 타일의 두께나 용도에 따라 줄눈폭은 바꾸게 되는데 일반적으로는 타일의 두께와 같은 정도로 한다.

tile pavement 타일 깔기 바닥에 타일을 까는 것. 바탕에 수분이 적은 모르타르를 바르고 시멘트 페이스트를 흘려서 그 위에 타일을 붙인다.

tile pipe 토관(土管) 찰흙을 주재료로 하여 가마에 넣어 구운(보통 1,000℃ 이하) 관으로, 유약을 쓰지 않은 것. 지하 배수용, 간단한 굴뚝용.

tile work 타일 공사(－工事) 벽이나 바닥에 타일을 붙이는 공사. →tile facing

tiling 타일 공사(－工事) ＝tile work

tilting level 틸팅 레벨 수준 측량기의 일종. 측량할 때 틸팅 나사에 의해 망원경의 기울기를 약간 바꿀 수 있다. 정준(整準) 나사로 원형 기포관의 기포를 중앙으로 유도하여 레벨을 거의 수평으로 유지하고, 목표를 시준(視準)할 때마다 틸팅 나사에 의해 망원경을 정확하게 수평으로 한 다음 목표를 시준한다.

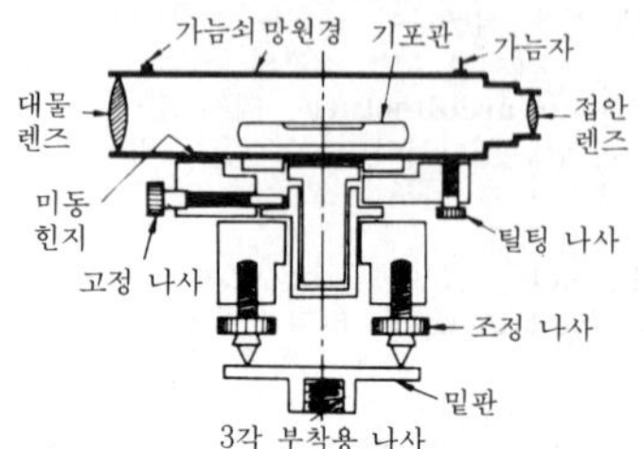

tilting mixer 가경식 믹서(可傾式－) 믹서로 혼합 드럼을 기울여서 콘크리트의 배출을 하는 형식의 것.

tilt-up construction method 틸트업 공법(－工法) 벽·바닥 등에 철근 콘크리트 패널을 현장에서 만들어 기중기로 1층벽, 2층 바닥·벽의 순서로 건설하는 공법.

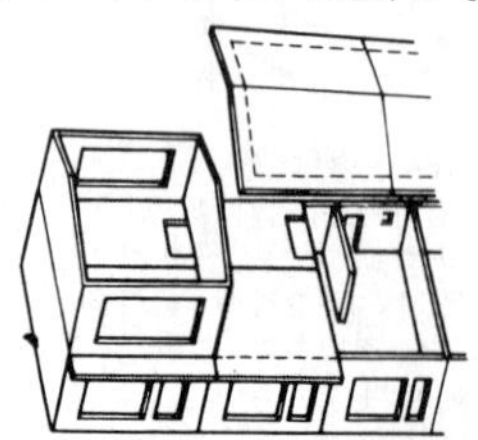

timber 제재(製材) 벌채한 통나무에서 각재, 판 등으로 생산된 제품. 제재품.

timber construction 목구조(木構造) ＝timber structure

timber framed construction 나무 뼈대, 목골조(木骨造) 뼈대가 목조이고 벽체의 충전재나 마감재로서 벽돌 등을 사용한 구법.

timber framed stone construction 목골석조(木骨石造) 목골로 축조를 만들고, 석재를 축조 사이에 충전한다든지 축조 바깥쪽에 붙여서 벽을 만드는 구조. 석재 대신 벽돌을 사용하는 경우도 있다.

timber house 목조 주택(木造住宅) 구조 재료로서 목재를 사용하여 만든 주택의 총칭.

timbering 지보공(支保工) 거푸집 공사, 흙막이 공사 등에서 흙막이널이나 널말뚝을 지지하는 재료의 총칭. ① 거푸집 공사에서는 흙막이널을 지지하는 멍에재, 지주, 가새 등. ② 흙막이 공사에서는 띠장, 버팀대, 경사재, 지주 등.

timber market 제재 시장(製材市場) 목재 시장의 하나. 제재품의 유통 단계를 시장으로 본 개념. 입목 시장이나 원목 시장으로 구별한다.

timber structure 목구조(木構造), 목질계 구조(木質系構造) 주요 구조부가 목재로 구성되는 구조. =wooden structure

timber without pith 거심재(去心材) 마름질 제재에서 수심(樹心)을 포함하지 않은 재.

timbre 음색(音色) 같은 높이 · 크기의 소리라도 개인에 따라 다른 소리로 들리는 일이 있다. 그 차이의 원인이 되는 것이 음색이며, 음색은 파형에 따라 다르다.

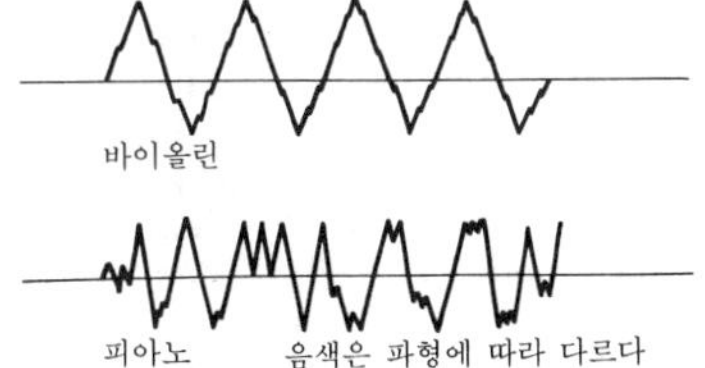

time factor 시간 계수(時間係數) 압밀 계산에서 사용하는 계수. 흙의 압밀 계수 C_v, 시간 t, 배수 길이 H로 했을 때

$$T_v = C_v \cdot t/H^2$$

로 나타내어지는 값. 압밀도 U는 T_v의 함수로 계산된다. 또한 배수 길이 H는 편면 배수에서는 압밀층 두께를 취하고, 양면 배수에서는 층두께의 1/2을 취한다.

time for completion 공기(工期) =construction period

time index 경년 지표(經年指標) 기존 건물의 내진 진단 기준에 있어서 내진 성능을 나타내는 구조 성능 기본 지표를 건물의 경년 열화의 정도에 따라 수정하는 지표를 말한다.

time series analysis 시계열 분석(時系列分析) 어떤 상태 또는 변수의 시간적인 변화와 그 영향에 대한 분석.

time series unit requirement 시기별 원단위(時期別原單位) =monthly unit requirement

time-settlement curve 시간 · 침하 곡선(時間 · 沈下曲線) 압밀 시험 또는 실제의 재하(載荷) 시험에서 얻어지는 시간과 침하의 관계를 그린 곡선.

time study 타임 스터디 작업 공정과 소요 시간을 분석하여 효율화를 도모하는 것.

tin 주석(朱錫) 융점이 낮고 전성(展性)이 뛰어나며, 내식성이 큰 은백색의 금속. 강 · 구리 등 금속 재료의 보호 피복으로 도금한다든지 합금 성분으로서도 쓰인다.

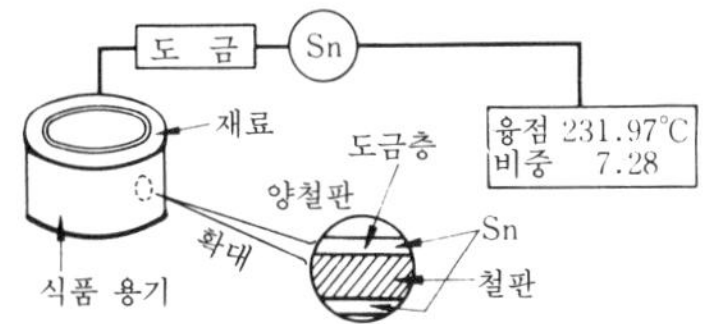

tin plate 양철판(洋鐵板) 박강판을 주석 도금한 것으로, 아연 도금 강판보다 내구성이 길고 건축에는 사용하지 않는다.

tinsmith 판금공(板金工) 금속 박판의 가공이나 부착을 하는 직공.

T-intersection T형 교차(一形交叉) 3지(三枝) 교차점의 하나. 교차각이 75°부터 105°까지의 교차점.

tip end 밑마구리 통나무의 가는쪽 단면. 통나무재의 필요 최소경을 표시하는 데 편리하다.

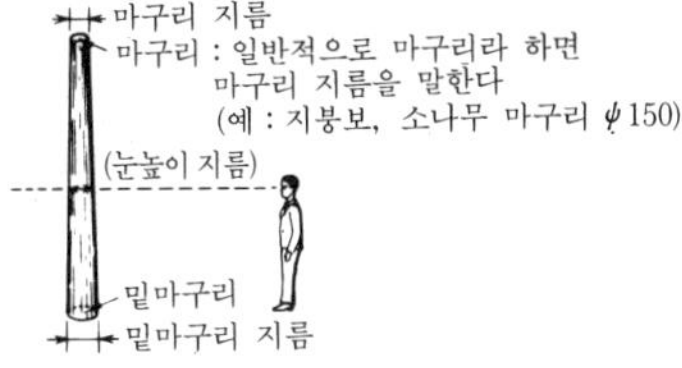

tipping hammer 티핑 해머 용접부의 슬래그를 떼어낸다든지 강판끝을 깎아낸다든지 하는 데 사용되는 소형의 해머.

tire dozer 타이어 도저 저접지압의 타이어로 주행하는 트랙터의 전면에 토공판을 붙인 불도저와 같은 작업을 하는 기계.

tire roller 타이어 롤러 공기 타이어를 써서 지반을 다지는 기계. 공기압을 바꿈으로써 접지압을 조정할 수 있다.

title chart of drawing 도면의 표제란(圖面一表題欄) 제도한 도면 오른쪽 밑에 내용을 요약해서 기입하는 난. 도면 번호 · 공사 명칭 · 척도, 책임자 · 설계자의 서명, 도면 작성 연월일 등.

T joint T이음 용접 이음의 한 형식. 한 장

의 판에 직각으로 다른 판을 얹고 접합부를 용접하는 형식. 강관의 경우는 주관(主管)과 판관(板管)이 직각으로 접합되는 부분의 이음.

toe crack 지단 균열(止端龜裂) 용접부의 지단에 발생하는 균열.

toe of slope 비탈끝 비탈면의 밑면에서 수평면과 만나는 부분.

toe of welding 지단(止端) 부재의 면과 용착 금속의 표면과의 만난선. 이 부분에 생기는 균열을 지단 균열이라 한다.

together ditch 공동구(共同溝) 상하 수도관·가스관·전선관·전화선관 등의 지하 매설물을 수용하기 위한 공동 시설.

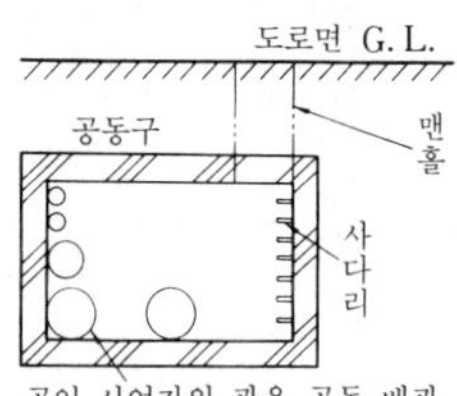

toilet 변소(便所), 화장실(化粧室) 대소변의 배출을 하기 위한 시설.

tolerable limits for vibration 진동 허용도(振動許容度) 진동의 영향 평가에서 허용할 수 있는 진동으로서 최대의 물리량.

tolerance 허용차(許容差)[1], 검정 공차(檢定公差)[2] (1) 기준으로 한 값과 그에 대하여 허용할 수 있는 한계값과의 차.
(2) 줄자·저울 등의 계량기는 계량법에 규정되는 오차의 범위 내이면 검정 합격으로서 시판이 허용된다. 이 오차의 범위를 검정 공차라 한다.

toll road 유료 도로(有料道路) 그 통행 또는 이용에 대하여 요금을 징수하는 도로.

tone 색조(色調) 색의 명도와 채도의 두 속성을 포함한 지각적 평가의 개념.

tone burst 단음(短音) 계속 시간이 짧은 음의 총칭. 실내 음향 측정에서는 순음이나 노이즈를 수밀리~수100밀리초의 계속 시간으로 한 단음 등을 널리 사용한다.

tone quality 음질(音質) 음의 성질 전반 또는 음의 품질을 가리키나, 음의 주관적인 양부를 말하기도 한다.

tongue and groove 제혀 목재 등의 이음 또는 접합에서 한쪽 재료에 I자형, L자형, U자형 등의 볼록형 돌기를 두고, 다른쪽 재료에 그에 맞추어서 판 오목형의 홈을 둔 것의 총칭.

tongue and groove joint 개탕붙임[1], 제혀쪽매[2] (1) =rebate joint
(2) 제혀를 갖는 이음의 총칭.

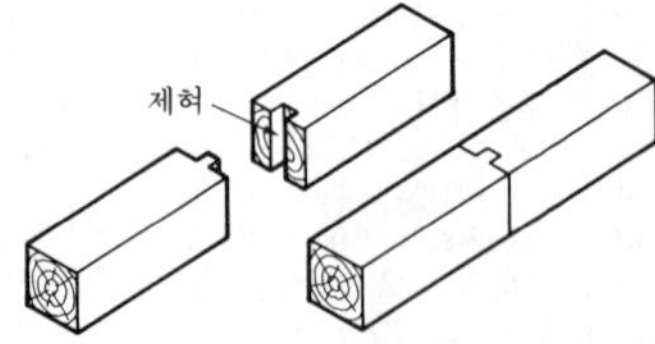

ton of refrigeration 냉동 톤(冷凍－) 0℃의 물 1,000kg을 24시간에 0℃의 얼음으로 하는 데 요하는 냉동 능력.

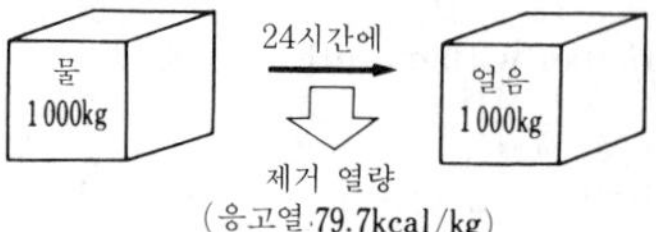

ton of refrigerating capacity 냉동 톤(冷凍－) =ton of refigeration

tool 공구(工具)[1], 도구(道具)[2] (1) 공작에 사용하는 소기구의 총칭. 기계 공작에서는 절삭 기구, 전기 공사에서는 플라이어 등이 있다.
(2) 물건을 제조 또는 작업하는 데 사용하는 기구의 총칭. 톱, 대패, 흙손 등.

tooled joint 치장 줄눈(治裝－) 표면을 의장적으로 마감한 줄눈.

tool for masonry 돌공사용 공구(－工事用工具), 석공사용 공구(石工事用工具) 석재 가공을 위해 사용되는 공구. 석재의 표면을 그림의 공구를 사용하여 마감하는 것으로, 마감의 종류에는 혹두기, 정다듬,

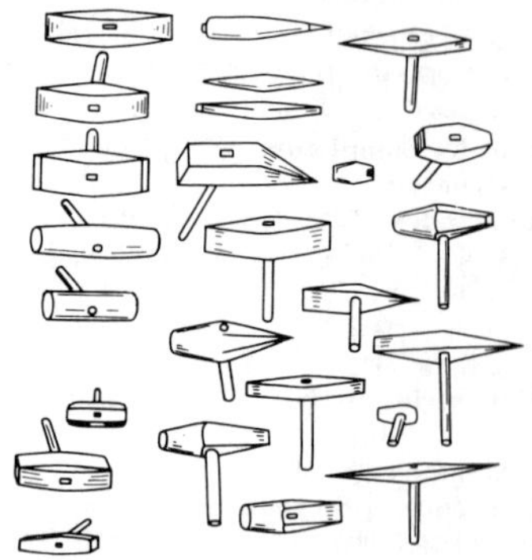

표면고르기, 잔다듬, 물갈기 등이 있다.

toothed nail 가시못 목재에 박으면 잘 빠지지 않도록 가시를 붙인 못. =barbed nail

top 상단(上端), 윗면(一面) 물체 정상부의 면. 바닥의 마감면 등을 가리키기도 한다. =upper face, upper part

top angle 톱 앵글 보 위 플랜지 또는 트러스 상현재의 접합에 사용하는 산형강의 접합용 피스.

top bar 상부근(上部筋) 보의 주근 혹은 슬래브근 중 스팬의 도중에서 멈추는 철근. =top steel bar

top board 천판(天板) 책상, 테이블, 카운터 등의 윗면의 판.

top chord 상현재(上弦材) 트러스 구면(構面) 위의 부분에 배치된 현재. =upper chord

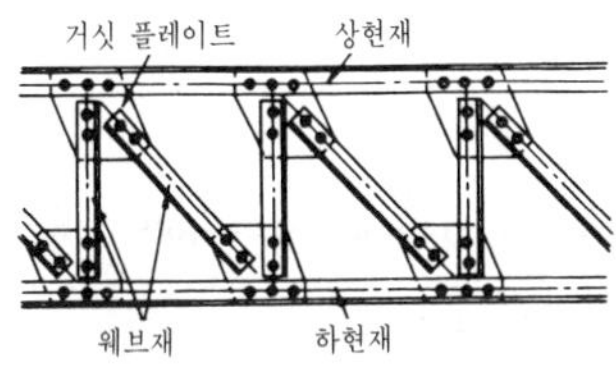

top coat 톱 코트 치장층 최상면의 도장재(塗裝材)를 말한다. 복층 마감 도재(塗材)에서는 정벌칠재에 해당한다. 마감면의 착색, 광내기, 내후성의 향상, 흡수 방지 등의 목적으로 사용한다.

top dressing 뗏밥 잔디를 조성할 때 잔디의 정착과 생육을 촉진하기 위해 표면에 뿌리는 양질의 토양.

top floor 최상층(最上層) =highest floor

top-hinged outswinging window 들창(一窓) 미닫이의 웃막이를 따라서 회전축이 있고, 밑막이 부분을 바깥쪽으로 내밀어 여는 창.

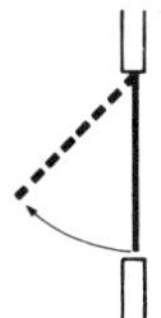

top light 천창(天窓) 지붕면이나 천장면 등에 설치한 창. 특징으로는 ① 채광 효과는 측창 채광보다 높다. ② 조명 분포는 균일하게 된다. ③ 구조·시공이 어렵다. ④ 보수·관리가 어렵다(그림 참조).

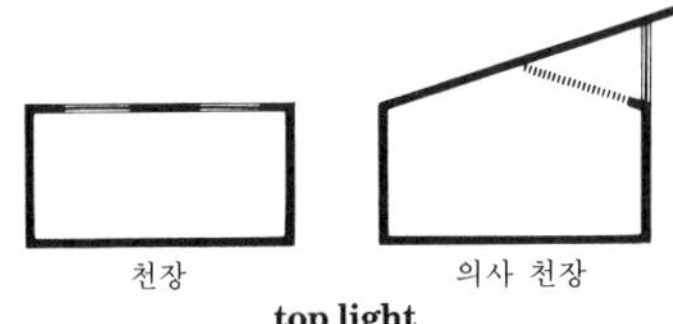

top light

top of slope 비탈머리 비탈면의 윗면에서 수평면과 만나는 부분.

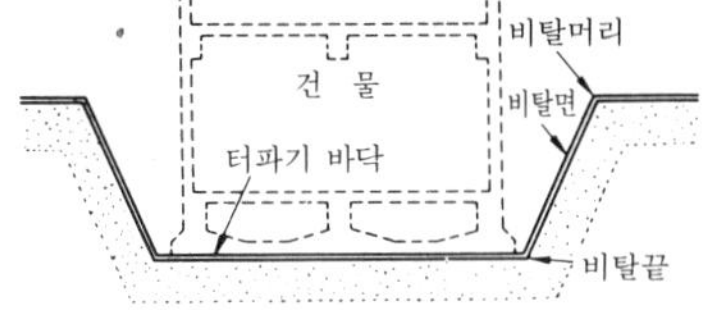

topographical survey 지형 측량(地形測量) 측량의 일종. 지형의 상태를 알기 위해 지표 각점의 위치와 높이를 측량하는 것. 항공 측량으로 하는 경우도 많다.

topographic feature 지형(地形) 토지 지표면의 기복, 형태, 수계(水系)의 물적 상태를 말한다. 토지 이용 계획이나 경관 계획의 전제 조건이 된다.

topography 지형(地形) =topographic feature

topography factor 지형 인자(地形因子) 바람의 흐름에 대한 지형의 영향을 특징짓는 인자.

top rail 두겁대 울타리·난간·징두리널 등의 위언저리의 횡목.

top reinforcement 상부근(上部筋) 철근 콘크리트의 보 또는 슬래브의 상부에 배치하는 철근.

top side lighting 정측광(頂側光) 천장으로부터의 채광과 채광면이 연직 또는 연직에 가까운 방향으로부터의 채광. 공장이나 미술관 등에 사용된다. 톱날 지붕 채광이나 솟을지붕 채광은 공장에서 볼 수 있다.

top side window 정측창(頂側窓) 천장 부근에 위치하는 연직 또는 연직에 가까운 창. 공장·미술관 등에 널리 쓰인다.

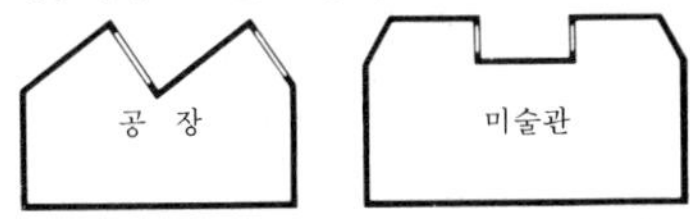

top steel bar 상부근(上部筋) =top bar

torch 토치 가스 용접이나 절단할 때 가스와 공기를 혼합 조절하여 불꽃을 만드는 부분.

torch-applied method 토치 공법(一工法)

방수 공법의 일종. 표면에 두꺼운 아스팔트층을 붙인 루핑을 토치 모양의 프로판 버너로 가열하여 표층을 용융하고, 바탕에 접착하여 루핑 간을 접합한다.

torch head 토치 헤드 가스 용접이나 절단용 토치의 화구를 붙이는 부분.

torch lamp 토치 램프 가솔린 또는 석유를 압축, 무화(霧化)하고, 이를 토치로부터 분출시켜 이에 점화 연소시킴으로써 그 열로 금속을 접합하는 기구.

torque 토크 회전하고 있는 물체가 그 회전축 둘레에 받는 우력을 말한다. 거리와 힘의 곱으로 나타낸다. 부재를 비트는 모멘트의 크기.

torque coefficient 토크 계수값(－係數－) 고력 볼트의 체결 토크값을 볼트의 공칭 축경(軸徑)과 도입 축력으로 나눈 값. 볼트로의 안정한 축력 도입을 위한 관리에 사용한다.

torque control method 토크 컨트롤법(－法) 마찰 접합에서 고력 볼트의 도입 축력을 토크량으로 판정하는 방법.

torque shear type high tension bolt 토크 시어형 고력 볼트(－形高力－) 나사끝에 소정의 토크로 파단하는 팁을 두고, 이것을 이용하여 언제나 일정한 토크로 체결할 수 있도록 배려된 특수 고력 볼트.

torque wrench 토크 렌치 고력 볼트 체결용의 렌치로, 토크량이 조절될 수 있게 되어 있는 것을 말한다. 검사시에 널리 사용된다.

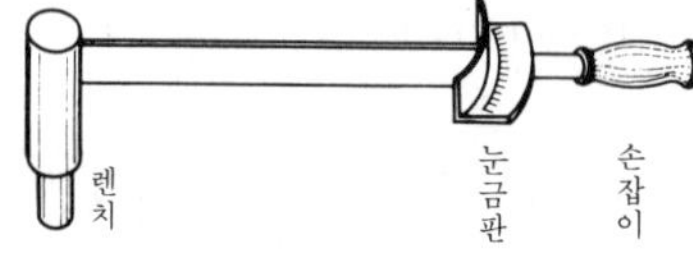

tor-shear type bolt 토시어형 볼트(－形－) 일정한 토크로 너트 부분이 파단하여 그에 대응하는 축력이 도입되도록 되어 있는 특수한 고력 볼트.

torsion 비틀림 막대 한끝 또는 양끝을 고정하고, 다른 끝에 중심축선과 수직인 면내의 우력을 가했을 때 막대 축선 주위에 생기는 회전 변형. 비틀림에 의해 생기는 축의 2횡단면간의 상대적인 회전각을 비틀림각, 이것을 2횡단면간의 거리로 나눈 값을 비틀림률이라 한다. ＝twist

torsional buckling 비틀림 좌굴(－座屈) 비틀림에 의해 생기는 좌굴.

torsional flutter 비틀림 플러터 비틀림 모드의 자려(自勵) 진동.

torsional moment 비틀림 모멘트 부재 축둘레에 작용하여 비틀림을 일으키게 하는 모멘트. ＝twisting moment

torsional rigidity 비틀림 강성(－剛性) 비틀림에 대한 부재 단면 혹은 구조물의 저항의 크기. 단위각을 비틀기 위해 필요한 모멘트로 나타낸다.

torsional stiffness 비틀림 강성(－剛性) ＝torsional rigidity

torsional strain 비틀림 변형(－變形) 비틀림에 의해 생기는 전단 변형. ＝twisting strain

torsional strength 비틀림 강도(－强度) 단면이 비틀림을 받아 파괴할 때의 최대 비틀림 모멘트. ＝twisting strength

torsional vibration 비틀림 진동(－振動), 입체 진동(立體振動) 구조물에 작용하는 가진력(加振力)이 비틀림 성분을 포함할 때 또는 가진력에 비틀림 성분이 없더라도 구조물에 비틀리기 쉬운 성질이 있을 때 생긴다. 회전 성분을 수반한 진동이다. 건물에서는 특히 중심(重心)과 강심(剛心)이 일치하지 않을 때 생기는 것을 들어서 말하는 경우가 많다.

torsion angle per unit length 비틀림률(－率) 재료의 단위 길이당 비틀림각.

total buckling 전체 좌굴(全體座屈) 연직 하중이나 수평 하중에 의해 구조물 전체가 가로 방향으로 부푸는 현상.

total building coverage ratio 총건폐율(總建蔽率) 대상으로 하는 지역에 있어서의 도로 등 공공 용지도 포함하는 총토지 면적에 대한 총건축 면적의 비율.

total collapse 전괴(全壞)[1], 전체 붕괴(全體崩壞)[2] (1) 구조물이 재해로 인해 거의 혹은 완전히 붕괴하여 수복이 불가능하게 된 상태.
(2) 건물이 붕괴 상태에 이를 때 휨 항복형의 연층(連層) 내진벽을 갖는 건물. 또는 보 항복형의 건물과 같이 구조물 전체가 붕괴하는 것.

total collapse mechanism 전체 붕괴 기구(全體崩壞機構) 구조물이 전체 붕괴하는 소성 힌지가 구조물에 생기고 있는 상태. 예를 들면, 1층 주각과 각층의 보끝에 힌지가 발생하고 있는 상태.

total coordinate system 전체 좌표계(全體座標系) 부재나 요소 등에 설정하는 국부 좌표계와 대비하여 일반의 좌표계를 호칭하는 용어.

total cost 총원가(總原價) 제조 원가에 일반 관리비와 판매비를 더한 것으로, 판매원가라고도 한다(다음 면 그림 참조).

total depth 전춤(全－) ① 단면을 폭과 춤으로 나타냈을 때의 춤. 유효춤과 구별

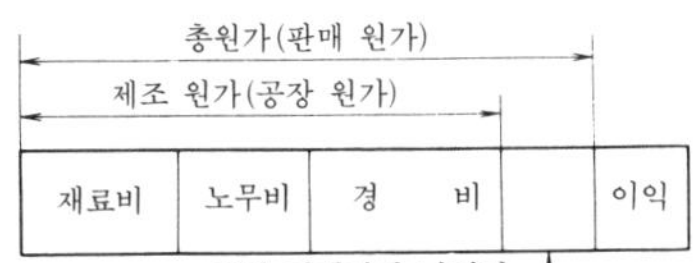

total cost

할 때 쓴다. ② 트러스 보 등의 상현과 하현간의 수직 거리.

total energy dissipation 전소성 소비 에너지(全塑性消費－) 지진시에 건물에 흡수할 수 있는 에너지에는 탄성 진동 에너지·감쇠에 의해 흡수되는 에너지 외에 누적 소성 변형 에너지가 있다. 복원력을 완전 탄소성형이라 가정했을 때 지진동의 경과 시간 중에 흡수되는 에너지를 전소성 소비 에너지라 한다.

total energy system 토털 에너지 시스템 지역이나 생산 시설에 있어서의 전력, 가스, 열, 폐기물 처리, 물처리 등의 에너지 수급을 종합적으로 관리하고, 에너지 이용의 최적화를 도모하는 시스템.

total floor area 연면적(延面積) 건축물의 각층 바닥 면적을 합계한 것.

total floor area ratio 총용적률(總容積率) 대상으로 하는 지역에 있어서의 도로 등 공공 용지도 포함하는 총토지 면적에 대한 총 연 바닥 면적의 비율.

total furniture 토털 가구(－家具) 의자, 테이블, 수납 가구 등 일련의 가구를 통일된 디자인으로 만든 가구의 시리즈.

total hardness 총경도(總硬度) 물의 경도의 일종. 수중의 칼슘 이온 및 마그네슘 이온의 총량으로 나타내는 경도.

total head 전양정(全揚程) 물을 낮은 곳에서 높은 곳으로 양수할 때 펌프가 물에 주어야 하는 압력(수두)의 총합.

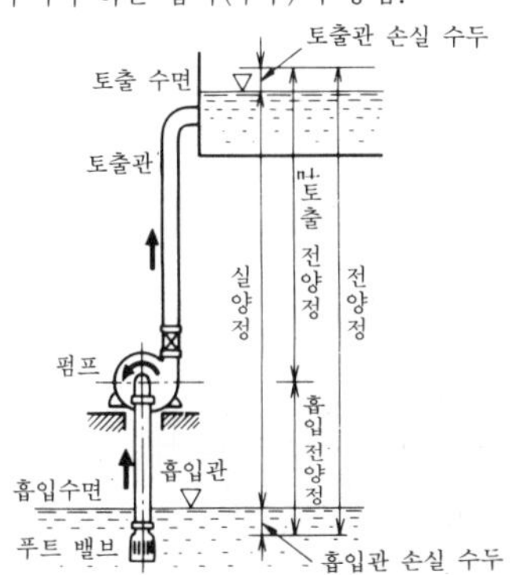

total heat exchanger 전열교환기(全熱交換器) 공기 대 공기의 현열과 잠열을 동시에 교환하는 열교환기. 회전식과 고정식이 있으며, 배기와 도입 외기 사이에서 열회수하는 경우에 널리 쓰인다.

total inspection 전수 검사(全數檢査) 재료 전부를 검사하는 재료 검사.

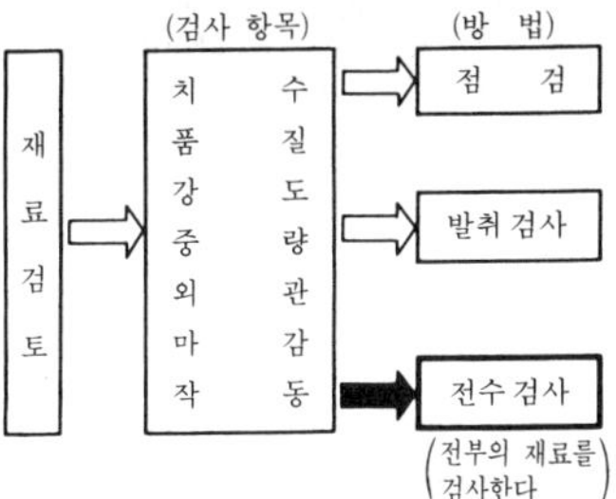

total plan 전체 계획(全體計劃) 부분 계획에 대하여 어떤 지역, 부지 등의 전체를 대상으로 개별 시설의 관련을 배려한 계획, 또는 그것을 나타내는 그림.

total pressure 전압(全壓) 유체 중의 어느 단면에 가해지는 전압력. 정압과 동압의 합을 말한다.

total pressure method 전압법(全壓法) 송풍용 덕트 설계법의 일종. 풍속의 변동에 의한 정압 재취득을 고려한 전압 기준에 의한 국부 저항 계수를 쓴다.

total reflection 전반사(全反射) 전파 속도가 작은 매질에서 큰 매질로 파가 입사하는 경우 입사각이 어느 각도보다 클 때 입사파가 모두 반사되는 것.

total residue on evaporation 증발 잔류물(蒸發殘留物) 물을 증발 건고(乾固), 건조했을 때 남는 물질. 부유 물질과 용해성 물질과의 합.

total solar radiation 전천 일사량(全天日射量) 시간당의 직달 일사량과 천공 방사량을 합계한 것. 단위 $kcal/m^2h$.

total stress 전응력(全應力) 지반 중의 흙의 단위 면적당에 작용하는 수직 응력을 말한다. 유효 응력과 간극 수압의 합으로 이루어진다.

total stress analysis 전응력 해석법(全應力解析法) 지반 중의 흙의 전응력을 대상으로 하는 해석법. 배수 과정을 고려하지 않아도 되는 하중 작용 조건의 경우에 사용한다. →effective stress analysis

total subcontracting 일괄 하청(一括下請) 원청이 청부한 공사 전부를 하청을 주는 것.

total subletting 일괄 하청(一括下請) = total subcontracting

touch handle lock 터치 핸들 자물쇠 손이나 몸을 대기만 하면 열리는 자물쇠. 병원이나 식당의 주방에 사용된다.

touch up 터치 업 도장 공사 등에서 일단 마감한 곳을 부분적으로 보수칠하는 것.

touch voltage 접촉 전압(接觸電壓) ① 접지선에 고장 전류가 흘러서 접지점을 최고로 하는 동심원상의 전위 경도가 생길 때의 접지점과 그 근처에 서 있는 인간 등과의 사이의 전위차. ② 이종의 물체가 접촉했을 때 경계면에 생기는 전위차.

toughened glass 강화 유리(强化琉璃) = tempered glass

toughness 인성(靭性) 탄성 한도를 넘어도 파괴하기까지 충분한 변형 능력이 있는 것을 말한다.

toughness coefficient 터프니스 계수(－係數) =toughtness index

toughness index 터프니스 지수(－指數) 토질 공학에서 흙의 컨시스턴시(稠度, 軟度) 의 정도를 나타내는 지수의 하나. 소성 지수를 유동 지수로 제한 값.

tough-rubber sheath cable 캡타이어 케이블 전선의 일종. 가설 배선이나 이동 전기 기기용으로 저압 이동 전선으로서 사용하는 가요성 전선. =cabtire cable

tower 탑(塔) ① 수평 단면에 비해 높이가 현저하게 큰 구조물. ② 일반적으로 높이 솟아 있는 건조물의 총칭. 송전탑 · 텔레비전탑 등 전력 통신용의 것도 있다. 굴뚝은 일반적으로 포함되지 않는다.

tower bucket 타워 버킷 콘크리트 타워에 장치된 버킷으로, 콘크리트를 담아 올리는 것.

tower building 타워 빌딩 일견 탑과 같은 가늘고 긴 고층 건축물.

tower crane 타워 크레인, 탑형 기중기(塔形起重機) 주로 고층 건축에 사용하는 고양정의 기중기. 정치식(定置式)과 이동식이 있다. 상부에 선회 또는 기복 기능을 갖는다. 탑 높이를 변경하기 위해 셀프 클라이밍 기구 또는 텔레스코프 기구를 갖는 기중기가 사용되고 있다.

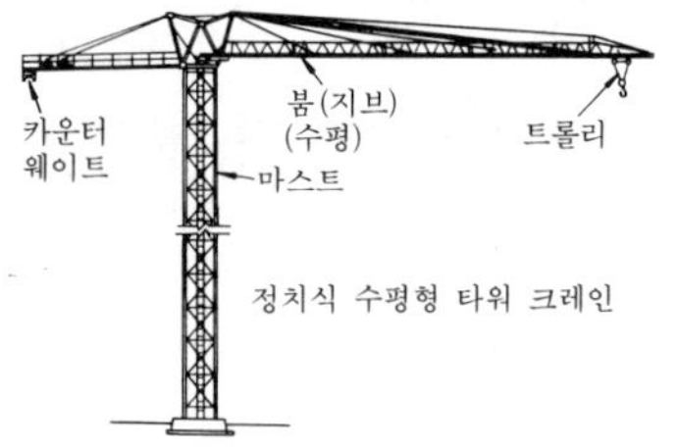

정치식 수평형 타워 크레인

tower dwelling 탑형 주택(塔形住宅) 집합 주택에서의 집중형의 주동(住棟) 형식의 하나로, 평면에 대해 높이가 비교적 높은 것.

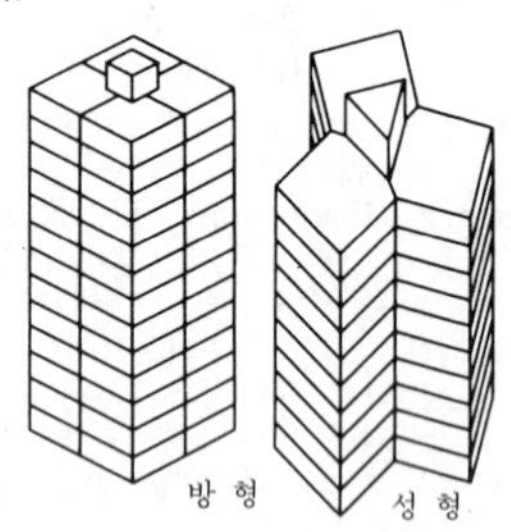

tower hopper 타워 호퍼 콘크리트 타워에서 콘크리트를 담아 올리기 위한 호퍼(깔때기 모양의 용기).

tower-like structure 탑형 구조물(塔形構造物) =tower structure

tower parking 타워 파킹 기계식 주차 설비의 하나. 수직 순환식 주차 설비 혹은 메리 고 라운드 방식이라고도 부른다. 탑 내의 엔드리스 체인에 매단 케이지에 차량을 수납한다.

tower pit 타워 피트 콘크리트 등을 들어 올리기 위한 타워의 기초 부분을 지하에 넣도록 판 구멍.

tower structure 탑형 구조물(塔形構造物) 높이가 높고, 가는 형상의 구조물. 철탑이나 독립 수조 · 광고탑 · 굴뚝 등의 구조물을 총칭하고 있다. 일반의 구조물에 비해 전도(轉倒) 모멘트로 결정되는 일이 많다. 특이한 설계 하중으로서 바람의 동적 효과 · 지진 하중 · 빙설 하중 · 반복 응력 · 온도 변화 등에 의한 응력의 검정이 필요하게 된다.

town hall 타운 홀 시 · 구청, 회의장 또는 사무실 등이 포함되어 있는 건물로, 시민을 위한 것이라는 뜻이 담겨져 있다.

town house 타운 하우스 ① 동일인이 시골의 저택과 함께 대도시에 소유하는 저택. ② 저소득층의 주택.

town map 타운 맵 개발 계획을 정책 설명서나 기타의 그림과 함께 구성하는 기본도 중 도시부의 계획도. 1947년 영국의 도시 지방 계획법에 규정되었다.

town planning 도시 계획(都市計劃) 건강하고 문화적인 도시 생활 및 기능적인 도시 환경을 확보하고, 도시의 건전한 발전과 질서있는 정비를 도모하기 위한 계획.

town planning area 도시 계획 구역(都市計劃區域) 도시 계획법에 의해 정해진 구역.

townscape 경관(景觀) 풍경, 외관. 자연이나 사회의 구조나 문화, 기술 등이 시각적, 종합적으로 표현된 것.

T-piece T이음 T형을 한 배관용의 이음. 관경이 같은 것과 다른 것이 있다. 직각 방향으로 분기할 때 사용한다.

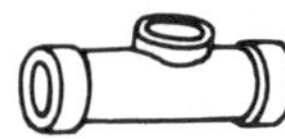

trace 트레이스 도면 위에 트레이싱 페이퍼 등 투사지(透寫紙)를 대고 베끼는 것.

tracer 트레이서 도면의 트레이스를 하는 전문가.

tracery 트래서리 창 혹은 개구부의 상부에 만든 장식적인 격자. 고딕 건축에서 특히 섬세·복잡한 것으로 되었다.

tracing 트레이싱 =trace

tracing paper 트레이싱 페이퍼 건축 설계의 에스키스(esquisse), 제도나 다른 분야의 설계, 디자인에 쓰이는 반투과성의 백색지.

tractive force 인장력(引張力) =tensile force

tractor 트랙터 중량물을 견인하는 차의 총칭. 무한 궤도를 갖는 크롤러(crowler)형과 차륜 주행의 휠형이 있다.

tractor-shovel 트랙터셔블 트랙터 전면에 셔블을 부착한 굴착용 기계. 기계는 선회할 수 없으나 염가이고 기동성이 있으며 토사의 굴착·적재 등에 사용된다.

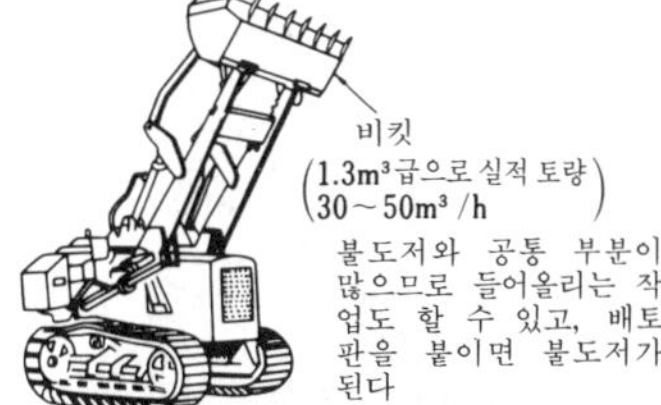

trafficability 트래피커빌리티 건설용 차량이 공사 현장 등에서 토질의 조건에 따라 주행할 수 있는지 어떤지의 난이도.

traffic actuated signal 교통 감응 신호기(交通感應信號機) 차량 감지기 등을 써서 계측되는 교통 상황의 변화에 따라서 청 시간이나 사이클 길이 등의 신호 현시 방식을 변화시키는 신호기.

traffic architecture 교통 건축(交通建築) 역, 주차장, 공항 등 각종 교통 기관에 관련하는 건축물. 점포, 호텔 등 교통 이외 목적의 부분이 병설되는 경우도 있다.

traffic assignment 교통량 배분(交通量配分) 교통량을 일정한 룰에 따라 교통망을 구성하는 노선 혹은 링크로 할당하여 각 노선 혹은 링크의 교통량을 추계하는 것.

traffic control 교통 제어(交通制御) 안전하고 원활한 교통을 확보하기 위해 교통의 규제, 경계, 유도를 하는 것.

traffic discharge 교통량(交通量) 어느 지점에서 일정 시간 내에 통과하는 교통물의 수. 각종 교통 기관의 계획이나 도로폭 결정의 자료로 한다. =traffic volume

traffic flow diagram 교통량도(交通量圖) 배분 교통량을 링크 상에 양을 폭으로 나타내는 화살표로 표시한 그림.

traffic line 동선(動線) 건축 공간에 있어서의 사람이나 물건의 움직임의 흐름을 나타내는 선. 예상되는 동선의 궤적이나 통행량 등을 분석하는 것을 동선 계획이라 하고, 그 도면을 동선도라 한다. 그림은 상점에서의 고객의 동선도.

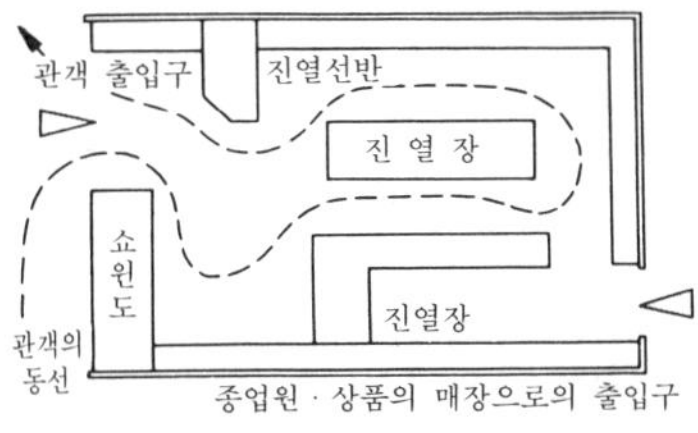

traffic noise 교통 소음(交通騷音) 자동차, 철도 등 교통 기관에서 발생하여 그 주변의 거주 지역의 일상적인 생활 환경에 대하여 큰 영향을 주는 음.

traffic paint 트래픽 페인트 노면에 교통 표지선을 그리는 데 사용하는 에나멜 페인트.

traffic playground 교통 공원(交通公園) 교통 사고로부터 아동을 지키기 위해 놀이를 통하여 교통 지식이나 교통 도덕을 체득시킬 목적으로 설치되는 도시 공원.

traffic volume 교통량(交通量) =traffic discharge

trailer 트레일러 중량 기계의 운반에 쓰이는 견인차로, 트럭 트랙터 또는 트랙터에 견인되어 주행한다.

transept 트랜셉트 교회당의 성단 전방에 있어서 좌우 외벽에서 밖으로 돌출하여 만들어진 부분.

transfer coefficient of displacement 변위 전달률(變位傳達率) 진동계로서의 2물체간 또는 2점간을 진동이 전파할 때 각각의 변위값에 의한 비.

transfer matrix 전달 행렬(傳達行列)[1], 변환 행렬(變換行列)[2] (1) 전달 행렬법에서 사용하는 행렬을 말한다. 부재의 양 재단(材端)의 변위나 단면력의 상호 관계를 나타내는 행렬을 절점간 전달 행렬(field transfer matrix)라 하고, 절점에 모이는 부재단의 변위나 단면력의 상호 관계를 나타내는 행렬을 절점 전달 행렬(point transfer matrix)이라 한다.
(2) 두 좌표계, 예를 들면 전체 좌표계와 국부 좌표계의 변환에 사용하는 행렬.

transfer matrix method 천이 행렬법(遷移行列法), 전달 행렬법(傳達行列法) 뼈대의 행렬 해석법의 하나로, 응력이나 변형의 벡터와 강성(剛性) 행렬·유성(柔性) 행렬·절점간 전달 행렬·절점 전달 행렬을 써서 행렬 곱셈을 다용하면서 해석 차수의 저하·연산 시간의 감소를 도모한 해석법이다. 통상의 가구(架構)의 정적 해석 외에 탄소성 해석·진동·안정 문제 등의 해석에 쓰이고 있다.

transfer registration 이전 등기(移轉登記) 매매, 상속 등에 의해 부동산에 대한 권리가 이전한 경우에 행하여지는 등기.

transformation point 변태점(變態點) 재료가 어떤 상태에서 다른 상태로 불연속으로 물성적 변화를 일으키는 온도. 강에서는 결정계가 갑자기 변화하는 A_3점(철 910℃)을 변태점이라 하는 경우가 많다. =transition point

transformer 변압기(變壓器) 교류 전압을 변환하는 기기.

transformer room 변전실(變電室) 건물의 전기 설비 용량이 어느 한도 이상의 크기가 되면 저압 인입으로는 전선이 매우 굵어지므로 고압 인입으로 하여 옥내에 설치되는 변전 설비실.

transformer station 변전소(變電所) = substation

transient characteristic 과도 특성(過渡特性) 시간적으로 변화하는 음향이나 진동의 현상이 안정한 상태에 이르기까지의 과정으로 나타내는 특성.

transient flow 비정상 흐름(非定常-) 물리적 여러 양의 양태가 시간적 변화를 무시할 수 없는 흐름. =unsteady flow

transient phenomenon 과도 현상(過渡現象) 정상 현상 중에 포함되는 정상이 아닌 현상.

transient state 과도 상태(過渡狀態) 시간적으로 변화하는 음향이나 진동 등 현상이 안정한 상태를 나타내기까지의 과정을 말한다.

transient temperature 천이 온도(遷移溫度) 재료의 물성이 급격히 변화하는 점의 온도. 구조적으로는 연성(延性) 파괴와 취성 파괴의 이행점 등을 가리키며, 에너지 천이 온도·파면(破面) 천이 온도 등이라 한다.

transient vibration 과도 진동(過渡振動) 강제 진동을 받는 진동계가 일정한 진폭을 나타내는 시간까지의 과도적인 상태의 진동. 발진시, 또 입력파의 변동시 등에 생긴다.

transit 트랜싯 망원경을 써서 주로 각도의 측정(측각)을 하는 측량용의 광학 기계. 측각은 수평각과 연직각이 있는데 특히 수평각의 측각을 정밀하게 할 수 있게 되어 있다.

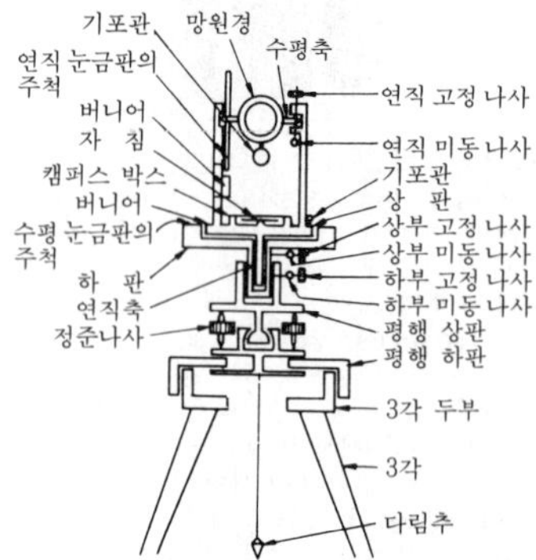

transition 천이(遷移) 유체 역학에서는 통상, 층류(層流)에서 난류로 흐름의 양태가 바뀌는 현상을 말한다.

transitional zone 천이 지대(遷移地帶) 어떤 토지 이용 지대와 다른 토지 이용 지대 사이의 토지 이용 혼재 지대. 버제스(E. W. Burgess)의 동심원 이론에서 명명되었다.

transition point 변태점(變態點) =transformation point

transition temperature 천이 온도(遷移

溫度) 재료의 파괴 형식이 연성 파괴에서 취성 파괴로 이행하는 온도 범위를 말한다. 에너지 천이 온도와 파면(破面) 천이 온도가 있다.

transition zone 천이 영역(遷移領域) 공간적인 어떤 범위에서 천이가 행하여질 때의 범위.

transit-mixer truck 트럭 믹서 =truck mixer

transit surveying 트랜싯 측량(-測量) 트랜싯을 사용하여 측량하는 것. 트랜싯이 갖는 정밀하고 용도가 넓은 측정 능력을 살려서 평판 측량으로는 무리한 넓은 부지의 트래버스 측량이나 기복있는 복잡한 지형의 스타디아 측량이 있다.

translating shell 추동 셸(推動-) 셸의 곡면 구성법의 하나. 평면 곡선을 다른 평면 곡선을 따라서 평행 이동하여 얻어지는 곡면이다. 타원 포물면·쌍곡 포물면·원통 셸 등이 있다. 회전 셸과 대비되는 용어.

translational motion 병진 운동(竝進運動) 힘의 방향과 평행 방향의 운동. 회전각은 생기지 않는다.

translational shell 추동 셸(推動-) 하나의 평면 곡선(모선)을 다른 평면 곡선(準線)을 따라 평행 이동시켜서 얻어지는 곡면 형상의 셸을 말한다. EP셸, HP셸이 대표 예이다.

transmission 투과(透過) 음, 빛, 진동 등이 하나의 매질에서 다른 매질로 전해지는 것. 또, 고른 매질 중을 통과하는 것도 투과라 한다.

transmission coefficient 투과 계수(透過係數)[1], 투과율(透過率)[2] (1) 상이한 두 매질의 경계면에 입사한 파의 진폭에 대한 투과한 파의 진폭의 비.
(2) 재료나 경계면에 음파나 빛 등이 입사했을 때의 입사 강도에 대한 투과 강도의 비를 말한다. =transmittance

transmission factor 투과율(透過率) 빛이나 음 등이 물체를 투과하는 성능.

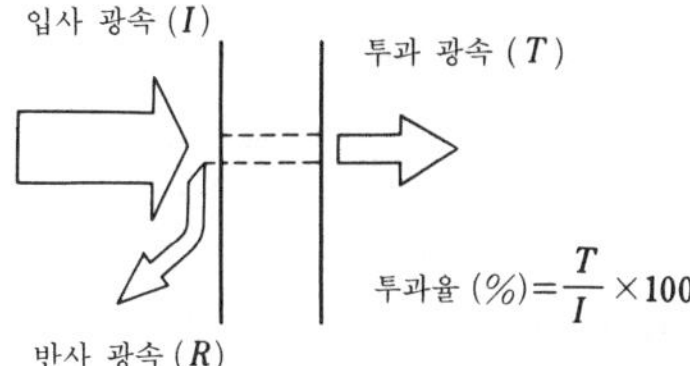

transmission line 송전선(送電線), 송전선로(送電線路) 발전소 또는 변전소에서 다른 발전소 또는 변전소로 전력을 수송하고, 또는 연계하기 위한 전선로. 가공 송전선과 지중 송전선으로 대별된다.

transmission loss 투과 손실(透過損失) 벽체·바닥 등의 음을 차단하는 능력을 나타내는 수치. 단위 데시벨(dB).

$$\text{투과 손실 TL} = 10\log_{10}\frac{1}{\tau}\ (\text{dB})$$

τ : 투과율

차음벽의 면적 S

음원 ×　　수음 ○

L_a(dB)　　L_b(dB)

음향실　　수음실

$$\text{TL} = (L_a - L_b) + 10\log_{10}\frac{A}{S}$$

A : 실내의 총흡음력(m^2)

S : 계벽의 면적 (m^2)

L_a : 외부 소음 레벨(폰)

L_b : 실내 소음 레벨(폰)

transmission of humidity 투습(透濕) = moisture transmission

transmission response 관류 응답(貫流應答) 벽 한쪽의 공기 온도를 단위 크기로 변화시켰을 때 다른쪽 표면에서 유출하는 열량의 응답.

transmission solar radiation 투과 일사량(透過日射量) 일반적으로는 유리면을 투과한 일사량. 유리의 종류, 블라인드 등 차폐재의 종류의 영향을 받는다.

transmittance 투과율(透過率) =transmission coefficient(2)

transmitted light 투과광(透過光) 물체(투과체, 투명체)를 투과하는 빛.

transmitted luminous flux 투과 광속(透過光束) 빛이 투과체를 통과할 때 반사, 흡수를 거친 다음 그 투과체를 투과하는 광속. 입사 광속=반사 광속+흡수 광속+투과 광속의 관계가 있다.

transmitting velocity 전파 속도(傳播速度) 매질을 전하는 파의 속도. 탄성체 내를 전하는 종파(縱波), 전단파, 표면파 혹은 음파 등의 속도. =wave velocity

transportable lift 가반형 곤돌라(可搬形-) 불특정한 장소에서 수시로 작업을 하는 데 사용되는 곤돌라. 덱형과 체어형이 있다.

transportation 교통(交通) 넓은 뜻으로는 물건과 사람의 움직임을 말한다. 좁은 뜻으로는 보행, 자동차, 철도, 선박, 항공기 등의 교통 수단별로 차량의 움직임, 거기에 탑승하는 사람과 물건의 움직임을 말한다.

transportation facilities 교통 시설(交通施設) 각종 교통 기관의 운행에 필요한 시설. 도로, 철궤도, 수로 등의 교통로와 역, 주차장, 공항 등의 결절(結節) 시설이 있다.

transportation planning 교통 계획(交通計劃) 사람 및 물건의 공간적 이동의 양과 그 수송 방법을 종합적으로 체계화하기 위한 계획.

transport flux 수송 플럭스(輸送－) 어떤 점(면)을 흐르는 에너지 등의 물리량의 흐름을 말한다.

transposed matrix 전치 행렬(轉置行列) mn 행렬의 행과 열을 바꾸어 넣은 nm 행렬을 말한다.

transversal strain 가로 변형(－變形), 횡변형(橫變形) 부재에 작용하는 응력에 의한 재축(材軸) 방향의 변형에 대하여 재축에 직교 방향으로 생기는 변형.

transversal wave 횡파(橫波) ＝transverse wave

transverse arch 횡단 아치(橫斷－) 반원통 볼트(반원통형의 곡면 천장)에서 직선 축과 직교하여 만들어진 보강 아치(리브).

transverse modulus of elasticity 전단 탄성 계수(剪斷彈性係數) 전단 응력 τ(kg/cm^2)와 그에 의해 생기는 전단 변형 γ와의 비로 나타내고 $G(C, N)$의 기호로 나타낸다. 즉 $G=\tau/\gamma$(kg/cm^2). ＝modulus of shearing elasticity

transverse shear force 면외 전단력(面外剪斷力) 평면판 혹은 곡면판의 기준면의 법선 방향으로 작용하는 전단력. 휨 모멘트에 따라서 생긴다.

transverse shrinkage 횡수축(橫收縮) ① 강구조에서 용접에 의해 용접선과 직각 방향으로 생기는 수축. ② 목재의 섬유와 직각 방향의 수축.

transverse tension crack 휨 균열(－龜裂) 휨 모멘트를 받는 콘크리트 부재의 인장 가장자리에서 재축에 직각으로 생기는 균열.

transverse reinforcement 배력근(配力筋) 철근 콘크리트 슬래브에서 주근과 직각 방향으로 배치하는 철근. 일반의 슬래브에서는 긴쪽 방향에 해당한다. 주근의 위치를 확보하고, 직각 방향으로도 응력을 전하는 구실을 한다.

transverse vibration 횡진동(橫振動) 구형 평면 또는 경위(經緯) 평면에 있어서의 위도 방향의 진동.

transverse wave 횡파(橫波) 매체에 있어서의 각점에서의 변위 방향이 파동이나 진동의 전파 방향과 수직인 파동.

trap 트랩 배수관으로부터의 오염 물질이나 냄새 등의 역류를 방지하는 장치. S트랩·P트랩·U트랩·드럼 트랩·벨 트랩·오일 트랩 등이 있다.

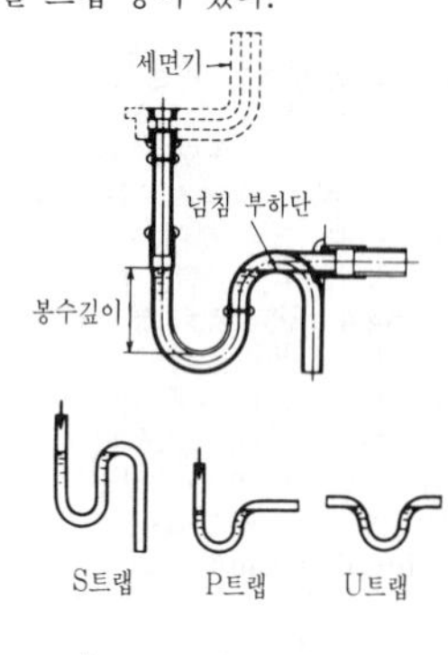

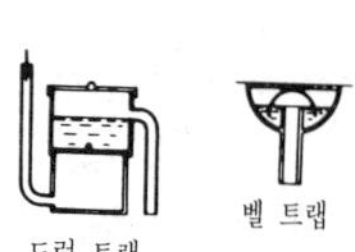

trapezoidal formula 대형 공식(臺形公式) 굽은 부분이 있는 부지의 면적을 계산하는 공식.

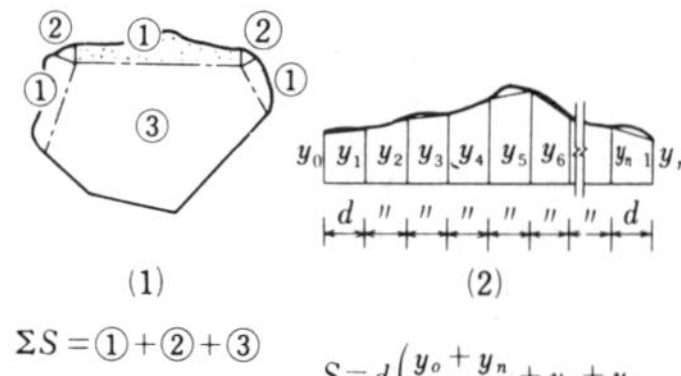

$\Sigma S=①+②+③$

①에 대형 공식을 사용

$$S=d\left(\frac{y_0+y_n}{2}+y_1+y_2+y_3+\cdots+y_{n-1}\right)$$

trapezoidal frame 대형 라멘(臺形－) 통상의 장방형 라멘에 대하여 기둥의 경사한 부등변 4각형, 대형의 라멘을 말한다.

trapezoid pedestal 안정굽도리 출입구의 문선 하부에서 걸레받이와 접하는 위치에 둔 마감재(다음 면 그림 참조).

travelling crane 이동식 기중기(移動式起重機) 기중기 부분을 주행 가능한 기체상에 탑재한 양중(揚重) 기계. 트럭 크레인, 크롤러 크레인이 있다. 기동성이 풍부하고, 철골 현장 조립이나 일반 하역용으로

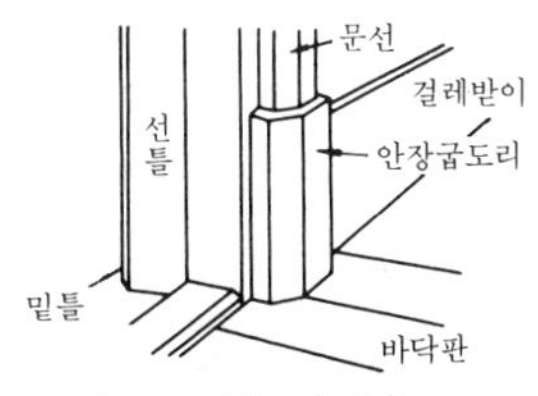

trapezoid pedestal

서 사용된다.

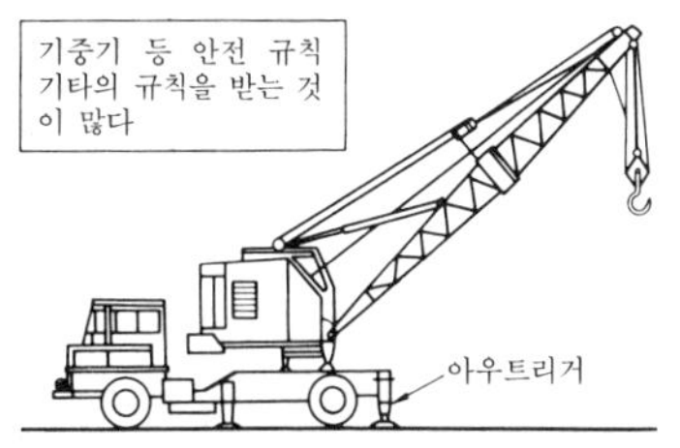

travelling form 이동 거푸집(移動－) ＝moving form

travelling form construction method 이동 거푸집 공법(移動－工法) 어느 단위의 거푸집을 되도록 잘 제거하고 그대로 연속하는 다음의 타입 장소로 이동하여 사용하는 거푸집 공법.

travelling hoist 주행 호이스트(走行－) 호이스트에 바퀴를 달아 레일 위를 주행하는 형식의 것.

travelling load 이동 하중(移動荷重) 구조물이나 부재에 작용하는 하중 중 작용점이 이동하는 하중. 전차·자동차·기중기 등.

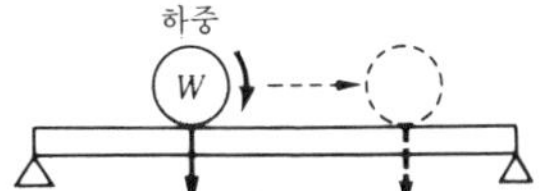

traversing 트래버스 측량(－測量) 트래버스의 변 길이나 각도를 재서 그 형을 구하는 측량. 측점을 이은 측선이 만드는 다각의 도형을 트래버스라 하고, 폐합(閉合) 트래버스와 개(開) 트래버스 및 양자를 혼합한 조합(결합) 트래버스가 있다.

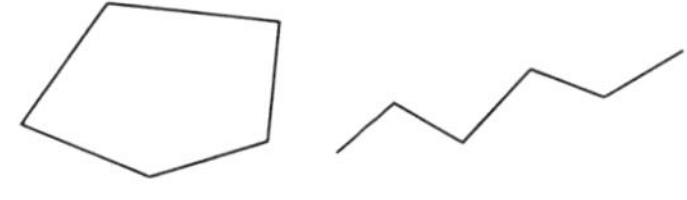
(a) 폐합 트래버스 (b) 개 트래버스

travertine 트래버틴 대리석의 일종. 크림계와 적갈색계가 있다. 다공질이고 특유한 구멍을 가지며, 정취가 있다.

tread 디딤바닥 ① 계단의 디딤판 상면. ② 디딤판의 디딤폭 치수.

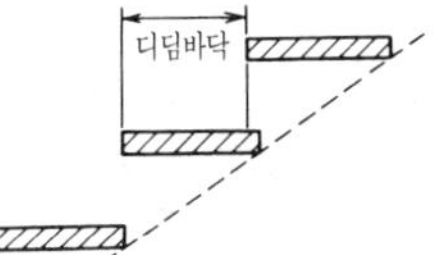

treadboard 디딤판(－板) 계단의 단을 구성하는 판.

treated effluent 처리 하수(處理下水) 하수 처리장 등에서 처리된 하수. 멸균 처리된 다음 공공 용수역에 방류된다.

treated water supply 중수도(中水道) 배수나 하수를 처리, 재생한 것을 청소, 변소, 살수 등의 양질의 물을 필요로 하지 않는 부분에 상수도와는 다른 계통으로 공급하는 수도.

tremie concrete 트레미 콘크리트 수중에 콘크리트를 타설할 때 트레미관을 써서 하는 콘크리트 공법.

tremie pipe 트레미관(－管) 수중 콘크리트 타설용의 수송관으로, 상부에 콘크리트를 받는 호퍼를 가지며, 관 끝에 역류 방지용의 마개 또는 뚜껑이 붙어 있다. 콘크리트 타설에 따라 관 하단을 콘크리트 속에 삽입한 상태를 유지하면서 점차 관을 끌어 올려서 타설한다.

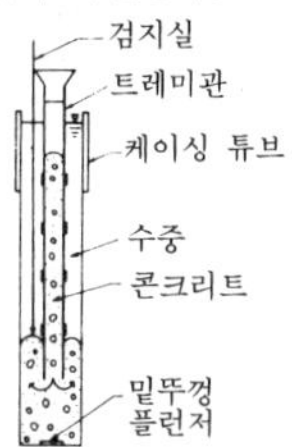

tremie process 트레미 공법(－工法) 수중 콘크리트 타입 공법. 상단에 부착한 깔때기 모양의 슈트에서 트레미관을 통해 콘크리트를 타입하면서 트레미관을 서서히 끌어 올린다.

tremor 맥동(脈動) ＝microseism

trench 터파기 건축물의 기초를 만들기 위해 지면을 파는 것으로, 독립 기초 파기, 줄기초 파기, 온통 파기가 있다. ＝excavation

trench-cut method 트렌치컷 공법(－工法) 지하 굴착 방식의 하나. 도랑 모양으로 외주부를 굴착하여 구조체를 만들고, 이것을 흙막이로 하여 중간 부분을 굴착하는 방법.

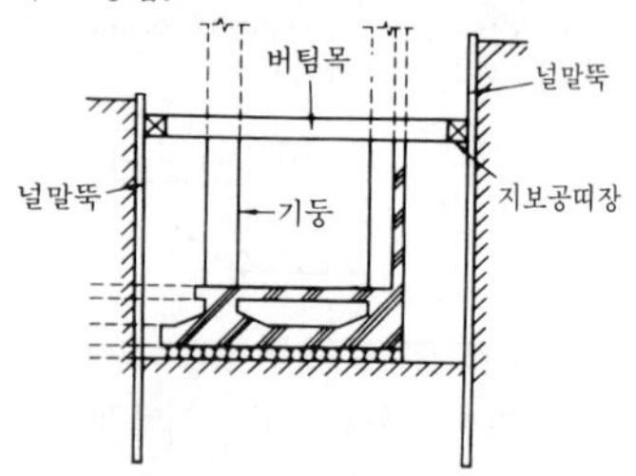

trench excavation 줄기초 파기(—基礎—) =trenching

trenching 줄기초 파기(—基礎—) 벽이나 토대, 보의 하부 등을 따라서 홈 모양으로 터파기하는 것.

trench sheet 트랜치 시트 간이한 강철제 널말뚝. 굴착 깊이가 작을 때 흙막이로 사용된다.

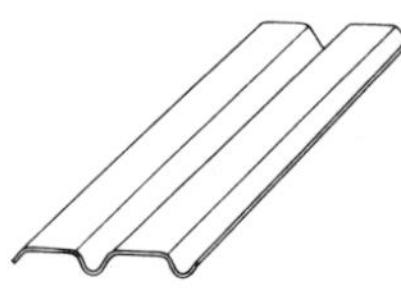

Tresca's yield condition 트레스카의 항복조건(—降伏條件) 재료의 항복·파괴 가설의 하나이다. 최대 전단 응력이 일정값 $\tau_{max}=\sigma_y/2$에 이르면 항복한다고 하는 가설로, 평균 응력과 무관계하게 된다. 주응력도에서는 Mises의 타원에 내접하는 정 6각형으로 나타내어지는 범위이다.

trestle 발판(—板)[1], 접사다리[2] (1) 목재, 강재 등으로 만든 다리가 4개 달린 받침. (2) 고소 작업을 하기 위한 자립 사다리. 강제 파이프제나 경량 알루미늄제가 널리 쓰인다.

trial mixing 시험 비빔(試驗—) 계획한 조합(배합)으로 소요의 품질(슬럼프, 공기량, 강도 등)을 갖는 콘크리트가 얻어지는지 어떤지를 살피기 위해 하는 비빔.

trial pile 말뚝박기 시험(—試驗) 말뚝 기초를 하기에 앞서 시험적으로 말뚝을 박아 넣어 그 침하 상태를 측정하고, 말뚝의 내력을 조사하는 것. 동력학적인 이론 공식에 의해 내력을 산정한다.

trial shop assembly 가조립(假組立) = shop assembly

triangle element 3각형 요소(三角形要素) 3각형으로 분할한 메시(mesh)를 사용했을 때의 유한 요소법의 기본 단위.

triangle net truss 3각망 트러스(三角網—) 3각형을 다수 조합시켜서 만드는 트러스인데, 철골 셸의 기본형으로서 곡면 구성에 응용된다. 단구면(單構面)의 입체 트러스에도 사용한다.

triangle scale 3각 스케일(三角—), 3각자(三角—) 축척 눈금이 매겨진 3각형의 자. 각 면에 두 종류씩 계 6종류의 눈금이 매겨져 있다. 보통 1m의 1/100, 1/200, 1/300, 1/400, 1/500, 1/600의 축척 눈금이 있다.

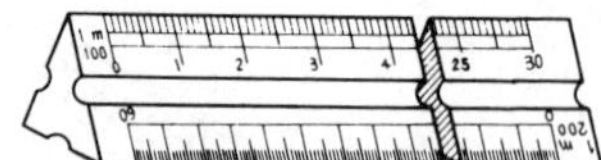

triangle tile 3각 타일(三角—) 정방형 또는 장방형의 타일을 대각선으로 자른 3각형의 타일.

triangularly distributed load 3각 분포하중(三角分布荷重) 3각형의 분포 형상으로 작용하는 하중.

triangular soil classfication 3각 좌표식 토질 분류법(三角座標式土質分類法) 정3각형의 3변을 각각 모래분, 실트분 및 점토분의 백분율로 나타내어 토질 분류를 표시하는 방법.

triangulation 3각 측량(三角測量) 광대한 지역을 측량하는 경우의 뼈대(골조) 측량 방법. 기준이 되는 측점(3각점)을 잇는 3각형의 연속한 망(3각망)을 뼈대로 하여 3각점의 상호 위치 관계를 정한다. 기선(基線)의 거리와 각 3각형의 내각을 측정하여 내업(內業)의 계산에 의해 각 변의 거리를 구한다.

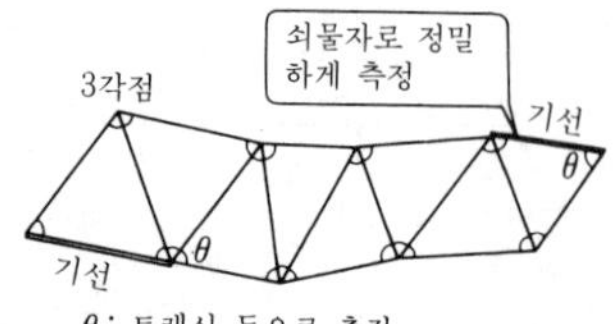

θ: 트랜싯 등으로 측각

tri-axial compression test 3축 압축 시험(三軸壓縮試驗) 흙의 원기둥형 공시체(供試體)를 압력실에 넣어 수압으로 일정한 측압을 가하고, 재하(載荷) 피스톤에 의해 축방향력을 가해서 흙의 전단 파괴를 일으키는 시험. 점성토에 대하여 압밀 비배수 시험(CU) 또는 비압밀 비배수 시험(UU), 사질토 및 점성토에 대하여 압밀 배수 시험(CD)이 행하여진다. 1축 압축 시험보다 신뢰성이 높다.

tri-axial stress 3축 응력(三軸應力) 재료 시험, 토질 시험 등에서 x, y, z의 3방향에서 인장 또는 압축 응력을 작용시키는 것. 또는 물체 중에 생기고 있는 그러한 응력.

triglyph 트리글리프 도리스식 오더의 프리즈(freize)에서 메토프(metope)와 교대로 배치되는 세로홈이 있는 부분.

trilinear model 트릴리니어 모델 점증 재하(漸增載荷)할 때 복원력 특성이 세 줄의 직선으로 나타내어지는 이력 모델.

tripartite observation method 3점 관측법(三點觀測法) 지진동 관측에서 3점의 측정점을 서로 어느 거리에 있어서 3각형으로 배치하여 관측하는 방법. 파동의 식별에 유효하다.

triumphal arch 개선문(凱旋門) 전승 개선을 기념하여 귀환하는 장병을 환영하기 위해 설립된 아치형의 문.

Trockenbau 트로켄바우 공장 생산된 패널을 현장에서 볼트 등을 써서 조립하는 구법. 제1차 대전 후 바우하우스가 제안했다.

troidal shell 원환 셸(圓環－) 회전체 셸의 하나. 원을 회전축 둘레에서 회전시켜서 만들어지는 도너츠형의 셸.

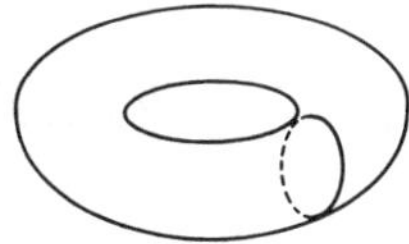

trolley wire 트롤리선(－線) 이동 기중기 또는 공작 기계의 이동 부분에 전기를 끌기 위해 두는 절연 전선.

Trombe's wall 트롬브 월 주로 남면하는 유리창의 실내측에 설치한 일사열 조정용 축열벽. 고안자의 이름이 붙여졌다.

trommel 트로멜 회전식의 체. 표면이 체망으로 된 원통형 용기에 콘크리트용 골재 등을 넣어 저속 회전시켜 체질한다.

trompe 트롬프 장방형 평면 위에 원형 혹은 다각형 평면을 얻기 위한 아치에 의한 모퉁이의 구법.

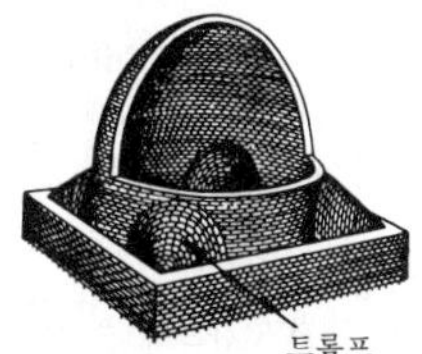

trough 홈통(－桶)[1], 트로프[2] (1) 지붕의 빗물 또는 눈이 녹은 물을 모아 지상 또는 배수구로 흘리기 위한 홈 또는 관.
(2) 콘크리트제의 뚜껑이 달린 U자홈. 지중 케이블 배선을 할 때 보호 및 시공을 위해 사용한다.

trough gutter 상자 홈통(箱子－桶) 처마 끝에 상자 모양의 틀을 만들고 그 속에 홈통을 넣은 것.

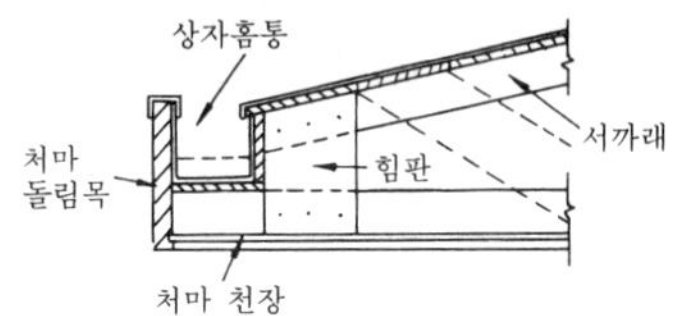

trowel 흙손 미장 공사에서 비빈 재료를 바르거나, 마감하거나, 조석(組石) 공사 등에서 모르타르를 다루는 데 사용하는 공구.

truck 대차(臺車), 보기차(－車)[1], 무개차(無蓋車), 목판차(木板車)[2], 광차(鑛車)[3], 트럭[4] (1) 차체의 중량을 부담하고 이것을 각 차바퀴에 고르게 분포함과 동시에 차체에 대하여 자유롭게 방향을 전환하여 차량의 주행을 원활하게 하는 것. 또는 이와 같은 장치를 갖춘 차량.

중형 대차(일부 2륜 자재) 소형 대차(2륜차)
대형 대차(전륜 자재)
(포크리프트로 운반된다)

(2) 차체에 목판만 깔고 덮개가 없는 간단한 구조의 화물 운반 차량.
(3) 광산에서 광석을 싣고 운반하는 무개화차.
(4) 일반 화물 자동차.

truck crane 트럭 기중기(－起重機) 이동식 기중기의 하나. 트럭에 360도 전회전식의 기중기 본체를 탑재한 것(다음 면 그림 참조).

truck mixer 트럭 믹서 레디 믹스트 콘크리트를 운반하는 트럭. 주행 중에 교반하

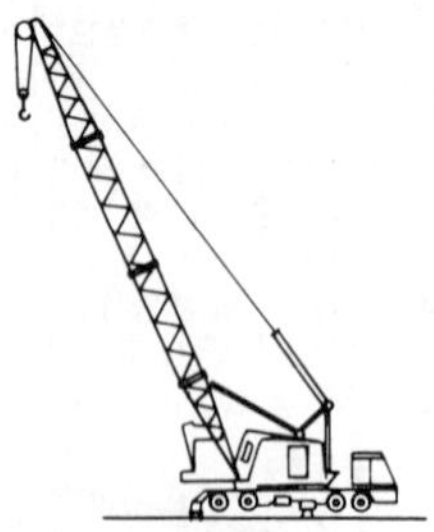

truck crane

는 트랜싯 믹서 형식과 이미 비빈 콘크리트의 분리를 방지하기 위해 교반하는 애지테이터 형식의 트럭이 있다. 통칭 레미콘차라 한다. =transit-mixer truck

truck terminal 트럭 터미널 도시간 수송용의 대형 장거리 트럭과 도시 내 집배용 소형 트럭 상호간에 화물을 바꾸어 싣는 중계용 시설.

true height 표고(標高) 어떤 점의 기본 수준면으로부터의 연직 거리(높이).

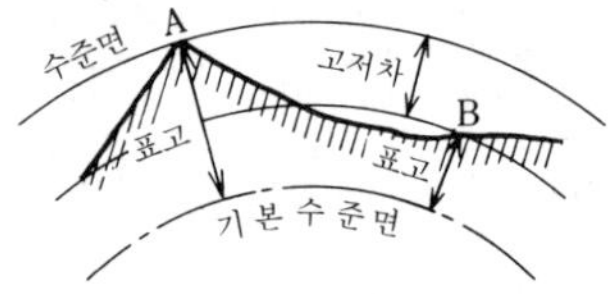

true specific gravity 참비중(-比重) 겉보기 비중에 대해서 말하며, 물체의 공극을 제외한 실질적인 비중.

trumpet joint 트럼펫 이음, 나팔 이음 연관(鉛管) 이음의 하나. 연관의 한끝을 나팔 모양으로 벌여서 접합단을 거기에 꽂고, 틈에 땜납을 흘려 넣어 접합한다.

trunk 나무 줄기 나무에서 나무 그루와 가지를 잘라낸 굵고 긴 부분.

truss 트러스 부재가 3각형을 단위로 하여 짜여지는 구조 형식. 부재의 절점은 핀 접합으로서 다루어진다. 각 부재에는 축방향력만 작용한다. 각종의 평면 트러스 입체 트러스로 나뉜다.

trussed arch 트러스 아치 웨브가 래티스 모양으로 꾸며져 있는 아치.

trussed beam 트러스보 조립보로, 상하현재와 경사재에 의한 트러스 형식의 것.

trussed column 트러스 기둥 조립주로, 웨브가 경사재에 의해 래티스 모양으로 짜여진 것(그림 참조).

trussed girder 트러스 보 목재 · 강재 등의 단재(單材)를 핀 접합으로 세모지게 조립한 트러스 구조의 조립보. 스팬이 크고,

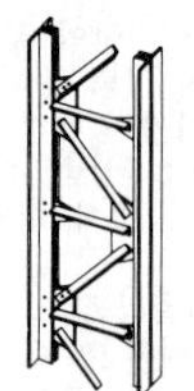

trussed column

단일재로는 단면이 커져서 불경제적으로 되는 경우에 사용한다.

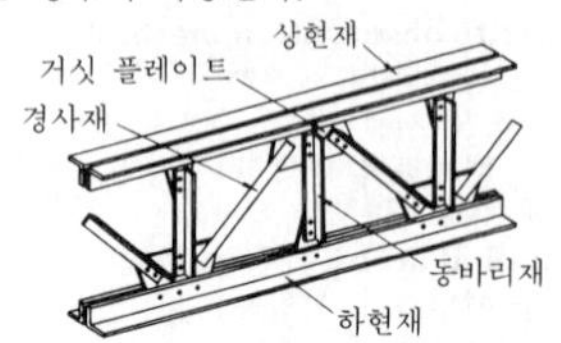

trussed rigid frame 트러스 라멘 기둥 · 보 등이 트러스 형식으로 되어 있는 라멘.

trussed structure 트러스 구조(-構造) 목재 · 강재 등의 단재(單材)를 핀 접합으로 세모지게 구성하고, 그 3각형을 연결하여 조립한 뼈대. 각 단재는 축방향력으로 외력과 평형하여 휨 · 전단력은 생기지 않는다. 형식에 따라서 명칭이 붙여진다.

하우 트러스

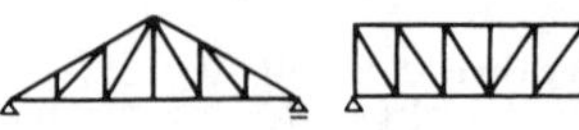

프라트 트러스

truss post 트러스 포스트 트러스를 구성하는 지주(支柱)

T-shape T형강(-形鋼) T형으로 성형된 형강. 허니콤 빔 등의 플랜지, 기둥 보 인장 접합용의 피스 등에 사용한다.

T-square T자 제도판 끝 부분에 접하여 안내가 되는 머리 부분과 그것과 직각으로 접합된 자로 이루어지는 평행자.

T-type pipe T형 도관(-形陶管) T형의 이형 도관.

tube and coupler scaffolding 단관 비계(單管飛階) 강철제 비계의 하나. 하나하나의 강관을 현장에서 긴결 철물이나 이음 철물에 의해 조립하는 비계. 틀비계와 대비되는 용어(다음 면 그림 참조).

tube freight traffic system 튜브 수송 시스템(-輸送-) 튜브를 통해서 화물이나

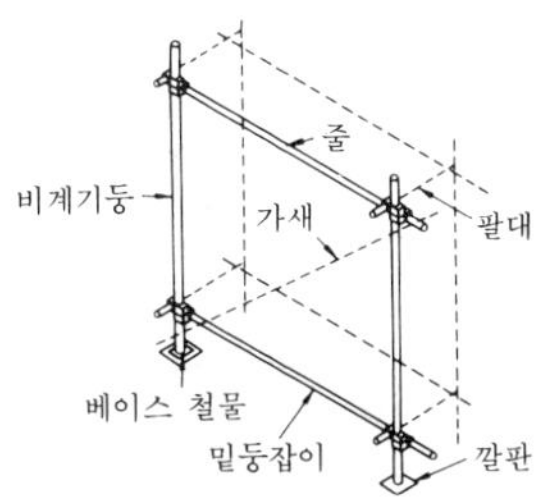

tube and coupler scaffolding

폐기물을 고속, 고밀도로 수송하는 시스템을 말한다.

tube method 관내법(管內法)[1], 복수법(複水法)[2] (1) 소구경의 관을 이용하여 건재의 수직 입사 흡음률을 측정하는 방법. 정재파법과 잔향법의 두 가지 방법이 있다. (2) ① 주변 지반의 침하를 방지하기 위해 터파기 내에서의 배수와 병행하여 터파기 외의 지반에 주수해서 주변의 수위를 회복시키는 공법. ② 지하 수위 조사에서 조사 구멍 내의 물을 양수한 다음 수위의 회복 상태를 조사하는 방법.

tube structure 튜브 구조(－構造) 건물 전체를 하나의 선재(線材)로서 생각하는 가구법(架構法). 초고층 건축물에 사용.

tubular fuse 관형 퓨즈(管形－) 전기 회로에 사용하는 퓨즈의 일종. 유리통 내에 가용선을 봉해 넣은 것.

Tudor arch 튜더 아치 양단 부분은 커브가 크고, 중앙 부분은 직선 또는 완만한 커브의 첨두 아치.

Tudor style 튜더식(－式) 영국의 후기 고딕 말기 튜더조 시대의 건축 양식. 튜더 아치를 특징으로 한다.

tuff 응회암(凝灰岩) 화성암의 일종으로, 화산재가 퇴적, 응결하여 생성된 암석. 내화성을 가지며, 건축 석재로서 이용된다.

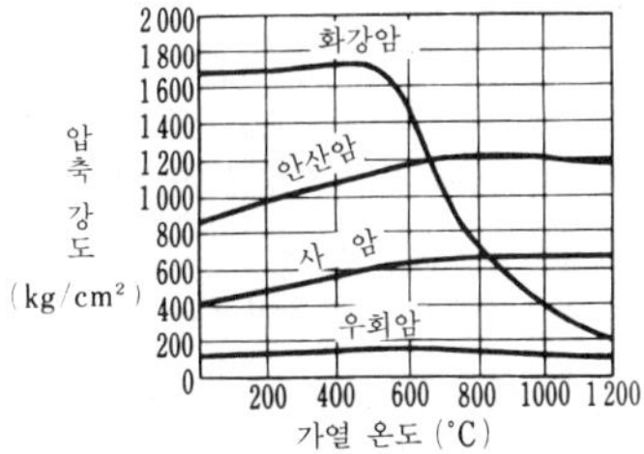

tumbler switch 텀블러 스위치 옥내용 소형 스위치의 일종.

tung oil 동유(桐油) 건성유의 일종으로, 유동(油桐)의 씨에서 만드는 기름. 도료나 리노륨 등의 제조에 사용한다. ＝wood oil

tungsten electrode 텅스텐 전극(－電極) 용융점이 높은 텅스텐으로 된 막대 모양의 전극으로, TIG용접이나 텅스텐 아크 절단에 사용된다. ＝wolfram electrode

tungsten inert-gas arc welding TIG용접(－鎔接) 이너트 가스(불활성 가스) 실드 하에서 텅스텐 등 잘 소모되지 않는 금속을 전극으로 하여 행하는 용접을 말한다. 스테인리스강이나 비철금속의 용접에 사용되고 있다.

tunnel 터널 ① 땅 속에 구멍을 파서 도로, 철도 등을 통하는 것을 목적으로 한 공간. ② 청부한 공사를 다른 한 업자에게 그대로 하청시키는 것.

tunnel type vault 터널형 볼트(－形－) 단곡면의 원통 볼트.

tunnel vault 반원통 볼트(半圓筒－) 원통 볼트 중 횡단면이 반원인 것.

turbine flow meter 날개차 유량계(－車流量計) 간접 유량계라고 불리며, 가장 널리 사용되고 있는 수도 미터. 날개차의 회전수가 수류의 속도에 비례하므로 이를 이용하여 유량을 측정하는 방식.

turbine pump 터빈 펌프 날개차의 외주에 안내 날개를 갖는 와권(渦卷) 펌프. 고양정의 펌프로 사용되며, 양정을 더욱 높이려면 동일축상에 같은 형의 날개를 2개 이상 직렬로 이은 다단식으로 한다.

turbo blow 터보 송풍기(－送風機) ＝turbofan

turbo-compressor 터보 압축기(－壓縮機) 날개차의 회전 운동에 의해 기체에 에너지를 주는 기계. 원심 압축기, 사류(斜流) 압축기, 전류(轉流) 압축기 등의 총칭이지만 통상은 원심 압축기를 말한다.

turbo-fan 터보형 원심 송풍기(－形遠心送風機) 후향 날개를 사용한 날개차의 바깥 둘레에 안내 날개를 갖는 송풍기. 정압 100～250mmH₂), 배기 · 환기용, 각종 압송용, 보일러의 강제 통풍용으로 사용된다.

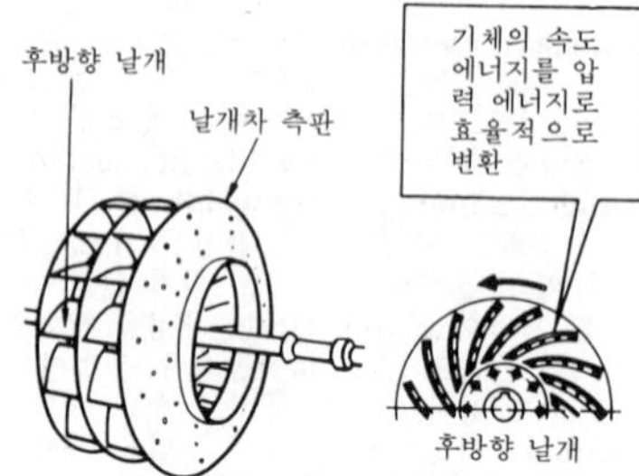

turbo refrigerating machine 터보 냉동기(－冷凍機) 냉매의 압축에 터보 압축기를 사용한 냉동기.

turbo refrigerator 터보 냉동기(－冷凍機) ＝turbo refrigerating machine

turbulent flow 난류(亂流) 물의 흐름이 관 등의 축선(軸線)에 평행이 아니고, 물 입자가 섞여서 소용돌이를 이루며 흐르는 현상. 레이놀즈의 실험에서는 난류의 경우 레이놀즈수 R_e는 $R_e > 2320$이다.

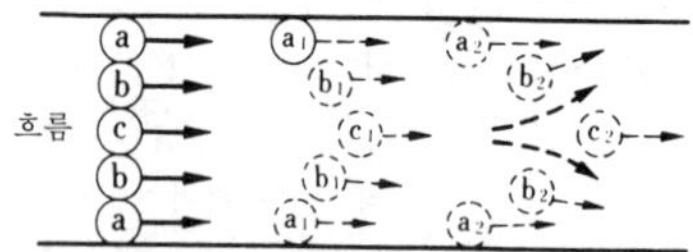

turn buckle 턴 버클 지지막대나 지지 와이어 로프 등의 길이를 조절하기 위한 기구. 철골 구조나 목조의 현장 조립 등에서 다시 세우기나 철근 가새 등에 사용한다.

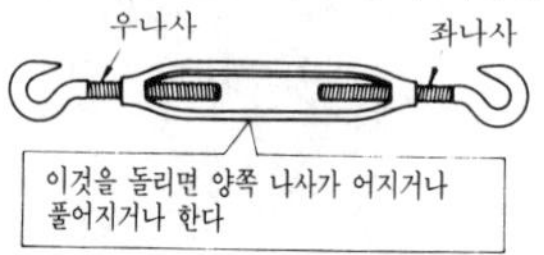

turning-on ratio 점등률(點燈率) 정해진 시간, 예를 들면 집무 시간 중 조명 설비를 점등하고 있는 시간 비율. (점등률)＝1－(소등률)의 관계가 있다.

turning place 회차 광장(回車廣場) 차를 돌리기 위한 광장.

turning point 터닝 포인트 수준 측량에서 거리가 길 때나 고저차가 클 때 등에 측점 간에 두는 보조 측점. 그림의 C, D, E점과 같이 전시(前視)·후시(後視)를 읽으면서 측정한다(그림 참조).

turn key 턴 키 해외 건설 공사 등의 계약 방식의 하나로, 열쇠(키)를 돌리면 기계가

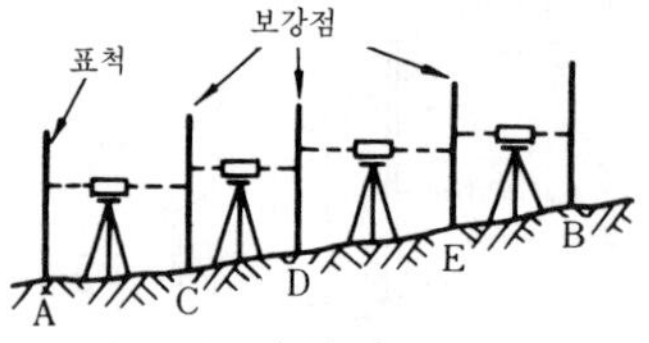

turning point

움직이는 상태로 하여 인도한다는 뜻에서 온 말이며, 일괄 수주 계약을 가리킨다. 정확하게는 풀 턴 키(full turn key)라 한다.

turn key system 턴 키 방식(－方式) 열쇠(키)를 돌리면 모두가 작동한다는 뜻인데, 건축에서는 설계 시공이라는 뜻으로 쓰인다. 즉 시공주는 키를 받고 키를 돌리기만 하면 즉시 입주할 수 있는 것.

turntable 회전 무대(回轉舞臺) 무대 장면을 신속히 전환시키기 위해 원형으로 따낸 무대의 바닥 혹은 바닥 위에 설치된 원형대를 필요한 각도만큼 회전시키도록 한 것을 말한다.

turpentine oil 터펜틴유(－油) 소나무과 식물에서 얻어지는 정유로, 니스나 페인트의 시너로서 사용한다.

Tuscan order 터스칸 오더 로마 시대에 사용되었던 5종의 오더 중 하나.

twin bed 트윈 베드 침대 배열의 하나로, 2개의 침대를 조합시켜서 사용한다.

twin room 트윈 룸 싱글 베드 또는 세미 더블 베드가 2대 설치된 2인용 호텔 객실을 말한다.

twist 비틀림, 꼬임 ① 부재의 양단에서 부재축 주위에 같은 크기로 역방향의 모멘트가 작용하여 양단의 단면이 재축(材軸) 주위에 상대적으로 회전하는 것. ② 부재가 비틀려 있는 상태.

twisted column 꼬임 기둥 주신(柱身)의 부분이 새끼를 꼰 것과 같이 꼬인 원기둥.

twisted wire anchor 긴결 철물(緊結鐵物) 돌붙임 등 비교적 큰 재료를 부착하는 경우 벗겨 떨어지는 일이 없도록 바탕을 긴결하기 위해 사용하는 철사.

twisting moment 비틀림 모멘트 재료의 단면과 수직인 축을 회전축으로 하여 작용하는 모멘트. 그 때 단면 중에서 움직이지 않는 특정한 점을 비틀림 중심(center

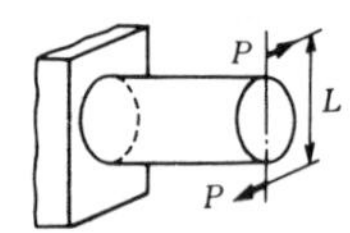

축에 작용하는 비틀림 모멘트 $T = PL$

P : 우력

L : 팔의 길이

of torsion)이라 한다. 재료의 전단 중심과 일치한다.

twisting strain 비틀림 변형(-變形) = torsional strain

twisting strength 비틀림 강도(-强度) = torsional strength

twisting stress 비틀림 응력(-應力) 부재를 비틀듯이 작용하는 재축(材軸) 둘레의 모멘트에 의해 생기는 응력.

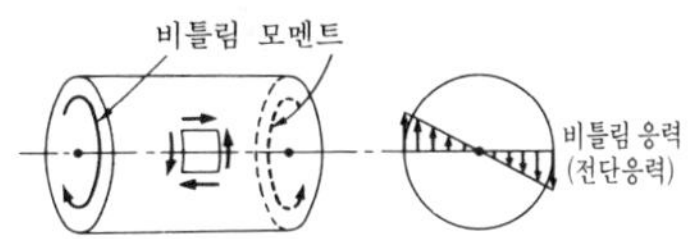

two bedroom house 2침실 주택(二寢室住宅) 침실로서 사용할 수 있는 방이 둘 있는 주택.

two by four method 투 바이 포 공법(-工法) 목재로 짜여진 틀에 구조용 합판 기타를 댄 바닥 및 벽에 의해 건축물을 건축하는 공법. (2인치)×(4인치)재가 널리 사용되었으므로 이 명칭이 있다. 2층 이하의 건물에 사용한다.

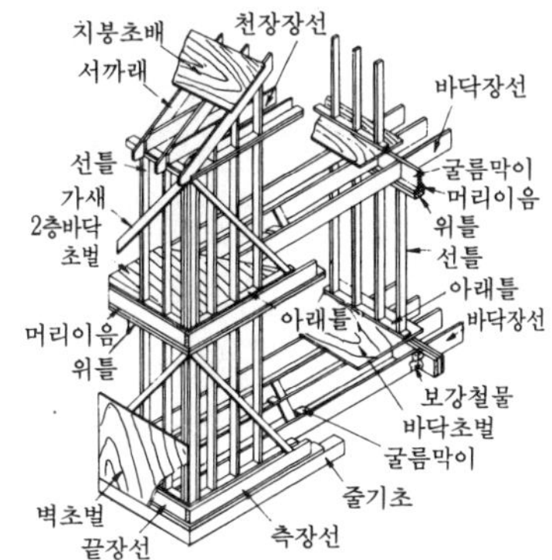

two-component 2성분형(二成分形) 접착제, 코킹재 등에서 주제(主劑)와 경화제의 두 성분을 비벼서 경화시키는 타입을 말한다.

two-cycle method 투사이클법(-法) 미국의 Portland Cement Association 등에서 권장된 뼈대의 실용 계산법. 반복법계의 고정법을 보다 간략화한 도상(圖上) 계산법.

two-degree-of-freedom flutter 2자유도 플러터(二自由度-) 2자유도의 진동계에 생기는 플러터. 휨 비틀림 플러터가 대표 예이다.

two-dimensional circular cylinder 2차원 원주(二次元圓柱) 단면이 기류의 주류면과 평행이고, 공기 역학적 효과가 축방향으로 변화하지 않는다고 간주되는 원주를 말한다.

two-dimensional consolidation 2차원 압밀(二次元壓密) 간극수가 2차원적으로 유출하는 압밀 현상, 또는 그 모델.

two-dimensional model 2차원 모형(二次元模型) 주류면과 직교하는 방향으로는 공기 역학적 효과가 변화하지 않도록 고려된 모형.

two-dimensional stress 2차원 응력(二次元應力) = biaxial stress

two hinge arch 2힌지 아치 3힌지 아치와 구별하여 사용하는 용어. 아치의 두 끝이 힌지로 되어 있는 부정정(不整定) 아치.

two-part 2성분형(二成分形) = two-component

two piping system 2관식 배관법(二管式配管法) 급수 배관으로 기구에 탕을 공급할 때 왕복 2관으로 배관하는 방식. 복관식이라고도 한다.

two position action 2위치 동작(二位置動作) 2위치 제어 신호에 의해 조작부가 하는 전폐(全閉) 혹은 전개(全開)의 조작.

two-position control 2위치 동작 제어(二位置動作制御) 제어하는 조작값이 둘 밖에 없는 제어로, ON-OFF제어라고도 한다. 그림은 전기 다리미의 온도 조절 장치 예를 보인 것이다.

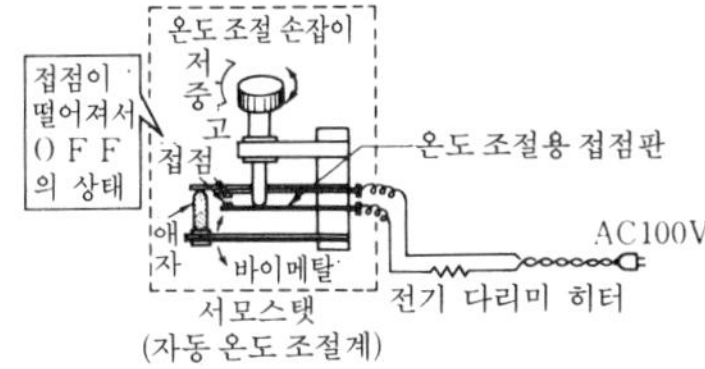

two-sided adhesion 2면 접착(二面接着) 실링재가 상대하는 2면에서 피착체와 접착하고 있는 상태. 실링재의 내구성을 확보하기 위해서는 이 접착 상태가 바람직하다.

two-stage sealed joint 투스테이지 실드 조인트 외벽 구성재의 접합부에서 옥외측에는 수밀성을 확보하고, 실내측에는 기밀성을 확보하기 위해 실링재를 충전하는 2단계의 실링 구법.

two-storied house 2층 구조 주택(二層構造住宅) 1층과 2층의 바닥을 가지며, 3층 이상을 갖지 않는 주택.

two way escape 2방향 피난(二方向避難)

재해시에 건축물의 각 부분에서 2방향 이상 다른 피난 경로를 확보하는 것.

two-way slab 2방향 슬래브(二方向－) 장변·단변 방향으로 응력이 분산되도록 주근과 배력근을 배치한 슬래브. 1방향 슬래브와 대비하여 쓰인다.

two-way valve control 2방 밸브 제어(二方－制御) 공기 조화 제어 방법의 하나. 부하를 감지하여 배관 내 수량을 변동시켜서 부하 대응 운전을 하는 제어. 펌프의 소비 전력을 절약할 수 있는 이점이 있다.

type of rupture 파괴 형식(破壞形式)[1], 붕괴형(崩壞形)[2] (1) 구조물이나 부재의 파괴 양상에 따라 분류한 형식. 휨 파괴형·전단 파괴형 등 파괴시의 지배 응력에 의한 분류와 연성 파괴·취성 파괴 등 재료의 성질에 의한 분류가 있다. (2) 구조물의 일부 또는 전부가 파괴에 의해 형태를 잃을 때의 형식. 휨 붕괴형·전단 붕괴형 등이라 하여 구별한다.

typical detail 기준 상세도(基準詳細圖) 건축물에서 가장 기준이 되는 부분을 상세하게 나타낸 설계도.

typical floor 기준층(基準層) 기준이 되는 평면을 갖는 층. 다층의 건축 등에서 가장 많이 반복되는 대표적인 평면을 갖는 층.

typical floor plan 기준층 평면도(基準層平面圖) 기준이 되는 층의 평면도. 사무실, 공동 주택 등 많은 층에서 동일한 평면형이 적용되는 경우에 쓰인다. →typical floor

typical plan 기준층 평면도(基準層平面圖) ＝typical floor plan

U-bolt U볼트 U자형의 볼트. 파이프를 고정시키는 볼트, 흙막이 지보공의 버탬대 만난점을 멈추는 볼트 등으로서 쓰인다.

UCS system UCS표색계(一表色系) UCS는 uniform chromaticity scale의 약어. 감각적인 색도의 차가 색도점간의 거리에 비례하는 색도도(UCS색도도라 한다)에 입각하는 표색계.

U-duct U덕트 상부를 개방한 U자형의 덕트. 도중을 연소 기구에 접속하고 한쪽을 급기, 다른쪽을 배기에 사용한다. 집합 주택의 욕조 가스의 공용 배기통 등에 이용된다.

U-gauge U자관(一字管) U자형으로 구부린 관. 트랩으로 한다든지, 유리의 U자관에 수은, 알코올, 물 등을 넣고 그 액주(液柱) 높이의 차에서 양단에 작용하는 압력차를 구한다. ＝U-tube

ULBON shear reinforcement 울본 탄소강을 고주파 열처리하여 표면에 나선상의 홈을 붙여서 콘크리트와 부착력을 강화한 이형 PC강봉. RC구조의 기둥·보의 전단 보강근으로서 사용.

ultimate bearing capacity 극한 지지력(極限支持力) 지반 또는 말뚝이 지지할 수 있는 최대 하중. 지반의 극한 지지력은 지반의 전단 파괴를 일으킬 때의 지지력을 취하며, 다음 식으로 주어진다.

$q_d = \alpha c N_c + \beta \gamma_1 B N_\gamma + \gamma_2 D_f N_q$ 〔t/m^2〕

말뚝의 극한 지지력은 재하(載荷) 시험이 원칙이지만 Meyerhof의 수정식 기타가 쓰이고 있다. 모두 안전율로 나누어서 허용 지지력을 정하고 있다.

ultimate bearing capacity of pile 말뚝의 극한 지지력(一極限支持力) 말뚝이 지지할 수 있는 연직 방향의 최대 저항력. →ultimate bearing capacity

ultimate curvature 종국 곡률(終局曲率) 철근 콘크리트 부재가 종국 강도에 도달했을 때의 곡률로, 압축측 콘크리트 또는 철근이 압괴(壓壞)하기까지의 힌지 영역내에서 이루어지는 일의 양에서 구해진다. 압축 변형도가 한계값에 도달했을 때의 곡률로 대용되는 일이 많다.

ultimate horizontal resistant force 보유 수평 내력(保有水平耐力) 건물이 수평력을 받아서 붕괴 메커니즘에 도달했을 때 지지할 수 있는 기둥이나 벽의 전단력을 합산한 것.

ultimate limit state 종국 한계 상태(終局限界狀態) 한계 상태의 하나. 구조물이 붕괴나 파단의 상황으로 되어 더 이상 안전하다고 할 수 없는 한계의 상태.

ultimate load 종국 하중(終局荷重) 구조물·부재·지반 등에 작용하는 하중이 증대해 가서 붕괴 또는 파괴에 이를 때의 하중. 붕괴 하중, 파괴 하중, 극한 하중이라고도 한다. 재료에서는 파괴를 일으키기 직전의 하중을 말한다. 강구조에서는 항복 하중을 취하는 경우가 있다.

ultimate design 종국 하중 설계(終局荷重設計) 구조물이 저항할 수 있는 최대의 하중을 기준으로 하여 구하고, 이에 대하여 안전율을 하중의 측에서 생각하는 구조 설계법. 리밋 디자인이라고도 한다.

ultimate resistance force 종국 내력(終局耐力) 뼈대가 붕괴 또는 파괴시에 저항할 수 있는 최대의 힘. 종국 하중에 상당하는 저항력이다. ＝ultimate resistivbility

ultimate resistibility 종국 내력(終局耐力) ＝ultimate resistance force

ultimate strain 종국 변형(終局變形) 뼈대나 구성재의 종국 내력시에 갖는 단위 변형량. 재료가 파괴를 일으키기 직전의 변형.

ultimate strength 종국 강도(終局强度) 구조 부재가 붕괴 또는 파괴에 이를 때의 최대 하중 또는 최대 응력이다(구조물 전체에 대해서는 종국 내력이 널리 쓰이고, 재료에 대해서는 종국 강도가 널리 쓰이고 있다).

ultimate strength design 종국 강도 설계(終局强度設計) 일반적으로는 종국 하중 설계와 같은 뜻으로 쓰이고 있으나 뼈대로서의 종국 내력을 기준으로 하지 않고 부재의 종국 강도를 기준으로 하여 거기에 안전율을 생각하는 설계법을 특히 구별해서 부르는 일이 있다.

ultimate strength in shear 전단 종국 강도(剪斷終局强度) 구조물이 전단 파괴할 때의 강도. 구조물에 인성(靭性)을 부여하기 위해서는 이 값을 휨 종국 강도보다 크게 할 필요가 있다.

ultra filtration 한외 여과(限外濾過) 용액을 가압하여 반투막(半透膜)을 투과시킴으로써 용액 중의 콜로이드 성분이나 분자량이 1000에서 수십만 정도의 고분자 물질을 분리하는 단위 조작을 말한다. 초순수 제조, 식품 공업에 있어서의 농축을 비롯하여 배수 재이용 처리에도 쓰인다.

ultra high-early-strength cement 초조강 시멘트(超早强－) 조강 시멘트보다도 더 수화 반응을 촉진시켜 조강성을 높인 시멘트.

ultra high-early-strength Portland cement 초조강 포틀랜드 시멘트(超早强－) ＝ultra high-early-strength cement

ultramarine 군청(群青) 청색의 광물성 합성 안료.

ultra-soft ground 초연약 지반(超軟弱地盤) 흙입자의 골격 구조가 불안정하고, 매우 연약한 지반. 고함수비, 고예민비의 충적(沖積) 점토(준설을 포함), 호성층(湖成層) 등이 해당한다.

ultrasonic flaw detecting 초음파 탐상 시험(超音波探傷試驗) 금속 내의 결함부 검사법의 하나. 초음파 펄스를 입사(入射)하고, 시료 중의 흠으로부터의 반사를 브라운관에 표시하는 펄스 반사법이 많다.

ultrasonic inspection 초음파 탐상법(超音波探傷法) 초음파를 응용하여 재료 내부의 불량 부분을 발견하는 비파괴 검사법. 펄스 반사법·공진법 등이 있다.

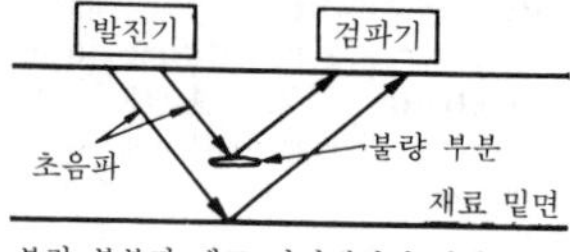

불량 부분과 재료 밑면에서의 반사파의 차이에 의해 불량 부분을 발견한다

ultrasonic pulse test 초음파 펄스 시험(超音波－試驗) 흙의 피시험체에 초음파 펄스를 가하고 그 전파 속도를 측정하여 초기 전단 탄성 계수나 포와송비를 구하는 시험.

ultrasonic wave 초음파(超音波) ＝supersonic wave, ultrasound

ultrasound 초음파(超音波) ＝supersonic wave, ultrasonic sound

ultraviolet radiation 자외선(紫外線) 파장이 가시 광선보다 짧고, X선보다 긴 전자파. 화학선이라고도 한다. 살균 작용이나 비타민 D 형성 작용이 있으나 자외선 장해를 초래하기도 한다. ＝ultravioret ray

ultraviolet ray 자외선(紫外線) ＝ultraviolet radiation

ultraviolet ray degradation 자외선 열화(紫外線劣化) 자외선에 의해 야기되는 재료의 열화. 좁은 뜻으로는 자외선과 산소 혹은 오존의 동시 작용에 의한 광산화(光酸化) 작용을 의미하는 일이 많다.

ultraviolet ray transmitting glass 자외선 투과 유리(紫外線透過琉璃) 자외선의 투과도를 향상시킨 유리. 온실, 병원의 창 등에 쓰인다.

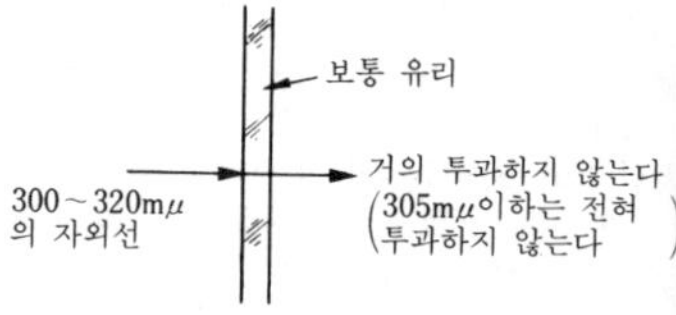

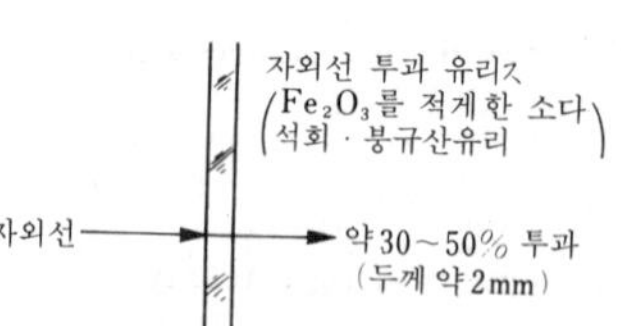

ultraviolet resistance 내자외선성(耐紫外線性) ＝resistance to UV rays

umber 엄버 그림물감이나 도료의 원료가 되는 천연의 갈색 안료.

umbrella type shell 도립 우산형 셸(倒立雨傘形－) 1기둥의 우선형 셸로, 일반적으로는 HP셸이 쓰인다.

unaffected zone 원질부(原質部) 용접의 열영향에 의해 변질하지 않는 모재 부분.

unbalanced mass 언밸런스 매스 운동계 등에서 질량 또는 편심량 등에 관해 평형이 잡혀 있지 않은 상태에 있는 질량.

unbalanced moment 불평형 모멘트(不平衡－) 축차 근사법으로 응력을 구하는 과정에서 절점에 모이는 부재의 휨 모멘트의 합이 0으로 되지 않는 경우의 모멘트의 값. 강절점에서는 전 모멘트는 0으로 되어야 하므로 불평형 모멘트가 0으로 되지 않을 때는 참의 휨 모멘트가 아니다.

unbalance of rotational shaft 회전축의 불평형(回轉軸－不平衡) 축 또는 축받이에 있어서의 정도(精度)상의 결함 등으로 파생하는 불균형 상태.

unbonded post-tensioning system 언본디드 포스트텐셔닝 방식(－方式) 프리스트레스트 콘크리트 공법의 일종. PC강선을 콘크리트와 부착하지 않도록 가공하여 콘크리트에 타입하고, 경화 후에 PC강선을 긴장한다.

unbonded prestressed concrete construction 언본드 공법(－工法) 언본드 PC강재를 직접 콘크리트에 매입하고, 포스트텐션 방식에 의해 콘크리트에 프리스트레스를 도입하는 공법.

unbonded prestressing steel 언본드 PC강재(－鋼材) 표면을 연질의 녹방지 재료 및 플라스틱 시트 등으로 덮음으로써 PC강재와 콘크리트와의 마찰을 막은 PC강재. ＝unbonded prestressing strand

unbonded prestressing strand 언본드 PC강재(－鋼材) ＝unbonded prestressing steel

unbonded prestressing wire (strand) 언본디드 PC강선(－鋼線) 콘크리트와 부착하지 않도록 가공된 프리스트레스트 콘크리트용 PC강선.

unbond prestressing 언본드 프리스트레싱 프리스트레스트 콘크리트의 포스트 텐션 부재는 일반적으로 시스 중에 PC강재를 설치하고 프리스트레스 도입 후에 녹방지를 위해 그라우트하고 있다. 언본드 부재에서는 적당한 연도(軟度)를 갖는 녹방지 재료를 표면에 칠하든가 또는 미리 시스에 봉입해 두고 긴장 후의 그라우트를 생략할 수 있다. 부착의 어느 부재에 비해 휨 파괴 내력이 약간 떨어지는 이외는 대차없는 역학적 성질을 갖는다. 슬래브·벽 등의 수축 균열 방지 등에 쓰이고 있다. 도포제로서는 아스팔트계·폴리머계가 많고, 봉입형의 액체 녹방지액도 사용이 인정되고 있다.

uncompleted work 미완성 공사(未完成工事) 인도를 완료하지 않은 공사. 특히 결산기에 있어서 완성하지 않은 공사를 의미하는 일이 많다.

unconfined compression strength 1축 압축 강도(一軸壓縮強度) 1축 압축 시험에 있어서의 파괴시의 압축 응력. 토질 역학 등에서는 기호로서 q_u를 사용하므로 단지 q_u값이라 하기도 한다. ＝uniaxial compression test

unconfined compression test 1축 압축 시험(一軸壓縮試驗) 점성토의 압축 시험의 하나. 원통형의 자료를 측압을 가하지 않고 축방향으로 압축하는 시험.

unconsolidated undrained shear test 비압밀 비배수 전단 시험(非壓密非排水剪斷試驗) 압밀 과정도 배수 과정도 고려하지 않은 흙의 전단 시험.

unconstant error 부정 오차(不定誤差) ＝accidental error

uncut pile 언컷 파일 카펫의 파일을 절단하지 않은 것.

undamped free vibration 비감쇠 진동(非減衰振動) 진동계에서 감쇠력을 무시한 경우의 진동 상태.

underbead crack 비드밑 균열(－龜裂) 용접에 의해 비드 바로 밑의 열영향부에 생기는 균열의 일종.

under bed 밑면(－面) 건축 재료 등의 아래쪽에 해당하는 부분. ＝soffit

under carpet 언더 카펫 거실이나 사무실의 카펫 밑에 OA기기 등의 배관·배선을 하는 것. →under floor

under carpet wiring system 언더 카펫 배선 시스템(－配線－) 카펫 밑에 부설되는 OA기기나 전화 등의 배선. 콘크리트나 모르타르의 바닥면에 얇은 테이프상의 케이블을 부설하고, 그 위에 타일 카펫을 깐 것. 사무실의 배치 변경 등에 적응하기 쉽다.

under counter 언더 카운터 시스템 키친의 개수대 설치 방법의 일종. 작업대 하부에 개수대를 부착하는 방법.

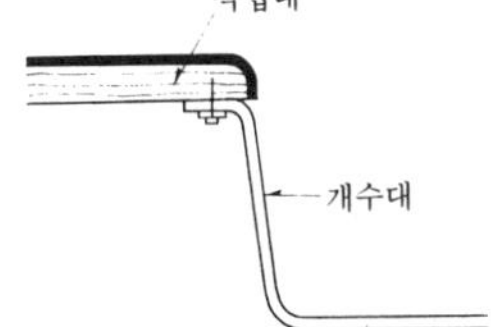

undercut 언더컷 용접 결함의 하나. 용접부의 지단(止端)에서 모재가 패어 홈과 같이 움푹 들어간 부분. 용접봉의 유지 각도·용접 속도의 부적 또는 과대 전류에 의해 생기기 쉽다.

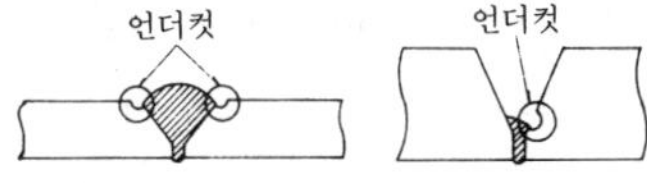

underdrain 암거(暗渠) 지하에 매몰한 인공 수로. 수로가 제방, 도로, 철도의 축제(築堤) 등을 가로지를 때 설치하는 것, 지하에 부설하는 하수로, 지반 개량을 위해 또는 터파기 내의 배수로로서 설치되는 것 등이 있다. 토관, 철근 콘크리트 등이 쓰이며, 공사장에서는 대나무 다발을 묶어서 사용하는 경우도 있다.

under felt 언더 펠트 카펫 밑에 까는 펠트. 쿠션성, 보온성을 유지하기 위해 사용한다.

under floor 언더 플로어 실내의 바닥을 2중으로 하여 그 공간에 OA기기 등의 배관·배산을 하는 것. →under carpet

underground floor 지하층(地下層) 지반면보다 밑에 있는 층. 법적으로는 바닥면에서 지반면까지의 높이가 그 층의 천장 높이의 1/3 이상의 층도 포함한다.

underground market 지하가(地下街) 좁은 뜻으로는 공공의 지하 통로 및 그에 면해서 만들어지는 점포군을 말한다. 넓은 뜻으로는 그것과 연속하는 건물의 지하층, 지하철역, 지하 주차장, 지하 광장 등을 총칭해서 말한다. =underground street

underground parking 지하 주차장(地下駐車場) 공원, 가로, 건물 등의 지하를 이용하여 설치된 주차장.

underground railway 지하철(地下鐵) 시가지에서 도로 등과의 평면 교차를 피하고, 정시성이 높은 효율적인 대량 수송을 확보하기 위하여 지하에 부설된 철도. =subway

underground shopping district 지하 상점가(地下商店街) 도로나 광장의 지하, 대규모 건축물의 지하 혹은 이들이 접속하여 구성되는 지하 부분에서 통로를 중심으로 배치된 상점, 음식점 등으로 이루어지는 곳.

underground street 지하가(地下街) =underground market

underground stress 지중 응력(地中應力) 지반 내의 어느 위치에 단위의 입방체 요소를 생각했을 때 주로 지표면에 작용하는 하중에 의해 생기는 응력. 일반적으로는 부지네스크(Boussinesq)의 방법에 의해 계산되는 일이 많다.

underground structure 지하 구조물(地下構造物) 지하 부분에 만들어지는 구조물의 총칭.

underground temperature 지중 온도(地中溫度) 지표면하의 흙 속의 온도. 지중 깊이가 깊어짐에 따라 지상 기상의 영향이 완화되어 온도 변화는 외기온보다도 작아고 불역층(不易層)까지 이르면 거의 일정한 온도가 된다.

underground town 지하가(地下街) 지하도의 양쪽 또는 한쪽에 면하여 두어진 점포·사무실 등으로 구성된 가구(街區).

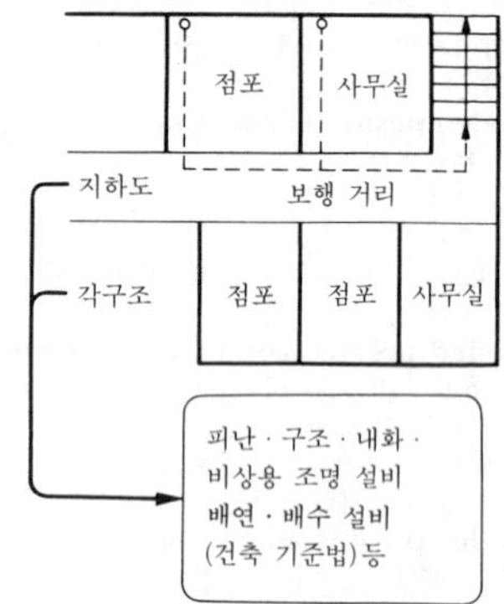

underground utilities 지하 매설물(地下埋設物) 지하, 주로 노면하에 매설되는 각종 공작물이나 시설, 노하(路下) 공작물. 상하 수도나 가스의 배관, 전력이나 통신용의 케이블, 지하 철도 등이 있다. 난잡하게 설치되는 것을 방지하기 위해 지하 매설물의 설치 표준이 있다. 각종 매설물을 각개로 설치하는 것을 피하고, 공동 관로, 공동구(共同溝)로 하는 것이 이상적이다.

underground wall 지하벽(地下壁) 지하 부분에 두는 벽체의 총칭. 지하층의 벽, 굴착용의 흙막이벽 등을 말한다.

underground wall construction method 지중벽 공법(地中壁工法) 굴착 및 지수(止水)를 위해 두는 연속 벽체 공법. 주열식(柱列式)과 벽식이 있다. 가설(假設)만이 아니고 본체 지하층벽으로서 이용하는 경우도 있다. 현장치기 콘크리트에 의해 어느 단위마다 설치되고, 이것을 연결하여 긴 벽체를 만든다. 최근에는 프리캐스트 공법도 도입되고 있다.

underground water 지하수(地下水) 지표수의 대비어로, 지층 내에 포함되는 물의 총칭.

underground wiring pipe 지중 관로(地中管路) 지중에 케이블을 부설하기 위한 인입 관로. 케이블을 보호하고 부설을 용이하게 하는 역할을 한다.

underground work 지하 공사(地下工事) 지하 부분의 공사. 지반을 굴착하고 지하에 구축물을 만드는 공사를 말한다.

underlayer 밑깔기 마감 재료 밑에 바탕으로서 까는 것. 맹장지, 벽의 마감용 종이 밑에 바르는 종이, 목제 2중판 붙임의 바탕판 등을 가리킨다.

under part of structure 하부 구조(下部構造) 구조체의 뼈대 등 상부 구조와 대비되는 용어. 일반적으로는 기초 구조와 그 밑의 지정(地定)을 총칭하여 부르지만 엄밀한 학술적 정의는 아니다. 도리식의 교량에서는 베어링부 이하를 하부 구조라 하고, 다층의 지상층을 갖는 건물에서는 1층 바닥 이하를 하부 구조라 부르는 경우도 있다.

under path 언더 패스 주위 지반면보다도 높은 도로나 철도 밑에 설치된 통과가 가능한 반지하도를 말한다.

under pinning 밑이음[1], 언더 피닝[2] (1) 목구조의 썩은 주각부(柱脚部)를 부분적으로 신재와 교환하는 것. 일반적으로 잭으로 뼈대를 들어 올리고 밑의 구조를 교환하는 것을 밑이음 공법이라 한다.
(2) 신규 공사에 의해 기존 구조물에 영향을 줄 염려가 있는 경우 구조물을 임시로 받친다든지 기초를 보강한다든지 하는 것을 말한다.

underpopulation area 과소 지역(過疏地域) 과도한 인구 감소로 지역 사회의 기반이 변동하여 생활 수준, 생산 기능의 유지가 곤란하게 되어 있는 지역.

under-reamed pile 확저 말뚝(擴底-) 큰 선단 지지력을 기대하여, 말뚝 선단부를 확대해서 말뚝축보다 굵게 한 말뚝.

underwater bulldozer 수중 불도저(水中-) 수중에서 사용하는 불도저. 해저에서 토사를 이동시키는 경우 등에 사용한다.

underwater concrete 수중 콘크리트(水中-) 수중에서 타설되는 콘크리트이다. 수면하에 트레미관을 내리고, 펌프로 연속 타설하면서 관을 끌어 올리는 공법이 일반적이다. 수심이 깊은 경우에는 밑이 열리는 상자 등에 콘크리트를 넣어서 가라앉히는 공법을 쓴다. 굵은 골재만을 수중에 투입해 두고 주입관에서 모르타르를 압입하는 프리팩트 콘크리트 공법도 실시된다.

underwater cutting 수중 절단(水中切斷) 수중에서 하는 가스 또는 아크 절단. 특수한 절단 토치를 사용한다. 산소와 수소의 혼합 가스를 사용하고, 압착 공기 등을 보내서 하는 가스 절단과, 중공봉(中空棒)을 써서 수중에서 아크를 발생시키면서 관에서 산소를 공급하는 방법이 있다.

underwater drilling machine 수중 드릴(水中-) 수중에서 사용하는 드릴. 해저에서 암반을 굴착하는 장치. 높은 수압하에서 주로 원격 조작에 의해 작동한다.

underwater electric pump 수중 전동 펌프(水中電動-) 펌프 본체와 구동용 전동기가 한 몸으로 되어 있으며 깊은 우물 등의 수중에 설치하여 양수와 배수를 하는 펌프.

underwater welding 수중 용접(水中鎔接) 수중에서 하는 용접. 직접 물에 접한 상태에서 하는 습식법과 용기 등으로 물을 배제하여 하는 건식법이 있다. 아크 용접봉에는 철분계의 콘택트 용접봉이나 고산화 티탄계에 내수 피복을 한 것이 있다.

undisturbed sample 불교란 시료(不攪亂試料) 흙의 자연 퇴적 상태인 채로 채취한 시료.

undrained shear strength 비배수 전단 강도(非排水剪斷强度) 배수하지 않는 조건의 시험에서 얻어지는 흙의 전단 세기. 1축 압축 강도 q_u값의 1/2 등은 그 일례이다.

undrained test 비배수 시험(非排水試驗) 점성토의 1면 전단 시험 및 3축 압축 시험에서 전시험 기간 중 배수시키지 않는다는 조건으로 하는 시험. 비압밀의 경우 UU, 압밀의 경우 CU라 한다. 배수를 허용하는 압밀 시험은 CD라 구별한다. 통상 일반적으로 행하여지는 것은 비압밀 비배수 시험 UU이다.

unequal leg angle steel 부등변 산형강(不等邊山形鋼) 산형강 중 양변의 길이가 다른 L형의 산형강. 등변 산형강에 대한 용어. =unequal-sided angle iron

unequal settlement 부등 침하(不等沈下) 지반 침하에 의한 구조물의 각부 침하량이 같지 않은 것.

unequal-sided angle iron 부등변 산형강(不等邊山形鋼) =unequal leg angle steel

uneven frost heaving 부정 동상(不整凍上) 동상 현상이 고르게 생기지 않는 것.

uneven settlement 부동 침하(不同沈下) 건축물의 기초가 장소에 따라 다른 양의 침하를 하는 것. 건축물이 경사한다든지 벽에 균열이 발생한다든지 한다(다음 면 그림 참조).

unfair building 부적격 건축물(不適格建築物) 법령의 규정에 적합하지 않는 건축물을 말한다. 특히 현행의 규정에 적합하지 않는 기존 또는 공사 중인 건축물로 종전의 규정에는 적합하고 있던 것을 가리킨다. 조항에 따라서는 현행 규정은 적용되지 않는다.

unfloored space 토방(土房), 다짐바닥

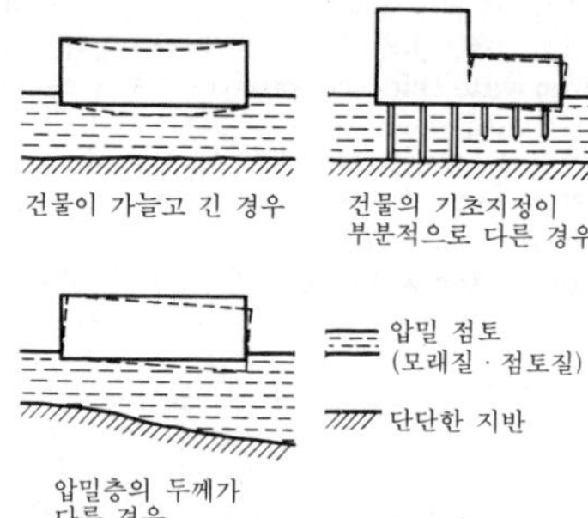

uneven settlement

가옥 내의 바닥에서 마감을 하지 않고 흙인 채로 두는 곳.

unfolding house 언폴딩 하우스 공장 생산한 부품을 현장에서 조립하는 프리패브 주택의 일종.

unglazed roof tile 무유 기와(無釉－) 표면에 유약을 바르지 않고 그대로 구운 찰흙 기와.

unglazed tile 무유 타일(無釉－) 유약을 바르지 않고 마감한 타일. 바닥이나 외벽에 사용하는 타일에 많다.

uniaxial compression test 1축 압축 시험(一軸壓縮試驗) ＝unconfined compression test

uniaxial stress 단축 응력(單軸應力) ＝ uni-axis stress

uni-axis stress 단축 응력(單軸應力) 재료의 1축 방향으로만 작용하는 응력. 선재(線材)의 인장 등이 그 예이다.

unidirectional flow type clean room 층류형 클린 룸(層流形－) 기류가 한 방향으로 피스톤식으로 흐르는 클린 룸. 클래스 1～100의 고청정도가 얻어지지만 공기 흐름의 상류일수록 청정도가 높고, 하류로 갈수록 청정도가 떨어진다는 특징이 있다.

unified soil classification system 통일 토질 분류법(統一土地分類法) 미국에서 제안된 흙의 분류법. 입도(粒度)와 컨시스턴시를 기본으로 하여 조립토(粗粒土)와 세립토(細粒土) 각각에 대해서 흙의 구분을 나타내고 있다.

uniform body 등질체(等質體) 내부의 재료 역학적 성질이 방향, 위치에 관해서 균질하고 일정한 물체, 특히 탄성체를 말한다. ＝homogeneous body

uniform diffuser 균등 확산면(均等擴散面) 발산, 투과 혹은 반사의 결과 빛이나 방사를 균등 확산하는 면.

uniform diffusion 균등 확산(均等擴散) ＝omogeneous diffusion

uniform frame 균등 라멘(均等－) 기둥 간격이 같고, 각층의 층높이가 같으며, 기둥이나 보의 단면이 각각 동일한 구형 라멘을 말한다.

uniformity 균등성(均等性) 구조 성능의 개념 용어로, 구조체의 강도나 변형에 대한 성능이 거의 같은 레벨에 있고, 국부적인 약점을 포함하지 않는 것. 균등성의 지표로서 강성률(剛性率)이나 편심률(偏心率)이 있다.

uniformity coefficient 균등 계수(均等係數) 사질토 등의 입경 가적 곡선(粒徑加積曲線)에서 통과 중량 10% 입경에 대한 통과 중량 60% 입경의 비로 정의되는 계수. 입도 분포의 상태를 나타낸다.

uniformly distributed load 등분포 하중(等分布荷重) 선재(線材)의 단위길이당 또는 면재(面材)의 단위 면적당의 하중이 고르게 분포하고 있는 상태의 하중.

uniformly load 등분포 하중(等分布荷重) 보 · 바닥판 등에 고르고 균등하게 분포하고 있는 하중.

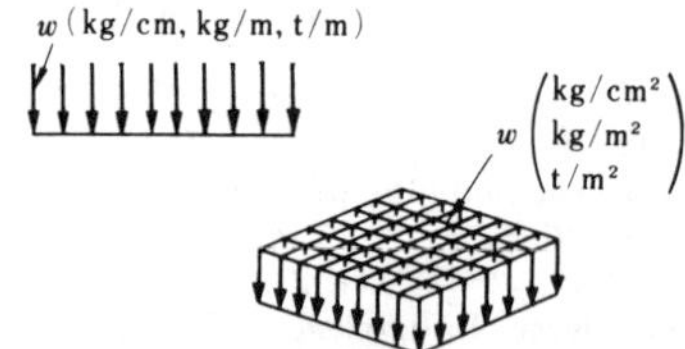

uniformly varying load 등변 분포 하중(等變分布荷重) 단위 길이 또는 단위 면적당의 하중이 재축(材軸) 방향 또는 어느 일정 방향으로 비례적으로 변화하고 있는 상태의 하중을 말한다. 3각 분포 하중이라고도 한다.

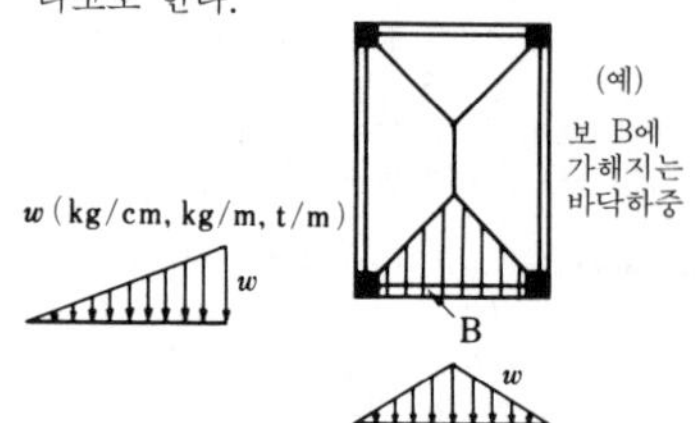

uniform stress surface 등장력 곡면(等張力曲面) 등장력이 작용하는 곡면. 곡면적이 극소가 되기 때문에 극소 곡면이라고도 한다. 퍼텐셜 에너지도 극소로 되어 안

정한 형태.

unilateral daylighting 편측 채광(片側採光) 방의 한쪽 벽면에만 채광창을 두는 측창 채광.

union 유니언 접속할 때 배관을 회전시키는 일 없이 이음 자신을 회전시키기만 함으로써 관을 접합 또는 제거할 수 있는 이음 부품. 기설 배관의 절단, 연장, 교환 등에 이용된다.

union coupling 유니언 커플링 금속관의 접합부로, 양쪽 관을 돌릴 수 없는 장소에서의 접합을 위해 사용하는 커플링.

union space 접합 공간(接合空間), 접속 공간(接續空間) 여러 기능 공간을 복합시키는 수법.

unit 원단위(原單位) =unit requirement

unit air conditioner 개별식 공기 조화기(個別式空氣調和機) 개개의 방에 독립하여 공기 조화할 수 있는 기기. 패키지형 공기 조화기나 윈도 쿨러를 사용한 것을 말하는데, 덕트를 접속하여 여러 방을 공기 조화하면 중앙식이 된다. 그림은 팬 코일 유닛의 예를 나타낸 것이다.

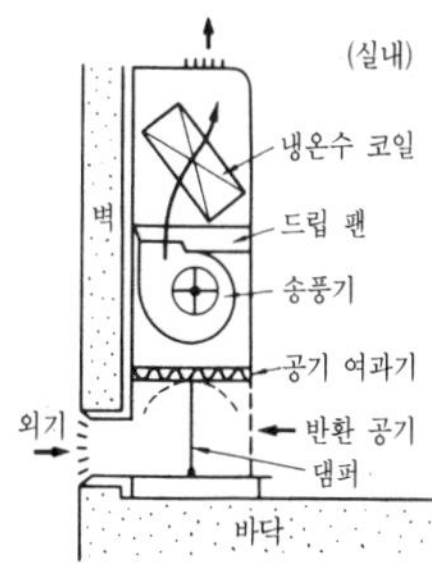

unitary air-conditioning system 패키지 유닛 방식(-方式) 유닛을 써서 공기 조화하는 방식. 비교적 염가이고 간편하게 공기 조화를 하고 싶은 경우나 작은 방 단위로 독립하여 운전하고자 하는 경우에 채용된다.

unit bath 유닛 배스 욕조를 중심으로 하여 바닥, 벽, 천장과 세면기, 대변기 등 각종의 조합으로 구성된 실형(室形) 유닛. 패널 방식, 큐비클 방식 및 큐빅 패널 결합 방식 등의 구조가 있다.

unit cooler 유닛 쿨러 =unit air conditioner

unit cost contract 단가 청부(單價請負) $1m^2$당, 1m당 등 단위당의 단가로 맺는 청부. 공사가 종료된 후에 실시 수량으로 정산한다.

unit frame 단위 뼈대(單位-) 구조체의 구성 단위가 되는 뼈대. 규준적인 라멘, 트러스, 판 등을 가리킨다. 조립식 구조에서는 특히 중시된다.

unit furniture 유닛 가구(-家具) 일정한 치수, 재료, 마감으로 통일되어 조합 가능한 수납 가구.

unit heater 유닛 히터 증기나 온수를 공기 가열 코일에 보내고, 송풍기로 직접 실내 공기를 순환 가열하여 온풍 난방을 하는 기기. 천장과 벽면용이 있다. 바닥 면적이 넓은 공장이나 천장이 높은 건물 등에 사용된다.

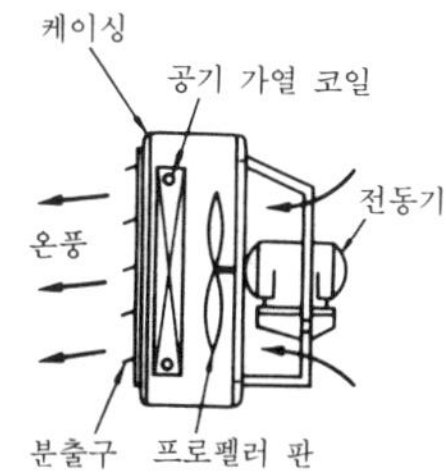

unit house 유닛 주택(-住宅) 공장 생산된 건축의 각 부재를 목적에 맞추어서 선택하고 조립하여 만드는 주택.

unitification 유닛화(-化) 건축물의 어느 부분을 양산에 적합하도록 기준 단위를 바탕으로 제작하고, 결합하여 완성하는 수법. 욕실 유닛·주방 유닛·화장실·캡슐 하우스 등이 있으며, 설비 배관을 포함하여 유닛화된다.

unitization 유닛화(-化) =unitification

unit kitchen 유닛 키친 일정한 치수, 재료, 마감으로 통일되어 조합을 가능하게 한 주방용 가구.

unit lock 유닛 로크 =monolock

unit matrix 단위 행렬(單位行列) 정방 행렬에서 주대각선 요소가 1, 다른 요소가 0인 행렬.

$a_{ij}=1 \quad a_{ij}=0 \quad (i \neq j)$

unit plan 단위 평면(單位平面) 건물의 평면 구성의 단위. 집합 주택의 1주택 평면, 학교 교실의 평면, 병동 병실의 평면 등이다. 그림은 집합 주택의 예이다(다음 면 그림 참조).

unit price 단가(單價) 일반적으로는 상품, 서비스의 거래 단위당 판매 가격. 건축 공사의 견적에서는 통상 공종별 내역서에서의 재료, 공사의 복합 단가를 말한다. 부분별 내역서에서는 바탕과 표면 마감을 합친 합성 단가가 사용된다. =unit rate

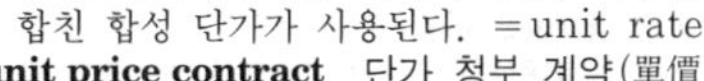

unit price contract 단가 청부 계약(單價

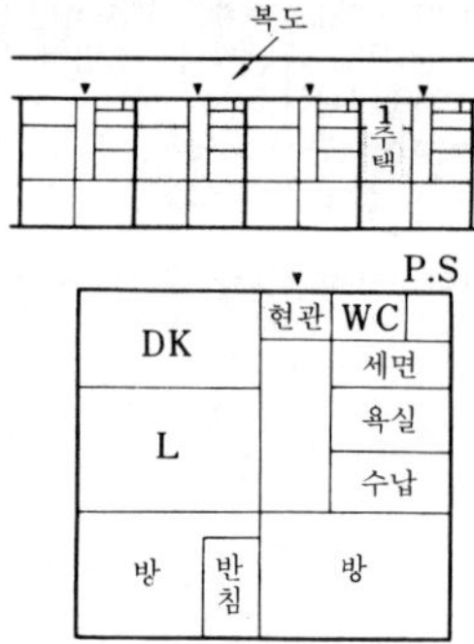

unit plan

請負契約) 건설 공사의 계약시에 정한 단가에 의해 정산하는 청부 계약. 설계가 완료되지 않은 경우의 건축 공사에 많으며, 일반적으로 총액 청부로 하고 있는 토목 공사도 단가 청부적 요소가 강하다.

unit price of construction contract 청부 단가(請負單價) 건설 공사 등의 청부 계약에서의 재료나 품의 단위당 청부 금액.

unit price of labor 노무 단가(勞務單價) 건설 공사에서의 기술자, 노동자의 단위 시간 혹은 1일당의 비용. 주로 견적시에 사용하는 단가.

unit price of specialist works 시공 단가(施工單價) 시공액의 단가. 일반적으로 직별 공사의 하청 시공 단가를 가리키는 것이 보통이며, 재료 및 노무비 외에 하청 업자의 제경비를 포함한다.

unit quantity of cement 단위 시멘트량(單位－量) 타입 직후의 콘크리트 $1m^3$ 중에 포함되는 시멘트의 중량.

unit quantity of coarse aggregate 단위 굵은 골재량(單位－骨材量) 타입 직후의 콘크리트 $1m^3$ 중에 포함되는 굵은 골재의 중량.

unit quantity of water 단위 수량(單位水量) 타입 직후의 콘크리트 $1m^3$ 중에 포함되는 수량으로, 골재 중의 수량은 포함하지 않는다.

unit rate 단가(單價) ＝unit price

unit requirement 원단위(原單位) 건축 시공에서 연 바닥 면적 $1m^2$당에 필요한 자재나 노무의 수량.

unit space 단위 공간(單位空間) 공간 구성의 단위가 되는 공간. 공간을 어느 기준의 공간의 결합으로 구성할 때의 용어.

unit strength 강도(强度) 구조 부재나 재료가 외력에 대하여 견딜 수 있는 최대의 저항력. 하나의 부재라도 저항의 방법에 대응하여 휨 강도나 전단 강도 등 복수의 강도가 생각된다. ＝strength

unit stress 응력도(應力度) ＝intensity of stress

unit tile 유닛 타일 타일의 표면에 대지를 붙이고 30cm각 가량의 유닛으로 하여 붙이는 타일. 모자이크 타일이나 50각 타일 등 비교적 작은 타일에 사용된다.

unit tiling 유닛 붙이기 여러 장의 타일 등을 시트나 종이에 붙인 것을 유닛으로 한 채 붙이는 방법. 압착 붙이기 등으로 시공하는데, 설계시에 배치의 검토가 중요하다.

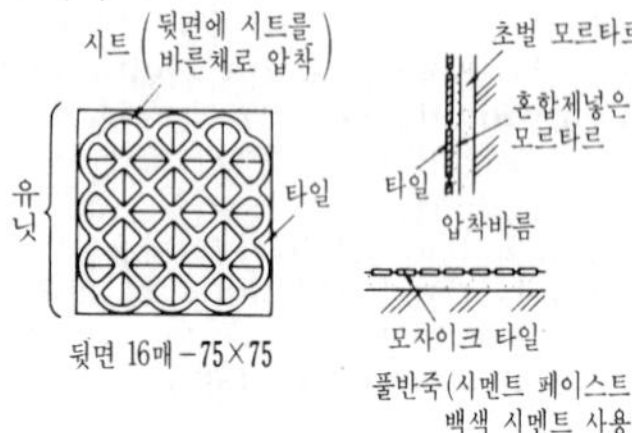

universal grille 유니버설형 격자 그릴(－形格子－) 벽에 붙는 격자형 분출구의 일종으로, 세로 방향 및 가로 방향의 가동형 날개를 배열하여 공기의 유량을 조정할 수 있는 것.

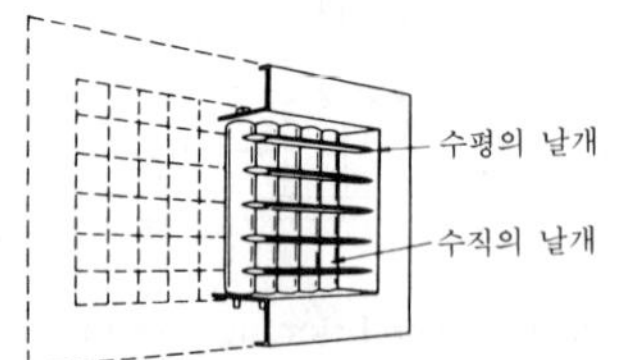

universal joint 유니버설 조인트 자재성(自在性)이 있는 이음.

universal lift 유니버설 리프트 공사 현장에서 자재를 상하로 운반하는 리프트. 틀비계에 부착한 하나의 레일을 가이드로 하여 와이어 로프로 하대(荷臺)를 상하시킨다.

universal space 무한정 공간(無限定空間) 다목적 용도에 사용할 수 있는 공간을 가리키는 경우와 대공간으로 감싸고 그 내부에 용도에 따른 방을 계획하는 수법을 호칭하는 경우가 있다.

universal testing machine 만능형 시험기(萬能形試驗機) 암슬러형 시험기 중 압축·휨·인장 가력을 할 수 있는 것.

unloader 언로더 다기통 압축식 냉동기의

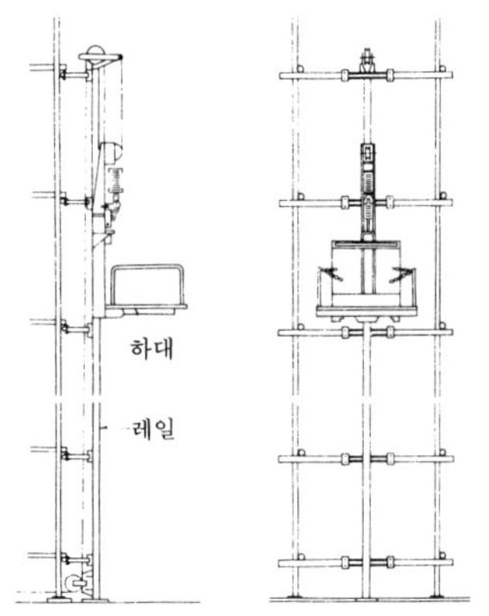

universal unit

용량 제어 장치. 필요량에 따라 실린더의 흡입 밸브를 개폐한다.

unoccupied land 공한지(空閑地) 시가지 내의 미이용지. 항구적인 건축물 기타의 시설에서 이용되고 있지 않은 택지 또는 택지화가 용이한 토지.

unperiodical vibration 비주기 진동(非週期(周期)振動) 시간적으로 변동하지만 주기성을 수반하지 않는 진동.

unsaturated polyester resin 불포화 폴리에스테르 수지(不飽和－樹脂) 열경화성 수지의 일종. 다염기산과 다가 알코올과의 에스테르 결합을 갖는 한 무리의 합성 수지로 종류가 많다. 주용도는 FRP용의 수지.

unsaturation 불포화(不飽和) 흙 속의 틈에 부분적으로 물이 존재하고 있는 상태.

unslaked lime 생석회(生石灰) 석회석, 패각(貝殼) 등($CaCO_3$)을 900～1,200℃로 소성하여 얻어지는 산화 칼슘(CaO). 물로 소화하면 소석회($Ca(OH)_2$)가 된다.

unstability 불안정(不安定) 외력이나 강제 변위를 받으면 구조물이 그 평형 위치로 되돌아가지 않는 것.

unstable equilibrium 불안정 평형(不安定平衡) 구조물이 평형 상태에 있으나 약간의 하중 증가로 크게 변형이 진행해 버리는 상태.

unstable structure 불안정 구조물(不安定構造物) 구조물에 외력이 작용했을 때 형이 바뀐다든지 전체가 이동을 일으키는 구조물. 건물은 불안정 구조물이 되지 않도록 설계해야 한다(그림 참조).

unstable vibration 불안정 진동(不安定振動) 자신의 진동이 가진력(加振力)을 유발하여 그에 의해 더욱 진동이 증대한다는 기구하에 발생하는 진동.

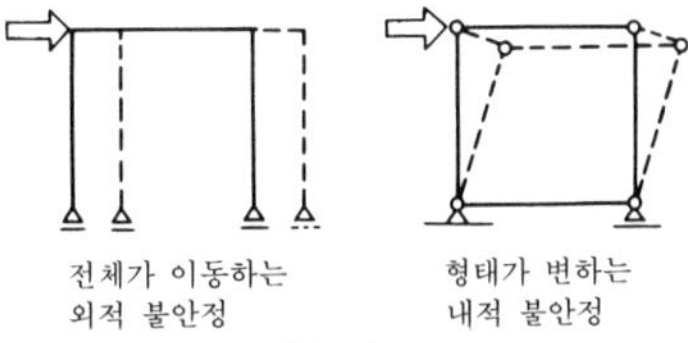

unstable structure

unsteady aerodynamic force 비정상 공기력(非定常空氣力) 넓은 뜻으로는 시간적으로 변동하는 공기력을 말하며, 좁은 뜻으로는 진동 물체에 작용하는 공기력 혹은 진동에 의해 생긴 부가적 공기력을 말한다.

unsteady flow 비정상류(非定常流), 비정상 흐름(非定常－) ＝transient flow

unsteady state 비정상 상태(非定常狀態) 시간과 함께 변화하는 상태. 시간에 따라서 변화하지 않는 정상 상태에 대한 용어. ＝variable state

unsteady state vibration 비정상 진동(非定常振動) 진동이 연속적 주기 진동일 때 그 계의 진동을 정상 진동이라 한다. 비정상 진동은 그 가정이 성립하지 않는 경우의 진동이다. 진동량의 성질이 시간에 대하여 변동하는 진동.

unsteady static heat conduction 비정상 열전도(非定常熱傳導) 온도 조건이 시간과 함께 변동하는 경우의 물체의 열전도. 정상 전열에 대한 말.

unsymmetric bifurcation point 비대칭 분기점(非對稱分岐點) 평형 곡선상에서의 불안정점의 하나. 불안정화 후의 두 평형 경로 중 한쪽이 하중 증가를 수반하고, 다른 쪽이 감소하는 형식의 것.

unusual soil 특수토(特殊土) ＝special soil, problem soil

up heaval 융기(隆起) 지각 변동에 의해 토지가 해면에 대하여 상대적으로 상승하는 것.

upkeeping 유지 관리(維持管理) 건축물이나 설비의 기능을 유지하고, 열화를 방지하여 자산 가치를 보전하기 위해 점검, 보수, 청소, 경비, 보수 등을 일상적, 정기적으로 하는 것.

up lift 부상(浮上) 구조물이나 부분을 들어 올리도록 작용하는 힘. 바람에 의한 지붕면의 구조체 특히 주각(柱脚)이나 기초의 부분이 중력과 역방향의 힘을 받는 것. 수평력에 의한 전도(轉倒) 모멘트, 부력 등에 의해 생긴다. 고층 연속 내진벽에서는 부상이 생겼을 때의 내력에 의해 보유 내력이 정해지는 경우도 많다.

upper and lower bound theorem 상하계 정리(上下界定理) 뼈대의 소성 해석에서 붕괴 하중을 설계 하중으로 나눈 값이 하중에 대한 안전율 s이다. 평형 조건과 항복 조건을 만족하는 상태를 정적 허용 상태라 하고, 그 때의 하중을 설계 하중으로 나눈 값을 정적 허용 승수 m_s로 하면 $s \geqq m_s$가 성립한다. 즉「안전율 s는 정적 허용 승수 m_s의 최대값이며, 임의의 정적 허용 승수는 안전율의 하계에 있다.」(하계 정리). 다음에 평형 조건과 기구 조건을 만족하는 상태를 변형 적합 상태라 하고, 그 때의 하중을 설계 하중으로 나눈 값을 변형 적합 승수 m_k로 하면 $s \leqq m_k$가 성립한다. 즉「안전율 s는 변형 적합 승수의 최소값이며, 임의의 변형 적합 승수는 안전율의 상계에 있다.」(상계 정리). 이들을 정리하여 $m_s \leqq s \leqq m_k$. 즉「참의 안전율은 정적 허용 승수 m_s와 변형 적합 승수 m_k의 사이에 있다.」이것을 상하계 정리라 한다.

upper bed 윗면(一面) 부재의 윗면, 정상부를 말한다.

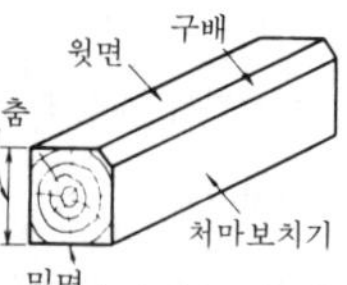

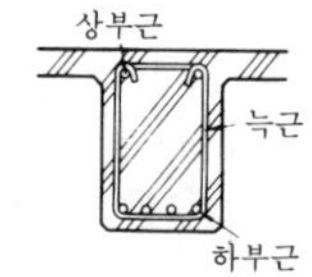

(a) 처마도리 (b) 철근 콘크리트보

upper bound theorem 상계 정리(上界定理) 외력을 받는 구조물이 붕괴 기구를 형성하고, 평형 조건을 만족하는 응력 상태에 있을 때 이 외력은 참 붕괴 하중의 상계에 있다고 하는 극한 해석에 관한 정리를 말한다.

upper chord 상현재(上弦材) ＝top chord

upper face 상단(上端), 윗면(一面) ＝top

upper light 상향 조명(上向照明) 조명 방법의 일종. 밑에서 위를 향해 비추는 조명. 조각, 릴리프 등을 비추어 강조하는 경우 등에 사용된다(그림 참조).

upper limit 상한 치수(上限一數) 한계 치수의 큰 쪽.

upper membrane 상막(上膜) 구조적으로 혹은 열, 음환경 등 때문에 막면이 지붕면에서 2중으로 되는 막구조의 위쪽 막.

upper part 상단(上端), 윗면(一面) ＝top

upper plate 깔도리 ＝partition cap

upper structure 상부 구조(上部構造) ＝structure

upper light

upper surface 상단(上端) 부재의 정상부에 있는 면.

upper yield point 상위 항복점(上位降伏點) 연강(軟鋼) 등의 금속에 정적으로 하중을 가해서 소성 변형이 생기기 시작할 때의 응력·변형 곡선상의 점. 하위 항복점보다 조금 큰 값을 취한다. 하중 속도에 따라 변화한다.

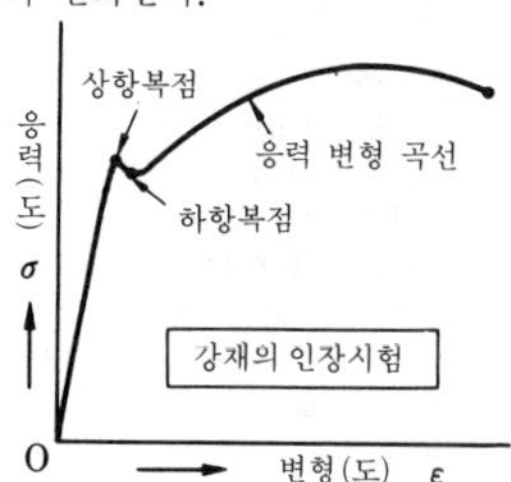

upright post 비계 기둥(飛階一) 비계·가설 울타리 등의 기둥. ＝standard

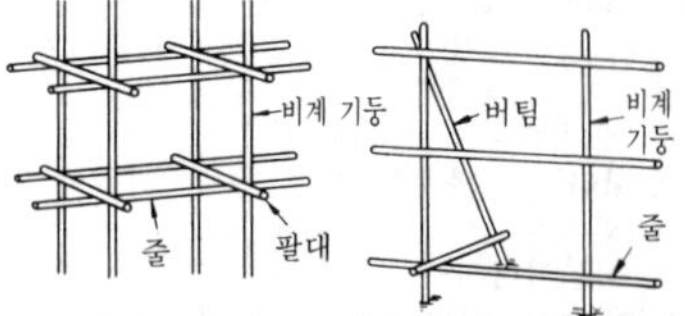

upset butt welding 업세트 맞대기 용접(一鎔接), 업세트 용접(一鎔接) 부재 단면을 맞대고 통전 가열하면서 적당한 온도가 되었을 때 강하게 가압하면서 접합하는 용접을 말한다. 슬로 맞대기 용접이라고도 한다. 이 급속한 가압을 업세트라 하고, 통상의 플래시 맞대기 용접과 구별되고 있다.

upset welding 업세트 용접(一鎔接) ＝upset butt welding

up water supply piping system 상향 급수 배관법(上向給水配管法) 건물 내의 급수 개소에 중력과 마찰 저항을 웃도는 압력으로 물을 상향 공급하는 방식을 말한다. 직결식, 압력 탱크식 외에 고가 탱크식에도 쓰인다.

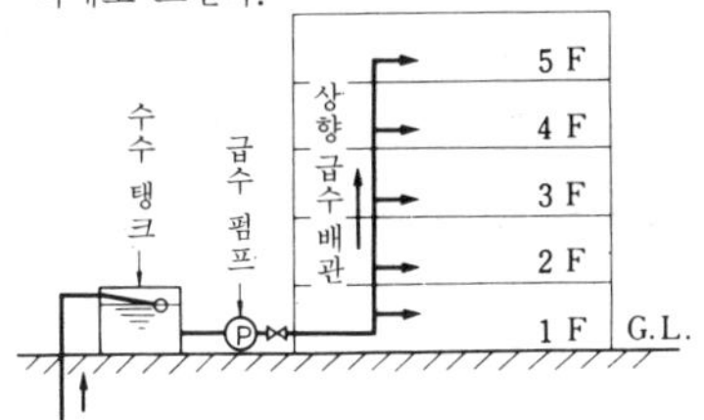

urban area 도시 지역(都市地域) 행정적으로는 시의 구역을, 통계적으로는 인구 집중 지구를 가리킨다. 교통의 발달 등으로 그 지역은 정하기가 어렵다. 경관적 도시 지역, 기능적 도시 지역 등이 있다.

urban canyon 어번 캐니언 고층 건축 등이 밀집하고 있는 시가지 공간. 지상에서 보았을 때 주위가 높은 건축물에 둘러 싸여 골짜기 밑바닥에 있는 것과 같이 보이기 때문에 이렇게 부른다.

urban climate 도시 기후(都市氣候) = city climate

urban core 도심(都心) 행정, 경제, 문화, 성업, 오락 등의 시설이 집단적으로 집중하고 있는 도시의 중심부. 중심 업무 지구와 중심 상업 지구로 나뉜다.

urban damage 도시 재해(都市災害) 재해력에 의한 1차 재해에 비해 도시가 갖는 방재 능력 부족이나 환경의 원인으로 확대되는 2차 재해쪽이 클 때 사용하는 용어. 도시 대화 · 도시 수해 등.

urban decline 어번 디클라인 도시 독특한 문제점, 즉 도너츠 현상에 볼 수 있는 사업소의 분산, 고액 소득자의 교외 이주 등 도시 매력의 쇠퇴와 연관되는 근본적 문제.

urban design 도시 설계(都市設計) 도시 계획과 깊은 관련을 가지면서 도시의 생활에 필요한 공간 등을 설계하는 행위.

urban development 도시 개발(都市開發) 도시화 현상 가운데서 점포, 사무실, 주택 등의 도시형 건축 개발을 하는 것.

urban disaster 도시 재해(都市災害) 재해가 발생했을 때의 피해 중 도시적 요인에 의한 피해의 비율이 큰 경우를 말한다.

urban disaster prevention 도시 방재(都市防災) 인구나 산업이 집중하는 고도하게 도시화된 사회가 갖는 취약성에 의해 야기되는 재해를 방지하기 위한 도시에 특유한 대책.

urban disaster prevention planning 도시 방재 계획(都市防災計劃) 도시적 재해에 대처하기 위해 도시의 방재 기능이나 재해가 발생한 경우의 구원(救援) 활동의 충실을 도모하기 위한 계획.

urban dwelling 시가지 주택(市街地住宅)[1], 도시 거주(都市居住)[2] (1) 일반적으로 기성 시가지에 세워지는 중고층 공동 주택.
(2) 일반적으로는 도시 내에 사는 것을 가리킨다. 특히 도시의 입지 조건이나 환경 조건을 살린 거주를 말한다.

urban equipment 도시 설비(都市設備) 도시의 기능을 유지하기 위해 사람, 물자, 에너지, 물, 쓰레기, 정보 등을 수송, 공급, 처리, 저장하는 설비 시설. =urban installations

urban expansion area 택지 예정지(宅地豫定地), 택지 예상지(宅地豫想地) 도시 근교의 개발 진행 등으로 농지나 임지에서 택지화가 예상되는 토지 및 지역.

urban expressway 도시 고속 도로(都市高速道路) 도시에 설치되는 완전 출입 제한의 왕복 분리 자동차 전용 도로.

urban facilities 도시 시설(都市施設) 필요에 따라 도시 계획으로서 정하는 시설. 도로, 공원, 하수도, 하천, 학교, 병원, 시장 등 다수의 시설이 있다.

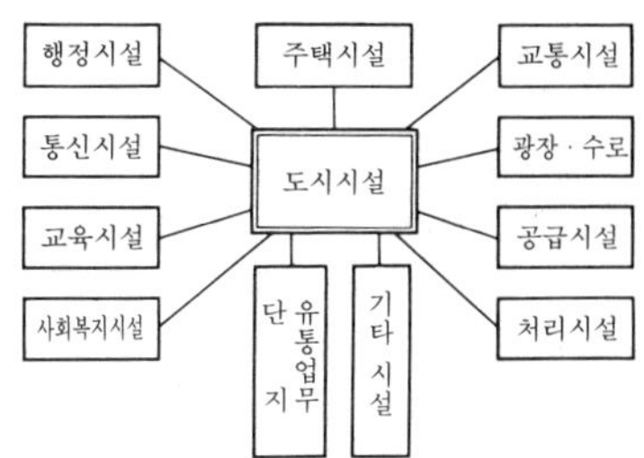

urban form 도시 형태(都市形態) 도시의 역사적 배경이나 지리적 조건, 도로, 하천, 철도 등의 하부 구조 및 토지 이용의 형태에서 종합적으로 인식할 수 있는 도시 전체의 입지 형상.

urban green 도시 녹지(都市綠地) 도시의 자연 환경의 보전, 개선 및 도시 경관의 향상을 도모할 목적으로 설치되는 녹지.

urban house 도시 주택(都市住宅) 도시부 및 그 근교에 거주하는 사람을 위해 세워진 주택.

urban installations 도시 설비(都市設備)

=urban equipment

urbanist 어버니스트 도시 계획 등의 도시적 여러 문제를 다루는 전문가.

urbanization 도시화(都市化) 도시로의 인구 집중이나 산업의 발전에 따라 농촌 지역이 도시적 지역으로 바뀌어 가는 것.

urban noise 도시 소음(都市騷音) 도로 교통 소음 등 도시 특유의 소음. 고층 건물의 상부 등에서는 도시 전체로부터의 소음이 정상적으로 들린다.

urbanology 도시학(都市學) 도시 사회학, 도시 지리학, 도시 행재정학, 도시 계획학 등 도시에 관한 학문 분야의 총칭.

urban park 도시 공원(都市公園) =city park

urban planning 도시 계획(都市計劃) 도시를 물적으로 정비하는 계획과 그 실현 과정을 가리킨다. 일반적으로는 산업 혁명 후의 19세기부터 20세기 초에 걸쳐 구미에서 발달한 근대 도시 계획을 말한다.

urban planning for disaster prevention 방재 도시 계획(防災都市計劃) =city planning for disaster prevention

urban rapid transit 도시 고속 철도(都市高速鐵道) 도시에서의 전용 궤도상을 운행하는 철도. 넓은 뜻으로는 노면 전차 이외의 철도를, 좁은 뜻으로는 지하철(고가를 포함)을 가리킨다.

urban redevelopment 도시 재개발(都市再開發) 도시 기능이 쇠퇴한다든지 사회적인 요청에 대응할 수 없게 된 지역이나 지구에 대하여 행하는 대규모의 개발·갱신 행위이다.

urban rehabilitation 도시 수복(都市修復) 기존의 도시의 결함을 발견, 분석하여 결함을 수복해서 건전한 도시 환경을 회복하는 도시 계획 수법.

urban renewal 도시 재개발(都市再開發) =urban redevelopment

urban sewer conduit 도시 하수로(都市下水路) 시가지에서의 빗물을 배제하기 위해 설치되는 수로. 원칙적으로 개거(開渠)의 수로이다.

urban space 도시 공간(都市空間) 도시를 실제로 구성하고 있는 각종 시가지 공간. 특히 도시적인 느낌을 주는 공간.

urban structure 도시 구조(都市構造) 도시의 성격을 기본적으로 결정하고 있는 경제적·사회적·물적 구성, 그들 요소의 연관을 말한다. 구체적으로 도시 그 자체를 구성하는 물리적 구성에 대해서도 쓰인다.

urban temperature 도시 온도(都市溫度) 도시의 중심부 기온. 교외와 비교해서 고온으로 되는 현상이 19세기 중반경에 관측값에 의해 확인되었다.

urban transportation area 도시 교통권(都市交通圈) 사람이나 물건이 발착하는 범위를 교통 수단이나 목적별로 설정한 것. 도심으로의 통근권, 대규모 시설의 이용권, 역세권 등이 있다.

urban village 어번 빌리지 도시의 교통 체계로부터 벗어나고, 또 재개발할 만한 퍼텐셜 에너지도 갖지 않으며 도시 속에 있으면서 재생으로부터 외면당한 지역.

urban wastes 도시 폐기물(都市廢棄物) 도시 내에서 발생하는 폐기물. 가정 등에서 배출되는 일반 폐기물과 산업 활동으로 배출되는 산업 폐기물로 분류된다.

urea resin 요소 수지(尿素樹脂) 우레아 수지, 요소와 포름알데히드의 수용성 초기 축합물을 원료로 하여 열경화성 접착제로서 사용되고 있다.

urea resin adhesives 요소 수지 접착제(尿素樹脂接着劑) 요소와 포름알데히드의 축합으로 얻어지는 요소 수지를 사용한 열경화싱 수지 접착제. 내수성은 뛰어나지만 노화성이 크다.

urethane form 우레탄 폼 단열재나 흡음재로 사용되는 발포 합성 고무. 폴리우레탄 고무를 만들 때 발생하는 탄산 가스를 이용하여 기포를 포함시켜서 합성한다.

urethane rubber 우레탄 고무 폴리에스테르 또는 폴리에스테르와 이소시아네이트 화합물로 반응 생성하는 고무의 총칭.

urethane rubber water proof 우레탄 방수(一防水) 우레탄 고무를 주재로 한 도막 방수.

urinal 소변기(小便器) 벽결이형, 수직형이 있으며 각각에 원형·스툴형 등이 있다. 도제(陶製)가 널리 쓰인다.

벽걸이 소변기

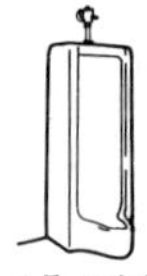
스톨 소변기

벽걸이 스톨 소변기

usage factor 동시 사용률(同時使用率) =

rate of simultaneous use

USD method USD공법(一工法) USD는 up-side down의 약어. 방수층의 단열 공법의 일종. 종래의 공법과는 반대로 방수층을 시공하여 그 위에 단열재를 붙이는 공법.

user charge 이용자 부담(利用者負擔) 집세와는 별도로 이용량에 따라서 징수되는 수도 요금 등의 부담금.

user population 이용 인구(利用人口) 시설을 이용하는 인구. 이용의 빈도에 따라 매일 이용하는 인구, 시시로 이용하는 인구 등으로 나누는 경우가 많다.

use zoning 용도 지역제(用途地域制) 도시에 있어서의 토지의 이용 증진을 도모하기 위해 건물의 용도나 구조에 제한을 가하여 정연한 도시를 만들기 위해 설정되는 지역제. 주거, 상업, 준공업, 공업의 지역으로 대별할 수 있다.

U-shaped gutter U자구(一字溝) U자형 또는 반원형의 단면을 갖는 프리캐스트 콘크리트 제품. 주로 U자형은 배수구, 거의 반원형은 관개용 수로에 사용한다.

US ton of refrigeration 미국 냉동톤(美國冷凍一) 0℃의 물 2,000파운드(907kg)를 24시간에 0℃의 얼음으로 하는 냉동 능력을 말한다. 냉동 능력은 kcal/h, kW 등으로 나타내지만, 실용적으로는 냉돈톤으로 나타내는 경우가 많다.

U-strap U형 철물(一形鐵物) 목구조의 접합에 사용하는 U자형의 접합 철물. 기둥과 토대·보 등의 접합에 사용한다.

utilance 고유 조명률(固有照明率) 조명 기구에서 나오는 광속 중 작업면에 들어가는 광속의 비율. 조명률이 광원(램프)에서 나오는 광속에 대하여 정의하고 있는 것과는 다르다.

utilities 공급 처리 시설(供給處理施設)[1], 부대 설비(附帶設備)[2] (1) 도시의 순환 기능, 에너지 공급에 불가결한 시설. 상하수도, 쓰레기 처리장, 전력 공급 설비, 가스 공급 설비, 지역 냉난방 시설 등.
(2) ＝services

utilities drawing 건축 설비도(建築設備圖) 조명, 전기 설비, 급배수, 위생 설비, 냉난방, 환기 설비, 주방 설비 등을 건축 설비라 하고, 이들의 설비 계획을 그림으로 나타낸 것을 건축 설비도라 한다.

utility 유틸리티 수도·가스·전기 등 시민 전체에 대한 계속적인 서비스 또는 그 시설의 총칭.

utility line 공급 처리 관로(供給處理管路) ＝utility pipe line

utility pipe line 공급 처리 관로(供給處理管路) 상하수, 전력, 가스, 열, 쓰레기, 정보 등의 공급 처리를 위한 배관과 케이블, 공동구(共同溝), 공동 동도(洞道)의 총칭. ＝utility line

utility room 유틸리티 룸 주택에서의 가사 작업의 중심이 되는 방. 또는 주택에서 가사 작업을 위한 설비가 집중적으로 두어진 방.

utility tunnel 공동구(共同溝)[1], 동도(洞道)[2] (1) 도시 가스, 전력, 상하 수도, 급배수, 지역 냉난방 등의 복수의 관로를 일괄하여 수용하기 위해 시가지 등의 지하에 설치된 터널.
(2) ＝culvert

utility work 설비 공사(設備工事) 건축물에 설치하는 전기 설비, 공기 조화 설비, 위생 설비, 엘리베이터 등 설비의 공사를 총칭.

utilization factor 조명률(照明率) 광원에서 방사되는 전광속에 대한 작업면에 입사하는 광속의 비율. 방의 모양, 크기, 천장·벽의 반사율, 조명 기구의 배광에 따라 다르다.

기구의 예 배광	반사율 천장	0.75			0.5			0.3	
	반사율 벽	0.5	0.3	0.1	0.5	0.3	0.1	0.3	0.1
	방지수	조명률 μ (%)							
간접	2.5	36	32	30	26	24	22	15	14
	2.0	32	29	26	24	21	19	13	12
	1.5	29	26	22	22	19	17	12	11
	1.25	28	23	20	20	17	15	11	10
직접	2.5	62	58	56	60	59	56	57	56
	2.0	58	55	52	57	54	51	53	51
	1.5	52	50	47	51	49	46	48	46
	1.25	50	47	44	49	46	43	45	43

utilization ratio 이용률(利用率) 재료, 설비, 시설 등이 얼마만큼 이용되고 있는가, 혹은 이용자가 설비, 시설 등을 얼마만큼 이용하고 있는가를 나타내는 지표. ＝occupancy ratio

utilization ratio of facilities 시설 이용률(施設利用率) 시설측에서는 단위 시간 내에 실제로 가동한 시설수나 이용자수 또는 그 비율. 이용자측에서는 단위 시간 내의 이용자수 또는 그 비율.

U-tube U자관(一字管) ＝U-gauge

UV lamp UV램프 UV는 ultraviolet rays의 약어. 자외선을 발생하는 램프. 재료의 자외선 열화의 촉진 시험, 또는 살균등으로서 이용한다.

vacancy 공지(空地) 시설로서의 이미용 토지를 말한다.

vacancy deficit 공실 손실(空室損失) 임대 사무실이나 임대 주택에서 입주자가 없어 임대료 수입이 중단됨으로써 생기는 손실.

vacancy restoration 공가 수선(空家修繕) 임대 주택이 빈집으로 되었을 때 다음 입주자가 입주하기 전에 수선하는 것.

vacant dwelling 공가(空家), 빈집 ① 거주자가 없는 주택. ② 임대 또는 매각용으로서 시장에 나와 있는 주택.

vacant land 공한지(空閑地) 본래같으면 건축·공작물 등을 세우는 등 하여 유효한 토지 이용이 가능하지만 현재는 이용되고 있지 않은 토지.

vacant lot 공지(空地) 건물이 세워지지 않은 미이용 토지의 구획.

vacant room 빈방(-房), 공실(空室) 임차인이 정해지지 않고 비어 있는 임대용의 방. 혹은 이용자가 정해지지 않은 호텔의 객실, 병원의 병실 등.

vacuum breaker 진공 브레이커(眞空-) 금속관계에 설치하는 세정 밸브에 부속하는 오염 방지 장치. 용기 내에 물이 있는 경우는 수압으로 닫힌 상태로 되어 있지만 용기 내가 진공 상태가 되면 대기압이 밸브에 가해져서 진공 상태를 깨는 기능을 가지고 있다.

vacuum circuit breaker 진공 차단기(眞空遮斷器) 고진공의 유리관 등 속에 전로(電路)의 전류 차단을 하는 차단기. 진공 상태는 절연 내력이 좋고, 아크도 소호(消弧)하기 쉽다. 접점의 손모가 적고, 개폐 수명이 길다.

vaccum concrete 진공 콘크리트(眞空-) 타설 직후의 콘크리트 표면에 진공 매트를 두고, 진공 펌프로 콘크리트 중의 잉여수를 흡인 탈수하는 공법. 강도 증대·건조 수축의 저감, 표면 마감의 인력 절감, 동결 방지 등의 목적으로 쓰인다.

vacuum drainage method 진공 배수 공법(眞空排水工法) 투수성이 나쁜 지질의 배수에 사용하는 방법으로, 집수관 내를 진공으로 하여 토중수(土中水)를 집수하기 쉽게 하는 배수 공법. 웰 포인트 등이 대표적이다. 중력 배수로 배수할 수 없는 흙에 사용한다.

vacuum drying 진공 건조(眞空乾燥) 1기압 이하로 감압하여 행하는 건조로, 철제의 원통형 탱크 내에 목재를 밀폐하고, 고온 저압 상태로 수분을 제거하는 것. 주로 약품 주입의 전처리이다.

vacuum dust collection system 진공 집진 시스템(眞空集塵-) 쓰레기의 투입구와 중계 기지 혹은 처리 시설을 배관을 연결하고, 흡인에 의해 쓰레기를 운반, 수집하는 시스템.

vacuum feed-water pump 진공 급수 펌프(眞空給水-) 진공 환수식 증기 배관에 사용하는 기기. 환수관 내를 부압(負壓)으로 유지하는 동시에 보일러에 환수를 급수한다. 응축 수조, 진공 펌프, 제어 장치 등으로 구성된다.

vacuum processed concrete 진공 콘크리트(眞空-) 타입 직후 표면에 기밀 매트를 깔고 진공 흡인 장치에 의해 감압하여 여분의 수분을 흡인 제거하는 동시에 표면에 대기압을 작용시켜서 굳힌 콘크리트를 말한다.

vacuum pump 진공 펌프(眞空-) 진공을 만들거나 또는 유지하기 위한 기기.

vacuum return steam heating 진공식 증기 난방(眞空式蒸氣煖房) 진공 펌프에 의해 환수관 내를 부압(負壓)으로 유지하고 응축수의 환수를 하는 증기 난방 방식.

vacuum seasoning 진공 건조(眞空乾燥) = vaccum drying

vacuum suction apparatus 진공 흡인 설비(眞空吸引設備) = suction apparatus

vacuum transportation of refuse 쓰레기 진공 수송(-眞空輸送) 쓰레기를 파이프

속을 통해 이동시키는 기송(氣送) 방식의 하나. 파이프 속을 진공으로 하여 밸브 개폐에 의한 외부로부터의 보충 공기에 의한 흐름으로 쓰레기를 수송한다.

vacuum type boiler for heating and hot water supply 진공식 난방 급탕 보일러 (眞空式煖房給湯－) 밀폐 용기 내를 감압하고, 외부에서 가열하여 내부액을 비등시켜서 용기 내의 난방용 혹은 급탕용 열교환기에 의해 온수를 만드는 보일러.

valley 지붕골 지붕면에서 두 흐름이 만나는 곳에 생기는 홈형의 부분.

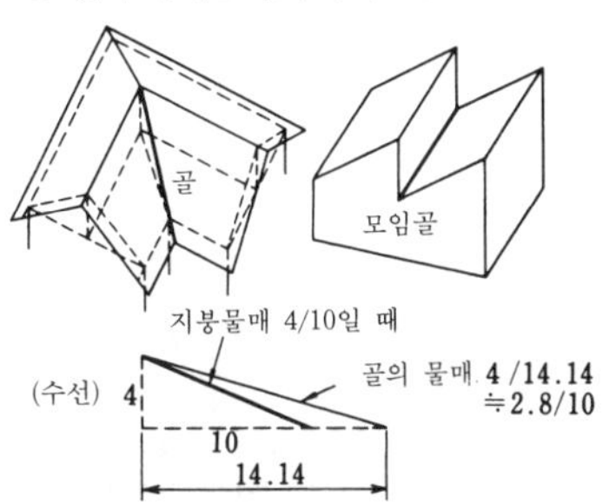

valley board 골판(－板) 지붕의 골 또는 안홈통 등에 붙이는 금속판 또는 이의 바탕을 만드는 판. ＝valley gutter sheet

valley breeze 골짜기 바람 골짜기에서 산정을 향해 부는 바람. 남향의 산의 사면에서 사면 고도가 높은 경우, 주간 일사를 받으면 사면을 따라서 상승 기류가 생기기 때문이다.

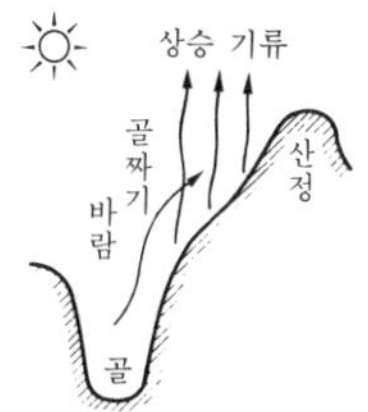

valley flashing 골홈통(－桶) ＝valley gutter

valley gutter 골홈통(－桶) 지붕골에 설치하는 홈통.

valley gutter sheet 골판(－板) ＝valley baord

valley piece 지붕골 추녀 지붕골을 받치는 경사재.

valley rafter 지붕골 추녀 ＝valley piece

valuation 감정 평가(鑒定評價) ＝apprai-sal

value 명도(明度) 색의 밝기의 정도. 기호 V. 명도는 반사율에 관계하고, 반사율 0%인 것을 0, 100%의 것을 10으로 하여 11단계로 하는데, 0%, 100%의 것은 없으므로 무채색은 1~9, 유채색은 2~8의 값을 취한다. 그림은 명도 단계를 나타낸 것이다.

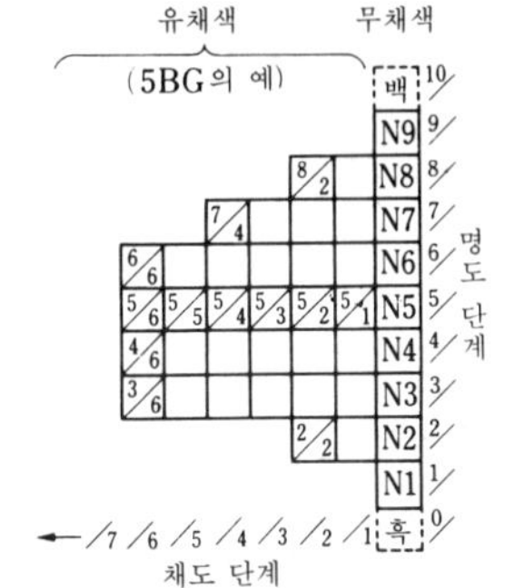

value contrast 명도 대비(明度對比) 명도가 다른 두 색을 대비해 볼 때 명도차를 보다 크게 느끼고, 명도가 변화하여 보이는 현상.

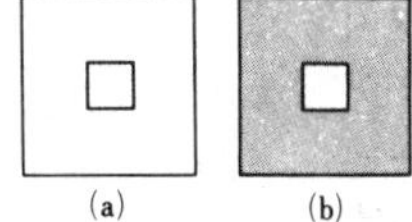
(a) (b)

같은 명도의 회색이라도 (b)는 (a)보다 밝게 보인다

value engineering 가치 분석(價値分析) 건축 공사에서는 기획 · 설계 · 시공 · 유지관리 · 해체의 일련의 기능을 최저의 코스트로 실현하기 위해 건물에 요구되는 품질 · 내구성 · 미관 등의 여러 기능을 분석하여 실현 수단을 개선해 가는 조직적 활동을 말한다. 미국에서 발달했다. ＝VE

valve 밸브 관 속의 액체 흐름을 멈춘다든지, 유량이나 압력을 조절한다든지 하는 것. 밸브의 종류로는 스톱 밸브, 게이트 밸브, 나비형 밸브, 역지 밸브가 있다. 스톱 밸브는 유체의 흐름을 완전히 멈추는 밸브, 게이트 밸브는 압력이 높은 유로의 차단용 밸브, 나비형 밸브는 관로의 개폐를 조절하는 밸브, 역지 밸브는 유체를 한 방향으로만 흘려서 역류를 방지하는 밸브이다.

vane shear 베인 전단(－剪斷) 강철제의 십자 날개를 흙 속에 삽입하여 회전시켜서 지반을 전단하는 것, 혹은 그 전단 강도를 말한다.

vane shear test 베인 시험(－試驗) ＝

vane test

vane test 베인 시험(-試驗) 흙의 전단 강도를 구하는 시험의 일종. 십자형으로 조합시킨 베인(날개)를 회전시킬 때의 토크를 실측한다. 찰흙 지질의 현위치 시험 등에 사용한다.

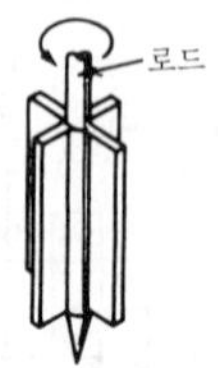

vane wheel water meter 날개차 유량계(-車流量計) =impeller flow meter

vanishing point 소점(消點) 입체를 투시 투영하는 경우 그것을 구성하는 투영면과 평행이 아닌 한 무리의 평행선이 투영 화면상에서 만나는 한 점을 말한다.

vapor 수증기(水蒸氣) 기체 상태의 물.

vapor compression refrigeration cycle 증기 압축 냉동 사이클(蒸氣壓縮冷凍-) 단열 압축, 등온 방열, 단열 팽창, 등온 흡열로 이루어지는 역 카르노 사이클. 저온 열원의 열을 흡수하여 고온 열원에 방열하는 사이클.

vaporization 증발(蒸發) 액체가 기체로 되는 현상. 증발할 때 물질은 일정한 열량을 흡수한다. 이것을 증발열이라 한다.

vaporizer 증발기(蒸發器) 냉동기를 구성하는 기기의 하나. 냉매를 증발기 내부에서 증발시키고, 그 증발 잠열에 의해 물, 브라인(brine), 공기 등을 냉각하는 열교환기.

vaperizing combustion 기화 연소(氣化燃燒) 액체 또는 고체의 연료가 일단 기화한 다음에 일어나는 연소.

vapor permeability 투습성(透濕性) 수증기가 독립 기공이 아닌 다공질 재료나 벽을 통과하는 성질.

vapor permeance 투습 계수(透濕係數) =moisture permeance

vapor pressure 증기압(蒸氣壓) 물질의 기상(氣相)이 나타내는 압력.

vaporproofing work 방습 공사(防濕工事) 방습층을 시공하여 습기(수증기)의 투과를 방지하는 공사.

vaporproof material 방습재(료)(防濕材(料)) =dampproofing material

vapor resistance 투습 저항(透濕抵抗) = moisture conduction resistance

vapor retarder 방습층(防濕層) 습기(수증기)의 투과를 방지하기 위해 지붕, 천장, 벽, 바닥에 방습 재료를 써서 만드는 불투습층. =vapour barrier, vapourproof layer

vapor tension 수증기 분압(水蒸氣分壓) 습공기 중이 수증기가 나타내는 압력. → water vapor pressure

vapour barrier 방습층(防濕層) =vapor retarder

vapour proof 방습(防濕) 방습층이나 또는 투습 저항이 큰 재료를 사용하여 습기를 방지하는 것.

vapourproof layer 방습층(防濕層) =vapor retarder

variable absorber 가변 흡음체(可變吸音體) 벽이나 천장 마감의 일부를 기계적으로 움직여서 그 부분의 흡음 특성을 바꿀 수 있게 한 흡음 장치를 말한다. =variable sound absorber

variable air volume system 변풍량 방식(變風量方式) 공기 조화 공간의 열부하 증감에 따라서 급기량을 자동적으로 조절하여 온습도를 유지하는 방식. =VAV

variable repeated load 가변 반복 하중(可變反復荷重) 반복하여 작용하는 하중의 크기가 일정하지 않고 변동하고 있는 하중을 말한다. 동적인 가력(加力)의 경우, 또는 여러 종류의 하중이 불규칙하게 작용하는 경우에 생긴다.

variable sound absorber 가변 흡음체(可變吸音體) =variable absorber

variable state 비정상 상태(非定常狀態) =unsteady state

variance 분산(分散) 변량 $x(x_1, x_2, \cdots, x_n)$의 평균을 m으로 할 때

$$\sigma^2=(1/n)\,\Sigma\,(x_i-m)^2$$

를 분산이라 한다. 변량의 불균일 정도를 나타낸다.

variation in traffic flow 교통량 변동(交通量變動) 교통량의 시간적인 변동. 시각 변동, 요일 변동, 계절 변동 등이 있다.

varied depth beam 변고보(變高-) 보 재료의 높이가 일정하지 않은 보. 등고보와 대비되는 용어.

varnish 니스 도료의 일종으로, 수지류를 건성유·휘발성 용제 등으로 녹인 것. 무색 또는 담갈색. 실내 목부용으로 내수성이 있으나 내후성이 떨어진다. 오일 니스·휘발성 니스가 있다.

varnishing 니스칠 =varnish work

varnish work 니스칠 휘발성 니스를 사용한 도장. 목공품, 가구, 차량 선박의 내부 등의 도장.

vaseline 바셀린 고체 탄화 수소를 주성분

으로 한 백색 연고상의 물질로 윤활제, 녹방지제, 화장품, 고약 등에 쓰인다.

vault 볼트 아치를 모선으로 하여 구성되는 곡면 구조의 총칭. 조적(組積) 구조의 기본적인 구성법의 하나. 반원통 볼트·교차 볼트·클로이스터 볼트(cloister vault)·부채꼴 볼트·망형 볼트 등 여러 종류가 있다. 늑재(肋材)를 붙인 것을 리브 볼트라 한다. 근대 건축에서도 곡면 지붕이나 천장의 구성에 쓰인다.

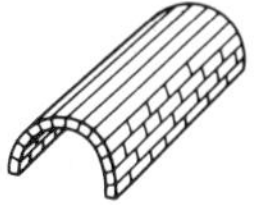

터널형 볼트

교차 볼트

VAV 가변 흡음체(可變吸音體) =variable air volume system

V-cutting V컷 단면이 V자형이 되도록 파는 것. 콘크리트에 생긴 균열 부분의 보수를 할 때 등에는 균열을 따라서 폭 깊이 모두 10~15mm의 V자형으로 깎아낸다.

VE 가치 분석(價値分析) =value engineering

vector 벡터 공간의 1점에서 다른 점으로 향하는 방향을 갖는 선분으로 나타내어지는 양. 벡터의 예로서는 점의 위치를 나타내는 위치 벡터, 변위, 속도, 가속도, 힘, 운동량, 각운동량, 전장(電場), 자장(磁場) 등이 있다.

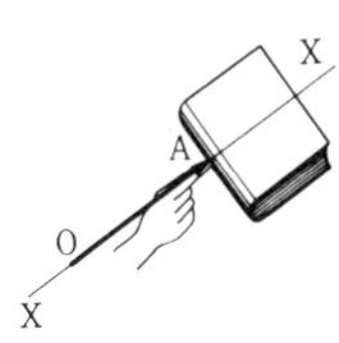

작용점 0에서 힘의 크기에 비례한 길이의 선분 OA를 힘의 방향으로 긋고, 그 끝에 방향을 나타내는 화살표를 붙인다.
OA를 연장한 직선 XX가 작용선이다

vector-scalar ratio 벡터/스칼라비(-比) 입체감의 평가 방법인 모델링에 사용하는 지표. 벡터 조도(照度)를 스칼라 조도로 제한 값.

Vee-Bee consistmeter VB장치(-裝置) 콘크리트의 워커빌리티를 측정하는 장치.

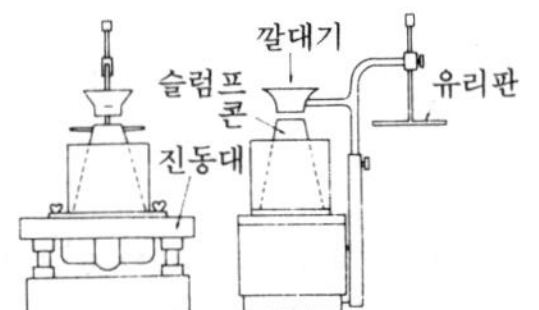

된비빔의 포장용 콘크리트나 토목용 콘크리트에 적합하다.

vehicle 전색제(展色劑) 유성 페인트의 기름, 합성 수지 페인트의 니스, 래커 에너멜의 클리어 래커 등과 같이 도료 성분의 기재(基材)가 되는 것.

velocity 속도(速度) 물체가 이동할 때의 변위와 시간과의 비. 크기와 방향을 갖는 벡터량.

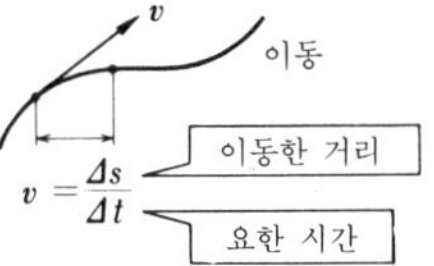

velocity distribution 속도 분포(速度分布) 흐름의 장에 있어서의 속도의 공간적 분포의 모양.

velocity fluctuation 속도 변동(速度變動) 속도의 평균값으로부터의 변동, 또는 그 평균 제곱근. =velocity turbulence

velocity head 속도 수두(速度水頭) 유체가 갖는 운동 에너지를 물기둥의 높이로 표시한 것. 일반적으로 $v^2/2g$이며 단위는 mmAq로 나타낸다. 여기서, v는 유체의 이동 속도, g는 중력 가속도.

velocity logging 속도 검층(速度檢層) 보링 구멍을 써서 지반의 탄성파 속도를 측정하는 방법의 총칭.

velocity measuring transducer 진동 속도계(振動速度計) 진동 속도를 계측하는 기기. 사이즈모계(질량·스프링계)가 일반적으로 쓰이고 있으며 전기적 미분 회로를 내장하여 변위 응답을 검출한다.

velocity meter 속도계(速度計) 진동계의 일종. 진동의 속도에 비례하는 양을 측정하는 계기.

velocity of propagation 전파 속도(傳播速度) 파동이 전하는 속도. 위상 속도는 일정 위상의 점이 진행하는 속도를 말하고, 군속도는 파군(波群)의 포락면을 특징짓는 양(파군의 에너지)의 전하는 속도를 말한다. 진동 속도와는 다르다.

velocity pressure 속도압(速度壓) 유체의 전압(全壓)과 정압(靜壓)과의 차로, 동압(動壓)이라고도 한다. 일반적으로 $\rho V^2/2$로 표시되고 있다. 풍하중의 기본이 되는 양이다. 여기서 ρ는 유체의 밀도, V는 유속.

velocity profile 속도 프로파일(速度-) =velocity distribution

velocity response 속도 응답(速度應答) 임의의 전달계에서 임의의 입력에 대하여

그 계에서 출력되는 진동 속도의 시간축 상에서의 반응.

velocity response spectrum 속도 응답 스펙트럼(速度應答－) 외란을 받는 1질점의 응답 속도를 계(系)의 주기 또는 진동수에 대하여 스펙트럼 표시한 것. 지진 응답에서는 가속도 입력에 의해 계산상 환산된 의사 속도 스펙트럼으로 대표되는 일이 많다. 진동의 에너지를 대표하는 스펙트럼이다.

velocity turbulance 속도 변동(速度變動) ＝velocity fluctuation

velocity vector 속도 벡터(速度－) 벡터 표시한 속도.

velometer 풍속계(風速計) 풍속을 재는 계기. ＝anemometer

veneer 베니어, 단판(單板) 합판·적층재를 만드는 데 사용하는 목재의 박판. 제법에 따라 로터리 베니어·슬라이스드 베니어·소드 베니어 등이 있다.

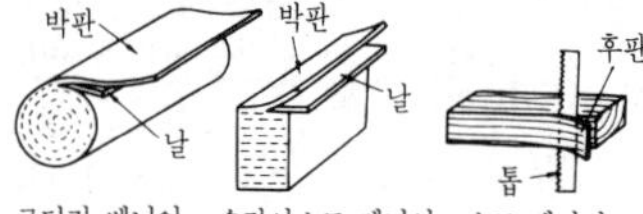

veneer core plywood 베니어 코어 합판(－合板) 심판(心板)에 단판(單板)을 사용한 합판.

veneer flash door 베니어 플래시 도어 합판제의 양면이 편평한 문짝을 말한다.

Venetian blind 베니션 블라인드 차양과 통풍용의 블라인드로, 경금속, 탄소강, 플라스틱 등의 판(폭 50～60mm)을 미늘식 발과 같이 매달고, 불필요할 때는 창 위에 감아 올려 두는 것.

vent 통기(通氣) ① 새시의 틈 등에서 공기가 자연히 출입하는 것. ② 배수를 원활하게 하고, 또 배수에 의한 관내 기압 변동에서 트랩 봉수(封水)를 보호하기 위해 또는 탱크류의 수위 변화에 의해 생기는 기압 변동을 조정하기 위해 배수관에 공기를 유통시키는 것. ③ 난방 배관이나 라디에이터에 증기를 통하는 것. ④ 방수층의 바탕에서 발생한 수증기를 방수층의 틈에서 배출시키는 것.

vent cap 벤트 캡 통기관이 외기에 개방되는 부분에 소동물의 침입을 방지할 목적으로 부착하는 철물.

vent system 통시 계통(通氣系統) 중력식의 배수 계통 또는 탱크류에서 통기를 위해 설치되는 관 및 일련의 시스템.

ventilating fan 환기 팬(換氣－) 벽면에 부착한 축류 송풍기를 말한다. 전동기의 운전과 연동하는 빗물 침입 방지용 루버가 붙어 있다.

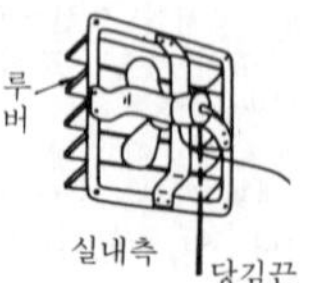

ventilating opening 환기구(換氣口) 실내 공기를 외기와 바꾸거나 온습도 조절을 위해 설치하는 구멍으로, 천장이나 바닥 밑 등에도 설치한다.

ventilating pipe 급배기통(給排氣筒) 신선한 외기를 도입하거나 배기하기 위해 사용되는 파이프나 덕트. 환기탑 내에 수용되는 일이 많다.

ventilating system 환기법(換氣法) 환기의 방법. 자연 환기와 기계 환기, 전반 환기와 국소 환기 등으로 나뉜다. 전반 환기도 국소 환기도 기계 환기에 의하는 일이 많고, 기계 환기는 또 급기와 배기의 방법의 조합에 따라 각종 환기로 분류된다.

ventilating tower 환기탑(換氣塔) 실내의 오염 공기 등을 배출시키기 위해 옥상에 설치한 탑.

ventilation 통기(通氣)[1], 환기(換氣)[2] (1) ① 실내의 통풍과 같다. ② 트랩의 봉수(封水)가 터지는 것을 방지하기 위해 통기관을 통해서 관내 기압 변화를 대기 중에 배출하는 것. ③ 라디에이터에 증기를 통하는 것. ④ 가스 기구 등에서 배기 가스를 옥외로 배출하는 것.

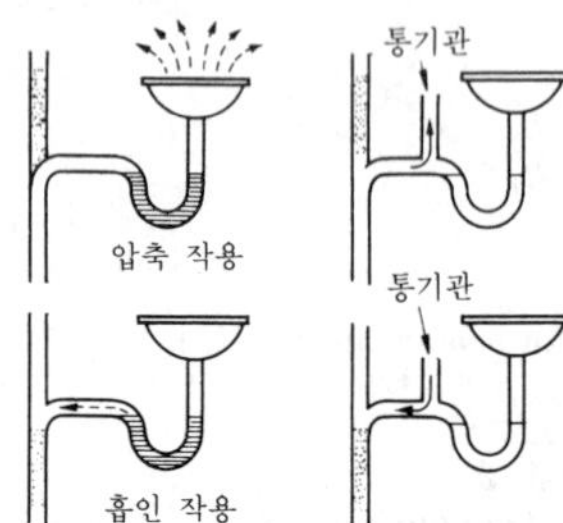

(2) 오염된 실내 공기를 옥외의 깨끗한 공기와 교환한다든지 오염을 희석시킨다든지 하는 것. 자연 환기와 기계 환기가 있다. 자연 환기는 자연의 바람 또는 실내외의 온도차를 이용하는 것, 기계 환기는 송풍·배풍기를 이용하는 것다음 면 그림 참조).

ventilation based on thermal buoyancy 부력 환기(浮力換氣) ＝ventilation

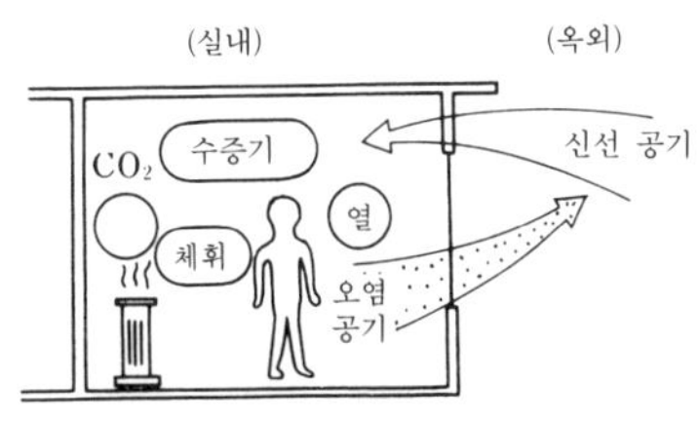

ventilation(2)

caused by temperature difference

ventilation based on wind 풍력 환기(風力換氣) 바람이 벽면에 미치는 압력에 의해 벽면의 내외에 생기는 압력차를 원동력으로 하여 일어나는 환기. =ventilation by wind force

ventilation by wind force 풍력 환기(風力換氣) =ventilation based on wind

ventilation caused by temperature difference 온도차 환기(溫度差換氣) 자연 환기의 일종. 건물 내외의 공기의 온도차에 의한 공기 밀도의 차, 즉 부력을 이용하여 실내 공기와 외기를 바꾸는 환기를 말한다. =ventilation based on thermal buoyancy

ventilation equipment 환기 설비(換氣設備) 환기를 위해 설치되는 송·배풍기, 덕트, 급배기구, 푸드, 에어 필터 등으로 이루어지는 설비.

ventilation hole 환기구(換氣口) =ventilating opening

ventilation requirement 필요 환기량(必要換氣量) 인체를 기준으로 한, 환경 위생상 필요로 하는 최소 한도의 외기 도입량. 탄산 가스의 허용 농도, 체취, 끽연 제어에 입각하는 값이 있다.

ventilation standard (criteria) 환기 기준(換氣基準) 거실 등의 실내 공기의 질을 위생적인 상태로 유지하기 위한 기준. 온습도, 탄산 가스, 먼지, 기타 인체에 영향을 주는 공기적 요소의 허용값을 주고, 그를 위해 필요한 환기량, 환기 방식, 환기 장치 등의 갖추어야 할 조건을 규정하고 있다.

ventilator 탈기 장치(脫氣裝置)[1], 배기통(排氣筒)[2], 벤틸레이터[3] (1) 방수층의 일부에 부착하여 바탕의 습기를 외부에 배출하는 장치.
(2) 배기를 위한 통모양의 장치. 외부의 바람에 의해 통 속 또는 상부 부근이 부압(負壓)으로 되도록 배려되어 배출을 촉진하거나, 온도차에 의한 굴뚝 효과를 조장하여 배출을 증가할 수 있도록 되어 있다.
(3) ① 환기통 내로의 비의 침입을 방지한다든지 상부의 흡인 효과를 늘려 역류를 방지할 목적으로 환기통 상부에 설치하는 갓. ② 환기를 하기 위한 장치.

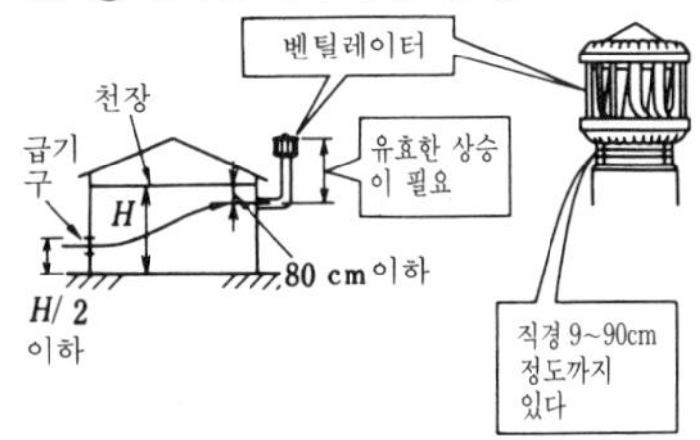

venting 통기(通氣) =vent

venting base sheet 통기 완충 시트(通氣緩衝－) 도막 방수층의 하층에 두고, 바탕 무브먼트의 완충 효과와 통기 효과를 부여하기 위해 사용하는 섬유 또는 발포 플라스틱의 홈이 있는 시트 모양의 재료.

venting system 탈기 공법(脫氣工法) 방수층의 부풀음 방지와 바탕의 건조를 목적으로 하여 방수층의 아래쪽과 바탕 사이의 틈새를 외기와 연통시켜 바탕으로부터의 습기를 외부로 배출하는 방수층의 공법.

vent pipe 통기관(通氣管) 트랩의 봉수(封水)가 터지는 것을 방지하고, 배수관 내와 외기를 연결시켜 통기를 좋게 하기 위한 관을 말한다. =vent tube

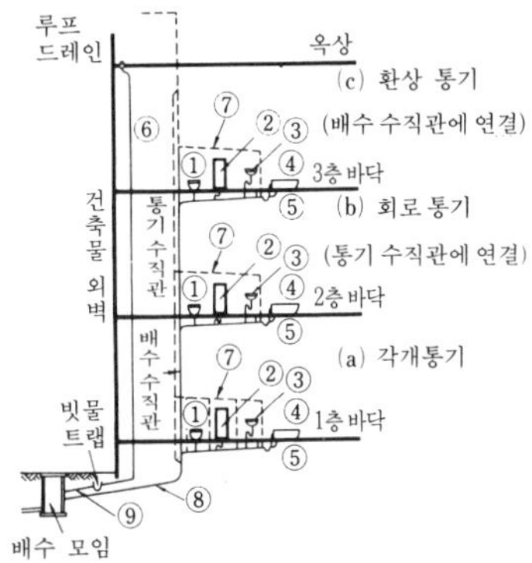

vent tube 통기관(通氣管) =vent pipe

Venturi flow meter 벤투리 유량계(－流量計) =Venturi meter

Venturi meter 벤투리계(－計) 벤투리관을 사용한 유량계. =Venturi flow meter

Venturi tube 벤투리관(－管) 관로 도중에

유로의 단면적이 작은 병목 부분을 둔 관. 그림의 2점간 압력차를 측정하여 유량을 구할 수 있다.

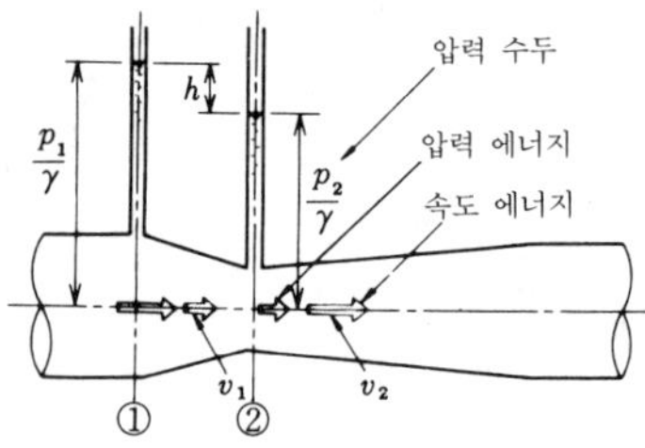

$$Q = A_2 v_2 = \frac{A_2}{\sqrt{1 - m^2}} \sqrt{2gh}$$

$$m = \frac{A_2}{A_1} \quad \text{(개구비)}$$

A_1 : 점 ①의 단면적

A_2 : 점 ②의 단면적

g : 중력 가속도

h : 차압을 수압으로 나타낸 것

veranda 베란다 양식 건축의 외부에 돌출한 툇마루와 같은 곳.

verandah porch 베란다 ＝veranda

verge-board 박공널(朴工－) 지붕의 박공 부분으로, 중도리의 마구리에 산형으로 부착하는 폭넓은 판.

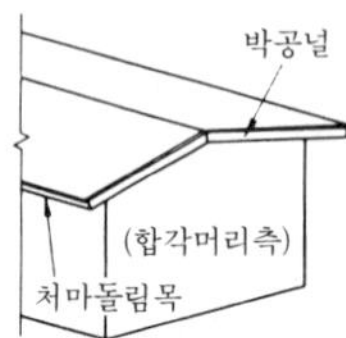

vermiculite 질석(蛭石) 미장용의 경량 골재. 흑운모를 소성하여 만든다. 강도는 낮다. 플라스터 · 모르타르에 혼입하여 사용한다. 흡음 · 방화 · 단열성이 있다.

vermiculite mortar 질석 모르타르(蛭石－) 시멘트에 질석을 섞어서 물과 함께 비빈 경량 모르타르. 단열성, 흡음성이 뛰어나다.

vermiculite plaster 질석 플라스터(蛭石－) 팽창시킨 질석을 골재로 하는 석고 플라스터. 경량이고, 보온 단열 특성이 뛰어나다.

vernacular 버너큘러 그 토지 특유의 건축 양식으로, 일반적으로는 서민적인, 대중의 건축 등을 가리켜서 말한다.

vernal equinox 춘분(春分) 태양의 일주 궤도가 천구의 남반구에서 북반구로 이행할 때 태양의 위치가 적도면과 일치하는 순간. 춘분의 날은 주야 시간이 같아진다.

vernier 버니어 주척(主尺)의 1눈금 이하의 단수를 판독하기 위한 부척(副尺). 버니어의 눈금은 주척의 $(n-1)$눈금을 n등분하고 있다.

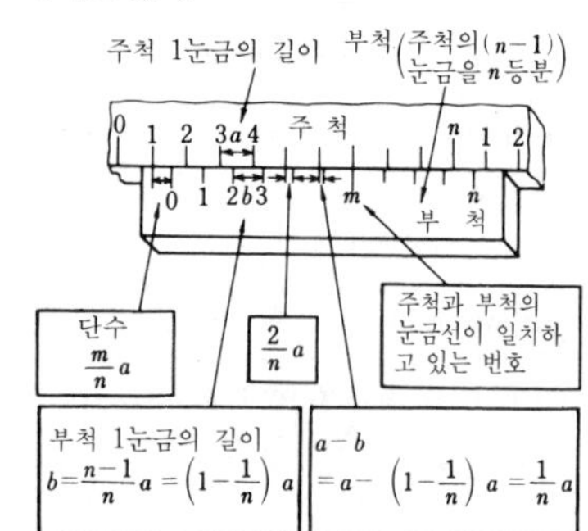

vernier calipers 버니어 캘리퍼스 금속제의 본척(本尺)과 측정용의 버니어를 조합시킨 측정기. 보통으로 사용되는 표준형 버니어 캘리퍼스는 본척의 1눈금은 1mm, 버니어의 눈금 19mm를 20등분하고 있으므로 최소 1/20mm의 치수까지 읽을 수 있다. 공작물 등의 치수 및 공사 현장에서의 철근이나 강관 등의 외경 치수나 내경 치수의 측정에 널리 사용된다. 그림은 M형 버니어 캘리퍼스의 예이다.

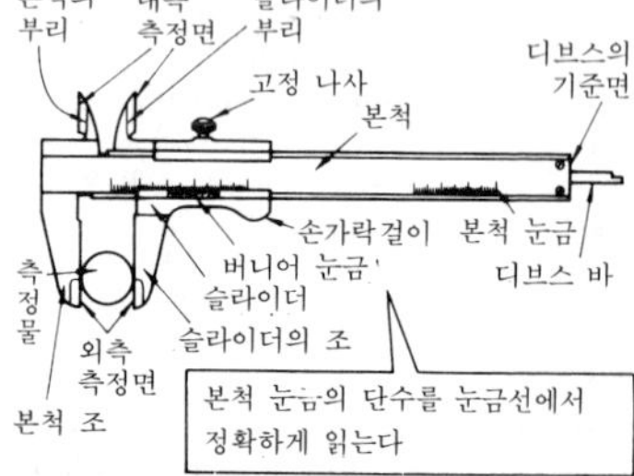

vertical angle 연직각(鉛直角) 수평면에 수직인 면에 있어서의 수평면과 이루는 각. 측량에서는 트랜싯 등으로 각도를 잴 때 수평 방향의 각(수평각)과 연직 방향의 각(연직각)으로 나누어서 측정한다(다음 면 그림 참조).

vertical beam method for flaw detec-

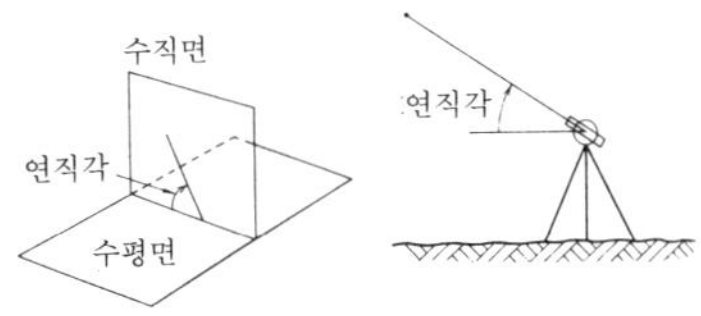

vertical angle

tion 수직 탐상법(垂直探傷法) 종파의 초음파를 탐상면에 대해 수직으로 전파시켜서 결함을 검출하는 초음파 탐상 검사.

vertical blind 수직 블라인드(垂直−) 창 안쪽에 설치하는 차양으로 날개(slat)가 수직형인 것. 끈의 조작으로 날개의 방향을 바꾼다든지 한쪽으로 몰아 열 수 있다. 카튼과 같은 느낌으로, 장식을 겸하여 사용된다.

vertical boiler 수직형 보일러(垂直形−) 난방용, 급탕용으로 사용되는 보일러의 일종. 보일러의 드럼을 직립시키고, 하부에 연소실, 상부에 직경이 작은 연관 또는 수관을 둔 것.

vertical distribution 연직 방향 분포(鉛直方向分布) 물리량의 연직 방향의 분포. 특히 평균 풍속, 난류의 세기, 난류의 스케일 등 바람의 특성 변화를 가리켜서 말한다.

vertical distribution for storey shear coefficient A_i분포(−分布) 지진 하중의 산정에 있어서 지진층 전단력 계수 C_i의 높이 방향 분포를 주는 계수. 1층의 전단력 계수 C_1과의 비로 주어지고 있다.

$$A_i = 1 + \left(\frac{1}{\sqrt{\alpha_i}} - \alpha_i\right)\frac{2T}{1+3T}$$

여기서, α_i : 최상층에서 i층까지의 중량의 합계를 지상 전중량으로 나눈 값, T : 건물의 1차 고유 진동 주기〔sec〕.

vertical earth pressure 연직 토압(鉛直土壓) 흙 속의 어느 요소가 받고 있는 연직 방향의 토압으로, 지표면 재하중(載荷重)이 없는 상태에서는 흙의 습윤 밀도 γ_i와 지표면으로부터의 깊이 H의 곱으로 나타내어진다. 여기에 토압 계수 K를 곱하면 수평 토압이 구해진다.

$\sigma_V = \gamma_i \times H$, $\sigma_H = K \times \sigma V$

vertical earthquake motion 연직 지진동(鉛直地震動) 지진동의 연직 방향 성분. 수평 지진동과 대비하여 논의되는 경우가 많다. 특히 직하 진동에서는 무시하기 어렵다.

vertical fin 연직형 핀(鉛直形−) 연직인 차폐판으로 구성되는 핀.

vertical force 연직력(鉛直力) 연직 방향으로 작용하는 힘의 총칭. 특히 연직 하중을 구성하는 각각의 물체에 의해 연직 방향으로 작용하는 힘을 말한다.

vertical illumination 연직면 조도(鉛直面照度) 생각하고 있는 점을 포함하는 수직면상의 조도로, 수평면상의 조도는 수평면 조도라 한다.

vertical intensity distribution curve 연직 배광 곡선(鉛直配光曲線) 광원 또는 조명 기구의 배광(광도 분포)을 그 중심을 지나는 연직면상에서 중심을 원점으로 하는 극좌표로 나타낸 곡선.

vertical joint 연직 접합부(鉛直接合部)[1], 세로 줄눈[2] (1) 옆으로 나란히 세워진 프리캐스트 콘크리트판 끼리를 접합하는 접합부. 판이 세로로 벗어나는 것을 방지하는 구실을 한다.
(2) ＝head joint

vertical laminar flow clean room 수직 층류형 클린 룸(垂直層流形−) 천장 전면의 분출구, 바닥 전면의 흡입구에 의해 실내에 수직 방향의 층류를 형성하는 클린 룸. 고도한 청정도를 필요로 하는 경우에 채용된다.

vertical load 연직 하중(鉛直荷重) 구조물에 작용하는 하중 중 중력 방향으로 작용하는 것. 고정 하중·적재 하중·적설 하중 등을 말한다.

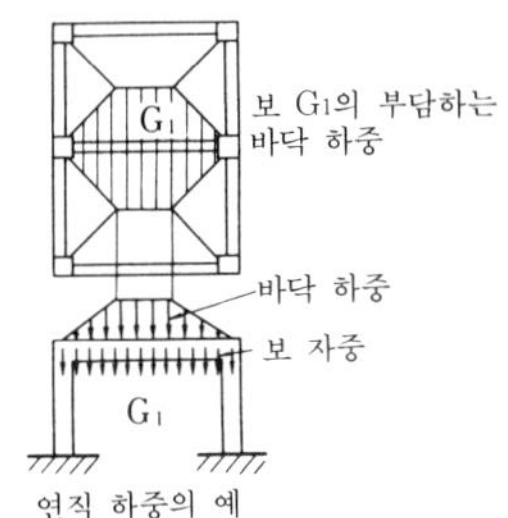

연직 하중의 예

vertical louver 연직 루버(鉛直−) 연직의 날개판으로 구성된 루버.

vertical member 세로재(−材), 수직재(垂直材) 기둥, 동바리 등.

vertical motion 상하동(上下動), 연직동(鉛直動) 운동이나 진동의 상하(연직) 방향의 성분. 특히 지진동의 상하 방향 성분을 가리키는 일이 많다.

vertical picture plane 입화면(立畵面) 정투영법으로 직교하는 화면 중 수직인 화면. 입화면에 투영된 것을 입면도(정면도)라 한다.

vertical pipe 수직관(垂直管) ＝stack

vertical profile 연직 방향 분포(鉛直方向

分布) =vertical distribution

vertical profile coefficient 연직 방향 분포 계수(鉛直方向分布係數), 연직 분포 계수(鉛直分布係數) 연직 방향으로 분포하는 물리량을 어느 기준 높이의 값으로 제한 값.

vertical profile of temperature 연직 온도 분포(鉛直溫度分布) 연직 방향의 온도 분포. 온도에 따라 비중이 다르기 때문에 일반적으로 실내에서는 천장 부근이 고온으로, 바닥 부근이 저온으로 된다.

vertical pump 수직형 펌프(垂直形－) 구동용의 전동기와 접속하고 있는 펌프의 날개차를 회전시키기 위한 주축이 수직으로 되어 있는 펌프.

vertical quantity of solar radiation 수평면 일사량(水平面日射量) 수평면으로 입사하는 일사량.

vertical quantity of total solar radiation 수평면 전천 일사량(水平面全天日射量) 수평면으로 입사하는 전천 일사량.

vertical reinforcement 종근(縱筋), 수직근(垂直筋) 철근 콘크리트 구조에서 부재의 재축 방향으로 배치하는 철근.

vertical segregation 수직 분리 방식(垂直分離方式) 계획 용어로서는 보행자를 입체적으로 처리하는 방식. 페디스트리언 덱(pedestrian deck), 지하도 등을 가리킨다. 시공 계획에서는 콘크리트 타설을 연직 부재(기둥·벽)와 수평 부재(보 슬래브)를 분리 타설하는 시공 방식을 말한다.

vertical seismic coefficient 연직 진도(鉛直震度) 지진 하중을 진도법으로 평가했을 때 상하 방향으로 가해지는 지진력을 중량으로 나눈 계수.

vertical slab 내력벽(耐力壁) 연직 하중 및 수평 하중을 부담시킬 수 있는 구조의 벽을 말한다.

vertical stiffener 세로 스티프너, 수직 스티프너(垂直－) 강구조 부재의 보강을 위해 사용하는 연직 방향에 배치하는 스티프너.

vertical vibration 연직 진동(鉛直振動) 지반면이나 건물 등에서 중력축 방향으로 생기고 있는 진동.

vertical welding 수직 자세 용접(垂直姿勢鎔接) 용접선이 거의 연직을 이루는 이음의 용접. 통상 아래에서부터 위로 용접한다.

vessel structure 용기 구조(容器構造) 수조·유조·사일로 등, 액체나 분체 등을 저장하는 용기와 그 지지 구조물을 총칭하고 있다. 하중으로서는 액체압·분체압 등 특수한 하중이 작용한다. 지진 하중의 산정에는 내용물의 동특성을 고려하지 않으면 안 된다.

vessel type structure 용기상 구조물(容器狀構造物) 내부 공간을 이용하는 구조물 중 반구형(半球形), 원통형, 원뿔형 등의 형상을 갖는 구조물.

vestibule 문간(門間), 현관(玄關) 건물의 입구 부분. =vestibule entrance

vestibule entrance 문간(門間), 현관(玄關) =vestibule

VFRC 비닐론 강화 콘크리트(－强化－) =vinylon fiber reinforced concrete

vibra bath 바이브라 배스 거품 등을 써서 몸에 진동을 주는 건강용 입욕법 및 그 욕조를 말한다.

vibration 진동(振動) 물리량이 어느 일정한 주기 또는 그와 유사한 변동을 반복하는 현상.

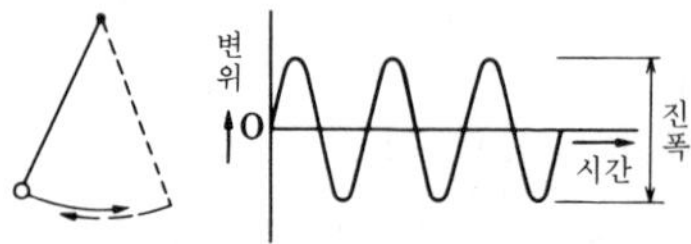

vibration absorber 진동 흡수기(振動吸收器) 주진동의 에너지를 흡수하여 다른 에너지로 변환해서 주진동의 크기를 완화하는 장치.

vibration acceleration 진동 가속도(振動加速度) 진동의 물리적인 크기를 나타내는 지표의 하나. 진동 속도의 시간적 변화율. 단위는 m/s^2, cm/s^2(또는 gal).

vibration acceleration level 진동 가속도 레벨(振動加速度－) 진동의 물리적 크기(레벨)를 나타내는 지표. $20 \log a/a_0$로 정의된다. a : 진동 가속도 실효값(m/s^2), a_0 : 기준이 되는 가속도($10^{-5} m/s^2$). 단위는 데시벨(dB).

vibrational accelerometer 진동 가속도계(振動加速度計) 진동 현상을 진동 가속도의 인자에 의해 측정하는 계기.

vibrational spectrum 진동 스펙트럼(振動－) =vibration spectrum

vibration analysis 진동 해석(振動解析) 구조물이나 부재 등의 진동 현상을 동력학적으로 해석하는 것.

vibration analysis model 진동 해석용 모델(振動解析用－) 진동 해석을 하기 위해 구조물을 진동계로서 생각한 모델. 질량을 스프링으로 연결하고, 감쇠의 크기를 정한 질점계 모델이 일반적이다. 그 밖에 연속체 모델·유한 요소 모델·부재 모델 등이 있다. 비선형 진동에서는 복원력 특성을 설정할 필요가 있다.

vibration characteristic coefficient 진동 특성 계수(振動特性係數) 건축물의 설계용 지진 하중의 크기를 정하는 계수의 하나.

vibration compacting 진동 다짐(振動-) 콘크리트 타설시에 내부 또는 거푸집에 진동으로 주어 다져서 충전을 완전하게 하는 것.

vibration compacting machine 진동식 다짐기(振動式-機) 주로 도로용 다짐 기계로, 롤러, 타이어 또는 플래이트에 진동 장치를 부착하여 다진다(진동식 롤러, 바이브레이팅 소일 콤팩터, 바이브로 래머, 임팩트 롤러 등).

vibration control 제진(制振) = response control

vibration control device 제진 장치(制振裝置) 진동계의 응답을 제어, 억제하는 장치. 패시브형, 하이브리드형, 액티브형으로 대별된다.

vibration damping characteristic 진동 감쇠성(振動減衰性) 구조물이 갖는 진동을 시간과 함께 작게 해 가는 성질. 감쇠의 기구는 여러 가지가 있으나 건축물에서는 외부 점성 감쇠 · 내부 점성 감쇠 · 고체 마찰 감쇠 · 이력 감쇠 · 지반으로의 에너지 일산(逸散) 감쇠 등으로 나누어서 생각되고 있다.

vibration displacement 진동 변위(振動變位) 진동하고 있는 물체의 역학량의 하나. 어느 기준점으로부터의 물체의 이동량. 일반적으로는 외란이 없을 때의 물체의 정지 위치가 기준점.

vibration due to construction work 건설 작업 진동(建設作業振動) 건설 작업이 진동원인 진동. 특정 건설 작업으로서 말뚝 박기 기계, 강구(鋼球), 중추(重錘)를 사용하는 작업이 있다.

vibration energy 진동 에너지(振動-) 진동을 발생하고 있는 물체가 보유하고 있는 에너지. 운동 에너지와 변형 에너지의 합으로서 나타내어진다.

vibration exciter 기진기(起振機) 진동 외력을 발생시키는 장치. 편심 중추(偏心重錘) 회전식, 유압식 등이 있다. = vibration generator

vibration exposure standard 진동 폭로 기준(振動暴露基準) 진동에 노출되는 정도(크기나 시간)를 인간의 쾌적성이나 작업 능률 등의 면에서 규정한 값.

vibration generator 기진기(起振機) = vibration exciter

vibration hazard 진동 장해(振動障害) 진동에 의해 야기되는 장해. 예를 들면 강성이 낮은 바닥에서 보행하는 사람이나 옥외의 교통 기관 등에 의해 유기되는 불쾌한 진동.

vibration hazard for citizen 진동 공해(振動公害) . 진동이 주원인이 되는 공해. 진동원으로서는 교통, 공장, 건설 작업 등이 있다.

vibration impedance 진동 임피던스(振動-) 물질의 밀도와 파동의 전파 속도의 곱을 말한다.

vibration isolation 방진(防振)[1], 진동 절연(振動絶緣)[2] (1) 진동을 방지하는 것. 발생원 대책 · 전파 경로 대책 · 수진부(受振部) 대책으로 나누어 생각된다. = vibration-proofint
(2) 방진재(防振材)나 방진 구조에 의해서 진동의 전달을 차단 또는 감쇠시키는 것. 탄성 지지 · 에너지 흡수 · 차단벽 · 공구(空溝) 등 몇 가지 방법이 있다.

vibration isolation mat 방진 매트(防振-) 고무계, 고분자계 및 금속계 등의 방진 재료에서 엷운 평판 모양으로 성형한 재료.

vibration isolation materials 면진재(免震材) 면진을 목적으로 구조에 사용하는 재료. 적층 고무의 아이솔레이터 등이 사용된다.

vibration-isolation spring 방진 스프링(防振-) 방진을 위해 사용되는 스프링.

vibration isolation structure 방진 구조(防振構造) 진동 전파를 방지하기 위한 구조. 진동체를 질량이 큰 물체상에 설치하고 그것을 스프링 혹은 방진 고무 등으로 지지한다.

vibration isolation trench 방진 도랑(防振-), 방진구(防振溝) 지표면 가까이를 전해오는 파동을 절연하기 위해 판 도랑. 파장이 짧은 파를 방진하는 데 유효하다.

vibration isolator 방진재(료)(防振材(料)) 진동의 전파를 방지하기 위해 사용되는 재료 또는 부재. 금속 스프링, 방진 고무, 코르크, 펠트 등이 있다.

vibration level 진동 레벨(振動-) 20 log a/a_0(a_0는 진동 가속도의 기준값, a는 진동 감각 보정한 진동 가속도)로 나타낸 보정된 진동 가속도 레벨. 단위는 dB.

vibration level meter 공해용 진동계(公害用振動計)[1], 진동 레벨계(振動-計)[2] (1) = low-frequency vibration meter
(2) 진동 레벨을 지시하는 진동계. 주로 공해 진동의 측정에 사용한다.

vibration load 진동 하중(振動荷重) 진동 현상에 의해 가해지는 힘을 하중이라고

생각한 것.

vibration meter 진동계(振動計) =ribrometer

vibration mode 진동 모드(振動-), 진동형(振動形) 구조물이나 부재가 진동하고 있을 때 같은 시각에 있어서의 진폭 분포를 말한다. 통상은 각차의 규준 진동형이나 자극 함수의 모양으로 나타내어지는 것을 대표로 하고 있다.

vibration of membrane 막의 진동(膜-振動) 막(얇은 평면)에 있어서의 진동. 면내(面內) 진동(횡진동)과 면외 진동(종진동)이 있다.

vibration of normal mode 고유 진동(固有振動) 진동계가 스스로 갖는 특성에 따라 자유롭고 주기적으로 요동하는 현상.

vibration period 진동 주기(振動周期) = period of motion

vibration pollution 공해 진동(公害振動) 전형 7공해의 하나. 공장, 교통, 건설 기계 등의 진동원에 의해 건물이나 인간에게 널리 피해를 주는 진동.

vibration-proof foundation 방진 기초(防振基礎) 주로 기계 기초에서 쓰이는 말. 진동원에서 전달되는 진동 에너지를 타에 전달하기 어렵도록 고료된 기초.

vibration proofing 방진(防振) 진동원에서 발생되는 진동의 에너지를 가능한 한 차단하여 진동을 방지하는 것. =vibration isolation

vibration-proofing device 방진 장치(防振裝置) 방진을 위해 사용되는 장치.

vibration-proof material 방진재(료)(防振材(料)) =vibration isolator

vibration source 진동원(振動源) 진동을 발생시키고 있는 원인. 또는 진동이 발생하고 있는 부위나 장소.

vibration spectrum 진동 스펙트럼(振動-) 진동의 진폭 성분을 진동수의 함수로서 나타낸 것. =vibrational spectrum

vibration system 진동계(振動系) 한 몸으로 되거나 혹은 서로 관련을 가지면서 진동하고 있는 부분의 총칭.

vibration table 진동대(振動臺) =shaking table

vibration test 진동 실험(振動實驗) 주기, 감쇠. 진동형과 같은 구조물의 진동 특성을 구하기 위한 실험. 기진기(起振機)나 진동대에 의한 강제 진동, 자유 진동 등.

vibration under construction 건설 작업 진동(建設作業振動) =vibration due to construction

vibration velocity 진동 속도(振動速度) 진동의 크기를 나타내는 역학량의 하나. 진동 변위의 시간적 변화. 단위는 m/s, cm/s. 카인(kine)이라고 부르는 경우도 있다.

vibrator 바이브레이터 콘크리트 타설용의 진동 발생기. 거푸집에 붙인 것과 타설 콘크리트 속에 삽입하는 것이 있다.

vibro-composer 바이브로컴포서 지반 개량 공법의 하나. 진동시키면서 샌드 파일을 조밀하게 박아 넣어 지반 밀도를 크게 하는 공법.

vibro-floatation method 바이브로플로테이션 공법(-工法) 진동과 제트의 병용으로 모래 말뚝을 만드는 사질 지반의 개량 공법.

vibro-pile driver 진동 말뚝 타입기(振動-打入機) 진동 해머라고도 한다. 원동기의 회전 운동을 상하 운동으로 바꾸고, 하양으로 압입하는 힘으로 바꾸어서 말뚝을 압입하는 공법. 주면(周面) 마찰력이 저감되고, 말뚝의 자중이나 기계의 무게로 지중에 관입한다. 편심 중추식(偏心重錘式)의 진동 발생기를 붙이는 것도 있다.

vibro pile hammer 진동식 말뚝 해머(振動式), 진동식 말둑 타입기(振動式-打入機) 기진기(起振機)를 말뚝에 부착하여 상하 진동을 주고, 말뚝의 주변 마찰력을 감소시켜 기계 및 말뚝의 자중에 의해 말뚝을 지중에 관입시키는 기계. 소음이 적고, 말뚝 머리의 손상이 적으며, 말뚝을 뺄 때에도 사용할 수 있는 것이 특징이다.

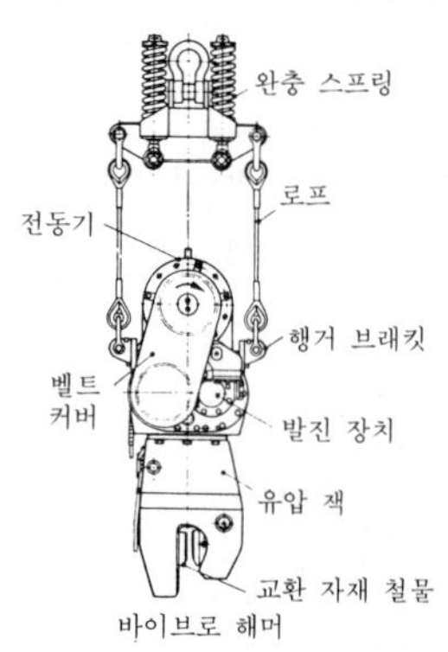

바이브로 해머

vibro-rammer 바이브로래머 잡석이나 자갈 등을 다지기 위한 기계의 하나. 가솔린 엔진으로 얻은 회전력을 크랭크로 왕복 운동으로 바꾸어 그 충격을 이용한다.

vibro soil compacter 진동 콤팩터(振動-) 기진기(起振機)에 의해 평판을 진동시키면서 흙을 다지는 기계.

vice 바이스 공작물을 가공할 때 이것을 두 베이스 사이에 끼우고 세게 죄어서 고정하는 공구.
vicinity plan 안내도(案內圖) =location map
Vickers hardness 비커스 경도(−硬度) 재료의 경도를 나타내는 것. 미소 다이아몬드를 사용하여 어떤 재료에도 적용할 수 있다.
Victorian style 빅토리언 19세기 후반 영국의 빅토리아 여왕 시대의 인테리어 양식. 조형상의 특징은 볼 수 없고, 과거 양식의 복원이 많다.

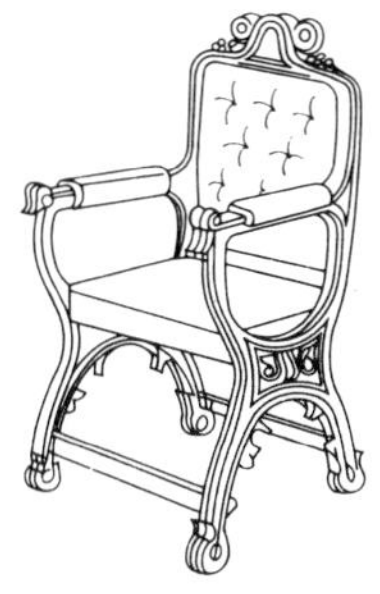

Vierendeel girder 비이렌딜 보 웨브재를 현재(弦材)와 직교하여 배치하고, 웨브재의 휨 저항에 의해 구성되는 보.
viewpoint 시점(視點) ① 형태, 현상이나 개념을 본다든지 생각한다든지 할 때의 입장. ② 투시도에서 모든 투사선이 발하는 한 점. 대상물을 보는 눈위 위치.
villa 빌라[1], 별장(別莊)[2] (1) 이탈리아의 도시 교외에 세워진 전원적 주거.
(2) 별장의 어원인 빌라는 도시의 교외나 시골의 큰 독립 주택을 말한다. 우리 나라에서는 본가에 대하여 피서지나 피한지에 세워지는 별택을 가리키며, 때로는 일부 공동 주택을 빌라라고 이름붙이는 경우도 있다.
vinyl cloth 비닐 크로스 비닐제 벽지의 총칭. =vinyl wall covering
vinyl duct 비닐 덕트 비닐 수지로 만들어진 덕트. 다른 합성 수지제의 것도 포함하여 부르기도 한다.
vinyl floor sheet 비닐 바닥 시트 = vinyl sheet floor
vinyl lining pipe 비닐 라이닝 강관(−鋼管) 안쪽을 염화 비닐 수지 등을 써서 피복한 관의 총칭.
vinylon fiber reinforced concrete 비닐론 강화 콘크리트(−强化−) 합성 섬유 비닐론을 보강재로 한 섬유 보강 콘크리트. 비닐론 섬유는 비교적 염가이고, 탄소 섬유보다 인장 강도가 크다. PC판 등에 사용된다. =VFRC
vinyl paint 비닐 페인트, 비닐 도료(−塗料), 비닐 수지 도료(−樹脂塗料) 비닐 수지를 사용한 도료. 용제형(溶劑形)의 도료로서는 염화 비닐 수지와 초산 비닐의 공중합체 및 초산 비닐과 아크릴 수지의 공중합체를 사용한 것이 있고, 에멀션형의 도료로서는 유화 중합에 의해 만들어진 것이 있다. 내산·내 알칼리성이 풍부하고, 목재면은 물론 콘크리트나 모르타르면 등 모든 재료의 도장에 쓰인다. = VP
vinyl resin 비닐 수지(−樹脂) 비닐계 모노머(CH_2=CHR)의 중합체. 염화 비닐 수지와 초산 비닐 수지 등이 있다. 염화 비닐 수지는 판·타일·시트·발포체·파이프 등에 널리 쓰이고, 초산 비닐 수지는 도료나 접착제에 널리 쓰인다.
vinyl resin adhesive agent 비닐 수지계 접착제(−樹脂系接着劑) 초산 비닐을 주성분으로 한 접착제. 내산성·내 알칼리성이며, 접착력도 크다. 금속·유리·천의 접착제로서 상온에서 사용할 수 있으나 다른 수지계에 비해 내열성·내수성이 떨어져서 옥외 사용에는 적합하지 않다.
vinyl sheet floor 비닐 시트 바닥 장척의 플라스틱계 바닥 마감재의 호칭.
vinyl tile 비닐계 타일(−系−) 비닐을 주재로 한 바닥재. 석면을 가한 반경질의 것, 탄산 칼슘을 가한 연질의 것, 비닐만의 탄력성이 있는 것 등 사용 장소, 목적에 따라 사용한다.
vinyl wall covering 비닐 벽지(−壁紙) 염화 비닐을 주재료로 한 벽장재(壁裝材). 염화 비닐의 시트를 바탕으로 하고 뒤에 종이를 붙인 것.
virtual displacement 가상 변위(假想變位) 외력을 받아 평형 상태에 있는 구조물에서 경계 조건과 적합 조건을 만족하는 임의의 미소 변위.
virtual load 가상 하중(假想荷重) 보의 휨 모멘트 M을 휨 강성 EI로 나눈 값. 모어의 정리에 의해 처짐각이나 휨을 구할 때 하중으로서 상정한다.
virtual mass 가상 질량(假想質量) 실제로는 존재하지 않지만 현상을 설명하는 데 가상적으로 설정하는 질량. 지반 스프링의 진동수 의존성을 근사하는 경우 등에 사용한다.
virtual strain 가상 변형(假想變形) 가상 변위에 적합하는 변형.

virtual strain energy 가상 변형 에너지(假想變形－) 가상 변위에 의해 구조물에 축적되는 에너지. 외력에 의해 생기고 있는 응력과 가상 변형의 곱을 전 체적으로 적분한 것.

virtual work 가상 일(假想－) 외력과 평형하고 있는 구조물에 대하여 임의의 미소 변위를 생각했을 때 외력이 이 변위에 대하여 하는 일.

vis 비스 작은 나사못의 총칭. 쇠, 황동, 스테인리스제 등의 것이 있으며, 금속판의 부착에 쓰인다.

viscoelastic material 점탄성체(粘彈性體) 탄성과 점성의 양 성질을 동시에 나타내는 물질. 고무, 콘크리트, 고온의 금속 등에 그 특성이 현저하게 나타난다.

viscoelastic model 점탄성 모델(粘彈性－) 점성체(감쇠 기구)와 탄성 스프링을 조합시킨 모델. 포이트 모델(Voigt) 모델, 맥스웰 모델 등이 있다.

viscosimeter 점도계(粘度計) 유체의 점도를 측정하는 계기.

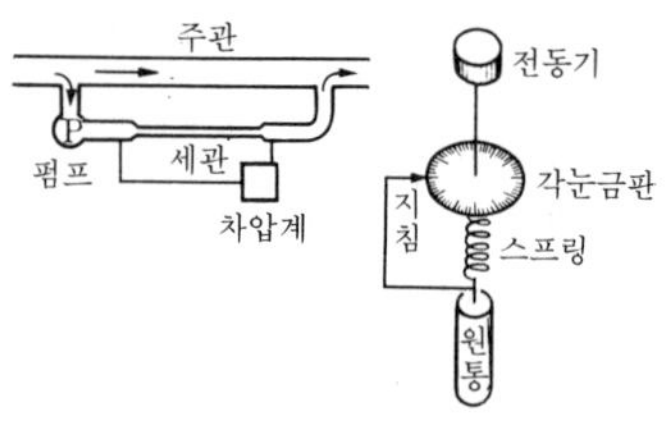

세관 전후의 압력차가 비례함으로써 점도를 구한다

유체중의 원통이 전동기축보다도 점도에 비례하여 늦어서 회전함으로써 점도를 구한다

viscosity 점성(粘性) 유체가 흐르고 있을 때 유체 내의 각 부분 사이, 또는 유체와 고체 사이에서 분자간의 인력에 의해 서로 운동을 방해하려는 힘이 작용하는 성질을 말한다.

viscous damping 점성 감쇠(粘性減衰) 물질의 점성에 기인하는 감쇠. 진동의 속도에 비례하여 진동에 저항하는 내부 감쇠의 하나.

viscous damping force 점성 감쇠력(粘性減衰力) 유체의 점성에 의해 생기는 감쇠력. 일반적으로 물입자의 운동과 부체(浮體)의 동요와의 상대 속도의 제곱에 비례한다.

viscous fluid 점성 유체(粘性流體) 점성의 영향을 무시할 수 없는 유체.

viscous fluid force 점성 유체력(粘性流體力) 유체의 점성에 의해 생기는 저항력.

viscous resistance 점성 저항(粘性抵抗) 물질의 점성에 기인하여 운동을 억제하려는 저항. 저항력은 속도에 비례한다.

visual inspection 외관 검사(外觀檢査) 구조물이나 부재의 마감 상황 · 표면의 흠 · 모양의 부정(不整) · 국부 변형의 유무 등을 목시(目視) 또는 간단한 계측기를 써서 하는 검사.

visual perspective 외관 투시(外觀透視) 건축물의 외관을 어느 시점에서 보는 것. 외관 투시를 입체적으로 그림으로 나타낸 것을 외관 투시도라 하고, 건축물의 외관이 눈에 비치도록 거리감이 있다. 그림은 두 소점(消點)을 이용한 외관 투시도의 예이다.

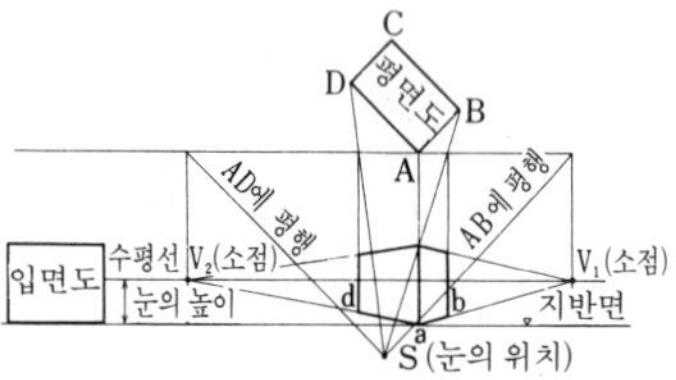

vitreous enamel 법랑(琺瑯) ＝porcelain enamel

vitrified brick 과열 벽돌(過熱壁－) ＝ clinker brick

void 보이드, 공극(空隙), 틈, 간극(間隙) 주로 자갈, 모래, 쇄석 등 골재 알갱이간의 공극을 말하며, 공극률 또는 간극률을 가리키는 경우도 있다. 또 설비의 배관용으로서 콘크리트에 타입하는 종이제의 슬리브를 보이드라 하기도 한다.

void ratio 간극비(間隙比) 흙의 간극 부분의 체적(V_v)과 흙입자의 체적(V_s)의 비(e)를 간극비라 한다.

$e = V_v/V_s$

void slab 중공 슬래브(中空－) 바닥 두께의 중앙에 중공부를 둔 슬래브의 총칭. 일반적으로는 원통형 볼트 거푸집을 설치해서 하는 바닥 구조를 말한다. 슬래브라기보다 보로서 다룰 필요가 있다. 볼트의 배치에는 몇 가지 패턴이 있다.

Voigt model 포이트 모델 진동계의 저항 기구로서 감쇠(점성) 요소와 스프링 요소를 병렬로 결합한 점탄성 모델.

Voigt-type visco-elastic model 포이트형 점탄성 모델(－形粘彈性－) ＝Voigt model

volcanic ash 화산재(火山－) ＝puzzolana

volcanic gravel 화산 자갈(火山一) 화산의 분출에 의해 생긴 자갈. 천연 경량 골재로서 사용된다.

volcanic rock 화산암(火山岩) 화산의 분출 퇴적물에 의한 암석.

volt 볼트 전압·전위차·기전력의 크기를 나타내는 단위. 기호 V.

voltage 전압(電壓) 도체 중에 전류를 흘리는 전기적인 압력. 단위 볼트(V).

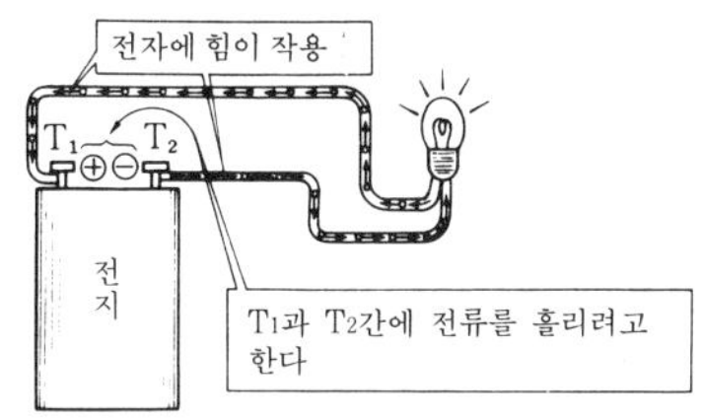

voltage drop 전압 강하(電壓降下) 전류가 도체를 흐를 때 도체의 전기 저항에 의해 전위차를 발생하는 현상. $R(\Omega)$의 저항에 I(A)의 전류가 흐를 때의 전압 강하는 RI(V)이다.

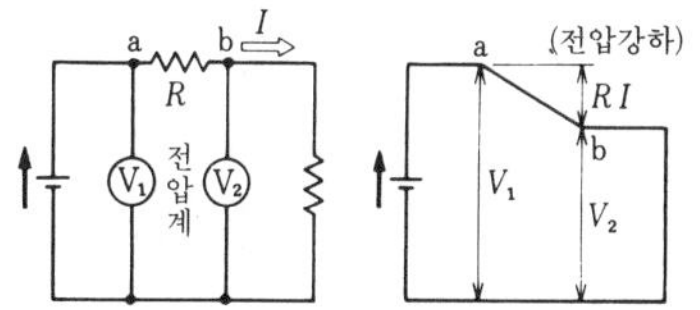

votage regulation 전압 변동률(電壓變動率) 무부하시 출력 전압 혹은 중부하시 출력 전압과 정격 전압의 차를 정격 전압으로 나누어 백분율로 나타낸 값.

voltmeter 전압계(電壓計) 전압을 재는 계기. 단자를 측정 전압의 양단에 연결한다. 종류는 ① 직류용·교류용·교직 양용·고주파용. ② 지침형·계수형이 있다.

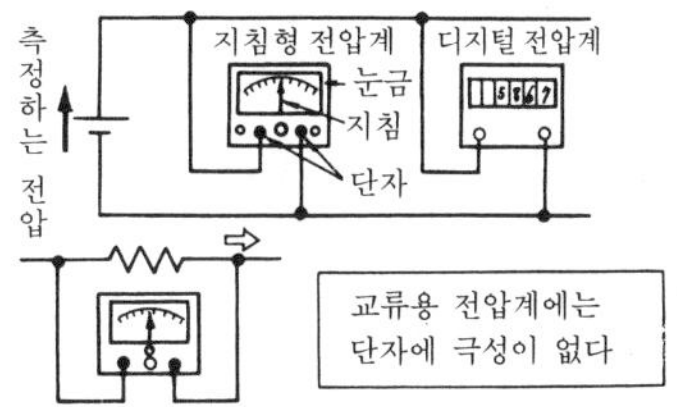

volume damper 볼륨 댐퍼 덕트계의 저항 손실의 불균일에 대한 미조정, 풍량 변경이나 일부분의 폐쇄 등에 사용하는 댐퍼를 말한다.

volume method 용적법(容積法) 건축 공사비의 개산(概算) 등에서 건축물의 용적당 단가에 의해 수량이나 금액의 예측을 하는 방법. 체육관이나 극장 등 층높이가 일정하지 않은 건축물에서는 면적에 의하지 않고 용적에 의하는 편이 정도(精度)가 높다고 한다.

volume modulus 체적 탄성률(體積彈性率) =modulus of elasticity of volume

volume moisture content 체적 함습률(體積含濕率) 재료의 단위 체적당에 포함되는 함습량의 체적을 비율로 나타낸 값.

volumetric plan 규모 계획(規模計劃) = land use program, planning of capacity and size

volumetric specific heat 용적 비열(容積比熱) 단위 용적의 물질의 온도를 단위 온도만큼 상승시키는 데 필요한 열량. 단위 용적의 열용량이다. 보통은 $1m^3$, 1℃에 대한 값을 쓴다. 단위는 kcal/m^3·℃. 비열에 밀도를 곱하여 얻어진다.

volume velocity 체적 속도(體積速度) 진동면 혹은 어느 공간 내의 가상면에 대해서 진동 속도 혹은 입자 속도의 수직 방향 성분을 면적분한 양.

volute pump 볼류트 펌프, 나선 펌프(螺旋一) 안내 날개가 없는 와권(渦卷) 펌프.

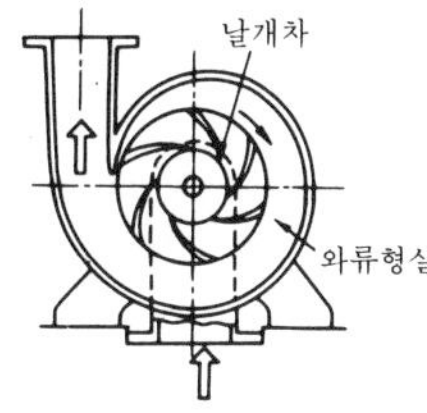

Voronoi polygon 보로노이 다각형(一多角形) 점이 공간에 배치되어 있을 때 공간을 각각의 점에 가장 가까운 영역에서 분할했을 때 얻어지는 다각형.

voussoir 아치돌, 홍예석(虹霓石) =arch stone

VP 비닐 페인트, 비닐 도료(一塗料), 비닐 수지 도료(一樹脂塗料) =vinyl paint

VSL system VSL공법(一工法) VSL은 vordpann system losinger의 약어. 프리스트레스트 콘크리트용 정착 공법의 일종. 한 줄에서 복수줄의 PC 강 꼬임선을 한 줄씩 쐐기로 앵커 헤드에 정착하는 공법. 다양한 고정 방식의 조합이 있다.

Wachsendehaus 성장하는 집(成長－) 가족 구성원의 변화 등 주생활상의 변화에 대해 건물 구조, 공간의 넓이, 설비 등이 유연하게 대응할 수 있도록 계획된 주택.

waffle form 워플 거푸집 워플 슬래브용의 거푸집.

waffle slab 워플 슬래브 격자 모양으로 비교적 작은 리브가 붙은 철근 콘크리트 슬래브를 말한다. 리브는 격자 모양의 작은 보로서 작용한다. 전용의 거푸집을 써서 타설된다.

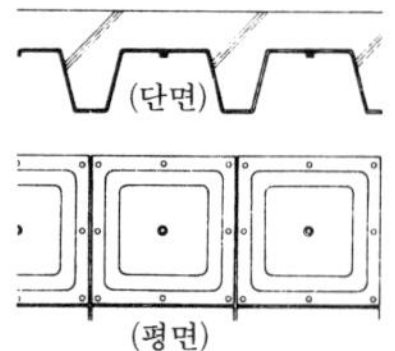

wainscoting 징두리널, 징두리널벽(－壁) 바닥면에서 1m 정도까지의 벽면에 붙인 널벽.

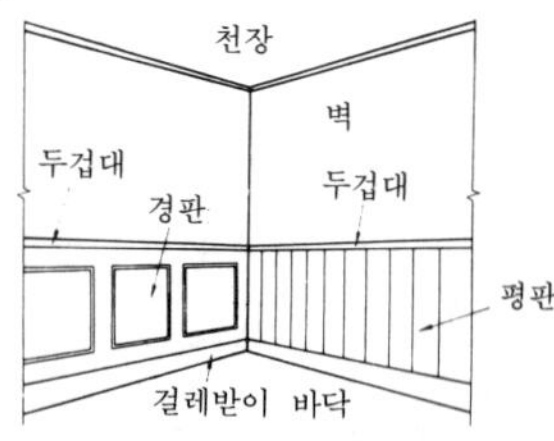

waiting 대기(待機) 자재의 반입이나 준비가 미흡하여 공사를 진행할 수 없어 기다리는 상태.

waiting room 대합실(待合室)[1], 대기실(待機室)[2] (1) 역이나 병원 등에서 승객이나 환자 등이 열차나 순번을 기다리기 위한 방.
(2) ＝anteroom

wale 띠장, 지보공 띠장(支保工－) ＝waling

waling 띠장, 지보공 띠장(支保工－) 널말뚝 또는 버팀기둥을 지지하기 위한 횡가재. 재종(材種)으로서 소나무 또는 I형강·H형강 등이 쓰인다.

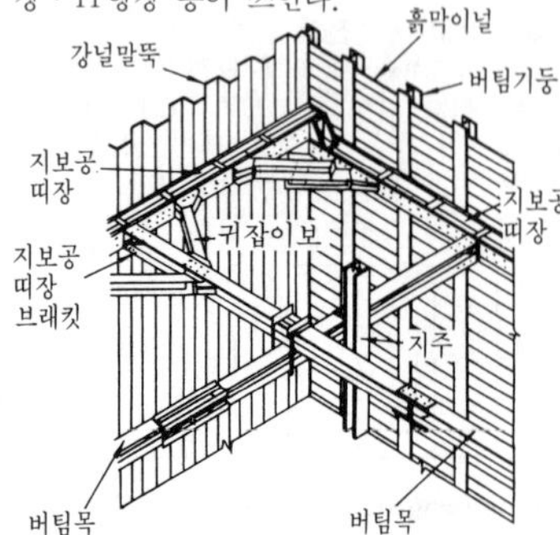

강제 흙막기 지보공의 예

walkable roof 보행용 지붕(步行用－) 방수층 위에 방수 누름을 시공하고, 보행할 수 있도록 한 지붕.

walk-in closet 워크인 클로짓 사람이 직접 출입하여 물품을 꺼내거나 보관할 수 있는 수납실. 주로 의류의 수납을 위한 방을 말하지만, 식기, 기물 등을 넣는 방을 말하기도 한다.

walk up type 계단실형(階段室形) 계단실에서 직접 각 주택 등으로 연결되는 공동주택의 형식.

walking distance 도보권(徒步圈)[1], 보행거리(步行距離)[2] (1) 지역 주민 등이 일상 생활이나 여러 활동을 할 때 각종 시설을 이용하게 위해 도보로 해당 시설에 도달하고 이용할 수 있는 권역. ＝waking sphere
(2) 건축물의 어느 부분에서 다른 부분까지 실제로 보행할 수 있는 경로로 잰 거

리. 거실의 각 부분에서 피난 계단까지의 보행 거리에는 한도를 정하는 등의 제한이 있다.

walking speed 보행 속도(步行速度) 사람이 보행하는 속도. 피난 계획이나 군집 행동의 분석 등에 사용한다.

walking sphere 도보권(徒步圈) ＝walking distance

wall 벽체(壁體)[1], 담, 담장[2] (1) 일반적으로는 벽의 실체를 말한다. 칸막이나 커튼월 등의 비구조벽을 포함하지 않는 경우가 많다.
(2) 부지의 경계선 등에 설치되며, 부지를 구획하는 벽. 울타리와 달리 시계를 차단하고, 프라이버시의 보호, 방범, 방화, 방음 등의 목적을 갖는다.

wall cabinet 월 캐비닛 벽면을 물품의 수납 장소로 하는 가구, 붙박이의 벽면 수납 가구.

wall clay 벽토(壁土) 바름벽에 사용하는 흙. 외엮기벽의 초벽, 재벌칠 등에 사용하는 굵은 흙이나 정벌칠에 사용하는 색토의 총칭.

wall coating 마감 도재(磨勘塗材) 스프레이, 롤러, 흙손 등으로 칠하여 벽이나 천장의 미장과 보호를 목적으로 하여 사용하는 기성 배합의 재료.

wall construction 벽식 구조(壁式構造) 구조체의 외력에 대한 주요 저항 요소가 판형의 부재로 구성되어 있는 구조물. 예를 들면 콘크리트 블록 담, 벽식 철근 콘크리트 구조 등.

walled frame 유벽 라멘(有壁－) 라멘의 구면 내에 전단력에 저항할 수 있는 내력벽을 둔 라멘. 무벽 라멘 또는 순 라멘과 구별할 때 쓴다.

wall friction 벽면 마찰(壁面摩擦) 유체가 물체 표면을 따라 흐를 때에 유체의 점성에 마찰이 생겨서 받는 저항. 표면의 요철(凹凸)이나 레이놀즈수에 따라 다르다.

wall girder 테두리보 구조 부재를 이루는 보의 일종으로, 벽의 일부가 되는 것.

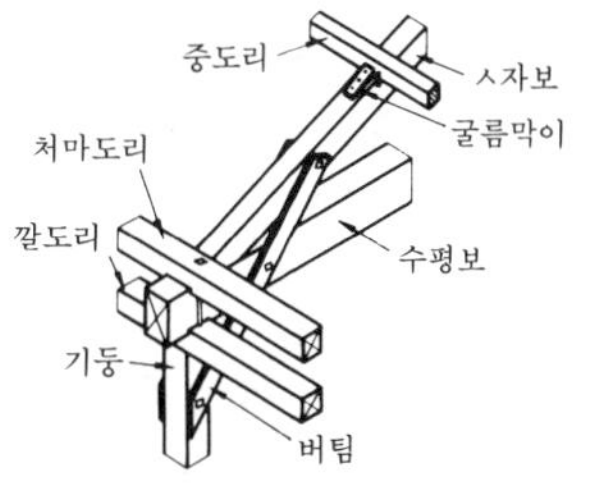

wall girder-column type rigid frame 벽식 라멘(壁式－) 폭넓은 기둥과 높은 테두리보를 써서 구성되는 강절(剛節) 라멘의 형상. 주로 외주면에 쓰인다.

wall hydrant 옥내 소화전(屋內消火栓) 주로 화재의 초기 단계에서 사용하기 위해 건물 내부에 설치하는 소화전.

wall-length ratio of resisting wall 벽량(壁量) 조적조(組積造)·벽식 구조 등에서 어떤 방향의 벽 수평 길이의 합계를 바닥 면적으로 나눈 값. 벽의 수평 내력 지표로서 쓰이며, 층마다 필요량이 정해지고 있다. 목구조에 대해서도 같은 사상이지만 골격의 종류에 따라 벽배율을 가미하여 정해지고 있다.

wall maintenance lift 곤돌라 ＝gondola

wall paint 벽화(壁畵) 건축물의 천장, 벽면 등에 그려진 회화. 건축과 일체화하여 구상되는 일이 많다. ＝mural paint

wall paper 벽지(壁紙) 벽면에 붙이는 장식용의 종이. 종이 외에 각종 섬유·플라스틱 합성품이 많고, 모양에는 도안화된 것이나 나뭇결 등을 모방한 것 등이 있다.

wall plate 벽널(壁－) 목구조·철골 구조 등에서는 샛기둥·띠장 등에 붙이는 판재. 철근 콘크리트 내력벽에서는 기둥이나 보의 부재에 둘러싸인 면내에 타설 또는 부착되는 판 모양의 부분을 말한다. 조립식 구조의 벽체용 패널을 벽널이라고 부르기도 한다.

wall quantity 벽량(壁量) 어느 방향의 내력벽 수평 실제 길이의 합계를 해당 층 벽량 산정용 바닥 면적(벽률 산정용 바닥 면적과 같다)으로 제한 수치(cm/m^2). → wall ratio

wall ratio 벽률(壁率) 어느 방향의 내력벽 수평 단면적의 합계를 해당층의 벽률 산정용 바닥 면적(외주의 내력벽 중심선으로 감싸이는 면적)으로 제한 수치(cm^2/m^2). →wall quantity

wall ratio based on the total floor area 연 바닥 면적 벽률(延－面積壁率) 건물의 1층에서의 보 사이 방향, 또는 도리간수 방향의 벽의 수평 총단면적의 연 바닥 면적에 대한 비.

wall register 벽면 레지스터(壁面－) 철판 등을 따내서 만든 그릴에 댐퍼를 부속시켜 공기량의 조정을 할 수 있는 공기 조화, 환기용 분출구의 하나.

wall reinforcement 벽근(壁筋) 벽널의 보강 철근. 벽널 두께 20cm 이상에서는 복근 배치가 규정되고 있다. 9mm 이상의 원강, D10 이상의 이형 철근 또는 소선경(素線徑) 6mm 이상의 용접 쇠그물이 사용된다.

walls 장벽(墻壁) 견고한 벽 모양을 이루는 담. 벽돌, 돌, 흙 등에 의해 만든다. 벽토에 산초(山椒)의 열매를 섞어서 칠한 중국의 벽을 가리키기도 한다.

wall surface 벽면(壁面) 벽의 표면. 내부이면 내벽면, 외부이면 외벽면이라 한다.

wall surface line 벽면선(壁面線) 가로의 환경 유지 등을 위해 지정된 선으로, 건축물의 벽이나 기둥은 이 선을 넘어서 세워서는 안 된다.

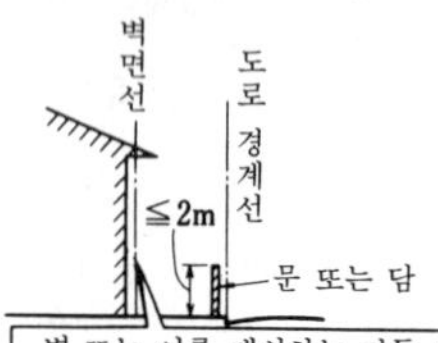

wall tie 월 타이 ① 결속선에 의애 철근을 묶는 법의 하나. ② 벽돌 구조의 2중벽을 보강하기 위한 철물.

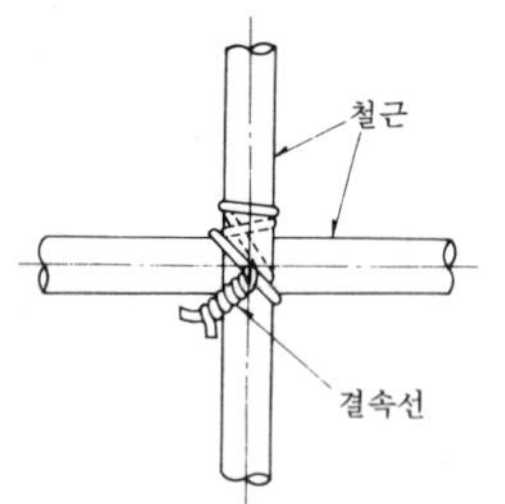

wall tile 월 타일 벽에 사용되는 타일의 총칭.

wall unit 월 유닛 벽면을 구성하는 부품의 총칭. 특히 벽면 가구.

wall water proofing on outside 외방수(外防水) 지하층 방수법의 일종. 내방수의 대비어. 외벽 바깥쪽에 방수층을 두는 방법으로, 방수성이 뛰어나다.

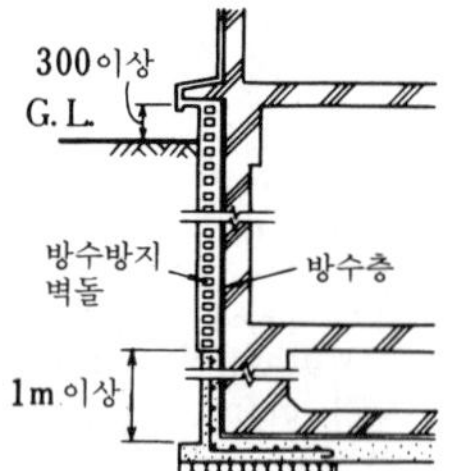

ward 병실(病室) =patient's room

wardrobe 양복장(洋服欌) 양복을 매달아 수납하는 대형의 장. 하부에 서랍을 갖는 것도 있다.

wards 병동(病棟) 병원에서 환자를 입원시키는 부문 또는 건물. 환자 그룹과 그에 대응한 간호 직원 팀이 전용으로 사용하는 시설을 가리키기도 한다. =nursing unit

warehouse 창고(倉庫) 물자를 안전하게 보관, 저장하는 건물. 보통 창고, 상품 창고, 특별 창고 등이 있다.

warm air furnace 열풍로(熱風爐) =furnace

warm air heating 온기 난방(溫氣煖房) 온기를 열매로 하는 난방. 가열기에 의해 외기를 데우고, 이것을 풍도 또는 송풍기에 의해 방에 온기를 유도하는 것.

warm color 난색(暖色) 시각에 의한 느낌이 따듯한 색. 한색의 대비어. 황·오렌지·빨강에 속하는 색으로, 한색에 대해서 온색(溫色)이라고 부르기도 한다.

warm curing 채난 양생(採煖養生) 한중(寒中) 콘크리트 공사에서의 콘크리트의 양생 방법의 하나. 구조물의 개구부를 막는다든지, 구조물 전체를 덮어서 그 속에서 석유 팬 히터 등으로 채난한다.

warm up 웜 업 =worming-up

warming-up 워밍업 냉난방 간헐 운전에서 실내 온도가 규정값에 이르기까지 장치를 운전시키는 상태.

warming-up load coefficient 연소 개시 부하 계수(燃燒開始負荷係數) 보일러를 써서 간헐 난방을 하는 경우 연소 개시시에 냉각된 건물의 구조체나 난방 장치를 소정 온도까지 가열하기 위해 정상시의 부하보다 여유를 둘 필요가 있다. 이 경우의 여유율을 연소 개시 부하 계수라 하는 보일러의 출력으로 나타내면 다음 식과 같다.

연소 개시 부하 계수
=(정격 출력)/(상용 출력)

warping 휨 평면이어야 할 재료의 면에 생긴 만곡. 또는 시공상, 의장상 주어진 만곡을 말한다.

Warren truss 워린 트러스 경사재가 산형상(山形狀)으로 연속하여 배치된 평행현 트러스. 연직 하중에 대해서는 인접하는 경사재가 교대로 압축과 인장을 받는다.

wash 물흘림 물매 물이 흐를 정도의 완만한 경사면. 건물의 외면에 사용하는 수평재의 빗물에 대한 처리법의 하나이다.

washability 내세정성(耐洗淨性) 물질의

표면에 부착 또는 함침한 오염의 세정, 제거에 의해 표면이 마모, 손상, 변질 등을 일으키지 않는 성질.

wash basin 세면기(洗面器) 세면 전용으로 사용하는 위생 도기.

(a) 대형 수세기

(b) 구석 설치 소형 수세기

wash boring 워시식 보링(—式—) 압력수를 비트에서 구멍 속으로 분출시켜 토사를 배출시키면서 티핑 비트로 파 나가는 토질 조사. 간단하고 염가이지만 비교적 연약한 토질이 아니면 이용할 수 없다.

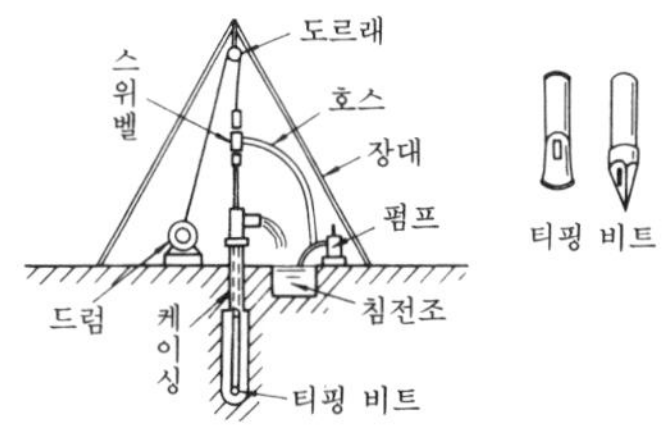

washer 와셔 볼트나 너트와 재료 사이에 삽입하는 철제의 박판. 원형·각형이 있으며 중앙에 볼트 구멍이 있다.

washing finish of stucco 씻어내기 콘크리트 바름·모르타르 바름·인조석 바름 등의 마감법의 하나. 시멘트가 완전히 경화하지 않는 시기에 표면을 씻어내어 골재를 노출시킨다.

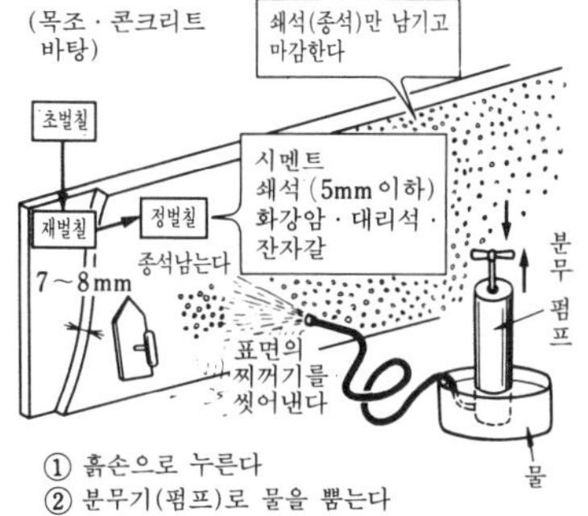

washington-type air meter 워싱턴형 에어 미터(—形—) 아직 굳지 않은 콘크리트의 공기량을 측정하는 공기실 압력 방법에 사용하는 장치.

wash primer 워시 프라이머 도장의 바탕을 도장에 적합하도록 처리하는 도료.

wash room 세면소(洗面所) ＝lavatory

waste heat boiler 폐열 보일러(廢熱—) 디젤 엔진, 가스 엔진, 가스 터빈 등에서 나오는 배기 가스의 여열을 이용한 열회수 장치. 노(爐)는 갖지 않는다. 여열 보일러, 배기 가스 보일러라고도 한다.

waste heat recovery 배열 회수(排熱回收) ＝heat recovery

waste incineration plant 청소 공장(淸掃工場), 쓰레기 소각장(—燒却場) 지방 자치체가 하는 청소 사업에 의한 쓰레기 소각 처리 시설.

waste incinerator 오물 소각로(汚物燒却爐) ＝dirty incinerator

waste pipe 배수관(排水管) ＝drain pipe

waste pump 오물 펌프(汚物—) 분뇨 기타의 오물을 포함하는 오수를 양수하기 위해 날개차의 날개를 2~3매로 한 수직형 배수 펌프.

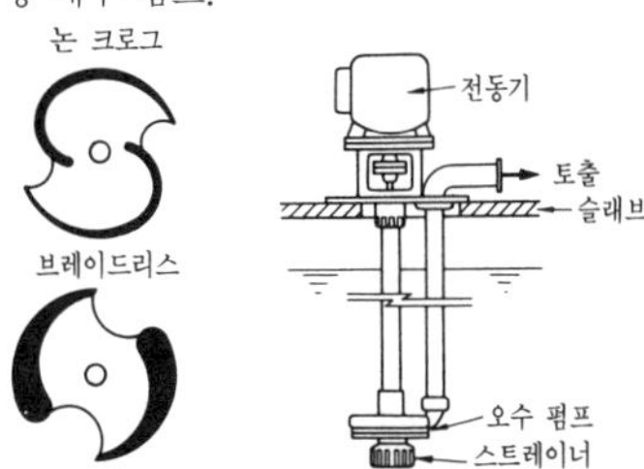

waste treatment 쓰레기 처리(—處理) ＝refuse disposal

waste water 잡배수(雜排水) 건축 설비에서 변소 계통 이외의 배수를 말하며, 오수

와 구별한다.

wastewater purifier 배설물 정화조(排泄物淨化槽) =private sewerage system

wastewater treatment 수질 처리(水質處理) 물의 이용 목적에 적합한 수질로 하기 위해 물에 포함되어 있는 특정한 물질을 분리한다든지, 질을 바꾼다든지, 유해 물질을 무해화한다든지 하는 조작. 일반적으로 물처리라 한다. =water treatment

water absorption 흡수(吸水) 재료의 틈에 수분을 흡수하는 성질 또는 흡수하는 것을 말한다.

water absorption test 흡수 시험(吸水試驗) 재료의 흡수성을 살피는 시험. 일반적으로 재료를 수중에 일정 시간(보통 24 시간) 담근 후의 흡수량을 측정한다.

water-air system conditioning 공기 물식 공기 조화(空氣－式空氣調和) 배관에 의한 냉·온수와 덕트에 의한 냉·온풍(고속 공기)을 병용하여 공기 조화하는 방법을 말한다.

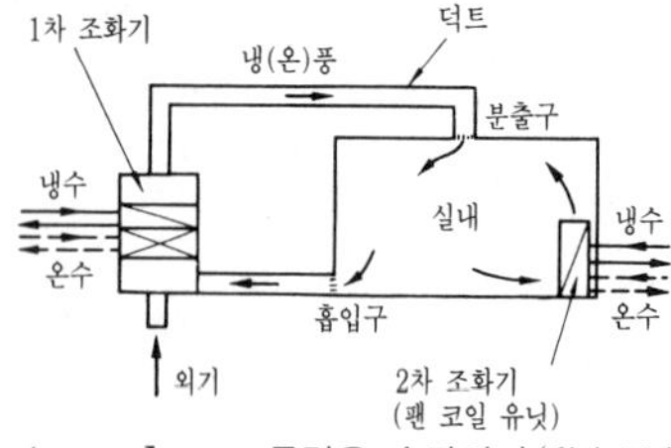

water and gas 동력용 수광열비(動力用水光熱費) =cost of electricity

water balance 물 수지(－收支) =hydrological balance

water binding 물다짐 모래 등의 조립토(粗粒土)를 써서 흙쌓기나 되메우기를 할 때 물을 뿌리면서 다지는 것.

water-cement ratio 물 시멘트비(－比) 시멘트 중량에 대한 유효 수량의 중량 백분율. 적당한 워커빌리티의 범위에서는 콘크리트의 강도는 거의 물 시멘트비(w/c)에 의해 결정된다.

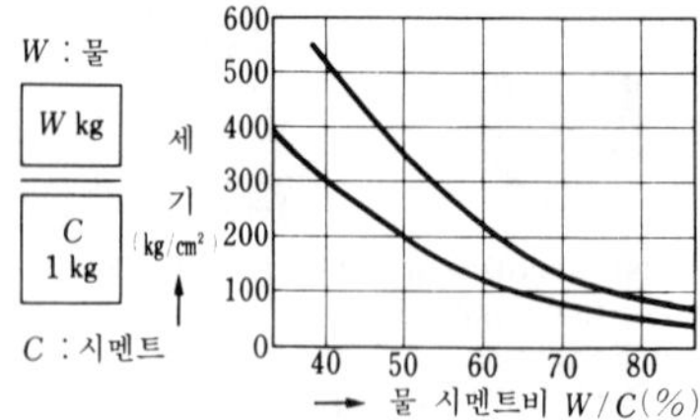

water closet 수세 변소(水洗便所) 사용 후 물을 흘려서 오물을 오물 처리조 또는 하수거에 유도하는 방식의 변소.

water closet cistern 시스턴 =cistern

water coil 통수 코일(通水－) 튜브 내에 물을 통하여 튜브 주위의 유체와 열교환을 하는 코일형 열교환기. 전열을 좋게 하기 위해 플레이드 핀형 등이 있다.

water content 함수비(含水比) 흙 속에 포함되어 있는 물의 중량 W_w와 흙입자의 건조 중량 W_s와의 비를 백분율로 나타낸 것을 함수비(w)라 한다.

$$w = \frac{W_w}{W_s} \times 100 \ [\%]$$

water content in percentage of total weight 함수율(含水率) 어떤 용적의 흙에 포함되는 물의 중량 W_W의 흙의 전중량 W에 대한 비율을 백분율로 나타낸 값 w_m. $w_m = (W_W/W) \times 100(\%)$. →water content

water content per unit volume of concrete 단위 수량(單位水量) 프레시 콘크리트 $1m^3$ 중에 포함되는 수량. 단, 골재 중의 수량은 포함하지 않는다.

water content survey of soilgrade 수분 검층(水分檢層) 지반의 방사선 검층법의 하나. 베릴륨에 라듐을 합친 고속 중성자를 써서 이것이 수소 원자에 의해 열중성자가 되는 반응을 이용하여 지반의 함수량을 구하는 방법.

water cooled packaged air conditioner 수냉형 패키지(水冷形－) 응축기에 수냉식을 사용한 패키지 공기 조화기. 냉각수가 필요하다.

water criteria 수질 기준(水質基準) 물의 이용 목적에 적합하도록 유지하지 않으면 안 되는 수질. =water quality standard

water curing 수중 양생(水中養生) 모르타르·콘크리트의 표준 양생에 쓰이는 방법. 강도 시험용 공시체(供試體)의 수중 양생은 20±3℃ 온도의 수조 속에서 한다. 쉴사이없이 신선한 물로 씻기는 상태로 양생을 해서는 안 된다.

water distribution 송수(送水), 배수(配水) =water supply

water distribution reservoir 배수지(配水池) 상수도 시설의 일부. 시간적으로 일정하지 않은 수도 수요와 일정한 운전을 하고 있는 정수 시설에서의 정수량과의 불균형을 조정하기 위해 상수를 일시 저류하는 시설.

water drain 물푸기 굴착과 병행하여 행하는 배수 공사.

water drip 물끊기 =throating

water environment 물 환경(－環境) = hydrological environment

water examination 수질 시험(水質試驗) =quality test of water

water expenses 용수비(用水費) 건설 공사에 필요한 가설의 수도, 우물 등의 사용료 및 그를 위한 시설의 설치, 유지 및 철거에 요하는 비용.

water flow indicator 유수 검지 장치(流水檢知裝置) 스프링클러 설비의 자동 경보 장치 구성 기기의 하나. 본체 내의 유수 현상을 자동적으로 검지하여 신호 또는 경보를 발하는 장치. 습식, 건식, 예비 작동식이 있다.

water for living 생활 용수(生活用水) 주생활을 중심으로 하는 생활을 위해 필요한 음료 등에 사용하는 물.

water for miscellaneous use 잡용수(雜用水) =non-potable water

water front industrial location 암해형 공업 입지(臨海形工業立地), 임해형 공업 단지(臨海形工業團地) 원료, 소재, 제품 등의 수송을 해운에 의존하기 위해 임해부에 설치되는 철강·중화학·에너지·조선 공업 등의 입지(단지).

water gauge 수위계(水位計) 하천, 호수, 수조 등의 수면의 위치 혹은 기준면에서 수면까지의 높이를 표시하는 계기.

water glass 물유리(－琉璃) 점조(粘稠) 액체로, 물에 잘 녹는다. 주물, 토질 안정화제, 시멘트 방수제 등에 사용한다.

water granulated slag 수쇄 슬래그(水碎－) =granulated slag

water hammer 수격(水擊) 관로 내를 흐르고 있는 물을 관 끝의 밸브에서 갑자기 멈추었을 때 유체 속도의 급격한 저하에 의해 물의 운동 에너지가 압력 에너지로 바뀌어서 생기는 충격. 이 압력은 관로 중을 전파하여 다시 밸브의 위치로 되돌아간다.

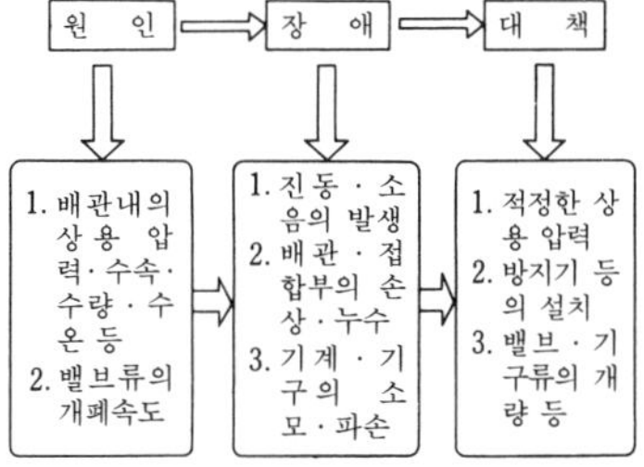

water hammering 수격 작용(水擊作用) 관로 내의 물의 운동 상태를 갑자기 변화시켰을 때 생기는 물의 급격한 압력 변화의 현상. 급격한 압력 변화가 관내를 물결 모양으로 전하기 때문에 음을 발하고, 심할 때는 장치의 고장 원인이 되기도 한다.

갑자기 가늘어진다 / 밸브(갑자기 닫힌다)

소리를 낸다

물의 밀도에 소밀이 생겨 결모양으로 전한다

밸브의 직전에서 수압이 상승한다

water hammer pump 수격 펌프(水擊－) 방수관의 밸브를 갑자기 개폐함으로써 생기는 수격 작용을 이용하여 흘러내리는 저낙차의 물의 일부를 높은 곳으로 퍼올리는 펌프.

water heater 온탕기(溫湯器) 급탕용·난방용 등의 탕을 끓이기 위한 기기. 직접식과 간접식이 있으며, 직접식은 순간 온탕기·저탕식 온탕기 등이 있고, 간접식으로는 증기 가열 온탕기 등이 있다.

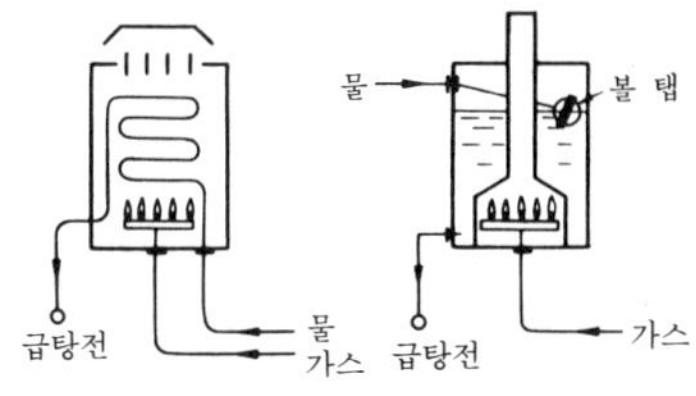

(a) 순간식 (b) 저탕식

water heat storage 수축열(水蓄熱) 냉수 또는 온수를 수조에 축적하고, 냉각 또는 가열 요구가 생겼을 때 수시로 꺼내서 이용하는 방법.

waterjet pump 워터제트 펌프 압력수를 분사시켜 지반을 연화시키면서 말뚝을 박는 워터제트 공법에 사용하는 펌프. 제트 파이프는 말뚝에 대거나 또는 말뚝 속에 부착한다. 모래층이나 실트가 섞인 모래층 등에 적합하다.

water jetting 워터 제트 노즐의 끝에서 분출시킨 고압력수. 토공사에서는 굴착 공사나 말뚝의 조성 지반 개량 등에 이용되고, 또 콘크리트나 강재 등의 절단에도 사용한다.

water level 수위(水位) 하천, 호소, 수조

등의 물의 자유 표면의 위치 또는 일정한 기준의 면에서 잰 수면의 높이.

water liquid flow 액수 이동(液水移動) 재료 내에서 흡착 및 모세관수의 상태로 액수가 이동하는 것. 화학 퍼텐셜 물매 혹은 함습률과 온도 물매에 비례해서 일어난다.

water meter 수량계(水量計) 수량을 적산 지시하는 계기. 날개차형 수량계, 용적형 수량계, 차압형 수량계 등이 있다.

water paint 수성 페인트(水性－), 수성 도료(水性塗料) 안료에 아교·카세인·전분 등, 수용성의 풀을 혼합한 도료. 실내의 도장에 사용한다.

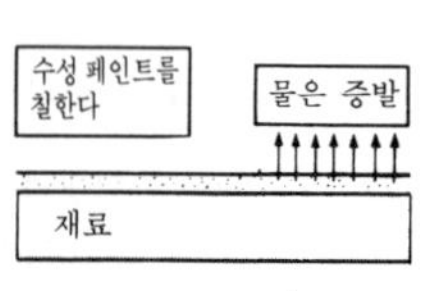

water paint work 수성 페인트칠(水性－) 도장 공사의 하나로, 수성 페인트를 솔·스프레이 건 등으로 칠하는 공사. 내 알칼리성 실내의 도장에 적합하다. 최근에는 에멀션 도료가 이를 대신해 가고 있다. →water paint

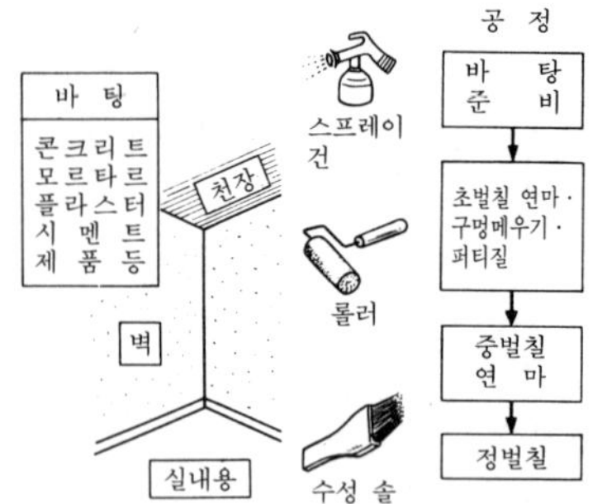

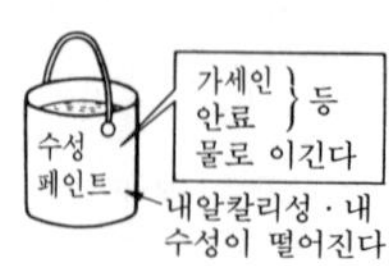

(에멀션 도료는 내외의 콘크리트·바름벽에 정합하다)

water permeability 투수성(透水性) 재료가 물을 통과시키는 성질.

water permeability test 투수 시험(透水試驗) ① 흙의 투수성을 살피는 시험. ② 다공질의 재료 속에 물이 침투해 가는 속도를 살피는 시험. 건축 재료에서는 모르타르·콘크리트 등에 압력수를 가하여 일정 시간 내에 재료에 침투한 수량을 측정한다.

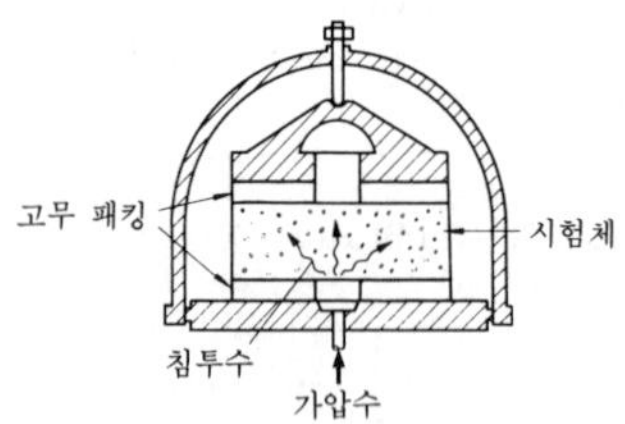

water pipe line 관수로(管水路) 관내를 물이 항상 만류 상태로 흘러 관의 내벽 전체에 수압이 걸리고 있는 밀폐한 수로.

water pollution 수질 오탁(水質汚濁), 수질 오염(水質汚染) 가정용 배수나 산업용 배수 등에 의해 하천이나 호소(湖沼) 등의 수질이 오탁(오염)하는 현상.

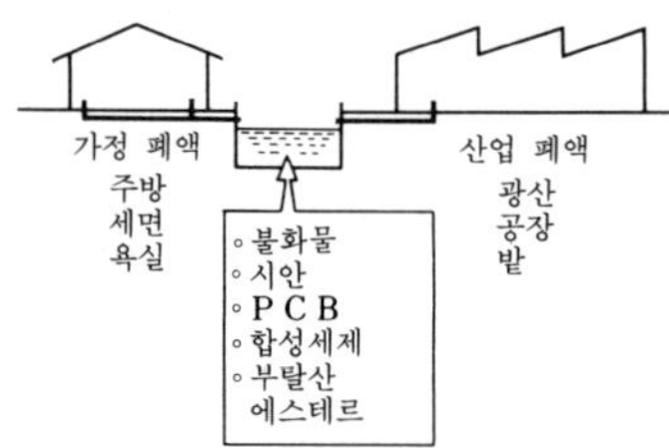

water pressure 수압(水壓) 물이 미치는 압력.

waterpressure test 수압 시험(水壓試驗) 배관, 탱크, 보일러 등과 같이 압력이 걸리는 기기에 사용 전에 미리 규정의 수압을 가하여 누수의 유무를 검사하는 시험.

waterproof 내수성(耐水性) 물이나 바닷물, 수용액(산이나 알칼리)에 대한 저항성을 말하며, 방수를 가리켜 말하기도 한다.

waterproof agent 방수제(防水劑) 흡수성이나 투수성을 감소시켜서 물의 침입을 방지할 목적으로 시멘트 모르타르나 콘크리트 등에 혼입하는 혼합제. ＝water proofing agen

waterproof agent for cement mixture 시멘트 방수제(－防水劑) 방수제와 같다. 방수재와의 혼동을 피하고 싶을 때 사용한다.

waterproof division 침수 방지 구획(浸水防止區劃) 부유식의 해양 건축물에서 침수를 최소한으로 하여 전복이나 침몰을

방지하기 위해 설치하는 구획.

waterproofed concrete 방수 콘크리트(防水－), 수밀 콘크리트(水密－) 실용상 충분한 방수성을 갖는 콘크리트.

waterproofed mortar 방수 모르타르(防水－) 방수제를 넣은 모르타르.

waterproofed slab 방수 바닥(防水－) 물이 새지 않도록 방수층을 둔 바닥.

waterproofer of cement 시멘트 방수제(－防水劑) 주로 규산질 광물 분말을 주성분으로 한 것. 방수제의 신용도는 낮으므로 모르타르나 콘크리트 자체의 수밀을 꾀하는 것이 중요하다.

waterproofing 방수(防水) 물의 침입 또는 투과를 방지하는 것. 방수 공사에는 외방수(外防水)와 내방수가 있다. 방수 공법으로서는 아스팔트 방수, 모르타르 방수, 도포(塗布) 또는 도막 방수 등이 있다.

waterproofing admixture 방수제(防水劑) ＝waterproof agent

waterproofing agent 방수제(防水劑) 수밀성을 증가시키기 위해 사용하는 혼합제로, 시멘트 방수제, 콘크리트 방수제라고도 한다. 물 유리·규산 소다·염화 칼슘·합성 수지 에멀션 등을 원료로 한다. ＝water proof stuff

waterproofing layer 방수층(防水層) 섬유품, 종이, 시멘트 등을 방수제로 적당히 처리하여 만드는 방수성의 피막. 지하실이나 지붕 공사에서 방수 모르타르나 방수 콘크리트를 써서 만드는 방수층 또는 아스팔트 루핑, 아스팔트 펠트 등을 병용해서 만드는 방수층.

waterproofing material 방수재(료)(防水材(料)) 물을 투과시키지 않거나 투과하기 어렵게 하는 방수에 사용하는 재료. 아스팔트, 시트, 도막 방수재 등이 있다.

waterproofing membrane 방수층(防水層) 방수의 기능을 하는 불투수성의 층. 아스팔트 방수, 시트 방수, 도막 방수 등이 있다.

waterproofing mortar finish 모르타르 방수(－防水) 모르타르 중에 방수제를 혼입하여 방수층을 형성하는 것. 아스팔트 방수층보다는 염가이지만 밑창 콘크리트의 균열에 의해 방수 성능을 낮추므로 차양의 윗면과 같은 경미한 곳에 쓰인다.

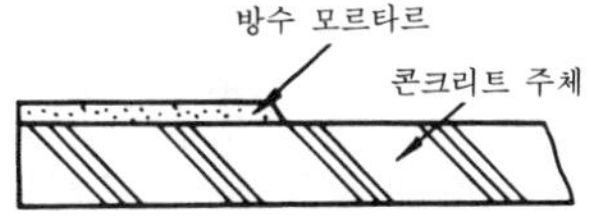

waterproofing plywood 내수 합판(耐水合板) 내수성을 가진 합판.

waterproofing with heat insulation 단열 방수(斷熱防水) 실내 환경의 쾌적화, 열부하의 저감, 골격의 보호를 목적으로 하여 단열재를 꾸며 넣은 방수 공법.

waterproofing work 방수 공사(防水工事) 물의 침입을 방지하기 위해 행하는 공사. 아스팔트 방수 공법, 모르타르 방수 공법, 금속판 방수, 합성 수지 방수 공법 등이 있다.

waterproof materials 내수 재료(耐水材料) 벽돌·돌·인조석·콘크리트·아스팔트·도자기·유리 등의 내수성 재료. 물을 투수해도 그 자체에 의해 파괴한다든지 부식한다든지 하지 않는 것도 내수 재료로서 다루어진다.

waterproof plywood 내수 합판(耐水合板) ＝water resistant plywood

water proof stuff 방수제(防水劑) ＝water proofing agent

water purification plant 정수장(淨水場) 상수용의 물로 하기 위한 공공용 설비로, 취수, 도수, 정수, 송수, 배수, 급수 등의 시설 전체의 총칭. 규모가 작은 것으로 간이 수도가 있다.

water purifier 순수 제조 장치(純水製造裝置) 순수(불순물을 거의 완전히 제거한 물)를 만드는 장치. 증류법, 이온 교환법, 역침투법 등의 제조법이 있다. 병원, 연구소의 화학 분석, 세정수, 보일러 용수 등으로 사용된다.

water quality management 수질 관리(水質管理) 넓은 뜻으로는 공공 용수역의 수질 보전을 위해 강구하는 여러 시책의 종합을 가리킨다. 좁은 뜻으로는 정수장의 수질 감시, 음료수의 수질 보전 등의 수질에 관한 관리를 가리킨다.

water quality standard 수질 기준(水質基準) ＝water criteria

water reducing accelerator 촉진형 감수제(促進形減水劑) 콘크리트의 경화 촉진 작용을 갖는 감수제. 종결이 기준 콘크리트보다 늦지 않아야 한다.

water reducing agent 감수제(減水劑) 콘크리트 혼합제의 일종. 비비는 동안에 시멘트 입자를 대전시켜 각 입자를 분산시키는 표면 활성제로, 유효 수화 면적의 증가, 수량의 감소, 워커빌리티의 개선, 내수성의 개선 등의 효과가 있다. 고강도화·유동화를 목적으로 한 고성능 감수제도 있다.

water-repellent agent 방수제(防水劑), 발수제(撥水劑) 재료에 첨가한다든지 표면에 칠함으로써 물을 튀기는 성질을 주는 약제.

water resistance 내수성(耐水性) =waterproof

water resistance layer 방수층(防水層) =waterproofing layer

water resistant material 내수 재료(耐水材料) 흡수, 함수(含水), 투수 등의 물의 작용에 대하여 성능의 저하가 없든가 작은 재료의 총칭.

water resistant plywood 내수 합판(耐水合板) 물기나 습기가 있어도 접착 성능이 열화하지 않는 합판을 말한다. =waterproof plywood

water resistant test 내수 시험(耐水試驗) 재료를 물 속에 일정 시간 담가서 형상·재질·강도 등의 변화를 살피는 시험.

water retentivity 보수성(保水性) 재료가 장시간 수분을 계속 유지하는 능력. 예를 들면 바름벽 재료에서 수분이 바탕에 급격히 흡수되지 않는 성질.

waterscape environment 물 환경(-環境) =water environment, hydrological environment

water seal 수밀봉(水密封), 수봉(水封) 각종 위생 기구에 이어지는 파이프를 구부려서 물을 채워 관로 내의 공기 유통을 차단하는 것. 트랩은 이 수밀봉 작용에 해당하는 것으로, 하수관으로부터의 냄새가 역류하는 것을 방지하기 위한 것이다.

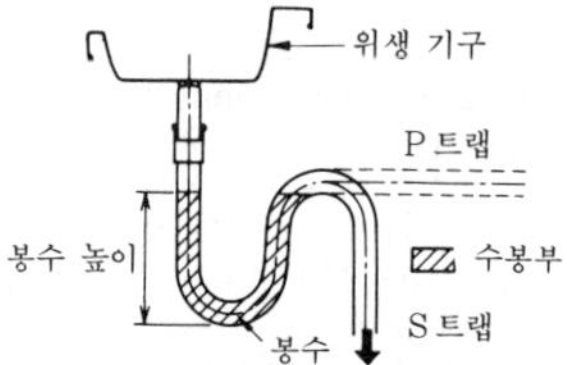

water seal trap 수밀봉 트랩(水密封-), 수봉 트랩(水封-) 수봉함으로써 기능을 다하는 트랩. 형상에 따라 관 트랩, 드럼 트랩, 벨 트랩 등이 있다.

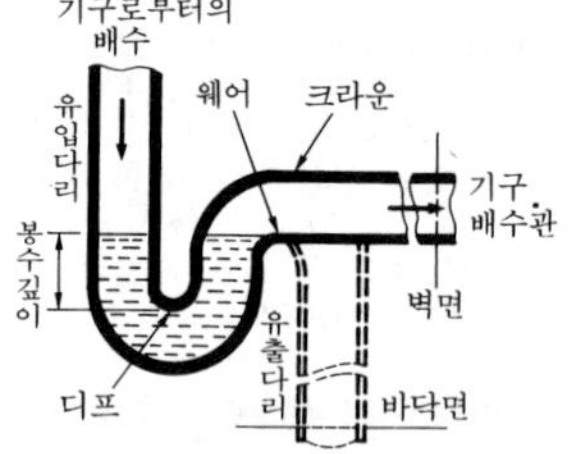

water section 워터 섹션 변소, 욕실, 세면소, 세탁실, 주방 등 물을 사용하는 공간. 개개의 방보다도 이들을 집중시켰을 때의 전체를 가리키는 일이 많다.

water service pipe 수도관(水道管) 수도 도관의 총칭이며, 도수관, 송수관, 배수관, 급수관 등을 가리킨다.

water softening apparatus 경수 연화 장치(硬水軟化裝置) 경수에서 경도 성분인 칼슘염이나 마그네슘염을 제거하는 장치. 경수에 석회 등의 알칼리제를 가하고 pH를 상승시켜서 용해 성분을 불용화(不溶化)시킨 다음 침전, 여과에 의해 분리하는 석회 연화법 등이 있다.

water source heat pump 수열원 히트 펌프(水熱源-) 물(우물물, 하천, 호수 등)을 열원으로 하는 히트 펌프.

water spray curing 살수 양생(撒水養生) 콘크리트 타설 후의 초기 양생에 쓰인다. 특히 여름철에 표면으로부터의 수분의 급격한 증발의 염려가 있을 때에는 살수하고 시트로 덮는 등의 방법을 쓴다.

water sprayed coil 물분무 코일(-噴霧-) 서리가 부착하는 것을 방지하기 위해 코일 표면에 부동액을 칠하는 강제 통풍 코일의 일종. 코일 전체를 부동액으로 적셔서 흘러 내리게 하고 액은 재이용한다.

water spray extingushing system 물분무 소화 설비(-噴霧消火設備) 물을 분무상으로 방사하여 연소면을 감싸서 소화하는 설비. 주차장·변전실 등 기름 화재·전기 화재에 사용하며, 분무수로 냉각, 질식 소화한다.

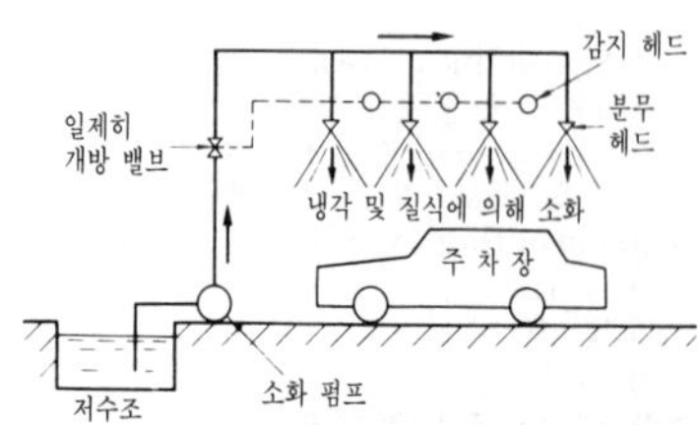

water spray fire extinguishing system 물분무 소화 설비(-噴霧消火設備) 물을 물분무 헤드에서 안개 모양의 미립자로 하여 방사하여 연소면을 덮고, 냉각 작용 등에 의해 소화하는 설비. 주차장 등에 적합하지만 설치 예는 적다.

water stop 지수판(止水板) 콘크리트 이어붓기 부분에 투수 방지를 위해 설치된 매입판. 금속·고무·플라스틱제가 있다.

water storage tank 저수조(貯水槽) 물을 저장해 두는 탱크.

water supply 송수(送水), 급수(給水) 정

화한 물을 정수장에서 수요자에 배급하는 것. =water distribution

water supply for fire flow only 방화 전용 수리(防火專用水利) 방화만을 목적으로 한 수리. 방화용 저수조, 방화 전용 수도, 방화 전용 우물 등이 있다.

water supply pipe 급수관(給水管) 건물 내 및 그 부지 내에서 급수를 위한 관.

water supply pressure 급수 압력(給水壓力) =feed water pressure

water supply pump 급수 펌프(給水－) =feed water pump

water supply system 급수법(給水法)[1], 급수 설비(給水設備)[2] (1) 건축물에 필요량의 물을 필요한 곳으로 공급하는 방법. 수도 직결식·압력 탱크식·고가 탱크식, 탱크없는 부스터식 등이 있다. 그림은 직결식 급수법의 예이다.

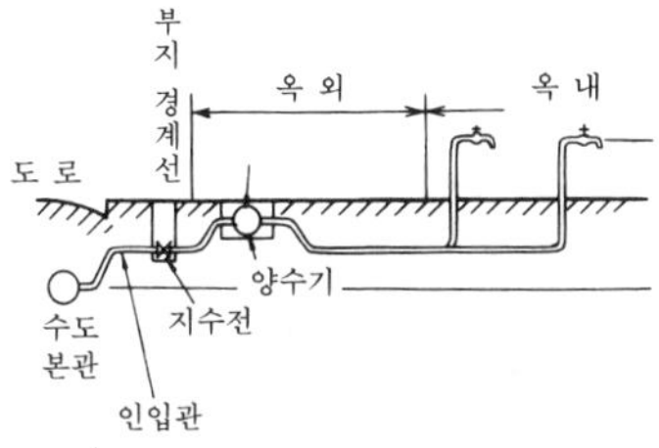

(2) 건물 내 및 부지 내에서 용도에 적합한 수질의 물을 공급하는 설비. 급수 방식으로는 직결 급수 방식, 고치(高置) 수조 급수 방식, 압력 수조 급수 방식, 펌프 직송 방식이 있다.

water supply tank 급수 탱크(給水－) = house tank

water supply tower 급수탑(給水塔) 상부에 고가 수조를 설치한 독립한 전용의 탑형 구조물.

water table 비흘림 비가 침입하기 쉬운 부분을 덮기 위해 부착한 구조 부분으로, 판, 금속판, 회반죽 등을 사용한다.

water tank 물 탱크 수도나 우물의 물을 옥상이나 탑상으로 퍼올려 넣는 탱크.

watertight bulkhead 수밀 격벽(水密隔壁) 침수 방지를 목적으로 한 구획용의 벽체.

watertight concrete 수밀 콘크리트(水密－) 지하실·수중 구조물·지붕 슬래브 등 특히 수밀성을 필요로 하는 부분에 사용되는 콘크리트를 말한다. 물 시멘트 비 50% 이하, 슬럼프 15cm 이하로 표면 활성제를 사용한다. 재료·시공 모두 신중히 검토하여 포로시티(porosity)경이 작은 조밀한 콘크리트를 얻도록 배려할 필요가 있다.

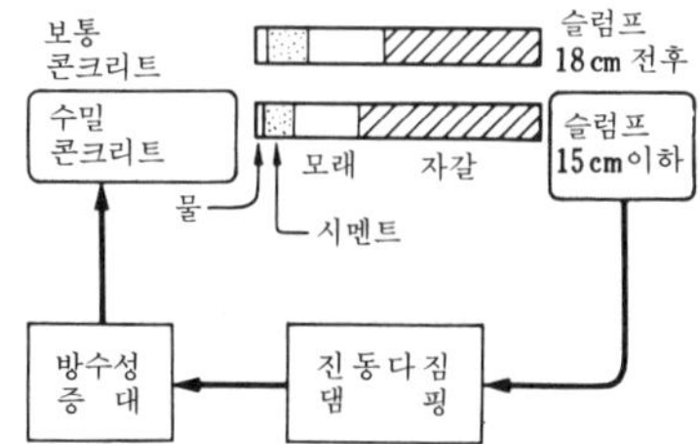

watertight construction 수밀 구조(水密構造) 해양 건축물 등에서 침수·누수를 방지하는 것을 목적으로 한 구조. =watertight structure

watertightness 수밀성(水密性) 압력수를 통하지 않는 재료. 부재 또는 부위의 성질. 일반적으로 흡수성, 투수성 등이 종합된 성질.

watertight structure 수밀 구조(水密構造) =watertight construction

water-to-air ratio 물 공기비(－空氣比) 에어 와셔나 냉각탑 등에서 물과 공기가 직접 닿는 부분. 물과 공기의 유량비.

water tower 저수탑(貯水塔) 상수도에서 배수지의 대용으로(부근에 고지가 없는 경우) 설치되고, 관을 세운 것과 같은 구조이며, 배수지와 마찬가지로 야간의 잉여수를 저장해 두었다가 주간 또는 화재시에 보급하는 것.

water treatment 수질 처리(水質處理) = wastewater treatment

water tube boiler 수관 보일러(水管－) 보일러의 증발 전열면을 다수의 수관으로 형성하고, 관내의 물을 관외에서 가열하여 고압 증기를 발생시키는 대용량의 보일러.

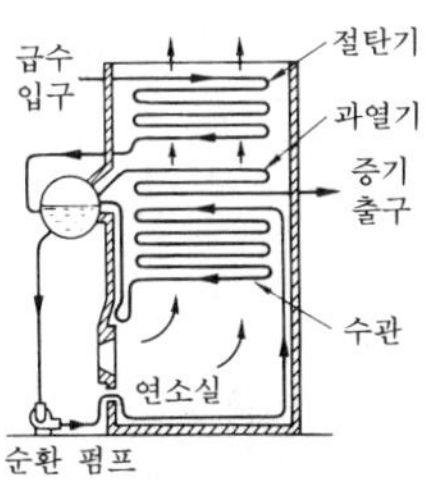

water utilization for fire fighting 소방 수리(消防水利) 화재 등을 진압하기 위해 소방 활동에서 사용하는 수리. 소화전, 방화 수조, 하천, 풀 등.

water vapor 수증기(水蒸氣) =vapor

water vapor pressure 수증기압(水蒸氣壓) 습공기를 이상 기체로서 생각했을 때의 수증기 분압.

water wall 워터 월 물을 봉입한 용기를 축열 부위로 한 축열벽.

waterworks 상수도(上水道) 음료용수로서 공급하기 위해 만들어진 공공의 유압 관로·계통 및 시설의 총칭.

waterworks facilities 상수도 시설(上水道施設) 수원수(水源水)를 사람의 음용에 적합한 물로 하여 급수하기 위한 시설의 총칭. 저수지, 정수 시설, 송·배수 시설, 급수 장치 등으로 구성된다.

watt 와트 전력의 단위.

watt-hour 와트시(－時) 전기 에너지의 소비·생성량을 표시하는 단위. 와트아워라 부르고, 1와트(W)의 전력이 1시간(h) 사이에 소비·생성된 경우의 에너지(Wh)를 나타낸다. 1와트시(Wh)=3600줄(J).

watt-hour meter 전력량계(電力量計) 전력량을 지시하는 계기. 적산 전력계라고도 한다. 그림은 유도형 전력량계를 나타낸 것으로, 알루미늄 원판이 전력에 비례한 속도로 회전하고, 어느 시간 내의 회전수가 그 시간 내의 전력량을 나타낸다. 계량 장치로 회전수(전력량)을 표시한다.

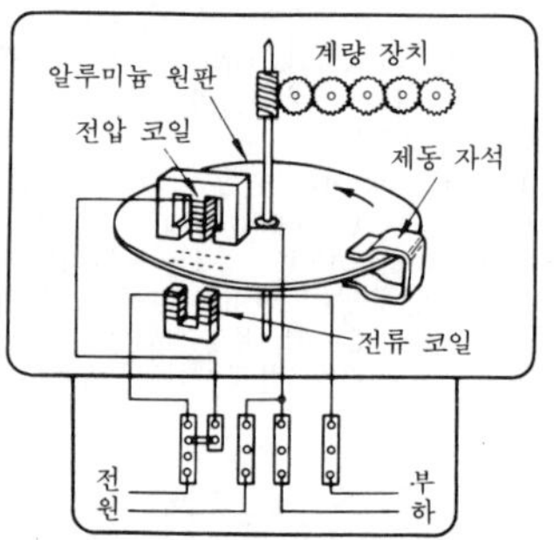

wattmeter 전력계(電力計) 전력을 측정하는 계기.

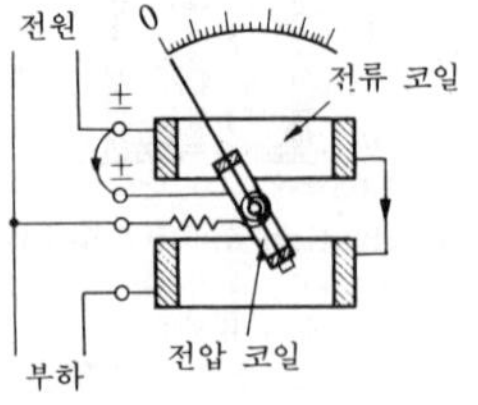

wave accoustics 파동 음향학(波動音響學) 음파의 전파나 진동의 상태 등을 음의 파동적인 성질을 바탕으로 하여 다루는 분야의 음향학.

waveform 파형(波形) ① 어느 순간에 있어서의 파의 단면 형상. 또는 어떤 점에서의 파의 물리량을 시간과의 관계로 나타내 도형. ② 음파나 진동 등의 물리량을 시간 변화나 공간 변화로서 나타낸 도형.

wave impedance 파동 임피던스(波動－) 매질 밀도 ρ와 파의 전파 속도 V와의 곱. 파동 임피던스의 차가 있는 매질의 경계면에서는 파의 반사와 굴절이 생긴다.

wave impedance ratio 파동 임피던스비(波動－比) 두 매질의 파동 임피던스의 비

$\alpha=\rho_2V_2/\rho_1V_1$

를 말한다. 매질의 경계면에서 1의 층에서 2의 층으로 입사파가 있을 때 그 반사 계수는

$\beta=(1-\alpha)/(1+\alpha)$

투과 계수는

$\gamma=2/(1+\alpha)$

로 나타내어진다.

wave length 파장(波長) 파(波) 상에서 같은 위상을 갖는 인접한 2점의 거리.

wave length constant 파장 상수(波長常數) 파장 λ의 역수의 2π배의 값으로 다음 식의 관계가 있다.

$$k=\frac{2\pi}{\lambda}=\frac{\omega}{c}=\frac{2\pi f}{c}$$

여기서, k : 파장 상수, λ : 파장, c : 파의 전파 속도, f : 파의 진동수, ω : 파의 원진동수.

wave motion 파동(波動) 어떤 점의 변위가 시간의 함수인 동시에 어느 시각에 있어서의 변위가 공간 좌표의 함수인 것과 같이 전하는 현상. 파동 방정식의 일반형은

$$\frac{\partial^2\phi}{\partial t^2}=c^2\nabla^2\phi$$

의 형을 가지며, 일반해는 $\varphi=f_1(x-ct)+f_2(x+ct)$로 나타내어진다. 특별한 경우 정현파의 진행파만을 들어보면

$\varphi=Ae^{i(\omega t-qx)}$

여기서, A : 진폭, ω : 원진동수, q : 파수상수(波數常數)로 나타내어진다. 이 파동의 주기 T, 파장 L, 속도 c는

$$T=\frac{2\pi}{\omega}\quad L=\frac{2\pi}{q}\quad c=\frac{L}{T}=\frac{\omega}{q}$$

로 표시된다.

wave number 파수(波數) 파동이 단위 길이를 진행하는 동안에 같은 상태가 반복되는 수를 말한다. 정현파의 경우 파장의 역수가 된다.

wave of condensation 소밀파(疎密波) 파동의 일종. 종파(縱波)라 한다. 파동 전파 방향으로 압축·인장의 진동이 전해지는 형식의 파로, 지진파의 P파가 이에 해당한다.

wave profile 파형(波形) =waveform

weak axis 약축(弱軸) 부재의 단면에 관한 2개의 직교하는 주축 중 단면 2차 모멘트가 작은 쪽의 축.

weak beam strong column type mechanism 보 항복 선행형 붕괴형(-降伏先行型崩壞形) 모든 보 끝 및 1층의 주각(혹은 최상층 기둥의 기둥머리) 이외에는 항복 힌지가 생기지 않는 보 붕괴성. →weak column strong beam type mechanism

weak column strong beam type mechanism 기둥 항복 선행형 붕괴형(-降伏先行型崩壞形) 보 항복에 앞서 형성되는 기둥 붕괴형. →weak beam strong column type mechanism

weak stratum 연약 지반(軟弱地盤) = soft soil, flimsy ground

weather 기상(氣象) 지구를 둘러싸는 대기(주로 대류권 내)의 상태 및 비, 바람, 번개 등 대기 중의 여러 가지 자연 현상.

weatherability 내후성(耐候性) =weather resistance

weatherboard 비흘림 =water table

weather cover 웨더 커버 빗물의 침입 방지나 외부로부터의 풍압을 줄일 목적으로 환기·배기 등의 배관이나 덕트가 외벽으로 나오는 부분에 씌우는 커버. 스테인리스제나 철판제의 기성 제품이 사용된다.

weathered slope 물흘림 물매 창대나 웃인방 윗면에 물이 괴지 않도록 둔 물매.

weathering 풍화(風化)[1], 비아무림, 물흘림[2] (1) 대기 중에 노출된 물체가 대기의 물리적·화학적 작용에 의해 성질이나 형상에 변화를 나타내는 것.
(2) 빗물이 건물 속으로 침입하지 않도록 여러 가지 수단·방법을 강구하는 것의 총칭(그림 참조).

weathering test 내후성 시험(耐候性試驗) 기상 작용에 의해 재료의 성능 저하 정도를 살피는 시험. 시험 방법으로는 옥외 폭로 시험과 촉진 내후 시험이 있다.

weather meter 웨더 미터 재료에 옥외 폭로와 유사한 열화를 촉진하여 발생시키기 위한 장치. 주로 고분자 재료의 내후성을 살피기 위해 사용한다.

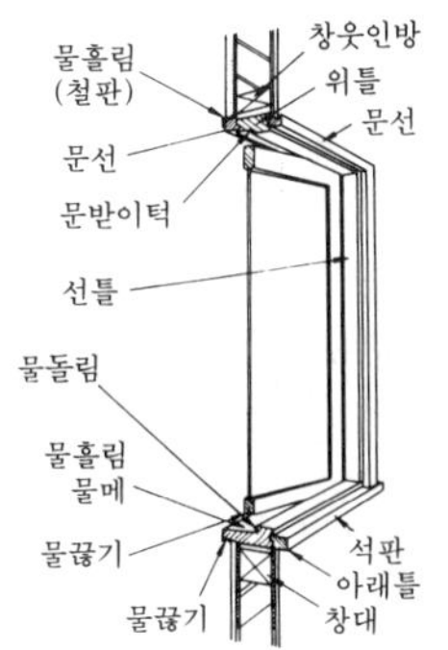

weathering

weatherproof steel 내후성강(耐候性鋼) 대기 중의 강재 부식량이 보통강보다 작은 성질을 갖는 강으로, 소량의 구리를 함유하고, 니켈·크롬·인·티탄 등의 첨가 원소를 가해서 제조된다. 폭로하고 있는 동안은 녹이 진행하지만 안정 녹층이 형성된 다음은 부식의 진행은 작다. 초기 오염 방지의 처리로서 웨더 코트나 도장을 하는 일이 많다.

weatherproof test 내후성 시험(耐候性試驗) 기상의 변화·태양 광선·공기 등에 노출되는 환경에서 재료의 재질 유지성·장해의 유무 등을 살피는 시험. 웨더미터 시험·옥외 폭로 시험·염수 분무 시험·동결 융해 시험·탄산화 촉진 시험 등 목적에 따라 선택해서 한다.

weather resistance 내후성(耐候性) 재료를 옥외에 장기간 폭로하여 기상의 여러 작용을 받았을 때의 재료의 성능 저하에 대한 저항성. =weatherability

weather resistant steel 내후성강(耐候性鋼) 내후성 압연 강재를 말하며, 차량·건축·철탑 기타의 구조물에 사용하는 특히 내후성이 뛰어난 압연 강태. 대기 중에서의 부식에 견디는 성질이 있다.

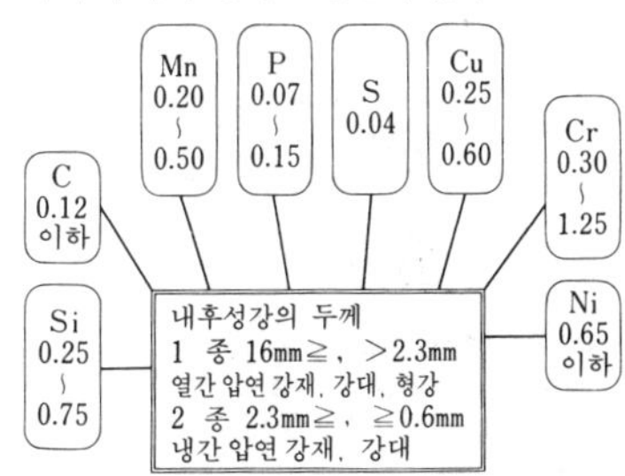

weather shake 갈림 바깥쪽에서 안쪽을 향해 쪼개진 흠.

weather strip 웨더 스트립 틈새 바람이나 빗물의 침입을 방지하기 위한 플라스틱 또는 고무계의 가늘고 긴 재료. 새시의 접동부(摺動部) 또는 장막벽의 부재 접합부에 사용한다.

weathertight 풍우밀(風雨密) 해양 건축물 등에서 개구부의 문이나 해치의 구조가 풍우나 바닷물의 침입을 방지할 수 있도록 되어 있는 상태.

weaving 위빙 용접봉을 용접의 운행 방향에 대하여 옆으로 교대로 움직여서 용접해 가는 운봉법(運棒法).

web 웨브 I형·H형 등의 부재로 플랜지를 잇는 부분. 휨 재료에서는 주로 전단력을 담당하는 구실을 갖는다.

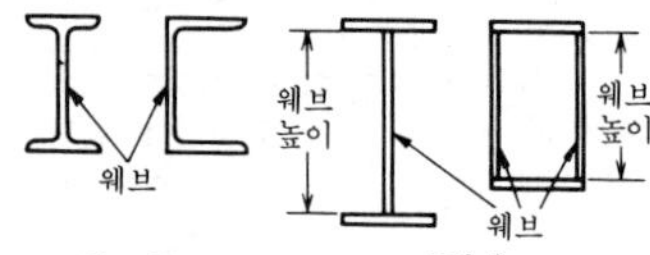

web axis 웨브축(-軸) 웨브 플레이트의 중심선.

Weber-Fechner's law 웨버·페히너의 법칙(-法則) 빛·색 그리고 음 등의 자극에 대하여 인간이 받는 감각을 수식화한 감각에 관한 대표적인 법칙.

web fillet 웨브 필릿 플랜지와 웨브의 접합 부분으로 형강에서는 아르가 붙어 있는 단면의 일부.

web member 웨브재(-材) 트러스 등에 있어서 상현재와 하현재 사이에 있는 부재(수직재, 경사재 등).

web plate 웨브 플레이트 I형 조립 강재에 있어서 웨브에 쓰이는 강판. 주로 전단력에 의해 단면을 정하는데, 좌굴, 시공, 운반 중이 손상, 녹의 영향을 고려하여 두께의 최소한을 6mm로 한다.

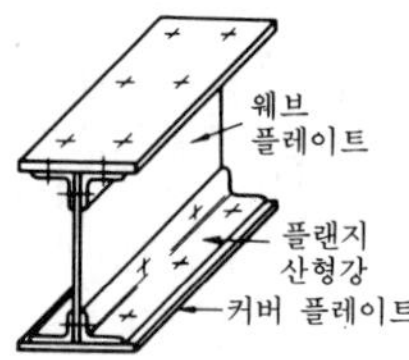

web reinforcement 전단 보강(剪斷補强), 웨브 보강(-補强), 복부 보강(腹部補强), 전단 보강근(剪斷補强筋) = shear reinforcement

web reinforcement ratio 늑근비(肋筋比)[1], 띠근비(-筋比)[2], 전단 보강근비(剪斷補强筋比)[3] (1) 늑근의 콘크리트에 대한 단면적의 비. 늑근의 단면적을 늑근의 간격과 보의 폭과의 곱으로 나누어 구한다.
(2) = hoop reinforcement ratio
(3) = shear reinforcement ratio

wedge 쐐기 ① 일반적으로 측단면의 3각형, 다른 단면이 구형인 뿔체로, 물건을 벌이거나 고정하거나 하는 데 사용한다. 목조 접합에서 긴결도를 높이기 위해 양 재료간에 박아 넣는 것. ② 석재를 쪼개서 성형하기 위한 도구의 하나.

wedge green 쐐기형 녹지(-形綠地) = green wedge

wedge stone 견치석(堅緻石), 견치돌(堅緻-) 각뿔대상으로 가공한 화강암 등의 단단한 돌. 옹벽용으로서 사용한다.

weekend house 주말 주택(週末住宅) 주말 등의 여가에 이용할 목적으로 세워진 주택. 보통, 산이나 해안 등에 세워진다.

weep hole 물구멍 석축이나 옹벽에서 뒤쪽에 들어온 침투수를 배수하기 위해 뚫은 물빼기의 작은 구멍. 물을 빼서 옹벽에 걸리는 압력을 저감하는 효과를 갖는다.

weight curve 중량 곡선(重量曲線) 부유식의 해양 건축물에서 길이 혹은 폭방향의 중량의 분포를 나타낸 값.

weight lightening 경량화(輕量化) 구조물의 자중을 가볍게 하는 것. 경량 재료·고강도 재료를 사용하거나, 구조상 여분을 없애는 등 몇 가지 방법이 있다.

weight moisture content 중량 함습률(重量含濕率) 재료의 건조 중량당 재료에 포함되는 함습량을 비율로 나타낸 값. → volume moisture content

weight of coarse aggregate per unit volume of concrete 단위 조골재량(單位粗骨材量) 프레시 콘크리트 $1m^3$ 중에 포함되는 굵은 골재의 중량.

weight of fine aggregate per unit volume of concrete 단위 세골재량(單位細骨材量) 프레시 콘크리트 $1m^3$ 중에 포함되는 잔골재의 중량.

weight of unit volume 단위 용적 중량(單位容積重量) 용기에 채운 재료의 중량을 용기의 용적으로 나누어서 구한 값.

weight per unit volume 단위 체적 중량(單位體積重量) 단위 체적당의 중량.

weld 용접(鎔接) 금속의 야금적 접합법의 총칭으로, 융접(融接)·압접(壓接) 및 납땜으로 대별된다. 용접 접합은 일반적으로는 자재 및 가공 공수의 절약과, 성능과 수명의 향상을 목적으로 하여 쓰이며, 건축 뿐만 아니라 모든 금속 접합의 기본이 되는 기술로서 널리 쓰이고 있다.

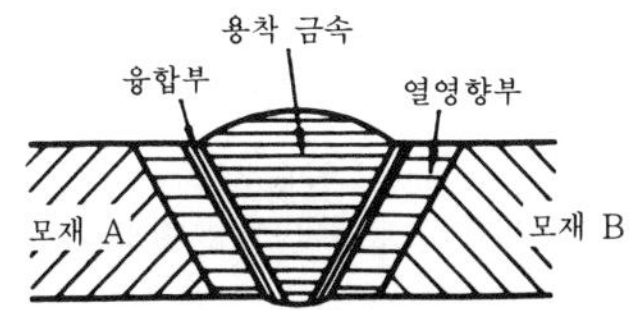

weldability 용접성(鎔接性) 모재를 어떤 용접법으로 용접할 때 만족한 접합이 얻어지는지 어떤지, 또 그 용접 이음이 구조물의 사용 목적을 만족하는지 어떤지의 정도, 접합성(joinability)과 용접 성능(performance)을 모두 가리킨다.

weldability admission test 용접 확성 시험(鎔接確性試驗) 강재의 부가 시험의 하나. 규격 미제정의 강재와 판두께가 큰 SM재 등에 대해서 하는 시험. 실제의 시공에서 사용하는 용접 조건·용접 자세로 제작한 시험편에 대해서 한다.

weldability test 용접성 시험(鎔接性試驗) 용접성을 살피기 위한 시험을 총칭하는 것. 모재의 용접성(충격, COD, 새김눈 시험 등), 시공상의 용접성(구속 균열, 경도 등), 사용 성능상의 용접성(이음 강도·낙중(落重)·폭파·수압 시험)의 세 가지로 나뉜다.

weld assembly beam 용접 조립보(鎔接組立－) 여러 개의 재료 조각을 용접으로 접합한 보. 성형 강재보, 볼트·리벳 등에 의한 조립보와 구별할 때의 용어. ＝welded beam

weld crack 용접 균열(鎔接龜裂) 용접부에 발생하는 갈라진 용접 결함. 발생 온도, 발생 위치, 형상, 주요 발생 원인 등에 의해 분류하고 있다.

weld cracking test 용접 균열 시험(鎔接龜裂試驗) 용접부의 균열 감수성을 측정하는 시험. 널리 쓰이고 있는 시험 방법으로서 자기 구속형의 경사 Y형 용접 균열 시험이 있다.

weld defects 용접 결함(鎔接缺陷) 용접부에 생기는 결함의 총칭. 용접 균열, 기공(氣孔), 은점(銀點), 선상 파면(線狀破面)·슬래그 및 형상 불량 등을 가리킨다. ＝weld flaw

welded beam 용접 조립보(鎔接組立－) ＝weld assembly beam

welded joint 용접 이음(鎔接－) 용접으로 접합되는 이음의 총칭(그림 참조).

welded steel pipe 용접 강관(鎔接鋼管) 가늘고 긴 띠강을 관형으로 구부리고, 양쪽을 용접하여 만든 강관을 말한다. 스파이럴 모양으로 구부린 것을 연속 용접하는 것도 있다.

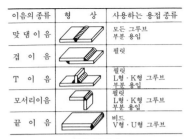

이음의 종류	형 상	사용하는 용접 종류
맞 댐 이 음		모든 그루브 부분 용입
겹 이 음		필릿
T 이 음		필릿 L형·K형 그루브 부분 용입
모서리이음		필릿 L형·K형 그루브 부분 용입
끝 이 음		비드 V형·U형 그루브

welded joint

welded wire fabric 용접 쇠그물(鎔接－) ＝welded wire mesh

welded wire mesh 용접 쇠그물(鎔接－) 직경 약 6mm 이하의 강선을 전기 용접하여 정방형 또는 장방형의 메시로 한 쇠그물. 콘크리트판이나 부재의 보강재로서 쓰인다.

welder 용접공(鎔接工) 용접 작업을 하는 사람.

weld flaw 용접 결함(鎔接缺陷) ＝weld defects

welding 용접(鎔接)[1], 용착(鎔着)[2] (1) ＝welding
(2) 구조 부재의 접합법의 일종. 막구조에 널리 쓰인다. 예를 들면 막재의 접합부를 고주파, 고온 기류 혹은 전열판 등으로 용융하여 압착한다. →solvent-welding

welding condition 용접 조건(鎔接條件) 용접할 때의 여러 조건. 융접(融接)에서는 용접 순서, 용접 자세, 용접 재료, 예열 온도, 용접의 전류·전압·속도, 기타.

welding distortion 용접 변형(鎔接變形) 용접에 의해 부재에 생기는 변형. 횡수축, 종수축, 종굴곡 변형, 각변형 등이 있다.

welding position 용접 자세(鎔接姿勢) 용접공이 용접을 하는 경우의 용접부에 대한 자세로, 하향(아래 보기)·수평 보기·상향(위 보기)·수직 보기의 4자세가 있다(다음 면 그림 참조).

welding residual stress 용접 잔류 응력(鎔接殘留應力) 용접에 의해 구조물 혹은 부재에 잔류하는 응력을 말한다. 발생 원인으로는 내부 구속에 의한 경우(용접부 및 근처에 생기는 열팽창이나 냉각 수축)와 외부 구속에 의한 경우(용접 이음의 변형 구속)가 있다. 응력 제거 열처리로 제거할 수 있다.

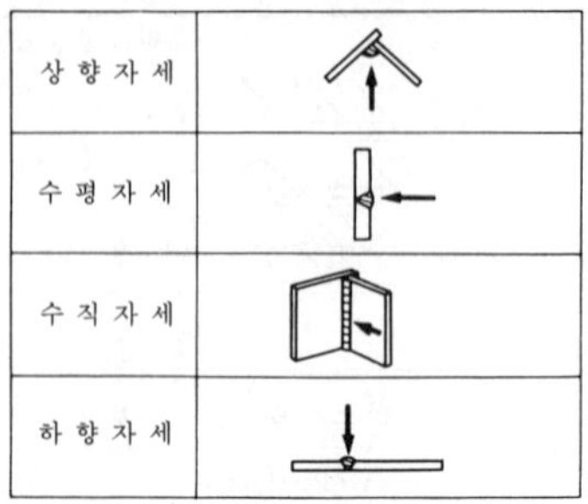

welding position

welding rod 용접봉(鎔接棒) 용접에 사용되는 선 모양 혹은 막대 모양의 용가재. 보통은 피복 아크 용접봉 및 가스 용접봉을 말한다.

welding seam 용접 이음(鎔接－) 용접 부분을 용접 이음매라 하고, 용착 금속과 용융 모재로 이루어진다.

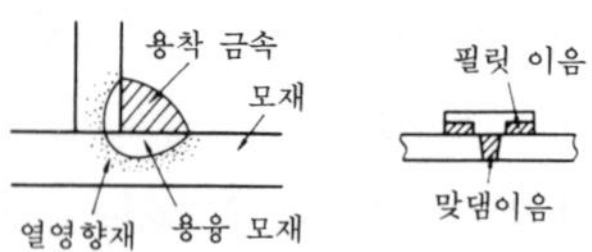

welding sequence 용접 순서(鎔接順序) 이음, 접합에서 하는 용접의 순서. 용접 이음의 구속도, 용접 변형, 용접 잔류 응력이 작아지는 순서를 선택한다.

welding speed 용접 속도(鎔接速度) 단위 시간에 두어지는 비드의 길이.

welding symbol 용접 기호(鎔接記號) 용접 구조의 용접 접합 부분을 도시할 때 용접 방법·종류·형상·치수·용접 위치·용접 자세·마감 방법 및 시공의 장소 등을 나타내는 조합 기호.

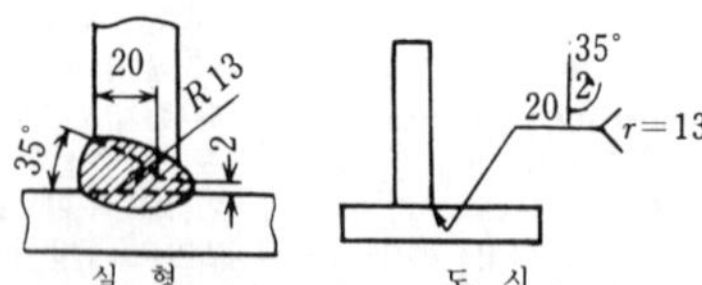

welding stress 용접 잔류 응력(鎔接殘留應力) ＝welding residual stress

welding wire 용접 와이어(鎔接－) 주로 자동 및 반자동 용접에 쓰이는 코일 모양으로 감긴 가늘고 긴 금속선의 용접봉. 솔리드 와이와의 플럭스가 들어 있는 와이어가 있다.

welding work 용접 공사(鎔接工事) 철골구주물의 접합부에서의 용접 시공.

welding zone 용접부(鎔接部) 용접 금속 및 그 주위의 열영향부를 포함한 부분의 총칭.

weld length 용접 길이(鎔接－) 연속한 용접 비드의 시점과 종점의 크레이터를 제외한 길이.

weld line 용접선(鎔接線) 비드 필릿 용접 및 맞대기 용접의 연장 방향을 나타내는 선.

weld metal 용접 금속(鎔接金屬) 녹은 용접봉의 용착 금속과 모재의 녹은 부분을 합쳐서 말한다. 그림은 아크 용접의 경우를 나타낸 것이다.

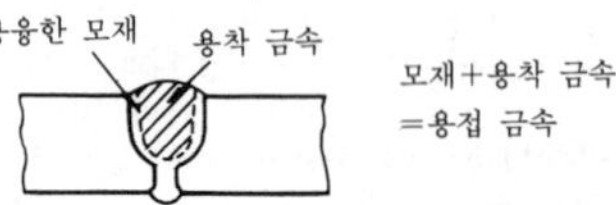

weld penetration 용입(鎔入) 모재 표면에서 잰 용접 융합부의 깊이.

weld pitch 용접 피치(鎔接－) 단속 용접에서 배치되는 각 비드의 중심간 거리.

weld size 용접 치수(鎔接－數) 용접 금속의 단면 치수. 용접 이음의 강도를 계산할 때에는 유효 목두께와 용접 길이가 중요하게 된다.

weld spacing 용접 간격(鎔接間隔), 용접 피치(鎔接－) 단속 용접에 있어서의 비드 중심간의 피치.

weld work 용접 공사(鎔接工事) 철골 공사의 용접은 직류 또는 교류의 아크 용접기를 써서 개선(開先) 가공, 용접 시공, 보정 등의 순서로 한다.

weld zone 용접부(鎔接部) 용접 금속 및 열영향부를 포함한 부분의 총칭.

well 우물 함수층이나 대수층(帶水層)에 포함된 지하수를 퍼올리는 장치.

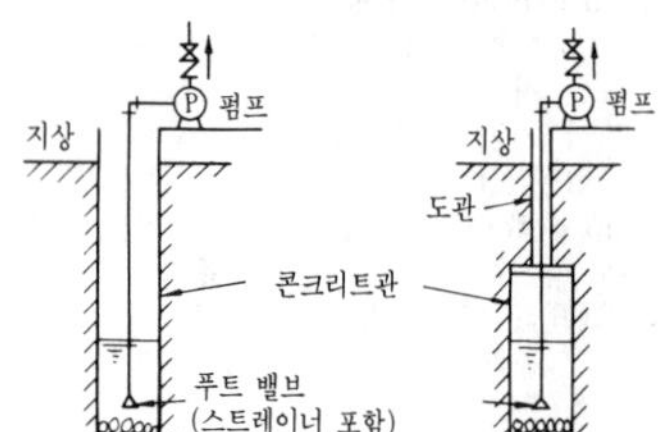

well caisson 웰 케이슨 우물통의 안쪽을 굴착하여 침하시켜서 만드는 기초.

well foundation 우물통 기초(－筒基礎) 연약한 지반에 쓰이는 기초공으로, 철 또는 철근 콘크리트로 원형 또는 타원형의 우물측 모양의 통을 만들어 이것을 기초를 쌓는 장소에 설치하고, 그 중공(中空)에 있는 토사를 파서 통을 침하시켜 경층(硬層)에 이르면 콘크리트를 충전하여 상부 구조를 지지하는 기초로 한다.

well foundation method 우물통 공법(－筒工法) 철근 콘크리트제의 우물통을 침설(沈設)하여 기초(지정)로 하는 공법. 우물통 내의 흙을 클램 셸(clam shell)로 파내고, 우물통은 순차 이어서 침설한다.

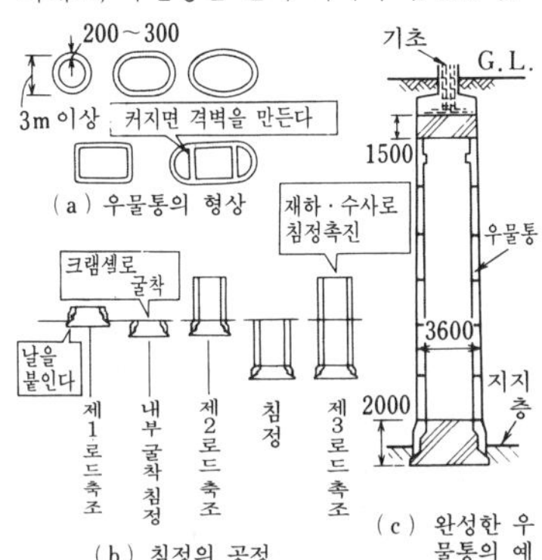

(a) 우물통의 형상 (b) 침정의 공정 (c) 완성한 우물통의 예

well function 우물 함수(－函數) 양수 우물을 써서 지하 수위를 저하시키는 경우 장시간 양수하여 우물 수위가 일정하게 된 정상 상태의 관계식과 우물 수위가 양수 시간에 따라 변화하는 비정상 상태의 관계식이 있다. 우물 함수는 비정상 상태의 해석에 사용하는 아래 식의 $W(u)$를 말한다.

$$s=\frac{Q}{4\pi kD}W(u),\ W(u)=\int_{u}^{\infty}\frac{e^{-u}}{u}du$$

$$u=\frac{r^2\lambda}{4kDt}\quad \text{타이스의 식(피압 우물)}$$

여기서, s : 우물에서 r거리의 수위 저하량, Q : 우물로부터의 양수량, k : 대수층(帶水層)의 투수 계수, D : 대수층의 두께, λ : 대수층의 저류(貯溜) 계수, t : 양수 시간.

Wellington's formula 웰링턴 공식(－公式) 해머 중량, 해머 낙하 높이, 말뚝의 관입량 등에서 말뚝의 동적 극한 지지력을 산정하는 식.

well method 우물통 공법(－筒工法) 철근 콘크리트로 만든 단면이 원형, 장방형, 장원형 등의 통을 소정의 위치까지 침설(沈設)하여 구조물의 기초로 하는 방법.

well point 웰 포인트 측면에 원통형으로 필터를 둔 직경 5～8cm이고 길이 30～100cm인 파이프로, 웰 포인트 배수 공법에 사용한다.

well point drainage method 웰 포인트 배수 공법(－排水工法) 웰 포인트라고 불리는 집수관을 지하수면하에 박아 넣고, 이것을 감압하여 지하수를 흡수해서 배수하는 지하 수위 저하 공법.

well point method 웰 포인트 공법(－工法) 주로 모래질 지반에 유효한 배수 공법의 하나이다. 웰 포인트라는 양수관을 다수 박아 넣고, 상부를 연결하여 진공 펌프와 와권(渦卷) 펌프를 조합시킨 펌프에 의해 지하수를 강제 배수한다. 중력 배수가 유효하지 않은 경우에 널리 쓰이는데, 1단의 양정이 7m 정도까지이므로 깊은 굴착에는 여러 단의 웰 포인트가 필요하게 된다.

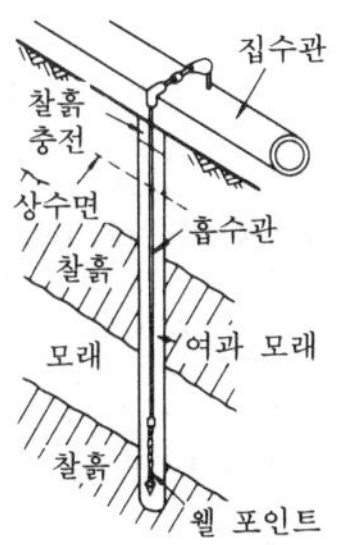

Wesco pump 웨스코 펌프 원판 주변에 다수의 짧은 홈을 둔 것을 날개차로 하고 케이싱 내에서 고속 회전시켜 액체를 보내는 회전 펌프.

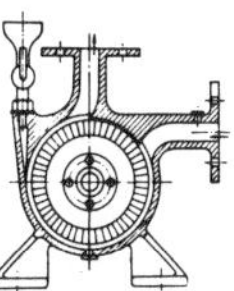

western roof tile 양기와(洋－) 기와의 형상에 따른 구별을 나타내는 말. 외국 특히 유럽 제국에 기원을 갖는 형식의 기와, 또는 이들과 유사한 형상의 기와(다음 면 그림 참조).

western style room 양실(洋室) 본래는 서양의 건축 양식에 입각하여 만들어지는 방. 현재에는 의자식의 생활을 할 수 있도록 만들어진 방도 포함하는 일이 많다.

wet-and-dry-bulb hygrometer 건습구 습도계(乾濕球濕度計) 건습구 온도계를 건

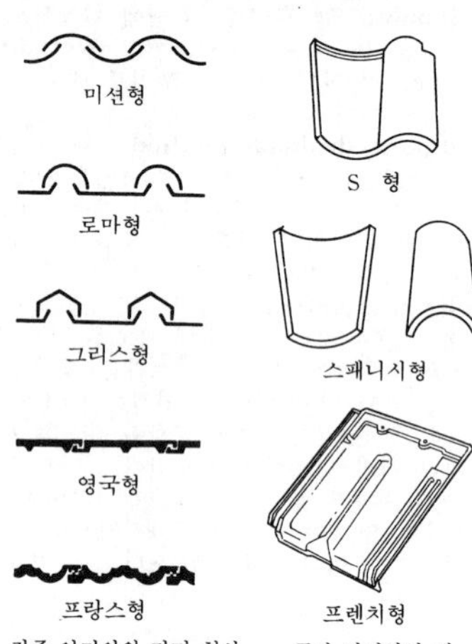

각종 양기와의 단면 형상　　국산 양기와의 예

western roof tile

구와 습구의 시도차(示度差)에서 습도를 아는 데 사용할 때의 호칭.

wet-and-dry-bulb thermometer 건습구 온도계(乾濕球溫度計) 감온부를 물로 적신 가제로 싼 온도계(습구)와 싸지 않은 온도계(건구)로 이루어지는 온도계. 각각 습구 온도와 건구 온도가 측정된다.

wet bulb temperature 습구 온도(濕球溫度) 습구 온도계로 잰 습공기의 온도. →set bulb thermometer

wet bulb thermometer 습구 온도계(濕球溫度計) 온도계의 구부(球部)를 습하게 한 가제로 싼 것. 가제의 물의 증발 잠열에 의해 온도가 내려가는데, 건조하고 있을수록 증발량이 많고, 온도는 낮아진다.

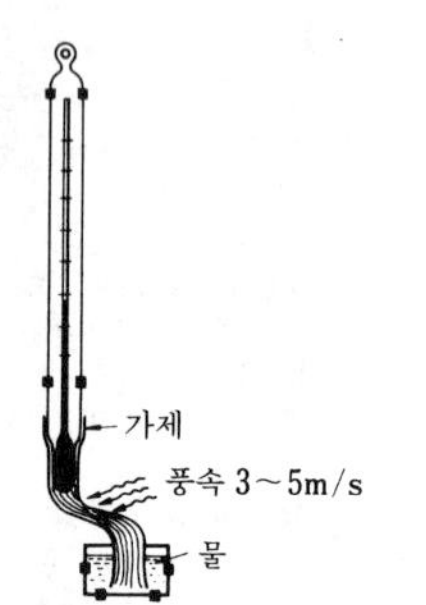

wet coil 습 코일(濕－) 표면에 공기 중의 수분이 결로하여 젖은 상태로 된 공기 조화용의 냉수 코일.

wet compression 습압축(濕壓縮) 증기 압축 냉동기의 증기 압축 사이클. 습증기의 상태로부터의 압축을 말한다.

wet construction 습식 공법(濕式工法) 물에 의해 응결·고결(固結)하는 재료를 사용하여 현장에서 주체 공사나 마감 공사를 하는 공법.

wet construction method 습식 공법(濕式工法) ＝wet construction

wet corrosion 습식(濕蝕) 액체상의 물이 존재하기 때문에 일어나는 금속의 부식.

wet curing 습윤 양생(濕潤養生) 콘크리트 양생법의 하나. 타설 후 5일 이내는 습윤 양생이 규정되어 있다. 건조 방지와 수화에 요하는 수분을 보급한다. 살수·분무·침지(浸漬)·습사(濕砂)·젖은 거적·시트 피복 등 많은 방법이 있다.

wet density 습윤 밀도(濕潤密度) 흙의 물리적 성질의 시험 중 단위 체적 중량 시험에서 구해지는 흙의 밀도. 각종 흙의 계산에 쓰인다. γ_t로 나타낸다. 실제에는 사질토의 측정값에는 정확성을 기대하기 어려우므로 N값으로부터의 추정값을 이용하는 일이 많다.

wet filter 습식 필터(濕式－) 유리 섬유 등에 물이나 가성 소다 수용액 등을 분무하고, 그 사이에 공기를 통해서 먼지를 제거하는 필터. →dry filter

wet joint 웨트 조인트 모르타르 등을 사용하는 부재의 접합부 또는 그 접합 방법. 특히 프리캐스트 콘크리트 부재에서 철근이 돌출하고 있는 부재끝에 콘크리트 또는 모르타르를 충전하여 부재의 응력을 전달할 수 있도록 한 접합을 말한다. ＝cast-in place joint

wet masonry 찰쌓기 견치돌, 콘크리트 덩어리 등을 콘크리트나 모르타르 등을 써서 쌓아 올리는 것.

wet process system structure 습식 구조(濕式構造) 구조체의 구축에 있어서 습식의 재료나 공법을 쓰는 구조.

wet room 웨트 룸 해양 구조물로, 바다 속에서 다이버가 자유롭게 출입할 수 있는 방. 에어 로크실을 거쳐 통상의 드라이 룸과 연락한다.

wet rubbing 물갈기 주로 내수 연마지를 써서 물로 적시면서 도막(塗膜)을 가는 피도면 조정 방법의 하나. ＝wet sanding

wet sanding 물갈기 ＝wet rubbing

wet sample 습윤 시료(濕潤試料) 흙의 시료로, 건조 상태로 되어 있지 않은 것. 자연 상태의 흙의 시료(습윤토 시료)와 물로 포화시킨 시료(포화토 시료)를 모두 이렇게 부른다.

wet screening 습식 체질(濕式-) 아직 굳지 않은 콘크리트를 체질하여 입경(粒徑)이 큰 골재를 제거한다든지 모르타르 분만을 꺼내는 것.

wet system 웨트 시스템 ① 관 속에 상시 통수되어 있는 스프링클러 등의 배관 방식. ② 주방, 변소 등에서 바닥을 수세할 수 있도록 배수구나 방수 처리를 한 건축 마감의 방식.

wetting agent 습윤제(濕潤劑) 콘크리트에 쓰이는 시멘트 계면 활성제 중 특히 습윤 작용이 큰 것을 말한다.

wet unit weight 습윤 단위 체적 중량(濕潤單位體積重量) 건조시키지 않은 상태에서의 단위 체적당의 중량. →wet density

wet vent (pipe) 습통기(관)(濕通氣(管)) 통기관이 설치되어 있는 기구 배수관이 다른 트랩의 통기의 구실을 겸하는 경우의 통기 방법 및 그 기구 배수관.

wheel barrow 1륜 손수레(一輪-), 1륜차(一輪車) 차체틀의 중앙 선단에 1개의 차바퀴를 달아 손으로 밀어 움직이는 소형 운반차.

wheel crane 휠 크레인 트럭 크레인 등과 같이 양중(揚重) 장치를 자동차에 설치한 이동식 기중기. 기중기용의 원동기가 주행용과 겸용이며, 양중 작업과 주행을 동시에 할 수 있다.

wheel load 운반 기기 하중(運搬器機荷重) =moving machine load

wheel type structure 차륜 구조(車輪構造) 일반적으로는 스포크 등을 이용한 차륜형의 구조. 주로 방사상의 서스펜션 구조에 쓰인다. 중심부에 인장 링을, 주변부에 압축 링을 두고 케이블을 긴장시키는데, 곡면의 안정을 위해 보조 와이어를 스포크상으로 치는 일이 많으므로 이렇게 부른다.

whetstone 숫돌 =grindstone

whipping 휘핑 진동하는 계의 일부가 심하게 진동하는 현상. 옥상 돌출물 등이 마치 채찍을 휘두르듯이 크게 흔들리는 현상 등은 그 예이다.

white cement 백색 시멘트(白色-) = white Portalnd cement

white fluorescent lamp 백색 형광 램프(白色螢光-) 관구(管球) 내부에 백색 형광 재료를 칠한 형광 램프. 기준 광원 색온도는 4,200°K.

white lead 연백(鉛白) 백색 안료로, 초벌칠용 도료로서 쓰인다.

white light 백색광(白色光) 주광 등과 같이 육안으로 백색, 즉 무채색 자극으로 보이는 연속 스펙트럼광.

white metal 양은(洋銀) =german silver

whitening 횟물 먹이기 시멘트를 물로 용해한 농후액(시멘트 페이스트라 한다)을 솔로 칠하여 마감하는 것. 회반죽칠 등에서는 석회에 물을 가한 것을 횟물이라고도 한다.

white noise 백색 잡음(白色雜音) 음이나 진동의 에너지가 주파수나 진동수에 관계없이 일정한 스펙트럼을 나타내는 파형 특성을 말한다.

white Portland cement 백색 포틀랜드 시멘트(白色-) 산화철의 양을 적게 한 (0.6~1%) 포틀랜드 시멘트.

white print 양사진(陽寫眞), 백사진(白寫眞) 원도의 복제에 쓰이며, 원도의 검은 선은 푸르게, 기타 부분은 희게 나온다.

white room 화이트 룸 클린 룸보다도 그레이드가 낮은 방진 장치를 설치한 방. Federal standard-209B(미국 연방 규격)에 규정된 클린 룸의 규격을 만족하지 않는 하급의 것.

whole day shadow 종일 그늘(終日-) 건물 등에 의하여 직사 일광이 차단되기 때문에 하루 중 전혀 일조를 받지 못하는 영역을 말하다.

wicket 개찰구(改札口) 개찰 또는 집찰을 하는 장소.

wicket door 샛문(-門) 문짝이나 문 등의 일부에 둔 작은 출입구, 또는 그러한 출입구의 문.

wide flange 와이드 플랜지 I자형의 플랜지폭을 넓게 한 형강을 말한다. H형강이라고도 한다.

wide flange shapes H형강(-形鋼) 단면이 H형을 이룬 형강. 열간 압연에 의한 압연 H형강(롤H)과 용접에 의한 용접 H형강(빌트H)의 두 종류가 있다. =H-steel

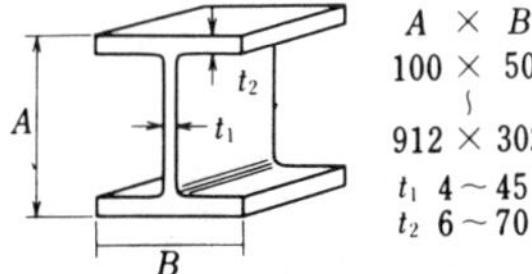

wide flange shape steel 와이드 플랜지 형강(-形鋼) H형강과 같이 폭넓은 플랜지 계열의 단면을 갖는 형강. 압연재와 용접 조립재가 있다. 플랜지는 판 모양으로 거의 두께가 같고, 휨에 대한 성능은 좋으나 국부 좌굴 방지를 위한 폭두께비의 제한이 있다.

width-thickness ratio 폭 두께비(幅-比) 철골 부재의 단면을 구성하는 판 요소의 국부 좌굴을 방지하기 위해 정한 판폭과 판두께와의 비. 플랜지 및 웨브의 형상마다 산정 방법 및 허용값이 다르다.

Williot's diagram 윌리오의 변위도(-變位圖) 트러스의 변형을 구하기 위해 고안된 도식 해법. 트러스의 축력에서 개개 재료의 신축량을 구하고, 어느 부재를 움직이지 않는 것으로 하여 순차 각 절점의 변형량을 그림 상에서 구한다. 이것을 실제의 트러스로 옮겨서 각 절점의 이동량을 구하면 때로는 지점(支點)이 부상하는 등 실상과 맞지 않는 일이 있다. 그것을 수정하는 것이 모어의 회전 변위도이며, 이 둘을 조합시켜서 참의 트러스 변형이 구해진다.

winch 윈치 드럼에 와이어 로프를 감아 짐을 오르내리게 하거나 끌어 당겨서 이동시키는 기계. 동력 윈치와 수동 윈치가 있다.

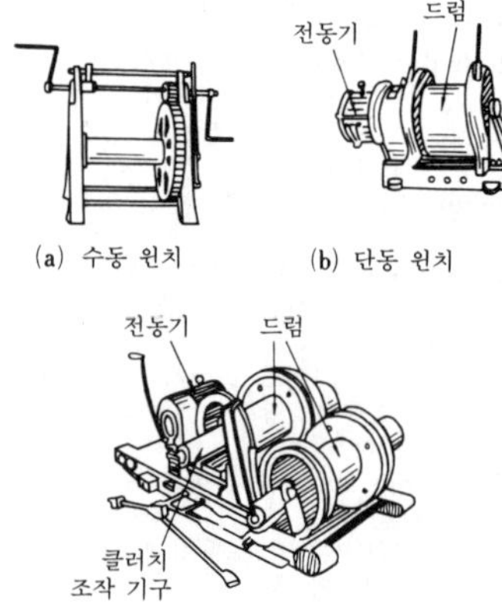

(a) 수동 윈치 (b) 단동 윈치

(c) 복동 윈치

wind angle 풍향각(風向角) 설정된 어떤 특정한 기준이 되는 방향과 풍향이 이루는 각도.

wind barrier 윈드 배리어 장막벽의 줄눈부 등에서 줄눈 내부에 대한 풍압의 영향을 줄이기 위한 장치.

wind beam 바람받이 보 철골 구조 건물의 측면에 작용하는 풍압력을 기둥에 전달하는 역할을 하는 보(그림 참조).

wind break fence 방풍 산울타리(防風-) 강풍, 조풍, 비사(飛砂), 농무(濃霧) 등의 피해로부터 인가나 작물을 보호하기 위해 설치하는 산울타리.

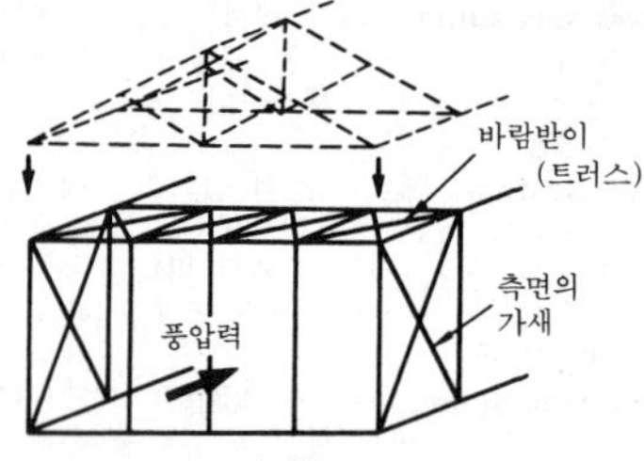

wind beam

windbreak forest 방풍림(防風林) 풍해를 방지하기 위해 두어지는 가늘고 긴 식림대. 보안림의 일종.

wind direction 풍향(風向) 바람이 불어오는 방향을 말한다. 기상 관측에서는 평균 풍향을 쓴다. 풍향계에 의해 16방위로 나누고 있다.

wind-enduring truss 내풍 트러스(耐風-) 풍압력에 저항하기 위해 목조나 강구조의 구조물에 내장되는 트러스.

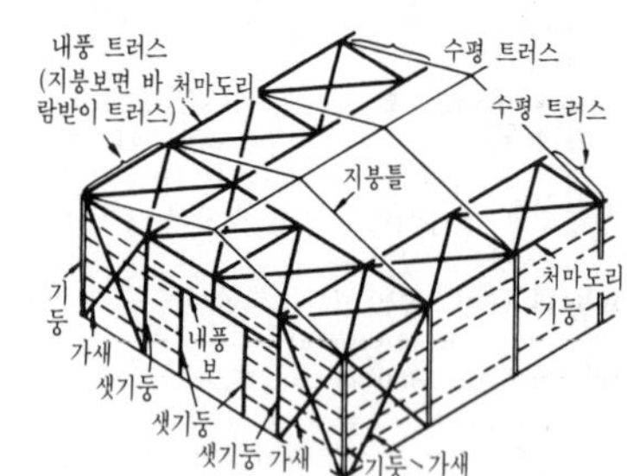

wind force 풍압력(風壓力), 풍력(風力) 기류 중에 두어진 구조물에 작용하는 압력을 말한다.

wind force coefficient 풍력 계수(風力係數) 구조물에 작용하는 풍압 계수를 어느 겉보기 면적으로 평균 또는 표준화하여 구조물에 작용하는 풍압력을 구하기 위한 계수로 한 것. 속도압과 수풍(受風) 면적에 곱하면 풍압력이 구해진다.

winding drum type elevator 드럼식 엘리베이터(-式-) 로프식 엘리베이터의 일종. 전동기 권상기(卷上機)의 드럼에 로프를 감은 구조로, 드럼의 회전에 의해 케이지를 승강사킨다.

winding pipe 와인딩 파이프, 나선형 종이제 거푸집(螺旋形-製-) 종이를 비틀어 나선형으로 감아서 만드는 원통형의 거푸집으로, 박철판제의 것과 마찬가지로 중공(中空) 슬래브의 보이드 부분을 만들기 위해 슬래브에 설치된다. 굵은 직경의 것도 있으며, 말뚝 등의 거푸집에도 이용되고 있다.

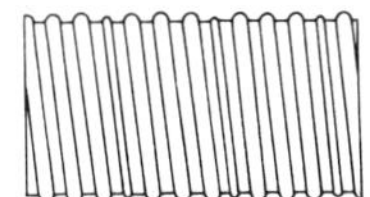

winding sheath 와인딩 시스 프리스트레스 구조용 시스의 하나. 얇은 띠철판을 나선형으로 감은 원통으로, 가요성(可撓性)이 있다. 포스트 텐션 긴장재의 위치에 미리 매입해 두고, 콘크리트 경화 후 긴장재를 그 속에 삽입하고, 긴장 후는 그라우트 주입을 한다. 시스 또는 플렉시블 시스라고도 한다.

winding stair 회전 계단(回轉階段) 하나의 축 주위를 회전하면서 오르내리는 계단을 말한다.

winding vibration 굴곡 진동(屈曲振動) 막대의 휨 진동을 말한다.

wind laid deposit 풍성 퇴적물(風成堆積物) 주로 바람에 날린 물질이 퇴적한 흙. 이 층을 풍적층(風積層)이라 한다.

windlass 윈들라스 앵커 체인의 링과 맞물리는 톱니바퀴와 비슷한 모양의 회전 드럼을 갖는 윈치와 앵커 체인의 감기를 겸한 기계.

wind load 풍하중(風荷重) 구조물 주위에 바람이 불 때에 받는 힘. 설계용 풍하중은 기준 풍속에 의한 바람이 속도압과 수압면의 풍력 계수를 기본으로 하여 각종 계수를 곱해서 조립된다.

wind load for exterior non-structural members 외장 마감재용 풍하중(外裝磨勘材用風荷重) 건축 구조물에 풍하중이 작용하는 경우, 지붕면이나 벽면의 외장 마감재에 가해지는 풍하중. 외압과 내압의 차로서 작용한다.

wind load for main structure 구조 뼈대용 풍하중(構造-用風荷重) 구조물 전체에 작용하는 풍하중. 구조물의 규모나 고유 주기에 따라 다르다.

window 창(窓) 벽면에 두어진 개구부로, 채광, 환기 등의 구실을 하는 것.

window cooler 윈도 쿨러 주택이나 일반 건물의 창에 설치하여 냉방을 하기 위한 장치. 증발기(실내측)와 응축기(실외측)가 한 몸으로 되어 있으나 최근에는 이들을 분리한 것이나, 히트 펌프식으로 하여 겨울은 난방도 할 수 있는 윈도 에어 컨디셔너도 있다(그림 참조).

window daylight factor 창면 주광률(窓面晝光率) 창면상의 주광률. 연직창이나

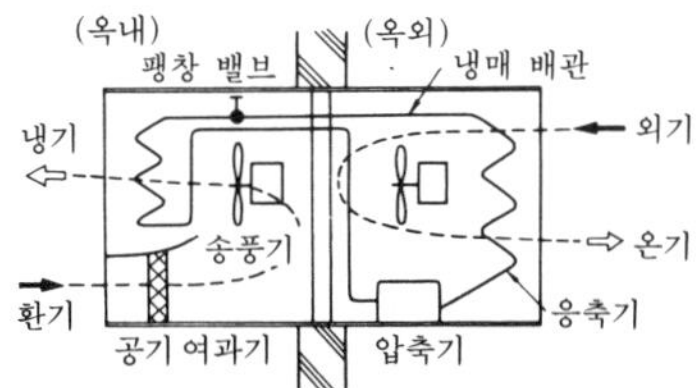

window cooler

경사창에서는 지물로부터의 반사광에 의한 것도 포함한다. 통상은 직사 일광은 포함하지 않는다.

window element 윈도 엘리먼트 창의 장식성·기능성을 높이기 위한 커튼, 블라인드 등의 품종, 부재, 부품의 총칭.

window frame 창틀(窓-) 양식의 창·출입구의 창호를 부착하기 위하여 조립하는 틀을 말한다.

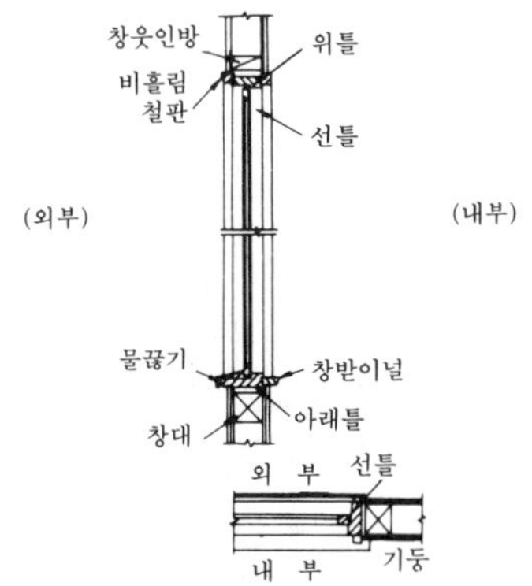

window frame works 창틀 공사(窓-工事) 창틀을 부착하는 공사.

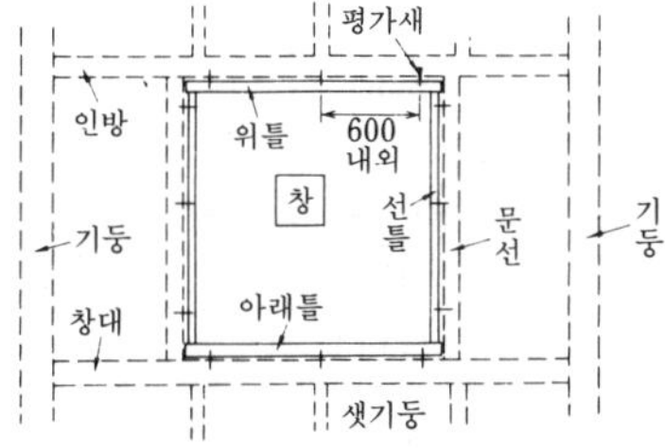

windowless building 무창 건축(無窓建築) 창을 없애고, 자연 채광·자연 환기 대신 인공 조명·공기 조화에 의존하는 공간을 갖는 건축물. 공장·창고·전산실 등에 예가 있다. 큰 벽면을 구조 요소로서

사용할 수가 있다.

windowless living room 무창 거실(無窓居室) 바닥 면적에 대하여 채광에 유효한 창 기타 개구부 면적이 1/20 이상, 개방할 수 있는 부분의 면적의 합계가 1/50 이상 갖지 않은 거실.

window sill 창대(窓臺) 창호의 밑틀을 받는 수평재.

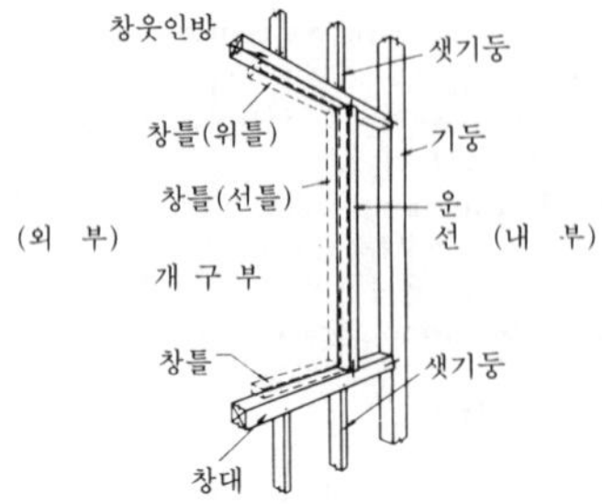

window stool 창받이널(窓－) 창 밑틀의 실내측에 문꼴선을 따라 부착한 폭넓은 판재. 창틀·새시틀과 주체의 부착 위치, 주체의 두께에 따라 문꼴선의 겉보기 치수가 정해진다.

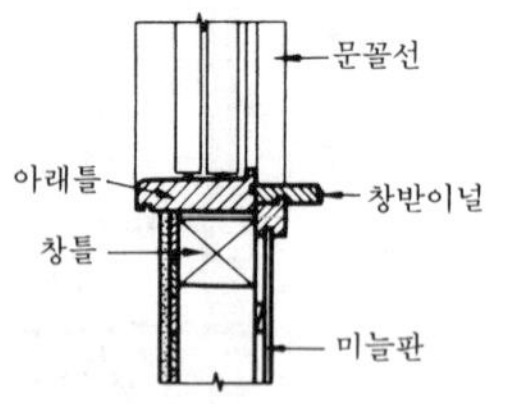

window surface luminance 창면 휘도(窓面輝度) 주광 조명 계산에서 투명 창면과 같이 실제로 그 면이 광원이 아니더라도 배후의 천공 휘도 등을 겉보기의 값으로서 정한 창면의 휘도.

window treatment 연창(演窓) 창 안쪽에서 차광, 조광 등의 조작을 하기 위한 장치. 커튼, 블라인드 등을 말한다.

wind pressure 풍압력(風壓力), 풍압(風壓) 바람이 건축물에 불어 닥칠 때 벽이나 지붕면에 미치는 압력. 면을 밀어 붙이는 경우를 정압(+), 흡인하는 경우를 부압으로 한다. 풍압력의 대소와 정부(正負)는 풍속·풍향, 건축물의 형상 등에 따라 변화한다.

wind pressure coefficient 풍압 계수(風壓係數) 구조물이 표면상의 임의 점의 정압 상승분과 속도압의 비.

wind pressure distribution 풍압 분포(風壓分布) 건축물에 작용하는 풍압력의 내외 표면상의 분포.

wind pressure fluctuation 풍압 변동(風壓變動) 풍압력이 시간적으로 변동하는 현상.

wind pressure force 풍압력(風壓力) 건축물의 외주면에 작용하는 폭풍시의 하중. 통상은 속도압에 풍력 계수를 곱하여 수압 면적당의 하중으로 하고 있다.

wind pressure meter 풍압계(風壓計) 풍압을 재는 측정기.

wind pressure test 내풍압 시험(耐風壓試驗) 창이나 벽 등의 외장 부재나 지붕의 표리면에 압력차를 만들고, 사용상의 유해한 작용 유무를 살피는 시험. 송풍에 의한 풍압과 압력 상자에 의한 공기압의 두 가지 방법이 있다.

wind resistant construction 내풍 구보(耐風構造) ＝wind resisting structure

wind resistant design 내풍 설계(耐風設計) 건축물에 미치는 바람의 작용에 대하여 안전상 혹은 사용상 지장을 초래하지 않도록 구조 뼈대나 각부 구조를 설계하는 작업.

wind resisting beam 내풍보(耐風－) 샛기둥이나 서브빔을 받아 벽면이나 지붕면에 작용하는 풍압력을 주체 가구(架構)에 전달하는 구실을 하는 보.

wind resisting structure 내풍 구조(耐風構造) 강풍에 경딜 수 있도록 설계 시공된 구조물.

wind scale 풍력 계급(風力階級) 바람의 계급으로, 지상 10m 고도의 풍속을 쓰며, 0~17계급으로 나뉘어진다.

wind shielding structure 차풍 구조물(遮風構造物) 풍압력을 작게 하기 위해 옥외에 설치하는 바람을 피하기 위한 구조물. 방풍 울타리 등.

wind speed 풍속(風速) ＝wind velocity

wind speed fluctuation 풍속 변동(風速變動) 풍속이 시간적으로 변동하는 현상을 말한다.

wind speed for return period 재현 기대 풍속(再現期待風速) 어느 기간에서 통계적으로 일어날 수 있는 풍속의 극치. 구조 설계를 할 때 사용한다.

wind truss 바람받이 트러스 벽면에 걸리는 풍압력을 내풍 가구(耐風架構)까지 전달하기 위해 통상 벽면과 직각의 수평면 내에 두는 트러스(다음 면 그림 참조).

wind tunnel 풍동(風洞) 일정한 성상(性狀)의 바람을 인공적으로 보내기 위한 송풍기, 덕트, 정류 장치 기타로 이루어지는 시스템의 총칭.

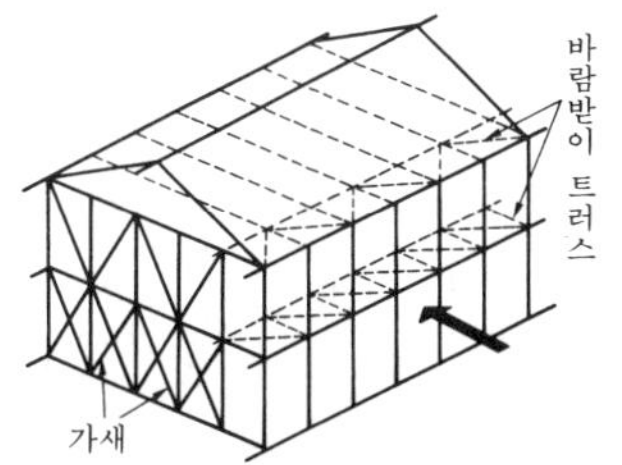

wind truss

wind tunnel test 풍동 시험(風洞試驗) 건물 등의 모형에 기류를 대고 그 바람에 의한 작용을 살피는 실험. 목적에 따라 기류의 구성 · 모형의 종별 등 각종이 있다.

wind vane 풍향계(風向計) 풍향을 재는 측정기.

wind velocity 풍속(風速) 공기가 단위 시간에 흐르는 거리. 단위 m/s. 일반적으로는 10분간의 평균 풍속을 쓰며, 평탄하고 열린 토지의 10m 높이를 기준으로 한다.

wing 날개 건축물의 중심이나 주요 부분에서 좌우로 뻗은 부분.

wing plate 윙 플레이트 철골 주각부에 부착되는 강판으로, 사이드 앵글을 거쳐서 또는 직접 용접에 의해서 베이스 플레이트에 기둥으로부터의 응력을 전한다.

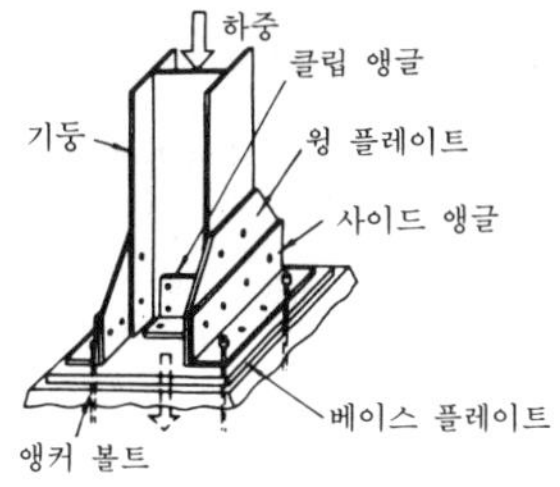

wing wall 측벽(側壁) =side wall

winter concreting 한중 콘크리트(寒中―) 콘크리트 타입 후의 양생 기간 중에 콘크리트가 동결할 염려가 있는 시기나 장소에서 시공하는 경우에 사용하는 콘크리트.

winter solstice 동지(冬至) 태양이 그 일주 궤도상에 있고 천구의 적도면에서 가장 남쪽에 위치하는 순간. 북반구에서는 동짓날에 태양의 남중 고도가 최저로 되어 주간의 시간이 가장 짧아진다.

wiping stain 와이핑 스테인 목재의 착색법. 염료를 칠하고 마르기 전에 닦아내어 오목한 부분만을 착색하는 방법.

wire 와이어 일반적으로 금속선을 말한다. 와이어 로프의 약칭으로서도 쓰인다. 자동 및 반자동 용접을 할 때 나금속선을 코일 모양으로 감은 것을 특히 와이어라 불러서 구별하고 있다.

wire brush 와이어 브러시 가는 철사로 만들어진 브러시로 녹이나 더러움을 제거한다든지 표면을 거칠게 할 때 사용한다.

wire clip 와이어 클립 ① 와이어 로프를 고정시킬 때 사용한 U자형의 볼트. ② 새시에 유리를 끼우기 위한 금속제 부분.

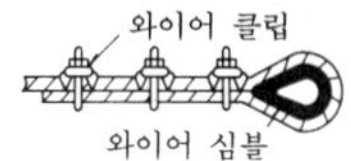

wire cloth 와이어 클로스 금속선으로 짠 눈이 가는 쇠그물의 일반적인 명칭.

wire door 그물문(―門) =screen

wired sheet glass 망입 판유리(網入板琉璃) 후판(厚板) 유리의 내부에 금속제의 망 또는 선을 삽입한 유리판. 유리가 깨어져도 파편이 튀지 않는다. 주로 방화 · 방범용으로 사용한다.

wire electrode 와이어 나용접봉. 아크 용접에 사용하는 용가제가 된다. 피복을 하고 있지 않은 선상(線狀)의 전극봉.

wire gauge 선번호(線番號) 재료 규격에 따라서 일련의 직경을 정하고, 번호를 붙인 철사의 지름.

wire glass 와이어 글라스 깨져도 파편이 비산하지 않도록 내부에 쇠그물이나 금속선을 삽입한 판유리. 방화성이 뛰어나다.

wire lath 와이어 라스 가는 철선을 짜서 만든 쉬그물. 벽 · 천장 등의 모르타르칠 등의 바탕재로서 사용한다.

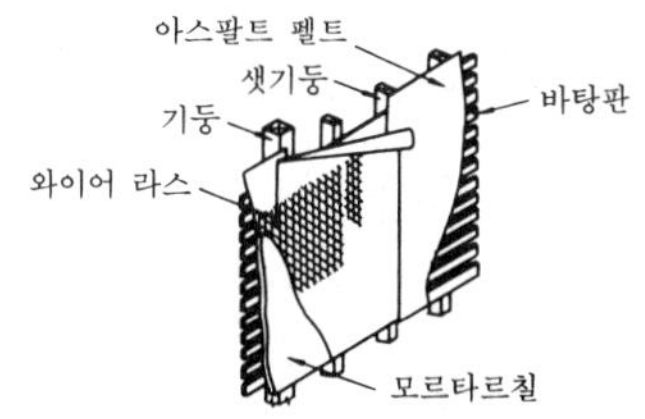

wire mesh 와이어 메시, 용접 쇠그물(鎔接―) 철선을 격자 모양으로 짜고 접점에 전기 용접한 것.

wire nail 둥근못 단면이 원형인 못. 철사에서 기계로 만든다.

wire rope 와이어 로프 탄소강선을 수 10줄 꼬아서 스트랜드로 하고, 그 스트랜드를 다시 심강(心鋼. 심강을 쓰지 않는 것도 있다) 주위에 여러 줄 꼬아서 만든 로프. 스트랜드, 심강, 꼬는 방법의 구성은

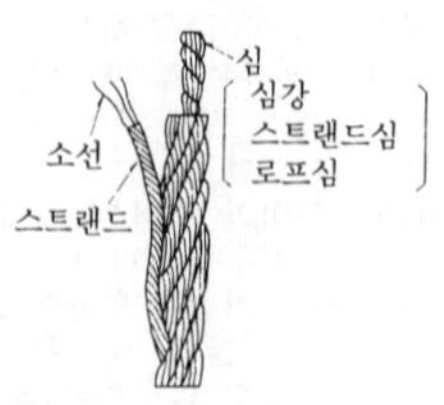

용도에 따라 다양하다.

wire saw 와이어 소 철사, 연관, 가는 철근을 절단하는 톱.

wire screen 그물문(－門), 망창(網窓) 곤충의 침입을 방지하기 위해 울거미 사이에 망을 친 문 또는 창.

wire socket 와이어 소켓 와이어 로프 끝 부분을 철물 내에 넣고 납을 녹여 주입하여 굳힌 것.

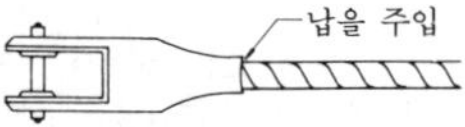

wire strain gauge 와이어 스트레인 게이지 금속 세선을 사용한 변형 검출용의 스트레인 게이지. 전기 저항의 변화량에서 검출한다.

wire strand 와이어 스트랜드 고장력강의 꼬임선으로, PC강재의 일종. 긴장재로서 쓰인다.

wire thimble 와이어 심블 와이어 로프를 구부려서 사용할 때 꺾겨서 결손하지 않도록 원호상으로 끼우는 철물.

wiring 배선(配線) 전기 기기 혹은 장치간에 전류를 흘려 그들 기기, 장치를 사용 가능하게 하기 위한 전선, 케이블 및 접속 부속품으로 구성된 결선·포선 부분의 총칭. →wiring diagram

wiring arrangement 배선도(配線圖) ＝wiring diagram

wiring board 배선반(配線盤) 통신·신호 배선의 접속, 분기를 하기 위해 설치하는 반. 보통 뚜껑이 달린 금속 상자 내에 전선 종별에 따른 접속·분기용의 단자대가 설치되어 있으며, 배선 인입·인출용의 스페이스(배선구)가 있다.

wiring diagram 배선도(配線圖) 전기 기기의 크기, 설치 위치, 전선의 굵기, 길이, 배선의 위치나 방법 등을 나타내는 도면을 말한다.

wiring duct 덕트 ＝duct

wiring gutter 배선구(配線溝) 전기의 배선에 사용하는 분전반 내부에 있으며, 주위에 설치되는 배선(전선)을 수납하기 위한 공간.

wolfram electrode 텅스텐 전극(－電極) ＝tungsten electrode

wood 목재(木材) 수목에서 만들어낸 재료로서의 재목으로, 침엽수와 광엽수에서 만든다.

wood boring machine 나무 보링 기계(－機械) 목공용 구멍 뚫는 기계.

wood brick 나무 벽돌(－壁－) 콘크리트면에 마감용 바탕재를 부착하기 위해 미리 콘크리트 내에 붙여 두는 나모조각.

거푸집
거푸집 제 거
띠장
나무벽돌

wooden architecture 목조 건축(木造建築) 토대, 기둥, 보, 도리 등의 주요 구조 부재를 목재(목질 재료도 포함)로 만든 건축물의 총칭.

wooden brick 나무벽돌(－壁－) ① 콘크리트면에 목재를 붙이는 경우 양자 사이에 부착하는 나무조각. ② 콘크리트 슬래브 위에 목조 바닥을 만드는 경우, 양자간에 까는 입방체의 나무조각.

wooden block 나무벽돌(－壁－) ＝wood brick

wooden building 목조 건축(木造建築) 목재를 주로 사용한 건축.

wooden building contractor 목조 건축 공사업(木造建築工事業) 주로 목조, 토조(土造)의 건축물을 청부하는 업자.

wooden clamp 거멀장 판의 마구리를 감추고, 판의 휨·신축 방지를 위해 부착한 비녀장.

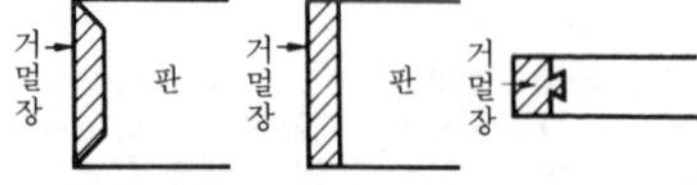

wooden construction 목구조(木構造), 나무 구조(－構造) 건물의 주요 구조부를 목재로 만든 구조.

wooden doors and windows 목제 창호(木製窓戶) ＝wooden fittings, wooden fixture

wooden fittings 목제 창호(木製窓戶) 목재를 주재로 한 창호의 총칭. 재래의 창호로, 가연성이 결점이지만 금속제 창호에 비해 결로의 점에서 뛰어나다. ＝wood fixture

wooden fixture 목제 창호(木製窓戶) ＝

wooden fitting

wooden form 목제 거푸집(木製－) 정척(定尺) 패널이나 판자를 써서 조립하는 목제의 콘크리트용 거푸집.

wooden framework 목조 뼈대(木造－) 토대, 기둥, 층도리, 도리, 보, 가새 등으로 구성하는 목구조의 뼈대.

wooden furniture 목제 가구(木製家具) 주요 구성 부분이 가공한 목재로 이루어지는 가구.

wooden hammer 나무메 단단한 나무로 만든 작은 메. 끌을 두드린다든지, 대패를 두드리는 등에 사용한다.

wooden house 목조 주택(木造住宅) ＝timber house

wooden lath 졸대 목조 가옥의 벽바탕에서 기둥 및 샛기둥 표면에 목재의 작은 조각을 1cm 정도 사이를 두고 못질하는 것을 말한다.

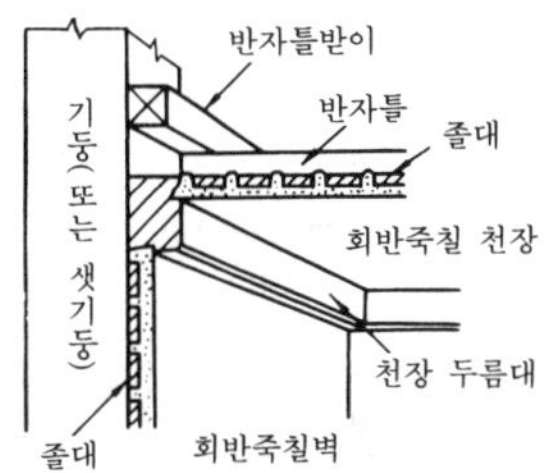

wooden maul 나무메 말뚝을 박을 때 등에 사용하는 대형의 목제 해머.

wooden nail 나무못 나무로 만든 못.

wooden pile 나무말뚝 목재에 의한 말뚝. 말뚝 재료는 소나무가 많으나 최근에는 극히 소규모 건물 등의 경우를 제외하고 사용되는 일은 드물다.

wooden raceway 목제 선피(木製線被) 목제의 홈통과 뚜껑으로 이루어지며, 실내 배선에서 전선을 외상(外傷)으로부터 보호하는 경우에 사용하는 것.

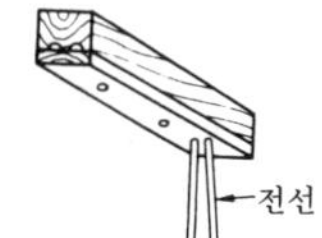

wooden structure 목구조(木構造), 나무구조(－構造) ＝timber structure

wood fiber 목질 섬유(木質纖維) 목재의 주요 구성 요소인 축방향의 섬유상 세포.

wood filler 우드 필러, 눈먹임재(－材) 목재 도장을 할 때 미리 바탕면의 도관 등을 막아 도료의 흡수를 막고, 표면을 매끄럽게 하는 재료. →wood filling

wood filling 눈먹임 목재 도장을 할 때 바탕면의 도관 등을 막아서 도료의 흡수 방지와 표면을 매끄럽게 하기 위해 도장 전에 하는 처리. →wood filler

wood float 나무 흙손 목제의 흙손. 비빈 재료의 도장 등 비교적 거친 표면의 마감에 사용한다.

wood for fittings 창호재(窓戶材) 창호에 사용하는 재료.

wood for fixture 창호재(窓戶材) ＝wood for fittings

wood frame construction 목골 구조(木骨構造) 목조의 틀을 만들고 여기에 합판을 붙여 바닥, 벽, 지붕 등을 만드는 목조 건축 구법.

wood grain 나뭇결 ① 새로 켜서 깎은 나무의 표면에 나이테로 말미암아 나타나는 무늬. ② 나무의 조직이 이루어진 상태.

wood lathe 목공 선반(木工旋盤) 목공용의 선반(목형 제작용). ＝wood turning lathe

wood lathing wall 졸대벽(－壁) 샛기둥에 5～10mm의 간격을 두고 소폭판을 수평으로 못박은 졸대의 바탕 위에 회반죽이나 플라스터 등을 칠해서 마감한 벽.

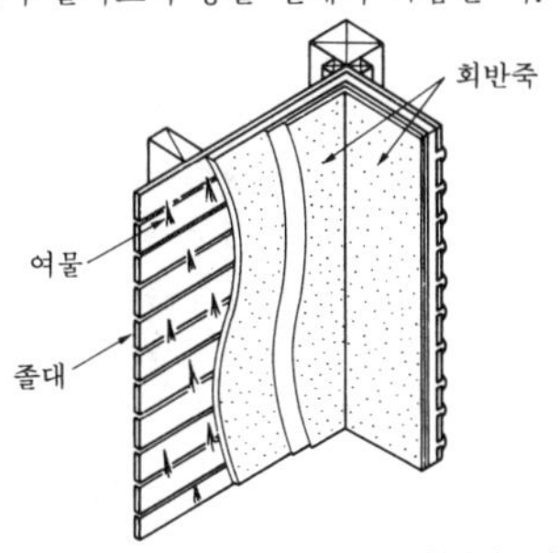

wood lintel 문미(門楣), 인방(引枋) 출입구나 창 위에 벽체를 지지하기 위해 수평으로 부착된 가로재.

wood milling machine 목공 밀링 머신(木工－) 목공용의 절삭 기계(목형 제작용).

wood mosaic 쪽매널 ＝paraquetry

wood oil 동유(桐油) ＝tung oil

wood panel construction 목조 패널 구법(木造－構法) 공장에서 바닥이나 벽 등의 주요 부위를 구성하는 부재를 목재 틀과 합판으로 패널화하여 이것을 현장에서 조립하는 조립 목조 건축 구법.

wood parenchyma 나무 세포(－細胞) 목재 조직의 섬유 사이에 있으며 양분의 배분과 저장의 구실을 하는 것.

wood pile 나무말뚝 목제의 말뚝. 주로 소나무재를 사용하고, 부식 방지를 위해 지하 상수위 이하에 박아 넣는다.

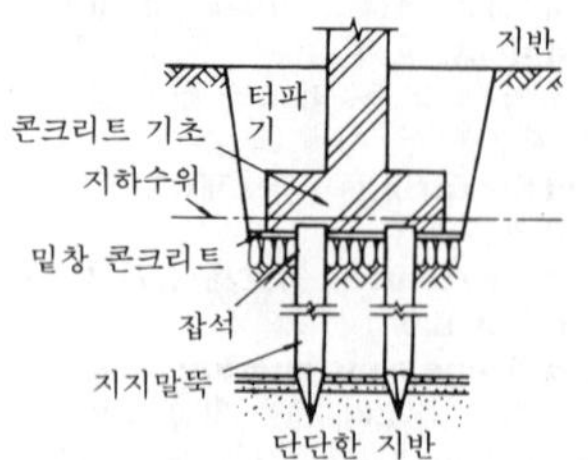

wood preservative agent 방부제(防腐劑) 부패를 방지하기 위한 약제. CCA 등 물에 녹는 것과 크레오소트유 등 기름에 녹는 것이 있다.

wood preservative method 방부 공법(防腐工法) 목조 건축물을 부패시키지 않게 하기 위한 공법 및 목재를 방부제로 처리하는 방법.

wood-ray 수선(髓線) 목재의 횡단면에서 나이테를 횡단하여 방사상으로 달리는 선으로, 수목의 양분의 운반이나 저장의 구실을 가진 부분.

wood screw 나무나사, 나사못 목재에 비틀어 넣는 데 적합한 나사산을 갖는 나사.

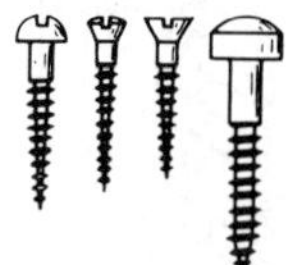

wood sealer 우드 실러 목재의 클리어 래커 마감의 초벌칠 전에 사용하는 도장재. 세라믹스에 니트로셀룰로오스 등을 가한 도료.

wood shavings 목귀(木一) 목재를 종이와 같이 얇게 대패로 깎은 것. 주로 포장용으로 사용한다.

wood shingle 너와판(一板) 두께 2~5 mm, 폭 10cm, 길이 30cm 정도의 지붕잇기용 목제 박판. 삼나무, 화백나무, 노송나무를 사용한다.

wood shingle roofing 너와잇기, 너와지붕 너와판으로 잇는 것, 또는 그 지붕.

wood siding wall 널벽(一壁) 흙을 쓰지 않고 널을 붙인 벽. 기둥과 기둥 사이의 세로홈에 두꺼운 판을 넣은 것. 흙벽에 대해서 말한다.

wood turning lathe 목공 선반(木工旋盤) ＝wood lathe

woodworker 목공(木工) 목질 재품을 만들기 위해 재료를 가공하는 사람. 절삭 가공, 접합 가공, 도장 외에 디자인까지도 포함하는 경우가 있다.

woodworking 목공(木工) 목질 제품을 만들기 위해 재료를 가공하는 것.

woodworking machine 목공 기계(木工機械) 목재, 목질 재료를 각종 제품이나 부재로 가공하는 기계의 총칭. 날을 갖는 절삭 기계 외에 연삭 기계 등도 포함한다.

woodworking tool 목공구(木工具) 목공 사용에 사용되는 공구류.

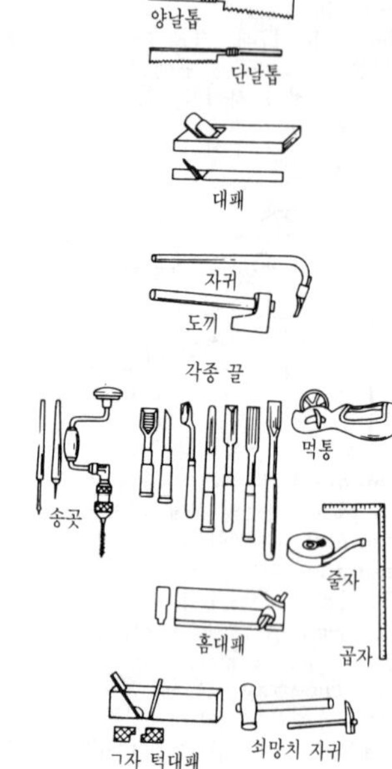

woody life 우디 라이프 건축이나 실내에 목재를 많이 사용한 생활 양식.

work 일 물체에 힘이 작용하여 힘의 방향으로 변위를 생기게 했을 때의 그 힘과 변위의 곱. 단위 kgm, tm, kgcm.

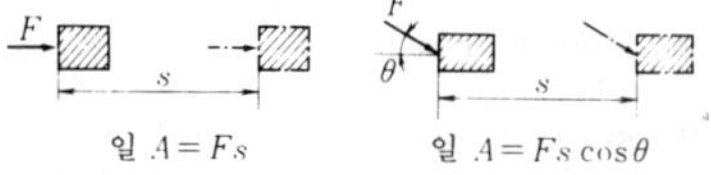

workability 워커빌리티 아직 굳지 않은 모르타르나 콘크리트의 작업성의 난이도. 목적 공사 또는 부위마다 유동성·비분리

성 등이 관련한다. 통상은 슬럼프 시험·블리딩 시험 등으로 판정한다. 혼합제·기상 조건·펌프의 양정 등에도 주의해야 한다.

workability of concrete 워커빌리티 = workability

work environment 작업 환경(作業環境) 작업에 종사하는 인간에게 직접 작용하여 능률, 질병, 재해 등의 영향을 갖는 작업 공간의 물리·화학적, 심리학적 특성의 총칭.

work factor analysis 워크 팩터법(-法), WF법(-法) 표준 작업 시간을 산정하는 수법의 하나. 미리 측정 대상 작업자의 동작을 표로 하고 이 표를 바탕으로 작업 시간을 측정하여 분석하는 방법.

work hardening 가공 경화(加工硬化) 금속 재료에 응력을 가하여 변형을 줄 때 그 인장 강도나 경도가 증가하는 현상.

working contract 노동 계약(勞動契約) 노동자와 사용자 사이에서 전자는 노동을 제공하고, 후자는 그 대상으로서 임금을 지불하는 것을 약속하는 것.

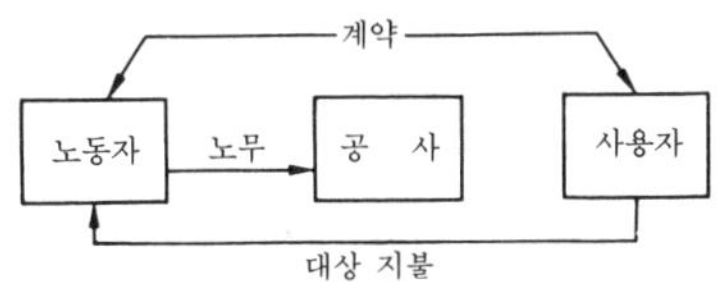

working design 실시 설계(實施設計) 기본 설계도에 입각하여 공사의 실시와 시공자에 의한 공비의 내역 명세를 작성할 수 있는 필요하고 충분한 설계 도서를 작성하는 설계 업무의 과정.

working drawing 시공도(施工圖) 설계 도서에 입각하여 실제로 일을 할 수 있도록 세부를 도시한 것.

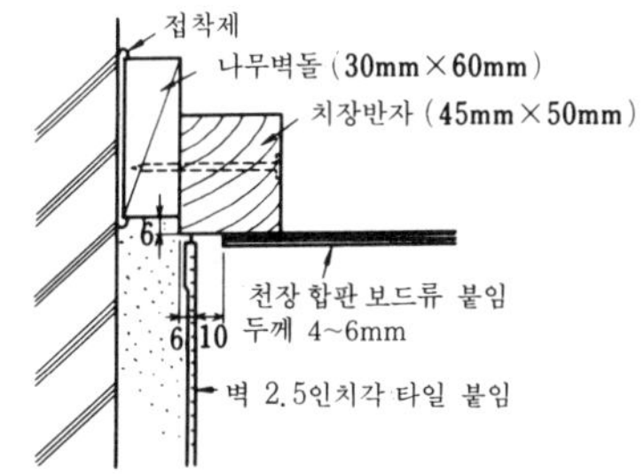

working drawings 실시 설계도(實施設計圖) 실시 설계 종료시에 건축주에게 제출하는 설계도. 일반적으로는 공사 계약서에 첨부된다. 일반도와 전개도, 천장 평면도, 창호표 등 상세도 외에 구조 설계도 일식, 설비 설계도 일식 기타를 포함한다.

working expenses 작업비(作業費) ① 설계 공사 등 작업에 관한 비용의 총칭. ② 노동력에 대한 비용.

working joint 워킹 조인트 장막벽의 줄눈 등에서 조인트 무브먼트가 큰 줄눈.

working life 워킹 라이프 접착제 등의 사용 가능 시간. 특히 2액성일 때 혼합하고부터 접착에 유효한 시간 내에 작업을 완료하지 않으면 안 된다. =pot life

working lifetime 내용 연수(耐用年數) =durable period

working load 작용 하중(作用荷重) 실제로 구조물에 작용하고 있는 하중. 작용 기구에 변동이 있는 경우 등에 설계 상정 하중과 구별하기 위해 사용한다.

working map 공작도(工作圖) 공장 제작을 위한 가공·조립의 개요를 나타내는 도면.

working platform 구대(構臺) 터파기나 지하 구체(軀體) 공사를 할 때 재료를 옮기거나 이동 크레인 등의 작업 지반으로서 설치하는 가설의 기대(基臺).

working space 작업 공간(作業空間) 작업을 위해 필요한 기계나 인간의 움직일 수 있는 클리어런스를 말한다.

working stress 존재 응력(存在應力) 설계용 하중에 의해 구조 부재나 접합부에 발생하고 있는 응력.

working stress design 허용 응력도 설계(許容應力度設計) =allowable stress design

work inspection 공사 검사(工事檢査) 설계 도서대로의 공사가 이루어졌다는 것을 판정하는 검사. 재료, 부품, 외주품의 인수 검사, 공정간 검사, 완성시 검사(준공검사)로 대별된다.

work joint 시공 줄눈(施工-) =construction joint

work management 작업 관리(作業管理) 작업 계획에 따라 값싸게, 정확하게 빨리, 또 안전하게 작업하기 위한 현장에서의 관리 업무.

work measurement 작업 측정(作業測定) 작업 공정의 계획·작업법의 개량 등을 위해 작업 중의 동작·작업 시간·작업 순서·표준값과의 벗어남 등을 측정하는 것을 말한다.

work planning and specification 제작 요령서(製作要領書) 부재·부품의 제작에 앞서 그 작업의 대요를 기재하고, 지시 승락을 받는 문서. 공정·작업 체제·사용 재료 및 설비 · 가공의 방법 · 조립 접합의 방법 · 검사 · 운반법 등을 기재한다.

work process analysis 공정 분석(工程分析) 작업이나 공사를 합리화하기 위해 그 수순을 분석하는 것.

workshop 작업장(作業場) =farm shop

work size 제작 치수(製作－數) 설계도상에 지시되는 치수, 또는 제작의 목표가 되는 치수.

work standard 작업 표준(作業標準) = operation standard

work-table 공작대(工作臺) 목재를 가공할 때 공작물을 받치는 받침.

worthington pump 워싱톤 펌프 수평형 피스톤을 보일러의 증기압에 의해 왕복시켜 급수를 하는 왕복 펌프. 증기량에 의해 송수량을 조절한다. 증기압 10kg/cm² 이하의 보일러 급수용으로 사용된다.

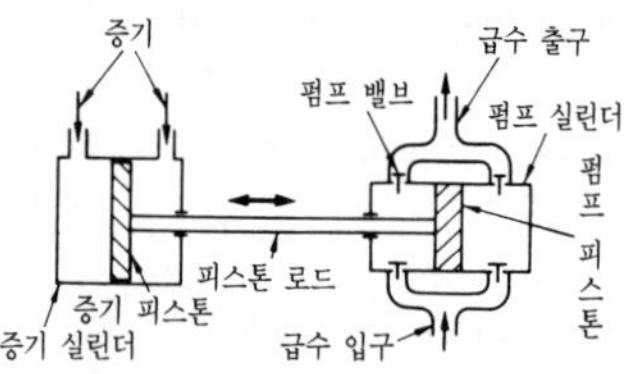

wreckering car 레커차(－車) 일반적으로는 소형의 트럭 크레인을 말한다. 트럭 캐리어에 소형의 양중 장치(기중기) 또는 매다는 장치를 설치한 특수한 차. 불법 주차의 철거 작업 등에도 사용된다.

wrench 렌치 =spanner

wrinkling 링클링 압축에 견디는 막재(膜材)가 거시적인 압축 변형을 받아서 주름이 생기는 현상.

wrinkling condition 링클링 조건(－條件) 링클링은 막에 생기는 주름을 말하며, 링클링 조건이란 막면상에서 국부 좌굴을 일으키지 않는 안정 한계를 준다. 회전 곡면의 일중막에서 내압 p이면 막의 면내력(단위폭당)은

$$N_\varphi = pR_2/2$$
$$N_\theta = pR_2\{1-(R_2/2R_1)\}$$
$$N_{\varphi\theta} = 0$$

N_φ, N_θ, $N_{\varphi\theta}$는 경선(經線) 방향력, 위선 방향력, 전단력을 나타낸다. R_1, R_2는 곡면의 주곡률 반경이다. 그 링클링 조건은

$$N_\varphi N_\theta \geqq N_{\varphi\theta}$$

즉, $2R_1 \geqq R_2$이면 안정한다. 통상의 등장력 곡면에서는 $N_x = N_y$, $N_{xy} = 0$으로 안정하고 그 곡면은

$$\frac{1}{R_1} + \frac{1}{R_2} = \frac{p}{2n_0} = \text{const}$$

로 표시된다. N_0는 막의 장력이다. 이와 같이 링클링 조건은 막구조의 형성 가능한 곡면을 구하기 위해 널리 쓰이고 있다.

writing estimate 견적서(見積書) =cost estimate

wrought iron 연철(鍊鐵) 탄소 함유량이 0.45% 이하의 쇠를 반복 단련함으로써 대부분의 C, Si, Mn, P 등의 성분을 제거한 것. 철골 구조의 초기에 사용되었다.

xenon lamp 크세논 램프 석영 유리관 속에 크세논 가스를 봉해 넣은 백색 광원 전구.

X-ray plant X선 장치(－線裝置) 양극에 고속의 전자류를 충돌시켜 X선을 발생시키고, 그것을 이용하기 위한 장치. 뢴트겐 사진 촬영 장치가 대표적 예이다.

X-ray test X선 투과 시험(－線透過試驗) 강재의 용접부에 X선을 투과하여 필름에 현상해서 용접 결함의 유무와 그 정도를 판정하는 비파괴 시험 방법.

X-Y recorder X-Y리코더 컴퓨터로부터의 출력 결과를 직교 좌표의 평면상에 그리는 장치. 각종 계측값을 그림으로 나타내는 데 쓰이고 있다.

yard 뜰 집안에 있는 평평한 땅.

yarn socket 소선(素線) 경강의 선재. 와이어 로프의 구성재이다. 탄소 0.55~0.65%의 탄소강으로, 도금하여 사용하기도 한다.

yellow echer 황토(黃土) ＝ochre

yield 항복(降伏) 연강 등의 인장 시험에서 어느 응력에 도달했을 때 생기는 입자간의 미끄럼 현상. 항복 현상을 일으켜 응력·변형 곡선이 비례 관계를 유지하지 않게 되어 미끄럼이 시작될 때를 상위 항복점이라 한다. 그 이후 응력은 일단 저하하고, 알정 응력을 유지하며 소성 변형이 진행한다. 이 때가 하위 항복점이다.

yield hinge 항복 힌지(降伏－) 부재가 전소성 상태에 이르러 종국 휨 모멘트를 유지하면서 회전만이 가능한 상태.

yield line 항복선(降伏線) 철근 콘크리트 바닥 슬래브의 붕괴 기구를 나타내기 위한 소성 힌지의 성질을 갖는 이상화된 균열선.

yield line theory 항복선 이론(降伏線理論) 항복선에 의해 구절된 철근 콘크리트 바닥 슬래브의 붕괴 기구를 써서 슬래브의 휨 종국 내력을 산정하는 이론.

yield load 항복 하중(降伏荷重) 구조물이나 부재의 일부에 항복이 생겨 강성이 크게 저하할 때의 하중.

yield point 항복점(降伏點) 연강을 인장했을 때의 응력·변형 곡선에서 탄성 한도를 넘으면 변형이 갑자기 증가하여 곡선이 포화 상태로 되는 현상을 항복이라 하고, 항복이 생기는 점을 항복점이라 한다. 이 때의 응력을 항복점·항복 응력 또는 항복 강도라 한다. 연강 이외에서는 항복점은 확실하지 않지만 PC강재에서는 잔류 변형이 0.2%인 점을 항복점으로 하고 있다. →yield

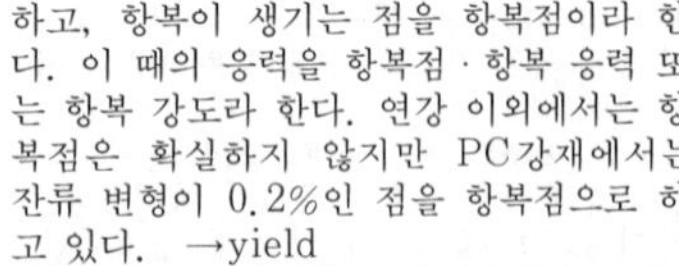

P_y : 상항복점
P_y' : 하항복점
응력도
변형도

yield ratio 항복비(降伏比) 강재의 항복점과 인장 강도의 비. 강재의 기계적 성질을 나타내는 하나의 지표. 항복비가 커지면 부재의 변형 능력을 저하한다.

yield strain 항복 변형(降伏變形) 재료가 항복할 때의 변형. 즉 항복점에 대응하는 변형.

yield stress 항복 응력(降伏應力) 하위 항복점의 응력.

yield strength 항복 강도(降伏强度) 재료가 항복 상태에 이르렀을 때의 강도.

yield strength ratio 항복비(降伏比) 항복 강도와 인장 강도의 비. 항복 강도가 명확하지 않은 재료에서는 0.2%의 영구 변형을 나타내는 점을 항복점이라 생각하고 항복 강도를 취한다.

Young's modulus 영 계수(－係數) 탄성 계수의 하나. 탄성 범위 내에서는 수직 응력도와 종변형도(縱變形度)는 정비례한다(훅의 법칙). 그 때의 비례 상수. 재료의 신장 또는 수축 변형에 대한 저항의 크기를 나타낸다. 종탄성 계수, 영률이라고도 한다.

Young's modulus ratio 영 계수비(－係數比) 철근 콘크리트 구조와 같이 복합 재료인 경우 각각의 재료의 영 계수의 비를 가정하여 응력 또는 단면 계산을 한다. 예를 들면

$n = E_s/E_c$

E_s : 강의 영 계수, E_c : 콘크리트의 영 계수. E_s, E_c에 대해서는 규준에서 수치가 주어지고 있으나 관용의 수법으로서는 응력 계산의 경우는 $n=10$, 단면 산정인 경우는 $n=15$로 가정하는 경우가 많다.

youth hostel 유스 호스텔 야외 활동을 통

하여 청소년의 건전한 육성을 도모한다는 독일에서 시작된 유스 호스텔 운동에 의해 보급된 저렴한 회원제 숙박 시설.

Y-type pipe Y형 도관(－形陶管) 분기되어 있는 도관.

Y-Y connection 성형 성형 결선(星形星形結線) 변압기 결선법의 하나. 1차, 2차 권선을 모두 성형(Y형)으로 접속한다. 한 권선에 걸리는 전압은 작아지지만 고조파 대책상은 결점이 있다.

Z

zebra zone 제브라 존 횡단 보도를 표시하는 흰선이 얼룩말과 비슷한 문양으로 되어 있기 때문에 붙여진 용어.

Zentralbau 집중 형식(集中形式) 2축 대칭의 평면을 갖는 형식. 8각형 평면이나 그리스 십자형 평면의 교회당은 그 전형 예이다.

zero-air-void curve 영공극 곡선(零空隙曲線) 흙의 공극에 공기가 전혀 없다고 가정한 경우의 흙의 밀도와 함수비와의 관계를 나타내는 곡선. 다짐 정도를 나타내는 다짐 곡선에 비교하기 위해 병기된다.

zero matrix 제로 매트릭스 모든 요소가 0인 매트릭스.

zero span tension 제로 스팬 텐션 방수층이 바탕의 균열 등에 의해 국부적으로 인장되어서 크게 늘어나는 것.

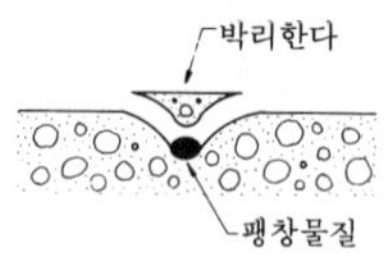

zero surface 제로 곡면(−曲面) 공기막 구조에서 막을 긴장시키기 이전의 초기 제작 곡면.

ziggurat 지구라트 고대 메소포타미아에서 건조된 층탑. 계단 또는 경사로가 두어지고 정상에는 소신전이 세워졌다.

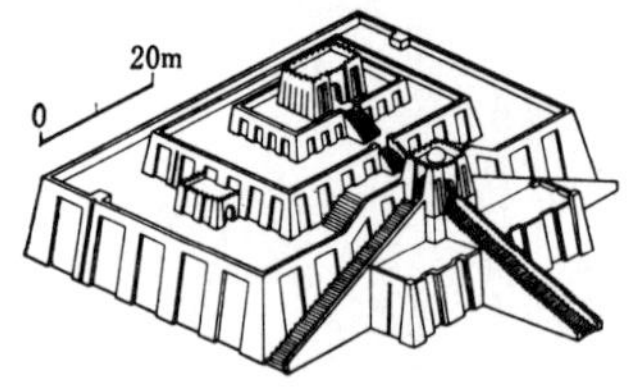

zigzag drive 지그재그 박기 접합부에서 못이나 리벳의 배치를 엇갈리게 하여 접합하는 것. 널폭이 좁고 병렬로 박을 수 없는 경우에 사용한다.

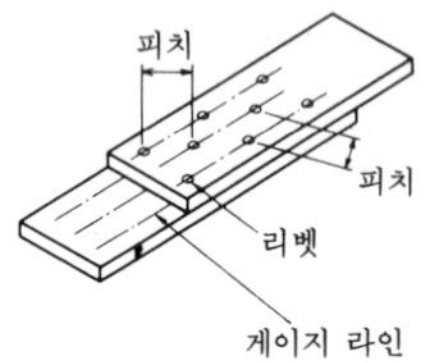

zigzag intermittent fillet weld 지그재그 단속 필릿 용접(−斷續−鎔接) 용접이 한 곳에 집중하지 않도록 지그재그로 배치한 용접.

zigzag riveting 지그재그 리벳 박기 리벳의 배치가 일렬로 되지 않도록 지그재그로 박는 것.

zinc 아연(亞鉛) Zn. 융점이 낮고 무른 은백색의 금속. 아연 도금 강판이나 합금 성분으로서 널리 쓰인다.

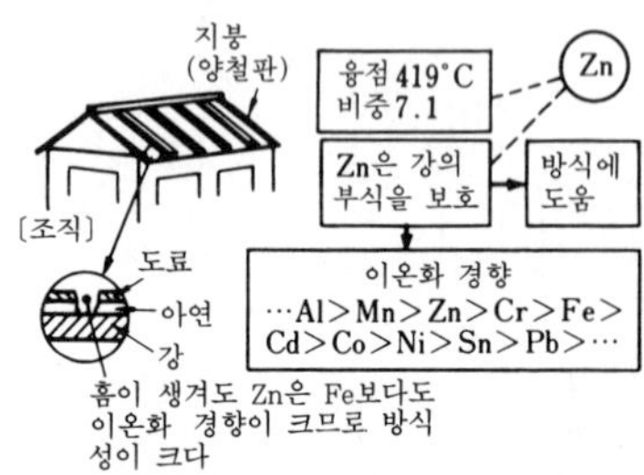

zinc chromate 징크 크로메이트 크롬산 아연을 주성분으로 한 황색의 녹방지 안료. 철골의 녹방지 등에 사용된다.

zinc chromate primer 징크 크로메이트 프라이머 도료 중에 징크 크로메이트를 배합하여 녹방지 효과를 이용한 액상(液狀)의 것.

zincing 아연 도금(亞鉛鍍金) 강재의 부식을 방지하기 위해 아연의 피막을 하는 것.

용융 아연 도금과 전기 아연 도금이 있다.

zinc plating 아연 도금(亞鉛鍍金) =zincing

zinc putty 징크 퍼티 이종의 금속에 의한 접촉 부식을 방지하는 것을 목적으로 하여 아연의 성질을 이용한 충전제용 퍼티. 최근에는 이용도가 낮아졌다.

zipper gasket 지퍼 개스킷 새시 혹은 콘크리트에 판유리를 붙이기 위한 합성 고무 제품을 말한다. 기밀성·수밀성을 확보할 수 있다.

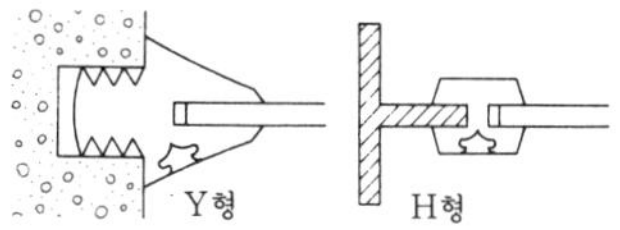

zone coefficient 지역 계수(地域係數) 설계용 하중 선정을 할 때 쓰이는 계수로, 지역의 특성을 가미한 저감 계수이다. Z로 나타내는 경우가 많다.

zone condemnation 지대 수용(地帶收用) 어떤 구역을 공익적인 사업으로 개발, 정비하고, 정비 후의 토지를 매각 또는 임대하기 위해 부근 토지를 포함하는 필요한 구역 일대를 토지 수용하는 것.

zone control 존 제어(-制御) 건물 내에 용도, 특성에 따라서 형성된 구획을 단위로 하여 각종 설비의 제어를 하는 것.

zone four-pipe system 존 4관식(-四管式) 공기 조화 설비에서의 배관 방법의 하나. 부하 특성이 비슷한 존을 냉수 또는 온수의 2관식으로 하고, 각 존을 잇는 주관부만을 4관식으로 하는 것을 말한다.

zone load 존 부하(-負荷) 공기 조화 설비에서 조닝된 공간마다의 부하. 부하의 크기나 변동 패턴 등은 방위나 용도 등에 따라 다르다.

zone of thermal equilibrium 열평형역(熱平衡域) 열평형이 유지되는 영역. 이 영역에서는 인체의 자율적 체온 조절이 가장 용이하게 된다. 온열 요소 및 착의, 작업의 정도에 따라 다르다.

zone reheat 존 리히트 단일 덕트 방식에 의해 부하 특성이 다른 복수의 존을 1대의 공기 조화기로 대응할 때 존 마다 재열기를 두고 온도 조절기에 의해 분출 온도를 조절하는 공기 조화 방식.

zone system 존 시스템 도심부의 자동차 규제 방식. 환상 도로 내를 몇 개의 존으로 구분하고, 존 간의 교통을 금지하여 통과 교통을 줄이는 시스템.

zoning 지역제(地域制)[1], 조닝[2] (1) =districting

(2) 건물을 공기 조화하는 경우 부하의 상황에 따라서 구역별로 구분하는 것.

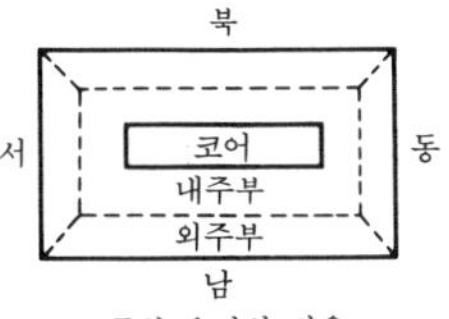

4주창 유리의 경우

zoning district 지역 지구(地域地區) 도시의 일정 지역 내를 도시 계획법에 의해 몇 개의 지역으로 분할하고, 경계와 토지의 이용 제한을 정한 구역.

zoning factor 지역 계수(地域係數) 하중의 평가를 함에 있어 지역에 의한 발생 빈도의 차를 계수의 모양으로 나타낸 값. 비교적 빈도가 높은 지역을 1.0으로 하고, 낮은 지역을 저감하는 모양으로 표현하는 경우가 많다.

zoning system 지역제(地域制) =districting

zoo 동물원(動物園) 동물의 연구, 보호 및 지식의 보급을 목적으로 설치되며, 각종 동물을 사육하고, 그 생태를 일반에게 관람시키는 시설. =zoological garden

zoological and botanical park 동식물 공원(動植物公園) 동물원, 식물원 혹은 그 양자가 주요 시설로 되어 있는 도시 공원. 특수 공원의 일종.

zoological garden 동물원(動物園) =zoo

Z section steel Z형강(-形鋼) Z형의 단면을 갖는 냉간 성형의 경량 형강.

한 글 색 인

【ㄱ】

pressurized smoke exhaustion 554
가압 송수 장치
pressurized siamese facilities 554
pressurized water supply system 554
가압식 잠함 공법
pneumatic caisson method 538
가압 연소
pressurized combustion 554
가연성 combustibility 139
가연성 폐기물 combustible waste 139
가열 감량 heating loss 342
가열기 heater 341
가열 온도 곡선
heating temperature curve 342
가열 코일 heating coil 342
가열 코일 내장 인덕션 유닛
induction unit with built-in heater 377
가옥
cabin 97
house 361
properties 563
가옥 감가 상각비
depreciation expense of house 192
가옥 관리비
managing expense of house 439
가옥 대장 house ledger 361
가옥 잔존 가격
remaining value of house 591
가옥 피해율
percentage of damaged houses 515
가요성 flexibility 288
가요성 이음 flexible joint 288
가요성 접속 flexible connection 288
가용 시간 pot life 546
가용접 tack welding 708
가우스 곡률 Gaussian curvature 315
가우스의 소거법 Gauss's method 315
가우스 잡음 gaussian noise 315
가우징 gouging 323
가융 합금
fusible alloy 309
fusible metal 309
가이거의 중력식
Geiger's gravity formula 315
가이데릭 guy-derrick 332
가이드 레일 guide rail 331
가이드 롤러 guide roller 331
가이드 보드 guide board 331
가이드 코드 guide code 331
가장자리 용접 edge weld 233
가장자리 이음 edge joint 233
가전개 곡면
developable curved surface 196
가정 자동화
HA 333
home automation 354
가정 하수
domestic waste 209
sanitary sewer 620
가조립
shop assembly 642
trial shop assembly 738
가조 시간
duration of possible sunshine 224
가조이기 볼트
erection bolt 254
fitting-up bolt 284
가족 구성
family make-up 269
family structure 269
가지ㅅ자보 jack rafter 395
가진 excitation 259
가진기 shaker 636
가진력 excitation force 259
가청 범위
auditory sensation range 49
가청음 audible sound 49
가청 주파수 audible frequency 49
가청 한계 audible limit 49
가치 분석
value engineering 759
VE 761
가호 dwelling unit 226
가환지 provisional replotting 564
각강
square steel 672
steel square bar 685
각 기계 끌 hollow chisel motiser 353
각도자 bevel protractor 70
각변환기 angular transducer 32
각뿔 유닛 구조
stressed skin space grid 694
각석 square stone 672
각속도 angular velocity 32
각재 square timber 672
각주
square column 671
square post 672
각진동수
angular frequency 32
radian frequency 573
각층 유닛 방식 floor-by-floor air handling unit system 290
각형 강관
square-shape steel pipe 672
간극 void 770

감수제 water reducing agent 779
감시 장치 monitor 464
감실 niche 478
감실장 niche 478
감압 밸브
pressure-reducing valve 554
감압 수조
pressure-reducing tank 〔cistern〕 554
감압 우물 relief well 591
감압 콘크리트
low pressure concrete 431
감온비
temperature susceptibility 711
감잡이쇠 stirrup 687
감정 평가
appraisal 35
valuation 759
감정 평가 방식 appraisal 〔evaluation〕 system 〔method〕 35
감지기 detector 196
감탕나무 bird-lime holly 73
갓 reflector 585
갓돌
capping stone 102
coping stone 165
갓복도
side corridor 643
side-load corridor 647
강 steel 683
강관
steel pipe 684
steel tube 685
강관 가구 steel pipe furniture 684
강관 구조 steel pipe structure 684
강관 널말뚝 steel pipe sheet pile 684
강관 말뚝 steel pipe pile 684
강관 분기 이음
steel pipe branch joint 684
강관 비계 steel pipe scaffold 684
강관 콘크리트 구조 steel pipe reinforced concrete structure 684
강관 콘크리트 말뚝 steel pipe reinforced concrete pile 684
강관 트러스 steel pipe truss 684
강구 보링 shot boring 642
강구조
rigid structure 602
steel structure 685
강 널말뚝 steel sheet pile 685
강당
auditorium 49
lecture-hall 412
강도 coefficient of rigidity 132
intensity 386
relative stiffness 590
stiffness factor 687
strength 692
unit strength 752
강도 상승률
strength magnification factor 692
강도율 intensity ratio of labor accident 386
강도 저감 계수
strength reduction factor 692
강도 저항형
strength resistant type structure 693
강도 지표 strength index 692
강말뚝 steel pile 684
강망 expanded metal 260
강모래 river sand 604
강벽 rigid wall 602
강비 relative stiffness ratio 590
강선 steel wire 685
강섬유 steel fiber 683
강섬유 콘크리트
steel fiber reinforced concrete 683
강성
rigidity 601
stiffness 686
강성률 story stiffness ratio 690
강성 매트릭스 stiffness matrix 687
강성법 stiffness method 687
강성 저하율
rigidity degrading ratio 602
stiffness drop ratio 686
강소성 rigid plasticity 602
강소성 모델
rigid plasticity model 602
강수
meteoric water 452
precipitation 549
강수량 amount of precipitation 28
강심 center of rigidity 111
강역 rigid zone 602
강열 감량 ignition loss 370
강우 강도
intensity of rainfall 386
rain-fall intensity 577
강우량 amount of rainfall 28
강의실 lecture room 412
강자갈 river gravel 604
강자성 ferromagnetic 272
강재 계수 steel index 684
강절 rigid joint 602
강접 골조
moment resisting frame 464

건축 성능 building performance 90
건축 순환 building cycle 89
건축 심리학
architectural psychology 38
건축 업자 builder 87
건축 용적 building volume 91
건축 음향 architectural acoustics 37
건축 일식 공사
general contract of building 315
건축 자동화 building automation 88
건축 자재 building material 90
건축 장식
architectural decoration 37
건축주
client 127
owner 502
건축 착공 building starts 91
건축 통계 building statistics 91
건축 한계
clearance limit 126
construction guage 158
건축 허가 building permission 90
건축 협정 building agreement 87
건축 형식 building type 91
건축화 built-in 91
건축화 조명
architectural lighting 37
built-in lighting 91
건축 후퇴
building setback 90
set back 634
건폐율
building coverage 89
building coverage ratio 89
plot coverage 536
걸레 받이
plinth 536
base 61
baseboard 61
skirting 650
걸레받이형 방열기
baseboard heater 61
걸쇠 latch 409
걸침기와 pan tile 507
걸침턱 맞춤 cogged joint 133
검사 로트 inspection lot 384
검사 필증
certificate of inspection 114
검정 공차 tolerance 728
검지관 detecting tube 196
겉보기
face 267
face measure 267
겉보기 비중
apparent specific gravity 35
게르버 보
Gerber's beam 318
Gerberbalken 318
게스트하우스 guesthouse 331
게이지
gage 310
gauge 314
게이지 라인
gabled line 310
gauge line 314
게이지 압력 gauge pressure 314
게이지율
gauge factor 314
gauge ratio 315
게이트 밸브 gate valve 314
겔 gel 315
격납고
aeroplane shed 12
hanger 336
storehouse 689
격리 병동 isolated ward 393
격리 병실
isolated ward 393
segregated ward 628
격막 펌프 diaphragm pump 198
격벽 partition wall 511
격자 grille 327
격자 계획 grid planning 327
격자 기둥 latticed column 411
격자 모델 grid model 327
격자문 lattice door 411
격자보 grid beam 326
격자재 lattice bar 411
격자창 lattice window 411
격자형 도로망 gridiron road 327
견목재 hardwood 337
견적 estimate 256
견적 가격
estimated amounts 256
estimated value 256
견적 기간 period of estimate 518
견적도 drawing for estimate 217
견적서
contractor's estimate 161
cost estimate 169
estimation sheet 257
writing estimate 798
견적 양식 form of estimation 299
견적 요항 terms of estimate 715
견적 조건 terms of estimate 715
견치돌 wedge stone 784
견치석 wedge stone 784
결로

경사 응력 oblique stress 486
경사 입사 oblique incidence 485
경사 입사 흡음률
oblique incidence sound absorption coefficient 485
경사재
diagonal 197
diagonal member 197
경사판식 계단
ramped slab type stair 577
경사 필릿 oblique fillet 485
경상 수선비
ordinay repair expenses 495
경상적 수선 ordinary repair 495
경석
hard stone 337
pumice 566
pumice stone 567
경석고 anhydrite 32
경석고 플라스터
hard finishing plaster 337
경석 콘크리트 pumice concrete 566
경수 hard water 337
경수 연화 장치
water softening apparatus 780
경영 분석 business analysis 94
경유 gas oil 313
경작업원 light worker 418
경쟁 입찰
bid 70
competitive bidding 143
competitive bidding system 143
competitive tendering 143
offer 487
tender 713
경쟁 입찰 제도
competitive tendering system 143
경제적 내용 연수
economic durable years 233
economic life time 233
경지 방풍림
arable land wind break forest 36
경질 고무 ebonite 232
경질 비닐 전선관
electric pipe of hard vinyl chloride 240
경질 섬유판
hard board 336
hard fiber board 337
경질 염화 비닐관
hard vinyl chloride pipe 337
경첩 butt 94
경판 panel borad 505
경 필릿 용접 light fillet weld 416
경합금 light alloy 416
경합금판 light alloy plate 416
경홈형강 light gauge channel. 416
경화
curing 180
hardening 336
경화제
curing agent 180
hardener 336
경화 지연제 setting retarder 634
계단
stair 674
step 685
계단 교실 lceture theater 412
계단 멍에 rough string 613
계단 배근도
stair bar arrangement drawing 674
계단별 관리
management by staircase group 439
계단보 stair stringer 674
계단실
stair hall 674
staircase 674
계단실형 walk up type 772
계단실형 집합 주택 multiple dwelling house of staircase type 469
계단옆판
string 695
stringer 695
계단참
landing 407
pace 504
계단 피라미드 stepped pyramid 686
계량 measure 446
계량 경제학 econometrics 233
계면 파괴 adhesive failure 9
계벽
party wall 511
separation wall 632
계산 가격 estimated price 256
계약 agreement 13
계약 가격
contract price 162
contract value 162
계약 갱신 contract renewal 162
계약 도서 contract documents 161
계약 방식 contracting system 161
계약 보증금 contract deposit 161
계약서 contract document 161
계약 해제
termination of contract 715
계장 instrumentation 384
계전기 relay 590

계절 노동 seasonal labor 626
계절 변동 seasonal fluctuation 626
계절풍 monsoon 4464
계측 관리
observational procedure 486
계통도
distribution diagram 208
schematic diagram 623
system diagram 707
계통적 오차 systematic error 707
계획 교통량
designed daily traffic volume 194
계획도
plan drawing 530
schematic drawing 623
계획 배합 specified mix 668
계획 수량
estimated amount 256
estimated quantity 256
계획 원안 sketch design 649
계획 원안도
sketch design drawing 649
계획적 수선
programmed repair and restoration 561
계획 조합 specified mix 668
계획 표준
planning criteria 531
planning standards 532
고가 도로
elevated road 242
high level road 350
고가 수조
elevated tank 243
elevated water tank 243
gravity tank 325
고가 수조식 급수법
elevated tank water supplying 243
고가 철도 elevated railway 242
고가 탱크
elevated tank 243
elevated water tank 243
high tank 351
고강도강 high strength steel 351
고강도 방전 램프
high pressure sodium vapor lamp 350
고강도 시멘트
high early strength Portland cement 349
고강도 철근 high strength bar 351
고강도 콘크리트
high strength concrete 351
고강도 프리스트레스트 콘크리트 말뚝
prestressed high-strength concrete pile 555
고결 공법 consolidation process 157
고급 콘크리트
high grade concrete 350
고대 도시 ancient city 30
고도 규제 building height control 89
고도 이용 지구
high utilized district 351
high-intensity use district 350
고도 정보화 도시 intelligent city 386
고도 지구
building height control district 89
height control district 347
height district 347
고두꽂이 cat bar 106
고딕 건축 Gothic architecture 323
고딕 리바이벌 Gothic revival 323
고력 볼트
high strength bolt 351
high tension bolt 351
고력 볼트 공법
high strength bolted connections 351
high titanium oxide type electrode 351
고력 볼트 마찰 접합
friction type high strength bolted connections 305
고력 볼트 인장 접합
tension type high strength bolted connections 714
고령토 chinaclay 118
고령화 사회 aging society 13
고로 슬래그 blast furnace slag 74
고로 시멘트
blast furnace cement 74
blast furnace slag cement 74
Portland blast-furnace cement 544
Portland blast-furnace slag cement 544
고루기 모르타르
leveling mortar 413
mortar screed 465
고름질 dubbing out 222
고 망간강 high manganese steel 350
고무
gum 331
rubber 614
고무 라텍스 rubber latex 614
고무 시트
rubber flooring 614
rubber sheet 614
고무 아스팔트

technical overhead expenses 710
공사 과목 item of work section 394
공사 관리
construction management 158
공사 기성 부분
completed part of construction 143
공사 매니저
CMR 129
construction manager 158
공사비 construction cost 158
공사 세목 detailed item of trade 195
공사 원가
cost of construction work 170
공사 종목 item of trade 394
공사 청부 계약
construction contract 158
공사 청부 계약서
construction contract 158
공사 청부 계약 약관
conditions of construction contract 154
code of contract 131
공사 현장
building site 90
construction site 159
공사 현장 숙사 bunkhouse 93
공사 현장 식당 bunkhouse 93
공설 하수 common sewer 140
공설 하수도 public sewer 566
공실 vacant room 758
공실 손실 vacancy deficit 758
공업 단지
industrial estate 378
industrial park 378
공업 단지 조성 사업
industrial estate development projects 378
공업 디자인 industrial design 378
공업 소유권 industrial property 378
공업 예술 industrial art 377
공업용 공기 조화
industrial air-conditioning 377
공업 용수 industrial water 378
공업용 클린 룸
industrial clean room 377
공업 전용 지구
restricted industrial district 597
공업 전용 지역
exclusive district for industrial use 259
공업 지역
industrial area 377
industrial district 378
공업 표준 industrial standard 378
공업화
industrialization 378
manufacturization 440
공업화 공법 manufacturized construction method 440
공업화 주택 industrialized house 378
공연비 air fuel ratio 17
공예가 artisan 42
공용 공간 common use space 141
공용 공지 common open space 140
공용 면적
area of common use space 39
공용 배기통 branched-flue 82
공용 부분 common use space 141
공용 설비 common utility 141
공용 시설 common facility 140
공용지 common area 140
공원 park 509
공원 녹지 계통 park system 509
공원 녹지 계획
planning of park and green 532
공원 도로 park drive 509
공원 묘지
cemetery park 110
park cemetery 509
공원 도로 parkway 509
공유 부분
joint ownership component 398
공유 부분 joint ownership space 398
공유 지분 quota of common 572
공유림 public forest 565
공유지
common 140
government land 323
public domain 565
public land 565
공이 ram 577
공작대 work-table 798
공작도
shop drawing 642
working map 797
공작물 handicraft 335
공장 factory 268
공장 녹화 factory planting 269
공장 리벳 shop rivet 642
공장 분산
decentralization of industries 186
공장 생산 주택
factory-made house 269
공장 소음 factory noise 269
공장 오수 industrial waste 378
공장 용접 shop welding 642
공장 자동화
FA 267

itemized statement by trades 394
과밀 거주 over crowding 500
과밀 도시 over crowding city 500
과밀 주거
dewelling 197
over rowding dwelling 500
과선교 overbridge 500
과소 depopulation 192
과소 지역 underpopulation area 749
과소화
depopulation drain 192
population drain 543
과실 오차 mistake error 456
과압밀 over consolidated 500
과압밀비
over consolidation ratio 500
과압밀 점토
over consolidated clay 500
과열 벽돌
cherryhard brick 118
clinker brick 127
vitrified brick 770
과열 증기 superheated steam 701
과잉 간극 수압
excess pore (water) pressure 259
hydrostatic excess pressure 367
과잉 연료 연소
excess fuel combustion 259
과포화 supersaturation 702
과하중 over load 501
관 pipe 526
관공서 공사 public work 566
관내 마찰 손실 pipe friction loss 526
관내 잔향법
reverberation tube method 599
관내법 tube method 741
관람실 auditorium 49
관로 pipe channel 526
관로 저항 resistance of line 595
관련 공공 시설
public facilities related to development 565
관류식 보일러
through flow boiler 724
관류열 heat of transmission 344
관류 응답 transmission response 735
관리
management 438
administration 10
관리 가격
administered price 10
controlled price 162
관리비 management expenses 439
관리 사무소 control office 162
관리용 도면
drawing for maintenance use 217
관리원
administrator 10
manager 439
관리인실
building manager room 90
caretaker's room 103
관 말뚝 pipe pile 526
관말 트랩 end trap 247
관 방열기 pipe radiator 526
관버팀 pipe support 526
관성 inertia 378
관성 극 모멘트
polar momant of inertia 540
관성력 inertia force 379
관성 모멘트 moment of inertia 463
관성 상승 모멘트
product of inertia 560
관성 제어 inertia control 378
관성 충돌 inertia impaction 379
관성 행렬 inertia matrix 379
관수로 water pipe line 778
관 이음
pipe coupling 526
pipe joint 526
pipe fitting 526
관입 craze 174
관입 시험 penetration test 514
관입 시험기 penetrometer 514
관저항 계수
loss coefficient of pipe 428
관절단기 pipe cutter 526
관찰 감가법
observation method of depreciation 486
관청 공사 government work 323
관측 강화 지역
area of intensified observation 39
관측 우물 observation well 486
관통 구멍 through hole 724
관 트랩 pipe trap 527
관형 퓨즈 tubular fuse 741
광
barn 60
closet 128
storage 688
광내기 polishing 541
광내기 콤파운드
polishing compound 541
광도
intensity of light 386
luminous intensity 433
광도계 photometer 521

그리드 시스템 grid system 327
그리드 패턴
grid pattern 327
gridiron pattern 327
그리스 grease 326
그리스 건축 Greek architecture 326
그리스 기와 Greek roof tile 326
그리스 십자 Greek cross 326
그리퍼 gripper 327
그리퍼 에지 gripper edge 327
그린 비즈니스 green business 326
그린 인테리어 green interior 326
그린 코디네이터 green coordinator 326
그린 콘크리트 green concrete 326
그린터법 Grinter's method 327
그릴
grill 327
grill room 327
그릴형 배출구 grill type air outlet 327
그릴형 흡입구 grill type air inlet 327
그립 grip 327
그립 볼트 grip bolt 327
그립 앵커 grip anchor 327
그립 이음 grip joint 327
그립 이음 공법 grip joint method 327
그릿 블라스트 grit blast 327
그물 무늬
reticulate 598
reticulated work 598
그물문
screen 624
screen door 624
wire door 793
wire screen 794
극 2차 모멘트
polar momant of inertia 540
극 2차율
polar momant of inertia 540
극사영
polar prejection 540
stereographic projection 686
극사용도
diagram in stereographic projection 197
극성 polarity 540
극연강 extra mild steel 265
극장
theater 717
theatre 717
극한 내력 limit stength 419
극한 설계 limit design 419
극한점 limit point 419
극한 지지력
ultimate bearing capacity 745
극한 해석 limit analysis 419
근거리 통신망
LAN 406
local area network 424
근교 주택지
suburban residential quarter 700
근대 건축 modern architecture 459
근로자 주택
house for working class 361
근린 공업 neighbourhood park 475
근린 그룹 neighbourhood group 475
근린 단위 neighbourhood unit 475
근린 대책비
cost of compensation of neighbourhood nuisance 170
근린 분구
branch unit of neighbourhood 82
근린 상업 지역
neighourhood commercial destrict 475
근린 주거 지역
residential neiborhood 593
근석 plinth stone 536
근세 도시 premodern city 551
근접 거주
dwelling in close proximity 225
글라스고파 Glasgow group 319
글라스 하우스 glass house 320
글랜드 콕 gland cock 319
글러브 밸브 glove valve 321
글레어 광원 glare source 319
글레어리스 glareless 319
글레어 인덱스 glare index 319
글레이징 glazing 321
글레이징 개스킷 glazing gasket 321
글레이징 비드 glazing bead 321
글로 램프 glow lamp 322
글로벌 방사
global solar radiation 321
글로벌 조도 global illuminance 321
글로벌 주광 global daylight 321
글로브 globe 321
글로브 온도 globe temperature 321
글로브 온도계 global thermometer 321
글로 스타터 glow starter 322
글루 건 glue gun 322
글리퍼 공법 carpet glipper 104
긁어내기 scratching 624
금긋기
marking 441
marking-off 441
금속 가구 metal furniture 451
금속 공사 metal work 452
금속관

anhydraulicity 32
기경 시멘트
air setting cement 20
anhydraulic cement 32
기계공
operator 493
mechanic 446
기계 굴착 machine drilling 435
기계 기구비
expenses of machines and tools 262
기계 기구 손료
hires of machines and tools 353
기계 대패
planing and moulding machine 531
기계 바디 톱 frame saw 301
기계 배연
mechanical smoke exhaustion 447
기계 설비 mechanical equipment 447
기계 설비 공사 mechanical works 447
기계 손료 hires of machines 353
기계식 주차 설비
car parking equipment 103
기계식 주차장
mechanical parking station 447
기계식 철근 이음
mechanical joint of bar 447
기계실 machine room 435
기계 임피던스
mechanical impedance 447
기계톱 sawing machine 622
기계 통풍 냉각탑
mechanical draft cooling tower 447
기계 혼합 machine mixing 435
기계 환기 mechanical ventilation 447
기계 환수식
mechanical return system 447
기공 blowhole 75
기공식
ground-breaking ceremony 328
기관고 engine shad 248
기관실 engine room 248
기구 mechanism 447
기구 간격 space of luminaires 666
기구 급수 단위
fixture unit of standard flow rate 285
기구 급수 부하 단위
fixture unit for water supply 285
기구 배수 부하 단위
fixture unit for drainage 284
기구 조건 mechanism condition 447
기구 효율
light output ratio of a fitting 418
luminaire efficiency 432
기념 건축물
memorial architecture 450
기념문 memorial arch 449
기념물 monument 465
기능공 craftman 174
기능도 functional diagram 308
기능 설계 functional design 307
기능적 감가
functional depreciation 307
기능적 내용 연한
functional lifetime 308
기능 주의 functionalism 308
기단 stylobate 698
기대 신뢰도 expected reliability 262
기둥 항복 선행형 붕괴형
weak column strong beam type mechanism 783
기둥
column 137
pillar 525
post 544
기둥 관통 형식
continuous column type 160
기둥머리 column capital 138
기둥 배치
column arrangement 137
column spacing 138
intercolumniation 386
기둥 · 보 접합부
beam-column connection 65
beam-column joint 65
기둥 붕괴형 story mechanism 689
기둥 · 인방 형식
post and lintel type 545
기둥 항복형 story mechanism 689
기록 온습도계
self-recording thermohygrometer 631
기류
air current 15
air flow 17
기류 소음 aerodynamic noise 12
기류 혼합 mixing of air flow 458
기름 가열기 oil heater 488
기름 보일러 oil fired boiler 488
기름 탱크 oil tank 489
기름 화재 oil fire 488
기밀
airtight 21
gastight 314
기밀 새시 airtight sash 21
기밀성 air thightness 21
기반

기제 base compound 61
기조색
base color 61
dominant color 209
기준 강도
reference strength 585
standard strength 677
기준 격자 reference grid 584
기준도 standard drawing 675
기준 먹긋기 standard mark 676
기준면 reference plane 584
기준 면적 reference area 584
기준 상세도 typical detail 744
기준선
datum line 184
datum reference line 184
reference line 584
기준압 reference pressure 584
기준 압력 reference pressure 584
기준 용적률
standard of floor area ratio 676
기준 음압
reference sound pressure 584
기준 임금 standard wage 678
기준점 reference point 584
기준 정압
reference static pressure 585
기준 조도
recommended illuminance 582
기준 주광률
recommended daylight 582
기준 지진동
standard earthquake ground motion 675
기준 진동형
normal mode of vibration 483
기준층
standard floor 676
typical floor 744
기준층 평면도
typical floor plan 744
typical plan 744
기준 치수
basic size 62
nominal measurement 480
기준 토수량
standard flow rate of fixture 676
기준 풍속 reference wind speed 585
기준화 변수
normalized variable 482
reduced variate 583
기중기 crane 174
기중기 차륜 하중 crane wheel load 174
기중기 하중 crane load 174
기진기
vibration exciter 767
vibration generator 767
기진력 excitation force 259
기체 상수 gas constant 312
기체 연료 gaseous fuel 312
기초
footing 295
foundation 300
기초공 foundation engineer 300
기초 공사 foundation work 300
기초 구조 foundation structure 300
기초 대사 basal metabolism 61
기초 말뚝 foundation pile 300
기초 배근도
footing bar arrangement drawing 296
기초보
footing beam 296
foundation beam 300
기초 볼트 footing bolt 296
기초 슬래브
footing slab 296
foundation slab 300
기초의 회전 · 이동
rotation and sway of foundation 612
기초 평면도 foundation plan 300
기포관 bubble tube 85
기포제 foaming agent 295
기포 콘크리트
aerated concrete 11
bubble concrete 85
cellular concrete 108
기하 음향학 geometrical acoustics 317
기하학식 정원 geometric garden 318
기하학적 구속 효과
geometrical confining effect 317
기화기 carburetter 103
기화 연소 vaperizing combustion 760
기화열 heat of evaporation 343
기획 설계 planning and design 531
기회 원가 opportunity cost 493
기후 climate 127
기후구 climatic province 127
기후도 climograph 127
기후 도표 climatic chart 127
기후 생리학 bioclimatology 72
기후 순응 acclimatization 5
기후 인자 climatic factor 127
긴결 철물 twisted wire anchor 742
긴 의자 sofa 657
긴 장부
penetrated mortise and tenon 514

〚ㄴ〛

lightning strike 418
thunderbolt 725
낙수받이 rain gutter 577
낙엽수 deciduous tree 186
낙찰 가격
successful price tendered 700
낙찰자
successful bidder 700
successful tender 700
낙하 먼지 fallen particle 269
낙하물 fallen object 269
낙하 시험 drop test 219
난간
balustrade 58
hand rail 335
난간 동자 baluster 58
난로 fire place 280
난류 turbulent flow 742
난류 성분
component of turbulence 144
난류 에너지 energy of turbulence 247
난류 운동 에너지
eddy kinetic energy 233
난반사 irregular reflection 392
난방 heating 342
난방 공사
heat work 346
heating work 342
난방 기간 heating period 342
난방 도·일 heating degree-day 342
난방 방식 heating system 342
난방 부하 heating load 342
난방 설계용 외기온
outdoor temperture of heating design 498
난방 설비 heating apparatus 342
난방 실내 온도
indoor design temperature 376
난방 한계 온도
heating-limit temperature 342
난색 warm curing 774
난연성 flame retardancy 285
난연 재료 incombustible material 374
난연 처리
flame-retardant treatment 285
난연 합판
flame-retardant plywood 285
난청
bradyacusia 82
hardness of hearing 337
난층쌓기 broken work 85
날개 wing 793
날개차 유량계
turbine flow meter 741
vane wheel water meter 760
날개형 송풍기 airfoil fan 17
날품 daily employment 183
날품팔이
daily employment 183
day laborer 185
day worker 185
남땜 soldering 660
남상주
altantes 25
atlantes 47
atlantide 47
남중 culmination 179
남중 고도 culmination altitude 179
남중시
culmination hour 179
culmination time 179
납 lead 412
납땜 brazing 82
납땜인두 soldering iron 660
납석 벽돌 agalmatolite brick 12
납작머리 리벳 flat-head rivet 287
납축전지
lead battery 412
lead storage battery 412
낭하 corridor 168
낮은 비계 cart way 104
내광성 light stability 418
내구 설계
design of durable building 194
내구성 durability 223
내구성 시험 durability test 223
내구성 지수 durability factor 223
내구 소비재
durable consumers' goods 223
내구재 durable goods 223
내다지 장부
penetrated mortise and tenon 514
내단열 inside insulation 383
내단열 공법
inside heat insulation construction 383
내닫이창
bay-window 64
bow window 81
oriel window 495
내력
internal force 389
proof stress 562
resistance force 594
strength 692
내력 계수 strength coefficient 692
내력막 stressed skin 694
내력벽

cooling load 164
냉방 설계용 외기온
outdoor temperture of cooling design 498
냉수 chilled water 118
냉수 펌프 chilling pump 118
냉습 low climate 430
냉온수 발생기
hot and chilled water generator 359
냉온수 코일 heat changing coil 340
냉온수 펌프 heat changing pump 340
냉장고 ice box 369
냉장실
cold storage 134
refrigerating room 586
냉장 온도
refrigeration temperature 586
냉장 창고 refrigerated warehouse 586
너깃 nugget 484
너서리 nursery 484
너셀수 Nusselt number 484
너스 콜 설비 nurse call system 484
너싱 홈 nursing home 484
너와 side of board 644
너와잇기 wood shingle roofing 796
너와지붕
shingle roof 641
wood shingle roofing 796
너와판
shingle 641
wood shingle 796
너클 knuckle 403
너트
nut 484
screw nut 625
너트 회전법 nut rotation method 484
널
plank 531
plate 535
널거죽 sap-side 620
널결
cross grain 177
flat grain 287
plane-sawn 530
quarter grain 571
널말뚝 sheet pile 640
널말뚝벽 자립 공법
self-supported sheet pile construction method 631
sheet pile retaining wall construction method 640
널벽 wood siding wall 796
널안
heart-side 339
inside face 383
널천장 board ceiling 76
넘쳐흐름 overflow 501
넘쳐 흐름관 overflow pipe 501
네거티브 스페이스 negative space 475
네거티브 프릭션 negative friction 474
네덜란드식 문
Dutch door 225
stable door 673
네덜란드식 쌓기 Dutch bond 225
네모기둥 rectangular column 582
네모지붕
pavilion roof 512
pyramidal roof 569
네오고딕 건축
Neo-Gothic architecture 476
네오르네상스 건축
Neo-Renaissance architecture 476
네오바로크 건축
Neo-Baroque architecture 475
네오폴리스 neopolis 476
네온 사인 neon sign 476
네일헤드 nailhead (molding) 472
네킹 necking 474
네트 레이팅 net rating 476
네트워크 network 476
네트워크 공정 network planning 476
네트워크 방식 network planning 476
네트 펜스 net fence 476
노 furnace 308
노동 계약 working contract 797
노동 장비율
capital equipment ratio 101
노동 재해
labor 〔industrial〕 accident 404
노동 조합 labor union 404
노두 outcrop 497
노령 인구 aged population 13
노르만 건축
Norman architecture 483
노멀법 nirmal method 483
노멀 벤드 normal bend 482
노멀 오픈 normal open 483
노멀 임피던스
normal impedance 482
surface impedance 703
노멀 클로즈 normal close 482
노멀 헥산
n-hexane 478
normal hexane 482
노무 공급 labor supply 404
노무 관리 labor management 404
노무 관리비

〖ㄷ〗

다목적 댐 multi-purpose dam 470
다목적실 multi-purpose room 470
다목적 저수지
multi-purpose reservoir 470
다목적 홀
multi-purpose auditorium 470
다방 tea room 710
다변량 해석 mutivariance analsis 471
다설 지역 heavy snow fall region 346
다세대 주거
multi-family dwelling 468
다세대 주택
multi-family dwelling 468
multi-family house 468
다열 전단 볼트
multiple line shear bolt joint 469
다용도실 all-purpose room 25
다운 드래프트 down draft 214
다운 타운 down town 214
다운타운 링키지
downtown linkage 214
다운 피크 down peak 214
다위치 동작
multiple position action 470
다위치 제어
multiple position control 470
다월 구조
doweled joint wooden construction 214
다이 die 198
다이내믹 댐퍼 dynamic damper 226
다이내믹 마이크로폰
dynamic microphone 227
다이내믹 스피커
dynamic loudspeaker 226
electrodynamic speaker 241
다이렉트 배턴식
direct baton system 202
다이렉트 코드식
direct code system 202
다이버전스 divergence 209
다이스
die 198
dies 198
다이아몬드 드릴 diamond drill 198
다이아몬드 무늬 깔기
diamond paving 198
다이아몬드 와이어 톱
diamond wire saw 198
다이아몬드 절단기 diamond cutter 198
다이애거널 후프 diagonal hoop 197
다이어그램 diagram 197
다이어프램 diaphragm 198
다이얼 게이지 dial gauge 197
다이얼 인디케이터
dial gauge 197
dial indicator 198
다이얼 자물쇠 dial lock 198
다이 캐스트 die casting 198
다익식 송풍기 multi-blade fan 468
다인스 풍속계
Dines pressure tube anemometer 202
다자유도계
multi-degree of freedom system 468
다전극 아크법
multple electrode welding process 469
다절면 볼트
multple folding plate vault 469
다중 회귀식
multiple regression equation 470
다질점계
multi-degree of freedom 468
multi-måss system 469
multiple mass system 469
다짐 rod tamping 607
다짐대 tamping rod 708
다짐 말뚝 compaction pile 142
다짐바닥 unfloored space 749
다짐줄눈
raked joint 577
strepped joint 695
다축 게이지
rosette type strain gauge 611
다층 용접 multi-layer weld 469
다층 흡음 구조
multi-layered sound absorbing construction 469
다크 컬러 dark color 184
다포 유리 foam glass 295
다품종 중소량 생산 시스템
flexible manufacturing system 288
FMS 294
다핵 도시 multi-nucleus city 469
다핵 이론 multi-nuclear theory 469
단가
unit price 751
unit rate 752
단가 청부 unit cost contract 751
단가 청부 계약
unit price contract 751
단곡률 single curvature 646
단곡면
simply curved surface 645
single curvature surface 646
단관 비계

대시 포트 dash pot 184
대실
rentable room 592
room for rent 610
대안 입찰 alternative tender 26
대여 금고 coupon room 172
대역 band 58
대역 음압 레벨
band sound pressure level 59
대역 잡음 band noise 58
대역폭 band width 59
대역 필터 band pass filter 58
대 오더
colossal order 137
giant order 318
대원 교차 돔 circular groin dome 121
대지 경계선 border line of lot 78
대지 면적 lot area 429
대지 측량 geodetic servey 317
대차 truck 739
대차 대조표 balance sheet 57
대청 main hall 437
대체 비용 alternative cost 25
대체안 alternative plan 25
대칭 symmetry 707
대칭 구조물
symmetrical structure 707
대칭 매트릭스
symmetrical matrix 706
대칭 변형재
symmetrical deformed member 706
대칭 분기점
symmetric bifurcation 707
대칭 응력
symmetrical stress distribution 707
대파 major damage 438
대패
plane 530
planer 530
대패 마감 plane finish 530
대평판
plane asbestos cement slate 530
plane asbestos cement slate 530
대표 길이 reference length 584
대한 건축 학회
Architectural Institute of Korea 37
대합실
anteroom 33
waiting room 772
대형 거푸집 공법
large size form construction 409
대형 공식 trapezoidal formula 736
대형 라멘 trapezoidal frame 736
대형판 조립 구조
large panel construction 408
대형 패널 large panel 408
대형 패널 구조
large panel construction 408
대화 great fire 326
대화재 conflagration 155
댄스 홀 dance hall 184
댐 dam 183
댐퍼 damper 184
댐퍼 제어 damper control 184
더돋우기
extra banking 265
extra fill for settlement 265
더블 그리드 double grid 212
더블러 플레이트 doubler plate 213
더블 룸 double room 213
더블 번들형 응축기
double bundle condenser 211
더블 베드 룸 double bed room 211
더블 워렌 트러스
double Warren truss 213
더블 침대 double bed 211
더블 T 슬래브 double T slab 213
더스트 dust 224
더스트 돔 dust dome 224
더스트 슈트
dust chute 224
dust shoot 225
더스트 아일런드 현상
dust island pattern 224
더스트 카운터 dust counter 224
더치 콘 관입 시험
Dutch cone penetration test 225
덕트
air duct 17
duct 222
wiring duct 794
덕트 방식 duct system 222
덕트 샤프트 duct shaft 222
덕트 설계법 duct sizing 222
덕트 스페이스 duct space 222
덕트 팬 duct fan 222
덤 웨이터 dumb waiter 223
덤프 카 dump car 223
덤프 트럭 dump truck 223
덧기둥 reinforcing post 589
덧날대패 plane with cap iron 531
덧땜 용접 build-up welding 91
덧살올림 용접 build-up welding 91
덧판
cover plate 173
fish plate 283
splice plate 669
덧판 이음 spliced joint 669

도막 coated film 130
도막 방수
liquid-applied membrane water-poofing 421
도머 dormer 211
도면 drawing 217
도면 번호 drawing number 217
도면의 표제란
title chart of drawing 727
도미노 시스템 system Domino 707
도배공 paper hanger 507
도배장이 paper hanger 507
도보권
walking distance 772
walking sphere 773
도서관 libary 414
도서실 libary room 414
도성 타일 ceramic tile 114
도수로
driving channel 219
head race 339
도수 시설
installation for heading of water 〔conveyance of water〕 384
도시 city 122
도시 가스 city gas 122
도시 개발 urban development 755
도시 거주 urban dwelling 755
도시 계획
city planning 123
town planning 732
urban planning 756
도시 계획 구역
city planning area 123
town planning area 733
도시 계획 기초 조사
basic survey of city planning 62
도시 계획도 city planning map 123
도시 계획 도로 city planning road 123
도시 계획 사업
city planning project 123
도시 계획 시설
city planning facilities 123
도시 계획 제한
city planning control 123
도시 고속 도로 urban expressway 755
도시 고속 철도
urban rapid transit 756
도시 공간 urban space 756
도시 공간 위험 지수
risk index of urban space 603
도시 공공 시설
public urban facilities 566
도시 공급 처리
public utility services 566
도시 공원
city park 123
urban park 756
도시 교통권
urban transportation area 756
도시 구조 urban structure 756
도시 국가 city state 123
도시군 계획
metropolitan planning 454
도시 기간 공원 basic park of city 62
도시 기본 계획도
map of urban general plan 440
도시 기후
city climate 122
urban climate 755
도시 녹지 urban green 755
도시미 city beauty 122
도시 방재
urban disaster prevention 755
도시 방재 계획
urban disaster prevention planning 755
도시 방재 진단
program of urban disaster prevention 561
도시 분류 classification of city 124
도시 선언 declaration of city 187
도시 설계 urban design 755
도시 설비
urban equipment 755
urban installations 755
도시 소음 urban noise 756
도시 수복 urban rehabilitation 756
도시 시설 urban facilities 755
도시 온도 urban temperature 756
도시 용수 municipal water 471
도시 재개발
city redevelopment 123
urban redevelopment 756
urban renewal 756
도시 재해
urban damage 755
urban disaster 755
도시 주택 urban house 755
도시 중심
central urban area 113
city beauty 122
도시 지역 urban area 755
도시 집단 conurbation 162
도시 폐기물 urban wastes 756
도시 하수로
city sewer 123
urban sewer conduit 756

등압 조인트
pressure-equalized joint 553
등온 배출
isothermal air diffusion 394
등온 변화 isothermal change 394
등온 분류 isothermal jet 394
등온선 isotherm 394
등음 곡선
equal loudness contours 251
등음압선
equal sound pressure contour 251
등입체각 사영
equisolidangle projection 252
등장력 곡면
uniform stress surface 750
등조도(곡)선
iso-illuminance curve 393
등진도선 isoseismal line 394
등질체
homogeneous body 354
uniform body 750
등차 급수법
arithmetic series method 40
등측도 isometric drawing 393
등휘도(곡)선 iso-luminance curve 393
디딤돌 stepping stone 686
디딤바닥 tread 737
디딤판
foot board 295
treadboard 737
디렉셔널 사인 directional sign 204
디바이더 dividers 209
디벨로퍼 developer 196
디비다크 공법 Dywidag system 227
디스차지 discharge 205
디스크 샌더 disk sander 206
디스포저 disposer 206
디스플레이 디자인 display design 206
디시전 룸 decision room 186
디자인 리뷰 design review 194
디자인 서베이 design survey 195
디자인 정책 design policy 194
디자인 타일 design tile 195
디젤 기관 diesel engine 199
디젤 말뚝 해머
diesel pile hammer 199
디젤 발전기
diesel engine driven generator 199
디지털 digital 201
디지털 교환기
digital telephone exchanger 201
디지털 분진계
digital dust monitor 201
디지털 사설 구내 교환기
digital private branch exchange 201
DPBX 215
디지털 전화 digital telephone 201
디컴프레션 decompression 187
디테일 detail 195
디프 컬러 deep color 187
디프샤프트법
deepshaft sewer processing 187
디프테로스 dipteros 202
디플레이터 deflator 188
디플레이트 상태
deflated state 188
deflation state 188
디핑 dipping 202
딜리버리 delivery 190
딥 dip 202
따내기 chipping 119
딴혀쪽매 spline joint 669
땅 ground 328
땅고르기 leveling 413
땜납
brazing filler metal 82
soft solder 657
soldering 660
떠오름 blushing 76
떡갈나무
evergreen oak 258
oak 485
떨공 drop hammer 219
떨공이 ram 577
뗏밥 top dressing 729
뜨임 tempering 711
뜰
court 173
yard 800
띠강
band steel 59
hoop iron 356
strap steel 691
띠근
hoop 356
tie hoop 725
띠근비 web reinforcement ratio 784
띠장
furring strips 308
wale 772
waling 772
띠톱 band saw 59
띠톱 기계 band sawing machine 59
띠판 tie plate 725
띠판 감기 공법
tie plate reinforcement 725
띠판 기둥 tie plate column 725

띠판보
open web girder 492
tie plate beam 725
띠판 보강 tie plate reinforcement 725

【ㄹ】

라그랑지의 운동 방정식
Lagrange's equation of motion 405
라드룩스 radlux 576
라디안 radian 573
라마탑 Lamaistic pagoda 405
라메의 상수 Lame's constants 406
라메의 응력 타원
Lame's stress ellipse 406
라멘
moment resisting frame 464
Rahmen 576 rigid frame 601
라멘 구조 Rahmen construction 576
라멜라 티어 lamella tear 406
라스 lath 410
라스 모르타르 lath mortar 410
라스 모르타르 칠
mortar finish on lathing 465
라스못 lath nail 410
라스 보드 lathing board 410
라스 시트 lath sheet 410
라운지 launge 429
라운지 체어 launge chair 429
라이너 liner 421
라이닝 lining 421
라이닝 관 lining steel pipe 421
라이닝막 lining membrane 421
라이닝 파이프 lining steel pipe 421
라이브 엔드 live end 422
라이즈 over height 501
라이트 셸프 light shelf 418
라이트 코트 light court 416
라이트 타워 light tower 418
라이팅 덕트 lighring busway 417
라이프라인 lifeline 415
라이프 사이클 life cycle 415
라이프 사이클 에너지
life cycle energy 415
라인 밸런싱 linear balancing 420
라인 펌프 line pump 421
라텍스 latex 410
라플라스 변환 Laplace transform 408
란싯 아치 lancet arch 406
람버그·오스구드형
Ramberg-Osgood type 577
람베르트 lambert 405
람베르트 여현 법칙
Lambert's cosine law 405
래그 윈도 lag window 405
래깅 lagging board 405
래더 굴착기 ladder excavator 405
래더 체어 ladder chair 405
래머 rammer 577
래미너 lamina 406
래미네이션 lamination 406
래미네이트 laminate 406
래버터리 힌지 lavatory hinge 411
래치 볼트 latch bolt 409
래커 lacquer 405
래커 시너 lacquer thinner 405
래커 에나멜
lacquer enamel 405
LE 412
래크
lac 404
rack 573
래크 니스 lac varnish 405
래크 비계 rack scaffold 573
래크 창고 rack warehouse 573
래티스 lattice 410
래티스 기둥 latticed column 411
랜덤 노이즈 random noise 577
랜덤 입사 random incidence 577
랜덤 입사 흡음률
random incidence sound absorption coefficient 577
랜드마크 landmark 407
랜딩 매트 landing mat 407
램 ram 577
램프 ramp 577
램프 웨이 ramp way 577
랭킨의 가설
Rankine's hypothesis 577
랭킨 토압
Rankine's earth pressure 577
러너 runner 614
러브의 가정 Love's hypothesis 430
러브 체어 love chair 430
러브파 Love wave 430
러스티카 rustica 615
러프 스케치 rough sketch 613
런 run 614
런천 매트 luncheon mat 434
럼버 코어 합판
lumber core plywood 431
lumber core veneer 431
레귤레이터 regulator 587
레드체크 red-check 583
레디믹스트 콘크리트
ready-mexed concrete 580
레미콘 freshly mixed concrete 304
레버 lever 414

레버 블록 lever block 414
레버 핸들 lever handle 414
레벨 level 413
레벨 리코더 level recorder 414
레벨 측량 level survey 414
레이놀즈 방정식
Reynolds equation 599
레이놀즈수 Reynolds number 600
레이놀즈 응력 Reynolds stress 600
레이싱 lacing 404
레이싱 바 lacing bar 404
레이아웃 layout 411
레이저
laser 409
light amplification by stimulated emission of radiation 416
레이저 가공 장치
laser processing apparatus (machine) 409
레이저 굴절기
laser distance meter 409
레이크 lake 405
레이크 아스팔트 lake asphalt 405
레이크 안료 lake color 405
레이크 컬러 lake color 405
레인지 후드 range hood 577
레일 rail 576
레저 하우스 leisure house 413
레저 호텔 leisure hotel 413
레지덴셜 호텔 residential hotel 593
레지스터 register 587
레진 콘크리트
resin concrete 594
resinification concrete 594
레커차 wreckering car 798
레크리에이션 도시 recreation city 582
레크리에이션 하이츠
recreation heights 582
레터링 lettering 413
렌더링 rendering 591
렌치 wrench 798
렌터블비 ratio of rentable area 578
로그 t법 log t method 427
로더 loader 423
로드 rod 607
로드 레일 rod rail 607
로드 밸런싱법
load balancing method 423
로드 셀 load cell 423
로드 히팅 road heating 605
로마 건축 Roman architecture 609
로마네스크 건축
Romanesque architecture 609
로 보드 low board 430
로보톨로지 robotology 606
로보틱스 robotics 606
로봇 robot 605
로봇 공학 robotics 606
로봇학 robotology 606
로비 lobby 424
로비치 자기 일사계
Robitzsch's pyrheliometer 605
로빈슨 풍속계
Robinson anemometer 605
Robinson's cup anemometer 605
로제트 rosette 611
로지 lodge 426
로지스틱스 logistics 427
로지스틱 커브 logistic curb 427
로지아 loggia 426
로징 lodging 426
로카이유 장식 rocaille 606
로커 locker 426
로커 베어링 rocker bearing 606
로커실 locker room 426
로컬 에너지 시스템
local energy system 424
로코코 건축 Rococo architecture 607
로코코 양식 Rococo style 607
로크너트 locknut 426
로크 너트 접합 lock nut joint 426
로킹 rocking 606
로킹 체어 rocking chair 606
로탭 세이커 ro-tap shaker 611
로 탱크 low tank 431
로터리 광장 rotary place 612
로터리 냉동기
rotary refrigerator 612
로터리 단판 rotary veneer 612
로터리 버너 rotary burner 612
로터리 베니어
rotary cutting veneer 612
로터리 스위치 rotary switch 612
로터리 시스템 rotary system 612
로터리 압축기 rotary compressor 612
로터리 플레이너 rotary planer 612
로톤드 rotonde 613
로프 rope 611
로프트 비즈니스 loft business 426
록웰 경도 Rockwell hardness 606
록잭 공법
rock-jack breaking method 606
롤러 래치 roller latch 608
롤러 마감 roller finish 608
롤러 베어링 roller bearing 607
롤러 브러시 roller brush 607
롤러 서포트 roller support 608
롤러 전극 roller electrode 608

〚ㅁ〛

header 338
마구리갈림 end check 246
마구리 쌓기
header bond 338
heading bond 339
마구리 타일 butt end tile 94
마그네시아 벽돌 magnesia brick 435
마그네시아 석회 magnesia lime 436
마그네시아 시멘트
magnesia cement 435
MO cement 458
마그넬·블라톤 공법
Magnel-Blaton system 435
마그넷 센서 magnet sensor 436
마노미터 manometer 439
마닐라 로프 Manila rope 439
마닐라 여물 hemp fiber 348
마닐엘 공법 Magnel system 435
마당 court 173
마력 horsepower 358
마련 preparation 552
마로니에 common horse-chestnut 140
마루 floor 290
마루널 floor board 290
마루널쪽매 jointing board 397
마루바닥 floor 290
마루판 floor board 290
마룻대 ridge beam 601
마르코프 과정 Markov process 441
마름돌
ashlar 44
cut stone 181
마름모 깔기 diamond paving 198
마름모 잇기
hexagonal method of roofing 348
French method roofing 303
hexagonal method roofing 348
마름질
conversion 163
conversion of timber 163
sawing pattern 622
마리오 폰셀레의 가설
Mariot-Poncelet's assumption 441
마멸 abrasion 1
마모 abrasion 1
마모 시험기 abrasion tester 1
마무리 치수 finished size 276
마무리표 finish schedule 277
마사지 샤워 massage shower 442
마스킹 masking 441
마스킹 테이프 masking tape 441
마스킹 현상
masking phenomenon 441
마스타바 mastaba 442
마스터 배드룸 master bed room 442
마스터 스페이스 master space 442
마스터 키 master key 442
마스트 클라이밍 mast climbing 442
마이너 스트럭처 minor structure 456
마이스너의 연산 기호
Meisner's operator 448
마이스터(감각) 곡석
Meister's sensation curves 448
Meister curves 448
마이크로 micro 454
마이크로미터 micrometer 454
마이크로스위치 microswitch 454
마이크로폰 microphone 454
마중대 meeting style 448
마중선 astragal 47
마찰 friction 304
마찰각
angle of friction 31
frictional angle 304
마찰 감쇠 friction damping 304
마찰 계수 coefficient of friction 131
마찰 댐퍼 friction damper 304
마찰력 frictional force 304
마찰 말뚝 friction pile 305
마찰면 faying surface 271
마찰 볼트 friction bolt 304
마찰 볼트 접합 friction bolt joint 304
마찰 속도 friction velocity 305
마찰 손실 friction loss 305
마찰 손실 수두
friction head loss 304
friction loss of head 305
마찰원 friction circle 304
마찰원법 friction circle analysis 304
마찰 응력 friction stress 305
마찰 저항 frictional resistance 304
마찰 저항 계수 friction factor 304
마찰 접합 friction joint 305
마찰 진동 friction vibration 305
마찰 프레스
fly screw press 294
friction press 305
마하수 Mach number 435
마호가니 mahogany 437
막 membrane 449
막구조 membrane structure 449
막다른 골목
blind alley 75
dead road 186
dead-end road 185
dead-end street 185
막다른 길 cul-de-sac 178
막대다짐 rodding 607

filled up-land 274
매스 콘크리트 mass concrete 442
매스틱 mastic 443
매스틱 방수
mastic waterproofing 443
매연 smoke 655
매연 농도
density of flue gas pollutants 191
매연 발생 시설
smoke and soot emitting facility 655
매입 공사
concealed electric wiring 148
매입 말뚝
bored pile 78
bored precast pile 78
매입 철근 embedded bar 244
매입 형식 주각
embedded type column base 244
imbedded type column base 371
매입형 조명 기구
recessed lighting fitting 581
recessed luminaire 581
매직 글라스 magic glass 435
매직 미러 magic mirror 435
매직 핸드 magic hand 435
매질 medium 448
매칭 matching 443
매커니컬 앵커 mechanical anchor 446
매커니컬 조인트 mechanical joint 447
매커니컬 파스너
mechanical fastener 447
매크로 시험 macrocosm testing 435
매트 mat 443
매트 콘크리트 mat concrete 443
매트리스 mattress 444
매트릭스 구조 해석
metrix method of structural analysis 444
매트릭스 반복법
matrix iteration method 444
매트릭스법 matrix method 444
매트릭스 분해법
matrix decomposition method 444
매트릭스 해석법 matrix analysis 443
맥동
microseism 454
tremor 737
맥동 용접 pulsation welding 566
맥스 시멘트 max cement 444
맥스웰 모델 Maxwell model 445
맥스웰 · 모어의 방법
Maxwell-Mohr's method 445
맥스웰 · 베티의 정리
Maxwell-Betti's theorem 445
맥스웰의 상반 정리
Maxwell's reciprocal theorem 445
맥스웰의 정리 Maxwell's theorem 445
맨드릴 mandrel 439
맨머신 시스템
man-machine system 439
맨사드 mansard 440
맨사드 지붕 mansard roof 440
맨션 mansion 440
맨틀 mantle 440
맨틀피스 mantelpiece 440
맨해턴 거리 Manhattan distance 439
맹꽁이 자물쇠 pad lock 504
머니퓰레이터 manipulator 439
머릿장 chest 118
머시룸 구조
mushroom construction 471
머신 해치 machine hatch 435
머추리티 maturity 444
머캐덤 공법 macadamization 435
머캐덤 롤러 Macadam roller 435
머캐덤 포장 Macadam's paving 435
머플러형 소음기
muffler type sound absorber 468
먹매김
laying-out 411
marking 441
먹실 marking string 441
먹줄 marking string 441
먹줄치기 marking 441
먹줄펜 drawing pen 217
먹통 ink-pot 381
먼셀 Munsel 471
먼셀 색표 munsel book of color 471
먼셀 표색계
Munsel color system 471
Munsell notation system 471
멀리온 mullion 468
멀티 스튜디오 multi studio 470
멀티 액티비티 차트
MAC 435
multi activity chart 468
멀티존 공기 조화기
multizone air conditioner 471
멀티존 유닛 multizone unit 471
멀티패널 필터 multi-panel filter 469
멀티 해비테이션 multi habitation 469
멍에 sleeper 652
멍키 램 monkey ram 464
멍키 렌치
adjustable wrench 9
monkey wrench 464
멍키 스패너 monkey spanner 464

면 클리어런스 face clearance 267
면 펠트 cotton felt 171
면하중 surface load 704
멸실
destruction 195
disappearance 205
멸실 건축물 disappeared building 205
멸실 연령 분포 곡선 building destruction age distribution curve 89
명도
lightness 417
value 759
명도 대비 value contrast 759
명료도 articulation 41
명료도 시험 articulation test 41
명룡 flutter echo 294
명목 척도 nominal scale 480
명색 light color 416
명세 적산 detail estimation 196
명승 place of scenic beauty 529
명시 clear vision 126
명시 거리
lighting for distinct vision 417
모 chamfer 115
모기둥 angle post 31
모노레일 호이스트 monorail hoist 464
모노로크 monolock 464
모노머 monomer 464
모노 톤 mono tone 464
모놀리식 마감
monolithic surface finish 464
모니터 monitor 464
모닝 룸 morning room 465
모더니즘 modernism 459
모던 리빙 mordern living 459
모델 model 459
모델 룸 model room 459
모델링 modelling 459
모델 스코프 model scope 459
모델 하우스 model house 459
모듈 modele 459
모듈 기준선 modular line 459
모듈러스 modulus 460
모듈러 코디네이션
modular coordination 459
모듈러 홈 modular home 459
모듈 플랜 module plan 460
모드 mode 459
모따기
corner cut-off 167
corner cutting 167
모따기 기계 spindle molder 669
모떼기 beveling 70
모래 sand 618
모래 말뚝 sand pile 619
모래벽 sand coat 618
모래 지반 sandy soil 619
모래 지정 sand foundation 619
모래 채취장 sand pit 619
모래층 sand stratum 619
모래판
sand pit court 619
sand pool 619
모래 회반죽 lime sand plaster 419
모르타르 mortar 465
모르타르 건 mortar gun 465
모르타르 믹서 mortar mixer 465
모르타르 방수
mortar waterproofing 465
waterproofing mortar finish 779
모르타르 쇠흙손 마감
mortar trowel finish 465
모르타르 수분계
mortar moisture meter 465
모르타르 스프레이 mortar spray 465
모르타르 칠
mortar finish 465
cement rendering 110
모르타르 펌프 mortar pump 465
모멘트 moment 463
모멘트 방정식 moment equation 463
모멘트 하중 moment lead 463
모발 습도계 hair hygrometer 333
모빌 mobile 458
모빌 크레인 mobile crane 459
모빌 하우스 mobile house 459
모빌 홈 mobile home 459
모사 reproduction 593
모살 용접 fillet weld 274
모서리
external angle 264
outside angle 499
projected corner 561
모서리 가공 edge preparation 233
모서리 대지 corner lot 168
모서리 이음 corner joint 168
모세관수 capillary water 101
모세관 현상 capillarity 101
모스크 mosque 466
모아레법 Moire's method 461
모어의 원 Mohr's stress circle 460
모어의 응력원 Mohr's stess circle 460
모어의 정리 Mohr's theorem 460
모어 · 쿨롬의 파괴 기준
Mohr-Coulomb's standard of fracture 460
모의 실험 simulation 646
모의 지진동

몰 mall 438
몰드게이스 회로 차단기
moldcase circuit breaker 462
몰딩
molding 462
moulding 467
몰딩 머신 molding machine 462
몰리에르 선도 Mollier chart 462
몰리에 선도 Mollier chart 462
못 nail 472
못 빼기 pincers 525
못 접합 nail connection 472
못질 nailing 472
묘 mausoleum 444
묘지 cemetery 110
무개차 truck 739
무균실 bioclean room 72
무근 콘크리트 plain concrete 529
무근 콘크리트 구조
plain concrete construction 529
무기 안료 inorganic pigment 382
무기질토 inorganic soil 382
무늬 강판 chequered plate 118
무늬결 curly grain 180
무늬목 sliced veneer 652
무대 stage 673
무대벽
proscenium wall 564
stage wall 674
무대 설비 stage equipments 674
무대 장치 scenery 623
무대 조명 stage lighting 674
무디 선도 Moody's chart 465
무벽 라멘 non-walled Rahmen 482
무브먼트 movement 467
무상 지급 재료
free supplied material 302
gratuitous supplied material 325
무선 전화기 cordless phone 166
무수 석고 anhydrous gypsum 32
무수축 시멘트 expand cement 260
무영등 astral light 47
무유 기와 unglazed roof tile 750
무유 타일 unglazed tile 750
무전탑 radio tower 576
무주기 운동 aperiodic motion 34
무지향성 음원
non-directional sound source 480
무진동 무소음 말뚝박기 기계
non-vibration anti-noise pile driver 481
무진실 clean room 126
무차원수 dimensionless number 201
무차원 진동
non-dimensional frequency 480
무차원 풍속
non-dimensional wind velocity 480
무창 거실
windowless living room 792
무창 건축 windowless building 791
무채색 achromatic color 5
무포대 시멘트 bulk cement 92
무한 궤도 기중기 crawler crane 174
무한 삭도 endless rope way 246
무한정 공간 universal space 752
무향실 anechoic room 30
무향실 dead room 186
문
door 209
gate 314
gateway 314
문간
vestibule 766
vestibule entrance 766
문고리
door pull 210
pull handle 566
문교 지구 educational district 233
문꼴선 casing 105
문미 wood lintel 795
문버팀쇠
barrel bolt 60
casement adjuster 105
문빗장
gate bar 314
locking bar 426
문살 muntin 471
문서관 archives 39
문선 door stud 210
문설주 door stud 210
문소란
door stop 210
stopper 688
문자 자물쇠 lovatory door bolt 430
문자 형반 lettering guide 413
문지방 threshold 724
문지방돌 door stone 210
문짝 door leaf 210
문턱
door sill 210
saddle 616
threshold 724
문틀 door frame 210
문형 이동 기중기 goliath crane 322
문화재 cultural property 179
물갈기
honed finishing 354
rubbing 614

【ㅂ】

347
반곡점 높이 비율
height of inflection point ratio 347
반괴 partial collapse 510
반구면 조도
hemispherical illuminance 348
반널 plank 531
반도체 스트레인 게이지
semiconductor strain gauge 631
반도형 peninsula type 514
반력 reaction 579
반력벽
abutment test wall 3
reaction wall 579
반력 영향선
reaction influence line 579
반무한 고체 semi-infinite body 631
반무한 탄성체 elastic half space 237
반무향실
hemi-anechoic room 348
semi-anechoic room 631
반복 반사 multiple reflection 470
반복 시험 repetition test 592
반복 응력 repeated stress 592
반복 하중
cyclic load 182
repeated load 592
반사 reflection 585
반사 갓 reflector 585
반사 계수 reflection coefficient 585
반사광 reflected light 585
반사 광속 reflected flux 585
반사 글레어 reflected glare 585
반사면
reflecting surface 585
reflection plane 585
반사 유리 reflected glass 585
반사율
reflectance 585
reflection factor 585
reflectivity 585
반사음 reflected sound 585
반사 일사
reflected solar radiation 585
반사파 reflective wave 585
반사판
reflection board 585
reflector 585
반소 partial burning 510
반송 속도 carrier speed 104
반송 시스템 conveying system 164
반수 석고 hemigydrate gypsum 348
반연귀 half mitre 333
반원 아치 semi-circular arch 631
반원통 볼트 tunnel vault 741
반유실 partial washout 510
반응성 골재 reactive aggregate 579
반입 가대 ride-in stage 601
반자동 아크 용접
semi-automatic arc welding 631
반자동 용접
semi-automatic welding 631
반자틀 ceiling joist 108
반죽질기 consistency 156
반중력식 옹벽
semi-gravity type retaining wall 631
반직접 조명 semi-direct lighting 631
반침 closet 128
반턱 halving 334
반턱이음
half-lap joint 333
halving joint 334
반턱쪽매
rebating 580
shiplap 641
반턱쪽매이음 shiplap joint 641
반T형 옹벽
inversed T shape retaining wall 391
반향 echo 232
반향실 echo room 232
받음각 angle of attack 30
받침기둥 support 703
발 duckboard 222
발광 효율 luminous efficacy 432
발수제 water-repellent agent 779
발연 smoke generation 655
발연 계수
smoke generation coefficient 655
발열 강도
heat production per unit air volume 344
발열량
calorific value 99
heat generation rate 341
발열 heating value 342
발염 flaming ignition 285
발전기
dynamo 227
generator 317
발전소
electric power station 241
power plant 547
power station 547
발전실 generator room 317
발주 order 494
발주자

drip trap 219
end trap 247
배광
candle-power distribution 100
luminous intensity distribution 433
배광 곡선
light distribution 416
luminous intensity distribution 433
배근 표준
standard bar arranement 675
배기
air exhaustion 17
exhaust air 260
배기구
air exit 17
air outlet 19
exhaust opening 260
exhaust port 260
배기기 exhaust fan 260
배기통 ventilator 763
배력근 transverse reinforcement 736
배력 철근 distributing bar 207
배면도 rear side elevation 580
배분 교통량
assigned volume of traffic 47
배선 wiring 794
배선구 wiring gutter 794
배선도
wiring arrangement 794
wiring diagram 794
배선반 wiring board 794
배선실 pantry 507
배선용 차단기
distributing breaker 207
moldcase circuit breaker 462
배설물 정화조
private sewerage system 559
wastewater purifier 776
배수
drainage 216
water distribution 776
배수 계통 drainage system 216
배수 공법 drainage method 216
배수관
drain pipe 216
waste pipe 775
배수구 공간
air gap for indirect waste 17
배수 구역
distributing area 207
drainage area 216
배수 기구 drain fitting 216
배수 단위
fixture unit for drainage 284
배수도 drainage plan 216
배수량 discharge of drainage 205
배수 면적 collected area 135
배수조
drainage tank 216
sump 700
배수지
water distribution reservoir 776
배수통
catch basin drainage basin 106
배수 통기 설비
drainage waste and vent system 216
배수 펌프 drainage pump 216
배수 피트 drainage pit 216
배연 smoke eliminating 655
배연 농도 smoke density 655
배연 설비
smoke eliminating equipment 655
smoke exhaustion equipment 655
배연탑 smoke tower 655
배열 회수
heat recovery 344
waste heat recovery 775
배음
harmonic tone 337
overtone 502
배전 power distribution 546
배전반 switch board 706
배전반식 electric control room 239
배전 방식
power distribution system 546
배전선 service wire 634
배척 nail-puller 472
배출 계수 emission factor 245
배출구 소음기
muffler of air diffuser 468
배치 계획
layout planning 411
plot planning 536
site plan 649
배치도
plot plan 536
site plan 649
배터리형 거푸집
mold of battery casting 462
배합
mix proportion 458
mixing 457
proportion 563
proportion of ingredients 563
proportioning 563

벽식 라멘
wall girder-column type rigid frame 773
벽식 철근 콘크리트 구조
reinforced concrete concrete wall construction 588
벽식 프리캐스트 철근 콘크리트 구조
precast concrete wall construction 548
벽심 center line of wall 111
벽장 closet 128
벽지 wall paper 773
벽체 wall 773
벽축열 thermal storage in wall 720
벽 콘센트 concent 148
벽토
cob 130
wall clay 773
벽판 주변 가구
frame member around wall plate 301
벽화
mural (painting) 471
wall paint 773
변경도 revised drawing 599
변고보 varied depth beam 760
변단면재
member of non-uniformsection 449
변동 계수 coefficient of variation 132
변동 소음 fluctuating noise 293
변두리이음 edge joint 233
변류기 current transformer 180
변색 discoloration 205
변성암 metamorphic rock 452
변소
lavatory 411
toilet 728
변소 자물쇠 lavatory lock 411
변수위 투수 시험기
falling head permeameter 〔for soil〕 269
변압기 transformer 734
변위
deflection 188
displacement 206
변위계 displacement meter 206
변위도 displacement diagram 206
변위 응답 배율
magnification factor of displacement 436
변위 전달률
transfer coefficient of displacement 734
변위 함수 displacement function 206
변장비
ratio of long side to short side 578
변재
sap 620
sapwood 620
변전소
substation 699
transformer station 734
변전실 transformer room 734
변질부 affected zone 12
변태점
transformation point 734
transition point 734
변풍량 방식
variable air volume system 760
변형
deformation 188
distortion 207
변형 strain 690
변형각 slope 653
변형계 strain meter 691
변형 경화 strain hardening 691
변형 계수
modulus of deformation 460
변형 능력 deformation capacity 189
변형 매트릭스 strain matrix 691
변형 보정 straightening 690
변형 속도 strain velocity 691
변형 에너지
potential energy of deformation 545
strain energy 691
변형 에너지 최소의 정리
principle of minimum strain energy 558
theorem of minimum strain energy 717
변형 적합 상태
kinematic adaptable state 401
movable asmissive state 467
변형 제어 strain control 691
변형 제한
limitation of degotmation 419
변형 타원 strain ellipse 691
변형 텐서 strain tensor 691
변형 하중 force by deformation 297
변환기 converter 163
변환 행렬 transfer matrix 734
별도 계약 separate contract 632
별도 공사
separate project 632
separate work 632
별장
resort villa 596

보온대 heat insulating belt 342
보온재 heat reserving material 344
보온판
heat insulating board 342
heat reserving board 344
보유 내력 load carrying capacity 423
보유 수평 내력
horizontal load-carrying capacity 357
ultimate horizontal resistant force 745
보이드 void 770
보임 face side 267
보자실 linen closet 420
보전
maintenance 437
preservation 552
보전 개량비
cost for maintenance and modernizations 170
보전 계획 conservation program 156
보전 공사
conservation work 156
restoration work 597
보조 간선 도로
local distribution road 424
보조 기준선
additional reference line 9
보조 열원 auxiliary heat source 52
보조 철근 additional bar 8
보조 통기(관) relief vent(pipe) 591
보조 투영도
additional projection drawing 8
보족 전변형 에너지 최소의 정리
theorem of minimum complementary total strain energy 717
보존 도서관 deposit library 192
보존 등기
preservation registration 552
보증 guaranty 331
보통강
common steel 141
ordinary steel 495
보통 골재
normal weight aggregate 483
ordinary aggregate 495
보통 구조재
normal structural timber 483
보통 볼트 접합
ordinary bolt joint 495
보통 세대 ordinary household 495
보통 콘크리트 normal concrete 482
보통 포틀랜드 시멘트
normal Portland cement 483
ordinary Poltland cement 495
보통 화재 ordinary fire 495
보 항복 선행형 붕괴형
weak beam strong column type mechanism 783
보행 거리 walking distance 772
보행 속도 walking speed 773
보행용 지붕 walkable roof 772
보행자 공간 pedestrian space 513
보행자용 통로 pedestrian way 513
보행자 전용 도로
exclusive pedestrian road 259
보행자 통로 pedestrian deck 513
보험료 insurance premium 385
보호각 guard angle 331
보호 계전기 protective relay 564
보호 금고 coupon room 172
보호 조명 protectional lighting 564
복곡률 double curvature 211
복곡면
surface of nonzero Gaussian curvature 704
복공판 lining board 421
복광 용접
sub-merged arc welding 699
복구
rehabilitation 588
restoration 597
복근 double reinforcement 212
복근보 double reinforced beam 212
복근비
double reinforcement ratio 213
복도 corridor 168
복도식 공동 주택
apartment house of corridor access 34
복도식 아파트
apartment house of corridor access 34
복도형 corridor access type 168
복 래티스 double lattice 212
복부 보강 web reinforcement 784
복사 emission 245
복사 강도 radiant intensity 574
복사계 radiometer 576
복사 난방 panel heating 506
복사 난방기 panel heatier 506
복사 냉방 panel cooling 505
복사법 copy 166
복사 상수 radiation constant 574
복사속 radiant flux 574
복사열 radiant heat 574
복사율
emissivity 245

부동산업 real estate agent 580
부동산 업자
estate agent 256
real estate agent 580
부동산 회사 real estate company 580
부동 침하
differential settlement 199
uneven settlement 749
unequal settlement 749
부등변 산형강
angle of unequal legs 31
unequal leg angle steel 749
unequal-sided angle iron 749
부뚜막 배기갓 hood 355
부력 환기
ventilation based on thermal buoyancy 762
부립률 floating particle ratio 289
부목 이음 fished joint 283
부문별 계획 divisional planning 209
부분 공간 sub space 699
부분 깔기 piece laying 522
부분별 원가 계산
costing by building element 170
부분별 적산 cost estimation by building element classification 170
부분 붕괴 partial collapse 510
부분 사용 partial use 510
부분소 partial burning 510
부분 안전 계수
partial safety of material 510
부분 압축 local compression 424
부분 용입 용접
partial penetration weld 510
부분 원통 셸
partial cylindrical shell 510
부분 인도 partial delivery 510
부분 재하 partial loading 510
부분 접착 공법
partially bonding method 510
부분 진동 partial vibration 510
부분 프리스트레스트 콘크리트
partially prestressed concrete 510
부분 프리스트레싱
partial prestressing 510
부상 up lift 753
부설 온실 방식
attached sun space system 48
부속실 ancillary room 30
부순돌 crushed stone 178
부순모래 crushed sand 178
부식 corrosion 168
부식 속도 corrosion rate 168
부식토 humus 365
부압 negative pressure 474
부압 형식 negative pressure type 475
부어넣기 placing 529
부엌 kitchen 402
부위 part 510
부위별 적산 cost estimation by building element 170
부유 물질 suspended solid 705
부유 분진 airborne particle 14
부유 세균 airborne bacteria 14
부유식 floating type 289
부유식 구조물
floating type structure 289
부유 진균 airborne fungus 14
부의 간극 수압
negative pore water pressure 474
부의 주면 마찰
negative skin friction 475
부자재 subsidiary material 699
부재
member 449
member of framework 449
부재각
joint translation angle 398
rotation angle of member 613
부재 리스트 member list 449
부재 응력 stress of member 694
부재 좌표 member coordinate 449
부재 지주 absentee landlord 1
부재 치환법
henneberg's method 348
member substitution method 449
method of member substitution 453
부재(회전)각 slope angle 653
부적격 건축물 unfair building 749
부정 구조
erratic structure of soil 255
부정 동상 uneven frost heaving 749
부정 오차 unconstant error 747
부정정
redundant 584
statically indeterminate 679
부정정 구조물
statically indeterminate structure 680
부정정 라멘
statically indeterminate frame 679
부정정력
statically indeterminate force 679
부정정 반력
statically indeterminate reaction 679
부정정 셸

lean-mix concreate 412
빈지문
rain shutter door 577
sliding shutter 652
빈집 vacant dwelling 758
빈터 open space 492
빌딩 전화 Centrex system 113
빌라 villa 769
빗모접기 rustica 615
빗물 배수관 storm drain 689
빗 아치 skew arch 650
빗장력 diagonal tension 197
빗철근 diagonal reinforcement 197
빙압력 ice pressure 369
빙점 freezing point 302
빛 light 416
빛 열화 light degradation 416
빛의 확산성 diffusion of light 200
빨강칠 red oxide 583
뼈대
carcass 103
framework 301
뼈대 모델 skeleton model 649
뼈대 측량 skeleton surveying 649
뽕나무 mulberry 468
뾰족 아치 pointed arch 539
뾰족 지붕 steeple 685

【ㅅ】

ㅅ자보 principal rafter 557
ㅅ자 지붕 couple roof 172
사각자 bevel 70
사각 주차법 angle parking 31
사각 탐상법
angle beam method for flaw detection 30
사개 dovetail 213
사개맞춤 dovetail joint 213
사개이음 dovetail joint 213
사거리 oblique distance 485
사고시 하중 load due to accudent 423
사기 타일 ceramic tile 114
사다리 ladder 405
사다리보 open web girder 492
사닥다리 ladder 405
사도 private road 559
사력 sand gravel 619
사력층 sand gravel layer 619
사류 펌프 jet flow pump 396
사면 공법 face of slope method 267
사면내 파괴 slope failure 653
사면 녹지 slope green 653
사면 붕괴 slope failure 653
사면 안정
slope stability 653
stability of slope 673
사면 주택 slope housing 653
사면 침식 erosion of slope 255
사면 필릿 용접 obique incidence 485
사모턱 이음 half-lap joint 333
사무소 건축 office building 487
사무실 office room 487
사무실 레이아웃
office layout 487
office layout planning 487
사무용 가구 office furniture 487
사무용 컴퓨터 office computer 487
사무 자동화
OA 485
office automation 487
사문암 serpentine 633
사석
riprap 603
rubble mound 614
사선 제한 setback regulation 634
사설 전화 private telephone 559
사슬 chain 114
사암 sand stone 619
사업 계획 business program 94
사업소 business establishment 94
사업화 가능성 조사
feasibility study 271
사영법 projection method 562
사용 승인 approval of use 35
사용인실 employee's room 245
사용 한계 상태
serviceability limit state 633
사운드 로크 sound lock 664
사운딩 sounding 663
사유 벽돌 glazed brick 321
사유지 private land 559
사응력 diagonal stress 197
사이드 스웨이 side sway 644
사이드 앵글 side angle 643
사이드 테이블 side table 644
사이리스터 thyristor 725
사이버네틱 아트 cybernetic art 181
사이어미스 이음
Siamese connection 643
사이클 cycle 181
사이클그래프 cyclegraph 182
사이클로라마 cyclorama 182
사이클론 집진기 cyclone collector 182
사이클 앤드 라이드 cycle and ride 182
사이트 퍼니처 single furniture 648
사이폰 siphon 648
사이폰 작용 siphonage 648

【ㅇ】

알리데이드 alidade 22
알베도 albedo 22
알손잡이
door knob 210
knob 402
알칼리 골재 반응
alkali aggregate reaction 22
알칼리도 alkalinity 22
알칼리 실리카 반응
alkali silica reaction 22
알칼리 실리케이트 반응
alkali silicate reaction 22
알칼리 축전지
alkaline storage battery 22
알코올 온도계
alchohl thermometer 22
알키드 수지 alkyd resin 22
알키드 수지 도료
alkyd resin coating 23
알키드 수지 접착제
alkyd resin adhesive 23
알함브라 궁전 Alhambra 22
암거
covered conduit 173
culvert 179
underdrain 748
암기와
channel tile 116
concave tile 148
암나사
female screw 272
internal thread 389
암 램프 arm lamp 40
암리스 의자 armless chair 40
암면 rock wool 606
암면 스프레잉 rock wool spraying 606
암면 완충재
rock wool shock absorber 606
암면판 rock wool board 606
암면 펠트 rock wool felt 606
암면 흡음재
rock wool acoustic material 606
암면 흡음판
rock wool sound absorbing board 606
암모니아 ammonia 27
암모니아성 질소 ammonia nitrogen 27
암반
base rock 62
rock bed 606
rock mass 606
암색 shade colors 636
암석 정원 rock garden 606
암소음 background noise 56
암순응 dark adaptation 184
암 스탠드 arm stand 40
암스테르담파 Amsterdam Group 28
암 스토퍼 arm stopper 40
암슬러형 시험기
Amsler type testing machine 28
암실 dark room 184
암진동
ambient vibration 27
background vibration 56
암콘 female cone 272
암페어 ampere 28
압기 잠함 공법
pneumatic caisson method 538
압력 pressure 553
압력 강하
pressure drop 553
pressure fall 553
압력 계수 pressure coefficient 553
압력 구근 pressure bulb 553
압력 릴리프 밸브
pressure relief valve 554
압력 물매 pressure gradient 553
압력 분포 pressure distribution 553
압력 손실 pressure loss 554
압력 손실 계수
coefficient of pressure loss 132
압력 수두 pressure head 553
압력 수조 hydropneumatic tank 367
압력 스위치 pressure switch 554
압력 시험 pressure test 554
압력 용기 pressure vessel 554
압력차계
differential pressure gauge 199
pressure gauge 553
압력 탱크 pressure tank 554
압력 탱크식 급수법
pressure tank water supplying 554
압력파의 전파 속도
propagation velocity of pressure wave 562
압력 팬 pressure fan 553
압밀 consolidation 157
압밀 계수
coefficient of consolidation 131
압밀도 degree of consolidation 189
압밀 배수 전단 시험
consolidated drained shear test 156
압밀 비배수 전단 시험
consolidated undrained shear test 157
압밀 시험 consolidation test 157
압밀 응력 consolidation stress 157

액스해머 axe-hammer 53
액체 압력 liquid pressure 421
액추에이터 actuator 8
액침 immersion 371
액티닉 글래스 actinic glass 7
액티브 센서 active sensor 7
액티브 솔라 시스템
active solar system 8
액티브 솔라 하우스
active solar house 7
액티브 시스템 active system 8
액티비티 activity 8
액팅 에어리어 acting area 7
액화 석유 가스
Liquefide membrane waterproofing 421
앤티 머캐서 anti Macassar 34
앤티스매지 링 antismadge ring 34
앤티크 antique 34
앤티크 마감 antique finish 34
앤티크 유리 antique glass 34
앨버트 주택 Albert Dwellings 22
앨코브 alcove 22
앰뷸러터리 ambulatory 27
앰비언트 조명 ambient lighting 26
앱스 apse 35
앵글 angle 30
앵글 도저 angle dozer 30
앵글문 angle door 30
앵글 밸브 angle valve 32
앵글 커터 angle cutter 30
앵커
anchor 29
anchorage 29
앵커근 anchor bar 29
앵커 기초 anchoring foundation 30
앵커드 프리텐션
anchored pretensioning 29
앵커 디스크 anchor disc 29
앵커 로드 anchor rod 30
앵커 보 anchor beam 29
앵커 볼트 anchor bolt 29
앵커 블록 anchor block 29
앵커 빔 anchor beam 29
앵커 스크루 anchor screw 30
앵커 프레임 anchor frame 29
야간 복사 effective radiation 234
야간 인구
dormitory population 211
night time population 478
야간 인구 밀도
density of night time population 191
야광 도료 luminous paint 433
야구장 baseball ground 61
야외 극장 open-air theater 491
야장 field book 273
야코비법 Jacobi' s method 395
야코비안 행렬 Jacobian matrix 395
약액 주입 공법
chemical feeding method 117
약축 weak axis 783
얇은 개단면재
thin walled open section 722
얇은 셸 thin shell 722
양각 relief 590
양극 anode 33
양극 방식 anodic protection 33
양극 산화 피막
anodic oxide deposit 33
양기와 western roof tile 787
양꽂이쇠
espagnolette bolt 256
cremorne bolt 175
양끝못 double pointed nail 212
양력
dynamic lift 226
lift force 415
양력 계수 lift coefficient 415
양면 그루브 이음
double groove joint 212
양면 J형 그루브 double-J groove 212
양복장 wardrobe 774
양사진 white print 789
양산 mass production 442
양산 주택 mass production house 442
양생
cure 179
curing 180
protection 564
양생법 method of curing 452
양생제 sealing compound 625
양생 철망 protective screen 564
양수 설비
lift pumping equipment 415
양수 시험 lift pumping test 415
양수 책상 double pedestal desk 212
양수 펌프 liftung pump 415
양실 western style room 787
양은
german silver 318
nickel silver 478
white metal 789
양정
head of fluid 339
head of fluid lift 339
양중 계획
material lifting operating planning

에폭시 수지 접착제
epoxide resin adhesive 251
에폭시 앵커 epoxy anchor 251
에폭시 에나멜 epoxy enamel 251
엑스트라 extra 265
엔드 블록 end block 246
엔드 태브
end tab 247
run-off tab 615
엔드 플레이트 end plate 246
엔드 플레이트 접합
end plate connection 247
엔드리스 endless 246
엔지니어드 우드 engineered wood 248
엔지니어링 산업
engineering industry 248
엔지니어링 세라믹스
engineering ceramics 248
엔지니어링 플라스틱
engineering plastics 248
엔진 도어 engine door 248
엔타시스 entasis 249
엔탈피 enthalpy 249
엔태블러처 entablature 248
엔트로피 entropy 249
엘라스타이트 elastite 238
엘라스토머 elastomer 238
엘리미네이터 eliminator 244
엘리베이터 elevator 243
엘리베이터 기계실
elevator machine room 243
machine room for elevator 435
엘리베이터 로비 elevator lobby 243
엘리베이터 리프트 elevator lift 243
엘리베이터 마이크로폰
elevator microphone 243
엘리베이터 샤프트 elevator shaft 243
엘리베이터 크레인식 주차 장치
car crane type parking equipment 103
엘리베이터 타워 elevator tower 244
엘리베이터 피트 elevator pit 243
엘리베이터 홀 elevator hall 243
엘보 elbow 238
엘 센트로 지진파
earthquake records at El Centro 230
엠보스 강판 embossed steel plate 244
엠파이어 스테이트 빌딩
Empire State Building 245
엥글러 점도 Engler viscosity 248
여과 filtration 275
여과기 filter 275
여닫이문 hinged door 352
여닫이창
casement window 105
sash window 620
여력
redundant force 584
reserved force 593
여명수 remaining durable years 591
여물 fiber for plastering 272
여상주 caryatid 105
여재 redundant member 584
여진 after shock 12
역대칭 하중 antisymmetric load 34
역동작 reverse action 599
역류 back flow 56
역류 counter flow 171
역류 방지 댐퍼
backdraft damper 55
check damper 117
역률 power factor 546
역복사 backward radiation 57
역사 공원 historic park 353
역사 박물관 history museum 353
역 사이폰 작용 back siphonage 57
역사적 건조물 historic building 353
역사적 경관 historic landscape 353
역3각형 분포
inversed triangle type distribution 391
역세권 railway station sphere 576
역 아치 inversed arch 391
역전 광장
station place 681
station plaza 681
station square 681
역지 밸브 check valve 117
역청 bitumen 73
역청 재료 bituminous materials 73
역 카르노 사이클
converse Carnots cycle 163
역T형 옹벽
cantilever retaining wall 100
reversed T-shaped rataining 599
역학적 성질 mechanical property 447
역화 back fire 56
역화 flash back 286
연간 공기 조화
all season air conditioning 25
연간 공조
all season air conditioning 25
연간 부하 annual load 33
연간 에너지 소비량
annual energy consumption 33
연간 열부하 계수
perimeter annual load factor 517

연강
ingot iron 380
mild steel 455
soft steel 657
연강용 피복 아크 용접봉
mild steel arc welding electrode 455
연결보
tie beam 725
tie beam of footing 725
연결 살수 설비
hooking up sprinkler system 355
sprinkler system with hose connection 671
연결 송수관
fire department standpipe 278
연결 철물 tie metal 725
연결판 gusset plate 331
연결 핀 joint pin 398
연관
fire tube 282
lead pipe 412
연관 보일러 fire tube boiler 282
연관식 보일러 smoke tube boiler 655
연교차 annual range 33
연구소 laboratory 404
연구실
laboratory 404
study room 698
연구실 자동화
LA 404
laboratory automation 404
연귀
miter 456
mitre 456
연귀맞춤 miter joint 456
연극 극장 drama theather 216
연금 현가
capitalized value of pension 101
연금 현가 계수
capitalization factor of annuity 101
연기 감지기
ionization smoke detector 392
smoke detector 655
smoke perceiver 655
연기의 상승 높이
plume rise height 537
연단 minium 456
연단 거리 edge distance 233
연도
consistency 156
flue 293
연도 경관 roadside scenery 605
연도 댐퍼 stack damper 673
연도 정비 계획
improvement planning of roadside district 373
연도 토지 이용 roadside land use 605
연도 환경 roadside environment 605
연동 interlock 388
연동선 annealed copper wire 32
연락 복도 connecting corridor 156
연력도 funicular polygon 308
연력선 funicular 308
연령 구조 age composition 13
연륜 밀도
density of annual rings 191
연립 주택 row house 614
연마기
grinder 327
polishing machine 541
연마루집 row house 614
연마 마감 polish finishing 541
연마재 abrasives 1
연면적
gross area 328
gross floor area 328
total floor area 731
연명화 prolongation of life time 562
연무
dry haze 221
haze 338
연 바닥 면적 벽률
wall ratio based on the total floor area 773
연백
lead white 412
white lead 789
연불 계약
contract with deferred payment clause 162
연색 color rendition 137
연석
curb 179
curbstone 179
kerb 400
soft stone 657
연성 ductility 222
연성 모드 coupled modes 172
연성 진동
coupled oscillation 172
coupled vibration 172
연성 파괴 ductile fracture 222
연소
burning 93
combustion 139
fire spreading 282
연소 가스량

오버레이 overlay 501
오버슈트 overshoot 502
오버홀 overhaul 501
오버홀 뉴 overhaul new 501
오벌 기어형 유량계
oval gear type water meter 499
오벌링 ovaling 499
오벨리스크 obelisk 485
오빗 orbit 494
오수
sanitary sewage 620
sewage 635
오수관 soil pipe 658
오수 처리장
sewage disposal plant 635
오수 펌프 sewage pump 635
오스터 oster 497
오스트리언 스타일 Austrian style 50
오스트발트 표색계
Ostwald's color system 497
오실로그래프 oscillograph 496
오실로스코프 oscilloscope 497
오염 pollution 541
오염 물질 contaminant 159
오염물 확산
diffusion of pollutant 201
오염 방지 antifouling 34
오염 방지 도료 antifouling paint 34
오염원 contamination source 160
오염 제거율
decontamination ratio 187
오일 댐퍼 oil damper 488
오일러 하중 Euler load 257
오일러 하중 Euler's load 257
오일러식 Euler's equation 257
오일러의 공식 Euler's formula 257
오일 마감 oil finish 488
오일 버너 oil burner 488
오일 서비스 탱크 oil service tank 489
오일 서페이서 oil surfacer 489
오일 스위치 oil switch 489
오일 스테인 oil stain 489
오일 스트레이너 oil strainer 489
오일 웰 시멘트 oil well cement 489
오일 잭 oil jack 488
오일 저집기 oil interceptor 488
오일 퍼티 oil putty 489
오일 펜스 oil fence 488
오일 프라이머 oil primer 489
오일 흡수 장치 oil absorber 488
오존 ozone 502
오존 균열 ozone cracking 502
오존 처리
ozone treatement 503
ozonization 503
오존층 ozone layer 502
오지 기와 glazed roofing tile 321
오지 아치 ogee arch 488
오지기와
salt-glazed (roofing) tile 617
오차 error 255
오차율 measuring efficiency 446
오케스트라 박스 orchestra box 494
오케스트라 피트 orchestra pit 494
오토너머스 하우스
autonomous house 52
오토 라인 auto line 51
오토 로드 auto road 52
오토 로크 auto lock 51
오토 리턴 auto return 52
오토머터 이론 automata theory 51
오토콜리미터 autocollimeter 51
오토클레이브 경량 콘크리트
autoclaved light-weight concrete 50
오토클레이브 시험 autoclave test 51
오토클레이브 양생 autoclave curing 50
오토 힌지 auto hinge 51
오펄레슨트 유리 opalescent glass 490
오프셋 offset 487
오프셋량 offseting 487
오프셋 렌치 offset wrench 488
오프셋 먹긋기 offset line 487
오프셋선 offset line 487
오픈 스테이지 open stage 492
오픈 시스템 open system 492
오픈 컷 open cut 491
오픈 컷 공법 open cut method 491
오픈 타임 open time 492
오픈 플랜 open plan 492
오피스 랜드스케이프
office landscape 487
오피스 컴퓨터 office computer 487
오피스 플래닝 office planning 487
옥내 경기장 gymnasium 332
옥내 계단 interior stairway 387
옥내 기후 indoor climate 376
옥내 배선 interior wiring 388
옥내 배선도 interior wiring plan 388
옥내 배선용 그림 기호
symbols for wiring plan 706
옥내 소화전
indoor fire hydrant 377
wall hydrant 773
옥내 정원 indoor garden 377
옥내 주차 시설
indoor parking space 377
옥상 roof floor 609
옥상 돌출물

components projecting above the roof 144
house top structure 361
옥상 수조 roof tank 610
옥상 정원 roof garden 610
옥상 주차장 roof parking 610
옥상층 roof floor 609
옥상탑
pent house 515
pent house tower 515
PH 520
옥상 탱크 roof tank 610
옥소 전구 quartz iodine lamp 571
옥시던트 oxidant 502
옥외 가구 outdoor furniture 498
옥외 계단 exterior stairway 263
옥외 공기 outdoor air 497
옥외 광고물
outdoor advertisement 497
옥외 노동 outdoor labor 498
옥외 반사 성분
externally reflected component of daylight factor 264
옥외 변전소 outdoor substation 498
옥외 생활 outdoor life 498
옥외 소화전 outdoor fire hydrant 498
옥외 조명 outdoor lighting 498
옥외 주차 시설
outdoor parking space 498
옥외 피난 계단
outdoor escape stair 497
온기 난방 warm air heating 774
온기로
furnace 308
hot air furnace 358
온냉수 혼합 수전 mixing faucet 457
온도 temperature 711
온도 감지기
temperature deflecter 711
온도 강하
temperature drop 711
temperature fall 711
temperature reduction 711
온도 경사 temperature gradient 711
온도계 thermometer 721
온도 계수
temperature factor 711
thermal coefficient 718
온도 무브먼트 thermal movement 719
온도 물매 temperature gradient 711
온도 센서 temperature sensor 711
온도 응력
temperature stress 711
thermal stress 720
온도 전파율 thermal diffusivity 718
온도 제어기 thermostat 721
온도 조절 밸브
temperature control valve 711
온도 조정
temperature control 711
temperature regulation 711
온도차 temperature difference 711
온도차 환기
ventilation caused by temperature difference 763
온도 퓨즈 thermal fuse 719
온도 퓨즈형 방화 댐퍼
thermal fuse fire damper 719
온도 확산율
thermal diffusivity 718
thermal or thermometric conductivity 719
온돌 Korean floor heater 403
온배수 hot waste water 359
온사이트 에너지 방식
on-site energy system 490
온사이트 오토메이션
on-site automation 490
온수 난방 hot water heating 360
온수 보일러 hot-water boiler 360
온수 순환 펌프
circulating pump 121
hot-water circulating pump 360
온수 코일 hot-water coil 360
온실
conservatory 156
glass house 320
green house 326
palm-house 505
온실 효과 greenhouse effect 326
온열 요소 thermal factors 718
온열원 heat source 345
온열 환경
thermal environment 718
thermal environmental index 718
온열 환경 지표
thermal environmental index 718
온탕기 water heater 777
온통 기초 mat foundation 443
온통 파기
open excavation 491
excavation without shorting 258
excavation without timbering 259
overall exavation 499
온풍 난방 hot-air heating 358
올케이싱 공법 all-casing method 23
올터네이션 alternation 25
올터네이티브 스페이스

용접 피치
weld pitch 786
weld spacing 786
용접 확성 시험
weldability admission test 785
용접공 welder 785
용접봉 welding rod 786
용접부
weld zone 786
welding zone 786
용접선 weld line 786
용접성 weldability 785
용접성 시험 weldability test 785
용제 solvent 662
용제 용착 solvent-welding 662
용제형 접착제
solvent-based adhesive 662
용존 산소 dissolved oxygen 206
용지 보상
indemnity for area loss 374
용착 welding 785
용착 금속 deposited metal 192
용착 금속 시험편
deposited metal test specimen 192
용해
dissolution 206
fusion 309
melting 449
용해성 물질 dissolved matter 206
우각부 보강
diagonal reinforcement for corner of opening 197
우그렁이 cupping 179
우드 실러 wood sealer 796
우드 필러 wood filler 795
우디 라이프 woody life 796
우량 amount of rainfall 28
우량계 rain-gauge 577
우레탄 고무 urethane rubber 756
우레탄 방수
urethane rubber water proof 756
우레탄 폼 urethane form 756
우력
couple 172
couple of forces 172
우력의 모멘트
moment by couple of forces 463
우모 펠트 cow fur felt 173
우묵모접기 줄눈 rusticated joint 615
우물 well 786
우물반자
coffered ceiling 133
coffering 133
우물통 공법
well foundation method 787
well method 787
우물통 기초 well foundation 786
우물 함수 well function 787
우발 하중 accidental load 5
우수 침투 시설
stormwater reservoir of seepage water 689
우연 오차 accidental error 5
운동 공원 play field park 536
운동 방정식 equation of motion 251
운동 점성 계수
mortor viscosity coefficient 467
운동의 에너지
kinematic energy 401
kinetic energy 402
운동의 자유도
degree of kinematic freedom 189
freedom of kinematics 302
운동적 허용 배수
kinematic admissible multiplier 401
운동적 허용 상태
kinematically admissible state 401
운모 mica 454
운반 handling 335
운반 기기 하중
moving machine load 468
wheel load 789
운반비 amount of handling 27
운전 관리 제어 시스템
operation control system 493
운전시 하중 operating load 493
운전 자금 running cost 614
운하 canal 100
운형자
French curve 303
irregular curve 392
울담 fence 272
울본
ULBON shear reinforcement 745
울타리 hedge 347
움직이는 보도 moving walk 468
웃막이 head rail 339
웅덩이 배수 pit drainage 528
워런 트러스 Warren truss 774
워밍업 warming-up 774
워시 프라이머 wash primer 775
워시식 보링 wash boring 775
워싱턴형 에어 미터
washington-type air meter 775
워싱톤 펌프 worthington pump 798
워커빌리티
workability 796

원통 자물쇠 cylinder lock 182
원판 circular plate 121
원판형 유량계 disk water meter 206
원형 경기장 amphitheater 28
원형 극장
amphitheater 28
arena theater 40
theater-in-the-round 717
원형 배근법
ring reinforcement system 602
원형 신전 circular temple 121
원형 철근 round bar 613
원호 슬립 circular slip 121
원호 아치
circular arch 121
segmental arch 628
원호법 circular arc analysis 121
원화창 rose window 611
원환 셸 troidal shell 739
월 유닛 wall unit 774
월 캐비닛 wall cabinet 773
월 타이 wall tie 774
월 타일 wall tile 774
웜 업 warm up 774
웨더 미터 weather meter 783
웨더 스트립 weather strip 784
웨더 커버 weather cover 783
웨버 · 페히너의 법칙
Weber-Fechner' s law 784
웨브 web 784
웨브 보강 web reinforcement 784
웨브재 web member 784
웨브재 기둥 open web column 492
웨브축 web axis 784
웨브 플레이트 seb plate 784
웨브 필릿 web fillet 784
웨스코 펌프 Wesco pump 787
웨트 룸 wet room 788
웨트 시스템 wet system 789
웨트 조인트
cast-in-place joint 106
wet joint 788
웰 케이슨 well caisson 786
웰 포인트 well point 787
웰 포인트 공법 well point method 787
웰 포인트 배수 공법
well point drainage method 787
웰링턴 공식 Wellington' s formula 787
위기 관리 risk management 603
위반 건축물 illegal building 370
위빙 weaving 784
위상 phase 520
위상각 phase angle 520
위상 속도 phase velocity 520
위상차 phase defference 520
위생공 plumber 537
위생 공사
plumbing work 537
plumbing 537
sanitary plumbing 620
위생 관리자
sanitary superintendent 620
위생 기구
plumbing fixture 537
sanitary fixture 619
위생 도기 sanitary ware 620
위생 설비 sanitary installation 619
위생 철물 sanitary fittings 619
위성 도시 satellite city 621
위임 계약 mandate 439
위치 공차 posirional tolerance 544
위치 수두 potential head 546
위치 압력 potential pressure 546
위치 에너지 potential energy 545
위치 유지 시스템
location-holding system 426
위탁 관리
building management on commission 90
위험 관리 risk management 603
위험 예측 hazard assessment 338
위험 하중 critical load 176
위험 확률 risk probability 603
위험도
hazard 338
risk 603
위험도 해석 risk analysis 603
위험물 dangerous articles 184
윈도 엘리먼트 window element 791
윈도 쿨러 window cooler 791
윈드 배리어 wind barrier 790
윈들라스 windlass 791
윈치
hand winch 336
winch 790
윌리오의 변위도 Williot' s diagram 790
윗면
top 729
upper bed 754
upper face 754
upper part 754
윙 플레이트 wing plate 793
유각 투시도 angular perspective 32
유공보 perforated beam 516
유공판 perforated board 516
유공 흡음
perforated absorbing panel 516
유공 흡음판

perforated panel absorber 517
perforated panel for acoustic use 517
유구조 flexible structure 288
유기 불순물 organic impurities 495
유기성 질소 organic nitrogen 495
유기 안료 organic pigment 495
유기적 건축 organic architecture 495
유기적 공간 organic space 495
유기질토 organic soil 495
유니버설 리프트 universal lift 752
유니버설 조인트 universal joint 752
유니버설형 격자 그릴
universal grille 752
유니언 union 751
유니언 커플링 union coupling 751
유닛 가구 unit furniture 751
유닛 로크 unit lock 751
유닛 배스 unit bath 751
유닛법 estimation by unit cost 256
유닛 붙이기 unit tiling 752
유닛 주택 unit house 751
유닛 쿨러 unit cooler 751
유닛 키친 unit kitchen 751
유닛 타일 unit tile 752
유닛화
unitification 751
unitization 751
유닛 히터 unit heater 751
유도등 leading light 412
유도등
luminaire for emergency exit sign 432
유도비 induction ratio 377
유도 사이폰 작용
induced siphonage 377
유도색 inducing color 377
유도 전동기 induction motor 377
유도 표지 leading sign 412
유동 곡선 flow curve 292
유동 지수 flow index 292
유동학 rhyolite 600
유동화 fluidization 293
유동화제 superplasticizer 702
유동화 콘크리트
flowing concrete 292
superplasticized concrete 702
유량
flow rate 293
quantity of flow 570
유량계 flow meter 293
유럽 휘도 제한법
European glare limiting system 257
유료 도로 toll road 728
유료 주차장
parking area with charge 509
유리 glass 319
유리 거울 mirror glass 456
유리 공사
glazing 321
glazing work 321
유리 글로브 glass glove 320
유리 기와 glass roof tile 320
유리끼기 face puttying 267
유리문 glass door 320
유리 벽돌 glass brick 319
유리 블록 glass block 319
유리 석회 free lime 302
유리 섬유 glass fiber 320
유리 섬유 보강 시멘트
glass fiber reinforced cement 320
GRC 326
유리 섬유 보강 콘크리트
glass fiber reinforced concrete 320
GRC 326
유리 섬유 필터 glass fiber filter 320
유리솜 glass wool 320
유리솜 덕트 glass wool duct 321
유리솜 완충재
glass wool shock absorber 321
유리솜 흡음재
glass wool acoustic material 320
유리수 free water 302
유리 스크린 glass screen 320
유리 전이점 glass transition point 320
유리 절단기 glass cutter 320
유리 지붕 glass roof 320
유리 타일 glass tile 320
유리 퍼티 glass putty 320
유리 피복 glass coating 320
유벽 라멘 walled frame 773
유사(성)의 조화
harmony of similarity 337
유상 지급 재료
onerous supplied material 490
유선망 flow net 293
유선보 flow line beam 292
유선 텔레비전
cable television 97
CATV 107
community antenna television 141
유성니스 oil varnish 489
유성도료 oil paint 489
유성 코킹
oil based cauking compound 488
유성페인트 oil paint 489
유성 페인트칠 oil paint work 489

응력 텐서 stress tensor 695
응력 풀림 stress annealing 693
응력 할증 계수
stress magnification factor 694
응력 함수 stress function 694
응력 해석 stress analysis 693
응용 역학 applied mechanics 35
응접실
drawing room 217
guest room 331
guestchamber 331
reception room 581
응집
coagulation 129
cohesion 133
응집제 flocculant 289
응집 침전법
coagulation and settlement process 129
응집 파괴 cohesive failure 133
응축 condensation 152
응축기 condenser 153
응축수 펌프 condenser pump 153
응축 압력 condensing pressure 153
응축 온도
temperature of condensation 711
응회암 tuff 741
의고 주의 archaisme 36
의사당
assembly hall 46
conference hall 155
의석 imitation stone 371
의심재 false heartwood 269
의자 chair 115
이경관 reducer 583
이글루 igloo 370
이너 시티 inner city 382
이너 아키텍트 inner architect 382
이너턴스 acoustical inertance 6
이너트가스 아크 용접
inert-gas shielded arc welding 378
이넌데이터 inundator 391
이니셜 코스트 initial cost 380
이동 거푸집
moving form 468
travelling form 737
이동 거푸집 공법
travelling form construction method 737
이동단 roller end 608
이동 발생원
mobile emission source 459
이동식 기중기 travelling crane 736
이동식 비계 rolling tower 609
이동 하중
live road 422
moving load 468
travelling load 737
이렉션 피스 erection piece 254
이렉터 erector 255
이력 hysteresis 368
이력 감쇠
hysteresis damping 368
hysteretic damping 368
이력 곡선 hysteresis curve 368
이력 루프 hysteresis loop 368
이력 룰
hysteresis rule 368
hysteretic rule 368
이력 모델 hysteresis model 368
이력 특성
hysteretic characteristics 368
이론 공기량
amount of theoretical combustion air 28
이미지 image 371
이미지 맵법 image map theory 371
이방성 anisotropy 32
이방성판 anisotropic plate 32
이상 기체
ideal gas 369
perfect gas 516
이상 도시 ideal city 369
이상 소성체 ideal plastic material 370
이상 유체
ideal fluid 369
perfect fluid 516
이상 응결 false set 269
이상 충격 펄스 ideal shock pulse 370
이수 공법
slurry trench method 654
stabilized liquid method 673
이슬람 건축 Islamic architecture 392
이슬 방지 dew proofing 197
이암 mudstone 468
이어박기 placing joint 529
이어붓기
jointing of successive pours 397
placing joint 529
이오니아식 Ionia 392
이오니아식 오더 Ionic oder 392
이온 ion 391
이온 교환 수지 ionexchange resin 391
이용률 utilization ratio 757
이용 연구 user population 757
이용자 부담 user charge 757
이음
connection joint 156

입구 entrance 249
입도 grading 323
입도 분포 grading 323
입도 분포 곡선 grading curve 323
입도 시험
mechanical analysis of grain 446
입도율 fineness modulus 276
입력 지진동
input earthquake motion 382
입력 지진파
in-put wave 382
incident seismic wave 373
input earthquake motion 382
입면도 elevation 243
입방체 강도 cube strength 178
입사 incidence 373
입사 광속
incident light flux 373
incident luminous flux 373
입사파 incidence wave 373
입상체 glanular material 324
입자 속도 particle velocity 511
입자 특성 grain property 323
입자 파쇄
particle breakage 510
grain crushing 323
입지 location 425
입지 균형 locational eqilibrium 425
입지 3각형 locational triangle 425
입지 이론 location theory 426
입지 조건 locational conditions 425
입찰
bid tender 71
offer 487
입찰 가격
bidding price 71
tendered price 713
입찰 보증 bid bond 71
입찰 보증금
bid bond 71
bidding deposit 71
guaranty money for bidding 331
입찰 보증금 tendered 〔bid〕 bond 713
입찰 제도
bidding system 71
tendering system 713
입찰서 proposal 563
입찰자
bidder 71
tenderer 713
입체각 투사도
orthographic projection diagram 496
입체감 cubic effect 178
입체 격자 space grid 666
입체 골조 space frame 665
입체 교차
grade separated crossing 323
solid crossing 661
three dimensional intersection 723
입체 구조 space structure 666
입체 모델 space model 666
입체 뼈대 space frame 665
입체 응력
three dimensional stress 723
입체 자동 창고
multi-tier automatic warehouse 470
입체 주차장
multi-story parking space 470
입체 진동
three-dimensional vibration 723
torsional vibration 730
입체 트러스 space truss 666
입체파 cubism 178
입형 grain shape 323
입화면 vertical picture plane 765
잉여 강도 redundant strength 584
잉여 부재 redundant member 584
잉크 시험 ink test 382
잉킹 inking 381

〖ㅈ〗

자 ruler 614
자가 발전 설비
engine driven generator 248
inhouse power generating station 380
premises generator installation 551
자가용 발전 설비
inhouse power generating station 380
자가용 변전소 house substation 361
자갈
ballast 58
gravel 325
자갈 지정 grave foundation 325
자계 magnetic field 436
자귀 hatchet 338
자귀다듬 adz finish 10
자극 계수 participation 510
자극 함수 participation function 510
자금 조달 계획 financing plan 275
자기 magnetism 436
자기 변형 self-strain 631
자기 변형 응력 self-strain stress 631
자기 사이폰 작용 self siphonage 631

자기 상관 auto-correlation 51
자기 상관 함수
auto-correlation function 51
자기 소화성 self-extinguishing 630
자기 쏠림 magnetic blow 436
자기질 타일 porcelain tile 543
자기 타일 porcelain tile 543
자기 탐상 검사
magnetic particle inspection 436
자기 탐상법
magnetic defect inspection 436
자단
red sandal wood 583
red sanders wood 583
자동 가스 절단
automatic gas cutting 52
자동 개폐기 automatic switch 52
자동 경보 밸브 alarm valve 22
자동 레벨 auto level 51
자동문
auto door 51
automatic door 52
자동 아크 용접
automatic arc welding 51
자동 전화 교환 설비
automatic telephone exchange (system) 52
자동 제도 기계
automatic plotting machine 52
자동 제어 automatic control 51
자동 제어반
automatic control panel 52
automatic controlling board 52
자동차 교통 automobile traffic 52
자동차 보유율 car ownership rate 103
자동차용 엘리베이터
car elevator 103
car lift 103
자동차 전용 도로
free way 302
motorway 467
자동차 차고 garage 311
자동차 터미널 auto-terminal 52
자동화 사무실 automated office 51
자려 진동
self-excited vibration 630
self-induced vibration 630
자리 seat 626
자립 높이 critical length 176
자물쇠 lock 426
자방위각 magnetic azimuth 436
자본 생산성 capital productivity 101
자본 형성 capital formation 101
자본화 capitalization 101
자본화 계수 capitalization factor 101
자본 환원 capitalization 101
자본 회수 계수
capital recovery factor 101
자산 assets 46
자연 건조
air seasoning 20
natural seasoning 473
자연 공원 natural park 473
자연 발색 피막
anodic oxide colored coating 33
자연 배연
natural smoke exhaustion 474
자연 배연 방식
natural smoke control 473
자연 사면 natural slope 473
자연 순환 수두
natural circulating head 473
자연식 소각로
incinerator of spontaneous combustion type 374
자연 실온
natural room air temperature 473
자연 정화 작용 self-purification 630
자연 지반 natural soil 474
자연 통기력
natural driving pressure 473
자연통풍 natural draft 473
자연풍 natural wind 474
자연 함수비
natural moisture content 473
natural water content 474
자연 환기 natural ventilation 474
자외선
ultraviolet radiation 746
ultraviolet ray 746
자외선 열화
ultraviolet ray degradation 746
자외선 투과 유리
ultraviolet ray transmitting glass 746
자외선 흡수 유리
absorbent glass of ultraviolet ray 2
자원 절감 resources saving 596
자유 감쇠 free damping 302
자유 경첩
double acting spring hinge 211
spring butt 671
자유 굽힘 시험 free bend test 301
자유단 free end 302
자유도 degree of freedom 189
자유도계
degree-of-freedom system 189
자유 면적비 free area ratio 301

infrared absorption spectrum 380
적외선 흡수 유리
infrared ray absorbent glass 380
적응 adjustment 10
적재 가연물량 live fire load 422
적재 하중
live road 422
superimposed load 701
적정 규모
optimal capacity 493
optimal size 493
적정 배치
optimal location and allocation 493
적층 목재 laminated wood 406
적층재 laminated wood 406
적합법 compatibility method 142
적합 변형 상태
state of compatible configuration 678
적합 조건
compatibility condition 142
condition of compatibility 153
전강 접합
full strength connection 307
전개도
development 196
development elevation 196
extend elevation 263
전계 electric field 240
전곡형 송풍기
forward blades type fan 299
전공기 방식 all air system 23
전공기식 유인 유닛
all air induction unit 23
전괴
complete collapse 143
total collapse 730
전구 incandescent lamp 373
전극 팁 electrode tip 241
전기 검층 electrical logging 239
전기 경보기 electric alarm 239
전기 공구 electric tool 241
전기 공기 가열기
electric air heater 239
전기 공사 electric work 241
전기 공작물 electrical structure 239
전기 난로
electric (radiant) heater 241
전기 난방 electric heating 240
전기 도금
electro-galvanizing 241
electro-plating 242
전기 드릴 electric drill 240
전기량 electric energy 240
전기 설비 electric equipment 240
전기식 자동 제어
electric automatic control 239
전기실 electric room 241
전기 아연 도금 electrical zincing 239
전기 양생 electric curing 239
전기 용접 electric welding 241
전기 음향 설비
electro-acoustic equipment 241
전기 전도도 electric conductivity 239
전기 집진 electrical dust sample 239
전기 집진 장치
electric air cleaner 239
electric dust collector 240
전기 탐사 electrical prospecting 239
전기 회로 electric circuit 239
전단 shear 637
전단 강도
shear strength 639
shearing strength 638
전단 강성
shear rigidity 638
shear stiffness 639
전단 강성 저하율
shear stiffness reduction ratio 639
전단 균열
diagonal tension crack 197
shear crack 637
전단 기둥 shear column 637
전단력
shear force 637
shearing force 637
전단력 계수 shear coefficient 637
전단력 분포 계수
coefficient of shear distribution 132
전단력도
shear force diagram 637
shearing force diagram 637
전단면 sheared edge 637
전단면 압축 강도
compressive strength for gross section 147
전단못 shear nail 638
전단 미끄럼 파괴
slip plane breaking 653
전단 방정식 shear equation 637
전단 변형
shear deformation 637
shearing deformation 637
shearing strain 638
tangential strain 709
전단 변형(도) shear strain 639
전단 보강

접착제 조합기 glue mixer 322
접촉각 contact angle 159
접촉 공진 contact resonance 159
접촉 부식 contact corrosion 159
접촉 응력 contact stress 159
접촉 저항 contact resistance 159
접촉 전압 touch voltage 732
접합
connecting 155
connection joint 156
joining 397
접합 공간 union space 751
접합 철물 joint metal 397
접합구
connector 156
joint device 397
joint element 397
접합부
connection 156
joint connection 397
접합부 패널
connection panel 156
joint panel 398
정 chisel 119
정각도 isometric drawing 393
정갈기 마무리 polished finish 541
정격 rating 578
정격 수명 standard life of lamp 676
정격 출력 rated output 578
정규 모드 normal mode 483
정규 분포 normal distribution 482
정규 압밀 normal consolidation 482
정규 압밀 점토
normal consolidated clay 482
정규 압밀 찰흙
normal consolidated clay 482
정극성 straight polarity 690
정기 검사 routine inspection 614
정기 보고
routine inspection report 614
정기 임대차 계약 lease 412
정기 점검 periodical inspection 518
정다듬
boasted finish 76
boasted work 76
chisel finish 119
chiseled work 119
정도
accuracy 5
precision 549
정두리돌 plinth stone 536
정류
commutation 141
rectification 583
정류기 rectifier 583
정류 원리
extremes principle 265
stationary principle 681
정리 청소비
arrangement and cleaning expenses 40
정면 facade 267
정면 감도 axial sensitivity 54
정면도
front elevation 306
front view 306
정면성 frontality 306
정문간 main entrance 437
정미 단면 압축 강도
compressive strength for net section 147
정밀도
accuracy 5
precision 549
정반사 regular reflection 587
정반사율 regular reflectance 587
정방 매트릭스 square matrix 672
정벌바름 finish coating 276
정벌칠 finish coating 276
정보 검색
information retrieval 380
IR 392
정보 도시
computopolis 148
information city 379
정보 센터 information center 379
정사영 orthographic 496
정사영도
diagram in orthographic projection 197
정상 소음 steady noise 682
정상 연소 normal combustion 482
정상 열관류
steady heat transmission 682
정상파
standing wave 678
stationary wave 681
정상 확률 과정
stationary probability process 681
정상 흐름 steady flow 682
정수두
hydrostatic head 367
static head 680
정수압 hydrostatic pressure 367
정수위 밸브
level regulating valve for low water 414
정수장

주걱 볼트 strap bolt 691
주곡률 principal curvature 557
주공정 critical path 176
주공정법
CPM 173
critical path method 176
주공 혼재
mixure of residential and industry 458
주공 혼재 지역
mixed land use area of residential and industry 457
주관 main pipe 437
주광 day light 185
주광 광원 day light source 185
주광률 day light factor 185
주광률 분포
distribution of daylight factor 208
주광 조도 day light illuminance 185
주광 조명 daylighting 185
주근 longitudinal reinforcement 427
주기
base 61
period 518
주기적 열전도
periodic thermal conduction 518
주기준선 main standard line 437
주단면 2차 모멘트
principal moment of inertia 557
주동 랭킨 토압
active Rankine pressure 7
주동 토압 active earth pressure 7
주동 토압 계수
coefficient of active earth pressure 131
주두 capital 101
주랑 colonnade 135
주름문 accordion door 5
주름 용접 flare welding 286
주말 주택 weekend house 784
주먹장부 dovetail tenon 213
주면 마찰 skin friction 650
주면 마찰력 skin friction force 650
주묘 anchor dragging 29
주문 생산 ordered production 494
주문서 order sheet 495
주물 castings 106
주민 운동
concerted action by the residents 149
주방 kitchen 402
주방 서브 시스템
kitchen sub system 402
주방 세트 kitchen set 402
주방 유닛 kitchen unit 402
주방향 응력
circumferential stress 122
주변 고정판
plate with fixed edges 535
주변 기류
air flow around buildings 17
flow around building 292
주변형 principal strain 558
주변형설 principal strain theory 558
주상도
histogram 353
soil column map 658
주생활 dwelling life 225
주석 tin 727
주세대
main household 437
principal household 557
주소 이전 charge of address 116
주수법 flooding method 289
주심 center line of columns 111
주양식 dwelling style 226
주열대 column strip 138
주요구 housing needs 362
주요 구조부
principal structural parts 558
주요 구조 부재
structural member 696
주요동 principal shock 557
주유소
gas station 313
gasoline station 313
주응력 principal stress 558
주응력도면 principal stress plane 558
주응력도 방향
direction of principal stress 204
주응력선 principal stress line 558
주응력설 principal stress theory 558
주응력원 principal stress circle 558
주의식
housing consciousness 362
sense of housing 632
주입 지수벽 grouted cut-off wall 330
주재 principal member 557
주제 base compound 61
주차 규제 parking ergulation 509
주차대 parking strip 509
주차 용량 parking capacity 509
주차용 엘리베이터
elevator to parking 244
주차용 차고 parking garage 509
주차장
motor pool 467
parking apace 509

double-loaded corridor type 212
중복 반사 multi-reflection 470
중볼트 medium finished bolt 448
중성 불꽃 neutral flame 477
중성선 neutral line 477
중성화 neutralization 477
중성화 깊이
depth of neutralization 193
중성화 시험 neutralization test 477
중수도 treated water supply 737
중심 center of gravity 111
중심공 잭 center hole jack 110
중심 극한 정리
central limit theorem 113
중심법 method of elastic center 452
중심 상업 지구
central commercial district 112
중심 상점가
central shopping district 113
중심선 center line 110
중심 압축재
centrally loaded compressed member 113
중심 업무 지구
central business district 112
중심 지구
central area 111
central district 112
중심지 이론 central place theory 113
중심축
center axis 110
central axis 112
중앙 감시실 central monitor room 113
중앙 감시 제어 설비
centralized supervisory and control system 112
중앙값 median 448
중앙 공원 central park 113
중앙 관리실 central control room 112
중앙 급탕 방식
central hot water supply system 112
중앙 난방 central heating 112
중앙 덕트 방식
central ducting system 112
중앙 도매 시장
central wholesale market 113
중앙 도서관 central library 112
중앙 분리대
dividing strip 209
medial strip 448
중앙 시설 central facilities 112
중앙식 공기 조화
central system air conditioning 113
중앙식 공기 조화 방식
central air conditioning system 111
중앙식 공기 조화 장치
central air conditioning equipment 111
중앙식 급탕법
central hot water supply 112
중앙식 냉동 장치
central refrigerating plant system 113
중앙식 주방 central kitchen 112
중앙 진공 집진 장치
central vacuum dust collection equipment 113
중앙 처리 장치
central processing unit 113
CPU 173
중요도 계수 importance factor 372
중용열 시멘트
moderate heat cement 459
중용열 포틀랜드 시멘트
moderate heat Portland cement 459
중2층
entresol 249
mezzanine 454
중정석 barite 60
중지진 medium earthquake 448
중질 섬유판
MDF 445
medium denstity fibreboard 448
중첩의 원리
principle of superposition 558
중추 도시 metropolis 453
중층
medium-rise 448
mid-rise 455
중층 골조 구도
multistoried rigid frame structure 470
중층 뼈대 구조
multistoried rigid frame structure 470
중층 주택
medium-rise housing 448
middle storied apartment 455
중층 하청
multiplex sub-contracting 470
중파 intermediate damage 388
중합 polymerization 542
중합체 polymer 541
중화재 medium fire 448
중회귀 분석
multiple regression analysis 470

〖ㅊ〗

차동 계전기 differential relay 199
차동 마노미터
differential manometer 199
차동식 감지기
differential perceiver 199
차두 간격
headway 339
차륜 구조 wheel type structure 789
차분법 difference method 199
차선 lane 408
차압 differential pressure 199
차압계
differential pressure meter 199
차압 변환기
pressure difference transducer 553
차압 유지 댐퍼
differential pressure controlling damper 199
차양
appentice 35
lean-to roof 412
차염성
flame interruption performance 285
차음 sound insulation 663
차음 기준
criterion of sound insulation 176
차음문 sound insulation door 663
차음벽 sound insulation wall 663
차음재(료)
sound insulation material 663
차주
creditor 175
hirer 353
leaseholder 412
lessee 413
차지 leased land 412
차트 chart 116
차폐 계수 shading coefficient 636
차폐용 콘크리트
radiation shielding concrete 574
shielding concrete 641
차풍 구조물
wind shielding structure 792
착공 commencement of work 140
착색 coloring 136
착색 시멘트 colored cement 136
착색 안료 coloring pigment 136
착색제
colorant 135
coloring agent 136
coloring matter 136
stain 674
착색 칠판 precoated galvanized 549
착수금
advance payment before building start 10
착암기
machine drill 435
rock drill 606
착염 flaming 285
착의량 amount of clothing 27
착정
bore hole 78
bored well 78
deep tubular well 187
착화 catch fire 107
찰쌓기 wet masonry 788
찰판 kick plate 401
찰흙 clay 124
찰흙 제품 earthenware products 229
참나무 oak 485
참발열량 net calorific calue· 476
참비중 true specific gravity 740
참응력 actual stress 8
창 window 791
창고
stockroom 687
storehouse 689
warehouse 774
창대 window sill 792
창면 주광률
window daylight factor 791
창면 휘도
window surface luminance 792
창받이널 window stool 792
창살 glazing bar 321
창틀 window frame 791
창틀 공사 window frame works 791
창호
doors and windows 210
fittings 284
창호달기 hanging 336
창호재
wood for fittings 795
wood for fixture 795
창호표
door and window schedule 210
fittings list 284
채광 natural lighting 473
채광 계획 daylighting planning 185
채광 설계 daylighting design 185
채광정 light well 418
채광 주간
available period for daylighting 52
채광창 lighting window 417
채난 양생 warm curing 774
채널 볼트 channel bolt 116

침투
percolation 515
seepage 628
침투수 percolating water 515
침투 탐상 검사
penetrating inspection 514
침하
settlement 635
sinking 648
subdidence 699
침하 균열
sedimentaion crack 628
settlement crack 635
침하판 settlement plate 635
칩 chip 119
칩 보드 chip board 119
칭량 capacity of scale 101

〖ㅋ〗

카논 canon 100
카니법 Kani's method 400
카드 로크 시스템 card lock system 103
카드뮴 cadmium 98
카드 캐비닛 card cabinet 103
카드 테이블 card table 103
카디액 케어 유닛
cardiac care unit 103
카르노 사이클 Carnot's cycle 103
카르만 상수 Karman constant 400
카메오 유리 cameo glass 100
카민 kamin 400
카바레 cabret 97
카보런덤 carborundum 103
카보런덤 타일 carborundum tile 103
카본 블랙 carbon black 102
카사 casa 105
카세인 수지 casein plastic 105
카세인 접착제 casein glue 105
카스티리아노의 정리
Castigliano's theorem 106
카우치 couch 171
카운터 counter 171
카운터 래그 counter rag 171
카운터 밸런스 새시
counter balancing sash 171
카운터 웨이트
counter weight 171
카운터 웨이트 새시
counter weighting sash 172
카운터 톱 counter top 171
카운터 플로 냉각탑
counter flow cooling tower 171
카이네매틱 이론
kinematic theory 402
카타계 Kata thermometer 400
카타 온도계 Kata thermometer 400
카타율 Kata factor 400
카타콤 catacomb 106
카탈로그 설계 catalogue-planning 171
카테드럴 cathedral 107
카페 바 cafe bar 98
카페테리아 cafeteria 98
카펫 carpet 104
카펫 글리퍼 carpet glipper 104
카펫 스위퍼 carpet sweeper 104
카펫 타일 carpet tile 104
카포트 carpot 104
칵테일 라운지 cocktail lounge 130
칸델라 candela 100
칸델라 매평방 미터
candela per square meter 100
칸막이벽
partition 511
partition wall 511
칼라 이음 collar joint 135
칼럼 커브 column curve 138
칼럼 크램프 column cramp 138
칼로리
calorie 99
calory 99
칼슘 설포알루미네이트
calcium sulfo-aluminate 99
칼웰드 공법 calwelled method 99
캐노피 canopy 100
캐노피 스위치 canopy switch 100
캐노피 후드 canopy hood 100
캐드 CAD 98
캐드/캠 CAD/CAM 98
캐러밴 caravan 102
캐럴 carrel 104
캐리 오버 carry over 104
캐리올 carry-all 104
캐리지 포치 carriage porch 104
캐링 스크레이퍼 carrying scraper 104
캐브 시스템 CAB system 97
캐비닛 cabinet 97
캐빈 cabin 97
캐소드 cathode 107
캐스케이드 cascade 105
캐스케이드 임펙터
cascade impactor 105
캐스터 caster 105
캐스트 스톤 cast stone 106
캐스팅 플레이트 casting plate 106
캐주얼 레스토랑 casual restaurant 106
캐피털 capital 101
캐피털 게인 capital gain 101

코오디네이션 coordination 165
코오디네이트 컬러
coordinate color 165
코오퍼러티브 하우스
co-operative dwelling 165
co-operative house 165
코인시던스 주파수
coincidence cut-off frequency 133
코인시던스 효과
coincidence effect 133
코일 coil 133
코일 스프링 coil spring 133
코일 타이 coil tie 133
코제너레이션 시스템
cogeneration system 133
코킹
calking 99
caulking 107
코킹 건 caulking gun 107
코킹재
calking 99
caulking compound 107
코킹 접합 calking joint 99
코킹 콤파운드 calking compound 99
코터 cotter 171
코터 철근 cotter reinforcement 171
코트 클로짓 coat closet 130
코트 하우스 court house 173
코티지 cottage 171
코팅 coating 130
코팅 강관 coating steel pipe 130
코팅 섬유천 coated fabric 130
코팅 유리 coating glass 130
코퍼릿 아이덴티티
CI 120
corporate identity 168
코퍼릿 컬러 corporate color 168
코퍼 조명 coffer lighting 133
코프 조명 cope lighting 165
코호트 모델 cohort model 133
코호트 분석 cohort analysis 133
콕 cock 130
콘덴서 condenser 153
콘덴서 마이크로폰
capacitor microphone 101
condenser microphone 153
electrostatic microphone 242
콘덴서 스피커 condenser speaker 153
콘덴서 이어폰
condenser earphone 153
electrostatic earphone 242
콘덴싱 유닛 condensing unit 153
콘도미니엄 condominium 154
콘딧 conduit 154
콘벡스 convex 164
콘벡스룰 convexrule 164
콘상 파괴 cone-type failure 155
콘서베이터 conservator 156
콘서트 홀 concert hall 149
콘센트
concent 148
outlet socket 498
receptacle 581
콘셉트 concept 148
콘솔 테이블 console table 156
콘 스피커 cone speaker 155
콘 지수 cone index 154
콘 지지력 cone bearing capacity 154
콘코던트 긴장재 concordant cable 149
콘코스 concourse 149
콘크리트 concrete 149
콘크리트 공사 concrete work 152
콘크리트관 concrete pipe 151
콘크리트 도료 concrete paint 151
콘크리트 막대형 진동기
internal vibrator concrete 389
콘크리트 말뚝 concrete pile 151
콘크리트못 nail for concrete 472
콘크리트 믹서 concrete mixer 150
콘크리트 방수제
concrete waterproofing agent 152
콘크리트 배합
mix propotion of concrete 458
콘크리트 버킷 concrete bucket 150
콘크리트 블록
CB 107
concrete block 149
콘크리트 블록 공사
concrete block works 150
콘크리트 블록 구조
concrete block construction 149
concrete block structure 150
콘크리트 비빔판
concrete mixing vessel 150
콘크리트 비파괴 시험
concrete non-destructive test 150
콘크리트 빈 concrete bin 149
콘크리트 수송 기계
concrete transporter 151
콘크리트 슬래브 concrete slab 151
콘크리트 시트 파일
concrete sheet pile 151
콘크리트 시험 해머
concrete test hammer 151
콘크리트 절단기 concrete cutter 150
콘크리트 제품
concrete manufacture 150
concrete product 151

Kirchhoff-Love's assumption 402
키 스톤 key stone 401
키스톤 플레이트 keystone plate 401
키친 싱크 kitchen sink 402
키친웨어 kitchenware 402
키친 타입 kitchen type 402
키 플랜 key plan 401
킨스 시멘트 Keen's cement 400
킹 사이즈 침대 king size bed 402
킹크 kink 402

【ㅌ】

타깃 target 709
타르 tar 709
타르에폭시 수지 tar-epoxy resin 709
타르 우레탄
tar-modified polyurethane 710
타르지 tar paper 710
타르 콘크리트 tar concrete 709
타르 펠트 tar felt 709
타운 맵 town map 732
타운 하우스 town house 732
타운 홀 town hall 732
타워 elevation tower 243
타워 버킷 tower bucket 732
타워 빌딩 tower building 732
타워 크레인 tower crane 732
타워 파킹 tower parking 732
타워 피트 tower pit 732
타워 호퍼 tower hopper 732
타원 진동 elliptical vibration 244
타원 컴퍼스 elliptic compass 244
타원 회전 셸
elliptic shell of revolution 244
타이드 아치 tied arch 725
타이 로드 tie rod 725
타이백 tie-back 725
타이백 공법 tie-back method 725
타이어 도저 tire dozer 727
타이어 롤러 tire roller 727
타이트 프레임 tight frame 726
타일 tile 726
타일 공사
tile work 726
tiling 726
타일 깔기 tile pavement 726
타일 붙이기 tile facing 726
타일 줄눈 tile joint 726
타일 카펫 tile carpet 726
타일 할당 layout of tiling 411
타임 스터디 time study 727
타입 말뚝 driven pile 219
타입식 고력 볼트
interference body bolt 386
타폴린 tarpaulin 710
타프트 지진파
earthquake records at Taft 230
탁색 dull color 222
탄각 ash 44
탄력 계수 spring constant 671
탄산 가스 소화 설비
carbon dioxide gas fire prevention equipment 102
탄산 가스 아크 용접
carbon dioxide gas shielded arc welding 102
탄산 마그네슘판
magnesium carbonate board 436
탄성 elasticity 237
탄성 계수 modulus of elasticity 460
탄성 계수비
elastic modular ratio 237
탄성 곡선
elastic curve 237
elastic line 237
탄성률 elastic modulus 237
탄성 반발설
elastic rebound theory 237
탄성 변형 elastic deformation 237
탄성 설계 elastic design 237
탄성 실링
elastic sealing compound 237
탄성 실링재
elastomeric sealant 238
elastomeric sealing compound 238
탄성 에너지 elastic energy 237
탄성 영역 elastic region 237
탄성 응답 elastic response 237
탄성 이력 elastic hysteresis 237
탄성 일그러짐 elastic strain 237
탄성 좌굴 elastic buckling 236
탄성 지지
elastic support 237
spring support 671
탄성 진동 elastic vibration 238
탄성 진동 에너지
elastic vibration energy 238
탄성파 elastic wave 238
탄성 파동 elastic wave 238
탄성파 속도 elastic wave velocity 238
탄성 파손 elastic failure 237
탄성파 탐사
elastic wave exploration 238
seismic exploration 629
탄성 평형 상태
elastic equilibrium state 237
탄성 하중 elastic weights 238

통널판 panel borad 505
통로 passage 511
통수 코일 water coil 776
통시 계통 vent system 762
통일 토질 분류법
unified soil classification system 750
통자물쇠 pad lock 504
통재기둥
column of balloon framing 138
통줄눈
butt joint 95
square joint 672
straight joint 690
통풍
breeze 83
draught 217
통풍 장치 draft device 215
통풍 저항 stack loss 673
통풍량 cross-ventilation rate 177
통풍력 draft power 215
통풍률 draft rating 215
통형 셸 shell vault 641
퇴비사 compost shed 145
퇴비화 composting 145
퇴색 fading 269
퇴색 시험 fading test 269
퇴적 시간 assembly time 46
투 바이 포 공법
two by four method 743
투각 fretwork 304
투과 transmission 735
투과 계수
transmission coefficient 735
투과광 transmitted light 735
투과 광속
transmitted luminous flux 735
투과 손실
sound reduction index 665
transmission loss 735
투과율
transmission coefficient 735
transmission factor 735
transmittance 735
투과 일사량
transmission solar radiation 735
투광기
projector 562
searchlight 626
투광등 flood light 289
투광실 spotlight booth 670
투기율 air permeability 19
투명도 degree of clearness 189
투명 조명 flood lighting 289
투사이클법 two-cycle method 743
투상도법 projection 561
투수비
ratio of water premeability 579
투수성
permeability 519
water permeability 778
투수 시험
permeability test 519
water permeability test 778
투수층 permeable layer 519
투스테이지 실드 조인트
two-stage sealed joint 743
투습
transmission of humidity 735
moisture transmission 462
투습 계수
moisture permeance 461
vapor permeance 760
투습률 permeability 519
투습성 vapor permeability 760
투습 저항 vapor resistance 760
투시도
degree of transparency 190
perspective drawing 519
투시도법
perspective drawing method 519
projection drawing method 561
투영도 projection drawing 561
투영도법 projection 561
투영 면적 project drawing 561
투영실 projection booth 561
투입 원가 지수 input cost index 382
튜더식 Tudor style 741
튜더 아치 Tudor arch 741
튜브 구조 tube structure 741
튜브 수송 시스템
tube freight traffic system 740
트래버스 측량 traversing 737
트래버틴 travertine 737
트래서리 tracery 733
트래피커빌리티 trafficability 733
트래픽 페인트 traffic paint 733
트랙터 tractor 733
트랙터셔블 tractor-shovel 733
트랜셉트 transept 734
트랜싯 transit 734
트랜싯 측량 transit surveying 735
트랜치 시트 trench sheet 738
트랩 trap 736
트러스 truss 740
트러스 구조 trussed structure 740
트러스 기둥 trussed column 740
트러스 라멘 trussed rigid frame 740

【ㅍ】

board 76
plank 531
plate 535
판강도 flexual stiffness 288
판강성 flexual rigidity of plate 288
판금 sheet metal 640
판금 가공 sheet metal working 640
판금공 tinsmith 727
판금 공구 sheet metal tool 640
판담장 boarding fence 76
판돌 plate stine 535
판 스프링
flat spring 287
leaf spring 412
판요소 plate element 535
판유리
flat-drawn sheet glass 287
plate glass 535
sheet glass 640
판 좌굴 계수
factor of plate buckling 268
판진동 흡음
panel type sound absorber 506
판진동 흡음제 panel absorber 505
팔대
arm 40
arm bracket 40
bracket 81
팔라디오 주의 Palladionism 505
팔라쪼 palazzo 505
팔러 parlor 509
팔레트 수송 pallet service 505
팔므그렌 · 마이너의 식
Palmgren-Meiner' s formula 505
팔작집
gambrel roof 311
half-hipped roof 333
팔크 PALC 505
팝 아웃 pop out 543
패널 panel 505
패널 게이트 panel gate 505
패널 구조 panel construction 505
패널 내력벽 구조
structural panel wall construction 696
패널 방식 panel system 506
패널 셰이드 panel shade 506
패널 스크린 panel screen 506
패널 존 panel zone 506
패널 탱크 pannel tank 506
패널 할당 layout of panelling 411
패널 히터 panel heater 505
패드아이 pad-eye 504
패딩 padding 504
패러핏 parapet 508
패럴렐 용접 parallel welding 508
패럿 farad 270
패밀리 룸 family room 269
패브리케이터 fabricator 267
패션 빌딩 fashion building 270
패스
pass 511
run 614
패스 박스 pass box 511
패시브 센서 passive sensor 511
패시브 시스템 passive system 512
패시브 히팅 passive heating 511
패치 워크 patch work 512
패칭 모르타르
patching mortar 512
supplied mortar 702
패키지 방식
packaged air conditioning 504
패키지 보일러 packaged boiler 504
패키지 유닛 방식
unitary air-conditioning system 751
패키지형 공기 조화기
packaged air conditioner 504
패키지형 공조기
packagee air conditioner 504
패킹 packing 504
패턴 pattern 512
패턴 인식 pattern recognition 512
패트 pat 512
팩스 facsimile 268
팩시밀리 facsimile 268
팩토리얼 이콜러지
factorial ecology 268
팬
fan 270
pan 505
팬 믹서 pan mixer 507
팬 볼트 fan vault 270
팬 컨벡터 fan convector 270
팬 코일 유닛 fan coil unit 270
팬 코일 유닛 방식
fan coil unit system 270
팬 코일 히터 fan coil heater 270
팬터그래프 pantagraph 507
팬형 배출구 pan outlet 507
팬 히터 fan heater 270
팽윤 swelling 706
팽윤 시험 swelling test 706
팽윤압 swelling pressure 706
팽창 expansion 261
팽창 계수 expansion coefficient 261
팽창 곡선 expansion curve 261

팽창 공동형 소음기
expansion-chamber muffler 261
팽창관
expansion pipe 261
pressure relief pipe 554
팽창 균열 expansion crack 261
팽창률
coefficient of extension 131
expansion coefficient 261
팽창 밸브 expansion valve 262
팽창 볼트 expansion bolt 261
팽창색 expanding color 260
팽창 수조 expansion tank 261
팽창 시멘트 expansive cement 262
팽창 시험 expansion test 262
팽창 이음
expansion compensating device 261
팽창 지수
expansion index 261
swelling index 706
팽창 질석 expanded vermiculite 260
팽창 혈암 expanded shale 260
퍼골라 pergola 517
퍼머넌트 루핑 permanent roofing 518
퍼머넌트 서포트
permanent support 518
퍼머넌트 호텔 permanent hotel 518
퍼블릭 존 public zone 566
퍼슨 트립 person trip 519
퍼슨 트립 조사 person trip study 519
퍼실리티 매니지먼트
facility management 268
퍼텐셜 함수 potential function 545
퍼트
PERT 519
program evaluation and review technique 561
퍼티 putty 568
퍼티땜 puttying 568
퍼포레이션 perforation 517
펀치
center punching 111
punch 567
펀칭 punching 567
펀칭 메탈 punching metal 567
펀칭 전단 punching shear 567
펄라이트 perlite 518
펄라이트 골재 perlite aggregate 518
펄라이트 모르타르 perlite mortar 518
펄라이트 보드 perlite borad 518
펄스 글라이드 파형
pulse glide pattern 566
펄프 시멘트판 pulp cement borad 566
펌퍼빌리티 pumpability 567
펌프 pump 567
펌프 공법
conveying system of concrete by pump and pipe 164
pump application 567
펌프실 pump room 567
펌프 직송 방식
booster pump system 78
펌프차 mobile concrete pump 459
펌프 콘크리트 pumped concrete 567
펌프크리트 pump-crete 543
페놀 수지 phenol resin 520
페놀 수지 도료
phenol resin paint 520
페놀 수지 접착제
phenol resin adhesive 520
페디먼트 pediment 513
페디스털 pedestal 513
페디스털 말뚝 pedestal pile 513
페로모르타르 ferromortar 272
페로시멘트 ferrocement 272
페르샤 융단 Persian carpet 519
페리미터 perimeter 517
페리미터 난방 permeter heating 517
페리미터 부하 perimeter load 517
페리미터식 perimeter system 517
페리미터 존 perimeter zone 518
페리스티륨 peristilume 518
페리프테로스 peripteros 518
페어 글라스 pair glass 505
페어 케이블 pair cable 505
페이스 모멘트 face moment 267
페이스 셸 face shell 267
페이스 타월 face towel 268
페이스 투 페이스 face to face 268
페이스트
paste 512
soldering paste 660
페이싱 facing 268
페이싱 벽돌 facing brick 268
페이퍼드레인 공법
paper-drainage method 507
페이퍼 허니콤 paper honeycomb 507
페인트 paint 504
페일세이프 fail-safe 269
페치카 pechka 513
페타 peta 519
펜던트 램프 pendant lamp 514
펜던트 스위치 pendant switch 514
펜덴티브 pendentive 514
펜덴티브 돔 pendentive dome 514
펜슬 빌딩 pencel building 514
펜치 pincers 525
펠트 felt 272

post metabolism group 545
포스트 모던 post-modern 545
포스트 포밍 post forming 545
포스트텐셔닝 방식
post-tensioning system 545
포스트텐션 공법
post-tension construction 545
포스트홀 오거 post-hole auger 545
포와송 계수 Poisson's coefficient 540
포와송 과정 Poisson's process 540
포와송 분포
Poisson's distribution 540
포와송비 Poisson's retio 540
포와송수 Poisson's number 540
포이어 foyer 300
포이트 모델 Voigt model 770
포이트형 점탄성 모델
Voigt-type visco-elastic model 770
포인트 트랜스퍼 매트릭스
point transfer matrix 540
포일 샘플러 foil sampler 295
포장 paving 512
포장 도로 pavement 512
포장률 rate of paved road 578
포장석 paving stone 512
포졸란 pozzolan 547
포졸란 포틀랜드 시멘트
pozzolan Portaland cement 547
포지셔너 positioner 544
포지티브 프릭션 positive friction 544
포집 효율 collection efficiency 135
포켓 파크 pocket park 539
포크 리프트 fork lift 298
포터블 하우스 portable house 544
포틀랜드 시멘트 Portland cement 544
포틀 프레임 portal frame 544
포플라 Italian poplar 394
포핑 popping 543
포화 saturation 621
포화 공기 saturated air 621
포화도 degree of saturation 189
포화 상태 saturated condition 621
포화수 saturated water 621
포화 수증기압
saturated vapor pressure 621
포화 습공기 saturated moist air 621
포화 습도
saturated relative humidity 621
포화 압력 saturation pressure 621
포화 온도
saturation temperature 621
포화 절대 습도
saturated absolute humidity 621
포화 증기
saturated steam 621
saturated vapor 621
포화 증기압
saturated vapor pressure 621
포화토 saturated soil 621
포화 함수율
percentage of saturated water content 515
포화 함습률
saturated moisture content 621
포화 효율 saturation efficiency 621
폭 두께비 width-thickness ratio 790
폭렬 explosive fracture 262
폭로 exposure 263
폭발 explosion 262
폭발 화재 explosive fire 262
폭압 explosion-induced pressure 262
폭연 explosive burning 262
폭열 spalling 666
폰 phon 520
폰딩 ponding 543
폴 pole 540
폴 라이트 pole light 540
폴로 스폿 라이트
follow spot light 295
폴리머 polymer 541
폴리머 개질 아스팔트
polymer modified asphalt 542
폴리머 디스퍼전
polymer dispersion 542
폴리머 모르타르 polymer mortar 542
폴리머 시멘트 모르타르
polymer cement mortar 542
polymer modified mortar 542
폴리머 시멘트 콘크리트
polymer cement concrete 541
polymer modified concrete 542
폴리머 시멘트비
polymer cement ratio 542
폴리머 콘크리트 polymer concrete 542
폴리머 함침 콘크리트
PIC 522
polymer impregnated 542
폴리메틸 메타크릴산
polymethyl mechacrylate 542
폴리메틸 아크릴산
polymethyl acrylate 542
폴리비닐 알코올 polyvinyl alcohol 543
폴리설파이드 polysufide 542
폴리스티렌 polystyrene 542
폴리스티렌 수지 polystyrene resin 542
폴리스티롤 polystyrene 542
폴리실록산 polysiloxane 542
폴리실린더 polycylinder 541

【ㅎ】

현장 접합 field joint 273
현장 조립
erection 254
erection of framing 254
현장 조사
field research 273
field survey 273
현장 조합
field mix 273
job mix 397
현장 조합비
mixing ratio in site 458
현장 직원 construction site staff 159
현장 투수 시험
in-site permeability test 383
현장치기 concreting in site 152
현장치기 모르타르 말뚝
cast-in-place mortar pile 106
현장치기 모르타르 파일
cast-in-site mortar pile 106
현장치기 콘크리트
cast-in-place concrete 106
현장치기 콘크리트 말뚝
cast-in-place concrete pile 106
현재 chord member 119
현재 인구
de facto population 188
existing population 260
현지 답사 reconnaissance 582
현지 조사비
cost of site investigation 170
현치
full scale 307
full size 307
현치도 full size drawing 307
현형 측량 original form survey 496
혈액 검사실
blood examinating room 75
혐기성 균
anaerobes 29
anaerobic bacteria 29
혐기성 처리 anaerobic treatment 29
협대역 과정 narrow band process 472
협동 도급 joint venture 398
협력 업자 sub-contractor 699
협력폭 participation width 510
협의 이전
conference building removal 155
형강
section steel 628
shape steel 637
형강보 rolled steel beam 607
형강주 rolled steel column 607
형광 (고압) 수은 램프
fluorescent mercury lamp 293
형광 도료 fluorescent paint 293
형광등 fluorescent lamp 293
형광 무질 fluorescent substance 293
형광 방전관 fluorescent lamp 293
형상 계수
form factor 299
shape factor 636
형상 변화 에너지
form change energy 299
형상 압력 손실 계수
loss coefficient 428
형상 저항 form resistance 299
형상 저항 계수 loss coefficient 428
형상 지표 shape index 636
형성 가능 곡면
formable curved surface 298
formable surface 298
형태 계수 shape factor 636
형태 지역제
height and bulk zoning 347
형판
mold 462
template 712
형판 유리 figured glass 274
호기성균
aerobes 11
aerobic bacteria 11
호기성 처리 aerobic treatment 11
호깅 hogging 353
호리존트 조명 cyclorama light 182
호모트론 homotron 354
호박돌
boulder 80
cobble 130
cobble stone 130
호박돌 기초 boulder foundation 80
호박돌 콘크리트
boulder concrete 80
cobbles concrete 130
호수 밀도
density of dwelling unit 191
dwelling density 225
호스 hose 358
호스피스 hospice 358
호이스트 hoist 353
호칭 강도 nominal strength 480
호칭 치수
nominal dimension 480
nominal size 480
호텔 hotel 359
호퍼 hopper 356
호환성 compatible 142
혹두기

흡수 광속
absorption luminous flux 3
흡수량
amount of water absorption 28
흡수 시험 water absorption test 776
흡수식 냉동기
absorption refrigerator 3
흡수 에너지 absorbed energy 2
흡수율
absorbing ratio 2
absorptivity 3
coefficient of water absorption 133
흡수제 absorbent 2
흡습 moisture absorption 461
흡습률
coefficient of moisture absorption 132
moisture absorptivity 461
흡습제 absorbent 2
흡열 응답
thermal admission response 718
흡음 sound absorption 662
흡음 구조
sound absorption structure 662
흡음 덕트 sound absorbing duct 662
흡음력
sound absorbing power 662
sound absorption 662
흡음률
absorption coefficient 2
sound absorbing coefficient 662
sound absorption coefficient 662
흡음 쐐기
sound absorption wedge 662
흡음 엘보 sound absorbent elbow 662
흡음 처리
sound absorptive finish 662
흡음 체임버
sound absorbing plenum chamber 662
흡음 특성 absorption characteristic 2
흡음재 sound absorbing material 662
흡음체 sound absorptive object 663
흡음텍스
sound absorbing soft fiber board 662
흡인 설비 suction apparatus 700
흡입 방식 suction type 700
흡입 송풍기 suction blower 700
흡입형 트로퍼 return troffer 598
흡착
adhesion 9
adsorption 10
흡착 장치 adsorption system 10
흡착법 adsorption method 10
흡착수
adsorbed water 10
fixed water 284
흡착열 heat of adsorption 343
흥분색 stimulating color 687
흥행장 performance facilities 517
히스테리시스 hysteresis 368
히스토그램 histogram 353
히어링 방식 hearing system 339
히트 소스 heat source 345
히트 아일런드 heat island 342
히트 파이프 heat pipe 344
히프 포인트 hip point 352
힘 force 296
힘 장선 load resistant floor joist 423
힘 제어 실험 load control test 423
힘 천장 load resustant celing 423
힘살 furring of bamboo 308
힘의 다각형 force polygon 297
힘의 모멘트 moment of force 463
힘의 방향 direction of force 204
힘의 분해 decomposition of force 187
힘의 3요소
three elements of force 723
힘의 이동성 mobile of force 459
힘의 작용선 line of force action 421
힘의 적용점 point of application 539
힘의 크기 magnitude of force 437
힘의 평행 4변형
parallelogram of force 508
힘의 평형 equilibrium of forces 252
힘의 평형 조건
equilibrium condition of forces 252
힘의 합성 composition of forces 145

〚영 · 숫자〛

[A]

ABS수지 ABS resin 3
AE감수제
air entraining and water reducing agent 17
AE법 acoustic emission method 6
AE제
AE agent 10
air-entraining agent 17
AE콘크리트
AE concrete 11
air-entrained concrete 17
A_i분포
Ai distribution 14
vertical distribution for storey

unconfined compression test 747
uniaxial compression test 750
1층
first floor 283
ground floor 329
1침실 주택 one-bedroom house 489

2관식 배관법 two piping system 743
2단 배근 double layer reinforcing 212
2륜 손수레 cart 104
2면 전단 double shear 213
2면 접착 two-sided adhesion 743
2면 채광 bilateral daylighting 71
2방 밸브 제어
two-way valve control 744
2방향 슬래브 two-way slab 744
2방향 피난 two way escape 743
2산화 질소 nitrogen dioxide 479
2산화 탄소 carbon dioxide 102
2산화 탄소 소화기
carbon dioxide extinguisher 102
2산화 탄소 소화 설비
carbon dioxide fire extinguishing system 102
2성분형
two-component 743
two-part 743
2엽 쌍곡면
hyperboloid of two sheets 367
2위치 동작 two position action 743
2위치 동작 제어
two-position control 743
2자유도 플러터
two-degree-of-freedom flutter 743
2중 너트 double nut 212
2중 덕트 방식 dual duct system 222
2중 래티스 double lattice 212
2중 바닥 double floor 211
2중 새시 double sash 213
2중 유리
double glass 211
double glazing 212
2중 쿠션 double cussion 211
2중 트랩 double trap 213
2중 효용 흡수식 냉동기
double effect absorption refrigeration machine 211
2중각 구조
double hull construction 212
double hull structure 212
2중막
double layer pneumatic structure 212
2중벽
double framed wall 211
double wall 213
2중보
double beam 211
straining beam 691
2중창 double window 213
2차 곡면 셸 paraboloid shell 507
2차 공기 secondary air 626
2차 공해
secondary public nuisance 627
2차 모멘트법
second moment method 627
2차 설계
secondary seismic design 627
2차 압밀 secondary consolidation 626
2차 오염 secondary pollution 627
2차 유인 유닛식
induction convector 377
induction unit 377
2차 응력 secondary stress 627
2차 재해 after damage 12
2차 처리 secondary treatment 627
2차 체결 secondary fastening 627
2차 하청 secondary subcontract 627
2차원 모형
two-dimensional model 743
2차원 압밀
two-dimensional consolidation 743
2차원 원주
two-dimensional circular cyclinder 743
2차원 응력
two-dimensional stress 743
2축 응력 biaxial stress 70
2층 구조 주택 two-storied house 743
2층 보 second floor girder 627
2층 입체 트러스 평판
double-layer truss plate 212
2침실 주택 two bedroom house 743
2항 분포 binomial distribution 72
2호 주택 duplex 223
2힌지 아치 two hinge arch 743

3각 3각 결선
delta-delta connection 190
3각 데릭(기중기)
stiff-leg derrick (crane) 686
3각망 트러스 triangle net truss 738
3각 분포 하중
triangularly distributed load 738
3각 성형 결선
delta-star connection 190
3각 스케일 triangle scale 738
3각자

일 어 색 인

《ア》

《イ》

overhead expenses charge 501
一般競争入札
open tendering 492
general bid 315
一般構造用圧延鋼材
rolled sturctural steel 607
rolled steel for general structure 607
一般構造用炭素鋼管
structural steel pipe 697
一般図 general drawing 315
一般廃棄物
municipal waste 471
general waste 316
non-industrial waste 481
一品生産 manufacturing to order 440
一本足場 single scaffold 647
一本クレーン gin pole derrick 318
移転 removing 591
移転登記 transfer registration 764
井戸 well 786
移動荷重
moving load 468
travelling load 737
移動型枠工法
travelling form construction method 737
移動式足場 rolling tower 609
移動式クレーン travelling crane 736
移動端 roller end 608
移動発生源 mobile emission source 459
糸尺 linear length 420
糸のこ fret saw 304
糸まさ fine grain 276
イナータンス acoustical inertance 6
イナートガスアーク溶接
inert-gas shielded arc welding 378
イナンデーター inundator 391
イニシャルコスト initial cost 380
イニシャルタンジェントモデュラス
initial tangent modulus 381
犬くぎ dog spike 209
犬走
scarcement 623
berm 69
易燃性 flammability 285
命綱 safety rope 617
違反建築物 illegal building 370
異方性 anisotropy 32
異方性板 anisotropic plate 32
居間
living room 422
sitting room 649
イメージ image 371
鋳物 castings 106
芋目地 straight joint 690
square joint 672
入皮 rind-gall 602
入口 entrance
入隅
reentrant angle 584
reentrant part 584
recessed corner 581
入母屋
gambrel roof 311
half-hipped roof 333
色 colo(u)r 135
色合せ color conditioning 136
色温度 color temperature 137
e-log-p 曲線 e-log-p curve 294
色残像 chromatic afterimage 120
色順応 chromatic adaptation 120
色体系 color system 137
色対比 color contrast 136
色の三属性 three attributes of color 722
色の対比 color contrast 136
色の表示 color indication 136
囲炉裏 hearth 339
色立体 color solid 137
インアンティス in antis 373
陰影 shade and shadow 636
陰影法 shade and shadow 636
引火
pilot ignition 525
take fire 708
引火性 inflammability 379
引火点 flash point 286
インキ試験 ink test 382
陰極防食 cathodic protection 107
陰極防食法
cathodic protection method 107
インキング inking 381
インサート金物 insert metal 383
インサートマーカー insert marker 383
インジェクター injector 381
因子分析 factor analysis 268
インシュレーションボード
insulation board 385
インスラ insula 385
インセンティブゾーニング
incentive zoning 373
インダクションユニット
induction unit 377
インダストリアルデザイン
industrial design 378
インダストリアルパーク
industrial park 378
インターチェンジ interchange 386
インターナショナルスタイル
international style 390

《ウ》

《エ》

《オ》

温水ボイラー　hot-water boiler　360
音線　sound ray　665
音線図　sound ray tracing diagram　665
音像　sound image　663
温度　temperature　711
温度応力
thermal stress　720
temperature stress　711
温度感知器　temperature deflecter　711
温度計　thermometer　721
温度係数
thermal coefficient　718
temperature factor　711
温度降下
temperature fall　711
temperature drop　711
temperature reduction　711
温度勾配　temperature gradient　711
温度差　temperature difference　711
温度差換気
ventilation caused by temperature difference 763
温度センサー　temperature sensor　711
温度調整
temperature control　711
temperature regulation　711
温度調節弁　temperature control valve　711
温度伝搬率　thermal diffusivity　718
温度ヒューズ　thermal fuse　719
温度ヒューズ型防火ダンパー
thermal fuse fire damper　719
温度ムーブメント　thermal movement　719
温度要素　thermal factors　718
温熱環境　thermal environment　718
温熱環境指標
thermal environmental index　718
温熱源　heat source　345
温熱要素　thermal factors　718
音場　sound field　663
音波　sound wave　665
温排水　hot waste water　359
温風暖房
hot-air heating　358
warm air heating　774

《カ》

加圧送水装置
pressurized siamese facilities 554
pressurized water supply system　554
加圧燃焼　pressurized combustion　554
加圧排煙
pressurized smoke exhaustion　554
加圧ポンプ方式
booster pump (water supply) system　78
過圧密　overconsolidated　500
過圧密粘土　overconsolidated clay　500
過圧密比　over consolication ratio　500
階
story　689
floor　290
storey　689
ガイ　guy　331
外圧　external pressure　264
外圧係数　external pressure coefficient　264
外界気候　ambient climate　26
街郭　block　75
開架式　open stack system　492
外観図　elevation　243
外観透視　visual perspective　770
外観保存　facade conservation　267
がい木
spacer　666
filler　274
外気
outdoor air　497
outside　499
外気温（度）outside-air temperature　499
外気側総合熱伝達率
combined heat transfer coefficient of outside 138
外気教室　open-air classroom　490
会議室
conference room　155
assembly room　46
meeting room　448
会議場
conference hall　155
assembly hall　46
外気取入れ口
outdoor-air inlet　497
fresh-air intake　303
外気取入れ量　outdoor-air volume　497
外気負荷　fresh air load　303
回帰分析　regression analysis　587
外気補償
outdoor air temperature compensation　497
外気補償制御　compensational control　142
開渠　open channel　491
外業　field work　273
外気冷房　outdoor air cooling　497
街区　block　75
かいくさび　spacing　666
外形線　outline　498
外構　exterior　263
開口周比　perimeter ratio of opening　517
開口色　aperture color　34
開口端反射　reflection at duct end　585

《キ》

QUV促進暴露試験
QUV accelerated aging test 572
教育施設 educational facilities 233
教会 church 120
凝灰岩 tuff 741
境界効果 boundary effect 80
境界構造 boundary structure 80
狭開先溶接 narrow gap welding 472
境界条件 boundary condition 80
境界整理
Grenzregelung 326
boundary adjustment 80
境界層 boundary layer 80
境界層風洞 boundary wind tunnel 80
境界梁 boundary beam 80
境界要素法 boundary element mathode 80
強化ガラス
chilled glass 118
tempered glass 711
教科教室型 department system 192
強化プラスチック
fiberglass reinforced plastics 272
reinforced plastics 588
強化木 compressed laminated wood 146
経木 wood shaving 796
協議移転 conference building removal 155
競技場 stadium 673
競技設計 design for the competition 194
橋脚 pier 522
供給処理管路 utility pipe line 757
供給処理施設 utilities 757
凝結
condensation 152
setting 634
凝結期間 setting time 634
凝結硬化促進剤
hardening acceleration 336
凝結試験 setting time test 634
凝結促進剤 setting accelerator 634
凝結遅延剤 setting retarder 634
凝結熱 condensate heat 152
凝固
solidification 661
freezing 302
凝固点 solidifying point 661
凝固熱 heat of solidification 344
強軸
maximum principle axis 444
strong axis 695
強磁性 ferromagnetic 272
教室
classroom 124
lecture room 412
凝集
coagulation 129
cohesion 133
共重合体 copolymer 165
凝集剤 flocculant 289
凝集沈殿法
coagulation and settlement process 129
凝集破壊 cohesive failure 133
凝縮 condensation 152
凝縮圧力 condensing pressure 153
凝縮温度 temperature of condensation 711
凝縮器 condenser 153
凝縮水ポンプ condenser pump 153
凝縮熱 heat of condensation 343
共振 resonance 595
共振円柱試験 resonance column test 596
強震観測 strong motion observation 695
共振曲線 resonance curve 595
強震計
strong motion accelerometer 695
seismometer 630
seismograph 630
共振係数 resonance coefficient 595
共振効果 resonance effect 595
共振振動数 resonance frequency 595
共振成分 resonance component 595
共振風速 resonance wind velocity 596
共振法 sonic method 662
強制換気 forced ventilation 297
強制給排気式温風暖房機
forced airing system hot air furnace 297
強制収用
compulsory acquisition 147
expropriation 263
強制循環 mechanical circulation 446
強制振動 forced vibration 297
強制振動実験 forced vibration test 297
強制対流 forced convection 297
強制対流式放熱器 forced convector 297
強制通風 artificial draft 41
競争入札
competitive bidding 143
competitive tendering system 143
橋台 abutment 3
共通仮設費 common temporary cost 141
共通仕様書 common specification 140
強度
strength 692
unit strength 752
共同請負 joint contract 397
共同化 joint enterprise 397
共同管理
joint management 397
cooperative management 165
共同企業体 joint venture 398

《ク》

《ケ》

《コ》

《サ》

《シ》

256
自家発電設備
engine driven generator 248
premises generator installation 551
inhouse power generating station 380
自家用発電設備
inhouse power generating station 380
自家用変電所 house substation 361
支管 branch pipe 82
時間給水負荷
hourly load of water supply 361
時間係数 time factor 727
時間重心 center time 111
時間沈下曲線 time-settlement curve 727
視感反射率
luminous reflectance 434
luminous reflectance factor 434
reflection factor 585
時間率騒音レベル percentile level 515
磁気 magnetism 436
敷居
sill 645
threshold 724
敷石 paving stone 512
敷げた wall girder 773
色差 color difference 136
色彩 color 135
色彩計画
color planning 136
color scheme 137
色彩調整 color tuning 137
色彩調節 color conditioning 136
色彩調和 color harmony 136
磁器質タイル porcelain tile 543
色相 hue 363
色相環 color circle 135
色相対比 hue contrast 363
色相調和 hue harmony 363
シキソトロピー thixotropy 722
磁気探傷法 magnetic defect inspection 436
敷地
plot 536
lot 429
敷地規模 site area 648
敷地境界線 border line of lot 78
敷地計画 site planning 649
敷地計画図 site plan 649
敷地高低図 site grade map 648
敷地条件 site conditions 648
敷地図 site map 649
敷地造成 site renovation 649
敷地造成図 site renovation drawing 649
敷地測量 site survey 649
敷地分析 site analysis 648
敷地面積
lot area 429
site area 648
色調 tone 728
色度 chromaticity 120
色度座標 chromaticity coordinates 120
色度図 chromaticity diagram 120
敷とろ bed mortar 66
敷パテ back putty 56
色票 color chart 135
磁気吹き magnetic blow 436
識別距離 distance of identification 206
時期別原単位
time series unit requirement 727
monthly unit requirement 464
敷モルタル bed mortar 66
支給材料
owner supplied material 502
owner furnished material 502
支給資材 supplied materials 702
地業
foundation 300
foundation work 300
事業計画 business program 94
事業所 business establishment 94
仕切板
parting board 511
parting strip 511
仕切弁
sluice valve 654
gate valve 314
資金調達計画 financing plan 275
軸 axis 54
ジグ jig 396
軸足場 inner scaffold 382
軸圧比 axial compression ratio 53
軸組 framework 301
軸組図 framing elevation 301
軸線 axis 54
軸測投影 axonometric projection 54
軸測投影法 axonometric projection 54
仕口
connection 156
joint 397
試掘 test-pit digging 716
軸吊り pivot 529
軸吊金物 pivot hinge 529
軸波 axial wave 54
軸馬力 shaft horsepower 635
軸方向鉄筋 axial reinforcement 54
軸(方向)力 axial force 53
軸方向力図 axial force diagram 53
軸ボルト axial bolt 53
地組

自動車交通 automobile traffic 52
自動車専用道路
free way 302
motorway 467
自動車ターミナル auto-terminal 52
自動車保有率 car ownership rate 103
自動車用エレベーター
car elevator 103
car lift 103
自動制御 automatic control 51
自動制御盤
automatic controlling board 52
automatic control panel 52
自動製図機械
automatic plotting machine 52
自動点滅器 automatic switch 52
自動電話交換設備
automatic telephone exchange (system) 52
自動溶接 automatic arc welding 51
自動レベル auto level 51
シートパイル sheet pile 640
シート防水
sheet-applied membrane waterproofing 639
seat waterproofing 626
地ならし
grading 323
leveling 413
死石 soft stone 657
死に節 dead knot 186
し尿浄化槽
private sewerage system 559
septic tank 633
wastewater purifier 776
し尿処理 night soil treatment 478
視認距離 distance of legibility 206
地塗 priming coat 557
自燃式焼却炉
incinerator of spontaneous combustion type 374
しのび釘 blind nail 75
始発 initial setting 381
芝生 lawn 411
地盤
ground 328
soil 657
地盤改良 soil improving 658
地盤災害 ground disaster 329
地盤震害 seismic ground failure 629
earthquake damage of ground 230
地盤振動 ground vibration 330
地盤図 geotechnical engineering map 318
地盤調査 soil surveying of site 658
地盤沈下
subsidence of ground settlement 699
地盤凍結
frost 306
freezing 302
地盤反力 subgrade reaction 699
地盤反力係数
coefficient of subgrade reaction 132
地盤面
ground level 329
ground line 329
シビックトラスト civic trust 123
指標 index 375
ジブクレーン jib crane 396
四分ヴォールト quadripartite vault 570
磁粉探傷検査
magnetic particle inspection 436
市壁 city wall 123
ジベル dowel 214
ジベル接合 dowel connection 214
支保工
timbering 727
support 703
資本化 capitalization 101
資本回収係数 capital recovery factor 101
資本化係数 capitalization factor 101
資本還元 capitalization 101
資本形成 capital formation 101
資本生産性 capital productivity 101
しま鋼板 checkered steel plate 117
シミュレーション simulation 646
市民農園
allotment 23
allotment garden 23
事務所 office room 487
事務所建築 office building 487
シーム溶接 seam welding 626
指名競争契約
contract by tender of specified (nominated) contractors 461
指名競争入札
tender of specified contractors 713
selective tendering 630
selective bidding 630
指名設計競技
invited design competition 391
nominated design competition 480
締固め tamping 708
締固め杭 compaction pile 142
湿り圧縮 wet compression 788
湿り空気 humid air 364
湿り空気線図 humidity chart 364
湿りコイル wet coil 788
湿り通気(管) wet vent (pipe) 789
下かまち bottom rail 80
ジャイナ教建築 Jaina architecture 395

《ス》

《セ》

《ソ》

走びょう anchor dragging 29
送風 blast 74
送風機
blower 75
fan 270
増幅 amplification 28
増幅器 amplifier 28
相変化熱 heat of phase change 343
層崩壊 story collapse 689
僧房 monastery 464
層方程式 story equation 689
総掘り overall excavation 500
双務契約 bilateral contract 71
層モーメント story moment 689
層モーメント分割法
story moment distribution method 689
総容積率 total floor area ratio 731
層流 laminar flow 406
層流型クリーンルーム
unidirectional flow type clean room 750
層流境界層
laminar flow boundary layer 406
層流底層 laminar sublayer 406
層流方式 laminar flow type 406
総量規制
areawide total pollutant boad control 40
添え板
splice plate 669
fish plate 283
添え板継ぎ spliced joint 669
添え柱 reinforcing post 589
そぎ継ぎ scarf joint 623
側圧 lateral pressure 410
側圧係数 coefficient of lateral pressure 131
測温抵抗体 measurement resistor 446
側画面 side picture plane 644
即時沈下 instantaneous settlement 384
促進型減水剤
water reducting accelerator 779
促進試験 accelerated test 3
促進耐候試験 accelerated weathering test 4
促進養生 accelerated curing 3
促進劣化試験 accelerated degrading test 3
測設 servey 633
測線 course 172
足線 foot line 296
側窓
side window 644
window 791
側窓採光 lateral daylighting 409
ぞく柱
clustered pier 129
clustered column 129
測定値 observed value 486
測点 station 681
足点 foot point 296
速度 velocity 761
速度圧 velocity pressure 761
速度応答 velocity response 761
速度応答スペクトル
velocity response spectrum 762
速度計 velocity meter 761
速度検層 velocity logging 761
速度水頭 velocity head 761
速度プロフィル velocity profile 761
速度分布 velocity distribution 761
速度変動
velocity turbulence 762
velocity fluctuation 761
側方流動 lateral flow 409
側面図 side elevation 644
側面隅肉溶接
side fillet weld 644
fillet weld in parallel shear 274
測量 survey 705
測量士 surveyor 705
測量図 survey drawing 705
測量ピン surveying pin 705
測量法 survey-law 705
側廊 aisle 21
ソケット socket 656
ソケットレンチ socket wrench 656
底板 base plate 62
底車 sash roller 620
粗骨材 coarse aggregate 130
素材 raw material 579
素地 ground 328
素地ごしらえ surface preparation 704
阻集器 interceptor 386
塑性 plasticity 534
塑性域 plastic region 534
塑性解析 plastic analysis 533
塑性限界 plastic limit 534
塑性座屈 plastic buckling 533
塑性指数 plasticity index 534
塑性条件 condition of plasticity 153
塑性図 plasticity chart 534
塑性設計 plastic design 533
塑性断面係数 plastic section modulus 534
塑性流れ plastic flow 533
塑性ひずみ plastic strain 534
塑性ヒンジ plastic hinge 533
塑性平衡 plastic equilibrium 533
塑性変形 plastic deformation 533
塑性モーメント plastic moment 534
塑性率 ductility factor 222
塑性理論 plastic theory 534
組積 masonry 441

《タ》

terminal building 715
ターミナルリヒート方式
terminal reheat system 715
ダム dam 183
溜め洗い washing in filled water
試し練り trial mixing 738
多面採光 multi-lateral lighting 469
たも ash 44
多目的空間 multi-purpose space 470
多目的室 multi-purpose room 470
多目的ダム multi-purpose dam 470
多目的貯水池 multi-purpose reservoir 470
多目的ホール
multi-purpose auditorium 470
多翼送風機 multi-blade fan 468
多翼ファン multi-blade fan 468
タールウレタン
tar-modified polyurethane 710
垂木 rafter 576
垂木小屋 couple roof 172
たるみ sag
タワークレーン tower crane 732
タワーパーキング tower parking 732
タワーバケット tower bucket 732
タワーホッパー tower hopper 732
たわみ deflection 188
たわみ角
angle of deflection 31
deflection angle 188
slope 653
たわみ角法 sloped eflection method 653
たわみ曲線 deflection curve 188
たわみ継手
flexible joint 288
flexible connection 288
単位応答 step response 686
単位応答係数 response factor 596
単位空間 unit space 752
単位細骨材量
weight of fine aggregate per unit volume of concrete 784
単位水量
water content per unit volume of concrete 776
単位セメント量
cement content per unit volume of concrete 109
単位粗骨材量
weight of coarse aggregate per unit volume of concrete 784
単位体積重量 weight per unit volume 784
単一圧縮材 solid compressive member 661
単一ダクト式 single duct system 646
単一ダクト変風量方式
single duct variable air volume system 646
単位変位の定理
theorem of unit displacement 717
単位容積重量 weight of unit volume 784
短音 tone burst 728
単音節明瞭度 sound articulation 663
単音明瞭度 sound articulation 663
炭化 carbonization 103
単価
unit price 751
unit rate 752
単価請負 unit cost contract 751
単価請負契約 unit-price contract 751
炭化コルク carbonized cork 103
単管足場 tube and coupler scaffolding 740
単管式
one-pipe system 490
single piping system 647
単管式配管法 single piping method 647
短期応力
stress for temporary loading 694
stress due to temporary loading 694
temporary force 712
短期荷重
temporary load(ing) 712
short time loading 642
短期強度 short age strength 642
短期許容応力度
allowable stress for temporary loading 24
段丘 terrace 715
単極スイッチ single pole switch 647
単極断路器
single pole disconnecting switch 647
単曲面 simply curved surface 645
単曲率 single curvature 645
単筋梁
singly reinforced beam 648
beam with single reinforcement 65
単杭 single pile 647
タングステン電極
wolfram electrode 794
tungsten electrode 741
単弦運動 simple harmonic motion 645
単弦調和振動 simple harmonic motion 645
談合
conference 155
conference on the bidding 155
炭酸ガスアーク溶接
carbon dioxide gas shielded arc welding 102
炭酸ガス消火設備
carbon dioxide gas fire prevention equipment 102
炭酸マグネシウム板
magnesium carbonate board 436

《チ》

地表面粗度　ground roughness　329
地表面粗度区分　terrain category　715
地表面熱収支
heat balance at the ground surface　340
地物反射光　externally reflected light　264
地平　horizon　356
チベット建築　Tibetan architecture　725
地方風　local wind　425
地方分散　decentralization　186
地目　land category　406
着衣量　amount of clothing　27
着炎　flaming　285
着手金
advance payment before building start　10
着色顔料　coloring pigment　136
着色セメント　colored cement　136
茶だんす　cupboard　179
着火
ignition　370
catch fire　107
着火点　ignition temperature　370
チャッキ弁　check valve　117
着工　commencement of work　140
チャンバー型消音器
muffler of air chamber type　468
中央卸売市場
central wholesale market　113
中央監視室　central monitor room　113
中央監視制御設備
centralized supervisory and control system　112
中央管理室　central control room　112
中央給湯方式
central hot water supply system　112
中央公園　central park　113
中央式空気調和
central system air conditioning　113
中央式空気調和装置
central air conditioning equipment　111
中央式給湯法　central hot water supply　112
中央式空気調和方式
central air conditioning system　111
中央式冷凍装置
central refrigerating plant system　113
中央真空集塵装置
central vacuum dust collection equipment　113
中央ダクト方式　central ducting system　112
中央暖房　central heating　112
中央値　median　448
中央図書館　central library　112
中央分離帯　medial strip　448
仲介　intermediation　389
厨かい　garbage　311
虫害
insect damage　382
insect attack　382
termite damage　715
仲介手数料
intermediary charge　388
agent charge　13
中火災　medium fire　448
中間荷重
span load　667
load acting along the member　422
中間期　intermediate season　388
中間時数　day time hours　185
中間主応力　middle principal stress　455
中間色
intermediate color　388
intermediate hue　388
昼間人口　dya time population　185
中間スイッチ　cord switch　166
中間スチフナー　intermediate stiffener　388
柱間帯　middle strip　455
中間領域
intermediate zone　388
intermediate territory　388
柱脚
column base　137
base of column　62
中空層　air space　20
中継器　repeater
昼光　day light　185
鋳鋼　cast steel　106
昼光照度
global illuminance　321
day light illuminance　185
昼光照明　dayighting　185
中高層アパート
mid-to-high-rise apartment　455
中高層住宅　mid-to-high-rise housing　455
昼光率　day light factor　185
昼光率分布
distribution of daylight factor　208
中実コンクリートブロック
solid concrete block　661
中質せんい板
medium density fiberboard　448
駐車規制　parking regulation　509
駐車場
parking area　509
motor pool　467
parking space　509
駐車場ビル　parking building　509
駐車帯　parking strip　509
駐車容量　parking capacity　509
中心圧縮材

《ツ》

《テ》

bottom materials　79
sediments　628
deposits　192
定尺　standard size　677
定尺物　standard size　677
定住人口　resident population　594
定住対策　anti-depopulation policy　33
定住地　domicile　209
低周波振動　low frequency vibration　430
T定規　T-square　740
定常騒音　steady noise　682
定常波　stationary wave　681
定常流　steady flow　682
定水位弁
level regulating valve for low water　414
低水素系溶接棒
low hydrogen type electrode　431
ディスクサンダー　disk sander　206
ディストリクト　district　208
訂正図　revised drawing　599
ディーゼル機関　Diesel engine　199
ディーゼル発電機
Diesel engine driven generator　199
低層
few stories　272
low-rise
低層共同住宅
low-rise flat [appartment house]　431
低層高密度市街地
highly-densed low rise built-up district　350
低層住宅
dwelling of few stories　225
low-rise house　431
低層住宅地　low-rise housing area　431
低速ダクト　low velocity duct　431
停滞空気　dead air　185
邸宅　residence　593
定着
anchorage　29
anchoring　29
定着具　anchorage device　29
定着装置　anchorage device　29
定着長さ　anchorage length　29
定着板　anchor plate　30
DD方式　DD method　185
ディテール　detail　195
定点法　Festpunkt Methode　272
Tバー　T-bar　710
ディバイダー　dividers　209
ディフィニション　definition　188
低風速励振
aerodynamic unstable vibration in lower wind speed　12
定風量装置
constant air volume supply regulator　157
定風量方式　constant air volume system　157
ディプテロス　dipteros　202
ディフューザー　diffuser　200
Tフランジ　T-flange　717
ディベロッパー　developer　196
低密度住宅地
low density residential area　430
低密度ポリエチレン
low density polyethylene　430
出入口
entrance　249
doorway　210
出入制限道路　limited access highway　419
停留原理　extremes principle　265
定流量方式
constant water volume supply system　157
ティルトアップ工法
tilt-up construction method　726
デイルーム　day room　185
適応　adjustment　10
出来形部分
completed part of construction　143
適合条件　condition of compatibility　153
適合法　compatibility method　142
適正規模
optimal capacity　493
optimal size　493
適正配置
optimal location and allocation　493
テクスチャー　texture　717
出口　exit　260
テクノポリス　technopolis　710
テクノロジーアセスメント
techonology assessment　710
デグリーデー　degree day　189
てこ　lever　414
てこ反力　prying action　564
デコンプレッション　decompression　187
デザイン　design　193
デザインサーベイ　design survey　195
デザインポリシー　design policy　194
テストハンマー
concrete test hammer　151
test hammer　716
testing hammer　716
出隅
outside angle　499
projected corner　561
手すり　balustrade　58
手すり子　baluster　58
鉄　iron　392
デッキ　deck　186
デッキグラス　deck glass　186

《ト》

同一需給圏 same market area
統一土質分類法
unified soil classification system 750
投影 projection 561
投映室 projection booth 561
投影図法 projection drawing method 561
等温線 isotherm 394
等温吹出し isothermal air diffusion 394
等温噴流 isothermal jet 394
等温変化 isothermal change 394
透過 transmission 735
倒壊 collapse 134
凍害
frost damage 306
freezing damage 302
倒壊率 collapse ratio 134
等価温度 equivalent temperature 254
等価管長 equivalent length of pipe 253
とう家具 rattan furniture 579
等角投影 isometric projection 393
透過係数 transmission coefficient 735
等価係数 transmission coefficient 735
等価欠損面積 equivalent loss of area 253
等価減衰定数
equivalent damping factor 253
透過光 transmitted light 735
同化効果 assimilation effect 47
等価交換 equivalent transfer 254
等価交換方式 equivalent transfer 254
等価剛性 equivalent stiffness 254
透過光束 transmitted luminous flux 735
等価剛比 equivalent rigidity ratio 254
動荷重 dynamic load 226
等価節点荷重 equivalent nodal load 253
等価線形応答
equivalent linear response 253
透過損失
transmission loss 735
sound reduction index 665
等価断面積
equivalent cross-sectional area 252
等価直径 equivalent diameter 253
動滑車 moved pulley 467
等価等分布荷重
equivalent uniform distributed load 254
透過日射量
transmission solar radiation 735
等価粘性減衰定数
equivalent viscous damping factor 254
等価反射率 equivalent reflectance 253
透過率
transmission coefficient 735
transmission factor 735
transmittance 735
等価粒径 equivalent grain size 253
陶管
earthenware pipe 229
ceramic pipe 114
銅管 copper pipe 166
等感度曲線 equal sensation curve 251
陶器 earthenware 229
登記 registration 587
陶器質タイル earthenware tile 229
等輝度(曲)線 iso-luminance curve 393
動吸振器 dynamic damper 226
同居世帯
lodging household 426
sharing household 637
等距離射影 equidistant projection 252
透気率 air permeability 19
道具 tool 728
トウクラック toe crac 728
統計入射吸音率
statistical incidence sound absorption coefficient 681
凍結
frost 306
freezing 302
凍結温度 freezing temperature 303
凍結工法
frosting method 306
freezing method 302
凍結深度 frost penetration depth 306
凍結防止剤 antifreezing admixture 34
凍結融解試験
freezing and thawing test 302
投光器
projector 562
spot light 670
searchlight 626
銅合金 copper alloy 166
投光室 spotlight booth 670
等高線 contour line 160
等光度(曲)線
iso-intensity curve of a source 393
銅コンスタンタン copper-constantan 166
等差級数法 arithmetic series method 40
動作空間 motion space 466
胴差 girth 319
動作寸法 motion dimensions 466
冬至 winter solstice 793
同時確率 joint probability 398
同時使用率
usage factor 756
rate of simultaneous use 578
透視図 perspective drawing 519
透視図法 perspective drawing method 519
同時対比 simultaneous contrast 646

《ナ》

《ニ》

《ノ》

《ハ》

パネル吸音体　panel absorber　505
パネルクーリング　panel cooling　505
パネルゾーン　panel zone　506
パネルヒーター　panel heater　505
パネルヒーティング　panel heating　506
幅厚比　width-thickness ratio　790
幅木
base　61
baseboard　61
skirting　650
plinth　536
ハーバート・スティーブンスモデル
Herbert-Stevens model　348
パビリオン　pavilion　512
破風板　barge-board　60
ハーフカット　half cut　333
depressed　193
ハーフティンバリング　half timbering　333
ハーフバンク　half embankment　333
ハーフミラー　half mirror　333
ハフモデル　Huff model　364
パブリックスペース　public space　566
羽目板　panelling board　506
羽目板張り　lining　421
sheathing　639
はめ殺し　fixed　284
はめ殺し窓　fixed sash window　284
破面試験　fracture test　301
速さ　speed　669
腹
loop　428
side　643
バライト
barytes　61
barite　60
パーライト　perlite　518
バライトコンクリート　barytes concrete　61
腹起し
wale　772
waling　772
バラスター　baluster　58
バラスト　ballast　58
バラック建築　barrack　60
パラッツォ　palazzo　505
腹鉄筋
auxiliary axial reinforcement in web　52
パラフィン　paraffin　507
パラペット　parapet　508
パラボラ推動シェル
parabolic translational shell　507
ばら窓　rose window　611
梁
beam　65
girder　318
ばり　strut　697
バリアフリー　barrier free　61
梁受金物　joist hanger　398
針金　wire　793
梁貫通形式　continuous beam type　160
梁降伏先行型崩壊形
weak beam strong column type mechanism 783
張出し舞台　apron　35
張伏図　beam plan　65
梁崩壊形　beam sidesway mechanism　65
バリュー　Munsell value　471
バリューエンジニアリング
value engineering　759
梁理論　beam theory　65
バルキング　bulking　92
バルコニー　balcony　57
春材
spring wood　671
early wood　228
パルスグライド波形
pulse glide pattern　566
バルブ　valve　759
パルプセメント板　pulp cement board　566
バルーン構造
balloon frame construction　58
パレット輸送　pallet service　505
バーロウ委員会　Barlow Commission　60
ハロゲン化物消火設備
halogenated extinguishing system　334
ハロゲン電球　halogen lamp　334
バロック建築　Baroque architecture　60
パワーショベル　power shovel　547
盤
panel　505
board　76
半円筒ヴォールト
barrel vault　61
tunnel vault　741
半壊　partial collapse　510
パン型吹出し口　pan outlet　507
バンガロー　bungalow　93
半間接照明　semi-indirect lighting　631
盤木　block　75
半球面照度　hemispherical illuminance　348
反響　echo　232
反曲点　point of contraflexure　539
inflection point　379
反曲点高さ
height of point of contraflexure　347
反曲点高比
height of inflection point ratio　347
板金加工　sheet metal working　640
板金工　tinsmith　727

《ヒ》

《フ》

《ヘ》

《ホ》

《メ》

《モ》

《ヤ》

《ユ》

《ヨ》

《ラ》

《リ》

リッツ法 Ritz's method 604
リップ溝形鋼 lip channel 421
立方体強度 cube strength 178
立面図 elevation 243
リニア linear 419
リニアプラン linear plan 420
リネン室 linen room 420
リノベーション renovation 591
リノリウム linoleum 421
リバウンド rebound 581
リバース形送風機 reverse blower 599
リバースサーキュレーション工法
reverse circulation drill method 599
リバースリターン方式
reverse-return system 599
リビングキッチン living kitchen 422
リビングルーム living room 422
リブ rib 600
リブアーチ ribbed arch 600
リブヴォールト ribbed vault 600
リフォーム reform 586
リフォーム需要
demand for reform work 190
リブ付薄肉パネル構造
ribbed thin-wall panel structure 600
リブ付スラブ ribbed slab 600
リフト lift 415
リフトアップ工法 lift-up method 415
リフトスラブ工法
lift-slab construction method 415
リフト継手 lift fitting 415
リフトトラップ lifting trap 415
リブドーム ribbed dome 600
リブヴォールト ribbed vault 600
リブラス ribbed lath 600
リフレクターランプ reflector lamp 585
リベット rivet 604
リベット打ち riveting 604
リベットゲージ revet gauge 604
リベット継ぎ riveted connection 604
リベット継手 rivet joint 604
リベットピッチ rivet pitch 605
リーマー reamer 580
リーマッコール工法
Lee-McCall system 413
リミット制御 limit control 419
リミットロード形送風機
limit load blower 419
リモートコントロール remote control 591
リモートセンシング remote sensing 591
略設計 sketch design 649
略設計図 sketch drawing 650
流域下水道 basin sewerage 63
流域圏 basin zone 63
粒形 grain shape 323
粒径 grain size 323
粒径加積曲線
grain size accumulation curve 323
grain size distribution curve 324
粒径分布 grain size distribution 324
粒子破砕
particle breakage 510
grain crushing 323
粒状体 granular material 324
流水検知装置 water flow indicator 777
流速 flow velocity 293
流速計 current meter 180
流速係数 coefficient of flow velocity 131
流電陽極法 galvanic anode method 310
粒度 grading 323
流動化 fluidization 293
流動化コンクリート
superplasticized concrete 702
流動化剤 superplasticizer 702
流量
flux 294
flow rate 293
quantity of flow 570
流量計 flow meter 293
両側採光 bilateral daylighting 71
量産住宅 mass-production house 442
利用者負担 user-charge 757
利用人口 user population 757
量水器 water meter 778
両そげ机 double pedestal desk 212
両開き double swinging 213
両開き戸 double doors 211
両面グルーブ継手 double groove joint 212
両面J形グルーブ double-J groove 212
利用率 occupancy ratio 486
utilization ratio 757
緑化
greening 326
revegetation 598
緑地保全 green space conservation 326
履歴曲線 hysteresis curve 368
履歴現象 hysteresis 368
履歴減衰 hysteretic damping 368
履歴特性 hysteretic characteristics 368
履歴モデル hysteresis model 368
履歴ルール
hysteresis rule 368
hysteretic rule 368
理論空気量
amount of theoretical combustion air 28
臨界圧 critical pressure 176
臨界温度 critical temperature 176
臨海型工業立地

《ル》

《レ》

《ロ》

《ワ》

부　　록

1. 단 위 계

SI기본 단위

양	단위의 명칭	단위 기호
길 이	미 터 (meter)	m
질 량	킬로그램 (kilogram)	kg
시 간	초 (second)	s
전 류	암 페 어 (ampere)	A
열역학온도	켈 빈 (kelvin)	K
물 질 량	몰 (mole)	mol
광 도	칸 델 라 (candela)	cd

SI 기본 단위의 정의

명 칭	정 의
미 터	빛이 진공 중에서 1/299792458s사이에 진행하는 거리
킬로그램	질량의 단위로 국제 킬로그램 원기의 질량
초	세슘 133 원자의 기저 상태의 두 초미세 준위간 천이에 대응하는 방사의 9192631770주기의 계속 시간
암 페 어	진공 중에 1m간격으로 평행하게 둔 무한히 작은 원형 단면적을 갖는 무한히 긴 두 줄의 직선상 도체의 각각을 흐르고 이를 도체의 길이 1m마다 2×10^{-7}N의 힘을 미치는 불변의 전류
켈 빈	물의 3중점 역학적 온도의 1,273.16
몰	0.012kg의 탄소 12중에 존재하는 원자의 수와 같은 수의 요소 입자, 또는 요소 입자의 집합체로 구성된 계의 물질량. 요소 입자란 원자, 분자, 이온, 전자, 기타의 입자
칸 델 라	주파수 540×10^{12}Hz의 단색 방사를 방출하여 소정 방향의 방사 강도가 1,683W · sr^{-1}인 광원의, 그 방향에 있어서의 광도

SI 보조 단위

양	단위의 명칭	단위기호
평면각	라디안(radian)	rad
입체각	스테라디안(steradian)	sr

SI 보조 단위의 정의

명 칭	정 의
라 디 안	원주상에서 그 반경의 길이와 같은 길이의 호를 잘라내는 두 줄의 반경 사이에 포함되는 평면각
스테라디안	구(球)의 중심을 정점으로 하여 그 구의 반경을 1변으로 하는 정방형의 면적과 같은 면적을 그 구의 표면상에서 잘라내는 입체각

고유의 명칭을 갖는 SI 조립 단위

양	명 칭	단위 기호	다른 단위에 의한 표시법	기본 단위에 의한 표시법
주파수	헬츠	Hz		s^{-1}
힘	뉴턴	N	J/m	$m \cdot kg \cdot s^{-2}$
압력, 응력	파스칼	Pa	N/m^2	$m^{-1} \cdot kg \cdot s^{-2}$
에너지, 일, 열량	줄	J	$N \cdot m$	$m^2 \cdot kg \cdot s^{-2}$
공율, 방사속	와트	W	J/s	$m^2 \cdot kg \cdot s^{-3}$
전기량, 전하	쿨롬	C	$A \cdot s$	$s \cdot A$
전위, 전압, 기전력	볼트	V	W/A	$m^2 \cdot kg \cdot s^{-3} \cdot A^{-1}$
정전 용량	패럿	F	C/V	$m^{-2} \cdot kg^{-1} \cdot s^4 \cdot A^2$
전기 저항	옴	Ω	V/A	$m^2 \cdot kg \cdot s^{-3} \cdot A^{-2}$
(전기의) 컨덕턴스	지멘스	S	A/V	$m^{-2} \cdot kg^{-1} \cdot S^3 \cdot A^2$
자속	웨버	Wb	$V \cdot s$	$m^2 \cdot kg \cdot s^{-2} \cdot A^{-1}$
자속 밀도, 자기 유도	테슬라	T	Wb/m^2	$kg \cdot s^{-2} \cdot A^{-1}$
인덕턴스	헨리	H	Wb/A	$m^2 \cdot kg \cdot s^{-1} \cdot A^{-2}$
광속	루멘	lm	$cd \cdot sr$	
조명	룩스	lx	lm/m^2	
방사능	베크렐	Bq		s^{-1}
흡수선량	그레이	Gy	J/kg	$m^2 \cdot s^{-2}$
선량당량	슈벨트	Sv	J/kg	$m^2 \cdot s^{-2}$

SI 접 두 어

단위에 곱해지는 배수	접두어의 명칭	접두어의 기호
10^{18}	엑 사(exa)	E
10^{15}	베 타(peta)	P
10^{12}	테 라(tera)	T
10^{9}	기 가(giga)	G
10^{6}	메 가(mega)	M
10^{3}	킬 로(kilo)	k
10^{2}	헥 토(hecto)	h
10	데 카(deca)	da
10^{-1}	데 시(deci)	d
10^{-2}	센 티(centi)	c
10^{-3}	밀 리(milli)	m
10^{-6}	마이크로(micro)	μ
10^{-9}	나 노(nano)	n
10^{-12}	피 코(pico)	p
10^{-15}	펨 토(femto)	f
10^{-18}	아 토(atto)	a

SI단위와 병용되는 단위

양	단위의 명칭	단위 기호	다른 단위와의 관계
시 간	분	min	1min = 60s
	시	h	1h = 60min
	일	d	1d = 24h
평 면 각	도	°	$1° = (\pi/180)$ rad
	분	′	$1′ = (1/60)°$
	초	″	$1″ = (1/60)′$
체 적	리 터	l	$1l = 1dm^3$
질 량	톤	t	$1t = 10^3kg$

특수한 분야에 한해 SI 단위와 병용되는 단위

양	단위의 명칭	단위 기호	정의, SI 단위에서의 값
에 너 지	전 자 볼 트	eV	전자가 1V의 전위로 얻는 에너지 $1.60217733 \times 10^{-19}$J
질 량	원자질량단위	u	^{12}C 원자 질량의 1/12 $1.6605402 \times 10^{-27}$kg
길 이	천 문 단 위	AU	지구 공전 궤도의 장반경 $1.49597870 \times 10^{11}$m
	파 세 크	pc	1천문 단위가 1초의 각을 치는 거리 3.0857×10^{16}m

SI 단위와 함께 잠정적으로 유지되는 단위

명 칭	단위 기호	SI 단위에서의 값
해리		1해리＝1852m
노트		1노트＝1해리/시＝(1852/3600) m/s
옴스트롬	Å	1Å＝0.1nm＝10^{-10}m
아르	a	1a＝1dam^2＝10^2m^2
헤크터	ha	1ha＝1hm^2＝10^4m^2
번	b	1b＝100fm^2＝10^{-28}m^2
바	bar	1bar＝0.1MPa＝10^5Pa
표준 대기압	atm	1atm＝101325Pa
갈	Gal	1Gal＝1cm/s^2＝10^{-2}m/s^2
퀴리	Ci	1Ci＝3.7×10^{10}Bq
렌트겐	R	1R＝2.58×10^{-4}C/kg
라도	rad	1rad＝1cGy＝10^{-2}Gy

기본 단위를 쓰거나 표시되는 조립 단위의 예

양	명 칭	기 호
면적	평방 미터	m^2
체적	입방미터	m^3
속도	미터 매 초	m/s
가속도	미터 매 초 매 초	m/s^2
피수	매 미터	m^{-1}
밀도	킬로그램 매 입방 미터	kg/m^3
전류밀도	암페어 매 입방 미터	A/m^2
자계의 세기	암페어 매 미터	A/m
농도(물질량의)	몰 매 입방 미터	mol/m^3
비체적	입방 미터 매 킬로그램	m^3/kg
휘도	칸델라 매 평방 미터	cd/m^2

기본 단위와 보조 단위를 써서 나타내어지는 조립 단위의 예

양	명 칭	기 호
각 속 도	라디안 매 초	rad/s
각가속도	라디안 매 초 매 초	rad/s^2
방사강도	와트 매 스테라디안	W/sr
방사휘도	와트 매 평방 미터 매 스테라디안	$W/m^2 \cdot sr$

고유의 명칭을 갖는 조립 단위와 기본 단위를 써서 나타내어지는 조립 단위의 예

양	명 칭	기 호	기본 단위에 의한 표시법
점도	파스칼	$Pa \cdot s$	$m^{-1} \cdot kg \cdot s^{-1}$
힘의 모멘트	뉴턴 미터	$N \cdot m$	$m^2 \cdot kg \cdot s^{-2}$
표면장력	뉴턴 매 미터	N/m	$kg \cdot s^{-2}$
비열, 엔트로피	줄 매 킬로그램 매 켈빈	$J/kg \cdot K$	$m^2 \cdot s^{-2} \cdot K^{-1}$
열전도율	와트 매 미터 매 켈빈	$W/m \cdot K$	$m \cdot kg \cdot s^{-3} \cdot K^{-1}$
체적 에너지	줄 매입방 미터	J/m^3	$m^{-1} \cdot kg \cdot s^{-2}$
전계강도	볼트 매 미터	V/m	$m \cdot kg \cdot s^{-3} \cdot A^{-1}$
유전율	패럿 매 미터	F/m	$m^{-3} \cdot kg^{-1} \cdot s^4 \cdot A^2$
투자율	헨리 매 미터	H/m	$m \cdot kg \cdot s^{-2} \cdot A^{-2}$
저항률(전기의)	옴 매 미터	Ω/m	$m \cdot kg \cdot s^{-3} \cdot A^{-2}$

공간, 시간계의 조립 단위의 예

양	단위의 명칭	단위 기호
평면각	라디안	rad
입체각	스테라디안	sr
길 이	미터	m
면 적	평방 미터	m^2
체 적	입방 미터	m^3
시 간	초	s
각속도	라디안 매 초	rad/s
속 도	미터 매 초	m/s
가속도	미터 매 초 매 초	m/s^2

주기 현상계의 조립 단위의 예

양	단위의 명칭	단위기호
주파수	헬 츠	Hz
회전수	회 매 초	s^{-1}

힘, 유체계의 조립 단위의 예

양	단 위 의 명 칭	단위 기호
질량	킬로그램	kg
선밀도	킬로그램 매 미터	kg/m
밀도, 농도	킬로그램 매 입방 미터	kg/m^3
운동량	킬로그램 미터 매 초	kg · m/s
운동량의 모멘트, 각 운동량	킬로그램 평방 미터 매 초	$kg \cdot m^2/s$
관성 모멘트	킬로그램 평방 미터	$kg \cdot m^2$
힘	뉴턴	N
힘의 모멘트	뉴턴 미터	N · m
압력, 응력	파스칼	Pa
점도	파스칼 초	Pa · s
동점도	평방 미터 매 초	m^2/s
표면장력	뉴턴 매 미터	N/m
일, 열량, 전력량	줄	J
일 율, 공률	와트	W

열, 에너지계의 조립 단위의 예

양	단 위 의 명 칭	단위 기호
열역학 온도, 온도 간격	켈빈	K
섭씨 온도	섭씨도	℃
선팽창 계수	매 켈빈	K^{-1}
열량	줄	J
열류	와트	W
열전도율	와트 매 미터 매 켈빈	W/m · K
열전도 계수	와트 매 평방 미터 매 켈빈	$W/m^2 \cdot K$
열용량, 엔트로피	줄 매 켈빈	J/K
비열, 질량 엔트로피	줄 매 킬로그램 매 켈빈	J/kg · K
질량 에너지, 질량 잠열	줄 매 킬로그램	J/kg

전기, 자기계의 조립 단위의 예

양	단 위 의 명 칭	단위 기호
전류, 자위차	암페어	A
전하, 전기량, 전속	쿨롬	C
체적 전하 밀도	쿨롬 매 입방 미터	C/m^3
표면 전하 밀도, 전기 변위, 전기 분극	쿨롬 매 평방 미터	C/m^2
전계의 세기	볼트 매 미터	V/m
전위, 전압, 기전력	볼트	V
정전 용량	패럿	F
유전율	패럿 매 미터	F/m
전기 쌍극자 모멘트	쿨롬 미터	C · m
전류밀도	암페어 매 평방 미터	A/m^2
전류의 선밀도, 자계의 세기, 자화	암페어 매 미터	A/m
자속 밀도, 자기 유도	테슬라	T
자속	웨버	Wb
자기 벡터, 퍼텐셜	웨버 매 미터	Wb/m
인덕턴스 퍼미언스	헨리	H
투자율	헨리 매 미터	H/m
단면 자기 모멘트	암페어 평방 미터	$A \cdot m^2$
전기 저항, 임피던스, 리액턴스	옴	Ω
어드미턴스, 서셉턴스, 컨덕턴스	지멘스	S
저항율	옴 미터	Ω · m
도전율	지멘스 매 미터	S/m
자기저항	매 헨리	H^{-1}
유효전력	와트	W

빛, 전자 방사계의 조립 단위의 예

양	단 위 의 명 칭	단위 기호
파장	미터	m
방사 에너지	줄	J
방사속	와트	W
방사강도	와트 매 스테라디안	W/sr
방사휘도	와트 매 스테라디안 매 평방 미터	$W/sr \cdot m^2$
방사 발산도, 방사 조도	와트 매 평방 미터	W/m^2
광도	칸델라	cd
광속	루멘	lm
광량	루멘 초	lm · s
휘도	칸델라 매 평방 미터	cd/m^2
광속 발산도	루멘 매 평방 미터	lm/m^2
조도	룩스	lx
노광량	룩스 초	lx · s
발광효율	루멘 매 와트	lm/W

음, 진동계의 조립 단위의 예

양	단 위 의 명 칭	단위 기호
주기, 시간	초	s
주파수, 진동수	헤르츠	Hz
파장	미터	m
밀도	밀로그램 매 입방 미터	kg/m^3
정압, 음압	파스칼	Pa
체적 속도	입방 미터 매 초	m^3/s
음의 속도, 입자 속도	미터 매 초	m/s
음향 에너지속, 음향 파워	와트	W
음의 세기	와트 매 평방 미터	W/m^2
단위 면적 임피던스	파스칼 초 매 미터	Pa · s/m
음향 임피던스	파스칼 초 매 입방 미터	$Pa \cdot s/m^3$
기계 임피던스	뉴턴 초 매 미터	N · s/m
흡음력	평방 미터	m^2

물리, 화학, 분자 물리계의 조립 단위의 예

양	단 위 의 명 칭	단위 기호
물 질량	몰	mol
몰 질량	킬로그램 매 몰	kg/mol
몰 체적	입방 미터 매 몰	m^3/mol
몰 내부 에너지	줄 매 몰	J/mol
몰 비열	줄 매 몰 매 켈빈	J/mol · K
몰 농도	몰 매 입방 미터	mol/m^3
질량 몰 농도	몰 매 킬로그램	mol/kg
확산 계수	평방 미터 매 초	m^2/s
열확산 계수	평방 미터 매 초	m^2/s

2. 단위의 환산표

길 이

cm	m	in	ft	yd	치	척	칸
1	0.01	0.394			0.330	0.033	
100	1	39.37	3.281	1.094	33.00	3.300	0.550
2.540	0.025	1	0.083	0.028	0.838	0.084	0.014
30.48	0.305	12	1	0.333	10.06	1.006	0.168
91.44	0.914	36	3	1	30.18	3.018	0.503
3.030	0.030	1.193	0.099		1	0.100	0.017
30.30	0.303	11.93	0.994	0.331	10	1	0.167
181.8	1.818	71.58	5.965	1.988	60	6	1

m	km	yd	mile	칸	정	리	해리
1	0.001	1.094		0.550			
1000	1		0.621		9.167	0.255	0.540
0.914		1		0.503			
1609	1.609	1760	1	885.1	14.75	0.410	0.869
1.818		1.988		1	0.017		
109.1	0.109		0.068	60	1	0.028	0.059
	3.927		2.440		36	1	2.121
	1.852		1.151		16.98	0.472	1

$1m = 10^2cm = 10^3mm = 10^6\mu m = 10^{10}$ Å

1in = 2.54000cm

1ft = 0.30480m

1ft = 12in

1yd = 3ft = 36in

1chain = 22yd = 66ft

1mile = 80chain = 1760yd

1치 = 3.03030cm

1자 = 0.30303m

1치 = 10분 = 100리

1자 = 10치

1경척 = 1.25자

1칸 = 6자

1장 = 10자

1정 = 60칸

1리 = 36정

면 적

cm²	m²	in²	ft²	yd²	치²	자²	평
1		0.155			0.109		
	1	1550	10.764	1.196		10.89	0.303
6.452		1	0.007		0.703		
929.0	0.093	144	1	0.111	101.1	1.012	0.028
	0.836	1296	9	1		9.105	0.253
9.183		1.423			1	0.01	
	0.092	142.3	0.988	0.110	100	1	0.028
	3.306		35.58	3.954		36	1

m²	a	ha	km²	yd²	acre	mile²	평(보)	반	정(보)
1	0.01			1.196			0.303		
100	1	0.01		119.6	0.025		30.25		
	100	1	0.01		2.471			10.08	1.008
		100	1		247.1	0.386			100.8
0.836				1			0.253		
	40.47	0.405	0.004	4840	1		1224	4.081	0.408
		259.0	2.590		640	1			261.2
3.306				3.954			1		
99.17	0.992			118.6			30	0.1	0.01
	9.917	0.099			0.245		300	1	0.1
	99.17	0.992	0.010		2.451			10	1

1yd² = 0.83613m²

1acre = 0.40469ha

1ft² = 144in²

1yd² = 9ft²

1acre = 10chain² = 4840yd²

1mile = 640acre

1평 = 3.30579m²

1정(보) = 0.99174ha

1자² = 100치²

1평 = 1보 = 1칸² = 36자²

1반 = 10

1정(보) = 10반

체 적

cm³	l	in³	ft³	(미)oz	(미)gal	치³	자³	홉	터
1	0.001	0.061		0.034		0.036			
1000	1	61.02	0.035	33.82	0.264	35.94	0.036	5.544	0.554
16.39		1		0.554		0.589		0.091	
	28.32	1728	1		7.481	1018	1.018	157.0	15.70
29.57	0.030	1.805		1		1.063		0.164	0.016
	3.785	231.0	0.134	128	1		0.136	20.99	2.099
27.83	0.028	1.698		0.941		1	0.001	0.154	
180.4	27.83		0.983		7.351	1000	1	154.3	15.43
	0.180	11.01			0.48	6.482		1	0.1
	1.801	110.1	0.064		0.477	64.82	0.065	10	1

l	m³	ft³	yd³	(미)gal	(영)bbl	자³	입평	말	석
1	0.001	0.035		0.264		0.036		0.055	
1000	1	35.32	1.308	264.2	6.110	35.94	0.166	55.44	5.544
28.32	0.028	1	0.037	7.481	0.173	1.108		1.570	0.157
764.6	0.765	27	1	202.0	4.672	27.47	0.127	42.38	4.238
3.785		0.134		1	0.023	0.136		0.210	0.021
163.7	0.164	5.779	0.214	43.23	1	5.880	0.027	9.073	0.907
27.83	0.028	0.983	0.036	7.351	0.170	1		1.543	0.154
	6.011	212.3	7.862		36.73	216	1	333.2	33.32
18.04	0.018	0.637	0.024	4.765	0.110	0.648		1	0.1
180.4	0.180	6.374	0.236	47.65	1.102	6.483	0.030	10	0

1 (미) gill = 4 (미) oz
1 (미) pt = 4 (미) gill
1 (미) quart = 2 (미) pt
1 (미) gallon = 4 (미) quart
1 (미) bushel = 9.309 (미) gallon
1 (미) barrel (bbl) = 42 (미) gallon
1 (미) gallon = 3.78533l
1 (미) gallon = 4.54596l
1 (미) gallon = 1.20094 (미) gallon
1 (미) bushel = 7.996 (영) gallon
1 (미) barrel (bbl) = 36 (영) gallon

1 되 = 1.8039l
1 홉 = 10 작
1 되 = 10 홉
1 말 = 10 되
1 석 = 10 말
1 방 (재목) = 1 치² × 1 칸 (또는 2 칸)
1 석 (재목) = 10 자³
1 방 (석재) = 1 자³

질량(무게)

g	kg	t	gr	oz	lb	(미)tn	(영)ton	돈	근	관
1	0.001		15.43	0.035				0.267		
1000	1	0.001		35.27	2.205			266.7	1.667	0.267
	1000	1				1.102	0.984			266.7
0.065			1	0.002				0.017		
28.35	0.028		437.5	1	0.063			7.560		
	0.454			16	1			121.0	0.756	0.121
		0.907			2000	1	0.893			241.9
		1.016			2240	1.120	1			271.0
3.750			57.87	0.132				1	0.006	0.001
600	0.600			21.16	1.323			160	1	0.160
3750	3.750			132.3	8.267			1000	6.250	1

1ct＝0.2g
1dr＝1.772g
1lb＝0.453592kg
1lb＝16oz
1(미)tn＝2000lb＝0.893(영)ton
1(영)ton＝2240lb＝1.120(미)tn

1관＝3.75000kg
1근＝160돈＝0.16관
1관＝6.25근＝1000돈
1돈＝10푼＝100린

밀 도

g/cm^3, t/m^3	lb/in^3	lb/ft^3	(영)ton/yd^3	lb/(미)gal	lb/(영)gal	돈/치^3, 관/자^3	근/홉	관/말
1	0.036	62.43	0.753	8.345	10.02	7.421	0.301	4.811
27.68	1	1728	20.83	231.0	277.4	205.4	8.323	133.2
0.016		1	0.012	0.134	0.161	0.119		0.077
1.329	0.048	82.96	1	11.09	13.32	9.861	0.400	6.393
0.120		7.481	0.090	1	1.201	0.889	0.036	0.576
0.100		6.229	0.075	0.833	1	0.741	0.030	0.480
0.135		8.413	0.101	1.124	1.350	1	0.041	0.648
3.326	0.120	207.6	2.503	27.76	33.33	24.68	1	16.00
0.208		12.98	0.156	1.735	2.082	1.542	0.062	1

1g/cm^3(＝kg/l)＝1t/m^3＝1000kg/m^3

면 밀 도

kg/m²	g/cm²	t/m²	lb/in²	lb/ft²	(미)tn/yd²	돈/치²	근/자²	관/평
1	0.1	0.001		0.205		0.245	0.153	0.882
10	1	0.01	0.014	2.048		2.449	1.531	8.815
	100	1	1.422	204.8	0.922	244.9	153.1	881.5
703.1	70.31	0.703	1	144.0	0.648	172.2	107.6	619.8
4.882	0.488			1		1.196	0.747	4.304
	108.5	1.085	1.542	222.2	1	265.7	166.0	956.4
4.084	0.408			0.836		1	0.625	3.600
6.534	0.653			1.338		1.600	1	5.760
1.134	0.113			0.232		0.278	0.174	1

속 도

m/s	km/h	kn*	ft/s	mile/h	kn**	자/s	리/h
1	3.600	1.944	3.281	2.237	1.943	3.300	0.9167
0.2778	1	0.5400	0.9113	0.6214	0.5396	0.9167	0.2546
0.5144	1.852	1	1.688	1.151	0.9994	1.698	0.4716
0.3048	1.097	0.5925	1	0.6818	0.5921	1.006	0.2794
0.4470	1.609	0.8690	1.467	1	0.8684	1.475	0.4098
0.5148	1.853	1.001	1.689	1.152	1	1.699	0.4719
0.3030	1.091	0.5890	0.994	0.6779	0.5887	1	0.2778
1.091	3.927	2.121	3.579	2.440	2.119	3.600	1

* 노트(미터법) ** 노트(영국)

가 속 도

m/s²	cm/s²	km/h²	in/s²	mile/h²
1	100		39.37	8055
0.01	1	129.6	0.3937	80.55
	0.0077	1	0.0030	
0.0254	2.540	329.2	1	204.4
	0.0124	1.609		1

회전수, 각속도

c/s	rpm	rad/s
1	60	6.2832
0.0167	1	0.1047
0.1592	9.549	1

c/s : 회 매 초, rpm : 회 매 분

평 면 각

도	분	초	rad
1	60	3600	0.017
0.017	1	60	
	0.017	1	
57.30	3438		1

힘

N	Mdyn	kgf	lbf	관중
1	0.1	0.102	0.225	0.027
10	1	1.020	2.249	0.272
9.807	0.981	1	2.205	0.267
4.448	0.445	0.454	1	0.121
36.78	3.678	3.750	8.267	1

기본적으로는 중력의 가속도 $g=9.80665m/s^2$ 를 질량 환산표의 kg에 대한 값에 곱함으로써 뉴턴 단위 환산값이 얻어진다

힘의 모멘트

N·m	kgf·cm	kgf·m	tf·m	lbf·ft	lbf·in	관자
1	10.20	0.102		0.738	8.851	0.090
0.098	1	0.01		0.072	0.868	
9.807	100	1	0.001		86.80	0.880
9807			1			
1.356	13.83	0.138		1	12.00	0.122
0.113	1.152	0.012		0.083	1	
11.14	113.8	1.136		8.219	98.64	1

압력, 응력

kPa	bar	kgf/cm^2	lbf/in^2	tf/ft^2	atm	mHg	mH_2O
100.00	1	1.020	14.50	0.932	0.987	0.750	10.20
98.07	0.981	1	14.22	0.914	0.968	0.736	10.00
6.895	0.069	0.070	1	0.064	0.068	0.052	0.703
107.3	1.073	1.094	15.56	1.059	1.059	0.805	10.94
101.3	1.013	1.033	14.70	1	1	0.760	10.33
133.3	1.000	1.360	19.34	1.316	1.316	1	13.60
9.807	0.098	0.100	1.422	0.097	0.097	0.074	1

atm :표준 기압, Hg :수은주(0℃), H_2O수주(0℃, 15℃에서 0.1% 증가)

일, 에너지, 열량

J	kgf · m	ft · lbf	kW · h	PS · h(불)	HP · h(영)	kcal	BTU
1	0.102	0.738					
9.807	1	7.233					
1.356	0.138	1					
			1	1.360	1.341	860.0	3413
			0.731	1	0.986	632.5	2510
			0.746	1.014	1	641.6	2546
4186	426.9	3087			0.002	1	3.968
1055	107.6	778.0				0.252	1

HP · h(영)≒HP · h(일), BTU : 영 열량, PS · h : 마력 시간
1kcal=4.18605kJ, 1BTU=1.05506kJ

일의 율, 동력, 열 출력

N · m/s=W	kW	kgf · m/s	ft · lbf/s	PS(불)	HP(영)	kcal/s	BTU/s
1000	1	101.97	737.6	1.3596	1.3405	0.2389	0.9480
9.807		1	7.233	0.0133	0.0132		
1.356		0.1383	1				
735.5	0.7355	75	542.5	1	0.9859	0.1757	0.6973
746.0	0.746	76.07	550.2	1.0143	1	0.1782	0.7072
4186	4.186	426.9	3087	5.691	5.611	1	3.698
1055	1.055	107.6	778.0	1.434	1.414	0.2520	1

PS(불) : 미터법 마력, HP(영)≒HP(일), BTU : 영 열량
1kcal/h≒1.163W, 1kW≒860kcal/h

온도의 환산식

t(℃)=T(K)−273.15, t(℃)={t(°F)−32}×5/9
t(°F)=t(℃)×9/5+32
K : 켈빈 온도, ℃ : 섭씨도, °F : 화씨도

열전도율

W/(m · K)	kcal/(m · h · ℃)	BTU(/(ft · h · °F)
1	0.8600	0.8600
1.163	1	1
1.731	1.488	1.488

열전도율, 열통과율

W/(m² · K)	kcal/(m² · h · ℃)	BTU/(ft² · h · ℉)
1	0.8600	0.1761
1.163	1	0.2048
5.678	4.883	1

열 유 속

1W/m²	kcal/(m² · h)	BTU(ft² · h)
1	0.8600	0.3170
1.163	1	0.3686
3.154	2.713	1

비 열

J/(g · ℃) (J/g · K)	cal/(g · ℃) (cal/g · K)	cal/(g · ℉)
1	0.2389	0.1327
4.186	1	0.5556
7.535	1.800	1

점 도

kgf · s/m²	g/cm · s(Poise)*	lbf · s/ft²	kg/m · h
1	98.07	0.20482	3.530×10^4
0.01020	1	0.002089	360.0
4.881	478.7	1	172300
0.00002833	0.002778	0.000005801	1

* 1Pa · s = 1.020kgf/m² = 10g/cm · s(Poise)

동점도, 온도 전달률, 확산 계수

m²/h	cm²/s(St)*	m²/s	ft²/h
1	2.778	0.0002778	10.76
0.3600	1	0.0001	3.873
3600	10000	1	38730
0.09291	0.2581	0.00002581	1

* St = stokes

휘 도

L	mL	sb	asb	ftL
1	1000	0.3183	10000	929.0
0.00	1		10	0.9290
3.142	3142	1	31420	2919
0.0001	0.1		1	0.09290
0.001076	1.076		10.76	1

L :람베르트, mL :밀리람베르트, sb :스틸브
asb :아보스틸브, ftL :푸트람베르트
$L = cd/m^2 = lm/(sr \cdot m^2)$

조 도

lx.	ph	mph	ft ·cd
1	0.0001	0.1	0.0929
10000	1	1000	929.0
10	0.001	1	0.929
10.76	0.001076	1.076	1

lx :룩스, ph :포토, mph :밀리포토

3. 상 수

주요 물리 · 화학 상수

명 칭	기 호	수 치	단 위
만유 인력 상수	G	6.67259	10^{-11}N · m^2/kg^2
진공중의 광속도	c	2.99792458	10^8m/s
전자의 질량	m_e	9.1093897	10^{-31}kg
양자의 질량	m_p	1.6726231	10^{-27}kg
중성자의 질량	m_n	1.6749286	10^{-27}kg
양자와 전자의 질량비	m_p/m_e	1836.153	
원자 질량 단위	m_u	1.6605402	10^{-27}kg
전기 소량	e	1.60217733	10^{-19}C
전자의 비하중	e/m_e	1.75881962	10^{11}C/kg
1eV의 속도	v_0	5.93097	10^5m/s
전자의 콤프턴 파장	$\lambda_c = h/m_e c$	2.42631058	10^{-12}m
양자의 콤프턴 파장	$\lambda_{cp} = h/m_p c$	1.32141002	10^{-15}m
플랭크 상수	h	6.6260755	10^{-34}J · s
	$h = h/2\pi$	1.0545727	10^{-34}J · s
볼트만 상수	k	1.380658	10^{-23}J/K
아보가토로 상수	N_A	6.0221367	10^{23}mol^{-1}
완전 기체의 체적(0℃, 1atm)	V_0	2.241410	10^{-2}m^3/mol
1몰의 기체 상수	$R = N_A k$	8.314510	J/mol · K
로슈비트수	L_o	2.6868	10^{19}/cm^3
패러디 상수	$F = N_A e$	9.6485309	10^4C/mol
표준 중력의 가속도	g_c	9.80665	m/s^2
표준 대기압	P_o	1.01325	10^5Pa

건축 분야

명 칭	수 치
물 1kg의 최대 밀도에서의 체적	1000.027cm^3
물의 최대 밀도(1atm, 3.98℃)	0.999973g/cm^3
물의 비열(1atm, 20℃)	4181.6J/kg · K
물의 기비열(0℃)	2501kJ/kg
공기의 정압 비열(1atm, 20℃)	1006J/kg · K
공기의 정적 비열(1atm, 20℃)	717J/kg · K
공기의 기체 상수	287.0J/kg · K
빙점의 절대 온도	273.15K
열의 일 당량(15℃ · cal)	4.1855J
윈의 변위측 상수	0.28978cm · K
스테판 · 볼츠만 상수	$5.67051 \times 10^{-8}W/m^2 \cdot K^4$
표준 파장	$\lambda_{Kr} = 605.780210$nm
방사능(퀴리)	1Ci = 3.7×10^{10}개 붕괴수/s = 1 g의 Ra의 방사능
방사능의 조사선량(뢴트겐)	1R = 1kg의 공기에 조사하여 정부 각각을 2.58×10^{-4}C의 이온을 만드는 조사선량
방사선의 흡수선량(라도)	1rad = 1kg당 0.01J의 에너지가 방사선에서 물질에 주어질 때의 흡수선량
제1방사 상수	$c_1 = 2\pi hc^2 = 3.7418 \times 10^{-16}J \cdot m^2/s$
제2방사 상수	$c_2 = hc/k = 1.4388 \times 10^{-2}m \cdot K$

4. 건축 공사 현장 속어

〔ㄱ〕

가가도(踵) 굽
가가미(鏡) 거울
가가미이다(鏡板) 경판, 통널판
가구라상(神樂棧) 윈치(手動)
가구멩(角面) 모난면
가구야(家具屋) 가구점(공)
가기(鍵) 열쇠
가기(鉤) 갈구리(철근 결속용), 훅
가기보루또(鉤ボルト) 갈고리 볼트 · 훅 볼트
가께도이(掛桶) 가설홈동
가께모찌(掛持ち) 겹치기, 겹침
가께야(掛矢) 목제 해머, 나무메
가께야이다(掛矢板) 판자깔기
가께우찌(欠打ち) 십자(+)맞춤
가께이레(欠入れ) 십자(+)맞춤
가께이시끼미끼사(可傾式ミキサー) 가경식 믹서
가께하라이(掛払い) 설치와 철거(비계)
가꼬이(囲) 울타리, 담
가꾸(角) 각재(角材)
가꾸(核) 심판(芯板)
가꾸고오(角鋼) 각강
가꾸고오조오(殼構造) 쉘구조
가꾸다시 도내기칼
가꾸데쓰보오(角鉄棒) 각철봉
가꾸목(角木) 각목
가꾸바시라(角柱) 네모기둥
가꾸부찌(額縁) 문얼굴, 문꼴선
가꾸빠이쁘(角パイプ) 각 파이프
가꾸시하이깡(隱配管) 문힘배관
가꾸아시(角足) 모난다리
가꾸야(家具屋) 가구점 · 가구방
가꾸오도시(角落) 물빈지
가꾸이다(角板) 각널
가꾸이레(額入れ) 틀끼움
가꾸이시(角石) 각석
가꾸자이(角材) 각재
가꾸항(撹拌) 교반, 비빔
가끼(垣) 담, 울타리
가끼나라시(掻均し) 긁어 고르기
가끼다시(掻出し) 긁어내기
가끼오도시시아게(掻落し仕上げ) 줄긋기 곰보 마무리(미장공사)
가나고데(鉄こて) 쇠흙손
가나구(金具) 쇠장식, 철물
가나데꼬(金挺子) 못빼기
가나메이시(要石) 키스톤, 이맛돌
가나모노(金物) 철물
가나바까리즈(かなばかり図, 矩計図) 단면 상세도
가나시끼(金敷き) 모루, 철침(鐵砧)
가나즈찌(金槌) 쇠메
가네가다(金型) 금형
가네고오바이(矩勾配) 45°의 경사
가네기리(のこ, 鋸) 쇠톱
가네샤꾸 곡척(曲尺), 곡자
가네쯔메(金詰) 곡철근(끝)
가네아이(兼合) 균형
가다(型) 틀, 본, 꼴
가다고오바리(形鋼梁) 형강보
가다기리(片切り) 외쪽깎기
가다나가레야네(片流屋根) 외쪽지붕
가다네리(硬練り) 된비빔
가다도리(型取り) 본뜨기
가다로꾸(型録) 카탈로그
가다모리(片盛り) 외쪽돋기
가다모찌바리(片持梁) 캔틸레버
가다아시바(片足場) 외줄비계
가다와꾸(型枠) 거푸집
가다와꾸이다(型枠板) 거푸집널
가다이다(型板) 본판(本板)
가도(角) 모서리
가도가네(角金) 모서리쇠, 코너 비드
가도메(仮止め) 예비 고정
가라(柄) 무늬
가라(殼) 부스러기(돌 · 벽돌)
가라구사(唐草) 당초무늬
가라네리(空練り) 건비빔
가라도(唐戸) 양판문
가라리(がらり) 루버
가라리마도(がらり窓) 루버, 미늘창
가라스(ガラス) 유리
가라스구찌(烏口) 오구
가라쯔미(空積み) 메쌓기, 건성쌓기
가랑(karan) 수도(가스管) 꼭지
가루꼬(軽籠) 목도
가리가꼬이(仮囲い) 가설 울타리
가리고야(仮小屋) 헛간, 헛일간
가리보루또(仮ボルト) 가보울트
가리세이산(仮清算) 가청산
가리시메(仮締め) 임시 조이기
가리시메끼리(仮締切り) 임시물막이
가리요오세쯔(仮溶接) 가용접
가리지끼(仮敷き) 임시깔기

가리찌꾸도오(仮築島) 가축도
가마(釜) 솥
가마가에(窯変え) 도기질(陶器質)
가마도 아궁이
가마바(釜場) (배수용) 웅덩이
가마보꼬야네(蒲鉾屋根) 큰셋형 지붕, 궁륭
가마쯔기(かま継ぎ, 鎌継ぎ) 사모턱 주먹장 이음
가마찌(かまち) 마루귀틀, 울거미
가모이(鴨居) 문미, 상인방
가미아와세바리(噛合梁) 합성보
가미이다(紙板) 지형
가미장(上桟) 상인방(윗인방)
가바나(ガバナー) 가버너
가베(壁) 벽
가베시다기소(壁下基礎) 연속 기초, 줄기초
가베싱(壁心) 벽심
가베지리(壁尻) 벽쌤
가부끼(冠木) 상인방
가부리아쯔사(被厚さ) 피복두께
가사(嵩) 부피, 둑
가사(笠) 전등갓
가사기(笠木) 두겁대, 상인방
가사네보소(重ねほぞ) 쌍턱장부
가사네쯔기데(重ね継手) 겹이음
가사아게(嵩上げ) 둑돋기
가사이시(笠石) 갓돌
가사쯔리(傘釣り) 낙하물 방지
가산바이(火山灰) 화산재
가세쓰가끼(仮設垣) 가설울(담)
가세와리(加背割り) 단면 나누기(仮設工事)
가스(滓) 레이탄스
가스가이(かすがい) 꺽쇠,. 거멀장
가스레(掠れ) 긁힘
가시라누끼(頭貫) 도리
가시메(絞締) 죄기, 눈죽이기
가에루마다(かえるまた) 대접받침(화반 : 花槃), 두공
가에리(反り) 휵(천공, 용접), 휨
가에리깡(返り管) 반송관
가에지(換地) 환지, 환토
가와라보오(瓦棒) 기와가락
가와스나(川砂) 강모래
가와쟈리(川砂利) 강자갈
가이기(飼木) 굄목, 받침목
가이깡(碍管) 애관
가이꼬미(飼込み) 개구부
가이당(階段) 계단
가이당우께바리(階段受梁) 계단보
가이뗑가나모노(回転金物) 회전 철물
가이라(가쯔라 : 桂) 달개지붕, 고리쇠
가이료오공구리이도(改良コンクリート) 경량 콘크리트
가이모노(飼物) 받침(관)
가이시(碍子) 애자, 뚱단지
가이이다(飼板) 굄판, 받침판
가이이시(飼石) 괴임돌
가이쯔게(飼付け) 퍼티받침
가이쿠사비(飼楔) 굄쐐기
가자리고오지(飾り工事) 판금공사
가자아이(風合い) 변질, 풍화, 마모
가제요께(風除け) 방풍, 바람막이
가지야(鍛冶屋) 대장간, 쇠지렛대
가쿠데쓰보(角鉄棒) 각철봉
가쿠코오(拡孔) 확공
간나(かんな) 대패
간누끼(なんぬき) 빗장, 장군목
간자시(かんざし) 촉, 쐐기, 비녀
간자시낀(かんざし筋) 비녀장철근
간죠오(勘定) 지불, 셈, 계산
간교오(丸桁) 처마도리
갓쇼오(合掌) ㅅ자 보
갸꾸도메벤(逆止弁) 체크 밸브
갸다쯔(脚立) 접사다리, 발판, 말비계
갸다쯔아시바(脚立足場) 이동 비계
게가끼(けがき) 먹매김, 표하기
게꼬미(蹴込み) 챌면
게다(桁) 도리
게다바꼬(下駄箱) 신장
게다바끼(下駄履) 상가 아파트
게다유끼(桁行) 도리간수
게닷빠(下駄歯) 불량 조적(벽돌쌓기)
게라바(けらば) 박공단
게라바가와라(けらば瓦) 박공단 내림새
게리이다(蹴板) 챌판
게비끼(け引き) 금쇠, 금매김
게쇼오메지(化粧目地) 치장줄눈
게쓰고오자이(結合材) 결합재
게아게(蹴上げ) 단높이(계단의)
게야(下屋) 부섭집
게야기(けやき) 느티나무
게이료오렝가(軽量れんが) 경량 벽돌
게이료오마지키리(軽量間仕切り) 경량 칸막이
게이샤(傾斜) 경사(土木), 물매(建築)
게즈리시로(削代) 마무리 두께
게지(gauge) 게이지
겐나와(間縄) 줄자
겐노오(げんのう) 쇠메, 해머
겐노오다다끼(げんのう叩き) 메다듬
겐노오바라이(げんのう払い) 메다듬
겐또오(見当) 짐작, 어림, 가늠
겐마끼(研磨機) 연마기, 그라인더
겐바(現場) 현장
겐바우찌공구리구이(現場打ちコンクリート杭) 제자리 콘크리트 말뚝
겐바하이고오(現場配合) 현장 배합
겐세이(牽制) 견제

겐승(現寸) 풀사이즈, 원척
겐승이다(現寸板) 본뜨기판
겐승즈(現寸図) 현치도
겐자오(間竿) 자막대
겐조오 통끼움
겐찌이시(間知石) 견치돌
겐찌이시쯔미(間知石積み) 견치돌 쌓기
겐페이리쯔(建蔽率) 건폐율
겜마(研磨) 연마
겟소꾸셍(結束線) 결속선
겡깡(玄関) 현관
고가꾸(小角) 소각재(통칭)
고가에리(小返り) (처마도리) 구배
고가와라(木瓦) 너와
고게라부끼(こけら葺) 너와지붕
고게라이다(こけら板) 너와(판)
고구찌(小口) 마구리
고구찌쯔미(小口積み) 마구리쌓기
고까베(小壁) 실벽
고노미기리(小のみ切り) 잔정다듬
고다다끼(小叩き) 잔다듬
고단스(小箪笥) 작은 장, 장롱
고데(こて) 흙손, 납땜인두
고데가께(こて掛け) 흙손자국
고데미가끼(こて磨き) 쇠흙손 마무리
고데이다(こて板) 흙받이
고로(ころ) 산륜(散輪), 굴림대
고로비도메(転び止) 굴름막이
고마까시(こまかし) 속임수
고마와리(小間割り) 짬
고마이(小舞・木舞) 외, 평고대
고마이가끼(小舞掻き) 외엮기
고마이가베(小舞壁) 외엮기벽
고메보(込棒) 꽂을대
고미센(込栓) 산지
고미쇼리(ごみ処理) 쓰레기 처리
고바(木端) 지붕널, 너와
고바(小端) 옆면, 측면
고바다데(小端立て) 뾰족한 쪽을 아래로 세운 잡석 지정
고바리(小梁) 작은 보
고방가라(碁盤柄) 바둑판 무늬
고부다시(こぶ出し) 혹두기
고시(腰) 징두리・허리
고시가께(腰掛) 턱맞춤, 턱끼움
고시나게시(腰長押) 중인방
고시누끼(腰貫) 중인방
고시야네(越屋根) 솟을지붕
고시와께(濾分) 걸름질, 체가름
고시하메(腰羽目) 징두리널
고쓰자이(骨材) 골재
고아나(小穴) 가는 홈
고야(小屋) 헛간, 가옥(假屋)
고야구미(小屋組) 지붕틀 구조
고야누끼(小屋貫) 대공꿸대
고야바리(小屋梁) 지붕보
고야스께 날메
고야즈까(小屋束) 지붕대공
고오구이(鋼杭) 강말뚝
고오까(硬化) 경화
고오깡시주(鋼管支柱) 강관 지주
고오깡아시바(鋼管足場) 강관 비계
고오나이(杭内) 갱내
고오데쓰깡(鋼鐵管) 강철관
고오데쓰구이(鋼鐵杭) 강철 말뚝
고오덴조오(格天井) 소란반자
고오라이시바(高麗芝) 금잔디
고오란(高欄) 난간
고오몽(坑門) 갱문
고오묘오당(光明丹)
고오바이(勾配) 물매, 경사
고오부찌(格縁) 반자틀
고오사이멘(鉱さい綿) 슬래그 울
고오세끼(硬石) 경석
고오세이게다(合成桁) 합성보
고오세이바리(合成梁) 합성보
고오소꾸다꾸도(高速ダクト) 고층 라멘
고오시(格子) 격자
고오야이다(鋼失板) 강널말뚝, 형강
고오자이가고오(鋼材加工) 강재 가공
고오죠오리벳도(工場リベット) 공장 리벳
고오죠오요오고오자이(構造用鋼材) 구조용 강재
고오죠오요오세쓰(工場溶接) 공장 용접
고오테이(工程) 공정
고오테이효오(工程表)
고오항(合板)
고와리(小割) 오림목
고와사(剛) 강성
고쯔자이(骨材) 골재
곤냐꾸노리(こんにゃく糊) 해초풀, 곤약풀
곤와자이료오(混和材料) 혼화 재료
공고샤(金剛砂) 금강사
공고오(混合) 비비기, 혼합
공고오가랑(混合 kaann) 혼합꼭지
공고오부쯔(混合物) 혼합물
공구리(コンクリート) 콘크리트
공구리구이(コンクリート杭) 콘크리트 말뚝
공구리우찌(コンクリート打ち) 콘크리트 치기
공와자이(混和材) 혼화재
곤와자이(混和剤) 혼화제
교오게쓰(凝結) 응결
교오다이(橋台) 교대
교오도(强度) 강도
교오시다이(供試体) 공시체
구구리(結) 결속, 올무, 구(철근)
구기(釘) 못

구기우찌바리(釘打梁) 합성보
구다리가베(下壁) 내림벽
구다바시라(管柱) 평기둥
구데마(工手間) 공임(工賃), 품삯
구라인다(グラインダー) 연마기, 회전지석
구랏샤(クラッシャー) 분쇄기, 쇄석기
구랑구(クランク) 크랭크
구레(くれ) 껍질박이, 산자널
구로(黑) 검정
구로깡(黑管) 흑관
구로뎃빵(黑鉄板) 흑철판
구루마(車) 수레, 자동차
구루미(胡挑) 호도나무
구루이(狂い) 변형, 뒤틀림
구리(くり) 개탕, 도려냄
구리가다(繰形) 쇠시리
구리이시(栗石) 자갈, 모오리돌
구립쁘(クリップ) 클립, 끼우기
구모가다죠오기(雲形定規) 곡선자
구미꼬(組子) 살, 엮은 문살
구미다데(組立) 조립(법)
구미다데기고오(組立記号) 조립기호
구미다데아시바(組立足場) 틀(조립) 비계
구미데(組手) 조인트
구미텐죠오(組天井) 소란(小欄) 반자
구미도리벤죠(汲取り便所) 수거식 변소
구미모노(組物) 공포(拱包), 두공(枓拱)
구사비(くさび) 쐐기
구시가다란마(櫛形欄間) 홍예교창
구시메(櫛目) 빗살자국(마무리)
구와이레(鍬入れ) 기공식, 첫삽질
구우게끼(空隙) 공극, 짬, 틈
구우깡쯔미(空間積み) 공간쌓기
구우게키(空隙) 빈틈, 공극
구우끼렝꼬오자이(空気連行剤) AE제
구우끼케이손(空気ケーソン) 공기 케이손
구우끼함마(空気ハンマー) 공기 해머
구우도오렝가(空洞れんが) 속빈 벽돌
구이(杭) 말뚝
구이신다시(杭心出し) 말뚝심내기
구이우찌(꼬미)(杭打ち(込み)) 말뚝박기
구즈후(葛布) 갈포
구쯔(沓) 웰의 끝날
구쯔누기이시(沓脱石) 섬돌
구쯔이시(沓石) 동바리초석
구쯔즈리(沓摺) 문턱
구찌와끼(口脇) 처마보치기
굿사꾸기(堀鑿機) 굴착기
규우게쯔세멘토(急結セメント) 급결 시멘트
규우게쯔자이(急結材) 급결재
규우고오자이(急硬材) 급경재
규우스이깡(給水管) 급수관
규우스이젠(給水栓) 급수전
기가다(木型) 목형
기고데(木こて) 나무흙손
기고로시(木殺し) 후리질, 다지기
기구찌(木口) 목질, 마구리
기까이네리(機械練り) 기계비빔
기꾸이지교오(木杭地業) 말뚝지정
기도리(木取り) 마름질, 제재
기도몽(木戸門) 일각대문
기레빠시(切端) 균열
기레쯔(亀裂) 균열
기리(錐) 송곳
기리가계(板墻) 판장, 가리개
기리가끼(切欠き) 새김눈
기리구찌(切口) 단면
기리기자미(切刻み) 바심질
기리까에시(切返し) 되비비기
기리까에(切換え) 바꾸기
기리꼬(切子) 다이아몬드 무늬
기리꼬미(切込み) 항상골재
기리나게(切投げ) 떠맡기기
기리도리(切取り) 흙(땅)깎기
기리무네(切棟) 박공지붕
기리바(切羽) 굴착면, 채굴 현장
기리바리(切張り) 버팀대, 버팀목
기리시바(切芝) 줄떼
기리쓰께(切付け) 절삭 처리
기리이시(切石) 마름돌
기리이시쯔미(切石積み) 다듬돌쌓기
기리즈마(切妻) 박공(朴工)
기리즈마가베(切妻壁) 박공벽
기리즈마야네(切妻屋根) 뱃집지붕
기메(木目, 木理) 나뭇결
기무네 나사송곳
기소(基礎) 기초
기소고오지(基礎工事) 기초 공사
기소공구리(基礎コンクリート) 기초 콘크리트
기소바리(基礎梁) 기초보
기시미(軋) 삐걱거리는 소리
기와네다(際根太) 갓장선
기와리(木割り) 목재 배분
기자하시(階) 섬돌, 총층, 계단
기쥬우기(起重機) 기중기, 크레인
기쥰뗑(基準点) 기준점
기쥰멘(基準面) 기준면
기즈(傷) 흠
기즈리(木摺) 졸대
기즈리가베(木摺壁) 졸대벽
기즈찌(木槌) 나무메(망치)
기지뎅(基地点) 기지점
기호공구리도(氣泡コンクリート) 기포 콘크리트
긴쪼오기(緊張器) 긴장기
깅께쓰자이(緊結材) 긴결재

〔ㄴ〕

나가다이간나(長台かんな) 긴대패
나가데(長手) 길이(벽돌의)
나가데쓰미(長手積み) 길이쌓기
나가레(流れ) 물매(지붕)
나가레도이(流桶) 빗물받이
나가시(流し) 개수기
나가시다이(流台) 싱크대, 개수대
나가호조(長ほぞ) 긴장부
나게루(投げる) 단념, 포기
나게시(長押) 중방, 돌림띠
나게야리(投遣) 도급주기, 만경타령
나고리(名残り) 흔적
나구리(撲) 건목치기, 자귀다듬
나기즈라(なぎ面) 건목친면, 자귀다듬이면
나까가마찌(中かまち) 중간막이
나까게다(中桁) 계단멍에
나까고(中子) 목책(울짱) 기둥
나까누리(中塗) 재벌바름(미장)
나까마(中間) 6척1칸(尺間), 거간 · 시세
나까부세(中伏) 막힌줄눈
나까오시 불계(不計)
나까즈께(中付) 재벌칠(도장)
나까치기(中ー) 속치기
나까히바다(中桶端) 인방 턱
나나메(斜め) 사선(斜線)
나나메메지(斜目地) 비낀줄눈
나나메자이(斜材) 사재
나나쯔도구(七道具) 비결, 요체, 열쇠
나대기리(撫切り, 隅切り) 모따기
나라까시 떡갈나무
나라비(並び) 줄, 나란히
나라시(均し) 고르기
나마꼬베이(生子塀) 흙벽돌 외벽에 기와를 붙인 벽
나마꼬이다(生子板) 골함석, 골판
나마리(鉛) 납
나마시(鈍) 소둔
나마콘 레미콘
나미(並) 보통 2mm 유리
나미가다(波形) 파형
나미끼(並木) 가로수
나미나아루합판(ラミナール合板) 치장 합판
나미상고(並35) 처마홈통(정척)
나미이다(波板) (대 · 소)골판
나오시(直し) 고침질, 수리
나오시아게(直仕上げ) 表面마무리
나와바리(縄張り) 줄띄기, 줄쳐보기
나이교오(內業) 내업
라이깡(雷管) 뇌관
난네리(軟練り) 묽은비빔
난넨자이(難燃材) 난연재
난세끼(軟石) 연석
낫도(ナット) 너트
네가라미(根がらみ) 밑둥잡이
네가라미누끼(根がらみ貫) 밑둥잡이 꿸대
네기리(根切り) 터파기
네꼬(猫) 굄목, 괴임재
네꼬구루마(猫車) 일륜차
네꼬아시바(猫足場) 낮은 비계
네다(根太) 장선(長線)
네다가께(根太掛け) 동귀틀, 장선받침
네다우게(根太受) 장선받이
네다유까(根太床) 단상(單床)
네다이다(根太板) 청널
네도로(寢泥) 묽은 비빔 모르타르
네리(練り) 비빔
네리가다(練方) 비비기
네리가에시(練返し) 되비비기
네리나오시(練直し) 거듭비비기
네리부네(練り舟) 비빔상자
네리쯔미(練積み) 찰쌓기
네리하꼬(練り箱) 비빔상자
네바리(粘り) 끈기, 찰기
네보리(根堀) 터파기
네쓰미(根積み) 기초쌓기
네야끼(根焼き) 그을음
네이레(根入れ) 밑둥묻힘깊이
네이시(根石) 밑(창)돌
네지(捻子) 나사
네지레(ねじれ) 뒤틀림, 꼬임
네지마와시(ねじ回し) 나사돌리개, 드라이버
네쯔기(根継ぎ) 밑이음
넨도(粘土) 점토, 진흙
노(도)가다(土方) 토공
노기스(ノギス) 버니어 캘리퍼스
노깡(土管) 토관
노꼬(のこ) 톱
노꼬기리(鋸) 톱
노꼬기리야네(鋸屋根) 톱날지붕
노꼬리(残り) 나머지
노끼(軒) 처마, 차양
노끼게다(軒桁) 처마도리
노끼다까(軒高) 처마높이
노끼덴죠오(軒天井) 처마반자
노끼도이(軒桶) 처마홈통
노끼멘도(軒面戶) 수막새 틈
노끼바(軒端) 처마 끝
노끼사끼(軒先) 처마 끝
노로(灰水) 횟물, 시멘트 풀 반죽
노로비끼(灰引き) 횟물 먹이기
노리(法) 비탈, 사선
노리(海苔) 해초풀
노리(糊) 풀
노리가다(法肩) 비탈머리

노리까에(乗換え) 갈아타기
노리멘(法面) 비탈면
노리바께(糊刷毛) 풀솔·귀얄
노리비끼(糊引き) 시멘트 풀칠
노리시아게(法仕上げ) 비탈다듬기
노리아시(法足) 경사면 실길이
노리이리고오타이(乗入構台) 반입 가대(搬入架台)
노리즈라(法面) 비탈면
노리지리(法尻) 비탈끝
노모텐우찌(脳天打ち) 표면박기
노무리 단풍
노미(のみ) 끌, 정
노미구다리(のみ下り) 천공(穿孔)속도
노미끼리(のみ切り) 정다듬, 끌다듬
노바시(伸し) 늘이기
노보리산바시(登り桟橋) 비계다리
노보리요도(登り淀) 오름평고대
노부찌(野縁) 반자틀(대)
노부찌우께(野縁受) 반자틀받이
노비(伸) 늘음
노이다(野板) 거친널
노이시(野石) 깬돌, 막돌
노이시쯔미(野石積み) 막돌쌓기
노즈라(野面) 제면, 거친면
노지(野地) 지붕널·개판
노지이다(野地板) 산자널, 개판
놋뿌(ノップ) 손잡이, 노브애자
누께부시(抜節) 옹이구멍
누끼(貫) 꿸대, 인방, 오리목
누끼가다와꾸(貫型枠) 무늬, 거푸집
누끼다이(抜台) 깔판
누끼도리(抜取り) 발취
누노기소(布基礎) 줄기초
누노마루타(布丸太) 비계띠장목
누노보리(布堀) 줄기초파기
누노이다바리(布板張り) 널붙임(가로)
누노이시(布石) 토대석, 장대석
누노하메(布羽目) 미늘판벽
누레엔(濡縁) 툇마루
누리가에(塗替え) 재칠
누리다데(塗立) 갓칠함
누리덴죠(塗天井) 도장 처리 천장
누리무라(塗斑) 얼룩, 채
누리시다지(塗下地) 바름바탕
누리시로(塗代) 바름두께
누리지(塗地) 바름바탕
뉴우에끼(乳液) 유액, 에멀션
니게(逃げ) 여분(余分)
니고(닝고)(二五) 이오토막(4/1)
니까와(膠) 아교, 갖풀
니다이(荷台) 짐받이
니도리(荷取り) 물량확보
니라미(にらみ) 조화, 대칭, 대조
니마다(二叉) 합장기중대
니마이(二枚) 두장두께 벽
니방(二番) 2번
니부(二分) 두푼
니스(ニス) 니스
니승(二寸) 두치
니오꼬시(荷起し) 땅뜀
니오로시(荷卸し) 짐부리기
니쥬우마와시(二重回し) 곱돌리기
니쥬우바리(二重張り) 겹바름
니쥬유마도(二重窓) 겹창, 이중창
니즈꾸리(荷造) 짐싸기, 짐꾸리기
니혼(二本) 두 가닥
니혼꼬(2本子·二本溝) 상기둥, 네모틀
닝쿠(人工) 품, 소요 인원수

〔ㄷ〕

다가네(たがね) (金工用)정, 강철끌
다가야상(鉄刀木) 철도목
다까바메(高羽目) 징두정
다까사(高さ) 높이
다께와리(竹割り) 반달타일
다께자꾸(竹尺) 대자
다꼬(たこ) 달구
다꼬쯔끼(たこ突き) 달구질
다끼바리(抱梁) 겹보
다끼아시바(抱足場) 겹비계, 겹띠장 비계
다나(棚) 선반, 비계발판
다나아게(棚上) 절삭토 올림
다니(谷) 지붕골
다니기리(谷切り) 모치기
다니도이(谷桶) 골홈통
다다끼(叩き) 도드락 망치
다다끼(三和土) 회삼물바닥다짐
다데(縦·竪·立) 외줄비계, 세로
다데가다(建具) 창호(窓戶)
다데구가나모노(建具金物) 창호 철물
다데구고오지(建具工事) 창호 공사
다데구야(建具屋) 창호공
다데꼬오(竪坑·縦坑) 수직 갱도, 곧을 쌤
다데나오시(建直し) 개축, 재건
다데도이(建桶) 선홈통
다데마시(建増し) 증축(增築)
다데마에(建前) 상량식, 조립
다데메지(縦目地) 세로줄눈
다데미즈(縦水) 수직선
다데보오(縦棒) 세움대
다데와꾸(縦枠) 선틀
다데우리(建売り) 집장사
다데이레(建入れ) 세우기
다데잔(竪桟) 세로살, 장살
다데지(建地) 비계기둥, 앵카
다데쯔보(建坪) 건평

다레(垂れ) 비체문(鼻涕紋) 흘림, 드리움
다루끼(垂木) 서까래, 연목
다루끼가께(たる木掛け) 서까래나누기
다루끼가다(たる木形) 박공널(챙)
다루끼와리(たる木割り) 서가래나누기
다루마스이찌(たるまスイッチ) 애자 개폐기
다마(玉) 구슬
다마모꾸(玉目) 미려한 나뭇결
다마부찌(玉縁) 구슬테
다마이시(玉石) 호박돌
다마쟈리(玉砂利) 밤자갈
다메마스(溜升) 수채통
다메시고도(駄目仕事) 미완성부분 마무리
다보(だぼ) 꽂임(촉)
다스끼(たすき) ① 가새, 사재 ② 비계긴결
다와미(たわみ) 휨, 변형
다이(台) 대, 받침대
다이까렝가(耐火れんが) 내화벽돌
다이꼬바리(太鼓張り) 양편붙이기(벽)
다이꼬오도시(太鼓落し) 목수, 도편수
다이도꼬로(台所) 주방, 부엌
다이루(タイル) 타일
다이루고오지(タイル工事) 타일 공사
다이벵끼(大便器) 대변기
다이야루(ダイヤル) 다이얼
다이와(台輪) 가로재, 평방
다이즈까(対束) 퀸 포스트, 쌍대공
다찌아가리(立上り) 치올림
단깡아시바(単管足場) 단관비계
단다이간나(短台かんな) 짧은 대패
단도리(段取り) 채비, 순서
단멘즈(断面図) 단면도
단바나(段鼻) 계단코
단바시고(段梯) (계단식)사다리
단보오후까(暖房負荷) 난방부하
단뽀누리(たんぽ塗) 솜방망이칠
단뿌카(ダンプカー) 덤프카
단사(段差) 단차, 턱짐
단세이(弾性) 탄성
단스(箪笥) 옷장, 장롱
담뿌도락구(ダンプトラック) 덤프트럭
답빠(建端) 높이, 처마높이, 상단
답뿌(タップ) 탭
닷뿌방(タップ盤) 단자판
당가(担架) 들것
당고바리(団子張り) 떠붙이기(타일)
당고오(談合) 담합
당기리(段切り) 층단깎기
당낑(単筋) 단철근
대스리꼬(手摺子) 난간살
데구루마(手車) 손수레
데꼬(挺子) 지렛대, 지레
데꼬보꼬(凹凸) 요철, 올록볼록
데꾸바리(手配) 준비, 배치
데끼다까(出來高) 기성고(既成高)
데나오시(手直し) 재손질
데네리(手練り) 삽비빔, 인력비빔
데누끼(手抜き) 날림
데다라메(でたらめ) 엉터리, 함부로
데마(手間) 품
데마도(出窓) 내닫이창, 출창
데마도리(手間取り) 품팔이(꾼)
데마와시(手回し) 준비, 채비, 수배
데마존(手間損) 헛수고
데마찌(手待ち) 대기, 기다림
데마찡(手間賃) 품삯
데모도(手元) 조공, 조력공
데모도리(手戻り) 다시하기
데보리(手堀) 손파기, 인력굴착
데비까에(手控) 축소, 예비
데스리(手すり) 난간, 난간두겁
데스리빠이쁘(手すりパイプ) 난간관, 난간파이프
데스미(出隅) 모서리(코너)
데쓰이다(鉄板) 철판
데아끼(手明き) 일이 없어 쉬는 것
데우찌(手打ち) 손치기, 인력 치기
데즈라(出面) 출역(出役)
데지가이(手違い) 착오, 차질
데쯔가부도(鉄帽) 안전모
데쯔고오지(鉄格子) 쇠창살
데쯔마꾸라기(鉄枕木) 철침목
데카시메(手締め) 人力리벳치기
데하바(出幅) 달아내기
덴마도(天窓) 천창
덴바(天端) 상단 · 윗면(上面)
덴아쓰(転圧) 전압
덴자이(填材) 채움재
덴죠오(天井) 천장
덴죠오가와(天井川) 천장천, 모래내
덴죠오시다지(天井下地) 천장틀
덴지(電磁) 전자
덴찌(電池) 전지, 회중 전등
뎃고오(鉄工) 철공
뎃고쯔고오지(鉄骨工事) 철골 공사
뎃낑(鐵筋) 철근
뎃낑고오지(鐵筋工事) 철근 공사
뎃낑공구리또(鉄筋コンクリート) 철근 콘크리트
뎃빵(鉄板) 철판
뎃뽀오(鉄砲) ① 리벳해머 ② 짐통
뎃세이가다와꾸(鉄製型枠) 강제 거푸집
도(戸) 문짝, 도어
도가다 토공(土工)
도가이(度外) 등외(等外) 벽돌
도구루마(戸車) 문바퀴, 호차
도깡(土管) 토관, 오지관
도꼬(床) 마루 · 하상(河床)

도꼬보리(床堀) 터파기
도꼬시메(床締め) 바닥다짐
도꼬오(斗拱) 공포(拱包)
도꼬오(土工) 토공
도꼬오지(土工事) 토공사
도꼬즈께(床付け) 터잡기
도꾸리쯔기소(独立基礎) 단독 기초
도꾸이(得意) 단골
도끼다시(研出) 갈기, 갈아내기
도낑(頭巾) 방추형 기둥머리
도노고도시(砥如) 판판 대로(大路)
도노꼬(土粉・砥粉) 토분
도노꼬누리(土粉塗) 토분먹임
도다나(戸棚) 선반, 찬장
도다이(土台) 토대
도다이이시(土台石) 토대석
도당(土丹) 함석, 아연철판
도당야네(土丹屋根) 함석지붕
도도리(土取り) 객토, 토취
도도리바(土取場) 토취장
도도메(土止) 흙막이(防築)
도라(虎) 버팀줄(인장재)
도라이바ドライバー) 나사돌리개
도라즈나(虎綱) 스테이
도라지리(虎尻) 가이데릭
도로(泥) 시멘트 페스트
도랏구(トラック) 트럭, 鑛車
도로누끼(泥抜き) 흙받이
도로바꼬(泥箱) 흙상자
도로뿌함마(ドロップハンマー) 떨공이
도로쯔메(泥詰) 모르더 충전(充塡)
도리구미(取組) 대처
도리구즈시고오지(取崩し工事) 철거 공사
도리루(ドリル) 드릴, 송곳
도리사게(取下げ) 취하, 철회
도리아이부(取合部) 접합부(接合部)
도리쯔께(取付け) 고정, 장치
도리하즈시(取外し) 해체, 분해
도마(土間) 다짐바닥, 토방
도메(留め) 연귀
도메가나구(止金具) 긴결 철물
도메구(留具) 연귀, 물림쇠, 멈춤쇠
도모리(土盛) 흙쌓기
도바리(帳) 방장, 장벽
도보꾸고오가꾸(土木工学) 토목 공학
도보꾸자이료오(土木材料) 토목 재료
도보소(枢) 문, 문짝, 문동개
도부꾸로(戸袋) 두껍닫이
도비(鳶) 비계공
도비라(扉) 문(짝)
도비바리(飛梁) 홍예보, 충보(衝梁)
도비사시(土庇) 차양
도비이시(飛石) 디딤돌, 징검돌
도샤(土砂) 토사
도샤죠오(土捨場)
도소오고오지(塗装工事) 도장공사
도아다리(戸當) 문소란
도아다리샤꾸리(戸當りしゃくり) 문받이 턱
도오가꾸(撓角) 휨각
도오게(峙) 마루턱(도리)
도오고오(導坑) 도갱
도오깡(陶管) 도관
도오료오(棟梁) 도편수
도오부찌(胴緣) 띠장
도오시바시라(通柱) 통재기둥
도오야(搭屋) 탑옥, 펜트 하우스
도오자시(胴差) 층도리
도오쯔게(胴突) 달구질
도오쯔끼(胴突) 달구질, 달굿대
도오카센(導火線) 도화선
도와꾸(戸枠) 문틀
도이(土居) 흙담, 둑
도이(桶) 홈통, 물받이
도이다(戸板) 덧문짝
도이시(砥石) 숫돌
도이우께다이(桶受台) 물받이대
도죠오(土壌) 토양
돔보 ① 돌공사 : 마무리망치 ② 토공사 : 터파기 계측자 ③ 미장 공사 : 여물(苧) ④ 목공사 : T형 보강철물
돗데(把手) 핸들, 손잡이
돗데이(突堤) 돌제
돗바리(突張) 버팀대

〔ㄹ〕

라셍뎃낑(螺旋鉄筋) 나선 철근
라스(ラス) 철망, 라스
라이깡(雷管) 뇌관
라이닝구(ライニング) 라이닝
라이뜨(ライト) 조명
라지에타(ラジエータ) 방열기
란깡(欄干) 난간
란깡마도(欄干窓) 퇴창
란소오쯔미(乱層積み) 난층쌓기
란쯔미(乱積み) 막쌓기
람마(欄干) 고창(高窓), 교창
랏빠(喇叭) 나팔
랩핑(ラッピング) 포장
레끼세이(瀝青) 역청
레에루와다시(レール渡し) 레일도
렌조꾸기소(連続基礎) 줄기초
렌지(連子) 창살
렌지마도(連子窓) 살창, 연자창
렝가(れんが, 煉瓦) 벽돌
렝가고데(煉瓦こて) 벽돌 흙손
렝가고오조오(煉瓦構造) 벽돌 구조
렝가고오지(煉瓦工事) 벽돌 공사

렝가와리(煉瓦割り) 벽돌 나누기
렝가죠오(煉瓦造) 벽돌 구조
렝가쯔꾸리(煉瓦造) 벽돌조
렝가쯔미(煉瓦積み) 벽돌 쌓기
로까(ろ過) 여과
로까기(ろ過器) 여과기
로까다, 로껭(路肩) 노측대, 노견
로까마꾸(ろ過幕) 여과막
로까스나(ろ過砂) 여과 모래
로까자이(ろ過材) 여과재
로까지(ろ過池) 여과지
로꾸(陸) 수평
로꾸다니(陸谷) 모임골, 홈
로꾸로(ろくろ) 고패, 도르래
로꾸로다이(ろくろ台) 물레, 녹로대
로꾸부가꾸(六分角) 육푼각
로꾸부이다(六分板) 육푼널
로꾸야네(陸屋根) 평지붕, 슬래브
로꾸인치브로꾸(六インチブロック) 六인치 블록
로꾸즈미(陸墨) 수평먹(줄)
로다이(露台) 발코니
로뎅(露点) 노점, 이슬점
로링(ローリング) 압연(壓延)
로스(ロス) 손실
로오까(廊下) 복도, 낭하
로오까겐쇼오(老化現状) 노화 현상
로오소꾸다데지교오(蝋燭立地業) 촛대지정
로오찡(労賃) 노임
로지(路地) 골목길
로지(露地) 통로
로지우라(路地裏) 골목안
료오비라끼(両開) 쌍여닫이, 쌍바라지
료오소데(両袖) 양수 책상
루바(ルーバ) 루우버, 미늘문
루베, 류우베이(立米) 입방미터(m3)
류우센가다(流線形) 유선형
류우쯔보(立坪) 입방평
리구아게(陸揚) 양육
리꾸바시(陸橋) 육교, 구름다리
리꾸야네(陸屋根) 평지붕
리벳도데우찌(リベット手打ち) 리벳 손치기
리벳도아나(リベット穴) 리벳구멍
리벳도우찌(リベット打ち) 리벳치기
리야카(リヤカー) 손수레
리쯔멘즈(立面図) 입면도
린보꾸(輪木) 층가름대
릴리프바루부(レリーフバルブ) 안전 밸브
릿쯔보(立坪) 입평(6立方尺)
릿타이토라스(立体トラス) 입체 트러스

〔ㅁ〕

마(間) 사이, 간, 실(室)
마가네(直矩) 직각
마가리(曲り) ① 구부림, 변형, ② 한쪽이 굽은 타일, ③ 엘보
마가리가네(曲尺) 곱자
마가리나오시(曲直し) 변형잡기
마고우께(孫請) 재하도급
마구사(まぐさ) 문미, 인방
마구사바리(まぐさ梁) 인방보
마구사이시(まぐさ石) 인방돌
마구찌(間口) 내림, 폭(도로면)
마그넷또(マグネット) 자석
마그넷또보당(マグネットボタン) 기동 단추
마꾸라(枕) 받침목
마꾸라기(枕木) 침목
마꾸라사바끼(枕さばき) 인방붙임
마끼(巻) 두루마리 · 권(卷)
마끼가에(巻返) 되감기
마끼도리(巻取り) 두루마리, 권
마끼아게기(巻上機) 윈치
마끼아게도(巻上戸) 롤링 셔터
마끼자꾸(巻尺) 테이프자, 줄자
마나기(眞) 굽은 목재를(자귀나 대패로 깎아) 곧게 하는 일. 후리질
마나까(間中) 반칸(半間)
마다구기(また釘) 거멀못
마다라(斑) 얼룩, 반점
마다우께(又請, 復請) 하도급
마도(窓) 창
마도다이(窓台) 창대, 창문지방
마도리(間取り) 간살잡기
마도메(纏め) 막음질, 결착
마도와꾸(窓枠) 창틀
마루(丸) 둥근
마루간나(丸かんな) 원형 대패
마루끼(丸木) 통나무
마루나게(丸投) 부금처리
마루내 죽
마루노꼬(丸鋸) 둥근(동력)톱
마루노미(丸鑿) 둥근 끌
마루다께(丸竹) 통대
마루덴조(丸天井) 돔, 둥근 천정
마루도(丸刀) 둥근칼
마루메지(丸目地) 오목줄눈
마루메지고데(丸目地こて) 오목줄눈흙손
마루멩(丸面) 둥근면
마루벤찌 둥근 펜치(piler)
마루보오(丸棒) 둥근봉
마루비끼 원목 자르기
마루빠지(丸ー) 원형 세면기
마루사(丸・円) 둥금(정도)
마루야네(円屋根) 돔, 둥근 지붕
마루오도시(円落し) 오르내리 꽂이쇠
마루와(円環) 둥근고리, 고리
마루자이(丸材) (껍질만 벗긴) 통나무

마루타(丸太) 통나무
마루타아시바(丸太足場) 통나무비계
마메이다(豆板) 곰보(판)
마바시라(間柱) 샛기둥, 간주
마사(磨砂) 석비례
마사끼(まさき) 사철나무
마사메(まさ目) 곧은 결
마샤꾸(間尺) 계산, 비율, 치수
마스가다(斗形) 두공, 통자루, 쪼구미
마스구미(□組) 공포(拱包), 두공
마시가꾸(真四角) 정사각형
마시끼리(間仕切) 간막이(벽)
마에가리(前借) 가불
마와리가이당(回り階段) 나선계단
마와리부찌(回り縁) 돌림대
마찌고바(町工場) 영세 공장
마항(間半) 반칸
마후다쯔(真二) 딱 절반, 두동강
만나까(真中) 한가운데
만리끼(万力) 바이스
만마루(真丸) 아주 동그람
맛다다나까(真只中) 한가운데, 고비
맛스구(真直ぐ) 똑바로, 곧장
메(目) 눈
메가꾸시(目隠し) 가리개, 보호책
메가네(目鏡) 연결 철물, 복스 렌치
메가네바시(目鏡橋) 아치형 다리
메가네이시(目鏡石) 구멍돌
메까라이 흙탕
메까타(目方) 무게, 중량
메꾸라가베(盲壁) 민벽
메꾸라마도(盲窓) 벽창호
메꾸라메지(盲目地) 민줄눈
메꾸라앙교오(盲暗渠) 맹암거, 속도랑
메다데(目立) 날세우기
메도메(目止) 눈먹임
메도오리(目通り) 눈높이
메마와리(目回り) 갈림(나이테 따른)
메모리(目盛) 눈금
메바리(目張り) 틈막이
메스콘(めすコーン) 암코운
메이다(目板) 오리목, 틈막이대
메이보꾸(銘木) 우량목재
메자이(目材) 줄눈, 조인트
메지가네(目地金) 줄눈대(쇠)
메지고데(目地こて) 줄눈 흙손
메지보리(目地掘) 줄눈파기
메지보오(目地棒) 줄눈대(쇠)
메지와리(目地割り) 줄눈나누기
메지쯔기메(目地繼目) 줄눈
메쯔모리(目積) 눈대중
메쯔브시(目潰) 틈막이, 틈메꿈
메쯔브시자리(目潰砂利) 틈막이 자갈(잡석 지정)
메쯔찌(目土) 뗏밥
메찌가이호조(目違いほぞ) 턱솔장부
멕기(めっき) 도금(鍍金)
멘(面) 목귀, 모접이
멘가와바시라(面皮柱) 네귀에 수피를 남긴 기둥
멘기(面器) 면대
멘나라시(面均し) 면고르기
멘도리(面取り) 모접기, 목귀질
멘도리간나(面取りかんな) 쇠시리 대패
멘도이다(面戸板) 착고막이판
멘시아게(面仕上) 면마무리
모가리(虎落) 대울짱
모구리(潜り) 잠수, 잠수부
모꾸고오지(木工事) 목공사
모꾸네지(木捻子) 나무 못
모꾸렝가(木煉瓦) 나무벽돌
모꾸리(木理) 나뭇결
모꾸메(木目) 나무결
모꾸소꾸(目測) 목측
모노사시(物指) 자, 척도, 기준
모도구찌(元口) 밑마구리
모도리(戻り) 연화(軟化, 도장공사의)
모도우께(元請) 원도급(자)
모루 줄무늬 유리
모루따루 모르타르
모리가에(盛替) 보강, 비계옮김
모리도(盛土) 흙쌓기
모리쯔께(盛付け) 눈새김
모리쯔찌(盛土) 흙쌓기, 흙돋움
모미지(紅葉) 단풍
모부라 못쓸 벽돌
모야(母屋) 중도리, 추녀안
모야즈까(母屋束) 동자기둥
모요오(模様) 모늬, 모양
모자이(母材) 모재
모찌꼬미(持込み) 안고돌기, 지참
모찌다시쯔미(持出積み) (벽돌) 내쌓기
모찌방(持番) 당번, (담당할)차례
모찌오꾸리(持送り) 까치발
모찌하나시(持放し) 돌출부
목고(持籠) 목도, 삼태기
목고오지(木工事) 목공사
목낑공구리또(木筋コンクリート) 목근 콘크리트
목소구(目測) 목측
몽가마에(門構) 대문, 솟을대문
몽껭 떨공이, 낙하메
몽키 떨공이, 낙하메
무가다(無形) 민모양
무께이(無形) 민모양
무꾸리(起り) 만곡, 치올림
무나가와라(棟瓦) 용마루기와
무나기(棟木) 마룻대, 종도리

무네(棟) 용마루, 지붕마루
무네아게(棟上) 상량(上梁)
무라기리(斑切り) 솔질(도장)
무라나오시(斑直し) 고름질(미장)
무라도리(斑取り) 얼룩빼기
무료오방(無梁板) 플랫·슬래브
무메가모이(無目鴨居) 홈이 없는 상인방
무부시자이(無節材) 옹이 없는 판(각)재
무시로(筵) 거적, 멍석
무키간료오(無機顔料) 무기 안료
무킹콩구리또조오(無筋コンクリート造) 무근 콘크리트조
문바시라(門柱) 문기둥
문비(門扉) 문짝
문와꾸(門枠) 문틀
미가께(見掛) 외관
미가끼이다(磨板) 마감판
미가끼판(磨板) 마감판
미기리(みきり)섬돌, 石階, 경계
미꼬미(見込み) 안기장
미끼리(見切り) 끝머리, 절두목
미끼리부찌(見切り縁) 선(線)두름
미나라이(見習) 견습, 수습
미다시공구리(見出コンクリート) 제치장 콘크리트
미도리즈(見取図) 목측도(目測圖)
미미시바(耳芝) 갓떼
미미이시(耳石) 갓돌
미아이(見合) 균형, 대면
미에(見) 외관, 겉보기
미에(三重) 삼중, 세겹
미에가까리(見掛り) 보이는 부분
미에가꾸레(見絵隠れ) 안보이는 부분
미조가다고(溝形鋼) 채널, ㄷ자 형강
미조가시(溝樫) 홈대
미조호리기(溝彫機) 줄파기, 개탕기계
미즈(水) 수평(면)선
미즈까에(水替え) 물푸기, 양수
미즈끼리(水切り) 물끊기
미즈네리(水練り) 물비빔
미즈누끼(水貫) 규준대, 수평띠장
미즈누끼아나(水抜穴) 물빼기 구멍
미즈다다기(水叩き) 물다짐
미즈다레(水垂れ) 물흘림
미즈다마리(水溜り) (물)웅덩이
미즈모리(水盛り) 수평보기, 수준기
미즈미가끼(水磨き) 물갈기
미즈바리(水張り) 물채우기
미즈삐빠(水研磨紙) 물연마지
미즈스미(水墨) 수평 표시 먹
미즈아와세(水合せ) 새벽흙비빔
미즈와리(水割り) 물타기
미즈이도(水糸) 수평실, 수평줄
미즈지메(水締め) 물다짐
미즈토기(水研ぎ) 물갈기
미즈토리(水取り) 옥상배수
미쯔가도(三角) 삼각, 삼거리
미쯔끼(見付き) 외관, 겉보기
미쯔모리(見積り) 견적, 어림
미찌부싱(道普請) 도로 공사
미찌이다(みち板) 발판, 비계널
미홍(見本) 견본, 표본

〔ㅂ〕

바가보(馬鹿棒) 눈금대, 자막대
바께쓰(バケツ) 양동이, 버킷
바네(発条) 용수철, 탄력
바네쯔끼죠오방(発条付丁番) 자유경첩
바다(端太) (거푸집)멍에재
바다가꾸(端太角) 소각재(小角材)
바라시(ばらし) 뜯기, 해체
바라이다(散板) 널·판자(거푸집)
바라쯔기(ばらつき) 들쭉날쭉
바쇼우찌(場所打ち) 현장치기
반센(番線) 결속(철)선
반셍히끼(番線引き) 번선치기
발근(拔根) 뿌리뽑기
방(版) 슬래브
방까이(挽回) 만회
방낑고오조오(板金構造) 강판 구조물
베니야이다(ベニヤ) 합판
베니이다(ベニヤ板) 합판
베다기소(べた基礎) 온통기초
베다보리(べた堀) 온통파기
베다지교오(べた地業) 온통지정
벤또(弁当) 도시락
벳또고오지(別途工事) 별도 공사
벵가라(べんがら) 빨강칠, 朱土
벵끼(ペンキ) 변기
보까시(ぼかし) 바림, 불명, 선염(渲染)
보당(ボタン) 단추
보당핀셋또(ボタンピンセット) 고정집게
보로(ぼろ) 걸레, 넝마
보루또시메(ボルト締め) 보울트 죄기
보오고사꾸(防護柵) 방호책
보오고오(棒鋼) 봉강
보오세이도료(防せい塗料) 녹방지 도료
보오스이사이(防水剤) 방수제
보오스이오사에(防水押え) 방수 피복
보오싱기소(防振基礎) 방진 기초
보오쯔끼(棒突き) 막대다짐
보오후사이(防腐剤) 방부제
보오후쇼리(防腐処理) 방부 처리
보자이(母材) 모재
복스(ボックス) 복스 렌치
본사이(盆栽) 분재
뵤오(鋲) 리벳

뵤오데우찌(鋲手打ち) 리벳 손치기
뵤오아나(鋲孔) 리벳 구멍
뵤오우찌(鋲打ち) 리베팅
뵤오우찌끼(鋲打機) 리베터, 리벳기
뵤오쯔기(鋲継ぎ) 리벳이음
부가까리(歩掛り) 품셈
부기레(分切れ) 치수미달
부도마리(歩留り) 생산성(원료에 대한 제품의 비율)
부라사게(ぶらさげ) 꼬리손잡이
부이찌(分一) 축적
부토(敷土) 덮인 흙(건축) 표토(토목)
분빠이(分配) 나누기, 분배
분삐쯔(分筆) 필지 분할
분산자이(分散剤) 분산제
붓다꾸리(総長) 전체의 길이
브리끼(ぶりき) 함석, 생철
비리 잔자갈, 골찌
비샹(びしゃん) 잔다듬메(석공사)
비샹다다끼(びしゃん叩き) 표면고르기
빠데(パテ) 퍼티
빠데가이(パテ飼) 퍼티맴
빠데도메(パテ止) 유리끼기
빠아루(パール) 노루발 못빼기
빠이루함마(パールハンマー) 말뚝해머
빠이쁘아시바(パイプ足場) 파이프 비계
삐아기소(ピア基礎) 우물통기초
삐아노센(ピアノ線) 피아노선
삥고오조오(ピン構造) 핀구조
삥셋고오(ピン接合) 핀접합
삔쯔기데(ピン継手) 핀접합

〔ㅅ〕

사게소, 사게오(下苧) 여물
사게후리(下振) 다림추
사게후리이도(下振糸) 춧줄
사구리(探り・捜り) 짚어보기
사까메(逆目) 엇결
사까메구기(逆目釘) 가시못
사깡(左官) 미장공, 미장이
사깡고오지(左官工事) 미장공사
사꾸강끼(鑿岩機) 착암기
사꾸라 킨넨 활차(널말뚝치기)
사꾸셍(鑿井) 착정, 볼링
사네쯔끼(実接ぎ) 은촉붙임
사네하기(さねはぎ) 개탕붙임
사라네지고데(皿ねじこて) 평줄눈 흙손
사라리벳도(皿リベット) 민리벳
사루도(猿戸) 비녀장문
사루바미(さるばみ) 껍질박이
사부로꾸(3×6) 3′×6′, 석자여섯자
사비(さび) 녹
사비도메(さび止) 녹막이
사비도메누리(さび止塗) 녹막이칠
사사라게다(さび桁) 계단측판
사시가게야네(差掛屋根) 달개지붕
사시가네(指矩) 곱자, 곡척
사시구찌(差口) 낌구멍
사시꼬미(差込み) 꽂이쇠, 콘센트
사시낑(差筋) 삽입근(挿入筋)
사양서(仕様書) 시방서(示方書)
사오부찌(さお縁) 반자틀
사이(才) 재(才)
사이가시겡(載荷試験) 재하시험
사이뉴우사쓰(再入札) 재입찰
사이도리(才取り) 조수(목공, 미장)
사이레이(才令) 재령
사이세끼(砕石) 부순돌
사이세끼(採石) 채석
사이세끼바(採石場) 채석장
사이코쓰자이(細骨材) 잔골재
사카마키(逆巻き) 逆라이닝
사카사(逆さ) 인버트
사키후싱(先普請) 선행동바리
산(桟) 띳장, 살(문), 비녀장
산바시(桟橋) 잔교
산승(三寸) 세치
산승가꾸(三寸角) 세치각
산시고(3.4.5) 3.4.5 비율의 직삼각형 널빤지
산스이(散水) 살수(撒水), 물뿌리기
삼마다(三叉) 세발
삼방(3番) 3번
삼부(三分) 세푼
삼부이다(3分板) 3푼널
샤꾸리(しゃくり) 홈파기
샤꾸리간나(しゃくりかんな) 홈파기 대패
샤꾸즈에 장척(長尺)
세꼬오(施工) 시공
세꼬오게이가꾸(施工計画) 시공계획
세꼬오난도(施工軟度) 시공연도
세꼬오즈(施工図) 시공도
세끼사이가쮸우(積載荷重) 적재하중
세끼사이바고 적재상자
세끼상(積算) 적산
세끼이다(堰板) 거푸집널, 흙막이널
세끼자이(石材) 석재
세끼훈(石粉) 돌가루
세리(せり) 아치
세리모찌(せり持ち) 홍예
세리쯔미(せり積み) 아치틀기
세미(蟬) 고패, 도르래(骨車)
세슈(施主) 건축주
세오야꾸(世話役) 기능장(機能長), 작업 반장
세유(施釉) 시유

세이(背·成) 춤
세이가쥬우(正荷重) 정하중
세이다(背板) 죽널
세이뎃낑(正鉄筋) 정철근
세이로오구미(せいろう組) 귀틀벽
세이소오쯔미(整層積み) 바른층쌓기
세이자이(製材) 제재
세키리(石理) 돌결
세키멘(石綿) 석면
섹가이(石灰) 석회
섹게이구깡(設計區間) 설계구간
섹게이기중고오도(設計基準强度) 설계기준 강도
섹게이즈(設計図) 설계도
섹고오(接合) 접합
섹꼬오반(石膏斑) 석고판
센(せん) 비녀장, 산지못
센구즈(せん屑) 방청제
센단료꾸(せん断力) 전단력
센방(旋盤) 선반
센이방(せんい板) 섬유판
센자이(線材) 선재
센죠(洗滌) 세척
센캉(潜函) 공기 케이슨, 잠함
센캉기소(潜函基礎) 잠함기초, 케이슨
셋짜꾸자이(接着剤) 접착제
셋팅(セッティング) 장치, 고정
소고쯔자이(粗骨材) 굵은 골재
소꾸멘즈(側面図) 측면도
소기이다(殺板) 지붕널
소꾸료오(測量) 측량
소데(そで) 팔걸이
소데가베(袖壁) 측벽, 담장벽
소도노리(外法) 바깥길이
소도도이(外桶) 홈통 물받이(처마밖)
소도비라끼(外開き) 밖여닫이
소로방기(算盤木) (기초 말뚝의 위에 건너 지른) 가로재
소리(反り) 휨, 변형
소리야네(反り屋根) 욱은지붕
소마도리(そま取り) 도끼별
소바(側) 측면
소보리(素堀) 흙막이 없는 터파기
소에끼(副木·添木) 부목, 받침대
소에이다(添板) 덧판
소오꼬오자이(早强劑) 조강제
소오보리(総堀り) 온통파기
소오지(掃除) 청소
소지(素地) 바탕, 기초
소지고시라에(素地こしらえ) 바탕만들기
속가꾸(息角) 휴식각
쇼꾸닝(職人, 職方) 기능공
쇼멘즈(正面図) 정면도
쇼오부(勝負) 결판, 승부
쇼오사이즈(詳細図) 상세도
쇼오지(障子) 장지, 미닫이
쇼오항(床板) 슬래브
슈뎃낑(主鉄筋) 주철근
슈우스이도오(取水塔) 취수탑
슈킹(主筋) 주철근
슝꼬오(竣工) 준공
슝꼬오시끼(竣工式) 준공식
슝꼬오즈(竣工図) 준공도
스(巣) 골보, 공동(空洞)
스기(杉) 삼나무
스까시(透し) 오려(도려)내기
스까시보리(透彫り) 투각(透刻), 섭새김
스까시보리란마(透彫り欄間) 투조로된 교창
스끼도리(鋤取) 터고르기
스끼마(隔間) 틈새
스끼이다(すき板) 무늬목
스나(砂) 모래
스나가베(砂壁) 새벽
스나구이(砂杭) 샌드파일
스나지교(砂地業) 모래지정
스다레기리(簾切り) 정줄다듬
스데공구리(捨コンクリート) 밑창 콘크리트
스데도다이(捨土台) 통나무지정
스데바(捨場) 사토장
스데바리(捨張り) 바탕깔기, 바탕붙임
스데소로방(捨算盤) 통나무기초
스데이시(捨石) 사석
스리가라스(すりガラス) 간유리, 젖빛 유리
스미(墨) 먹긋기
스미갓쇼(隅合掌) 귓자보
스미고오바이(隅勾配) 귀물매
스미기(隅木) 추녀, 귀잡이 판재
스미기리(隅切り) 모따기, 면접기
스미나와(墨縄) 먹줄
스미니꾸(隅肉) 필렛, 모살용접
스미다시(墨出し) 먹매김
스미다이(隅台) 구석탁자
스미도리(隅取り) 모따기
스미무네(隅棟) ㅅ자보
스미바리(隅梁) 귓보
스미바시라(隅柱) 모서리 기둥
스미사시(墨指) 먹칼
스미우찌(墨打ち) 먹줄치기
스미이시(隅石) 귓돌·갓돌
스미즈께(隅付け) 굽받침
스미쯔께(墨付け) 먹줄치기
스미쯔보(墨壺) 먹통, 묵두(墨斗)
스베리도메(滑り止め) 미끄럼막이, 논슬립
스보리(素堀) 온통파기
스사(すさ·寸莎) 여물
스에구찌(末口) 끝마무리, 끝지름, 밑마구리
스에마에(据前) 돌붙임

스에쯔께(据付け) 설치 · 붙박이
스이로(水路) 수로
스이미쯔세이(水密性) 수밀성
스이세이도료오(水性塗料) 수성 도료
스이센(水栓) 급수전
스이아쯔(水圧) 수압
스이죠꾸가쥬우(垂直荷重) 수직 하중
스이준기(水準器) 수준기
스이준뗑(水準点) 수준점
스이지바(炊事場) 취사장, 부엌
스이쮸우요오죠오(水中養生) 수중 양생
스이헤이멘(水平面) 수평면
스이헤이스지까이(水平筋かい) 수평가새
스즈메아시바(雀足場) 외줄비계
스지까이(筋交 · 筋かい) 가새, 사재
스지시바(筋芝) 줄떼
스카프쯔기(スカーフ継ぎ) 엇빗이음
스테바(捨場) 사토장(捨土場)
슨도메(寸留) 치끊기
슨뽀오(寸法) 치수
승기리(寸切り) 토막, 동강이
승시치다루끼(寸七たる木) 1치7푼 서까래
시가께(仕掛) 책, 편비내, 수책
시구찌(仕口) 맞춤, 접합
시껭가쮸우(試験荷重) 시험하중
시껭구이(試験杭) 시험말뚝
시껭보리(試験堀) 시험파기
시꼬로이다(綴板) 미늘판, 루버
시끼게다(敷桁) 깔도리
시끼나라베(敷並べ) 펴깔기, 포설
시끼나라시(敷均し) 펴고르기
시끼다이(敷台) 현관마루
시끼리(仕切り) 간막이
시끼리가베(仕切壁) 간막이벽
시끼바리(敷梁) 평보, 층보
시끼빠데(敷パテ) 받침퍼티
시끼이(敷居) 문지방, 문턱
시끼이다(敷板) 청널
시끼이시(敷石) 깐돌, 포장석
시끼찌(敷地) 대지, 부지
시나이(竹刀) 대형판(帶形板)
시노비가에시(忍返し) 철책, 담장
시다가마찌(下かまち) 밑막이
시다고야(下小屋) 일간
시다누리(下塗) 초벌칠, 초벽
시다마와리(下回り) 밑둘레
시다미(下見) 미늘판벽
시다미이다(下見板) 미늘판
시다바(下端) 밑면
시다바리(下張り) 바탕바르기, 초배
시다우께오이(下請負) 하도급
시다우꼐(下請) 하도급(下都給)
시다지(下地) 바탕
시다지고시라에(下地こしらえ) 바탕만들기
시다지누리(下地塗) 바탕바름
시다지도오부찌(下地胴縁) 중도리
시라다(白太) 변재, 백태재
시로(代) 재료, 기초
시로(白) 백색
시로꾸(4×6) 4×6재(才)
시로오도(素人) 초심자, 아마추어
시료오(試料) 시료, 샘플
시마고오황(縞鋼板) 줄무늬강판
시마이(仕舞, 終) 마감, 끝맺음
시메(締) 조이기, 조짐
시메끼리(締切り) 물막이공
시바(芝) 잔디
시보리(絞) 조이기
시부이다(四分板) 너푼널
시부이찌(四分一) 졸대
시비고데(至微こて) 줄눈 흙손
시스이이다(止水板) 지수판
시아게(仕上げ) 마무리, 끝마감
시아게간나(仕上げかんな) 치장대패
시와께(仕分) 구분, 분류
시요오쇼(仕様書) 시방서(示方書)
시쥰센(視準線) 시준선
시즈미기레쯔(沈亀裂) 침하 균열
시지구이(支持杭) 베어링 파일
시지료꾸(支持力) 지지력
시쮸(四柱) 우진각 지붕
시쮸(支柱) 서포트, 지주
시찌고(7 · 5) 7 · 5토막(벽돌)
시찌부(7分) 7푼
시테이교오도(指定强度) 지정 강도
시호고오(支保工) 동바리공, 지보공
신가다(新形 · 新型) 신형
신다시(芯出し) 심내기
신데쓰(伸鐵) 재생강재
신도오끼(振動機) 진동기
신마이(新前) 풋내기, 신출내기
신슈꾸조인또(伸縮ジョイント) 신축 이음
신즈까(眞束) 왕대공
신즈까고야구미(眞束小屋組) 킹포스트, 트러스
신쮸우(真ちゅう) 놋(쇠), 황동
신쮸부러시(真ちゅうブラシ) 놋쇠솔
신쯔보(真坪) 건평(建坪)
심보구이우찌(真棒杭打ち) 말뚝다짐
심보오(心棒) 굴대, 축(軸)
싯꾸이(しっくい) 회반죽
싱가베(心壁) 심벽
싱고오끼(信號旗) 신호기
싱고오쇼(信號所) 신호소
싱즈미(芯墨) 심먹(中心線)
싱크대(シンク台) 개수대
쓰르바라(蔓薔薇) 덩굴장미
쓰미(積み) 쌓기

쓰야게시누리(つや消し塗) 무광칠
쓰야다시(つや出し) 광내기
쓰찌스데바(土捨場) 사토장

〔ㅇ〕

아가리(上り) 종료, 일단락
아게사게마도(上下窓) 오르내리창
아게이시 따낸돌
아고가끼(あご欠き) 쌍턱걸지
아고(あご) 턱, 터(비탈면 등에 기계를 앉힐 장소)
아까(赤) 빨강
아까렝가(赤煉瓦) 심재(心材)
아까보(赤帽) 짐꾼
아나구리(孔繰り) 구멍가심
아나방(孔板) 구멍 철판, PSP판
아나사라이(孔さらい) 구멍가심
아다리(あたり) 맞닿기
아다마(頭) 머리, 우두머리
아데(当) 덧댐
아데기(当木) 보호캡(말뚝)
아데방(当盤) 벅커(bucker)
아데방(当板) 두겁대
아도가다즈께(後片付け) 마무리
아도도리(後取り) 뒤차지
아도시마쯔(後始末) 마무리
아라가베(荒壁) 초벽
아라간나(荒かんな) 거친대패
아라게즈리(荒削り) 건목치기
아라나라시(荒均し) 초벌고르기
아라다메구찌(改口) 점검구
아라뻬빠(荒ペーパー) 거친 연마지
아라시꼬(荒仕子) 막대패
아라이다시(洗出し) 씻어내기
아라이시(荒石) 뗀돌
아라이쟈리(洗砂利) 씻은 자갈
아리간나(蟻かんな) 홈대패
아리쯔기(蟻継ぎ) 주먹장이음
아리호조(蟻ほぞ) 주먹장부
아마구미(阿摩組) 운두, 까치발
아마도(雨戸) 빈지문
아마오사에(雨押え) 비흘림
아마오찌(雨落し) 낙수받이
아마이(甘い) 불량(접합)
아마지마이(雨仕舞い) 바아무림
아미(網) 그물
아미도(網戸) 그물문, 망창
아미후루이(網ふるい) 망체
아바다(痘痕) 곰보, 허니컴
아바라낑(助筋) 늑근, 스타람
아사가오(朝顔) 깔대기, 소변기
아소비(遊び) 대기, 공침
아시가다메(足固め) 밑둥잡이
아시가다메누끼(足固貫) 밑둥잡이꿸대
아시가라메(足からめ) 밑둥잡이
아시가쯔요이(足が強い) 메, (차)지다
아시바(足場) 비계
아시바마루따(足場丸太) 비계목, 비계장나무
아시바이다(足場板) 비계발판
아시바자이(足場材) 비계목
아아크(白華) 백화(百花)
아엔뎃빵(亜鉛鉄板) 함석
아오리(煽り) 갈구리걸쇠
아오리도메(煽止) 문버팀쇠
아오리이다(煽板) 종마루 누름대
아오샤싱(青寫眞) 청사진
아와세바리(合せ梁) 合成보
아와콘크리트(泡コンクリート) 기포 콘크리트
아유미이다(歩板) 비계발판, 디딤널
아이가끼(相欠き) 반턱, 사모턱
아이가다고오(I形鋼) I형강
아이구찌(合口) 맞댐자리, 접촉부
아이바(合端) 접촉부, 맞물림 부분
아이샤구리(合しゃくり) 반턱쪽매(접합)
아이즈(合図) 신호, 시그날
아제(畦・畔) 턱(개탕)
아제구라(校倉) 귀틀벽 창고
아제리이다(阿迫板) 판벽판
아제비끼노꼬(畦挽鋸) 개탕톱
아지로(網代) 발, 삿자리
아지로(足代) 비계
아후리이다(障泥板) 비흘림판
안동(行灯) 사방등, 사방장부촉
안솟가꾸(安息角) 휴식각
안젠가쥬우(安全荷重) 안전 하중
안젠리쯔(安全率) 안전율
안젠벤(安全弁) 안전변
앗슈쿠자이(圧縮材) 압축재
앙꾜(暗渠) 암거
앙꼬오도이(あんこう樋) 깔때기 홈통
야(矢) (돌공사) 정, 쐐기
야(箭) (목공사) 쐐기, 살
야구라(櫓) 네모틀, 망대
야기리(矢切り) 철책(담장)
야겐보리(藥研堀) V자형 도랑(溝)
야끼섹고오(燒石膏) 소석고
야끼스기렝가(焼過煉瓦) 괄벽돌
야나기(柳) 버드나무
야네(屋根) 지붕
야네고오바이(屋根勾配) 지붕 물매
야네고오지(屋根工事) 지붕 공사
야네노지(屋根路地) 산자널(蓋板)
야네마도(屋根窓) 지붕창
야네부끼(屋根葺) 지붕잇기

야도이(傭) 고용
야라이(矢來) 울타리
야라즈(遣型) 규준틀
야리구찌(遣口) 방범, 수범
야리꾸리(遣繰り) 변통
야리끼리(遣切り) 도급주기
야리나오시(遣直し) 다시하기
야리도(遣戸) 미닫이
야마(山) 언턱, 턱
야마기즈(山疵) 천연흠(돌)
야마도메(山留め) 흙막이
야마모리(山盛り) 고봉쌓기
야마스나(山砂) 산모래
야마쟈리(山砂利) 산자갈
야미(暗) 암거래
야부리메지(破れ目地) 막힌 줄눈
야스리(やすり) 줄
야스부싱(安普請) 날림공사
야와리(矢割り) 돌나누기
야이다(矢板) 널말뚝
야쪼오(野帳) 야장, 수첩
에구리간나(えぐりかんな) 개탕대패
에노구(繪具) 그림물감
에다깡(枝管) 가지관(分岐管)
에도기리(江戸切り) 두모접기
에리와(襟輪) 장부촉, 턱장부, 턱솔주먹장부
에이세이도오키(衛生陶器) 위생 도기
엔(緣) 퇴, 툇마루
엔가마찌(緣かまち) 툇마루테(가로재)
엔가와(緣側) 툇마루
엔가즈라(緣かずら) 툇마루테(가로재)
엔꼬오이다(緣甲板) 플로어링판
엔단(鉛丹) 광명단
엔데이(堰堤) 언제, 둑
엔또쯔(煙突) 굴뚝
엔마(閻魔) 못뽑기
엔모꾸(緣木) 서까래
엔세끼(緣石) 연석
엘보가에시(エルボ返し) 회전이음
오가꾸라즈꾸리(御神楽造) 증축(단층→2층)
오가구즈(大鋸屑) 톱밥
오가미(拜) 뱃집반자
오가베(大壁) 평벽
오까자이 가로재(横材)
오까쯔기(陸繼) 파이프 연결
오께 나무통
오꾸리자루(送猿) 비녀장
오꾸유끼(奥行) 안길이
오니가와라(鬼瓦) 토수
오니보루또(鬼 volt) 가시 보울트
오다레(尾垂) 처마돌림판
오다루끼(尾直木) 공포, 포작
오도리바(장) 계단참
오란다쯔미(和蘭積) 화란식 쌓기
오리가에시(析返) 반복사용
오리마게뎃낑(析曲鐵筋) 절곡철근
오리보루또 가시보울트
오리쟈꾸(析尺) 접자
오모야(母屋) 몸채, 안채
오비기 멍애
오비끼(帶木) 거푸집보
오비낑(帶筋) 대철근
오비노꼬(帶鋸) 줄톱
오비데쯔(帶鐵) 띠쇠
오비뎃낑(帶鐵筋) 띠철근
오비이다(帶板) 웨브材
오사마리(納) 마무림, 접합상태
오사에(押) 누름
오사에공구리(押ー) 피복 콘크리트
오사에보(押棒) 누름대
오사에빠데 누름퍼티
오삽 평삽
오샤카(御釋迦) 불량품, 파치
오스답 나사내기
오스이깡(汚水管) 오수관
오시가꾸(押角) 껍질박이
오시다시쯔미(押出積) 내쌓기
오시메지(押目地) 다짐줄눈
오시부찌(押緣) 누름대
오시이다(押板) 밀판
오시이레(押入) 반침
오야(오야가다)(親方) 우두머리
오야구이(親杭) 버팀기둥
오야바시라(親柱) 버팀기둥
오야지 주인
오오가꾸(大角) 대각재(30cm × 30以上)
오오가네(大がねり) 큰직각자
오오가베(大壁) 평벽
오오기리(大切り) 큰도막
오오까자이(横架材) 가로재
오오나미(大波) 큰골
오오다꼬(大たこ) (큰)달구
오오도오방(黃銅板) 황동판 · 놋쇠판
오오모리(大盛) 높이쌓기
오오무네(大棟) 용마루, 마룻대
오오바리(大梁) 대들보
오오비끼(大引) 멍에(장선받침)
오오이레(大入れ) 통끼움
오이꼬시(追越) 앞지르기
오이와라(覆藁) 짚덮개
온스이담보오(溫水煖房) 온수난방
와까마쯔(若松) 소나무
와꾸(枠) 틀, 울거미
와꾸구미아시바(枠組足場) 틀비계
와끼가베(脇壁) 날개벽, 좁은벽
와끼간나(脇なんな) 턱 홈대패
와다리(渡り) 발판
와다리아고(渡りあご) 쌍턱걸지

하꼬(箱) 상자, 비계묶음
하꼬가나모노(箱金物) 감잡이쇠, U형 철물
하꼬가다바시라(箱形柱) 철골주, 라티스
하꼬게다(箱桁) 박스거더
하꼬도이(箱桶) 네모홈통
하꼬보오(箱房) 현장대기소
하꼬자꾸(箱尺) 함척(函尺)
하꼬조오(箱錠) 함자물쇠
하꾸리자이(剝離剤) 박리제
하끼도(引戸) 미닫이
하나가꾸시(鼻隱) 처마돌림목
하나다레(鼻垂れ) 백화(白華)
하나란마(花欄間) 쇠시리교창
하나모야(鼻母屋) 처마도리
하네고이다볼트(羽子板ボルト) 주걱 볼트
하네구루마(羽根車) 날개바퀴, 팬
하네다시(桔出) 쪽보(片梁)
하네다시당(桔出段) 쪽보식 계단
하네바시(跳橋) 도개교(跳開橋)
하다라끼(動き) 실효치수
하도메(歯止) 쐐기, 브레이키
하라끼(開き) 여닫이
하라뎃낑(腹鉄筋) 복근
하라미(はらみ) 부풀어오름
하라오꼬시(腹起し) 지보공 띠장
하라이시(張石) 돌붙임
하리(梁) 보, 대들보
하리가네(針金) 철사
하리가베(張壁) 커튼 월
하리기(張木) 버팀목
하리다시(張出し) 달아내기
하리다시마도(張出窓) 내단창, 출창
하리시바(張芝) 건축 : 잔디심기, 토목 : 떼붙이기, 평떼
하리아게(張上げ) 붙임
하리유끼(梁行) 스팬, 보사이
하리이시(張石) 돌붙임
하리쯔께(張付け) 붙임
하메고로시마도(嵌殺窓) 붙박이창
하메고미(はめ込み) 끼워넣기
하메이다(羽目板) 벽널
하모노(端物) 토막(벽돌)
하바(幅) 폭, 나비
하바끼(幅木) 걸레받이
하부리(歯振り) 들쭉날쭉, 덧니(톱)
하사미바리(狹梁) 겹보
하사미보오쯔에(狹方杖) 가새빗대공
하사미쯔까(狹束) 겹대공
하시고(梯子) 사다리
하시고당(梯段) (사다리꼴)계단
하시고바리(梯梁) 사다리보
하시고바시라(梯子柱) 겹기둥
하시라(柱) 기둥
하시라와리(柱割り) 기둥배치

하시바미(はしばみ) 나비장, 거멀장
하이(配) 가새
하이고오(配合) 배합
하이고오교오도(配合强度) 배합 강도
하이고오셋게이(配合設計) 배합 설계
하이깡(配管) 배관
하이낑(配筋) 배근
하이다(羽板) 미늘(살)판
하이쓰끼다루끼(配付たる木) 선자서까래
하이쯔께(配付) 가새치기
하제쯔기(はぜ継ぎ) 솔기접기
하쯔리(はつり) 가우징, 따내기, 깎기
하찌꾸(淡竹) 담죽, 솜대
하찌마끼바리(鉢巻梁) 테두리보
하찌인찌부로꾸 8인치 블록
하타가쿠(端太角) 띠장재
하후이다(破風板) 박공널
한다(半田) 땜납
한다고데(半田こて) 납땜인두
한다쓰게(半田付け) 납땜
한다쯔기데(半田繼手) 납땜이음
한도메(半留) 반연귀(半燕口)
한마스(半折) 반절(벽돌)
한마이쯔미(半枚積み) 반장쌓기
한바(飯場) 공사 현장 식당
한사이(1材) 1재
합바(發破) 발파
핫가(百華) 백화
핫뽀오자이(発泡剤) 발포제
핫승(8寸) 8치
헤도로(反吐泥) 곤죽, 개흙
헤라(へら) 주걱
헤라즈께(へら付け) 주걱(바탕) 땜질
헤비사가리(蛇下り) 갈림(목재)
헤야(部屋) 껍질받이 방, 헛간
헤이(塀) 울타리, 휀스
호꾜오낑(補强筋) 보강근
호네구미(骨組) 뼈대
호로(幌) 포장, 덮개
호리가다(掘方) 터파기, 흙파기
호리오꼬시(掘起し) 개간, 발굴
호소미조(細溝) 가는 홈
호시와레(星割れ) 방사형 갈림(목재)(心材갈림·邊材갈림)
호오교오야네(方形屋根) 모임지붕
호오다데(方立) 문선
호오즈에(方杖) 버팀대, 빗대공
호온자이(保溫材) 보온재
호조(ほぞ) 장부, 순자(筍子)
호조사시(ほぞさし) 장부맞춤
혼다나(本棚) 책장
혼다데(本立) 정벌세우기
혼미가끼(本磨) 연마
혼바꼬(本箱) 책장

와라우(笑う) 간격이 생기는 것
와레메(割目) 갈라진 금(틈), 균열
와레(割れ) 갈림, 틈(목재의 결점)
와리구리이시(割栗石) 잡석
와리구리지교(割栗地業) 잡석지정
와리깡(割勘) 각추렴
와리이시(割石) 깬돌
와리쯔께즈(割付図) 시공배치도
와리쿠사비(割楔) 장부촉쐐기
요고레(汚れ) 탁오, 오탁(汚濁)
요꼬(横) 가로
요꼬바다(横端太) 수평 지지재
요꼬메지(横目地) 가로줄눈
요꼬바메(横羽目) 가로친 벽널
요꼬잔(横桟) 동살(문·창문)
요꼬하메(横羽目) 가로판벽
요로이도(鎧戸) 미늘, 셔터
요로이마도(鎧窓) 미늘창
요로이바리(鎧張) 미늘깔기
요로이이다(鎧板) 미늘창살·루버
요리쯔게(寄付) 어프로치
요모리(余盛) 더돋기(盛土)
요보리(余堀) 여굴
요비도이(呼桶) 깔때기, 홈통
요비링(呼鈴) 초인종
요비셍(豫備線) 예비선
요세기바리(寄木張り) 쪽매 널깔기
요세무네야네(寄棟屋根) 모임지붕
요시도(葦戸) 갈대발을 친 문
요오까이(洋灰) 시멘트
요오깡(羊羹) 반절(벽돌의)
요오세끼하이꼬오(容積配合) 용적 배합
요오죠오(養生) 양생
요오죠오아미(養生網) 양생 철망
요오헤끼(擁壁) 옹벽
용인찌부로꾸(四インチブロック) 4인치 블록
우께도리(請取り) 도급(受注)
우께오이(請負) 도급(受注)
우끼고오조오(浮構造) 뜨기초
우끼이시(浮石) 뜬돌
우다쯔(宇立) 동자기둥
우다찌(卯建) 방화벽
우데기(腕木) 팔대, 가로대 띠장
우라가네(裏曲) 곱자
우라가에시(裏返し) 맞벽
우라가이센(裏境線) 뒷경계선
우라고메(裏込め) 뒤채움
우라고메이시(裏込石) 뒤채움돌
우라우찌(裏打ち) 배접
우라이다(裏板) 뒤판, 지붕널
우라쟈꾸(裏矩) 곱자
우료오(雨量) 우량
우마(馬) 발판, 안마(鞍馬)

우마아시바(馬足場) 이동발판
우메가시(埋樫) 홈대
우메꼬미스위치(埋込スイッチ) 매입형 스위치
우메다데(埋立) 메우기, 매축
우메모도시(埋戻し) 되메우기
우와가마찌(上かまち) 웃막이
우와누리(上塗) 정벌칠
우와바(上端) 윗면
우와바리(上張り) 정벌바름
우와야(上屋) 헛간
우즈마끼(渦巻き) 소용돌이, 팬
우찌구이(打杭) 말뚝박기
우찌꼬미(打込み) 콘크리트치기
우찌노리(内法) ① 안치수, 안목 ② 인방 상하의 거리
우찌노리자이(内法材) 인방재
우찌누리(内塗) 초벌 바르기
우찌도메(打止め) 콘크리트치기 끝
우찌도이(内桶) 안홈통
우찌마끼(内巻) 속말기
우찌바나시공구리또(打放コンクリート) 제치장 콘크리트
우찌바리(内張) 속반침
우찌와께메이사이쇼(内譯明細書) 내역 명세서
우찌쯔기(打継ぎ) 이어붓기
우찌쯔끼메(打繼目) 시공줄눈, 시공이음
운형자(雲形尺) 곡선자
웃데가에시(打返し) 반복사용
웃바리(梁) 보
웨브자이(ウェブ材) 조립부재
유가미도리(歪取り) 변형잡기
유까(床) 바닥, 마루
유까바리(床張り) 마루깔기
유까방(床板) 슬래브
유까이다(床板) 청널, 마루청
유까즈까(床束) 멍에기둥, 쪼구미
유까트랩(床トラップ) 바닥 트랩
유끼도메(雪止め) 눈막이(지붕재)
유끼미도오로오(雪見灯篭) 석등롱
유끼미쇼오지(雪見障子) 오르내리장지
유도리(余裕) 여유
유루미(弛) 느슨함
유우꼬오스이료오(有效水量) 유효 수량
유우시뎃센(有刺鉄線) 가시철사
이기리스쯔미(英積み) 영식쌓기
이께가끼(生垣) 생울타리
이께이깡(異型管) 이형관
이께이뎃킹(異形鉄筋) 이형철근
이나고(稻子) 반자틀 쐐기, 메뚜기
이나즈마(稻妻) 번개무늬, 뇌문(雷紋)
이나즈마오레구기(稲妻折れ釘) ㄷ자형 못
이누바시리(犬走) 둑턱

이다(板) 널, 널빤지
이다도(板戶) 널문
이다메(板目) 널결, 무늬결
이다자이(板材) 판재
이도(井戶) 우물
이도가와시키고오호오(井戶側式工法) 우물통기초
이도노꼬(糸鋸) 실톱
이도마사(糸正) 가는 곧은결
이도멘(糸面) 가는 모따기, 모접기
이도시바(糸芝) 금잔디
이도오가다와꾸(移動型枠) 이동거푸집
이도오시키아시바(移動式足場) 이동식 비계
이도쟈꾸(糸尺) 실자, 줄자
이로쯔께(色着け) 착색
이리가와(入皮) 껍질박이, 죽데기
이리모야(入母屋) 팔작집
이리모야야네(入母屋屋根) 합각지붕
이리스미(入隅) 구석(코너)
이모노(鑄物) 주물
이모노가다(鑄物型) 주형
이모노보이라(鑄物ボイラー) 주철보일러
이모노시(鑄物師) 주물사
이모메지(芋目地) 통줄눈
이모쯔기(芋継ぎ) 장부촉맞춤
이시가끼(石垣) 석축, 옹벽
이시바리(石張り) 돌붙임
이시와다(石綿) 석면
이시와리(石割り) 돌나누기
이시쯔미(石積み) 돌쌓기
이중마도(二重窓) 이중창
이중와꾸(二重枠) 이중 창틀
이즈쯔기소(井筒基礎) 우물통 기초
이찌링데구루마(一輪手車) 외바퀴 수레, 일륜수차
이찌마이가베(一枚壁) (벽돌)한장두께 벽
이찌마이항(一枚半) 한장반(벽)
이찌방(一番) 1번
이찌부베니야(1分ベニヤ) 3mm두께 합판
이카다기소(筏基礎) 통기초, 줄기초
이테루(凍る) 동파(凍破)
인로오샤꾸리(印籠しゃくり) 장부맞춤
인론오쯔기(印籠継ぎ) 겹이음(동바리)
인쇼오뎅구이(引接点杭) 보조말뚝
인찌사시(インチ指) 인치자
잇빠이(一杯) 가뜩, 한도껏
잇뽕아시바(一本足場) 외줄비계
잇승(一寸) 한치
잇승도리(一寸取り) 치수잡기 1/10
잇시키우께오이(一式請負) 일괄 도급
잇타이시키고오조오(一體式構造) 일체식 구조
잉고(一五) 견치석(1尺5寸)

〔ㅈ〕

자가네(座金) 와셔
자구쯔(座堀) 좌굴
자다나(茶棚) 찬장
자동센방(自動旋盤) 자동선반
자유조방(自由丁番) 자유정첩
자이(材) 재(보, 도리 등)
자이레이(材齡) 재령
자이료오오끼바(材料置場) 재료 치장
자이료오효오(資料表) 자료표
자이세끼(材積) 재적
잔또(殘土) 잔토
잣세끼(雜石) 잡석
쟈가고(蛇籠) 돌망태, 와강(窩腔)
쟈리(砂利) 자갈
쟈바라(蛇腹) 돌림띠(장식용)
쟈바라샤위(蛇腹) 줄샤워
제쯔엔자이(絶緣容積) 절대용적
조오낑즈리(雜巾摺) 걸레받이
죠쇼오(女墻) 여장, 성가퀴
죠오(錠) 자물쇠
죠오고오(調合) 배합
죠오기(定規) 규준대, 직각자
죠오까숖오(淨化槽) 정화조
죠오끼(蒸氣) 증기, 스팀
죠오끼요오죠오(蒸氣養生) 증기 양생
죠오나 자귀
죠오방 정첩(丁첩)
죠오방(丁番) 경첩
죠오사꾸(丈尺) 장척
죠오요오(常傭) 직영 인부(현장)
즈이이게이야꾸(隨意契約) 수의 계약
지가다메(地固め) 터다짐 달구질
지교오(地業) 터다지기, 달구질, 기초 공사
지교오고오지(地業工事) 지정 공사(地定工事)
지구(治具) 도구
지구미(地組) 지상 조립
지기리(千切) 은장, 연귀맞춤
지꾸보루또(軸ボルト) 축볼트
지꾸우께(軸受) 굴대받이
지나라시(地均し) 땅고르기
지나와(地繩) 줄쳐보기
지도리(千鳥) 엇모
지도리바리(千鳥張り) 엇물려바르기
지미쯔(緻密) 치밀
지방(地盤) 지반
지야마(地山) 경질(자연) 지반
지자이죠오방(自在丁番) 자유 경첩
지즈미(地墨) 지묵
지쮸우바리(地中梁) 지중보, 기초보
진조오세끼(人造石) 인조석
진조오세끼고다다끼(人造石小叩き) 인조석 잔다듬
진조오세끼누리쯔께(人造石塗付け) 인조석 바름
진조오세끼도끼다시(人造石研出し) 인조석 갈기
진조오세끼아라이다시(人造石洗出し) 인조석 씻어내기
짓데(十手) 긴결구
쪼오나하쯔리(手斧削) 자귀다듬, 건목치기
쪼오바리(丁張り) 경계말뚝치기
쪼오보리(丁堀) 줄기초파기
쯔기데(繼手) 이음, 조인트
쯔기도로(注泥) 충전 모르터
쯔기메(繼目) 이음매
쯔기아시(繼足) 발판, 디딤대
쯔까(束) 동바리, 포스트
쯔까미(つかみ) 박공덧판
쯔꾸에(机) 책상
쯔끼가다메(突固め) 다짐, 탬핑
쯔끼노미(突鑿) 손끌
쯔끼보오(突棒) 다짐대
쯔끼아게도(突上戶) 들창
쯔끼이다(突板) 무늬목
쯔끼쯔께쯔기(突付け継ぎ) 맞댐이음
쯔나기바리(つなぎ梁) 연결보
쯔나미(津波) 해일(海溢)
쯔노마다(角又) 바닷말(풀)
쯔라(表) 표면
쯔루하시(鶴嘴) 곡괭이
쯔리가나모노(吊金物) 달쇠(吊鉄)
쯔리게다(吊桁) 달도리
쯔리기(吊木) 달대
쯔리기우께(吊木受) 달대받이
쯔리덴죠오(吊天井) 반자, 이중천장
쯔리바시(吊橋) 현수교
쯔리볼트(吊ボルト) 인서트, 행거
쯔리아게(吊上) 양중(揚重)
쯔리아시바(吊足場) 달비계
쯔리히모(吊紐) 고패줄
쯔마(妻·端) 합각머리
쯔마바리(妻梁) 합각보
쯔메(爪) ① 거푸집 고정용 철물 ② 철근양단의 훅
쯔메구미(詰組) 첨차, 두공
쯔미(積み) 벽돌공
쯔미아게바리(積上げ張り) 떠붙이기
쯔미오로시(積卸し) 적사
쯔보가리(坪刈) 평떠기
쯔보보리(つぼ堀) 독립기초파기
쯔야게시누리(つや消塗) 무광칠
쯔야다시(つや出) 광내기
쯔이다데(衝立) 가리개
쯔이즈까(対束) 쿤 포스트
쯔이즈까고야구미(対束小屋組) 쌍대공지붕틀
쯔쯔기소(筒基礎) 통기초
쯔찌스데바(土捨場) 토사장
쯔찌히자시(土庇) 차양
쯧가이(突飼) 흙막이널 받침
쯧바리(突張り) 버팀대
찌기리시메(千切締め) 장부촉이음
찌까라보네(力骨) 살
찌리(散) 벽샘
찌오시꼬(上仕子) 마무리대패

〔ㅊ〕

찬네루 형강(形鋼)

〔ㅋ〕

케에손고오호오(ケーソン工法) 케이슨工法
쿠사레(腐れ) 썩음(木材)
쿠사리(鎖) (쇠)사슬, 체인
쿠사비(楔) 쐐기
쿠케이라아멘(矩形ラーメン) 구형 라멘
큐승(九寸) 9치

〔ㅌ〕

토라스바리(トラス梁) 트러스보
토랍뿌(トラップ) 트랩
토렌치고오호오(トレンチ工法) 트렌치 공법
톤비 낙추시험공구(落錐試驗工具)
티가다(T形) T형틀
티이가다고오(T形鋼) T형강, T바
티이가다바리(T形梁) T형보, T빔
티크자이(チーク材) 티이크재

〔ㅎ〕

하가까리(羽掛) 겹침판
하가네(鋼) 강철
하가라자이(端柄材) 널빤지, 죽더기, 오리목의 총칭
하가사네(羽重) 겹치기 판자
하고이다(羽子板) 널고무래
하기기(接木) 걸레받이
하기메(接目) 이음, 잇댐(자리)
하기아와세(接合) 쪽매, 조인트
하기이다(はぎ板) 쪽붙임널
하까마이다(袴枚) 윙 플레이트
하께(刷毛) 솔, 귀얄
하께구찌(はけ口) 배출구, 배수구
하께누리(刷毛塗) 귀얄칠
하께메(刷毛目) 귀얄자국
하께메누리(刷毛目塗) 빗살자국 마무리
하께비끼(刷毛引き) 솔질 마무리

혼바시라(本柱) 본기둥
혼시메(本締め) 정조이기
혼아시바(本足場) 쌍줄비계
혼아지로(本足代) 쌍줄비계
혼쯔리아시바(本吊足場) 달비계
홋다데(掘立·掘建) (기초없이)기둥묻기
효오멘고오까(表面硬化) 표면 경화
효오준후루이(標準ふるい) 표준체
효죠낑(補助筋) 보조근
후(斑) ① 목재 : 은결(銀木) ② 석재 : 석리(列正紋)
후가꾸(俯角) 내림각
후구아이(不具合) 부실, 불량
후까시소오(蒸槽) 생석회 가수조
후까이도뽐뿌(深井戸ポンプ) 심정 펌프
후꾸고오(覆工) 라이닝, 복공
후꾸낑(複筋) 복철근
후꾸낑(副筋) 부근
후끼누끼(吹抜け) 오픈 스페이스
후끼시다지(葺下地) 산자널(개판)
후끼쓰께(吹付け) 뿜어붙이기
후끼쓰께누리(吹付塗) 뿜어바르기
후끼요세(吹寄せ) 쌍쌍배치
후끼이다(葺板) 지붕널
후끼누리(吹塗) 뿜칠
후네(舟) (네리부네)비빔상자
후노리(布海苔) 해초풀
후데(筆) 필지, 구획
후뎃낑(副鉄筋) 부철근
후도꼬로(懐) 내부, 내측
후도오싱까(不同沈下) 부동침하
후란스오도시(フランス落し) 민고두 꽂이쇠
후레(振れ) 쏠림
후레도메(振止め) 밑둥잡이이, 대공밑잡이
후로꾸(不陸) 울퉁불퉁, 부정(不整)
후루이분세끼(ふるい分析) 체가름
후루이와께(ふるい分け) 체질
후리도메(振止め) 흔들림막이
후리와께(振分け) 중심선, 2등분
후미끼리(跳切り) 건널목
후미이다(踏板) 발판, 디딤널
후미이시(踏石) 댓돌, 섬돌, 징검돌
후미즈라(踏面) 디딤바닥(판)
후세즈(伏図) 평면도
후스마(襖) 맹장지
후시도메(節止) 옹이맴
후싱(普請) 건축, 토목공사
후찌(縁) 갓, 테
후찌이시(縁石) 연석, 갓돌
후쿠고오기소(複合基礎) 복합 기초
후쿠샤단보오(輻射暖房) 패널 히팅, 방열난방
후헤끼(扶壁) 버트레스
훅꾸(鉤) 갈고리
훈도오(分銅) 추(오르내리장치)
훈마쓰도(粉末度) 분말도
훈바리(踏張) 버팀기둥, 버팀대
휴우무깡(ヒューム管) 흄관
히까리덴죠오(光天井) 광천장
히까에가베(控壁) 버트레스
히까에바시라(控柱) 가새기둥
히까에시쓰(控室) 대기실
히까에즈나(控綱) 스테이, 가이레릭
히끼가꾸(挽角) 제재목
히끼가나모노(引金物) 긴결 철물
히끼다데슨뽀(挽立寸法) 제재 치수
히끼다시(引出し) 서랍
히끼데(引手) 문고리
히끼시메네지(引締ねじ) 터언 버클
히끼와께도(引分戸) 쌍미닫이
히끼와리(挽割り) 돌켜기, 쪽나무
히끼이다(引板) 쪽나무
히끼찌가이도(引違戸) 미서기, 쌍미닫이
히끼찌가이마도(引違窓) 미서기창
히도가와아시바(一側足場) 외줄비계
히도스지(一筋) 외줄개탕
히라(平面) 면(벽돌의)
히라고오바이(平勾配) 지붕물매
히라끼(도)(開戸) 여닫이문
히라메지(平目地) 평줄눈
히라메지고데(平目地こて) 평줄눈흙손
히라뵤오(平鋲) 평리벳
히라야(平屋) 평장부
히로고마이(廣小舞) 평고대
히로고오다이(平高台) 평고대
히로이(拾い) 소요자재량 산출
히로이빠데(拾いパテ) 바탕맴질
히루이시(蛭石) 질석
히메가끼(姫垣) (낮은)울타리
히바다(桶端) 개탕 바깥테
히비와레(ひび割れ) 실금, 균열
히사시(庇, 廂) 차양, 행랑방
히야도이(日雇) 날품팔이, 일용 인부
히야메시(冷飯) 굳기 시작한 상태(콘크리트의)
히와레(干割れ) 목재의 갈림(건조)
히우찌도다이(火打土台) 귀잡이토대
히우찌바리(火打梁) 귀잡이보
히우찌자이(火打材) 귀잡이
히즈꾸리(火造) 화조
히즈미(歪, 伸縮) 비틀림, 변형
히지끼(ひじ木) 첨차
힛꼬미(引込み) 안옥음
힛빠리(引張り) 당김공

와라우(笑う) 간격이 생기는 것
와레메(割目) 갈라진 금(틈), 균열
와레(割れ) 갈림, 틈(목재의 결점)
와리구리이시(割栗石) 잡석
와리구리지교(割栗地業) 잡석지정
와리깡(割勘) 각추렴
와리이시(割石) 깬돌
와리쯔께즈(割付図) 시공배치도
와리쿠사비(割楔) 장부촉쐐기
요고레(汚れ) 탁오, 오탁(汚濁)
요꼬(横) 가로
요꼬바다(横端太) 수평 지지재
요꼬메지(横目地) 가로줄눈
요꼬바메(横羽目) 가로친 벽널
요꼬잔(横桟) 동살(문·창문)
요꼬하메(横羽目) 가로판벽
요로이도(鎧戸) 미늘, 셔터
요로이마도(鎧窓) 미늘창
요로이바리(鎧張) 미늘깔기
요로이이다(鎧板) 미늘창살·루버
요리쯔게(寄付) 어프로치
요모리(余盛) 더돋기(盛土)
요보리(余堀) 여굴
요비도이(呼桶) 깔때기, 홈통
요비링(呼鈴) 초인종
요비센(豫備線) 예비선
요세기바리(寄木張り) 쪽매 널깔기
요세무네야네(寄棟屋根) 모임지붕
요시도(葦戸) 갈대발을 친 문
요오까이(洋灰) 시멘트
요오깡(羊羹) 반절(벽돌의)
요오세끼하이꼬오(容積配合) 용적 배합
요오죠오(養生) 양생
요오죠오아미(養生網) 양생 철망
요오헤끼(擁壁) 옹벽
용인찌부로꾸(四インチブロック) 4인치 블록
우께도리(請取り) 도급(受注)
우께오이(請負) 도급(受注)
우끼고오조오(浮構造) 떼기초
우끼이시(浮石) 뜬돌
우다쯔(宇立) 동자기둥
우다찌(卯建) 방화벽
우데기(腕木) 팔대, 가로대 띠장
우라가네(裏曲) 곱자
우라가에시(裏返し) 맞벽
우라가이센(裏境線) 뒷경계선
우라고메(裏込め) 뒤채움
우라고메이시(裏込石) 뒤채움돌
우라우찌(裏打ち) 배접
우라이다(裏板) 뒤판, 지붕널
우라자꾸(裏矩) 곱자
우료오(雨量) 우량
우마(馬) 발판, 안마(鞍馬)
우마아시바(馬足場) 이동발판
우메가시(埋樫) 홈대
우메꼬미스위치(埋込スイッチ) 매입형 스위치
우메다데(埋立) 메우기, 매축
우메모도시(埋戻し) 되메우기
우와가마찌(上かまち) 웃막이
우와누리(上塗) 정벌칠
우와바(上端) 윗면
우와바리(上張り) 정벌바름
우와야(上屋) 헛간
우즈마끼(渦巻き) 소용돌이, 팬
우찌구이(打杭) 말뚝박기
우찌꼬미(打込み) 콘크리트치기
우찌노리(内法) ① 안치수, 안목 ② 인방 상하의 거리
우찌노리자이(内法材) 인방재
우찌누리(内塗) 초벌 바르기
우찌도메(打止め) 콘크리트치기 끝
우찌도이(内桶) 안홈통
우찌마끼(内巻) 속말기
우찌바나시공구리또(打放コンクリート) 제치장 콘크리트
우찌바리(内張) 속받침
우찌와께메이사이쇼(内譯明細書) 내역 명세서
우찌쯔기(打継ぎ) 이어붓기
우찌쯔끼메(打繼目) 시공줄눈, 시공이음
운형자(雲形尺) 곡선자
웃데가에시(打返し) 반복사용
웃바리(梁) 보
웨브자이(ウェブ材) 조립부재
유가미도리(歪取り) 변형잡기
유까(床) 바닥, 마루
유까바리(床張り) 마루깔기
유까방(床板) 슬래브
유까이다(床板) 청널, 마루청
유까즈까(床束) 멍에기둥, 쪼구미
유까트랩(床トラップ) 바닥 트랩
유끼도메(雪止め) 눈막이(지붕재)
유끼미도오로오(雪見灯篭) 석등롱
유끼미쇼오지(雪見障子) 오르내리장지
유도리(余裕) 여유
유루미(弛) 느슨함
유우꼬오스이료오(有効水量) 유효 수량
유우시뎃센(有刺鉄線) 가시철사
이기리스쯔미(英積み) 영식쌓기
이께가끼(生垣) 생울타리
이께이깡(異型管) 이형관
이께이덱킹(異形鉄筋) 이형철근
이나고(稲子) 반자틀 쐐기, 메뚜기
이나즈마(稲妻) 번개무늬, 뇌문(雷紋)
이나즈마오레구기(稲妻折れ釘) ㄷ자형 못
이누바시리(犬走) 둑턱

이다(板) 널, 널빤지
이다도(板戸) 널문
이다메(板目) 널결, 무늬결
이다자이(板材) 판재
이도(井戸) 우물
이도가와시키고오호오(井戸側式工法) 우물 통기초
이도노꼬(糸鋸) 실톱
이도마사(糸正) 가는 곧은결
이도멘(糸面) 가는 모따기, 모접기
이도시바(糸芝) 금잔디
이도오가다와꾸(移動型枠) 이동거푸집
이도오시키아시바(移動式足場) 이동식 비계
이도쟈꾸(糸尺) 실자, 줄자
이로쯔께(色着け) 착색
이리가와(入皮) 껍질박이, 죽데기
이리모야(入母屋) 팔작집
이리모야야네(入母屋屋根) 합각지붕
이리스미(入隅) 구석(코너)
이모노(鑄物) 주물
이모노가다(鑄物型) 주형
이모노보이라(鋳物ボイラー) 주철보일러
이모노시(鑄物師) 주물사
이모메지(芋目地) 통줄눈
이모쯔기(芋継ぎ) 장부촉맞춤
이시가끼(石垣) 석축, 옹벽
이시바리(石張り) 돌붙임
이시와다(石綿) 석면
이시와리(石割り) 돌나누기
이시쯔미(石積み) 돌쌓기
이중마도(二重窓) 이중창
이중와꾸(二重枠) 이중 창틀
이즈쯔기소(井筒基礎) 우물통 기초
이찌링데구루마(一輪手車) 외바퀴 수레, 일륜수차
이찌마이가베(一枚壁) (벽돌)한장두께 벽
이찌마이항(一枚半) 한장반(벽)
이찌방(一番) 1번
이찌부베니야(1分ベニヤ) 3mm두께 합판
이카다기소(筏基礎) 통기초, 줄기초
이테루(凍る) 동파(凍破)
인로오샤꾸리(印籠しゃくり) 장부맞춤
인론오쯔기(印籠継ぎ) 겹이음(동바리)
인쇼오뎅구이(引接点杭) 보조말뚝
인찌사시(インチ指) 인치자
잇빠이(一杯) 가뜩, 한도껏
잇뽕아시바(一本足場) 외줄비계
잇승(一寸) 한치
잇승도리(一寸取り) 치수잡기 1/10
잇시키우께오이(一式請負) 일괄 도급
잇타이시키고오조오(一體式構造) 일체식 구조
잉고(一五) 견치석(1尺5寸)

〔ㅈ〕

자가네(座金) 와셔
자구쯔(座堀) 좌굴
자다나(茶棚) 찬장
자동센방(自動旋盤) 자동선반
자유조방(自由丁番) 자유정첩
자이(材) 재(보, 도리 등)
자이레이(材齢) 재령
자이료오오끼바(材料置場) 재료 치장
자이료오효오(資料表) 자료표
자이세끼(材積) 재적
잔또(殘土) 잔토
잣세끼(雜石) 잡석
쟈가고(蛇籠) 돌망태, 와강(窩腔)
쟈리(砂利) 자갈
쟈바라(蛇腹) 돌림띠(장식용)
쟈바라샤워(蛇腹) 줄샤워
제쯔엔자이(絶縁容積) 절대용적
조오낑즈리(雜巾摺) 걸레받이
죠쇼오(女墻) 여장, 성가퀴
죠오(錠) 자물쇠
죠오고오(調合) 배합
죠오기(定規) 규준대, 직각자
죠오까쇼오(淨化槽)
죠오끼(蒸氣) 증기, 스팀
죠오끼요오죠오(蒸氣養生) 증기 양생
죠오나 자귀
죠오방 정첩(丁첩)
죠오방(丁番) 경첩
죠오사꾸(丈尺) 장척
죠오요오(常傭) 직영 인부(현장)
즈이이게이야꾸(隨意契約) 수의 계약
지가다메(地固め) 터다짐 달구질
지교오(地業) 터다지기, 달구질, 기초 공사
지교오고오지(地業工事) 지정 공사(地定工事)
지구(治具) 도구
지구미(地組) 지상 조립
지기리(千切) 은장, 연귀맞춤
지꾸보루또(軸ボルト) 축볼트
지꾸우께(軸受) 굴대받이
지나라시(地均し) 땅고르기
지나와(地繩) 줄쳐보기
지도리(千鳥) 엇모
지도리바리(千鳥張り) 엇물려바르기
지미쯔(緻密) 치밀
지방(地盤) 지반
지야마(地山) 경질(자연) 지반
지자이죠오방(自在丁番) 자유 경첩
지즈미(地墨) 지묵
지쮸우바리(地中梁) 지중보, 기초보
진조오세끼(人造石) 인조석
진조오세끼고다다끼(人造石小叩き) 인조석

잔다듬
진조오세끼누리쯔께(人造石塗付け) 인조석 바름
진조오세끼도끼다시(人造石研出し) 인조석 갈기
진조오세끼아라이다시(人造石洗出し) 인조석 씻어내기
짓데(十手) 긴결구
쪼오나하쯔리(手斧削) 자귀다듬, 건목치기
쪼오바리(丁張り) 경계말뚝치기
쪼오보리(丁堀) 줄기초파기
쯔기데(繼手) 이음, 조인트
쯔기도로(注泥) 충전 모르터
쯔기메(繼目) 이음매
쯔기아시(繼足) 발판, 디딤대
쯔까(束) 동바리, 포스트
쯔까미(つかみ) 박공덧판
쯔꾸에(机) 책상
쯔끼가다메(突固め) 다짐, 탬핑
쯔끼노미(突鑿) 손끌
쯔끼보오(突棒) 다짐대
쯔끼아게도(突上戶) 들창
쯔끼이다(突板) 무늬목
쯔끼쯔께쯔기(突付け継ぎ) 맞댐이음
쯔나기바리(つなぎ梁) 연결보
쯔나미(津波) 해일(海溢)
쯔노마다(角又) 바닷말(풀)
쯔라(表) 표면
쯔루하시(鶴嘴) 곡괭이
쯔리가나모노(吊金物) 달쇠(吊鉄)
쯔리게다(吊桁) 달도리
쯔리기(吊木) 달대
쯔리기우께(吊木受) 달대받이
쯔리덴죠오(吊天井) 반자, 이중천장
쯔리바시(吊橋) 현수교
쯔리볼트(吊ボルト) 인서트, 행거
쯔리아게(吊上) 양중(揚重)
쯔리아시바(吊足場) 달비계
쯔리히모(吊紐) 고패줄
쯔마(妻·端) 합각머리
쯔마바리(妻梁) 합각보
쯔메(爪) ① 거푸집 고정용 철물 ② 철근 양단의 훅
쯔메구미(詰組) 첨차, 두공
쯔미(積み) 벽돌공
쯔미아게바리(積上げ張り) 떠붙이기
쯔미오로시(積卸し) 적사
쯔보가리(坪刈) 평떠기
쯔보보리(つぼ堀) 독립기초파기
쯔야게시누리(つぼ消塗) 무광칠
쯔야다시(つや出) 광내기
쯔이다데(衝立) 가리개
쯔이즈까(対束) 퀸 포스트
쯔이즈까고야구미(対束小屋組) 쌍대공지붕틀
쯔쯔기소(筒基礎) 통기초
쯔찌스데바(土捨場) 토사장
쯔찌히자시(土庇) 차양
쯧가이(突飼) 흙막이널 받침
쯧바리(突張り) 버팀대
찌기리시메(千切締め) 장부촉이음
찌까라보네(力骨) 살
찌리(散) 벽샘
찌오시꼬(上仕子) 마무리대패

〔ㅊ〕

찬네루 형강(形鋼)

〔ㅋ〕

케에손고오호오(ケーソン工法) 케이슨工法
쿠사레(腐れ) 썩음(木材)
쿠사리(鎖) (쇠)사슬, 체인
쿠사비(楔) 쐐기
쿠케이라아멘(矩形ラーメン) 구형 라멘
큐승(九寸) 9치

〔ㅌ〕

토라스바리(トラス梁) 트러스보
토랍뿌(トラップ) 트랩
토렌치고오호오(トレンチ工法) 트렌치 공법
톤비 낙추시험공구(落錐試驗工具)
티가다(T形) T형틀
티이가다고오(T形鋼) T형강, T바
티이가다바리(T形粱) T형보, T빔
티크자이(チーク材) 티이크재

〔ㅎ〕

하가까리(羽掛) 겹침판
하가네(鋼) 강철
하가라자이(端柄材) 널빤지, 죽더기, 오리목의 총칭
하가사네(羽重) 겹치기 판자
하고이다(羽子板) 널고무래
하기기(接木) 걸레받이
하기메(接目) 이음, 잇댐(자리)
하기아와세(接合) 쪽매, 조인트
하기이다(はぎ板) 쪽붙임널
하까마이다(袴枚) 웡 플레이트
하께(刷毛) 솔, 귀얄
하께구찌(はけ口) 배출구, 배수구
하께누리(刷毛塗) 귀얄칠
하께메(刷毛目) 귀얄자국
하께메누리(刷毛目塗) 빗살자국 마무리
하께비끼(刷毛引き) 솔질 마무리

하꼬(箱) 상자, 비계묶음
하꼬가나모노(箱金物) 감잡이쇠, U형 철물
하꼬가다바시라(箱形柱) 철골주, 라티스
하꼬게다(箱桁) 박스거더
하꼬도이(箱桶) 네모홈통
하꼬보오(箱房) 현장대기소
하꼬자꾸(箱尺) 함척(函尺)
하꼬조오(箱錠) 함자물쇠
하꾸리자이(剝離剤) 박리제
하끼도(引戸) 미닫이
하나가꾸시(鼻隱) 처마돌림목
하나다레(鼻垂れ) 백화(白華)
하나란마(花欄間) 쇠시리교창
하나모야(鼻母屋) 처마도리
하네고이다볼트(羽子板ボルト) 주걱 볼트
하네구루마(羽根車) 날개바퀴, 팬
하네다시(桔出) 쪽보(片梁)
하네다시당(桔出段) 쪽보식 계단
하네바시(跳橋) 도개교(跳開橋)
하다라끼(動き) 실효치수
하도메(歯止) 쐐기, 브레이키
하라끼(開き) 여닫이
하라뎃낑(腹鉄筋) 복근
하라미(はらみ) 부풀어오름
하라오꼬시(腹起し) 지보공 띠장
하라이시(張石) 돌붙임
하리(梁) 보, 대들보
하리가네(針金) 철사
하리가베(張壁) 커튼 월
하리기(張木) 버팀목
하리다시(張出し) 달아내기
하리다시마도(張出窓) 내단창, 출창
하리시바(張芝) 건축 : 잔디심기, 토목 : 떼붙이기, 평떼
하리아게(張上げ) 붙임
하리유끼(梁行) 스팬, 보사이
하리이시(張石) 돌붙임
하리쯔께(張付け) 붙임
하메고로시마도(嵌殺窓) 붙박이창
하메고미(はめ込み) 끼워넣기
하메이다(羽目板) 벽널
하모노(端物) 토막(벽돌)
하바(幅) 폭, 나비
하바끼(幅木) 걸레받이
하부리(歯振り) 들쭉날쭉, 덧니(톱)
하사미바리(狹梁) 겹보
하사미보오쯔에(狹方杖) 가새빗대공
하사미쯔까(狹束) 겹대공
하시고(梯子) 사다리
하시고당(梯段) (사다리꼴)계단
하시고바리(梯梁) 사다리보
하시고바시라(梯子柱) 겹기둥
하시라(柱) 기둥
하시라와리(柱割り) 기둥배치
하시바미(はしばみ) 나비장, 거멀장
하이(配) 가새
하이고오(配合) 배합
하이고오교오도(配合强度) 배합 강도
하이고오셋게이(配合設計) 배합 설계
하이깡(配管) 배관
하이낑(配筋) 배근
하이다(羽板) 미늘(살)판
하이쓰끼다루끼(配付たる木) 선자서까래
하이쯔께(配付) 가새치기
하제쯔기(はぜ継ぎ) 솔기접기
하쯔리(はつり) 가우징, 따내기, 깎기
하찌꾸(淡竹) 담죽, 솜대
하찌마끼바리(鉢巻梁) 테두리보
하찌인찌부로꾸 8인치 블록
하타가쿠(端太角) 띠장재
하후이다(破風板) 박공널
한다(半田) 땜납
한다고데(半田こて) 납땜인두
한다쓰게(半田付け) 납땜
한다쯔기데(半田繼手) 납땜이음
한도메(半留) 반연귀(半燕口)
한마스(半折) 반절(벽돌)
한마이쯔미(半枚積み) 반장쌓기
한바(飯場) 공사 현장 식당
한사이(1材) 1재
합바(發破) 발파
핫가(百華) 백화
핫뽀오자이(発泡剤) 발포제
핫승(8寸) 8치
헤도로(反吐泥) 곤죽, 개흙
헤라(へら) 주걱
헤라즈께(へら付け) 주걱(바탕) 맴질
헤비사가리(蛇下り) 갈림(목재)
헤야(部屋) 껍질받이 방, 헛간
헤이(塀) 울타리, 휀스
호꾜오낑(補强筋) 보강근
호네구미(骨組) 뼈대
호로(幌) 포장, 덮개
호리가다(掘方) 터파기, 흙파기
호리오꼬시(堀起し) 개간, 발굴
호소미조(細溝) 가는 홈
호시와레(星割れ) 방사형 갈림(목재)(心材갈림 · 邊材갈림)
호오교오야네(方形屋根) 모임지붕
호오다데(方立) 문선
호오즈에(方杖) 버팀대, 빗대공
호온자이(保溫材) 보온재
호조(ほぞ) 장부, 순자(筍子)
호조사시(ほぞさし) 장부맞춤
혼다나(本棚) 책장
혼다데(本立) 정벌세우기
혼미가끼(本磨) 연마
혼바꼬(本箱) 책장